U0385357

工程师宝典APP

可 以 看 视 频 的 电 子 书

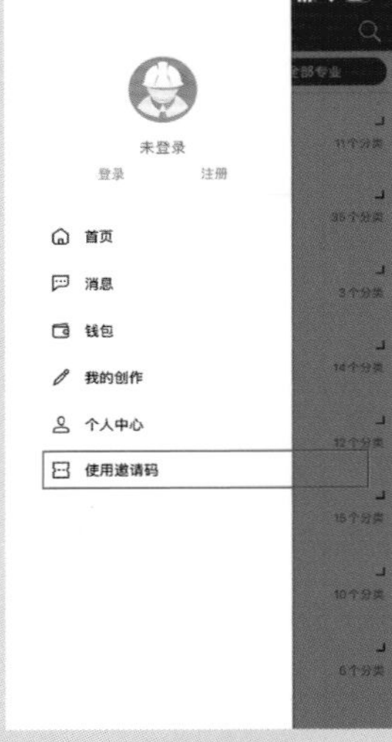

在注册时或登录后
填写邀请码获取同步电子书

- **嵌入视频**：无需扫码，直接观看
- **搜索浏览**：知识点快速定位
- **重新排版**：更适合移动端阅读
- **离线下载**：随时随地，想看就看
- **留言咨询**：与作者及同行交流

电子书获取步骤：

1.刮开涂层获取二维码及邀请码

2.扫描二维码下载工程师宝典APP

3.填写邀请码获取本书同步电子书

扫描二维码下载APP，
免费获取本书全部电子版

新编

实用五金手册

潘家祯　编著

化学工业出版社
·北京·

内容简介

本手册采用图形和表格形式，以现行有效的国家标准和行业标准内容为基础，全面、系统、科学地介绍了国内主要五金产品的品种、规格、性能、应用及资料数据和有关标准。全书共分5篇30章，包括：通用零部件及器件、工具、金属材料、非金属材料、基础资料五大部分。本手册具有取材实用、数据齐全、资料新颖、图文对照、使用方便等特点，可供从事五金产品的生产、科研、设计、咨询、使用、销售、采购的人员使用，也可供各个行业的专业技术人员选择使用。

图书在版编目（CIP）数据

新编实用五金手册/潘家祯编著. —北京：化学工业出版社，2021.4（2024.11重印）
ISBN 978-7-122-38256-6

Ⅰ.①新… Ⅱ.①潘… Ⅲ.①五金制图-手册 Ⅳ.①TS914-62

中国版本图书馆CIP数据核字（2020）第259488号

责任编辑：王 烨　　文字编辑：陈 喆
责任校对：王 静　　装帧设计：王晓宇

出版发行：化学工业出版社（北京市东城区青年湖南街13号 邮政编码100011）
印　　装：河北鑫兆源印刷有限公司
787mm×1092mm 1/16 印张101 字数3665千字 2024年11月北京第1版第4次印刷

购书咨询：010-64518888　　售后服务：010-64518899
网　　址：http://www.cip.com.cn
凡购买本书，如有缺损质量问题，本社销售中心负责调换。

定　　价：258.00元

前言

Preface

五金商品在经济建设和人民生活中应用极为广泛。但是它们的品种繁多，性能及用途各异，用户在选购时，需要一本《五金手册》作为参考。另一方面，近年来国家标准更新加快，与之相应的标准也在不断完善，也需要《五金手册》能够反映新标准、新规范，门类比较齐全。

为了适应飞速发展的新形势，编者对《新编实用五金手册》的编写体系进行了调研和分析，按照下列要求编排：

- 按照国家标准的分类体系来规划五金商品的分类目录。
- 按照完整、实用、形象的原则，对五金商品的内容进行了整理。
- 按照权威性的要求，数据全部来自最新国家标准和规范。

本书给出了有关五金商品的基本知识，汇编了常用材料、通用零部件、常用工具等的尺寸、规格、性能和用途等技术数据，以供从事五金商品经营、采购、生产、设计、咨询、科研等工作的读者作为常备工具书参考。

本书共5篇30章，第1篇为通用零部件及器件，包括连接件与紧固件、传动件、起重件、管路附件、焊接器材和工具、消防器材、建筑器材、卫生设备及附件；第2篇为工具，包括常用手工工具、钳工工具、管工工具、电工工具、切削工具、测量工具、电动工具、气动工具和常用机床附件；第3篇为金属材料，包括黑色金属材料、钢材的品种规格、有色金属材料、具有特殊性能用途的金属和合金；第4篇为非金属材料，包括橡胶及其制品、玻璃及其制品、润滑剂、石棉制品、云母、陶瓷材料、石墨、水泥及水泥制品；第5篇为基础资料，包括常用字母及符号。

由于编著者水平所限，书中内容难免有不足之处，欢迎读者提出意见与建议，以便再版时修改完善。

编著者

目录
CONTENTS

第1篇 通用零部件及器件

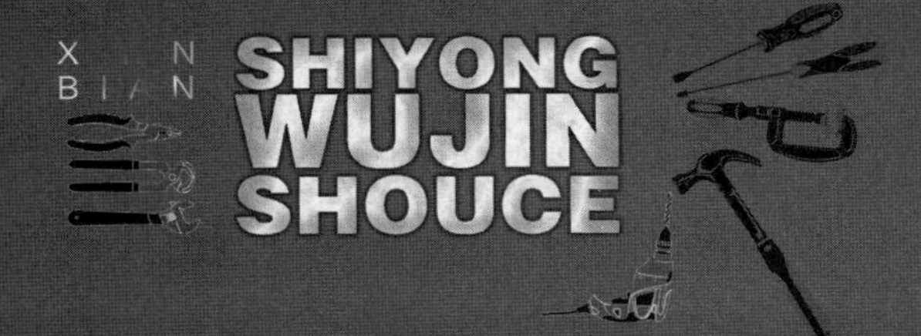

第4章 管路附件 312

第5章 焊接器材和工具 385

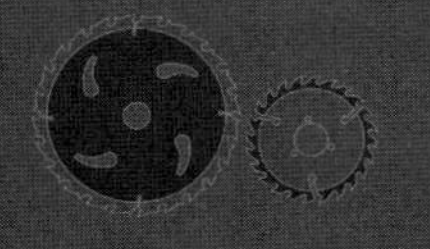

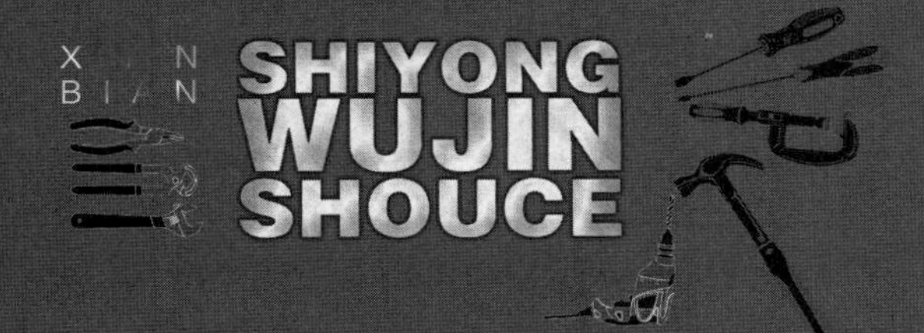

第 6 章 消防器材 …… 513

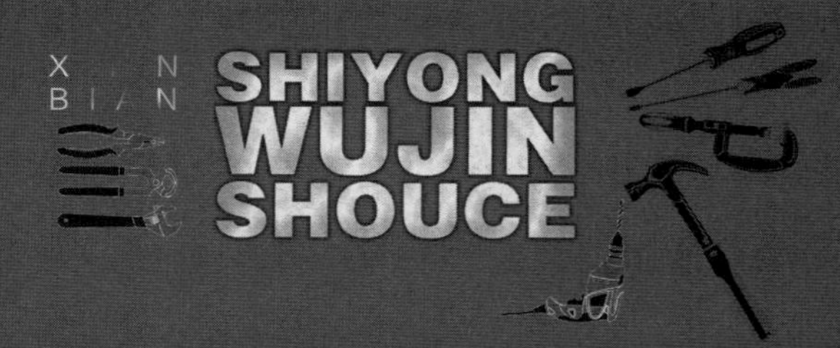

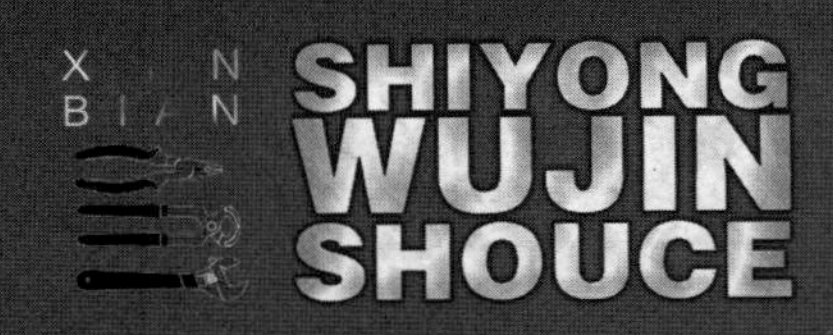
XIN BIAN
SHIYONG
WUJIN
SHOUCE

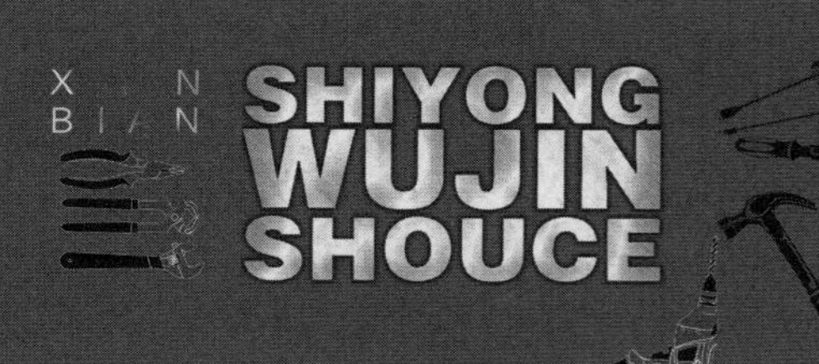
X N
B I A N
SHIYONG
WUJIN
SHOUCE

第2篇 工具

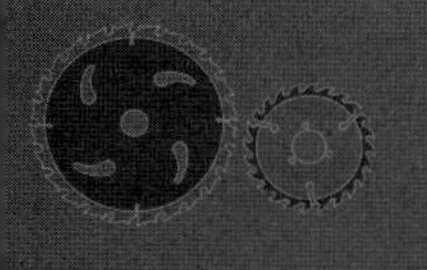

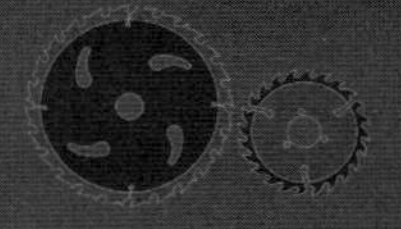

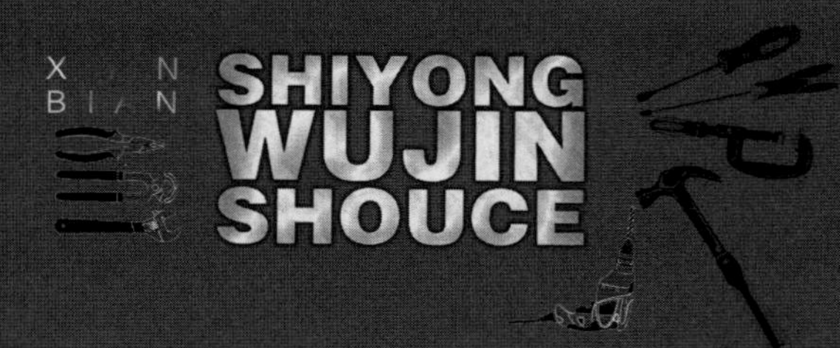
XIN BIAN
SHIYONG
WUJIN
SHOUCE

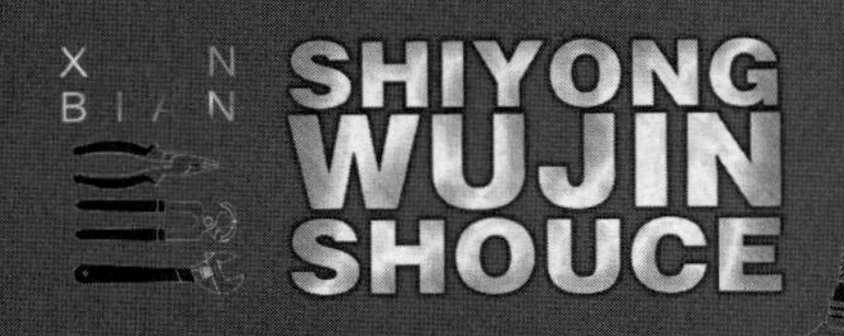
XIN BIAN
SHIYONG
WUJIN
SHOUCE

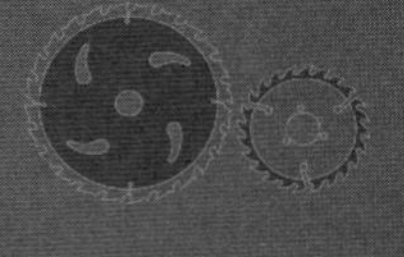

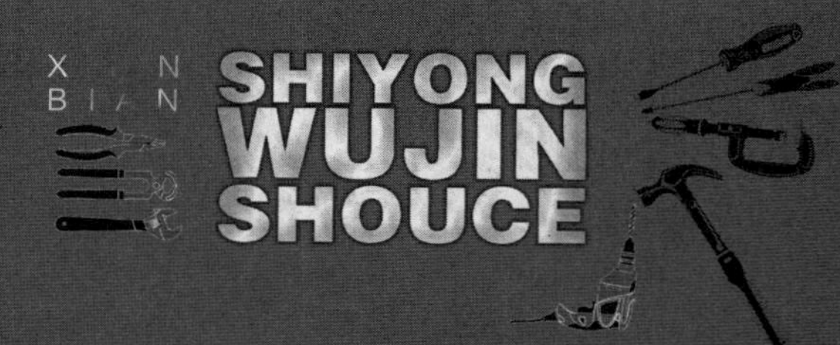
X N
B I A N
SHIYONG
WUJIN
SHOUCE

第15章 电动工具 …………………… 791

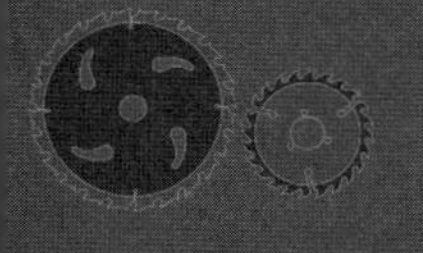

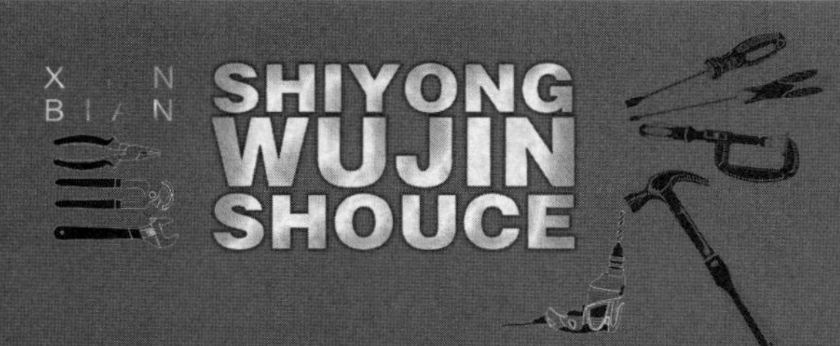

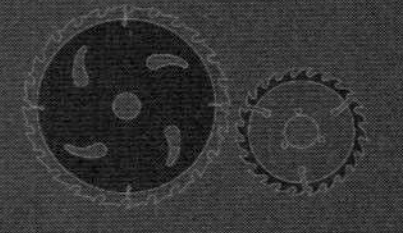

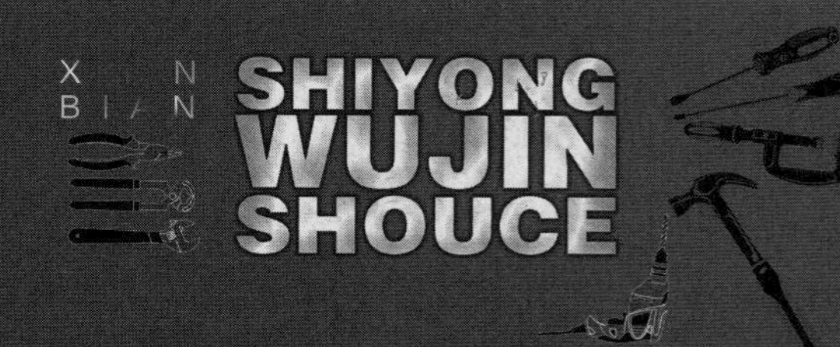
XIN
BIAN
SHIYONG
WUJIN
SHOUCE

第3篇　金属材料

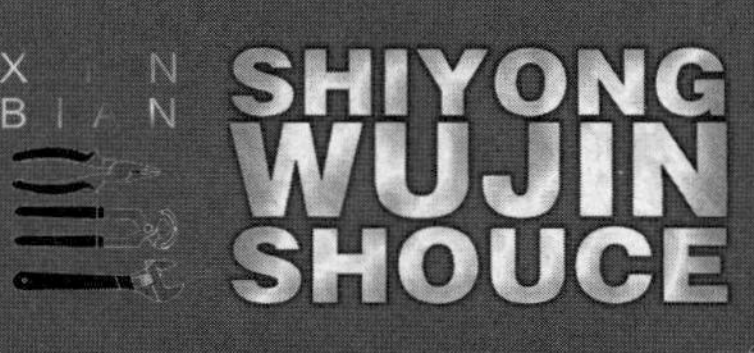

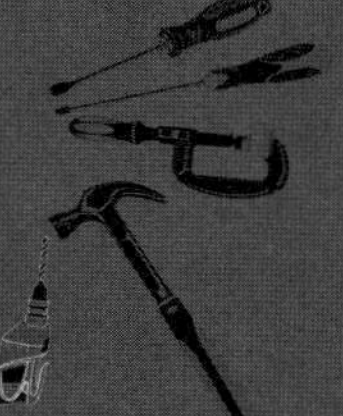

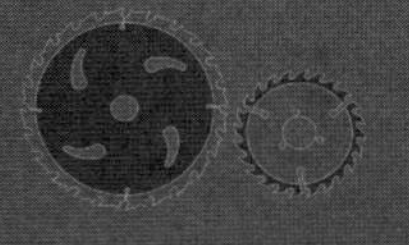
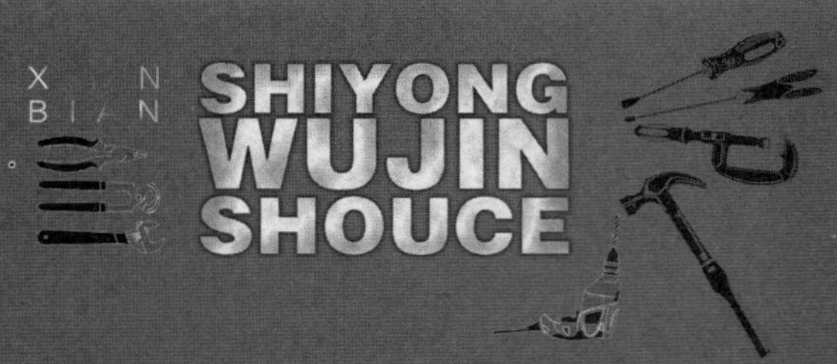
XIN BIAN
SHIYONG
WUJIN
SHOUCE

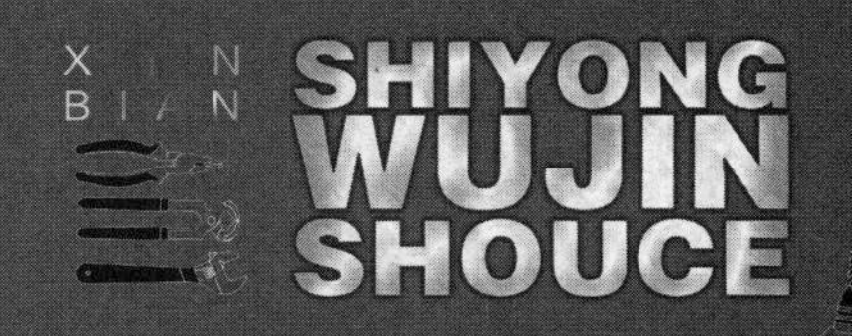
XIN BIAN
SHIYONG
WUJIN
SHOUCE

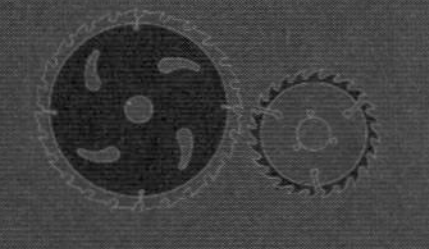

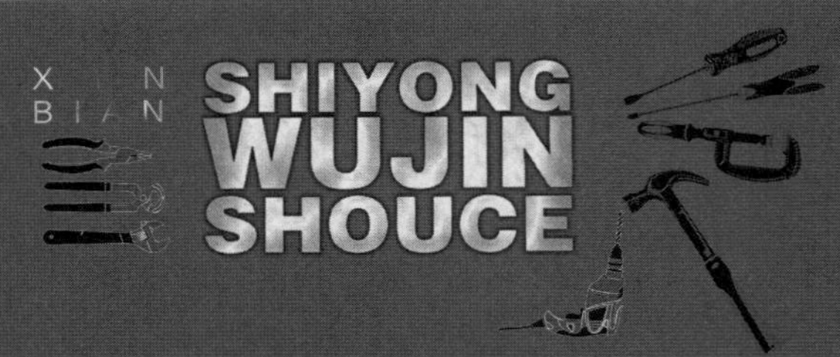
XIN
BIAN
SHIYONG
WUJIN
SHOUCE

第4篇 非金属材料

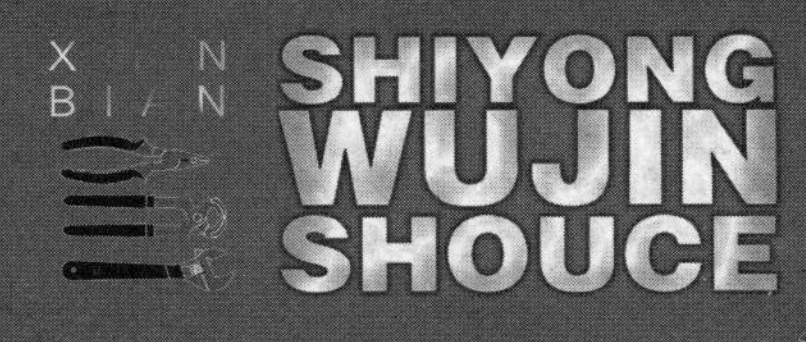

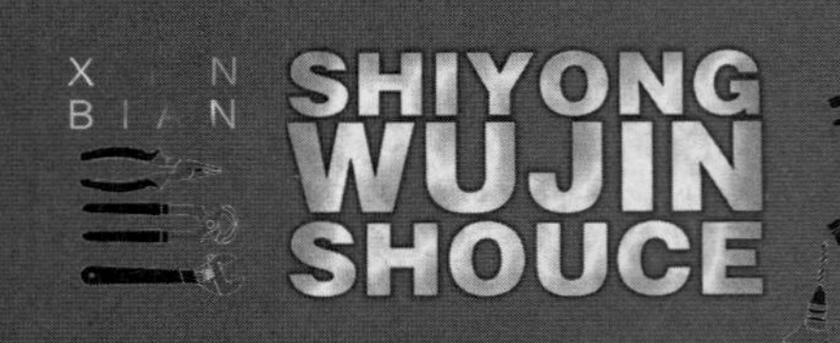
XIN BIAN
SHIYONG
WUJIN
SHOUCE

XIN BIAN
SHIYONG
WUJIN
SHOUCE

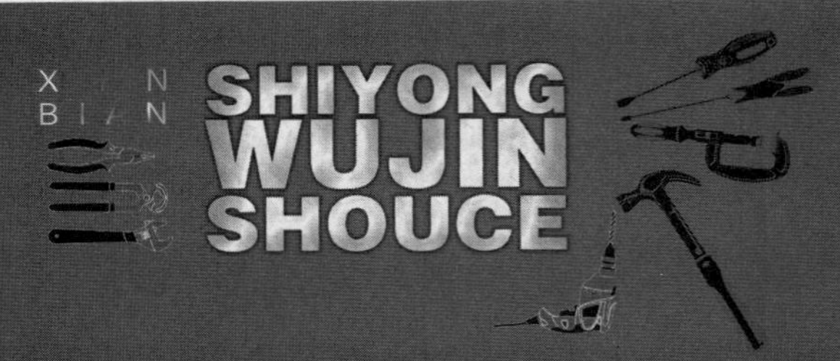
XIN
BIAN
SHIYONG
WUJIN
SHOUCE

第 5 篇　基础资料

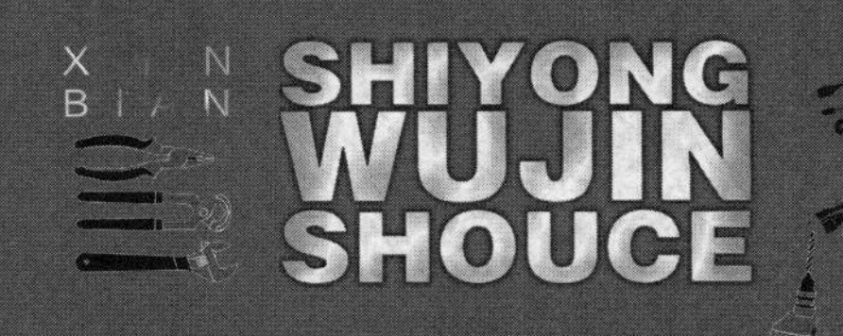

SHIYONG
WUJIN
SHOUCE

第1篇 通用零部件及器件

第1章 连接件与紧固件

1.1 普通螺纹

1.1.1 公制螺纹

(1) 普通螺纹基本牙型（GB/T 192—2003）

普通螺纹的基本牙型（GB/T 192—2003）规定如图 1-1-1 所示。

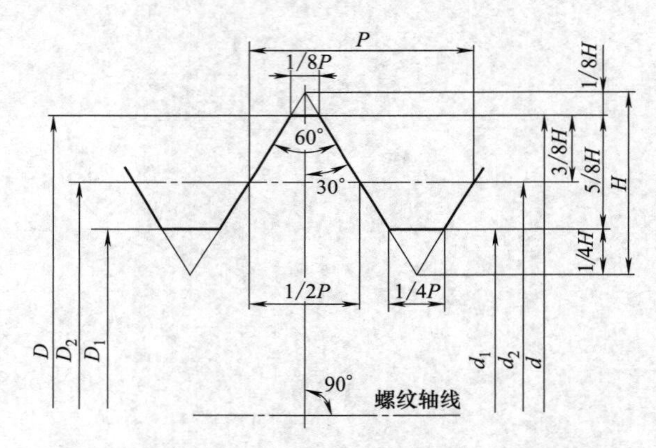

图 1-1-1 普通螺纹的基本牙型（GB/T 192—2003）

D—内螺纹的基本大径（公称直径）；d—外螺纹的基本大径（公称直径）；D_2—内螺纹的基本中径；d_2—外螺纹的基本中径；D_1—内螺纹的基本小径；d_1—外螺纹的基本小径；P—螺距；H—原始三角形高度

尺寸按下列公式计算：

$$H=\frac{\sqrt{3}}{2}P=0.866025404P,\ \frac{5}{8}H=0.541265877P,\ \frac{3}{8}H=0.324759526P$$

$$\frac{1}{4}H=0.216506351P,\ \frac{1}{8}H=0.108253175P$$

表 1-1-1 基本牙型尺寸（GB/T 192—2003） mm

螺距 P	H	$\frac{5}{8}H$	$\frac{3}{8}H$	$\frac{1}{4}H$	$\frac{1}{8}H$
0.2	0.173205	0.108253	0.064952	0.043301	0.021651
0.25	0.216506	0.135316	0.081190	0.054127	0.027063
0.3	0.259808	0.162380	0.097428	0.064952	0.032476
0.35	0.303109	0.189443	0.113666	0.075777	0.037889
0.4	0.346410	0.216506	0.129904	0.086603	0.043301

续表

螺距 P	H	$\frac{5}{8}H$	$\frac{3}{8}H$	$\frac{1}{4}H$	$\frac{1}{8}H$
0.45	0.389711	0.243570	0.146142	0.097428	0.048714
0.5	0.433013	0.270633	0.162380	0.108253	0.054127
0.6	0.519615	0.324760	0.194856	0.129904	0.064952
0.7	0.606218	0.378886	0.227332	0.151554	0.075777
0.75	0.649519	0.405949	0.243570	0.162380	0.081190
0.8	0.692820	0.433013	0.259808	0.173205	0.086603
1	0.866025	0.541266	0.324760	0.216506	0.108253
1.25	1.082532	0.676582	0.405949	0.270633	0.135316
1.5	1.299038	0.811899	0.487139	0.324760	0.162380
1.75	1.515544	0.947215	0.568329	0.378886	0.189443
2	1.732051	1.082532	0.649519	0.433013	0.216506
2.5	2.165063	1.353165	0.811899	0.541266	0.270633
3	2.598076	1.623798	0.974279	0.649519	0.324760
3.5	3.031089	1.894431	1.136658	0.757772	0.378886
4	3.464102	2.165063	1.299038	0.866025	0.433013
4.5	3.897114	2.435696	1.461418	0.974279	0.487139
5	4.330127	2.706329	1.623798	1.082532	0.541266
5.5	4.763140	2.976962	1.786177	1.190785	0.595392
6	5.196152	3.247595	1.948557	1.299038	0.649519
8	6.928203	4.330127	2.598076	1.732051	0.866025

(2) 普通螺纹直径与螺距系列（GB/T 193—2003）

① 本标准（GB/T 193—2003）规定了普通螺纹（一般用途米制螺纹）的直径与螺距组合系列，见表 1-1-2。

② 本标准适用于一般用途的机械紧固螺纹连接，其螺纹本身不具有密封作用。

③ 粗牙普通螺纹用字母“M”及“公称直径”表示，细牙普通螺纹用字母“M”及“公称直径×螺距”表示，其中尺寸单位“毫米”或“mm”不需注明；当螺纹为左旋时，在规格后加注“左”字。例：M24，表示公称直径为 24mm 的粗牙普通螺纹；M24×1.5，表示公称直径为 24mm，螺距为 1.5mm 的细牙普通螺纹；M24×1.5 左，表示公称直径为 24mm，螺距为 1.5mm 的左旋细牙普通螺纹。

表 1-1-2　　普通螺纹的直径与螺距系列（GB/T 193—2003）　　mm

公称直径 D、d			螺距 P										
第 1 系列	第 2 系列	第 3 系列	粗牙	细牙									
				3	2	1.5	1.25	1	0.75	0.5	0.35	0.25	0.2
1			0.25										0.2
	1.1		0.25										0.2
1.2			0.25										0.2
	1.4		0.3										0.2
1.6			0.35										0.2
	1.8		0.35										0.2
2			0.4									0.25	
	2.2		0.45									0.25	
2.5			0.45								0.35		
3			0.5								0.35		
	3.5		0.6								0.35		
4			0.7							0.5			
	4.5		0.75							0.5			
5			0.8							0.5			
		5.5								0.5			
6			1						0.75				

续表

公称直径 D、d			螺距 P										
				细牙									
第1系列	第2系列	第3系列	粗牙	3	2	1.5	1.25	1	0.75	0.5	0.35	0.25	0.2
	7		1						0.75				
8			1.25					1	0.75				
		9	1.25					1	0.75				
10			1.5				1.25	1	0.75				
		11	1.5			1.5		1	0.75				
12			1.75				1.25	1					
	14		2			1.5	1.25①	1					
		15				1.5		1					
16			2			1.5		1					
		17				1.5		1					
	18		2.5		2	1.5		1					
20			2.5		2	1.5		1					
	22		2.5		2	1.5		1					
24			3		2	1.5		1					
		25			2	1.5		1					
		26				1.5							
	27		3		2	1.5		1					
		28			2	1.5		1					
30			3.5	(3)	2	1.5		1					
		32			2	1.5							
	33		3.5	(3)	2	1.5							
		35②				1.5							
36			4	3	2	1.5							
		38				1.5							
	39		4	3	2	1.5							

公称直径 D、d			螺距 P						
				细牙					
第1系列	第2系列	第3系列	粗牙	8	6	4	3	2	1.5
		40					3	2	1.5
42			4.5			4	3	2	1.5
	45		4.5			4	3	2	1.5
48			5			4	3	2	1.5
		50					3	2	1.5
	52		5			4	3	2	1.5
		55				4	3	2	1.5
56			5.5			4	3	2	1.5
		58				4	3	2	1.5
	60		5.5			4	3	2	1.5
		62				4	3	2	1.5
64			6			4	3	2	1.5
		65				4	3	2	1.5
	68		6			4	3	2	1.5
		70			6	4	3	2	1.5
72					6	4	3	2	1.5
		75				4	3	2	1.5
	76				6	4	3	2	1.5
		78						2	
80					6	4	3	2	1.5
		82						2	

续表

公称直径 D、d			螺距 P						
第1系列	第2系列	第3系列	粗牙	细牙					
				8	6	4	3	2	1.5
	85				6	4	3	2	
90					6	4	3	2	
	95				6	4	3	2	
100					6	4	3	2	
	105				6	4	3	2	
110					6	4	3	2	
	115				6	4	3	2	
	120				6	4	3	2	
125				8	6	4	3	2	
	135			8	6	4	3	2	
		135			6	4	3	2	
140				8	6	4	3	2	

①M14×1.25仅用于发动机火花塞。

②M35仅用于轴承锁紧螺母。

注：1. 直径与螺距标准组合系列应符合本表的规定。在表内，应选择与直径处于同一行内的螺距。

2. 优先选用第1系列直径，其次选择第2系列直径，最后选择第3系列直径。

3. 尽可能地避免选用括号内的螺距。

(3) 普通螺纹的基本尺寸（GB/T 196—2003）

本标准（GB/T 196—2003）规定了普通螺纹（一般用途米制螺纹）的基本尺寸，见表1-1-3。

本标准适用于一般用途的机械紧固螺纹连接，其螺纹本身不具有密封作用。

表1-1-3　　普通螺纹的基本尺寸（GB/T 196—2003）　　mm

公称直径(大径) D、d	螺距 P	中径 D_2、d_2	小径 D_1、d_1
1	0.25	0.838	0.729
	0.2	0.870	0.783
1.1	0.25	0.938	0.829
	0.2	0.970	0.883
1.2	0.25	1.038	0.929
	0.2	1.070	0.983
1.4	0.3	1.205	1.075
	0.2	1.270	1.183
1.6	0.35	1.373	1.221
	0.2	1.470	1.383
1.8	0.35	1.573	1.421
	0.2	1.670	1.583
2	0.4	1.740	1.567
	0.25	1.838	1.729
2.2	0.45	1.908	1.713
	0.25	2.038	1.929
2.5	0.45	2.208	2.013
	0.35	2.273	2.121
3	0.5	2.675	2.459
	0.35	2.773	2.621
3.5	0.6	3.110	2.850
	0.35	3.273	3.121
4	0.7	3.545	3.242
	0.5	3.675	3.459

续表

公称直径(大径) D、d	螺距 P	中径 D_2、d_2	小径 D_1、d_1
4.5	0.75	4.013	3.688
	0.5	4.175	3.959
5	0.8	4.480	4.134
	0.5	4.675	4.459
5.5	0.5	5.175	4.959
6	1	5.350	4.917
	0.75	5.513	5.188
7	1	6.350	5.917
	0.75	6.513	6.188
8	1.25	7.188	6.647
	1	7.350	6.917
	0.75	7.513	7.188
9	1.25	8.188	7.647
	1	8.350	7.917
	0.75	8.513	8.188
10	1.5	9.026	8.376
	1.25	9.188	8.647
	1	9.350	8.917
	0.75	9.513	9.188
11	1.5	10.026	9.376
	1	10.350	9.917
	0.75	10.513	10.188
12	1.75	10.863	10.106
	1.5	11.026	10.376
	1.25	11.188	10.647
	1	11.350	10.917
14	2	12.701	11.835
	1.5	13.026	12.376
	1.25	13.188	12.647
	1	13.350	12.917
15	1.5	14.026	13.376
	1	14.350	13.917
16	2	14.701	13.835
	1.5	15.026	14.376
	1	15.350	14.917
17	1.5	16.026	15.376
	1	16.350	15.917
18	2.5	16.376	15.294
	2	16.701	15.835
	1.5	17.026	16.376
	1	17.350	16.917
20	2.5	18.376	17.294
	2	18.701	17.835
	1.5	19.026	18.376
	1	19.350	18.917
22	2.5	20.376	19.294
	2	20.701	19.835
	1.5	21.026	20.376
	1	21.350	20.917

续表

公称直径(大径) D、d	螺距 P	中径 D_2、d_2	小径 D_1、d_1
24	3	22.051	20.752
	2	22.701	21.835
	1.5	23.026	22.376
	1	23.350	22.917
25	2	23.701	22.835
	1.5	24.026	23.376
	1	24.350	23.917
26	1.5	25.026	24.376
27	3	25.051	23.752
	2	25.701	24.835
	1.5	26.026	25.376
	1	26.350	25.917
28	2	26.701	25.835
	1.5	27.026	26.376
	1	27.350	26.917
30	3.5	27.727	26.211
	3	28.051	26.752
	2	28.701	27.835
	1.5	29.026	28.376
	1	29.350	28.917
32	2	30.701	29.835
	1.5	31.026	30.376
33	3.5	30.727	29.211
	3	31.051	29.752
	2	31.701	30.835
	1.5	32.026	31.376
35	1.5	34.026	33.376
36	4	33.402	31.670
	3	34.051	32.752
	2	34.701	33.835
	1.5	35.026	34.376
38	1.5	37.026	36.376
39	4	36.402	34.670
	3	37.051	35.752
	2	37.701	36.835
	1.5	38.026	37.376
40	3	38.051	36.752
	2	38.701	37.835
	1.5	39.026	38.376
42	4.5	39.077	37.129
	4	39.402	37.670
	3	40.051	38.752
	2	40.701	39.835
	1.5	41.026	40.376
45	4.5	42.077	40.129
	4	42.402	40.670
	3	43.051	41.752
	2	43.701	42.835
	1.5	44.026	43.376

续表

公称直径(大径) D、d	螺距 P	中径 D_2、d_2	小径 D_1、d_1
48	5	44.752	42.587
	4	45.402	43.670
	3	46.051	44.752
	2	46.701	45.835
	1.5	47.026	46.376
50	3	48.051	46.752
	2	48.701	47.835
	1.5	49.026	48.376
52	5	48.752	46.587
	4	49.402	47.670
	3	50.051	48.752
	2	50.701	49.835
	1.5	51.026	50.376
55	4	52.402	50.670
	3	53.051	51.752
	2	53.701	52.835
	1.5	54.026	53.376
56	5.5	52.428	50.046
	4	53.402	51.670
	3	54.051	52.752
	2	54.701	53.835
	1.5	55.026	54.376
58	4	55.402	53.670
	3	56.051	54.752
	2	56.701	55.835
	1.5	57.026	56.376
60	5.5	56.428	54.046
	4	57.402	55.670
	3	58.051	56.752
	2	58.701	57.835
	1.5	59.026	58.376
62	4	59.402	57.670
	3	60.051	58.752
	2	60.701	59.835
	1.5	61.026	60.376
64	6	60.103	57.505
	4	61.402	59.670
	3	62.051	60.752
	2	62.701	61.835
	1.5	63.026	62.376
65	4	62.402	60.670
	3	63.051	61.752
	2	63.701	62.835
	1.5	64.026	63.376
68	6	64.103	61.505
	4	65.402	63.670
	3	66.051	64.752
	2	66.701	65.835
	1.5	67.026	66.376

续表

公称直径(大径) D、d	螺距 P	中径 D_2、d_2	小径 D_1、d_1
70	6	66.103	63.505
	4	67.402	65.670
	3	68.051	66.752
	2	68.701	67.835
	1.5	69.026	68.376
72	6	68.103	65.505
	4	69.402	67.670
	3	70.051	68.752
	2	70.701	69.835
	1.5	71.026	70.376
75	4	72.402	70.670
	3	73.051	71.752
	2	73.701	72.835
	1.5	74.026	73.376
76	6	72.103	69.505
	4	73.402	71.670
	3	74.051	72.752
	2	74.701	73.835
	1.5	75.026	74.376
78	2	76.700	75.835
80	6	76.103	73.505
	4	77.402	75.670
	3	78.051	76.752
	2	78.701	77.835
	1.5	79.026	78.376
82	2	80.701	79.835
85	6	81.103	78.505
	4	82.402	80.670
	3	83.051	81.752
	2	83.701	82.835
90	6	86.103	83.505
	4	87.402	85.670
	3	88.051	86.752
	2	88.701	87.835
95	6	91.103	88.505
	4	92.402	90.670
	3	93.051	91.752
	2	93.701	92.835
100	6	96.103	93.505
	4	97.402	95.670
	3	98.051	96.752
	2	98.701	97.835
105	6	101.103	98.505
	4	102.402	100.670
	3	103.051	101.752
	2	103.701	102.835
110	6	106.103	103.505
	4	107.402	105.670
	3	108.051	106.752
	2	108.701	107.835

续表

公称直径(大径) D、d	螺距 P	中径 D_2、d_2	小径 D_1、d_1
115	6	111.103	108.505
	4	112.402	110.670
	3	113.051	111.752
	2	113.701	112.835
120	6	116.103	113.505
	4	117.402	115.670
	3	118.051	116.752
	2	118.701	117.835
125	6	121.103	118.505
	4	122.402	120.670
	3	123.051	121.752
	2	123.701	122.835
130	6	126.103	123.505
	4	127.402	125.670
	3	128.051	126.752
	2	128.701	127.835
135	6	131.103	128.505
	4	132.402	130.670
	3	133.051	131.752
	2	133.701	132.835
140	6	136.103	133.505
	4	137.402	135.670
	3	138.051	136.752
	2	138.701	137.835
145	6	141.103	138.505
	4	142.402	140.670
	3	143.051	141.752
	2	143.701	142.835
150	8	144.804	141.340
	6	146.103	143.505
	4	147.402	145.670
	3	148.051	146.752
	2	148.701	147.835
155	6	151.103	148.505
	4	152.402	150.670
	3	153.051	151.752
160	8	154.804	151.340
	6	156.103	153.505
	4	157.402	155.670
	3	158.051	156.752
165	6	161.103	158.505
	4	162.402	160.670
	3	163.051	161.752
170	8	164.804	161.340
	6	166.103	163.505
	4	167.402	165.670
	3	168.051	166.752
175	6	171.103	168.505
	4	172.402	170.670
	3	173.051	171.752

续表

公称直径(大径) $D、d$	螺距 P	中径 $D_2、d_2$	小径 $D_1、d_1$
180	8	174.804	171.340
	6	176.103	173.505
	4	177.402	175.670
	3	178.051	176.752
185	6	181.103	178.505
	4	182.402	180.670
	3	183.051	181.752
190	8	184.804	181.340
	6	186.103	183.505
	4	187.402	185.670
	3	188.051	186.752
195	6	191.103	188.505
	4	192.402	190.670
	3	193.051	191.752
200	8	194.804	191.340
	6	196.103	193.505
	4	197.402	195.670
	3	198.051	196.752
205	6	201.103	198.505
	4	202.402	200.670
	3	203.051	201.752
210	8	204.804	201.340
	6	206.103	203.505
	4	207.402	205.670
	3	208.051	206.752
215	6	211.103	208.505
	4	212.402	210.670
	3	213.051	211.752
220	8	214.804	211.340
	6	216.103	213.505
	4	217.402	215.670
	3	218.051	216.752
225	6	221.103	218.505
	4	222.402	220.670
	3	223.051	221.752
230	8	224.804	221.340
	6	226.103	223.505
	4	227.402	225.670
	3	228.051	226.752
235	6	231.103	228.505
	4	232.402	230.670
	3	233.051	231.752
240	8	234.804	231.340
	6	236.103	233.505
	4	237.402	235.670
	3	238.051	236.752
245	6	241.103	238.505
	4	242.402	240.670
	3	243.051	241.752

续表

公称直径(大径) D、d	螺距 P	中径 D_2、d_2	小径 D_1、d_1
250	8	244.804	241.340
	6	246.103	243.505
	4	247.402	245.670
	3	248.051	246.752
255	6	251.103	248.505
	4	252.402	250.670
260	8	254.804	251.340
	6	256.103	253.505
	4	257.402	255.670
265	6	261.103	258.505
	4	262.402	260.670
270	8	264.804	261.340
	6	266.103	263.505
	4	267.402	265.670
275	6	271.103	268.505
	4	272.402	270.670
280	8	274.804	271.340
	6	276.103	273.505
	4	277.402	275.670
285	6	281.103	278.505
	4	282.402	280.670
290	8	284.804	281.340
	6	286.103	283.505
	4	287.402	285.670
295	6	291.103	288.505
	4	292.402	290.670
300	8	294.804	291.340
	6	296.103	293.505
	4	297.402	295.670

注：表内的螺纹中径和小径值是按下列公式计算的，计算数值需圆整到小数点后的第三位。

$$D_2=D-2\times\frac{3}{8}H=D-0.6495P$$

$$d_2=d-2\times\frac{3}{8}H=d-0.6495P$$

$$D_1=D-2\times\frac{5}{8}H=D-1.0825P$$

$$d_1=d-2\times\frac{5}{8}H=d-1.0825P$$

其中：$H=\frac{\sqrt{3}}{2}P=0.866025404P$

(4) 普通螺纹的公差（GB/T 197—2003）

内螺纹：G——其基本偏差（EI）为正值；H——其基本偏差（EI）为零。

外螺纹：e、f、g——其基本偏差（es）为负值；h——其基本偏差（es）为零。

普通螺纹的公差见表 1-1-4~表 1-1-11。

表 1-1-4　　内外螺纹的基本偏差（GB/T 197—2003）　　μm

螺距 P/mm	基本偏差					
	内螺纹		外螺纹			
	G EI	H EI	e es	f es	g es	h es
0.2	+17	0	—	—	-17	0
0.25	+18	0	—	—	-18	0
0.3	+18	0	—	—	-18	0
0.35	+19	0	—	-34	-19	0
0.4	+19	0	—	-34	-19	0
0.45	+20	0	—	-35	-20	0
0.5	+20	0	-50	-36	-20	0
0.6	+21	0	-53	-36	-21	0
0.7	+22	0	-56	-38	-22	0
0.75	+22	0	-56	-38	-22	0
0.8	+24	0	-60	-38	-24	0
1	+26	0	-60	-40	-26	0
1.25	+28	0	-63	-42	-28	0
1.5	+32	0	-67	-45	-32	0
1.75	+34	0	-71	-48	-34	0
2	+38	0	-71	-52	-38	0
2.5	+42	0	-80	-58	-42	0
3	+48	0	-85	-63	-48	0
3.5	+53	0	-90	-70	-53	0
4	+60	0	-95	-75	-60	0
4.5	+63	0	-100	-80	-63	0
5	+71	0	-106	-85	-71	0
5.5	+75	0	-112	-90	-75	0
6	+80	0	-118	-95	-80	0
8	+100	0	-140	-118	-100	0

按表 1-1-5 的规定选取螺纹顶径和中径的公差等级。

表 1-1-5　　螺纹顶径和中径的公差等级

螺纹直径	公差等级	螺纹直径	公差等级
内螺纹小径 D_1	4、5、6、7、8	内螺纹中径 D_2	4、5、6、7、8
外螺纹大径 d	4、6、8	外螺纹中径 d_2	3、4、5、6、7、8、9

注：螺纹顶径指外螺纹的大径或内螺纹的小径。

表 1-1-6　　内螺纹小径公差（T_{D1}）（GB/T 197—2003）　　μm

螺距 P/mm	公差等级				
	4	5	6	7	8
0.2	38	—	—	—	—
0.25	45	56	—	—	—
0.3	53	67	85	—	—
0.35	63	80	100	—	—
0.4	71	90	112	—	—
0.45	80	100	125	—	—
0.5	90	112	140	180	—
0.6	100	125	160	200	—
0.7	112	140	180	224	—
0.75	118	150	190	236	—
0.8	125	160	200	250	315

续表

螺距 P/mm	公差等级				
	4	5	6	7	8
1	150	190	236	300	375
1.25	170	212	265	335	425
1.5	190	236	300	375	475
1.75	212	265	335	425	530
2	236	300	375	475	600
2.5	280	355	450	560	710
3	315	400	500	630	800
3.5	355	450	560	710	900
4	375	475	600	750	950
4.5	425	530	670	850	1060
5	450	560	710	900	1120
5.5	475	600	750	950	1180
6	500	630	800	1000	1250
8	630	800	1000	1250	1600

表 1-1-7　外螺纹大径公差（T_d）（GB/T 197—2003）　μm

螺距 P/mm	公差等级		
	4	6	8
0.2	36	56	—
0.25	42	67	—
0.3	48	75	—
0.35	53	85	—
0.4	60	95	—
0.45	63	100	—
0.5	67	106	—
0.6	80	125	—
0.7	90	140	—
0.75	90	140	—
0.8	95	150	236
1	112	180	280
1.25	132	212	335
1.5	150	236	375
1.75	170	265	425
2	180	280	450
2.5	212	335	530
3	236	375	600
3.5	265	425	670
4	300	475	750
4.5	315	500	800
5	335	530	850
5.5	355	560	900
6	375	600	950
8	450	710	1180

表 1-1-8　内螺纹中径公差（T_{D2}）（GB/T 197—2003）　μm

基本大径 D/mm		螺距 P/mm	公差等级				
>	≤		4	5	6	7	8
0.99	1.4	0.2	40	—	—	—	—
		0.25	45	56	—	—	—
		0.3	48	60	75	—	—

续表

基本大径 D/mm		螺距 P/mm	公差等级				
>	≤		4	5	6	7	8
1.4	2.8	0.2	42	—	—	—	—
		0.25	48	60	—	—	—
		0.35	53	67	85	—	—
		0.4	56	71	90	—	—
		0.45	60	75	95	—	—
2.8	5.6	0.35	56	71	90	—	—
		0.5	63	80	100	125	—
		0.6	71	90	112	140	—
		0.7	75	95	118	150	—
		0.75	75	95	118	150	—
		0.8	80	100	125	160	200
5.6	11.2	0.75	85	106	132	170	—
		1	95	118	150	190	236
		1.25	100	125	160	200	250
		1.5	112	140	180	224	280
11.2	22.4	1	100	125	160	200	250
		1.25	112	140	180	224	280
		1.5	118	150	190	236	300
		1.75	125	160	200	250	315
		2	132	170	212	265	335
		2.5	140	180	224	280	355
22.4	45	1	106	132	170	212	—
		1.5	125	160	200	250	315
		2	140	180	224	280	355
		3	170	212	265	335	425
		3.5	180	224	280	355	450
		4	190	236	300	375	475
		4.5	200	250	315	400	500
45	90	1.5	132	170	212	265	335
		2	150	190	236	300	375
		3	180	224	280	355	450
		4	200	250	315	400	500
		5	212	265	335	425	530
		5.5	224	280	355	450	560
		6	236	300	375	475	600
90	180	2	160	200	250	315	400
		3	190	236	300	375	475
		4	212	265	335	425	530
		6	250	315	400	500	630
		8	280	355	450	560	710
180	355	3	212	265	335	425	530
		4	236	300	375	475	600
		6	265	335	425	530	670
		8	300	375	475	600	750

表 1-1-9　外螺纹中径公差（T_{d2}）（GB/T 197—2003）　μm

基本大径 d/mm		螺距 P/mm	公差等级						
>	≤		3	4	5	6	7	8	9
0.99	1.4	0.2	24	30	38	48	—	—	—
		0.25	26	34	42	53	—	—	—
		0.3	28	36	45	56	—	—	—

续表

基本大径 d/mm		螺距 P/mm	公差等级						
>	≤		3	4	5	6	7	8	9
1.4	2.8	0.2	25	32	40	50	—	—	—
		0.25	28	36	45	56	—	—	—
		0.35	32	40	50	63	80	—	—
		0.4	34	42	53	67	85	—	—
		0.45	36	45	56	71	90	—	—
2.8	5.6	0.35	34	42	53	67	85	—	—
		0.5	38	48	60	75	95	—	—
		0.6	42	53	67	85	106	—	—
		0.7	45	56	71	90	112	—	—
		0.75	45	56	71	90	112	—	—
		0.8	48	60	75	95	118	150	190
5.6	11.2	0.75	50	63	80	100	125	—	—
		1	56	71	90	112	140	180	224
		1.25	60	75	95	118	150	190	236
		1.5	67	85	106	132	170	212	265
11.2	22.4	1	60	75	95	118	150	190	236
		1.25	67	85	106	132	170	212	265
		1.5	71	90	112	140	180	224	280
		1.75	75	95	118	150	190	236	300
		2	80	100	125	160	200	250	315
		2.5	85	106	132	170	212	265	335
22.4	45	1	63	80	100	125	160	200	250
		1.5	75	95	118	150	190	236	300
		2	85	106	132	170	212	265	335
		3	100	125	160	200	250	315	400
		3.5	106	132	170	212	265	335	425
		4	112	140	180	224	280	355	450
		4.5	118	150	190	236	300	375	475
45	90	1.5	80	100	125	160	200	250	315
		2	90	112	140	180	224	280	355
		3	106	132	170	212	265	335	425
		4	118	150	190	236	300	375	475
		5	125	160	200	250	315	400	500
		5.5	132	170	212	265	335	425	530
		6	140	180	224	280	355	450	560
90	180	2	95	118	150	190	236	300	375
		3	112	140	180	224	280	355	450
		4	125	160	200	250	315	400	500
		6	150	190	236	300	375	475	600
		8	170	212	265	335	425	530	670
180	355	3	125	160	200	250	315	400	500
		4	140	180	224	280	355	450	560
		6	160	200	250	315	400	500	630
		8	180	224	280	355	450	560	710

表 1-1-10　　内螺纹的推荐公差带（GB/T 197—2003）

公差精度	公差带位置 G			公差带位置 H		
	S	N	L	S	N	L
精密	—	—	—	4H	5H	6H
中等	(5G)	6G	(7G)	5H	6H	7H
粗糙	—	(7G)	(8G)	—	7H	8H

表 1-1-11　　外螺纹的推荐公差带（GB/T 197—2003）

公差精度	公差带位置 e			公差带位置 f			公差带位置 g			公差带位置 h		
	S	N	L	S	N	L	S	N	L	S	N	L
精密	—	—	—	—	—	—	—	(4g)	(5g4g)	(3h4h)	4h	(5h4h)
中等	—	6e	(7e6e)		6f	—	(5g6g)	6g	(7g6g)	(5h6h)	6h	(7h6h)
粗糙	—	(8e)	(9e8e)	—	—	—		8g	(9g8g)	—	—	—

注：1. 根据使用场合，螺纹的公差精度分为下面三级：

精密：用于精密螺纹。

中等：用于一般用途螺纹。

粗糙：用于制造螺纹有困难的场合，例如在热轧棒料上和深盲孔内加工螺纹。

2. 宜优先按表 1-1-10 和表 1-1-11 的规定选取螺纹公差带。

3. 除特殊情况外，表 1-1-10 和表 1-1-11 以外的其他公差带不宜选用。

4. 公差带优先选用顺序为：粗字体公差带、一般字体公差带、括号内公差带。带方框的粗字体公差带用于大量生产的紧固件螺纹。

5. 表 1-1-10 的内螺纹公差带能与表 1-1-11 的外螺纹公差带形成任意组合。但是，为了保证内、外螺纹间有足够的螺纹接触高度，推荐完工后的螺纹零件宜优先组成 H/g、H/h 或 G/h 配合。对公称直径小于和等于 1.4mm 的螺纹，应选用 5H/6h、4H/6h 或更精密的配合。

6. 推荐公差带仅适用于薄涂镀层的螺纹，例如电镀螺纹。

(5) 普通螺纹收尾、肩距、退刀槽和倒角（GB/T 3—1997）

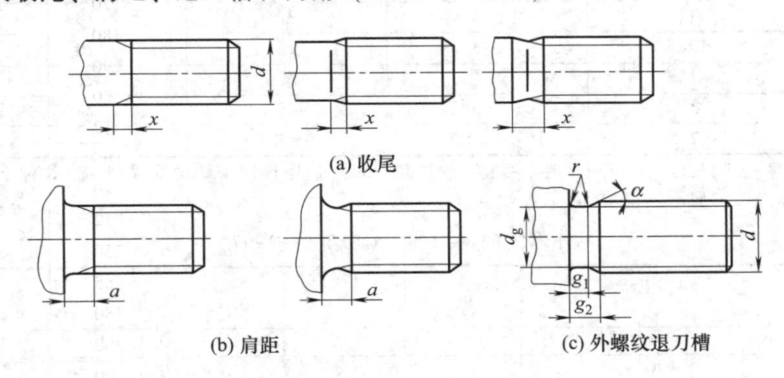

图 1-1-2　外螺纹收尾、肩距和退刀槽的形式（GB/T 3—1997）

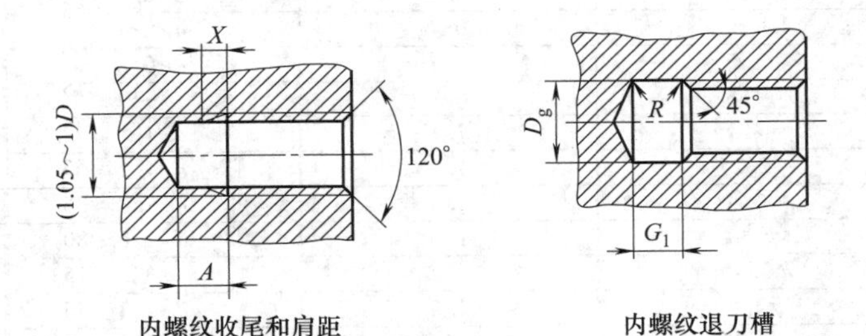

图 1-1-3　内螺纹收尾、肩距和退刀槽的形式（GB/T 3—1997）

表 1-1-12　　外螺纹的收尾和肩距（GB/T 3—1997）　　mm

螺距 P	收尾 x max		肩距 a max		
	一般	短的	一般	长的	短的
0.2	0.5	0.25	0.6	0.8	0.4
0.25	0.6	0.3	0.75	1	0.5
0.3	0.75	0.4	0.9	1.2	0.6
0.35	0.9	0.45	1.05	1.4	0.7
0.4	1	0.5	1.2	1.6	0.8

续表

螺距 P	收尾 x max		肩距 a max		
	一般	短的	一般	长的	短的
0.45	1.1	0.6	1.35	1.8	0.9
0.5	1.25	0.7	1.5	2	1
0.6	1.5	0.75	1.8	2.4	1.2
0.7	1.75	0.9	2.1	2.8	1.4
0.75	1.9	1	2.25	3	1.5
0.8	2	1	2.4	3.2	1.6
1	2.5	1.25	3	4	2
1.25	3.2	1.6	4	5	2.5
1.5	3.8	1.9	4.5	6	3
1.75	4.3	2.2	5.3	7	3.5
2	5	2.5	6	8	4
2.5	6.3	3.2	7.5	10	5
3	7.5	3.8	9	12	6
3.5	9	4.5	10.5	14	7
4	10	5	12	16	8
4.5	11	5.5	13.5	18	9
5	12.5	6.3	15	20	10
5.5	14	7	16.5	22	11
6	15	7.5	18	24	12
参考值	≈2.5P	≈1.25P	≈3P	=4P	=2P

注：应优先选用“一般”长度的收尾和肩距；“短”收尾和“短”肩距仅用于结构受限制的螺纹件上；产品等级为B或C级的螺纹紧固件可采用“长”肩距。

表 1-1-13　外螺纹的退刀槽（GB/T 3—1997）　mm

螺距 P	g_2 max	g_1 min	d_g	r ≈
0.25	0.75	0.4	d-0.4	0.12
0.3	0.9	0.5	d-0.5	0.16
0.35	1.05	0.6	d-0.6	0.16
0.4	1.2	0.6	d-0.7	0.2
0.45	1.35	0.7	d-0.7	0.2
0.5	1.5	0.8	d-0.8	0.2
0.6	1.8	0.9	d-1	0.4
0.7	2.1	1.1	d-1.1	0.4
0.75	2.25	1.2	d-1.2	0.4
0.8	2.4	1.3	d-1.3	0.4
1	3	1.6	d-1.6	0.6
1.25	3.75	2	d-2	0.6
1.5	4.5	2.5	d-2.3	0.8
1.75	5.25	3	d-2.6	1
2	6	3.4	d-3	1
2.5	7.5	4.4	d-3.6	1.2
3	9	5.2	d-4.4	1.6
3.5	10.5	6.2	d-5	1.6
4	12	7	d-5.7	2
4.5	13.5	8	d-6.4	2.5
5	15	9	d-7	2.5
5.5	17.5	11	d-7.7	3.2
6	18	11	d-8.3	3.2
参考值	≈3P	—	—	—

注：1. d 为螺纹公称直径代号。

2. d_g 公差为：h13（d>3mm）；h12（$d≤3$mm）

表 1-1-14　内螺纹的收尾和肩距（GB/T 3—1997） mm

螺距 P	收尾 X max		肩距 A	
	一般	短的	一般	长的
0.2	0.8	0.4	1.2	1.6
0.25	1	0.5	1.5	2
0.3	1.2	0.6	1.8	2.4
0.35	1.4	0.7	2.2	2.8
0.4	1.6	0.8	2.5	3.2
0.45	1.8	0.9	2.8	3.6
0.5	2	1	3	4
0.6	2.4	1.2	3.2	4.8
0.7	2.8	1.1	3.5	5.6
0.75	3	1.5	3.8	6
0.8	3.2	1.6	4	6.4
1	4	2	5	8
1.25	5	2.5	6	10
1.5	6	3	7	12
1.75	7	3.5	9	14
2	8	4	10	16
2.5	10	5	12	18
3	12	6	14	22
3.5	14	7	16	24
4	16	8	18	26
4.5	18	9	21	29
5	20	10	23	32
5.5	22	11	25	35
6	24	12	28	38
参考值	$=4P$	$=2P$	$\approx(6\sim5)P$	$\approx(8\sim6.5)P$

注：应优先选用“一般”长度的收尾和肩距；容屑需要较大空间时可选用“长”肩距，结构限制时可选用“短”收尾。

表 1-1-15　内螺纹的退刀槽（GB/T 3—1997） mm

螺距 P	G_1		D_g	R ≈
	一般	短的		
0.5	2	1	$D+0.3$	0.2
0.6	2.4	1.2		0.3
0.7	2.8	1.4		0.4
0.75	3	1.5		0.4
0.8	3.2	1.6		0.4
1	4	2	$D+0.5$	0.5
1.25	5	2.5		0.6
1.5	6	3		0.8
1.75	7	3.5		0.9
2	8	4		1
2.5	10	5		1.2
3	12	6		1.5
3.5	14	7		1.8
4	16	8		2
4.5	18	9		2.2
5	20	10		2.5
5.5	22	11		2.8
6	24	12		3
参考值	$=4P$	$=2P$	—	$\approx0.5P$

注：1. “短”退刀槽仅在结构受限制时采用。

2. D_g 公差为 H13。

3. D 为螺纹公称直径代号。

(6) **普通螺纹管路系列** (GB/T 1414—2013)

本标准规定了普通螺纹（一般用途米制螺纹）的管路系列，见表 1-1-16。此系列是从 GB/T 193—2003 所规定的标准系列内挑选出来的，其公称直径范围为 8~170mm。

本标准适用于一般的管路系统，其螺纹本身不具有密封功能。

表 1-1-16　　**普通螺纹的管路系列** (GB/T 1414—2013)　　mm

公称直径 D、d		螺距 P			
第 1 系列	第 2 系列	3	2	1.5	1
8					1
10					1
	14			1.5	
16				1.5	
	18			1.5	
20				1.5	
	22		2	1.5	
24			2		
	27		2		
30			2		
	33		2		
	39		2		
42			2		
48			2		
	56		2		
	60		2		
64			2		
	68		2		
72		3			
	76		2		
80			2		
	85		2		
90		3	2		
100		3	2		
	115	3	2		
125			2		
140		3	2		
	150		2		
160			2		
	170	3			

1.1.2 英制螺纹

(1) **英制螺纹的基本牙型**

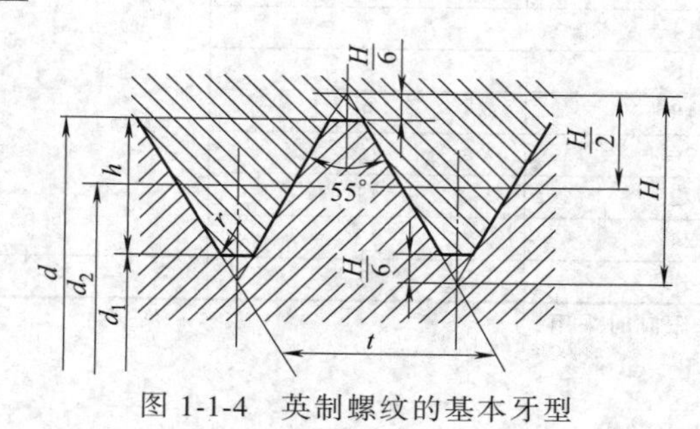

图 1-1-4　英制螺纹的基本牙型

螺距 $t=1$/每英寸牙数，大径（公称直径）为 d，三角形高度 $H=0.960491t$，工作高度 $h=2H/3=0.640327t$，中径 $d_2=d-0.60327t$，小径 $d_1=d-1.280655t$，圆角半径 $r=0.137329t$。

(2) 英制螺纹的直径与螺距系列

表 1-1-17　　英制螺纹的标准系列

公称直径/in	牙数		公称直径/in	牙数	
	粗牙(B.S.W.)	细牙(B.S.F.)		粗牙(B.S.W.)	细牙(B.S.F.)
1/8	(40)		1½	6	8
3/16	24	(32)	1⅝		(8)
7/32		(28)	1¾	5	7
1/4	20	26	2	4.5	7
9/32		(26)	2¼	4	6
5/16	18	22	2½	4	6
3/8	16	20	2¾	3.5	6
7/16	14	18	3	3.5	5
1/2	12	16	3¼	(3.25)	5
9/16	(12)	15	3½	3.25	4.5
5/8	11	14	3¾	(3)	4.5
11/16	(11)	(14)	4	3	4.5
3/4	10	12	4¼		4
7/8	9	11	4½	2.875	
1	8	10	5	2.75	
1⅛	7	9	5½	2.625	
1¼	7	9	6	2.5	
1⅜		(8)			

注：优先选用不带括号的牙数。

表 1-1-18　　英制螺纹的选择组合系列

公称直径/in		牙数							
第一系列	第二系列	4	6	8	12	16	20	26	32
1/4									32
5/16								26	32
3/8								26	32
7/16								26	
1/2							20	26	
9/16							20	26	
5/8							20	26	
	11/16					16	20	26	
3/4						16	20	26	
	13/16					16	20	26	
7/8						(16)	20	(26)	
	15/16				12	(16)	20	(26)	
1					12	(16)	20	(26)	
	1 1/16				12	(16)	20	(26)	
1⅛					12	(16)	20	(26)	
	1 3/16			(8)	12	(16)	20	(26)	
1¼					12	(16)	20	(26)	
	1 5/16		(6)	(8)	12	(16)	20	(26)	
1⅜			(6)		12	(16)	20	(26)	
	1 7/16		(6)	(8)	12	(16)	20	(26)	
1½					12	(16)	20	(26)	
	1⅝		(6)		12	16	20	(26)	
1¾					12	16	20	(26)	

续表

公称直径/in		牙数							
第一系列	第二系列	4	6	8	12	16	20	26	32
	1⅞		(6)	(8)	12	16	20	(26)	
2					12	16	20	(26)	
	2⅛		(6)	8	12	16	(20)		
2¼				8	12	16	(20)		
	2⅜		(6)	8	12	16	(20)		
2½				8	12	16	(20)		
	2⅝		(6)	8	12	16	(20)		
2¾				8	12	16	(20)		
	2⅞		(6)	8	12	16	(20)		
3			(6)	8	12	16	(20)		
	3⅛		(6)	8	(12)	16			
3¼			(6)	8	(12)	16			
	3⅜		(6)	8	(12)	16			
3½			(6)	8	(12)	16			
	3⅝		(6)	8	(12)	16			
3¾			(6)	8	(12)	16			
	3⅞		(6)	8	(12)	16			
4			(6)	8	(12)	16			
	4⅛		(6)	8	(12)	16			
4¼			(6)	8	(12)	16			
	4⅜	4	(6)	8	(12)	16			
4½		4	(6)	8	(12)	16			
	4⅝	4	(6)	8	(12)	16			
4¾		4	(6)	8	(12)	16			
	4⅞	4	(6)	8	(12)	16			
5		4	(6)	8	(12)	16			
	5⅛	4	(6)	8	(12)	16			
5¼		4	(6)	8	(12)	16			
	5⅜	4	(6)	8	(12)	16			
5½		4	(6)	8	(12)	16			
	5⅝	4	(6)	8	(12)	16			
5¾		4	(6)	8	(12)	16			
	5⅞	4	(6)	8	(12)	16			
6		4	(6)	8	(12)	16			
	6¼	4	(6)	8	(12)	16			
6½		4	(6)	8	(12)	16			
	6¾	4	(6)	8	(12)	16			
7		4	6	8	12	16			

注：1. 如果需要使用表 1-1-16 以外的特殊系列螺纹，首先选用表 1-1-17 的选择组合系列。

2. 优先选用第一系列直径。

3. 优先选用不带括号的牙数。

表 1-1-19　　英制螺纹的选择螺距系列

牙数															
4	**6**	**8**	10	11	**12**	14	**16**	18	**20**	24	**26**	28	**32**	36	**40**

注：1. 如果表 1-1-18 所规定的选择组合系列还不能满足要求，则选用表 1-1-19 所规定的选择螺距系列。

2. 优先选用黑体牙数。

(3) 英制螺纹的基本尺寸

表 1-1-20　英制粗牙螺纹（B. S. W.）的基本尺寸　in

公称直径	牙数	螺距	牙高	大径	中径	小径
1/8	40	0.02500	0.0160	0.1250	0.1090	0.0930
3/16	24	0.04167	0.0267	0.1875	0.1608	0.1341
1/4	20	0.05000	0.0320	0.2500	0.2180	0.1860
5/16	18	0.05556	0.0356	0.3125	0.2769	0.2413
3/8	16	0.06250	0.0400	0.3750	0.3350	0.2950
7/16	14	0.07143	0.0457	0.4375	0.3918	0.3461
1/2	12	0.08333	0.0534	0.5000	0.4466	0.3932
9/16	12	0.08333	0.0534	0.5625	0.5091	0.4557
5/8	11	0.09091	0.0582	0.6250	0.5668	0.5086
11/16	11	0.09091	0.0582	0.6875	0.6293	0.5711
3/4	10	0.10000	0.0640	0.7500	0.6860	0.6220
7/8	9	0.11111	0.0711	0.8750	0.8039	0.7328
1	8	0.12500	0.0800	1.0000	0.9200	0.8400
1⅛	7	0.14286	0.0915	1.1250	1.0335	0.9420
1¼	7	0.14286	0.0915	1.2500	1.1585	1.0670
1½	6	0.16667	0.1067	1.5000	1.3933	1.2866
1¾	5	0.20000	0.1281	1.7500	1.6219	1.4938
2	4.5	0.22222	0.1423	2.0000	1.8577	1.7154
2¼	4	0.25000	0.1601	2.2500	2.0899	1.9298
2½	4	0.25000	0.1601	2.5000	2.3399	2.1798
2¾	3.5	0.28571	0.1830	2.7500	2.5670	2.3840
3	3.5	0.28571	0.1830	3.0000	2.8170	2.6340
3¼	3.25	0.30769	0.1970	3.2500	3.0530	2.8560
3½	3.25	0.30769	0.1970	3.5000	3.3030	3.1060
3¾	3	0.33333	0.2134	3.7500	3.5366	3.3232
4	3	0.33333	0.2134	4.0000	3.7866	3.5732
4½	2.875	0.34783	0.2227	4.5000	4.2773	4.0546
5	2.75	0.36364	0.2328	5.0000	4.7672	4.5344
5½	2.625	0.38095	0.2439	5.5000	5.2561	5.0122
6	2.5	0.40000	0.2561	6.0000	5.7439	5.4878

表 1-1-21　英制细牙螺纹（B. S. F.）的基本尺寸　in

公称直径	牙数	螺距	牙高	大径	中径	小径
3/16	32	0.03125	0.0200	0.1875	0.1675	0.1475
7/32	28	0.03571	0.0229	0.2188	0.1959	0.1730
1/4	26	0.03846	0.0246	0.2500	0.2254	0.2008
9/32	26	0.03846	0.0246	0.2812	0.2566	0.2320
5/16	22	0.04545	0.0291	0.3125	0.2834	0.2543
3/8	20	0.05000	0.0320	0.3750	0.3430	0.3110

续表

公称直径	牙数	螺距	牙高	大径	中径	小径
7/16	18	0.05556	0.0356	0.4375	0.4019	0.3663
1/2	16	0.06250	0.0400	0.5000	0.4600	0.4200
9/16	16	0.06250	0.0400	0.5625	0.5225	0.4825
5/8	14	0.07143	0.0457	0.6250	0.5793	0.5336
11/16	14	0.07143	0.0457	0.6875	0.6418	0.5961
3/4	12	0.08333	0.0534	0.7500	0.6966	0.6432
7/8	11	0.09091	0.0582	0.8750	0.8168	0.7586
1	10	0.10000	0.0640	1.0000	0.9360	0.8720
1⅛	9	0.11111	0.0711	1.1250	1.0539	0.9828
1¼	9	0.11111	0.0711	1.2500	1.1789	1.1078
1⅜	8	0.12500	0.0800	1.3750	1.2950	1.2150
1½	8	0.12500	0.0800	1.5000	1.4200	1.3400
1⅝	8	0.12500	0.0800	1.6250	1.5450	1.4650
1¾	7	0.14286	0.0915	1.7500	1.6585	1.5670
2	7	0.14286	0.0915	2.0000	1.9085	1.8170
2¼	6	0.16667	0.1067	2.2500	2.1433	2.0366
2½	6	0.16667	0.1067	2.5000	2.3933	2.2866
2¾	6	0.16667	0.1067	2.7500	2.6433	2.5366
3	5	0.20000	0.1281	3.0000	2.8719	2.7438
3¼	5	0.20000	0.1281	3.2500	3.1219	2.9938
3½	4.5	0.22222	0.1423	3.5000	3.3577	3.2154
3¾	4.5	0.22222	0.1423	3.7500	3.6077	3.4654
4	4.5	0.22222	0.1423	4.0000	3.8577	3.7154
4¼	4	0.25000	0.1601	4.2500	4.0899	3.9298

注：对大直径螺纹，推荐采用4牙的螺纹。

1.1.3 锯齿形（3°、30°）螺纹

（1）锯齿形螺纹的牙型（GB/T 13576.1—2008）

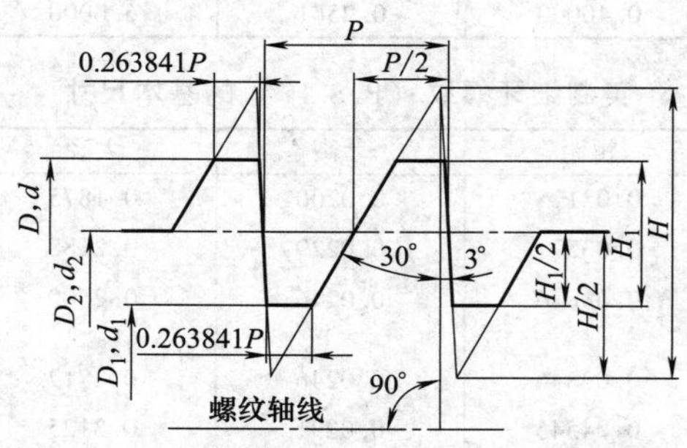

图1-1-5　基本牙型（GB/T 13576.1—2008）

表 1-1-22　　基本牙型尺寸（GB/T 13576.1—2008）　　mm

螺距 P	H 1.587911P	$H/2$ 0.793956P	H_1 0.75P	牙顶和牙底宽 0.263841P
2	3.176	1.588	1.500	0.528
3	4.764	2.382	2.250	0.792
4	6.352	3.176	3.000	1.055
5	7.940	3.970	3.750	1.319
6	9.527	4.764	4.500	1.583
7	11.115	5.558	5.250	1.847
8	12.703	6.352	6.000	2.111
9	14.291	7.146	6.750	2.375
10	15.879	7.940	7.500	2.638
12	19.055	9.527	9.000	3.166
14	22.231	11.115	10.500	3.694
16	25.407	12.703	12.000	4.221
18	28.582	14.291	13.500	4.749
20	31.758	15.879	15.000	5.277
22	34.934	17.467	16.500	5.805
24	38.110	19.055	18.000	6.332
28	44.462	22.231	21.000	7.388
32	50.813	25.407	24.000	8.443
36	57.165	28.582	27.000	9.498
40	63.516	31.758	30.000	10.554
44	69.868	34.934	33.000	11.609

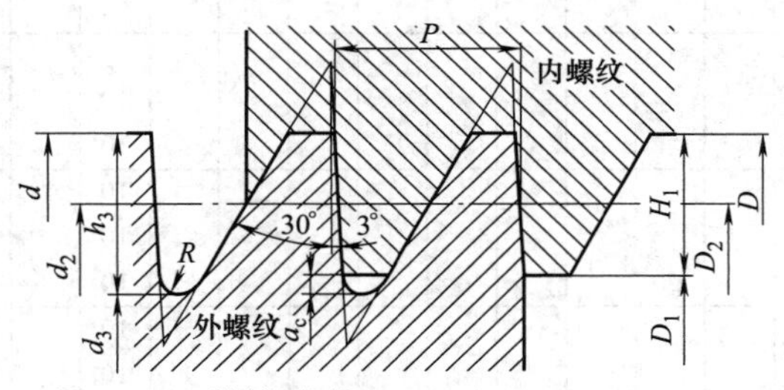

图 1-1-6　设计牙型（GB/T 13576.1—2008）

表 1-1-23　　设计牙型尺寸（GB/T 13576.1—2008）　　mm

螺距 P	a_c 0.117767P	h_3 0.867767P	R 0.124271P
2	0.236	1.736	0.249
3	0.353	2.603	0.373
4	0.471	3.471	0.497
5	0.589	4.339	0.621
6	0.707	5.207	0.746
7	0.824	6.074	0.870
8	0.942	6.942	0.994
9	1.060	7.810	1.118
10	1.178	8.678	1.243
12	1.413	10.413	1.491
14	1.649	12.149	1.740
16	1.884	13.884	1.988
18	2.120	15.620	2.237
20	2.355	17.355	2.485
22	2.591	19.091	2.734

续表

螺距 P	a_c $0.117767P$	h_3 $0.867767P$	R $0.124271P$
24	2.826	20.826	2.983
28	3.297	24.297	3.480
32	3.769	27.769	3.977
36	4.240	31.240	4.474
40	4.711	34.711	4.971
44	5.182	38.182	5.468

(2) 锯齿形螺纹的直径与螺距系列（GB/T 13576.2—2008）

表 1-1-24　锯齿形螺纹的直径与螺距系列（GB/T 13576.2—2008）　mm

公称直径			螺距																				
第一系列	第二系列	第三系列	44	40	36	32	28	24	22	20	18	16	14	12	10	9	8	7	6	5	4	3	2
10																							2
12																						3	2
	14																					3	2
16																					4		2
	18																				4		2
20																					4		2
	22																8			5		3	
24																	8			5		3	
	26																8			5		3	
28																	8			5		3	
	30														10				6			3	
32															10				6			3	
	34														10				6			3	
36															10				6			3	
	38														10			7				3	
40															10			7				3	
	42														10			7				3	
44														12				7				3	
	46													12			8					3	
48														12			8					3	
	50													12			8					3	
52														12			8					3	
	55												14			9						3	
60													14			9						3	
	65											16			10						4		
70												16			10						4		
	75											16			10						4		
80												16			10						4		
	85										18			12							4		
90											18			12							4		
	95										18			12							4		
100										20				12							4		
		105								20				12							4		
	110									20				12							4		
		115							22				14						6				
120									22				14						6				

续表

公称直径			螺距																				
第一系列	第二系列	第三系列	44	40	36	32	28	24	22	20	18	16	14	12	10	9	8	7	6	5	4	3	2
		125							22				14						6				
	130								22				14						6				
		135						24					14						6				
140								24					14						6				
		145						24					14						6				
	150							24				16							6				
		155						24				16							6				
160							28					16							6				
		165					28					16							6				
	170						28					16							6				
		175					28					16					8						
180							28				18						8						
		185				32					18						8						
	190					32					18						8						
		195				32					18						8						
200						32					18						8						
	210				36					20							8						
220					36					20							8						
	230				36					20							8						
240					36				22								8						
	250			40					22					12									
260				40					22					12									
	270			40				24						12									
280				40				24						12									
	290		44					24						12									
300			44					24						12									
	320		44											12									
340			44											12									
	360													12									
380														12									
	400													12									
420											18												
	440										18												
460											18												
	480										18												
500											18												
	520							24															
540								24															
	560							24															
580								24															
	600							24															
620								24															
	640							24															

(3) 锯齿形螺纹的基本尺寸(GB/T 13576.3—2008)

表 1-1-25　　锯齿形螺纹的基本尺寸(GB/T 13576.3—2008)　　mm

公称直径 d			螺距	中径	小径	
第一系列	第二系列	第三系列	P	$d_2=D_2$	d_3	D_1
10			2	8.500	8.529	7.000
12			2	10.500	8.529	9.000
			3	9.750	6.793	7.500
	14		2	12.500	10.529	11.000
			3	11.750	8.793	9.500
16			2	14.500	12.529	13.000
			4	13.500	9.058	10.000
	18		2	16.500	14.529	15.000
			4	15.000	11.058	12.000
20			2	18.500	16.529	17.000
			4	17.000	13.058	14.000
	22		3	19.750	16.793	17.500
			5	18.250	13.322	14.500
			8	16.000	8.116	10.000
24			3	21.750	18.793	19.500
			5	20.250	15.322	16.500
			8	18.000	10.116	12.000
	26		3	23.750	20.793	21.500
			5	22.250	17.322	18.500
			8	20.000	12.116	14.000
28			3	25.750	22.793	23.500
			5	24.250	19.322	20.500
			8	22.000	14.116	16.000
	30		3	27.750	24.793	25.500
			6	25.500	19.587	21.000
			10	22.500	12.645	15.000
32			3	29.750	26.793	27.500
			6	27.500	21.587	23.000
			10	24.500	14.645	17.000
	34		3	31.750	28.793	29.500
			6	29.500	23.587	25.000
			10	26.500	16.645	19.000
36			3	33.750	30.793	31.500
			6	31.500	25.587	27.000
			10	28.500	18.645	21.000
	38		3	35.750	32.793	33.500
			7	32.750	25.851	27.500
			10	30.500	20.645	23.000
40			3	37.750	34.793	35.500
			7	34.750	27.851	29.500
			10	32.500	22.645	25.000
	42		3	39.750	36.793	37.500
			7	36.750	29.851	31.500
			10	34.500	24.645	27.000
44			3	41.750	38.793	39.500
			7	38.750	31.851	33.500
			12	35.000	23.174	26.000

续表

公称直径 d			螺距 P	中径 $d_2=D_2$	小径	
第一系列	第二系列	第三系列			d_3	D_1
	46		3	43.750	40.793	41.500
			8	40.000	32.116	34.000
			12	37.000	25.174	28.000
48			3	45.750	42.793	43.500
			8	42.000	34.116	36.000
			12	39.000	27.174	30.000
	50		3	47.750	44.793	45.500
			8	44.000	36.116	38.000
			12	41.000	29.174	32.000
52			3	49.750	46.793	47.500
			8	46.000	38.116	40.000
			12	43.000	31.174	34.000
	55		3	52.750	49.793	50.500
			9	48.250	39.380	41.500
			14	44.500	30.703	34.000
60			3	57.750	54.793	55.500
			9	53.250	44.380	46.500
			14	49.500	35.703	39.000
	65		4	62.000	58.058	59.000
			10	57.500	47.645	50.000
			16	53.000	37.231	41.000
70			4	67.000	63.058	64.000
			10	62.500	52.645	55.000
			16	58.000	42.231	46.000
	75		4	72.000	68.058	69.000
			10	67.500	57.645	60.000
			16	63.000	47.231	51.000
80			4	77.000	73.058	74.000
			10	72.500	62.645	65.000
			16	68.000	52.231	56.000
	85		4	82.000	78.058	79.000
			12	76.000	64.174	67.000
			18	71.500	53.760	58.000
90			4	87.000	83.058	84.000
			12	81.000	69.174	72.000
			18	76.500	58.760	63.000
	95		4	92.000	88.058	89.000
			12	86.000	74.174	77.000
			18	81.500	63.760	68.000
100			4	97.000	93.058	94.000
			12	91.000	79.174	82.000
			20	85.000	65.289	70.000
		105	4	102.000	98.058	99.000
			12	95.000	84.174	87.000
			20	90.000	70.289	75.000
	110		4	107.000	103.058	104.000
			12	101.000	89.174	92.000
			20	95.000	75.289	80.000

续表

公称直径 d			螺距 P	中径 $d_2=D_2$	小径	
第一系列	第二系列	第三系列			d_3	D_1
		115	6 14 22	110.500 104.500 98.500	104.587 90.703 76.818	106.000 94.000 82.000
120			6 14 22	115.500 109.500 103.500	109.587 95.703 81.818	111.000 99.000 87.000
		125	6 14 22	120.500 114.500 108.500	114.587 100.703 86.818	116.000 104.000 92.000
	130		6 14 22	125.500 119.500 113.500	119.587 105.703 91.818	121.000 109.000 97.000
		135	6 14 24	130.500 124.500 117.000	124.587 110.703 93.347	126.000 114.000 99.000
140			6 14 24	135.500 129.500 122.000	129.587 115.703 98.347	131.000 119.000 104.000
		145	6 14 24	140.500 134.500 127.000	134.587 120.703 103.347	136.000 124.000 109.000
	150		6 16 24	145.500 138.000 132.000	139.587 122.231 108.347	141.000 126.000 114.000
		155	6 16 24	150.500 143.000 137.000	144.587 127.231 113.347	146.000 131.000 119.000
160			6 16 28	155.500 148.000 139.000	149.587 132.231 111.405	151.000 136.000 118.000
		165	6 16 28	160.500 153.000 144.000	154.587 137.231 116.405	156.000 141.000 123.000
	170		6 16 28	165.500 158.000 149.000	159.587 142.231 121.405	161.000 146.000 128.000
		175	8 16 28	169.000 163.000 154.000	161.116 147.231 126.405	163.000 151.000 133.000
180			8 18 28	174.000 166.500 159.000	166.116 148.760 131.405	168.000 153.000 138.000
		185	8 18 32	179.000 171.500 161.000	171.116 153.760 129.463	173.000 158.000 137.000
	190		8 18 32	184.000 176.500 166.000	176.116 158.760 134.463	178.000 163.000 142.000

续表

公称直径 d			螺距	中径	小径	
第一系列	第二系列	第三系列	P	$d_2=D_2$	d_3	D_1
		195	8 18 32	189.000 181.500 171.000	181.116 163.760 139.463	183.000 168.000 147.000
200			8 18 32	194.000 186.500 176.000	186.116 168.760 144.463	188.000 173.000 152.000
	210		8 20 36	204.000 195.000 183.000	196.116 175.289 147.521	198.000 180.000 156.000
220			8 20 36	214.000 205.000 193.000	206.116 185.289 157.521	208.000 190.000 166.000
	230		8 20 36	224.000 215.000 203.000	216.116 195.289 167.521	218.000 200.000 176.000
240			8 22 36	234.000 223.500 213.000	226.116 201.818 177.521	228.000 207.000 186.000
	250		12 22 40	241.000 233.500 220.000	229.174 211.818 180.579	232.000 217.000 190.000
260			12 22 40	251.000 243.500 230.000	239.174 221.818 190.579	242.000 227.000 200.000
	270		12 24 40	261.000 252.000 240.000	249.174 228.347 200.579	252.000 234.000 210.000
280			12 24 40	271.000 262.000 250.000	259.174 238.347 210.579	262.000 244.000 220.000
	290		12 24 44	281.000 272.000 257.000	269.174 248.347 213.637	272.000 254.000 224.000
300			12 24 44	291.000 282.000 267.000	279.174 258.347 223.637	282.000 264.000 234.000
	320		12 44	311.000 287.000	299.174 243.637	302.000 254.000
340			12 44	331.000 307.000	319.174 263.637	322.000 274.000
	360		12	351.000	339.174	342.000
380			12	371.000	359.174	362.000
	400		12	391.000	379.174	382.000
420			18	406.500	388.760	393.000
	440		18	426.500	408.760	413.000
460			18	446.500	428.760	433.000
	480		18	466.500	448.760	453.000
500			18	486.500	468.760	473.000
	520		24	502.000	478.347	484.000

续表

公称直径 d			螺距	中径	小径	
第一系列	第二系列	第三系列	P	$d_2=D_2$	d_3	D_1
540			24	522.000	498.347	504.000
	560		24	542.000	518.347	524.000
580			24	562.000	538.347	544.000
	600		24	582.000	558.347	564.000
620			24	602.000	578.347	584.000
	640		24	622.000	598.347	604.000

(4) 锯齿形螺纹的公差（GB/T 13576.4—2008）

锯齿形螺纹的公差见表 1-1-26~表 1-1-34。

表 1-1-26　锯齿形螺纹中径的基本偏差（GB/T 13576.4—2008）　μm

螺距 P/mm	内螺纹 D_2	外螺纹 d_2	
	H EI	c es	e es
2	0	-150	-71
3	0	-170	-85
4	0	-190	-95
5	0	-212	-106
6	0	-236	-118
7	0	-250	-125
8	0	-265	-132
9	0	-280	-140
10	0	-300	-150
12	0	-335	-160
14	0	-355	-180
16	0	-375	-190
18	0	-400	-200
20	0	-425	-212
22	0	-450	-224
24	0	-475	-236
28	0	-500	-250
32	0	-530	-265
36	0	-560	-280
40	0	-600	-300
44	0	-630	-315

按表 1-1-27 的规定选取锯齿形螺纹中径和小径的公差等级。其中外螺纹的小径 d_3 与其中径 d_2 应选取相同的公差等级。

表 1-1-27　锯齿形螺纹中径和小径的公差等级

螺纹直径	公差等级	螺纹直径	公差等级
内螺纹中径 D_2	7、8、9	外螺纹小径 d_3	7、8、9
外螺纹中径 d_2	7、8、9	内螺纹小径 D_1	4

锯齿形内螺纹大径和外螺纹大径的公差等级分别为 GB/T 1800.1—2009 所规定的 IT10 和 IT9。

表 1-1-28　内螺纹小径公差（T_{D1}）（GB/T 13576.4—2008）　μm

螺距 P/mm	4 级公差	螺距 P/mm	4 级公差
2	236	5	450
3	315	6	500
4	375	7	560

续表

螺距 P/mm	4级公差	螺距 P/mm	4级公差
8	630	24	1320
9	670	28	1500
10	710	32	1600
12	800	36	1800
14	900	40	1900
16	1000	44	2000
18	1120		
20	1180		
22	1250		

表 1-1-29　内、外螺纹大径公差（GB/T 13576.4—2008）　μm

公称直径 d/mm		内螺纹大径公差 T_D	外螺纹大径公差 T_d
>	≤	H10	h9
6	10	58	36
10	18	70	43
18	30	84	52
30	50	100	62
50	80	120	74
80	120	140	87
120	180	160	100
180	250	185	115
250	315	210	130
315	400	230	140
400	500	250	155
500	630	280	175
630	800	320	200

表 1-1-30　外螺纹小径公差（T_{d3}）（GB/T 13576.4—2008）　μm

基本大径 d/mm		螺距 P/mm	中径公差带位置为c			中径公差带位置为e		
			公差等级			公差等级		
>	≤		7	8	9	7	8	9
5.6	11.2	2	388	445	525	309	366	446
		3	435	501	589	350	416	504
11.2	22.4	2	400	462	544	321	383	465
		3	450	520	614	365	435	529
		4	521	609	690	426	514	595
		5	562	656	775	456	550	669
		8	709	828	965	576	695	832
22.4	45	3	482	564	670	397	479	585
		5	587	681	806	481	575	700
		6	655	767	899	537	649	781
		7	694	813	950	569	688	825
		8	734	859	1015	601	726	882
		10	800	925	1087	650	775	937
		12	866	998	1223	691	823	1048
45	90	3	501	589	701	416	504	616
		4	565	659	784	470	564	689
		8	765	890	1052	632	757	919
		9	811	943	1118	671	803	978
		10	831	963	1138	681	813	988
		12	929	1085	1273	754	910	1098

续表

基本大径 d/mm		螺距 P/mm	中径公差带位置为 c			中径公差带位置为 e		
			公差等级			公差等级		
>	≤		7	8	9	7	8	9
45	90	14	970	1142	1355	805	967	1180
		16	1038	1213	1438	853	1028	1253
		18	1100	1288	1525	900	1088	1320
90	180	4	584	690	815	489	595	720
		6	705	830	986	587	712	868
		8	796	928	1103	663	795	970
		12	960	1122	1335	785	947	1160
		14	1018	1193	1418	843	1018	1243
		16	1075	1263	1500	890	1078	1315
		18	1150	1338	1588	950	1138	1388
		20	1175	1363	1613	962	1150	1400
		22	1232	1450	1700	1011	1224	1474
		24	1313	1538	1800	1074	1299	1561
		28	1388	1625	1900	1138	1375	1650
180	355	8	828	965	1153	695	832	1020
		12	998	1173	1398	823	998	1223
		18	1187	1400	1650	987	1200	1450
		20	1263	1488	1750	1050	1275	1537
		22	1288	1513	1775	1062	1287	1549
		24	1363	1600	1875	1124	1361	1636
		32	1530	1780	2092	1265	1515	1827
		36	1623	1885	2210	1343	1605	1930
		40	1663	1925	2250	1363	1625	1950
		44	1755	2030	2380	1440	1715	2065
355	640	12	1035	1223	1460	870	1058	1295
		18	1238	1462	1725	1038	1263	1525
		24	1363	1600	1875	1124	1361	1636
		44	1818	2155	2530	1503	1840	2215

表 1-1-31　内螺纹中径公差（T_{D2}）（GB/T 13576.4—2008）　μm

基本大径 d/mm		螺距 P/mm	公差等级		
>	≤		7	8	9
5.6	11.2	2	250	315	400
		3	280	355	450
11.2	22.4	2	265	335	425
		3	300	375	475
		4	355	450	560
		5	375	475	600
		8	475	600	750
22.4	45	3	335	425	530
		5	400	500	630
		6	450	560	710
		7	475	600	750
		8	500	630	800
		10	530	670	850
		12	560	710	900

续表

基本大径 d/mm		螺距 P/mm	公差等级		
>	≤		7	8	9
45	90	3	355	450	560
		4	400	500	630
		8	530	670	850
		9	560	710	900
		10	560	710	900
		12	630	800	1000
		14	670	850	1060
		16	710	900	1120
		18	750	950	1180
90	180	4	425	530	670
		6	500	630	800
		8	560	710	900
		12	670	850	1060
		14	710	900	1120
		16	750	950	1180
		18	800	1000	1250
		20	800	1000	1250
		22	850	1060	1320
		24	900	1120	1400
		28	950	1180	1500
180	355	8	600	750	950
		12	710	900	1120
		18	850	1060	1320
		20	900	1120	1400
		22	900	1120	1400
		24	950	1180	1500
		32	1060	1320	1700
		36	1120	1400	1800
		40	1120	1400	1800
		44	1250	1500	1900
355	640	12	760	950	1200
		18	900	1120	1400
		24	950	1180	1480
		44	1290	1610	2000

表 1-1-32　外螺纹中径公差（T_{d2}）（GB/T 13576.4—2008）　μm

基本大径 d/mm		螺距 P/mm	公差等级		
>	≤		7	8	9
5.6	11.2	2	190	236	300
		3	212	265	335
11.2	22.4	2	200	250	315
		3	224	280	355
		4	265	335	425
		5	280	355	450
		8	355	450	560
22.4	45	3	250	315	400
		5	300	375	475
		6	335	425	530

续表

基本大径 d/mm		螺距 P/mm	公差等级		
>	≤		7	8	9
22.4	45	7 8 10	355 375 400	450 475 500	560 600 630
		12	425	530	670
45	90	3 4 8	265 300 400	335 375 500	425 475 630
		9 10 12	425 425 475	530 530 600	670 670 750
		14 16 18	500 530 560	630 670 710	800 850 900
90	180	4 6 8	315 375 425	400 475 530	500 600 670
		12 14 16	500 530 560	630 670 710	800 850 900
		18 20 22	600 600 630	750 750 800	950 950 1000
		24 28	670 710	850 900	1060 1120
180	355	8 12 18	450 530 630	560 670 800	710 850 1000
		20 22 24	670 670 710	850 850 900	1060 1060 1120
		32 36 40	800 850 850	1000 1060 1060	1250 1320 1320
		44	900	1120	1400
355	640	12 18 24	560 670 710	710 850 900	900 1060 1120
		44	950	1220	1520

表 1-1-33　　内螺纹推荐公差带

精度等级	中径公差带	
	N	L
中等	7H	8H
粗糙	8H	9H

表 1-1-34　　外螺纹推荐公差带

精度等级	中径公差带	
	N	L
中等	7e	8e
粗糙	8c	9c

注：1. 应优先按表 1-1-33 和表 1-1-34 的规定选取螺纹公差带。
2. 根据使用场合，选择锯齿形螺纹的精度等级：
——中等：用于一般用途螺纹。
——粗糙：用于制造螺纹有困难的场合。

1.1.4　小螺纹

(1) 小螺纹的牙型（GB/T 15054.1—1994）

本标准规定了小螺纹的基本牙型和设计牙型，见图 1-1-7、表 1-1-35 和图 1-1-18、表 1-1-36。

本标准适用于公称直径范围为 0.3~1.4mm 的一般用途的小螺纹。

表 1-1-35　　基本牙型（GB/T 15054.1—1994）

螺距 P	H 0.866025P	H_1 0.48P	0.375H 0.324760P	牙顶宽 0.125P	牙底宽 0.321P
0.08	0.069282	0.038400	0.025981	0.010000	0.025660
0.09	0.077942	0.043200	0.029228	0.011250	0.028867
0.1	0.086603	0.048000	0.032476	0.012500	0.032074
0.125	0.108253	0.060000	0.040595	0.015625	0.040093
0.15	0.129904	0.072000	0.048714	0.018750	0.048112
0.175	0.151554	0.084000	0.056833	0.021875	0.056130
0.2	0.173205	0.096000	0.064952	0.025000	0.064149
0.225	0.194856	0.108000	0.073071	0.028125	0.072167
0.25	0.216506	0.120000	0.081190	0.031250	0.080186
0.3	0.259808	0.144000	0.097428	0.037500	0.096223

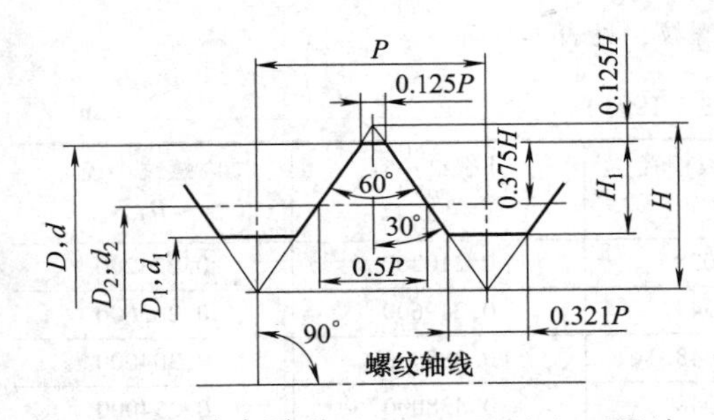

图 1-1-7　基本牙型（GB/T 15054.1—1994）

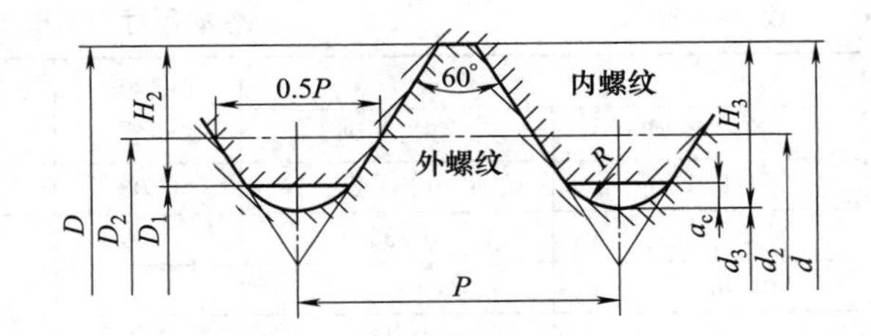

图 1-1-8　设计牙型（GB/T 15054.1—1994）

表 1-1-36　　设计牙型（GB/T 15054.1—1994）

P	$2a_c$	h_3	R_{max}
0.08	0.013	0.045	0.016
0.09	0.014	0.050	0.018
0.1	0.016	0.056	0.020
0.125	0.020	0.070	0.025
0.15	0.024	0.084	0.030
0.175	0.028	0.098	0.035

续表

P	$2a_c$	h_3	R_{max}
0.2	0.032	0.112	0.040
0.225	0.036	0.126	0.045
0.25	0.040	0.140	0.050
0.3	0.048	0.168	0.060

注：设计牙型的尺寸计算式如下。

$H_1=0.48P$；

$a_c=0.08P$；

$h_3=H_1+a_c=0.56P$；

$D=d$；

$D_2=d_2=d-0.75H=d-0.64952P$；

$D_1=d-2H_1=d-0.96P$；

$d_3=d-2h_3=d-1.12P$；

$R_{max}=0.2P$。

（2）小螺纹的直径与螺距系列（GB/T 15054.2—1994）

表 1-1-37 直径与螺距系列（GB/T 15054.2—1994） mm

公称直径		螺距	公称直径		螺距
第一系列	第二系列	P	第一系列	第二系列	P
0.3		0.08		0.7	0.175
	0.35	0.09	0.8		0.2
0.4		0.1		0.9	0.225
	0.45	0.1	1		0.25
0.5		0.125		1.1	0.25
	0.55	0.125	1.2		0.25
0.6		0.15		1.4	0.3

注：选择直径时，应优先选择表中第一系列的直径。

（3）小螺纹的基本尺寸（GB/T 15054.3—1994）

本标准适用于公称直径范围为0.3~1.4mm的一般用途的小螺纹，见表1-1-38。

表 1-1-38 基本尺寸（GB/T 15054.3—1994） mm

公称直径		螺距	外、内螺纹中径	外螺纹小径	内螺纹小径
第一系列	第二系列	P	$d_2=D_2$	d_3	D_1
0.3		0.08	0.248038	0.210200	0.223200
	0.35	0.09	0.291543	0.249600	0.263600
0.4		0.1	0.335048	0.288000	0.304000
	0.45	0.1	0.385048	0.338000	0.354000
0.5		0.125	0.418810	0.360000	0.380000
	0.55	0.125	0.468810	0.410000	0.430000
0.6		0.15	0.502572	0.432000	0.456000
	0.7	0.175	0.586334	0.504000	0.532000
0.8		0.2	0.670096	0.576000	0.608000
	0.9	0.225	0.753858	0.648000	0.684000
1		0.25	0.837620	0.720000	0.760000
	1.1	0.25	0.937620	0.820000	0.860000
1.2		0.25	1.037620	0.920000	0.960000
	1.4	0.3	1.205144	1.064000	1.112000

(4) 小螺纹的公差（GB/T 15054.4—1994）

表 1-1-39　内螺纹大径和中径的基本偏差（GB/T 15054.4—1994）　μm

螺距 P/mm	大径 D 和中径 D_2	
	H EI	G EI
0.08 0.09 0.1	0 0 0	+6 +6 +6
0.125 0.15 0.175	0 0 0	+8 +8 +10
0.2 0.225 0.25	0 0 0	+10 +10 +12
0.3	0	+12

内、外螺纹各直径公差等级见表 1-1-40。

表 1-1-40　内、外螺纹各直径公差等级

直径	公差等级	直径	公差等级
内螺纹中径 D_2	3,4	外螺纹中径 d_2	5
内螺纹小径 D_1	5,6	外螺纹小径 d_3	4
外螺纹大径 d	3,5		

表 1-1-41　内螺纹大径和中径的基本偏差（GB/T 15054.4—1994）　μm

螺距 P/mm	内螺纹小径 D_1 公差等级		外螺纹大径 d 公差等级	
	5	6	3	5
0.08 0.09 0.1	17 22 26	 38	16 18 20	
0.125 0.15 0.175	35 46 53	55 66 73	20 25 25	32 40 45
0.2 0.225 0.25	57 61 65	77 81 85	30 30 35	50 50
0.3	73	93	40	

表 1-1-42　内、外螺纹的中径公差（GB/T 15054.4—1994）　μm

螺距 P/mm	内螺纹中径 D_2 公差等级		外螺纹中径 d_2 公差等级
	3	4	5
0.08 0.09 0.1	14 16 18	20 22 24	20 22 24
0.125 0.15 0.175	18 20 22	26 28 32	26 28 32
0.2 0.225 0.25	26 30 32	36 40 44	36 40 44
0.3	38	50	50

表 1-1-43　　外螺纹小径公差（GB/T 15054.4—1994）　　μm

螺距 P/mm	公差等级 4	螺距 P/mm	公差等级 4
0.08	20	0.2	40
0.09	22	0.225	44
0.1	24	0.25	48
0.125	28	0.3	56
0.15	32		
0.175	36		

内螺纹中径公差带只有 2 种：4H 和 3G。

对需要涂镀保护层的螺纹，如无特殊规定，涂镀后螺纹的实际轮廓的任何点不应超过按 H、h 确定的最大实体牙型。

一般情况下，内螺纹的优选公差带为 4H5；外螺纹的优选公差带为 5h3。

1.1.5　紧固件的力学性能与技术条件

（1）螺栓、螺钉及螺柱的力学性能（GB/T 3098.1—2010）

【性能等级的标记】螺栓、螺钉和螺柱性能等级的代号，由点隔开的两部分数字组成（见表 1-1-44～表 1-1-46）：

——点左边的一或两位数字表示公称抗拉强度（$R_{m,公称}$）的 1/100，以 MPa 计（见表 1-1-46，No.1）；

——点右边的数字表示公称屈服强度（下屈服强度）（$R_{eL,公称}$）或规定非比例延伸 0.2% 的公称应力（$R_{p0.2,公称}$）或规定非比例延伸 0.0048d 的公称应力（$R_{pf,公称}$）（见表 1-1-46，No.2～No.4）与公称抗拉强度（$R_{m,公称}$）比值的 10 倍（见表 1-1-44）。

表 1-1-44　　屈强比

点右边的数字	6	8	9
$\frac{R_{eL,公称}}{R_{m,公称}}$或$\frac{R_{p0.2,公称}}{R_{m,公称}}$或$\frac{R_{pf,公称}}{R_{m,公称}}$	0.6	0.8	0.9

示例：紧固件的公称抗拉强度 $R_{m,公称}$=800MPa 和屈强比为 0.8，其性能等级标记为“8.8”。

若材料性能与 8.8 级相同，但其实际承载能力又低于 8.8 级的紧固件（降低承载能力的）产品，其性能等级应标记为“08.8”（见 GB/T 3098.1—2010 中 10.4）。

表 1-1-45　　材料（GB/T 3098.1—2010）

性能等级	材料和热处理	化学成分极限（熔炼分析）/%[1]					回火温度/℃
		C		P	S	B[2]	
		min	max	max	max	max	min
4.6[3][4]	碳钢或添加元素的碳钢	—	0.55	0.050	0.060	未规定	—
4.8[4]							
5.6[3]		0.13	0.55	0.050	0.060		
5.8[4]		—	0.55	0.050	0.060		
6.8[4]		0.15	0.55	0.050	0.060		
8.8[6]	添加元素的碳钢（如硼或锰或铬）淬火并回火或	0.15[5]	0.40	0.025	0.025	0.003	425
	碳钢淬火并回火或	0.25	0.55	0.025	0.025		
	合金钢淬火并回火[7]	0.20	0.55	0.025	0.025		
9.8[6]	添加元素的碳钢（如硼或锰或铬）淬火并回火或	0.15[5]	0.40	0.025	0.025	0.003	425
	碳钢淬火并回火或	0.25	0.55	0.025	0.025		
	合金钢淬火并回火[7]	0.20	0.55	0.025	0.025		
10.9[6]	添加元素的碳钢（如硼或锰或铬）淬火并回火或	0.20[5]	0.55	0.025	0.025	0.003	425

续表

性能等级	材料和热处理	化学成分极限(熔炼分析)/%①					回火温度/℃
		C		P	S	B②	
		min	max	max	max	max	min
10.9⑥	碳钢淬火并回火或	0.25	0.55	0.025	0.025	0.003	425
	合金钢淬火并回火⑦	0.20	0.55	0.025	0.025		
12.9⑥⑧⑨	合金钢淬火并回火⑦	0.30	0.50	0.025	0.025	0.003	425
12.9⑥⑧⑨	添加元素的碳钢(如硼或锰或铬或钼)淬火并回火	0.28	0.50	0.025	0.025	0.003	380

① 有争议时，实施成品分析。

② 硼的含量可达0.005%，非有效硼由添加钛和/或铝控制。

③ 对4.6和5.6级冷镦紧固件，为保证达到要求的塑性和韧性，可能需要对其冷镦用线材或冷镦紧固件产品进行热处理。

④ 这些性能等级允许采用易切钢制造，其硫、磷和铅的最大含量为：硫0.34%；磷0.11%；铅0.35%。

⑤ 对含碳量低于0.25%的添加硼的碳钢，其锰的最低含量分别为：8.8级为0.6%；9.8级和10.9级为0.7%。

⑥ 对这些性能等级用的材料，应有足够的淬透性，以确保紧固件螺纹截面的芯部为淬硬状态、回火前获得约90%的马氏体组织。

⑦ 这些合金钢至少应含有下列的一种元素，其最小含量分别为：铬0.30%；镍0.30%；钼0.20%；钒0.10%。当含有二、三或四种复合的合金成分时，合金元素的含量不能少于单个合金元素含量总和的70%。

⑧ 对12.9/12.9级表面不允许有金相能测出的白色磷化物聚集层。去除磷化物聚集层应在热处理前进行。

⑨ 当考虑使用12.9/12.9级时，应谨慎从事。紧固件制造者的能力、服役条件和扳拧方法都应仔细考虑。除表面处理外，使用环境也可能造成紧固件的应力腐蚀开裂。

表1-1-46　螺栓、螺钉和螺柱的力学和物理性能（GB/T 3098.1—2010）

序号	力学或物理性能		性能等级									
			4.6	4.8	5.6	5.8	6.8	8.8		9.8	10.9	12.9/12.9
								$d \leqslant$ 16mm①	$d>$ 16mm②	$d \leqslant$ 16mm		
1	抗拉强度 R_m/MPa	公称③	400		500		600	800		900	1000	1200
		min	400	420	500	520	600	800	830	900	1040	1220
2	下屈服强度 R_{eL}④/MPa	公称③	240	—	300	—	—	—	—	—	—	—
		min	240	—	300	—	—	—	—	—	—	—
3	规定非比例延伸0.2%的应力 $R_{p0.2}$/MPa	公称③	—	—	—	—	—	640	640	720	900	1080
		min	—	—	—	—	—	640	660	720	940	1100
4	紧固件实物的规定非比例延伸0.0048d的应力 R_{pf}/MPa	公称③	—	320	—	400	480	—	—	—	—	—
		min	—	340⑤	—	420⑤	480⑤	—	—	—	—	—
5	保证应力 S_P⑥/MPa	公称	225	310	280	380	440	580	600	650	830	970
	保证应力比	$S_{P,公称}/R_{eL,min}$ 或 $S_{P,公称}/R_{p0.2,min}$ 或 $S_{p,公称}/R_{pf,min}$	0.94	0.91	0.93	0.90	0.92	0.91	0.91	0.90	0.88	0.88
6	机械加工试件的断后伸长率 A/%	min	22	—	20	—	—	12	12	10	9	8
7	机械加工试件的断面收缩率 Z/%	min	—					52		48	48	44
8	紧固件实物的断后伸长率 A_f(见GB/T 3098.1—2010中附录C)	min	—	0.24	—	0.22	0.20	—	—	—	—	—
9	头部坚固性		不得断裂或出现裂缝									
10	维氏硬度(HV, $F \geqslant 98N$)	min	120	130	155	160	190	250	255	290	320	385
		max	220⑦				250	320	335	360	380	435
11	布氏硬度(HBW, $F=30D^2$)	min	114	124	147	152	181	245	250	286	316	380
		max	209⑦				238	316	331	355	375	429
12	洛氏硬度(HRB)	min	67	71	79	82	89	—				
		max	95.0⑦				99.5	—				
	洛氏硬度(HRC)	min	—					22	23	28	32	39
		max	—					32	34	37	39	44

续表

序号	力学或物理性能		性能等级									
			4.6	4.8	5.6	5.8	6.8	8.8		9.8	10.9	12.9/<u>12.9</u>
								$d\leqslant$ 16mm①	$d>$ 16mm②	$d\leqslant$ 16mm		
13	表面硬度(HV0.3)	max	—					⑧			⑧⑨	⑧⑩
14	螺纹未脱碳层的高度 E/mm	min	—					$1/2H_1$			$2/3H_1$	$3/4H_1$
	螺纹全脱碳层的深度 G/mm	max	—					0.015				
15	再回火后硬度的降低值(HV)	max	—					20				
16	破坏扭矩 M_B/N·m	min	—					按 GB/T 3098.13 的规定				
17	吸收能量 K_V⑪⑫/J	min	—		27	—		27	27	27	27	⑬
18	表面缺陷		GB/T 5779.1⑭									GB/T 5779.3

① 数值不适用于栓接结构。
② 对栓接结构 $d\geqslant$M12。
③ 规定公称值，仅为性能等级标记制度的需要，见 GB/T 3098.1—2010 中第 5 章。
④ 在不能测定下屈服强度 R_{eL} 的情况下，允许测量规定非比例延伸 0.2%的应力 $R_{p0.2}$。
⑤ 对性能等级 4.8、5.8 和 6.8 的 $R_{pf,min}$ 数值尚在调查研究中。表中数值是按保证载荷比计算给出的，而不是实测值。
⑥ GB/T 3098.1—2010 中表 5 和表 7 规定了保证载荷值。
⑦ 在紧固件的末端测定硬度时，应分别为：250HV、238HB 或 HRB_{max} 99.5。
⑧ 当采用 HV0.3 测定表面硬度及芯部硬度时，紧固件的表面硬度不应比芯部硬度高出 30HV 单位。
⑨ 表面硬度不应超出 390HV。
⑩ 表面硬度不应超出 435HV。
⑪ 试验温度在-20℃下测定，见 GB/T 3098.1—2010 中 9.14。
⑫ 适用于 $d\geqslant$16mm。
⑬ K_V 数值尚在调查研究中。
⑭ 由供需双方协议，可用 GB/T 5779.3 代替 GB/T 5779.1。

(2) 螺母的力学性能（GB/T 3098.2—2015）

【螺母形式标记】本部分按螺母高度规定了三种形式螺母的技术要求：

——2 型、高螺母：最小高度 $m_{min}\approx 0.9D$ 或$>0.9D$，参见表 1-1-47。

——1 型、标准螺母：最小高度 $m_{min}\geqslant 0.8D$，参见表 1-1-47。

——0 型、薄螺母：最小高度：$0.45D\leqslant m_{min}<0.8D$。

表 1-1-47　　六角螺母的最小高度

螺纹规格 D	对边宽度 s/mm	螺母高度			
		标准螺母(1 型)		高螺母(2 型)	
		m_{min}/mm	m_{min}/D	m_{min}/mm	m_{min}/D
M5	8	4.40	0.88	4.80	0.96
M6	10	4.90	0.82	5.40	0.90
M7	11	6.14	0.88	6.84	0.98
M8	13	6.44	0.81	7.14	0.90
M10	16	8.04	0.80	8.94	0.89
M12	18	10.37	0.86	11.57	0.96
M14	21	12.10	0.86	13.40	0.96
M16	24	14.10	0.88	15.70	0.98
M18	27	15.10	0.84	16.90	0.94
M20	30	16.90	0.85	19.00	0.95
M22	34	18.10	0.82	20.50	0.93
M24	36	20.20	0.84	22.60	0.94
M27	41	22.50	0.83	25.40	0.94

续表

螺纹规格 D	对边宽度 s/mm	螺母高度			
		标准螺母(1型)		高螺母(2型)	
		m_{min}/mm	m_{min}/D	m_{min}/mm	m_{min}/D
M30	46	24.30	0.81	27.30	0.91
M33	50	27.40	0.83	30.90	0.94
M36	55	29.40	0.82	33.10	0.92
M39	60	31.80	0.82	35.90	0.92

【性能等级标记】标准螺母（1型）和高螺母（2型）性能等级的代号由数字组成。它相当于可与其搭配使用的螺栓、螺钉或螺柱的最高性能等级标记中左边的数字。

薄螺母（0型）性能等级的代号由两位数字组成：

第一位数字为“0”，表示这种螺母比前面规定的标准螺母或高螺母降低了承载能力。因此，当超载时，可能发生螺纹脱扣。

第二位数字表示用淬硬试验芯棒测试的公称保证应力的1/100，以MPa计。

螺母形式和性能等级对应的公称直径范围，见表1-1-48。

表1-1-48　螺母形式和性能等级对应的公称直径范围

性能等级	公称直径范围 D/mm		
	标准螺母(1型)	高螺母(2型)	薄螺母(0型)
04	—	—	M5≤D≤M39 M8×1≤D×P≤M39×3
05	—	—	M5≤D≤M39 M8×1≤D×P≤M39×3
5	M5≤D≤M39 M8×1≤D×P≤M39×3	—	—
6	M5≤D≤M39 M8×1≤D×P≤M39×3	—	—
8	M5≤D≤M39 M8×1≤D×P≤M39×3	M16≤D≤M39 M8×1≤D×P≤M16×1.5	—
10	M5≤D≤M39 M8×1≤D×P≤M16×1.5	M5≤D≤M39 M8×1≤D×P≤M39×3	—
12	M5≤D≤M16	M5≤D≤M39 M8×1≤D×P≤M16×1.5	—

【螺栓和螺母连接副的设计】标准螺母（1型）和高螺母（2型）应按表2与外螺纹紧固件搭配使用，见表1-1-49；较高性能等级的螺母可以替代低性能等级的螺母。

表1-1-49　标准螺母（1型）和高螺母（2型）与外螺纹紧固件性能的搭配使用

螺母性能等级	搭配使用的螺栓、螺钉或螺柱的最高性能等级	螺母性能等级	搭配使用的螺栓、螺钉或螺柱的最高性能等级
5	5.8	10	10.9
6	6.8	12	12.9/<u>12.9</u>
8	8.8		

表1-1-50规定了各性能等级螺母的材料与热处理。

表1-1-50　各性能等级螺母的材料与热处理

性能等级			材料与螺母热处理	化学成分极限(熔炼分析)[①]/%			
				C max	Mn min	P max	S max
粗牙螺纹	04[③]		碳钢[④]	0.58	0.25	0.60	0.150
	05[③]		碳钢淬火并回火[⑤]	0.58	0.30	0.048	0.058
	5[②]		碳钢[④]	0.58	—	0.60	0.150
	6[②]		碳钢[④]	0.58	—	0.60	0.150
	8	高螺母(2型)	碳钢[④]	0.58	0.25	0.60	0.150

续表

性能等级			材料与螺母热处理	化学成分极限(熔炼分析)①/%			
				C max	Mn min	P max	S max
粗牙螺纹	8	标准螺母(1型)$D\leqslant$M16	碳钢④	0.58	0.25	0.60	0.150
	8③	标准螺母(1型)$D>$M16	碳钢淬火并回火⑤	0.58	0.30	0.048	0.058
	10③		碳钢淬火并回火⑤	0.58	0.30	0.048	0.058
	12③		碳钢淬火并回火⑤	0.58	0.45	0.048	0.058
细牙螺纹	04②		碳钢④	0.58	0.25	0.060	0.150
	05③		碳钢淬火并回火⑤	0.58	0.30	0.048	0.058
	5②		碳钢④	0.58	—	0.060	0.150
	6②	$D\leqslant$M16	碳钢④	0.58	—	0.060	0.150
	6②	$D>$M16	碳钢淬火并回火⑤	0.58	0.30	0.048	0.058
	8	高螺母(2型)	碳钢④	0.58	0.25	0.060	0.150
	8③	标准螺母(1型)	碳钢淬火并回火⑤	0.58	0.30	0.048	0.058
	10③		碳钢淬火并回火⑤	0.58	0.30	0.048	0.058
	12③		碳钢淬火并回火⑤	0.58	0.45	0.048	0.058

① 有争议时，实施成品分析。

② 根据供需协议，这些性能等级的螺母可以用易切钢制造。其硫、磷和铅的最大含量为：硫 0.34%；磷 0.11%；铅 0.35%。

③ 为满足 GB/T 3098.2—2015 中第 7 章对力学性能的要求，可能需要添加合金元素。

④ 由制造者选择，可以淬火并回火。

⑤ 对这些性能等级用的材料，应有足够的淬透性，以确保紧固件基体金属为淬硬状态、回火前，在螺母螺纹截面中，如 GB/T 3098.2—2015 中图 3 所示，获得约 90%的马氏体组织。

注：“—”表示未规定极限。

螺母的保证载荷应符合表 1-1-51 和表 1-1-52 的规定。硬度应符合表 1-1-53 和表 1-1-54 的规定。

表 1-1-51　　粗牙螺纹螺母保证载荷值

螺纹规格 D/mm	螺距 P/mm	保证载荷①/N 性能等级						
		04	05	5	6	8	10	12
M5	0.8	5400	7100	8250	9500	12140	14800	16300
M6	1	7640	10000	11700	13500	17200	20900	23100
M7	1	11000	14500	16800	19400	24700	30100	33200
M8	1.25	13900	18300	21600	24900	31800	38100	42500
M10	1.5	22000	29000	34200	39400	50500	60300	67300
M12	1.75	32000	42200	51400	59000	74200	88500	100300
M14	2	43700	57500	70200	80500	101200	120800	136900
M16	2	59700	78500	95800	109900	138200	164900	186800
M18	2.5	73000	96000	121000	138200	176600	203500	230400
M20	2.5	93100	122500	154400	176400	225400	259700	294000
M22	2.5	115100	151500	190900	218200	278800	321200	363600
M24	3	134100	176500	222400	254200	324800	374200	423600
M27	3	174400	229500	289200	330500	422300	486500	550800
M30	3.5	213200	280500	353400	403900	516100	594700	673200
M33	3.5	263700	347000	437200	499700	638500	735600	832800
M36	4	310500	408500	514700	588200	751600	866000	980400
M39	4	370900	488000	614900	702700	897900	1035000	1171000

① 使用薄螺母时，应考虑其脱扣载荷低于全承载能力螺母的保证载荷（参见 GB/T 3098.2—2015 中附录 A）。

表 1-1-52　　细牙螺纹螺母保证载荷值

螺纹规格 $D\times P$ /mm	保证载荷①/N 性能等级						
	04	05	5	6	8	10	12
M8×1	14900	19600	27000	30200	37400	43100	47000
M10×1.25	23300	30600	44200	47100	58400	67300	73400
M10×1	24500	32200	44500	49700	61600	71000	77400

续表

螺纹规格 D×P /mm	保证载荷①/N						
	性能等级						
	04	05	5	6	8	10	12
M12×1.5	33500	44000	60800	68700	84100	97800	105700
M12×1.25	35000	46000	63500	71800	88000	102200	110500
M14×1.5	47500	62500	86300	97500	119400	138800	150000
M16×1.5	63500	83500	115200	130300	159500	185400	200400
M18×2	77500	102000	146900	177500	210100	220300	—
M18×1.5	81700	107500	154800	187000	221500	232200	—
M20×2	98000	129000	185800	224500	265700	278600	—
M20×1.5	103400	136000	195800	236600	280200	293800	—
M22×2	120800	159000	229000	276700	327500	343400	—
M22×1.5	126500	166500	239800	289700	343000	359600	—
M24×2	145900	192000	276500	334100	395500	414700	—
M27×2	188500	248000	351100	431500	510900	536700	—
M30×2	236000	310500	447100	540300	639600	670700	—
M33×2	289200	380500	547900	662100	783800	821900	—
M36×3	328700	432500	622800	804400	942800	934200	—
M39×3	391400	5158000	741600	957900	1123000	1112000	—

① 使用薄螺母时，应考虑其脱扣载荷低于全承载能力螺母的保证载荷（参见 GB/T 3098.2—2015 中附录 A）。

表 1-1-53　粗牙螺纹螺母硬度性能

螺纹规格 D/mm	性能等级													
	04		05		5		6		8		10		12	
	维氏硬度(HV)													
	min	max	min	max	min	max	min	max	min	max	min	max	min	max
M5≤D≤M16	188	302	272	353	130	302	150	302	200	302	272	353	295③	353
M16<D≤M39					146		170		233①	353②			272	
	布氏硬度(HB)													
M5≤D≤M16	179	287	259	336	124	287	143	287	190	287	259	336	280③	336
M16<D≤M39					139		162		221①	336②			259	
	洛氏硬度(HRC)													
M5≤D≤M16	—	30	26	36	—	30	—	30	—	30	26	36	29③	36
M16<D≤M39									—	36②			26	

①对高螺母（2型）的最低硬度值：180HV（171HB）。

②对高螺母（2型）的最高硬度值：302HV（287HB；30HRC）。

③对高螺母（2型）的最低硬度值：272HV（259HB；26HRC）。

注：1. 表面缺陷按 GB/T 5779.2 的规定。

2. 验收检查时，维氏硬度试验为仲裁方法，见 GB/T 3098.2—2015 中 9.2.4。

表 1-1-54　细牙螺纹螺母硬度性能

螺纹规格 D×P /mm	性能等级													
	04		05		5		6		8		10		12	
	维氏硬度(HV)													
	min	max	min	max	min	max	min	max	min	max	min	max	min	max
M8×1≤D×P≤M16×1.5	188	302	272	353	175	302	188	302	250①	353②	295③	353	295	353
M16×1.5<D×P≤M39×3					190		233		295	353	260		—	—
	布氏硬度(HB)													
M8×1≤D×P≤M16×1.5	179	287	259	336	166	287	179	287	238①	336②	280③	36	280	336
M16×1.5<D×P≤M39×3					181		221		280	336	247		—	—
	洛氏硬度(HRC)													
M8×1≤D×P≤M16×1.5	—	30	26	36	—	30	—	30	22.2①	36②	29③	36	29	36
M16×1.5<D×P≤M39×3					—		—		29.2	36	24		—	—

①对高螺母（2型）的最低硬度值：195HV（185HB）。

②对高螺母（2型）的最高硬度值：302HV（287HB；30HRC）。

③对高螺母（2型）的最低硬度值：250HV（238HB；22.2HRC）。

注：1. 表面缺陷按 GB/T 5779.2 的规定。

2. 验收检查时，维氏硬度试验为仲裁方法，见 GB/T 3098.2—2015 中 9.2.4。

(3) 紧定螺钉的力学性能（GB/T 3098.3—2016）

【标记制度】硬度等级的标记按表 1-1-55 的规定。标记的数字部分表示最低维氏硬度的 1/10。字母 H 表示硬度。

表 1-1-55 紧定螺钉的硬度等级

硬度等级标记	14H	22H	33H	45H
维氏硬度(HV)min	140	220	330	450

表 1-1-56 规定了紧固件各硬度等级用钢的化学成分极限。该化学成分应按相关的国家标准的规定。某些化学元素受一些国家的法规限制或禁止使用，当涉及有关国家或地区时应当注意。

表 1-1-56 紧定螺钉的材料

硬度等级	材料	热处理①	化学成分极限(熔炼分析)②/%			
			C		P	S
			max	min	max	max
14H	碳钢③	—	0.50	—	0.11	0.15
22H	碳钢④	淬火并回火	0.50	0.19	0.05	0.05
33H	碳钢④	淬火并回火	0.50	0.19	0.05	0.05
45H	碳钢④⑤	淬火并回火	0.50	0.45	0.05	0.05
	添加元素的碳钢④(如硼或锰或铬)	淬火并回火	0.50	0.28	0.05	0.05
	合金钢④⑤	淬火并回火	0.50	0.30	0.05	0.05

① 不允许表面硬化。

② 有争议时，实施成品分析。

③ 可以使用易切钢，其铅、磷和硫的最大含量分别为 0.35%、0.11%、0.34%。

④ 可以使用最大含铅量为 0.35%的钢。

⑤ 仅适用于 $d \leqslant$ M16。

⑥ 这些合金钢至少应含有下列的一种元素，其最小含量分别为铬 0.30%、镍 0.30%、钼 0.20%、钒 0.10%。当含有二、三或四种复合的合金成分时，合金元素的含量不能少于单个合金元素含量总和的 70%。

规定硬度等级的紧固件，在环境温度下，无论在制造过程中或最终检查的各项测试结果，均应符合表 1-1-57 规定的力学和物理性能。

表 1-1-57 紧定螺钉的力学和物理性能

序号	力学和物理性能				硬度等级			
					14H	22H	33H	45H
1	测试硬度(见 GB/T 3098.3—2016 中 9.1.2)							
	1.1	维氏硬度(HV10)		min	140	220	330	450
				max	290	300	440	560
	1.2	布氏硬度(HBW, $F=30D^2$)		min	133	209	314	428
				max	276	285	418	532
	1.3	洛氏硬度	HRB	min	75	95	—	—
				max	105	①	—	—
			HRC	min	—	①	33	45
				max	—	30	44	53
2	扭矩强度				—	—	—	见 GB/T 3098.3—2016 中表 5
3	螺纹未脱碳层的高度 E/mm			min	—	$1/2H_1$	$2/3H_1$	$3/4H_1$
4	螺纹全脱碳层的深度 G/mm			max	—	0.015	0.015	②
5	表面硬度(HV0.3)(见 GB/T 3098.3—2016 中 9.13)			max	—	320	450	580

续表

序号	力学和物理性能			硬度等级			
				14H	22H	33H	45H
6	无增碳(HV0.3)	max		—	③	③	③
7	表面缺陷			GB/T 5779.1			

①对 22H 级如进行洛氏硬度试验时，需要采用 HRB 试验最小值和 HRC 试验最大值。

②对 45H 不允许有全脱碳层。

③当采用 HV0.3 测定表面硬度及芯部硬度时，紧固件的表面硬度不应比芯部硬度高出 30HV（见 GB/T 3098.3—2016 中图 3）。

(4) 紧固件螺栓、螺钉、螺柱和螺母通用技术条件（GB/T 16938—2008）

标准的螺栓、螺钉、螺柱和螺母应规定下列部分：

① 力学性能（性能等级、材料）；

② 产品等级（公差）；

③ 标准化的几何特征（如需要时）；

④ 表面覆盖层（如要求时）、特殊技术要求（如同意时）。

所有数据与制成品有关。除另有专用标准或供需之间的协议，否则不应规定制造过程。

采用的制造方法，应能保证产品有完整的表面和棱边，而没有毛刺。通常，不要求去除诸如开槽或锻压、冲压或切边等工艺造成的小毛刺。然而，任何影响产品性能或者触摸时有安全危险的毛刺，均应去除。

超出螺栓和螺钉支承面的切边毛刺是不允许的。

除非另有规定，否则允许螺栓和螺钉留有中心孔。

除非已规定了一种表面覆盖层，产品的表面处理应为：

——不经处理，用于钢制产品；

——简单处理，用于不锈钢或有色金属产品。

如无其他协议，交付的螺栓、螺钉、螺柱和螺母应是清洁的，并涂有防锈油。

1.2 螺栓、螺柱

1.2.1 六角头螺栓

(1) 六角头螺栓（GB/T 5782—2016）

【形式及尺寸】六角头螺栓的形式尺寸见图 1-1-9 和表 1-1-58、表 1-1-59。

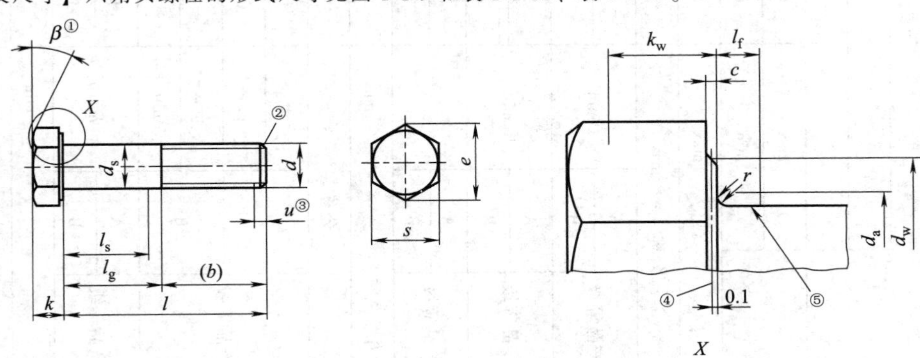

①$\beta=15°\sim30°$。

②末端应倒角，对螺纹规格≤M4者可为辗制末端(GB/T 2)。

③不完整螺纹的长度$u\leqslant2P$。

④d_w的仲裁基准。

⑤最大圆弧过渡。

图 1-1-9 六角头螺栓的形式尺寸

表 1-1-58　　六角头螺栓优选的螺纹规格　　mm

螺纹规格 d				M1.6	M2	M2.5	M3	M4	M5	M6	M8	M10
P[1]				0.35	0.4	0.45	0.5	0.7	0.8	1	1.25	1.5
b 参考	②			9	10	11	12	14	16	18	22	26
	③			15	16	17	18	20	22	24	28	32
	④			28	29	30	31	33	35	37	41	45
c			max	0.25	0.25	0.25	0.40	0.40	0.50	0.50	0.60	0.60
			min	0.10	0.10	0.10	0.15	0.15	0.15	0.15	0.15	0.15
d_a			max	2	2.6	3.1	3.6	4.7	5.7	6.8	9.2	11.2
d_s	公称 = max			1.60	2.00	2.50	3.00	4.00	5.00	6.00	8.00	10.00
	产品等级	A	min	1.46	1.86	2.36	2.86	3.82	4.82	5.82	7.78	9.78
		B		1.35	1.75	2.25	2.75	3.70	4.70	5.70	7.64	9.64
d_w	产品等级	A	min	2.27	3.07	4.07	4.57	5.88	6.88	8.88	11.63	14.63
		B		2.30	2.95	3.95	4.45	5.74	6.74	8.74	11.47	14.47
e	产品等级	A	min	3.41	4.32	5.45	6.01	7.66	8.79	11.05	14.38	17.77
		B		3.28	4.18	5.31	5.88	7.50	8.63	10.89	14.20	17.59
l_f			max	0.6	0.8	1	1	1.2	1.2	1.4	2	2
k	公称			1.1	1.4	1.7	2	2.8	3.5	4	5.3	6.4
	产品等级	A	max	1.225	1.525	1.825	2.125	2.925	3.65	4.15	5.45	6.58
			min	0.975	1.275	1.575	1.875	2.675	3.35	3.85	5.15	6.22
		B	max	1.3	1.6	1.9	2.2	3.0	3.74	4.24	5.54	6.69
			min	0.9	1.2	1.5	1.8	2.6	3.26	3.76	5.06	6.11
k_w[5]	产品等级	A	min	0.68	0.89	1.10	1.31	1.87	2.35	2.70	3.61	4.35
		B		0.63	0.84	1.05	1.26	1.82	2.28	2.63	3.54	4.28
r			min	0.1	0.1	0.1	0.1	0.2	0.2	0.25	0.4	0.4
s	公称 = max			3.20	4.00	5.00	5.50	7.00	8.00	10.00	13.00	16.00
	产品等级	A	min	3.02	3.82	4.82	5.32	6.78	7.78	9.78	12.73	15.73
		B		2.90	3.70	4.70	5.20	6.64	7.64	9.64	12.57	15.57

续表

螺纹规格 d					M1.6		M2		M2.5		M3		M4		M5		M6		M8		M10	
l					l_s 和 l_g[⑥]																	
公称	产品等级																					
	A		B		l_s	l_g	l_s	l_g	l_s	l_g	l_s	l_g	l_s	l_g	l_s	l_g	l_s	l_g	l_s	l_g	l_s	l_g
	min	max	min	max	min	max	min	max	min	max	min	max	min	max	min	max	min	max	min	max	min	max
12	11.65	12.35	—	—	1.2	3																
16	15.65	16.35	—	—	5.2	7	4	6	2.75	5			折线以上的规格推荐采用 GB/T 5783									
20	19.58	20.42	18.95	21.05			8	10	6.75	9	5.5	8										
25	24.58	25.42	23.95	26.05					11.75	14	10.5	13	7.5	11	5	9						
30	29.58	30.42	28.95	31.05							15.5	18	12.5	16	10	14	7	12				
35	34.5	35.5	33.75	36.25									17.5	21	15	19	12	17				
40	39.5	40.5	38.75	41.25									22.5	26	20	24	17	22	11.75	18		
45	44.5	45.5	43.75	46.25											25	29	22	27	16.75	23	11.5	19
50	49.5	50.5	48.75	51.25											30	34	27	32	21.75	28	16.5	24
55	54.4	55.6	53.5	56.5													32	37	26.75	33	21.5	29
60	59.4	60.6	58.5	61.5													37	42	31.75	38	26.5	34
65	64.4	65.6	63.5	66.5															36.75	43	31.5	39
70	69.4	70.6	68.5	71.5															41.75	48	36.5	44
80	79.4	80.6	78.5	81.5															51.75	58	46.5	54
90	89.3	90.7	88.25	91.75																	56.5	64
100	99.3	100.7	98.25	101.75																	66.5	74
110	109.3	100.7	108.25	111.75																		
120	119.3	120.7	118.25	121.75																		

续表

螺纹规格 d				M12	M16	M20	M24	M30	M36	M42	M48	M56	M64
P[①]				1.75	2	2.5	3	3.5	4	4.5	5	5.5	6
b 参考	②			30	38	46	54	66	—	—	—	—	—
	③			36	44	52	60	72	84	96	108	—	—
	④			49	57	65	73	85	97	109	121	137	153
c	max			0.60	0.8	0.8	0.8	0.8	0.8	1.0	1.0	1.0	1.0
	min			0.15	0.2	0.2	0.2	0.2	0.2	0.3	0.3	0.3	0.3
d_a	max			13.7	17.7	22.4	26.4	33.4	39.4	45.6	52.6	63	71
d_s	公称 = max			12.00	16.00	20.00	24.00	30.00	36.00	42.00	48.00	56.00	64.00
	产品等级	A	min	11.73	15.73	19.67	23.67	—	—	—	—	—	—
		B		11.57	15.57	19.48	23.48	29.48	35.38	41.38	47.38	55.26	63.26
d_w	产品等级	A	min	16.63	22.49	28.19	33.61	—	—	—	—	—	—
		B		16.47	22	27.7	33.25	42.75	51.11	59.95	69.45	78.66	88.16
e	产品等级	A	min	20.03	26.75	33.53	39.98	—	—	—	—	—	—
		B		19.85	26.17	32.95	39.55	50.85	60.79	71.3	82.6	93.56	104.86
l_t	max			3	3	4	4	6	6	8	10	12	13
k	公称			7.5	10	12.5	15	18.7	22.5	26	30	35	40
	产品等级	A	max	7.68	10.18	12.715	15.215	—	—	—	—	—	—
			min	7.32	9.82	12.285	14.785	—	—	—	—	—	—
		B	max	7.79	10.29	12.85	15.35	19.12	22.92	26.42	30.42	35.5	40.5
			min	7.21	9.71	12.15	14.65	18.28	22.08	25.58	29.58	34.5	39.5
k_w[⑤]	产品等级	A	min	5.12	6.87	8.6	10.35	—	—	—	—	—	—
		B		5.05	6.8	8.51	10.26	12.8	15.46	17.91	20.71	24.15	27.65
r	min			0.6	0.6	0.8	0.8	1	1	1.2	1.6	2	2
s	公称 = max			18.00	24.00	30.00	36.00	46	55.0	65.0	75.0	85.0	95.0
	产品等级	A	min	17.73	23.67	29.67	35.38	—	—	—	—	—	—
		B		17.57	23.16	29.16	35.00	45	53.8	63.1	73.1	82.8	92.8

续表

螺纹规格 d					M12		M16		M20		M24		M30		M36		M42		M48		M56		M64	
l					l_s 和 l_g[⑥]																			
公称	产品等级																							
	A		B		l_s	l_g	l_s	l_g	l_s	l_g	l_s	l_g	l_s	l_g	l_s	l_g	l_s	l_g	l_s	l_g	l_s	l_g	l_s	l_g
	min	max	min	max	min	max	min	max	min	max	min	max	min	max	min	max	min	max	min	max	min	max	min	max
50	49.5	50.5	—	—	11.25	20																		
55	54.4	55.6	53.5	56.5	16.25	25																		
60	59.4	60.6	58.5	61.5	21.25	30																		
65	64.4	65.6	63.56	66.5	26.25	35	17	27																
70	69.4	70.6	68.5	71.5	31.25	40	22	32																
80	79.4	80.6	78.5	81.5	41.25	50	32	42	21.5	34														
90	89.3	90.7	88.25	91.75	51.25	60	42	52	31.5	44	21	36												
100	99.3	100.7	98.25	101.75	61.25	70	52	62	41.5	54	31	46												
110	109.3	110.77	108.25	111.75	71.25	80	62	72	51.5	64	41	56	26.5	44										
120	119.3	120.7	118.25	121.75	81.25	90	72	82	61.5	74	51	66	36.5	54										
130	129.2	130.8	128	132			76	86	65.5	78	55	70	40.5	58										
140	139.2	140.8	138	142			86	96	75.5	88	65	80	50.5	68	36	56								
150	149.2	150.8	148	152			96	106	85.5	98	75	90	60.5	78	46	66								
160	—	—	158	162			106	116	95.5	108	85	100	70.5	88	56	76	41.5	64						
180	—	—	178	182					115.5	128	105	120	90.5	108	76	96	61.5	84	47	72				
200	—	—	197.7	202.3					135.5	148	125	140	110.5	128	96	116	81.5	104	67	92				
220	—	—	217.7	222.3							132	147	117.5	135	103	123	88.5	111	74	99	55.5	83		
240	—	—	237.7	242.3							152	167	137.5	155	123	143	108.5	131	94	119	75.5	103		
260	—	—	257.4	262.6									157.5	175	143	163	128.5	151	114	139	95.5	123	77	107

续表

螺纹规格 d					M12		M16		M20		M24		M30		M36		M42		M48		M56		M64	
公称	产品等级				l_s 和 l_g ⑥																			
	A		B																					
	l				l_s	l_g	l_s	l_g	l_s	l_g	l_s	l_g	l_s	l_g	l_s	l_g	l_s	l_g	l_s	l_g	l_s	l_g	l_s	l_g
	min	max	min	max	min	max	min	max	min	max	min	max	min	max	min	max	min	max	min	max	min	max	min	max
280	—	—	277.4	282.6									177.5	195	163	183	148.5	171	134	159	115.5	143	97	127
300	—	—	297.4	302.6									197.5	215	183	203	168.5	191	154	179	135.5	163	117	147
320	—	—	317.15	322.85											203	223	188.5	211	174	199	155.5	183	137	167
340	—	—	337.15	342.85											233	243	208.5	231	194	219	175.5	203	157	187
360	—	—	357.15	362.85											243	263	228.5	251	214	239	195.5	223	177	207
380	—	—	377.15	382.85													248.5	271	234	259	215.5	243	197	227
400	—	—	397.15	402.85													268.5	291	254	279	235.5	263	217	247
420	—	—	416.85	423.15													288.5	311	274	299	255.5	283	237	267
440	—	—	436.85	443.15													308.5	331	294	319	275.5	303	257	287
460	—	—	456.85	463.15															314	339	295.5	323	277	307
480	—	—	476.85	483.15															334	359	315.5	343	297	327
500	—	—	496.85	503.15																	335.5	363	317	347

①P—螺距。

②$l_{公称} \leqslant 125$mm。

③125mm<$l_{公称} \leqslant 200$mm。

④$l_{公称}$>200mm。

⑤$k_{wmin}=0.7k$ min。

⑥$l_{gmax}=l_{公称}-b$。$l_{smin}=l_{gmax}-5P$。

注：优选长度由 l_{smin} 和 l_{gmax} 确定。

——阶梯虚线以上为 A 级；

——阶梯虚线以下为 B 级。

表 1-1-59　　六角头螺栓非优选的螺纹规格　　mm

螺纹规格 d				M3.5	M14	M18	M22	M27
P①				0.6	2	2.5	2.5	3
b 参考			②	13	34	42	50	60
			③	19	40	48	56	66
			④	32	53	61	69	79
c			max	0.40	0.60	0.8	0.8	0.8
			min	0.15	0.15	0.2	0.2	0.2
d_a			max	4.1	15.7	20.2	24.4	30.4
d_s	公称 = max			3.50	14.00	18.00	22.0	27.00
	产品等级	A	min	3.32	13.73	17.73	21.67	—
		B		3.20	13.57	17.57	21.48	26.48
d_w	产品等级	A	min	5.07	19.64	25.34	31.71	—
		B		4.95	19.15	24.85	31.35	38
e	产品等级	A	min	6.58	23.36	30.14	37.72	—
		B		6.44	22.78	29.56	37.29	45.2
l_f			max	1	3	3	4	6
k	公称			2.4	8.8	11.5	14	17
	产品等级	A	max	2.525	8.98	11.715	14.215	—
			min	2.275	8.62	11.285	13.785	—
		B	max	2.6	9.09	11.85	14.35	17.35
			min	2.2	8.51	11.15	13.65	13.65
k_w⑤	产品等级	A	min	1.59	6.03	7.9	9.65	—
		B		1.54	5.96	7.81	9.56	11.66
r			min	0.1	0.6	0.6	0.8	1
s	公称 = max			6.00	21.00	27.00	34.00	41
	产品等级	A	min	5.82	20.67	26.67	33.38	—
		B		5.70	20.16	26.16	33.00	40

螺纹规格 d					M3.5		M14		M18		M22		M27	
l					l_s 和 l_g⑥									
公称	产品等级 A		产品等级 B		l_s	l_g	l_s	l_g	l_s	l_g	l_s	l_g	l_s	l_g
	min	max	min	max	min	max	min	max	min	max	min	max	min	max
20	19.58	20.42	—	—	4	7								
25	24.58	25.42	—	—	9	12								
30	29.58	30.42	—	—	14	17								
35	34.5	35.5	—	—	19	22								
40	39.5	40.5	38.75	41.25										
45	44.5	45.5	43.75	46.25										
50	49.5	50.5	48.75	51.25										
55	54.4	55.6	53.5	56.5										
60	59.4	60.6	58.5	61.5			16	26						
65	64.4	65.6	63.5	66.5			21	31						
70	69.4	70.6	68.5	71.5			26	36	15.5	28				
80	79.4	80.6	78.5	81.5			36	46	25.5	38				
90	89.3	90.7	88.25	91.75			46	56	35.5	48	27.5	40		
100	99.3	100.7	98.25	101.75			56	66	45.5	58	37.5	50	25	40
110	109.3	110.7	108.25	111.75			66	76	55.5	68	47.5	60	35	50

折线以上的规格推荐采用 GB/T 5783

续表

l 公称	l 产品等级 A min	l 产品等级 A max	l 产品等级 B min	l 产品等级 B max	l_s 和 l_g[⑥] l_s min	l_g max	l_s min	l_g max	l_s min	l_g max	l_s min	l_g max	l_s min	l_g max
120	119.3	120.7	118.25	121.75			76	86	65.5	78	57.5	70	45	60
130	129.2	130.8	128	132			80	90	69.5	82	61.5	74	49	64
140	139.2	140.8	138	142			90	100	79.5	92	71.5	84	59	74
150	149.2	150.8	148	152					89.5	102	81.5	94	69	84
160	—	—	158	162					99.5	112	91.5	104	79	94
180	—	—	178	182					119.5	132	111.5	124	99	114
200	—	—	197.7	202.3							131.5	144	119	134
220	—	—	217.7	222.3							138.5	151	126	141
240	—	—	237.7	242.3									146	161
260	—	—	257.4	262.6									166	181

螺纹规格 d				M33	M39	M45	M52	M60
P[①]				3.5	4	4.5	5	5.5
b 参考			②	—	—	—	—	—
			③	78	90	102	116	—
			④	91	103	115	129	145
c			max	0.8	1.0	1.0	1.0	1.0
			min	0.2	0.3	0.3	0.3	0.3
d_a			max	36.4	42.4	48.6	56.6	67
d_s	公称 = max			33.00	39.00	45.00	52.00	60.00
	产品等级	A	min	—	—	—	—	—
		B		32.38	38.38	44.38	51.26	59.26
d_w	产品等级	A	min	—	—	—	—	—
		B		46.55	55.86	64.7	74.2	83.41
e	产品等级	A	min	—	—	—	—	—
		B		55.37	66.44	76.95	88.25	99.21
l_f			max	6	6	8	10	12
k	公称			21	25	28	33	38
	产品等级	A	max	—	—	—	—	—
			min	—	—	—	—	—
		B	max	21.42	25.42	28.42	33.5	38.5
			min	20.58	24.58	27.58	32.5	37.5
k_w[⑤]	产品等级	A	min	—	—	—	—	—
		B		14.41	17.21	19.31	22.75	26.25
r			min	1	1	1.2	1.6	2
s	公称 = max			50	60.0	70.0	80.0	90.0
	产品等级	A	min	—	—	—	—	—
		B		49	58.8	68.1	78.1	87.8

螺纹规格 d					M33		M39		M45		M52		M60	
l 公称	l 产品等级 A min	l 产品等级 A max	l 产品等级 B min	l 产品等级 B max	l_s 和 l_g[⑥] l_s min	l_g max	l_s min	l_g max	l_s min	l_g max	l_s min	l_g max	l_s min	l_g max
130	129.2	130.8	128	132	34.5	52	折线以上的规格推荐采用 GB/T 5783							
140	139.2	140.8	138	142	44.5	62								
150	149.2	150.8	148	152	54.5	72	40	60						
160	—	—	158	162	64.5	82	50	70						
180	—	—	178	182	84.5	102	70	90	55.5	78				
200	—	—	197.7	202.3	104.5	122	90	110	75.5	98	59	84		

续表

公称	l				l_s 和 l_g ⑥									
	产品等级													
	A		B		l_s	l_g	l_s	l_g	l_s	l_g	l_s	l_g	l_s	l_g
	min	max	min	max	min	max	min	max	min	max	min	max	min	max
220	—	—	217.7	222.3	111.5	129	97	117	82.5	105	66	91		
240	—	—	237.7	242.3	131.5	149	117	137	102.5	125	86	11	67.5	95
260	—	—	257.4	262.6	151.5	169	137	157	122.5	145	106	131	87.5	115
280	—	—	277.4	282.6	171.5	189	157	177	142.5	165	126	151	107.5	135
300	—	—	297.4	302.6	191.5	209	177	197	162.5	185	146	171	127.5	155
320	—	—	317.15	322.85	211.5	229	197	217	182.5	205	166	191	147.5	175
340	—	—	337.15	342.85			217	237	202.5	225	186	211	167.5	195
360	—	—	357.15	362.85			237	257	222.5	245	206	231	187.5	215
380	—	—	377.15	382.85			257	277	242.5	265	226	251	207.5	235
400	—	—	397.15	402.85					262.5	285	246	271	227.5	255
420	—	—	416.85	423.15					282.5	305	266	291	247.5	275
440	—	—	436.85	443.15					302.5	325	286	311	267.5	295
460	—	—	456.85	463.15							306	331	287.5	315
480	—	—	476.85	483.15							326	351	307.5	335
500	—	—	496.85	503.15									327.5	355

①P—螺距。
②$l_{公称} \leqslant 125\text{mm}$。
③$125\text{mm} < l_{公称} \leqslant 200\text{mm}$。
④$l_{公称} > 200\text{mm}$。
⑤$k_{wmin} = 0.7k_{min}$。
⑥$l_{gmax} = l_{公称} - b$。$l_{smin} = l_{gmax} - 5P$。
注：优选长度由 $l_{s\,min}$ 和 $l_{g\,max}$ 确定。
——阶梯虚线以上为 A 级；
——阶梯虚线以下为 B 级。

（2）六角头螺栓（细牙，全螺纹）（GB/T 5786—2016）

【形式及尺寸】螺栓的形式见图 1-1-10，及表 1-1-60 和表 1-1-61。

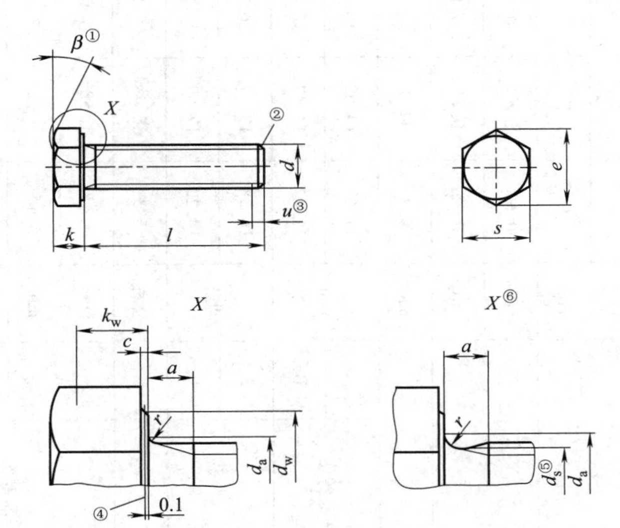

① $\beta = 15° \sim 30°$。
② 末端应倒角(GB/T 2)。
③ 不完整螺纹的长度 $u \leqslant 2P$。
④ d_w的仲裁基准。
⑤ $d_s \approx$ 螺纹中径。
⑥ 允许的形状。

图 1-1-10　六角头细牙全螺纹的形式及尺寸

表 1-1-60　六角头螺栓（细牙，全螺纹）优选的螺纹规格（GB/T 5786—2016）　mm

螺纹规格($d \times P$)				M8×1	M10×1	M12×1.5	M16×1.5	M20×1.5	M24×2	M30×2	M36×3	M42×3	M48×3	M56×4	M64×4
a			max	3	3	4.5	4.5	4.5	6	6	9	9	9	12	12
			min	1	1	1.5	1.5	1.5	2	2	3	3	3	4	4
c			max	0.60	0.60	0.60	0.8	0.8	0.8	0.8	0.8	1.0	1.0	1.0	1.0
			min	0.15	0.15	0.15	0.2	0.2	0.2	0.2	0.2	0.3	0.3	0.3	0.3
d_a			max	9.2	11.2	13.7	17.7	22.4	26.4	33.4	39.4	45.6	52.6	63	71
d_w	产品等级	A	min	11.63	14.63	16.63	22.49	28.19	33.61	—	—	—	—	—	—
		B		11.47	14.47	16.47	22	27.7	33.25	42.75	51.11	59.95	69.45	78.66	88.16
e	产品等级	A	min	14.38	17.77	20.03	26.75	33.53	39.98	—	—	—	—	—	—
		B		14.20	17.59	19.85	26.17	32.95	39.55	50.85	60.79	71.3	82.6	93.56	104.86
k			公称	5.3	6.4	7.5	10	12.5	15	18.7	22.5	26	30	35	40
	产品等级	A	max	5.45	6.58	7.68	10.18	12.715	15.215	—	—	—	—	—	—
			min	5.15	6.22	7.32	9.82	12.285	14.785	—	—	—	—	—	—
		B	max	5.54	6.69	7.79	10.29	12.85	15.35	19.15	22.92	26.42	30.42	35.5	40.5
			min	5.06	6.11	7.21	9.71	12.15	14.65	18.28	22.08	25.58	29.58	34.5	39.5
k_w①	产品等级	A	min	3.61	4.35	5.12	6.87	8.6	10.35	—	—	—	—	—	—
		B		3.54	4.28	5.05	6.8	8.51	10.26	12.8	15.46	17.91	20.71	24.15	27.65
r			min	0.4	0.4	0.6	0.6	0.8	0.8	1	1	1.2	1.6	2	2
s			公称=max	13.00	16.00	18.00	24.00	30.00	36.00	46	55.0	65.0	75.0	85.0	95.0
	产品等级	A	min	12.73	15.73	17.73	23.67	29.67	35.38	—	—	—	—	—	—
		B		12.57	15.57	17.57	23.16	29.16	35	45	53.8	63.1	73.1	82.8	92.8

续表

螺纹规格(d×P)					M8×1	M10×1	M12×1.5	M16×1.5	M20×1.5	M24×2	M30×2	M36×3	M42×3	M48×3	M56×4	M64×4
l②																
公称	产品等级															
	A		B													
	min	max	min	max												
16	15.65	16.35	—	—												
20	19.58	20.42	—	—												
25	24.58	25.42	—	—												
30	29.58	30.42	—	—												
35	34.5	35.5	—	—												
40	39.5	40.5	38.75	41.25												
45	44.5	45.5	43.75	46.25												
50	49.5	50.5	48.75	51.25												
55	54.4	55.6	53.5	56.5												
60	59.4	60.6	58.5	61.5												
65	64.4	65.6	63.5	66.5												
70	69.4	70.6	68.5	71.5												
80	79.4	80.6	78.5	81.5												
90	89.3	90.7	66.25	91.75												
100	99.3	100.7	98.25	101.75												
110	109.3	110.7	108.25	111.75												
120	119.3	120.7	118.25	121.75												
130	129.2	130.8	128	132												
140	139.2	140.8	138	142												
150	149.2	150.8	148	152												
160	—	—	158	162												

第1篇

续表

螺纹规格($d \times P$)					M8×1	M10×1	M12×1.5	M16×1.5	M20×1.5	M24×2	M30×2	M36×3	M42×3	M48×3	M56×4	M64×4
l②																
公称	产品等级															
	A		B													
	min	max	min	max												
180	—	—	176	182												
200	—	—	197.7	202.3												
220	—	—	217.7	222.3												
240	—	—	237.7	242.3												
260	—	—	257.4	262.6												
280	—	—	277.4	282.6												
300	—	—	297.4	302.6												
320	—	—	317.15	322.85												
340	—	—	337.15	342.85												
360	—	—	357.15	362.85												
380	—	—	377.15	382.85												
400	—	—	397.15	402.85												
420	—	—	416.85	423.15												
440	—	—	436.85	443.15												
460	—	—	456.85	463.15												
480	—	—	476.85	483.15												
500	—	—	496.85	503.15												

①$k_{w\ min}=0.7k_{min}$。

②在阶梯实线间选用长度规格：

——阶梯虚线以上为A级；

——阶梯虚线以下为B级。

表 1-1-61　　六角头螺栓（细牙，全螺纹）非优选的螺纹规格（GB/T 5786—2016）　　mm

螺纹规格($d×P$)				M10×1.25	M12×1.25	M14×1.5	M18×1.5	M20×2	M22×1.5	M27×2	M33×2	M39×3	M45×3	M52×4	M60×4
a			max	4	4	4.5	4.5	6	4.5	6	6	9	9	12	12
			min	1.25	1.25	1.5	1.5	2	1.5	2	2	3	3	4	4
c			max	0.60	0.60	0.60	0.8	0.8	0.8	0.8	0.8	1.0	1.0	1.0	1.0
			min	0.15	0.15	0.15	0.2	0.2	0.2	0.2	0.2	0.3	0.3	0.3	0.3
d_a			max	11.2	13.7	15.7	20.2	22.4	24.4	30.4	36.4	42.4	48.6	56.6	67
d_w	产品等级	A	min	14.63	16.63	19.64	25.34	28.19	31.71	—	—	—	—	—	—
		B		14.47	16.47	19.15	24.85	27.7	31.35	38	46.55	55.88	64.7	74.2	83.41
e	产品等级	A	min	17.77	20.03	23.36	30.14	33.53	37.72	—	—	—	—	—	—
		B		17.59	19.85	22.78	29.56	32.95	37.29	45.2	55.37	66.44	76.95	88.25	99.21
k			公称	6.4	7.5	8.8	11.5	12.5	14	17	21	25	28	33	38
	产品等级	A	max	6.58	7.68	8.98	11.715	12.715	14.215	—	—	—	—	—	—
			min	6.22	7.32	8.62	11.285	12.285	13.785	—	—	—	—	—	—
		B	max	6.69	7.79	9.09	11.85	12.85	14.35	17.35	21.42	25.42	28.42	33.5	38.5
			min	6.11	7.21	8.51	11.15	12.15	13.65	16.65	20.58	24.58	27.58	32.5	37.5
k_w①	产品等级	A	min	4.35	5.12	6.03	7.9	8.6	9.65	—	—	—	—	—	—
		B		4.28	5.05	5.96	7.81	8.51	9.56	11.66	14.41	17.21	19.31	22.75	26.25
r			min	0.4	0.6	0.6	0.6	0.8	0.8	1	1	1	1.2	1.6	2
s			公称=max	16.00	18.00	21.00	27.00	30.00	34.00	41	50	60.0	70.0	80.0	90.0
	产品等级	A	min	15.73	17.73	20.67	26.67	29.67	33.38	—	—	—	—	—	—
		B		15.57	17.57	20.16	26.16	29.16	33	40	49	58.8	68.1	78.1	87.8

续表

螺纹规格($d \times P$)					M10×1.25	M12×1.25	M14×1.5	M18×1.5	M20×2	M22×1.5	M27×2	M33×2	M39×3	M45×3	M52×4	M60×4
l[2]																
公称	产品等级															
	A		B													
	min	max	min	max												
20	19.58	20.42	—	—												
25	24.58	25.42	—	—												
30	29.58	30.42	—	—												
35	34.5	35.5	—	—												
40	39.5	40.5	—	—												
45	44.5	45.5	—	—												
50	49.5	50.5	—	—												
55	54.4	55.6	53.5	56.5												
60	59.4	60.6	58.5	61.5												
65	64.4	65.6	63.5	66.5												
70	69.4	70.6	68.5	71.5												
80	79.4	80.6	78.5	81.5												
90	89.3	90.7	88.25	91.75												
100	99.3	100.7	98.25	101.75												
110	109.3	110.7	108.25	111.75												
120	119.3	120.7	118.25	121.75												
130	129.2	130.8	128	132												
140	139.2	140.8	138	142												
150	149.2	150.8	148	152												
160	—	—	158	162												
180	—	—	178	182												

续表

螺纹规格（$d\times P$）					M10×1.25	M12×1.25	M14×1.5	M18×1.5	M20×2	M22×1.5	M27×2	M33×2	M39×3	M45×3	M52×4	M60×4
l②																
公称	产品等级															
	A		B													
	min	max	min	max												
200	—	—	197.7	202.3												
220	—	—	217.7	222.3												
240	—	—	237.7	242.3												
260	—	—	257.4	262.6												
280	—	—	277.4	282.6												
300	—	—	297.4	302.6												
320	—	—	317.15	322.85												
340	—	—	337.15	342.85												
360	—	—	357.15	362.85												
380	—	—	377.15	382.85												
400	—	—	397.15	402.85												
420	—	—	416.85	423.15												
440	—	—	436.85	443.15												
460	—	—	456.85	463.15												
480	—	—	476.85	483.15												
500	—	—	496.85	503.15												

①$k_{w\ min}=0.7k_{min}$。

②在阶梯实线间选用长度规格：

——阶梯虚线以上为A级；

——阶梯虚线以下为B级。

(3) 六角头螺栓（C 级）(GB/T 5780—2016)

【形式及尺寸】 螺栓的形式及尺寸见图 1-1-11 及表 1-1-62 和表 1-1-63。

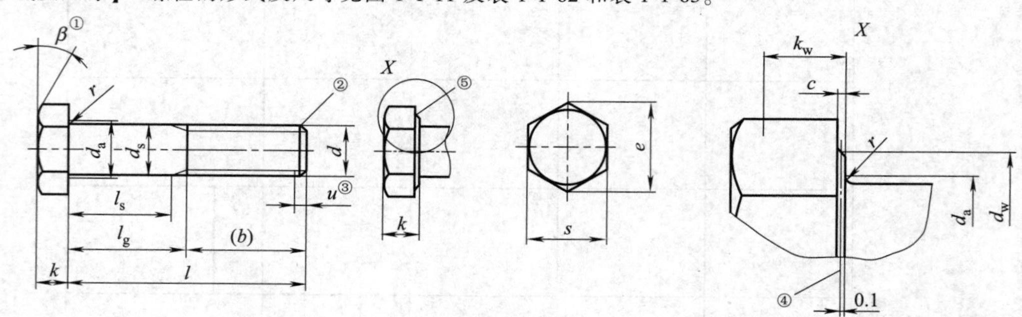

① $\beta=15°\sim30°$。
② 无特殊要求的末端。
③ 不完整螺纹的长度 $u\leqslant 2P$。
④ d_w 的仲裁基准。
⑤ 允许的垫圈面形式。

图 1-1-11 六角头螺栓（C 级）的形式及尺寸

表 1-1-62 六角头螺栓（C 级）优选的螺纹规格（GB/T 5780—2016） mm

螺纹规格 d		M5	M6	M8	M10	M12	M16	M20
P①		0.8	1	1.25	1.5	1.75	2	2.5
$b_{参考}$	②	16	18	22	26	30	38	46
	③	22	24	28	32	36	44	52
	④	35	37	41	45	49	57	65
c	max	0.5	0.5	0.6	0.6	0.6	0.8	0.8
d_a	max	6	7.2	10.2	12.2	14.7	18.7	24.4
d_s	max	5.48	6.48	8.58	10.58	12.7	16.7	20.84
	min	4.52	5.52	7.42	9.42	11.3	15.3	19.16
d_w	min	6.74	8.74	11.47	14.47	16.47	22	27.7
e	min	8.63	10.89	14.2	17.59	19.85	26.17	32.95
k	公称	3.5	4	5.3	6.4	7.5	10	12.5
	max	3.875	4.375	5.675	6.85	7.95	10.75	13.4
	min	3.125	3.625	4.925	5.95	7.05	9.25	11.6
k_w⑤	min	2.19	2.54	3.45	4.17	4.94	6.48	8.12
r	min	0.2	0.25	0.4	0.4	0.6	0.5	0.8
s	公称=max	8.00	10.00	13.00	16.00	18.00	24.00	30.00
	min	7.64	9.64	12.57	15.57	17.57	23.16	29.16

l 公称	l min	l max	l_s min	l_g max	l_s min	l_g max	l_s min	l_g max	l_s min	l_g max	l_s min	l_g max	l_s min	l_g max	l_s min	l_g max
			l_s 和 l_g⑥													
25	23.95	26.05	5	9												
30	28.95	31.05	10	14	7	12										
35	33.75	36.25	15	19	12	17										
40	38.75	41.25	20	24	17	22	11.75	18								
45	43.75	46.25	25	29	22	27	16.75	23	11.5	19						
50	48.75	51.25	30	34	27	32	21.75	28	16.5	24						
55	53.5	56.5			32	37	26.75	33	21.5	29	16.25	25				
60	58.5	61.5			37	42	31.75	38	26.5	34	21.25	30				
65	63.5	66.5					36.75	43	31.5	39	26.25	35	17	27		
70	68.5	71.5					41.75	48	36.5	44	31.25	40	22	32		
80	78.5	81.5					51.75	58	46.5	54	41.25	50	32	42	21.5	34
90	88.25	91.75							56.5	64	51.25	60	42	52	31.5	44

折线以上的规格推荐采用 GB/T 5781

续表

螺纹规格 d			M5		M6		M8		M10		M12		M16		M20	
l			l_s 和 l_g[⑥]													
公称	min	max	l_s min	l_g max	l_s min	l_g max	l_s min	l_g max	l_s min	l_g max	l_s min	l_g max	l_s min	l_g max	l_s min	l_g max
100	98.25	101.75							66.5	74	61.25	70	52	62	41.5	54
110	108.25	111.75									71.25	80	62	72	51.5	64
120	118.25	121.75									81.25	90	72	82	61.5	74
130	128	132											76	86	65.5	78
140	138	142											86	96	75.5	88
150	148	152											96	106	85.5	98
160	156	164											106	116	95.5	108
180	176	184													115.5	128
200	195.4	204.6													135.5	148
220	215.4	224.6														
240	235.4	244.6														
260	254.8	265.2														
280	274.8	285.2														
300	294.8	305.2														
320	314.3	325.7														
340	334.3	345.7														
360	354.3	365.7														
380	374.3	385.7														
400	394.3	405.7														
420	413.7	426.3														
440	433.7	446.3														
460	453.7	466.3														
480	473.7	486.3														
500	493.7	506.3														

螺纹规格 d		M24	M30	M36	M42	M48	M56	M64
P[①]		3	3.5	4	4.5	5	5.5	6
$b_{参考}$	②	54	66	—	—	—	—	—
	③	60	72	84	96	108	—	—
	④	73	85	97	109	121	137	153
c	max	0.8	0.8	0.8	1	1	1	1
d_a	max	28.4	35.4	42.4	48.6	56.6	67	75
d_s	max	24.84	30.84	37	43	49	57.2	65.2
	min	23.16	29.16	35	41	47	54.8	62.8
d_w	min	33.25	42.75	51.11	59.95	69.45	78.66	88.16
e	min	39.55	50.85	60.79	71.3	82.6	93.56	104.86
k	公称	15	18.7	22.5	26	30	35	40
	max	15.9	19.75	23.55	27.05	31.05	36.25	41.25
	min	14.1	17.65	21.45	24.95	28.95	33.75	38.75
k_w[⑤]	min	9.87	12.36	15.02	17.47	20.27	23.63	27.13
r	min	0.8	1	1	1.2	1.6	2	2
s	公称=max	36	46	55.0	65.0	75.0	85.0	95.0
	min	35	45	53.8	63.1	73.1	82.8	92.8

l			M24		M30		M36		M42		M48		M56		M64	
			l_s 和 l_g[⑥]													
公称	min	max	l_s min	l_g max	l_s min	l_g max	l_s min	l_g max	l_s min	l_g max	l_s min	l_g max	l_s min	l_g max	l_s min	l_g max
25	23.95	26.05	折线以上的规格推荐采用 GB/T 5781													
30	28.95	31.05														
35	33.75	36.25														

续表

螺纹规格 d			M24		M30		M36		M42		M48		M56		M64	
l			l_s 和 l_g⑥													
公称	min	max	l_s min	l_g max	l_s min	l_g max	l_s min	l_g max	l_s min	l_g max	l_s min	l_g max	l_s min	l_g max	l_s min	l_g max
40	38.75	41.25														
45	43.75	46.25														
50	48.75	51.25														
55	53.5	56.5														
60	58.5	61.5														
65	63.5	66.5														
70	68.5	71.5														
80	78.5	81.5														
90	88.25	91.75														
100	98.25	101.75	31	46												
110	108.25	111.75	41	56												
120	118.25	121.75	51	66	36.5	54										
130	128	132	55	70	40.5	58										
140	138	142	65	80	50.5	68	36	56								
150	148	152	75	90	60.5	78	46	66								
160	156	164	85	100	70.5	88	56	76								
180	176	184	105	120	90.5	108	76	96	61.5	84						
200	195.4	204.6	125	140	110.5	128	96	116	81.5	104	67	92				
220	215.4	224.6	132	147	117.5	135	103	123	88.5	111	74	99				
240	235.4	244.6	152	167	137.5	155	123	143	108.5	131	94	119	75.5	103		
260	254.8	265.2			157.5	175	143	163	128.5	151	114	139	95.5	123	77	107
280	274.8	285.2			177.5	195	163	183	148.5	171	134	159	115.5	143	97	127
300	294.8	305.2			197.5	215	183	203	168.5	191	154	179	135.5	163	117	147
320	314.3	325.7					203	223	188.5	211	174	199	155.5	183	137	167
340	334.3	345.7					223	243	208.5	231	194	219	175.5	203	157	187
360	354.3	365.7					243	263	228.5	251	214	239	195.5	223	177	207
380	374.3	385.7							248.5	271	234	259	215.5	243	197	227
400	394.3	405.7							268.5	291	254	279	235.5	263	217	247
420	413.7	426.3							288.5	311	274	299	255.5	283	237	267
440	433.7	446.3									294	319	275.5	303	257	287
460	453.7	466.3									314	339	295.5	323	277	307
480	473.7	486.3									334	359	315.5	343	297	327
500	493.7	506.3											335.5	363	317	347

① P—螺距。

② $l_{公称} \leqslant 125\text{mm}$。

③ $125\text{mm} < l_{公称} \leqslant 200\text{mm}$。

④ $l_{公称} > 200\text{mm}$。

⑤ $k_{w\,min} = 0.7k_{min}$。

⑥ $l_{g\,max} = l_{公称} - b$。$l_{s\,min} = l_{g\,max} - 5P$。

注：优选长度由 $l_{s\,min}$ 和 $l_{g\,m}$ 确定。

表 1-1-63　六角头螺栓（C级）非优选的螺纹规格（GB/T 5780—2016）　mm

螺纹规格 d		M14	M18	M22	M27	M33
P①		2	2.5	2.5	3	3.5
$b_{参考}$	②	34	42	50	60	—
	③	40	48	56	66	78
	④	53	61	69	79	91
c	max	0.6	0.8	0.8	0.8	0.8
d_a	max	16.7	21.2	26.4	32.4	38.4

续表

螺纹规格 d		M14	M18	M22	M27	M33
d_s	max	14.7	18.7	22.84	27.84	34
	min	13.3	17.3	21.16	26.16	32
d_w	min	19.15	24.85	31.35	38	46.55
e	min	22.78	29.56	37.29	45.2	55.37
k	公称	8.8	11.5	14	17	21
	max	9.25	12.4	14.9	17.9	22.05
	min	8.35	10.6	13.1	16.1	19.95
k_w⑤	min	5.85	7.42	9.17	11.27	13.97
r	min	0.6	0.6	0.8	1	1
s	公称=max	21.00	27.00	34	41	50
	min	20.16	26.16	33	40	49

l			l_s 和 l_g⑥									
公称	min	max	l_s min	l_g max	l_s min	l_g max	l_s min	l_g max	l_s min	l_g max	l_s min	l_g max
60	58.5	61.5	16	26								
65	63.5	66.5	21	31	折线以上的规格推荐采用 GB/T 5781							
70	68.5	71.5	26	36								
80	78.5	81.5	36	46	25.5	38						
90	88.25	91.75	46	56	35.5	48	27.5	40				
100	98.25	101.75	56	66	45.5	58	37.5	50				
110	108.25	111.75	66	76	55.5	68	47.5	60	35	50		
120	118.25	121.75	76	86	65.5	78	57.5	70	45	60		
130	128	132	80	90	69.5	82	61.5	74	49	64	34.5	52
140	138	142	90	100	79.5	92	71.5	84	59	74	44.5	62
150	148	152			89.5	102	81.5	94	69	84	54.5	72
160	156	164			99.5	112	91.5	104	79	94	64.5	82
180	176	184			119.5	132	111.5	124	99	114	84.5	102
200	195.4	204.6					131.5	144	119	134	104.5	122
220	215.4	224.6					138.5	161	126	141	111.5	129
240	235.4	244.6							146	161	131.5	149
260	254.8	265.2							166	181	151.5	167
280	274.8	285.2									171.5	189
300	294.8	305.2									191.5	209
320	314.3	325.7									211.5	229
340	334.3	345.7										
360	354.3	365.7										
380	374.3	385.7										
400	394.3	405.7										
420	413.7	426.3										
440	433.7	446.3										
460	453.7	466.3										
480	473.7	486.3										
500	493.7	506.3										

螺纹规格 d		M39	M45	M52	M60
P①		4	4.5	5	5.5
$b_{参考}$	②	—	—	—	—
	③	90	102	116	—
	④	103	115	129	145
c	max	1	1	1	1
d_a	max	45.4	52.6	62.6	71

续表

螺纹规格 d			M39		M45		M52		M60	
d_s	max		40		46		53.2		61.2	
	min		38		44		50.8		58.8	
d_w	min		55.86		64.7		74.2		83.41	
e	min		66.44		76.95		88.25		99.21	
k	公称		25		28		33		38	
	max		26.05		29.05		34.25		39.25	
	min		23.95		26.95		31.75		36.75	
k_w⑤	min		16.77		18.87		22.23		25.73	
r	min		1		1.2		1.6		2	
s	公称=max		60.0		70.0		80.0		90.0	
	min		58.8		68.1		78.1		87.8	
l			l_s 和 l_g⑥							
公称	min	max	l_s min	l_g max	l_s min	l_g max	l_s min	l_g max	l_s min	l_g max
60	58.5	61.5	折线以上的规格推荐采用 GB/T 5781							
65	63.5	66.5								
70	68.5	71.5								
80	78.5	81.5								
90	88.25	91.75								
100	98.25	101.75								
110	108.25	111.75								
120	118.25	121.75								
130	128	132								
140	138	142								
150	148	152	40	60						
160	156	164	50	70						
180	176	184	70	90	55.5	78				
200	195.4	204.6	90	110	75.5	98	59	84		
220	215.4	224.6	97	117	82.5	105	66	91		
240	235.4	244.6	117	137	102.5	125	86	111	67.5	95
260	254.8	265.2	137	157	122.5	145	106	131	87.5	115
280	274.8	285.2	157	177	142.5	165	126	151	107.5	135
300	294.8	305.2	177	197	162.5	185	146	171	127.5	155
320	314.3	325.7	197	217	182.5	205	166	191	147.5	175
340	334.3	345.7	217	237	202.5	225	186	211	167.5	195
360	354.3	365.7	237	257	222.5	245	206	231	187.5	215
380	374.3	385.7	257	277	242.5	265	226	251	207.5	235
400	394.3	405.7	277	297	262.5	285	246	271	227.5	255
420	413.7	426.3			282.5	305	266	291	247.5	275
440	433.7	446.3			302.5	325	286	311	267.5	295
460	453.7	466.3					306	331	287.5	315
480	473.7	486.3					326	351	307.5	335
500	493.7	506.3					346	371	327.5	355

① P—螺距。

② $l_{公称} \leqslant 125$mm。

③ $125\text{mm} < l_{公称} \leqslant 200$mm。

④ $l_{公称} > 200$mm。

⑤ $k_{w\ min} = 0.7k_{min}$。

⑥ $l_{g\ max} = l_{公称} - b$。$l_{s\ min} = l_{g\ max} - 5P$。

注：优选长度由 $l_{s\ min}$ 和 $l_{g\ max}$ 确定。

(4) 六角头螺栓(全螺纹,C级)(GB/T 5781—2016)

【形式及尺寸】 该螺栓的形式尺寸见图 1-1-12 及表 1-1-64 和表 1-1-65。

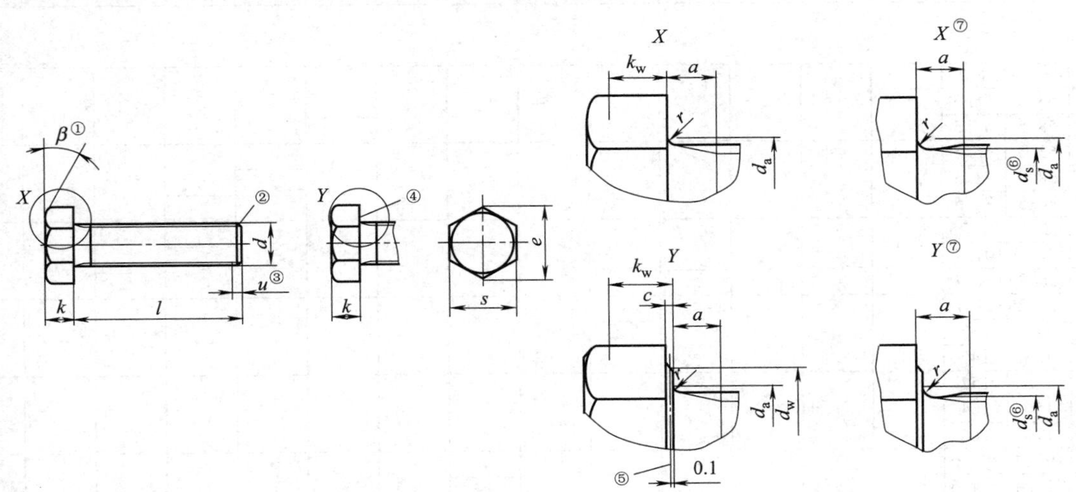

① $\beta=15°\sim30°$。
②无特殊要求的末端。
③ 不完整螺纹的长度$u\leqslant 2P$。
④ 允许的垫圈面形式。
⑤ d_w的仲裁基准。
⑥ $d_s\approx$螺纹中径。
⑦ 允许的形状。

图 1-1-12 六角头螺栓(全螺纹,C级)的形式及尺寸(GB/T 5781—2016)

表 1-1-64 六角头螺栓(全螺纹,C级)优选的螺纹规格(GB/T 5781—2016) mm

螺纹规格 d			M5	M6	M8	M10	M12	M16	M20	M24	M30	M36	M42	M48	M56	M64
P①			0.8	1	1.25	1.5	1.75	2	2.5	3	3.5	4	4.5	5	5.5	6
a	max		2.4	3	4	4.5	5.3	6	7.5	9	10.5	12	13.5	15	16.5	18
	min		0.8	1	1.25	1.5	1.75	2	2.5	3	3.5	4	4.5	5	5.5	6
c	max		0.5	0.5	0.6	0.6	0.6	0.8	0.8	0.8	0.8	0.8	1	1	1	1
d_a	max		6	7.2	10.2	12.2	14.7	18.7	24.4	28.4	35.4	42.4	48.6	56.6	67	75
d_w	min		6.74	8.74	11.47	14.47	16.47	22	27.7	33.25	42.75	51.11	59.95	69.45	78.66	88.16
e	min		8.63	10.89	14.2	17.59	19.85	26.17	32.95	39.55	50.85	60.79	71.3	82.6	93.56	104.86
k	公称		3.5	4	5.3	6.4	7.5	10	12.5	15	18.7	22.5	26	30	35	40
	max		3.875	4.375	5.675	6.85	7.95	10.75	13.4	15.9	19.75	23.55	27.05	31.05	36.25	41.25
	min		3.125	3.625	4.925	5.95	7.05	9.25	11.6	14.1	17.65	21.45	24.95	28.95	33.75	38.75
k_w②	min		2.19	2.54	3.45	4.17	4.94	6.48	8.12	9.87	12.86	15.02	17.47	20.27	23.63	27.13
r	min		0.2	0.25	0.4	0.4	0.6	0.6	0.8	0.8	1	1	1.2	1.6	2	2
s	公称=max		8.00	10.00	13.00	16.00	18.00	24.00	30.00	36	46	55.0	65.0	75.0	85.0	95.0
	min		7.64	9.64	12.57	15.57	17.57	23.16	29.16	35	45	53.8	63.1	73.1	82.8	92.8
l③																
公称	min	max														
10	9.25	10.75														
12	11.1	12.9														
16	15.1	16.9														
20	18.95	21.05														
25	23.95	26.05														
30	28.95	31.05														
35	33.75	36.25														
40	38.75	41.25														
45	43.75	46.25														

续表

螺纹规格 d			M5	M6	M8	M10	M12	M16	M20	M24	M30	M36	M42	M48	M56	M64
l③																
公称	min	max														
50	48.75	51.25														
55	53.5	56.5														
60	58.5	61.5														
65	63.5	66.5														
70	68.5	71.5														
80	78.5	81.5														
90	88.25	91.75														
100	98.25	101.75														
110	108.25	111.75														
120	118.25	121.75														
130	128	132														
140	138	142														
150	148	152														
160	156	164														
180	176	184														
200	195.4	204.6														
220	215.4	224.6														
240	235.4	244.6														
260	254.8	265.2														
280	274.8	285.2														
300	294.8	305.2														
320	314.3	325.7														
340	334.3	345.7														
360	354.3	365.7														
380	374.3	385.7														
400	394.3	405.7														
420	413.7	426.3														
440	433.7	446.3														
460	453.7	466.3														
480	473.7	486.3														
500	493.7	506.3														

① P—螺距。

② $k_{w\,min} = 0.7k_{min}$。

③ 在阶梯实线间为优选长度。

表 1-1-65　六角头螺栓（全螺纹，C 级）非优选的螺纹规格（GB/T 5781—2016） mm

螺纹规格 d			M14	M18	M22	M27	M33	M39	M45	M52	M60
P①			2	2.5	2.5	3	3.5	4	4.5	5	5.5
a		max	6	7.5	7.5	9	10.5	12	13.5	15	16.5
		min	2	2.5	2.5	3	3.5	4	4.5	5	5.5
c		max	0.6	0.8	0.8	0.8	0.8	1	1	1	1
d_a		max	16.7	21.2	26.4	32.4	38.4	45.4	52.6	62.6	71
d_w		min	19.15	24.85	31.35	38	46.55	55.86	64.7	74.2	83.41
e		min	22.78	29.56	37.29	45.2	55.37	66.44	76.95	88.25	99.21
k		公称	8.8	11.5	14	17	21	25	28	33	38
		max	9.25	12.4	14.9	17.9	22.05	26.05	29.05	34.25	39.25
		min	8.35	10.6	13.1	16.1	19.95	23.95	26.95	31.75	36.75
k_w②		min	5.85	7.42	9.17	11.27	13.97	16.77	18.87	22.23	25.78
r		min	0.6	0.6	0.8	1	1	1	1.2	1.6	2
s		公称=max	21.00	27.00	34	41	50	60.0	70.0	80.0	90.0
		min	20.16	26.16	33	40	49	58.8	68.1	78.1	87.8
l③											
公称	min	max									
30	28.95	31.05									
35	33.75	36.25									
40	38.75	41.25									

续表

螺纹规格 d			M14	M18	M22	M27	M33	M39	M45	M52	M60
l③											
公称	min	max									
45	43.75	46.25									
50	48.75	51.25									
55	53.5	56.5									
60	58.5	61.5									
65	63.5	66.5									
70	68.5	71.5									
80	78.5	81.5									
90	88.25	91.75									
100	98.25	101.75									
110	108.25	111.75									
120	118.25	121.75									
130	128	132									
140	138	142									
150	148	152									
160	156	164									
180	176	184									
200	195.4	204.6									
220	215.4	224.6									
240	235.4	244.6									
260	254.8	265.2									
280	274.8	285.2									
300	294.8	305.2									
320	314.3	325.7									
340	334.3	345.7									
360	354.3	365.7									
380	374.3	385.7									
400	394.3	405.7									
420	413.7	426.3									
440	433.7	446.3									
460	453.7	466.3									
480	473.7	486.3									
500	493.7	506.3									

① P—螺距。

② $k_{w\ min}=0.7k_{min}$。

③ 在阶梯实线间为优选长度。

(5) 六角头螺栓（细牙，B级）（GB/T 5784—1986）

【形式及尺寸】 该螺栓的形式及尺寸见图1-1-13及表1-1-66。

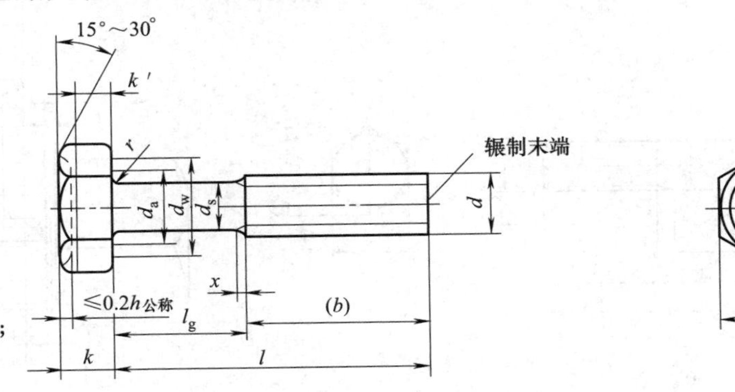

末端按GB/T 2—85规定；

d_s≈螺纹中径；

$l_{gmax}=l_{公称}-b_{参考}$；

$l_{gmin}=l_{gmax}-2P$；

P—螺距。

图1-1-13 六角头螺栓（细牙，B级）的形式及尺寸（GB/T 5784—1986）

表 1-1-66　　六角头螺栓（细牙，B 级）的形式及尺寸（GB/T 5784—1986）　　mm

螺纹规格 d		M3	M4	M5	M6	M8	M10	M12	(M14)	M16	M20
$b_{参考}$	$l \leqslant 125$	12	14	16	18	22	26	30	34	38	46
	$125<l \leqslant 200$	—	—	—	—	28	32	36	40	44	52
d_a	max	3.6	4.7	5.7	6.8	9.2	11.2	13.7	15.7	17.7	22.4
d_w	min	4.4	5.7	6.7	8.7	11.4	14.4	16.4	19.2	22	27.7
e	min	5.98	7.50	8.63	10.89	14.20	17.59	19.85	22.78	26.17	32.95
k	公称	2	2.8	3.5	4	5.3	6.4	7.5	8.8	10	12.5
	min	1.80	2.60	3.26	3.76	5.06	6.11	7.21	8.51	9.71	12.15
	max	2.20	3.00	3.74	4.24	5.54	6.69	7.79	9.09	10.29	12.85
k'	min	1.3	1.8	2.3	2.6	3.5	4.3	5.1	6	6.8	8.5
r	min	0.1	0.2	0.2	0.25	0.4	0.4	0.6	0.6	0.6	0.8
s	max	5.5	7	8	10	13	16	18	21	24	30
	min	5.20	6.64	7.64	9.64	12.57	15.57	17.57	20.16	23.16	29.16
x	max	1.25	1.75	2	2.5	3.2	3.8	4.3	5	5	6.3

l			夹紧长度 l_g																			
公称	min	max	min	max	min	max	min	max	min	max	min	max	min	max	min	max	min	max	min	max	min	max
20	18.9	21	7	8	4.6	6																
25	23.9	26	12	13	9.6	11	7.4	9	5	7												
30	28.9	31	17	18	14.6	16	12.4	14	10	12	5.5	8										
35	33.7	36.3			19.6	21	17.4	19	15	17	10.5	13										
40	38.7	41.3			24.6	26	22.4	24	20	22	15.5	18	11	14								
45	43.7	46.3					27.4	29	25	27	20.5	23	16	19	11.5	15						
50	48.7	51.3					32.4	34	30	32	25.5	28	21	24	16.5	20	12	16				
(55)	53.5	56.5							35	37	30.5	33	26	29	21.5	25	17	21	13	17		
60	58.5	61.5							40	42	35.5	38	31	34	26.5	30	22	26	18	22		
(65)	63.5	66.5									40.5	43	36	39	31.5	35	27	31	23	27	14	19
70	68.5	71.5									45.5	48	41	44	36.5	40	32	36	28	32	19	24
80	78.5	81.5									55.5	58	51	54	46.5	50	42	46	38	42	29	34
90	88.3	91.7											61	64	56.5	60	52	56	48	52	39	44
100	98.3	101.7											71	74	66.5	70	62	66	58	62	49	54
110	108.3	111.7													76.5	80	72	76	68	72	59	64
120	118.3	121.7													86.5	90	82	86	78	82	69	74
130	128	132															86	90	82	86	73	70
140	138	142															96	100	92	96	83	88
150	148	152																	102	106	93	98

注：1. 尽可能不采用括号内的规格。

2. 折线之间为商品规格范围。

(6) 六角头螺栓（细牙）（GB/T 5785—2016）

【形式及尺寸】　螺栓的形式及尺寸见图 1-1-14 及表 1-1-67、表 1-1-68。

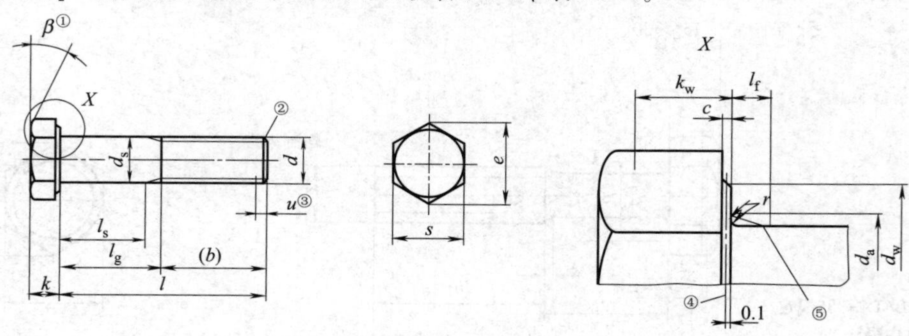

① $\beta=15^\circ \sim 30^\circ$。

② 末端应倒角(GB/T 2)。

③ 不完整螺纹的长度 $u \leqslant 2P$。

④ d_w的仲裁基准。

⑤ 最大圆弧过渡。

图 1-1-14　螺栓的形式及尺寸（GB/T 5785—2016）

表 1-1-67 六角头螺栓（细牙）优选的螺纹规格（GB/T 5785—2016） mm

螺纹规格($d \times P$)				M8×1	M10×1	M12×1.5	M16×1.5	M20×1.5	M24×2	M30×2	M36×3	M42×3	M48×3	M56×4	M64×4
$b_{参考}$			①	22	26	30	38	46	54	66	—	—	—	—	—
			②	28	32	36	44	52	60	72	84	96	108	—	—
			③	41	45	49	57	65	73	85	97	109	121	137	153
c			max	0.60	0.60	0.60	0.8	0.8	0.8	0.8	0.8	1.0	1.0	1.0	1.0
			min	0.15	0.15	0.15	0.2	0.2	0.2	0.2	0.2	0.3	0.3	0.3	0.3
d_a			max	9.2	11.2	13.7	17.7	22.4	26.4	33.4	39.4	45.6	52.6	63	71
d_s	公称=max			8.00	10.00	12.00	16.00	20.00	24.00	30.00	36.00	42.00	48.00	56.00	64.00
	产品等级	A	min	7.78	9.78	11.73	15.73	19.67	23.67	—	—	—	—	—	—
		B		7.64	9.64	11.57	15.57	19.48	23.48	29.48	35.38	41.38	47.38	55.26	63.26
d_w	产品等级	A	min	11.63	14.63	16.63	22.49	28.19	33.61	—	—	—	—	—	—
		B		11.47	14.47	16.47	22	27.7	33.25	42.75	51.11	59.95	69.45	78.66	88.16
e	产品等级	A	min	14.38	17.77	20.03	26.75	33.53	39.98	—	—	—	—	—	—
		B		14.20	17.59	19.85	26.17	32.95	39.55	50.85	60.79	71.3	82.6	93.56	104.86
l_f			max	2	2	3	3	4	4	6	6	8	10	12	13
k	公称			5.3	6.4	7.5	10	12.5	15	18.7	22.5	26	30	35	40
	产品等级 A		max	5.45	6.58	7.68	10.18	12.715	15.215	—	—	—	—	—	—
			min	5.15	6.22	7.32	9.82	12.285	14.785	—	—	—	—	—	—
	产品等级 B		max	5.54	6.69	7.79	10.29	12.85	15.35	19.12	22.92	26.42	30.42	35.5	40.5
			min	5.06	6.11	7.21	9.71	12.15	14.65	18.28	22.08	25.58	29.58	34.5	39.5
k_w[④]	产品等级	A	min	3.61	4.35	5.12	6.87	8.6	10.35	—	—	—	—	—	—
		B		3.54	4.28	5.05	6.8	8.51	10.26	12.8	15.46	17.91	20.71	24.15	27.65
r	min			0.4	0.4	0.6	0.6	0.8	0.8	1	1	1.2	1.6	2	2
s	公称=max			13.00	16.00	18.00	24.00	30.00	36.00	46	55.0	65.0	75.0	85.0	95.0
	产品等级	A	min	12.73	15.73	17.73	23.67	29.67	35.38	—	—	—	—	—	—
		B		12.57	15.57	17.57	23.16	29.16	35	45	53.8	63.1	73.1	82.8	92.8

续表

螺纹规格($d \times P$)					M8×1		M10×1		M12×1.5		M16×1.5		M20×1.5		M24×2		M30×2		M36×3		M42×3		M48×3		M56×4		M64×4	
l					l_s 和 l_g[⑤]																							
公称	产品等级																											
	A		B																									
	min	max	min	max	l_s min	l_g max	l_s min	l_g max	l_s min	l_g max	l_s min	l_g max	l_s min	l_g max	l_s min	l_g max	l_s min	l_g max	l_s min	l_g max	l_s min	l_g max	l_s min	l_g max	l_s min	l_g max	l_s min	l_g max
35	34.5	35.5	—	—																								
40	39.5	40.5	—	—	11.75	18																						
45	44.5	45.5	—	—	16.75	23	11.5	19																				
50	49.5	50.5	—	—	21.75	28	16.5	24	11.25	20																		
55	54.4	55.6	—	—	26.75	33	21.5	29	16.25	25																		
60	59.4	60.6	—	—	31.75	38	26.5	34	21.25	30																		
65	64.4	65.6	—	—	36.75	43	31.5	39	26.25	35	17	27																
70	69.4	70.6	—	—	41.75	48	36.5	44	31.25	40	22	32																
80	79.4	80.6	—	—	51.75	58	46.5	54	41.25	50	32	42	21.5	34														
90	89.3	90.7	88.25	91.75			56.5	64	51.25	60	42	52	31.5	44														
100	99.3	100.7	98.25	101.75			66.5	74	61.25	70	52	62	41.5	54	31	46												
110	109.3	110.7	108.25	111.75					71.25	80	62	72	51.5	64	41	56												
120	119.3	120.7	118.25	121.75					81.25	90	72	82	61.5	74	51	66	36.5	54										
130	129.2	130.8	128	132							76	86	65.5	78	55	70	40.5	58										
140	139.2	140.8	138	142							86	96	75.5	88	65	80	50.5	68	36	56								
150	149.2	150.8	148	152							96	106	85.5	98	75	90	60.5	78	46	66								
160	—	—	158	162							106	116	95.5	108	85	100	70.5	88	56	76	41.5	64						
180	—	—	178	182									115.5	128	105	120	90.5	108	76	96	61.5	84						
200	—	—	197.7	202.3									135.5	148	125	140	110.5	128	96	116	81.5	104	67	92				
220	—	—	217.7	222.3											132	147	117.5	135	103	123	88.5	111	74	99	55.5	83		
240	—	—	237.7	242.3											152	167	137.5	155	123	143	108.5	131	94	119	75.5	103		

阶梯实线以上的规格推荐采用 GB/T 5786

螺纹规格($d\times P$)					M8×1		M10×1		M12×1.5		M16×1.5		M20×1.5		M24×2		M30×2		M36×3		M42×3		M48×3		M56×4		M64×4	
l					l_s 和 l_g⑤																							
公称	产品等级																											
	A		B																									
	min	max	min	max	l_s min	l_g max	l_s min	l_g max	l_s min	l_g max	l_s min	l_g max	l_s min	l_g max	l_s min	l_g max	l_s min	l_g max	l_s min	l_g max	l_s min	l_g max	l_s min	l_g max	l_s min	l_g max	l_s min	l_g max
260	—	—	257.4	262.6													157.5	175	143	163	128.5	151	114	139	95.5	123	77	107
280	—	—	277.4	282.6													177.5	195	163	183	148.5	171	134	159	115.5	143	97	127
300	—	—	297.4	302.6													197.5	215	183	203	168.5	191	154	179	135.5	163	117	147
320	—	—	317.15	322.85															203	223	188.5	211	174	199	155.5	183	137	167
340	—	—	337.15	342.85															223	243	208.5	231	194	219	175.5	203	157	187
360	—	—	357.15	362.85															243	263	228.5	251	214	239	195.5	223	177	207
380	—	—	377.15	382.85																	248.5	271	234	259	215.5	243	197	227
400	—	—	397.15	402.85																	268.5	291	254	279	235.5	263	217	247
420	—	—	416.85	423.15																	288.5	311	274	299	255.5	283	237	267
440	—	—	436.85	443.15																	308.5	331	294	319	275.5	303	257	287
460	—	—	456.85	463.15																			314	339	295.5	323	277	307
480	—	—	476.85	483.15																			334	259	315.5	343	297	327
500	—	—	496.85	503.15																					335.5	363	317	347

① $l_{公称} \leqslant 125$mm。

② 125mm$<l_{公称} \leqslant 200$mm。

③ $l_{公称}>200$mm。

④ $k_{w\,min}=0.7k_{min}$。

⑤ $l_{g\,max}=l_{公称}-b$。$l_{s\,min}=l_{g\,max}-5P$。P—螺距。

注：选用的长度规格由 $l_{s\,min}$ 和 $l_{g\,max}$ 确定。

——阶梯虚线以上为 A 级；

——阶梯虚线以下为 B 级。

表 1-1-68　六角头螺栓（细牙）非优选的螺纹规格（GB/T 5785—2016）

mm

螺纹规格($d \times P$)				M10×1.25	M12×1.25	M14×1.5	M18×1.5	M20×2	M22×1.5	M27×2	M33×2	M39×3	M45×3	M52×4	M60×4
$b_{参考}$			①	26	30	34	42	46	50	60	—	—	—	—	—
			②	32	36	40	48	52	56	66	78	90	102	116	—
			③	45	49	57	61	65	69	79	91	103	115	129	145
e			max	0.60	0.60	0.60	0.8	0.8	0.8	0.8	0.8	1.0	1.0	1.0	1.0
			min	0.15	0.15	0.15	0.2	0.2	0.2	0.2	0.2	0.3	0.3	0.3	0.3
d_a			max	11.2	13.7	15.7	20.2	22.4	24.4	30.4	36.4	42.4	48.6	56.6	67
d_s	公称=max			10.00	12.00	14.00	18.00	20.00	22.00	27.00	33.00	39.00	45.00	52.00	60.00
	产品等级	A	min	9.78	11.73	13.73	17.73	19.67	21.67	—	—	—	—	—	—
		B		9.64	11.57	13.54	17.57	19.48	21.48	26.48	32.38	38.38	44.38	51.26	59.26
d_w	产品等级	A	min	14.63	16.63	19.37	25.34	28.19	31.71	—	—	—	—	—	—
		B		14.47	16.47	19.15	24.85	27.7	31.35	38	46.55	55.86	64.7	74.2	83.41
e	产品等级	A	min	17.77	20.03	23.36	30.14	33.53	37.72	—	—	—	—	—	—
		B		17.59	19.85	22.78	29.56	32.95	37.29	45.2	55.37	66.44	76.95	88.25	99.21
l_f			max	2	3	3	3	4	4	6	6	6	8	10	12
k	公称			6.4	7.5	8.8	11.5	12.5	14	17	21	25	28	33	38
	产品等级 A		max	6.58	7.68	8.98	11.715	12.715	14.215	—	—	—	—	—	—
			min	6.22	7.32	8.62	11.285	12.285	13.785	—	—	—	—	—	—
	产品等级 B		max	6.69	7.79	9.09	11.85	12.85	14.35	17.35	21.42	25.42	28.42	33.5	38.5
			min	6.11	7.21	8.51	11.15	12.15	13.65	16.65	20.58	24.58	27.58	32.5	37.5
k_w[④]	产品等级	A	min	4.35	5.12	6.03	7.9	8.6	9.65	—	—	—	—	—	—
		B		4.28	5.05	5.96	7.81	8.51	9.56	11.66	14.41	17.21	19.31	22.75	26.25
r	min			0.4	0.6	0.6	0.6	0.8	0.8	1	1	1	1.2	1.6	2
s	公称=max			16.00	18.00	21.00	27.00	30.00	34.00	41	50	60.0	70.0	80.0	90.0
	产品等级	A	min	15.73	17.73	20.67	26.67	29.67	33.38	—	—	—	—	—	—
		B		15.57	17.57	20.16	26.16	29.16	33	40	49	58.8	68.1	78.1	87.8

续表

螺纹规格(d×P)					M10×1.25		M12×1.25		M14×1.5		M18×1.5		M20×2		M22×1.5		M27×2		M33×2		M39×3		M45×3		M52×4		M60×4	
l					l_s 和 l_g[⑤]																							
公称	产品等级																											
	A		B																									
	min	max	min	max	l_s min	l_g max	l_s min	l_g max	l_s min	l_g max	l_s min	l_g max	l_s min	l_g max	l_s min	l_g max	l_s min	l_g max	l_s min	l_g max	l_s min	l_g max	l_s min	l_g max	l_s min	l_g max	l_s min	l_g max
45	44.5	45.5	—	—	11.5	19																						
50	49.5	50.5	—	—	16.5	24	11.25	20																				
55	54.4	55.6	—	—	21.5	29	16.25	25																				
60	59.4	60.6	—	—	26.5	34	21.25	30	16	26																		
65	64.4	65.6	—	—	31.5	39	26.25	35	21	31																		
70	69.4	70.6	—	—	36.5	44	31.25	40	26	36	15.5	28																
80	79.4	80.6	—	—	46.5	54	41.25	50	36	46	25.5	38	21.5	34														
90	89.3	90.7	—	—	56.5	64	51.25	60	46	56	35.5	48	31.5	44	27.5	40												
100	99.3	100.7	—	—	66.5	74	61.25	70	56	66	45.5	58	41.5	54	37.5	50												
110	109.3	110.7	108.25	111.75			71.25	80	66	76	55.5	68	51.5	64	47.5	60	35	50										
120	119.3	120.7	118.25	121.75			81.25	90	76	86	65.5	78	61.5	74	57.5	70	45	60										
130	129.2	130.8	128	132					80	90	69.5	82	65.5	78	61.5	74	49	64	34.5	52								
140	139.2	140.8	138	142					90	100	79.5	92	75.5	88	71.5	84	59	74	44.5	62								
150	149.2	150.8	148	152							89.5	102	85.5	98	81.5	94	69	84	54.5	72	40	60						
160	—	—	158	162							99.5	112	95.5	108	91.5	104	79	94	64.5	82	50	70						
180	—	—	178	182							119.5	132	115.5	128	111.5	124	99	114	84.5	102	70	90	55.5	78				
200	—	—	197.7	202.3									135.5	148	131.5	144	119	134	104.5	122	90	110	75.5	98	59	84		
220	—	—	217.7	222.3											138.5	151	126	141	111.5	129	97	117	82.5	105	66	91		
240	—	—	237.7	242.3													146	161	131.5	149	117	137	102.5	125	86	111	67.5	95
260	—	—	257.4	262.6													166	181	151.5	169	137	157	122.5	145	106	131	87.5	115
280	—	—	277.4	282.6															171.5	189	157	177	142.5	165	126	151	107.5	135

阶梯实线以上的规格推荐采用 GB/T 5786

续表

螺纹规格(*d*×*P*)					M10×1.25		M12×1.25		M14×1.5		M18×1.5		M20×2		M22×1.5		M27×2		M33×2		M39×3		M45×3		M52×4		M60×4	
l					l_s 和 l_g⑤																							
公称	产品等级 A		产品等级 B																									
	min	max	min	max	l_s min	l_g max	l_s min	l_g max	l_s min	l_g max	l_s min	l_g max	l_s min	l_g max	l_s min	l_g max	l_s min	l_g max	l_s min	l_g max	l_s min	l_g max	l_s min	l_g max	l_s min	l_g max	l_s min	l_g max
300	—	—	297.4	302.6															191.5	209	177	197	162.5	185	146	171	127.5	155
320	—	—	317.15	322.85															211.5	229	197	217	182.5	205	166	191	147.5	175
340	—	—	337.15	342.85																	217	237	202.5	225	186	211	167.5	195
360	—	—	357.15	362.85																	237	257	222.5	245	206	231	187.5	215
380	—	—	377.15	382.85																	257	277	242.5	265	226	251	207.5	235
400	—	—	397.15	402.85																			262.5	285	246	271	227.5	255
420	—	—	416.85	423.15																			282.5	305	266	291	247.5	275
440	—	—	436.85	443.15																			302.5	325	286	311	267.5	295
460	—	—	456.85	463.15																					306	331	287.5	315
480	—	—	476.85	483.15																					326	351	307.5	335
500	—	—	496.85	503.15																							327.5	355

① $l_{公称} \leqslant 125mm$。

② $125mm < l_{公称} \leqslant 200mm$。

③ $l_{公称} > 200mm$。

④ $k_{w\,min} = 0.7k_{min}$。

⑤ $l_{g\,max} = l_{公称} - b$。$l_{s\,min} = l_{g\,max} - 5P$。$P$—螺距。

注：选用的长度规格由 $l_{s\,min}$ 和 $l_{g\,max}$ 确定。

——阶梯虚线以上为A级；

——阶梯虚线以下为B级。

(7) 六角法兰面螺栓（小系列）(GB/T 16674.1—2016)

【形式及尺寸】 螺栓的形式及尺寸见图 1-1-15~图 1-1-17 和表 1-1-69。

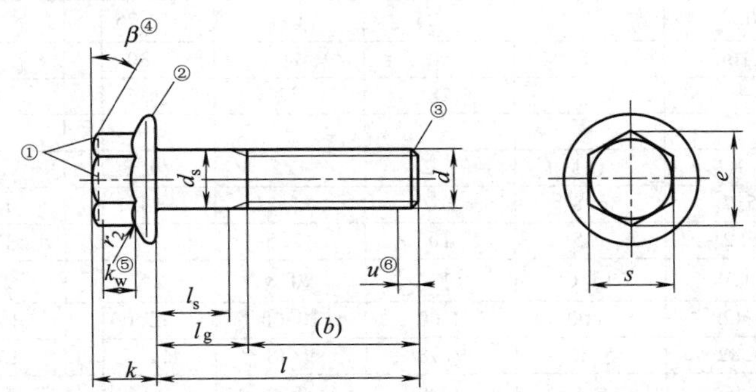

① 头部顶面应为平的或凹穴的，由制造者选择。顶面应倒角或倒圆。倒角或倒圆起始的最小直径应为对边宽度的最大值减去其数值的15%。如头部顶面制成凹穴型，其边缘可以倒圆。
② 边缘形状可由制造者任选。
③ 倒角端(GB/T 2)。
④ β=15°~30°。
⑤ 扳拧高度k_w,见表1-1-69注。
⑥ 不完整螺纹的长度$u \leqslant 2P$。

图 1-1-15 六角法兰面螺栓（粗杆，标准型）(GB/T 16674.1—2016)

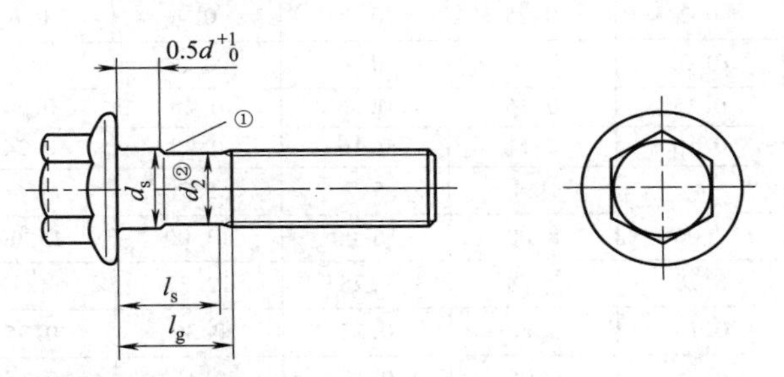

① 倒圆或倒角或圆锥的。
② d_2≈螺纹中径(辗制螺纹坯径)。
注：其他尺寸见图1-1-15。

图 1-1-16 六角法兰面螺栓（细杆，R 型）(使用要求时)(GB/T 16674.1—2016)

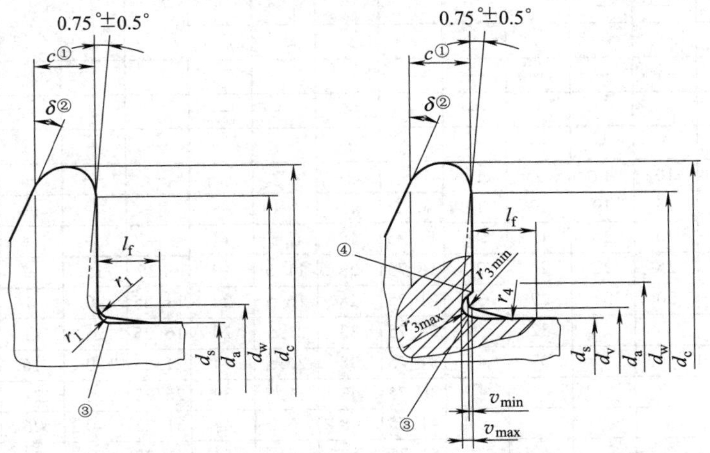

(a) F型 无沉割槽(标准型)　(b) U型 有沉割槽(使用要求或制造者选择)

① c在d_{wmin}处测量。
② δ=15°~25°。
③ 最大和最小头下圆角。
④ 支承面与圆角应光滑连接。

图 1-1-17 六角法兰面螺栓头下形状（支承面）(GB/T 16674.1—2016)

表 1-1-69　　六角法兰面螺栓的尺寸（GB/T 16674.1—2016）　　mm

螺纹规格 d		M5	M6	M8	M10	M12	(M14)[①]	M16
P[②]		0.8	1	1.25	1.5	1.75	2	2
$b_{参考}$	③	16	18	22	26	30	34	38
	④	—	—	28	32	36	40	44
	⑤	—	—	—	—	—	—	57
c	min	1	1.1	1.2	1.5	1.8	2.1	2.4
d_a	F 型 max	5.7	6.8	9.2	11.2	13.7	15.7	17.7
	U 型 max	6.2	7.5	10	12.5	15.2	17.7	20.5
d_e	max	11.4	13.6	17	20.8	24.7	28.6	32.8
d_s	max	5.00	6.00	8.00	10.00	12.00	14.00	16.00
	min	4.82	5.82	7.78	9.78	11.73	13.73	15.73
d_v	max	5.5	6.6	8.8	10.8	12.8	14.8	17.2
d_w	min	9.4	11.6	14.9	18.7	22.5	26.4	30.6
e	min	7.59	8.71	10.95	14.26	16.5	19.86	23.15
k	max	5.6	6.9	8.5	9.7	12.1	12.9	15.2
k_w	min	2.3	2.9	3.8	4.3	5.4	5.6	6.8
l_f	max	1.4	1.6	2.1	2.1	2.1	2.1	3.2
r_1	min	0.2	0.25	0.4	0.4	0.6	0.6	0.6
r_2[⑥]	max	0.3	0.4	0.5	0.6	0.7	0.9	1
r_3	max	0.25	0.26	0.36	0.45	0.54	0.63	0.72
	min	0.10	0.11	0.16	0.20	0.24	0.28	0.32
r_4	参考	4	4.4	5.7	5.7	5.7	5.7	8.8
s	max	7.00	8.00	10.00	13.00	15.00	18.00	21.00
	min	6.78	7.78	9.78	12.73	14.73	17.73	20.67
v	max	0.15	0.20	0.25	0.30	0.35	0.45	0.50
	min	0.05	0.05	0.10	0.15	0.15	0.20	0.25

l[⑦⑧]			l_s 和 l_g													
公称	min	max	l_s min	l_g max	l_s min	l_g max	l_s min	l_g max	l_s min	l_g max	l_s min	l_g max	l_s min	l_g max	l_s min	l_g max
10	9.71	10.29	—	—												
12	11.65	12.35	—	—	—	—										
16	15.65	16.35	—	—	—	—	—	—								
20	19.58	20.42	—	—	—	—	—	—	—	—						
25	24.58	25.42	5	9	—	—	—	—	—	—	—	—				
30	29.58	30.42	10	14	7	12	—	—	—	—	—	—	—	—		
35	34.5	35.5	15	19	12	17	6.75	13	—	—	—	—	—	—	—	—
40	39.5	40.5	20	24	17	22	11.75	18	6.5	14	—	—	—	—	—	—
45	44.5	45.5	25	29	22	27	16.75	23	11.5	19	6.25	15	—	—	—	—
50	49.5	50.5	30	34	27	32	21.75	28	16.5	24	11.25	20	6	16	—	—
55	54.4	55.6			32	37	26.75	33	21.5	29	16.25	25	11	21	7	17
60	59.4	60.6			37	42	31.75	38	26.5	34	21.25	30	16	26	12	22
65	64.4	65.6					36.75	43	31.5	39	26.25	35	21	31	17	27
70	69.4	70.6					41.75	48	36.5	44	31.25	40	26	36	22	32
80	79.4	80.6					51.75	58	46.5	54	41.25	50	36	46	32	42
90	89.3	90.7							56.5	64	51.25	60	46	56	42	52
100	99.3	100.7							66.5	74	61.25	70	56	66	52	62
110	109.3	110.7									71.25	80	66	76	62	72
120	119.3	120.7									81.25	90	76	86	72	82

续表

螺纹规格 d			M5		M6		M8		M10		M12		(M14)①		M16	
l⑦⑧			l_s 和 l_g													
公称	min	max	l_s min	l_g max	l_s min	l_g max	l_s min	l_g max	l_s min	l_g max	l_s min	l_g max	l_s min	l_g max	l_s min	l_g max
130	129.2	130.8											80	90	76	86
140	139.2	140.8											90	100	86	96
150	149.2	150.8													96	106
160	159.2	160.8													106	116

① 尽可能不采用括号内的规格。

② P—螺距。

③ $l_{公称} \leqslant 125$mm。

④ 125mm$<l_{公称} \leqslant 200$mm。

⑤ $l_{公称} > 200$mm。

⑥ r_2 适用于棱角和六角面。

⑦ 阶梯虚线以上“—”，即未规定 l_s 和 l_g 尺寸的螺栓应制出全螺纹。

⑧ 细杆型（R 型）仅适用于虚线以下的规格。

注：如果产品通过了附录 A 的检验，则应视为满足了尺寸 c、e 和 k_w 的要求。

【标记方法】 标记方法按 GB/T 1237 的规定。

示例 1：

螺纹规格 d=M12、公称长度 l=80mm、由制造者任选的 F 或 U 型、小系列、性能等级为 8.8 级、表面不经处理、产品等级为 A 级的六角法兰面螺栓的标记：

螺栓 GB/T 16674.1 M12×80

示例 2：

螺纹规格 d=M12、公称长度 l=80mm、F 型、小系列、性能等级为 8.8 级、表面不经处理、产品等级为 A 级的六角法兰面螺栓的标记：

螺栓 GB/T 16674.1 M12×80 F

示例 3：

在特殊情况下，如要求细杆 R 型时，则应在标记中增加“R”；

螺栓 GB/T 16674.1 M12×80 R

(8) 六角法兰面螺栓（细牙，小系列）（GB/T 16674.2—2016）

【形式及尺寸】 螺栓的形式及尺寸见图 1-1-18~图 1-1-21 和表 1-1-70。

尺寸代号和标注应符合 GB/T 5276。

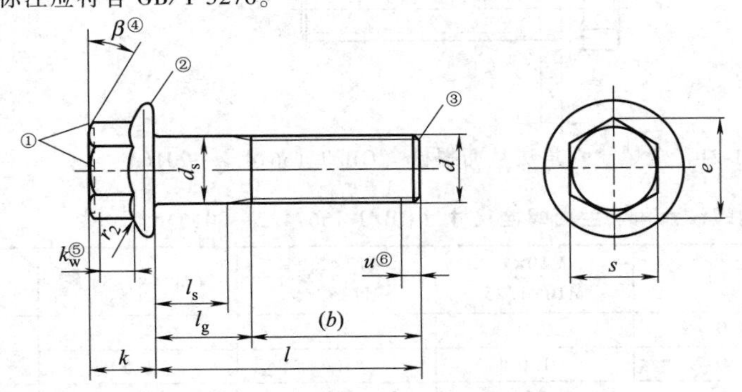

① 头部顶面应为平的或凹穴的，由制造者选择。顶面应倒角或倒圆。倒角或倒圆起始的最小直径应为对边宽度的最大值减去其数值的15%。如头部顶面制成凹穴型，其边缘可以倒圆。

② 边缘形状可由制造者任选。

③ 倒角端(GB/T 2)。

④ β=15°~30°。

⑤ 扳拧高度k_w,见表1-1-70注。

⑥ 不完整螺纹的长度$u \leqslant 2P$。

图 1-1-18 六角法兰面螺栓（粗杆，标准型）（GB/T 16674.2—2016）

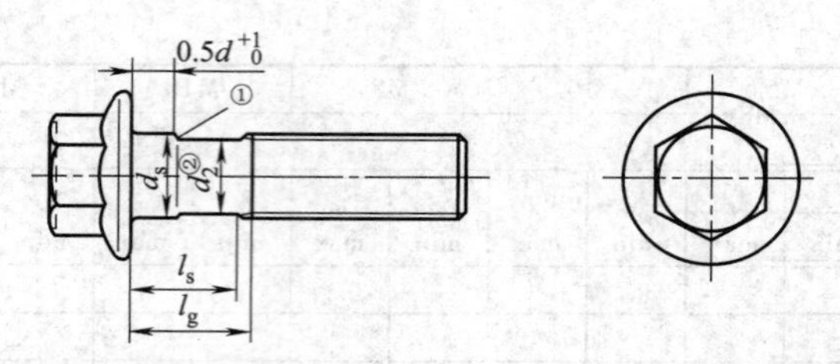

① 倒圆或倒角或圆锥的。

② d_2≈螺纹中径(辗制螺纹坯径)。

注：其他尺寸见图1-1-18。

图 1-1-19 六角法兰面螺栓（细杆，R 型）（使用要求时）（GB/T 16674. 2—2016）

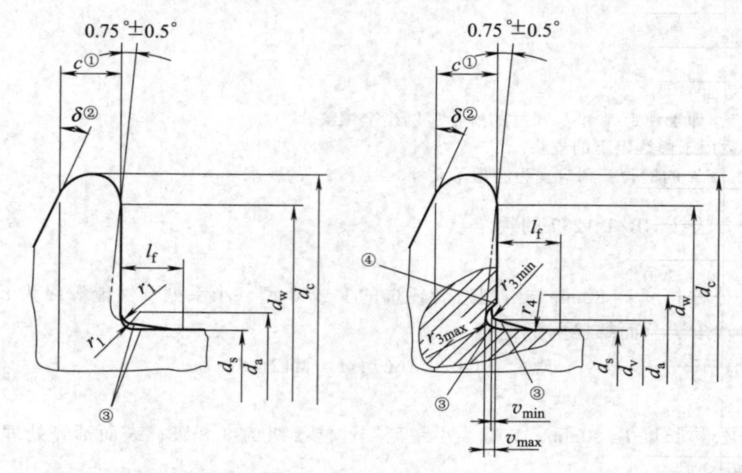

(a) F型 无沉割槽(标准型) (b) U型 有沉割槽(使用要求或制造者选择)

① c在$d_{w\,min}$处测量。

② δ=15°~25°。

③ 最大和最小头下圆角。

④ 支承面与圆角应光滑连接。

图 1-1-20 六角法兰面螺栓头下形状（支承面）（GB/T 16674. 2—2016）

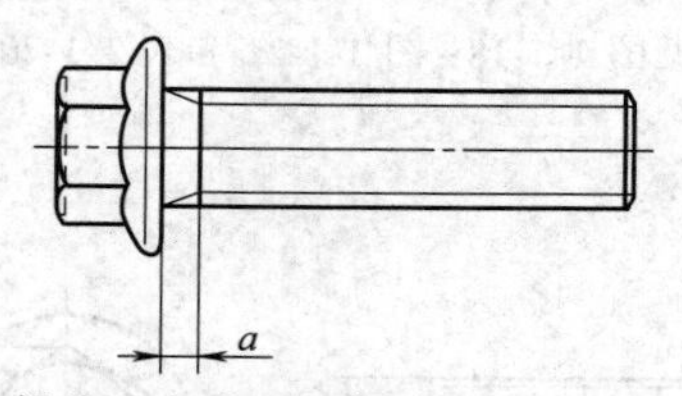

图 1-1-21 全螺纹六角法兰面螺栓（GB/T 16674. 2—2016）

表 1-1-70 全螺纹六角法兰面螺栓尺寸（GB/T 16674. 2—2016） mm

螺纹规格 $d \times P$①			M8×1	M10×1 M10×1.25	M12×1.25 M12×1.5	(M14×1.5)②	M16×1.5
a	max		3.0	3.0	4.5	4.5	4.5
	min		1.0	1.0	1.5	1.5	1.5
$h_{参考}$	③		22	26	30	34	38
	④		28	32	36	40	44
	⑤		—	—	—	—	57
e	min		1.2	1.5	1.8	2.1	2.4
d_a	F 型	max	9.2	11.2	18.7	15.7	17.7
	U 型		10.0	13.5	15.2	17.7	20.5
d_c	max		17.0	20.8	24.7	28.6	32.8

续表

螺纹规格 $d \times P$①		M8×1	M10×1 M10×1.25	M12×1.25 M12×1.5	(M14×1.5)②	M16×1.5
d_s	max	8.00	10.00	12.00	14.00	16.00
	min	7.78	9.78	11.73	13.78	15.78
d_v	max	8.8	10.8	12.8	14.8	17.2
d_w	min	14.9	18.7	22.5	26.5	30.6
e	min	10.95	14.26	16.50	19.86	23.15
k	max	8.5	9.7	12.1	12.9	15.2
k_w	min	3.8	4.3	5.4	5.6	6.8
l_f	max	2.1	2.1	2.1	2.1	3.2
r_1	min	0.4	0.4	0.6	0.6	0.6
$r_2$⑥	max	0.5	0.6	0.7	0.9	1.0
r_3	max	0.36	0.45	0.54	0.68	0.72
	min	0.16	0.20	0.24	0.28	0.32
r_4	参考	5.7	5.7	5.7	5.7	8.8
s	max	10.00	13.00	15.00	18.00	21.00
	min	9.78	12.73	14.73	17.78	20.67
v	max	0.25	0.30	0.35	0.45	0.50
	min	0.10	0.15	0.15	0.20	0.25

l⑦⑧			l_s 和 l_g⑨									
公称	min	max	l_s min	l_g max	l_s min	l_g max	l_s min	l_g max	l_s min	l_g max	l_s min	l_g max
16	15.65	16.35	—	—								
20	19.58	20.42	—	—	—	—						
25	24.58	25.42	—	—	—	—	—	—				
30	29.58	30.42	—	—	—	—	—	—	—	—		
35	34.5	35.5	6.75	18	—	—	—	—	—	—	—	—
40	39.5	40.5	11.75	18	6.5	14	—	—	—	—	—	—
45	44.5	45.5	16.75	23	11.5	19	6.25	15	—	—	—	—
50	49.5	50.5	21.75	28	16.5	24	11.25	20	6	16	—	—
55	54.4	55.6	26.75	33	21.5	29	16.25	25	11	21	7	17
60	59.4	60.6	31.75	38	26.5	34	21.25	30	16	26	12	22
65	64.4	65.6	36.75	43	31.5	39	26.25	35	21	31	17	27
70	69.4	70.6	41.75	48	36.5	44	31.25	40	26	36	22	32
80	79.4	80.6	51.75	58	46.5	54	41.25	50	36	46	32	42
90	89.3	90.7			56.5	64	51.25	60	46	56	42	52
100	99.3	100.7			66.5	74	61.25	70	56	66	52	62
110	109.3	110.7					71.25	80	66	76	62	72
120	119.3	120.7					81.25	90	76	86	72	82
130	129.2	130.8							80	90	76	86
140	139.2	140.8							90	100	86	96
150	149.2	150.8									96	106
160	159.2	160.8									106	116

① P—螺距。
② 尽可能不采用括号内的规格。
③ $l_{公称} \leqslant 125\text{mm}$。
④ $125\text{mm} < l_{公称} \leqslant 200\text{mm}$。
⑤ $l_{公称} > 200\text{mm}$。
⑥ r_2 适用于棱角和六角面。
⑦ 阶梯虚线以上“—”，即未规定 l_s 和 l_w 尺寸的螺栓应制出全螺纹。
⑧ 细杆型（R 型）仅适用于虚线以下的规格。
⑨ $l_{g\,max} = l_{公称} - b$。$l_{s\,min} - l_{g\,max} - 5P$（$P$—按 GB/T 193 规定的粗牙螺距）。
注：如果产品通过了附录 A 的检验，则应视为满足了尺寸 c、e 和 k_w 的要求。

(9) 六角法兰面螺栓（加大系列，B级）（GB/T 5789—1986）

表 1-1-71　　六角法兰面螺栓（加大系列，B级）（GB/T 5789—1986）　　mm

螺纹规格 d	公称长度 l	螺纹规格 d	公称长度 l
M5	10~50	M12	25~120
M6	12~60	（M14）	30~140
M8	16~80	M16	35~160
M10	20~100	M20	40~200

注：1. 公称长度 l 系列（mm）：10，12，16，20，25，30，35，40，45，50，（55），60，（65），70，80，90，100，110，120，130，140，150，160，180，200。
2. 带括号的螺纹规格和公称长度尽可能不采用。
3. 螺纹公差：6g。
4. 力学性能等级：（1）钢：8.8~12.9；（2）不锈钢：A2-70。
5. 表面处理：（1）钢：氧化；镀锌钝化（GB 5267—85）；（2）不锈钢：不经处理。

(10) 六角法兰面螺栓（加大系列，细杆，B级）（GB/T 5790—1986）

表 1-1-72　　六角法兰面螺栓（加大系列，细杆，B级）（GB/T 5790—1986）　　mm

螺纹规格 d	公称长度 l	螺纹规格 d	公称长度 l
M5	30~50	M12	50~120
M6	35~60	（M14）	55~140
M8	40~80	M16	60~160
M10	45~100	M20	70~200

注：同表 1-1-71。

(11) 钢结构用高强度大六角头螺栓（GB/T 1228—2006）

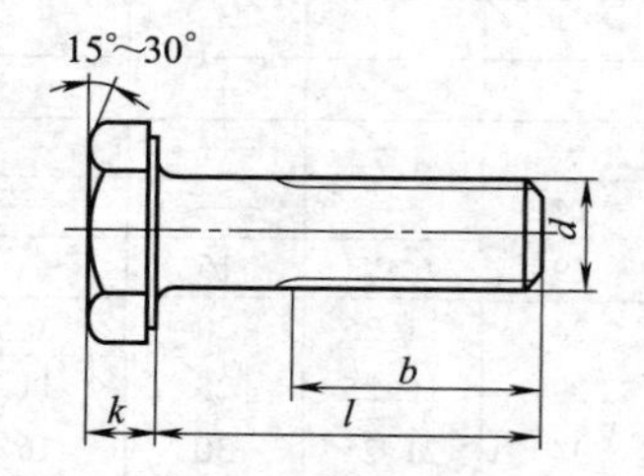

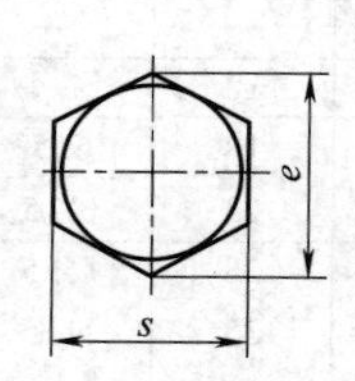

图 1-1-22　钢结构用高强度大六角头螺栓（GB/T 1228—2006）

表 1-1-73　　钢结构用高强度大六角头螺栓（GB/T 1228—2006）　　mm

<table>
<tr><td>螺纹规格 d</td><td>M12</td><td>M16</td><td>M20</td><td>（M22）</td><td>M24</td><td>（M27）</td><td>M30</td><td>M12</td><td>M16</td><td>M20</td><td>（M22）</td><td>M24</td><td>（M27）</td><td>M30</td></tr>
<tr><td>l
公称尺寸</td><td colspan="7">（b）</td><td colspan="7">每1000个钢螺栓的理论质量/kg</td></tr>
<tr><td>35</td><td rowspan="2">25</td><td rowspan="2"></td><td rowspan="3"></td><td rowspan="4"></td><td rowspan="5"></td><td rowspan="6"></td><td rowspan="7"></td><td>49.4</td><td></td><td></td><td></td><td></td><td></td><td></td></tr>
<tr><td>40</td><td>54.2</td><td></td><td></td><td></td><td></td><td></td><td></td></tr>
<tr><td>45</td><td rowspan="7">30</td><td rowspan="2">30</td><td>57.8</td><td>113.0</td><td></td><td></td><td></td><td></td><td></td></tr>
<tr><td>50</td><td rowspan="3">35</td><td>62.5</td><td>121.3</td><td>207.3</td><td></td><td></td><td></td><td></td></tr>
<tr><td>55</td><td rowspan="5">35</td><td rowspan="3">40</td><td>67.3</td><td>127.9</td><td>220.3</td><td>269.3</td><td></td><td></td><td></td></tr>
<tr><td>60</td><td rowspan="3">45</td><td>72.1</td><td>136.2</td><td>233.3</td><td>284.9</td><td>357.2</td><td></td><td></td></tr>
<tr><td>65</td><td rowspan="5"></td><td rowspan="3">50</td><td>76.8</td><td>144.5</td><td>243.6</td><td>300.5</td><td>375.7</td><td>503.2</td><td></td></tr>
<tr><td>70</td><td rowspan="4"></td><td rowspan="3">55</td><td>81.6</td><td>152.8</td><td>256.5</td><td>313.2</td><td>394.2</td><td>527.1</td><td>658.2</td></tr>
<tr><td>75</td><td rowspan="3"></td><td>86.3</td><td>161.2</td><td>269.5</td><td>328.9</td><td>409.1</td><td>551.0</td><td>687.5</td></tr>
<tr><td>80</td><td rowspan="2"></td><td rowspan="2"></td><td></td><td>169.5</td><td>282.5</td><td>344.5</td><td>428.6</td><td>570.2</td><td>715.8</td></tr>
<tr><td>85</td><td></td><td></td><td>177.8</td><td>295.5</td><td>360.1</td><td>446.1</td><td>594.1</td><td>740.3</td></tr>
</table>

续表

螺纹规格 d	M12	M16	M20	(M22)	M24	(M27)	M30	M12	M16	M20	(M22)	M24	(M27)	M30
l 公称尺寸	(b)							每 1000 个钢螺栓的理论质量/kg						
90									186.4	308.5	375.8	464.7	617.9	769.6
95									194.4	321.4	391.4	483.2	641.8	799.0
100		35							202.8	334.4	407.0	501.7	665.7	828.3
110									219.4	360.4	438.3	538.8	713.5	886.9
120			40						236.1	386.3	469.6	575.9	761.3	945.6
130									252.7	412.3	500.8	612.9	809.1	1004.2
140										438.3	532.1	650.0	856.9	1062.8
150				45	50					464.2	563.4	687.1	904.7	1121.5
160						55	60			490.2	594.6	724.2	952.4	1180.1
170											625.9	761.2	1000.2	1238.7
180											657.2	798.3	1048.0	1297.4
190											688.4	835.4	1095.8	1356.0
200											719.7	872.4	1143.6	1414.7
220											782.2	946.6	1239.2	1531.9
240												1020.7	1334.7	1649.2
260													1430.3	1766.5

注：括号内的规格与第二选择系列。

(12) 钢结构用高强度大六角头螺栓、大六角螺母、垫圈技术条件（GB/T 1231—2006）

表 1-1-74 螺栓试件力学性能

性能等级	抗拉强度 R_m /MPa	规定非比例延伸强度 $R_{p0.2}$/MPa	断后伸长率 A/%	断后收缩率 Z/%	冲击吸收功 A_{kU2}/J
		不小于			
10.9S	1040~1240	940	10	42	47
8.8S	830~1030	660	12	45	63

注：制造厂应将制造螺栓的材料取样，经与螺栓制造中相同的热处理工艺处理后，制成试件进行拉伸试验，其结果应符合本表的规定。当螺栓的材料直径≥16mm 时，根据用户要求，制造厂还应增加常温冲击试验，其结果应符合本表的规定。

表 1-1-75 螺栓力学性能

螺纹规格 d			M12	M16	M20	(M22)	M24	(M27)	M30
公称应力截面积 A_s/mm²			84.3	157	245	303	353	459	561
性能等级	10.9S	拉力载荷/N	87700~104500	163000~195000	255000~304000	315000~376000	367000~438000	477000~569000	583000~696000
	8.8S		70000~86800	130000~162000	203000~252000	251000~312000	293000~364000	381000~473000	466000~578000

注：进行螺栓实物楔负载试验时，拉力载荷应在本表规定的范围内，且断裂应发生在螺纹部分或螺纹与螺杆交接处。

表 1-1-76 螺栓芯部硬度

性能等级	维氏硬度		洛氏硬度	
	min	max	min	max
10.9S	312HV30	367HV30	33HRC	39HRC
8.8S	249HV30	296HV30	24HRC	31HRC

注：当螺栓 l/d≤3 时，如不能做楔负载试验，允许做拉力载荷试验或芯部硬度试验，芯部硬度应符合本表的规定。

表 1-1-77　　　　螺母保证载荷

螺纹规格 *d*			M12	M16	M20	(M22)	M24	(M27)	M30
性能等级	10H	保证载荷/N	87700	163000	255000	315000	367000	477000	583000
	8H		70000	130000	203000	251000	293000	381000	466000

表 1-1-78　　　　螺母硬度

性能等级	洛氏硬度		维氏硬度	
	min	max	min	max
10H	98HRB	32HRC	222HV30	304HV30
8H	95HRB	30HRC	206HV30	289HV30

垫圈的硬度为 329~436HV30（35~45HRC）。

(13) 六角头加强杆螺栓（GB/T 27—2013）

【形式及尺寸】 形式及尺寸见图 1-1-23 和表 1-1-79、表 1-1-80。

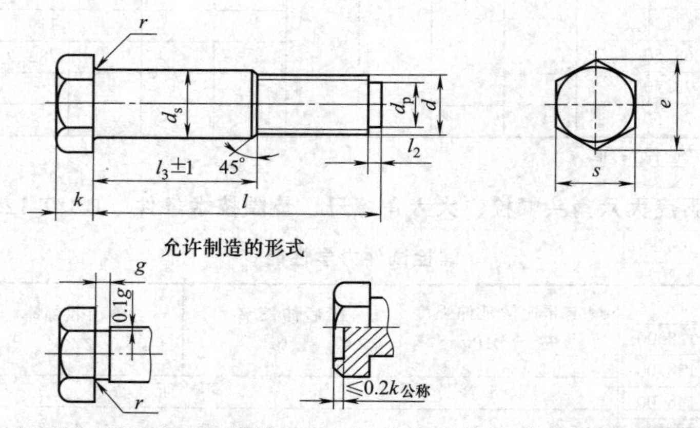

注：无螺纹部分杆径(d_s)末端45°倒角根据制造工艺要求，允许制成大于45°、小于1.5*P*(粗牙螺纹螺距)的颈部。

图 1-1-23　六角头加强杆螺栓形式及尺寸（GB/T 27—2013）

表 1-1-79　　六角头加强杆螺栓优选的规格及长度尺寸（GB/T 27—2013）　　mm

螺纹规格 *d*			M6	M8	M10	M12	M16	M20	M24	M30	M36	M42	M48
P①			1	1.25	1.5	1.75	2	2.5	3	3.5	4	4.5	5
d_s (h9)	max		7	9	11	13	17	21	25	32	38	44	50
	min		6.964	8.964	10.957	12.957	16.957	20.948	24.948	31.938	37.938	43.938	49.938
s	max		10	13	16	18	24	30	36	46	55	65	75
	min	A	9.78	12.73	15.73	17.73	23.67	29.67	35.38	—	—	—	—
		B	9.64	12.57	15.57	17.57	23.16	29.16	35	45	53.8	63.8	73.1
k	公称		4	5	6	7	9	11	13	17	20	23	26
	A	min	3.85	4.85	5.85	6.82	8.82	10.78	12.78	—	—	—	—
		max	4.15	5.15	6.15	7.18	9.18	11.22	13.22	—	—	—	—
	B	min	3.76	4.76	5.76	6.71	8.71	10.65	12.65	16.65	19.58	22.58	25.58
		max	4.24	5.24	6.24	7.29	9.29	11.35	13.35	17.35	20.42	23.42	26.42
r	min		0.25	0.4	0.4	0.6	0.6	0.8	0.8	1	1	1.2	1.6
d_p			4	5.5	7	8.5	12	15	18	23	28	33	38
l_2			1.5		2		3	4		5	6	7	8
e min	A		11.05	14.38	17.77	20.03	26.75	33.53	39.98	—	—	—	—
	B		10.89	14.20	17.59	19.85	26.17	32.95	39.55	50.85	60.79	72.02	82.60
g			2.5				3.5			5			

续表

长度 l②					螺纹规格 d										
公称	产品等级				M6	M8	M10	M12	M16	M20	M24	M30	M36	M42	M48
	A		B		l_3										
	min	max	min	max											
25	24.58	25.42	—	—	13	10									
(28)③	27.58	28.42	—	—	16	13									
30	29.58	30.42	—	—	18	15	12								
(32)③	31.50	32.50	—	—	20	17	14								
35	34.50	35.50	—	—	23	20	17	13							
(38)③	37.50	38.50	—	—	26	23	20	16							
40	39.50	40.50	—	—	28	25	22	18							
45	44.50	45.50	—	—	33	30	27	23	17						
50	49.50	50.50	—	—	38	35	32	28	22						
(55)③	54.50	55.95	—	—	43	40	37	33	27	23					
60	59.05	60.95	58.50	61.50	48	45	42	38	32	28					
(65)③	64.05	65.95	63.50	66.50	53	50	47	43	37	33	27				
70	69.05	70.95	68.50	71.50		55	52	48	42	38	32				
(75)③	74.05	75.95	73.50	76.50		60	57	53	47	43	37				
80	79.05	80.95	78.50	81.50		65	62	58	52	48	42	30			
(85)③	83.90	86.10	83.25	86.75			67	63	57	53	47	35			
90	88.90	91.10	88.25	91.75			72	68	62	58	52	40	35		
(95)③	93.90	96.10	93.25	96.75			77	73	67	63	57	45	40		
100	98.90	101.10	98.25	101.75			82	78	72	68	62	50	45		
110	108.90	111.10	108.25	111.75			92	88	82	78	72	60	55	45	
120	118.90	121.10	118.25	121.75			102	98	92	88	82	70	65	55	50
130	128.75	131.10	128.00	132.00				108	102	98	92	80	75	65	60
140	138.75	141.25	138.00	142.00				118	112	108	102	90	85	75	70
150	148.75	151.25	148.00	152.00				128	122	118	112	100	95	85	80
160	—	—	158.00	162.00				138	132	128	122	110	105	95	90
170	—	—	168.00	172.00				148	142	138	132	120	115	105	100
180	—	—	178.00	182.00				158	152	148	142	130	125	115	110
190	—	—	187.70	192.30					162	158	152	140	135	125	120
200	—	—	197.70	202.30					172	168	162	150	145	135	130
210	—	—	207.70	212.30								160	155	145	140
220	—	—	217.70	222.30								170	165	155	150
230	—	—	227.70	232.30								180	175	165	160
240	—	—	237.70	242.30									185	175	170
250	—	—	247.70	252.30									195	185	180
260	—	—	257.40	262.60									205	195	190
280	—	—	277.40	282.60									225	215	210
300	—	—	297.40	302.60									245	235	230

① P—螺距。

② 阶梯实线间为通用长度规格范围。

③ 尽可能不采用括号内的规格。

注：根据使用要求，无螺纹部分杆径（d_s）允许按 m6 或 u8 制造，但应在标记中注明。

表 1-1-80　六角头加强杆螺栓非优选的规格及长度尺寸（GB/T 27—2013） mm

螺纹规格 d		M14	M18	M22	M27
P①		2	2.5	2.5	3
d_s (h9)	max	15	19	23	28
	min	14.957	18.948	22.948	27.948

续表

螺纹规格 d			M14	M18	M22	M27
s	max		21	27	34	41
	min	A	20.67	26.67	33.38	—
		B	20.16	26.16	33	40
k	公称		8	10	12	15
	A	min	7.82	9.82	11.78	—
		max	8.18	10.18	12.22	—
	B	min	7.71	9.71	11.65	14.65
		max	8.29	10.29	12.35	15.35
r	min		0.6	0.6	0.8	1
d_p			10	13	17	21
l_2			3		4	5
e min	A		23.35	30.14	37.72	—
	B		22.78	29.56	37.29	45.2
g			3.5			5

长度[2]					螺纹规格 d			
公称	产品等级				M14	M18	M22	M27
	A		B		l_3			
	min	max	min	max				
40	39.50	40.50	—	—	15			
45	44.50	45.50	—	—	20			
50	49.50	50.50	—	—	25	20		
(55)[3]	54.50	55.95	—	—	30	25		
60	59.05	60.95	58.50	61.50	35	30	25	
(65)[3]	64.05	65.95	63.50	66.50	40	35	30	
70	69.05	70.95	68.50	71.50	45	40	35	
(75)[3]	74.05	75.95	73.50	76.50	50	45	40	33
80	79.05	80.95	78.50	81.50	55	50	45	38
(85)[3]	83.00	86.10	83.25	86.75	60	55	50	43
90	88.90	91.10	88.25	91.75	65	60	55	48
(95)[3]	93.90	96.10	93.25	96.75	70	65	60	53
100	98.90	101.10	98.25	101.75	75	70	65	58
110	108.90	111.10	108.25	111.75	85	80	75	68
120	118.90	121.10	118.25	121.75	95	90	85	78
130	128.75	131.10	128.00	132.00	105	100	95	88
140	138.75	141.25	138.00	142.00	115	110	105	98
150	148.75	151.25	148.00	152.00	125	120	115	108
160	—	—	158.00	162.00	135	130	125	118
170	—	—	168.00	172.00	145	140	135	128
180	—	—	178.00	182.00	155	150	145	138
190	—	—	187.70	192.30		160	155	148
200	—	—	197.70	202.30		170	165	158
210	—	—	207.70	212.30				
220	—	—	217.70	222.30				
230	—	—	227.70	232.30				
240	—	—	237.70	242.30				
250	—	—	247.70	252.30				
260	—	—	257.40	262.60				
280	—	—	277.40	282.60				
300	—	—	297.40	302.60				

① P—螺柱。

② 阶梯实线间为通用长度规格范围。

③ 尽可能不采用括号内的规格。

注：根据使用要求，无螺纹部分杆径（d_s）允许按 m5 或 u8 制造，但应在标记中注明。

(14) 六角头带槽螺栓 (GB/T 29.1—2013)

【形式及尺寸】 形式及尺寸见图 1-1-24 和表 1-1-81。

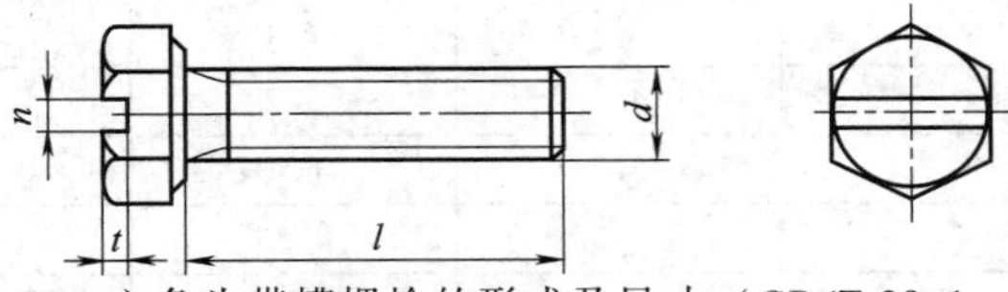

图 1-1-24 六角头带槽螺栓的形式及尺寸 (GB/T 29.1—2013)

表 1-1-81 **六角头带槽螺栓的尺寸** (GB/T 29.1—2013) mm

螺纹规格 d		M3	M4	M5	M6	M8	M10	M12
n	公称	0.8	1.2	1.2	1.6	2	2.5	3
	min	0.86	1.26	1.28	1.66	2.06	2.56	3.06
	max	1	1.51	1.51	1.91	2.31	2.81	3.31
$t$min		0.7	1	1.2	1.4	1.9	2.4	3
l公称								
6								
8								
10								
12								
16			通用					
20								
25				长度				
30								
35					规格			
40								
45								
50						范围		
55								
60								
65								
70								
80								
90								
100								
110								
120								

(15) 六角头带十字槽螺栓 (GB/T 29.2—2013)

【形式及尺寸】 形式及尺寸见图 1-1-25 及表 1-1-82。

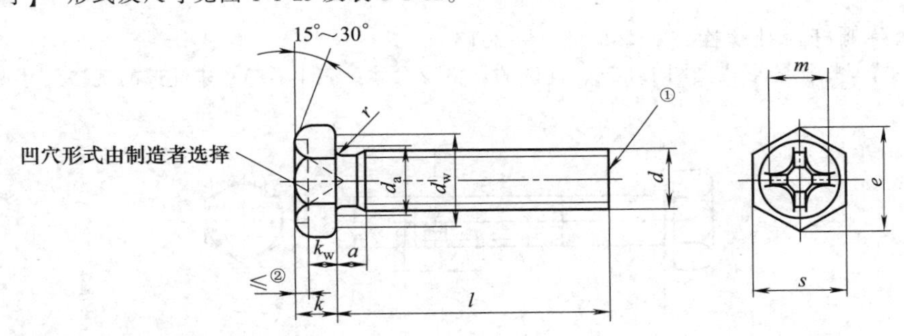

①辗制末端(GB/T 2)。

② $0.2k_{公称}$。

图 1-1-25 六角头带十字槽螺栓的形式及尺寸 (GB/T 29.2—2013)

表 1-1-82　　六角头带十字槽螺栓的尺寸（GB/T 29.2—2013）　　mm

螺纹规格 d			M4	M5	M6	M8
a　max			2.1	2.4	3	3.75
d_a　max			4.7	5.7	6.8	9.2
d_w　min			5.7	6.7	8.7	11.4
e　min			7.5	8.53	10.89	14.2
k		公称	2.8	3.5	4	5.3
		min	2.6	3.26	3.76	5.06
		max	3	3.74	4.24	5.54
k_w		min	1.8	2.3	2.6	3.5
r		max	0.2	0.2	0.25	0.4
s		max	7	8	10	13
		min	6.64	7.64	9.64	12.57
十字槽 H 型	槽号		2		3	
	m	参考	4	4.8	6.2	7.2
	插入深度	max	1.93	2.73	2.86	3.86
		min	1.4	2.19	2.31	3.24
l						
公称	min	max				
8	7.25	8.75				
10	9.25	10.75	通用			
12	11.1	12.9				
(14)①	13.1	14.9		长度		
16	15.1	16.9				
20	18.95	21.05				
25	23.95	26.05			规格	
30	28.95	31.05				
35	33.75	36.25				范围
40	38.75	41.25				
45	43.75	46.25				
50	48.75	51.25				
(55)①	53.5	56.5				
60	58.5	61.5				

① 尽可能不采用括号内的规格。

（16）六角头螺杆带孔螺栓（GB/T 31.1—2013）

【形式及尺寸】　螺栓的形式见图 1-1-26，优选的规格及尺寸见表 1-1-83，非优选的规格尺寸见表 1-1-84。

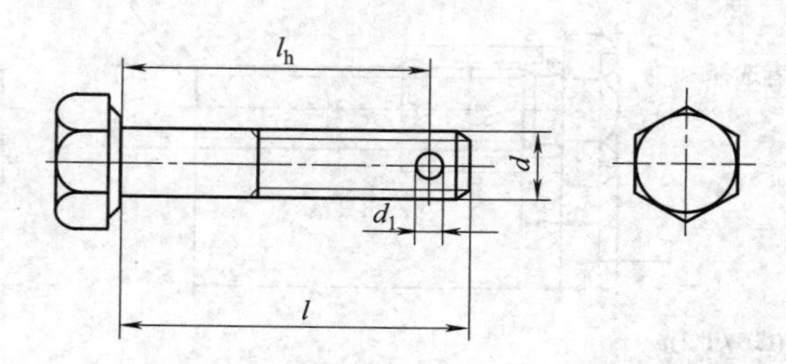

图 1-1-26　六角头螺杆带孔螺栓（GB/T 31.1—2013）

表 1-1-83　　六角头螺杆带孔螺栓优选的规格及尺寸（GB/T 31.1—2013）　　mm

螺纹规格 d		M6	M8	M10	M12	M16	M20	M24	M30	M36	M42	M48
d_1	max	1.85	2.25	2.75	3.5	4.3	4.3	5.3	6.66	6.66	8.36	8.36
	min	1.6	2	2.5	3.2	4	4	5	6.3	6.3	8	8
l①公称		l_h+IT14										
30		26.7										
35		31.7	31									
40		36.7	36	35								
45		41.7	41	40	39							
50		46.7	46	45	44							
(55)②		51.7	51	50	49	48						
60		56.7	56	55	54	53						
(65)②			61	60	59	58	57					
70			66	65	64	63	62					
80			76	75	74	73	72	70				
90				85	84	83	82	80	78			
100				95	94	93	92	90	88			
110					104	103	102	100	98	97		
120					114	113	112	110	108	107		
130						123	122	120	118	117	115	
140						133	132	130	128	127	125	124
150						143	142	140	138	137	135	134
160						153	152	150	158	147	145	144
180							172	170	168	167	165	164
200							182	190	188	187	185	184
220								210	208	207	205	204
240								230	228	227	225	224
260									248	247	245	244
280									268	267	265	264
300									288	287	285	284

① 阶梯实线间为通用长度规格范围。
② 尽可能不采用括号内的规格。

表 1-1-84　　六角头螺杆带孔螺栓非优选的规格及尺寸（GB/T 31.1—2013）　　mm

螺纹规格 d		M14	M18	M22	M27
d_1	max	3.5	4.3	5.3	5.3
	min	3.2	4	5	5
l①公称		l_h+IT14			
50		43.5			
(55)②		48.5			
60		53.5	52		
(65)②		58.5	57		
70		63.5	62	61	
80		73.5	72	71	
90		83.5	82	81	80
100		93.5	92	91	90
110		103.5	102	101	100
120		113.5	112	111	110
130		123.5	122	121	120
140		133.5	132	131	130
150			142	141	140
160			152	151	150
180			172	171	170

续表

螺纹规格 d	M14	M18	M22	M27
l[①] 公称	l_h+IT14			
200			191	190
220			211	210
240				230
260				250
280				270
300				290

① 阶梯实线间为通用长度规格范围。
② 尽可能不采用括号内的规格。

(17) 六角头螺杆带孔螺栓（细杆，B级）（GB/T 31.2—1988）

【形式及尺寸】 螺栓的形式见图1-1-27，尺寸见表1-1-85和表1-1-86。

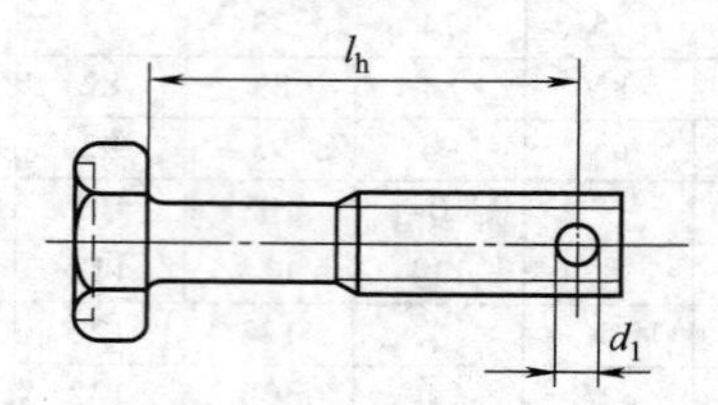

图1-1-27 六角头螺杆带孔螺栓（细杆，B级）（GB/T 31.2—1988）

表1-1-85 六角头螺杆带孔螺栓（细杆，B级）规格（GB/T 31.2—1988） mm

螺纹规格 d		M6	M8	M10	M12	(M14)	M16	M20
d_1	max	1.90	2.40	2.90	3.40	3.40	4.48	4.48
	min	1.50	2.00	2.50	3.00	3.00	4.00	4.00

注：尽可能不采用括号内的规格。

表1-1-86 六角头螺杆带孔螺栓（细杆，B级）尺寸（GB/T 31.2—1988） mm

l 公称	d						
	6	8	10	12	(14)	16	20
	l_h						
25	22						
30	27	26					
35	32	31					
40	37	36	36				
45	42	41	41	40			
50	47	46	46	45	45		
(55)	52	51	51	50	50	49	
60	57	56	56	55	55	54	
(65)	62	61	61	60	60	59	59
70	67	66	66	65	65	64	64
80		76	76	76	75	74	74
90			86	85	85	84	84
100			96	95	95	94	94
110				105	105	104	104
120				115	115	114	114
130					125	124	124
140					135	134	134
150						144	144

(18) 六角头螺杆带孔螺栓（细牙，A 和 B 级）（GB/T 31.3—1988）

【形式及尺寸】 形式及尺寸见图 1-1-28 和表 1-1-87、表 1-1-88。

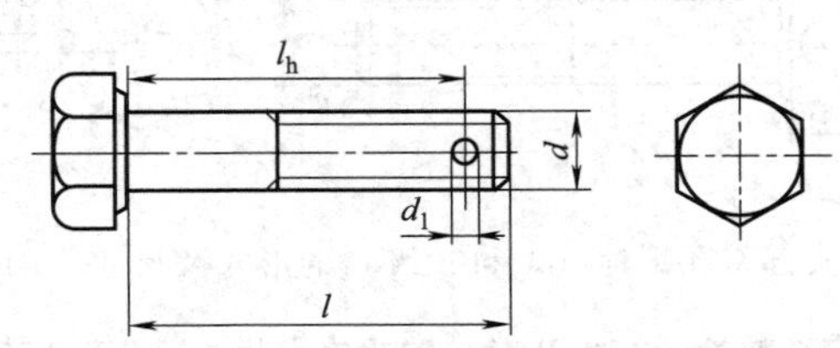

图 1-1-28 六角头螺杆带孔螺栓（细牙，A 和 B 级）（GB/T 31.3—1988）

表 1-1-87 **六角头螺杆带孔螺栓**（细牙，A 和 B 级）**的规格之一**（GB/T 31.3—1988） mm

螺纹规格 $d \times P$		M8×1	M10×1.25	M12×1.5	(M14×1.5)	M16×1.5	(M18×2)	M20×2
d_1	max	2.25	2.75	3.50	3.50	4.30	4.30	4.30
	min	2.00	2.50	3.20	3.20	4.00	4.00	4.00
螺纹规格 $d \times P$		(M22×2)	M24×2	(M27×2)	M30×2	M36×3	M42×3	M48×3
d_1	max	5.30	5.30	5.30	6.66	6.66	8.36	8.36
	min	5.00	5.00	5.00	6.30	6.30	8.00	8.00

注：尽可能不采用括号内的规格。

表 1-1-88 **六角头螺杆带孔螺栓**（细牙，A 和 B 级）**的规格之二**（GB/T 31.3—1988） mm

l 公称	d 8	10	12	(14)	16	(18)	20	(22)	24	(27)	30	36	42	48
	l_h													
35	31													
40	36	36												
45	41	41	40											
50	46	46	45	45										
(55)	51	51	50	50	49									
60	56	56	55	55	54	54								
(65)	61	61	60	60	59	59	59							
70	66	66	65	65	64	64	64	63						
80	76	76	75	75	74	74	74	73	73					
90		86	85	85	84	84	84	83	83	82	81			
100		96	95	95	94	94	94	93	93	92	91			
110			105	105	104	104	104	103	103	102	101	100		
120			115	115	114	114	114	113	113	112	111	110		
130				125	124	124	124	123	123	122	121	120	118	
140				135	134	134	134	133	133	132	131	130	128	128
150					144	144	144	143	143	142	141	140	138	138
160					154	154	154	153	153	152	151	150	148	148
180						174	174	173	173	172	171	170	168	168
200							194	193	193	192	191	190	188	188
220								213	213	212	211	210	208	208
240									233	232	231	230	228	228
260										252	251	250	248	248
280											271	270	268	268
300											291	290	288	288

注：1. 尽可能不采用括号内的规格。

2. l_h 的公差按+IT14。

(19) 六角头头部带孔螺栓（A 和 B 级）（GB/T 32.1—1988）

【形式及尺寸】 螺杆形式及尺寸见图 1-1-29 和表 1-1-89。

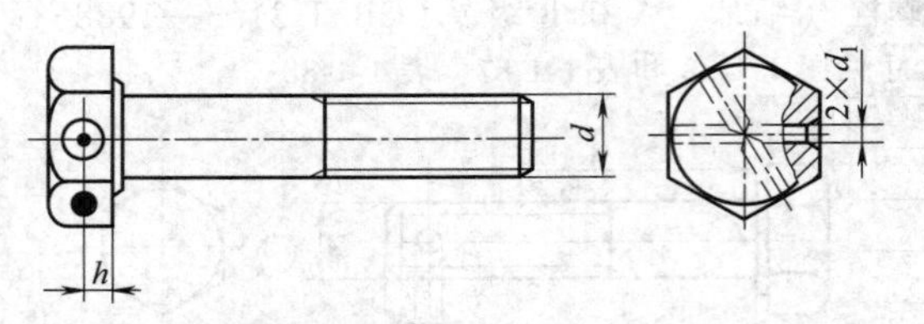

图 1-1-29　六角头头部带孔螺栓（A和B级）的形式及尺寸（GB/T 32.1—1988）

表 1-1-89　　六角头头部带孔螺栓（A和B级）的规格和尺寸（GB/T 32.1—1988）

螺纹规格 d		M6	M8	M10	M12	(M14)	M16	(M18)	M20	(M22)	M24	(M27)	M30	M36	M42	M48
d_1	公称	1.6	2.0	2.5	3.2	3.2	4.0	4.0	4.0	5.0	5.0	5.0	6.3	6.3	8.0	8.0
	min	1.6	2.0	2.5	3.2	3.2	4.0	4.0	4.0	5.0	5.0	5.0	6.3	6.3	8.0	8.0
	max	1.85	2.25	2.75	3.5	3.5	4.3	4.3	4.3	5.3	5.3	5.3	6.6	6.6	8.3	8.3
$h\approx$		2.0	2.6	3.2	3.7	4.4	5.0	5.7	6.2	7.0	7.5	8.5	9.3	11.2	13	15

注：尽可能不采用括号内的规格。

(20) 六角头头部带孔螺栓（细杆，B级）（GB/T 32.2—1988）

【形式及尺寸】 形式及尺寸见图 1-1-30 和表 1-1-90。

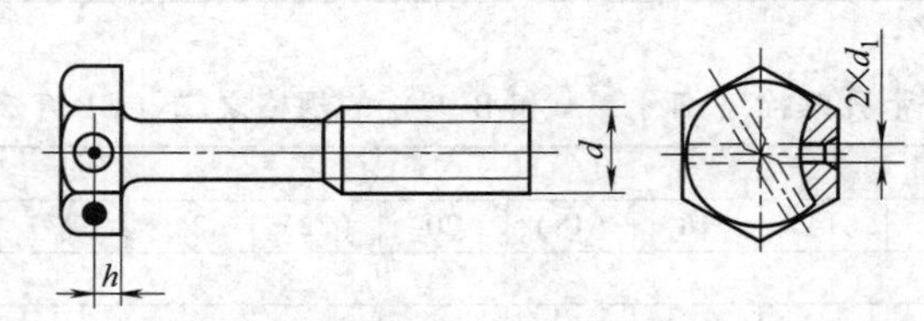

图 1-1-30　六角头头部带孔螺栓（细杆，B级）的形式及尺寸（GB/T 32.2—1988）

表 1-1-90　　六角头头部带孔螺栓（细杆，B级）的规格与尺寸（GB/T 32.2—1988）

螺纹规格 d		M6	M8	M10	M12	(M14)	M16	M20
d_1	公称	1.6	2.0	2.5	3.2	3.2	3.2	4.0
	min	1.6	2.0	2.5	3.2	3.2	3.2	4.3
	max	1.85	2.25	2.75	3.5	3.5	3.5	3.25
$h\approx$		2.0	2.6	3.2	3.7	4.4	5.0	6.2

注：尽可能不采用括号内的规格。

(21) 六角头头部带孔螺栓（细牙，A和B级）（GB/T 32.3—1988）

【形式及尺寸】 形式及尺寸见图 1-1-31 和表 1-1-91。

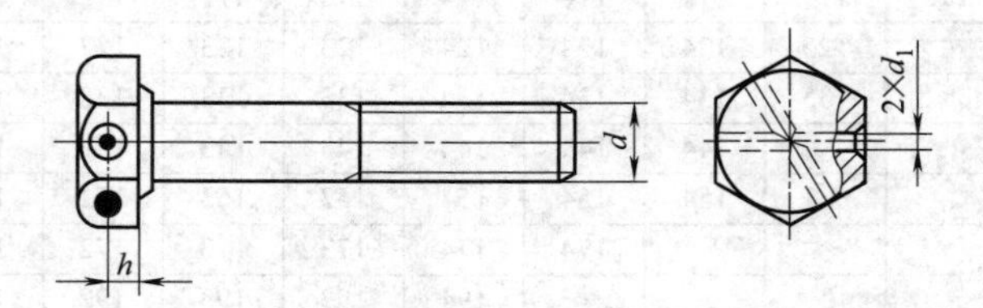

图 1-1-31　六角头头部带孔螺栓（细牙，A和B级）的形式

表 1-1-91　　六角头头部带孔螺栓（细牙，A和B级）的规格尺寸（GB/T 32.3—1988）

螺纹规格 $d\times P$		M8×1 —	M10×1 (M10×1.25)	M12×1.5 (M12×1.25)	(M14×1.5) —	M16×1.5 —	(M18×1.5) —	M20×2 (M20×1.5)
d_1	公称	2	2	2	2	3	3	3
	min	2	2	2	2	3	3	3
	max	2.25	2.25	2.25	2.25	3.25	3.25	3.25
$h\approx$		2.6	3.2	3.7	4.4	5.0	5.7	6.2

续表

螺纹规格 $d \times P$		(M22×2)	(M24×2)	M27×2	M30×2	M36×3	M42×3	M48×3
		—	—	—	—	—	—	—
d_1	公称	3	3	3	3	4	4	4
	min	3	3	3	3	4	4	4
	max	3.25	3.25	3.25	3.25	4.3	4.3	4.3
$h \approx$		7.0	7.5	8.5	9.3	11.2	13	15

注：尽可能不采用括号内的规格。

1.2.2 方头螺栓

(1) 方头螺栓-C级（GB/T 8—1988）

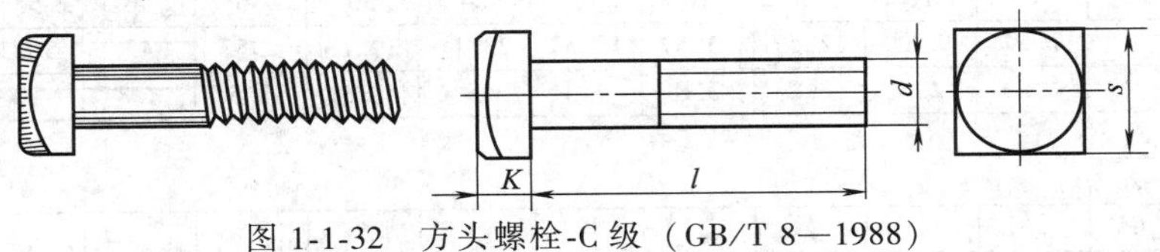

图 1-1-32 方头螺栓-C级（GB/T 8—1988）

【其他名称】 毛方头螺栓、毛方栓、方头螺栓（粗制）。

【用途】 与六角头螺栓C级相同，但这种螺栓的方头尺寸较大，受表面力也较大，便于扳手卡住其头部，或使螺栓头部靠住其他零件起止转作用，常用于比较粗糙的结构上，也可用于带T形的槽的零件中，以便于调整螺栓位置。

【规格】 见表 1-1-92（GB/T 8—1988）。

表 1-1-92 方头螺栓-C级（GB/T 8—1988） mm

螺纹规格 d	方头 边宽 s max	方头 高度 k 公称	公称长度 l	螺纹规格 d	方头 边宽 s max	方头 高度 k 公称	公称长度 l	螺纹规格 d	方头 边宽 s max	方头 高度 k 公称	公称长度 l
M10	16	7	20~100	M20	30	13	35~200	M36	55	23	80~300
M12	18	8	25~120	(M22)	34	14	50~220	M42	65	26	80~300
(M14)	21	9	25~140	M24	36	15	55~240	M48	75	30	110~300
M16	24	10	30~160	(M27)	41	17	60~260				
(M18)	27	12	35~180	M30	46	19	60~300				
l系列(公称)			20,25,30,35,40,45,50,(55),60,(65),70,80,90,100,110,120,130,140,150,160,180,200,220,240,260,280,300								

技术条件	材料	螺纹公差	性能等级	产品等级	表面处理
	钢	8g	$d \leqslant 39$,4.8级;$d>39$,按协议	C级	不经处理、氧化或镀锌钝化

注：带括号的螺纹规格和公称长度尽量不采用。

(2) 小方头螺栓（GB/T 35—2013）

【形式及尺寸】 形式及尺寸见图 1-1-33，优选的规格及尺寸见表 1-1-93，非优选的规格及尺寸见表 1-1-94。

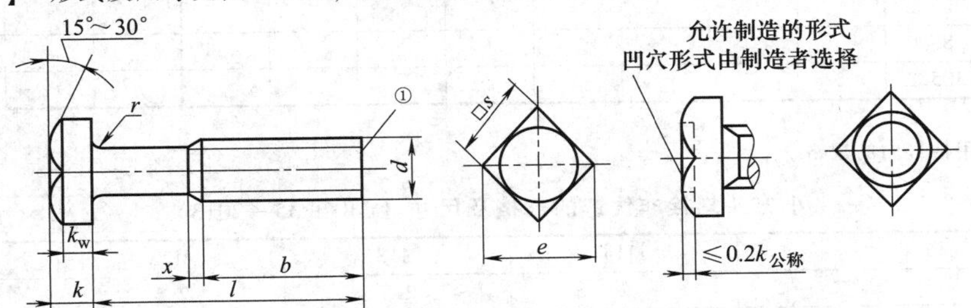

① 辗制末端(GB/T 2)。
注:无螺纹部分杆径约等于螺纹中径或螺纹大径。

图 1-1-33 小方头螺栓的形式及尺寸（GB/T 35—2013）

表 1-1-93　　小方头螺栓优选的规格及尺寸（GB/T 35—2013）　　mm

螺纹规格 d		M5	M6	M8	M10	M12	M16	M20	M24	M30	M36	M42	M48
P①		0.8	1	1.25	1.5	1.75	2	2.5	3	3.5	4	4.5	5
b	$l\leqslant125$	16	18	22	26	30	38	46	54	66	78	—	—
	$125<l\leqslant200$	—	—	28	32	36	44	52	60	72	84	96	108
	$l>200$	—	—	—	—	—	57	65	73	85	97	109	121
e min		9.93	12.53	16.34	20.24	22.84	30.11	37.91	45.5	58.5	69.94	82.03	95.05
k	公称	3.5	4	5	6	7	9	11	13	17	20	23	26
	min	3.26	3.76	4.76	5.76	6.71	8.71	10.65	12.65	16.65	19.58	22.58	25.58
	max	3.74	4.24	5.24	6.24	7.29	9.29	11.35	13.35	17.35	20.42	23.42	26.42
k_w min		2.28	2.63	3.33	4.03	4.70	6.1	7.45	8.85	11.65	13.71	15.81	17.91
r min		0.2	0.25	0.4	0.4	0.6	0.6	0.8	0.8	1	1	1.2	1.6
s	max	8	10	13	16	18	24	30	36	46	55	65	75
	min	7.64	9.64	12.57	15.57	17.57	23.16	29.16	35	45	53.5	63.1	73.1
x max		2	2.5	3.2	3.8	4.3	5	6.3	7.5	8.8	10	11.3	12.5

l 公称	min	max
20	18.95	21.05
25	23.95	26.05
30	28.95	31.05
35	33.75	36.25
40	38.75	41.25
45	43.75	46.25
50	48.75	51.25
(55)②	53.5	56.5
60	58.5	61.5
(65)②	63.5	66.5
70	68.5	71.5
80	78.5	81.5
90	88.25	91.75
100	98.25	101.75
110	108.25	111.75
120	118.25	121.75
130	128	132
140	138	142
150	148	152
160	156	164
180	176	184
200	195.4	204.6
220	215.4	224.6
240	235.4	244.6
260	254.8	265.2
280	274.8	285.2
300	294.8	305.2

通用长度规格范围

① P—螺距。

② 尽可能不使用括号内的规格。

表 1-1-94　　小方头螺栓非优选的规格及尺寸（GB/T 35—2013）　　mm

螺纹规格 d		M14	M18	M22	M27
P①		2	2.5	2.5	3
b	$l\leqslant125$	34	42	50	60
	$125<l\leqslant200$	40	48	56	66
	$l>200$	—	61	69	79

续表

螺纹规格 d			M14	M18	M22	M27
e min			26.21	34.01	42.9	52
k	公称		8	10	12	15
	min		7.71	9.7	11.65	14.65
	max		8.29	10.29	12.35	15.35
k_w min			5.4	6.8	8.15	10.25
r min			0.6	0.8	0.8	1
s	max		21	27	34	41
	min		20.16	26.16	33	40
x max			5	6.3	6.3	7.5
l						
公称	min	max				
(55)[2]	53.5	56.5				
60	58.5	61.5				
(65)[2]	63.5	66.5				
70	68.5	71.5	通用			
80	78.5	81.5				
90	88.25	91.75				
100	98.25	101.75		长度		
110	108.25	111.75				
120	118.25	121.75				
130	128	132			规格	
140	138	142				
150	148	152				
160	156	164				范围
180	176	184				
200	195.4	204.6				
220	215.4	224.6				
240	235.4	244.6				
260	254.8	265.2				

① P—螺距。

② 尽可能不使用括号内的规格。

1.2.3 方颈螺栓

(1) 圆头方颈螺栓（GB/T 12—2013）

【形式及尺寸】 圆头方颈螺栓的形式及尺寸见图 1-1-34 和表 1-1-95。

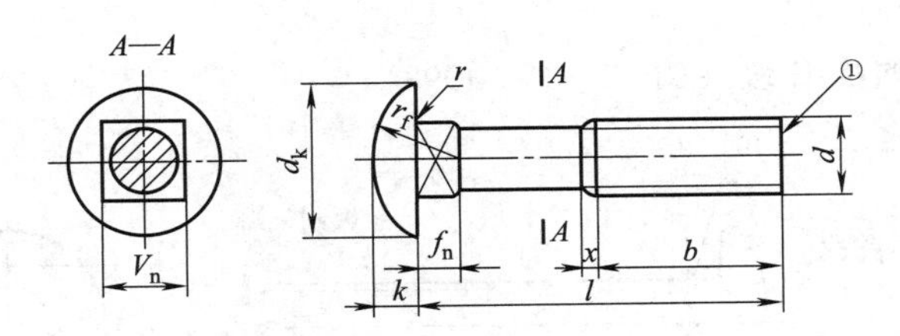

①辗制末端(GB/T 2)。

注:无螺纹部分杆径约等于螺纹中径或螺纹大径。

图 1-1-34 圆头方颈螺栓的形式及尺寸（GB/T 12—2013）

【其他名称】 毛半圆头方颈螺栓、马车螺丝（栓）、圆头方身螺丝。

【用途】 用于铁木结构连接，如汽车车身、纺织机械、面粉机械、救生艇及铁驳船的连接等。

表 1-1-95　　圆头方颈螺栓的规格及尺寸（GB/T 12—2013）　　mm

螺纹规格 d			M6	M8	M10	M12	(M14)②	M16	M20
P①			1	1.25	1.5	1.75	2	2	2.5
b	$l \leqslant 125$		18	22	26	30	34	38	46
	$125 < l \leqslant 200$		—	28	32	36	40	44	52
d_k	max		13.1	17.1	21.3	25.3	29.3	33.6	41.6
	min		11.3	15.3	19.16	23.16	27.16	31	39
f_n	max		4.4	5.4	6.4	8.45	9.45	10.45	12.55
	min		3.6	4.6	5.6	7.55	8.55	9.55	11.45
k	max		4.08	5.28	6.48	8.9	9.9	10.9	13.1
	min		3.2	4.4	5.6	7.55	8.55	9.55	11.45
V_n	max		6.3	8.36	10.36	12.43	14.43	16.43	20.82
	min		5.84	7.8	9.8	11.76	13.76	15.76	19.22
r　min			0.5	0.5	0.5	0.8	0.8	1	1
r_f　≈			7	9	11	13	15	18	22
x　max			2.5	3.2	3.8	4.3	5	5	6.3
l									
公称	min	max							
16	15.1	16.9							
20	18.95	21.05							
25	23.95	26.05							
30	28.95	31.05							
35	33.75	36.25							
40	38.75	41.25							
45	43.75	46.25	通						
50	48.75	51.25							
(55)②	53.5	56.5		用					
60	58.5	61.5							
(65)②	63.5	66.5		长					
70	68.5	71.5			度				
80	78.5	81.5				规			
90	88.25	91.75					格		
100	98.25	101.75							
110	108.25	111.75						范	
120	118.25	121.75							围
130	128	132							
140	138	142							
150	148	152							
160	156	164							
180	176	184							
200	195.4	204.6							

① P—螺距。

② 尽可能不采用括号内的规格。

（2）小半圆头低方颈螺栓-B 级（GB/T 801—1998）

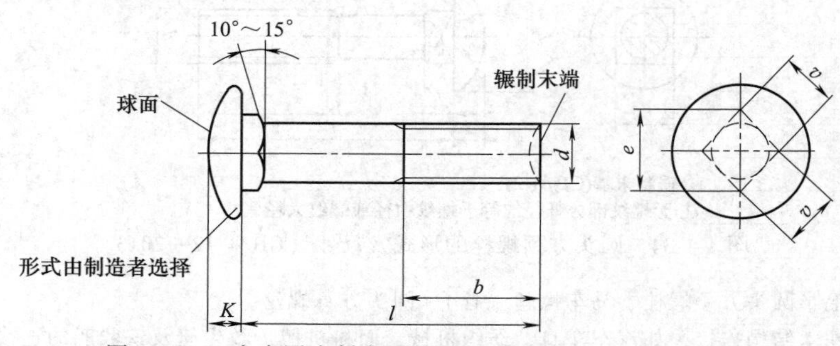

图 1-1-35　小半圆头低方颈螺栓-B 级（GB/T 801—1998）

表 1-1-96　　小半圆头低方颈螺栓-B 级（GB/T 801—1998）

螺纹规格 d	M6	M8	M10	M12	M16	M20
公称长度 l	12～60	14～80	20～100	20～120	30～160	35～160

注：1. 公称长度 l 系列（mm）：12，（14），16，20，25，30，35，40，45，50，55，60，65，70，80，90，100，110，120，130，140，150，160。

2. 尽可能不采用括号内的规格。

3. 螺纹公差：6g。

4. 力学性能等级 4.8、8.8、10.9。

5. 表面处理：不经处理；镀锌钝化（GB/T 5267）；热镀锌（GB/T 13912）。如需要不同的表面镀层或其他的表面处理，应由供需双方协议。

1.2.4　方颈螺栓及带榫螺栓

(1) 沉头方颈螺栓（GB/T 10—2013）

【形式及尺寸】 形式及尺寸见图 1-1-36 和表 1-1-97。

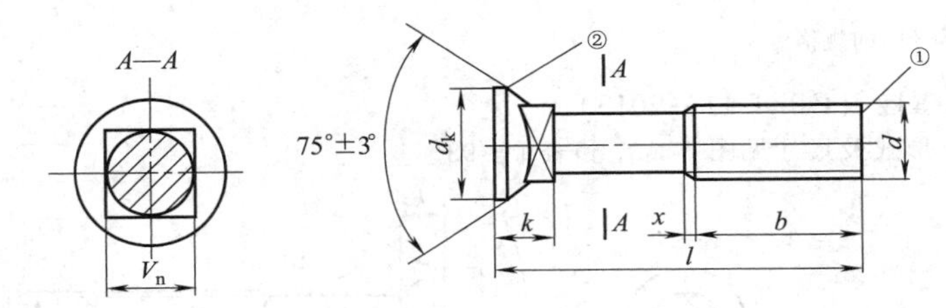

① 辗制末端(GB/T 2)。

② 圆的或平的。

注:无螺纹部分杆径约等于螺纹中径或螺纹大径。

图 1-1-36　沉头方颈螺栓的形式及尺寸（GB/T 10—2013）

表 1-1-97　　沉头方颈螺栓的规格及尺寸（GB/T 10—2013）　　mm

螺纹规格 d			M6	M8	M10	M12	M16	M20
P①			1	1.25	1.5	1.75	2	2.5
b	$l \leq 125$		18	22	26	30	38	46
	$125 < l \leq 200$		—	28	32	36	44	52
d_k	max		11.05	14.55	17.55	21.65	28.65	36.80
	min		9.95	13.45	16.45	20.35	27.35	35.2
k	max		6.1	7.25	8.45	11.05	13.05	15.05
	min		5.3	6.35	7.55	9.95	11.95	13.95
V_n	max		6.36	8.36	10.36	12.43	16.43	20.52
	min		5.84	7.8	9.8	11.76	15.76	19.72
x max			2.5	3.2	3.8	4.3	5	6.3
l								
公称	min	max						
25	23.95	26.05						
30	28.95	31.05						
35	33.75	36.25						
40	38.75	41.25	通用					
45	43.75	46.25						
50	48.75	51.25						
(55)②	53.5	56.5		长度				
60	58.5	61.5						
(65)②	63.5	66.5						
70	68.5	71.5			规格			

续表

螺纹规格 d			M6	M8	M10	M12	M16	M20
l								
公称	min	max						
80	78.5	81.5						
90	88.25	91.75						
100	98.25	101.75				范围		
110	108.25	111.75						
120	118.25	121.75						
130	128	132						
140	138	142						
150	148	152						
160	156	164						
180	176	184						
200	195.4	204.6						

① P—螺距。

② 尽可能不采用括号内的规格。

(2) 沉头带榫螺栓（GB/T 11—2013）

【形式及尺寸】 形式及尺寸见图 1-1-37 和表 1-1-98。

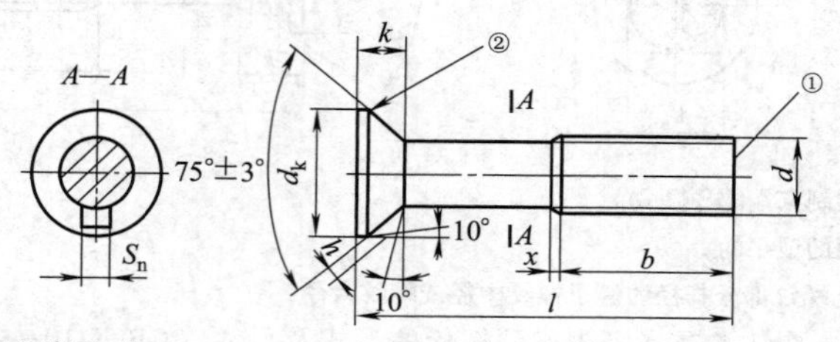

① 辗制末端(GB/T 2)。

② 圆的或平的。

注:无螺纹部分杆径约等于螺纹中径或螺纹大径。

图 1-1-37 沉头带榫螺栓的形式及尺寸（GB/T 11—2013）

表 1-1-98 沉头带榫螺栓的规格及尺寸（GB/T 11—2013） mm

螺纹规格 d			M6	M8	M10	M12	(M14)[2]	M16	M20	(M22)[2]	M24
P[1]			1	1.25	1.5	1.75	2	2	2.5	2.5	3
b	$l \leqslant 125$		18	22	26	30	34	38	46	50	54
	$125 < l \leqslant 200$		—	28	32	36	40	44	52	56	60
d_k	max		11.05	14.55	17.55	21.65	24.65	28.65	36.8	40.8	45.8
	min		9.95	13.45	16.45	20.35	23.35	27.35	35.2	39.2	44.2
S_n	max		2.7	2.7	3.8	3.8	4.3	4.8	4.8	6.3	6.3
	min		2.3	2.3	3.2	3.2	3.7	4.2	4.2	5.7	5.7
h	max		1.2	1.6	2.1	2.4	2.9	3.3	4.2	4.5	5
	min		0.8	1.1	1.4	1.6	1.9	2.2	2.8	3	3.3
k	≈		4.1	5.3	6.2	8.5	8.9	10.2	13	14.3	16.5
x	max		2.5	3.2	3.8	4.3	5	5	6.3	6.3	7.5
l											
公称	min	max									
25	23.95	26.05									
30	28.95	31.05									
35	33.75	36.25	通								
40	38.75	41.25									
45	43.75	46.25		用							
50	48.75	51.25									

续表

螺纹规格 d			M6	M8	M10	M12	(M14)②	M16	M20	(M22)②	M24
l											
公称	min	max									
(55)②	53.5	56.5			长						
60	58.5	61.5									
(65)②	63.5	66.5				度					
70	68.5	71.5									
80	78.5	81.5					规				
90	88.25	91.75									
100	98.25	101.75						格			
110	108.25	111.75									
120	118.25	121.75							范		
130	128	132									
140	138	142								围	
150	148	152									
160	156	164									
180	176	184									
200	195.4	204.6									

① P—螺距。

② 尽可能不采用括号内的规格。

(3) 圆头带榫螺栓（GB/T 13—2013）

【形式及尺寸】 形式及尺寸见图 1-1-39 和表 1-1-100。

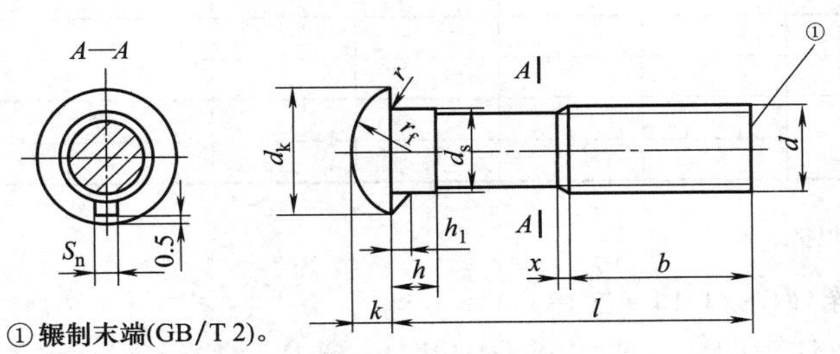

① 辗制末端(GB/T 2)。

注:无螺纹部分杆径约等于螺纹中径或螺纹大径。

图 1-1-38 圆头带榫螺栓的形式及尺寸（GB/T 13—2013）

表 1-1-99 圆头带榫螺栓的规格及尺寸（GB/T 13—2013） mm

螺纹规格 d		M6	M8	M10	M12	(M14)②	M16	M20	M24
P①		1	1.25	1.5	1.75	2	2	2.5	3
b	$l \leqslant 125$	18	22	26	30	34	38	46	54
	$125 < l \leqslant 200$	—	28	32	36	40	44	52	60
d_k	max	12.1	15.1	18.1	22.3	25.3	29.3	35.6	43.5
	min	10.3	13.3	16.3	20.16	23.16	27.16	33	41
S_n	max	2.7	2.7	3.8	3.8	4.8	4.8	4.8	6.3
	min	2.3	2.3	3.2	3.2	4.2	4.2	4.2	5.7
h_1	max	2.7	3.2	3.8	4.3	5.3	5.3	6.3	7.4
	min	2.3	2.8	3.2	3.7	4.7	4.7	5.7	6.6
k	max	4.08	5.28	6.48	8.9	9.9	10.9	13.1	17.1
	min	3.2	4.4	5.6	7.55	8.55	9.55	11.45	15.45
d_s	max	6.48	8.58	10.58	12.7	14.7	16.7	20.84	24.84
	min	5.52	7.42	9.42	11.3	13.3	15.3	19.16	23.16
h min		4	5	6	7	8	9	11	13
r min		0.5	0.5	0.5	0.8	0.8	1	1	1.5

续表

螺纹规格 d			M6	M8	M10	M12	(M14)②	M16	M20	M24
r_f ≈			6	7.5	9	11	13	15	18	22
x max			2.5	3.2	3.8	4.3	5	5	6.3	7.5
l										
公称	min	max								
20	18.95	21.05								
25	23.95	26.05								
30	28.95	31.05	通							
35	33.75	36.25								
40	38.75	41.25		用						
45	43.75	46.25								
50	48.75	51.25			长					
(55)②	53.5	56.5								
60	58.5	61.5				度				
(65)②	63.5	66.5								
70	68.5	71.5					规			
80	78.5	81.5								
90	88.25	91.75						格		
100	98.25	101.75								
110	108.25	111.75						范		
120	118.25	121.75								
130	128	132								围
140	138	142								
150	148	152								
160	156	164								
180	176	184								
200	195.4	204.6								

① P—螺距。

②尽可能不采用括号内的规格。

(4) 扁圆头方颈螺栓（GB/T 14—2013）

【形式及尺寸】 形式及尺寸见图 1-1-40 和表 1-1-101。

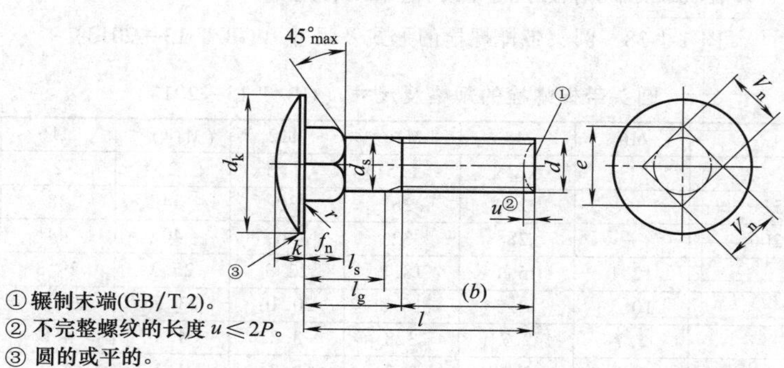

图 1-1-39 扁圆头方颈螺栓的形式及尺寸（GB/T 14—2013）

表 1-1-100 扁圆头方颈螺栓的规格及尺寸（GB/T 14—2013） mm

螺纹规格 d		M5	M6	M8	M10	M12	M16	M20
P①		0.8	1	1.25	1.5	1.75	2	2.5
b②	$l \leqslant 125$	16	18	22	26	30	38	46
	$125 < l \leqslant 200$	—	—	28	32	36	44	52
	$l > 200$	—	—	—	—	—	57	65

续表

螺纹规格 d		M5	M6	M8	M10	M12	M16	M20
d_k	max=公称	13	16	20	24	30	38	46
	min	11.9	14.9	18.7	22.7	28.7	36.4	44.4
d_s	max	5.48	6.48	8.58	10.58	12.7	16.7	20.84
	min	≈螺纹中径						
e[3] min		5.9	7.2	9.6	12.2	14.7	19.9	24.9
f_n	max	4.1	4.6	5.6	6.6	8.8	12.9	15.9
	min	2.9	3.4	4.4	5.4	7.2	11.1	14.1
k	max	3.1	3.6	4.6	5.8	6.8	8.9	10.9
	min	2.5	3	4	5	6	8	10
r max		0.4	0.5	0.8	0.8	1.2	1.2	1.6
V_n	max	5.48	6.48	8.58	10.58	12.7	16.7	20.84
	min	4.52	5.52	7.42	9.42	11.3	15.3	19.16

l[4][8]			无螺纹杆部长度 l_s[6] 和夹紧长度 l_g[7]													
公称	min	max	l_s min	l_g max	l_s min	l_g max	l_s min	l_g max	l_s min	l_g max	l_s min	l_g max	l_s min	l_g max	l_s min	l_g max
20	18.95	21.05		4												
25	23.95	26.05	5	9												
30	28.95	31.05	10	14	7	12										
35	33.75	36.25	15	19	12	17										
40	38.75	41.25	20	24	17	22	11.75	18								
45	43.75	46.25	25	29	22	27	16.75	23	11.5	19						
50	48.75	51.25	30	34	27	32	21.75	28	16.5	24						
(55)[5]	53.5	56.5			32	37	26.75	33	21.5	29	16.25	25				
60	58.5	61.5			37	42	31.75	38	26.5	34	21.25	30				
(65)[5]	63.5	66.5					36.75	43	31.5	39	26.25	35	17	27		
70	68.5	71.5					41.75	48	36.5	44	31.25	40	22	32		
80	78.5	81.5					45.75	52	40.5	48	36.25	44	26	36	15.5	28
90	88.25	91.75							50.5	58	45.25	54	36	46	25.5	38
100	98.25	101.75							60.5	68	55.25	64	46	56	35.5	48
110	108.25	111.75									65.25	74	56	66	45.5	58
120	118.25	121.75									75.25	84	66	76	55.5	68
130	128	132											64	74	52.5	65
140	138	142											74	84	62.5	75
150	148	152											84	94	72.5	85
160	156	164											94	104	82.5	95
180	176	184											114	124	102.5	115
200	195.4	204.6											134	144	122.5	135

① P—螺距。
② 公称长度 l≤70mm 和螺纹直径 d≤M12 的螺栓，允许制出全螺纹（$l_{gmax}=f_{nmax}+2P$）。
③ e_{min} 的测量范围：从支承面起长度等于 $0.8f_{nmin}$（$e_{min}=1.3V_{nmin}$）。
④ 公称长度在 200mm 以上，采用按 20mm 递增的尺寸。
⑤ 尽可能不采用括号内的规格。
⑥ $l_{smin}=l_{gmax}-5P$。
⑦ $l_{gmax}=l_{公称}-b$。
⑧ 阶梯实线间为通用长度规格范围。

（5）扁圆头带榫螺栓（GB/T 15—2013）

【形式及尺寸】 形式及尺寸见图 1-1-41 和表 1-1-102。

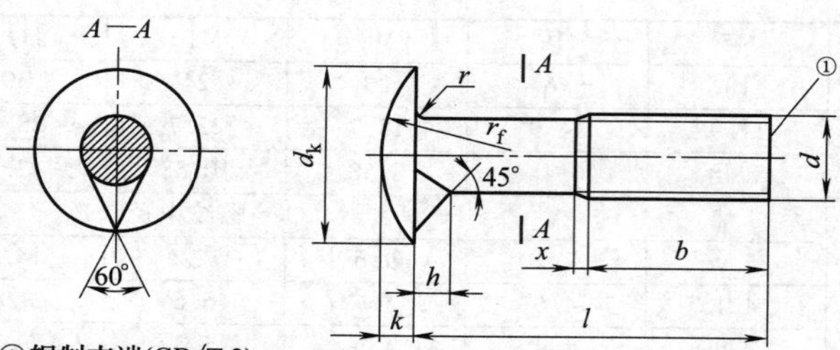

①辗制末端(GB/T 2)。

注：无螺纹部分杆径约等于螺纹中径或螺纹大径。

图 1-1-40　扁圆头带榫螺栓的形式及尺寸（GB/T 15—2013）

表 1-1-101　　扁圆头带榫螺栓的规格尺寸（GB/T 15—2013）

mm

螺纹规格 d			M6	M8	M10	M12	(M14)②	M16	M20	M24
P①			1	1.25	1.5	1.75	2	2	2.5	3
b	$l \leqslant 125$		18	22	26	30	34	38	46	54
	$125<l \leqslant 200$		—	28	32	36	40	44	52	60
d_k	max		15.1	19.1	24.3	29.3	33.6	36.6	45.6	53.9
	min		13.3	17.3	22.16	27.16	31	34	43	50.8
h	max		3.5	4.3	5.5	6.7	7.7	8.8	9.9	12
	min		2.9	3.5	4.5	5.5	6.3	7.2	8.1	10
k	max		3.48	4.48	5.48	6.48	7.9	8.9	10.9	13.1
	min		2.7	3.6	4.6	5.6	6.55	7.55	9.55	11.45
r min			0.5	0.5	0.6	0.8	0.8	1	1	1.5
r_f ≈			11	14	18	22	22	26	32	34
x max			2.5	3.2	3.8	4.3	5	5	6.3	7.5
l										
公称	min	max								
20	18.95	21.05								
25	23.95	26.05								
30	28.95	31.05								
35	33.75	36.25								
40	38.75	41.25	通							
45	43.75	46.25								
50	48.75	51.25		用						
(55)②	53.5	56.5								
60	58.5	61.5			长					
(65)②	63.5	66.5								
70	68.5	71.5				度				
80	78.5	81.5								
90	88.25	91.75					规			
100	98.25	101.75								
110	108.25	111.75						格		
120	118.25	121.75								
130	128	132							范	
140	138	142								
150	148	152								围
160	156	164								
180	176	184								
200	195.4	204.6								

① P—螺距。

②尽可能不采用括号内的规格。

1.2.5 地脚螺栓（GB/T 799—1988）

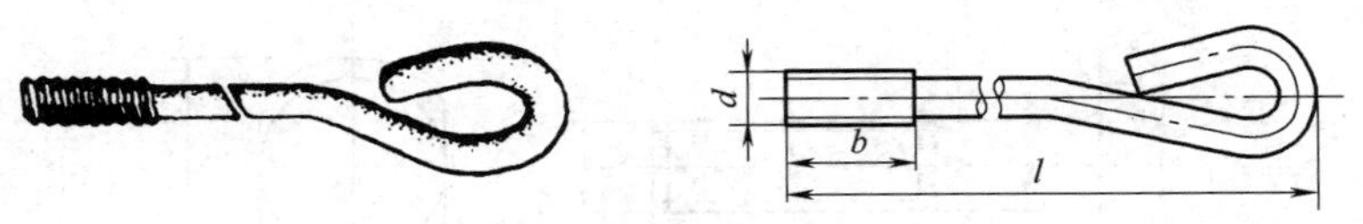

图 1-1-41 地脚螺栓（GB/T 799—1988）

【其他名称】 地脚螺丝。

【用途】 专供于混凝土地基中，作固定各种机器、设备的底座用。

【规格】 见表 1-1-102。

表 1-1-102　　地脚螺栓（GB/T 799—1988）　　mm

螺纹规格 d	公称长度 l	螺纹长度 b	螺纹规格 d	公称长度 l	螺纹长度 b
M6	80~160	24~27	M24	300~800	60~68
M8	120~220	28~31	M30	400~1000	72~80
M10	160~300	32~36	M36	500~1000	84~94
M12	160~400	36~40	M42	600~1250	96~106
M16	220~500	44~50	M48	630~1500	108~118
M20	300~600	52~58			
l 的系列(公称)		80,120,160,220,300,400,500,600,800,1000,1250,1500			

技术等级	材料	螺纹公差	性能等级	产品等级	表面处理
	钢	8g	d≤39:3.6级;d>39:按协议	C级	不经处理、氧化或镀锌处理

注：由于结构的原因，地脚螺栓不进行楔承载及头杆结合强度试验。

1.2.6 活节螺栓（GB/T 798—1988）

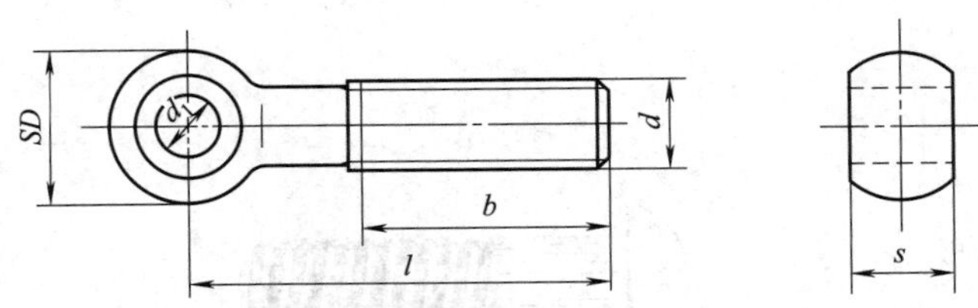

图 1-1-42 活节螺栓（GB/T 798—1988）

【用途】 用于需经常拆开连接的地方和工装上或连接紧固有铰接的两个零件上。

【规格】 见表 1-1-103。

表 1-1-103　　活节螺栓（GB/T 798—1988）　　mm

螺纹规格 d	M4	M5	M6	M8	M10	M12	M16	M20	M24	M30	M36
d_1	3	4	5	6	8	10	12	16	20	25	30
s	5	6	8	10	12	14	18	22	26	34	40
b	14	16	18	22	26	30	38	52	60	72	84
SD	8	10	12	14	18	20	28	34	42	52	64
l	20~35	25~45	30~55	35~70	40~110	50~130	60~160	70~180	90~260	110~300	130~300
l 的系列(公称)	20,25,30,35,40,45,50,(55),60,(65),70,80,90,100,110,120,130,140,150,160,180,200,220,240,260,280,300										

技术条件	材料	螺纹公差	性能等级	产品等级	表面处理
	钢	8g	4.6、5.6	C级	不经处理、镀锌钝化

注：尽量不采用括号内的规格。

1.2.7 T形槽用螺栓（GB/T 37—1988）

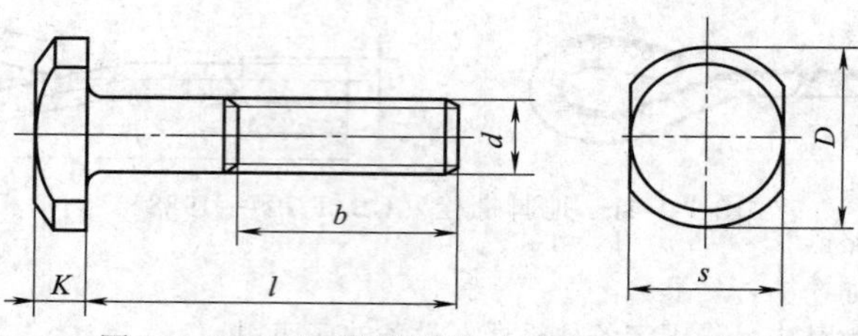

图 1-1-43 T形槽用螺栓（GB/T 37—1988）

表 1-1-104 T形槽用螺栓（GB/T 37—1988） mm

螺纹规格 d	公称长度 l	螺纹规格 d	公称长度 l
M5	25~50	M20	65~200
M6	30~60	M24	80~240
M8	35~80	M30	90~300
M10	40~100	M36	110~300
M12	45~120	M42	130~300
M16	55~160	M48	140~300

注：1. 公称长度 l 系列（mm）：25，30，35，40，45，50，（55），60，（65），70，80，90，100，110，120，130，140，150，160，180，200，220，240，260，280，300。

2. 尽量不采用括号内的规格。

3. 力学性能等级：$d \leqslant 39$mm，8.8；$d>39$mm，按协议。

4. 由于结构的原因，T形槽用螺栓不进行楔负载及头杆结合强度试验。

1.3 螺 钉

1.3.1 开槽螺钉

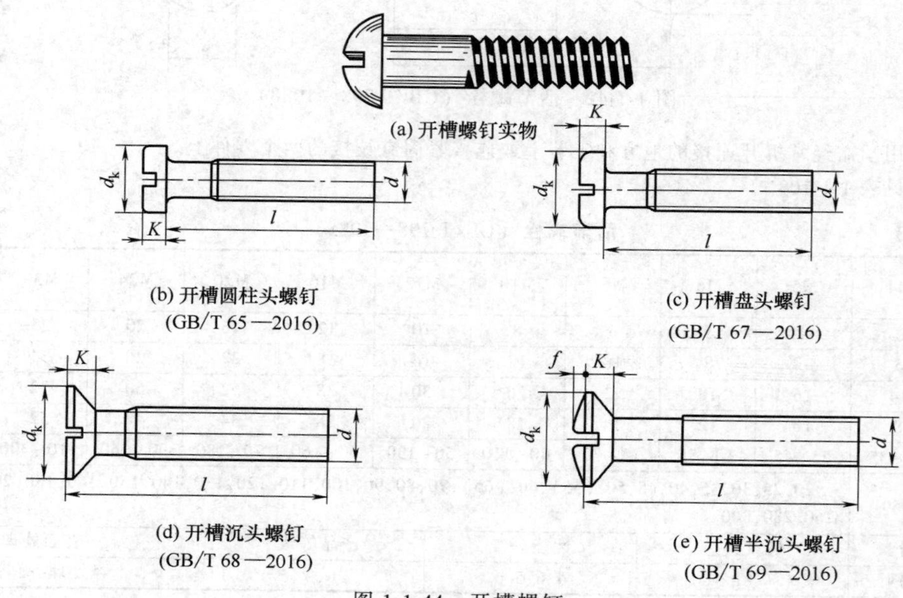

图 1-1-44 开槽螺钉

【其他名称】 圆柱头螺钉：高圆头螺丝、起司头螺丝。

盘头螺钉：半圆头螺钉、圆头机器螺丝、圆机螺丝。

沉头螺钉：平头机器螺丝、平机螺丝、埋头螺丝。

半沉头螺钉：半埋头螺丝、圆平螺丝。

【用途】 利用螺纹连接方法，用来使两个零件成为一个整体。使用时，需先在一被连接零件上制出通孔，在另一被连接零件上制出螺纹孔。也可以将两个被连接零件均制出通孔，用螺母配合进行连接。旋下螺钉或螺母，即可使零件分开。以盘头螺钉应用最为广泛。沉头螺钉主要用于不允许螺钉露出的场合。半沉头螺钉与沉头螺钉相似，但头部弧形顶端略露在外面，比较美观和光滑，多用于仪器或比较精密的机件上。圆柱头螺钉与盘头螺钉相似，钉头强度较好，如在被连接件表面上制出相应的圆柱形孔，也可使钉头不外露。这类螺钉的装拆，需用专用的工具——一字形螺钉旋具进行。

【规格】 见表 1-1-105。

表 1-1-105 开槽螺钉 mm

螺纹规格 d		M1.6	M2	M2.5	M3	(M3.5)	M4	M5	M6	M8	M10
头部直径（公称）d_k max	圆柱头	3.00	3.80	4.50	5.50	6.00	7.00	8.50	10.00	13.00	16.00
	盘头	3.2	4.0	5.0	5.6	7.00	8.00	9.50	12.00	16.00	20.00
	沉头(d_k 实际值)	3.0	3.8	4.7	5.5	7.30	8.40	9.30	11.30	15.80	18.30
	半沉头(d_k 实际值)	3.0	3.8	4.7	5.5	7.30	8.40	9.30	11.30	15.80	18.30
头部高度（公称）K max	圆柱头	1.10	1.40	1.80	2.00	2.40	2.60	3.30	3.9	5.0	6.0
	盘头	1.00	1.30	1.50	1.80	2.10	2.40	3.00	3.6	4.8	6.0
	沉头	1	1.2	1.5	1.65	2.35	2.7	2.7	3.3	4.65	5
	半沉头	1	1.2	1.5	1.65	2.35	2.7	2.7	3.3	4.65	5
半沉头球面高度 f≈		0.4	0.5	0.6	0.7	1	1.2	1.4	2	2	2.3
公称长度 l	圆柱头	2~16	3~20	3~25	4~30	5~35	5~40	6~50	8~60	10~80	12~80
	盘头	2~16	2.5~20	3~25	4~30	5~35	5~40	6~50	8~60	10~80	12~80
	沉头	2.5~16	3~20	4~25	5~30	6~35	6~40	8~50	8~60	10~80	12~80
	半沉头	2.5~16	3~20	4~25	5~30	6~35	6~40	8~50	8~60	10~80	12~80
l 的系列(公称)		2,2.5,3,,4,5,6,8,10,12,(14),16,20,25,30,35,40,45,50,(55),60,(65),70,75,80									

技术要求	材料	钢	不锈钢	有色金属	产品等级	螺纹公差
	性能等级	4.8、5.8	A2-50、A2-70	CU2、CU3、AL4	A 级	6g
	表面处理	盘头:氧化。其余:不经处理	简单处理	简单处理		

注：带括号的螺纹规格和公称长度尽量不采用。

1.3.2 内六角螺钉

(1) 内六角圆柱头螺钉（GB/T 70.1—2008）

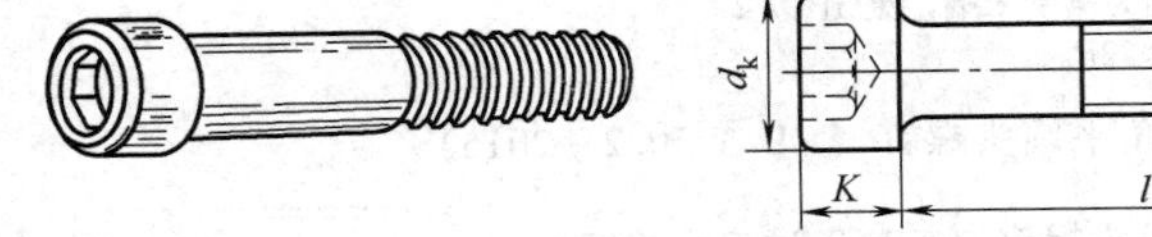

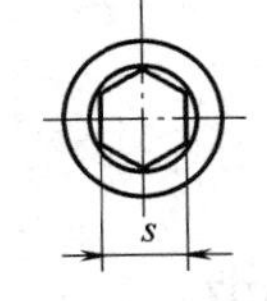

图 1-1-45 内六角圆柱头螺钉（GB/T 70.1—2008）

【其他名称】 内六角螺丝。

【用途】 与沉头螺钉相似，钉头埋入机件中（机件中须制出相应的尺寸的圆柱形孔），连接强度较大，但须用相应规格的内角角扳手装拆螺钉。一般多用于各种机床及其附件上。

【规格】 见表 1-1-106。

表 1-1-106　　　　内六角圆柱头螺钉（GB/T 70.1—2008）　　　　mm

螺纹规格 d	头部尺寸 直径 d_k① max	头部尺寸 直径 d_k② max	头部尺寸 高度 K max	内六角尺寸 s 公称	公称长度 l	螺纹规格 d	头部尺寸 直径 d_k① max	头部尺寸 直径 d_k② max	头部尺寸 高度 K max	内六角尺寸 s	公称长度 l
M1.6	3	3.14	1.6	1.5	2.5~16	(M14)	21	21.33	14	12	25~140
M2	3.8	3.98	2	1.5	3~20	M16	24	24.33	16	14	25~160
M2.5	4.5	4.68	2.5	2	4~25	M20	30	30.33	20	17	30~200
M3	5.5	5.68	3	2.5	5~30	M24	36	36.39	24	19	40~200
M4	7	7.22	4	3	6~40	M30	45	45.39	30	22	45~200
M5	8.5	8.72	5	4	8~50	M36	54	54.46	36	27	55~200
M6	10	10.22	6	5	10~60	M42	63	63.46	42	32	60~300
M8	13	13.27	8	6	12~80	M48	72	72.46	48	36	70~300
M10	16	16.27	10	8	16~100	M56	84	84.54	56	41	80~300
M12	18	18.27	12	10	20~120	M64	96	96.54	60	46	90~300
l 的系列（公称）	2.5,3,4,5,6,8,10,12,16,20,25,30,35,40,45,50,(55),60,(65),70,80,90,100,110,120,130,140,150,160,180,200,220,240,260,280,300										

技术条件	材料	钢	不锈钢	有色金属	螺纹公差	产品等级
	性能等级	$d<3$ 或 $d>39$：按协议 $3\leqslant d\leqslant 39$：8.8、10.9、12.9	$d\leqslant 24$：A2-70、A3-70、A4-70、A5-70 $24<d\leqslant 39$：A2-50、A3-50、A4-50、A5-50 $d>39$：按协议	CU2 CU3	12.9 级：5g、6g 其他等级：6g	A 级
	表面处理	氧化；电镀技术要求按 GB/T 5267.1；非电解锌片涂层技术要求按 GB/T 5267.2	简单处理	简单处理；电镀技术要求按 GB/T 5267.1		

①为光滑头部。
②滚花头部。
注：带括号的螺纹规格和公称长度尽量不采用。

(2) 内六角平圆头螺钉（GB/T 70.2—2015）

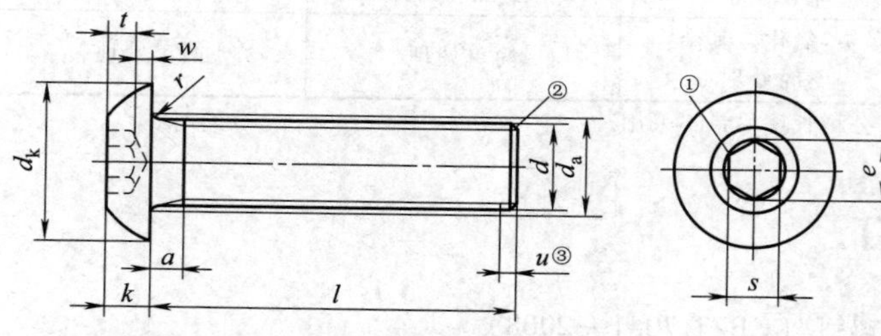

①内六角口部允许稍许倒圆或沉孔。
②末端倒角，$d\leqslant$M4的为辗制末端，见GB/T 2。
③不完整螺纹的长度$u\leqslant 2P$。

图 1-1-46　内六角平圆头螺钉（GB/T 70.2—2015）

表 1-1-107　　　　内六角平圆头螺钉（GB/T 70.2—2015）　　　　mm

螺纹规格 d		M3	M4	M5	M6	M8	M10	M12	M16
d_k	max	5.7	7.60	9.50	10.50	14.00	17.50	21.00	28.00
	min	5.4	7.24	9.14	10.07	13.57	17.07	20.48	27.48
k	max	1.65	2.20	2.75	3.3	4.4	5.5	6.60	8.80
	min	1.40	1.95	2.50	3.0	4.1	5.2	6.24	8.44

续表

螺纹规格 d		M3	M4	M5	M6	M8	M10	M12	M16
e min		2.303	2.873	3.443	4.583	5.723	6.863	9.149	11.429
s	公称	2	2.5	3	4	5	6	8	10
	max	2.080	2.58	3.080	4.095	5.140	6.140	8.175	10.175
	min	2.020	2.52	3.020	4.020	5.020	6.020	8.025	10.025
公称长度 l		6~12	8~16	10~30	10~30	10~40	16~40	16~50	20~50

注：1. 公称长度 l 系列（mm）：6，8，10，12，16，20，25，30，35，40，45，50。
2. 力学性能等级：8.8、10.9、12.9。
3. 公差等级：12.9级，5g、6g；其他等级，6g。
4. 表面处理：氧化；电镀技术要求按GB/T 5267.1；非电解锌片涂层技术要求按GB/T 5267.2。

(3) 内六角沉头螺钉（GB/T 70.3—2008）

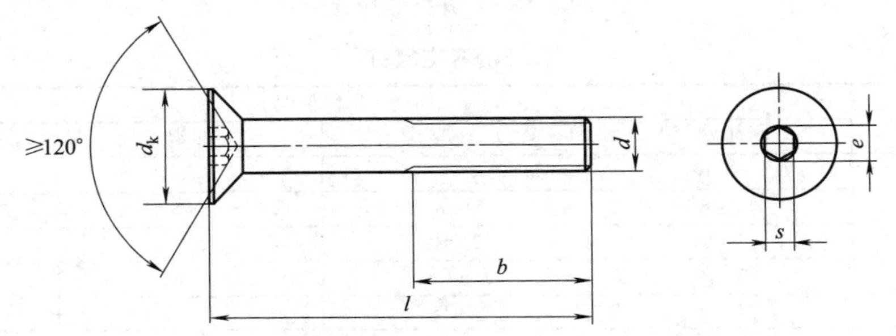

图 1-1-47　内六角沉头螺钉（GB/T 70.3—2008）

表 1-1-108　　**内六角沉头螺钉**（GB/T 70.3—2008）　　mm

螺纹规格 d		M3	M4	M5	M6	M8	M10	M12	(M14)	M16	M20
d_k	理论值 max	6.72	8.96	11.20	13.44	17.92	22.40	26.88	30.8	33.60	40.32
	实际值 max	5.54	7.53	9.43	11.34	15.24	19.22	23.12	26.52	29.01	36.05
b 参考		18	20	22	24	28	32	36	40	44	52
e min		2.303	2.873	3.443	4.583	5.723	6.863	9.149	11.429	11.429	13.716
s	公称	2	2.5	3	4	5	6	8	10	10	12
	max	2.08	2.58	3.08	4.095	5.14	6.140	8.175	10.175	10.175	12.212
	min	2.02	2.52	3.02	4.020	5.02	6.020	8.025	10.025	10.025	12.032
公称长度 l		8~30	8~40	8~50	8~60	10~80	12~100	20~100	25~100	30~100	35~100

注：1. 公称长度 l 系列（mm）：8，10，12，16，20，25，30，35，40，45，50，55，60，65，70，80，90，100。
2. 力学性能等级：8.8、10.9、12.9。
3. 螺纹公差：12.9级，5g、6g；其他等级，6g。
4. 表面处理：氧化；电镀技术要求按GB/T 5267.1；非电解锌片涂层技术要求按GB/T 5267.2。

1.3.3　紧定螺钉

【其他名称】　支头螺丝、定位螺丝。

【用途】　专供固定机件相对位置用的一种螺钉。使用时，把紧定螺钉旋入待固定的机件的螺孔中，以螺钉的末端紧压在另一机件的表面上，即令前一机件固定在后一机件上。开槽和内六角紧定螺钉适用于钉头不允许外露的机件上。方头紧定螺钉适用于钉头允许外露的机件上。螺钉的压紧力以开槽螺钉最小，方头螺钉最大，内六角螺钉居中。锥端螺钉适用于硬度小的机件上；无尖锥端螺钉适用于压紧面上制有凹坑的机件上，以增加传递载荷的能力；平端螺钉（压紧面应是平面）和凹端螺钉均适用于硬度较大或经常调节位置的机件上；长圆柱端螺钉适用于管形轴（薄壁件）上，圆柱端进入管形轴的孔眼中，以传递较大的载荷，但使用时应有防止螺钉松脱的装置。

【规格】　见图 1-1-48~图 1-1-51 和表 1-1-109~表 1-1-112。

(1) 开槽紧定螺钉

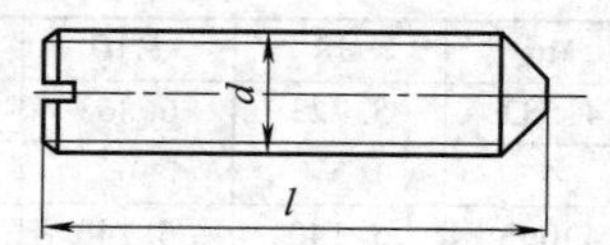

(a) 开槽锥端紧定螺钉(GB/T 71—1985)

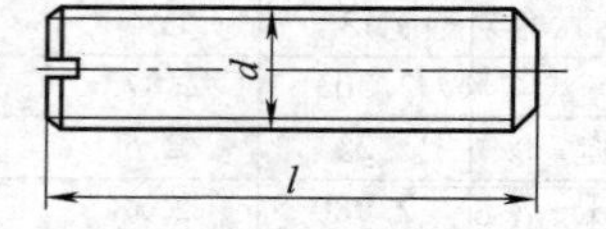

(b) 开槽平端紧定螺钉(GB/T 73—2017)

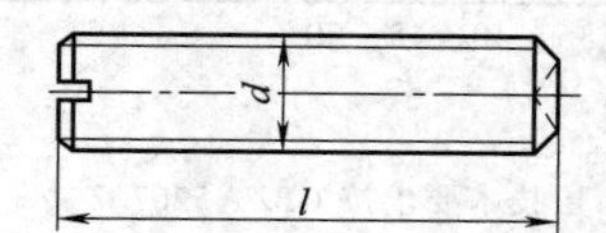

(c) 开槽凹端紧定螺钉(GB/T 74—1985)

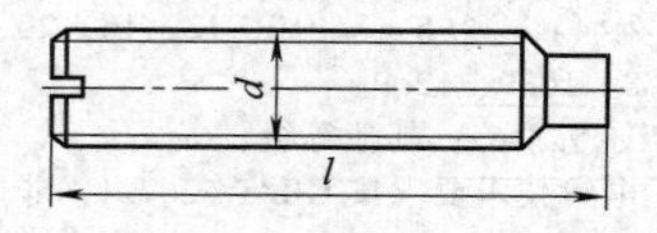

(d) 开槽长圆柱端紧定螺钉(GB/T 75—1985)

图 1-1-48 开槽紧定螺钉

表 1-1-109 开槽紧定螺钉 mm

螺纹规格 d	公称长度 l			
	锥端	平端	凹端	长圆柱端
M1.2	2~6	2~6		
M1.6	2~8	2~8	2~8	2.5~8
M2	3~10	2~10	2.5~10	3~10
M2.5	3~12	2.5~12	3~12	4~12
M3	4~16	3~16	3~16	5~16
M4	6~20	4~20	4~20	6~20
M5	8~25	5~25	5~25	8~25
M6	8~30	6~30	6~30	8~30
M8	10~40	8~40	8~40	10~40
M10	12~50	10~50	10~50	12~50
M12	14~60	12~60	12~60	14~60
l 的系列(公称)	2,2.5,3,4,5,6,8,10,12,(14),16,20.25,30,35,40,45,50,(55),60			

技术条件					
技术条件	材料	钢	不锈钢	产品等级	螺纹公差
	性能等级	14H,22H	A1-50	A 级	6g
	表面处理	氧化或镀锌钝化	不经处理		

注：带括号的长度尽量不采用。

(2) 内六角紧定螺钉

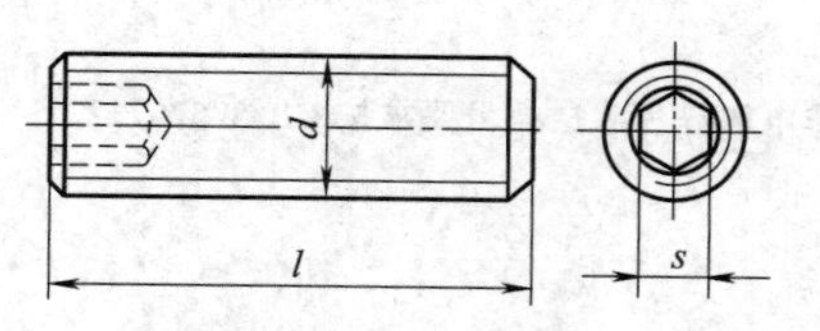

(a) 内六角平端紧定螺钉
(GB/T 77—2007)

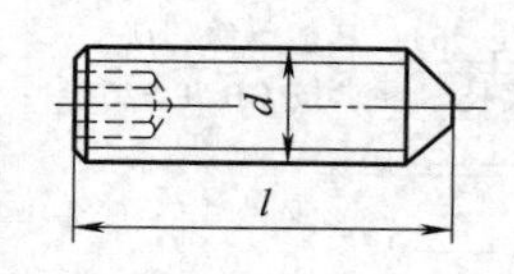

(b) 内六角锥端紧定螺钉
(GB/T 78—2007)

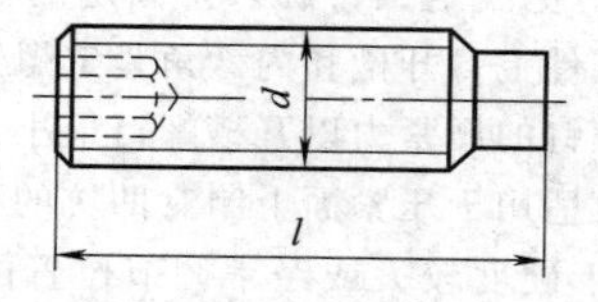

(c) 内六角圆柱端紧定螺钉
(GB/T 79 —2007)

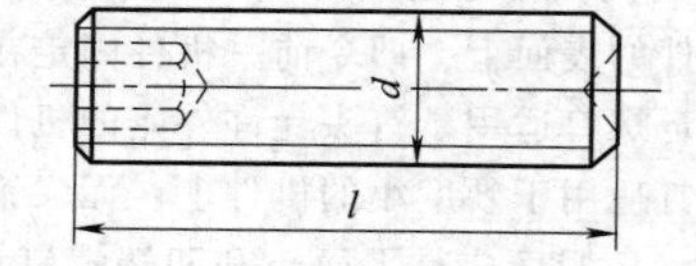

(d) 内六角凹端紧定螺钉
(GB/T 80—2007)

图 1-1-49 内六角紧定螺钉

表 1-1-110　　　　内六角紧定螺钉　　　　mm

螺纹规格 d	内六角对边宽 s(公称)	公称长度 l			
		平端	锥端	圆柱端	凹端
M1.6	0.7	2~8	2~8	2~8	2~8
M2	0.9	2~10	2~10	2.5~10	2~10
M2.5	1.3	2.5~12	2.5~12	3~12	2.5~12
M3	1.5	3~16	3~16	4~16	3~16
M4	2	4~20	4~20	5~20	4~20
M5	2.5	5~25	5~25	6~25	5~25
M6	3	6~30	6~30	8~30	6~30
M8	4	8~40	8~40	8~40	8~40
M10	5	10~50	10~50	10~50	10~50
M12	6	12~60	12~60	12~60	12~60
M16	8	16~60	16~60	16~60	16~60
M20	10	20~60	20~60	20~60	20~60
M24	12	25~60	25~60	25~60	25~60
l 的系列(公称)	2,2.5,3,4,5,6,8,10,12,16,20.25,30,35,40,45,50,55,60				

技术条件	材料	钢	不锈钢	有色金属	产品等级	螺纹公差
	表面处理	不经处理;氧化;电镀,技术要求按 GB/T 5267.1;非电解锌片涂层技术要求按 GB/T 5267.2	简单处理	简单处理;电镀,技术要求按 GB/T 5267.1	A 级	6g

(3) 方头紧定螺钉

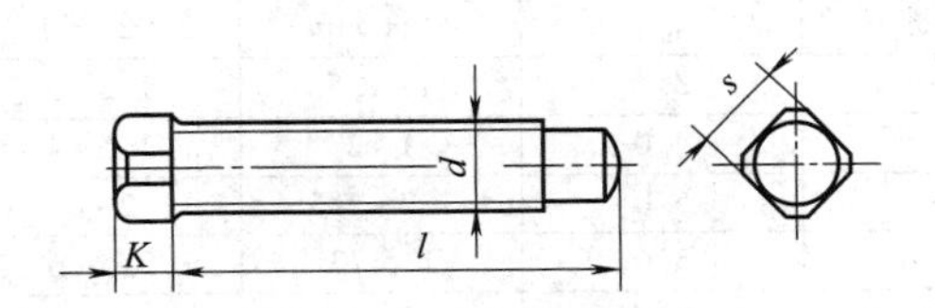

(a) 方头长圆柱球面端紧定螺钉(GB/T 83—1988)

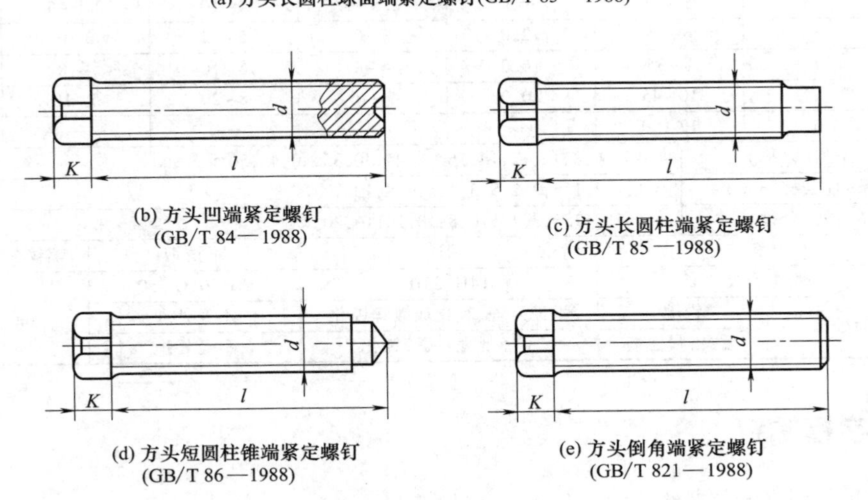

(b) 方头凹端紧定螺钉(GB/T 84—1988)

(c) 方头长圆柱端紧定螺钉(GB/T 85—1988)

(d) 方头短圆柱锥端紧定螺钉(GB/T 86—1988)

(e) 方头倒角端紧定螺钉(GB/T 821—1988)

图 1-1-50　方头紧定螺钉

表 1-1-111　**方头紧定螺钉**　mm

螺纹规格 d	方头边宽 s	头部高度(公称)l		公称长度 l			
		GB/T 83	其他品种	GB/T 83	GB/T 84	GB/T 85、86	GB/T 821
M5	5	—	5	—	10~30	12~30	8~30
M6	6	—	6	—	12~30	12~30	8~30
M8	8	9	7	1640	14~40	14~40	10~40
M10	10	11	8	2050	20~50	20~50	12~50
M12	12	13	10	2560	25~60	25~60	14~60
M16	17	18	14	3080	30~80	25~80	20~80
M20	22	23	18	35100	40~100	40~100	40~100
l 的系列(公称)		8,10,12,(14),16,20,25,30,35,40,45,50,(55),60,70,80,90,100					

技术条件	材料	钢	不锈钢	螺纹公差	产品等级
	性能等级	33H、45H	A1-50、C4-50	性能等级 45H 的为 5g、6g;其他等级的为 6g	A 级
	表面处理	氧化、镀锌处理	不经处理		

注：带括号的长度尽量不采用。

(4) 定位螺钉

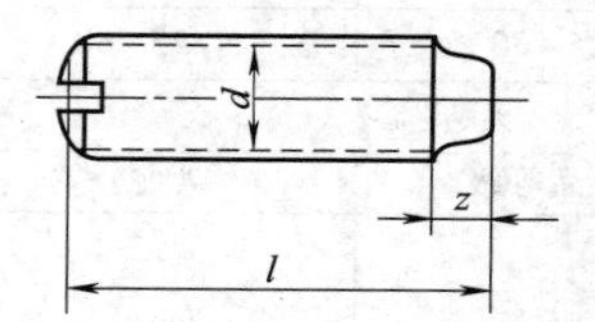

(a) 开槽锥端定位螺钉(GB/T 72—1988)

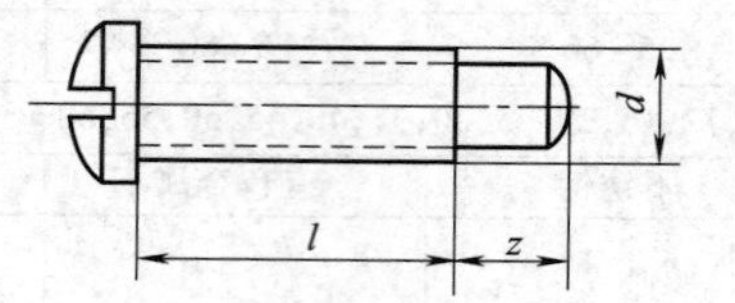

(b) 开槽盘头定位螺钉(GB/T 828—1988)

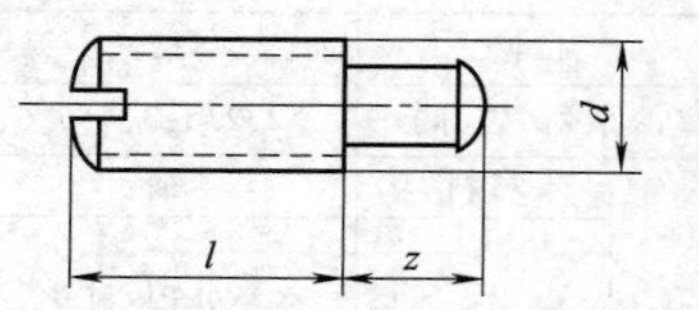

(c) 开槽圆柱端定位螺钉(GB/T 829—1988)

图 1-1-51　定位螺钉

表 1-1-112　**定位螺钉**　mm

螺纹规格 d	锥端		开槽盘头			圆柱端	
	锥端长度 z	钉杆全长 l(公称)	头部直径 d_k max	定位长度 z(公称 min)	螺纹长度 l(公称)	定位长度 z(公称 min)	螺纹长度 l(公称)
M1.6	—	—	3.2	1~1.5	1.5~3	1~1.5	1.5~3
M2	—	—	4.0	1~2	1.5~4	1~2	1.5~4
M2.5	—	—	5.0	1.2~2.5	2~5	1.2~2.5	2~5
M3	1.5	4~16	5.6	1.5~3	2.5~6	1.5~3	2.5~6
M4	2	4~20	8.0	2~4	3~8	2~4	3~8
M5	2.5	5~20	9.5	2.5~5	4~10	2.5~5	4~10
M6	3	6~25	12.0	3~6	5~12	3~6	5~12
M8	4	8~35	16.0	4~8	6~16	4~8	6~16
M10	5	10~45	20.0	5~10	8~20	5~10	8~20
M12	6	12~50	—	—	—	—	—
钉杆全长 l 系列(公称)			4,5,6,8,10,12,14,16,20,25,30,35,40,45,50				
定位长度 z 系列(公称 min)			1,1.2,1.5,2,2.5,3,4,5,6,8,10				
螺纹长度 l 系列(公称)			1.5,2,2.5,3,4,5,6,8,10,12,16,20				

技术条件	材料		钢	不锈钢	螺纹公差	产品等级
	性能等级		14H、33H	A1-50、C4-50	6g	A 级
	表面处理	锥端	不经处理、氧化或镀锌钝化	不经处理		
		盘头、圆柱端	不经处理、镀锌钝化	不经处理		

1.3.4　十字槽螺钉

【其他名称】　十字槽机器螺丝。

【用途】　与头部形状相似的开槽螺钉相同，可以相互代用。其特点是头部制成十字槽，槽形强度好，便于实现自动化装拆螺钉，但须用相应规格（十字槽号）的十字形螺钉旋具配合使用。

【规格】 见图 1-1-52 和表 1-1-113。

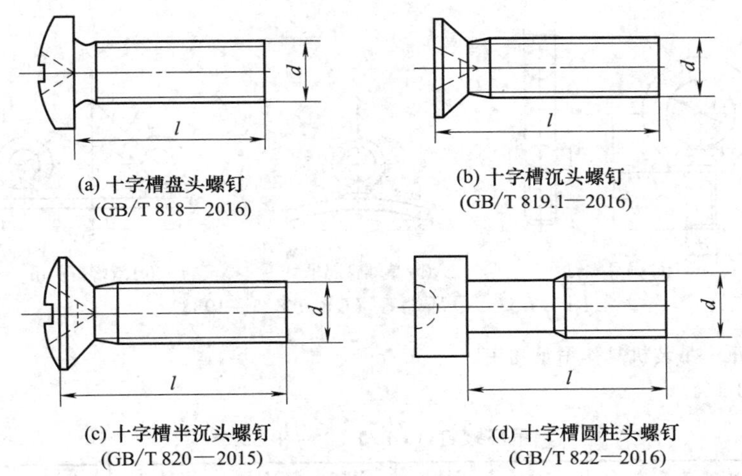

(a) 十字槽盘头螺钉 (GB/T 818—2016)

(b) 十字槽沉头螺钉 (GB/T 819.1—2016)

(c) 十字槽半沉头螺钉 (GB/T 820—2015)

(d) 十字槽圆柱头螺钉 (GB/T 822—2016)

图 1-1-52 十字槽螺钉

表 1-1-113 十字槽螺钉 mm

螺纹规格 d		M1.6	M2	M2.5	M3	(M3.5)	M4	M5	M6	M8	M10
头部直径 d_k max	盘头(公称)	3.2	4	5	5.6	7	8	9.5	12	16	20
	沉头(理论值) GB/T 819.1	3.6	4.4	5.5	6.3	8.2	9.4	10.4	12.6	17.3	20
	沉头(理论值) GB/T 819.2	—	4.4	5.5	6.3	8.2	9.4	10.4	12.6	17.3	20
	半沉头(理论值)	3.6	4.4	5.5	6.3	8.2	9.4	10.4	12.6	17.3	20
	圆柱头	—	—	4.5	5.5	6	7	8.5	10	13	—
头部高度 k max	盘头(公称)	1.30	1.60	2.10	2.40	2.60	3.10	3.70	4.6	6.0	7.50
	沉头(公称) GB/T 819.1	1	1.2	1.5	1.65	2.35	2.7	2.7	3.3	4.65	5
	沉头 GB/T 819.2	—	1.2	1.5	1.65	2.35	2.7	2.7	3.3	4.65	5
	半沉头(公称)	1	1.2	1.5	1.65	2.35	2.7	2.7	3.3	4.65	5
	圆柱头	—	—	1.80	2.00	2.40	2.60	3.30	3.9	5.0	—
半沉头球面高度 $f\approx$		0.4	0.5	0.6	0.7	0.8	1	1.2	1.4	2	2.3
公称长度 l	盘头	3~16	3~20	6~25	4~30	5~35	5~40	6~45	8~60	10~60	12~60
	沉头 GB/T 819.1	3~16	3~20	3~25	4~30	5~35	5~40	6~50	8~60	10~60	12~60
	沉头 GB/T 819.2	—	3~20	3~25	4~30	5~35	5~40	6~50	8~60	10~60	12~60
	半沉头	3~16	3~20	3~25	4~30	5~35	5~40	6~50	8~60	10~60	12~60
	圆柱头	—	—	3~25	4~30	5~35	5~40	6~45	8~60	10~80	—
l 的系列(公称)		2,3,4,5,6,8,10,12,(14),16,20,25,30,35,40,45,50,(55),60,70,80									

技术条件		材料	钢	不锈钢	有色金属	螺纹公差 6g	产品等级 A 级
	性能等级	盘头	4.8	A2-50、A2-70	CU2、CU3、AL4		
		沉头 GB/T 819.1	4.8	—	—		
		沉头 GB/T 819.2	8.8	A2-70	CU2、CU3		
		半沉头	4.8	A2-50、A2-70	CU2、CU3、AL4		
		圆柱头	4.8、5.8	A2-70	CU2、CU3、AL4		
	表面处理	盘头	不经处理	简单处理	简单处理		
		沉头 GB/T 819.1	不经处理	—	—		
		沉头 GB/T 819.2	不经处理或简单处理				
		半沉头或圆柱头	不经处理	简单处理	简单处理		

注：尽量不采用括号内的规格。

1.3.5 吊环螺钉（GB/T 825—1988）

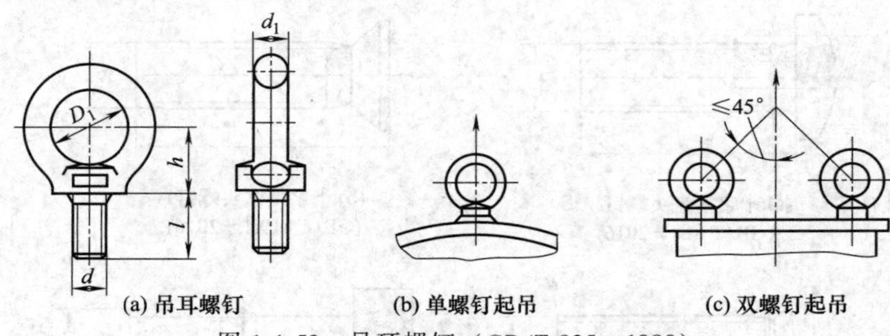

图 1-1-53 吊环螺钉（GB/T 825—1988）

【用途】 配合起重、吊装机具作吊重物用。

【规格】 见表 1-1-114。

表 1-1-114 吊环螺钉（GB/T 825—1988） mm

螺纹规格 d		M8	M10	M12	M16	M20	M24	M30	M36
公称长度 l		16	20	22	28	35	40	45	55
环顶直径 d_1 max		9.1	11.1	13.1	15.2	17.4	21.4	25.7	30.1
环孔内径 D_1(公称)		20	24	28	34	40	48	56	67
环孔中心距 h		18	22	26	31	36	44	53	63
起吊重量/t max	单螺钉起吊	0.16	0.25	0.4	0.63	1	1.6	2.5	4
	双螺钉起吊	0.08	0.125	0.2	0.32	0.5	0.8	1.25	2

螺纹规格 d		M42	M48	M56	M64	M72×6	M80×6	M100×6
公称长度 l		65	70	80	90	100	115	140
环顶直径 d_1 max		34.4	40.7	44.7	51.4	63.8	71.8	79.2
环孔内径 D_1(公称)		80	95	112	125	140	160	200
环孔中心距 h		74	87	100	115	130	150	175
起吊重量/t max	单螺钉起吊	6.3	8	10	16	20	25	40
	双螺钉起吊	3.2	4	5	8	10	12.5	20
技术条件	材料:20 或 25 钢		螺纹公差:8g		热处理:整体锻造,正火处理		表面处理:不处理、镀锌钝化或镀铬	

1.3.6 自攻螺钉

(1) 自攻螺钉

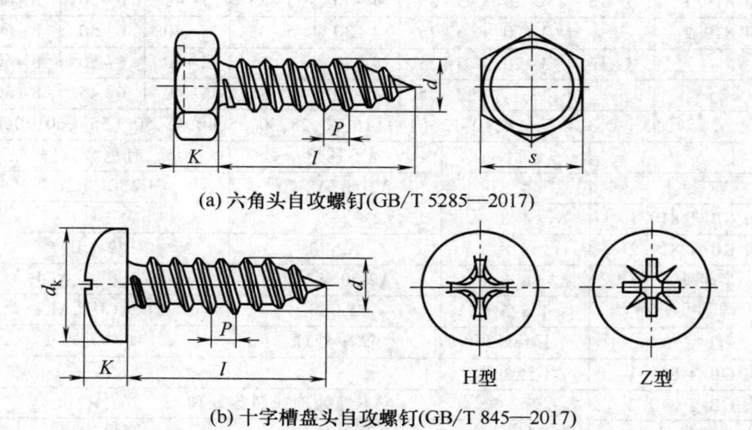

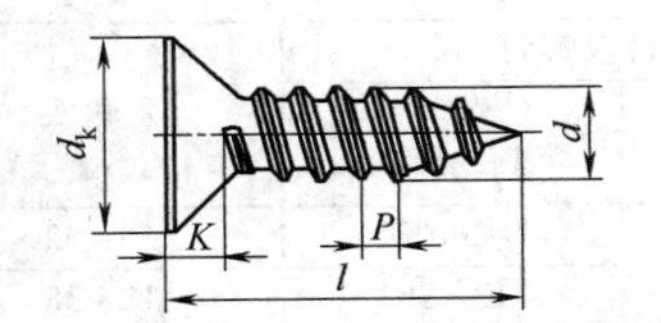

(c) 十字槽沉头自攻螺钉(GB/T 846—2017)

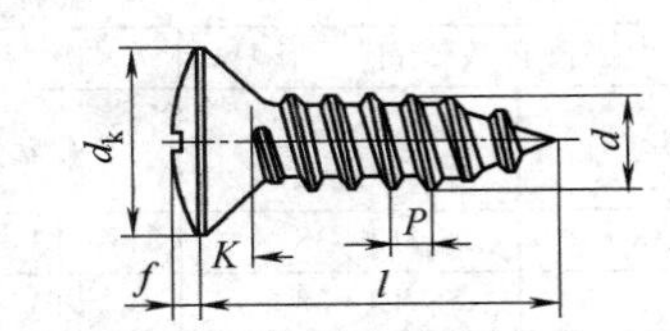

(d) 十字槽半沉头自攻螺钉(GB/T 847—2017)

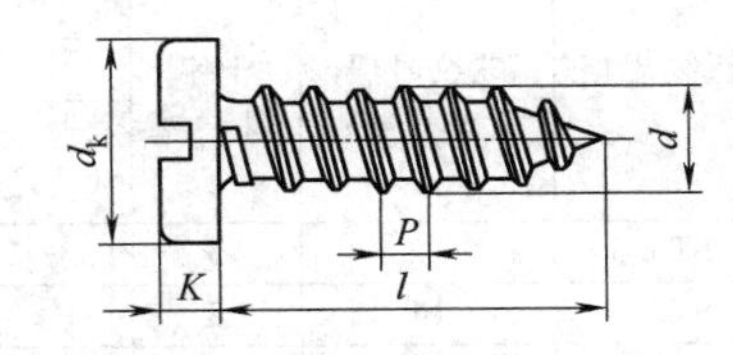

(e) 开槽盘头自攻螺钉(GB/T 5282—2017)

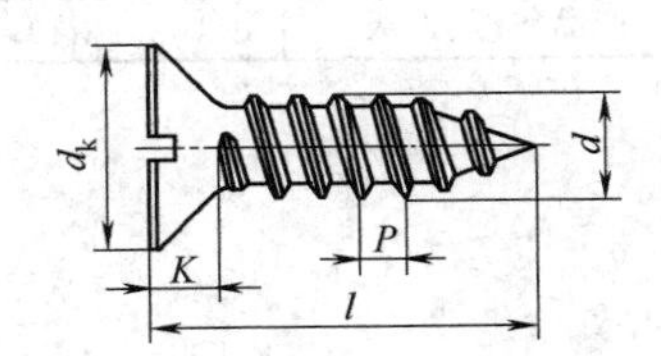

(f) 开槽沉头自攻螺钉(GB/T 5283—2017)

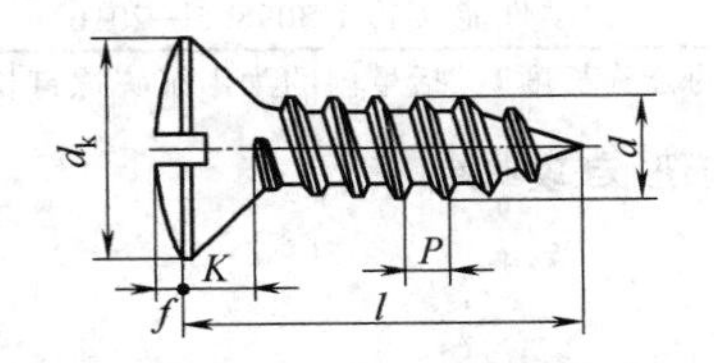

(g) 开槽半沉头自攻螺钉(GB/T 5284—2017)

图 1-1-54　自攻螺钉

【其他名称】 快牙螺丝。

【用途】 用于薄金属（铝、铜、低碳钢等）制件与较厚金属制件（主体）之间的螺纹连接，如汽车车厢的装配等。螺钉本身具有较高的硬度，事先另用钻头在主体制件钻一相应的小孔，可将螺钉旋入主体制件中，形成螺纹连接。各种自攻螺钉的装拆，须用专用工具。开槽自攻螺钉用一字形螺钉旋具；十字槽自攻螺钉用十字形螺钉旋具；六角自攻螺钉用呆扳手或活扳手等。

【规格】 见表 1-1-115。

表 1-1-115　　自攻螺钉　　mm

螺纹规格 d	螺纹外径 d_1 max	螺距 P	头部直径 d_k max		对边宽度 s max	球面高度 f≈	头部高度 k max			
							盘头		沉头 半沉头	六角头
			盘头	沉头 半沉头			十字槽	开槽		
ST2.2	2.24	0.8	4	3.8	3.2	0.5	1.6	1.3	1.1	1.6
ST2.9	2.90	1.1	5.6	5.5	5	0.7	2.4	1.8	1.7	2.3
ST3.5	3.53	1.3	7	7.3	5.5	0.8	2.6	2.1	2.35	2.6
ST4.2	4.22	1.4	8	8.4	7	1	3.1	2.4	2.6	3
ST4.8	4.80	1.6	9.5	9.3	8	1.2	3.7	3	2.8	3.8
ST5.5	5.46	1.8	11	10.3	8	1.3	4	3.2	3	4.1
ST6.3	6.25	1.8	12	11.3	10	1.4	4.6	3.6	3.15	4.7
ST8	8.00	2.1	16	15.8	13	2	6	4.8	4.65	6
ST9.5	9.65	2.1	20	18.3	16	2.3	7.5	6	5.25	7.5

螺纹规格 d	螺纹号码（参考号）	十字槽号	公称长度 l				
			十字槽自攻螺钉		开槽自攻螺钉		六角头
			盘头	沉头 半沉头	盘头	沉头 半沉头	
ST2.2	2	0	4.5~16	4.5~16	4.5~16	4.5~16	4.5~16
ST2.9	4	1	6.5~19	6.5~19	6.5~19	6.5~19	6.5~19
ST3.5	6	2	9.5~25	9.5~25	6.5~22	9.5~25(22)	6.5~22
ST4.2	8	2	9.5~32	9.5~32	9.5~25	9.5~32(25)	9.5~25
ST4.8	10	2	9.5~38	9.5~32	9.5~32	9.5~32	9.5~32

续表

螺纹规格 *d*	螺纹号码（参考号）	十字槽号	公称长度 *l*				
			十字槽自攻螺钉		开槽自攻螺钉		
			盘头	沉头 半沉头	盘头	沉头 半沉头	六角头
ST5.5	12	3	13~38	13~38	13~32	13~38(32)	13~32
ST6.3	14	3	13~38	13~38	13~38	13~38	13~38
ST8	16	4	16~50	16~50	16~50	16~50	13~50
ST9.5	20	4	16~50	16~50	16~50	19~50	16~50
l 的系列（公称）			4.5,6.5,9.5,13,16,19,22,25,32,38,45,50				
技术条件	力学性能:GB/T 3098.5—2016			产品等级:A 级		表面处理:镀锌钝化	

注：有括号形式的公称长度 *l*，括号内的为半沉头螺钉长度。

（2）内六角花形自攻螺钉

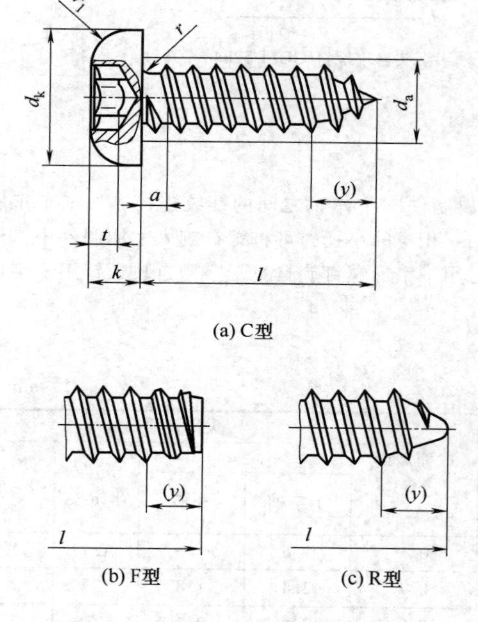

图 1-1-55　内六角花形盘头自攻螺钉（GB/T 2670.1—2017）

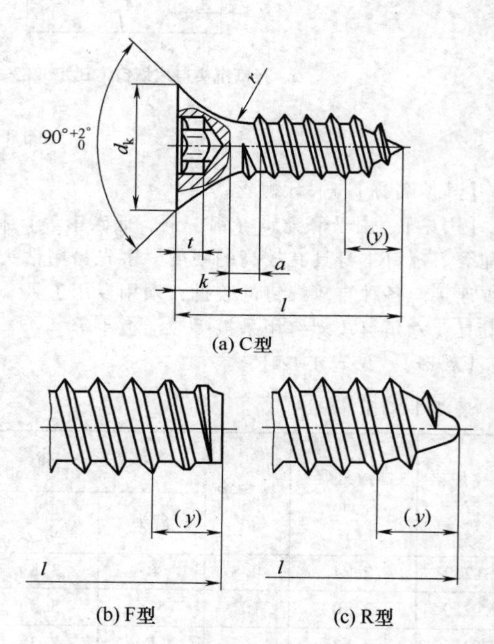

图 1-1-56　内六角花形沉头自攻螺钉（GB/T 2670.2—2017）

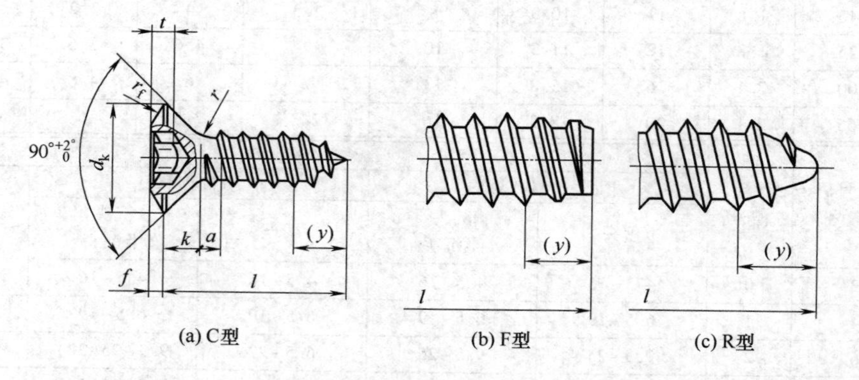

图 1-1-57　内六角花形半沉头自攻螺钉（GB/T 2670.3—2017）

表 1-1-116　　内六角花形自攻螺钉　　mm

螺纹规格 d	公称长度 l	螺纹规格 d	公称长度 l
ST2.9	6.5～19	ST4.8	9.5～32
ST3.5	9.5～25	ST5.5	13～38
ST4.2	9.5～32	ST6.3	13～38

注：1. 公称长度（mm）为：4.5，6.5，9.5，13，16，19，22，25，32，38，45，50。
2. 公差产品等级：A。
3. 不经表面处理；电镀，技术要求按 GB/T 5267.1 的规定。

1.4　螺　　母

1.4.1　方螺母

(1) 方螺母 C 级

【其他名称】 毛方螺母、毛方螺帽、方螺母（粗制）。

【用途】 常与半圆头方颈螺栓配合，用于简单、粗糙的机件上，作紧固连接用。其特点是扳手转动角度较大（90°），不易打滑。

【规格】 见表 1-1-118（GB/T 39—1988）

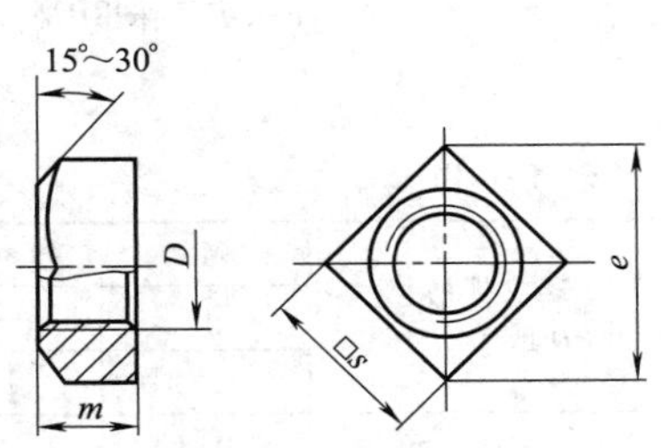

图 1-1-58　方螺母

表 1-1-117　　方螺母　　mm

螺纹规格 D	M3	M4	M5	M6	M8	M10	M12
对边宽度 s max	5.5	7	8	10	13	16	18
高度 m max	2.4	3.2	4	5	6.5	8	10
螺纹规格 D	(M14)	M16	(M18)	M20	(M22)	M24	
对边宽度 s max	21	24	27	30	34	36	
高度 m max	11	13	15	16	18	19	
技术条件	材料：钢	性能等级：4、5 级		螺纹公差：7H		产品等级：C 级	

注：尽量不采用括号内的规格。

(2) 焊接方螺母

【规格】 GB/T 13680—1992。

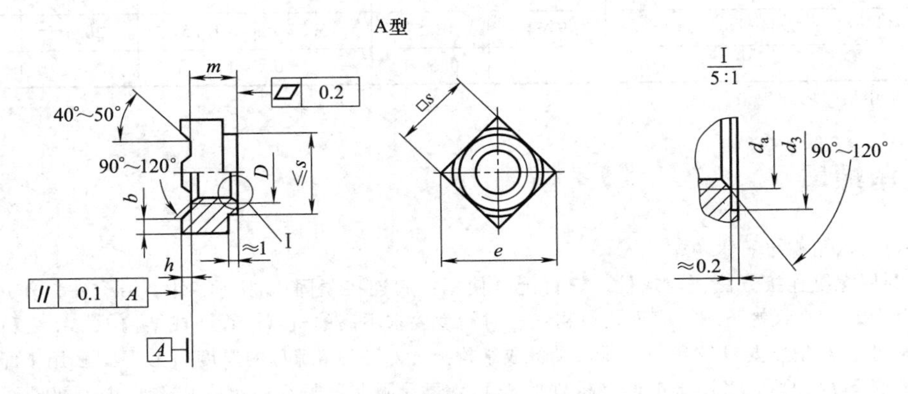

图 1-1-59

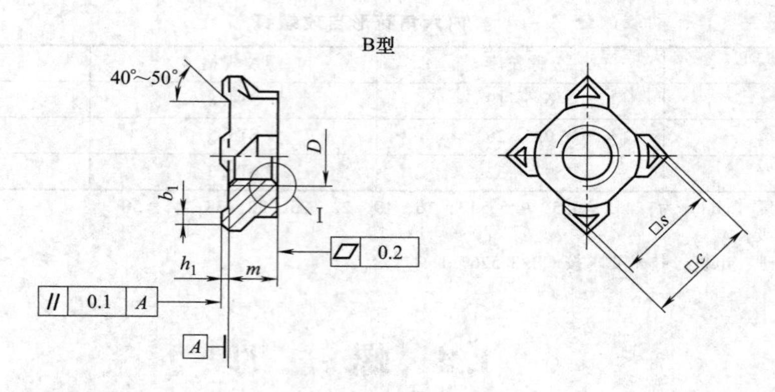

注：尽量不采用B型。

图 1-1-59　焊接方螺母

表 1-1-118　　焊接方螺母（GB/T 13680—1992）　　mm

螺纹规格（D 或 $D\times P$）		M4	M5	M6	M8	M10	M12	（M14）	M16
		—	—	—	M8×1	M10×1	M12×1.5	（M14×1.5）	M16×1.5
		—	—	—	—	M10×1.25	M12×1.25	—	—
b	max	0.8	1.0	1.2	1.5	1.8	2.0	2.5	2.5
	min	0.5	0.7	0.9	1.2	1.4	1.6	2.1	2.1
b_1	max	1.5				1.5	2	—	—
	min	0.3				0.3	0.5	—	—
d_3	max	5.18	6.18	7.72	10.22	12.77	13.77	17.07	19.13
	min	5	6	7.5	10	12.5	13.5	16.8	18.8
d_a	max	4.6	5.75	6.75	8.75	10.8	13	15.1	17.3
	min	4	5	6	8	10	12	14	16
e	min	8.63	9.93	12.53	16.34	20.24	22.84	26.21	30.11
h	max	0.7	0.9	0.9	1.1	1.3	1.5	1.5	1.7
	min	0.5	0.7	0.7	0.9	1.1	1.3	1.3	1.5
h_1	max	1				1	1.2	—	—
	min	0.8				0.8	1	—	—
m	max	3.5	4.2	5.0	6.5	8.0	9.5	11.0	13.0
	min	3.2	3.9	4.7	6.14	7.64	9.14	10.3	12.3
s	max	7	8	10	13	16	18	21	24
	min	6.64	7.64	9.64	12.57	15.57	17.57	20.16	23.16
$0.5(c-s)$		0.3~0.5			0.5~1	0.5~1		—	—

注：尽量不采用括号内的规格。

1.4.2　六角螺母

【其他名称】　六角螺母、六角帽。

【用途】　利用螺纹连接方法，与螺栓、螺钉配合使用，起连接紧固机件（零件、结构件）作用。其中以 1 型六角螺母应用最广，C 级螺母用于表面比较粗糙、对精度要求不高的机器、设备或结构上；A 级和 B 级螺母用于表面粗糙度较小、对精度要求较高的机器、设备或结构上。2 型六角螺母的厚度 m 较厚，多用于经常拆卸的场合。六角薄螺母的厚度较薄，多用于被连接机件的表面空间受限制的场合，也常用作防止主螺母回松的锁紧螺母。六角开槽螺母专供与螺杆末端带孔的螺栓配合使用，以便把开口销从螺母的槽中插入螺杆的孔中，防止螺母自动回松，主要用于具有振动载荷或交变载荷的场合。一般六角螺母均制成粗牙普通螺纹。各种细牙普通螺纹的六角螺母必须配合细牙六角头螺栓使用，用于薄壁零件或承受交变载荷、振动载荷、冲击载荷的机件上。

【规格】 见图 1-1-60、图 1-1-61 和表 1-1-119～表 1-1-122。

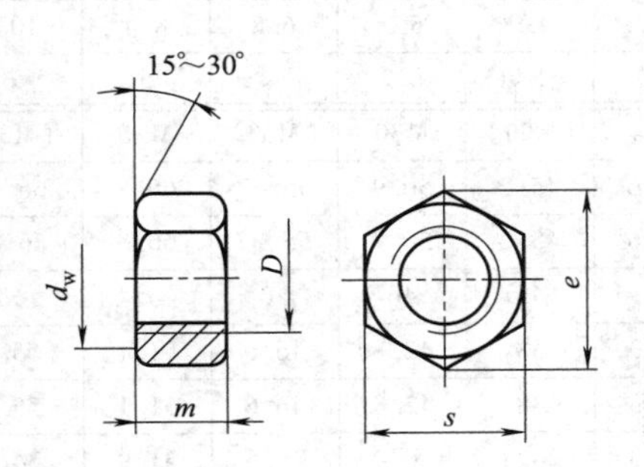

(a) 六角螺母C级(GB/T 41—2016)

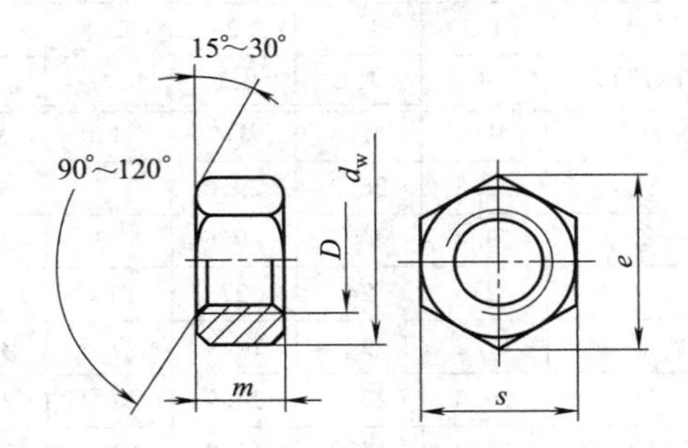

(b) 1型六角螺母(GB/T 6170—2015)、2型六角螺母(GB/ T 6175— 2016)与六角薄螺母(GB/T 6172.1—2016)

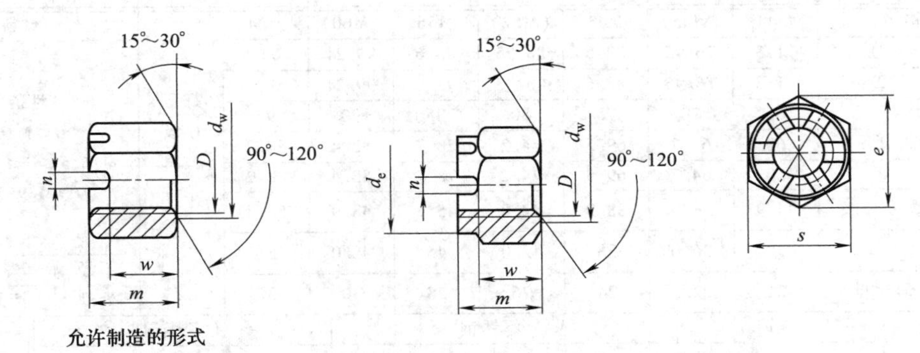

(c) 1型六角开槽螺母A和B级(GB/T 6178—1986)和2型六角开槽螺母A和B级(GB/T 6180—1986)

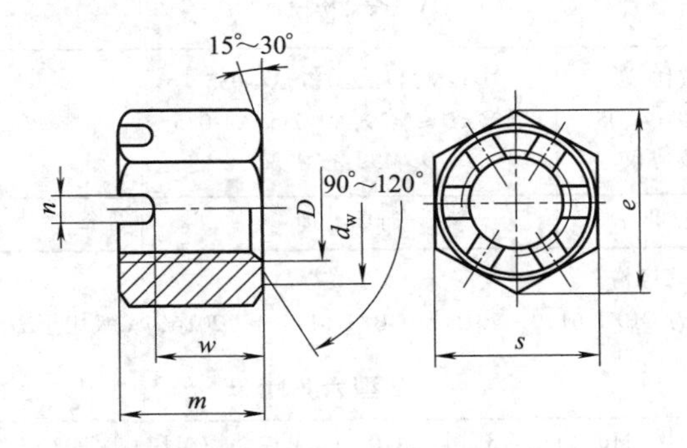

(d) 六角开槽薄螺母A和B级(GB/T 6181—1986)

图 1-1-60 六角螺母

表 1-1-119 六角螺母 C 级、1 型六角螺母与六角薄螺母 mm

螺纹规格 *D*		M1.6	M2	M2.5	M3	(M3.5)	M4	M5	M6	M8	M10	M12
e min	①	3.3	4.2	5.3	5.9	6.4	7.5	8.6	10.9	14.2	17.6	19.9
	②	3.4	4.3	5.5	6	6.6	7.7	8.8	11	14.4	17.8	20
s 公称		3.2	4	5	5.5	6	7	8	10	13	16	18
d_w min	①	—	—	—	—	—	—	6.7	8.7	11.5	14.5	16.5
	②	2.4	3.1	4.1	4.6	5.1	5.9	6.9	8.9	11.6	14.6	16.6

续表

螺纹规格 D		M1.6	M2	M2.5	M3	(M3.5)	M4	M5	M6	M8	M10	M12
m max	螺母C级	—	—	—	—	—	—	5.6	6.4	7.9	9.5	12.2
	1型	1.3	1.6	2	2.4	2.8	3.2	4.7	5.2	6.8	8.4	10.8
	薄螺母	1	1.2	1.6	1.8	2	2.2	2.7	3.2	4	5	6

螺纹规格 D		(M14)	M16	(M18)	M20	(M22)	M24	(M27)	M30	(M33)	M36	(M39)
e min	①	22.8	26.2	29.6	33	37.3	39.6	45.2	50.9	55.37	60.8	66.44
	②	23.4	26.8	29.6	33	37.3	39.6	45.2	50.9	55.37	60.8	66.44
s 公称		21	24	27	30	34	36	41	46	50	55	60
d_w min	①	19.2	22	24.9	27.7	31.4	33.3	38	42.8	46.6	51.1	55.9
	②	19.6	22.5	24.9	27.7	31.4	33.3	38	42.8	46.6	51.1	55.9
m max	螺母C级	13.9	15.9	16.9	19	20.2	22.3	24.7	26.4	29.5	31.9	34.3
	1型	12.8	14.8	15.8	18	19.4	21.5	23.8	25.6	28.7	31	33.4
	薄螺母	7	8	9	10	11	12	13.5	15	16.5	18	19.5

螺纹规格 D		M42	(M45)	M48	(M52)	M56	(M60)	M64
e min	①	71.3	76.95	82.6	88.25	93.6	99.21	104.9
	②	71.3	76.95	82.6	88.25	93.6	99.21	104.9
s 公称		65	70	75	80	85	90	95
d_w min	①	60	64.7	69.5	74.2	78.7	83.4	88.2
	②	60	64.7	69.5	74.2	78.7	83.4	88.2
m max	螺母C级	34.9	36.9	38.9	42.9	45.9	48.9	52.4
	1型	34	36.0	38	42.0	45	48.0	51
	薄螺母	21	22.5	24	26	28	30	32

螺母C级技术条件		
材料:钢		
性能等级 D≤M16.5:5; M16.5≤D≤M39.5:4、5; D≥M39.5:按协议		
不经处理	螺纹公差7H	产品等级C级

技术条件	材料	钢	不锈钢	有色金属	公差等级	产品等级
	1型	D≤M3:按协议 M3<D≤M39:6、8、10 D> M39:按协议	D≤M24:A2-70、A4-70 M24<D≤M39:A2-50、A4-50 D>M39:按协议	CU2、CU3、AL4	6H	A B
	薄螺母	D≤M3:按协议 M3<D≤M39:04、05 D>M39:按协议	D≤M24:A2-035、A4-035 M24<D≤M39:A2-035、A4-025 D>M39:按协议	CU2、CU3、AL4		
	表面处理	不经处理	简单处理	简单处理		

注：1. 带括号的为非优选螺纹规格。

2. ①为 GB/T 41—2016；②为 GB/T 6170—2015 及 GB/T 6172.1—2016，A 级用于 $D\leqslant 16$mm，B 级用于 $D>16$mm。

表 1-1-120　　2 型六角螺母　　mm

螺纹规格 D	M5	M6	M8	M10	M12	(M14)	M16	M20	M24	M30	M36
e min	8.8	11.1	14.4	17.8	20.1	23.4	26.8	33	39.6	50.9	60.8
s max	8	10	13	16	18	21	24	30	36	46	55
m max	5.1	5.7	7.5	9.3	12	14.1	16.4	20.3	23.9	28.6	34.7
d_w min	6.9	8.9	11.6	14.6	16.6	19.6	22.5	27.7	33.2	30.0	36.0
技术条件	材料:钢		性能等级:9、12		螺纹公差:6H		表面处理			氧化	

注：尽量不采用括号内的规格。

表 1-1-121　　1、2 型六角开槽螺母 A 和 B 级与六角开槽薄螺母 A 和 B 级　　mm

螺纹规格 D	M4	M5	M6	M8	M10	M12	(M14)	M16	M20	M24	M30	M36
n max	1.8	2	2.6	3.1	3.4	4.3	4.3	5.7	5.7	6.7	8.5	8.5

续表

螺纹规格 D		M4	M5	M6	M8	M10	M12	(M14)	M16	M20	M24	M30	M36
s max		7	8	10	13	16	18	21	24	30	36	46	55
e min		7.7	8.8	11	14.4	17.8	20	23.4	26.8	33	39.6	50.9	60.8
d_w min		5.9	6.9	8.9	11.6	14.6	16.6	19.6	22.5	27.7	33.2	42.7	51.1
m max	1型	5	6.7	7.7	9.8	12.4	15.8	17.8	20.8	24	29.5	34.6	40
	2型	—	6.9	8.3	10	12.3	16	19.1	21.1	26.3	31.9	37.6	43.7
	薄螺母	—	5.1	5.7	7.5	9.3	12	14.1	16.4	20.3	23.9	28.6	34.7
w max	1型	3.2	4.7	5.2	6.8	8.4	10.8	12.8	14.8	18	21.5	25.6	31
	2型	—	5.1	5.7	7.5	9.3	12	14.1	16.4	20.3	23.9	28.6	34.7
	薄螺母	—	3.1	3.2	4.5	5.3	7	9.1	10.4	14.3	15.9	19.6	23.7
技术要求	1型	性能等级	钢	6、8、10		螺纹公差6H	表面处理		不经处理或镀锌处理				
	2型			9、12									
	薄螺母		钢		不锈钢		表面处理		钢		不锈钢		
			04、05		A2-50				不经处理	镀锌钝化	氧化	不经处理	

注：A级用于D≤16mm，B级用于D>16mm。尽量不采用括号内的规格。

特殊类型：

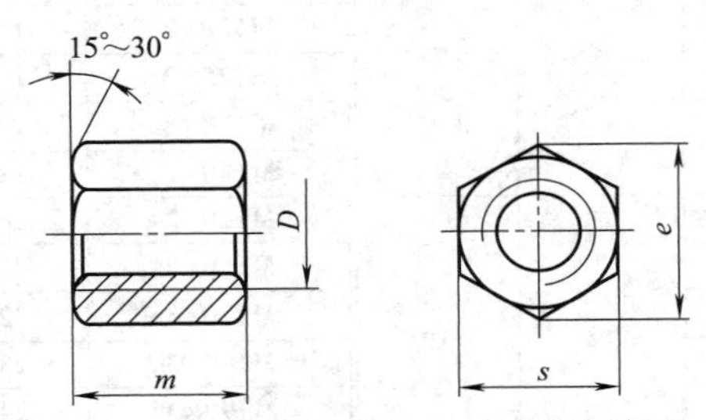

图 1-1-61 球面六角螺母（GB/T 804—1988）和六角厚螺母（GB/T 56—1988）

表 1-1-122 **球面六角螺母与六角厚螺母** mm

螺纹规格 D		M6	M8	M10	M12	M16	(M18)	M20	(M22)	M24	(M27)	M30	M36	M42	M48
m max	球面	10.29	12.35	16.35	20.42	25.42	—	32.5	—	38.5	—	48.5	55.6	65.6	75.6
	厚螺母	—	—	—	—	25	28	32	35	38	42	48	55	65	75
s max		10	13	16	18	24	27	30	34	36	41	46	55	65	75

技术条件	材料	性能等级		表面处理			螺纹公差 6H
	钢	球面	8、10		球面	氧化	
		厚螺母	5、8、10		厚螺母	不经处理或氧化	

注：尽量不采用括号内的规格。

1.4.3 圆螺母

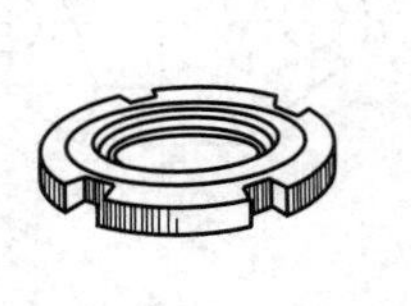

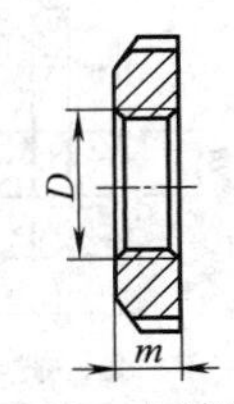

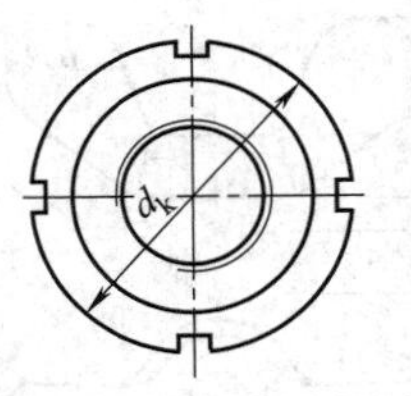

图 1-1-62 圆螺母

【其他名称】 圆螺帽。

【用途】 通常成对地用于机器的轴类零件上，用以防止轴向位移；也常配合止退垫圈，用于装有滚动轴承的轴上，锁紧轴承内圈。圆螺母的装拆须用专用扳手（钩形扳手）。小圆螺母的外径和厚度比普通圆螺母小，用于强度要求较低的场合。

【规格】 见表 1-1-123（圆螺母，GB/T 812—1988；小圆螺母，GB/T 810—1988）。

表 1-1-123　　圆螺母与小圆螺母　　mm

螺纹规格	外径 d_k		高度 m		螺纹规格	外径 d_k		高度 m	
$D \times P$	GB/T 812	GB/T 810	GB/T 812	GB/T 810	$D \times P$	GB/T 812	GB/T 810	GB/T 812	GB/T 810
M10×1	22	20			M64×2	95	85	12	10
M12×1.25	25	22			M65×2*	95	—		
M14×1.5	28	25			M68×2	100	90		
M16×1.5	30	28	8	6	M72×2	105	95		
M18×1.5	32	30			M75×2*	105	—	15	
M20×1.5	35	32			M76×2	110	100		
M22×1.5	38	35			M80×2	115	105		12
M24×1.5	42	38			M85×2	120	110		
M25×1.5*	42	—			M90×2	125	115		
M27×1.5	45	42			M95×2	130	120		
M30×1.5	48	45			M100×2	135	125	18	
M33×1.5	52	48			M105×2	140	130		
M35×1.5*	52	—	10	8	M110×2	150	135		
M36×1.5	55	52			M115×2	155	140		
M39×1.5	58	55			M120×2	160	145	22	15
M40×1.5*	58	—			M125×2	165	150		
M42×1.5	62	58			M130×2	170	160		
M45×1.5	68	62			M140×2	180	170		
M48×1.5	72	68			M150×2	200	180		
M50×1.5*	72	—			M160×2	210	195	26	
M52×1.5	78	72			M170×3	220	205		18
M55×2	78	—	12	10	M180×3	230	220		
M56×2	85	78			M190×3	240	230	30	
M60×2	90	80			M200×2	250	240		22

技术要求	材料:45 钢	螺纹公差 6H	热处理及表面处理	①槽或全部热处理,硬度为 35~45HRC ②调质,硬度为 24~30HRC ③氧化

注：带＊的圆螺母，仅用于滚动轴承锁紧装置。

1.4.4 蝶形螺母

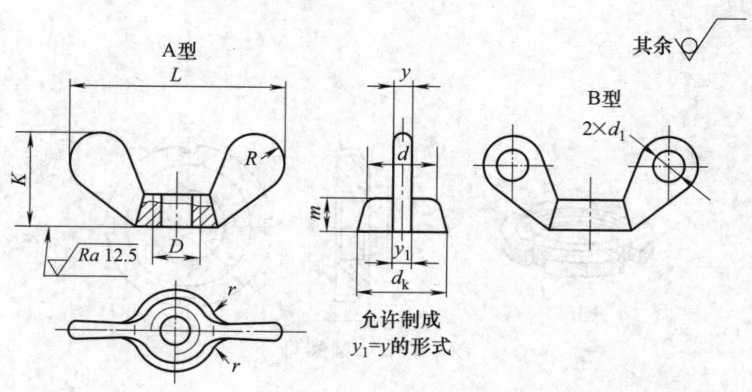

图 1-1-63　蝶形螺母

【其他名称】 翼形螺母、开放式翼形螺母、元宝螺丝帽。

【用途】 能用手直接装拆，配合螺栓用于对连接强度要求不高和经常装拆的场合，如钢锯架、手虎钳和报纸夹等。

【规格】 见表 1-1-124（GB/T 62—2004）。

表 1-1-124　　蝶形螺母　　mm

螺纹规格 D×P	M3×0.5	M4×0.7	M5×0.8	M6×1	M8×1	M8×1.25	M10×1.5	M10×1.25	M12×1.75	M12×1.5	(M14×2)	(M14×1.5)	M16×2	M16×1.5
L	20	24	28	32	40		48		58		64		72	
K	8	10	12	14	18		22		27		30		32	
技术条件	材料：Q215、Q235、KT30-6									螺纹公差：6H				

注：尽量不采用括号内的规格。

1.4.5 盖形螺母

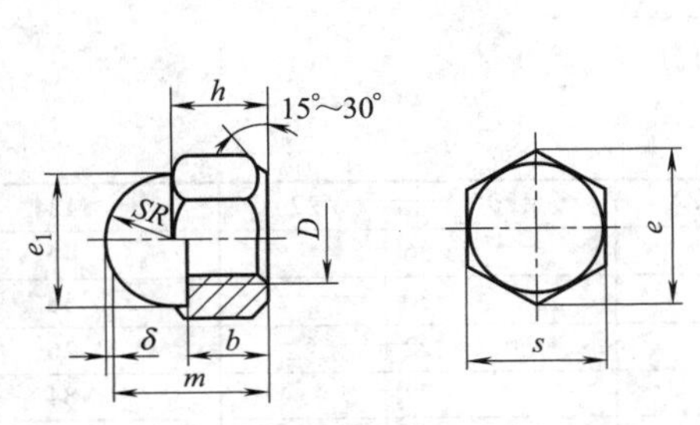

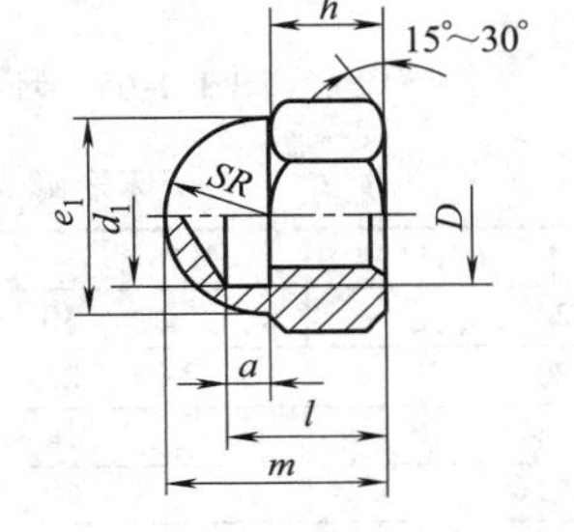

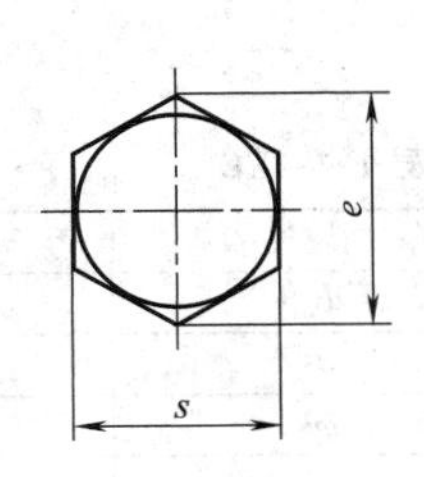

(a) 组合式盖形螺母(GB/T 802—2008)　　(b) 盖形螺母(GB/T 923—2009)

图 1-1-64　盖形螺母

【用途】 适用于管路系统中或在端部螺扣需要罩盖的地方。

【规格】 见表 1-1-125。

表 1-1-125　　盖形螺母　　mm

螺纹规格 D		M3	M4	M5	M6	M8	M10	M12	(M14)	M16	(M18)	M20	(M22)	M24
e min		6.01	7.66	8.79	11.05	14.38	17.77	20.03	23.36	26.75	29.56	32.95	37.29	39.55
e_1		5	6	7.2	9.2	13	16	18	20	22	25	28	30	34
m min		6	7	9	11	15	18	22	24	26	29(30)	32(35)	35(38)	38(40)
s max		5.5	7	8	10	13	16	18	21	24	27	30	34	36
SR≈		2.5	3	3.6	4.6	6.5	8	9	10	11.5	12.5	14	15	17
GB/T 802	h	—	—	5.5	6.5	8	10	12	13	15	17	19	21	22
	b	—	—	4	5	6	8	10	11	13	14	16	18	19
	δ	—	—	0.5	0.8			1			1.2			
GB/T 923	h	2.5	3	4	5	6	8	10	11	13	14	16	18	19
	a min	—	—	2	2.5	3	4	4.5	5		6			7
	d_1	—	—	5.5	6.5	8.5	10.5	13	15	17	19	21	23	25
	l	5		6	7	11	13	16	17	19	22	25	26	28

技术条件	材料	螺纹公差	产品等级	表面处理	性能等级	
					GB/T 802	GB/T 923
	钢	6H	A 级用 D≤16mm B 级用 D>16mm	氧化 镀锌钝化	6、8	5、6

注：尽量不采用括号内的规格。

1.4.6 环形螺母（GB/T 63—1988）

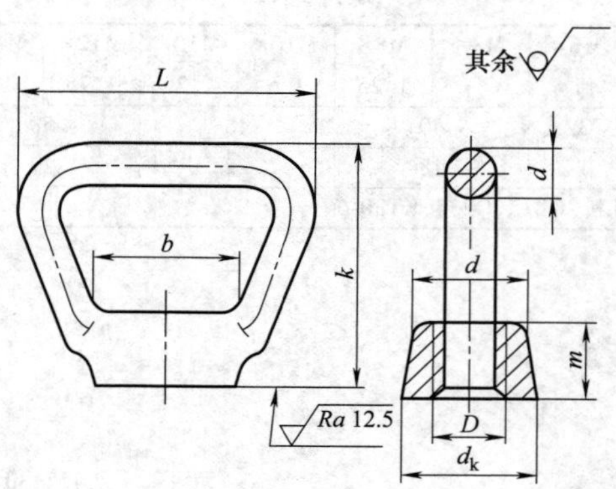

图 1-1-65 环形螺母

表 1-1-126 环形螺母 mm

螺纹规格 D	M12	(M14)	M16	(M18)	M20	(M22)	M24
d_k	24		30		36		46
d	20		26		30		38
m	15		18		22		26
k	52		60		72		84
L	66		76		86		98
d_1	10		12		13		14

注：尽可能不采用括号内的规格。

1.4.7 扣紧螺母（GB/T 805—1988）

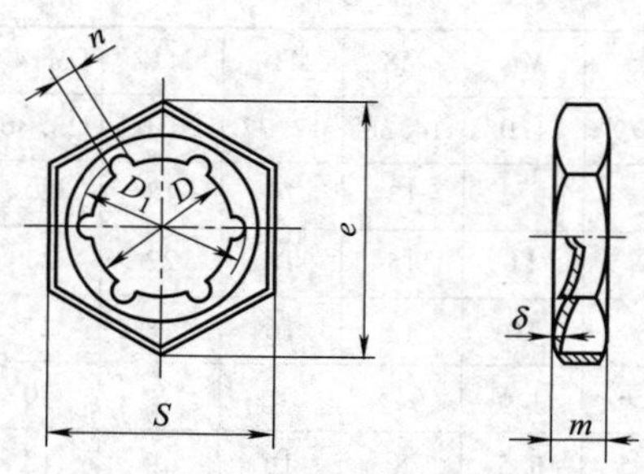

图 1-1-66 扣紧螺母

表 1-1-127 扣紧螺母 mm

螺纹规格 D×P	D		S		D_1	n	e	m	δ
	max	min	max	min					
6×1	5.3	5	10	9.73	7.5	1	11.5	3	0.4
8×1.25	7.16	6.8	13	12.73	9.5		16.2	4	0.5
10×1.5	8.86	8.5	16	15.73	12		19.6	5	0.6
12×1.75	10.73	10.3	18	17.73	14	1.5	21.9		0.7
(14×2)	12.43	12	21	20.67	16		25.4	6	0.8
16×2	14.43	14	24	23.67	18		27.7		
(18×2.5)	15.93	15.5	27	26.16	20.5	2	31.2	7	1
20×2.5	17.93	17.5	30	29.16	22.5		34.6		
(22×2.5)	20.02	19.5	34	33	25		36.9		

续表

螺纹规格 $D \times P$	D max	D min	S max	S min	D_1	n	e	m	δ
24×3	21.52	21	36	35	27	2.5	41.6	9	1.2
(27×3)	24.52	24	41	40	30		47.3		
30×3.5	27.02	26.5	46	45	34		53.1		1.4
36×4	32.62	32	55	53.8	40	3	63.5	12	
42×4.5	38.12	37.5	65	63.8	47		75		1.8
48×5	43.62	43	75	73.1	54		86.5	14	

注：尽可能不采用括号内的规格。

1.5 垫 圈

1.5.1 平垫圈

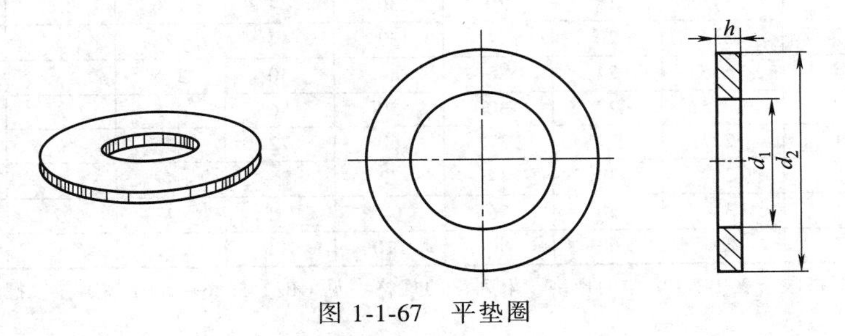

图 1-1-67 平垫圈

【其他名称】 华司、介子。

【用途】 装置于螺母（或螺栓、螺钉头部）与被连接件表面之间，保护被连接件表面避免螺母擦伤，增大被连接件与螺母之间的接触面积，降低螺母作用在被连接表面上的单位面积压力。A 级垫圈与 A 和 B 级螺母、螺栓、螺钉配合使用；C 级垫圈与 C 级螺母、螺栓配合使用。小垫圈主要用于圆柱头螺钉上，特大垫圈主要用于钢木结构上的螺母、螺栓和螺钉上。

【规格】 见表 1-1-128～表 1-1-130。

表 1-1-128　　平垫圈的常见品种

垫圈名称	其他名称	标准规格	规格范围 螺纹大径 d/mm	性能等级	表面处理
小垫圈 A 级	小垫圈、精制小垫圈、小光垫圈	GB/T 848—2002	1.6～36	钢:140HV、200HV、300HV 奥氏体不锈钢: A140、A200、A350	钢:不经处理或镀锌钝化 不锈钢:不经处理
平垫圈 A 级	垫圈 A 型、精制垫圈 A 型、光垫圈 A 型	GB/T 97.1—2002	1.6～64		
平垫圈—倒角 A 级	垫圈 B 型、精制垫圈 B 型、光垫圈 B 型	GB/T 97.2—2002	5～64		
平垫圈 C 级	粗制垫圈、毛垫圈	GB/T 95—2002	1.6～64	钢:100HV	钢:不经处理
大垫圈 A 级	精制大垫圈、大光垫圈	GB/T 96.1—2002	3～36	钢:A 级—140HV C 级—100HV 奥氏体不锈钢:A140	钢:不经处理或镀锌钝化 不锈钢:不经处理
大垫圈 C 级	粗制大垫圈、大毛垫圈	GB/T 96.2—2002	3～36		
特大垫圈 C 级	粗制特大垫圈、特大毛垫圈	GB/T 5287—2002	5～36	钢:100HV	钢:不经处理或镀锌钝化

注：平垫圈的各种性能等级的 HV 硬度值见表 1-1-129。

表 1-1-129　　平垫圈的各种性能等级的 HV 硬度值

材料	钢				奥氏体不锈钢		
性能等级	100HV	140HV	200HV	300HV	A140	A200	A350
硬度(HV)	>100	>140	200~300	300~400	>140	200~300	350~400

表 1-1-130　　平垫圈的常见品种规格　　mm

规格 螺纹大径 d	内径 d_1（公称）min		外径 d_2（公称）max				厚度 h（公称）max			
	产品等级		小系列	标准系列	大系列	特大系列	小系列	标准系列	大系列	特大系列
	A 级	C 级								
1.6	1.7	—	3.5	4	—	—	0.3	0.3	—	—
2	2.2	—	4.5	5	—	—	0.3	0.3	—	—
2.5	2.7	—	5	6	—	—	0.5	0.5	—	—
3	3.2	—	6	7	9	—	0.5	0.5	0.8	—
4	4.3	—	8	9	12	—	0.5	0.8	1	—
5	5.3	5.5	9	10	15	18	1	1	1.2	2
6	6.4	6.6	11	12	18	22	1.6	1.6	1.6	2
8	8.4	9	15	16	24	28	1.6	2	2	3
10	10.5	11	18	20	30	34	1.6	2.5	2.5	3
12	13	13.5	20	24	37	44	2	3	3	4
14	15	15.5	24	28	44	50	2.5	3	3	4
16	17	17.5	28	30	50	56	2.5	3	3	5
20	21	22	34	37	60	72	3	4	4	6
24	25	26	39	44	72	85	4	5	5	6
30	31	33	50	56	92	105	4	6	6	6
36	37	39	60	66	110	125	5	8	8	8

注：1. 表中的垫圈规格限于表 1-1-128 中的规格，未列出的规格参见 GB/T 5286—2001《螺栓、螺钉和螺母用平垫圈总方案》中的规定。

2. 常见的垫圈品种中，除表明“小”“大”“特大”的垫圈外，其余平垫圈的主要尺寸均按标准系列规定。

(1) 销轴用平垫圈（GB/T 97.3—2000）

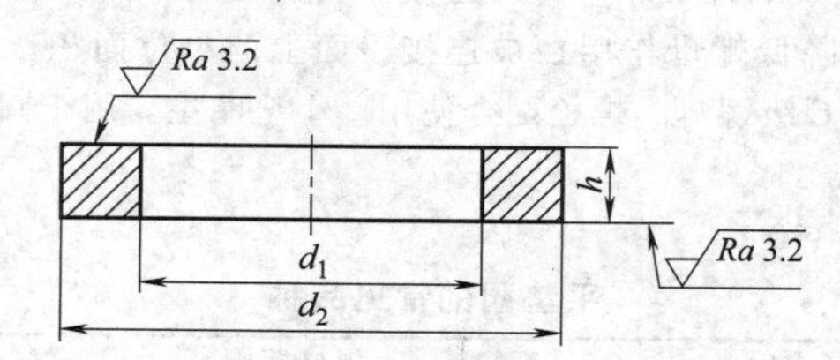

图 1-1-68　销轴用平垫圈（GB/T 97.3—2000）

表 1-1-131　　销轴用平垫圈（GB/T 97.3—2000）　　mm

公称规格	内径 d_1		外径 d_2		厚度 h		
	公称(min)	max	公称(max)	min	公称	max	min
3	3	3.14	6	5.70	0.8	0.9	0.7
4	4	4.18	8	7.64	0.8	0.9	0.7
5	5	5.18	10	9.64	1	1.1	0.9
6	6	6.18	12	11.57	1.6	1.8	1.4
8	8	8.22	15	14.57	2	2.2	1.8
10	10	10.22	18	17.57	2.5	2.7	2.3
12	12	12.27	20	19.48	3	3.3	2.7
14	14	14.27	22	21.48	3	3.3	2.7
16	16	16.27	24	23.48	3	3.3	2.7

续表

公称规格	内径 d_1		外径 d_2		厚度 h		
	公称(min)	max	公称(max)	min	公称	max	min
18	18	18.27	28	27.48	4	4.3	3.7
20	20	20.33	30	29.48	4	4.3	3.7
22	22	22.33	34	33.38	4	4.3	3.7
24	24	24.33	37	36.38	4	4.3	3.7
25	25	25.33	38	37.38	4	4.3	3.7
27	27	27.52	39	38	5	5.6	4.4
28	28	28.52	40	39	5	5.6	4.4
30	30	30.52	44	43	5	5.6	4.4
32	32	32.62	46	45	5	5.6	4.4
33	33	33.62	47	46	5	5.6	4.4
36	36	36.62	50	49	5	6.6	5.4
40	40	40.62	56	54.8	6	6.6	5.4
45	45	45.62	60	58.8	6	6.6	5.4
50	50	50.62	66	64.8	8	9	7
55	55	55.74	72	70.8	8	9	7
60	60	60.74	78	76.8	10	11	9
70	70	70.74	92	90.6	10	11	9
80	80	80.74	98	96.6	12	13.2	10.8
90	90	90.87	110	108.6	12	13.2	10.8
100	100	100.87	120	118.6	12	13.2	10.8

(2) 平垫圈（用于螺钉和垫圈组合件）(GB/T 97.4—2002)

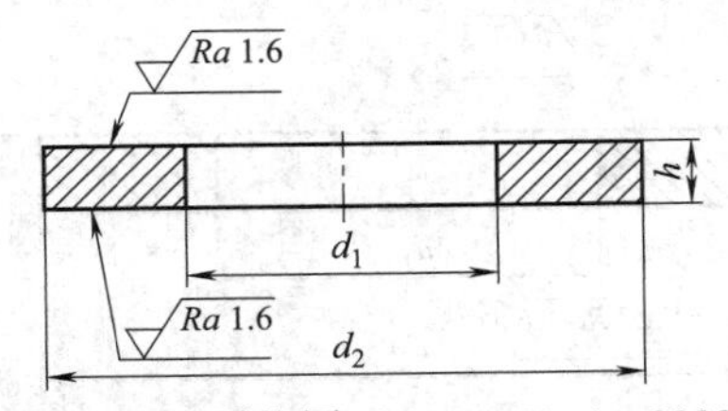

图 1-1-69 平垫圈（GB/T 97.4—2002）

表 1-1-132　S型垫圈（小系列）**尺寸**（GB/T 97.4—2002）　mm

公称规格（螺纹大径 d）	内径 d_1		外径 d_2		厚度 h		
	公称(min)	max	公称(max)	min	公称	max	min
2	1.75	1.85	4.5	4.2	0.6	0.65	0.55
2.5	2.25	2.35	5	4.7	0.6	0.65	0.55
3	2.75	2.85	6	5.7	0.6	0.65	0.55
3.5	3.2	3.32	7	6.64	0.8	0.85	0.75
4	3.6	3.72	8	7.64	0.8	0.85	0.75
5	4.55	4.67	9	8.64	1	1.06	0.94
6	5.5	5.62	11	10.57	1.6	1.68	1.52
8	7.4	7.55	15	14.57	1.6	1.68	1.52
10	9.3	9.52	18	17.57	2	2.09	1.91
12	11	11.27	20	19.48	2	2.09	1.91

表 1-1-133　　　　**N 型垫圈（标准系列）尺寸**（GB/T 97.4—2002）　　　　mm

公称规格（螺纹大径 d）	内径 d_1		外径 d_2		厚度 h		
	公称(min)	max	公称(max)	min	公称	max	min
2	1.75	1.85	5	4.7	0.6	0.65	0.55
2.5	2.25	2.35	6	5.7	0.6	0.65	0.55
3	2.75	2.85	7	6.64	0.6	0.65	0.55
3.5	3.2	3.32	8	7.64	0.8	0.85	0.75
4	3.6	3.72	9	8.64	0.8	0.85	0.75
5	4.55	4.67	10	9.64	1	1.06	0.94
6	5.5	5.62	12	11.57	1.6	1.68	1.52
8	7.4	7.55	16	15.57	1.6	1.68	1.52
10	9.3	9.52	20	19.48	2	2.09	1.91
12	11	11.27	24	23.48	2.5	2.6	2.4

表 1-1-134　　　　**L 型垫圈（大系列）尺寸**（GB/T 97.4—2002）　　　　mm

公称规格（螺纹大径 d）	内径 d_1		外径 d_2		厚度 h		
	公称(min)	max	公称(max)	min	公称	max	min
2	1.75	1.85	6	5.7	0.6	0.65	0.35
2.5	2.25	2.35	8	7.64	0.6	0.65	0.55
3	2.75	2.85	9	8.64	0.8	0.85	0.75
3.5	3.2	3.32	11	10.57	0.8	0.85	0.75
4	3.6	3.72	12	11.57	1	1.06	0.94
5	4.55	4.67	15	14.57	1	1.06	0.94
6	5.5	5.62	18	17.57	1.6	1.68	1.52
8	7.4	7.55	24	23.48	2	2.09	1.91
10	9.3	9.52	30	29.48	2.5	2.6	2.4
12	11	11.27	37	36.38	3	3.11	2.89

（3）平垫圈（用于自攻螺钉和垫圈组合件）（GB/T 97.5—2002）

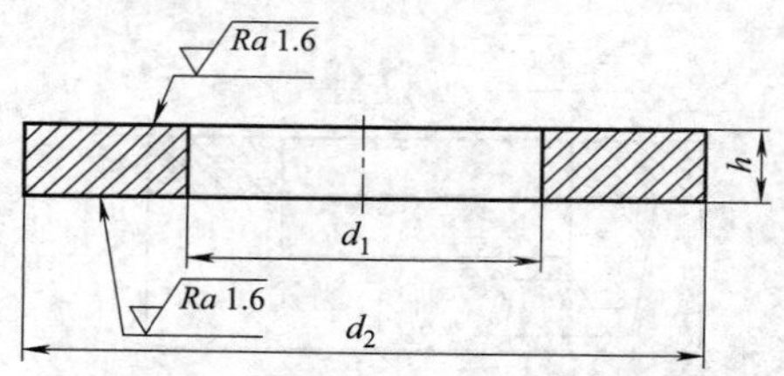

图 1-1-70　平垫圈（GB/T 97.5—2002）

表 1-1-135　　　　**N 型垫圈（标准系列）尺寸**（GB/T 97.5—2002）　　　　mm

公称规格（螺纹大径 d）	内径 d_1		外径 d_2		厚度 h		
	公称(min)	max	公称(max)	min	公称	max	min
2.2	1.9	2	5	4.82	1	1.06	0.94
2.9	2.5	2.6	7	6.64	1	1.06	0.94
3.5	3	3.1	8	7.64	1	1.06	0.94
4.2	3.55	3.67	9	8.64	1	1.06	0.94
4.8	4	4.12	10	9.64	1	1.06	0.94
5.5	4.7	4.82	12	11.57	1.6	1.68	1.52
6.3	5.4	5.52	14	13.57	1.6	1.68	1.52
8	7.15	7.3	16	15.57	1.6	1.68	1.52
9.5	8.8	8.95	20	19.48	2	2.09	1.91

表 1-1-136　　L 型垫圈（大系列）尺寸（GB/T 97.5—2002）　　mm

公称规格（螺纹大径 d）	内径 d_1		外径 d_2		厚度 h		
	公称(min)	max	公称(max)	min	公称	max	min
2.2	1.9	2	7	6.64	1	1.06	0.94
2.9	2.5	2.6	9	8.64	1	1.06	0.94
3.5	3	3.1	11	10.57	1	1.06	0.94
4.2	3.55	3.67	12	11.57	1	1.06	0.94
4.8	4	4.12	15	14.57	1.6	1.68	1.52
5.5	4.7	4.82	15	14.57	1.6	1.68	1.52
6.3	5.4	5.52	18	17.57	1.6	1.68	1.52
8	7.15	7.3	24	23.48	2	2.09	1.91
9.5	8.8	8.95	30	29.48	2.5	2.59	2.41

1.5.2 球面垫圈（GB/T 849—1988）

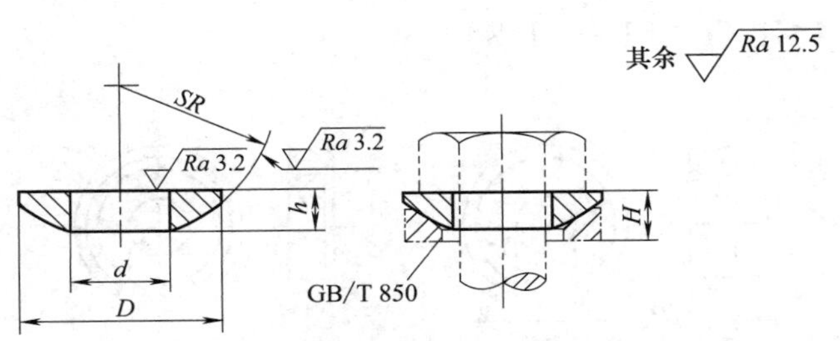

图 1-1-71　球面垫圈（GB/T 849—1988）

表 1-1-137　　球面垫圈尺寸（GB/T 849—1988）　　mm

规格（螺纹大径）	d		D		h		R	$H\approx$
	max	min	max	min	max	min		
6	6.60	6.40	12.50	12.07	3.00	2.75	10	4
8	8.60	8.40	17.00	16.57	4.00	3.70	12	5
10	10.74	10.50	21.00	20.48	4.00	3.70	16	6
12	13.24	13.00	24.00	23.48	5.00	4.70	20	7
16	17.24	17.00	30.00	29.48	6.00	5.70	25	8
20	21.28	21.00	37.00	36.38	6.60	6.24	32	10
24	25.28	25.00	44.00	43.38	9.60	9.24	36	13
30	31.34	31.00	56.00	55.26	9.80	9.44	40	16
36	37.34	37.00	66.00	65.26	12.00	11.57	50	19
42	43.34	43.00	78.00	77.26	16.00	15.57	63	24
48	50.34	50.00	92.00	91.13	20.00	19.48	70	30

1.5.3 锥面垫圈（GB/T 850—1988）

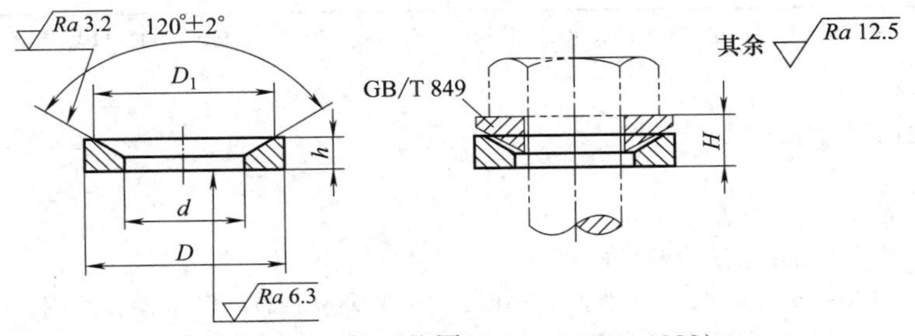

图 1-1-72　锥面垫圈（GB/T 850—1988）

表 1-1-138 锥面垫圈尺寸（GB/T 850—1988） mm

规格（螺纹大径）	d		D		h		D_1	$H\approx$
	max	min	max	min	max	min		
6	8.36	8	12.5	12.07	2.6	2.35	12	4
8	10.36	10	17	16.57	3.2	2.9	16	5
10	12.93	12.5	21	20.48	4	3.70	18	6
12	16.43	16	24	23.48	4.7	4.40	23.5	7
16	20.52	20	30	29.48	5.1	4.80	29	8
20	25.52	25	37	36.38	6.6	6.24	34	10
24	30.52	30	44	43.38	6.8	6.44	38.5	13
30	36.62	36	56	55.26	8.9	9.54	45.2	16
36	43.62	43	66	65.26	14.3	13.87	64	19
42	50.62	50	78	77.26	14.4	13.97	69	24
48	60.74	60	92	91.13	17.4	16.97	78.6	30

1.5.4 开口垫圈（GB/T 851—1988）

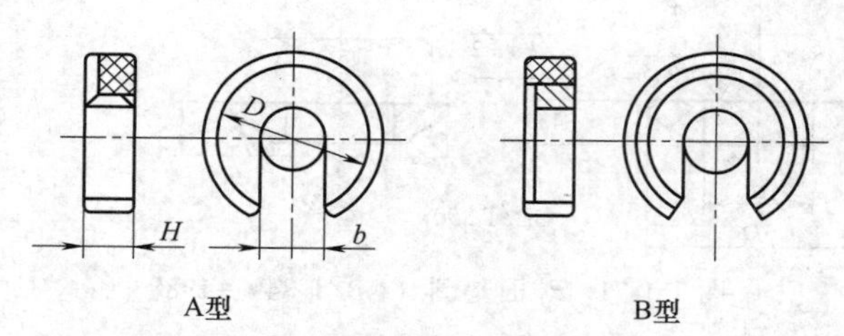

图 1-1-73 开口垫圈（GB/T 851—1988）

表 1-1-139 开口垫圈尺寸（GB/T 851—1988） mm

公称直径（螺纹直径）	开口宽度 b	厚度 H	外径 D	公称直径（螺纹直径）	开口宽度 b	厚度 H	外径 D
5	6	4	16~30	20	22	14	110~120
6	8	5	20~25	24	26	12	60~90
		6	30~35			14	100~110
8	10	6	25~30			16	120~130
		7	35~50	30	32	14	70~100
10	12	7	30~35			16	110~120
		8	40~60			18	130~140
12	16	8	35~50	36	40	16	90~100
		10	60~80			—	—
16	18	10	40~70			16	120
		12	80~100			—	—
20	22	10	50~70			18	140
		12	80~100			20	160

注：垫圈外径系列尺寸（mm）为 16，20，25，30，35，40，50，60，70，80，90，100，110，120，130，140，160。

1.5.5 弹簧垫圈

【其他名称】 弹簧介子。

【用途】 装置在螺母下面用来防止螺母松动。

【规格】 见表 1-1-140~表 1-1-142（标准弹簧垫圈，GB/T 93—1987；轻型弹簧垫圈，GB/T 859—1987；重型弹簧垫圈，GB/T 7244—1987；鞍形弹簧垫圈，GB/T 7245—1987；波形弹簧垫圈，GB/T 7246—1987）。

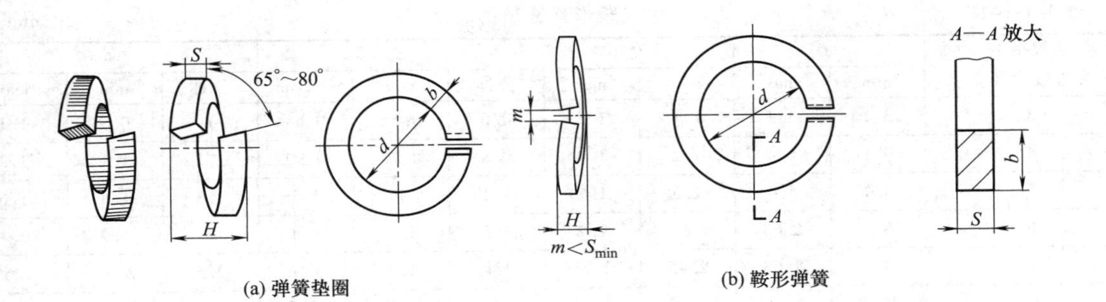

(a) 弹簧垫圈　　(b) 鞍形弹簧

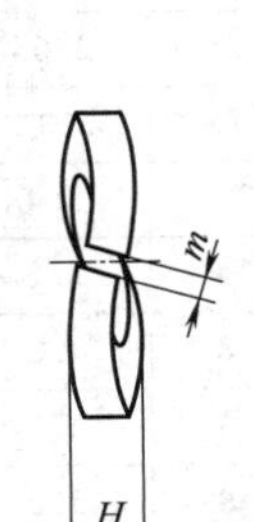

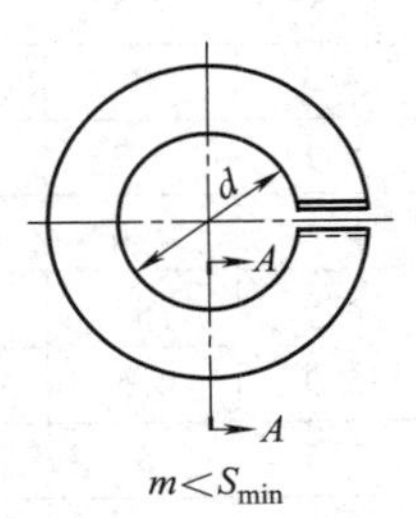

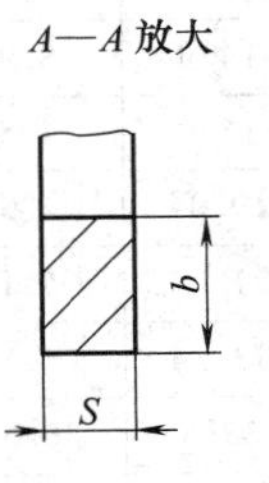

(c) 波形弹簧

图 1-1-74　弹簧垫圈

表 1-1-140　　弹簧垫圈　　mm

规格（螺纹大径）	垫圈主要尺寸										
	内径 d		厚度 S（公称）			宽度 b 公称			自由高度 H		
	min	max	标准	轻型	重型	标准	轻型	重型	标准	轻型	重型
2	2.1	2.35	0.5	—	—	0.5	—	—	1	—	—
2.5	2.6	2.85	0.65	—	—	0.65	—	—	1.3	—	—
3	3.1	3.4	0.8	0.6	—	0.8	1	—	1.6	1.2	—
4	4.1	4.4	1.1	0.8	—	1.1	1.2	—	2.2	1.6	—
5	5.1	5.4	1.3	1.1	—	1.3	1.5	—	2.6	2.2	3.6
6	6.1	6.68	1.6	1.3	1.8	1.6	2	2.6	3.2	2.6	3.6
8	8.1	8.68	2.1	1.6	2.4	2.1	2.5	3.2	4.2	3.2	4.8
10	10.2	10.9	2.6	2	3	2.6	3	3.8	5.2	4	6
12	12.2	12.9	3.1	2.5	3.5	3.1	3.5	4.3	6.2	5	7
(14)	14.2	14.9	3.6	3	4.1	3.6	4	4.8	7.2	6	8.2
16	16.2	16.9	4.1	3.2	4.8	4.1	4.5	5.3	8.2	6.4	9.6
(18)	18.2	19.04	4.5	3.6	5.3	4.5	5	5.8	9	7.2	10.6
20	20.2	21.04	5	4	6	5	5.5	6.4	10	8	12
(22)	22.5	23.34	5.5	4.5	6.6	5.5	6	7.2	11	9	13.2
24	24.5	25.5	6	5	7.1	6	7	7.5	12	10	14.2
(27)	27.5	28.5	6.8	5.5	8	6.8	8	8.5	13.6	11	16
30	30.5	31.5	7.5	6	9	7.5	9	9.3	15	12	18
(33)	33.5	34.7	8.5	—	9.9	8.5	—	10.2	17	—	19.8
36	36.5	37.7	9	—	10.8	9	—	11	18	—	21.6
(39)	39.5	40.7	10	—	—	10	—	—	20	—	—
42	42.5	43.7	10.5	—	—	10.5	—	—	21	—	—
(45)	45.5	46.7	11	—	—	11	—	—	22	—	—
48	48.5	49.7	12	—	—	12	—	—	24	—	—

表 1-1-141　　鞍形弹簧垫圈　　mm

规格（螺纹大径）	d		H		S			b		
	min	max	min	max	公称	min	max	公称	min	max
3	3.1	3.4	1.1	1.3	0.6	0.52	0.68	1	0.9	1.1
4	4.1	4.4	1.2	1.4	0.8	0.70	0.90	1.2	1.1	1.3
5	5.1	5.4	1.5	1.7	1.1	1	1.2	1.5	1.4	1.6
6	6.1	6.68	2	2.2	1.3	1.2	1.4	2	1.9	2.1
8	8.1	8.68	2.45	2.75	1.6	1.5	1.7	2.5	2.35	2.65
10	10.2	10.9	2.85	3.15	2	1.9	2.1	3	2.85	3.15
12	12.2	12.9	3.35	3.65	2.5	2.35	2.65	3.5	3.3	3.7
(14)	14.2	14.9	3.9	4.3	3	2.85	3.15	4	3.8	4.2
16	16.2	16.9	4.5	5.1	3.2	3	3.4	4.5	4.3	4.7
(18)	18.2	19.04	4.5	5.1	3.6	3.4	3.8	5	4.8	5.2
20	20.2	21.04	5.1	5.9	4	3.8	4.2	5.5	5.3	5.7
(22)	22.5	23.34	5.1	5.9	4.5	4.3	4.7	6	5.8	6.2
24	24.5	25.5	6.5	7.5	5	4.8	5.2	7	6.7	7.3
(27)	27.5	28.5	6.5	7.5	5.5	5.3	5.7	8	7.7	8.3
30	30.5	31.5	9.5	10.5	6	5.8	6.2	9	8.7	9.3

表 1-1-142　　波形弹簧垫圈　　mm

规格（螺纹大径）	d		H		S			b		
	min	max	min	max	公称	min	max	公称	min	max
3	3.1	3.4	1.1	1.3	0.6	0.52	0.68	1	0.9	1.1
4	4.1	4.4	1.2	1.4	0.8	0.70	0.90	1.2	1.1	1.3
5	5.1	5.4	1.5	1.7	1.1	1	1.2	1.5	1.4	1.6
6	6.1	6.68	2	2.2	1.3	1.2	1.4	2	1.9	2.1
8	8.1	8.68	2.45	2.75	1.6	1.5	1.7	2.5	2.35	2.65

注：1. 尽量不采用括号内的规格。
2. 弹簧钢制品的硬度为 42~50HRC。表面处理：氧化、磷化或镀锌钝化。

1.5.6　止动垫圈

(1) 圆螺母用止动垫圈

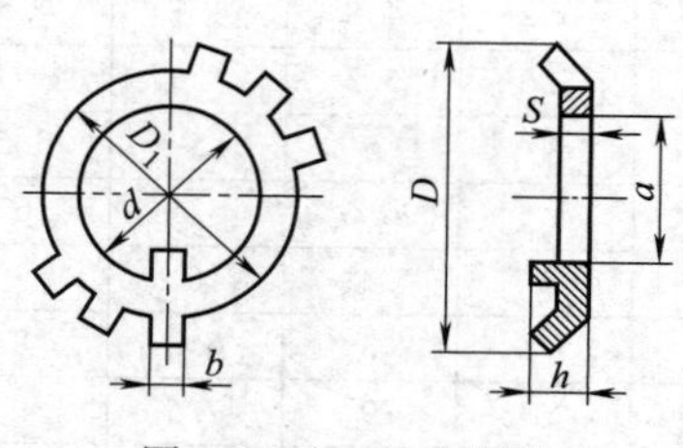

图 1-1-75　止动垫圈

【其他名称】 止退垫圈、止动垫圈、爪形垫圈。

【用途】 配合圆螺母防止螺母松动的一种专用垫圈，主要用于制有外螺纹的轴或紧定套上，作固定轴上零件或紧定套上的轴承用。

【规格】 见表 1-1-143（GB/T 858—1988）。

表 1-1-143　　圆螺母用止动垫圈　　mm

规格（螺纹大径）	内径 d	外径 D_1	齿外径（参考）D	齿宽 b	厚度 S	高度 h	齿距 a
10	10.5	16	25	3.8	1	3	8
12	12.5	19	28				9
14	14.5	20	32				11
16	16.5	22	34	4.8			13
18	18.5	24	35			4	15
20	20.5	27	38				17
22	22.5	30	42				19
24	24.5	34	45				21
25*	25.5	34	45				22
27	27.5	37	48			5	24
30	30.5	40	52				27
33	33.5	43	56	5.7	1.5		30
35*	35.5	43	56				32
36	36.5	46	60				33
39	39.5	49	62				36
40*	40.5	49	62				37
42	42.5	53	66				39
45	45.5	59	72				42
48	48.5	61	76	7.7			45
50*	50.5	61	76				47
52	52.5	67	82			6	49
55*	56	67	82				52
56	57	74	90				53
60	61	79	94				57
64	65	84	100				61
65*	66	84	100				62
68	69	88	105	9.6			65
72	73	93	110			7	69
75*	76	93	110				71
76	77	98	115				72
80	81	103	120				76
85	86	108	125				81
90	91	112	130	11.6	2		86
95	96	117	135				91
100	101	122	140				96
105	106	127	145				101
110	111	135	156	13.5	2	7	106
115	116	140	160				111
120	121	145	166				116
125	126	150	170				121
130	131	155	176				126
140	141	165	186				136
150	151	180	206	15.5	2.5	8	146
160	161	190	216				156
170	171	200	226				166
180	181	210	236				176
190	191	220	246				186
200	201	230	256				196

注：1. 带＊的符号的规格，仅用于滚动轴承锁紧装置。

2. 材料为低碳钢，制品应进行退火处理。

3. 表面处理：氧化。

(2) 单耳和双耳止动垫圈

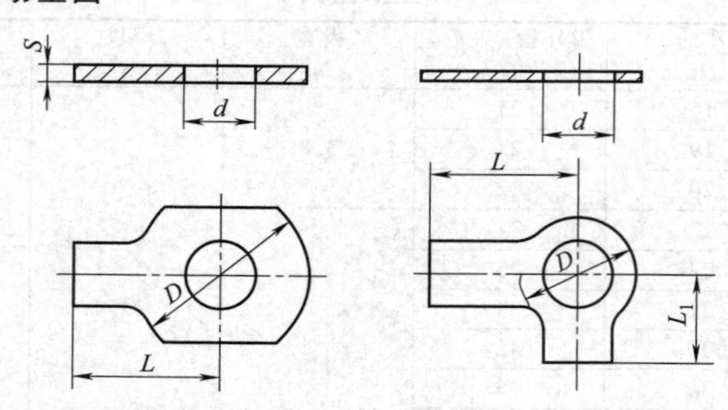

(a) 单耳止动垫圈(GB/T 854—1988)　(b) 双耳止动垫圈(GB/T 855—1988)

图 1-1-76　单耳和双耳止动垫圈

【用途】 防止螺母松动。

【规格】 见表 1-1-144。

表 1-1-144　　单耳和双耳止动垫圈　　mm

规格（螺纹大径）		2.5	3	4	5	6	8	10	12	(14)	16
内径 d min		2.7	3.2	4.2	5.3	6.4	8.4	10.5	13	15	17
厚度 S			0.4				0.5			1	
长度（公称）	L	10	12	14	16	18	20	22	28	28	32
	L_1	4	5	7	8	9	11	13	16	16	20
外径 D max	单	8	10	14	17	19	22	26	32	32	40
	双	5	5	8	9	11	14	17	22	22	27
规格（螺纹大径）		(18)	20	(22)	24	(27)	30	36	42	48	
内径 d min		19	21	23	25	28	31	37	43	50	
厚度 S			1				1.5				
长度（公称）	L	36	36	42	42	48	52	62	70	80	
	L_1	22	22	25	25	30	32	38	44	50	
外径 D max	单	45	45	50	50	58	63	75	88	100	
	双	32	32	30	36	41	46	55	65	75	

注：尽量不采用括号内的规格。

(3) 外舌止动垫圈

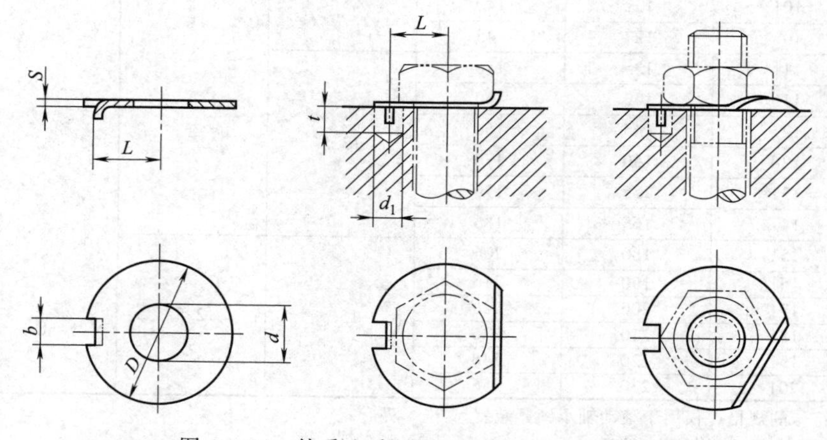

图 1-1-77　外舌止动垫圈（GB/T 856—1988）

【规格】 见表 1-1-145（GB/T 856—1988）。

表 1-1-145　　外舌止动垫圈（GB/T 856—1988）　　mm

<table>
<tr><th rowspan="2">规格
（螺纹大径）</th><th colspan="2">d</th><th colspan="2">D</th><th colspan="2">b</th><th colspan="3">L</th><th rowspan="2">S</th><th rowspan="2">d₁</th><th rowspan="2">t</th></tr>
<tr><th>max</th><th>min</th><th>max</th><th>min</th><th>max</th><th>min</th><th>公称</th><th>min</th><th>max</th></tr>
<tr><td>2.5</td><td>2.95</td><td>2.7</td><td>10</td><td>9.64</td><td>2</td><td>1.75</td><td>3.5</td><td>3.2</td><td>3.8</td><td rowspan="3">0.4</td><td>2.5</td><td rowspan="3">3</td></tr>
<tr><td>3</td><td>3.5</td><td>3.2</td><td>12</td><td>11.57</td><td>2.5</td><td>2.25</td><td>4.5</td><td>4.2</td><td>4.8</td><td rowspan="2">3</td></tr>
<tr><td>4</td><td>4.5</td><td>4.2</td><td>14</td><td>13.57</td><td>2.5</td><td>2.25</td><td>5.5</td><td>5.2</td><td>5.8</td></tr>
<tr><td>5</td><td>5.6</td><td>5.3</td><td>17</td><td>16.57</td><td>3.5</td><td>3.2</td><td>7</td><td>6.64</td><td>7.36</td><td rowspan="4">0.5</td><td rowspan="3">4</td><td rowspan="3">4</td></tr>
<tr><td>6</td><td>6.76</td><td>6.4</td><td>19</td><td>18.48</td><td>3.5</td><td>3.2</td><td>7.5</td><td>7.14</td><td>7.86</td></tr>
<tr><td>8</td><td>8.76</td><td>8.4</td><td>22</td><td>21.48</td><td>3.5</td><td>3.2</td><td>8.5</td><td>8.14</td><td>8.86</td></tr>
<tr><td>10</td><td>10.93</td><td>10.5</td><td>26</td><td>25.48</td><td>4.5</td><td>4.2</td><td>10</td><td>9.64</td><td>10.36</td><td rowspan="3">5</td><td>5</td></tr>
<tr><td>12</td><td>13.43</td><td>13</td><td>32</td><td>31.38</td><td>4.5</td><td>4.2</td><td>12</td><td>11.57</td><td>12.43</td><td rowspan="7">1</td><td rowspan="3">6</td></tr>
<tr><td>(14)</td><td>15.43</td><td>15</td><td>32</td><td>31.38</td><td>4.5</td><td>4.2</td><td>12</td><td>11.57</td><td>12.43</td></tr>
<tr><td>16</td><td>17.43</td><td>17</td><td>40</td><td>39.38</td><td>5.5</td><td>5.2</td><td>15</td><td>14.57</td><td>15.43</td><td>6</td></tr>
<tr><td>(18)</td><td>19.52</td><td>19</td><td>45</td><td>44.38</td><td>6</td><td>5.7</td><td>18</td><td>17.57</td><td>18.43</td><td rowspan="2">7</td><td rowspan="4">7</td></tr>
<tr><td>20</td><td>21.52</td><td>21</td><td>45</td><td>44.38</td><td>8</td><td>5.7</td><td>18</td><td>17.57</td><td>18.43</td></tr>
<tr><td>(22)</td><td>23.52</td><td>23</td><td>50</td><td>49.38</td><td>7</td><td>6.64</td><td>20</td><td>19.48</td><td>20.52</td><td rowspan="2">8</td></tr>
<tr><td>24</td><td>25.52</td><td>25</td><td>50</td><td>49.38</td><td>7</td><td>6.64</td><td>20</td><td>19.48</td><td>20.52</td></tr>
<tr><td>(27)</td><td>28.52</td><td>28</td><td>58</td><td>57.26</td><td>8</td><td>7.64</td><td>23</td><td>22.48</td><td>23.52</td><td rowspan="5">1.5</td><td rowspan="2">9</td><td rowspan="3">10</td></tr>
<tr><td>30</td><td>31.62</td><td>31</td><td>63</td><td>62.26</td><td>8</td><td>7.64</td><td>25</td><td>24.48</td><td>25.52</td></tr>
<tr><td>36</td><td>37.62</td><td>37</td><td>75</td><td>74.26</td><td>11</td><td>10.57</td><td>31</td><td>30.38</td><td>31.62</td><td rowspan="2">12</td></tr>
<tr><td>42</td><td>43.52</td><td>43</td><td>88</td><td>87.13</td><td>11</td><td>10.57</td><td>36</td><td>35.38</td><td>38.52</td><td>12</td></tr>
<tr><td>48</td><td>50.62</td><td>50</td><td>100</td><td>99.13</td><td>13</td><td>12.57</td><td>40</td><td>39.38</td><td>40.62</td><td>14</td><td>13</td></tr>
</table>

注：尽量不采用括号内的规格。

1.6 挡　　圈

1.6.1 锁紧挡圈

【用途】 防止轴上零件的轴向窜动或滑移，使之固定不动。

【规格】 见表 1-1-146。

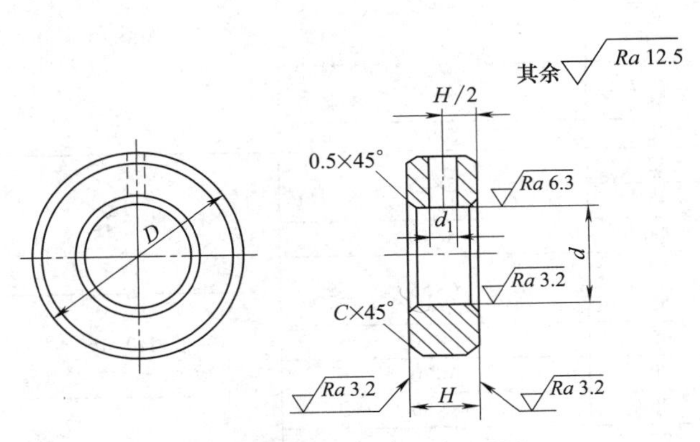

(a) 锥销锁紧挡圈(GB/T 883—1986)

图 1-1-78

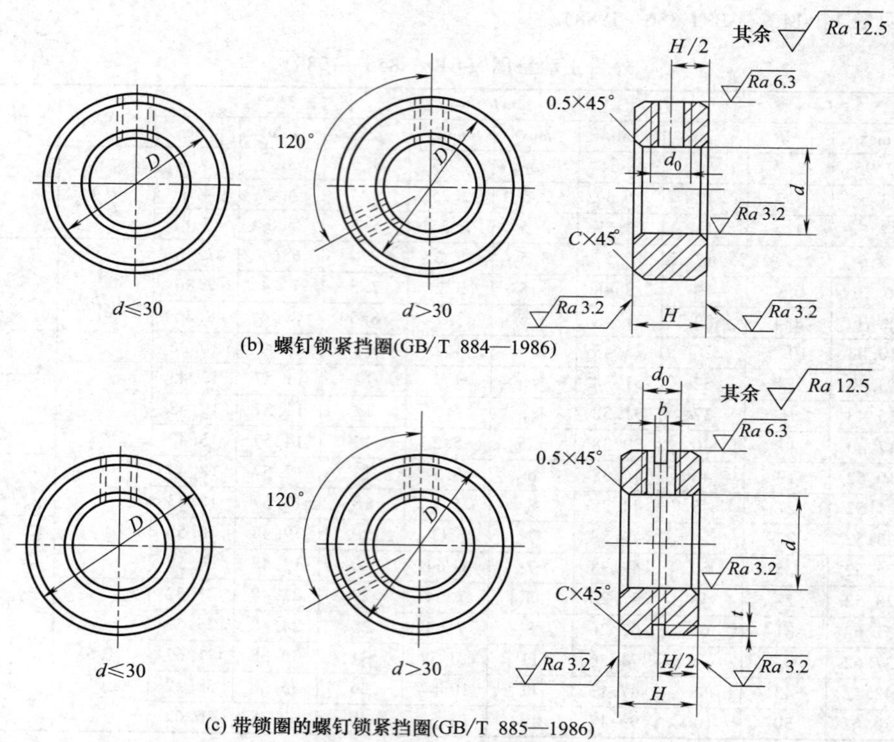

(b) 螺钉锁紧挡圈(GB/T 884—1986)

(c) 带锁圈的螺钉锁紧挡圈(GB/T 885—1986)

图 1-1-78　锁紧挡圈

表 1-1-146

锁紧挡圈

mm

基本尺寸			互配件规格		
公称直径 d	厚度 H	外径 D	圆锥销 GB/T 117—2000(推荐)	螺钉 GB/T 71—1985(推荐)	锁圈 GB/T 921—1986
8	10	20	3×22	M5×8	15
(9)		22			17
10		22			17
12		25	3×25		20
(13)		25			20
14	12	28	4×28	M6×10	23
15		30	4×32		25
16		30			25
17		32			27
18		32			27
(19)		35	4×35		30
20		35			30
22		38	5×40		32
25	14	42	5×45	M8×12	35
28		45			38
30		48	6×50		41
32		52	6×55		44
35	16	56		M10×16	47
40		62	6×60		54
45	18	70	6×70		62
50		80	8×80	M10×20	71
55		85	8×90		76
60	20	90			81
65		95	10×100		86
70		100			91

续表

基本尺寸			互配件规格		
公称直径 d	厚度 H	外径 D	圆锥销 GB/T 117—2000（推荐）	螺钉 GB/T 71—1985（推荐）	锁圈 GB/T 921—1986
75	22	110	10×120	M12×25	100
80		115			105
85		120			110
90		125			115
95	25	130	10×130		120
100		135	10×140		124
105		140			129
110	30	150	12×150		136
115	30	155	12×150	M12×25	142
120		160	12×160		147
（125）		165			152
130		170	12×180		156
140		180			166
150		200		M12×30	186
160		210			196
170		220			206
180		230			216
190		240			226
200		250			236

注：1. 尽量不采用括号内的规格。除上表中带括号的公称直径 d 以外，对锥销锁紧挡圈（公称直径 d 为 15mm、17mm）、螺钉锁紧挡圈（公称直径 d 为 15mm、135mm、145mm）、带锁圈的螺钉锁紧挡圈（公称直径为 135mm、145mm）也尽量不采用。

2. 锥销锁紧挡圈的互配件为圆锥销；螺钉锁紧挡圈的互配件为螺钉；带锁圈的螺钉锁紧挡圈的互配件为螺钉与锁圈。

1.6.2 孔用弹性挡圈（GB/T 893—2017）

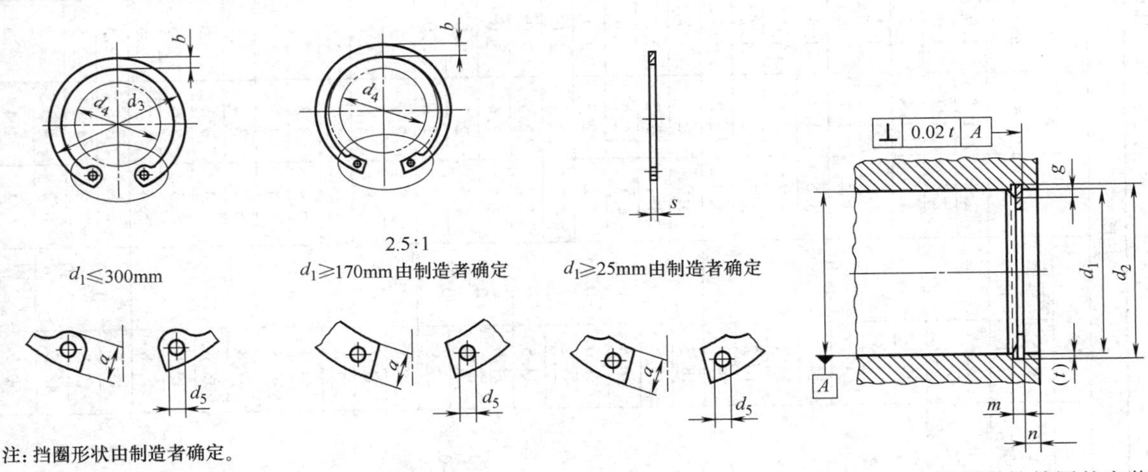

图 1-1-79 孔用弹性挡圈的尺寸（GB/T 893—2017）

图 1-1-80 孔用弹性挡圈的安装示例（GB/T 893—2017）

【用途】 用于固定装在孔内的零件（如滚动轴承外圈）的位置，防止零件退出孔外。装拆挡圈时应采用专用的工具——孔用挡圈钳进行。A 型挡圈适用于板材冲切制造；B 型挡圈适用于线材料制造。

【规格】 见表 1-1-147、表 1-1-148（GB/T 893—2017）。

表 1-1-147

孔用弹性挡圈-A 型（GB/T 893—2017）

mm

公称规格 d_1	挡圈 s 基本尺寸	挡圈 s 极限偏差	挡圈 d_3 基本尺寸	挡圈 d_3 极限偏差	挡圈 a max	挡圈 b[①] ≈	挡圈 d_5 min	千件质量/kg ≈	沟槽 d_2[②] 基本尺寸	沟槽 d_2[②] 极限偏差	沟槽 m[③] H13	沟槽 t	沟槽 n min	其他 d_4	其他 F_N /kN	其他 F_R[④] /kN	其他 g	其他 F_{R_g}[④] /kN	安装工具规格[⑤]
8	0.80	0 −0.05	8.7	+0.36 −0.10	2.4	1.1	1.0	0.14	8.4	+0.09 0	0.9	0.20	0.6	3.0	0.86	2.00	0.5	1.50	1.0
9	0.80		9.8		2.5	1.3	1.0	0.15	9.4		0.9	0.20	0.6	3.7	0.96	2.00	0.5	1.50	
10	1.00	0 −0.06	10.8		3.2	1.4	1.2	0.18	10.4	+0.11 0	1.1	0.20	0.6	3.3	1.08	4.00	0.5	2.20	1.5
11	1.00		11.8		3.3	1.5	1.2	0.31	11.4		1.1	0.20	0.6	4.1	1.17	4.00	0.5	2.30	
12	1.00		13		3.4	1.7	1.5	0.37	12.5		1.1	0.25	0.8	4.9	1.60	4.00	0.5	2.30	
13	1.00		14.1		3.6	1.8	1.5	0.42	13.6		1.1	0.30	0.9	5.4	2.10	4.20	0.5	2.30	
14	1.00		15.1		3.7	1.9	1.7	0.52	14.6		1.1	0.30	0.9	6.2	2.25	4.50	0.5	2.30	
15	1.00		16.2		3.7	2.0	1.7	0.56	15.7		1.1	0.35	1.1	7.2	2.80	5.00	0.5	2.30	2.0
16	1.00		17.3		3.8	2.0	1.7	0.60	16.8		1.1	0.40	1.2	8.0	3.40	5.50	1.0	2.60	
17	1.00		18.3	+0.42 −0.13	3.9	2.1	1.7	0.65	17.8		1.1	0.40	1.2	8.8	3.60	6.00	1.0	2.50	
18	1.00		19.5		4.1	2.2	2.0	0.74	19	+0.13 0	1.1	0.50	1.5	9.4	4.80	6.50	1.0	2.60	
19	1.00		20.5		4.1	2.2	2.0	0.83	20		1.1	0.50	1.5	10.4	5.10	6.80	1.0	2.50	
20	1.00		21.5		4.2	2.3	2.0	0.90	21		1.1	0.50	1.5	11.2	5.40	7.20	1.0	2.50	
21	1.00		22.5		4.2	2.4	2.0	1.00	22		1.1	0.50	1.5	12.2	5.70	7.60	1.0	2.60	
22	1.00		23.5		4.2	2.5	2.0	1.10	23		1.1	0.50	1.5	13.2	5.90	8.00	1.0	2.70	
24	1.20		25.9	+0.42 −0.21	4.4	2.6	2.0	1.42	25.2	+0.21 0	1.3	0.60	1.8	14.8	7.70	13.90	1.0	4.60	
25	1.20		26.9		4.5	2.7	2.0	1.50	26.2		1.3	0.60	1.8	15.5	8.00	14.60	1.0	4.70	
26	1.20		27.9		4.7	2.8	2.0	1.60	27.2		1.3	0.60	1.8	16.1	8.40	13.85	1.0	4.60	
28	1.20		30.1	+0.50 −0.25	4.8	2.9	2.0	1.80	29.4		1.3	0.70	2.1	17.9	10.50	13.30	1.0	4.50	
30	1.20		32.1		4.8	3.0	2.0	2.06	31.4	+0.25 0	1.3	0.70	2.1	19.9	11.30	13.70	1.0	4.60	
31	1.20		33.4		5.2	3.2	2.5	2.10	32.7		1.3	0.85	2.6	20.0	14.10	13.80	1.0	4.70	2.5
32	1.20		34.4		5.4	3.2	2.5	2.21	33.7		1.3	0.85	2.6	20.6	14.60	13.80	1.0	4.70	
34	1.50		36.5		5.4	3.3	2.5	3.20	35.7		1.60	0.85	2.6	22.6	15.40	26.20	1.5	6.30	
35	1.50		37.8		5.4	3.4	2.5	3.54	37.0		1.60	1.00	3.0	23.6	18.80	26.90	1.5	6.40	
36	1.50		38.8		5.4	3.5	2.5	3.70	38.0		1.60	1.00	3.0	24.6	19.40	26.40	1.5	6.40	
37	1.50		39.8		5.5	3.6	2.5	3.74	39		1.60	1.00	3.0	25.4	19.80	27.10	1.5	6.50	
38	1.50		40.8		5.5	3.7	2.5	3.90	40		1.60	1.00	3.0	26.4	22.50	28.20	1.5	6.70	
40	1.75		43.5	+0.90 −0.39	5.8	3.9	2.5	4.70	42.5		1.85	1.25	3.8	27.8	27.00	44.60	2.0	8.30	
42	1.75		45.5		5.9	4.1	2.5	5.40	44.5		1.85	1.25	3.8	29.6	28.40	44.70	2.0	8.40	3.0
45	1.75		48.5		6.2	4.3	2.5	6.00	47.5		1.85	1.25	3.8	32.0	30.20	43.10	2.0	8.20	
47	1.75		50.5	+1.10 −0.46	6.4	4.4	2.5	6.10	49.5		1.85	1.25	3.8	33.5	31.40	43.50	2.0	8.30	

续表

公称规格 d_1	挡圈								沟槽					其他					
	s		d_3		a	b[①]	d_5	千件质量/kg	d_2[②]		m[③]	t	n	d_4	F_N	F_R[④]	g	F_{R_g}[④]	安装工具规格[⑤]
	基本尺寸	极限偏差	基本尺寸	极限偏差	max	≈	min	≈	基本尺寸	极限偏差	H13		min		/kN	/kN		/kN	
48	1.75	0 -0.06	51.5	+1.10 -0.46	6.4	4.5	2.5	6.70	50.5	+0.30 0	1.85	1.25	3.8	34.5	32.00	43.20	2.0	8.40	3.0
50	2.00	0 -0.07	54.2		6.5	4.6	2.5	7.30	53.0		2.15	1.50	4.5	36.3	40.50	60.80	2.0	12.10	
52	2.00		56.2		6.7	4.7	2.5	8.20	55.0		2.15	1.50	4.5	37.9	42.00	60.25	2.0	12.00	
55	2.00		59.2		6.8	5.0	2.5	8.30	58.0		2.15	1.50	4.5	40.7	44.40	60.30	2.0	12.50	
56	2.00		60.2		6.8	5.1	2.5	8.70	59.0		2.15	1.50	4.5	41.7	45.20	60.30	2.0	12.60	
58	2.00		62.2		6.9	5.2	2.5	10.50	61.0		2.15	1.50	4.5	43.5	46.70	60.80	2.0	12.70	
60	2.00		64.2		7.3	5.4	2.5	11.10	63.0		2.15	1.50	4.5	44.7	48.30	61.00	2.0	13.00	
62	2.00		66.2		7.3	5.5	2.5	11.20	65.0		2.15	1.50	4.5	46.7	49.80	60.90	2.0	13.00	
63	2.00		67.2		7.3	5.6	2.5	12.40	66.0		2.15	1.50	4.5	47.7	50.60	60.80	2.0	13.00	
65	2.50		69.2		7.6	5.8	3.0	14.30	68.0		2.65	1.50	4.5	49.0	51.80	121.00	2.5	20.80	
68	2.50		72.5		7.8	6.1	3.0	16.00	71.0		2.65	1.50	4.5	51.6	51.50	121.50	2.5	21.20	
70	2.50		74.5		7.8	6.2	3.0	16.50	73.0		2.65	1.50	4.5	53.6	56.20	119.00	2.5	21.00	
72	2.50		76.5		7.8	6.4	3.0	18.10	75.0		2.65	1.50	4.5	55.6	58.00	119.20	2.5	21.00	
75	2.50		79.5		7.8	6.6	3.0	18.80	78.0		2.65	1.50	4.5	58.6	60.00	118.00	2.5	21.00	
78	2.50		82.5	+1.30 -0.54	8.5	6.6	3.0	20.4	81.0	+0.35 0	2.65	1.50	4.5	60.1	62.30	122.50	2.5	21.80	
80	2.50		85.5		8.5	6.8	3.0	22.0	83.5		2.65	1.75	5.3	62.1	74.60	120.90	2.5	21.80	
82	2.50		87.5		8.5	7.0	3.0	24.0	85.5		2.65	1.75	5.3	64.1	76.60	119.00	2.5	21.40	
85	3.00	0 -0.08	90.5		8.6	7.0	3.5	25.3	88.5		3.15	1.75	5.3	66.9	79.50	201.40	3.0	31.20	
88	3.00		93.5		8.6	7.2	3.5	28.0	91.5		3.15	1.75	5.3	69.9	82.10	209.40	3.0	32.70	
90	3.00		95.5		8.6	7.6	3.5	31.0	93.5		3.15	1.75	5.3	71.9	84.00	199.00	3.0	31.40	
92	3.00		97.5		8.7	7.8	3.5	32.0	95.5		3.15	1.75	5.3	73.7	85.80	201.00	3.0	32.00	
95	3.00		100.5		8.8	8.1	3.5	35.0	98.5		3.15	1.75	5.3	76.5	88.60	195.00	3.0	31.40	
98	3.00		103.5		9.0	8.3	3.5	37.0	101.5		3.15	1.75	5.3	79.0	91.30	191.00	3.0	31.00	
100	3.00		105.5		9.2	8.4	3.5	38.0	103.5		3.15	1.75	5.3	80.6	93.10	188.00	3.0	30.80	
102	4.00	0 -0.10	108		9.5	8.5	3.5	55.0	106.0	+0.54 0	4.15	2.00	6.0	82.0	108.80	439.00	3.0	72.60	4.0
105	4.00		112		9.5	8.7	3.5	56.0	109.0		4.15	2.00	6.0	85.0	112.00	436.00	3.0	73.00	
108	4.00		115		9.5	8.9	3.5	60.0	112.0		4.15	2.00	6.0	88.0	115.00	419.00	3.0	71.00	
110	4.00		117		10.4	9.0	3.5	64.5	114.0		4.15	2.00	6.0	88.2	117.00	415.00	3.0	71.00	
112	4.00		119		10.5	9.1	3.5	72.0	116.0		4.15	2.00	6.0	90.0	119.00	418.00	3.0	72.00	
115	4.00		122	+1.50 -0.63	10.5	9.3	3.5	74.5	119.0		4.15	2.00	6.0	93.0	122.00	409.00	3.0	71.20	
120	4.00		127		11.0	9.7	3.5	77.0	124.0	+0.63 0	4.15	2.00	6.0	96.9	127.00	396.00	3.0	70.00	

续表

公称规格 d_1	挡圈								沟槽					其他					
	s		d_3		a max	b① ≈	d_5 min	千件质量/kg ≈	$d_2$②		m③ H13	t	n min	d_4	F_N /kN	F_R④ /kN	g	F_{R_g}④ /kN	安装工具规格⑤
	基本尺寸	极限偏差	基本尺寸	极限偏差					基本尺寸	极限偏差									
125	4.00	0 -0.10	132	+1.50 -0.63	11.0	10.0	4.0	79.0	129.0	+0.63 0	4.15	2.00	6.0	101.9	132.00	385.00	3.0	70.00	4.0
130	4.00		137		11.0	10.2	4.0	82.0	134.0		4.15	2.00	6.0	106.9	138.00	374.00	3.0	69.00	
135	4.00		142		11.2	10.5	4.0	84.0	139.0		4.15	2.00	6.0	111.5	143.00	358.00	3.0	67.00	
140	4.00		147		11.2	10.7	4.0	87.5	144.0		4.15	2.00	6.0	116.5	148.00	350.00	3.0	66.50	
145	4.00		152		11.4	10.9	4.0	93.0	149.0		4.15	2.00	6.0	121.0	153.00	336.00	3.0	65.00	
150	4.00		158		12.0	11.2	4.0	105.0	155.0		4.15	2.50	7.5	124.8	191.00	326.00	3.0	64.00	
155	4.00		164		12.0	11.4	4.0	107.0	160.0		4.15	2.50	7.5	129.8	206.00	324.00	3.5	55.00	
160	4.00		169		13.0	11.6	4.0	110.0	165.0		4.15	2.50	7.5	132.7	212.00	321.00	3.5	54.40	
165	4.00		174.5		13.0	11.8	4.0	125.0	170.0		4.15	2.50	7.5	137.7	219.00	319.00	3.5	54.00	
170	4.00		179.5		13.5	12.2	4.0	140.0	175.0		4.15	2.50	7.5	141.6	225.00	349.00	3.5	59.00	
175	4.00		184.5	+1.70 -0.72	13.5	12.7	4.0	150.0	180.0	+0.72 0	4.15	2.50	7.5	146.6	232.00	351.00	3.5	59.00	
180	4.00		189.5		14.2	13.2	4.0	165.0	185.0		4.15	2.50	7.5	150.2	238.00	347.00	3.5	58.50	
185	4.00		194.5		14.2	13.7	4.0	170.0	190.0		4.15	2.50	7.5	155.2	245.00	349.00	3.5	57.50	
190	4.00		199.5		14.2	13.8	4.0	175.0	195.0		4.15	2.50	7.5	160.2	251.00	340.00	3.5	57.50	
195	4.00		204.5		14.2	14.0	4.0	183.0	200.0		4.15	2.50	7.5	165.2	258.00	330.00	3.5	55.50	
200	4.00		209.5		14.2	14.0	4.0	195.0	205.0		4.15	2.50	7.5	170.2	265.00	325.00	3.5	55.00	
210	5.00	0 -0.12	222.0		14.2	14.0	4.0	270.0	216.0		5.15	3.00	9.0	180.2	333.00	601.00	4.0	89.50	⑥
220	5.00		232.0		14.2	14.0	4.0	315.0	226.0		5.15	3.00	9.0	190.2	349.00	574.00	4.0	85.00	
230	5.00		242.0		14.2	14.0	4.0	330.0	236.0		5.15	3.00	9.0	200.2	365.00	549.00	4.0	81.00	
240	5.00		252.0		14.2	14.0	4.0	345.0	246.0		4.15	3.00	9.0	210.2	380.00	525.00	4.0	77.50	
250	5.00		262.0	+2.00 -0.81	16.2	16.0	5.0	360.0	256.0	+0.81 0	5.15	3.00	9.0	220.2	396.00	504.00	4.0	75.00	
260	5.00		275.0		16.2	16.0	5.0	375.0	268.0		5.15	4.00	12.0	226.0	553.00	538.00	4.0	80.00	
270	5.00		285.0		16.2	16.0	5.0	388.0	278.0		5.15	4.00	12.0	236.0	573.00	518.00	4.0	77.00	
280	5.00		295.0		16.2	16.0	5.0	400.0	288.0		5.15	4.00	12.0	246.0	593.00	499.00	4.0	74.00	
290	5.00		305.0		16.2	16.0	5.0	415.0	298.0		5.15	4.00	12.0	256.0	615.00	482.00	4.0	71.50	
300	5.00		315.0		16.2	16.0	5.0	435.0	308.0		5.15	4.00	12.0	266.0	636.00	466.00	4.0	69.00	

① 尺寸 b 不能超过 a_{max}。
② 见该标准 6.1。
③ 见该标准 6.2。
④ 适用于 C67S、C75S 制造的挡圈。
⑤ 挡圈安装工具按 JB/T 3411.48 的规定。
⑥ 挡圈安装工具可以专门设计。

表 1-1-148　　孔用弹性挡圈-B 型（GB/T 893—2017）　　mm

公称规格 d_1	挡圈								沟槽					其他					
	s		d_3		a max	b[①] ≈	d_5 min	千件质量/kg ≈	d_2[②]		m[③] H13	t	n min	d_4	F_N /kN	F_R[④] /kN	g	F_{R_g}[④] /kN	安装工具规格[⑤]
	基本尺寸	极限偏差	基本尺寸	极限偏差					基本尺寸	极限偏差									
20	1.50	0 −0.06	21.5	+0.42 −0.21	4.5	2.4	2.0	1.41	21.0	+0.13 0	1.60	0.50	1.5	10.5	5.40	16.0	1.0	5.60	2.0
22	1.50		23.5		4.7	2.8	2.0	1.85	23.0		1.60	0.50	1.5	12.1	5.90	18.0	1.0	6.10	
24	1.50		25.9		4.9	3.0	2.0	1.98	25.2		1.60	0.60	1.8	13.7	7.70	21.7	1.0	7.20	
25	1.50		26.9		5.0	3.1	2.0	2.16	26.2	+0.21 0	1.60	0.60	1.8	14.5	8.00	22.8	1.0	7.30	
26	1.50		27.9		5.1	3.1	2.0	2.25	27.2		1.60	0.60	1.8	15.3	8.40	21.6	1.0	7.20	
28	1.50		30.1	+0.50 −0.25	5.3	3.2	2.0	2.48	29.4		1.60	0.70	2.1	16.9	10.50	20.8	1.0	7.00	
30	1.50		32.1		5.5	3.3	2.0	2.84	31.4	+0.25 0	1.60	0.70	2.1	18.4	11.30	21.4	1.0	7.20	
32	1.50		34.4		5.7	3.4	2.0	2.94	33.7		1.60	0.85	2.6	20.0	14.60	21.4	1.0	7.30	2.5
34	1.75		36.5		5.9	3.7	2.5	4.20	35.7		1.85	0.85	2.6	21.6	15.40	35.6	1.5	8.60	
35	1.75		37.8		6.0	3.8	2.5	4.62	37.0		1.85	1.00	3.0	22.4	18.80	36.6	1.5	8.70	
37	1.75		39.8		6.2	3.9	2.5	4.73	39.0		1.85	1.00	3.0	24.0	19.80	36.8	1.5	8.80	
38	2.00		40.8		6.3	3.9	2.5	4.80	40.0		1.85	1.00	3.0	24.7	22.50	38.3	1.5	9.10	
40	2.00	0 −0.07	43.5	+0.90 −0.39	6.5	3.9	2.5	5.38	42.5		2.15	1.25	3.8	26.3	27.00	58.4	2.0	10.90	
42	2.00		45.5		6.7	4.1	2.5	6.18	44.5		2.15	1.25	3.8	27.9	28.40	58.5	2.0	11.00	3.0
45	2.00		48.5		7.0	4.3	2.5	6.86	47.5		2.15	1.25	3.8	30.3	30.20	56.5	2.0	10.70	
47	2.00		50.5	+1.10 −0.46	7.2	4.4	2.5	7.00	49.5		2.15	1.25	3.8	31.9	31.40	57.0	2.0	10.80	
50	2.50		54.2		7.5	4.6	2.5	9.15	53.0	+0.30 0	2.65	1.50	4.5	34.2	40.50	95.50	2.0	19.00	
52	2.50		56.2		7.7	4.7	2.5	10.20	55.0		2.65	1.50	4.5	35.8	42.00	94.60	2.0	18.80	
55	2.50		59.2		8.0	5.0	2.5	10.40	58.0		2.65	1.50	4.5	38.2	44.40	94.70	2.0	19.60	
60	3.00	0 −0.08	64.2		8.5	5.4	2.5	16.60	63.0		3.15	1.50	4.5	42.1	48.30	137.00	2.0	29.20	
62	3.00		66.2		8.5	5.5	2.5	16.80	65.0		3.15	1.50	4.5	43.9	49.80	137.00	2.0	29.20	
65	3.00		69.2		8.7	5.8	3.0	17.20	68.0		3.15	1.50	4.5	46.7	51.80	174.00	2.5	30.00	
68	3.00		72.5		8.8	6.1	3.0	19.20	71.0		3.15	1.50	4.5	49.5	54.50	174.50	2.5	30.60	
70	3.00		74.5		9.0	6.2	3.0	19.80	73.0		3.15	1.50	4.5	51.1	56.20	171.00	2.5	30.30	
72	3.00		76.5		9.2	6.4	3.0	21.70	75.0		3.15	1.50	4.5	52.7	58.00	172.00	2.5	30.30	
75	3.00		79.5		9.3	6.6	3.0	22.60	78.0		3.15	1.50	4.5	55.5	60.00	170.00	.2.5	30.30	
80	4.00	0 −0.10	85.5	+1.30 −0.54	9.5	7.0	3.0	35.20	83.5	+0.35 0	4.15	1.75	5.3	60.0	74.60	308.00	2.5	56.00	
85	4.00		90.5		9.7	7.2	3.5	38.80	88.5		4.15	1.75	5.3	64.6	79.50	358.00	3.0	55.00	
90	4.00		95.5		10.0	7.6	3.5	41.50	93.5		4.15	1.75	5.3	69.0	84.00	354.00	3.0	56.00	
95	4.00		100.5		10.3	8.1	3.5	46.70	98.5		4.15	1.75	5.3	73.4	88.60	347.00	3.0	56.00	
100	4.00		105.5		10.5	8.4	3.5	50.70	103.5		4.15	1.75	5.3	78.0	93.10	335.00	3.0	55.00	

① 尺寸 b 不能超过 a_{max}。

② 见该标准 6.1。

③ 见该标准 6.2。

④ 适用于 C67S、C75S 制造的挡圈。

⑤ 挡圈安装工具按 JB/T 3411.48 的规定。

1.6.3 轴用弹性挡圈（GB/T 894—2017）

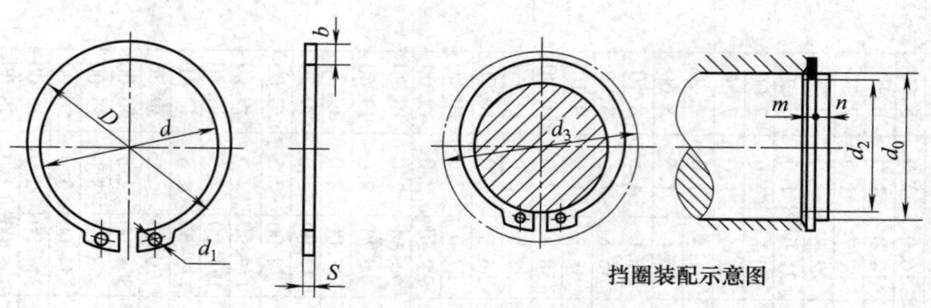

图 1-1-81 轴用弹性挡圈

【用途】 用于固定装在轴上的零件（如滚动轴承内圈）的位置，防止零件退出轴外。装拆挡圈时应采用专用的工具——轴用挡圈钳进行。A 型挡圈适用于板材冲切制造；B 型挡圈适用于线材料制造。

【规格】 轴用弹性挡圈-A 型：GB/T 894—2017。

轴用弹性挡圈-B 型：GB/T 894—2017。

1.6.4 轴肩挡圈（GB/T 886—1986）

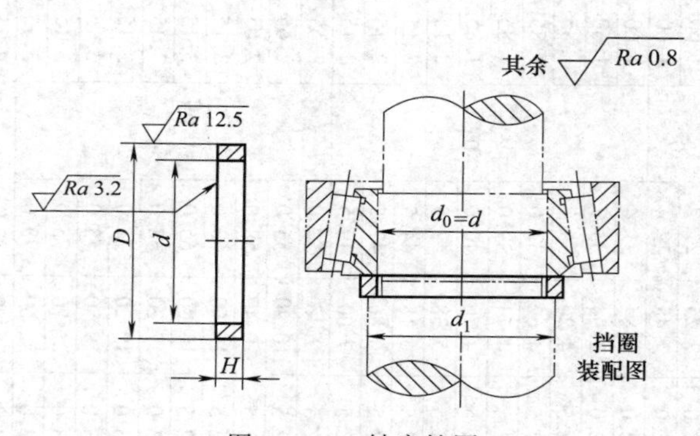

图 1-1-82 轴肩挡圈

【规格】 见表 1-1-149（GB/T 886—1986）。

表 1-1-149 轴肩挡圈 mm

轻系列径向轴承用			中系列径向轴承和轻系列径向推力轴承用			重系列径向轴承和中系列径向推力轴承用		
公称直径 d 基本尺寸	D	H 基本尺寸	公称直径 d 基本尺寸	D	H 基本尺寸	公称直径 d 基本尺寸	D	H 基本尺寸
30	36	4	20	27	4	20	30	5
35	42		25	32		25	35	
40	47		30	38		30	40	
45	52		35	45		35	47	
50	58		40	50		40	52	
55	65	5	45	55		45	58	
60	70		50	60		50	65	
65	75		55	68	5	55	70	6
70	80		60	72		60	75	
75	85		65	78		65	80	

续表

轻系列径向轴承用			中系列径向轴承和 轻系列径向推力轴承用			重系列径向轴承和 中系列径向推力轴承用		
公称直径 d 基本尺寸	D	H 基本尺寸	公称直径 d 基本尺寸	D	H 基本尺寸	公称直径 d 基本尺寸	D	H 基本尺寸
80	90	6	70	82	5	70	85	6
85	95		75	88		75	90	
90	100		80	95	6	80	100	8
95	110		85	100		85	105	
100	115	8	90	105		90	110	
105	120		95	110		95	115	
115	125		100	115	8	100	120	10
125	135		105	130		105	130	
			110	130		110	135	
			120	140		120	145	

1.6.5 钢丝挡圈

(1) 孔用钢丝挡圈（GB 895.1—1986）

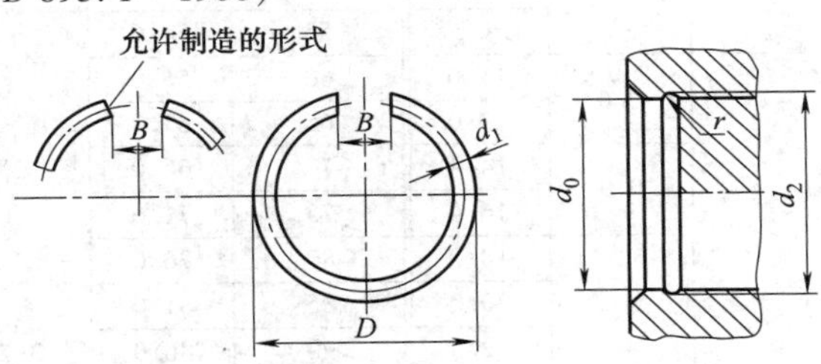

图 1-1-83 孔用钢丝挡圈

表 1-1-150 钢丝挡圈 mm

孔径	挡圈		沟槽(推荐)			孔径	挡圈			沟槽(推荐)	
d_0	D	d_1	$B\approx$	r	d_2	d_0	D	d_1	$B\approx$	r	d_2
7	8	0.8	4	0.5	7.8	45	48	2.5	16	1.4	47.5
8	9				8.8	48	51				50.5
10	11	1	6	0.5	10.8	50	53				52.5
12	13.5				13	55	59				58.2
14	15.5				15	60	64	3.2	20	1.8	63.2
16	18	1.6	8	0.9	17.6	65	69				68.2
18	20				19.6	70	74		25	1.8	73.2
20	22.5	2	10	1.1	22	75	79				78.2
22	24.5				24	80	84				83.2
24	26.5				26	85	89				88.2
25	27.5				27	90	94				93.2
26	28.5				28	95	99				98.2
28	30.5				30	100	104		32		103.2
30	32.5				32	105	109				108.3
32	35	2.5	12	1.4	34.5	110	114				113.2
35	38				37.6	115	119				118.2
38	41				40.6	120	124				123.2
40	43				42.6	125	129				128.2
42	45		16		44.5						

（2）轴用钢丝挡圈（GB 895.2—1986）

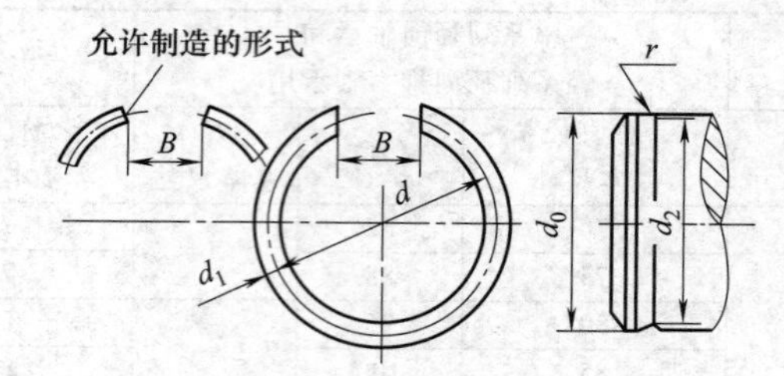

图 1-1-84　轴用钢丝挡圈

表 1-1-151　　　　　　　　　　　　轴用钢丝挡圈　　　　　　　　　　　　mm

轴径	挡圈		沟槽(推荐)			轴径	挡圈		沟槽(推荐)		
d_0	d	d_1	$B\approx$	r	d_2	d_0	d	d_1	$B\approx$	r	d_2
1	3	0.6	1	0.4	3.4	40	37.0	2.5	4	1.4	37.5
5	4				4.4	42	39.0				39.5
6	5				5.4	45	42.0				42.5
7	6	0.8	2	0.5	6.2	48	45.0				45.5
8	7				7.2	50	47.0				47.5
10	9				9.2	55	51.0	3.2		1.8	51.8
12	10.5	1.0	3	0.6	11.0	60	56.0				56.8
14	12.5				13.0	65	61.0				61.8
16	14.0	1.6		0.9	14.4	70	66.0		5		66.8
18	16.0				16.4	75	71.0				71.8
20	17.5	2.0		1.1	18.0	80	76.0				76.8
22	19.5				20.0	85	81.0				81.8
24	21.5				22.0	90	86.0				86.8
25	22.5				23.0	95	91.0				91.8
26	23.5				24.0	100	96.0				96.8
28	25.5				26.0	105	101.0				101.8
30	27.5				28.0	110	106.0				106.8
32	29.0	2.5	4	1.4	29.5	115	111.0				111.8
35	32.0				32.5	120	116.0				116.8
38	35.0				35.5	125	121.0				121.8

1.6.6 开口挡圈（GB 896—1986）

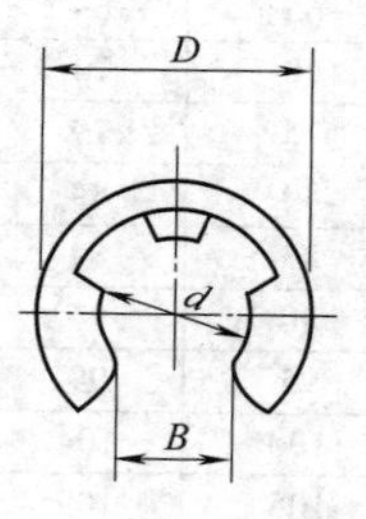

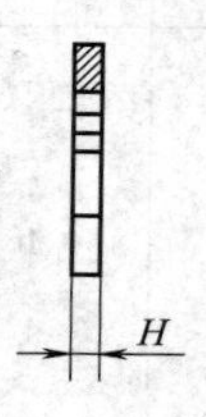

图 1-1-85　开口挡圈

【用途】　用于防止轴向零件做轴向位移。

【规格】　见表 1-1-152（GB 896—1986）。

表 1-1-152　　开口挡圈　　mm

公称直径 d	1.0,1.2	1.5,2.0,2.5	3.0,3.5	4.0,5.0	6.0,9.0	12.0	15.0
外径 D	3.0,3.5	4.0,5.0,6.0	7.0,8.0	9.0,10.0	12.0,18.0	24.0	30.0
开口宽度 B	0.7,0.9	1.2,1.7,2.2	2.5,3.0	3.5,4.5	5.5,8.0	10.5	13.0
厚度 H	0.3	0.4	0.6	0.8	1.0	1.2	1.5

1.6.7　夹紧挡圈（GB/T 960—1986）

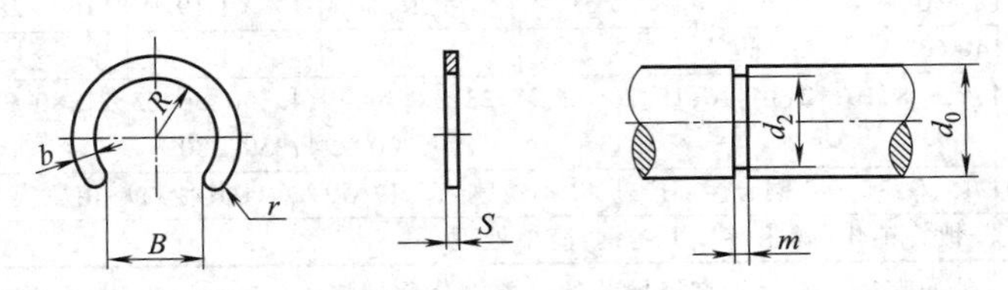

图 1-1-86　夹紧挡圈

【规格】 见表 1-1-153（GB/T 960—1986）。

表 1-1-153　　夹紧挡圈　　mm

轴径 d_0	挡圈						沟槽（推荐）	
	B		R	b	S	r	d_2	m
	基本尺寸	极限偏差						
1.5	1.2	+0.14 0	0.65	0.6	0.35	0.3	1	0.4
2	1.7		0.95		0.4		1.6	0.45
3	2.5		1.4	0.8	0.6	0.4	2.2	0.65
4	3.2	+0.18 0	1.9	1		0.5	3	
5	4.3		2.5	1.2	0.8	0.6	3.8	0.85
6	5.6		3.2				4.8	1.05
8	7.7	+0.22 0	4.5	1.6	1	0.8	6.6	
10	9.6		5.8				8.4	

1.7　销

1.7.1　开口销（GB/T 91—2000）

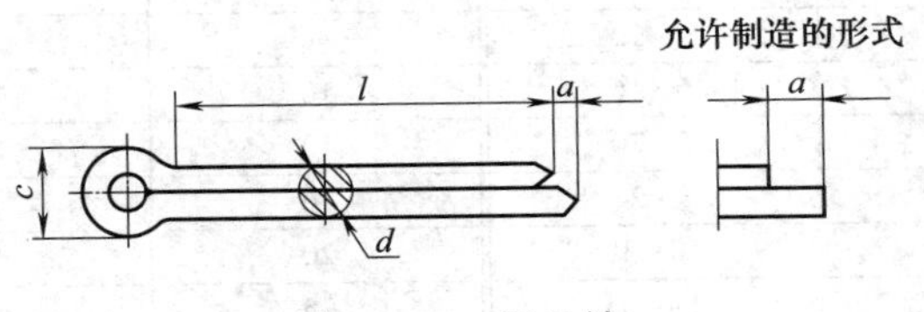

图 1-1-87　开口销

【其他名称】 钢销子。

【用途】 用于经常拆卸的轴、螺杆带孔的螺栓上，使轴上的机件和螺栓上的螺母不能脱落。

【规格】 见表 1-1-154（GB/T 91—2000）。

表 1-1-154　　开口销　　mm

公称规格	开口销直径 d		销身长度 l	c max	伸出长度 a	公称规格	开口销直径 d		销身长度 l	c max	伸出长度 a
	max	min					max	min			
0.6	0.5	0.4	4~12	1	1.6	4	3.7	3.5	18~80	7.4	4
0.8	0.7	0.6	5~16	1.4	1.6	5	4.6	4.4	22~100	9.2	4
1	0.9	0.8	6~20	1.8	1.6	6.3	5.9	5.7	32~125	11.8	4
1.2	1.0	0.9	8~25	2	2.5	8	7.5	7.3	40~160	15	4
1.6	1.4	1.3	8~32	2.8	2.5	13	12.4	12.1	71~250	24.8	6.3
2	1.8	1.7	10~40	3.6	2.5	16	15.4	15.1	112~280	30.8	6.3
2.5	2.3	2.1	12~50	4.6	2.5	20	19.3	19.0	160~280	38.5	6.3
3.2	2.9	2.7	14~63	5.8	3.2						
l 的系列(公称)	4,5,6,8,10,12,14,16,18,20,22,25,28,32,36,40,45,50,56,63,71,80,90,100,112,125,140,160,180,200,224,250,280										
材料	①碳素钢:Q215、Q235。②铜合金:H63。③不锈钢:1Cr17Ni9Ti。④其他材料由供需双方协议										
表面处理	钢:不经处理、镀锌钝化、磷化;铜、不锈钢:简单处理										

注：1. 公称规格等于开口销的直径。对销孔直径推荐的公差：公称规格≤1.2mm，H13；公称规格>1.2mm，H14。根据供需双方协议，允许采用公称规格为3mm、6mm和12mm的开口销。

2. 用于铁道和U形销中开口销承受交变横向力的场合，推荐使用的开口销规格应较本表规定的规格加大一挡。

1.7.2 圆锥销（GB/T 117—2000）

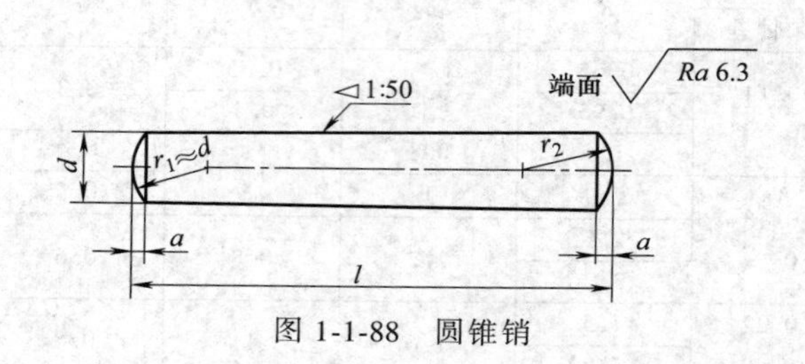

图 1-1-88　圆锥销

【其他名称】 锥销、斜销、推拔销。

【用途】 销和销孔表面制有1:50的锥度，销与销孔之间连接紧密可靠，具有对准容易、在承受横向载荷时能自锁等优点。主要用于定位，也可作固定零件、传递动力用，多用于经常拆卸场合。分A型（磨削）和B型（切削或冷镦）两种。

【规格】 见表1-1-155（GB/T 117—2000）。

表 1-1-155　　圆锥销　　mm

d h10	a≈	商品规格 l	d h10	a≈	商品规格 l
0.6	0.08	4~8	6	0.8	22~90
0.8	0.1	5~12	8	1	22~120
1	0.12	6~16	10	1.2	26~160
1.2	0.16	6~20	12	1.6	32~180
1.5	0.2	8~24	16	2	40~200
2	0.25	10~35	20	2.5	45200
2.5	0.3	10~35	25	3	50~200
3	0.4	12~45	30	4	55~200
4	0.5	14~55	40	5	60~200
5	0.63	18~60	50	6.3	65~200
l 的系列(公称)	22,3,4,5,6,8,10,12,14,16,18,20,22,24,26,28,30,32,35,40,45,50,55,60,65,70,75,80,85,90,95,100,120,140,160,180,200				

续表

技术条件	材料	易切钢:Y12,Y15。碳素钢:35,45。合金钢:30CrMnSiA。不锈钢:1Cr13、2Cr13、Cr17Ni2、0Cr18Ni9Ti
	表面处理	①钢:不经处理、氧化、磷化、镀锌钝化。②不锈钢:简单处理。③其他表面镀层或表面处理,由供需双方协议。④所有公差仅适用于涂、镀前的公差

注：1. *d* 的其他公差，如 a11、c11、f8 由供需双方协议。

2. 公称长度大于 200mm 时，按 20mm 递增。

1.7.3 内螺纹圆锥销（GB/T 118—2000）

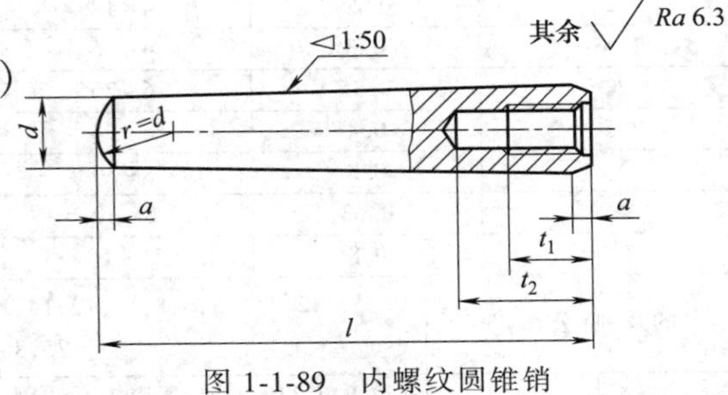

图 1-1-89 内螺纹圆锥销

【其他名称】 锥销、斜销、推拔销。

【用途】 与圆锥销相同，也分 A 型（磨削）和 B 型（切削或冷镦）两种。内螺纹圆锥多一螺纹孔，以便旋入螺栓，把圆锥销从销孔中取出，适用于不穿通的销孔或从销孔中很难取出普通圆锥销的场合。

【规格】 见表 1-1-156（GB/T 118—2000）。

表 1-1-156 内螺纹圆锥销 mm

d h10	6	8	10	12	16	20	25	30	40	50
a≈	0.8	1	1.2	1.6	2	2.5	3	4	5	6
d_1	M4	M5	M6	M8	M10	M12	M16	M20	M20	M24
螺距 *P*	0.7	0.8	1	1.25	1.5	1.75	2	2.5	2.5	3
螺纹长度 t_1	6	8	10	12	16	18	24	30	30	36
螺孔深度 t_2 min	10	12	16	20	25	28	35	40	40	50
商品规格 *l*	16~60	18~80	22~100	26~120	32~160	40~200	50~200	60~200	80~200	100~200
l 的系列(公称)	16,18,20,22,24,26,28,30,32,35,40,45,50,55,60,65,70,75,80,85,90,95,100,120,140,160,180,200									

技术条件	材料	易切钢:Y12,Y15。碳素钢:35,45。合金钢:30CrMnSiA。不锈钢:1Cr13、2Cr13、Cr17Ni2、0Cr18Ni9Ti
	表面处理	①钢:不经处理、氧化、磷化、镀锌钝化。②不锈钢:简单处理。③其他表面镀层或表面处理,由供需双方协议。④所有公差仅适用于涂、镀前的公差

注：1. *d* 的其他公差，如 a11、c11、f8 由供需双方协议。

2. 公称长度大于 200mm 时，按 20mm 递增。

1.7.4 圆柱销

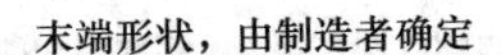

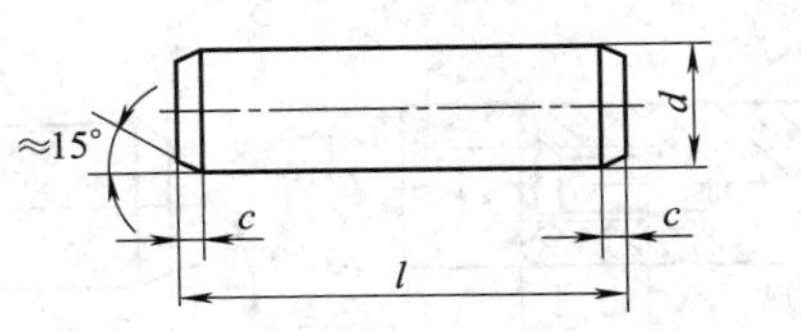

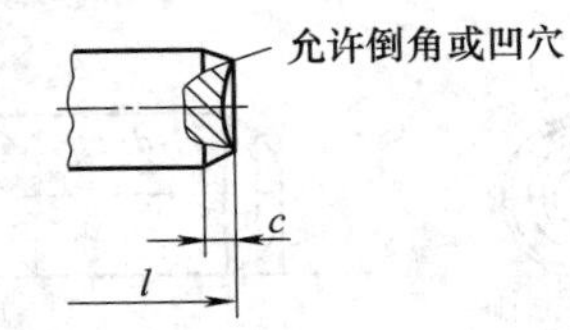

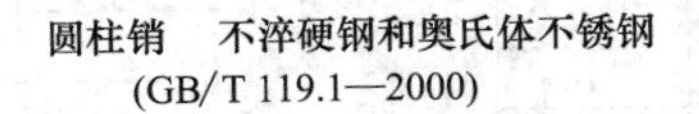

圆柱销 不淬硬钢和奥氏体不锈钢 (GB/T 119.1—2000)　圆柱销 淬硬钢和马氏体不锈钢 (GB/T 119.2—2000)

图 1-1-90 圆柱销

【其他名称】 圆销、直销。

【用途】 用于机器的轴上作固定零件、传递动力用，或用于工具、模具上作零件定位用。

【规格】 见表 1-1-157。

表 1-1-157 圆柱销

mm

dm6/h8①	d m6②	c≈	商品规格 l	dm6/h8	c≈	商品规格 l 公称
0.6		0.12	2~6	6	1.2	12~60
0.8		0.16	2~8	8	1.6	14~80
1		0.2	4~10 Ⅰ 3~10 Ⅱ	10	2	18~95
1.2		0.25	4~12	12	2.5	22~140
1.5		0.3	4~16	16	3	26~180
2		0.35	6~20	20	3.5	35~200
2.5		0.4	6~24	25	4	50~200
3		0.5	8~30	30	5	60~200
4		0.63	8~40	40	6.3	80~200
5		0.8	10~50	50	8	96~200
l 的系列(公称)		2,3,4,5,6,8,10,12,14,16,18,20,22,24,26,28,30,32,35,40,45,50,55,60,65,70,75,80,85,90,95,100,120,140,160,180,200				
技术条件	材料	GB/T 119.1 钢:奥氏体不锈钢 A1 GB/T 119.2 钢:A 型,普通淬火;B 型,表面淬火;马氏体不锈钢 C1				
	表面粗糙度	GB/T 119.1:公差 m6,Ra≤0.8μm;h8,Ra≤1.6μm。GB/T 119.2:Ra≤0.8μm				
	表面处理	①钢:不经处理、氧化、磷化、镀锌钝化。②不锈钢:简单处理。③其他表面镀层或表面处理,由供需双方协议。④所有公差仅适用于涂、镀前的公差				

① 指 GB/T 119.1—2000。

② 指 GB/T 119.2—2000，d 的其他公差由供需双方协议。

注：1. GB/T 119.2 中规定 d 的尺寸范围为 1~20mm。

2. 公称长度大于 200mm（GB/T 119.1）和大于 100mm（GB/T 119.2）时，按 20mm 递增。

1.7.5 内螺纹圆柱销

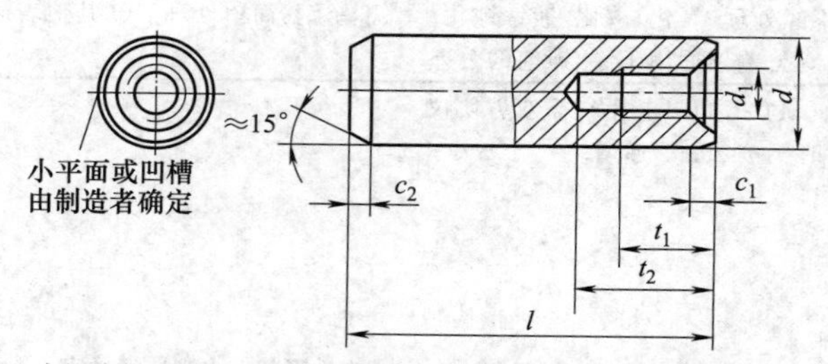

(a) 内螺纹圆柱销 不淬硬钢和奥氏体不锈钢(GB/T 120.1—2000)

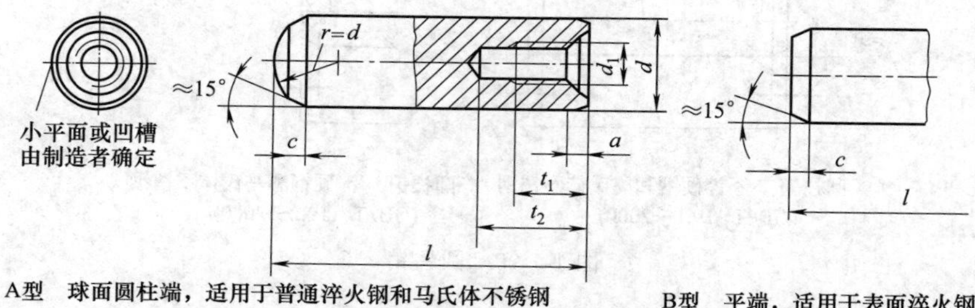

(b) 内螺纹圆柱销 淬硬钢和马氏体不锈钢(GB/T 120.2—2000)

图 1-1-91 内螺纹圆柱销

【其他名称】 圆销、直销。

【用途】 用于机器的轴上作固定零件、传递动力用，或用于工具、模具上作零件定位用。

【规格】 见表 1-1-158。

表 1-1-158　　内螺纹圆柱销　　mm

d m6	6	8	10	12	16	20	25	30	40	50
$c_1 \approx$	0.8	1	1.2	1.6	2	2.5	3	4	5	6.3
$c_2 \approx$	1.2	1.6	2	2.5	3	3.5	4	5	6.3	8
d_1	M4	M5	M6	M6	M8	M10	M16	M20	M20	M24
螺距 P	0.7	0.8	1	1	1.25	1.5	2	2.5	2.5	3
螺纹长度 t_1	6	8	10	12	16	18	24	30	30	36
螺孔深度 t_2 min	10	12	16	20	25	28	35	40	40	50
商品规格 l	16～80	18～80	22～100	26～120	32～160	40～200	50～200	60～200	80～200	100～200
l 的系列(公称)	16,18,20,22,24,26,28,30,32,35,40,45,50,55,60,65,70,75,80,85,90,95,100,120,140,160,180,200									
技术条件 材料	GB/T 120.1 钢:奥氏体不锈钢 A1 GB/T 120.2 钢:A 型,普通淬火;B 型,表面淬火;马氏体不锈钢 C1									
技术条件 表面粗糙度	GB/T 120.1:$Ra \leqslant 0.8\mu m$。GB/T 120.2:$Ra \leqslant 0.8\mu m$									
技术条件 表面处理	①钢:不经处理、氧化、磷化、镀锌钝化。②不锈钢:简单处理。③其他表面镀层或表面处理,由供需双方协议。④所有公差仅适用于涂、镀前的公差									

注：1. d 的其他公差由供需双方协议。

2. 公称长度大于 200mm 时，按 20mm 递增。

1.7.6 弹性圆柱销

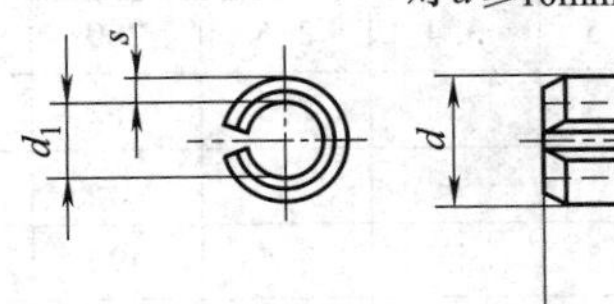
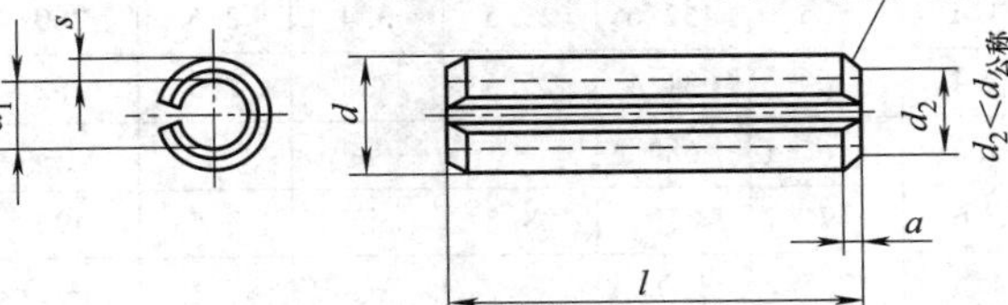

弹性圆柱销 直槽 重型 (GB/T 879.1—2000)

弹性圆柱销 直槽 轻型 (GB/T 879.2—2000)

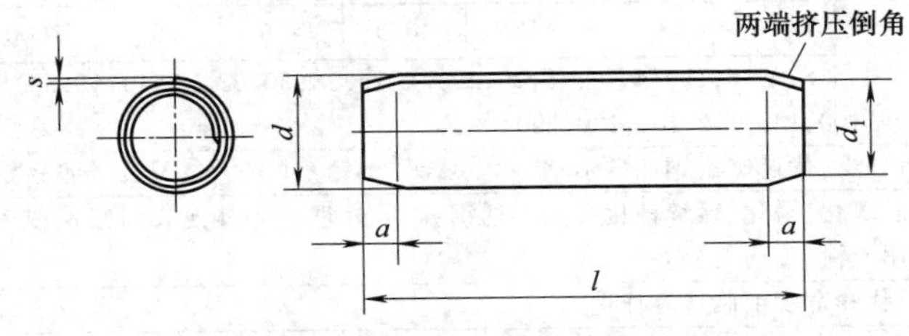

弹性圆柱销 卷制 重型 (GB/T 879.3—2000)

弹性圆柱销 卷制 标准型 (GB/T 879.4—2000)

弹性圆柱销 卷制 轻型 (GB/T 879.5—2000)

图 1-1-92　弹性圆柱销

【用途】 具有弹性，装入销孔后不易松脱，对销孔精度要求不高，可多次使用。适用于具有冲击、振动的场合，但不适用于高精度定位及不穿孔的销孔。

【规格】 见表 1-1-159、表 1-1-160。

表 1-1-159　　弹性圆柱销 直槽（重型与轻型）　　mm

d			GB/T 879.1				GB/T 879.2				商品规格 l 公称
公称	装配前 max	装配前 min	d_1	a max	s	G_{min} * /kN	d_1	a max	s	G_{min} * /kN	
1	1.3	1.2	0.8	0.35	0.2	0.7	—	—	—	—	4~20
1.5	1.8	1.7	1.1	0.45	0.3	1.5	—	—	—	—	4~20
2	2.4	2.3	1.5	0.55	0.4	2.82	1.9	0.4	0.2	1.5	4~30
2.5	2.9	2.8	1.8	0.6	0.5	4.38	2.3	0.45	0.25	2.4	4~30
3	3.4	3.3	2.1	0.7	0.6	6.32	2.7	0.45	0.3	3.5	4~40
3.5	4.0	3.8	2.3	0.8	0.75	9.06	3.1	0.5	0.35	4.6	4~40
4	4.6	4.4	2.8	0.85	0.8	11.24	3.4	0.7	0.5	8	4~50
4.5	5.1	4.9	2.9	1.0	1	15.36	3.9	0.7	0.5	8.8	5~50
5	5.6	5.4	3.4	1.1	1	17.54	4.4	0.7	0.5	10.4	5~80
6	6.7	6.4	4	1.4	1.2	26.04	4.9	0.9	0.75	18	10~100
8	8.5	8.5	5.5	2.0	1.5	42.76	7	1.8	0.75	24	10~120
10	10.8	10.5	6.5	2.4	2	70.16	8.5	2.4	1	40	10~160
12	12.8	12.5	7.5	2.4	2.5	104.1	10.5	2.4	1	48	10~180
13	13.8	13.5	8.5	2.4	2.5	115.1	11	2.4	1.2	66	10~180
14	14.8	14.5	8.5	2.4	3	144.7	11.5	2.4	1.5	84	10~200
16	16.8	16.5	10.5	2.4	3	171	13.5	2.4	1.5	98	10~200
18	18.9	18.5	11.5	2.4	3.5	222.5	15	2.4	1.7	126	10~200
20	20.9	20.5	12.5	3.4	4	280.6	16.5	2.4	2	158	10~200
21	21.9	21.5	13.5	3.4	4	298.2	17.5	2.4	2	168	14~200
25	25.9	25.1	15.5	3.4	5	438.5	21.5	3.4	2	202	14~200
28	28.9	28.5	17.5	3.4	5.5	452.6	23.5	3.4	2.5	280	14~200
30	30.9	30.5	18.5	3.4	6	631.4	25.5	3.4	2.5	302	14~200
32	32.9	32.5	20.5	3.6	6	684	—	—	—	—	20~200
35	35.9	35.5	21.5	3.6	7	859	28.5	3.4	3.5	490	20~200
38	38.9	38.5	23.5	4.6	7.5	1003	—	—	—	—	20~200
40	40.9	40.5	25.5	4.6	7.5	1068	32.5	4.6	4	634	20~200
45	45.9	45.5	28.5	4.6	8.5	1360	37.5	4.6	4	720	20~200
50	50.9	50.5	31.5	4.6	9.5	1685	40.5	4.6	5	1000	20V200

项目	内容
l 的系列(公称)	4,5,6,8,10,12,14,16,18,20,22,24,26,28,30,32,35,40,45,50,55,60,65,70,75,80,85,90,95,100,120,140,160,180,200
材料	①钢:由制造者任选,优质碳素钢或硅锰钢。②奥氏体不锈钢(A)。③马氏体不锈钢(C)
表面处理	①钢:不经处理、氧化、磷化、镀锌钝化。②不锈钢:简单处理。③其他表面镀层或表面处理,由供需双方协议。④所有公差仅适用于涂、镀前的公差
直槽	标准的、槽的形状和宽度由制造者任选
表面	不允许有不规则的和有害的缺陷;销的任何部位不得有毛刺

注：1. a 为参考值。

2. G_{min} * 为最小双面剪切载荷值，kN。仅适用钢和马氏体不锈钢；对奥氏体不锈钢弹性柱销，不规定双面剪切载荷值。

3. 公称长度大于 200mm 时，按 20mm 递增。

4. 销孔的公称直径（d，公称）的公差带为 H12。

5. 由于弹性圆柱槽开口，槽口位置不应装在销子受压的一面，在组装图上应表示槽口方向。销子装入允许的最小销孔时，槽口也不得完全闭合。

6. 详细的材料成分及技术条件，详见有关国标。

表 1-1-160　　弹性圆柱销 卷制（重型、标准型与轻型）　　mm

d 公称	GB/T 879.3 d 装配前 max	GB/T 879.3 d 装配前 min	GB/T 879.3 s	GB/T 879.3 G_{min}/kN Ⅰ	GB/T 879.3 G_{min}/kN Ⅱ	GB/T 879.4 d 装配前 max	GB/T 879.4 d 装配前 min	GB/T 879.4 s	GB/T 879.4 G_{min}/kN Ⅰ	GB/T 879.4 G_{min}/kN Ⅱ	GB/T 879.5 d 装配前 max	GB/T 879.5 d 装配前 min	GB/T 879.5 s	GB/T 879.5 G_{min}/kN Ⅰ	GB/T 879.5 G_{min}/kN Ⅱ	d_1 装配前	a	商品规格 l 公称
0.8	—	—	—	—	—	0.91	0.85	0.07	0.4	0.3	—	—	—	—	—	0.75	0.3	4~16
1	—	—	—	—	—	1.15	1.05	0.08	0.6	0.45	—	—	—	—	—	0.95	0.3	
1.2	—	—	—	—	—	1.35	1.25	0.1	0.9	0.65	—	—	—	—	—	1.15	0.4	
1.5	1.71	1.61	0.17	1.9	1.45	1.73	1.62	0.13	1.45	10.5	1.75	1.62	0.08	0.8	0.65	1.4	0.5	4~24
2	2.21	2.11	0.22	3.5	2.5	2.25	2.13	0.17	2.5	1.9	2.28	2.13	0.11	1.5	1.1	1.9	0.7	4~40
2.5	2.73	2.62	0.28	5.5	3.8	2.78	2.65	0.21	3.9	2.9	2.82	2.65	0.14	2.3	1.8	2.4	0.7	5~45
3	3.25	3.12	0.33	7.6	5.7	3.3	3.15	0.25	5.5	4.2	3.35	3.15	0.17	3.3	2.5	2.9	0.9	6~50
3.5	3.79	3.46	0.39	10	7.6	3.85	3.67	0.29	7.5	5.7	3.87	3.67	0.19	4.5	3.4	3.4	1	
4	4.3	4.15	0.45	13.5	10	4.4	4.2	0.33	9.6	7.6	4.45	4.2	0.22	5.7	4.4	3.9	1.1	8~60
5	5.35	5.15	0.56	20	15.5	5.5	5.25	0.42	15	11.5	5.5	5.2	0.28	9	7	4.85	1.3	10~60
6	6.4	6.18	0.67	30	23	6.5	6.25	0.5	22	16.8	6.55	6.25	0.33	13	10	5.85	1.5	12~75
8	8.55	8.25	0.9	53	41	8.83	8.3	0.67	39	30	8.65	8.3	0.45	23	18	7.8	2	16~120
10	10.65	10.3	1.1	84	64	10.8	10.35	0.84	62	48	—	—	—	—	—	9.75	2.5	20~120
12	12.75	11.7	1.3	120	91	12.85	12.4	1	89	67	—	—	—	—	—	11.7	3	24~160
14	14.85	13.6	1.6	165	—	14.95	14.45	1.2	120	—	—	—	—	—	—	13.6	3.5	28~200
16	16.9	16.4	1.8	210	—	17	16.45	1.3	155	—	—	—	—	—	—	15.6	4	32~200
20	21	20.4	2.2	340	—	21.1	20.4	1.7	250	—	—	—	—	—	—	19.6	4.5	45~200

项目		内容
l 的系列（公称）		4,5,6,8,10,12,14,16,18,20,22,24,26,28,30,32,35,40,45,50,55,60,65,70,75,80,85,90,95,100,120,140,160,180,200
技术条件	材料	①钢；②奥氏体不锈钢（A）；③马氏体不锈钢（C）
	表面缺陷	不允许有不规则的和有害的缺陷；销的任何部位不得有毛刺
	表面处理	①钢：不经处理、氧化、磷化、镀锌钝化。②奥氏体不锈钢（A）马氏体不锈钢（C）：简单处理。③其他表面镀层或表面处理由供需双方协议。④所有公差仅适用于涂、镀前的公差

注：1. 表中Ⅰ适用于钢和马氏体不锈钢；Ⅱ适用于奥氏体不锈钢。

2. G_{min} 为最小双面剪切载荷，kN；公称长度大于 200mm 时，按 20mm 递增（GB/T 879.3 和 GB/T 879.4）；公称长度大于 120mm 时，按 20mm 递增（GB/T 879.5）。

3. 其他材料由供需双方协议。

4. 销孔的公称直径（d，公称），其公差带为 H12，其中仅 GB/T 879.4 的公差带为：H12 适用于 $d \geqslant 1.5$mm；H10 适用于 $d \leqslant 1.2$mm。

5. 详细的材料成分及技术条件，详见有关国标。

1.7.7　槽销

（1）槽销（带导杆及全长平行沟槽）（GB/T 13829.1—2004）

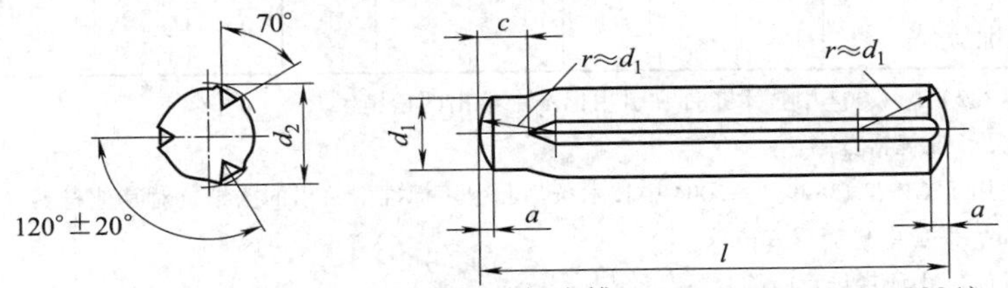

图 1-1-93　槽销（带导杆及全长平行沟槽）（GB/T 13829.1—2004）

表 1-1-161　　槽销（带导杆及全长平行沟槽）（GB/T 13829.1—2004）　　mm

<table>
<tr><td colspan="2" rowspan="2">d_1</td><td>公称</td><td>1.5</td><td>2</td><td>2.5</td><td>3</td><td>4</td><td>5</td><td>6</td><td>8</td><td>10</td><td>12</td><td>16</td><td>20</td><td>25</td></tr>
<tr><td>公差</td><td colspan="4">h9</td><td colspan="9">h11</td></tr>
<tr><td colspan="2" rowspan="2">c</td><td>max</td><td>2</td><td>2</td><td>2.5</td><td>2.5</td><td>3</td><td>3</td><td>4</td><td>4</td><td>5</td><td>5</td><td>5</td><td>7</td><td>7</td></tr>
<tr><td>min</td><td>1</td><td>1</td><td>1.5</td><td>1.5</td><td>2</td><td>2</td><td>3</td><td>3</td><td>4</td><td>4</td><td>4</td><td>6</td><td>6</td></tr>
<tr><td colspan="3">a　≈</td><td>0.2</td><td>0.25</td><td>0.3</td><td>0.4</td><td>0.5</td><td>0.63</td><td>0.8</td><td>1</td><td>1.2</td><td>1.6</td><td>2</td><td>2.5</td><td>3</td></tr>
<tr><td colspan="3">最小剪切载荷/kN
双面剪①</td><td>1.6</td><td>2.84</td><td>4.4</td><td>6.4</td><td>11.3</td><td>17.6</td><td>25.4</td><td>45.2</td><td>70.4</td><td>101.8</td><td>181</td><td>283</td><td>444</td></tr>
<tr><td colspan="3">l②</td><td colspan="13">扩展直径 $d_2$③④</td></tr>
<tr><td>公称</td><td>min</td><td>max</td><td>+0.05
0</td><td colspan="8">±0.05</td><td colspan="4">±0.1</td></tr>
<tr><td>8</td><td>7.75</td><td>8.25</td><td rowspan="7">1.6</td><td rowspan="12">2.15</td><td></td><td></td><td></td><td></td><td></td><td></td><td></td><td></td><td></td><td></td><td></td></tr>
<tr><td>10</td><td>9.75</td><td>10.25</td><td rowspan="11">2.65</td><td rowspan="14">3.2</td><td rowspan="18">4.25</td><td></td><td></td><td></td><td></td><td></td><td></td><td></td><td></td></tr>
<tr><td>12</td><td>11.5</td><td>12.5</td><td></td><td></td><td></td><td></td><td></td><td></td><td></td><td></td></tr>
<tr><td>14</td><td>13.5</td><td>14.5</td><td rowspan="16">5.25</td><td rowspan="20">6.3</td><td rowspan="24">8.3</td><td rowspan="24">10.35</td><td></td><td></td><td></td><td></td></tr>
<tr><td>16</td><td>15.5</td><td>16.5</td><td></td><td></td><td></td><td></td></tr>
<tr><td>18</td><td>17.5</td><td>18.5</td><td rowspan="22">12.35</td><td></td><td></td><td></td></tr>
<tr><td>20</td><td>19.5</td><td>20.5</td><td></td><td></td><td></td></tr>
<tr><td>22</td><td>21.5</td><td>22.5</td><td></td><td rowspan="20">16.4</td><td></td><td></td></tr>
<tr><td>24</td><td>23.5</td><td>24.5</td><td></td><td></td><td></td></tr>
<tr><td>26</td><td>25.5</td><td>26.5</td><td></td><td rowspan="18">20.5</td><td rowspan="18">25.5</td></tr>
<tr><td>28</td><td>27.5</td><td>28.5</td><td></td></tr>
<tr><td>30</td><td>29.5</td><td>30.5</td><td></td></tr>
<tr><td>32</td><td>31.5</td><td>32.5</td><td></td><td></td><td></td></tr>
<tr><td>35</td><td>34.5</td><td>35.5</td><td></td><td></td><td></td></tr>
<tr><td>40</td><td>39.5</td><td>40.5</td><td></td><td></td><td></td></tr>
<tr><td>45</td><td>44.5</td><td>45.5</td><td></td><td></td><td></td><td></td></tr>
<tr><td>50</td><td>49.5</td><td>50.5</td><td></td><td></td><td></td><td></td></tr>
<tr><td>55</td><td>54.25</td><td>55.75</td><td></td><td></td><td></td><td></td></tr>
<tr><td>60</td><td>59.25</td><td>60.75</td><td></td><td></td><td></td><td></td></tr>
<tr><td>65</td><td>64.25</td><td>65.75</td><td></td><td></td><td></td><td></td><td></td><td></td></tr>
<tr><td>70</td><td>69.25</td><td>70.75</td><td></td><td></td><td></td><td></td><td></td><td></td></tr>
<tr><td>75</td><td>74.25</td><td>75.75</td><td></td><td></td><td></td><td></td><td></td><td></td></tr>
<tr><td>80</td><td>79.25</td><td>80.75</td><td></td><td></td><td></td><td></td><td></td><td></td></tr>
<tr><td>85</td><td>84.25</td><td>85.75</td><td></td><td></td><td></td><td></td><td></td><td></td><td></td></tr>
<tr><td>90</td><td>89.25</td><td>90.75</td><td></td><td></td><td></td><td></td><td></td><td></td><td></td></tr>
<tr><td>95</td><td>94.25</td><td>95.75</td><td></td><td></td><td></td><td></td><td></td><td></td><td></td></tr>
<tr><td>100</td><td>99.25</td><td>100.75</td><td></td><td></td><td></td><td></td><td></td><td></td><td></td></tr>
</table>

① 仅适用于 GB/T 13829.1—2004 中技术条件和引用标准中给出的槽销。

② 阶梯实线间为商品长度规格范围。

③ 扩展直径 d_2 仅适用于 GB/T 13829.1—2004 中技术条件和引用标准中给出的槽销。对其他材料，如不锈钢，则应从给出的数值中减去一定的数量，并应经供需双方协议。

④ 对 d_2 应使用光滑通、止环规进行检验。

（2）**槽销**（带倒角及全长平行沟槽）（GB/T 13829.2—2004）

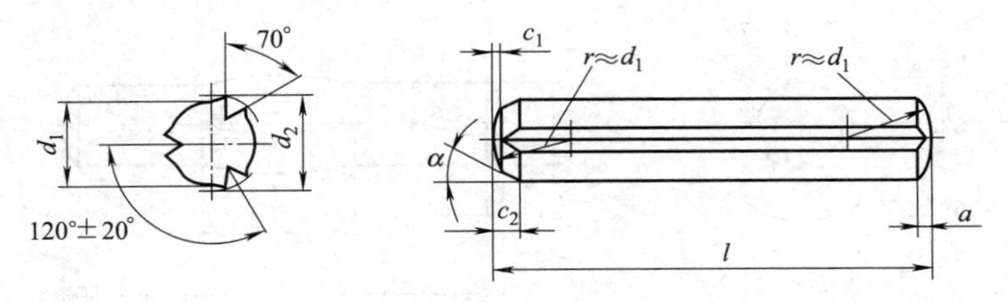

图 1-1-94 槽销（带倒角及全长平行沟槽）（GB/T 13829.2—2004）

表 1-1-162 **槽销**（带倒角及全长平行沟槽）（GB/T 13829.2—2004） mm

d_1		公称	1.5	2	2.5	3	4	5	6	8	10	12	16	20	25
		公差	h9				h11								
c_1 ≈			0.12	0.18	0.25	0.3	0.4	0.5	0.6	0.8	1	1.2	1.6	2	2.5
c_2			0.6	0.8	1	1.2	1.4	1.7	2.1	2.6	3	3.8	4.6	6	7.5
a ≈			0.2	0.25	0.3	0.4	0.5	0.63	0.8	1	1.2	1.6	2	2.5	3
最小剪切载荷/kN 双面剪①			1.6	2.84	4.4	6.4	11.3	17.6	25.4	45.2	70.4	101.8	181	283	444
l②			扩展直径 $d_2$③④												
公称	min	max	+0.05 0		±0.05							±0.1			
8	7.75	8.25	1.6	2.15											
10	9.75	10.25	1.6	2.15	2.65	3.2	4.25								
12	11.5	12.5	1.6	2.15	2.65	3.2	4.25								
14	13.5	14.5	1.6	2.15	2.65	3.2	4.25	5.25	6.3	8.3	10.35				
16	15.5	16.5	1.6	2.15	2.65	3.2	4.25	5.25	6.3	8.3	10.35				
18	17.5	18.5	1.6	2.15	2.65	3.2	4.25	5.25	6.3	8.3	10.35	12.35			
20	19.5	20.5	1.6	2.15	2.65	3.2	4.25	5.25	6.3	8.3	10.35	12.35			
22	21.5	22.5		2.15	2.65	3.2	4.25	5.25	6.3	8.3	10.35	12.35	16.4		
24	23.5	24.5		2.15	2.65	3.2	4.25	5.25	6.3	8.3	10.35	12.35	16.4		
26	25.5	26.5		2.15	2.65	3.2	4.25	5.25	6.3	8.3	10.35	12.35	16.4	20.5	25.5
28	27.5	28.5		2.15	2.65	3.2	4.25	5.25	6.3	8.3	10.35	12.35	16.4	20.5	25.5
30	29.5	30.5		2.15	2.65	3.2	4.25	5.25	6.3	8.3	10.35	12.35	16.4	20.5	25.5
32	31.5	32.5				3.2	4.25	5.25	6.3	8.3	10.35	12.35	16.4	20.5	25.5
35	34.5	35.5				3.2	4.25	5.25	6.3	8.3	10.35	12.35	16.4	20.5	25.5
40	39.5	40.5				3.2	4.25	5.25	6.3	8.3	10.35	12.35	16.4	20.5	25.5
45	44.5	45.5					4.25	5.25	6.3	8.3	10.35	12.35	16.4	20.5	25.5
50	49.5	50.5					4.25	5.25	6.3	8.3	10.35	12.35	16.4	20.5	25.5
55	54.25	55.75					4.25	5.25	6.3	8.3	10.35	12.35	16.4	20.5	25.5
60	59.25	60.75					4.25	5.25	6.3	8.3	10.35	12.35	16.4	20.5	25.5
65	64.25	65.75							6.3	8.3	10.35	12.35	16.4	20.5	25.5
70	69.25	70.75							6.3	8.3	10.35	12.35	16.4	20.5	25.5
75	74.25	75.75							6.3	8.3	10.35	12.35	16.4	20.5	25.5
80	79.25	80.75							6.3	8.3	10.35	12.35	16.4	20.5	25.5
85	84.25	85.75								8.3	10.35	12.35	16.4	20.5	25.5
90	89.25	90.75								8.3	10.35	12.35	16.4	20.5	25.5
95	94.25	95.75								8.3	10.35	12.35	16.4	20.5	25.5
100	99.25	100.75								8.3	10.35	12.35	16.4	20.5	25.5

①～④同表 1-1-161。

(3) 槽销（中部槽长为 1/3 全长）(GB/T 13829.3—2004)

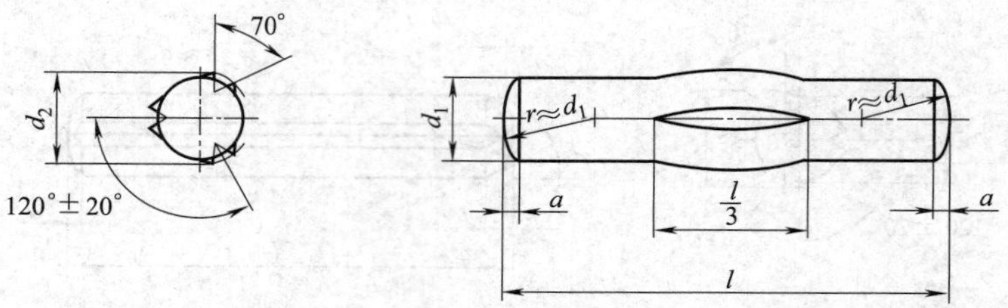

图 1-1-95 槽销（中部槽长为 1/3 全长）(GB/T 13829.3—2004)

表 1-1-163 槽销（中部槽长为 1/3 全长）(GB/T 13829.3—2004) mm

d_1 公称			1.5	2	2.5	3	4	5	6	8	10	12	16	20	25
d_1 公差			h9						h11						
a ≈			0.2	0.25	0.3	0.4	0.5	0.63	0.8	1	1.2	1.6	2	2.5	3
最小剪切载荷/kN 双面剪①			1.6	2.84	4.4	6.4	11.3	17.6	25.4	45.2	70.4	101.8	181	283	444
l②			扩展直径 $d_2$③④												
公称	min	max	+0.05 0	±0.05								±0.1			
8	7.75	8.25													
10	9.75	10.25	1.6												
12	11.5	12.5													
14	13.5	14.5			2.6	3.1									
16	15.5	16.5	1.63	2.1											
18	17.5	18.5													
20	19.5	20.5					4.15	5.15							
22	21.5	22.5				3.15									
24	23.5	24.5			2.65				6.15						
26	25.5	26.5		2.15			4.2	5.2							
28	27.5	28.5								8.2					
30	29.5	30.5							6.25						
32	31.5	32.5				3.2									
35	34.5	35.5								8.25	10.2				
40	39.5	40.5					4.25								
45	44.5	45.5						5.25		8.3		12.25	16.25		
50	49.5	50.5							6.3		10.3			20.25	25.25
55	54.25	55.75					4.3					12.3	16.3		
60	59.25	60.75						5.3		8.35				20.3	25.3
65	64.25	65.75													
70	69.25	70.75									10.4				
75	74.25	75.75							6.35			12.4	16.4		
80	79.25	80.75												20.4	25.4
85	84.25	85.75								8.4					
90	89.25	90.75													
95	94.25	95.75									10.45				
100	99.25	100.75													
120	119.25	120.75										12.5	16.5		
140	139.25	140.75												20.5	25.5
160	159.25	160.75									10.4				
180	179.25	180.75													
200	199.25	200.75													

①～④同表 1-1-161。

(4) **槽销**（中部槽长为 1/2 全长）（GB/T 13829.4—2004）

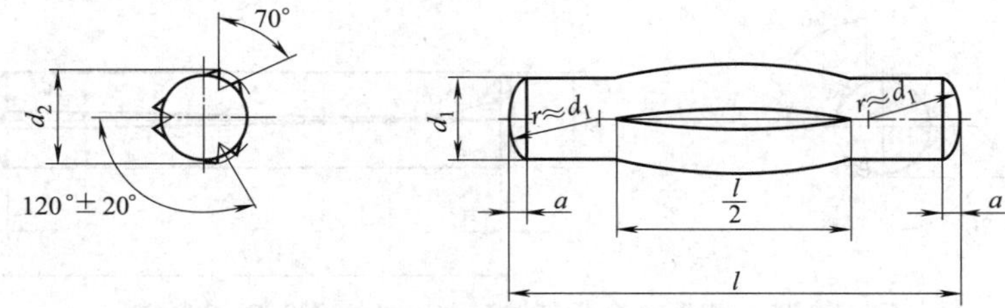

图 1-1-96 槽销（中部槽长为 1/2 全长）（GB/T 13829.4—2004）

表 1-1-164 **槽销**（中部槽长为 1/2 全长）（GB/T 13829.4—2004） mm

d_1		公称	1.5	2	2.5	3	4	5	6	8	10	12	16	20	25
		公差	h9				h11								
a		≈	0.2	0.25	0.3	0.4	0.5	0.63	0.8	1	1.2	1.6	2	2.5	3
最小剪切载荷/kN 双面剪①			1.6	2.84	4.4	6.4	11.3	17.6	25.4	45.2	70.4	101.8	181	283	444
l②			扩展直径 $d_2$③④												
公称	min	max	+0.05 0	±0.05								±0.1			
8	7.75	8.25													
10	9.75	10.25	1.6												
12	11.5	12.5													
14	13.5	14.5			2.6	3.1									
16	15.5	16.5	1.63	2.1											
18	17.5	18.5					4.15	5.15							
20	19.5	20.5													
22	21.5	22.5				3.15			6.15						
24	23.5	24.5			2.65										
26	25.5	26.5		2.15			4.2	5.2							
28	27.5	28.5								8.2					
30	29.5	30.5							6.25						
32	31.5	32.5				3.2				8.25					
35	34.5	35.5					4.25				10.2				
40	39.5	40.5						5.25		8.3		12.25			
45	44.5	45.5											16.25	20.25	25.25
50	49.5	50.5							6.3		10.3				
55	54.25	55.75					4.3			8.35		12.3	16.3		
60	59.25	60.75						5.3						20.3	25.3
65	64.25	65.75									10.4				
70	69.25	70.75							6.35			12.4	16.4		
75	74.25	75.75													
80	79.25	80.75												20.4	25.4
85	84.25	85.75								8.4					
90	89.25	90.75									10.45				
95	94.25	95.75													
100	99.25	100.75													
120	119.25	120.75										12.5	16.5		
140	139.25	140.75									10.4			20.5	25.5
160	159.25	160.75													
180	179.25	180.75													
200	199.25	200.75													

①~④同表 1-1-161。

（5）**槽销（全长锥槽）（GB/T 13829.5—2004）**

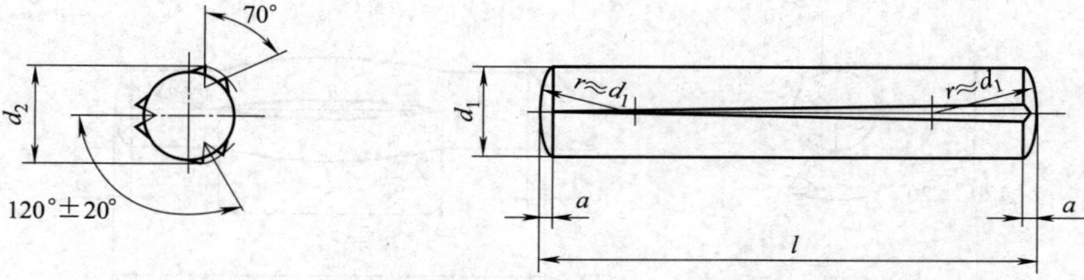

图 1-1-97　槽销（全长锥槽）（GB/T 13829.5—2004）

表 1-1-165　　**槽销（全长锥槽）（GB/T 13829.5—2004）**　　mm

d_1		公称	1.5	2	2.5	3	4	5	6	8	10	12	16	20	25
		公差	h9				h11								
a		≈	0.2	0.25	0.3	0.4	0.5	0.63	0.8	1	1.2	1.6	2	2.5	3
最小剪切载荷/kN 双面剪①			1.6	2.84	4.4	6.4	11.3	17.6	25.4	45.2	70.4	101.8	181	283	444
l②			扩展直径 $d_2$③④												
公称	min	max	+0.05 0	±0.05								±0.1			
8	7.75	8.25	1.63	2.15	2.7	3.25	4.3	5.3							
10	9.75	10.25				3.3			6.3						
12	11.5	12.5	1.6				4.35			8.35					
14	13.5	14.5						5.35	6.35		10.4	12.4			
16	15.5	16.5													
18	17.5	18.5			2.65	3.25				8.4					
20	19.5	20.5													
22	21.5	22.5					4.3	5.3			10.45	12.45			
24	23.5	24.5											16.55		
26	25.5	26.5				3.2							16.6	20.6	25.6
28	27.5	28.5													
30	29.5	30.5													
32	31.5	32.5							6.3	8.35					
35	34.5	35.5													
40	39.5	40.5					4.25								
45	44.5	45.5						5.25			10.4	12.4			
50	49.5	50.5													
55	54.25	55.75							6.25				16.55		
60	59.25	60.75								8.3					
65	64.25	65.75									10.35				
70	69.25	70.75										12.3			
75	74.25	75.75													
80	79.25	80.75													
85	84.25	85.75								8.25					
90	89.25	90.75													
95	94.25	95.75											16.5		
100	99.25	100.75													
120	119.25	120.75									10.3				

①~④同表 1-1-161。

（6）槽销（半长锥槽）（GB/T 13829.6—2004）

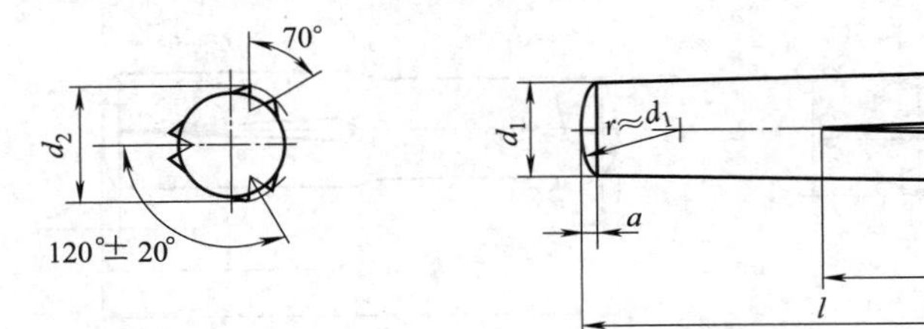

图 1-1-98　槽销（半长锥槽）（GB/T 13829.6—2004）

表 1-1-166　　槽销（半长锥槽）（GB/T 13829.6—2004）　　mm

<table>
<tr><td colspan="2" rowspan="2">d_1</td><td>公称</td><td>1.5</td><td>2</td><td>2.5</td><td>3</td><td>4</td><td>5</td><td>6</td><td>8</td><td>10</td><td>12</td><td>16</td><td>20</td><td>25</td></tr>
<tr><td>公差</td><td colspan="4">h9</td><td colspan="9">h11</td></tr>
<tr><td colspan="2">a</td><td>≈</td><td>0.2</td><td>0.25</td><td>0.3</td><td>0.4</td><td>0.5</td><td>0.63</td><td>0.8</td><td>1</td><td>1.2</td><td>1.6</td><td>2</td><td>2.5</td><td>3</td></tr>
<tr><td colspan="3">最小剪切载荷/kN
双面剪①</td><td>1.6</td><td>2.84</td><td>4.4</td><td>6.4</td><td>11.3</td><td>17.6</td><td>25.4</td><td>45.2</td><td>70.4</td><td>101.8</td><td>181</td><td>283</td><td>444</td></tr>
<tr><td colspan="3">l②</td><td colspan="13">扩展直径 $d_2$③④</td></tr>
<tr><td>公称</td><td>min</td><td>max</td><td colspan="2">+0.05
0</td><td colspan="7">±0.05</td><td colspan="4">±0.1</td></tr>
<tr><td>8</td><td>7.75</td><td>8.25</td><td rowspan="7">1.63</td><td rowspan="12">2.15</td><td rowspan="2">2.65</td><td rowspan="2">3.2</td><td></td><td></td><td></td><td rowspan="3"></td><td rowspan="3"></td><td rowspan="5"></td><td rowspan="9"></td><td rowspan="9"></td><td rowspan="9"></td></tr>
<tr><td>10</td><td>9.75</td><td>10.25</td><td rowspan="2">4.25</td><td rowspan="2">5.25</td><td rowspan="4">6.25</td></tr>
<tr><td>12</td><td>11.5</td><td>12.5</td><td rowspan="10">2.7</td><td rowspan="3">3.25</td></tr>
<tr><td>14</td><td>13.5</td><td>14.5</td><td rowspan="4">4.3</td><td rowspan="4">5.3</td><td rowspan="2">8.25</td><td rowspan="4">10.3</td></tr>
<tr><td>16</td><td>15.5</td><td>16.5</td></tr>
<tr><td>18</td><td>17.5</td><td>18.5</td><td rowspan="7">3.3</td><td rowspan="4">6.3</td><td rowspan="2">8.3</td><td rowspan="2">12.3</td></tr>
<tr><td>20</td><td>19.5</td><td>20.5</td></tr>
<tr><td>22</td><td>21.5</td><td>22.5</td><td rowspan="25"></td><td rowspan="8">4.35</td><td rowspan="10">5.35</td><td rowspan="8">8.35</td><td rowspan="2">10.35</td><td rowspan="2">12.35</td></tr>
<tr><td>24</td><td>23.5</td><td>24.5</td></tr>
<tr><td>26</td><td>25.5</td><td>26.5</td><td rowspan="10">6.35</td><td rowspan="7">10.4</td><td rowspan="7">12.4</td><td rowspan="3">16.5</td><td rowspan="8">20.55</td><td rowspan="8">25.5</td></tr>
<tr><td>28</td><td>27.5</td><td>28.5</td></tr>
<tr><td>30</td><td>29.5</td><td>30.5</td></tr>
<tr><td>32</td><td>31.5</td><td>32.5</td><td rowspan="20"></td><td rowspan="20"></td><td rowspan="3">3.25</td><td rowspan="6">16.55</td></tr>
<tr><td>35</td><td>34.5</td><td>35.5</td></tr>
<tr><td>40</td><td>39.5</td><td>40.5</td></tr>
<tr><td>45</td><td>44.5</td><td>45.5</td><td rowspan="17"></td><td rowspan="4">4.3</td><td rowspan="7">8.4</td></tr>
<tr><td>50</td><td>49.5</td><td>50.5</td><td rowspan="7">10.45</td><td rowspan="7">12.45</td></tr>
<tr><td>55</td><td>54.25</td><td>55.75</td><td rowspan="2">5.3</td><td rowspan="15">20.6</td><td rowspan="15">25.6</td></tr>
<tr><td>60</td><td>59.25</td><td>60.75</td><td rowspan="9">16.6</td></tr>
<tr><td>65</td><td>64.25</td><td>65.75</td><td rowspan="13"></td><td rowspan="13"></td><td rowspan="4">6.3</td></tr>
<tr><td>70</td><td>69.25</td><td>70.75</td></tr>
<tr><td>75</td><td>74.25</td><td>75.75</td></tr>
<tr><td>80</td><td>79.25</td><td>80.75</td><td rowspan="5">8.35</td></tr>
<tr><td>85</td><td>84.25</td><td>85.75</td><td rowspan="9"></td><td rowspan="5">10.4</td><td rowspan="5">12.4</td></tr>
<tr><td>90</td><td>89.25</td><td>90.75</td></tr>
<tr><td>95</td><td>94.25</td><td>95.75</td></tr>
<tr><td>100</td><td>99.25</td><td>100.75</td></tr>
<tr><td>120</td><td>119.25</td><td>120.75</td><td rowspan="5"></td><td rowspan="5">16.55</td></tr>
<tr><td>140</td><td>139.25</td><td>140.75</td><td rowspan="4">10.35</td><td rowspan="4">12.35</td></tr>
<tr><td>160</td><td>159.25</td><td>160.75</td></tr>
<tr><td>180</td><td>179.25</td><td>180.75</td></tr>
<tr><td>200</td><td>199.25</td><td>200.75</td></tr>
</table>

①～④同表 1-1-161。

（7）槽销（半长倒锥槽）（GB/T 13829.7—2004）

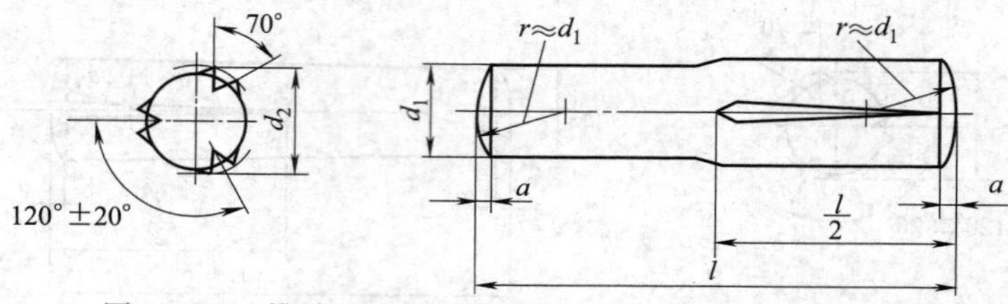

图 1-1-99　槽销（半长倒锥槽）（GB/T 13829.7—2004）

表 1-1-167　　槽销（半长倒锥槽）（GB/T 13829.7—2004）　　mm

d_1 公称			1.5	2	2.5	3	4	5	6	8	10	12	16	20	25
d_1 公差			h9				h11								
a ≈			0.2	0.25	0.3	0.4	0.5	0.63	0.8	1	1.2	1.6	2	2.5	3
最小剪切载荷/kN 双面剪[1]			1.6	2.84	4.4	6.4	11.3	17.6	25.4	45.2	70.4	101.8	181	283	444
l[2]			扩展直径 d_2[3][4]												
公称	min	max	$^{+0.05}_{0}$	±0.05								±0.1			
8	7.75	8.25													
10	9.75	10.25	1.6		2.6	3.1									
12	11.5	12.5		2.1			4.15	5.15							
14	13.5	14.5							6.15						
16	15.5	16.5	1.63			3.15									
18	17.5	18.5			2.65		4.2	5.2		8.2					
20	19.5	20.5													
22	21.5	22.5				3.2			6.25		10.2				
24	23.5	24.5		2.15						8.25					
26	25.5	26.5			2.7										
28	27.5	28.5					4.25	5.25		8.3		12.25	16.25		
30	29.5	30.5									10.3			20.25	25.25
32	31.5	32.5				3.25			6.3						
35	34.5	35.5										12.3	16.3		
40	39.5	40.5								8.35					
45	44.5	45.5									10.4			20.3	25.3
50	49.5	50.5					4.3	5.3				12.4	16.4		
55	54.25	55.75												20.4	25.4
60	59.25	60.75													
65	64.25	65.75							6.35	8.4					
70	69.25	70.75													
75	74.25	75.75									10.45				
80	79.25	80.75										12.5	16.5		
85	84.25	85.75												20.5	25.5
90	89.25	90.75								8.35					
95	94.25	95.75													
100	99.25	100.75													
120	119.25	120.75													
140	139.25	140.75									10.4				
160	159.25	160.75										12.45	16.45		
180	179.25	180.75												20.45	25.45
200	199.25	200.75													

①～④同表 1-1-161。

(8) 圆头槽销（GB/T 13829.8—2004）

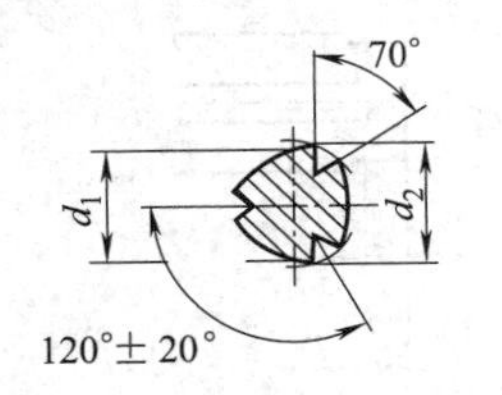

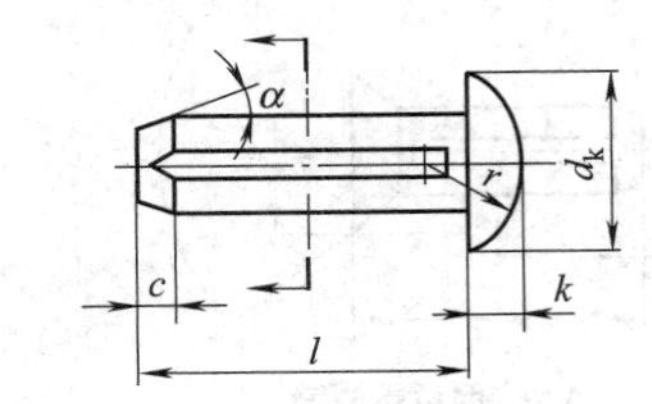

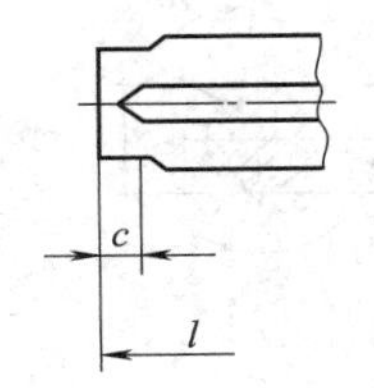

A型-倒角端槽销　　B型-导杆端槽销(其他尺寸见A型)

图 1-1-100　圆头槽销（GB/T 13829.8—2004）

表 1-1-168　　圆头槽销（GB/T 13829.8—2004）

<table>
<tr><td rowspan="3">d_1</td><td colspan="2">公称</td><td>1.4</td><td>1.6</td><td>2</td><td>2.5</td><td>3</td><td>4</td><td>5</td><td>6</td><td>8</td><td>10</td><td>12</td><td>16</td><td>20</td></tr>
<tr><td colspan="2">max</td><td>1.40</td><td>1.60</td><td>2.00</td><td>2.500</td><td>3.000</td><td>4.0</td><td>5.0</td><td>6.0</td><td>8.00</td><td>10.00</td><td>12.0</td><td>16.0</td><td>20.0</td></tr>
<tr><td colspan="2">min</td><td>1.35</td><td>1.55</td><td>1.95</td><td>2.425</td><td>2.925</td><td>3.9</td><td>4.9</td><td>5.9</td><td>7.85</td><td>9.85</td><td>11.8</td><td>15.8</td><td>19.8</td></tr>
<tr><td rowspan="2">d_k</td><td colspan="2">max</td><td>2.6</td><td>3.0</td><td>3.7</td><td>4.6</td><td>5.45</td><td>7.25</td><td>9.1</td><td>10.8</td><td>14.4</td><td>16.0</td><td>19.0</td><td>25.0</td><td>32.0</td></tr>
<tr><td colspan="2">min</td><td>2.2</td><td>2.6</td><td>3.3</td><td>4.2</td><td>4.95</td><td>6.75</td><td>8.5</td><td>10.2</td><td>13.6</td><td>14.9</td><td>17.7</td><td>23.7</td><td>30.7</td></tr>
<tr><td rowspan="2">k</td><td colspan="2">max</td><td>0.9</td><td>1.1</td><td>1.3</td><td>1.6</td><td>1.95</td><td>2.55</td><td>3.15</td><td>3.75</td><td>5.0</td><td>7.4</td><td>8.4</td><td>10.9</td><td>13.9</td></tr>
<tr><td colspan="2">min</td><td>0.7</td><td>0.9</td><td>1.1</td><td>1.4</td><td>1.65</td><td>2.25</td><td>2.85</td><td>3.45</td><td>4.6</td><td>6.5</td><td>7.5</td><td>10.0</td><td>13.0</td></tr>
<tr><td colspan="2">r</td><td>≈</td><td>1.4</td><td>1.6</td><td>1.9</td><td>2.4</td><td>2.8</td><td>3.8</td><td>4.6</td><td>5.7</td><td>7.5</td><td>8</td><td>9.5</td><td>13</td><td>16.5</td></tr>
<tr><td colspan="3">c</td><td>0.42</td><td>0.48</td><td>0.6</td><td>0.75</td><td>0.9</td><td>1.2</td><td>1.5</td><td>1.8</td><td>2.4</td><td>3.0</td><td>3.6</td><td>4.8</td><td>6</td></tr>
<tr><td colspan="3">l①</td><td colspan="13">扩展直径 $d_2$②③</td></tr>
<tr><td>公称</td><td>min</td><td>max</td><td colspan="2">+0.05
0</td><td colspan="7">±0.05</td><td colspan="4">±0.1</td></tr>
<tr><td>3</td><td>2.8</td><td>3.2</td><td rowspan="4">1.5</td><td rowspan="5">1.7</td><td rowspan="6">2.15</td><td rowspan="7">2.7</td><td></td><td rowspan="2"></td><td rowspan="3"></td><td rowspan="4"></td><td rowspan="5"></td><td rowspan="6"></td><td rowspan="7"></td><td rowspan="8"></td><td rowspan="9"></td></tr>
<tr><td>4</td><td>3.7</td><td>4.3</td><td rowspan="7">3.2</td></tr>
<tr><td>5</td><td>4.7</td><td>5.3</td><td rowspan="7">4.25</td></tr>
<tr><td>6</td><td>5.7</td><td>6.3</td><td rowspan="7">5.25</td></tr>
<tr><td>8</td><td>7.7</td><td>8.3</td><td rowspan="9"></td><td rowspan="7">6.3</td></tr>
<tr><td>10</td><td>9.7</td><td>10.3</td><td rowspan="8"></td><td rowspan="8">8.3</td></tr>
<tr><td>12</td><td>11.6</td><td>12.4</td><td rowspan="7"></td><td rowspan="7">10.35</td></tr>
<tr><td>16</td><td>15.6</td><td>16.4</td><td rowspan="6"></td><td rowspan="6">12.35</td></tr>
<tr><td>20</td><td>19.5</td><td>20.5</td><td rowspan="5"></td><td rowspan="5">16.4</td></tr>
<tr><td>25</td><td>24.5</td><td>25.5</td><td rowspan="4"></td><td rowspan="4">20.5</td></tr>
<tr><td>30</td><td>29.5</td><td>30.5</td><td rowspan="3"></td></tr>
<tr><td>35</td><td>34.5</td><td>35.5</td><td rowspan="2"></td></tr>
<tr><td>40</td><td>39.5</td><td>40.5</td></tr>
</table>

① 阶梯实线间为商品长度规格范围。

② 扩展直径 d_2 仅适用于由冷镦钢制造的槽销。对其他材料，如不锈钢，则应从给出的数值中减去一定的数量，并应经供需双方协议。

③ 对 d_2 应使用光滑通、止环规进行检验。

（9）沉头槽销（GB/T 13829.9—2004）

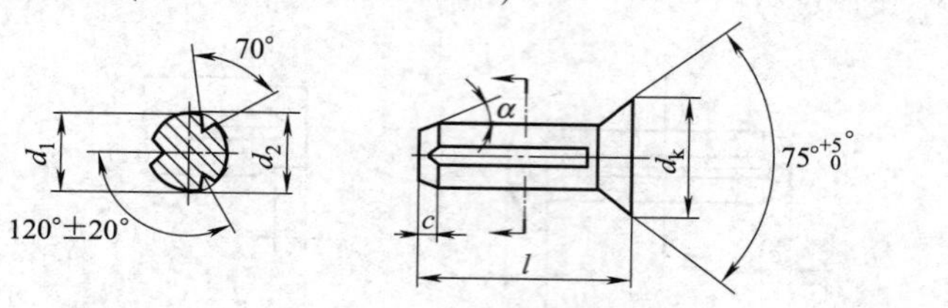

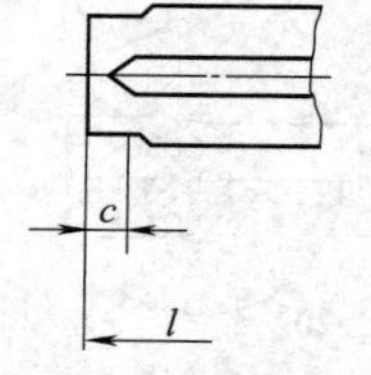

A型-倒角端槽销　　B型-导杆端槽销(其他尺寸见A型)

图 1-1-101　沉头槽销（GB/T 13829.9—2004）

表 1-1-169　　沉头槽销（GB/T 13829.9—2004）　　mm

<table>
<tr><td colspan="2" rowspan="3">d_1</td><td>公称</td><td>1.4</td><td>1.6</td><td>2</td><td>2.5</td><td>3</td><td>4</td><td>5</td><td>6</td><td>8</td><td>10</td><td>12</td><td>16</td><td>20</td></tr>
<tr><td>max</td><td>1.40</td><td>1.60</td><td>2.00</td><td>2.500</td><td>3.000</td><td>4.0</td><td>5.0</td><td>6.0</td><td>8.00</td><td>10.00</td><td>12.0</td><td>16.0</td><td>20.0</td></tr>
<tr><td>min</td><td>1.35</td><td>1.55</td><td>1.95</td><td>2.425</td><td>2.925</td><td>3.9</td><td>4.9</td><td>5.9</td><td>7.85</td><td>9.85</td><td>11.8</td><td>15.8</td><td>19.8</td></tr>
<tr><td colspan="2" rowspan="2">d_k</td><td>max</td><td>2.7</td><td>3.0</td><td>3.7</td><td>4.6</td><td>5.45</td><td>7.25</td><td>9.1</td><td>10.8</td><td>14.4</td><td>16.0</td><td>19.0</td><td>26.0</td><td>31.5</td></tr>
<tr><td>min</td><td>2.3</td><td>2.6</td><td>3.3</td><td>4.2</td><td>4.95</td><td>6.75</td><td>8.5</td><td>10.2</td><td>13.6</td><td>14.9</td><td>17.7</td><td>23.7</td><td>30.7</td></tr>
<tr><td colspan="3">c</td><td>0.42</td><td>0.48</td><td>0.6</td><td>0.75</td><td>0.9</td><td>1.2</td><td>1.5</td><td>1.8</td><td>2.4</td><td>3.0</td><td>3.6</td><td>4.8</td><td>6</td></tr>
<tr><td colspan="3">l①</td><td colspan="13">扩展直径 $d_2$②③</td></tr>
<tr><td>公称</td><td>min</td><td>max</td><td colspan="2">$^{+0.05}_{0}$</td><td colspan="7">±0.05</td><td colspan="4">±0.1</td></tr>
<tr><td>3</td><td>2.8</td><td>3.2</td><td rowspan="4">1.5</td><td rowspan="5">1.7</td><td></td><td></td><td rowspan="2"></td><td rowspan="3"></td><td rowspan="4"></td><td rowspan="4"></td><td rowspan="5"></td><td rowspan="6"></td><td rowspan="7"></td><td rowspan="8"></td><td rowspan="9"></td></tr>
<tr><td>4</td><td>3.7</td><td>4.3</td><td rowspan="5">2.15</td><td rowspan="6">2.7</td></tr>
<tr><td>5</td><td>4.7</td><td>5.3</td><td rowspan="6">3.2</td></tr>
<tr><td>6</td><td>5.7</td><td>6.3</td><td rowspan="6">4.25</td></tr>
<tr><td>8</td><td>7.7</td><td>8.3</td><td rowspan="9"></td><td rowspan="6">5.25</td><td rowspan="7">6.3</td></tr>
<tr><td>10</td><td>9.7</td><td>10.3</td><td rowspan="8"></td><td rowspan="8">8.3</td></tr>
<tr><td>12</td><td>11.6</td><td>12.4</td><td rowspan="7"></td><td rowspan="7">10.35</td></tr>
<tr><td>16</td><td>15.6</td><td>16.4</td><td rowspan="6"></td><td rowspan="6">12.35</td></tr>
<tr><td>20</td><td>19.5</td><td>20.5</td><td rowspan="5"></td><td rowspan="5">16.4</td></tr>
<tr><td>25</td><td>24.5</td><td>25.5</td><td rowspan="4"></td><td rowspan="4">20.5</td></tr>
<tr><td>30</td><td>29.5</td><td>30.5</td><td rowspan="3"></td></tr>
<tr><td>35</td><td>34.5</td><td>35.5</td><td rowspan="2"></td></tr>
<tr><td>40</td><td>39.5</td><td>40.5</td></tr>
</table>

①~③同表 1-1-168。

1.7.8 销轴（GB/T 882—2008）

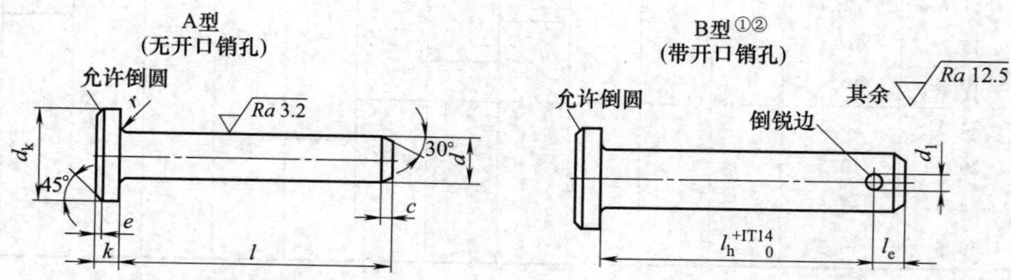

①其余尺寸、角度和表面粗糙度值见A型。

②某些情况下，不能按l-l_e计算l_h尺寸，所需要的尺寸应在标记(见GB/T 882 — 2008中第5章)中注明，但不允许l_h尺寸小于表1-1-170规定的数值 。

注:用于铁路和开口销承受交变横向力的场合，推荐采用表1-1-170规定的下一档较大的开口销及相应的孔径。

图 1-1-102　销轴（GB/T 882—2008）

【用途】 作零件之间的铰连接用。其特点是：连接比较松动，装拆方便。B 型带有销孔，尚可配合开口销使用。

【规格】 见表 1-1-170。

表 1-1-170 销轴（GB/T 882—2008） mm

d		h11[1]	3	4	5	6	8	10	12	14	16	18
d_k		h14	5	6	8	10	14	18	20	22	25	28
d_1		H13[2]	0.8	1	1.2	1.6	2	3.2	3.2	4	4	5
c		max	1	1	2	2	2	2	3	3	3	3
e		≈	0.5	0.5	1	1	1	1	1.6	1.6	1.6	1.6
k		js14	1	1	1.6	2	3	4	4	4	4.5	5
l_e		min	1.6	2.2	2.9	3.2	3.5	4.5	5.5	6	6	7
r			0.6	0.6	0.6	0.6	0.6	0.6	0.6	0.6	0.6	1
l[3]												
公称	min	max										
6	5.75	6.25										
8	7.75	8.25										
10	9.75	10.25										
12	11.5	12.5										
14	13.5	14.5										
16	15.5	16.5		商								
18	17.5	18.5										
20	19.5	20.5										
22	21.5	22.5										
24	23.5	24.5				品						
26	25.5	26.5										
28	27.5	28.5										
30	29.5	30.5										
32	31.5	32.5					长					
35	34.5	35.5										
40	39.5	40.5										
45	44.5	45.5										
50	49.5	50.5										
55	54.25	55.75						度				
60	59.25	60.75										
65	64.25	65.75										
70	69.25	70.75										
75	74.25	75.75							范			
80	79.25	80.75										
85	84.25	85.75										
90	89.25	90.75										
95	94.25	95.75										
100	99.25	100.75									围	
120	119.25	120.75										
140	139.25	140.75										
160	159.25	160.75										
180	179.25	180.75										
200	199.25	200.75										

第1篇

续表

d	h11①		20	22	24	27	30	33	36	40
d_k	h14		30	33	36	40	44	47	50	55
d_1	H13②		5	5	6.3	6.3	8	8	8	8
c	max		4	4	4	4	4	4	4	4
e	≈		2	2	2	2	2	2	2	2
k	js14		5	5.5	6	6	8	8	8	8
l_e	min		8	8	9	9	10	10	10	10
r			1	1	1	1	1	1	1	1
l③										
公称	min	max								
40	39.5	40.5								
45	44.5	45.5								
50	49.5	50.5								
55	54.25	55.75		商						
60	59.25	60.75								
65	64.25	65.75			品					
70	69.25	70.75								
75	74.25	75.75				长				
80	79.25	80.75								
85	84.25	85.75					度			
90	89.25	90.75								
95	94.25	95.75								
100	99.25	100.75						范		
120	119.25	120.75								
140	139.25	140.75								
160	159.25	160.75							围	
180	179.25	180.75								
200	199.25	200.75								
d	h11①		45	50	55	60	70	80	90	100
d_k	h14		60	66	72	78	90	100	110	120
d_1	H13②		10	10	10	10	13	13	13	13
c	max		4	4	6	6	6	6	6	6
e	≈		2	2	3	3	3	3	3	3
k	js14		9	9	11	12	13	13	13	13
l_e	min		12	12	14	14	16	16	16	16
r			1	1	1	1	1	1	1	1
l③										
公称	min	max								
90	89.25	90.75								
95	94.25	95.75	商							
100	99.25	100.75								
120	119.25	120.75		品						
140	139.25	140.75			长					
160	159.25	160.75				度				
180	179.25	180.75					范			
200	199.25	200.75						围		

①其他公差，如 a11、c11、f8 应由供需双方协议。

② 孔径 d_1 等于开口销的公称规格（见 GB/T 91）。

③ 公称长度大于 200mm，按 20mm 递增。

【标记示例】

公称直径 d=20mm、长度 l=100mm、由钢制造的硬度为 125~245HV、表面氧化处理的 B 型销轴的标记：

销　GB/T 882　20×100

开口销孔为 6.3mm，其余要求与上述示例相同的销轴的标记：

销　GB/T 882　20×100×6.3

孔距 l_h = 80mm、开口销孔为 6.3mm，其余要求与上述示例相同的销轴的标记：

销　GB/T 882　20×100×6.3×80

孔距 l_h = 80mm，其余要求与上述示例相同的销轴的标记：

销　GB/T 882　20×100×80

1.8　铆　　钉

1.8.1　平头铆钉与扁平头铆钉

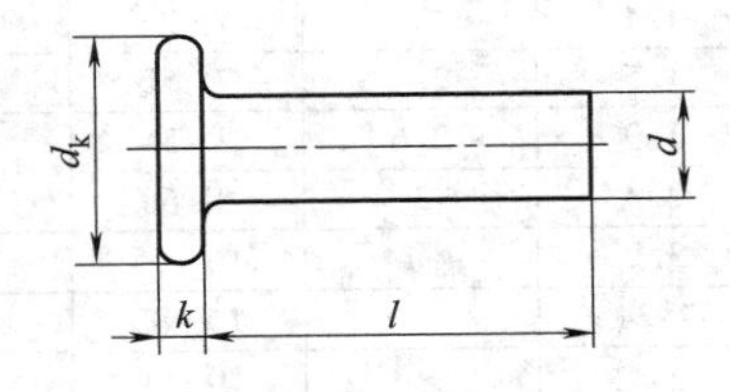

平头铆钉(GB/T 109—1986)

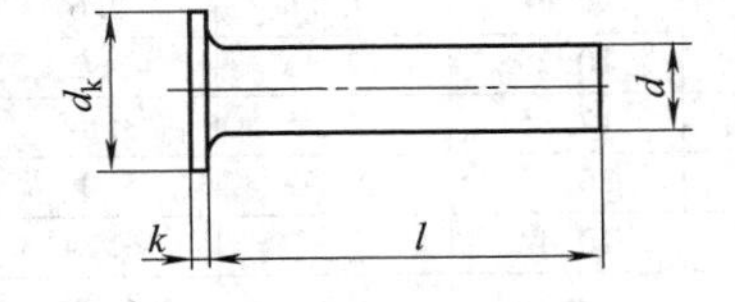

扁平头铆钉(GB/T 872—1986)

图 1-1-103　平头铆钉与扁平头铆钉

【其他名称】 扁头铆钉、白铁工铆钉、箍桶铆钉、锅钉。

【用途】 用于扁薄件的铆接，作强固接缝作用。

【规格】 见表 1-1-171。

表 1-1-171　平头铆钉与扁平头铆钉　mm

公称直径 d		(1.2)	1.4	(1.6)	2	2.5	3	(3.5)	4	5	6	8	10
头部直径 d_k max	平头	—	—	—	4.24	5.24	6.24	7.29	8.29	10.29	12.35	16.35	20.42
	扁平头	2.4	2.7	3.2	3.74	4.74	5.74	6.79	7.79	9.79	11.85	15.85	19.42
头部厚度 k max	平头	—	—	—	1.2	1.4	1.6	1.8	2	2.2	2.6	3	3.34
	扁平头	0.58	0.58	0.58	0.68	0.68	0.88	0.88	1.13	1.13	1.13	1.13	1.63
钉杆长度 l 公称	平头	—	—	—	4~8	5~10	6~14	6~18	8~22	10~26	12~30	16~30	20~30
	扁平头	1.5~6	2~7	2~8	2~13	3~15	3.5~30	5~36	5~40	6~50	7~50	9~50	10~50
l 的系列(公称)		1.5,2,2.5,3,3.5,4,5,6,7,8,9,10,11,12,13,14,15,16,17,18,19,20,22,24,26,28,30,32,34,36,38,40,42,44,46,48,50											

注：尽量不采用括号内的规格。

1.8.2　半圆头、扁圆头与大扁圆头铆钉

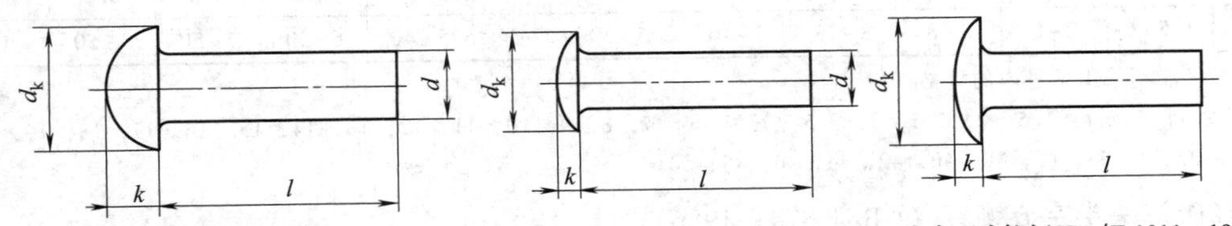

(a) 半圆头铆钉(GB/T 867—1986)　(b) 扁圆头铆钉(GB/T 871—1986)　(c) 大扁圆头铆钉(GB/T 1011—1986)

图 1-1-104　半圆头、扁圆头与大扁圆头铆钉

【用途】 半圆头铆钉多用于承受较大横向载荷的铆缝，如锅炉、容器、桥梁木桁架等的铆接；扁圆头、大扁圆头铆钉主要用于金属薄板或非金属材料的铆接。

【规格】 见表1-1-172。

表1-1-172 半圆头、扁圆头与大扁圆头铆钉 mm

公称直径 d	头部直径 d_k max			头部厚度 k max			钉杆长度 l 公称		
	半圆头	扁圆头	大扁圆头	半圆头	扁圆头	大扁圆头	半圆头	扁圆头	大扁圆头
0.6	1.3	—	—	0.5	—	—	1~6	—	—
0.8	1.6	—	—	0.6	—	—	1.5~8	—	—
1	2	—	—	0.7	—	—	2~8	—	—
(1.2)	2.3	2.6	—	0.8	0.6	—	2.5~8	1.5~6	—
1.4	2.7	3	—	0.9	0.7	—	3~12	2~8	—
(1.6)	3.2	3.44	—	1.2	0.8	—	3~12	2~8	—
2	3.74	4.24	5.04	1.4	0.9	1	3~16	2~13	3.5~16
2.5	4.84	5.24	6.49	1.8	0.9	1.4	5~20	3~16	3.5~20
3	5.54	6.24	7.49	2	1.2	1.6	5~26	3.5~30	3.5~24
(3.5)	5.59	7.29	8.79	2.3	1.4	1.9	7~26	5~36	6~28
4	7.39	8.29	9.89	2.6	1.5	2.1	7~50	7~50	6~32
5	9.00	10.29	12.45	3.2	1.9	2.6	7~55	6~50	8~40
6	11.35	12.35	14.85	3.84	2.4	3	8~60	7~50	10~40
8	14.35	16.35	19.92	5.04	3.2	4.14	16~65	9~50	14~50
10	17.35	20.42	—	6.24	4.24	—	16~85	10~50	—
12	21.42	—	—	8.29	—	—	20~90	—	—
(14)	24.42	—	—	9.29	—	—	22~100	—	—
16	29.42	—	—	10.29	—	—	26~110	—	—

注：尽可能不采用括号内的规格。

1.8.3 半空心铆钉

(1) 扁圆头半空心铆钉（GB/T 873—1986）

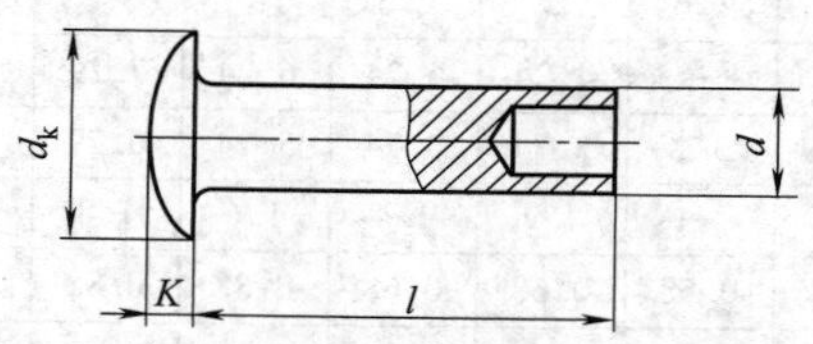

图1-1-105 扁圆头半空心铆钉（GB/T 873—1986）

【用途】 铆接方面，钉头较弱，只适用于受载不大处。

【规格】 见表1-1-173。

表1-1-173 扁圆头半空心铆钉（GB/T 873—1986） mm

d(公称)	(1.2)	1.4	(1.6)	2	2.5	3	(3.5)	4	5	6	8	10
$d_{k\,max}$	2.6	3	3.44	4.24	5.24	6.24	7.29	8.29	10.29	12.35	16.35	20.42
K_{max}	0.6	0.7	0.8	0.9	0.9	1.2	1.4	1.5	1.9	2.4	3.2	4.24
l	1.5~6	2~8	2~8	2~13	3~16	3.5~30	5~36	5~40	6~50	7~50	9~50	10~50

注：1. 尽可能不采用括号内的规格。

2. l长度系列（mm）：1.5，2，2.5，3，3.5，4，5，6，7，8，9，10，11，12，13，14，15，16，17，18，19，20，22，24，26，28，30，32，34，36，38，40，42，44，46，48，50。

(2) 120°沉头半空心铆钉（GB/T 874—1986）

【用途】 用于表面平滑且受力不大处。

【规格】 见表1-1-174。

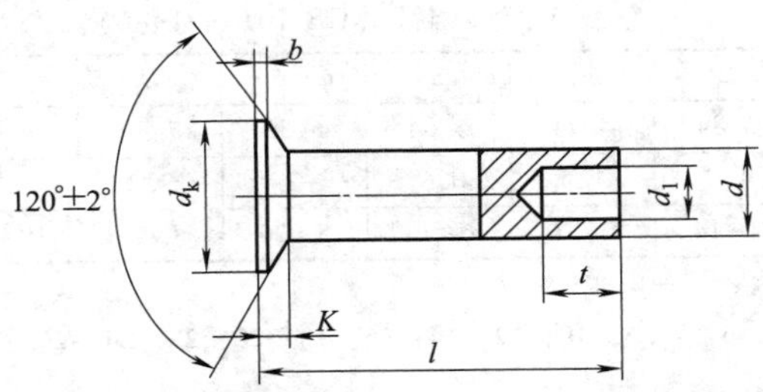

图 1-1-106　120°沉头半空心铆钉（GB/T 874—1986）

表 1-1-174　**120°沉头半空心铆钉**（GB/T 874—1986）　mm

d(公称)	(1.2)	1.4	(1.6)	2	2.5	3	(3.5)	4	5	6	8
d_{kmax}	2.83	3.45	3.95	4.75	5.35	6.28	7.08	7.98	9.68	11.72	15.82
K≈	0.5	0.6	0.7	0.8	0.9	1	1.1	1.2	1.4	1.7	2.3
l	1.5~6	2.5~8	2.5~10	3~10	4~15	5~20	6~36	6~42	7~50	8~50	10~50

注：1. 尽可能不采用括号内的规格。

2. l 长度系列（mm）：1.5，2，2.5，3，3.5，4，5，6，7，8，9，10，11，12，13，14，15，16，17，18，19，20，22，24，26，28，30，32，34，36，38，40，42，44，46，48，50。

(3) 扁平头半空心铆钉（GB/T 875—1986）

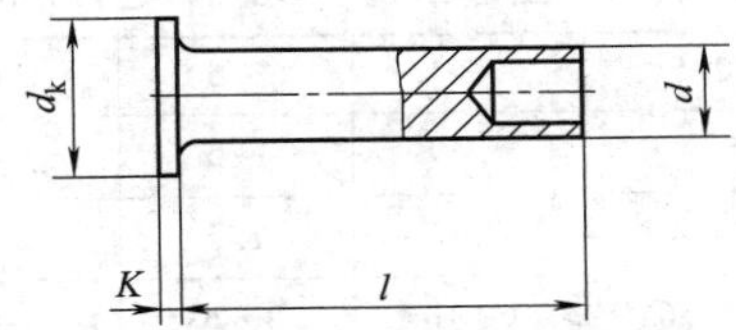

图 1-1-107　扁平头半空心铆钉（GB/T 875—1986）

【用途】 用于薄金属或非金属材料且力不大处。

【规格】 见表 1-1-175。

表 1-1-175　**扁平头半空心铆钉**（GB/T 875—1986）　mm

d(公称)	(1.2)	1.4	(1.6)	2	2.5	3	(3.5)	4	5	6	8	10
d_{kmax}	2.4	2.7	3.2	3.74	4.74	5.74	6.79	7.79	9.79	11.85	15.85	19.42
K_{max}	0.58	0.58	0.58	0.68	0.68	0.88	0.88	1.13	1.13	1.33	1.33	1.63
l	1.5~6	2~7	2~8	2~13	3~15	3.5~30	5~36	5~40	6~50	7~50	9~50	10~50

注：1. 尽可能不采用括号内的规格。

2. l 长度系列（mm）：1.5，2，2.5，3，3.5，4，5，6，7，8，9，10，11，12，13，14，15，16，17，18，19，20，22，24，26，28，30，32，34，36，38，40，42，44，46，48，50。

(4) 平锥头半空心铆钉（GB 1013—1986）

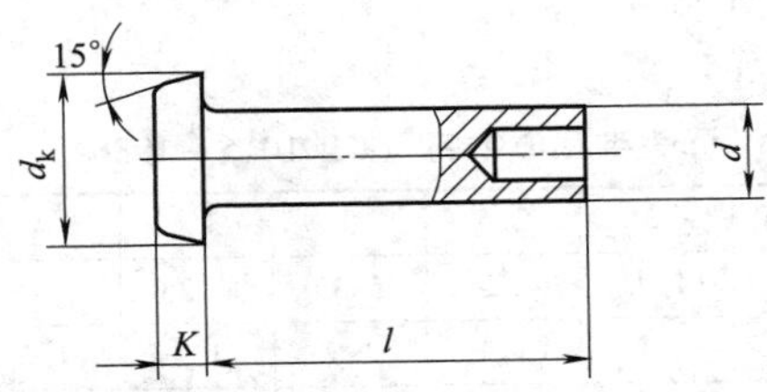

图 1-1-108　平锥头半空心铆钉（GB 1013—1986）

【用途】 用于耐腐蚀且受力不大处。

【规格】 见表 1-1-176。

表 1-1-176　　平锥头半空心铆钉（GB 1013—1986）　　mm

d(公称)	1.4	(1.6)	2	2.5	3	(3.5)	4	5	6	8	10
d_{kmax}	2.7	3.2	3.84	4.74	5.64	6.59	7.49	9.29	11.15	14.75	18.35
K_{max}	0.9	0.9	1.2	1.5	1.7	2	2.2	2.7	3.2	4.24	5.24
l	3~8	3~10	4~14	5~16	6~18	8~20	8~24	10~40	12~40	14~50	18~50

注：1. 尽可能不采用括号内的规格。

2. l 长度系列（mm）：3，4，5，6，7，8，10，12，14，16，18，20，22，24，26，28，30，32，34，36，38，40，42，44，46，48，50。

（5）大扁圆头半空心铆钉（GB 1014—1986）

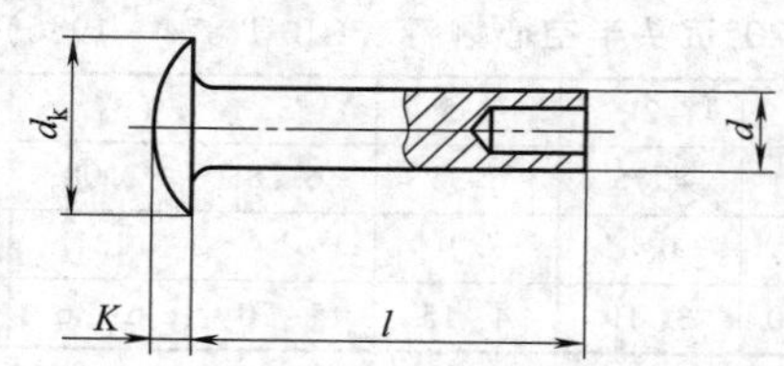

图 1-1-109　大扁圆头半空心铆钉（GB 1014—1986）

【用途】 用于非金属材料受力很小处。

【规格】 见表 1-1-177。

表 1-1-177　　大扁圆头半空心铆钉（GB 1014—1986）　　mm

d(公称)	2	2.5	3	(3.5)	4	5	6	8
d_{kmax}	5.04	6.49	7.49	8.79	9.89	12.45	14.85	19.92
K_{max}	1	1.4	1.6	1.9	2.1	2.6	3	4.14
l	4~14	5~16	6~18	8~20	8~24	10~40	12~40	14~40

注：1. 尽可能不采用括号内的规格。

2. l 长度系列（mm）：4，5，6，7，8，10，12，14，16，18，20，22，24，26，28，30，32，34，36，38，40。

（6）沉头半空心铆钉（GB 1015—1986）

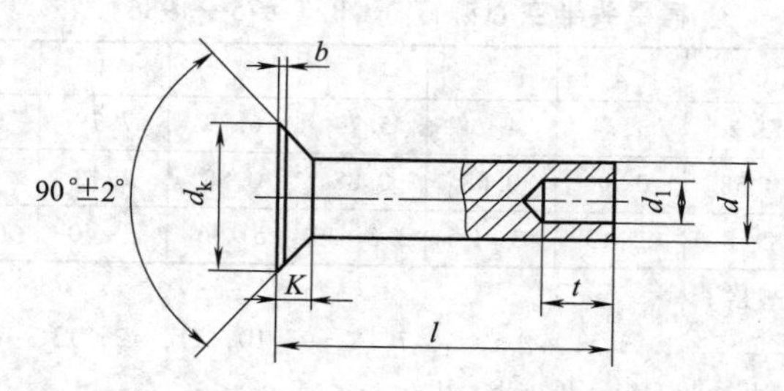

图 1-1-110　沉头半空心铆钉（GB 1015—1986）

【用途】 用于表面平滑且受力不大处。

【规格】 见表 1-1-178。

表 1-1-178　　沉头半空心铆钉（GB 1015—1986）　　mm

d(公称)	1.4	(1.6)	2	2.5	3	(3.5)	4	5	6	8	10
d_{kmax}	2.83	3.03	4.05	4.75	5.35	6.28	7.18	8.98	10.62	14.22	17.82
K≈	0.7	0.7	1	1.1	1.2	1.4	1.6	2	2.4	3.2	4
l	3~8	3~10	4~14	5~16	6~18	8~20	8~24	10~40	12~40	14~50	18~50

注：1. 尽可能不采用括号内的规格。

2. l 长度系列（mm）：3，4，5，6，7，8，10，12，14，16，18，20，22，24，26，28，30，32，34，36，38，40，42，44，46，48，50。

1.8.4 抽芯铆钉

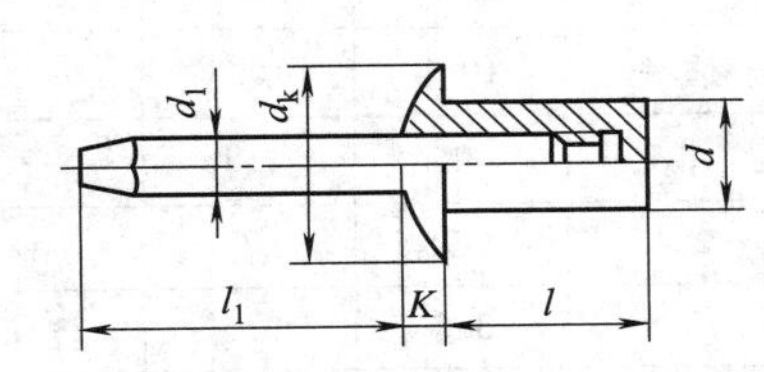

(a) 封闭型平圆头抽芯铆钉 (GB/T 12615.1～12615.4—2004)

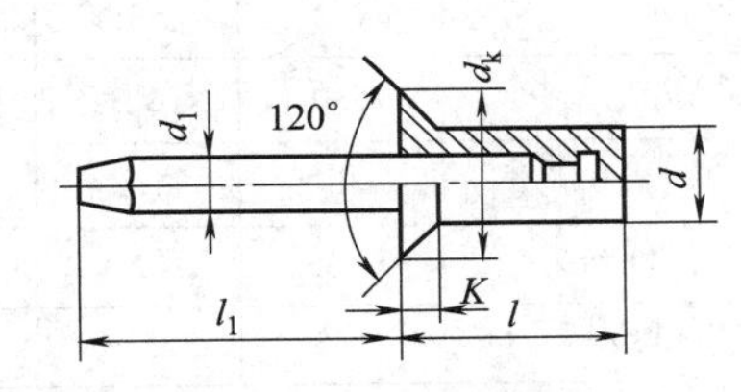

(b) 封闭型沉头抽芯铆钉(GB/T 12616.1—2004)

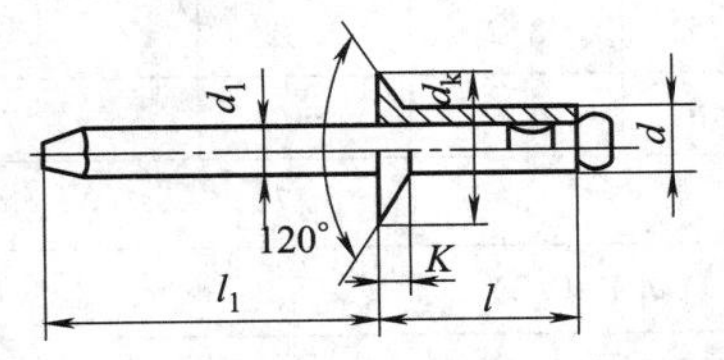

(c) 开口型沉头抽芯铆钉 (GB/T 12617.1～12617.5—2006)

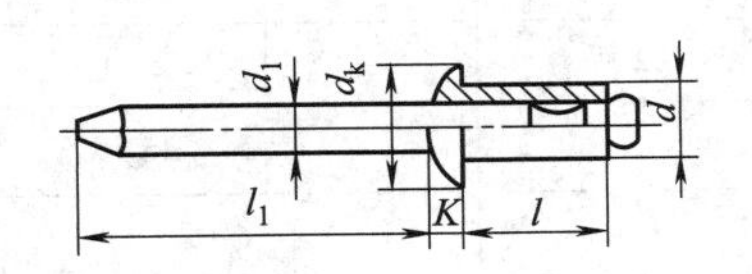

(d) 开口型平圆头抽芯铆钉 (GB/T 12618.1～12618.6—2006)

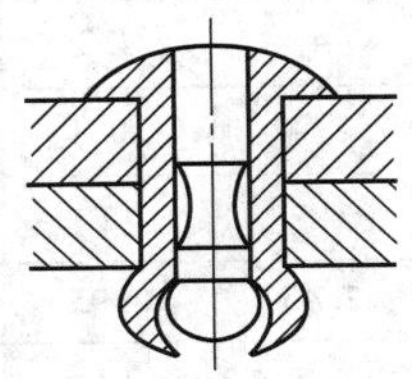

(e) 开口型铆接示意图

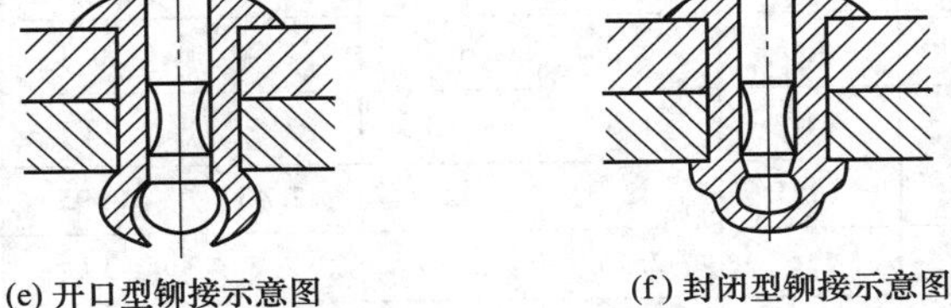

(f) 封闭型铆接示意图

图 1-1-111 抽芯铆钉

【其他名称】 盲铆钉。

【用途】 用于铆接两个零件，使之成为一件整体的一种特殊铆钉。其特点是单面进行铆接操作，但需使用专门的工具——拉铆枪（手动、电动、气动），特别适用于不便采用普通铆钉（须从两面进行铆接）的零件。广泛用于建筑、汽车、船舶、飞机、机器、电器、家具等行业。其中以开口型扁圆头抽芯铆钉应用最广，沉头抽芯铆钉应用于表面不允许露出的场合；封闭型抽芯铆钉应用于要求较高强度和一定密封性能的场合。

【规格】 见表 1-1-179～表 1-1-181。

抽芯铆钉品种和标准号：

GB/T 12615.1—2004 封闭型平圆头抽芯铆钉 11 级
GB/T 12615.2—2004 封闭型平圆头抽芯铆钉 30 级
GB/T 12615.3—2004 封闭型平圆头抽芯铆钉 06 级
GB/T 12615.4—2004 封闭型平圆头抽芯铆钉 51 级
GB/T 12616.1—2004 封闭型沉头抽芯铆钉 11 级
GB/T 12617.1—2006 开口型沉头抽芯铆钉 10、11 级
GB/T 12617.2—2006 开口型沉头抽芯铆钉 30 级
GB/T 12617.3—2006 开口型沉头抽芯铆钉 12 级
GB/T 12617.4—2006 开口型沉头抽芯铆钉 51 级
GB/T 12617.5—2006 开口型沉头抽芯铆钉 20、21、22 级
GB/T 12618.1—2006 开口型平圆头抽芯铆钉 10、11 级
GB/T 12618.2—2006 开口型平圆头抽芯铆钉 30 级
GB/T 12618.3—2006 开口型平圆头抽芯铆钉 12 级
GB/T 12618.4—2006 开口型平圆头抽芯铆钉 51 级
GB/T 12618.5—2006 开口型平圆头抽芯铆钉 20、21、22 级
GB/T 12618.6—2006 开口型平圆头抽芯铆钉 40、41 级

表 1-1-179　　**抽芯铆钉**　　mm

开口型(沉头)抽芯铆钉主要尺寸

公称直径 d		2.4	3	3.2	4	4.8	5	6	6.4
钉体头直径 d_{kmax}		5.0	6.3	6.7	8.4	10.1	10.5	—	—
钉体头高度 k_{max}		1	1.3	1.3	1.7	2	2.1	—	—
钉芯直径 d_{amax}	10、11 级	1.55	2	2	2.45	2.95	2.95	—	—
	30 级	1.5	2.15	2.15	2.8	3.5	3.5	3.4	4
	12 级	1.6	2.1	2.55	3.05	4	—	—	—
	51 级	—	2.05	2.15	2.75	3.2	3.25	—	—
	20、21、22 级	—	2	2	2.45	2.95	—	—	—
钉芯伸出长度 p		25			27				
铆钉孔直径		$d+(0.1\sim0.2)$							

开口型(平圆头)抽芯铆钉主要尺寸

公称直径 d		2.4	3	3.2	4	4.8	5	6	6.4
钉体头直径 d_{kmax}		5.0	6.3	6.7	8.4	10.1	10.5	12.6	13.4
钉体头高度 k_{max}		1	1.3	1.3	1.7	2	2.1	2.5	2.7
钉芯直径 d_{amax}	10、11 级	1.55	2	2	2.45	2.95	2.95	3.4	3.9
	30 级	1.5	2.15	2.15	2.8	3.5	3.5	3.4	4
	12 级	1.6	—	2.1	2.55	3.05	4	—	—
	51 级	—	2.05	2.15	2.75	3.2	3.25	—	—
	20、21、22 级	—	2	2	2.45	2.95	—	—	—
	40、41 级	—	—	2.15	2.75	3.2	—	—	3.9
钉芯伸出长度 p		25			27				
铆钉孔直径		$d+(0.1\sim0.2)$							

性能等级	主要尺寸		性能等级	主要尺寸	
	d	l(公称长度)		d	l(公称长度)
开口型(沉头)抽芯铆钉			开口型(平圆头)抽芯铆钉		
10、11	2.4	4,6,8,10,12	10、11	4	6,8,10,12,16,20,25
	3	6,8,10,12,16,20,25		4.8	6,8,10,12,16,20,25,30
	3.2			5	
	4	8,10,12,16,20,25		6	8,10,12,16,20,25,30
	4.8	8,10,12,16,20,25,30		6.4	12,16,20,25,30
	5		30	2.4	6,8,12
30	2.4	6,8,12		3	6,8,10,12,16,20
	3	6,8,10,12,16,20		3.2	
	3.2			4	6,8,10,12,16,20,30
	4			4.8	8,10,12,16,20,25,30
	4.8	8,10,12,16,20,25		5	
	5			6	10,12,16,20,25,30

续表

性能等级	主要尺寸	
	d	l(公称长度)
开口型(沉头)抽芯铆钉		
12	6	10,12,16,20,25
	6.4	
	2.4	6
	3.2	6,8,10,12,16,20
	4	8,10,12,16,20
	4.8	
	6.4	12,16,20
51	3	6,8,10,12,16
	3.2	
	4	
	4.8	8,10,12,16,18
	5	
20、21、22	3	5,6,8,10,12,14
	3.2	
	4	5,6,8,10,12,14,16
	4.8	8,10,12,14,16,18,20
开口型(平圆头)抽芯铆钉		
10、11	2.4	4,6,8,10,12
	3	4,6,8,10,12,16,20,25
	3.2	

性能等级	主要尺寸	
	d	l(公称长度)
开口型(平圆头)抽芯铆钉		
	6.4	
12	2.4	6,9,12
	3.2	5,6,8,10,12,16,20,25
	4	6,8,10,12,16,20,25
	4.8	6,8,10,12,16,20,25,30
	5	12,16,20,25,30
51	3	6,8,10,12,14,16
	3.2	
	4	6,8,10,12,14,16,18,20,25
	4.8	6,8,10,12,16,18,20,25
	5	
20、21、22	3	5,6,8,10,12,14
	3.2	
	4	5,6,8,10,12,14,16
	4.8	8,10,12,14,16,18,20
40、41	3.2	5,8,10,12
	4	5,8,10,12,14,16,18,20
	4.8	6,10,12,14,16,18,20
	6.4	12,18

表 1-1-180　　封闭型（平圆头、沉头）抽芯铆钉　　mm

封闭型(平圆头、沉头)抽芯铆钉主要尺寸							
公称直径 d			3.2	4	4.8	5	6.4
钉体头直径 d_{kmax}			6.7	8.4	10.1	10.5	13.4
钉体头高度 k_{max}			1.3	1.7	2	2.1	2.7
钉芯直径 d_{amax}	平圆头	其余等级	1.85	2.35	2.77	2.8	3.75
		30级	2	2.35	2.95	—	3.9
		51级	2.15	2.75	3.2	—	3.9
	沉头	11级	1.85	2.35	2.77	2.8	3.75
钉芯伸出长度 p			25		27		
铆钉孔直径			d+(0.1~0.2)				

性能等级	主要尺寸	
	d	l(公称长度)
封闭型平圆头抽芯铆钉		
11	3.2 4 4.8 5 6.4	6.5,8,9.5,11,12.5 8,9.5,11,12.5,14.5 8.5,9.5,11,13, 14.5,16,18,21 12.5,15.5
30	3.2 4 4.8 6.4	6,8,10,12 6,8,10,12,15 8,10,12,15 15,16,21
06	3.2 4 4.8	8,9.5,11 9.5,11.5,12.5 8,11,14.5,18

性能等级	主要尺寸	
	d	l(公称长度)
封闭型平圆头抽芯铆钉		
06	6.4	12.5,14.5,18
51	3.2 4 4.8 6.4	6,8,10,12,14 6,8,10,12,14,16 8,10,12,16,20 12,16,20
封闭型沉头抽芯铆钉		
11	3.2 4 4.8 5 6.4	8,9.5,11,12.5 8,9.5,11,12.5,14.5 8.5,9.5,11,13, 14.5,16,18,21 12.5,15.5

表 1-1-181　　抽芯铆钉的材料及力学性能

性能等级	钉体材料		钉芯材料
	种类	牌号	
06	纯铝	L3,L4	LC3,LY12
08		L5,L6	
10	铝合金	LF2,LF3,LF10	0.8F,10,15 35,45
11		LF5-1,LF5	
30	碳素钢	08F,10,15	
50	特种钢	0Cr19Ni9	
51		1Cr18Ni9	1Cr18Ni9,2Cr13

形式	性能等级	试验项目	抽芯铆钉公称直径 d/mm				
			3	(3.2)	4	5	6
开口型	06	抗剪载荷	240	285	450	710	940
		抗拉载荷	310	370	590	920	1250
	08	抗剪载荷	300	360	540	990	1170
		抗拉载荷	380	450	750	1150	1560
	10	抗剪载荷	475	530	850	1280	1875
		抗拉载荷	595	670	1020	1525	2040
	11	抗剪载荷	680	760	1200	2000	3000
		抗拉载荷	870	980	1600	2500	3900
	30	抗剪载荷	1015	1160	1650	2675	4040
		抗拉载荷	1225	1385	2090	3355	5020
	50	抗剪载荷	1200	1875	2890	4250	6500
	51	抗拉载荷	1350	2360	3650	5550	8830
封闭型	06	抗剪载荷	—	450	580	1000	—
		抗拉载荷	—	490	820	1200	—
	11	抗剪载荷	930	1070	1710	2880	3460
		抗拉载荷	1080	1245	2240	3840	4540
	50	抗剪载荷	—	2000	3000	4500	—
	51	抗拉载荷	—	2500	4000	5500	—
材料		铆芯材料由制造者选择					

1.8.5　击芯铆钉

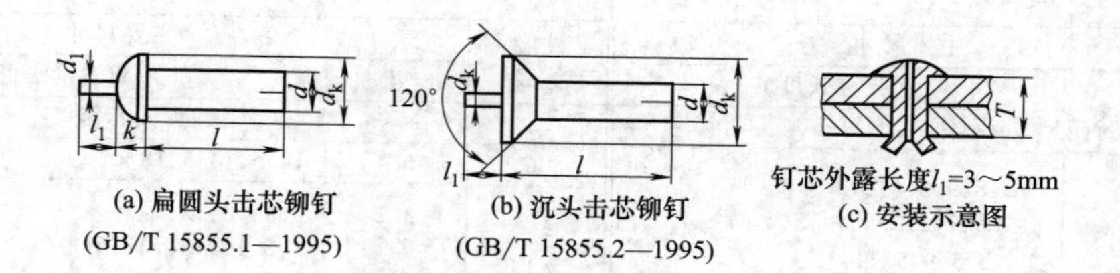

(a) 扁圆头击芯铆钉 (GB/T 15855.1—1995)　(b) 沉头击芯铆钉 (GB/T 15855.2—1995)　(c) 安装示意图

图 1-1-112　击芯铆钉（GB/T 15855.1、15855.2—1995）

【用途】 用于铆接两个零件，使之成为一个整体。将铆钉插入零件的铆孔中，用手锤敲击钉芯头部，使钉芯端面与铆钉头端平齐，即完成铆接操作，甚为方便。特别适用于不便采用普通铆钉（须两面进行铆接）或抽芯铆钉（缺乏拉铆枪）的场合。通常用扁圆头击芯铆钉（GB/T 15855.1—1995），沉头击芯铆钉（GB/T 15855.2—1995）用于表面不允许露出的场合。

【规格】 见表 1-1-182。

表 1-1-182　　击芯铆钉（GB/T 15855.1、15855.2—1995）　　mm

公称直径 d	3	4	5	(6)	6.4
头部直径 d_k　max	6.24	8.29	9.89	12.35	13.29
头部高度 k　max	1.4	1.7	2	2.4	3
钉芯直径 d_1　参考	1.8	2.18	2.8	3.6	3.8
钻孔直径	3.1	4.1	5.1	6.1	6.5
公称长度 l	6~15	6~20	8~25	8~45	8~45
l 的系列（公称）	6,7,8,9,10,(11),12,(13),14,(15),16,(17),18,(19),20,(21),22,(23),24,(25),26,(27),28,(29),30,(31),32,(33),34,(35),36,(37),38,(39),40,(41),42,(43),44,(45)				

钉体材料		钉芯材料	
种类	牌号	种类	牌号
铝合金	LF5-1	低碳、中碳结构钢丝	由制造者选择
低碳钢	08F,10,15	不锈钢	2Cr13

注：尽量不采用括号内的规格。

1.8.6　沉头铆钉

(1) 沉头铆钉（粗制）（GB 865—1986）

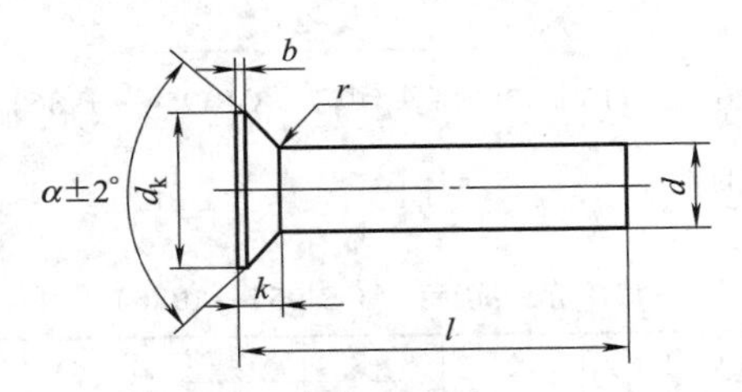

图 1-1-113　沉头铆钉（粗制）（GB 865—1986）

【用途】 用于表面需平滑受载不大的铆缝。

【规格】 见表 1-1-184。

表 1-1-183　　沉头铆钉（粗制）（GB 865—1986）　　mm

公称直径 d	12	(14)	16	(18)	20	(22)	24	(27)	30	36
d_k　max	18.6	21.5	24.7	28	32	36	39	43	50	58
k　≈	6	7	8	9	11	12	13	14	17	19
l 公称	20~75	20~100	24~100	28~150	30~150	38~180	50~180	55~180	60~200	65~200
l 的系列（公称）	20,22,24,26,28,30,32,35,38,40,42,45,48,50,52,55,58,60,65,70,75,80,85,90,95,100,110,120,130,140,150,160,170,180,190,200									

(2) 沉头铆钉（GB 869—1986）

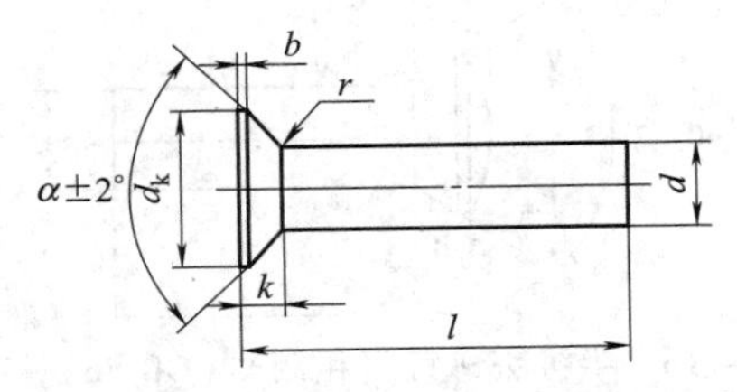

图 1-1-114　沉头铆钉（GB 869—1986）

【规格】 见表 1-1-184（GB 869—1986）。

表 1-1-184　　沉头铆钉（GB 869—1986）　　mm

公称直径 d	1	(1.2)	1.4	(1.6)	2	2.5	3	(3.5)	4	5	6	8	10	12	(14)	16
b max	2.03	2.23	2.83	3.03	4.05	4.75	5.35	6.28	7.18	8.98	10.62	14.22	17.82	18.86	21.76	24.96
k ≈	0.5	0.5	0.7	0.7	1	1.1	1.2	1.4	1.6	2	2.4	3.2	4	6	7	8
l 公称	2~8	2.5~8	3~12	3~12	3.5~16	5~18	5~22	6~24	6~30	6~50	6~50	12~60	16~75	18~75	20~100	24~100
l的系列(公称)	2,2.5,3,3.5,4,5,6,7,8,9,10,11,12,13,14,15,16,17,18,19,20,22,24,26,28,30,32,34,36,38,40,42,44,46,48,50,52,55,58,60,62,65,68,70,75,80,85,90,95,100															

注：尽可能不采用括号内的规格。

（3）120°沉头铆钉（GB 954—1986）

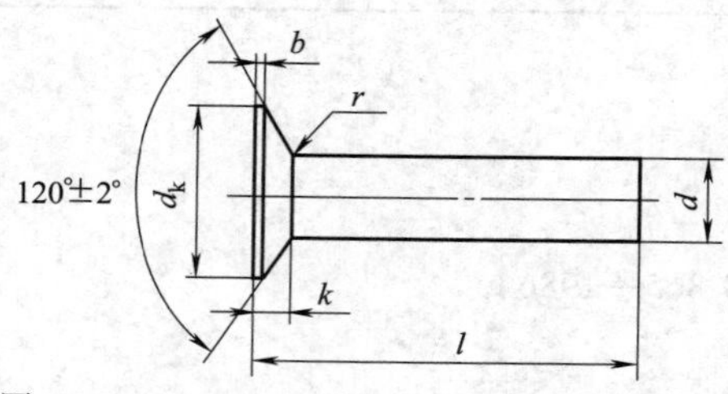

图 1-1-115　120°沉头铆钉（GB 954—1986）

【用途】　用于零件表面需平滑的地方。

【规格】　见表 1-1-185。

表 1-1-185　　120°沉头铆钉（GB 954—1986）　　mm

d(公称)	1.2	1.4	(1.6)	2	2.5	3	(3.5)	4	5	6	8
d_{kmax}	2.83	3.45	3.95	4.75	5.35	6.28	7.08	7.98	9.68	11.72	15.82
k≈	0.5	0.6	0.7	0.8	0.9	1	1.1	1.2	1.4	1.7	2.3
l	1.5~6	2.5~8	2.5~10	3~10	4~15	5~20	6~36	6~42	7~50	8~50	10~50

注：1. 尽可能不采用括号内的规格。

2. l长度系列（mm）：1.5，2，2.5，3，3.5，4，5，6，7，8，9，10，11，12，13，14，15，16，17，18，19，20，22，24，26，28，30，32，34，36，38，40，42，44，46，48，50。

1.8.7　半沉头铆钉

（1）半沉头铆钉（粗制）（GB 866—1986）

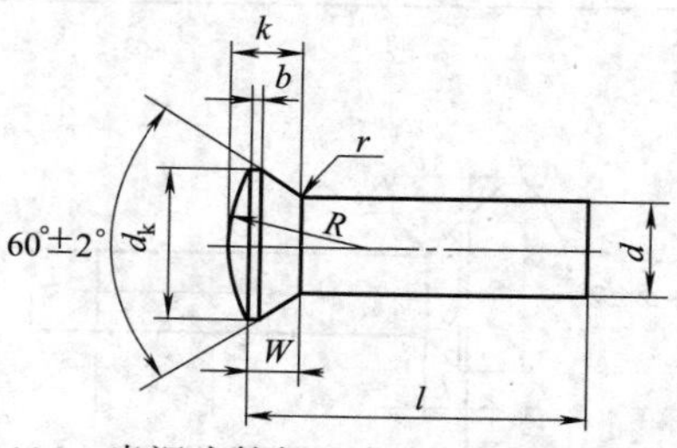

图 1-1-116　半沉头铆钉（粗制）（GB 866—1986）

【用途】　用于表面需光滑受载不大的铆接。

【规格】　见表 1-1-186。

表 1-1-186　　半沉头铆钉（粗制）（GB 866—1986）　　mm

d(公称)	12	(14)	16	18	20	(22)	24	(27)	30	36
d_{kmax}	19.6	22.5	25.7	29	33.4	37.4	40.4	44.4	51.4	59.8
$k\approx$	8.8	10.4	11.4	12.8	15.3	16.8	18.3	19.5	23	26
l	20~75	20~100	24~100	28~150	30~150	38~180	50~180	55~180	60~200	65~200

注：1. 尽可能不采用括号内的规格。

2. l 长度系列（mm）：20，22，24，26，28，30，32，35，38，40，42，45，48，50，52，55，58，60，65，70，75，80，85，90，95，100，110，120，130，140，150，160，170，180，190，200。

（2）半沉头铆钉（GB/T 870—1986）

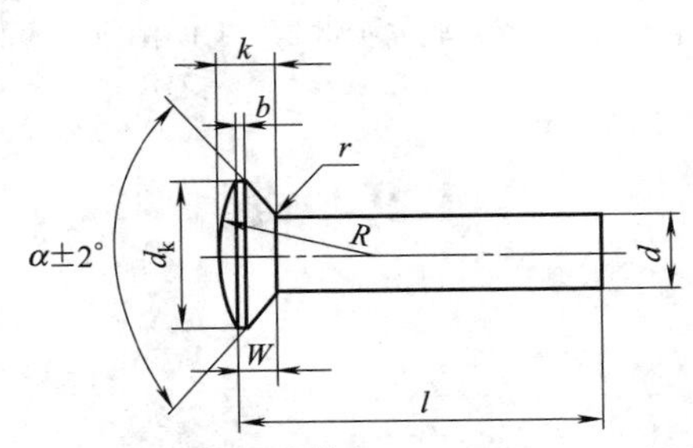

图 1-1-117　半沉头铆钉（GB/T 870—1986）

【用途】 用于表面需光滑受载不大的铆接。

【规格】 见表 1-1-187。

表 1-1-187　　半沉头铆钉（GB/T 870—1986）　　mm

d			d_k		k	α
公称	max	min	max	min	≈	
1	1.06	0.94	2.03	1.77	0.8	90°
1.2	1.26	1.14	2.23	1.97	0.85	
1.4	1.46	1.34	2.83	2.57	1.1	
1.6	1.66	1.54	3.03	2.77	1.15	
2	2.06	1.94	4.05	3.75	1.55	
2.5	2.56	2.44	4.75	4.45	1.8	
3	3.06	2.94	5.35	5.05	2.05	
3.5	3.58	3.42	6.28	5.92	2.4	
4	4.08	3.92	7.18	6.82	2.7	
5	5.08	4.92	8.98	8.62	3.1	
6	6.08	5.92	10.62	10.18	4	
8	8.1	7.9	14.22	13.78	5.2	
10	10.1	9.9	17.82	17.38	6.6	
12	12.12	11.88	18.86	18.34	8.8	60°
14	14.12	13.88	21.76	21.24	10.4	
16	16.12	15.88	24.96	24.44	11.1	

（3）120°半沉头铆钉（GB 1012—1986）

【用途】 用于需表面平滑受载不大之处。

【规格】 见表 1-1-188。

表 1-1-188　　120°半沉头铆钉（GB 1012—1986）　　mm

d(公称)	3	(3.5)	4	5	6
d_{kmax}	6.28	7.08	7.98	9.68	11.72
$k\approx$	1.8	1.9	2	2.2	2.5
l	5~24	6~28	6~32	8~40	10~40

注：1. 尽可能不采用括号内的规格。

2. l 长度系列（mm）：5，6，7，8，9，10，11，12，13，14，15，16，17，18，19，20，22，24，26，28，30，32，34，36，38，40。

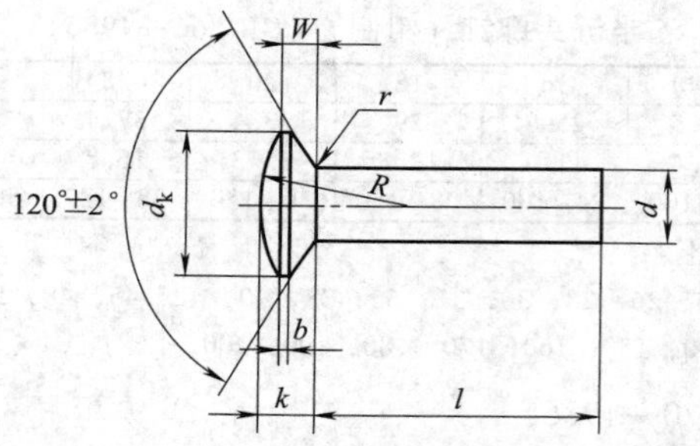

图 1-1-118　120°半沉头铆钉（GB 1012—1986）

1.9　键

1.9.1　普通平键

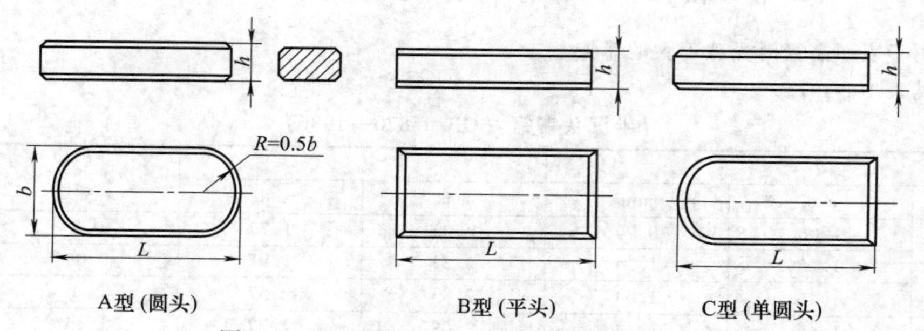

图 1-1-119　普通平键（GB/T 1096—2003）

【其他名称】 平销、方销。

【用途】 用于轴上固定齿轮、带轮、链轮、凸轮和飞轮等回转零件，起连接和传递动力的作用。

【规格】 见表 1-1-189（GB/T 1096—2003）。

表 1-1-189　　普通平键（GB/T 1096—2003）　　mm

宽度 b（公称）	高度 h（公称）	长度 L（公称）	适用公称轴径 d	宽度 b（公称）	高度 h（公称）	长度 L（公称）	适用公称轴径 d
2	2	6~20	自 6~8	28	16	80~320	>95~110
3	3	6~36	>8~10	32	18	90~360	>110~130
4	4	8~45	>10~12	36	20	100~400	>130~150
5	5	10~56	>12~17	40	22	100~400	>150~170
6	6	14~70	>17~22	45	25	110~450	>170~200
8	7	18~90	>22~30	50	28	125~500	>200~230
10	8	22~110	>30~38	56	32	140~500	>230~260
12	8	28~140	>38~44	63	32	160~500	>260~290
14	9	36~160	>44~50	70	36	180~500	>290~330
16	10	45~180	>50~58	80	40	200~500	>330~280
18	11	50~200	>58~65	90	45	220~500	>380~440
20	12	56~220	>65~75	100	50	250~500	>440~500
22	14	63~250	>75~85	110	55	280~500	>500~560
25	14	72~80	>85~95	120	60	315~500	>560~630
L 的系列（公称）		6,8,10,12,14,16,18,20,22,25,28,32,36,40,45,50,56,63,70,80,90,100,110,125,140,160,180,200,220,250,280,320,360,400,450,500					

1.9.2 导向型平键（GB/T 1097—2003）

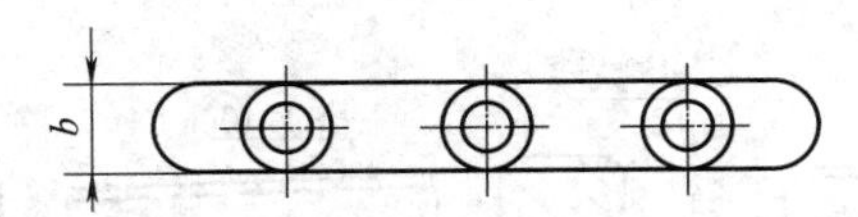

图 1-1-120 导向型平键（GB/T 1097—2003）

【用途】 适用于轴上零件作轴向移动的导向用。

【规格】 见表 1-1-190。

表 1-1-190 导向型平键（GB/T 1097—2003） mm

宽度 b	高度	长度	相配螺钉尺寸
8	7	25~90	M3×8
10	8	25~110	M3×10
12	8	28~140	M4×10
14	9	36~160	M5×10
16	10	45~180	M5×10
18	11	50~200	M6×12
20	12	56~220	M6×12
22	14	63~250	M6×16
25	14	70~280	M8×16
28	16	80~320	M8×16
32	18	90~360	M10×20
36	20	100~400	M12×25
40	22	100~400	M12×25
45	25	110~450	M12×25

1.9.3 普通型半圆键

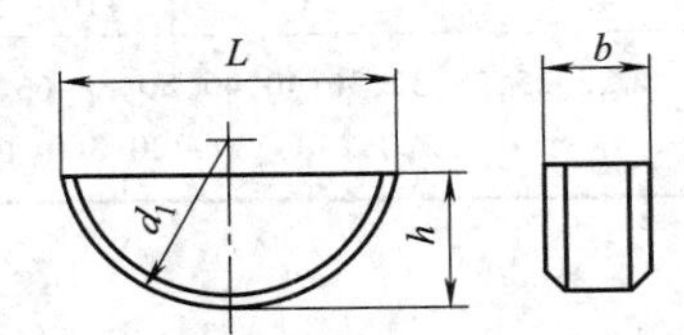

图 1-1-121 普通型半圆键（GB/T 1099. 1—2003）

【用途】 适用于载荷较小的连接或作辅助连接装置，如汽车、拖拉机、机床等，亦用于圆锥面的连接。

【规格】 见表 1-1-191（GB/T 1099. 1—2003）。

表 1-1-191 普通型半圆键（GB/T 1099. 1—2003） mm

宽度×厚度×半圆直径（公称）（b×h×d）	长度 L ≈	选用轴径 D		宽度×厚度×半圆直径（公称）（b×h×d）	长度 L ≈	选用轴径 D	
		键传递转矩用	键传动定位用			键传递转矩用	键传动定位用
1. 0×1. 4×4	3. 9	自 3~4	自 3~4	4. 0×7. 5×19	18. 6	>14~16	>20~22
1. 5×2. 6×7	6. 8	>4~5	>4~6	5. 5×6. 5×16	15. 7	>16~18	>22~25
2. 0×2. 6×7	6. 8	>5~6	>6~8	5. 0×7. 5×19	18. 6	>18~20	>25~28
2. 0×3. 7×10	9. 7	>6~7	>8~10	5. 0×9. 0×22	21. 6	>20~22	>28~32
2. 5×3. 7×10	9. 7	>7~8	>10~12	6. 6×9. 0×22	21. 6	>22~25	>32~36
3. 5×5. 0×13	12. 6	>8~10	>12~15	6. 0×10×25	24. 5	>25~28	>36~40
3. 0×6. 5×16	15. 7	>10~12	>15~18	8. 0×11×28	27. 3	>28~32	40
4. 0×6. 5×16	15. 7	>12~14	>18~20	10×13×32	31. 4	>32~38	—

1.9.4 普通楔键

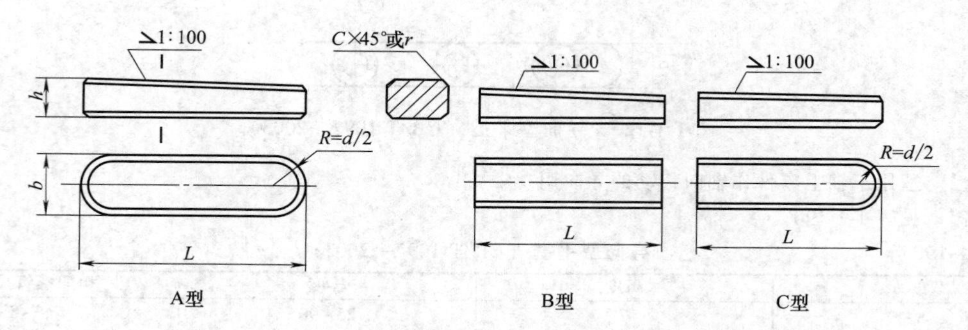

图 1-1-122 普通楔键（GB/T 1564—2003）

【用途】 用于不要求对中、不受冲击和非变载荷的低速连接，键上有 1∶100 的斜度，能传递转矩及轴向力。

【规格】 见表 1-1-192（GB/T 1564—2003）。

表 1-1-192 普通楔键（GB/T 1564—2003） mm

宽度 b（公称）	厚度（大头）h（公称）	长度 L（公称）	宽度 b（公称）	厚度（大头）h（公称）	长度 L（公称）	宽度 b（公称）	厚度（大头）h（公称）	长度 L（公称）
2	2	6~20	16	10	45~180	50	28	125~500
3	3	6~36	18	11	50~200	56	32	140~500
4	4	8~45	20	12	55~220	63	32	160~500
5	5	10~56	22	14	63~250	70	36	180~500
6	6	14~70	28	16	80~320	80	40	200~500
8	7	18~90	32	18	90~360	90	45	220~500
10	8	22~100	36	20	100~400	100	50	250~500
12	8	28~140	40	22	100~400			
14	9	36~160	45	25	110~450			
L 的系列（公称）	6,8,10,12,14,16,18,22,25,28,32,36,40,45,50,56,63,70,80,90,100,110,125,140,160,180,200,220,250,280,320,360,400,450,500							

1.9.5 钩头楔键

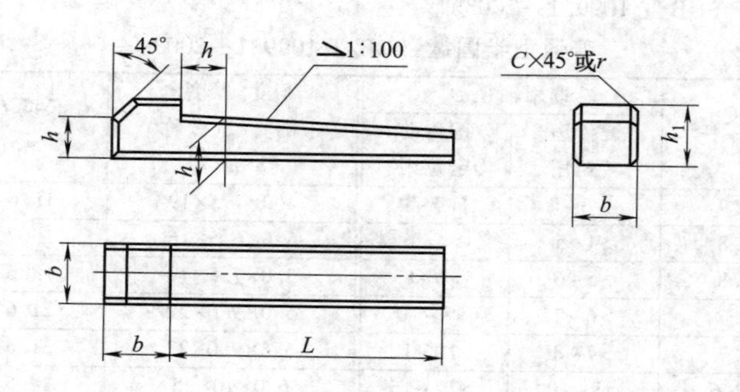

图 1-1-123 钩头楔键（GB/T 1565—2003）

【规格】 见表 1-1-193（GB/T 1565—2003）。

表 1-1-193 钩头楔键（GB/T 1565—2003） mm

宽度 b（公称）	厚度 h（公称）	长度 L（公称）	宽度 b（公称）	厚度 h（公称）	长度 L（公称）	宽度 b（公称）	厚度 h（公称）	长度 L（公称）
4	4	14~45	18	11	50~200	50	28	125~500
5	5	14~56	20	12	56~220	56	32	140~500
6	6	14~70	22	14	63~520	63	32	160~500
8	7	18~90	28	16	80~320	70	36	180~500
10	8	22~110	32	18	90~360	80	40	200~500
12	8	28~140	36	20	100~400	90	45	220~500
14	9	36~160	40	22	100~400	100	50	250~500
16	10	45~180	45	25	110~450			
L的系列（公称）	6,8,10,12,14,16,18,22,25,28,32,36,40,45,50,56,63,70,80,90,100,110,125,140,160,180,200,220,250,280,320,360,400,450,500							

第2章 传动件

2.1 滚动轴承

2.1.1 滚动轴承代号方法

(1) 概述

轴承代号由基本代号、前置代号和后置代号构成。基本代号表示轴承的基本类型、结构和尺寸，是轴承代号的基础。轴承外形尺寸符合 GB/T 273.1、GB/T 273.2、GB/T 273.3、GB/T 3882 任一标准的规定，其基本代号由轴承类型代号、尺寸系列代号、内径代号构成，其排列顺序按表 1-2-1 的规定。

表 1-2-1 **轴承代号的构成**（GB/T 271—2017）

<table>
<tr><td colspan="6">轴承代号</td></tr>
<tr><td rowspan="4">前置代号</td><td colspan="4">基本代号</td><td rowspan="4">后置代号</td></tr>
<tr><td colspan="3">轴承系列</td><td rowspan="3">内径代号</td></tr>
<tr><td rowspan="2">类型代号</td><td colspan="2">尺寸系列代号</td></tr>
<tr><td>宽度(或高度)系列代号</td><td>直径系列代号</td></tr>
</table>

(2) 轴承类型代号

轴承类型代号用数字或字母按表 1-2-2 的规定表示。

表 1-2-2 **轴承类型代号**（GB/T 272—2017）

<table>
<tr><td>代号</td><td>轴承类型</td><td>代号</td><td>轴承类型</td></tr>
<tr><td>0</td><td>双列角接触球轴承</td><td rowspan="2">N</td><td>圆柱滚子轴承</td></tr>
<tr><td>1</td><td>调心球轴承</td><td>双列或多利用字母 NN 表示</td></tr>
<tr><td>2</td><td>调心滚子轴承和推力调心滚子轴承</td><td>U</td><td>外球面球轴承</td></tr>
<tr><td>3</td><td>圆锥滚子轴承①</td><td>QJ</td><td>四点接触球轴承</td></tr>
<tr><td>4</td><td>双列深沟球轴承</td><td>C</td><td>长弧面滚子轴承(圆环轴承)</td></tr>
<tr><td>5</td><td>推力球轴承</td><td></td><td></td></tr>
<tr><td>6</td><td>深沟球轴承</td><td></td><td></td></tr>
<tr><td>7</td><td>角接触球轴承</td><td></td><td></td></tr>
<tr><td>8</td><td>推力圆柱滚子轴承</td><td></td><td></td></tr>
</table>

① 符合 GB/T 273.1 的圆锥滚子轴承代号按 GB/T 272—2017 中附录 A 的规定。

注：在代号后或前加字母或数字表示该类轴承中的不同结构。

(3) 轴承尺寸系列代号

轴承尺寸系列代号由轴承的宽（高）度系列代号和直径系列代号组成。向心轴承、推力轴承尺寸系列代号见表 1-2-3。

(4) 轴承系列代号

轴承系列代号由轴承类型代号和尺寸系列代号组成。常用的轴承类型、尺寸系列代号及组成的轴承系列代号见表 1-2-4。

表 1-2-3　　**尺寸系列代号**（GB/T 272—2017）

直径系列代号	向心轴承								推力轴承			
	宽度系列代号								高度系列代号			
	8	0	1	2	3	4	5	6	7	9	1	2
	尺寸系列代号											
7	—	—	17	—	37	—	—	—	—	—	—	—
8	—	08	18	28	38	48	58	68	—	—	—	—
9	—	09	19	29	39	49	59	69	—	—	—	—
0	—	00	10	20	30	40	50	60	70	90	10	—
1	—	01	11	21	31	41	51	61	71	91	11	—
2	82	02	12	22	32	42	52	62	72	92	12	22
3	83	03	13	23	33	—	—	—	73	93	13	23
4	—	04	—	24	—	—	—	—	74	94	14	24
5	—	—	—	—	—	—	—	—	—	95	—	—

表 1-2-4　　**轴承系列代号**（GB/T 272—2017）

轴承类型	简图	类型代号	尺寸系列代号	轴承系列代号	标准号
双列角接触球轴承		(0)	32	32	GB/T 296
			33	33	
调心球轴承		1	39	139	GB/T 281
		1	(1)0	10	
		1	30	130	
		1	(0)2	12	
		(1)	22	22	
		1	(0)3	13	
		(1)	23	23	
调心滚子轴承		2	38	238	GB/T 288
			48	248	
			39	239	
			49	249	
			30	230	
			40	240	
			31	231	
			41	241	
			22	222	
			32	232	
			03①	213	
			23	223	
推力调心滚子轴承		2	92	292	GB/T 5859
			93	293	
			94	294	
圆锥滚子轴承		3	29	329	GB/T 297
			20	320	
			30	330	
			31	331	
			02	302	
			22	322	
			32	332	
			03	303	
			13	313	
			23	323	

续表

轴承类型		简图	类型代号	尺寸系列代号	轴承系列代号	标准号
双列深沟球轴承			4	(2)2	42	—
				(2)3	43	
推力球轴承	推力球轴承		5	11	511	GB/T 301
				12	512	
				13	513	
				14	514	
	双向推力球轴承		5	22	522	GB/T 301
				23	523	
				24	524	
	带球面座圈的推力球轴承		5	12[2]	532	GB/T 28697
				13[2]	533	
				14[2]	534	
	带球面座圈的双向推力球轴承		5	22[3]	542	
				23[3]	543	
				24[3]	544	
深沟球轴承			6	17	617	GB/T 276
				37	637	
				18	618	
				19	619	
			16	(0)0	160	
			6	(1)0	60	
				(0)2	62	
				(0)3	63	
				(0)4	64	
角接触球轴承			7	18	718	GB/T 292
				19	719	
				(1)0	70	
				(0)2	72	
				(0)3	73	
				(0)4	74	
推力圆柱滚子轴承			8	11	811	GB/T 4663
				12	812	
圆柱滚子轴承	外圈无挡边圆柱滚子轴承		N	10	N10	GB/T 283
				(0)2	N2	
				22	N22	
				(0)3	N3	
				23	N23	
				(0)4	N4	
	内圈无挡边圆柱滚子轴承		NU	10	NU10	
				(0)2	NU2	
				22	NU22	
				(0)3	NU3	
				23	NU23	
				(0)4	NU4	

续表

轴承类型		简图	类型代号	尺寸系列代号	轴承系列代号	标准号
圆柱滚子轴承	内圈单挡边圆柱滚子轴承		NJ	(0)2	NJ2	GB/T 283
				22	NJ22	
				(0)3	NJ3	
				23	NJ23	
				(0)4	NJ4	
	内圈单挡边并带平挡圈圆柱滚子轴承		NUP	(0)2	NUP2	
				22	NUP22	
				(0)3	NUP3	
				23	NUP23	
				(0)4	NUP4	
	外圈单挡边圆柱滚子轴承		NF	(0)2	NF2	
				(0)3	NF3	
				23	NF23	
	双列圆柱滚子轴承		NN	49	NN49	GB/T 285
				30	NN30	
	内圈无挡边双列圆柱滚子轴承		NNU	49	NNU49	GB/T 285
				41	NNU41	
外球面球轴承	带顶丝外球面球轴承		UC	2	UC2	GB/T 3882
				3	UC3	
	带偏心套外球面球轴承		UEL	2	UEL2	
				3	UEL3	
	圆锥孔外球面球轴承		UK	2	UK2	
				3	UK3	
四点接触球轴承			QJ	(0)2	QJ2	GB/T 294
				(0)3	QJ3	
				10	QJ10	
长弧面滚子轴承			C	29	C29	—
				39	C39	
				49	C49	
				59	C59	
				69	C69	
				30	C30	
				40	C40	
				50	C50	
				60	C60	
				31	C31	
				41	C41	
				22	C22	
				32	C32	

① 尺寸系列实为03，用13表示。
② 尺寸系列实为12，13，14，分别用32，33，34表示。
③ 尺寸系列实为22，23，24，分别用42，43，44表示。
注：表中用“（　）”括住的数字表示在组合代号中省略。

(5) 内径代号

轴承的内径代号用数字表示，按表 1-2-5 的规定。

表 1-2-5　　轴承内径代号（GB/T 272—2017）

轴承公称内径/mm		内径代号	示例
0.6~10(非整数)		用公称内径毫米数直接表示,在其与尺寸系列代号之间用“/”分开	深沟球轴承　617/0.6　$d=0.6$mm 深沟球轴承　618/2.5　$d=2.5$mm
1~9(整数)		用公称内径毫米数直接表示,对深沟及角接触球轴承直径系列 7、8、9,内径与尺寸系列代号之间用“/”分开	深沟球轴承　625　$d=5$mm 深沟球轴承　618/5　$d=5$mm 角接触球轴承　707　$d=7$mm 角接触球轴承　719/7　$d=7$mm
10~17	10	00	深沟球轴承　6200　$d=10$mm
	12	01	调心球轴承　1201　$d=12$mm
	15	02	圆柱滚子轴承　NU 202　$d=15$mm
	17	03	推力球轴承　51103　$d=17$mm
20~480(22,28,32 除外)		公称内径除以 5 的商数,商数为个位数,需在商数左边加“0”,如 08	调心滚子轴承　22308　$d=40$mm 圆柱滚子轴承　NU 1096　$d=480$mm
≥500 以及 22,28,32		用公称内径毫米数直接表示,但在与尺寸系列之间用“/”分开	调心滚子轴承　230/500　$d=500$mm 深沟球轴承　62/22　$d=22$mm

(6) 代号示例（GB/T 272—2017）

示例 1：调心滚子轴承 23224　2——类型代号，32——尺寸系列代号，24——内径代号，$d=120$mm。

示例 2：深沟球轴承 6203　6——类型代号，2——尺寸系列（02）代号，03——内径代号，$d=17$mm。

示例 3：深沟球轴承 617/0.6　6——类型代号，17——尺寸系列代号，0.6——内径代号，$d=0.6$mm。

示例 4：圆柱滚子轴承 N 2210　N——类型代号，22——尺寸系列代号，10——内径代号，$d=50$mm。

示例 5：角接触球轴承 719/7　7——类型代号，19——尺寸系列代号，7——内径代号，$d=7$mm。

示例 6：角接触球轴承 707　7——类型代号，0——尺寸系列（10）代号，7——内径代号，$d=7$mm。

示例 7：双列圆柱滚子轴承 NN 30/560　NN——类型代号，30——尺寸系列代号，560——内径代号，$d=560$mm。

(7) 滚针轴承基本代号

滚针轴承的外形尺寸符合 GB/T 290、GB/T 4605、GB/T 20056 的规定，其基本代号由轴承类型代号和表示轴承配合安装特征的尺寸构成。

滚针轴承类型代号用字母表示。表示轴承配合安装特征的尺寸，用尺寸系列、内径代号或者直接用毫米数表示，如表 1-2-6 所示。

表 1-2-6　　滚针轴承基本代号（GB/T 272—2017）

轴承类型		简图	类型代号	配合安装特征尺寸表示		轴承基本代号	标准号
滚针和保持架组件	向心滚针和保持架组件		K	$F_w \times E_w \times B_c$		$KF_w \times E_w \times B_c$	GB/T 20056
	推力滚针和保持架组件		AXK	$d_c D_c$[1]		AXK $d_c D_c$	GB/T 4605
滚针轴承	滚针轴承		NA	用尺寸系列代号和内径代号表示			GB/T 5801
				尺寸系列代号	内径代号按表 1-2-5[2]的规定		
				48		NA4800	
				49		NA4900	
				69		NA6900	

续表

轴承类型		简图	类型代号	配合安装特征尺寸表示	轴承基本代号	标准号
滚针轴承	开口型冲压外圈滚针轴承		HK	F_wC①	HK $F_w C$	GB/T 290
	封口型冲压外圈滚针轴承		BK	F_wC①	BK $F_w C$	

① 尺寸直接用毫米数表示时，如是个位数，需在其左边加“0”。如：8mm 用 08 表示。

② 内径代号除 $d<10$mm 用“/实际公称毫米数”表示外，其余按表 1-2-5 的规定。

(8) 基本代号编制规则

基本代号中当轴承类型代号用字母表示时，编排时应与轴承的尺寸系列代号、内径代号或安装配合特征尺寸的数字之间空半个汉字距离。例：NJ 230，AXK 0921。

(9) 前置、后置代号

前置、后置代号是轴承在结构形状、尺寸、公差、技术要求等有改变时，在其基本代号左右添加的补充代号。

① 前置代号用字母表示，经常用于表示轴承分部件（轴承组件），代号及其含义按表 1-2-7 的规定。

表 1-2-7　　轴承前置代号（GB/T 272—2017）

代号	含　义	示　例
L	可分离轴承的可分离内圈或外圈	LNU 207,表示 NU 207 轴承的内圈 LN 207,表示 N 207 轴承的外圈
LR	带可分离内圈或外圈与滚动体的组件	—
R	不带可分离内圈或外圈的组件 （滚针轴承仅适用于 NA 型）	RNU 207,表示 NU 207 轴承的外圈和滚子组件 RNA 6904,表示无内圈的 NA 6904 滚针轴承
K	滚子和保持架组件	K 81107,表示无内圈和外圈的 81107 轴承
WS	推力圆柱滚子轴承轴圈	WS 81107
GS	推力圆柱滚子轴承座圈	GS 81107
F	带凸缘外圈的向心球轴承(仅适用于 $d\leqslant10$mm)	F 618/4
FSN	凸缘外圈分离型微型角接触球轴承(仅适用于 $d\leqslant10$mm)	FSN 719/5-Z
KIW-	无座圈的推力轴承组件	KIW-51108
KOW-	无轴圈的推力轴承组件	KOW-51108

② 后置代号的编制方法见表 1-2-8。

表 1-2-8　　后置代号的排列顺序（GB/T 272—2017）

组别	1	2	3	4	5	6	7	8	9
含义	内部结构	密封与防尘与外部形状	保持架及其材料	轴承零件材料	公差等级	游隙	配置	振动及噪声	其他

a. 后置代号置于基本代号的后面，与基本代号之间空半个汉字的间距（代号中若有符号“-”“/”除外）。当改变项目多时，具有多组后置代号，按照表 1-2-8 所列从左至右的顺序排列。

b. 若改变内容为 4 组（含 4 组）以后的内容，则在其代号前用“/”与前面代号隔开。例如：6205-2Z/P6，22308/P63。

c. 若改变内容为第 4 组后的两组，在前组与后组代号中的数字或文字表示含义可能混淆时，两代号间空半个汉字的距离。例如：6208/P63 V1。

d. 内部结构：内部结构代号用于表示类型和外形尺寸相同但内部结构不同的轴承。其代号及含义按表 1-2-9 的规定。

表 1-2-9 内部结构代号

代号	含义	示例
A	无装球缺口的双列角接触或深沟球轴承	3205 A
	滚针轴承外圈带双锁圈($d>9$mm,$F_w>12$mm)	—
	套圈直滚道的深沟球轴承	—
AC	角接触球轴承,公称接触角 $\alpha=25°$	7210 AC
B	角接触球轴承,公称接触角 $\alpha=40°$	7210 B
	圆锥滚子轴承,接触角加大	32310 B
C	角接触球轴承,公称接触角 $\alpha=15°$	7005 C
	调心滚子轴承,C 型,调心滚子轴承设计改变,内圈无挡边,活动中挡圈,冲压保持架,对称型滚子,加强型	23122C
CA	C 型调心滚子轴承,内圈带挡边,活动中挡圈,实体保持架	23084 CA/W33
CAB	CA 型调心滚子轴承,滚子中部穿孔,带柱销式保持架	—
CABC	CAB 型调心滚子轴承,滚子引导方式有改进	—
CAC	CA 型调心滚子轴承,滚子引导方式有改进	22252 CACK
CC	C 型调心滚子轴承,滚子引导方式有改进	22205 CC
D	剖分式轴承	K50×55×20 D
E	加强型①	NU 207 E
ZW	滚针保持架组件,双列	K20×25×40 ZW

① 加强型，即内部结构设计改进，增大轴承承载能力。

注：CC 还有第二种解释，见表 1-2-15。

③ 密封、防尘与外部形状变化代号及含义按表 1-2-10 的规定。

表 1-2-10 密封、防尘与外部形状变化代号

代号	含义	示例
D	双列角接触球轴承,双内圈	3307D
	双列圆锥滚子轴承,无内隔圈,端面不修磨	—
D1	双列圆锥滚子轴承,无内隔圈,端面修磨	—
DC	双列角接触球轴承,双外圈	3924-2KDC
DH	有两个座圈的单向推力轴承	—
DS	有两个轴圈的单向推力轴承	—
-FS	轴承一面带毡圈密封	6203-FS
-2FS	轴承两面带毡圈密封	6206-2FSWB
K	圆锥孔轴承　锥度为 1∶12(外球面球轴承除外)	1210K,锥度为 1∶12、代号为 1210 的圆锥孔调心球轴承
K30	圆锥孔轴承　锥度为 1∶30	24122 K30,锥度为 1∶30、代号为 24122 的圆锥孔调心滚子轴承
-2K	双圆锥孔轴承,锥度为 1∶12	QF 2308-2K
L	组合轴承带加长阶梯形轴圈	ZARN 1545 L
-LS	轴承一面带骨架式橡胶密封圈(接触式,套圈不开槽)	—
-2LS	轴承两面带骨架式橡胶密封圈(接触式,套圈不开槽)	NNF 5012-2LSNV
N	轴承外圈上有止动槽	6210 N
NR	轴承外圈上有止动槽,并带止动环	6210 NR
N1	轴承外圈有一个定位槽口	—
N2	轴承外圈有两个或两个以上的定位槽口	—
N4	N+N2　定位槽口和止动槽不在同一侧	—
N6	N+N2　定位槽口和止动槽在同一侧	—
P	双半外圈的调心滚子轴承	—
PP	轴承两面带软质橡胶密封圈	NATR 8 PP
PR	同 P,两半外圈间有隔圈	—
-2PS	滚轮轴承,滚轮两端为多片卡簧式密封	—
R	轴承外圈有止动挡边(凸缘外圈)(不适用于内径小于 10mm 的向心球轴承)	30307R

续表

代号	含义	示例
-RS	轴承一面带骨架式橡胶密封圈(接触式)	6210-RS
-2RS	轴承两面带骨架式橡胶密封圈(接触式)	6210-2RS
-RSL	轴承一面带骨架式橡胶密封圈(轻接触式)	6210-RSL
-2RSL	轴承两面带骨架式橡胶密封圈(轻接触式)	6210-2RSL
-RSZ	轴承一面带骨架式橡胶密封圈(接触式)、一面带防尘盖	6210-RSZ
-RZZ	轴承一面带骨架式橡胶密封圈(非接触式)、一面带防尘盖	6210-RZZ
-RZ	轴承一面带骨架式橡胶密封圈(非接触式)	6210-RZ
-2RZ	轴承两面带骨架式橡胶密封圈(非接触式)	6210-2RZ
S	轴承外圈表面为球面(外球面球轴承和滚轮轴承除外)	—
	游隙可调(滚针轴承)	NA 4906 S
SC	带外罩向心轴承	—
SK	螺栓型滚轮轴承,螺栓轴端部有内六角盲孔 (对螺栓型滚轮轴承,滚轮两端为多片卡簧式密封,螺栓轴端部有内六角盲孔,后置代号可简化为-2PSK)	—
U	推力球轴承,带调心座垫圈	53210 U
WB	宽内圈轴承(双面宽)	—
WB1	宽内圈轴承(单面宽)	—
WC	宽外圈轴承	—
X	滚轮轴承外圈表面为圆柱面	KR 30X NUTR 30 X
Z	带防尘罩的滚针组合轴承	NK 25 Z
	带外罩的滚针和满装推力球组合轴承(脂润滑)	—
-Z	轴承一面带防尘盖	6210-Z
-2Z	轴承两面带防尘盖	6210-2Z
-ZN	轴承一面带防尘盖,另一面外圈有止动槽	6210-ZN
-2ZN	轴承两面带防尘盖,外圈有止动槽	6210-2ZN
-ZNB	轴承一面带防尘盖,同一面外圈有止动槽	6210-ZNB
-ZNR	轴承一面带防尘盖,另一面外圈有止动槽并带止动环	6210-ZNR
ZH	推力轴承,座圈带防尘罩	—
ZS	推力轴承,轴圈带防尘罩	—

注:密封圈代号与防尘盖代号同样可以与止动槽代号进行多种组合。

④ 保持架代号按表1-2-11的规定。

表1-2-11 保持架代号

代号		含义	代号		含义
保持架材料	F	钢、球墨铸铁或粉末冶金实体保持架	保持架结构形式及表面处理	A	外圈引导
	J	钢板冲压保持架		B	内圈引导
	L	轻合金实体保持架		C	有镀层的保持架(C1——镀银)
	M	黄铜实体保持架		D	碳氮共渗保持架
	Q	青铜实体保持架		D1	渗碳保持架
	SZ	保持架由弹簧丝或弹簧制造		D2	渗氮保持架
	T	酚醛层压布管实体保持架		D3	低温碳氮共渗保持架
	TH	玻璃纤维增强酚醛树脂保持架(筐型)		E	磷化处理保持架
	TN	工程塑料模注保持架		H	自锁兜孔保持架
	Y	铜板冲压保持架		P	由内圈或外圈引导的拉孔或冲孔的窗形保持架
	ZA	锌铝合金保持架			
无保持架	V	满装滚动体		R	铆接保持架(用于大型轴承)
				S	引导面有润滑槽
				W	焊接保持架

注:保持架结构形式及表面处理的代号只能与保持架材料代号结合使用。

⑤ 轴承零件材料代号按表 1-2-12 的规定。

表 1-2-12 轴承零件材料代号

代号	含　义	示例
/CS	轴承零件采用碳素结构钢制造	—
/HC	套圈和滚动体或仅是套圈由渗碳轴承钢(/HC——G20Cr2Ni4A;/HC1——G20Cr2Mn2MoA;/HC2——15Mn)制造	—
/HE	套圈和滚动体由电渣重熔轴承钢 GCr15Z 制造	6204/HE
/HG	套圈和滚动体或仅是套圈由其他轴承钢(/HG——5CrMnMo;/HG1——55SiMoVA)制造	—
/HN	套圈、滚动体由高温轴承钢(/HN——Cr4Mo4V;/HN1——Cr14Mo4;/HN2——Cr15Mo4V;/HN3——W18Cr4V)制造	NU 208/HN
/HNC	套圈和滚动体由高温渗碳轴承钢 G13Cr4Mo4Ni4V 制造	—
/HP	套圈和滚动体由铍青铜或其他防磁材料制造	—
/HQ	套圈和滚动体由非金属材料(/HQ——塑料;/HQ1——陶瓷)制造	—
/HU	套圈和滚动体由 1Cr18Ni9Ti 不锈钢制造	6004/HU
/HV	套圈和滚动体由可淬硬不锈钢(/HV——G95Cr18;/HV1——G102Cr18Mo)制造	6014/HV

⑥ 公差等级代号按表 1-2-13 的规定。

表 1-2-13 公差等级代号

代号	含　义	示例
/PN	公差等级符合标准规定的普通级,代号中省略不表示	6203
/P6	公差等级符合标准规定的 6 级	6203/P6
/P6X	公差等级符合标准规定的 6X 级	30210/P6X
/P5	公差等级符合标准规定的 5 级	6203/P5
/P4	公差等级符合标准规定的 4 级	6203/P4
/P2	公差等级符合标准规定的 2 级	6203/P2
/SP	尺寸精度相当于 5 级,旋转精度相当于 4 级	234420/SP
/UP	尺寸精度相当于 4 级,旋转精度高于 4 级	234730/UP

⑦ 游隙代号及含义按表 1-2-14 的规定。

表 1-2-14 游隙代号

代号	含　义	示例
/C2	游隙符合标准规定的 2 组	6210/C2
/CN	游隙符合标准规定的 N 组,代号中省略不表示	6210
/C3	游隙符合标准规定的 3 组	6210/C3
/C4	游隙符合标准规定的 4 组	NN 3006 K/C4
/C5	游隙符合标准规定的 5 组	NNU 4920 K/C5
/CA	公差等级为 SP 和 UP 的机床主轴用圆柱滚子轴承径向游隙	—
/CM	电机深沟球轴承游隙	6204-2RZ/P6CM
/CN	N 组游隙。/CN 与字母 H、M 和 L 组合,表示游隙范围减半,或与 P 组合,表示游隙范围偏移,如: /CNH——N 组游隙减半,相当于 N 组游隙范围的上半部 /CNL——N 组游隙减半,相当于 N 组游隙范围的下半部 /CNM——N 组游隙减半,相当于 N 组游隙范围的中部 /CNP——偏移的游隙范围,相当于 N 组游隙范围的上半部及 3 组游隙范围的下半部组成	—
/C9	轴承游隙不同于现标准	6205-2RS/C9

公差等级代号与游隙代号需同时表示时，可进行简化，取公差等级代号加上游隙组号（N 组不表示）组合表示。

示例 1：/P63 表示轴承公差等级 6 级，径向游隙 3 组。

示例 2：/P52 表示轴承公差等级 5 级，径向游隙 2 组。

⑧ 配置代号及含义按表 1-2-15 的规定。

表 1-2-15　　**配置代号**

代号		含　义	示　例
/DB		成对背对背安装	7210 C/DB
/DF		成对面对面安装	32208/DF
/DT		成对串联安装	7210 C/DT
配置组中轴承数目	/D	两套轴承	配置组中轴承数目和配置中轴承排列可以组合成多种配置方式，如： ——成对配置的/DB、/DF、/DT ——三套配置的/TBT、/TFT、/TT ——四套配置的/QBC、/QFC、/QT、/QBT、/QFT 等 7210C/TFT——接触角 $\alpha=15°$ 的角接触球轴承 7210C，三套配置，两套串联和一套面对面 7210C/PT——接触角 $\alpha=15°$ 的角接触球轴承 7210C，五套串联配置 7210AC/QBT——接触角 $\alpha=25°$ 的角接触球轴承 7210AC，四套成组配置，三套串联和一套背对背
	/T	三套轴承	
	/Q	四套轴承	
	/P	五套轴承	
	/S	六套轴承	
配置中轴承排列	B	背对背	
	F	面对面	
	T	串联	
	G	万能组配	
	BT	背对背和串联	
	FT	面对面和串联	
	BC	成对串联的背对背	
	FC	成对串联的面对面	
预载荷	G	特殊预紧，附加数字直接表示预紧的大小（单位为N），用于角接触球轴承时“G”可省略	7210C/G325——接触角 $\alpha=15°$ 的角接触球轴承 7210C，特殊预载荷为 325N
	GA	轻预紧，预紧值较小（深沟及角接触球轴承）	7210C/DBGA——接触角 $\alpha=15°$ 的角接触球轴承 7210C，成对背对背配置，有轻预紧
	GB	中预紧，预紧值大于 GA（深沟及角接触球轴承）	—
	GC	重预紧，预紧值大于 GB（深沟及角接触球轴承）	—
	R	径向载荷均匀分配	NU210/QTR——圆柱滚子轴承 NU210，四套配置，均匀预紧
轴向游隙	CA	轴向游隙较小（深沟及角接触球轴承）	—
	CB	轴向游隙大于 CA（深沟及角接触球轴承）	—
	CC	轴向游隙大于 CB（深沟及角接触球轴承）	—
	CG	轴向游隙为零（圆锥滚子轴承）	—

⑨ 振动及噪声代号及含义按表 1-2-16 的规定。

表 1-2-16　　**振动及噪声代号**

代号	含　义	示例
/Z	轴承的振动加速度级极值组别。附加数字表示极值不同： Z1——轴承的振动加速度级极值符合有关标准中规定的 Z1 组 Z2——轴承的振动加速度级极值符合有关标准中规定的 Z2 组 Z3——轴承的振动加速度级极值符合有关标准中规定的 Z3 组 Z4——轴承的振动加速度级极值符合有关标准中规定的 Z4 组	 6204/Z1 6205-2RS/Z2 — —
/ZF3	振动加速度级达到 Z3 组，且振动加速度级峰值与振动加速度级之差不大于 15dB	—
/ZF4	振动加速度级达到 Z4 组，且振动加速度级峰值与振动加速度级之差不大于 15dB	—
/V	轴承的振动速度级极值组别。附加数字表示极值不同 V1——轴承的振动速度级极值符合有关标准中规定的 V1 组 V2——轴承的振动速度级极值符合有关标准中规定的 V2 组 V3——轴承的振动速度级极值符合有关标准中规定的 V3 组 V4——轴承的振动速度级极值符合有关标准中规定的 V4 组	— 6306/V1 6304/V2 — —
/VF3	振动速度达到 V3 组且振动速度波峰因数达到 F 组①	—
/VF4	振动速度达到 V4 组且振动速度波峰因数达到 F 组①	—
/ZC	轴承噪声值有规定，附加数字表示限值不同	—

① F—低频振动速度波峰因数不大于 4，中、高频振动速度波峰因数不大于 6。

⑩ 在轴承摩擦力矩、工作温度、润滑等要求特殊时，其代号按表 1-2-17 的规定。

表 1-2-17　　　　　　　　　　　　　　　　　**其他特性代号**

代号		含义	示例
工作温度	/S0	轴承套圈经过高温回火处理,工作温度可达 150℃	N 210/S0
	/S1	轴承套圈经过高温回火处理,工作温度可达 200℃	NUP 212/S1
	/S2	轴承套圈经过高温回火处理,工作温度可达 250℃	NU 214/S2
	/S3	轴承套圈经过高温回火处理,工作温度可达 300℃	NU 308/S3
	/S4	轴承套圈经过高温回火处理,工作温度可达 350℃	NU 214/S4
摩擦力矩	/T	对启动力矩有要求的轴承,后接数字表示启动力矩	—
	/RT	对转动力矩有要求的轴承,后接数字表示转动力矩	—
润滑	/W20	轴承外圈上有三个润滑油孔	—
	/W26	轴承内圈上有六个润滑油孔	—
	/W33	轴承外圈上有润滑油槽和三个润滑油孔	23120 CC/W33
	/W33X	轴承外圈上有润滑油槽和六个润滑油孔	—
	/W513	W26+W33	—
	/W518	W20+W26	—
	/AS	外圈有油孔,附加数字表示油孔数(滚针轴承)	HK 2020/AS1
	/IS	内圈有油孔,附加数字表示油孔数(滚针轴承)	NAO 17×30×13/IS1
	/ASR	外圈有润滑油孔和沟槽	NAO 15×28×13/ASR
	/ISR	内圈有润滑油孔和沟槽	—
润滑脂	/HT	轴承内充特殊高温润滑脂。当轴承内润滑脂的装填量和标准值不同时附加字母表示: A——润滑脂的装填量少于标准值 B——润滑脂的装填量多于标准值 C——润滑脂的装填量多于 B(充满)	NA 6909/ISR/HT
	/LT	轴承内充特殊低温润滑脂	—
	/MT	轴承内充特殊中温润滑脂	—
	/LHT	轴承内充特殊高、低温润滑脂	—
表面涂层	/VL	套圈表面带涂层	—
其他	/Y	Y 和另一个字母(如 YA、YB)组合用来识别无法用现有后置代号表达的非成系列的改变,凡轴承代号中有 Y 的后置代号,应查阅图纸或补充技术条件以便了解其改变的具体内容: YA——结构改变(综合表达) YB——技术条件改变(综合表达)	—

2.1.2　深沟球轴承（GB/T 276—2013）

【其他名称】 向心球轴承、单列向心滚珠轴承、弹子盘、钢珠轴承。

【用途】 深沟球轴承是应用最广泛的一种滚动轴承。其特点是摩擦阻力小、转速高，用于承受径向负荷或径向和轴向同时作用的联合负荷，也可用于承受一定量的轴向负荷。例如，用于小功率电动机、汽车及拖拉机变速箱、机床齿轮箱、轻便运输车辆轴承箱、运输工具小轮以及一般机器、工具等。

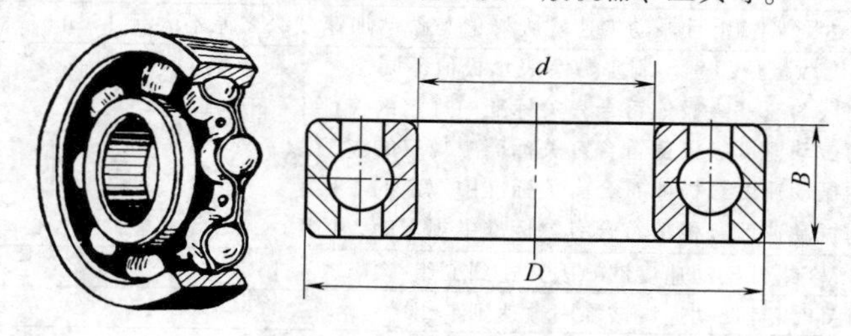

图 1-2-1　深沟球轴承（GB/T 276—2013）

【规格】 见表 1-2-18~表 1-2-26。

表 1-2-18 深沟球轴承 17 系列（GB/T 276—2013） mm

轴承型号			外形尺寸			
60000 型	60000-Z 型	60000-2Z 型	d	D	B	r_{smin}①
617/0.6	—	—	0.6	2	0.8	0.05
617/1	—	—	1	2.5	1	0.05
617/1.5	—	—	1.5	3	1	0.05
617/2	—	—	2	4	1.2	0.05
617/2.5	—	—	2.5	5	1.5	0.08
617/3	617/3-Z	617/3-2Z	3	6	2	0.08
617/4	617/4-Z	617/4-2Z	4	7	2	0.08
617/5	617/5-Z	617/5-2Z	5	8	2	0.08
617/6	617/6-Z	617/6-2Z	6	10	2.5	0.1
617/7	617/7-Z	617/7-2Z	7	11	2.5	0.1
617/8	617/8-Z	617/8-2Z	8	12	2.5	0.1
617/9	617/9-Z	617/9-2Z	9	14	3	0.1
61700	61700-Z	61700-2Z	10	15	3	0.1

① 最大倒角尺寸规定在 GB/T 274—2000 中。

表 1-2-19 深沟球轴承 37 系列（GB/T 276—2013） mm

轴承型号			外形尺寸			
60000 型	60000-Z 型	60000-2Z 型	d	D	B	r_{smin}①
637/1.5	—	—	1.5	3	1.8	0.05
637/2	—	—	2	4	2	0.05
637/2.5	—	—	2.5	5	2.3	0.08
637/3	637/3-Z	637/3-2Z	3	6	3	0.08
637/4	637/4-Z	637/4-2Z	4	7	3	0.08
637/5	637/5-Z	637/5-2Z	5	8	3	0.08
637/6	637/6-Z	637/6-2Z	6	10	3.5	0.1
637/7	637/7-Z	637/7-2Z	7	11	3.5	0.1
637/8	637/8-Z	637/8-2Z	8	12	3.5	0.1
637/9	637/9-Z	637/9-2Z	9	14	4.5	0.1
63700	63700-Z	63700-2Z	10	15	4.5	0.1

① 最大倒角尺寸规定在 GB/T 274—2000 中。

表 1-2-20 深沟球轴承 18 系列（GB/T 276—2013） mm

轴承型号									外形尺寸				
60000 型	60000 N 型	60000 NR 型	60000-Z 型	60000-2Z 型	60000-RS 型	60000-2RS 型	60000-RZ 型	60000-2RZ 型	d	D	B	r_{smin}①	r_{1smin}①
618/0.6	—	—	—	—	—	—	—	—	0.6	2.5	1	0.05	—
618/1	—	—	—	—	—	—	—	—	1	3	1	0.05	—
618/1.5	—	—	—	—	—	—	—	—	1.5	4	1.2	0.05	—
618/2	—	—	—	—	—	—	—	—	2	5	1.5	0.08	—
618/2.5	—	—	—	—	—	—	—	—	2.5	6	1.8	0.08	—
618/3	—	—	—	—	—	—	—	—	3	7	2	0.1	—
618/4	—	—	—	—	—	—	—	—	4	9	2.5	0.1	—
618/5	—	—	—	—	—	—	—	—	5	11	3	0.15	—
618/6	—	—	—	—	—	—	—	—	6	13	3.5	0.15	—
618/7	—	—	—	—	—	—	—	—	7	14	3.5	0.15	—
618/8	—	—	—	—	—	—	—	—	8	16	4	0.2	—
618/9	—	—	—	—	—	—	—	—	9	17	4	0.2	—
61800	—	—	61800-Z	61800-2Z	61800-RS	61800-2RS	61800-RZ	61800-2RZ	10	19	5	0.3	—

续表

轴承型号									外形尺寸				
60000型	60000 N型	60000 NR型	60000-Z型	60000-2Z型	60000-RS型	60000-2RS型	60000-RZ型	60000-2RZ型	d	D	B	r_{smin} ①	r_{1smin} ①
61801	—	—	61801-Z	61801-2Z	61801-RS	61801-2RS	61801-RZ	61801-2RZ	12	21	5	0.3	—
61802	—	—	61802-Z	61802-2Z	61802-RS	61802-2RS	61802-RZ	61802-2RZ	15	24	5	0.3	—
61803	—	—	61803-Z	61803-2Z	61803-RS	61803-2RS	61803-RZ	61803-2RZ	17	26	5	0.3	—
61804	61804 N	61804 NR	61804-Z	61804-2Z	61804-RS	61804-2RS	61804-RZ	61804-2RZ	20	32	7	0.3	0.3
61805	61805 N	61805 NR	61805-Z	61805-2Z	61805-RS	61805-2RS	61805-RZ	61805-2RZ	25	37	7	0.3	0.3
61806	61806 N	61806 NR	61806-Z	61806-2Z	61806-RS	61806-2RS	61806-RZ	61806-2RZ	30	42	7	0.3	0.3
61807	61807 N	61807 NR	61807-Z	61807-2Z	61807-RS	61807-2RS	61807-RZ	61807-2RZ	35	47	7	0.3	0.3
61808	61808 N	61808 NR	61808-Z	61808-2Z	61808-RS	61808-2RS	61808-RZ	61808-2RZ	40	52	7	0.3	0.3
61809	61809 N	61809 NR	61809-Z	61809-2Z	61809-RS	61809-2RS	61809-RZ	61809-2RZ	45	58	7	0.3	0.3
61810	61810 N	61810 NR	61810-Z	61810-2Z	61810-RS	61810-2RS	61810-RZ	61810-2RZ	50	65	7	0.3	0.3
61811	61811 N	61811 NR	61811-Z	61811-2Z	61811-RS	61811-2RS	61811-RZ	61811-2RZ	55	72	9	0.3	0.3
61812	61812 N	61812 NR	61812-Z	61812-2Z	61812-RS	61812-2RS	61812-RZ	61812-2RZ	60	78	10	0.3	0.3
61813	61813 N	61813 NR	61813-Z	61813-2Z	61813-RS	61813-2RS	61813-RZ	61813-2RZ	65	85	10	0.6	0.5
61814	61814 N	61814 NR	61814-Z	61814-2Z	61814-RS	61814-2RS	61814-RZ	61814-2RZ	70	90	10	0.6	0.5
61815	61815 N	61815 NR	61815-Z	61815-2Z	61815-RS	61815-2RS	61815-RZ	61815-2RZ	75	95	10	0.6	0.5
61816	61816 N	61816 NR	61816-Z	61816-2Z	61816-RS	61816-2RS	61816-RZ	61816-2RZ	80	100	10	0.6	0.5
61817	61817 N	61817 NR	61817-Z	61817-2Z	61817-RS	61817-2RS	61817-RZ	61817-2RZ	85	110	13	1	0.5
61818	61818 N	61818 NR	61818-Z	61818-2Z	61818-RS	61818-2RS	61818-RZ	61818-2RZ	90	115	13	1	0.5
61819	61819 N	61819 NR	61819-Z	61819-2Z	61819-RS	61819-2RS	61819-RZ	61819-2RZ	95	120	13	1	0.5
61820	61820 N	61820 NR	61820-Z	61820-2Z	61820-RS	61820-2RS	61820-RZ	61820-2RZ	100	125	13	1	0.5
61821	61821 N	61821 NR	61821-Z	61821-2Z	61821-RS	61821-2RS	61821-RZ	61821-2RZ	105	130	13	1	0.5
61822	61822 N	61822 NR	61822-Z	61822-2Z	61822-RS	61822-2RS	61822-RZ	61822-2RZ	110	140	16	1	0.5
61824	61824 N	61824 NR	61824-Z	61824-2Z	61824-RS	61824-2RS	61824-RZ	61824-2RZ	120	150	16	1	0.5
61826	61826 N	61826 NR	61826-Z	61826-2Z	61826-RS	61826-2RS	61826-RZ	61826-2RZ	130	165	18	1.1	0.5
61828	61828 N	61828 NR	61828-Z	61828-2Z	61828-RS	61828-2RS	61828-RZ	61828-2RZ	140	175	18	1.1	0.5
61830	61830 N	61830 NR	—	—	—	—	—	—	150	190	20	1.1	0.5
61832	61832 N	61832 NR	—	—	—	—	—	—	160	200	20	1.1	0.5
61834	—	—	—	—	—	—	—	—	170	215	22	1.1	—
61836	—	—	—	—	—	—	—	—	180	225	22	1.1	—
61838	—	—	—	—	—	—	—	—	190	240	24	1.5	—
61840	—	—	—	—	—	—	—	—	200	250	24	1.5	—
61844	—	—	—	—	—	—	—	—	220	270	24	1.5	—
61848	—	—	—	—	—	—	—	—	240	300	28	2	—
61852	—	—	—	—	—	—	—	—	260	320	28	2	—
61856	—	—	—	—	—	—	—	—	280	350	33	2	—
61860	—	—	—	—	—	—	—	—	300	380	38	2.1	—
61864	—	—	—	—	—	—	—	—	320	400	38	2.1	—
61868	—	—	—	—	—	—	—	—	340	420	38	2.1	—
61872	—	—	—	—	—	—	—	—	360	440	38	2.1	—
61876	—	—	—	—	—	—	—	—	380	480	46	2.1	—
61880	—	—	—	—	—	—	—	—	400	500	46	2.1	—
61884	—	—	—	—	—	—	—	—	420	520	46	2.1	—
61888	—	—	—	—	—	—	—	—	440	540	46	2.1	—
61892	—	—	—	—	—	—	—	—	460	580	56	3	—
61896	—	—	—	—	—	—	—	—	480	600	56	3	—
618/500	—	—	—	—	—	—	—	—	500	620	56	3	—
618/530	—	—	—	—	—	—	—	—	530	650	56	3	—
618/560	—	—	—	—	—	—	—	—	560	680	56	3	—
618/600	—	—	—	—	—	—	—	—	600	730	60	3	—

续表

轴承型号									外形尺寸				
60000型	60000 N型	60000 NR型	60000-Z型	60000-2Z型	60000-RS型	60000-2RS型	60000-RZ型	60000-2RZ型	d	D	B	r_{smin}①	r_{1smin}①
618/630	—	—	—	—	—	—	—	—	630	780	69	4	—
618/670	—	—	—	—	—	—	—	—	670	820	69	4	—
618/710	—	—	—	—	—	—	—	—	710	870	74	4	—
618/750	—	—	—	—	—	—	—	—	750	920	78	5	—
618/800	—	—	—	—	—	—	—	—	800	980	82	5	—
618/850	—	—	—	—	—	—	—	—	850	1030	82	5	—
618/900	—	—	—	—	—	—	—	—	900	1090	85	5	—
618/950	—	—	—	—	—	—	—	—	950	1150	90	5	—
618/1000	—	—	—	—	—	—	—	—	1000	1220	100	6	—
618/1060	—	—	—	—	—	—	—	—	1060	1280	100	6	—
618/1120	—	—	—	—	—	—	—	—	1120	1360	106	6	—
618/1180	—	—	—	—	—	—	—	—	1180	1420	106	6	—
618/1250	—	—	—	—	—	—	—	—	1250	1500	112	6	—
618/1320	—	—	—	—	—	—	—	—	1320	1600	122	6	—
618/1400	—	—	—	—	—	—	—	—	1400	1700	132	7.5	—
618/1500	—	—	—	—	—	—	—	—	1500	1820	140	7.5	—

① 最大倒角尺寸规定在 GB/T 274—2000 中。

表 1-2-21　深沟球轴承 19 系列（GB/T 276—2013）　mm

轴承型号									外形尺寸				
60000型	60000 N型	60000 NR型	60000-Z型	60000-2Z型	60000-RS型	60000-2RS型	60000-RZ型	60000-2RZ型	d	D	B	r_{smin}①	r_{1smin}①
619/1	—	—	619/1-Z	619/1-2Z	—	—	—	—	1	4	1.6	0.1	—
619/1.5	—	—	619/1.5-Z	619/1.5-2Z	—	—	—	—	1.5	5	2	0.15	—
619/2	—	—	619/2-Z	619/2-2Z	—	—	—	—	2	6	2.3	0.15	—
619/2.5	—	—	619/2.5-Z	619/2.5-2Z	—	—	—	—	2.5	7	2.5	0.15	—
619/3	—	—	619/3-Z	619/3-2Z	—	—	619/3-RZ	619/3-2RZ	3	8	3	0.15	—
619/4	—	—	619/4-Z	619/4-2Z	619/4-RS	619/4-2RS	619/4-RZ	619/4-2RZ	4	11	4	0.15	—
619/5	—	—	619/5-Z	619/5-2Z	619/5-RS	619/5-2RS	619/5-RZ	619/5-2RZ	5	13	4	0.2	—
619/6	—	—	619/6-Z	619/6-2Z	619/6-RS	619/6-2RS	619/6-RZ	619/6-2RZ	6	15	5	0.2	—
619/7	—	—	619/7-Z	619/7-2Z	619/7-RS	619/7-2RS	619/7-RZ	619/7-2RZ	7	17	5	0.3	—
619/8	—	—	619/8-Z	619/8-2Z	619/8-RS	619/8-2RS	619/8-RZ	619/8-2RZ	8	19	6	0.3	—
619/9	—	—	619/9-Z	619/9-2Z	619/9-RS	619/9-2RS	619/9-RZ	619/9-2RZ	9	20	6	0.3	—
61900	61900 N	61900 NR	61900-Z	61900-2Z	61900-RS	61900-2RS	61900-RZ	61900-2RZ	10	22	6	0.3	0.3
61901	61901 N	61901 NR	61901-Z	61901-2Z	61901-RS	61901-2RS	61901-RZ	61901-2RZ	12	24	6	0.3	0.3
61902	61902 N	61902 NR	61902-Z	61902-2Z	61902-RS	61902-2RS	61902-RZ	61902-2RZ	15	28	7	0.3	0.3
61903	61903 N	61903 NR	61903-Z	61903-2Z	61903-RS	61903-2RS	61903-RZ	61903-2RZ	17	30	7	0.3	0.3
61904	61904 N	61904 NR	61904-Z	61904-2Z	61904-RS	61904-2RS	61904-RZ	61904-2RZ	20	37	9	0.3	0.3
61905	61905 N	61905 NR	61905-Z	61905-2Z	61905-RS	61905-2RS	61905-RZ	61905-2RZ	25	42	9	0.3	0.3
61906	61906 N	61906 NR	61906-Z	61906-2Z	61906-RS	61906-2RS	61906-RZ	61906-2RZ	30	47	9	0.3	0.3
61907	61907 N	61907 NR	61907-Z	61907-2Z	61907-RS	61907-2RS	61907-RZ	61907-2RZ	35	55	10	0.6	0.5
61908	61908 N	61908 NR	61908-Z	61908-2Z	61908-RS	61908-2RS	61908-RZ	61908-2RZ	40	62	12	0.6	0.5
61909	61909 N	61909 NR	61909-Z	61909-2Z	61909-RS	61909-2RS	61909-RZ	61909-2RZ	45	68	12	0.6	0.5
61910	61910 N	61910 NR	61910-Z	61910-2Z	61910-RS	61910-2RS	61910-RZ	61910-2RZ	50	72	12	0.6	0.5
61911	61911 N	61911 NR	61911-Z	61911-2Z	61911-RS	61911-2RS	61911-RZ	61911-2RZ	55	80	13	1	0.5
61912	61912 N	61912 NR	61912-Z	61912-2Z	61912-RS	61912-2RS	61912-RZ	61912-2RZ	60	85	13	1	0.5
61913	61913 N	61913 NR	61913-Z	61913-2Z	61913-RS	61913-2RS	61913-RZ	61913-2RZ	65	90	13	1	0.5
61914	61914 N	61914 NR	61914-Z	61914-2Z	61914-RS	61914-2RS	61914-RZ	61914-2RZ	70	100	16	1	0.5
61915	61915 N	61915 NR	61915-Z	61915-2Z	61915-RS	61915-2RS	61915-RZ	61915-2RZ	75	105	16	1	0.5

续表

轴承型号									外形尺寸				
60000型	60000 N型	60000 NR型	60000-Z型	60000-2Z型	60000-RS型	60000-2RS型	60000-RZ型	60000-2RZ型	d	D	B	r_{smin}①	r_{1smin}①
61916	61916 N	61916 NR	61916-Z	61916-2Z	61916-RS	61916-2RS	61916-RZ	61916-2RZ	80	110	16	1	0.5
61917	61917 N	61917 NR	61917-Z	61917-2Z	61917-RS	61917-2RS	61917-RZ	61917-2RZ	85	120	18	1.1	0.5
61918	61918 N	61918 NR	61918-Z	61918-2Z	61918-RS	61918-2RS	61918-RZ	61918-2RZ	90	125	18	1.1	0.5
61919	61919 N	61919 NR	61919-Z	61919-2Z	61919-RS	61919-2RS	61919-RZ	61919-2RZ	95	130	18	1.1	0.5
61920	61920 N	61920 NR	61920-Z	61920-2Z	61920-RS	61920-2RS	61920-RZ	61920-2RZ	100	140	20	1.1	0.5
61921	61921 N	61921 NR	61921-Z	61921-2Z	61921-RS	61921-2RS	61921-RZ	61921-2RZ	105	145	20	1.1	0.5
61922	61922 N	61922 NR	61922-Z	61922-2Z	61922-RS	61922-2RS	61922-RZ	61922-2RZ	110	150	20	1.1	0.5
61924	61924 N	61924 NR	61924-Z	61924-2Z	61924-RS	61924-2RS	61924-RZ	61924-2RZ	120	165	22	1.1	0.5
61926	61926 N	61926 NR	61926-Z	61926-2Z	61926-RS	61926-2RS	61926-RZ	61926-2RZ	130	180	24	1.5	0.5
61928	61928 N	61928 NR	—	—	61928-RS	61928-2RS	—	—	140	190	24	1.5	0.5
61930	—	—	—	—	61930-RS	61930-2RS	—	—	150	210	28	2	—
61932	—	—	—	—	61932-RS	61932-2RS	—	—	160	220	28	2	—
61934	—	—	—	—	61934-RS	61934-2RS	—	—	170	230	28	2	—
61936	—	—	—	—	61936-RS	61936-2RS	—	—	180	250	33	2	—
61938	—	—	—	—	61938-RS	61938-2RS	—	—	190	260	33	2	—
61940	—	—	—	—	61940-RS	61940-2RS	—	—	200	280	38	2.1	—
61944	—	—	—	—	61944-RS	61944-2RS	—	—	220	300	38	2.1	—
61948	—	—	—	—	—	—	—	—	240	320	38	2.1	—
61952	—	—	—	—	—	—	—	—	260	360	46	2.1	—
61956	—	—	—	—	—	—	—	—	280	380	46	2.1	—
61960	—	—	—	—	—	—	—	—	300	420	56	3	—
61964	—	—	—	—	—	—	—	—	320	440	56	3	—
61968	—	—	—	—	—	—	—	—	340	460	56	3	—
61972	—	—	—	—	—	—	—	—	360	480	56	3	—
61976	—	—	—	—	—	—	—	—	380	520	65	4	—
61980	—	—	—	—	—	—	—	—	400	540	65	4	—
61984	—	—	—	—	—	—	—	—	420	560	65	4	—
61988	—	—	—	—	—	—	—	—	440	600	74	4	—
61992	—	—	—	—	—	—	—	—	460	620	74	4	—
61996	—	—	—	—	—	—	—	—	480	650	78	5	—
619/500	—	—	—	—	—	—	—	—	500	670	78	5	—
619/530	—	—	—	—	—	—	—	—	530	710	82	5	—
619/560	—	—	—	—	—	—	—	—	560	750	85	5	—
619/600	—	—	—	—	—	—	—	—	600	800	90	5	—
619/630	—	—	—	—	—	—	—	—	630	850	100	6	—
619/670	—	—	—	—	—	—	—	—	670	900	103	6	—
619/710	—	—	—	—	—	—	—	—	710	950	106	6	—
619/750	—	—	—	—	—	—	—	—	750	1000	112	6	—
619/800	—	—	—	—	—	—	—	—	800	1060	115	6	—

① 最大倒角尺寸规定在 GB/T 274—2000 中。

表 1-2-22　　深沟球轴承 00 系列（GB/T 276—2013）　　mm

轴承型号					外形尺寸			
60000 型	60000-Z 型	60000-2Z 型	60000-RS 型	60000-2RS 型	d	D	B	r_{smin}①
16001	16001-Z	16001-2Z	16001-RS	16001-2RS	12	28	7	0.3
16002	16002-Z	16002-2Z	16002-RS	16002-2RS	15	32	8	0.3
16003	16003-Z	16003-2Z	16003-RS	16003-2RS	17	35	8	0.3
16004	16004-Z	16004-2Z	16004-RS	16004-2RS	20	42	8	0.3

续表

轴承型号					外形尺寸			
60000 型	60000-Z 型	60000-2Z 型	60000-RS 型	60000-2RS 型	d	D	B	r_{smin}①
16005	16005-Z	16005-2Z	16005-RS	16005-2RS	25	47	8	0.3
16006	16006-Z	16006-2Z	16006-RS	16006-2RS	30	55	9	0.3
16007	16007-Z	16007-2Z	16007-RS	16007-2RS	35	62	9	0.3
16008	16008-Z	16008-2Z	16008-RS	16008-2RS	40	68	9	0.3
16009	16009-Z	16009-2Z	16009-RS	16009-2RS	45	75	10	0.6
16010	16010-Z	16010-2Z	16010-RS	16010-2RS	50	80	10	0.6
16011	16011-Z	16011-2Z	16011-RS	16011-2RS	55	90	11	0.6
16012	16012-Z	16012-2Z	16012-RS	16012-2RS	60	95	11	0.6
16013	—	—	—	—	65	100	11	0.6
16014	—	—	—	—	70	110	13	0.6
16015	—	—	—	—	75	115	13	0.6
16016	—	—	—	—	80	125	14	0.6
16017	—	—	—	—	85	130	14	0.6
16018	—	—	—	—	90	140	16	1
16019	—	—	—	—	95	145	16	1
16020	—	—	—	—	100	150	16	1
16021	—	—	—	—	105	160	18	1
16022	—	—	—	—	110	170	19	1
16024	—	—	—	—	120	180	19	1
16026	—	—	—	—	130	200	22	1.1
16028	—	—	—	—	140	210	22	1.1
16030	—	—	—	—	150	225	24	1.1
16032	—	—	—	—	160	240	25	1.5
16034	—	—	—	—	170	260	28	1.5
16036	—	—	—	—	180	280	31	2
16038	—	—	—	—	190	290	31	2
16040	—	—	—	—	200	310	34	2
16044	—	—	—	—	220	340	37	2.1
16048	—	—	—	—	240	360	37	2.1
16052	—	—	—	—	260	400	44	3
16056	—	—	—	—	280	420	44	3
16060	—	—	—	—	300	460	50	4
16064	—	—	—	—	320	480	50	4
16068	—	—	—	—	340	520	57	4
16072	—	—	—	—	360	540	57	4
16076	—	—	—	—	380	560	57	4

① 最大倒角尺寸规定在 GB/T 274—2000 中。

表 1-2-23　深沟球轴承 10 系列（GB/T 276—2013）　mm

轴承型号									外形尺寸				
60000 型	60000 N 型	60000 NR 型	60000-Z 型	60000-2Z 型	60000-RS 型	60000-2RS 型	60000-RZ 型	60000-2RZ 型	d	D	B	r_{smin}①	r_{1smin}①
604	—	—	604-Z	604-2Z	—	—	—	—	4	12	4	0.2	—
605	—	—	605-Z	605-2Z	—	—	—	—	5	14	5	0.2	—
606	—	—	606-Z	606-2Z	—	—	—	—	6	17	6	0.3	—
607	—	—	607-Z	607-2Z	607-RS	607-2RS	607-RZ	607-2RZ	7	19	6	0.3	—
608	—	—	608-Z	608-2Z	608-RS	608-2RS	608-RZ	608-2RZ	8	22	7	0.3	—
609	—	—	609-Z	609-2Z	609-RS	609-2RS	609-RZ	609-2RZ	9	24	7	0.3	—
6000	—	—	6000-Z	6000-2Z	6000-RS	6000-2RS	6000-RZ	6000-2RZ	10	26	8	0.3	—
6001	—	—	6001-Z	6001-2Z	6001-RS	6001-2RS	6001-RZ	6001-2RZ	12	28	8	0.3	—

续表

轴承型号									外形尺寸				
60000 型	60000 N 型	60000 NR 型	60000-Z 型	60000-2Z 型	60000-RS 型	60000-2RS 型	60000-RZ 型	60000-2RZ 型	d	D	B	r_{smin}①	r_{1smin}①
6002	6002 N	6002 NR	6002-Z	6002-2Z	6002-RS	6002-2RS	6002-RZ	6002-2RZ	15	32	9	0.3	0.3
6003	6003 N	6003 NR	6003-Z	6003-2Z	6003-RS	6003-2RS	6003-RZ	6003-2RZ	17	35	10	0.3	0.3
6004	6004 N	6004 NR	6004-Z	6004-2Z	6004-RS	6004-2RS	6004-RZ	6004-2RZ	20	42	12	0.6	0.5
60/22	60/22 N	60/22 NR	60/22-Z	60/22-2Z	—	—	—	60/22-2RZ	22	44	12	0.6	0.5
6005	6005 N	6005 NR	6005-Z	6005-2Z	6005-RS	6005-2RS	6005-RZ	6005-2RZ	25	47	12	0.6	0.5
60/28	60/28 N	60/28 NR	60/28-Z	60/28-2Z	—	—	—	60/28-2RZ	28	52	12	0.6	0.5
6006	6006 N	6006 NR	6006-Z	6006-2Z	6006-RS	6006-2RS	6006-RZ	6006-2RZ	30	55	13	1	0.5
60/32	60/32 N	60/32 NR	60/32-Z	60/32-2Z	—	—	—	60/32-2RZ	32	58	13	1	0.5
6007	6007 N	6007 NR	6007-Z	6007-2Z	6007-RS	6007-2RS	6007-RZ	6007-2RZ	35	62	14	1	0.5
6008	6008 N	6008 NR	6008-Z	6008-2Z	6008-RS	6008-2RS	6008-RZ	6008-2RZ	40	68	15	1	0.5
6009	6009 N	6009 NR	6009-Z	6009-2Z	6009-RS	6009-2RS	6009-RZ	6009-2RZ	45	75	16	1	0.5
6010	6010 N	6010 NR	6010-Z	6010-2Z	6010-RS	6010-2RS	6010-RZ	6010-2RZ	50	80	16	1	0.5
6011	6011 N	6011 NR	6011-Z	6011-2Z	6011-RS	6011-2RS	6011-RZ	6011-2RZ	55	90	18	1.1	0.5
6012	6012 N	6012 NR	6012-Z	6012-2Z	6012-RS	6012-2RS	6012-RZ	6012-2RZ	60	95	18	1.1	0.5
6013	6013 N	6013 NR	6013-Z	6013-2Z	6013-RS	6013-2RS	6013-RZ	6013-2RZ	65	100	18	1.1	0.5
6014	6014 N	6014 NR	6014-Z	6014-2Z	6014-RS	6014-2RS	6014-RZ	6014-2RZ	70	110	20	1.1	0.5
6015	6015 N	6015 NR	6015-Z	6015-2Z	6015-RS	6015-2RS	6015-RZ	6015-2RZ	75	115	20	1.1	0.5
6016	6016 N	6016 NR	6016-Z	6016-2Z	6016-RS	6016-2RS	6016-RZ	6016-2RZ	80	125	22	1.1	0.5
6017	6017 N	6017 NR	6017-Z	6017-2Z	6017-RS	6017-2RS	6017-RZ	6017-2RZ	85	130	22	1.1	0.5
6018	6018 N	6018 NR	6018-Z	6018-2Z	6018-RS	6018-2RS	6018-RZ	6018-2RZ	90	140	24	1.5	0.5
6019	6019 N	6019 NR	6019-Z	6019-2Z	6019-RS	6019-2RS	6019-RZ	6019-2RZ	95	145	24	1.5	0.5
6020	6020 N	6020 NR	6020-Z	6020-2Z	6020-RS	6020-2RS	6020-RZ	6020-2RZ	100	150	24	1.5	0.5
6021	6021 N	6021 NR	6021-Z	6021-2Z	6021-RS	6021-2RS	6021-RZ	6021-2RZ	105	160	26	2	0.5
6022	6022 N	6022 NR	6022-Z	6022-2Z	6022-RS	6022-2RS	6022-RZ	6022-2RZ	110	170	28	2	0.5
6024	6024 N	6024 NR	6024-Z	6024-2Z	6024-RS	6024-2RS	6024-RZ	6024-2RZ	120	180	28	2	0.5
6026	6026 N	6026 NR	6026-Z	6026-2Z	6026-RS	6026-2RS	6026-RZ	6026-2RZ	130	200	33	2	0.5
6028	6028 N	6028 NR	6028-Z	6028-2Z	6028-RS	6028-2RS	6028-RZ	6028-2RZ	140	210	33	2	0.5
6030	6030 N	6030 NR	6030-Z	6030-2Z	6030-RS	6030-2RS	6030-RZ	6030-2RZ	150	225	35	2.1	0.5
6032	6032 N	6032 NR	6032-Z	6032-2Z	6032-RS	6032-2RS	6032-RZ	6032-2RZ	160	240	38	2.1	0.5
6034	—	—	—	—	—	—	—	—	170	260	42	2.1	—
6036	—	—	—	—	—	—	—	—	180	280	46	2.1	—
6038	—	—	—	—	—	—	—	—	190	290	46	2.1	—
6040	—	—	—	—	—	—	—	—	200	310	51	2.1	—
6044	—	—	—	—	—	—	—	—	220	340	56	3	—
6048	—	—	—	—	—	—	—	—	240	360	56	3	—
6052	—	—	—	—	—	—	—	—	260	400	65	4	—
6056	—	—	—	—	—	—	—	—	280	420	65	4	—
6060	—	—	—	—	—	—	—	—	300	460	74	4	—
6064	—	—	—	—	—	—	—	—	320	480	74	4	—
6068	—	—	—	—	—	—	—	—	340	520	82	5	—
6072	—	—	—	—	—	—	—	—	360	540	82	5	—
6076	—	—	—	—	—	—	—	—	380	560	82	5	—
6080	—	—	—	—	—	—	—	—	400	600	90	5	—
6084	—	—	—	—	—	—	—	—	420	620	90	5	—
6088	—	—	—	—	—	—	—	—	440	650	94	6	—
6092	—	—	—	—	—	—	—	—	460	680	100	6	—
6096	—	—	—	—	—	—	—	—	480	700	100	6	—
60/500	—	—	—	—	—	—	—	—	500	720	100	6	—

① 最大倒角尺寸规定在 GB/T 274—2000 中。

表 1-2-24　　深沟球轴承 02 系列（GB/T 276—2013）　　mm

轴承型号									外形尺寸				
60000 型	60000 N 型	60000 NR 型	60000-Z 型	60000-2Z 型	60000-RS 型	60000-2RS 型	60000-RZ 型	60000-2RZ 型	d	D	B	r_{smin}①	r_{1smin}①
623	—	—	623-Z	623-2Z	623-RS	623-2RS	623-RZ	623-2RZ	3	10	4	0.15	—
624	—	—	624-Z	624-2Z	624-RS	624-2RS	624-RZ	624-2RZ	4	13	5	0.2	—
625	—	—	625-Z	625-2Z	625-RS	625-2RS	625-RZ	625-2RZ	5	16	5	0.3	—
626	626 N	626 NR	626-Z	626-2Z	626-RS	626-2RS	626-RZ	626-2RZ	6	19	6	0.3	0.3
627	627 N	627 NR	627-Z	627-2Z	627-RS	627-2RS	627-RZ	627-2RZ	7	22	7	0.3	0.3
628	628 N	628 NR	628-Z	628-2Z	628-RS	628-2RS	628-RZ	628-2RZ	8	24	8	0.3	0.3
629	629 N	629 NR	629-Z	629-2Z	629-RS	629-2RS	629-RZ	629-2RZ	9	26	8	0.3	0.3
6200	6200 N	6200 NR	6200-Z	6200-2Z	6200-RS	6200-2RS	6200-RZ	6200-2RZ	10	30	9	0.6	0.5
6201	6201 N	6201 NR	6201-Z	6201-2Z	6201-RS	6201-2RS	6201-RZ	6201-2RZ	12	32	10	0.6	0.5
6202	6202 N	6202 NR	6202-Z	6202-2Z	6202-RS	6202-2RS	6202-RZ	6202-2RZ	15	35	11	0.6	0.5
6203	6203 N	6203 NR	6203-Z	6203-2Z	6203-RS	6203-2RS	6203-RZ	6203-2RZ	17	40	12	0.6	0.5
6204	6204 N	6204 NR	6204-Z	6204-2Z	6204-RS	6204-2RS	6204-RZ	6204-2RZ	20	47	14	1	0.5
62/22	62/22 N	62/22 NR	62/22-Z	62/22-2Z	—	—	—	62/22-2RZ	22	50	14	1	0.5
6205	6205 N	6205 NR	6205-Z	6205-2Z	6205-RS	6205-2RS	6205-RZ	6205-2RZ	25	52	15	1	0.5
62/28	62/28 N	62/28 NR	62/28-Z	62/28-2Z	—	—	—	62/28-2RZ	28	58	16	1	0.5
6206	6206 N	6206 NR	6206-Z	6206-2Z	6206-RS	6206-2RS	6206-RZ	6206-2RZ	30	62	16	1	0.5
62/32	62/32 N	62/32 NR	62/32-Z	62/32-2Z	—	—	—	62/32-2RZ	32	65	17	1	0.5
6207	6207 N	6207 NR	6207-Z	6207-2Z	6207-RS	6207-2RS	6207-RZ	6207-2RZ	35	72	17	1.1	0.5
6208	6208 N	6208 NR	6208-Z	6208-2Z	6208-RS	6208-2RS	6208-RZ	6208-2RZ	40	80	18	1.1	0.5
6209	6209 N	6209 NR	6209-Z	6209-2Z	6209-RS	6209-2RS	6209-RZ	6209-2RZ	45	85	19	1.1	0.5
6210	6210 N	6210 NR	6210-Z	6210-2Z	6210-RS	6210-2RS	6210-RZ	6210-2RZ	50	90	20	1.1	0.5
6211	6211 N	6211 NR	6211-Z	6211-2Z	6211-RS	6211-2RS	6211-RZ	6211-2RZ	55	100	21	1.5	0.5
6212	6212 N	6212 NR	6212-Z	6212-2Z	6212-RS	6212-2RS	6212-RZ	6212-2RZ	60	110	22	1.5	0.5
6213	6213 N	6213 NR	6213-Z	6213-2Z	6213-RS	6213-2RS	6213-RZ	6213-2RZ	65	120	23	1.5	0.5
6214	6214 N	6214 NR	6214-Z	6214-2Z	6214-RS	6214-2RS	6214-RZ	6214-2RZ	70	125	24	1.5	0.5
6215	6215 N	6215 NR	6215-Z	6215-2Z	6215-RS	6215-2RS	6215-RZ	6215-2RZ	75	130	25	1.5	0.5
6216	6216 N	6216 NR	6216-Z	6216-2Z	6216-RS	6216-2RS	6216-RZ	6216-2RZ	80	140	26	2	0.5
6217	6217 N	6217 NR	6217-Z	6217-2Z	6217-RS	6217-2RS	6217-RZ	6217-2RZ	85	150	28	2	0.5
6218	6218 N	6218 NR	6218-Z	6218-2Z	6218-RS	6218-2RS	6218-RZ	6218-2RZ	90	160	30	2	0.5
6219	6219 N	6219 NR	6219-Z	6219-2Z	6219-RS	6219-2RS	6219-RZ	6219-2RZ	95	170	32	2.1	0.5
6220	6220 N	6220 NR	6220-Z	6220-2Z	6220-RS	6220-2RS	6220-RZ	6220-2RZ	100	180	34	2.1	0.5
6221	6221 N	6221 NR	6221-Z	6221-2Z	6221-RS	6221-2RS	6221-RZ	6221-2RZ	105	190	36	2.1	0.5
6222	6222 N	6222 NR	6222-Z	6222-2Z	6222-RS	6222-2RS	6222-RZ	6222-2RZ	110	200	38	2.1	0.5
6224	6224 N	6224 NR	6224-Z	6224-2Z	6224-RS	6224-2RS	6224-RZ	6224-2RZ	120	215	40	2.1	0.5
6226	6226 N	6226 NR	6226-Z	6226-2Z	6226-RS	6226-2RS	6226-RZ	6226-2RZ	130	230	40	3	0.5
6228	6228 N	6228 NR	6228-Z	6228-2Z	6228-RS	6228-2RS	6228-RZ	6228-2RZ	140	250	42	3	0.5
6230	—	—	—	—	—	—	—	—	150	270	45	3	—
6232	—	—	—	—	—	—	—	—	160	290	48	3	—
6234	—	—	—	—	—	—	—	—	170	310	52	4	—
6236	—	—	—	—	—	—	—	—	180	320	52	4	—
6238	—	—	—	—	—	—	—	—	190	340	55	4	—
6240	—	—	—	—	—	—	—	—	200	360	58	4	—
6244	—	—	—	—	—	—	—	—	220	400	65	4	—
6248	—	—	—	—	—	—	—	—	240	440	72	4	—
6252	—	—	—	—	—	—	—	—	260	480	80	5	—
6256	—	—	—	—	—	—	—	—	280	500	80	5	—
6260	—	—	—	—	—	—	—	—	300	540	85	5	—
6264	—	—	—	—	—	—	—	—	320	580	92	5	—

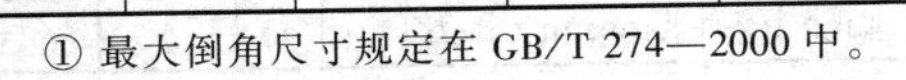
① 最大倒角尺寸规定在 GB/T 274—2000 中。

表 1-2-25 **深沟球轴承 03 系列**（GB/T 276—2013） mm

轴承型号									外形尺寸				
60000 型	60000 N 型	60000 NR 型	60000-Z 型	60000-2Z 型	60000-RS 型	60000-2RS 型	60000-RZ 型	60000-2RZ 型	d	D	B	r_{smin}①	r_{1smin}①
633	—	—	633-Z	633-2Z	633-RS	633-2RS	633-RZ	633-2RZ	3	13	5	0.2	—
634	—	—	634-Z	634-2Z	634-RS	634-2RS	634-RZ	634-2RZ	4	16	5	0.3	—
635	635 N	635 NR	635-Z	635-2Z	635-RS	635-2RS	635-RZ	635-2RZ	5	19	6	0.3	0.3
6300	6300 N	6300 NR	6300-Z	6300-2Z	6300-RS	6300-2RS	6300-RZ	6300-2RZ	10	35	11	0.6	0.5
6301	6301 N	6301 NR	6301-Z	6301-2Z	6301-RS	6301-2RS	6301-RZ	6301-2RZ	12	37	12	1	0.5
6302	6302 N	6302 NR	6302-Z	6302-2Z	6302-RS	6302-2RS	6302-RZ	6302-2RZ	15	42	13	1	0.5
6303	6303 N	6303 NR	6303-Z	6303-2Z	6303-RS	6303-2RS	6303-RZ	6303-2RZ	17	47	14	1	0.5
6304	6304 N	6304 NR	6304-Z	6304-2Z	6304-RS	6304-2RS	6304-RZ	6304-2RZ	20	52	15	1.1	0.5
63/22	63/22 N	63/22 NR	63/22-Z	63/22-2Z	—	—	—	63/22-2RZ	22	56	16	1.1	0.5
6305	6305 N	6305 NR	6305-Z	6305-2Z	6305-RS	6305-2RS	6305-RZ	6305-2RZ	25	62	17	1.1	0.5
63/28	63/28 N	63/28 NR	63/28-Z	63/28-2Z	—	—	—	63/28-2RZ	28	68	18	1.1	0.5
6306	6306 N	6306 NR	6306-Z	6306-2Z	6306-RS	6306-2RS	6306-RZ	6306-2RZ	30	72	19	1.1	0.5
63/32	63/32 N	63/32 NR	63/32-Z	63/32-2Z	—	—	—	63/32-2RZ	32	75	20	1.1	0.5
6307	6307 N	6307 NR	6307-Z	6307-2Z	6307-RS	6307-2RS	6307-RZ	6307-2RZ	35	80	21	1.5	0.5
6308	6308 N	6308 NR	6308-Z	6308-2Z	6308-RS	6308-2RS	6308-RZ	6308-2RZ	40	90	23	1.5	0.5
6309	6309 N	6309 NR	6309-Z	6309-2Z	6309-RS	6309-2RS	6309-RZ	6309-2RZ	45	100	25	1.5	0.5
6310	6310 N	6310 NR	6310-Z	6310-2Z	6310-RS	6310-2RS	6310-RZ	6310-2RZ	50	110	27	2	0.5
6311	6311 N	6311 NR	6311-Z	6311-2Z	6311-RS	6311-2RS	6311-RZ	6311-2RZ	55	120	29	2	0.5
6312	6312 N	6312 NR	6312-Z	6312-2Z	6312-RS	6312-2RS	6312-RZ	6312-2RZ	60	130	31	2.1	0.5
6313	6313 N	6313 NR	6313-Z	6313-2Z	6313-RS	6313-2RS	6313-RZ	6313-2RZ	65	140	33	2.1	0.5
6314	6314 N	6314 NR	6314-Z	6314-2Z	6314-RS	6314-2RS	6314-RZ	6314-2RZ	70	150	35	2.1	0.5
6315	6315 N	6315 NR	6315-Z	6315-2Z	6315-RS	6315-2RS	6315-RZ	6315-2RZ	75	160	37	2.1	0.5
6316	6316 N	6316 NR	6316-Z	6316-2Z	6316-RS	6316-2RS	6316-RZ	6316-2RZ	80	170	39	2.1	0.5
6317	6317 N	6317 NR	6317-Z	6317-2Z	6317-RS	6317-2RS	6317-RZ	6317-2RZ	85	180	41	3	0.5
6318	6318 N	6318 NR	6318-Z	6318-2Z	6318-RS	6318-2RS	6318-RZ	6318-2RZ	90	190	43	3	0.5
6319	6319 N	6319 NR	6319-Z	6319-2Z	6319-RS	6319-2RS	6319-RZ	6319-2RZ	95	200	45	3	0.5
6320	6320 N	6320 NR	6320-Z	6320-2Z	6320-RS	6320-2RS	6320-RZ	6320-2RZ	100	215	47	3	0.5
6321	6321 N	6321 NR	6321-Z	6321-2Z	6321-RS	6321-2RS	6321-RZ	6321-2RZ	105	225	49	3	0.5
6322	6322 N	6322 NR	6322-Z	6322-2Z	6322-RS	6322-2RS	6322-RZ	6322-2RZ	110	240	50	3	0.5
6324	—	—	6324-Z	6324-2Z	6324-RS	6324-2RS	6324-RZ	6324-2RZ	120	260	55	3	—
6326	—	—	6326-Z	6326-2Z	—	—	—	—	130	280	58	4	—
6328	—	—	—	—	—	—	—	—	140	300	62	4	—
6330	—	—	—	—	—	—	—	—	150	320	65	4	—
6332	—	—	—	—	—	—	—	—	160	340	68	4	—
6334	—	—	—	—	—	—	—	—	170	360	72	4	—
6336	—	—	—	—	—	—	—	—	180	380	75	4	—
6338	—	—	—	—	—	—	—	—	190	400	78	5	—
6340	—	—	—	—	—	—	—	—	200	420	80	5	—
6344	—	—	—	—	—	—	—	—	220	460	88	5	—
6348	—	—	—	—	—	—	—	—	240	500	95	5	—
6352	—	—	—	—	—	—	—	—	260	540	102	6	—
6356	—	—	—	—	—	—	—	—	280	580	108	6	—

① 最大倒角尺寸规定在 GB/T 274—2000 中。

表 1-2-26 **深沟球轴承 04 系列**（GB/T 276—2013） mm

轴承型号									外形尺寸				
60000 型	60000 N 型	60000 NR 型	60000-Z 型	60000-2Z 型	60000-RS 型	60000-2RS 型	60000-RZ 型	60000-2RZ 型	d	D	B	r_{smin}①	r_{1smin}①
6403	6403 N	6403 NR	6403-Z	6403-2Z	6403-RS	6403-2RS	6403-RZ	64032-2RZ	17	62	17	1.1	0.5
6404	6404 N	6404 NR	6404-Z	6404-2Z	6404-RS	6404-2RS	6404-RZ	6404-2RZ	20	72	19	1.1	0.5
6405	6405 N	6405 NR	6405-Z	6405-2Z	6405-RS	6405-2RS	6405-RZ	6405-2RZ	25	80	21	1.5	0.5
6406	6406 N	6406 NR	6406-Z	6406-2Z	6406-RS	6406-2RS	6406-RZ	6406-2RZ	30	90	23	1.5	0.5
6407	6407 N	6407 NR	6407-Z	6407-2Z	6407-RS	6407-2RS	6407-RZ	6407-2RZ	35	100	25	1.5	0.5
6408	6408 N	6408 NR	6408-Z	6408-2Z	6408-RS	6408-2RS	6408-RZ	6408-2RZ	40	110	27	2	0.5

续表

轴承型号									外形尺寸				
60000型	60000 N型	60000 NR型	60000-Z型	60000-2Z型	60000-RS型	60000-2RS型	60000-RZ型	60000-2RZ型	d	D	B	r_{smin}①	r_{1smin}①
6409	6409 N	6409 NR	6409-Z	6409-2Z	6409-RS	6409-2RS	6409-RZ	6409-2RZ	45	120	29	2	0.5
6410	6410 N	6410 NR	6410-Z	6410-2Z	6410-RS	6410-2RS	6410-RZ	6410-2RZ	50	130	31	2.1	0.5
6411	6411 N	6411 NR	6411-Z	6411-2Z	6411-RS	6411-2RS	6411-RZ	6411-2RZ	55	140	33	2.1	0.5
6412	6412 N	6412 NR	6412-Z	6412-2Z	6412-RS	6412-2RS	6412-RZ	6412-2RZ	60	150	35	2.1	0.5
6413	6413 N	6413 NR	6413-Z	6413-2Z	6413-RS	6413-2RS	6413-RZ	6413-2RZ	65	160	37	2.1	0.5
6414	6414 N	6414 NR	6414-Z	6414-2Z	6414-RS	6414-2RS	6414-RZ	6414-2RZ	70	180	42	3	0.5
6415	6415 N	6415 NR	6415-Z	6415-2Z	6415-RS	6415-2RS	6415-RZ	6415-2RZ	75	190	45	3	0.5
6416	6416 N	6416 NR	6416-Z	6416-2Z	6416-RS	6416-2RS	6416-RZ	6416-2RZ	80	200	48	3	0.5
6417	6417 N	6417 NR	6417-Z	6417-2Z	6417-RS	6417-2RS	6417-RZ	6417-2RZ	85	210	52	4	0.5
6418	6418 N	6418 NR	6418-Z	6418-2Z	6418-RS	6418-2RS	6418-RZ	6418-2RZ	90	225	54	4	0.5
6419	6419 N	6419 NR	6419-Z	6419-2Z	6419-RS	6419-2RS	6419-RZ	6419-2RZ	95	240	55	4	0.5
6420	6420 N	6420 NR	6420-Z	6420-2Z	6420-RS	6420-2RS	6420-RZ	6420-2RZ	100	250	58	4	0.5
6422	—	—	6422-Z	6422-2Z	6422-RS	6422-2RS	6422-RZ	6422-2RZ	110	280	65	4	—

① 最大倒角尺寸规定在 GB/T 274—2000 中。

2.1.3 调心球轴承（GB/T 281—2013）

【其他名称】 双列向心球面球轴承、双列向心球面滚珠轴承。

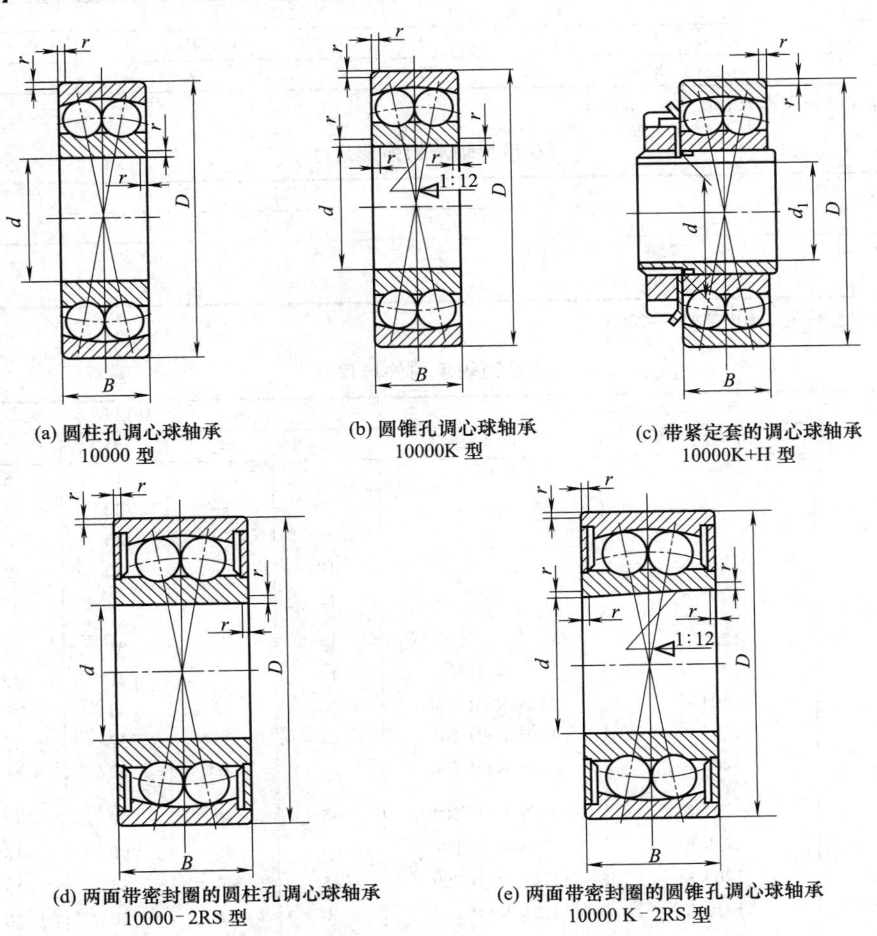

(a) 圆柱孔调心球轴承 10000 型

(b) 圆锥孔调心球轴承 10000K 型

(c) 带紧定套的调心球轴承 10000K+H 型

(d) 两面带密封圈的圆柱孔调心球轴承 10000-2RS 型

(e) 两面带密封圈的圆锥孔调心球轴承 10000 K-2RS 型

图 1-2-2 调心球轴承（GB/T 281—2013）

【用途】 10000 型轴承能自动调心（即轴承外圈和内圈有 2°~3°倾斜时，轴承仍能正常进行工作），适用于承受径向负荷，也可用于承受径向和不大的轴向作用的联合负荷。例如，用于长的传动轴、通风机的轴、联合收割机的轴、圆锯及织布机的轴和滚筒、砂轮机的主轴、中型蜗杆减速器的轴等。10000 K 型轴承具有 10000 型轴承的特点，但内孔为圆锥孔，安装在锥形轴端上，可微量调整轴承的游隙。10000 K+H 0000 型轴承，带有紧定套，主要用于无轴肩的光轴上，轴承的安装和拆卸都比较方便，利用紧定套还可调整轴承的径向游隙。

【标记】 标记示例：

滚动轴承 1208 GB/T 281—2013

滚动轴承 1304 K GB/T 281—2013

滚动轴承 1304 K+H 304 GB/T 281—2013

【规格】 轴承的外形尺寸按表 1-2-27~表 1-2-33 的规定。

表 1-2-27 39 系列轴承的外形尺寸 mm

轴承型号	外形尺寸			
	d	D	B	r_{smin}①
13940	200	280	60	2.1
13944	220	300	60	2.1
13948	240	320	60	2.1

① 最大倒角尺寸规定在 GB/T 274—2000 中。

表 1-2-28 10 系列轴承的外形尺寸 mm

轴承型号	外形尺寸			
	d	D	B	r_{smin}①
108	8	22	7	0.3

① 最大倒角尺寸规定在 GB/T 274—2000 中。

表 1-2-29 30 系列轴承的外形尺寸 mm

轴承型号	外形尺寸			
	d	D	B	r_{smin}①
13030	150	225	56	2.1
13036	180	280	74	2.1

① 最大倒角尺寸规定在 GB/T 274—2000 中。

表 1-2-30 02 系列轴承的外形尺寸 mm

轴承型号			外形尺寸				
10000 型	10000 K 型	10000 K+H 型	d	d_1	D	B	r_{smin}①
126	—	—	6	—	19	6	0.3
127	—	—	7	—	22	7	0.3
129	—	—	9	—	26	8	0.3
1200	1200 K	—	10	—	30	9	0.6
1201	1201 K	—	12	—	32	10	0.6
1202	1202 K	—	15	—	35	11	0.6
1203	1203 K	—	17	—	40	12	0.6
1204	1204 K	1204 K+H 204	20	17	47	14	1
1205	1205 K	1205 K+H 205	25	20	52	15	1
1206	1206 K	1206 K+H 206	30	25	62	16	1
1207	1207 K	1207 K+H 207	35	30	72	17	1.1
1208	1208 K	1208 K+H 208	40	35	80	18	1.1
1209	1209 K	1209 K+H 209	45	40	85	19	1.1
1210	1210 K	1210 K+H 210	50	45	90	20	1.1
1211	1211 K	1211 K+H 211	55	50	100	21	1.5

续表

轴承型号			外形尺寸				
10000 型	10000 K 型	10000 K+H 型	d	d_1	D	B	r_{smin}[①]
1212	1212 K	1212 K+H 212	60	55	110	22	1.5
1213	1213 K	1213 K+H 213	65	60	120	23	1.5
1214	1214 K	1214 K+H 214	70	60	125	24	1.5
1215	1215 K	1215 K+H 215	75	65	130	25	1.5
1216	1216 K	1216 K+H 216	80	70	140	26	2
1217	1217 K	1217 K+H 217	85	75	150	28	2
1218	1218 K	1218 K+H 218	90	80	160	30	2
1219	1219 K	1219 K+H 219	95	85	170	32	2.1
1220	1220 K	1220 K+H 220	100	90	180	34	2.1
1221	1221 K	1221 K+H 221	105	95	190	36	2.1
1222	1222 K	1222 K+H 222	110	100	200	38	2.1
1224	1224 K	1224 K+H 3024	120	110	215	42	2.1
1226	—	—	130	—	230	46	3
1228	—	—	140	—	250	50	3

① 最大倒角尺寸规定在 GB/T 274—2000 中。

表 1-2-31　22 系列轴承的外形尺寸　mm

轴承型号[①]					外形尺寸				
10000 型	10000-2RS 型	10000 K 型	10000 K-2RS 型	10000 K+H 型	d	d_1	D	B	r_{smin}[②]
2200	2200-2RS	—	—	—	10	—	30	14	0.6
2201	2201-2RS	—	—	—	12	—	32	14	0.6
2202	2202-2RS	2202 K	—	—	15	—	35	14	0.6
2203	2203-2RS	2203 K	—	—	17	—	40	16	0.6
2204	2204-2RS	2204 K	—	2204 K+H 304	20	17	47	18	1
2205	2205-2RS	2205 K	2205 K-2RS	2205 K+H 305	25	20	52	18	1
2206	2206-2RS	2206 K	2206 K-2RS	2206 K+H 306	30	25	62	20	1
2207	2207-2RS	2207 K	2207 K-2RS	2207 K+H 307	35	30	72	23	1.1
2208	2208-2RS	2208 K	2208 K-2RS	2208 K+H 308	40	35	80	23	1.1
2209	2209-2RS	2209 K	2209 K-2RS	2209 K+H 309	45	40	85	23	1.1
2210	2210-2RS	2210 K	2210 K-2RS	2210 K+H 310	50	45	90	23	1.1
2212	2212-2RS	2212 K	2212 K-2RS	2212 K+H 312	60	55	110	28	1.5
2213	2213-2RS	2213 K	2213 K-2RS	2213 K+H 313	65	60	120	31	1.5
2214	2214-2RS	2214 K	2214 K-2RS	2214 K+H 314	70	60	125	31	1.5
2215	—	2215 K	—	2215 K+H 315	75	65	130	31	1.5
2216	—	2216 K	—	2216 K+H 316	80	70	140	33	2
2217	—	2217 K	—	2217 K+H 317	85	75	150	36	2
2218	—	2218 K	—	2218 K+H 318	90	80	160	40	2
2219	—	2219 K	—	2219 K+H 319	95	85	170	43	2.1
2220	—	2220 K	—	2220 K+H 320	100	90	180	46	2.1
2221	—	2221 K	—	2221 K+H 321	105	95	190	50	2.1
2222	—	2222 K	—	2222 K+H 322	110	100	200	53	2.1

① 类型代号“1”按 GB/T 272—1993 的规定省略。

② 最大倒角尺寸规定在 GB/T 274—2000 中。

表 1-2-32

03 系列轴承的外形尺寸

mm

轴承型号			外形尺寸				
10000 型	10000 K 型	10000 K+H 型	d	d_1	D	B	r_{smin}②
135	—	—	5	—	19	6	0.3
1300	1300 K	—	10	—	35	11	0.6
1301	1301 K	—	12	—	37	12	1
1302	1302 K	—	15	—	42	13	1
1303	1303 K	—	17	—	47	14	1
1304	1304 K	1304 K+H 304	20	17	52	15	1.1
1305	1305 K	1305 K+H 305	25	20	62	17	1.1
1306	1306 K	1306 K+H 306	30	25	72	19	1.1
1307	1307 K	1307 K+H 307	35	30	80	21	1.5
1308	1308 K	1308 K+H 308	40	35	90	23	1.5
1309	1309 K	1309 K+H 309	45	40	100	25	1.5
1310	1310 K	1310 K+H 310	50	45	110	27	2
1311	1311 K	1311 K+H 311	55	50	120	29	2
1312	1312 K	1312 K+H 312	60	55	130	31	2.1
1313	1313 K	1313 K+H 313	65	60	140	33	2.1
1314	1314 K	1314 K+H 314	70	60	150	35	2.1
1315	1315 K	1315 K+H 315	75	65	160	37	2.1
1316	1316 K	1316 K+H 316	80	70	170	39	2.1
1317	1317 K	1317 K+H 317	85	75	180	41	3
1318	1318 K	1318 K+H 318	90	80	190	43	3
1319	1319 K	1319 K+H 319	95	85	200	45	3
1320	1320 K	1320 K+H 320	100	90	215	47	3
1321	1321 K	1321 K+H 321	105	95	225	49	3
1322	1322 K	1322 K+H 322	110	100	240	50	3

① 最大倒角尺寸规定在 GB/T 274—2000 中。

表 1-2-33

23 系列轴承的外形尺寸

mm

轴承型号①				外形尺寸				
10000 型	10000-2RS 型	10000 K 型	10000 K+H 型	d	d_1	D	B	r_{smin}②
2300	—	—	—	10	—	35	17	0.6
2301	—	—	—	12	—	37	17	1
2302	2302-2RS	—	—	15	—	42	17	1
2303	2303-2RS	—	—	17	—	47	19	1
2304	2304-2RS	2304 K	2304 K+H 2304	20	17	52	21	1.1
2305	2305-2RS	2305 K	2305 K+H 2305	25	20	62	24	1.1
2306	2306-2RS	2306 K	2306 K+H 2306	30	25	72	27	1.1
2307	2307-2RS	2307 K	2307 K+H 2307	35	30	80	31	1.5
2308	2308-2RS	2308 K	2308 K+H 2308	40	35	90	33	1.5
2309	2309-2RS	2309 K	2309 K+H 2309	45	40	100	36	1.5
2310	2310-2RS	2310 K	2310 K+H 2310	50	45	110	40	2
2311	—	2311 K	2311 K+H 2311	55	50	120	43	2
2312	—	2312 K	2312 K+H 2312	60	55	130	46	2.1
2313	—	2313 K	2313 K+H 2313	65	60	140	48	2.1
2314	—	2314 K	2314 K+H 2314	70	60	150	51	2.1
2315	—	2315 K	2315 K+H 2315	75	65	160	55	2.1
2316	—	2316 K	2316 K+H 2316	80	70	170	58	2.1
2317	—	2317 K	2317 K+H 2317	85	75	180	60	3
2318	—	2318 K	2318 K+H 2318	90	80	190	64	3
2319	—	2319 K	2319 K+H 2319	95	85	200	67	3

续表

轴承型号①				外形尺寸				
10000 型	10000-2RS 型	10000 K 型	10000 K+H 型	d	d_1	D	B	r_{smin}②
2320	—	2320 K	2320 K+H 2320	100	90	215	73	3
2321	—	2321 K	2321 K+H 2321	105	95	225	77	3
2322	—	2322 K	2322 K+H 2322	110	100	240	80	3

① 类型代号“1”按 GB/T 272—1993 的规定省略。

② 最大倒角尺寸规定在 GB/T 274—2000 中。

2.1.4 圆柱滚子轴承（GB/T 283—2007）

【其他名称】 单列向心短圆柱滚子轴承、向心短圆柱滚子轴承、罗拉轴承。

【用途】 这类轴承由于带挡边的套圈（内圈或外圈）与保持架和滚子组成一组合件，可与另一无挡边的套圈（内圈或外圈）分离，装拆比较方便，但不能限制轴和外套之间的轴向位移，故只能用于承受径向负荷，但比同尺寸的深沟球轴承承受径向负荷的能力大，极限转速接近，对于这类轴承配合的轴和壳体孔的加工要求也较高，允许内圈轴线与外圈轴线倾斜度很小（2′~4′），如机床主轴、大功率电动机、电车和铁路车辆的轴箱等。

【规格】 见表 1-2-34~表 1-2-43。

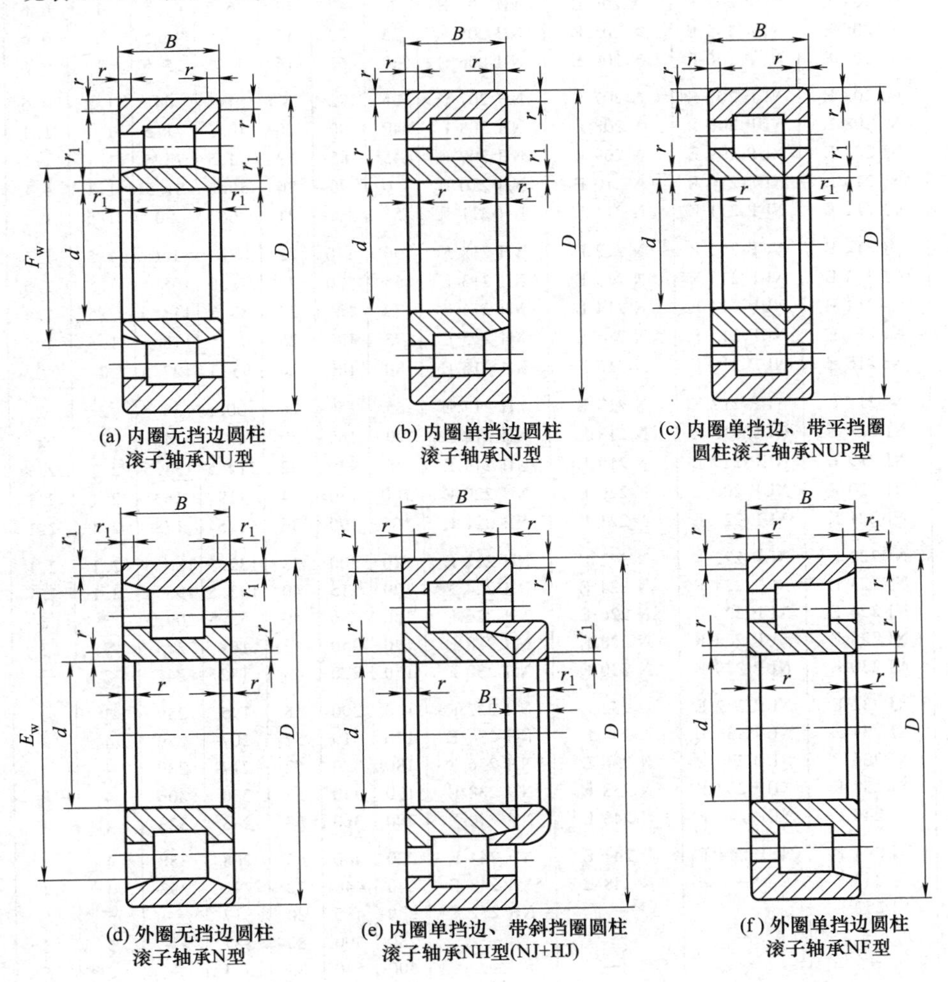

(a) 内圈无挡边圆柱滚子轴承NU型

(b) 内圈单挡边圆柱滚子轴承NJ型

(c) 内圈单挡边、带平挡圈圆柱滚子轴承NUP型

(d) 外圈无挡边圆柱滚子轴承N型

(e) 内圈单挡边、带斜挡圈圆柱滚子轴承NH型(NJ+HJ)

(f) 外圈单挡边圆柱滚子轴承NF型

图 1-2-3

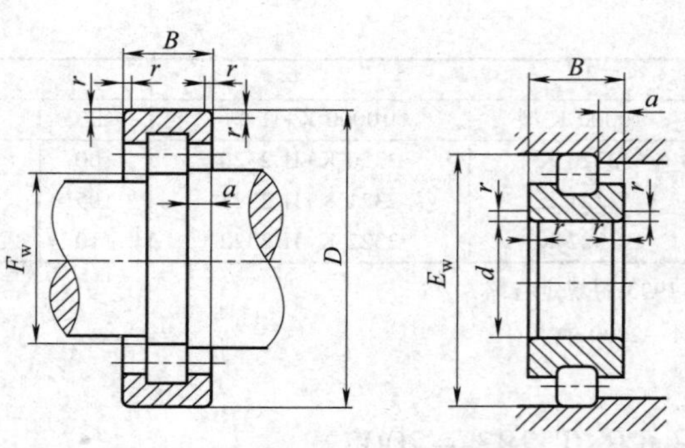

(g) 无内圈圆柱滚子轴承RNU型　(h) 无外圈圆柱滚子轴承RN型

图 1-2-3　圆柱滚子轴承（GB/T 283—2007）

表 1-2-34　　圆柱滚子轴承型号与尺寸（一）（GB/T 283—2007）　mm

轴承型号					外形尺寸							斜挡圈
NU 型	NJ 型	NUP 型	N 型	NH 型	d	D	B	F_w	E_w	r_{smin}①	r_{1smin}①	型号
NU 202 E	NJ 202 E	—	N 202 E	NH 202 E	15	35	11	19.3	30.3	0.6	0.3	HJ 202 E
NU 203 E	NJ 203 E	NUP 203 E	N 203 E	NH 203 E	17	40	12	22.1	35.1	0.6	0.3	HJ 203 E
NU 204 E	NJ 204 E	NUP 204 E	N 204 E	NH 204 E	20	47	14	26.5	41.5	1	0.6	HJ 204 E
NU 205 E	NJ 205 E	NUP 205 E	N 205 E	NH 205 E	25	52	15	31.5	46.5	1	0.6	HJ 205 E
NU 206 E	NJ 206 E	NUP 206 E	N 206 E	NH 206 E	30	62	16	37.5	55.5	1	0.6	HJ 206 E
NU 207 E	NJ 207 E	NUP 207 E	N 207 E	NH 207 E	35	72	17	44	64	1.1	0.6	HJ 207 E
NU 208 E	NJ 208 E	NUP 208 E	N 208 E	NH 208 E	40	80	18	49.5	71.5	1.1	1.1	HJ 208 E
NU 209 E	NJ 209 E	NUP 209 E	N 209 E	NH 209 E	45	85	19	54.5	76.5	1.1	1.1	HJ 209 E
NU 210 E	NJ 210 E	NUP 210 E	N 210 E	NH 210 E	50	90	20	59.5	81.5	1.1	1.1	HJ 210 E
NU 211 E	NJ 211 E	NUP 211 E	N 211 E	NH 211 E	55	100	21	66	90	1.5	1.1	HJ 211 E
NU 212 E	NJ 212 E	NUP 212 E	N 212 E	NH 212 E	60	110	22	72	100	1.5	1.5	HJ 212 E
NU 213 E	NJ 213 E	NUP 213 E	N 213 E	NH 213 E	65	120	23	78.5	108.5	1.5	1.5	HJ 213 E
NU 214 E	NJ 214 E	NUP 214 E	N 214 E	NH 214 E	70	125	24	83.5	113.5	1.5	1.5	HJ 214 E
NU 215 E	NJ 215 E	NUP 215 E	N 215 E	NH 215 E	75	130	25	88.5	118.5	1.5	1.5	HJ 215 E
NU 216 E	NJ 216 E	NUP 216 E	N 216 E	NH 216 E	80	140	26	95.3	127.3	2	2	HJ 216 E
NU 217 E	NJ 217 E	NUP 217 E	N 217 E	NH 217 E	85	150	28	100.5	136.5	2	2	HJ 217 E
NU 218 E	NJ 218 E	NUP 218 E	N 218 E	NH 218 E	90	160	30	107	145	2	2	HJ 218 E
NU 219 E	NJ 219 E	NUP 219 E	N 219 E	NH 219 E	95	170	32	112.5	154.5	2.1	2.1	HJ 219 E
NU 220 E	NJ 220 E	NUP 220 E	N 220 E	NH 220 E	100	180	34	119	163	2.1	2.1	HJ 220 E
NU 221 E	NJ 221 E	NUP 221 E	N 221 E	NH 221 E	105	190	36	125	173	2.1	2.1	HJ 221 E
NU 222 E	NJ 222 E	NUP 222 E	N 222 E	NH 222 E	110	200	38	132.5	180.5	2.1	2.1	HJ 222 E
NU 224 E	NJ 224 E	NUP 224 E	N 224 E	NH 224 E	120	215	40	143.5	195.5	2.1	2.1	HJ 224 E
NU 226 E	NJ 226 E	NUP 226 E	N 226 E	NH 226 E	130	230	40	153.5	209.5	3	3	HJ 226 E
NU 228 E	NJ 228 E	NUP 228 E	N 228 E	NH 228 E	140	250	42	169	225	3	3	HJ 228 E
NU 230 E	NJ 230 E	NUP 230 E	N 230 E	NH 230 E	150	270	45	182	242	3	3	HJ 230 E
NU 232 E	NJ 232 E	NUP 232 E	N 232 E	NH 232 E	160	290	48	195	259	3	3	HJ 232 E
NU 234 E	NJ 234 E	NUP 234 E	N 234 E	NH 234 E	170	310	52	207	279	4	4	HJ 234 E
NU 236 E	NJ 236 E	NUP 236 E	N 236 E	NH 236 E	180	320	52	217	289	4	4	HJ 236 E
NU 238 E	NJ 238 E	NUP 238 E	N 238 E	NH 238 E	190	340	55	230	306	4	4	HJ 238 E
NU 240 E	NJ 240 E	NUP 240 E	N 240 E	NH 240 E	200	360	58	243	323	4	4	HJ 240 E
NU 244 E	NJ 244 E	NUP 244 E	N 244 E	NH 244 E	220	400	65	268	358	4	4	HJ 244 E
NU 248 E	NJ 248 E	—	N 248 E	NH 248 E	240	440	72	293	393	4	4	HJ 248 E
NU 252 E	NJ 252 E	—	—	NH 252 E	260	480	80	317	—	5	5	HJ 252 E
NU 256 E	—	—	—	—	280	500	80	337	—	5	5	—
NU 260 E	—	—	—	—	300	540	85	364	—	5	5	—
NU 264 E	—	—	—	—	320	580	92	392	—	5	5	—

① 对应的最大倒角尺寸规定在 GB/T 274—2000 中。

表 1-2-35　　圆柱滚子轴承型号与尺寸（二）（GB/T 283—2007）　　mm

轴承型号					外形尺寸							斜挡圈
NU 型	NJ 型	NUP 型	N 型	NH 型	d	D	B	F_w	E_w	r_{smin}①	r_{1smin}①	型号
NU 2203 E	NJ 2203 E	NUP 2203 E	N 2203 E	NH 2203 E	17	40	16	22.1	35.1	0.6	0.6	HJ 2203 E
NU 2204 E	NJ 2204 E	NUP 2204 E	N 2204 E	NH 2204 E	20	47	18	26.5	41.5	1	0.6	HJ 2204 E
NU 2205 E	NJ 2205 E	NUP 2205 E	N 2205 E	NH 2205 E	25	52	18	31.5	46.5	1	0.6	HJ 2205 E
NU 2206 E	NJ 2206 E	NUP 2206 E	N 2206 E	NH 2206 E	30	62	20	37.5	55.5	1	0.6	HJ 2206 E
NU 2207 E	NJ 2207 E	NUP 2207 E	N 2207 E	NH 2207 E	35	72	23	44	64	1.1	0.6	HJ 2207 E
NU 2208 E	NJ 2208 E	NUP 2208 E	N 2208 E	NH 2208 E	40	80	23	49.5	71.5	1.1	1.1	HJ 2208 E
NU 2209 E	NJ 2209 E	NUP 2209 E	N 2209 E	NH 2209 E	45	85	23	54.5	76.5	1.1	1.1	HJ 2209 E
NU 2210 E	NJ 2210 E	NUP 2210 E	N 2210 E	NH 2210 E	50	90	23	59.5	81.5	1.1	1.1	HJ 2210 E
NU 2211 E	NJ 2211 E	NUP 2211 E	N 2211 E	NH 2211 E	55	100	25	66	90	1.5	1.1	HJ 2211 E
NU 2212 E	NJ 2212 E	NUP 2212 E	N 2212 E	NH 2212 E	60	110	28	72	100	1.5	1.5	HJ 2212 E
NU 2213 E	NJ 2213 E	NUP 2213 E	N 2213 E	NH 2213 E	65	120	31	78.5	108.5	1.5	1.5	HJ 2213 E
NU 2214 E	NJ 2214 E	NUP 2214 E	N 2214 E	NH 2214 E	70	125	31	83.5	113.5	1.5	1.5	HJ 2214 E
NU 2215 E	NJ 2215 E	NUP 2215 E	N 2215 E	NH 2215 E	75	130	31	88.5	118.5	1.5	1.5	HJ 2215 E
NU 2216 E	NJ 2216 E	NUP 2216 E	N 2216 E	NH 2216 E	80	140	33	95.3	127.3	2	2	HJ 2216 E
NU 2217 E	NJ 2217 E	NUP 2217 E	N 2217 E	NH 2217 E	85	150	36	100.5	136.5	2	2	HJ 2217 E
NU 2218 E	NJ 2218 E	NUP 2218 E	N 2218 E	NH 2218 E	90	160	40	107	145	2	2	HJ 2218 E
NU 2219 E	NJ 2219 E	NUP 2219 E	N 2219 E	NH 2219 E	95	170	43	112.5	154.5	2.1	2.1	HJ 2219 E
NU 2220 E	NJ 2220 E	NUP 2220 E	N 2220 E	NH 2220 E	100	180	46	119	163	2.1	2.1	HJ 2220 E
NU 2222 E	NJ 2222 E	NUP 2222 E	N 2222 E	NH 2222 E	110	200	53	132.5	180.5	2.1	2.1	HJ 2222 E
NU 2224 E	NJ 2224 E	NUP 2224 E	N 2224 E	NH 2224 E	120	215	58	143.5	195.5	2.1	2.1	HJ 2224 E
NU 2226 E	NJ 2226 E	NUP 2226 E	N 2226 E	NH 2226 E	130	230	64	153.5	209.5	3	3	HJ 2226 E
NU 2228 E	NJ 2228 E	NUP 2228 E	N 2228 E	NH 2228 E	140	250	68	169	225	3	3	HJ 2228 E
NU 2230 E	NJ 2230 E	NUP 2230 E	N 2230 E	NH 2230 E	150	270	73	182	242	3	3	HJ 2230 E
NU 2232 E	NJ 2232 E	NUP 2232 E	N 2232 E	NH 2232 E	160	290	80	193	259	3	3	HJ 2232 E
NU 2234 E	NJ 2234 E	NUP 2234 E	N 2234 E	NH 2234 E	170	310	86	205	279	4	4	HJ 2234 E
NU 2236 E	NJ 2236 E	NUP 2236 E	N 2236 E	NH 2236 E	180	320	86	215	289	4	4	HJ 2236 E
NU 2238 E	NJ 2238 E	NUP 2238 E	N 2238 E	NH 2238 E	190	340	92	228	306	4	4	HJ 2238 E
NU 2240 E	NJ 2240 E	NUP 2240 E	N 2240 E	NH 2240 E	200	360	98	241	323	4	4	HJ 2240 E
NU 2244 E	—	NUP 2244 E	—	—	220	400	108	259	—	4	4	—
NU 2248 E	—	—	—	—	240	440	120	287	—	4	4	—
NU 2252 E	—	—	—	—	260	480	130	313	—	5	5	—
NU 2256 E	—	—	—	—	280	500	130	333	—	5	5	—
NU 2260 E	—	—	—	—	300	540	140	355	—	5	5	—
NU 2264 E	—	—	—	—	320	580	150	380	—	5	5	—

① 对应的最大倒角尺寸规定在 GB/T 274—2000 中。

表 1-2-36　　圆柱滚子轴承型号与尺寸（三）（GB/T 283—2007）　　mm

轴承型号					外形尺寸							斜挡圈
NU 型	NJ 型	NUP 型	N 型	NH 型	d	D	B	F_w	E_w	r_{smin}①	r_{1smin}①	型号
NU 303 E	NJ 303 E	NUP 303 E	N 303 E	NH 303 E	17	47	14	24.2	40.2	1	0.6	HJ 303 E
NU 304 E	NJ 304 E	NUP 304 E	N 304 E	NH 304 E	20	52	15	27.5	45.5	1.1	0.6	HJ 304 E
NU 305 E	NJ 305 E	NUP 305 E	N 305 E	NH 305 E	25	62	17	34	54	1.1	1.1	HJ 305 E
NU 306 E	NJ 306 E	NUP 306 E	N 306 E	NH 306 E	30	72	19	40.5	62.5	1.1	1.1	HJ 306 E
NU 307 E	NJ 307 E	NUP 307 E	N 307 E	NH 307 E	35	80	21	46.2	70.2	1.5	1.1	HJ 307 E
NU 308 E	NJ 308 E	NUP 308 E	N 308 E	NH 308 E	40	90	23	52	80	1.5	1.5	HJ 308 E
NU 309 E	NJ 309 E	NUP 309 E	N 309 E	NH 309 E	45	100	25	58.5	88.5	1.5	1.5	HJ 309 E
NU 310 E	NJ 310 E	NUP 310 E	N 310 E	NH 310 E	50	110	27	65	97	2	2	HJ 310 E
NU 311 E	NJ 311 E	NUP 311 E	N 311 E	NH 311 E	55	120	29	70.5	106.5	2	2	HJ 311 E
NU 312 E	NJ 312 E	NUP 312 E	N 312 E	NH 312 E	60	130	31	77	115	2.1	2.1	HJ 312 E

续表

轴承型号					外形尺寸							斜挡圈型号
NU 型	NJ 型	NUP 型	N 型	NH 型	d	D	B	F_w	E_w	r_{smin}①	r_{1smin}①	
NU 313 E	NJ 313 E	NUP 313 E	N 313 E	NH 313 E	65	140	33	82.5	124.5	2.1	2.1	HJ 313 E
NU 314 E	NJ 314 E	NUP 314 E	N 314 E	NH 314 E	70	150	35	89	133	2.1	2.1	HJ 314 E
NU 315 E	NJ 315 E	NUP 315 E	N 315 E	NH 315 E	75	160	37	95	143	2.1	2.1	HJ 315 E
NU 316 E	NJ 316 E	NUP 316 E	N 316 E	NH 316 E	80	170	39	101	151	2.1	2.1	HJ 316 E
NU 317 E	NJ 317 E	NUP 317 E	N 317 E	NH 317 E	85	180	41	108	160	3	3	HJ 317 E
NU 318 E	NJ 318 E	NUP 318 E	N 318 E	NH 318 E	90	190	43	113.5	169.5	3	3	HJ 318 E
NU 319 E	NJ 319 E	NUP 319 E	N 319 E	NH 319 E	95	200	45	121.5	177.5	3	3	HJ 319 E
NU 320 E	NJ 320 E	NUP 320 E	N 320 E	NH 320 E	100	215	47	127.5	191.5	3	3	HJ 320 E
NU 321 E	NJ 321 E	NUP 321 E	N 321 E	NH 321 E	105	225	49	133	201	3	3	HJ 321 E
NU 322 E	NJ 322 E	NUP 322 E	N 322 E	NH 322 E	110	240	50	143	211	3	3	HJ 322 E
NU 324 E	NJ 324 E	NUP 324 E	N 324 E	NH 324 E	120	260	55	154	230	3	3	HJ 324 E
NU 326 E	NJ 326 E	NUP 326 E	N 326 E	NH 326 E	130	280	58	167	247	4	4	HJ 326 E
NU 328 E	NJ 328 E	NUP 328 E	N 328 E	NH 328 E	140	300	62	180	260	4	4	HJ 328 E
NU 330 E	NJ 330 E	NUP 330 E	N 330 E	NH 330 E	150	320	65	193	283	4	4	HJ 330 E
NU 332 E	NJ 332 E	NUP 332 E	N 332 E	NH 332 E	160	340	68	204	300	4	4	HJ 332 E
NU 334 E	NJ 334 E	—	N 334 E	NH 334 E	170	360	72	218	318	4	4	HJ 334 E
NU 336 E	NJ 336 E	—	—	NH 336 E	180	380	75	231	—	4	4	HJ 336 E
NU 338 E	—	—	—	—	190	400	78	245	—	5	5	—
NU 340 E	NJ 340 E	—	—	—	200	420	80	258	—	5	5	—
NU 344 E	—	—	—	—	220	460	88	282	—	5	5	—
NU 348 E	NJ 348 E	—	—	—	240	500	95	306	—	5	5	—
NU 352 E	—	—	—	—	260	540	102	337	—	6	6	—
NU 356 E	NJ 356 E	—	—	—	280	580	108	362	—	6	6	—

① 对应的最大倒角尺寸规定在 GB/T 274—2000 中。

表 1-2-37　　圆柱滚子轴承型号与尺寸（四）（GB/T 283—2007）

mm

轴承型号					外形尺寸							斜挡圈型号
NU 型	NJ 型	NUP 型	N 型	NH 型	d	D	B	F_w	E_w	r_{smin}①	r_{1smin}①	
NU 2304 E	NJ 2304 E	NUP 2304 E	N 2304 E	NH 2304 E	20	52	21	27.5	45.5	1.1	0.6	HJ 2304 E
NU 2305 E	NJ 2305 E	NUP 2305 E	N 2305 E	NH 2305 E	25	62	24	34	54	1.1	1.1	HJ 2305 E
NU 2306 E	NJ 2306 E	NUP 2306 E	N 2306 E	NH 2306 E	30	72	27	40.5	62.5	1.1	1.1	HJ 2306 E
NU 2307 E	NJ 2307 E	NUP 2307 E	N 2307 E	NH 2307 E	35	80	31	46.2	70.2	1.5	1.1	HJ 2307 E
NU 2308 E	NJ 2308 E	NUP 2308 E	N 2308 E	NH 2308 E	40	90	33	52	80	1.5	1.5	HJ 2308 E
NU 2309 E	NJ 2309 E	NUP 2309 E	N 2309 E	NH 2309 E	45	100	36	58.5	88.5	1.5	1.5	HJ 2309 E
NU 2310 E	NJ 2310 E	NUP 2310 E	N 2310 E	NH 2310 E	50	110	40	65	97	2	2	HJ 2310 E
NU 2311 E	NJ 2311 E	NUP 2311 E	N 2311 E	NH 2311 E	55	120	43	70.5	106.5	2	2	HJ 2311 E
NU 2312 E	NJ 2312 E	NUP 2312 E	N 2312 E	NH 2312 E	60	130	46	77	115	2.1	2.1	HJ 2312 E
NU 2313 E	NJ 2313 E	NUP 2313 E	N 2313 E	NH 2313 E	65	140	48	82.5	124.5	2.1	2.1	HJ 2313 E
NU 2314 E	NJ 2314 E	NUP 2314 E	N 2314 E	NH 2314 E	70	150	51	89	133	2.1	2.1	HJ 2314 E
NU 2315 E	NJ 2315 E	NUP 2315 E	N 2315 E	NH 2315 E	75	160	55	95	143	2.1	2.1	HJ 2315 E
NU 2316 E	NJ 2316 E	NUP 2316 E	N 2316 E	NH 2316 E	80	170	58	101	151	2.1	2.1	HJ 2316 E
NU 2317 E	NJ 2317 E	NUP 2317 E	N 2317 E	NH 2317 E	85	180	60	108	160	3	3	HJ 2317 E
NU 2318 E	NJ 2318 E	NUP 2318 E	N 2318 E	NH 2318 E	90	190	64	113.5	169.5	3	3	HJ 2318 E
NU 2319 E	NJ 2319 E	NUP 2319 E	N 2319 E	NH 2319 E	95	200	67	121.5	177.5	3	3	HJ 2319 E
NU 2320 E	NJ 2320 E	NUP 2320 E	N 2320 E	NH 2320 E	100	215	73	127.5	191.5	3	3	HJ 2320 E
NU 2322 E	NJ 2322 E	NUP 2322 E	N 2322 E	NH 2322 E	110	240	80	143	211	3	3	HJ 2322 E
NU 2324 E	NJ 2324 E	NUP 2324 E	N 2324 E	NH 2324 E	120	260	86	154	230	3	3	HJ 2324 E
NU 2326 E	NJ 2326 E	NUP 2326 E	N 2326 E	NH 2326 E	130	280	93	167	247	4	4	HJ 2326 E

续表

轴承型号					外形尺寸							斜挡圈型号
NU 型	NJ 型	NUP 型	N 型	NH 型	d	D	B	F_w	E_w	r_{smin}①	r_{1smin}①	
NU 2328 E	NJ 2328 E	NUP 2328 E	N 2328 E	NH 2328 E	140	300	102	180	260	4	4	HJ 2328 E
NU 2330 E	NJ 2330 E	NUP 2330 E	N 2330 E	NH 2330 E	150	320	108	193	283	4	4	HJ 2330 E
NU 2332 E	NJ 2332 E	NUP 2332 E	N 2332 E	NH 2332 E	160	340	114	204	300	4	4	HJ 2332 E
NU 2334 E	NJ 2334 E	—	—	—	170	360	120	216	—	4	4	—
NU 2336 E	NJ 2336 E	—	—	—	180	380	126	227	—	4	4	—
NU 2338 E	NJ 2338 E	—	—	—	190	400	132	240	—	5	5	—
NU 2340 E	NJ 2340 E	—	—	—	200	420	138	253	—	5	5	—
NU 2344 E	—	—	—	—	220	460	145	277	—	5	5	—
NU 2348 E	—	—	—	—	240	500	155	303	—	5	5	—
NU 2352 E	—	—	—	—	260	540	165	324	—	6	6	—
NU 2356 E	—	—	—	—	280	580	175	351	—	6	6	—

① 对应的最大倒角尺寸规定在 GB/T 274—2000 中。

表 1-2-38　圆柱滚子轴承型号与尺寸（五）（GB/T 283—2007） mm

轴承型号		外形尺寸						
NU 型	N 型	d	D	B	F_w	E_w	r_{smin}①	r_{1smin}①
NU 1005	N 1005	25	47	12	30.5	41.5	1	0.3
NU 1006	N 1006	30	55	13	36.5	48.5	1	0.6
NU 1007	N 1007	35	62	14	42	55	1	0.6
NU 1008	N 1008	40	68	15	47	61	1	0.6
NU 1009	N 1009	45	75	16	52.5	67.5	1	0.6
NU 1010	N 1010	50	80	16	57.5	72.5	1	0.6
NU 1011	N 1011	55	90	18	64.5	80.5	1.1	1
NU 1012	N 1012	60	95	18	69.5	85.5	1.1	1
NU 1013	N 1013	65	100	18	74.5	90.5	1.1	1
NU 1014	N 1014	70	110	20	80	100	1.1	1
NU 1015	N 1015	75	115	20	85	105	1.1	1
NU 1016	N 1016	80	125	22	91.5	113.5	1.1	1
NU 1017	N 1017	85	130	22	96.5	118.5	1.1	1
NU 1018	N 1018	90	140	24	103	127	1.5	1.1
NU 1019	N 1019	95	145	24	108	132	1.5	1.1
NU 1020	N 1020	100	150	24	113	137	1.5	1.1
NU 1021	N 1021	105	160	26	119.5	145.5	2	1.1
NU 1022	N 1022	110	170	28	125	155	2	1.1
NU 1024	N 1024	120	180	28	135	165	2	1.1
NU 1026	N 1026	130	200	33	148	182	2	1.1
NU 1028	N 1028	140	210	33	158	192	2	1.1
NU 1030	N 1030	150	225	35	169.5	205.5	2.1	1.5
NU 1032	N 1032	160	240	38	180	220	2.1	1.5
NU 1034	N 1034	170	260	42	193	237	2.1	2.1
NU 1036	N 1036	180	280	46	205	255	2.1	2.1
NU 1038	N 1038	190	290	46	215	265	2.1	2.1
NU 1040	N 1040	200	310	51	229	281	2.1	2.1
NU 1044	N 1044	220	340	56	250	310	3	3
NU 1048	N 1048	240	360	56	270	330	3	3
NU 1052	N 1052	260	400	65	296	364	4	4

续表

轴承型号		外形尺寸						
NU 型	N 型	d	D	B	F_w	E_w	r_{smin}①	r_{1smin}①
NU 1056	N 1056	280	420	65	316	384	4	4
NU 1060	N 1060	300	460	74	340	420	4	4
NU 1064	N 1064	320	480	74	360	440	4	4
NU 1068	N 1068	340	520	82	385	475	5	5
NU 1072	N 1072	360	540	82	405	495	5	5
NU 1076	N 1076	380	560	82	425	515	5	5
NU 1080	—	400	600	90	450	—	5	5
NU 1084	—	420	620	90	470	—	5	5
NU 1088	—	440	650	94	493	—	6	6
NU 1092	—	460	680	100	516	—	6	6
NU 1096	—	480	700	100	536	—	6	6
NU 10/500	—	500	720	100	556	—	6	6
NU 10/530	—	530	780	112	593	—	6	6
NU 10/560	—	560	820	115	626	—	6	6
NU 10/600	—	600	870	118	667	—	6	6

① 对应的最大倒角尺寸规定在 GB/T 274—2000 中。

表 1-2-39　圆柱滚子轴承型号与尺寸（六）（GB/T 283—2007） mm

轴承型号	外形尺寸					
	F_w		D	B	r_{smin}②	a
	公称尺寸	公差①				
RNU 202 E	19.3	+0.010 0	35	11	0.6	—
RNU 203 E	22.1		40	12	0.6	—
RNU 204 E	26.5		47	14	1	2.5
RNU 205 E	31.5	+0.015 0	52	15	1	3
RNU 206 E	37.5		62	16	1	3
RNU 207 E	44		72	17	1.1	3
RNU 208 E	49.5		80	18	1.1	3.5
RNU 209 E	54.5		85	19	1.1	3.5
RNU 210 E	59.5		90	20	1.1	4
RUN 211 E	66	+0.020 0	100	21	1.5	3.5
RUN 212 E	72		110	22	1.5	4
RUN 213 E	78.5		120	23	1.5	4
RUN 214 E	83.5		125	24	1.5	4
RUN 215 E	88.5		130	25	1.5	4
RUN 216 E	95.3		140	26	2	4.5
RUN 217 E	100.5		150	28	2	4.5
RUN 218 E	107		160	30	2	5
RUN 219 E	112.5		170	32	2.1	5
RUN 220 E	119		180	34	2.1	5
RUN 221 E	125		190	36	2.1	—
RUN 222 E	132.5		200	38	2.1	6
RUN 224 E	143.5		215	40	2.1	6

① 当订户有特殊要求时，可另行规定。

② 对应的最大倒角尺寸规定在 GB/T 274—2000 中。

表 1-2-40　　圆柱滚子轴承型号与尺寸（七）（GB/T 283—2007）　　mm

轴承型号	外形尺寸					
	F_w		D	B	r_{smin}②	a
	公称尺寸	公差①				
RNU 304 E	27.5	+0.010 0	52	15	1.1	2.5
RNU 305 E	34	+0.015 0	62	17	1.1	3
RNU 306 E	40.5		72	19	1.1	3.5
RNU 307 E	46.2		80	21	1.5	3.5
RNU 308 E	52		90	23	1.5	4
RNU 309 E	58.5		100	25	1.5	4.5
RNU 310 E	65		110	27	2	5
RNU 311 E	70.5	+0.020 0	120	29	2	5
RNU 312 E	77		130	31	2.1	5.5
RNU 313 E	82.5		140	33	2.1	5.5
RNU 314 E	89		150	35	2.1	5.5
RNU 315 E	95		160	37	2.1	5.5
RNU 316 E	101		170	39	2.1	6
RNU 317 E	108		180	41	3	6.5
RNU 318 E	113.5		190	43	3	6.5
RNU 319 E	121.5		200	45	3	7.5
RNU 320 E	127.5		215	47	3	7.5

① 当订户有特殊要求时，可另行规定。
② 对应的最大倒角尺寸规定在 GB/T 274—2000 中。

表 1-2-41　　圆柱滚子轴承型号与尺寸（八）（GB/T 283—2007）　　mm

轴承型号	外形尺寸					
	E_w		d	B	r_{smin}②	a
	公称尺寸	公差①				
RN 202 E	30.3	0 -0.010	15	11	0.6	—
RN 203 E	35.1		17	12	0.6	—
RN 204 E	41.5		20	14	1	2.5
RN 205 E	46.5	0 -0.015	25	15	1	3
RN 206 E	55.5		30	16	1	3
RN 207 E	64		35	17	1.1	3
RN 208 E	71.5		40	18	1.1	3.5
RN 209 E	76.5		45	19	1.1	3.5
RN 210 E	81.5		50	20	1.1	4
RN 211 E	90	0 -0.020	55	21	1.5	3.5
RN 212 E	100		60	22	1.5	4
RN 213 E	108.5		65	23	1.5	4
RN 214 E	113.5		70	24	1.5	4
RN 215 E	118.5		75	25	1.5	4
RN 216 E	127.3		80	26	2	4.5
RN 217 E	136.5		85	28	2	4.5
RN 218 E	145		90	30	2	5
RN 219 E	154.5		95	32	2.1	5
RN 220 E	163		100	34	2.1	5
RN 221 E	173		105	36	2.1	—
RN 222 E	180.5		110	38	2.1	6
RN 224 E	195.5		120	40	2.1	6

① 当订户有特殊要求时，可另行规定。
② 对应的最大倒角尺寸规定在 GB/T 274—2000 中。

表 1-2-42　　圆柱滚子轴承型号与尺寸（九）（GB/T 283—2007）　　mm

轴承型号	外形尺寸					
	E_w		d	B	r_{smin}②	a
	公称尺寸	公差①				
RN 304 E	45.5	0 -0.010	20	15	1.1	2.5
RN 305 E	54	0 -0.015	25	17	1.1	3
RN 306 E	62.5		30	19	1.1	3.5
RN 307 E	70.2		35	21	1.5	3.5
RN 308 E	80		40	23	1.5	4
RN 309 E	88.5		45	25	1.5	4.5
RN 310 E	97		50	27	2	5
RN 311 E	106.5		55	29	2	5
RN 312 E	115	0 -0.020	60	31	2.1	5.5
RN 313 E	124.5		65	33	2.1	5.5
RN 314 E	133		70	35	2.1	5.5
RN 315 E	143		75	37	2.1	5.5
RN 316 E	151		80	39	2.1	6
RN 317 E	160		85	41	3	6.5
RN 318 E	169.5		90	43	3	6.5
RN 319 E	177.5		95	45	3	7.5
RN 320 E	191.5		100	47	3	7.5

① 当订户有特殊要求时，可另行规定。

② 对应的最大倒角尺寸规定在 GB/T 274—2000 中。

表 1-2-43　　圆柱滚子轴承型号与尺寸（十）（GB/T 283—2007）　　mm

轴承型号	外形尺寸					
	F_w		D	B	r_{smin}②	a
	公称尺寸	公差①				
RNU 1005	30.5	+0.015 0	47	12	0.6	3.25
RNU 1006	36.5		56	13	1	3.5
RNU 1007	42		62	14	1	3.75
RNU 1008	47		68	15	1	4
RNU 1009	52.5		75	16	1	4.25
RNU 1010	57.5		80	16	1	4.25
RNU 1011	64.5	+0.020 0	90	18	1.1	5
RNU 1012	69.5		95	18	1.1	5
RNU 1013	74.5		100	18	1.1	5
RNU 1014	80		110	20	1.1	5
RNU 1015	85		115	20	1.1	5
RNU 1016	91.5		125	22	1.1	5.5
RNU 1017	96.5		130	22	1.1	5.5
RNU 1018	103		140	24	1.5	6
RNU 1019	108		145	24	1.5	6
RNU 1020	113		150	24	1.5	6
RNU 1021	119.5		160	26	2	6.5
RNU 1022	125		170	28	2	6.5
RNU 1024	135		180	28	2	6.5
RNU 1026	148	+0.025 0	200	33	2	8
RNU 1028	158		210	33	2	8
RNU 1030	169.5		225	35	2.1	8.5
RNU 1032	180		240	38	2.1	9
RNU 1034	193		260	42	2.1	10
RNU 1036	205		280	46	2.1	10.5
RNU 1038	215		290	46	2.1	10.5
RNU 1040	229		310	51	2.1	12.5

续表

轴承型号	外形尺寸					
	F_w		D	B	r_{smin}②	a
	公称尺寸	公差①				
RNU 1044	250	+0.030 0	340	56	3	13
RNU 1048	270		360	56	3	13
RNU 1052	296	+0.035 0	400	65	4	15.5
RNU 1056	316		420	65	4	15.5
RNU 1060	340		460	74	4	17
RNU 1064	360	+0.040 0	480	74	4	17
RNU 1068	385		520	82	5	18.5
RNU 1072	405		540	82	5	18.5
RNU 1076	425		560	82	5	18.5
RNU 1080	450		600	90	5	20

① 当订户有特殊要求时，可另行规定。

② 对应的最大倒角尺寸规定在 GB/T 274—2000 中。

【标记示例】 滚动轴承 NUP 208 E GB/T 283—2007

2.1.5 调心滚子轴承（GB/T 288—2013）

【标记示例】 滚动轴承 23024 GB/T 288—2013

滚动轴承 23024 K GB/T 288—2013

滚动轴承 23024 K+H 3024 GB/T 288—2013

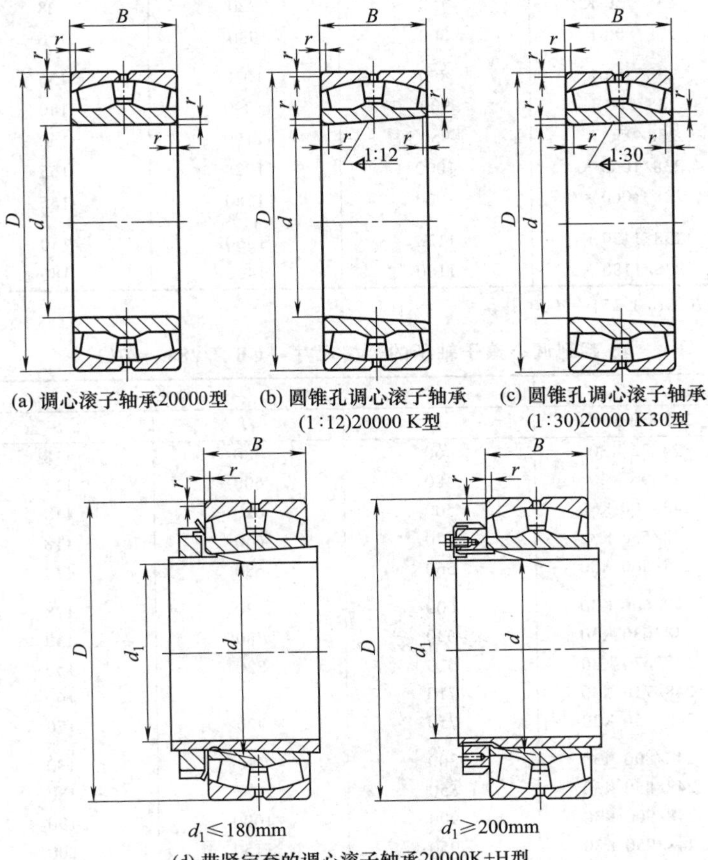

图 1-2-4 调心滚子轴承（GB/T 288—2013）

【规格】 轴承的外形尺寸按表1-2-44～表1-2-61的规定。

表1-2-44 38系列调心滚子轴承的规格尺寸（GB/T 288—2013） mm

轴承型号		外形尺寸			
20000型	20000 K型	d	D	B	r_{smin}①
23856	23856 K	280	350	52	2
23860	23860 K	300	380	60	2.1
23864	23864 K	320	400	60	2.1
23868	23868 K	340	420	60	2.1
23872	23872 K	360	440	60	2.1
23876	23876 K	380	480	75	2.1
23880	23880 K	400	500	75	2.1
23884	23884 K	420	520	75	2.1
23888	23888 K	440	540	75	2.1
23892	23892 K	460	580	90	3
23896	23896 K	480	600	90	3
238/500	238/500 K	500	620	90	3
238/530	238/530 K	530	650	90	3
238/560	238/560 K	560	680	90	3
238/600	238/600 K	600	730	98	3
238/630	238/630 K	630	780	112	4
238/670	238/670 K	670	820	112	4
238/710	238/710 K	710	870	118	4
238/750	238/750 K	750	920	128	5
238/800	238/800 K	800	980	136	5
238/850	238/850 K	850	1030	136	5
238/900	238/900 K	900	1090	140	5
238/950	238/950 K	950	1150	150	5
238/1000	238/1000 K	1000	1220	165	6
238/1060	238/1060 K	1060	1280	165	6
238/1120	238/1120 K	1120	1360	180	6
238/1180	238/1180 K	1180	1420	180	6

① 最大倒角尺寸规定在GB/T 274—2000中。

表1-2-45 48系列调心滚子轴承的规格尺寸（GB/T 288—2013） mm

轴承型号		外形尺寸			
20000型	20000 K30型	d	D	B	r_{smin}①
24892	24892 K30	460	580	118	3
24896	24896 K30	480	600	118	3
248/500	248/500 K30	500	620	118	3
248/530	248/530 K30	530	650	118	3
248/560	248/560 K30	560	680	118	3
248/600	248/600 K30	600	730	128	3
248/630	248/630 K30	630	780	150	4
248/670	248/670 K30	670	820	150	4
248/710	248/710 K30	710	870	160	4
248/750	248/750 K30	750	920	170	5
248/800	248/800 K30	800	980	180	5
248/850	248/850 K30	850	1030	180	5
248/900	248/900 K30	900	1090	190	5
248/950	248/950 K30	950	1150	200	5
248/1000	248/1000 K30	1000	1220	218	6

续表

轴承型号		外形尺寸			
20000 型	20000 K30 型	d	D	B	r_{smin}①
248/1060	248/1060 K30	1060	1280	218	6
248/1120	248/1120 K30	1120	1360	243	6
248/1180	248/1180 K30	1180	1420	243	6
248/1250	248/1250 K30	1250	1500	250	6
248/1320	248/1320 K30	1320	1600	280	6
248/1400	248/1400 K30	1400	1700	300	7.5
248/1500	248/1500 K30	1500	1820	315	7.5
248/1600	248/1600 K30	1600	1950	345	7.5
248/1700	248/1700 K30	1700	2060	355	7.5
248/1800	248/1800 K30	1800	2180	375	9.5

① 最大倒角尺寸规定在 GB/T 274—2000 中。

表 1-2-46　39 系列调心滚子轴承的规格尺寸（GB/T 288—2013）　mm

轴承型号		外形尺寸			
20000 型	20000 K 型	d	D	B	r_{smin}①
23936	23936 K	180	250	52	2
23938	23938 K	190	260	52	2
23940	23940 K	200	280	60	2.1
23944	23944 K	220	300	60	2.1
23948	23948 K	240	320	60	2.1
23952	23952 K	260	360	75	2.1
23956	23956 K	280	380	75	2.1
23960	23960 K	300	420	90	3
23964	23964 K	320	440	90	3
23968	23968 K	340	460	90	3
23972	23972 K	360	480	90	3
23976	23976 K	380	520	106	4
23980	23980 K	400	540	106	4
23984	23984 K	420	560	106	4
23988	23988 K	440	600	118	4
23992	23992 K	460	620	118	4
23996	23996 K	480	650	128	5
239/500	239/500 K	500	670	128	5
239/530	239/530 K	530	710	136	5
239/560	239/560 K	560	750	140	5
239/600	239/600 K	600	800	150	5
239/630	239/630 K	630	850	165	6
239/670	239/670 K	670	900	170	6
239/710	239/710 K	710	950	180	6
239/750	239/750 K	750	1000	185	6
239/800	239/800 K	800	1060	195	6
239/850	239/850 K	850	1120	200	6
239/900	239/900 K	900	1180	206	6
239/950	239/950 K	950	1250	224	7.5
239/1000	239/1000 K	1000	1320	236	7.5
239/1060	239/1060 K	1060	1400	250	7.5
239/1120	239/1120 K	1120	1460	250	7.5
239/1180	239/1180 K	1180	1540	272	7.5

① 最大倒角尺寸规定在 GB/T 274—2000 中。

表 1-2-47　　49 系列调心滚子轴承的规格尺寸（GB/T 288—2013）　　mm

轴承型号		外形尺寸			
20000 型	20000 K30 型	d	D	B	r_{smin}①
240/710	249/710 K30	710	950	243	6
249/750	249/750 K30	750	1000	250	6
249/800	249/800 K30	800	1060	258	6
249/850	249/850 K30	850	1120	272	6
249/900	249/900 K30	900	1180	280	6
249/950	249/950 K30	950	1250	300	7.5
249/1000	249/1000 K30	1000	1320	315	7.5
249/1060	249/1060 K30	1060	1400	335	7.5
249/1120	249/1120 K30	1120	1460	335	7.5
249/1180	249/1180 K30	1180	1540	355	7.5
249/1250	249/1250 K30	1250	1630	375	7.5
249/1320	249/1320 K30	1320	1720	400	7.5
249/1400	249/1400 K30	1400	1820	425	9.5
249/1500	249/1500 K30	1500	1950	450	9.5

① 最大倒角尺寸规定在 GB/T 274—2000 中。

表 1-2-48　　30 系列调心滚子轴承的规格尺寸（GB/T 288—2013）　　mm

轴承型号		外形尺寸			
20000 型	20000 K 型	d	D	B	r_{smin}①
23020	23020 K	100	150	37	1.5
23022	23022 K	110	170	45	2
23024	23024 K	120	180	46	2
23026	23026 K	130	200	52	2
23028	23028 K	140	210	53	2
23030	23030 K	150	225	56	2.1
23032	23032 K	160	240	60	2.1
23034	23034 K	170	260	67	2.1
23036	23036 K	180	280	74	2.1
23038	23038 K	190	290	75	2.1
23040	23040 K	200	310	82	2.1
23044	23044 K	220	340	90	3
23048	23048 K	240	360	92	3
23052	23052 K	260	400	104	4
23056	23056 K	280	420	106	4
23060	23060 K	300	460	118	4
23064	23064 K	320	480	121	4
23068	23068 K	340	520	133	5
23072	23072 K	360	540	134	5
23076	23076 K	380	560	135	5
23080	23080 K	400	600	148	5
23084	23084 K	420	620	150	5
23088	23088 K	440	650	157	6
23092	23092 K	460	680	163	6
23096	23096 K	480	700	165	6
230/500	230/500 K	500	720	167	6
230/530	230/530 K	530	780	185	6
230/560	230/560 K	560	820	195	6
230/600	230/600 K	600	870	200	6
230/630	230/630 K	630	920	212	7.5
230/670	230/670 K	670	980	230	7.5
230/710	230/710 K	710	1030	236	7.5
230/750	230/750 K	750	1090	250	7.5
230/800	230/800 K	800	1150	258	7.5
230/850	230/850 K	850	1220	272	7.5

续表

轴承型号		外形尺寸			
20000 型	20000 K 型	d	D	B	r_{smin}①
230/900	239/900 K	900	1280	280	7.5
230/950	230/950 K	950	1360	300	7.5
230/1000	230/1000 K	1000	1420	308	7.5
230/1060	230/1060 K	1060	1500	325	9.5
230/1120	230/1120 K	1120	1580	345	9.5
230/1180	230/1180 K	1180	1660	355	9.5
230/1250	230/1250 K	1250	1750	375	9.5

① 最大倒角尺寸规定在 GB/T 274—2000 中。

表 1-2-49　　40 系列调心滚子轴承的规格尺寸　　mm

轴承型号		外形尺寸			
20000 型	20000 K30 型	d	D	B	r_{smin}①
24015	24015 K30	75	115	40	1.1
24016	24016 K30	80	125	45	1.1
24017	24017 K30	85	130	45	1.1
24018	24018 K30	90	140	50	1.5
24020	24020 K30	100	150	50	1.5
24022	24022 K30	110	170	60	2
24024	24024 K30	120	180	60	2
24026	24026 K30	130	200	69	2
24028	24028 K30	140	210	69	2
24030	24030 K30	150	225	75	2.1
24032	24032 K30	160	240	80	2.1
24034	24034 K30	170	260	90	2.1
24036	24036 K30	180	280	100	2.1
24038	24038 K30	190	290	100	2.1
24040	24040 K30	200	310	109	2.1
24044	24044 K30	220	340	118	3
24048	24048 K30	240	360	118	3
24052	24052 K30	260	400	140	4
24056	24056 K30	280	420	140	4
24060	24060 K30	300	460	160	4
24064	24064 K30	320	480	160	4
24068	24068 K30	340	520	180	5
24072	24072 K30	360	540	180	5
24076	24076 K30	380	560	180	5
24080	24080 K30	400	600	200	5
24084	24084 K30	420	620	200	5
24088	24088 K30	440	650	212	6
24092	24092 K30	460	680	218	6
24096	24096 K30	480	700	218	6
240/500	240/500 K30	500	720	218	6
240/530	240/530 K30	530	780	250	6
240/560	240/560 K30	560	820	258	6
240/600	240/600 K30	600	870	272	6
240/630	240/630 K30	630	920	290	7.5
240/670	240/670 K30	670	980	308	7.5

续表

轴承型号		外形尺寸			
20000 型	20000 K30 型	d	D	B	r_{smin}①
240/710	240/710 K30	710	1030	315	7.5
240/750	240/750 K30	750	1090	335	7.5
240/800	240/800 K30	800	1150	345	7.5
240/850	240/850 K30	850	1220	365	7.5
240/900	240/900 K30	900	1280	375	7.5
240/950	240/950 K30	950	1360	412	7.5
240/1000	240/1000 K30	1000	1420	412	7.5
240/1060	240/1060 K30	1060	1500	438	9.5
240/1120	240/1120 K30	1120	1580	462	9.5

① 最大倒角尺寸规定在 GB/T 274—2000 中。

表 1-2-50　　31 系列调心滚子轴承的规格尺寸　　mm

轴承型号		外形尺寸			
20000 型	20000 K 型	d	D	B	r_{smin}①
23120	23120 K	100	165	52	2
23122	23122 K	110	180	56	2
23124	23124 K	120	200	62	2
23126	23126 K	130	210	64	2
23128	23128 K	140	225	68	2.1
23130	23130 K	150	250	80	2.1
23132	23132 K	160	270	86	2.1
23134	23134 K	170	280	88	2.1
23136	23136 K	180	300	96	3
23138	23138 K	190	320	104	3
23140	23140 K	200	340	112	3
23144	23144 K	220	370	120	4
23148	23148 K	240	400	128	4
23152	23152 K	260	440	144	4
23156	23156 K	280	460	146	5
23160	23160 K	300	500	160	5
23164	23164 K	320	540	176	5
23168	23168 K	340	580	190	5
23172	23172 K	360	600	192	5
23176	23176 K	380	620	194	5
23180	23180 K	400	650	200	6
23184	23184 K	420	700	224	6
23188	23188 K	440	720	226	6
23192	23192 K	460	760	240	7.5
23196	23196 K	480	790	248	7.5
231/500	231/500 K	500	830	264	7.5
231/530	231/530 K	530	870	272	7.5
231/560	231/560 K	560	920	280	7.5
231/600	231/600 K	600	980	300	7.5
231/630	231/630 K	630	1030	315	7.5

续表

轴承型号		外形尺寸			
20000 型	20000 K 型	d	D	B	r_{smin}①
231/670	231/670 K	670	1090	336	7.5
231/710	231/710 K	710	1150	345	9.5
231/750	231/750 K	750	1220	365	9.5
231/800	231/800 K	800	1280	375	9.5
231/850	231/850 K	850	1360	400	12
231/900	231/900 K	900	1420	412	12
231/950	231/950 K	950	1500	438	12
231/1000	231/1000 K	1000	1580	462	12

① 最大倒角尺寸规定在 GB/T 274—2000 中。

表 1-2-51　41 系列调心滚子轴承的规格尺寸　mm

轴承型号		外形尺寸			
20000 型	20000 K30 型	d	D	B	r_{smin}①
24120	24120 K30	100	165	65	2
24122	24122 K30	110	180	69	2
24124	24124 K30	120	200	80	2
24126	24126 K30	130	210	80	2
24128	24128 K30	140	225	85	2.1
24130	24130 K30	150	250	100	2.1
24132	24132 K30	160	270	109	2.1
24134	24134 K30	170	280	109	2.1
24136	24136 K30	180	300	118	3
24138	24138 K30	190	320	128	3
24140	24140 K30	200	340	140	3
24144	24144 K30	220	370	150	4
24148	24148 K30	240	400	160	4
24152	24152 K30	260	440	180	4
24156	24156 K30	280	460	180	5
24160	24160 K30	300	500	200	5
24164	24164 K30	320	540	218	5
24168	24168 K30	340	580	243	5
24172	24172 K30	360	600	243	5
24176	24176 K30	380	620	243	5
24180	24180 K30	400	650	250	6
24184	24184 K30	420	700	280	6
24188	24188 K30	440	720	280	6
24192	24192 K30	460	760	300	7.5
24196	24196 K30	480	790	308	7.5
241/500	241/500 K30	500	830	325	7.5
241/530	241/530 K30	530	870	335	7.5
241/560	241/560 K30	560	920	355	7.5
241/600	241/600 K30	600	980	375	7.5
241/630	241/630 K30	630	1030	400	7.5
241/670	241/670 K30	670	1090	412	7.5
241/710	241/710 K30	710	1150	438	9.5
241/750	241/750 K30	750	1220	475	9.5
241/800	241/800 K30	800	1280	475	9.5
241/850	241/850 K30	850	1360	500	12

续表

轴承型号		外形尺寸			
20000 型	20000 K30 型	d	D	B	r_{smin}①
241/900	241/900 K30	900	1420	515	12
241/950	241/930 K30	950	1500	545	12
241/1000	241/1000 K30	1000	1580	580	12

① 最大倒角尺寸规定在 GB/T 274—2000 中。

表 1-2-52　22 系列调心滚子轴承的规格尺寸　mm

轴承型号		外形尺寸			
20000 型	20000 K 型	d	D	B	r_{smin}①
22205	22205 K	25	52	18	1
22206	22206 K	30	62	20	1
22207	22207 K	35	72	23	1.1
22208	22208 K	40	80	23	1.1
22209	22209 K	45	85	23	1.1
22210	22210 K	50	90	23	1.1
22211	22211 K	55	100	25	1.5
22212	22212 K	60	110	28	1.5
22213	22213 K	65	120	31	1.5
22214	22214 K	70	125	31	1.5
22215	22215 K	75	130	31	1.5
22216	22216 K	80	140	33	2
22217	22217 K	85	150	36	2
22218	22218 K	90	160	40	2
22219	22219 K	95	170	43	2.1
22220	22220 K	100	180	46	2.1
22222	22222 K	110	200	53	2.1
22224	22224 K	120	215	58	2.1
22226	22226 K	130	230	64	3
22228	22228 K	140	250	68	3
22230	22230 K	150	270	73	3
22232	22232 K	160	290	80	3
22234	22234 K	170	310	86	4
22236	22236 K	180	320	86	4
22238	22238 K	190	340	92	4
22240	22240 K	200	360	98	4
22244	22244 K	220	400	108	4
22248	22248 K	240	440	120	4
22252	22252 K	260	480	130	5
22256	22256 K	280	500	130	5
22260	22260 K	300	540	140	5
22264	22264 K	320	580	150	5
22268	22268 K	340	620	165	6
22272	22272 K	360	650	170	6

① 最大倒角尺寸规定在 GB/T 274—2000 中。

表 1-2-53　32 系列调心滚子轴承的规格尺寸　mm

轴承型号		外形尺寸			
20000 型	20000 K 型	d	D	B	r_{smin}①
23216	23216 K	80	140	44.4	2
23217	23217 K	85	150	49.2	2
23218	23218 K	90	160	52.4	2

续表

轴承型号		外形尺寸			
20000 型	20000 K 型	d	D	B	r_{smin}①
23219	23219 K	95	170	55.6	2.1
23220	23220 K	100	180	60.3	2.1
23222	23222 K	110	200	69.8	2.1
23224	23224 K	120	215	76	2.1
23226	23226 K	130	230	80	3
23228	23228 K	140	250	88	3
23230	23230 K	150	270	96	3
23232	23232 K	160	290	104	2
23234	23234 K	170	310	110	4
23236	23236 K	180	320	112	4
23238	23238 K	190	340	120	4
23240	23240 K	200	360	128	4
23244	23244 K	220	400	144	4
23248	23248 K	240	440	160	4
23252	23252 K	260	480	174	5
23256	23256 K	280	500	176	5
23260	23260 K	300	540	192	5
23264	23264 K	320	580	208	5
23268	23268 K	340	620	224	6
23272	23272 K	360	650	232	6
23276	23276 K	380	680	240	6
23280	23280 K	400	720	256	6
23284	23284 K	420	760	272	7.5
23288	23288 K	440	790	280	7.5
23292	23292 K	460	830	296	7.5
23296	23296 K	480	870	310	7.5
232/500	232/500 K	500	920	336	7.5
232/530	232/530 K	530	980	355	9.5
232/560	232/560 K	560	1030	365	9.5
232/600	232/600 K	600	1090	388	9.5
232/630	232/630 K	630	1150	412	12
232/670	232/670 K	670	1220	438	12
232/710	232/710 K	710	1280	450	12
232/750	232/750 K	750	1360	475	15

① 最大倒角尺寸规定在 GB/T 274—2000 中。

表 1-2-54　03 系列调心滚子轴承的规格尺寸　mm

轴承型号		外形尺寸			
20000 型	20000 K 型	d	D	B	r_{smin}①
21304	21304 K	20	52	15	1.1
21305	21305 K	25	62	17	1.1
21306	21306 K	30	72	19	1.1
21307	21307 K	35	80	21	1.5
21308	21308 K	40	90	23	1.5
21309	21309 K	45	100	25	1.5
21310	21310 K	50	110	27	2
21311	21311 K	55	120	29	2
21312	21312 K	60	130	31	2.1
21313	21313 K	65	140	33	2.1

续表

轴承型号		外形尺寸			
20000 型	20000 K 型	d	D	B	r_{smin}①
21314	21314 K	70	150	35	2.1
21315	21315 K	75	160	37	2.1
21316	21316 K	80	170	39	2.1
21317	21317 K	85	180	41	3
21318	21318 K	90	190	43	3
21319	21319 K	95	200	45	3
21320	21320 K	100	215	47	3
21321	21321 K	105	225	49	3
21322	21322 K	110	240	50	3

① 最大倒角尺寸规定在 GB/T 274—2000 中。

表 1-2-55　23 系列调心滚子轴承的规格尺寸　mm

轴承型号		外形尺寸			
20000 型	20000 K 型	d	D	B	r_{smin}①
22307	22307 K	35	80	31	1.5
22308	22308 K	40	90	33	1.5
22309	22309 K	45	100	36	1.5
22310	22310 K	50	110	40	2
22311	22311 K	55	120	43	2
22312	22312 K	60	130	46	2.1
22313	22313 K	65	140	48	2.1
22314	22314 K	70	150	51	2.1
22315	22315 K	75	160	55	2.1
22316	22316 K	80	170	58	2.1
22317	22317 K	85	180	60	3
22318	22318 K	90	190	64	3
22319	22319 K	95	200	67	3
22320	22320 K	100	215	73	3
22322	22322 K	110	240	80	3
22324	22324 K	120	260	86	3
22326	22326 K	130	280	93	4
22328	22328 K	140	300	102	4
22330	22330 K	150	320	108	4
22332	22332 K	160	340	114	4
22334	22334 K	170	360	120	4
22336	22336 K	180	380	126	4
22338	22338 K	190	400	132	5
22340	22340 K	200	420	138	5
22344	22344 K	220	460	145	5
22348	22348 K	240	500	155	5
22352	22352 K	260	540	165	6
22356	22356 K	280	580	175	6
22360	22360 K	300	620	185	7.5
22364	22364 K	320	670	200	7.5
22368	22368 K	340	710	212	7.5
22372	22372 K	360	750	224	7.5
22376	22376 K	380	780	230	7.5
22380	22380 K	400	820	243	7.5

① 最大倒角尺寸规定在 GB/T 274—2000 中。

表 1-2-56　　30 系列（带紧定套）调心滚子轴承的规格尺寸　　mm

轴承型号	外形尺寸				
20000 K+H 型	d_1	d	D	B	r_{smin}①
23024 K+H 3024	110	120	180	46	2
23026 K+H 3026	115	130	200	52	2
23028 K+H 3028	125	140	210	53	2
23030 K+H 3030	135	150	225	56	2. 1
23032 K+H 3032	140	160	240	60	2. 1
23034 K+H 3034	150	170	260	67	2. 1
23036 K+H 3036	160	180	280	74	2. 1
23038 K+H 3038	170	190	290	75	2. 1
23040 K+H 3040	180	200	310	82	2. 1
23044 K+H 3044	200	220	340	90	3
23048 K+H 3048	220	240	360	92	3
23052 K+H 3052	240	260	400	104	4
23056 K+H 3056	260	280	420	106	4
23060 K+H 3060	280	300	460	118	4
23064 K+H 3064	300	320	480	121	4
23068 K+H 3068	320	340	520	133	5
23072 K+H 3072	340	360	540	134	5
23076 K+H 3076	360	380	560	135	5
23080 K+H 3080	380	400	600	148	5
23084 K+H 3084	400	420	620	150	5
23088 K+H 3088	410	440	650	157	6
23092 K+H 3092	430	460	680	163	6
23096 K+H 3096	450	480	700	165	6
230/500 K+H 30/500	470	500	720	167	6

① 最大倒角尺寸规定在 GB/T 274—2000 中。

表 1-2-57　　31 系列（带紧定套）调心滚子轴承的规格尺寸　　mm

轴承型号	外形尺寸				
20000 K+H 型	d_1	d	D	B	r_{smin}①
23120 K+H 3120	90	100	165	52	2
23122 K+H 3122	100	110	180	56	2
23124 K+H 3124	110	120	200	62	2
23126 K+H 3126	115	130	210	64	2
23128 K+H 3128	125	140	225	68	2. 1
23130 K+H 3130	135	150	250	80	2. 1
23132 K+H 3132	140	160	270	86	2. 1
23134 K+H 3134	150	170	280	88	2. 1
23136 K+H 3136	160	180	300	96	3
23138 K+H 3138	170	190	320	104	3
23140 K+H 3140	180	200	340	112	3
23144 K+H 3144	200	220	370	120	4
23148 K+H 3148	220	240	400	128	4
23152 K+H 3152	240	260	440	144	4
23156 K+H 3156	260	280	460	146	5
23160 K+H 3160	280	300	500	160	5
23164 K+H 3164	300	320	540	176	5
23168 K+H 3168	320	340	580	190	5
23172 K+H 3172	340	360	600	192	5
23176 K+H 3176	360	380	620	194	5

续表

轴承型号	外形尺寸				
20000 K+H 型	d_1	d	D	B	r_{smin}①
23180 K+H 3180	380	400	650	200	6
23184 K+H 3184	400	420	700	224	6
23188 K+H 3188	410	440	720	226	6
23192 K+H 3192	430	460	760	240	7.5
23196 K+H 3196	450	480	790	248	7.5
231/500 K+H 31/500	470	500	830	264	7.5

① 最大倒角尺寸规定在 GB/T 274—2000 中。

表 1-2-58　22 系列（带紧定套）调心滚子轴承的规格尺寸 mm

轴承型号	外形尺寸				
20000 K+H 型	d_1	d	D	B	r_{smin}①
22208 K+H 308	35	40	80	23	1.1
22209 K+H 309	40	45	85	23	1.1
22210 K+H 310	45	50	90	23	1.1
22211 K+H 311	50	55	100	25	1.5
22212 K+H 312	55	60	110	28	1.5
22213 K+H 313	60	65	120	31	1.5
22214 K+H 314	60	70	125	31	1.5
22215 K+H 315	65	75	130	31	1.5
22216 K+H 316	70	80	140	33	2
22217 K+H 317	75	85	150	36	2
22218 K+H 318	80	90	160	40	2
22219 K+H 319	85	95	170	43	2.1
22220 K+H 320	90	100	180	46	2.1
22222 K+H 322	100	110	200	53	2.1
22224 K+H 3124	110	120	215	58	2.1
22226 K+H 3126	115	130	230	64	3
22228 K+H 3128	125	140	250	68	3
22230 K+H 3130	135	150	270	73	3
22232 K+H 3132	140	160	290	80	3
22234 K+H 3134	150	170	310	86	4
22236 K+H 3136	160	180	320	86	4
22238 K+H 3138	170	190	340	92	4
22240 K+H 3140	180	200	360	98	4
22244 K+H 3144	200	220	400	108	4
22248 K+H 3148	220	240	440	120	4
22252 K+H 3152	240	260	480	130	5
22256 K+H 3156	260	280	500	130	5
22260 K+H 3160	280	300	540	140	5

① 最大倒角尺寸规定在 GB/T 274—2000 中。

表 1-2-59　32 系列（带紧定套）调心滚子轴承的规格尺寸 mm

轴承型号	外形尺寸				
20000 K+H 型	d_1	d	D	B	r_{smin}①
23218 K+H 2318	80	90	160	52.4	2
23220 K+H 2320	90	100	180	60.3	2.1
23222 K+H 2322	100	110	200	60.8	2.1
23224 K+H 2324	110	120	215	76	2.1
23226 K+H 2326	115	130	230	80	3

续表

轴承型号	外形尺寸				
20000 K+H 型	d_1	d	D	B	r_{smin}①
23228 K+H 2328	125	140	250	88	3
23230 K+H 2330	135	150	270	96	3
23232 K+H 2332	140	160	290	104	3
23234 K+H 2334	150	170	310	110	4
23236 K+H 2336	160	180	320	112	4
23238 K+H 2338	170	190	340	120	4
23240 K+H 2340	180	200	360	128	4
23244 K+H 2344	200	220	400	144	4
23248 K+H 2348	220	240	440	160	4
23252 K+H 2352	240	260	480	174	5
23256 K+H 2356	260	280	500	176	5
23260 K+H 3260	280	300	540	192	5
23264 K+H 3264	300	320	580	208	5
23268 K+H 3268	320	340	620	224	6
23272 K+H 3272	340	360	650	232	6
23276 K+H 3276	360	380	680	240	6
23280 K+H 3280	380	400	720	256	6
23284 K+H 3284	400	420	760	272	7.5
23288 K+H 3288	410	440	790	280	7.5
23292 K+H 3292	430	460	830	296	7.5
23296 K+H 3296	450	480	870	310	7.5
232/500 K+H 32/500	470	500	920	336	7.5

① 最大倒角尺寸规定在 GB/T 274—2000 中。

表 1-2-60　03 系列（带紧定套）调心滚子轴承的规格尺寸　mm

轴承型号	外形尺寸				
20000 K+H 型	d_1	d	D	B	r_{smin}①
21304 K+H 304	17	20	52	15	1.1
21305 K+H 305	20	25	62	17	1.1
21306 K+H 306	25	30	72	19	1.1
21307 K+H 307	30	35	80	21	1.5
21308 K+H 308	35	40	90	23	1.5
21309 K+H 309	40	45	100	25	1.5
21310 K+H 310	45	50	110	27	2
21311 K+H 311	50	55	120	29	2
21312 K+H 312	55	60	130	31	2.1
21313 K+H 313	60	65	140	33	2.1
21314 K+H 314	60	70	150	35	2.1
21315 K+H 315	65	75	160	37	2.1
21316 K+H 316	70	80	170	39	2.1
21317 K+H 317	75	85	180	41	3
21318 K+H 318	80	90	190	43	3
21319 K+H 319	85	95	200	45	3
21320 K+H 320	90	100	215	47	3
21321 K+H 321	95	105	225	49	3
21322 K+H 322	100	110	240	50	3

① 最大倒角尺寸规定在 GB/T 274—2000 中。

表 1-2-61　　23 系列（带紧定套）调心滚子轴承的规格尺寸　　mm

轴承型号	外形尺寸				
20000 K+H 型	d_1	d	D	B	r_{smin}①
22308 K+H 2308	35	40	90	33	1.5
22309 K+H 2309	40	45	100	36	1.5
22310 K+H 2310	45	50	110	40	2
22311 K+H 2311	50	55	120	43	2
22312 K+H 2312	55	60	130	46	2.1
22313 K+H 2313	60	65	140	48	2.1
22314 K+H 2314	60	70	150	51	2.1
22315 K+H 2315	65	75	160	55	2.1
22316 K+H 2316	70	80	170	58	2.1
22317 K+H 2317	75	85	180	60	3
22318 K+H 2318	80	90	190	64	3
22319 K+H 2319	85	95	200	67	3
22320 K+H 2320	90	100	215	73	3
22322 K+H 2322	100	110	240	80	3
22324 K+H 2324	110	120	260	86	3
22326 K+H 2326	115	130	280	93	4
22328 K+H 2328	125	140	300	102	4
22330 K+H 2330	135	150	320	108	4
22332 K+H 2332	140	160	340	114	4
22334 K+H 2334	150	170	360	120	4
22336 K+H 2336	160	180	380	126	4
22338 K+H 2338	170	190	400	132	5
22340 K+H 2340	180	200	420	138	5
22344 K+H 2344	200	220	460	145	5
22348 K+H 2348	220	240	500	155	5
22352 K+H 2352	240	260	540	165	6
23356 K+H 2356	260	280	580	175	6

① 最大倒角尺寸规定在 GB/T 274—2000 中。

2.1.6　圆锥滚子轴承（GB/T 297—2015）

【其他名称】 单列圆锥滚子轴承、单列圆锥滚柱轴承。

【用途】 应用比较广泛的一类轴承，适用于承受径向（为主）和轴向同时作用的联合负荷，例如，中、大功率减速器的轴，载重汽车轮轴，拖拉机履带辊轴，机床主轴等。由于其内圈（带保持架和全组滚子）和外圈可以分别装拆，并可调整游隙，比较方便。

【规格】 见表 1-2-62～表 1-2-72。

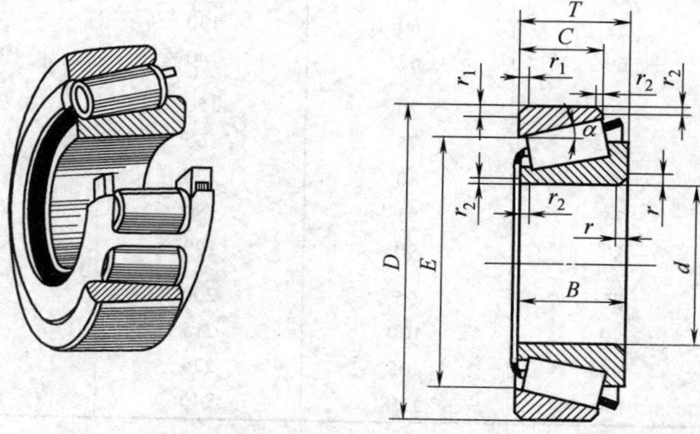

图 1-2-5　圆锥滚子轴承 30000 型（GB/T 297—2015）

表 1-2-62　　29 系列圆锥滚子轴承（GB/T 297—2015）　　mm

轴承型号	d	D	T	B	r_{smin}①	C	r_{1smin}①	α	E	ISO 尺寸系列
32904	20	37	12	12	0.3	9	0.2	12°	29.621	2BD
329/22	22	40	12	12	0.3	9	0.3	12°	32.665	2BC
32905	25	42	12	12	0.3	9	0.3	12°	34.608	2BD
329/28	28	45	12	12	0.3	9	0.3	12°	37.639	2BD
32906	30	47	12	12	0.3	9	0.3	12°	39.617	2BD
329/32	32	52	14	14	0.6	10	0.6	12°	44.261	2BD
32907	35	55	14	14	0.6	11.5	0.6	11°	47.220	2BD
32908	40	62	15	15	0.6	12	0.6	10°55′	53.388	2BC
32909	45	68	15	15	0.6	12	0.6	12°	58.852	2BC
32910	50	72	15	15	0.6	12	0.6	12°50′	62.748	2BC
32911	55	80	17	17	1	14	1	11°39′	69.503	2BC
32912	60	85	17	17	1	14	1	12°27′	74.185	2BC
32913	65	90	17	17	1	14	1	13°15′	78.849	2BC
32914	70	100	20	20	1	16	1	11°53′	88.590	2BC
32915	75	105	20	20	1	16	1	12°31′	93.223	2BC
32916	80	110	20	20	1	16	1	13°10′	97.974	2BC
32917	85	120	23	23	1.5	18	1.5	12°18′	106.599	2BC
32918	90	125	23	23	1.5	18	1.5	12°51′	111.282	2BC
32919	95	130	23	23	1.5	18	1.5	13°25′	116.082	2BC
32920	100	140	25	25	1.5	20	1.5	12°23′	125.717	2CC
32921	105	145	25	25	1.5	20	1.5	12°51′	130.359	2CC
32922	110	150	25	25	1.5	20	1.5	13°20′	135.182	2CC
32924	120	165	29	29	1.5	23	1.5	13°05′	148.464	2CC
32926	130	180	32	32	2	25	1.5	12°45′	161.652	2CC
32928	140	190	32	32	2	25	1.5	13°30′	171.032	2CC
32930	150	210	38	38	2.5	30	2	12°20′	187.926	2DC
32932	160	220	38	38	2.5	30	2	13°	197.962	2DC
32934	170	230	38	38	2.5	30	2	14°20′	206.564	3DC
32936	180	250	45	45	2.5	34	2	17°45′	218.571	4DC
32938	190	260	45	45	2.5	34	2	17°39′	228.578	4DC
32940	200	280	51	51	3	39	2.5	14°45′	249.698	3EC
32944	220	300	51	51	3	39	2.5	15°50′	267.685	3EC
32948	240	320	51	51	3	39	2.5	17°	286.852	4EC
32952	260	360	63.5	63.5	3	48	2.5	15°10′	320.783	3EC
32956	280	380	63.5	63.5	3	48	2.5	16°05′	339.778	4EC
32960	300	420	76	76	4	57	3	14°45′	374.706	3FD
32964	320	440	76	76	4	57	3	15°30′	393.406	3FD
32968	340	460	76	76	4	57	3	16°15′	412.043	4FD
32972	360	480	76	76	4	57	3	17°	430.612	4FD

① 对应的最大倒角尺寸规定在 GB/T 274—2000 中。

表 1-2-63　　20 系列圆锥滚子轴承（GB/T 297—2015）　　mm

轴承型号	d	D	T	B	r_{smin}①	C	r_{1smin}①	α	E	ISO 尺寸系列
32004	20	42	15	15	0.6	12	0.6	14°	32.781	3CC
320/22	22	44	15	15	0.6	11.5	0.6	14°50′	34.708	3CC
32005	25	47	15	15	0.6	11.5	0.6	16°	37.393	4CC
320/28	28	52	16	16	1	12	1	16°	41.991	4CC
32006	30	55	17	17	1	13	1	16°	44.438	4CC

续表

轴承型号	d	D	T	B	r_{smin}①	C	r_{1smin}①	α	E	ISO 尺寸系列
320/32	32	58	17	17	1	13	1	16°50′	46.708	4CC
32007	35	62	18	18	1	14	1	16°50′	50.510	4CC
32008	40	68	19	19	1	14.5	1	14°10′	56.897	3CD
32009	45	75	20	20	1	15.5	1	14°40′	63.248	3CC
32010	50	80	20	20	1	15.5	1	15°45′	67.841	3CC
32011	55	90	23	23	1.5	17.5	1.5	15°10′	76.505	3CC
32012	60	95	23	23	1.5	17.5	1.5	16°	80.634	4CC
32013	65	100	23	23	1.5	17.5	1.5	17°	85.567	4CC
32014	70	110	25	25	1.5	19	1.5	16°10′	93.633	4CC
32015	75	115	25	25	1.5	19	1.5	17°	98.358	4CC
32016	80	125	29	29	1.5	22	1.5	15°45′	107.334	3CC
32017	85	130	29	29	1.5	22	1.5	16°25′	111.788	4CC
32018	90	140	32	32	2	24	1.5	15°45′	119.948	3CC
32019	95	145	32	32	2	24	1.5	16°25′	124.927	4CC
32020	100	150	32	32	2	24	1.5	17°	129.269	4CC
32021	105	160	35	35	2.5	26	2	16°30′	137.685	4DC
32022	110	170	38	38	2.5	29	2	16°	146.290	4DC
32024	120	180	38	38	2.5	29	2	17°	155.239	4DC
32026	130	200	45	45	2.5	34	2	16°10′	172.043	4EC
32028	140	210	45	45	2.5	34	2	17°	180.720	4DC
32030	150	225	48	48	3	36	2.5	17°	193.674	4EC
32032	160	240	51	51	3	38	2.5	17°	207.209	4EC
32034	170	260	57	57	3	43	2.5	16°30′	223.031	4EC
32036	180	280	64	64	3	48	2.5	15°45′	239.898	3FD
32038	190	290	64	64	3	48	2.5	16°25′	249.853	4FD
32040	200	310	70	70	3	53	2.5	16°	266.039	4FD
32044	220	340	76	76	4	57	3	16°	292.464	4FD
32048	240	360	76	76	4	57	3	17°	310.356	4FD
32052	260	400	87	87	5	65	4	16°10′	344.432	4FC
32056	280	420	87	87	5	65	4	17°	361.811	4FC
32060	300	460	100	100	5	74	4	16°10′	395.676	4GD
32064	320	480	100	100	5	74	4	17°	415.640	4GD

① 对应的最大倒角尺寸规定在 GB/T 274—2000 中。

表 1-2-64　30 系列圆锥滚子轴承（GB/T 297—2015）

mm

轴承型号	d	D	T	B	r_{smin}①	C	r_{1smin}①	α	E	ISO 尺寸系列
33005	25	47	17	17	0.6	14	0.6	10°55′	38.278	2CE
33006	30	55	20	20	1	16	1	11°	45.283	2CE
33007	35	62	21	21	1	17	1	11°30′	51.320	2CE
33008	40	68	22	22	1	18	1	10°40′	57.290	2BE
33009	45	75	24	24	1	19	1	11°05′	63.116	2CE
33010	50	80	24	24	1	19	1	11°55′	67.775	2CE
33011	55	90	27	27	1.5	21	1.5	11°45′	76.656	2CE
33012	60	95	27	27	1.5	21	1.5	12°20′	80.422	2CE
33013	65	100	27	27	1.5	21	1.5	13°05′	85.257	2CE
33014	70	110	31	31	1.5	25.5	1.5	10°45′	95.021	2CE
33015	75	115	31	31	1.5	25.5	1.5	11°15′	99.400	2CE
33016	80	125	36	36	1.5	29.5	1.5	10°30′	107.750	2CE
33017	85	130	36	36	1.5	29.5	1.5	11°	112.838	2CE
33018	90	140	39	39	2	32.5	1.5	10°10′	122.363	2CE
33019	95	145	39	39	2	32.5	1.5	10°30′	126.346	2CE

续表

轴承型号	d	D	T	B	r_{smin}①	C	r_{1smin}①	α	E	ISO 尺寸系列
33020	100	150	39	39	2	32.5	1.5	10°50′	130.323	2CE
33021	105	160	43	43	2.5	34	2	10°40′	139.304	2DE
33022	110	170	47	47	2.5	37	2	10°50′	146.265	2DE
33024	120	180	48	48	2.5	38	2	11°30′	154.777	2DE
33026	130	200	55	55	2.5	43	2	12°50′	172.017	2EE
33028	140	210	56	56	2.5	44	2	13°30′	180.353	2DE
33030	150	225	59	59	3	46	2.5	13°40′	194.260	2EE

① 对应的最大倒角尺寸规定在 GB/T 274—2000 中。

表 1-2-65　31 系列圆锥滚子轴承（GB/T 297—2015） mm

轴承型号	d	D	T	B	r_{smin}①	C	r_{1smin}①	α	E	ISO 尺寸系列
33108	40	75	26	26	1.5	20.5	1.5	13°20′	61.169	2CE
33109	45	80	26	26	1.5	20.5	1.5	14°20′	65.700	3CE
33110	50	85	26	26	1.5	20	1.5	15°20′	70.214	3CE
33111	55	95	30	30	1.5	23	1.5	14°	78.893	3CE
33112	60	100	30	30	1.5	23	1.5	14°50′	83.522	3CE
33113	65	110	34	34	1.5	26.5	1.5	14°30′	91.653	3DE
33114	70	120	37	37	2	29	1.5	14°10′	99.733	3DE
33115	75	125	37	37	2	29	1.5	14°50′	104.358	3DE
33116	80	130	37	37	2	29	1.5	15°30′	108.970	3DE
33117	85	140	41	41	2.5	32	2	15°10′	117.097	3DE
33118	90	150	45	45	2.5	35	2	14°50′	125.283	3DE
33119	95	160	49	49	2.5	38	2	14°35′	133.240	3EE
33120	100	165	52	52	2.5	40	2	15°10′	137.129	3EE
33121	105	175	56	56	2.5	44	2	15°05′	144.427	3EE
33122	110	180	56	56	2.5	43	2	15°35′	149.127	3EE
33124	120	200	62	62	2.5	48	2	14°50′	166.144	3FE

① 对应的最大倒角尺寸规定的 GB/T 274—2000 中。

表 1-2-66　02 系列圆锥滚子轴承（GB/T 297—2015） mm

轴承型号	d	D	T	B	r_{smin}①	C	r_{1smin}①	α	E	ISO 尺寸系列
30202	15	35	11.75	11	0.6	10	0.6	—	—	—
30203	17	40	13.25	12	1	11	10	12°57′10″	31.408	2DB
30204	20	47	15.25	14	1	12	1	12°57′10″	37.304	2DB
30205	25	52	16.25	15	1	13	1	14°02′10″	41.135	3CC
30206	30	62	17.25	16	1	14	1	14°02′10″	49.990	3DB
302/32	32	65	18.25	17	1	15	1	14°	52.500	3DB
30207	35	72	18.25	17	1.5	15	1.5	14°02′10″	58.844	3DB
30208	40	80	19.75	18	1.5	16	1.5	14°02′10″	65.730	3DB
30209	45	85	20.75	19	1.5	16	1.5	15°06′34″	70.440	3DB
30210	50	90	21.75	20	1.5	17	1.5	15°38′32″	75.078	3DB
30211	55	100	22.75	21	2	18	1.5	15°06′34″	84.197	3DB
30212	60	110	23.75	22	2	19	1.5	15°06′34″	91.876	3EB
30213	65	120	24.75	23	2	20	1.5	15°06′34	101.934	3EB
30214	70	125	26.25	24	2	21	1.5	15°38′32″	105.748	3EB
30215	75	130	27.25	25	2	22	1.5	16°10′20″	110.408	4DB

续表

轴承型号	d	D	T	B	r_{smin}①	C	r_{1smin}①	α	E	ISO 尺寸系列
30216	80	140	28.25	26	2.5	22	2	15°38′32″	119.169	3EB
30217	85	150	30.5	28	2.5	24	2	15°38′32″	126.685	3EB
30218	90	160	32.5	30	2.5	26	2	15°38′32″	134.901	3FB
30219	95	170	34.5	32	3	27	2.5	15°38′32″	143.385	3FB
30220	100	180	37	34	3	29	2.5	15°38′32″	151.310	3FB
30221	105	190	39	36	3	30	2.5	15°38′32″	159.795	3FB
30222	110	200	41	38	3	32	2.5	15°38′32″	168.548	3FB
30224	120	215	43.5	40	3	34	2.5	16°10′20″	181.257	4FB
30226	130	230	43.75	40	4	34	3	16°10′20″	196.420	4FB
30228	140	250	45.75	42	4	36	3	16°10′20″	212.270	4FB
30230	150	270	49	45	4	38	3	16°10′20″	227.408	4GB
30232	160	290	52	48	4	40	3	16°10′20″	244.958	4GB
30234	170	310	57	52	5	43	4	16°10′20″	262.483	4GB
30236	180	320	57	52	5	43	4	16°41′57″	270.928	4GB
30238	190	340	60	55	5	46	4	16°10′20″	291.083	4GB
30240	200	360	64	58	5	48	4	16°10′20″	307.196	4GB
30244	220	400	72	65	5	54	4	15°38′32″②	339.941②	3GB②
30248	240	440	79	72	5	60	4	15°38′32″②	374.976②	3GB②
30252	260	480	89	80	6	67	5	16°25′56″②	410.444②	4GB②
30256	280	500	89	80	6	67	5	17°03′②	423.879②	4GB②

① 对应的最大倒角尺寸规定在 GB/T 274—2000 中。

② 参考尺寸。

表 1-2-67　　22 系列圆锥滚子轴承（GB/T 297—2015）

mm

轴承型号	d	D	T	B	r_{smin}①	C	r_{1smin}①	α	E	ISO 尺寸系列
32203	17	40	17.25	16	1	14	1	11°45′	31.170	2DD
32204	20	47	19.25	18	1	15	1	12°28′	35.810	2DD
32205	25	52	19.25	18	1	16	1	13°30′	41.331	2CD
32206	30	62	21.25	20	1	17	1	14°02′10″	48.982	3DC
32207	35	72	24.25	23	1.5	19	1.5	14°02′10″	57.087	3DC
32208	40	80	24.75	23	1.5	19	1.5	14°02′10″	64.715	3DC
32209	45	85	24.75	23	1.5	19	1.5	15°06′34″	69.610	3DC
32210	50	90	24.75	23	1.5	19	1.5	15°38′32″	74.226	3DC
32211	55	100	26.75	25	2	21	1.5	15°06′34″	82.837	3DC
32212	60	110	29.75	28	2	24	1.5	15°06′34″	90.236	3EC
32213	65	120	32.75	31	2	27	1.5	15°06′34″	99.484	3EC
32214	70	125	33.25	31	2	27	1.5	15°38′32″	103.765	3EC
32215	75	130	33.25	31	2	27	1.5	16°10′20″	108.932	4DC
32216	80	140	35.25	33	2.5	28	2	15°38′32″	117.466	3EC
32217	85	150	38.5	36	2.5	30	2	15°38′32″	124.970	3EC
32218	90	160	42.5	40	2.5	34	2	15°38′32″	132.615	3FC
32219	95	170	45.5	43	3	37	2.5	15°38′32″	140.259	3FC
32220	100	180	49	46	3	39	2.5	15°38′32″	148.184	3FC
32221	105	190	53	50	3	43	2.5	15°38′32″	155.269	3FC
32222	110	200	56	53	3	46	2.5	15°38′32″	164.022	3FC
32224	120	215	61.5	58	3	50	2.5	16°10′20″	174.825	4FD
32226	130	230	67.75	64	4	54	3	16°10′20″	187.088	4FD
32228	140	250	71.75	68	4	58	3	16°10′20″	204.046	4FD
32230	150	270	77	73	4	60	3	16°10′20″	219.157	4GD
32232	160	290	84	80	4	67	3	16°10′20″	234.942	4GD

续表

轴承型号	d	D	T	B	r_{smin}①	C	r_{1smin}①	α	E	ISO 尺寸系列
32234	170	310	91	86	5	71	4	16°10′20″	251.873	4GD
32236	180	320	91	86	5	71	4	16°41′57″	259.938	4GD
32238	190	340	97	92	5	75	4	16°10′20″	279.024	4GD
32240	200	360	104	98	5	82	4	15°10′	294.880	3GD
32244	220	400	114	108	5	90	4	16°10′20″②	326.455②	4GD②
32248	240	440	127	120	5	100	4	16°10′20″②	356.929②	4GD②
32252	260	480	137	130	6	105	5	16″②	393.025②	4GD②
32256	280	500	137	130	6	105	5	16″②	409.128②	4GD②
32260	300	540	149	140	6	115	5	16″10′②	443.659②	4GD②

① 对应的最大倒角尺寸规定在 GB/T 274—2000 中。

② 参考尺寸。

表 1-2-68　32 系列圆锥滚子轴承（GB/T 297—2015）　mm

轴承型号	d	D	T	B	r_{smin}①	C	r_{1smin}①	α	E	ISO 尺寸系列
33205	25	52	22	22	1	18	1	13°10′	40.441	2DE
332/28	28	58	24	24	1	19	1	12°45′	45.846	2DE
33206	30	62	25	25	1	19.5	1	12°50′	49.524	2DE
332/32	32	65	26	26	1	20.5	1	13°	51.791	2DE
33207	35	72	28	28	1.5	22	1.5	13°15′	57.186	2DE
33208	40	80	32	32	1.5	25	1.5	13°25′	63.405	2DE
33209	45	85	32	32	1.5	25	1.5	14°25′	68.075	3DE
33210	50	90	32	32	1.5	24.5	1.5	15°25′	72.727	3DE
33211	55	100	35	35	2	27	1.5	14°55′	81.240	3DE
33212	60	110	38	38	2	29	1.5	15°05′	89.032	3EE
33213	65	120	41	41	2	32	1.5	14°35′	97.863	3EE
33214	70	125	41	41	2	32	1.5	15°15′	102.275	3EE
33215	75	130	41	41	2	31	1.5	15°55′	106.675	3EE
33216	80	140	46	46	2.5	35	2	15°50′	114.582	3EE
33217	85	150	49	49	2.5	37	2	15°35′	122.894	3EE
33218	90	160	55	55	2.5	42	2	15°40′	129.820	3FE
33219	95	170	58	58	3	44	2.5	15°15′	138.642	3FE
33220	100	180	63	63	3	48	2.5	15°05′	145.949	3FE
33221	105	190	68	68	3	52	2.5	15°	153.622	3FE

① 对应的最大倒角尺寸规定在 GB/T 274—2000 中。

表 1-2-69　03 系列圆锥滚子轴承（GB/T 297—2015）　mm

轴承型号	d	D	T	B	r_{smin}①	C	r_{1smin}①	α	E	ISO 尺寸系列
30302	15	42	14.25	13	1	11	1	10°45′29″	33.272	2FB
30303	17	47	15.25	14	1	12	1	10°45′29″	37.420	2FB
30304	20	52	16.25	15	1.5	13	1.5	11°18′36″	41.318	2FB
30305	25	62	18.25	17	1.5	15	1.5	11°18′36″	50.637	2FB
30306	30	72	20.75	19	1.5	16	1.5	11°51′35″	58.287	2FB
30307	35	80	22.75	21	2	18	1.5	11°51′35″	65.769	2FB
30308	40	90	25.25	23	2	20	1.5	12°57′10″	72.703	2FB
30309	45	100	27.25	25	2	22	1.5	12°57′10″	81.780	2FB
30310	50	110	29.25	27	2.5	23	2	12°57′10″	90.633	2FB
30311	55	120	31.5	29	2.5	25	2	12°57′10″	99.146	2FB

续表

轴承型号	d	D	T	B	r_{smin}①	C	r_{1smin}①	α	E	ISO 尺寸系列
30312	60	130	33.5	31	3	26	2.5	12°57′10″	107.769	2FB
30313	65	140	36	33	3	28	2.5	12°57′10″	116.846	2GB
30314	70	150	38	35	3	30	2.5	12°57′10″	125.244	2GB
30315	75	160	40	37	3	31	2.5	12°57′10″	134.097	2GB
30316	80	170	42.5	39	3	33	2.5	12°57′10″	143.174	2GB
30317	85	180	44.5	41	4	34	3	12°57′10″	150.433	2GB
30318	90	190	46.5	43	4	36	3	12°57′10″	159.061	2GB
30319	95	200	49.5	45	4	38	3	12°57′10″	165.861	2GB
30320	100	215	51.5	47	4	39	3	12°57′10″	178.578	2GB
30321	105	225	53.5	49	4	41	3	12°57′10″	186.752	2GB
30322	110	240	54.5	50	4	42	3	12°57′10″	199.925	2GB
30324	120	260	59.5	55	4	46	3	12°57′10″	214.892	2GB
30326	130	280	63.75	58	5	49	4	12°57′10″	232.028	2GB
30328	140	300	67.75	62	5	53	4	12°57′10″	247.910	2GB
30330	150	320	72	65	5	55	4	12°57′10″	265.955	2GB
30332	160	340	75	68	5	58	4	12°57′10″	282.751	2GB
30334	170	360	80	72	5	62	4	12°57′10″	299.991	2GB
30336	180	380	83	75	5	64	4	12°57′10″	319.070	2GB
30338	190	400	86	78	6	65	5	12°57′10″②	333.507②	2GB②
30340	200	420	89	80	6	67	5	12°57′10″②	352.209②	2GB②
30344	220	460	97	88	6	73	5	12°57′10″②	383.498②	2GB②
30348	240	500	105	95	6	80	5	12°57′10″②	416.303②	2GB②
30352	260	540	113	102	6	85	6	13°29′32″②	451.991②	2GB②

① 对应的最大倒角尺寸规定在 GB/T 274—2000 中。

② 参考尺寸。

表 1-2-70　　13 系列圆锥滚子轴承（GB/T 297—2015）

mm

轴承型号	d	D	T	B	r_{smin}①	C	r_{1smin}①	α	E	ISO 尺寸系列
31305	25	62	18.25	17	1.5	13	1.5	28°48′39″	44.130	7FB
31306	30	72	20.75	19	1.5	14	1.5	28°48′39″	51.771	7FB
31307	35	80	22.75	21	2	15	1.5	28°48′39″	58.861	7FB
31308	40	90	25.25	23	2	17	1.5	28°48′39″	66.984	7FB
31309	45	100	27.25	25	2	18	1.5	28°48′39″	75.107	7FB
31310	50	110	29.25	27	2.5	19	2	28°48′39″	82.747	7FB
31311	55	120	31.5	29	2.5	21	2	28°48′39″	89.563	7FB
31312	60	130	33.5	31	3	22	2.5	28°48′39″	98.236	7FB
31313	65	140	36	33	3	23	2.5	28°48′39″	106.359	7GB
31314	70	150	38	35	3	25	2.5	28°48′39″	113.449	7GB
31315	75	160	40	37	3	26	2.5	28°48′39″	122.122	7GB
31316	80	170	42.5	39	3	27	2.5	28°48′39″	129.213	7GB
31317	85	180	44.5	41	4	28	3	28°48′39″	137.403	7GB
31318	90	190	46.5	43	4	30	3	28°48′39″	145.527	7GB
31319	95	200	49.5	45	4	32	3	28°48′39″	151.584	7GB
31320	100	215	56.5	51	4	35	3	28°48′39″	162.739	7GB
31321	105	225	58	53	4	36	3	28°48′39″	170.724	7GB
31322	110	240	63	57	4	38	3	28°48′39″	182.014	7GB
31324	120	260	68	62	4	42	3	28°48′39″	197.022	7GB
31326	130	280	72	66	5	44	4	28°48′39″	211.753	7GB
31328	140	300	77	70	5	47	4	28°48′39″	227.999	7GB
31330	150	320	82	75	5	50	4	28°48′39″	244.244	7GB

① 对应的最大倒角尺寸规定在 GB/T 274—2000 中。

表 1-2-71　　23 系列圆锥滚子轴承（GB/T 297—2015）　　mm

轴承型号	d	D	T	B	r_{smin}①	C	r_{1smin}①	α	E	ISO 尺寸系列
32303	17	47	20.25	19	1	16	1	10°45′29″	36.090	2FD
32304	20	52	22.25	21	1.5	18	1.5	11°18′36″	39.518	2FD
32305	25	62	25.25	24	1.5	20	1.5	11°18′36″	48.637	2FD
32306	30	72	28.75	27	1.5	23	1.5	11°51′35″	55.767	2FD
32307	35	80	32.75	31	2	25	1.5	11°51′35″	62.829	2FE
32308	40	90	35.25	33	2	27	1.5	12°57′10″	69.253	2FD
32309	45	100	38.25	36	2	30	1.5	12°57′10″	78.330	2FD
32310	50	110	42.25	40	2.5	33	2	12°57′10″	86.263	2FD
32311	55	120	45.5	43	2.5	35	2	12°57′10″	94.316	2FD
32312	60	130	48.5	46	3	37	2.5	12°57′10″	102.939	2FD
32313	65	140	51	48	3	39	2.5	12°57′10″	111.786	2GD
32314	70	150	54	51	3	42	2.5	12°57′10″	119.724	2GD
32315	75	160	58	55	3	45	2.5	12°57′10″	127.887	2GD
32316	80	170	61.5	58	3	48	2.5	12°57′10″	136.504	2GD
32317	85	180	63.5	60	4	49	3	12°57′10″	144.223	2GD
32318	90	190	67.5	64	4	53	3	12°57′10″	151.701	2GD
32319	95	200	71.5	67	4	55	3	12°57′10″	160.318	2GD
32320	100	215	77.5	73	4	60	3	12°57′10″	171.650	2GD
32321	105	225	81.5	77	4	63	3	12°57′10″	179.359	2GD
32322	110	240	84.5	80	4	65	3	12°57′10″	192.071	2GD
32324	120	260	90.5	86	4	69	3	12°57′10″	207.039	2GD
32326	130	280	98.75	93	5	78	4	12°57′10″	223.692	2GD
32328	140	300	107.75	102	5	85	4	13°08′03″	240.000	2GD
32330	150	320	114	108	5	90	4	13°08′03″	256.671	2GD
32332	160	340	121	114	5	95	4	—	—	—
32334	170	360	127	120	5	100	4	13°29′32″②	286.222②	2GD②
32336	180	380	134	126	5	106	4	13°29′32″②	303.693②	2GD②
32338	190	400	140	132	6	109	5	13°29′32″②	321.711②	2GD②
32340	200	420	146	138	6	115	5	13°29′32″②	335.821②	2GD②
32344	220	460	154	145	6	122	5	12°57′10″②	368.132②	2GD②
32348	240	500	165	155	6	132	5	12°57′10″②	401.268②	2GD②

① 对应的最大倒角尺寸规定在 GB/T 274—2000 中。

② 参考尺寸。

表 1-2-72　　新旧轴承代号对照举例

新代号	30203	30224	30305	30312
旧代号	7203E	7224E	7305E	7312E

2.1.7　推力球轴承（GB/T 301—2015）

【其他名称】 单向推力球轴承、单向推力滚珠轴承、止推轴承。

【用途】 只适用于承受一面轴向负荷、转速较低的机件上，例如起重机吊钩、立式水泵、立式离心机、千斤顶、低速减速器等。轴承的轴圈（与轴紧配合的套圈）、座圈（与轴有间隙的套圈）和滚动体（与保持架）是分离的，可以分别装拆。

【规格】 见表 1-2-73～表 1-2-79。

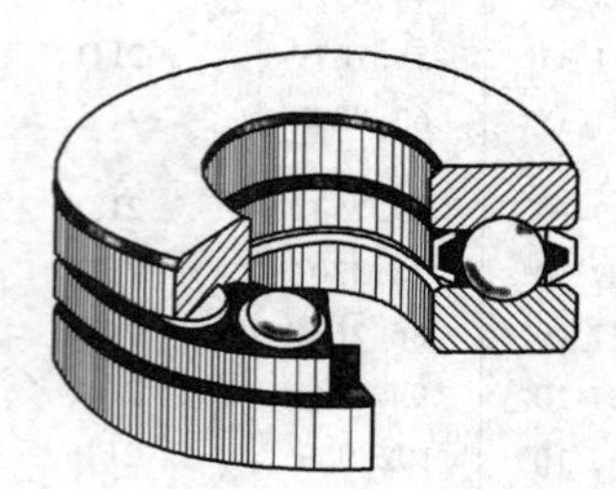

图 1-2-6　推力球轴承 51000 型

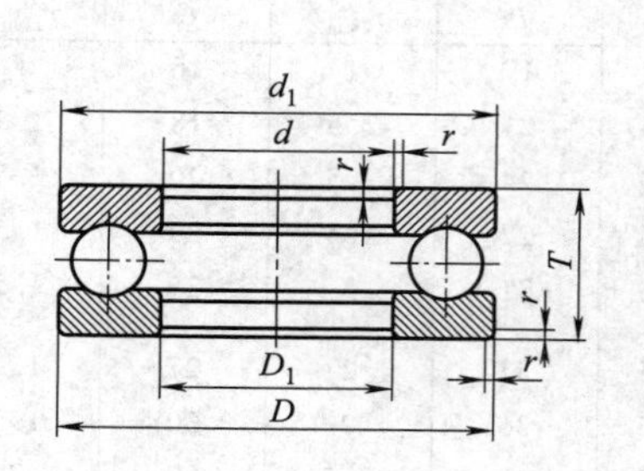

单向推力球轴承
51000型

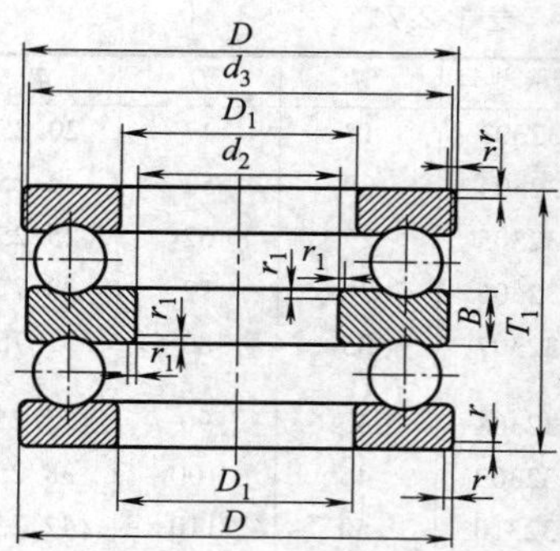

双向推力球轴承
52000型

图 1-2-7　双向推力球轴承 52000 型

表 1-2-73　　单向推力球轴承 51000 型（GB/T 301—2015）　　mm

轴承型号	d	D	T	D_{1smin}	d_{1smax}	r_{smin}①
51100	10	24	9	11	24	0.3
51101	12	26	9	13	26	0.3
51102	15	28	9	16	28	0.3
51103	17	30	9	18	30	0.3
51104	20	35	10	21	35	0.3
51105	25	42	11	26	42	0.6
51106	30	47	11	32	47	0.6
51107	35	52	12	37	52	0.6
51108	40	60	13	42	60	0.6
51109	45	65	14	47	65	0.6
51110	50	70	14	52	70	0.6
51111	55	78	16	57	78	0.6
51112	60	85	17	62	85	1
51113	65	90	18	67	90	1
51114	70	95	18	72	95	1
51115	75	100	19	77	100	1
51116	80	105	19	82	105	1
51117	85	110	19	87	110	1
51118	90	120	22	92	120	1
51120	100	135	25	102	135	1
51122	110	145	25	112	145	1
51124	120	155	25	122	155	1
51126	130	170	30	132	170	1
51128	140	180	31	142	178	1
51130	150	190	31	152	188	1
51132	160	200	31	162	198	1
51134	170	215	34	172	213	1.1
51136	180	225	34	183	222	1.1
51138	190	240	37	193	237	1.1
51140	200	250	37	203	247	1.1
51144	220	270	37	223	267	1.1
51148	240	300	45	243	297	1.5
51152	260	320	45	263	317	1.5
51156	280	350	53	283	347	1.5
51160	300	380	62	304	376	2

续表

轴承型号	d	D	T	D_{1smin}	d_{1smax}	r_{smin}①
51164	320	400	63	324	396	2
51168	340	420	64	344	416	2
51172	360	440	65	364	436	2
51176	380	460	65	384	456	2
51180	400	480	65	404	476	2
51184	420	500	65	424	495	2
51188	440	540	80	444	535	2.1
51192	460	560	80	464	555	2.1
51196	480	580	80	484	575	2.1
511/500	500	600	80	504	595	2.1
511/530	530	640	85	534	635	3
511/560	560	670	85	564	665	3
511/600	600	710	85	604	705	3
511/630	630	750	95	634	745	3
511/670	670	800	105	674	795	4

① 对应的最大倒角尺寸在 GB/T 274 中规定。

表 1-2-74　单向推力球轴承 12 系列（GB/T 301—2015）　mm

轴承型号	d	D	T	D_{1smin}	d_{1smax}	r_{smin}①
51200	10	26	11	12	26	0.6
51201	12	28	11	14	28	0.6
51202	15	32	12	17	32	0.6
51203	17	35	12	19	35	0.6
51204	20	40	14	22	40	0.6
51205	25	47	15	27	47	0.6
51206	30	52	16	32	52	0.6
51207	35	62	18	37	62	1
51208	40	68	19	42	68	1
51209	45	73	20	47	73	1
51210	50	78	22	52	78	1
51211	55	90	25	57	90	1
51212	60	95	26	62	95	1
51213	65	100	27	67	100	1
51214	70	105	27	72	105	1
51215	75	110	27	77	110	1
51216	80	115	28	82	115	1
51217	85	125	31	88	125	1
51218	90	135	35	93	135	1.1
51220	100	150	38	103	150	1.1
51222	110	160	38	113	160	1.1
51224	120	170	39	123	170	1.1
51226	130	190	45	133	187	1.5
51228	140	200	46	143	197	1.5
51230	150	215	50	153	212	1.5
51232	160	225	51	163	222	1.5
51234	170	240	55	173	237	1.5
51236	180	250	56	183	247	1.5
51238	190	270	62	194	267	2
51240	200	280	62	204	277	2

续表

轴承型号	d	D	T	D_{1smin}	d_{1smax}	r_{smin}①
51244	220	300	63	224	297	2
51248	240	340	78	244	335	2.1
51252	260	360	79	264	355	2.1
51256	280	380	80	284	375	2.1
51260	300	420	95	304	415	3
51264	320	440	95	325	435	3
51268	340	460	96	345	455	3
51272	360	500	110	365	495	4
51276	380	520	112	385	515	4

① 对应的最大倒角尺寸在 GB/T 274 中规定。

表 1-2-75　　单向推力球轴承 13 系列（GB/T 301—2015）

mm

轴承型号	d	D	T	D_{1smin}	d_{1smax}	r_{smin}①
51304	20	47	18	22	47	1
51305	25	52	18	27	52	1
51306	30	60	21	32	60	1
51307	35	68	24	37	68	1
51308	40	78	26	42	78	1
51309	45	85	28	47	85	1
51310	50	95	31	52	95	1.1
51311	55	105	35	57	105	1.1
51312	60	110	35	62	110	1.1
51313	65	115	36	67	115	1.1
51314	70	125	40	72	125	1.1
51315	75	135	44	77	135	1.5
51316	80	140	44	82	140	1.5
51317	85	150	49	88	150	1.5
51318	90	155	50	93	155	1.5
51320	100	170	55	103	170	1.5
51322	110	190	63	113	187	2
51324	120	210	70	123	205	2.1
51326	130	225	75	134	220	2.1
51328	140	240	80	144	235	2.1
51330	150	250	80	154	245	2.1
51332	160	270	87	164	265	3
51334	170	280	87	174	275	3
51336	180	300	95	184	295	3
51338	190	320	105	195	315	4
51340	200	340	110	205	335	4
51344	220	360	112	225	355	4
51348	240	380	112	245	375	4

① 对应的最大倒角尺寸在 GB/T 274 中规定。

表 1-2-76　　单向推力球轴承 14 系列（GB/T 301—2015）

mm

轴承型号	d	D	T	D_{1smin}	d_{1smax}	r_{smin}①
51405	25	60	24	27	60	1
51406	30	70	28	32	70	1
51407	35	80	32	37	80	1.1
51408	40	90	36	42	90	1.1
51409	45	100	39	47	100	1.1

续表

轴承型号	d	D	T	D_{1smin}	d_{1smax}	r_{smin}①
51410	50	110	43	52	110	1.5
51411	55	120	48	57	120	1.5
51412	60	130	51	62	130	1.5
51413	65	140	56	68	140	2
51414	70	150	60	73	150	2
51415	75	160	65	78	160	2
51416	80	170	68	83	170	2.1
51417	85	180	72	88	177	2.1
51418	90	190	77	93	187	2.1
51420	100	210	85	103	205	3
51422	110	230	95	113	225	3
51424	120	250	102	123	245	4
51426	130	270	110	134	265	4
51428	140	280	112	144	275	4
51430	150	300	120	154	295	4
51432	160	320	130	164	315	5
51434	170	340	135	174	335	5
51436	180	360	140	184	355	5

① 对应的最大倒角尺寸在 GB/T 274 中规定。

表 1-2-77　　单向推力球轴承 22 系列（GB/T 301—2015）　　mm

轴承型号	d_2	D	T_1	d①	B	d_{3smax}	D_{1smin}	r_{smin}②	r_{1smin}②
52202	10	32	22	15	5	32	17	0.6	0.3
52204	15	40	26	20	6	40	22	0.6	0.3
52205	20	47	28	25	7	47	27	0.6	0.3
52206	25	52	29	30	7	52	32	0.6	0.3
52207	30	62	34	35	8	62	37	1	0.3
52208	30	68	36	40	9	68	42	1	0.6
52209	35	73	37	45	9	73	47	1	0.6
52210	40	78	39	50	9	78	52	1	0.6
52211	45	90	45	55	10	90	57	1	0.6
52212	50	95	46	60	10	95	62	1	0.6
52213	55	100	47	65	10	100	67	1	0.6
52214	55	105	47	70	10	105	72	1	1
52215	60	110	47	75	10	110	77	1	1
52216	65	115	48	80	10	115	82	1	1
52217	70	125	55	85	12	125	88	1	1
52218	75	135	62	90	14	135	93	1.1	1
52220	85	150	67	100	15	150	103	1.1	1
52222	95	160	67	110	15	160	113	1.1	1
52224	100	170	68	120	15	170	123	1.1	1.1
52226	110	190	80	130	18	189.5	133	1.5	1.1
52228	120	200	81	140	18	199.5	143	1.5	1.1
52230	130	215	89	150	20	214.5	153	1.5	1.1
52232	140	225	90	160	20	224.5	163	1.5	1.1
52234	150	240	97	170	21	239.5	173	1.5	1.1
52236	150	250	98	180	21	249	183	1.5	2

续表

轴承型号	d_2	D	T_1	d[①]	B	d_{3smax}	D_{1smin}	r_{smin}[②]	r_{1smin}[②]
52238	160	270	109	190	24	269	194	2	2
52240	170	280	109	200	24	279	204	2	2
52244	190	300	110	220	24	299	224	2	2

① d 对应于表 1-2-74 的单向轴承轴圈内径。

② 对应的最大倒角尺寸在 GB/T 274 中规定。

表 1-2-78 单向推力球轴承 23 系列（GB/T 301—2015） mm

轴承型号	d_2	D	T_1	d[①]	B	d_{3smax}	D_{1smin}	r_{smin}[②]	r_{1smin}[②]
52305	20	52	34	25	8	52	27	1	0.3
52306	25	60	38	30	9	60	32	1	0.3
52307	30	68	44	35	10	68	37	1	0.3
52308	30	78	49	40	12	78	42	1	0.6
52309	35	85	52	45	12	85	47	1	0.6
52310	40	95	58	50	14	95	52	1.1	0.6
52311	45	105	64	55	15	105	57	1.1	0.6
52312	50	110	64	60	15	110	62	1.1	0.6
52313	55	115	65	65	15	115	67	1.1	0.6
52314	55	125	72	70	16	125	72	1.1	1
52315	60	135	79	75	18	135	77	1.5	1
52316	65	140	79	80	18	140	82	1.5	1
52317	70	150	87	85	19	150	88	1.5	1
52318	75	155	88	90	19	155	93	1.5	1
52320	85	170	97	100	21	170	103	1.5	1
52322	95	190	110	110	24	189.5	113	2	1
52324	100	210	123	120	27	209.5	123	2.1	1.1
52326	110	225	130	130	30	224	134	2.1	1.1
52328	120	240	140	140	31	239	144	2.1	1.1
52330	130	250	140	150	31	249	154	2.1	1.1
52332	140	270	153	160	33	269	164	3	1.1
52334	150	280	153	170	33	279	174	3	1.1
52336	150	300	165	180	37	299	184	3	2
52338	160	320	183	190	40	319	195	4	2
52340	170	340	192	200	42	339	205	4	2

① d 对应于表 1-2-75 的单向轴承轴圈内径。

② 对应的最大倒角尺寸在 GB/T 274 中规定。

表 1-2-79 单向推力球轴承 24 系列（GB/T 301—2015） mm

轴承型号	d_2	D	T_1	d[①]	B	d_{3smax}	D_{1smin}	r_{smin}[②]	r_{1smin}[②]
52405	15	60	45	25	11	27	60	1	0.6
52406	20	70	52	30	12	32	70	1	0.6
52407	25	80	59	35	14	37	80	1.1	0.6
52408	30	90	65	40	15	42	90	1.1	0.6
52409	35	100	72	45	17	47	100	1.1	0.6
52410	40	110	78	50	18	52	110	1.5	0.6
52411	45	120	87	55	20	57	120	1.5	0.6
52412	50	130	93	60	21	62	130	1.5	0.6
52413	50	140	101	65	23	68	140	2	1
52414	55	150	107	70	24	73	150	2	1

续表

轴承型号	d_2	D	T_1	d①	B	d_{3smax}	D_{1smin}	r_{smin}②	r_{1smin}②
52415	60	160	115	75	26	78	160	2	1
52416	65	170	120	80	27	83	170	2.1	1
52417	65	180	128	85	29	88	179.5	2.1	1.1
52418	70	190	135	90	30	93	189.5	2.1	1.1
52420	80	210	150	100	33	103	209.5	3	1.1
52422	90	230	166	110	37	113	229	3	1.1
52424	95	250	177	120	40	123	249	4	1.5
52426	100	270	192	130	42	134	269	4	2
52428	110	280	196	140	44	144	279	4	2
52430	120	300	209	150	46	154	299	4	2
52432	130	320	226	160	50	164	319	5	2
52434	135	340	236	170	50	174	339	5	2.1
52436	140	360	245	180	52	184	359	5	3

① d 对应于表 1-2-76 的单向轴承轴圈内径。

② 对应的最大倒角尺寸在 GB/T 274 中规定。

2.1.8 滚针轴承（JB/T 7918—1997）

【规格】 见图 1-2-8 和表 1-2-80。

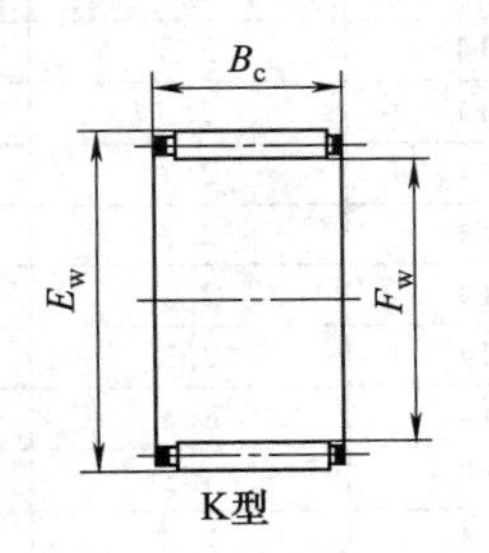

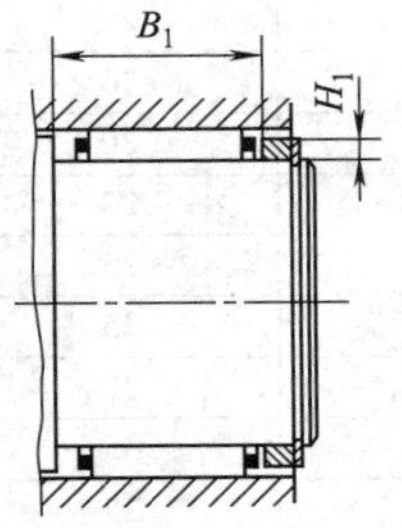

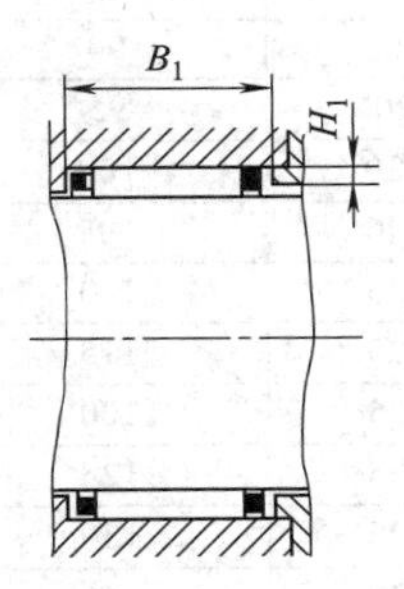

图 1-2-8 滚针轴承（JB/T 7918—1997）

表 1-2-80 滚针轴承（JB/T 7918—1997） mm

轴承代号	基本尺寸			安装尺寸		质量 /g
	F_w	E_w	B_c	B_1	H_1	
K5×8×8	5	8	8	8.1	1	—
K6×9×8	6	9	8	8.1	1	1.4
K7×10×8	7	10	8	8.1	1	—
K8×11×10	8	11	10	10.1	1	1.8
K9×12×10	9	12	10	10.1	1	—
K10×13×8	10	13	8	8.1	1	—
K12×15×8	12	15	8	8.1	1	—
K14×18×10	14	18	10	10.1	1.4	4.6
K15×19×10	15	19	10	10.1	1.4	—
K16×20×10	16	20	10	10.1	1.4	5.7
K17×21×10	17	21	10	10.1	1.4	5.8
K18×22×10	18	22	10	10.1	1.4	6.1
K20×24×10	20	24	10	10.1	1.4	7.0
K22×26×10	22	26	10	10.1	1.4	7.1
K25×29×10	25	29	10	10.1	1.4	8.3
K28×33×13	28	33	13	13.12	1.7	15
K30×35×13	30	35	13	13.12	1.7	16
K32×37×13	32	37	13	13.12	1.7	18

续表

轴承代号	基本尺寸			安装尺寸		质量 /g
	F_w	E_w	B_c	B_1	H_1	
K35×40×13	35	40	13	13.12	1.7	19
K38×43×13	38	43	13	13.12	1.7	—
K40×45×13	40	45	13	13.12	1.7	22
K42×47×13	42	47	13	13.12	1.7	22
K45×50×13	45	50	13	13.12	1.7	24
K48×53×13	48	53	13	13.12	1.7	—
K50×55×13	50	55	13	13.12	1.7	—
K52×57×17	52	57	17	17.12	1.7	—
K55×61×20	55	61	20	20.14	2	—
K58×66×20	58	66	20	20.14	2.7	—
K60×66×20	60	66	20	20.14	2	—
K63×71×20	63	71	20	20.14	2.7	80
K65×73×20	65	73	20	20.14	2.7	—
K68×74×20	68	74	20	20.14	2	65
K70×76×20	70	76	20	20.14	2	70
K72×78×20	72	78	20	20.14	2	90
K75×81×20	75	81	20	20.14	2	75
K80×86×20	80	86	20	20.14	2	76
K85×92×20	85	92	20	20.14	2.3	96
K90×97×20	90	97	20	20.14	2.3	103
K95×102×20	95	102	20	20.14	2.3	110
K100×107×20	100	107	20	20.14	2.3	95
K105×112×20	105	112	20	20.14	2.3	115
K110×117×25	110	117	25	25.14	2.3	150
K115×122×25	115	122	25	25.14	2.3	—
K120×127×25	120	127	25	25.14	2.3	168
K125×135×35	125	135	35	35.17	3.3	360
K130×137×25	130	137	25	25.14	2.3	180
K145×153×30	145	153	30	30.14	2.7	262
K155×163×30	155	163	30	30.14	2.7	304
K165×173×35	165	173	35	35.17	2.7	322
K175×183×35	175	183	35	35.17	2.7	390
K185×195×40	185	195	40	40.17	3.3	590
K195×205×40	195	205	40	40.17	3.3	650

注：$F_w \geqslant 100$mm 的轴承为非标准轴承。

2.1.9 钢球（GB/T 308.1—2013）

【其他名称】 钢珠、钢弹子。

【用途】 装于各种滚动轴承或其他机件上，以减少滚动轴承或机件转动时的摩擦。

【规格】 见表 1-2-81。

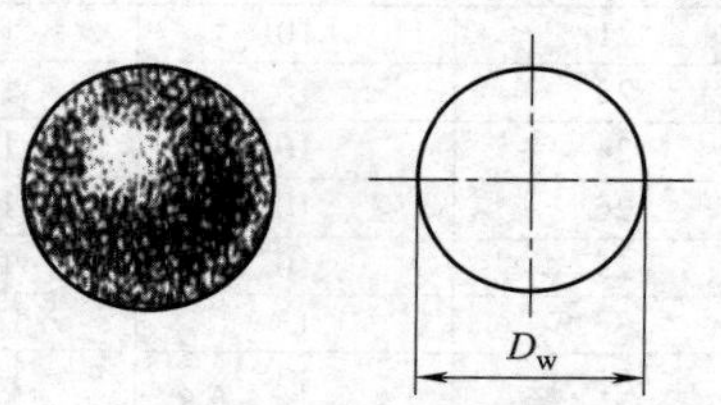

图 1-2-9 钢球（GB/T 308.1—2013）

表 1-2-81　　钢球规格（GB/T 308.1—2013）

球公称直径 D_w/mm	相应的英制尺寸（参考）/in	球公称直径 D_w/mm	相应的英制尺寸（参考）/in	球公称直径 D_w/mm	相应的英制尺寸（参考）/in
0.3		8		23	
0.39688	1/64	8.33438	21/64	23.01875	29/32
0.4		8.5		23.8125	15/16
0.5		8.73125	11/32	24	
0.508	0.02	9		24.60625	31/32
0.6		9.12812	23/64	25	
0.635	0.025	9.5		25.4	1
0.68		9.525	3/8	26	
0.7		9.92188	25/64	26.19375	$1\frac{1}{32}$
0.79375	1/32	10		26.9875	$1\frac{1}{16}$
0.8		10.31875	13/32	28	
1		10.5		28.575	$1\frac{1}{8}$
1.19062	3/64	11		30	
1.2		11.1125	7/16	30.1625	$1\frac{3}{16}$
1.5		11.5		31.75	$1\frac{1}{4}$
1.5875	1/16	11.50938	29/64	32	
1.98438	5/64	11.90625	15/32	33	
2		12		33.3375	$1\frac{5}{16}$
2.38125	3/32	12.30312	31/64	34	
2.5		12.5		34.925	$1\frac{3}{8}$
2.77812	7/64	12.7	1/2	35	
3		13		36	
3.175	1/8	13.49375	17/32	36.5125	$1\frac{7}{16}$
3.5		14		38	
3.57168	9/64	14.2875	9/16	38.1	$1\frac{1}{2}$
3.96875	5/32	15		39.6875	$1\frac{9}{16}$
4		15.08125	19/32	40	
4.36552	11/54	15.875	5/8	41.275	$1\frac{5}{8}$
4.5		16		42.8625	$1\frac{11}{16}$
4.7625	3/16	16.66875	21/32	44.45	$1\frac{3}{4}$
5		17		45	
5.15938	13/64	17.4625	11/16	46.0375	$1\frac{13}{16}$
5.5		18		47.625	$1\frac{7}{8}$
5.55625	7/32	18.25625	23/32	49.2125	$1\frac{15}{16}$
5.95312	15/64	19		50	
6		19.05	3/4	50.8	2
6.35	1/4	19.84375	25/32	53.975	$2\frac{1}{8}$
6.5		20		55	
6.74688	17/64	20.5		57.15	$2\frac{1}{4}$
7		20.6375	13/16	60	
7.14375	9/32	21		60.325	$2\frac{3}{8}$
7.5		21.43125	27/32	63.5	$2\frac{1}{2}$
7.54062	19/64	22		65	
7.9375	5/16	22.225	7/8	66.675	$2\frac{5}{8}$
		22.5			

续表

球公称直径 D_w/mm	相应的英制尺寸（参考）/in	球公称直径 D_w/mm	相应的英制尺寸（参考）/in	球公称直径 D_w/mm	相应的英制尺寸（参考）/in
69.85	$2\frac{3}{4}$	82.55	$3\frac{1}{4}$	95	
70		85		95.25	$3\frac{3}{4}$
73.025	$2\frac{7}{8}$	85.725	$3\frac{3}{8}$	98.425	$3\frac{7}{8}$
75		88.9	$3\frac{1}{2}$	100	
76.2	3	90		101.6	4
79.375	$3\frac{1}{8}$	92.075	$3\frac{5}{8}$	104.775	$4\frac{1}{8}$
80					

2.1.10 滚针（GB/T 309—2000）

【规格】 见表 1-2-82～表 1-2-84。

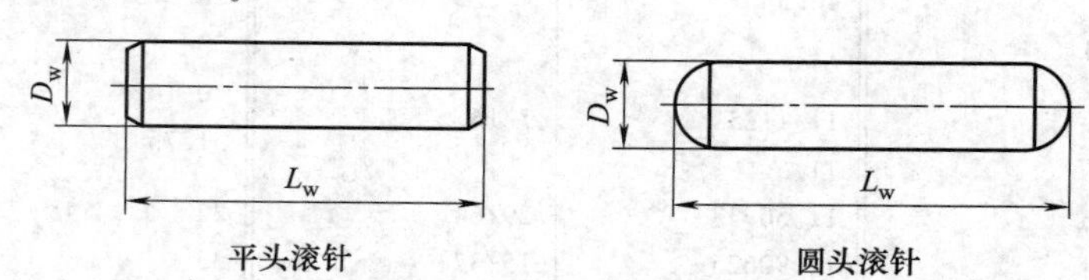

图 1-2-10 滚针（GB/T 309—2000）

表 1-2-82 滚针优先尺寸（GB/T 309—2000） mm

D_w	滚针公称长度 L_w																	
	5.8	6.8	7.8	9.8	11.8	13.8	15.8	17.8	19.8	21.8	23.8	25.8	27.8	29.8	34.8	39.8	49.8	59.8
1	×	×	×	×														
1.5	×	×	×	×	×	×												
2		×	×	×	×	×	×	×	×									
2.5			×	×	×	×	×	×	×	×	×							
3				×	×	×	×	×	×	×	×	×	×	×				
3.5					×	×	×	×	×	×	×	×	×	×	×			
4					×	×	×	×	×	×	×	×	×	×	×	×		
5							×	×	×	×	×	×	×	×	×	×	×	
6								×	×	×	×	×	×	×	×	×	×	×

注：D_w 为滚针公称直径，L_w 为滚针公称长度。

表 1-2-83 规值批直径变动量 V_{DwL}、优先规值和圆度误差 μm

公差等级	V_{DwL} max		滚针优先规值（D_{wmp} 的上、下偏差）									圆度误差 max
2	2	上偏差	0	−1	−2	−3	−4	−5	−6	−7	−8	1
		下偏差	−2	−3	−4	−5	−6	−7	−8	−9	−10	
3	3	上偏差	0	−1.5	−3	−4.5	−6	−7				1.5
		下偏差	−3	−4.5	−6	−7.5	−9	−10				
5	5	上偏差	0	−3	−5							2.5
		下偏差	−5	−8	−10							

注：1. 滚针全长范围内的两端每一单一直径应小于中部每一单一直径，其最大差值不应超过下列数值：
2 级，0.5μm；
3 级，0.8μm；
5 级，1.0μm。
2. 公差值只适用于滚针长度中部，而且滚针每一单一直径还应符合注 1。
3. 如果用户与制造商之间无异议，任何公称尺寸与所提的任何等级的滚针，制造商有权按表中所列的规值供货。

表 1-2-84　　平头滚针倒角尺寸极限

D_w		倒角尺寸极限		
超过	到	r_{smin}	r_{smax}	
			径向	轴向
—	1	0.1	0.3	0.5
1	1.5	0.1	0.4	0.6
1.5	3	0.1	0.6	0.8
3	6	0.1	0.9	1

注：1. 滚针倒角不应超出半径为 r_{smin} 的圆弧。

2. 所有公差等级的圆头滚针倒角尺寸极限为 $r_{smin}=D_w/2$，$r_{smax}=L_w/2$。

2.1.11　轴承座

(1) 等径孔二螺柱滚动轴承座（GB/T 7813—2008）

【其他名称】 轴壳、座式轴承箱、剖分立式滚动轴承座。

【用途】 用于传动轴上，作固定滚动轴承的外圈用。SN 5 和 SN 6 系列轴承座，配合带圆锥孔（或紧定套）的滚动轴承，用于等径传动轴（光轴）上；SN 2 和 SN 3 系列轴承座，配合带圆柱孔的滚动轴承，用于异径传动轴（带轴肩的轴）上。各系列轴承座配合使用的轴承型号如下（括号内为相应的旧轴承型号）；

SN 5 系列轴承座——1200 K（111200）、2200 K（111500）、22200 CK（153500）、1200 K+H 200（11200）、2200 K+H 300（11500）、22200 CK+H 300（253500）型轴承等；

SN 2 系列轴承座——1200（1200）、2200（1500）、22200 C（53500）、23200 C（3053200）型轴承等；

SN 6 系列轴承座——1300 K（111300）、2300 K（111600）、22300 CK（153300）、1300 K+H 300（11300）、2300 K+H 2300（11600）、22300 CK+H 2300（253600）型轴承等；

SN 3 系列轴承座——1300（1300）、2300（1600）、22300 C（53600）、21300 C 型轴承等。

当轴承宽度小于轴承座内宽度时，应选取适当规格（$D\times B$）止推环安装于轴承一侧或两侧，以阻止轴承产生轴向位移。

【规格】 见图 1-2-11、图 1-2-12 以及表 1-2-85~表 1-2-88。

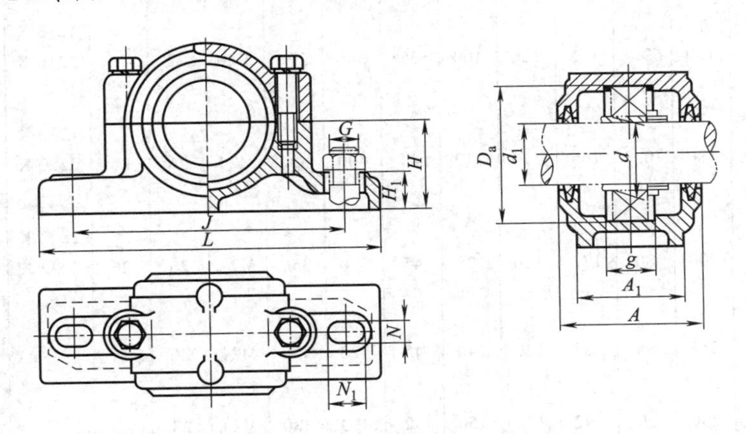

图 1-2-11　SN 5 系列和 SN 6 系列

表 1-2-85　　SN 5 系列　　mm

轴承座型号	外形尺寸													适用轴承及附件		
	d_1	d	D_a	g	A max	A_1	H	H_1 max	L max	J	G	N	N_1 min	调心球轴承	调心滚子轴承	紧定套
SN 505	20	25	52	25	72	46	40	22	170	130	M12	15	15	1205 K 2205 K	— —	H 205 H 305

续表

轴承座型号	外形尺寸													适用轴承及附件		
	d_1	d	D_a	g	A max	A_1	H	H_1 max	L max	J	G	N	N_1 min	调心球轴承	调心滚子轴承	紧定套
SN 506	25	30	62	30	82	52	50	22	190	150	M12	15	15	1206 K 2206 K	— —	H 206 H 306
SN 507	30	35	72	33	85	52	50	22	190	150	M12	15	15	1207 K 2207 K	— —	H 207 H 307
SN 508	35	40	80	33	92	60	60	25	210	170	M12	15	15	1208 K 2208 K	— 22208 CK	H 208 H 308
SN 509	40	45	85	31	92	60	60	25	210	170	M12	15	15	1209 K 2209 K	— 22209 CK	H 209 H 309
SN 510	45	50	90	33	100	60	60	25	210	170	M12	15	15	1210 K 2210 K	— 22210 CK	H 210 H 310
SN 511	50	55	100	33	105	70	70	28	270	210	M16	18	18	1211 K 2211 K	— 22211 CK	H 211 H 311
SN 512	55	60	110	38	115	70	70	30	270	210	M16	18	18	1212 K 2212 K	— 22212 CK	H 212 H 312
SN 513	60	65	120	43	120	80	80	30	290	230	M16	18	18	1213 K 2213 K	— 22213 CK	H 213 H 313
SN 515	65	75	130	41	125	80	80	30	290	230	M16	18	18	1215K 2215 K	— 22215 CK	H 215 H 315
SN 516	70	80	140	43	135	90	95	32	330	260	M20	22	22	1216 K 2216 K	— 22216 CK	H 216 H 316
SN 517	75	85	150	46	140	90	95	32	330	260	M20	22	22	1217 K 2217 K	— 22217 CK	H 217 H 317
SN 518	80	90	160	62.4	145	100	100	35	360	290	M20	22	22	1218 K 2218 K —	— 22218 CK 23218 CK	H 218 H 318 H 2318
SN 520	90	100	180	70.3	165	110	112	40	400	320	M24	26	26	1220 K 2220 K —	— 22220 CK 23220 CK	H 220 H 320 H 2320
SN 522	100	110	200	80	177	120	125	45	420	350	M24	26	26	1222 K 2222 K —	— 22222 CK 23222 CK	H 222 H 322 H 2322
SN 524	110	120	215	86	187	120	140	45	420	350	M24	26	26	—	22224 CK 23224 CK	H 3124 H 2324
SN 526	115	130	230	90	192	130	150	50	450	380	M24	28	28	—	22226 CK 23226 CK	H 3126 H 2326
SN 528	125	140	250	98	207	150	150	50	510	420	M30	35	35	—	22228 CK 23228 CK	H 3128 H 2328
SN 530	135	150	270	106	224	160	160	60	540	450	M30	35	35	—	22230 CK 23230 CK	H 3130 H 2330
SN 532	140	160	290	114	237	160	170	60	560	470	M30	35	35	—	22232 CK 23232 CK	H 3132 H 2332

注：SN 524～SN 532 应装有吊环螺钉。

表 1-2-86　　SN 6 系列　　mm

轴承座型号	外形尺寸													适用轴承及附件		
	d_1	d	D_a	g	A max	A_1	H	H_1 max	L max	J	G	N	N_1 min	调心球轴承	调心滚子轴承	紧定套
SN 605	20	25	62	34	82	52	50	22	190	150	M12	15	15	1305 K 2305 K	— —	H 305 H 2305
SN 606	25	30	72	37	85	52	50	22	190	150	M12	15	15	1306 K 2306 K	— —	H 306 H 2306
SN 607	30	35	80	41	92	60	60	25	210	170	M12	15	15	1307 K 2307 K	— —	H 307 H 2307
SN 608	35	40	90	43	100	60	60	25	210	170	M12	15	15	1308 K 2308 K	— 22308 CK	H 308 H 2308
SN 609	40	45	100	46	105	70	70	28	270	210	M16	18	18	1309 K 2309 K	— 22309 CK	H 309 H 2309
SN 610	45	50	110	50	115	70	70	30	270	210	M16	18	18	1310 K 2310 K	— 22310 CK	H 310 H 2310
SN 611	50	55	120	53	120	80	80	30	290	230	M16	18	18	1311 K 2311 K	— 22311 CK	H 311 H 2311
SN 612	55	60	130	56	125	80	80	30	290	230	M16	18	18	1312 K 2312 K	— 22312 CK	H 312 H 2312
SN 613	60	65	140	58	135	90	95	32	330	260	M20	22	22	1313 K 2313 K	— 22313 CK	H 313 H 2313
SN 615	65	75	160	65	145	100	100	35	360	290	M20	22	22	1315 K 2315 K	— 22315 CK	H 315 H 2315
SN 616	70	80	170	68	150	100	112	35	360	290	M20	22	22	1316 K 2316 K	— 22316 CK	H 316 H 2316
SN 617	75	85	180	70	165	110	112	40	400	320	M24	26	26	1317 K 2317 K	— 22317 CK	H 317 H 2317
SN 618	80	90	190	74	165	110	112	40	405	320	M24	26	26	1318 K 2318 K	— 22318 CK	H 318 H 2318
SN 619	85	95	200	77	117	120	125	45	420	350	M24	26	26	1319 K 2319 K	— 22319 CK	H 319 H 2319
SN 620	90	100	215	83	187	120	140	45	420	350	M24	26	26	1320 K 2320 K	— 22320 CK	H 320 H 2320
SN 622	100	110	240	90	195	130	150	50	475	390	M24	28	28	1322 K 2322 K	— 22322 CK	H 322 H 2322
SN 624	110	120	260	95	210	160	160	60	545	450	M30	35	35	—	22324 CK	H 2324
SN 626	115	130	280	103	225	160	170	60	565	470	M30	35	35	—	22326 CK	H 2326
SN 628	125	140	300	112	237	170	180	65	630	520	M30	35	35	—	22328 CK	H 2328
SN 630	135	150	320	118	245	180	190	65	680	560	M30	35	35	—	22330 CK	H 2330
SN 632	140	160	340	124	260	190	200	70	710	580	M36	42	42	—	22332 CK	H 2332

注：SN 624～SN 632 应装有吊环螺钉。

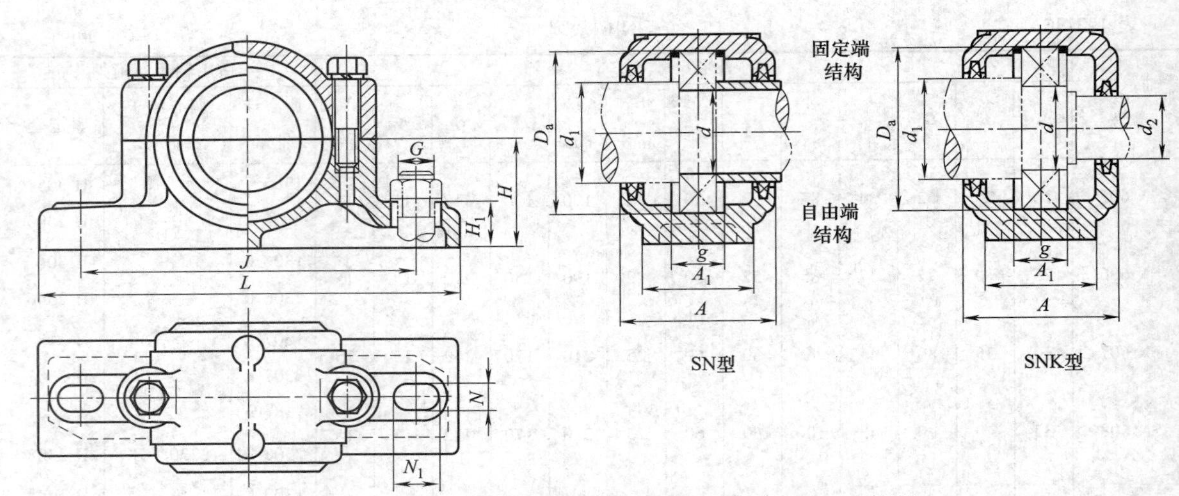

图 1-2-12 SN 2 系列、SN 3 系列、SNK 2 系列和 SNK 3 系列

表 1-2-87 SN 2 系列、SNK 2 系列 mm

轴承座型号		外形尺寸														适用轴承	
SN 型	SNK 型	d	D_a	g	A max	A_1	H	H_1 max	L max	J	G	N	N_1 min	d_1	$d_2$①	调心球轴承	调心滚子轴承
SN 205	SNK 205	25	52	25	72	46	40	22	170	130	M12	15	15	30	20	1205 2205	22205 C —
SN 206	SNK 206	30	62	30	82	52	50	22	190	150	M12	15	15	35	25	1206 2206	22206 C —
SN 207	SNK 207	35	72	33	85	52	50	22	190	150	M12	15	15	45	30	1207 2207	22207 C —
SN 208	SNK 208	40	80	33	92	60	60	25	210	170	M12	15	15	50	35	1208 2208	22208 C —
SN 209	SNK 209	45	85	31	92	60	60	25	210	170	M12	15	15	55	40	1209 2209	22209 C —
SN 210	SNK 210	50	90	33	100	60	60	25	210	170	M12	15	15	60	45	1210 2210	22210 C —
SN 211	SNK 211	55	100	33	105	70	70	28	270	210	M16	18	18	65	50	1211 2211	22211 C —
SN 212	SNK 212	60	110	38	115	70	70	30	270	210	M16	18	18	70	55	1212 2212	22212 C —
SN 213	SNK 213	65	120	43	120	80	80	30	290	230	M16	18	18	75	60	1213 2213	22213 C —
SN 214	SNK 214	70	125	44	120	80	80	30	290	230	M16	18	18	80	65	1214 2214	22214 C —
SN 215	SNK 215	75	130	41	125	80	80	30	290	230	M16	18	18	85	70	1215 2215	22215 C —
SN 216	SNK 216	80	140	43	135	90	95	32	330	260	M20	22	22	90	75	1216 2216	22216 C —
SN 217	SNK 217	85	150	46	140	90	95	32	330	260	M20	22	22	95	80	1217 2217	22217 C —
SN 218	SNK 218	90	160	62.4	145	100	100	35	360	290	M20	22	22	100	85	1218 2218	22218 C —
SN 220	SNK 220	100	180	70.3	165	110	112	40	400	320	M24	26	26	115	95	1220 2220	22220 C 23220 C
SN 222	SNK 222	110	200	80	177	120	125	45	420	350	M24	26	26	125	105	1222 2222	22222 C 23222 C
SN 224	SNK 224	120	215	86	187	120	140	45	420	350	M24	26	26	135	115	—	22224 C 23224 C
SN 226	SNK 226	130	230	90	192	130	150	50	450	380	M24	26	26	145	125	—	22226 C 23226 C
SN 228	SNK 228	140	250	98	207	150	150	50	510	420	M30	35	35	155	135	—	22228 C 23228 C
SN 230	SNK 230	150	270	106	224	160	160	60	540	450	M30	35	35	165	145	—	22230 C 23230 C
SN 232	SNK 232	160	290	114	237	160	170	60	560	470	M30	35	35	175	150	—	22232 C 23232 C

① 该尺寸适用于 SNK 型轴承座。

注：SN 224~SN 232、SNK 224~SNK 232 应装有吊环螺钉。

表 1-2-88 SN 3 系列、SNK 3 系列 mm

轴承座型号		外形尺寸														适用轴承	
SN 型	SNK 型	d	D_a	g	A max	A_1	H	H_1 max	L max	J	G	N	N_1 min	d_1	$d_2$①	调心球轴承	调心滚子轴承
SN 305	SNK 305	25	62	34	82	52	50	22	185	150	M12	15	20	30	20	1305 2305	—
SN 306	SNK 306	30	72	37	85	52	50	22	185	150	M12	15	20	35	25	1306 2306	—
SN 307	SNK 307	35	80	41	92	60	60	25	205	170	M12	15	20	45	30	1307 2307	—

续表

轴承座型号		外形尺寸														适用轴承	
SN 型	SNK 型	d	D_a	g	A max	A_1	H	H_1 max	L max	J	G	N	N_1 min	d_1	$d_2$①	调心球轴承	调心滚子轴承
SN 308	SNK 308	40	90	43	100	60	60	25	205	170	M12	15	20	50	35	1308 2308	22308 C 21308 C
SN 309	SNK 309	45	100	46	105	70	70	28	255	210	M16	18	23	55	40	1309 2309	22309 C 21309 C
SN 310	SNK 310	50	110	50	115	70	70	30	255	210	M16	18	23	60	45	1310 2310	22310 C 21310 C
SN 311	SNK 311	55	120	53	120	80	80	30	275	230	M16	18	23	65	50	1311 2311	22311 C 21311 C
SN 312	SNK 312	60	130	56	125	80	80	30	280	230	M16	18	23	70	55	1312 2312	22312 C 21312 C
SN 313	SNK 313	65	140	58	135	90	95	32	315	260	M20	22	27	75	60	1313 2313	22313 C 21313 C
SN 314	SNK 314	70	150	61	140	90	95	32	320	260	M20	22	27	80	65	1314 2314	22314 C 21314 C
SN 315	SNK 315	75	160	65	145	100	100	35	345	290	M20	22	27	85	70	1315 2315	22315 C 21315 C
SN 316	SNK 316	80	170	68	150	100	112	35	345	290	M20	22	27	90	75	1316 2316	22316 C 21316 C
SN 317	SNK 317	85	180	70	165	110	112	40	380	320	M24	26	32	95	80	1317 2317	22317 C 21317 C

① 该尺寸适用于 SNK 型轴承座。

(2) 四螺柱立式轴承座（适用于圆锥孔带紧定套的调心轴承）

SD 31 TS 系列的结构形式见图 1-2-13，外形尺寸应符合表 1-2-89 的规定。

SD 5 系列和 SD6 系列的结构形式见图 1-2-13。

注：TS 表示轴承座带迷宫式密封圈。

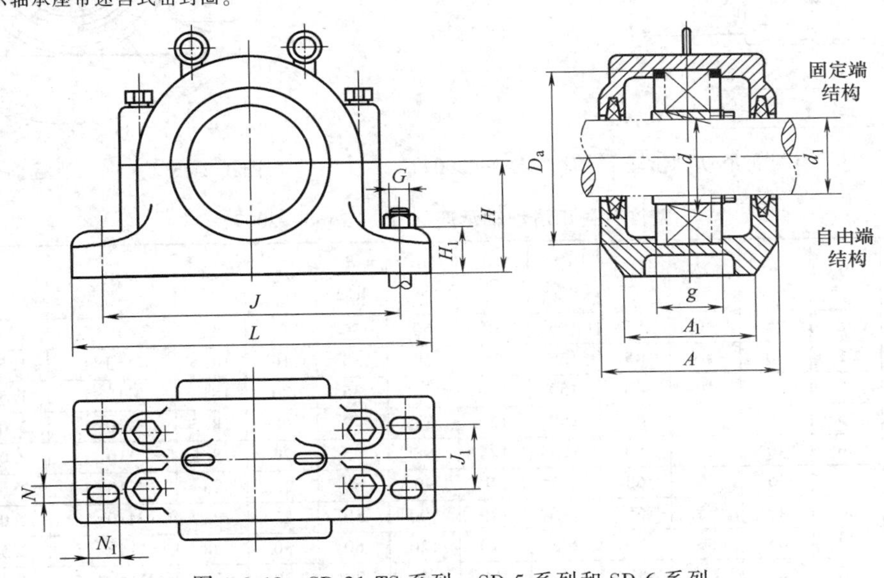

图 1-2-13　SD 31 TS 系列、SD 5 系列和 SD 6 系列

表 1-2-89　　SD 31 TS 系列　　mm

轴承座型号	外形尺寸													适用轴承及附件	
	D_a	H	g①	J	J_1	A max	L max	A_1	H_1 max	G	d_1	N	N_1 min	调心滚子轴承	紧定套
SD 3134 TS	280	170	108	430	100	235	515	180	70	M24	150	28	28	23134 CK	H 3134
SD 3136 TS	300	180	116	450	110	245	535	190	75	M24	160	28	28	23136 CK	H 3136
SD 3138 TS	320	190	124	480	120	265	565	210	80	M24	170	28	28	23138 CK	H 3138
SD 3140 TS	340	210	132	510	130	285	615	230	85	M30	180	35	35	23140 CK	H 3140
SD 3144 TS	370	220	140	540	140	295	645	240	90	M30	200	35	35	23144 CK	H 3144
SD 3148 TS	400	240	148	600	150	315	705	260	95	M30	220	35	35	23148 CK	H 3148
SD 3152 TS	440	260	164	650	160	325	775	280	100	M36	240	42	42	23152 CAK	H 3152

续表

轴承座型号	外形尺寸													适用轴承及附件	
	D_a	H	g①	J	J_1	A max	L max	A_1	H_1 max	G	d_1	N	N_1 min	调心滚子轴承	紧定套
SD 3156 TS	460	280	166	670	160	325	795	280	105	M36	260	42	42	23156 CAK	H 3156
SD 3160 TS	500	300	180	710	190	355	835	310	110	M36	280	42	42	23160 CAK	H 3160
SD 3164 TS	540	320	196	750	200	375	885	330	115	M36	300	42	42	23164 CAK	H 3164

① 不利用止推环使轴承在轴承座内固定时，该值减小 20mm。

(3) 整体有衬正滑动轴承座（JB/T 2560—2007）

【规格】 见表 1-2-90 及图 1-2-14。轴承座的负荷方向应在轴承垂直中心线左、右 35°范围内，如图 1-2-15 所示，图中阴影部分是允许承受径向负荷的范围。

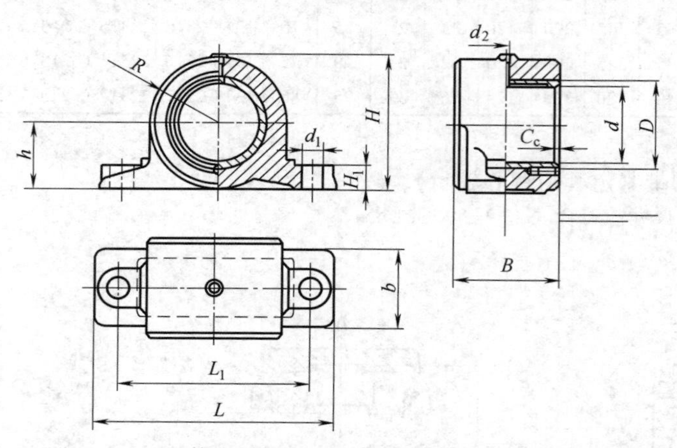

图 1-2-14 整体有衬正滑动轴承座（JB/T 2560—2007）

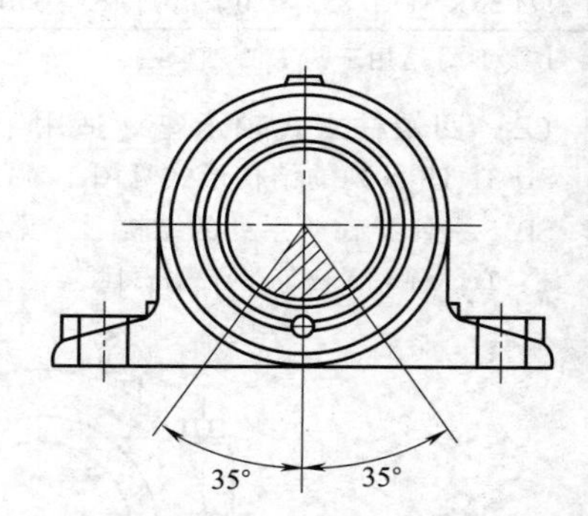

图 1-2-15 允许承受径向负荷的范围

表 1-2-90 整体有衬正滑动轴承座（JB/T 2560—2007） mm

型号	d H8	D	R	B	b	L	L_1	H ≈	h h12	H_1	d_1	d_2	c	质量/kg ≈
HZ020	20	28	26	30	25	105	80	50	30	14	12	M10×1	1.5	0.6
HZ025	25	32	30	40	35	125	95	60	35	16	14.5	M10×1	1.5	0.9
HZ030	30	38	30	50	40	150	110	70	35	20	18.5	M10×1	1.5	1.7
HZ035	35	45	38	55	45	160	120	84	42	20	18.5	M10×1	2.0	1.9
HZ040	40	50	40	60	50	165	125	88	45	20	18.5	M10×1	2.0	2.4
HZ045	45	55	45	70	60	185	140	90	50	25	24	M10×1	2.0	3.6
HZ050	50	60	45	75	65	185	140	100	50	25	24	M10×1	2.0	3.8
HZ060	60	70	55	80	70	225	170	120	60	30	28	M14×1.5	2.5	6.5
HZ070	70	85	65	100	80	245	190	140	70	30	28	M14×1.5	2.5	9.0
HZ080	80	95	70	100	80	255	200	155	80	30	28	M14×1.5	2.5	10.0
HZ090	90	105	75	120	90	285	220	165	85	40	35	M14×1.5	3.0	13.2
HZ100	100	115	85	120	90	305	240	180	90	40	35	M14×1.5	3.0	15.5
HZ110	110	125	90	140	100	315	250	190	95	40	35	M14×1.5	3.0	21.0
HZ120	120	135	100	150	110	370	290	210	105	45	42	M14×1.5	3.0	27.0
HZ140	140	160	115	170	130	400	320	240	120	45	42	M14×1.5	3.0	38.0

注：轴承座壳体和轴套可单独订货，但需要在订货时说明。

【型号说明】

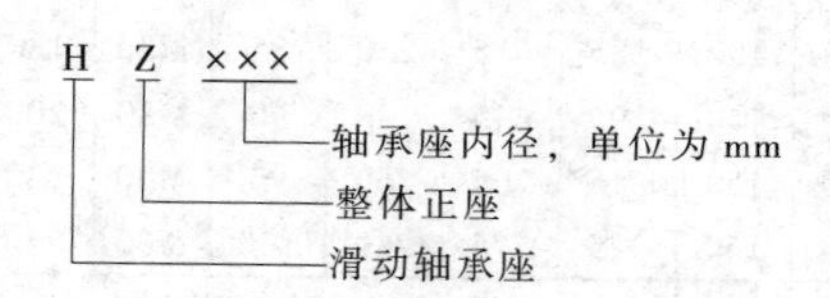

【标记示例】

d=30mm 的整体有衬正滑动轴承座：

HZ030　轴承座　JB/T 2560—2007

(4) 对开式二螺柱正滑动轴承座（JB/T 2561—2007）

【规格】 见图 1-2-16 和表 1-2-91。

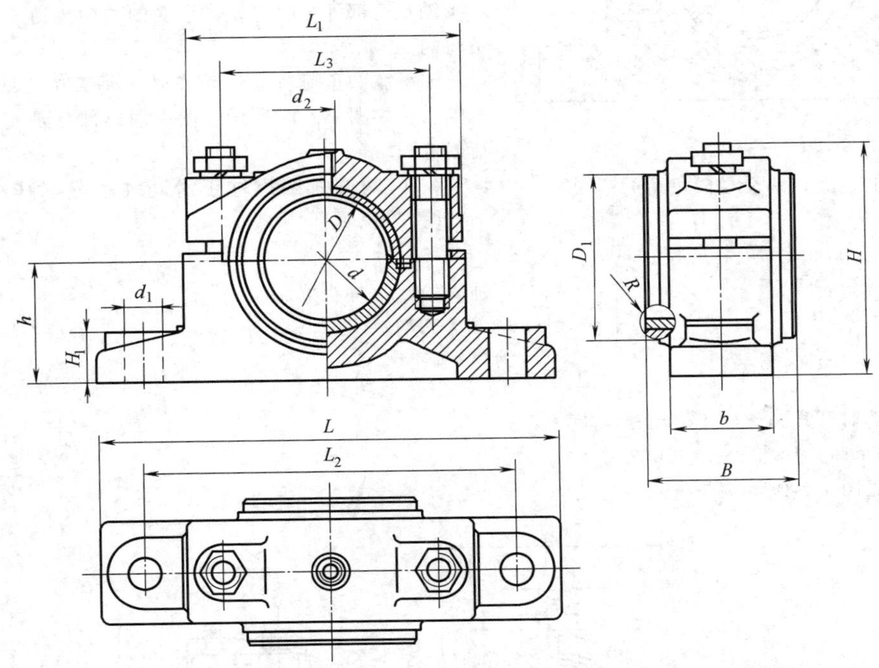

图 1-2-16　对开式二螺柱正滑动轴承座（JB/T 2561—2007）

表 1-2-91　对开式二螺柱正滑动轴承座（JB/T 2561—2007）　mm

型号	d H8	D	D_1	B	b	H ≈	h h12	H_1	L	L_1	L_2	L_3	d_1	d_2	R	质量/kg ≈
H2030	30	38	48	34	22	70	35	15	140	85	115	60	10	M10×1	1.5	0.8
H2035	35	45	55	45	28	87	42	18	165	100	135	75	12	M10×1	2.0	1.2
H2040	40	50	60	50	35	90	45	20	170	110	140	80	14.5	M10×1	2.0	1.8
H2045	45	55	65	55	40	100	50	20	175	110	145	85	14.5	M10×1	2.0	2.3
H2050	50	60	70	60	40	105	50	25	200	120	160	90	18.5	M10×1	2.0	2.9
H2060	60	70	80	70	50	125	60	25	240	140	190	100	24	M14×1.5	2.5	4.6
H2070	70	85	95	80	60	140	70	30	260	160	210	120	24	M14×1.5	2.5	7.0
H2080	80	95	110	95	70	160	80	35	290	180	240	140	28	M14×1.5	2.5	10.5
H2090	90	105	120	105	80	170	85	35	300	190	250	150	28	M14×1.5	3.0	12.5
H2100	100	115	130	115	90	185	90	40	340	210	280	160	35	M14×1.5	3.0	17.5
H2110	110	125	140	125	100	190	95	40	350	220	290	170	35	M14×1.5	3.0	19.5
H2120	120	135	150	140	110	205	105	45	370	240	310	190	35	M14×1.5	3.0	25.0
H2140	140	160	175	160	120	230	120	50	390	260	330	210	35	M14×1.5	4	33.5
H2160	160	180	200	180	140	250	130	50	410	280	350	230	35	M14×1.5	4	45.5

注：与轴承座配合的轴颈应进行表面硬化。

【型号说明】

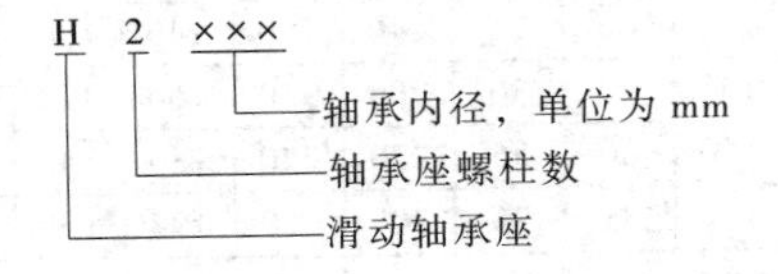

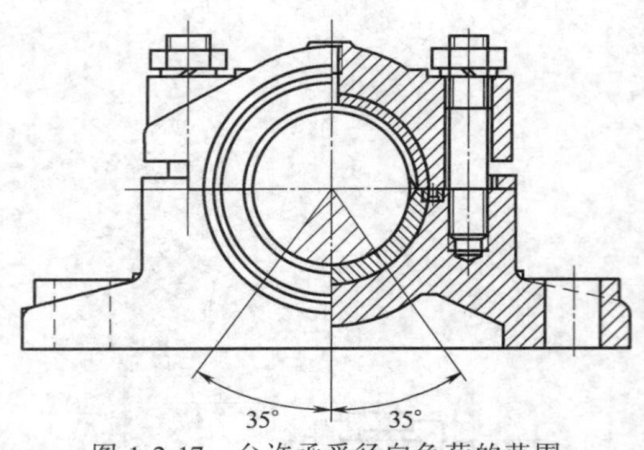

图 1-2-17　允许承受径向负荷的范围

【标记示例】

D=50mm 的对开式二螺柱正滑动轴承座：

H2050　轴承座　JB/T 2561—2007

【选用要求】

轴承允许通过轴肩承受不大的轴向负荷，当轴肩直径不小于轴瓦肩部外径时，允许承受的轴向负荷不大于最大径向负荷的 30%。

轴承座的负荷方向应该在轴承垂直中心线左、右 35°的范围内，如图 1-2-17 所示，图中阴影部分是允许承受径向负荷的范围。

(5) 对开式四螺柱正滑动轴承座（JB/T 2562—2007）

【型号说明】

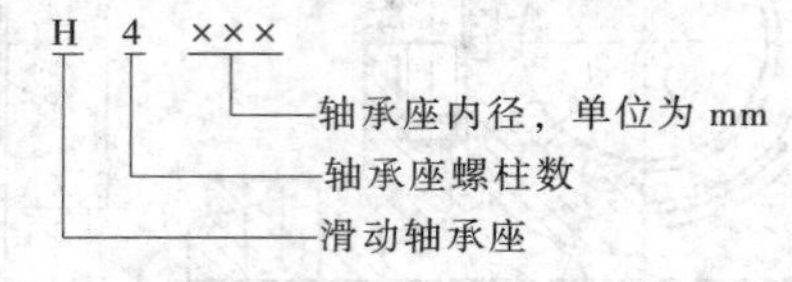

【标记示例】

D=80mm 的对开式四螺柱正滑动轴承座：

H4080　轴承座　JB/T 2562—2007

【规格】　见图 1-2-18 和表 1-2-92。

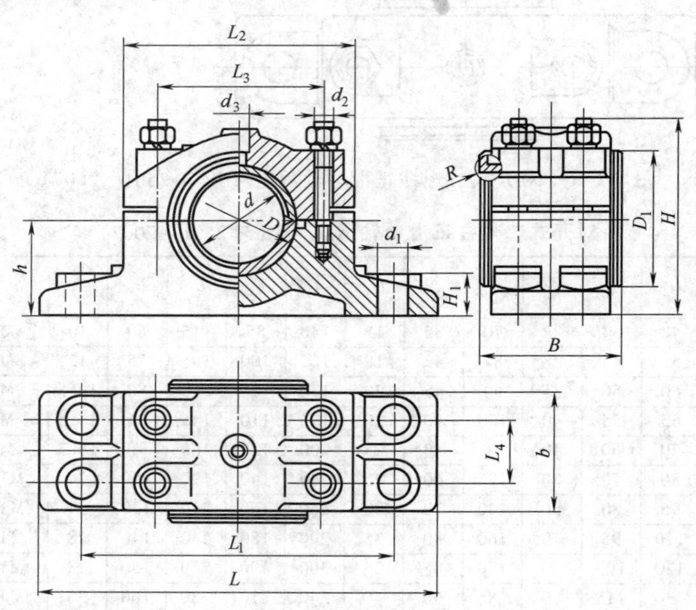

图 1-2-18　对开式四螺柱正滑动轴承座（JB/T 2562—2007）

表 1-2-92　**对开式四螺柱正滑动轴承座**（JB/T 2562—2007）　mm

型号	d H8	D	D_1	B	b	H ≈	h h12	H_1	L	L_1	L_2	L_3	L_4	d_1	d_2	R	质量/kg ≈
H4050	50	60	70	75	60	105	50	25	200	160	120	90	30	14.5	M10×1	2.5	4.2
H4060	60	70	80	90	75	125	60	25	240	190	140	100	40	18.5	M10×1	2.5	6.5
H4070	70	85	95	105	90	135	70	30	260	210	160	120	45	18.5	M14×1.5	2.5	9.5
H4080	80	95	110	120	100	160	80	35	290	240	180	140	55	24	M14×1.5	2.5	14.5
H4090	90	105	120	135	115	165	85	35	300	250	190	150	70	24	M14×1.5	3	18.0

续表

型号	d H8	D	D_1	B	b	H ≈	h h12	H_1	L	L_1	L_2	L_3	L_4	d_1	d_2	R	质量/kg ≈
H4100	100	115	130	150	130	175	90	40	340	280	210	160	80	24	M14×1.5	3	23.0
H4110	110	125	140	165	140	185	95	40	350	290	220	170	85	24	M14×1.5	3	30.0
H4120	120	135	150	180	155	200	105	40	370	310	240	190	90	28	M14×1.5	3	41.5
H4140	140	160	175	210	170	230	120	45	390	330	260	210	100	28	M14×1.5	4	51.0
H4160	160	180	200	240	200	250	130	50	410	350	280	230	120	28	M14×1.5	4	59.5
H4180	180	200	220	270	220	260	140	50	460	400	320	260	140	35	M14×1.5	4	73.0
H4200	200	230	250	300	245	295	160	55	520	440	360	300	160	42	M14×1.5	5	98.0
H4220	220	250	270	320	265	360	170	60	550	470	390	330	180	42	M14×1.5	5	125.0

【选用要求】

轴承允许通过轴肩承受不大的轴向负荷，当轴肩直径不小于轴瓦肩部外径时，允许承受的轴向负荷不大于最大径向负荷的30%。

轴承座的负荷方向应该在轴承垂直中心线左、右35°的范围内，如图1-2-19所示，图中阴影部分是允许承受径向负荷的范围。

与轴承座配合的轴颈表面应进行硬化处理。

轴颈圆角尺寸按GB/T 6403.4处理。

(6) 对开式四螺柱斜滑动轴承座（JB/T 2563—2007）

【型号说明】

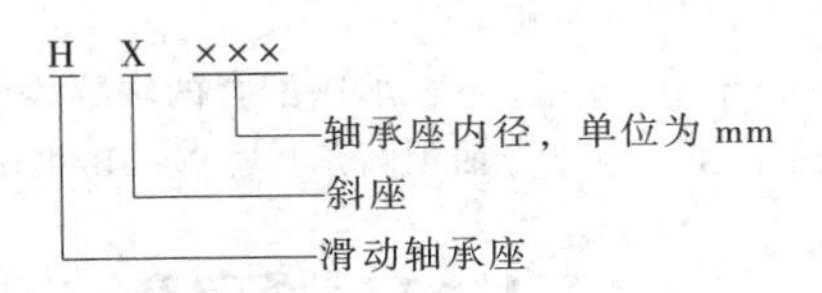

【标记示例】

D=80mm的对开式四螺柱斜滑动轴承座：

HX080　轴承座　JB/T 2563—2007

【规格】 见图1-2-20和表1-2-93。

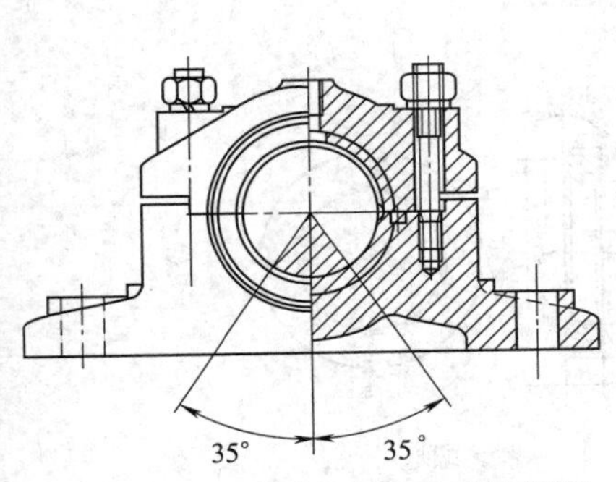

图1-2-19　允许承受径向负荷的范围

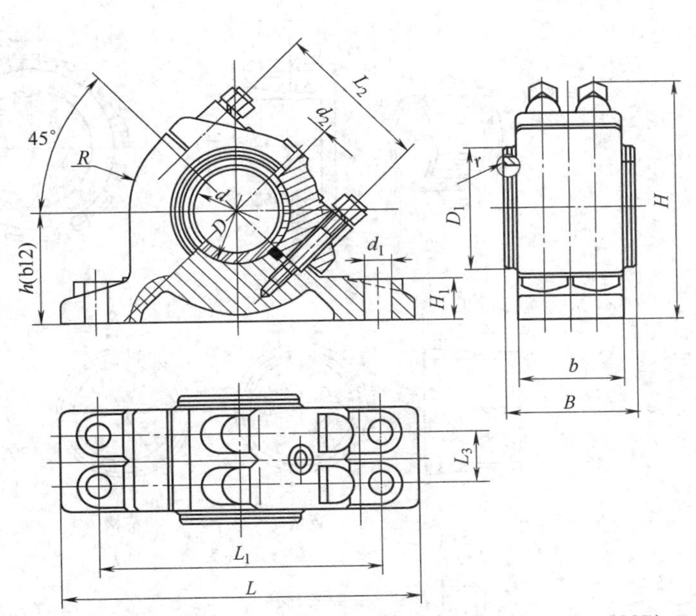

图1-2-20　对开式四螺柱斜滑动轴承座（JB/T 2563—2007）

表 1-2-93　　对开式四螺柱斜滑动轴承座（JB/T 2563—2007）　　mm

型号	d H8	D	D_1	B	b	H ≈	h h12	H_1	L	L_1	L_2	L_3	R	d_1	d_2	r	质量/kg ≈
HX050	50	60	70	75	60	140	65	25	200	160	90	30	60	14.5	M10×1	2.5	5.10
HX060	60	70	80	90	75	160	75	25	240	190	100	40	70	18.5	M10×1	2.5	8.10
HX070	70	85	95	105	90	185	90	30	260	210	120	45	80	18.5	M14×1.5	2.5	12.50
HX080	80	95	110	120	100	215	100	35	290	240	140	55	90	24	M14×1.5	2.5	17.50
HX090	90	105	120	135	115	225	105	35	300	250	150	70	95	24	M14×1.5	3	21.0
HX100	100	115	130	150	130	175	115	40	340	280	160	80	105	24	M14×1.5	3	29.50
HX110	110	125	140	165	140	250	120	40	350	290	170	85	110	24	M14×1.5	3	32.50
HX120	120	135	150	180	155	260	130	40	370	310	190	90	120	28	M14×1.5	3	40.5
HX140	140	160	175	210	170	275	140	45	390	330	210	100	130	28	M14×1.5	4	53.50
HX160	160	180	200	240	200	300	150	50	410	350	230	120	140	28	M14×1.5	4	76.50
HX180	180	200	220	270	220	375	170	50	460	400	260	140	160	35	M14×1.5	4	94.0
HX200	200	230	250	300	245	425	190	55	520	440	300	160	180	42	M14×1.5	5	120.0
HX220	220	250	270	320	265	440	205	60	550	470	330	180	195	42	M14×1.5	5	140.0

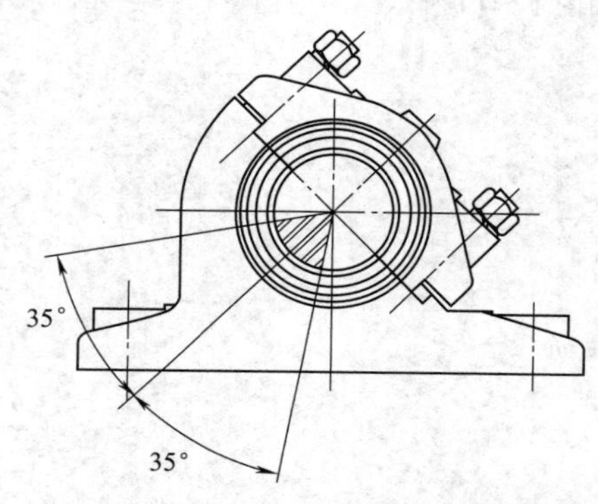

图 1-2-21　允许承受径向负荷的范围

【选用要求】

轴承允许通过轴肩承受不大的轴向负荷，当轴肩直径不小于轴瓦肩部外径时，允许承受的轴向负荷不大于最大径向负荷的30%。

轴承座的负荷方向应该在轴承垂直中心线左、右35°的范围内，如图1-2-21所示，图中阴影部分是允许承受径向负荷的范围。

与轴承座配合的轴颈表面应进行硬化处理。

轴颈圆角尺寸按GB/T 6403.4处理。

2.1.12　紧定套（JB/T 7919.2—1999）

【其他名称】　套筒。

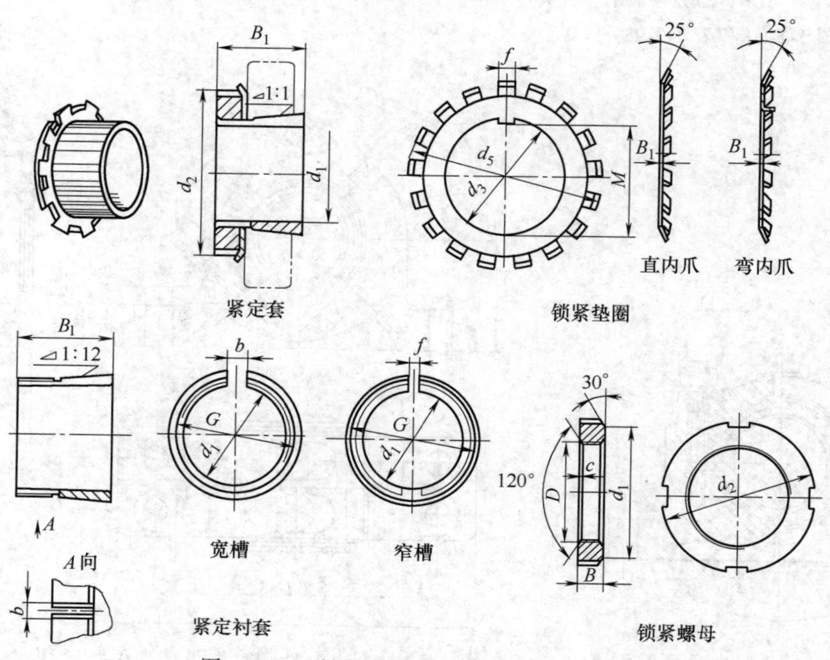

图 1-2-22　紧定套（JB/T 7919.2—1999）

【用途】 紧定套是滚动轴承附件之一，由紧定套、锁紧螺母、锁紧垫圈组成，配合带圆锥孔（锥度 1∶12）的调心轴承，使轴承固定在无轴肩轴（光轴）上。常见系列紧定套适用的调心轴承：

H2 系列——1200 K 型轴承；

H3 系列——1300 K、2200 K、21300 CK、22200 CK 型轴承；

H23 系列——2300 K、22300 CK 型轴承。

【规格】 见表 1-2-94～表 1-2-97。

表 1-2-94　　常见紧定套与其组成零件型号对照

紧定套系列			紧定衬套系列			锁紧螺母型号	锁紧垫圈型号
H2	H3	H23	A2	A3	A23		
紧定套型号			紧定衬套型号				
H203 *	H303	H2303	A203	A303	A2303	KM03	MB03
H204 *	H304 *	H2304 *	A204	A304	A2304	KM04	MB04
H205	H305	H2305 *	A205	A305	A2305	KM05	MB05
H206	H306	H2306 *	A206	A306	A2306	KM06	MB06
H207	H307	H2307	A207	A307	A2307	KM07	MB07
H208	H308	H2308	A208	A308	A2308	KM08	MB08
H209	H309	H2309	A209	A309	A2309	KM09	MB09
H210	H310	H2310	A210	A310	A2310	KM10	MB10
H211	H311	H2311	A211	A311	A2311	KM11	MB11
H212	H312	H2312	A212	A312	A2312	KM12	MB12
H213	H313	H2313	A213	A313	A2313	KM13	MB13
H214 *	H314 *	H2314	A214	A314	A2314	KM14	MB14
H215	H315	H2315	A215	A315	A2315	KM15	MB15
H216	H316	H2316	A216	A316	A2316	KM16	MB16
H217	H317	H2317	A217	A317	A2317	KM17	MB17
H218	H318	H2318	A218	A318	A2318	KM18	MB18
H219	H319	H2319	A219	A319	A2319	KM19	MB19
H220	H320	H2320	A220	A320	A2320	KM20	MB20
H221 *	H321×	—	A221	A321	—	KM21	MB21
H222	H322	H2322	A222	A322	A2322	KM22	MB22

注：1. 每一型号紧定套，由相应系列型号的紧定衬套、锁紧螺母和锁紧垫圈组成。H205 紧定套，即由 A205 紧定衬套、KM05 锁紧螺母和 MB05 锁紧垫圈（直内爪）组成。弯内爪锁紧垫圈型号为 MBA××。带 * 符号的紧定套型号为非优先型号。

2. 表中型号适用于带窄槽型紧定衬套的紧定套，带宽槽型紧定衬套的紧定套，须在紧定衬套和紧定套的型号后面加注“X”。例：205X。其锁紧垫圈应改用弯内爪锁紧垫圈（MBA 型）。

3. 紧定套型号最后两位数字，与适用轴承型号最后两位数字表示意义相同，将该数字（03 除外）乘 5，也表示该型号适用的轴承内径（d）。例：H205 紧定套，适用于 1205K 轴承，该轴承内径 d=25mm。

表 1-2-95　　紧定衬套主要尺寸

（窄槽）紧定衬套型号			主要尺寸/mm							
			螺纹 G	适用轴承内径 d	紧定衬套内径 d_1	长度 B_1			切槽宽度	
A2 系列	A3 系列	A23 系列				A2 系列	A3 系列	A23 系列	f	b
A203	A303	A2303	M17×1	17	14	20	24	27	2	5
A204	A304	A2304	M20×1	20	17	24	28	31	2	5
A205	A305	A2305	M25×1.5	25	20	26	29	35	2	6
A206	A306	A2306	M30×1.5	30	25	27	31	38	2	6
A207	A307	A2307	M35×1.5	35	30	29	35	43	2	8
A208	A308	A2308	M40×1.5	40	35	31	36	46	2	8
A209	A309	A2309	M45×1.5	45	40	33	39	50	2	8

续表

（窄槽）紧定衬套型号			主要尺寸/mm							
A2系列	A3系列	A23系列	螺纹 G	适用轴承内径 d	紧定衬套内径 d_1	长度 B_1 A2系列	长度 B_1 A3系列	长度 B_1 A23系列	切槽宽度 f	切槽宽度 b
A210	A310	A2310	M50×1.5	50	45	35	42	55	2	8
A211	A311	A2311	M55×2	55	50	37	45	59	3	10
A212	A312	A2312	M60×2	60	55	38	47	62	3	10
A213	A313	A2313	M65×2	65	60	40	50	65	3	10
A214	A314	A2314	M70×2	70	63	41	52	68	3	10
A215	A315	A2315	M75×2	75	65	43	55	73	3	10
A216	A316	A2316	M80×2	80	70	46	59	78	3	12
A217	A317	A2317	M85×2	85	75	50	63	82	3	12
A218	A318	A2318	M90×2	90	80	52	65	86	3	12
A219	A319	A2319	M95×2	95	85	55	68	90	4	12
A220	A320	A2320	M100×2	100	90	58	71	97	4	14
A221	A321	—	M105×2	105	95	60	74	—	4	14
A222	A322	A2322	M110×2	110	100	63	77	105	4	14

注：紧定衬套分宽槽和窄槽两种。表列为窄槽衬套的型号，宽槽衬套的型号须在窄槽衬套型号后面加注“X”。例：A306（窄槽衬套），A306（宽槽衬套）。两种衬套的尺寸除切槽宽度不同外，其余均相同。窄槽衬套的切槽宽度为 f，宽槽衬套的切槽宽度为 b；衬套近螺纹部分的锁紧宽度均等于 b。

表 1-2-96　　锁紧螺母主要尺寸及紧定套质量

锁紧螺母型号	锁紧螺母主要尺寸/mm					紧定套系列			
	螺纹 $D(G)$	外径 d_2	厚度 B	槽宽	槽深	型号最后两位数字	H2系列	H3系列	H23系列
							质量/kg ≈		
KM03	M17×1	28	5	4	2.0	03	—	—	—
KM04	M20×1	32	6	4	2.0	04	0.041	0.045	0.049
KM05	M25×1.5	38	7	5	2.0	05	0.070	0.075	0.087
KM06	M30×1.5	45	7	5	2.0	06	0.099	0.109	0.129
KM07	M35×1.5	52	8	5	2.0	07	0.125	0.142	0.165
KM08	M40×1.5	58	9	6	2.5	08	0.174	0.189	0.224
KM09	M45×1.5	65	10	6	2.5	09	0.227	0.248	0.280
KM10	M50×1.5	70	11	6	2.5	10	0.274	0.303	0.362
KM11	M55×2	75	11	7	3.0	11	0.308	0.345	0.420
KM12	M60×2	80	11	7	3.0	12	0.346	0.394	0.481
KM13	M65×2	85	12	7	3.0	13	0.401	0.458	0.557
KM14	M70×2	92	12	8	3.5	14	—	—	—
KM15	M75×2	98	13	8	3.5	15	0.707	0.831	1.05
KM16	M80×2	105	15	8	3.5	16	0.882	1.03	1.28
KM17	M85×2	110	16	8	3.5	17	1.02	1.18	1.45
KM18	M90×2	120	16	10	4.0	18	1.19	1.37	1.69
KM19	M95×2	125	17	10	4.0	19	1.37	1.56	1.92
KM20	M100×2	130	18	10	4.0	20	1.49	1.69	2.15
KM21	M105×2	135	18	12	5.0	21	—	—	—
KM22	M110×2	145	19	12	5.0	22	1.93	2.18	2.74

表 1-2-97　　锁紧垫圈主要尺寸及紧定套质量

锁紧垫圈型号	锁紧垫圈主要尺寸/mm					紧定套系列		
	内径 d_3	外径 $d_5 \approx$	厚度 B_1	爪宽 f	距离	H2 系列	H3 系列	H23 系列
						质量/kg ≈		
MB03	17	32	1.0	4	15.5	—	—	—
MB04	20	36	1.0	4	18.5	0.041	0.045	0.049
MB05	25	42	1.25	5	23.5	0.070	0.075	0.087
MB06	30	49	1.25	5	27.5	0.099	0.109	0.129
MB07	35	57	1.25	5	32.5	0.125	0.142	0.165
MB08	40	62	1.25	6	37.5	0.174	0.189	0.224
MB09	45	69	1.25	6	42.5	0.227	0.248	0.280
MB10	50	74	1.25	6	47.5	0.274	0.303	0.362
MB11	55	81	1.5	7	52.5	0.308	0.345	0.420
MB12	60	86	1.5	7	57.5	0.346	0.394	0.481
MB13	65	92	1.5	7	62.5	0.401	0.458	0.557
MB14	70	98	1.5	8	66.5	—	—	—
MB15	75	104	1.5	8	71.5	0.707	0.831	1.05
MB16	80	112	1.8	8	76.5	0.882	1.03	1.28
MB17	85	119	1.8	8	81.5	1.02	1.18	1.45
MB18	90	126	1.8	10	86.5	1.19	1.37	1.69
MB19	95	133	1.8	10	91.5	1.37	1.56	1.92
MB20	100	142	1.8	10	96.5	1.49	1.69	2.15
MB21	105	145	1.8	12	100.5	—	—	—
MB22	110	154	1.8	12	105.5	1.93	2.18	2.74

2.2　传　动　带

2.2.1　普通 V 带

(1) 普通 V 带及窄 V 带（GB/T 11544—2012）

【其他名称】 三角胶带、固定三角带、三角皮带、三角带。

【用途】 装于两个 V 带带轮之间作传递动力用。适用于两轴中心距较短、传动比较大、振动较小的一般机械传动装置。

【规格】 见图 1-2-23 和表 1-2-98～表 1-2-104。

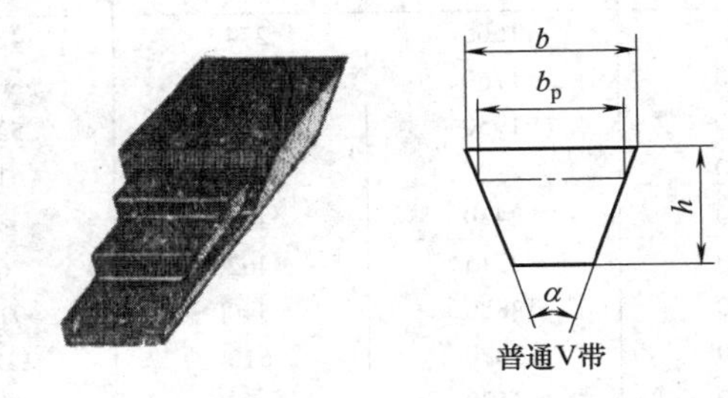

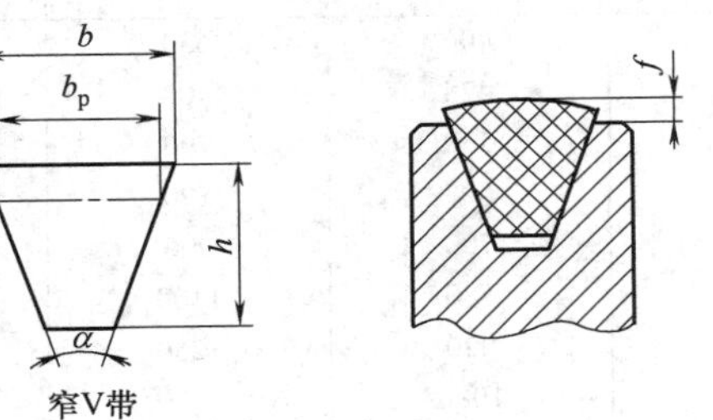

V带外形图　　V带截面尺寸示意图　　露出高度示意图

图 1-2-23　普通 V 带及窄 V 带（GB/T 11544—2012）

表 1-2-98　　V 带截面尺寸（GB/T 11544—2012）

型号	节宽 b_p /mm	顶宽 b /mm	高度 h /mm	楔角 α /(°)	型号	节宽 b_p /mm	顶宽 b /mm	高度 h /mm	楔角 α /(°)
Y	5.3	6	4	40	E	32.0	38	23	40
Z	8.5	10	6	40	SPZ	8.5	10	8	40
A	11.0	13	8	40	SPA	11.0	13	10	40
B	14.0	17	11	40	SPB	14.0	17	14	40
C	19.0	22	14	40	SPC	19.0	22	18	40
D	27.0	32	19	40					

表 1-2-99　　V 带露出高度（GB/T 11544—2012）　　mm

型　号	露出高度 f		型　号	露出高度 f	
	最　大	最　小		最　大	最　小
Y/YX	+0.8	-0.8	E/EX	+1.6	-3.2
Z/ZX	+1.6	-1.6	SPZ/XPZ	+1.1	-0.4
A/AX	+1.6	-1.6	SPA/XPA	+1.3	-0.6
B/BX	+1.6	-1.6	SPB/XPB	+1.4	-0.7
C/CX	+1.5	-2.0	SPC/XPC	+1.5	-1.0
D/DX	+1.6	-3.2			

表 1-2-100　　V 带基准长度（GB/T 11544—2012）　　mm

L_d	不同型号的分布范围				L_d	不同型号的分布范围			
	SPZ	SPA	SPB	SPC		SPZ	SPA	SPB	SPC
630	+				3150	+	+	+	+
710	+				3550	+	+	+	+
800	+	+			4000		+	+	+
900	+	+			4500		+	+	+
1000	+	+			5000			+	+
1120	+	+			5600			+	+
1250	+	+	+		6300			+	+
1400	+	+	+		7100			+	+
1600	+	+	+		8000			+	+
1800	+	+	+		9000				+
2000	+	+	+	+	10000				+
2240	+	+	+	+	11200				+
2500	+	+	+	+	12500				+
2800	+	+	+	+					

表 1-2-101　　普通 V 带基准长度　　mm

截面型号						
Y	Z	A	B	C	D	E
200	406	630	930	1565	2740	4660
224	475	700	1000	1760	3100	5040
250	530	790	1100	1950	3330	5420
280	625	890	1210	2195	3730	6100
315	700	990	1370	2420	4080	6850
355	780	1100	1560	2715	4620	7650
400	920	1250	1760	2880	5400	9150
450	1080	1430	1950	3080	6100	12230
500	1330	1550	2180	3520	6840	13750
	1420	1640	2300	4060	7620	15280
	1540	1750	2500	4600	9140	16800

续表

截面型号						
Y	Z	A	B	C	D	E
		1940	2700	5380	10700	
		2050	2870	6100	12200	
		2200	3200	6815	13700	
		2300	3600	7600	15200	
		2480	4060	9100		
		2700	4430	10700		
			4820			
			5370			
			6070			

表 1-2-102　V带基准长度的极限偏差　mm

基准长度 L_d	极限偏差		基准长度 L_d	极限偏差	
	Y、YX、Z、ZX、A、AX、B、BX、C、CX、D、DX、E、EX	SPZ、XPZ、SPA、XPA、SPB、XPB、SPC、XPC		Y、YX、Z、ZX、A、AX、B、BX、C、CX、D、DX、E、EX	SPZ、XPZ、SPA、XPA、SPB、XPB、SPC、XPC
$L_d \leqslant 250$	+8 -4		$2000<L_d \leqslant 2500$	+31 -16	±25
$250<L_d \leqslant 315$	+9 -4		$2500<L_d \leqslant 3150$	+37 -18	±32
$315<L_d \leqslant 400$	+10 -5		$3150<L_d \leqslant 4000$	+44 -22	±40
$400<L_d \leqslant 500$	+11 -6		$4000<L_d \leqslant 5000$	+52 -26	±50
$500<L_d \leqslant 630$	+13 -6	±6	$5000<L_d \leqslant 6300$	+63 -32	±63
$630<L_d \leqslant 800$	+15 -7	±8	$6300<L_d \leqslant 8000$	+77 -38	±80
$800<L_d \leqslant 1000$	+17 -8	±10	$8000<L_d \leqslant 10000$	+93 -46	±100
$1000<L_d \leqslant 1250$	+19 -10	±13	$10000<L_d \leqslant 12500$	+112 -66	±125
$1250<L_d \leqslant 1600$	+23 -11	±16	$12500<L_d \leqslant 16000$	+140 -70	
$1600<L_d \leqslant 2000$	+27 -13	±20	$16000<L_d \leqslant 20000$	+170 -85	

表 1-2-103　V带的配组差　mm

基准长度 L_d	配组差		基准长度 L_d	配组差	
	Y、YX、Z、ZX、A、AX、B、BX、C、CX、D、DX、E、EX	SPZ、XPZ、SPA、XPA、SPB、XPB、SPC、XPC		Y、YX、Z、ZX、A、AX、B、BX、C、CX、D、DX、E、EX	SPZ、XPZ、SPA、XPA、SPB、XPB、SPC、XPC
$L_d \leqslant 1250$	2	2	$5000<L_d \leqslant 8000$	20	10
$1250<L_d \leqslant 2000$	4	2	$8000<L_d \leqslant 12500$	32	16
$2000<L_d \leqslant 3150$	8	4	$12500<L_d \leqslant 20000$	48	—
$3150<L_d \leqslant 5000$	12	6			

表 1-2-104 中心距变化量 mm

带长 L_d	顶宽 ≤25	顶宽 >25	带长 L_d	顶宽 ≤25	顶宽 >25
	小于或等于			小于或等于	
L_d<1000	1.2	1.8	2000<L_d≤5000	2	3.4
1000<L_d≤2000	1.6	3.2	L_d>5000	2.5	3.4

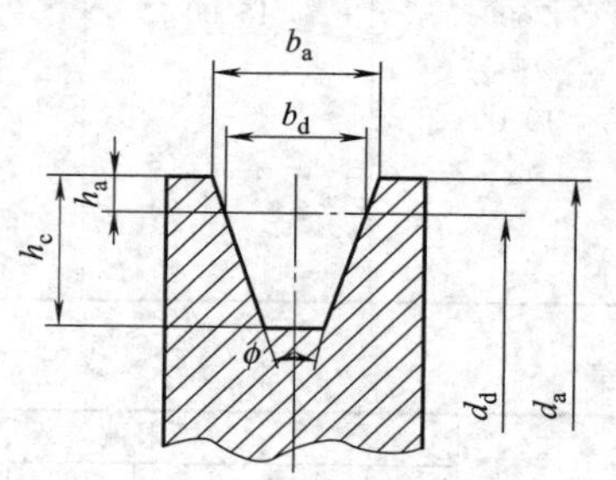

图 1-2-24 带轮截面示意图

【尺寸测量方法】

测量装置为普通 V 带和窄 V 带测长机。测长机包括两个相同的测量带轮、测量力施加机构和中心距测量机构。

符合 GB/T 10412 的两个测量带轮分别安装在试验台的两个相互平行的水平轴上，一个带轮中心位置固定，另一个带轮可沿两轮中心连线移动。带轮尺寸如表 1-2-105 和图 1-2-24 所示。带轮槽形检验按 GB/T 11356.1 的规定进行。

表 1-2-105 基准宽度制测量带轮参数及测量力

型号	基准宽度 b_d/mm	基准直径 d_d/mm	基准圆周长 c_d/mm	外径 d_a/mm	顶宽 b_a/mm	槽深 h_c/mm	槽角 ϕ	测量力 F/N
Y/YX	5.3	28.7	90	$32.13^{+0.00}_{-0.06}$	$6.24^{+0.00}_{-0.03}$	6.3	32°±0.25°	40
Z/ZX	8.5	57.3	180	$62.60^{+0.00}_{-0.06}$	$10.06^{+0.00}_{-0.03}$	9.5	34°±0.25°	110
A/AX	11.0	95.5	300	$102.42^{+0.00}_{-0.06}$	$13.05^{+0.00}_{-0.03}$	12.0	34°±0.25°	200
B/BX	14.0	127.3	400	$136.08^{+0.00}_{-0.06}$	$16.61^{+0.00}_{-0.03}$	15.0	34°±0.25°	300
C/CX	19.0	222.8	700	$234.62^{+0.00}_{-0.06}$	$22.53^{+0.00}_{-0.03}$	20.0	34°±0.25°	750
D/DX	27.0	318.3	1000	$334.97^{+0.00}_{-0.06}$	$32.32^{+0.00}_{-0.03}$	28.0	36°±0.25°	1400
E/EX	32.0	573.0	1800	$592.62^{+0.00}_{-0.06}$	$38.28^{+0.00}_{-0.03}$	32.0	36°±0.25°	1800
SPZ/XPZ	8.5	95.5	300	$99.76^{+0.00}_{-0.06}$	$9.91^{+0.00}_{-0.03}$	11.0	38°±0.25°	360
SPA/XPA	11.0	143.2	450	$149.13^{+0.00}_{-0.06}$	$12.96^{+0.00}_{-0.03}$	14.0	38°±0.25°	560
SPB/XPB	14.0	191.0	600	$198.29^{+0.00}_{-0.06}$	$16.45^{+0.00}_{-0.03}$	17.5	38°±0.25°	900
SPC/XPC	19.0	318.3	1000	$328.26^{+0.00}_{-0.06}$	$22.35^{+0.00}_{-0.03}$	23.8	38°±0.25°	1500

注：型号带 X 的 V 带为底边有齿的切边 V 带。

（2）一般传动用普通 V 带（GB/T 1171—2017）

【用途】 适用于一般机械传动装置用的线绳结构的普通 V 带。不适用于帘布结构的普通 V 带，不适用于汽车、农机、摩托车等机械传动装置。

【形式】 V 带根据其结构可分为包边 V 带、切边 V 带（普通切边 V 带、有齿切边 V 带和底胶夹布切边 V 带）等两种。

【型号】 普通 V 带应具有对称的梯形横截面，高与节宽之比为 0.7，楔角为 40°，其型号分别为 Y、Z、A、B、C、D、E 等七种（其中有齿切边带的型号后面加 X）。

【标记】

V 带的标记示例：

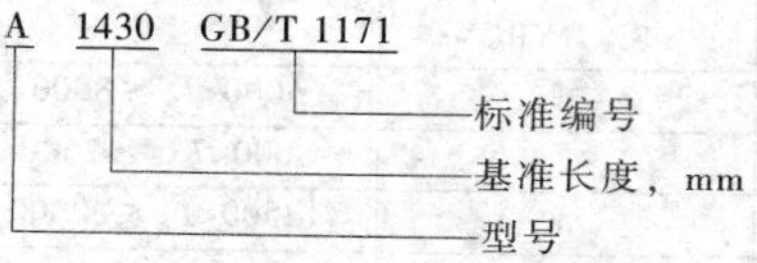

注：根据供需双方协商，可在标记中增加内周长度。

【结构与性能】 V 带由胶帆布、顶胶、缓冲胶、底胶等组成，如图 1-2-25 所示。

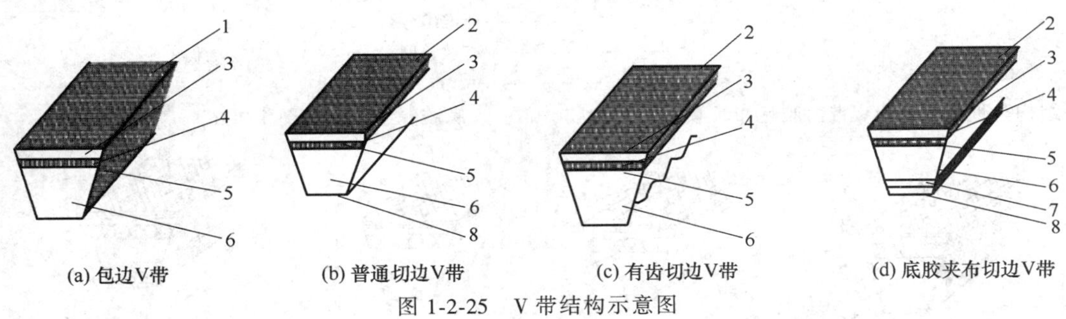

(a) 包边V带 (b) 普通切边V带 (c) 有齿切边V带 (d) 底胶夹布切边V带

图 1-2-25 V 带结构示意图

1—胶帆布；2—顶布；3—顶胶；4—缓冲胶；5—抗拉体；6—底胶；7—底胶夹布；8—底布

V 带外观质量要求见表 1-2-106。普通 V 带的物理性能见表 1-2-107。

表 1-2-106　V 带外观质量要求（GB/T 1171—2017）

<table>
<tr><th>V 带类别</th><th>缺陷名称</th><th>要　求</th></tr>
<tr><td rowspan="5">包边 V 带</td><td>带角胶帆布破损</td><td>外胶帆布每边累积长度不超过带长的 30%（内胶帆布不应有）</td></tr>
<tr><td>鼓泡</td><td rowspan="4">不应有</td></tr>
<tr><td>胶帆布搭缝脱开</td></tr>
<tr><td>带身压偏</td></tr>
<tr><td>海绵状</td></tr>
<tr><td rowspan="4">切边 V 带</td><td>飞边</td><td>顶面单侧飞边不得超过 0.5mm</td></tr>
<tr><td>鼓泡</td><td rowspan="3">不应有</td></tr>
<tr><td>带偏、开裂</td></tr>
<tr><td>海绵状</td></tr>
</table>

表 1-2-107　普通 V 带的物理性能（GB/T 1171—2017）

<table>
<tr><th rowspan="3">型号</th><th colspan="4">项　目</th></tr>
<tr><th rowspan="2">拉伸强度/kN
≥</th><th colspan="2">参考力伸长率/%
≤</th><th rowspan="2">布与顶胶间粘合强度/(kN/m)
≥</th></tr>
<tr><th>包边 V 带</th><th>切边 V 带</th></tr>
<tr><td>Y</td><td>1.2</td><td rowspan="7">7.0</td><td rowspan="5">5.0</td><td rowspan="3">—</td></tr>
<tr><td>Z</td><td>2.0</td></tr>
<tr><td>A</td><td>3.0</td></tr>
<tr><td>B</td><td>5.0</td><td rowspan="4">2.0</td></tr>
<tr><td>C</td><td>9.0</td></tr>
<tr><td>D</td><td>15.0</td><td rowspan="2">—</td></tr>
<tr><td>E</td><td>20.0</td></tr>
</table>

A 型和 B 型 V 带无扭矩疲劳寿命不小于 1.0×10^{7}，24h 中心距变化率不大于 2.0%。

(3) 一般传动用窄 V 带（GB/T 12730—2008）

【用途】 适用于高速及大动力的机械传动，也适用于一般的动力传递。

【形式】 窄 V 带根据其结构可分为包边窄 V 带、切边窄 V 带两类；具体又可分为包边窄 V 带、普通切边窄 V 带、有齿切边窄 V 带和底胶夹布切边窄 V 带等四种。

【标记】 窄 V 带的标记示例：

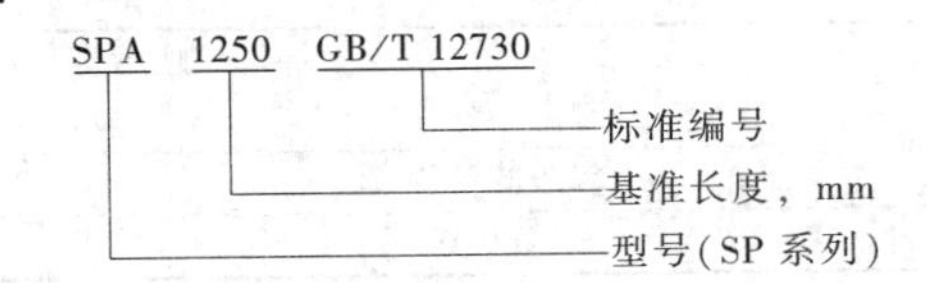

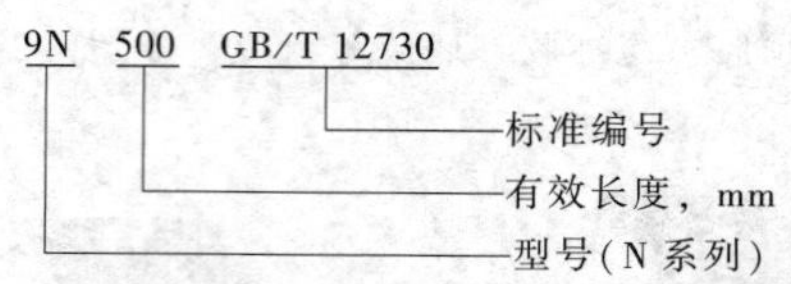

【结构与性能】 窄V带由胶帆布、顶胶、缓冲胶、芯绳、底胶等组成，见图1-2-26。

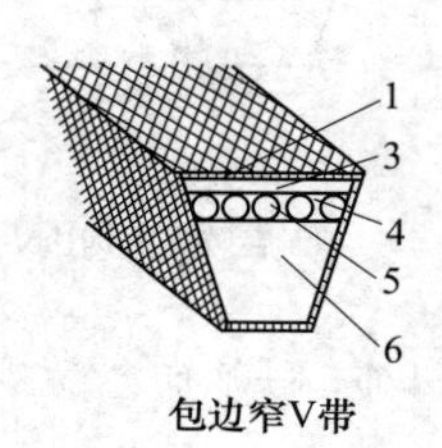

包边窄V带

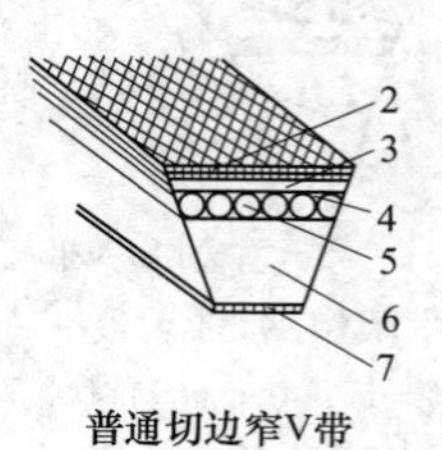

普通切边窄V带

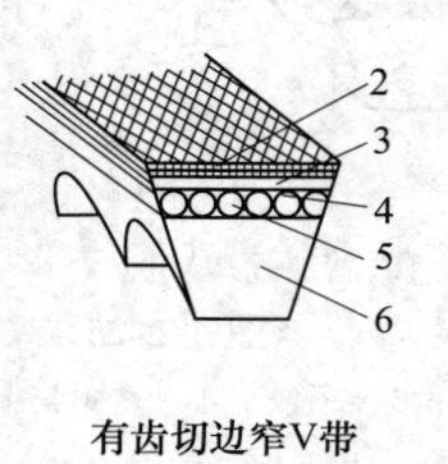

有齿切边窄V带

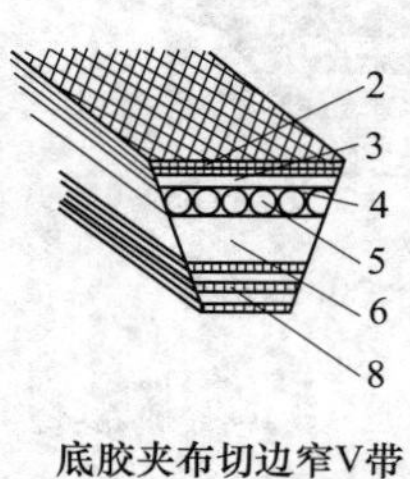

底胶夹布切边窄V带

图1-2-26 窄V带结构示意图

1—胶帆布；2—顶布；3—顶胶；4—缓冲胶；5—芯绳；6—底胶；7—底布；8—底胶夹布

窄V带外观质量要求见表1-2-108。窄V带的物理性能和疲劳性能分别见表1-2-109和表1-2-110。

表1-2-108 窄V带外观质量要求

V带类别	缺陷名称	要求
包边窄V带	工作面凸起	SPZ、9N型不允许有；SPA、SPB、15N型此缺陷高度不得超过0.5mm；SPC、25N型允许高度不超过1mm
	包布破损	SPZ、9N型不允许有；SPA、SPB、15N、SPC、25N型外包布破损总长度不得超过带长的25%，内包布不允许有
	包布搭缝脱开	SPZ、9N型不允许有；SPA、SPB、15N、SPC、25N型此缺陷只允许有一处且不得超过30mm长和3mm宽
	海绵	不允许有
切边窄V带	飞边	顶面单侧飞边不得超过0.5mm
	鼓泡	不允许有
	带偏	
	开裂	
	角度不对称	
	海绵	

表1-2-109 窄V带的物理性能

型号	拉伸强度/kN ≥	参考力伸长率/% ≤		线绳黏合强度/(kN/m) ≥		布与顶胶间黏合强度/(kN/m) ≥
		包边V带	切边V带	包边V带	切边V带	
SPZ、9N	2.3	4.0	3.0	13.0	20.0	—
SPA	3.0			17.0	25.0	
SPB、15N	5.4			21.0	28.0	2.0
SPC	9.8	5.0	4.0	27.0	35.0	
25N	12.7			31.0	—	

表1-2-110 窄V带的疲劳性能

型号	疲劳寿命/h ≥	
	包边式窄V带	切边式窄V带
SPZ、SPA、SPB	60.0	100.0

2.2.2 活络三角带

【其他名称】 活络V带、活络胶带。

【用途】 与普通V带相同，特别适用于普通V带长度系列以外的一般低速轻载机械传动设备。

【规格】 见表1-2-111。

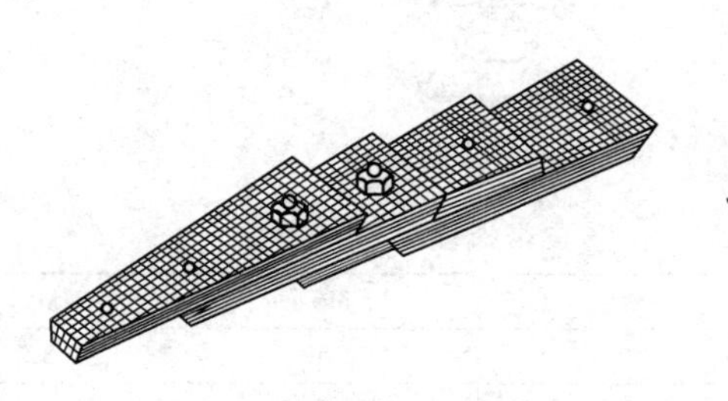

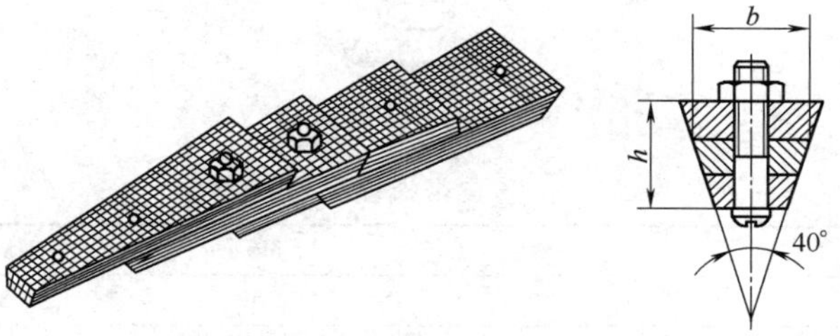

图1-2-27 活络三角带

表1-2-111 活络三角带

活络三角带截型		A	B	C	D	E
截面尺寸/mm	宽度 b	12.7	16.5	22	32	38
	高度 h	11	11	15	23	27
截面组成片数		3	3	4	5	6
整根扯断力/kN ≥		1.57	2.06	4.22	7.85	9.81
每米节数		40	32	32	30	30
每盘三角带长度/m		30	30	30	15	15

2.2.3 活络三角带螺栓

【其他名称】 活络胶带螺钉、三角带螺钉。

【用途】 专用于连接活络三角带的各个胶布片。

【规格】 见表1-2-112。

  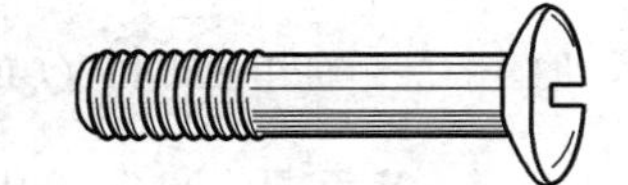

图1-2-28 活络三角带螺栓

表1-2-112 活络三角带螺栓 mm

型号	螺栓尺寸		螺母尺寸		垫圈尺寸	
	公称直径	钉杆长度	扳手尺寸	厚度	直径	厚度
A	3.5	16	10	2.5	8	0.8
B	3.5	16	10	2.5	9	0.8
C	5	21	12	3.0	12	1.0
D	6	30	13	3.5	15	1.2
E	6	34	13	3.5	18	1.2

2.2.4 皮带螺栓

【其他名称】 皮带螺丝、蟹壳螺丝、平型胶带螺栓。

【用途】 用途与皮带扣相同，但其连接强度较高，特别适用于一些皮带扣不能连接的较宽、较厚的平型结构传动带和输送带。

【规格】 见表 1-2-113。

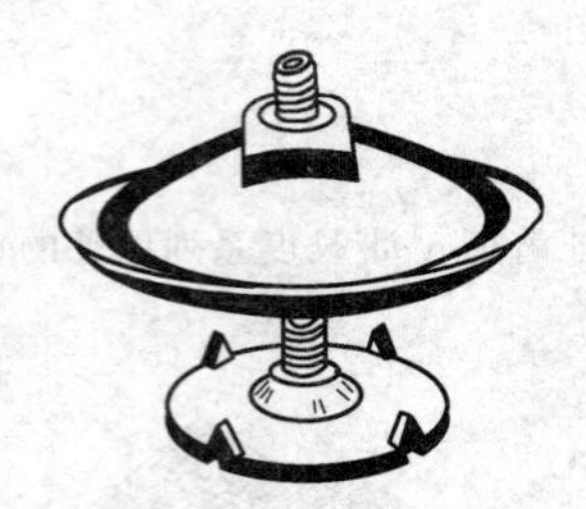

图 1-2-29　皮带螺栓

表 1-2-113　　皮带螺栓　　mm

螺　栓	直径	M5	M6	M8	M10
	长度	20	25	32	42
适用传动带	宽度	20~40	40~100	100~125	125~130
	厚度	3~4	4~6	5~7	7~12

2.2.5　机用皮带扣（QB/T 2291—1997）

【其他名称】 皮带扣、皮带搭扣、胶带扣。
【用途】 与皮带螺栓相同，适用于连接平型结构的各种传动带和输送带的两端。
【规格】 见表 1-2-114。

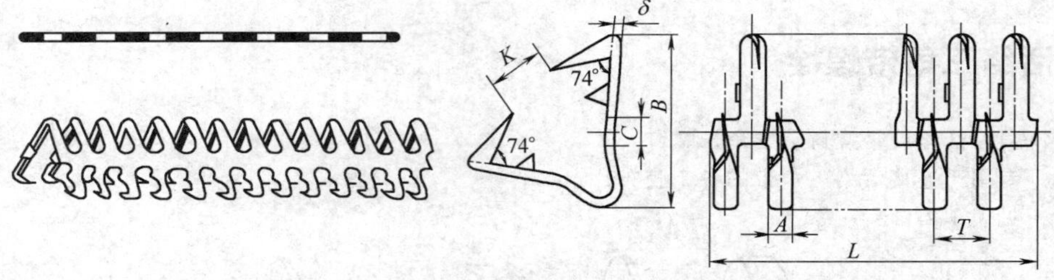

图 1-2-30　机用皮带扣（QB/T 2291—1997）

表 1-2-114　　皮带扣（QB/T 2291—1997）　　mm

规　格		15	20	25	27	35	45	55	65	75
L	基本尺寸	190	290	290	290	290	290	290	290	290
	极限偏差	±1.45	±1.60	±1.60	±1.60	±1.60	±1.60	±1.60	±1.60	±1.60
B	基本尺寸	15	20	22	25	30	34	40	47	60
A	基本尺寸	2.30	2.60	3.30	3.30	3.90	5.00	6.70	6.90	8.50
T	基本尺寸	5.59	6.44	8.06	8.06	9.67	12.08	16.11	16.11	20.71
C	基本尺寸	3.00	3.00	3.30	3.30	4.70	5.50	6.50	7.20	9.00
K	基本尺寸	5	6	7	8	9	10	12	14	18
	极限偏差	$^{+3.00}_{0}$	$^{+3.00}_{0}$	$^{+3.00}_{0}$	$^{+3.00}_{0}$	$^{+4.00}_{0}$	$^{+4.00}_{0}$	$^{+6.00}_{0}$	$^{+6.00}_{0}$	$^{+6.00}_{0}$
δ	基本尺寸	1.10	1.20	1.30	1.30	1.50	1.80	2.30	2.50	3.00
	极限偏差	$^{0}_{-0.09}$	$^{0}_{-0.09}$	$^{0}_{-0.09}$	$^{0}_{-0.09}$	$^{0}_{-0.09}$	$^{0}_{-0.12}$	$^{0}_{-0.12}$	$^{0}_{-0.12}$	$^{0}_{-0.15}$
每支齿数/只		34	45	36	36	30	24	18	18	14

2.2.6 传动胶带（GB/T 524—2007）

【其他名称】 普通平带、平型胶带、平型传动带、橡胶传动带、胶布传动带。

【用途】 传动胶带由多层覆胶帆布黏合在一起构成，分切边式（平带的各层帆布不包叠，侧面为切割而形成的平面）和包边式（平带的最外一层或数层是包叠的，侧面为弧形面），一般作普通机械传动用。按平带形状分条形平带（有端平带）和环形平带（无端平带）。条形平带使用时，须用机用皮带扣或皮带螺栓把平带两端连接起来。

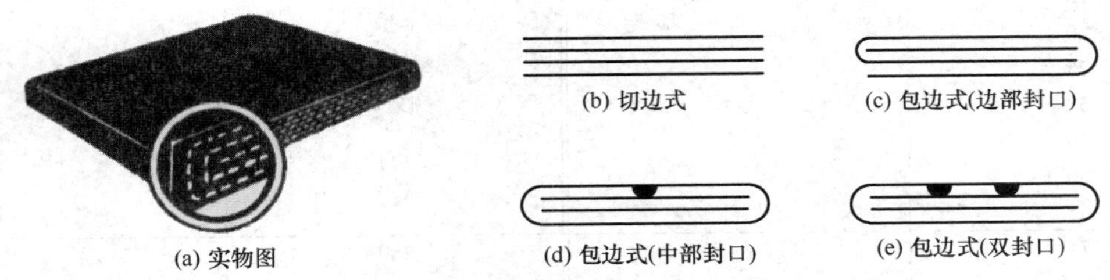

(a) 实物图　(b) 切边式　(c) 包边式(边部封口)　(d) 包边式(中部封口)　(e) 包边式(双封口)

图 1-2-31　平型传动带示意图

【标记】 有端平带的标记示例：

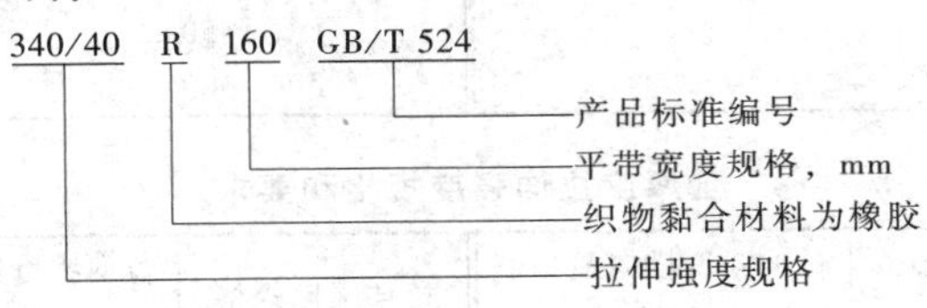

环形平带的标记示例：

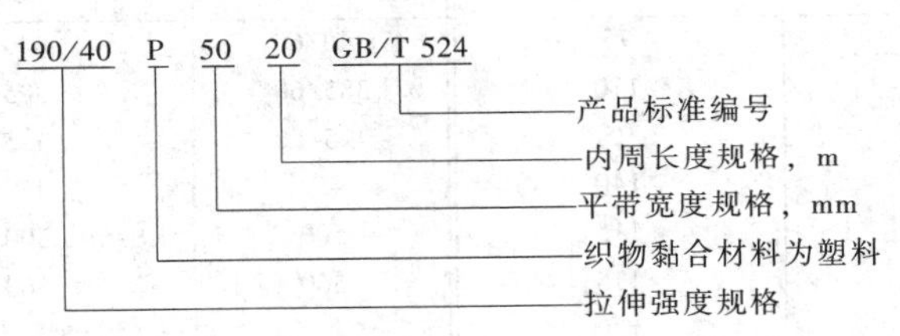

【规格】 见表 1-2-115～表 1-2-119。

表 1-2-115　　平均宽度规格　　mm

宽度公称值	16	20	25	32	40	50	60
	71	80	90	100	112	125	140
	160	180	200	224	250	280	315
	355	400	450	500			

表 1-2-116　　环形带的长度　　mm

优选系列①	第二系列	优选系列①	第二系列
500	530	1800	1900
560	600	2000	
630	670	2240	
710	750	2500	
800	850	2800	
900	950	3150	
1000	1060	3550	
1120	1180	4000	
1250	1320	4500	
1400	1500	5000	
1600	1700		

① 如果给出的长度范围不够用，可按下列原则进行补充：
——系列的两端以外，选用 R20 优先数系中的其他数；
——两相邻长度值之间，选用 R40 数系中的数（2000 以上）。

表 1-2-117　有端平带最小长度的规定

平带宽度 b/mm	有端平带最小长度/m
$b \leq 90$	8
$90 < b \leq 250$	15
$b > 250$	20

表 1-2-118　平带宽及其极限偏差　mm

公称值	极限偏差	公称值	极限偏差
16 20 25 32 40 50 63	±2	140 160 180 200 224 250	±4
71 80 90 100 112 125	±3	280 315 355 400 450 500	±5

表 1-2-119　全厚度拉伸强度规格和要求

拉伸强度规格	拉伸强度纵向最小值/(kN/m)	拉伸强度横向最小值/(kN/m)	拉伸强度规格	拉伸强度纵向最小值/(kN/m)	拉伸强度横向最小值/(kN/m)
190/40	190	75	340/60	340	200
190/60	190	110	385/60	385	225
240/40	240	95	425/60	425	250
240/60	240	140	450	450	
290/40	290	115	500	500	
290/60	290	175	560	560	
340/40	340	130			

注：斜线前的数字表示纵向拉伸强度规格（以 kN/m 为单位）；斜线后的数字表示横向强度对纵向强度的百分比（简称“横纵强度比”，省略“%”）；没有斜线时，数字表示纵向拉伸强度规格，且对应的横纵强度比只有 40%一种。

2.2.7　耐热输送带（HG 2297—92）

【用途】　适用于短距离搬运物资或装上畚斗作升降机械的传送带。

【其他名称】　帆布芯耐热输送带。

【规格】　规格按全厚度拉伸强度和宽度区分，如表 1-2-120 所示。

表 1-2-120　耐热带的全厚度拉伸强度　MPa

纵向全厚度拉伸强度	横向全厚度拉伸强度	纵向全厚度拉伸强度	横向全厚度拉伸强度
160	63	500	
200	80	600	
250	100	630	
315	125	800	
400	160		

注：1. 表中数值可按 R10 优先数系向高值和低值扩展。

2. 对横向拉伸强度的规定不适用于棉帆布芯耐热带，也不适用于 500MPa 以上拉伸强度规格的耐热带。

【型号】 耐热带按试验温度不同分为三种型号：

1型：可耐不大于100℃的试验温度，代号T1。

2型：可耐不大于125℃的试验温度，代号T2。

3型：可耐不大于150℃的试验温度，代号T3。

【性能】 见表1-2-121～表1-2-124。

表1-2-121　覆盖层耐热试验后的物理性能

项目			型号		
			1型	2型	3型
			变化范围		
硬度	老化后与老化前之差(IRHD)		20		±20
硬度	老化后的最大值(IRHD)		85		
拉伸强度	性能变化率降低/%	≤	25	30	40
拉伸强度	老化后的最低值/MPa		12	10	5
扯断伸长率	性能变化率/%	≤	50		55
扯断伸长率	老化后的最低值/%		200		180

表1-2-122　不同等级的耐热层磨耗量　cm^3

项目	磨耗量		
	1型	2型	3型
一等品	0.8	1.0	
合格品	1.0	1.2	

表1-2-123　耐热带全厚度纵向伸长率　%

项目		
全厚度纵向参考力伸长率	≤	4
全厚度纵向拉断伸长率	≥	10

注：参考力等于带的标称纵向全厚度拉伸强度的10%乘以试样中部宽度基本值所得的力。

表1-2-124　耐热带的层间黏合强度　MPa

项目				布层间	覆盖层与布层间	
					覆盖层厚度≤1.5mm	覆盖层厚度>1.5mm
一等品	化纤长丝织物芯	纵向试样平均值	≥	4.5	3.2	3.5
一等品	化纤长丝织物芯	纵向试样最低峰值		3.9	2.4	2.9
合格品	棉织物芯	纵向试样平均值	≥	3.0	2.2	2.6
合格品	棉织物芯	纵向试样最低峰值		2.0	1.6	2.0
合格品	化纤及其他织物芯	纵向试样平均值	≥	3.2	2.1	2.7
合格品	化纤及其他织物芯	纵向试样最低峰值		2.7	1.6	2.2

2.2.8　滚子链（GB/T 1243—2006）

【其他名称】 套筒滚子传动链、传动用短节距精密滚子链。

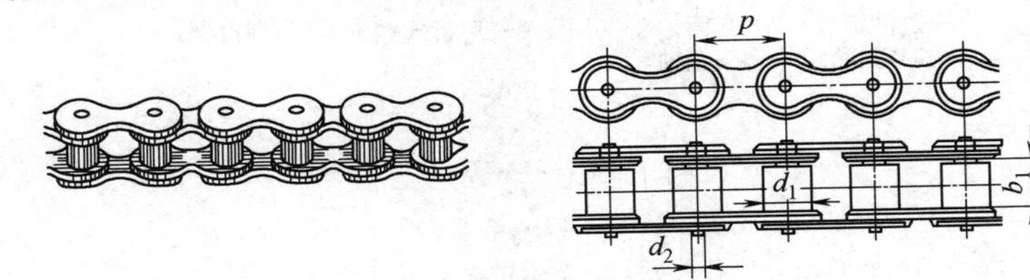

图1-2-32　传动用短节距精密滚子链

【用途】 装于链轮之间传递动力用。适用于两轴中心距较大、要求传动比准确而负荷分布均匀的机械传动装置上，如拖拉机、摩托车、机床、纺织机及其他机械等。

【结构形式】 滚子链可组成单排和多排各种结构形式，其规格、基本参数与尺寸应符合图 1-2-33、图 1-2-34 和表 1-2-125、表 1-2-126 的规定。

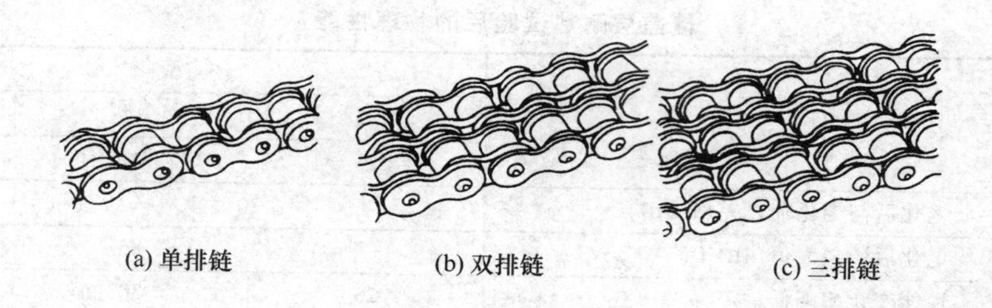

(a) 单排链　(b) 双排链　(c) 三排链

图 1-2-33　滚子链形式

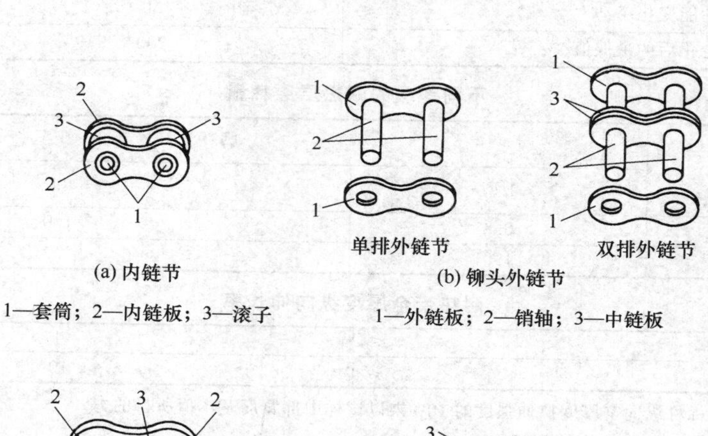

(a) 内链节

1—套筒；2—内链板；3—滚子

单排外链节　双排外链节

(b) 铆头外链节

1—外链板；2—销轴；3—中链板

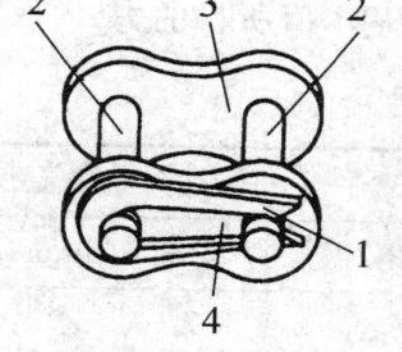

带弹性锁片的连接链节

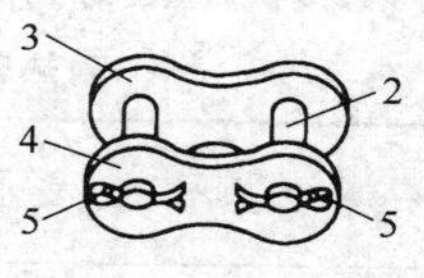

带开口销的连接链节

(c) 可拆装连接链节

1—弹性锁片；2—连接销轴；3—外链板；4—可拆装链板；5—开口销

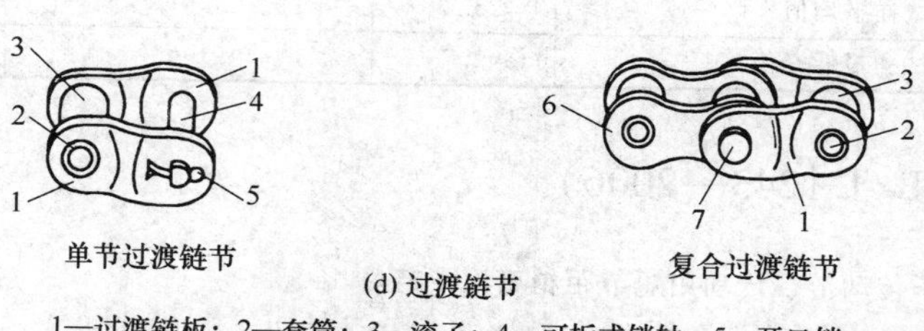

单节过渡链节　复合过渡链节

(d) 过渡链节

1—过渡链板；2—套筒；3—滚子；4—可拆式销轴；5—开口销；
6—内链板；7—铆头销轴

图 1-2-34　链节形式

注：1. 链板尺寸的规定见表 1-2-125 和表 1-2-126。

2. 锁紧件可以设计成各种形式，图示仅为示例。

表 1-2-125　　链条主要尺寸、测量力、抗拉强度及动载强度（GB/T 1243—2006）　　mm

链号①	节距 p nom	滚子直径 d_1 max	内节内宽 b_1 min	销轴直径 d_2 max	套筒孔径 d_3 min	链条通道高度 h_1 min	内链板高度 h_2 max	外或中链板高度 h_3 max	过渡链节尺寸② l_1 min			排距 p_t	内节外宽 b_2 max	外节内宽 b_3 min	销轴长度 单排 b_4 max			止锁件附加宽度③ b_7 max	测量力/N			抗拉强度 F_u/kN			动载强度④⑤⑥ 单排 F_d/N min
									l_1 min	l_2 min	c				单排 b_4 max	双排 b_5 max	三排 b_6 max		单排	双排	三排	单排 min	双排 min	三排 min	
04C	6.35	3.30⑦	3.10	2.21	2.34	6.27	6.02	5.21	2.65	3.08	0.10	6.40	4.80	4.85	9.1	15.5	21.8	2.5	50	100	150	3.5	7.0	10.5	630
06C	9.525	5.08⑦	4.68	3.60	3.62	9.30	9.05	7.81	3.97	4.60	0.10	10.13	7.46	7.52	13.2	23.4	33.5	3.3	70	140	210	7.9	15.8	23.7	1410
05B	8.00	5.00	3.00	2.31	2.36	7.37	7.11	7.11	3.71	3.71	0.08	5.64	4.77	4.90	8.6	14.8	19.9	3.1	50	100	150	4.4	7.8	11.1	820
06B	9.525	6.35	5.72	3.28	3.33	8.52	8.26	8.26	4.32	4.32	0.08	10.24	8.53	8.66	13.5	23.8	34.0	3.3	70	140	210	8.9	16.9	24.9	1290
08A	12.70	7.92	7.85	3.98	4.00	12.33	12.37	10.42	5.29	6.10	0.08	14.38	11.17	11.23	17.8	32.3	46.7	3.9	120	250	370	13.9	27.8	41.7	2480
08B	12.70	8.51	7.75	4.45	4.50	12.07	11.81	10.92	5.66	6.12	0.08	13.92	11.30	11.43	17.0	31.0	44.9	3.9	120	250	370	17.8	31.1	44.5	2480
081	12.70	7.75	3.30	3.66	3.71	10.17	9.91	9.91	5.36	5.36	0.08	—	5.80	5.93	10.2	—	—	1.5	125	—	—	8.0	—	—	
083	12.70	7.75	4.88	4.09	4.14	10.56	10.30	10.30	5.36	5.36	0.08	—	7.90	8.03	12.9	—	—	1.5	125	—	—	11.6	—	—	
084	12.70	7.75	4.88	4.09	4.14	11.41	11.15	11.15	5.77	5.77	0.08	—	8.80	8.93	14.8	—	—	1.5	125	—	—	15.6	—	—	
085	12.70	7.77	6.25	3.60	3.62	10.17	9.91	8.51	4.35	5.03	0.08	—	9.06	9.12	14.0	—	—	2.0	80	—	—	6.7	—	—	1340
10A	15.875	10.16	9.40	5.09	5.12	15.35	15.09	13.02	6.61	7.62	0.10	18.11	13.84	13.89	21.8	39.9	57.9	4.1	200	390	590	21.8	43.6	65.4	3850
10B	15.875	10.16	9.65	5.08	5.13	14.99	14.73	13.72	7.11	7.62	0.10	16.59	13.28	13.41	19.6	36.2	52.8	4.1	200	390	590	22.2	44.5	66.7	3330
12A	19.05	11.91	12.57	5.96	5.98	18.34	18.10	15.62	7.90	9.15	0.10	22.78	17.75	17.81	26.9	49.8	72.6	4.6	280	560	840	31.3	62.6	93.9	5490
12B	19.05	12.07	11.68	5.72	5.77	16.39	16.13	16.13	8.33	8.33	0.10	19.46	15.62	15.75	22.7	42.2	61.7	4.6	280	560	840	28.9	57.8	86.7	3720
16A	25.40	15.88	15.75	7.94	7.96	24.39	24.13	20.83	10.55	12.20	0.13	29.29	22.60	22.66	33.5	62.7	91.9	5.4	500	1000	1490	55.6	111.2	166.8	9550
16B	25.40	15.88	17.02	8.28	8.33	21.34	21.08	21.08	11.15	11.15	0.13	31.88	25.45	25.58	36.1	68.0	99.9	5.4	500	1000	1490	60.0	106.0	160.0	9530
20A	31.75	19.05	18.90	9.54	9.56	30.48	30.17	26.04	13.16	15.24	0.15	35.76	27.45	27.51	41.1	77.0	113.0	6.1	780	1560	2340	87.0	174.0	261.0	14600
20B	31.75	19.05	19.56	10.19	10.24	26.68	26.42	26.42	13.89	13.89	0.15	36.45	29.01	29.14	43.2	79.7	116.1	6.1	780	1560	2340	95.0	170.0	250.0	13500
24A	38.10	22.23	25.22	11.11	11.14	36.55	36.2	31.24	15.80	18.27	0.18	45.44	35.45	35.51	50.8	96.3	141.7	6.6	1110	2220	3340	125.0	250.0	375.0	20500
24B	38.10	25.40	25.40	14.63	14.68	33.73	33.4	33.40	17.55	17.55	0.18	48.36	37.92	38.05	53.4	101.8	150.2	6.6	1110	2220	3340	160.0	280.0	425.0	19700
28A	44.45	25.40	25.22	12.71	12.74	42.67	42.23	36.45	18.42	21.32	0.20	48.87	37.18	37.24	54.9	103.6	152.4	7.4	1510	3020	4540	170.0	340.0	510.0	27300
28B	44.45	27.94	30.99	15.90	15.95	37.46	37.08	37.08	19.51	19.51	0.20	59.56	46.58	46.71	65.1	124.7	184.3	7.4	1510	3020	4540	200.0	360.0	530.0	27100
32A	50.80	28.58	31.55	14.29	14.31	48.74	48.26	41.68	21.04	24.33	0.20	58.55	45.21	45.26	65.5	124.2	182.9	7.9	2000	4000	6010	223.0	446.0	669.0	34800
32B	50.80	29.21	30.99	17.81	17.86	42.72	42.29	42.29	22.20	22.20	0.20	58.55	45.57	45.70	67.4	126.0	184.5	7.9	2000	4000	6010	250.0	450.0	670.0	29900
36A	57.15	35.71	35.48	17.46	17.49	54.86	54.30	46.86	23.65	27.36	0.20	65.84	50.85	50.90	73.9	140.0	206.0	9.1	2670	5340	8010	281.0	562.0	843.0	44500
40A	63.50	39.68	37.85	19.85	19.87	60.93	60.33	52.07	26.24	30.36	0.20	71.55	54.88	54.94	80.3	151.9	223.5	10.2	3110	6230	9340	347.0	694.0	1041.0	53600
40B	63.50	39.37	38.10	22.89	22.94	53.49	52.96	52.96	27.76	27.76	0.20	72.29	55.75	55.88	82.6	154.9	227.2	10.2	3110	6230	9340	355.0	630.0	950.0	41800
48A	76.20	47.63	47.35	23.81	23.84	73.13	72.39	62.49	31.45	36.40	0.20	87.83	67.81	67.87	95.5	183.4	271.3	10.5	4450	8900	13340	500.0	1000.0	1500.0	73100
48B	76.20	48.26	45.72	29.24	29.29	64.52	63.88	63.88	33.45	33.45	0.20	91.21	70.56	70.69	99.1	190.4	281.6	10.5	4450	8900	13340	560.0	1000.0	1500.0	63600
56B	88.90	53.98	53.34	34.32	34.37	78.64	77.85	77.85	40.61	40.61	0.20	106.60	81.33	81.46	114.6	221.2	327.8	11.7	6090	18190	20000	850.0	1600.0	2240.0	83900

续表

链号①	节距 p nom	滚子直径 d_1 max	内节内宽 b_1 min	销轴直径 d_2 max	套筒孔径 d_3 min	链条通道高度 h_1 min	内链板高度 h_2 max	外或中链板高度 h_3 max	过渡链节尺寸② l_1 min	l_2 min	c	排距 p_t	内节外宽 b_2 max	外节内宽 b_3 min	销轴长度 单排 b_4 max	双排 b_5 max	三排 b_6 max	止锁件附加宽度③ b_7 max	测量力/N 单排	双排	三排	抗拉强度 F_u/kN 单排 min	双排 min	三排 min	动载强度④⑤⑥ 单排 F_d/N min
64B	101.60	63.50	60.96	39.40	39.45	91.08	90.17	90.17	47.07	47.07	0.20	119.89	92.02	92.15	130.9	250.8	370.7	13.0	7960	15920	27000	1120.0	2000.0	3000.0	106900
72B	114.30	72.39	58.58	44.48	44.53	104.67	103.63	103.63	53.37	53.37	0.20	136.27	103.81	103.94	147.4	283.7	420.0	14.3	10100	20150	33500	1400.0	2500.0	3750.0	132700

① 重载系列链条详见表 1-2-126。
② 对于高应力使用场合，不推荐使用过渡链节。
③ 止锁件的实际尺寸取决于其类型，但都不应超过规定尺寸，使用者应从制造商处获取详细资料。
④ 动载强度值不适用于过渡链节、连接链节或带有附件的链条。
⑤ 双排链和三排链的动载试验不能用单排链的值按比例套用。
⑥ 动载强度值是基于 5 个链节的试样，不含 36A、40A、40B、48A、48B、56B、64B 和 72B，这些链条是基于 3 个链节的试样。链条最小动载强度的计算方法见 GB/T 1243—2006 中附录 C。
⑦ 套筒直径。

表 1-2-126　ANSI 重载系列链条主要尺寸、测量力、抗拉强度及动载强度（GB/T 1243—2006）

mm

链号①	节距 p nom	滚子直径 d_1 max	内节内宽 b_1 min	销轴直径 d_2 max	套筒孔径 d_3 min	链条通道高度 h_1 min	内链板高度 h_2 max	外或中链板高度 h_3 max	过渡链节尺寸② l_1 min	l_2 min	c	排距 p_t	内节外宽 b_2 max	外节内宽 b_3 min	销轴长度 单排 b_4 max	双排 b_5 max	三排 b_6 max	止锁件附加宽度③ b_7 max	测量力/N 单排	双排	三排	抗拉强度 F_u/kN 单排 min	双排 min	三排 min	动载强度④⑤⑥ 单排 F_d/N min
60H	19.05	11.91	12.57	5.96	5.98	18.34	18.10	15.62	7.90	9.15	0.10	26.11	19.43	19.48	30.2	56.3	82.4	4.6	280	560	840	31.3	62.6	93.9	6330
80H	25.40	15.88	15.75	7.94	7.56	24.39	24.13	20.83	10.55	12.20	0.13	32.59	24.28	24.33	37.4	70.0	102.6	5.4	500	1000	1490	55.6	112.2	166.8	10700
100H	31.75	19.05	18.90	9.54	9.56	30.48	30.17	26.04	13.16	15.24	0.15	39.09	29.10	29.16	44.5	83.6	122.7	6.1	780	1560	2340	87.0	174.0	261.0	16000
120H	38.10	22.23	25.22	11.11	11.14	36.55	36.2	31.24	15.80	18.27	0.18	48.87	37.18	37.24	55.0	103.9	152.8	6.6	1110	2220	3340	125.0	250.0	375.0	22200
140H	44.45	25.40	25.22	12.71	12.74	42.67	42.23	36.45	18.42	21.32	0.20	52.20	38.86	38.91	59.0	111.2	163.4	7.4	1510	3020	4540	170.0	340.0	510.0	29200
160H	50.80	28.58	31.55	14.29	14.31	48.74	48.26	41.66	21.04	24.33	0.20	61.90	46.88	46.94	69.4	101.3	193.2	7.9	2000	4000	6010	223.0	446.0	669.0	36900
180H	57.15	35.71	35.48	17.46	17.49	54.86	54.30	46.86	23.65	27.36	0.20	69.16	52.50	52.55	77.3	146.5	215.7	9.1	2670	5340	8010	281.0	562.0	843.0	46900
200H	63.50	39.68	37.85	19.85	19.87	60.93	60.33	52.07	26.24	30.36	0.20	78.31	58.29	58.34	87.1	165.4	243.7	10.2	3110	6230	9340	347.0	694.0	1041.0	58700
240H	76.20	47.63	47.35	23.81	23.84	73.13	72.39	62.49	31.45	36.40	0.20	101.22	74.54	74.60	111.4	212.6	313.8	10.5	4450	8900	13340	500.0	1000.0	1500.0	84400

① 标准系列链条详见表 1-2-125。
② 对于高应力使用场合，不推荐使用过渡链节。
③ 止锁件的实际尺寸取决于其类型，但都不应超过规定尺寸，使用者应从制造商处获取详细资料。
④ 动载强度值不适用于过渡链节、连接链节或带有附件的链条。
⑤ 双排链和三排链的动载试验不能用单排链的值按比例套用。
⑥ 动载强度值是基于 5 个链节的试样，不含 180H、200H、240H，这些链条是基于 3 个链节的试样。链条最小动载强度的计算方法见 GB/T 1243—2006 中附录 C。

2.2.9 齿形链（GB/T 10855—2016）

【形式】 见图 1-2-35 和图 1-2-36。9.535mm 及以上节距链条的主要尺寸应符合图 1-2-37 和表 1-2-127 的规定。

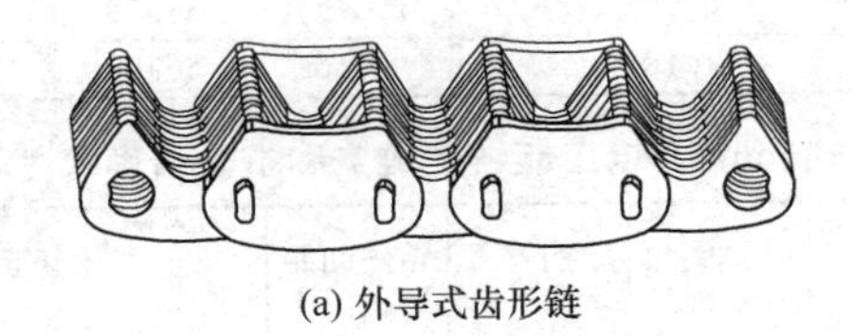

(a) 外导式齿形链

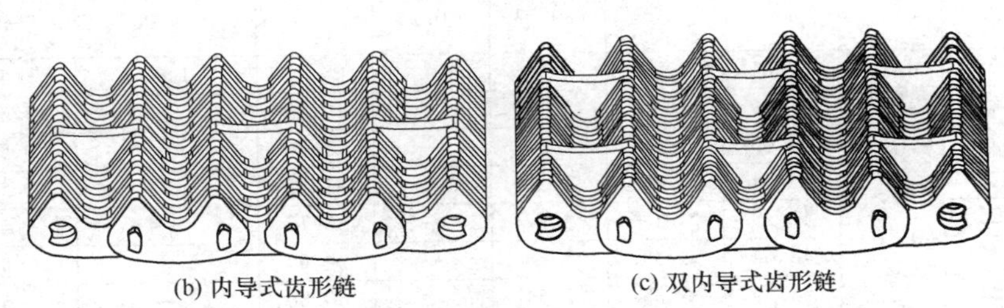

(b) 内导式齿形链　　(c) 双内导式齿形链

图 1-2-35　齿形链导向形式

注：图示不定义链条的实际结构和零件的实际形状。

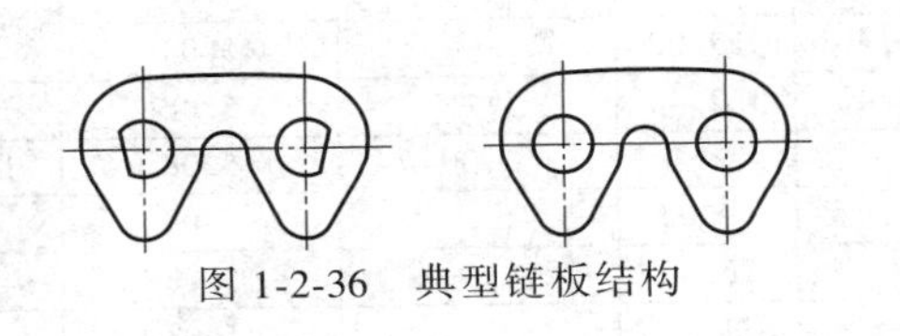

图 1-2-36　典型链板结构

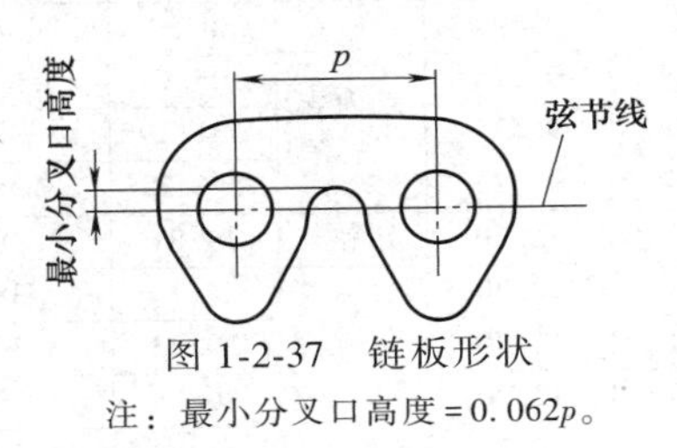

图 1-2-37　链板形状

注：最小分叉口高度 = 0.062p。

9.525mm 及以上节距链条的链宽和链轮齿廓尺寸应符合图 1-2-38 和表 1-2-128 的规定。

所有链轮应标记上完整的链号和齿数。例如：SC304-25。

新链条在链轮上围链的最大半径不应超过链轮分度圆半径加 0.75p。

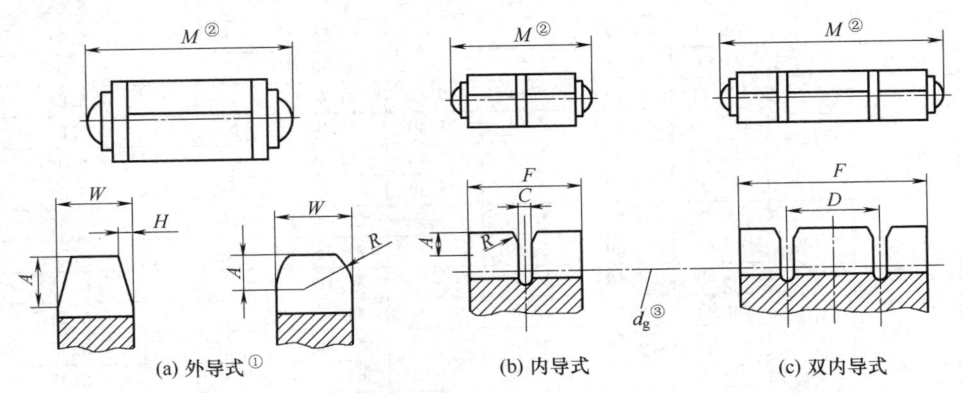

(a) 外导式①　　(b) 内导式　　(c) 双内导式

① 外导式的导板厚度与齿链板的厚度相同。

② M 等于链条最大全宽。

③ 切槽刀的端头可以是圆弧形或矩形，d_g 值见 GB/T 10855—2016 中表 7。

图 1-2-38　9.525mm 及以上节距链条宽度和链轮齿廓尺寸

【其他名称】 齿形传动链、传动用齿形链、无声链。

【用途】 装于两链之间作传递动力用。其特点是传动速度高、噪声低、载荷均匀、运动平稳。

表 1-2-127　　链节参数（GB/T 10855—2016）　　mm

链号	节距 p	标志	最小分叉口高度	链号	节距 p	标志	最小分叉口高度
SC3	9.525	SC3 或 3	0.590	SC8	25.40	SC8 或 8	1.575
SC4	12.70	SC4 或 4	0.787	SC10	31.75	SC10 或 10	1.969
SC5	15.875	SC5 或 5	0.985	SC12	38.10	SC12 或 12	2.362
SC6	19.05	SC6 或 6	1.181	SC16	50.80	SC16 或 16	3.150

表 1-2-128　　9.525mm 及以上距链条链宽和链轮齿廓尺寸　　mm

链号	链条节距 p	类型	最大链宽 M max	齿侧倒角高度 A	导槽宽度 C ±0.13	导槽间距 D ±0.25	齿全宽 F $^{+3.18}_{0}$	齿侧倒角宽度 H ±0.08	齿侧圆角半径 R ±0.08	齿宽 W $^{+0.25}_{0}$
SC302	9.525	外导[①]	19.81	3.38	—	—	—	1.30	5.08	10.41
SC303	9.525	内导	22.99	3.38	2.54	—	19.05	—	5.08	—
SC304	9.525	内导	29.46	3.38	2.54	—	25.40	—	5.08	—
SC305	9.525	内导	35.81	3.38	2.54	—	31.75	—	5.08	—
SC306	9.525	内导	42.29	3.38	2.54	—	38.10	—	5.08	—
SC307	9.525	内导	48.64	3.38	2.54	—	44.45	—	5.08	—
SC308	9.525	内导	54.99	3.38	2.54	—	50.80	—	5.08	—
SC309	9.525	内导	61.47	3.38	2.54	—	57.15	—	5.08	—
SC310	9.525	内导	67.69	3.38	2.54	—	63.50	—	5.08	—
SC312	9.525	双内导	80.39	3.38	2.54	25.40	76.20	—	5.08	—
SC316	9.525	双内导	105.79	3.38	2.54	25.40	101.60	—	5.08	—
SC320	9.525	双内导	131.19	3.38	2.54	25.40	127.00	—	5.08	—
SC324	9.525	双内导	156.59	3.38	2.54	25.40	152.40	—	5.08	—
SC402	12.70	外导[①]	19.81	3.38	—	—	—	1.30	5.08	10.41
SC403	12.70	内导	24.13	3.38	2.54	—	19.05	—	5.08	—
SC404	12.70	内导	30.23	3.38	2.54	—	25.40	—	5.08	—
SC405	12.70	内导	36.58	3.38	2.54	—	31.75	—	5.08	—
SC406	12.70	内导	42.93	3.38	2.54	—	38.10	—	5.08	—
SC407	12.70	内导	49.28	3.38	2.54	—	44.45	—	5.08	—
SC408	12.70	内导	55.63	3.38	2.54	—	50.80	—	5.08	—
SC409	12.70	内导	61.98	3.38	2.54	—	57.15	—	5.08	—
SC410	12.70	内导	68.33	3.38	2.54	—	63.50	—	5.08	—
SC411	12.70	内导	74.68	3.38	2.54	—	69.85	—	5.08	—
SC414	12.70	内导	93.98	3.38	2.54	—	88.90	—	5.08	—
SC416	12.70	双内导	106.68	3.38	2.54	25.40	101.60	—	5.08	—
SC420	12.70	双内导	132.33	3.38	2.54	25.40	127.00	—	5.08	—
SC424	12.70	双内导	157.73	3.38	2.54	25.40	152.40	—	5.08	—
SC428	12.70	双内导	183.13	3.38	2.54	25.40	177.80	—	5.08	—
SC504	15.875	内导	33.78	4.50	3.18	—	25.40	—	6.35	—
SC505	15.875	内导	37.85	4.50	3.18	—	31.75	—	6.35	—
SC506	15.875	内导	46.48	4.50	3.18	—	38.10	—	6.35	—
SC507	15.875	内导	50.55	4.50	3.18	—	44.45	—	6.35	—
SC508	15.875	内导	58.67	4.50	3.18	—	50.80	—	6.35	—
SC510	15.875	内导	70.36	4.50	3.18	—	63.50	—	6.35	—
SC512	15.875	内导	82.80	4.50	3.18	—	76.20	—	6.35	—
SC516	15.875	内导	107.44	4.50	3.18	—	101.60	—	6.35	—
SC520	15.875	双内导	131.83	4.50	3.18	50.80	127.00	—	6.35	—
SC524	15.875	双内导	157.23	4.50	3.18	50.80	152.40	—	6.35	—
SC528	15.875	双内导	182.63	4.50	3.18	50.80	177.80	—	6.35	—
SC532	15.875	双内导	208.03	4.50	3.18	50.80	203.20	—	6.35	—
SC540	15.875	双内导	257.96	4.50	3.18	50.80	254.00	—	6.35	—

续表

链号	链条节距 p	类型	最大链宽 M max	齿侧倒角高度 A	导槽宽度 C ±0.13	导槽间距 D ±0.25	齿全宽 F $^{+3.18}_{0}$	齿侧倒角宽度 H ±0.08	齿侧圆角半径 R ±0.08	齿宽 W $^{+0.25}_{0}$
SC604	19.05	内导	33.78	6.96	4.57	—	25.40	—	9.14	—
SC605	19.05		39.12	6.96	4.57	—	31.75	—	9.14	—
SC606	19.05		46.48	6.96	4.57	—	38.10	—	9.14	—
SC608	19.05		58.67	6.96	4.57	—	50.80	—	9.14	—
SC610	19.05		71.37	6.96	4.57	—	63.50	—	9.14	—
SC612	19.05		81.53	6.96	4.57	—	76.20	—	9.14	—
SC614	19.05		94.23	6.96	4.57	—	88.90	—	9.14	—
SC616	19.05		106.93	6.96	4.57	—	101.60	—	9.14	—
SC620	19.05		132.33	6.96	4.57	—	127.00	—	9.14	—
SC624	19.05		159.26	6.96	4.57	—	152.40	—	9.14	—
SC628	19.05	双内导	184.66	6.96	4.57	101.60	177.80	—	9.14	—
SC632	19.05		208.53	6.96	4.57	101.60	203.20	—	9.14	—
SC636	19.05		233.93	6.96	4.57	101.60	228.60	—	9.14	—
SC640	19.05		259.33	6.96	4.57	101.60	254.00	—	9.14	—
SC648	19.05		310.13	6.96	4.57	101.60	304.80	—	9.14	—
SC808	25.40	内导	57.66	6.96	4.57	—	50.80	—	9.14	—
SC810	25.40		70.10	6.96	4.57	—	63.50	—	9.14	—
SC812	25.40		82.42	6.96	4.57	—	76.20	—	9.14	—
SC816	25.40		107.82	6.96	4.57	—	101.60	—	9.14	—
SC820	25.40		133.22	6.96	4.57	—	127.00	—	9.14	—
SC824	25.40		158.62	6.96	4.57	—	152.40	—	9.14	—
SC828	25.40	双内导	188.98	6.96	4.57	101.60	177.80	—	9.14	—
SC832	25.40		213.87	6.96	4.57	101.60	203.20	—	9.14	—
SC836	25.40		234.95	6.96	4.57	101.60	228.60	—	9.14	—
SC840	25.40		263.91	6.96	4.57	101.60	254.00	—	9.14	—
SC848	25.40		316.23	6.96	4.57	101.60	304.80	—	9.14	—
SC856	25.40		361.95	6.96	4.57	101.60	355.60	—	9.14	—
SC864	25.40		412.75	6.96	4.57	101.60	406.40	—	9.14	—
SC1010	31.75	内导	71.42	6.96	4.57	—	63.50	—	9.14	—
SC1012	31.75		84.12	6.96	4.57	—	76.20	—	9.14	—
SC1016	31.75		109.52	6.96	4.57	—	101.60	—	9.14	—
SC1020	31.75		134.92	6.96	4.57	—	127.00	—	9.14	—
SC1024	31.75		160.32	6.96	4.57	—	152.40	—	9.14	—
SC1028	31.75		185.72	6.96	4.57	—	177.80	—	9.14	—
SC1032	31.75	双内导	211.12	6.96	4.57	101.60	203.20	—	9.14	—
SC1036	31.75		236.52	6.96	4.57	101.60	228.60	—	9.14	—
SC1040	31.75		261.92	6.96	4.57	101.60	254.00	—	9.14	—
SC1048	31.75		312.72	6.96	4.57	101.60	304.80	—	9.14	—
SC1056	31.75		363.52	6.96	4.57	101.60	355.60	—	9.14	—
SC1064	31.75		414.32	6.96	4.57	101.60	406.40	—	9.14	—
SC1072	31.75		465.12	6.96	4.57	101.60	457.20	—	9.14	—
SC1080	31.75		515.92	6.96	4.57	101.60	508.00	—	9.14	—
SC1212	38.10	内导	85.98	6.96	4.57	—	76.20	—	9.14	—
SC1216	38.10		111.38	6.96	4.57	—	101.60	—	9.14	—
SC1220	38.10		136.78	6.96	4.57	—	127.00	—	9.14	—
SC1224	38.10		162.18	6.96	4.57	—	152.40	—	9.14	—
SC1228	38.10		187.58	6.96	4.57	—	177.80	—	9.14	—

续表

链号	链条节距 p	类型	最大链宽 M max	齿侧倒角高度 A	导槽宽度 C ±0.13	导槽间距 D ±0.25	齿全宽 F $^{+3.18}_{0}$	齿侧倒角宽度 H ±0.08	齿侧圆角半径 R ±0.08	齿宽 W $^{+0.25}_{0}$
SC1232	38.10	双内导	212.98	6.96	4.57	101.60	203.20	—	9.14	—
SC1236	38.10		238.38	6.96	4.57	101.60	228.60	—	9.14	—
SC1240	38.10		264.92	6.96	4.57	101.60	254.00	—	9.14	—
SC1248	38.10		315.72	6.96	4.57	101.60	304.80	—	9.14	—
SC1256	38.10		366.52	6.96	4.57	101.60	355.60	—	9.14	—
SC1264	38.10		417.32	6.96	4.57	101.60	406.40	—	9.14	—
SC1272	38.10		468.12	6.96	4.57	101.60	457.20	—	9.14	—
SC1280	38.10		518.92	6.96	4.57	101.60	508.00	—	9.14	—
SC1288	38.10		569.72	6.96	4.57	101.60	558.80	—	9.14	—
SC1296	38.10		620.52	6.96	4.57	101.60	609.60	—	9.14	—
SC1616	50.80	内导	110.74	6.96	5.54	—	101.60	—	9.14	—
SC1620	50.80		136.14	6.96	5.54	—	127.00	—	9.14	—
SC1624	50.80		161.54	6.96	5.54	—	152.40	—	9.14	—
SC1628	50.80		186.94	6.96	5.54	—	177.80	—	9.14	—
SC1632	50.80	双内导	212.34	6.96	5.54	101.60	203.20	—	9.14	—
SC1640	50.80		263.14	6.96	5.54	101.60	254.00	—	9.14	—
SC1648	50.80		313.94	6.96	5.54	101.60	304.80	—	9.14	—
SC1656	50.80		371.09	6.96	5.54	101.60	355.60	—	9.14	—
SC1688	50.80		574.29	6.96	5.54	101.60	558.80	—	9.14	—
SC1696	50.80		571.50	6.96	5.54	101.60	609.60	—	9.14	—
SC16120	50.80		571.50	6.96	5.54	101.60	762.00	—	9.14	—

① 外导式的导板厚度与齿链板的厚度相同。

注：选用链宽可查阅制造厂产品目录。

4.762mm 节距链条链宽和链轮齿廓尺寸见表 1-2-129。

表 1-2-129　　4.762mm 节距链条链宽和链轮齿廓尺寸　　mm

链号	链条节距 p	类型	最大链宽 M max	齿侧倒角高度 A	导槽宽度 C max	齿全宽 F min	齿侧倒角宽度 H	齿侧圆角半径 R	齿宽 W
SC0305	4.762	外导	5.49	1.5	—	—	0.64	2.3	1.91
SC0307	4.762		7.06	1.5	—	—	0.64	2.3	3.51
SC0309	4.762		8.66	1.5	—	—	0.64	2.3	5.11
SC0311[①]	4.762	外导/内导	10.24	1.5	1.27	8.48	0.64	2.3	6.71
SC0313[①]	4.762	外导/内导	11.84	1.5	1.27	10.06	0.64	2.3	8.31
SC0315[①]	4.762	外导/内导	13.41	1.5	1.27	11.66	0.64	2.3	9.91
SC0317	4.762	内导	15.01	1.5	1.27	13.23	—	2.3	—
SC0319	4.762		16.59	1.5	1.27	14.83	—	2.3	—
SC0321	4.762		18.19	1.5	1.27	16.41	—	2.3	—
SC0323	4.762		19.76	1.5	1.27	18.01	—	2.3	—
SC0325	4.762		21.59	1.5	1.27	19.58	—	2.3	—
SC0327	4.762		22.94	1.5	1.27	21.18	—	2.3	—
SC0329	4.762		24.54	1.5	1.27	22.76	—	2.3	—
SC0331	4.762		26.11	1.5	1.27	24.36	—	2.3	—

① 应指明是内导还是外导。

2.2.10 方框链

【其他名称】 方钢链、耳钩方钢链。

【规格】 见图 1-2-39 和表 1-2-130。

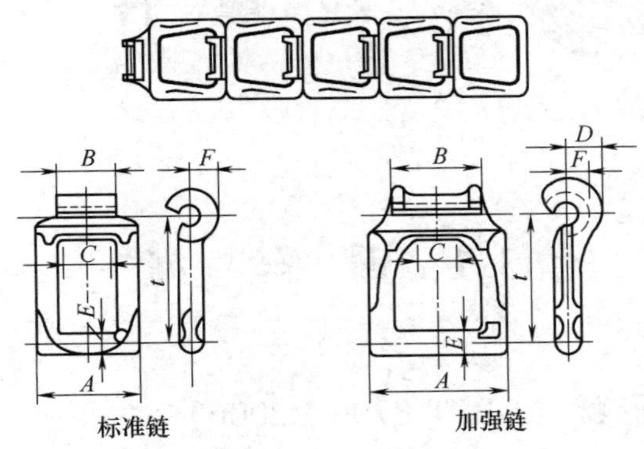

图 1-2-39 方框链

表 1-2-130 方框链的尺寸

链号	节距 t /mm	每 10m 的近似只数	尺寸/mm					
			A	B	C	D	E	F
25	22.911	436	19.84	10.32	9.53	—	3.57	5.16
32	29.312	314	24.61	14.68	12.70	—	4.37	6.35
33	35.408	282	26.19	15.48	12.70	—	4.37	6.35
34	35.509	282	29.37	17.46	12.70	—	4.76	6.75
42	34.925	289	32.54	19.05	15.88	—	5.56	7.14
45	41.402	243	33.34	19.84	17.46	—	5.56	7.54
50	35.052	285	34.13	19.05	15.88	—	6.75	7.94
51	29.337	314	31.75	16.67	14.29	—	6.75	9.13
52	38.252	262	38.89	20.64	15.88	—	6.75	8.73
55	41.427	243	35.72	19.84	17.46	—	6.75	9.13
57	58.623	171	46.04	27.78	17.46	—	6.75	10.32
62	42.012	239	42.07	24.61	20.64	—	7.94	10.72
66	51.130	197	46.04	27.78	23.81	—	7.94	10.72
67	58.623	171	51.59	34.93	17.46	13.49	7.94	10.32
75	66.269	151	53.18	25.58	23.81	—	9.92	12.30
77	58.344	171	56.36	36.51	17.46	15.48	9.53	9.13

第3章 起重件

3.1 钢丝绳

3.1.1 钢丝绳结构和形状（GB/T 8706—2006）

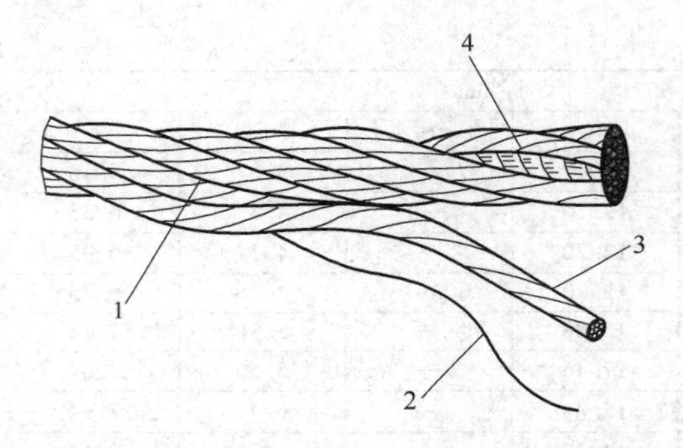

图 1-3-1 多股钢丝绳

1—钢丝绳；2—钢丝；3—股；4—芯

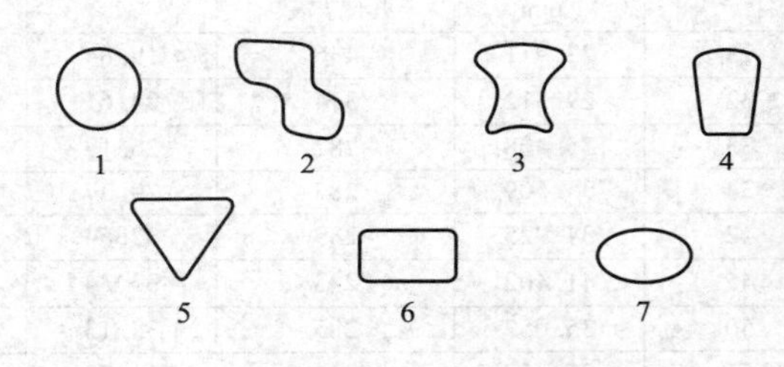

图 1-3-2 钢丝绳形状（GB/T 8706—2006）

1—圆形；2—全密封（Z）；3—半密封（H）；4—梯形（T）；5—三角形（V）；6—矩形（R）；7—椭圆形（Q）

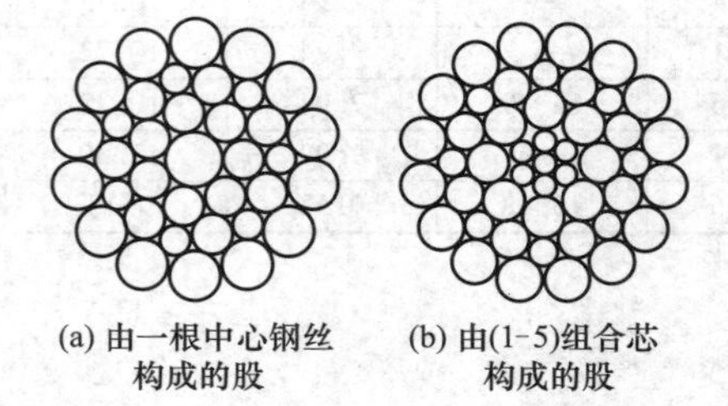

图 1-3-3 由不同中心构成的圆股钢丝绳

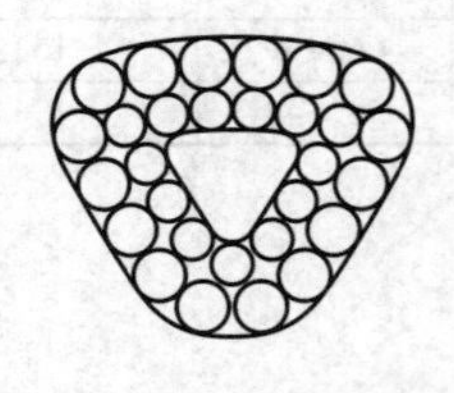

图 1-3-4 由三角形中心构成的三角股

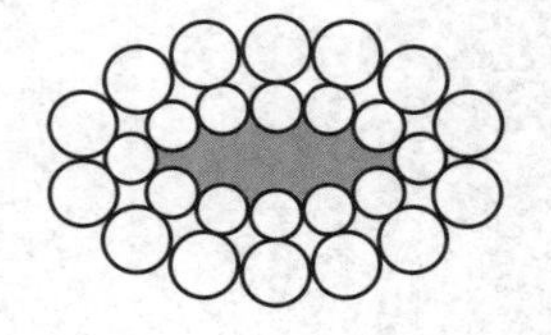

图 1-3-5 椭圆股

图 1-3-6 扁带股

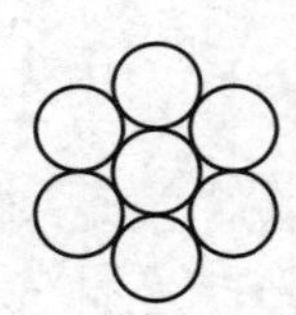

图 1-3-7 单捻股

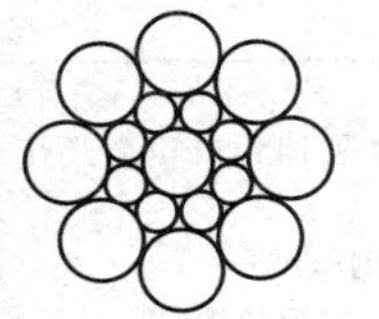

图 1-3-8　西鲁式结构

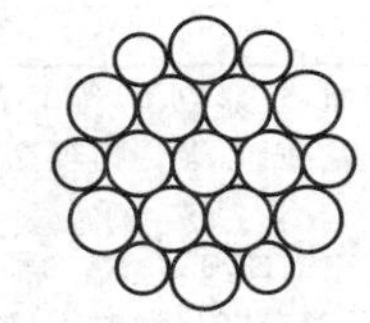

图 1-3-9　瓦林吞式结构

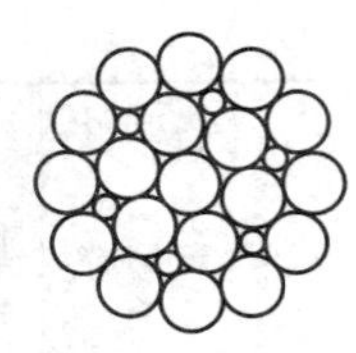

图 1-3-10　填充式结构

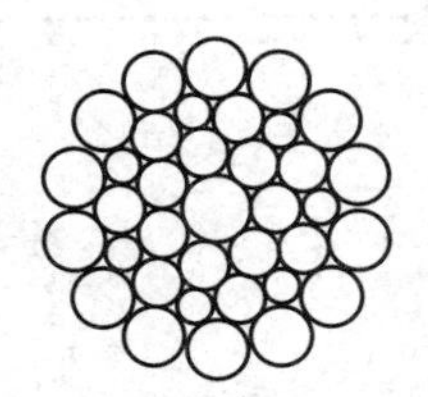

图 1-3-11　瓦林吞式和西鲁式组合平行捻

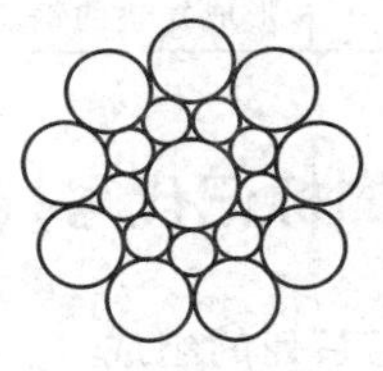

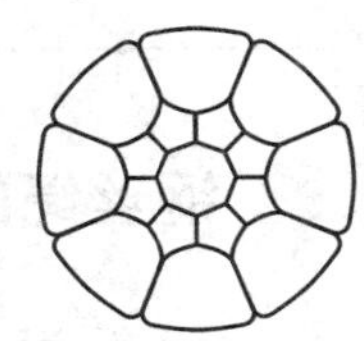

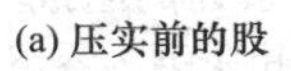

图 1-3-12　压实圆股

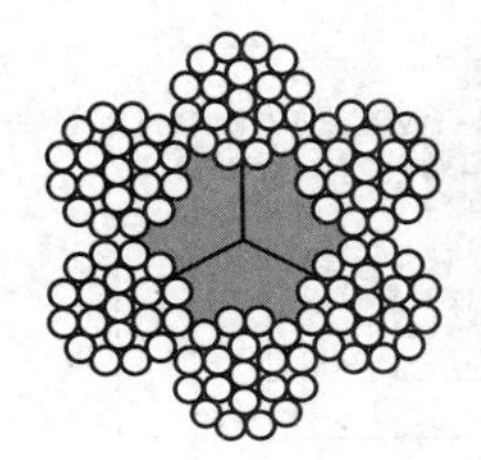

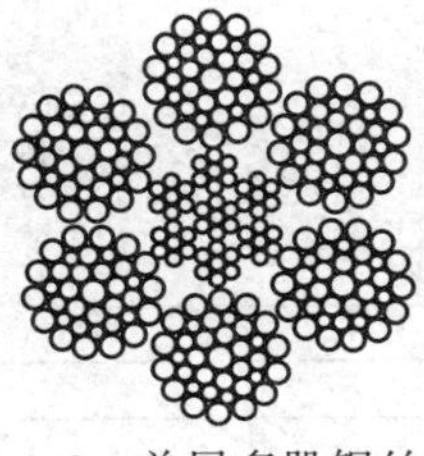

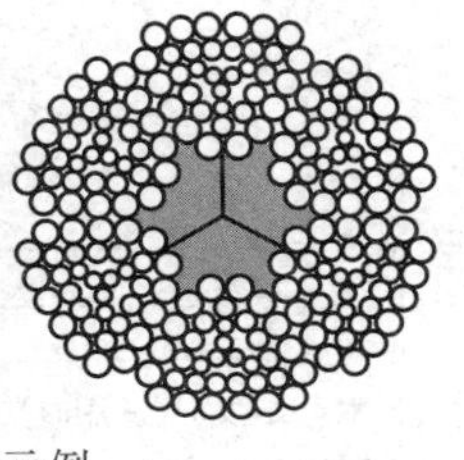

图 1-3-13　单层多股钢丝绳示例

3.1.2　钢丝绳分类（GB/T 8706—2006）

钢丝绳定义：至少由两层钢丝或多个股围绕一个中心或一个绳芯螺旋捻制而成的结构。钢丝绳分为多股钢丝绳和单捻钢丝绳，见表 1-3-1。

表 1-3-1　钢丝绳分类（GB/T 8706—2006）

按国家标准分类(按力学性能和物理性能相似的一组钢丝绳来分类)	①单层钢丝绳　②阻旋转钢丝绳　③平行捻密实钢丝绳　④缆式钢丝绳　⑤扁钢丝绳　⑥单股钢丝绳　⑦股　⑧密封钢丝绳
多股钢丝绳系	①多股钢丝绳:多个股围绕一个绳芯(单层股钢丝绳)或一个中心(阻旋转或平行捻密实钢丝绳)螺旋捻制一层或多层的钢丝绳 ②单层股钢丝绳:由一层股围绕一个芯螺旋捻制而成的多股钢丝绳 ③阻旋转钢丝绳:当承受载荷时能产生减小扭矩或旋转程度的多股钢丝绳 ④平行捻密实钢丝绳:至少由两层平行捻股围绕一个芯螺旋捻制而成的多股钢丝绳 ⑤压实股钢丝绳:成绳之前,股经过模拔、轧制或锻打等压实加工的多股钢丝绳 ⑥压实(锻打)钢丝绳:成绳之后,经过压实(通常是锻打)加工使钢丝绳直径减小的多股钢丝绳 ⑦缆式钢丝绳:由多个(一般六个)作为独立单元的圆股钢丝绳围绕一个绳芯紧密螺旋捻制而成的钢丝绳 ⑧编制钢丝绳:由多个圆股成对编制而成的钢丝绳 ⑨电力钢丝绳:带有电导线的单捻或多股钢丝绳 ⑩扁钢丝绳:由被称作“子绳”(每条子绳由4股组成)的单元钢丝绳制成。通常为6条、8条或10条子绳,左向捻和右向捻交替并排排列,并用缝合线如钢丝、股缝合或铆钉铆接
单捻钢丝绳系	①单捻钢丝绳:由至少两层钢丝围绕一中心圆钢丝、组合股或平行捻股螺旋捻制而成的钢丝绳。其中至少有一层钢丝沿相反方向捻制,即至少有一层钢丝与外层反向捻 ②单股钢丝绳:仅由圆钢丝捻制而成的单捻钢丝绳 ③半密封钢丝绳:外层由半密封钢丝(H形)和圆钢丝相间捻制而成的单捻钢丝绳 ④全密封钢丝绳:外层由全密封钢丝(Z形)捻制而成的单捻钢丝绳

续表

包覆和/或填充钢丝绳系	①固态聚合物包覆钢丝绳:外部包覆(涂)有固态聚合物的钢丝绳 ②固态聚合物填充钢丝绳:固态聚合物填充到钢丝绳的间隙中,并延伸到或稍微超出钢丝绳外接圆的钢丝绳 ③固态聚合物包覆和填充钢丝绳:包覆(涂)和填充固态聚合物的钢丝绳 ④衬垫芯钢丝绳:绳芯用固态聚合物包覆(涂),或填充和包覆(涂)的钢丝绳 ⑤衬垫钢丝绳:在钢丝绳内层、内层股或股芯上包覆聚合物或纤维,从而在相邻股或叠加层之间形成衬垫的钢丝绳

3.1.3 钢丝绳的标记代号（GB/T 8706—2006）

(1) 钢丝绳标记系列的组成

钢丝绳标记系列应由下列内容组成：

a. 尺寸；b. 钢丝绳；c. 芯结构；d. 钢丝绳级别（适用时）；e. 钢丝表面状态；f. 捻制类型及方向。

示例：

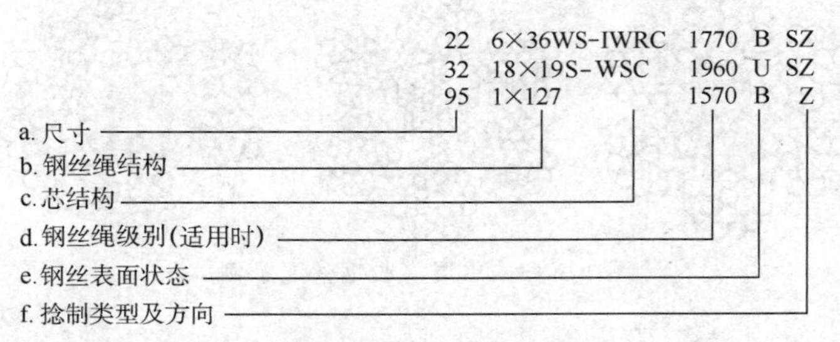

注：本示例及本标准其他部分各特性之间的间隔在实际应用中通常不留空间。

① 尺寸：

圆钢丝绳和编制钢丝绳公称直径应以毫米表示，扁钢丝绳公称尺寸（宽度×厚度）应表明并以毫米表示。对于包覆钢丝绳应标明两个值：外层尺寸和内层尺寸。对于包覆固态聚合物的圆股钢丝绳，外径和内径用斜线（/）分开，如 13.0/11.5。

② 结构：

多股钢丝绳结构应按下列顺序标记。

a. 单层钢丝绳：外层股数×每个外层股中钢丝的数量及相应股的标记-芯的标记。

示例：6×36WS-IWRC。

b. 平行捻密实钢丝绳：外层股数×每个外层股中钢丝的数量及相应股的标记-表明平行捻外层股经过密实加工的绳芯的标记。

示例：8×19S-PWRC。

c. 阻旋转钢丝绳：

十个或十个以上外层股：

· 钢丝绳中除中心组件外的股的总数；或当中心组件和外层股相同时，钢丝绳中股的总数；

· 当股的层数超过两层时，内层股的捻制类型标记在括号中标出；

· 乘号（×）；

· 每个外层股中钢丝的数量及相应股的标记；

· 连接号短划线（-）；

· 中心组件的标记。

示例：18×7-WSC 或 19×7。

八个或九个外层股：

· 外层股数；

· 乘号（×）；

·每个外层股中钢丝的数量及相应股的标记；
·连接号冒号（:）表示反向捻制；
·IWRC。

示例：8×25F：IWRC。

单捻钢丝绳结构应按下列顺序标记。

a. 单捻钢丝绳：1×股中钢丝的数量。

示例：1×16。

b. 密封钢丝绳（根据其用途）：

·半密封钢丝绳：HLGR-导向用钢丝绳；HLAR-架空索道用钢丝绳。
·全密封钢丝绳：FLAR-架空索道（或承载）用钢丝绳；LHR-提升用钢丝绳；FLSR-结构用钢丝绳。

扁钢丝绳结构应按下列附加代号标记：HR-提升用钢丝绳；CR-补偿（或平衡用钢丝绳）。

③ 钢丝绳级别：当需要给出钢丝绳的级别时，应标明钢丝绳破断拉力级别，如 1770，1370/1770；但并不是所有钢丝绳都需要标明钢丝绳的级别。

④ 钢丝的表面状态见表 1-3-2。

表 1-3-2　钢丝的表面状态（外层钢丝）字母代号标记（GB/T 8706—2006）

光面或无镀层	U	B 级锌合金镀层	B(Zn/Al)
B 级镀锌	B	A 级锌合金镀层	A(Zn/Al)
A 级镀锌	A		

⑤ 捻制类型和捻制方向见表 1-3-3。

表 1-3-3　捻制类型和捻制方向（GB/T 8706—2006）

多股钢丝绳	右交互捻 SZ,左交互捻 ZS,右同向捻 ZZ,左同向捻 SS,右混合捻 aZ,左混合捻 aS
单捻钢丝绳	右捻 Z,左捻 S

注：交互捻和同向捻类型中的第一个字母表示钢丝在股中的捻制方向，第二个字母表示股在钢丝绳中的捻制方向；混合捻类型的第二个字母表示股在钢丝绳中的捻制方向。

（2）钢丝绳代号

钢丝、股和钢丝绳横截面形状代号见表 1-3-4。

表 1-3-4　横截面形状代号（GB/T 8706—2006）

横截面形状	代号			横截面形状	代号		
	钢丝	股	钢丝绳		钢丝	股	钢丝绳
圆形	无代号	无代号	无代号	扁形或带形	—	P	—
三角形	V	V	—	压实形②	—	K	K
组合芯①	—	B	—	编织形	—	—	BR
矩形	R	—	—	扁形			P
梯形	T	—	—	——单线缝合	—	—	PS
椭圆形	Q	Q	—	——双线缝合	—	—	PD
Z 形	Z	—	—	——铆钉铆接	—	—	PN
H 形	H	—	—				

① 代号 B 表示股芯由多根钢丝组合而成并紧接在股形状代号之后，例如一个由 25 根钢丝组成的带组合芯的三角股的标记为 V25B。

② 代号 K 表示股和钢丝绳结构成型经过一个附加的压实加工工艺，例如一个由 26 根钢丝组成的西瓦式压实圆股的标记为 K26WS。

普通类型的圆股结构代号见表 1-3-5。

表 1-3-5　普通类型的股结构代号

结构类型	代号	股结构示例	结构类型	代号	股结构示例
单捻	无代号	6 即(1-5) 7 即(1-6)	平行捻 西鲁式	S	17S 即(1-8-8)

续表

结构类型	代号	股结构示例	结构类型	代号	股结构示例
		19S 即(1-9-9)	组合平行捻	WS	36WS 即(1-7-7+7-14)
瓦林吞式	W	19W 即(1-6-6+6)			41WS 即(1-8-8+8-16)
填充式	F	21F 即(1-5-5F-10)			41WS 即(1-6/8-8+8-16)
		25F 即(1-6-6F-12)			46WS 即(1-9-9+9-18)
		29F 即(1-7-7F-14)	多工序捻(圆股)		
		41F 即(1-8-8-8F-16)	点接触捻	M	19M 即(1-6/12)
组合平行捻	WS	26WS 即(1-5-5+5-10)			37M 即(1-6/12/18)
		31WS 即(1-6-6+6-12)	复合捻①	N	35WN 即(1-6-6+6/16)

① N 是一个附加代号并放在基本类型代号之后，例如复合西鲁式为 SN，复合瓦林吞式为 WN。

对于表 1-3-5 中没有包含的股结构的标记应根据股中钢丝数和股的形状确定，其示例见表 1-3-6。当股标记用字母不能充分准确地反映股结构时，详细的股结构可以用从中心钢丝或股芯开始的数字表示。

表 1-3-6　　根据股中钢丝数确定股的标记示例

具体的股结构	股的标记	具体的股结构	股的标记
圆股-平行捻		三角股	
1-6-6F-12-12	37FS	V-B	V9
1-7-7F-14-14	43FS	V-9	V10
1-7-7-7F-14-14	50SFS	V-12/12	V25
1-8-8F-16-16	49FS	BUC-12/12(组合芯)	V25B
1-6/8-8F-16-16	55FS	BUC-12/15	V28B
1-8-8-8+8-16	49SWS	带纤维芯的股(如采用压实/锻打的 3 股和 4 股钢丝绳)	
1-6/8-8-8+8-16	55SWS	FC-9/15(股芯为 12×P6:3×Q24FC 的椭圆股)	Q24FC
1-9-9-9+9-18	55SWS	FC-12-12(纤维芯)	24FC
1-6/9-9F-18-18	61FS	FC-15-15	30FC
1-9-9-9F-18-18	64SFS	FC-9/15-15	39FC
圆股-复合捻		FC-8-8+8-16	40FC
1-7-7+7-14/20-20	76WSNS	FC-12/15-15	42FC
1-9-9-9+9-18/24-24	103SWSNS	FC-12/18-18	48FC

单层钢丝绳芯、平行捻密实钢丝绳中心和阻旋转钢丝绳中心组件的代号见表 1-3-7。

表 1-3-7　　芯、平行捻密实钢丝绳中心和阻旋转钢丝绳中心组件代号

项目或组件	代号	项目或组件	代号
单层钢丝绳		平行捻密实钢丝绳	
纤维芯	FC	平行捻钢丝绳芯	PWRC
天然纤维芯	NFC	压实股平行捻钢丝绳芯	PWRC(K)
合成纤维芯	SFC	填充聚合物的平行捻钢丝绳芯	PWRC(EP)
固态聚合物芯	SPC	阻旋转钢丝绳	
钢芯	WC	中心构件	
钢丝股芯	WSC	纤维芯	FC
独立钢丝绳芯	IWRC	钢丝股芯	WSC
压实股独立钢丝绳芯	IWRC(K)	密实钢丝股芯	KWSC
聚合物包覆独立绳芯	EPIWRC		

导线代号应用字母 D 而且该代号应放在组件标记前，例如 DC 表示多股钢丝绳股的中心。

注：导线可以是多股钢丝绳中的一根丝、股中心或股，单捻钢丝绳的一根丝或中心丝，电力钢丝绳的中心，或多股或单捻钢丝绳的一个镶嵌物。

(3) 钢丝绳直径的测量方法（GB 8918—2006）

钢丝绳直径应用带有宽钳口的游标卡尺测量。其钳口的宽度要足以跨越两个相邻的股（图 1-3-14）。

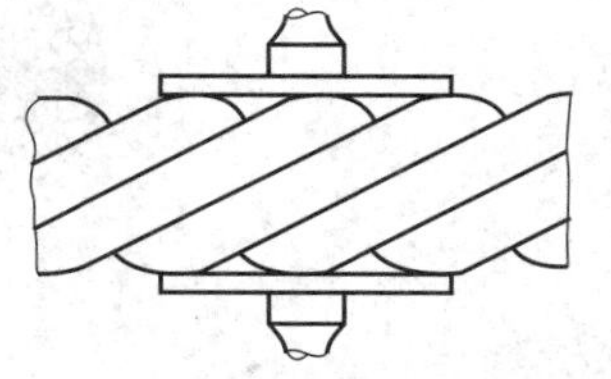

图 1-3-14　钢丝绳直径测量方法

测量应在无张力的情况下，于钢丝绳端头 15m 外的直线部位上进行，在相距至少 1m 的两截面上，并在同一截面互相垂直测取两个数值。四个测量结果的平均值作为钢丝绳的实测直径，该值偏差为：圆股$^{+5\%}_{0}$；异形股$^{+6\%}_{0}$。同一截面测量结果的差与公称直径之比，即为不圆度，该值应不大于钢丝绳公称直径的 4%。在有争议的情况下，直径的测量可在给钢丝绳施加超过最小破断拉力 5%的张力情况下进行。

3.1.4　常用钢丝绳品种（GB 8918—2006）

(1) 第 1 组 6×7 类

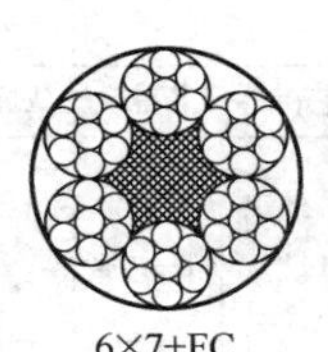

6×7+FC

6×7+IWS

直径：8～36mm

6×9W+FC

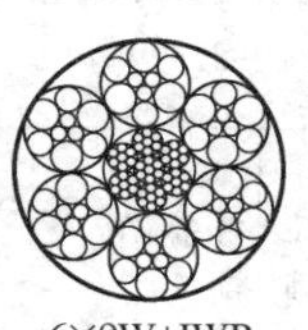

6×9W+IWR

直径：14～36mm

图 1-3-15　第 1 组 6×7 类钢丝绳

表 1-3-8　　第 1 组 6×7 类钢丝绳力学性能

钢丝绳结构：6×7+FC　6×7+IWS　6×9W+FC　6×9W+IWR

钢丝绳公称直径		钢丝绳参考质量/(kg/100m)			钢丝绳公称抗拉强度/MPa									
					1570		1670		1770		1870		1960	
					钢丝绳最小破断拉力/kN									
D/mm	允许偏差/%	天然纤维芯钢丝绳	合成纤维芯钢丝绳	钢芯钢丝绳	纤维芯钢丝绳	钢芯钢丝绳	纤维芯钢丝绳	钢芯钢丝绳	纤维芯钢丝绳	钢芯钢丝绳	纤维芯钢丝绳	钢芯钢丝绳	纤维芯钢丝绳	钢芯钢丝绳
8		22.5	22.0	24.8	33.4	36.1	35.5	38.4	37.6	40.7	39.7	43.0	41.6	45.0
9		28.4	27.9	31.3	42.2	45.7	44.9	48.6	47.6	51.5	50.3	54.4	52.7	57.0
10		35.1	34.4	38.7	52.1	56.4	55.4	60.0	58.8	63.5	62.1	67.1	65.1	70.4
11		42.5	41.6	46.8	63.1	68.2	67.1	72.5	71.1	76.9	75.1	81.2	78.7	85.1
12		50.5	49.5	55.7	75.1	81.2	79.8	86.3	84.6	91.5	89.4	96.7	93.7	101
13		59.3	58.1	65.4	88.1	95.3	93.7	101	99.3	107	105	113	110	119
14		68.8	67.4	75.9	102	110	109	118	115	125	122	132	128	138
16		89.9	88.1	99.1	133	144	142	153	150	163	159	172	167	180
18	+5 0	114	111	125	169	183	180	194	190	206	201	218	211	228
20		140	138	155	208	225	222	240	235	254	248	269	260	281
22		170	166	187	252	273	268	290	284	308	300	325	315	341
24		202	198	223	300	325	319	345	338	366	358	387	375	405
26		237	233	262	352	381	375	405	397	430	420	454	440	476
28		275	270	303	409	442	435	470	461	498	487	526	510	552
30		316	310	348	469	507	499	540	529	572	559	604	586	633
32		359	352	396	534	577	568	614	602	651	636	687	666	721
34		406	398	447	603	652	641	693	679	735	718	776	752	813
36		455	446	502	676	730	719	777	762	824	805	870	843	912

（2）第 2 组 6×19 类

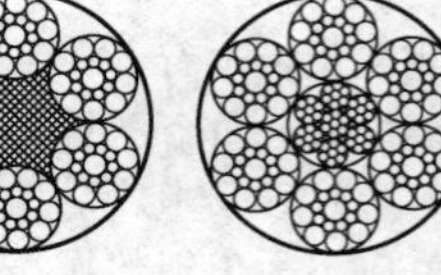
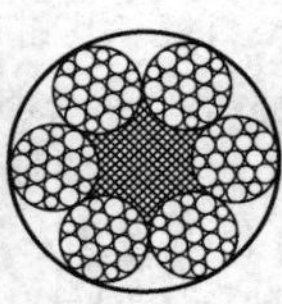

6×19S+FC　6×19S+IWR　6×19W+FC　6×19W+IWR

直径：12～36mm　　直径：12～40mm

图 1-3-16　第 2 组 6×19 类钢丝绳

表 1-3-9　　第 2 组 6×19 类钢丝绳力学性能

钢丝绳结构：6×19S+FC　6×19S+IWR　6×19W+FC　6×19W+IWR

钢丝绳公称直径		钢丝绳参考质量/(kg/100m)			钢丝绳公称抗拉强度/MPa									
					1570		1670		1770		1870		1960	
					钢丝绳最小破断拉力/kN									
D/mm	允许偏差/%	天然纤维芯钢丝绳	合成纤维芯钢丝绳	钢芯钢丝绳	纤维芯钢丝绳	钢芯钢丝绳	纤维芯钢丝绳	钢芯钢丝绳	纤维芯钢丝绳	钢芯钢丝绳	纤维芯钢丝绳	钢芯钢丝绳	纤维芯钢丝绳	钢芯钢丝绳
12	+5 0	53.1	51.8	58.4	74.6	80.5	79.4	85.6	84.1	90.7	88.9	95.9	93.1	100
13		62.3	60.8	68.5	87.6	94.5	93.1	100	98.7	106	104	113	109	118
14		72.2	70.5	79.5	102	110	108	117	114	124	121	130	127	137
16		94.4	92.1	104	133	143	141	152	150	161	158	170	166	179
18		119	117	131	168	181	179	193	189	204	200	216	210	226
20		147	144	162	207	224	220	238	234	252	247	266	259	279
22		178	174	196	251	271	267	288	283	304	299	322	313	338
24		212	207	234	298	322	317	342	336	363	355	383	373	402
26		249	243	274	350	378	373	402	395	426	417	450	437	472
28		289	282	318	406	438	432	466	458	494	484	522	507	547
30		332	324	365	466	503	496	535	526	567	555	599	582	628
32		377	369	415	531	572	564	609	598	645	632	682	662	715
34		426	416	469	599	646	637	687	675	728	713	770	748	807
36		478	466	525	671	724	714	770	757	817	800	863	838	904
38		532	520	585	748	807	796	858	843	910	891	961	934	1010
40		590	576	649	829	894	882	951	935	1010	987	1070	1030	1120

（3）第 2 组 6×19 类、第 3 组 6×37 类

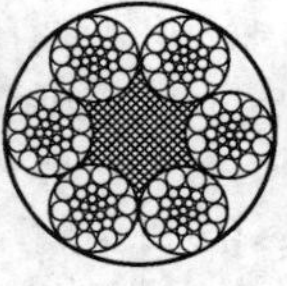

6×25Fi+FC　6×25Fi+IWR　6×26WS+FC　6×26WS+IWR

直径：12～44mm　　直径：20～40mm

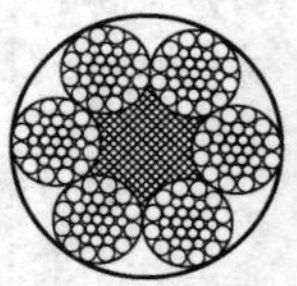

6×31WS+FC　6×31WS+IWR

直径：22～46mm

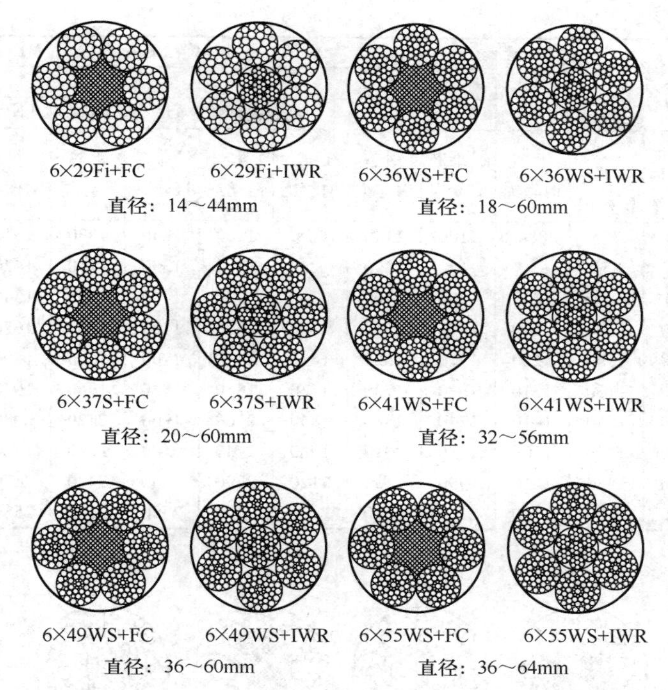

图 1-3-17　第 2 组 6×19 类、第 3 组 6×37 类钢丝绳

表 1-3-10　　第 2 组 6×19 类、第 3 类 6×37 类钢丝绳力学性能

钢丝绳结构：6×25Fi+FC　6×25Fi+IWR　6×26WS+FC　6×26WS+IWR　6×29Fi+FC　6×29Fi+IWR　6×31WS+FC　6×31WS+IWR　6×36WS+FC　6×36WS+IWR　6×37S+FC　6×37S+IWR　6×41WS+FC　6×41WS+IWR　6×49SWS+FC　6×49SWS+IWR　6×55SWS+FC　6×55SWS+IWR

钢丝绳公称直径		钢丝绳参考质量/(kg/100m)			钢丝绳公称抗拉强度/MPa									
					1570		1670		1770		1870		1960	
					钢丝绳最小破断拉力/kN									
D/mm	允许偏差/%	天然纤维芯钢丝绳	合成纤维芯钢丝绳	钢芯钢丝绳	纤维芯钢丝绳	钢芯钢丝绳	纤维芯钢丝绳	钢芯钢丝绳	纤维芯钢丝绳	钢芯钢丝绳	纤维芯钢丝绳	钢芯钢丝绳	纤维芯钢丝绳	钢芯钢丝绳
12		54.7	53.4	60.2	74.6	80.5	79.4	85.6	84.1	90.7	88.9	95.9	93.1	100
13		64.2	62.7	70.6	87.6	94.5	93.1	100	98.7	106	104	113	109	118
14		74.5	72.7	81.9	102	110	108	117	114	124	121	130	127	137
16		97.3	95.0	107	133	143	141	152	150	161	158	170	166	179
18		123	120	135	168	181	179	193	189	204	200	216	210	226
20		152	148	167	207	224	220	238	234	252	247	266	259	279
22		184	180	202	251	271	267	288	283	305	299	322	313	338
24		219	214	241	298	322	317	342	336	363	355	383	373	402
26	+5	257	251	283	350	378	373	402	395	426	417	450	437	472
28	0	298	291	328	406	438	432	466	458	494	484	522	507	547
30		342	334	376	466	503	496	535	526	567	555	599	582	628
32		389	380	428	531	572	564	609	598	645	632	682	662	715
34		439	429	483	599	646	637	687	675	728	713	770	748	807
36		492	481	542	671	724	714	770	757	817	800	863	838	904
38		549	536	604	748	807	796	858	843	910	891	961	934	1010
40		608	594	669	829	894	882	951	935	1010	987	1070	1030	1120
42		670	654	737	914	986	972	1050	1030	1110	1090	1170	1140	1230
44		736	718	809	1000	1080	1070	1150	1130	1220	1190	1290	1250	1350

续表

钢丝绳公称直径		钢丝绳参考质量/(kg/100m)			钢丝绳公称抗拉强度/MPa									
					1570		1670		1770		1870		1960	
					钢丝绳最小破断拉力/kN									
D/mm	允许偏差/%	天然纤维芯钢丝绳	合成纤维芯钢丝绳	钢芯钢丝绳	纤维芯钢丝绳	钢芯钢丝绳	纤维芯钢丝绳	钢芯钢丝绳	纤维芯钢丝绳	钢芯钢丝绳	纤维芯钢丝绳	钢芯钢丝绳	纤维芯钢丝绳	钢芯钢丝绳
46		804	785	884	1100	1180	1170	1260	1240	1330	1310	1410	1370	1480
48		876	855	963	1190	1290	1270	1370	1350	1450	1420	1530	1490	1610
50		950	928	1040	1300	1400	1380	1490	1460	1580	1540	1660	1620	1740
52		1030	1000	1130	1400	1510	1490	1610	1580	1700	1670	1800	1750	1890
54	+5	1110	1080	1220	1510	1630	1610	1730	1700	1840	1800	1940	1890	2030
56	0	1190	1160	1310	1620	1750	1730	1860	1830	1980	1940	2090	2030	2190
58		1280	1250	1410	1740	1880	1850	2000	1960	2120	2080	2240	2180	2350
60		1370	1340	1500	1870	2010	1980	2140	2100	2270	2220	2400	2330	2510
62		1460	1430	1610	1990	2150	2120	2290	2250	2420	2370	2560	2490	2680
64		1560	1520	1710	2120	2290	2260	2440	2390	2580	2530	2730	2650	2860

(4) 第四组 8×19 类

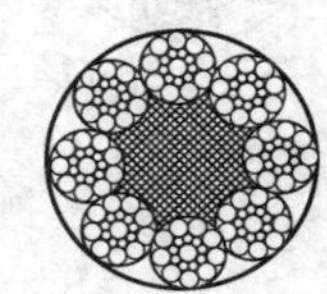

8×19S+FC

8×19S+IWR

直径：20～44mm

8×19W+FC

8×19W+IWR

直径：18～48mm

图 1-3-18　第 4 组 8×19 类钢丝绳

表 1-3-11　第 4 组 8×19 类钢丝绳力学性能

钢丝绳结构：8×19S+FC　8×19S+IWR　8×19W+FC　8×19W+IWR

钢丝绳公称直径		钢丝绳参考质量/(kg/100m)			钢丝绳公称抗拉强度/MPa									
					1570		1670		1770		1870		1960	
					钢丝绳最小破断拉力/kN									
D/mm	允许偏差/%	天然纤维芯钢丝绳	合成纤维芯钢丝绳	钢芯钢丝绳	纤维芯钢丝绳	钢芯钢丝绳	纤维芯钢丝绳	钢芯钢丝绳	纤维芯钢丝绳	钢芯钢丝绳	纤维芯钢丝绳	钢芯钢丝绳	纤维芯钢丝绳	钢芯钢丝绳
18		112	108	137	149	176	159	187	168	198	178	210	186	220
20		139	133	169	184	217	196	231	207	245	219	259	230	271
22		168	162	204	223	263	237	280	251	296	265	313	278	328
24		199	192	243	265	313	282	333	299	353	316	373	331	391
26		234	226	285	311	367	331	391	351	414	370	437	388	458
28		271	262	331	361	426	384	453	407	480	430	507	450	532
30		312	300	380	414	489	440	520	467	551	493	582	517	610
32	+5	355	342	432	471	556	501	592	531	627	561	663	588	694
34	0	400	386	488	532	628	566	668	600	708	633	748	664	784
36		449	432	547	596	704	634	749	672	794	710	839	744	879
38		500	482	609	664	784	707	834	749	884	791	934	829	979
40		554	534	675	736	869	783	925	830	980	877	1040	919	1090
42		611	589	744	811	958	863	1020	915	1080	967	1140	1010	1200
44		670	646	817	891	1050	947	1120	1000	1190	1060	1250	1110	1310
46		733	706	893	973	1150	1040	1220	1100	1300	1160	1370	1220	1430
48		798	769	972	1060	1250	1130	1330	1190	1410	1260	1490	1320	1560

（5）第4组8×19类和第5组8×37类

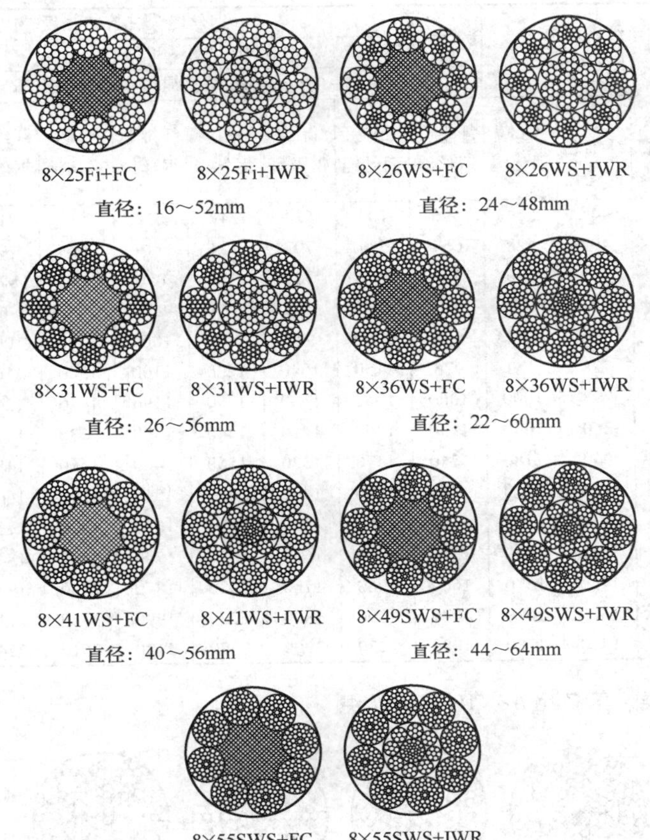

图1-3-19　第4组8×19类和第5组8×37类钢丝绳

表1-3-12　第4组8×19类和第5组8×37类钢丝绳力学性能

钢丝绳结构：8×25Fi+FC　8×25Fi+IWR　8×26WS+FC　8×26WS+IWR　8×31WS+FC　8×31WS+IWR　8×36WS+FC　8×36WS+IWR　8×41WS+FC　8×41WS+IWR　8×49SWS+FC　8×49SWS+IWR　8×55SWS+FC　8×55SWS+IWR

钢丝绳公称直径		钢丝绳参考质量/(kg/100m)			钢丝绳公称抗拉强度/MPa									
					1570		1670		1770		1870		1960	
					钢丝绳最小破断拉力/kN									
D/mm	允许偏差/%	天然纤维芯钢丝绳	合成纤维芯钢丝绳	钢芯钢丝绳	纤维芯钢丝绳	钢芯钢丝绳	纤维芯钢丝绳	钢芯钢丝绳	纤维芯钢丝绳	钢芯钢丝绳	纤维芯钢丝绳	钢芯钢丝绳	纤维芯钢丝绳	钢芯钢丝绳
16	+5 0	91.4	88.1	111	118	139	125	148	133	157	140	166	147	174
18		116	111	141	149	176	159	187	168	198	178	210	186	220
20		143	138	174	184	217	196	231	207	245	219	259	230	271
22		173	166	211	223	263	237	280	251	296	265	313	278	328
24		206	198	251	265	313	282	333	299	353	316	373	331	391
26		241	233	294	311	367	331	391	351	414	370	437	388	458
28		280	270	341	361	426	384	453	407	480	430	507	450	532
30		321	310	392	414	489	440	520	467	551	493	582	517	610
32		366	352	445	471	556	501	592	531	627	561	663	588	694
34		413	398	503	532	628	566	668	600	708	633	748	664	784

续表

钢丝绳公称直径		钢丝绳参考质量/(kg/100m)			钢丝绳公称抗拉强度/MPa									
					1570		1670		1770		1870		1960	
					钢丝绳最小破断拉力/kN									
D/mm	允许偏差/%	天然纤维芯钢丝绳	合成纤维芯钢丝绳	钢芯钢丝绳	纤维芯钢丝绳	钢芯钢丝绳	纤维芯钢丝绳	钢芯钢丝绳	纤维芯钢丝绳	钢芯钢丝绳	纤维芯钢丝绳	钢芯钢丝绳	纤维芯钢丝绳	钢芯钢丝绳
36	+5 0	463	446	564	596	704	634	749	672	794	710	839	744	879
38		516	497	628	664	784	707	834	749	884	791	934	829	979
40		571	550	696	736	869	783	925	830	980	877	1040	919	1090
42		630	607	767	811	958	863	1020	915	1080	967	1140	1010	1200
44		691	666	842	891	1050	947	1120	1000	1190	1060	1250	1110	1310
46		755	728	920	973	1150	1040	1220	1100	1300	1160	1370	1220	1430
48		823	793	1000	1060	1250	1130	1330	1190	1410	1260	1490	1320	1560
50		892	860	1090	1150	1360	1220	1440	1300	1530	1370	1620	1440	1700
52		965	930	1180	1240	1470	1320	1560	1400	1660	1480	1750	1550	1830
54		1040	1000	1270	1340	1580	1430	1680	1510	1790	1600	1890	1670	1980
56		1120	1080	1360	1440	1700	1530	1810	1630	1920	1720	2030	1800	2130
58		1200	1160	1460	1550	1830	1650	1940	1740	2060	1840	2180	1930	2280
60		1290	1240	1570	1660	1960	1760	2080	1870	2200	1970	2330	2070	2440
62		1370	1320	1670	1770	2090	1880	2220	1990	2350	2110	2490	2210	2610
64		1460	1410	1780	1880	2230	2000	2370	2120	2510	2240	2650	2350	2780

(6) 第 6 组 18×7 类、第 7 组 18×19 类钢丝绳

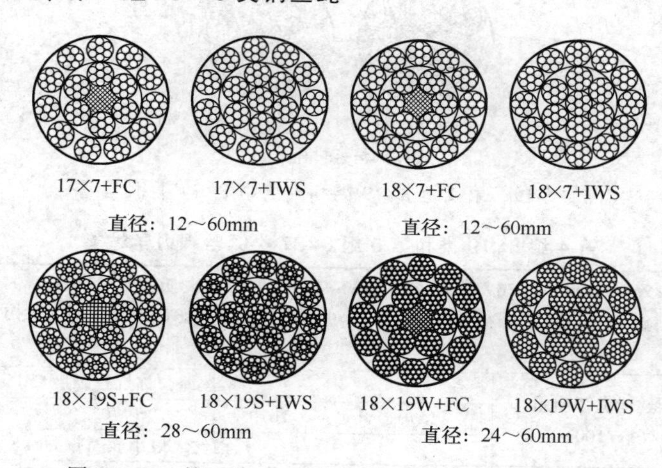

图 1-3-20　第 6 组 18×7 类、第 7 组 18×19 类钢丝绳

表 1-3-13　　第 6 组 18×7 类、第 7 组 18×19 类钢丝绳力学性能

钢丝绳结构：17×7+FC　17×7+IWS　18×7+FC　18×7+IWS　18×19S+FC　18×19S+IWS　18×19W+FC　18×19W+IWS

钢丝绳公称直径		钢丝绳参考质量/(kg/100m)		钢丝绳公称抗拉强度/MPa									
				1570		1670		1770		1870		1960	
				钢丝绳最小破断拉力/kN									
D/mm	允许偏差/%	纤维芯钢丝绳	钢芯钢丝绳	纤维芯钢丝绳	钢芯钢丝绳	纤维芯钢丝绳	钢芯钢丝绳	纤维芯钢丝绳	钢芯钢丝绳	纤维芯钢丝绳	钢芯钢丝绳	纤维芯钢丝绳	钢芯钢丝绳
12	+5 0	56.2	61.9	70.1	74.2	74.5	78.9	79.0	83.6	83.5	88.3	87.5	92.6
13		65.9	72.7	82.3	87.0	87.5	92.6	92.7	98.1	98.0	104	103	109
14		76.4	84.3	95.4	101	101	107	108	114	114	120	119	126
16		99.8	110	125	132	133	140	140	149	148	157	156	165

续表

钢丝绳公称直径		钢丝绳参考质量/(kg/100m)		钢丝绳公称抗拉强度/MPa									
				1570		1670		1770		1870		1960	
				钢丝绳最小破断拉力/kN									
D/mm	允许偏差/%	纤维芯钢丝绳	钢芯钢丝绳	纤维芯钢丝绳	钢芯钢丝绳	纤维芯钢丝绳	钢芯钢丝绳	纤维芯钢丝绳	钢芯钢丝绳	纤维芯钢丝绳	钢芯钢丝绳	纤维芯钢丝绳	钢芯钢丝绳
18		126	139	158	167	168	177	178	188	188	199	197	208
20		156	172	195	206	207	219	219	232	232	245	243	257
22		189	208	236	249	251	265	266	281	281	297	294	311
24		225	248	280	297	298	316	316	334	334	353	350	370
26		264	291	329	348	350	370	371	392	392	415	411	435
28		306	337	382	404	406	429	430	455	454	481	476	504
30		351	387	438	463	466	493	494	523	522	552	547	579
32		399	440	498	527	530	561	562	594	594	628	622	658
34		451	497	563	595	598	633	634	671	670	709	702	743
36		505	557	631	667	671	710	711	752	751	795	787	833
38	+5	563	621	703	744	748	791	792	838	837	886	877	928
40	0	624	688	779	824	828	876	878	929	928	981	972	1030
42		688	759	859	908	913	966	968	1020	1020	1080	1070	1130
44		755	832	942	997	1000	1060	1060	1120	1120	1190	1180	1240
46		825	910	1030	1090	1100	1160	1160	1230	1230	1300	1290	1360
48		899	991	1120	1190	1190	1260	1260	1340	1340	1410	1400	1480
50		975	1080	1220	1290	1290	1370	1370	1450	1450	1530	1520	1610
52		1050	1160	1320	1390	1400	1480	1480	1570	1570	1660	1640	1740
54		1140	1250	1420	1500	1510	1600	1600	1690	1690	1790	1770	1870
56		1220	1350	1530	1610	1620	1720	1720	1820	1820	1920	1910	2020
58		1310	1450	1640	1730	1740	1840	1850	1950	1950	2060	2040	2160
60		1400	1550	1750	1850	1860	1970	1980	2090	2090	2210	2190	2310

(7) 第 8 组 34×7 类钢丝绳

34×7+FC

34×7+IWS

36×7+FC

36×7+IWS

直径：16～60mm　　直径：16～60mm

图 1-3-21　第 8 组 34×7 类钢丝绳

表 1-3-14　　第 8 组 34×7 类钢丝绳力学性能

钢丝绳结构：34×7+FC　34×7+IWS　36×7+FC　36×7+IWS

钢丝绳公称直径		钢丝绳参考质量/(kg/100m)		钢丝绳公称抗拉强度/MPa									
				1570		1670		1770		1870		1960	
				钢丝绳最小破断拉力/kN									
D/mm	允许偏差/%	纤维芯钢丝绳	钢芯钢丝绳	纤维芯钢丝绳	钢芯钢丝绳	纤维芯钢丝绳	钢芯钢丝绳	纤维芯钢丝绳	钢芯钢丝绳	纤维芯钢丝绳	钢芯钢丝绳	纤维芯钢丝绳	钢芯钢丝绳
16		99.8	110	124	128	132	136	140	144	147	152	155	160
18		126	139	157	162	167	172	177	182	187	193	196	202
20	+5	156	172	193	200	206	212	218	225	230	238	241	249
22	0	189	208	234	242	249	257	264	272	279	288	292	302
24		225	248	279	288	296	306	314	324	332	343	348	359
26		264	291	327	337	348	359	369	380	389	402	408	421

续表

钢丝绳公称直径		钢丝绳参考质量/(kg/100m)		钢丝绳公称抗拉强度/MPa									
				1570		1670		1770		1870		1960	
				钢丝绳最小破断拉力/kN									
D/mm	允许偏差/%	纤维芯钢丝绳	钢芯钢丝绳	纤维芯钢丝绳	钢芯钢丝绳	纤维芯钢丝绳	钢芯钢丝绳	纤维芯钢丝绳	钢芯钢丝绳	纤维芯钢丝绳	钢芯钢丝绳	纤维芯钢丝绳	钢芯钢丝绳
28	+5 0	306	337	379	391	403	416	427	441	452	466	473	489
30		351	387	435	449	463	478	491	507	518	535	543	561
32		399	440	495	511	527	544	558	576	590	609	618	638
34		451	497	559	577	595	614	630	651	666	687	698	721
36		505	557	627	647	667	688	707	729	746	771	782	808
38		563	621	698	721	743	767	787	813	832	859	872	900
40		624	688	774	799	823	850	872	901	922	951	966	997
42		688	759	853	881	907	937	962	993	1020	1050	1060	1100
44		755	832	936	967	996	1030	1060	1090	1120	1150	1170	1210
46		825	910	1020	1060	1090	1120	1150	1190	1220	1260	1280	1320
48		899	991	1110	1150	1190	1220	1260	1300	1330	1370	1390	1440
50		975	1080	1210	1250	1290	1330	1360	1410	1440	1490	1510	1560
52		1050	1160	1310	1350	1390	1440	1470	1520	1560	1610	1630	1690
54		1140	1250	1410	1460	1500	1550	1590	1640	1680	1730	1760	1820
56		1220	1350	1520	1570	1610	1670	1710	1770	1810	1860	1890	1950
58		1310	1450	1630	1680	1730	1790	1830	1890	1940	2000	2030	2100
60		1400	1550	1740	1800	1850	1910	1960	2030	2070	2140	2170	2240

(8) 第9组35W×7类

35W×7　24W×7

直径：16～60mm

图1-3-22　第9组35W×7类钢丝绳

表1-3-15　**第9组35W×7类钢丝绳力学性能**

钢丝绳结构：35W×7　24W×7

钢丝绳公称直径		钢丝绳参考质量/(kg/100m)	钢丝绳公称抗拉强度/MPa				
			1570	1670	1770	1870	1960
D/mm	允许偏差/%		钢丝绳最小破断拉力/kN				
16	+5 0	118	145	154	163	172	181
18		149	183	195	206	218	229
20		184	226	240	255	269	282
22		223	274	291	308	326	342
24		265	326	346	367	388	406
26		311	382	406	431	455	477
28		361	443	471	500	528	553
30		414	509	541	573	606	635
32		471	579	616	652	689	723
34		532	653	695	737	778	816
36		596	732	779	826	872	914
38		664	816	868	920	972	1020
40		736	904	962	1020	1080	1130
42		811	997	1060	1120	1190	1240
44		891	1090	1160	1230	1300	1370
46		973	1200	1270	1350	1420	1490

续表

钢丝绳公称直径		钢丝绳参考质量/(kg/100m)	钢丝绳公称抗拉强度/MPa				
			1570	1670	1770	1870	1960
			钢丝绳最小破断拉力/kN				
D/mm	允许偏差/%						
48	+5 0	1060	1300	1390	1470	1550	1630
50		1150	1410	1500	1590	1680	1760
52		1240	1530	1630	1720	1820	1910
54		1340	1650	1750	1860	1960	2060
56		1440	1770	1890	2000	2110	2210
58		1550	1900	2020	2140	2260	2370
60		1660	2030	2160	2290	2420	2540

(9) 第10组6V×7类

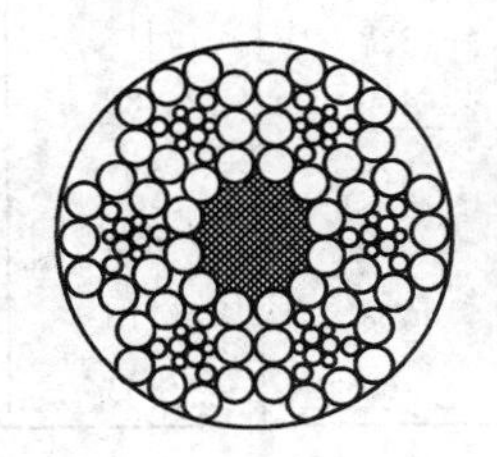

6V×18+FC

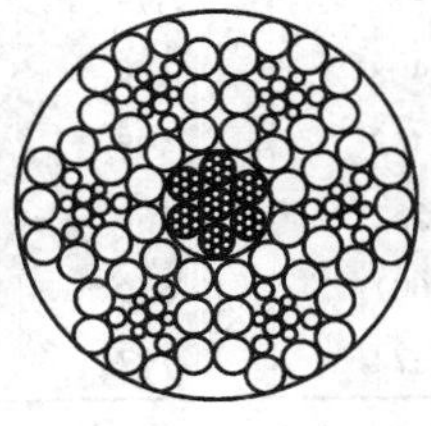

6V×18+IWR

直径：20～36mm

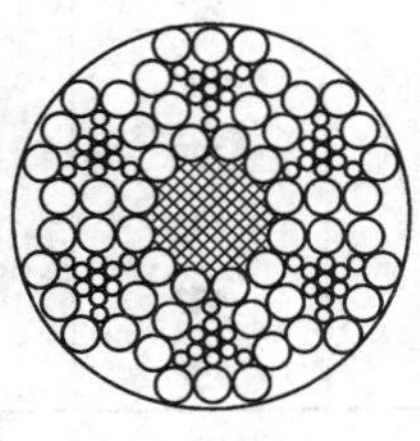

6V×19+FC

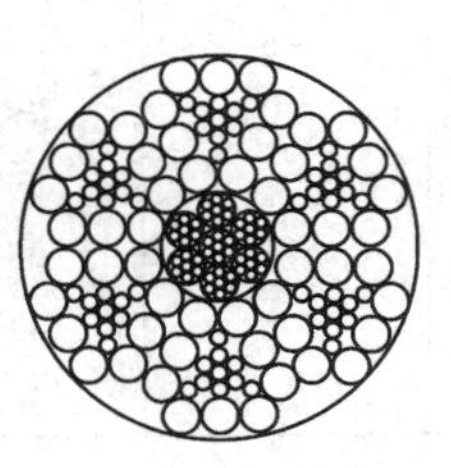

6V×19+IWR

直径：20～36mm

图 1-3-23 第10组6V×7类钢丝绳

表 1-3-16 第10组6V×7类钢丝绳力学性能

钢丝绳结构：6V×18+FC 6V×18+IWR 6V×19+FC 6V×19+IWR

钢丝绳公称直径		钢丝绳参考质量/(kg/100m)			钢丝绳公称抗拉强度/MPa									
					1570		1670		1770		1870		1960	
					钢丝绳最小破断拉力/kN									
D/mm	允许偏差/%	天然纤维芯钢丝绳	合成纤维芯钢丝绳	钢芯钢丝绳	纤维芯钢丝绳	钢芯钢丝绳	纤维芯钢丝绳	钢芯钢丝绳	纤维芯钢丝绳	钢芯钢丝绳	纤维芯钢丝绳	钢芯钢丝绳	纤维芯钢丝绳	钢芯钢丝绳
20	+6 0	165	162	175	236	250	250	266	266	282	280	298	294	312
22		199	196	212	285	302	303	322	321	341	339	360	356	378
24		237	233	252	339	360	361	383	382	406	404	429	423	449
26		279	273	295	398	422	423	449	449	476	474	503	497	527
28		323	317	343	462	490	491	521	520	552	550	583	576	612
30		371	364	393	530	562	564	598	597	634	631	670	662	702
32		422	414	447	603	640	641	681	680	721	718	762	753	799
34		476	467	505	681	722	724	768	767	814	811	860	850	902
36		534	524	566	763	810	812	861	860	913	909	965	953	1010

(10) 第11组6V×19类

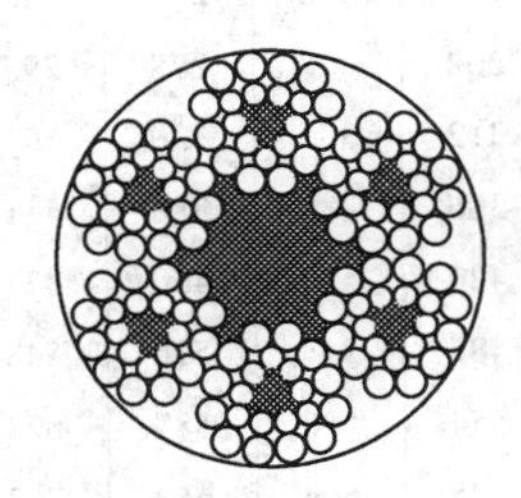

6V×21+7FC

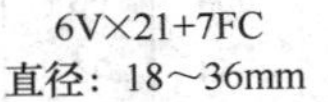

直径：18～36mm

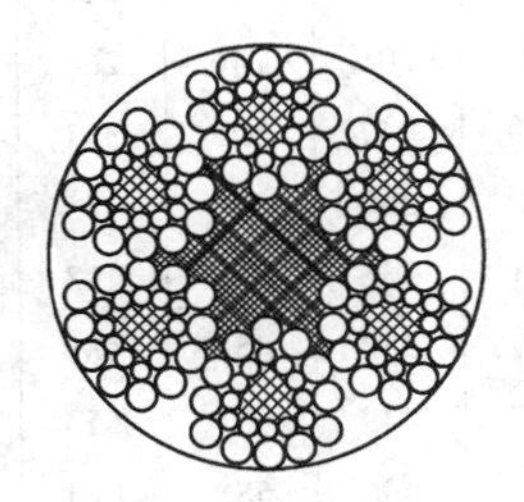

6V×24+7FC

直径：18～36mm

图 1-3-24 第11组6V×19类钢丝绳

表 1-3-17　　　　**第 11 组 6V×19 类钢丝绳力学性能**

钢丝绳结构：6V×21+7FC　6V×24+7FC

钢丝绳公称直径		钢丝绳参考质量/(kg/100m)		钢丝绳公称抗拉强度/MPa				
				1570	1670	1770	1870	1960
D/mm	允许偏差/%	天然纤维芯钢丝绳	合成纤维芯钢丝绳	钢丝绳最小破断拉力/kN				
18	+6 0	121	118	168	179	190	201	210
20		149	146	208	221	234	248	260
22		180	177	252	268	284	300	314
24		215	210	300	319	338	357	374
26		252	247	352	374	396	419	439
28		292	286	408	434	460	486	509
30		335	329	468	498	528	557	584
32		382	374	532	566	600	634	665
34		431	422	601	639	678	716	750
36		483	473	674	717	760	803	841

（11）第 11 组 6V×19 类

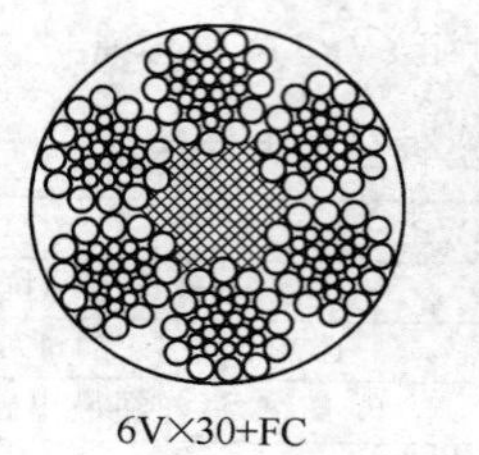

6V×30+FC

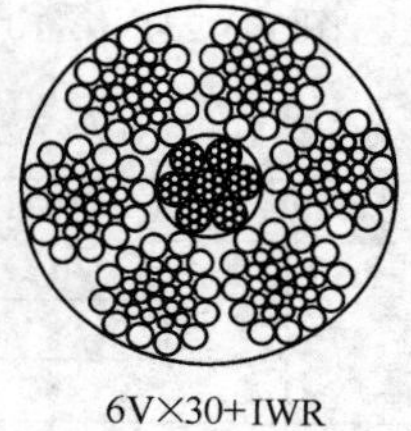

6V×30+IWR

直径：20～38mm

图 1-3-25　第 11 组 6V×19 类钢丝绳

表 1-3-18　　　　**第 11 组 6V×19 类钢丝绳力学性能**

钢丝绳结构：6V×30+FC　6V×30+IWR

钢丝绳公称直径		钢丝绳参考质量/(kg/100m)			钢丝绳公称抗拉强度/MPa									
					1570		1670		1770		1870		1960	
					钢丝绳最小破断拉力/kN									
D/mm	允许偏差/%	天然纤维芯钢丝绳	合成纤维芯钢丝绳	钢芯钢丝绳	纤维芯钢丝绳	钢芯钢丝绳	纤维芯钢丝绳	钢芯钢丝绳	纤维芯钢丝绳	钢芯钢丝绳	纤维芯钢丝绳	钢芯钢丝绳	纤维芯钢丝绳	钢芯钢丝绳
20	+6 0	162	159	172	203	216	216	230	229	243	242	257	254	270
22		196	192	208	246	261	262	278	278	295	293	311	307	326
24		233	229	247	293	311	312	331	330	351	349	370	365	388
26		274	268	290	344	365	366	388	388	411	410	435	429	456
28		318	311	336	399	423	424	450	450	477	475	504	498	528
30		365	357	386	458	486	487	517	516	548	545	579	572	606
32		415	407	439	521	553	554	588	587	623	620	658	650	690
34		468	459	496	588	624	625	664	663	703	700	743	734	779
36		525	515	556	659	700	701	744	743	789	785	833	823	873
38		585	573	619	735	779	781	829	828	879	875	928	917	973

（12）第 11 组 6V×19 类和第 12 组 6V×37 类

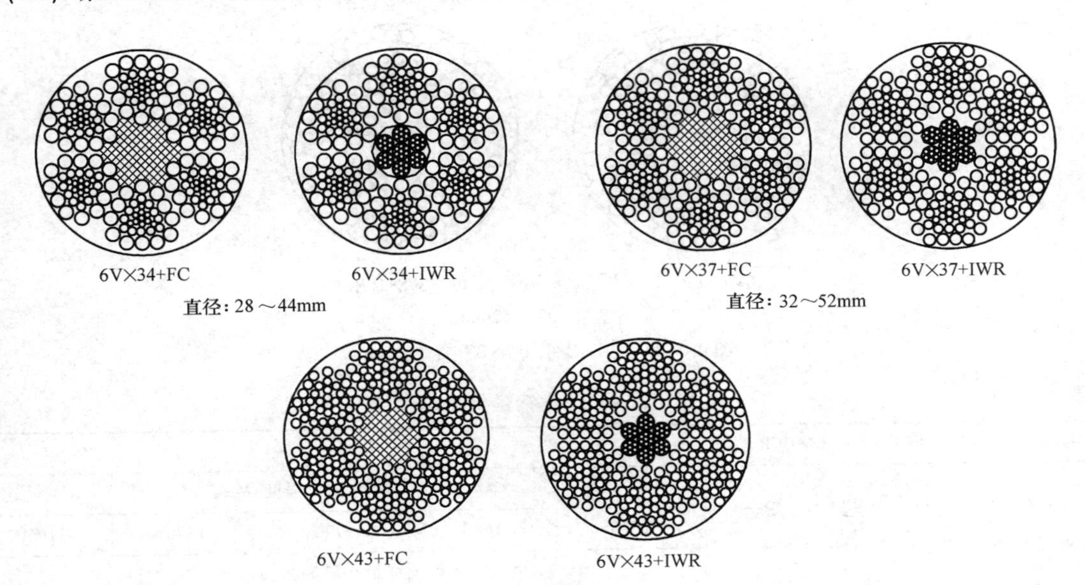

图 1-3-26　第 11 组 6V×19 类和第 12 组 6V×37 类钢丝绳

表 1-3-19　　第 11 组 6V×19 类和第 12 组 6V×37 类钢丝绳力学性能

钢丝绳结构：6V×34+FC　6V×34+IWR　6V×37+FC　6V×37+IWR　6V×43+FC　6V×43+IWR

钢丝绳公称直径		钢丝绳参考质量/(kg/100m)			钢丝绳公称抗拉强度/MPa									
					1570		1670		1770		1870		1960	
					钢丝绳最小破断拉力/kN									
D/mm	允许偏差/%	天然纤维芯钢丝绳	合成纤维芯钢丝绳	钢芯钢丝绳	纤维芯钢丝绳	钢芯钢丝绳	纤维芯钢丝绳	钢芯钢丝绳	纤维芯钢丝绳	钢芯钢丝绳	纤维芯钢丝绳	钢芯钢丝绳	纤维芯钢丝绳	钢芯钢丝绳
28	+6 0	318	311	336	443	470	471	500	500	530	528	560	553	587
30		364	357	386	509	540	541	574	573	609	606	643	635	674
32		415	407	439	579	614	616	653	652	692	689	731	723	767
34		468	459	496	653	693	695	737	737	782	778	826	816	866
36		525	515	556	732	777	779	827	826	876	872	926	914	970
38		585	573	619	816	866	868	921	920	976	972	1030	1020	1080
40		648	635	686	904	960	962	1020	1020	1080	1080	1140	1130	1200
42		714	700	757	997	1060	1060	1130	1120	1190	1190	1260	1240	1320
44		784	769	831	1090	1160	1160	1240	1230	1310	1300	1380	1370	1450
46		857	840	908	1200	1270	1270	1350	1350	1430	1420	1510	1490	1580
48		933	915	988	1300	1380	1390	1470	1470	1560	1550	1650	1630	1730
50		1010	993	1070	1410	1500	1500	1590	1590	1690	1680	1790	1760	1870
52		1100	1070	1160	1530	1620	1630	1720	1720	1830	1820	1930	1910	2020
54		1180	1160	1250	1650	1750	1760	1860	1860	1970	1960	2080	2060	2180
56		1270	1240	1350	1770	1880	1890	2000	2000	2120	2110	2240	2210	2350
58		1360	1340	1440	1900	2020	2020	2150	2140	2270	2260	2400	2370	2520

（13）第 12 组 6V×37 类钢丝绳

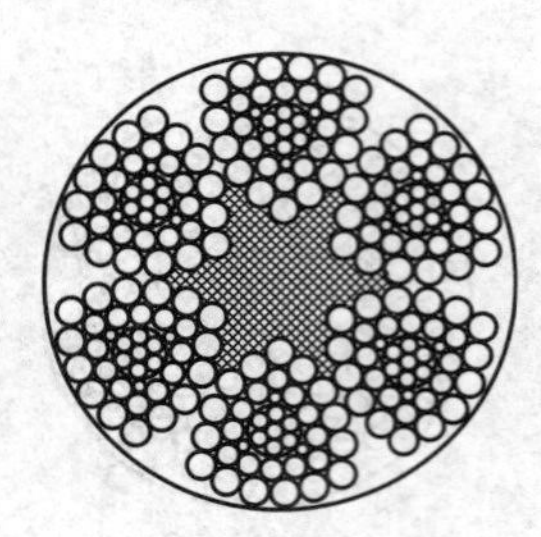

6V×37S+FC

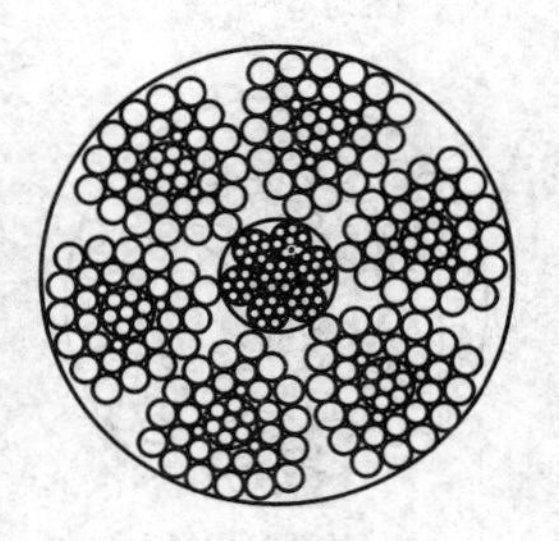

6V×37S+IWR

直径：32～52mm

图 1-3-27　第 12 组 6V×37 类钢丝绳

表 1-3-20　　第 12 组 6V×37 类钢丝绳力学性能

钢丝绳结构：6V×37S+FC　6V×37S+IWR

钢丝绳公称直径		钢丝绳参考质量/(kg/100m)			钢丝绳公称抗拉强度/MPa									
					1570		1670		1770		1870		1960	
					钢丝绳最小破断拉力/kN									
D/mm	允许偏差/%	天然纤维芯钢丝绳	合成纤维芯钢丝绳	钢芯钢丝绳	纤维芯钢丝绳	钢芯钢丝绳	纤维芯钢丝绳	钢芯钢丝绳	纤维芯钢丝绳	钢芯钢丝绳	纤维芯钢丝绳	钢芯钢丝绳	纤维芯钢丝绳	钢芯钢丝绳
32	+6 0	427	419	452	596	633	634	673	672	713	710	753	744	790
34		482	473	511	673	714	716	760	759	805	802	851	840	891
36		541	530	573	754	801	803	852	851	903	899	954	942	999
38		602	590	638	841	892	894	949	948	1010	1000	1060	1050	1110
40		667	654	707	931	988	991	1050	1050	1110	1110	1180	1160	1230
42		736	721	779	1030	1090	1090	1160	1160	1230	1220	1300	1280	1360
44		808	792	855	1130	1200	1200	1270	1270	1350	1340	1420	1410	1490
46		883	865	935	1230	1310	1310	1390	1390	1470	1470	1560	1540	1630
48		961	942	1020	1340	1420	1430	1510	1510	1600	1600	1700	1670	1780
50		1040	1020	1100	1460	1540	1550	1640	1640	1740	1730	1840	1820	1930
52		1130	1110	1190	1570	1670	1670	1780	1770	1880	1870	1990	1970	2090

（14）第 13 组 4V×39 类钢丝绳

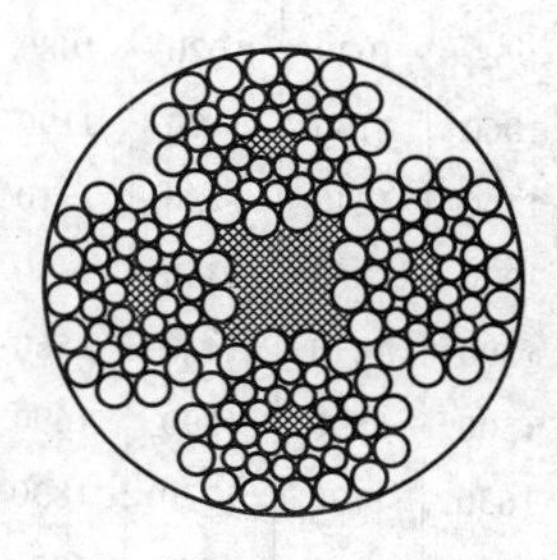

4V×39S+5FC

直径：16～36mm

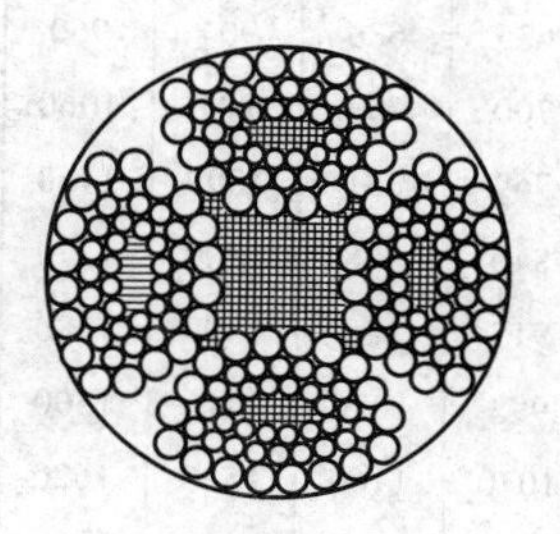

4V×48S+5FC

直径：20～40mm

图 1-3-28　第 13 组 4V×39 类钢丝绳

表 1-3-21　　第 13 组 4V×39 类钢丝绳力学性能

钢丝绳结构:4V×39S+5FC　4V×48S+5FC								
钢丝绳公称直径		钢丝绳参考质量/(kg/100m)		钢丝绳公称抗拉强度/MPa				
				1570	1670	1770	1870	1960
D/mm	允许偏差/%	天然纤维芯钢丝绳	合成纤维芯钢丝绳	钢丝绳最小破断拉力/kN				
16	+6 0	105	103	145	154	163	172	181
18		133	130	183	195	206	218	229
20		164	161	226	240	255	269	282
22		198	195	274	291	308	326	342
24		236	232	326	345	367	388	406
26		277	272	382	406	431	455	477
28		321	315	443	471	500	528	553
30		369	362	509	541	573	606	635
32		420	412	579	616	652	689	723
34		474	465	653	695	737	778	816
36		531	521	732	779	826	872	914
38		592	580	816	868	920	972	1020
40		656	643	904	962	1020	1080	1130

(15) 第 14 组 6Q×19+6V×21 类

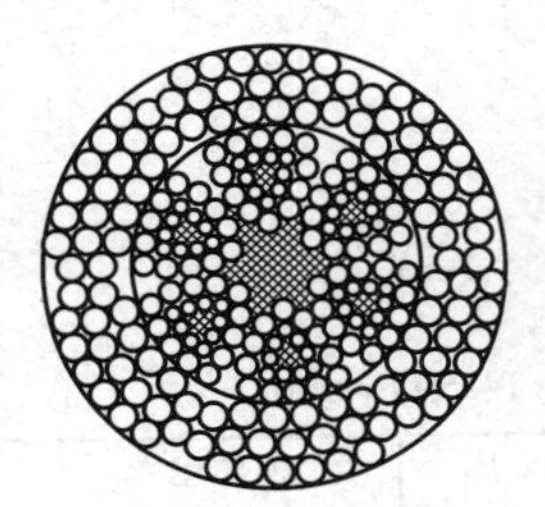

6Q×19+6V×21+7FC
直径：40～52mm

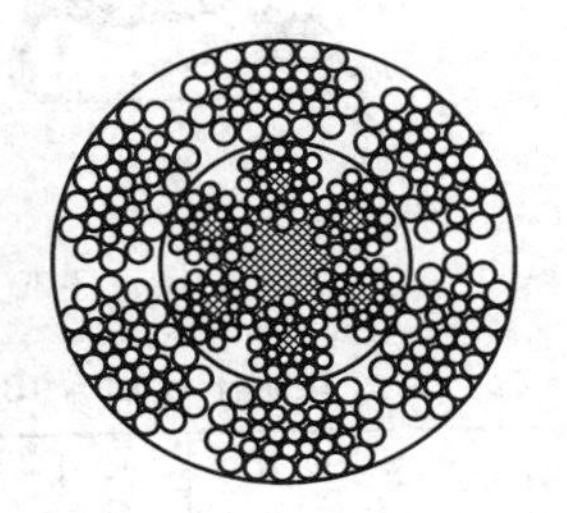

6Q×33+6V×21+7FC
直径：40～60mm

图 1-3-29　第 14 组 6Q×19+6V×21 类钢丝绳

表 1-3-22　　第 14 组 6Q×19+6V×21 类钢丝绳力学性能

钢丝绳结构:6Q×19+6V×21+7FC　6Q×33+6V×21+7FC								
钢丝绳公称直径		钢丝绳参考质量/(kg/100m)		钢丝绳公称抗拉强度/MPa				
				1570	1670	1770	1870	1960
D/mm	允许偏差/%	天然纤维芯钢丝绳	合成纤维芯钢丝绳	钢丝绳最小破断拉力/kN				
40	+6 0	656	643	904	962	1020	1080	1130
42		723	709	997	1060	1120	1190	1240
44		794	778	1090	1160	1230	1300	1370
46		868	851	1200	1270	1350	1420	1490
48		945	926	1300	1390	1470	1550	1630
50		1030	1010	1410	1500	1590	1680	1760
52		1110	1090	1530	1630	1720	1820	1910
54		1200	1170	1650	1750	1860	1960	2060
56		1290	1260	1770	1890	2000	2110	2210
58		1380	1350	1900	2020	2140	2260	2370
60		1480	1450	2030	2160	2290	2420	2540

3.2 千 斤 顶

3.2.1 螺旋千斤顶（JB/T 2592—2008）

【其他名称】 螺旋压勿刹、螺旋起重顶。

【用途】 为汽车、桥梁、船舶以及机械等行业在修造安装中常用的一种起重或顶压工具。钩式螺旋千斤顶可利用钩脚起重位置较低的重物。剪式螺旋千斤顶主要用于小吨位汽车的起顶，如轿车等。

【规格】 见表 1-3-23。

普通式

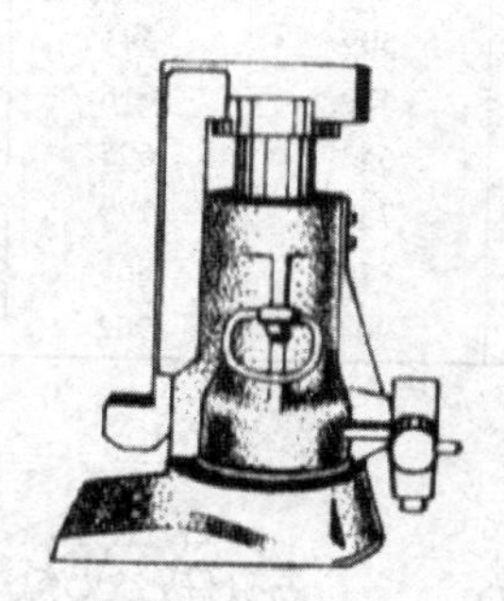

钩式

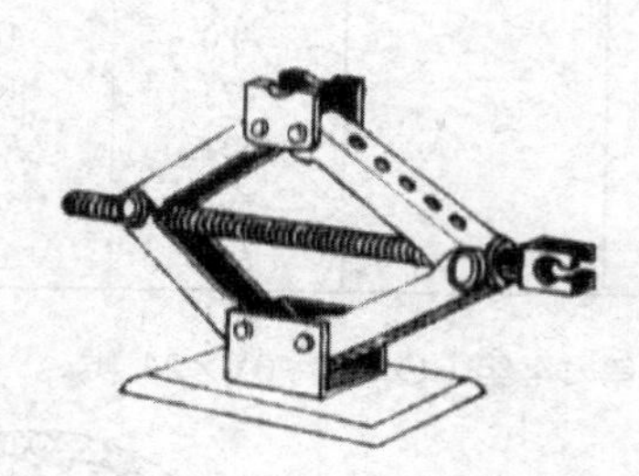

剪式

图 1-3-30 千斤顶

表 1-3-23 螺旋千斤顶（JB/T 2592—2008）

型号	额定起重量 G_n /t	最低高度 H /mm ≤	起升高度 H_1 /mm ≥	手柄作用力 /N ≤	手柄长度 /mm ≈	自重 /kg ≈
QLJ0.5	0.5	110	180	120	150	2.5
QLJ1	1					3
QLJ1.6	1.6			200	200	4.3
QL2	2	170	180	80	300	5
QL3.2	3.2	200	110	100	500	6
QLD3.2	3.2	160	50			5
QL5	5	250	130	160	600	7.5
QLD5	5	180	65			7
QLg5	5	270	130			11
QL8	8	260	140	200	800	10
QL10	10	280	150	250	800	11
QLD10	10	200	75			10
QLg10	10	310	130			15
QL16	16	320	180	400	1000	17
QLD16	16	225	90			15
QLG16	16	445	200			19
QLg16	16	370	180			20
QL20	20	325	180	500	1000	18
QLG20	20	445	300			20
QL32	32	395	200	650	1400	27
QLD32	32	320	180			24

续表

型号	额定起重量 G_n /t	最低高度 H /mm ≤	起升高度 H_1 /mm ≥	手柄作用力 /N ≤	手柄长度 /mm ≈	自重 /kg ≈
（QLg36）	36	470	200	710	1400	82
QL50	50	452	250	510	1000	56
QLD50	50	330	150			52
（QLZ50）	50	700	400	1490	1350	109
QL100	100	455	200	600	1500	86

注：1. QL：普通型千斤顶；QLG：普通高型螺旋千斤顶；QLD：普通低型螺旋千斤顶；QLg：钩式螺旋千斤顶；QLJ：剪式螺旋千斤顶；QLZ：自落式螺旋千斤顶。

2. 钩式螺旋千斤顶顶部承载能力为额定起重量，钩部承载能力为额定起重量的二分之一。

3. 剪式螺旋千斤顶在额定起重量下的有效起升高度是指自起升高度的中央位置到最高位置；手柄长度为回转半径，额定起重量是指承载面位于起升高度的二分之一以上位置时的承载能力。

4. 产品自重不包括手柄重量。

5. 表中（QLZ50）、（QLg36）系暂时保留产品。

6. 优先选用的额定起重量（G_n）参数推荐如下（单位为 t)：0.5、1、1.6、2、3.2、5、8、10、16、20、32、50、100。

3.2.2 油压千斤顶（JB/T 2104—2002）

【其他名称】 油压千斤顶、液压压勿剎

【用途】 为工矿企业、汽车、船舶及市政工程等行业常用的一种起重或顶压工具。

【规格】 见表 1-3-24。

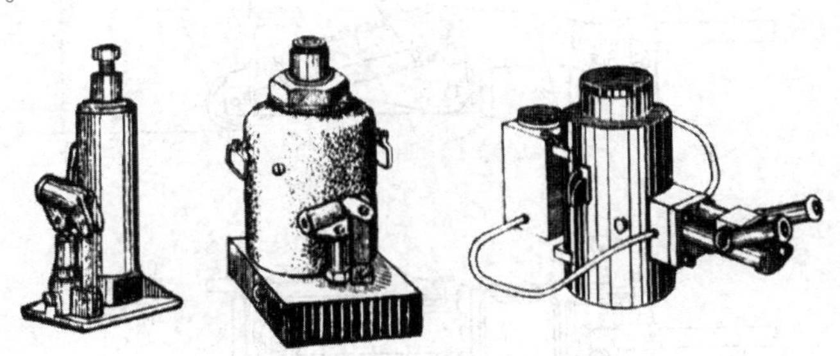

图 1-3-31 油压千斤顶

表 1-3-24 油压千斤顶（JB/T 2104—2002）

型　号	额定起重量 G_a/t	最低高度 H≤ (mm)	起重高度 H_1≥ (mm)	调整高度 H_2≥ (mm)
QYL2	2	158	90	60
QYL3	3	195	125	
QYL5	5	232	160	
		200	125	
QYL8	8	236	160	
QYL10	10	240		
QYL12	12	245		
QYL16	16	250		
QYL20	20	280	180	—
QYL32	32	285		
QYL50	50	300		
QYL70	70	320		

续表

型　号	额定起重量 G_a/t	最低高度 $H\leqslant$	起重高度 $H_1\geqslant$	调整高度 $H_2\geqslant$
		mm		
QW100	100	360	200	—
QW200	200	400		
QW320	320	450		

注：1. QYL：立式油压千斤顶；QW：立卧两用式油压千斤顶；A：带安全限载装置的油压千斤顶；D：带多级活塞杆的油压千斤顶。

2. 本表为普通型（单级活塞杆不带安全限载装置）千斤顶的基本参数表，其他型式以及客户特殊要求的千斤顶可由供需双方确定基本参数。

3.2.3　车库用油压千斤顶（JB/T 5315—2008）

【形式】 千斤顶主要由起重臂、油缸部件、手动操纵机构（包括手柄、揿手等）、墙板、轮子等组成，其典型结构型式如图 1-3-32 所示（图中所示 H 为最低高度，H_1 为最高高度）。

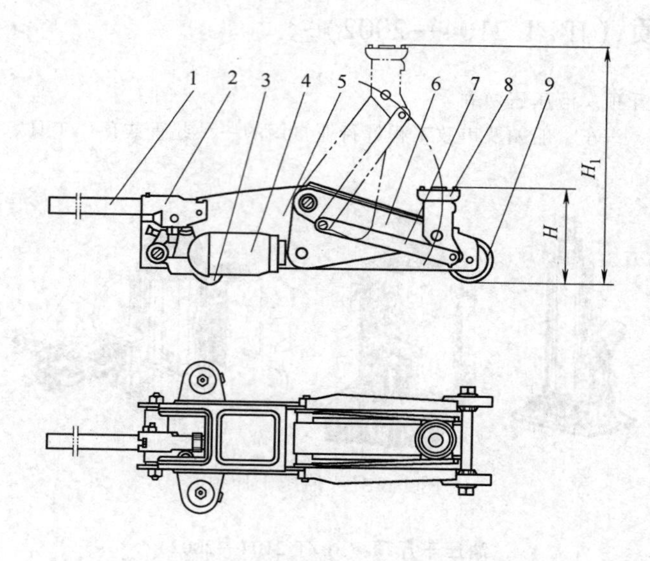

图 1-3-32　车库用油压千斤顶结构示意图

1—手柄；2—揿手；3—后轮；4—油缸部件；5—墙板；6—起重臂；7—连杆；8—托盘；9—前轮

【基本参数】 千斤顶的基本参数应包括：额定起重量（G_a）、最低高度（H）、最高高度（H_1）等。

优先选用的额定起重量（G_a）推荐如下（单位为 t）：1、1.25、1.6、2、2.5、3.2、4、5、6.3、8、10、12.5、16、20。

3.2.4　分离式油压千斤顶

【其他名称】 液压分离式千斤顶。

【用途】 与各种 BZ70 型超高压电动油泵站配合，为大型机械运输、机车车辆顶升以及工矿、船舶、市政工程等常用工具。

【规格】 见表 1-3-25。

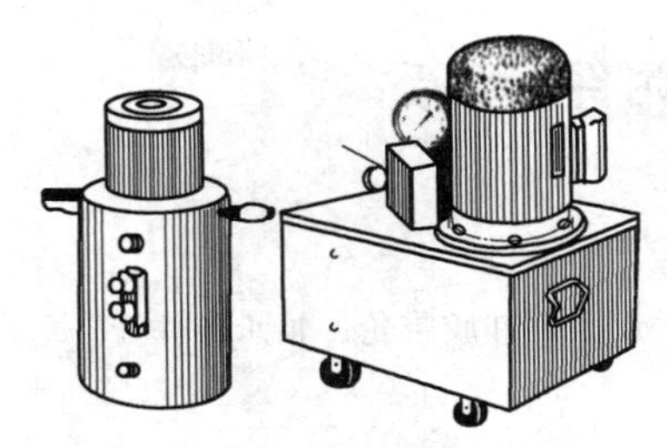

图 1-3-33　分离式油压千斤顶

表 1-3-25　　分离式油压千斤顶　　mm

型　号	起重量/t	起重高度	最低高度	油缸外径	油缸内径	活塞杆外径	质量/kg
QF5012	50	125	270	140	100	70	25
QF5016		160	305				28
QF5020		200	345				32
QF100-12	100	125	300	180	140	100	48
QF100-16		160	335				54
QF100-20		200	375				60
QF200-12	200	125	310	250	200	150	92
QF200-16		160	245				103
QF200-20		200	385				114
QF320-20	320	200	410	320	250	180	211
QF500-20	500	200	465	400	320	250	390
QF630-20	630	200	517	480	360	280	630

3.2.5　分离式液压千斤顶

【其他名称】　分离式液压起顶机、分离式油压千斤顶。

【用途】　除具有一般顶举重物和利用钩脚起重外，如配上其他附件尚可以进行侧顶、横顶、倒顶以及拉、压、扩张、夹紧等作业。由于手动油泵与起顶机是分离的，不仅操作方便，而且比较安全，因此广泛用于机械、设备、车辆等的维修和建筑安装方面。

【规格】　见表 1-3-26。

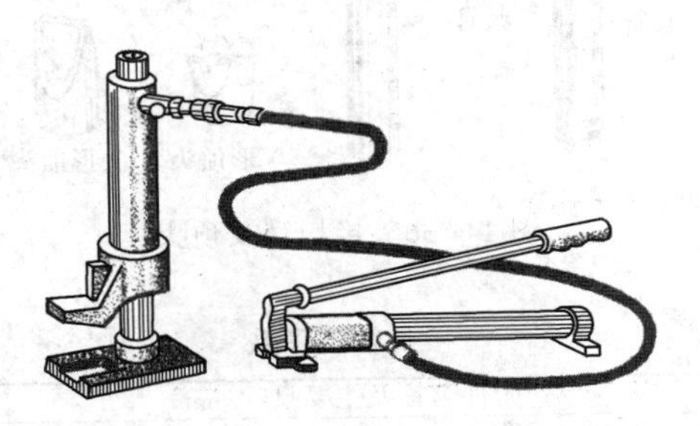

图 1-3-34　分离式液压千斤顶

表 1-3-26　　分离式液压千斤顶　　mm

型　号	起重量/t		工作压力/MPa	最大行程	起顶机尺寸			油泵尺寸			总质量/kg
	顶举	钩脚			长	宽	高	长	宽	高	
LQD-5	5	2.5	40	100	180	120	225	583	110	118	16
LQD-10	10	5	63	125	180	120	310	583	110	118	20
LQD-30	30	—	63	150	95	95	95	714	140	145	19

注：5t 起顶机附件拉马一只，30t 起顶机不带钩脚。

3.2.6 分离式液压起顶机附件

(1) 拉马

【其他名称】 三角拉马、三角拉模。

【用途】 配合分离式液压起顶机，用于拆卸胶带轮、轴承等作业。

【规格】 见表 1-3-27。

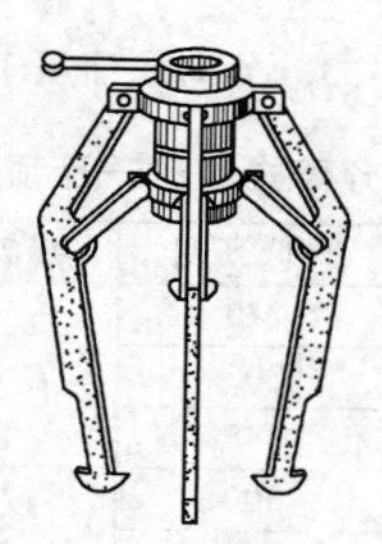

图 1-3-35 拉马

表 1-3-27 拉马

规格/t	三爪受力/kN ≤	调节范围/mm	外形尺寸/mm		质量/kg
			高	外径	
5	50	50~250	385	333	7
10	100	50~300	470	420	11

(2) 接长管及顶头

【用途】 接长管是用于弥补起顶机与被顶举重物之间空隙的，须与各种顶头配合使用。形式有普通式和快速式两种，快速式具有快速调节功能。管接头用于两根短接长管之间的连接。圆形橡胶顶头用于顶挤瘪坑；V形顶头和尖形顶头用于顶举圆钢、角钢、槽钢等各种几何形状的重物，防止重物滑落。

【规格】 见表 1-3-28。

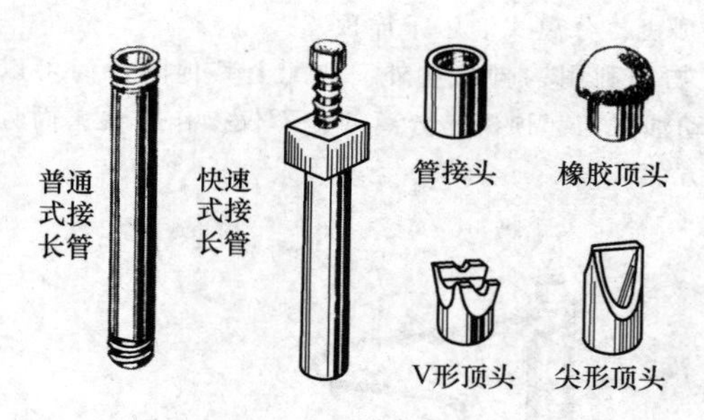

图 1-3-36 接长管及顶头

表 1-3-28 接长管及顶头

附件名称及主要尺寸/mm						
附件名称		长　度	外径	附件名称	总长	外径
接长管	普通式	136,260,380,600	42	橡胶顶头	81	82
	快速式	330	42	V形顶头	60	56
管　接　头		60	55	尖形顶头	106	52

注：各种附件上的连接螺纹均为 M42×1.5mm。

3.2.7 齿条千斤顶（JB/T 11101—2011）

【形式】 按其结构可分为：

① 手摇式千斤顶——以摇动手臂进行操作的千斤顶，见图 1-3-37。

② 手扳式千斤顶，见图 1-3-38。

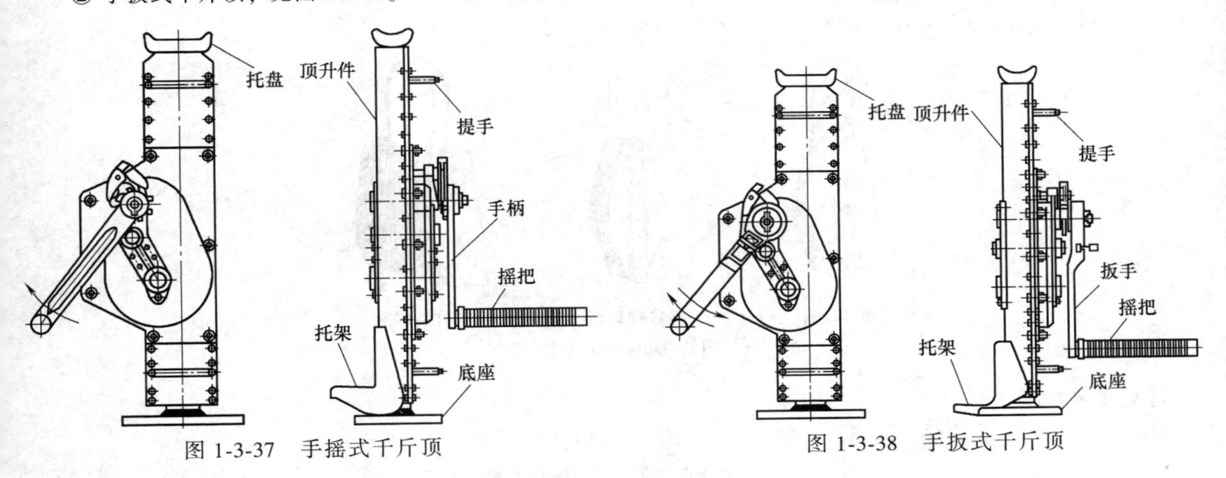

图 1-3-37　手摇式千斤顶　　　　图 1-3-38　手扳式千斤顶

千斤顶的基本参数见图 1-3-39 和表 1-3-29。

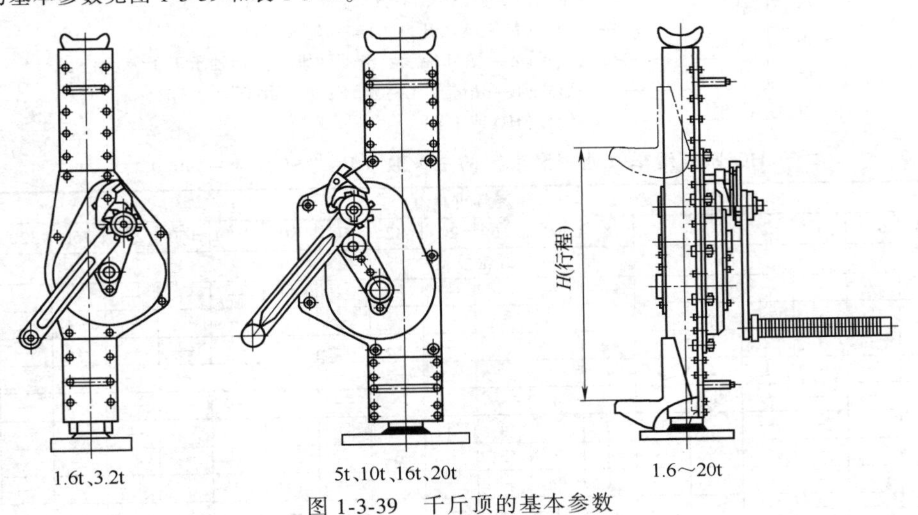

图 1-3-39　千斤顶的基本参数

表 1-3-29　　千斤顶的基本参数（JB/T 11101—2011）

额定起重量 G_n/t	额定辅助起重量 G_f/t	行程 H/mm	手柄(扳手)力(max)/N
1.6	1.6	350	280
3.2	3.2	350	280
5	5	300	280
10	10	300	560
16	11.2	320	640
20	14	320	640

注：基本参数超出表中规定时，由供需双方协商在订货合同中约定。

3.3 滑　　车

3.3.1 起重滑车（JB/T 9007.1—1999、JB/T 9007.2—1999）

【其他名称】 铁滑车。

【用途】 用于吊升笨重物件，是一种适用简单、携带方便、起重能力较大的起重工具。一般均与绞车配套使用，广泛用于水利工程、建筑工程、基建安装、工厂、矿山、交通运输以及林业等方面。

【规格】 见表 1-3-30~表 1-3-33。

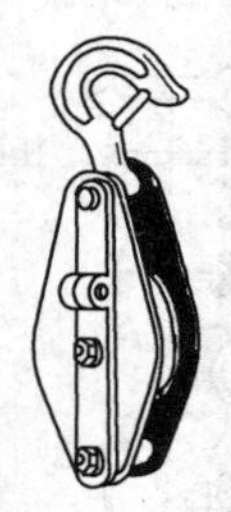

开口吊钩型

开口链环型

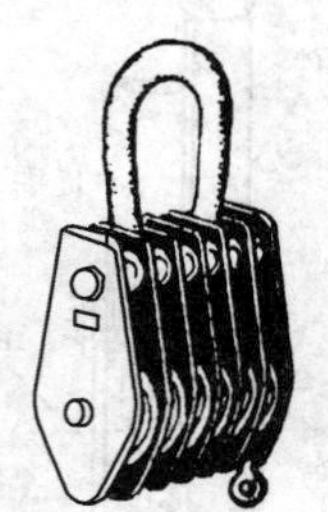

闭口吊环型

图 1-3-40　起重滑车

【型号标识】

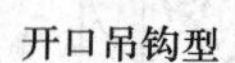

额定起重量，t(以阿拉伯数字表示)
轮数(以阿拉伯数字表示)
开口(K— 桃式开口；Ka— 勾式开口)
轴承(Z— 滚针轴承；滑动轴承、滚动轴承不予表示)
形式(G— 吊钩；L— 链环；D— 吊环)
代号(HQ 或 HY)

表 1-3-30　　HQ 系列滑车（通用滑车）的主参数（JB/T 9007.1—1999）

滑轮直径/mm	额定起重量/t																		钢丝绳直径范围/mm
	0.32	0.5	1	2	3.2	5	8	10	16	20	32	50	80	100	160	200	250	320	
	滑轮数量																		
63	1	—	—	—	—	—	—	—	—	—	—	—	—	—	—	—	—	—	6.2
71	—	1	2	—	—	—	—	—	—	—	—	—	—	—	—	—	—	—	6.2~7.7
85	—	—	1	2	3	—	—	—	—	—	—	—	—	—	—	—	—	—	7.7~11
112	—	—	—	1	2	3	4	—	—	—	—	—	—	—	—	—	—	—	11~14
132	—	—	—	—	1	2	3	4	—	—	—	—	—	—	—	—	—	—	12.5~15.5
160	—	—	—	—	—	1	2	3	4	5	—	—	—	—	—	—	—	—	15.5~18.5
180	—	—	—	—	—	—	—	2	3	4	6	—	—	—	—	—	—	—	17~20
210	—	—	—	—	—	—	1	—	—	3	5	—	—	—	—	—	—	—	20~23
240	—	—	—	—	—	—	—	1	2	—	4	6	—	—	—	—	—	—	23~24.5
280	—	—	—	—	—	—	—	—	—	2	3	5	8	—	—	—	—	—	26~28
315	—	—	—	—	—	—	—	—	1	—	—	4	6	8	—	—	—	—	28~31
355	—	—	—	—	—	—	—	—	—	1	2	3	5	6	8	10	—	—	31~35
400	—	—	—	—	—	—	—	—	—	—	—	—	—	—	—	8	10	—	34~38
450	—	—	—	—	—	—	—	—	—	—	—	—	—	—	—	—	—	10	40~43

表 1-3-31　　HY 系列滑车（林业滑车）的主参数（JB/T 9007.1—1999）

滑轮直径/mm	额定起重量/t										钢丝绳直径范围/mm
	1	2	3.2	5	8	10	16	20	32	50	
	滑轮数量										
85	1	2	3	—	—	—	—	—	—	—	7.7~11
112	—	1	2	3	4	—	—	—	—	—	11~14
132	—	—	1	2	3	4	—	—	—	—	12.5~15.5
160	—	—	—	1	2	3	4	5	—	—	15.5~18.5
180	—	—	—	—	—	2	3	4	6	—	17~20
210	—	—	—	—	1	—	—	3	5	—	20~23
240	—	—	—	—	—	1	2	—	4	6	23~24.5
280	—	—	—	—	—	—	—	2	3	5	26~28
315	—	—	—	—	—	—	1	—	—	4	28~31
355	—	—	—	—	—	—	—	1	2	3	31~35

表 1-3-32　　HQ 系列滑车的品种、形式（JB/T 9007.1—1999）

品种	形式			0.32	0.5	1	2	3.2	5	8	10	16
额定起重量/t				型号								
单轮	开口	滚针轴承	吊钩型	HQGZK1-0.32	HQGZK1-0.5	HQGZK1-1	HQGZK1-2	HQGZK1-3.2	HQGZK1-5	HQGZK1-8	HQGZK1-10	—
单轮	开口	滚针轴承	链环型	HQLZK1-0.32	HQLZK1-0.5	HQLZK1-1	HQLZK1-2	HQLZK1-3.2	HQLZK1-5	HQLZK1-8	HQLZK1-10	—
单轮	开口	滑动轴承	吊钩型	HQGK1-0.32	HQGK1-0.5	HQGK1-1	HQGK1-2	HQGK1-3.2	HQGK1-5	HQGK1-8	HQGK1-10	HQGK1-16
单轮	开口	滑动轴承	链环型	HQLK1-0.32	HQLK1-0.5	HQLK1-1	HQLK1-2	HQLK1-3.2	HQLK1-5	HQLK1-8	HQLK1-10	HQLK1-16
单轮	闭口	滚针轴承	吊钩型	HQGZ1-0.32	HQGZ1-0.5	HQGZ1-1	HQGZ1-2	HQGZ1-3.2	HQGZ1-5	HQGZ1-8	HQGZ1-10	—
单轮	闭口	滚针轴承	链环型	HQLZ1-0.32	HQLZ1-0.5	HQLZ1-1	HQLZ1-2	HQLZ1-3.2	HQLZ1-5	HQLZ1-8	HQLZ1-10	—
单轮	闭口	滑动轴承	吊钩型	HQG1-0.32	HQG1-0.5	HQG1-1	HQG1-2	HQG1-3.2	HQG1-5	HQG1-8	HQG1-10	HQG1-16
单轮	闭口	滑动轴承	链环型	HQL1-0.32	HQL1-0.5	HQL1-1	HQL1-2	HQL1-3.2	HQL1-5	HQL1-8	HQL1-10	HQL1-16
单轮	闭口	滑动轴承	吊环型	—	—	HQD1-1	HQD1-2	HQD1-3.2	HQD1-5	HQD1-8	HQD1-10	—
双轮	双开口	滑动轴承	吊钩型	—	—	HQGK2-1	HQGK2-2	HQGK2-3.2	HQGK2-5	HQGK2-8	HQGK2-10	—
双轮	双开口	滑动轴承	链环型	—	—	HQLK2-1	HQLK2-2	HQLK2-3.2	HQLK2-5	HQLK2-8	HQLK2-10	—
双轮	闭口	滑动轴承	吊钩型	—	—	HQG2-1	HQG2-2	HQG2-3.2	HQG2-5	HQG2-8	HQG2-10	HQG2-16
双轮	闭口	滑动轴承	链环型	—	—	HQL2-1	HQL2-2	HQL2-3.2	HQL2-5	HQL2-8	HQL2-10	HQL2-16
双轮	闭口	滑动轴承	吊环型	—	—	HQD2-1	HQD2-2	HQD2-3.2	HQD2-5	HQD2-8	HQD2-10	HQD2-16
三轮	闭口	滑动轴承	吊钩型	—	—	—	—	HQG3-3.2	HQG3-5	HQG3-8	HQG3-10	HQG3-16
三轮	闭口	滑动轴承	链环型	—	—	—	—	HQL3-3.2	HQL3-5	HQL3-8	HQL3-10	HQL3-16
三轮	闭口	滑动轴承	吊环型	—	—	—	—	HQD3-3.2	HQD3-5	HQD3-8	HQD3-10	HQD3-16
四轮	闭口	滑动轴承	吊环型	—	—	—	—	—	—	HQD4-8	HQD4-10	HQD4-16
五轮	闭口	滑动轴承	吊环型	—	—	—	—	—	—	—	—	—
六轮	闭口	滑动轴承	吊环型	—	—	—	—	—	—	—	—	—
八轮	闭口	滑动轴承	吊环型	—	—	—	—	—	—	—	—	—
十轮	闭口	滑动轴承	吊环型	—	—	—	—	—	—	—	—	—

品种	形式			20	32	50	80	100	160	200	250	320
额定起重量/t				型号								
单轮	开口	滚针轴承	吊钩型	—	—	—	—	—	—	—	—	—
单轮	开口	滚针轴承	链环型	—	—	—	—	—	—	—	—	—
单轮	开口	滑动轴承	吊钩型	HQGK1-20	—	—	—	—	—	—	—	—
单轮	开口	滑动轴承	链环型	HQLK1-20	—	—	—	—	—	—	—	—
单轮	闭口	滚针轴承	吊钩型	—	—	—	—	—	—	—	—	—
单轮	闭口	滚针轴承	链环型	—	—	—	—	—	—	—	—	—
单轮	闭口	滑动轴承	吊钩型	HQG1-20	—	—	—	—	—	—	—	—
单轮	闭口	滑动轴承	链环型	HQL1-20	—	—	—	—	—	—	—	—
单轮	闭口	滑动轴承	吊环型	—	—	—	—	—	—	—	—	—

续表

品种			形式	20	32	50	80	100	160	200	250	320
				型号								
双轮	双开口	滑动轴承	吊钩型	—	—	—	—	—	—	—	—	—
双轮	双开口	滑动轴承	链环型	—	—	—	—	—	—	—	—	—
双轮	闭口	滑动轴承	吊钩型	HQG2-20	—	—	—	—	—	—	—	—
双轮	闭口	滑动轴承	链环型	HQL2-20	—	—	—	—	—	—	—	—
双轮	闭口	滑动轴承	吊环型	HQD2-20	HQD2-32	—	—	—	—	—	—	—
三轮	闭口	滑动轴承	吊钩型	HQG3-20	—	—	—	—	—	—	—	—
三轮	闭口	滑动轴承	链环型	HQL3-20	—	—	—	—	—	—	—	—
三轮	闭口	滑动轴承	吊环型	HQD3-20	HQD3-32	HQD3-50	—	—	—	—	—	—
四轮	闭口	滑动轴承	吊环型	HQD4-20	HQD4-32	HQD4-50	—	—	—	—	—	—
五轮	闭口	滑动轴承	吊环型	HQD5-50	HQD5-32	HQD5-50	HQD5-80	—	—	—	—	—
六轮	闭口	滑动轴承	吊环型	—	HQD6-32	HQD6-50	HQD6-80	HQD6-100	—	—	—	—
八轮	闭口	滑动轴承	吊环型	—	—	—	HQD8-80	HQD8-100	HQD8-160	HQD8-200	—	—
十轮	闭口	滑动轴承	吊环型	—	—	—	—	—	—	HQD10-200	HQD10-250	HQD10-320

表 1-3-33 HY 系列滑车的品种、形式（JB/T 9007.1—1999）

品种			形式	1	2	3.2	5	8	10	16	20	32	50
				型号									
单轮	开口	滚动轴承	吊钩型	HYGK1-1	HYGK1-2	HYGK1-3.2	HYGK1-5	HYGK1-8	HYGK1-10	HYGK1-16	HYGK1-20	—	—
单轮	开口	滚动轴承	链环型	HYLK1-1	HYLK1-2	HYLK1-3.2	HYLK1-5	HYLK1-8	HYLK1-10	HYLK1-16	HYLK1-20	—	—
单轮	开口	滚动轴承	吊钩型	HYGKa1-1	HYGKa1-2	HYGKa1-3.2	HYGKa1-5	HYGKa1-8	HYGKa1-10	HYGKa1-16	HYGKa1-20	—	—
单轮	开口	滚动轴承	链环型	HYLKa1-1	HYLKa1-2	HYLKa1-3.2	HYLKa1-5	HYLKa1-8	HYLKa1-10	HYLKa1-16	HYLKa1-20	—	—
单轮	闭口	滚动轴承	吊钩型	HYG1-1	HYG1-2	HYG1-3.2	HYG1-5	HYG1-8	HYG1-10	HYG1-16	HYG1-20	—	—
单轮	闭口	滚动轴承	链环型	HYL1-1	HYL1-2	HYL1-3.2	HYL1-5	HYL1-8	HYL1-10	HYL1-16	HYL1-20	—	—
双轮	闭口	滚动轴承	吊环型	—	HYD2-2	HYD2-3.2	HYD2-5	HYD2-8	HYD2-10	HYD2-16	HYD2-20	HYD2-32	—
三轮	闭口	滚动轴承	吊环型	—	—	HYD3-3.2	HYD3-5	HYD3-8	HYD3-10	HYD3-16	HYD3-30	HYD3-32	HYD3-50
四轮	闭口	滚动轴承	吊环型	—	—	—	—	HYD4-8	HYD4-10	HYD4-16	HYD4-20	HYD4-32	HYD4-50
五轮	闭口	滚动轴承	吊环型	—	—	—	—	—	—	—	HYD5-20	HYD5-32	HYD5-50
六轮	闭口	滚动轴承	吊环型	—	—	—	—	—	—	—	—	HYD6-32	HYD5-60

3.3.2 吊滑车

【其他名称】 小滑车、小葫芦。

【用途】 用于吊放比较轻便的物件。

【规格】 滑轮直径（mm）：19、25、38、50、63、75。

图 1-3-41 吊滑车

3.4 索具及其他起重工具

3.4.1 索具卸扣

【其他名称】 卸扣、卸甲。

【用途】 用于连接钢丝绳或链条等。其特点是装卸方便，适用于冲击性不大的场合。弓形卸扣开口较大，适用于连接麻绳、白棕绳等。

【规格】 见图 1-3-42、图 1-3-43 和表 1-3-34、表 1-3-35。

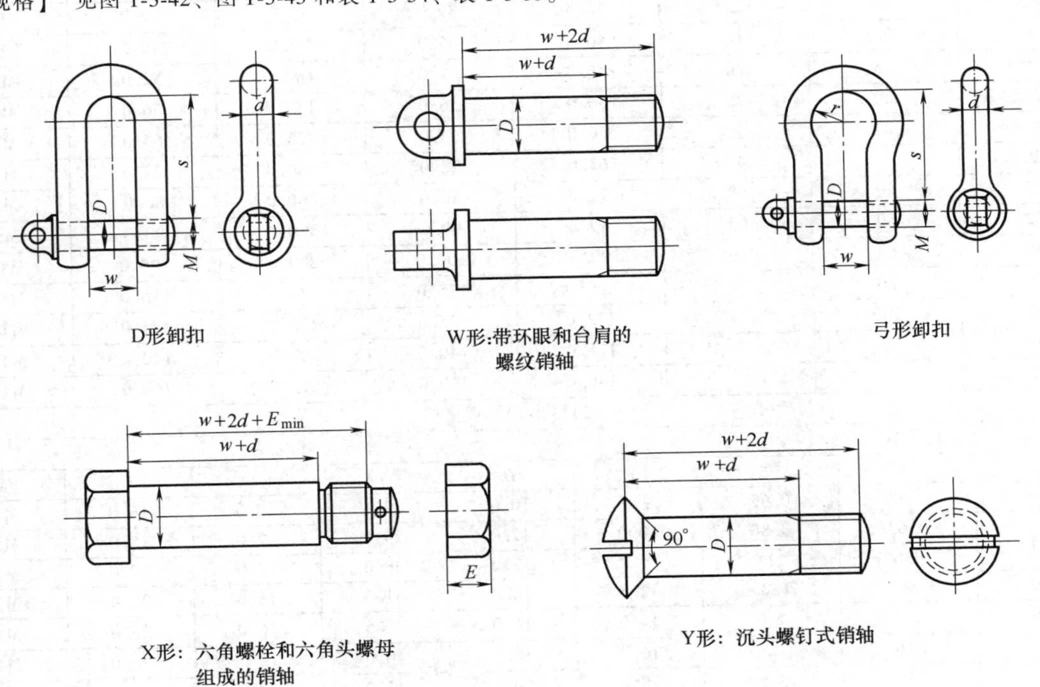

图 1-3-42 索具卸扣

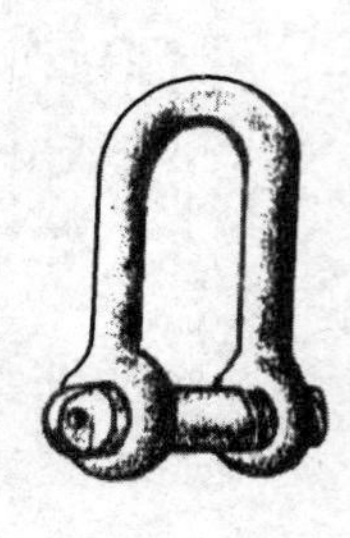

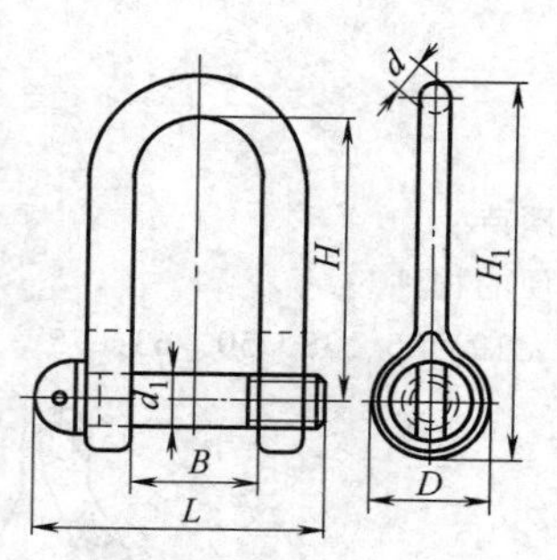

图 1-3-43 普通港卸扣

表 1-3-34 标准产品——一般起重用卸扣

(1)D形卸扣规格

起重量/t			主要尺寸/mm				
M(4)	S(6)	T(8)	*d*	*D*	*s*	*w*	*M*
—	—	0.63	8.0	9.0	18.0	9.0	M8
—	0.63	0.80	9.0	10.0	20.0	10.0	M10
—	0.8	1	10.0	12.0	22.4	12.0	M12
0.63	1	1.25	11.2	12.0	25.0	12.0	M12
0.8	1.25	1.6	12.5	14.0	28.0	14.0	M14
1	1.6	2	14.0	16.0	31.5	16.0	M16
1.25	2	2.5	16.0	18.0	35.5	18.0	M18
1.6	2.5	3.2	18.0	20.0	40.0	20.0	M20
2	3.2	4	20.0	22.0	45.0	22.0	M22
2.5	4	5	22.4	24.0	50.0	24.0	M24
3.2	5	6.3	25.0	30.0	56.0	30.0	M30
4	6.3	8	28.0	33.0	63.0	33.0	M33
5	8	10	31.5	36.0	71.0	36.0	M36
6.3	10	12.5	35.5	39.0	80.0	39.0	M39
8	12.5	16	40.0	45.0	90.0	45.0	M45
10	16	20	45.0	52.0	100.0	52.0	M52
12.5	20	25	50.0	56.0	112.0	56.0	M56
16	25	32	56.0	64.0	125.0	64.0	M64
20	32	40	63.0	72.0	140.0	72.0	M72
25	40	50	71.0	80.0	160.0	80.0	M80
32	50	63	80.0	90.0	180.0	90.0	M90
40	63	—	90.0	100.0	200.0	100.0	M100
50	80	—	100.0	115.0	224.0	115.0	M115
63	100	—	112.0	125.0	250.0	125.0	M125
80	—	—	125.0	140.0	280.0	140.0	M140
100	—	—	140.0	160.0	315.0	160.0	M160

(2)弓形卸扣规格

起重量/t			主要尺寸/mm					
M(4)	S(6)	T(8)	*d*	*D*	*s*	*w*	2*r*	*M*
—	—	0.63	9.0	10.0	22.4	10.0	16.0	M10
—	0.63	0.80	10.0	12.0	25.0	12.0	18.0	M12
—	0.8	1	11.2	12.0	28.0	12.0	20.0	M12
0.63	1	1.25	12.5	14.0	31.5	14.0	22.4	M14
0.8	1.25	1.6	14.0	16.0	35.5	16.0	25.0	M16
1	1.6	2	16.0	18.0	40.0	18.0	28.0	M18
1.25	2	2.5	18.0	20.0	45.0	20.0	31.5	M20
1.6	2.5	3.2	20.0	22.0	50.0	22.0	35.5	M22

续表

(2)弓形卸扣规格								
起重量/t			主要尺寸/mm					
M(4)	S(6)	T(8)	d	D	s	w	$2r$	M
2	3.2	4	22.4	24.0	56.0	24.0	40.0	M24
2.5	4	5	25.0	30.0	63.0	30.0	45.0	M27
3.2	5	6.3	28.0	33.0	71.0	33.0	50.0	M33
4	6.3	8	31.5	36.0	80.0	36.0	56.0	M36
5	8	10	35.5	39.0	90.0	39.0	63.0	M39
6.3	10	12.5	40.0	45.0	100.0	45.0	71.0	M45
8	12.5	16	45.0	52.0	112.0	52.0	80.0	M52
10	16	20	50.0	56.0	125.0	56.0	90.0	M56
12.5	20	25	56.0	64.0	140.0	64.0	100.0	M64
16	25	32	63.0	72.0	160.0	72.0	112.0	M72
20	32	40	71.0	80.0	180.0	80.0	125.0	M80
25	40	50	80.0	90.0	200.0	90.0	140.0	M90
32	50	63	90.0	100.0	224.0	100.0	160.0	M100
40	63	—	100.0	115.0	250.0	115.0	180.0	M115
50	80	—	112.0	125.0	280.0	125.0	200.0	M125
63	100	—	125.0	140.0	315.0	140.0	224.0	M140
80	—	—	140.0	160.0	355.0	160.0	250.0	M160
100	—	—	160.0	180.0	400.0	180.0	280.0	M180

注：M（4）、S（6）、T（8）为卸扣强度级别，在标记中可用 M、S、T 或 4、6、8 表示。

表 1-3-35　　市场产品（普通港卸扣）

卸扣号码	许用负荷/N	适用钢丝绳最大直径/mm	主要尺寸/mm				
			横销螺纹直径 d_1	卸扣本体直径 d	横销全长 L	环孔间距 B	环孔高度 H
0.2	1960	4.7	M8	6	35	12	35
0.3	3240	6.5	M10	8	44	16	45
0.5	4900	8.5	M12	10	55	20	50
0.9	9120	9.5	M16	12	65	24	60
1.4	14200	13	M20	16	86	32	80
2.1	20600	15	M24	20	101	36	90
2.7	26500	17.5	M27	22	111	40	100
3.3	32400	19.5	M30	24	123	45	110
4.1	40200	22	M33	27	137	50	120
4.9	48100	26	M36	30	153	58	130
6.8	68700	28	M42	36	176	64	150
9.0	88300	31	M48	42	197	70	170
10.7	105000	34	M52	45	218	80	190
16.0	157000	43.5	M64	52	262	100	235
21.0	206000	43.5	M76	65	321	99	256

3.4.2 索具套环（GB/T 5974.1—2006、GB/T 5974.2—2006）

【其他名称】 钢丝绳用套环、三角圈。

【用途】 钢丝绳的固定连接附件。钢丝绳与钢丝绳或其他附件间连接时，钢丝绳一端嵌在套环的凹槽中，形成环状，保护钢丝绳弯曲部分受力时不易折断。

【规格】 见图 1-3-44 和表 1-3-36、表 1-3-37。

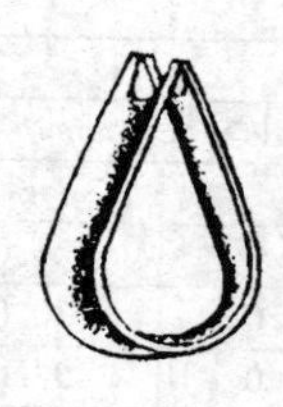

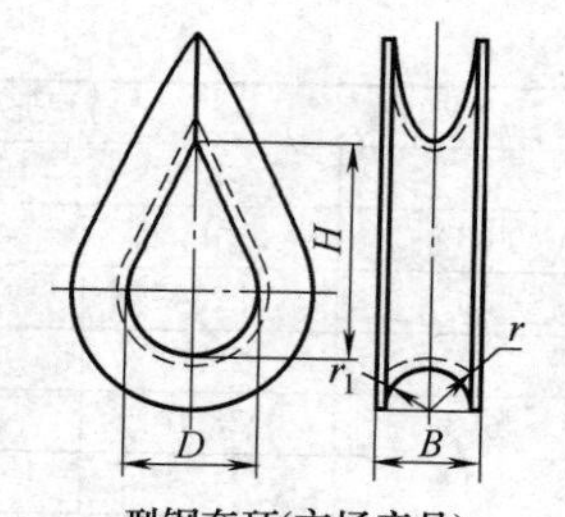

型钢套环(市场产品)

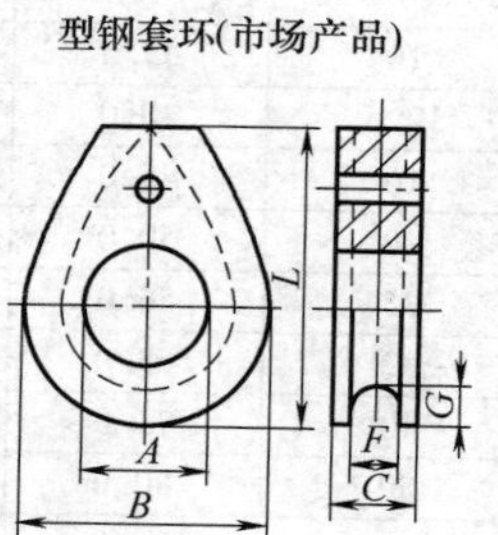

图 1-3-44　索具套环

表 1-3-36

标准产品（GB/T 5974.1、5974.2—2006）

mm

公称尺寸	槽宽 F		侧面宽度	槽深 G ≥		孔径	孔高 D	宽度	高度 L	每件质量/kg	
	最大	最小	C	普通	重型	A	普通	B	重型	普通	重型
6	6.9	6.5	10.5	3.3	—	15	27	—	—	0.032	—
8	9.2	8.6	14.0	4.4	6.0	20	36	40	56	0.075	0.08
10	11.5	10.8	17.5	5.5	7.5	25	45	50	70	0.150	0.17
12	13.8	12.9	21.0	6.6	9.0	30	54	60	84	0.250	0.32
14	16.1	15.1	24.5	7.7	10.5	35	63	70	98	0.393	0.50
16	18.4	17.2	28.0	8.8	12.0	40	72	80	112	0.605	0.78
18	20.7	19.4	31.5	9.9	13.5	45	81	90	126	0.867	1.14
20	23.0	21.5	35.0	11.0	15.0	50	90	100	140	1.205	1.41
22	25.3	23.7	38.5	12.1	16.5	55	99	110	154	1.563	1.96
24	27.6	25.8	42.0	13.2	18.0	60	108	120	168	2.045	2.41
26	29.9	28.0	45.5	14.3	19.5	65	117	130	182	2.620	3.46
28	32.2	30.1	49.0	15.4	21.0	70	126	140	196	3.290	4.30
32	36.8	34.4	56.0	17.6	24.0	80	144	160	224	4.854	6.46
36	41.4	38.7	63.0	19.8	27.0	90	162	180	252	6.972	9.77
40	46.0	43.0	70.0	22.0	30.0	100	180	200	280	9.624	12.94
44	50.6	47.3	77.0	24.2	33.0	110	198	220	308	12.808	17.02
48	55.2	51.6	84.0	26.4	36.0	120	216	240	336	16.525	22.75
52	59.8	55.9	91.0	28.6	39.0	130	234	260	361	20.945	28.41
56	64.4	60.2	98.0	30.8	42.0	140	252	280	392	26.310	35.56
60	69.0	64.5	105.0	33.0	45.0	150	270	300	420	31.396	48.35

注：1. 套环的公称尺寸，即该套环适用的钢丝绳最大直径。

2. 套环的最大承载能力，普通套环（GB/T 5974.1—2006）应不低于公称抗拉强度为 1770MPa 的圆股钢丝绳最小破断拉力的 32%，重型套环（GB/T 5974.2—2006）应不低于公称抗拉强度为 1870MPa 的圆股钢丝绳最小破断力。

表 1-3-37

市场产品（型钢套环）

mm

套环号码	适用钢丝绳公称直径	套环尺寸			套环号码	适用钢丝绳公称直径	套环尺寸		
		槽宽 B	孔宽 D	孔高 H			槽宽 B	孔宽 D	孔高 H
0.1	6.5(6)	9	15	26	0.8	15.0(16)	20	40	64
0.2	8	11	20	32	1.3	19.0(20)	25	50	80
0.3	9.5(10)	13	25	40	1.7	21.5(22)	27	55	88
0.4	11.5(12)	15	30	48	1.9	22.5(24)	29	60	96

续表

套环号码	适用钢丝绳公称直径	套环尺寸			套环号码	适用钢丝绳公称直径	套环尺寸		
		槽宽 B	孔宽 D	孔高 H			槽宽 B	孔宽 D	孔高 H
2.4	28	34	70	112	3.8	34	48	90	144
3.0	31	38	75	120	4.5	37	54	105	168

注：1. 将套环号码乘上 9807，即等于该号码套环的许用负荷值（N）。例：号码为 0.1 的套环，其许用负荷为 981N。

2. 适用钢丝绳公称直径栏中括号内的数字为过去习惯称呼的直径。

3.4.3 索具螺旋扣（CB/T 3818—2013）

【其他名称】 花篮螺丝、紧线扣。

【用途】 用于拉紧钢丝绳，并起调节松紧的作用。其中 OO 型用于不经常拆卸的场合，CC 型用于经常拆卸的场合，CO 型用于一端经常拆卸另一端不经常拆卸的场合。

【分类】 螺旋扣分为开式索具螺旋扣和旋转式索具螺旋扣两种类型，见表 1-3-38。

螺旋扣按两端连接方式分为 UU、OO、OU、CC、CU、CO 六种形式，见表 1-3-38。

螺旋扣按螺旋套型式分为模锻螺旋扣和焊接螺旋扣两种类型，见表 1-3-38。

螺旋扣按强度分为 M、P、T 三个等级。

表 1-3-38　　索具螺旋扣形式（CB/T 3818—2013）

类型	形式	名　称	螺旋扣形式简图
开式索具螺旋扣	KUUD	开式 UU 型螺杆模锻螺旋扣	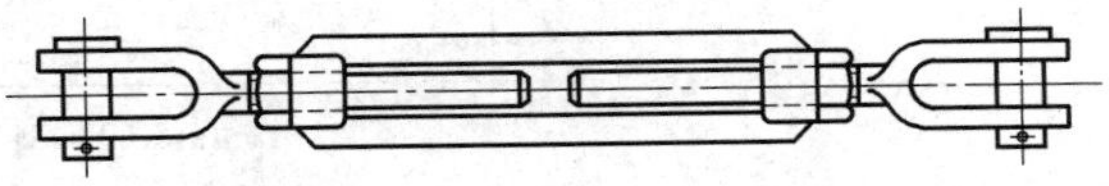
	KUUH	开式 UU 型螺杆焊接螺旋扣	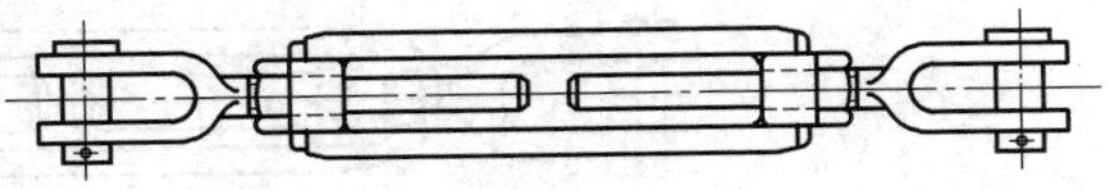
	KOOD	开式 OO 型螺杆模锻螺旋扣	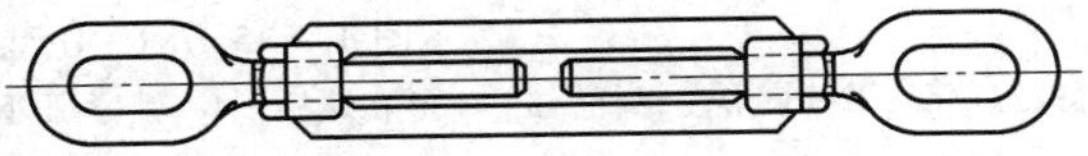
	KOOH	开式 OO 型螺杆焊接螺旋扣	
	KOUD	开式 OU 型螺杆模锻螺旋扣	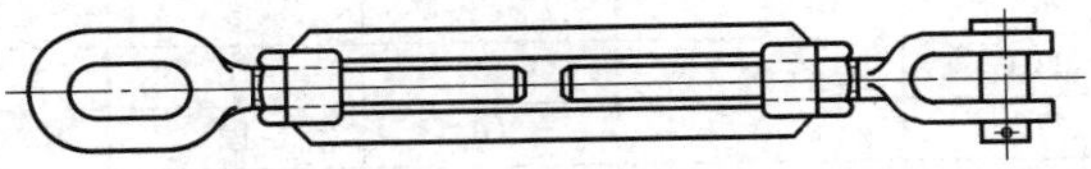
	KOUH	开式 OU 型螺杆焊接螺旋扣	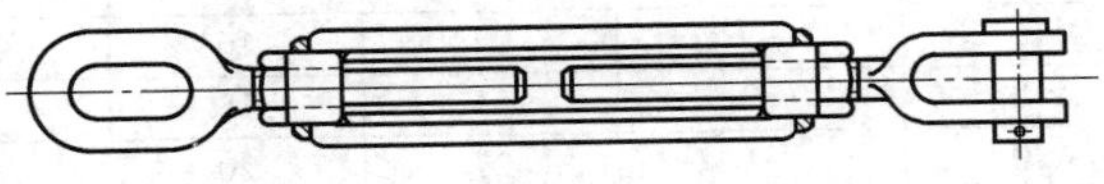
	KCCD	开式 CC 型螺杆模锻螺旋扣	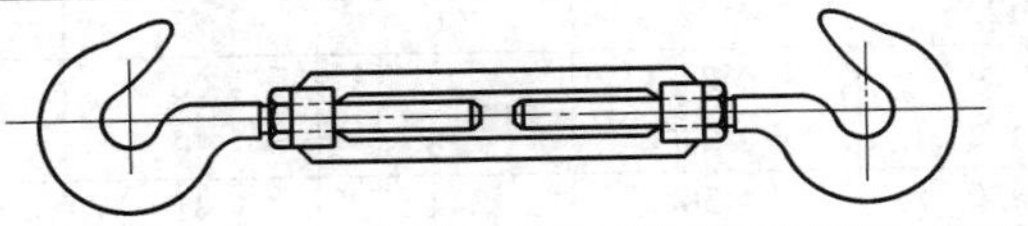
	KCUD	开式 CU 型螺杆模锻螺旋扣	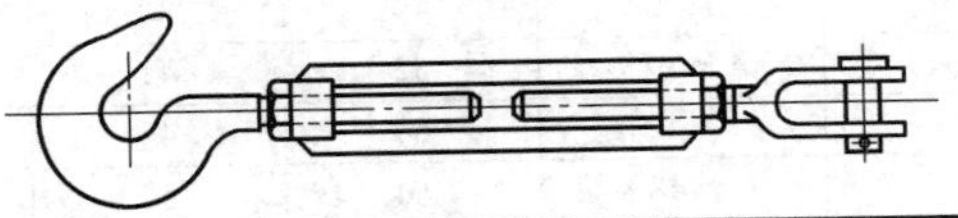

续表

类型	形式	名 称	螺旋扣形式简图
开式 索具螺旋扣	KCOD	开式 CO 型螺杆模锻螺旋扣	
旋转式 索具螺旋扣	ZCUD	旋转式 CU 型螺杆模锻螺旋扣	
	ZUUD	旋转式 UU 型螺杆模锻螺旋扣	

【规格】

① KUUD 型和 KUUH 型螺旋扣的结构形式和主要尺寸按图 1-3-45 及表 1-3-39 的规定。

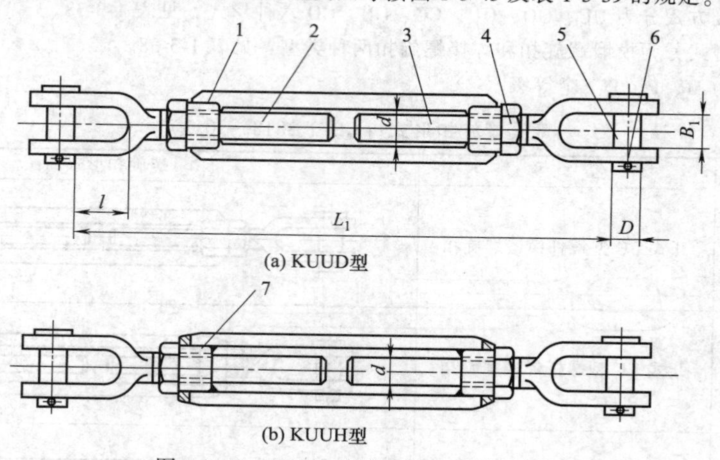

图 1-3-45 KUUD 型和 KUUH 型螺旋扣

1—模锻螺旋套；2—U 形左螺杆；3—U 形右螺杆；4—锁紧螺母；5—光直销（也可采用螺栓销）；6—开口销；7—焊接螺旋套

表 1-3-39 KUUD 和 KUUH 型螺旋扣主要尺寸 mm

螺杆螺纹规格 d		B_1	D	l	L_1		质量/kg	
KUUD 型	KUUH 型				最短	最长	KUUD 型	KUUH 型
M6	—	10	6	16	155	230	0.2	—
M8	—	12	8	20	210	325	0.4	—
M10	—	14	10	22	230	340	0.5	—
M12	—	16	12	27	280	420	0.9	—
M14	—	18	14	30	295	435	1.1	—
M16	—	22	16	34	335	525	1.8	—
M18	—	25	18	38	375	540	2.3	—
M20	—	27	20	41	420	605	3.1	—
M22	M22	30	23	44	445	630	3.7	4.1
M24	M24	32	26	52	505	720	5.8	6.2
M27	M27	38	30	61	545	755	6.9	7.3
M30	M30	44	32	69	635	880	11.4	12.1
M36	M36	49	38	73	650	900	14.1	15.1
—	M39	52	41	78	720	985	—	21.3
—	M42	60	45	86	760	1025	—	24.4
—	M48	64	50	94	845	1135	—	35.9

续表

螺杆螺纹规格 d		B_1	D	l	L_1		质量/kg	
KUUD 型	KUUH 型				最短	最长	KUUD 型	KUUH 型
—	M56	68	57	104	870	1160	—	43.8
—	M60	72	61	109	940	1250	—	57.2
—	M64	75	65	113	975	1280	—	65.8
—	M68	89	71	106	1289	1639	—	112.7
—	Tr70	85	90	—	1300	1700	—	135.0
—	Tr80	95	100	—	1400	1850	—	180.0
—	Tr90	106	110	—	1500	2000	—	244.0
—	Tr100	115	120	—	1700	2250	—	280.0
—	Tr120	118	123	—	1800	2400	—	330.0

② KOOD 型和 KOOH 型螺旋扣的结构形式和主要尺寸按图 1-3-46 及表 1-3-40 的规定。

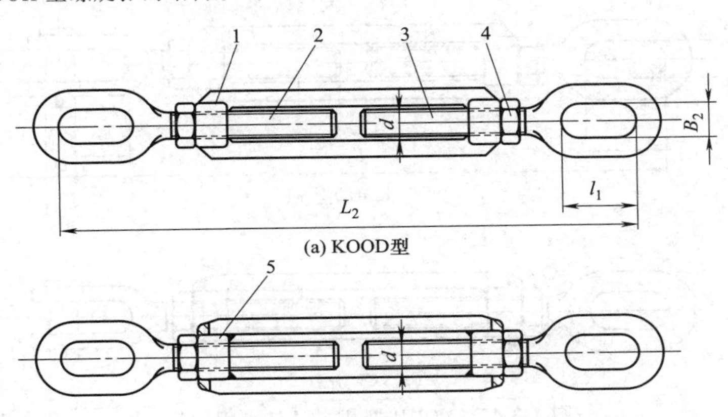

图 1-3-46　KOOD 型和 KOOH 型螺旋扣

1—模锻螺旋套；2—O 形左螺杆；3—O 形右螺杆；4—锁紧螺母；5—焊接螺旋套

表 1-3-40　KOOD 和 KOOH 型螺旋扣主要尺寸　mm

螺杆螺纹规格 d		B_2	l_1	L_2		质量/kg	
KOOD 型	KOOH 型			最短	最长	KOOD 型	KOOH 型
M6	—	10	19	170	245	0.2	—
M8	—	12	24	230	345	0.3	—
M10	—	14	28	255	365	0.4	—
M12	—	16	34	310	450	0.7	—
M14	—	18	40	325	465	0.9	—
M16	—	22	47	390	560	1.6	—
M18	—	25	55	415	580	1.8	—
M20	—	27	60	470	655	2.6	—
M22	M22	30	70	495	680	2.9	3.4
M24	M24	32	80	575	785	4.8	5.2
M27	M27	36	90	610	820	5.5	6.0
M30	M30	40	100	700	950	9.8	10.5
M36	M36	44	105	730	975	11.6	12.5
—	M39	49	120	820	1085	—	18.1
—	M42	52	130	855	1120	—	19.1
—	M48	58	140	910	1230	—	29.9
—	M56	65	150	970	1260	—	35.9
—	M60	70	170	1085	1390	—	46.2

续表

螺杆螺纹规格 d		B_2	l_1	L_2		质量/kg	
KOOD 型	KOOH 型			最短	最长	KOOD 型	KOOH 型
—	M64	75	180	1130	1435	—	57.3
—	M68	83	178	1447	1797	—	91.0
—	Tr70	85	—	1300	1700	—	105.0
—	Tr80	95	—	1400	1850	—	150.0
—	Tr90	106	—	1500	2000	—	220.0
—	Tr100	115	—	1700	2250	—	255.0
—	Tr120	118	—	1800	2400	—	295.0

③ KOUD 型和 KOUH 型螺旋扣的结构形式和主要尺寸按图 1-3-47 及表 1-3-41 的规定。

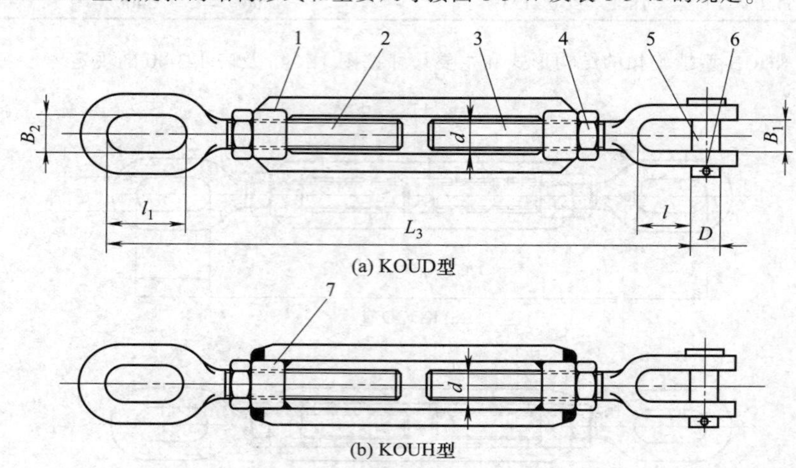

图 1-3-47　KOUD 型和 KOUH 型螺旋扣

1—模锻螺旋套；2—O 形左螺杆；3—U 形右螺杆；4—锁紧螺母；
5—光直销（也可采用螺栓销）；6—开口销；7—焊接螺旋套

表 1-3-41　　KOUD 型和 KOUH 型螺旋扣主要尺寸　　mm

螺杆螺纹规格 d		B_1	B_2	D	l	l_1	L_3		质量/kg	
KOUD 型	KOUH 型						最短	最长	KOUD 型	KOUH 型
M6	—	10	10	6	16	19	160	235	0.3	—
M8	—	12	12	8	20	24	220	335	0.4	—
M10	—	14	14	10	22	28	240	355	0.5	—
M12	—	16	16	12	27	34	295	435	0.8	—
M14	—	18	18	14	30	40	310	450	1.0	—
M16	—	22	22	16	34	47	375	540	1.7	—
M18	—	25	25	18	38	55	395	560	2.0	—
M20	—	27	27	20	41	60	445	630	2.8	—
M22	M22	30	30	23	44	70	470	655	3.3	3.8
M24	M24	32	32	26	52	80	540	775	5.3	5.7
M27	M27	38	36	30	61	90	575	790	6.2	6.7
M30	M30	44	40	32	69	100	665	915	10.6	11.3
M36	M36	49	41	38	73	105	690	940	12.8	13.7
—	M39	52	49	41	78	120	770	1035	—	19.3
—	M42	60	52	45	86	130	810	1075	—	21.8
—	M48	64	58	50	94	140	890	1180	—	32.9

续表

螺杆螺纹规格 d		B_1	B_2	D	l	l_1	L_3		质量/kg	
KOUD 型	KOUH 型						最短	最长	KOUD 型	KOUH 型
—	M56	68	65	57	104	150	920	1210	—	40.9
—	M60	72	70	61	109	170	1010	1320	—	52.1
—	M64	75	75	65	113	180	1055	1360	—	61.5
—	M68	89	83	71	106	178	1369	1719	—	101.8
—	Tr70	85	85	90	—	—	1300	1700	—	115.0
—	Tr80	95	95	100	—	—	1400	1850	—	165.0
—	Tr90	106	106	110	—	—	1500	2000	—	235.0
—	Tr100	115	115	120	—	—	1700	2250	—	265.0
—	Tr120	118	118	123	—	—	1800	2100	—	315.0

④ KCCD 型、KCUD 型和 KCOD 型螺旋扣的结构形式和主要尺寸按图 1-3-48 及表 1-3-42 的规定。

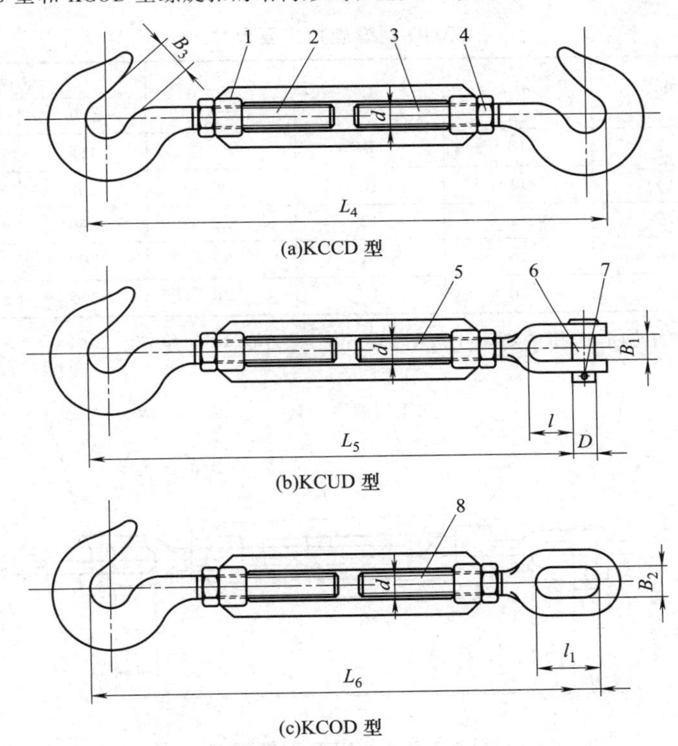

(a)KCCD 型

(b)KCUD 型

(c)KCOD 型

图 1-3-48　KCCD 型、KCUD 型和 KCOD 型螺旋扣

1—模锻螺旋套；2—C 形左螺杆；3—C 形右螺杆；4—锁紧螺母；5—U 形右螺杆；6—光直销（也可采用螺栓销）；7—开口销；8—O 形右螺杆

表 1-3-42　KCCD 型、KCUD 型和 KCOD 型螺旋扣主要尺寸　mm

<table>
<tr><th rowspan="2">螺杆螺纹规格 d</th><th rowspan="2">B_1</th><th rowspan="2">B_2</th><th rowspan="2">B_3</th><th rowspan="2">D</th><th rowspan="2">l</th><th rowspan="2">l_1</th><th colspan="2">L_4</th><th colspan="2">L_5</th><th colspan="2">L_6</th><th colspan="3">质量/kg</th></tr>
<tr><th>最短</th><th>最长</th><th>最短</th><th>最长</th><th>最短</th><th>最长</th><th>KCCD 型</th><th>KCUD 型</th><th>KCOD 型</th></tr>
<tr><td>M6</td><td colspan="2">10</td><td>8</td><td>6</td><td>16</td><td>19</td><td>160</td><td>235</td><td>160</td><td>235</td><td>165</td><td>240</td><td colspan="3">0.2</td></tr>
<tr><td>M8</td><td colspan="2">12</td><td>13</td><td>8</td><td>20</td><td>24</td><td>250</td><td>360</td><td>230</td><td>340</td><td>240</td><td>350</td><td colspan="2">0.4</td><td>0.5</td></tr>
<tr><td>M10</td><td colspan="2">14</td><td>16</td><td>10</td><td>22</td><td>28</td><td>270</td><td>385</td><td>250</td><td>365</td><td>260</td><td>375</td><td>0.6</td><td>0.5</td><td>0.7</td></tr>
<tr><td>M12</td><td colspan="2">16</td><td>18</td><td>12</td><td>27</td><td>34</td><td>320</td><td>460</td><td>300</td><td>440</td><td>315</td><td>455</td><td colspan="2">1.0</td><td>1.2</td></tr>
<tr><td>M14</td><td colspan="2">18</td><td>20</td><td>14</td><td>30</td><td>40</td><td>330</td><td>470</td><td>315</td><td>455</td><td>330</td><td>470</td><td>1.2</td><td>1.1</td><td>1.3</td></tr>
<tr><td>M16</td><td colspan="2">22</td><td>24</td><td>16</td><td>34</td><td>47</td><td>390</td><td>560</td><td>375</td><td>545</td><td>390</td><td>560</td><td>2.0</td><td>1.9</td><td>2.2</td></tr>
</table>

⑤ ZCUD 型螺旋扣的结构形式和主要尺寸按图 1-3-49 及表 1-3-43 的规定。

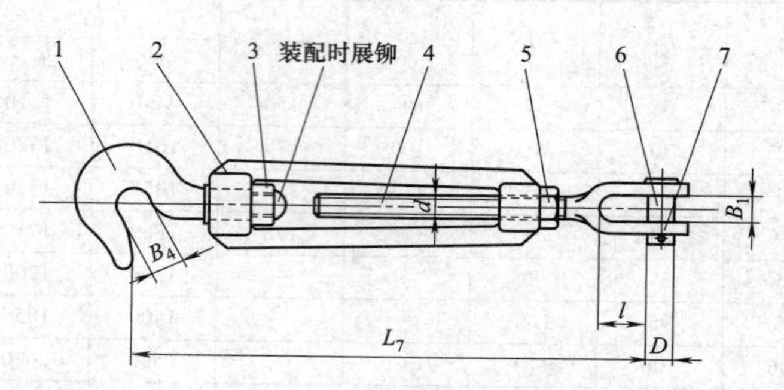

图 1-3-49 ZCUD 型螺旋扣

1—C 形钩子；2—模锻螺旋套；3—圆螺母；4—U 形螺杆；5—锁紧螺母；6—光直销（也可采用螺栓销）；7—开口销

表 1-3-43 ZCUD 型螺旋扣主要尺寸

mm

螺杆螺纹规格 d	B_1	B_4	D	l	L_7		质量 /kg
					最短	最长	
M8	12	10	8	16	185	265	0.4
M10	14	11	10	20	200	285	0.5
M12	16	12	12	22	240	330	0.9
M14	18	16	14	27	300	420	1.3
M16	22	20	16	30	315	440	1.8

⑥ ZUUD 型螺旋扣的结构形式和主要尺寸按图 1-3-50 及表 1-3-44 的规定。

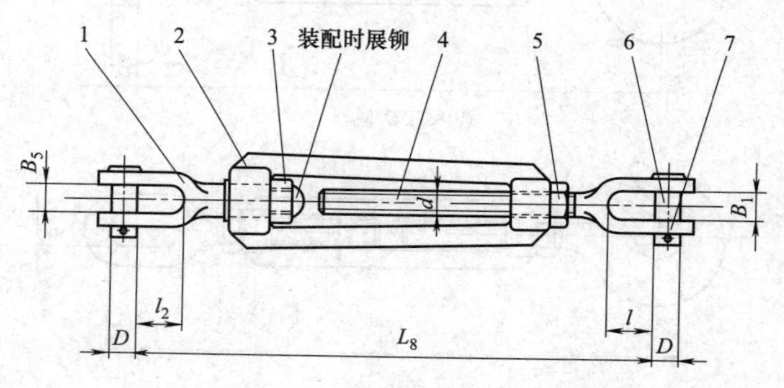

图 1-3-50 ZUUD 型螺旋扣

1—U 形叉子；2—模锻螺旋套；3—圆螺母；4—U 形螺杆；5—锁紧螺母；6—光直销（也可采用螺栓销）；7—开口销

表 1-3-44 ZUUD 型螺旋扣主要尺寸

mm

<table>
<tr><th rowspan="2">螺杆螺纹规格 d</th><th rowspan="2">B₁</th><th rowspan="2">B₅</th><th rowspan="2">D</th><th rowspan="2">l</th><th rowspan="2">l₂</th><th colspan="2">L₈</th><th rowspan="2">质量 /kg</th></tr>
<tr><th>最短</th><th>最长</th></tr>
<tr><td>M8</td><td colspan="2">12</td><td>8</td><td colspan="2">16</td><td>190</td><td>270</td><td>0.4</td></tr>
<tr><td>M10</td><td colspan="2">14</td><td>10</td><td colspan="2">20</td><td>210</td><td>295</td><td>0.5</td></tr>
<tr><td>M12</td><td colspan="2">16</td><td>12</td><td>22</td><td>24</td><td>245</td><td>335</td><td>0.9</td></tr>
<tr><td>M14</td><td colspan="2">18</td><td>14</td><td>27</td><td>29</td><td>305</td><td>425</td><td>1.2</td></tr>
<tr><td>M16</td><td colspan="2">22</td><td>16</td><td>30</td><td>35</td><td>325</td><td>450</td><td>1.6</td></tr>
</table>

【型号表示】 螺旋扣的型号表示方法如下：

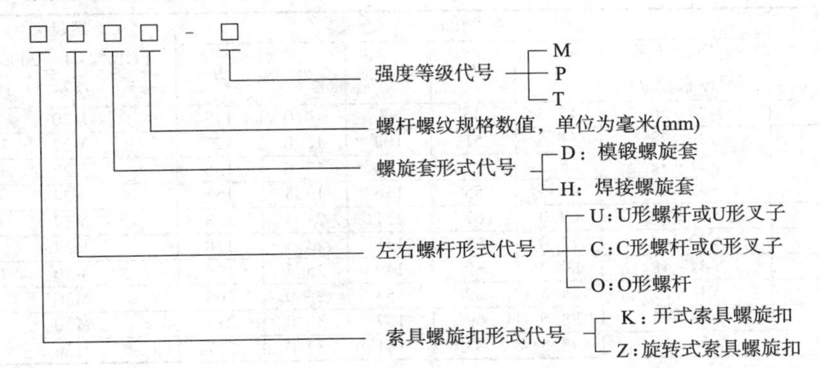

【标记示例】

螺杆螺纹规格为 Tr100mm、强度等级为 T 级的开式 UU 形螺杆焊接索具螺旋扣标记为：

螺旋扣 CB/T 3818—2013 KUUH100-T

螺杆螺纹规格为 M36mm、强度等级为 M 级的开式 OU 形螺杆模锻索具螺旋扣标记为：

螺旋扣 CB/T 3818—2013 KOUD36-M

螺杆螺纹规格为 M12mm、强度等级为 P 级的旋转式 CU 形螺杆模锻索具螺旋扣标记为：

螺旋扣 CB/T 3818—2013 ZCUD12-P

3.4.4 钢丝绳夹（GB/T 5976—2006）

【其他名称】 线盘、夹线盘、钢丝卡子、钢丝绳轧头。

【用途】 与钢丝绳用套环配合，作夹紧钢丝绳末端用。

【规格】 见图 1-3-51 和表 1-3-45。

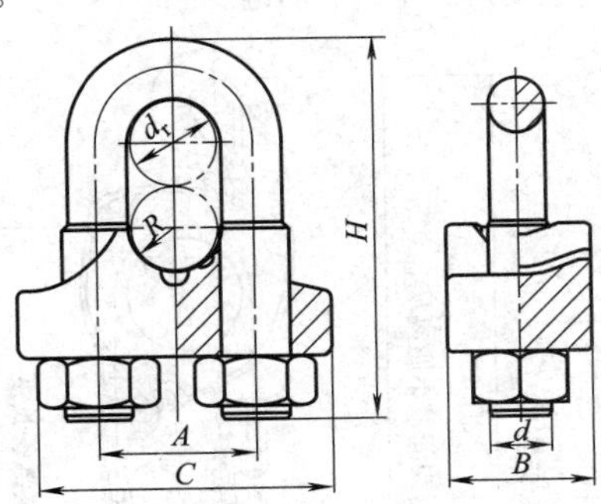

图 1-3-51 钢丝绳夹

表 1-3-45 钢丝绳夹标准产品（GB/T 5976—2006）

绳夹规格（钢丝绳公称直径）/mm	尺寸/mm						螺母（GB/T 41—2000）d/mm	单组质量/kg
	适用钢丝绳公称直径 d_r	A	B	C	R	H		
6	6	13.0	14	27	3.5	31	M6	0.034
8	>6~8	17.0	19	36	4.5	41	M8	0.073
10	>8~10	21.0	23	44	5.5	51	M10	0.140
12	>10~12	25.0	28	53	6.5	62	M12	0.243
14	>12~14	29.0	32	61	7.5	72	M14	0.372
16	>14~16	31.0	32	63	8.5	77	M14	0.402
18	>16~18	35.0	37	72	9.5	87	M16	0.601
20	>18~20	37.0	37	74	10.5	92	M16	0.624
22	>20~22	43.0	46	89	12.0	108	M20	1.122
24	>22~24	45.5	46	91	13.0	113	M20	1.205

续表

绳夹规格（钢丝绳公称直径）/mm	尺寸/mm						螺母（GB/T 41—2000）d/mm	单组质量/kg
	适用钢丝绳公称直径 d_r	A	B	C	R	H		
26	>24~26	47.5	46	93	14.0	117	M20	1.244
28	>26~28	51.5	51	102	15.0	127	M22	1.605
32	>28~32	55.5	51	106	17.0	136	M22	1.727
36	>32~36	61.5	55	116	19.5	151	M24	2.286
40	>36~40	69.0	62	131	21.5	168	M27	3.133
44	>40~44	73.0	62	135	23.5	178	M27	3.470
48	>44~48	80.0	69	149	25.5	196	M30	4.701
52	>48~52	84.5	69	153	28.0	205	M30	4.897
56	>52~56	88.5	69	157	30.0	214	M30	5.075
60	>56~60	98.5	83	181	32.0	237	M36	7.921

【标记示例】 钢丝绳为右捻6股，规格为20mm（钢丝绳公称直径 d_r>18~20mm），夹座材料为KTH350-10的钢丝绳夹，标记为：

绳夹　GB/T 5976-20 KTH

钢丝绳为左捻6股时：

绳夹　GB/T 5976-20 左 KTH

钢丝绳为右捻6股，绳夹规格为20，材料为KTH 350-10的夹座：

夹座　GB/T 5976-20 KTH

钢丝绳为左捻6股时：

夹座　GB/T 5976-20 左 KTH

3.4.5 手拉葫芦（JB/T 7334—2016）

【其他名称】 手拉葫芦、神仙葫芦、葫芦、车筒、倒链。

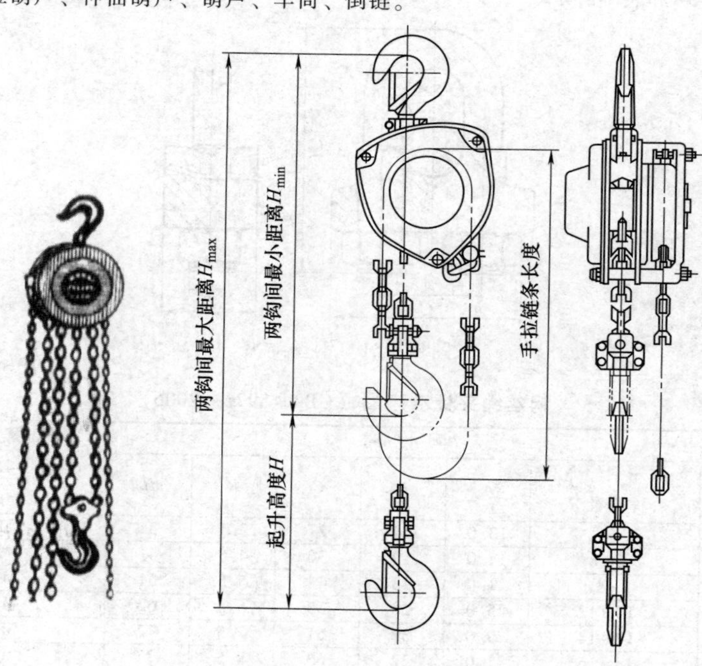

图1-3-52　手拉葫芦（JB/T 7334—2016）

注：1. 起升高度 H 是指下吊钩下极限工作位置与上极限工作位置之间的距离。

2. 两钩间最小距离 H_{min} 是指下吊钩上升至上极限工作位置时，上、下吊钩钩腔内缘的距离。

3. 手拉链条长度是指手链轮外圆上顶点到手拉链条下垂点的距离。

【用途】 供手动提升重物用，多用于工厂、矿山、仓库、码头、建筑工地等场合，特别适用于流动性及无电源的露天作业。

【规格】 见表1-3-46。

表1-3-46 手拉葫芦

额定起重量 G_n /t	标准起升高度 H /m	两钩间最小距离 H_{min} /mm	标准手拉链条长度 /m
0.25	2.5	≤240	2.5
0.5		≤330	
1		≤360	
1.6		≤430	
2		≤500	
2.5		≤530	
3.2	3	≤580	3
5		≤700	
8		≤850	
10		≤950	
16		≤1200	
20		≤1350	
32		≤1600	
40		≤2000	
50		≤2200	

3.4.6 环链手扳葫芦（JB/T 7335—2016）

【其他名称】 倒链。

【用途】 广泛用于船厂的船体拼装焊接，电力部门高压输电线路的接头拉紧，农林、交通运输部门的起吊装车、物料捆扎、车辆拽引，以及工厂等部门的设备安装、校正。

【规格】 见表1-3-47。

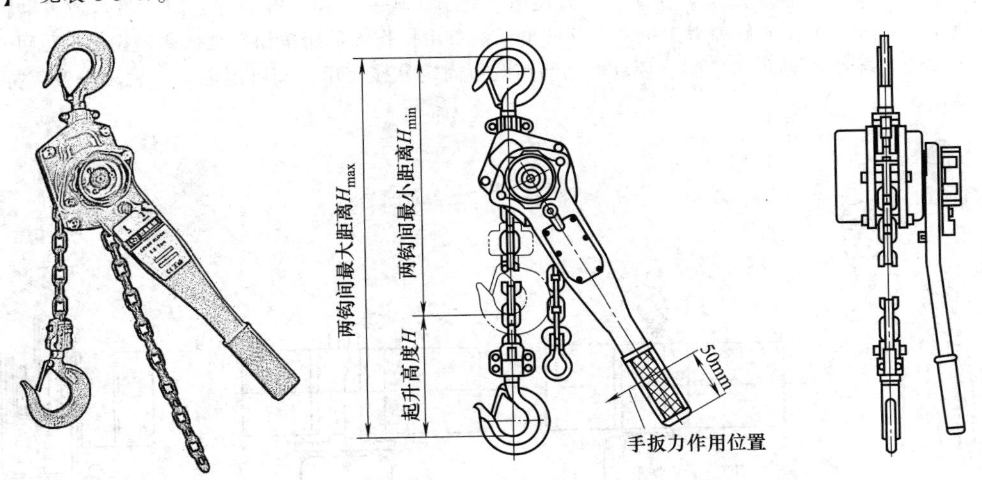

图1-3-53 环链手扳葫芦

注：1. 起升高度 H 是指下吊钩下极限工作位置与上极限工作位置之间的距离。
2. 两钩间最小距离 H_{min} 是指下吊钩上升至上极限工作位置时，上、下吊钩钩腔内缘的距离。

表1-3-47 环链手扳葫芦

额定起重量 G_n/t	0.25	0.5	0.8	1	1.6	2	3.2	5	6.3	9	12
标准起升高度/m	1	1.5									
两钩间最小距离 H_{min}/mm	≤250	≤300	≤350	≤380	≤400	≤450	≤500	≤600	≤700	≤800	≤850

【轻载性能】手扳葫芦做轻载性能试验时，应按表1-3-48规定的数值加载，并按表1-3-50规定的试验起升高度起升和下降各一次，要求载荷升降正常，制动器动作可靠。

表 1-3-48　　轻载试验条件

额定起重量/t	0.25	0.5	0.8	1	1.6	2	3.2	5	6.3	9	12
试验载荷/kN	0.2		0.3		0.5		0.8	1.1	1.5	2	2.5

【动载试验】　手扳葫芦做动载试验时，应按1.25倍额定起重量的试验载荷加载，如表1-3-49所示；并按表1-3-50的试验起升高度起升和下降各一次，应符合下列要求：

① 起重链条与起重链轮、游轮，换向棘爪与换向棘轮啮合良好；

② 齿轮副运转平稳，无异常现象；

③ 起升和下降时起重链条无扭转和卡链现象；

④ 手柄动作平稳，起升时手扳力无很大变化；

⑤ 制动器动作可靠。

表 1-3-49　　动载试验的试验载荷

额定起重量/t	0.25	0.5	0.8	1	1.6	2	3.2	5	6.3	9	12
试验载荷/kN	3.15	6.3	10	12.5	20	25	40	63	80	113	150

表 1-3-50　　动载试验的起升高度

起重链条行数	1	2	3	4
试验起升高度/mm	300	150	100	75

注：起重链条行数是指一台机体上的起重链条行数。当起重链条行数大于4时，试验起升高度为300mm除以起重链条行数。

3.4.7　环链电动葫芦（JB/T 5317—2016）

【用途】　主要应用于各大厂房、仓库、风力发电、物流、码头、建筑等行业，用于吊运或者装卸货物，也可以将重物吊起来方便工作或修理大型机器。环链电动葫芦由操作人员用按钮在地面跟随操纵，也可在操控室内操纵或采用有线（无线）远距离控制。环链电动葫芦既可固定悬挂使用，又可配电动单轨小车及手推/手拉单轨小车行走使用。

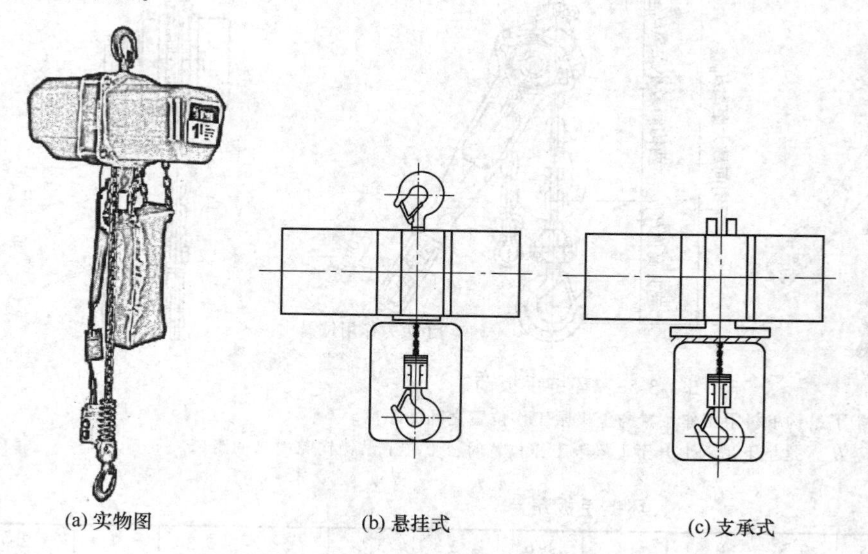

(a) 实物图　　(b) 悬挂式　　(c) 支承式

图 1-3-54　无运动机构，固定使用的环链电动葫芦

注：悬挂式除吊钩悬挂外，还可有吊环悬挂等方式。

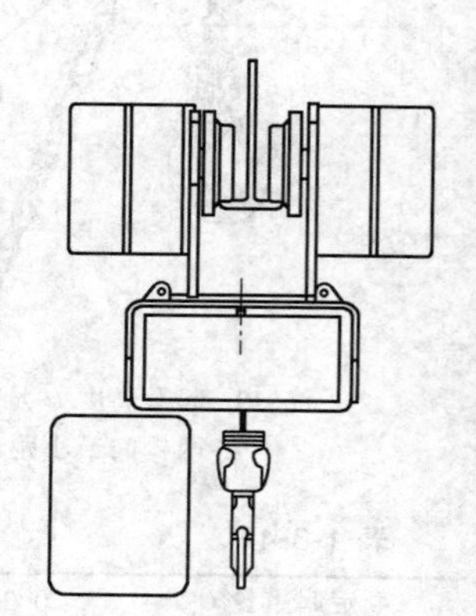

图 1-3-55　具有运行机构、沿轨道运行的环链葫芦

【基本参数】 环链葫芦起升机构的工作级别，按照载荷状态级别及使用等级，分为M1~M8共8个级别，见表1-3-51。

环链葫芦的额定起重量优先采用表1-3-52规定的数量。

环链葫芦的起升高度优先采用表1-3-53规定的数值。

环链葫芦的起升速度优先采用表1-3-54规定的数值，双速环链葫芦中的慢速推荐为正常工作速度的1/6~1/2，其他调速方式的调速范围可与用户协商解决。

环链葫芦的运行速度应优先采用表1-3-55规定的数值，双速环链葫芦中的慢速推荐为正常工作速度的1/6~1/2，其他调速方式的调速范围可与用户协商解决。

表1-3-51 环链葫芦起升机构的工作级别

载荷状态级别	机构名义载荷谱系数 K_m	使用等级T									
		T_0	T_1	T_2	T_3	T_4	T_5	T_6	T_7	T_8	T_9
		总使用时间 t_T/h									
		$t_T \leqslant 200$	$200<t_T \leqslant 400$	$400<t_T \leqslant 800$	$800<t_T \leqslant 1600$	$1600<t_T \leqslant 3200$	$3200<t_T \leqslant 6300$	$6300<t_T \leqslant 12500$	$12500<t_T \leqslant 25000$	$25000<t_T \leqslant 50000$	$t_T >50000$
L1	$K_m \leqslant 0.125$	M1	M1	M1	M2	M3	M4	M5	M6	M7	M8
L2	$0.125<K_m \leqslant 0.250$	M1	M1	M2	M3	M4	M5	M6	M7	M8	—
L3	$0.250<K_m \leqslant 0.500$	M1	M2	M3	M4	M5	M6	M7	M8	—	—
L4	$0.500<K_m \leqslant 1.000$	M2	M3	M4	M5	M6	M7	M8	—	—	—

表1-3-52 环链葫芦的额定起重量 t

0.1	0.125	0.16	0.2	0.25	0.32	0.4	0.5	0.63	0.8
1	1.25	1.6	2	2.5	3.2	4	5	6.3	8
10	12.5	16	20	25	32	40	50	63	80
100	—	—	—	—	—	—	—	—	—

表1-3-53 环链葫芦的起升高度 m

—	—	—	3.2	4	5	6.3	8	10	12.5
16	20	25	32	40	50	63	80	100	125
160	—	—	—	—	—	—	—	—	—

表1-3-54 环链葫芦的起升速度 m/min

—	—	—	0.25	0.32	0.4	0.5	0.63	0.8	1
1.25	1.6	2	2.5	3.2	4	5	6.3	8	10
12.5	16	20	25	32	—	—	—	—	—

表1-3-55 环链葫芦的运行速度 m/min

3.2	4	5	6.3	8	10
12.5	16	20	25	32	40

3.4.8 钢丝绳电动葫芦（JB/T 9008.1—2014）

【用途】 钢丝绳电动葫芦是一种小型起重设备，具有结构紧凑、重量轻、体积小、零部件通用性强、操作方便等优点，它既可以单独安装在工字钢上，也可以配套安装在电动或手动单梁、双梁、悬臂、龙门等起重机上使用。

【形式】 根据电动葫芦有无运行机构和运动机构形式，分为固定式电动葫芦、单梁小车式电动葫芦和双梁小车式电动葫芦。

① 固定式：无运行机构、固定使用的电动葫芦，按其安装方式不同，可分为支撑式和悬挂式两种形式。

a. 支撑式：根据座脚位置的不同分为上方固定式、下方固定式、左方固定式、右方固定式［如图 1-3-57 中（b）~（e）所示］。

b. 悬挂式：无运行机构、悬挂使用的电动葫芦（见图 1-3-58）。

② 单梁小车式：具有运行机构、沿单梁轨道运行的电动葫芦；根据电动葫芦总体布置的结构形式，一般包括普通型（见图 1-3-59）和低净空型（见图 1-3-60）等。

③ 双梁小车式：具有运行机构、沿双梁上的两条轨道运行的电动葫芦，如图 1-3-61 和图 1-3-62 所示。

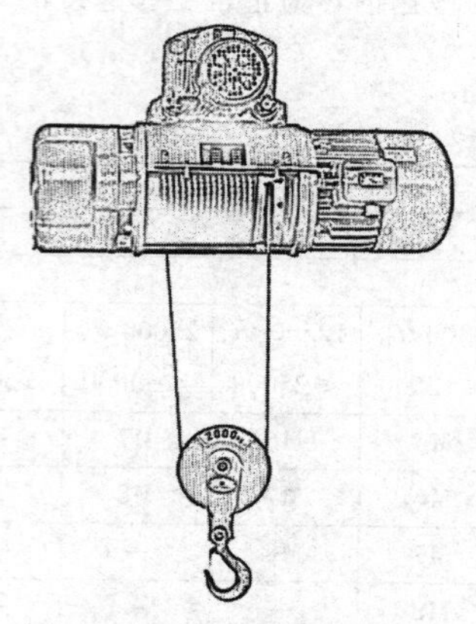

图 1-3-56　钢丝绳电动葫芦

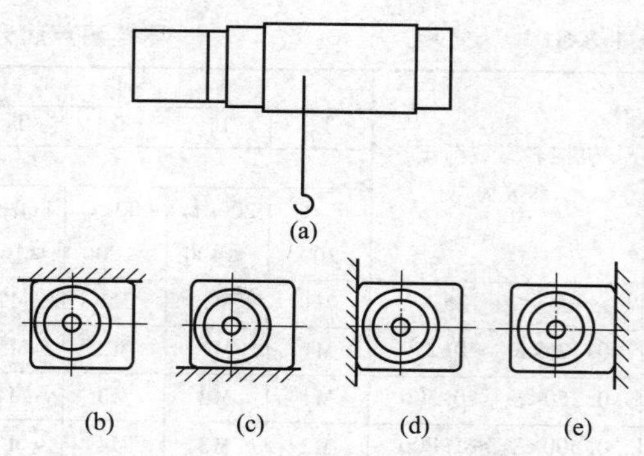

图 1-3-57　固定型支撑式电动葫芦

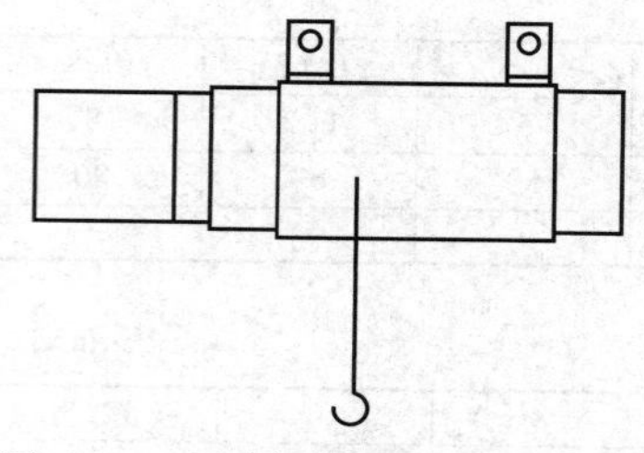

图 1-3-58　固定型悬挂式电动葫芦

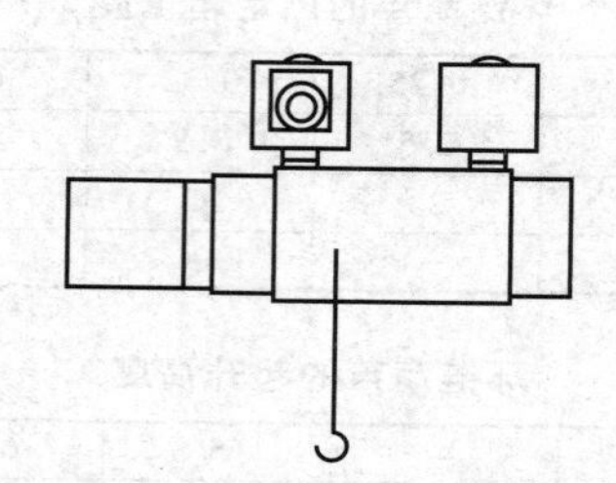

图 1-3-59　普通型单梁小车电动葫芦

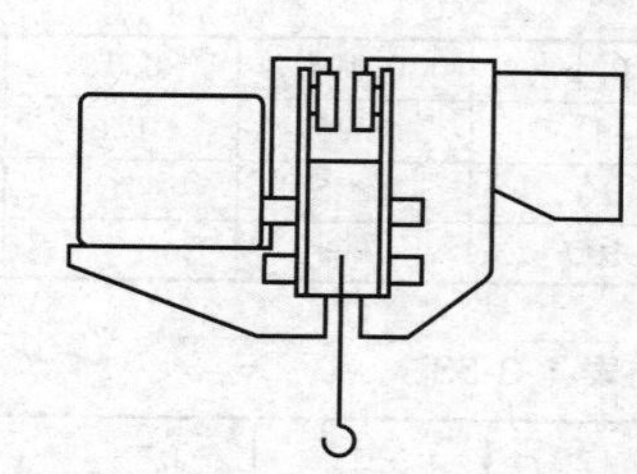

图 1-3-60　低净空型单梁小车电动葫芦

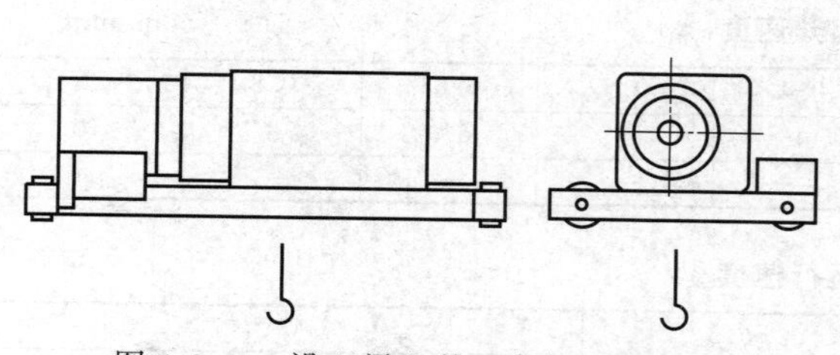

图 1-3-61　沿双梁上的两条轨道运行的电动葫芦的一种结构

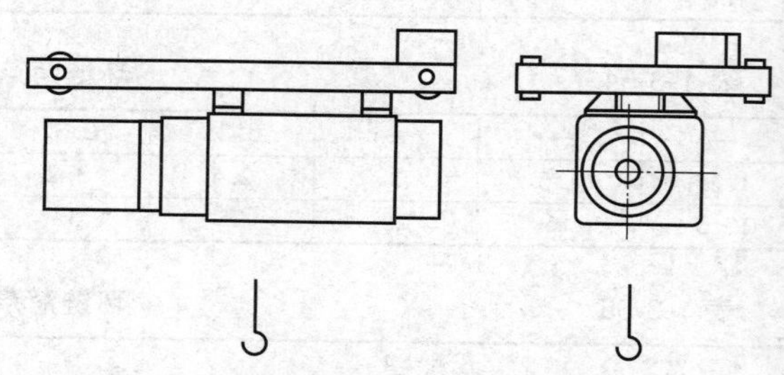

图 1-3-62　沿双梁上的两条轨道运行的电动葫芦的另一种结构

【基本参数】　电动葫芦起升机构的工作级别，按照载荷状态级别、机构载荷谱系数、使用等级及总使用时间，分为 M1~M8 共 8 个级别，见表 1-3-56。

电动葫芦的额定起重量见表 1-3-57。

电动葫芦的起升高度见表 1-3-58。

电动葫芦的起升速度优先采用表 1-3-59 中的数值，慢速推荐为正常工作速度的 1/2~1/10，调速产品可与用户协商解决。

电动葫芦的运行速度优先采用表 1-3-60 中的数值，慢速推荐为正常工作速度的 1/2~1/10，调速产品可与用户协商解决。

表 1-3-56 电动葫芦起升机构的工作级别

载荷状态级别	机构载荷谱系数 K_m	使用等级 T									
		T_0	T_1	T_2	T_3	T_4	T_5	T_6	T_7	T_8	T_9
		总使用时间 t_T/h									
		$t_T \leqslant 200$	$200<t_T \leqslant 400$	$400<t_T \leqslant 800$	$800<t_T \leqslant 1600$	$1600<t_T \leqslant 3200$	$3200<t_T \leqslant 6300$	$6300<t_T \leqslant 12500$	$12500<t_T \leqslant 25000$	$25000<t_T \leqslant 50000$	$t_T>50000$
L1	$K_m \leqslant 0.125$	M1	M1	M1	M2	M3	M4	M5	M6	M7	M8
L2	$0.125<K_m \leqslant 0.250$	M1	M1	M2	M3	M4	M5	M6	M7	M8	M8
L3	$0.250<K_m \leqslant 0.500$	M1	M2	M3	M4	M5	M6	M7	M8	M8	M8
L4	$0.500<K_m \leqslant 1.000$	M2	M3	M4	M5	M6	M7	M8	M8	M8	M8

表 1-3-57 电动葫芦的额定起重量 t

0.1	0.125	0.16	0.2	0.25	0.32	0.4	0.5	0.63	0.8
1	1.25	1.6	2	2.5	3.2	4	5	6.3	8
10	12.5	16	20	25	32	40	50	63	80
100	125	160	—	—	—	—	—	—	—

表 1-3-58 电动葫芦的起升高度 m

—	—	—	3.2	4	5	6.3	8	10	12.5
16	20	25	32	40	50	63	80	100	125

表 1-3-59 电动葫芦的起升速度 m/min

—	—	—	0.25	0.32	0.4	0.5	0.63	0.8	1
1.25	1.6	2	2.5	3.2	4	5	6.3	8	10
12.5	16	20	25	32	40	50	63	—	—

表 1-3-60 电动葫芦的运行速度 m/min

3.2	4	5	6.3	8	10
12.5	16	20	25	32	40
50	63	—	—	—	—

第4章 管路附件

4.1 管路元件

4.1.1 管路元件的公称通径与公称压力

(1) 公称压力的定义（GB/T 1047—2005、GB/T 1048—2005）

PN：与管道系统元件的力学性能和尺寸特性相关、用于参考的字母和数字组合的标识。它由字母 PN 和后跟无因次的数字组成。

注：1. 字母 PN 后跟的数字不代表测量值，不应用于计算目的，除非在有关标准中另有规定。

2. 除与相关的管道元件标准有关联外，术语 PN 不具有意义。

3. 管道元件允许压力取决于元件的 PN 数值、材料和设计以及允许工作温度等，允许压力在相应标准的压力、温度等级表中给出。

4. 具有同样 PN 和 DN 数值的所有管道元件同与其相配的法兰应具有相同的配合尺寸。

(2) 优先选用的管路元件的通径规格（DN）

DN 6	DN 100	DN 700	DN 2200
DN 8	DN 125	DN 800	DN 2400
DN 10	DN 150	DN 900	DN 2600
DN 15	DN 200	DN 1000	DN 2800
DN 20	DN 250	DN 1100	DN 3000
DN 25	DN 300	DN 1200	DN 3200
DN 32	DN 350	DN 1400	DN 3400
DN 40	DN 400	DN 1500	DN 3600
DN 50	DN 450	DN 1600	DN 3800
DN 65	DN 500	DN 1800	DN 4000
DN 80	DN 600	DN 2000	

注：1. 除在相关标准中另有规定，字母 DN 后面的数字不代表测量值，也不能用于计算目的。

2. 采用 DN 标识系统的那些标准，应给出 DN 与管道元件的尺寸的关系，例如 DN/OD 或 DN/ID。

(3) 管件规格与公称通径关系见表 1-4-1。

表 1-4-1　管件规格与公称通径的关系

管件规格	1/8	1/4	3/8	1/2	3/4	1	1¼	1½	2	2½	3	4	5	6
公称尺寸 DN	6	8	10	15	20	25	32	40	50	65	80	100	125	150

4.1.2 可锻铸铁管路连接件的分类

(1) 按表面状态分

黑品管件符号：Fe。

热镀锌管件符号：Zn。

(2) 按结构形式分

管件形式和符号见表 1-4-2，这些符号与管路识别有关，可以用于标记。

表 1-4-2 管件形式和符号（GB/T 3287—2011）

形式	符号			
A 弯头	A1 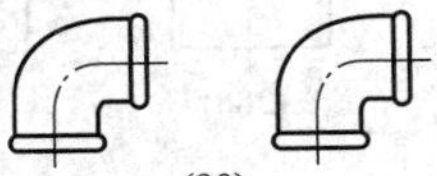 (90)	A1/45°  (120)	A4 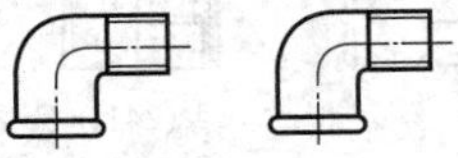 (92)	A4/45° 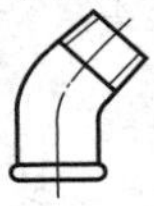 (121)
B 三通	B1 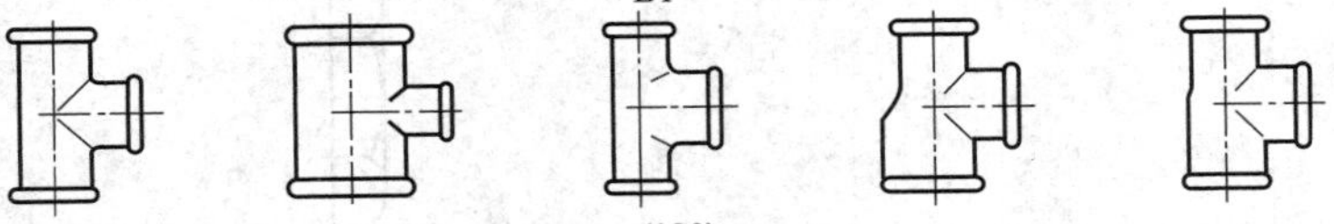 (130)			
C 四通	C1 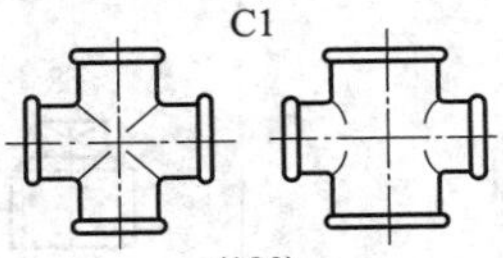 (180)			
D 短月弯	D1 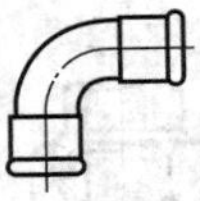 (2a)	D4 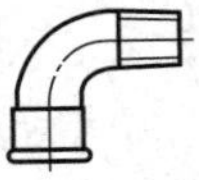 (1a)		
E 单弯三通及双弯弯头	E1 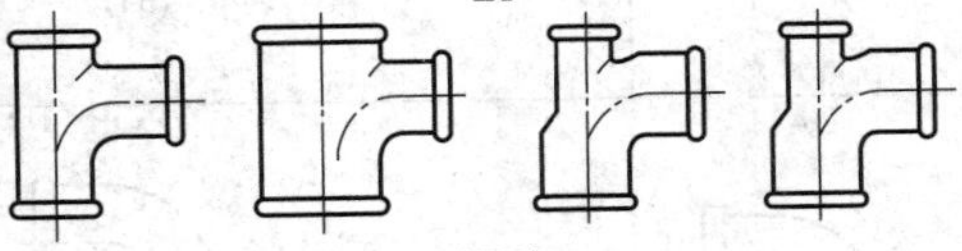 (131)	E2 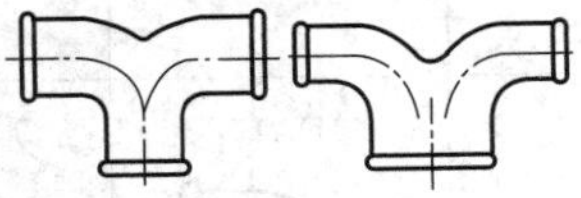 (132)		
G 长月弯	G1 (2)	G1/45° (41)	G4 (1)	G4/45° (40)
	G8 (3)			
M 外接头	M2 M2 R-L 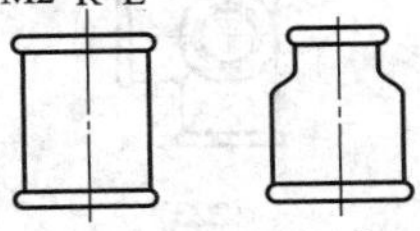 (270)	M2 (240)	M4 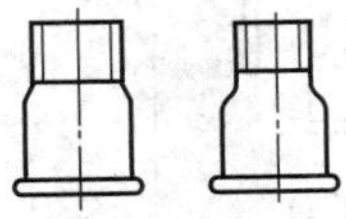 (529a) (246)	

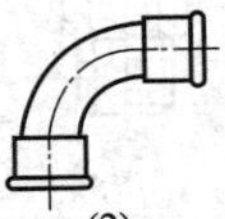

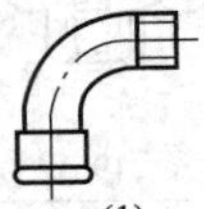

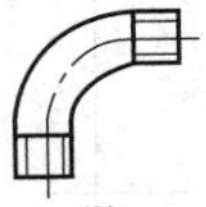

续表

形式	符号
N 内外螺丝 内接头	N4 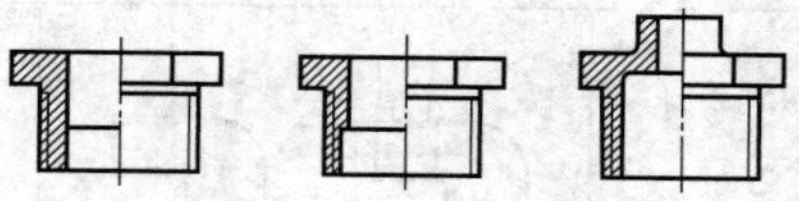 (241)；N8 N8 R-L 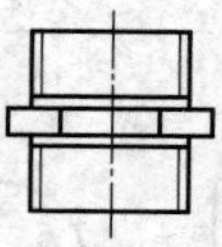 (280)；N8 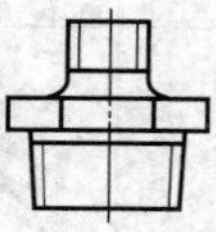 (245)
P 锁紧螺母	P4  (310)
T 管帽 管堵	T1 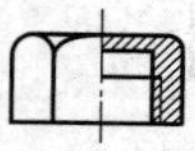 (300)；T8 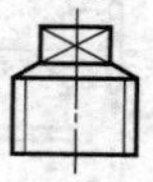 (291)；T9  (290)；T11 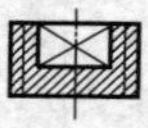 (596)
U 活接头	U1 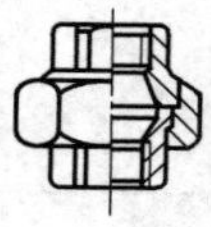 (330)；U2 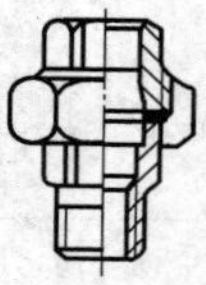 (331)；U11 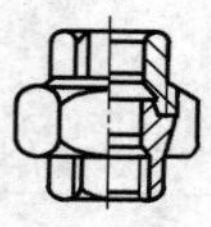 (340)；U12 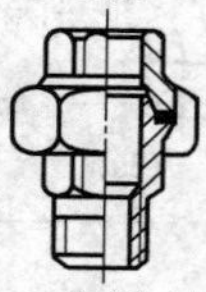 (341)
UA 活接弯头	UA1 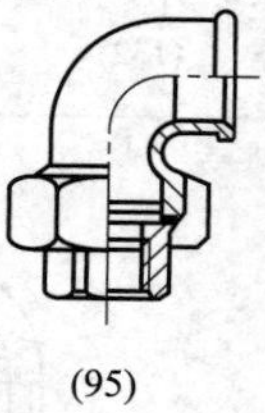 (95)；UA2 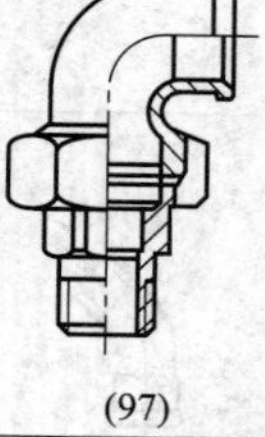 (97)；UA11 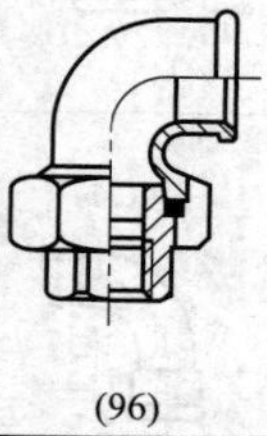 (96)；UA12 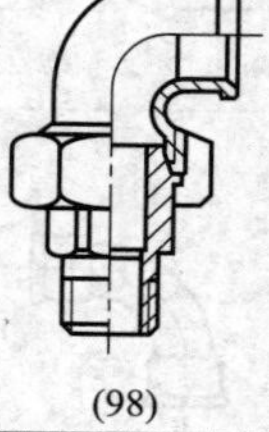 (98)
Za 侧孔弯头 侧孔三通	Za1 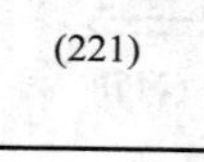 (221)；Za2 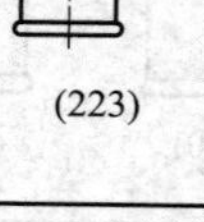 (223)

4.1.3 弯头、内孔丝弯头

【其他名称】 90°弯头、直角弯、爱而弯。

【用途】 用来连接两根管子，使管路作 90°转弯。

【规格】

① 弯头、三通、四通的形式和尺寸见图 1-4-1，具体参数见表 1-4-3。

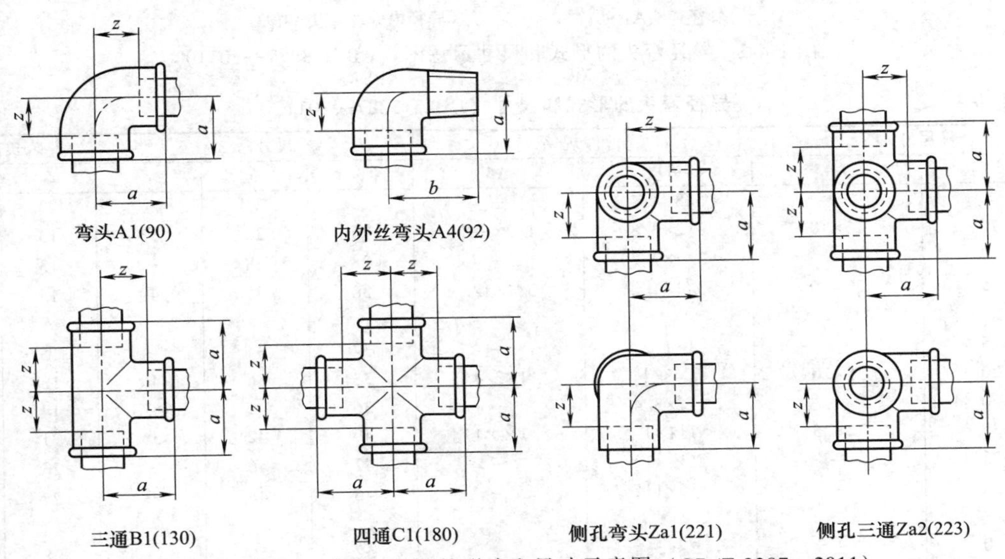

图 1-4-1 弯头、三通、四通的形式和尺寸示意图（GB/T 3287—2011）

表 1-4-3 弯头、三通、四通的形式和尺寸（GB/T 3287—2011）

公称尺寸 DN						管件规格						尺寸/mm		安装长度 z /mm
A1	A4	B1	C1	Za1	Za2	A1	A4	B1	C1	Za1	Za2	a	b	
6	6	6	—	—	—	1/8	1/8	1/8		—	—	19	25	12
8	8	8	(8)	—	—	1/4	1/4	1/4	(1/4)	—	—	21	28	11
10	10	10	10	(10)	(10)	3/8	3/8	3/8	3/8	(3/8)	(3/8)	25	32	15
15	15	15	15	15	(15)	1/2	1/2	1/2	1/2	1/2	(1/2)	28	37	15
20	20	20	20	20	(20)	3/4	3/4	3/4	3/4	3/4	(3/4)	33	43	18
25	25	25	25	(25)	(25)	1	1	1	1	(1)	(1)	38	52	21
32	32	32	32	—	—	1¼	1¼	1¼	1¼	—	—	45	60	26
40	40	40	40	—	—	1½	1½	1½	1½	—	—	50	65	31
50	50	50	50	—	—	2	2	2	2	—	—	58	74	34
65	65	65	(65)	—	—	2½	2½	2½	(2½)	—	—	69	88	42
80	80	80	(80)	—	—	3	3	3	(3)	—	—	78	98	48
100	100	100	(100)	—	—	4	4	4	(4)	—	—	96	118	60
(125)	—	(125)	—	—	—	(5)	—	(5)	—	—	—	115	—	75
(150)	—	(150)	—	—	—	(6)	—	(6)	—	—	—	131	—	91

② 异径弯头形式尺寸应符合图 1-4-2、图 1-4-3 和表 1-4-4、表 1-4-5 的规定。

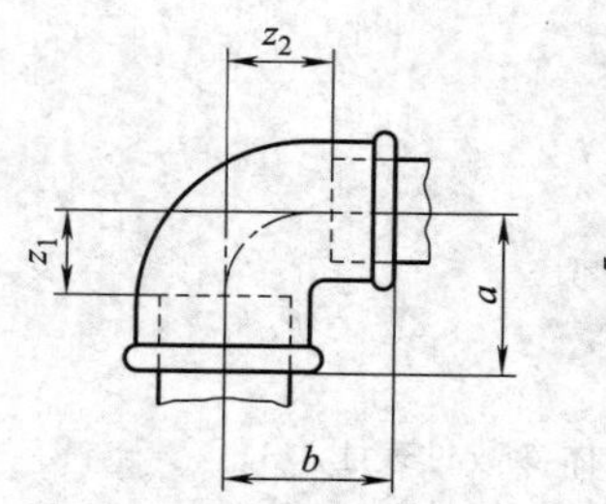

异径弯头A1(90)

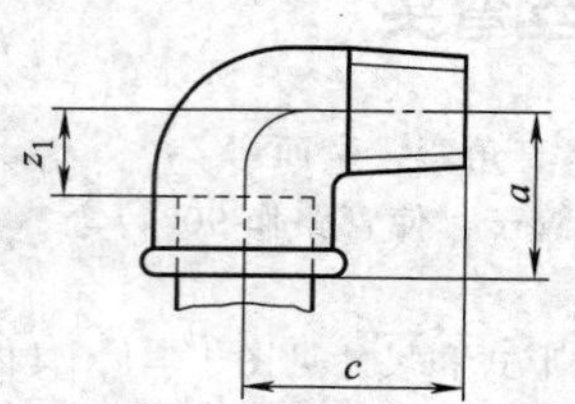

异径内外丝弯头A4(92)

图 1-4-2　异径弯头的形式和尺寸示意图（GB/T 3287—2011）

表 1-4-4　　**异径弯头的形式和尺寸**（GB/T 3287—2011）

公称尺寸 DN		管件规格		尺寸/mm			安装长度/mm	
A1	A4	A1	A4	a	b	c	z_1	z_2
（10×8）	—	（3/8×1/4）	—	23	23	—	13	13
15×10	15×10	1/2×3/8	1/2×3/8	26	26	33	13	16
（20×10）	—	（3/4×3/8）	—	28	28	—	13	18
20×15	20×15	3/4×1/2	3/4×1/2	30	31	40	15	18
25×15	—	1×1/2	—	32	34	—	15	21
25×20	25×20	1×3/4	1×3/4	35	36	46	18	21
32×20	—	1¼×3/4	—	36	41	—	17	26
32×25	32×25	1¼×1	1¼×1	40	42	56	21	25
（40×25）	—	（1½×1）	—	42	46	—	23	29
40×32	—	1½×1¼	—	46	48	—	27	29
50×40	—	2×1½	—	52	56	—	28	36
（65×50）	—	（2½×2）	—	61	66	—	34	42

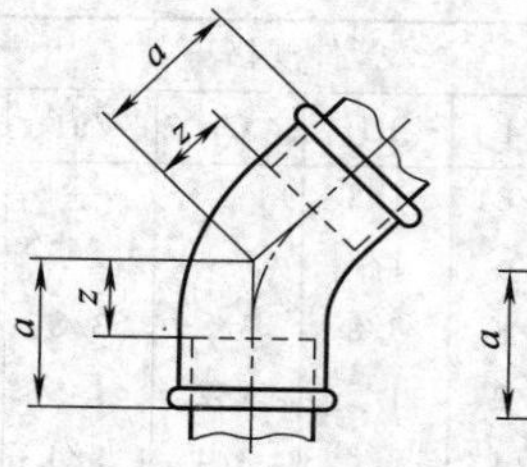

45°弯头A1/45°(120)

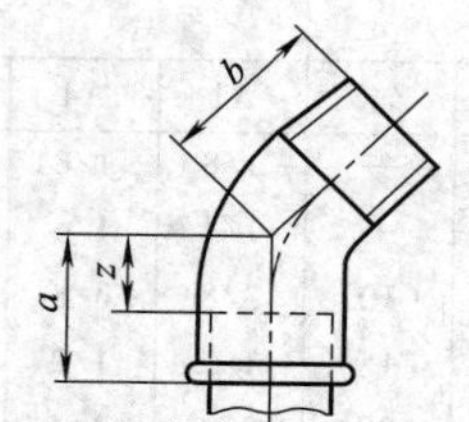

45°内外丝弯头A4/45°(121)

图 1-4-3　45°弯头的形式和尺寸示意图（GB/T 3287—2011）

表 1-4-5　　**45°弯头的形式和尺寸**（GB/T 3287—2011）

公称尺寸 DN		管件规格		尺寸/mm		安装长度 z /mm
A1/45°	A4/45°	A1/45°	A4/45°	a	b	
10	10	3/8	3/8	20	25	10
15	15	1/2	1/2	22	28	9
20	20	3/4	3/4	25	32	10
25	25	1	1	28	37	11
32	32	1¼	1¼	33	43	14
40	40	1½	1½	36	46	17
50	50	2	2	43	55	19

4.1.4　三通管接头

【其他名称】 丁字弯、三叉、三路通、三路天。

【用途】 供直管中接出支管用。

【规格】 见图 1-4-4~图 1-4-7 和表 1-4-6~表 1-4-9。

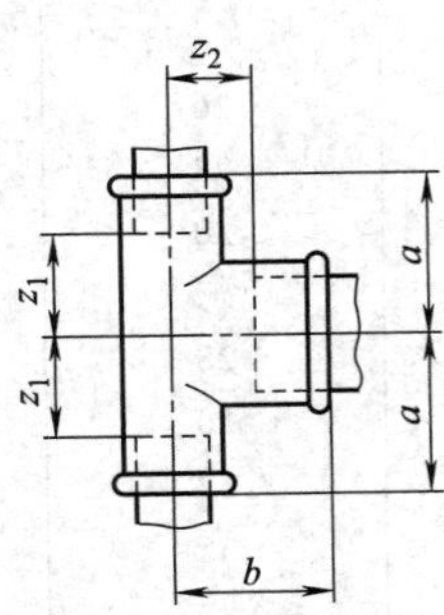

图 1-4-4　中大异径三通的形式和尺寸示意图（GB/T 3287—2011）

表 1-4-6　**中大异径三通的形式和尺寸**（GB/T 3287—2011）

公称尺寸 DN	管件规格	尺寸/mm		安装长度/mm	
		a	b	z_1	z_2
10×15	3/8×1/2	26	26	16	13
15×20	1/2×3/4	31	30	18	15
（15×25）	（1/2×1）	34	32	21	15
20×25	3/4×1	36	35	21	18
（20×32）	（3/4×1¼）	41	36	26	17
25×32	1×1¼	42	40	25	21
（25×40）	（1×1½）	46	42	29	23
32×40	1¼×1½	48	46	29	27
（32×50）	（1¼×2）	54	48	35	24
40×50	1½×2	55	52	36	28

注：管件规格的表示方法见 GB/T 3287—2011 中 4. 3. 2. 4a。

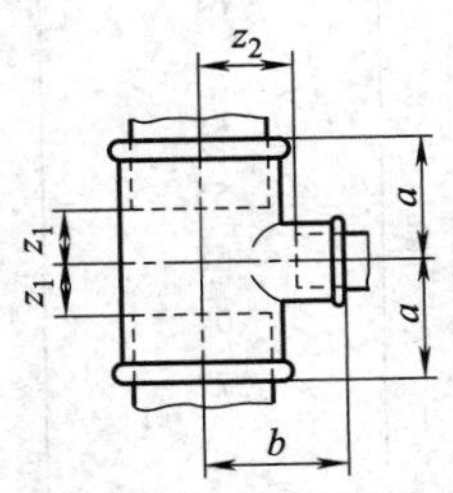

图 1-4-5　中小异径三通的形式和尺寸示意图（GB/T 3287—2011）

表 1-4-7　　　　中小异径三通的形式和尺寸(GB/T 3287—2011)

公称尺寸 DN	管件规格	尺寸/mm		安装长度/mm	
		a	b	z_1	z_2
10×8	3/8×1/4	23	23	13	13
15×8	1/2×1/4	24	24	11	14
15×10	1/2×3/8	26	26	13	16
(20×8)	(3/4×1/4)	26	27	11	17
20×10	3/4×3/8	28	28	13	18
20×15	3/4×1/2	30	31	15	18
(25×8)	(1×1/4)	28	31	11	21
25×10	1×3/8	30	32	13	22
25×18	1×1/2	32	34	15	21
25×20	1×3/4	35	36	18	21
(32×10)	(1½×3/8)	32	36	13	26
32×15	1¼×1/2	34	38	15	25
32×20	1¼×3/4	36	41	17	26
32×25	1¼×1	40	42	21	25
40×15	1½×1/2	36	42	17	29
40×20	1½×3/4	38	44	19	29
40×25	1½×1	42	46	23	29
40×32	1½×1¼	46	48	27	29
50×15	2×1/2	38	48	14	35
50×20	2×3/4	40	50	16	35
50×25	2×1	44	52	20	35
50×32	2×1¼	48	54	24	35
50×40	2×1½	52	55	28	36
65×25	2½×1	47	60	20	43
65×32	2½×1¼	52	62	25	43
65×40	2½×1½	55	63	28	44
65×50	2½×2	61	66	34	42
80×25	3×1	51	67	21	50
(80×32)	(3×1¼)	55	70	25	51
80×40	3×1½	58	71	28	52
80×50	3×2	64	73	34	49
80×65	3×1½	72	76	42	49
100×50	4×2	70	86	34	62
100×80	4×3	84	92	48	62

注：管件规格的表示方法见 GB/T 3287—2011 中 4.3.2.4a。

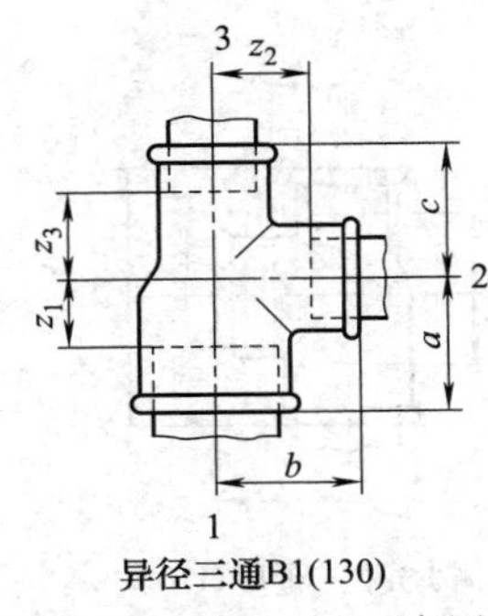

异径三通B1(130)

图 1-4-6 异径三通的形式和尺寸示意图（GB/T 3287—2011）

表 1-4-8 **异径三通的形式和尺寸**（GB/T 3287—2011）

公称尺寸 DN	管件规格	尺寸/mm			安装长度/mm		
标记方法 1 2 3	标记方法 1 2 3	a	b	c	z_1	z_2	z_3
15×10×10	1/2×3/8×3/8	26	26	25	13	16	15
20×10×15	3/4×3/8×1/2	28	28	26	13	18	13
20×15×10	3×4×1/2×3/8	30	31	26	15	18	16
20×15×15	3/4×1/2×1/2	30	31	28	15	18	15
25×15×15	1×1/2×1/2	32	34	28	15	21	15
25×15×20	1×1/2×3/4	32	34	30	15	21	15
25×20×15	1×3/4×1/2	35	36	31	18	21	18
25×20×20	1×3/4×3/4	35	36	33	18	21	18
32×15×25	1¼×1/2×1	34	38	32	15	25	15
32×20×20	1¼×3/4×3/4	36	41	33	17	26	18
32×20×25	1¼×3/4×1	36	41	35	17	26	18
32×25×20	1¼×1×3/4	40	42	36	21	25	21
32×25×25	1¼×1×1	40	42	38	21	25	21
40×15×32	1½×1/2×1¼	36	42	34	17	29	15
40×20×32	1½×3/4×1¼	38	44	36	19	29	17
40×25×25	1½×1×1	42	46	38	23	29	21
40×25×32	1½×1×1¼	42	46	40	23	29	21
(40×32×25)	(1½×1¼×1)	46	48	42	27	29	25
40×32×32	1½×1¼×1¼	46	48	45	27	29	26
50×20×40	2×3/4×1½	40	50	39	16	35	19
50×25×40	2×1×1½	44	52	42	20	35	23
50×32×32	2×1¼×1¼	48	54	45	24	35	26
50×32×40	2×1¼×1½	48	54	46	24	35	27
(50×40×32)	(2×1½×1¼)	52	55	48	28	36	29
50×40×40	2×1½×1½	52	55	50	28	36	31

注：管件规格的表示方法见 GB/T 3287—2011 中 4.3.2.3。

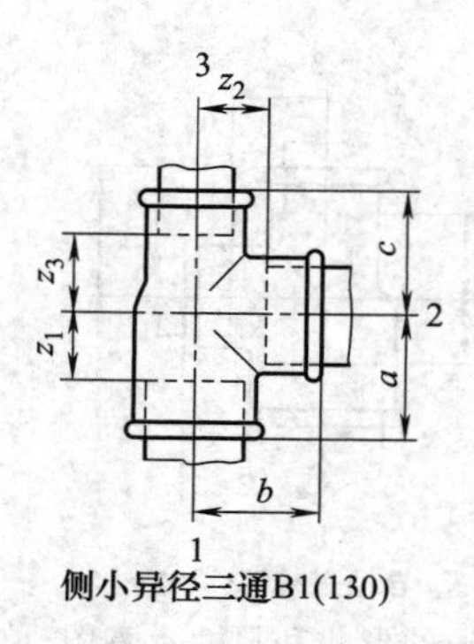

图 1-4-7　侧小异径三通的形式和尺寸示意图(GB/T 3287—2011)

表 1-4-9　　侧小异径三通的形式和尺寸(GB/T 3287—2011)

公称尺寸 DN	管件规格	尺寸/mm			安装长度/mm		
标记方法 1 2 3	标记方法 1 2 3	a	b	c	z_1	z_2	z_3
15×15×10	1/2×1/2×3/8	28	28	26	15	15	16
20×20×10	3/4×3/4×3/8	33	33	28	18	18	18
20×20×15	3/4×3/4×1/2	33	33	31	18	18	18
(25×25×10)	(1×1×3/8)	38	38	32	21	21	22
25×25×15	1×1×1/2	38	38	34	21	21	21
25×25×20	1×1×3/4	38	38	36	21	21	21
32×32×15	1¼×1¼×1/2	45	45	38	26	26	25
32×32×20	1¼×1¼×3/4	45	45	41	26	26	26
32×32×25	1¼×1¼×1	45	45	42	26	26	25
40×40×15	1½×1½×1/2	50	50	42	31	31	29
40×40×20	1½×1½×3/4	50	50	44	31	31	29
40×40×25	1½×1½×1	50	50	46	31	31	29
40×40×32	1½×1½×1¼	50	50	48	31	31	29
50×50×20	2×2×3/4	58	58	50	34	34	35
50×50×25	2×2×1	58	58	52	34	34	35
50×50×32	2×2×1¼	58	58	54	34	34	35
50×50×40	2×2×1½	58	58	56	34	34	36

注：管件规格的表示方法 GB/T 3287—2011 中见 4.3.2.3。

4.1.5　四通管接头

【其他名称】 四叉、十字接头、十字天。

【用途】 用来连接四根垂直相交的管子。

【规格】 见图 1-4-8 和表 1-4-10。

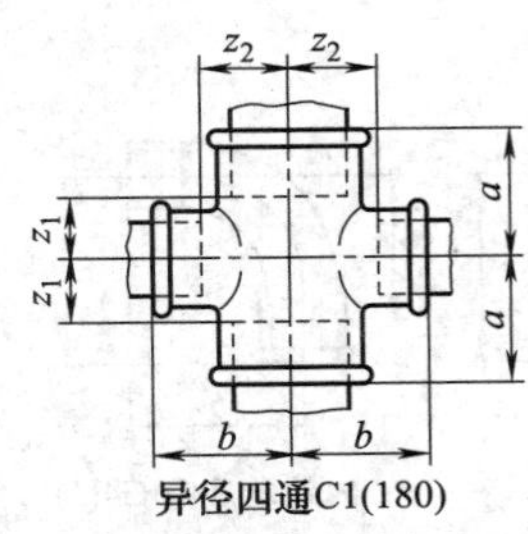

图 1-4-8　异径四通的形式和尺寸示意图（GB/T 3287—2011）

表 1-4-10　　异径四通的形式和尺寸（GB/T 3287—2011）

公称尺寸 DN	管件规格	尺寸/mm		安装长度/mm	
		a	b	z_1	z_2
(15×10)	(1/2×3/8)	26	26	13	16
20×15	3/4×1/2	30	31	15	18
25×15	1×1/2	32	34	15	21
25×20	1×3/4	35	36	18	21
(32×20)	(1¼×3/4)	36	41	17	26
32×25	1¼×1	40	42	21	25
(40×25)	(1½×1)	42	46	23	29

注：管件规格表示方法见 GB/T 3287—2011 中 4.3.2.4c。

4.1.6　短月弯头、内外丝短月弯、长月弯

【用途】　与弯头相同，主要用于弯曲半径较小的管路上。

【规格】　见图 1-4-9、图 1-4-10 和表 1-4-11、表 1-4-12。

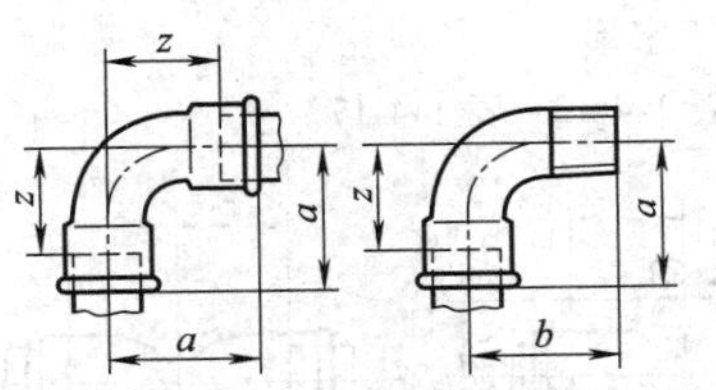

图 1-4-9　短月弯的形式和尺寸示意图（GB/T 3287—2011）

表 1-4-11　　短月弯的形式和尺寸（GB/T 3287—2011）

公称尺寸 DN				管件规格				尺寸/mm		安装长度/mm
D1	D4	E1	E2	D1	D4	E1	E2	$a=b$	c	z
8	8			1/4	1/4	—	—	30	—	20
10	10	10	10	3/8	3/8	3/8	3/8	36	19	26
15	15	15	15	1/2	1/2	1/2	1/2	45	24	32
20	20	20	20	3/4	3/4	3/4	3/4	50	28	35
25	25	25	25	1	1	1	1	63	33	46
32	32	32	32	1¼	1¼	1¼	1¼	76	40	57
40	40	40	40	1½	1½	1½	1½	85	43	66
50	50	50	50	2	2	2	2	102	53	78

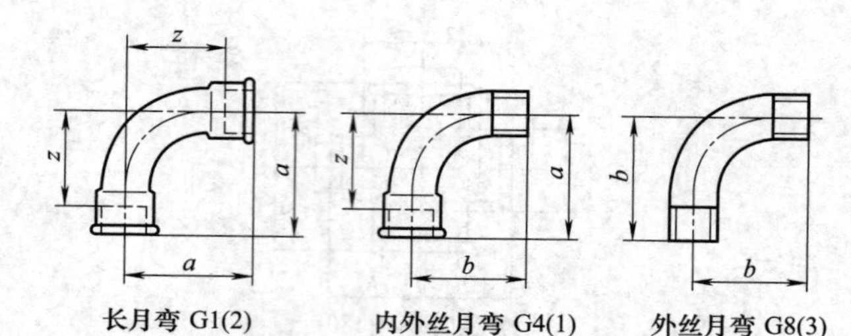

图 1-4-10 长月弯形式和尺寸示意图（GB/T 3287—2011）

表 1-4-12 长月弯形式和尺寸（GB/T 3287—2011）

公称尺寸 DN			管件规格			尺寸/mm		安装长度 z /mm
G1	G4	G8	G1	G4	G8	a	b	
—	(6)	—	—	(1/8)	—	35	32	28
8	8	—	1/4	1/4	—	40	36	30
10	10	(10)	3/8	3/8	(3/8)	48	42	38
15	15	15	1/2	1/2	1/2	55	48	42
20	20	20	3/4	3/4	3/4	69	60	54
25	25	25	1	1	1	85	75	68
32	32	(32)	1¼	1¼	(1¼)	105	95	86
40	40	(40)	1½	1½	(1½)	116	105	97
50	50	(50)	2	2	(2)	140	130	116
65	(65)	—	2½	(2½)	—	176	165	149
80	(80)	—	3	(3)	—	205	190	175
100	(100)	—	4	(4)	—	260	245	224

4.1.7 单弯三通、双弯弯头

【用途】 连接三根管子，使管路成丁字形。

【规格】 见图 1-4-11～图 1-4-15 和表 1-4-13～表 1-4-17。

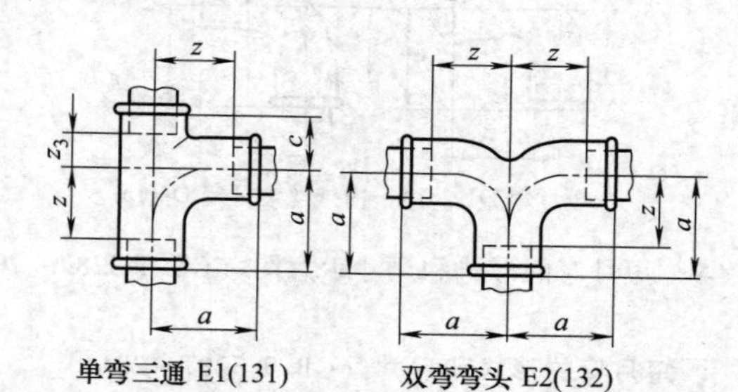

图 1-4-11 单弯三通、双弯弯头的形式和尺寸示意图（GB/T 3287—2011）

表 1-4-13 单弯三通、双弯弯头的形式和尺寸（GB/T 3287—2011）

公称尺寸 DN				管件规格				尺寸/mm		安装长度/mm	
D1	D4	E1	E2	D1	D4	E1	E2	a=b	c	z	z_3
8	8			1/4	1/4	—	—	30	—	20	—
10	10	10	10	3/8	3/8	3/8	3/8	36	19	26	9
15	15	15	15	1/2	1/2	1/2	1/2	45	24	32	11
20	20	20	20	3/4	3/4	3/4	3/4	50	28	35	13
25	25	25	25	1	1	1	1	63	33	46	16
32	32	32	32	1¼	1¼	1¼	1¼	76	40	57	21
40	40	40	40	1½	1½	1½	1½	85	43	66	24
50	50	50	50	2	2	2	2	102	53	78	29

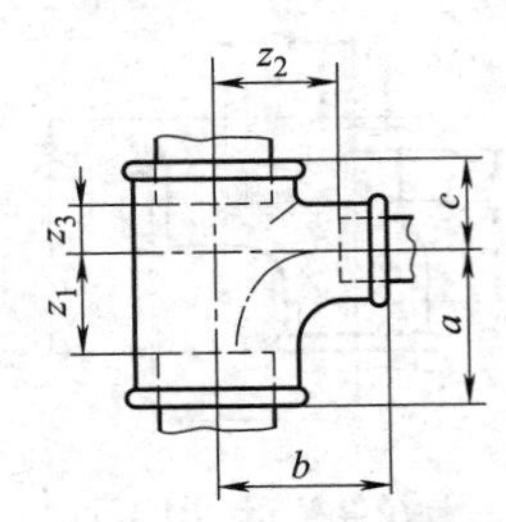

中小异径单弯三通 E1(131)

图 1-4-12　中小异径单弯三通的形式和尺寸示意图（GB/T 3287—2011）

表 1-4-14　　中小异径单弯三通的形式和尺寸（GB/T 3287—2011）

公称尺寸 DN	管件规格	尺寸/mm			安装长度/mm		
		a	b	c	z_1	z_2	z_3
20×15	3/4×1/2	47	48	25	32	35	10
25×15	1×1/2	49	51	28	32	38	11
25×20	1×3/4	53	54	30	36	39	13
32×15	1¼×1/2	51	56	30	32	43	11
32×20	1¼×3/4	55	58	33	36	43	14
32×25	1¼×1	66	68	36	47	51	17
(40×20)	(1½×3/4)	55	61	33	36	46	14
(40×25)	1½×1	66	71	36	47	54	17
(40×32)	(1½×1¼)	77	79	41	58	60	22
(50×25)	(2×1)	70	77	40	46	60	16
(50×32)	(2×1¼)	80	85	45	56	66	21
(50×40)	(2×1½)	91	94	48	57	75	24

注：管件规格的表示方法见 GB/T 3287—2011 中 4. 3. 2. 4a。

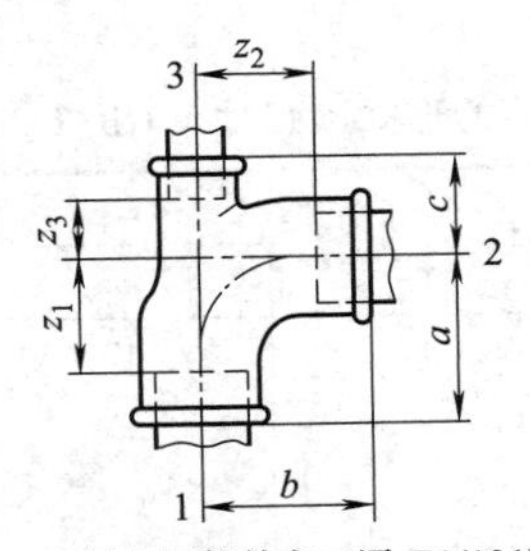

侧小异径单弯三通 E1(131)

图 1-4-13　侧小异径单弯三通的形式和尺寸示意图（GB/T 3287—2011）

表 1-4-15　　侧小异径单弯三通的形式和尺寸（GB/T 3287—2011）

公称尺寸 DN	管件规格	尺寸/mm			安装长度/mm		
标记方法 1　2　3	标记方法 1　2　3	a	b	c	z_1	z_2	z_3
20×20×15	3/4×3/4×1/2	50	50	27	35	35	14

注：管件规格的表示方法见 GB/T 3287—2011 中 4. 3. 2. 3。

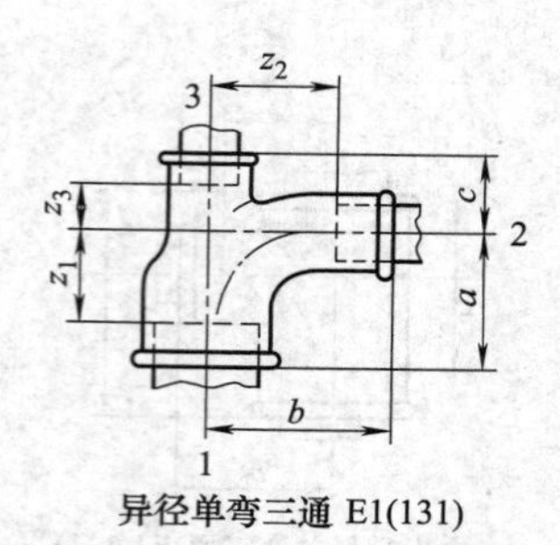

异径单弯三通 E1(131)

图 1-4-14 异径单弯三通的形式和尺寸示意图(GB/T 3287—2011)

表 1-4-16 异径单弯三通的形式和尺寸(GB/T 3287—2011)

公称尺寸 DN 标记方法 1 2 3	管件规格 标记方法 1 2 3	尺寸/mm			安装长度/mm		
		a	b	c	z_1	z_2	z_3
20×15×15	3/4×1/2×1/2	47	48	24	32	35	11
25×15×20	1×1/2×3/4	49	51	25	32	38	10
25×20×20	1×3/4×3/4	53	54	28	36	39	13

注：管件规格的表示方法见 GB/T 3287—2011 中 4. 3. 2. 3。

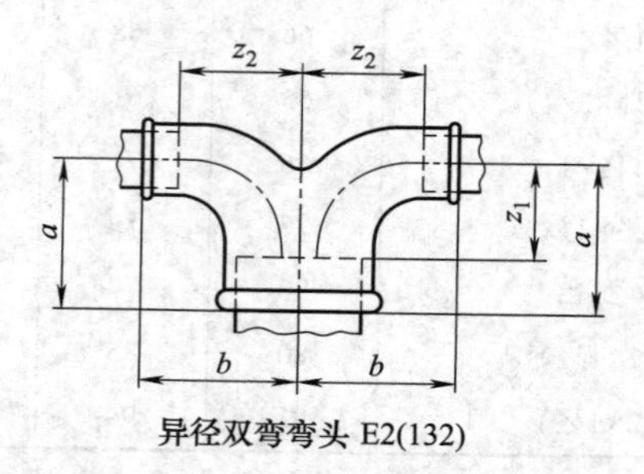

异径双弯弯头 E2(132)

图 1-4-15 异径双弯弯头的形式和尺寸示意图（GB/T 3287—2011）

表 1-4-17 异径双弯弯头的形式和尺寸（GB/T 3287—2011）

公称尺寸 DN	管件规格	尺寸/mm		安装长度/mm	
		a	b	z_1	z_2
(20×15)	(3/4×1/2)	47	48	32	35
(25×20)	(1×3/4)	53	54	36	39
(32×25)	(1¼×1)	66	68	47	51
(40×32)	(1½×1¼)	77	79	58	60
(50×40)	(2×1½)	91	94	67	75

注：管件规格的表示方法见 GB/T 3287—2011 中 4. 3. 2. 4b。

4. 1. 8 45°弯头、45°内外丝弯头

【其他名称】 直弯、直冲、半弯、135°弯头。

【用途】 连接两根公称通径相同的管子，使管路成 45°转弯。

【规格】 见图 1-4-16 和表 1-4-18。

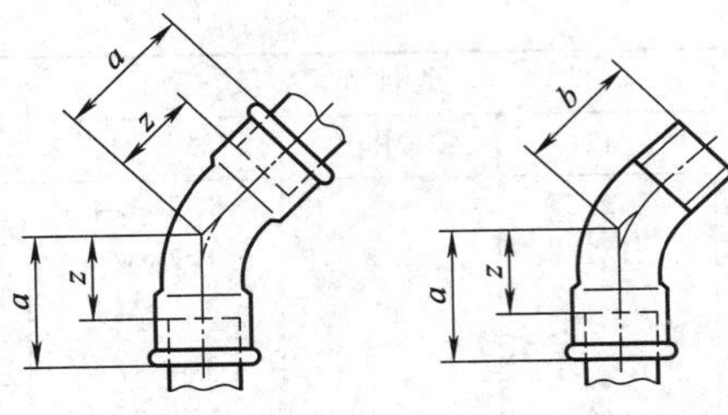

图 1-4-16　45°月弯形式和尺寸示意图（GB/T 3287—2011）

表 1-4-18　　45°月弯形式和尺寸（GB/T 3287—2011）

公称尺寸 DN		管件规格		尺寸/mm		安装长度 z /mm
G1/45°	G4/45°	G1/45°	G4/45°	a	b	
—	(8)	—	(1/4)	26	21	16
(10)	10	(3/8)	3/8	30	24	20
15	15	1/2	1/2	36	30	23
20	20	3/4	3/4	43	36	28
25	25	1	1	51	42	34
32	32	1¼	1¼	64	54	45
40	40	1½	1½	68	58	49
50	50	2	2	81	70	57
(65)	(65)	(2½)	(2½)	99	86	72
(80)	(80)	(3)	(3)	113	100	83

4.1.9　外接头、内外丝接头内外螺丝、内接头

【其他名称】　束结、内螺丝、管子箍、套筒、套管、外接管、直接头。

【用途】　外接头用来连接两根公称通径相同或不同的管子。左右旋外接头和内外丝外接头常与锁紧螺母和短管子配合，用于时常需要装卸的管路上。

【规格】　见图 1-4-17～图 1-4-20 和表 1-4-19～表 1-4-22。

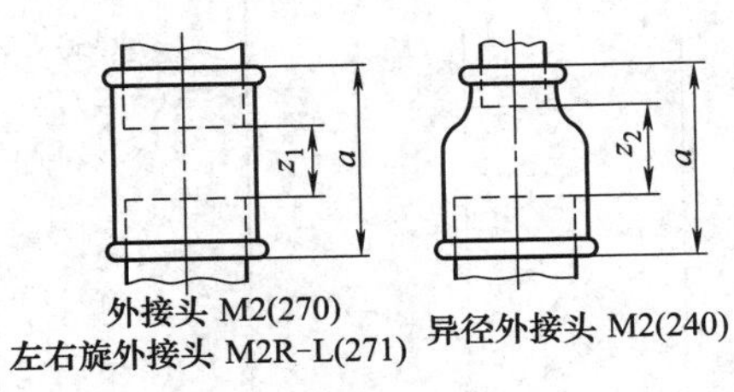

图 1-4-17　外接头形式和尺寸示意图（GB/T 3287—2011）

表 1-4-19　　外接头形式和尺寸（GB/T 3287—2011）

公称尺寸 DN			管件规格			尺寸 a /mm	安装长度/mm	
M2	M2R-L	异径 M2	M2	M2R-L	异径 M2		z_1	z_2
6	—	—	1/8	—	—	25	11	—
8	—	8×6 (10×6)	1/4	—	1/4×1/8 (3/8×1/8)	27	7	10 13
10	10	10×8	3/8	3/8	3/8×1/4	30	10	10

续表

公称尺寸 DN			管件规格			尺寸 a /mm	安装长度/mm	
M2	M2R-L	异径 M2	M2	M2R-L	异径 M2		z_1	z_2
15	15	15×8 15×10	1/2	1/2	1/2×1/4 1/2×3/8	36	10	13 13
20	20	(20×8) 20×10 20×15	3/4	3/4	(3/4×1/4) 3/4×3/8 3/4×1/2	39	9	14 14 11
25	25	25×10 25×15 25×20	1	1	1×3/8 1×1/2 1×3/4	45	11	18 15 13
32	32	32×15 32×20 32×25	1¼	1¼	1¼×1/2 1¼×3/4 1¼×1	50	12	18 16 14
40	40	(40×15) 40×20 40×25 40×32	1½	1½	(1½×1/2) 1½×3/4 1½×1 1½×1¼	55	17	23 21 19 17
(50)	(50)	(50×15) (50×20) 50×25 50×32 50×40	(2)	(2)	(2×1/2) (2×3/4) 2×1 2×1¼ 2×1½	65	17	28 26 24 22 22
(65)	—	(65×32) (65×40) (65×50)	(2½)	—	(2½×1¼) (2½×1½) (2½×2)	74	20	28 28 23
(80)	—	(80×40) (80×50) (80×65)	(3)	—	(3×1½) (3×2) (3×2½)	80	20	31 26 23
(100)	—	(100×50) (100×65) (100×80)	(4)	—	(4×2) (4×2½) (4×3)	94	22	34 31 28
(125)	—	—	(5)	—	—	109	29	—
(150)	—	—	(6)	—	—	120	40	—

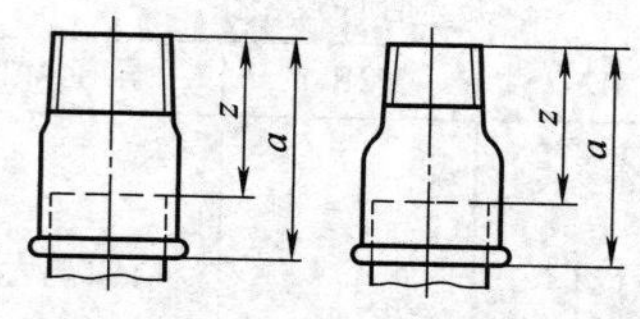

内外丝接头 M4(529a)　异径内外丝接头 M4(246)

图 1-4-18　内外丝接头形式和尺寸示意图（GB/T 3287—2011）

表 1-4-20 内外丝接头形式和尺寸（GB/T 3287—2011）

公称尺寸 DN		管件规格		尺寸 a/mm	安装长度 z/mm
M4	异径 M4	M4	异径 M4		
10	10×8	3/8	3/8×1/4	35	25
15	15×8 15×10	1/2	1/2×1/4 1/2×3/8	43	30
20	(20×10) 20×15	3/4	(3/4×3/8) 3/4×1/2	48	33
25	25×15 25×20	1	1×1/2 1×3/4	55	38
32	32×20 32×25	1¼	1¼×3/4 1¼×1	60	41
—	40×25 40×32	—	1½×1 1½×1¼	63	44
—	(50×32) (50×40)	—	(2×1¼) (2×1½)	70	46

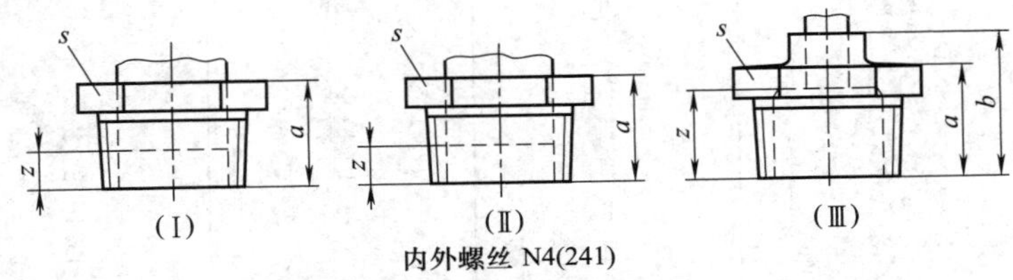

图 1-4-19 内外螺丝形式和尺寸示意图（GB/T 3287—2011）

表 1-4-21 内外螺丝形式和尺寸（GB/T 3287—2011）

公称尺寸 DN	管件规格	形式	尺寸/mm		安装长度 z/mm
			a	b	
8×6	1/4×1/8	Ⅰ	20	—	13
10×6	3/8×1/8	Ⅱ	20	—	13
10×8	3/8×1/4	Ⅰ	20	—	10
15×6	1/2×1/8	Ⅱ	24	—	17
15×8	1/2×1/4	Ⅱ	24	—	14
15×10	1/2×3/8	Ⅰ	24	—	14
20×8	3/4×1/4	Ⅱ	26	—	16
20×10	3/4×3/8	Ⅱ	26	—	16
20×15	3/4×1/2	Ⅰ	26	—	13
25×8	1×1/4	Ⅱ	29	—	19
25×10	1×3/8	Ⅱ	29	—	19
25×15	1×1/2	Ⅱ	29	—	16
25×20	1×3/4	Ⅰ	29	—	14
32×10	1¼×3/8	Ⅱ	31	—	21

续表

公称尺寸 DN	管件规格	形式	尺寸/mm		安装长度 z/mm
			a	b	
32×15	1¼×1/2	Ⅱ	31	—	18
32×20	1¼×3/4	Ⅱ	31	—	16
32×25	1¼×1	Ⅰ	31	—	14
(40×10)	(1½×3/8)	Ⅱ	31	—	21
40×15	1½×1/2	Ⅱ	31	—	18
40×20	1½×3/4	Ⅱ	31	—	16
40×25	1½×1	Ⅱ	31	—	14
40×32	1½×1¼	Ⅰ	31	—	12
50×15	2×1/2	Ⅲ	35	48	35
50×20	2×3/4	Ⅲ	35	48	33
50×25	2×1	Ⅱ	35	—	18
50×32	2×1¼	Ⅱ	35	—	16
50×40	2×1½	Ⅱ	35	—	16
65×25	2½×1	Ⅲ	40	54	37
65×32	2½×1¼	Ⅲ	40	54	35
65×40	2½×1¼	Ⅱ	40	—	21
65×50	2½×2	Ⅱ	40	—	16
80×25	3×1	Ⅲ	44	59	42
80×32	3×1¼	Ⅲ	44	59	40
80×40	3×1½	Ⅲ	44	59	40
80×50	3×2	Ⅱ	44	—	20
80×65	3×2½	Ⅱ	44	—	17
100×50	4×2	Ⅲ	51	69	45
100×65	4×2½	Ⅲ	51	69	42
100×80	4×3	Ⅲ	51	—	21

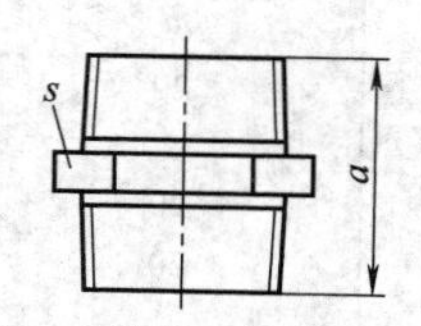

内接头 N8(280)
左右旋内接头 N8R-L(281)

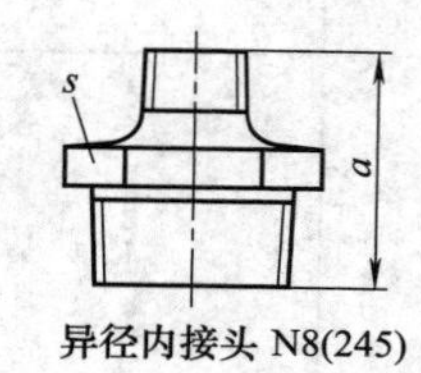

异径内接头 N8(245)

图 1-4-20　内接头形式和尺寸示意图（GB/T 3287—2011）

表 1-4-22　**内接头形式和尺寸**（GB/T 3287—2011）

公称尺寸 DN			管件规格			尺寸 a /mm
N8	N8R-L	异径 N8	N8	N8R-L	异径 N8	
6	—	—	1/8	—	—	29
8	—	—	1/4	—	—	36
10	—	10×8	3×8	—	3/8×1/4	38
15	15	15×8 15×10	1/2	1/2	1/2×1/4 1/2×3/8	44

续表

公称尺寸 DN			管件规格			尺寸 a /mm
N8	N8R-L	异径 N8	N8	N8R-L	异径 N8	
20	20	20×10	3/4	3/4	3/4×3/8	47
		20×15			3/4×1/2	
25	(25)	25×15	1	(1)	1×1/2	53
		25×20			1×3/4	
		(32×15)			(1¼×1/2)	
		32×20	1¼	—	1¼×3/4	57
		32×25			1¼×1	
		(40×20)		—	(1½×3/4)	
40	—	40×25	1½	—	1½×1	
		40×32			1½×1¼	59
		(50×25)			(2×1)	
50	—	50×32	2	—	2×1¼	68
	—	50×40		—	2×1½	
65	—	(65×50)	2½	—	(2½×2)	75
80		(80×50)	3	—	(3×2)	83
		(80×65)			(3×2½)	
100	—	—	4	—	—	95

4.1.10 锁紧螺母

【其他名称】 防松螺帽、纳子、根母。

【用途】 锁紧装在管路上的通丝外接头或其他管件。

【规格】 见图 1-4-21 和表 1-4-23。

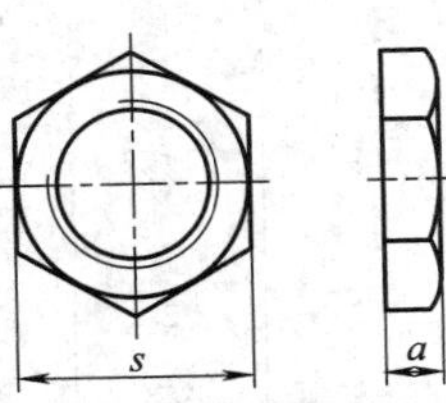

锁紧螺母 P4(310)

图 1-4-21 锁紧螺母形式和尺寸示意图（GB/T 3287—2011）

表 1-4-23 锁紧螺母形式和尺寸（GB/T 3287—2011）

公称尺寸 DN	管件规格	尺寸 a_{min}/mm
8	1/4	6
10	3/8	7
15	1/2	8
20	3/4	9
25	1	10
32	1¼	11
40	1½	12

续表

公称尺寸 DN	管件规格	尺寸 a_{min}/mm
50	2	13
65	2½	16
80	3	19

4.1.11 管帽、管堵

【其他名称】 盖头、管子盖。

【用途】 管帽与外方管堵相同，但管帽可以直接旋在管子上，不需要其他管件配合。

【规格】 见图 1-4-22 和表 1-4-24。

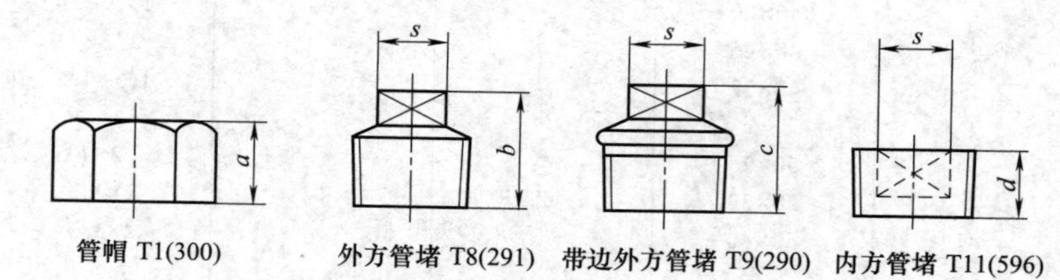

图 1-4-22 管帽和管堵形式和尺寸示意图（GB/T 3287—2011）

表 1-4-24 管帽和管堵形式和尺寸（GB/T 3287—2011）

公称尺寸 DN				管件规格				尺寸/mm			
T1	T8	T9	T11	T1	T8	T9	T11	a_{min}	b_{min}	c_{min}	d_{min}
(6)	6	6	—	(1/8)	1/8	1/8	—	13	11	20	—
8	8	8	—	1/4	1/4	1/4	—	15	14	22	—
10	10	10	(10)	3/8	3/8	3/8	(3/8)	17	15	24	11
15	15	15	(15)	1/2	1/2	1/2	(1/2)	19	18	26	15
20	20	20	(20)	3/4	3/4	3/4	(3/4)	22	20	32	16
25	25	25	(25)	1	1	1	(1)	24	23	36	19
32	32	32	—	1¼	1¼	1¼	—	27	29	39	—
40	40	40	—	1½	1½	1½	—	27	30	41	—
50	50	50	—	2	2	2	—	32	36	48	—
65	65	65	—	2½	2½	2½	—	35	39	54	—
80	80	80	—	3	3	3	—	38	44	60	—
100	100	100	—	4	4	4	—	45	58	70	—

4.1.12 活接头

【其他名称】 活螺丝、连接螺母、由任。

【用途】 与通丝外接头相同，但比它拆装方便，多用于常需拆装的管路上。

【规格】 见图 1-4-23 和表 1-4-25。

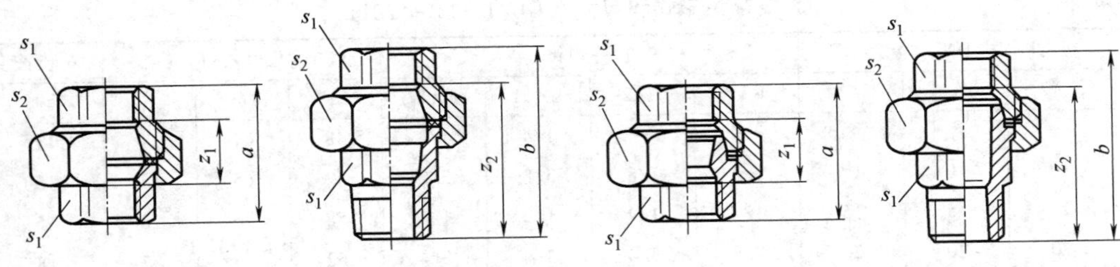

图 1-4-23　活接头形式和尺寸示意图（GB/T 3287—2011）

表 1-4-25　活接头形式和尺寸（GB/T 3287—2011）

公称尺寸 DN				管件规格				尺寸/mm		安装长度/mm	
U1	U2	U11	U12	U1	U2	U11	U12	a	b	z_1	z_2
—	—	(6)	—	—	—	(1/8)	—	38	—	24	—
8	8	8	8	1/4	1/4	1/4	1/4	42	55	22	45
10	10	10	10	3/8	3/8	3/8	3/8	45	58	25	48
15	15	15	15	1/2	1/2	1/2	1/2	48	66	22	53
20	20	20	20	3/4	3/4	3/4	3/4	52	72	22	57
25	25	25	25	1	1	1	1	58	80	24	63
32	32	32	32	1¼	1¼	1¼	1¼	65	90	27	71
40	40	40	40	1½	1½	1½	1½	70	95	32	76
50	50	50	50	2	2	2	2	78	106	30	82
65	—	65	65	2½	—	2½	2½	85	118	31	91
80	—	80	80	3	—	3	3	95	130	35	100
—	—	100	—	—	—	4	—	100	—	38	—

4.1.13　活接弯头

【用途】　与通丝弯头相同，但比它拆装方便，多用于常常拆装的管路上。

【规格】　见图 1-4-24、图 1-4-25 和表 1-4-26、表 1-4-27。

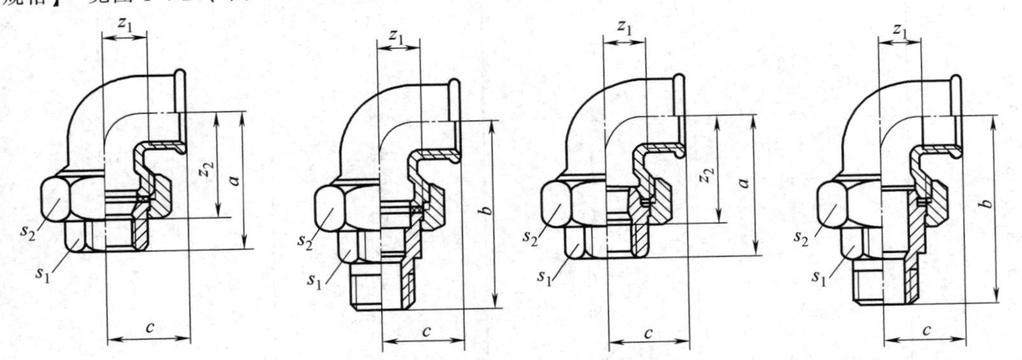

图 1-4-24　活接弯头形式和尺寸示意图（GB/T 3287—2011）

表 1-4-26　　**活接弯头形式和尺寸**（GB/T 3287—2011）

公称尺寸 DN				管件规格				尺寸/mm			安装长度/mm	
UA1	UA2	UA11	UA12	UA1	UA2	UA11	UA12	*a*	*b*	*c*	z_1	z_2
—	—	8	8	—	—	1/4	1/4	48	61	21	11	38
10	10	10	10	3/8	3/8	3/8	3/8	52	65	25	15	42
15	15	15	15	1/2	1/2	1/2	1/2	58	76	28	15	45
20	20	20	20	3/4	3/4	3/4	3/4	62	82	33	18	47
25	25	25	25	1	1	1	1	72	94	38	21	55
32	32	32	32	1¼	1¼	1¼	1¼	82	107	45	26	63
40	40	40	40	1½	1½	1½	1½	90	115	50	31	71
50	50	50	50	2	2	2	2	100	128	58	34	76

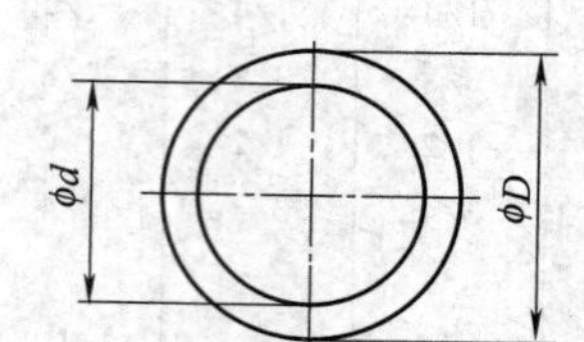

平座活接头和活接弯头垫圈
U1(330)、U2(331)、UA1(95)和UA2(97)

图 1-4-25　垫圈的形式和尺寸示意图（GB/T 3287—2011）

表 1-4-27　　**垫圈的形式和尺寸**（GB/T 3287—2011）

活接头和活接弯头		垫圈尺寸/mm		活接头螺母的螺纹尺寸代号（仅作参考）
公称尺寸 DN	管件规格	*d*	*D*	
6	1/8	—	—	G1/2
8	1/4	13	20	G5/8
		17	24	G3/4
10	3/8	17	24	G3/4
		19	27	G7/8
15	1/2	21	30	G1
		24	34	G1⅛
20	3/4	27	38	G1¼
25	1	32	44	G1½
32	1¼	42	55	G2
40	1½	46	62	G23/4
50	2	60	78	G23/4
65	2½	75	97	G31/2
80	3	88	110	G4
100	4	—	—	G5
				G5½

4.2 阀　门

4.2.1 阀门型号编制方法（GB/T 32808—2016）

【型号组成】 阀门型号由阀门类型、驱动方式、端部连接形式、结构形式、密封面或衬里材料、压力、阀体材料等七部分组成：

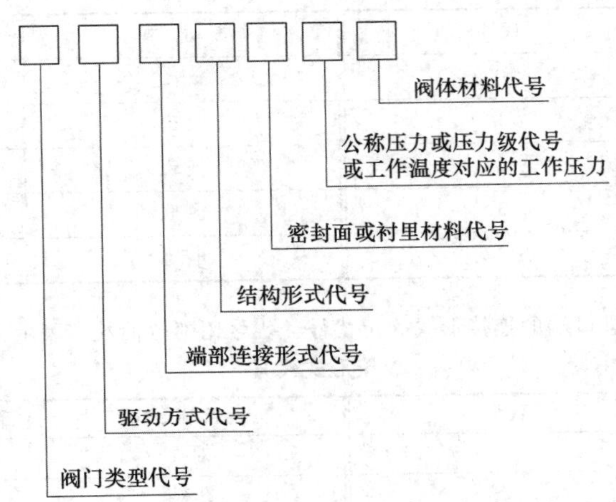

【编制顺序】

型号编制的顺序：阀门典型类型代号、驱动操作机构形式代号、阀门端部连接形式代号、阀门的结构形式、密封面材料或衬里材料类型代号、公称压力（压力级或工作温度下的工作压力）、阀体材料类型代号。

【公称尺寸编制】

阀门的公称尺寸在阀体材料代号后空一格，标注 DN 或 NPS 和公称尺寸数值，按 GB/T 1047—2005《管道元件　DN（公称尺寸）的定义和选用》的规定。

【阀门代号】

① 阀门类型代号：用汉语拼音字母表示，按表 1-4-28 的规定。

表 1-4-28　　阀门类型代号

阀门类型		代号	阀门类型		代号
安全阀	弹簧载荷式、先导式	A	球阀	整体球	Q
	重锤杠杆式	GA		半球	PQ
蝶阀		D	蒸汽疏水阀		S
倒流防止器		DH	堵阀（电站用）		SD
隔膜阀		G	控制阀（调节阀）		T
止回阀、底阀		H	柱塞阀		U
截止阀		J	旋塞阀		X
节流阀		L	减压阀（自力式）		Y
进排气阀	单一进排气口	P	减温减压阀（非自力式）		WY
	复合型	FFP	闸阀		Z
排污阀		PW	排渣阀		PZ

当阀门又同时具有其他功能作用或带有其他结构时，在阀门类型代号前再加注一个汉语拼音字母，典型的功能代号按表 1-4-29 的规定。

表 1-4-29　同时具有其他功能作用或结构的阀门表示代号

其他功能作用或结构名称	代号	其他功能作用或结构名称	代号
保温型(夹套伴热结构)	B	缓闭型	H
低温型	D①	快速型	Q
防火型	F	波纹管阀杆密封型	W

① 指设计和使用温度低于-46℃以下的阀门，并在 D 字母后加下注，标明最低使用温度。

② 驱动方式代号：用阿拉伯数字表示，按表 1-4-30 的规定。

表 1-4-30　驱动方式代号

驱动方式	代号	驱动方式	代号
电磁动	0	伞齿轮	5
电磁-液动	1	气动	6
电-液联动	2	液动	7
蜗轮	3	气-液联动	8
正齿轮	4	电动	9

③ 连接形式代号：以阀门进口端的连接形式确定代号，代号用阿拉伯数字表示，按表 1-4-31 的规定。

表 1-4-31　连接形式代号

连接端形式	代号	连接端形式	代号
内螺纹	1	对夹	7
外螺纹	2	卡箍	8
法兰式	4	卡套	9
焊接式	6	—	—

④ 阀门结构形式代号：阀门结构形式用阿拉伯数字表示，按表 1-4-32~表 1-4-46 的规定。

表 1-4-32　闸阀结构形式代号

结构形式			代号
闸阀启闭时，阀杆运动方式	闸板结构形式		
阀杆升降移动（明杆）	闸阀的两个密封面为楔式，单块闸板	具有弹性槽	0
		无弹性槽	1
	闸阀的两个密封面为楔式，双块闸板		2
	闸阀的两个密封面平行，单块平板		3①
	闸阀的两个密封面平行，双块闸板		4
阀杆仅旋转，无升降移动（暗杆）	闸阀的两个密封面为楔式	单块闸板	5
		双块闸板	6
	闸阀的两个密封平行，双块闸板		8

① 闸板无导流孔的，在结构形式代号后加汉语拼音小写字母 w 表示，如 3w。

表 1-4-33　截止阀和节流阀结构形式代号

结构形式		代号	结构形式		代号
直通流道	单阀瓣	1	直通流道	平衡式阀瓣	6
Z 形流道		2	角式流道		7
三通流道		3	—		—
角式流道		4			
Y 形流道		5			

表 1-4-34　**止回阀结构形式代号**

结构形式		代号	结构形式		代号
升降式阀瓣	直通流道	1	旋启式阀瓣	单瓣结构	4
	立式结构	2		多瓣结构	5
	Z 形流道	3		双瓣结构	6
	Y 形流道	5	蝶形（双瓣）结构		7

表 1-4-35　**球阀结构形式代号**

结构形式		代号	结构形式		代号
浮动球	直通流道	1	固定球	四通流道	6
	Y 形三通流道	2		直通流道	7
	L 形三通流道	3		T 形三通流道	8
	T 形三通流道	5		L 形三通流道	9
	—	—		半球直通	0

表 1-4-36　**蝶阀结构形式代号**

结构形式		代号	结构形式		代号
密封副有密封性要求的	单偏心	0	密封副无密封性要求的	单偏心	5
	中心对称垂直板	1		中心垂直板	6
	双偏心	2		双偏心	7
	三偏心	3		三偏心	8
	连杆机构	4		连杆机构	9

表 1-4-37　**旋塞阀结构形式代号**

结构形式		代号	结构形式		代号
填料密封型	直通流道	3	油封型	直通流道	7
	三通 T 形流道	4		三通 T 形流道	8
	四通流道	5		—	—

表 1-4-38　**隔膜阀结构形式代号**

结构形式	代号	结构形式	代号
屋脊式流道	1	直通式流道	6
直流式流道	5	Y 形角式流道	8

表 1-4-39　**柱塞阀结构形式代号**

结构形式	代号
直通流道	1
角式流道	4

表 1-4-40　**减压阀（自力式）结构形式代号**

结构形式	代号	结构形式	代号
薄膜式	1	波纹管式	4
弹簧薄膜式	2	杠杆式	5
活塞式	3	—	—

表 1-4-41　　**控制阀（调节阀）结构形式代号**

结构形式		代号	结构形式		代号
直行程，单级	套筒式	7	直行程，两级或多级	套筒式	8
	套筒柱塞式	5		柱塞式	1
	针形式	2		套筒柱塞式	9
	柱塞式	4	角行程，套筒式		0
	滑板式	6	—		—

表 1-4-42　　**减温减压阀（非自力式）结构形式代号**

结构形式		代号	结构形式		代号
单座	柱塞式	1	双座或多级	套筒式	4
	套筒柱塞式	2		柱塞式	5
	套筒式	3		套筒柱塞式	6

表 1-4-43　　**堵阀结构形式代号**

结构形式	代号
闸板式	1
止回式	2

表 1-4-44　　**蒸汽疏水阀结构形式代号**

结构形式	代号	结构形式	代号
自由浮球式	1	蒸汽压力式或膜盒式	6
杠杆浮球式	2	双金属片式	7
倒置桶式	3	脉冲式	8
液体或固体膨胀式	4	圆盘热动力式	9
钟形浮子式	5	—	—

表 1-4-45　　**排污阀结构形式代号**

结构形式		代号	结构形式		代号
液面连接排放	截止型直通式	1	液底间断排放	截止型直流式	5
	截止型角式	2		截止型直通式	6
	—	—		截止型角式	7
	—	—		浮动闸板型直通式	8

表 1-4-46　　**安全阀结构形式代号**

结构形式		代号	结构形式		代号
弹簧载荷 弹簧封闭结构	带散热片全启式	0	弹簧载荷 弹簧不封闭 且带扳手结构	微启式、双联阀	3
	微启式	1		微启式	7
	全启式	2		全启式	8
	带扳手全启式	4		—	—
杠杆式	单杠杆	2	带控制机构全启式（先导式）		6
	双杠杆	4	脉冲式（全冲量）		9

⑤ 密封面或衬里材料代号：以两个密封面中起密封作用的密封面材料或衬里材料硬度值较低的材料或耐腐蚀性能较低的材料表示；金属密封面中镶嵌非金属材料的，则表示为非金属/金属。材料代号按表 1-4-47 规定的字母表示。

阀门密封副材料均为阀门的本体材料时，密封面材料代号用“W”表示。

表 1-4-47　　密封面或衬里材料代号

密封面或衬里材料	代号	密封面或衬里材料	代号
锡基合金（巴氏合金）	B	尼龙塑料	N
搪瓷	C	渗硼钢	P
渗氮钢	D	衬铅	Q
氟塑料	F	塑料	S
陶瓷	G	铜合金	T
铁基不锈钢	H	橡胶	X
衬胶	J	硬质合金	Y
蒙乃尔合金	M	铁基合金密封面中镶嵌橡胶材料	X/H

⑥ 压力代号：压力级代号采用 *PN* 后的数字，并应符合 GB/T 1048—2005《管道元件　PN（公称压力）的定义和选用》的规定。

当阀门工作介质温度超过 425℃，采用最高温度和对应工作压力的形式标注时，表示顺序依次为字母 P，下标标注工作温度（数值为最高工作温度的 1/10），后标工作压力（MPa）的 10 倍，如 $P_{64}100$。

阀门采用压力等级的，在型号编制时，采用字母 Class 或 CL（大写），后标注压力级数字，如 Class 150 或 CL150。

⑦ 阀体材料代号：阀体材料代号一般按表 1-4-48 的规定。当阀体材料标注具体牌号时，可以写明牌号，如 A105、CF8、316L、ZG20CrMoV 等。

表 1-4-48　　阀体材料代号

阀体材料	代号	阀体材料	代号
碳钢	C	铬镍钼系不锈钢	R
Cr13 系不锈钢	H	塑料	S
铬钼系钢(高温钢)	I	铜及铜合金	T
可锻铸铁	K	钛及钛合金	Ti
铝合金	L	铬钼钒钢(高温钢)	V
铬镍系不锈钢	P	灰铸铁	Z
球墨铸铁	Q	镍基合金	N

【型号编制示例】

阀门型号编制示例如下：

① 阀门采用电动装置操作、法兰连接端、明杆楔式双闸板结构、阀座密封面材料是阀体本体材料、公称压力为 PN10（1.0MPa）、阀体材料为灰铸铁的闸阀，型号表示为：Z942W-10。

② 阀门为手动操作、外螺纹连接端、浮动球直通式结构、阀座密封面材料为氟塑料、压力级为 Class300，阀体材料为 1Cr18Ni9Ti 的球阀，型号表示为：Q21F-Class300P 或 Q21F-CL300P。

③ 阀门采用气动装置操作、常开型、法兰连接端、屋脊式结构、阀体衬胶、公称压力为 PN6、阀体材料为灰铸铁的隔膜阀，型号表示为：$G6_{K}41J$-6。

④ 阀门采用液动装置操作、法兰连接端、垂直板式结构、阀座密封面材料为铸铜、阀瓣密封面材料为橡胶、公称压力为 PN2.5、阀体材料为灰铸铁的蝶阀，型号表示为：D741X-2.5。

⑤ 阀门采用电动装置操作、焊接连接端、直通式结构、阀座密封面材料为堆焊硬质合金、工作温度为 540℃ 时工作压力为 17.0MPa、阀体材料铬钼钒钢的截止阀，型号表示为：J961Y-P_{54}170V。

⑥ 阀门采用电动装置操作、法兰连接端、固定球直通式结构、阀座密封面材料为 PTFE、压力级为 Class600、最低使用温度 -101℃、阀体材料为 F316 的球阀，型号表示为：D_{-101}Q941F-Class600 F316 或 D_{-101}Q941F-CL600 F316。

4.2.2 截止阀

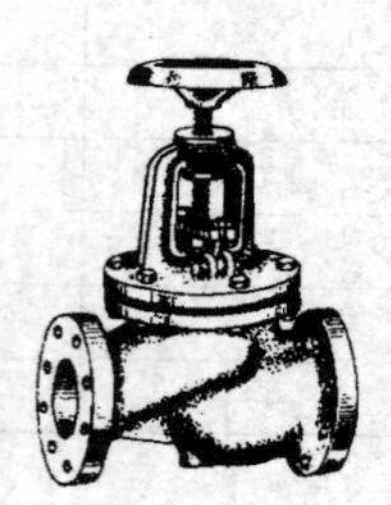

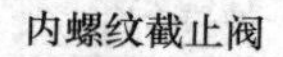

内螺纹截止阀　　DN≤50mm　　DN≥65mm

图 1-4-26　截止阀

【其他名称】 内螺纹截止阀：丝口球阀、汽门、汽掣。

截止阀：法兰截止阀、法兰球形阀、法兰汽门、法兰汽掣。

内螺纹角式截止阀：丝口角式截止阀。

【用途】 装于管路或设备上，用以启闭管路中的介质，是应用比较广泛的一种阀门。角式截止阀适用于管路成 90°相交处。

【规格】 见表 1-4-49。

表 1-4-49　内螺纹截止阀的规格

型号	阀体材料	密封面材料	适用介质	适用温度/℃ ≤	公称压力 PN/MPa	公称通径 DN/mm
内螺纹截止阀						
J11X-10K	可锻铸铁	橡胶	水	50	1.0	15~25
J11W-10T	铜合金	铜合金	水,蒸汽	200	1.0	6~65
J11F-10T	铜合金	聚四氟乙烯	水,蒸汽	200	1.0	6~65
J11T-16K	可锻铸铁	铜合金	水,蒸汽	200	1.6	15~65
J11F-16K	可锻铸铁	聚四氟乙烯	水,蒸汽	200	1.6	15~65
J11H-16K	可锻铸铁	不锈钢	水,蒸汽,油品	200	1.6	15~65
J11W-16K	可锻铸铁	可锻铸铁	油品,煤气	100	1.6	15~65
J11T-16	灰铸铁	铜合金	水,蒸汽	200	1.6	15~65
J11W-16	灰铸铁	灰铸铁	油口,煤气	100	1.6	15~65
截止阀						
J41T-16	灰铸铁	铜合金	水,蒸汽	200	1.6	15~200
J41W-16	灰铸铁	灰铸铁	油品,煤气	100	1.6	15~200
J41T-16K	可锻铸铁	铜合金	水,蒸汽	200	1.6	15~65
J41-16K	可锻铸铁	聚四氟乙烯	水,蒸汽	200	1.6	15~65
内螺纹角式截止阀						
J14F-10T	铜合金	聚四氟乙烯	水,蒸汽	200	1.0	15~50

注：公称通径系列 DN(mm)有 6、10、15、20、25、32、40、50、65、80、100、125、150、200。

4.2.3 闸阀

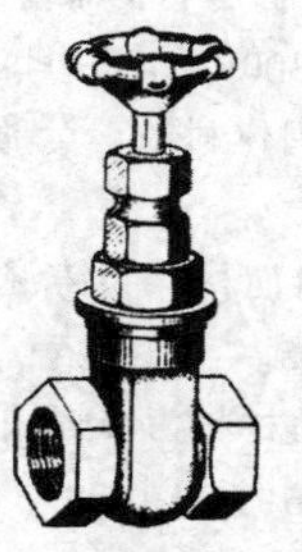

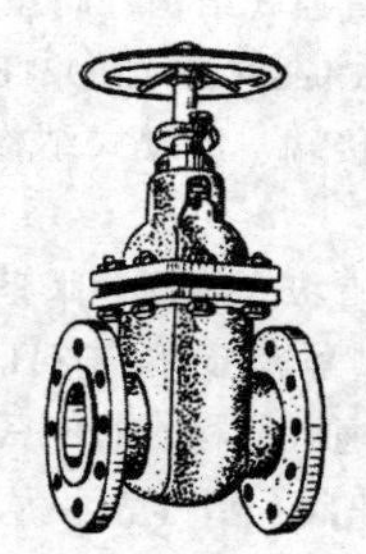

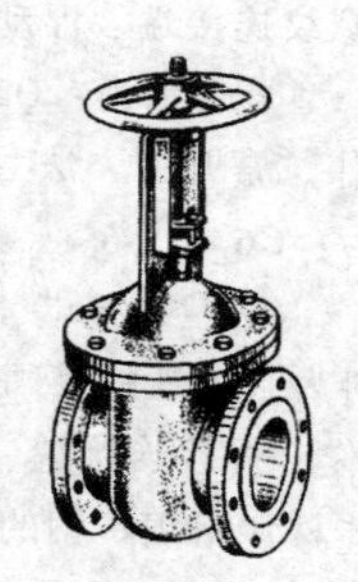

内螺纹连接　　法兰连接　　法兰连接

(a) 暗杆楔式单闸板闸阀　　(b) 明杆平行式双闸板闸阀

图 1-4-27　闸阀

【其他名称】 内螺纹暗杆楔式单阀板闸阀：闸门阀、水门、闸掣。

暗杆楔式单闸板闸阀：法兰旋杆闸门阀、法兰闸门阀、法兰水门、法兰闸掣。

明杆平行式双闸板闸阀：法兰升降式闸门阀。

【用途】 装于管路上用于启闭（主要是全开、全关）管路及设备中的介质，其特点是介质通过时阻力很小。其中暗杆闸阀的阀杆不做升降运动，适用于高度受限制的地方；明杆闸阀的阀杆做升降运动，只能用于高度不受限制的地方。

【规格】 见表 1-4-50。

表 1-4-50 闸阀的规格

型号	阀体材料	密封面材料	适用介质	适用温度/℃ ≤	公称压力 PN/MPa	公称通径 DN/mm
内螺纹暗杆楔式闸阀						
Z15W-10T	铜合金	铜合金	水	100	1.0	15~100
Z15T-10	灰铸铁	铜合金	水	100	1.0	15~80
Z15T-10K	可锻铸铁	铜合金	水	100	1.0	15~100
Z15W-10	灰铸铁	灰铸铁	煤气,油品	100	1.0	15~80
Z15W-10K	可锻铸铁	可锻铸铁	煤气,油品	100	1.0	15~50
暗杆楔式闸阀						
Z45W-10	灰铸铁	灰铸铁	煤气,油品	100	1.0	40~700
Z45T-10	灰铸铁	铜合金	水	100	1.0	40~700
楔式闸阀						
Z41W-10	灰铸铁	灰铸铁	煤气,油品	100	1.0	40~500
Z41T-10	灰铸铁	铜合金	水,蒸汽	200	1.0	40~500
平行式双闸板闸阀						
Z44W-10	灰铸铁	灰铸铁	煤气,油品	100	1.0	40~500
Z44T-10	灰铸铁	铜合金	水,蒸汽	200	1.0	40~500
Z44T-16	灰铸铁	铜合金	水,蒸汽	200	1.6	50~150

注：公称通径系列 DN(mm)有 6、10、15、20、25、32、40、50、65、80、100、25、150、200、250、300、350、400、450、500、600、700。

4.2.4 旋塞阀

(1)(直通)旋塞阀

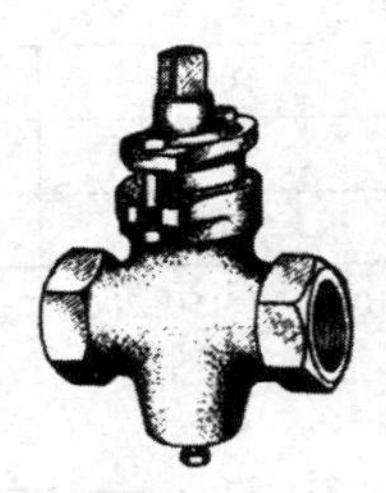

内螺纹连接

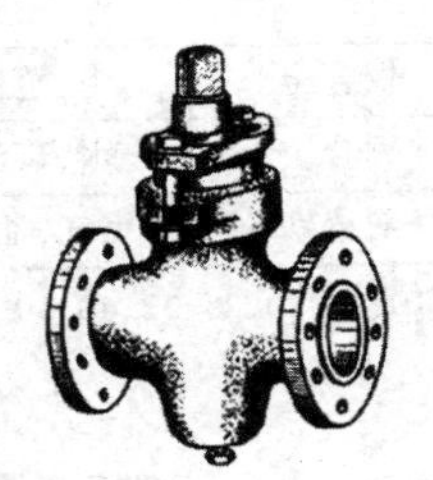

法兰连接

图 1-4-28 旋塞阀

【其他名称】 内螺纹连接式旋塞阀：内螺纹填料旋塞、内螺纹直通填料旋塞、轧兰泗汀角、压盖专心门、考克、十字掣。

法兰连接式旋塞阀：法兰填料旋塞、法兰直通填料旋塞、法兰轧兰泗汀、法兰压盖专心门。

【用途】 装于管路上用于启闭管路中的介质，其特点是开关迅速。

【规格】 见表 1-4-51。

（2）三通旋塞阀

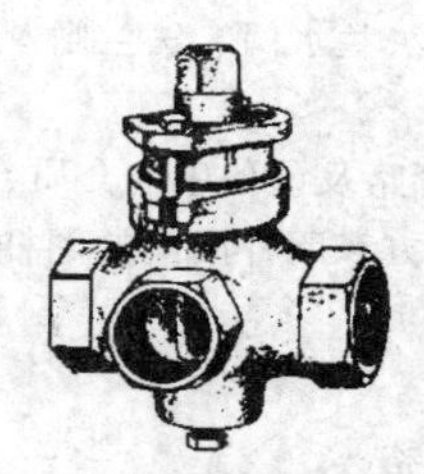

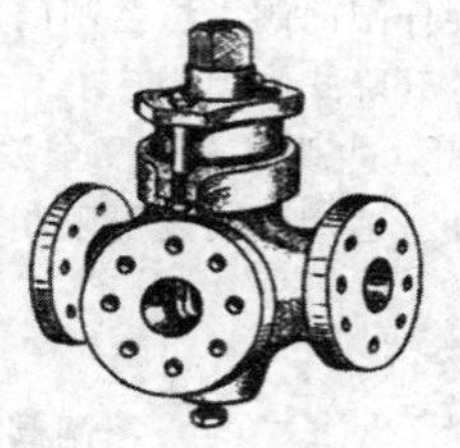

内螺纹连接　　法兰连接

图 1-4-29　三通旋塞阀

【其他名称】 内螺纹连接式三通旋塞阀：内螺纹三通填料旋塞、三路轧兰泗汀角、三路压盖专心门。法兰连接式三通旋塞阀：法兰三通填料旋塞、法兰三路轧兰泗汀、法兰三路压盖专心门。

【用途】 装于T形管路上，除作为管路开关设备用外，还具有分配、换向作用。

【规格】 见表 1-4-51。

表 1-4-51　旋塞阀的规格

型号	阀体材料	密封面材料	适用介质	适用温度/℃ ≤	公称压力 PN/MPa	公称通径 DN/mm
内螺纹旋塞阀						
X13W-10T	铜合金	铜合金	水,蒸汽	100	1.0	15~50
X13W-10	灰铸铁	灰铸铁	煤气,油品	100	1.0	15~50
X13T-10	灰铸铁	铜合金	水,蒸汽	100	1.0	15~50
X13T-10K	可锻铸铁	铜合金	水,蒸汽	100	1.0	15~65
X13W-10K	可锻铸铁	可锻铸铁	煤气,油品	100	1.0	15~65
旋塞阀						
X43T-6	灰铸铁	铜合金	水,蒸汽	100	0.6	32~150
X43W-6T	铜合金	铜合金	水,蒸汽	100	0.6	32~150
X43W-6	灰铸铁	灰铸铁	煤气,油品	100	0.6	100~150
X43W-10	灰铸铁	灰铸铁	煤气,油品	100	1.0	25~200
X43T-10	灰铸铁	铜合金	水,蒸汽	100	1.0	25~200
内螺纹三通旋塞阀						
X14W-6T	铜合金	铜合金	水,蒸汽	100	0.6	15~65
三通旋塞阀						
X44W-6T	铜合金	铜合金	水,蒸汽	100	0.6	25~100
X44T-6	灰铸铁	铜合金	水,蒸汽	100	0.6	25~100
X44W-6	灰铸铁	灰铸铁	煤气,油品	100	0.6	25~100

注：公称通径系列 DN(mm)有 6、10、15、20、25、32、40、50、65、80、100、125、150、200。

（3）放水用旋塞阀

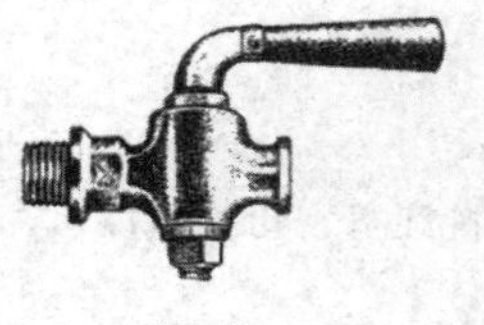

直嘴式

弯嘴式

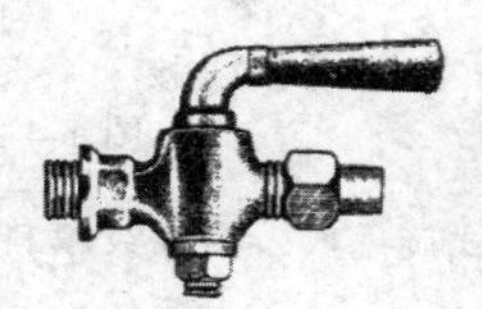

直嘴带活接头式

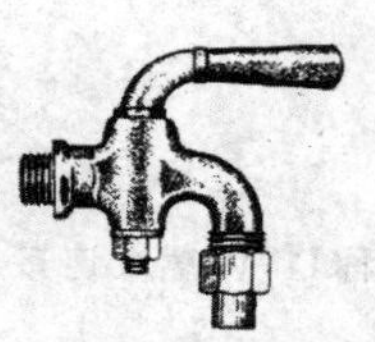

弯嘴带活接头式

图 1-4-30　放水用旋塞阀

【其他名称】 直嘴式旋塞：直汽角。
弯嘴式旋塞：弯汽角。

直嘴带活接头式旋塞：直由任角。

弯嘴带活接头式旋塞：弯由任角。

【用途】 直嘴式旋塞：装于设备上用于放蒸汽。

弯嘴式旋塞：装于设备上用于放水或油。

带活接头式旋塞：可以连接管子，把设备内的蒸汽、水或油等介质放至远处。

【规格】 见表 1-4-52。

表 1-4-52 旋塞的规格

公称通径 DN/mm		3	6	10	15	20
管螺纹尺寸代号	直嘴式	1/8	1/4	3/8	1/2	3/4
	弯嘴式	1/8	1/4	3/8	1/2	3/4
	直嘴带活接头式	—	1/4	3/8	1/2	3/4
	弯嘴带活接头式	—	1/4	3/8	1/2	3/4

注：阀体和密封面材料全为铜合金，适用温度≤200℃，设备公称压力 PN 为 0.6MPa。

(4) 煤气用旋塞阀

台式双叉

台式四叉

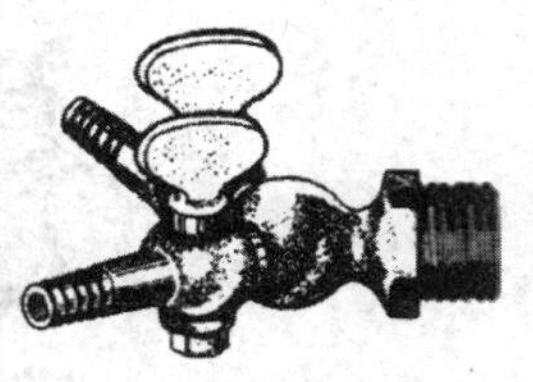

墙式双叉

图 1-4-31 煤气用旋塞阀

【其他名称】 煤气角。

【用途】 装在煤气管路上，用以启闭管路中煤气。

【规格】 见表 1-4-53。

表 1-4-53 煤气用旋塞的规格

型式	台式			墙式			
	单叉	双叉	四叉	单叉			双叉
公称通径 DN/mm	15	15	15	6	10	15	15
管螺纹尺寸代号	1/2	1/2	1/2	1/4	3/8	1/2	1/2

注：阀体和密封面材料全为铜合金，适用公称压力 PN≤0.15MPa。

4.2.5 球阀

【用途】 装于管路上，用以启闭管路中介质，其特点是结构简单、开关迅速。

【规格】 见表 1-4-54。

内螺纹连接(Q11F-16)

法兰连接(Q41F-16)

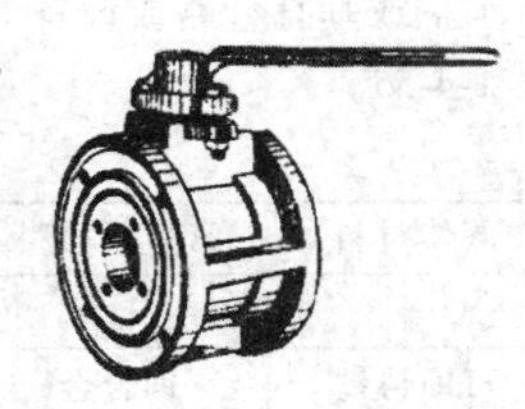

法兰连接(Q41F-6C Ⅲ型)

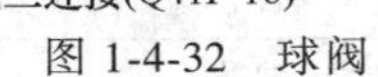

图 1-4-32 球阀

表 1-4-54 球阀的规格

型号	阀体材料	密封面材料	适用介质	适用温度/℃ ≤	公称压力 PN/MPa	公称通径 DN/mm
内螺纹球阀						
Q11F-16T	铜合金	聚四氟乙烯	水,蒸汽,油品	150	1.6	6~50
Q11F-16	灰铸铁	聚四氟乙烯	水,蒸汽,油品	150	1.6	15~65
球阀						
Q41F-16	灰铸铁	聚四氟乙烯	水,蒸汽,油品	150	1.6	150~200
Q41F-6C Ⅲ	铸钢衬聚四氟乙烯	聚四氟乙烯	酸,碱性液体或气体	100	0.6	25,40,50

注：公称通径系列 DN（mm）有 6、10、15、20、25、32、40、50、65、80、100、125、150、200。

4.2.6 止回阀

(1) 升降式止回阀

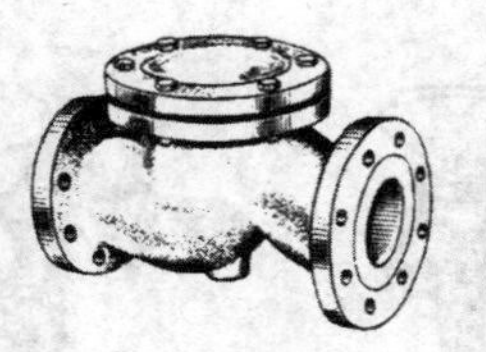

内螺纹连接　　法兰连接

图 1-4-33 升降式止回阀

【其他名称】 内螺纹升降式止回阀：升降式逆止阀、直式单流阀、顶水门、横式止回阀。升降式止回阀：法兰升降式逆水阀、法兰直式单流阀、法兰顶水门。

【用途】 装于水平管路或设备上，以阻止管路、设备中介质倒流。

【规格】 见表 1-4-55。

(2) 旋启式止回阀

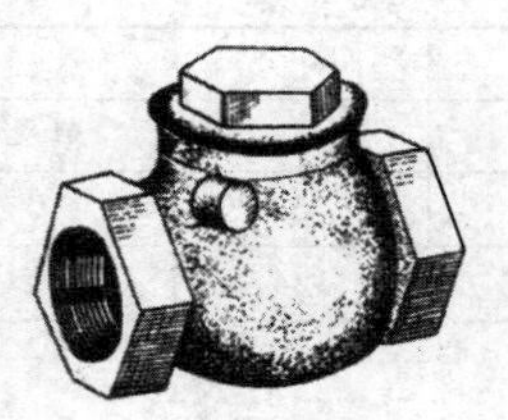

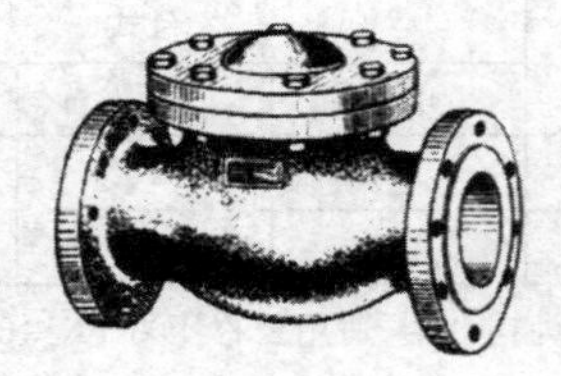

内螺纹连接　　法兰连接

图 1-4-34 旋启式止回阀

【其他名称】 内螺纹旋启式止回阀：铰链逆止阀、铰链直流阀、铰链阀；旋启式止回阀：法兰铰链逆止阀、法兰铰链直流阀、法兰铰链阀。

【用途】 装于水平或垂直管路或设备上，以阻止管路、设备中介质倒流。

【规格】 见表 1-4-55。

表 1-4-55 止回阀的规格

型号	阀体材料	密封面材料	适用介质	适用温度/℃ ≤	公称压力 PN/MPa	公称通径 DN/mm
内螺纹升降式止回阀						
H11T-16K	可锻铸铁	铜合金	水,蒸汽	200	1.6	15~65
H11T-16	灰铸铁	铜合金	水,蒸汽	200	1.6	15~65
H11W-16	灰铸铁	灰铸铁	煤气,油品	100	1.6	15~65

续表

型号	阀体材料	密封面材料	适用介质	适用温度/℃ ≤	公称压力 PN/MPa	公称通径 DN/mm
升降式止回阀						
H41T-16K	可锻铸铁	铜合金	水,蒸汽	200	1.6	25~100
H41T-16	灰铸铁	铜合金	水,蒸汽	200	1.6	15~150
H41W-16	灰铸铁	灰铸铁	煤气,油品	100	1.6	15~150
内螺纹旋启式止回阀						
H14W-10T	铜合金	铜合金	水,蒸汽	200	1.0	15~65
H14T-16K	可锻铸铁	铜合金	水,蒸汽	200	1.6	15~65
旋启式止回阀						
H44X-10	灰铸铁	橡胶	水	50	1.0	50~600
H44T-10	灰铸铁	铜合金	水,蒸汽	200	1.0	50~600
H44W-10	灰铸铁	灰铸铁	煤气,油品	100	1.0	50~600

注：公称通径系列 DN(mm)有 6、10、15、20、25、32、40、50、65、80、100、125、150、200、250、300、350、400、450、500、600。

4.2.7 底阀

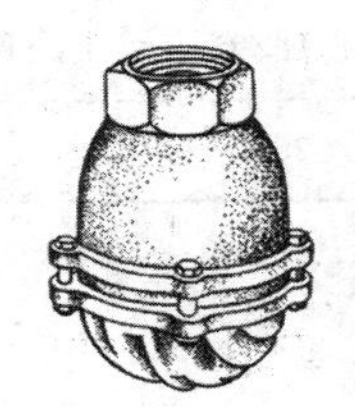

内螺纹连接(升降式)

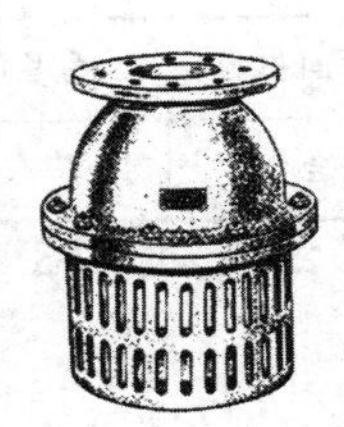

法兰连接(升降式或旋启式)

图 1-4-35 底阀

【其他名称】 内螺纹升降式底阀：井底阀、吸水阀、滤水阀、莲蓬头。

升降式底阀：法兰井底阀。

旋启式底阀：法兰旋启式井底阀。

【用途】 一种专用止回阀，装于水泵的进水管末端，用以阻止水源中的杂物进入进水管中和阻止进水管中的水倒流。

【规格】 见表 1-4-56。

表 1-4-56 **底阀的规格**

型号	阀体材料	密封面材料	适用介质	适用温度/℃ ≤	公称压力 PN/MPa	公称通径 DN/mm
内螺纹升降式底阀						
H12X-2.5	灰铸铁	橡胶	水	50	0.25	50~80
升降式底阀						
H42X-2.5	灰铸铁	橡胶	水	50	0.25	50~200
旋启式底阀						
H46X-2.5	灰铸铁	橡胶	水	50	0.25	250~500

注：公称通径系列 DN（mm）有 6、10、15、20、25、32、40、50、65、80、100、125、150、200、250、300、350、400、450、500。

4.2.8 外螺纹弹簧式安全阀

图 1-4-36 外螺纹弹簧式安全阀

【其他名称】 安全门，保险阀，压气阀。

【用途】 装在蒸汽、水及空气等中性介质的锅炉、容器或管路上，当设备或管路内的介质压力超过规定值时，阀门即自动开启，使设备或管路中的介质向外排放，从而使压力下降；当压力降低到规定值时，阀门即自动关闭，并保证密封，以保护设备安全运行。如压力超过规定值时，而阀门未能自动开启，可利用拉动阀上的扳手，以迫使阀门开启。

【规格】 见表 1-4-57。

表 1-4-57 安全阀的规格

型号	阀体材料	密封面材料	适用介质	适用温度/℃ ≤	公称压力 PN/MPa	公称通径 DN/mm
A27W-10T	铜合金	铜合金	水,蒸汽,空气	200	1.0	15~80

注：公称通径系列 DN(mm)有 15、20、25、32、40、50、65、80。

4.2.9 铜压力表旋塞

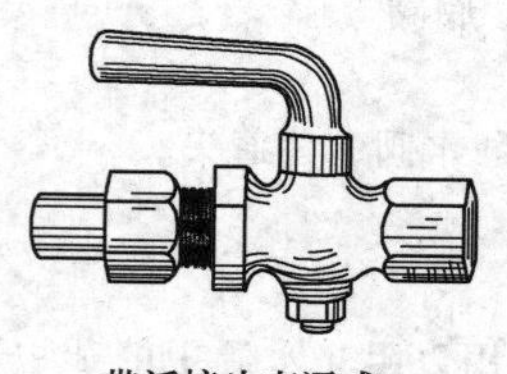

带活接头直通式

三通式

图 1-4-37 铜压力表旋塞

【其他名称】 压力表开关，汽表角。

【用途】 装在设备与压力表之间，作为控制压力表的开关设备。三通式旋塞多一个控制法兰，可供安装检验压力表用。

【规格】 见表 1-4-58。

表 1-4-58 铜压力表旋塞的规格

种类	适用介质	适用温度/℃ ≤	公称压力 PN/MPa	公称通径 DN/mm
带活接头式	水，蒸汽，空气	200	0.6	8，10，15
三通式			1.6	15

4.2.10 液面指示器旋塞

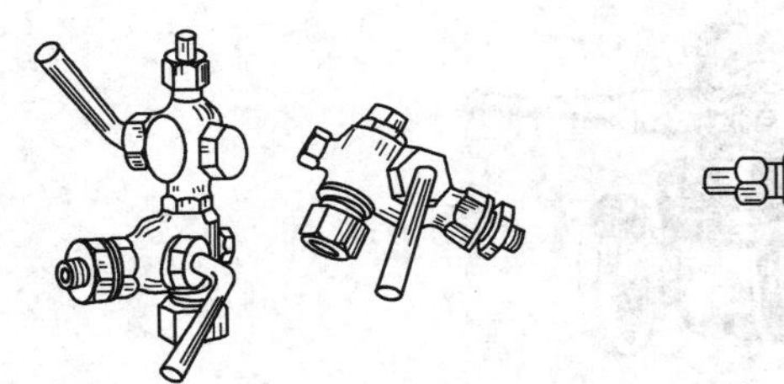

外螺纹连接

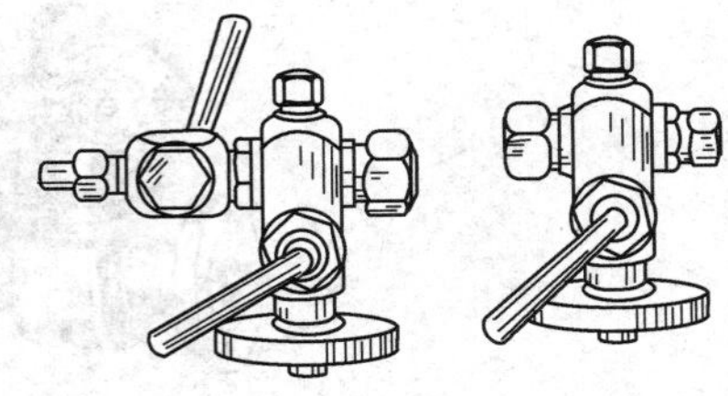

法兰连接

图 1-4-38 液面指示器旋塞

【其他名称】 外螺纹液面指示器旋塞：水位指示器旋塞、玻璃管角。
液面指示器旋塞：法兰水位指示器旋塞、法兰玻璃管角。

【用途】 装于蒸汽锅炉或液体储集器上，指示锅炉或储集器内液位。

【规格】 见表 1-4-59。

表 1-4-59 液面指示器旋塞的规格

型号	阀体材料	密封面材料	适用介质	适用温度/℃ ≤	公称压力 PN/MPa	公称通径 DN/mm
外螺纹液面指示器旋塞						
X29F-6T	铜合金	聚四氟乙烯	水,蒸汽	200	0.6	15,20
X29F-6K	可锻铸铁	聚四氟乙烯	水,蒸汽	200	0.6	15,20
液面指示器旋塞						
X49F-16T	铜合金	聚四氟乙烯	水,蒸汽	200	1.6	20
X49F-16K	可锻铸铁	聚四氟乙烯	水,蒸汽	200	1.6	20

4.2.11 锅炉注水器

图 1-4-39 锅炉注水器

【其他名称】 锅炉注射器。

【用途】 装于工作压力 $p=0.2\sim0.7$MPa 的蒸汽锅炉上，为自动向锅炉给水的设备。

【规格】 见表 1-4-60。

表 1-4-60 ZH24W2～7T 型锅炉注水器的规格尺寸

公称通径 DN/mm		15	20	25	32	40	50
管螺纹尺寸代号		1/2	3/4	1	1¼	1½	2
蒸汽工作压力 p/MPa	最低	0.2	0.2	0.28			
	最高	0.52	0.55	0.7			
在 $p=0.5$MPa、供水温度为20℃时的注水量/(L/h) ≈		450	650	1600	2000	3200	4800

4.2.12 快开式排污阀

图 1-4-40 快开式排污阀

【其他名称】 排污阀，闸门式排污阀。

【用途】 装于温度≤300℃、工作压力 p_{30}≤1.3MPa 的蒸汽锅炉上，作为排除锅炉内水的沉淀物和污垢等的设备。

【规格】 Z44H-16Q 型。阀体材料：球墨铸铁。密封面材料：不锈钢。公称压力 PN（MPa）：1.6。公称通径 DN（mm）：40，50。

4.2.13 疏水阀

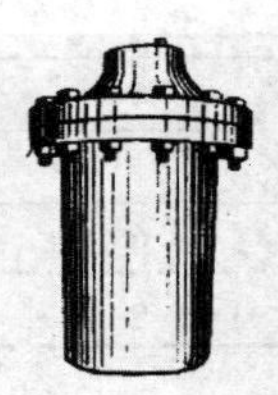

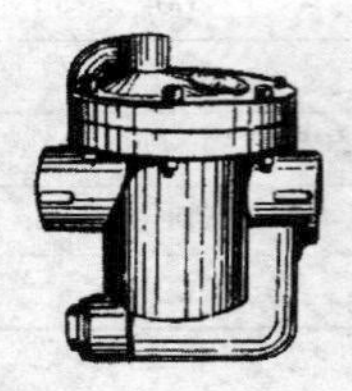

内螺纹钟形浮子式

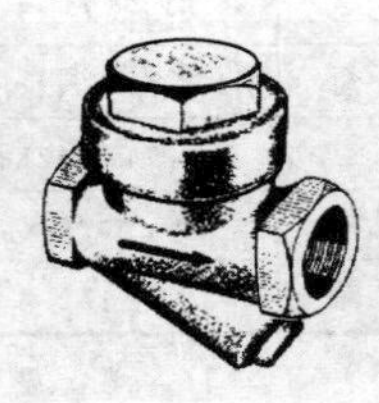

内螺纹动力圆盘式

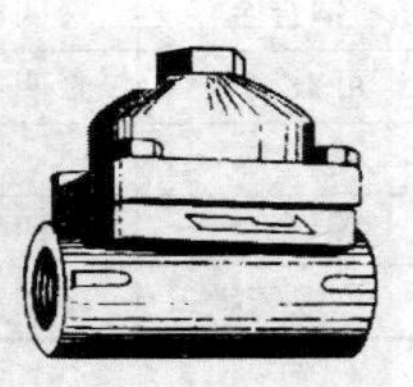

内螺纹双金属片式

图 1-4-41 疏水阀

【其他名称】 自动蒸汽疏水阀，疏水器，阻汽排水器，冷凝排液器，隔汽具，曲老浦。

【用途】 装于蒸汽管路或加热器、散热器等蒸汽设备上，能自动排除管路或设备中的冷凝水，并能防止蒸汽泄漏。

【规格】 见表 1-4-61。

表 1-4-61 疏水阀的规格

型号	阀体材料	密封面材料	适用介质	适用温度/℃ ≤	公称压力 PN/MPa	公称通径 DN/mm
内螺纹钟形浮子式疏水阀						
S15H-16	灰铸铁	不锈钢	冷凝水	200	1.6	15~50
内螺纹热动力(圆盘)式疏水阀						
S19H-16	灰铸铁	不锈钢	冷凝水	200	1.6	15~50
内螺纹双金属片式疏水阀						
S17H-16	灰铸铁	不锈钢双金属片	冷凝水	200	1.6	15~25

注：1. 公称通径系列 DN（mm）：6，10，15，20，25，32，40，50。

2. 市场产品中，有的在型号前加字母“C”。

4.2.14 活塞式减压阀

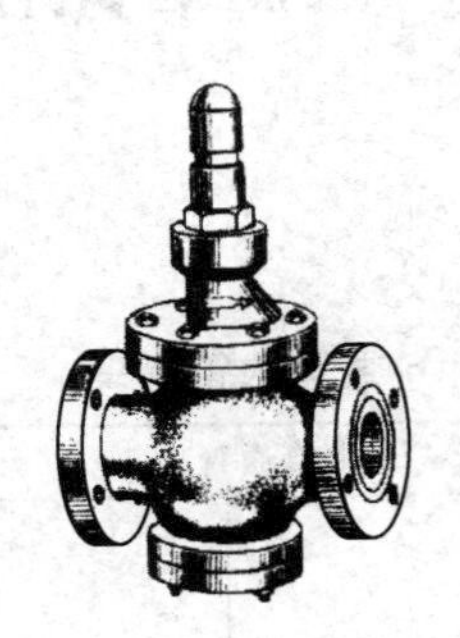

图 1-4-42 活塞式减压阀

【用途】 装于工作压力 p_{30}≤1.3MPa、工作温度≤300℃的蒸汽或空气管路上，能自动将管路内介质压力降低到规定的数值，并使之保持不变。

【规格】 Y43H-16Q 型。阀体材料：球墨铸铁。密封面材料：不锈钢。公称压力 PN（MPa）：1.6。公称通径系列 DN（mm）：20，25，32，40，50，65，80，100，125，150，200。

4.2.15 水嘴

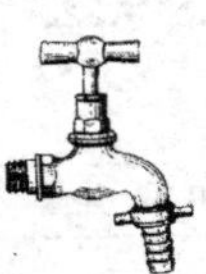

图 1-4-43 水嘴

【用途】 见表 1-4-62。

【规格】 见表 1-4-62。

表 1-4-62 水嘴的规格

类别	阀体材料	适用温度/℃ ≤	公称压力 PN/MPa	公称通径 DN/mm	其他名称	用途
冷水嘴	可锻铸铁，灰铸铁，铜合金	50	0.6	15,20,25	自来水龙头、水嘴	装于自来水管路上，作为放水设备用。接管水嘴多一个活接头可以把水输送到远方
接管水嘴					皮带龙头、接口水嘴、皮带水嘴	
铜热水嘴	铜合金	100	0.1	15,20,25	铜木柄水嘴、木柄龙头、转心水嘴、扳把水嘴	装在热水锅炉管道上
铜茶壶水嘴	铜合金	100	—	8,10,15	茶桶水嘴、茶缸水嘴、茶壶龙头、茶桶角	装在茶缸、茶桶上，作为放水设备用
铜保暖水嘴	铜合金	100	—	10	保暖桶水嘴、保暖龙头	装在保暖茶壶上作放水设备

4.3 液压管路附件

4.3.1 扩口式管接头

表 1-4-63　扩口式管接头

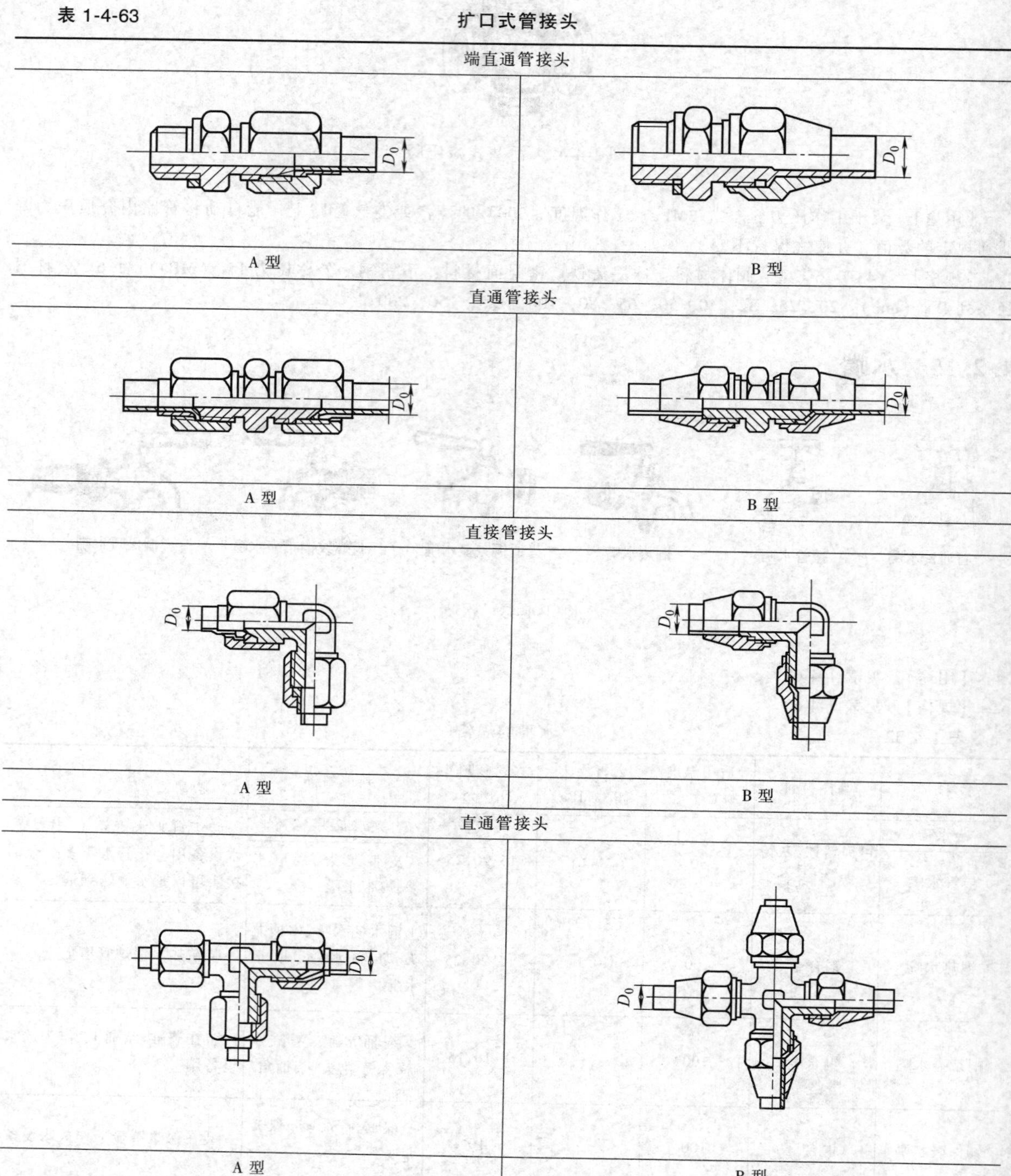

续表

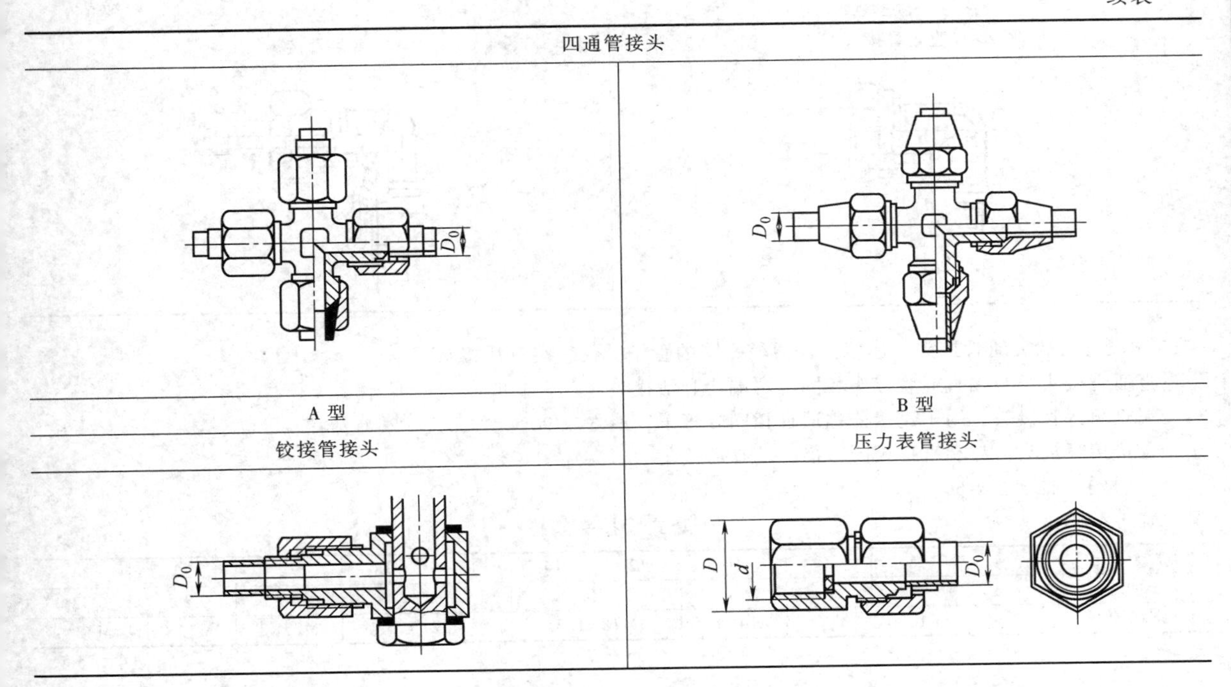

【用途】 端直通管接头：适用于低、中压的液压管路，连接公称通径相同的管子，仅一端有活接头。

直通管接头：与端直通管接头相同，两端均有活接头。

直角接管接头：直角接管接头用于连接公称通径相同的管子，使之成 90°转弯。

三通管接头：连接三根公称通径相同的液压管路。

四通管接头：连接四根相互垂直的、公称通径相同的液压管路。

铰接管接头：用于水平方向上可以任意转动的场合。

压力表管接头：用于安装液压管路上的压力表。

【规格】 见表 1-4-64。

表 1-4-64 扩口式管接头规格 mm

管子外径	4	6	8	10	12	14	16	18	22	28	34
公称通径	3	4	6	8	10	12	15		20	25	32
螺纹直径	M10×1			M14×1.5	M18×1.5		M22×1.5		M27×2	M33×2	M42×2

4.3.2 卡套式管接头

表 1-4-65 卡套式管接头形式

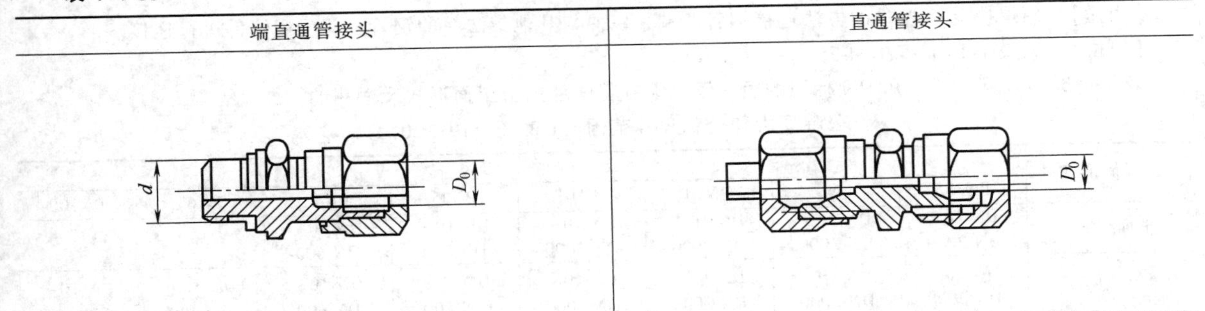

续表

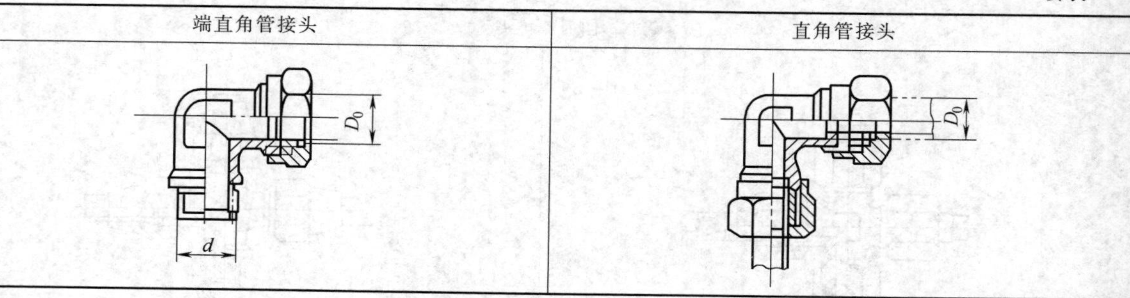

【用途】 端直通管接头：连接公称通径相同的管子，仅一端有活接头。

直通管接头：与端直通管接头相同，两端均有活接头。

端直角接管接头：用于连接公称通径相同的管子，使之成90°转弯，仅一端有活接头。

直角接管接头：与端直角相同，仅一端有活接头。

【规格】 见表1-4-66。

表1-4-66 卡套式管接头规格

mm

管子外径	4	6	8	10	12	14	16	18	22	28	34
公称通径	3	4	6	8	10		15		20	25	32
螺纹直径	M10×1			M14×1.5	M18×1.5		M22×1.5		M27×2	M33×2	M42×2

4.4 管法兰及管法兰盖

4.4.1 板式平焊钢制管法兰（GB/T 9119—2010）

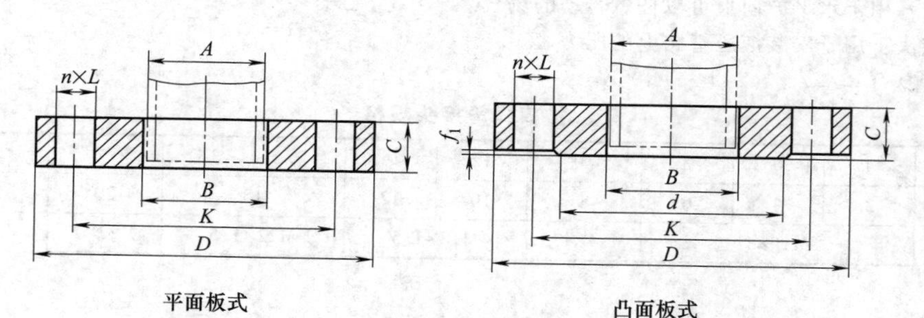

图1-4-44 平焊钢制管法兰

D—法兰外径；K—螺栓空中心圆直径；n—螺栓孔数；d—突出密封面直径；f_1—密封面高度；C—法兰厚度；A—适用管子外径；L—螺栓孔径；B—法兰内径

【用途】 用焊接（平焊）的方法连接钢管两端，以便与其他带法兰的钢管、阀门或管件进行连接。

【规格】 见表1-4-67~表1-4-75。

表1-4-67 用PN标记的板式平焊钢制管法兰的密封面形式及适用的公称压力和公称尺寸范围（GB/T 9119—2010）

密封面形式	公称压力							
	PN2.5	PN6	PN10	PN16	PN25	PN40	PN63	PN100
平面(FF)	DN 10~DN 2000	DN 10~DN 2000	DN 10~DN 2000	DN 10~DN 2000	DN 10~DN 800	DN 10~DN 600	—	
突面(RF)	DN 10~DN 2000	DN 10~DN 2000	DN 10~DN 2000	DN 10~DN 2000	DN 10~DN 800	DN 10~DN 600	DN 10~DN 400	DN 10~DN 350

表 1-4-68　　**PN2.5 板式平焊钢制管法兰**　　mm

公称尺寸 DN	钢管外径 A		连接尺寸					法兰厚度 C	密封面		法兰内径 B	
			法兰外径 D	螺栓孔中心圆直径 K	螺栓孔直径 L	螺栓						
	系列Ⅰ	系列Ⅱ				数量 n/个	螺纹规格		d	f_1	系列Ⅰ	系列Ⅱ
10	17.2	14	75	50	11	4	M10	12	35	2	18.0	15
15	21.3	18	80	55	11	4	M10	12	40	2	22.0	19
20	26.9	25	90	65	11	4	M10	14	50	2	27.5	26
25	33.7	32	100	75	11	4	M10	14	60	2	34.5	33
32	42.4	38	120	90	14	4	M12	16	70	2	43.5	39
40	48.3	45	130	100	14	4	M12	16	80	3	49.5	46
50	60.3	57	140	110	14	4	M12	16	90	3	61.5	59
65	76.1	76	160	130	14	4	M12	16	110	3	77.5	78
80	88.9	89	190	150	18	4	M16	18	128	3	90.5	91
100	114.3	108	210	170	18	4	M16	18	148	3	116.0	110
125	139.7	133	240	200	18	8	M16	20	178	3	141.5	135
150	168.3	159	265	225	18	8	M16	20	202	3	170.5	161
(175)①	193.7	—	295	255	18	8	M16	22	232	3	195	—
200	219.1	219	320	280	18	8	M16	22	258	3	221.5	222
(225)①	245	—	345	305	18	8	M16	22	282	3	248	—
250	273.0	273	375	335	18	12	M16	24	312	3	276.5	276
300	323.9	325	440	395	22	12	M20	24	365	4	327.5	388
350	355.6	377	490	445	22	12	M20	25	415	4	359.5	380
400	406.4	426	540	495	22	16	M20	28	465	4	411.0	430
450	457.0	480	595	550	22	16	M20	30	520	4	462.0	484
500	508.0	530	645	600	22	20	M20	30	570	4	513.5	534
600	610.0	630	755	705	26	20	M24	32	670	5	616.5	634
700	711.0	720	860	810	26	24	M24	40(36)②	776	6	716	724
800	813.0	820	975	920	30	24	M27	44(38)②	880	5	817	824
900	914.0	920	1075	1020	30	24	M27	48(40)②	980	5	918	924
1000	1016	1020	1175	1120	30	28	M27	52(42)②	1080	5	1020	1024
1200	1219	1220	1375	1320	30	32	M27	60(44)②	1280	5	1223	1224
1400	1422	1420	1575	1520	30	36	M27	65(48)②	1480	5	1426	1424
1600	1626	1620	1790	1730	30	40	M27	72(51)②	1690	5	1630	1624
1800	1829	1820	1990	1930	30	44	M27	79(54)②	1890	5	1833	1824
2000	2032	2020	2190	2130	30	48	M27	86(58)②	2090	5	2036	2024

① 带括号尺寸不推荐使用，并且仅适用于船用法兰。

② 括号内尺寸为原标准法兰厚度，对于现有设备或供需双方认可仍可采用括号内的法兰厚度尺寸。

注：公称尺寸 DN10～DN1000 的法兰使用 PN6 法兰的尺寸。

表 1-4-69 **PN6 板式平焊钢制管法兰** mm

公称尺寸DN	钢管外径 A		连接尺寸					法兰厚度 C	密封面		法兰内径 B	
			法兰外径 D	螺栓孔中心圆直径 K	螺栓孔直径 L	螺栓						
	系列Ⅰ	系列Ⅱ				数量 n/个	螺纹规格		d	f_1	系列Ⅰ	系列Ⅱ
10	17.2	14	75	50	11	4	M10	12	35	2	18.0	15
15	21.3	18	80	55	11	4	M10	12	40	2	22.0	19
20	26.9	25	90	65	11	4	M10	14	50	2	27.5	26
25	33.7	32	100	75	11	4	M10	14	60	2	34.5	33
32	42.4	38	120	90	14	4	M12	16	70	2	43.5	39
40	48.3	45	130	100	14	4	M12	16	80	3	49.5	46
50	60.3	57	140	110	14	4	M12	16	90	3	61.5	59
65	76.1	76	160	130	14	4	M12	16	110	3	77.5	78
80	88.9	89	190	150	18	4	M16	18	128	3	90.5	91
100	114.3	108	210	170	18	4	M16	18	148	3	116.0	110
125	139.7	133	240	200	18	8	M16	20	178	3	141.5	135
150	168.3	159	265	225	18	8	M16	20	202	3	170.5	161
(175)①	193.7	—	295	255	18	8	M16	22	232	3	196	—
200	219.1	219	320	280	18	8	M16	22	258	3	221.5	222
(225)①	245	—	345	305	18	8	M16	22	282	3	248	—
250	273.0	273	375	335	18	12	M16	24	312	3	276.5	276
300	323.9	325	440	395	22	12	M20	24	365	4	327.5	328
350	355.6	377	490	445	22	12	M20	26	415	4	359.5	380
400	406.4	426	540	495	22	16	M20	28	465	4	411.0	430
450	457.0	480	595	550	22	16	M20	30	520	4	462.0	484
500	508.0	530	645	600	22	20	M20	30	570	4	513.5	534
600	610.0	630	755	705	26	20	M24	32	670	5	616.5	634
700	711.0	720	560	810	26	24	M24	40	775	6	715	724
800	813.0	820	975	920	30	24	M27	44	880	5	817	824
900	914.0	920	1075	1020	30	24	M27	48	980	5	918	924
1000	1016	1020	1175	1120	39	28	M27	52	1080	5	1020	1024
1200	1219	1220	1405	1340	33	32	M30	60②	1295	5	1223	1224
1400	1422	1420	1630	1560	36	36	M33	72(68)②	1510	5	1426	1424
1600	1626	1620	1830	1760	36	40	M33	80(76)②	1710	5	1630	1624
1800	1829	1820	2045	1970	39	44	M35	88(84)②	1920	5	1833	1824
2000	2032	2020	2265	2180	42	48	M39	96(92)②	2125	5	2036	2024

① 带括号尺寸不推荐使用，并且仅适用于船用法兰。

② 括号内尺寸为原标准法兰厚度，对于现有设备或供需双方认可仍可采用括号内的法兰厚度尺寸。

表 1-4-70　　　　PN10 板式平焊钢制管法兰　　　　mm

公称尺寸 DN	钢管外径 A		连接尺寸					法兰厚度 C	密封面		法兰内径 B	
	系列Ⅰ	系列Ⅱ	法兰外径 D	螺栓孔中心圆直径 K	螺栓孔直径 L	螺栓 数量 n/个	螺栓 螺纹规格		d	f_1	系列Ⅰ	系列Ⅱ
10	17.2	14	90	60	14	4	M12	14	40	2	18.0	15
15	21.3	18	95	65	14	4	M12	14	45	2	22.0	19
20	26.9	25	105	75	14	4	M12	16	58	2	27.5	26
25	33.7	32	115	85	14	4	M12	16	68	2	34.5	33
32	42.4	38	140	100	18	4	M16	18	78	2	43.5	39
40	48.3	45	150	110	18	4	M16	18	88	3	49.5	45
50	60.3	57	165	125	18	4	M16	20	102	3	61.5	59
65	76.1	76	185	145	18	8①	M16	20	122	3	77.5	78
80	88.9	89	200	160	18	8	M16	20	138	3	90.5	91
100	114.3	108	220	180	18	8	M16	22	158	3	116.0	110
125	139.7	133	250	210	18	8	M16	22	188	3	141.5	135
150	168.3	159	285	240	22	8	M20	24	212	3	170.5	161
(175)③	193.7	—	315	270	22	8	M20	24	242	3	195	—
200	219.1	219	340	295	22	8	M20	24	268	3	221.5	222
(225)③	245	—	370	325	22	8	M20	24	295	3	248	—
250	273.0	273	395	350	22	12	M20	26	320	3	276.5	276
300	323.9	325	445	400	22	12	M20	26	370	4	327.5	328
350	355.6	377	505	460	22	16	M20	30	430	4	359.5	381
400	406.6	426	565	515	26	16	M24	32	482	4	411.0	430
450	457.0	480	615	565	26	20	M24	36	532	4	462.0	485
500	508.0	530	670	620	26	20	M24	38	585	4	523.5	535
600	610.0	680	780	725	30	20	M27	42	685	5	616.5	636
700	711.0	720	895	640	30	24	M27	50	800	5	715	724
800	813.0	820	1015	950	33	24	M30	56	905	5	817	824
900	914.0	920	1115	1050	33	28	M30	62	1005	5	918	924
1000	1016	1020	1230	1150	36	28	M33	70	1110	5	1020	1024
1200	1219	1220	1455	1380	39	32	M38	83	1330	5	1223	1224
1400	1422	1420	1675	1590	42	36	M39	90②	1535	5	1426	1424
1600	1626	1620	1915	1820	48	40	M45	100②	1760	5	1630	1524
1800	1829	1820	2115	2020	48	44	M45	110②	1960	5	1883	1824
2000	2032	2020	2325	2230	48	48	M45	120②	2170	5	2036	2024

① 对于铸铁法兰和铜合金法兰，该规格的法兰可能是 4 个螺栓孔的，因此，当制造厂和用户协商同意后，与铸铁法兰和铜合金法兰配对使用的钢制法兰可以采用 4 个螺栓孔。

② 用户可以根据计算确定法兰厚度。

③ 带括号尺寸不推荐使用，并且仅适用于船用法兰。

注：公称尺寸 DN10～DN40 的法兰使用 PN40 法兰的尺寸；公称尺寸 DN50～DN150 的法兰使用 PN16 法兰的尺寸。

表 1-4-71　　　　　　PN16 板式平焊钢制管法兰

mm

公称尺寸 DN	钢管外径 A		连接尺寸			螺栓		法兰厚度 C	密封面		法兰内径 B	
	系列Ⅰ	系列Ⅱ	法兰外径 D	螺栓孔中心圆直径 K	螺栓孔直径 L	数量 n/个	螺纹规格		d	f_1	系列Ⅰ	系列Ⅱ
10	17.2	14	90	60	14	4	M12	14	40	2	18.0	15
15	21.3	18	95	65	14	4	M12	14	45	2	22.0	19
20	26.9	25	105	75	14	4	M12	16	58	2	27.5	26
25	33.7	32	115	85	14	4	M12	16	68	2	34.5	33
32	42.4	38	140	100	18	4	M16	18	78	2	43.5	39
40	48.3	45	150	110	18	4	M16	18	88	3	49.5	46
50	60.3	57	165	125	18	4	M16	20	102	3	61.5	59
65	76.1	76	185	145	18	8①	M16	20	122	3	77.5	78
80	88.9	89	200	160	18	8	M16	20	138	3	90.5	91
100	114.3	108	220	180	18	8	M16	22	158	3	116.0	110
125	139.7	133	250	210	18	8	M16	22	188	3	141.5	135
150	168.3	159	285	240	22	8	M20	24	212	3	170.5	161
(175)③	193.7	—	315	270	22	8	M20	24	242	3	196	—
200	219.1	219	340	295	22	12	M20	26	268	3	221.5	222
(225)③	245	—	370	325	22	12	M20	27	295	3	248	—
250	273.0	273	405	355	26	12	M24	29	320	3	276.5	276
300	323.9	325	460	410	26	12	M24	32	378	4	327.5	328
350	355.6	377	520	470	26	16	M24	35	438	4	359.5	381
400	406.4	426	580	525	30	16	M27	38	490	4	411.0	430
450	457.0	480	640	585	30	20	M27	42	550	4	462.0	485
500	508.0	530	715	650	33	20	M30	46	610	4	513.5	535
600	610.0	630	840	770	36	20	M33	55	725	5	616.5	636
700	711.0	720	910	840	36	24	M33	63	795	5	715	724
800	813.0	820	1025	950	39	24	M36	74	900	5	817	824
900	914.0	920	1125	1050	39	28	M36	82	1000	5	918	924
1000	1016	1020	1255	1170	42	28	M39	90	1115	5	1020	1024
1200	1219	1220	1485	1390	48	32	M45	95②	1330	5	1223	1224
1400	1422	1420	1685	1590	48	36	M45	103②	1530	5	1426	1424
1600	1626	1620	1930	1820	56	40	M52	115②	1750	5	1630	1624
1800	1829	1820	2130	2020	56	44	M52	126②	1950	5	1833	1824
2000	2032	2020	2345	2230	62	48	M56	138②	2150	5	2036	2024

① 对于铸铁法兰和铜合金法兰，该规格的法兰可能是 4 个螺栓孔的，因此，当制造厂和用户协商同意后，与铸铁法兰和铜合金法兰配对使用的钢制法兰可以采用 4 个螺栓孔。

② 用户可以根据计算确定法兰厚度。

③ 带括号尺寸不推荐使用，并且仅适用于船用法兰。

注：公称尺寸 DN10～DN40 的法兰使用 PN40 法兰的尺寸。

表 1-4-72　　**PN25 板式平焊钢制管法兰**　　mm

公称尺寸DN	钢管外径 A		连接尺寸					法兰厚度 C	密封面		法兰内径 B	
			法兰外径 D	螺栓孔中心圆直径 K	螺栓孔直径 L	螺栓						
	系列Ⅰ	系列Ⅱ				数量 n/个	螺纹规格		d	f_1	系列Ⅰ	系列Ⅱ
10	17.2	14	90	60	14	4	M12	14	40	2	18.0	15
15	21.3	18	95	65	14	4	M12	14	45	2	22.0	19
20	26.9	25	105	75	14	4	M12	16	58	2	27.5	26
25	33.7	32	115	85	14	4	M12	16	68	2	34.5	33
32	42.4	38	140	100	18	4	M16	18	78	2	43.5	39
40	48.3	45	150	110	18	4	M16	18	88	3	49.5	46
50	60.3	57	165	125	18	4	M16	20	102	3	61.5	59
65	76.1	76	185	145	18	8	M16	22	122	3	77.5	78
80	88.9	89	200	160	18	8	M16	24	138	3	90.5	91
100	114.3	108	235	180	22	8	M20	26	162	3	116.0	110
125	139.7	133	270	220	26	8	M24	28	183	3	141.5	135
150	168.3	159	300	250	26	8	M24	30	218	3	170.5	161
200	219.1	219	360	310	26	12	M24	32	278	3	221.5	222
250	273.0	273	435	370	30	12	M27	35	335	3	276.5	276
300	323.9	325	485	430	30	16	M27	38	395	4	327.5	328
350	355.6	377	555	450	33	16	M30	42	450	4	359.5	381
400	406.4	426	620	550	36	16	M33	48	505	4	411.0	430
450	457.0	480	670	600	36	20	M33	54	555	4	452.0	485
500	508.0	530	730	660	36	20	M33	58	615	4	513.5	535
600	610.0	630	845	770	39	20	M36	68	720	5	616.5	636
700	711.0	720	960	875	42	24	M39	85	820	5	715	724
800	813.0	820	1085	990	48	24	M45	95	930	5	817	824

注：公称尺寸 DN10～DN150 的法兰使用 PN40 法兰的尺寸。

表 1-4-73　　**PN40 板式平焊钢制管法兰**　　mm

公称尺寸DN	钢管外径 A		连接尺寸					法兰厚度 C	密封面		法兰内径 B	
			法兰外径 D	螺栓孔中心圆直径 K	螺栓孔直径 L	螺栓						
	系列Ⅰ	系列Ⅱ				数量 n/个	螺纹规格		d	f_1	系列Ⅰ	系列Ⅱ
10	17.2	14	90	60	14	4	M12	14	40	2	18.0	15
15	21.3	18	95	65	14	4	M12	14	45	2	22.0	19
20	26.9	25	105	75	14	4	M12	16	58	2	27.5	26
25	33.7	32	115	85	14	4	M12	16	68	2	34.5	33
32	42.4	38	140	100	18	4	M16	18	78	2	43.5	39
40	48.3	45	150	110	18	4	M16	18	88	3	49.5	46
50	60.3	57	165	125	18	4	M16	20	102	3	61.5	59
65	76.1	76	185	145	18	8	M16	22	122	3	77.5	78

续表

公称尺寸DN	钢管外径 A		连接尺寸					法兰厚度 C	密封面		法兰内径 B	
	系列Ⅰ	系列Ⅱ	法兰外径 D	螺栓孔中心圆直径 K	螺栓孔直径 L	螺栓数量 n/个	螺栓螺纹规格		d	f_1	系列Ⅰ	系列Ⅱ
80	88.9	89	200	160	18	8	M16	24	138	3	90.5	91
100	114.3	108	235	190	22	8	M20	26	162	3	116.0	110
125	139.7	133	270	220	26	8	M24	28	188	3	141.5	135
150	168.3	159	300	250	26	8	M24	30	218	3	170.5	161
200	219.1	219	375	320	30	12	M27	36	285	3	221.5	222
250	273.0	273	450	385	33	12	M30	42	345	3	276.5	276
300	323.9	325	515	450	33	16	M30	52	410	4	327.5	328
350	355.6	377	580	510	36	16	M33	58	465	4	359.5	381
400	406.4	426	660	585	39	16	M36	65	535	4	411.0	430
450	457.0	480	685	610	39	20	M36	66	560	4	462.0	485
500	508.0	530	755	670	42	20	M39	72	615	4	513.5	535
600	610.0	630	890	795	48	20	M45	84	735	5	616.5	636

表 1-4-74 PN63 板式平焊钢制管法兰

mm

公称尺寸DN	钢管外径 A		连接尺寸					法兰厚度 C	密封面		法兰内径 B	
	系列Ⅰ	系列Ⅱ	法兰外径 D	螺栓孔中心圆直径 K	螺栓孔直径 L	螺栓数量 n/个	螺栓螺纹规格		d	f_1	系列Ⅰ	系列Ⅱ
10	17.2	14	100	70	14	4	M12	20	40	2	18.0	15
15	21.3	18	105	75	14	4	M12	20	45	2	22.0	19
20	26.9	25	130	90	18	4	M16	22	58	2	27.5	26
25	33.7	32	140	100	18	4	M16	24	68	2	34.5	33
32	42.4	38	155	110	22	4	M20	24	78	2	43.5	39
40	48.3	45	170	125	22	4	M20	26	88	3	49.5	46
50	60.3	57	180	135	22	4	M20	26	102	3	61.5	59
65	76.1	76	205	160	22	8	M20	26	122	3	77.5	78
80	88.9	89	215	170	22	8	M20	30	138	3	90.5	91
100	114.3	108	250	200	26	8	M24	32	162	3	116.0	110
125	139.7	133	295	240	30	8	M27	34	188	3	141.5	135
150	168.3	159	345	280	33	8	M30	36	218	3	170.5	161
200	219.1	219	415	345	36	12	M33	48	285	3	221.5	222
250	273.0	273	470	400	36	12	M33	55	345	3	276.5	276
300	323.9	325	530	460	36	16	M33	65	410	4	327.5	328
350	355.6	377	600	525	39	16	M36	72	465	4	359.5	381
400	406.4	426	670	585	42	16	M39	80	535	4	411.0	430

注：公称尺寸 DN10~DN40 的法兰使用 PN100 法兰的尺寸。

表 1-4-75　　PN100 板式平焊钢制管法兰　　mm

公称尺寸 DN	钢管外径 A		连接尺寸					法兰厚度 C	密封面		法兰内径 B	
			法兰外径 D	螺栓孔中心圆直径 K	螺栓孔直径 L	螺栓						
	系列Ⅰ	系列Ⅱ				数量 n/个	螺纹规格		d	f_1	系列Ⅰ	系列Ⅱ
10	17.2	14	100	70	14	4	M12	20	40	2	18.0	15
15	21.3	18	105	75	14	4	M12	20	45	2	22.0	19
20	26.9	25	130	90	18	4	M16	22	58	2	27.5	26
25	33.7	32	140	100	18	4	M16	24	68	2	34.5	33
32	42.4	38	155	110	22	4	M20	24	78	2	43.5	39
40	48.3	45	170	125	22	4	M20	26	88	3	49.5	46
50	60.3	57	195	145	26	4	M24	28	102	3	61.5	59
65	76.1	76	220	170	26	8	M24	30	122	3	77.5	78
80	88.9	89	230	180	26	8	M24	34	138	3	90.5	91
100	114.3	108	265	210	30	8	M27	36	162	3	116.5	110
125	139.7	133	315	250	33	8	M30	42	188	3	141.5	135
150	168.3	159	355	290	33	12	M30	48	218	3	170.5	161
200	219.1	219	430	360	36	12	M33	60	285	3	221.5	222
250	273.0	273	505	430	39	12	M36	72	345	3	276.5	276
300	323.9	325	585	500	42	16	M39	84	410	4	327.5	328
350	355.6	377	655	560	48	16	M45	95	465	4	359.5	381

4.4.2　带颈平焊钢制管法兰（GB/T 9116—2010）

表 1-4-76　用 PN 标记的带颈平焊钢制管法兰的密封面形式及适用的公称压力和公称尺寸范围

密封面形式	公称压力						
	PN6	PN10	PN16	PN25	PN40	PN63	PN100
平面（FF）	DN10～DN300	DN10～DN600	DN10～DN1000	DN10～DN600		—	
突面（RF）	DN10～DN300	DN10～DN600	DN10～DN1000	DN10～DN600		DN10～DN150	
凹凸面（MF）	—	DN10～DN600	DN10～DN1000	DN10～DN600		DN10～DN150	
榫槽面（TG）	—	DN10～DN600	DN10～DN1000	DN10～DN600		DN10～DN150	
O 形圈面（OSG）	—	DN10～DN600	DN10～DN1000	DN10～DN600		—	

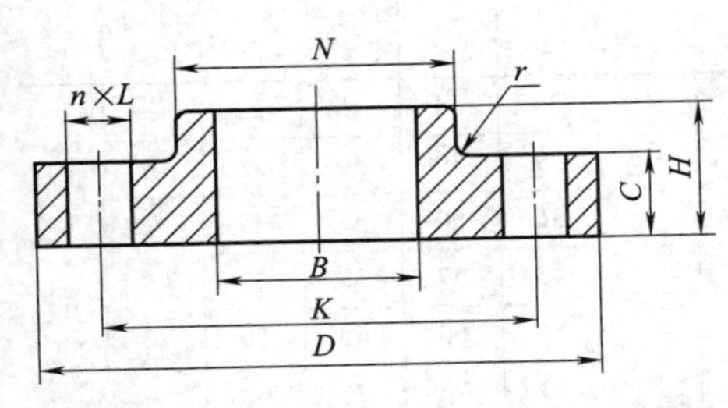

图 1-4-45　平面（FF）带颈平焊钢制管法兰
（适用于 PN6、PN10、PN16、PN25 和 PN40）

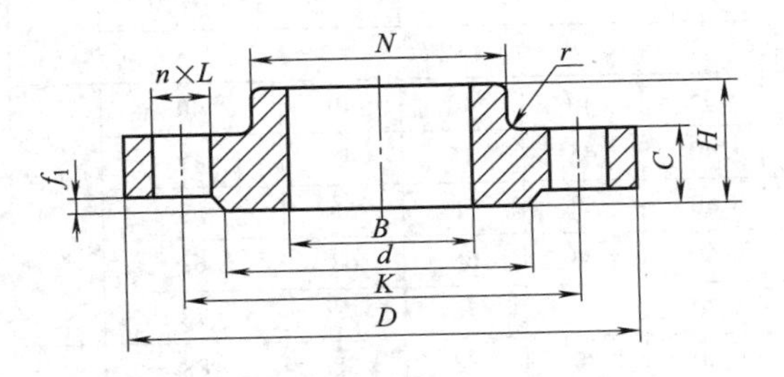

图 1-4-46　突面（RF）带颈平焊钢制管法兰
（适用于 PN6、PN10、PN16、PN25、PN40、PN63 和 PN100）

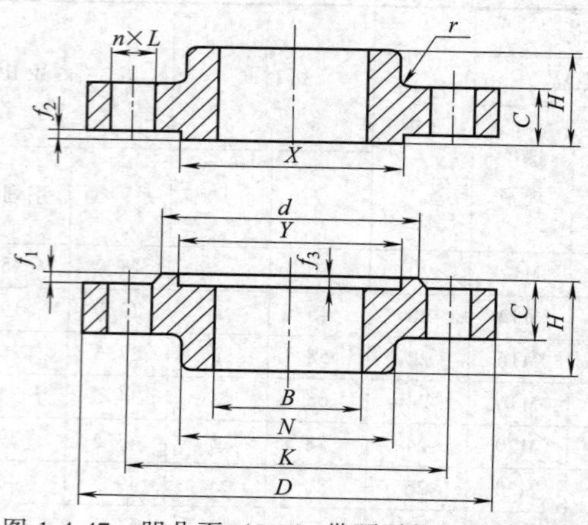

图 1-4-47　凹凸面（MF）带颈平焊钢制管法兰

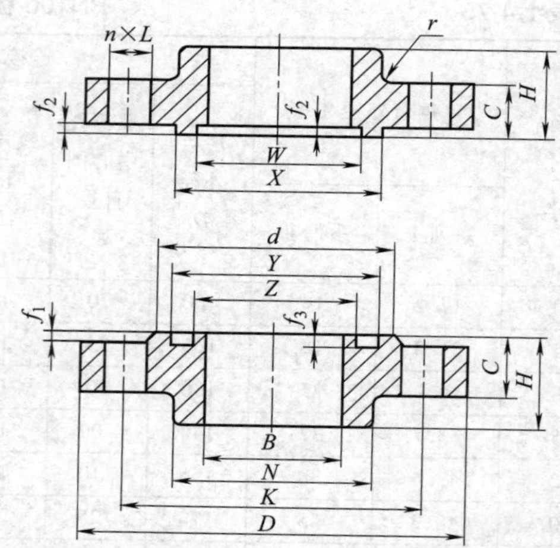

图 1-4-48　榫槽面（TG）带颈平焊钢制管法兰

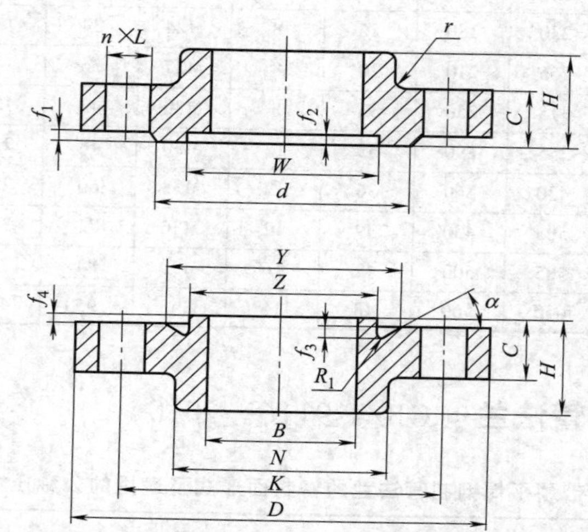

图 1-4-49　O 形圈面（OSG）带颈平焊钢制管法兰

【用途】　用焊接（平焊）的方法连接钢管两端，以便与其他带法兰的钢管、阀门或管件进行连接。

【规格】　见表 1-4-77～表 1-4-83。

表 1-4-77　　用 PN 标记的法兰密封面尺寸

mm

公称尺寸 DN	公称压力					f_1	f_2	f_3	f_4	W	X	Y	Z	$\alpha\approx$	R_1
	PN6	PN10	PN16	PN25	PN40、PN63、PN100										
	d														
10	35	40	40	40	40	2	4.5	4.0	2.0	24	34	35	23	—	2.5
15	40	45	45	45	45					29	39	40	28	—	
20	50	58	58	58	58					36	50	51	35	41°	
25	60	68	68	68	68					43	57	58	42		
32	70	78	78	78	78					51	65	66	50		
40	80	88	88	88	88	3				61	75	76	60		
50	90	102	102	102	102					73	87	88	72		
65	110	122	122	122	122					95	109	110	94		

续表

公称尺寸DN	公称压力					f_1	f_2	f_3	f_4	W	X	Y	Z	$\alpha\approx$	R_1
	PN6	PN10	PN16	PN25	PN40、PN63、PN100										
	d														
80	128	138	138	138	138	3	4.5	4.0	2.0	106	120	121	105	41°	2.5
100	148	158	158	162	162		5.0	4.5	2.5	129	149	150	128	32°	3
125	178	188	188	188	188					155	175	176	154		
150	202	212	212	218	218					183	203	204	182		
200	258	268	268	278	285					239	259	260	238		
250	312	320	320	335	345					292	312	313	291		
300	365	370	378	395	410					343	363	364	342		
350	415	430	438	450	465	4	5.5	5.0	3.0	395	421	422	394	27°	3.5
400	465	482	490	505	535					447	473	474	446		
450	520	532	550	555	560					497	523	524	496		
500	570	585	610	615	615					549	575	576	548		
600	670	685	725	720	735	5				649	675	676	648		
700	775	800	795	820	840					751	777	778	750		
800	880	905	900	930	960					856	882	883	855		
900	980	1005	1000	1030	1070					961	987	988	960		
1000	1080	1110	1115	1140	1180		6.5	6.0	4.0	1062	1092	1094	1060	28°	4

表 1-4-78　PN6 带颈平焊钢制管法兰　mm

公称尺寸DN	钢管外径 A		连接尺寸					法兰厚度 C	法兰高度 H	法兰颈			法兰内径 B	
			法兰外径 D	螺栓孔中心圆直径 K	螺栓孔直径 L	螺栓				N		r		
	系列Ⅰ	系列Ⅱ				数量 n/个	螺纹规格			系列Ⅰ	系列Ⅱ		系列Ⅰ	系列Ⅱ
10	17.2	14	75	50	11	4	M10	12	20	25		4	18.0	15
15	21.3	18	80	55	11	4	M10	12	20	30		4	22.0	19
20	26.9	25	90	65	11	4	M10	14	24	40		4	27.5	26
25	33.7	32	100	75	11	4	M10	14	24	50		4	34.5	33
32	42.4	38	120	90	14	4	M12	14	26	60		6	43.5	39
40	48.3	45	130	100	14	4	M12	14	26	70		6	49.5	46
50	50.3	57	140	110	14	4	M12	14	28	80		6	61.5	59
65	76.1	76	160	130	14	4	M12	14	32	100		6	77.5	78
80	88.9	89	190	150	18	4	M16	16	34	110		8	90.5	91
100	114.3	108	210	170	18	4	M16	16	40	130		8	116.0	110
125	139.7	133	240	200	18	8	M16	18	44	160		8	141.5	135
150	168.3	159	265	225	18	8	M16	18	44	185		10	170.5	161
200	219.1	219	320	280	18	8	M16	20	44	240		10	221.5	222
250	273.0	273	375	335	18	12	M16	22	44	295		12	276.5	276
300	323.9	325	440	395	22	12	M20	22	44	355		12	327.5	328

表 1-4-79　　**PN10 带颈平焊钢制管法兰**

mm

公称尺寸DN	钢管外径 A		连接尺寸					法兰厚度 C	法兰高度 H	法兰颈			法兰内径 B	
	系列Ⅰ	系列Ⅱ	法兰外径 D	螺栓孔中心圆直径 K	螺栓孔直径 L	螺栓				N		r	系列Ⅰ	系列Ⅱ
						数量 n/个	螺纹规格			系列Ⅰ	系列Ⅱ			
10	17.2	14	90	60	14	4	M12	16	22	30		4	18.0	15
15	21.3	18	95	65	14	4	M12	16	22	35		4	22.0	19
20	26.9	25	105	75	14	4	M12	18	26	45		4	27.5	26
25	33.7	32	115	85	14	4	M12	18	28	52		4	34.5	33
32	42.4	38	140	100	18	4	M16	18	30	60		6	43.5	39
40	48.3	45	150	110	18	4	M16	18	32	70		6	49.5	46
50	60.3	57	165	125	18	4	M16	18	28	84		6	61.5	59
65	76.1	76	185	145	18	8①	M16	18	32	104		6	77.5	78
80	88.9	89	200	160	18	8	M16	20	34	118		6	90.5	91
100	114.3	108	220	180	18	8	M16	20	40	140		8	116.0	110
125	139.7	133	250	210	18	8	M16	22	44	168		8	141.5	135
150	168.3	159	285	240	22	8	M20	22	44	195		10	170.5	161
200	219.1	219	340	295	22	8	M20	24	44	246		10	221.5	222
250	273.0	273	395	350	22	12	M20	26	46	298		12	276.5	276
300	323.9	325	445	400	22	12	M20	26	46	350		12	327.5	328
350	355.6	377	505	460	22	16	M20	26	53	400	412	12	359.5	381
400	406.4	426	565	515	26	16	M24	26	57	456	465	12	411.0	430
450	457	480	615	565	26	20	M24	28	63	502	515	12	462.0	485
500	508	530	670	620	26	20	M24	28	67	559	570	12	513.5	535
600	610	630	780	725	30	20	M27	28	75	658	670	12	616.5	636

① 对于铸铁法兰和铜合金法兰，该规格的法兰可能是 4 个螺栓孔的，因此，当制造厂和用户协商同意后，与铸铁法兰和铜合金法兰配对使用的钢制法兰可以采用 4 个螺栓孔。

注：公称尺寸 DN10~DN40 的法兰使用 PN40 法兰的尺寸；公称尺寸 DN50~DN150 的法兰使用 PN16 法兰的尺寸。

表 1-4-80　　**PN16 带颈平焊钢制管法兰**

mm

公称尺寸DN	钢管外径 A		连接尺寸					法兰厚度 C	法兰高度 H	法兰颈			法兰内径 B	
	系列Ⅰ	系列Ⅱ	法兰外径 D	螺栓孔中心圆直径 K	螺栓孔直径 L	螺栓				N		r	系列Ⅰ	系列Ⅱ
						数量 n/个	螺纹规格			系列Ⅰ	系列Ⅱ			
10	17.2	14	90	60	14	4	M12	16	22	30		4	18.0	15
15	21.3	18	95	65	14	4	M12	16	22	35		4	22.0	19
20	26.9	25	105	75	14	4	M12	18	26	45		4	27.5	26
25	33.7	32	115	85	14	4	M12	18	28	52		4	34.5	33
32	42.4	38	140	100	18	4	M16	18	30	60		6	43.5	39
40	48.3	45	150	110	18	4	M16	18	32	70		6	49.5	46
50	60.3	57	165	125	18	4	M16	18	28	84		6	61.5	59
65	76.1	76	185	145	18	8①	M16	18	32	104		6	77.5	78
80	88.9	89	200	160	18	8	M16	20	34	118		6	90.5	91
100	114.3	108	220	180	18	8	M16	20	40	140		8	116.0	110
125	139.7	133	250	210	18	8	M16	22	44	168		8	141.5	135
150	168.3	159	285	240	22	8	M20	22	44	195		10	170.5	161

续表

公称尺寸DN	钢管外径A		连接尺寸					法兰厚度C	法兰高度H	法兰颈			法兰内径B	
			法兰外径D	螺栓孔中心圆直径K	螺栓孔直径L	螺栓				N		r		
	系列Ⅰ	系列Ⅱ				数量n/个	螺纹规格			系列Ⅰ	系列Ⅱ		系列Ⅰ	系列Ⅱ
200	219.1	219	340	295	22	12	M20	24	44	246		10	221.5	222
250	273.0	273	405	355	26	12	M24	26	46	298		12	276.5	276
300	323.9	325	460	410	26	12	M24	28	46	350		12	327.5	328
350	355.6	377	520	470	26	16	M24	30	57	400	412	12	359.0	381
400	406.4	426	580	525	30	16	M27	32	63	456	470	12	411.0	430
450	457	480	640	585	30	20	M27	34	68	502	525	12	462.0	485
500	508	530	715	650	33	20	M30	36	73	559	581	12	513.5	535
600	610	630	840	770	36	20	M33	40	83	658	678	12	616.5	636
700	711	720	910	840	36	24	M33	40	83	760	769	12	718.0	726
800	813	820	1025	950	39	24	M36	41	90	864	871	12	820.0	826
900	914	920	1125	1050	39	28	M36	48	94	968	974	12	921.0	927
1000	1016	1020	1255	1170	42	28	M39	59	100	1072	1076	16	1023	1027

① 对于铸铁法兰和铜合金法兰，该规格的法兰可能是4个螺栓孔的，因此，当制造厂和用户协商同意后，与铸铁法兰和铜合金法兰配对使用的钢制法兰可以采用4个螺栓孔。

注：公称尺寸DN10~DN40的法兰使用PN40法兰的尺寸。

表1-4-81　PN25带颈平焊钢制管法兰　　mm

公称尺寸DN	钢管外径A		连接尺寸					法兰厚度C	法兰高度H	法兰颈			法兰内径B	
			法兰外径D	螺栓孔中心圆直径K	螺栓孔直径L	螺栓				N		r		
	系列Ⅰ	系列Ⅱ				数量n/个	螺纹规格			系列Ⅰ	系列Ⅱ		系列Ⅰ	系列Ⅱ
10	17.2	14	90	60	14	4	M12	16	22	30		4	18.0	15
15	21.3	18	95	65	14	4	M12	16	22	35		4	22.0	19
20	26.9	25	105	75	14	4	M12	18	26	45		4	27.5	26
25	33.7	32	115	85	14	4	M12	18	28	52		4	34.5	33
32	42.4	38	140	100	18	4	M16	18	30	60		6	43.5	39
40	48.3	45	150	110	18	4	M16	18	32	70		6	49.5	46
50	60.3	57	165	125	18	4	M16	20	34	84		6	61.5	59
65	76.1	76	185	145	18	8	M16	22	38	104		6	77.5	78
80	88.9	89	200	160	18	8	M16	24	40	118		8	90.5	91
100	114.3	108	235	190	22	8	M20	24	44	145		8	116.0	110
125	139.7	133	270	220	26	8	M24	26	48	170		8	141.5	135
150	168.3	159	300	250	26	8	M24	28	52	200		10	170.5	161
200	219.1	219	350	310	26	12	M24	30	52	256		10	221.5	222
250	273.0	273	425	370	30	12	M27	32	60	310		10	276.5	276
300	323.9	325	485	430	30	16	M27	34	67	364		10	327.5	328
350	355.6	377	555	490	33	16	M30	38	72	418	429	12	359.5	381
400	406.4	426	620	550	36	16	M33	40	78	472	484	12	411.0	430
450	457	480	670	600	36	20	M33	46	84	520	534	12	462.0	485
500	508	530	730	660	35	20	M33	48	90	580	594	12	513.5	535
600	610	630	845	770	39	20	M36	58	100	684	699	12	616.5	636

注：公称尺寸DN10~DN150的法兰使用PN40法兰的尺寸。

表 1-4-82　　PN40 带颈平焊钢制管法兰

mm

公称尺寸 DN	钢管外径 A 系列Ⅰ	钢管外径 A 系列Ⅱ	连接尺寸 法兰外径 D	连接尺寸 螺栓孔中心圆直径 K	连接尺寸 螺栓孔直径 L	连接尺寸 螺栓 数量 n/个	连接尺寸 螺栓 螺纹规格	法兰厚度 C	法兰高度 H	法兰颈 N 系列Ⅰ	法兰颈 N 系列Ⅱ	法兰颈 r	法兰内径 B 系列Ⅰ	法兰内径 B 系列Ⅱ
10	17.2	14	90	60	14	4	M12	16	22	30		4	18.0	15
15	21.3	18	95	65	14	4	M12	16	22	35		4	22.0	19
20	26.9	25	105	75	14	4	M12	18	26	45		4	27.5	26
25	33.7	32	115	85	14	4	M12	18	28	52		4	34.5	33
32	42.4	38	140	100	18	4	M16	18	30	60		6	43.5	39
40	48.3	45	150	110	18	4	M16	18	32	70		6	49.5	46
50	60.3	57	165	125	18	4	M16	20	34	84		6	61.5	59
65	76.1	76	185	145	18	8	M16	22	38	104		6	77.5	78
80	88.9	89	200	160	18	8	M16	24	40	118		8	90.5	91
100	114.3	108	235	190	22	8	M20	24	44	145		8	116.0	110
125	139.7	133	270	220	26	8	M24	26	48	170		8	141.5	135
150	168.3	159	300	250	26	8	M24	28	52	200		10	170.5	161
200	219.1	219	375	320	30	12	M27	34	52	260		10	221.5	222
250	273.0	273	450	385	33	12	M30	38	60	312		12	276.5	275
300	323.9	325	515	450	33	16	M30	42	67	380		12	327.5	328
350	355.6	377	580	510	36	16	M33	46	72	424	430	12	359.5	381
400	406.4	426	660	585	39	16	M36	50	78	478	492	12	411.0	430
450	457	480	685	610	39	20	M36	57	84	522	539	12	462.0	485
500	508	530	755	670	42	20	M39	57	90	576	594	12	513.5	535
600	610	630	890	795	48	20	M45	72	100	686	704	12	616.5	636
10	17.2	14	100	70	14	4	M12	20	28	40		4	18.0	15
15	21.3	18	105	75	14	4	M12	20	28	43		4	22.0	19
20	26.9	25	130	90	18	4	M16	20	30	52		4	27.5	26
25	33.7	32	140	100	18	4	M16	24	32	60		4	34.5	33
32	42.4	38	155	110	22	4	M20	24	32	68		6	43.5	39
40	48.3	45	170	125	22	4	M20	26	34	80		6	49.5	46
50	60.3	57	180	135	22	4	M20	26	36	90		6	61.5	59
65	76.1	76	205	160	22	8	M20	26	40	112		6	77.5	78
80	88.9	89	215	170	22	8	M20	28	44	125		8	90.5	91
100	114.3	108	250	200	26	8	M24	30	52	152		8	116.0	110
125	139.7	133	295	240	30	8	M27	34	56	185		8	141.5	135
150	168.3	159	345	280	33	8	M30	36	60	215		10	170.5	161

注：公称尺寸 DN10~DN40 的法兰使用 PN100 法兰的尺寸。

表 1-4-83　　PN63 带颈平焊钢制管法兰　　mm

公称尺寸 DN	钢管外径 A		连接尺寸					法兰厚度 C	法兰高度 H	法兰颈		法兰内径 B	
	系列Ⅰ	系列Ⅱ	法兰外径 D	螺栓孔中心圆直径 K	螺栓孔直径 L	螺栓 数量 n/个	螺栓 螺纹规格			N	r	系列Ⅰ	系列Ⅱ
10	17.2	14	100	70	14	4	M12	20	28	40	4	18.0	15
15	21.3	18	105	75	14	4	M12	20	28	43	4	22.0	19
20	26.9	25	130	90	18	4	M16	22	30	52	4	27.5	26
25	33.7	32	140	100	18	4	M16	24	32	60	4	34.5	33
32	42.4	38	155	110	22	4	M20	24	32	68	6	43.5	39
40	48.3	45	170	125	22	4	M20	26	34	80	6	49.5	46
50	60.3	57	195	145	26	4	M24	28	36	95	6	61.5	59
65	76.1	76	220	170	26	8	M24	30	40	118	6	77.5	78
80	88.9	89	230	180	26	8	M24	32	44	130	8	90.5	91
100	114.3	108	265	210	30	8	M27	36	52	158	8	116.0	110
125	139.7	133	315	250	33	8	M30	40	56	188	8	141.5	135
150	168.3	159	355	290	33	12	M30	44	60	225	10	170.5	161

4.4.3　钢制管法兰的螺栓孔直径与螺栓公称直径关系

【规格】　见表 1-4-84。

表 1-4-84　　管法兰的螺栓孔直径与螺栓公称直径关系表　　mm

螺栓孔直径 L										
	钢制	11	14	18	22	26	30	33	36	39
	铸铁			19	23	28	31	34	37	40
螺栓公称直径		M10	M12	M16	M20	M24	M27	M30	M33	M36

4.4.4　带颈螺纹钢制管法兰（GB/T 9114—2010）

表 1-4-85　用 PN 标记的带颈螺纹钢制管法兰的密封面形式及适用的公称压力和公称尺寸范围

密封面形式	公称压力						
	PN6	PN10	PN16	PN25	PN40	PN63	PN100
平面(FF)	DN10~DN300	DN10~DN600	DN10~DN600	DN10~DN600		—	
突面(RF)	DN10~DN300	DN10~DN600	DN10~DN1000	DN10~DN600		DN10~DN150	

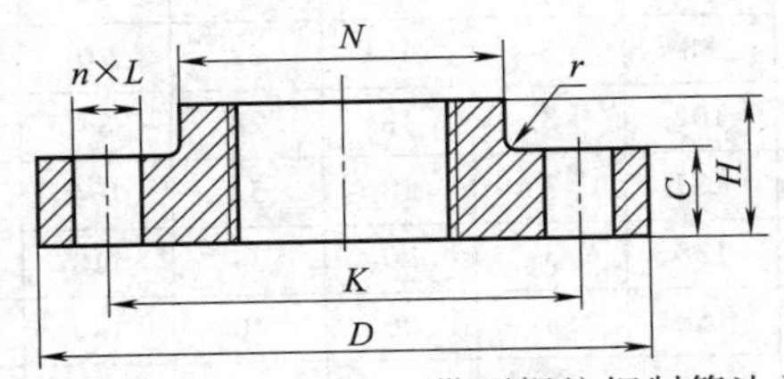

图 1-4-50　平面（FF）带颈螺纹钢制管法兰（适用于 PN6、PN10、PN16、PN25 和 PN40）

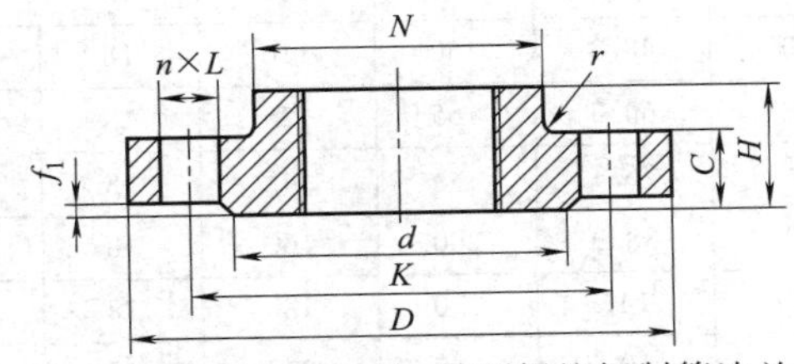

图 1-4-51　突面（RF）带颈螺纹钢制管法兰（适用于 PN6、PN10、PN16、PN25、PN40、PN63 和 PN100）

【用途】 用来旋在两端带55°管螺纹的钢管上，以便与其他带法兰管的钢管或阀门、管件进行连接。

【规格】 见表1-4-86~表1-4-92。

表1-4-86　　PN6带颈螺纹钢制管法兰　　mm

公称尺寸 DN	钢管外径 A	连接尺寸					密封面		法兰厚度 C	法兰高度 H	法兰颈	
		法兰外径 D	螺栓孔中心圆直径 K	螺栓孔直径 L	螺栓							
					数量 n/个	螺纹规格	d	f_1			N	r
10	17.2	75	50	11	4	M10	35	2	12	20	25	4
15	21.3	80	55	11	4	M10	40	2	12	20	30	4
20	26.9	90	65	11	4	M10	50	2	14	24	40	4
25	33.7	100	75	11	4	M10	60	2	14	24	50	4
32	42.4	120	90	14	4	M12	70	2	14	26	60	6
40	48.3	130	100	14	4	M12	80	3	14	26	70	6
50	60.3	40	110	14	4	M12	90	3	14	28	80	6
65	76.1	160	130	14	4	M12	110	3	14	32	100	6
80	88.9	190	150	18	4	M16	128	3	16	34	110	8
100	114.3	210	170	18	4	M16	148	3	16	40	130	8
125	139.7	240	200	18	8	M16	178	3	18	44	160	8
150	168.3	265	225	18	8	M16	202	3	18	44	185	10
200	219.1	320	280	18	8	M16	258	3	20	44	240	10
250	273.0	375	335	18	12	M16	312	3	22	44	295	12
300	323.9	440	395	22	12	M20	365	4	22	44	355	12

表1-4-87　　PN10带颈螺纹钢制管法兰　　mm

公称尺寸 DN	钢管外径 A	连接尺寸					密封面		法兰厚度 C	法兰高度 H	法兰颈	
		法兰外径 D	螺栓孔中心圆直径 K	螺栓孔直径 L	螺栓							
					数量 n/个	螺纹规格	d	f_1			N	r
10	17.2	90	60	14	4	M12	40	2	16	22	30	4
15	21.3	95	65	14	4	M12	45	2	16	22	35	4
20	26.9	105	75	14	4	M12	58	2	18	26	45	4
25	33.7	115	85	14	4	M12	68	2	18	28	52	4
32	42.4	140	100	18	4	M16	78	2	18	30	60	6
40	48.3	150	110	18	4	M16	88	3	18	32	70	6
50	60.3	165	125	18	4	M16	102	3	18	28	84	6
65	76.1	185	145	18	8	M16	122	3	18	32	104	6
80	88.9	200	160	18	8	M16	138	3	20	34	118	6
100	114.3	220	180	18	8	M16	158	3	20	40	140	8
125	139.7	250	210	18	8	M16	188	3	22	44	168	8
150	168.3	285	240	22	8	M20	212	3	22	44	195	10
200	219.1	340	295	22	8	M20	268	3	24	44	246	10

续表

公称尺寸DN	钢管外径 A	连接尺寸					密封面		法兰厚度 C	法兰高度 H	法兰颈	
		法兰外径 D	螺栓孔中心圆直径 K	螺栓孔直径 L	螺栓 数量 n/个	螺栓 螺纹规格	d	f_1			N	r
250	273.0	395	350	22	12	M20	320	3	26	46	298	12
300	323.9	445	400	22	12	M20	370	4	26	46	350	12
350	355.6	505	460	22	16	M20	430	4	26	53	400	12
400	406.4	565	515	26	16	M24	482	4	26	57	456	12
450	457	615	565	26	20	M24	532	4	28	63	502	12
500	508	670	620	26	20	M24	585	4	28	67	559	12
600	610	780	725	30	20	M27	685	5	30	75	658	12

注：1. 公称尺寸 DN10~DN40 的法兰使用 PN40 法兰的尺寸；公称尺寸 DN50~DN150 的法兰使用 PN16 法兰的尺寸。

2. 采用 55°圆柱管螺纹（Rp）或 55°圆锥管螺纹（Rc）时，螺纹尺寸最大到 DN150。DN150 以上螺纹法兰尺寸参照 EN 1092-1：2007 列出，供参考使用。

表 1-4-88　PN16 带颈螺纹钢制管法兰　mm

公称尺寸DN	钢管外径 A	连接尺寸					密封面		法兰厚度 C	法兰高度 H	法兰颈	
		法兰外径 D	螺栓孔中心圆直径 K	螺栓孔直径 L	螺栓 数量 n/个	螺栓 螺纹规格	d	f_1			N	r
10	17.2	90	60	14	4	M12	40	2	16	22	30	4
15	21.3	95	65	14	4	M12	45	2	16	22	35	4
20	26.9	105	75	14	4	M12	58	2	18	26	45	4
25	33.7	115	85	14	4	M12	68	2	18	28	52	4
32	42.4	140	100	18	4	M16	78	2	18	30	60	6
40	48.3	150	110	18	4	M16	88	3	18	32	70	6
50	60.3	165	125	18	4	M16	102	3	18	28	84	6
65	76.1	185	145	18	8	M16	122	3	18	32	104	6
80	88.9	200	160	18	8	M16	138	3	20	34	118	6
100	114.3	220	180	18	8	M16	158	3	20	40	140	8
125	139.7	250	210	18	8	M16	188	3	22	44	168	8
150	168.3	285	240	22	8	M20	212	3	22	44	195	10
200	219.1	340	295	22	12	M20	268	3	24	44	246	10
250	273.0	405	355	26	12	M24	320	3	26	46	298	12
300	323.9	460	410	26	12	M24	378	4	28	46	350	12
350	355.6	520	470	26	16	M24	438	4	30	67	400	12
400	406.4	580	525	30	16	M27	490	4	32	63	456	12
450	457	640	585	30	20	M27	550	4	34	68	502	12
500	508	715	650	33	20	M30	610	4	36	73	559	12
600	610	840	770	36	20	M33	725	5	40	88	658	12

注：1. 公称尺寸 DN10~DN40 的法兰使用 PN40 法兰的尺寸。

2. 采用 55°圆柱管螺纹（Rp）或 55°圆锥管螺纹（Rc）时，螺纹尺寸最大到 DN150。DN150 以上螺纹法兰尺寸参照 EN 1092-1:2007 列出，仅供参考使用。

表 1-4-89　　　　PN25 带颈螺纹钢制管法兰　　　　mm

公称尺寸 DN	钢管外径 A	连接尺寸					密封面		法兰厚度 C	法兰高度 H	法兰颈	
		法兰外径 D	螺栓孔中心圆直径 K	螺栓孔直径 L	螺栓		d	f_1			N	r
					数量 n/个	螺纹规格						
10	17.2	90	60	14	4	M12	40	2	16	22	30	4
15	21.3	95	65	14	4	M12	45	2	18	22	35	4
20	26.9	105	75	14	4	M12	58	2	18	26	45	4
25	33.7	115	85	14	4	M12	68	2	18	28	52	4
32	42.4	140	100	18	4	M16	78	2	18	30	60	6
40	48.3	150	110	18	4	M16	88	3	18	32	70	6
50	60.3	165	125	18	4	M16	102	3	20	34	84	6
65	76.1	185	145	18	8	M16	122	3	22	38	104	6
80	88.9	200	160	18	8	M16	138	3	24	40	118	8
100	114.3	235	190	22	8	M20	162	3	24	44	145	8
125	139.7	270	220	26	8	M24	188	3	26	48	170	8
150	168.3	300	250	26	8	M24	218	3	28	52	200	10
200	219.1	360	310	26	12	M24	278	3	30	52	256	10
250	273.0	425	370	30	12	M27	335	3	32	60	310	12
300	323.9	485	430	30	16	M27	395	4	34	67	364	12
350	355.6	555	490	33	16	M30	450	4	38	72	418	12
400	406.4	620	550	36	16	M33	505	4	40	78	472	12
450	457	670	600	36	20	M33	555	4	46	84	520	12
500	508	730	660	36	20	M33	615	4	48	90	580	12
600	610	845	770	39	20	M36	720	5	48	100	684	12

注：1. 公称尺寸 DN10～DN150 的法兰使用 PN40 法兰的尺寸。

2. 采用 55°圆柱管螺纹（Rp）或 55°圆锥管螺纹（Rc）时，螺纹尺寸最大到 DN150。DN150 以上螺纹法兰尺寸参照 EN 1092-1：2007 列出，供参考使用。

表 1-4-90　　　　PN40 带颈螺纹钢制管法兰　　　　mm

公称尺寸 DN	钢管外径 A	连接尺寸					密封面		法兰厚度 C	法兰高度 H	法兰颈	
		法兰外径 D	螺栓孔中心圆直径 K	螺栓孔直径 L	螺栓		d	f_1			N	r
					数量 n/个	螺纹规格						
10	17.2	90	60	14	4	M12	40	2	16	22	30	4
15	21.3	95	65	14	4	M12	45	2	16	22	35	4
20	26.9	105	75	14	4	M12	58	2	18	24	45	4
25	33.7	115	85	14	4	M12	68	2	18	28	52	4
32	42.4	140	100	18	4	M16	78	2	18	30	60	6
40	48.3	150	110	18	4	M16	88	3	18	32	70	6
50	60.3	155	125	18	4	M16	102	3	20	34	84	6
65	76.1	185	145	18	8	M16	122	3	22	38	104	6
80	88.9	200	150	18	8	M16	138	3	24	40	118	8
100	114.3	235	190	22	8	M20	162	3	24	44	145	8
125	139.7	270	220	26	8	M24	188	3	26	48	170	8
150	168.3	300	250	26	8	M24	218	3	28	52	200	10

续表

公称尺寸DN	钢管外径A	连接尺寸					密封面		法兰厚度C	法兰高度H	法兰颈	
		法兰外径D	螺栓孔中心圆直径K	螺栓孔直径L	螺栓		d	f_1			N	r
					数量n/个	螺纹规格						
200	219.1	375	320	30	12	M27	285	3	34	52	260	10
250	273.0	450	385	33	13.	M30	345	3	38	60	312	12
300	323.9	515	450	33	16	M30	410	4	42	67	380	12
350	355.6	580	510	36	16	M33	465	4	45	72	424	12
400	406.4	660	585	39	16	M36	535	4	50	78	478	12
450	457	685	610	39	20	M36	560	4	57	84	522	12
500	508	755	670	42	20	M39	615	4	57	90	576	12
600	610	890	795	48	20	M45	735	5	72	100	686	12

注：采用55°圆柱管螺纹（Rp）或55°圆锥管螺纹（Rc）时，螺纹尺寸最大到DN150。DN150以上螺纹法兰尺寸参照EN 1092-1：2007列出，供参考使用。

表1-4-91　PN63带颈螺纹钢制管法兰　mm

公称尺寸DN	钢管外径A	连接尺寸					密封面		法兰厚度C	法兰高度H	法兰颈	
		法兰外径D	螺栓孔中心圆直径K	螺栓孔直径L	螺栓		d	f_1			N	r
					数量n/个	螺纹规格						
10	17.2	100	70	14	4	M12	40	2	20	28	40	4
15	21.3	105	75	14	4	M12	45	2	20	28	43	4
20	26.9	130	90	18	4	M16	58	2	20	30	52	4
25	33.7	140	100	18	4	M16	68	2	24	32	60	4
32	42.4	155	110	22	4	M20	78	2	24	32	68	6
40	48.3	170	125	22	4	M20	88	3	26	34	80	6
50	60.3	180	135	22	4	M20	102	3	26	36	90	6
65	76.1	205	160	22	8	M20	122	3	26	40	112	6
80	88.9	215	170	22	8	M20	138	3	28	44	125	8
100	114.3	250	200	26	8	M24	162	3	30	52	152	8
125	139.7	295	240	30	8	M27	188	3	34	56	185	8
150	168.3	345	280	33	8	M30	218	3	36	60	215	10

注：公称尺寸DN10~DN40的法兰使用PN100法兰的尺寸。

表1-4-92　PN100带颈螺纹钢制管法兰　mm

公称尺寸DN	钢管外径A	连接尺寸					密封面		法兰厚度C	法兰高度H	法兰颈	
		法兰外径D	螺栓孔中心圆直径K	螺栓孔直径L	螺栓		d	f_1			N	r
					数量n/个	螺纹规格						
10	17.2	100	70	14	4	M12	40	2	20	28	40	4
15	21.3	105	75	14	4	M12	45	2	20	28	43	4
20	26.9	130	90	18	4	M16	58	2	20	30	52	4
25	33.7	140	100	18	4	M16	68	2	24	32	60	4
32	42.4	155	110	22	4	M20	78	2	24	32	68	6
40	48.3	170	125	22	4	M20	88	3	26	34	80	6

续表

公称尺寸 DN	钢管外径 *A*	连接尺寸					密封面		法兰厚度 *C*	法兰高度 *H*	法兰颈	
		法兰外径 *D*	螺栓孔中心圆直径 *K*	螺栓孔直径 *L*	螺栓							
					数量 *n*/个	螺纹规格	*d*	f_1			*N*	*r*
50	60.3	195	145	26	4	M24	102	3	28	36	95	6
65	76.1	220	170	26	8	M24	122	3	30	40	118	6
80	88.9	230	180	26	8	M24	138	3	32	44	130	8
100	114.3	265	210	30	8	M27	162	3	36	52	158	8
125	139.7	315	250	33	8	M30	188	3	40	56	188	8
150	168.3	355	290	33	12	M30	218	3	44	60	225	10

4.4.5 带颈螺纹铸铁管法兰（GB/T 17241.3—1998）

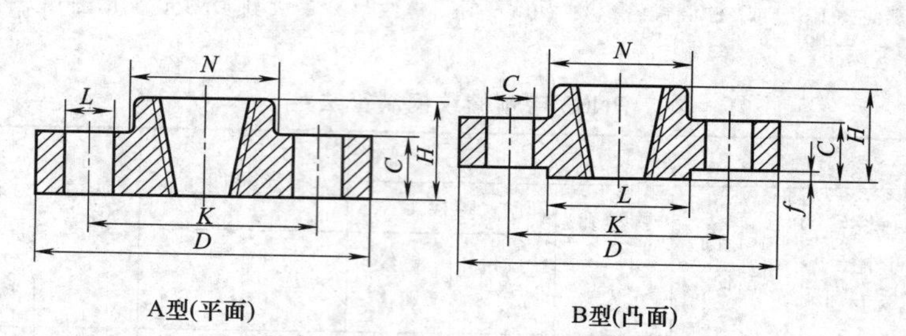

图 1-4-52 带颈螺纹铸铁管法兰

【用途】 与带颈螺纹钢制管法兰相同。

【规格】 见表 1-4-93。

表 1-4-93 带颈螺纹铸铁管法兰连接及密封面尺寸表

mm

公称直径 *DN*	公称压力 PN/MPa										
	1.0 和 1.6					2.5					*f*
	L	*C*			*H*	*L*	*C*			*H*	
		灰	球	可			灰	球	可		
10	14	14		14	20	14			14	22	2
15	14	14		14	22	14			14	22	2
20	14	16		16	26	14			16	26	2
25	14	16		16	26	14			16	28	3
32	19	18		18	28	19			18	30	3
40	19	18	19	18	28	19		19	18	32	3
50	19	20	19	20	30	19		19	20	34	3
65	19	20	19	20	34	19		19	22	38	3
80	19	22	19	20	36	19		19	24	40	3
100	19	24	19	22	44	23		19	24	44	3
125	23	26	19	22	48	28		19	26	48	3
150	23	26	19	24	48	28		20	28	52	3

注：1. 常见规格为 PN1.0、1.6 和 2.5。

2. 尺寸代号说明及其他尺寸（*D*，*K*，*N*，*d*）见图 1-4-52 中的规定。铸铁管法兰 *L* 尺寸略大于相同规格的钢制管法兰，但其配用螺栓规格仍相同。

3. 材料：灰—灰口铸铁（牌号≥HT200）；球—球墨铸铁（牌号≥QT400-15）；可—可锻铸铁（牌号≥KTH300-06）。

4.4.6 钢制管法兰盖（GB/T 9123—2010）

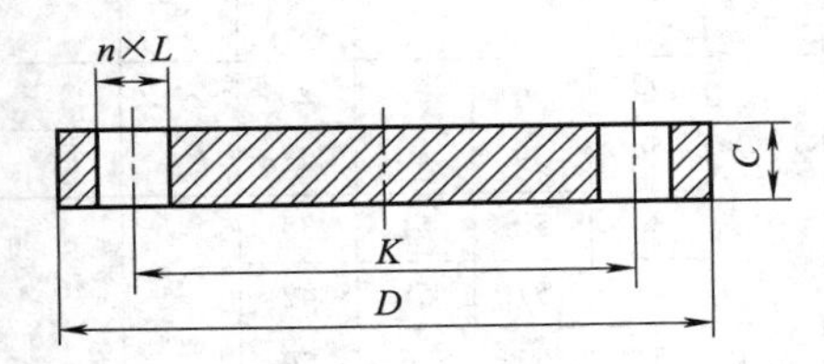

图 1-4-53 平面（FF）钢制管法兰盖（适用于 PN2.5、PN6、PN10、PN16、PN25 和 PN40）

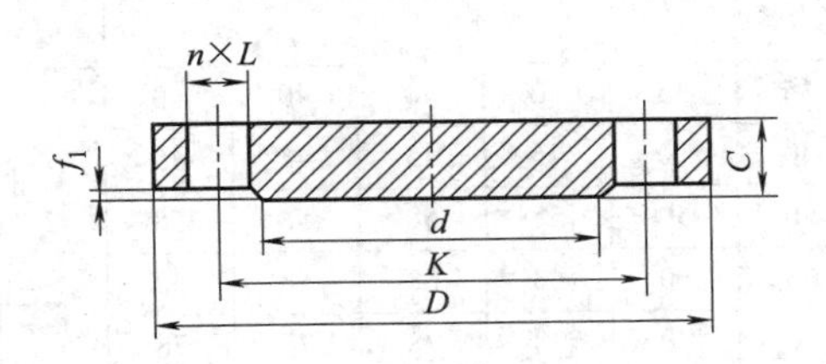

图 1-4-54 突面（RF）钢制管法兰盖（适用于 PN2.5、PN6、PN10、PN16、PN25、PN40、PN63 和 PN100）

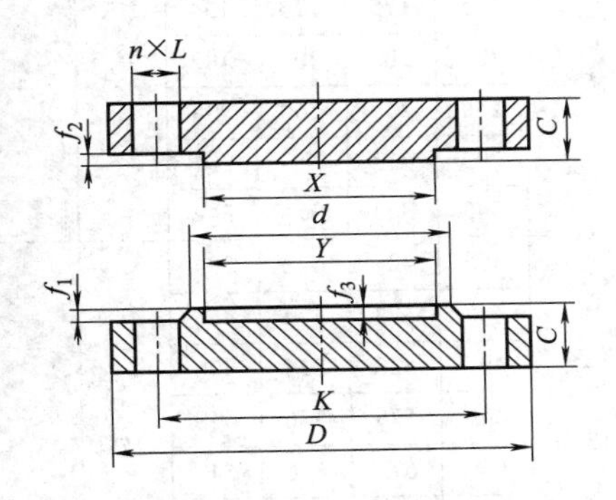

图 1-4-55 凹凸面（MF）钢制管法兰盖

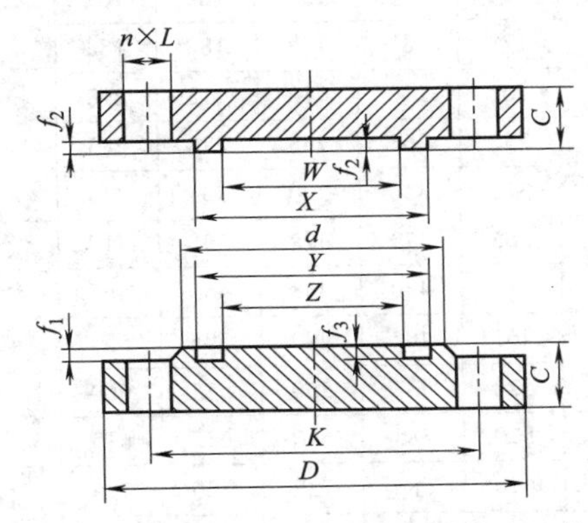

图 1-4-56 榫槽面（TG）钢制管法兰盖

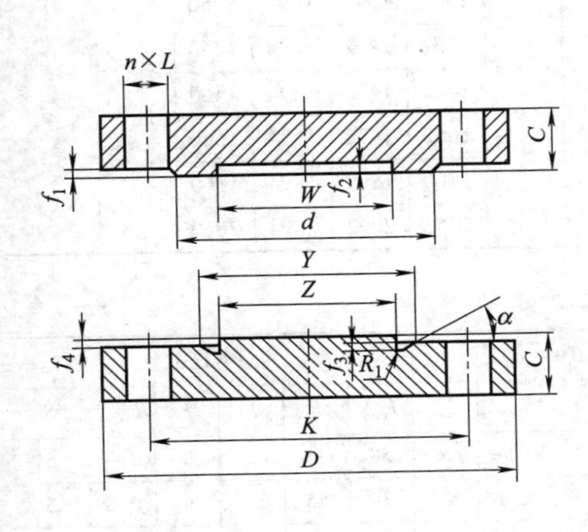

图 1-4-57 O 形圈面（OSG）钢制管法兰盖

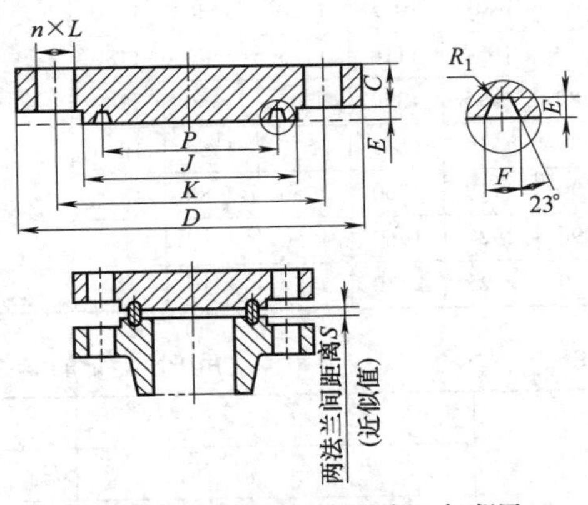

法兰盖凸出部分高度与梯形槽深度尺寸E相同，但不受梯形深度尺寸E公差的限制。允许采用如虚线所示轮廓的全平面形式。

图 1-4-58 环连接面（RJ）钢制管法兰盖

【用途】 用来封闭带法兰的钢管或阀门、管件。

【规格】 见表 1-4-94～表 1-4-104。

表 1-4-94　　用 PN 标记的法兰盖密封面尺寸　　mm

公称尺寸DN	PN 2.5	PN 6	PN 10	PN 16	PN 25	PN ≥40	f_1	f_2	f_3	f_4	W	X	Y	Z	α ≈	R_1
	d															
10	35	35	40	40	40	40					24	34	35	23	—	
15	40	40	45	45	45	45					29	39	40	28	—	
20	50	50	58	58	58	58	2				36	50	51	35		
25	60	60	68	68	68	68					43	57	58	42		
32	70	70	78	78	78	78		4.5	4.0	2.0	51	65	66	50		
40	80	80	88	88	88	88					61	75	76	60	41°	2.5
50	90	90	102	102	102	102					73	87	88	72		
65	110	110	122	122	122	122					95	109	110	94		
80	128	128	138	138	138	138					106	120	121	105		
100	148	148	158	158	162	162	3				129	149	150	128		
125	178	178	188	188	188	188					155	175	176	154		
150	202	202	212	212	218	218		5.0	4.5	2.5	183	203	204	182	32°	3
200	258	258	268	268	278	285					239	259	260	238		
250	312	312	320	320	335	345					292	312	313	291		
300	365	365	370	378	395	410					343	363	364	342		
350	415	415	430	438	450	465					395	421	422	394		
400	465	465	482	490	505	535	4				447	473	474	446		
450	520	520	532	550	555	560					497	523	524	496		
500	570	570	585	610	615	615		5.5	5.0	3.0	649	575	576	548	27°	3.5
600	670	670	685	725	720	735					649	675	676	648		
700	775	775	800	795	820	840					751	777	778	750		
800	880	880	905	900	930	960					856	882	883	855		
900	980	980	1005	1000	1030	1070					961	987	988	960		
1000	1080	1080	1110	1115	1140	1180	5				1062	1092	1094	1060		
1200	1280	1295	1330	1330	1350	1380					1262	1292	1294	1260		
1400	1480	1510	1535	1530	1560	1600		6.5	6.0	4.0	1462	1492	1494	1460	28°	4
1600	1690	1710	1760	1750	1780	1815					1662	1692	1694	1660		
1800	1890	1920	1960	1950	1985	—					1860	1892	1894	1860		
2000	2090	2125	2170	2150	2210	—					2062	2092	2094	2060		

表 1-4-95　　用 PN 标记的法兰盖环连接面尺寸　　mm

公称尺寸DN	PN63						PN100						PN160					
	J_{min}	P	E	F	R_{1max}	S	J_{min}	P	E	F	R_{1max}	S	J_{min}	P	E	F	R_{1max}	S
15	55	35	6.5	9	0.8	5	55	35	6.5	9	0.8	5	58	35	6.5	9	0.8	5
20	68	45	6.5	9	0.8	5	68	45	6.5	9	0.8	5	70	45	6.5	9	0.8	5
25	78	50	6.5	9	0.8	5	78	50	6.5	9	0.8	5	80	50	6.5	9	0.8	5
32	86	65	6.5	9	0.8	5	86	65	6.5	9	0.8	5	86	65	6.5	9	0.8	5
40	102	75	6.5	9	0.8	5	102	75	6.5	9	0.8	5	102	75	6.5	9	0.8	5
50	112	85	8	12	0.8	7	116	85	8	12	0.8	7	118	95	8	12	0.8	7
65	136	110	8	12	0.8	7	140	110	8	12	0.8	7	142	110	8	12	0.8	7

续表

公称尺寸 DN	PN63						PN100						PN160					
	J_{min}	P	E	F	R_{1max}	S	J_{min}	P	E	F	R_{1max}	S	J_{min}	P	E	F	R_{1max}	S
80	146	115	8	12	0.8	7	150	115	8	12	0.8	7	152	130	8	12	0.8	7
100	172	145	8	12	0.8	7	176	145	8	12	0.8	7	178	160	8	12	0.8	7
125	208	175	8	12	0.8	7	212	175	8	12	0.8	7	215	190	8	12	0.8	7
150	245	205	8	12	0.8	7	250	205	8	12	0.8	7	255	205	10	14	0.8	9
200	306	265	8	12	0.8	7	312	265	8	12	0.8	7	322	275	11	17	0.8	8
250	362	320	8	12	0.8	7	376	320	8	12	0.8	7	388	330	11	17	0.8	8
300	422	375	8	12	0.8	7	448	375	8	12	0.8	7	456	380	14	23	0.8	9
350	475	420	8	12	0.8	7	505	420	11	17	0.8	8	—	—	—	—	—	
400	540	480	8	12	0.8	7	—	—	—	—	—	—	—	—	—	—	—	

表 1-4-96　　PN2.5 钢制管法兰盖　　mm

公称尺寸 DN	连接尺寸					法兰盖厚度 C
	法兰外径 D	螺栓孔中心圆直径 K	螺栓孔直径 L	螺栓		
				数量 n/个	螺纹规格	
10	75	50	11	4	M10	12
15	80	55	11	4	M10	12
20	90	65	11	4	M10	14
25	100	75	11	4	M10	14
32	120	90	14	4	M12	14
40	130	100	14	4	M12	14
50	140	110	14	4	M12	14
65	160	130	14	4	M12	14
80	190	150	18	4	M16	16
100	210	170	18	4	M16	16
125	240	200	18	8	M16	18
150	265	225	18	8	M16	18
200	320	280	18	8	M16	20
250	375	335	18	12	M16	22
300	440	395	22	12	M20	22
350	490	445	22	12	M20	22
400	540	495	22	16	M20	22
450	595	550	22	16	M20	24
500	645	600	22	20	M20	24
600	755	705	26	20	M24	30
700	860	810	26	24	M24	40(36)①
800	975	920	30	24	M27	44(38)①
900	1075	1020	30	24	M27	48(40)①
1000	1175	1120	30	28	M27	52(42)①
1200	1375	1320	30	32	M27	50(44)①
1400	1575	1520	30	35	M27	57(48)①
1600	1790	1730	30	40	M27	64(51)①
1800	1990	1930	30	44	M27	70(54)①
2000	2190	2130	30	48	M27	78(58)①

① 括号内尺寸为原标准法兰厚度，对于现有设备或供需双方认可仍可采用括号内的法兰厚度尺寸。

注：公称尺寸 DN10~DN1000 的法兰使用 PN6 法兰的尺寸。

表 1-4-97　PN6 钢制管法兰盖

mm

公称尺寸 DN	连接尺寸					法兰盖厚度 C
	法兰外径 D	螺栓孔中心圆直径 K	螺栓孔直径 L	螺栓		
				数量 n/个	螺纹规格	
10	75	50	11	4	M10	12
15	80	55	11	4	M10	12
20	90	65	11	4	M10	14
25	100	75	11	4	M10	14
32	120	90	14	4	M12	14
40	130	100	14	4	M12	14
50	140	110	14	4	M12	14
65	160	130	14	4	M12	14
80	190	150	18	4	M16	16
100	210	170	18	4	M16	16
125	240	200	18	8	M16	18
150	265	225	18	8	M16	18
200	320	280	18	8	M16	20
250	375	335	18	12	M16	22
300	440	395	22	12	M20	22
350	490	445	22	12	M20	22
400	540	495	22	16	M20	22
450	595	550	22	16	M20	24
500	645	600	22	20	M20	24
600	755	705	26	20	M24	30
700	860	810	26	24	M24	40
800	975	920	30	24	M27	44
900	1075	1020	30	24	M27	48
1000	1175	1120	30	28	M27	52
1200	1405	1340	33	32	M30	60
1400	1630	1560	36	36	M33	68
1600	1830	1760	36	40	M33	76
1800	2045	1970	39	44	M36	84
2000	2265	2180	42	48	M39	92

表 1-4-98　PN10 钢制管法兰盖

mm

公称尺寸 DN	连接尺寸					法兰盖厚度 C
	法兰外径 D	螺栓孔中心圆直径 K	螺栓孔直径 L	螺栓		
				数量 n/个	螺纹规格	
10	90	60	14	4	M12	16
15	95	65	14	4	M12	16
20	105	75	14	4	M12	18
25	115	85	14	4	M12	18
32	140	100	18	4	M16	18
40	150	110	18	4	M16	18

续表

公称尺寸DN	连接尺寸					法兰盖厚度 C
	法兰外径 D	螺栓孔中心圆直径 K	螺栓孔直径 L	螺栓		
				数量 n/个	螺纹规格	
50	165	125	18	4	M16	18
65	185	145	18	8①	M16	18
80	200	160	18	8	M16	20
100	220	180	18	8	M16	20
125	250	210	18	8	M16	22
150	285	240	22	8	M20	22
200	340	295	22	8	M20	24
250	395	350	22	12	M20	26
300	445	400	22	12	M20	26
350	505	450	22	16	M20	26
400	565	515	26	16	M24	26
450	615	565	26	20	M24	28
500	670	620	26	20	M24	28
600	780	725	30	20	M27	34
700	895	840	30	24	M27	38
800	1015	950	33	24	M30	48(42)②
900	1115	1050	33	28	M30	50(46)②
1000	1230	1160	36	28	M33	54(52)②
1200	1455	1380	39	32	M36	66(60)②
1400	1675	1590	42	36	M39	72
1600	1915	1820	48	40	M45	82
1800	2115	2020	48	44	M45	92
2000	2325	2230	48	48	M45	100

① 对于铸铁法兰和铜合金法兰，该规格的法兰可能是4个螺栓孔的，因此，当制造厂和用户协商同意后，与铸铁法兰和铜合金法兰配对使用的钢制法兰可以采用4个螺栓孔。

② 括号内尺寸为原标准法兰厚度，对于现有设备或供需双方认可仍可采用括号内的法兰厚度尺寸。

注：公称尺寸DN10~DN40的法兰使用PN40法兰的尺寸，公称尺寸DN50~DN150的法兰使用PN16法兰的尺寸。

表1-4-99　PN16钢制管法兰盖　mm

公称尺寸DN	连接尺寸					法兰盖厚度 C
	法兰外径 D	螺栓孔中心圆直径 K	螺栓孔直径 L	螺栓		
				数量 n/个	螺纹规格	
10	90	60	14	4	M12	16
15	95	65	14	4	M12	16
20	105	75	14	4	M12	18
25	115	85	14	4	M12	18
32	140	100	18	4	M16	18
40	150	110	18	4	M16	18
50	165	125	18	4	M16	18
65	185	145	18	8①	M16	18
80	200	160	18	8	M16	20

续表

公称尺寸 DN	连接尺寸					法兰盖厚度 C
	法兰外径 D	螺栓孔中心圆直径 K	螺栓孔直径 L	螺栓		
				数量 n/个	螺纹规格	
100	220	180	18	8	M16	20
125	250	210	18	8	M16	22
150	285	240	22	8	M20	22
200	340	295	22	12	M20	24
250	405	355	26	12	M24	26
300	460	410	26	12	M24	28
350	520	470	26	16	M24	30
400	580	525	30	16	M27	32
450	640	585	30	20	M27	40
500	715	650	33	20	M30	44
600	840	770	36	20	M33	54
700	910	840	36	24	M33	58(48)②
800	1025	950	39	24	M36	62(52)②
900	1125	1050	39	28	M36	64(58)②
1000	1255	1170	42	28	M39	68(64)②
1200	1485	1390	48	32	M45	86(76)②
1400	1685	1590	48	36	M45	94
1600	1930	1820	56	40	M52	112
1800	2130	2020	56	44	M52	121
2000	2345	2230	62	48	M56	136

① 对于铸铁法兰和铜合金法兰，该规格的法兰可能是4个螺栓孔的，因此，当制造厂和用户协商同意后，与铸铁法兰和铜合金法兰配对使用的钢制法兰可以采用4个螺栓孔。

② 括号内尺寸为原标准法兰厚度，对于现有设备或供需双方认可仍可采用括号内的法兰厚度尺寸。

注：公称尺寸DN10~DN40的法兰使用PN40法兰的尺寸。

表 1-4-100 PN25 钢制管法兰盖 mm

公称尺寸 DN	连接尺寸					法兰盖厚度 C
	法兰外径 D	螺栓孔中心圆直径 K	螺栓孔直径 L	螺栓		
				数量 n/个	螺纹规格	
10	90	60	14	4	M12	16
15	95	65	14	4	M12	16
20	105	75	14	4	M12	18
25	115	85	14	4	M12	18
32	140	100	18	4	M16	18
40	150	110	18	4	M16	18
50	165	125	18	4	M16	20
65	185	145	18	8	M16	22
80	200	160	18	8	M18	24
100	235	190	22	8	M20	24

续表

公称尺寸 DN	连接尺寸					法兰盖厚度 C
	法兰外径 D	螺栓孔中心圆直径 K	螺栓孔直径 L	螺栓		
				数量 n/个	螺纹规格	
125	270	220	26	8	M24	26
150	300	250	26	8	M24	28
200	350	310	25	12	M24	30
250	425	370	30	12	M27	32
300	485	430	30	16	M27	34
350	555	490	33	16	M30	38
400	620	550	36	16	M33	40
450	670	600	36	20	M33	50
500	730	660	36	20	M33	51
600	845	770	39	20	M36	66

注：公称尺寸 DN10~DN150 的法兰使用 PN40 法兰的尺寸。

表 1-4-101　PN40 钢制管法兰盖　mm

公称尺寸 DN	连接尺寸					法兰盖厚度 C
	法兰外径 D	螺栓孔中心圆直径 K	螺栓孔直径 L	螺栓		
				数量 n/个	螺纹规格	
10	90	60	14	4	M12	16
15	95	65	14	4	M12	16
20	105	75	14	4	M12	18
25	115	85	14	4	M12	18
32	140	100	18	4	M16	18
40	150	110	18	4	M16	18
50	165	125	18	4	M16	20
65	185	145	18	8	M16	22
80	200	160	18	8	M16	24
100	235	190	22	8	M20	24
125	270	220	26	8	M24	26
150	300	250	26	8	M24	28
200	375	320	30	12	M27	36
250	450	385	33	12	M30	38
300	515	450	33	16	M30	42
350	580	510	36	16	M33	46
400	660	585	39	16	M36	50
450	685	610	39	20	M36	57
500	755	670	42	20	M39	57
600	890	795	48	20	M45	72

表 1-4-102　　**PN63 钢制管法兰盖**　　mm

公称尺寸 DN	连接尺寸					法兰盖厚度 C
	法兰外径 D	螺栓孔中心圆直径 K	螺栓孔直径 L	螺栓		
				数量 n/个	螺纹规格	
10	100	70	14	4	M12	20
15	105	75	14	4	M12	20
20	130	90	18	4	M16	22
25	140	100	18	4	M16	24
32	155	110	22	4	M20	24
40	170	125	22	4	M20	26
50	180	135	22	4	M20	26
65	205	160	22	8	M20	26
80	215	170	22	8	M20	28
100	250	200	26	8	M24	30
125	295	240	30	8	M27	34
150	345	280	33	8	M30	36
200	415	345	36	12	M33	42
250	470	400	36	12	M33	46
300	530	460	36	16	M33	52
350	600	525	39	16	M36	56
400	670	585	42	16	M39	60

注：公称尺寸 DN10～DN40 的法兰使用 PN100 法兰的尺寸。

表 1-4-103　　**PN100 钢制管法兰盖**　　mm

公称尺寸 DN	连接尺寸					法兰盖厚度 C
	法兰外径 D	螺栓孔中心圆直径 K	螺栓孔直径 L	螺栓		
				数量 n/个	螺纹规格	
10	100	70	14	4	M12	20
15	105	75	14	4	M12	20
20	130	90	18	4	M16	22
25	140	100	18	4	M16	24
32	155	110	22	4	M20	24
40	170	125	22	4	M20	26
50	195	145	26	4	M24	28
65	220	170	26	8	M24	30
80	230	180	26	8	M24	32
100	265	210	30	8	M27	36
125	315	250	33	8	M30	40
150	355	290	33	12	M30	44
200	430	350	36	12	M33	52
250	505	430	39	12	M36	60
300	585	500	42	16	M39	68
350	655	560	48	16	M45	74

表 1-4-104　　PN160 钢制管法兰盖　　mm

公称尺寸 DN	连接尺寸					法兰盖厚度 C
	法兰外径 D	螺栓孔中心圆直径 K	螺栓孔直径 L	螺栓		
				数量 n/个	螺纹规格	
10	100	70	14	4	M12	24
15	105	75	14	4	M12	26
20	130	90	18	4	M16	30
25	140	100	18	4	M16	32
32	155	110	22	4	M20	34
40	170	125	22	4	M20	36
50	195	145	26	4	M24	38
65	220	170	26	8	M24	42
80	230	180	26	8	M24	46
100	265	210	30	8	M27	52
125	315	250	33	8	M30	56
150	355	290	33	12	M30	62
200	430	360	36	12	M33	66
250	515	430	42	12	M39	76
300	585	500	42	16	M39	88

4.4.7　铸铁管法兰盖（GB/T 17241.2—1998）

【用途】　用来封闭带法兰的钢管或阀门、管件。

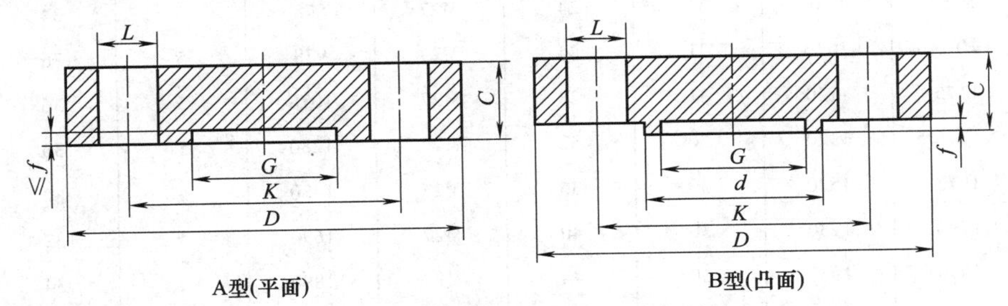

图 1-4-59　铸铁管法兰盖的形式与尺寸

【规格】　见表 1-4-105～表 1-4-112。

表 1-4-105　　PN0.25 的铸铁管法兰盖尺寸　　mm

公称通径 DN	连接尺寸					密封面尺寸		法兰厚度 C	最大凹槽直径 G
	法兰外径 D	螺栓孔中心圆直径 K	螺栓			外径 d	高度 f	灰铸铁	
			通孔直径 L	数量 n	螺纹规格				
10	75	50	11	4	M10	33	2	12	—
15	80	55	11	4	M10	38	2	12	—
20	90	65	11	4	M10	48	2	14	—
25	100	75	11	4	M10	58	2	14	—

续表

公称通径 DN	连接尺寸					密封面尺寸		法兰厚度 *C*	最大凹槽直径 *G*
	法兰外径 *D*	螺栓孔中心圆直径 *K*	螺栓			外径 *d*	高度 *f*	灰铸铁	
			通孔直径 *L*	数量 *n*	螺纹规格				
32	120	90	14	4	M12	69	3	16	—
40	130	100	14	4	M12	78	3	16	—
50	140	110	14	4	M12	88	3	16	—
65	160	130	14	4	M12	108	3	16	—
80	190	150	19	4	M16	124	3	18	—
100	210	170	19	4	M16	144	3	18	—
125	240	200	19	8	M16	174	3	20	—
150	265	225	19	8	M16	199	3	20	—
200	320	280	19	8	M16	254	3	22	—
250	375	335	19	12	M16	309	3	24	—
300	440	395	23	12	M20	363	4	24	—
350	490	445	23	12	M20	413	4	26	325
400	540	495	23	16	M20	463	4	28	375
450	595	550	23	16	M20	518	4	28	425
500	645	600	23	20	M20	568	4	30	475
600	755	705	26	20	M24	667	5	30	575
700	860	810	26	24	M24	772	5	32	675
800	975	920	31	24	M27	878	5	34	775
900	1075	1020	31	24	M27	978	5	36	875
1000	1175	1120	31	28	M27	1078	5	36	975
1200	1375	1320	30	32	M27	1280	5	30	1185
1400	1575	1520	30	36	M27	1480	5	30	1385
1600	1790	1730	30	40	M27	1690	5	32	1585
1800	1990	1930	30	44	M27	1890	5	34	1785
2000	2190	2130	30	48	M27	2090	5	34	1985
2200	2405	2340	33	52	M30	2295	6	36	2185
2400	2605	2540	33	56	M30	2495	6	38	2385
2600	2805	2740	33	60	M30	2695	6	40	2585
2800	3030	2960	36	64	M33	2910	6	42	2785
3000	3230	3160	36	68	M33	3110	6	42	2985
3200	3430	3360	36	72	M33	3310	6	41	3185
3400	3630	3560	36	76	M33	3510	6	46	3385
3600	3840	3770	36	80	M33	3720	6	48	3585
3800	4045	3970	39	80	M36	3920	6	48	3785
4000	4245	4170	39	84	M36	4120	6	50	3985

表 1-4-106　　PN0.6 的铸铁管法兰盖尺寸　　mm

公称通径 DN	连接尺寸					密封面尺寸		法兰厚度 C		最大凹槽直径 G
	法兰外径 D	螺栓孔中心圆直径 K	螺栓			外径 d	高度 f	灰铸铁	可锻铸铁	
			通孔直径 L	数量 n	螺纹规格					
10	75	50	11	4	M10	33	2	12	12	—
15	80	55	11	4	M10	38	2	12	12	—
20	90	65	11	4	M10	48	2	14	14	—
25	100	75	11	4	M10	58	2	14	14	—
32	120	90	14	4	M12	69	3	16	16	—
40	130	100	14	4	M12	78	3	16	16	—
50	140	110	14	4	M12	88	3	16	16	—
65	160	130	14	4	M12	108	3	16	16	—
80	190	150	19	4	M16	124	3	18	18	—
100	210	170	19	4	M16	144	3	18	18	—
125	240	200	19	8	M16	174	3	20	20	—
150	265	225	19	8	M16	199	3	20	20	—
200	320	280	19	8	M16	254	3	22	22	—
250	375	335	19	12	M16	309	3	24	24	—
300	440	395	23	12	M20	363	4	24	24	—
350	490	445	23	12	M20	413	4	26	—	325
400	540	495	23	16	M20	463	4	28	—	375
450	595	550	23	16	M20	518	4	28	—	425
500	645	600	23	20	M20	568	4	30	—	475
600	755	705	26	20	M24	667	5	30	—	575
700	860	810	26	24	M24	772	5	32	—	675
800	975	920	31	24	M27	878	5	34	—	775
900	1075	1020	31	24	M27	978	5	36	—	875
1000	1175	1120	31	28	M27	1078	5	36	—	975
1200	1405	1340	34	32	M30	1295	5	40	—	1175
1400	1630	1560	37	36	M33	1510	5	44	—	1375
1600	1830	1760	37	40	M33	1710	5	48	—	1575
1800	2045	1970	40	44	M36	1918	5	50	—	1775
2000	2265	2180	43	48	M39	2125	5	54	—	1975
2200	2475	2390	43	52	M39	2335	6	60	—	—
2400	2685	2600	43	56	M39	2545	6	62	—	—
2600	2905	2810	49	60	M45	2750	6	64	—	—
2800	3115	3020	49	64	M45	2960	6	68	—	—
3000	3315	3220	49	68	M45	3160	6	70	—	—
3200	3525	3430	49	72	M45	3370	6	76	—	—
3400	3735	3640	49	76	M45	3580	6	80	—	—
3600	3970	3860	56	80	M52	3790	6	84	—	—

表 1-4-107　　PN1.0 的铸铁管法兰盖尺寸

mm

公称通径 DN	连接尺寸					密封面尺寸		法兰厚度 C			最大凹槽直径 G
	法兰外径 D	螺栓孔中心圆直径 K	螺栓			外径 d	高度 f	灰铸铁	球墨铸铁	可锻铸铁	
			通孔直径 L	数量 n	螺纹规格						
10	90	60	14	4	M12	41	2	14	—	14	—
15	95	65	14	4	M12	46	2	14	—	14	—
20	105	75	14	4	M12	56	2	16	—	16	—
25	115	85	14	4	M12	65	3	16	—	16	—
32	140	100	19	4	M16	76	3	18	—	18	—
40	150	110	19	4	M16	84	3	18	19.0	18	—
50	165	125	19	4	M16	99	3	20	19.0	20	—
65	185	145	19	4	M16	118	3	20	19.0	20	—
80	200	160	19	8	M16	132	3	22	19.0	20	—
100	220	180	19	8	M16	156	3	24	19.0	20	—
125	250	210	19	8	M16	184	3	26	19.0	20	—
150	285	240	23	8	M20	211	3	26	19.0	24	—
200	340	295	23	8	M20	266	3	26	20.0	24	—
250	395	350	23	12	M20	319	3	28	22.0	26	—
300	445	400	23	12	M20	370	4	28	24.5	26	—
350	505	460	23	16	M20	429	4	30	24.5	—	325
400	565	515	28	16	M24	480	4	32	24.5	—	375
450	615	565	28	20	M24	530	4	32	25.5	—	425
500	670	620	28	20	M24	582	4	34	26.5	—	475
600	780	725	31	20	M27	682	5	36	30.0	—	575
700	895	840	31	24	M27	794	5	40	32.5	—	675
800	1015	950	34	24	M30	901	5	44	35.0	—	775
900	1115	1050	34	28	M30	1001	5	46	37.5	—	875
1000	1230	1160	37	28	M33	1112	5	50	40.0	—	975
1200	1455	1380	40	32	M36	1328	5	56	45.0	—	1175
1400	1675	1590	43	36	M39	1530	5	62	46.0	—	1375
1600	1915	1820	49	40	M45	1750	5	68	49.0	—	1575
1800	2115	2020	49	44	M45	1950	5	70	52.0	—	1775
2000	2325	2230	49	48	M45	2150	5	74	55.0	—	1975

表 1-4-108　　PN1.6 的铸铁管法兰盖尺寸

mm

公称通径 DN	连接尺寸					密封面尺寸		法兰厚度 C			最大凹槽直径 G
	法兰外径 D	螺栓孔中心圆直径 K	螺栓			外径 d	高度 f	灰铸铁	球墨铸铁	可锻铸铁	
			通孔直径 L	数量 n	螺纹规格						
10	90	60	14	4	M12	41	2	14	—	14	—
15	95	65	14	4	M12	46	2	14	—	14	—
20	105	75	14	4	M12	56	2	16	—	16	—

续表

公称通径DN	连接尺寸					密封面尺寸		法兰厚度 C			最大凹槽直径 G
	法兰外径 D	螺栓孔中心圆直径 K	螺栓			外径 d	高度 f	灰铸铁	球墨铸铁	可锻铸铁	
			通孔直径 L	数量 n	螺纹规格						
25	115	85	14	4	M12	65	3	16	—	16	—
32	140	100	19	4	M16	76	3	18	—	18	—
40	150	110	19	4	M16	84	3	18	19.0	18	—
50	165	125	19	4	M16	99	3	20	19.0	20	—
65	185	145	19	4	M16	118	3	20	19.0	20	—
80	200	160	19	8	M16	132	3	22	19.0	20	—
100	220	180	19	8	M16	156	3	24	19.0	22	—
125	250	210	19	8	M16	184	3	26	19.0	22	—
150	285	240	23	8	M20	211	3	26	19.0	24	—
200	340	295	23	12	M20	266	3	30	20.0	24	—
250	405	355	28	12	M24	319	3	32	22.0	26	—
300	460	410	28	12	M24	370	4	32	24.5	28	—
350	520	470	28	16	M24	429	4	36	26.5	—	325
400	580	525	31	16	M27	480	4	38	28.0	—	375
450	640	585	31	20	M27	548	4	40	30.0	—	425
500	715	650	34	20	M30	609	4	42	31.5	—	475
600	840	770	37	20	M33	720	5	48	36.0	—	575
700	910	840	37	24	M33	794	5	54	39.5	—	675
800	1025	950	40	24	M36	901	5	58	43.0	—	775
900	1125	1050	40	28	M36	1001	5	62	46.5	—	875
1000	1255	1170	43	28	M39	1112	5	66	50.0	—	975
1200	1485	1390	49	32	M45	1328	5	—	57.0	—	1175
1400	1685	1590	49	36	M45	1530	5	—	60.0	—	1375
1600	1930	1820	56	40	M52	1750	5	—	65.0	—	1575
1800	2130	2020	56	44	M52	1950	5	—	70.0	—	1775
2000	2345	2230	62	48	M56	2150	5	—	75.0	—	1975

表 1-4-109　　PN2.0 的铸铁管法兰盖尺寸　　mm

公称通径DN	连接尺寸					密封面尺寸		最小法兰厚度 C		凹槽直径 G
	法兰外径 D	螺栓孔中心圆直径 K	螺栓			外径 d	高度 f	灰铸铁	球墨铸铁	
			通孔直径 L	数量 n	螺纹规格					
25	110	79.5	16.0	4	M14	51	2	11.0	14.0	25
32	120	89.0	16.0	4	M14	64	2	13.0	15.5	32
40	130	98.5	16.0	4	M14	73	2	14.5	17.5	38
50	155	120.5	18.0	4	M16	92	2	16.0	19.0	51
65	180	139.5	18.0	4	M16	105	2	17.5	22.5	61
80	190	152.5	18.0	4	M16	127	2	19.0	24.0	76

续表

公称通径 DN	连接尺寸					密封面尺寸		最小法兰厚度 C		凹槽直径 G
	法兰外径 D	螺栓孔中心圆直径 K	螺栓			外径 d	高度 f	灰铸铁	球墨铸铁	
			通孔直径 L	数量 n	螺纹规格					
100	230	190.5	18.0	8	M16	157	2	24.0	24.0	102
125	255	216.0	22.0	8	M20	186	2	24.0	24.0	127
150	280	241.5	22.0	8	M20	216	2	25.5	25.5	152
200	345	298.5	22.0	8	M20	270	2	28.5	28.5	203
250	405	362.0	26.0	12	M24	324	2	30.0	30.0	254
300	485	432.0	26.0	12	M24	381	2	32.0	32.0	305
350	535	476.0	29.5	12	M27	413	2	35.0	35.0	356
400	600	540.0	29.5	16	M27	470	2	36.5	36.5	406
450	635	578.0	32.5	16	M30	533	2	39.5	39.5	457
500	700	635.0	32.5	20	M30	584	2	43.0	43.0	508
600	815	749.5	35.5	20	M33	692	2	48.0	48.0	610

表 1-4-110　　PN2.5 的铸铁管法兰盖尺寸　　mm

公称通径 DN	连接尺寸					密封面尺寸		法兰厚度 C			最大凹槽直径 G
	法兰外径 D	螺栓孔中心圆直径 K	螺栓			外径 d	高度 f	灰铸铁	球墨铸铁	可锻铸铁	
			通孔直径 L	数量 n	螺纹规格						
10	90	60	14	4	M12	41	2	16	—	16	—
15	95	65	14	4	M12	46	2	16	—	16	—
20	105	75	14	4	M12	56	2	18	—	16	—
25	115	85	14	4	M12	65	3	18	—	16	—
32	140	100	19	4	M16	76	3	20	—	18	—
40	150	110	19	4	M16	84	3	20	19.0	18	—
50	165	125	19	4	M16	99	3	22	19.0	20	—
65	185	145	19	8	M16	118	3	24	19.0	22	—
80	200	160	19	8	M16	132	3	26	19.0	24	—
100	235	190	23	8	M20	156	3	28	19.0	24	—
125	270	220	28	8	M24	184	3	30	19.0	26	—
150	300	250	28	8	M24	211	3	34	20.0	28	—
200	360	310	28	12	M24	274	3	34	22.0	30	—
250	425	370	31	12	M27	330	3	36	24.5	32	—
300	485	430	31	16	M27	389	4	40	27.5	34	—
350	555	490	34	16	M30	448	4	44	30.0	—	325
400	620	550	37	16	M33	503	4	48	32.0	—	375
450	670	600	37	20	M33	548	4	50	34.5	—	425
500	730	660	37	20	M33	609	4	52	36.5	—	475
600	845	770	40	20	M36	720	5	56	42.0	—	575
700	960	875	43	24	M39	820	5	—	46.5	—	675

续表

公称通径DN	连接尺寸					密封面尺寸		法兰厚度C			最大凹槽直径G
	法兰外径D	螺栓孔中心圆直径K	螺栓			外径d	高度f	灰铸铁	球墨铸铁	可锻铸铁	
			通孔直径L	数量n	螺纹规格						
800	1085	990	49	24	M45	928	5	—	51.0	—	775
900	1185	1090	49	28	M45	1028	5	—	55.5	—	875
1000	1320	1210	56	28	M52	1140	5	—	60.0	—	975
1200	1530	1420	56	32	M52	1350	5	—	69.0	—	1175
1400	1750	1640	62	36	M56	1560	5	—	74.0	—	1375
1600	1975	1860	62	40	M56	1780	5	—	81.0	—	1575
1800	2195	2070	70	44	M64	1980	5	—	88.0	—	1775
2000	2425	2300	70	48	M64	2210	5	—	95.0	—	1975

表 1-4-111　　PN4.0 的铸铁管法兰盖尺寸　　mm

公称通径DN	连接尺寸					密封面尺寸		法兰厚度C			最大凹槽直径G
	法兰外径D	螺栓孔中心圆直径K	螺栓			外径d	高度f	灰铸铁	球墨铸铁	可锻铸铁	
			通孔直径L	数量n	螺纹规格						
10	90	60	14	4	M12	41	2	16	—	14	—
15	95	65	14	4	M12	46	2	16	—	14	—
20	105	75	14	4	M12	56	2	18	—	16	—
25	115	85	14	4	M12	65	3	18	—	16	—
32	140	100	19	4	M16	76	3	20	—	18	—
40	150	110	19	4	M16	84	3	20	19.0	18	—
50	165	125	19	4	M16	99	3	22	19.0	20	—
65	185	145	19	8	M16	118	3	24	19.0	22	—
80	200	160	19	8	M16	132	3	26	19.0	24	—
100	235	190	23	8	M20	156	3	28	19.0	24	—
125	270	220	28	8	M24	184	3	30	35.5	26	—
150	300	250	28	8	M24	211	3	34	26.0	28	—
200	375	320	31	12	M27	284	3	40	30.0	34	—
250	450	385	34	12	M30	345	3	46	34.5	38	—
300	515	450	34	16	M30	409	4	50	39.5	42	—
350	580	510	37	16	M33	465	4	54	44.0	—	325
400	660	585	40	16	M36	535	4	62	48.0	—	375
450	685	610	40	20	M36	560	4	—	49.0	—	425
500	755	670	43	20	M39	615	4	—	52.0	—	475
600	890	795	49	20	M45	735	5	—	58.0	—	575

表 1-4-112　　PN5.0 的铸铁管法兰盖尺寸　　mm

公称通径 DN	连接尺寸					密封面尺寸			最小法兰厚度 C	凹槽直径 G
	法兰外径 D	螺栓孔中心圆直径 K	螺栓			外径 d		高度 f		
			通孔直径 L	数量 n	螺纹规格	灰铸铁	球墨铸铁			
25	125	89.0	18.0	4	M16	68	51	2	17.5	25
32	135	98.5	18.0	4	M16	78	64	2	19.0	32
40	155	114.5	22.0	4	M20	90	73	2	20.5	38
50	165	127.0	18.0	8	M16	106	92	2	22.5	51
65	190	149.5	22.0	8	M20	125	105	2	25.5	64
80	210	168.0	22.0	8	M20	144	127	2	28.5	76
100	255	200.0	22.0	8	M20	176	157	2	32.0	102
125	280	235.0	22.0	8	M20	211	186	2	35.0	127
150	320	270.0	22.0	12	M20	246	216	2	36.5	152
200	380	330.0	26.0	12	M24	303	270	2	41.0	203
250	445	387.5	29.5	16	M27	357	324	2	48.0	254
300	520	451.0	32.5	16	M30	418	381	2	51.0	305
350	585	514.5	32.5	20	M30	481	413	2	54.0	337
400	650	571.5	35.5	20	M33	535	470	2	57.0	387
450	710	628.5	35.5	24	M33	592	533	2	60.5	432
500	775	686.0	35.5	24	M33	649	584	2	63.5	483
600	915	813.0	42.0	24	M39	770	692	2	70.0	584

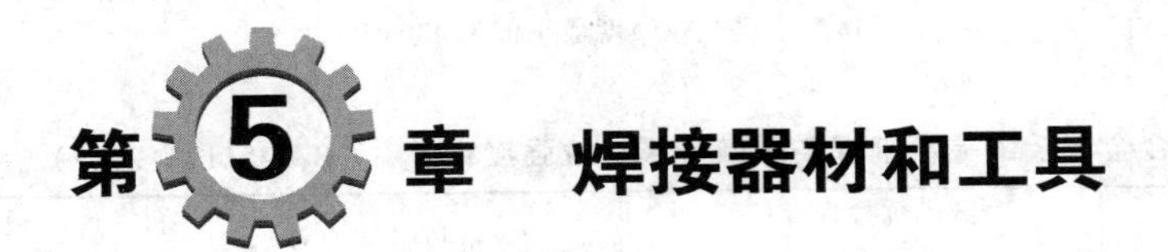

第5章 焊接器材和工具

5.1 焊　　条

5.1.1 非合金钢及细晶粒钢焊条（GB/T 5117—2012）

【其他名称】 含以前的碳钢焊条、耐候钢焊条、部分低合金钢焊条。

【用途】 供焊条电弧焊焊接抗拉强度低于570MPa的非合金钢及细晶粒钢时用，焊接时作电极和填充金属。

【规格】

(1) 非合金钢及细晶粒钢焊条型号划分

非合金钢及细晶粒钢焊条型号根据熔敷金属力学性能、药皮类型、焊接位置、电流类型、熔敷金属化学成分和焊后状态等进行划分。

(2) 非合金钢及细晶粒钢焊条型号编制方法

焊条型号由五部分组成：

① 第一部分用字母“E”表示焊条；

② 第二部分为字母“E”后面的紧邻两位数字，表示熔敷金属的最小抗拉强度代号，见表1-5-1；

③ 第三部分为字母“E”后面的第三和第四两位数字，表示药皮类型、焊接位置和电流类型，见表1-5-2；

④ 第四部分为熔敷金属的化学成分分类代号，可为“无标记”或短划“-”后的字母、数字或字母和数字的组合，见表1-5-3；

⑤ 第五部分为熔敷金属的化学成分代号之后的焊后状态代号，其中“无标记”表示焊态，“P”表示热处理状态，“AP”表示焊态和焊后热处理两种状态均可。

除以上强制分类代号外，根据供需双方协商，可在型号后依次附加可选代号：

① 字母“U”，表示在规定试验温度下，冲击吸收能量可以达到47J以上；

② 扩散氢代号“HX”，其中X代表15、10或5，分别表示每100g熔敷金属中扩散氢含量的最大值（mL）。

(3) 非合金钢及细晶粒钢焊条型号示例

示例1：

E　55　15-N5　P　U　H10

- H10——可选附加代号，表示熔敷金属扩散氢含量不大于10mL/100g
- U——可选附加代号，表示在规定温度下，冲击吸收能量在47J以上
- P——表示焊后状态代号，此处表示热处理状态
- N5——表示熔敷金属化学成分分类代号
- 15——表示药皮类型为碱性，适用于全位置焊接，采用直流反接
- 55——表示熔敷金属抗拉强度最小值为550MPa
- E——表示焊条

示例2：

```
E  43  03
 |   |   |
 |   |   └—表示药皮类型为钛型，适用于全位置焊接，采用交流或直流正反接
 |   └—表示熔敷金属抗拉强度最小值为430MPa
 └—表示焊条
```

表 1-5-1　　非合金钢及细晶粒钢焊条熔敷金属抗拉强度代号（GB/T 5117—2012）

抗拉强度代号	最小抗拉强度值/MPa	抗拉强度代号	最小抗拉强度值/MPa
43	430	55	550
50	490	57	570

表 1-5-2　　非合金钢及细晶粒钢焊条药皮类型代号（GB/T 5117—2012）

代号	药皮类型	焊接位置①	电流类型
03	钛型	全位置②	交流和直流正、反接
10	纤维素	全位置	直流反接
11	纤维素	全位置	交流和直流反接
12	金红石	全位置②	交流和直流正接
13	金红石	全位置②	交流和直流正、反接
14	金红石+铁粉	全位置②	交流和直流正、反接
15	碱性	全位置②	直流反接
16	碱性	全位置②	交流和直流反接
18	碱性+铁粉	全位置②	交流和直流反接
19	钛铁矿	全位置②	交流和直流正、反接
20	氧化铁	PA、PB	交流和直流正接
24	金红石+铁粉	PA、PB	交流和直流正、反接
27	氧化铁+铁粉	PA、PB	交流和直流正、反接
28	碱性+铁粉	PA、PB、PC	交流和直流反接
40	不做规定	由制造商确定	
45	碱性	全位置	直流反接
48	碱性	全位置	交流和直流反接

① 焊接位置见 GB/T 16672，其中 PA=平焊、PB=平角焊、PC=横焊、PG=向下立焊。
② 此处“全位置”并不一定包含向下立焊，由制造商确定。

表 1-5-3　　非合金钢及细晶粒钢焊条熔敷金属化学成分分类代号（GB/T 5117—2012）

分类代号	主要化学成分的名义含量(质量分数)/%				
	Mn	Ni	Cr	Mo	Cu
无标记、-1、-P1、-P2	1.0	—	—	—	—
-1M3	—	—	—	0.5	—
-3M2	1.5	—	—	0.4	—
-3M3	1.5	—	—	0.5	—
-N1	—	0.5	—	—	—
-N2	—	1.0	—	—	—
-N3	—	1.5	—	—	—
-3N3	1.5	1.5	—	—	—
-N5	—	2.5	—	—	—
-N7	—	3.5	—	—	—
-N13	—	6.5	—	—	—
-N2M3	—	1.0	—	0.5	—
-NC	—	0.5	—	—	0.4
-CC	—	—	0.5	—	0.4
-NCC	—	0.2	0.6	—	0.5
-NCC1	—	0.6	0.6	—	0.5
-NCC2	—	0.3	0.2	—	0.5
-G	其他成分				

(4) 非合金钢及细晶粒钢焊条尺寸

表 1-5-4　　非合金钢及细晶粒钢焊条尺寸（GB/T 25775—2010）　　mm

焊条尺寸		焊条长度	
焊芯直径	直径公差	基本尺寸	长度公差
1.6	±0.06	200～350	±5
2.0			
2.5			
3.2	±0.10	275～450	
4.0			
5.0			
6.0			
8.0	±0.1		

注：1. 根据供需双方协商，允许制造其他尺寸的焊接材料。
2. 对于特殊情况，如重力焊焊条，焊条长度最大可至 1000mm。
3. 焊条夹持端长度应至少为 15mm，焊条引弧端允许涂引弧剂。

(5) 非合金钢及细晶粒钢焊条熔敷金属化学成分

表 1-5-5　　非合金钢及细晶粒钢焊条熔敷金属化学成分（GB/T 5117—2012）

焊条型号	化学成分(质量分数)/%									
	C	Mn	Si	P	S	Ni	Cr	Mo	V	其他
E4303	0.20	1.20	1.00	0.040	0.035	0.30	0.20	0.30	0.08	—
E4310	0.20	1.20	1.00	0.040	0.035	0.30	0.20	0.30	0.08	—
E4311	0.20	1.20	1.00	0.040	0.035	0.30	0.20	0.30	0.08	—
E4312	0.20	1.20	1.00	0.040	0.035	0.30	0.20	0.30	0.08	—
E4313	0.20	1.20	1.00	0.040	0.035	0.30	0.20	0.30	0.08	—
E4315	0.20	1.20	1.00	0.040	0.035	0.30	0.20	0.30	0.08	—
E4316	0.20	1.20	1.00	0.040	0.035	0.30	0.20	0.30	0.08	—
E4318	0.03	0.60	0.40	0.025	0.015	0.30	0.20	0.30	0.08	—
E4319	0.20	1.20	1.00	0.040	0.035	0.30	0.20	0.30	0.08	—
E4320	0.20	1.20	1.00	0.040	0.035	0.30	0.20	0.30	0.08	—
E4324	0.20	1.20	1.00	0.040	0.035	0.30	0.20	0.30	0.08	—
E4327	0.20	1.20	1.00	0.040	0.035	0.30	0.20	0.30	0.08	—
E4328	0.20	1.20	1.00	0.040	0.035	0.30	0.20	0.30	0.08	—
E4340	—	—	—	0.040	0.035	—	—	—	—	—
E5003	0.15	1.25	0.90	0.040	0.035	0.30	0.20	0.30	0.08	—
E5010	0.20	1.25	0.90	0.035	0.035	0.30	0.20	0.30	0.08	—
E5011	0.20	1.25	0.90	0.035	0.035	0.30	0.20	0.30	0.08	—
E5012	0.20	1.20	1.00	0.035	0.035	0.30	0.20	0.30	0.08	—
E5013	0.20	1.20	1.00	0.035	0.035	0.30	0.20	0.30	0.08	—
E5014	0.15	1.25	0.90	0.035	0.035	0.30	0.20	0.30	0.08	—
E5015	0.15	1.60	0.90	0.035	0.035	0.30	0.20	0.30	0.08	—
E5016	0.15	1.60	0.75	0.035	0.035	0.30	0.20	0.30	0.08	—
E5016-1	0.15	1.60	0.75	0.035	0.035	0.30	0.20	0.30	0.08	—
E5018	0.15	1.60	0.90	0.035	0.035	0.30	0.20	0.30	0.08	—
E5018-1	0.15	1.60	0.90	0.035	0.035	0.30	0.20	0.30	0.08	—
E5019	0.15	1.25	0.90	0.035	0.035	0.30	0.20	0.30	0.08	—
E5024	0.15	1.25	0.90	0.035	0.035	0.30	0.20	0.30	0.08	—
E5024-1	0.15	1.25	0.90	0.035	0.035	0.30	0.20	0.30	0.08	—
E5027	0.15	1.60	0.75	0.035	0.035	0.30	0.20	0.30	0.08	—
E5028	0.15	1.60	0.90	0.035	0.035	0.30	0.20	0.30	0.08	—
E5048	0.15	1.60	0.90	0.035	0.035	0.30	0.20	0.30	0.08	—
E5716	0.12	1.60	0.90	0.03	0.03	1.00	0.30	0.35	—	—

续表

焊条型号	化学成分(质量分数)/%									
	C	Mn	Si	P	S	Ni	Cr	Mo	V	其他
E5728	0.12	1.60	0.90	0.03	0.03	1.00	0.30	0.35	—	—
E5010-P1	0.20	1.20	0.60	0.03	0.03	1.00	0.30	0.50	0.10	—
E5510-P1	0.20	1.20	0.60	0.03	0.03	1.00	0.30	0.50	0.10	—
E5518-P2	0.12	0.90~1.70	0.80	0.03	0.03	1.00	0.20	0.50	0.05	—
E5545-P2	0.12	0.90~1.70	0.80	0.03	0.03	1.00	0.20	0.50	0.05	—
E5003-1M3	0.12	0.60	0.40	0.03	0.03	—	—	0.40~0.65	—	—
E5010-1M3	0.12	0.60	0.40	0.03	0.03	—	—	0.40~0.65	—	—
E5011-1M3	0.12	0.60	0.40	0.03	0.03	—	—	0.40~0.65	—	—
E5015-1M3	0.12	0.90	0.60	0.03	0.03	—	—	0.40~0.65	—	—
E5016-1M3	0.12	0.90	0.60	0.03	0.03	—	—	0.40~0.65	—	—
E5018-1M3	0.12	0.90	0.80	0.03	0.03	—	—	0.40~0.65	—	—
E5019-1M3	0.12	0.90	0.40	0.03	0.03	—	—	0.40~0.65	—	—
E5020-1M3	0.12	0.60	0.40	0.03	0.03	—	—	0.40~0.65	—	—
E5027-1M3	0.12	1.00	0.40	0.03	0.03	—	—	0.40~0.65	—	—
E5518-3M2	0.12	1.00~1.75	0.80	0.03	0.03	0.90	—	0.25~0.45	—	—
E5515-3M3	0.12	1.00~1.80	0.80	0.03	0.03	0.90	—	0.40~0.65	—	—
E5516-3M3	0.12	1.00~1.80	0.80	0.03	0.03	0.90	—	0.40~0.65	—	—
E5518-3M3	0.12	1.00~1.80	0.80	0.03	0.03	0.90	—	0.40~0.65	—	—
E5015-N1	0.12	0.60~1.60	0.90	0.03	0.03	0.30~1.00	—	0.35	0.05	—
E5016-N1	0.12	0.60~1.60	0.90	0.03	0.03	0.30~1.00	—	0.35	0.05	—
E5028-N1	0.12	0.60~1.60	0.90	0.03	0.03	0.30~1.00	—	0.35	0.05	—
E5515-N1	0.12	0.60~1.60	0.90	0.03	0.03	0.30~1.00	—	0.35	0.05	—
E5516-N1	0.12	0.60~1.60	0.90	0.03	0.03	0.30~1.00	—	0.35	0.05	—
E5528-N1	0.12	0.60~1.60	0.90	0.03	0.03	0.30~1.00	—	0.35	0.05	—
E5015-N2	0.08	0.40~1.40	0.50	0.03	0.03	0.80~1.10	0.15	0.35	0.05	—
E5016-N2	0.08	0.40~1.40	0.50	0.03	0.03	0.80~1.10	0.15	0.35	0.05	—

续表

焊条型号	化学成分(质量分数)/%									
	C	Mn	Si	P	S	Ni	Cr	Mo	V	其他
E5018-N2	0.08	0.40~1.40	0.50	0.03	0.03	0.80~1.10	0.15	0.35	0.05	—
E5515-N2	0.12	0.40~1.25	0.80	0.03	0.03	0.80~1.10	0.15	0.35	0.05	—
E5516-N2	0.12	0.40~1.25	0.80	0.03	0.03	0.80~1.10	0.15	0.35	0.05	—
E5518-N2	0.12	0.40~1.25	0.80	0.03	0.03	0.80~1.10	0.15	0.35	0.05	—
E5015-N3	0.10	1.25	0.60	0.03	0.03	1.10~2.00	—	0.35	—	—
E5016-N3	0.10	1.25	0.60	0.03	0.03	1.10~2.00	—	0.35	—	—
E5515-N3	0.10	1.25	0.60	0.03	0.03	1.10~2.00	—	0.35	—	—
E5516-N3	0.10	1.25	0.60	0.03	0.03	1.10~2.00	—	0.35	—	—
E5516-3N3	0.10	1.60	0.60	0.03	0.03	1.10~2.00	—	—	—	—
E5518-N3	0.10	1.25	0.80	0.03	0.03	1.10~2.00	—	—	—	—
E5015-N5	0.05	1.25	0.50	0.03	0.03	2.00~2.75	—	—	—	—
E5016-N5	0.05	1.25	0.50	0.03	0.03	2.00~2.75	—	—	—	—
E5018-N5	0.05	1.25	0.50	0.03	0.03	2.00~2.75	—	—	—	—
E5028-N5	0.10	1.00	0.80	0.025	0.020	2.00~2.75	—	—	—	—
E5515-N5	0.12	1.25	0.60	0.03	0.03	2.00~2.75	—	—	—	—
E5516-N5	0.12	1.25	0.60	0.03	0.03	2.00~2.75	—	—	—	—
E5518-N5	0.12	1.25	0.80	0.03	0.03	2.00~2.75	—	—	—	—
E5015-N7	0.05	1.25	0.50	0.03	0.03	3.00~3.75	—	—	—	—
E5016-N7	0.05	1.25	0.50	0.03	0.03	3.00~3.75	—	—	—	—
E5018-N7	0.05	1.25	0.50	0.03	0.03	3.00~3.75	—	—	—	—
E5515-N7	0.12	1.25	0.80	0.03	0.03	3.00~3.75	—	—	—	—
E5516-N7	0.12	1.25	0.80	0.03	0.03	3.00~3.75	—	—	—	—
E5518-N7	0.12	1.25	0.80	0.03	0.03	3.00~3.75	—	—	—	—
E5515-N13	0.06	1.00	0.60	0.025	0.020	6.00~7.00	—	—	—	—

续表

焊条型号	化学成分(质量分数)/%								
	C	Mn	Si	P	S	Ni	Cr	Mo	V	其他
E5516-N13	0.06	1.00	0.60	0.025	0.020	6.00~7.00	—	—	—	—
E5518-N2M3	0.10	0.80~1.25	0.60	0.02	0.02	0.80~1.10	0.10	0.40~0.65	0.02	Cu:0.10 Al:0.05
E5003-NC	0.12	0.30~1.40	0.90	0.03	0.03	0.25~0.70	0.30	—	—	Cu:0.20~0.60
E5016-NC	0.12	0.30~1.40	0.90	0.03	0.03	0.25~0.70	0.30	—	—	Cu:0.20~0.60
E5028-NC	0.12	0.30~1.40	0.90	0.03	0.03	0.25~0.70	0.30	—	—	Cu:0.20~0.60
E5716-NC	0.12	0.30~1.40	0.90	0.03	0.03	0.25~0.70	0.30	—	—	Cu:0.20~0.60
E5728-NC	0.12	0.30~1.40	0.90	0.03	0.03	0.25~0.70	0.30	—	—	Cu:0.20~0.60
E5003-CC	0.12	0.30~1.40	0.90	0.03	0.03	—	0.30~0.70	—	—	Cu:0.20~0.60
E5016-CC	0.12	0.30~1.40	0.90	0.03	0.03	—	0.30~0.70	—	—	Cu:0.20~0.60
E5028-CC	0.12	0.30~1.40	0.90	0.03	0.03	—	0.30~0.70	—	—	Cu:0.20~0.60
E5716-CC	0.12	0.30~1.40	0.90	0.03	0.03	—	0.30~0.70	—	—	Cu:0.20~0.60
E5728-CC	0.12	0.30~1.40	0.90	0.03	0.03	—	0.30~0.70	—	—	Cu:0.20~0.60
E5003-NCC	0.12	0.30~1.40	0.90	0.03	0.03	0.05~0.45	0.45~0.75	—	—	Cu:0.30~0.70
E5016-NCC	0.12	0.30~1.40	0.90	0.03	0.03	0.05~0.45	0.45~0.75	—	—	Cu:0.30~0.70
E5028-NCC	0.12	0.30~1.40	0.90	0.03	0.03	0.05~0.45	0.45~0.75	—	—	Cu:0.30~0.70
E5716-NCC	0.12	0.30~1.40	0.90	0.03	0.03	0.05~0.45	0.45~0.75	—	—	Cu:0.30~0.70
E5728-NCC	0.12	0.30~1.40	0.90	0.03	0.03	0.05~0.45	0.45~0.75	—	—	Cu:0.30~0.70
E5003-NCC1	0.12	0.50~1.30	0.35~0.80	0.03	0.03	0.40~0.80	0.45~0.70	—	—	Cu:0.30~0.75
E5016-NCC1	0.12	0.50~1.30	0.35~0.80	0.03	0.03	0.40~0.80	0.45~0.70	—	—	Cu:0.30~0.75
E5028-NCC1	0.12	0.50~1.30	0.80	0.03	0.03	0.40~0.80	0.45~0.70	—	—	Cu:0.30~0.75
E5516-NCC1	0.12	0.50~1.30	0.35~0.80	0.03	0.03	0.40~0.80	0.45~0.70	—	—	Cu:0.30~0.75
E5518-NCC1	0.12	0.50~1.30	0.35~0.80	0.03	0.03	0.40~0.80	0.45~0.70	—	—	Cu:0.30~0.75
E5716-NCC1	0.12	0.50~1.30	0.35~0.80	0.03	0.03	0.40~0.80	0.45~0.70	—	—	Cu:0.30~0.75
E5728-NCC1	0.12	0.50~1.30	0.80	0.03	0.03	0.40~0.80	0.45~0.70	—	—	Cu:0.30~0.75

续表

焊条型号	化学成分(质量分数)/%									
	C	Mn	Si	P	S	Ni	Cr	Mo	V	其他
E5016-NCC2	0.12	0.40~0.70	0.40~0.70	0.025	0.025	0.20~0.40	0.15~0.30	—	0.08	Cu:0.30~0.60
E5018-NCC2	0.12	0.40~0.70	0.40~0.70	0.025	0.025	0.20~0.40	0.15~0.30	—	0.08	Cu:0.30~0.60
E50XX-G①	—	—	—	—	—	—	—	—	—	—
E55XX-G①	—	—	—	—	—	—	—	—	—	—
E57XX-G①	—	—	—	—	—	—	—	—	—	—

① 焊条型号中“XX”代表焊条的药皮类型，见表1-5-2。

注：表中单值均为最大值。

(6) 非合金钢及细晶粒钢焊条熔敷金属力学性能

表1-5-6　非合金钢及细晶粒钢焊条熔敷金属力学性能（GB/T 5117—2012）

焊条型号	抗拉强度 R_m /MPa	屈服强度① R_{eL} /MPa	断后伸长率 A /%	冲击试验温度 /℃
E4303	≥430	≥330	≥20	0
E4310	≥430	≥330	≥20	-30
E4311	≥430	≥330	≥20	-30
E4312	≥430	≥330	≥16	—
E4313	≥430	≥330	≥16	—
E4315	≥430	≥330	≥20	30
E4316	≥430	≥330	≥20	-30
E4318	≥430	≥330	≥20	-30
E4319	≥430	≥330	≥20	-20
E4320	≥430	≥330	≥20	—
E4324	≥430	≥330	≥16	—
E4327	≥430	≥330	≥20	-30
E4328	≥430	≥330	≥20	-20
E4340	≥430	≥330	≥20	0
E5003	≥490	≥400	≥20	0
E5010	490~650	≥400	≥20	-30
E5011	490~650	≥400	≥20	-30
E5012	≥490	≥400	≥16	—
E5013	≥490	≥400	≥16	—
E5014	≥490	≥400	≥16	—
E5015	≥490	≥400	≥20	-30
E5016	≥490	≥400	≥20	-30
E5016-1	≥490	≥400	≥20	-45
E5018	≥490	≥400	≥20	-30
E5018-1	≥490	≥400	≥20	-45
E5019	≥490	≥400	≥20	-20
E5024	≥490	≥400	≥16	—
E5024-1	≥490	≥400	≥20	-20
E5027	≥490	≥400	≥20	-30
E5028	≥490	≥400	≥20	-20
E5048	≥490	≥400	≥20	-30
E5716	≥570	≥490	≥16	-30
E5728	≥570	≥490	≥16	-20
E5010-P1	≥490	≥420	≥20	-30
E5510-P1	≥550	≥460	≥17	-30

续表

焊条型号	抗拉强度 R_m /MPa	屈服强度①R_{eL} /MPa	断后伸长率 A /%	冲击试验温度 /℃
E5518-P2	≥550	≥460	≥17	-30
E5545-P2	≥550	≥460	≥17	-30
E5003-1M3	≥490	≥400	≥20	—
E5010-1M3	≥490	≥420	≥20	—
E5011-1M3	≥490	≥400	≥20	—
E5015-1M3	≥490	≥400	≥20	—
E5016-1M3	≥490	≥400	≥20	—
E5018-1M3	≥490	≥400	≥20	—
E5019-1M3	≥490	≥400	≥20	—
E5020-1M3	≥490	≥400	≥20	—
E5027-1M3	≥490	≥400	≥20	—
E5518-3M2	≥550	≥460	≥17	-50
E5515-3M3	≥550	≥460	≥17	-50
E5516-3M3	≥550	≥460	≥17	-50
E5518-3M3	≥550	≥460	≥17	-50
E5015-N1	≥490	≥390	≥20	-40
E5016-N1	≥490	≥390	≥20	-40
E5028-N1	≥490	≥390	≥20	-40
E5515-N1	≥550	≥460	≥17	-40
E5516-N1	≥550	≥460	≥17	-40
E5528-N1	≥550	≥460	≥17	-40
E5015-N2	≥490	≥390	≥20	-40
E5016-N2	≥490	≥390	≥20	-40
E5018-N2	≥490	≥390	≥20	-50
E5515-N2	≥550	470~550	≥20	-40
E5516-N2	≥550	470~550	≥20	-40
E5518-N2	≥550	470~550	≥20	-40
E5015-N3	≥490	≥390	≥20	-40
E5016-N3	≥490	≥390	≥20	-40
E5515-N3	≥550	≥460	≥17	-50
E5516-N3	≥550	≥460	≥17	-50
E5516-3N3	≥550	≥460	≥17	-50
E5518-N3	≥550	≥460	≥17	-50
E5015-N5	≥490	≥390	≥20	-75
E5016-N5	≥490	≥390	≥20	-75
E5018-N5	≥490	≥390	≥20	-75
E5028-N5	≥490	≥390	≥20	-60
E5515-N5	≥550	≥460	≥17	-60
E5516-N5	≥550	≥460	≥17	-60
E5518-N5	≥550	≥460	≥17	-60
E5015-N7	≥490	≥390	≥20	-100
E5016-N7	≥490	≥390	≥20	-100
E5018-N7	≥490	≥390	≥20	-100
E5515-N7	≥550	≥460	≥17	-75
E5516-N7	≥550	≥460	≥17	-75
E5518-N7	≥550	≥460	≥17	-75
E5515-N13	≥550	≥460	≥17	-100
E5516-N13	≥550	≥460	≥17	-100
E5518-N2M3	≥550	≥460	≥17	-40

续表

焊条型号	抗拉强度 R_m /MPa	屈服强度①R_{eL} /MPa	断后伸长率 A /%	冲击试验温度 /℃
E5003-NC	≥490	≥390	≥20	0
E5016-NC	≥490	≥390	≥20	0
E5028-NC	≥490	≥390	≥20	0
E5716-NC	≥570	≥490	≥16	0
E5728-NC	≥570	≥490	≥16	0
E5003-CC	≥490	≥390	≥20	0
E5016-CC	≥490	≥390	≥20	0
E5028-CC	≥490	≥390	≥20	0
E5716-CC	≥570	≥490	≥16	0
E5728-CC	≥570	≥490	≥16	0
E5003-NCC	≥490	≥390	≥20	0
E5016-NCC	≥490	≥390	≥20	0
E5028-NCC	≥490	≥390	≥20	0
E5716-NCC	≥570	≥490	≥16	0
E5728-NCC	≥570	≥490	≥16	0
E5003-NCC1	≥490	≥390	≥20	0
E5016-NCC1	≥490	≥390	≥20	0
E5028-NCC1	≥490	≥390	≥20	0
E5516-NCC1	≥550	≥460	≥17	-20
E5518-NCC1	≥550	≥460	≥17	-20
E5716-NCC1	≥570	≥490	≥16	0
E5728-NCC1	≥570	≥490	≥16	0
E5016-NCC2	≥490	≥420	≥20	-20
E5018-NCC2	≥490	≥420	≥20	-20
E50XX-G②	≥490	≥400	≥20	—
E55XX-G②	≥550	≥460	≥17	—
E57X-G②	≥570	≥490	≥16	—

① 当屈服发生不明显时，应测定规定塑性延伸强度 $R_{p0.2}$。
② 焊条型号中“XX”代表焊条的药皮类型，见表 1-5-2。

(7) 非合金钢及细晶粒钢焊条熔敷金属扩散氢含量

表 1-5-7　非合金钢及细晶粒钢焊条熔敷金属扩散氢含量（GB/T 5117—2012）

扩散氢代号	扩散氢含量 /(mL/100g)	扩散氢代号	扩散氢含量 /(mL/100g)
H15	≤15	H5	≤5
H10	≤10		

5.1.2 热强钢焊条（GB/T 5118—2012）

【其他名称】 钼和铬钼耐热钢焊条。

【用途】 供焊条电弧焊焊接热强钢时用，焊接时作电极和填充金属。

【规格】

(1) 热强钢焊条型号划分

热强钢焊条型号按熔敷金属力学性能、药皮类型、焊接位置、电流类型、熔敷金属化学成分等进行划分。

(2) 热强钢焊条型号编制方法

焊条型号由四部分组成：

① 第一部分用字母“E”表示焊条；

② 第二部分为字母“E”后面的紧邻两位数字，表示熔敷金属的最小抗拉强度代号，见表 1-5-8；

③ 第三部分为字母“E”后面的第三和第四两位数字，表示药皮类型、焊接位置和电流类型，见表 1-5-9；

④ 第四部分为短画“-”后的字母、数字或字母和数字的组合，表示熔敷金属的化学成分分类代号，见表 1-5-10。

除以上强制分类代号外，根据供需双方协商，可在型号后附加扩散氢代号“HX”，其中 X 代表 15、10 或 5，分别表示每 100g 熔敷金属中扩散氢含量的最大值（mL）。

(3) 热强钢焊条型号示例

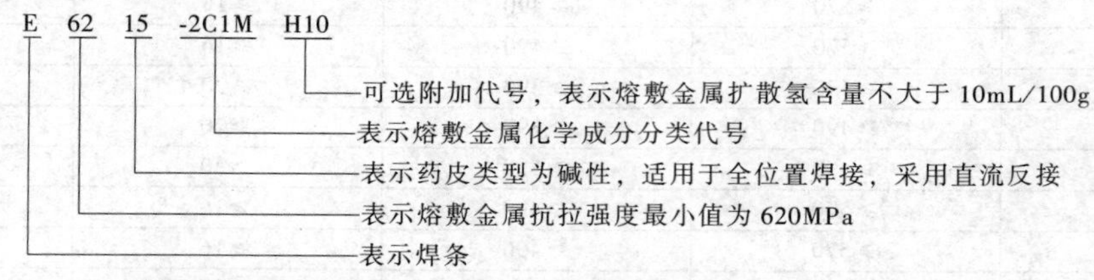

表 1-5-8　　热强钢焊条熔敷金属抗拉强度代号（GB/T 5118—2012）

抗拉强度代号	最小抗拉强度值 /MPa	抗拉强度代号	最小抗拉强度值 /MPa
50	490	55	550
52	520	62	620

表 1-5-9　　热强钢焊条药皮类型代号（GB/T 5118—2012）

代号	药皮类型	焊接位置①	电流类型
03	钛型	全位置③	交流和直流正、反接
10②	纤维素	全位置	直流反接
11②	纤维素	全位置	交流和直流反接
13	金红石	全位置	交流和直流正、反接
15	碱性	全位置	直流反接
16	碱性	全位置	交流和直流反接
18	碱性+铁粉	全位置(PG 除外)	交流和直流反接
19②	钛铁矿	全位置③	交流和直流正、反接
20②	氧化铁	PA、PB	交流和直流正接
27②	氧化铁+铁粉	PA、PB	交流和直流正接
40	不做规定	由制造商确定	

① 焊接位置见 GB/T 16672，其中 PA=平焊、PB=平角焊、PG=向下立焊。

② 仅限于熔敷金属化学成分代号 1M3。

③ 此处“全位置”并不一定包含向下立焊，由制造商确定。

表 1-5-10　　热强钢焊条熔敷金属化学成分分类代号（GB/T 5118—2012）

分类代号	主要化学成分的名义含量
-1M3	此类焊条中含有 Mo，Mo 是在非合金钢焊条基础上的唯一添加合金元素。数字“1”约等于名义上 Mn 含量两倍的整数，字母“M”表示 Mo，数字“3”表示 Mo 的名义含量，大约 0.5%
-×C×M×	对于含铬-钼的热强钢，标识“C”前的整数表示 Cr 的名义含量，“M”前的整数表示 Mo 的名义含量。对于 Cr 或者 Mo，如果名义含量少于 1%，则字母前不标记数字。如果在 Cr 和 Mo 之外还加入了 W、V、B、Nb 等合金成分，则按照此顺序，加于铬和钼标记之后。标识末尾的“L”表示含碳量较低。最后一个字母后的数字表示成分有所改变
-G	其他成分

(4) 热强钢焊条尺寸

表 1-5-11　　热强钢焊条尺寸（GB/T 25775—2010）　　mm

焊条尺寸		焊条长度	
焊芯直径	直径公差	基本尺寸	长度公差
1.6	±0.06	200~350	±5
2.0			
2.5			

续表

焊条尺寸		焊条长度	
焊芯直径	直径公差	基本尺寸	长度公差
3.2	±0.10	275~450	±5
4.0			
5.0			
6.0			
8.0	±0.1		

注：1. 根据供需双方协商，允许制造其他尺寸的焊接材料。
2. 对于特殊情况，如重力焊焊条，焊条长度最大可至1000mm。
3. 焊条夹持端长度应至少为15mm，焊条引弧端允许涂引弧剂。

(5) 热强钢焊条熔敷金属化学成分（质量分数）

表 1-5-12　热强钢焊条熔敷金属化学成分（质量分数）（GB/T 5118—2012）　%

焊条型号	C	Mn	Si	P	S	Cr	Mo	V	其他[①]
EXXXX-1M3	0.12	1.00	0.80	0.030	0.030	—	0.40~0.65	—	—
EXXXX-CM	0.05~0.12	0.90	0.80	0.030	0.030	0.40~0.65	0.40~0.65	—	—
EXXXX-C1M	0.07~0.15	0.40~0.70	0.30~0.60	0.030	0.030	0.40~0.60	1.00~1.25	0.05	—
EXXXX-1CM	0.05~0.12	0.90	0.80	0.030	0.030	1.00~1.50	0.40~0.65	—	—
EXXXX-1CML	0.05	0.90	1.00	0.030	0.030	1.00~1.50	0.40~0.65	—	—
EXXXX-1CMV	0.05~0.12	0.90	0.60	0.030	0.030	0.80~1.50	0.40~0.65	0.10~0.35	—
EXXXX-1CMVNb	0.05~0.12	0.90	0.60	0.030	0.030	0.80~1.50	0.70~1.00	0.15~0.40	Nb:0.10~0.25
EXXXX-1CMWV	0.05~0.12	0.70~1.10	0.60	0.030	0.030	0.80~1.50	0.70~1.00	0.20~0.35	W:0.25~0.50
EXXXX-2C1M	0.05~0.12	0.90	1.00	0.030	0.030	2.00~2.50	0.90~1.20	—	—
EXXXX-2C1ML	0.05	0.90	1.00	0.030	0.030	2.00~2.50	0.90~1.20	—	—
EXXXX-2CML	0.05	0.90	1.00	0.030	0.030	1.75~2.25	0.40~0.65	—	—
EXXXX-2CMWVB	0.05~0.12	1.00	0.60	0.030	0.030	1.50~2.50	0.30~0.80	0.20~0.60	W:0.20~0.60 B:0.001~0.003
EXXXX-2CMVNb	0.05~0.12	1.00	0.60	0.030	0.030	2.40~3.00	0.70~1.00	0.25~0.50	Nb:0.35~0.65
EXXXX-2C1MV	0.05~0.15	0.40~1.50	0.60	0.030	0.030	2.00~2.60	0.90~1.20	0.20~0.40	Nb:0.010~0.050
EXXXX-3C1MV	0.05~0.15	0.40~1.50	0.60	0.030	0.030	2.60~3.40	0.90~1.20	0.20~0.40	Nb:0.010~0.050
EXXXX-5CM	0.05~0.10	1.00	0.90	0.030	0.030	4.0~6.0	0.45~0.65	—	Ni:0.40
EXXXX-5CML	0.05	1.00	0.90	0.030	0.030	4.0~6.0	0.45~0.65	—	Ni:0.40
EXXXX-5CMV	0.12	0.5~0.9	0.50	0.030	0.030	4.5~6.0	0.40~0.70	0.10~0.35	Cu:0.5
EXXXX-7CM	0.05~0.10	1.00	0.90	0.030	0.030	6.0~8.0	0.45~0.65	—	Ni:0.40

续表

焊条型号	C	Mn	Si	P	S	Cr	Mo	V	其他①
EXXXX-7CML	0.05	1.00	0.90	0.030	0.030	6.0~8.0	0.45~0.65	—	Ni:0.40
EXXXX-9C1M	0.05~0.10	1.00	0.90	0.030	0.030	8.0~10.5	0.85~1.20	—	Ni:0.40
EXXXX-9C1ML	0.05	1.00	0.90	0.030	0.030	8.0~10.5	0.85~1.20	—	Ni:0.40
EXXXX-9C1MV	0.08~0.13	1.25	0.30	0.01	0.01	8.0~10.5	0.85~1.20	0.15~0.30	Ni:1.0 Mn+Ni≤1.50 Cu:0.25 Al:0.04 Nb:0.02~0.10 N:0.02~0.07
EXXXX-9C1MV1②	0.03~0.12	1.00~1.80	0.60	0.025	0.025	8.0~10.5	0.80~1.20	0.15~0.30	Ni:1.0 Cu:0.25 Al:0.04 Nb:0.02~0.10 N:0.02~0.07
EXXXX-G	其他成分								

① 如果有意添加表中未列出的元素，则应进行报告，这些添加元素和在常规化学分析中发现的其他元素的总量不应超过0.50%；

② Ni+Mn的化合物能降低AC1点温度，所要求的焊后热处理温度可能接近或超过了焊缝金属的AC1点。

注：表中单值均为最大值。

(6) 热强钢焊条熔敷金属力学性能

表1-5-13 热强钢焊条熔敷金属力学性能（GB/T 5118—2012）

焊条型号①	抗拉强度 R_m/MPa	屈服强度② R_{eL}/MPa	断后伸长率 A/%	预热和道间温度/℃	焊后热处理③	
					热处理温度/℃	保温时间④/min
E50XX-1M3	≥490	≥390	≥22	90~110	605~645	60
E50YY-1M3	≥490	≥390	≥20	90~110	605~645	60
E55XX-CM	≥550	≥460	≥17	160~190	675~705	60
E5540-CM	≥550	≥460	≥14	160~190	675~705	60
E5503-CM	≥550	≥460	≥14	160~190	675~705	60
E55XX-C1M	≥550	≥460	≥17	160~190	675~705	60
E55XX-1CM	≥550	≥460	≥17	160~190	675~705	60
E5513-1CM	≥550	≥460	≥17	160~190	675~705	60
E55XX-1CML	≥520	≥390	≥17	160~190	675~705	60
E5540-1CMV	≥550	≥460	≥14	250~300	715~745	120
E5515-1CMV	≥550	≥460	≥15	250~300	715~745	120
E5515-1CMVNb	≥550	≥460	≥15	250~300	715~745	300
E5515-1CMWV	≥550	≥460	≥15	250~300	715~745	300
E62XX-2C1M	≥620	≥530	≥15	160~190	675~705	60
E6240-2C1M	≥620	≥530	≥12	160~190	675~705	60
E6213-2C1M	≥620	≥530	≥12	160~190	675~705	60
E55XX-2C1ML	≥550	≥460	≥15	160~190	675~705	60
E55XX-2CML	≥550	≥460	≥15	160~190	675~705	60
E5540-2CMWVB	≥550	≥460	≥14	250~300	745~775	120
E5515-2CMWVB	≥550	≥460	≥15	320~360	745~775	120
E5515-2CMVNb	≥550	≥460	≥15	250~300	715~745	240
E62XX-2C1MV	≥620	≥530	≥15	160~190	725~755	60
E62XX-3C1MV	≥620	≥530	≥15	160~190	725~755	60

续表

焊条型号①	抗拉强度 R_m/MPa	屈服强度② R_{eL}/MPa	断后伸长率 A/%	预热和道间温度/℃	焊后热处理③	
					热处理温度/℃	保温时间④/min
E55XX-5CM	≥550	≥460	≥17	175~230	725~755	60
E55XX-5CML	≥550	≥460	≥17	175~230	725~755	60
E55XX-5CMV	≥550	≥460	≥14	175~230	740~760	240
E55XX-7CM	≥550	≥460	≥17	175~230	725~755	60
E55XX-7CML	≥550	≥460	≥17	175~230	725~755	60
E62XX-9C1M	≥620	≥530	≥15	205~260	725~755	60
E62XX-9C1ML	≥620	≥530	≥15	205~260	725~755	60
E62XX-9C1MV	≥620	≥530	≥15	200~315	745~775	120
E62XX-9C1MV1	≥620	≥530	≥15	205~260	725~755	60
EXXXX-G	供需双方协商确认					

① 焊条型号中XX代表药皮类型15、16或18，YY代表药皮类型10、11、19、20或27。

② 当屈服发生不明显时，应测定规定塑性延伸强度 $R_{p0.2}$。

③ 试件放入炉内时，以85~275℃/h的速率加热到规定温度。达到保温时间后，以不大于200℃/h的速率随炉冷却至300℃以下。试件冷却至300℃以下的任意温度时，允许从炉中取出，在静态大气中冷却至室温。

④ 保温时间公差为0~10min。

(7) 热强钢焊条熔敷金属扩散氢含量

表1-5-14 热强钢焊条熔敷金属扩散氢含量（GB/T 5118—2012）

扩散氢代号	扩散氢含量/(mL/100g)	扩散氢代号	扩散氢含量/(mL/100g)
H15	≤15	H5	≤5
H10	≤10		

5.1.3 不锈钢焊条（GB/T 983—2012）

【用途】 适用于焊条电弧焊焊接熔敷金属中铬含量大于11%的不锈钢，焊接时作电极和填充金属。

【规格】

(1) 不锈钢焊条型号的划分

不锈钢焊条型号按熔敷金属化学成分、焊接位置、药皮类型等进行划分。

(2) 不锈钢焊条型号的编制方法

焊条型号由四部分组成：

① 第一部分用字母“E”表示焊条。

② 第二部分为：字母“E”后面的数字表示熔敷金属的化学成分分类；数字后面的“L”表示碳含量较低，“H”表示碳含量较高；如有其他特殊要求的化学成分，该化学成分用元素符号表示放在后面，见表1-5-15。

③ 第三部分为短划“-”后的第一位数字，表示焊接位置，见表1-5-16。

④ 第四部分为最后一位数字，表示药皮类型和电流类型，见表1-5-17。

(3) 不锈钢焊条型号示例

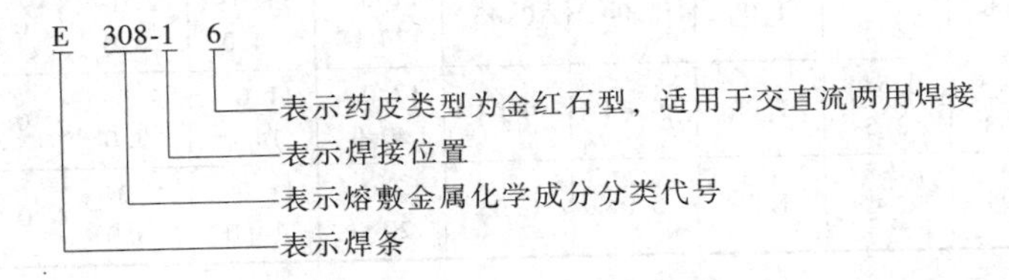

表 1-5-15　　不锈钢焊条熔敷金属化学成分（GB/T 983—2012）

焊条型号[①]	化学成分(质量分数)[②] /%								
	C	Mn	Si	P	S	Cr	Ni	Mo	Cu	其他
E209-XX	0.06	4.0~7.0	1.00	0.04	0.03	20.5~24.0	9.5~12.0	1.5~3.0	0.75	N:0.10~0.30 V:0.10~0.30
E219-XX	0.06	8.0~10.0	1.00	0.04	0.03	19.0~21.5	5.5~7.0	0.75	0.75	N:0.10~0.30
E240-XX	0.06	10.5~13.5	1.00	0.04	0.03	17.0~19.0	4.0~5.0	0.75	0.75	N:0.10~0.30
E307-XX	0.04~0.14	3.30~4.75	1.00	0.04	0.03	18.0~21.5	9.0~10.7	0.5~1.5	0.75	—
E308-XX	0.08	0.5~2.5	1.00	0.04	0.03	18.0~21.0	9.0~11.0	0.75	0.75	—
E308H-XX	0.04~0.08	0.5~2.5	1.00	0.04	0.03	18.0~21.0	9.0~11.0	0.75	0.75	—
E308L-XX	0.04	0.5~2.5	1.00	0.04	0.03	18.0~21.0	9.0~12.0	0.75	0.75	—
E308Mo-XX	0.08	0.5~2.5	1.00	0.04	0.03	18.0~21.0	9.0~12.0	2.0~3.0	0.75	—
E308LMo-XX	0.04	0.5~2.5	1.00	0.04	0.03	18.0~21.0	9.0~12.0	2.0~3.0	0.75	—
E309L-XX	0.04	0.5~2.5	1.00	0.04	0.03	22.0~25.0	12.0~14.0	0.75	0.75	—
E309-XX	0.15	0.5~2.5	1.00	0.04	0.03	22.0~25.0	12.0~14.0	0.75	0.75	—
E309H-XX	0.04~0.15	0.5~2.5	1.00	0.04	0.03	22.0~25.0	12.0~14.0	0.75	0.75	—
E309LNb-XX	0.04	0.5~2.5	1.00	0.040	0.030	22.0~25.0	12.0~14.0	0.75	0.75	Nb+Ta:0.70~1.00
E309Nb-XX	0.12	0.5~2.5	1.00	0.04	0.03	22.0~25.0	12.0~14.0	0.75	0.75	Nb+Ta:0.70~1.00
E309Mo-XX	0.12	0.5~2.5	1.00	0.04	0.03	22.0~25.0	12.0~14.0	2.0~3.0	0.75	—
E309LMo-XX	0.04	0.5~2.5	1.00	0.04	0.03	22.0~25.0	12.0~14.0	2.0~3.0	0.75	—
E310-XX	0.08~0.20	1.0~2.5	0.75	0.03	0.03	25.0~28.0	20.0~22.5	0.75	0.75	—
E310H-XX	0.35~0.45	1.0~2.5	0.75	0.03	0.03	25.0~28.0	20.0~22.5	0.75	0.75	—
E310Nb-XX	0.12	1.0~2.5	0.75	0.03	0.03	25.0~28.0	20.0~22.0	0.75	0.75	Nb+Ta:0.70~1.00
E310Mo-XX	0.12	1.0~2.5	0.75	0.03	0.03	25.0~28.0	20.0~22.0	2.0~3.0	0.75	—
E312-XX	0.15	0.5~2.5	1.00	0.04	0.03	28.0~32.0	8.0~10.5	0.75	0.75	—
E316-XX	0.08	0.5~2.5	1.00	0.04	0.03	17.0~20.0	11.0~14.0	2.0~3.0	0.75	—
E316H-XX	0.04~0.08	0.5~2.5	1.00	0.04	0.03	17.0~20.0	11.0~14.0	2.0~3.0	0.75	—
E316L-XX	0.04	0.5~2.5	1.00	0.04	0.03	17.0~20.0	11.0~14.0	2.0~3.0	0.75	—

续表

焊条型号[①]	化学成分(质量分数)[②]/%									
	C	Mn	Si	P	S	Cr	Ni	Mo	Cu	其他
E316LCu-XX	0.04	0.5~2.5	1.00	0.040	0.030	17.0~20.0	11.0~16.0	1.20~2.75	1.00~2.50	—
E316LMn-XX	0.04	5.0~8.0	0.90	0.04	0.03	18.0~21.0	15.0~18.0	2.5~3.5	0.75	N:0.10~0.25
E317-XX	0.08	0.5~2.5	1.00	0.04	0.03	18.0~21.0	12.0~14.0	3.0~4.0	0.75	—
E317L-XX	0.04	0.5~2.5	1.00	0.04	0.03	18.0~21.0	12.0~14.0	3.0~4.0	0.75	—
E317MoCu-XX	0.08	0.5~2.5	0.90	0.035	0.030	18.0~21.0	12.0~14.0	2.0~2.5	2	—
E317LMoCu-XX	0.04	0.5~2.5	0.90	0.035	0.030	18.0~21.0	12.0~14.0	2.0~2.5	2	—
E318-XX	0.08	0.5~2.5	1.00	0.04	0.03	17.0~20.0	11.0~14.0	2.0~3.0	0.75	Nb+Ta:6×C~1.00
E318V-XX	0.08	0.5~2.5	1.00	0.035	0.03	17.0~20.0	11.0~14.0	2.0~2.5	0.75	V:0.30~0.70
E320-XX	0.07	0.5~2.5	0.60	0.04	0.03	19.0~21.0	32.0~36.0	2.0~3.0	3.0~4.0	Nb+Ta:8×C~1.00
E320LR-XX	0.03	1.5~2.5	0.30	0.020	0.015	19.0~21.0	32.0~36.0	2.0~3.0	3.0~4.0	Nb+Ta:8×C~0.40
E330-XX	0.18~0.25	1.0~2.5	1.00	0.04	0.03	14.0~17.0	33.0~37.0	0.75	0.75	—
E330H-XX	0.35~0.45	1.0~2.5	1.00	0.04	0.03	14.0~17.0	33.0~37.0	0.75	0.75	—
E330MoMnWNb-XX	0.20	3.5	0.70	0.035	0.030	15.0~17.0	33.0~37.0	2.0~3.0	0.75	Nb:1.0~2.0 W:2.0~3.0
E347-XX	0.08	0.5~2.5	1.00	0.04	0.03	18.0~21.0	9.0~11.0	0.75	0.75	Nb+Ta:8×C~1.00
E347L-XX	0.04	0.5~2.5	1.00	0.040	0.030	18.0~21.0	9.0~11.0	0.75	0.75	Nb+Ta:8×C~1.00
E349-XX	0.13	0.5~2.5	1.00	0.04	0.03	18.0~21.0	8.0~10.0	0.35~0.65	0.75	Nb+Ta:0.75~1.20 V:0.10~0.30 Ti≤0.15 W:1.25~1.75
E383-XX	0.03	0.5~2.5	0.90	0.02	0.02	26.5~29.0	30.0~33.0	3.2~4.2	0.6~1.5	—
E385-XX	0.03	1.0~2.5	0.90	0.03	0.02	19.5~21.5	24.0~26.0	4.2~5.2	1.2~2.0	—
E409Nb-XX	0.12	1.00	1.00	0.040	0.030	11.0~14.0	0.60	0.75	0.75	Nb+Ta:0.50~1.50
E410-XX	0.12	1.0	0.90	0.04	0.03	11.0~14.0	0.70	0.75	0.75	—
E410NiMo-XX	0.06	1.0	0.90	0.04	0.03	11.0~12.5	4.0~5.0	0.40~0.70	0.75	—
E430-XX	0.10	1.0	0.90	0.04	0.03	15.0~18.0	0.6	0.75	0.75	—
E430Nb-XX	0.10	1.00	1.00	0.040	0.030	15.0~18.0	0.60	0.75	0.75	Nb+Ta:0.50~1.50

续表

焊条型号①	化学成分(质量分数)② /%									
	C	Mn	Si	P	S	Cr	Ni	Mo	Cu	其他
E630-XX	0.50	0.25~0.75	0.75	0.04	0.03	16.00~16.75	4.5~5.0	0.75	3.25~4.00	Nb+Ta:0.15~0.30
E16-8-2-XX	0.10	0.5~2.5	0.60	0.03	0.03	14.5~16.5	7.5~9.5	1.0~2.0	0.75	—
E16-25MoN-XX	0.12	0.5~2.5	0.90	0.035	0.030	14.0~18.0	22.0~27.0	5.0~7.0	0.75	N:≥0.1
E2209-XX	0.04	0.5~2.0	1.00	0.04	0.03	21.5~23.5	7.5~10.5	2.5~3.5	0.75	N:0.08~0.20
E2553-XX	0.06	0.5~1.5	1.0	0.04	0.03	24.0~27.0	6.5~8.5	2.9~3.9	1.5~2.5	N:0.10~0.25
E2593-XX	0.04	0.5~1.5	1.0	0.04	0.03	24.0~27.0	8.5~10.5	2.9~3.9	1.5~3.0	N:0.08~0.25
E2594-XX	0.04	0.5~2.0	1.00	0.04	0.03	24.0~27.0	8.0~10.5	3.5~4.5	0.75	N:0.20~0.30
E2595-XX	0.04	2.5	1.2	0.03	0.025	24.0~27.0	8.0~10.5	2.5~4.5	0.4~1.5	N:0.20~0.30 W:0.4~1.0
E3155-XX	0.10	1.0~2.5	1.00	0.04	0.03	20.0~22.5	19.0~21.0	2.5~3.5	0.75	Nb+Ta:0.75~1.25 Co:18.5~21.0 W:2.0~3.0
E33-31-XX	0.03	2.5~4.0	0.9	0.02	0.01	31.0~35.0	30.0~32.0	1.0~2.0	0.4~0.8	N:0.3~0.5

① 焊条型号中-XX 表示焊接位置和药皮类型，见表 1-5-16 和表 1-5-17。

② 化学分析应按表中规定的元素进行分析。如果在分析过程中发现其他化学成分，则应进一步分析这些元素的含量，除铁外，不应超过 0.5%。

注：表中单值均为最大值。

表 1-5-16　　不锈钢焊条焊接位置代号（GB/T 983—2012）

代号	焊接位置①	代号	焊接位置①
-1	PA、PB、PD、PF	-4	PA、PB、PD、PF、PG
-2	PA、PB		

① 焊接位置见 GB/T 16672，其中 PA=平焊、PB=平角焊、PD=仰角焊、PF=向上立焊、PG=向下立焊。

表 1-5-17　　不锈钢焊条药皮类型代号（GB/T 983—2012）

代号	药皮类型	电流类型	代号	药皮类型	电流类型
5	碱性	直流	7	钛酸型	交流和直流②
6	金红石	交流和直流①			

① 46 型采用直流焊接。

② 47 型采用直流焊接。

（4）不锈钢焊条尺寸

表 1-5-18　　不锈钢焊条尺寸（符合 GB/T 25775—2010）　　mm

焊条尺寸		焊条长度	
焊芯直径	直径公差	基本尺寸	长度公差
1.6	±0.06	200~350	±5
2.0			
2.5			
3.2	±0.10	275~450	
4.0			
5.0			
6.0			
8.0	±0.1		

注：1. 根据供需双方协商，允许制造其他尺寸的焊接材料。

2. 焊条夹持端长度应至少为 15mm，焊条引弧端允许涂引弧剂。

(5) 不锈钢焊条熔敷金属力学性能

表 1-5-19　　不锈钢焊条熔敷金属力学性能（GB/T 983—2012）

焊条型号	抗拉强度 R_m /MPa	断后伸长率 A/%	焊后热处理	焊条型号	抗拉强度 R_m /MPa	断后伸长率 A/%	焊后热处理
E209-XX	690	15	—	E317LMoCu-XX	540	25	—
E219-XX	620	15	—	E318-XX	550	20	—
E240-XX	690	25	—	E318V-XX	540	25	—
E307-XX	590	25	—	E320-XX	550	28	—
E308-XX	550	30	—	E320LR-XX	520	28	—
E308H-XX	550	30	—	E330-XX	520	23	—
E308L-XX	510	30	—	E330H-XX	620	8	—
E308Mo-XX	550	30	—	E330MoMnWNb-XX	590	25	—
E308LMo-XX	520	30	—	E347-XX	520	25	—
E309L-XX	510	25	—	E347L-XX	510	25	—
E309-XX	550	25	—	E349-XX	690	23	—
E309H-XX	550	25	—	E383-XX	520	28	—
E309LNb-XX	510	25	—	E385-XX	520	28	—
E309Nb-XX	550	25	—	E409Nb-XX	450	13	①
E309Mo-XX	550	25	—	E410-XX	450	15	②
E309LMo-XX	510	25	—	E410NiMo-XX	760	10	③
E310-XX	550	25	—	E430-XX	450	15	①
E310H-XX	620	8	—	E430Nb-XX	450	13	①
E310Nb-XX	550	23	—	E630-XX	930	6	④
E310Mo-XX	550	28	—	E16-8-2-XX	520	25	—
E312-XX	660	15	—	E16-25MoN-XX	610	30	—
E316-XX	520	25	—	E2209-XX	690	15	—
E316H-XX	520	25	—	E2553-XX	760	13	—
E316L-XX	490	25	—	E2593-XX	760	13	—
E316LCu-XX	510	25	—	E2594-XX	760	13	—
E316LMn-XX	550	15	—	E2595-XX	760	13	—
E317-XX	550	20	—	E3155-XX	690	15	—
E317L-XX	510	20	—	E33-31-XX	720	20	—
E317MoCu-XX	540	25	—				

① 加热到 760~790℃，保温 2h，以不高于 55℃/h 的速度炉冷至 595℃以下，然后空冷至室温。
② 加热到 730~760℃，保温 1h，以不高于 110℃/h 的速度炉冷至 315℃以下，然后空冷至室温。
③ 加热到 595~620℃，保温 1h，然后空冷至室温。
④ 加热到 1025~1050℃，保温 1h，空冷至室温，然后在 610~630℃条件下保温 4h 沉淀硬化处理，空冷至室温。
注：表中单值均为最小值。

5.1.4 铝及铝合金焊条（GB/T 3669—2001）

【用途】 适用于焊条电弧焊焊接铝及铝合金，焊接时作电极和填充金属。

【规格】

(1) 铝及铝合金焊条型号划分

焊条型号根据焊芯的化学成分和焊接接头力学性能划分。

(2) 铝及铝合金焊条型号编制方法

字母“E”表示焊条，“E”后面的数字表示焊芯用的铝及铝合金牌号。

(3) 铝及铝合金焊条型号示例

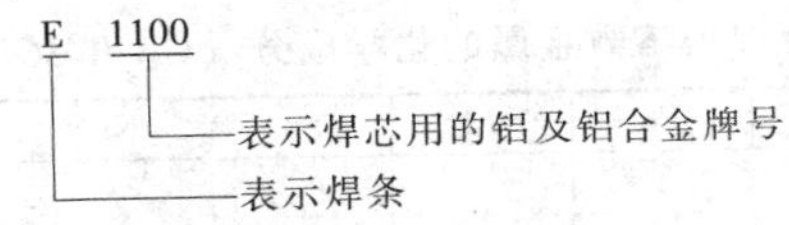

注：凡列入一种型号中的焊条，不能再列入其他型号中。

(4) 铝及铝合金焊条尺寸

表 1-5-20　铝及铝合金焊条尺寸（GB/T 3669—2001）　mm

焊条尺寸		焊条长度		
基本尺寸	极限偏差	基本尺寸	极限偏差	夹持端长度
2.5	±0.05	340~360	±2.0	10~30
3.2	±0.05	340~360	±2.0	10~30
4.0	±0.05	340~360	±2.0	10~30
5.0	±0.07	340~360	±2.0	15~35
6.0	±0.07	340~360	±2.0	15~35

(5) 铝及铝合金焊条焊芯化学成分

表 1-5-21　铝及铝合金焊条焊芯化学成分（GB/T 3669—2001）　%

焊条型号	Si	Fe	Cu	Mn	Mg	Zn	Ti	Be	其他		Al
									单个	合计	
E1100	Si+Fe 0.95		0.05~0.20	0.05	—	0.10	—	0.0008	0.05	0.15	≥99.00
E3003	0.6	0.7	0.05~0.20	1.0~1.5	—	0.10	—	0.0008	0.05	0.15	余量
E4043	4.5~6.0	0.8	0.30	0.05	0.05	0.10	0.20	0.0008	0.05	0.15	余量

注：表中单值除规定外，其他均为最大值。

(6) 铝及铝合金焊条焊接接头的抗拉强度

表 1-5-22　铝及铝合金焊条焊接接头的抗拉强度（GB/T 3669—2001）

焊条型号	抗拉强度 σ_b/MPa
E1100	≥80
E3003	≥95
E4043	≥95

(7) 铝及铝合金焊条简要说明

① E1100 焊条　焊缝金属具有塑性高、导电性好的优点，最低抗拉强度为 80MPa，用于焊接 1100 和其他工业用的纯铝合金。

② E3003 焊条　焊缝金属塑性高，最低抗拉强度为 95MPa，用于焊接 1100 和 3003 铝合金。

③ E4043 焊条含有大约 5%的硅，它在焊接温度下具有极好的流动性，因此对于一般用途的焊接更为有利。E4043 焊条的焊缝金属塑性相当好，最低抗拉强度为 95MPa。可用于焊接 6×××系列铝合金、5×××系列（Mg 含量在 2.5%以下）铝合金和铝-硅铸造合金，以及 1100、3003 铝合金。

④ 许多铝合金的应用，要求焊缝具有耐腐蚀性能。在这种情况下，选择焊条的成分应尽可能接近母材的成分。对于这种用途的焊条，除了母材为 1100 铝合金和 3003 铝合金以外，一般来说，都需要特殊订货。采用气体保护电弧焊方法更为有利，因为气体保护电弧焊容易得到成分范围较宽的填充金属。

5.1.5　铜及铜合金焊条（GB/T 3670—1995）

【用途】 指直径为 2.5~6.0mm 的药皮焊条，适用于手工电弧焊接铜及铜合金，焊接时作电极和填充金属。

【规格】

(1) 铜及铜合金焊条型号分类

焊条根据表 1-5-23 规定的熔敷金属的化学成分分类。

表 1-5-23　铜及铜合金焊条熔敷金属的化学成分（GB/T 3670—1995）　%

型号	Cu	Si	Mn	Fe	Al	Sn	Ni	P	Pb	Zn	f成分合计
ECu	>95.0	0.5	3.0	f	f	—	f	0.30	0.02	f	0.50
ECuSi-A	>93.0	1.0~2.0	3.0	—	f	—	f	0.30	0.02	f	0.50

续表

型号	Cu	Si	Mn	Fe	Al	Sn	Ni	P	Pb	Zn	f成分合计
ECuSi-B	>92.0	2.5~4.0	3.0	—	f	—	f	0.30	0.02	f	0.50
ECuSn-A	余量	f	f	f		5.0~7.0					
ECuSn-B						7.0~9.0					
ECuAl-A2		1.5		0.5~5.0	6.5~9.0	f		—			
ECuAl-B				2.5~5.0	7.5~10.0						
ECuAl-C		1.0	2.0	1.5	6.5~10.0		0.5		0.02 f		
ECuNi-A		0.5	2.5	2.5	Ti0.5	—	0.9~11.0	0.020			
ECuNi-B							29.0~33.0				
ECuAlNi		1.0	2.0	2.0~6.0	7.0~10.0		2.0	—			
ECuMnAlNi			11.0~13.0		5.0~7.5	f	1.0~2.5		0.02		

注：1. 表中所示单个值均为最大值。
2. ECuNi-A 和 ECuNi-B 类 S 应控制在 0.015%以下。
3. 字母 f 表示微量元素。
4. Cu 元素中允许含 Ag。

(2) 铜及铜合金焊条型号的表示方法

字母“E”表示焊条，“E”后面的字母直接用元素符号表示型号分类，同一分类中有不同化学成分要求时，用字母或数字表示，并以短划“-”与前面的元素符号分开。

(3) 铜及铜合金焊条尺寸

表 1-5-24　铜及铜合金焊条尺寸（GB/T 3670—1995）　mm

焊条尺寸		焊条长度		
基本尺寸	极限偏差	基本尺寸	极限偏差	夹持端长度
2.5	±0.05	300	±2.0	15~25
3.2				
4.0		350		
5.0				20~30
6.0				

(4) 铜及铜合金焊条规格

表 1-5-25　铜及铜合金焊条类别、型号、力学性能及用途（GB/T 3670—1995）

类别	型号	抗拉强度 σ_b /MPa	伸长率 δ_s /%	用途
ECu 类（铜焊条）	ECu	170	20	ECu 类焊条用于无氧铜、脱氧铜及韧性（电解）铜的修补和堆焊以及碳钢和铸铁上的堆焊
ECuSi 类（硅青铜）	ECuSi-A	250	22	ECuSi 类用于焊接铜硅合金，偶尔用于铜、异种金属和某些铁基金属的焊接
	ECuSi-B	270	20	
ECuSn 类（磷青铜）	ECuSn-A	250	15	ECuSn 类焊条用于连接类似成分的磷青铜，在某些场合下，用于黄铜、铸铁和碳钢的焊接
	ECuSn-B	270	12	
ECuNi 类（铜-镍）	ECuNi-A	270	20	ECuNi 类焊条用于锻造的或铸造的 70/30、80/20 和 90/10 铜镍合金的焊接
	ECuNi-B	350	20	

续表

类别	型号	抗拉强度 σ_b /MPa	伸长率 δ_s /%	用途
ECuAl 类（铝青铜）	ECuAl-A_2	410	20	ECuAl-A_2 焊条用于连接类似成分的铝青铜、高强度铜-锌合金、硅青铜、锰青铜、某些镍基合金、多数黑色金属与合金及异种金属的连接，其焊接金属也适合作耐磨和耐磨蚀表面的堆焊 ECuAl-B 焊条用于修补铝青铜和其他铜合金铸件，其焊接金属也用于高强度耐磨和耐磨蚀承受面的堆焊 ECuAlNi 焊条用于铸造和锻造的镍-铝青铜材料连接或修补
	ECuAl-B	450	10	
	ECuAl-C	390	15	
	ECuAlNi	490	13	
ECuMnAlNi	ECuMnAlNi	520	15	EcuMnAlNi 类焊条用于铸造或锻造的锰-镍铝青铜材料的连接或修补

5.1.6 铸铁焊条（GB/T 10044—2006）

【用途】 铸铁焊条适用于灰口铸铁、可锻铸铁、球墨铸铁及某些合金铸铁的补焊，焊接时作电极和填充金属。

【规格】

(1) 铸铁焊条型号划分

铸铁焊接用纯铁及碳钢焊条根据焊芯化学成分分类，其他型号铸铁焊条根据熔敷金属的化学成分和用途划分。

(2) 铸铁焊条型号编制方法

字母“E”表示焊条；字母“Z”表示焊条用于铸铁焊接；在“EZ”后用熔敷金属主要化学元素符号或金属类型代号表示，再细分时用数字表示，见表 1-5-26。

表 1-5-26　　铸铁焊接用焊条类别与型号（GB/T 10044—2006）

类型	名称	型号	性能和用途
铁基焊条	灰口铸铁焊条	EZC	钢芯或铸铁芯、强石墨化型药皮铸铁焊条，可交直两用
	铁基球墨铸铁焊条	EZCQ	钢芯或铸铁芯、强石墨化型药皮球墨铸铁焊条，可交直两用，可进行全位置焊接
镍基焊条	纯镍铸铁焊条	EZNi-1、EZNi-2、EZNi-3	纯镍芯、强石墨化的铸铁焊条，可交直两用，进行全位置焊接，广泛使用于铸铁薄件及加工面的补焊
	镍铁铸铁焊条	EZNiFe-1、EZNiFe-2、EZNiFeMn	镍铁芯、强石墨化型药皮的铸铁焊条，可交直两用，可进行全位置焊接，用于重要灰铸铁及球墨铸铁的补焊
	镍铜铸铁焊条	EZNiCu-1、EZNiCu-2	镍铜合金焊芯、强石墨化型药皮的铸铁焊条，可交直两用，可进行全位置焊接。用于强度要求不高塑性要求好的灰铸铁的补焊
	镍铁铜铸铁焊条	EZNiFeCu	镍铁铜合金焊芯或镀铜镍铁芯、强石墨化型药皮的铸铁焊条，可交直两用，可进行全位置焊接，用于重要灰铸铁及球墨铸铁的补焊
其他焊条	纯铁焊条	EZFe-1	纯铁芯药皮焊条，适用于补焊铸铁非加工面
	碳钢焊条	EZFe-2	低碳钢芯、低熔点药皮的低氢型碳钢焊条，适用于补焊铸铁非加工面
	高钒焊条	EZV	低碳钢型芯、低氢型药皮焊条，适用于补焊高强度灰口铸铁和球墨铸铁

(3) 铸铁焊条型号标记示例

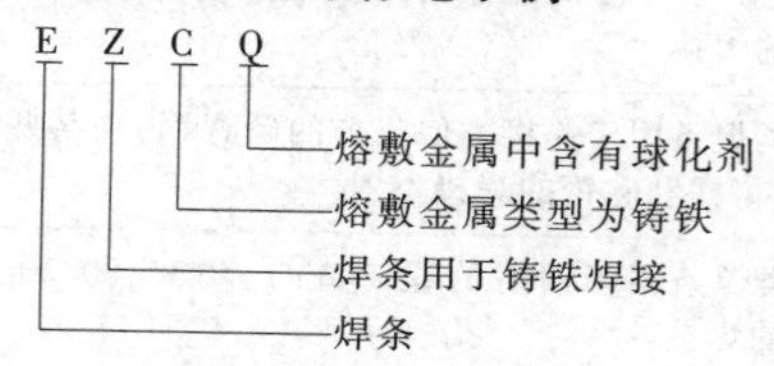

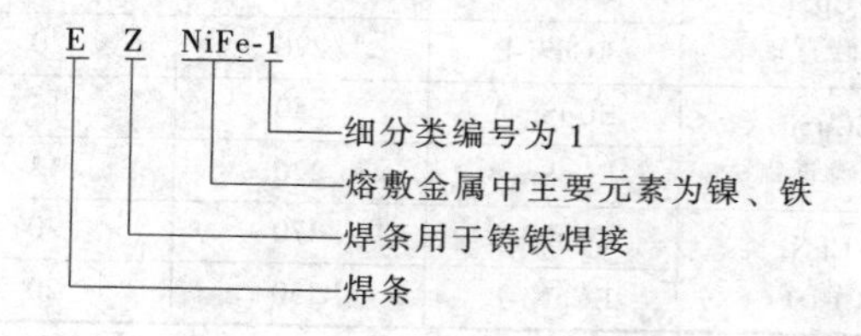

(4) 铸铁焊条尺寸

表 1-5-27　　铸铁焊条尺寸（GB/T 10044—2006）　　mm

类型	焊条直径		焊条长度		夹持端长度	
	基本尺寸	极限偏差	基本尺寸	极限偏差	基本尺寸	极限偏差
铸造焊芯	4.0	±0.3	350~400	±4.0	20	±8
铸造焊芯	5.0	±0.3	350~500	±4.0	20	±8
铸造焊芯	6.0	±0.3	350~500	±4.0	20	±8
铸造焊芯	8.0	±0.3	350~500	±4.0	25	±8
铸造焊芯	10.0	±0.3	350~500	±4.0	25	±8
冷拔焊芯	2.5	±0.05	200~300	±2.0	15	±5
冷拔焊芯	3.2	±0.05	300~450	±2.0	20	±5
冷拔焊芯	4.0	±0.05	300~450	±2.0	20	±5
冷拔焊芯	5.0	±0.05	300~450	±2.0	20	±5
冷拔焊芯	6.0	±0.05	400~500	±2.0	20	±5

注：1. 允许以直径 3.0mm 的焊条代替 3.2mm 的焊条，以直径 5.8mm 的焊条代替 6.0mm 的焊条。
2. 焊条按净质量为 1kg、2kg、2.5kg、5kg 或按相应的焊条根数作为一包装，这种包装应封口。

(5) 铸铁焊条熔敷金属化学成分

表 1-5-28　　铸铁焊条熔敷金属化学成分（GB/T 10044—2006）　　%

型号	C	Si	Mn	S	P	Fe	Ni	Cu	Al	V	球化剂	其他元素总量
												焊条
EZC	2.0~4.0	2.5~6.5	≤0.75	≤0.10	≤0.15	余量	—	—	—	—	—	—
EZCQ	3.2~4.2	3.2~4.0	≤0.80	≤0.10	≤0.15	余量	—	—	—	—	0.04~0.15	≤1.0
EZNi-1	≤2.0	≤2.5	≤1.0	≤0.03	—	≤8.0	≥90	—	—	—	—	≤1.0
EZNi-2	≤2.0	≤4.0	≤2.5	≤0.03	—	≤8.0	≥85	≤2.5	≤1.0	—	—	≤1.0
EZNi-3	≤2.0	≤4.0	≤2.5	≤0.03	—	≤8.0	≥85	≤2.5	1.0~3.0	—	—	≤1.0
EZNiFe-1	≤2.0	≤4.0	≤2.5	≤0.03	—	余量	45~60	≤2.5	≤1.0	—	—	≤1.0
EZNiFe-2	≤2.0	≤4.0	≤2.5	≤0.03	—	余量	45~60	≤2.5	1.0~3.0	—	—	≤1.0
EZNiFeMn	≤2.0	≤1.0	10~14	≤0.03	—	余量	35~45	≤2.5	≤1.0	—	—	≤1.0
EZNiCu-1	0.35~0.55	≤0.75	≤2.3	≤0.025	—	3.0~6.0	60~70	25~35	—	—	—	≤1.0
EZNiCu-2	0.35~0.55	≤0.75	≤2.3	≤0.025	—	3.0~6.0	50~60	35~45	—	—	—	≤1.0
EZNiFeCu	≤2.0	≤2.0	≤1.5	≤0.03	—	余量	45~60	4~10	—	—	—	≤1.0
EZV	≤0.25	≤0.70	≤1.50	≤0.04	≤0.04	余量	—	—	—	8~13	—	—

表 1-5-29　　纯铁和碳钢焊条焊芯化学成分（GB/T 10044—2006）　　%

型号	C	Si	Mn	S	P	Fe
EZFe-1	≤0.04	≤0.10	≤0.60	≤0.010	≤0.015	余量
EZFe-2	≤0.10	≤0.03	≤0.60	≤0.030	≤0.030	余量

5.1.7 镍及镍合金焊条（GB/T 13814—2008）

【用途】 适用于焊条电弧焊焊接镍及镍合金，焊接时作电极和填充金属。

【规格】

(1) 镍及镍合金焊条分类

焊条按熔敷金属合金体系分为镍、镍铜、镍铬、镍铬铁、镍钼、镍铬钼和镍铬钴钼等 7 类。

(2) 镍及镍合金焊条型号划分

焊条按照熔敷金属化学成分进行型号划分，如表 1-5-30 所示。

表 1-5-30　镍及镍合金焊条熔敷金属化学成分（GB/T 13814—2008）

焊条型号	化学成分代号	化学成分(质量分数)/%															
		C	Mn	Fe	Si	Cu	Ni①	Co	Al	Ti	Cr	Nb②	Mo	V	W	S	P	其他③
镍																		
ENi2061	NiTi3	0.10	0.7	0.7	1.2	0.2	≥92.0	—	1.0	1.0~4.0	—	—	—	—	—	0.015	0.020	
ENi2061A	NiNbTi	0.06	2.5	4.5	1.5	—	≥92.0	—	0.5	1.5	—	2.5	—	—	—	0.015	0.015	
镍铜																		
ENi4060	NiCu30Mn3Ti	0.15	4.0	2.5	1.5	27.0~34.0	≥62.0	—	1.0	1.0	—	—	—	—	—	0.015	0.020	
ENi4061	NiCu27Mn3NbTi	0.15	4.0	2.5	1.3	24.0~31.0	≥62.0	—	1.0	1.5	—	3.0	—	—	—	0.015	0.020	
镍铬																		
ENi6082	NiCr20Mn3Nb	0.10	2.0~6.0	4.0	0.8	0.5	≥63.0	—	—	0.5	18.0~22.0	1.5~3.0	2.0	—	—	0.015	0.020	
ENi6231	NiCr22W14Mo	0.05~0.10	0.3~1.0	3.0	0.3~0.7	0.5	≥45.0	5.0	0.5	0.1	20.0~24.0	—	1.0~3.0	—	13.0~15.0	0.015	0.020	
镍铬铁																		
ENi6025	NiCr25Fe10AlY	0.10~0.25	0.5	8.0~11.0	0.8	—	≥55.0	—	1.5~2.2	0.3	24.0~26.0	—	—	—	—	0.015	0.020	Y:0.15
ENi6062	NiCr15Fe8Nb	0.08	3.5	11.0	0.8	0.5	≥62.0	—	—	—	13.0~17.0	0.5~4.0	—	—	—	0.015	0.020	
ENi6093	NiCr15Fe8NbMo	0.20	1.0~5.0	12.0	1.0	0.5	≥60.0	—	—	—	13.0~17.0	1.0~3.5	1.0~3.5	—	—	0.015	0.020	
ENi6094	NiCr14Fe4NbMo	0.15	1.0~4.5	12.0	0.8	0.5	≥55.0	—	—	—	12.0~17.0	0.5~3.0	2.5~5.5	—	1.5	0.015	0.020	
ENi6095	NiCr15Fe8NbMoW	0.20	1.0~3.5	12.0	0.8	0.5	≥55.0	—	—	—	13.0~17.0	1.0~3.5	1.0~3.5	—	1.5~3.5	0.015	0.020	
ENi6133	NiCr16Fe12NbMo	0.10	1.0~3.5	12.0	0.8	0.5	≥62.0	—	—	—	13.0~17.0	0.5~3.0	0.5~2.5	—	—	0.015	0.020	
ENi6152	NiCr30Fe9Nb	0.05	5.0	7.0~12.0	0.8	0.5	≥50.0	—	0.5	0.5	28.0~31.5	1.0~2.5	0.5	—	—	0.015	0.020	
ENi6182	NiCr15Fe6Mn	0.10	5.0~10.0	10.0	1.0	0.5	≥60.0	—	—	1.0	13.0~17.0	1.0~3.5	—	—	—	0.015	0.020	Ta:0.3
ENi6333	NiCr25Fe16CoNbW	0.10	1.2~2.0	≥16.0	0.8~1.2	0.5	44.0~47.0	2.5~3.5	—	—	24.0~26.0	—	2.5~3.5	—	2.5~3.5	0.015	0.020	

焊条型号	化学成分代号	化学成分(质量分数)/%															
		C	Mn	Fe	Si	Cu	Ni①	Co	Al	Ti	Cr	Nb②	Mo	V	W	S	P	其他③
镍铬铁																		
ENi6701	NiCr36Fe7Nb	0.35~0.50	0.5~2.0	7.0	0.5~2.0	—	42.0~48.0	—	—	—	33.0~39.0	0.8~1.8	—	—	—	0.015	0.020	—
ENi6702	NiCr28Fe6W		0.5~1.5	6.0			47.0~50.0				27.0~30.0	—			4.0~5.5			—
ENi6704	NiCr25Fe10Al3YC	0.15~0.30	0.5	8.0~11.0	0.8		≥55.0		1.8~2.8	0.3	24.0~26.0				—			Y:0.15
ENi8025	NiCr29Fe30Mo	0.06	1.0~3.0	30.0	0.7	1.5~3.0	35.0~40.0		0.1	1.0	27.0~31.0	1.0	2.5~4.5					
ENi8165	NiCr25Fe30Mo	0.03					37.0~42.0			1.0	23.0~27.0	—	3.5~7.5					—
镍钼																		
ENi1001	NiMo28Fe5	0.07	1.0	4.0~7.0	1.0	0.5	≥55.0	2.5	—	—	1.0	—	26.0~30.0	0.6	1.0	0.015	0.020	
ENi1004	NiMo25Cr5Fe5	0.12					≥60.0	—			2.5~5.5		23.0~27.0					
ENi1008	NiMo19WCr	0.10	1.5	10.0	0.8						0.5~3.5		17.0~20.0	—	2.0~4.0			
ENi1009	NiMo20WCu			7.0		0.3~1.3	≥62.0				—		18.0~22.0					
ENi1062	NiMo24Cr8Fe6	0.02	1.0	4.0~7.0	0.7	—	≥60.0				6.0~9.0		22.0~26.0		—			
ENi1066	NiMo28		2.0	2.2	0.2	0.5	≥64.5				1.0		26.0~30.0		1.0			
ENi1067	NiMo30Cr			1.0~3.0			≥62.0	3.0			1.0~3.0		27.0~32.0		3.0			
ENi1069	NiMo28Fe4Cr		1.0	2.0~5.0	0.7	—	≥65.0	1.0	0.5		0.5~1.5		26.0~30.0		—			
镍铬钼																		
ENi6002	NiCr22Fe18Mo	0.05~0.15	1.0	17.0~20.0	1.0	0.5	≥45.0	0.5~2.5	—	—	20.0~23.0	—	8.0~10.0	—	0.2~1.0	0.015	0.020	
ENi6012	NiCr22Mo9	0.03		3.5	0.7		≥58.0	—	0.4	0.4		1.5	8.5~10.5		—			
ENi6022	NiCr21Mo13W3	0.02		2.0~6.0	0.2		≥49.0	2.5	—	—	20.0~22.5	—	12.5~14.5	0.4	2.5~3.5			
ENi6024	NiCr26Mo14		0.5	1.5			≥55.0	—			25.0~27.0		13.5~15.0	—	—			

续表

焊条型号	化学成分代号	化学成分(质量分数)/%															
		C	Mn	Fe	Si	Cu	Ni①	Co	Al	Ti	Cr	Nb②	Mo	V	W	S	P	其他③
镍铬钼																		
ENi6030	NiCr29Mo5Fe15W2	0.03	1.5	13.0~17.0	1.0	1.0~2.4	≥36.0	5.0			28.0~31.5	0.3~1.5	4.0~6.0		1.5~4.0			
ENi6059	NiCr23Mo16			1.5		—	≥56.0	—	—		22.0~24.0		15.0~16.5	—				
ENi6200	NiCr23Mo16Cu2	0.02	1.0	3.0	0.2	1.3~1.9	≥45.0	2.0			20.0~24.0		15.0~17.0		—			
ENi6205	NiCr25Mo16		0.5	5.0		2.0		—	0.4	—	22.0~27.0	—	13.5~16.5					
ENi6275	NiCr15Mo16Fe5W3	0.10	1.0	4.0~7.0	1.0		≥50.0	2.5			14.5~16.5		15.0~18.0		3.0~4.5			
ENi6276	NiCr15Mo15Fe6W4	0.02			0.2								15.0~17.0	0.4		0.015		
ENi6452	NiCr19Mo15	0.025	2.0	1.5	0.4		≥56.0	—			18.0~20.0	0.4	14.0~16.0		—		0.020	
ENi6455	NiCr16Mo15Ti	0.02	1.5	3.0	0.2			2.0	—	0.7	14.0~18.0	—	14.0~17.0		0.5			
ENi6620	NiCr14Mo7Fe	0.10	2.0~4.0	10.0	1.0	0.5	≥55.0				12.0~17.0	0.5~2.0	5.0~9.0		1.0~2.0			
ENi6625	NiCr22Mo9Nb		2.0	7.0	0.8			—			20.0~23.0	3.0~4.2	8.0~10.0		—			
ENi6627	NiCr21MoFeNb	0.03	2.2	5.0	0.7		≥57.0			—	20.5~22.5	1.0~2.8	8.8~10.0	—	0.5			
ENi6650	NiCr20Fe14Mo11WN		0.7	12.0~15.0	0.6		≥44.0	1.0	0.5		19.0~22.0	0.3	10.0~13.0		1.0~2.0	0.02		N:0.15
ENi6686	NiCr21Mo16W4	0.02	1.0	5.0	0.3		≥49.0	—	—	0.3	19.0~23.0	—	15.0~17.0		3.0~4.4	0.015		
ENi6985	NiCr22Mo7Fe19			18.0~21.0	1.0	1.5~2.5	≥45.0	5.0		—	21.0~23.5	1.0	6.0~8.0		1.5			
镍铬钴钼																		
ENi6117	NiCr22Co12Mo	0.05~0.15	3.0	5.0	1.0	0.5	≥45.0	9.0~15.0	1.5	0.6	20.0~26.0	1.0	8.0~10.0	—	—	0.015	0.020	

① 除非另有规定，Co 含量应低于该含量的 1%。也可供需双方协商，要求较低的 Co 含量。

② Ta 含量应低于该含量的 20%。

③ 未规定数值的元素总量不应超过 0.5%。

注：除 Ni 外所有单值元素均为最大值。

(3) 镍及镍合金焊条型号编制方法

焊条型号由三部分组成。第1部分为字母“ENi”，表示镍及镍合金焊条；第2部分为四位数字，表示焊条型号；第3部分为可选部分，表示化学成分代号。

(4) 镍及镍合金焊条型号示例

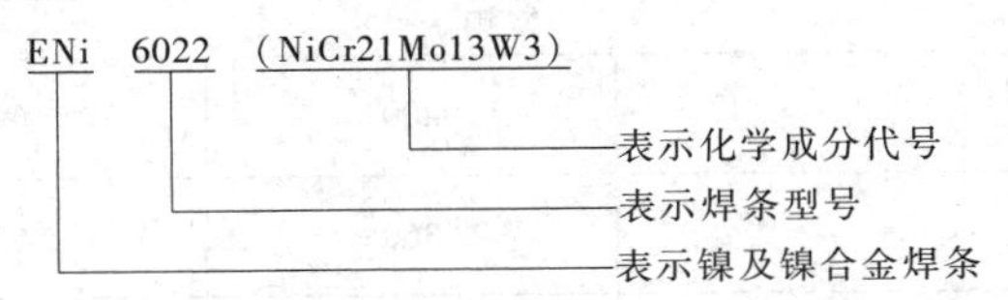

第2部分四位数字中第一位数字表示熔敷金属的类别。其中“2”表示非合金系列；“4”表示镍铜合金；“6”表示含铬且铁含量不大于25%的NiCrFe和NiCrMo合金；“8”表示含铬且铁含量大于25%的NiFeCr合金；“10”表示不含铬、含钼的NiMo合金。

(5) 镍及镍合金焊条尺寸

表1-5-31　镍及镍合金焊条尺寸（GB/T 13814—2008）　mm

焊条尺寸		焊条长度		
基本尺寸	极限偏差	基本尺寸	极限偏差	夹持端长度
2.0	±0.05	230~300	±2	10~20
2.5				
3.2				
4.0		250~350		15~25
5.0				

注：焊条按净质量为1kg、2kg、2.5kg、5kg或按相应的焊条根数作为一包装，这种包装应封口。

(6) 镍及镍合金焊条熔敷金属力学性能

表1-5-32　镍及镍合金焊条熔敷金属力学性能（GB/T 13814—2008）

焊条型号	化学成分代号	屈服强度[①] R_{eL} /MPa	抗拉强度 R_m /MPa	伸长率 A /%
		不小于		
镍				
ENi2061	NiTi3	200	410	18
ENi2061A	NiNbTi			
镍铜				
ENi4060 ENi4061	NiCu30Mn3Ti NiCu27Mn3NbTi	200	480	27
镍铬				
ENi6082	NiCr20Mn3Nb	360	600	22
ENi6231	NiCr22W14Mo	350	620	18
镍铬铁				
ENi6025	NiCr25Fe10AlY	400	690	12
ENi6062	NiCr15Fe8Nb	360	550	27
ENi6093 ENi6094 ENi6095	NiCr15Fe8NbMo NiCr14Fe4NbMo NiCr15Fe8NbMoW	360	650	18
ENi6133 ENi6152 ENi6182	NiCr16Fe12NbMo NiCr30Fe9Nb NiCr15Fe6Mn	360	550	27
ENi6333	NiCr25Fe16CoNbW	360	550	18
ENi6701 ENi6702	NiCr36Fe7Nb NiCr28Fe6W	450	650	8
ENi6704	NiCr25Fe10Al3YC	400	690	12
ENi8025 ENi8165	NiCr29Fe30Mo NiCr25Fe30Mo	240	550	22

续表

焊条型号	化学成分代号	屈服强度①R_{eL} /MPa	抗拉强度 R_m /MPa	伸长率 A /%
		不小于		
镍钼				
ENi1001 ENi1004	NiMo28Fe5 NiMo25Cr5Fe5	400	690	22
ENi1008 ENi1009	NiMo19WCr NiMo20WCu	360	650	22
ENi1062	NiMo24Cr8Fe6	360	550	18
ENi1066	NiMo28	400	690	22
ENi1067	NiMo30Cr	350	690	22
ENi1069	NiMo28Fe4Cr	360	550	20
镍铬钼				
ENi6002	NiCr22Fe18Mo	380	650	18
ENi6012	NiCr22Mo9	410	650	22
ENi6022 ENi6024	NiCr21Mo13W3 NiCr26Mo14	350	690	22
ENi6030	NiCr29Mo5Fe15W2	350	585	22
ENi6059	NiCr23Mo16	350	690	22
ENi6200 ENi6275 ENi6276	NiCr23Mo16Cu2 NiCr15Mo16Fe5W3 NiCr15Mo15Fe6W4	400	690	22
ENi6205 ENi6452	NiCr25Mo16 NiCr19Mo15	350	690	22
ENi6455	NiCr16Mo15Ti	300	690	22
ENi6620	NiCr14Mo7Fe	350	620	32
ENi6625	NiCr22Mo9Nb	420	760	27
ENi6627	NiCr21MoFeNb	400	650	32
ENi6650	NiCr20Fe14Mo11WN	420	660	30
ENi6686	NiCr21Mo16W4	350	690	27
ENi6985	NiCr22Mo7Fe19	350	620	22
镍铬钴钼				
ENi6117	NiCr22Co12Mo	400	620	22

① 屈服发生不明显时，应采用0.2%的屈服强度（$R_{p0.2}$）。

(7) 镍及镍合金焊条简要说明

① 镍类焊条：ENi2061（NiTi3）、ENi2061A（NiNbTi）焊条用于焊接纯镍（UNS N02200或N02201）锻造及铸铁构件，用于复合镍钢的焊接和钢表面堆焊以及异种金属的焊接。

② 镍铜焊条：ENi4060（NiCu30Mn3Ti）、ENi4061（NiCu27Mn3NbTi）焊条用于焊接镍铜等合金（UNS N04400）的焊接，用于镍铜复合钢焊接和钢表面堆焊。ENi4060主要用于含铌耐腐蚀环境的焊接。

③ 镍铬类焊条：

a. ENi6082（NiCr20Mn3Nb）焊条：用于镍铬合金（UNS N06075，N07080）和镍铬铁合金（UNS N06600，N06601）的焊接，焊缝金属不同于含铬高的其他合金；也用于复合钢和异种金属的焊接；也用于低温条件下的镍钢焊接。

b. ENi6231（NiCr22W14Mo）焊条：用于UNS N06230镍铬钨钼合金的焊接。

④ 镍铬铁类焊条：

a. ENi6025（NiCr25Fe10AlY）焊条：用于同类镍基合金的焊接，如UNS N06025和UNS N06603合金；焊缝金属具有抗氧化、抗渗碳、抗硫化的特点，也可用于1200℃高温条件下的焊接。

b. ENi6062（NiCr15Fe8Nb）焊条：用于镍铬铁合金（UNS N06600、UNS N06601）的焊接，用于镍铬铁复合合金焊接以及钢的堆焊；具有良好的异种金属焊接性能；也可以在工作温度为980℃时应用，但温度高于820℃时，抗氧化性和强度下降。

c. ENi6093（NiCr15Fe8NbMo）、ENi6094（NiCr14Fe4NbMo）、ENi6095（NiCr15Fe8NbMoW）焊条：用于

Ni9%（UNS K81340）钢焊接，焊缝强度比 ENi6133 焊条的高。

d. ENi6133（NiCr16Fe12NbMo）焊条：用于镍铁铬合金（UNS N08800）和镍铬铁合金（UNS N06600）的焊接；也可以在工作温度为 980℃时应用，但温度高于 820℃时，抗氧化性和强度下降。

e. ENi6152（NiCr30Fe9Nb）焊条：该种焊条熔敷金属铬含量比本标准规定的其他镍铁铬焊条的高；用于高铬镍基合金如 UNS N06690 的焊接；也可以用于低合金抗腐蚀层和不锈钢以及异种金属的焊接。

f. ENi6182（NiCr15Fe6Mn）焊条：该种焊条用于镍铬铁合金（UNS N06600）的焊接，用于镍铬铁复合合金焊接以及钢的堆焊，也可以用于钢与镍基合金的焊接；在最近的应用中，工作温度提高到 480℃，另外可以在高温时使用该焊条，其抗热裂性能优于本组的其他焊缝金属。

g. ENi6333（NiCr25Fe16CoNbW）焊条：用于同类镍基合金（特别是 UNS N06333）的焊接；焊缝金属具有抗氧化、抗渗碳、抗硫化的特点，用于 1000℃高温条件下的焊接。

h. ENi6701（NiCr36Fe7Nb）、ENi6702（NiCr28Fe6W）焊条：用于同类铸造镍基合金的焊接；焊缝金属具有抗氧化的特点，用于 1200℃高温条件下的焊接。

i. ENi6704（NiCr25Fe10Al3YC）焊条：用于同类镍基合金如 UNS N06025 和 UNS N06603 的焊接；焊缝金属具有抗氧化、抗渗碳、抗硫化的特点，用于 1200℃高温条件下的焊接。

j. ENi8025（NiCr29Fe30Mo）、ENi8165（NiCr25Fe30Mo）焊条：用于铜合金、奥氏体不锈钢铬镍钼合金（UNS N08904）和铬镍钼合金（UNS N08825）的焊接；也可以在钢上堆焊，提供镍铬铁合金层。

⑤ 镍钼类焊条：

a. ENi1001（NiMo28Fe5）焊条：用于同类镍钼合金的焊接，特别是 UNS N10001；用于镍钼复合合金的焊接，以及镍钼合金与钢和其他镍基合金的焊接。

b. ENi1004（NiMo25Cr5Fe5）焊条：用于异种镍基、钴基和铁基合金的焊接。

c. ENi1008（NiMo19WCu）、ENi1009（NiMo20WCu）焊条：用于 Ni9%（UNS K81340）钢焊接，焊缝强度比 ENi6133 焊条的高。

d. ENi1062（NiMo24Cr8Fe6）焊条：用于镍钼合金的焊接，特别是 UNS N10629；用于镍钼复合合金的焊接，以及镍钼合金与钢和其他镍基合金的焊接。

e. ENi1066（NiMo28）焊条：用于镍钼合金的焊接，特别是 UNS N10665；用于镍钼复合合金的焊接，以及镍钼合金与钢和其他镍基合金的焊接。

f. ENi1067（NiMo30Cr）焊条：用于镍钼合金的焊接，特别是 UNS N10665 和 UNS N10675，以及镍钼合金与钢和其他镍基合金的焊接。

g. ENi1069（NiMo28Fe4Cr）焊条：用于镍基、钴基和铁基合金与异种金属结合的焊接。

⑥ 镍铬钼类焊条：

a. ENi6002（NiCr22Fe18Mo）焊条：用于镍铬钼合金的焊接，特别是 UNS N06002；用于镍铬钼复合合金的焊接，以及镍铬钼合金与钢和其他镍基合金的焊接。

b. ENi6012（NiCr22Mo9）焊条：用于 6-Mo 型高奥氏体不锈钢的焊接；焊缝金属具有优良的抗氯化物介质点蚀和晶间腐蚀能力；铌含量低时可改善可焊性。

c. ENi6022（NiCr21Mo13W3）焊条：用于低碳镍铬钼合金的焊接，尤其是 UNS N06022 合金；用于低碳镍铬钼复合合金的焊接，以及低碳镍铬钼合金与钢和其他镍基合金的焊接。

d. ENi6024（NiCr26Mo14）焊条：用于奥氏体-铁素体双向不锈钢的焊接；焊缝金属具有较高的强度和耐蚀性能；所以特别适用于双相不锈钢的焊接，如 UNS S32750。

e. ENi6030（NiCr29Mo5Fe15W2）焊条：用于低碳镍铬钼合金的焊接，特别是 UNS N06059 合金；用于低碳镍铬钼复合合金的焊接，以及低碳镍铬钼合金与钢和其他镍基合金的焊接。

f. ENi6059（NiCr23Mo16）焊条：用于低碳镍铬钼合金的焊接，尤其是适用于 UNS N06059 合金和镍铬钼奥氏体不锈钢的焊接；用于低碳镍铬钼复合合金的焊接，以及低碳镍铬钼合金与钢和其他镍基合金的焊接。

g. ENi6200（NiCr23Mo16Cu2）、ENi6205（NiCr25Mo16）焊条：用于 UNS N06200 类镍铬钼铜合金的焊接。

h. ENi6275（NiCr15Mo16Fe5W3）焊条：用于镍铬钼合金的焊接，特别是 UNS N10002 等类合金与钢的焊接以及镍铬钼合金复合钢的表面堆焊。

i. ENi6276（NiCr15Mo15Fe6W4）焊条：用于镍铬钼合金的焊接，特别是 UNS N10276 合金；用于低碳镍铬钼复合合金的焊接，以及低碳镍铬钼合金与钢和其他镍基合金的焊接。

j. ENi6452（NiCr19Mo15）、ENi6455（NiCr16Mo15Ti）焊条：用于低碳镍铬钼合金的焊接，特别是 UNS N06455 合金；用于低碳镍铬钼复合合金的焊接，以及低碳镍铬钼合金与钢和其他镍基合金的焊接。

k. ENi6620（NiCr14Mo7Fe）焊条：用于 Ni9%（UNS K81340）钢的焊接，焊缝金属具有与钢相同的线胀系数；交流焊接时，短弧操作。

l. ENi6625（NiCr22Mo9Nb）焊条：用于镍铬钼合金的焊接，特别是 UNS N06625 类合金与其他钢种以及镍铬钼合金复合钢的焊接和堆焊，也用于低温条件下的 Ni9% 钢；焊缝金属与 UNS N06625 合金比较，具有抗腐蚀性能；焊缝金属可以在 540℃ 条件下使用。

m. ENi6627（NiCr21MoFeNb）焊条：用于镍铬钼奥氏体不锈钢、双相不锈钢、镍铬钼合金及其他钢材；焊缝金属通过降低不利于耐蚀的母材熔合比来平衡成分。

n. ENi6650（NiCr20Fe14Mo11WN）焊条：用于低碳镍铬钼合金和海洋及化学工业使用的镍铬钼奥氏体不锈钢的焊接，如 UNS N08926 合金；也用于异种金属和复合钢，如低碳镍铬钼合金与碳钢或镍基合金的焊接；也可焊接镍 9% 钢。

o. ENi6686（NiCr21Mo16W4）焊条：用于低碳镍铬钼合金的焊接，特别是 UNS N06686 合金；也用于低碳镍铬钼复合钢的焊接，以及低碳镍铬钼合金与碳钢或镍基合金的焊接。

p. ENi6985（NiCr22Mo7Fe19）焊条：用于低碳镍铬钼合金的焊接，特别是 UNS N06985 合金；也用于低碳镍铬钼复合钢的焊接，以及低碳镍铬钼合金与碳钢或镍基合金的焊接。

⑦ 镍铬钴钼类焊条：ENi6117（NiCr22Co12Mo）用于镍铬钴钼合金的焊接，特别是 UNS N06617 合金与其他钢种的焊接和堆焊，也可以用于 1150℃ 条件下要求具有高温强度和抗氧化性能不同的高温合金，如 UNS N08800、UNS N08811；也可以焊接铸造的高镍合金。

5.1.8 堆焊焊条（GB/T 984—2001）

【用途】 适用于手工电弧焊表面堆焊，焊接时作电极和填充金属。

【规格】

(1) 堆焊焊条划分

焊条型号根据熔敷金属的化学成分、药皮类型和焊接电流种类划分，碳化钨管状焊条型号根据芯部碳化钨粉的化学成分和粒度划分。

(2) 堆焊焊条型号编制方法和标记示例

① 堆焊焊条：型号中第一字母“E”表示焊条；第二字母“D”表示用于表面耐磨堆焊；在“ED”字母后面用一或两位字母、元素符号表示焊条熔敷金属化学成分分类代号（见表 1-5-33），还可附加一些主要成分的元素符号；在基本型号内可用数字、字母进行细分类，细分类代号也可用短划“-”与前面符号分开；型号中最后两位数字表示药皮类型和焊接电流种类，用短划“-”与前面符号分开，见表 1-5-34。

药皮类型和焊接电流种类不要求限定时，型号可以简化，如 EDPCrMo-Al-03 可简化成 EDPCrMo-Al。

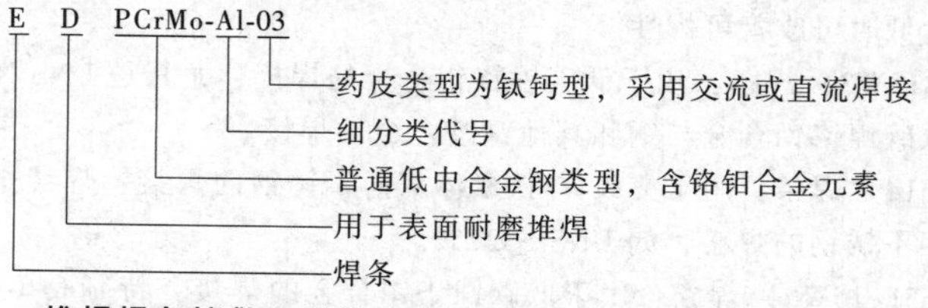

表 1-5-33 堆焊焊条熔敷金属化学成分分类（GB/T 984—2001）

型号分类	熔敷金属化学成分分类	型号分类	熔敷金属化学成分分类
EDP××-××	普通低中合金钢	EDZ××-××	合金铸铁
EDR××-××	热强合金钢	EDZCr××-××	高铬铸铁
EDCr××-××	高铬钢	EDCoCr××-××	钴基合金
EDMn××-××	高锰钢	EDW××-××	碳化钨
EDCrMn××-××	高铬锰钢	EDT××-××	特殊型
EDCrNi××-××	高铬镍钢	EDNi××-××	镍基合金
EDD××-××	高速钢		

表 1-5-34　　堆焊焊条药皮类型和焊接电流种类（GB/T 984—2001）

型号	药皮类型	焊接电流种类	型号	药皮类型	焊接电流种类
ED××-00	特殊型	交流或直流	ED××-16	低氢钾型	交流或直流
ED××-03	钛钙型		ED××-08	石墨型	
ED××-15	低氢钠型	直流			

② 碳化钨管状焊条：其型号中第一字母“E”表示焊条；第二字母“D”表示用于表面耐磨堆焊；后面用字母“G”和元素符号“WC”表示碳化钨管状焊条，其后用数字 1、2、3 表示芯部碳化钨粉化学成分分类代号，见表 1-5-35；短划“-”后面为碳化钨粉粒度代号，用通过筛网和不通过筛网的两个目数表示，以斜线“/”相隔，或是只用通过筛网的一个目数表示，见表 1-5-36。

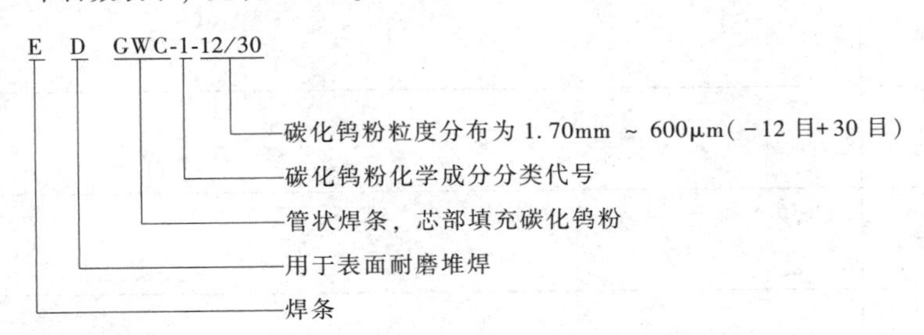

表 1-5-35　　碳化钨粉的化学成分（GB/T 984—2001）　　%

型号	C	Si	Ni	Mo	Co	W	Fe	Th
EDGWC1-××	3.6~4.2	≤0.3	≤0.3	≤0.6	≤0.3	≥94.0	≤1.0	≤0.01
EDGWC2-××	6.0~6.2					≥91.5	≤0.5	
EDGWC3-××	由供需双方商定							

表 1-5-36　　碳化钨粉的粒度（GB/T 984—2001）

型号	粒度分布	型号	粒度分布
EDGWC×-12/30	1.70mm~600μm(-12 目~+30 目)	EDGWC×-40	<425μm(-40 目)
EDGWC×-20/30	850~600μm(-20 目~+30 目)	EDGWC×-40/120	425~125μm(-40 目~+120 目)
EDGWC×-30/40	600~425μm(-30 目~+40 目)		

注：1. 焊条型号中的“×”代表“1”或“2”或“3”。

2. 允许通过（“-”）筛网的筛上物≤5%，不通过（“+”）筛网的筛下物≤20%。

(3) 堆焊焊条尺寸

表 1-5-37　　堆焊焊条尺寸（GB/T 984—2001）　　mm

类别	冷拔焊芯		铸造焊芯		复合焊芯		碳化钨管状	
	直径	长度	直径	长度	直径	长度	直径	长度
基本尺寸	2.0 2.5	230~300	3.2 4.0 5.0	230~350	3.2 4.0 5.0	230~350	2.5 3.2 4.0 5.0	230~350
	3.2 4.0	300~450						
	5.0 6.0 8.0	350~450	6.0 8.0	300~350	6.0 8.0	350~450	6.0 8.0	350~450
极限偏差	±0.08	±3.0	±0.5	±10	±0.5	±10	±1.0	±10

注：1. 根据供需双方协议，也可生产其他尺寸的焊条。

2. 焊条夹持端长度为 15~30mm。

3. 焊条按净质量为 1kg、2kg、2.5kg、5kg、10kg 或按相应的焊条根数作为一包装，这种包装应封口。

(4) 堆焊焊条熔敷金属化学成分及硬度

表 1-5-38　堆焊焊条熔敷金属化学成分及硬度（GB/T 984—2001）

序号	焊条型号	熔敷金属化学成分/%															熔敷金属硬度 HRC (HB)
		C	Mn	Si	Cr	Ni	Mo	W	V	Nb	Co	Fe	B	S	P	其他元素总量	
1	EDPMn2-××	0.20	3.50	—	—	—	—	—	—	—	—	余量	—	—	—	—	(220)
2	EDPMn4-××		4.50													2.00	30
3	EDPMn5-××		5.20														40
4	EDPMn6-××	0.45	6.50	1.00												—	50
5	EDPCrMo-A0-××	0.04~0.20	0.50~2.00		0.50~3.50		1.50							0.035	0.035	1.00	—
6	EDPCrMo-A1-××	0.25	—	—	2.00									—	—	2.00	(220)
7	EDPCrMo-A2-××	0.50			3.00												30
8	EDPCrMo-A3-××				2.50		2.50									—	40
9	EDPCrMo-A4-××	0.30~0.60			5.00		4.00										50
10	EDPCrMo-A5-××	0.50~0.80	0.50~1.50	1.00	4.00~8.00		1.00							0.035	0.035	1.00	—
11	EDPCrMnSi-A1-××	0.30~1.00	2.50		3.50		—										50
12	EDPCrMnSi-A2-××	1.00~2.00	0.50~2.00		3.00~5.00												—
13	EDPCrMoV-A0-××	0.10~0.30			1.80~3.80	1.00	1.00		0.35								
14	EDPCrMoV-A1-××	0.30~0.60	—	—	8.00~10.00	—	3.00		0.50~1.00					—	—	4.00	50
15	EDPCrMoV-A2-××	0.45~0.65			4.00~5.00		2.00~3.00		4.00~5.00								55
16	EDPCrSi-A-××	0.35	0.80	1.80	6.50~8.50		—		—				0.20~0.40	0.03	0.03	—	45
17	EDPCrSi-B-××	1.00		1.50~3.00									0.50~0.90				60
18	EDRCrMnMo-××	0.60	2.50	1.00	2.00		1.00						—	0.035	0.04		40、45①

续表

序号	焊条型号	熔敷金属化学成分/%															熔敷金属硬度HRC(HB)
		C	Mn	Si	Cr	Ni	Mo	W	V	Nb	Co	Fe	B	S	P	其他元素总量	
19	EDRCrW-××	0.25~0.55	—	—	2.00~3.50	—	—	7.00~10.00	—	—	—	余量	—	0.035	0.04	1.00	48
20	EDRCrMoWV-A1-××	0.50			5.00		2.50		1.00							—	55
21	EDRCrMoWV-A2-××	0.30~0.50			5.00~6.50		2.00~3.00	2.00~3.50	1.00~3.00								50
22	EDRCrMoWV-A3-××	0.70~1.00			3.00~4.00		3.00~5.00	4.50~6.00	1.50~3.00							1.50	
23	EDRCrMoWCo-A-××	0.08~0.12	0.30~0.70	0.80~1.60	2.00~4.20		3.80~6.20	5.00~8.00	0.50~1.10		12.70~16.30			—	—	—	52~58①
24	EDRCrMoWCo-B-××				1.80~3.20		7.80~11.20	8.80~12.20	0.40~0.80		15.70~19.30						62~66①
25	EDCr-A1-××	0.15	—	—	10.00~16.00		—	—	—		—			0.03	0.04	2.50	40
26	EDCr-A2-××	0.20				6.00	2.50	2.00						—	—		37
27	EDCr-B-××	0.25				—	—	—								5.00	45
28	EDMn-A-××	1.10	11.00~16.00	1.30	—												(170)
29	EDMn-B-××		11.00~18.00				2.50									1.00	
30	EDMn-C-××	0.50~1.00	12.00~16.00		2.50~5.00	2.50~5.00	—							0.035	0.035		—
31	EDMn-D-××		15.00~20.00		4.50~7.50	—			0.40~1.20								
32	EDMn-E-××				3.00~6.00	1.00			—								
33	EDMn-F-××	0.80~1.20	17.00~21.00														

续表

序号	焊条型号	熔敷金属化学成分/%															熔敷金属硬度HRC(HB)
		C	Mn	Si	Cr	Ni	Mo	W	V	Nb	Co	Fe	B	S	P	其他元素总量	
34	EDCrMn-A-××	0.25	6.00~8.00	1.00	12.00~14.00	—	—	—		—	—	余量	—	—	—	—	30
35	EDCrMn-B-××	0.80	11.00~18.00	1.30	13.00~17.00	2.00	2.00									4.00	(210)
36	EDCrMn-C-××	1.10	12.00~18.00	2.00	12.00~18.00	6.00	4.00									3.00	28
37	EDCrMn-D-××	0.50~0.80	24.00~27.00	1.30	9.50~12.50	—	—									—	(210)
38	EDCrNi-A-××	0.18	0.60~2.00	4.80~6.40	15.00~18.00	7.00~9.00								0.03	0.04		(270~320)
39	EDCrNi-B-××		0.60~5.00	3.80~6.50	14.00~21.00	6.50~12.00	3.50~7.00			0.50~1.20						2.50	37
40	EDCrNi-C-××	0.20	2.00~3.00	5.00~7.00	18.00~20.00	7.00~10.00	—			—						—	
41	EDD-A-××	0.70~1.00	0.60	0.80	3.00~5.00	—	4.00~6.00	5.00~7.00	1.00~2.50							1.00	55
42	EDD-B1-××	0.50~0.90					5.00~9.50	1.00~2.50	0.80~1.30								
43	EDD-B2-××	0.60~1.00	0.40~1.00	1.00	3.00~5.00		7.00~9.50	0.50~1.50	0.50~1.50					0.035	0.035		—
44	EDD-C-××	0.30~0.50	0.60	0.80			5.00~9.00	1.00~2.50	0.80~1.20					0.03	0.04		55
45	EDD-D-××	0.70~1.00	—	—	3.80~4.50		—	17.00~19.50	1.00~1.50					0.035		1.50	
46	EDZ-A0-××	1.50~3.00	0.50~2.00	1.50	4.00~8.00		1.00	—	—						0.035	1.00	—
47	EDZ-A1-××	2.50~4.50	—	—	3.00~5.00		3.00~5.00							—	—	—	55
48	EDZ-A2-××	3.00~4.50	1.50	2.50	25.00~34.00		2.00~3.00									3.00	60

续表

序号	焊条型号	熔敷金属化学成分/%														其他元素总量	熔敷金属硬度HRC(HB)
		C	Mn	Si	Cr	Ni	Mo	W	V	Nb	Co	Fe	B	S	P		
49	EDZ-A3-××	4.80~6.00			35.00~40.00		4.20~5.80	—								—	60
50	EDZ-B1-××	1.50~2.20	—	—	—			8.00~10.00		—				—	—	1.00	50
51	EDZ-B2-××	3.00			4.00~6.00		—	8.50~14.00	—							3.00	60
52	EDZ-E1-××	5.00~6.50	2.00~3.00	0.80~1.50	12.00~16.00	—				Ti:4.00~7.00							
53	EDZ-E2-××	4.00~6.00	0.50~1.50	1.50	14.00~20.00			—	1.50	—			—	0.035	0.035	1.00	—
54	EDZ-E3-××	5.00~7.00	0.50~2.00	0.50~2.00	18.00~28.00		5.00~7.00	3.00~5.00	—								
55	EDZ-E4-××	4.00~6.00	0.50~1.50	1.00	20.00~30.00			2.00	0.50~1.50	4.00~7.00							
56	EDZCr-A-××	1.50~3.50	1.50~3.00	1.50	28.00~32.00	5.00~8.00					—	余量				—	40
57	EDZCr-B-××		1.00	—	22.00~32.00	—								—	—	7.00	45
58	EDZCr-C-××	2.50~5.00	8.00	1.00~4.80	25.00~32.00	3.00~5.00	—			—						2.00	48
59	EDZCr-D-××	3.00~4.00	1.50~3.50	3.00	22.00~32.00								0.50~2.50			6.00	58
60	EDZCr-A1A-××	3.50~4.50	4.00~6.00	0.50~2.00	20.00~25.00		0.5	—	—	—							
61	EDZCr-A2-××	2.50~3.50	0.50~1.50	0.50~1.50	7.50~9.00	—	—			Ti:1.20~1.80							
62	EDZCr-A3-××	2.50~4.50	0.50~2.00	1.00~2.50	14.00~20.00		1.5						—	0.035	0.035	1.00	—
63	EDZCr-A4-××	3.50~4.50	1.50~3.50	1.50	23.00~29.00		1.00~3.00			—							
64	EDZCr-A5-××	1.50~2.50	0.50~1.50	2.0	24.00~32.00	4.00	4.00										

续表

序号	焊条型号	熔敷金属化学成分/%															熔敷金属硬度 HRC (HB)
		C	Mn	Si	Cr	Ni	Mo	W	V	Nb	Co	Fe	B	S	P	其他元素总量	
65	EDZCr-A6-××	2.50~3.50	0.50~1.50	1.00~2.50	24.00~30.00	—	0.50~2.00	—	—	—	—	余量	—	0.035	0.035	1.00	—
66	EDZCr-A7-××	3.50~5.00		0.50~2.50	23.00~30.00		2.00~4.50										
67	EDZCr-A8-××	2.50~4.50		1.50	30.00~40.00		2.0										
68	EDCoCr-A-××	0.70~1.40	2.00	2.00	25.00~32.00		—	3.00~6.00			余量	5.00		—	—	4.00	40
69	EDCoCr-B-××	1.00~1.70						7.00~10.00									44
70	EDCoCr-C-××	1.70~3.00			25.00~33.00			11.00~19.00									53
71	EDCoCr-D-××	0.20~0.50			23.00~32.00			9.50								7.00	28~35
72	EDCoCr-E-××	0.15~0.40	1.50		24.00~29.00	2.00~4.00	4.50~6.50	0.50						0.03	0.03	1.00	—
73	EDW-A-××	1.50~3.00	2.00	4.00	—	—	—	40.00~50.00			—	余量		—	—	—	60
74	EDW-B-××	1.50~4.00	3.00		3.00	3.00	7.00	50.00~70.00								3.00	
75	EDTV-××	0.25	2.00~3.00	1.00	—	—	2.00~3.00	—	5.00~8.00				0.15			—	(180)
76	EDNiCr-C	0.50~1.00	—	3.50~5.50	12.00~18.00	余量	—		—		1.00	3.50~5.50	2.50~4.50	0.03	0.03	1.00	—
77	EDNiCrFeCo	2.20~3.00	1.00	0.60~1.50	25.00~30.00	10.00~33.00	7.00~10.00	2.00~4.00			10.00~15.00	20.00~25.00	—				

① 为经热处理的硬度值，热处理规范在说明书中规定。

注：1. 若存在其他元素，也应进行分析，以确定是否符合“其他元素总量”一栏的规定。

2. 化学成分的单值均为最大值，硬度的单值均为最小平均值。

(5) 堆焊焊条性能及用途

① EDPMn、EDPCrMo、EDPCrMnSi、EDPCrMoV、EDPCrSi型为普通低中合金钢堆焊焊条，一般用于常温及非腐蚀条件下工作的零部件的堆焊。含碳量低的硬度较低、韧性较好，适用于在激烈的冲击载荷下工作的部件，如车轮、车钩、轴、齿轮、铁轨等磨损部件的堆焊。含碳量高的硬度高、韧性较差，适用于带有磨料磨损的冲击载荷条件下工作的零件，如推土机刃板、挖泥斗牙、混凝土搅拌机叶牙、水力机械及矿山机械零件等的堆焊。

② EDRCrMnMo、EDRCrW、EDRCrMoWV型为热强合金钢堆焊焊条。熔敷金属除Cr外还含有Mo、W、V或Ni等其他合金元素，在高温中能保持足够的硬度和抗疲劳性能，主要用于锻模、冲模、热剪切机刀刃、轧辊等堆焊。

EDRCrMoWCo型适用于工作条件差的热模具，如镦粗、拉伸、冲孔等模具的堆焊，也可用于金属切削刀具的堆焊。

③ EDCr型为高铬钢堆焊焊条。堆焊层具有空淬特性，有较高的中温硬度，耐蚀性较好。常用于金属间磨损及受水蒸气、弱酸、气蚀等作用下的部件，如阀门密封面、轴、螺旋输送机叶片等的堆焊。

④ EDMn型为高锰钢堆焊焊条。该类焊条堆焊后硬度不高，但经加工硬化后可达450~500HB。适用于严重冲击载荷和金属间磨损条件下工作的零部件，如破碎机颚板、铁轨道岔等的堆焊。

⑤ EDCrMn型为高铬锰钢堆焊焊条。熔敷金属具有较好的耐磨、耐热、耐腐蚀和气蚀性能。EDCrMnB型用于水轮机受气蚀破坏的零件，如叶片、导水叶等的堆焊。EDCrMn-A、EDCrMn-C、EDCrMn-D型适用于阀门密封面的堆焊。

⑥ EDCrNi型为高铬镍钢堆焊焊条。熔敷金属具有较好的抗氧化、气蚀、腐蚀性能和热强性能。加入Si或W能提高耐磨性，可以堆焊600~650℃以下工作的锅炉阀门、热锻模、热轧辊等。

⑦ EDD型为高速钢堆焊焊条。熔敷金属具有很高的硬度、耐磨性和韧性，适用于工作温度不超过600℃的零部件的堆焊。含碳量高的适用于切割及机械加工。含碳量低的热加工及韧性较好，通常可用于刀具、剪刀、绞刀、成型模、剪模、导轨、锭钳、拉刀及其他类似工具的堆焊。

⑧ EDZ型为合金铸铁堆焊焊条。熔敷金属含有少量Cr、Ni、Mo或W等合金元素，除提高耐磨性能外，也改善耐热、耐蚀及抗氧化性能和韧性。常用于混凝土搅拌机、高速混砂机、螺旋送料机等主要受磨料磨损部件的堆焊。

⑨ EDZCr型为高铬铸铁堆焊焊条。熔敷金属具有优良的抗氧化和耐气蚀性能、硬度高、耐磨料磨损性能好。常用于工作温度不超过500℃的高炉料钟、矿石破碎机、煤孔挖掘器等耐磨耐蚀件的堆焊。

⑩ EDCoCr型为钴基合金堆焊焊条。熔敷金属具有综合耐热性、耐磨蚀性及抗氧化性能，在600℃以上的高温中能保持高的硬度。调整C和W的含量可改变其硬度和韧性，以适应不同用途的要求。含碳量愈低，韧性愈好，而且能够承受冷热条件下的冲击，适用于高温高压阀门、热锻模、热剪切机刀刃等的堆焊。含碳量高的硬度高、耐磨性能好，但抗冲击能力弱，且不易加工，常用于牙轮钻头轴承、锅炉旋转叶轮、粉碎机刀口、螺旋送料机等部件的堆焊。

⑪ EDW型为碳化钨堆焊焊条。熔敷金属的基体组织上弥散地分布着碳化钨颗粒，硬度很高，抗高、低应力磨料磨损的能力较强，可在650℃以下工作，但耐冲击性能差，裂缝倾向大。适用于受岩石强烈磨损的机械零件，如混凝土搅拌机叶片、推土机、挖泥机叶片、高速混砂箱等表面的堆焊。

⑫ EDTV型为特殊型堆焊焊条，用于铸铁压延模、成型模以及其他铸铁模具的堆焊。

⑬ EDNi型为镍基合金堆焊焊条。熔敷金属具有综合耐热性、耐磨蚀性，由于含有大量的碳化物，对应力开裂较敏感。主要适用于低应力磨损场合，如泥浆泵、活塞泵套筒、螺旋进料机、挤压机螺杆、搅拌机等部件的堆焊。

⑭ EDGWC型为碳化钨管状堆焊焊条。WC1型粉是WC和W_2C的混合物。WC2型粉是WC结晶体。焊缝的硬度一般为30~60HRC，耐磨性能极为优良，适用于低冲击的耐磨场合，如钻井机、挖掘机等。某些工具也用这类焊条进行表面堆焊，如油井钻头、农用工具等。

5.1.9 硬质合金管状焊条（GB/T 26052—2010）

【其他名称】 硬质合金堆焊丝。

【用途】 适用于耐磨件的表面堆焊和钎焊。

【规格】

(1) 硬质合金管状焊条的牌号、硬质合金颗粒尺寸级别和规格

表 1-5-39 硬质合金管状焊条的牌号、硬质合金颗粒尺寸级别和规格（GB/T 26052—2010）

牌号	硬质合金颗粒尺寸级别			焊条规格	
	颗粒尺寸/μm	筛上物/%	筛下物/%	焊条直径 D/mm	焊条长度 L/mm
HTYQ01 HTYQ02 HTYQ03	850~600(-20~+30 目) 600~425(-30~+40 目) 425~250(-40~+60 目) 250~180(-60~+80 目)	≤10	≤10	3.2 4.0 5.0	600

注：1. 本表之外的颗粒尺寸由制造厂家与用户协商确定。
2. 焊条金属外管采用 08 钢。
3. 焊条填充率：焊条中硬质合金颗粒的重量占焊条重量的百分比应不小于 60%。
4. 焊条直径 D 的允许偏差为±0.3mm，长度 L 的允许偏差为±7mm。

(2) 硬质合金管状焊条中硬质合金颗粒的化学成分、物理、力学性能和组织结构（YS/T 412—1999）

① 硬质合金球粒分类：硬质合金球粒分为钨钴合金和钨钴钛合金两类。

② 硬质合金球粒牌号表示规则和标记示例：硬质合金球粒牌号用大写汉语拼音字母 YQ 表示硬质合金球粒、用第一位阿拉伯数字表示类别、用第二位阿拉伯数字表示主成分含量范围。

示例：

```
YQ  0  1
 |  |  └──主成分含量范围，含钴量为 7.5% ~ 10.0%
 |  └─────类别：0 表示钨钴类球粒，1 表示钨钴钛类球粒
 └────────硬质合金球粒代号
```

③ 硬质合金球粒规格见表 1-5-40。

表 1-5-40 硬质合金球粒规格（YS/T 412—1999） %

筛网孔径/μm	1 级	2 级	3 级	4 级	5 级	6 级	7 级
≥180(80 目)~<250(60 目)	≤10						
≥250(60 目)~<355(40 目)	≥85	≤10					
≥355(40 目)~<560(30 目)	≤5	≥85	≤10				
≥560(30 目)~<850(20 目)		≤5	≥85	≤10			
≥850(20 目)~<1700(10 目)			≤5	≥85	≤10		
≥1700(10 目)~<3350(6 目)				≤5	≥85	≤10	
≥3350(6 目)~<4750(4 目)					≤5	≥85	≤10
≥4750(4 目)~<8000(2.5 目)						≤5	≥85
≥8000(2.5 目)							≤5

④ 硬质合金球粒化学成分见表 1-5-41。

表 1-5-41 硬质合金球粒化学成分（YS/T 412—1999） %

分类	牌号	化学成分		
		钴	碳化钛	碳化钨
钨钴合金	YQ01	7.5~10.0	≤0.6	余量
	YQ02	5.0~7.5	≤0.6	余量
	YQ03	3.0~5.0	≤0.6	余量
钨钴钛合金	YQ11	7.0~8.5	15.0~18.8	余量
	YQ12	8.5~10.0	7.5~10.0	余量

⑤ 硬质合金球粒的物理、力学性能和组织结构见表 1-5-42。

表 1-5-42 硬质合金球粒的物理、力学性能和组织结构（YS/T 412—1999）

分类	牌号	物理、力学性能		合金组织结构		
		密度 /(g/cm³)	HV 载荷(100g) ≥	孔隙度 不大于	非化合碳 ≤	显微组织
钨钴合金	YQ01	13.70~14.75	1140	A04 B04	C04	不脱碳，无钴聚集
	YQ02	13.95~15.00	1300	A04 B04	C04	
	YQ03	14.25~15.15	1400	A04 B04	C04	
钨钴钛合金	YQ11	10.60~11.90	1350	A04 B04	C04	
	YQ12	11.90~13.55	1300	A04 B04	C04	

5.2 焊　　丝

5.2.1 铸铁焊丝（GB/T 10044—2006）

【其他名称】 铸铁焊丝、铸铁气焊条、生铁气焊条。

【用途】 适用于作为灰口铸铁、可锻铸铁、球墨铸铁及某些合金铸铁补焊用的氧乙炔焊接用填充焊丝、气体保护焊焊丝及药芯焊丝。

【规格】

(1) 铸铁焊丝型号划分

药芯焊丝根据熔敷金属的化学成分和用途划分型号。填充焊丝和气体保护焊焊丝根据本身的化学成分及用途划分型号。

(2) 铸铁焊丝型号编制方法和标记示例

① 填充焊丝：字母“R”表示填充焊丝，字母“Z”表示用于铸铁焊接，在“RZ”字后用焊丝主要化学元素符号或金属类型代号表示，再细分时用数字表示，见表 1-5-43。

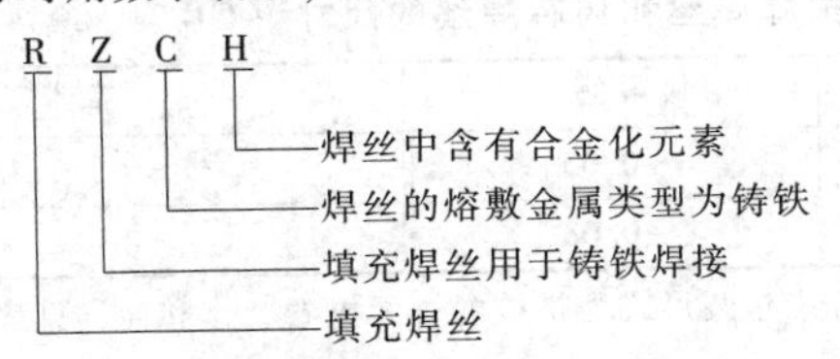

② 气体保护焊丝：字母“ER”表示气体保护焊丝，字母“Z”表示用于铸铁焊接，在“ERZ”字后用焊丝主要化学元素符号或金属类型代号表示，见表 1-5-43。

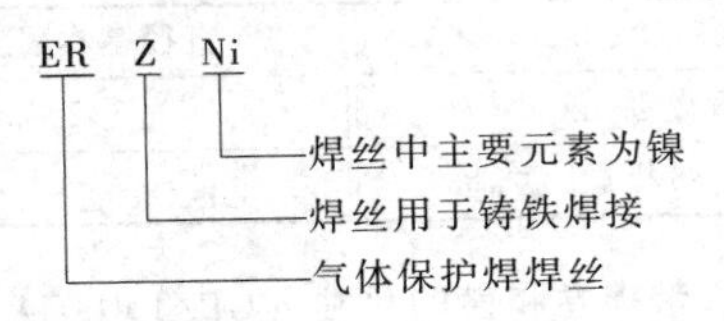

③ 药芯焊丝：字母“ET”表示药芯焊丝，字母“ET”后的数字“3”表示药芯焊丝为自保护类型，字母“Z”表示用于铸铁焊接，在“ET3Z”后用焊丝熔敷金属的主要化学元素符号或金属类型代号表示，见表 1-5-43。

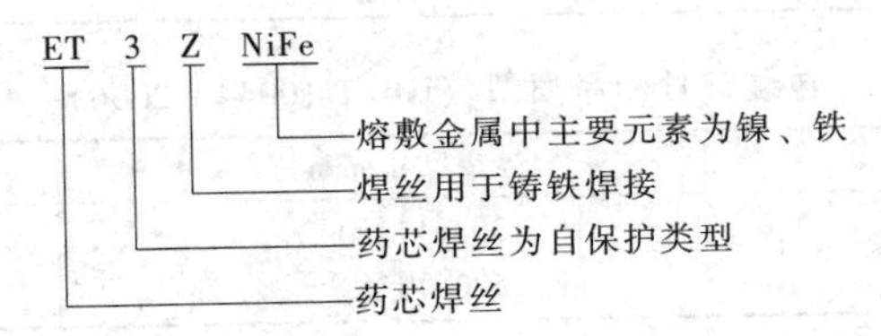

表 1-5-43 铸铁焊接用填充焊丝、气体保护焊丝及药芯焊丝类别与型号（GB/T 10044—2006）

类别	名称	型号	性能和用途
铁基填充焊丝	灰口铸铁填充焊丝	RZC-1 RZC-2	采用石墨化元素较多的灰铸铁浇注成焊丝。适用于中小型薄壁件铸铁的气焊
	合金铸铁填充焊丝	RZCH	含有一定数量的合金元素，焊缝强度较高。适用于高强度灰口铸铁及合金铸铁等气焊
	球墨铸铁填充焊丝	RZCQ-1 RZCQ-2	含有一定数量的球化剂，适用于球墨铸铁、高强度灰口铸铁及可锻铸铁的气焊
镍基气体保护焊焊丝	纯镍铸铁气保护焊丝	ERZNi	这类实心连续焊丝为纯镍铸铁焊丝，不含脱氧剂。用于焊接需要机械加工、高稀释焊缝的铸铁件
	镍铁锰铸铁气保护焊丝	ERZNiFeMn	这类实心连续焊丝的强度和塑性使它适宜于焊接较高强度等级的球墨铸铁件。用于和 EZNiFeMn 型焊条相同的应用场合
镍基药芯焊丝	镍铁铸铁自保护药芯焊丝	ET3ZNiFe	用于不外加保护气体操作的连续自保护药芯焊丝。用于重要灰铸铁及球墨铸铁的补焊，通常用于厚母材或采用自动焊工艺的场合

（3）铸铁焊丝尺寸

表 1-5-44 填充焊丝的尺寸（GB/T 10044—2006） mm

焊丝类别	焊丝横截面尺寸		焊丝长度	
	基本尺寸	极限偏差	基本尺寸	极限偏差
铁基填充焊丝	3.2	±0.8	400~500	±5
	4.0,5.0,6.0,8.0,10.0		450~550	
	12.0		550~650	

注：填充焊丝按净质量为 2kg、5kg、10kg、20kg、30kg 或按相应的焊丝根数作为一包装。

表 1-5-45 气体保护焊焊丝和药芯焊丝的尺寸（GB/T 10044—2006） mm

基本尺寸	极限偏差	基本尺寸	极限偏差
1.0,1.2,1.4,1.6	±0.05	3.2,4.0	±0.10
2.0,2.4,2.8,3.0	±0.08		

注：气体保护焊焊丝和药芯焊丝的标准包装形式为带撑卷、无撑卷、盘和筒，见表 1-5-46。每种包装形式的包装尺寸见表 1-5-47 和表 1-5-48。

表 1-5-46 不同尺寸气保护焊丝的包装形式（GB/T 10044—2006）

直径基本尺寸/mm	标准包装形式	直径基本尺寸/mm	标准包装形式
1.0,1.2,1.4,1.6	带撑卷，盘	3.2,4.0	带撑卷，筒
2.0,2.4,2.8,3.0	无撑卷，带撑卷，盘，筒		

表 1-5-47 无撑卷、带撑卷和筒的尺寸（GB/T 10044—2006） mm

无撑卷	带撑卷		筒
卷的内径	衬圈内径	缠绕焊丝宽度	外径
300,570	300±3.0	≤120	400,500,600

表 1-5-48 包装尺寸和净质量（GB/T 10044—2006）

包装形式	包装尺寸/mm	焊丝净质量/kg
无撑卷	300（内径） 570（内径）	20 45

续表

包装形式	包装尺寸/mm	焊丝净质量/kg
带撑卷	300(内径)	20,25
盘	300(外径) 350(外径) 760(外径)	10 20,25 270
筒	400 500 600	90 230 500

注：净质量的变化范围应不超过规定净质量的±5%。

(4) 铸铁焊丝化学成分

表 1-5-49　　铸铁药芯焊丝熔敷金属化学成分（GB/T 10044—2006）　　%

型号	C	Si	Mn	S	P	Fe	Ni	Cu	Al	V	球化剂	其他元素总量
ET3ZNiFe	≤2.0	≤1.0	3.0~5.0	≤0.03	—	余量	45~60	≤2.5	≤1.0	—	—	≤1.0

表 1-5-50　　填充焊丝化学成分（GB/T 10044—2006）　　%

型号	C	Si	Mn	S	P	Fe	Ni	Ce	Mo	球化剂
RZC-1	3.2~3.5	2.7~3.0	0.60~0.75	≤0.10	0.50~0.75	余量	—	—	—	—
RZC-2	3.2~4.5	3.0~3.8	0.30~0.80	≤0.10	≤0.50	余量	—	—	—	—
RZCH	3.2~3.5	2.0~2.5	0.50~0.70	≤0.10	0.20~0.40	余量	1.2~1.6	—	0.25~0.45	—
RZCQ-1	3.2~4.0	3.2~3.8	0.10~0.40	≤0.015	≤0.05	余量	≤0.50	≤0.20	—	0.04~0.10
RZCQ-2	3.5~4.2	3.5~4.2	0.50~0.80	≤0.03	≤0.10	余量	—	—	—	0.04~0.10

表 1-5-51　　气体保护焊焊丝化学成分（GB/T 10044—2006）　　%

型号	C	Si	Mn	S	P	Fe	Ni	Cu	Al	其他元素总量
ERZNi	≤1.0	≤0.75	≤2.5	≤0.03	—	≤4.0	≥90	≤4.0	—	≤1.0
ERZNiFeMn	≤0.50	≤1.0	10~14	≤0.03	—	余量	35~45	≤2.5	≤1.0	≤1.0

5.2.2 铜和铜合金焊丝（GB/T 9460—2008）

【其他名称】 铜基焊丝、铜基气焊条。

【用途】 用作熔化极气体保护电弧焊、钨极气体保护电弧焊、气焊及等离子弧焊等焊接用铜及铜合金实心焊丝和填充丝。

【规格】

(1) 铜和铜合金焊丝分类

焊丝按化学成分分为铜、黄铜、青铜、白铜等4类。

(2) 铜和铜合金焊丝型号划分

焊丝按照化学成分进行型号划分，见表 1-5-52。

表 1-5-52　铜和铜合金焊丝化学成分（GB/T 9460—2008）

焊丝型号	化学成分代号	化学成分(质量分数)/%												
		Cu	Zn	Sn	Mn	Fe	Si	Ni+Co	Al	Pb	Ti	S	P	其他
铜														
SCu1897①	CuAg1	≥99.5（含 Ag）		—	≤0.2	≤0.05	≤0.1	≤0.3		≤0.01			0.01~0.05	≤0.2
SCu1898	CuSn1	≥98.0	—	≤1.0	≤0.50	—	≤0.5	—	≤0.01	≤0.02	—	—	≤0.15	≤0.5
SCu1898A	CuSn1MnSi	余量		0.5~1.0	0.1~0.4	≤0.03	0.1~0.4	≤0.1		≤0.01			≤0.015	≤0.2
黄铜														
SCu4700	CuZn40Sn	57.0~61.0		0.25~1.0	—	—	—	—		≤0.05				≤0.5
SCu4701	CuZn40SnSiMn	58.5~61.5		0.2~0.5	0.05~0.25	≤0.25	0.15~0.4			≤0.02				≤0.2
SCu6800	CuZn40Ni	56.0~60.0	余量	0.8~1.1	0.01~0.50	0.25~1.20	0.04~0.15	0.2~0.8	≤0.01	≤0.05	—	—	—	≤0.5
SCu6810	CuZn40Fe1Sn1						0.04~0.25	—						
SCu6810A	CuZn40SnSi	58.0~62.0		≤1.0	≤0.3	≤0.2	0.1~0.5			≤0.03				≤0.2
SCu7730	CuZn40Ni10	46.0~50.0		—	—	—	0.04~0.25	9.0~11.0		≤0.05			≤0.25	≤0.5
青铜														
SCu6511	CuSi2Mn1		≤0.2	0.1~0.3	0.5~1.5	≤0.1	1.5~2.0		≤0.01	≤0.02			≤0.02	
SCu6560	CuSi3Mn		≤1.0	≤1.0	≤1.5	≤0.5	2.8~4.0						—	
SCu6560A	CuSi3Mn1		≤0.4	—	0.7~1.3	≤0.2	2.7~3.2		≤0.05	≤0.05			≤0.05	≤0.5
SCu6561	CuSi2Mn1Sn1Zn1	余量	≤1.5	≤1.5	≤1.5	≤0.5	2.0~2.8	—	—		—	—	—	
SCu5180	CuSn5P		—	4.0~6.0		—							0.1~0.4	
SCu5180A	CuSn6P		≤0.1	4.0~7.0	—		—		≤0.01	≤0.02				
SCu5210	CuSn8P		≤0.2	7.5~8.5		≤0.1		≤0.2	—				0.01~0.4	≤0.2

焊丝型号	化学成分代号	化学成分(质量分数)/%												
		Cu	Zn	Sn	Mn	Fe	Si	Ni+Co	Al	Pb	Ti	S	P	其他
SCu5211	CuSn10MnSi	余量	≤0.1	9.0~10.0	0.1~0.5	≤0.1	0.1~0.5	—	≤0.01	≤0.02	—	—	≤0.1	≤0.5
SCu5410	CuSn12P		≤0.05	11.0~13.0	—	—	—		≤0.005				0.01~0.4	≤0.4
SCu6061	CuAl5Ni2Mn		≤0.2	—	0.1~1.0	≤0.5	≤0.1	1.0~2.5	4.5~5.5	≤0.02			—	≤0.5
SCu6100	CuAl7				≤0.5	—		—	6.0~8.5	—				
SCu6100A	CuAl8			≤0.1		≤0.5	≤0.2	≤0.5	7.0~9.0	≤0.02				≤0.2
SCu6180	CuAl10Fe			—	—	≤1.5	≤0.1	—	8.5~11.0					≤0.5
SCu6240	CuAl11Fe3		≤0.1			2.0~4.5			10.0~11.5					
SCu6325	CuAl8Fe4Mn2Ni2				0.5~3.0	1.8~5.0		0.5~3.0	7.0~9.0					≤0.4
SCu6327	CuAl8Ni2Fe2Mn2		≤0.2		0.5~2.5	0.5~2.5	≤0.2		7.0~9.5					
SCu6328	CuAl9Ni5Fe3Mn2		≤0.1		0.6~3.5	3.0~5.0	≤0.1	4.0~5.5	8.5~9.5					≤0.5
SCu6338	CuMn13Al8Fe3Ni2		≤0.15		11.0~14.0	2.0~4.0		1.5~3.0	7.0~8.5					
白铜														
SCu7158②	CuNi30Mn1FeTi	余量	—	—	0.5~1.5	0.4~0.7	≤0.25	29.0~32.0	—	≤0.02	0.2~0.5	≤0.01	≤0.02	≤0.5
SCu7061③	CuNi10					0.5~2.0	≤0.2	9.0~11.0			0.1~0.5	≤0.02		≤0.4

① As的质量分数不大于0.05%，Ag的质量分数为0.8%~1.2%。

② 碳的质量分数不大于0.04%。

③ 碳的质量分数不大于0.05%。

注：1. 应对表中所列规定值的元素进行化学分析，但常规分析存在其他元素时，应进一步分析，以确定这些元素是否超出“其他”规定的极限值。

2. “其他”包含未规定数值的元素总和。

3. 根据供需双方协议，可生产使用其他型号焊丝，用SCuZ表示，化学成分代号由制造商确定。

(3) 铜和铜合金焊丝型号编制方法

焊丝型号由三部分组成：第一部分为字母“SCu”，表示铜和铜合金焊丝；第二部分为四位数字，表示焊丝型号；第三部分为可选部分，表示化学成分代号。

(4) 铜和铜合金焊丝型号示例

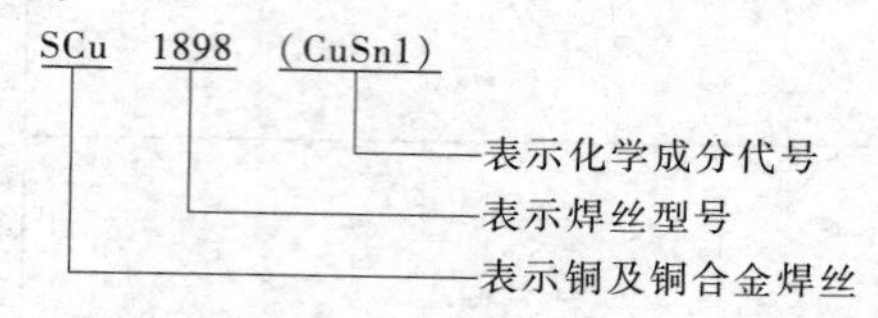

(5) 铜和铜合金焊丝尺寸

表 1-5-53 铜和铜合金焊丝尺寸（GB/T 9460—2008） mm

包装形式	焊丝直径	允许偏差
直条	1.6、1.8、2.0、2.4、2.5、2.8、3.0、3.2、4.0、4.8、5.0、6.0、6.4	±0.1
焊丝卷①		
直径 100mm 和 200mm 焊丝盘	0.8、0.9、1.0、1.2、1.4、1.6	+0.01 −0.04
直径 270mm 和 300mm 焊丝盘	0.5、0.8、0.9、1.0、1.2、1.4、1.6、2.0、2.4、2.5、2.8、3.0、3.2	

① 当用于手工填充丝时，其直径允许偏差为±0.1mm。

注：1. 根据供需双方协议，可生产其他尺寸、偏差的焊丝。

2. 直条焊丝长度为 500~1000mm，允许偏差为±5mm。

表 1-5-54 铜和铜合金焊丝松弛直径和翘距（GB/T 9460—2008） mm

焊丝盘直径	100	200	270、300
松弛直径	54~380	280~885	320~1020
翘距	≤13	≤19	≤25

表 1-5-55 铜和铜合金焊丝包装质量（GB/T 9460—2008） mm

包装形式	尺寸/mm	净质量/kg	包装形式	尺寸/mm	净质量/kg
直条	—	2.5、5、10、25、50	焊丝盘	200	4.5、5.0
焊丝卷	①	10、15、20、25、50		270、300	10、12.5、15
焊丝盘	100	1.0			

① 焊丝卷尺寸由供需双方协商确定。

注：根据供需双方协商，可包装其他净质量的焊丝。

(6) 铜和铜合金焊丝简要说明

① 一般特性

a. 钨极气体保护电弧焊通常采用直流正接方法。

b. 熔化极气体保护电弧焊通常采用直流反接方法。

c. 两种方法使用的保护气体通常是氩、氦或两者的混合气体。通常不推荐含氧的气体。

d. 母材应无水汽和所有其他污染物，包括表面氧化物。

② 纯铜焊丝 SCu1898（CuSn1）是含有磷、硅、锡、锰等微量元素的脱氧铜焊丝。磷和硅主要是作为脱氧剂加入的。其他元素是为利于焊接或为满足焊缝的性能而加入的。SCu1898 焊丝通常用于脱氧或电解韧铜的焊接。但与氢反应和氧化铜偏析时，可降低焊接接头的性能。SCu1898 焊丝可用来焊接质量要求不高的母材。

a. 在大多数情况下，特别是焊接厚板时，要求焊前预热。合适的预热温度为 205~540℃。

b. 对较厚母材的焊接，应优先考虑熔化极气体保护电弧焊方法，一般采用常用的焊接接头形式，以利于施焊。当焊接板厚不大于 6.4mm 母材时，通常不需要预热。当焊接板厚大于 6.4mm 的母材时，要求在 205~540℃ 范围内预热。

③ 黄铜焊丝

a. SCu4700（CuZn40Sn）是含少量锡的黄铜焊丝。熔融金属具有良好的流动性，焊缝金属具有一定的强度和耐蚀性。可用于铜、铜镍合金的熔化极气体保护电弧焊和惰性气体保护电弧焊。焊前需经 400~500℃ 预热。

b. SCu6800（CuZn40Ni）、SCu6810A（CuZn40SnSi）是含少量铁、硅、锰的锡黄铜焊丝。熔融金属流动性好，由于含有硅，可有效地抑制锌的蒸发。这类焊丝可用于铜、钢、铜镍合金、灰口铸铁的熔化极气体保护电弧焊和惰性气体保护电弧焊，以及镶嵌硬质合金刀具。焊前需经400~500℃预热。

④ 青铜焊丝

a. 硅青铜焊丝。SCu6560（CuSi3Mn）是含有约3%硅和少量锰、锡或锌的硅青铜焊丝。这种焊丝用于钨极气体保护电弧焊和熔化极气体保护电弧焊，焊接铜硅和铜锌母材以及它们与钢的焊接。

当用SCu6560焊丝进行熔化极气体保护电弧焊时，一般最好采用小熔池的施焊方法，层间温度低于65℃，以减少热裂纹。采用窄焊道减少收缩应力，提高冷却速度越过热脆温度范围。

当用SCu6560焊丝进行熔化极和钨极气体保护电弧焊时，采用小熔池的施焊方法，即使不预热也可以得到最佳的效果。可进行全位置焊接，但优先选用平焊位置。

b. 磷青铜焊丝。SCu5180（CuSn5P）、SCu5210（CuSn8P）是含锡约5%、8%和含磷不大于0.4%的磷青铜焊丝。锡提高焊缝金属的耐磨性能，并扩大了液相点和固相点之间的温度范围，从而增加了焊缝金属的凝固时间，增大了热脆倾向。为了减少这些影响，应该以小熔池、快速焊为宜。这类焊丝可用来焊接青铜和黄铜。如果焊缝中允许含锡，它们也可以用来焊接纯铜。

当用该类焊丝进行钨极气体保护电弧焊时，要求预热，仅用平焊位置施焊。

c. 铝青铜焊丝。SCu6100（CuAl7）是一种无铁铝青铜焊丝。它是承受较轻载荷的耐磨表面的堆焊材料，是耐腐蚀介质，如盐或微碱水的堆焊材料，以及抗各种温度和浓度的常用耐酸腐蚀的堆焊材料。

SCu6180（CuAl10Fe）是一种含铁铝青铜焊丝，通常用来焊接类似成分的铝青铜、锰硅青铜、某些铜镍合金、铁基金属和异种金属。最通常的异种金属是铝青铜与钢、铜和钢的焊接。该焊丝也用于耐磨和耐腐蚀表面的堆焊。

SCu6240（CuAl11Fe3）是一种高强度铝青铜焊丝，用于焊接和补焊类似成分的铝青铜铸件，以及熔敷轴承表面和耐磨、耐磨蚀表面。

SCu6100A（CuAl8）、SCu6328（CuAl9Ni5Fe3Mn2）是镍铝青铜焊丝，用于焊接和修补铸造的或锻造的镍铝青铜母材。

SCu6338（CuMn13Al8Fe3Ni2）是锰镍铝青铜焊丝，用于焊接或修补类似成分的铸造的或锻造的母材。该焊丝也可用于要求高抗腐蚀、浸蚀或气蚀处的表面堆焊。

由于在熔融的熔池中会形成氧化铝，因此不推荐这些焊丝用于氧燃气焊接。

铜铝焊缝金属具有较高的抗拉强度、屈服强度和硬度。是否预热取决于母材的厚度和化学成分。

最好采用平焊位置焊接。在有脉冲电弧焊设备和焊工操作技术良好的情况下，也可进行其他位置的焊接。

⑤ 白铜焊丝

a. SCu7158（CuNi30Mn1FeTi）、SCu7061（CuNi10）焊丝分别中含有30%、10%的镍，强化了焊缝金属并改善了抗腐蚀能力，特别是抗盐水腐蚀的能力。焊缝金属具有良好的热延展性和冷延展性。白铜焊丝用来焊接绝大多数的铜镍合金。

b. 当这类焊丝进行钨极气体保护电弧焊或熔化极气体保护电弧焊时，不要求预热。可以全位置焊接。应尽可能保持短弧施焊，以保证适当的保护气体屏蔽而尽量减少气孔。

(7) 铜和铜合金焊丝型号对照表

表1-5-56　铜和铜合金焊丝型号对照表（GB/T 9460—2008）

序号	类别	焊丝型号	化学成分代号	GB/T 9460—1988	AWS A5.7:2004
1	铜	SCu1897	CuAg1		
2		SCu1898	CuSn1	HSCu	ERCu
3		SCu1898A	CuSn1MnSi		
4	黄铜	SCu4700	CuZn40Sn	HSCuZn-1	
5		SCu4701	CuZn40SnSiMn		
6		SCu6800	CuZn40Ni	HSCuZn-2	
7		SCu6810	CuZn40Fe1Sn1		
8		SCu6810A	CuZn40SnSi	HSCuZn-3	
9		SCu7730	CuZn40Ni10	HSCuZnNi	
10	青铜	SCu6511	CuSi2Mn1		
11		SCu6560	CuSi3Mn	HSCuSi	ERCuSi-A
12		SCu6560A	CuSi3Mn1		ERCuSi-A

续表

序号	类别	焊丝型号	化学成分代号	GB/T 9460—1988	AWS A5.7:2004
13		SCu6561	CuSi2Mn1Sn1Zn1		
14		SCu5180	CuSn5P		ERCuSn-A
15		SCu5180A	CuSn6P		ERCuSn-A
16		SCu5210	CuSn8P	HSCuSn	
17		SCu5211	CuSn10MnSi		
18		SCu5410	CuSn12P		
19		SCu6061	CuAl5Ni2Mn		
20	青铜	SCu6100	CuAl7		ERCuAl-A1
21		SCu6100A	CuAl8	ESCuAl	
22		SCu6180	CuAl10Fe		ERCuAl-A2
23		SCu6240	CuAl11Fe3		ERCuAl-A3
24		SCu6325	CuAl8Fe4Mn2Ni2	HSCuAlNi	
25		SCu6327	CuAl8Ni2Fe2Mn2		
26		SCu6328	CuAl9Ni5Fe3Mn2		ERCuNiAl
27		SCu6338	CuMn13Al8Fe3Ni2		ERCuMnNiAl
28	白铜	SCu7158	CuNi30Mn1FeTi	HSCuNi	ERCuNi
29		SCu7061	CuNi10		

5.2.3 铝及铝合金焊丝（GB/T 10858—2008）

【其他名称】 铝基焊丝、铝基气焊丝。

【用途】 用作熔化极气体保护电弧焊、钨极气体保护电弧焊、气焊及等离子弧焊等焊接用铝及铝合金实心焊丝和填充丝。

【规格】

（1）铝及铝合金焊丝分类

焊丝按化学成分分为铝、铝铜、铝锰、铝硅、铝镁等5类。

（2）铝及铝合金焊丝型号划分

焊丝按照化学成分进行型号划分，见表1-5-57。

表1-5-57 铝及铝合金焊丝化学成分（GB/T 10858—2008）

焊丝型号	化学成分代号	化学成分(质量分数)/%													
		Si	Fe	Cu	Mn	Mg	Cr	Zn	Ga、V	Ti	Zr	Al	Be	其他元素 单个	其他元素 合计
铝															
SAl 1070	Al 99.7	0.20	0.25	0.04	0.03	0.03		0.04	V 0.05	0.03		99.70		0.03	
SAl 1080A	Al 99.8(A)	0.15	0.15	0.03	0.02	0.02		0.06	Ga 0.03	0.02		99.80		0.02	
SAl 1188	Al 99.88	0.06	0.06	0.005	0.01	0.01		0.03	Ga 0.03 V 0.05	0.01		99.88		0.01	—
SAl 1100	Al 99.0Cu	Si+Fe 0.95		0.05~0.20		—	—	0.10		—	—	99.00	0.0003	0.05	0.15
SAl 1200	Al 99.0	Si+Fe 1.00		0.05	0.05				—	0.05					
SAl 1450	Al 99.5Ti	0.25	0.40			0.05		0.07		0.10~0.20		99.50		0.03	—
铝铜															
SAl 2319	AlCu6MnZrTi	0.20	0.30	5.8~6.8	0.20~0.40	0.02	—	0.10	V0.05~0.15	0.10~0.20	0.10~0.25	余量	0.0003	0.05	0.15

续表

焊丝型号	化学成分代号	化学成分(质量分数)/%												其他元素	
		Si	Fe	Cu	Mn	Mg	Cr	Zn	Ga、V	Ti	Zr	Al	Be	单个	合计
铝锰															
SAl 3103	AlMn1	0.50	0.7	0.10	0.9~1.5	0.30	0.10	0.20	—	Ti+Zr0.10		余量	0.0003	0.05	0.15
铝硅															
SAl 4009	AlSi5Cu1Mg	4.5~5.5	0.20	1.0~1.5	0.10	0.45~0.6	—	0.10	—	0.20	—	余量	0.0003	0.05	0.15
SAl 4010	AlSi7Mg	6.5~7.5		0.20		0.30~0.45									
SAl 4011	AlSi7Mg0.5Ti					0.45~0.7				0.04~0.20			0.04~0.07		
SAl 4018	AlSi7Mg			0.05		0.50~0.8				0.20			0.0003		
SAl 4043	AlSi5	4.5~6.0	0.8	0.30	0.05	0.05				0.15					
SAl 4043A	AlSi5(A)		0.6		0.15	0.20									
SAl 4046	AlSi10Mg	9.0~11.0	0.50		0.40	0.20~0.50									
SAl 4047	AlSi12	11.0~13.0	0.8		0.15	0.10		0.20		—					
SAl 4047A	AlSi12(A)		0.6							0.15					
SAl 4145	AlSi10Cu4	9.3~10.7	0.8	3.3~4.7		0.15	0.15			—					
SAl 4643	AlSi4Mg	3.6~4.6	0.8	0.10	0.05	0.10~0.30	—	0.10		0.15					
铝镁															
SAl 5249	AlMg2Mn0.8Zr	0.25	0.40	0.05	0.50~1.1	1.6~2.5	0.30	0.20	—	0.15	0.10~0.20	余量	0.0003	0.05	0.15
SAl 5554	AlMg2.7Mn			0.10	0.50~1.0	2.4~3.0	0.05~0.20	0.25		0.06~0.20	—				
SAl 5654	AlMg3.5Ti	Si+Fe 0.45		0.05	0.01	3.1~3.9	0.15~0.35	0.20		0.05~0.15					
SAl 5654A	AlMg3.5Ti												0.0005		
SAl 5754[①]	AlMg3	0.40	0.40	0.10	0.50	2.6~3.6	0.30			0.15			0.0003		
SAl 5356	AlMg5Cr(A)	0.25			0.05~0.20	4.5~5.5	0.05~0.20	0.10		0.06~0.20					
SAl 5356A	AlMg5Cr(A)												0.0005		
SAl 5556	AlMg5Mn1Ti				0.50~1.0	4.7~5.5		0.25		0.05~0.20			0.0003		
SAl 5556C	AlMg5Mn1Ti												0.0005		
SAl 5556A	AlMg5Mn				0.6~1.0	5.0~5.5		0.20					0.0003		
SAl 5556B	AlMg5Mn												0.0005		
SAl 5183	AlMg4.5Mn0.7(A)	0.40			0.50~1.0	4.3~5.2	0.05~0.25	0.25		0.15			0.0003		
SAl 5183A	AlMg4.5Mn0.7(A)												0.0005		
SAl 5087	AlMg4.5MnZr	0.25		0.05	0.7~1.1	4.5~5.2					0.10~0.20		0.0003		
SAl 5187	AlMg4.5MnZr												0.0005		

① SAl 5754 中 (Mn+Cr)：0.10~0.60。

注：1. Al 的单值为最小值，其他元素单值均为最大值。

2. 根据供需双方协议，可生产使用其他型号焊丝，用 SAl2 表示，化学成分代号由制造商确定。

（3）铝及铝合金焊丝型号编制方法

焊丝型号由三部分组成。第一部分为字母“SAl”，表示铝及铝合金焊丝；第二部分为四位数字，表示焊丝型号；第三部分为可选部分，表示化学成分代号。

（4）铝及铝合金焊丝型号示例

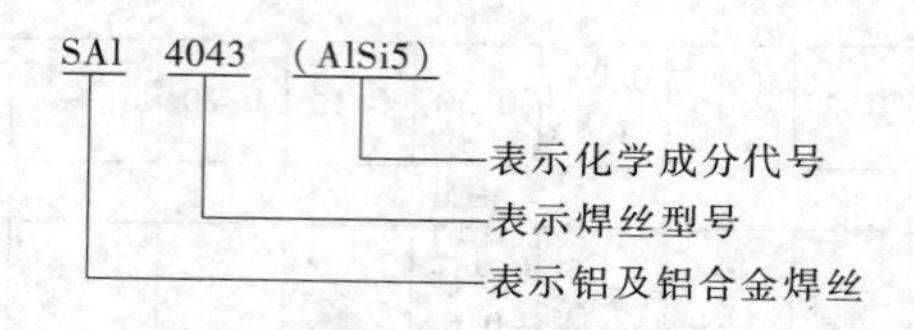

（5）铝及铝合金焊丝尺寸

表 1-5-58　　铝及铝合金圆形焊丝尺寸及允许偏差（GB/T 10858—2008）　　mm

包装形式	焊丝直径	允许偏差
直条①	1.6、1.8、2.0、2.4、2.5、2.8、3.0、3.2、4.0、4.8、5.0、6.0、6.4	±0.1
焊丝卷②		
直径为100mm和200mm的焊丝盘	0.8、0.9、1.0、1.2、1.4、1.6	+0.01 −0.04
直径为270mm和300mm的焊丝盘	0.8、0.9、1.0、1.2、1.4、1.6、2.0、2.4、2.5、2.8、3.0、3.2	

① 铸造直条填充丝不规定直径偏差。

② 当用于手工填充丝时，其直径允许偏差为±0.1mm。

注：根据供需双方协议，可生产其他尺寸、偏差的焊丝。

表 1-5-59　　铝及铝合金扁平焊丝尺寸（GB/T 10858—2008）　　mm

当量直径	厚　度	宽　度	当量直径	厚　度	宽　度
1.6	1.2	1.8	4.0	2.9	4.4
2.0	1.5	2.1	4.8	3.6	5.3
2.4	1.8	2.7	5.0	3.8	5.2
2.5	1.9	2.6	6.4	4.8	7.1
3.2	2.4	3.6			

表 1-5-60　　铝及铝合金焊丝包装质量（GB/T 10858—2008）

包装形式	尺寸/mm	净质量/kg
直条	—	2.5、5、10、25
焊丝卷	①	10、15、20、25
焊丝盘	100	0.3、0.5
	200	2.0、2.5
	270、300	5~12

① 焊丝卷尺寸由供需双方协商确定。

注：根据供需双方协议，可包装其他净质量的焊丝。

5.2.4　镍及镍合金焊丝（GB/T 15620—2008）

【其他名称】　镍基焊丝、镍基气焊条。

【用途】　用作熔化极气体保护电弧焊、钨极气体保护电弧焊、气焊及等离子弧焊等焊接用镍及镍合金实心焊丝和填充丝。

【规格】

（1）镍及镍合金焊丝分类

焊丝按化学成分分为镍、镍铜、镍铬、镍铬铁、镍钼、镍铬钼、镍铬钴和镍铬钨等8类。

（2）镍及镍合金焊丝型号划分

焊丝按照化学成分进行型号划分，见表 1-5-61。

表 1-5-61 镍及镍合金焊丝化学成分（GB/T 15620—2008）

焊丝型号	化学成分代号	C	Mn	Fe	Si	Cu	Ni[①]	Co[①]	Al	Ti	Cr	Nb[②]	Mo	W	其他[③]
镍															
SNi2061	NiTi3	≤0.15	≤1.0	≤1.0	≤0.7	≤0.2	≥92.0	—	≤1.5	2.0~3.5	—	—	—	—	—
镍-铁															
SNi4060	NiCu30Mn3Ti	≤0.15	2.0~4.0	≤2.5	≤1.2	28.0~32.0	≥62.0	—	≤1.2	1.5~3.0	—	—	—	—	—
SNi4061	NiCu30Mn3Nb	≤0.15	≤4.0	≤2.5	≤1.25	28.0~32.0	≥60.0	—	≤1.0	≤1.0	—	≤3.0	—	—	—
SNi5504	NiCu25Al3Ti	≤0.25	≤1.5	≤2.0	≤1.0	≥20.0	63.0~70.0	—	2.0~4.0	0.2~1.0	—	—	—	—	—
镍-铬															
SNi6072	NiCr44Ti	0.01~0.10	≤0.20	≤0.50	≤0.20	≤0.50	≥52.0	—	—	0.3~1.0	42.0~46.0	—	—	—	—
SNi6076	NiCr20	0.01~0.25	≤1.0	≤2.00	≤0.30	≤0.50	≥75.0	—	≤0.4	≤0.5	19.0~21.0	—	—	—	—
SNi6082	NiCr20Mn3Nb	≤0.10	2.5~3.5	≤3.0	≤0.5	≤0.5	≥67.0	—	—	≤0.7	18.0~22.0	2.0~3.0	—	—	—
镍-铬-铁															
SNi6002	NiCr21Fe18Mo9	0.05~0.15	≤2.0	17.0~20.0	≤1.0	≤0.5	≥44.0	0.5~2.5	—	—	20.0~23.0	—	8.0~10.0	0.2~1.0	—
SNi6025	NiCr25Fe10AlY	0.15~0.25	≤0.5	8.0~11.0	≤0.5	≤0.1	≥59.0	—	1.8~2.4	0.1~0.2	24.0~26.0	—	—	—	Y:0.05~0.12; Zr:0.01~0.10
SNi6030	NiCr30Fe15Mo5W	≤0.03	≤1.5	13.0~17.0	≤0.8	1.0~2.4	≥36.0	≤5.0	—	—	28.0~31.5	0.3~1.5	4.0~6.0	1.5~4.0	—
SNi6052	NiCr30Fe9	≤0.04	≤1.0	7.0~11.0	≤0.5	≤0.3	≥54.0	—	≤1.1	1.0	28.0~31.5	0.10	0.5	—	Al+Ti:≤1.5
SNi6062	NiCr15Fe8Nb	≤0.08	≤1.0	6.0~10.0	≤0.3	≤0.5	≥70.0	—	—	—	14.0~17.0	1.5~3.0	—	—	—
SNi6176	NiCr16Fe6	≤0.05	≤0.5	5.5~7.5	≤0.5	≤0.1	≥76.0	≤0.05	—	—	15.0~17.0	—	—	—	—
SNi6601	NiCr23Fe15Al	≤0.10	≤1.0	≤20.0	≤0.5	≤1.0	58.0~63.0	—	1.0~1.7	—	21.0~25.0	—	—	—	—

续表

焊丝型号	化学成分代号	C	Mn	Fe	Si	Cu	Ni①	Co①	Al	Ti	Cr	Nb②	Mo	W	其他③
镍-铬-铁															
SNi6701	NiCr36Fe7Nb	0.35~0.50	0.5~2.0	≤7.0	0.5~2.0	—	42.0~48.0	—	—	—	33.0~39.0	0.8~1.8	—	—	—
SNi6704	NiCr25FeAl3YC	0.15~0.25	≤0.5	8.0~11.0	≤0.5	≤0.1	≥55.0	—	1.8~2.8	0.1~0.2	24.0~26.0	—	—	—	Y:0.05~0.12; Zr:0.01~0.10
SNi6975	NiCr25Fe13Mo6	≤0.03	≤1.0	10.0~17.0	≤1.0	0.7~1.2	≥47.0	—	—	0.70~1.50	23.0~26.0	—	5.0~7.0	—	—
SNi6985	NiCr22Fe20Mo7Cu2	≤0.01	≤1.0	18.0~21.0	≤1.0	1.5~2.5	≥40.0	≤5.0	—	—	21.0~23.5	≤0.50	6.0~8.0	≤1.5	—
SNi7069	NiCr15Fe7Nb	≤0.08	≤1.0	5.0~9.0	≤0.50	≤0.50	≥70.0	—	0.4~1.0	2.0~2.7	14.0~17.0	0.70~1.20	—	—	—
SNi7092	NiCr15Ti3Mn	≤0.08	2.0~2.7	≤8.0	≤0.3	≤0.5	≥67.0	—	—	2.5~3.5	14.0~17.0	—	—	—	—
SNi7718	NiFe19Cr19Nb5Mo3	≤0.08	≤0.3	≤24.0	≤0.3	≤0.3	50.0~55.0	—	0.2~0.8	0.7~1.1	17.0~21.0	4.8~5.5	2.8~3.3	—	B:0.006; P:0.015
SNi8025	NiFe30Cr29Mo	≤0.02	1.0~3.0	≤30.0	≤0.5	1.5~3.0	35.0~40.0	—	≤0.2	≤1.0	27.0~31.0	—	2.5~4.5	—	—
SNi8065	NiFe30Cr21Mo3	≤0.05	1.0	≥22.0	≤0.5	1.5~3.0	38.0~46.0	—	≤0.2	0.6~1.2	19.5~23.5	—	2.5~3.5	—	—
SNi8125	NiFe26Cr25Mo	≤0.02	1.0~3.0	≤30.0	≤0.5	1.5~3.0	37.0~42.0	—	≤0.2	≤1.0	23.0~27.0	—	3.5~7.5	—	—
镍-钼															
SNi1001	NiMo28Fe	≤0.08	≤1.0	4.0~7.0	≤1.0	≤0.5	≥55.0	≤2.5	—	—	≤1.0	—	26.0~30.0	≤1.0	V:0.20~0.40
SNi1003	NiMo17Cr7	0.04~0.08	≤1.0	≤5.0	≤1.0	≤0.50	≥65.0	≤0.20	—	—	6.0~8.0	—	15.0~18.0	≤0.50	V≤0.50
SNi1004	NiMo25Cr5Fe5	≤0.12	≤1.0	4.0~7.0	≤1.0	≤0.5	≥62.0	≤2.5	—	—	4.0~6.0	—	23.0~26.0	≤1.0	V≤0.60

续表

焊丝型号	化学成分代号	C	Mn	Fe	Si	Cu	Ni[1]	Co[1]	Al	Ti	Cr	Nb[2]	Mo	W	其他[3]
镍-钼															
SNi1008	NiMo19WCr	≤0.1	≤1.0	≤10.0	≤0.50	≤0.50	≥60.0	—	—	—	0.5~3.5	—	18.0~21.0	2.0~4.0	—
SNi1009	NiMo20WCu	≤0.1	≤1.0	≤5.0	≤0.50	0.1~1.3	≥63.0	—	1.0	—	—	—	19.0~22.0	2.0~4.0	—
SNi1062	NiMo24Cr8Fe6	≤0.01	≤0.5	5.0~7.0	≤0.1	≤0.4	≥42.0	—	0.1~0.4	—	7.0~8.0	—	23.0~25.0	—	—
SNi1066	NiMo28	≤0.02	≤1.5	2.0	≤0.1	≤0.5	≥64.0	≤1.0	—	—	≤1.0	—	26.0~30.0	≤1.0	—
SNi1067	NiMo30Cr	≤0.01	≤3.0	1.0~5.0	≤0.1	≤0.2	≥52.0	≤3.0	≤0.5	≤0.2	1.0~3.0	≤0.2	27.0~32.0	≤3.0	V≤0.20
SNi1069	NiMo28Fe4Cr	≤0.01	≤1.0	2.0~5.0	0.05	≤0.01	≥65.0	≤1.0	≤0.5	—	0.5~1.5	—	26.0~30.0	—	—
镍-铬-钼															
SNi6012	NiCr22Mo9	≤0.05	≤1.0	≤3.0	≤0.5	≤0.5	≥58.0	—	≤0.4	≤0.4	20.0~23.0	≤1.5	8.0~10.0	—	—
SNi6022	NiCr21Mo13Fe4W3	≤0.01	≤0.5	2.0~6.0	≤0.1	≤0.5	≥49.0	≤2.5	—	—	20.0~22.5	—	12.5~14.5	2.5~3.5	V≤0.3
SNi6057	NiCr30Mo11	≤0.02	≤1.0	≤2.0	≤1.0	—	≥53.0	—	—	—	29.0~31.0	—	10.0~12.0	—	V≤0.4
SNi6058	NiCr25Mo16	≤0.02	≤0.5	≤2.0	≤0.2	≤2.0	≥50.0	—	≤0.4	—	22.0~27.0	—	13.5~16.5	—	—
SNi6059	NiCr23Mo16	≤0.01	≤0.5	≤1.5	≤0.1	—	≥56.0	≤0.3	0.1~0.4	—	22.0~24.0	—	15.0~16.5	—	—
SNi6200	NiCr23Mo16Cu2	≤0.01	≤0.5	≤3.0	≤0.08	1.3~1.9	≥52.0	≤2.0	—	—	22.0~24.0	—	15.0~17.0	—	—
SNi6276	NiCr15Mo16Fe6W4	≤0.02	≤1.0	4.0~7.0	≤0.08	≤0.5	≥50.0	≤2.5	—	—	14.5~16.5	—	15.0~17.0	3.0~4.5	V≤0.3
SNi6452	NiCr20Mo15	≤0.01	≤1.0	≤1.5	≤0.1	≤0.5	≥56.0	—	—	—	19.0~21.0	≤0.4	14.0~16.0	—	V≤0.4

续表

焊丝型号	化学成分代号	C	Mn	Fe	Si	Cu	Ni[1]	Co[1]	Al	Ti	Cr	Nb[2]	Mo	W	其他[3]
镍-铬-钼															
SNi6455	NiCr16Mo16Ti	≤0.01	≤1.0	≤3.0	≤0.08	≤0.5	≥56.0	≤2.0	—	≤0.7	14.0~18.0	—	14.0~18.0	≤0.5	—
SNi6625	NiCr22Mo9Nb	≤0.1	≤0.5	≤5.0	≤0.5	≤0.5	≥58.0	—	≤0.4	≤0.4	20.0~23.0	3.0~4.2	8.0~10.0	—	—
SNi6650	NiCr20Fe14Mo11WN	≤0.03	≤0.5	12.0~16.0	≤0.5	≤0.3	≥45.0	—	≤0.5	—	18.0~21.0	≤0.5	9.0~13.0	0.5~2.5	N:0.05~0.25;S≤0.010
SNi6660	NiCr22Mo10W3	≤0.03	≤0.5	≤2.0	≤0.5	≤0.3	≥58.0	≤0.2	≤0.4	≤0.4	21.0~23.0	≤0.2	9.0~11.0	2.0~4.0	—
SNi6686	NiCr21Mo16W4	≤0.01	≤1.0	≤5.0	≤0.08	≤0.5	≥49.0	—	≤0.5	≤0.25	19.0~23.0	—	15.0~17.0	3.0~4.4	—
SNi7725	NiCr21Mo8Nb3Ti	≤0.03	≤0.4	≥8.0	≤0.20	—	55.0~59.0	—	≤0.35	1.0~1.7	19.0~22.5	2.75~4.00	7.0~9.5	—	—
镍-铬-钴															
SNi6160	NiCr28Co30Si3	≤0.15	≤1.5	≤3.5	2.4~3.0	—	≥30.0	27.0~33.0	—	0.2~0.8	26.0~30.0	≤1.0	≤1.0	≤1.0	—
SNi6617	NiCr22Co12Mo9	0.05~0.15	≤1.0	≤3.0	≤1.0	≤0.5	≥44.0	10.0~15.0	0.8~1.5	≤0.6	20.0~24.0	—	8.0~10.0	—	—
SNi7090	NiCr20Co18Ti3	≤0.13	≤1.0	≤1.5	≤1.0	≤0.2	≥50.0	15.0~21.0	1.0~2.0	2.0~3.0	18.0~21.0	—	—	—	④
SNi7263	NiCr20Co20Mo6Ti2	0.04~0.08	≤0.6	≤0.7	≤0.4	≤0.2	≥47.0	19.0~21.0	0.3~0.6	1.9~2.4	19.0~21.0	—	5.6~6.1	—	Al+Ti:2.4~2.8[5]
镍-铬-钨															
SNi6231	NiCr22W14Mo2	0.05~0.15	0.3~1.0	≤3.0	0.25~0.75	≤0.50	≥48.0	≤5.0	0.2~0.5	—	20.0~24.0	—	1.0~3.0	13.0~15.0	—

① 除非另有规定，Co 含量应低于该含量的 1%，也可供需双方协商，要求较低的 Co 含量。

② Ta 含量应低于该含量的 20%。

③ 除非具体说明，P 最高含量为 0.020%，S 最高含量为 0.015%。

④ Ag≤0.0005%，B≤0.020%，Bi≤0.0001%，Pb≤0.0020%，Zr≤0.15%。

⑤ S≤0.007%，Ag≤0.0005%，B≤0.005%，Bi≤0.0001%。

注：1. “其他”包括未规定数值的元素总和，总量应不超过 0.5%。

2. 根据供需双方协议，可生产使用其他型号的焊丝。用 SNiZ 表示，化学成分代号由制造商确定。

(3) 镍及镍合金焊丝型号编制方法

焊丝型号由三部分组成。第一部分为字母“SNi”，表示镍焊丝；第二部分为四位数字，表示焊丝型号；第三部分为可选部分，表示化学成分代号。

(4) 镍及镍合金焊丝型号示例

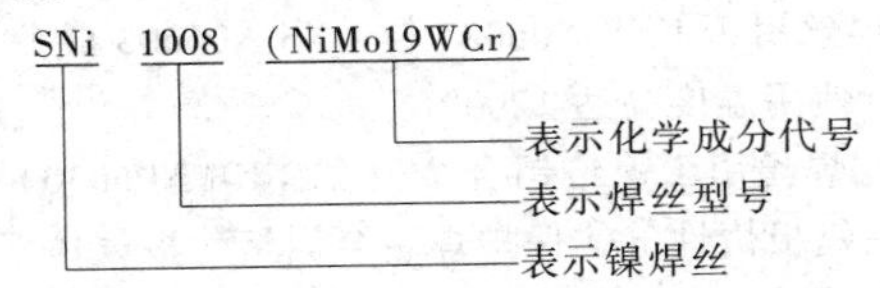

(5) 镍及镍合金焊丝尺寸

表 1-5-62　镍及镍合金焊丝直径及允许偏差（GB/T 15620—2008）　mm

包装形式	焊丝直径	允许偏差
直条	1.6、1.8、2.0、2.4、2.5、2.8、3.0、3.2、4.0、4.8、5.0、6.0、6.4	±0.1
焊丝卷①		+0.01 −0.04
直径 100mm 和 200mm 焊丝盘	0.8、0.9、1.0、1.2、1.4、1.6	
直径 270mm 和 300mm 焊丝盘	0.5、0.8、0.9、1.0、1.2、1.4、1.6、2.0、2.4、2.5、2.8、3.0、3.2	

① 当用于手工填充丝时，其直径允许偏差为±0.1mm。

注：1. 根据供需双方协议，可生产其他尺寸、偏差和包装形式的焊丝。

2. 直条焊丝长度为 500~1000mm，允许偏差为±5mm。

表 1-5-63　镍及镍合金焊丝松弛直径和翘距（GB/T 15620—2008）　mm

焊丝盘直径	100	200	270、300
松弛直径	60~380	250~890	380~1300
翘距	≤13	≤19	≤25

表 1-5-64　镍及镍合金焊丝包装质量（GB/T 15620—2008）

包装形式	尺寸/mm	净质量/kg
直条	—	2.5、5、10、25
焊丝卷	①	10、15、20、25
焊丝盘规格	100	0.3、0.5、1.0
	200	2.0、2.5
	270、300	5~12

① 焊丝卷的尺寸由供需双方协商确定。

注：根据供需双方协商，可包装其他净质量的焊丝。

(6) 镍及镍合金焊丝简要说明

① 镍焊丝　SNi2061（SNiTi3）焊丝用于工业纯镍的锻件和铸件焊接，如 UNS N02200 或 UNS N02201，也可用于焊接镍板复合钢和钢表面堆焊以及异种金属焊接。

② 镍铜焊丝

a. SNi4060（SNiCu30Mn3Ti）、SNi4061（SNiCu30Mn3Nb）焊丝用于镍铜合金的焊接，如 UNS N04400，也可用于复合钢、镍铜复合面的焊接以及钢表面堆焊。

b. SNi5504（NiCu25Al3Ti）焊丝用于时效强化铜镍合金（UNS N05500）的焊接。采用钨极氩弧焊、气体保护焊、埋弧焊和等离子焊时，焊缝金属采用时效强化处理。

③ 镍铬焊丝

a. SNi6072（NiCr44Ti）焊丝用于 Cr50Ni50 镍铬合金的熔化极气体保护焊和钨极惰性气体保护焊，在镍铁铬钢管上堆焊镍铬合金以及铸件补焊。焊缝金属具有耐高温腐蚀、空气中含硫和矾的烟尘腐蚀的能力。

b. SNi6076（NiCr20）焊丝用于镍铬铁合金的焊接，如 UNS N06600 和 UNS N06075 的焊接、镍铬铁复合钢接头的复合面焊接、钢表面堆焊以及钢与镍基合金的连接；可以采用钨极惰性气体保护焊、金属熔化极气体保护焊、埋弧焊和等离子弧焊等焊接方法。

c. SNi6082（NiCr20Mn3Nb）焊丝用于镍铬合金（如 UNS N06075、N07080）、镍铬铁合金（如 UNS N06600、N06601）、镍铁铬合金（如 UNS N08800、N08801）的焊接，也可用于镀层与异种金属接头的焊接和低温条件下镍钢的焊接。

④ 镍铬铁焊丝

a. SNi6002（NiCr21Fe18Mo9）焊丝用于低碳镍铬钼合金特别是 UNS N06002 合金的焊接，也用于复合钢板低碳镍铬钼合金复合面的焊接、低碳镍铬钼合金与钢材以及其他镍基合金的焊接。

b. SNi6025（NiCr25Fe10AlY）焊丝用于 UNS N06025 与 UNS N06603 成分相似的镍基合金的焊接。焊缝金属具有抗氧化、硫化和防渗碳的性能，使用温度高达 1200℃。

c. SNi6030（NiCr30Fe15Mo5W）焊丝用于镍铬钼合金（如 UNS N06030）与钢以及和其他镍基合金的焊接，也用于复合镍铬钼钢板的焊接。采用钨极惰性气体保护焊、金属熔化极气体保护焊和等离子弧焊等焊接方法。

d. SNi6052（NiCr30Fe9）焊丝用于高铬镍基合金（如 UNS N06690）的焊接，也可以用于低合金和不锈钢以及异种金属的耐腐蚀层的堆焊。

e. SNi6062（NiCr15Fe8Nb）焊丝用于镍铁铬合金（如 UNS N08800）、镍铬铁（UNS N06600）的焊接以及特殊用途的异种金属焊接。工作温度高达 980℃，但温度超过 820℃时，会降低焊缝金属的抗氧化能力和强度。

f. SNi6176（NiCr16Fe6）焊丝用于镍铬铁合金（如 UNS N06600、UNS N06601）焊接、镍铬铁复合钢板的复合层堆焊和钢板表面堆焊，具有良好的异种金属焊接性能。工作温度高达 980℃，但温度超过 820℃时，降低焊缝金属的抗氧化能力和强度。

g. SNi6601（NiCr23Fe15Al）焊丝用于镍铬铁铝合金（如 UNS N06601）的焊接以及与其他高温成分合金的焊接，采用钨极惰性气体保护焊。焊缝金属可在超过 1150℃温度条件下工作。

h. SNi6701（NiCr36Fe7Nb）焊丝用于镍铬铁合金及与高温合金的焊接，焊缝工作温度高达 1200℃。

i. SNiNi6704（NiCr25FeAl3YC）焊丝用于相似成分的镍基合金（如 UNS N06025、UNS N06603）的焊接。焊缝金属具有抗氧化，防渗碳和硫化的性能。焊缝工作温度高达 1200℃。

j. SNi6975（NiCr25Fe13Mo6）焊丝用于镍铬钼合金（如 UNS N06975）、镍铬钼合金与钢材、镍铬钼复合钢以及其他镍基合金的焊接，采用钨极惰性气体保护焊、金属熔化极气体保护焊和等离子弧焊等焊接方法。

k. SNi6985（NiCr22Fe20Mo7Cu2）焊丝用于镍铬铁复合钢焊接及与镍基合金的焊接，采用钨极惰性气体保护焊、金属熔化极气体保护焊和等离子弧焊等焊接方法。焊缝金属采用时效强化处理。

l. SNi7069（NiCr15Fe7Nb）焊丝用于镍铬铁（如 UNS N06600）合金的焊接，采用钨极惰性气体保护焊、金属熔化极气体保护焊和等离子弧焊等焊接方法。由于焊丝中 Nb 含量高，使大截面母材出现较高的应力，从而减小裂纹倾向。

m. SNi7092（NiCr15Ti3Mn）焊丝用于镍铬铁复合钢焊接及与镍基合金焊接，采用钨极惰性气体保护焊、金属熔化极气体保护焊和等离子弧焊等焊接方法。焊缝金属采用时效强化处理。

n. SNi7718（NiFe19Cr19Nb5Mo3）焊丝用于镍铬铌钼（如 UNS N07718）合金的焊接，采用钨极惰性气体保护焊、金属熔化极气体保护焊和等离子弧焊等焊接方法。焊缝金属采用时效强化处理。

o. SNi8025（NiFe30Cr29Mo）焊丝用于含铬量高的 Ni8125 或 Ni8065 合金的焊接，也可用于铬镍钼铜合金（如 UNS N08904）和镍铁铬钼合金（如 UNS N08825）的焊接，也可用于钢表面堆焊。

p. SNi8065（NiFe30Cr21Mo3）、SNi8125（NiFe26Cr25Mo）焊丝用于铬镍钼铜合金（如 UNS N08904）、镍铁铬钼合金（如 UNS N08825）的焊接。也可用于钢材表面堆焊和隔离层堆焊。

⑤ 镍钼焊丝

a. SNi1001（NiMo28Fe）焊丝用于镍钼合金（如 UNS N10001）的焊接。

b. SNi1003（NiMo17Cr7）焊丝用于镍钼合金（如 UNS N10003）、镍钼合金与钢以及其他镍基合金的焊接。采用钨极惰性气体保护焊和金属熔化极气体保护电弧焊等焊接方法。

c. SNi1004（NiMo25Cr5Fe5）焊丝用于镍基、钴基和铁基合金的异种金属焊接。

d. SNi1008（NiMo19WCr）、SNi1009（NiMo20WCu）焊丝用于 9%镍钢（如 UNS K81340）的焊接。采用钨极惰性气体保护焊、金属熔化极气体保护电弧焊和埋弧焊等焊接方法。

e. SNi1062（NiMo24Cr8Fe6）焊丝用于镍钼合金，特别是 UNS N10629 合金的焊接，也用于带有镍钼合金复合面的钢板、镍钼合金与钢和其他镍基合金的焊接。

f. SNi1066（NiMo28）焊丝用于镍钼合金，特别是 UNS N10665 合金的焊接，也用于带有镍钼合金复合面的钢板、镍钼合金与钢和其他镍基合金的焊接。

g. SNi1067（NiMo30Cr）焊丝用于镍钼合金（如 UNS N10675）的焊接，也用于带有镍钼合金复合面钢板、镍钼合金与钢和其他镍基合金的焊接。采用钨极惰性气体保护焊、金属熔化极气体保护焊和等离子弧焊等焊接方法。

h. SNi1069（NiMo28Fe4Cr）焊丝用于镍基、钴基和铁基合金的异种金属的焊接。

⑥ 镍铬钼焊丝

a. SNi6012（NiCr22Mo9）焊丝用于6-Mo型高合金奥氏体不锈钢的焊接。焊件在含氯化物的条件下，具有良好的抗点蚀和缝蚀性能。Nb含量较低时，可提高可焊性。

b. SNi6022（NiCr22Mo13Fe4W3）焊丝用于低碳镍铬钼，特别是UNS N06002合金的焊接；也可用于铬镍钼奥氏体不锈钢、低碳镍铬钼合金复合面的焊接；也可用于低碳镍铬钼合金与钢及其他镍基合金的焊接和钢材表面堆焊。

c. SNi6057（NiCr30Mo11）焊丝的名义成分为Ni60%、Cr30%、Mo10%，用于耐腐蚀面的堆焊，堆焊金属具有良好的耐缝蚀性能，采用钨极惰性气体保护焊、金属熔化极气体保护焊和等离子弧焊等焊接方法。

d. SNi6058（NiCr25Mo16）、SNi6059（NiCr23Mo16）焊丝用于低碳镍铬钼，特别是UNS N06059合金的焊接，也可用于铬镍钼奥氏体不锈钢、低碳镍铬钼合金复合面的焊接，也可用于低碳镍铬钼合金与钢及其他镍基合金的焊接。

e. SNi6200（NiCr23Mo16Cu2）焊丝用于镍铬钼合金（如UNS N06200）的焊接，也用于与钢、其他镍基合金和复合钢的焊接。

f. SNi6276（NiCr15Mo16Fe6W4）焊丝用于镍铬钼合金（如UNS N10276）的焊接，也用于低碳镍铬钼合金复合钢面、低碳镍铬钼合金与钢以及其他镍基合金的焊接。

g. SNi6452（NiCr20Mo15）、SNi6455（NiCr16Mo16Ti）焊丝用于低碳镍铬钼合金，特别是UNS N06455的焊接，也用于低碳镍铬钼合金复合钢面、低碳镍铬钼合金与钢以及其他镍基合金的焊接。

h. SNi6625（NiCr22Mo9Nb）焊丝用于镍铬钼合金，特别是UNS N06625的焊接，也用于与钢的焊接和堆焊镍铬钼合金表面。焊缝金属的耐腐蚀性能与N06625相当。

i. SNi6650（NiCr20Fe14Mo11WN）焊丝用于海洋和化工用的低碳镍铬钼合金和镍铬钼不锈钢的焊接。如UNS N08926；也用于复合钢和异种金属，如低碳镍铬钼与碳钢或者镍基合金的焊接；也可用于9%Ni钢的焊接。

j. SNi6660（NiCr22Mo10W3）焊丝用于超级双向不锈钢、超级奥氏体钢、9%Ni钢的钨极惰性气体保护焊、金属熔化极气体保护焊。与Ni6625相比，焊缝金属具有良好的耐腐蚀性能，不产生热裂纹，具有良好的低温韧性。

k. SNi6686（NiCr21Mo16W4）焊丝用于低碳镍铬钼合金（特别是UNS N06686）和镍铬钼不锈钢焊接；也用于低碳镍铬钼复合钢面、低碳镍铬钼与钢以及其他镍基合金的焊接和钢材表面镍铬钼钨层的堆焊。

l. SNi7725（NiCr21Mo8Nb3Ti）焊丝用于高强度耐腐蚀镍合金，特别是UNS N07725和UNS N09925的焊接，也用于与钢的焊接和高强度镍铬钼合金表面堆焊。强度达到最大值时，焊后需要进行沉淀淬火，可进行各种热处理。

⑦ 镍铬钴焊丝

a. SNi6160（NiCr28Co30Si3）焊丝用于镍钴铬硅合金（UNS N02160）的焊接，采用钨极惰性气体保护焊、金属熔化极气体保护焊和等离子弧等焊接方法。该焊丝对铁敏感性强，焊缝金属在还原和氧化环境下，具有抗硫化、耐氟化物腐蚀的性能，工作温度高达1200℃。

b. SNi6617（NiCr22Co12Mo9）焊丝用于低碳镍钴铬钼合金（UNS N06617）的焊接和钢表面堆焊，也可用于异种高温合金（1150℃左右时具有高温强度和抗氧化性能）和铸造高镍合金的焊接。

c. SNi7090（NiCr20Co18Ti3）焊丝用于镍钴铬合金（UNS N07090）的焊接，采用钨极惰性气体保护焊。焊缝金属进行时效强化处理。

d. SNi7263（NiCr20Co20Mo6Ti2）焊丝用于镍铬钴钼合金（UNS N07263）以及与其他合金的焊接，采用钨极惰性气体保护焊。焊缝金属进行时效强化处理。

⑧ 镍铬钨焊丝　SNi6231（NiCr22W14Mo2）焊丝用于镍铬钴钼合金（UNS N06617）的焊接，采用钨极惰性气体保护焊、金属熔化极气体保护焊和等离子弧等焊接方法。

5.2.5　碳钢药芯焊丝（GB/T 10045—2001）

【用途】 适用于气保护及自保护电弧焊。

【规格】

(1) 碳钢药芯焊丝型号划分

焊丝型号分类依据是：熔敷金属的力学性能；焊接位置；焊丝类别特点，包括保护类型、电流类型、渣系特点等。

(2) 碳钢药芯焊丝型号编制方法

焊丝型号表示方法为：E×××T-×ML。字母“E”表示焊丝；字母“T”表示药芯焊丝。型号中符号按排列顺序分别说明如下：

① 熔敷金属力学性能：字母“E”后面的前2个符号“××”表示熔敷金属的力学性能，见表1-5-65。

② 焊接位置：字母“E”后面的第3个符号“×”表示推荐的焊接位置，其中“0”表示平焊和横焊位置，“1”表示全位置。

③ 焊丝类别特点：短划后面的符号“×”表示焊丝的类别特点，具体要求见表1-5-66。

④ 字母“M”表示保护气体为75%～80%（Ar+CO_2）。当无字母“M”时，表示保护气体为CO_2或为自保护类型。

⑤ 字母“L”表示焊丝熔敷金属的冲击性能在-40℃时，其V形缺口冲击功不小于27J。当无字母“L”时，表示焊丝熔敷金属的冲击性能符号一般要求，见表1-5-65。

(3) 碳钢药芯焊丝型号示例

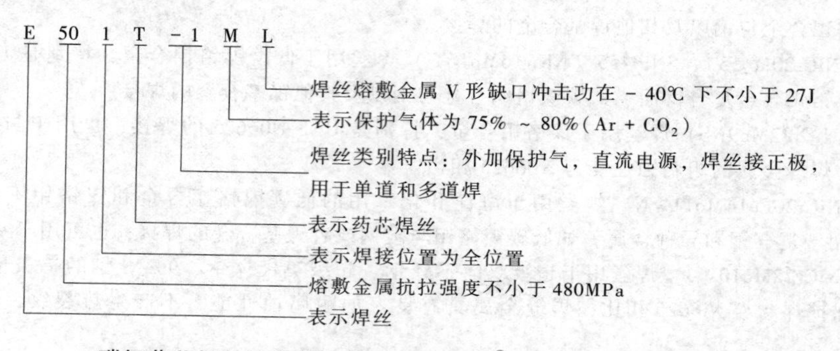

表1-5-65 碳钢药芯焊丝熔敷金属力学性能要求①（GB/T 10045—2001）

型号	抗拉强度 R_m /MPa	屈服强度 R_{eL} 或 $R_{p0.2}$ /MPa	伸长率 δ_5 /%	V形缺口冲击功	
				试验温度 /℃	冲击功 /J
E50×T-1,E50×T-1M②	480	400	22	-20	27
E50×T-2,E50×T-2M③	480	—	—	—	—
E50×T-3③	480	—	—	—	—
E50×T-4	480	400	22	—	—
E50×T-5,E50×T-5M②	480	400	22	-30	27
E50×T-6②	480	400	22	-30	27
E50×T-7	480	400	22	—	—
E50×T-8②	480	400	22	-30	27
E50×T-9,E50×T-9M②	480	400	22	-30	27
E50×T-10③	480	—	—	—	—
E50×T-11	480	400	20	—	—
E50×T-12,E50×T-12M②	480～620	400	22	-30	27
E43×T-13③	415	—	—	—	—
E50×T-13③	480	—	—	—	—
E50×T-14③	480	—	—	—	—
E43×T-G	415	330	22	—	—

续表

型号	抗拉强度 R_m /MPa	屈服强度 R_{eL} 或 $R_{p0.2}$ /MPa	伸长率 δ_5 /%	V形缺口冲击功	
				试验温度/℃	冲击功/J
E50×T-G	480	400	22	—	—
E43×T-GS③	415	—	—	—	—
E50×T-GS③	480	—	—	—	—

① 表中所列单值均为最小值。

② 型号带有字母“L”的焊丝，其熔敷金属冲击性能应满足以下要求：

型　号	V形缺口冲击性能要求
E50×T-1L，E50×T-1ML E50×T-5L，E50×T-5ML E50×T-6L E50×T-8L E50×T-9L，E50×T-9ML E50×T-12L，E50×T-12ML	-40℃，≥27J

③ 这些型号主要用于单道焊接而不用于多道焊接。因为只规定了抗拉强度，所以只要求做横向拉伸和纵向辊筒弯曲（缠绕式导向弯曲）试验。

表 1-5-66　碳钢药芯焊丝焊接位置、保护类型、极性和适用性要求（GB/T 10045—2001）

型号	焊接位置①	外加保护气②	极性③	适用性④
E500T-1	H,F	CO_2	DCEP	M
E500T-1M	H,F	75%~80%Ar+CO_2	DCEP	M
E501T-1	H,F,VU,OH	CO_2	DCEP	M
E501T-1M	H,F,VU,OH	75%~80%Ar+CO_2	DCEP	M
E500T-2	H,F	CO_2	DCEP	S
E500T-2M	H,F	75%~80%Ar+CO_2	DCEP	S
E501T-2	H,F,VU,OH	CO_2	DCEP	S
E501T-2M	H,F,VU,OH	75%~80%Ar+CO_2	DCEP	S
E500T-3	H,F	无	DCEP	S
E500T-4	H,F	无	DCEP	M
E500T-5	H,F	CO_2	DCEP	M
E500T-5M	H,F	75%~80%Ar+CO_2	DCEP	M
E501T-5	H,F,VU,OH	CO_2	DCEP 或 DCEN⑤	M
E501T-5M	H,F,VU,OH	75%~80%Ar+CO_2	DCEP 或 DCEN⑤	M
E500T-6	H,F	无	DCEP	M
E500T-7	H,F	无	DCEN	M
E501T-7	H,F,VU,OH	无	DCEN	M
E500T-8	H,F	无	DCEN	M
E501T-8	H,F,VU,OH	无	DCEN	M
E500T-9	H,F	CO_2	DCEP	M
E500T-9M	H,F	75%~80%Ar+CO_2	DCEP	M
E501T-9	H,F,VU,OH	CO_2	DCEP	M
E501T-9M	H,F,VU,OH	75%~80%Ar+CO_2	DCEP	M
E500T-10	H,F	无	DCEN	S
E500T-11	H,F	无	DCEN	M
E501T-11	H,F,VU,OH	无	DCEN	M
E500T-12	H,F	CO_2	DCEP	M
E500T-12M	H,F	75%~80%Ar+CO_2	DCEP	M
E501T-12	H,F,VU,OH	CO_2	DCEP	M
E501T-12M	H,F,VU,OH	75%~80%Ar+CO_2	DCEP	M
E431T-13	H,F,VD,OH	无	DCEN	S
E501T-13	H,F,VD,OH	无	DCEN	S

续表

型号	焊接位置①	外加保护气②	极性③	适用性④
E501T-14	H,F,VD,OH	无	DCEN	S
E××0T-G	H,F	—	—	M
E××1T-G	H,F,VD或VU,OH	—	—	M
E××0T-GS	H,F	—	—	S
E××1T-GS	H,F,VD或VU,OH	—	—	S

① H为横焊，F为平焊，OH为仰焊，VD为立向下焊，VU为立向上焊。

② 对于使用外加保护气的焊丝（E×××T-1，E×××T-1M，E×××T-2，E×××T-2M，E×××T-5，E×××T-5M，E×××T-9，E×××T-9M和E×××T-12，E×××T-12M），其金属的性能随保护气类型不同而变化。用户在未向焊丝制造商咨询前不应使用其他保护气。

③ DCEP为直流电源，焊丝接正极；DCEN为直流电源，焊丝接负极。

④ M为单道和多道焊，S为单道焊。

⑤ E501T-5和E501T-5M型焊丝可在DCEN极性下使用以改善不适当位置的焊接性，推荐的极性请咨询制造商。

（4）碳钢药芯焊丝熔敷金属化学成分

表1-5-67　碳钢药芯焊丝熔敷金属化学成分①②（GB/T 10045—2001）　%

型号	C	Mn	Si	S	P	Cr③	Ni③	Mo③	V③	Al③④	Cu③
E50×T-1 E50×T-1M E50×T-5 E50×T-5M E50×T-9 E50×T-9M	0.18	1.75	0.90	0.03	0.03	0.20	0.50	0.30	0.08	—	0.35
E50×T-4 E50×T-6 E50×T-7 E50×T-8 E50×T-11	—⑤	1.75	0.60	0.03	0.03	0.20	0.50	0.30	0.08	1.8	0.35
E×××T-G⑥	—⑤	1.75	0.90	0.03	0.03	0.20	0.50	0.30	0.08	1.8	0.35
E50×T-12 E50×T-12M	0.15	1.60	0.90	0.03	0.03	0.20	0.50	0.30	0.08	—	0.35
E50×T-2 E50×T-2M E50×T-3 E50×T-10 E43×T-13 E50×T-13 E50×T-14 E×××T-GS	无规定										

① 应分析表中列出值的特定元素。

② 单值均为最大值。

③ 这些元素如果是有意添加的，应进行分析并报出数值。

④ 只适用于自保护焊丝。

⑤ 该值不做规定，但应分析其数值并出示报告。

⑥ 该类焊丝添加的所有元素总和不应超过5%。

（5）碳钢药芯焊丝尺寸

表1-5-68　碳钢药芯焊丝直径与极限偏差（GB/T 10045—2001）　mm

焊丝直径	0.8,1.0,1.2,1.4,1.6	2.0,2.4,2.8,3.2,4.0
极限偏差	±0.05	±0.08

表 1-5-69　碳钢药芯焊丝缠绕的质量要求[①]（GB/T 10045—2001）

供货形式	包装尺寸/mm	焊丝净重[②]/kg
带内撑焊丝卷	200(内径) 300(内径)	5 或 10 10、15、20 或 25
焊丝盘	100(外径) 200(外径) 300(外径) 350(外径) 435(外径) 560(外径) 760(外径)	1 5 15 或 20 25 50 或 60 110 300
焊丝筒	400 500 600	由供需双方协商

① 可由供需双方协商采用表中规定以外的尺寸和质量。
② 净重的误差应是规定质量的±4%。

(6) 碳钢药芯焊丝简要说明

① E×××T-1 和 E×××T-1M 类

a. E×××T-1 类焊丝使用 CO_2 作为保护气，但是在制造厂推荐用户改进工艺性能时，尤其是用于不适当位置焊接时，也可以采用其他混合气体（如 Ar+CO_2）。随着 Ar+CO_2 混合气体中 Ar 气含量的增加，焊缝金属中的锰和硅含量将增加，从而将提高焊缝金属的屈服强度和抗拉强度并影响冲击性能。E×××T-1M 类焊丝使用 75%～80%Ar+CO_2 作保护气。

b. E×××T-1 和 E×××T-1M 类焊丝用于单道和多道焊，采用直流反接（DCEP）操作，较大直径（不小于 2.0mm）焊丝用于平焊和横向角焊缝焊接（E××0T-1 和 E××0T-1M），较小直径（不大于 1.6mm）通常用于全位置焊接（E××1T-1 和 E××1T-M）。

c. E×××T-1 和 E×××T-1M 类焊丝的特点是喷射过渡、飞溅量小，焊道形状为平滑至微凸、熔渣量适中并可完全覆盖焊道，此类焊丝的渣系大多数是以氧化钛型为主，并且具有高熔敷速度。

② E×××T-2 和 E×××T-2M 类　该类焊丝实质上是高锰或高硅或高锰硅的 E×××T-1 和 E×××T-1M 类焊丝，主要用于平焊位置单道焊接和横焊位置角焊缝单道焊接，这类焊丝中含有较多的脱氧剂，可以单道焊接氧化严重的钢或沸腾钢。

由于单道焊缝的化学成分不能说明熔敷金属的化学成分，本标准对单道焊用焊丝的熔敷金属化学成分不作要求，这类焊丝在单道焊时具有良好的力学性能。使用 E×××T-2 和 E×××T-2M 类焊丝焊接的多道焊焊缝金属的锰含量和抗拉强度都高。这些焊丝可用于焊接 E×××T-1 或 E×××T-1M 类焊丝所不允许的表面有较厚氧化皮、锈蚀及其他杂质的钢材。

此类焊丝的熔滴过渡、焊接特性和熔敷速度与 E×××T-1 或 E×××T-1M 类似。

③ E×××T-3 类　此类焊丝是自保护型，采用直流反接（DCEP），熔滴过渡为喷射过渡，其特点是焊接速度非常高，适用于板材平焊、横焊和立焊（最多倾斜 20°）位置单道焊。因该类焊丝对母材硬化影响很敏感，一般建议不用于下列情况：

a. 母材厚度超过 4.8mm 的 T 形或搭接接头；

b. 母材厚度超过 6.4mm 的对接、端接或角接接头。

对特别的推荐应咨询焊丝制造商。

④ E×××T-4 类　此类焊丝是自保护型，采用直流反接（DCEP）焊接，熔滴呈颗粒过渡，其特点是熔敷速度非常高、焊缝硫含量非常低、抗热裂性能好，一般用于非底层的浅熔深焊接，适于焊接装配不良的接头，可以单道或多道焊接。

⑤ E×××T-5 和 E×××T-5M 类　E×××T-5 类焊丝使用 CO_2 作为保护气体，也可以使用 Ar+CO_2 混合气体以减少飞溅，E×××T-5M 类焊丝使用 75%～80%Ar+CO_2 作为保护气体。E××0T-5 和 E××0T-5M 类焊丝主要用于平焊位置单道和多道焊接，横焊位置角焊缝焊接。此类焊丝特点是粗熔滴过渡、微凸焊道形状，焊接熔渣为不能完全覆盖焊道的薄渣。此类焊丝以氧化钙-氟化物为主要渣系，与氧化钛型渣系的焊丝相比，熔敷金属具有更为优异的

冲击韧性、抗热裂和抗冷裂性能，E××1T-5 和 E××1T-5M 类焊丝采用直流正接（DCEN），可用于全位置焊接，但这类焊丝的焊接工艺性能不如氧化钛型渣系的焊丝。

⑥ E×××T-6 类　此类焊丝是自保护型，采用直流反接（DCEP）操作，熔滴呈喷射过渡，渣系特点是熔敷金属具有良好的低温冲击韧性、良好的焊缝根部熔透性和优异的脱渣性能，甚至在深坡口内脱渣也很好。该类焊丝适用于平焊和横焊位置单道焊和多道焊。

⑦ E×××T-7 类　该类焊丝是自保护型，采用直流正接（DCEN）操作，熔滴过渡形式为细熔滴过渡或喷射过渡，允许大直径焊丝以高熔敷速度用于平焊和横焊位置焊接，允许小直径焊丝用于全位置焊接。此类焊丝用于单道和多道焊接，焊缝金属硫含量非常低，抗裂性好。

⑧ E×××T-8 类　此类焊丝是自保护型，采用直流正接（DCEN）操作，熔滴过渡形式为细熔滴或喷射过渡，焊丝适合于全位置焊接，熔敷金属具有非常好的低温韧性和抗裂性，用于单道和多道焊。

⑨ E×××T-9 和 E×××T-9M 类　E×××T-9 类焊丝以 CO_2 作为保护气体，但有时为改进工艺性能，尤其是用于不适当位置焊接时，也可以用 Ar+CO_2 作为保护气体，提高 Ar+CO_2 保护气体中 Ar 含量将影响焊缝金属的化学成分和力学性能。

E×××T-9M 类焊丝以 75%～80%Ar+CO_2 作为保护气体。使用减少了 Ar 含量的 Ar+CO_2 混合气体或使用 CO_2 作为保护气体，将导致电弧性能和不适当位置焊接性能的变坏。另外，焊缝中锰和硅含量会减少，也将对焊缝金属的性能产生某些影响。

E×××T-9 和 E×××T-9M 类焊丝用于单道和多道焊接，大直径焊丝（通常不小于 2.0mm）用于平焊位置和横焊位置角焊缝焊接，小直径焊丝（通常不大于 1.6mm）常用于全位置焊接。

E×××T-9 和 E×××T-9M 的熔滴过渡、焊接特性和熔敷速度与 E×××T-1 和 E×××T-1M 相类似。E×××T-9 和 E×××T-9M 在 E×××T-1 和 E×××T-1M 基础上冲击韧性有所改进。

⑩ E×××T-10 类　此类焊丝是自保护型，采用直流正接（DCEN）操作，以细熔滴形式过渡，用于任何厚度材料的平焊、横焊和立焊（最多倾斜 20°）位置的高速单道焊接。

⑪ E×××T-11 类　此类焊丝是自保护型，采用直流正接（DCEN）操作，具有平稳的喷射过渡，一般用于全位置单道和多道焊。除非保证预热和道间温度控制，一般不推荐用于厚度超过 19mm 的钢材，对特定的推荐应向焊丝制造商咨询。

⑫ E×××T-12 和 E×××T-12M 类　此类焊丝是在 E×××T-1 和 E×××T-1M 类基础上，改善了熔敷金属冲击韧性，降低了熔敷金属中的锰含量，满足 ASME《锅炉和压力容器规程》第Ⅸ章中 A-1 组化学成分要求，抗拉强度和硬度相应降低。因为焊接工艺会影响熔敷金属性能，所以要求使用者在应用中以要求的硬度作为检验硬度的条件。该类焊丝的熔滴过渡、焊接性能和熔敷速度与 E×××T-1 和 E×××T-1M 类相似。

⑬ E×××T-13 类　此类焊丝为自保护型，以直流正接（DCEN）操作，通常以短弧焊接，渣系能够保证焊丝用于管道环焊缝根部焊道的全位置焊接，可用于各种壁厚的管道，但只推荐用于第一道，一般不推荐用于多道焊。

⑭ E×××T-14 类　此焊丝为自保护型，以直流正接（DCEN）操作，具有平稳的喷射过渡，其特点是全位置和高速焊接，用于厚度不超过 4.8mm 的板材焊接，常用于镀锌、镀铝钢材和其他涂层钢板，因这类焊丝对母材硬化的影响敏感，通常不推荐用于下列情况：

a. 母材厚度超过 4.8mm 的 T 形或搭接接头。

b. 母材厚度超过 6.4mm 的对接、端接或角接接头。

特殊的推荐应向制造商咨询。

⑮ E×××T-G 类　此类焊丝用于多道焊，是现有确定分类中所没有涉及的，除规定熔敷金属化学成分和拉伸性能外，对这类焊丝的要求未作规定，应由供需双方协商。

⑯ E×××T-GS 类　该类焊丝用于单道焊，是现有确定分类中所没有涉及的，除规定抗拉强度外，对这类焊丝的要求未作规定，应由供需双方协商。

5.2.6　低合金钢药芯焊丝（GB/T 17493—2008）

【用途】 适用于电弧焊。

【规格】

(1) 低合金钢药芯焊丝分类

焊丝按药芯类型分为非金属粉型药芯焊丝和金属粉型药芯焊丝。

非金属粉型药芯焊丝按化学成分分为钼钢、铬钼钢、镍钢、锰钼钢和其他低合金钢等五类；

金属粉型药芯焊丝按化学成分分为铬钼钢、镍钢、锰钼钢和其他低合金钢等四类。

(2) 低合金钢药芯焊丝型号划分

非金属粉型药芯焊丝型号按熔敷金属的抗拉强度和化学成分、焊接位置、药芯类型和保护气体进行划分；金属粉型药芯焊丝型号按熔敷金属的抗拉强度和化学成分进行划分。

(3) 低合金钢药芯焊丝型号编制方法及示例

① 非金属粉型药芯焊丝　焊丝型号为E×××T×-××（-J H×），其中字母“E”表示焊丝；字母“T”表示非金属粉型药芯焊丝，其他符号说明如下：

a. 熔敷金属抗拉强度：以字母“E”后面的前两个符号“××”表示熔敷金属的最低抗拉强度。

b. 焊接位置：以字母“E”后面的第3个符号“×”表示推荐的焊接位置，见表1-5-70（其中“0”表示平焊和横焊位置，“1”表示全位置）。

c. 药芯类型：以字母“T”后面的符号“×”表示药芯类型及电流种类，见表1-5-70。

d. 熔敷金属化学成分：以第一个“-”短划后面的符号“×”表示熔敷金属化学成分代号。

e. 保护气体：以化学成分代号后面的符号“×”表示保护气体类型：“C”表示CO_2气体，“M”表示Ar+(20%~25%) CO_2混合气体，当该位置没有符号出现时，表示不采用保护气体，为自保护型，见表1-5-70。

f. 更低温度的冲击性能（可选附加代号）：型号中出现第二个短划“-”及字母“J”时，表示焊丝具有更低温度的冲击性能。

g. 熔敷金属扩散氢含量（可选附加代号）：型号中出现第二个短划“-”及字母“H×”时，表示熔敷金属扩散氢含量，×为扩散氢含量最大值。

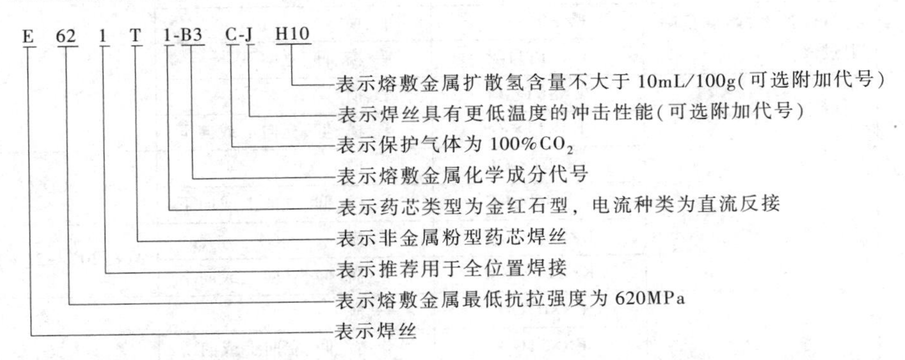

注：可选附加代号既不是分类的一部分，也不是型号的一部分，仅用于识别已经满足供需双方商定的某些附加要求。

② 金属粉型药芯焊丝　焊丝型号为E××C-×（-H×），其中字母“E”表示焊丝；字母“C”表示金属粉型药芯焊丝，其他符号说明如下：

a. 熔敷金属抗拉强度：以字母“E”后面的两个符号“××”表示熔敷金属的最低抗拉强度。

b. 熔敷金属化学成分：以第一个“-”短划后面的符号“×”表示熔敷金属化学成分代号。

c. 熔敷金属扩散氢含量（可选附加代号）：型号中出现第二个短划“-”及字母“H×”时，表示熔敷金属扩散氢含量，×为扩散氢含量最大值。

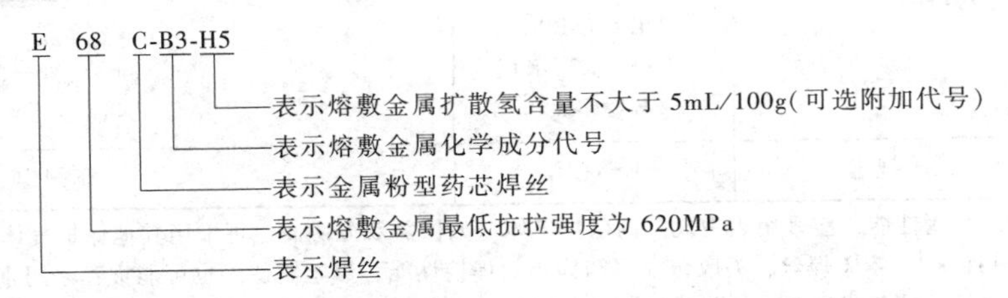

注：可选附加代号既不是分类的一部分，也不是型号的一部分，仅用于识别已经满足供需双方商定的某些附加要求。

(4) 低合金钢药芯焊丝药芯类型、焊接位置、保护气体及电流种类

表 1-5-70 低合金钢药芯焊丝药芯类型、焊接位置、保护气体及电流种类（GB/T 17493—2008）

焊丝	药芯类型	药芯特点	型号	焊接位置	保护气体①	电流种类
非金属粉型	1	金红石型，熔滴呈喷射过渡	E××0T1-×C	平、横	CO_2	直流反接
			E××0T1-×M		Ar+(20%~25%)CO_2	
			E××1T1-×C	平、横、仰、立向上	CO_2	
			E××1T1-×M		Ar+(20%~25%)CO_2	
	4	强脱硫、自保护型，熔滴呈粗滴过渡	E××0T4-×	平、横	—	
	5	氧化钙-氟化物型，熔滴呈粗滴过渡	E××0T5-×C		CO_2	
			E××0T5-×M		Ar+(20%~25%)CO_2	
			E××1T5-×C	平、横、仰、立向上	CO_2	直流反接或正接②
			E××1T5-×M		Ar+(20%~25%)CO_2	
	6	自保护型，熔滴呈喷射过渡	E××0T6-×	平、横	—	直流反接
	7	强脱硫、自保护型，熔滴呈喷射过渡	E××0T7-×			直流正接
			E××1T7-×	平、横、仰、立向上		
	8	自保护型，熔滴呈喷射过渡	E××0T8-×	平、横		
			E××1T8-×	平、横、仰、立向上		
	11	自保护型，熔滴呈喷射过渡	E××0T11-×	平、横		
			E××1T11-×	平、横、仰、立向下		
	×③	③	E××0T×-G	平、横		③
			E××1T×-G	平、横、仰、立向上或向下		
			E××0T×-GC	平、横	CO_2	
			E××1T×-GC	平、横、仰、立向上或向下		
			E××0T×-GM	平、横	Ar+(20%~25%)CO_2	
			E××1T×-GM	平、横、仰、立向上或向下		
	G	不规定	E××0TG-×	平、横	不规定	不规定
			E××1TG-×	平、横、仰、立向上或向下		
			E××0TG-G	平、横		
			E××1TG-G	平、横、仰、立向上或向下		
金属粉型		主要为纯金属和合金，熔渣极少，熔滴呈喷射过渡	E××C-B2，-B2L E××C-B3，-B3L E××C-B6，-B8 E××C-Ni1，-Ni2，-Ni3 E××C-D2	不规定	Ar+(1%~5%)O_2	不规定
			E××C-B9 E××C-K3，-K4 E××C-W2		Ar+(5%~25%)CO_2	
		不规定	E××C-G	不规定		

① 为保证焊缝金属性能，应采用表中规定的保护气体。如供需双方协商也可采用其他保护气体。

② 某些 E××1T5-×C、-×M 焊丝，为改善立焊和仰焊的焊接性能，焊丝制造厂也可能推荐采用直流正接。

③ 可以是上述任一种药芯类型，其药芯特点及电流种类应符合该类药芯焊丝相对应的规定。

(5) 低合金钢药芯焊丝的化学成分

表 1-5-71　　低合金钢药芯焊丝熔敷金属化学成分（质量分数）（GB/T 17493—2008）　　%

型号	C	Mn	Si	S	P	Ni	Cr	Mo	V	Al	Cu	其他元素总量
非金属粉型　钼钢焊丝												
E49×T5-A1C,-A1M E55×T1-A1C,-A1M	0.12	1.25	0.80	0.030	0.030			0.40~0.65			—	—
非金属粉型　铬钼钢焊丝												
E55×T1-B1C,-B1M	0.05~0.12						0.40~0.65					
E55×T1-B1LC,-B1LM	0.05											
E55×T1-B2C,-B2M E55×T5-B2C,-B2M	0.05~0.12							0.40~0.65				
E55×T1-B2LC,-B2LM E55×T5-B2LC,-B2LM	0.05		0.80		0.030		1.00~1.50				—	
E55×T1-B2HC,-B2HM	0.10~0.15											
E62×T1-B3C,-B3M E62×T5-B3C,-B3M E69×T1-B3C,-B3M	0.05~0.12											
E62×T1-B3LC,-B3LM	0.05	1.25		0.030			2.00~2.50	0.90~1.20				
E62×T1-B3HC,-B3HM	0.10~0.15											
E55×T1-B6C,-B6M E55×T5-B6C,-B6M	0.05~0.12				0.040		4.0~6.0	0.45~0.65				
E55×T1-B6LC,-B6LM E55×T5-B6LC,-B6LM	0.05		1.00			0.40					0.50	
E55×T1-B8C,-B8M E55×T5-B8C,-B8M	0.05~0.12											
E55×T1-B8LC,-B8LM E55×T5-B8LC,-B8LM	0.05				0.030		8.0~10.5	0.85~1.20				
E62×T1-B9C[3],-B9M[1]	0.08~0.13	1.20	0.50	0.015	0.020	0.80			0.15~0.30	0.04	0.25	
非金属粉型　镍钢焊丝												
E43×T1-Ni1C,-Ni1M E49×T1-Ni1C,Ni1M E49×T6-Ni1 E49×T8-Ni1 E55×T1-Ni1C,-Ni1M E55×T5-Ni1C,-Ni1M	0.12	1.50	0.80	0.030	0.030	0.80~1.10	0.15	0.35	0.05	1.8[2]	—	—

续表

型号	C	Mn	Si	S	P	Ni	Cr	Mo	V	Al	Cu	其他元素总量
非金属粉型　镍钢焊丝												
E49×T8-Ni2 E55×T8-Ni2 E55×T1-Ni2C,-Ni2M E55×T5-Ni2C,-Ni2M E62×T1-Ni2C,-Ni2M	0.12	1.50	0.80	0.030	0.030	1.75~2.75	—	—	—	1.8②	—	—
E55×T5-Ni3C,-Ni3M③ E62×T5-Ni3C,-Ni3M E55×T11-Ni3						2.75~3.75						
非金属粉型　锰钼钢焊丝												
E62×T1-D1C,-D1M	0.12	1.25~2.00	0.80	0.030	0.030	—	—	0.25~0.55			—	—
E62×T5-D2C,-D2M E69×T5-D2C,-D2M	0.15	1.65~2.25										
E62×T1-D3C,-D3M	0.12	1.00~1.75						0.40~0.65				
非金属粉型　其他低合金钢焊丝												
E55×T5-K1C,-K1M	0.15	0.80~1.40	0.80	0.030	0.030	0.80~1.10	0.15	0.20~0.65	0.05	1.8②	—	—
E49×T4-K2 E49×T7-K2 E49×T8-K2 E49×T11-K2 E55×T8-K2 E55×T1-K2C,-K2M E55×T5-K2C,-K2M E62×T1-K2C,-K2M E62×T5-K2C,-K2M		0.50~1.75				1.00~2.00		0.35				
E69×T1-K3C,-K3M E69×T5-K3C,-K3M E76×T1-K3C,-K3M E76×T5-K3C,-K3M		0.75~2.25				1.25~2.60		0.25~0.65		—		
E76×T1-K4C,-K4M E76×T5-K4C,-K4M E83×T5-K4C,-K4M		1.20~2.25				1.75~2.60	0.20~0.60	0.20~0.65	0.03			
E83×T1-K5C,-K5M	0.10~0.25	0.60~1.60				0.75~2.00	0.20~0.70	0.15~0.55	0.05			
E49×T5-K6C,K6M E43×T8-K6 E49×T8-K6	0.15	0.50~1.50				0.40~1.00	0.20	0.15		1.8②		

续表

型号	C	Mn	Si	S	P	Ni	Cr	Mo	V	Al	Cu	其他元素总量
非金属粉型 其他低合金钢焊丝												
E69×T1-K7C,-K7M	0.15	1.00~1.75	0.80	0.030	0.030	2.00~2.75	0.20	—	—	—	—	—
E62×T8-K8	0.15	1.00~2.00	0.40	0.030	0.030	0.50~1.50	0.20	0.20	0.05	1.8②	—	—
E69×T1-K9C,-K9M	0.07	0.50~1.50	0.60	0.015	0.015	1.30~3.75	0.20	0.50	0.05	—	0.06	—
E55×T1-W2C,-W2M	0.12	0.50~1.30	0.35~0.80	0.030	0.030	0.40~0.80	0.45~0.70	—	—	—	0.30~0.75	—
E×××T×-G③,-GC③,-GM③ E×××TG-G③	—	≥0.50	1.00	0.030	0.030	≥0.50	≥0.30	≥0.20	≥0.10	1.8②	—	—
金属粉型 铬钼钢焊丝												
E55C-B2	0.05~0.12	0.40~1.00	0.25~0.60	0.030	0.025	0.20	1.00~1.50	0.40~0.65	0.03	—	—	0.50
E49C-B2L	0.05	0.40~1.00	0.25~0.60	0.030	0.025	0.20	1.00~1.50	0.40~0.65	0.03	—	0.35	0.50
E62C-B3	0.05~0.12	0.40~1.00	0.25~0.60	0.030	0.025	0.20	2.00~2.50	0.90~1.20	0.03	—	0.35	0.50
E55C-B3L	0.05	0.40~1.00	0.25~0.60	0.030	0.025	0.20	2.00~2.50	0.90~1.20	0.03	—	0.35	0.50
E55C-B6	0.10	0.40~1.00	0.25~0.60	0.025	0.025	0.60	4.50~6.00	0.45~0.65	0.03	—	0.35	0.50
E55C-B8	0.10	0.40~1.00	0.25~0.60	0.025	0.025	0.20	8.00~10.50	0.80~1.20	0.03	—	0.35	0.50
E62C-B9④	0.08~0.13	1.20	0.50	0.015	0.020	0.80	8.00~10.50	0.85~1.20	0.15~0.30	0.04	0.20	0.50
金属粉型 镍钢焊丝												
E55C-Ni1	0.12	1.50	0.90	0.030	0.025	0.80~1.10	—	0.30	0.03	—	0.35	0.50
E49C-Ni2	0.08	1.25	0.90	0.030	0.025	1.75~2.75	—	—	0.03	—	0.35	0.50
E55C-Ni2	0.12	1.50	0.90	0.030	0.025	1.75~2.75	—	—	0.03	—	0.35	0.50
E55C-Ni3	0.12	1.50	0.90	0.030	0.025	2.75~3.75	—	—	0.03	—	0.35	0.50
金属粉型 锰钼钢焊丝												
E62C-D2	0.12	1.00~1.90	0.90	0.030	0.025	—	—	0.40~0.60	0.03	—	0.35	0.50
金属粉型 其他低合金钢焊丝												
E62C-K3	0.15	0.75~2.25	0.80	0.025	0.025	0.50~2.50	0.15	0.25~0.65	0.03	—	0.35	0.50
E69C-K3	0.15	0.75~2.25	0.80	0.025	0.025	0.50~2.50	0.15	0.25~0.65	0.03	—	0.35	0.50
E76C-K3	0.15	0.75~2.25	0.80	0.025	0.025	0.50~2.50	0.15	0.25~0.65	0.03	—	0.35	0.50
E76C-K4	0.15	0.75~2.25	0.80	0.025	0.025	0.50~2.50	0.15~0.65	0.25~0.65	0.03	—	0.35	0.50
E83C-K4	0.15	0.75~2.25	0.80	0.025	0.025	0.50~2.50	0.15~0.65	0.25~0.65	0.03	—	0.35	0.50
E55C-W2	0.12	0.50~1.30	0.35~0.80	0.030	0.025	0.40~0.80	0.45~0.70	0.25~0.65	0.03	—	0.30~0.75	0.50
E××C-G⑤	—	—	—	—	—	≥0.50	≥0.30	≥0.20	—	—	—	—

① Nb：0.02%~0.10%；N：0.02%~0.07%；（Mn+Ni）≤1.50%。

② 仅适用于自保护焊丝。

③ 对于E×××T×-G和E×××TG-G型号，元素Mn、Ni、Cr、Mo或V至少有一种应符合要求。

④ Nb：0.02%~0.10%；N：0.03%~0.07%；（Mn+Ni）≤1.50%。

⑤ 对于E××C-G型号，元素Ni、Cr或Mo至少有一种应符合要求。

注：除另有注明外，所列单值均为最大值。

（6）低合金钢药芯焊丝熔敷金属的力学性能

表 1-5-72　低合金钢药芯焊丝熔敷金属的力学性能（GB/T 17493—2008）

型　号[①]	试样状态	抗拉强度 R_m/MPa	规定非比例延伸强度 $R_{p0.2}$/MPa	伸长率 A/%	冲击性能[②] 吸收功 A_{kV}/J	冲击性能[②] 试验温度/℃
非金属粉型						
E49×T5-A1C,-A1M	焊后热处理	490~620	≥400	≥20	≥27	-30
E55×T1-A1C,-A1M	焊后热处理	550~690	≥470	≥19	—	—
E55×T1-B1C,-B1M,-B1LC,-B1LM	焊后热处理	550~690	≥470	≥19	—	—
E55×T1-B2C,-B2M,-B2LC,-B2LM,-B2HC,-B2HM E55×T5-B2C,-B2M,-B2LC,-B2LM	焊后热处理	550~690	≥470	≥19	—	—
E62×T1-B3C,-B3M,-B3LC,-B3LM,-B3HC,-B3HM E62×T5-B3C,-B3M	焊后热处理	620~760	≥540	≥17	—	—
E69×T1-B3C,-B3M	焊后热处理	690~830	≥610	≥16	—	—
E55×T1-B6C,-B6M,-B6LC,-B6LM E55×T5-B6C,-B6M,-B6LC,-B6LM	焊后热处理	550~690	≥470	≥19	—	—
E55×T1-B8C,-B8M,-B8LC,-B8LM E55×T5-B8C,-B8M,-B8LC,-B8LM	焊后热处理	550~690	≥470	≥19	—	—
E62×T1-B9C,-B9M	焊后热处理	620~830	≥540	≥16	—	—
E43×T1-Ni1C,-Ni1M	焊态	430~550	≥340	≥22	≥27	-30
E49×T1-Ni1C,Ni1M	焊态	490~620	≥400	≥20	≥27	-30
E49×T6-Ni1	焊态	490~620	≥400	≥20	≥27	-30
E49×T8-Ni1	焊态	490~620	≥400	≥20	≥27	-30
E55×T1-Ni1C,-Ni1M	焊态	550~690	≥470	≥19	≥27	-30
E55×T5-Ni1C,-Ni1M	焊后热处理	550~690	≥470	≥19	≥27	-50
E49×T8-Ni2	焊态	490~620	≥400	≥20	≥27	-30
E55×T8-Ni2	焊态	550~690	≥470	≥19	≥27	-30
E55×T1-Ni2C,-Ni2M	焊态	550~690	≥470	≥19	≥27	-40
E55×T5-Ni2C,-Ni2M	焊后热处理	550~690	≥470	≥19	≥27	-60
E62×T1-Ni2C,-Ni2M	焊态	620~760	≥540	≥17	≥27	-40
E55×T5-Ni3C,-Ni3M	焊后热处理	550~690	≥470	≥19	≥27	-70
E62×T5-Ni3C,-Ni3M	焊后热处理	620~760	≥540	≥17	≥27	-70
E55×T11-Ni3	焊态	550~690	≥470	≥19	≥27	-20
E62×T1-D1C,-D1M	焊态	620~760	≥540	≥17	≥27	-40
E62×T5-D2C,-D2M	焊后热处理	620~760	≥540	≥17	≥27	-50
E69×T5-D2C,-D2M	焊后热处理	690~830	≥610	≥16	≥27	-40
E62×T1-D3C,-D3M	焊态	620~760	≥540	≥17	≥27	-30
E55×T5-K1C,-K1M	焊态	550~690	≥470	≥19	≥27	-40
E49×T4-K2	焊态	490~620	≥400	≥20	≥27	-20
E49×T7-K2	焊态	490~620	≥400	≥20	≥27	-30
E49×T8-K2	焊态	490~620	≥400	≥20	≥27	-30
E49×T11-K2	焊态	490~620	≥400	≥20	≥27	0
E55×T8-K2 E55×T1-K2C,-K2M E55×T5-K2C,-K2M	焊态	550~690	≥470	≥19	≥27	-30
E62×T1-K2C,-K2M	焊态	620~760	≥540	≥17	≥27	-20
E62×T5-K2C,-K2M	焊态	620~760	≥540	≥17	≥27	-50
E69×T1-K3C,-K3M	焊态	690~830	≥610	≥16	≥27	-20
E69×T5-K3C,-K3M	焊态	690~830	≥610	≥16	≥27	-50
E76×T1-K3C,-K3M	焊态	760~900	≥680	≥15	≥27	-20
E76×T5-K3C,-K3M	焊态	760~900	≥680	≥15	≥27	-50
E76×T1-K4C,-K4M	焊态	760~900	≥680	≥15	≥27	-20

续表

型号[1]	试样状态	抗拉强度 R_m/MPa	规定非比例延伸强度 $R_{p0.2}$/MPa	伸长率 A /%	冲击性能[2] 吸收功 A_{kV}/J	冲击性能[2] 试验温度 /℃
非金属粉型						
E76×T5-K4C,-K4M	焊态	760~900	≥680	≥15	≥27	-50
E83×T5-K4C,-K4M		830~970	≥745	≥14		
E83×T1-K5C,-K5M					—	
E49×T5-K6C,-K6M		490~620	≥400	≥20	≥27	-60
E43×T8-K6		430~550	≥340	≥22		-30
E49×T8-K6		490~620	≥400	≥20		
E69×T1-K7C,-K7M		690~830	≥610	≥16		-50
E62×T8-K8		620~760	≥540	≥17		-30
E69×T1-K9C,-K9M		690~830[3]	560~670	≥18	≥47	-50
E55×T1-W2C,-W2M		550~690	≥470	≥19	≥27	-30
金属粉型						
E49C-B2L	焊后热处理	≥515	≥400	≥19	—	
E55C-B2		≥550	≥470			
E55C-B3L				≥17		
E62C-B3		≥620	≥540			
E55C-B6		≥550	≥470			
E55C-B8						
E62C-B9		≥620	≥410	≥16		
E49C-Ni2		≥490	≥400	≥24	≥27	-60
E55C-Ni1	焊态	≥550	≥470			-45
E55C-Ni2	焊后热处理					-60
E55C-Ni3						-75
E62C-D2	焊态	≥620	≥540	≥17		-30
E62C-K3				≥18		-50
E69C-K3		≥690	≥610	≥16		
E76C-K3		≥760	≥680	≥15		
E76C-K4						
E83C-K4		≥830	≥750	≥15		
E55C-W2		≥550	≥470	≥22		-30

① 在实际型号中"×"用相应的符合替代。

② 非金属粉型焊丝型号中带有附加代号"J"时，对于规定的冲击吸收功，试验温度应降低 10℃。

③ 对于 E69×T1-K9C、-K9M 所示的抗拉强度范围不是要求值，而是近似值。

注：1. 对于 E×××T×-G、-GC、-GM、E×××TG-×和 E×××TG-G 型焊丝，熔敷金属冲击性能由供需双方商定。

2. 对于 E××C-G 型焊丝，除熔敷金属抗拉强度外，其他力学性能由供需双方商定。

(7) 低合金钢药芯焊丝熔敷金属扩散氢含量

表 1-5-73　低合金钢药芯焊丝熔敷金属扩散氢含量（GB/T 17493—2008）

扩散氢可选附加代号	扩散氢含量(水银法或色谱法)/(mL/100g)	扩散氢可选附加代号	扩散氢含量(水银法或色谱法)/(mL/100g)
H15	≤15.0	H5	≤5.0
H10	≤10.0		

(8) 低合金钢药芯焊丝尺寸

表 1-5-74　低合金钢药芯焊丝尺寸及极限偏差（GB/T 17493—2008）　mm

焊丝直径	极限偏差	焊丝直径	极限偏差
0.8、0.9、1.0、1.2、1.4	+0.02 -0.05	3.0、3.2、4.0	+0.02 -0.07
1.6、1.8、2.0、2.4、2.8	+0.02 -0.06		

注：根据供需双方协商，可生产其他尺寸的焊丝。

表 1-5-75　　低合金钢药芯焊丝包装尺寸及净质量（GB/T 17493—2008）

包装形式	尺寸/mm		净质量/kg
卷装(无支架)	由供需双方商定		
卷装(有支架)	内径	170	5、6、7
		300	10、15、20、25、30
盘装	外径	100	0.5、1.0
		200	4、5、7
		270、300	10、15、20
		350	20、25
		560	100
		610	150
		760	250、350、450
桶装	外径	400	由供需双方商定
		500	
		600	150、300

有支架焊丝卷的包装尺寸

焊丝净质量/kg	芯轴内径/mm	绕至最大宽度/mm
5、6、7	170±3	75
10、15	300±3	65 或 120
20、25、30	300±3	120

注：根据供需双方协议，可包装其他净质量的焊丝。

(9) 低合金钢药芯焊丝简要说明

① 非金属粉型焊丝的说明及应用　非金属粉型焊丝的药芯以造渣的矿物质粉为主，含有部分纯金属粉和合金粉。

a. 对于一种给定的焊丝，除非特别注意焊接工艺、试样制备细节（甚至试样在焊缝中的位置）、试验温度和试验机的操作等，否则一块试件与另一块试件，甚至一个冲击试样与另一个冲击试样的试验结果之间可能存在明显的差别。

b. 气体保护和自保护焊丝，其熔敷金属的碳含量对淬硬性的作用是不同的。气体保护焊丝通常采用 Mn-Si 脱氧系统，碳含量对硬度的影响可遵从于许多典型的碳当量公式。许多自保护焊丝采用铝合金体系来提供保护和脱氧，铝的作用之一是改善碳对淬硬性的作用。因此，采用自保护焊丝获得的硬度水平要低于典型的碳当量公式的指示水平。

c. E××0T×-××型药芯焊丝主要推荐用于平焊和横焊位置，但在焊接中采用适当的电流和较小的焊丝尺寸，也可用在其他位置上。对于直径小于 2.4mm 的焊丝，使用制造厂推荐的电流范围的下限，就可以用于立焊和仰焊。其他较大直径的焊丝通常用于平焊和横焊位置的焊接。

d. 本标准焊丝型号 E×××T×-××中 T 后面的×（1、4、5、6、7、8、11 或 G）表示不同的药芯类型，每类焊丝有类似药芯成分，具有特殊的焊接性能及类似的渣系。但“G”类焊丝除外，其每个焊丝之间工艺特性可能差别很大。

• E×××T1-××类焊丝。E×××T1-×C 类焊丝按本标准采用 CO_2 作保护气体，但是在制造者推荐用于改进工艺性能时，尤其是用于立焊和仰焊时，也可以采用 $Ar+CO_2$ 的混合气体，混合气体中增加 Ar 的含量会增加焊缝金属中锰和硅的含量，以及铬等某些其他合金的含量。这会提高屈服强度和抗拉强度，并可能影响冲击性能。

E×××T1-×M 类焊丝按本标准采用 Ar+(20%~25%)CO_2 作保护气体。采用减少 Ar 含量的 Ar/CO_2 混合气体或采用 CO_2 保护气体会导致电弧特性和立焊及仰焊焊接特性发生某些变化，同时可能减少焊缝金属中锰、硅和某些其他合金成分的含量，这会降低屈服强度和抗拉强度，并可能影响冲击性能。

该类焊丝用于单道焊和多道焊，采用直流反接。大直径（≥2.0mm）焊丝可用于平焊和平角焊，小直径（≤1.6mm）可用于全位置焊，该类焊丝药芯为金红石型，熔滴呈喷射过渡，飞溅小，焊缝成型较平或呈微凸状，熔渣适中，覆盖完全。

- E×××T4-×类焊丝。该类焊丝是自保护型，采用直流反接。用于平焊位置和横焊位置的单道焊或多道焊，尤其可用来焊接装配不良的接头。该类焊丝药芯具有强脱硫能力，熔滴呈粗滴过渡，焊链金属抗裂性能良好。
- E×××T5-××类焊丝。E×××T5-×C、-×M 类焊丝也可如 E×××T1-×C、-×M 类焊丝一样，在实际生产中根据需要分别对保护气体稍作调整。

E××0T5-××类焊丝主要用于平焊位置和平角焊位置的单道焊和多道焊，根据制造厂的推荐采用直流反接或正接。该类焊丝药芯为氧化钙-氟化物型，熔滴呈粗滴过渡，焊道成型为微凸状，熔渣薄且不能完全覆盖焊道，焊缝金属具有优良的冲击性能及抗热裂和冷裂性能。

某些 E××1T5-××类焊丝采用直流正接可用于全位置焊接。

- E×××T6-×类焊丝。该类焊丝是自保护型，采用直流反接，熔滴呈喷射过渡，焊缝熔深大，易脱渣，可用于平焊和横焊位置的单道焊或多道焊。焊缝金属具有较高的低温冲击性能。
- E×××T7-×类焊丝。该类焊丝是自保护型，采用直流正接，熔滴呈喷射过渡，用于单道焊或多道焊。大直径焊丝用于高熔敷率的平焊和横焊，小直径焊丝用于全位置焊接。焊丝药芯有强脱硫能力，焊缝金属具有很好的抗裂性能。
- E×××T8-×类焊丝。该类焊丝是自保护型，采用直流正接，熔滴呈喷射过渡，可用于全位置的单道焊或多道焊。焊缝金属具有良好的低温冲击性能和抗裂性能。
- E×××T11-×类焊丝。该类焊丝是自保护型，采用直流正接，熔滴呈喷射过渡，适用于全位置单道焊或多道焊。有关板厚方面的限制可向制造厂咨询。
- E×××T×-G、E×××TG-×、E×××TG-G 类焊丝。该类焊丝设定为以上确定类别之外的一种药芯焊丝，熔敷金属的拉伸性能应符合本标准的要求，分类代号中的“G”表示合金元素的要求，熔敷金属的冲击性能、试样状态、药芯类型、保护气体或焊接位置等等，需由供需双方商定。

② 金属粉型焊丝的说明及应用　金属粉型焊丝的药芯以纯金属粉和合金粉为主，熔渣极少，熔敷效率较高，可用于单道或多道焊。

a. E55C-B2 型焊丝。该类焊丝用于焊接在高温和腐蚀情况下使用的 1/2Cr-1/2Mo、1Cr-1/2Mo 和 1-1/4Cr-1/2Mo 钢。它们也用作 Cr-Mo 钢与碳钢的异种钢连接，可呈现喷射、短路或粗滴等过渡形式。控制预热，道间温度和焊后热处理对避免裂纹非常重要。

b. E49C-B2L 型焊丝。该类焊丝除了低碳含量（≤0.05%）及由此带来较低的强度水平外，与 E55C-B2 型焊丝是一样的。同时硬度也有所降低，并在某些条件下改善抗腐蚀性能，具有较好的抗裂性。

c. E62C-B3 型焊丝。该类焊丝用于焊接高温、高压管子和压力容器用 2-1/4Cr-1Mo 钢。它们也可用来连接 Cr-Mo 钢与碳钢。控制预热、道间温度和焊后热处理对避免裂纹非常重要。该类焊丝在焊后热处理状态下进行分类，当它们在焊态下使用时，由于强度较高，应谨慎。

d. E55C-B3L 型焊丝。该类焊丝除了低碳含量（≤0.05%）和强度较低外，与 E62C-B3 型焊丝是一样的，具有较好的抗裂性。

e. E55C-Ni1 型焊丝。该类焊丝用于焊接在-45℃低温下要求良好韧性的低合金高强度钢。

f. E49C-Ni2、E55C-Ni2 型焊丝。该类焊丝用于焊接 2.5Ni 钢和在-60℃低温下要求良好韧性的材料。

g. E55C-Ni3 型焊丝。该类焊丝通常用于焊接低温运行的 3.5Ni 钢。

h. E62C-D2 型焊丝。该类焊丝含有钼，提高了强度，当采用 CO_2 作为保护气体焊接时，提供高效的脱氧剂来控制气孔。在常用的和难焊的碳钢与低合金钢中，它们可提供射线照相高质量的焊缝及极好的焊缝成型。采用短路和脉冲弧焊方法时，它们显示出极好的多种位置的焊接特性。焊缝致密性与强度的结合使得该类焊丝适合于碳钢与低合金高强度钢在焊态和焊后热处理状态的单道焊和多道焊。

i. E55C-B6 型焊丝。该类焊丝含有 4.5%~6.0%Cr 和约 0.5%Mo，是一种空气淬硬的材料，焊接时要求预热和焊后热处理，用于焊接相似成分的管材。

j. E55C-B8 型焊丝。该类焊丝含有 8.0%~10.5%Cr 和约 1.0%Mo，是一种空气淬硬的材料，焊接时要求预热和焊后热处理，用于焊接相似成分的管材。

k. E62C-B9 型焊丝。该类焊丝是 9Cr-1Mo 焊丝的改型，其中加入 Nb 和 V，可提高高温下的强度、韧性、疲劳寿命，抗氧化性和耐腐蚀性能。除了本标准的分类要求外，应确定冲击韧性或高温蠕变强度。由于 C 和 Nb 不同含量的影响，规定值和试验要求必须由供需双方协商确定。

该类焊丝的热处理非常关键，必须严格控制。显微组织完全转变为马氏体的温度相对较低，因此，在完成焊接和进行焊后热处理之前，建议使焊件冷却到至少100℃，使其尽可能多地转变成马氏体。允许的最高焊后热处理温度也是很关键的，因为珠光体向奥氏体转变的开始温度 A_{c1} 也相对较低，当焊后热处理温度接近 A_{c1}，可能引起微观组织的部分转变。为有助于进行合适的焊后热处理，提出了限制（Mn+Ni）的含量。Mn 和 Ni 会降低 A_{c1} 温度，通过限制 Mn+Ni，焊后热处理温度将比 A_{c1} 足够低，以避免发生部分转变。

l. E62C-K3、E69C-K3 和 E76C-K3 型焊丝。该类焊丝焊缝金属的典型成分为 1.5%Ni 和不大于 0.35%Mo。这些焊丝用于许多最低屈服强度为 550~760MPa 的高强度应用中，主要在焊态下使用。典型的应用包括船舶焊接、海上平台结构焊接以及其他许多要求低温韧性的钢结构焊接。

该类型的其他焊丝的熔敷金属 Mn、Ni 和 Mo 较高，通常具有高的强度。

m. E76C-K4 和 E83C-K4 型焊丝。该类焊丝与 E××C-K3 型焊丝产生相似的熔敷金属，但加有约 0.5%的 Cr，提高了强度，满足了超过 830MPa 抗拉强度的许多应用需求。

n. E55C-W2 型焊丝。该类焊丝的焊缝金属中加入约 0.5%的 Cu，可与许多耐腐蚀的耐候结构钢相匹配。为满足焊缝金属强度、塑性和缺口韧性要求，也推荐加入 Cr 和 Ni。

o. E××C-G 型焊丝。该类焊丝设定为以上确定类别之外的一种药芯焊丝，熔敷金属的抗拉强度应符合本标准的要求，分类代号中的“G”表示合金元素的要求、熔敷金属的其他力学性能、试样状态、保护气体等，需由供需双方商定。

5.2.7 不锈钢药芯焊丝（GB/T 17853—1999）

【用途】 适用于电弧焊不锈钢药芯焊丝及钨极惰性气体保护焊。这类焊丝芯部所含非金属组分应不小于焊丝总重的 5%，熔敷金属中铬含量应不小于 10.50%，铁含量应大于其他任一元素含量。

【规格】

（1）不锈钢药芯焊丝型号划分

焊丝型号分类依据是：熔敷金属化学成分、焊接位置、保护气体及焊接电流类型。

（2）不锈钢药芯焊丝型号编制方法

焊丝型号表示方法为：E（R）××××T×-×。字母“E”表示焊丝；字母“R”表示填充焊丝；后面用三位或四位数字表示焊丝熔敷金属化学成分分类代号；如有特殊要求的化学成分，将其元素符号附加在数字后面，或者用“L”表示碳含量较低、“H”表示碳含量较高、“K”表示焊丝应用于低温环境；最后用“T”表示药芯焊丝，之后用一位数字表示焊接位置，“0”表示焊丝适用于平焊位置或横焊位置焊接，“1”表示焊丝适用于全位置焊接；“-”后面的数字表示保护气体及焊接电流类型，见表 1-5-76。

表 1-5-76　不锈钢药芯焊丝保护气体、电流类型及焊接方法（GB/T 17853—1999）

型　号	保护气体	电流类型	焊接方法
E×××T×-1	CO_2	直流反接	FCAW
E×××T×-3	无（自保护）		
E×××T×-4	75%~80%Ar+CO_2		
R×××T1-5	100%Ar	直流正接	GTAW
E×××T×-G	不规定	不规定	FCAW
R×××T1-G			GTAW

注：FCAW 为药芯焊丝电弧焊，GTAW 为钨极惰性气体保护焊。

（3）不锈钢药芯焊丝型号示例

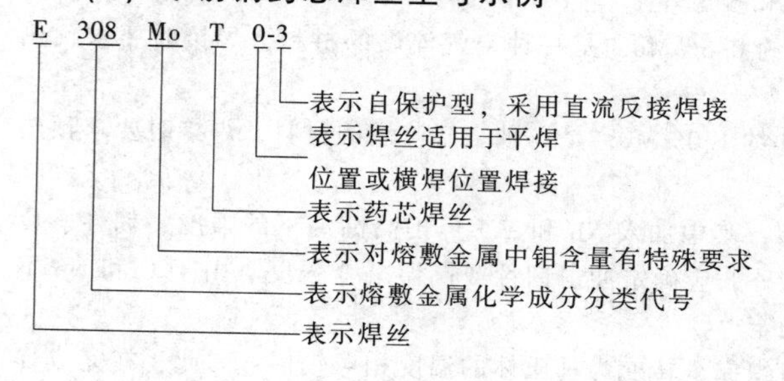

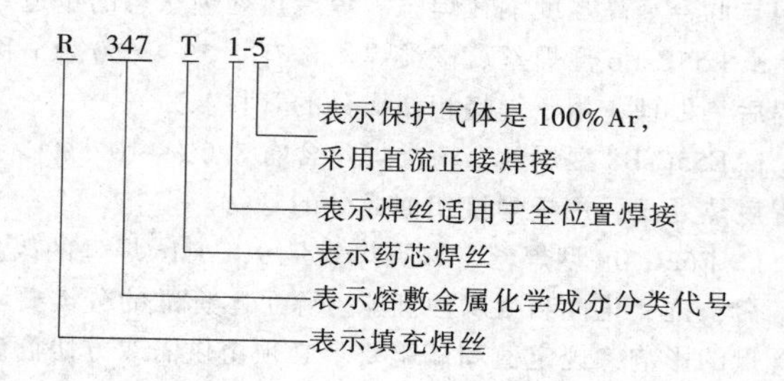

（4）不锈钢药芯焊丝熔敷金属化学成分

表 1-5-77　不锈钢药芯焊丝熔敷金属化学成分（GB/T 17853—1999）　%

型　号	C	Cr	Ni	Mo	Mn	Si	P	S	Cu	Nb+Ta	N
E307T×-×	0.13	18.0~20.5	9.0~10.5	0.5~1.5	3.30~4.75						
E308T×-×	0.08										
E308LT×-×	0.04		9.0~11.0	0.5							
E308HT×-×	0.04~0.08	18.0~21.0								—	
E308MoT×-×	0.08			2.0~3.0							
E308LMoT×-×	0.04		9.0~12.0				0.04				
E309T×-×	0.10				0.5~2.5						
E309LNbT×-×	0.04	22.0~25.0	12.0~14.0	0.5						0.70~1.00	
E309LT×-×											
E309MoT×-×	0.12	21.0~25.0	12.0~16.0	2.0~3.0		1.0					
E309LMoT×-×	0.04										
E309LNiMoT×-×		20.5~23.5	15.0~17.0	2.5~3.5						—	
E310T×-×	0.20	25.0~28.0	20.0~22.5	0.5	1.0~2.5		0.03				
E312T×-×	0.15	28.0~32.0	8.0~10.5					0.03	0.5		—
E316T×-×	0.08	17.0~20.0	11.0~14.0	2.0~3.0							
E316LT×-×	0.04				0.5~2.5						
E317LT×-×		18.0~21.0	12.0~14.0	3.0~4.0			0.04				
E347T×-×	0.08		9.0~11.0	0.5						8×C~1.0	
E409T×-×	0.10	10.5~13.5	0.60	0.5	0.80					（Ti10×C~1.5）	
E410T×-×	0.12	11.0~13.5			1.2					—	
E410NiMoT×-×	0.06	11.0~12.5	4.0~5.0	0.40~0.70	1.0						
E410NiTiT×-×	0.04	11.0~12.0	3.6~4.5	0.5	0.70	0.50	0.03			（Ti10×C~1.5）	
E430T×-×		15.0~18.0	0.60								
E502T×-×	0.10	4.0~6.0	0.40	0.45~0.65	1.2						
E505T×-×		8.0~10.5		0.85~1.20		1.0	0.04			—	
E307T0-3	0.13		9.0~10.5	0.5~1.5	3.30~4.75						
E308T0-3	0.08	19.5~22.0	9.0~11.0	0.5	0.5~2.5						
E308LT0-3	0.03										

续表

型号	C	Cr	Ni	Mo	Mn	Si	P	S	Cu	Nb+Ta	N
E308HT0-3	0.04~0.08	19.5~22.0	9.0~11.0	0.5							
E308MoT0-3	0.08	18.0~21.0		2.0~3.0	0.5~2.5	1.0					
E308LMoT0-3	0.03		9.0~12.0								
E308HMoT0-3	0.07~0.12	19.0~21.5	9.0~10.7	1.8~2.4	1.25~2.25	0.25~0.80				—	
E309T0-3	0.10						0.04				
E309LT0-3	0.03	23.0~25.5	12.0~14.0	0.5							
E309LNbT0-3					0.5~2.5					0.70~1.00	
E309MoT0-3	0.12	21.0~25.0	12.0~16.0	2.0~3.0							
E309LMoT0-3	0.04										
E310T0-3	0.20	25.0~28.0	20.0~22.5	0.5	1.0~2.5		0.03				
E312T0-3	0.15	28.0~32.0	8.0~10.5								
E316T0-3	0.08	18.0~20.5				1.0		0.03	0.5	—	—
E316LT0-3	0.03		11.0~14.0	2.0~3.0	0.5~2.5						
E316LKT0-3	0.04	17.0~20.0									
E317LT0-3	0.03	18.5~21.0	13.0~15.0	3.0~4.0			0.04				
E347T0-3	0.08	19.0~21.5	9.0~11.0							8×C~1.0	
E409T0-3	0.10	10.5~13.5	0.60	0.5	0.80					(Ti10×C~1.5)	
E410T0-3	0.12	11.0~13.5			1.0					—	
E410NiMoT0-3	0.06	11.0~12.5	4.0~5.0	0.40~0.70							
E410NiTiT0-3	0.04	11.0~12.0	3.5~4.5	0.5	0.70	0.50	0.03			(Ti10×C~1.5)	
E430T0-3	0.10	15.0~18.0	0.60		1.0	1.0					
E2209T0-×	0.04	21.0~24.0	7.5~10.0	2.5~4.0	0.5~2.0		0.04			—	0.08~2.0
E2553T0-×		24.0~27.0	8.5~10.5	2.9~3.9	0.5~1.5	0.75			1.5~2.5		0.10~0.20
E×××T×-G	不规定										
R308LT1-5		18.0~21.0	9.0~11.0	0.5							
R309LT1-5	0.03	22.0~25.0	12.0~14.0		0.5~2.5	1.2	0.04	0.03	0.5	—	—
R316LT1-5		17.0~20.0	11.0~14.0	2.0~3.0							
R347T1-5	0.08	18.0~21.0	9.0~11.0	0.5						8×C~1.0	

注：1. 表中单值均为最大值。

2. 除表中所列元素外，其他元素（Fe除外）总量不得超过0.50%。

(5) 不锈钢药芯焊丝熔敷金属拉伸性能

表 1-5-78　不锈钢药芯焊丝熔敷金属拉伸性能（GB/T 17853—1999）

型　　号	抗拉强度 R_m/MPa	伸长率 δ_5/%	热处理
E307T×-×	590	30	—
E308T×-×	550	35	
E308LT×-×	520		
E308HT×-×	550		
E308MoT×-×			
E308LMoT×-×	520		
E309T×-×	550	25	
E309LNbT×-×	520		
E309LT×-×			
E309MoT×-×	550		
E309LMoT×-×	520		
E309LNiMoT×-×			
E310T×-×	550		
E312T×-×	660	22	
E316T×-×	520	30	
E316LT×-×	485		
E317LT×-×	520	20	
E347T×-×		25	
E409T×-×	450	15	
E410T×-×	520	20	①
E410NiMoT×-×	760	15	②
E410NiTiT×-×			
E430T×-×	450	20	③
E502T×-×	415		④
E505T×-×			
E308HMoT0-3	550	30	—
E316LKT0-3	485		
E2209T0-×	690	20	
E2553T0-×	760	15	
E×××T×-G	不规定		
R308LT1-5	520	35	—
R309LT1-5		30	
R316LT1-5	485		
R347T1-5	520		

① 加热到 730～760℃保温 1h 后，以不超过 55℃/h 的速度随炉冷至 315℃，出炉空冷至室温。

② 加热到 595～620℃保温 1h 后，出炉空冷至室温。

③ 加热到 760～790℃保温 4h 后，以不超过 55℃/h 的速度随炉冷至 590℃，出炉空冷至室温。

④ 加热到 840～870℃保温 2h 后，以不超过 55℃/h 的速度随炉冷至 590℃，出炉空冷至室温。

(6) 不锈钢药芯焊丝尺寸

表 1-5-79　不锈钢药芯焊丝直径与极限偏差（GB/T 17853—1999）　mm

型号	E×××T×-×		R×××T×-×
直径	1.0,1.2,1.4,1.6	2.0,2.4,2.8,3.2,4.0	2.0,2.2,2.4
极限偏差	±0.05	±0.08	±0.08

注：1. R×××T×-×型焊丝长度为 1000mm±10mm。

2. 经供需双方商定，允许供应其他尺寸的焊丝。

表 1-5-80　不锈钢药芯焊丝绕丝净质量要求（GB/T 17853—1999）

供货形式	包装尺寸/mm	绕丝净质量/kg	供货形式	包装尺寸/mm	绕丝净质量/kg
卷装焊丝	200	5 或 10	盘装焊丝	300	15
	300	10、15、20 或 25		350	25
	570	25、40 或 50		435	50 或 60
盘装焊丝	100	1		560	110
	200	10		760	300

注：绕丝净质量的误差应是±4%。

(7) 不锈钢药芯焊丝的应用说明

① E307T×-×　通常用于异种钢的焊接，如奥氏体锰钢与碳钢锻件或铸件的焊接。焊缝强度中等，具有良好的抗裂性。

② E308T×-×　通常用于焊接相同类型的不锈钢，如1Cr18Ni9、0Cr19Ni9、1Cr18Ni12型不锈钢。

③ E308LT×-×　除碳含量较低外，与E308T×-×的熔敷金属合金元素含量相同。由于碳含量低，在不含铌、钛等稳定剂时，也能抵抗因碳化物析出而产生的晶间腐蚀。但与铌稳定化的焊缝相比，其高温强度较低。

④ E308HT×-×　除碳含量限制在上限外，与E308T×-×的熔敷金属合金元素含量相同。由于碳含量高，在高温下具有较高的抗拉强度和屈服强度。

⑤ E308MoT×-×　除钼含量较高外，与E308T×-×的熔敷金属合金元素含量相同。通常用于焊接相同类型的不锈钢。也可用于焊接0Cr17Ni12Mo2型不锈钢锻件，比采用E316LT×-×焊丝焊接得到的铁素体含量要高一些。

⑥ E308HMoT0-3　除碳含量限制在上限外，与E308MoT×-3的熔敷金属合金元素含量相同。由于碳含量高，其高温强度较高。

⑦ E308LMoT×-×　除碳含量较低外，与E308MoT×-×的熔敷金属合金元素含量相同。通常用于焊接相同类型的不锈钢。也可用于焊接像00Cr17Ni14Mo2型不锈钢铸件，比采用E316LT×-×焊丝焊接得到的铁素体含量要高一些。

⑧ E309T×-×　通常用于焊接相同类型的不锈钢，有时用于焊接在强腐蚀介质中使用的、要求焊缝合金元素含量较高的不锈钢。也可用于异种钢的焊接，如0Cr19Ni9型不锈钢与碳钢的焊接。

⑨ E309LT×-×　除碳含量较低外，与E309T×-×的熔敷金属合金元素含量相同。由于碳含量低，在不含铌、钛等稳定剂时，也能抵抗因碳化物析出而产生的晶间腐蚀。但与铌稳定化的焊缝相比，其高温强度较低。

⑩ E309MoT×-×　除钼含量较高外，与E309T×-×的熔敷金属合金元素含量相同。通常用于堆焊工作温度在320℃以下的碳钢和低合金钢。

⑪ E309LMoT×-×　除碳含量较低外，与E309MoT×-×的熔敷金属合金元素含量相同。通常用于堆焊工作温度在320℃以下的碳钢和低合金钢。

⑫ E309LNiMoT×-×　除铬含量较低、镍含量较高外，与E309LMoT×-×的熔敷金属合金元素含量相同。与E309LMoT×-×相比，其熔敷金属铁素体含量较低，氮化铬析出的可能性减小，因而耐蚀性良好。

⑬ E309LNbT×-×　除加入铌外，与E309LT×-×的熔敷金属合金元素含量相同。通常用于堆焊碳钢和低合金钢。

⑭ E310T×-×　通常用于焊接相同类型的不锈钢。

⑮ E312T×-×　通常用于高镍合金与其他金属的焊接。焊缝金属为奥氏体基与分布其上的大量铁素体构成的双相组织，因此具有较高的抗裂性。

⑯ E316T×-×　通常用于焊接相同类型的不锈钢。由于钼提高了焊缝的抗高温蠕变能力，也可用于焊接在高温下使用的不锈钢。

⑰ E316LT×-×　除碳含量较低外，与E316T×-×的熔敷金属合金元素含量相同。由于碳含量低，在不含铌、钛等稳定剂时，也能抵抗因碳化物析出而产生的晶间腐蚀。但与铌稳定化的焊缝相比，其高温强度较低。

⑱ E316LKT0-3　与E316LT×-×的熔敷金属合金元素含量相同，为自保护型焊丝，主要用于低温工作的不锈钢的焊接。该焊丝降低了碳和氮的含量，焊缝金属具有良好的低温韧性。

⑲ E317LT×-×　通常用于焊接相同类型的不锈钢，可在强腐蚀条件下使用。由于碳含量低，在不含铌、钛等稳定剂时，也能抵抗因碳化物析出而产生的晶间腐蚀。但与铌稳定化的焊缝相比，其高温强度较低。

⑳ E347T×-×　用铌或铌加钽作稳定剂，提高抗晶间腐蚀的能力。通常用于焊接以铌或钛作稳定剂、成分相近的铬镍合金钢。

㉑ E409T×-×　用钛作稳定剂。通常用于焊接相同类型的不锈钢。

㉒ E410T×-×　焊接接头属于空气淬硬型材料，因此焊接时需要进行预热和后热处理，以获得良好的塑性。通常用于焊接相同类型的不锈钢，也用于在碳钢上堆焊，以提高抗腐蚀、耐磨损性能。

㉓ E410NiMoT×-×　通常用于焊接相同类型的不锈钢。与E410T×-×相比，熔敷金属中铬含量低、镍含量高，限制了焊缝组织中的铁素体含量，减少对力学性能的有害影响。焊后热处理温度不应超过620℃，以防止焊缝组织中未回火马氏体重新淬硬。

㉔ E410NiTiT×-×　用钛作稳定剂。通常用于焊接相同类型的不锈钢。

㉕ E430T×-×　熔敷金属中铬含量较高，在通常使用条件下，具有优良的耐腐蚀性能，而在热处理后又可获得足够的塑性。焊接时，通常需要进行预热和后热处理。焊接接头经过热处理后，才能获得理想的力学性能和抗

腐蚀能力。

㉖ E520T×-×　通常用于焊接相同类型的不锈钢管材。焊接接头属于空冷淬硬型材料。焊接时，通常需要进行预热和后热处理。

㉗ E505T×-×　通常用于焊接相同类型的不锈钢管材。焊接接头属于空冷淬硬型材料。焊接时，通常需要进行预热和后热处理。

㉘ E2209T×-×　通常用于焊接铬含量约为22%的双相不锈钢。熔敷金属的显微组织为奥氏体-铁素体基体的双相结构，焊缝金属强度较高，同时又具有良好的抗点蚀性能和抗应力腐蚀开裂性能。

㉙ E2553T×-×　通常用于焊接铬含量约为25%的双相不锈钢。熔敷金属的显微组织为奥氏体-铁素体基体的双相结构，焊缝金属强度较高，同时又具有良好的抗点蚀性能和抗应力腐蚀开裂性能。

㉚ R308LT1-5　通常用于0Cr19Ni9或00Cr19Ni11型不锈钢管接头根部焊道的焊接，可不用惰性气体背部保护。仅能用于钨极惰性气体保护焊方法，每道焊前必须清渣。使用时应遵循制造厂家的产品说明。

㉛ R309LT1-5　通常用于碳钢管对奥氏体不锈钢管接头根部焊道的焊接，可不用惰性气体背部保护。仅能用于钨极惰性气体保护焊方法，每道焊前必须清渣。使用时应遵循制造厂家的产品说明。

㉜ R316LT1-5　通常用于0Cr17Ni12Mo2或00Cr17Ni14Mo2型不锈钢管接头根部焊道的焊接，可不用惰性气体背部保护。仅能用于钨极惰性气体保护焊方法，每道焊前必须清渣。使用时应遵循制造厂家的产品说明。

㉝ R347T1-5　用铌和钽作稳定剂。通常用于0Cr18Ni11Nb型不锈钢管接头根部焊道的焊接，可不用惰性气体背部保护。仅能用于钨极惰性气体保护焊方法，每道焊前必须清渣。使用时应遵循制造厂家的产品说明。

5.2.8　埋弧焊用碳钢焊丝和焊剂（GB/T 5293—1999）

【用途】 适用于埋弧焊。

【规格】

(1) 埋弧焊用碳钢焊丝和焊剂型号划分

型号分类根据焊丝-焊剂组合的熔敷金属力学性能、热处理状态进行划分。

(2) 埋弧焊用碳钢焊丝和焊剂型号编制方法

焊丝-焊剂组合的型号表示方法为：F×××-×。字母“F”表示焊剂；后面第一位数字表示焊丝-焊剂组合的熔敷金属抗拉强度的最小值；后面第二位是字母，表示试件的热处理状态，“A”表示焊态下测试的力学性能、“P”表示焊后经热处理后测试的力学性能；字母“A”或“P”后面的数字，表示熔敷金属冲击吸收功不小于27J时的最低试验温度；“-”后面表示焊丝的牌号。

焊丝的牌号按GB/T 14957—1994《熔化焊用钢丝》的规定：第一位字母“H”表示焊丝，字母后面的两位数字表示焊丝中平均碳含量，如含有其他化学成分，在数字后面用元素符号表示；牌号最后的A、E、C分别表示硫、磷杂质含量的等级，如H08A、H08MnA。

(3) 埋弧焊用碳钢焊丝和焊剂型号示例

完整的焊丝-焊剂型号示例如下：

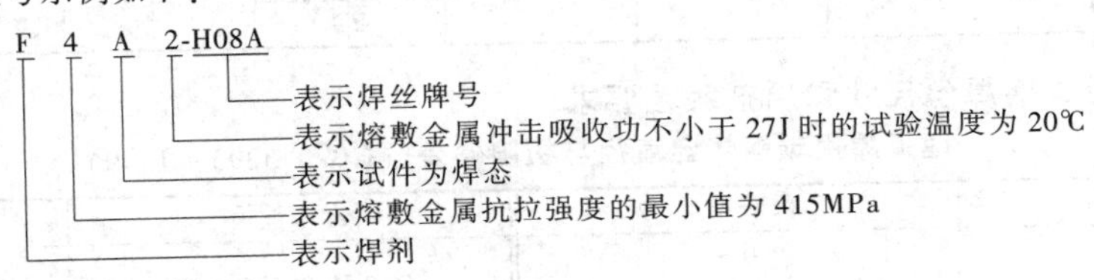

(4) 埋弧焊用碳钢焊丝的化学成分

表1-5-81　埋弧焊用碳钢焊丝的化学成分（GB/T 5293—1999）　%

焊丝牌号	C	Mn	Si	Cr	Ni	Cu	S	P
低锰焊丝								
H08A	≤0.10	0.30~0.60	≤0.03	≤0.20	≤0.30	≤0.20	≤0.030	≤0.030
H08E							≤0.020	≤0.020
H08C				≤0.10	≤0.10		≤0.015	≤0.015
H15A	0.11~0.18	0.35~0.65		≤0.20	≤0.30		≤0.030	≤0.030

续表

焊丝牌号	C	Mn	Si	Cr	Ni	Cu	S	P
中锰焊丝								
H08MnA	≤0.10	0.80~1.10	≤0.07	≤0.20	≤0.30	≤0.20	≤0.030	≤0.030
H15Mn	0.11~0.18		≤0.03				≤0.035	≤0.035
高锰焊丝								
H10Mn2	≤0.12	1.50~1.90	≤0.07	≤0.20	≤0.30	≤0.20	≤0.035	≤0.035
H08Mn2Si	≤0.11	1.70~2.10	0.65~0.95					
H08Mn2SiA		1.80~2.10					≤0.030	≤0.030

注：1. 如存在其他元素，则这些元素的总量不得超过0.5%。

2. 当焊丝表面镀铜时，铜含量应不大于0.35%。

3. 根据供需双方协议，也可生产其他牌号的焊丝。

4. 根据供需双方协议，H08A、H08E、H08C非沸腾钢允许硅含量不大于0.10%。

5. H08A、H08E、H08C焊丝中锰含量按GB/T 3429。

(5) 埋弧焊用碳钢焊丝-焊剂组合焊缝熔敷金属力学性能

表1-5-82　埋弧焊用碳钢焊丝-焊剂组合焊缝熔敷金属拉伸试验性能（GB/T 5293—1999）

焊剂型号	抗拉强度 σ_b/MPa	屈服强度 σ_s/MPa	伸长率 δ_5/%
F4××-H×××	415~550	≥330	≥22
F5××-H×××	480~650	≥400	≥22

表1-5-83　埋弧焊用碳钢焊丝-焊剂组合焊缝熔敷金属冲击试验性能（GB/T 5293—1999）

焊剂型号	冲击吸收功/J	试验温度/℃
F××0-H×××	≥27	0
F××2-H×××		-20
F××3-H×××		-30
F××4-H×××		-40
F××5-H×××		-50
F××6-H×××		-60

表1-5-84　埋弧焊用碳钢焊丝-焊剂组合焊缝试验参考焊接规范（GB/T 5293—1999）

焊丝规格/mm	焊接电流/A		电弧电压/V	电流种类	焊接速度/(m/h)		道间温度/℃	焊丝伸出长度/mm
1.6	350	±20	30±2	直流或交流	18	±1.5	135~165	13~19
2.0	400				20			
2.5	450				21			19~32
3.2	500				23			22~35
4.0	550				25			25~38
5.0	600				26			
6.0	650				27			

(6) 埋弧焊用碳钢焊丝尺寸和焊剂颗粒要求

表1-5-85　埋弧焊用碳钢焊丝直径与极限偏差（GB/T 5293—1999）　mm

公称直径	极限偏差	公称直径	极限偏差
1.6,2.0,2.5	0 -0.10	3.2,4.0,5.0,6.0	0 -0.12

注：根据供需双方协议，也可生产其他尺寸的焊丝。

表1-5-86　埋弧焊用碳钢焊丝包装尺寸和净质量（GB/T 5293—1999）

焊丝尺寸/mm	焊丝净质量/kg	轴内径/mm	盘最大宽度/mm	盘最大外径/mm
1.6~6.0	10,25,30	带焊丝盘305±3	65、120	445、430
2.5~6.0	45,70,90	供需双方协议确定	125	800
1.6~6.0	不带焊丝盘装按供需双方协议			
1.6~6.0	桶装按供需双方协议			

表 1-5-87 埋弧焊用碳钢焊丝用焊剂颗粒度要求（GB/T 5293—1999）

普通颗粒度		细颗粒度	
<0.450mm（40目）	≤5%	<0.280mm（60目）	≤5%
>2.50mm（8目）	≤2%	>2.00mm（10目）	≤2%

注：1. 焊剂含水量不大于0.10%。

2. 焊剂中机械夹杂物（碳粒、铁屑、原材料颗粒、铁合金凝珠及其他杂物）的质量分数不大于0.30%。

3. 焊剂的硫含量不大于0.060%，磷含量不大于0.080%。根据供需双方协议，也可以制造硫、磷含量更低的焊剂。

4. 焊剂包装应保证正常运输和贮存过程中不受损坏。并保证焊剂贮存一年不变质。

5. 焊剂包装质量为25kg、50kg。

（7）埋弧焊用碳钢焊丝和焊剂应用说明

① 焊丝的选择：在选择埋弧焊用焊丝时，最主要的是考虑焊丝中锰和硅的含量。无论是采用单道焊还是多道焊，都应考虑焊丝向熔敷金属中过渡的Mn、Si对熔敷金属力学性能的影响。

② 焊剂的选择：

焊剂类型：

焊剂根据生产工艺的不同分为熔炼焊剂、黏结焊剂和烧结焊剂。

按照焊剂中添加脱氧剂、合金剂分类，又可分为中性焊剂、活性焊剂和合金焊剂。

a. 中性焊剂：中性焊剂是指在焊接后，熔敷金属化学成分与焊丝化学成分不产生明显变化的焊剂。中性焊剂用于多道焊，特别适用于厚度大于25mm的母材。中性焊剂的焊接注意事项如下：如果单道焊或焊接氧化严重的母材时，会产生气孔和焊道裂纹；电弧电压变化时，中性焊剂能维持熔敷金属的化学成分的稳定；熔深、热输入量和焊道数量等参数变化时，抗拉强度和冲击韧度等力学性能发生变化。

b. 活性焊剂：活性焊剂指加入少量锰、硅脱氧剂的焊剂。它可以提高抗气孔能力和抗裂性能。在使用活性焊剂进行多道焊时，应严格控制电弧电压。

c. 合金焊剂：合金焊剂指使用碳钢焊丝时其熔敷金属为合金钢的焊剂。焊剂中添加较多的合金成分，用于过渡合金，多数合金焊剂为黏结焊剂和烧结焊剂。合金焊剂主要用于低合金钢和耐磨堆焊的焊接。

5.2.9 埋弧焊用不锈钢焊丝和焊剂（GB/T 17854—1999）

【用途】 适用于埋弧焊。此类焊丝和焊剂的熔敷金属中铬含量应大于11%，镍含量应小于38%。

【规格】

（1）埋弧焊用不锈钢焊丝和焊剂型号划分

型号分类根据焊丝-焊剂组合的熔敷金属化学成分、力学性能进行划分。

（2）埋弧焊用不锈钢焊丝和焊剂型号编制方法

焊丝-焊剂组合的型号表示方法为：F×××-×。字母“F”表示焊剂；“F”后面的数字表示焊丝-焊剂组合的熔敷金属种类代号，如有特殊要求的化学成分，该化学成分用元素符号表示，放在数字后面；如数字后面有字母“L”表示碳含量较低；“-”后面表示焊丝的牌号。

焊丝的牌号按YB/T 5092—2016《焊接用不锈钢丝》的规定：第一位字母“H”表示焊丝，字母后面为钢牌号，如H0Cr21Ni10、H1Cr13。

（3）埋弧焊用不锈钢焊丝和焊剂型号示例

完整的焊丝-焊剂型号示例如下：

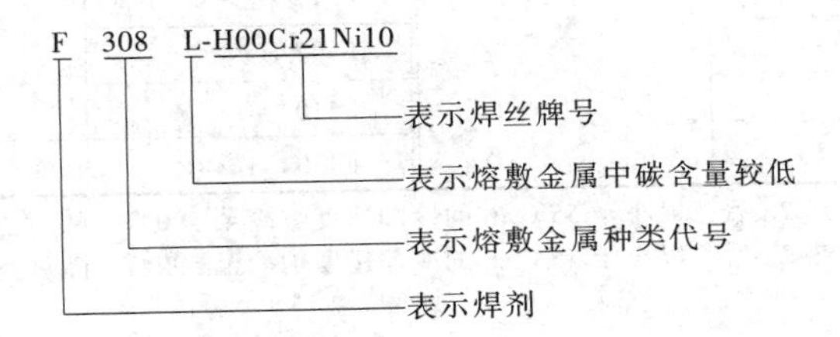

(4) 埋弧焊用不锈钢焊丝的化学成分

表 1-5-88 埋弧焊用不锈钢焊丝的化学成分（GB/T 17854—1999） %

牌号	化学成分								
	C	Si	Mn	P	S	Cr	Ni	Mo	其他
H0Cr21Ni10	0.08	0.60	1.00~2.50	0.030	0.030	19.50~22.00	9.00~11.00	—	—
H00Cr12Ni10	0.03				0.020				
H1Cr24Ni13	0.12				0.030	23.00~25.00	12.00~14.00		
H1Cr24Ni13Mo2								2.00~3.00	
H1Cr26Ni21	0.15					25.00~28.00	20.00~22.00		
H0Cr19Ni12Mo2	0.08					18.00~20.00	11.00~14.00		
H00Cr19Ni12Mo2	0.03				0.020			2.00~3.00	
H00Cr19Ni12Mo2Cu2									Cu:1.00~2.50
H0Cr19Ni14Mo3	0.08				0.030	18.50~20.50	13.00~15.00	3.00~4.00	
H0Cr20Ni10Nb						19.00~21.50	9.00~11.00		Nb:10×C%~1.00
H1Cr13	0.12	0.50	0.60			11.50~13.50	0.60		—
H1Cr17	0.10					15.50~17.00			

注：1. 表中单值均为最大值。

2. 根据供需双方协议，也可生产表中牌号以外的焊丝。

(5) 埋弧焊用不锈钢焊丝-焊剂组合焊缝熔敷金属化学成分

表 1-5-89 埋弧焊用不锈钢焊丝-焊剂组合焊缝熔敷金属化学成分（GB/T 17854—1999） %

焊剂型号	化学成分								
	C	Si	Mn	P	S	Cr	Ni	Mo	其他
F308-H×××	0.08	1.00	0.50~2.50	0.040	0.030	18.0~21.0	9.0~11.0	—	—
F308L-H×××	0.04								
F309-H×××	0.15					22.0~25.0	12.0~14.0		
F309Mo-H×××	0.12							2.00~3.00	
F310-H×××	0.20			0.030		25.0~28.0	20.0~22.0	—	
F316-H×××	0.08			0.040		17.0~20.0	11.0~14.0	2.00~3.00	
F316L-H×××	0.04								
F316CuL-H×××								1.20~2.75	Cu:1.00~2.50
F317-H×××	0.08					18.0~21.0	12.0~14.0	3.00~4.00	—
F347-H×××							9.0~11.0	—	Nb:8×C%~1.00
F410-H×××	0.12		1.20			11.0~13.5	0.60		—
F430-H×××	0.10					15.0~18.0			

注：1. 表中单值均为最大值。

2. 焊剂型号中的字母“L”表示碳含量较低。

(6) 埋弧焊用不锈钢焊丝-焊剂组合焊缝熔敷金属力学性能

表 1-5-90 埋弧焊用不锈钢焊丝-焊剂组合焊缝熔敷金属力学性能（GB/T 17854—1999）

焊剂型号	拉伸试验		焊剂型号	拉伸试验	
	抗拉强度 σ_b/MPa	伸长率 δ_5/%		抗拉强度 σ_b/MPa	伸长率 δ_5/%
F308-H×××	520	30	F316L-H×××	480	30
F308L-H×××	480	25	F316CuL-H×××		
F309-H×××	520		F317-H×××	520	25
F309Mo-H×××	550		F347-H×××		
F310-H×××	520		F410①-H×××	440	20
F316-H×××			F430②-H×××	450	17

① 试样加工前经 840~870℃加热 2h 后，以小于 55℃/h 的冷却速度炉冷至 590℃，随后空冷。

② 试样加工前经 760~785℃加热 2h 后，以小于 55℃/h 的冷却速度炉冷至 590℃，随后空冷。

注：表中的数值均为最小值。

表 1-5-91　埋弧焊用不锈钢焊丝-焊剂组合焊缝试验参考焊接规范（GB/T 17854—1999）

焊丝直径/mm	焊接电流/A		焊接电压/V	电流种类	焊接速度/(m/h)		焊丝干伸长/mm
3.2	500	±20	30±2	交流或直流	23	±1.5	22~35
4.0	550				25		25~38

(7) 埋弧焊用不锈钢焊丝尺寸和焊剂颗粒要求

表 1-5-92　埋弧焊用不锈钢焊丝直径与极限偏差（GB/T 17854—1999）　mm

公称直径	极限偏差	公称直径	极限偏差
1.6,2.0,2.5	0 -0.10	3.2,4.0,5.0,6.0	0 -0.12

注：根据供需双方协议，也可生产其他尺寸的焊丝。

表 1-5-93　埋弧焊用不锈钢焊丝包装尺寸和净质量（GB/T 17854—1999）

焊丝尺寸/mm	焊丝净质量/kg	轴内径/mm	盘最大宽度/mm	盘最大外径/mm
1.6~6.0	10,25,30	带焊丝盘 305±3	65,120	445,430
2.5~6.0	45,70,90	供需双方协议确定	125	800
1.6~6.0	不带焊丝盘装按供需双方协议			
1.6~6.0	桶装按供需双方协议			

表 1-5-94　埋弧焊用不锈钢焊丝用焊剂颗粒度要求（GB/T 17854—1999）

普通颗粒度		细颗粒度	
<0.450mm(40目)	≤5%	<0.280mm(60目)	≤5%
>2.50mm(8目)	≤2%	>2.00mm(10目)	≤2%

注：同表 1-5-87 表注 2~5。

5.2.10　埋弧焊用低合金钢焊丝和焊剂（GB/T 12470—2003）

【用途】　适用于埋弧焊。

【规格】

(1) 埋弧焊用低合金钢焊丝和焊剂型号划分

型号分类根据焊丝-焊剂组合的熔敷金属力学性能、热处理状态进行划分。

(2) 埋弧焊用低合金钢焊丝和焊剂型号编制方法

焊丝-焊剂组合的型号表示方法为：F××××-H×××。字母“F”表示焊剂；“F”后面的两位数字表示焊丝-焊剂组合的熔敷金属抗拉强度的最小值；后面第二位是字母，表示试件的热处理状态，“A”表示焊态下测试的力学性能，“P”表示焊后经热处理后测试的力学性能；字母“A”或“P”后面的数字，表示熔敷金属冲击吸收功不小于 27J 时的最低试验温度；“-”后面是表示焊丝的牌号。

焊丝的牌号按 GB/T 14957—1994《熔化焊用钢丝》和 GB/T 3429—2015《焊接用钢盘条》的规定：第一字母“H”表示焊丝，字母后面的两位数字表示焊丝中平均碳含量，如含有其他化学成分，在数字后面用元素符号表示；牌号最后的 A、E、C 分别表示硫、磷杂质含量的等级。如果需要标注熔敷金属中扩散氢含量时，可用后缀“H×”表示（此代号标注与否由焊剂生产厂决定，如：H08MnMoA-H8）。

(3) 埋弧焊用低合金钢焊丝和焊剂型号示例

完整的焊丝-焊剂型号示例如下：

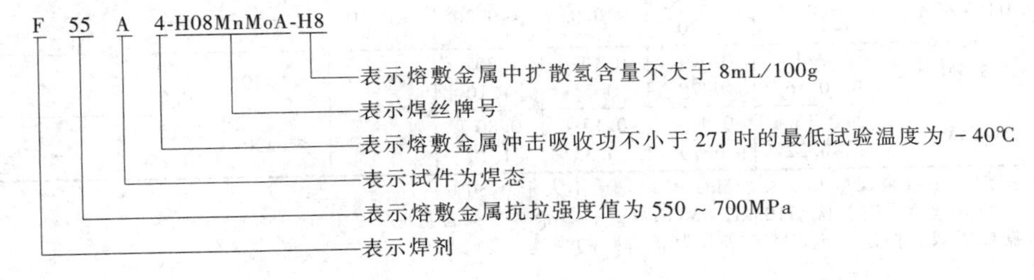

（4）埋弧焊用低合金钢焊丝的化学成分

表 1-5-95　　埋弧焊用低合金钢焊丝的化学成分（GB/T 12470—2003）

序号	焊丝牌号	化学成分(质量分数)/%									
		C	Mn	Si	Cr	Ni	Cu	Mo	V、Ti、Zr、Al	S	P
										≤	
1	H08MnA	≤0.10	0.80~1.10	≤0.07	≤0.20	≤0.30	≤0.20	—	—	0.030	0.030
2	H15Mn	0.11~0.18	0.80~1.10	≤0.03	≤0.20	≤0.30	≤0.20	—	—	0.035	0.035
3	H05SiCrMoA①	≤0.05	0.40~0.70	0.40~0.70	1.20~1.50	≤0.20	≤0.20	0.40~0.65	—	0.025	0.025
4	H05SiCr2MoA①	≤0.05	0.40~0.70	0.40~0.70	2.30~2.70	≤0.20	≤0.20	0.90~1.20	—	0.025	0.025
5	H05Mn2Ni2MoA①	≤0.08	1.25~1.80	0.20~0.50	≤0.30	1.40~2.10	≤0.20	0.25~0.55	V≤0.05 Ti≤0.10 Zr≤0.10 Al≤0.10	0.010	0.010
6	H08Mn2Ni2MoA①	≤0.09	1.40~1.80	0.20~0.55	≤0.50	1.90~2.60	≤0.20	0.25~0.55	V≤0.04 Ti≤0.10 Zr≤0.10 Al≤0.10	0.010	0.010
7	H08CrMoA	≤0.10	0.40~0.70	0.15~0.35	0.80~1.10	≤0.30	≤0.20	0.40~0.60	—	0.030	0.030
8	H08MnMoA	≤0.10	1.20~1.60	≤0.25	≤0.20	≤0.30	≤0.20	0.30~0.50	Ti:0.15 (加入量)	0.030	0.030
9	H08CrMoVA	≤0.10	0.40~0.70	0.15~0.35	1.00~1.30	≤0.30	≤0.20	0.50~0.70	V:0.15~0.35	0.030	0.030
10	H08Mn2Ni3MoA	≤0.10	1.40~1.80	0.25~0.60	≤0.60	2.00~2.80	≤0.20	0.30~0.65	V≤0.03 Ti≤0.10 Zr≤0.10 Al≤0.10	0.010	0.010
11	H08CrNi2MoA	0.05~0.10	0.50~0.85	0.10~0.30	0.70~1.00	1.40~1.80	≤0.20	0.20~0.40	—	0.025	0.030
12	H08Mn2MoA	0.06~0.11	1.60~1.90	≤0.25	≤0.20	≤0.30	≤0.20	0.50~0.70	Ti:0.15 (加入量)	0.030	0.030
13	H08Mn2MoVA	0.06~0.11	1.60~1.90	≤0.25	≤0.20	≤0.30	≤0.20	0.50~0.70	V:0.06~0.12 Ti:0.15 (加入量)	0.030	0.030
14	H10MoCrA	≤0.12	0.40~0.70	0.15~0.35	0.45~0.65	≤0.30	≤0.20	0.40~0.60	—	0.030	0.030
15	H10Mn2	≤0.12	1.50~1.90	≤0.07	≤0.20	≤0.30	≤0.20	—	—	0.035	0.035
16	H10Mn2NiMoCuA①	≤0.12	1.25~1.80	0.20~0.60	≤0.30	0.80~1.25	0.35~0.65	0.20~0.55	V≤0.05 Ti≤0.10 Zr≤0.10 Al≤0.10	0.010	0.010
17	H10Mn2MoA	0.08~0.13	1.70~2.00	≤0.40	≤0.20	≤0.30	≤0.20	0.60~0.80	Ti:0.15 (加入量)	0.030	0.030
18	H10Mn2MoVA	0.08~0.13	1.70~2.00	≤0.40	≤0.20	≤0.30	≤0.20	0.60~0.80	V:0.06~0.12 Ti:0.15 (加入量)	0.030	0.030
19	H10Mn2A	≤0.17	1.80~2.20	≤0.05	≤0.20	≤0.30	—	—	—	0.030	0.030
20	H13CrMoA	0.11~0.16	0.40~0.70	0.15~0.35	0.80~1.10	≤0.30	≤0.20	0.40~0.60	—	0.030	0.030
21	H18CrMoA	0.15~0.22	0.40~0.70	0.15~0.35	0.80~1.10	≤0.30	≤0.20	0.15~0.25	—	0.025	0.030

① 这些焊丝中残余元素 Cr、Ni、Mo、V 总量应不大于 0.50%。

注：1. 当焊丝镀铜时，除 H10Mn2NiMoCuA 外，其余牌号铜含量应不大于 0.35%。

2. 根据供需双方协议，也可生产使用其他牌号的焊丝。

(5) 埋弧焊用低合金钢焊丝-焊剂组合焊缝熔敷金属力学性能

表 1-5-96　埋弧焊用低合金钢焊丝-焊剂组合焊缝熔敷金属拉伸试验性能（GB/T 12470—2003）

焊剂型号	抗拉强度 σ_b/MPa	屈服强度 $\sigma_{0.2}$ 或 σ_s/MPa	伸长率 δ_5/%
F48××-H×××	480~660	400	22
F55××-H×××	550~700	470	20
F62××-H×××	620~760	540	17
F69××-H×××	690~830	610	16
F76××-H×××	760~900	680	15
F83××-H×××	830~970	740	14

注：表中单值均为最小值。

表 1-5-97　埋弧焊用低合金钢焊丝-焊剂组合焊缝熔敷金属冲击试验性能（GB/T 12470—2003）

焊剂型号	冲击吸收功 A_{kV} /J	试验温度 /℃	焊剂型号	冲击吸收功 A_{kV} /J	试验温度 /℃
F×××0-H×××	≥27	0	F×××6-H×××	≥27	-60
F×××2-H×××		-20	F×××7-H×××		-70
F×××3-H×××		-30	F×××10-H×××		-100
F×××4-H×××		-40	F×××Z-H×××	不要求	
F×××5-H×××		-50			

表 1-5-98　埋弧焊用低合金钢焊丝-焊剂组合焊缝熔敷金属中扩散氢含量（GB/T 12470—2003）

焊剂型号	扩散氢含量/(mL/100g)	焊剂型号	扩散氢含量/(mL/100g)
F××××-H×××-H16	16.0	F××××-H×××-H4	4.0
F××××-H×××-H8	8.0	F××××-H×××-H2	2.0

注：1. 表中单值均为最大值。

2. 此分类代号为可选择的附加性代号。

3. 如标注熔敷金属扩散氢含量代号时，应注明采用的测定方法。

表 1-5-99　埋弧焊用低合金钢焊丝-焊剂组合焊缝焊接与热处理试验参考规范（GB/T 12470—2003）

焊丝规格 /mm	焊接电流 /A	电弧电压 /V	电流种类①	焊接速度 /(m/h)		焊丝伸出长度 /mm	道间温度 /℃	焊后热处理温度②③/℃
1.6	250~350	26~29	直接或交流	18	±1.5	13~19	150±15	620±15
2.0	300~400							
2.5	350~450	27~30		22		19~32		
3.0	400~500			23		25~38		
3.2	425~525							
4.0	475~575			25				
5.0	550~650							
6.0	625~725	28~31		29		32~44		
6.4	700~800	28~32		31		38~50		

① 仲裁试验时，应采用直流反接施焊。

② 试件装炉时的炉温不得高于 315℃，然后以不大于 220℃/h 的升温速度加热到规定温度，保温 1h。保温后以不大于 195℃/h 的冷却速度炉冷至 315℃以下任一温度出炉，然后空冷至室温。

③ 根据供需双方协议，也可采用其他热处理规范。

注：1. 当熔敷金属含 Cr 1.00%~1.50%、Mo 0.40%~0.65%时，预热及道间温度为 150℃±15℃，焊后热处理温度为 690℃±15℃。

2. 当熔敷金属含 Cr 1.75%~2.25%、Mo 0.40%~0.65%；Cr 2.00%~2.50%、Mo 0.90%~1.20%时，预热及道间温度为 205℃±15℃，焊后热处理温度为 690℃±15℃。

3. 当熔敷金属含 Cr 0.60%以下、Ni 0.40%~0.80%、Mo 0.25%以下、Ti+V+Zr 0.03%以下；Cr 0.65%以下、Ni 2.00%~2.80%、Mo 0.30%~0.80%；Cr 0.65%以下、Ni 1.50%~2.25%、Mo 0.60%以下时，预热及道间温度为 150℃±15℃，焊后热处理温度为 565℃±15℃。

(6) 埋弧焊用低合金钢焊丝尺寸和焊剂颗粒要求

表 1-5-100　　埋弧焊用低合金钢焊丝直径与极限偏差（GB/T 12470—2003）　　mm

公称直径	极限偏差	
	普通精度	较高精度
1.6,2.0,2.5,3.0	-0.10	-0.06
3.2,4.0,5.0,6.0,6.4	-0.12	-0.08

注：1. 根据供需双方协议，也可生产使用其他尺寸的焊丝。
2. 焊丝的不圆度不大于直径公差的1/2。

表 1-5-101　　埋弧焊用低合金钢焊丝包装尺寸和净质量（GB/T 12470—2003）

焊丝尺寸/mm	焊丝净质量/kg	轴内径/mm	盘最大宽度/mm	盘最大外径/mm
1.6~6.4	10,12,15,20,25,30	带焊丝盘 300±15	供需双方协议	
2.5~6.4	45,70,90,100	带焊丝盘 610±10	130	800
1.6~6.4	不带焊丝盘装按供需双方协议			
1.6~6.4	桶装按供需双方协议			

注：焊丝包装质量偏差应不大于±2%。

表 1-5-102　　埋弧焊用低合金钢焊丝用焊剂颗粒度要求（GB/T 12470—2003）

普通颗粒度		细颗粒度	
<0.450mm(40目)	≤5.0%	<0.280mm(60目)	≤5.0%
>2.50mm(8目)	≤2.0%	>2.00mm(10目)	≤2.0%

注：同表 1-5-87 表注。

(7) 埋弧焊用低合金钢焊丝和焊剂应用说明

① 焊丝的选择　在选择埋弧焊用焊丝时，最主要的是考虑焊丝中锰、硅和合金元素的含量。无论是采用单道焊还是多道焊，都应考虑焊丝向熔敷金属中过渡的 Mn、Si 和合金元素对熔敷金属力学性能的影响。

② 焊剂的选择　焊剂类型：焊剂根据生产工艺的不同分为熔炼焊剂、粘接焊剂和烧结焊剂；按照焊剂中添加脱氧剂、合金剂分类，又可分为中性焊剂、活性焊剂和合金焊剂。

a. 中性焊剂。中性焊剂是指在焊接后，熔敷金属化学成分与焊丝化学成分不产生明显变化的焊剂。中性焊剂用于多道焊，特别适用于厚度大于 25mm 的母材的焊剂。中性焊剂的焊接注意事项为：当单道焊或焊接氧化严重的母材时，会产生气孔和焊道裂纹；电弧电压变化时，中性焊剂能维持熔敷金属的化学成分的稳定；熔深、热输入量和焊道数量等参数变化时，抗拉强度和冲击韧度等力学性能发生变化。

b. 活性焊剂。活性焊剂指加入少量锰、硅脱氧剂的焊剂。它可以提高抗气孔能力和抗裂性能，主要用于单道焊，特别是对被氧化的母材。在使用活性焊剂进行多道焊时，应严格控制电弧电压。

c. 合金焊剂。合金焊剂指使用碳钢焊丝时其熔敷金属为合金钢的焊剂。焊剂中添加较多的合金成分，用于过渡合金，多数合金焊剂为粘接焊剂和烧结焊剂。

5.2.11　气体保护电弧焊用碳钢、低合金钢焊丝（GB/T 8110—2008）

【用途】　用作熔化极气体保护电弧焊、钨极气体保护电弧焊及等离子弧焊等焊接用碳钢、低合金钢实心焊丝和填充丝（简称焊丝）。

【规格】

(1) 气体保护电弧焊用碳钢、低合金钢焊丝分类

焊丝按化学成分分为碳钢、碳钼钢、铬钼钢、镍钢、锰钼钢和其他低合金钢等6类。

(2) 气体保护电弧焊用碳钢、低合金钢焊丝型号划分

焊丝型号按照化学成分和采用熔化极气体保护电弧焊时熔敷金属的力学性能进行划分。

(3) 气体保护电弧焊用碳钢、低合金钢焊丝型号编制方法

焊丝型号由三部分组成。表示方法为：ER××-×H×。第一部分用字母“ER”表示焊丝；第二部分是“ER”后面的两位数字，表示焊丝熔敷金属的最低抗拉强度；第三部分为短划“-”后面的字母或数字，表示焊丝化学成分代号。

根据供需双方协商，如果需要标注熔敷金属中扩散氢含量时，可在型号后附加扩散氢代号“H×”，其中“×”代表 15、10 或 5。

(4) 气体保护电弧焊用碳钢、低合金钢焊丝型号示例

完整的焊丝-焊剂型号示例如下：

ER 50 - 2 H5

- H5——表示熔敷金属扩散氢含量不大于5.0mL/100g
- 2——表示化学成分分类代号，见表1-5-103
- 50——表示熔敷金属抗拉强度最低值为500MPa
- ER——表示焊丝

(5) 气体保护电弧焊用碳钢、低合金钢焊丝的化学成分

表 1-5-103 气体保护电弧焊用碳钢、低合金钢焊丝化学成分（质量分数）（GB/T 8110—2008） %

<table>
<tr><th>焊丝型号</th><th>C</th><th>Mn</th><th>Si</th><th>P</th><th>S</th><th>Ni</th><th>Cr</th><th>Mo</th><th>V</th><th>Ti</th><th>Zr</th><th>Al</th><th>Cu①</th><th>其他元素总量</th></tr>
<tr><td colspan="15">碳钢</td></tr>
<tr><td>ER50-2</td><td>0.07</td><td rowspan="2">0.90~1.40</td><td>0.40~0.70</td><td rowspan="5">0.025</td><td rowspan="5">0.025</td><td rowspan="5">0.15</td><td rowspan="5">0.15</td><td rowspan="5">0.15</td><td rowspan="5">0.03</td><td>0.05~0.15</td><td>0.02~0.12</td><td>0.05~0.15</td><td rowspan="6">0.05</td><td rowspan="6">—</td></tr>
<tr><td>ER50-3</td><td rowspan="3">0.06~0.15</td><td>0.45~0.75</td><td rowspan="5">—</td><td rowspan="5">—</td><td rowspan="5">—</td></tr>
<tr><td>ER50-4</td><td>1.00~1.50</td><td>0.65~0.85</td></tr>
<tr><td>ER50-6</td><td>1.40~1.85</td><td>0.80~1.15</td></tr>
<tr><td>ER50-7</td><td>0.07~0.15</td><td>1.50~2.00②</td><td>0.50~0.80</td></tr>
<tr><td>ER49-1</td><td>0.11</td><td>1.80~2.10</td><td>0.65~0.95</td><td>0.030</td><td>0.030</td><td>0.30</td><td>0.20</td><td>—</td><td>—</td></tr>
<tr><td colspan="15">碳钼钢</td></tr>
<tr><td>ER49-A1</td><td>0.12</td><td>1.30</td><td>0.30~0.70</td><td>0.025</td><td>0.025</td><td>0.20</td><td>—</td><td>0.40~0.65</td><td>—</td><td>—</td><td>—</td><td>—</td><td>0.35</td><td>0.50</td></tr>
<tr><td colspan="15">铬钼钢</td></tr>
<tr><td>ER55-B2</td><td>0.07~0.12</td><td rowspan="2">0.40~0.70</td><td rowspan="2">0.40~0.70</td><td rowspan="2">0.025</td><td rowspan="8">0.025</td><td rowspan="2">0.20</td><td rowspan="2">1.20~1.50</td><td rowspan="2">0.40~0.65</td><td rowspan="2">—</td><td rowspan="9">—</td><td rowspan="9">—</td><td rowspan="8">—</td><td rowspan="8">0.35</td><td rowspan="9">0.50</td></tr>
<tr><td>ER49-B2L</td><td>0.05</td></tr>
<tr><td>ER55-B2-MnV</td><td rowspan="2">0.06~0.10</td><td>1.20~1.60</td><td rowspan="2">0.60~0.90</td><td rowspan="2">0.030</td><td rowspan="2">0.25</td><td>1.00~1.30</td><td>0.50~0.70</td><td>0.20~0.40</td></tr>
<tr><td>ER55-B2-Mn</td><td>1.20~1.70</td><td>0.90~1.20</td><td>0.45~0.65</td><td rowspan="5">—</td></tr>
<tr><td>ER62-B3</td><td>0.07~0.12</td><td rowspan="4">0.40~0.70</td><td rowspan="2">0.40~0.70</td><td rowspan="4">0.025</td><td rowspan="2">0.20</td><td rowspan="2">2.30~2.70</td><td rowspan="2">0.90~1.20</td></tr>
<tr><td>ER55-B3L</td><td>0.05</td></tr>
<tr><td>ER55-B6</td><td>0.10</td><td rowspan="2">0.50</td><td>0.60</td><td rowspan="2">4.50~6.00</td><td>0.45~0.65</td></tr>
<tr><td>ER55-B8</td><td>0.10</td><td>0.50</td><td>0.80~1.20</td></tr>
<tr><td>ER62-B9③</td><td>0.07~0.13</td><td>1.20</td><td>0.15~0.50</td><td>0.010</td><td>0.010</td><td>0.80</td><td>8.00~10.50</td><td>0.85~1.20</td><td>0.15~0.30</td><td>0.04</td><td>0.20</td></tr>
<tr><td colspan="15">镍钢</td></tr>
<tr><td>ER55-Ni1</td><td rowspan="3">0.12</td><td rowspan="3">1.25</td><td rowspan="3">0.40~0.80</td><td rowspan="3">0.025</td><td rowspan="3">0.025</td><td>0.80~1.10</td><td>0.15</td><td>0.35</td><td>0.05</td><td rowspan="3">—</td><td rowspan="3">—</td><td rowspan="3">—</td><td rowspan="3">0.35</td><td rowspan="3">0.50</td></tr>
<tr><td>ER55-Ni2</td><td>2.00~2.75</td><td>—</td><td>—</td><td>—</td></tr>
<tr><td>ER55-Ni3</td><td>3.00~3.75</td><td>—</td><td>—</td><td>—</td></tr>
</table>

续表

焊丝型号	C	Mn	Si	P	S	Ni	Cr	Mo	V	Ti	Zr	Al	Cu①	其他元素总量
锰钼钢														
ER55-D2	0.07~0.12	1.60~2.10	0.60~0.80	0.025	0.025	0.15	—	0.40~0.60	—	—	—	—	0.50	0.50
ER62-D2	0.07~0.12	1.60~2.10	0.60~0.80	0.025	0.025	0.15	—	0.40~0.60	—	—	—	—	0.50	0.50
ER55-D2-Ti	0.12	1.20~1.90	0.40~0.80	0.025	0.025	—	—	0.20~0.50	—	0.20	—	—	0.50	0.50
其他低合金钢														
ER55-1	0.10	1.20~1.60	0.60	0.025	0.020	0.20~0.80	0.30~0.90	—	—	—	—	—	0.20~0.50	0.50
ER69-1	0.08	1.25~1.80	0.20~0.55	0.010	0.010	1.40~2.10	0.30	0.25~0.55	0.05	0.10	0.10	0.10	0.25	0.50
ER76-1	0.09	1.40~1.80	0.20~0.55	0.010	0.010	1.90~2.60	0.50	0.25~0.55	0.04	0.10	0.10	0.10	0.25	0.50
ER83-1	0.10	1.40~1.80	0.25~0.60	0.010	0.010	2.00~2.80	0.60	0.30~0.65	0.03	0.10	0.10	0.10	0.25	0.50
ER××-G	供需双方协商确定													

① 如果焊丝镀铜，则焊丝中 Cu 含量和镀铜层中 Cu 含量之和不应大于 0.50%。

② Mn 的最大含量可以超过 2.00%，但每增加 0.05%的 Mn，最大含 C 量应降低 0.01%。

③ Nb(Cb)：0.02%~0.10%；N：0.03%~0.07%；(Mn+Ni)≤1.50%。

注：表中单值均为最大值。

(6) 气体保护电弧焊用碳钢、低合金钢焊丝熔敷金属扩散氢含量

表 1-5-104 气体保护电弧焊用碳钢、低合金钢焊丝熔敷金属扩散氢含量（GB/T 8110—2008）

可选用的附加扩散氢代号	扩散氢含量/(mL/100g)
H15	≤15.0
H10	≤10.0
H5	≤5.0

注：应注明所采用的测定方法。

(7) 气体保护电弧焊用碳钢、低合金钢焊丝熔敷金属力学性能

表 1-5-105 气体保护电弧焊用碳钢、低合金钢焊丝熔敷金属拉伸试验性能（GB/T 8110—2008）

焊丝型号	保护气体①	抗拉强度② R_m/MPa	屈服强度② $R_{p0.2}$/MPa	伸长率 A/%	试样状态
碳钢					
ER50-2	CO_2	≥500	≥420	≥22	焊态
ER50-3	CO_2	≥500	≥420	≥22	焊态
ER50-4	CO_2	≥500	≥420	≥22	焊态
ER50-6	CO_2	≥500	≥420	≥22	焊态
ER50-7	CO_2	≥500	≥420	≥22	焊态
ER49-1	CO_2	≥490	≥372	≥20	焊态
碳钼钢					
ER49-A1	Ar+(1%~5%)O_2	≥515	≥400	≥19	焊后热处理

续表

焊丝型号	保护气体①	抗拉强度② R_m/MPa	屈服强度② $R_{p0.2}$/MPa	伸长率 A/%	试样状态
铬钼钢					
ER55-B2	Ar+(1%~5%)O_2	≥550	≥470	≥19	焊后热处理
ER49-B2L		≥515	≥400		
ER55-B2-MnV	Ar+20%CO_2	≥550	≥440		
ER55-B2-Mn				≥20	
ER62-B3	Ar+(1%~5%)O_2	≥620	≥540	≥17	
ER55-B3L		≥550	≥470		
ER55-B6					
ER55-B8					
ER62-B9	Ar+5%O_2	≥620	≥410	≥16	
镍钢					
ER55-Ni1	Ar+(1%~5%)O_2	≥550	≥470	≥24	焊态
ER55-Ni2					焊后热处理
ER55-Ni3					
锰钼钢					
ER55-D2	CO_2	≥550	≥470	≥17	焊态
ER62-D2	Ar+(1%~5%)O_2	≥620	≥540	≥17	
ER55-D2-Ti	CO_2	≥550	≥470	≥17	
其他低合金钢					
ER55-1	Ar+20%CO_2	≥550	≥450	≥22	焊态
ER69-1	Ar+2%O_2	≥690	≥610	≥16	
ER76-1		≥760	≥660	≥15	
ER83-1		≥830	≥730	≥14	
ER××-G	供需双方协商				

① 本标准分类时限定的保护气体类型，在实际应用中并不限制采用其他保护气体类型，但力学性能可能会产生变化。

② 对于 ER50-2、ER50-3、ER50-4、ER50-6、ER50-7 型焊丝，当伸长率超过最低值时，每增加 1%，抗拉强度和屈服强度可减少 10MPa，但抗拉强度最低值不得小于 480MPa，屈服强度最低值不得小于 400MPa。

表 1-5-106　气体保护电弧焊用碳钢、低合金钢焊丝熔敷金属冲击试验性能（GB/T 8110—2008）

焊丝型号	试验温度/℃	V 形缺口冲击吸收功/J	试样状态
碳钢			
ER50-2	-30	≥27	焊态
ER50-3	-20		
ER50-4	不要求		
ER50-6	-30	≥27	焊态
ER50-7			
ER49-1	室温	≥47	
碳钼钢			
ER49-A1	不要求		
铬钼钢			
ER55-B2	不要求		
ER49-B2L			

续表

焊丝型号	试验温度/℃	V形缺口冲击吸收功/J	试样状态
铬钼钢			
ER55-B2-MnV	室温	≥27	焊后热处理
ER55-B2-Mn			
ER62-B3	不要求		
ER55-B3L			
ER55-B6			
ER55-B8			
ER62-B9			
镍钢			
ER55-Ni1	-45	≥27	焊态
ER55-Ni2	-60		焊后热处理
ER55-Ni3	-75		
锰钼钢			
ER55-D2	-30	≥27	焊态
ER62-D2			
ER55-D2-Ti			
其他低合金钢			
ER55-1	-40	≥60	焊态
ER69-1	-50	≥68	
ER76-1			
ER83-1			
ER××-G	供需双方协商确定		

(8) 气体保护电弧焊用碳钢、低合金钢焊丝尺寸

表 1-5-107　气体保护电弧焊用碳钢、低合金钢焊丝尺寸与允许偏差（GB/T 8110—2008）　mm

包装形式	焊丝直径	允许偏差
直条	1.2、1.6、2.0、2.4、2.5	+0.01 -0.04
	3.0、3.2、4.0、4.8	+0.01 -0.07
焊丝卷	0.8、0.9、1.0、1.2、1.4、1.6、2.0、2.4、2.5	+0.01 -0.04
	2.8、3.0、3.2	+0.01 -0.07
焊丝桶	0.9、1.0、1.2、1.4、1.6、2.0、2.4、2.5	+0.01 -0.04
	2.8、3.0、3.2	+0.01 -0.07
焊丝盘	0.5、0.6	+0.01 -0.03
	0.8、0.9、1.0、1.2、1.4、1.6、2.0、2.4、2.5	+0.01 -0.04
	2.8、3.0、3.2	+0.01 -0.07

注：根据供需双方协议，可生产其他尺寸及偏差的焊丝。

表 1-5-108　气体保护电弧焊用碳钢、低合金钢焊丝松弛直径及翘距（GB/T 8110—2008）　mm

包装形式	焊丝直径	松弛直径	翘距
直径 100mm 焊丝盘	所有	100～230	≤13
其他包装形式	≤0.8	≥300	≤25
	≥0.9	≥380	

注：对于某些大容量包装的焊丝可能经特殊处理以提供直丝输送，其松弛直径和翘距由供需双方协商确定。

表 1-5-109　气体保护电弧焊用碳钢、低合金钢包装质量（GB/T 8110—2008）

包装形式		尺寸/mm	净质量/kg
直条		—	1、2、5、10、20
无支架焊丝卷		供需双方协商确定	
有支架焊丝卷	内径	170	6
		300	10、15、20、25、30
焊丝盘	外径	100	0.5、0.7、1.0
		200	4.5、5.0、5.5、7
		270、300	10、15、20
		350	20、25
		560	100
		610	150
		760	250、350、450
焊丝桶	外径	400	供需双方协商确定
		500	
		600	150、300

有支架焊丝卷的标准尺寸和净质量

焊丝净质量/kg	芯轴内径/mm	绕至最大宽度/mm
6	170±3	75
10、15	300±3	65 或 120
20、25、30	300±3	120

注：根据供需双方协议，可包装其他净质量的焊丝。

(9) 气体保护电弧焊用碳钢、低合金钢焊丝要求试验项目及参考规范

表 1-5-110　气体保护电弧焊用碳钢、低合金钢焊丝要求试验项目（GB/T 8110—2008）

焊丝型号	焊丝化学分析	射线探伤	熔敷金属力学试验		扩散氢试验	试样状态
			拉伸试验	冲击试验		
碳钢						
ER50-2	要求	要求	要求	要求	①	焊态
ER50-3						
ER50-4				不要求		
ER50-6				要求		
ER50-7						
ER49-1						
碳钼钢						
ER49-A1	要求	要求	要求	不要求	①	焊后热处理

续表

焊丝型号	焊丝化学分析	射线探伤	熔敷金属力学试验		扩散氢试验	试样状态
			拉伸试验	冲击试验		
铬钼钢						
ER55-B2	要求	要求	要求	不要求	①	焊后热处理
ER49-B2L	要求	要求	要求	不要求	①	焊后热处理
ER55-B2-MnV	要求	要求	要求	要求	①	焊后热处理
ER55-B2-Mn	要求	要求	要求	要求	①	焊后热处理
ER62-B3	要求	要求	要求	不要求	①	焊后热处理
ER55-B3L	要求	要求	要求	不要求	①	焊后热处理
ER55-B6	要求	要求	要求	不要求	①	焊后热处理
ER55-B8	要求	要求	要求	不要求	①	焊后热处理
ER62-B9	要求	要求	要求	不要求	①	焊后热处理
镍钢						
ER55-Ni1	要求	要求	要求	要求	①	焊态
ER55-Ni2	要求	要求	要求	要求	①	焊后热处理
ER55-Ni3	要求	要求	要求	要求	①	焊后热处理
锰钼钢						
ER55-D2	要求	要求	要求	要求	①	焊态
ER62-D2	要求	要求	要求	要求	①	焊态
ER55-D2-Ti	要求	要求	要求	要求	①	焊态
其他低合金钢						
ER55-1	要求	不要求	要求	要求	①	焊态
ER69-1	要求	要求	要求	要求	①	焊态
ER76-1	要求	要求	要求	要求	①	焊态
ER83-1	要求	要求	要求	要求	①	焊态
ER××-G	要求	要求	要求	①	①	①

① 供需双方协商确定。

注：1. 进行熔敷金属性能试验时，应考虑熔敷金属性能是与焊丝直径、焊接电流、板厚、接头形式、预热及道间温度、表面状态、母材成分以及保护气体等因素有关的。

2. 本标准规定的试件焊接条件及保护气体用于焊丝熔敷金属试样的制备，在实际使用时，并不限制采用其他焊接条件和保护气体。

3. 同一型号焊丝，使用 Ar-O_2 为保护气体时，熔敷金属化学成分与焊丝化学成分差别不大；当使用 CO_2 为保护气体时，熔敷金属中 Mn、Si 和其他脱氧元素将大大减少，在选择焊丝和保护气体时应予注意。

表 1-5-111　气体保护电弧焊用碳钢、低合金钢焊丝试验参考焊接规范（GB/T 8110—2008）

焊丝类别	焊丝直径/mm	送丝速度/(mm/s)	电弧电压/V	焊接电流①/A	极性	电极端与工件距离/mm	焊接速度/(mm/s)	预热和道间温度/℃
碳钢	1.2	190±10	27～32	260～290	直流反接	19±3	5.5±1.0	见表 10
	1.6	100±5	25～30	330～360				
其他	1.2	190±10	27～32	300～360		22±3		
	1.6	100±5	25～30	340～420				

① 对于 ER55-D2 型号焊丝，直径 1.2mm 焊丝的焊接电流为 260～320A，直径 1.6mm 焊丝的焊接电流为 330～410A。

注：如果不采用直径 1.2mm 或 1.6mm 的焊丝进行试验，焊接规范应根据需要适当改变。

表 1-5-112　气体保护电弧焊用碳钢、低合金钢焊丝焊接试验参考预热温度、道间温度和焊后热处理温度（GB/T 8110—2008）　℃

焊丝型号	预热温度	道间温度	焊后热处理温度
ER50-2	室温	135～165	不需要
ER50-3	室温	135～165	不需要
ER50-4	室温	135～165	不需要
ER50-6	室温	135～165	不需要
ER50-7	室温	135～165	不需要
ER49-1	室温	135～165	不需要
ER49-A1	135～165	135～165	620±15
ER55-B2	135～165	135～165	620±15
ER49-B2L	135～165	135～165	620±15
ER55-B2-MnV	135～165	135～165	730±15
ER55-B2-Mn	135～165	135～165	700±15
ER62-B3	185～215	185～215	690±15
ER55-B3L	185～215	185～215	690±15
ER55-B6	177～232	177～232	745±15
ER55-B8	205～260	205～260	745±15
ER62-B9	205～320	205～320	760±15①
ER55-Ni1	135～165	135～165	不需要
ER55-Ni2	135～165	135～165	620±15
ER55-Ni3	135～165	135～165	620±15
ER55-D2	135～165	135～165	不需要
ER62-D2	135～165	135～165	不需要
ER55-D2-Ti	135～165	135～165	不需要
ER55-1	135～165	135～165	不需要
ER69-1	135～165	135～165	不需要
ER76-1	135～165	135～165	不需要
ER83-1	135～165	135～165	不需要
ER××-G	供需双方协商		

① 热处理前，允许试件在静态大气中冷却至100℃以下。热处理时允许保温2h。

（10）气体保护电弧焊用碳钢、低合金钢焊丝应用说明

① ER50-2焊丝：主要用于镇静钢、半镇静钢和沸腾钢的单道焊，也可用于某些多道焊的场合；能够用来焊接表面有锈和污物的钢材，但可能损害焊缝质量；亦适用于在单面焊接，而不需要在接头反面采用根部气体保护；广泛用于GTAW方法的高质量和高韧性焊缝。这些钢的典型标准为ASTM A36、A285-C、A515-55和A516-70，UNS号分别为K02600、K02801、K02001和K02700。

② ER50-3焊丝：适用于焊接单道和多道焊缝，典型的母材标准通常与ER50-2类别适用的一样，是使用广泛的GMAW焊丝。

③ ER50-4焊丝：适用于焊接其条件要求比ER50-3焊丝填充金属能提供更多脱氧能力的钢种；典型的母材标准通常与ER50-2类别适用的一样：本类别不要求冲击试验。

④ ER50-6焊丝：适用于焊接单道焊和多道焊；特别适合于期望有平滑焊道的金属薄板和有中等数量铁锈或热轧氧化皮的型钢和钢板；典型的母材标准通常与ER50-2类别适用的一样。

⑤ ER50-7焊丝：适用于焊接单道焊和多道焊；与ER50-3焊丝填充金属相比，它们可以在较高的速度下焊接；提供某些较好的润滑作用和焊道成形；典型的母材标准通常与ER50-2类别适用的一样。

⑥ ER49-1焊丝：适用于焊接单道焊和多道焊，具有良好的抗气孔性能，用以焊接低碳钢和某些低合金钢。

⑦ ER49-A1（1/2Mo）焊丝：焊丝的填充金属，除了加有 0.5%Mo 外，与碳钢焊丝填充金属相似；添加钼提高焊缝金属的强度，特别是高温下的强度，使抗腐蚀性能有所提高，但降低焊缝金属的韧性；典型的应用包括焊接 C-Mo 钢母材。

⑧ ER55-B2（1-1/4Cr-1/2Mo）焊丝：用于焊接在高温和腐蚀情况下使用的 1/2Cr-1/2Mo、1Cr-1/2Mo、1-1/4Cr-1/2Mo 钢；也用来连接 Cr-Mo 钢与碳钢的异种钢接头；可使用气体保护电弧焊的所有过渡形式；控制预热、层间温度和焊后热处理对避免裂纹是非常关键的。该种焊丝在焊后热处理状态下进行试验。

⑨ ER49-B2L（1-1/4Cr-1/2Mo）焊丝：焊丝的填充金属，除了低的含碳量（≤0.05%）及由此带来较低的强度水平外，与 ER55-B2 焊丝的填充金属是一样的；同时硬度也有所降低，并在某些条件下改善抗腐蚀性能；具有较好的抗裂性，较适合用于形成在焊态下或当严格的焊后热处理作业可能产生问题时使用的焊缝。

⑩ ER62-B3（2-1/4Cr-1Mo）焊丝：焊丝的填充金属用于焊接高温、高压管子和压力容器用 2-1/4Cr-1Mo；也可用来连接 Cr-Mo 钢与碳钢的结合；通过控制预热、层间温度和焊后热处理对避免裂纹非常重要。这些焊丝是在焊后热处理状态下进行分类的。当它们在焊态下使用时，由于强度较高，应谨慎使用。

⑪ ER55-B3L（2-1/4Cr-1Mo）焊丝：焊丝的填充金属除了低含碳量（≤0.05%）和强度较低外，与 ER62-B3 类别是一样的；具有较好的抗裂性而适合用于形成焊态下使用的焊缝。

⑫ ER55-Ni1（1.0Ni）焊丝：用于在-45℃低温下要求韧性好的低合金高强度钢。

⑬ ER55-Ni2（2-1/4Ni）焊丝：用于焊接 2.5Ni 钢和在-60℃低温下要求良好韧性的材料。

⑭ ER55-Ni3（3-1/4Ni）焊丝：通常用于焊接低温运行的 3.5Ni 钢。

⑮ ER55-D2、ER62-D2（1/2Mo）焊丝：有高的强度和焊缝致密性，适用于碳钢与低合金高强度钢在焊态和焊后热处理状态的单道焊和多道焊；具有极好的多种位置的焊接性能。ER55-D2 和 ER62-D2 之间的不同点在于保护气体不同和力学性能要求不同。

⑯ ER55-1 焊丝：焊缝金属具有良好的耐大气腐蚀性能，是耐大气腐蚀用焊丝；主要用于铁路货车用 Q450NQR1 等钢的焊接。

⑰ ER69-1、ER76-1 和 ER83-1 焊丝：用于要求抗拉强度超过 690MPa 和在-50℃低温下具有高韧性结构钢的焊接。

⑱ ER55-B6（5Cr-1/2Mo）焊丝：含有 4.5%～6.0%铬和约 0.5%钼；用于焊接相似成分的母材，通常为管子或管道；是空气淬硬的材料，焊接时要求预热和焊后热处理。

⑲ ER55-B8（9Cr-1Mo）焊丝：含有 8.0%～10.5%铬和约 1.0%钼；用于焊接相似成分的母材，通常为管子或管道；是空气淬硬的材料，焊接时要求预热和焊后热处理。

⑳ ER62-B9［9Cr-1Mo-0.2V-0.07Nb（Cb）］焊丝：是 9Cr-1Mo 焊丝的改型，其中加入铌（钶）和钒，可提高在高温下的强度、韧性、疲劳寿命、抗氧化性和耐腐蚀性能；具有较高的高温性能；对热处理要求必须严格控制；供需双方协商必须另外确定冲击韧性或高温蠕变强度性能的规定值和试验要求。

㉑ ER××-G 焊丝：是不包括在前面类别中的那些填充金属。对它们仅规定了某些力学性能要求。这些焊丝用于单道焊和多道焊。关于这些类别的成分、性能和其他特性由供需双方协商确定。

5.2.12 镁合金焊丝（YS/T 696—2015）

【用途】 采用挤压、拉拔及其他加工方法制得，用作焊接用镁合金实心焊丝和填充丝。

【标记】 产品标记由类别、牌号、级别、规格、重量和标准编号组成，标记示例如下。

示例 1：直条状焊丝标记。

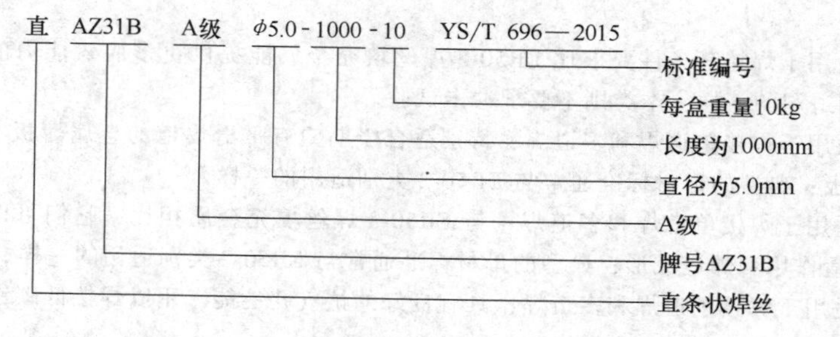

示例 2：盘状和卷状焊丝标记：

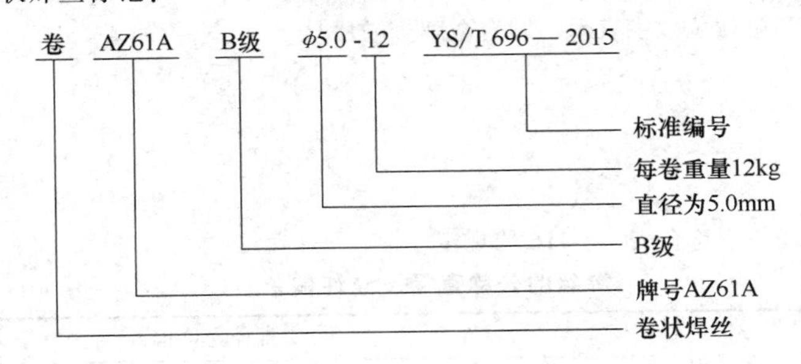

【规格】

① 镁合金焊丝的牌号、类别和规格应符合表 1-5-113 的规定。

表 1-5-113 镁合金焊丝的牌号、类别和规格

牌号	类别	规格		
		直径/mm	长度/mm	每盒质量/kg
Mg99.95、AZ40M、AZ80A、AZ31B、AZ61A、AZ91D、AZ101A、AZ92A、EZ33A	直条状	1.6、2.4、3.0、4.0、5.0、6.0	500~1000	1、2、5、10
	卷状	1.0~1.5、>1.5~4.0、>4.0~6.0	—	5、10、15
	盘装	0.5~1.5、>1.5~4.0	—	1.5、4、6、8

② 镁合金焊丝的直径偏差和质量偏差见表 1-5-114 和表 1-5-115。

表 1-5-114 镁合金焊丝直径偏差 mm

直径	允许偏差	
	A 级	B 级
0.50~1.50	±0.05	±0.15
>1.50~4.00	±0.10	±0.20
>4.00~8.00	±0.15	±0.25

表 1-5-115 镁合金焊丝质量偏差 kg

质量	允许偏差
5	±0.05
10、15	±0.10
20、25、30	±0.15

直条状镁合金焊丝长度偏差应为±2mm。

5.2.13 耐蚀合金焊丝（YB/T 5263—2014）

【分类】 耐蚀合金焊丝按组成元素分为铁镍基合金和镍基合金。铁镍基合金含镍 30%~50%，且含镍量加含铁量不小于 60%。镍基合金含镍量不小于 50%。

【牌号表示方法】

采用汉语拼音符号“HNS”作为前缀（分别为“焊”“耐”“蚀”汉语拼音的第一个字母），后接四位阿拉伯数字。

符号“HNS”后第一位数字表示分类号：

HNS1×××——表示固溶强化型铁镍基合金；

HNS3×××——表示固溶强化型镍基合金。

符号“HNS”后第二位数字表示不同合金系列号：

HNS×1××——表示镍-铬系；

HNS×2××——表示镍-钼系；

HNS×3××——表示镍-铬-钼系；

HNS×4××——表示镍-铬-钼-铜系；

符号“HNS”后第三位和第四位数字表示不同合金牌号顺序号。

【尺寸及允许偏差】

焊丝的公称直径范围：

固溶态：0.80~12.00mm；

冷拉态：0.30~9.00mm。

焊丝的公称直径及允许偏差应符合表1-5-116的规定。

表1-5-116 焊丝的公称直径及允许偏差 mm

公称直径	直径允许偏差	
	Ⅰ组	Ⅱ组
0.30~0.60	±0.018	±0.013
>0.60~1.00	±0.023	±0.018
>1.00~3.00	±0.030	±0.022
>3.00~6.00	±0.040	±0.028
>6.00~10.00	±0.050	±0.035
>10.00~12.00	±0.060	±0.045

耐蚀合金焊丝的用途见表1-5-117。

表1-5-117 耐蚀合金焊丝的用途

新牌号	ISO代号	美国AWS类别(焊丝)	焊丝的用途
HNS1403	SS320	ER320	HNS1403是镍-铬-钼-铜系焊丝,名义成分(质量分数)是20%Cr、34%Ni、2.5%Mo、3.5%Cu,加入Nb提高了耐晶间腐蚀能力。本牌号焊丝主要用于焊接类似成分的基体金属,这些基体金属要应用在耐含硫、硫酸及其盐类的涉及范围广泛的化学品的严重腐蚀环境下。这种焊丝既能焊接同成分的铸造合金,也能焊接同成分的锻造合金,焊后不用热处理。这种焊丝改成不含Nb时,可用于不含Nb铸件的补焊,但用这个改后的成分,焊后需要固溶退火处理
HNS3103	SNi6601	ERNiCrFe-11	HNS3103是镍-铬系焊丝,名义成分(质量分数)是61%Ni、23%Cr、14%Fe、1.4%Al。这一焊丝用于镍-铬-铁-铝合金(UNS号N06601)自身的焊接和与别的高温成分合金的焊接,采用钨极气体保护焊方法。它可用于暴露温度可能超过1150℃的苛刻场合
HNS3106	SNi6082	ERNiCr-3	HNS3106是镍-铬系焊丝,名义成分(质量分数)是72%Ni、20%Cr、3%Mn、2.5%Nb+Ta。这一焊丝用于镍-铬-铁合金(UNS号N06600)自身的焊接,用于镍-铬-铁合金复合钢接头覆层侧的焊接,用于在钢的表面进行镍-铬-铁焊缝金属堆焊,用于异种镍基合金的焊接和钢与不锈钢或镍基合金的连接,采用钨极气体保护焊、金属极气体保护焊、埋弧焊和等离子焊方法
HNS3201	SNi1001	ERNiMo-1	HNS3201是镍-钼系焊丝,名义成分(质量分数)是66%Ni、28%Mo、5.5%Fe。这一焊丝用于镍-钼合金(UNS号N10001)自身的焊接,采用钨极气体保护焊和金属极气体保护焊方法
HNS3202	SNi1066	ERNiMo-7	HNS3202是镍-钼系焊丝,名义成分(质量分数)是69%Ni、28%Mo。这一焊丝用于镍钼合金(UNS号N10665)自身的焊接和用镍钼焊缝金属在钢上堆焊,采用钨极气体保护焊和金属极气体保护焊方法
HNS3306	SNi6625	ERNiCrMo-3	HNS3306是镍-铬-钼系焊丝,名义成分(质量分数)是61%Ni、22%Cr、9%Mo、3.5%Nb+Ta。这一焊丝用于镍-铬-钼合金(UNS号N06625)自身的焊接、与钢或与其他镍基合金的焊接。用镍-铬-钼合金焊缝金属在钢上堆焊,以及用于镍-铬-钼合金复合钢接头覆层侧的焊接。采用钨极气体保护焊、金属极气体保护焊、埋弧焊和等离子焊等方法。这一焊丝推荐用于操作温度从低温到540℃的场合

合金的牌号和化学成分（熔炼分析）见表1-5-118。

表 1-5-118 合金的牌号和化学成分(熔炼分析)

序号	统一数字代号	新牌号	旧牌号	化学成分(质量分数)/%														
				C	Cr	Ni	Fe	Mo	W	Cu	Al	Ti	Nb	V	Co①	Si	Mn	P	S
				不大于												不大于		不大于	
1	H01401	HNS1401	HNS141	0.030	25.0~27.0	34.0~37.0	余量	2.00~3.00	—	3.00~4.00	—	0.40~0.90	—	—	—	0.70	≤1.00	0.020	0.015
2	H08021	HNS1403	HNS143	0.07	19.0~21.0	32.0~38.0	余量	2.00~3.00	—	3.00~4.00	—	—	8×C~1.00	—	—	1.00	≤2.00	0.020	0.015
3	H03101	HNS1101	HNS111	0.05	28.0~31.0	余量	≤1.0	—	—	—	≤0.30	—	—	—	—	0.50	≤1.20	0.020	0.015
4	H05501	HNS3103	HNS313	0.10	21.0~25.0	余量	10.0~15.0	—	—	≤1.00	1.00~1.70	—	—	—	—	0.50	≤1.00	0.020	0.015
5	H06690	HNS3105	—	0.05	27.0~31.0	余量	7.0~11.0	—	—	≤0.50	—	—	—	—	—	0.50	≤0.50	0.020	0.015
6	H06082	HNS3106	—	0.10	18.0~22.0	≥67.0	≤3.0	—	—	≤0.50	—	≤0.75	2.00~3.00	—	—	0.50	2.50~3.50	0.020	0.015
7	H10001	HNS3201	HNS321	0.05	≤1.0	余量	4.0~6.0	26.0~30.0	—	—	—	—	—	0.20~0.40	≤2.50	1.00	≤1.00	0.020	0.015
8	H10665	HNS3202	HNS322	0.020	≤1.0	余量	≤2.0	26.0~30.0	—	—	—	—	—	—	≤1.00	0.10	≤1.00	0.020	0.015
9	H03301	HNS3301	HNS331	0.030	14.0~17.0	余量	≤8.0	2.00~3.00	—	—	—	0.40~0.90	—	—	—	0.70	≤1.00	0.020	0.015
10	H03302	HNS3302	HNS332	0.030	17.0~19.0	余量	≤1.0	16.0~18.0	—	—	—	—	—	—	—	0.70	≤1.00	0.020	0.015
11	H03303	HNS3303	HNS333	0.08	14.5~16.5	余量	4.0~7.0	15.0~17.0	3.00~4.50	—	—	—	—	≤0.35	≤2.50	1.00	≤1.00	0.020	0.015
12	H06625	HNS3305	—	0.10	20.0~23.0	余量	≤5.0	8.0~10.0	—	—	≤0.40	≤0.40	3.15~4.15	—	≤1.00	0.50	≤0.50	0.015	0.015
13	H03307	HNS3307	HNS337	0.030	19.0~21.0	余量	≤5.0	15.0~17.0	—	≤0.10	—	—	—	—	≤0.1	0.40	0.50~1.50	0.020	0.015

① 如需方要求,Co不超过0.12%。

注:国内外焊丝牌号对照及耐蚀合金焊丝的用途参见YB/T 5263—2014中附录C和附录D。

5.2.14 碳弧气刨炭棒（JB/T 8154—2006）

【用途】 以人造石墨、天然石墨和沥青为主要原料且表面镀有铜层的碳弧气刨炭棒，可用于金属材料的刨槽和切割等碳弧气刨作业。

【规格】 碳弧气刨炭棒型号根据其用途、截面形状和尺寸确定，见表 1-5-119。

表 1-5-119　　碳弧气刨炭棒型号、规格尺寸和技术要求（JB/T 8154—2006）　　mm

型号	名称	截面形状	公称尺寸和公差						无镀铜层时炭棒检测		
			直径（高×宽）	直径（宽高）公差	长度	长度公差	直线度公差	镀铜层厚度	电阻率/μΩ·m	灰分含量（质量分数）	抗折强度/MPa
B504~B516	圆形炭棒	圆形	$\phi4\sim\phi16$	不超过±3%	305 355	不超过±3	不大于0.5%	0.04~0.15	不大于23μΩ·m	不大于1.5%	不小于22
BL508~BL525	连接式圆形炭棒	圆形	$\phi8$、$\phi9.5$、$\phi11$	不超过±3%	355 430						
			$\phi13$、$\phi16$、$\phi19$、$\phi25$		430 510						
B5412~B5620	矩形炭棒	矩形	4×12 5×10	不超过±5%	305 355						不小于17
			5×12 5×15								
			5×18 5×20								
			5×25 6×20								

注：1. 连接式炭棒的凹凸部位尺寸需用专用卡板、塞规检测。

2. 炭棒在使用或随后的冷却过程中，不得发生龟裂和剥落现象。炭棒镀铜层起泡部分不大于镀铜层表面积的15%，从炭棒灼热端部到镀铜层的烧损距离平均不大于90mm。

3. 特殊规格，按合同规定。

5.3 钎　料

钎料型号表示方法（GB/T 6208—1995）：钎料型号由两部分组成，用短画“-”分开；第一部分用一个大写英文字母表示钎料的类型，“S”表软钎料，“B”表示硬钎料；第二部分由主要合金组成的化学元素符号组成，第一个化学元素符号表示钎料的基本组成，其他化学元素符号按其质量分数顺序排列。

5.3.1 银基钎料（GB/T 100416—2008）

【其他名称】 银基焊料、银焊料、银焊条、银焊片。

【用途】 这种钎料工艺性能优良、熔点不高、漫流性和填满间隙能力良好，并且强度高、塑性好、导电性和耐蚀性优良，适用于气体火焰钎焊、电阻钎焊、炉中钎焊、真空钎焊、感应钎焊、浸沾钎焊和电弧钎焊等硬钎焊方法。

【规格】

(1) 银基钎料分类和型号

表 1-5-120　　银基钎料的分类和型号（GB/T 10046—2008）

分类	钎料型号	分类	钎料型号
银铜	BAg72Cu	银铜锌	BAg5CuZn(Si)
银锰	BAg85Mn		BAg12CuZn(Si)
银铜锂	BAg72CuLi		BAg20CuZn(Si)

续表

分类	钎料型号
银铜锌	BAg25CuZn
	BAg30CuZn
	BAg35ZnCu
	BAg44CuZn
	BAg45CuZn
	BAg50CuZn
	BAg60CuZn
	BAg63CuZn
	BAg65CuZn
	BAg70CuZn
银铜锡	BAg60CuSn
银铜镍	BAg56CuNi
银铜锌锡	BAg25CuZnSn
银铜锌铟	BAg34CuZnIn
	BAg30CuZnIn
	BAg56CuInNi
银铜锌镍	BAg40CuZnNi
	BAg49ZnCuNi
银铜锌锡	BAg30CuZnSn
	BAg34CuZnSn
	BAg38CuZnSn
银铜锌锡	BAg40CuZnSn
	BAg45CuZnSn
	BAg55ZnCuSn
	BAg56CuZnSn
	BAg60CuZnSn
银铜锌镉	BAg20CuZnCd
	BAg21CuZnCdSi
	BAg25CuZnCd
	BAg30CuZnCd
	BAg35CuZnCd
	BAg40CuZnCd
	BAg45CdZnCu
	BAg50CdZnCu
	BAg40CuZnCdNi
	BAg50ZnCdCuNi
银铜锌铟	BAg40CuZnIn
银铜锌镍	BAg54CuZnNi
银铜锡镍	BAg63CuSnNi
银铜锌镍锰	BAg25CuZnMnNi
银铜锌镍锰	BAg27CuZnMnNi
	BAg49ZnCuMnNi

(2) 银基钎料的标记示例

银基钎料标记中第一项为标准号“GB/T 10046”；第二项字母“B”是钎料代号表示硬钎料，用于电真空的钎料可在“B”后面加字母“V”；第三项为基体元素银（用化学元素 Ag 表示）及其含量，不含百分号；第四项为添加元素，用化学元素符号表示，顺序按其在合金中含量多少排列，当几种元素具有相同的质量分数时，按其原子序数顺序排列；第二至第四项是对钎料型号的描述。

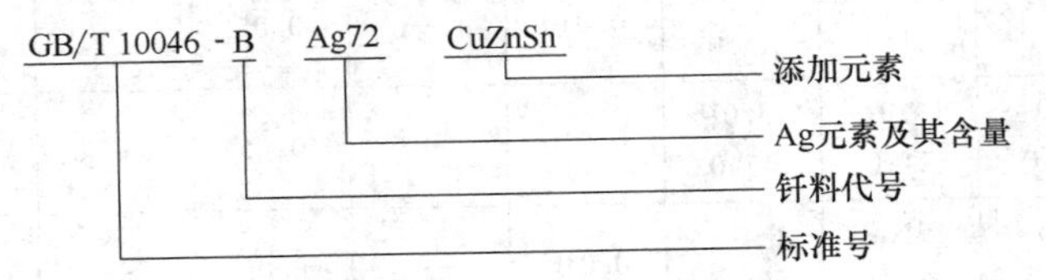

(3) 银基钎料的化学成分

表 1-5-121 银基钎料的化学成分（GB/T 10046—2008）

型号	化学成分(质量分数)/%								熔化温度范围(参考值)/℃	
	Ag	Cu	Zn	Cd	Sn	Si	Ni	Mn	固相线	液相线
Ag-Cu 钎料										
BAg72Cu①	71.0~73.0	27.0~29.0	—	0.010	—	0.05	—	—	779	779
Ag-Mn 钎料										
BAgg85Mn	84.0~86.0	—	—	0.010	—	0.05	—	14.0~16.0	960	970

续表

型号	化学成分(质量分数)/%								熔化温度范围(参考值)/℃	
	Ag	Cu	Zn	Cd	Sn	Si	Ni	Mn	固相线	液相线
Ag-Cu-Li 钎料										
BAg72CuLi	71.0~73.0	余量	Li 0.25~0.50						766	766
Ag-Cu-Zn 钎料										
BAg5CuZn(Si)	4.0~6.0	54.0~56.0	38.0~42.0	0.010	—	0.05~0.25	—	—	820	870
BAg12CuZn(Si)	11.0~13.0	47.0~49.0	38.0~42.0	0.010	—	0.05~0.25	—	—	800	830
BAg20CuZn(Si)	19.0~21.0	43.0~45.0	34.0~38.0	0.010	—	0.05~0.25	—	—	690	810
BAg25CuZn	24.0~26.0	39.0~41.0	33.0~37.0	0.010	—	0.05	—	—	700	790
BAg30CuZn	29.0~31.0	37.0~39.0	30.0~34.0	0.010	—	0.05	—	—	680	765
BAg35ZnCu	34.0~36.0	31.0~33.0	31.0~35.0	0.010	—	0.05	—	—	685	775
BAg44CuZn	43.0~45.0	29.0~31.0	24.0~28.0	0.010	—	0.05	—	—	675	735
BAg45CuZn	44.0~46.0	29.0~31.0	23.0~27.0	0.010	—	0.05	—	—	665	745
BAg50CuZn	49.0~51.0	33.0~35.0	14.0~18.0	0.010	—	0.05	—	—	690	775
BAg60CuZn	59.0~61.0	25.0~27.0	12.0~16.0	0.010	—	0.05	—	—	695	730
BAg63CuZn	62.0~64.0	23.0~25.0	11.0~15.0	0.010	—	0.05	—	—	690	730
BAg65CuZn	64.0~66.0	19.0~21.0	13.0~17.0	0.010	—	0.05	—	—	670	720
BAg70CuZn	69.0~71.0	19.0~21.0	8.0~12.0	0.010	—	0.05	—	—	690	740
Ag-Cu-Sn 钎料										
BAg60CuSn	59.0~61.0	29.0~31.0	—	0.010	9.5~10.5	0.05	—	—	600	730
Ag-Cu-Ni 钎料										
BAg56CuNi	55.0~57.0	41.0~43.0	—	0.010	—	0.05	1.5~2.5	—	770	895
Ag-Cu-Zn-Sn 钎料										
BAg25CuZnSn	24.0~26.0	39.0~41.0	31.0~35.0	0.010	1.5~2.5	0.05	—	—	680	760
BAg30CuZnSn	29.0~31.0	35.0~37.0	30.0~34.0	0.010	1.5~2.5	0.05	—	—	665	755

续表

型号	化学成分(质量分数)/%								熔化温度范围(参考值)/℃	
	Ag	Cu	Zn	Cd	Sn	Si	Ni	Mn	固相线	液相线
Ag-Cu-Zn-Sn 钎料										
BAg34CuZnSn	33.0~35.0	35.0~37.0	25.5~29.5	0.010	2.0~3.0	0.05	—	—	630	730
BAg38CuZnSn	37.0~39.0	35.0~37.0	26.0~30.0	0.010	1.5~2.5	0.05	—	—	650	720
BAg40CuZnSn	39.0~41.0	29.0~31.0	26.0~30.0	0.010	1.5~2.5	0.05	—	—	650	710
BAg45CuZnSn	44.0~46.0	26.0~28.0	23.5~27.5	0.010	2.0~3.0	0.05	—	—	640	680
BAg55ZnCuSn	54.0~56.0	20.0~22.0	20.0~24.0	0.010	1.5~2.5	0.05	—	—	630	660
BAg56CuZnSn	55.0~57.0	21.0~23.0	15.0~19.0	0.010	4.5~5.5	0.05	—	—	620	655
BAg60CuZnSn	59.0~61.0	22.0~24.0	12.0~16.0	0.010	2.0~4.0	0.05	—	—	620	685
Ag-Cu-Zn-Cd 钎料										
BAg20CuZnCd	19.0~21.0	39.0~41.0	23.0~27.0	13.0~17.0	—	0.05	—	—	605	765
BAg21CuZnCdSi	20.0~22.0	34.5~36.5	24.5~28.5	14.5~18.5	—	0.3~0.7	—	—	610	750
BAg25CuZnCd	24.0~26.0	29.0~31.0	25.5~29.5	16.5~18.5	—	0.05	—	—	607	682
BAg30CuZnCd	29.0~31.0	26.5~28.5	20.0~24.0	19.0~21.0	—	0.05	—	—	607	710
BAg35CuZnCd	34.0~36.0	25.0~27.0	19.0~23.0	17.0~19.0	—	0.05	—	—	605	700
BAg40CuZnCd	39.0~41.0	18.0~20.0	19.0~23.0	18.0~22.0	—	0.05	—	—	595	630
BAg45CdZnCu	44.0~46.0	14.0~16.0	14.0~18.0	23.0~25.0	—	0.05	—	—	605	620
BAg50CdZnCu	49.0~51.0	14.5~16.5	14.5~18.5	17.0~19.0	—	0.05	—	—	625	635
BAg40CuZnCdNi	39.0~41.0	15.5~16.5	14.5~18.5	25.1~26.5	—	0.05	0.1~0.3	—	595	605
BAg50ZnCdCuNi	49.0~51.0	14.5~16.5	13.5~17.5	15.0~17.0	—	0.05	2.5~3.5	—	635	690
Ag-Cu-Zn-In 钎料										
BAg40CuZnIn	39.0~41.0	29.0~31.0	23.5~26.5	In 4.5~5.5					635	715
BAg34CuZnIn	33.0~35.0	34.0~36.0	28.5~31.5	In 0.8~1.2					660	740

续表

型号	化学成分(质量分数)/%								熔化温度范围(参考值)/℃	
	Ag	Cu	Zn	Cd	Sn	Si	Ni	Mn	固相线	液相线
Ag-Cu-Zn-In 钎料										
BAg30CuZnIn	29.0~31.0	37.0~39.0	25.5~28.5			In 4.5~5.5			640	755
BAg56CuInNi	55.0~57.0	26.25~28.25	—		In 13.5~15.5		2.0~2.5	—	600	710
Ag-Cu-Zn-Ni 钎料										
BAg40CuZnNi	39.0~41.0	29.0~31.0	26.0~30.0	0.010	—	0.05	1.5~2.5	—	670	780
BAg49ZnCuNi	49.0~50.0	19.0~21.0	26.0~30.0	0.010	—	0.05	1.5~2.5	—	660	705
BAg54CuZnNi	53.0~55.0	37.5~42.5	4.0~6.0	0.010	—	0.05	0.5~1.5	—	720	855
Ag-Cu-Sn-Ni 钎料										
BAg63CuSnNi	62.0~64.0	27.5~29.5	—	0.010	5.0~7.0	0.05	2.0~3.0	—	690	800
Ag-Cu-Zn-Ni-Mn 钎料										
BAg25CuZnMnNi	24.0~26.0	37.0~39.0	31.0~35.0	0.010	—	0.05	1.5~2.5	1.5~2.5	705	800
BAg27CuZnMnNi	26.0~28.0	37.0~39.0	18.0~22.0	0.010	—	0.05	5.0~6.0	8.5~10.5	680	830
BAg49ZnCuMnNi	48.0~50.0	15.0~17.0	21.0~25.0	0.010	—	0.05	4.0~5.0	7.0~8.0	680	705

① 真空钎料杂质元素成分要求见表 1-5-122。

注:1. 单值均为最大值,"余量"表示 100%与其余元素含量总和的差值。

2. 所有型号钎料的杂质最大含量(质量分数,%)是:Al 0.001,Bi 0.030,P 0.008,Pb 0.025;杂质总量为 0.15;BAg60CuSn 和 BAg72Cu 钎料的杂质总量为 0.15;BAg25CuZnMnNi、BAg49ZnCuMnNi 和 BAg85Mn 钎料杂质的杂质总量为 0.30。

表 1-5-122　银基真空钎料的杂质元素含量(GB/T 10046—2008)

杂质元素	最大值(质量分数)/%	
	1 级	2 级
C①	0.005	0.005
Cd	0.001	0.002
P	0.002	0.002②
Pb	0.002	0.002
Zn	0.001	0.002
Mn③	0.001	0.002
In③	0.002	0.003
500℃、蒸汽压大于 1.3×10^{-5}Pa 的元素④	0.001	0.002

① 对于钎料 BAg72Cu(见表 1-5-121),碳含量更为严格的要求可由供需双方商定。

② 对于钎料 BAg72Cu(见表 1-5-121),最大含量为 0.02%。

③ 除此之外,按表 1-5-120 中规定。

④ 这些元素有 Ca、Cs、K、Li、Mg、Na、Rb、S、Sb、Se、Sr、Te、Tl。对于这些元素(包括 Cd、Pb 和 Zn),总含量≤0.010%。

(4) 银基钎料的尺寸及公差

① 带状银基钎料的尺寸及公差见表 1-5-123～表 1-5-125。

表 1-5-123　带状银基钎料的厚度尺寸及公差（GB/T 10046—2008）　mm

厚度(公称尺寸)	厚度公差(公称尺寸)	厚度(公称尺寸)	厚度公差(公称尺寸)
	钎料宽度 1～200		钎料宽度 1～200
≥0.05～0.1	±0.005	0.4～0.5	±0.020
0.1～0.2	±0.010	0.5～0.8	±0.025
0.2～0.3	±0.015	0.8～1.2	±0.030
0.3～0.4	±0.018	1.2～2.0	±0.035

表 1-5-124　带状银基钎料的宽度尺寸及公差（GB/T 10046—2008）　mm

厚度(公称尺寸)	宽度公差(公称尺寸)		
	钎料宽度≤50	>50～100	>100～200
≥0.05～0.1	+0.2 0	+0.3 0	+0.4 0
0.1～1.0	+0.2 0	+0.3 0	+0.4 0
1.0～2.0	+0.3 0	+0.4 0	+0.5 0

表 1-5-125　带状银基钎料的反挠度公差（GB/T 10046—2008）

厚度(公称尺寸)/mm	最大反挠度(公称尺寸)/(mm/m)				
	钎料宽度 3～10	>10～15	>15～30	>30～50	>50
≥0.05～0.5	10	7	4	3	3
0.5～2.0	15	10	6	4	4

② 棒状银基钎料的尺寸及公差见表 1-5-126。

表 1-5-126　棒状银基钎料的尺寸及公差（GB/T 10046—2008）　mm

直径			长度	
基本尺寸	拉拔棒料偏差	非拉拔棒料偏差	基本尺寸	长度公差
1、1.5、2、2.5、3、5	±3%	±0.2	450、500、750、1000	±5

③ 丝状银基钎料的尺寸及公差：丝状银基钎料没有首选的直径，直径大于 1.0mm 的钎料径向公差为±3%；可由旧标准（GB/T 10046—2000）数据作参考，偏差按 GB/T 10046—2008 的规定（表 1-5-127）。

表 1-5-127　丝状银基钎料的尺寸及极限偏差（GB/T 10046—2000）（参考）　mm

直径		长度	
基本尺寸	极限偏差	基本尺寸	极限偏差
0.5、0.8、1.0、1.2、1.5、2.0	±0.05	卷状或盘状	—
2.0、3.0、4.0	±0.08	<400、450、500	±3

④ 其他类型钎料的尺寸规格及公差由供需双方协商。

5.3.2 铝基钎料（GB/T 13815—2008）

【其他名称】 铝基焊料。

【用途】 适用于火焰钎焊、炉中钎焊、盐浴钎焊和真空钎焊等硬钎焊方法。

【规格】

(1) 铝基钎料分类和型号

表 1-5-128　　铝基钎料的分类和型号（GB/T 13815—2008）

分类	型号	分类	型号
铝硅	BAl95Si	铝硅镁	BAl89SiMg（Bi）
	BAl92Si		BAl89Si（Mg）
	BAl90Si		BAl88Si（Mg）
	BAl88Si		BAl87SiMg
铝硅铜	BAl86SiCu	铝硅锌	BAl87SiZn
铝硅镁	BAl89SiMg		BAl85SiZn

钎料型号由两部分组成，第一部分用“B”表示硬钎焊，第二部分由主要合金组分的化学元素符号组成。在第二部分中，第一个化学元素符号“Al”表示钎料的基本组分铝，随后标出的数字为其公称质量分数（省略百分号）；后面的字母为其他组分的化学元素符号，按其质量分数由大到小顺序列出，当几种元素具有相同的质量分数时，按其原子序数顺序排列。公称质量分数小于1%的元素在型号中不必列出，如某元素是钎料的关键组分一定要列出时，可在括号中列出其化学元素符号。

(2) 铝基钎料的标记示例

铝基钎料标记中应有标准号“GB/T 13815”和“钎料型号”的描述。一种铝基钎料含硅 9.0%～10.5%、镁 1.0%～2.0%、铋 0.02%～0.2%、铝为余量，钎料标记示例如下：

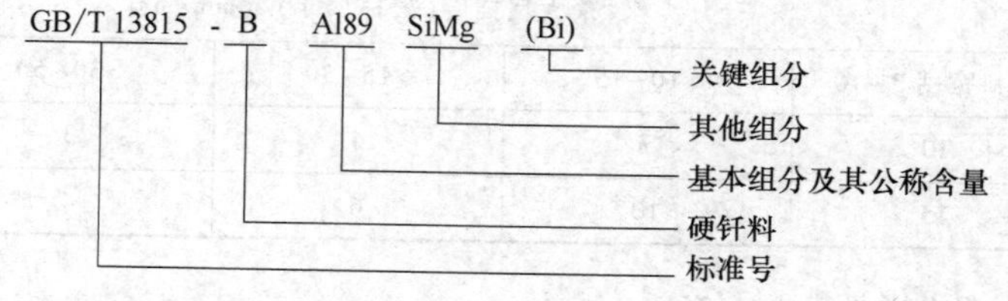

(3) 铝基钎料的化学成分

表 1-5-129　　铝基钎料的化学成分（GB/T 13815—2008）

型号	化学成分(质量分数)/%								熔化温度范围（参考值）/℃	
	Al	Si	Fe	Cu	Mn	Mg	Zn	其他元素	固相线	液相线
Al-Si										
BAl95Si	余量	4.5～6.0	≤0.6	≤0.30	≤0.15	≤0.20	≤0.10	Ti≤0.15	575	630
BAl92Si	余量	6.8～8.2	≤0.8	≤0.25	≤0.10	—	≤0.20	—	575	615
BAl90Si	余量	9.0～11.0	≤0.8	≤0.30	≤0.05	≤0.05	≤0.10	Ti≤0.20	575	590
BAl88Si	余量	11.0～13.0	≤0.8	≤0.30	≤0.05	≤0.10	≤0.20	—	575	585
Al-Si-Cu										
BAl86SiCu	余量	9.3～10.7	≤0.8	3.3～4.7	≤0.15	≤0.10	≤0.20	Cr≤0.15	520	585
Al-Si-Mg										
BAl89SiMg	余量	9.5～10.5	≤0.8	≤0.25	≤0.10	1.0～2.0	≤0.20	—	555	590

续表

型号	化学成分(质量分数)/%								熔化温度范围(参考值)/℃	
	Al	Si	Fe	Cu	Mn	Mg	Zn	其他元素	固相线	液相线
Al-Si-Mg										
BAl89SiMg(Bi)	余量	9.5~10.5	≤0.8	≤0.25	≤0.10	1.0~2.0	≤0.20	Bi 0.02~0.20	555	590
BAl89Si(Mg)	余量	9.50~11.0	≤0.8	≤0.25	≤0.10	0.20~1.0	≤0.20	—	559	591
BAl88Si(Mg)	余量	11.0~18.0	≤0.8	≤0.25	≤0.10	0.10~0.50	≤0.20	—	562	582
BAl87SiMg	余量	10.5~13.0	≤0.8	≤0.25	≤0.10	1.0~2.0	≤0.20	—	559	579
Al-Si-Zn										
BAl87SiZn	余量	9.0~11.0	≤0.8	≤0.30	≤0.05	≤0.05	0.50~3.0	—	576	588
BAl85SiZn	余量	10.5~13.0	≤0.8	≤0.25	≤0.10	—	0.50~3.0	—	576	609

注：1. 所有型号钎料中，Cd元素的最大含量(质量分数)为0.01，Pb元素的最大含量(质量分数)为0.025。

2. 其他每个未定义元素的最大含量(质量分数)为0.05，未定义元素总含量(质量分数)不应高于0.15。

(4) 铝基钎料的尺寸及公差

① 带状铝基钎料的尺寸及公差见表1-5-130~表1-5-132。

表1-5-130　带状铝基钎料的厚度尺寸及公差 (GB/T 13815—2008)　mm

厚度(公称尺寸)	厚度公差(公称尺寸) 钎料宽度>1~≤200	厚度(公称尺寸)	厚度公差(公称尺寸) 钎料宽度>1~≤200
≥0.05~≤0.1	±0.005	>0.4~≤0.5	±0.020
>0.1~≤0.2	±0.010	>0.5~≤0.8	±0.025
>0.2~≤0.3	±0.015	>0.8~≤1.2	±0.030
>0.3~≤0.4	±0.018	>1.2~≤2.0	±0.035

表1-5-131　带状铝基钎料的宽度尺寸及公差 (GB/T 13815—2008)　mm

厚度(公称尺寸)	宽度公差(公称尺寸)		
	钎料宽度≤50	>50~≤100	>100~≤200
≥0.05~≤0.1	+0.2 0	+0.3 0	+0.4 0
>0.1~≤1.0	+0.2 0	+0.3 0	+0.4 0
>1.0~≤2.0	+0.3 0	+0.4 0	+0.5 0

表1-5-132　带状铝基钎料的反挠度公差 (GB/T 13815—2008)　mm

厚度(公称尺寸)	最大反挠度(公称尺寸)/(mm/m)				
	钎料宽度				
	3~10	>10~≤15	>15~≤30	>30~≤50	>50
≥0.05~≤0.5	10	7	4	3	3
>0.5~≤2.0	15	10	6	4	4

② 棒状铝基钎料的尺寸及公差见表1-5-133。

表 1-5-133　　棒状铝基钎料的尺寸及公差（GB/T 13815—2008）　　mm

直径			长度	
基本尺寸	拉拔棒料偏差	非拉拔棒料偏差	基本尺寸	长度公差
1、1.5、2、2.5、3、4、5	±3%	±0.2	450、500、750、1000	±5

③ 丝状铝基钎料的尺寸及公差：丝状铝基钎料没有首选的直径，钎料径向公差为±3%。

④ 粉状铝基钎料的尺寸及公差见表 1-5-134。

表 1-5-134　　粉状铝基钎料的规格（GB/T 13815—2008）

粒度区间	允许粒度区间外的质量百分数
40 目（350μm）~200 目（74μm）	<74μm　≤4%
	>350μm　≤1%

⑤ 其他类型钎料的尺寸规格及公差由供需双方协商。

5.3.3　锡铅钎料（GB/T 3131—2001）

【其他名称】　锡铅焊料、焊锡。

【用途】　这类钎料是用压力加工方法制造的，供电讯、电器、电力仪器、仪表及其他机械制造焊接用。这类钎料包括锡基合金和铅基合金两类钎料。锡铅钎料中通常加入少量的锑，以减少钎料在液态时的氧化和提高接头的热稳定性；加入银可使晶粒细化并提高耐蚀性。它主要应用于钎焊铜及铜合金（需配用松香、焊锡膏作为钎焊熔剂）、钢、锌、镀锌薄钢板（需配用氯化锌水溶液作为钎焊熔剂）、不锈钢（需配用氯化锌盐酸溶液或磷酸作为钎焊熔剂）。

【规格】

（1）锡铅钎料的分类和型号

锡铅钎料分为无钎剂实心钎料和树脂芯丝状钎料，按形状分有丝状、棒状、带状及其他形状，见表 1-5-135。树脂芯钎剂有纯树脂基钎剂、中等活性的树脂基钎剂和活性树脂基钎剂，见表 1-5-136。锡铅钎料的牌号及物理性能见表 1-5-137。

表 1-5-135　　锡铅钎料的分类及尺寸偏差（GB/T 3131—2001）　　mm

产品类型	品　种	规格（直径）	允许偏差
无钎剂实心钎料	棒、带等其他形状	由供需双方协商	
	丝材	0.3~0.8 >0.8~2.5 >2.5~6.0	±0.03 ±0.05 ±0.10
树脂芯丝状钎料	单芯、三芯、五芯		

注：1. 直径不大于 3mm 的丝材，应缠绕在线轴上，一般净重为 1kg，也可根据用户要求来确定卷重。

2. 直径大于 3mm 的丝材、棒材、带材及其他形状的钎料装箱供应，每箱净重不超过 25kg。

表 1-5-136　　锡铅钎料树脂芯钎剂的类型（GB/T 3131—2001）

类型代号	说明	用途
R	纯树脂基钎剂	适用于微电子、无线电装配线的软钎焊（用于腐蚀及绝缘电阻等有特别严格要求的场合）
RMA	中等活性的树脂基钎剂	适用于无线或有线仪器装配线的软钎焊（对绝缘电阻有高的要求）
RA	活性树脂基钎剂	一般无线电和电视机装配软钎焊（用于具有高效率软钎焊的场合）

表 1-5-137　　锡铅钎料的牌号及物理性能（GB/T 3131—2001）

牌号	固相线/℃ ≈	液相线/℃ ≈	电阻率 /(Ω·mm²/m)≈	主要用途
S-Sn95Pb	183	224	—	电气、电子工业、耐高温器件
S-Sn90Pb	183	215	—	
S-Sn65Pb	183	186	0.122	电气、电子工业、印刷线路、微型技术、航空工业及镀层金属的软钎焊
S-Sn63Pb	183	183	0.141	
S-Sn60Pb, S-Sn60PbSb	183	190	0.145	
S-Sn55Pb	183	203	0.160	普通电气、电子工业（电视机、收录机共用天线、石英钟）航空、微连接
S-Sn50Pb, S-Sn50PbSb	183	215	0.181	
S-Sn45Pb	183	227	—	
S-Sn40Pb, S-Sn40PbSb	183	238	0.170	钣金、铅管软钎焊、电缆线、换热器金属器材、辐射体、制罐等的软钎焊
S-Sn35Pb	183	248	—	
S-Sn30Pb, S-Sn30PbSb	183	258	0.182	灯泡、冷却机制造、钣金、铅管
S-Sn25PbSb	183	260	0.196	
S-Sn20Pb, S-Sn18PbSb	183	279	0.220	
S-Sn10Pb	258	301	0.198	钣金、锅炉用及其他高温用
S-Sn5Pb	300	314	—	
S-Sn2Pb	316	322	—	
S-Sn50PbCd	145	145	—	轴瓦、陶瓷的烘烤软钎焊、热切割、分级软钎焊及其他低温软钎焊
S-Sn5PbAg	296	301	—	电气工业、高温工作条件
S-Sn63PbAg	183	183	0.120	同 S-Sn63Pb，但焊点质量等诸方面优于 S-Sn63Pb
S-Sn40PbSbP	183	238	0.170	用于对抗氧化有较高要求的场合
S-Sn60PbSbP	183	190	0.145	

（2）锡铅钎料的标记示例

锡铅钎料的牌号表示由形状、钎料牌号、尺寸、钎剂类型、标准号组成。

示例 1：用 S-Sn95PbA 制造的、直径为 2mm 的实心丝状钎料标记为：

　　丝 S-Sn95PbA　ϕ2 GB/T 3131—2001

示例 2：用 S-Sn63PbB 制造的、直径为 2mm、钎剂类型为 R 型的树脂单芯（三芯、五芯）丝状钎料标记为：

　　丝 S-Sn63PbB　ϕ2-R-1（3、5）GB/T 3131—2001

示例 3：用 S-Sn35PbA 制造的、直径为 10mm 的棒状钎料标记为：

　　丝 S-Sn35PbA　ϕ10 GB/T 3131—2001

其他形状的标记示例由供需双方协定。

（3）锡铅钎料的化学成分

表 1-5-138　　AA 级锡铅钎料的化学成分（GB/T 3131—2001）

牌号	主成分/%				杂质成分/% ≤									
	Sn	Pb	Sb	其他元素	Sb	Cu	Bi	As	Fe	Zn	Al	Cd	S	除 Sb、Bi、Cu 以外的杂质总和
S-Sn95PbAA	94.5~95.5	余	—	—	0.05	0.03	0.03	0.015	0.02	0.001	0.001	0.001	0.010	0.05
S-Sn90PbAA	89.5~90.5	余	—	—	0.05	0.03	0.03	0.015	0.02	0.001	0.001	0.001	0.010	0.05
S-Sn65PbAA	64.5~65.5	余	—	—	0.05	0.03	0.03	0.015	0.02	0.001	0.001	0.001	0.010	0.05

续表

牌号	主成分/%				杂质成分/% ≤									
	Sn	Pb	Sb	其他元素	Sb	Cu	Bi	As	Fe	Zn	Al	Cd	S	除 Sb、Bi、Cu 以外的杂质总和
S-Sn63PbAA	62.5~63.5	余	—	—	0.05	0.03	0.03	0.015	0.02	0.001	0.001	0.001	0.010	0.05
S-Sn60PbAA	59.5~60.5	余	—	—	0.05	0.03	0.03	0.015	0.02	0.001	0.001	0.001	0.010	0.05
S-Sn60PbSbAA	59.5~60.5	余	0.3~0.8	—	—	0.03	0.03	0.015	0.02	0.001	0.001	0.001	0.010	0.05
S-Sn55PbAA	54.5~55.5	余	—	—	0.05	0.03	0.03	0.015	0.02	0.001	0.001	0.001	0.010	0.05
S-Sn50PbAA	49.5~50.5	余	—	—	0.05	0.03	0.03	0.015	0.02	0.001	0.001	0.001	0.010	0.05
S-Sn50PbSbAA	49.5~50.5	余	0.3~0.8	—	—	0.03	0.03	0.015	0.02	0.001	0.001	0.001	0.010	0.05
S-Sn45PbAA	44.5~45.5	余	—	—	0.05	0.03	0.03	0.015	0.02	0.001	0.001	0.001	0.010	0.05
S-Sn40PbAA	39.5~40.5	余	—	—	0.05	0.03	0.03	0.015	0.02	0.001	0.001	0.001	0.010	0.05
S-Sn40PbSbAA	39.5~40.5	余	1.5~2.0	—	—	0.03	0.03	0.015	0.02	0.001	0.001	0.001	0.010	0.05
S-Sn35PbAA	34.5~35.5	余	—	—	0.05	0.03	0.03	0.015	0.02	0.001	0.001	0.001	0.010	0.05
S-Sn30PbAA	29.5~30.5	余	—	—	0.05	0.03	0.03	0.015	0.02	0.001	0.001	0.001	0.010	0.05
S-Sn30PbSbAA	29.5~30.5	余	1.5~2.0	—	—	0.03	0.03	0.015	0.02	0.001	0.001	0.001	0.010	0.05
S-Sn25PbSbAA	24.5~25.5	余	1.5~2.0	—	—	0.03	0.03	0.015	0.02	0.001	0.001	0.001	0.010	0.05
S-Sn20PbAA	19.5~20.5	余	—	—	0.05	0.03	0.03	0.015	0.02	0.001	0.001	0.001	0.010	0.05
S-Sn10PbAA	9.5~10.5	余	—	—	0.05	0.03	0.03	0.015	0.02	0.001	0.001	0.001	0.010	0.05
S-Sn5PbAA	4.5~5.5	余	—	—	0.05	0.03	0.03	0.015	0.02	0.001	0.001	0.001	0.010	0.05
S-Sn2PbAA	1.5~2.5	余	—	—	0.05	0.03	0.03	0.015	0.02	0.001	0.001	0.001	0.010	0.05
S-Sn50PbCdAA	49.5~50.5	余	—	Cd:17.5~18.5	0.05	0.03	0.03	0.015	0.02	0.001	0.001	—	0.010	0.05
S-Sn5PbAgAA	4.5~5.5	余	—	Ag:1.0~2.0	0.05	0.03	0.03	0.015	0.02	0.001	0.001	0.001	0.010	0.05
S-Sn63PbAgAA	62.5~63.5	余	—	Ag:1.5~2.5	0.05	0.03	0.03	0.015	0.02	0.001	0.001	0.001	0.010	0.05
S-Sn40PbSbPAA	39.5~40.5	余	1.5~2.0	P:0.001~0.004	—	0.03	0.03	0.015	0.02	0.001	0.001	0.001	0.010	0.05
S-Sn60PbSbPAA	59.5~60.5	余	0.3~0.8	P:0.001~0.004	—	0.03	0.03	0.015	0.02	0.001	0.001	0.001	0.010	0.05

表 1-5-139　A 级锡铅钎料的化学成分（GB/T 3131—2001）

牌号	主成分/%				杂质成分/% ≤									
	Sn	Pb	Sb	其他元素	Sb	Cu	Bi	As	Fe	Zn	Al	Cd	S	除 Sb、Bi、Cu 以外的杂质总和
S-Sn95PbA	94.0~96.0	余	—	—	0.1	0.03	0.03	0.02	0.02	0.002	0.002	0.002	0.015	0.06
S-Sn90PbA	89.0~91.0	余	—	—	0.1	0.03	0.03	0.02	0.02	0.002	0.002	0.002	0.015	0.06
S-Sn65PbA	64.0~66.0	余	—	—	0.1	0.03	0.03	0.02	0.02	0.002	0.002	0.002	0.015	0.06
S-Sn63PbA	62.0~64.0	余	—	—	0.1	0.03	0.03	0.02	0.02	0.002	0.002	0.002	0.015	0.06
S-Sn60PbA	59.0~61.0	余	—	—	0.1	0.03	0.03	0.02	0.02	0.002	0.002	0.002	0.015	0.06
S-Sn60PbSbA	59.0~61.0	余	0.3~0.8	—	—	0.03	0.03	0.02	0.02	0.002	0.002	0.002	0.015	0.06
S-Sn55PbA	54.0~56.0	余	—	—	0.1	0.03	0.03	0.02	0.02	0.002	0.002	0.002	0.015	0.06
S-Sn50PbA	49.0~51.0	余	—	—	0.1	0.03	0.03	0.02	0.02	0.002	0.002	0.002	0.015	0.06
S-Sn50PbSbA	49.0~51.0	余	0.3~0.8	—	—	0.03	0.03	0.02	0.02	0.002	0.002	0.002	0.015	0.06
S-Sn45PbA	44.0~46.0	余	—	—	0.1	0.03	0.03	0.02	0.02	0.002	0.002	0.002	0.015	0.06
S-Sn40PbA	39.0~41.0	余	—	—	0.1	0.03	0.03	0.02	0.02	0.002	0.002	0.002	0.015	0.06
S-Sn40PbSbA	39.0~41.0	余	1.5~2.0	—	—	0.03	0.03	0.02	0.02	0.002	0.002	0.002	0.015	0.06
S-Sn35PbA	34.0~36.0	余	—	—	0.1	0.03	0.03	0.02	0.02	0.002	0.002	0.002	0.015	0.06

续表

牌号	主成分/%				杂质成分/% ≤									
	Sn	Pb	Sb	其他元素	Sb	Cu	Bi	As	Fe	Zn	Al	Cd	S	除Sb、Bi、Cu以外的杂质总和
S-Sn30PbA	29.0~31.0	余	—	—	0.1	0.03	0.03	0.02	0.02	0.002	0.002	0.002	0.015	0.06
S-Sn30PbSbA	29.0~31.0	余	1.5~2.0	—	—	0.03	0.03	0.02	0.02	0.002	0.002	0.002	0.015	0.06
S-Sn25PbSbA	24.0~26.0	余	1.5~2.0	—	—	0.03	0.03	0.02	0.02	0.002	0.002	0.002	0.015	0.06
S-Sn20PbA	19.0~21.0	余	—	—	0.1	0.03	0.03	0.02	0.02	0.002	0.002	0.002	0.015	0.06
S-Sn18PbSbA	17.0~19.0	余	1.5~2.0	—	—	0.03	0.03	0.02	0.02	0.002	0.002	0.002	0.015	0.06
S-Sn10PbA	9.0~11.0	余	—	—	0.1	0.03	0.03	0.02	0.02	0.002	0.002	0.002	0.015	0.06
S-Sn5PbA	4.0~6.0	余	—	—	0.1	0.03	0.03	0.02	0.02	0.002	0.002	0.002	0.015	0.06
S-Sn2PbA	1.0~3.0	余	—	—	0.1	0.03	0.03	0.02	0.02	0.002	0.002	0.002	0.015	0.06
S-Sn50PbCdA	49.0~51.0	余	—	Cd:17.5~18.5	0.1	0.03	0.03	0.02	0.02	0.002	0.002	—	0.015	0.06
S-Sn5PbAgA	4.0~6.0	余	—	Ag:1.0~2.0	0.1	0.03	0.03	0.02	0.02	0.002	0.002	0.002	0.015	0.06
S-Sn63PbAgA	62.0~64.0	余	—	Ag:1.5~2.5	0.1	0.03	0.03	0.02	0.02	0.002	0.002	0.002	0.015	0.06
S-Sn40PbSbPA	39.0~41.0	余	1.5~2.0	P:0.001~0.004	—	0.03	0.03	0.02	0.02	0.002	0.002	0.002	0.015	0.06
S-Sn60PbSbPA	59.0~61.0	余	0.3~0.8	P:0.001~0.004	—	0.03	0.03	0.02	0.02	0.002	0.002	0.002	0.015	0.06

表 1-5-140 B级锡铅钎料的化学成分（GB/T 3131—2001）

牌号	主成分/%				杂质成分/% ≤									
	Sn	Pb	Sb	其他元素	Sb	Cu	Bi	As	Fe	Zn	Al	Cd	S	除Sb、Bi、Cu以外的杂质总和
S-Sn95PbB	93.5~96.0	余	—	—	0.3	0.05	0.08	0.03	0.02	0.002	0.005	0.005	0.020	0.08
S-Sn90PbB	88.5~91.0	余	—	—	0.3	0.05	0.08	0.03	0.02	0.002	0.005	0.005	0.020	0.08
S-Sn65PbB	63.5~66.0	余	—	—	0.3	0.05	0.08	0.03	0.02	0.002	0.005	0.005	0.020	0.08
S-Sn63PbB	61.5~64.0	余	—	—	0.3	0.05	0.08	0.03	0.02	0.002	0.005	0.005	0.020	0.08
S-Sn60PbB	58.5~61.0	余	—	—	0.3	0.05	0.08	0.03	0.02	0.002	0.005	0.005	0.020	0.08
S-Sn60PbSbB	58.5~61.0	余	0.3~0.8	—	—	0.05	0.08	0.03	0.02	0.002	0.005	0.005	0.020	0.08
S-Sn55PbB	53.5~56.0	余	—	—	0.3	0.05	0.08	0.03	0.02	0.002	0.005	0.005	0.020	0.08
S-Sn50PbB	48.5~51.0	余	—	—	0.3	0.05	0.08	0.03	0.02	0.002	0.005	0.005	0.020	0.08
S-Sn50PbSbB	48.5~51.0	余	0.3~0.8	—	—	0.05	0.08	0.03	0.02	0.002	0.005	0.005	0.020	0.08
S-Sn45PbB	43.5~46.0	余	—	—	0.3	0.05	0.08	0.03	0.02	0.002	0.005	0.005	0.020	0.08
S-Sn40PbB	38.5~41.0	余	—	—	0.3	0.05	0.08	0.03	0.02	0.002	0.005	0.005	0.020	0.08
S-Sn40PbSbB	38.5~41.0	余	1.5~2.0	—	—	0.05	0.08	0.03	0.02	0.002	0.005	0.005	0.020	0.08
S-Sn35PbB	33.5~36.0	余	—	—	0.3	0.05	0.08	0.03	0.02	0.002	0.005	0.005	0.020	0.08
S-Sn30PbB	28.5~31.0	余	—	—	0.3	0.05	0.08	0.03	0.02	0.002	0.005	0.005	0.020	0.08
S-Sn30PbSbB	28.5~31.0	余	1.5~2.0	—	—	0.05	0.08	0.03	0.02	0.002	0.005	0.005	0.020	0.08
S-Sn25PbSbB	23.5~26.0	余	1.5~2.0	—	—	0.05	0.08	0.03	0.02	0.002	0.005	0.005	0.020	0.08
S-Sn20PbB	18.5~21.0	余	—	—	0.3	0.05	0.08	0.03	0.02	0.002	0.005	0.005	0.020	0.08
S-Sn18PbSbB	16.5~19.0	余	1.5~2.0	—	—	0.05	0.08	0.03	0.02	0.002	0.005	0.005	0.020	0.08
S-Sn10PbB	8.5~11.0	余	—	—	0.3	0.05	0.08	0.03	0.02	0.002	0.005	0.005	0.020	0.08
S-Sn5PbB	3.5~6.0	余	—	—	0.3	0.05	0.08	0.03	0.02	0.002	0.005	0.005	0.020	0.08
S-Sn2PbB	0.5~3.0	余	—	—	0.3	0.05	0.08	0.03	0.02	0.002	0.005	0.005	0.020	0.08

续表

牌号	主成分/%				杂质成分/% ≤									
	Sn	Pb	Sb	其他元素	Sb	Cu	Bi	As	Fe	Zn	Al	Cd	S	除Sb、Bi、Cu以外的杂质总和
S-Sn50PbCdB	48.5~51.0	余	—	Cd:17.5~18.6	0.3	0.05	0.08	0.03	0.02	0.002	0.005	—	0.020	0.08
S-Sn5PbAgB	3.5~5.0	余	—	Ag:1.0~2.0	0.3	0.05	0.08	0.03	0.02	0.002	0.005	0.005	0.020	0.08
S-Sn63PbAgB	61.5~64.0	余	—	Ag:1.5~2.5	0.3	0.05	0.08	0.03	0.02	0.002	0.005	0.005	0.020	0.08
S-Sn40PbSbPB	38.5~41.0	余	1.5~2.0	P:0.001~0.004	—	0.05	0.08	0.03	0.02	0.002	0.005	0.005	0.020	0.08
S-Sn60PbSbPB	58.5~61.0	余	0.3~0.8	P:0.001~0.004	—	0.05	0.08	0.03	0.02	0.002	0.005	0.005	0.020	0.08

5.3.4 铜基钎料（GB/T 6418—2008）

【其他名称】 铜基焊料。

【用途】 适用于气体火焰钎焊、电阻钎焊、炉中钎焊、真空钎焊、感应钎焊、浸沾钎焊和电弧钎焊等硬钎焊方法。

【规格】

（1）铜基钎料分类和型号

表 1-5-141 铜基钎料的分类和型号（GB/T 6418—2008）

分类	钎料型号	分类	钎料型号
高铜钎料	BCu87	铜磷钎料	BCu92PAg
	BCu99		BCu91PAg
	BCu100-A		BCu89PAg
	BCu100-B		BCu88PAg
	BCu100(P)		BCu87PAg
	BCu99Ag		BCu80AgP
	BCu97Ni(B)		BCu76AgP
铜锌钎料	BCu48ZnNi(Si)		BCu75AgP
	BCu54Zn		BCu80SnPAg
	BCu57ZnMnCo		BCu87PSn(Si)
	BCu58ZnMn		BCu86SnP
	BCu58ZnFeSn(Si)(Mn)		BCu86SnPNi
	BCu58ZnSn(Ni)(Mn)(Si)		BCu92PSb
	BCu59Zn(Sn)(Si)(Mn)	其他铜钎料	BCu94Sn(P)
	BCu60Zn(Sn)		BCu88Sn(P)
	BCu60ZnSn(Si)		BCu98Sn(Si)(Mn)
	BCu60Zn(Si)		BCu97SiMn
	BCu60Zn(Si)(Mn)		BCu96SiMn
铜磷钎料	BCu95P		BCu92AlNi(Mn)
	BCu94P		BCu92Al
	BCu93P-A		BCu89AlFe
	BCu93P-B		BCu74MnAlFeNi
	BCu92P		BCu84MnNi

钎料型号由两部分组成，第一部分用“B”表示硬钎焊，第二部分由主要合金组分的化学元素符号组成。在第二部分中，第一个化学元素符号“Cu”表示钎料的基本组分铜，随后标出的数字为其公称质量分数（省略百分号）；后面的字母为其他组分的化学元素符号，按其质量分数由大到小顺序列出，当几种元素具有相同的质量分数时，按其原子序数顺序排列。公称质量分数小于1%的元素在型号中不必列出，如某元素是钎料的关键组分一定要列出时，可在括号中列出其化学元素符号。

(2) 铜基钎料的标记示例

铜基钎料标记中应有标准号“GB/T 6418”和“钎料型号”的描述。一种铜磷钎料含磷6.0%～7.0%、锡6.0%～7.0%、硅0.01%～0.4%、铜为余量，钎料标记示例如下。

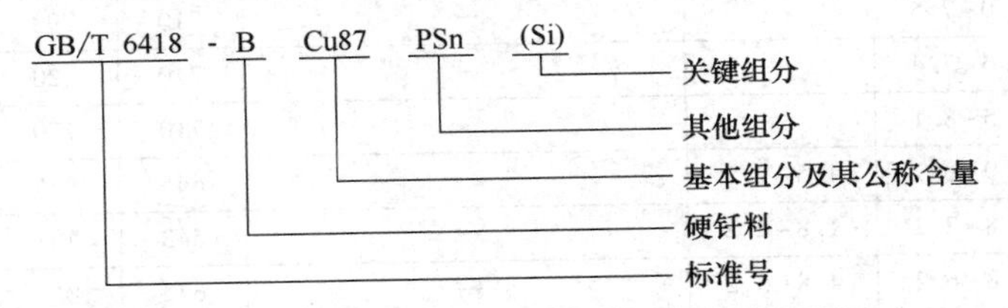

(3) 铜基钎料的化学成分

表1-5-142 高铜钎料的化学成分（GB/T 6418—2008）

型号	化学成分(质量分数)/%									熔化温度范围(参考值)/℃	
	Cu(包括Ag)	Sn	Ag	Ni	P	Bi	Al	Cu_2O	杂质总量	固相线	液相线
BCu87	≥86.5	—	—	—	—	—	—	余量	≤0.5	1085	1085
BCu99	≥99	—	—	—	—	—	—	余量	≤0.30(O除外)	1085	1085
BCu100-A	≥99.95	—	—	—	—	—	—	—	≤0.30(Ag除外)	1085	1085
BCu100-B	≥99.9	—	—	—	—	—	—	—	≤0.04(O和Ag除外)	1085	1085
BCu100(P)	≥99.9	—	—	—	0.015～0.040	—	≤0.01	—	≤0.050(Ag、As和Ni除外)	1085	1085
BCu99(Ag)	余量	—	0.8～1.2	—	—	≤0.1	—	—	≤0.3(含B≤0.1)	1070	1080
BCu97Ni(B)	余量	—	—	2.5～3.5	—	0.02～0.05	—	—	≤0.15(Ag除外)	1085	1100

注：表中钎料的杂质最大含量(质量分数)为Cd 0.010和Pb 0.025。

表1-5-143 铜锌钎料的化学成分（GB/T 6418—2008）

型号	化学成分(质量分数)/%								熔化温度范围(参考值)/℃	
	Cu	Zn	Sn	Si	Mn	Ni	Fe	Co	固相线	液相线
BCu48ZnNi(Si)	46.0～50.0	余量	—	0.15～0.20	—	9.0～11.0	—	—	890	920
BCu54Zn	53.0～55.0	余量	—	—	—	—	—	—	885	888
BCu57ZnMnCo	56.0～58.0	余量	—	—	1.5～2.5	—	—	1.5～2.5	890	930
BCu58ZnMn	57.0～59.0	余量	—	—	3.7～4.3	—	—	—	880	909
BCu58ZnFeSn(Si)(Mn)	57.0～59.0	余量	0.7～1.0	0.05～0.15	0.03～0.00	—	0.35～1.20	—	865	890
BCu58ZnSn(Ni)(Mn)(Si)	56.0～60.0	余量	0.8～1.1	0.1～0.2	0.2～0.5	0.2～0.8	—	—	870	890
BCu58Zn(Sn)(Si)(Mn)	56.0～60.0	余量	0.2～0.5	0.15～0.20	0.05～0.25	—	—	—	870	900
BCu59Zn(Sn)	57.0～61.0	余量	0.2～0.5	—	—	—	—	—	875	895
BCu60ZnSn(Si)	59.0～61.0	余量	0.8～1.2	0.15～0.35	—	—	—	—	890	905
BCu60Zn(Si)	58.5～61.5	余量	—	0.2～0.4	—	—			875	895
BCu60Zn(Si)(Mn)	58.5～61.5	余量	≤0.2	0.15～0.40	0.05～0.25	—			870	900

注：表中钎料最大杂质含量(质量分数)为Al 0.01、As 0.01、Bi 0.01、Cd 0.010、Fe 0.25、Pb 0.025、Sb 0.01；最大杂质总量(Fe除外)的质量分数为0.2。

表 1-5-144　　铜磷钎料的化学成分（GB/T 6418—2008）

型号	化学成分(质量分数)/%				熔化温度范围(参考值)/℃		最低钎焊温度①(指示性)/℃
	Cu	P	Ag	其他元素	固相线	液相线	
BCu95P	余量	4.8~5.3	—	—	710	925	790
BCu94P	余量	5.9~6.5	—	—	710	890	760
BCu93P-A	余量	7.0~7.5	—	—	710	793	730
BCu93P-B	余量	6.6~7.4	—	—	710	820	730
BCu92P	余量	7.5~8.1	—	—	710	770	720
BCu92PAg	余量	5.9~6.7	1.5~2.5	—	645	825	740
BCu91PAg	余量	6.8~7.2	1.8~2.2	—	643	788	740
BCu89PAg	余量	5.8~6.2	4.8~5.2	—	645	815	710
BCu88PAg	余量	6.5~7.0	4.8~5.2	—	643	771	710
BCu87PAg	余量	7.0~7.5	5.8~6.2	—	643	813	720
BCu80AgP	余量	4.8~5.2	14.5~15.5	—	645	800	700
BCu76AgP	余量	6.0~6.7	17.2~18.0	—	643	666	670
BCu75AgP	余量	6.6~7.5	17.0~19.0	—	645	645	650
BCu80SnPAg	余量	4.8~5.8	4.5~5.5	Sn 9.5~10.5	560	650	650
BCu87PSn(Si)	余量	6.0~7.0	—	Sn 6.0~7.0 Si 0.01~0.04	635	675	645
BCu86SnP	余量	6.4~7.2	—	Sn 6.5~7.5	650	700	700
BCu86SnPNi	余量	4.8~5.8	—	Sn 7.0~8.0 Ni 0.4~1.2	620	670	670
BCn92PSb	余量	5.6~6.4	—	Sb 1.8~2.2	690	825	740

① 多数钎料只有在高于液相线温度时才能获得满意流动性，多数铜磷钎料在低于液相线某一温度钎焊时就能充分流动。

注：表中钎料的最大杂质含量(质量分数)为 Al 0.01、Bi 0.030、Cd 0.010、Pb 0.025、Zn 0.05、Zn+Cd 0.05；最大杂质总量的质量分数为 0.25。

表 1-5-145　　其他铜钎料的化学成分（GB/T 6418—2008）

型号	化学成分(质量分数)/%										熔化温度范围(参考值)/℃	
	Cu	Al	Fe	Mn	Ni	P	Si	Sn	Zn	杂质总量	固相线	液相线
BCu94Sn(P)	余量	—	—	—	—	0.01~0.40	—	0.5~7.0	—	≤0.4(Al≤0.005、Zn≤0.05、其他≤0.1)	910	1040
BCu88Sn(P)	余量	—	—	—	—	0.01~0.40	—	11.0~13.0	—		825	990
BCu98Sn(Si)(Mn)	余量	≤0.01	≤0.03	0.1~0.4	≤0.1	≤0.015	0.1~0.4	0.5~1.0	—	≤0.1	1020	1050
BCu97SiMn	余量	≤0.01	≤0.1	0.5~1.5	—	≤0.02	1.5~2.0	0.1~0.3	≤0.2	≤0.5	1030	1050
BCu96SiMn	余量	≤0.05	≤0.2	0.7~1.3	—	≤0.05	2.7~3.2	—	≤0.4	≤0.5	980	1035
BCu92AlNi(Mn)	余量	4.5~5.5	≤0.5	0.1~1.0	1.0~2.5	—	≤0.1	—	≤0.2	≤0.5	1040	1075
BCu92Al	余量	7.0~9.0	≤0.5	≤0.5	≤0.5	—	≤0.2	≤0.1	≤0.2	≤0.2	1030	1040

续表

型号	化学成分(质量分数)/%										熔化温度范围(参考值)/℃	
	Cu	Al	Fe	Mn	Ni	P	Si	Sn	Zn	杂质总量	固相线	液相线
BCu89AlFe	余量	8.5~11.5	0.5~1.5	—	—	—	≤0.1	—	≤0.03	≤0.5	1030	1040
BCu74MnAlFeNi	余量	7.0~8.5	2.0~4.0	11.0~14.0	1.5~3.0	—	≤0.1	—	≤0.15	≤0.5	945	985
BCu84MnNi	余量	≤0.5	≤0.5	11.0~14.0	1.5~5.0	—	≤0.1	≤1.0	≤1.0	≤0.5	965	1000

注:表中钎料的杂质最大含量(质量分数)为 Cd 0.010 和 Pb 0.025。

(4) 铜基钎料的尺寸及公差

① 带状铜基钎料尺寸及公差见表 1-5-146~表 1-5-148。

表 1-5-146　带状铜基钎料的厚度尺寸及公差 (GB/T 6418—2008)　mm

厚度(公称尺寸)	厚度公差(公称尺寸)
	钎料宽度>1~≤200
≥0.05~≤0.1	±0.005
>0.1~≤0.2	±0.010
>0.2~≤0.3	±0.015
>0.3~≤0.4	±0.018
>0.4~≤0.5	±0.020
>0.5~≤0.8	±0.025
>0.8~≤1.2	±0.030
>1.2~≤2.0	±0.035

表 1-5-147　带状铜基钎料的宽度尺寸及公差 (GB/T 6418—2008)　mm

厚度(公称尺寸)	宽度公差(公称尺寸)		
	钎料宽度≤50	钎料宽度>50~≤100	钎料宽度>100~≤200
≥0.05~≤0.1	+0.2 0	+0.3 0	+0.4 0
>0.1~≤1.0	+0.2 0	+0.3 0	+0.4 0
>1.0~≤2.0	+0.3 0	+0.4 0	+0.5 0

表 1-5-148　带状铜基钎料的反挠度公差 (GB/T 6418—2008)　mm

厚度(公称尺寸)	最大反挠度(公称尺寸)/(mm/m)				
	钎料宽度				
	3~10	>10~≤15	>15~≤30	>30~≤50	>50
≥0.05~≤0.5	10	7	4	3	3
>0.5~≤2.0	15	10	6	4	4

② 棒状铜基钎料尺寸及公差见表 1-5-149。

表 1-5-149　　**棒状铜基钎料的尺寸及公差**（GB/T 6418—2008）　　mm

直径			长度	
基本尺寸	拉拔棒料偏差	非拉拔棒料偏差	基本尺寸	长度公差
1、1.5、2、2.5、3、4、5	±3%	±0.2	450、500、750、1000	±5

③ 丝状铜基钎料尺寸及公差：丝状铜基钎料没有首选的直径，钎料径向公差为±3%。

④ 其他类型钎料的尺寸规格及公差由供需双方协商。

5.3.5　锰基钎料（GB/T 13679—2016）

【其他名称】 锰基焊料。

【用途】 适用于气体保护的炉中钎焊、感应钎焊和真空钎焊等硬钎焊方法。

【标记】

钎料标记中应有标准编号“GB/T 13679”和“钎料型号”的描述。一种锰基钎料含镍 40.0%～42.0%、铬 11.0%～13.0%、钴 2.5%～3.5%、铁 3.5%～4.5%，锰为余量，标记如下：

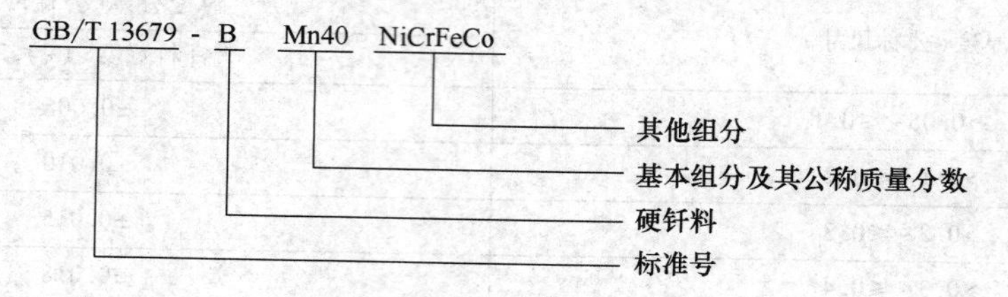

【规格】

① 锰基钎料分类和型号见表 1-5-150。

表 1-5-150　　**锰基钎料分类和型号**（GB/T 13679—2016）

分　类	钎料型号
锰镍铬	BMn70NiCr BMn40NiCrCoFe
锰镍钴	BMn68NiCo BMn65NiCoFeB
锰镍铜	BMn52NiCuCr BMn50NiCuCrCo BMn45NiCu

② 带状锰基钎料的规格及极限偏差见表 1-5-151。

表 1-5-151　　**带状锰基钎料的规格及极限偏差**（GB/T 13679—2016）　　mm

长度	厚度		宽度	
	厚度(公称尺寸)	厚度公差	宽度(公称尺寸)	宽度公差
≥200	≥0.05～≤0.10	±0.010	20～100	±1.0
	>0.10～≤0.20	±0.015		
	>0.20～≤0.30	±0.020		
	>0.30～≤0.50	±0.025		

③ 锰基钎料的化学成分见表 1-5-152。

表 1-5-152　　锰基钎料的化学成分（GB/T 13679—2016）

型号	化学成分①(质量分数)/%								熔化温度范围(参考值)/℃	
	Mn	Ni	Cu	Cr	Co	Fe	B	P	固相线	液相线
BMn70NiCr	余量	24.0~26.0	—	4.5~5.5	—	—	—	≤0.020	1035	1080
BMn68NiCo	余量	21.0~23.0	—	—	9.0~11.0	—	—		1050	1070
BMn65NiCoFeB	余量	15.0~17.0	—	—	15.0~17.0	2.5~3.5	0.2~1.0		1010	1035
BMn40NiCrFeCo	余量	40.0~42.0	—	11.0~13.0	2.5~3.5	3.5~4.5	—		1065	1135
BMn52NiCuCr	余量	27.5~29.5	13.5~15.5	4.5~5.5	—	—	—		1000	1010
BMn50NiCuCrCo	余量	26.5~28.5	12.5~14.5	4.0~5.0	4.0~5.0	—	—		1010	1035
BMn45CuNi	余量	19.0~21.0	34.0~36.0	—	—	—	—		920	950

① 表中钎料最大杂质含量(质量分数)：P0.020%、S0.020%、C0.10%，最大杂质总量为 0.30%。如果发现除表和表注中之外的其他元素存在，应对其进行测定。

5.3.6 镍基钎料（GB/T 10859—2008）

【其他名称】 镍基焊料。

【用途】 适用于炉中钎焊、感应钎焊和电阻钎焊等硬钎焊方法。

【规格】

(1) 镍基钎料分类和型号

表 1-5-153　　镍基钎料的分类和型号（GB/T 10859—2008）

分类	型号	分类	型号
镍铬硅硼	BNi73CrFeSiB(C)	镍铬硅	BNi73CrSiB
	BNi74CrFeSiB		BNi77CrSiBFe
	BNi81CrB	镍硅硼	BNi92SiB
	BNi82CrSiBFe		BNi95SiB
	BNi78CrSiBCuMoNb	镍磷	BNi89P
镍铬钨硼	BNi63WCrFeSiB	镍铬磷	BNi76CrP
	BNi67WCrSiFeB		BNi65CrP
镍铬硅	BNi71CrSi	镍锰硅铜	BNi66MnSiCu

钎料型号由两部分组成，第一部分用“B”表示硬钎焊，第二部分由主要合金组分的化学元素符号组成。在第二部分中，第一个化学元素符号“Ni”表示钎料的基本组分镍，随后标出的数字为其公称质量分数（省略百分号）；后面的字母为其他组分的化学元素符号，按其质量分数由大到小顺序列出，当几种元素具有相同的质量分数时，按其原子序数顺序排列。公称质量分数小于1%的元素在型号中不必列出，如某元素是钎料的关键组分一定要列出时，可在括号中列出其化学元素符号。

(2) 镍基钎料的标记示例

镍基钎料标记中应有标准号“GB/T10859”和“钎料型号”的描述。一种镍基钎料含铬 13.0%~15.0%、硅 4.0%~5.0%、硼 2.75%~3.50%、铁 4.0%~5.0%、碳 0.60%~0.90%、镍为余量，钎料标记示例如下：

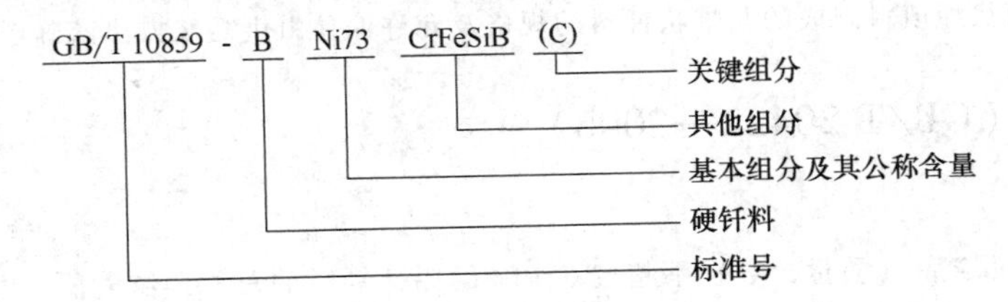

(3) 镍基钎料的化学成分

表 1-5-154　　镍基钎料化学成分 (GB/T 10859—2008)

型号	化学成分(质量分数)/%													熔化温度范围(参考值)/℃	
	Ni	Co	Cr	Si	B	Fe	C	P	W	Cu	Mn	Mo	Nb	固相线	液相线
BNi73CrFeSiB(C)	余量	≤0.1	13.0~15.0	4.0~5.0	2.75~3.50	4.0~5.0	0.60~0.90	≤0.02	—	—	—	—	—	980	1060
BNi74CrFeSiB	余量	≤0.1	13.0~15.0	4.0~5.0	2.75~3.50	4.0~5.0	≤0.06	≤0.02	—	—	—	—	—	980	1070
BNi81CrB	余量	≤0.1	13.5~16.5	—	3.25~4.0	≤1.5	≤0.06	≤0.02	—	—	—	—	—	1055	1055
BNi82CrSiBFe	余量	≤0.1	6.0~8.0	4.0~5.0	2.75~3.50	2.5~3.5	≤0.06	≤0.02	—	—	—	—	—	970	1000
BNi78CrSiBCuMoNb	余量	≤0.1	7.0~9.0	3.8~4.8	2.75~3.50	≤0.4	≤0.06	≤0.02	—	2.0~3.0	—	1.5~2.5	1.5~2.5	970	1080
BNi92SiB	余量	≤0.1	—	4.0~5.0	2.75~3.50	≤0.5	≤0.06	≤0.02	—	—	—	—	—	980	1040
BNi95SiB	余量	≤0.1	—	3.0~4.0	1.50~2.20	≤1.5	≤0.06	≤0.02	—	—	—	—	—	980	1070
BNi71CrSi	余量	≤0.1	13.5~19.5	9.75~10.50	≤0.03	—	≤0.06	≤0.02	—	—	—	—	—	1080	1135
BNi73CrSiB	余量	≤0.1	13.5~19.5	7.0~7.5	1.0~1.5	≤0.5	≤0.10	≤0.02	—	—	—	—	—	1065	1150
BNi77CrSiBFe	余量	≤1.0	14.5~15.5	7.0~7.5	1.1~1.6	≤1.0	≤0.06	≤0.02	—	—	—	—	—	1030	1125
BNi63WCrFeSiB	余量	≤0.1	10.0~13.0	3.0~4.0	2.0~3.0	2.5~4.5	0.40~0.55	≤0.02	16.0~17.0	—	—	—	—	970	1105
BNi67WCrSiFeB	余量	≤0.1	9.0~11.75	3.35~4.25	2.2~3.1	2.5~4.0	0.30~0.50	≤0.02	11.5~12.75	—	—	—	—	970	1095
BNi89P	余量	≤0.1	—	—	—	—	≤0.06	10.0~12.0	—	—	—	—	—	875	875
BNi76CrP	余量	≤0.1	13.0~15.0	≤0.10	≤0.02	≤0.2	≤0.06	9.7~10.5	—	—	—	—	—	890	890
BNi65CrP	余量	≤0.1	24.0~26.0	≤0.10	≤0.02	≤0.2	≤0.06	9.0~11.0	—	—	—	—	—	880	950
BNi66MnSiCu	余量	≤0.1	—	6.0~8.0	—	—	≤0.06	≤0.02	—	4.0~5.0	21.5~24.5	—	—	980	1010

注:表中钎料最大杂质含量(质量分数,%)为 Al 0.05、Cd 0.010、Pb 0.025、S 0.02、Se 0.005、Ti 0.05、Zr 0.05。最大杂质总量的质量分数为 0.50。如果发现除表和表注中之外的其他元素存在时,应对其进行测定。

(4) 镍基钎料的尺寸规格及公差

① 粉状钎料为 200 目 (74μm), 复检时筛上物应小于 6%, 其他规格可由供需双方协商确定。

② 棒状、箔带状及粉状加填料制成的黏带状钎料的规格及允许偏差由供需双方协商确定。

5.3.7 无铅钎料 (GB/T 20422—2006)

【其他名称】 焊锡。

【用途】 无铅钎料是铅含量 (质量分数) 不超过 0.10%的锡基钎料的总称, 供电器、电子设备、通信设备等引线及部件连接时所使用。

【规格】

(1) 无铅钎料的分类和型号

无铅钎料按形状分有丝状、粉状、条状、棒状、带状及其他形状，见表 1-5-155。其品种有无钎剂实心钎料和树脂芯丝状钎料，树脂芯钎剂有纯树脂基钎剂、中等活性的树脂基钎剂和活性树脂基钎剂，见表 1-5-156。

表 1-5-155　无铅钎料的分类规格及尺寸偏差（GB/T 20422—2006）　mm

产品类型	品　种	规格(直径)	允许偏差
条、棒、带等其他形状	—	由供需双方协商	
丝材	无钎剂实芯钎料	≤0.3	±0.02
		0.3~0.8	±0.03
	树脂芯丝状钎料	>0.8~2.5	±0.05
		>2.5~6.0	±0.10
粉状	锡粉	见表 1-5-157	
	锡膏		

注：1. 直径不大于 3mm 的丝材，应缠绕在线轴上，一般净重为 1kg，也可根据用户要求来确定卷重。

2. 直径大于 3mm 的丝材、棒材、带材及其他形状的钎料装箱供应，每箱净重不超过 25kg。

表 1-5-156　无铅钎料树脂芯钎剂的类型（GB/T 20422—2006）

类型代号	说明	用途
R	纯树脂基钎剂	适用于微电子、无线电装配线的软钎焊(用于腐蚀及绝缘电阻等有特别严格要求的场合)
RMA	中等活性的树脂基钎剂	适用于无线或有线仪器装配线的软钎焊(对绝缘电阻有高的要求)
RA	活性树脂基钎剂	一般无线电和电视机装配软钎焊(用于具有高效率软钎焊的场合)

表 1-5-157　无铅钎料锡粉和锡膏的颗粒尺寸发布类型及规格（GB/T 20422—2006）　μm

颗粒尺寸分布类型	规格			
	最大颗粒尺寸	质量分数小于 1%的颗粒尺寸	质量分数不小于 85%的颗粒尺寸	质量分数不大于 10%的颗粒尺寸
1	160	>150	150~75	<20
2	80	>75	75~45	<20
3	50	>45	45~25	<20
4	40	>38	38~20	<20
5	30	>25	25~15	<15
6	20	>15	15~5	<5

注：1. 经供需双方同意，最大颗粒尺寸的要求可不作考核。

2. 锡粉和锡膏中的粉状颗粒应是球形的，允许 1、2、3 型粉状颗粒的长轴与短轴的比值不大于 1.5 和 4、5、6 型粉状颗粒的长轴与短轴的比值不大于 1.2 的近球形粉末，也可以由供需双方协商。

(2) 无铅钎料的型号表示方法

钎料型号有两部分组成，两部分间用隔线“-”分开。第一部分用“S”表示软钎焊，第二部分由主要合金组分的化学元素符号组成。在第二部分中，第一个化学元素符号“Sn”表示钎料的基本组分锡；其他组分的化学元素符号，按其质量分数由大到小顺序列出，当几种元素具有相同的质量分数时，按其原子序数顺序排列。公称质量分数小于 1%的元素在型号中不必列出。第二部分中每个化学元素符号后都要标出其公称质量分数（省略百分号）。如某元素是钎料的关键组分一定要标出时，可仅标出其化学元素符号。

(3) 无铅钎料的标记示例

① 实心丝状钎料标记示例：

用 S-Sn99Cu1 制造的、直径为 2mm 的实心丝状钎料标记为：

丝 S-Sn99Cu1　ϕ2 GB/T 20422—2006

② 树脂芯丝状钎料标记示例：

用 S-Sn96Ag4Cu 制造的、直径为 2mm、钎剂类型为 R 型的树脂单芯（三芯、五芯）丝标记为：

丝 S-Sn96Ag4Cu　ϕ2-R-1（3、5）GB/T 20422—2006

③ 锡粉标记示例：

用 S-Sn97Cu3 制造的、粉状颗粒尺寸分布类型为 1 型的无钎剂粉状钎料标记为：

粉 S- Sn97Cu3-1　GB/T 20422—2006

④ 锡膏标记示例：

用 S-Sn97Cu3 制造的、粉状颗粒尺寸分布类型为 1 型、钎剂类型为 R 的锡膏标记为：

膏 S-Sn97Cu3-1-R　GB/T 20422—2006

⑤ 其他形状钎料的标记由供需双方协定。

（4）无铅钎料的化学成分

表 1-5-158　**无铅钎料的化学成分**（GB/T 20422—2006）

型号	熔化温度范围/℃	化学成分(质量分数)/%														
		Sn	Ag	Cu	Bi	Sb	In	Zn	Pb	Au	Ni	Fe	As	Al	Cd	杂质总量
S-Sn99Cu	227~235	余量	0.10	0.20~0.40	0.10	0.10	0.10	0.001	0.10	0.05	0.01	0.02	0.03	0.001	0.002	0.2
S-Sn99Cu1	227	余量	0.10	0.5~0.9	0.10	0.10	0.10	0.001	0.10	0.05	—	0.02	0.03	0.001	0.002	0.2
S-Sn97Cu3	227~310	余量	0.10	2.5~3.5	0.10	0.10	0.10	0.001	0.10	0.05	—	0.02	0.03	0.001	0.002	0.2
S-Sn97Ag3	221~230	余量	2.8~3.2	0.10	0.10	0.10	0.05	0.001	0.10	0.05	0.01	0.02	0.03	0.001	0.002	0.2
S-Sn96Ag4	221	余量	3.3~3.7	0.05	0.10	0.10	0.10	0.001	0.10	0.05	0.01	0.02	0.03	0.001	0.002	0.2
S-Sn96Ag4Cu	217~229	余量	3.7~4.3	0.3~0.7	0.10	0.10	0.10	0.001	0.10	0.05	0.01	0.02	0.03	0.001	0.002	0.2
S-Sn98Cu1Ag	217~227	余量	0.2~0.4	0.5~0.9	0.06	0.10	0.10	0.001	0.10	0.05	0.01	0.02	0.03	0.001	0.002	0.2
S-Sn95Cu4Ag1	217~353	余量	0.8~1.2	3.5~4.5	0.08	0.10	0.10	0.001	0.10	0.05	0.01	0.02	0.03	0.001	0.002	0.2
S-Sn92Cu6Ag2	217~380	余量	1.8~2.2	5.5~6.5	0.08	0.10	0.10	0.001	0.10	0.05	0.01	0.02	0.03	0.001	0.002	0.2
S-Sn91Zn9	199	余量	0.10	0.05	0.10	0.10	0.10	8.5~9.5	0.10	0.05	0.01	0.02	0.03	0.001	0.002	0.2
S-Sn95Sb5	230~240	余量	0.10	0.05	0.10	4.5~5.5	0.10	0.001	0.10	0.05	0.01	0.02	0.03	0.001	0.002	0.2
S-Bi58Sn42	139	41~43	0.10	0.05	余量	0.10	0.10	0.001	0.10	0.05	0.01	0.02	0.03	0.001	0.002	0.2
S-Sn89Zn8Bi3	190~197	余量	0.10	0.05	2.8~3.2	0.10	0.10	7.5~8.5	0.10	0.05	0.01	0.02	0.03	0.001	0.002	0.2
S-Sn48In52	118	47.5~48.5	0.10	0.05	0.10	0.10	余量	0.001	0.10	0.05	0.01	0.02	0.03	0.001	0.002	0.2

注：1. 表中的单值均为最大值。

2. 表中的“余量”表示 100%与其余元素含量总和的差值。

3. 表中的“熔化温度范围”只作为资料参考，不作为对无铅钎料合金的要求。

4. S-Sn99Cu1 和 S-Sn97Cu3 中镍作为杂质时不做含量要求。需要注意的是，在已经授权的钎料合金专利中含有 Sn、Cu 和 Ni。

表 1-5-159 无铅钎料锡粉的含氧量（GB/T 20422—2006）

锡粉类型	锡粉含氧量/10^{-6}	锡粉类型	锡粉含氧量/10^{-6}
1	<80	4	<150
2	<100	5	<180
3	<120	6	<200

5.3.8 贵金属及其合金钎料（GB/T 18762—2002）

【用途】 用于一般焊接和真空器件焊接。

【规格】

(1) 贵金属钎料的分类和型号

贵金属钎料分为普通级和真空器件用两种。产品形式为线材和板带材。产品状态分为硬态（Y）、半硬态（Y2）和软态（M）三种。

(2) 贵金属钎料牌号表示法

① 普通级贵金属钎料牌号表示法如下：

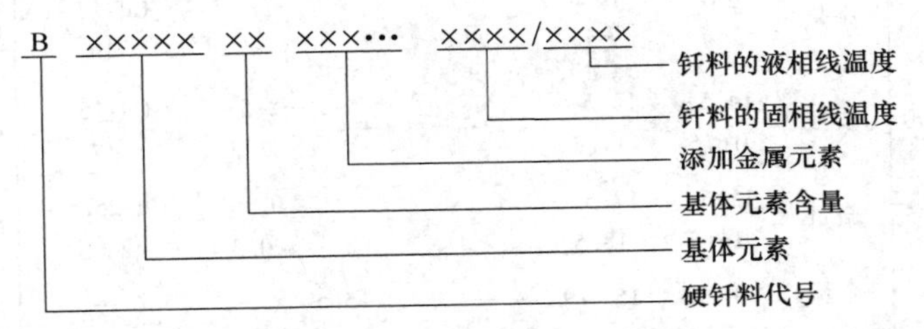

示例：如 B Ag65CuZn671/719，钎料银质量分数为 65%、Cu 和 Zn 为添加金属元素、671 为固相线温度（℃）、719 为液相线温度（℃）。

注：纯金属和共晶合金固相线和液相线温度相同时，钎料的固、液相线温度表示为单一数据。

② 真空级钎料牌号表示方法在“B”后加“V”。

(3) 贵金属钎料的化学成分

① 银钎料的化学成分见表 1-5-160。

表 1-5-160 银钎料的化学成分（GB/T 18762—2002）

序号	牌号	主要成分(质量分数)/%							杂质(质量分数)/% ≤			
		Ag	Cu	Zn	Mn	Sn	Ni	其他	Pb	Zn	Cd	总量
1	B Ag962	≥99.99	—	—	—	—	—	—	0.003	0.003	0.003	0.01
2	B Ag94AlMn780/825	余量	—	—	0.7~1.3	—	—	Al:4.5~5.5	0.05	0.05	0.05	0.15
3	B Ag72Cu779	余量	27~29	—	—	—	—	—	0.005	0.005	0.005	0.15
4	B Ag72CuLi766	余量	27~29	—	—	—	—	Li:0.25~0.5	0.05	0.05	0.05	0.15
5	B Ag72CuLi780/800	余量	27~29	—	—	—	—	Li:0.8~1.2	0.05	0.05	0.05	0.15
6	B Ag50Cu780/875	余量	49~51	—	—	—	—	—	0.005	0.005	0.005	0.15
7	B Ag45Cu780/880	余量	54~56	—	—	—	—	—	0.05	0.05	0.05	0.15
8	B Ag70CuZn690/740	余量	19.5~20.5	9~11	—	—	—	—	0.05	—	0.05	0.2

续表

序号	牌号	主要成分(质量分数)/%							杂质(质量分数)/% ≤			
		Ag	Cu	Zn	Mn	Sn	Ni	其他	Pb	Zn	Cd	总量
9	B Ag70CuZn730/755	余量	25~27	3~5	—	—	—	—	0.05	—	0.05	0.2
10	B Ag65CuZn671/719	余量	19~21	14~16	—	—	—	—	0.05	—	0.05	0.2
11	B Ag50CuZn690/775	余量	32~34	15~17	—	—	—	—	0.05	—	0.05	0.2
12	B Ag45CuZn675/745	余量	29~31	24~26	—	—	—	—	0.05	—	0.05	0.2
13	B Ag25CuZn700/800	24~26	余量	33~35	—	—	—	—	0.05	—	0.05	0.2
14	B Ag10CuZn815/850	9.5~10.5	余量	36~38	—	—	—	—	0.05	—	0.05	0.2
15	B Ag50CuZnCd625/635	余量	14.5~15.5	15~17	—	—	—	Cd:18~20	0.05		—	0.2
16	B Ag45CuZnCd605/620	余量	14.5~15.5	14~18	—	—	—	Cd:23~25	0.05	—	—	0.2
17	B Ag35CuZnCd605/700	余量	25~27	19~23	—	—	—	Cd:17~19	0.05	—	—	0.2
18	B Ag50CuZnCdNi630/690	余量	14.5~16.5	13.5~17.5	—	—	2.5~3.5	Cd:15~17	0.05	—	—	0.2
19	B Ag40CuZnCdNi590/605	余量	15.5~16.5	17.5~18.5	—	—	0.1~0.3	Cd:25.5~26.5	0.05	—	—	0.2
20	B Ag56CuZnSn620/650	余量	21~23	15~19	—	4.5~5.5	—	—	0.05	—	0.05	0.2
21	B Ag34CuZnSn730/790	余量	35~37	25~29	—	2.5~3.5	—	—	0.05	—	0.05	0.2
22	B Ag50CuZnSnNi650/670	余量	20.5~22.5	26~28	—	0.7~1.3	0.3~0.65	—	0.05	—	0.05	0.2
23	B Ag40CuZnSnNi634/640	余量	24~26	29.5~31.5	—	2.7~3.3	1.3~1.65	—	0.05	—	0.05	0.2
24	B Ag20CuZnMn740/790	19.5~20.5	余量	33~37	4.5~5.5		—	—	0.05	—	0.05	0.2
25	B Ag49CuZnMnNi625/705	余量	15~17	21~25	6.5~8.5	—	4~5	—	0.05	—	0.05	0.2
26	B Ag69CuIn630/705	余量	23~25	—	—	—	—	In:14.5~15.5	0.05	0.05	0.05	0.15
27	B Ag63CuIn655/736	余量	26~28	—	—	—	—	In:9.5~11.5	0.05	0.05	0.05	0.15
28	B Ag63CuInSn553/571	余量	17.5~18.5	—	—	6.5~7.5	—	In:12.5~13.5	0.05	0.05	0.05	0.15
29	B Ag58CuInSn	余量	21~23	—	—	9.5~10.5	—	In:9.5~10.5	0.05	0.05	0.05	0.15
30	B Ag77CuNi780/820	余量	19~21	—	—	—	2.5~3.5	—	0.05	0.05	0.05	0.15
31	B Ag63CuNi785/820	余量	31~33	—	—	—	4.5~5.5	—	0.05	0.05	0.05	0.15
32	B Ag56CuNi790/830	余量	41~43	—	—	—	1.5~2.5	—	0.05	0.05	0.05	0.15
33	B Ag30CuP	29.5~30.5	余量	—	—	—		P:4.5~5.5	0.05	0.05	0.05	0.2
34	B Ag25CuP650/710	24.5~25.5	余量	—	—	—	—	P:4.5~5.5	0.05	0.05	0.05	0.2

续表

序号	牌号	主要成分(质量分数)/%							杂质(质量分数)/% ≤			
		Ag	Cu	Zn	Mn	Sn	Ni	其他	Pb	Zn	Cd	总量
35	B Ag15CuP640/815	14.5~15.5	余量	—	—	—	—	P:4.5~5.5	0.05	0.05	0.05	0.2
36	B Ag80CuMn880/900	余量	9.5~10.5	—	9.5~10.5	—	—	—	0.05	0.05	0.05	0.2
37	B Ag40CuMn740/760	余量	39~41	—	19~21	—	—	—	0.05	0.05	0.05	0.2
38	B Ag20CuMn730/760	19.5~20.5	余量	—	19~21	—	—	—	0.05	0.05	0.05	0.2
39	B Ag85Mn960/970	余量	—	—	14.5~15.5	—	—	—	0.05	0.05	0.05	0.2
40	B Ag65CuMnNi780/825	余量	27~29	—	4.5~5.5	—	1.5~2.5	—	0.05	0.05	0.05	0.2
41	B Ag68CuSn730/842	余量	27~29	—	—	4.5~5.5	—	—	0.05	0.05	0.05	0.15
42	B Ag60CuSn600/720	余量	29~31	—	—	9.5~10.5	—	—	0.05	0.05	0.05	0.15
43	B Ag56CuSnMn660/720	余量	30~32	—	4.5~3.5	9.6~10.5	—	—	0.05	0.05	0.05	0.15
44	B Ag68CuPd807/810	余量	26~28	—	—	—	—	Pd:4.5~5.5	0.05	0.05	0.05	0.15
45	B Ag58CuPd824/852	余量	31~33	—	—	—	—	Pd:9.5~10.5	0.05	0.05	0.05	0.15
46	B Ag65CuPd845/880	余量	19~21	—	—	—	—	Pd:14.5~15.5	0.05	0.05	0.05	0.15
47	B Ag52CuPd867/900	余量	27~29	—	—	—	—	Pd:19.5~20.5	0.05	0.05	0.05	0.15
48	B Ag54CuPd900/950	余量	20~22	—	—	—	—	Pd:24.5~25.5	0.05	0.05	0.05	0.15

② 金钎料的化学成分见表 1-5-161。

表 1-5-161　金钎料化学成分（GB/T 18762—2002）

序号	牌号	主要成分(质量分数)/%							杂质(质量分数)/% ≤			
		Ag	Cu	Ni	Ag	Sn	Sb	其他	Pb	Zn	Cd	总量
1	B Au 1064	≥99.99	—	—	—	—	—	—	0.003	0.003	0.003	0.01
2	B Au82.5Ni950	余量	—	17~18	—	—	—	—	0.005	0.005	0.005	0.15
3	B Au83Ni950	余量	—	17.5~18.5	—	—	—	—	0.005	0.005	0.005	0.15
4	B Au55Ni1010/1160	余量	—	44.5~45.5	—	—	—	—	0.05	0.05	0.05	0.15
5	B Au80Cu910	余量	19.5~20.5	—	—	—	—	—	0.005	0.005	0.005	0.15
6	B Au60Cu935/945	余量	30.5~40.5	—	—	—	—	—	0.05	0.05	0.05	0.15
7	B Au50Cu955/970	余量	49.5~50.5	—	—	—	—	—	0.05	0.05	0.05	0.15
8	B Au40Cu980/1010	39.5~40.5	余量	—	—	—	—	—	0.05	0.05	0.05	0.15
9	B Au35Cu990/1010	34.5~35.5	余量	—	—	—	—	—	0.05	0.05	0.05	0.15
10	B Au10Cu1050/1065	9.5~10.5	余量	—	—	—	—	—	0.05	0.05	0.05	0.15

续表

序号	牌号	主要成分(质量分数)/%							杂质(质量分数)/% ≤			
		Ag	Cu	Ni	Ag	Sn	Sb	其他	Pb	Zn	Cd	总量
11	B Au35CuNi975/1030	34.5~35.5	余量	2.5~3.5	—	—	—	—	0.05	0.05	0.05	0.15
12	B Au75AgCu885/895	余量	19.5~20.5	—	4.5~5.5	—	—	—	0.05	0.05	0.05	0.15
13	B Au50AgCu835/845	余量	19.5~20.5	—	19.5~20.5	—	—	—	0.05	0.05	0.05	0.15
14	B Au30AgSn411/412	29.5~30.5	—	—	29.5~30.5	余量	—	—	0.05	0.05	0.05	0.15
15	B Au88Ge356	余量	—	—	—	—	—	Ge:11.5~12.5	0.05	0.05	0.05	0.15
16	B Au80Sn280	余量	—	—	—	19.5~20.5	—	—	0.05	0.05	0.05	0.15
17	B Au99Sb	余量	—	—	—	—	—	Sb:0.8~1.2	0.05	0.05	0.05	0.15
18	B Au99.5Sb	余量	—	—	—	—	—	Sb:0.3~0.7	0.05	0.05	0.05	0.15
19	B Au98Si370/390	余量	—	—	—	—	—	Si:1.5~2.5	0.05	0.05	0.05	0.15

注:若需方对其他有害杂质有特殊要求,由供需双方协商解决。

③ 钯钎料的化学成分见表1-5-162。

表1-5-162　钯钎料化学成分(GB/T 18762—2002)

序号	牌号	主要成分(质量分数)/%							杂质(质量分数)/% ≤			
		Pd	Ag	Cu	Mn	Ni	Au	其他	Pb	Zn	Cd	总量
1	B Pd80Ag1425/1470	余量	19.5~20.5	—	—	—	—	—	0.05	0.05	0.05	0.15
2	B Pd33AgMn1120/1170	32.5~33.5	余量	—	2.5~3.5	—	—	—	0.05	0.05	0.05	0.15
3	B Pd20AgMn1071/1120	19.5~20.5	余量	—	4.5~5.5	—	—	—	0.05	0.05	0.05	0.15
4	B Pd18Cu1080/1090	17.5~18.5	—	余量	—	—	—	—	0.05	0.05	0.05	0.15
5	B Pd35CuNi1163/1171	34.5~35.5	—	余量	—	14.5~15.5	—	—	0.05	0.05	0.05	0.15
6	BPd20CuNiMn1070/1105	19.5~20.5	—	余量	9.5~10.5	14.5~15.5	—	—	0.05	0.05	0.05	0.15
7	B Pd8Au1190/1240	7.5~8.5	—	—	—	—	余量	—	0.05	0.05	0.05	0.15
8	B Pd25AuNi1121	24.5~25.5	—	—	—	24.5~25.5	余量	—	0.05	0.05	0.05	0.15
9	B Pd60Ni1237	余量	—	—	—	39.5~40.5	—	—	0.05	0.05	0.05	0.15
10	B Pd21NiMn1120	20.5~21.5	—	—	30~32	余量	—	—	0.05	0.05	0.05	0.15
11	B Pd34NiAu1135/1166	33.5~34.5	—	—	—	余量	29.5~30.5	—	0.05	0.05	0.05	0.15

注:若需方对其他有害杂质有特殊要求,由供需双方协商解决。

(4) 贵金属钎料的尺寸及其允许偏差

① 线材钎料的尺寸及其允许偏差见表1-5-163。

表1-5-163　线材钎料的尺寸及其允许偏差(GB/T 18762—2002)

直径/mm	允许偏差/mm	表面粗糙度 Rz/μm ≤
≥0.1~0.2	-0.03	1.6
>0.2~0.5	-0.04	3.2
>0.5~1.0	-0.05	3.2
>1.0~2.0	-0.06	3.2
>2.0~3.0	-0.07	6.3
>3.0~5.0	-0.08	6.3
>5.0~6.0	-0.10	6.3

② 板带材钎料的尺寸及其允许偏差见表 1-5-164。

表 1-5-164 板带材钎料的尺寸及其允许偏差（GB/T 18762—2002）

厚度/mm	厚度允许偏差/mm	宽度/mm	宽度允许偏差/mm	长度/mm	表面粗糙度 Rz/μm ≤
≥0.05~0.1	±0.008	20~80	±1	>200	0.8
>0.10~0.25	-0.02	20~80	±1	>200	1.6
>0.25~0.50	-0.03	50~100	±2	>200	1.6
>0.50~1.00	-0.05	50~120	±3	>100	3.2
>1.00~1.50	-0.06	50~150	±3	>100	3.2
>1.50~2.00	-0.08	50~150	±3	>100	3.2
>2.00~2.50	-0.12	50~150	±3	>100	6.3
>2.50~5.00	-0.15	50~150	±3	>100	6.3

注：板材板与板之间应用软纸隔开。带材和线材成卷包装，外用软质材料捆扎好放入箱内。直径小于 0.4mm 的线材应规整地绕在线轴上，线轴外用软质材料包裹，并装入盒内。

5.4 电焊工具

5.4.1 电焊钳（GB 15579.11—1998）

【用途】 用以夹持和操纵焊条，并保证与焊条电气连接。适用于焊条直径为 10mm 以下的手工电弧焊，不适用于水下焊接。

【规格】 焊钳应标明额定电流，见表 1-5-165。

表 1-5-165 焊钳额定电流与焊条及焊接电缆规格的关系

规格/A	焊钳额定电流/A	负载持续率/%	焊条直径的最小范围/mm	可装配焊接电缆的最小截面范围/mm²
125	125	60	1.6~2.5	≤10
150	160(150)	60	2.0~3.2	10~16
200	200	60	2.5~4.0	16~25
250	250	60	3.2~5.0	25~35
300	315(300)	60	4.0~6.3	35~50
400	400	60	5.0~8.0	50~70
500	500	60	6.3~10.0	70~95

注：当负载持续率为 35%时，电流可取表中下一行较高额定值，最大电流为 630A。

5.4.2 焊接工防护面罩（GB/T 3609.1—2008）

【其他名称】 电焊面罩、焊接面罩。

【用途】 配以合适的滤光片，用于各类焊接工防御有害弧光、熔融金属飞溅或粉尘等有害因素对眼睛、面部的伤害。

【规格】

(1) 焊接工防护面罩的分类和规格

焊接工防护面罩可分为手持式、头戴式和安全帽与面罩组合式，见图 1-5-1 和表 1-5-166。

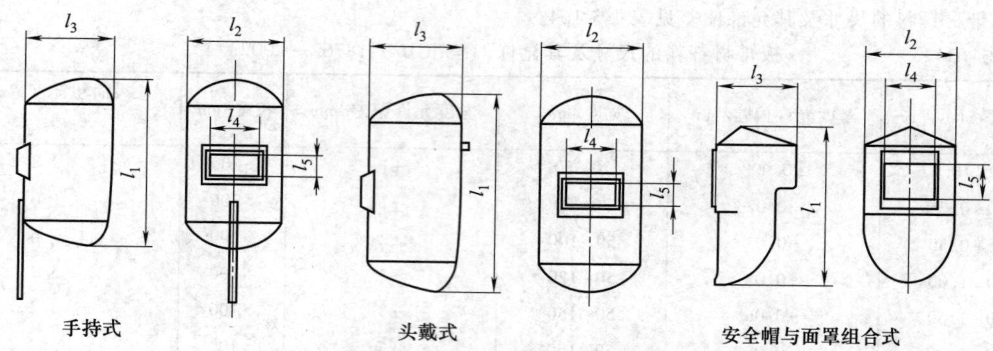

图 1-5-1　焊接面罩规格尺寸示意图

表 1-5-166

焊接工防护面罩规格

型　号	外形尺寸/mm ≥			观察窗尺寸($l_4 \times l_5$)/mm ≥	质量/g ≤
	长度 l_1	宽度 l_2	深度 l_3		
M-H(手持式)	320	210	100	90×40	500
M-T(头戴式)	340	210	120	90×40	500
M-A(安全帽与面罩组合式)	230	210	120	90×40	500

注：通常不连焊接滤光片供应，质量不含滤光片及安全帽等附件。

(2) 焊接工防护面罩的标记方法

标注在面罩体的正面。标记如下：

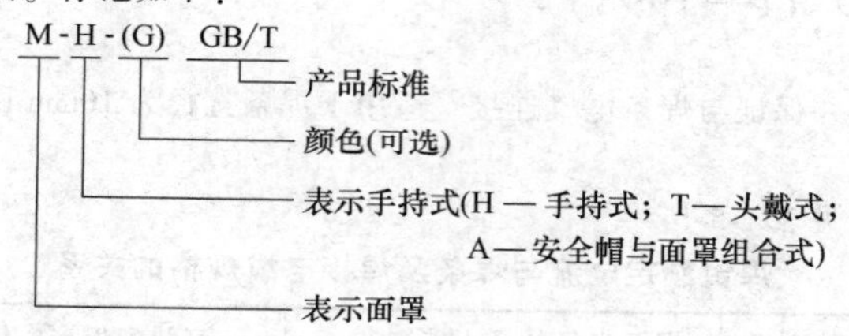

5.4.3　焊接工防护眼镜和眼罩（GB/T 3609.1—2008）

【其他名称】 气焊眼镜、气焊眼罩。

【用途】 配以合适的滤光片，在焊接作业时用以保护眼睛。

【规格】

(1) 焊接工防护眼镜和眼罩的分类

焊接工防护眼镜：带有侧面防护的眼镜框架配以合适的滤光片，在焊接作业时用以保护眼睛。

焊接工防护眼罩：用头箍固定并围住眼眶，使焊接作业产生的辐射只能通过滤光片的防护具。头箍至少应保持 10mm 宽，头箍应能调节。

(2) 焊接工防护眼镜和眼罩的标记方法

在焊接工防护眼镜和眼罩不影响视觉的位置标注。标记如下：

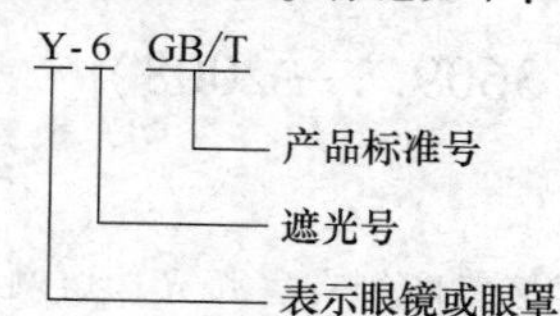

5.4.4　焊接滤光片（GB/T 3609.1—2008）

【其他名称】 电焊玻璃、护目镜片。

【用途】 装在电焊面罩或眼镜上，可以防御焊接作业中的有害眩光，同时可以减少紫外线和红外辐射对人眼的危害。

【规格】

(1) 焊接滤光片的分类和规格

① 焊接滤光片按材质分类 可分为无机焊接滤光片和有机焊接滤光片。另外，保护片通常放置在焊接滤光片前面，用于抵御热粒子、灼热液体或融化金属飞溅以及擦伤的镜片。

② 焊接滤光片规格（表 1-5-167、表 1-5-168）：

单镜片：长方形镜片（包括单片眼罩）尺寸不得小于 108mm×50mm（长×宽），厚度不大于 3.8mm。

双镜片：圆镜片直径不小于 ϕ50mm；不规则镜片水平基准长度不得小于 45mm，垂直高度不得小于 40mm，厚度不大于 3.2mm。

表 1-5-167 焊接滤光片各遮光号透射比性能要求（GB/T 3609.1—2008）

遮光号	紫外线透射比		可见光透射比		红外线透射比	
	313nm	365nm	380~780nm 最大	380~780nm 最小	近红外 780~1300nm	中近红外 1300~2000nm
1.2	0.000003	0.5	1.00	0.744	0.37	0.37
1.4	0.000003	0.35	0.745	0.581	0.33	0.33
1.7	0.000003	0.22	0.581	0.432	0.26	0.26
2	0.000003	0.14	0.432	0.291	0.21	0.13
2.5	0.000003	0.064	0.291	0.178	0.15	0.096
3	0.000003	0.028	0.178	0.085	0.12	0.085
4	0.000003	0.0095	0.085	0.032	0.064	0.054
5	0.000003	0.0030	0.032	0.012	0.032	0.032
6	0.000003	0.0010	0.012	0.0044	0.017	0.019
7	0.000003	0.00037	0.0044	0.0016	0.0081	0.012
8	0.000003	0.00013	0.0016	0.00061	0.0043	0.0068
9	0.000003	0.000045	0.00061	0.00023	0.0020	0.0039
10	0.000003	0.000016	0.00023	0.000085	0.0010	0.0025
11	0.000003	0.000006	0.000085	0.000032	0.0005	0.0015
12	0.000002	0.000002	0.000032	0.000012	0.00027	0.00097
13	0.00000076	0.00000076	0.000012	0.0000044	0.00014	0.0006
14	0.00000027	0.00000027	0.0000044	0.0000016	0.00007	0.0004
15	0.000000094	0.000000094	0.0000016	0.00000061	0.00003	0.0002
16	0.000000034	0.000000034	0.00000051	0.00000029	0.00003	0.0002

表 1-5-168 焊接滤光片的规格

外形尺寸/mm	长×宽≥108×50,厚度≤3.8							
颜色	不能用单纯色,最好为黄色、绿色、茶色和灰色等混合色,其透射比最大值的波长应在 500~620nm 之间;左右眼滤光片的颜色差、光密度(*d*)应≤0.4							
性能	各滤光片遮光号的紫外线、红外线和可见光透射比等性能应符合 GB/T 3609.1—2008 中的规定。遮光号数愈大,其透射比数值愈小,适用的焊接电流愈大							
滤光片遮光号	1.2,1.4,1.7,2, 2.5	3,4	5,6	7,8	9,10,11	12,13	14	15,16
适用电弧作业	防侧光与杂散光	辅助工	≤30A	30~75A	75~200A	200~400A	≥400A	—

注:保护片可见光透射比小于 0.744 或有碍视觉时,应及时更换新的保护片。

(2) 焊接滤光片的标记方法

在焊接滤光片的边缘标注，标记如下：

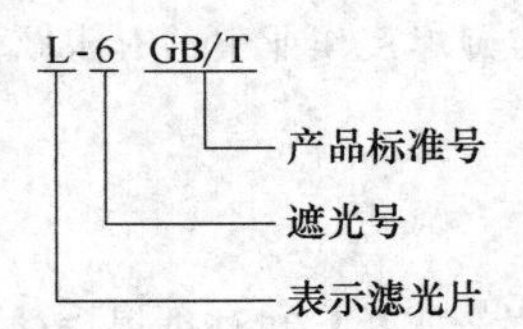

5.4.5 焊工防护手套（AQ 6103—2007）

【其他名称】 电焊手套。

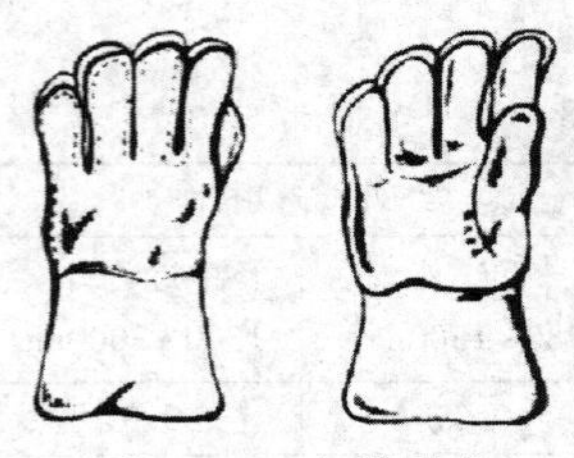
图 1-5-2 电焊手套

【用途】 供电焊和气焊工人工作时使用。对手部和腕部起保护作用，以免遭熔融金属滴、短时接触有限的火焰、对流热、传导热和弧光的紫外线辐射以及机械性的伤害，且其材料具有能耐受高达 100V（直流）的电弧焊的最小电阻。

【规格】 制造材料：牛皮、猪皮、帆布等。

（1）焊工防护手套分类

焊工防护手套按照其性能分为两种类型：

B 类：高灵活性（具有较低的其他性能），如钨极惰性气体保护焊，建议使用 B 类。

A 类：低灵活性（具有较高的其他性能），其他焊接作业建议使用 A 类。

对电弧焊用手套，A 类和 B 类手套的垂直电阻应大于 1000Ω。

（2）焊工防护手套的尺寸

表 1-5-169 焊工防护手套的尺寸（AQ 6103—2007）

手部尺寸号码	6	7	8	9	10	11
手套的最短长度/mm	300	310	320	330	340	350

（3）焊工防护手套的标记

每只手套上应标注现行标准号，然后跟字母“A”或“B”（表示该手套是 A 类还是 B 类），再加上热危害和机械危害的图案及最低性能等级。

5.4.6 电焊脚套

【用途】 保护电焊工人的脚部，避免熔珠灼伤。

【规格】 制造材料：帆布、牛皮、猪皮。

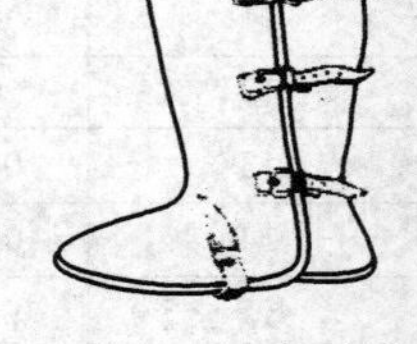
图 1-5-3 电焊脚套

5.4.7 电焊条保温筒（JB/T 6232—1992）

【用途】 用于在施工现场盛放经烘干并需保温、防潮的低氢型、盐基型药皮焊条或其他类型电焊条，是以手工弧焊电源（交流或直流）二次输出端为加热电源的电焊条保温筒（简称保温筒）。

【规格】

（1）电焊条保温筒的型号编制方法

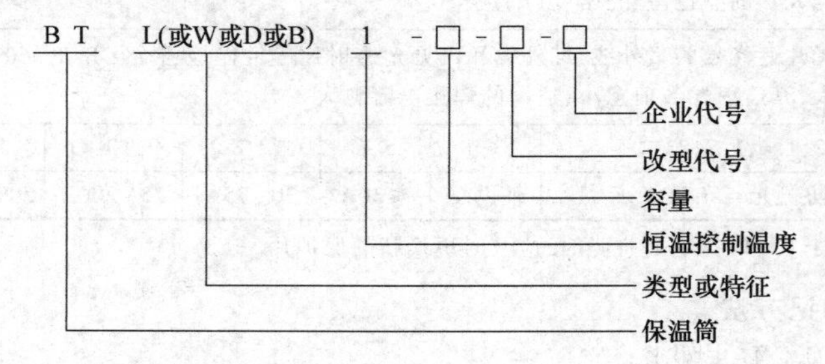

类型或特征：L（立式），W（卧式），D（顶出式），B（背包式）。

恒温控制温度：以100℃为单位，小数部分略去。

容量：2.5kg、5kg（特殊容量可按用户要求由企业标准规定）。

改型代号：以A、B、C、D等为代号。

企业代号：经上级批准。

（2）电焊条保温筒的基本参数及技术要求

① 容量：2.5kg、5kg（特殊容量可按用户要求由企业标准规定）。

② 额定（发热）功率：≤0.120kW。

③ 恒温控制温度：(135±15)℃（特殊控制温度可按用户要求由企业标准规定）。

④ 表面温升：≤40K。

⑤ 空筒升温时间：≤0.5h。

⑥ 内腔尺寸：ϕ60mm±2×L^{+2}（焊条容量2.5kg，L为焊条长度）；ϕ80mm±2×L^{+5}_{+10}（焊条容量5kg，L为焊条长度）。

⑦ 重量：≤3.5kg（容量2.5kg时）；≤4kg（容量5kg时）。

⑧ 保温筒筒口和筒盖配合处，其周沿应嵌装耐热密封件，密封件的耐热性应在150～200℃温度范围内不会焦化变质。内筒和外壳间，应采用耐火绝缘纤维做衬垫。

⑨ 保温筒在干燥状态下的绝缘电阻，其加热电阻对筒壳不得低于0.5MΩ，电控制回路对地电阻不得低于1.0MΩ。导电件和金属外壳，不应有短路现象。

⑩ 保温筒带电体与筒体间应能承受交流1000V（有效值）的介电强度。

（3）电焊条保温筒的工作条件

① 工作电压：交流≤80V（有效值）；直流≤113V（峰值）。

② 空气相对湿度：在40℃时≤50%；在20℃时≤90%。

③ 环境空气温度：-10～+40℃。

④ 使用场所应无严重影响保温筒使用的气体、蒸汽、化学沉积、尘垢、霉菌及其他爆炸性腐蚀性介质；并应无剧烈震动和颠簸。

⑤ 保温筒应保持干燥，不允许被水浸湿。

5.5 气焊工具

5.5.1 射吸式焊炬（JB/T 6969—1993）

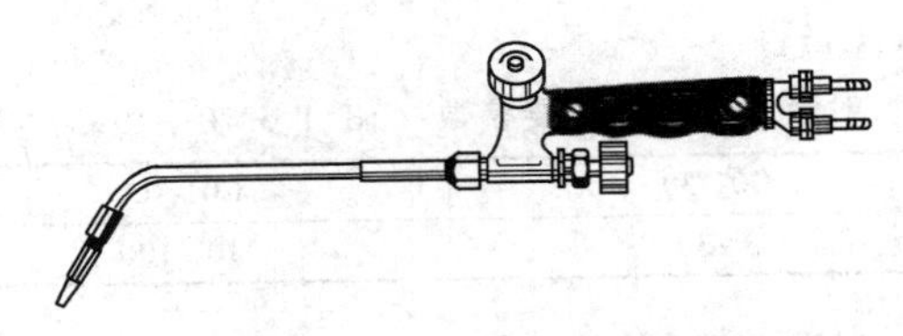

图1-5-4 射吸式焊炬

【其他名称】 低压熔接器、熔接器、焊枪。

【用途】 利用氧气和低压乙炔（也可用中压乙炔）作为热源，焊接或预热黑色金属或有色金属工件。

【规格】 焊炬采用固定射吸管，更换孔径大小不同的焊嘴，以适应焊接不同厚度工件的需要（表1-5-170、表1-5-171）。

表1-5-170 射吸式焊炬的主要参数（JB/T 6969—1993） mm

型号	H01-2	H01-6	H01-12	H01-20
焊接低碳钢厚度	0.5～2	2～6	6～12	12～20

表 1-5-171　　射吸式焊炬的基本参数（JB/T 6969—1993）

型号	氧气工作压力/MPa					乙炔使用压力/MPa	可换焊嘴个数	焊嘴孔径/mm					焊炬总长度/mm
	焊嘴号							焊嘴号					
	1	2	3	4	5			1	2	3	4	5	
H01-2	0.1	0.125	0.15	0.2	0.25	0.001~0.1	5	0.5	0.6	0.7	0.8	0.9	300
H01-6	0.2	0.25	0.3	0.35	0.4			0.9	1.0	1.1	1.2	1.3	400
H01-12	0.4	0.45	0.5	0.6	0.7			1.4	1.6	1.8	2.0	2.2	500
H01-20	0.6	0.65	0.7	0.75	0.8			2.4	2.6	2.8	3.0	3.2	600

注：焊嘴型号用焊炬型号和焊嘴顺序号表示，序号大者孔径大，焊接厚度也大。例如 H01-6A 型 2 号焊嘴，孔径为 1.0mm。

焊炬的型号及标记示例如下：

射吸式焊炬的型号由一个汉语拼音字母，表示结构和型式的序号数及规格组成。改型时可按字母 A、B、C、D……顺序作为改型次数代号附于规格之后。

例：H01-12A

H01-12 型焊炬。

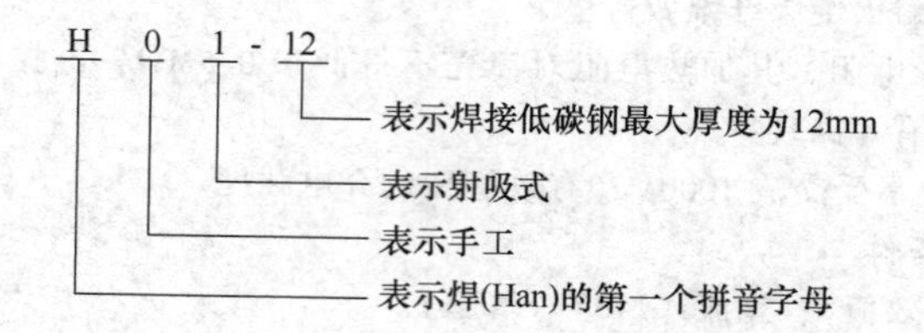

5.5.2 射吸式割炬（JB/T 6970—1993）

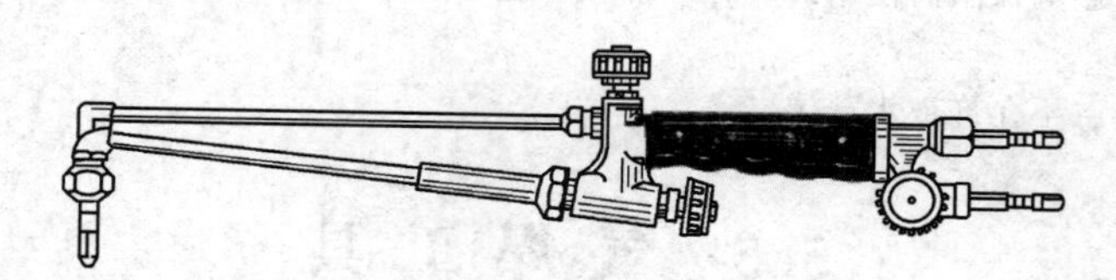

图 1-5-5　射吸式割炬

【其他名称】 低压切割器、切割器、割刀、手工、射吸式割炬。

【用途】 利用氧气和低压乙炔（也可用中压乙炔）作为预热火焰，以及利用高压氧气作为切割氧流，切割低碳钢材。

【规格】 见表 1-5-172 和表 1-5-173。

表 1-5-172　　射吸式割炬的主要参数（JB/T 6970—1993）　　mm

型号	G01-30	G01-100	G01-300
切割低碳钢厚度	3~30	10~100	100~300

表 1-5-173　　射吸式割炬的基本参数（JB/T 6970—1993）

型号	氧气工作压力/MPa				乙炔使用压力/MPa	可换割嘴个数	割嘴切割氧孔径/mm				割炬总长度/mm
	割嘴号						割嘴号				
	1	2	3	4			1	2	3	4	
G01-30	0.2	0.25	0.3	—	0.001~0.1	3	0.7	0.9	1.1	—	500
G01-100	0.3	0.4	0.5	—			1.0	1.3	1.6	—	550
G01-300	0.5	0.65	0.8	1.0		4	1.8	2.2	2.6	3.0	650

注：割嘴型号用割炬型号和割嘴顺序号表示，序号大者孔径大，切割厚度也大。例如 G01-100 型 3 号割嘴，孔径为 1.6mm。

射吸式割炬型号表示方法如下：

射吸式割炬的型号由一个汉语拼音字母、表示结构和型式的序号数及规格组成。改型时可按字母A、B、C、D……顺序作为改型次数代号附于规格之后。

例：G01-100A。

G01-100型割炬。

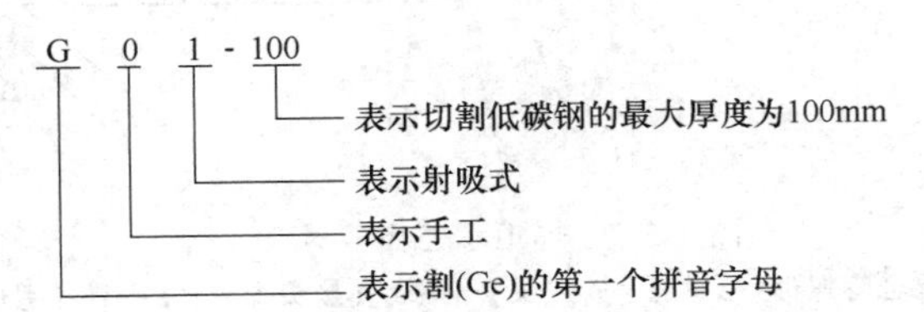

5.5.3 射吸式割焊两用炬

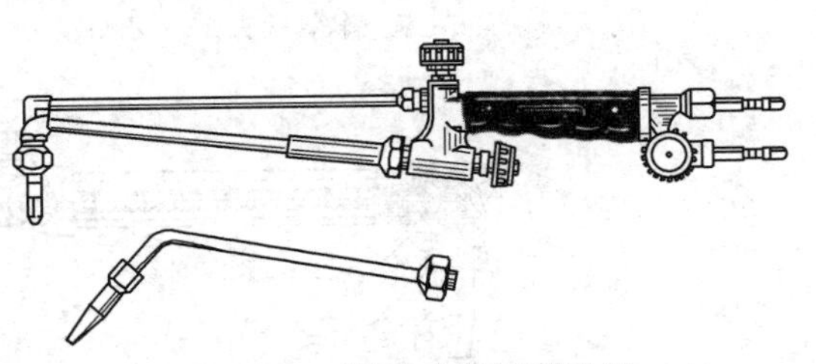

图1-5-6 射吸式割焊两用炬

【其他名称】 低压割焊两用器、割焊两用器。

【用途】 利用氧气和低压乙炔（也可用中压乙炔）作为热源，以及利用高压氧气作为切割氧流，作割炬用；或取下割炬部件，换上焊炬部件，作焊炬用。多用于焊割任务不重的维修车间。

【规格】 见表1-5-174。

表1-5-174 射吸式割焊两用炬

焊割两用炬型号	应用方式	焊接低碳钢厚度/mm	可换焊嘴、割嘴		工作压力/MPa		焊割两用炬总长度/mm
			数目	焊嘴孔径/mm	氧气	乙炔	
HG01-3/50A	焊接	0.5~3	5	0.6、0.7、0.8、0.9、1.0	0.2~0.4	0.001~0.10	400
	切割	3~50	2	0.6、1.0	0.2~0.6		
HG01-6/60	焊接	1~6	5	0.9、1.0、1.1、1.2、1.3	0.2~0.4	0.001~0.10	500
	切割	3~60	4	0.7、0.9、1.1、1.3	0.2~0.4		
HG01-12/200	焊接	6~12	5	1.4、1.6、1.8、2.0、2.2	0.4~0.7	0.001~0.10	550
	切割	10~200	4	1.0、1.3、1.6、2.4	0.3~0.7		

5.5.4 等压式焊炬、割炬（JB/T 7947—1999）

【用途】 利用氧气和低压乙炔（也可用中压乙炔）作为热源，焊接、切割及其他各种火焰加工（钎焊、预热等）黑色金属或有色金属工件。

【规格】 焊炬采用换管式，割炬采用更换孔径大小不同的割嘴，以适应焊接和切割不同厚度工件的需要。焊割两用炬的形式遵循焊炬、割炬的形式。

（1）焊割炬型号表示方法

射吸式焊炬的型号由一个汉语拼音字母、代表结构的序号数及规格组成，见表1-5-175。

表1-5-175 焊割炬的型号（JB/T 7947—1999）

名称	焊炬	割炬	焊割两用炬
型号	H02-12	G02-100	HG02-12/100
	H02-20	G02-300	HG02-20/200

注：H—焊（Han）的第一个字母；

G—割（Ge）的第一个字母；

0—手工；

2—等压式；

12，20—最大的焊接低碳钢厚度，mm；

100，200，300—最大的切割低碳钢厚度，mm。

(2) 焊割炬的示意图

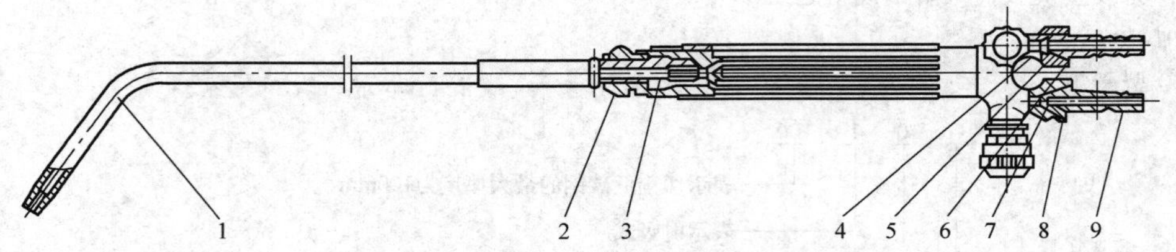

图 1-5-7　焊炬示意图

1—焊嘴；2—混合管螺母；3—混合管接头；4—氧气接头螺纹；5—氧气螺母；6—氧气软管接头；7—乙炔接头螺纹；8—乙炔螺母；9—乙炔软管接头

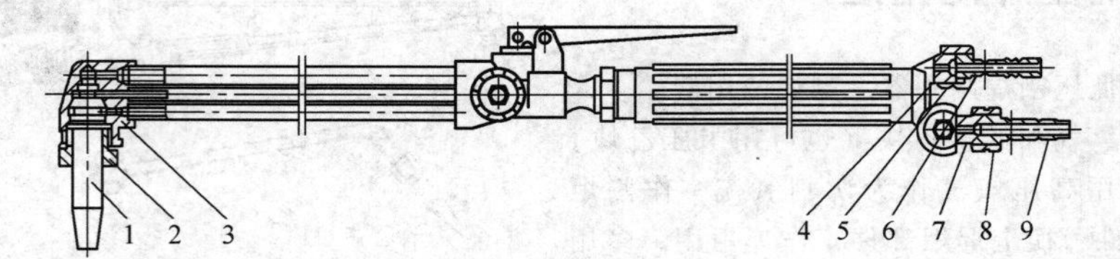

G02-100型

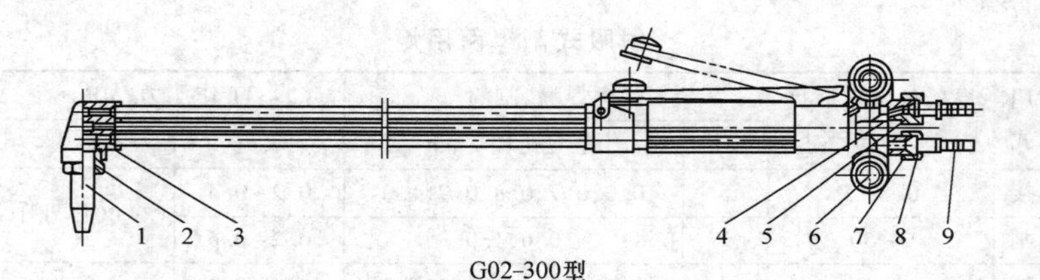

G02-300型

图 1-5-8　割炬示意图

1—割嘴；2—割嘴螺母；3—割嘴接头；4—氧气接头螺纹；5—氧气螺母；6—氧气软管接头；7—乙炔接头螺纹；8—乙炔螺母；9—乙炔软管接头

(3) 焊割炬的主要参数和基本参数

表 1-5-176　等压式焊割炬的主要参数（JB/T 7947—1999）　mm

名称	型号	焊接低碳钢厚度	切割低碳钢厚度
焊炬	H02-12	0.5~12	—
	H02-20	0.5~20	
割炬	G02-100	—	3~100
	G02-300		3~300
焊割两用炬	HG02-12/100	0.5~12	3~100
	HG02-20/200	0.5~20	3~200

表 1-5-177　等压式焊炬的基本参数（JB/T 7947—1999）

型号	嘴号	孔径/mm	氧气工作压力/MPa	乙炔工作压力/MPa	焰心长度/mm	焊炬总长度/mm
H02-12	1	0.6	0.2	0.02	≥4	500
	2	1.0	0.25	0.03	≥11	
	3	1.4	0.3	0.04	≥13	
	4	1.8	0.35	0.05	≥17	
	5	2.2	0.4	0.06	≥20	

续表

型号	嘴号	孔径/mm	氧气工作压力/MPa	乙炔工作压力/MPa	焰心长度/mm	焊炬总长度/mm
H02-20	1	0.6	0.2	0.02	≥4	600
	2	1.0	0.25	0.03	≥11	
	3	1.4	0.3	0.04	≥13	
	4	1.8	0.35	0.05	≥17	
	5	2.2	0.4	0.06	≥20	
	6	2.6	0.5	0.07	≥21	
	7	3.0	0.6	0.08	≥21	

表 1-5-178　等压式割炬的基本参数（JB/T 7947—1999）

型号	嘴号	切割氧孔径/mm	氧气工作压力/MPa	乙炔工作压力/MPa	可见切割氧流长度/mm	割炬总长度/mm
G02-100	1	0.7	0.2	0.04	≥60	550
	2	0.9	0.25	0.04	≥70	
	3	1.1	0.3	0.05	≥80	
	4	1.3	0.4	0.05	≥90	
	5	1.6	0.5	0.06	≥100	
G02-300	1	0.7	0.2	0.04	≥60	650
	2	0.9	0.25	0.04	≥70	
	3	1.1	0.3	0.05	≥80	
	4	1.3	0.4	0.05	≥90	
	5	1.6	0.5	0.06	≥100	
	6	1.8	0.5	0.06	≥110	
	7	2.2	0.65	0.07	≥130	
	8	2.6	0.8	0.08	≥150	
	9	3.0	1.0	0.09	≥170	

表 1-5-179　等压式焊割两用炬的基本参数（JB/T 7947—1999）

型号	嘴号		孔径/mm	氧气工作压力/MPa	乙炔工作压力/MPa	焰心长度/mm	可见切割氧流长度/mm	焊割炬总长度/mm
HG02-12/100	焊嘴号	1	0.6	0.2	0.02	≥4	—	550
		3	1.4	0.3	0.04	≥13	—	
		5	2.2	0.4	0.06	≥20	—	
	割嘴号	1	0.7	0.2	0.04	—	≥60	
		3	1.1	0.3	0.05	—	≥80	
		5	1.6	0.5	0.06	—	≥100	
HG02-20/200	焊嘴号	1	0.6	0.2	0.02	≥4	—	600
		3	1.4	0.3	0.04	≥13	—	
		5	2.2	0.4	0.06	≥20	—	
		7	3.0	0.6	0.08	≥21	—	
	割嘴号	1	0.7	0.2	0.04	—	≥60	
		3	1.1	0.3	0.05	—	≥80	
		5	1.6	0.5	0.06	—	≥100	
		6	1.8	0.5	0.06	—	≥110	
		7	2.2	0.65	0.07	—	≥130	

5.5.5 乙炔发生器

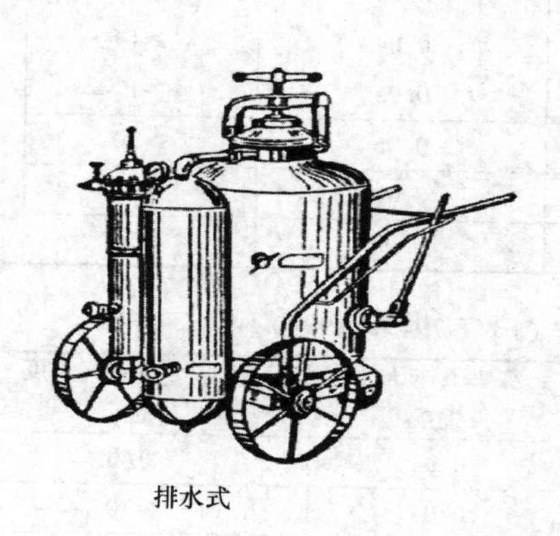

排水式

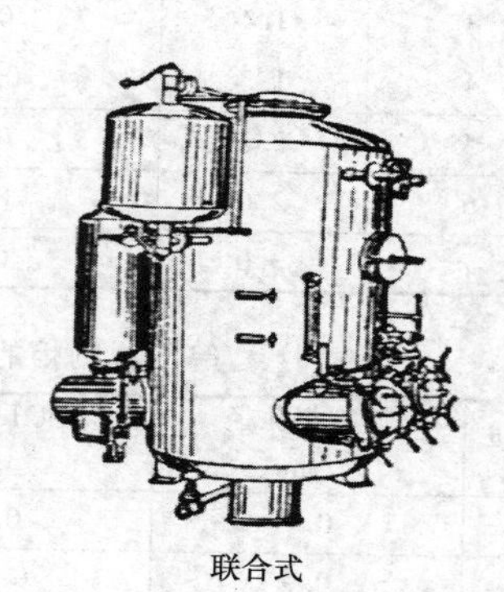

联合式

图 1-5-9 乙炔发生器

【用途】 将电石（碳化钙）和水装入发生器内，使之产生乙炔气体，供气焊、气割用。

【规格】 见表 1-5-180。

表 1-5-180 乙炔发生器的规格

型号		YJP-0.1-0.5	YJP-0.1-1	YJP-0.1-2.5	YDP-0.1-6	YDP-0.1-10
结构形式		（移动）排水式		（固定）排水式	（固定）联合式	
正常生产率/(m^3/h)		0.5	1	2.5	6	10
乙炔工作压力/MPa		0.045~0.1		0.045~0.1	0.045~0.1	0.045~0.1
外形尺寸/mm	长	515	1210	1050	1450	1700
	宽	505	675	770	1375	1800
	高	930	1150	1730	2180	2690
净重/kg		30	50	260	750	980

5.5.6 气体减压器

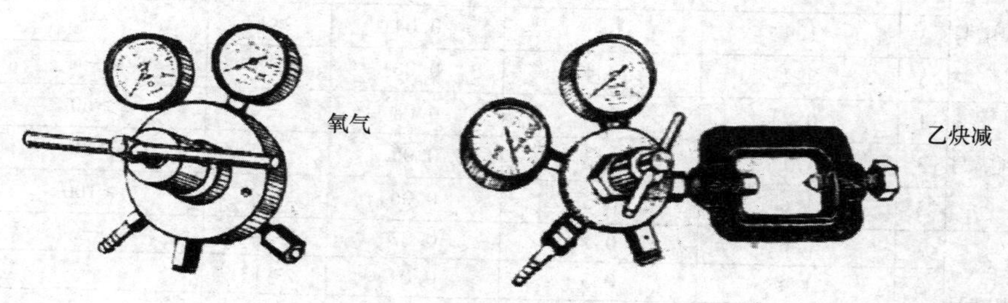

图 1-5-10 气体减压器

【其他名称】 气体压力调节器、气体减压阀。

【用途】 安装在气瓶（或管道）上，用以将气瓶（管道）内的高压气体调节成需要的低压气体，并使该压力保持稳定和显示气瓶（管道）内和调节后的气体压力值。按适用气体分氧气、乙炔、丙烷、空气、二氧化碳、氩气、氢气等减压器。

【规格】 见表 1-5-181。

表 1-5-181 气体减压器的规格

型号	工作压力/MPa		压力表规格/MPa		公称流量/(m³/h)	质量/kg
	输入≤	输出压力调节范围	高压表(输入)	低压表(输出)		
氧气减压器(气瓶用)						
YQY-1A	15	0.1~2	0~25	0~4	50	2.2
YQY-12		0.1~1.25		0~2.5	40	1.27
YQY-352		0.1~1		0~1.6	30	1.5
乙炔减压器(气瓶用)						
YQE-213	3	0.01~0.15	0~4	0~0.25	6	1.75
丙烷减压器(气瓶用)						
YQW-213	1.6	0~0.06	0~2.5	0~0.16	1	1.42
空气减压器(管道用)						
YQK-12	4	0.4~1	0~6	0~1.6	160	3.5
二氧化碳减压器(带流量计,气瓶用)						
YQT-731L	15	0.1~0.6	0~25	—	1.5	2
氩气减压器(带流量计,气瓶用)						
YQAr-731L	15	0.15(调定)	0~25	—	1.5	1
氢气减压器(气瓶用)						
YQQ-9	15	0.02~0.25	0~25	0~0.4	40	1.9

5.5.7 氧气瓶

【用途】 储存压缩氧气，供气焊、气割工作及其他方面使用。

【规格】 见表 1-5-182。

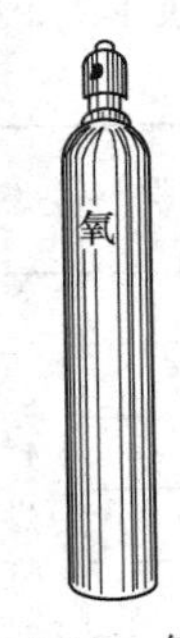

图 1-5-11 氧气瓶

表 1-5-182 氧气瓶的规格

材质	公称容积/L	主要尺寸/mm φ	L	S	公称质量/kg
公称工作压力 15MPa					
锰钢	40	219	1360	5.8	58
		232	1235	6.1	58
	45	219	1515	5.8	63
		232	1370	6.1	64
	50	232	1505	6.1	69
铬钼钢	40	229	1250	5.4	54
		232	1215	5.4	52
	45	229	1390	5.4	59
铬钼钢	45	232	1350	5.4	57
	50	232	1480	5.4	62
公称工作压力 20MPa					
铬钼钢	40	229	1275	6.4	62
		232	1240	6.4	60
	45	232	1375	6.4	66
	50	232	1510	6.4	72

注:1. 主要尺寸栏中:ϕ 为公称外径;L 为公称长度(不包括阀门);S 为最小设计壁厚。公称质量不包括阀门和瓶帽。

2. 氧气瓶为钢质无缝气瓶,一般为凹形底,外表漆色为淡蓝色,标注黑色“氧”和“严禁油火”字样。

3. 其他气体(空气、氮气、二氧化碳、氨气、氩气、氢气)用气瓶,规格与氧气瓶相同,但外表漆色与字样不同,如下所示。

标注字样	字样	空气	氮气	液化二氧化碳	氨	氩	氢
	颜色	白	淡黄	黑	深绿	深绿	淡绿
外表漆色		黑	黑	铝白	银灰	银灰	大红

5.5.8 喷灯

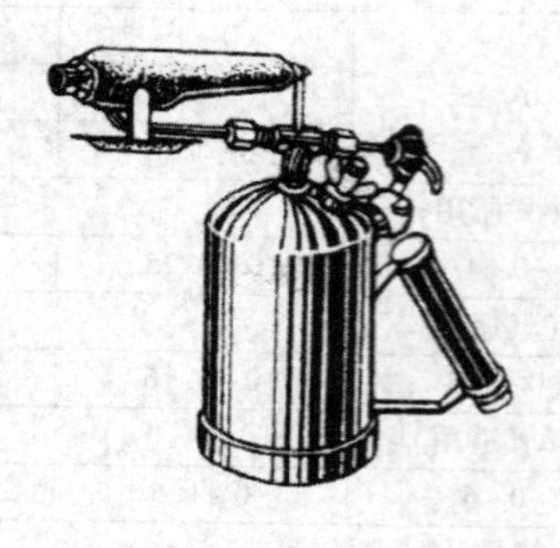

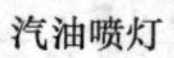

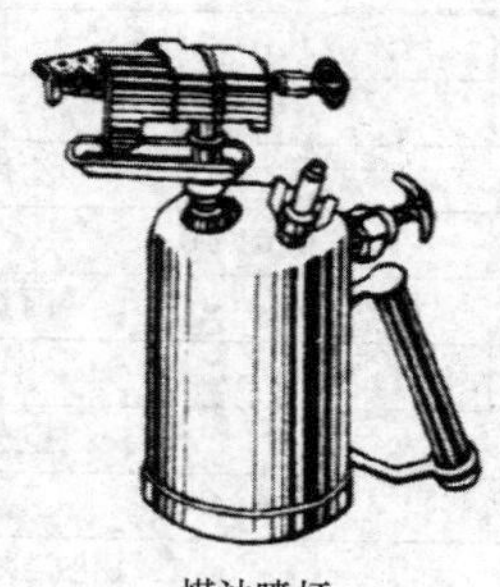

图 1-5-12 喷灯

【其他名称】 喷火灯、冲灯。

【用途】 利用喷射火焰对工件进行加热的一种工具，常用于焊接时加热烙铁、铸造时烘烤砂型、热处理时加热工件、汽车水箱的加热解冻等。

【规格】 见表 1-5-183。

表 1-5-183 喷灯的规格

品种	型号	燃料	工作压力/MPa	火焰有效长度/mm	火焰温度/℃	储油量/kg	耗油量/(kg/h)	灯净重/kg	用途
煤油喷灯	MD-1	灯用煤油	0.25~0.35	60	>900	0.8	0.5	1.20	常用于焊接时加热烙铁、清除钢铁结构上的废漆、加热热处理工件等，用途广泛
	MD-1.5			90		1.2	1.0	1.65	
	MD-2			110		1.6	1.5	2.40	
	MD-2.5			110		2.0	1.5	2.45	
	MD-3			160		2.5	1.4	3.75	
	MD-3.5			180		3.0	1.6	4.00	
汽油喷灯	QD-0.5	工业汽油	0.25~0.35	70	>900	0.4	0.45	1.10	
	QD-1			85		0.7	0.9	1.60	
	QD-1.5			100		1.05	0.6	1.45	
	QD-2			150		1.4	2.1	2.38	
	QD-2.5			170		2.0	2.1	3.20	
	QD-3			190		2.5	2.5	3.40	
	QD-3.5			210		3.0	3.0	3.75	

5.5.9 紫铜烙铁

【规格】 见表 1-5-184。

表 1-5-184 紫铜烙铁的规格

规格/kg	0.125、0.25、0.3、0.5、0.75
用途	用锡铅焊料钎焊的一种常用焊接工具

第6章 消防器材

6.1 火灾的分类（GB/T 4968—2008）

火灾根据可燃物的类型和燃烧特性，分为A、B、C、D、E、F、K七类。

A类火灾：指固体物质火灾。这种物质通常具有有机物质的性质，一般在燃烧时能产生灼热的余烬。如木材、煤、棉、毛、麻、纸张等燃烧导致的火灾。

B类火灾：指液体或可熔化的固体物质火灾。如煤油、柴油、原油、甲醇、乙醇、沥青、石蜡等燃烧导致的火灾。

C类火灾：指气体火灾。如煤气、天然气、甲烷、乙烷、丙烷、氢气等燃烧导致的火灾。

D类火灾：指金属火灾。如钾、钠、镁、铝镁合金等燃烧导致的火灾。

E类火灾：带电火灾。如物体带电燃烧导致的火灾。

F类火灾：烹饪器具内的烹饪物（如动植物油脂）燃烧导致的火灾。

K类火灾：食用油类火灾。通常食用油的平均燃烧速率大于烃类油，与其他类型的液体火相比，食用油火很难被扑灭。由于食用油类火灾有很多不同于烃类油火灾的行为，它被单独划分为一类火灾。

6.2 手提式灭火器（GB 4351.1—2005）

【分类】

① 灭火器按照充装的灭火剂分类：

a. 水基型灭火器（水型包括清洁水或带添加剂的水，如润湿剂、增稠剂、阻燃剂或发泡剂等）；

b. 干粉型灭火器（干粉有“BC”或“ABC”型或可以为D类火特别配置的）；

c. 二氧化碳灭火器；

d. 洁净气体灭火器。

② 灭火器按照驱动灭火器的压力形式分类：

a. 储气瓶或灭火器；

b. 储压式灭火器。

图1-6-1　手提式灭火器

【规格】　灭火器的规格，按其充装的灭火剂量来划分。

a. 水基型灭火器为：2L、3L、6L、9L。

b. 干粉灭火器为：1kg、2kg、3kg、4kg、5kg、6kg、8kg、9kg、12kg。

c. 二氧化碳灭火器为：2kg、3kg、5kg、7kg。

d. 洁净气体灭火器为：1kg、2kg、4kg、6kg。

【型号】　灭火器的型号编制方法如下：

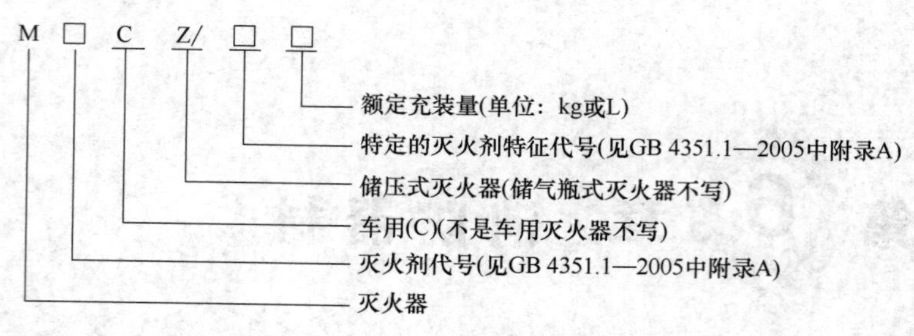

注：当产品结构有改变时，其改进代号可加在原型号的尾部，以示区别。

【质量】 灭火器的总质量不应大于 20kg，其中二氧化碳灭火器的总质量不应大于 23kg。

灭火器的灭火剂充装总量误差应符合表 1-6-1 的规定。

表 1-6-1 灭火剂充装总量的误差范围

灭火器类型	灭火剂量	允许误差
水基型	充装量(L)	0%～-5%
洁净气体	充装量(kg)	0%～-5%
二氧化碳	充装量(kg)	0%～-5%
干粉	1kg >1～3kg >3kg	±5% ±3% ±2%

【最短有效喷射时间】

① 水基型灭火器在 20℃时的最短有效喷射时间应符合表 1-6-2 的规定。

表 1-6-2 水基型灭火器在 20℃时的最短有效喷射时间

灭火剂量/L	最短有效喷射时间/s
2～3	15
>3～6	30
>6	40

② 灭 A 类火的灭火器（水基型灭火器除外）在 20℃时的最短有效喷射时间应符合表 1-6-3 的规定。

表 1-6-3 灭 A 类火的灭火器（水基型灭火器除外）在 20℃时的最短有效喷射时间

灭火级别	最短有效喷射时间/s
1A	8
≥2A	13

③ 灭 B 类火的灭火器（水基型灭火器除外）在 20℃时的最短有效喷射时间应符合表 1-6-4 的规定。

表 1-6-4 灭 B 类火的灭火器（水基型灭火器除外）在 20℃时的最短有效喷射时间

灭火级别	最短有效喷射时间/s
21B～34B	8
55B～89B	9
(113B)	12
≥144B	15

【最小喷射距离】

① 灭 A 类火的灭火器在 20℃时的最小有效距离应符合表 1-6-5 的规定。

表 1-6-5　　灭 A 类火的灭火器在 20℃时的最小有效距离

灭火级别	最小喷射距离/m
1A~2A	3.0
3A	3.5
4A	4.5
6A	5.0

② 灭 B 类火的灭火器在 20℃时的最小有效距离应符合表 1-6-6 的规定。

表 1-6-6　　灭 B 类火的灭火器在 20℃时的最小有效距离

灭火器类型	灭火剂量	最小喷射距离/m
水基型	2L 3L 6L 9L	3.0 3.0 3.5 4.0
洁净气体	1kg 2kg 4kg 6kg	2.0 2.0 2.5 3.0
二氧化碳	2kg 3kg 5kg 7kg	2.0 2.0 2.5 2.5
干粉	1kg 2kg 3kg 4kg 5kg 6kg 8kg ≥9kg	3.0 3.0 3.5 3.5 3.5 4.0 4.5 5.0

【使用温度范围】

① 灭火器的使用温度范围应取下列规定的某一温度范围：

a. −5~+55℃；

b. 0~+55℃；

c. −10~+55℃；

d. −20~+55℃；

e. −30~+55℃；

f. −40~+55℃；

g. −55~+55℃。

② 灭火器在使用温度范围内应能可靠使用，操作安全，喷射滞后时间不应大于 5s，喷射剩余率不应大于 15%。

【灭火性能】

（1）灭 A 类火的性能

灭 A 类火的灭火器其灭火性能以级别表示。它的级别代号由数字和字母 A 组成，数字表示级别数，字母 A 表示火的类型。

灭火器灭 A 类火的性能，不应小于表 1-6-7 的规定。

表 1-6-7　灭火器灭 A 类火的性能

级别代号	干粉/kg	水基型/L	洁净气体/kg
1A	≤2	≤6	≥6
2A	3~4	>6~≤9	
3A	5~6	>9	
4A	>6~≤9		
6A	>9		

（2）灭 B 类火的性能

灭 B 类火的灭火器其灭火性能以级别表示。它的级别代号由数字和字母 B 组成，数字表示级别数，字母 B 表示火的类型。

灭火器 20℃时灭 B 类火的性能，不应小于表 1-6-8 的规定。灭火器在最低使用温度时灭 B 类火的性能，可比 20℃时灭火性能降低两个级别。

表 1-6-8　灭火器灭 B 类火的性能

级别代号	干粉/kg	洁净气体/kg	二氧化碳/kg	水基型/L
21B	1~2	1~2	2~3	
34B	3	4	5	
55B	4	6	7	≤6
89B	5~6	>6		>6~9
144B	>6			>9

（3）灭 C 类火的性能

灭 C 类火的灭火器，可用字母 C 表示。对于 C 类火标准 GB 4351.1—2005 无试验要求，也没有级别大小之分，只有干粉灭火器、洁净气体灭火器和二氧化碳灭火器才可以标有字母 C。

（4）灭 E 类火的性能

灭 E 类火的灭火器，可用字母 E 表示，E 类火没有级别大小之分，干粉灭火器、洁净气体灭火器和二氧化碳灭火器，可标有字母 E。当灭火器喷射到带电的金属板时，整个过程中，灭火器提压把或喷嘴与大地之间，以及大地与灭火器之间的电流不应大于 0.5mA。

【标记】　灭火器筒体外表的颜色推荐采用红色。

灭火器上应有发光标志，以便在黑暗中指示灭火器所处的位置。发光标志应采用无毒、无放射性等不危害人体的材料制造。灭火器上标注的信息见图 1-6-2。

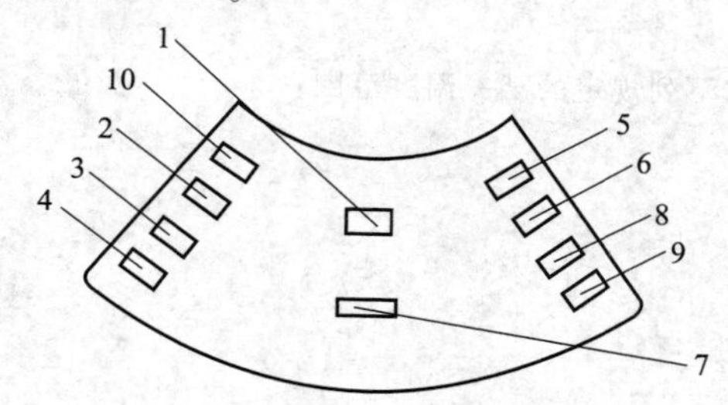

图 1-6-2　灭火器上标注的信息

1—CO_2；2—瓶体编号；3—水压试验压力，MPa；4—空瓶质量；5—实际内容积，V；6—最大工作压力，MPa；7—制造代号或商标；8—制造年月；9—瓶体设计壁厚，mm；10—产品标准号

6.3 推车式1211灭火器（GA 77.1—1994）

【形式】 这种灭火器为储压式。灭火剂为二氟一氯一溴甲烷（CF_2ClBr），代号“1211”，驱动气体为氮气（N_2）。

【用途】 利用器内氮气压力（20℃时为1.5MPa）喷射“1211”液化气体灭火剂（二氟一氯一溴甲烷灭火剂），迅速中止燃烧连锁反应，并有冷却和窒息作用，以扑灭火灾。这种灭火器的优点是效能高、毒性小、腐蚀性低、绝缘性好、久储不会变质、灭火后无药液污渍。适于扑灭油类、有机溶液、精密仪器、带电设备、文物档案等初起火灾，但不宜于扑救钠、钾、铝、镁等金属的燃烧。手提式、推车式存放在工矿企业、公共场所、仓库和商店内的四周墙边；灭火棒可夹住挂装在墙上，使用时需开启喷口进行灭火；悬挂式可吊挂在室内的天花板上，由于喷口部位装有感温定温阀，遇到火警时，室内温度上升，超过定温阀的额定温度时，定温阀会自动开启喷口进行灭火。

图1-6-3 推车式1211灭火器

【标记示例】 25kg推车式1211灭火器标记如下：

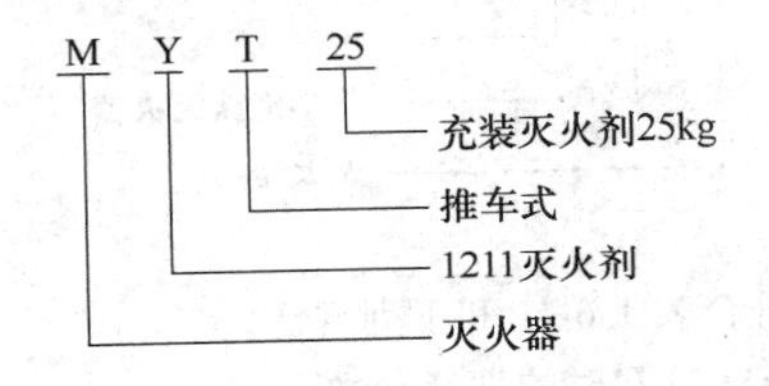

【基本参数】

① 灭火器在（20±5）℃时，其性能参数应符合表1-6-9的规定。

表1-6-9 1211灭火器（20±5）℃时的性能参数

灭火器型号	MYT20	MYT25	MYT40
灭火剂(含氮气)充装量/kg	$20_{-0.40}^{0}$	$25_{-0.50}^{0}$	$40_{-0.80}^{0}$
有效喷射时间/s	≥15	≥25	
有效喷射距离/m	≥7	≥7.5	≥8
喷射滞后时间/s	≤8		
喷射剩余率/%	≤5		
充装系数/(kg/L)	≤1.1		

② 灭火器的间歇喷射滞后时间不得大于3s。

③ 灭火器在喷射过程中，任何连接处均不得有泄漏现象。

④ 灭火器的使用温度为-20~55℃。在使用温度范围内：

a. 有效喷射时间的偏差不得大于在（20±5）℃时有效喷射时间的±25%。

b. 喷射滞后时间不得大于12s。

c. 喷射剩余率不得大于10%。

⑤ 灭火器的灭火能力，不得小于表1-6-10的规定。

表1-6-10 1211灭火器的灭火能力

项目	型号		
	MYT20	MYT25	MYT40
灭火级别B	24	30	35

6.4 推车式化学泡沫灭火器（GA 77.2—1994）

【型号】 推车式化学泡沫灭火器，是指装有轮子的移动式化学泡沫灭火器。其规格按充装的灭火剂量划分，系列规格为40L和65L两种。

图 1-6-4 推车式化学泡沫灭火器

【用途】 灭火器内两种灭火剂溶液混合发生化学反应后喷射出来的泡沫覆盖在燃烧物的表面，隔绝空气，起到灭火的作用。适用于扑救一般物质和油类的初起火灾，但不宜用于扑救带电设备及贵重物品的火灾。手提式适用于工厂企业公共场所、商店、住宅等场合。舟车式内有防止非使用情况下灭火剂混合的机构，故适宜在行驶中有颠簸、摇摆的车辆和船舶上使用。推车式的特点是移动方便，而且灭火剂容量多，适用于仓库、码头等场所。

【标记示例】

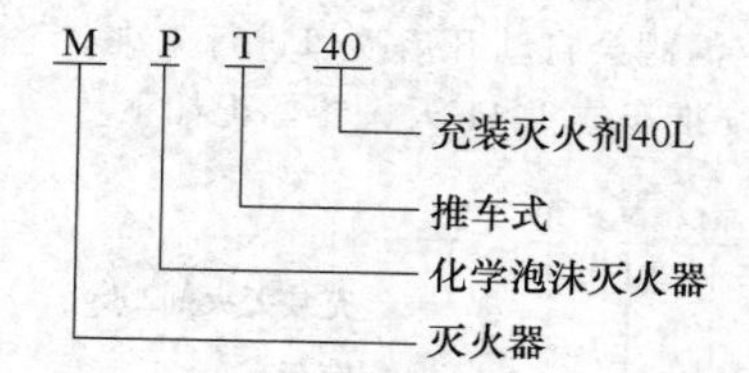

【基本参数】

① 化学泡沫灭火器在（20±5）℃时，其性能参数应符合表1-6-11和下列规定。

表 1-6-11 化学泡沫灭火器在（20±5）℃时的性能参数

项目			MPT40		MPT65	
灭火剂灌装量	酸性剂	硫酸铝/kg	4±0.06		6.5±0.07	
		清水/L	7±0.35		11±0.55	
	碱性剂	碳酸氢钠/kg	3±0.06		4.5±0.07	
		清水/L	31±0.68		49±0.7	
有效喷射时间/s			≥120		≥150	
有效喷射距离/m			≥9			
喷射滞后时间/s			≤10			
喷射剩余率/%			≤15			
灭火级别			13A	18B	21A	24B

② 灭火器的间歇喷射滞后时间不得大于5s。

③ 灭火器的使用温度范围为+4～+55℃。在使用温度范围内：

a. 有效喷射时间的偏差不得大于在（20±5）℃时有效喷射时间的±25%。

b. 喷射滞后时间不得大于15s。

c. 喷射剩余率不得大于18%。

6.5 推车式干粉灭火器（GA 77.3—1994）

【形式】

① 灭火器按驱动干粉的动力存储形式分为储气瓶式和储压式。

② 储气瓶式灭火器按储气瓶在灭火器上安装位置分为内装式和外装式。

【用途】 利用器内二氧化碳产生的压力，将器内灭火剂（干粉）喷在燃烧物上，构成碍燃烧的隔离层，同时分解出不燃性气体，稀释燃烧区含氧量，以扑灭火灾。常用的灭火剂为碳酸氢钠干粉或全硅化碳酸氢钠干粉。它适用于扑救易燃液体、可燃气体和带电设备火灾，也可与氟蛋白泡沫或轻水泡沫联用，扑救大面积的油类火灾。还有一种磷酸铵盐干粉灭火剂（简称 ABC 干粉，又称通用干粉），除具有碳酸氢钠干粉灭火剂的性能外，还能扑灭 A 类物质（如木材、纸张、橡胶、棉布等）火灾。手提式便于提拎，推车式则利用车轮移动方便。灭火时将喷管喷口对准火焰根部，扣动扳机（开关、拉环），即喷出干粉灭火。

图 1-6-5　推车式干粉灭火器

【标记示例】

a. 储气瓶式，充装 ABC 干粉灭火剂，标记如下：

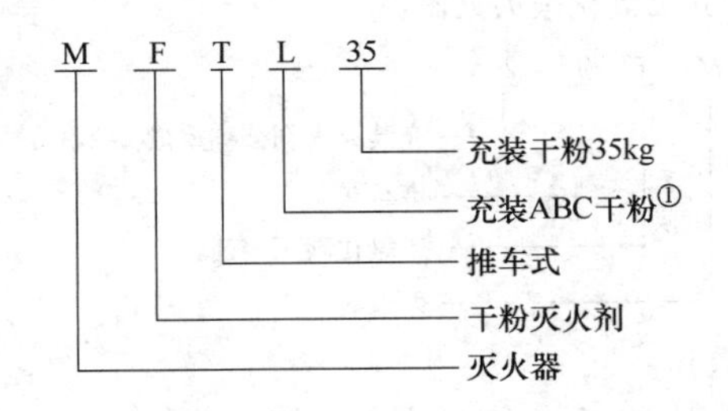

① 表示充装 BC 干粉时省略 L 符号。

b. 储压式，充装 ABC 干粉灭火剂，标记如下：

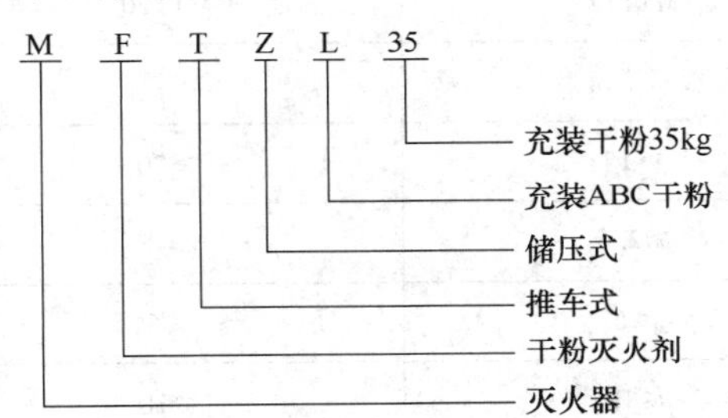

【基本参数】

① 灭火器在（20±5）℃时，其性能参数应该符合表 1-6-12 的规定。

表 1-6-12　　干粉灭火器在（20±5）℃时的性能参数

项目		MFT20	MFT25	MFT35	MFT50	MFT70	MFT100
干粉充装量/kg		20±0.5	25±0.5	35±0.9	$50^{+1.0}_{-1.3}$	$70^{+1.0}_{-1.8}$	$100^{+1.5}_{-2.5}$
有效喷射时间/s		≥15		≥20	≥25	≥30	≥35
有效喷射距离/m		≥7		≥8			≥10
喷射滞后时间/s		≤10					
间歇喷射滞后时间/s		≤5					
喷射剩余率/%		≤10					
车轮直径/mm		≥200		≥350			≥450
灭火级别	B	30	35	45	65	90	120
	A	21	21	27	34	43	55

② 推荐使用的温度范围为：

a. −10～+55℃；

b. −20～+55℃；

c. −40～+55℃。

6.6 推车式二氧化碳灭火器(GA 107)

【形式】

图 1-6-6 推车式二氧化碳灭火器

① 这种灭火器是推车式二氧化碳型,充装的灭火剂为二氧化碳(CO_2)。

② 规格按充装二氧化碳的重量划分,分为 12kg、(20kg)、24kg 三种(20kg 为非推荐规格)。

【标记示例】

24kg 推车式二氧化碳灭火器:

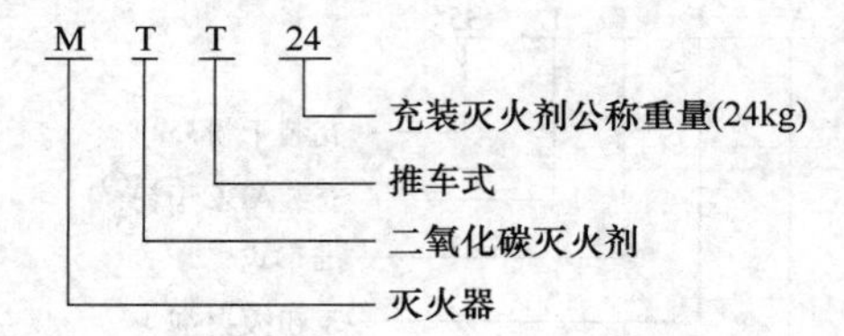

【基本参数】

① 灭火器在(20±5)℃时,其性能参数应该符合表 1-6-13 的规定。

表 1-6-13 二氧化碳灭火器在(20±5)℃时的性能参数

型号	MTT12	MTT20	MTT24
充装量/kg	$12_{-0.60}^{0}$	$20_{-1.00}^{0}$	$24_{-1.20}^{0}$
有效喷射时间/s	≥15	≥20	≥20
有效喷射距离/m	≥2.5	≥4	≥4
喷射滞后时间/s	≤5	≤5	≤5
喷射剩余率/%	≤10	≤10	≤10
充装系数/(kg/L)	≤0.60	≤0.60	≤0.60

② 灭火器的使用温度范围为-10~+55℃。在最高或最低使用温度下的喷射性能应符合下列规定:

a. 有效喷射时间,相对于(20±5)℃时的有效喷射时间的偏差不得大于±25%。

b. 喷射滞后时间不得大于 10s。

c. 喷射剩余率不得大于 15%。

【标记】 灭火器顶部应打钢印,钢印应清晰,排列整齐,钢印字体的高度为 8~10mm,深度为 0.3~0.5mm,钢印标记的内容及位置排列见图 1-6-7。

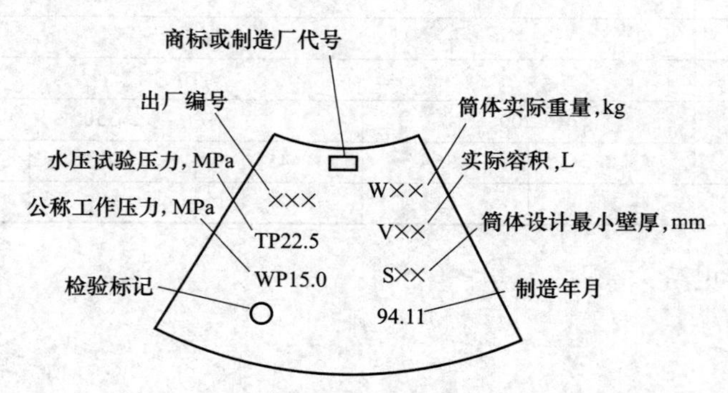

图 1-6-7 二氧化碳灭火器的钢瓶钢印标记

6.7 灭 火 剂

6.7.1 二氧化碳灭火剂（GB 4396—2005）

本标准适用于灭火剂用二氧化碳。

【质量指标】 二氧化碳灭火剂的质量指标见表1-6-14。

表1-6-14 二氧化碳灭火剂的质量指标

项目	指标
纯度(体积分数)/%	≥99.5
水含量(质量分数)/%	≤0.015
油含量	无
醇类含量(以乙醇计)/(mg/L)	≤30
总硫化物含量/(mg/kg)	≤5.0

注:对非发酵法所得的二氧化碳,醇类含量不作规定。

6.7.2 干粉灭火剂（GB 4066—2017）

【型号】 干粉灭火剂的型号以适用扑救的火灾类型代号、主要组分及含量和企业自定义等内容的组合来表示，其中主要组分含量总和不应小于90%。

图1-6-8 干粉灭火剂

□ - □ - 企业自定义

主要组分分子式及含量百分数，组分间以“+”连接

适用扑救的火灾类型，标示用大写英文字母及顺序按GB/T 4968—2008的规定

【性能指标】 干粉灭火剂的主要性能指标见表1-6-15。

表1-6-15 干粉灭火剂的主要性能指标

项目		指标
主要组分含量(质量分数)	任一主要组分含量	公布值±(0.75+2.5×公布值)%
	所有主要组分含量	公布值之和≥90%
	第一主要组分含量	公布值≥75%
松密度/(g/mL)		公布值±0.07,且≥0.82

续表

项目			指标
含水率(质量分数)			≤0.25%
吸湿率(质量分数)			≤2.00%
流动性/s			≤7.0
斥水性			无明显吸水,不结块
针入度/mm			≥16.0
粒度分布(质量分数)	0.250mm 以上		0.0%
	0.250~0.125mm		公布值±3%
	0.125~0.063mm		公布值±6%
	0.063~0.040mm		公布值±6%
	底盘	ABC 干粉灭火剂	≥55%,且底盘中第一主要组分含量≥原试样含量
		BC 干粉灭火剂	≥70%,且底盘中第一主要组分含量≥原试样含量
耐低温性/s			≤5.0
电绝缘性/kV			≥5.00
颜色	ABC 干粉灭火剂		黄色
	BC 干粉灭火剂		白色
灭火性能			依据干粉灭火剂适用的火灾类型,按 GB 4066—2017 中 6.12 的规定进行试验,3 次灭火试验至少 2 次灭火成功

6.7.3 泡沫灭火剂（GB 15308—2006）

【概述】

泡沫灭火剂分为：低倍泡沫液、中倍泡沫液、高倍泡沫液、抗醇泡沫液等。泡沫液的名称及代号如下：

蛋白泡沫液（P）：由含蛋白的原料经部分水解制得的泡沫液。

氟蛋白泡沫液（FP）：添加氟碳表面活性剂的蛋白泡沫液。

合成泡沫液（S）：以表面活性剂的混合物和稳定剂为基料制成的泡沫液。

抗醇泡沫液（AR）：所产生的泡沫施放到醇类或其他极性溶剂表面时，可抵抗其对泡沫破坏性的泡沫液，又称为抗溶泡沫液。

水成膜泡沫液（AFFF）：以碳氢表面活性剂和氟碳表面活性剂为基料的泡沫液，可在某些烃类表面上形成一层水膜。

成膜氟蛋白泡沫液（FFFP）：可在某些烃类表面形成一层水膜的氟蛋白泡沫液。

【标志】 泡沫液包装容器上应清晰、牢固地注明：

a. 名称、型号、使用浓度。

b. 如适用于海水，则注明“适用于海水”，否则注明“不适用于海水”。

c. 灭火性能级别和抗烧水平。

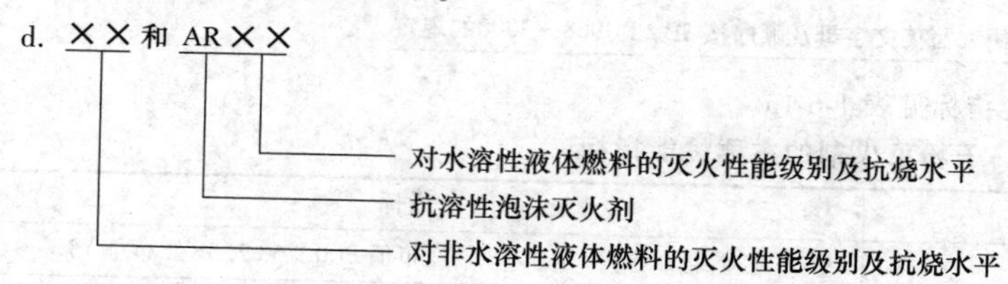

e. 如不受冻结、融化影响，应注明“不受冻结、融化影响”，否则注明“禁止冻结”。

f. 可形成水成膜的泡沫液，应注明“成膜型”。

g. 可引起的有害生理作用的可能性，以及避免方法和其发生后援救措施。

h. 储存温度、最低使用温度和有效期。

i. 泡沫灭火剂应注明是否是温度敏感型泡沫液。

j. 泡沫灭火剂的净重、生产批号、生产日期及依据标准。

k. 生产厂名称和厂址。

(1) 低倍泡沫液

低倍泡沫液的物理、化学、泡沫性能应符合表 1-6-16 的要求。低倍泡沫液对非水溶性液体燃料的灭火性能应符合表 1-6-17 和表 1-6-18 的要求。出现表 1-6-19 所列情况之一时，该泡沫液即被判定为温度敏感性泡沫液。

表 1-6-16　低倍泡沫液的物理、化学、泡沫性能

项目	样品状态	要求	不合格类型	备注
凝固点	温度处理前	在特征值$_{-4}^{0}$℃之内	C	
抗冻结、融化性	温度处理前、后	无可见分层和非均相	B	
沉淀物(体积分数)/%	老化前	≤0.25;沉淀物能通过 180μm 筛	C	蛋白型
	老化后	≤1.0;沉淀物能通过 180μm 筛	C	
比流动性	温度处理前、后	泡沫液流量不小于标准参比液的流量或泡沫液的黏度值不大于标准参比液的黏度值	C	
pH 值	温度处理前、后	6.0~9.5	C	
表面张力/(mN/m)	温度处理前	与特征值的偏差①不大于 10%	C	成膜型
界面张力/(mN/m)	温度处理前	与特征值的偏差不大于 1.0mN/m 或不大于特征值的 10%,按上述两个差值中较大者判定	C	成膜型
扩散系数/(mN/m)	温度处理前、后	正值	B	成膜型
腐蚀率/[mg/(d·dm^2)]	温度处理前	Q234 钢片:≤15.0 LF21 铝片:≤15.0	B	
发泡倍数	温度处理前、后	与特征值的偏差不大于 1.0 或不大于特征值的 20%,按上述两个差值中较大者判定	B	
25%析液时间/min	温度处理前、后	与特征值的偏差不大于 20%	B	

① 本标准中的偏差,是指二者差值的绝对值。

表 1-6-17　低倍泡沫液应达到的最低灭火性能级别

泡沫液类型	灭火性能级别	抗烧水平	不合格类型	成膜性
AFFF/非 AR	Ⅰ	D	A	成膜型
AFFF/AR	Ⅰ	A	A	成膜型
FFFP/非 AR	Ⅰ	B	A	成膜型
FFFP/AR	Ⅰ	A	A	成膜型
FP/非 AR	Ⅱ	B	A	非成膜型
FP/AR	Ⅱ	A	A	非成膜型
P/非 AR	Ⅲ	B	A	非成膜型
P/AR	Ⅲ	B	A	非成膜型
S/非 AR	Ⅲ	D	A	非成膜型
S/AR	Ⅲ	C	A	非成膜型

表 1-6-18　　各灭火性能级别对应的灭火时间和抗烧时间

灭火性能级别	抗烧水平	缓施放		强施放	
		灭火时间/min	抗烧时间/min	灭火时间/min	抗烧时间/min
Ⅰ	A	不要求		≤3	≥10
	B	≤5	≥15	≤3	不测试
	C	≤5	≥10	≤3	
	D	≤5	≥5	≤3	
Ⅱ	A	不要求		≤4	≥10
	B	≤5	≥15	≤4	不测试
	C	≤5	≥10	≤4	
	D	≤5	≥5	≤4	
Ⅲ	B	≤5	≥15	不测试	
	C	≤5	≥10		
	D	≤5	≥5		

表 1-6-19　　温度敏感性的判定

项目	判定条件
pH 值	温度处理前、后泡沫液的 pH 值偏差(绝对值)大于 0.5
表面张力(成膜型)	温度处理后泡沫溶液的表面张力低于温度处理前的 0.95 倍或高于温度处理前的 1.05 倍
界面张力(成膜型)	温度处理前后的偏差大于 0.5mN/m，或温度处理后数值低于温度处理前的 0.95 倍或高于温度处理前的 1.05 倍，按二者中的较大者判定
发泡倍数	温度处理后的发泡倍数低于温度处理前的 0.85 倍或高于温度处理前的 1.15 倍
25%析液时间	温度处理后的数值低于温度处理前的 0.8 倍或高于温度处理前的 1.2 倍

(2) 中倍泡沫液

中倍泡沫液的性能应符合表 1-6-20 的要求。

表 1-6-20　　中倍泡沫液的性能

项目	样品状态	要求	不合格类型	备注
凝固点	温度处理前	在特征值 0~4℃之内	C	
抗冻结、融化性	温度处理前、后	无可见分层和非均相	B	
沉淀物(体积分数)/%	老化前	≤0.25，沉淀物能通过 180μm 筛	C	
	老化后	≤1.0，沉淀物能通过 180μm 筛	C	
比流动性	温度处理前、后	泡沫液流量不小于标准参比液流量，或泡沫液的黏度值不大于标准参比液的黏度值	C	
pH 值	温度处理前、后	6.0~9.5	C	
表面张力/(mN/m)	温度处理前、后	与特征值的偏差不大于 10%	C	成膜型
界面张力/(mN/m)	温度处理前、后	与特征值的偏差不大于 1.0mN/m 或不大于特征值的 10%，按上述两个差值中较大者判定	C	成膜型
扩散系数/(mN/m)	温度处理前、后	正值	B	成膜型
腐蚀率/[mg/(d·dm^2)]	温度处理前	Q235 钢片：≤15.0	B	
		LF22 铝片：≤15.0		

续表

项目	样品状态	要求	不合格类型	备注
发泡倍数	温度处理前、后适用淡水	≥50	B	
	温度处理前、后适用海水	特征值小于100时，与淡水测试值的偏差不大于10%；特征值大于等于100时，不小于淡水测试值的0.9倍，不大于淡水测试值的1.1倍		
25%析液时间/min	温度处理前、后	与特征值的偏差不大于20%	B	
50%析液时间/min	温度处理前、后	与特征值的偏差不大于20%	B	
灭火时间/s	温度处理前、后	≤120	A	
1%抗烧时间/s	温度处理前、后	≥30	A	

(3) 高倍泡沫液

高倍泡沫液的性能应符合表1-6-21的要求。

表1-6-21　　高倍泡沫液的性能

项目	样品状态	要求	不合格类型	备注
凝固点	温度处理前	在特征值$^{0}_{-4}$℃之内	C	
抗冻结、融化性	温度处理前、后	无可见分层和非均相	B	
沉淀物(体积分数)/%	老化前	≤0.25，沉淀物能通过180μm筛	C	
	老化后	≤1.0，沉淀物能通过180μm筛	C	
比流动性	温度处理前、后	泡沫液流量不小于标准参比液流量，或泡沫液的黏度值不大于标准参比液的黏度值	C	
pH值	温度处理前、后	6.0~9.5	C	
表面张力/(mN/m)	温度处理前、后	与特征值的偏差不大于10%	C	成膜型
界面张力/(mN/m)	温度处理前、后	与特征值的偏差不大于1.0mN/m或不大于特征值的10%，按上述两个差值中较大者判定	C	成膜型
扩散系数/(mN/m)	温度处理前、后	正值	B	成膜型
腐蚀率/[mg/(d·dm²)]	温度处理前	Q235钢片：≤15.0	B	
		LF21铝片：≤15.0		
发泡倍数	温度处理前、后适用于淡水	≥201	B	
	温度处理前、后适用于海水	不小于淡水测试值的0.9倍，不大于淡水测试值的1.1倍		
50%析液时间/min	温度处理前、后	≥10，与特征值的偏差不大于20%	B	
灭火时间/s	温度处理前、后	≤150	A	

(4) 泡沫液温度敏感性的判定

当中倍泡沫液或高倍泡沫液的性能中出现表1-6-22所列情况之一时，该泡沫液即被判定为温度敏感性泡沫液。

表1-6-22　　泡沫液温度敏感性的判定

项目	判定条件
pH值	温度处理前、后泡沫液的pH值偏差大于0.5
表面张力(成膜型)	温度处理后泡沫溶液的表面张力低于温度处理前的0.95倍或高于温度处理前的1.05倍
界面张力(成膜型)	温度处理前后的偏差大于0.5mN/m，或温度处理后数值低于温度处理前的0.95倍或高于温度处理前的1.05倍，按二者中的较大者判定

续表

项目	判定条件
发泡倍数	温度处理后的发泡倍数低于温度处理前的0.8倍或高于温度处理前的1.2倍
25%析液时间	温度处理后的25%析液时间低于温度处理前的0.8倍或高于温度处理前的1.2倍
50%析液时间	温度处理后的50%析液时间低于温度处理前的0.8倍或高于温度处理前的1.2倍

(5) 抗醇泡沫液

抗醇泡沫液的物理、化学、泡沫性能应符合表1-6-16的要求。对非水溶性液体燃料的灭火性能应符合表1-6-17和表1-6-18的要求，温度敏感性的判定应符合表1-6-19的要求。对水溶性液体燃料的灭火性能应符合表1-6-23和表1-6-24的要求。

表1-6-23　抗醇泡沫液应达到的最低灭火性能级别

项目	判定条件
pH值	温度处理前、后泡沫液的pH值偏差(绝对值)大于0.5
表面张力(成膜型)	温度处理后泡沫溶液的表面张力低于温度处理前的0.95倍或高于温度处理前的1.05倍
界面张力(成膜型)	温度处理前后的偏差大于0.5mN/m,或温度处理后数值低于温度处理前的0.95倍或高于温度处理前的1.05倍,按二者中的较大者判定
发泡倍数	温度处理后的发泡倍数低于温度处理前的0.85倍或高于温度处理前的1.15倍
25%析液时间	温度处理后的数值低于温度处理前的0.8倍或高于温度处理前的1.2倍

表1-6-24　各灭火性能级别对应的灭火时间和抗烧时间

灭火性能级别	抗烧水平	灭火时间/min	抗烧时间/min
AR Ⅰ	A	≤3	≥15
	B	≤3	≥10
AR Ⅱ	A	≤5	≥15
	B	≤5	≥10

(6) 灭火器用泡沫灭火剂

浓缩型灭火器用泡沫灭火剂的物理、化学性能应符合表1-6-25和表1-6-26的要求。预混型灭火器用泡沫灭火器的物理、化学、泡沫性能应符合表1-6-26的要求。灭火器用泡沫灭火剂的性能应符合表1-6-27的要求。

表1-6-25　浓缩液的物理、化学性能

项目	样品状态	要求	不合格类型	备注
凝固点	温度处理前	在特征值$_{-4}^{0}$℃之内	C	
抗冻结、融化性	温度处理前	无可见分层和非均相	B	
pH值	温度处理前、后	6.0~9.5	C	
沉淀物(体积分数)/%	老化前	≤0.25;沉淀物能通过180μm筛	C	
	老化后	≤1.0;沉淀物能通过180μm筛	C	
腐蚀率/[mg/(d·dm^2)]	温度处理前	Q235钢片:≤15.0	B	
	温度处理前	LF21铝片:≤15.0		

表1-6-26　预混液的物理、化学、泡沫性能

项目	样品状态	要求	不合格类型	备注
凝固点	温度处理前	在特征值$_{-4}^{0}$℃之内	C	
抗冻结、融化性	温度处理前	无可见分层和非均相	B	
pH值	温度处理前、后	6.0~9.5	C	
沉淀物(体积分数)/%	老化前	≤0.25;沉淀物能通过180μm筛	C	
	老化后	≤1.0;沉淀物能通过180μm筛	C	

续表

项目	样品状态	要求	不合格类型	备注
表面张力/(mN/m)	温度处理后	与特征值的偏差不大于±10%	C	成膜型
界面张力/(mN/m)	温度处理后	与特征值的偏差不大于1.0mN/m或不大于特征值的10%,按上述两个差值中较大者判定	C	成膜型
扩散系数/(mN/m)	温度处理后	正值	B	成膜型
腐蚀率/[mg/(d·dm^2)]	温度处理前	Q235钢片:≤15.0	B	
	温度处理前	LF21铝片:≤15.0		
发泡倍数	温度处理和储存试验后	蛋白类≥6.0 合成类≥5.0	B	
25%析液时间/s	温度处理和储存试验后	蛋白类≥90.0 合成类≥60.0	C	

表 1-6-27 灭火器用泡沫灭火剂的灭火性能

灭火器规格	灭火剂类别	样品状态	燃料类别	灭火级别	不合格类型
6L	AFFF/非AR、AFFF/AR FFFP/AR、FFFP/非AR	温度处理和储存试验后	橡胶工业用溶剂油	≥12B	A
	AFFF/AR、FFFP/AR	温度处理和储存试验后	99%丙酮	≥4B	A
	P/非AR、FP/非AR、P/AR、FP/AR	温度处理和储存试验后	橡胶工业用溶剂油	≥4B	A
	FP/AR、S/AR P/AR	温度处理和储存试验后	99%丙酮	≥3B	A
	S/非AR、S/AR	温度处理和储存试验后	橡胶工业用溶剂油	≥8B	A
	AFFF/非AR、AFFF/AR FFFP/AR、FFFP/非AR P/非AR、FP/非AR、P/AR、 FP/AR、S/非AR、S/AR	温度处理和储存试验后	木垛	≥1A	A

6.8 室内消火栓（GB 3445—2005）

【形式】

① 按出水口形式可分为：a. 单出口室内消火栓；b. 双出口室内消火栓。

② 按栓阀数量可分为：a. 单栓阀（以下称单阀）室内消火栓；b. 双栓阀（以下称双阀）室内消火栓。

③ 按结构形式可分为：a. 直角出口型室内消火栓；b. 45°出口型室内消火栓；c. 旋转型室内消火栓；d. 减压型室内消火栓；e. 旋转减压型室内消火栓；f. 减压稳压型室内消火栓；g. 旋转减压稳压型室内消火栓。

【型号】 室内消火栓型号按下列规定编制。

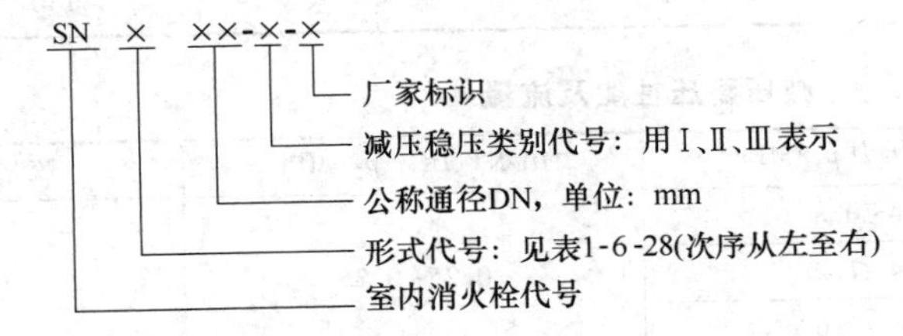

表 1-6-28　　室内消火栓形式代号

形式	出口数量		栓阀数量		普通直角出口型	45°出口型	旋转型	减压型	减压稳压型
	单出口	双出口	单阀	双阀					
代号	不标注	S	不标注	S	不标注	A	Z	J	W

表 1-6-29　　基本参数

公称通径 DN/mm	公称压力 PN/MPa	适用介质
25、50、65、80	1.6	水、泡沫混合液

表 1-6-30　　基本尺寸

公称通径 DN/mm	型号	进水口		基本尺寸/mm		
		管螺纹	螺纹深度	关闭后高度 ≤	出水口中心高度	阀杆中心距接口外沿距离 ≤
25	SN25	Rp 1	18	135	48	82
50	SN50	Rp 2	22	185	65	110
	SNZ50			205	65～71	
	SNS50	Rp 2½	25	205	71	120
	SNSS50			230	100	112
65	SN65			205	71	120
	SNZ65					
	SNZJ65 SNZW65	Rp 2½				
	SNJ65 SNW65		25	225	71～100	126
	SNS65				75	
	SNSS65	Rp 3		270	110	
80	SN80	Rp 3	25	225	80	126

表 1-6-31　　手轮直径

公称通径 DN/mm	型号	手轮直径/mm
25	SN25	80
50	SN50、SNZ50、SNS50、SNSS50	120
65	SN65、SNZ65、SNJ65、SNZJ65、SNW65、SNZW65、SNSS65	120
	SNS65	140
80	SN80	140

表 1-6-32　　减压稳压性能及流量

减压稳压类别	进水口压力 p_1/MPa	出水口压力 p_2/MPa	流量 Q/(L/s)
Ⅰ	0.4～0.8	0.25～0.35	$Q \geqslant 5.0$
Ⅱ	0.4～1.2		
Ⅲ	0.4～1.6		

6.9 室外消火栓（GB 4452—2011）

【形式】

① 消火栓按其安装场合可分为地上式、地下式和折叠式。

② 消火栓按其进水口连接形式可分为法兰式和承插式。

③ 消火栓按其用途分为普通型和特殊型，特殊型分为泡沫型、防撞型、调压型、减压稳压型等。

④ 消火栓按其进水口的公称通径可分为100mm和150mm两种。

⑤ 消火栓的公称压力可分为1.0MPa和1.6MPa两种，其中承插式的消火栓为1.0MPa、法兰式的消火栓为1.6MPa。

【型号】 消火栓型号编制方法如下所示：

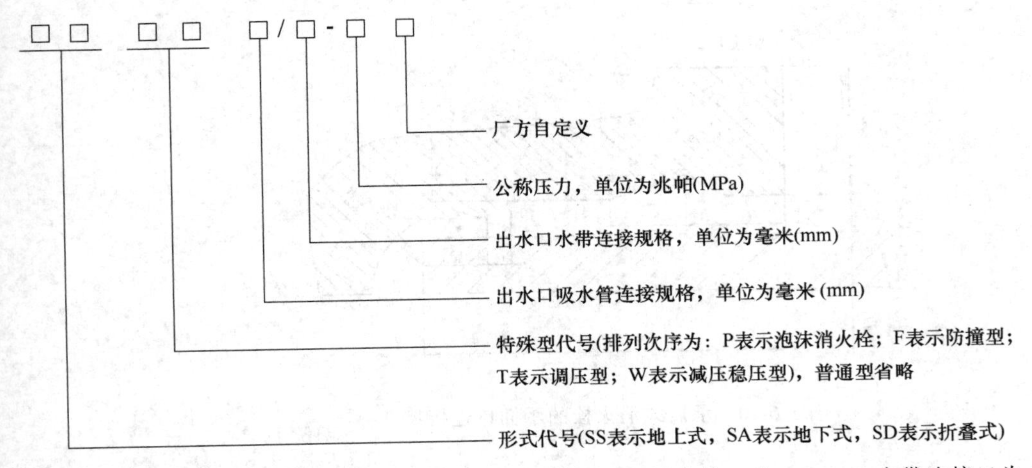

示例1：公称通径为100mm、公称压力为1.6MPa、吸水管连接口为100mm、水带连接口为65mm的地下消火栓，其型号表示为：SA 100/65-1.6。

示例2：公称通径为150mm、公称压力为1.6MPa、吸水管连接口为150mm、水带连接口为80mm的防撞型地上消火栓，其型号表示为：SSF 150/80-1.6。

示例3：公称通径为100mm、公称压力为1.6MPa、吸水管连接口为100mm、水带连接口为65mm的防撞减压稳压型地上消火栓，其型号表示为：SSFW 100/65-1.6。

示例4：公称通径为100mm、公称压力为1.6MPa、吸水管连接口为100mm、水带连接口为65mm的地上泡沫消火栓，其型号表示为：SSP 100/65-1.6。

【规格】

① 法兰式消火栓的法兰连接尺寸应符合图1-6-9和表1-6-33的规定。

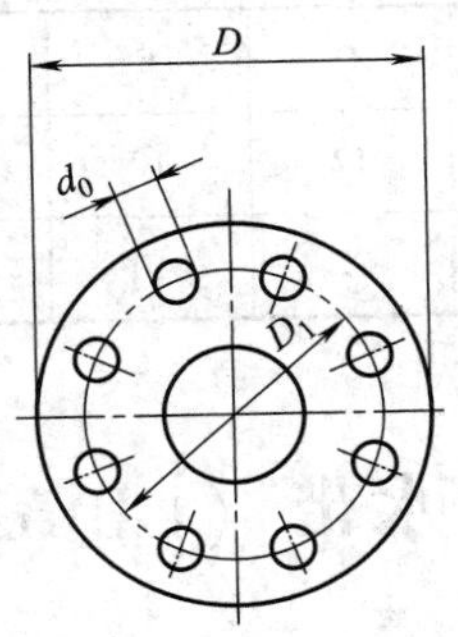

图1-6-9 法兰式消火栓法兰连接尺寸

表 1-6-33 法兰式消火栓法兰连接尺寸 mm

进水口公称通径	法兰外径 D		螺栓孔中心圆直径 D_1		螺栓孔直径 d_0		螺栓数/个
	基本尺寸	极限偏差	基本尺寸	极限偏差	基本尺寸	极限偏差	
100	220	±2.80	180	±0.50	17.5	$^{+0.43}_{0}$	8
150	285	±3.10	240	±0.80	22.0	$^{+0.52}_{0}$	

② 承插式消火栓的承插口连接尺寸应符合图 1-6-10 和表 1-6-34、表 1-6-35 的规定。

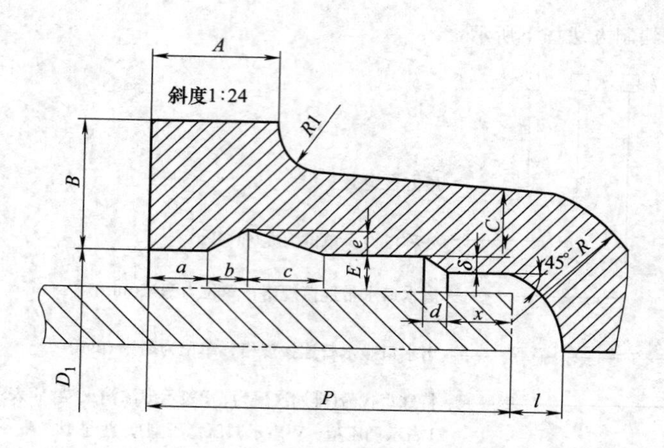

图 1-6-10 承插式消火栓的承插口连接尺寸

表 1-6-34 承插式消火栓的承插口连接尺寸 mm

进水口公称通径	各部位尺寸			
	a	b	c	e
100~150	15	10	20	6

表 1-6-35 承插式消火栓的承插口尺寸 mm

进水口公称通径	承插口内径	A	B	C	E	P	l	δ	x	R
100	138.0	36	26	12	10	90	9	5	13	32
150	189.0	36	26	12	10	95	10	5	13	32

6.10 消防水带（GB 6246—2011）

【型号】 消防水带（以下简称水带）的型号规格由设计工作压力、公称内径、长度、编织层经/纬线材质、衬里材质和外覆材料材质组成。

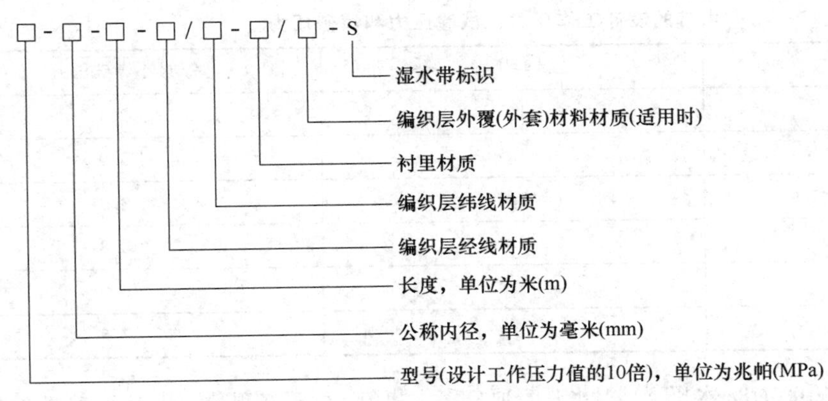

示例 1：设计工作压力为 1.0MPa，公称内径为 65mm，长度为 25m，编织层经线材质为涤纶纱、纬线材质为涤纶长丝，衬里材质为橡胶的水带，其型号表示为：10-65-25-涤纶纱/涤纶长丝-橡胶。

示例 2：设计工作压力为 2.0MPa，公称内径为 80mm，长度为 40m，编织层经线材质为涤纶长丝、纬线材质为涤纶长丝，衬里材质为聚氨酯，外覆材料材质为塑料的水带，其型号表示为：20-80-40-涤纶长丝/涤纶长丝-聚氨酯/塑料。

【性能要求】

① 内径：水带内径的公称尺寸及公差应符合表 1-6-36 的规定。

表 1-6-36　水带内径的公称尺寸及公差　mm

规格	公称尺寸	公差
25	25.0	+2.0 0
40	38.0	
50	51.0	
65	63.5	
80	76.0	
100	102.0	
125	127.0	
150	152.0	
200	203.5	
250	254.0	+3.0 0
300	305.0	

② 长度：水带的长度及尺寸公差应符合表 1-6-37 的规定。

表 1-6-37　水带的长度及尺寸公差　m

长度	公差
15	+0.2 0
20	
25	+0.3 0
30	
40	+0.4 0
60	
200	

③ 水带的设计工作压力、试验压力应符合表 1-6-38 的规定，最小爆破压力应不低于表 1-6-38 的规定，且水带在爆破时不应出现经线断裂的情况。

表 1-6-38　　水带的设计工作压力、试验压力和爆破压力　　MPa

设计工作压力	试验压力	最小爆破压力
0.8	1.2	2.4
1.0	1.5	3.0
1.3	2.0	3.9
1.6	2.4	4.8
2.0	3.0	6.0
2.5	3.8	7.5

④ 湿水带渗水量：在0.5MPa水压下，湿水带表面应渗水均匀，无喷水现象，其1min的渗水量应大于20mL/(m·min)。湿水带在设计工作压力下，应无喷水现象，其1min的渗水量应不大于表1-6-39的规定值。

表 1-6-39　　湿水带的渗水量　　mL/(m·min)

规格	渗水量	规格	渗水量
40	100	65	200
50	150	80	250

⑤ 单位长度质量：水带的单位长度质量不应超过表1-6-40的规定值。

表 1-6-40　　水带的单位长度质量　　g/m

规格	单位长度质量	规格	单位长度质量
25	180	125	1600
40	280	150	2200
50	380	200	3400
65	480	250	4600
80	600	300	5800
100	1100		

⑥ 可弯曲性：在0.8MPa的水压下，将水带弯成外侧半径如表1-6-41规定的圆弧，弯曲部分的内侧应无明显折皱。

表 1-6-41　　水带的可弯折性　　mm

<table>
<tr><th>规格</th><th>弯曲半径（水带外侧）</th></tr>
<tr><td>25</td><td>250</td></tr>
<tr><td>40</td><td>500</td></tr>
<tr><td>50</td><td>750</td></tr>
<tr><td>65</td><td rowspan="2">1000</td></tr>
<tr><td>80</td></tr>
<tr><td>100</td><td rowspan="2">1500</td></tr>
<tr><td>125</td></tr>
<tr><td>150</td><td>2000</td></tr>
<tr><td>200</td><td>2500</td></tr>
<tr><td>250</td><td>3000</td></tr>
<tr><td>300</td><td>3500</td></tr>
</table>

6.11 消防接口

6.11.1 通用技术条件

① 操作力和操作力矩，应符合表1-6-42的规定。

表1-6-42 消防接口的操作力和操作力矩

规格	内扣式接口操作力矩/N·m	卡式接口操作力/N
25	0.5~2.5	—
40		30~90
50		35~105
65		40~135
80		45~150
100		—
125		—
135		—
150		—

② 密封性能：接口成对连接后，在0.3MPa水压和公称压力水压下均不应发生渗漏现象。

③ 水压性能：接口在1.5倍公称压力水压下，不应出现可见裂缝或断裂现象。接口经水压强度试验后应能正常操作使用。

④ 弹簧疲劳寿命：卡式接口的弹簧疲劳寿命不应低于10000次。

⑤ 抗跌落性能：除内、外螺纹固定接口外，其他接口从1.5m高处自由落下5次，应无损坏并能正常操作使用。

⑥ 耐腐蚀性能：接口应选用耐腐蚀材料制造，铝合金铸件表面应进行阳极氧化处理或其他方式的防腐处理。接口经96h连续喷射盐雾腐蚀试验后，接口表面应无起层、氧化、剥落或其他肉眼可见的点蚀凹坑，并能正常操作使用。

6.11.2 内扣式消防接口（GB 12514.2—2006）

【规格】

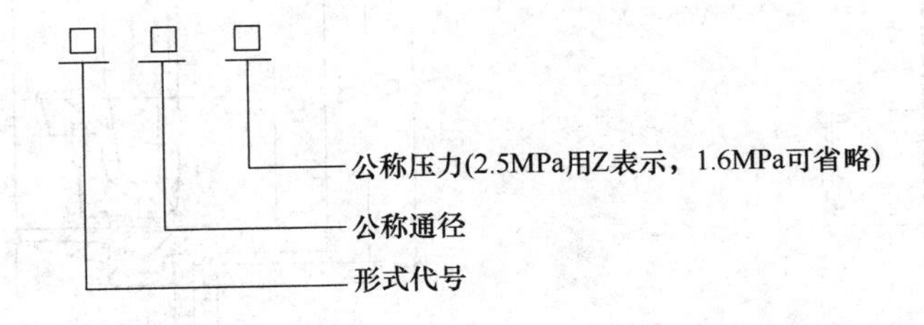

示例：

公称压力为1.6MPa、公称通径为65mm的外箍式水带接口标记为：KD65。

公称压力为2.5MPa、公称通径为80mm的内扩张式水带接口标记为：KDN80Z。

公称压力为1.6MPa、两端公称通径分别为50mm、65mm的异径接口标记为：KD50/65。

① 内扣式消防接口的形式和规格应符合表1-6-43的规定。

表 1-6-43　　内扣式消防接口的接口形式和规格

接口形式		规格		适用介质
名称	代号	公称通径/mm	公称压力/MPa	
水带接口	KD	25、40、50、65、80、100、125、135、150	1.6 2.5	水、泡沫混合液
	KDN			
管牙接口	KY			
阀盖	KM			
内螺纹固定接口	KN			
外螺纹固定接口	KWS			
	KWA			
异径接口	KJ	两端通径可在通径系列内组合		

注：KD 表示外箍式连接的水带接口；KDN 表示内扩张式连接的水带接口；KWS 表示地上消火栓用外螺纹固定接口；KWA 表示地下消火栓用外螺纹固定接口。

② 内扣式消防接口的结构应符合图 1-6-11～图 1-6-18 的规定，尺寸应符合表 1-6-44 的规定。

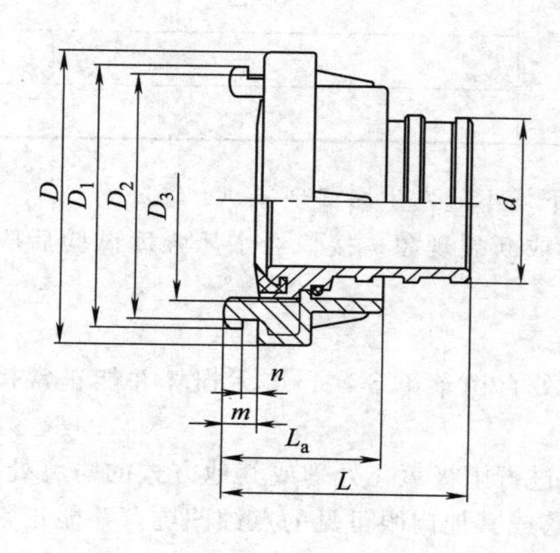

图 1-6-11　KD 型水带接口

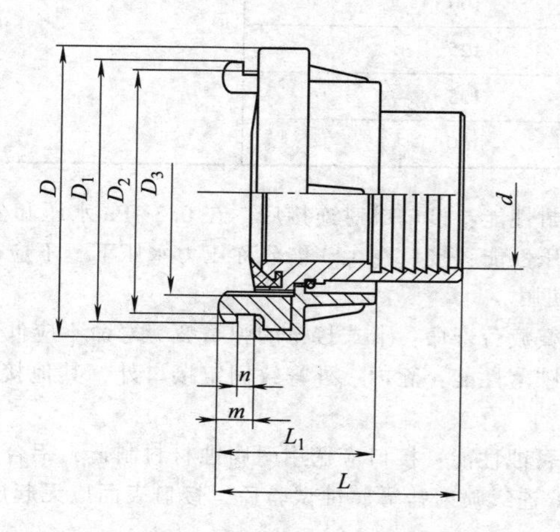

图 1-6-12　KDN 型水带接口

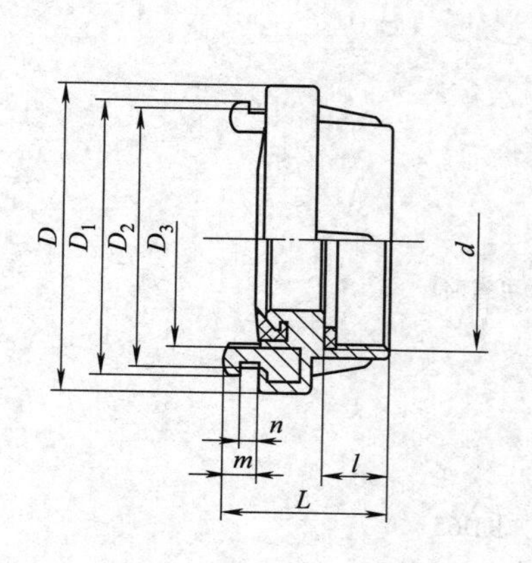

图 1-6-13　KY 型水带接口

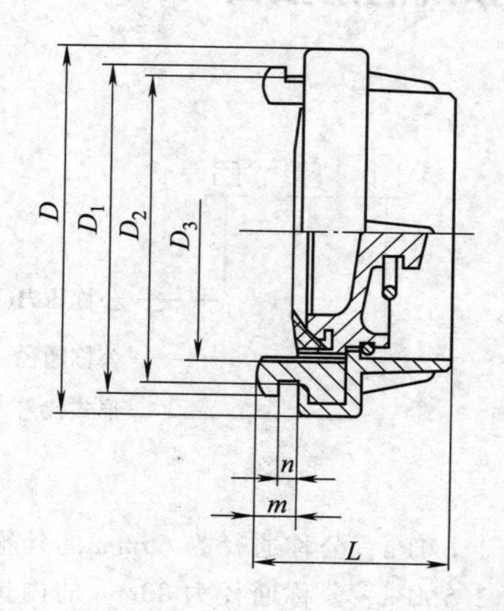

图 1-6-14　KM 型水带接口

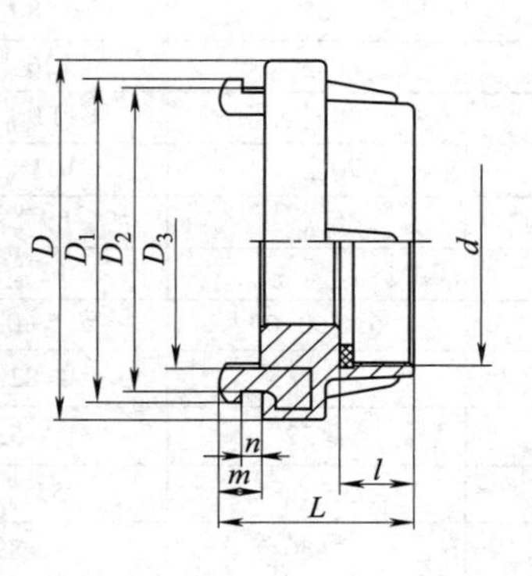

图 1-6-15　KN 型水带接口

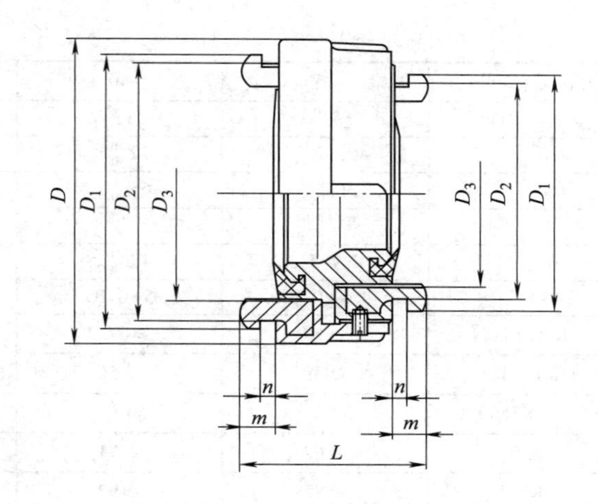

图 1-6-16　KJ 型水带接口

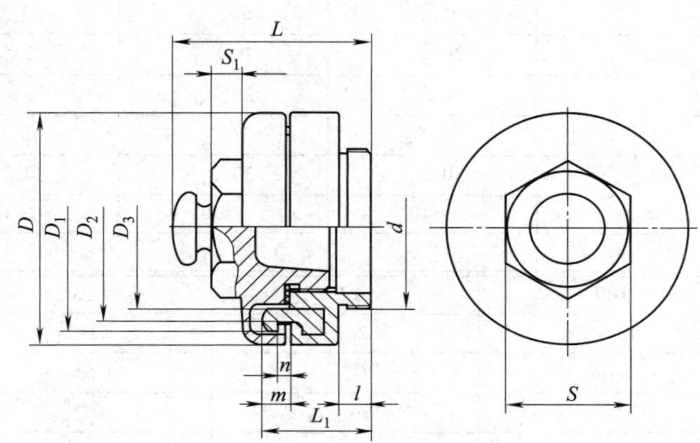

图 1-6-17　KWS 型水带接口

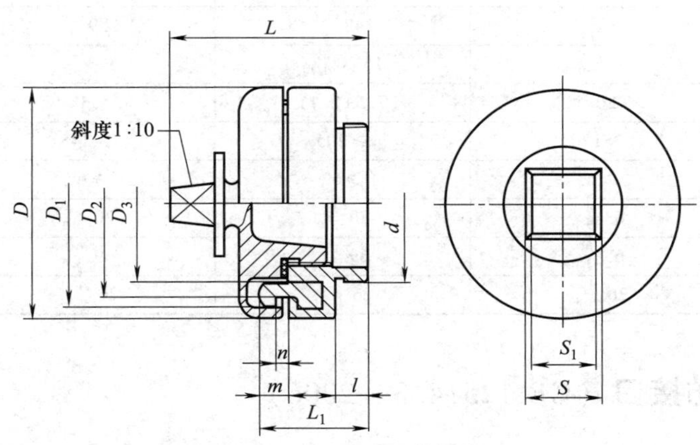

图 1-6-18　KWA 型水带接口

表 1-6-44　　内扣式消防接口基本尺寸表　　mm

公称通径		25	40	50	65	80
d	KD、KDN	$25_{-0.52}^{0}$	$38_{-0.42}^{0}$	$51_{-0.74}^{0}$	$63.5_{-0.74}^{0}$	$76_{-0.74}^{0}$
	KY、KN	G1in	G1½in	G2in	G2½in	G3in
	KWS、KWA	G1in	G1½in	G2in	G2½in	G3in

续表

公称通径		25	40	50	65	80
D		$55_{-1.2}^{0}$	$83_{-1.4}^{0}$	$98_{-1.4}^{0}$	$111_{-1.4}^{0}$	$126_{-1.4}^{0}$
D_1		$45.2_{-0.62}^{0}$	$72_{-0.74}^{0}$	$85_{-0.87}^{0}$	$98_{-0.87}^{0}$	$111_{-0.87}^{0}$
D_2		$39_{-0.62}^{0}$	$65_{-0.74}^{0}$	$78_{-0.74}^{0}$	$90_{-0.87}^{0}$	$103_{-0.87}^{0}$
D_3		$31_{0}^{+0.62}$	$53_{0}^{+0.74}$	$66_{0}^{+0.74}$	$76_{0}^{+0.74}$	$89_{0}^{+0.87}$
m		$8.7_{-0.56}^{0}$	$12_{-0.70}^{0}$	$12_{-0.70}^{0}$	$12_{-0.70}^{0}$	$12_{-0.70}^{0}$
n		4.5±0.09	5±0.09	5±0.09	5.5±0.09	5.5±0.09
L	KD、KDN	≥59	≥67.5	≥67.5	≥82.5	≥82.5
	KY、KN	≥39	≥50	≥52	≥52	≥55
	KM	$37_{-2.5}^{0}$	$54_{-3.0}^{0}$	$54_{-3.0}^{0}$	$55_{-3.0}^{0}$	$55_{-3.0}^{0}$
	KWS	≥62	≥71	≥78	≥80	≥89
	KWA	≥82	≥92	≥99	≥101	≥101
L_1	KD、KDN	$36.7_{-2.5}^{0}$	$54_{-3.0}^{0}$	$54_{-3.0}^{0}$	$55_{-3.0}^{0}$	$55_{-3.0}^{0}$
	KWS、KWA	$35.7_{-1.0}^{0}$	$50_{-1.0}^{0}$	$50_{-1.0}^{0}$	$52_{-1.2}^{0}$	$52_{-1.2}^{0}$
l	KY、KN	$14_{-0.70}^{0}$	$20_{-0.84}^{0}$	$20_{-0.84}^{0}$	$22_{-0.84}^{0}$	$22_{-0.84}^{0}$
	KWS、KWA	$14_{-0.70}^{0}$	$20_{-0.84}^{0}$	$20_{-0.84}^{0}$	$22_{-0.84}^{0}$	$22_{-0.84}^{0}$
S	KWS	$24_{-0.84}^{0}$	$36_{-1.0}^{0}$	$36_{-1.0}^{0}$	$55_{-1.2}^{0}$	$55_{-1.2}^{0}$
	KWA	$20_{-0.84}^{0}$	$30_{-0.84}^{0}$	$30_{-0.84}^{0}$	$30_{-0.84}^{0}$	$30_{-0.84}^{0}$
S_1	KWS	≥10	≥10	≥10	≥10	≥10
	KWA	$17_{-0.70}^{0}$	$27_{-0.84}^{0}$	$27_{-0.84}^{0}$	$27_{-0.84}^{0}$	$27_{-0.84}^{0}$

公称通径		100	125	135	150
d	KD、KDN	$110_{-0.87}^{0}$	$122.5_{-1.0}^{0}$	$137_{-1.0}^{0}$	$150_{-1.0}^{0}$
	KY、KN	G4in	G5in	G5½in	G6in
D		$182_{-1.85}^{0}$	$196_{-1.85}^{0}$	$207_{-1.85}^{0}$	$240_{-1.85}^{0}$
D_1		$161_{-1.0}^{0}$	$176_{-1.0}^{0}$	$187_{-1.15}^{0}$	$240_{-1.15}^{0}$
D_2		$153_{-1.0}^{0}$	$165_{-1.0}^{0}$	$176_{-1.0}^{0}$	$220_{-1.15}^{0}$
D_3		$133_{0}^{+1.0}$	$148_{0}^{+1.0}$	$159_{0}^{+1.0}$	$188_{0}^{+1.0}$
m		$15.3_{-0.70}^{0}$	$15.3_{-0.70}^{0}$	$15.3_{-0.70}^{0}$	$16.3_{-0.70}^{0}$
n		7±0.11	7.5±0.11	7.5±0.11	8±0.11
L	KD、KDN	≥170	≥205	≥245	≥270
	KY、KN	≥63	≥67	≥67	≥80
	KM	$63_{-3.0}^{0}$	$70_{-3.0}^{0}$	$70_{-3.0}^{0}$	$80_{-3.0}^{0}$
L_1	KD、KDN	$63_{-3.0}^{0}$	$69_{-3.0}^{0}$	$69_{-3.0}^{0}$	$80_{-3.0}^{0}$
l	KY、KN	$26_{-0.84}^{0}$	$26_{-0.84}^{0}$	$26_{-0.84}^{0}$	$34_{-1.0}^{0}$

6.11.3 卡式消防接口（GB 12514.3—2006）

【型号】

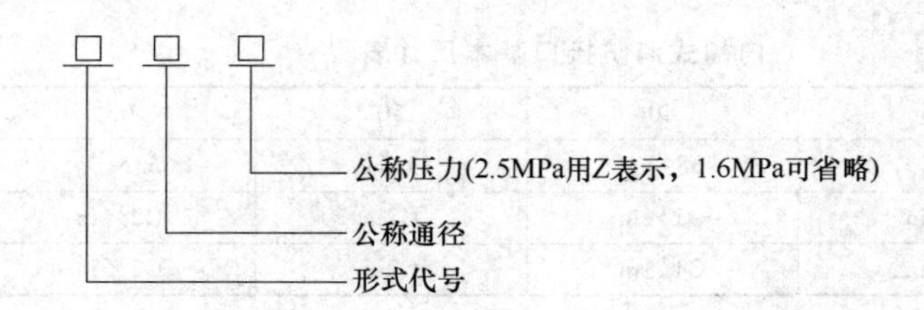

示例：

公称压力为 2.5MPa，公称通径为 65mm 的水带接口标记为：KDK65Z。

公称压力为 1.6MPa，公称通径为 80mm 的管牙雌接口标记为：KYK80。

① 卡式消防接口的形式和规格应符合表 1-6-45 的规定。

表 1-6-45　卡式消防接口的形式和规格

接口形式		规格		适用介质
名称	代号	公称通径/mm	公称压力/MPa	
水带接口	KDK	40、50、65、80	1.6 2.5	水、水和泡沫混合液
闷盖	KMK			
管牙雌接口	KYK			
管牙雄接口	KYKA			
异径接口	KJK	两端通径可在通径系列内组合		

② 卡式消防接口的结构应符合图 1-6-19～图 1-6-23 的规定，尺寸应符合表 1-6-46 的规定。

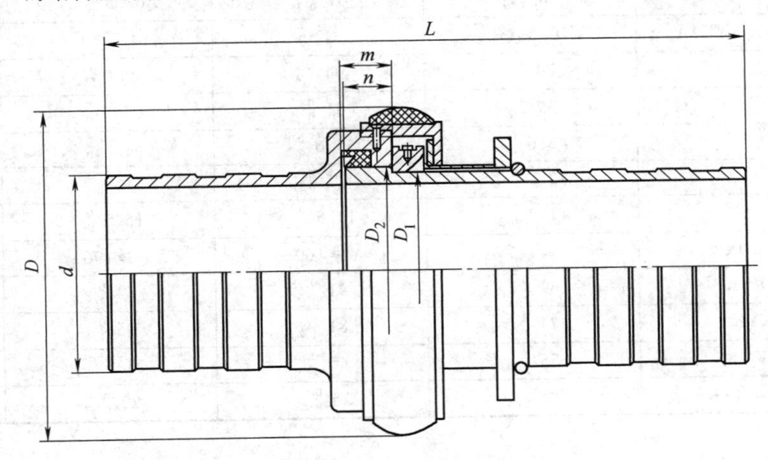

图 1-6-19　KDK 型水带接口

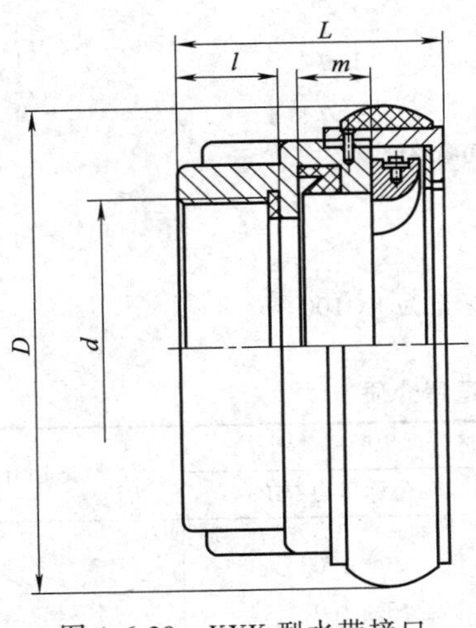

图 1-6-20　KYK 型水带接口

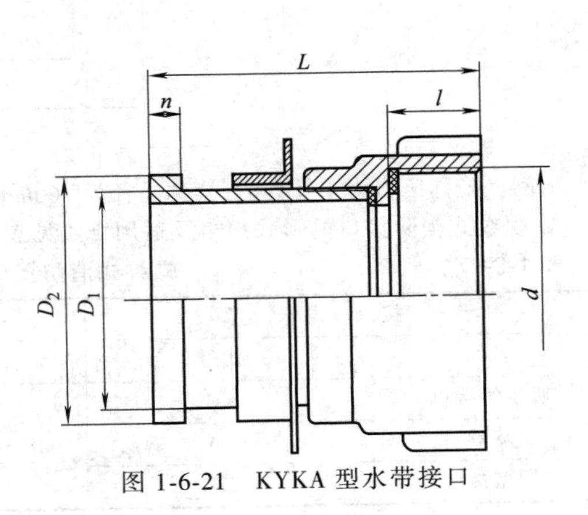

图 1-6-21　KYKA 型水带接口

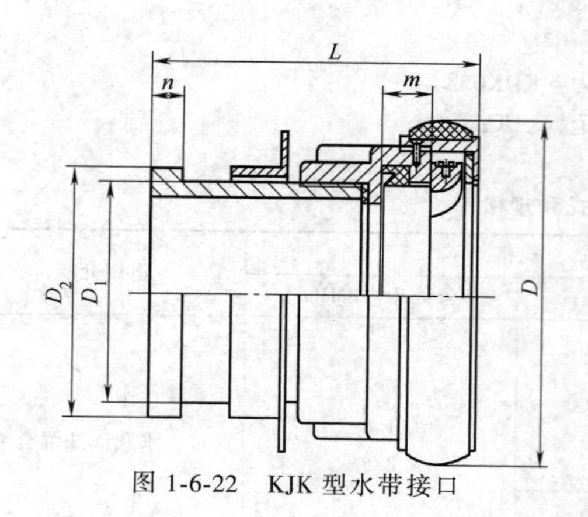

图 1-6-22　KJK 型水带接口

图 1-6-23　KMK 型水带接口

表 1-6-46　　卡式消防接口基本尺寸表

mm

公称通径		40	50	65	80
d	KDK	$38_{-0.62}^{0}$	$51_{-0.74}^{0}$	$63.5_{-0.74}^{0}$	$76_{-0.74}^{0}$
	KYK（KYKA）	G1½in	G2in	G2½in	G3in
D		$70_{-1.2}^{0}$	$94_{-1.4}^{0}$	$114_{-1.4}^{0}$	$129_{-1.4}^{0}$
D_1		$39_{-0.2}^{0}$	$51_{-0.2}^{0}$	$63.5_{-0.2}^{0}$	$76.2_{-0.2}^{0}$
D_2		$43.6_{-0.2}^{0}$	$55.6_{-0.2}^{0}$	$68.5_{-0.2}^{0}$	$81.5_{-0.2}^{0}$
m		$12.2_{0}^{+0.2}$	$15_{0}^{+0.2}$	$16_{0}^{+0.2}$	$19_{0}^{+0.2}$
n		$11.7_{-0.2}^{0}$	$14.5_{-0.2}^{0}$	$15.5_{-0.2}^{0}$	$18_{-0.2}^{0}$
L	KDK	≥126	≥160	≥196	≥227
	KYK	$37_{-1.0}^{0}$	$41_{-1.0}^{0}$	$64_{-1.2}^{0}$	$71_{-1.2}^{0}$
	KYKA	$74_{-1.2}^{0}$	$81_{-1.2}^{0}$	$95_{-1.4}^{0}$	$102_{-1.4}^{0}$
	KMK	$55_{-1.4}^{0}$	$65_{-1.4}^{0}$	$73.5_{-1.4}^{0}$	$83_{-1.4}^{0}$
l	KYK（KYKA）	$20_{-0.84}^{0}$	$20_{-0.84}^{0}$	$22_{-0.84}^{0}$	$22_{-0.84}^{0}$

6.11.4　螺纹式消防接口（GB 12514.4—2006）

【型号】

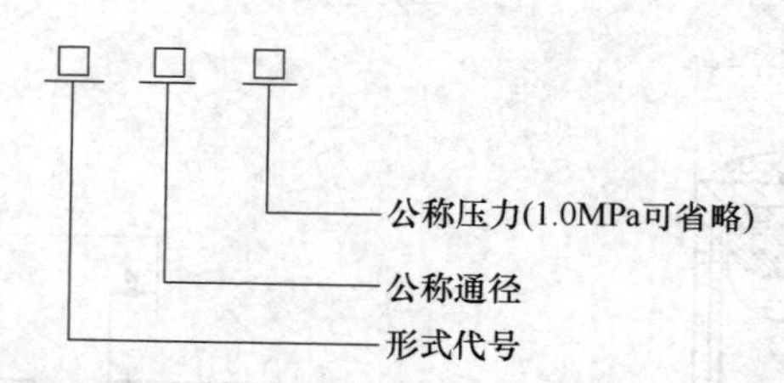

示例：公称压力为 1.0MPa、公称通径为 100mm 的吸水管接口标记为 KG100。

① 螺纹式消防接口的形式规格及适用介质见表 1-6-47。

表 1-6-47　　螺纹式消防接口的形式规格及适用介质

接口形式		规格		适用介质
名称	代号	公称通径/mm	公称压力/MPa	
吸水管接口	KG	90、100、125、150	1.0 1.6	水
闷盖	KA			
同型接口	KT			

② 螺纹式消防接口的结构应符合图 1-6-24～图 1-6-26 的规定，尺寸应符合表 1-6-48 的规定。

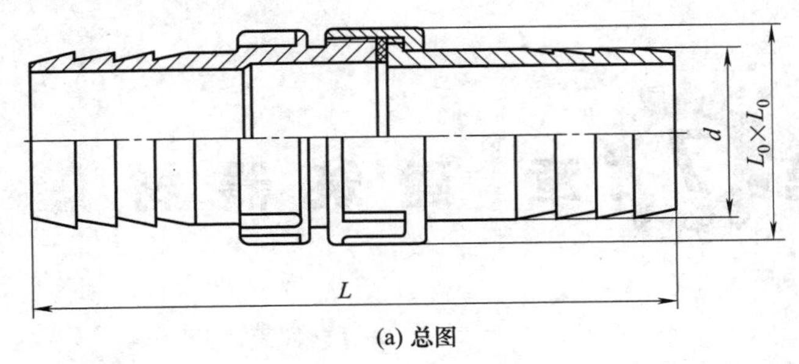

(a) 总图

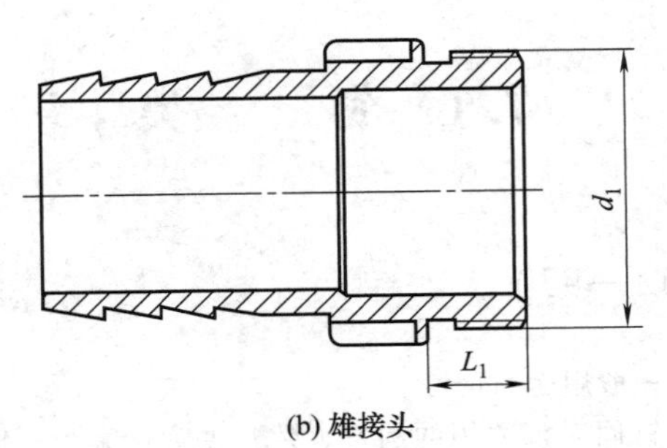

(b) 雄接头

图 1-6-24　KG 型吸水管接口

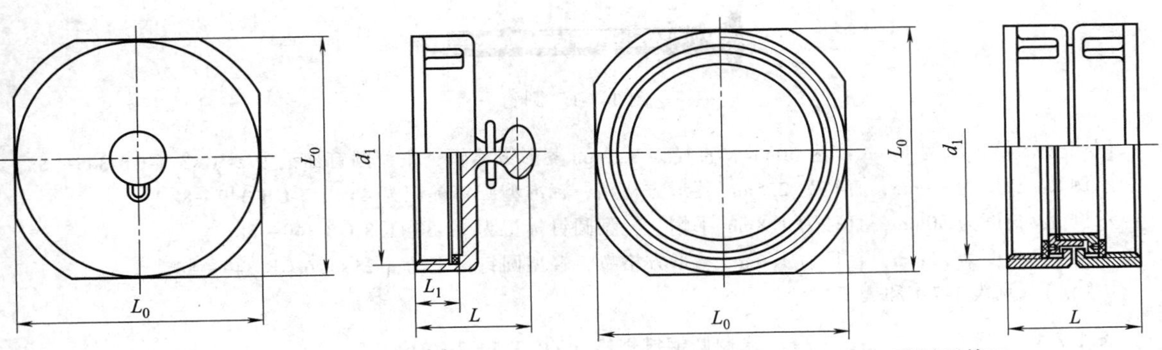

图 1-6-25　KA 型闷盖

图 1-6-26　KT 型同型接口

表 1-6-48　　**螺纹式消防接口的基本尺寸表**　　mm

公称通径		90	100	125	150
d	KG	103	113	122.5	163
d_1	KA KG KT	M125×6		M150×6	M170×6
L	KG	≥310	≥315	≥320	≥360
	KA	≥59	≥59	≥59	≥59
	KT	≥113	≥113	≥113	≥113
L_1	KA KG KT	24			
L_0		140×140		166×166	190×190

第7章 建筑器材

7.1 钉类

7.1.1 圆钉（YB/T 5002—93）

【其他名称】 圆钢钉、钢钉、一般用途圆钢钉。

【用途】 钉固木竹器材。各种钉固对象适用的圆钉大致长度为：家具、竹器、乐器、文教用具、墙壁内板条、农具，10~25mm；一般包装木箱，30~50mm；牲畜棚等，50~60mm；屋面椽木及混凝土木壳，70mm；桥梁、木结构房屋，100~150mm。

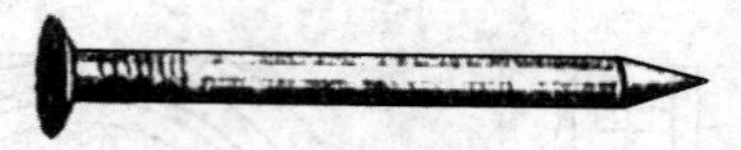

图 1-7-1 圆钉

【标记示例】 示例1：长度为50mm，直径为3.1mm菱形方格帽，重型圆钉标记为z-50×3.1-GB 349—88。

示例2：长度为45mm，直径为2.5mm菱形方格帽，标准型圆钉标记为45×2.5-GB 349—88。

示例3：长度为30mm，直径为1.8mm平帽，轻型圆钉标记为pq-30×1.8-GB 349—88。

示例4：长度为25mm，直径为1.6mm菱形方格帽，轻型圆钉标记为q-25×1.6-GB 349—88。

【规格】 见表1-7-1和表1-7-2。

表 1-7-1 米制圆钢钉规格（YB/T 5002—93）

钉长/mm	钉杆直径/mm			每千只约重/kg			每千克约数/只		
	重型	标准型	轻型	重型	标准型	轻型	重型	标准型	轻型
10	1.10	1.00	0.90	0.079	0.062	0.045	12660	16130	22222
13	1.20	1.10	1.00	0.120	0.097	0.080	8330	10310	12460
16	1.40	1.20	1.10	0.207	0.142	0.119	4830	7040	8380
20	1.60	1.40	1.20	0.324	0.242	0.177	3090	4130	5630
25	1.80	1.60	1.40	0.511	0.359	0.302	1960	2786	3300
30	2.00	1.80	1.60	0.758	0.600	0.473	1320	1666	2110
35	2.20	2.00	1.80	1.06	0.860	0.700	943	1157	1430
40	2.50	2.20	2.00	1.56	1.19	0.990	641	837	1010
45	2.80	2.50	2.20	2.22	1.73	1.34	450	577	744
50	3.10	2.80	2.50	3.02	2.42	1.92	331	414	520
60	3.40	3.10	2.80	4.35	3.56	2.90	230	281	345
70	3.70	3.40	3.10	5.94	5.00	4.15	168	200	241
80	4.10	3.70	3.40	8.30	6.75	5.71	120	148	175
90	4.50	4.10	3.70	11.3	9.35	7.63	88.5	107	131
100	5.00	4.50	4.10	15.5	12.5	10.4	64.5	80.1	96.5
110	5.50	5.00	4.50	20.9	17.0	13.7	47.8	59.0	72.8

续表

钉长/mm	钉杆直径/mm			每千只约重/kg			每千克约数/只		
	重型	标准型	轻型	重型	标准型	轻型	重型	标准型	轻型
130	6.00	5.50	5.00	29.1	24.3	20.0	34.4	41.2	49.9
150	6.50	6.00	5.50	39.4	33.3	28.0	25.4	30.0	35.7
175	—	6.50	6.00	—	45.7	38.9	—	21.9	25.7
200	—	—	6.50	—	—	52.1	—	—	19.2

表 1-7-2　　英制圆钢钉规格（供出口用）

钉　长		钉杆直径		每千只约重	每千克约数
in	mm	BWG	mm	/kg	/只
3/8	9.52	20	0.89	0.046	21730
1/2	12.70	19	1.07	0.088	11360
5/8	15.87	18	1.25	0.152	6580
3/4	19.05	17	1.47	0.25	4000
1	25.40	16	1.65	0.42	2380
1¼	31.75	15	1.83	0.65	1540
1½	38.10	14	2.11	1.03	971
1¾	44.45	13	2.41	1.57	637
2	50.80	12	2.77	2.37	422
2½	63.50	11	3.05	3.58	279
3	76.20	10	3.40	5.35	187
3½	88.90	9	3.76	7.65	131
4	101.6	8	4.19	10.82	92.4
4½	114.3	7	4.57	14.49	69.0
5	127.0	6	5.16	20.53	48.7
6	152.4	5	5.59	28.93	34.5
7	177.8	4	6.05	40.32	24.8

7.1.2　高强度钢钉（WJ/T 9020—94）

【其他名称】 特种钢钉、水泥钢钉、高强度钢钉、硬质钢钉。

【用途】 可用手锤直接将这种钢钉敲入小于 200 号混凝土、矿渣砖块、转砌体或厚度小于 3mm 薄钢板中，作固定其他制品之用。

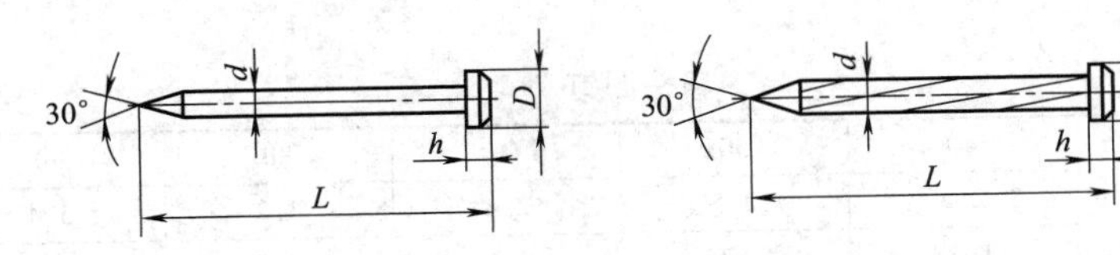

G 型光杆高强度钢钉　　　SG 型丝纹杆(在钉杆上压有丝纹的高强度钢钉)

图 1-7-2　高强度钢钉

【型号】 型号标注方法如下：

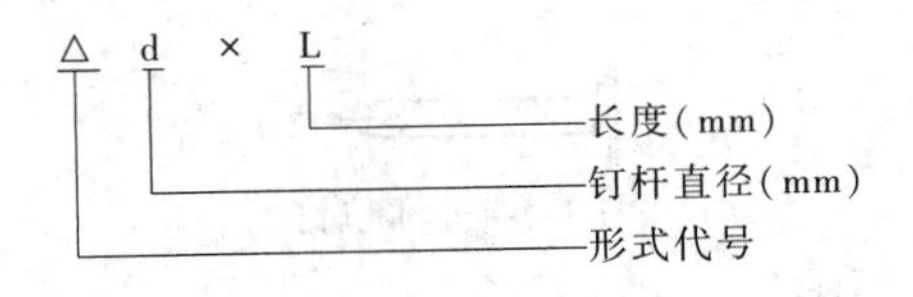

示例 1：

钉杆直径为 3mm，长度为 35mm 的光杆高强度钢钉标记为：

钢钉　G3×35　WJ/T 9020—94

示例 2：

钉杆直径为 4.8mm，长度为 80mm 的丝纹杆高强度钢钉标记为：

钢钉　SG4.8×80　WJ/T 9020—94

【规格】 见表 1-7-3。

表 1-7-3　　高强度钢钉规格　　mm

(1)标准产品(WJ/T 9020—94)

钉杆直径 d	全长 L	钉帽直径 D	钉帽高度 h	钉杆直径 d	全长 L	钉帽直径 D	钉帽高度 h
形式代号:G(旧代号 T)				形式代号:G(旧代号 T)			
2.0	20	4.0	1.5	4.5	60,80	9.0	2.0
2.2	20,25,30	4.5	1.5	5.5	100,120	10.5	2.5
2.5	20,25,30,35	5.0	1.5	形式代号:SG(旧代号 ST)			
2.8	20,25,30,35	5.6	1.5				
3.0	25,30,35,40	6.0	2.0	4.0	30,40,50,60	8.0	2.0
3.7	30,35,40,50,60	7.5	2.0	4.8	40,50,60,70,80	9.0	2.0

(2)市场产品

全长	10	13	15	20	25	30	35	40	45	50	60	70	80	90	100	110	130	150
钉杆直径	1.2	1.6	1.6	1.8	2.2	2.5	2.8	3.2	3.6	4.0	4.5	5.0	5.5	6.0	6.5	7.0	8.0	9.0

注：1. 钢钉规格：标准产品，以形式代号、钉杆直径×全长表示。

2. 丝纹型钢钉钉赶上压有丝纹条数：SG4 型为 8 条，SG4.8 型为 10 条（参考）。

3. 直径不大于 3mm 的钢钉适用于厚度小于 2mm 的薄钢板。

4. 钢钉材料为中碳结构钢丝，硬度为 50~58HRC，剪切强度 $\tau \geqslant 980$MPa，弯曲角度≥60°。

5. 钢钉表面镀锌，镀锌层≥4μm。

7.1.3　扁头圆钉

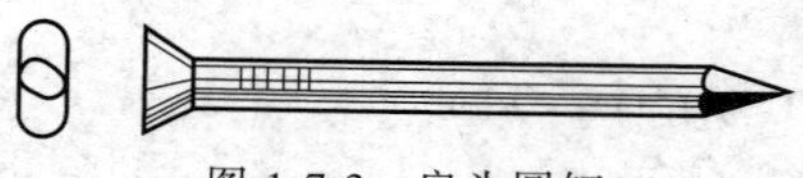

图 1-7-3　扁头圆钉

【其他名称】 扁头圆钢钉、地板钉、木模钉。

【用途】 主要用于木模制造、钉木板及家具等需将钉帽埋入木材的场合。

【规格】 见表 1-7-4。

表 1-7-4　　扁头圆钉

钉长/mm	35	40	50	60	80	90	100
钉杆直径/mm	2	2.2	2.5	2.8	3.2	3.4	3.8
每千只约重/kg	0.95	1.18	1.75	2.9	4.7	6.4	8.5

7.1.4　油毡钉

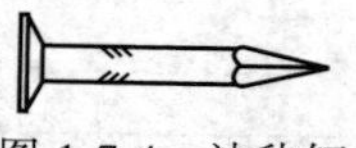

图 1-7-4　油毡钉

【其他名称】 油毛毡钉、打头钉、油毡用圆钢钉。

【用途】 专用于建筑或修理房屋时钉油毛毡。使用时在钉帽下加油毡垫圈，以防钉孔处漏水。

【规格】 见表 1-7-5。

表 1-7-5　　油毡钉

钉长/mm	15	20	25	30
钉杆直径/mm	2.5	2.8	3.2	3.4
每千只约重/kg	0.58	1.0	1.5	2.0

7.1.5　拼钉

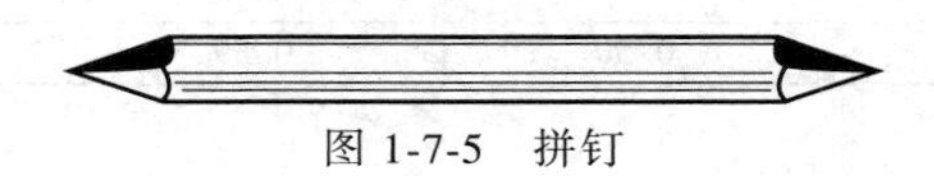

图 1-7-5　拼钉

【其他名称】 拼合用圆钢钉、榄钉。

【用途】 供制造木箱、家具、门扇、农具及其他需要拼合木板时作销钉用。

【规格】 见表 1-7-6。

表 1-7-6　　拼钉

钉长/mm	25	30	35	40	45	50	60
钉杆直径/mm	1.6	1.8	2	2.2	2.5	2.8	2.8
每千只约重/kg	0.36	0.55	0.79	1.08	1.52	2	2.4

7.1.6　瓦楞钉

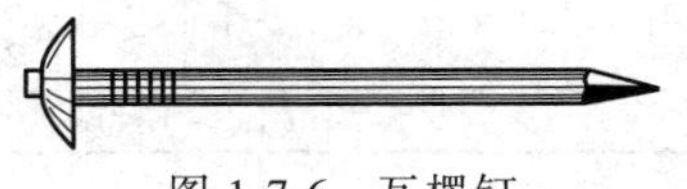

图 1-7-6　瓦楞钉

【用途】 专用于固定屋面上的瓦楞铁皮、石棉瓦。使用时需加垫羊毛毡垫圈和瓦楞垫圈，以免漏雨或钉裂石棉瓦。

【规格】 见表 1-7-7。

表 1-7-7　　瓦楞钉

钉身直径/mm	钉帽直径/mm	长度/mm(除帽)			
		38	44.5	50.8	63.5
		每千只约重/kg			
3.73	20	6.30	6.75	7.35	8.35
3.37	20	5.58	6.01	6.44	7.30
3.02	18	4.53	4.90	5.25	6.17
2.74	18	3.74	4.03	4.32	4.90
2.38	14	2.30	2.38	2.46	—

7.1.7　骑马钉

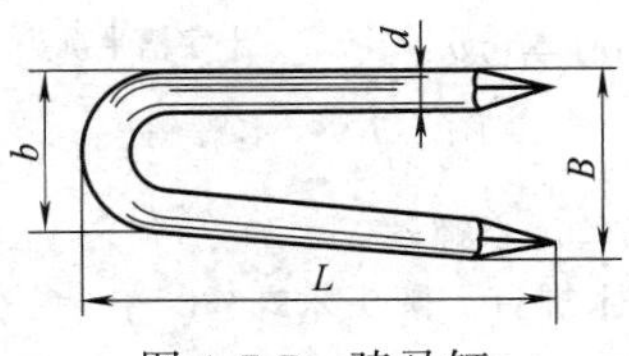

图 1-7-7　骑马钉

【其他名称】 U形钉、止钉。

【用途】 主要用于固定金属板网、金属丝网及刺丝或室内外挂线等，也可用于固定捆绑木箱的钢丝。

【规格】 见表1-7-8。

表1-7-8 骑马钉

钉长 L/mm	10	15	20	25	30
钉杆直径 d/mm	1.6	1.8	2	2.2	2.5
大端宽度 B/mm	8.5	10	10.5	11	13
小端宽度 b/mm	7	8	8.5	8.8	10.5
每千只约重/kg	0.37	0.50	0.89	1.36	2.19

7.1.8 家具钉

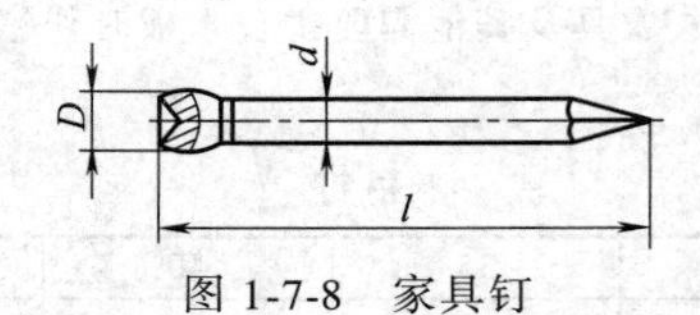

图1-7-8 家具钉

【用途】 钉固木制家具或地板的专用钉。

【规格】 见表1-7-9。

表1-7-9 家具钉 mm

钉长 L	19	25	30	32	38	40	45	50	60	64	70	80	82	90	100	130
钉杆直径 d	1.2 1.5	1.5 1.6	1.6	1.6 1.8	1.8	1.8	1.8	2.1	2.3	2.4 2.8	2.5	2.8	3.0	3.0	3.4	4.1
钉帽直径 D	$(1.3\sim1.4)d$															

7.1.9 木螺钉（GB 99~102、950~952—86）

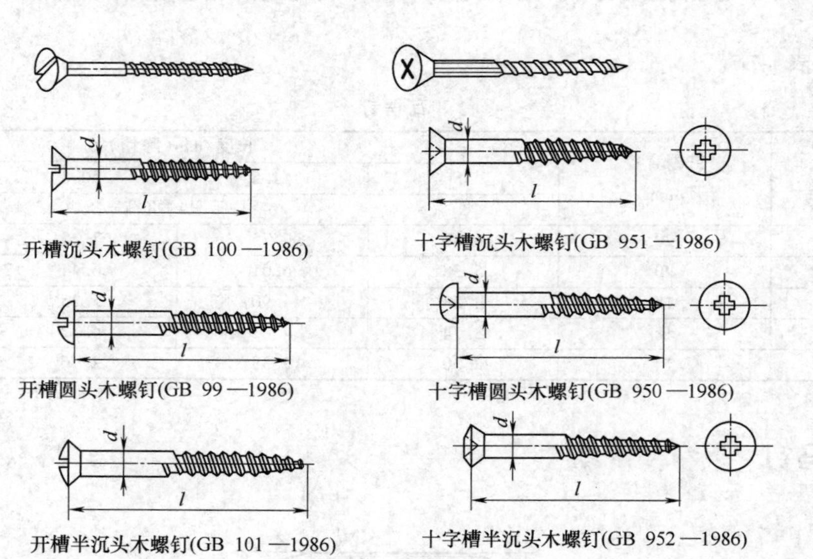

图1-7-9 木螺钉

【其他名称】 沉头木螺钉：平头木螺丝、木螺丝。

圆头木螺钉：半圆头木螺钉、平圆头木螺钉、圆头木螺丝。

半沉头木螺钉：圆平头木螺丝。

【用途】 用以在木质器具上紧固金属零件或其他物品，如铰链、插销、箱扣、门锁等。根据适用和需要，选择适当的钉头形式，以沉头木螺钉应用最广。

【规格】 见表 1-7-10～表 1-7-12。

表 1-7-10　　米制木螺钉规格（GB 99～101、950～952—86）　　mm

直径 d	开槽木螺钉钉长 L			十字槽木螺钉	
	沉头	圆头	半沉头	十字槽号	钉长 L
1.6	6～12	6～12	6～12	—	—
2	6～16	6～14	6～16	1	6～16
2.5	6～25	6～22	6～25	1	6～25
3	8～30	8～25	8～30	2	8～30
3.5	8～40	8～38	8～40	2	8～40
4	12～70	12～65	12～70	2	12～70
(4.5)	16～85	14～80	16～85	2	16～85
5	18～100	16～90	18～100	2	18～100
(5.5)	25～100	22～90	30～100	3	25～100
6	25～120	22～120	30～120	3	25～120
(7)	40～120	38～120	40～120	3	40～120
8	40～120	38～120	40～120	4	40～120
10	75～120	65～120	70～120	4	70～120

注：1. 钉长系列（mm）：6，8，10，12，14，16，18，20，(22)，25，30，(32)，35，(38)，40，45，50，(55)，60，(65)，70，(75)，80，(85)，90，100，120。

2. 括号内的直径和长度，尽可能不采用。

3. 材料：一般用低碳钢制造，表面滚光火镀锌钝化、镀铬等；也有用黄铜制造，表面滚光。

表 1-7-11　　英制木螺钉规格（供出口用）

钉杆直径		钉长/in	钉杆直径		钉长/in	钉杆直径		钉长/in
号码	尺寸/mm		号码	尺寸/mm		号码	尺寸/mm	
0	1.52	1/4	6	3.45	1/2～1¼	14	6.30	1¼～4
1	1.78	1/4～3/8	7	3.81	1/2～2	16	7.01	1½～4
2	2.08	1/4～1/2	8	4.17	5/8～1½	18	7.72	1½～4
3	2.39	1/4～3/4	9	4.52	5/8～1½	20	8.43	2～4
4	2.74	3/8～1	10	4.88	1～3	24	9.86	2～4
5	3.10	3/8～1¼	12	5.59	1～4			

注：钉长系列（in）：1/4，3/8，1/2，5/8，3/4，7/8，1，1¼，1½，1¾，2，2¼，2½，3，3½，4。

表 1-7-12　　六角头木螺钉（GB 102—86）

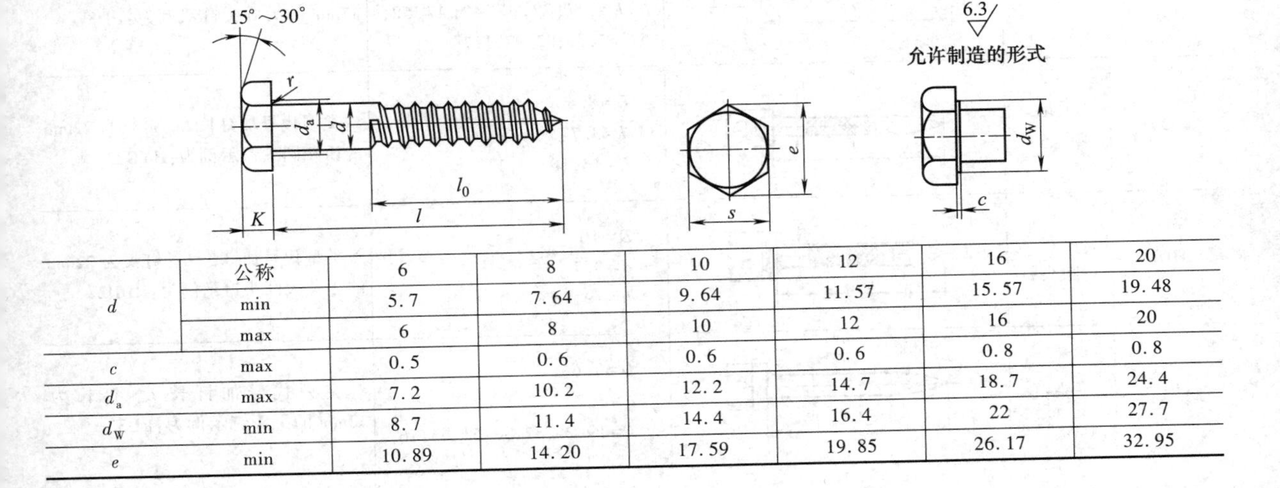

d	公称	6	8	10	12	16	20
	min	5.7	7.64	9.64	11.57	15.57	19.48
	max	6	8	10	12	16	20
c	max	0.5	0.6	0.6	0.6	0.8	0.8
d_a	max	7.2	10.2	12.2	14.7	18.7	24.4
d_W	min	8.7	11.4	14.4	16.4	22	27.7
e	min	10.89	14.20	17.59	19.85	26.17	32.95

续表

k	公称	4	5.3	6.4	7.5	10	12.5
	min	3.62	4.92	5.95	7.05	9.25	11.6
	max	4.38	5.68	6.85	7.95	10.75	13.4
k'	min	2.5	3.45	4.2	4.95	6.5	8.1
r	min	0.25	0.4	0.4	0.6	0.6	0.8
s	max	10	13	16	18	24	30
	min	9.64	12.57	15.57	17.57	23.16	29.16
l		35~65	40~80	40~120	65~150	80~180	120~250

7.1.10 射钉（GB/T 18981—2008）

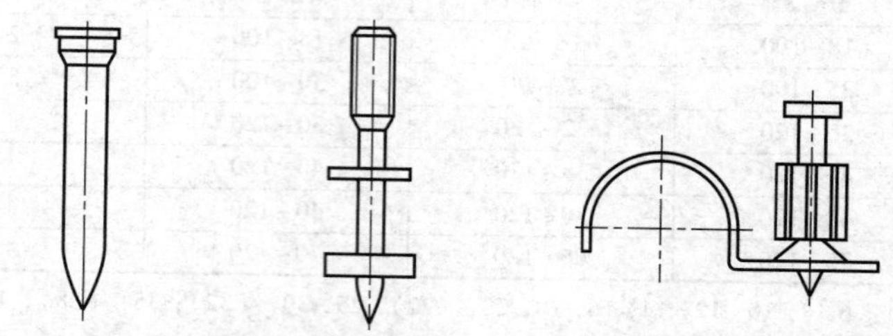

(a) 仅有钉体构成的射钉 (b) 由钉体和定位件构成 (c) 由钉体、定位件和附件构成

图 1-7-10 射钉

【用途】 射钉枪的专用钉，主要用于家庭装修的细木制作和木质罩面工程，无钉头外露，便于表面的装饰制作。

【规格】 见表 1-7-13~表 1-7-17。

表 1-7-13　　射钉的类型代号、名称、形状、参数及钉体代号

类型代号	名称	形　状	主要参数/mm	钉体代号
YD	圆头钉		$D=8.4$ $d=3.7$ $L=19,22,27,32,37,42,47,52,57,62,72$	类型代号加钉长 L。钉长为32mm的圆头钉示例为:YD32
DD	大圆头钉		$D=10$ $d=4.5$ $L=27,32,37,42,47,52,57,62,72,82,97,117$	类型代号加钉长 L。钉长为37mm的大圆头钉示例为:DD37
HYD	压花圆头钉		$D=8.4$ $d=3.7$ $L=13,16,19,22$	类型代号加钉长 L。钉长为22mm的压花圆头钉示例为:HYD22
HDD	压花大圆头钉		$D=10$ $d=3.7$ $L=19,22$	类型代号加钉长 L。钉长为22mm的压花大圆头钉示例为:HDD22
PD	平头钉		$D=7.6$ $d=3.7$ $L=19,25,32,38,51,63,76$	类型代号加钉长 L。钉长为32mm的平头钉示例为:PD32

续表

类型代号	名称	形　　状	主要参数/mm	钉体代号
PS	小平头钉		$D=7.6$ $d=3.5$ $L=22,27,32,37,42,47,52,62,72$	类型代号加钉长 L。钉长为27mm的小圆头钉示例为:PS27
DPD	大平头钉		$D=10$ $d=4.5$ $L=27,32,37,42,47,52,57,62,72,82,97,117$	类型代号加钉长 L。钉长为22mm的大平头钉示例为:DPD72
HPD	压花平头钉	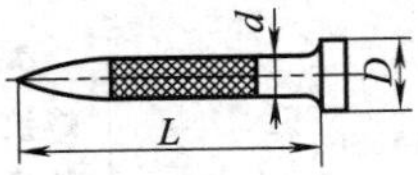	$D=7.6$ $d=3.7$ $L=13,16,19$	类型代号加钉长 L。钉长为13mm的压花平头钉示例为:HPD13
QD	球头钉		$D=5.6$ $d=3.7$ $L=22,27,32,37,42,47,52,62,72,82,97$	类型代号加钉长 L。钉长为37mm的球头钉示例为:QD37
HQD	压花球头钉	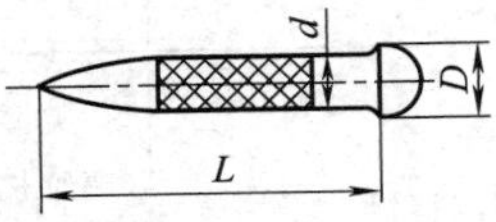	$D=5.6$ $d=3.7$ $L=16,19,22$	类型代号加钉长 L。钉长为19mm的压花球头钉示例为:HQD19
ZP	6mm平头钉	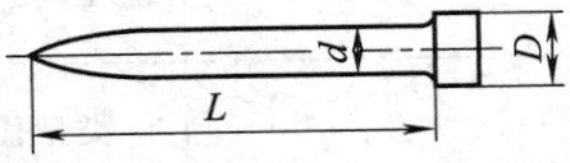	$D=6$ $d=3.7$ $L=25,30,35,40,50,60,75$	类型代号加钉长 L。钉长为40mm的平头钉示例为:ZP40
DZP	6.3mm平头钉	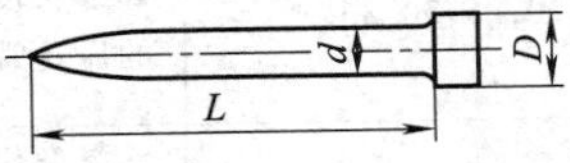	$D=6.3$ $d=4.2$ $L=25,30,35,40,50,60,75$	类型代号加钉长 L。钉长为50mm的平头钉示例为:DZP50
ZD	专用钉	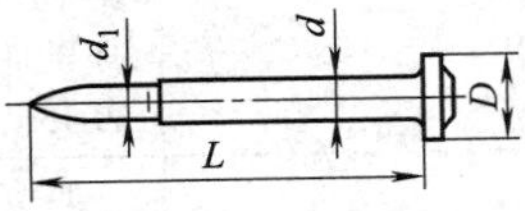	$D=8$ $d=3.7$ $d_1=2.7$ $L=42,47,52,57,62$	类型代号加钉长 L。钉长为52mm的专用钉示例为:ZD52
GD	GD钉	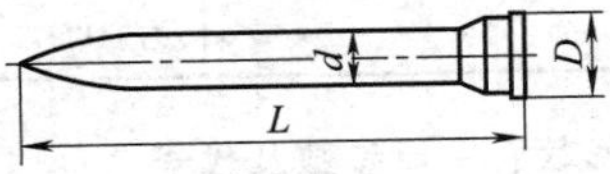	$D=8$ $d=5.5$ $L=45,50$	类型代号加全长 L。钉长为45mm的GD钉示例为:GD45
KD6	6mm眼孔钉	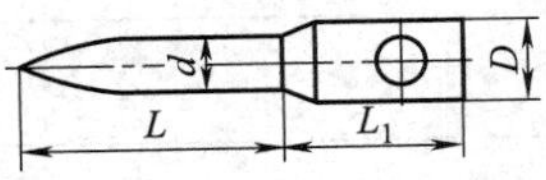	$D=6$ $d=3.7$ $L_1=11$ $L=25,30,35,40,45,50,60$	类型代号-钉头长度 L_1-钉长 L。钉头长度为11mm,钉长为40mm的眼孔钉示例为:KD6-11-40
KD6.3	6.3mm眼孔钉	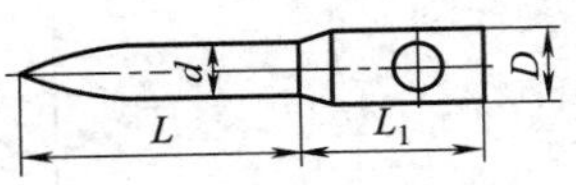	$D=6.3$ $d=4.2$ $L_1=13$ $L=25,30,35,40,50,60$	类型代号-钉头长度 L_1-钉长 L。钉头长度为13mm,钉长为50mm的眼孔钉示例为:KD6.3-13-50
KD8	8mm眼孔钉	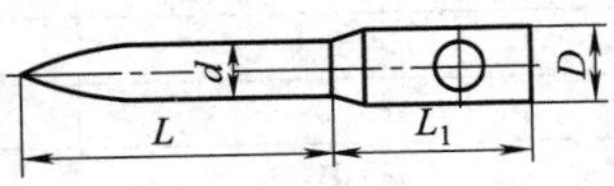	$D=8$ $d=4.5$ $L_1=20,25,30,35$ $L=22,32,42,52$	类型代号-钉头长度 L_1-钉长 L。钉头长度为20mm,钉长为32mm的眼孔钉示例为:KD8-20-32

续表

类型代号	名称	形　状	主要参数/mm	钉体代号
KD10	10mm 眼孔钉	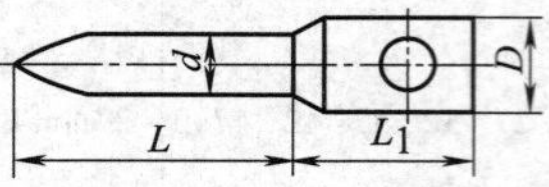	$D=10$ $d=5.2$ $L_1=24,30$ $L=32,42,52$	类型代号-钉头长度 L_1-钉长 L。钉头长度为 24mm，钉长为 52mm 的眼孔钉示例为：KD10-24-52
M6	M6 螺纹钉	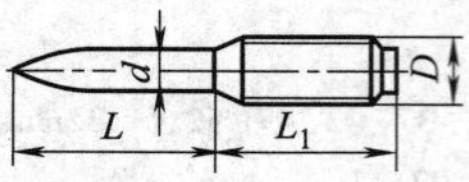	$D=M6$ $d=3.7$ $L_1=11,20,25,32,38$ $L=22,27,32,42,52$	类型代号-螺纹长度 L_1-钉长 L。螺纹长度为 20mm，钉长为 32mm 的螺纹钉示例为：M6-20-32
M8	M8 螺纹钉	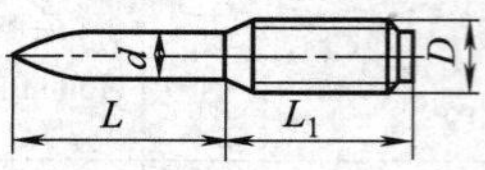	$D=M8$ $d=4.5$ $L_1=15,20,25,30,35$ $L=27,32,42,52$	类型代号-螺纹长度 L_1-钉长 L。螺纹长度为 15mm，钉长为 32mm 的螺纹钉示例为：M8-15-32
M10	M10 螺纹钉	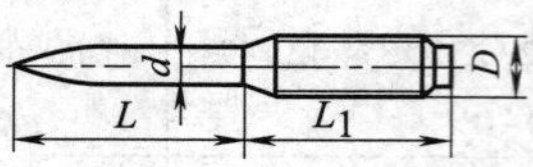	$D=M10$ $d=5.2$ $L_1=24,30$ $L=27,32,42$	类型代号-螺纹长度 L_1-钉长 L。螺纹长度为 30mm，钉长为 42mm 的螺纹钉示例为：M10-30-42
HM6	M6 压花 螺纹钉	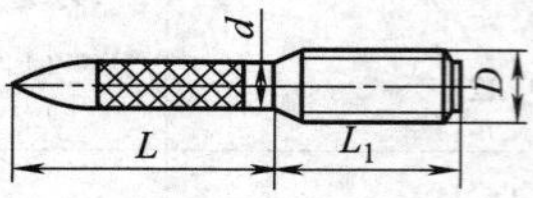	$D=M6$ $d=3.7$ $L_1=11,20,25,32$ $L=9,12$	类型代号-螺纹长度 L_1-钉长 L。螺纹长度为 11mm，钉长为 12mm 的压药螺纹钉示例为：HM6-11-12
HM8	M8 压花 螺纹钉	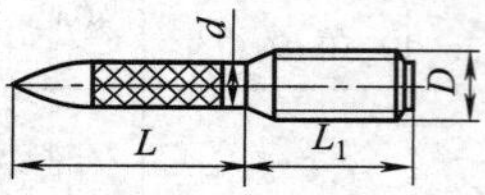	$D=M8$ $d=4.5$ $L_1=15,20,25,30,35$ $L=15$	类型代号-螺纹长度 L_1-钉长 L。螺纹长度为 20mm，钉长为 15mm 的压花螺纹钉示例为：HM8-20-15
HM10	M10 压花 螺纹钉	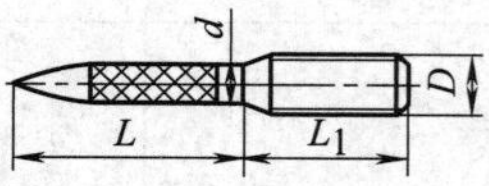	$D=M10$ $d=5.2$ $L_1=24,30$ $L=15$	类型代号-螺纹长度 L_1-钉长 L。螺纹长度为 30mm，钉长为 15mm 的压花螺纹钉示例为：HM10-30-15
HTD	压花 特种钉	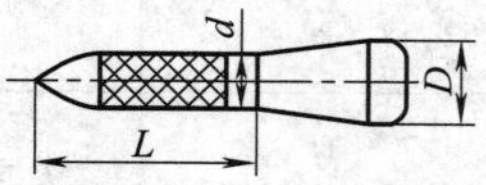	$D=5.6$ $d=4.5$ $L=21$	类型代号加钉长 L。钉长为 21mm 的压花特种钉示例为：HTD21

表 1-7-14　射钉定位件的类型代号、名称、形状、主要参数及代号

类型代号	名称	形　状	主要参数/mm	定位件代号
S	塑料圈	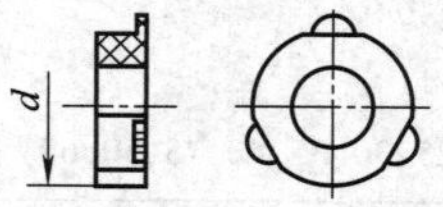	$d=8$	S8
			$d=10$	S10
		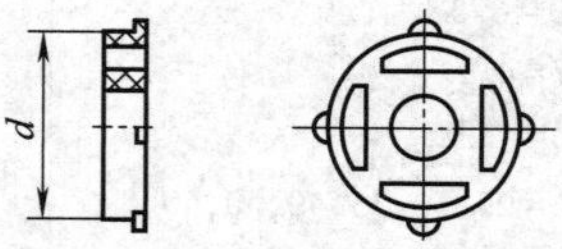	$d=12$	S12
C	齿形圈	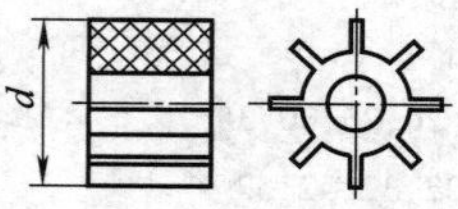	$d=6$	C6
			$d=6.3$	C6.3
			$d=8$	C8
			$d=10$	C10
			$d=12$	C12

续表

类型代号	名称	形　状	主要参数/mm	定位件代号
J	金属圈	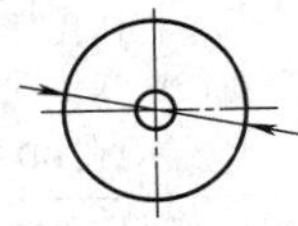	$d=8$	J8
			$d=10$	J10
			$d=12$	J12
M	钉尖帽	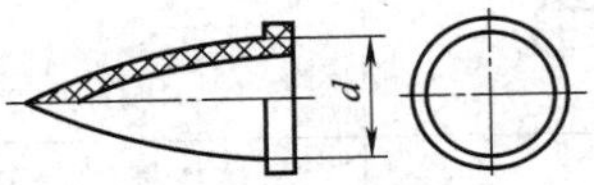	$d=6$	M6
			$d=6.3$	M6.3
			$d=8$	M8
			$d=10$	M10
T	钉头帽	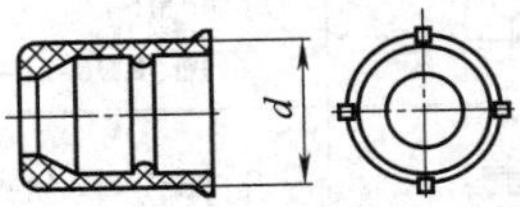	$d=6$	T6
			$d=6.3$	T6.3
			$d=8$	T8
			$d=10$	T10
G	钢套	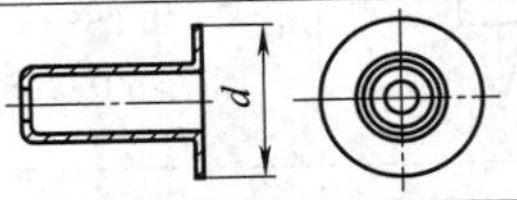	$d=10$	G10
LS	连发塑料圈	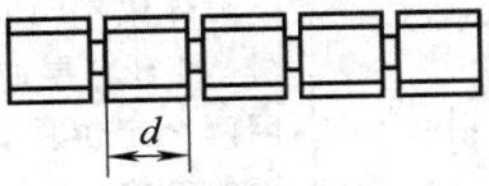	$d=6$	LS6

表 1-7-15　**射钉附件的类型代号、名称、形状、参数及附件代号**

类型代号	名称	形状	主要参数/mm	附件代号
D	圆垫片	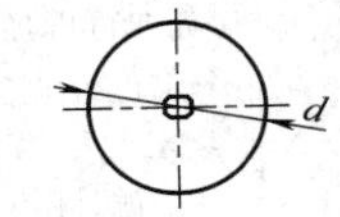	$d=20$	D20
			$d=25$	D25
			$d=28$	D28
			$d=36$	D36
FD	方垫片	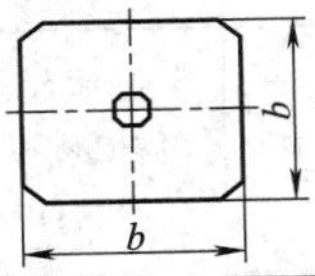	$b=20$	FD20
			$b=25$	FD25
P	直角片	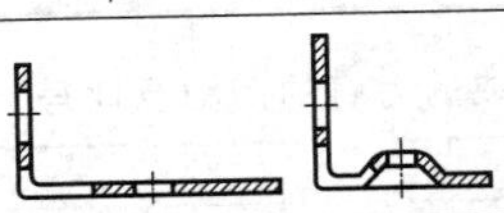	—	P
XP	斜角片	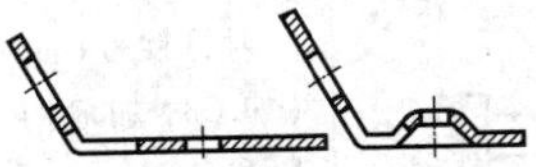	—	XP
K	管卡	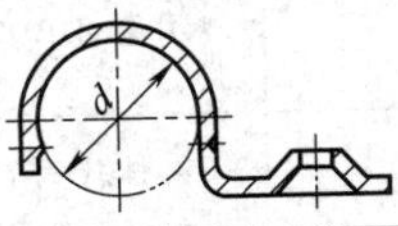	$d=18$	K18
			$d=25$	K25
			$d=30$	K30
T	钉筒	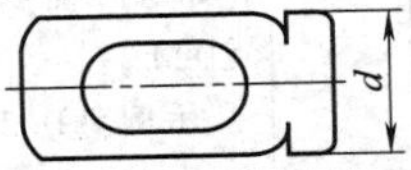	$d=12$	T12

表 1-7-16　**由钉体和定位件构成的射钉的简图及代号**

说　明	简　图	射钉代号
由钉体和一个定位件（塑料圈）构成的射钉	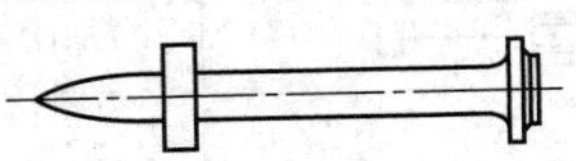	钉体代号（如 YD32）加定位件（塑料圈）代号（如 S8） 示例：YD32S8

续表

说　明	简　图	射钉代号
由钉体和一个定位件(齿形圈)构成的射钉		钉体代号(如图 PD38)加定位件(齿形圈)代号(如 C8) 示例:PD38C8
由钉体和一个定位件(金属圈)构成的射钉		钉体代号(如 HQD19)加定位件(金属圈)代号(如 J12) 示例:HQD19J12
由钉体和一个定位件(钉尖帽)构成的射钉		钉体代号(如 KD6-11-40)加定位件(钉尖帽)代号(如 M6) 示例:KD6-11-40M6
由钉体和定位件(连发塑料圈)构成的射钉		钉体代号(如 YD22)加定位件(连发塑料垫圈)代号(如 LS8) 示例:YD22LS8
由钉体和两个定位件(塑料圈和金属圈)构成的射钉		钉体代号(如 M6-20-32)加定位件(金属圈)代号(如 J12)再加定位件(塑料圈)代号(如 S12),因两个定位件直径参数相同,故省略代号 J12 后面的参数。 示例:M6-20-32JS12
由钉体和两个定位件(钉头帽和齿形圈)构成的射钉		钉体代号(如 M6-20-27)加定位件(钉帽)代号(如 T8)再加定位件(齿形圈)代号(如 C8),因两个定位件直径参数相同,故省略代号 T8 后面的参数。 示例:M6-20-27TC8
由钉体和两个定位件(齿形圈和钢套)构成的射钉		钉体代号(如 PD25)加定位件(齿形圈)代号(如 C8)再加定位件(钉套)代号(如 G10) 示例:PD25C8G10

表 1-7-17　　由钉体、定位件和附件构成的射钉的简图及代号

说　明	简　图	射钉代号
由钉体、一个定位件(齿形圈)和附件(圆垫片)构成的射钉		射钉代号(如 DPD72)加定位件(齿形圈)代号(如 C8)加斜杠(/)加附件(圆垫片)代号(如 D36) 示例:DPD72C8/D36
由钉体、一个定位件(塑料圈)和附件(方垫片)构成的射钉		钉体代号(如 YD62)加定位件(塑料圈)代号(如 S8)加斜杠(/)加附件(方垫片)代号(如 FD20) 示例:YD62S8/FD20
由钉体、两个定位件(齿形圈和钢套)和附件(直角片)构成的射钉		钉体代号(如 PD32)加定位件(齿形圈)代号(如 C8)再加定位件(钢套)代号(如 G10)加斜杠(/)加附件(直角片)代号(P) 示例:PD32C8G10/P

续表

说　明	简　图	射钉代号
由钉体、一个定位件（齿形圈）和附件（斜角片）构成的射钉		钉体代号（如 PD32）加定位件（齿形圈）代号（如 C8）加斜杠（/）加附件（斜角片）代号（XP） 示例：PD32C8/XP
由钉体、一个定位件（齿形圈）和附件（管卡）构成的射钉		钉体代号（如 PD32）加定位件（齿形圈）代号（如 C8）加斜杠（/）加附件（管卡）代号（如 K25） 示例：PD32C8/K25
由钉体、一个定位件（塑料圈）和附件（钉筒）构成的射钉		钉体代号（如 YD37）加定位件（塑料圈）代号（如 S12）加斜杠（/）加附件（钉筒）代号（T12） 示例：YD37S12/T12

7.1.11 地板钉（DB33/T 651—2007）

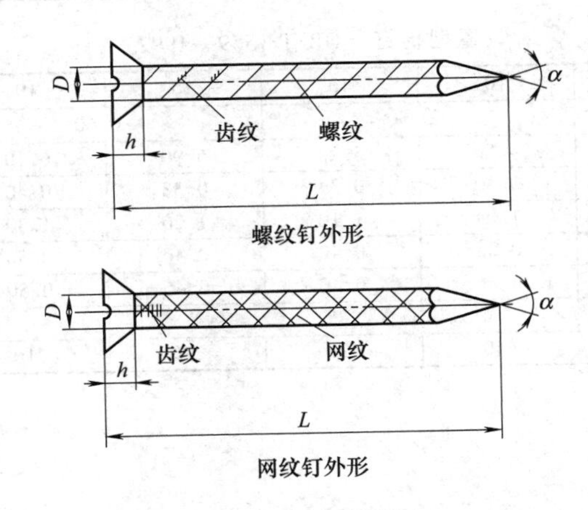

图 1-7-11　地板钉

【用途】 在如木模制造、家具制造、木地板安装、室内装饰装修等将钉帽埋入木材的场合使用。

【规格】 见表 1-7-18。

表 1-7-18　　地板钉（DB33/T 651—2007）　　mm

长度（L）	直径（d）	长度（L）	直径（d）
≤40	2.2	80	3.4
50	2.5	90	3.9
60	2.8	≥100	4.1
70	3.1		

注：经工序双方协议，也可以生产其他尺寸的地板钉。

7.1.12 鞋钉（QB/T 1559—1992）

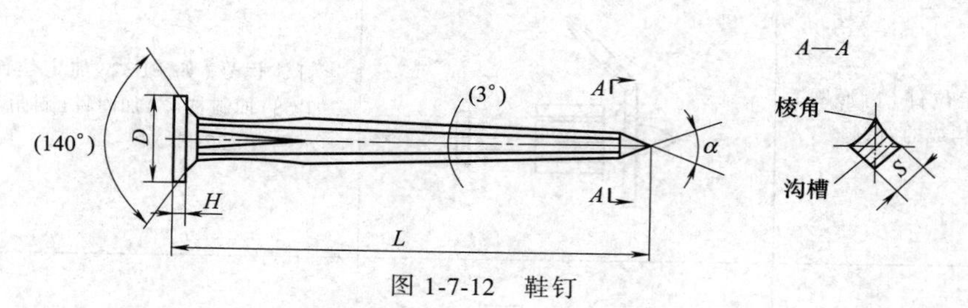

图 1-7-12　鞋钉

【用途】 制修鞋靴及家具、装潢等使用。

【规格】 见表 1-7-19 和表 1-7-20。

表 1-7-19

普通型鞋钉（QB/T 1559—1992）

mm

鞋钉全长 L	基本尺寸	10	13	16	19	22	25
	极限偏差	±0.50		±0.60		±0.70	
钉帽直径 D	≥	3.10	3.40	3.90	4.40	4.70	4.90
钉帽厚度 H	≥	0.24	0.30	0.34	0.40	0.44	
钉杆末端宽度 S	≤	0.74	0.84	0.94	1.04	1.14	1.24
钉帽圆整 m	≤	0.30	0.36	0.40	0.46	0.50	
钉帽对钉杆偏移 Δ	≤	0.30	0.36	0.40	0.46	0.50	
钉尖角度 α	≤	28°			30°		
每百克个数(参考)		1100	660	410	290	230	190

表 1-7-20

重型鞋钉（QB/T 1559—1992）

mm

鞋钉全长 L	基本尺寸	10	13	16	19	22	25
	极限偏差	±0.50		±0.60		±0.70	
钉帽直径 D	≥	4.50	5.20	5.90	6.10	6.60	7.00
钉帽厚度 H	≥	0.30	0.34	0.38	0.40	0.44	
钉杆末端宽度 S	≤	1.04	1.10	1.20	1.30	1.40	1.50
钉帽圆整 m	≤	0.36	0.40	0.46	0.50	0.56	
钉帽对钉杆偏移 Δ	≤	0.36	0.40	0.46	0.50	0.56	
钉尖角度 α	≤	28°			30°		
每百克个数(参考)		640	420	290	210	160	130

7.1.13 鱼尾钉

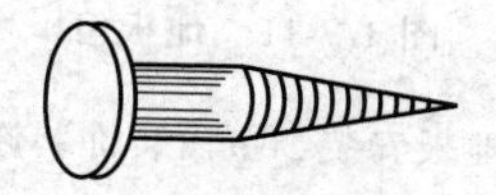

图 1-7-13　鱼尾钉

【用途】 用于制造沙发、软坐垫、鞋、帐篷、纺织、皮革箱具、面粉筛、玩具、小型农具等，特点是钉尖锋利、连接牢固，以薄型应用较广。

【规格】 见表 1-7-21。

表 1-7-21

鱼尾钉

mm

种　类	薄型(A 型)					厚型(B 型)					
全长	6	8	10	13	16	10	13	16	19	22	25
钉帽直径≥	2.2	2.5	2.6	2.7	3.1	3.7	4	4.2	4.5	5	5

续表

种类	薄型(A型)					厚型(B型)					
钉帽厚度≥	0.2	0.25	0.30	0.35	0.40	0.45	0.50	0.55	0.60	0.65	0.65
卡颈尺寸≥	0.80	1.0	1.15	1.25	1.35	1.50	1.60	1.70	1.80	2.0	2.0
每千只约重/g	44	69	83	122	180	132	278	357	480	606	800
每千克只数	22700	14400	12000	8200	5550	7600	3600	2800	2100	1650	1250

注：卡颈尺寸指近钉头处钉身的椭圆形断面短轴直径尺寸。

7.1.14 磨胎钉

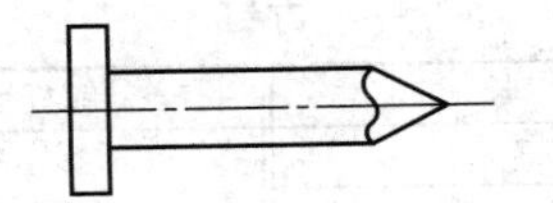

图 1-7-14 磨胎钉

【用途】 用于翻修轮胎时，轮胎黏合面拉毛。

【规格】 见表 1-7-22。

表 1-7-22 磨胎钉 mm

钉杆直径	2.7	3
钉杆长度	15.5,16	15.5

7.1.15 包装钉

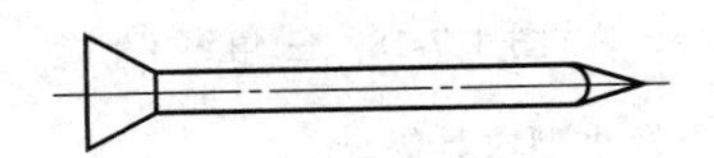

图 1-7-15 包装钉

【用途】 用于钉合包装箱。

【规格】 见表 1-7-23。

表 1-7-23 包装钉 mm

钉杆直径	1.6	1.8	2	2	2.4	2.4	2.8	2.8	3.4	3.4	3.4
钉杆长度	25	30	38	45	50	57	64	70	75	82	89

7.1.16 橡皮钉

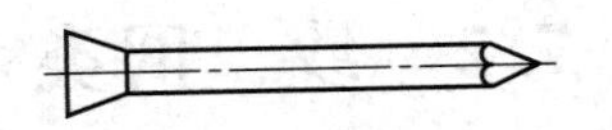

图 1-7-16 橡皮钉

【用途】 用于玩具、木家具的制作修理，及固定鞋底后跟。

【规格】 见表 1-7-24。

表 1-7-24 橡皮钉 mm

钉杆直径	2	
钉杆长度	20	22

7.1.17 方钉

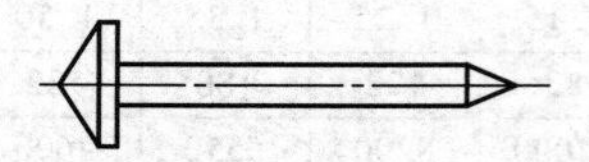

图 1-7-17 方钉

【用途】 用于木制品的固定。

【规格】 见表 1-7-25。

表 1-7-25 方钉 mm

钉杆截面尺寸	钉 长	钉杆截面尺寸	钉 长
1.6×1.6	25	3×3	64
1.8×1.8	32	3.4×3.4	
2.1×2.1	38	4.2×4.2	76
2.4×2.4		4.6×4.6	89
2.4×2.4	44	5.2×5.2	102
2.4×2.4	51	5.6×5.6	127
2.8×2.8		6×6	152

7.1.18 三角钉

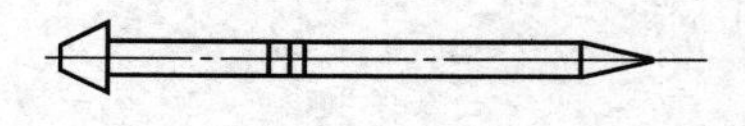

图 1-7-18 三角钉

【用途】 用于鞋类、皮革箱具、沙发及小型农具等。

【规格】 见表 1-7-26。

表 1-7-26 三角钉 mm

厚型		薄型	
钉杆截面最大尺寸	钉长	钉杆截面最大尺寸	钉长
1.5	10	0.8	6
1.6	13	1	8
1.75	16	1.15	10,11
1.8	19	1.25	13,14
2	22,25	1.3	16

7.2 纱、网类

7.2.1 窗纱（QB/T 3882—1999）

【其他名称】 绿铁丝布、绿窗纱。

【用途】 用以制作纱窗、纱门、菜橱、菜罩、蝇拍、捕虫器等。塑料窗纱也可以用作过滤器材，但工作温度不宜超过 50℃。

【规格】 见表 1-7-27 和表 1-7-28。

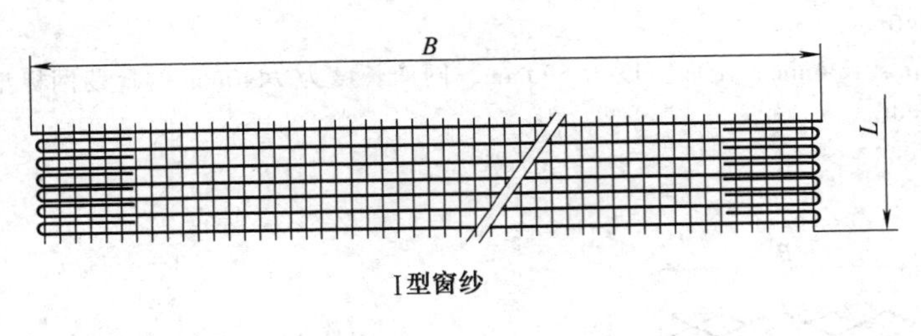

Ⅰ型窗纱

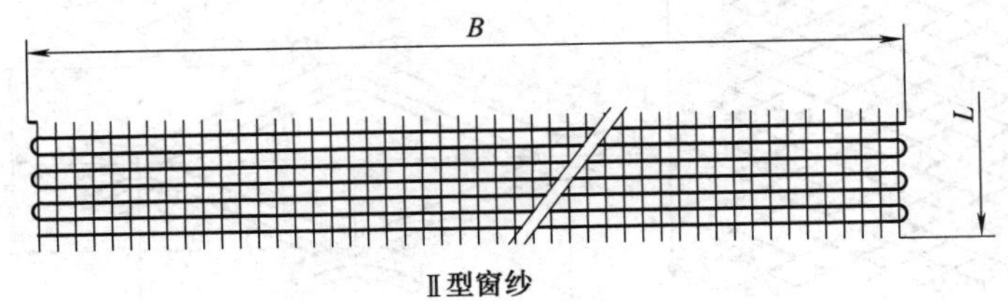

Ⅱ型窗纱

图 1-7-19　窗纱

表 1-7-27　　窗纱尺寸规格（QB/T 3882—1999）

L		B	
基本尺寸/mm	极限偏差/%	基本尺寸/mm	极限偏差/mm
15000	+1.5 0	1200	±5
25000		1000	
30000		914	
30480			

表 1-7-28　　窗纱的基本目数、金属丝直径（QB/T 3882—1999）

目数				金属丝直径/mm			
经向每 25.4mm 目数	极限偏差/%	纬向每 25.4mm 目数	极限偏差/%	直径		极限偏差	
				钢	铝	钢	铝
14	±5	14	±3	0.25	0.28	0 -0.03	
16		16					
18		18					

7.2.2　钢板网（QB/T 2959—2008）

【用途】 按不同的网格、网面尺寸，分别可用作混凝土钢筋，门窗防护层，养鸡场等的隔离网，机械设备的防护罩，工厂、仓库、工地等的隔离网，工业过滤设备，水泥船基体以及轮船、电站、码头、大型机械设备上用的平台、踏板等。

【产品标记】

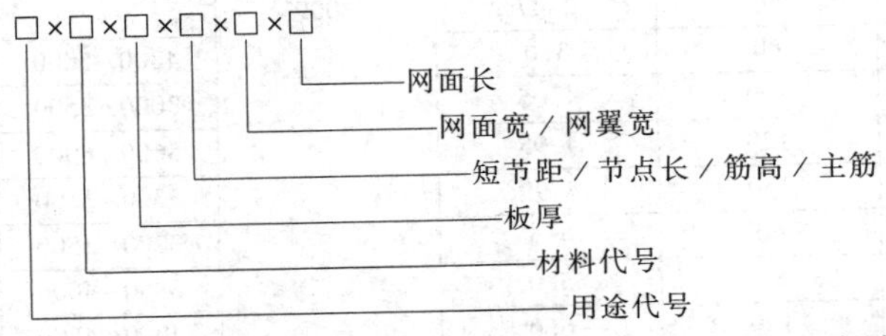

材质为不锈钢、板厚为 1.2mm、短节距为 12mm、网面宽度为 2000mm、网面长度为 4000mm 的普通钢板网标记为：

PB 1.2×12×2000×4000

板厚为 0.4mm、筋高为 8mm、网面宽度为 686mm、网面长度为 2440mm 的有筋扩张网标记为：

YD 0.4×8×686×2440

板厚为 0.35mm、节点长 4mm、网面宽度为 690mm、网面长度为 2440mm 的批荡网标记为：

DD 0.35×4×690×2440

【规格】

（1）普通钢板网

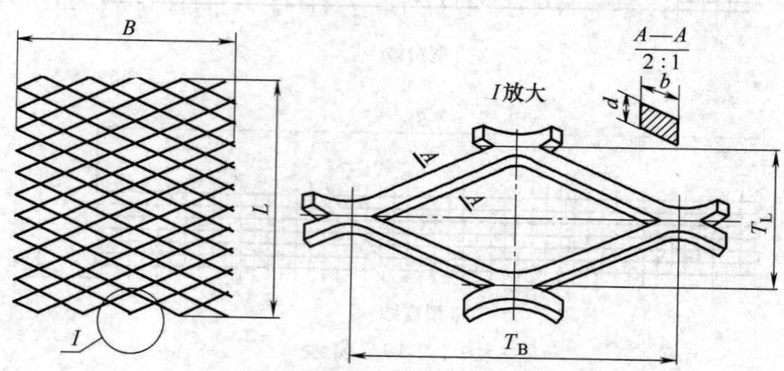

图 1-7-20　普通钢板网

表 1-7-29　　普通钢板网（QB/T 2959—2008）　　mm

d	网格尺寸			网面尺寸		钢板网理论质量/(kg/m²)
	T_L	T_B	b	B	L	
0.3	2	3	0.3	100~500		0.71
	3	4.5	0.4			0.63
0.4	2	3	0.4	500	—	1.26
	3	4.5	0.5			1.05
0.5	2.5	4.5	0.5	500		1.57
	5	12.5	1.11	1000		1.74
	10	25	0.96	2000	600~4000	0.75
0.8	8	16	0.8			1.26
	10	20	1.0	1000	600~5000	1.26
	10	25	0.96			1.21
1.0	10	25	1.10		600~5000	1.73
	15	40	1.68			1.76
1.2	10	25	1.13			2.13
	15	30	1.35			1.7
	15	40	1.68			2.11
1.5	15	40	1.69		4000~5000	2.65
	18	50	2.03			2.66
	24	60	2.47			2.42
2.0	12	25	2			5.23
	18	50	2.03			3.54
	24	60	2.47	2000		3.23
3.0	24	60	3.0		4800~5000	5.89
	40	100	4.05		3000~3500	4.77
	46	120	4.95		5600~6000	5.07
	55	150	4.99		3300~3500	4.27
4.0	24	60	4.5		3200~3500	11.77
	32	80	5.0		3850~4000	9.81
	40	100	6.0		4000~4500	9.42
5.0	24	60	6.0		2400~3000	19.62
	32	80	6.0		3200~3500	14.72
	40	100	6.0		4000~4500	11.78
	56	150	6.0		5600~6000	8.41

续表

d	网格尺寸			网面尺寸		钢板网理论质量/(kg/m²)
	T_L	T_B	b	B	L	
6.0	24	60	6.0	2000	2900~3500	23.55
	32	80	7.0		3300~3500	20.60
	40	100			4150~4500	16.49
	56	150			5800~6000	11.77
8.0	40	100	8.0		3650~4000	25.12
			9.0		3250~3500	28.26
	60	150			4850~5000	18.84
10.0	45	100	10.0	1000	4000	34.89

注：0.3~0.5一般长度为卷网。钢板网长度根据市场可供钢板坐调整。

(2) 有筋扩张网

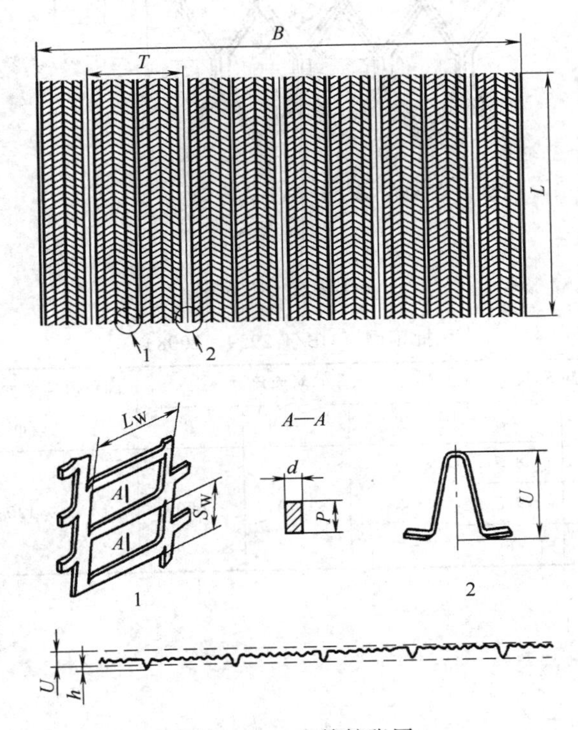

图 1-7-21 有筋扩张网

表 1-7-30 有筋扩张网（QB/T 2959—2008） mm

网格尺寸			网面尺寸				材料镀锌层双面质量/(g/m²)	钢板网理论质量/(kg/m²)					
								d					
S_W	L_W	P	U	T	B	L		0.25	0.3	0.35	0.4	0.45	0.5
5.5	8	1.28	9.5	97	686	2440	≥120	1.16	1.40	1.63	1.86	2.09	2.33
11	16	1.22	8	150	600	2440	≥120	0.66	0.79	0.92	1.05	1.17	1.31
8	12	1.20	8	100	900	2440	≥120	0.97	1.17	1.36	1.55	1.75	1.94
5	8	1.42	12	100	600	2440	≥120	1.45	1.76	2.05	2.34	2.64	2.93
4	7.5	1.20	5	75	600	2440	≥120	1.01	1.22	1.42	1.63	1.82	2.03
3.5	13	1.05	6	75	750	2440	≥120	1.17	1.42	1.65	1.89	2.12	2.36
8	10.5	1.10	8	50	600	2440	≥120	1.18	1.42	1.66	1.89	2.13	2.37

（3）批荡网

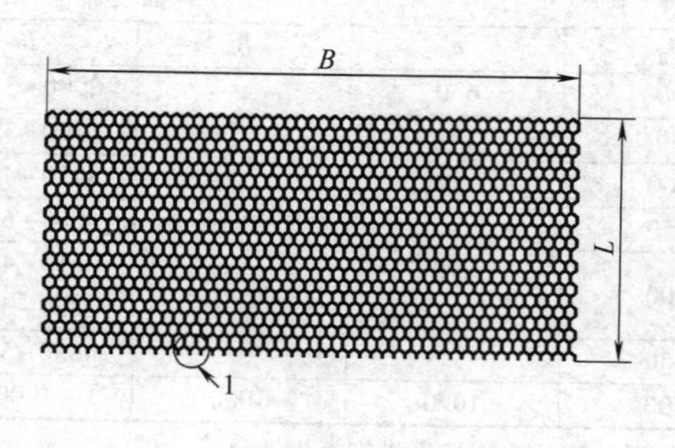

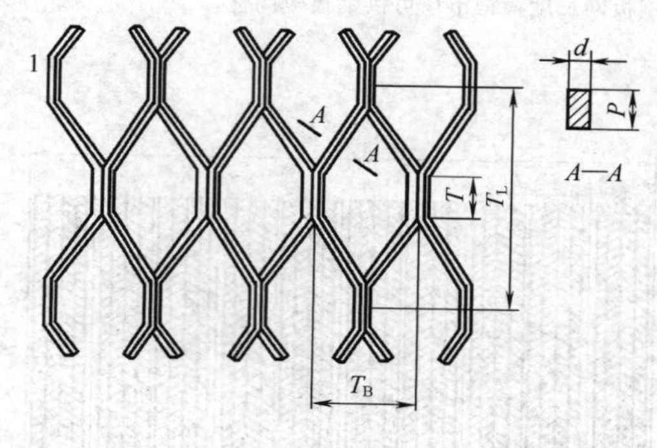

图 1-7-22　批荡网

表 1-7-31

批荡网（QB/T 2959—2008）

mm

d	P	网格尺寸		网面尺寸			材料镀锌层双面质量/(g/m²)	钢板网理论质量/(kg/m²)
		T_L	T_B	T	L	B		
0.4	1.5	17	8.7	4	2440	690	≥120	0.95
0.5	1.5	20	9.5					1.36
0.6	1.5	17	8					1.84

7.2.3　铝板网

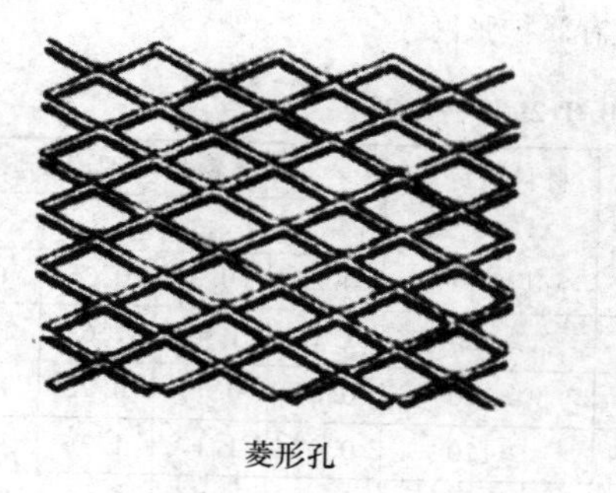

菱形孔

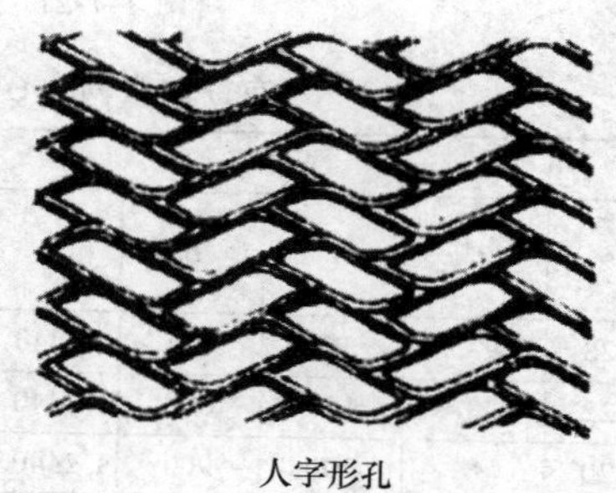

人字形孔

图 1-7-23　铝板网

【用途】 仪器、仪表、设备上作通风、防护和装饰用，也可作过滤器材。

【规格】 见表 1-7-32。

表 1-7-32　　铝板网　　mm

d	网格尺寸			网面尺寸		铝板网理论质量/(kg/m²)
	T_L	T_B	b	B	L	
菱形网孔						
0.4	2.3	6	0.7	200~500	500/650/1000	0.657
0.5	2.3	6	0.7			0.822
	3.2	8	0.8			0.675
	5.0	12.5	1.1			0.594
1.0	5.0	12.5	1.1	1000	2000	1.188
人字形网孔						
0.4	1.7	6	0.5	200~500	500/650/1000	0.635
	2.2	8	0.5			0.491
0.5	1.7	6	0.5			0.794
	2.2	8	0.6			0.736
	3.5	12.5	0.8			0.617
1.0	35	12.5	1.1	1000	2000	1.697

注：T_L 为短节距，T_B 为长节距，d 为板厚，b 为丝梗宽，B 为网面宽，L 为网面长。

7.3 门窗附件

7.3.1 普通型合页（QB/T 4595.1—2013）

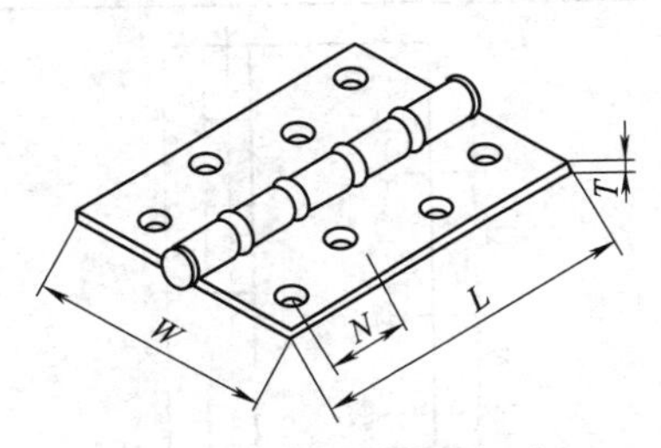

图 1-7-24　普通型合页

【其他名称】 普通型铰链、厚铁铰链、铁铰链、铰链。

【用途】 主要用作木质门扇（或窗扇、箱盖等）与门框（或窗框、箱体等）之间的连接件，且门扇能围绕合页的芯轴转动和启合。

【规格】 产品的形式和尺寸应符合表 1-7-33 的规定。全嵌型普通型合页见表 1-7-34~表 1-7-36。无缝型合页见表 1-7-37。

表 1-7-33　　普通型合页（QB/T 4595.1—2013）

系列编号	合页长度 L/mm		合页厚度 T/mm	每片页片最少螺孔数/个
	Ⅰ组	Ⅱ组		
A35	88.90	90.00	2.50	3
A40	101.60	100.00	3.00	4
A45	114.30	110.00	3.00	4
A50	127.00	125.00	3.00	4
A60	152.40	150.00	3.00	5
B45	114.30	110.00	3.50	4
B50	127.00	125.00	3.50	4

续表

系列编号	合页长度 L/mm		合页厚度 T/mm	每片页片最少螺孔数/个
	Ⅰ组	Ⅱ组		
B60	152.40	150.00	4.00	5
B80	203.20	200.00	4.50	7

注：1. 系列编号中 A 为中型合页，B 为重型合页，后跟两个数字表示合页长度，35 = 3½ in（88.90mm），40 = 4in（101.60mm），依次类推。

2. Ⅰ组为英制系列，Ⅱ组为公制系列，参见 QB/T 4595.1—2013 中附录 A。

表 1-7-34　全嵌型普通合页（一）　mm

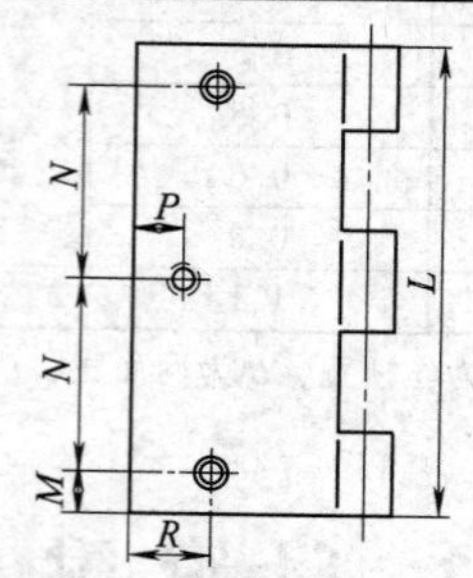

L	88.90	P	9.14
M	9.02	R	17.45
N	35.43		

表 1-7-35　全嵌型普通合页（二）　mm

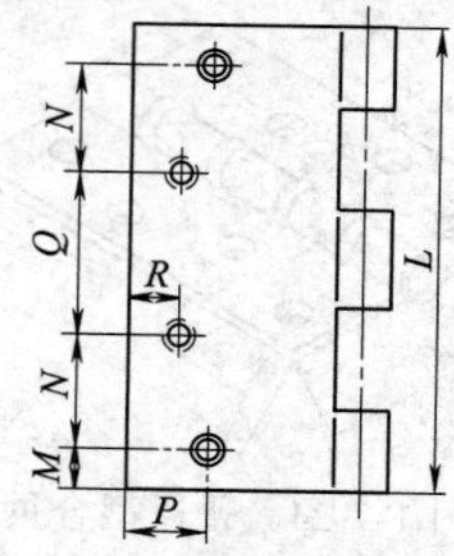

L	114.30	127.0	P	25.40	25.40
M	12.90	12.90	Q	31.34	37.70
N	28.58	31.75	R	9.53	

表 1-7-36　全嵌型普通合页（三）　mm

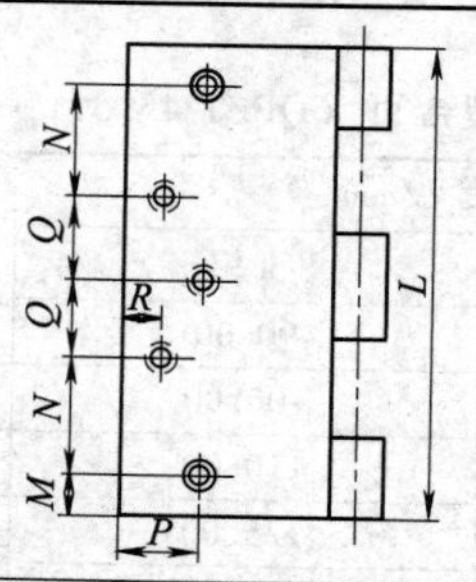

L	152.40	P	23.80
M	12.70	Q	30.96
N	32.54	R	9.53

表 1-7-37　　无缝合页　　mm

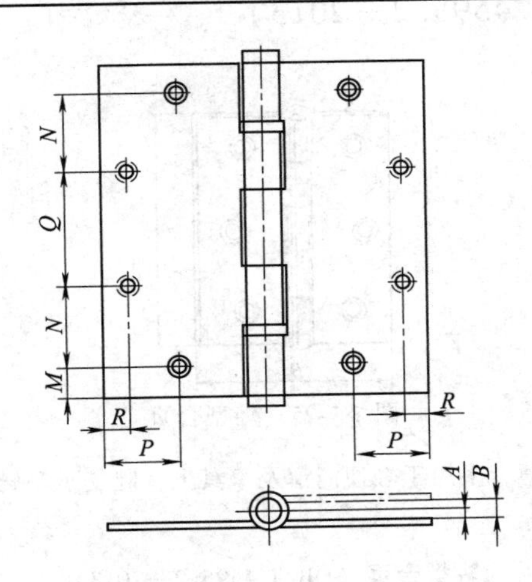

A	2.38	
B	4.76	
L	101.60	114.30
M	13.00	12.90
N	25.50	28.58
P	19.05	25.40
Q	24.60	31.34
R	9.53	

【产品分类和标记】

材质代号按表 1-7-38 的规定。形式分类按表 1-7-39 的规定。产品等级按表 1-7-40 的规定。

表 1-7-38　　普通合页的材质代号

材　质	铜合金	铝合金	锌合金	不锈钢	普通碳素钢	其　他
代　号	1	2	3	5	8	0

表 1-7-39　　普通合页的形式代号

产品形式	全嵌型	半嵌型	全盖型	半盖型
代　号	M	HM	S	H

表 1-7-40　　普通合页的等级代号

使用频率	高	中	低
产品等级	1	2	3

型号标记方法如下：

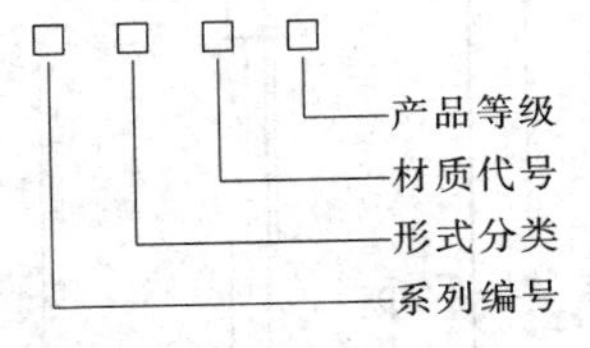

标记示例如下：

A40 半盖型不锈钢，2 级产品，标记为：A40H52。

7.3.2 轻型合页（QB/T 4595.2—2013）

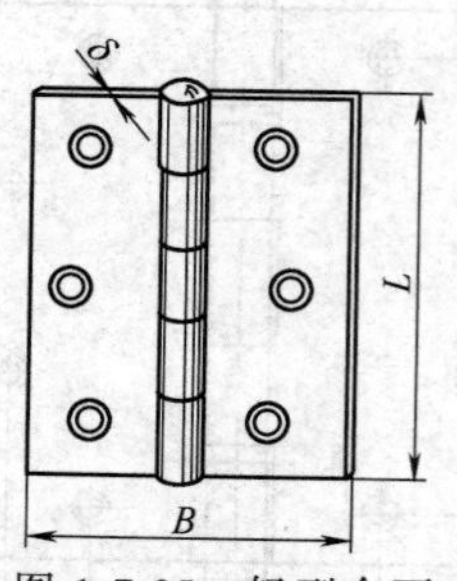

图 1-7-25 轻型合页

【用途】 轻型合页的页片窄而薄，多用于轻便门窗及家具上，起支承和转动启合作用。

【规格】 见表 1-7-41～表 1-7-43。

表 1-7-41 轻型合页（QB/T 4595.2—2013）

系列编号	合页长度/mm		合页厚度/mm		每片页片的最少螺孔数/个
	Ⅰ组	Ⅱ组	基本尺寸	极限偏差	
C10	25.40		0.70	0 -0.10	2
C15	38.10		0.80		2
C20	50.80	50.00	1.00		3
C25	63.50	65.00	1.10		3
C30	76.20	75.00	1.10		4
C35	88.90	90.00	1.20		4
C40	101.60	100.00	1.30		4

注：C 为轻型合页，后面两个数字表示合页长度，35＝3½in（88.90mm），40＝4in（101.60mm），依次类推。Ⅰ组为英制系列，Ⅱ组为公制系列。

该产品的转动力不应超过表 1-7-42 的规定，且转动应轻便、灵活，无卡紧现象。

表 1-7-42 轻型合页的转动力

合页长度/mm	25.40	38.10	50.80(50.0)	63.50(65)	76.20(75.0)	88.90(90.0)	101.60(100.0)
转动力/N	1.2	1.4	1.6	1.8	2.2	2.8	4.4

轻型合页的负重应不小于表 1-7-43 的规定。

表 1-7-43 轻型合页的负重

系列编号	适用门质量/kg	系列编号	适用门质量/kg
C10	12	C30	18
C15	12	C35	20
C20	15	C40	22
C25	15		

【产品的型号】

① 每叶片的螺孔数为 2 个，参见表 1-7-44。

表 1-7-44 两个螺孔数的合页的叶片尺寸 mm

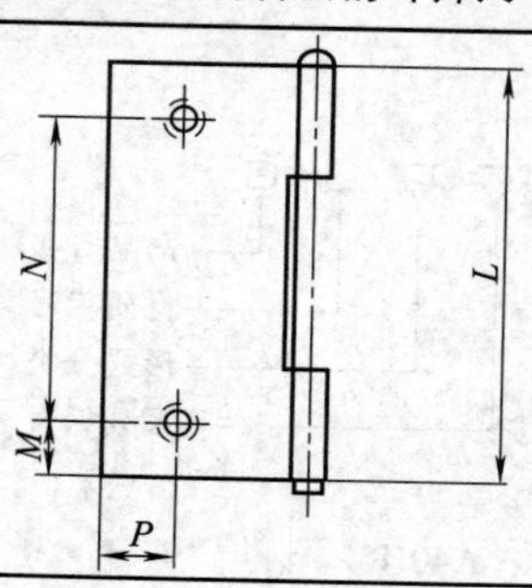

续表

L	25.40	38.10	N	18.00	27.00
M	3.50	5.50	P	4.00	4.50

② 每叶片的螺孔数为4个，参见表1-7-45。

表 1-7-45　四个螺孔数的合页的叶片尺寸　mm

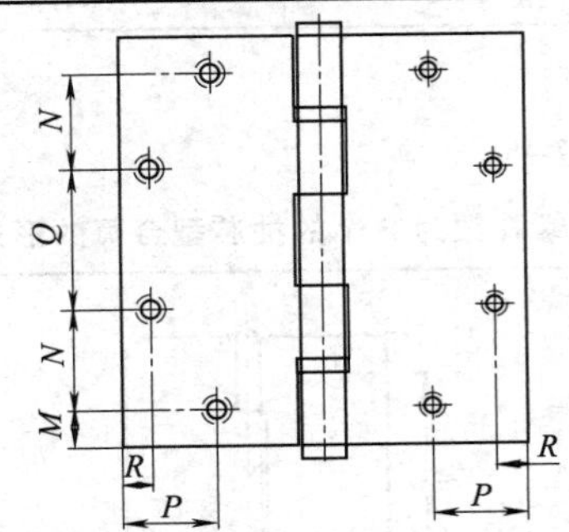

L	76.20	88.90	101.60	P	13.00	13.00	13.00
M	9.50	9.50	90.00	Q	27.00	27.00	28.00
N	15.00	21.50	28.00	R	8.00	10.00	8.00

7.3.3 抽芯型合页（QB/T 4595.3—2013）

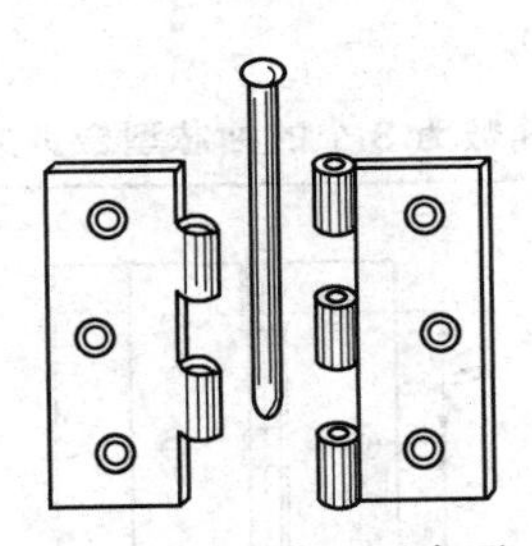

图 1-7-26　抽芯型合页

【其他名称】 抽芯铰链、穿芯铰链。

【用途】 与普通合页相似，但合页的芯轴可以自由抽出，抽出后即使两页片分离，也就使门扇（窗扇）与门框（窗框）分离，主要用于经常拆卸的门、窗上。

【规格】 产品的形式和尺寸应符合表1-7-46的规定。

表 1-7-46　抽芯型合页（QB/T 4595.3—2013）

系列编号	合页长度/mm		合页厚度/mm		每片页片的螺孔数/个
	Ⅰ组	Ⅱ组	基本尺寸	极限偏差	
D15	38.10		1.20	±0.10	2
D20	50.80	50.00	1.30		3
D25	63.50	65.00	1.40		3
D30	76.20	75.00	1.60		4
D35	88.90	90.00	1.60		4
D40	101.60	100.00	1.80		4

注：D为抽芯型合页，后面两个数字表示合页长度，35＝3½in（88.90mm），40＝4in（101.60mm），依次类推。

Ⅰ组为英制系列，Ⅱ组为公制系列。

产品的转动力不应超过表1-7-47的规定，且转动应轻便、灵活、无卡紧现象。

表 1-7-47　抽芯型合页的转动力

合页长度/mm	38.10	50.80(50.0)	63.50(65.0)	76.20(75.0)	88.90(90.0)	101.60(100.0)
转动力/N	1.4	1.6	1.8	2.2	2.8	4.4

产品负重应不小于表 1-7-48 的规定。

表 1-7-48　　抽芯型合页负重的规定

系列编号	适用门质量/kg	系列编号	适用门质量/kg
D15	12	D30	18
D20	12	D35	20
D25	15	D40	22

【抽芯型合页的形式】

① 每叶片的螺孔数为 2 个，见表 1-7-49。

表 1-7-49　　每叶片的螺孔数为 2 个的抽芯型合页的形式与尺寸　　mm

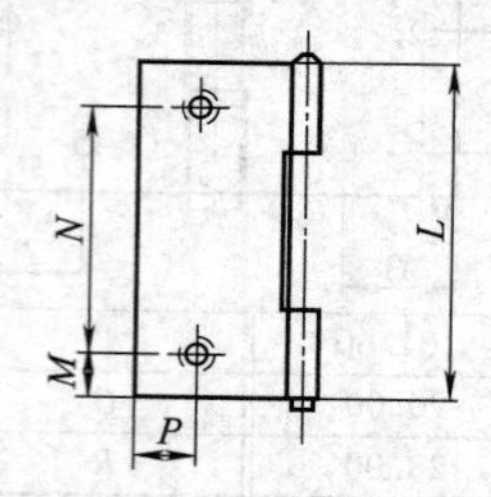

L	38.10	N	36.00
M	6.00	P	6.50

② 每叶片的螺孔数为 3 个，见表 1-7-50。

表 1-7-50　　每叶片的螺孔数为 3 个的抽芯型合页的形式与尺寸　　mm

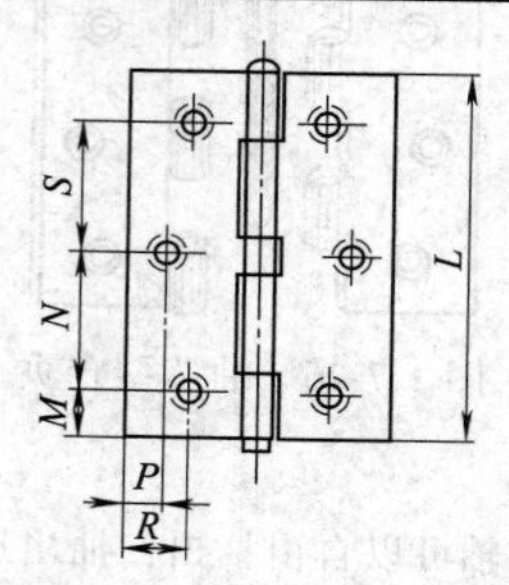

L	50.80	63.50	P	7.50	7.00
M	7.00	9.50	R	9.00	9.00
N	18.00	23.00			

③ 每叶片的螺孔数为 4 个，见表 1-7-51。

表 1-7-51　　每叶片的螺孔数为 4 个的抽芯型合页的形式与尺寸　　mm

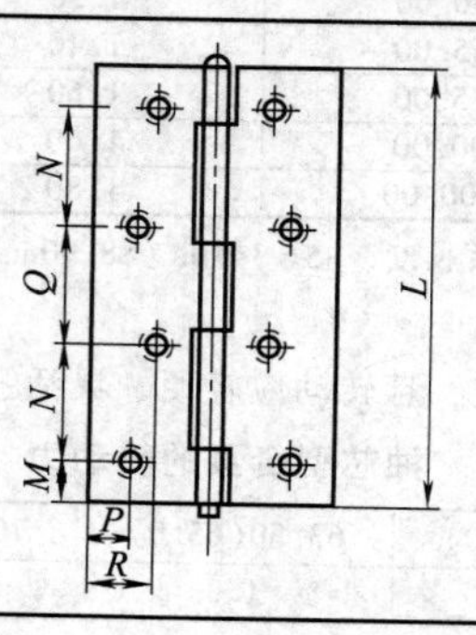

续表

L	76.20	88.90	101.60	P	13.00	13.00	13.00
M	9.50	9.50	9.00	Q	27.00	27.00	28.00
N	15.00	21.50	28.00	R	8.00	10.00	8.00

7.3.4 扇形合页

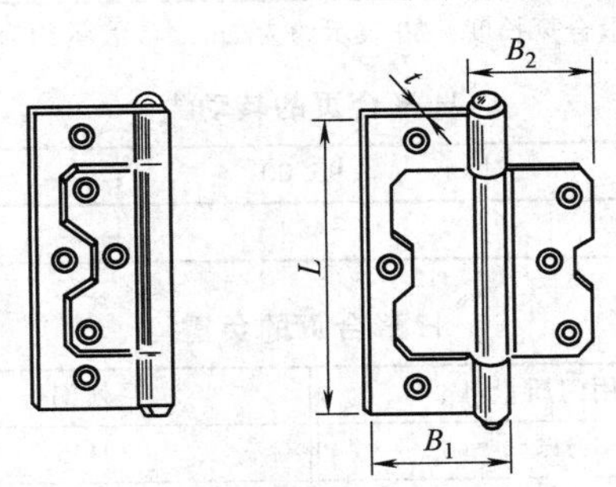

图 1-7-27 扇形合页

【其他名称】 扇形铰链。

【用途】 与抽芯合页相似，但两页片尺寸不同，而且页片较厚，主要用作木质门扇与钢制（或水泥）门框之间的连接件（大页片与门扇连接，小页片与门框连接）。

【规格】 见表 1-7-52。

表 1-7-52 扇形合页

规格/mm	页片尺寸/mm				配用木螺钉/沉头螺钉(参考)	
	长度 L	宽度 B_1	宽度 B_2	厚度 t	直径×长度/mm×mm	数目
75	75	48.0	40.0	2.0	4.5×2.5/M5×10	3/3
100	100	48.5	40.5	2.5	4.5×2.5/M5×10	3/3

7.3.5 H 形合页（QB/T 4595.4—2013）

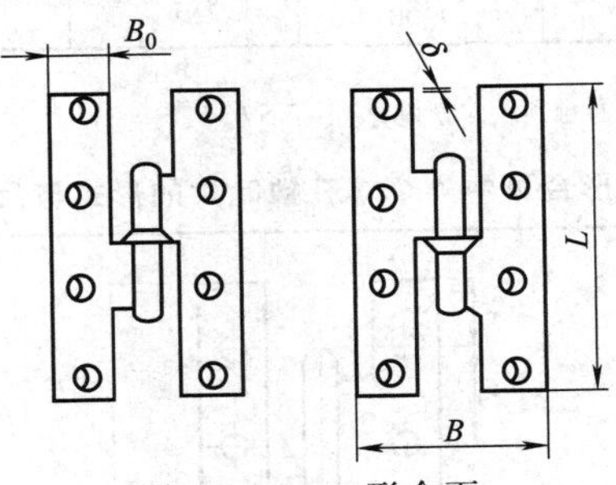

图 1-7-28 H 形合页

【其他名称】 H 形铰接、活络式马鞍铰接。

【用途】 主要用于需要经常脱卸而厚度较薄的门、窗上。

【规格】 产品的形式和尺寸按表 1-7-53 的规定。

产品的转动力不应超过表 1-7-54 的规定，且转动应轻便、灵活，无卡紧现象。

产品的负重应不小于表 1-7-55 的规定。

【产品的形式】

① H 形合页中，每叶片的螺孔数为 3 个，常见表 1-7-56。

表 1-7-53　　H 形合页的形式与尺寸（GB/T 4595.4—2013）

系列编号	合页长度/mm	合页厚度/mm		每片页片的最少螺孔数/个
		基本尺寸	极限偏差	
H30	80.00	2.00	0 -0.10	3
H40	95.00	2.00		3
H45	110.00	2.00		3
H55	140.00	2.50		4

注：H 为 H 形合页，后面两个数字表示合页长度，30 表示约为 3in，45 表示约为 4½in 依次类推。

表 1-7-54　　H 形合页的转动力

合页长度/mm	80.00	95.00	110.00	140.00
转动力/N	2.2	4.4	6.7	7.8

表 1-7-55　　H 形合页的负重

系列编号	适用门质量/kg	系列编号	适用门质量/kg
H30	15	H45	20
H40	18	H55	27

表 1-7-56　　H 形合页中 3 个螺孔数叶片的形式与尺寸　　mm

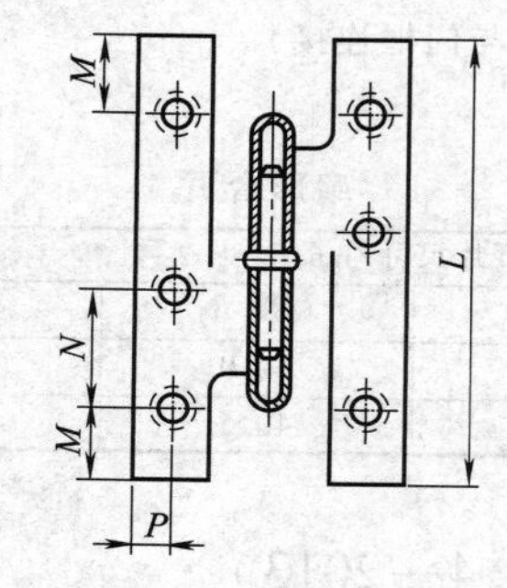

L	80.00	95.00	110.00	N	22.00	27.50	33.00
M	8.00	8.00	9.00	P	7.00	7.00	7.50

② H 形合页中，每叶片的螺孔数为 4 个，常见表 1-7-57。

表 1-7-57　　H 形合页中 4 个螺孔数叶片的形式与尺寸　　mm

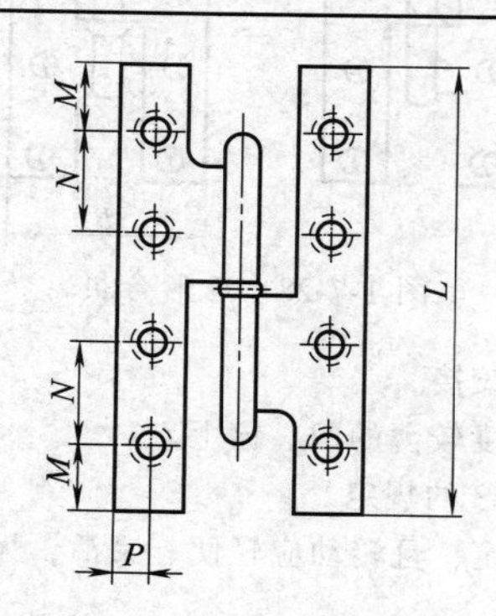

L	140.00	N	40.00
M	10.00	P	7.50

7.3.6 T形合页（QB/T 4595.5—2013）

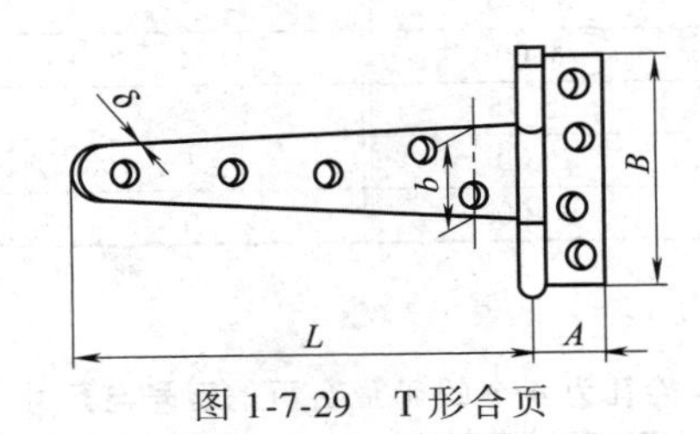

图 1-7-29 T形合页

【其他名称】 T形铰接、单页尖尾铰接、单帐篷铰接、长脚铰接。

【用途】 用作较大门窗或较重箱盖及遮阳帐篷架等与门框、箱体等之间的连接件，并使门扇、箱盖能围绕合页芯轴转动和启合。

【规格】 T形产品的型式和尺寸应符合表 1-7-58 的规定。

表 1-7-58 T形合页的型式与尺寸（QB/T 4595.5—2013）

系列编号	合页长度/mm		合页厚度/mm		每片页片的最少螺孔数/个
	Ⅰ组	Ⅱ组	基本尺寸	极限偏差	
T30	76.20	75.00	1.40	±0.10	3
T40	101.60	100.00	1.40		3
T50	127.00	125.00	1.50		4
T60	152.40	150.00	1.50		4
T80	203.20	200.00	1.80		4

注：T表示T形合页，后面两个数字表示合页长度，30=3in（76.20mm），40=4in（101.60mm），依次类推，Ⅰ组为英制系列，Ⅱ组为公制系列。

T形合页的转动力不应超过表 1-7-59 的规定，且转动应轻便灵活，无卡紧现象。

表 1-7-59 T形合页的转动力

尺寸/mm	76.20(75.00)	101.60(100.00)	127.00(125.00)	152.40(150.00)	203.20(200.00)
转动力/N	4.4	6.7	7.8	8.9	10.9

产品的负重不应小于表 1-7-60 的规定。

表 1-7-60 T形合页的负重

系列编号	适用门质量/kg	系列编号	适用门质量/kg
T30	15	T60	27
T40	18	T80	34
T50	20		

【产品的型号】

① T形合页中，每叶片的螺栓孔为3个，见表 1-7-61。

表 1-7-61 螺栓孔为3个的T形合页的型号与尺寸 mm

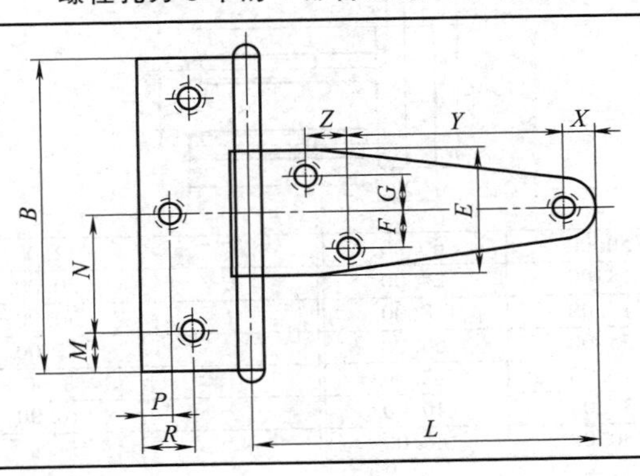

续表

L	76.20	101.60	X	9.00	9.00
B	63.50	63.50	Y	41.00	63.00
M	8.00	8.00	Z	12.00	14.00
N	23.75	23.75	E	26.00	26.00
P	7.00	7.00	F	5.00	5.30
R	9.00	9.00	G	6.50	6.50

② T形合页中，每叶片的螺栓孔为4个，见表1-7-62。

表1-7-62　　螺栓孔为4个的T形合页的型号与尺寸　　mm

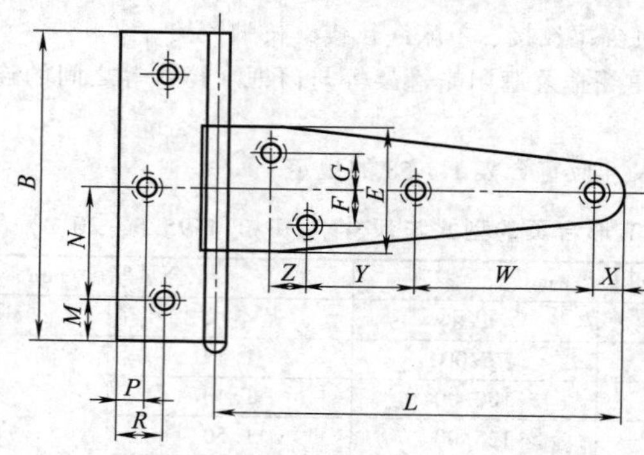

L	127.00	152.40	203.20	Y	35.00	45.00	68.00
B	70.00	70.00	73.00	W	50.00	63.00	87.00
M	8.00	8.00	9.00	Z	14.00	18.00	19.00
N	27.00	27.00	27.50	E	28.00	28.00	32.00
P	7.00	7.00	8.00	F	5.60	5.80	6.80
R	9.00	9.00	10.00	G	6.50	6.70	7.70
X	11.00	11.00	12.00				

③ 三叉T形合页，见表1-7-63。

表1-7-63　　三叉T形合页的型号与尺寸　　mm

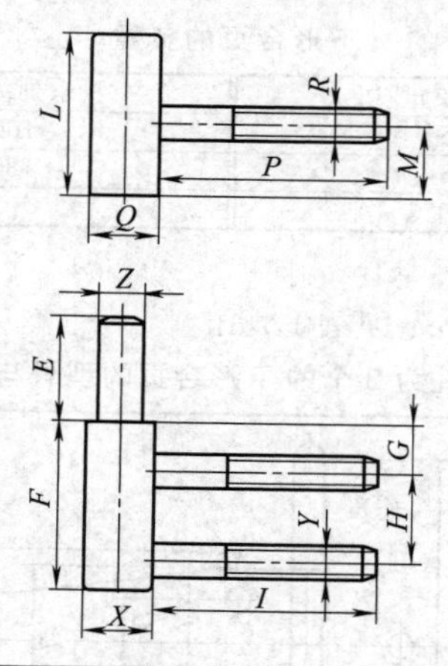

L	40.00	50.00	60.00	G	12.00	16.00	20.00
M	12.00	18.00	24.00	H	20.00	22.00	24.00
Q	15.00	15.00	18.00	I	50.00	55.00	60.00
P	50.00	55.00	60.00	X	15.00	15.00	18.00
R	8.00	10.00	12.00	Y	8.00	10.00	12.00
E	30.00	35.00	40.00	Z	10.00	10.00	14.00
F	40.00	50.00	60.00				

④ 四叉 T 形合页，见表 1-7-64。

表 1-7-64　　四叉 T 形合页的型号与尺寸　　mm

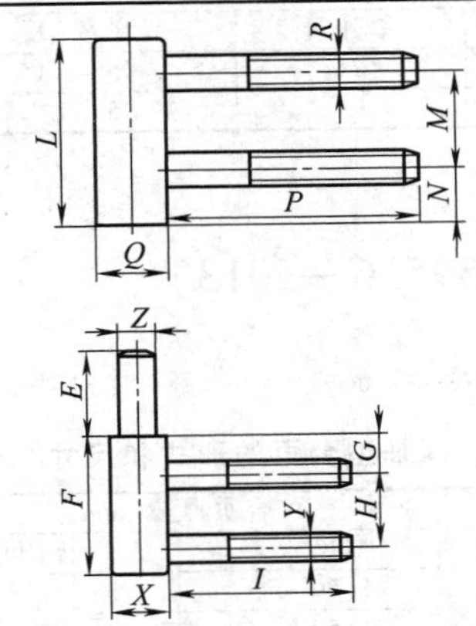

L	40.00	50.00	60.00	F	40.00	50.00	60.00
M	20.00	22.00	24.00	G	12.00	16.00	20.00
N	12.00	16.00	18.00	H	20.00	22.00	24.00
Q	15.00	15.00	18.00	I	50.00	55.00	60.00
P	50.00	55.00	60.00	X	15.00	15.00	18.00
R	8.00	10.00	12.00	Y	8.00	10.00	12.00
E	30.00	35.00	40.00	Z	10.00	10.00	14.00

7.3.7　弹簧合页（QB/T 1738—1993）

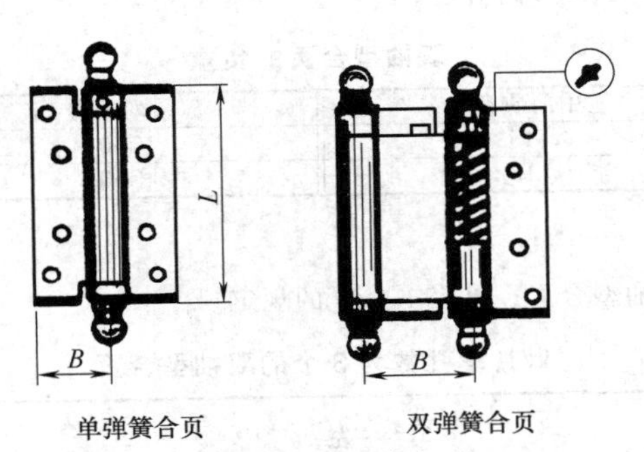

图 1-7-30　弹簧合页

【其他名称】 弹簧铰接、自由铰接。

【用途】 用于进出比较频繁的门窗上，其特点是使门窗在开启后能自行关闭。单弹簧合页适用于只向内或向外一个方向开启的门窗上，双弹簧合页适用于向内或向外两个方向开启的门窗上。

【规格】 见表 1-7-65。

表 1-7-65　　弹簧合页（QB/T 1738—1993）

品　种	①按结构分:单弹簧合页(代号 D)、双弹簧合页(代号 S) ②按页片材料分:普通碳素钢制(代号 P)、不锈钢制(代号 B)、铜合金制(代号 T) ③按表面处理分:涂漆(代号 Q)、涂塑(代号 S)、电镀锌(代号 D)、不处理(无代号)						
规格/mm	页片材料尺寸/mm					配用木螺钉(参考)	
	长度 L		宽度 B		页片厚度 δ	直径×长度 /mm×mm	数目
	Ⅱ型	Ⅰ型	单弹簧	双弹簧			
75	75	76	36	48	1.8	3.5×25	8
100	100	102	39	56	1.8	3.5×25	8
125	125	127	45	64	2.0	4×30	8
150	150	152	50	64	2.0	4×30	10

续表

规格/mm	页片材料尺寸/mm					配用木螺钉(参考)	
	长度 L		宽度 B		页片厚度 δ	直径×长度/mm×mm	数目
	Ⅱ型	Ⅰ型	单弹簧	双弹簧			
200	200	203	71	95	2.4	4×40	10
250	250	254	—	95	2.4	5×50	10

注：弹簧合页代号为TY。

7.3.8 双袖型合页（QB/T 4595.6—2013）

【规格】 双袖型合页的形式和尺寸见表1-7-66。

表1-7-66 双袖型合页的形式和尺寸

系列编号	合页长度/mm	合页厚度/mm		每片页片的螺孔数/个
		基本尺寸	极限偏差	
G30	75.00	1.50	±0.10	3
G40	100.00	1.50		3
G50	125.00	1.80		4
G60	150.00	2.00		4

注：G表示双袖型合页，后面两个数字表示合页长度，30=3in（75.00mm），40=4in（100mm），依次类推。

双袖型合页的转动力不应超过表1-7-67的规定。

表1-7-67 双袖型合页的转动力

尺寸/mm	75.00	100.00	125.00	150.00
转动力/N	4.4	6.7	7.8	8.9

双袖型合页的负重不应小于表1-7-68的规定。

表1-7-68 双袖型合页的负重

系列编号	适用门质量/kg	系列编号	适用门质量/kg
G30	15	G50	20
G40	18	G60	22

【产品的形式】

① 每叶片螺孔数为3个的双袖型合页，见表1-7-69的规定。

表1-7-69 叶片螺孔数为3个的双袖型合页 mm

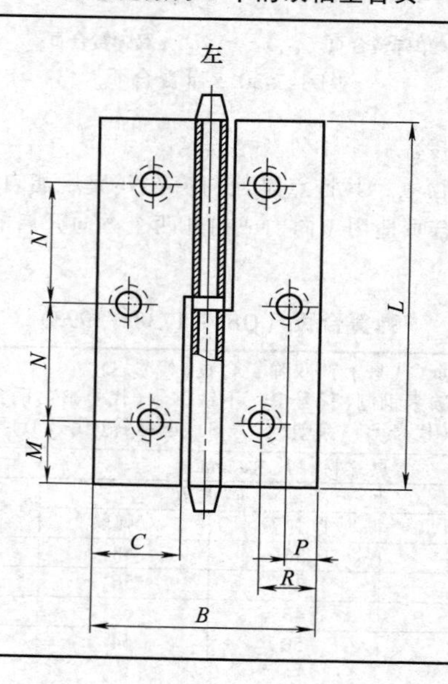

续表

L	75.00	100.00	R	15.00	17.00
M	9.00	9.50	C	23.00	28.00
N	28.50	40.50	B	60.00	70.00
P	8.00	9.00			

② 每叶片螺孔数为4个的双袖型合页，见表1-7-70的规定。

表 1-7-70　叶片螺孔数为4个的双袖型合页　mm

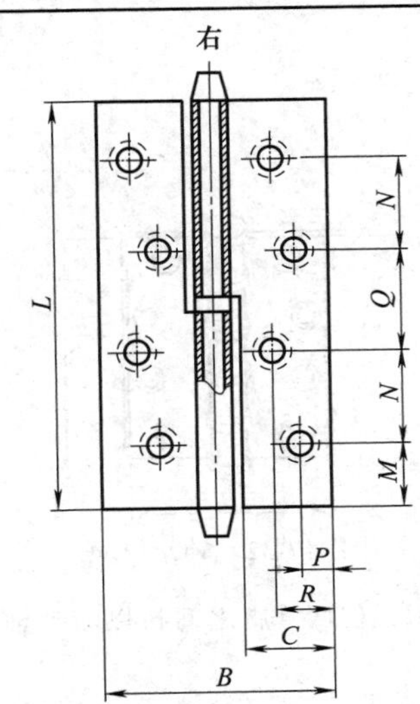

L	125.00	150.00	P	10.00	10.00
M	13.00	15.00	R	15.00	17.00
N	33.00	40.00	C	33.00	38.00
Q	33.00	40.00	B	85.00	95.00

7.3.9　尼龙垫圈合页

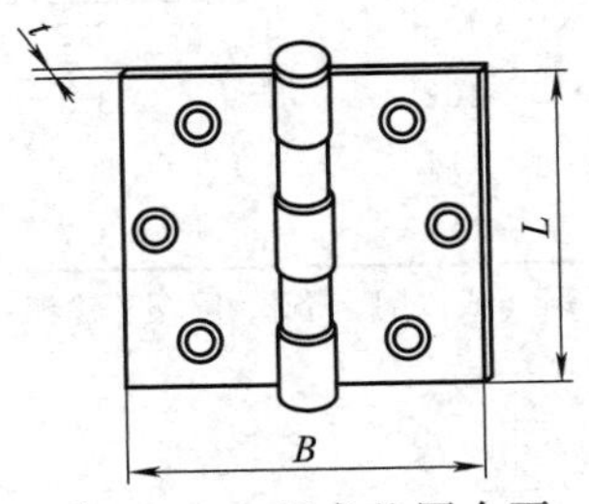

图 1-7-31　尼龙垫圈合页

【用途】 尼龙垫圈合页与普通型合页相似，但页片一般较宽且厚，两页片管脚之间衬以尼龙垫圈，使门扇转动轻便、灵活，而且无摩擦噪声，合页材料为低碳钢，表面都有镀（涂）层，比较美观，多用于比较高级建筑物的房门上。

【规格】 见表1-7-71。

表 1-7-71　尼龙垫圈合页　mm

规　格	页片尺寸			配用木螺钉(参考)	
	长度 L	宽度 B	厚度 t	直径×长度	数　目
102×76	102	76	2.0	5×25	8
102×102	102	102	2.2	5×25	8

续表

规　格	页片尺寸			配用木螺钉(参考)	
	长度 L	宽度 B	厚度 t	直径×长度	数　目
75×75	75	75	2.0	5×20	6
89×89	89	89	2.5	5×25	8
102×75	102	75	2.0	5×25	8
102×102	102	102	3.0	5×25	8
114×102	114	102	3.0	5×30	8

7.3.10　轴承合页

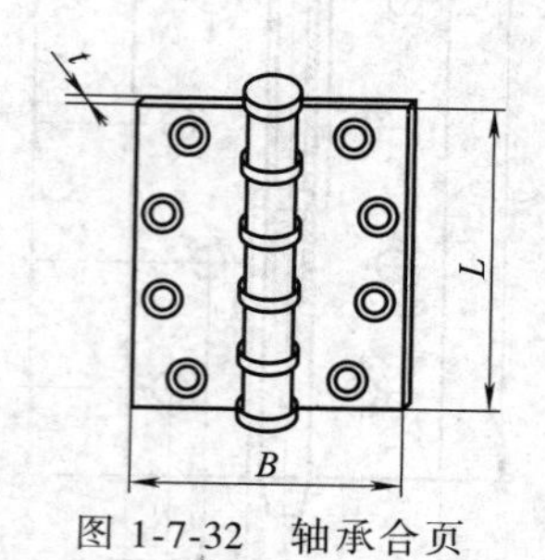

图 1-7-32　轴承合页

【用途】 轴承合页与尼龙垫圈合页相似，但两管脚之间衬以滚动轴承，使门扇转动时轻便、灵活，多用于重型门扇上。

【规格】 见表 1-7-72。

表 1-7-72　**轴承合页**　mm

规　格	页片尺寸			配用木螺钉(参考)	
	长度 L	宽度 B	厚度 t	直径×长度	数目
114×98	114	98	3.5	6×30	8
114×114	114	114	3.5	6×30	8
200×140	200	140	4.0	6×30	8
102×102	102	102	3.2	6×30	8
114×102	114	102	3.3	6×30	8
114×114	114	114	3.3	6×30	8
127×114	127	114	3.7	6×30	8

注：轴承合页材料一般为低碳钢，表面镀黄铜（或古铜、铬）、喷塑、涂漆；也有采用不锈钢材料，其表面滚光。

7.3.11　脱卸合页

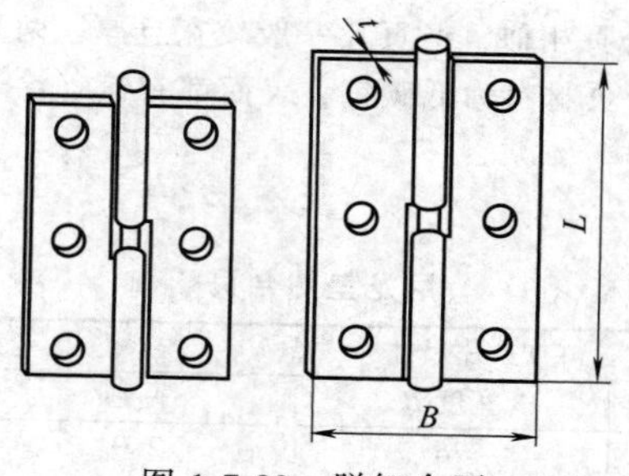

图 1-7-33　脱卸合页

【用途】 脱卸合页与 I 形双轴型合页相似，但页片较窄而薄，并且多为小规格，主要用于需要脱卸轻便的门、窗及家具上。

【规格】 见表 1-7-73。

表 1-7-73 脱卸合页 mm

规格	页片尺寸			配用木螺钉(参考)	
	长度 L	宽度 B	厚度 t	直径×长度	数目
50	50	39	1.2	3×20	4
65	65	44	1.2	3×25	6
75	75	50	1.5	3×30	6

注：合页材料为低碳钢，表面镀锌或黄铜。

7.3.12 自关合页

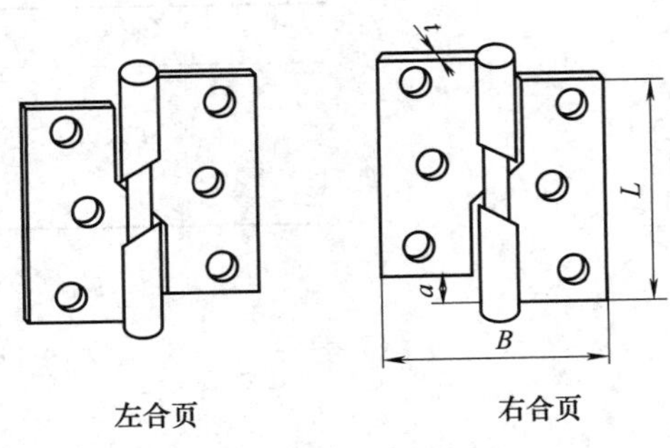

图 1-7-34 自关合页

【用途】 自关合页使门扇开启后能自动关闭。适用于需要经常关闭的门扇上，但门扇顶部与门框之间应留出一个间隙（大于“升高 a”）。有左、右合页之分，分别适用于左内开门和右内开门上，用于外开门上时则反之。

【规格】 见表 1-7-74。

表 1-7-74 自关合页 mm

规格	页片尺寸				配用木螺钉(参考)	
	长度 L	宽度 B	厚度 t	升高 a	直径×长度	数目
75	75	70	2.7	12	4.5×30	6
100	100	80	3.0	13	4.5×40	8

注：合页材料为低碳钢，表面滚光。

7.3.13 翻窗合页

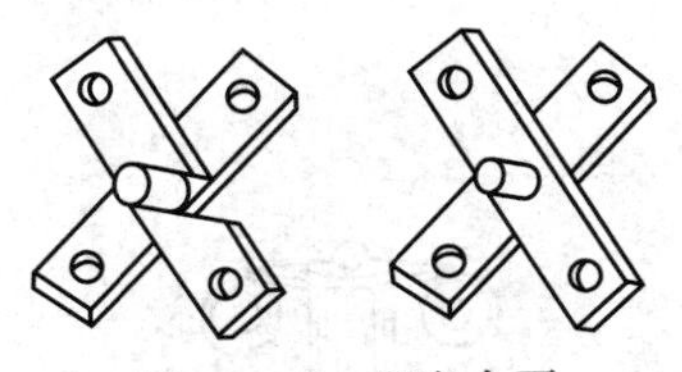

图 1-7-35 翻窗合页

【用途】 翻窗合页用作工厂、仓库、住宅、农村养蚕室和公共场所等的中悬式气窗与窗框之间的连接件，使气窗能围绕合页的芯轴旋转和启合。

【规格】 见表 1-7-75。

表 1-7-75　　翻窗合页　　mm

页片尺寸			芯轴		每副配用木螺钉(参考)	
长度	宽度	厚度	直径	长度	直径×长度	数目
50	19.5	2.7	9	12	4×18	8
65,75	19.5	2.7	9	12	4×20	8
90,100	19.5	3.0	9	12	4×25	8

注：合页材料为低碳钢，表面涂漆。

7.3.14　暗合页

【用途】 暗合页一般用于屏风、橱门上，其特点是在屏风展开、橱门关闭时看不见合页。
【规格】 见表 1-7-76。

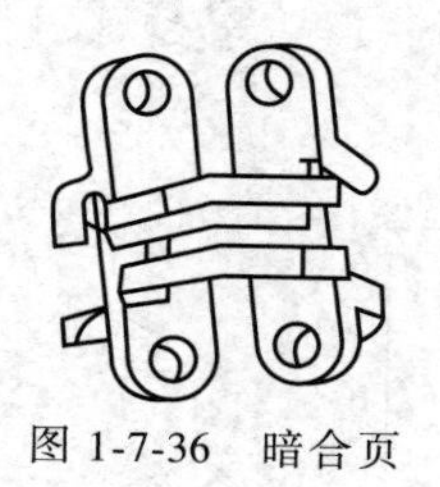

图 1-7-36　暗合页

表 1-7-76　　暗合页　　mm

名称	规格长度
暗合页	40 70 90

7.3.15　台合页

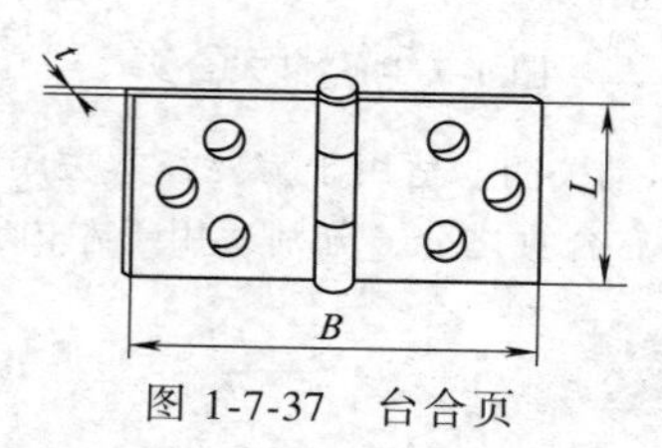

图 1-7-37　台合页

【用途】 台合页一般装置于能折叠的台板上。
【规格】 见表 1-7-77。

表 1-7-77　　台合页　　mm

页片规格尺寸			配用木螺钉	
长度 L	宽度 B	厚度 t	直径×长度	数量
34	80	1.2	3×16	6
38	136	2.0	3.5×25	6

注：台合页材料为低碳钢，表面镀锌涂漆或滚光。

7.3.16　蝴蝶合页

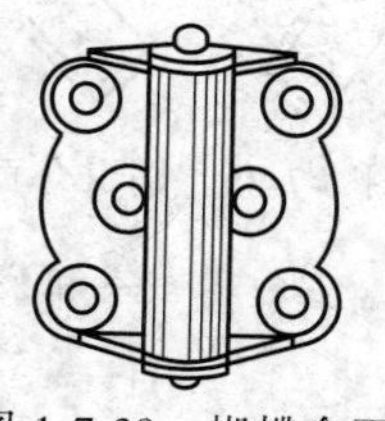

图 1-7-38　蝴蝶合页

【用途】 与单弹簧合页相似，多用于纱窗以及公共厕所、医院病房等的半截门上。

【规格】 见表 1-7-78。

表 1-7-78 蝴蝶合页 mm

规格	页片尺寸			配用木螺钉	
	长度	宽度	厚度	直径×长度	数量
70	70	72	1.2	4×30	6

7.3.17 自弹杯状暗合页

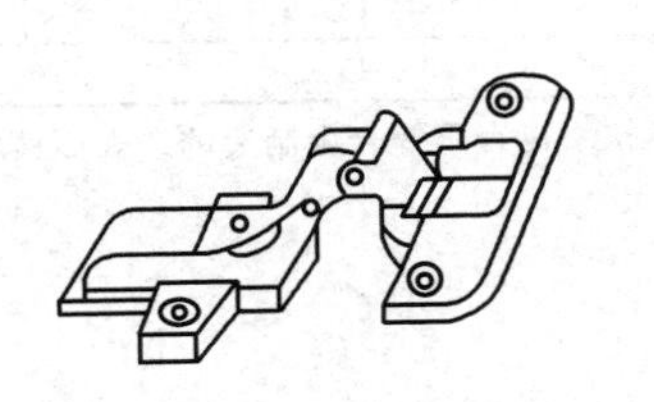

自弹杯状暗合页(直臂式)

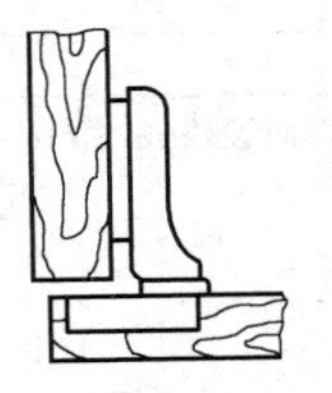

全遮盖式柜门用(直臂式暗合页)

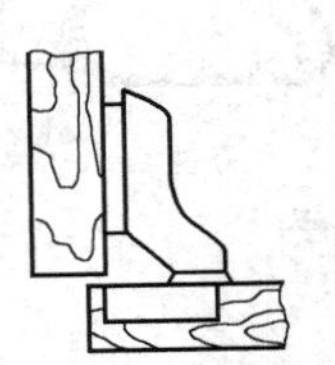

半遮盖式柜门(曲臂式暗合页)

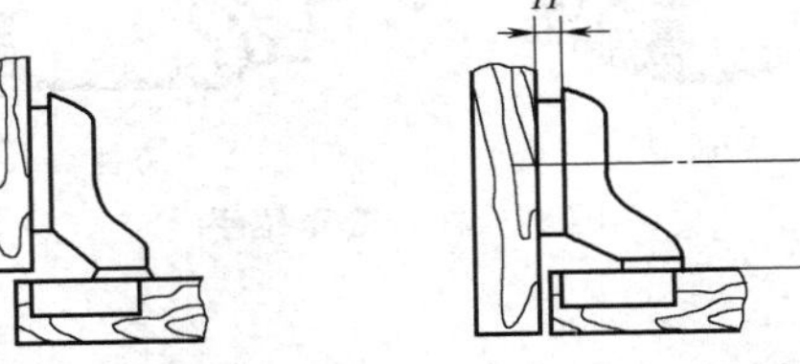

嵌式柜门用(大曲臂式暗合页)

图 1-7-39 自弹杯状暗合页

【用途】 自弹杯状暗合页主要用作板式家具的橱门与橱壁之间的连接件。其特点是利用弹簧弹力，开启时，橱门立即旋转到90°位置；关闭时，橱门不会自行开启，合页也不外露。安装合页时，可以很方便地调整橱门与橱壁之间的相对位置，使之端正、整齐。其由带底座的合页和基座两部分组成。基座装在橱壁上，带底座的合页装在橱门上。直臂式适用于橱门全部遮盖住橱壁的场合；曲臂式（小曲臂式）适用于橱门半盖遮住橱壁的场合；大曲臂式适用于橱门嵌在橱壁的场合。

【规格】 见表 1-7-79。

表 1-7-79 自弹杯状暗合页 mm

带底座的合页				基座				
形式	底座直径	合页总长	合页总宽	形式	中心距 P	底板厚 H	基座总长	基座总宽
直臂式	35	95	66	V形	28	4	42	45
曲臂式	35	90	66					
大曲臂式	35	93	66	K形	28	4	42	45

注：合页臂材料为低碳钢（表面镀铬）；底座及基座材料有尼龙（白色、棕色）和低碳钢（表面镀铬）两种。

7.3.18 小拉手

普通式(A型，门拉手，弓形拉手)

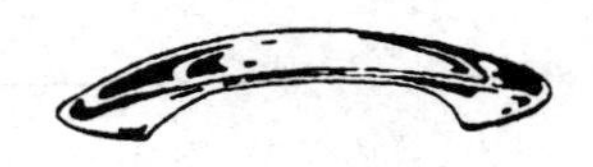

香蕉式(香蕉拉手)

图 1-7-40 小拉手

【用途】 装在一般木质房门或抽屉上，作推、拉房门或抽屉用，香蕉拉手也常用作工具箱、仪表箱上的拎手。

【规格】 见表 1-7-80。

表 1-7-80 小拉手 mm

拉手品种	普通式				香蕉式		
拉手规格(全长)	75	100	125	150	90	110	130
钉孔中心距(纵向)	65	88	108	131	60	75	90

配用螺钉(参考)						
	品种	沉头木螺钉				盘头螺钉
	直径	3	3.5	3.5	4	M3.5
	长度	16	20	20	25	25
	数目	4				2

注：拉手材料一般为低碳钢、表面镀铬或喷漆；香蕉拉手也有用锌合金制造的，表面镀铬。

7.3.19 蟹壳拉手

普通型

方型

图 1-7-41 蟹壳拉手

【其他名称】 蟹壳扣手、扣手。

【用途】 装在抽屉上，作拉启抽屉用。

【规格】 见表 1-7-81。

表 1-7-81 蟹壳拉手 mm

长度		65(普通)	80(普通)	90(方型)
配用木螺钉(参考)	直径×长度	3×16	3.5×20	3.5×20
	数目	3	3	4

注：拉手材料为低碳钢，表面镀锌（古铜或铬）也有采用黄铜的。

7.3.20 底板拉手

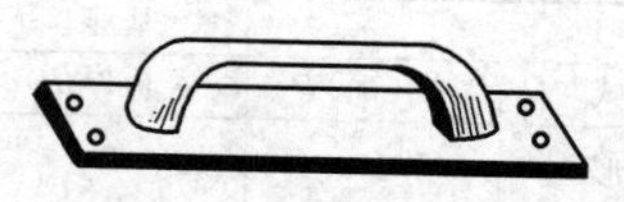

普通式

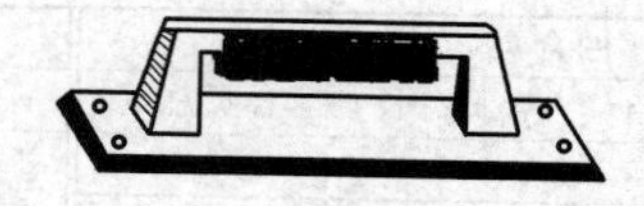

方柄式

图 1-7-42 底板拉手

【其他名称】 普通式：平板拉手。方柄式：方柄底板拉手。

【用途】 装在一般中型门窗上，作推、拉门扇用。

【规格】 见表 1-7-82。

表 1-7-82 底板拉手 mm

规格(底板全长)	普通式				方柄式			每副(2只)拉手附镀锌木螺钉	
	底板宽度	底板厚度	底板高度	手柄长度	底板宽度	底板厚度	手柄长度	直径×长度	数目
150	40	1.0	5.0	90	30	2.5	120	3.5×25	8
200	48	1.2	6.8	120	35	2.5	163	3.5×25	8

续表

规格（底板全长）	普通式				方柄式			每副(2只)拉手附镀锌木螺钉	
	底板宽度	底板厚度	底板高度	手柄长度	底板宽度	底板厚度	手柄长度	直径×长度	数目
250	58	1.2	7.5	150	50	3.0	196	4×25	8
300	66	1.6	8.0	190	55	3.0	240	4×25	8

注：拉手的底板、手柄材料为低碳钢（方柄式手柄也有为锌合金的），表面镀铬；方柄式手柄的托柄为塑料。

7.3.21 推板拉手

图 1-7-43 推板拉手

【用途】 装在一般房门或大门上，用作推、拉门扇用。

【规格】 见表 1-7-83。

表 1-7-83　推板拉手　mm

型号	拉手主要尺寸				每副(2只)拉手附件的品种、规格和数目,钢制品镀锌		
	规格（长度）	宽度	高度	螺栓孔数及中心距	双头螺栓	盖形螺栓	铜垫圈
X-3	200	100	40	两孔,140	M6×65,2	M6,4只	6,4只
	250	100	40	两孔,170	M6×65,2	M6,4只	6,4只
	300	100	40	三孔,110	M6×65,3	M6,6只	6,6只
228	300	100	40	两孔,270	M6×85,2	M6,4只	6,4只

注：拉手材料为铝合金、表面为银白色、古铜色或金黄色。

7.3.22 不锈钢双管拉手及三排拉手

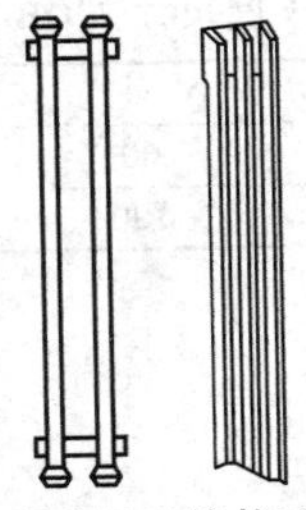

图 1-7-44 不锈钢双管拉手及三排拉手

【用途】 用于大型门扇，起装饰及保护作用。

【规格】 见表 1-7-84。

表 1-7-84　不锈钢双管拉手及三排拉手　mm

种　类	全　长	配用木螺母		材　质
		直径	数目	
不锈钢双管拉手	500,550,600,650,700,750,800	M4	6	1Cr18Ni9Ti 与铝合金（三排拉手用）
三排拉手	600,650,700,750,800,850,900,950,1000	M4	8	

7.3.23 铝合金门窗拉手（QB/T 3889—1999）

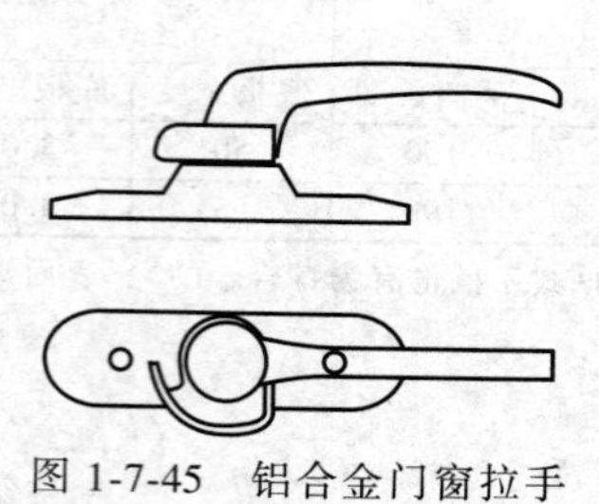

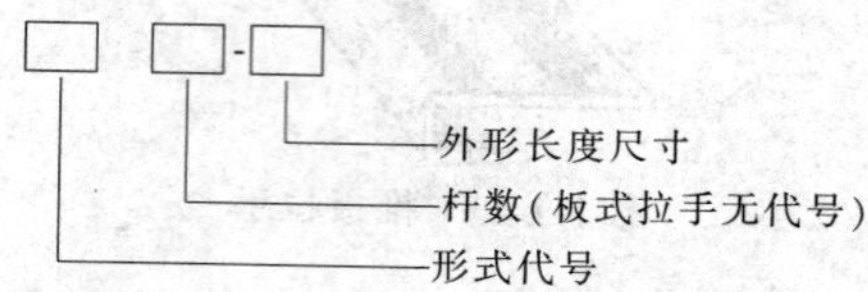

图 1-7-45 铝合金门窗拉手

【用途】 用于大型门扇，起装饰及保护作用。

【产品标记】

□ □-□

- 外形长度尺寸
- 杆数(板式拉手无代号)
- 形式代号

【规格】 见表 1-7-85～表 1-7-88。

表 1-7-85 门用拉手形式代号（QB/T 3889—1999）

形式名称	杆式	板式	其他
代　号	MG	MB	MQ

表 1-7-86 窗用拉手形式代号（QB/T 3889—1999）

形式名称	板式	盘式	其他
代　号	CB	CH	CQ

表 1-7-87 门用拉手外形长度尺寸（QB/T 3889—1999） mm

名　称	外形长度系列					
门用拉手	200	250	300	350	400	450
	500	550	600	650	700	750
	800	850	900	950	1000	

表 1-7-88 窗用拉手外形长度尺寸（QB/T 3889—1999） mm

名　称	外形长度			
窗用拉手	50	60	70	80
	90	100	120	150

7.3.24 圆柱拉手

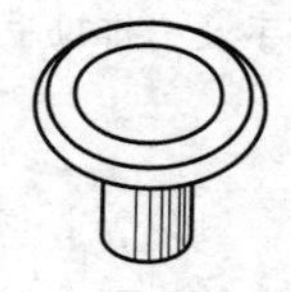

圆柱拉手

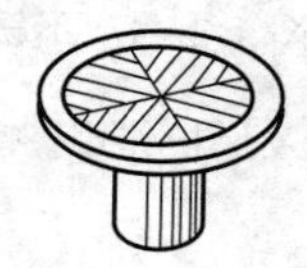

塑料圆柱拉手

图 1-7-46 圆柱拉手

【用途】 圆柱拉手可装在橱门或抽屉上，作拉启之用。

【规格】 见表 1-7-89。

表 1-7-89　　圆柱拉手　　mm

品　名	材　料	表面处理	圆柱拉手尺寸		配用镀锌半圆头螺钉和垫圈
			直　径	高　度	
圆柱拉手	低碳钢	镀铬	35	22.5	M5×25;垫圈 5
塑料圆柱拉手	ABS		40	20	M5×30

7.3.25　梭子拉手

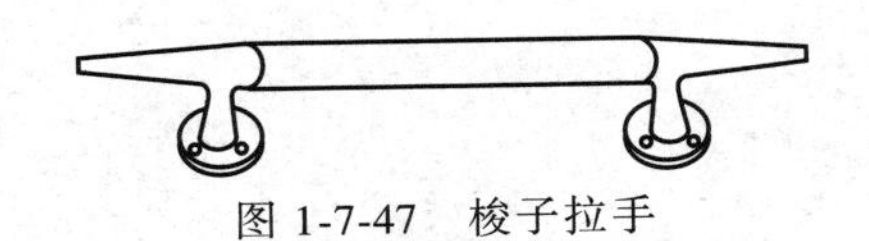

图 1-7-47　梭子拉手

【用途】 梭子拉手一般装在房门或大门上，作推拉门扇之用。

【规格】 见表 1-7-90。

表 1-7-90　　梭子拉手　　mm

规格(全长)	主要尺寸				每副(2只)拉手配用镀锌木螺钉	
	管子外径	高度	桩脚底座直径	两桩脚中心距	直径×长度	数　量
200	19	65	51	60	3.5×18	12
350	25	69	51	210	3.5×18	12
450	25	69	51	310	3.5×18	12

注：管子的材料为低碳钢；桩脚、梭头为灰铸铁，表面镀铬。

7.3.26　管子拉手

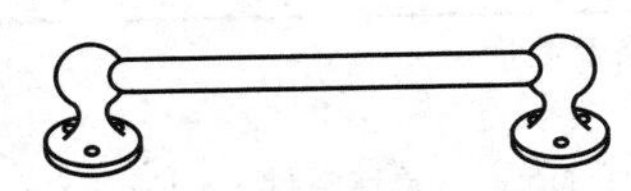

图 1-7-48　管子拉手

【用途】 管子拉手一般装在推拉较频繁的大门上。

【规格】 见表 1-7-91。

表 1-7-91　　管子拉手　　mm

主要尺寸	管子	长度(规格):250,300,350,400,450,500,550,600,650,700,750,800,850,900,950,1000
		外径×壁厚:32×1.5
	桩头	底座直径×圆头直径×高度:77×65×95
	拉手总长:管子长度+40	
每副(2只)拉手配用镀锌木螺钉(直径×长度):4×25,12只		

注：管子的材料为低碳钢，桩头为灰铸铁；或全为黄铜，表面镀铬。

7.3.27　方型大门拉手

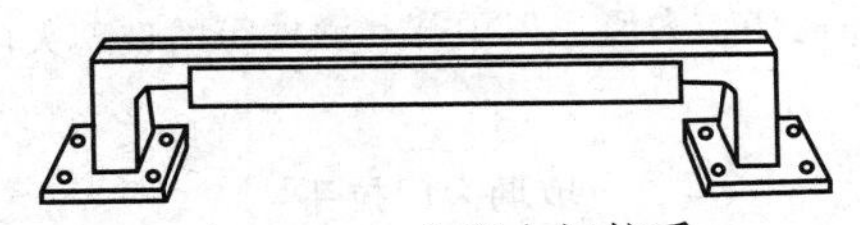

图 1-7-49　方型大门拉手

【用途】 方型大门拉手与管子拉手作用相同。

【规格】 见表 1-7-92。

表 1-7-92　　方型大门拉手　　mm

主要尺寸	手柄长度(规格)/托柄长度:250/190,300/240,350/290,400/320,450/370,500/420,550/470,600/520,650/550,700/600,750/650,800/680,850/730,900/780,950/830,1000/880 手柄断面宽度×高度:12×16 底板长度×宽度×厚度:80×60×3.5 拉手总长:手柄长度+64 拉手总高:54.5

注：每副（2只）拉手附镀锌木螺钉16只，直径×长度为4mm×25mm。

7.3.28　推挡拉手

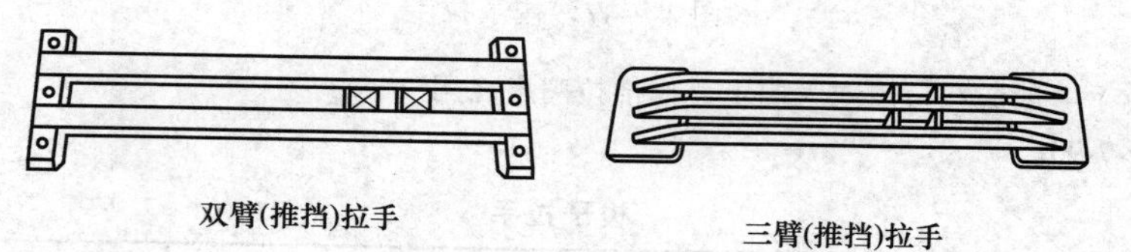

图 1-7-50　推挡拉手

【用途】 推挡拉手通常横向装在进出比较频繁的大门上，作推、拉门扇用，并起保护门上玻璃的作用。

【规格】 见表 1-7-93。

表 1-7-93　　推挡拉手　　mm

主要尺寸	拉手全长(规格): 双臂拉手——600,650,700,750,800,850 三臂拉手——600,650,700,750,800,850,900,950,1000 底板长度×宽度:120×50

注：1. 每副（2只）拉手附件的品种、规格及数量：

双臂拉手—4mm×25mm 镀锌木螺钉，12只。

三臂拉手—6mm×25mm 镀锌双头螺栓，4只；M6铜六角球螺母，8只；6mm铜垫圈，8只。

2. 拉手材料为铝合金，表面为银白色或古铜色；或为黄铜，表面抛光。

7.3.29　玻璃大门拉手

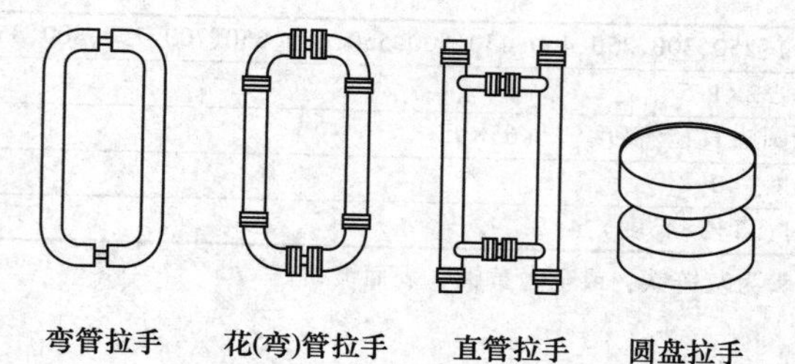

图 1-7-51　玻璃大门拉手

【用途】 玻璃大门拉手主要装在商场、大厦、俱乐部、酒楼等的玻璃大门上，作推、拉门扇用。

【规格】 见表 1-7-94。

表 1-7-94　　玻璃大门拉手　　mm

品种	代号	规　格	材料及表面处理
弯管拉手	MA113	管子全长×外径:600×51,457×38,457×32,300×32	不锈钢,表面抛光

续表

品种	代号	规格	材料及表面处理
花(弯)管拉手	MA112 MA123	管子全长×外径：800×51，600×51，600×32，457×38，457×32，350×32	不锈钢，表面抛光，环状花纹表面为金黄色；手柄部分也有用柚木、彩色大理石或有机玻璃制造
直管拉手	MA104	600×51，457×38 457×32，300×32	不锈钢，表面抛光，环状花纹表面为金黄色；手柄部分也有用彩色大理石、柚木制造
	MA122	800×54，600×54 600×42，457×42	
圆盘拉手(太阳拉手)		圆盘直径：160，180，200，220	不锈钢、黄铜，表面抛光；铝合金、表面喷塑(白色、红色等)；有机玻璃

7.3.30 平开铝合金窗拉手

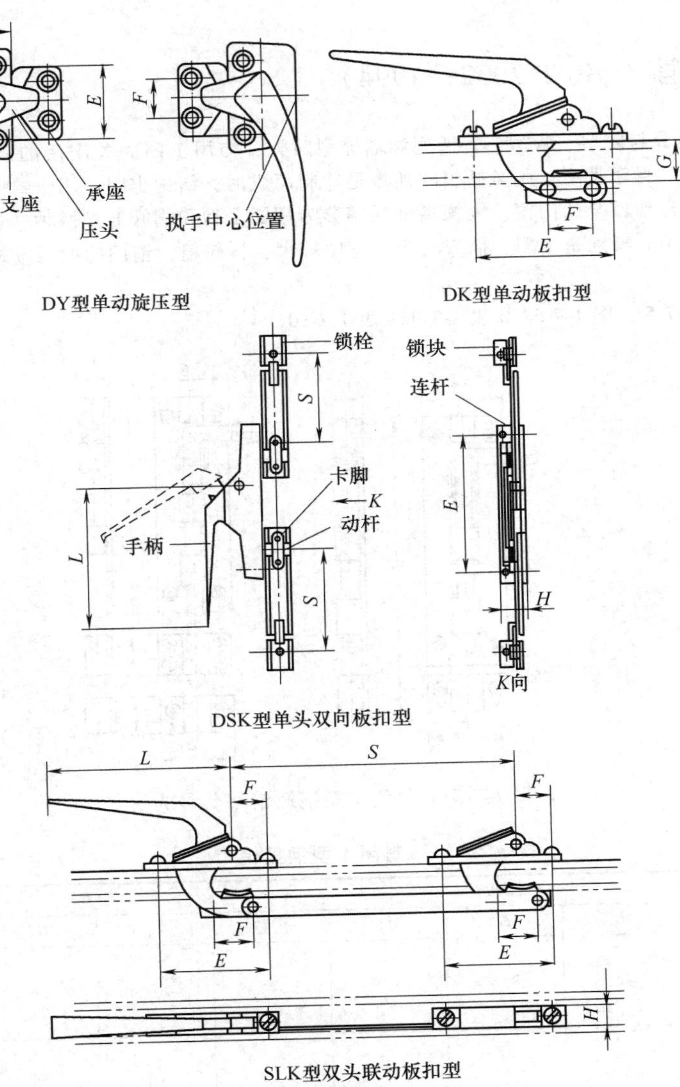

图 1-7-52 平开铝合金窗拉手

【用途】 用于铝合金平开窗、内开内倒窗、上悬窗系列。

【规格】 见表 1-7-95。

表 1-7-95　　平开铝合金窗拉手　　mm

形式	执手安装孔距 E		执手支座宽度 H		承座安装孔距 F		执手座底面至锁紧面距离 G		执手柄长度 L
	基本尺寸	极限偏差	基本尺寸	极限偏差	基本尺寸	极限偏差	基本尺寸	极限偏差	
DY 型	35	±0.5	29	±0.5	16	±0.5	—	—	≥70
			24		19				
DK 型	60		12		23		12	±0.5	
	70		13		25				
DSK 型	128		22		—		—	—	
SLK 型	60		12		23		12	±0.5	
	70		13		25				

注：1. 当安装孔为椭圆可调形时，表中安装孔距偏差不使用。

2. 联动杆长度 S 由供需双方协定。

7.3.31 钢插销（QB/T 2032—1994）

【用途】 钢插销分封闭型、管型、普通型和蝴蝶型四类，均用于闩固关闭后的门窗。封闭型钢插销又分为封闭Ⅰ型、封闭Ⅱ型和封闭Ⅲ型，此类插销的插板是冲制而成的，结构牢固，用于封闭密封要求较严的门窗。管型插销比较适合用于框架较窄的门窗。蝴蝶型钢插销分为蝴蝶Ⅰ型和蝴蝶Ⅱ型两种。这种插销横向安装于一般门扇上，关闭后作闩门用。特别是Ⅰ型，插板较短，宽度较大，杆较粗，销闩门的强度较高，特别适用于门梃较窄的门扇上。

【规格】 见图 1-7-53～图 1-7-58 和表 1-7-96～表 1-7-101。

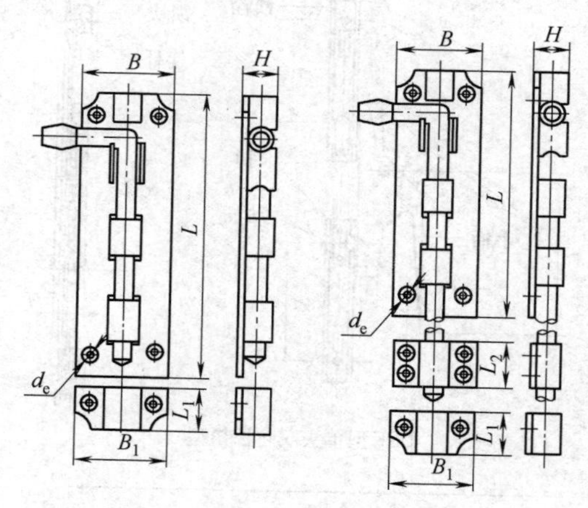

图 1-7-53　封闭Ⅰ型钢插销（代号为 F_1）

表 1-7-96　　封闭Ⅰ型钢插销　　mm

规格	插板					插座		插节	
	L	B	H	d_e	孔数	L_1	B_1	L_2	B
40	40	25	8.5	3.5	4	10	26	—	—
50	50								
65	65								
75	75	28.5		4					
100	100					15	32		
125	125				6				

续表

规格	插板					插座		插节	
	L	B	H	d_e	孔数	L_1	B_1	L_2	B
150	150	28.5		4	6	15	32	—	—
200	200	37	13	4.5		28	37		
250	150							50	37
300									
350	200								
400									
450									
500									
550									
600									

注：规格 40~75mm 插板管部为一段，大于 75mm 为二段。200mm 以上的插座为 4 孔。

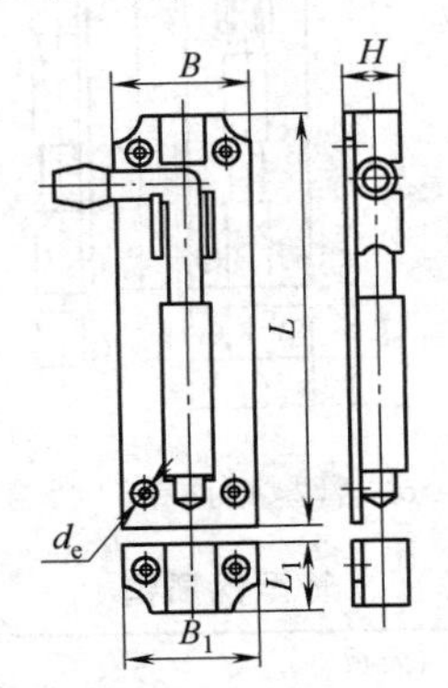

图 1-7-54　封闭Ⅱ型钢插销（代号为 F_2）

表 1-7-97　**封闭Ⅱ型钢插销**　mm

规格	插板					插座	
	L	B	H	d_e	孔数	L_1	B_1
40	40	25	8.5	3.5	4		
50	50						
65	65						
75	75	29	10.5	4		12	29
100	100						
125	125				6		
150	150						
200	200	36	13	4.5		15	36

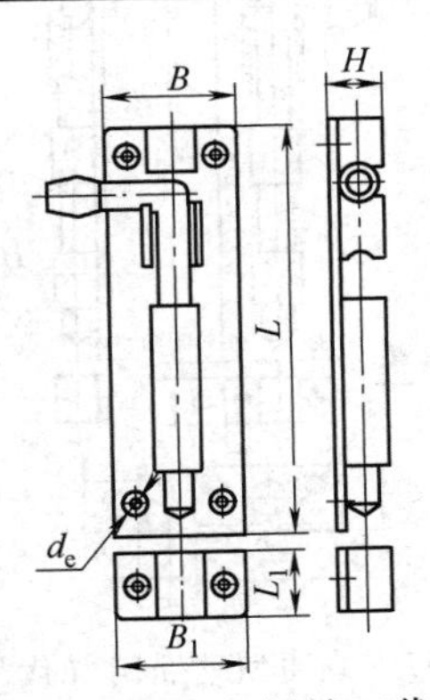

图 1-7-55　封闭Ⅲ型钢插销（代号为 F_3）

表 1-7-98

封闭Ⅲ型钢插销

mm

规格	插板					插座	
	L	B	H	d_e	孔数	L_1	B
75	75	33	10.5	4	4	14	37
100	100	33	10.5	4	4	14	37
125	125	35	11.5	4	6	14	37
150	150	35	11.5	4	6	14	37
200	200	40	13	4	6	13	45

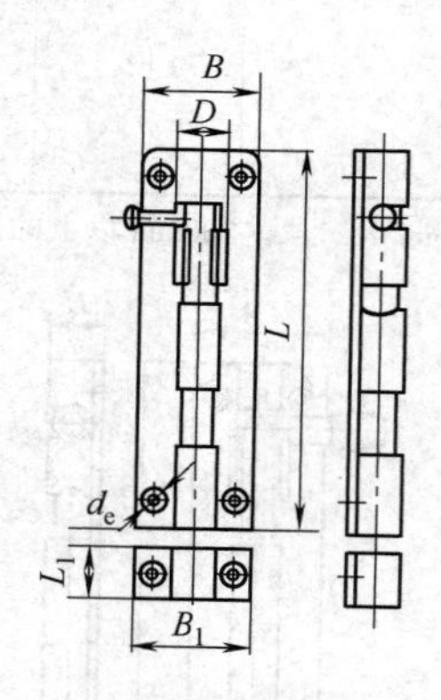

图 1-7-56　管型钢插销（代号为 G）

表 1-7-99

管型钢插销

mm

规格	插板					插座	
	L	B	D	d_e	孔数	L_1	B_1
40	40	23	6.5	3.5	4	11	23
50	50	23	6.5	3.5	4	11	23
65	65	23	6.5	3.5	4	11	23
75	75	23	6.5	3.5	4	11	23
100	100	26	7.8	4	6	14	26
125	125	26	7.8	4	6	14	26
150	150	26	7.8	4	6	14	26

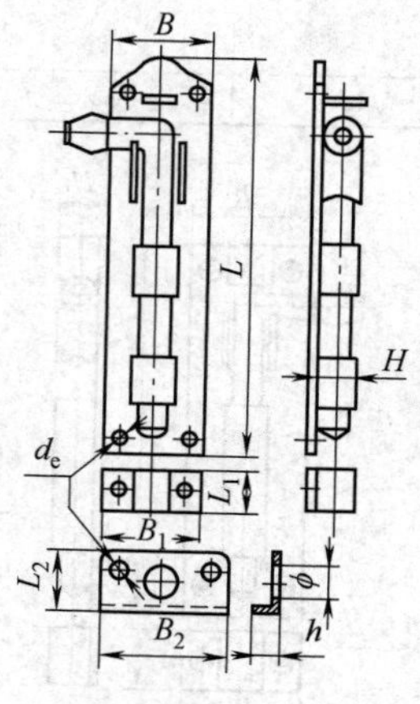

图 1-7-57　普通型钢插销（代号为 P）

表 1-7-100　　普通型钢插销　　mm

规格	插板						插座		插片	
	L	B	H	d_e	孔数	套圈个数	L_1	B_1	代号	数据
65	65	25	10.5	4	4	2	11	33	L_2	35
75	75									
100	100	28							B_2	15
125	125				6					
150	150									
200	200					3			h	5
250	250									
300	300						12	35	φ	9
350	350	32	12		8					
400	400									
450	450					4			d_o	2
500	500									
550	550									
600	600									

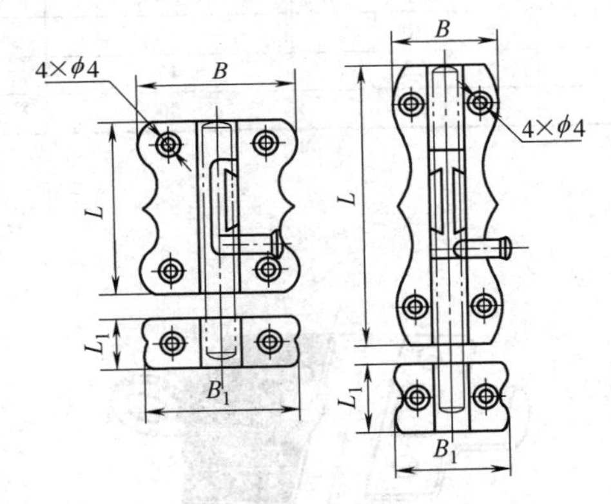

图 1-7-58　蝴蝶型钢插销（代号为 H，Ⅰ型为 H_1，Ⅱ型为 H_2）

表 1-7-101　　蝴蝶型钢插销　　mm

蝴蝶Ⅰ型					蝴蝶Ⅱ型				
规格	插板		插座		规格	插板		插座	
	L	B	L_1	B_1		L	B	L_1	B_1
40	40	35	15	35	40	40	29	15	31
					50	50			
50	50	44	20	44	65	65			
					75	75			

7.3.32　暗插销

【其他名称】 门边削、带扳手暗插销。

【用途】 装置在双扇门的一扇门上，用于固定关闭该扇门。插销嵌装在该扇门的侧面。其特点是该扇门关闭后，插销不外露。

【规格】 见表 1-7-102。

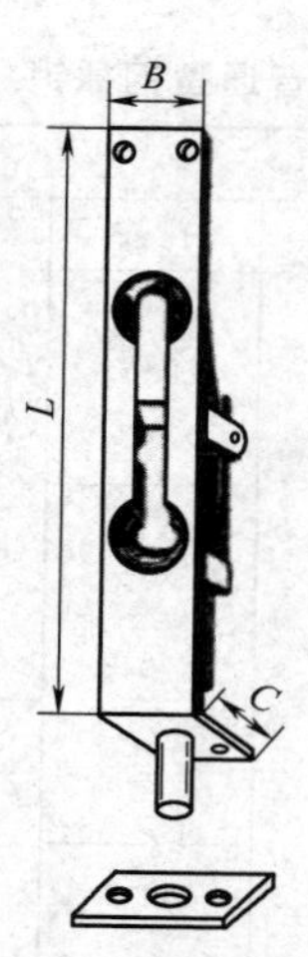

图 1-7-59　暗插销

表 1-7-102

暗插销（铝合金制）

mm

规格	主要尺寸			配用木螺钉(参考)	
	长度 L	宽度 B	深度 C	直径×长度	数目
150	150	20	35	3.5×18	5
200	200	20	40	3.5×18	5
250	250	22	45	4×25	5
300	300	25	50	4×25	6

7.3.33　翻窗插销

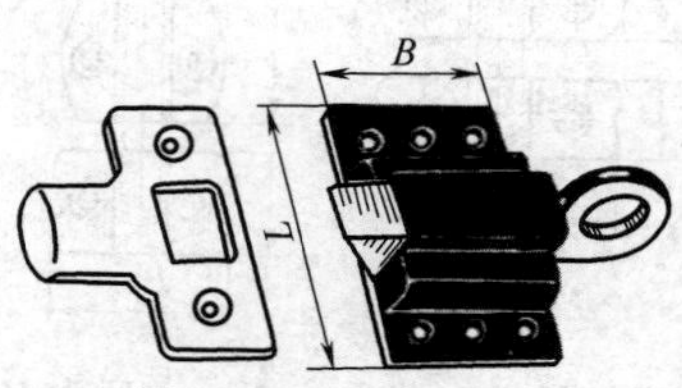

图 1-7-60　翻窗插销

【其他名称】　天窗插销、弹簧插销、飞机插销。

【用途】　适用于住宅、办公室、教室、养蚕室、仓库、工厂等的中悬式或下悬式气窗上，作闩住关闭时的气窗之用。如气窗位置较高，不便启闭时，可在插销的拉环上系一根绳子，以便在下面用绳子拉动插销，启闭气窗。

【规格】　见表 1-7-103。

表 1-7-103

翻窗插销

mm

规格（长度 L）	本体宽度 B	滑板		削舌伸出长度	配用木螺钉(参考)	
		长度	宽度		直径×长度	数目
50	30	50	43	9	3.5×18	6
60	35	60	46	11	3.5×20	6
70	45	70	48	12	3.5×22	6

7.3.34　铝合金门插销（QB/T 3885—1999）

【用途】　适用于装置在铝合金平开门、弹簧门上。

【规格】　见表 1-7-104。

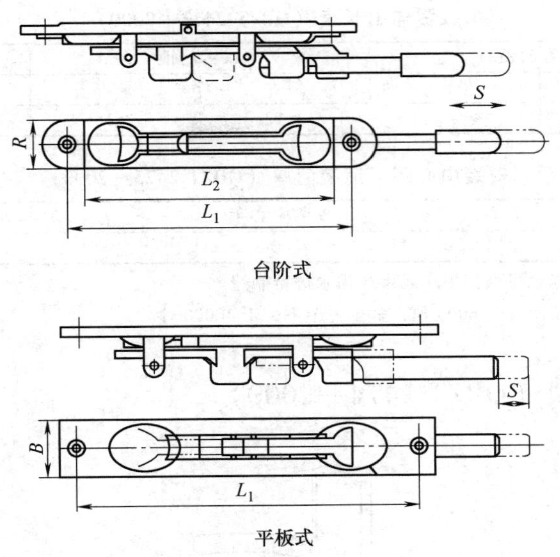

图 1-7-61　铝合金门插销

表 1-7-104　　铝合金门插销主要尺寸（QB/T 3885—1999）　　mm

行程 S	宽度 B	孔距 L_1		台阶 L_g	
		基本尺寸	极限偏差	基本尺寸	极限偏差
>16	22	130	±0.20	110	±0.25
	25	155			

7.4 门 锁 类

7.4.1 外装门锁（QB/T 2473—2000）

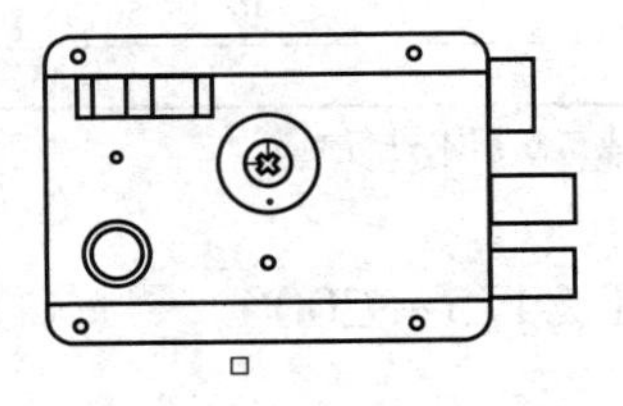

图 1-7-62　外装门锁

【用途】 外装门锁是锁体安装在门厅表面上的锁，一般适用于楼房外大门、各居宅的外门或厅门上。其品种分别有单舌锁、双舌锁（或多舌锁）及双扣锁（俗称老虎锁）等。单舌锁、双舌锁或多舌锁在运动时一般呈水平方向；而双扣锁则在运动时锁舌呈垂直方向。

【规格】 见表 1-7-105～表 1-7-107。

表 1-7-105　　互开率（QB/T 2473—2000）　　%

锁头结构	单排弹子		多排弹子	
	A 级(安全型)	B 级(普通型)	A 级(安全型)	B 级(普通型)
数值	≤0.082	≤0.204	≤0.030	≤0.050

表 1-7-106　　锁舌伸出长度（QB/T 2473—2000）　　mm

产品形式	单舌门锁		双舌门锁		双扣门锁	
	斜舌	呆舌	斜舌	呆舌	斜舌	呆舌
数值	≥12	≥14.5	≥12	≥18	≥4.5	≥8

表 1-7-107　　安装中心距、适装门厚（QB/T 2473—2000）　　mm

项　目	安装中心距	适装门厚
数　值	60	35~55

注：1. 安装中心距、适装门厚也可根据用户或市场需求进行制造。
2. 钥匙不同牙花数：单排弹子不少于 6000 种；多排弹子不少于 40000 种。

7.4.2　弹子插芯门锁（QB/T 2474—2000）

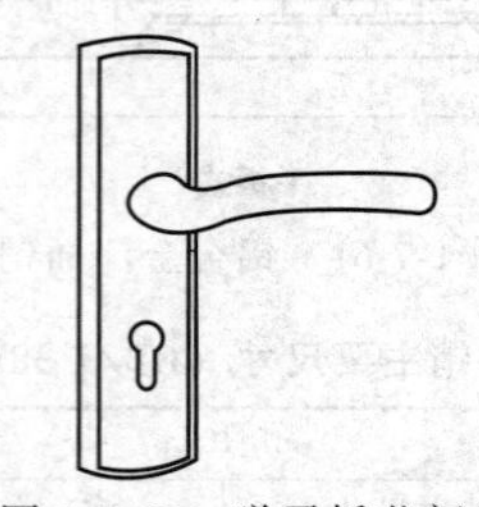

图 1-7-63　弹子插芯门锁

【用途】 适用于各种平开和推拉门上。

【规格】 见表 1-7-108 和表 1-7-109。

表 1-7-108　　钥匙不用牙花数、互开率（QB/T 2474—2000）　　mm

项目名称		单排弹子	多排弹子
钥匙不同牙花数/种	≥	6000	50000
互开率/%	≤	0.204	0.051

表 1-7-109　　安装中心距、适装门厚（QB/T 2474—2000）　　mm

序号	项　目	基本尺寸	极限偏差
1	安装中心距	40,45,50,55,60,70	±0.8
2	适装门厚	35~50(钢门 26~32)	

注：安装中心距、适装门厚也可根据用户或市场需求进行制造。

7.4.3　叶片插芯门锁（QB/T 2475—2000）

图 1-7-64　叶片插芯门锁

【用途】 适用于各种平开门上。

【规格】 见表 1-7-110 和表 1-7-111。

表 1-7-110　　锁舌伸出长度（QB/T 2475—2000）　　mm

类　型	一挡开启	二挡开启
方　舌	≥12	第一挡　≥8 第二挡　≥16
斜　舌	≥10	

表 1-7-111　　安装中心距、适装门厚（QB/T 2475—2000）　　mm

序　号	项　目	基本尺寸	极限偏差
1	安装中心距	40,45,53,60,65,70	±0.8
2	适装门厚	35~50	

注：安装中心距、适装门厚也可根据用户或市场需求进行制造。

7.4.4　球形门锁（QB/T 2476—2017）

图 1-7-65　球形门锁

【用途】　适用于安装在木门、钢门、铝合金门及塑料门上使用。

【规格】　见表 1-7-112~表 1-7-115。

表 1-7-112　　钥匙不同牙花数（QB/T 2476—2017）

锁头结构	弹子球锁		叶片球锁	
	单排弹子	多排弹子	无级差	有级差
数　值	≥6000	≥100000	≥500	≥6000

表 1-7-113　　互开率（QB/T 2476—2017）　　%

级　别	弹子球锁		叶片球锁	
	单排弹子	多排弹子	无级差	有级差
A	≤0.082	≤0.010	—	≤0.082
B	≤0.204	≤0.020	≤0.326	≤0.204

表 1-7-114　　锁舌伸出长度（QB/T 2476—2017）　　mm

级　别	球形锁	固定锁	拉手套锁	
			方舌	斜舌
A	≥12	≥25	≥25	≥11
B	≥11			

表 1-7-115　　安装中心距、适装门厚（QB/T 2476—2017）　　mm

序号	项　目	球形门锁	固定锁		拉手套锁
1	安装中心距	60,70,90	60,70		60,70
2	适装门厚	35~50	单锁头	双锁头	35~45
			35~50	35~45	

注：安装中心距、适装门厚也可根据用户或市场需求进行制造。

7.4.5 铝合金门锁（QB/T 3891—1999）

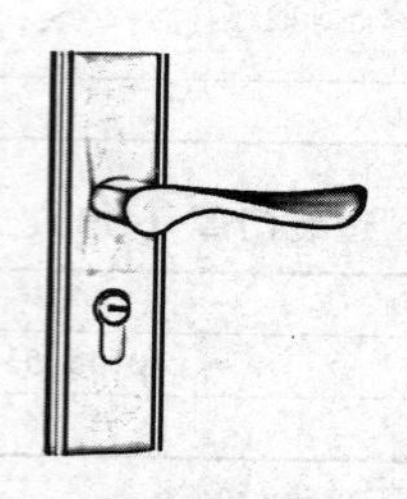

图 1-7-66　铝合金门锁

【用途】 适用于装置在铝合金平开门、弹簧门上。

【规格】 见表 1-7-116 和表 1-7-117。

表 1-7-116　　铝合金门锁形式尺寸（QB/T 3891—1999）　　mm

安装中心距	基本尺寸				
	13.5	18	22.4	29	35.5
锁舌伸出长度	≥8		≥10		

表 1-7-117　　安装中心距偏差及锁舌伸出长度值（QB/T 3891—1999）　　mm

安装中心距	基本尺寸					极限偏差
	13.5	18	22.4	29	35.5	±0.65
锁舌伸出长度	≥8		≥10			

7.4.6 铝合金窗锁（QB/T 3890—1999）

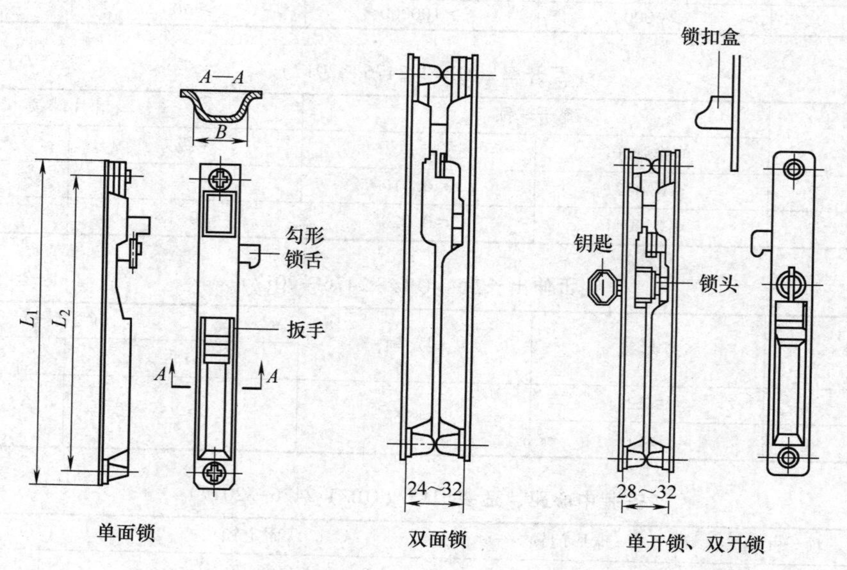

图 1-7-67　铝合金窗锁

【用途】 适用于装置在铝合金窗上，作开启之用。

【规格】 见表 1-7-118。

表 1-7-118　铝合金窗锁规格尺寸（QB/T 3890—1999）　mm

规格尺寸	B	12	15	17	19
安装尺寸	L_1	87	77	125	180
	L_2	80	87	112	168

7.4.7　弹子门锁

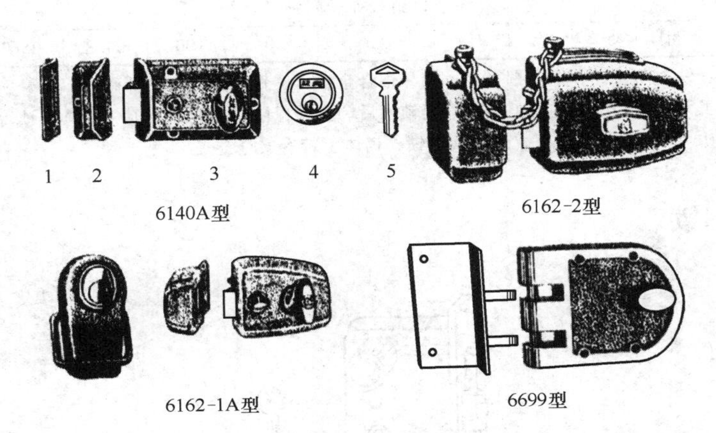

图 1-7-68　弹子门锁

【其他名称】 外装单舌门锁、弹子复锁、司必令锁。

【用途】 装在门扇上作锁闭门扇用。门扇锁闭后，室内用持手开启，室外用钥匙开启。室内保险机构的作用是：门扇锁闭后，室外用钥匙也无法开启；或将锁舌保险在锁体内后，可使门扇自由推开。室外保险机构的作用是：门扇锁闭后，室内用执手也无法开启。锁舌保险机构的作用是：门扇锁闭后，锁舌即不能自由伸缩，阻止室外用异物拨动锁舌开启门扇。这是具有锁体防御性能的锁。门扇锁闭后，室内无法把锁体从门扇上拆卸下来。带拉环的锁，可以利用拉环推、拉门扇，门扇上可不另装拉手。带安全链的锁，可以利用安全链使门扇只能开启一个微小角度，阻止陌生人利用开门机会突然闯入室内。销式锁，室外无法用异物撬开锁舌，这种锁特别适用于移动门上。一般锁都配以锁横头，适用于内开门上；如用于外开门上，应将锁横头换成锁扣板（锁扣板须另外购买）。

【规格】 见表 1-7-119。

表 1-7-119　弹子门锁　mm

型号	零件材料			保险机构			防御性能	锁体尺寸					适用门厚
	锁体	锁舌	钥匙	室内	室外	锁舌		锁头中心距	宽度	高度	厚度	锁舌伸出长度	
(1)普通弹子门锁													
6041	铁	铜	铝	有	无	无	无	60	90.5	65	27	13	35~55
(2)双保险弹子门锁													
1939-1	铁	铜	铜	有	有	无	无	60	90.5	65	27	13	35~55
6140A	铁	铜	铜	有	有	无	无	60	90	60	25	15	38~58
6140B	铁	锌	铝	有	有	无	无	60	90	60	25	15	38~58
6152	铁	锌	铝	有	有	无	无	60	90.5	65	27	13	35~55
(3)三保险弹子门锁													
6162-1	钢	铜	铜	有	有	有	有	60	90	70	29	17	35~55
6162-1A	钢	铜	铜	有	有	有	有	60	90	70	29	17	35~55

续表

型号	零件材料			保险机构			防御性能	锁体尺寸					适用门厚
	锁体	锁舌	钥匙	室内	室外	锁舌		锁头中心距	宽度	高度	厚度	锁舌伸出长度	
(3)三保险弹子门锁													
6162-2	钢	铜	铜	有	有	有	有	60	90	70	29	17	35~55
6163	钢	铜	铜	有	有	有	有	60	90	70	29	17	35~55
(4)销式弹子门锁													
6699	锌	锌	铜	无	无	有	无	60	100	64.8	25.3	—	35~55

注：1. 零件材料栏中：铁—灰铸铁；铜—铜合金；铝—铝合金；锌—锌合金；钢—低碳钢。

2. 双保险弹子门锁，虽无锁舌保险机构，但是当门扇锁闭后和室外保险机构起作用时，尚具有锁舌保险机构作用。

3. 6162-1A、6163 型锁，锁头上带有拉环。6162-2 型锁，锁体上带有安全链。

7.4.8 恒温室门锁

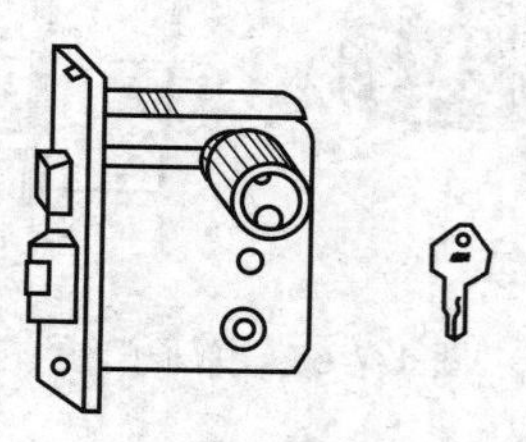

图 1-7-69　恒温室门锁

【用途】 恒温室门锁是特制锁体，双锁舌、单锁头、旋钮、执手插芯门锁，适宜于 65~75mm 厚的平口、甲种斜口、乙种斜口的恒温门，用于工厂、科研单位的恒温室门上，可锁门或防风。

【规格】 见表 1-7-120。

表 1-7-120　恒温室门锁　mm

型号	锁体尺寸			适用门梃厚度
	宽度	高度	厚度	
300	112	130	22	65~70
301				
302				

注：门梃厚度不符合规定时，必须定制。

7.4.9 防风插芯门锁

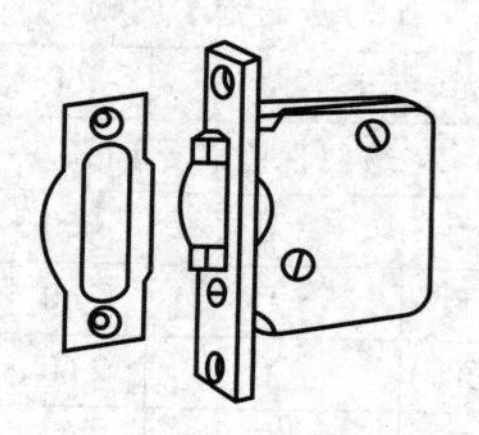

图 1-7-70　防风插芯门锁

【用途】 安装在平时易开的门上，要避免因风力或别的原因门无法关上。只要推门或拉门即可开启。

【规格】 见表 1-7-121。

表 1-7-121　　防风插芯门锁　　mm

型号	锁体尺寸			适用门厚度
	宽度	高度	厚度	
901	60	60	16	35~50
9405				

7.4.10　密闭门执手锁

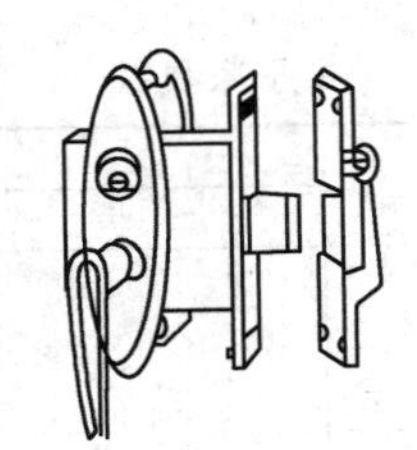

图 1-7-71　密闭门执手锁

【用途】 专门用于要求隔音的密闭室的门上，如播音室、诊疗室等。

【规格】 见表 1-7-122。

表 1-7-122　　密闭门执手锁　　mm

型　　号	锁体(宽×高×厚)	适于门厚度
400 左内开	115×112×20	60~120
401 右内开		

7.4.11　玻璃柜门锁、橱柜移门锁

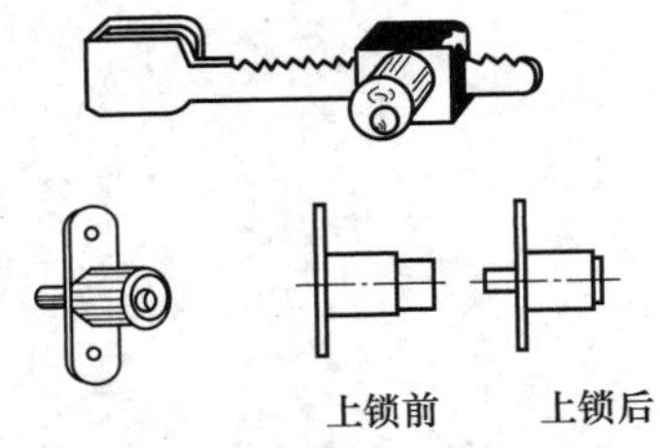

图 1-7-72　玻璃柜门锁、橱柜移门锁

【用途】 安装在书柜、展览橱柜等移动玻璃门上。移门锁专用于横移式门上。

【规格】 见表 1-7-123。

表 1-7-123　　玻璃柜门锁、橱柜移门锁　　mm

型　　号	锁头直径	锁头高度	齿条长
玻璃门锁、圆形弹子式	18,22	16,16.7	120
椭圆形弹子式	17×21		
橱柜移门锁	19,22	26,30	—

7.4.12　弹子家具锁

【用途】 用于锁抽屉时：低锁头式适用于板壁较薄的抽屉；蟹钳式锁住抽屉后无法撬开锁舌，更安全，斜舌式锁闭时不用钥匙。推进抽屉即被锁住，较方便。用于锁柜门时，分左柜门锁和右柜门锁两种。

【规格】 见表 1-7-124。

普通式

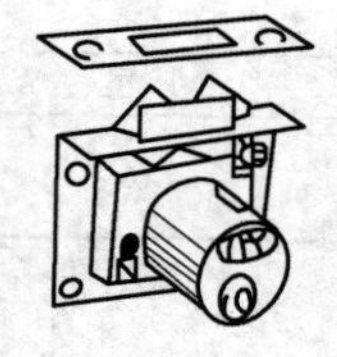

蟹钳式

斜舌式

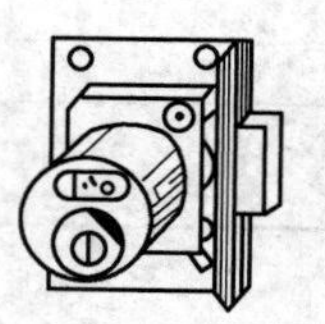

右柜门锁

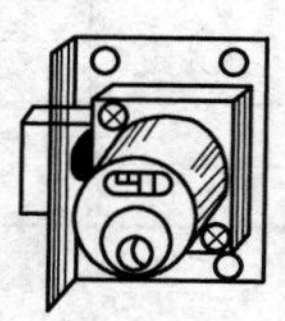

左柜门锁

图 1-7-73　弹子家具锁

表 1-7-124　　弹子家具锁　　mm

<table>
<tr><th rowspan="2">锁头类型</th><th rowspan="2">锁头直径</th><th colspan="2">底板</th><th rowspan="2">总高</th></tr>
<tr><th>长</th><th>宽</th></tr>
<tr><td>方式(普通式)</td><td>16,18</td><td rowspan="4">53</td><td rowspan="4">40.2</td><td rowspan="3">28</td></tr>
<tr><td>蟹钳式</td><td>20,22</td></tr>
<tr><td>斜舌式</td><td>22.5</td></tr>
<tr><td>低锁头式,低锁头蟹钳式</td><td rowspan="3">22.5</td><td>24.6</td></tr>
<tr><td>左柜门锁</td><td rowspan="2">20</td><td rowspan="2"></td><td rowspan="2"></td></tr>
<tr><td>右柜门锁</td></tr>
</table>

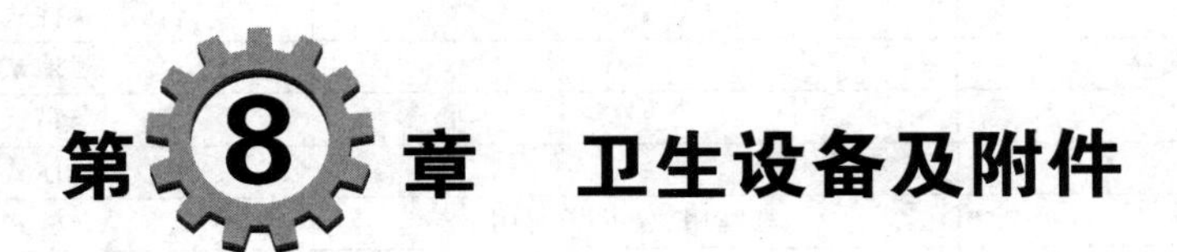

第8章 卫生设备及附件

8.1 卫生设备

8.1.1 卫生陶瓷概况（GB 6952—2015）

【定义】 瓷质卫生陶瓷：由黏土或其他无机物质经混炼、成型、高温烧制而成的，用作卫生实施的，吸水率≤0.5%的有釉陶瓷制品。其产品分类见表1-8-1。

陶质卫生陶瓷：由黏土或其他无机物质经混炼、成型、高温烧制而成的，用作卫生实施的，8.0%≤吸水率<15.0%的有釉陶瓷制品。其产品分类见表1-8-2。

表1-8-1 瓷质卫生陶瓷产品分类（GB 6952—2015）

种类	类型	结构	安装方式	排污方向	按用水量分	按用途分
坐便器 （单冲式和双冲式）	挂箱式 坐箱式 连体式 冲洗阀式	冲落式 虹吸式 喷射虹吸式 旋涡虹吸式	落地式 壁挂式	下排式 后排式	普通型 节水型	成人型 幼儿型 残疾人/老年人专用型
蹲便器	挂箱式 冲洗阀式	—	—	—	普通型 节水型	成人型 幼儿型
洗面器、洗手盆	—	—	台式 立柱式 壁挂式 柜式	—	—	—
小便器	—	冲落式 虹吸式	落地式 壁挂式	—	普通型 节水型 无水型	—
净身器	—	—	落地式 壁挂式	—	—	—
洗涤槽	—	—	台式 壁挂式	—	—	住宅用 公共场所用
水箱	带盖水箱 无盖水箱	—	壁挂式 坐箱式 隐藏式	—	—	—
小件卫生陶瓷	皂盒、手纸盒等	—	—	—	—	—

表 1-8-2　　　　陶质卫生陶瓷产品分类（GB 6952—2015）

种　　类	类　　型	安装方式
洗面器、洗手盆	—	台式、立柱式、壁挂式、柜式
不带存水弯的小便器	—	落地式、壁挂式
水箱	—	坐箱式、壁挂式
净身器	—	落地式、壁挂式
洗涤槽	家庭用、公共场所用	立柱式、壁挂式
淋浴盘	—	—
小件卫生陶瓷	皂盒、手纸盒等	—

【产品分类代码】 GB 6952 中涉及的卫生陶瓷产品由代码来识别，代码组成形式为：

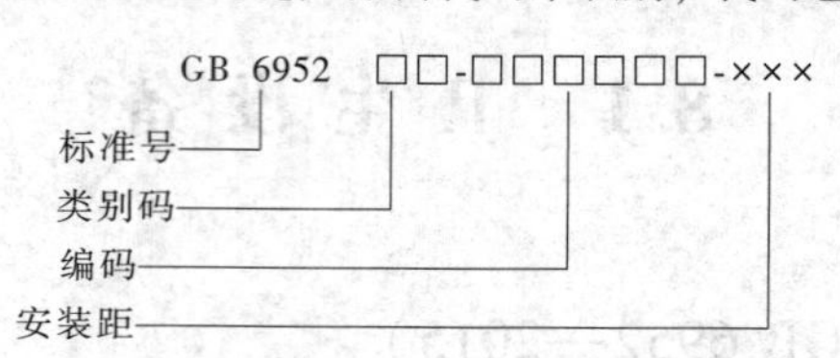

类别码：

第一个字母表明产品类别：C＝瓷质

NC＝炻陶质

第二个字母表明产品类型：Z＝坐便器

M＝洗面器

X＝小便器

D＝蹲便器

J＝净身器

C＝洗涤槽

S＝水箱

P＝洗手盆

各类卫生陶瓷产品编码见表 1-8-3。

表 1-8-3　　　　各类卫生陶瓷产品编码

类别	第 1 个编码		第 2 个编码		第 3 个编码		第 4 个编码		第 5 个编码		第 6 个编码	
坐便器	类型	编码	安装	编码	排污	编码	规格	编码	用途	编码	用水量	编码
	挂箱式	1	落地式	1	下排式	1	普通型	1	成人	A	普通型	P
	坐箱式	2	壁挂式	2	后排式	2	加长型	2	幼儿	B	节水型	J
	连体	3			其他	3			残疾人/老年人	C		
	冲洗阀式	4										
洗面器、洗手盆	类型	编码	安装	编码	龙头孔							
	台式	A	台上	1	单孔	1						
	立柱式	B	台下	2	双孔	2						
	壁挂式	C	平板	3	三孔	3						
	柜式	G	陶瓷柱	4								
			金属架	5								
			明挂	6								
			暗挂	7								
小便器	安装	编码	排污	编码	用水量	编码						
	落地式	1	带存水弯	1	普通型	P						
	壁挂式	2	不带存水弯	2	节水型	J						
蹲便器	类型	编码	排污	编码	挡板	编码	用途	编码	用水量	编码		
	挂箱式	1	带存水弯	1	有挡板	1	成人	A	普通型	P		
	冲洗阀	2	不带存水弯	2	无挡板	2	幼儿	B	节水型	J		

续表

类别	第1个编码		第2个编码		第3个编码		第4个编码		第5个编码		第6个编码	
净身器	安装	编码	龙头孔	编码								
	落地式	1	单孔	1								
	壁挂式	2	双孔	2								
			三孔	3								
			四孔	4								
			无孔	5								
洗涤槽	类型	编码	安装	编码	挡板	编码	用途	编码				
	单联	1	台式	1	后挡板	1	家庭用	A				
	双联	2	壁挂式	2	无挡板	2	公共场所用	B				
水箱	类型	编码	安装	编码	用途	编码	启动方式	编码	用法	编码	开关部位	编码
	带盖水箱	1	坐箱式	1	重力式	1	机械式	1	单按	1	顶按	1
	无盖水箱	2	壁挂式	2	压力式	2	感应式	2	双按	2	侧按	2

【外观质量】 见表 1-8-4。

表 1-8-4　卫生陶瓷外观缺陷最大允许范围

缺陷名称	洗净面	可见面	其他区域
开裂、坯裂/mm	不准许		不影响使用的允许修补
釉裂、棕眼/mm	不准许		允许有不影响使用的缺陷
大釉泡、色斑、坑包/个	不准许		
针孔/个	总数2	1；总数5	
中釉泡、花斑/个	总数2	1；总数6	
小釉泡、斑点/个	1：总数2	2；总数8	
波纹/mm^2	≤2600		
缩釉、缺釉/mm^2	不准许		
磕碰/mm^2	不准许		$20mm^2$ 以下2个
釉缕、桔釉、釉粘、坯粉、落脏、剥边、烟熏、麻面	不准许		—

注：1. 数字前无文字或符号时，表示一个标准面允许的缺陷数。

2. 0.5mm 以下的不密集针孔可不计。

【最大允许变形】 见表 1-8-5。

表 1-8-5　卫生陶瓷最大允许变形

mm

产品名称	安装面	表面	整体	边缘
坐便器/净身器	3	4	6	—
洗面器、洗手盆	3	6	20mm/m，最大12	4
小便器	5	20mm/m，最大12	20mm/m，最大12	—
蹲便器	6	5	8	4
洗涤槽	4	20mm/m，最大12	20mm/m，最大12	5
水箱	底3 墙8	4	5	4
淋浴盘	—	20mm/m，最大12	20mm/m，最大12	—

注：形状为圆形或艺术造型的产品，边缘变形不作要求。

【尺寸允许偏差】 见表 1-8-6。

表 1-8-6　卫生陶瓷尺寸允许偏差

mm

尺寸类型	尺寸范围	允许偏差	尺寸类型	尺寸范围	允许偏差
外形尺寸	—	规格尺寸×(±3%)	孔眼圆度	$\phi \leqslant 70$	2
孔眼直径	$\phi \leqslant 30$	±2		$70<\phi \leqslant 100$	4
	$30<\phi \leqslant 80$	±3		$\phi>100$	5
	$\phi>80$	±5	孔眼中心距	≤100	±3
				>100	规格尺寸×(±3%)

续表

尺寸类型	尺寸范围	允许偏差	尺寸类型	尺寸范围	允许偏差
孔眼距产品中心线偏移	≤100 >100	3 规格尺寸×3%	安装孔平面度	—	2
			下排式便器排污口安装距	—	0 -30
孔眼距边	≤300 >300	±9 规格尺寸×(±3%)	落地式后排坐便器排污口安装距	—	+15 -10

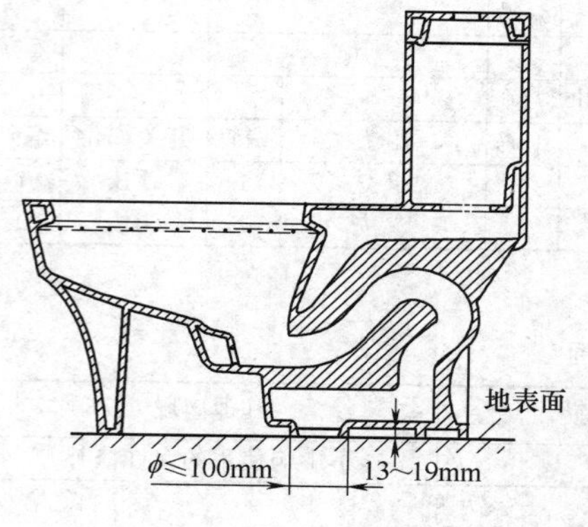

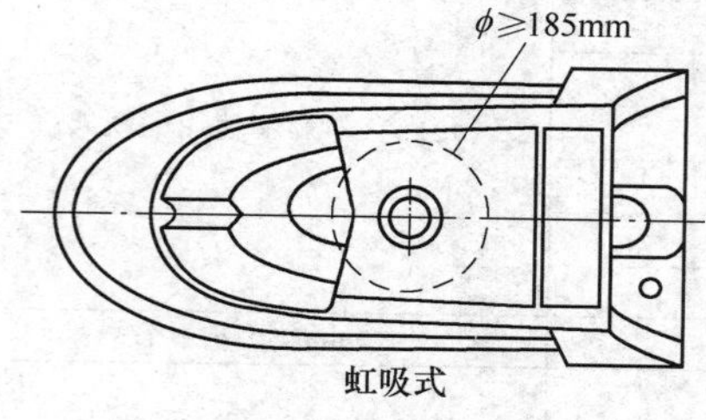

图 1-8-1 坐便器排污口尺寸要求示意图（一）

【卫生陶瓷产品重要尺寸】

(1) 坐便器排污口安装距

下排式坐便器排污口安装距应为 305mm，有需要时可为 200mm 或 400mm。特殊情况可按合同要求。

后排落地式坐便器排污口安装距应为 180mm 或 100mm。特殊情况可按合同要求。

(2) 坐便器和排污口尺寸

下排式坐便器排污口外径应不大于 100mm，后排式坐便器排污口外径应为 102mm；虹吸式坐便器安装深度应为 13~19mm；下排虹吸式坐便器排污口周围应具备直径不小于 185mm 的安装空间，其他类型坐便器排污口周围应具备直径不小于 150mm 的安装空间；冲落后排式坐便器的排污管的长度不得小于 40mm。

坐便器排污口尺寸应符合图 1-8-1 和图 1-8-2 的规定。

(3) 蹲便器排污口外径

蹲便器排污口外径应不大于 107mm。

(4) 壁挂式坐便器安装螺栓孔间距

壁挂式坐便器安装螺栓孔间距应符合图 1-8-3 的规定。

壁挂式坐便器的所有安装螺栓孔直径应为 20~27mm，或为加长型螺栓孔。

(5) 水封深度

所有带整体存水弯便器的水封深度应不小于 50mm。

(6) 坐便器水封表面尺寸

安装在水平面的坐便器水封表面尺寸应不小于 100mm×85mm。坐便器水分表面尺寸应符合图 1-8-4 的规定。

(7) 存水弯最小通径

坐便器存水弯水道应能通过直径为 41mm 的固体球。

带整体存水弯蹲便器水道应能通过直径为 41mm 的固体球。

带整体存水弯的喷射虹吸式小便器和冲落式小便器的水道应能通过直径为 23mm 的固体球，或水道截面积应小于 4.2cm^2。其他类型的小便器的水道应通过直径为 19mm 的固体球，或水道截面积应大于 2.8cm^2。

(8) 坐便器盖安装孔尺寸

安装孔直径应为 15mm。

中心距应为 140mm 或 155mm。

坐便器安装孔与边距离：成人普通型应为 419mm，成人加长型应为 470mm，幼儿型应为 380mm。

(9) 坐便器坐圈尺寸

坐便器坐圈宽：成人型应为 356mm，幼儿型应为 280mm。坐圈离地高度：成人型应不低于 370mm，幼儿型应不低于 245mm，残疾人/老年人专用型应不低于 420mm。坐便器坐圈尺寸见图 1-8-5。

(10) 进水口与墙的距离

用冲洗阀的坐便器进水口中心至完成墙的距离应不小于 60mm。

用冲洗阀的小便器进水口中心至完成墙的距离应不小于 45mm。

(11) 进水口内径

冲洗阀式坐便器进水口内径应为 32mm 或 38mm。

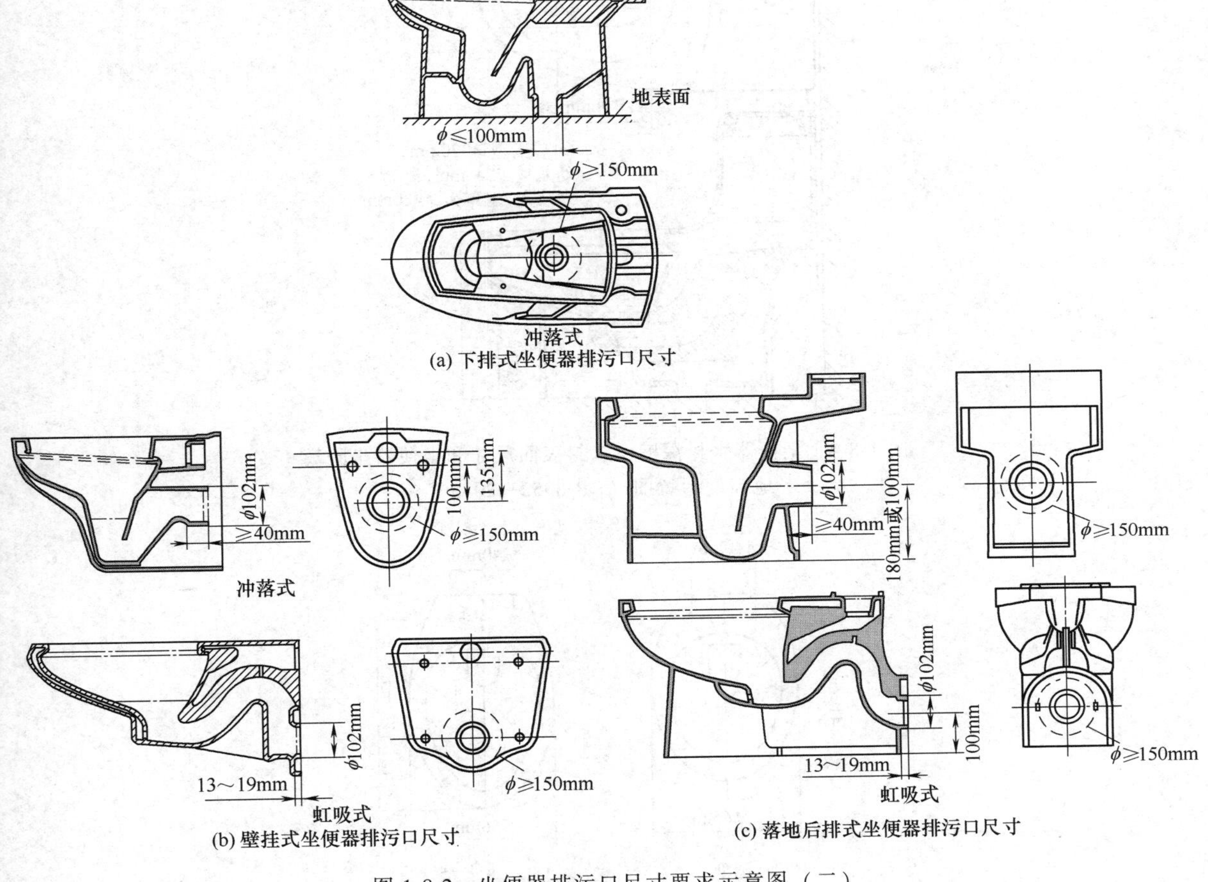

图 1-8-2　坐便器排污口尺寸要求示意图（二）

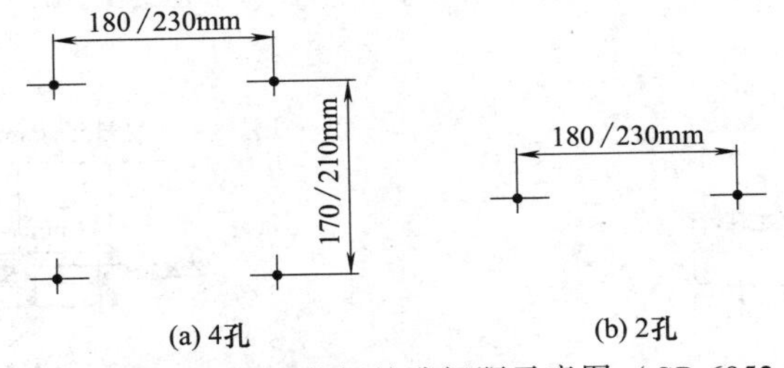

图 1-8-3　壁挂式坐便器安装螺栓孔间距示意图（GB 6952—2015）

冲洗阀式蹲便器进水口内径应为 28mm 或 32mm。

挂箱式水箱坐便器进水口内径应为 32mm、38mm 或 50mm。

冲洗阀式小便器进水口内径应为 13mm、19mm、32mm 或 38mm。

(12) 水箱进水口和排水口直径

水箱进水口直径应为 25mm 或 29mm，排水口直径应为 65mm 或 85mm。特殊情况可按合同要求。

(13) 洗面器、净身器和水槽排水口尺寸

洗面器、净身器和水槽排水口尺寸见图 1-8-6。

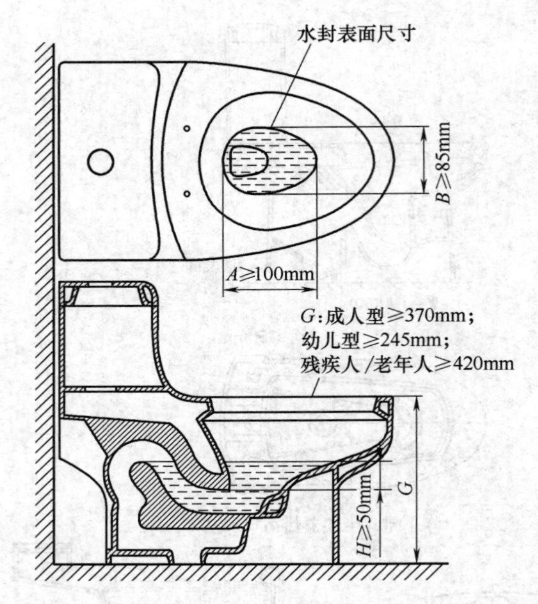

图 1-8-4　坐便器水封深度、水封表面尺寸和坐便器坐圈离地高度示意图（GB 6952—2015）

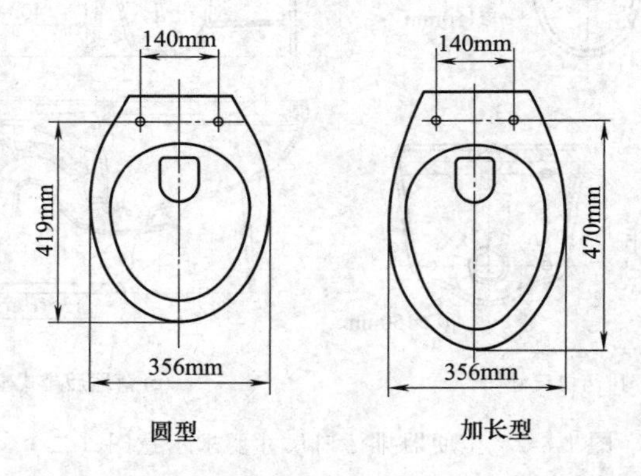

图 1-8-5　坐便器坐圈尺寸示意图（GB 6952—2015）

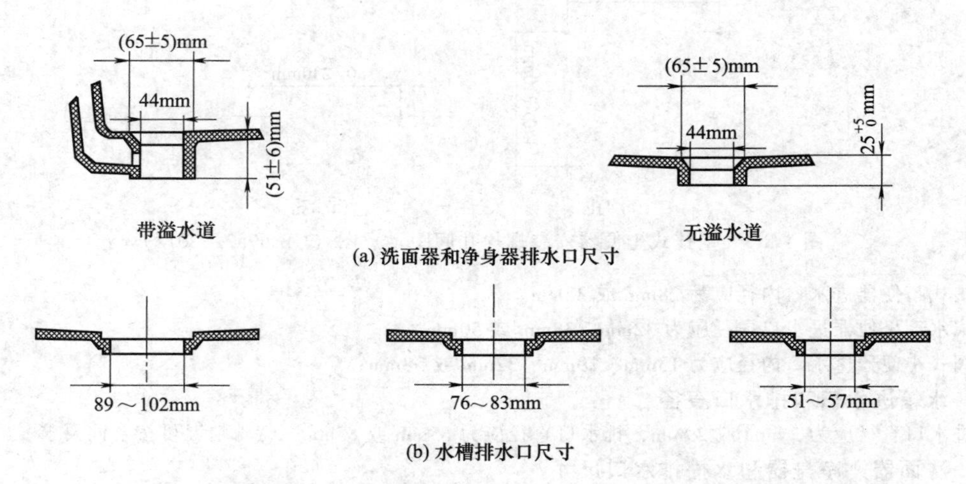

图 1-8-6　洗面器、净身器和水槽排水口尺寸示意图（GB 6952—2015）

(14) 供水配件安装孔和安装面尺寸

供水配件安装孔和安装面尺寸见图 1-8-7。

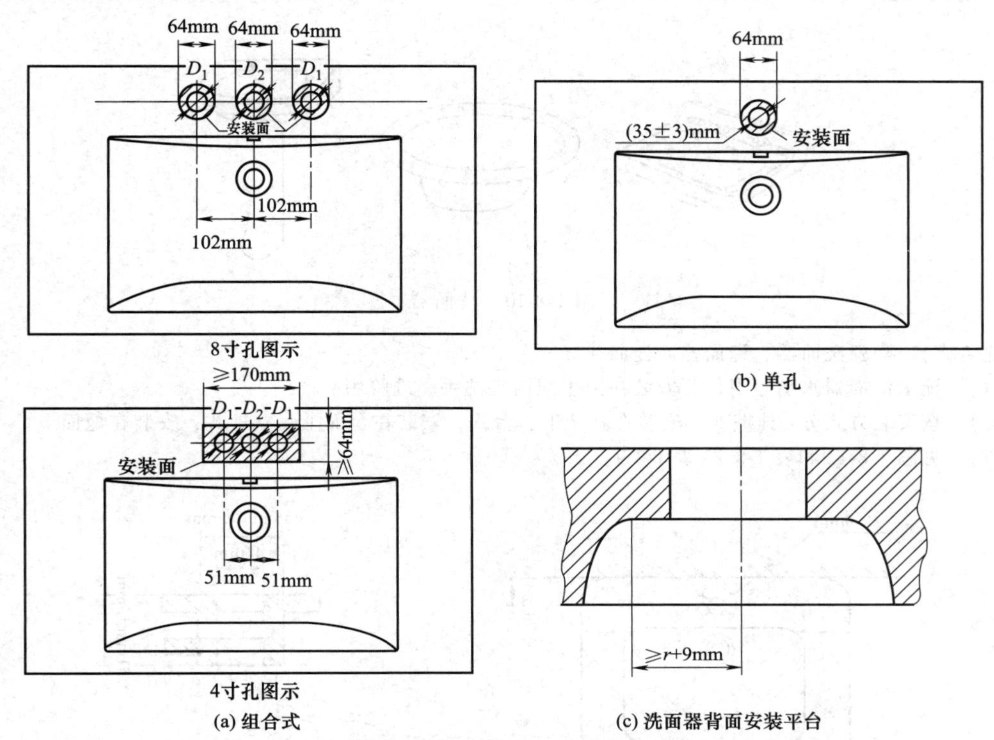

图 1-8-7　供水配件安装孔和安装面尺寸示意图（GB 6952—2015）

注：1. $D_1=32\sim38$mm。

2. $D_2=25\sim38$mm。

3. 安装孔可不在一条直线上。

(15) 蹲便器水封深度

蹲便器水封深度见图 1-8-8。

(16) 小便器水封深度

小便器水封深度见图 1-8-9。

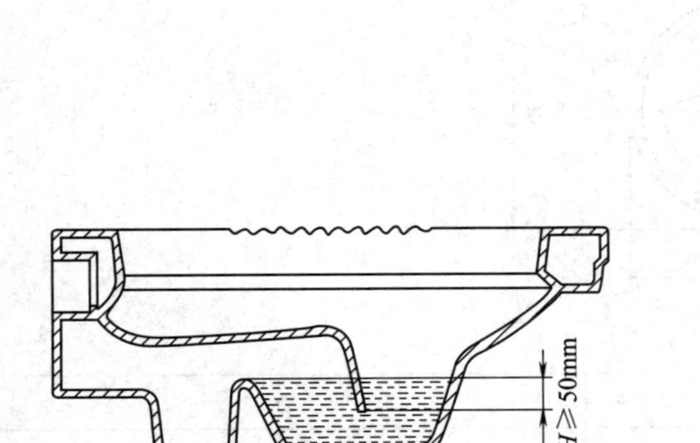

图 1-8-8　蹲便器水封深度示意图（GB 6952—2015）

注：H 为蹲便器水封深度尺寸。

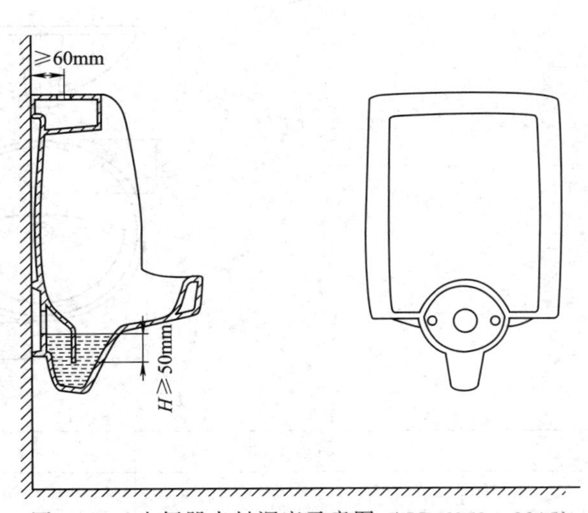

图 1-8-9　小便器水封深度示意图（GB 6952—2015）

注：H 为小便器水封深度尺寸。

8.1.2 洗面器（GB 6952—2015）

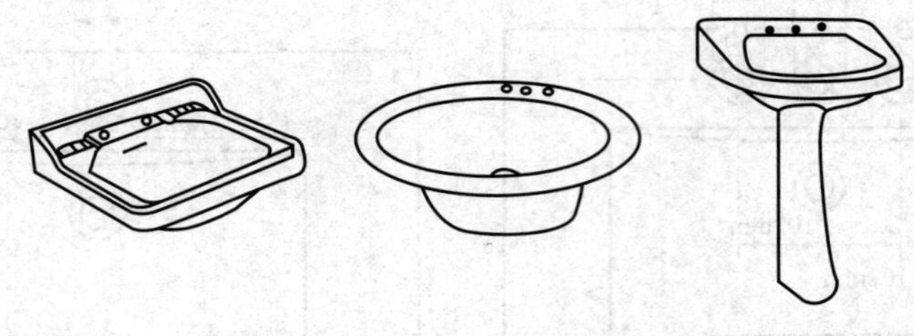

图 1-8-10　洗面器

【其他名称】 陶瓷洗面器、瓷面盆、瓷面斗。

【用途】 配上洗面器水嘴等附件，安装在卫生间内供洗手、洗脸用。

【分类】 按安装方式分：挂壁式，安装在托架上；台式，安装在台面上；立柱式，安装在地面上。

【规格】 见图 1-8-11 和表 1-8-7～表 1-8-9。

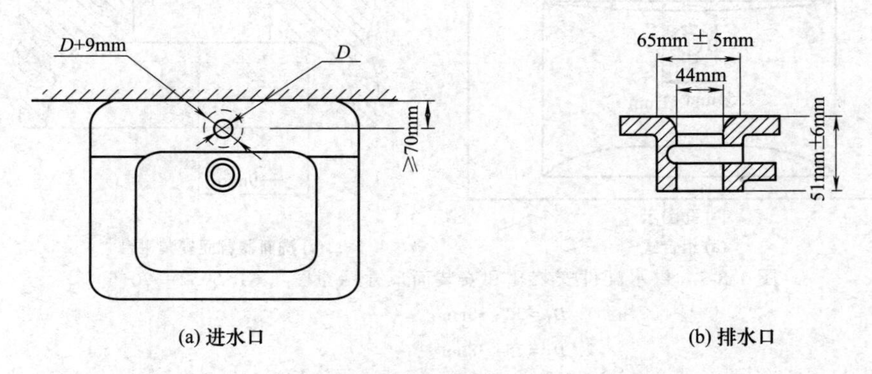

图 1-8-11　洗面器和净身器进水口与出水口的尺寸

表 1-8-7　　单孔洗面器的尺寸　　mm

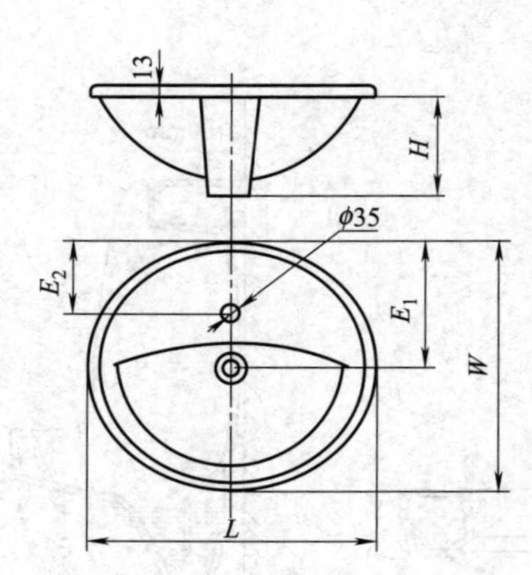

L	W	H	E_1	E_2
510	430	180	180	75
560	480	200	200	85

表 1-8-8　　双孔洗面器的尺寸　　mm

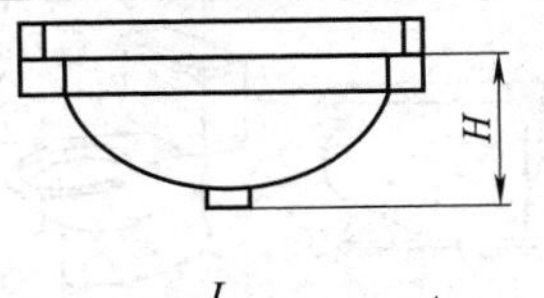

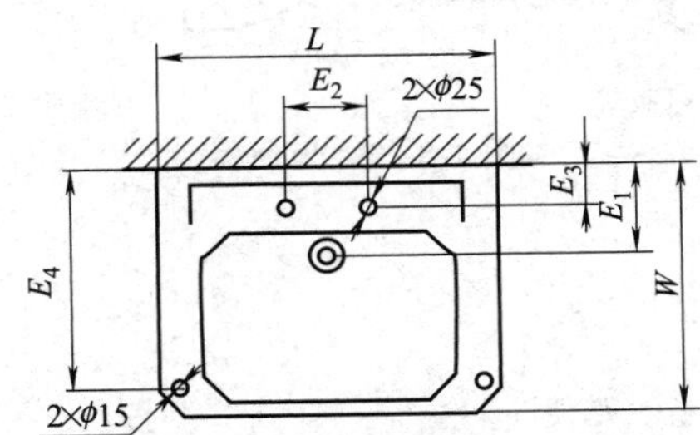

L	W	H	E_1	E_2	E_3	E_4
510	400	180	175	150	65	300
560	460	190	200	180	70	
610	510	200				
		210				

表 1-8-9　　立柱式洗面器的尺寸　　mm

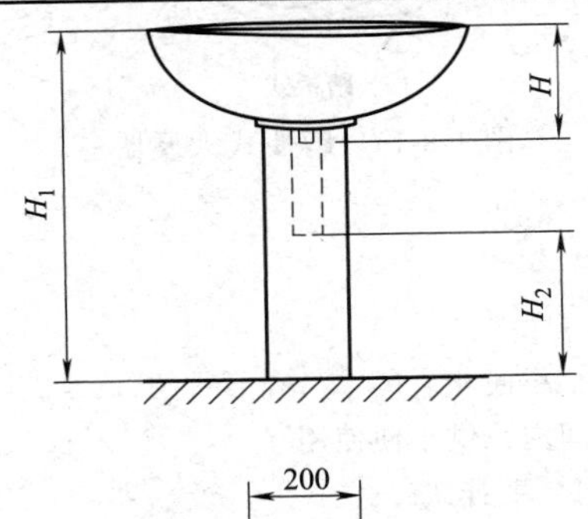

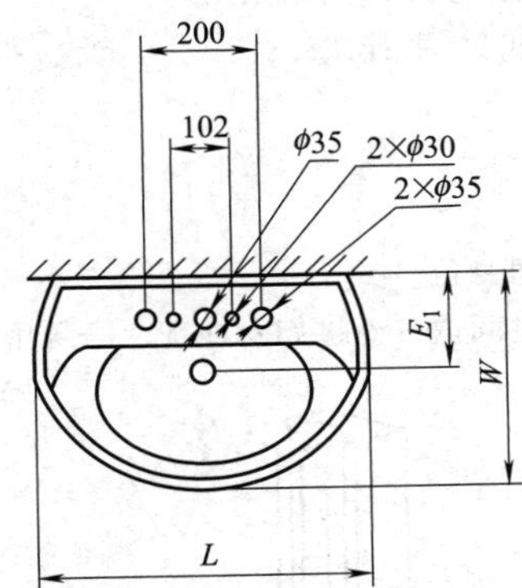

L	W	H	E_1	H_1	H_2
590	495	205	200	825	380
580	490	200	205	820	370

8.1.3　坐便器（GB 6952—2015）

【其他名称】　陶瓷坐便器、抽水马桶、坐式便器。

【用途】　配上低水箱、坐便器等附件，安装在卫生间内，供大小便用，便后可以打开低水箱中排水阀，放水冲洗污水、污物，使其保持清洁卫生。

【分类】 按结构分：冲落式、虹吸式、喷射虹吸式、漩涡虹吸式。

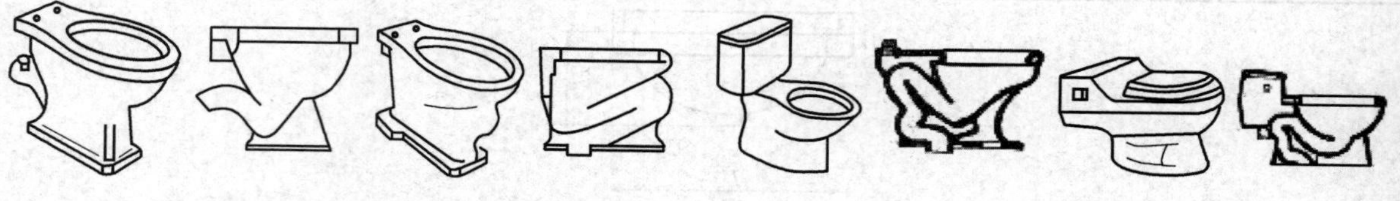

图 1-8-12 坐便器

8.1.4 蹲便式大便器

【其他名称】 蹲便式大便器、蹲坑、蹲便斗。

【用途】 安装在卫生间内，供人们蹲着进行大小便用，便后需拉开高水箱中的排水阀，以便放水冲洗排出器内的污水、污物，使其保持清洁卫生。

【分类】 按结构分：和丰式、踏板式、小平蹲式。

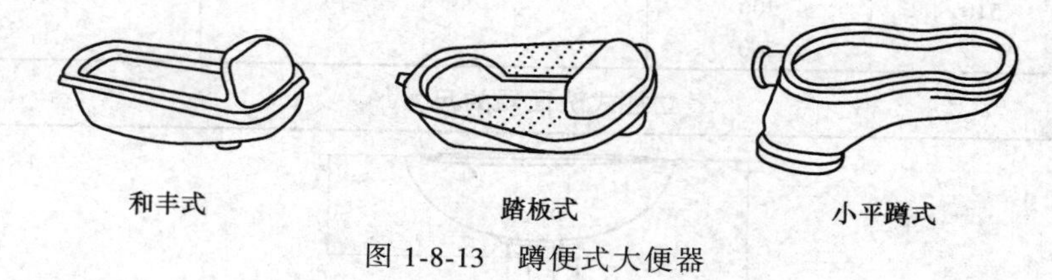

图 1-8-13 蹲便式大便器

8.1.5 小便器

【其他名称】 陶瓷小便器、瓷便斗、小便斗。

【用途】 装在公共场所的男用卫生间内，供小便使用。

【分类】 按结构分：斗式（平面式）、壁挂式 、立式。

8.1.6 净身器

【其他名称】 妇洗器、净身器、净身盆。

【用途】 配上有关配件，装在卫生间内，专供妇女冲洗、净身用。

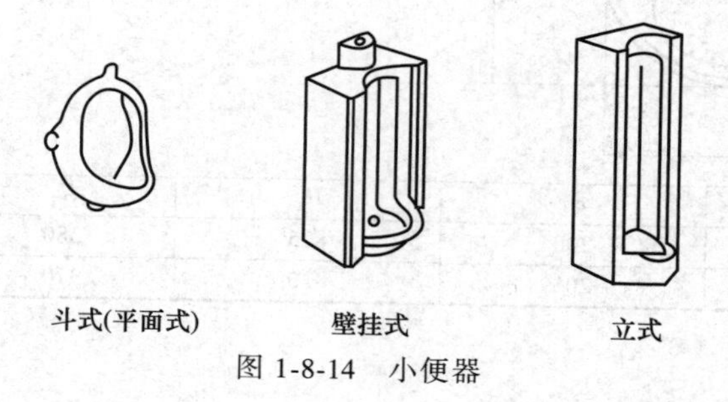

图 1-8-14 小便器

图 1-8-15 净身器

8.1.7 洗涤槽

【其他名称】 洗涤槽、水斗、水池、水盆。

【用途】 装在厨房内或公共场所的卫生间内，供洗涤蔬菜、食物、衣物及其他物品等用。分单槽式和双槽式。

8.1.8 水箱

【其他名称】 陶瓷水箱、高水位水箱、背水箱。

【用途】 分高水箱、低水箱两种。高水箱高挂于蹲便器上部，低水箱位于坐便器后上部。水箱内经常储存一定容量的清水，供人们大小便后利用箱内存水冲洗蹲便器、坐便器，使污水、污物排入排污管中，保持清洁卫生。

【规格】 见表 1-8-10。

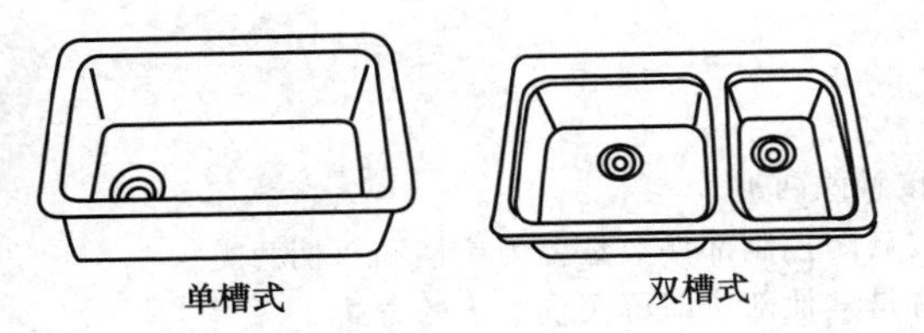

图 1-8-16 洗涤槽

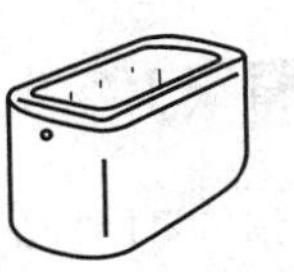

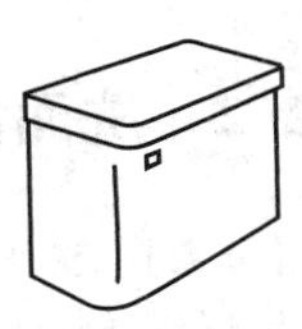

图 1-8-17 水箱

表 1-8-10 水箱规格尺寸表 mm

品种	型号	长度	宽度	高度
高水箱	1号	420	240	280
低水箱	壁挂式 12 号	480	215	330
低水箱	坐箱式	510	250	360

8.1.9 浴缸

(1) 搪瓷浴缸（QB/T 2664—2004）

【用途】 安装在卫生间内，配上浴缸水嘴等附件，供洗澡用。

【分类】 分为无裙板式和裙板式。其中裙板式又分为左裙板式和右裙板式。

左裙板式：位于浴缸中，面对排水口，左手边的裙板为左裙板。

右裙板式：位于浴缸中，面对排水口，右手边的裙板为右裙板。

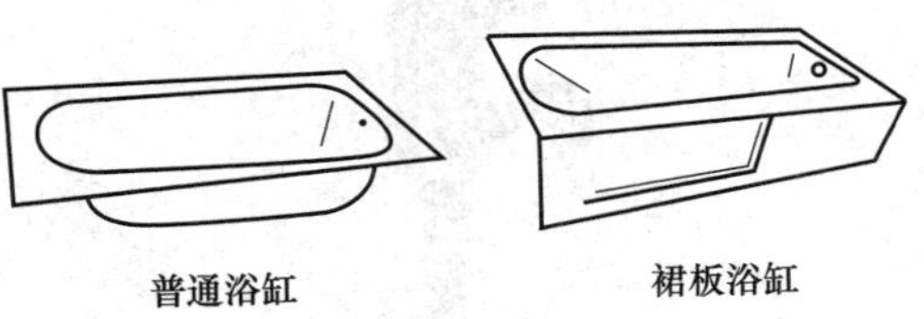

图 1-8-18 浴缸

(2) 喷水按摩浴缸（QB/T 2585—2007）

【用途】 利用含气水流喷射到人体上产生按摩作用。

【分类】 按最大功率分：普通水泵，1200W；加热水泵，2700W；气泵，1500W。

8.2 水 嘴

8.2.1 水嘴概述（QB 1334—2004）

【用途】 对水介质实现启闭及控制出口水流量和水温度。

【分类】 见表 1-8-11。

表 1-8-11

水嘴分类表

适用设施(或场合)	产品名称	代号	适用设施(或场合)	产品名称	代号
普通水池(或槽)	普通水嘴	P	沐浴间(或房)	沐浴水嘴	L
洗面器	洗面器水嘴	M	化验水池(或室)	化验水嘴	H
浴缸	浴缸水嘴	Y	草坪(或洒水)	接管水嘴	J
洗涤池(或槽)	洗涤水嘴	D	洗衣机	放水水嘴	F
便池	便池水嘴	B	其他		Q
净身盆(或池)	净身水嘴	C			

8.2.2 洗面器水嘴(JC/T 758—2008)

【分类】 洗面器水嘴按启闭控制方式分为机械式和非接触式两类。

机械式:通过手或者是其他部位通过接触实现给水,按启闭控制部件数量分为单柄和双柄两类。

非接触式:通过其他媒介做传感器,不需要通过手或者是其他部位即可实现给水的方式。

① 机械式:

a. 洗面器单柄水嘴:

【用途】 装在陶瓷面盆上,用以开关冷、热水和排放盆内存水。其特点是冷热水均用一个手柄控制和从一个水嘴中流出,并可调节水温。手柄向上提起再向左旋,可出热水;如果右旋,即出冷水。手柄向下掀,则停止出水。拉起提拉手柄,可排放盆内存水。掀下提拉手柄,即停止排水。

【规格】 公称通径 DN:15mm。公称压力 PN:1MPa。适用温度:≤90℃。

b. 洗面器双柄水嘴:

【用途】 装在陶瓷面盆上,用以开关冷、热水和排放盆内存水。其特点是冷热水用两个手柄控制和从一个水嘴中流出,并可调节水温。通过左右手柄旋转,可出冷水、热水。

【规格】 公称通径 DN:15mm。公称压力 PN:1MPa。适用温度:90℃。

图 1-8-19 洗面器单柄水嘴

图 1-8-20 洗面器双柄水嘴

② 非接触式(CJ/T 194—2004):

非接触式分类如表 1-8-12 所示。

表 1-8-12

非接触式洗面器水嘴的分类

传感器控制方式	反射红外式	遮挡红外式	热释电式	微波反射式	超声波反射式	其他类型

【规格】 公称压力 PN:1MPa。适用温度≤45℃。环境温度:1~55℃相对湿度(RH):93%。

8.2.3 浴缸水嘴

【其他名称】 浴缸龙头、浴盆水嘴。

【用途】 装于浴缸上,用以开冷、热水。在水嘴上手柄上标有“冷”“热”字样(或嵌有蓝、红色标志）。单手柄浴缸水嘴是用一个手柄开关冷、热水，并可调节水温。带淋浴器的可放水进行淋浴。适用温度≤100℃。

【规格】 见表1-8-13。

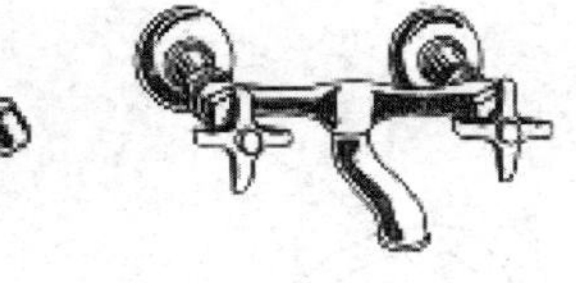
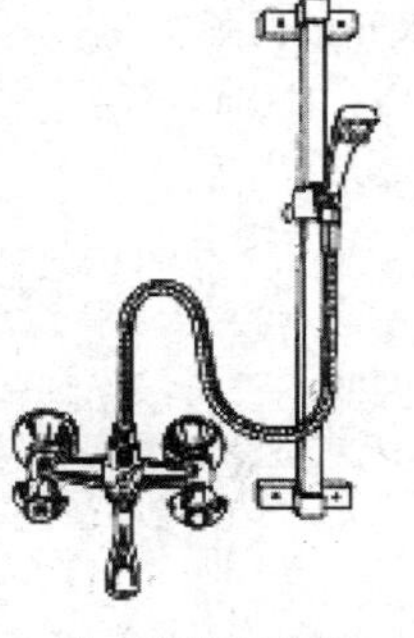
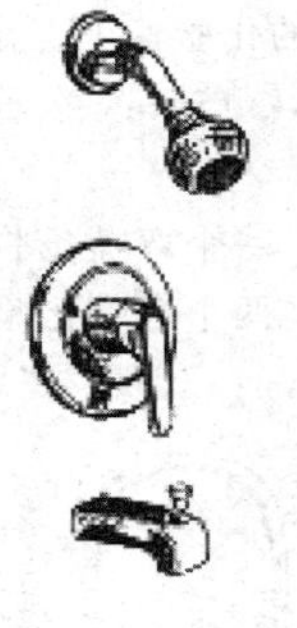

普通式　明双联式　明三联式(移动式)　暗三联式(入墙式)　单手柄明三联式(插座式)

图1-8-21　浴缸水嘴

表1-8-13　浴缸水嘴规格尺寸表

品种	结构特点	公称通径 DN/mm	公称压力 PN/MPa
普通式	由冷、热水嘴各一只组成一组	15,20	1
明双联式	由两个手轮合用一个出水嘴组成	15	1
明(暗)三联式	比双联式多一个淋浴器装置	15	1
单手柄式	与三联式不同处,用一个手轮开关冷、热水和调节水温	15	1

8.2.4　水槽水嘴

图1-8-22　水槽水嘴

【其他名称】 水盘水嘴、水盘龙头、长脖水嘴。

【用途】 装在水槽上，供开关自来水用。

【规格】 公称通径DN：15mm。

公称压力PN：1MPa。

8.2.5　脚踏水嘴

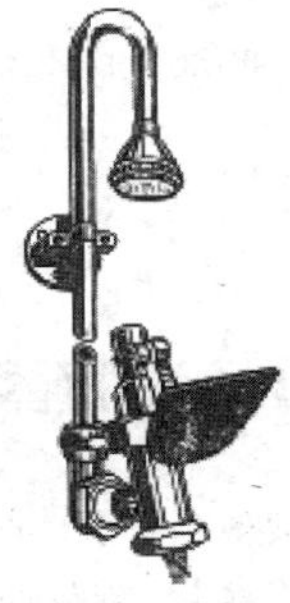

【其他名称】 脚踏阀、脚踩水门。

【用途】 装于公共场所、医疗单位等场合的面盆、水盘或水斗上，作为放水开关设备。其特点是用脚踩踏板，即可放水；脚离开踏板，停止防水。开关均不需要手操纵，比较卫生，并可节约用水。

【规格】 公称通径DN：15mm。

公称压力PN：1MPa。

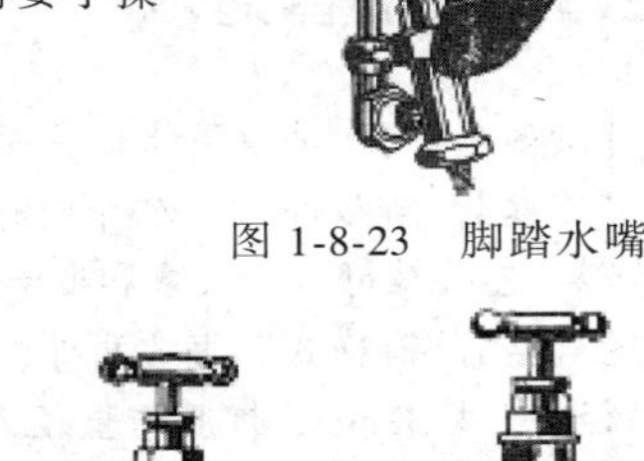

图1-8-23　脚踏水嘴

8.2.6　化验水嘴（QB 1334—2004）

【其他名称】 尖嘴龙头、实验龙头、化验龙头。

【用途】 常用于化验水盆上，套上胶管放水冲洗试管、药瓶、量杯等。

【规格】 公称通径DN：15mm。公称压力PN：1MPa。材料：铜合金、表面镀铬。

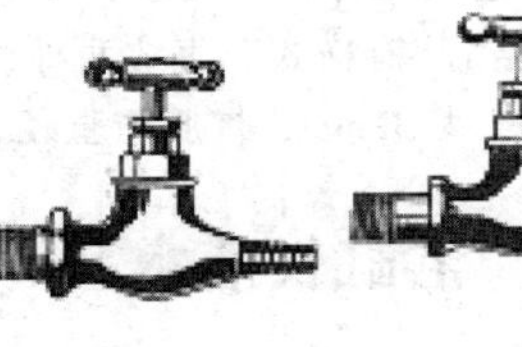

直嘴式　弯嘴式

图1-8-24　化验水嘴

8.2.7 单联、双联、三联化验水嘴（QB 1334—2004）

【其他名称】 鹅颈水嘴、鹅头水嘴、长管弯头水嘴、长颈水嘴。

【用途】 装于实验室的化验盆上，作为放水开关设备。

【规格】 公称通径 DN：15mm。公称压力 PN：1MPa。

单联：一个鹅颈水嘴。

双联：一个鹅颈水嘴，一个弯嘴化验水嘴。

三联：一个鹅颈水嘴，两个弯嘴化验水嘴。

总高度：单联，>450mm；双联、三联，650mm。

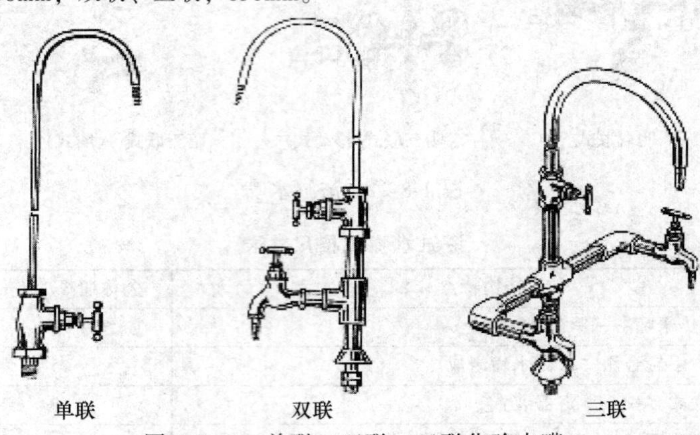

图 1-8-25 单联、双联、三联化验水嘴

8.2.8 洗衣机用水嘴

图 1-8-26 洗衣机用水嘴

【用途】 装于置放洗衣机附近的墙壁上。其特点是水嘴的端部有管接头，可与洗衣机的进水管连接，不会脱落，以便向洗衣机供水；另外，水嘴的密封件采用球形结构，手柄旋转 90°，即可放水或停水。

【规格】 公称通径 DN：15mm。

公称压力 PN：1MPa。

8.3 落 水

8.3.1 洗面器落水

【其他名称】 面盆下水口、面盆存水弯、下水连接器、洗脸盆排水栓、返水弯。

【用途】 排放面盆、水斗内存水用的通道，并有防止臭水回升的作用。由落水头子、锁紧螺母、存水弯、法兰罩、连接螺母、橡胶塞和瓜子链等零件组成

【规格】 有横式、直式两种，又分为普通式和提拉式两种。制造材料有铜合金、尼龙 6、尼龙 1010 等；公称通径 DN 为 32mm，橡胶塞直径为 29mm。

8.3.2 浴缸长落水

【其他名称】 浴缸长出水、浴盆下水口、浴盆下水口、浴盆排水栓。

【用途】 装于浴缸下面，用以排水浴缸内存水。由落水、溢水、三通、连接管等组成。

【规格】 公称通径 DN：普通式，32mm、42mm；提拉式，42mm。

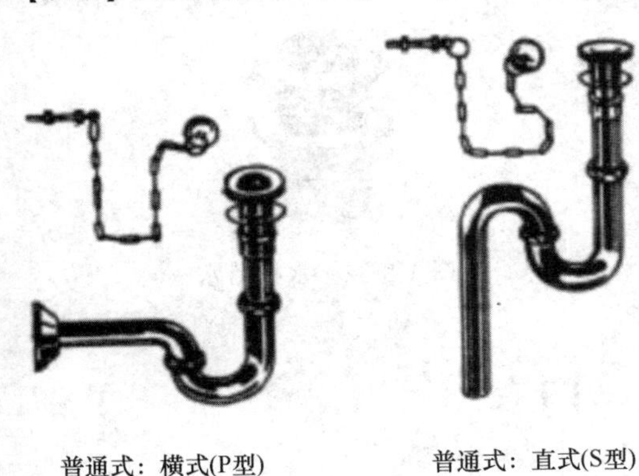

图 1-8-27 洗面器落水

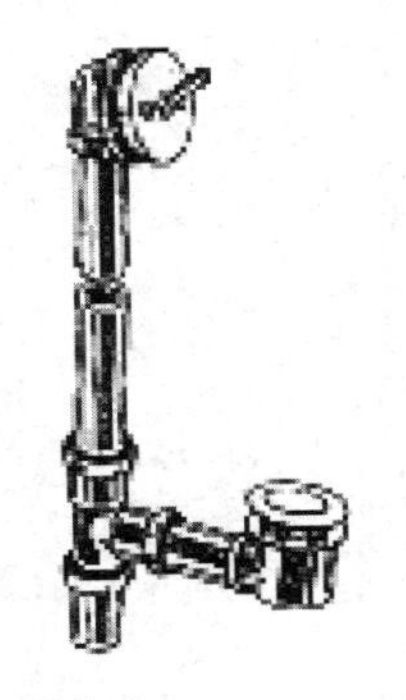

图 1-8-28 浴缸长落水

8.3.3 地板落水

【其他名称】 地漏、地坪落水、扫除口。

【用途】 装于浴室、盥洗室等室内的地面上，用于排放地面积水。两用式中间有一活络孔盖，可供插入洗衣机的排水管，以便排放洗衣机内存水。

【规格】 公称直径 DN：普通式，50mm、80mm、100mm。

8.3.4 小便器落水

【其他名称】 小便斗下水口、小便落水。

【用途】 装于斗式小便器下部，用以排泄污水和防止臭气回升。有直式（S 型）和横式（P 型）两种，以直式应用较广。

【规格】 公称通径 DN：40mm。

制造材料：铅合金、塑料、铜镀铬。

图 1-8-29 地板落水

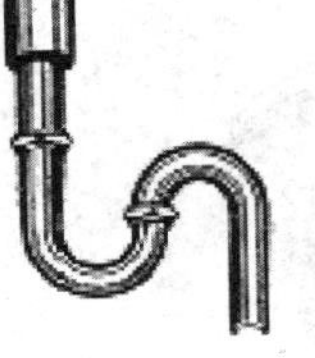

图 1-8-30 小便器落水

8.3.5 尿坑落水

【其他名称】 尿坑头子、花篮罩落水、胖顶落水、尿槽落水。

【用途】 装于小便槽内的落水口，用以排泄污水和阻止杂物流入排水管路内。

【规格】 公称通径 DN：50mm。

8.3.6 水槽落水

【其他名称】 下水口，排水栓。

【用途】 用于排除水槽、水池内存水。

【规格】 公称通径 DN：32mm，40mm，50mm。

图 1-8-31 屎坑落水

图 1-8-32 水槽落水

8.4 阀门

8.4.1 卫生洁具直角式截止阀（QB 2759—2006）

【其他名称】 直角阀、三角阀、三角凡而、角尺凡而、八字水门。

【用途】 装在通向洗面器水嘴的管路上，用以控制水嘴的给水，以利设备维护。平时直角截止阀处于开启状态，若水嘴或洗面器需进行维修，则处于关闭状态。

【规格】 公称通径 DN：15mm。压力：1.0MPa。

8.4.2 莲蓬头阀

【其他名称】 莲蓬头凡而、淋浴器阀、冷热水阀。

【用途】 装于通向莲蓬头的管路上，用来开关莲蓬头（或其他管路）的冷、热水。明阀适用于明式管路上，暗阀适用于暗式管路（安装在墙壁内上，另附一个钟形法兰罩）。

【规格】 公称通径 DN：15mm。

公称压力 PN：1.0MPa。

图 1-8-33 卫生洁具直角式截止阀

明阀

暗阀

图 1-8-34 莲蓬头阀

8.5 卫生设备附件

8.5.1 无缝铜皮管及金属软管（GB/T 23448—2009）

【用途】 用作洗面器水嘴与三角阀之间的连接管。

【规格】 见表 1-8-14。

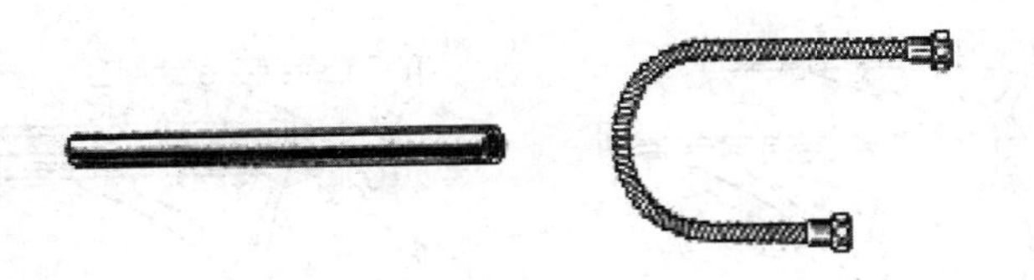

无缝铜皮管　　金属软管(蛇皮软管)

图 1-8-35　无缝铜皮管及金属软管

表 1-8-14　　无缝铜皮管及金属软管规格尺寸表　　mm

品种	无缝铜皮管			金属软管		
主要尺寸	外径	厚度	长度	外径	厚度	长度
	12.7	0.7~0.8	330	13	—	350 400
材料及表面状态	黄铜抛光或镀铬			黄铜镀铬或不锈钢		

8.5.2　莲蓬头铜管

【其他名称】 莲蓬头铜梗、淋浴器铜梗。

【用途】 装于莲蓬头与进水管路之间，作连接管用。

【规格】 公称通径 DN：15mm。

8.5.3　莲蓬头

【其他名称】 莲蓬嘴、淋浴头、喷头。

【用途】 用于淋浴时喷水，也可以作防暑降温的喷水设备。有固定式和活络式两种；活络式在使用时喷头可以自动转动，变换喷水方向。

【规格】 公称直径 DN×莲蓬直径：15mm×40mm，15mm×60mm，15mm×75mm，15mm×80mm，15mm×100mm。

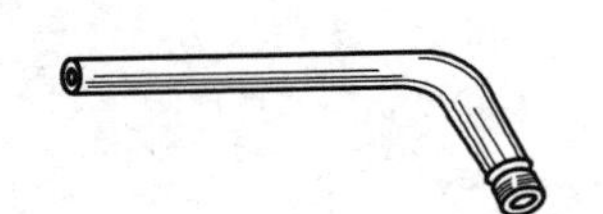

图 1-8-36　莲蓬头铜管

活络式

固定式

图 1-8-37　莲蓬头

8.5.4　托架

【其他名称】 支架、托架、搁架。

【用途】 安装在墙面与陶瓷洗面器或水槽之间，支撑洗面器或水槽，使之保持一定高度，便于使用。

【规格】 洗面器托架的长×宽×高：310mm×40mm×230mm。

水槽托架的长×宽×高：380mm×45mm×310mm。

制造材料为灰铸铁。

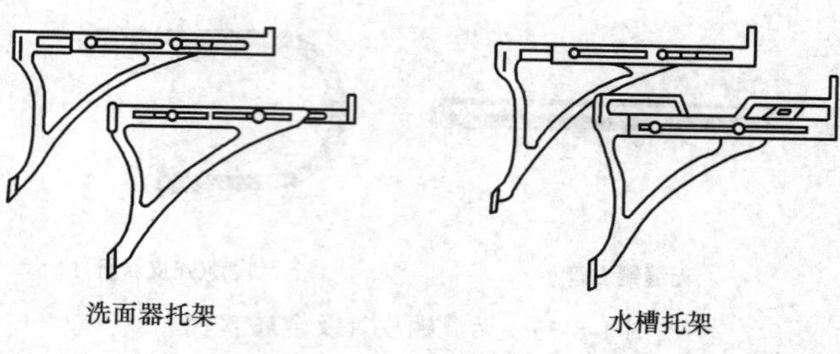

图 1-8-38　托架

8.6　水箱配件

8.6.1　坐便器低水箱配件

【其他名称】 低水箱铜器、背水箱铜器、背水箱铜活、背水箱洁具、低水箱零件。

【用途】 装于坐便器（抽水马桶）后面的低水箱中，用于水箱的自动进水、停止进水和手动放水（冲洗坐便器)。由扳手、进水阀、浮球、排水阀、角尺弯、马桶卡等零件组成。按排水阀结构分，有直通式（旧时，现已停产)、翻板式、翻球式、虹吸式等。

【规格】 公称压力 PN：1MPa。

排水阀（习惯称呼）公称通径 DN：50mm。

8.6.2　低水箱扳手

【其他名称】 水箱扳手、水箱开关、操纵杆。

【用途】 用于操纵低水箱中的排水阀的升降，以便打开或关闭通向坐便器的放水通道。

【规格】 杠杆长度：230mm。

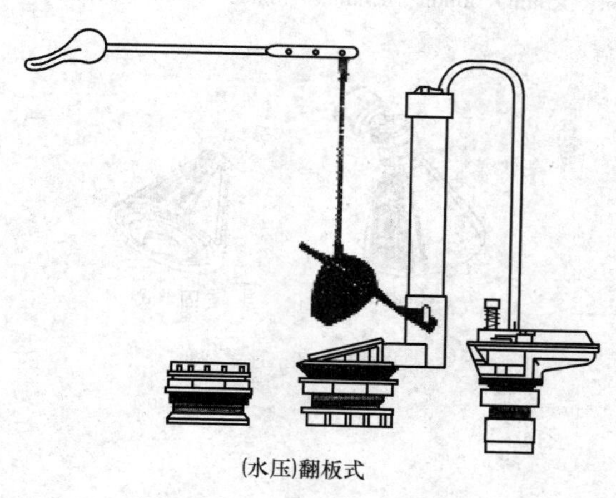

图 1-8-39　坐便器低水箱配件

图 1-8-40　低水箱扳手

8.6.3　低水箱进水阀

【其他名称】 立式浮球阀、立式浮筒凡而、立式进水阀。

【用途】 低水箱中的自动排水机构。当水箱中的水位低于规定位置时，即自动打开，让水进入水箱；当水位达到规定位置时，即自动关闭，停止进水。

【规格】 公称通径 DN：15mm。

公称压力 PN：1MPa。

8.6.4 低水箱排水阀

【其他名称】 低水箱出水、皮球落水、低水箱下水口、塞风。

【用途】 控制低水箱中放水通路。提起水阀便放水冲洗坐便器；放水后自动落下，关闭放水通路。按结构分直通式（旧式，现已停产）、翻板式和翻球式等。

【规格】 公称通径 DN：50mm。

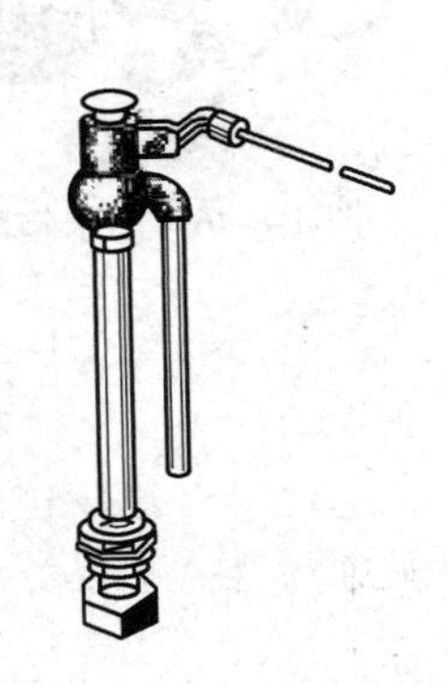

图 1-8-41 低水箱进水阀

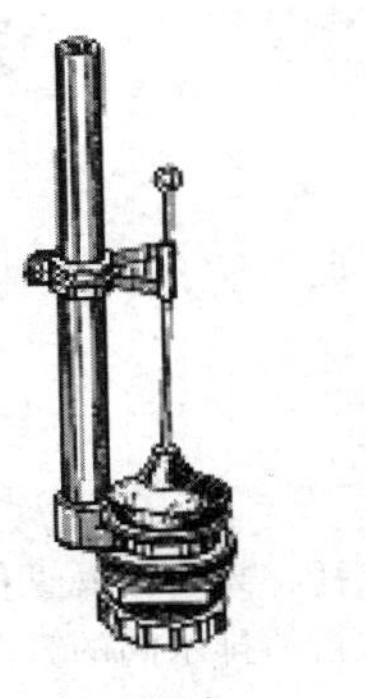

直通式

翻板式

图 1-8-42 低水箱排水阀

8.6.5 直角弯

【其他名称】 牛角弯、角尺弯。

【用途】 用作壁挂式低水箱与坐便器之间的连接管路。放水时，水箱中的储水通过角尺弯进入坐便器。

【规格】 公称通径 DN：50mm。

总长：380mm。

制造材料：镀铬铜合金管、塑料管。

图 1-8-43 直角弯

8.6.6 自落水芯子

【其他名称】 自动落水、自落水胆。

【用途】 装于自落水高水箱中，用以自动定时放水冲洗便槽。它是利用虹吸的原理来实现自动放水或关闭通路的，由羊皮膜（橡皮膜）、虹吸管、透气管、固紧螺母、落水头子和落水罩等零件组成。

【规格】 公称通径 DN：20mm，25mm，32mm，40mm，50mm，65mm。

8.6.7 自落水进水阀

【其他名称】 自动落水进水器。

【用途】 小便槽上自落水高水箱的进水开关，装在水箱内部，用以控制进水量的大小和自动落水间隔时间。

【规格】 公称通径 DN：15mm。

公称压力 PN：0.6MPa。

8.6.8 高水箱配件

【其他名称】 蹲便器配件、高水箱铜器、高水箱洁具。

【用途】 装于蹲便器的高水箱中，用于自动进水和手动放水。由拉手、浮球阀、浮球、排水阀、冲洗管、黑套等零件组成。

【规格】 公称通径 DN：32mm。有直通式和翻板式等。

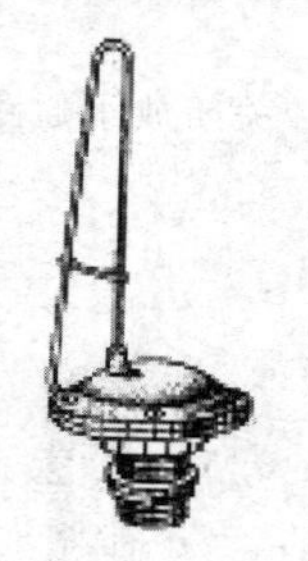

图 1-8-44 自落水芯子

图 1-8-45 自落水进水阀

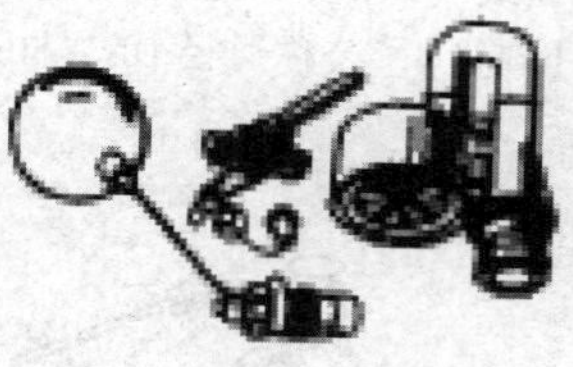

图 1-8-46 高水箱配件

8.6.9 高水箱拉手

【其他名称】 拉手、拉杆、高水箱操纵杆。

【用途】 用于操纵高水箱的排水阀的升降，以打开或关闭通向蹲便器的放水通道。

【规格】 杠杆长度：280mm。链条长度：530mm。

8.6.10 浮球阀

【其他名称】 浮筒凡而、浮筒阀、漂子门、浮球截门、进水阀。

【用途】 用作高水箱、水塔等储水器中进水部分的自动开关设备。当水箱中的水位低于规定位置时，即自动打开，让水进入水箱。当水位达到规定位置时，即自动关闭，停止进水。

【规格】 公称通径 DN：15mm，20mm，25mm，32mm，40mm，50mm，65mm，80mm，100mm（高水箱中一般使用 DN15mm，供应时不带浮球）。

8.6.11 浮球

【其他名称】 漂子球、水漂子。

【用途】 装于浮球阀（进水阀）上，借浮球的浮力来控制水箱、水塔中浮球阀的启闭。

【规格】 见表 1-8-15。

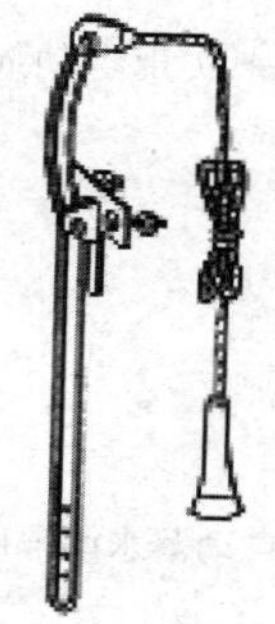

图 1-8-47 高水箱拉手

图 1-8-48 DN≥15mm 的浮球阀

图 1-8-49 浮球

表 1-8-15　浮球规格尺寸表　mm

浮球直径	100	150	200	225	250	300	375	450	600
适用浮球阀的规格 DN	15	20	25	32	40	50	65	80	100

8.6.12　高水箱排水阀

【其他名称】 高水箱出水、皮球落水、皮球下水口、塞风。

【用途】 用于控制高水箱中放水通路的启闭。当向上提起时，即可打开通路，放水冲洗蹲便器；水放完后，可自动落下，关闭通路。

【规格】 公称通径 DN：32mm。

8.6.13　高水箱冲洗管

【其他名称】 高水箱冲洗管。

【用途】 用作高水箱与蹲便器之间的连接管路。放水时高水箱内的储水通过该管流入蹲便器。

【规格】 公称通径 DN：32mm。管长：2220mm。

8.6.14　小便器鸭嘴

【其他名称】 鸭嘴巴。

【用途】 装于立式小便器铜器下部，用于喷水冲洗立式小便斗。

【规格】 公称通径 DN：20mm。

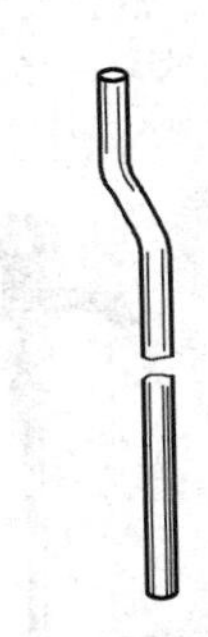

图 1-8-51　高水箱冲洗管

图 1-8-50　翻板式高水箱排水阀

图 1-8-52　小便器鸭嘴

8.6.15　小便器配件

【其他名称】 挂便器配件。

【用途】 装于小便器上面冲洗小便池用。手掀式用手掀掀钮，就开始放水；手离开掀钮，就停止放水。手开式用手旋开阀门，就开始放水；关闭阀门，才停止放水。

【规格】 公称通径 DN：15mm。公称压力 PN：0.6MPa。

8.6.16 立式小便器铜器

【其他名称】 立式小便斗铜器、小便斗铜活。

【用途】 装于水箱与立式小便器之间，用以连接管路和放水冲洗便斗。

【规格】 按连接小便器的数目分：单联、双联、三联。

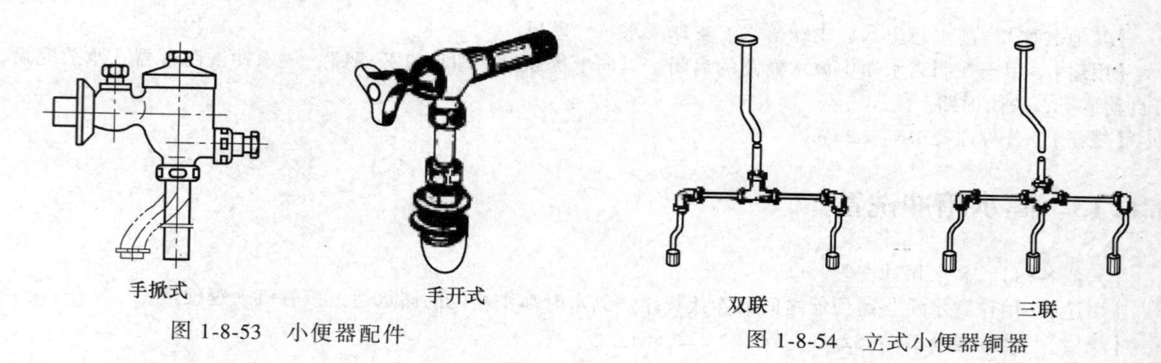

图 1-8-53 小便器配件

图 1-8-54 立式小便器铜器

8.6.17 台式盆铜器

【其他名称】 台式面盆铜活、镜台式盆铜器。

【用途】 专供装在台式洗面器上，用以开关冷、热水和排放盆内存水。分普通式和混合式两种。普通式的冷热水分别从两个水嘴流出。混合式的特点是冷、热水均从一个水嘴流出，并可调节水温。

【规格】 型号：普通式——15M7 型；混合式——7103 型。公称通径 DN：15mm。公称压力 PN：0.6MPa。适用温度≤100℃。

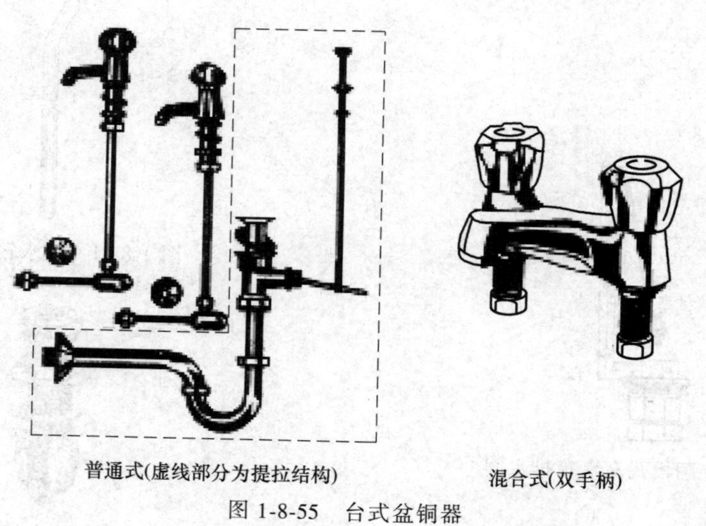

图 1-8-55 台式盆铜器

8.7 卫生间配件（QB/T 1560—2006，尺寸不做硬性要求）

8.7.1 浴巾架

【其他名称】 浴巾搁架。

【用途】 放置浴巾、衣物用。
【规格】 $W \times L \times H$：
第一系列尺寸：180mm×500mm×80mm。
第二系列尺寸：200mm×600mm×80mm。
材料：铜合金镀铬、不锈钢等。

8.7.2 浴帘杆

【用途】 悬挂浴帘布。
【规格】 $L \times D$：第一系列尺寸为（1500~2000mm）×ϕ80mm。
材料：铜合金镀铬、不锈钢等。

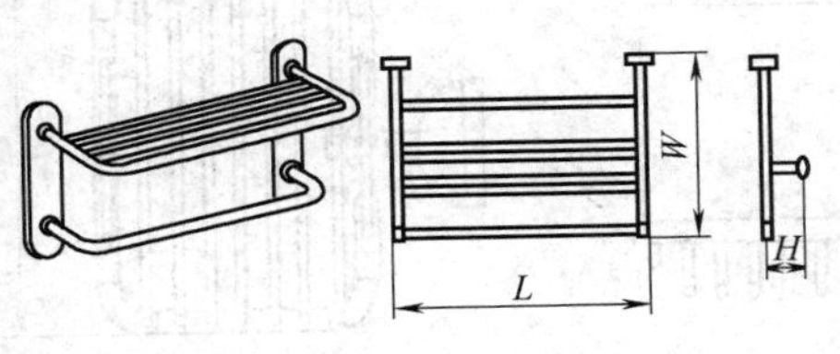

图 1-8-56 浴巾架

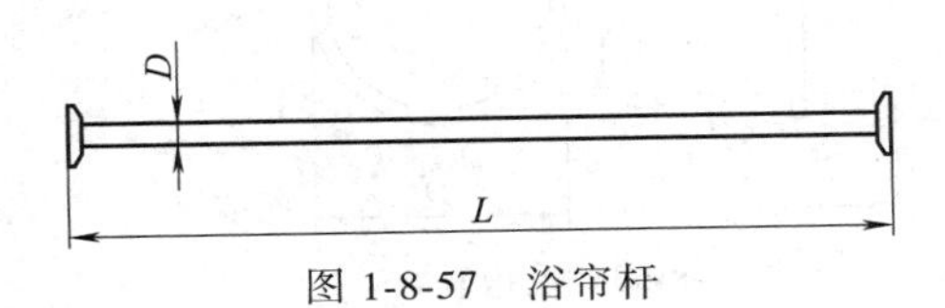

图 1-8-57 浴帘杆

8.7.3 浴缸扶手

【其他名称】 浴缸拉手。
【用途】 安装在浴缸边上或靠近浴缸一端的墙面上，便于人在浴缸内起立时手扶用，以防摔跤。
【规格】 $W \times L \times D$：第一系列尺寸为 90mm×300mm×ϕ25mm。
材料：铜合金镀铬、不锈钢等。

8.7.4 毛巾架

【其他名称】 面巾杆。
【用途】 卫生间挂毛巾用。
【规格】 $W \times L$：
第一系列尺寸：125mm×500mm。
第二系列尺寸：125mm×600mm。
材料：铜合金镀铬、不锈钢等。

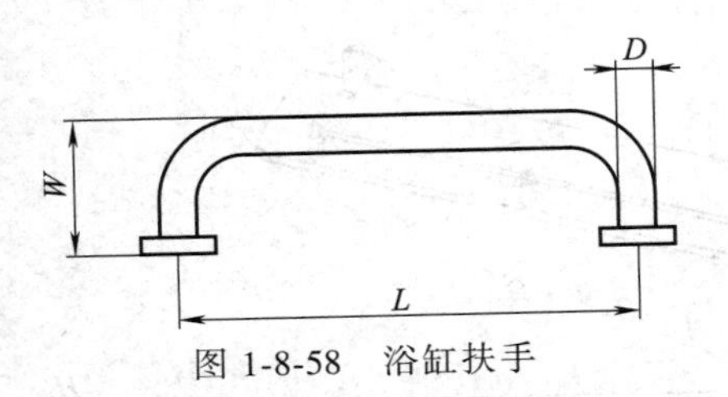

图 1-8-58 浴缸扶手

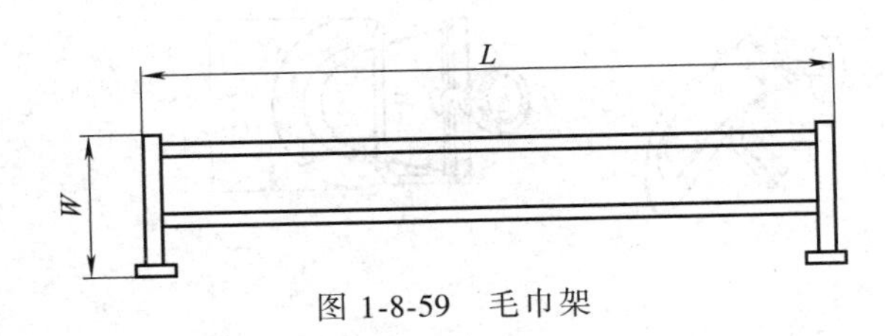

图 1-8-59 毛巾架

8.7.5 毛巾环

【用途】 卫生间挂毛巾用。
【规格】 $W \times D$：

第一系列尺寸为 66mm×ϕ180mm。
材料：铜合金镀铬、不锈钢等。

8.7.6 皂盒架

【其他名称】 皂碟、皂盒。
【用途】 置放肥皂用。
材料：铜合金镀铬、玻璃（碟）。
【规格】 $W\times L\times H$：第一系列尺寸为 145mm×140mm×80mm。
材料：铜合金镀铬、不锈钢等。

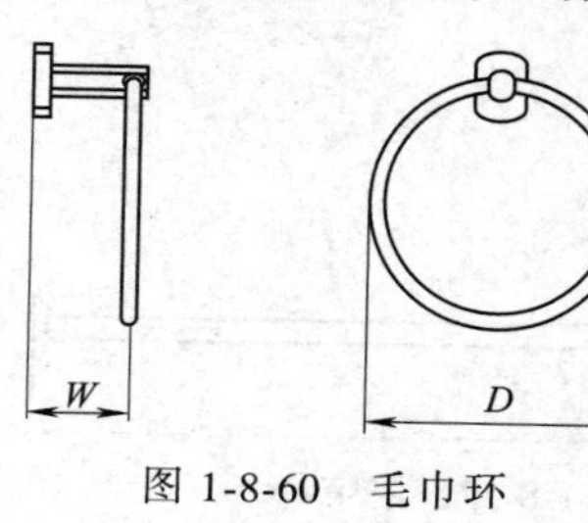

图 1-8-60 毛巾环

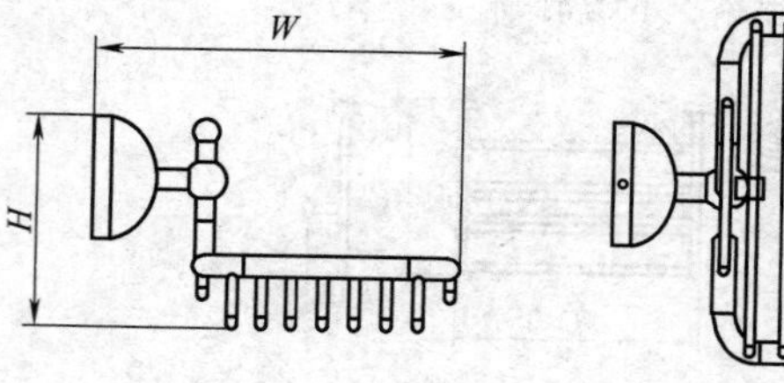

图 1-8-61 皂盒架

8.7.7 手纸架

【其他名称】 手纸盒、草纸盒、卷筒箱。
【用途】 摆放卷筒形卫生纸（手纸）用。
【规格】 $W\times L\times H$：第一系列尺寸为 52mm×140mm×88mm。
材料：铜合金镀铬、不锈钢等。

8.7.8 化妆架

【其他名称】 平台架、玻璃托架。
【用途】 置放化妆品用。
【规格】 $W\times L\times H$：
第一系列尺寸：150mm×500mm×45mm。
第二系列尺寸：150mm×600mm×45mm。
材料：铜合金镀铬、不锈钢等。

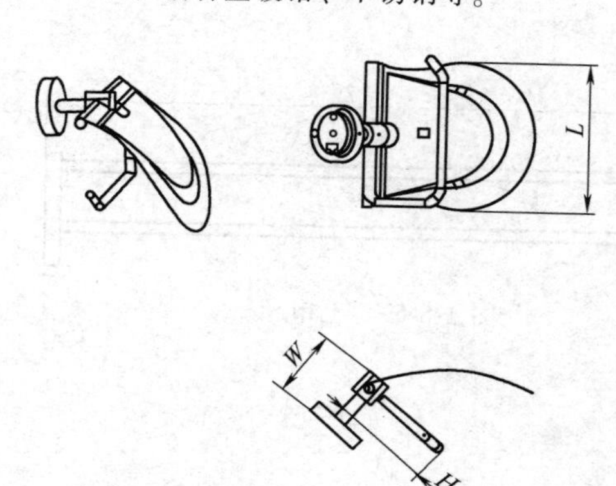

图 1-8-62 手纸架

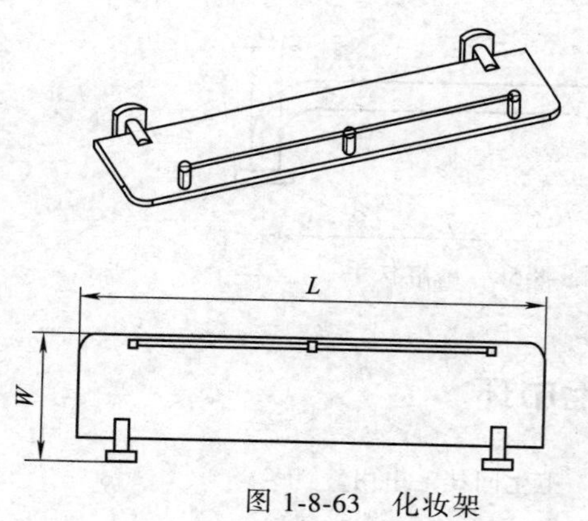

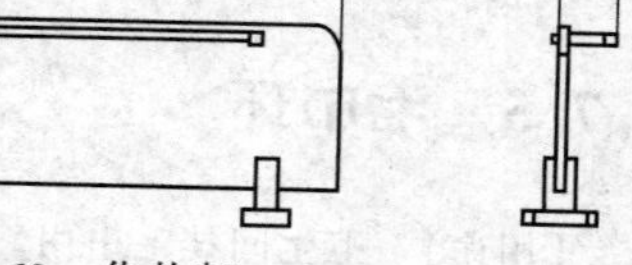

图 1-8-63 化妆架

8.7.9 衣钩

【用途】 用来悬挂衣服、袋子等各种物品。

【规格】 $W \times L \times H$：第一系列尺寸为 52mm×82mm×92mm。

材料：铜合金镀铬、不锈钢等。

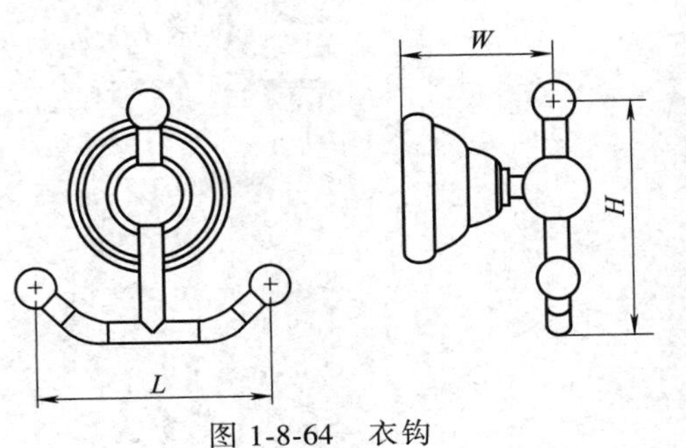

图 1-8-64 衣钩

8.7.10 镜夹

【用途】 用来固定镜子。

【规格】 $W \times L \times H$：

第一系列尺寸：45mm×420mm×500mm。

第二系列尺寸：60mm×480mm×600mm。

材料：铜合金镀铬、不锈钢等。

8.7.11 杯架

【其他名称】 漱口杯架。

【用途】 安放牙刷盒漱口杯，以便漱口用。

【规格】 $W \times L \times H$：第一系列尺寸为 100mm×66mm×95mm。

材料：铜合金镀铬、玻璃（杯）。

8.7.12 便刷

【用途】 用来安放刷子。

【规格】 $W \times L \times H \times D$：第一系列尺寸为 68mm×80mm×410mm×ϕ80mm。

材料：铜合金镀铬、玻璃（杯）。

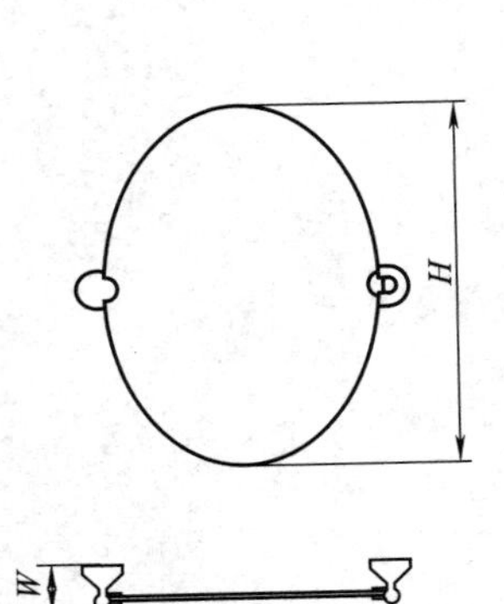

图 1-8-65 镜夹

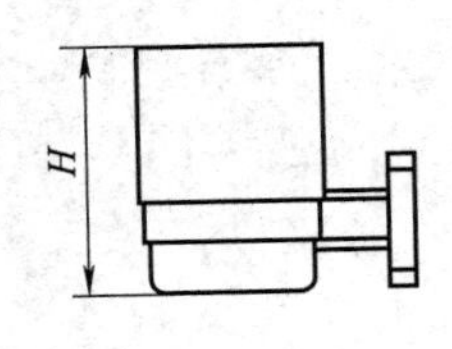

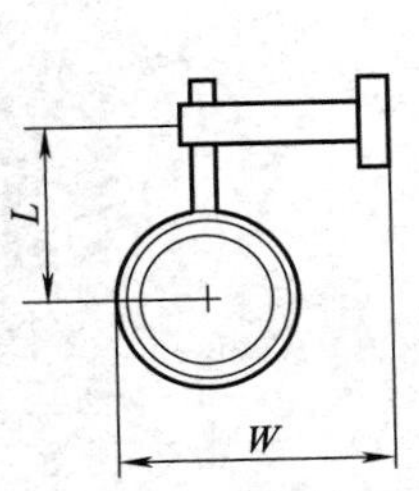

图 1-8-66 杯架

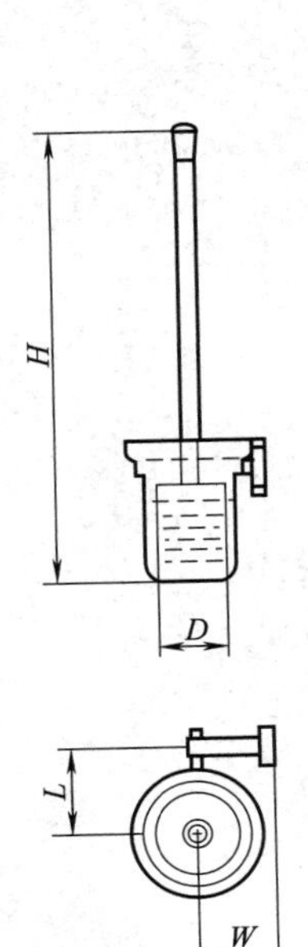

图 1-8-67 便刷

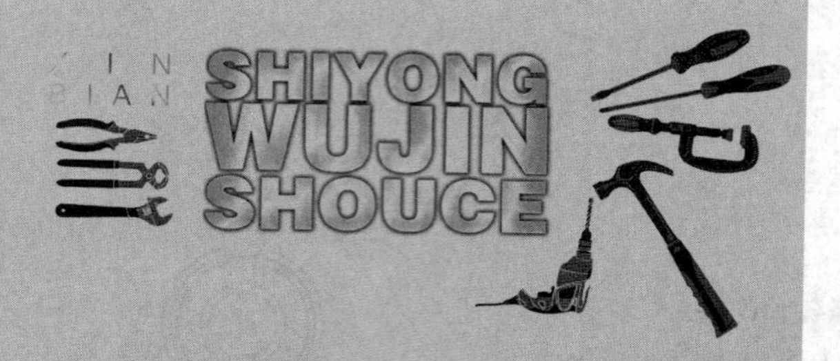

第2篇 工具

第9章 常用手工工具

9.1 钳 类

9.1.1 尖嘴钳（QB/T 2440.1—2007）

【用途】 适用于在较窄小的工作空间夹持小零件和扭转细金属丝，是仪器、仪表、家电等的专修工具。

【规格】 见表 2-9-1 和表 2-9-2。

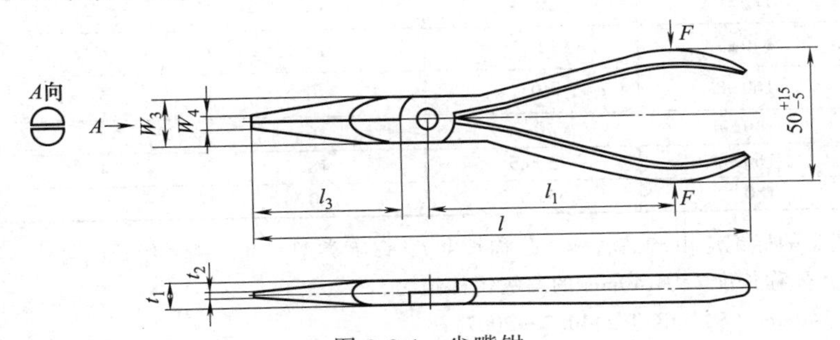

图 2-9-1 尖嘴钳

表 2-9-1 尖嘴钳的基本尺寸 mm

公称长度 l	l_3	W_{3max}	W_{4max}	t_{1max}	t_{2max}
140±7	40±5	16	2.5	9	2
160±8	53±6.3	19	3.2	10	2.5
180±10	60±8	20	5	11	3
200±10	80±10	22	5	12	4
280±14	80±14	22	5	12	4

【标记示例】 产品的标记应由产品名称、公称长度 l 和标准编号组成。

示例：公称长度 l 为 140mm 的尖嘴钳标记为

尖嘴钳 140mm QB/T 2440.1—2007

表 2-9-2 尖嘴钳的抗弯强度

公称长度 l/mm	l_1/mm	抗弯强度	
		载荷 F/N	永久变形量 S_{max}①/mm
140	63	630	1
160	71	710	1
180	80	800	1
200	90	900	1
280	140	630	1

① $S=W_1-W_2$，见 GB/T 6291。

9.1.2 扁嘴钳（QB/T 2440.2—2007）

【用途】 适用于将金属薄片、细丝弯成所需形状，装拔销子、弹簧等。

【规格】 见表 2-9-3 和表 2-9-4。

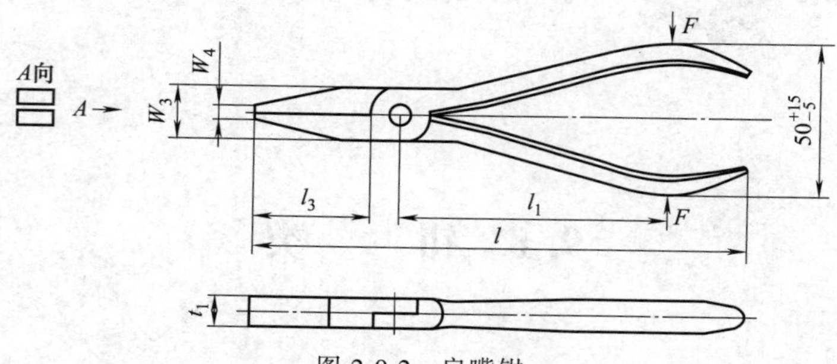

图 2-9-2 扁嘴钳

表 2-9-3 扁嘴钳的基本尺寸

mm

钳嘴类型	公称长度 l	l_3	$W_{3\max}$	$W_{4\max}$	$t_{1\max}$
短嘴（S）	125±6	25^{0}_{-5}	16	3.2	9
	140±7	$32^{0}_{-6.3}$	18	4	10
	160±8	40^{0}_{-8}	20	5	11
长嘴（L）	140±7	40±4	16	3.2	9
	160±8	50±5	18	4	10
	180±9	63±6.3	20	5	11

【标记示例】 产品的标记应由产品名称、公称长度 l、钳嘴类型和标准编号组成。

示例 1：短嘴型、公称长度 l 为 140mm 的扁嘴钳标记为

扁嘴钳 140mm（S） QB/T 2440.2—2007

示例 2：长嘴型、公称长度 l 为 160mm 的扁嘴钳标记为

扁嘴钳 160mm（L） QB/T 2440.2—2007

表 2-9-4 尖嘴钳的抗弯强度和扭力

钳嘴类型	公称长度 l/mm	l_1/mm	扭力		抗弯强度	
			扭矩 T/N·m	扭转角度 $\alpha_{\max}$ ②	载荷 F/N	永久变形量 $S_{\max}$ ①/mm
短嘴（S）	125	63	4	20°	630	1
	140	71	5	20°	710	1
	160	80	6	20°	800	1
长嘴（L）	140	63	—	—	630	1
	160	71	—	—	710	1
	180	80	—	—	800	1

① $S=W_1-W_2$，见 GB/T 6291。

② 见 GB/T 6291。

9.1.3 圆嘴钳（QB/T 2440.3—2007）

【用途】 适用于将金属薄片或金属丝弯成圆形，是电讯、仪器仪表、家电装配、维修作业等的常用工具。

【规格】 见表 2-9-5 和表 2-9-6。

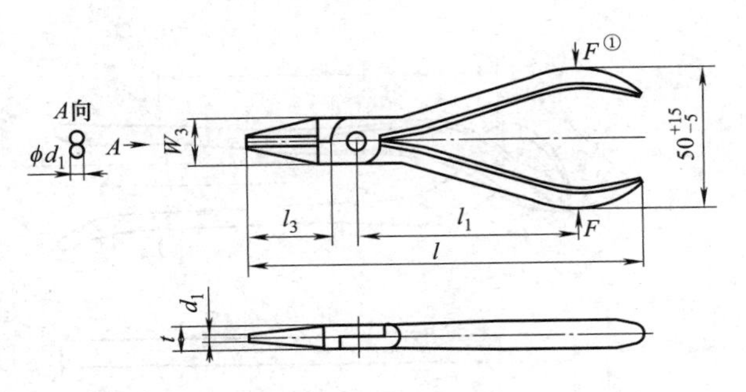

①F＝抗弯强度试验中施加的载荷。

图 2-9-3　圆嘴钳

表 2-9-5　　圆嘴钳的基本尺寸　　mm

钳嘴类型	公称长度 l	l_3	d_{1max}	W_{3max}	t_{max}
短嘴（S）	125±6.3	25^{0}_{-5}	2	16	9
	140±8	$32^{0}_{-6.3}$	2.8	18	10
	160±8	40^{0}_{-8}	3.2	20	11
长嘴（L）	140±7	40±4	2.8	17	9
	160±8	50±5	3.2	19	10
	180±9	63±6.3	3.6	20	11

表 2-9-6　　圆嘴钳的抗弯强度和扭力

钳嘴类型	公称长度 l/mm	l_1/mm	扭力		抗弯强度	
			扭矩 T/(N·m)	扭转角度 α_{max}②	载荷 F/N	永久变形量 S_{max}①/mm
短嘴（S）	125	63	0.5	20°	630	1
	140	71	1.0	20°	710	1
	160	80	1.25	20°	800	1
长嘴（L）	140	63	0.25	25°	630	1
	160	71	0.5	25°	710	1
	180	80	1.0	25°	800	1

① $S=W_1-W_2$，见 GB/T 6291。

② 见 GB/T 6291。

【嘴顶缝隙】　圆嘴钳自阀嘴以下 3mm 内，其嘴顶缝隙 δ 的最大值应不超过 0.08mm，如图 2-9-4 所示。

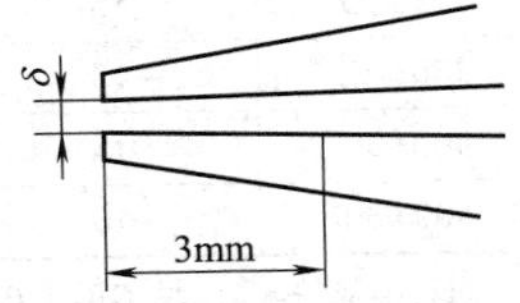

图 2-9-4　圆嘴钳的嘴顶缝隙

【标记示例】　产品的标记应由产品名称、公称长度 l、钳嘴类型和标准编号组成。示例如下：

① 短嘴型，公称长度 l 为 140mm 的圆嘴钳标记为：

圆嘴钳 140mm（S）QB/T 2440.3—2007

② 长嘴型，公称长度 l 为 160mm 的圆嘴钳标记为：

圆嘴钳 160mm（L）QB/T 2440.3—2007

9.1.4　水泵钳（QB/T 2440.4—2007）

【用途】　用于夹持扁形或圆柱形金属零件，其特点是钳口的开口宽度有多挡（三至四挡）调节位置，以适应夹持不同尺寸的零件的需要，为汽车、内燃机、农业机械及室内管道等安装、维修工作中常用的工具。

【规格】　见表 2-9-7。

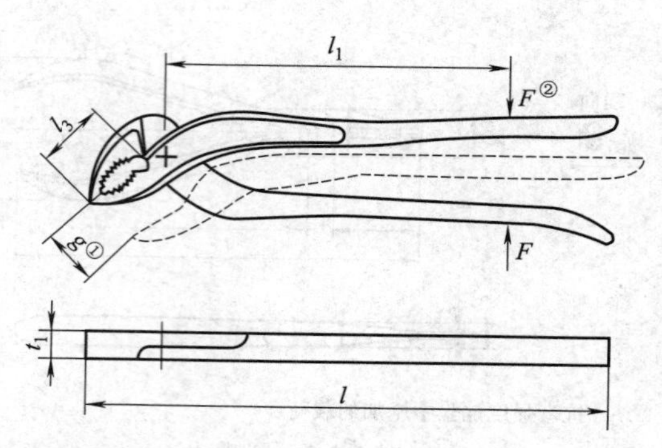

①两钳口平行开口尺寸。
②F=抗弯强度试验中施加的载荷。

图 2-9-5 水泵钳

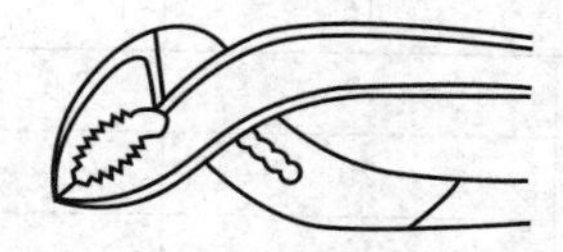

图 2-9-6 A 型水泵钳（滑动销轴式）

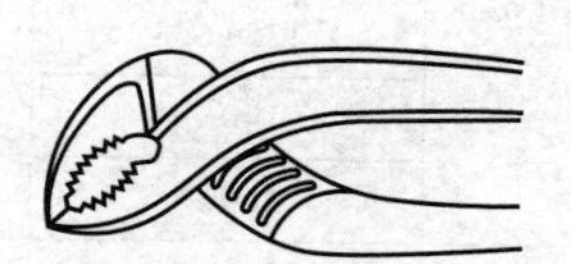

图 2-9-7 B 型水泵钳（榫槽叠置式）

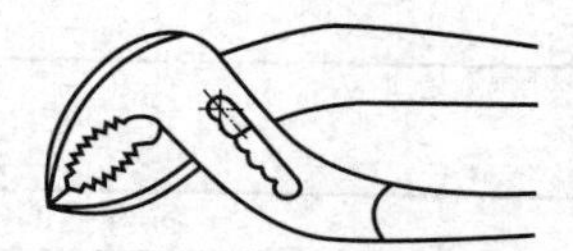

图 2-9-8 C 型水泵钳（钳腮套入式）

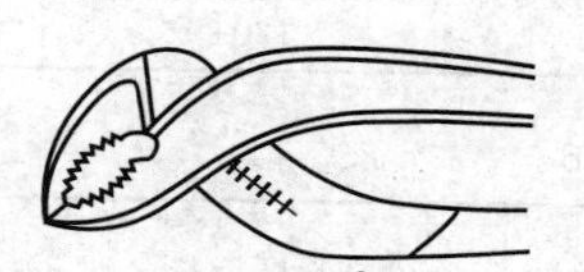

图 2-9-9 D 型水泵钳（其他形式）

表 2-9-7 水泵钳的基本尺寸和抗弯刚度

公称长度 l /mm	t_{1max} /mm	g_{min} /mm	l_{3min} /mm	l_1 /mm	开口最小调整挡数	抗弯强度	
						载荷 F/N	永久变形量 $S_{max}^{①}$/mm
100±10	5	12	7.5	71	3	400	1
125±15	7	12	10	80	3	500	1.2
160±15	10	16	18	100	4	630	1.4
200±15	11	22	20	125	4	800	1.8
250±15	12	28	25	160	5	1000	2.2
315±20	13	35	35	200	5	1250	2.8
350±20	13	45	40	224	6	1250	3.2
400±30	15	80	50	250	8	1400	3.6
500±30	16	125	70	315	10	1400	4

① $S=W_1-W_2$，见 GB/T 6291。

【标记示例】 产品的标记应由产品名称、公称长度 l、形式代号和标准编号组成。示例如下：
公称长度 l 为 200mm 的 A 型滑动销轴式水泵钳标记为：
水泵钳 200mm（A）QB/T 2440.4—2007

9.1.5 斜嘴钳（QB/T 2441.1—2007）

【用途】 适用于切断金属丝，是电线安装作业的常用工具。

【规格】 见表 2-9-8 和表 2-9-9。

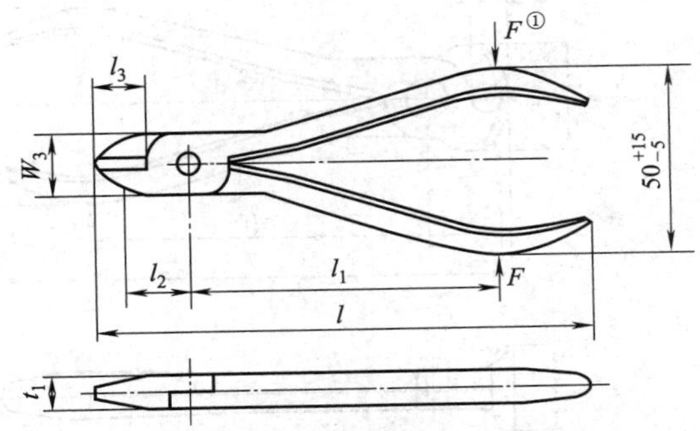

①F=抗弯强度试验中施加的载荷或剪切试验中施加的力F_1。

图 2-9-10 斜嘴钳

表 2-9-8 斜嘴钳的基本尺寸 mm

公称长度 l	l_{3max}	W_{3max}	t_{1max}	公称长度 l	l_{3max}	W_{3max}	t_{1max}
125±6	18	22	10	180±9	25	32	14
140±7	20	25	11	200±10	28	36	16
160±8	22	28	12				

表 2-9-9 斜嘴钳的抗弯刚度和剪切性能（QB/T 2441.1—2007）

公称长度 l/mm	l_1/mm	l_2/mm	剪切性能		抗弯强度	
			试验钢丝直径 d②/mm	剪切力 F_{1max}/N	载荷 F/N	永久变形量 S_{max}①/mm
125	80	12.5	1.0	450	800	1
140	90	14	1.6	450	900	1
160	100	16	1.6	460	1000	1
180	112	18	1.6	460	1120	1
200	125	20	1.6	460	1250	1

① $S=W_1-W_2$，见 GB/T 6291。

② 试验用钢丝，见 GB/T 6291。

【标记示例】 产品的标记应由产品名称、公称长度 l 和标准编号组成。示例如下：

公称长度 l 为 180mm 的斜嘴钳标记为：

斜嘴钳 180mm QB/T 2441.1—2007

9.1.6 顶切钳（QB/T 2441.2—2007）

【规格】 见表 2-9-10 和表 2-9-11。

表 2-9-10 顶切钳的基本尺寸 mm

公称长度 l	l_{3max}	W_{3max}	t_{1max}	公称长度 l	l_{3max}	W_{3max}	t_{1max}
125±7	8	25	20	180±10	11	36	28
140±8	9	28	22	200±11	12	40	32
160±9	10	32	25				

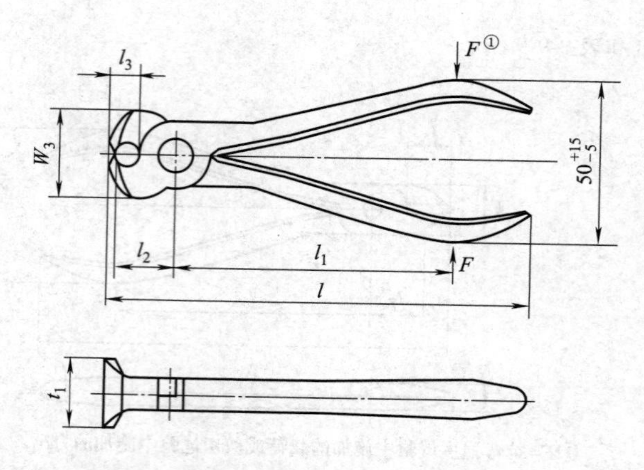

①F=抗弯强度试验中施加的载荷或剪切试验中施加的力F_1。

图 2-9-11　顶切钳

表 2-9-11

顶切钳的抗弯强度和剪切性能

公称长度 l/mm	l_1/mm	l_2/mm	剪切性能		抗弯强度	
			试验钢丝直径 d②/mm	剪切力 F_{1max}/N	载荷 F/N	永久变形量 S_{max}①/mm
125	90	18	1.6	570	900	0.7
140	100	20	1.6	570	1000	1
160	112	22	1.6	570	1120	1
180	125	25	1.6	570	1250	1
200	140	28	1.6	570	1400	1

① $S=W_1-W_2$，见 GB/T 6291。

② 试验用钢丝，见 GB/T 6291。

【标记示例】　产品的标记应由产品名称、公称长度 l 和标准编号组成。示例如下：

公称长度 l 为 160mm 的顶切钳标记为：

顶切钳 160mm QB/T 2441.2—2007

9.1.7　钢丝钳（QB/T 2442.1—2007）

【其他名称】　花腮钳、克丝钳。

【用途】　用于夹持或弯折薄片形、圆柱形金属零件及切断金属丝，其旁刃口也可用于切断细金属丝。

【规格】　见表 2-9-12 和表 2-9-13。

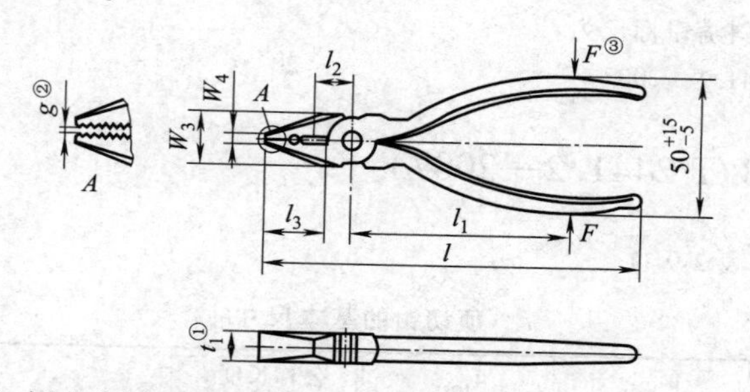

① 在l_3长度内钳头可呈锥形。

② 钳子闭合时测定。

③F=抗弯强度试验中施加的载荷或剪切性能试验中施加的力F_1。

图 2-9-12　钢丝钳

表 2-9-12　　钢丝钳的基本尺寸　　mm

公称长度 l	l_3	W_{3max}	W_{4max}	l_{1max}	g_{max}
140±8	30±4	23	5.6	10	0.3
160±9	32±5	25	6.3	11.2	0.4
180±10	36±6	28	7.1	12.5	0.4
200±11	40±8	32	8	14	0.5
220±12	45±10	35	9	16	0.5
250±14	45±12	40	10	20	0.6

表 2-9-13　　钢丝钳的抗弯强度、扭力和剪切性能

公称长度 l/mm	l_1/mm	l_2/mm	剪切性能		扭力②		抗弯强度	
			试验钢丝直径 $d^{③}$/mm	剪切力 F_{1max}/N	扭矩 T /N·m	扭转角 α_{max}	载荷 F/N	永久变形量 $S^{①}_{max}$/mm
140	70	14	1.6	580	15	15°	1000	1
160	80	16	1.6	580	15	15°	1120	1
180	90	18	1.6	580	15	15°	1260	1
200	100	20	1.6	580	20	20°	1400	1
220	110	22	1.6	580	20	20°	1400	1
250	125	25	1.6	580	20	20°	1400	1

① $S=W_1-W_2$，见 GB/T 6291。
② 见 GB/T 6291。
③ 试验用钢丝，见 GB/T 6291。

【标记示例】 产品的标记应由产品名称、公称长度 l 和标准编号组成。示例如下：
公称长度 l 为 200mm 的钢丝钳标记为：
钢丝钳 200mm QB/T 2442.1—2007

9.1.8 电工钳（QB/T 2442.2—2007）

【用途】 用于夹持或弯折薄片形、细圆柱形金属零件及切断金属丝。
【规格】 见表 2-9-14 和表 2-9-15。

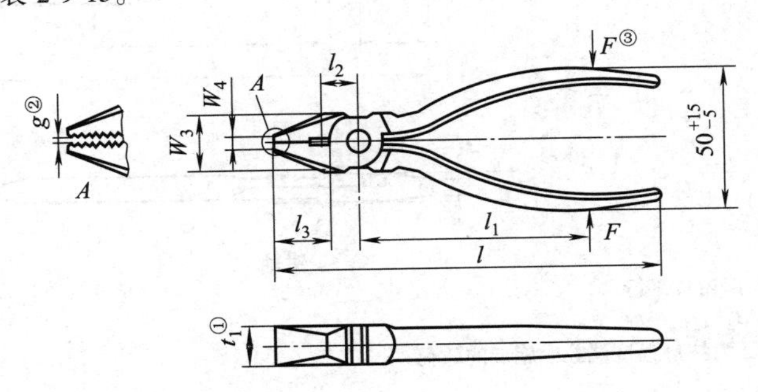

① 在l_3长度内钳头可呈锥形。
② 钳子闭合时测定。
③ F=抗弯强度试验中施加的载荷或剪切性能试验中施加的力F_1。

图 2-9-13　电工钳

表 2-9-14　　电工钳的基本尺寸　　mm

公称长度 l	l_3	W_{3max}	W_{4max}	t_{1max}	g_{max}
165±14	32±7	27	9	17	1.1
190±14	33±7	30	9	17	1.1

续表

公称长度 l	l_3	W_{3max}	W_{4max}	t_{1max}	g_{max}
215±14	38±8	38	10	20	1.3
250±14	40±8	38	10	20	1.3

表 2-9-15　　电工钳的抗弯强度、扭力和剪切性能

公称长度 l/mm	l_1/mm	l_2/mm	剪切性能		扭力②		抗弯强度	
			试验钢丝直径 d③/mm	剪切力 F_{1max}/N	扭矩 T/N·m	扭转角 α_{max}	载荷 F/N	永久变形量 S_{max}①/mm
165	90	16	1.6	580	15	15°	1120	1
190	100	18	1.6	580	15	15°	1260	1
215	120	20	1.6	580	20	15°	1400	1
250	140	22	1.6	580	20	15°	1400	1

① $S=W_1-W_2$，见 GB/T 6291。
② 见 GB/T 6291（试验方法同钢丝钳）。
③ 试验用钢丝，见 GB/T 6291。

【标记示例】 产品的标记应由产品名称、公称长度 l 和标准编号组成。示例如下：

公称长度 l 为 165mm 的电工钳标记为：

电工钳 165mm QB/T 2442.2—2007

9.1.9　鲤鱼钳（QB/T 2442.4—2007）

【其他名称】 鱼钳。

【用途】 用于夹持扁形或圆柱形金属零件，其特点是钳口的开口宽度有两挡调节位置，可以夹持尺寸较大的零件，刃口可用于切断金属丝，为自行车、汽车、内燃机、农业机械等维修工作中常用的工具。

【规格】 见表 2-9-16。

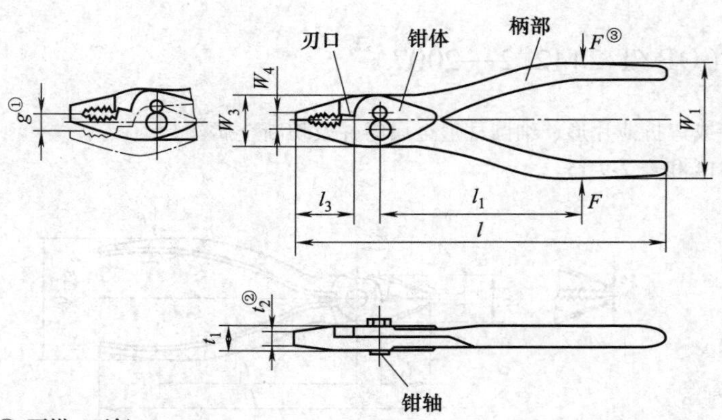

图 2-9-14　鲤鱼钳

表 2-9-16　　鲤鱼钳的基本尺寸和抗弯强度

公称长度 l/mm	W_1 /mm	W_{3max} /mm	W_{4max} /mm	t_{1max} /mm	l_1 /mm	l_3 /mm	g_{min} /mm	抗弯强度	
								载荷 F/N	永久变形量 $S_{max}^{①}$/mm
125±8	40^{+15}_{-5}	23	8	9	70	25±5	7	900	1
160±8	48^{+15}_{-5}	32	8	10	80	30±5	7	1000	1

续表

公称长度 l/mm	W_1/mm	W_{3max}/mm	W_{4max}/mm	t_{1max}/mm	l_1/mm	l_3/mm	g_{min}/mm	抗弯强度	
								载荷 F/N	永久变形量 $S_{max}^{①}$/mm
180±9	49^{+15}_{-5}	35	10	11	90	35±5	8	1120	1
200±10	50^{+15}_{-5}	40	12.5	12.5	100	35±5	9	1250	1
250±10	50^{+15}_{-5}	45	12.5	12.5	125	40±5	10	1400	1.5

① $S=W_1-W_2$，见 GB/T 6291。

【标记示例】 产品的标记应由产品名称、公称长度 l 和标准编号组成。示例如下：

公称长度 l 为 200mm 的鲤鱼钳标记为：

鲤鱼钳 200mm QB/T 2442.4—2007

9.1.10 弯嘴钳

【其他名称】 弯头钳。

【用途】 与尖嘴钳相似，主要用于在狭窄或凹下的工作空间中夹持零件。

【规格】 分柄部不带塑料套和带塑料套两种。长度：140mm、160mm、180mm、200mm。

图 2-9-15 弯嘴钳

9.1.11 胡桃钳（QB/T 1737—2011）

【其他名称】 鞋匠钳、起钉钳。

【用途】 制鞋工人拔鞋钉和木工起钉用，也可切断金属丝。

【规格】 分圆肩式（A 型）和方肩式（B 型）两种，见表 2-9-17。

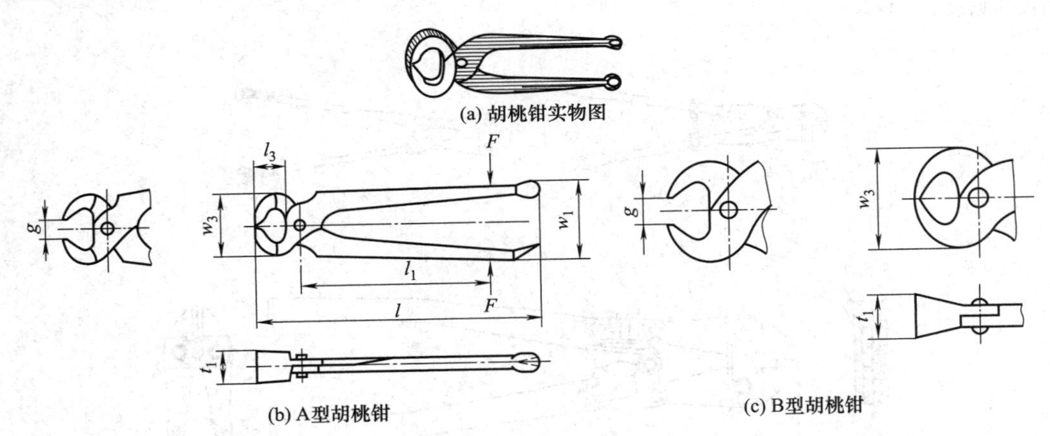

图 2-9-16 胡桃钳

表 2-9-17 胡桃钳的基本尺寸 mm

l 规格	l_3 min	w_3 min	A 型 t_1 min	B 型 t_1 max	w_1	g min
160±8	11.2	32	16	14	45±5	12.5
180±9	12.5	36	18	16	45±5	14
200±10	14	40	20	18	45±5	16
224±10	16	45	22	20	48±5	18

续表

l 规格	l_3 min	w_3 min	A 型 t_1 min	B 型 t_1 max	w_1	g min
250±10	18	50	25	22	50±5	20
280±15	20	56	28	25	53±5	22

【标记示例】 胡桃钳的产品标记由产品名称、标准编号、规格和形式代号组成。示例如下：

① 规格为 200mm A 型的胡桃钳标记为：

胡桃钳 QB/T 1737—200A

② 规格为 180mm B 型的胡桃钳标记为：

胡桃钳 QB/T 1737—180B

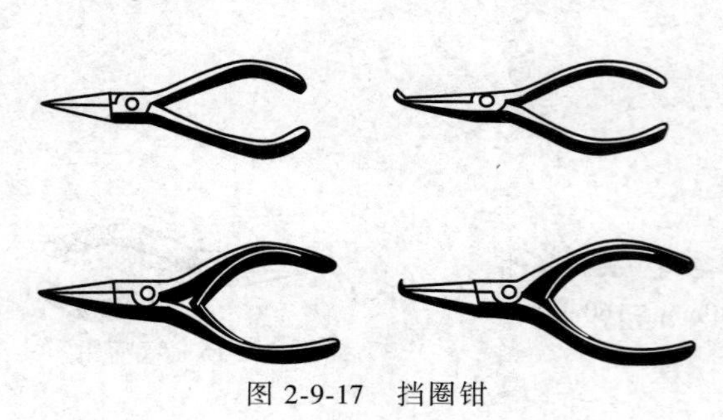

图 2-9-17 挡圈钳

9.1.12 挡圈钳

【其他名称】 卡簧钳。

【用途】 专供装拆弹性挡圈用。由于挡圈有孔用、轴用之分以及安装部位的不同，可根据需要，分别选用直嘴式或弯嘴式、孔用或轴用挡圈钳。

【规格】 长度：125mm、175mm、225mm。

9.1.13 断线钳（QB/T 2206—2011）

【其他名称】 剪线钳。

【用途】 用于切断较粗的、硬度不大于 30HRC 的金属线材、刺丝及电线等。

【规格】 形式有双连臂、单连臂、无连臂等三种。钳柄分有管柄式、可锻铸铁柄式和绝缘柄式等。断线钳的基本尺寸见表 2-9-18。

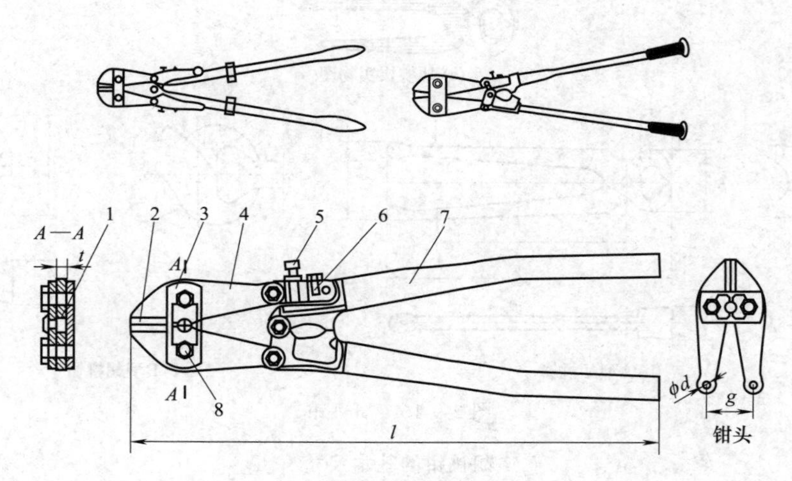

图 2-9-18 断线钳

1—中心轴；2—刃口；3—压板；4—刀片；5—调节螺钉；6—联臂；7—手柄；8—螺栓

断线钳的剪切能力和剪切载荷见表 2-9-19～表 2-9-21。

断线钳在剪切性能试验前和剪切性能试验后应分别进行刃口间隙调节，调节后的刃口间隙应符合表 2-9-21 的规定。

表 2-9-18　　断线钳的基本尺寸　　mm

规格	*l*		*d*		*g*		*t*	
	尺寸	偏差	尺寸	偏差	尺寸	偏差	尺寸	偏差
200	203	$^{+15}_{0}$	5	H12	22	$^{+1}_{-2}$	4.5	h12
300	305		6		38		6	
350	360		6(8)		40		7	
450	460		8		53		8	
600	615	$^{+20}_{0}$	10		62		9	
750	765		10		68	$^{+1}_{-3}$	11	
900	915		12		74		13	
1050	1070		14		82		15	
1200	1220		16		100		17	

注：括号内尺寸为可选尺寸。

表 2-9-19　　断线钳的剪切能力

规格/mm	200	300	350	450	600	750	900	1050	1200
试材直径/mm	2	4	5	6	8	10	12	14	16
试材材质	GB/T 699 规定的 45 圆钢，硬度为 28~30HRC								

表 2-9-20　　断线钳的剪切载荷

规格/mm	200	300	350	450	600	750	900	1050	1200
试材直径/mm	2	4	5	6	8	10	12	14	16
试材材质	GB/T 699 规定的 20 圆钢，抗拉强度不小于 410MPa 或同等抗拉强度的钢材								
剪切载荷/N	170	145	245	345	490	685	835	1130	1470

表 2-9-21　　断线钳的刃口间隙　　mm

规格	200	300	350	450	600	750	900	1050	1200
刃口间隙	≤0.6				≤0.8		≤1.0		

【标记示例】 断线钳的产品标记由产品名称、标准编号和规格组成。示例如下：

规格为 350mm 的断线钳标记为：

断线钳 QB/T 2206—350

9.1.14　铅印钳

【其他名称】 封印钳、轧印钳。

【用途】 在仪表、包裹、文件、设备等上轧封铅印。

【规格】 见表 2-9-22。

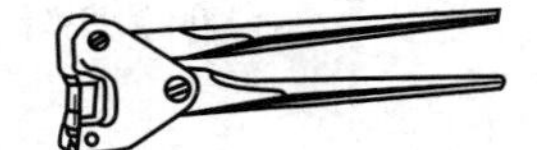

图 2-9-19　铅印钳

表 2-9-22　　铅印钳的规格尺寸

长度/mm	150	175	200	250	240(拖板式)
轧封铅印直径/mm	9	10	11	12	15
硬度(HRC)	50~55				

9.1.15　剥线钳（QB/T 2207—1996）

【用途】 供电工用于在不带电的条件下，剥离线芯直径为 0.5~2.5mm 的各类电讯导线外部绝缘层。多功能剥线钳还能剥离带状电缆。

【规格】 见表 2-9-23。

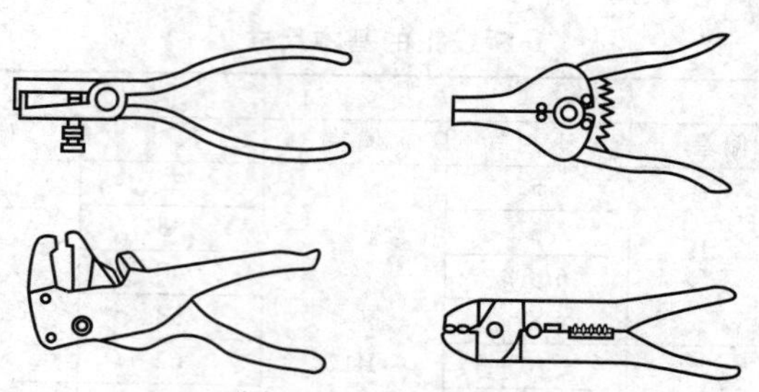

图 2-9-20　剥线钳

表 2-9-23

剥线钳的规格尺寸

形式	可调式端面剥线钳	自动剥线钳	多功能剥线钳	压接剥线钳
长度/mm	160	170	170	200

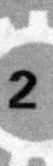

9.1.16　弹性挡圈安装钳（JB/T 3411.47—1999、JB/T 3411.48—1999）

【用途】 专用于拆装弹簧挡圈。钳子分轴用挡圈钳和孔用挡圈钳。

【规格】 见表 2-9-24。

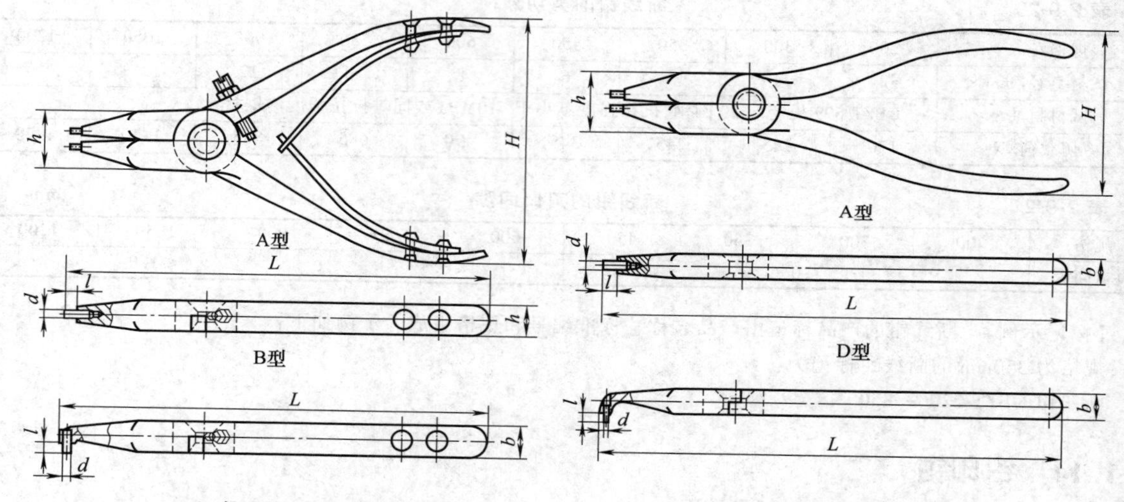

图 2-9-21　弹性挡圈安装钳

表 2-9-24

弹性挡圈安装钳的规格尺寸

mm

轴用弹性挡圈安装钳(JB/T 3411.47—1999)						
d	L	l	$H\approx$	b	h	弹性挡圈规格
1.0	125	3	72	8	18	3~9
1.5						10~18
2.0						19~30
2.5	175	4	100	10	20	32~40
3.0						42~105
4.0	250	5	122	12	21	110~200

孔用弹性挡圈安装钳(JB/T 3411.48—1999)						
d	L	l	$H\approx$	b	h	弹性挡圈规格
1.0	125	3	52	8	18	8~9
1.5						10~18
2.0						19~30

续表

孔用弹性挡圈安装钳(JB/T 3411.48—1999)						
d	*L*	*l*	*H*≈	*b*	*h*	弹性挡圈规格
2.5	175	4	54	10	20	32~40
3.0						42~100
4.0	250	5	60	12	24	105~200

9.2 扳 手 类

9.2.1 双头呆扳手（GB/T 4388—2008）

【其他名称】 双头扳手、双头呆扳头。

【用途】 用以紧固或拆卸六角头或方头螺栓（螺母）。双头扳手由于两端开口宽度不同，每把扳手可适用于两种规格的六角头或方头螺栓。

【规格】 扳手规格指适用的螺栓的六角头或方头对边宽度，主要以两端不同的开口宽度尺寸表示，见表 2-9-25。除单件扳手外，还有成套扳手。

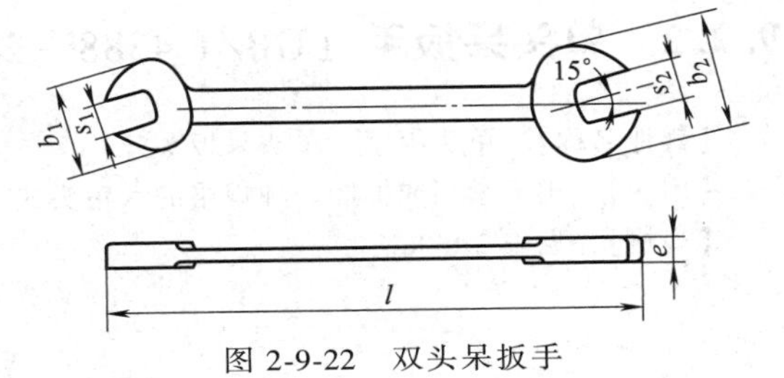

图 2-9-22 双头呆扳手

表 2-9-25 双头呆扳手的规格尺寸 mm

规格①（对边尺寸组配）$s_1 \times s_2$	双头呆扳手 厚度 *e* max	短型 全长 *l* min	长型 全长 *l* min	规格①（对边尺寸组配）$s_1 \times s_2$	双头呆扳手 厚度 *e* max	短型 全长 *l* min	长型 全长 *l* min
3.2×4	3	72	81	15×16	8	155	175
4×5	3.5	78	87	(15×18)	8.5	155	175
5×5.5	3.5	85	95	(16×17)	8.5	162	183
5.5×7	4.5	89	99	16×18	8.5	162	183
(6×7)	4.5	92	103	(17×19)	9	169	191
7×8	4.5	99	111	(18×19)	9	176	199
(8×9)	5	106	119	18×21	10	176	159
8×10	5.5	106	119	(19×22)	10.5	183	207
(9×11)	6	113	127	(19×24)	11	183	207
10×11	6	120	135	(20×22)	10	190	215
(10×12)	6.5	120	135	(21×22)	10	202	223
10×13	7	120	135	(21×23)	10.5	202	223
11×13	7	127	143	21×24	11	202	223
(12×13)	7	134	151	(22×24)	11	209	231
(12×14)	7	134	159	(24×26)	11.5	223	247
(13×14)	7	141	159	24×27	12	223	247
13×15	7.5	141	159	(24×30)	13	223	247
13×16	8	141	159	(25×28)	12	230	255
(13×17)	8.5	141	159	(27×29)	12.5	244	271
(14×15)	7.5	148	167	27×30	13	244	271
(14×16)	8	148	167	(27×32)	13.5	244	271
(14×17)	8.5	148	167	(30×32)	13.5	265	295

续表

规格[①]（对边尺寸组配）$s_1 \times s_2$	双头呆扳手			规格[①]（对边尺寸组配）$s_1 \times s_2$	双头呆扳手		
	厚度 e max	短型	长型		厚度 e max	短型	长型
		全长 l min				全长 l min	
30×34	14	265	295	46×50	19	392	423
(30×36)	14.5	265	295	50×55	20.5	420	455
(32×34)	14	284	311	55×60	22	455	495
(32×36)	14.5	284	311	60×65	23	490	—
34×36	14.5	298	327	65×70	24	525	—
36×41	16	312	343	70×75	25.5	560	—
41×46	17.5	357	383	75×80	27	600	—

① 括号内的对边尺寸组配为非优先组配。

9.2.2 单头呆扳手（GB/T 4388—2008）

【其他名称】 单头扳手、单头呆扳头。

【用途】 用于紧固或拆卸一种规格的六角头或方头螺母、螺钉。

【规格】 见表 2-9-26。

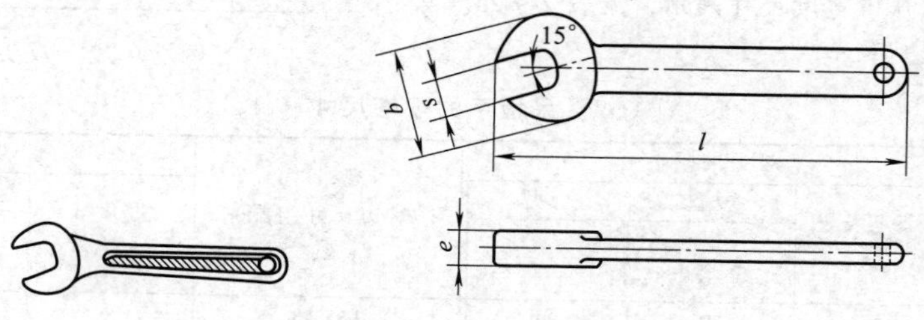

图 2-9-23 单头呆扳手

表 2-9-26 单头呆扳手 mm

规格 s	单头呆扳手 厚度 e max	单头呆扳手 全长 l min	规格 s	单头呆扳手 厚度 e max	单头呆扳手 全长 l min
3.2	—	—	22	10.5	180
4	—	—	23	10.5	190
5	—	—	24	11	200
5.5	4.5	80	25	11.5	205
6	4.5	85	26	12	215
7	5	90	27	12.5	225
8	5	95	28	12.5	235
9	5.5	100	29	13	245
10	6	105	30	13.5	255
11	6.5	110	31	14	265
12	7	115	32	14.5	275
13	7	120	34	15	285
14	7.5	125	13	7	120
15	8	130	14	7.5	125
16	8	135	15	8	130
17	8.5	140	16	8	135
18	9	150	17	8.5	140
19	9	155	18	9	150
20	9.5	160	19	9	155
21	10	170	20	9.5	160

续表

规格 s	单头呆扳手		规格 s	单头呆扳手	
	厚度 e max	全长 l min		厚度 e max	全长 l min
21	10	170	34	15	285
22	10.5	180	36	15.5	300
23	10.5	190	41	17.5	330
24	11	200	46	19.5	350
25	11.5	205	50	21	370
26	12	215	55	22	390
27	12.5	225	60	24	420
28	12.5	235	65	26	450
29	13	245	70	28	480
30	13.5	255	75	30	510
31	14	265	80	32	540
32	14.5	275			

9.2.3 梅花扳手（GB/T 4388—2008）

【其他名称】 闭口扳手、眼睛扳头。

【用途】 与双头呆扳手相似，但只适用于六角头螺栓（螺母）。其特点是：承受扭矩大，使用安全，特别适用于位置较狭小、位于凹处、不能容纳双头呆扳手的工作场合。

【规格】 扳手规格指适用的螺栓的六角头对边宽度，见表 2-9-27 和表 2-9-28。

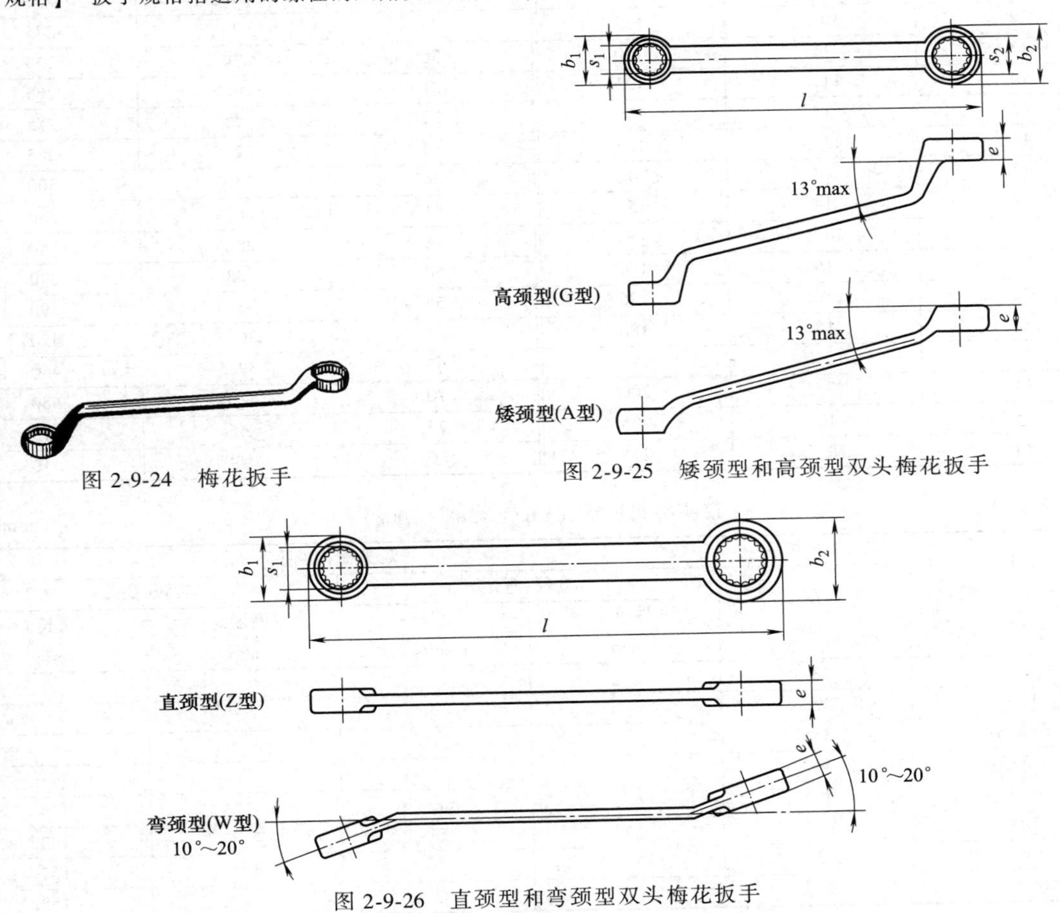

图 2-9-24 梅花扳手

图 2-9-25 矮颈型和高颈型双头梅花扳手

图 2-9-26 直颈型和弯颈型双头梅花扳手

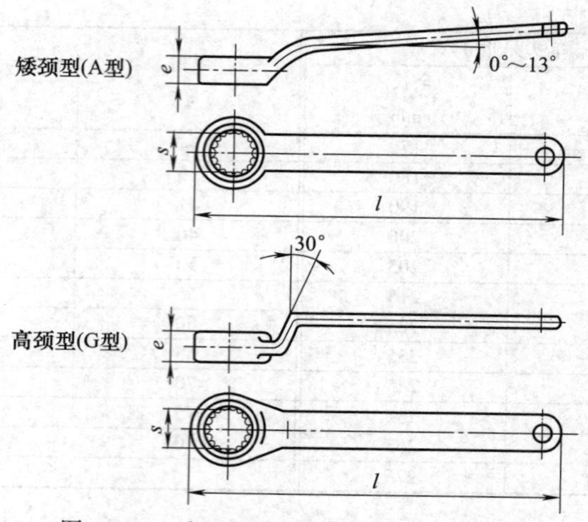

图 2-9-27　矮颈型和高颈型单头梅花扳手

表 2-9-27　　单头梅花扳手（GB/T 4388—2008）

mm

规格 s	单头梅花扳手		规格 s	单头梅花扳手	
	厚度 e max	全长 l min		厚度 e max	全长 l min
10	9	105	27	19	225
11	9.5	110	28	19.5	235
12	10.5	115	29	20	245
13	11	120	30	20	255
14	11.5	125	31	20.5	265
15	12	130	32	21	275
16	12.5	135	34	22.5	285
17	13	140	36	23.5	300
18	14	150	41	26.5	330
19	14.5	155	46	28.5	350
20	15	160	50	32	370
21	15.5	170	55	33.5	390
22	16	180	60	36.5	420
23	16.5	190	65	39.5	450
24	17.5	200	70	42.5	480
25	18	205	75	46	510
26	18.5	215	80	49	540

表 2-9-28　　双头梅花扳手（GB/T 4388—2008）

mm

规格[①]（对边尺寸组配）$s_1 \times s_2$	双头呆扳手	双头梅花扳手			
		直颈、弯颈		矮颈、高颈	
	厚度 e max	厚度 e max	全长 l min	厚度 e max	全长 l min
3.2×4	3				
4×5	3.5				
5×5.5	3.5				
5.5×7	4.5				
(6×7)	4.5	6.5	73	7	134
7×8	4.5	7	81	7.5	143
(8×9)	5	7.5	89	8.5	152
8×10	5.5	8	89	9	152

续表

规格[①]（对边尺寸组配）$s_1 \times s_2$	双头呆扳手	双头梅花扳手			
		直颈、弯颈		矮颈、高颈	
	厚度 e max	厚度 e max	全长 l min	厚度 e max	全长 l min
(9×11)	6	8.5	97	9.5	161
10×11	6	8.5	105	9.5	170
(10×12)	6.5	9	105	10	170
10×13	7	9.5	105	11	170
11×13	7	9.5	113	11	179
(12×13)	7	9.5	121	11	188
(12×14)	7	9.5	121	11	188
(13×14)	7	9.5	129	11	197
13×15	7.5	10	129	12	197
13×16	8	10.5	129	12	197
(13×17)	8.5	11	129	13	197
(14×15)	7.5	10	137	12	206
(14×16)	8	10.5	137	12	206
(14×17)	8.5	11	137	13	206
15×16	8	10.5	145	12	215
(15×18)	8.5	11.5	145	13	215
(16×17)	8.5	11	153	13	224
16×18	8.5	11.5	153	13	224
(17×19)	9	11.5	166	14	233
(18×19)	9	11.5	174	14	242
18×21	10	12.5	174	14	242
(19×22)	10.5	13	182	15	251
(19×24)	11	13.5	182	16	251
(20×22)	10	13	190	15	260
(21×22)	10	13	198	15	269
(21×23)	10.5	13	198	15	269
21×24	11	13.5	198	16	269
(22×24)	11	13.5	206	16	278
(24×26)	11.5	15.5	222	16.5	296
24×27	12	14.5	222	17	296
(24×30)	13	15.5	222	18	296
(25×28)	12	15	230	17.5	305
(27×29)	12.5	15	246	18	323
27×30	13	15.5	246	18	323
(27×32)	13.5	16	246	19	323
(30×32)	13.5	16	275	19	330
30×34	14	16.5	275	20	330
(30×36)	14.5	17	275	21	330
(32×34)	14	16.5	291	20	348
(32×36)	14.5	17	291	21	348
34×36	14.5	17	307	21	366
36×41	16	18.5	323	22	384
41×46	17.5	20	363	24	429
46×50	19	21	403	25	474
50×55	20.5	22	435	27	510
55×60	22	23.5	475	28.5	555
60×65	23				
65×70	24				
70×75	25.5				
75×80	27				

① 括号内的对边尺寸组配为非优先组配。

9.2.4 两用扳手

【其他名称】 开口闭口扳手。

【用途】 一端与单头呆扳手相同，另一端与梅花扳手相同，两端适用相同规格的螺栓（螺母）。

【规格】 扳手规格指适用的螺栓的六角头或方头对边宽度，见表 2-9-29。

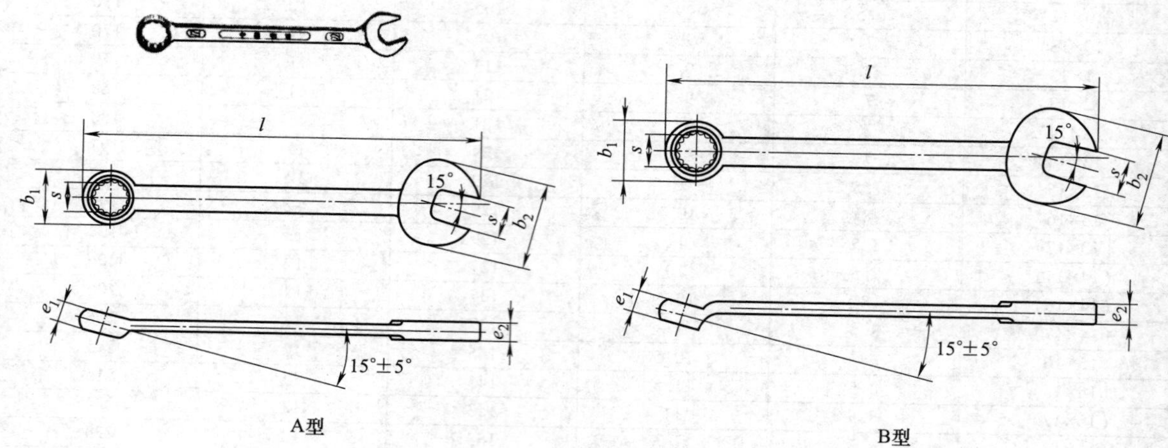

图 2-9-28 两用扳手

表 2-9-29 两用扳手

规格 s	两用扳手 厚度 e_1 max	厚度 e_2 max	全长 l min	规格 s	两用扳手 厚度 e_1 max	厚度 e_2 max	全长 l min
3.2	5	3.3	55	20	15	9.5	200
4	5.5	3.5	55	21	15.5	10	205
5	6	4	65	22	16	10.5	215
5.5	6.3	4.2	70	23	16.5	10.5	220
6	6.5	4.5	75	24	17.5	11	230
7	7	5	80	25	18	11.5	240
8	8	5	90	26	18.5	12	245
9	8.5	5.5	100	27	19	12.5	255
10	9	6	110	28	19.5	12.5	270
11	9.5	6.5	115	29	20	13	280
12	10	7	125	30	20	13.5	285
13	11	7	135	31	20.5	14	290
14	11.5	7.5	145	32	21	14.5	300
15	12	8	150	34	22.5	15	320
16	12.5	8	160	36	23.5	15.5	335
17	13	8.5	170	41	26.5	17.5	380
18	14	9	180	46	29.5	19.5	425
19	14.5	9	185	50	32	21	460

9.2.5 普通套筒扳手（GB/T 3390.1—2013）

【用途】 分手动套筒扳手和机动套筒扳手。带方孔的一端与扳手的方榫连接，带十二（六）角孔的一端套在六角头螺栓、螺母上，用于紧固或拆卸螺栓、螺母。

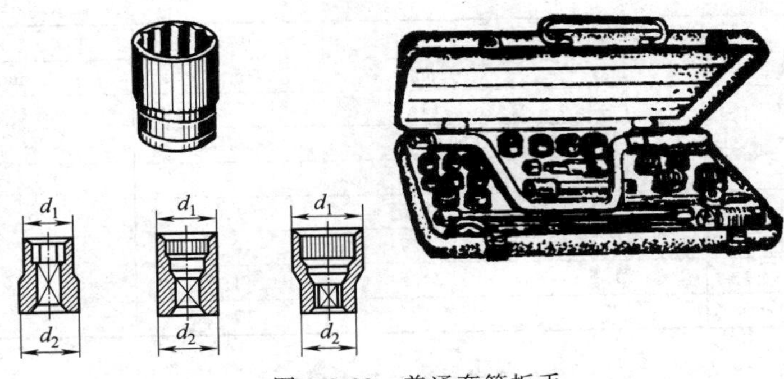

图 2-9-29　普通套筒扳手

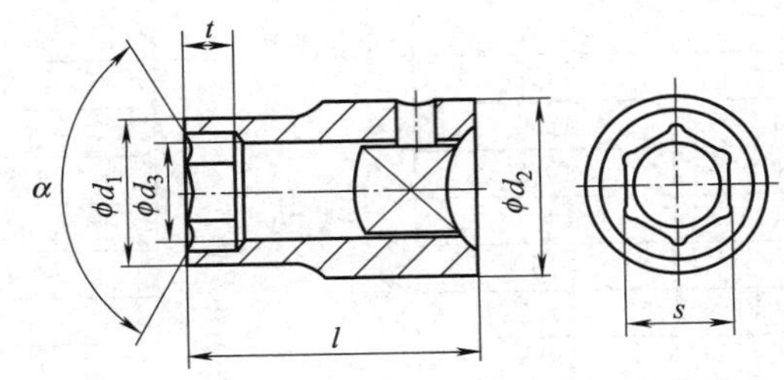

说明：115°≤α≤150°

图 2-9-30　套筒外径 $d_1<d_2$（GB/T 3390.1—2013）

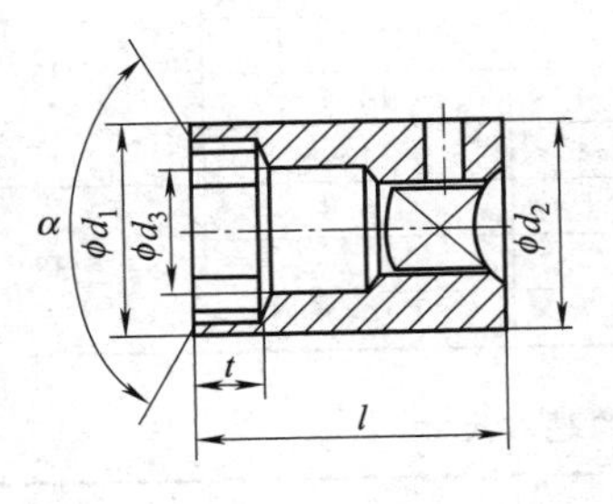

说明：115°≤α≤150°

图 2-9-31　套筒外径 $d_1=d_2$（GB/T 3390.1—2013）

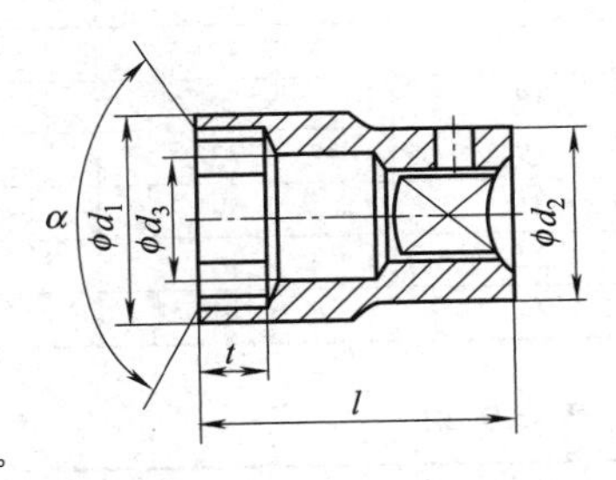

说明：115°≤α≤150°

图 2-9-32　套筒外径 $d_1>d_2$（GB/T 3390.1—2013）

【传动方孔系列】　套筒按其传动方孔的对边尺寸分为 6.3mm、10mm、12.5mm、20mm 和 25mm 五个系列，其代号分别为 6.3、10、12.5、20 和 25。

【规格】　套筒的基本尺寸应符合表 2-9-30~表 2-9-34 的规定（其中的 d_3 为参考尺寸）。

表 2-9-30　　6.3 系列套筒的基本尺寸　　mm

s	t	d_1	d_2	d_3	l	
	min	max	max	min	A 型 max	B 型 min
3.2	1.8	5.9	12.5	1.9	26	45
4	2.1	6.9	12.5	2.4		
4.5	2.3	7.9	12.5	2.4		
5	2.4	8.2	12.5	3		
5.5	2.7	8.8	12.5	3.6		
6	3.1	9.4	12.5	4		
7	3.5	11	12.5	4.8		
8	4.24	12.2	12.5	6		
9	4.51	13.5	13.5	6.5		

续表

s	t min	d_1 max	d_2 max	d_3 min	l A 型 max	l B 型 min
10	4.74	14.7	14.7	7.2	26	45
11	5.54	16	16	8.4		
12	5.74	17.2	17.2	9		
13	6.04	18.5	18.5	9.6		
14	6.74	19.7	19.7	10.5		
15	7.0	21.5	21.5	11.3		
16	7.19	22	22	12.3		

表 2-9-31　　10 系列套筒的基本尺寸

mm

s	t min	d_1 max	d_2 max	d_3 min	l A 型 max	l B 型 min
7	3.5	11	20	4.8	32	44
8	4.24	12.2		6		
9	4.51	13.5		6.5		
10	4.74	14.7		7.2		
11	5.54	16		8.4		
12	5.74	17.2		9		
13	6.04	18.5		9.6		
14	6.74	19.7	24	10.5		
15	7.0	21.0		11.3		45
16	7.19	22.2		12.3		
17	7.73	23.5		13	35	50
18	8.29	24.7	24.7	14.4		54
19	8.72	26	26	15		
21	9.59	28.5	28.8	16.8		60
22	9.98	29.7	29.7	17	38	
24	10.79	32.5	32.5	19.2		65

表 2-9-32　　12.5 系列套筒的基本尺寸

mm

s	t min	d_1 max	d_2 max	d_3 min	l A 型 max	l B 型 min
8	4.24	14	24	6	40	75
10	4.74	15.5		7.2		
11	5.54	16.7		8.4		
12	5.74	18		9		
13	6.04	19.2		9.6		
14	6.74	20.5		10.5		
15	7.0	21.7		11.3		
16	7.19	23	25.5	12.3		
17	7.73	24.2		13		
18	8.29	25.5		14.4		
19	8.72	26.7	26.7	15	42	
21	9.59	29.2	29.2	16.8		
22	9.98	30.5	30.5	17	44	
24	10.79	33	33	19.2	46	
27	12.35	36.7	36.7	21.6	48	
30	13.35	40.5	40.5	24	50	
32	14.11	43	43	26		
34	14.85	46.5	46.5	26.4	52	

表 2-9-33　　20 系列套筒的基本尺寸　　mm

s	t min	d_1 max	d_2 max	d_3 min	l A 型 max	l B 型 min
21	9.59	32.1	40	16.8	55	85
22	9.98	33.3		17		
24	10.79	35.8		19.2		
27	12.35	39.6		21.6	60	
30	13.35	43.3	43.3	24		
32	14.11	45.8	45.8	26		
34	14.85	48.3	48.3	26.4	65	
36	15.85	50.8	50.8	28.8	67	
41	17.85	57.1	57.1	32.4	70	
46	19.62	63.3	63.3	36	83	100
50	21.92	68.3	68.3	39.6	89	
55	23.42	74.6	74.6	43.2	95	
60	25.92	84.5	84.5	45.6	100	

表 2-9-34　　25 系列套筒的基本尺寸　　mm

s	t min	d_1 max	d_2 max	d_3 min	l A 型 max
41	17.85	61	59.7	32.4	83
46	19.62	66.4	55	36	80
50	21.92	71.4	55	39.6	85
55	23.42	77.6	57	43.2	95
60	25.92	83.9	61	45.6	103
65	26.92	90.1	78	50.4	110
70	28.92	96.5	84	55.2	116
75	30.92	110	90	60	120
80	34	115	95	65	125

【标记示例】 产品标记由产品名称、标准编号、对边尺寸 s、传动方孔系列代号、形式代号、孔形代号（六角孔的孔形代号为 L，十二角孔无代号）组成。示例如下：

① 对边尺寸 s 为 19mm 的 12.5 系列普通型六角套筒标记为：

手动套筒 GB/T 3390.1-19×12.5 A L

② 对边尺寸 s 为 17mm 的 10 系列加长型十二角套筒标记为：

手动套筒 GB/T 3390.1-17×10 B

9.2.6 活扳手（GB/T 4440—2008）

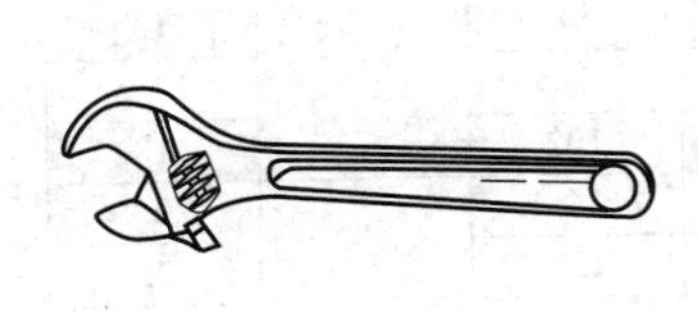

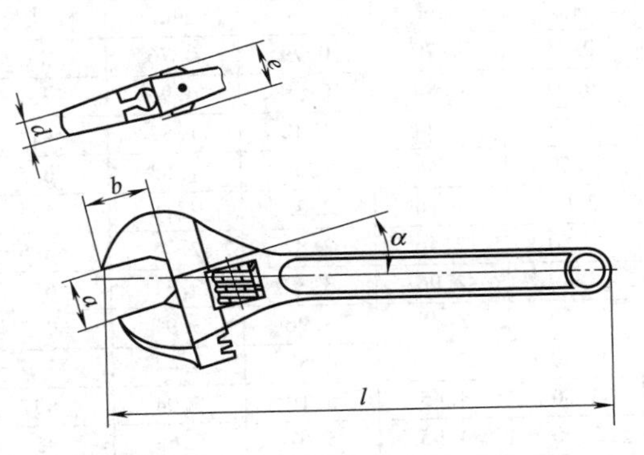

图 2-9-33　活扳手

【其他名称】 活络扳手。
【用途】 开口宽度可以调节，可用于装拆一定尺寸范围内的六角头或方头螺栓、螺母。
【规格】 见表 2-9-35。

表 2-9-35　　活扳手的规格尺寸

长度 l/mm		开口尺寸 a /mm	开口深度 b /mm	扳口前端厚度 d /mm	头部厚度 e /mm	夹角 α /(°)		小肩离缝 j /mm
规格	公差	≥	min	max	max	A 型	B 型	max
100	$^{+15}_{0}$	13	12	6	10			0.25
150		19	17.5	7	13			0.25
200		24	22	8.5	15			0.28
250		28	26	11	17			0.28
300	$^{+30}_{0}$	34	31	13.5	20	15	22.5	0.30
375		43	40	16	26			0.30
450	$^{+45}_{0}$	52	48	19	32			0.36
600		62	57	28	36			0.50

【标记示例】 活扳手的标记由产品名称、标准编号、规格和形式代号组成（B 型活扳手不标注形式代号）。示例如下：

① 规格为 200mm A 型的活扳手标记为：活扳手 GB/T 4440—200A。
② 规格为 300mm B 型的活扳手标记为：活扳手 GB/T 4440—300。

9.2.7 内六角扳手（GB/T 5356—2008）

【用途】 用于紧固或拆卸内六角螺钉。
【规格】 见表 2-9-36。

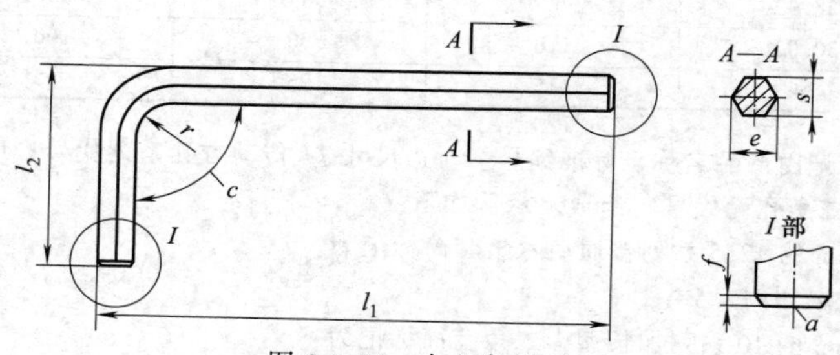

图 2-9-34　内六角扳手

表 2-9-36　　内六角扳手的规格尺寸

mm

对边尺寸 s			对角宽度 e		长度 l_1				长度 l_2	
标准	max	min	max	min	标准长	长型 M	加长型 L	公差	长度	公差
0.7	0.71	0.70	0.79	0.76	33	—	—		7	
0.9	0.89	0.88	0.99	0.96	33	—	—		11	
1.3	1.27	1.24	1.42	1.37	41	63.5	81		13	
1.5	1.50	1.48	1.68	1.63	46.5	63.5	91.5	$^{0}_{-2}$	15.5	
2	2.00	1.96	2.25	2.18	52	77	102		18	
2.5	2.50	2.46	2.82	2.75	58.5	87.5	114.5		20.5	
3	3.00	2.96	3.39	3.31	65	93	129		23	$^{0}_{-2}$
3.5	3.50	3.45	3.96	3.91	69.5	98.5	140		25.6	
4	4.00	3.95	4.53	4.44	74	104	144		29	
4.6	4.60	4.45	5.10	5.04	80	114.5	156	$^{0}_{-4}$	30.5	
5	5.00	4.95	5.67	5.68	85	120	165		33	
6	6.00	5.95	6.81	6.71	96	141	186		38	

续表

对边尺寸 s			对角宽度 e		长度 l_1				长度 l_2	
标准	max	min	max	min	标准长	长型 M	加长型 L	公差	长度	公差
7	7.00	6.94	7.94	7.85	102	147	197	$^{0}_{-6}$	41	$^{0}_{-2}$
8	8.00	7.94	9.00	8.97	108	153	208		44	
9	9.00	8.94	10.23	10.10	114	169	219		47	
10	10.00	9.94	11.37	11.23	122	180	234		50	
11	11.00	10.89	12.51	12.31	129	191	247		53	
12	12.00	11.89	13.65	13.44	137	202	262		57	
13	13.00	12.89	14.79	14.56	145	213	277	$^{0}_{-7}$	63	$^{0}_{-3}$
14	14.00	13.89	15.93	15.70	154	229	294		70	
15	15.00	14.89	17.07	15.83	161	240	307		73	
16	16.00	15.89	18.21	17.97	168	240	307		76	
17	17.00	16.89	19.35	19.09	177	262	337		80	
18	18.00	17.89	20.49	20.21	188	262	358		84	
19	19.00	18.87	21.63	21.32	159	—	—		89	
21	21.00	20.87	23.91	23.58	211	—	—	$^{0}_{-12}$	96	$^{0}_{-5}$
22	22.00	21.87	25.05	24.71	222	—	—		102	
23	23.00	22.87	26.16	25.86	233	—	—		108	
24	24.00	23.87	27.33	26.97	248	—	—		114	
27	27.00	26.87	30.75	30.36	277	—	—		127	
29	29.00	28.87	33.03	32.59	311	—	—		141	
30	30.00	29.87	34.17	33.75	315	—	—		142	
32	32.00	31.84	36.45	35.98	347	—	—		157	
36	36.00	35.84	41.01	40.50	391	—	—		176	

【标记示例】 内六角扳手的标记由产品名称、标准编号、对边尺寸 s、长度形式组成。示例如下：

① 对边尺寸 s 为 12mm 的标准型内六角扳手标记为：内六角扳手 GB/T 5356—12。

② 对边尺寸 s 为 10mm 的长型内六角扳手标记为：内六角扳手 GB/T 5356—10M。

③ 对边尺寸 s 为 8mm 的加长型内六角扳手标记为：内六角扳手 GB/T 5356—8L。

9.2.8 内四方扳手（JB/T 3411.35—1999）

【用途】 用于扳拧内方形螺钉。

【规格】 见表 2-9-37。

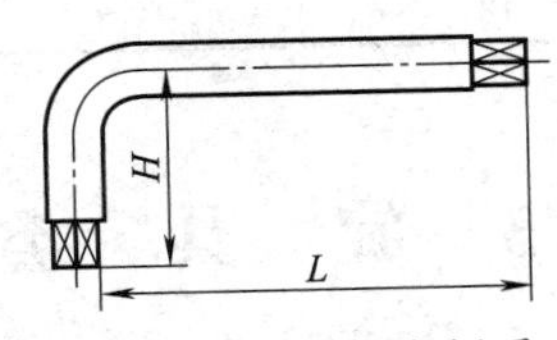

图 2-9-35 内四方扳手

表 2-9-37 内四方扳手的规格尺寸 mm

四方头对边距离	2	2.5	3	4	5	6	8	10	12	14
长臂长度 L	56		63	70	80	90	100	112	115	140
短臂长度 H	8				12		15		18	

9.2.9 端面孔活扳手（JB/T 3411.37—1999）

【规格】 见表 2-9-38。

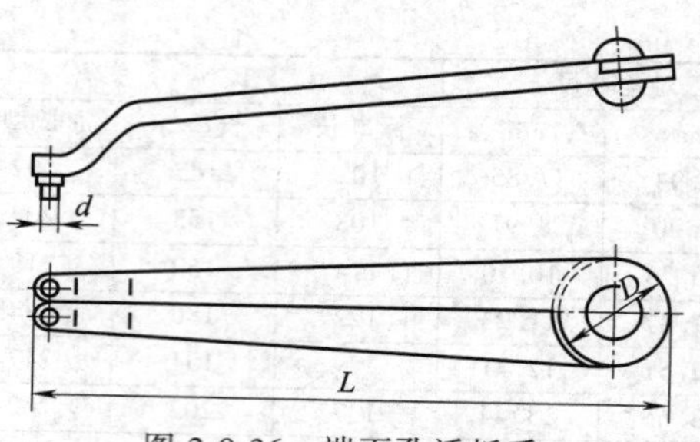

图 2-9-36　端面孔活扳手

表 2-9-38

端面孔活扳手的规格尺寸

mm

d	L≈	D
2.4	125	22
3.8	160	
5.3	220	25

9.2.10　侧面孔钩形活扳手（JB/T 3411.38—1999）

【规格】 见表 2-9-39。

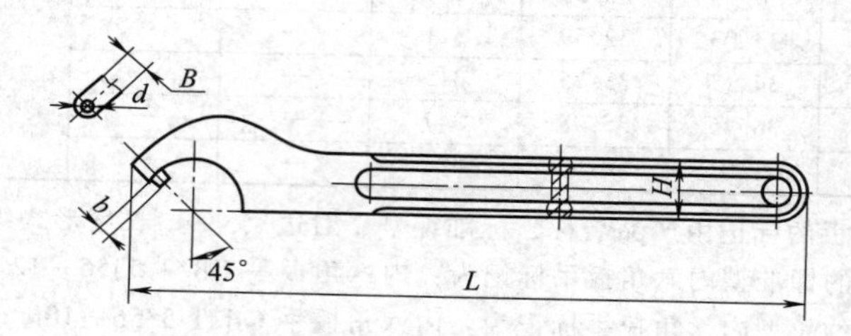

图 2-9-37　侧面孔钩形活扳手

表 2-9-39

侧面孔钩形活扳手的规格尺寸

mm

d	L	H	B	b	螺母外径
2.5	140	12	5	2	14~20
3.0	160	15	6	3	22~35
5.0	180	18	8	4	35~60

9.3　旋　具　类

9.3.1　一字槽螺钉旋具（QB/T 2564.4—2012）

【用途】 用于紧固或拆装一字槽螺钉、木螺钉和自攻螺钉。

【规格】 见表 2-9-40。

【标记示例】

产品标记由产品名称、标准编号、工作端部形式代号、工作端部规格、旋杆长度和产品形式组成。增设六角加力部分的旋具，应在其旋杆长度后面增加代号 H。示例如下：

① 规格为 0.4×2.5、A 型、旋杆长度为 75mm 的普通式旋具标记为：

一字槽螺钉旋具　QB/T 2564.4 A 0.4×2.5-75P

② 规格为 1×5.5、B 型、旋杆长度为 150mm 带六角加力部分的穿心式旋具标记为：

一字槽螺钉旋具　QB/T 2564.4 B 1×5.5-150HC

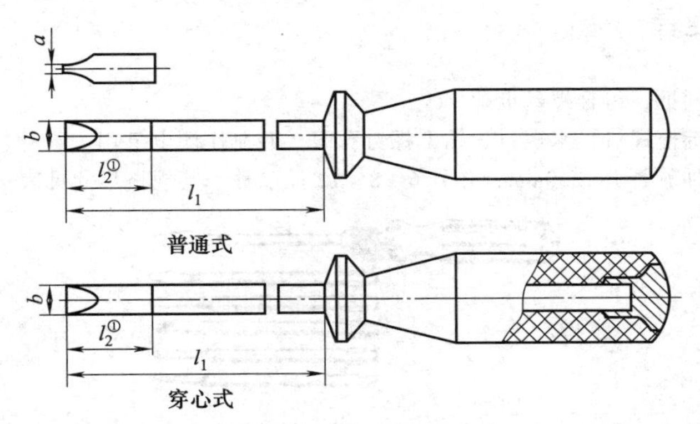

① B 型旋杆的尺寸 b 在 l_2 的范围内应保持一致，应符合 QB/T 2564.2 的规定。$l_{2min}=3\times b$。

图 2-9-38　一字槽螺钉旋具

表 2-9-40　　一字槽螺钉旋具的规格尺寸　　mm

规格① $a\times b$	旋杆长度 $l_1{}^{+5}_{0}$				规格 $a\times b$	旋杆长度 $l_1{}^{+5}_{0}$			
	A 型②	B 型	C 型	D 型		A 型②	B 型	C 型	D 型
0.4×2		40			1×5.5	25(35)	100	125	150
0.4×2.5		50	75	100	1.2×6.5	25(35)	100	125	150
0.5×3		50	75	100	1.2×8	25(35)	125	150	175
0.6×3		75	100	125	1.6×8		125	150	175
0.6×3.5	25(35)	75	100	125	1.6×10		150	175	200
0.8×4	25(35)	75	100	125	2×12		150	200	250
1×4.5	25(35)	100	125	150	2.5×14		200	250	300

① 规格 $a\times b$ 按 QB/T 2564.2 的规定。

② 括号内的尺寸为非推荐尺寸。

9.3.2　十字槽螺钉旋具（QB/T 2564.5—2012）

【用途】 用于紧固或拆装十字槽螺钉、木螺钉和自攻螺钉，还可用于电动、风动等机用旋具的可装卸旋杆。

【规格】 见表 2-9-41。

表 2-9-41　十字槽螺钉旋具的规格尺寸　mm

槽号	旋杆长度 L^{+5}_{0}	
	A 系列	B 系列
0	25(35)	60
1	25(35)	75(80)
2	25(35)	100
3		150
4		200

注：括号内尺寸为非推荐尺寸。

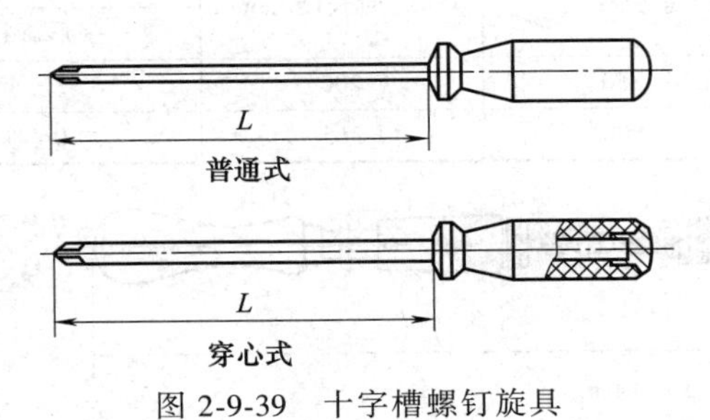

图 2-9-39　十字槽螺钉旋具

【标记示例】 产品标记由产品名称、标准编号、工作端部形式和槽号、旋杆长度和产品形式代号组成。增设六角加力部分的旋具，应在其旋杆长度后面增加代号 H。示例如下：

① 工作端部槽号为 PH2，旋杆长度为 100mm 的普通式旋具标记为：

十字槽螺钉旋具　QB/T 2564.5 PH2-100P

② 工作端部槽号为 PH3，旋杆长度为 150mm，带六角加力部分的穿心式旋具标记为：

十字槽螺钉旋具　QB/T 2564.5 PH3-150HC

9.3.3　多用螺钉旋具

【其他名称】　多用螺丝批、组合螺丝批。

【用途】　紧固或拆卸带槽螺钉、木螺钉，钻木螺钉孔眼，并兼作测电笔用。

【规格】　全长（手柄加旋杆）：230mm，并分 6、8、12 件三种。其规格尺寸见表 2-9-42。

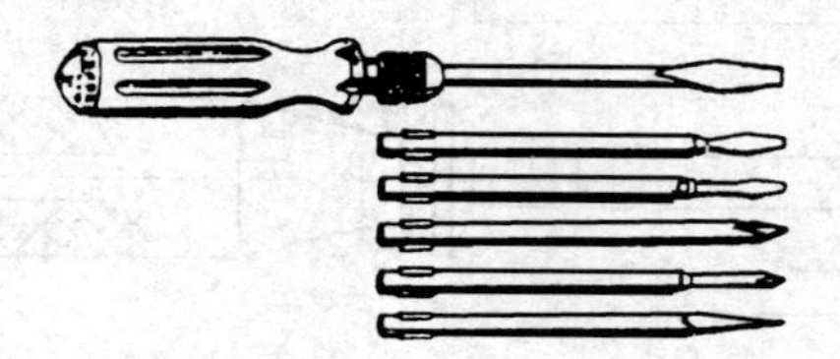

图 2-9-40　多用螺钉旋具

表 2-9-42　多用螺钉旋具的规格尺寸

件数	一字形旋杆头宽/mm	十字形旋杆(十字槽号)	钢锥/把	刀片/片	小锤/只	木工钻/mm	套筒/mm
6	3,4,6	1,2	1	—	—	—	—
8	3,4,5,6	1,2	1	1	—	—	—
12	3,4,5,6	1,2	1	1	1	6	6,8

9.3.4　自动螺钉旋具

【用途】　紧固或拆卸带槽螺钉、木螺钉、自攻螺钉。

【规格】　见表 2-9-43。

图 2-9-41　自动螺钉旋具

表 2-9-43　自动螺钉旋具

总长/mm	压缩时长度/mm	附件及数量			
		一字形旋杆	十字形旋杆	方锥头旋杆	铰孔用旋杆
250	200	2	2(1号、2号)	1	1
500	365	0	2(1号、2号)	—	—

9.3.5　螺旋棘轮螺钉旋具（QB/T 2564.6—2002）

【其他名称】　自动螺钉旋具、自动螺丝批、活动螺丝批。

【用途】　用于紧固或拆卸一字槽或十字槽的各类螺钉。该旋具具有顺旋、倒旋和同旋三种功能。当定位钮位于同旋时，作用与一般螺钉旋具相同；当定位钮位于顺旋或倒旋时，旋杆可连续顺旋或倒旋，以减轻劳动强度，提高生产效率。适用于批量生产。

【规格】　见表 2-9-44。

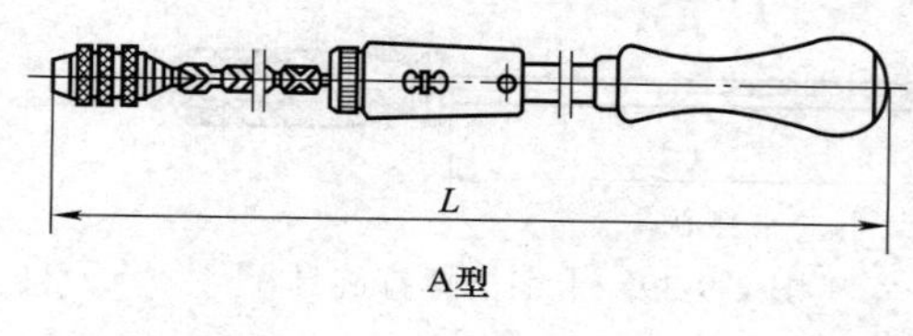

A型

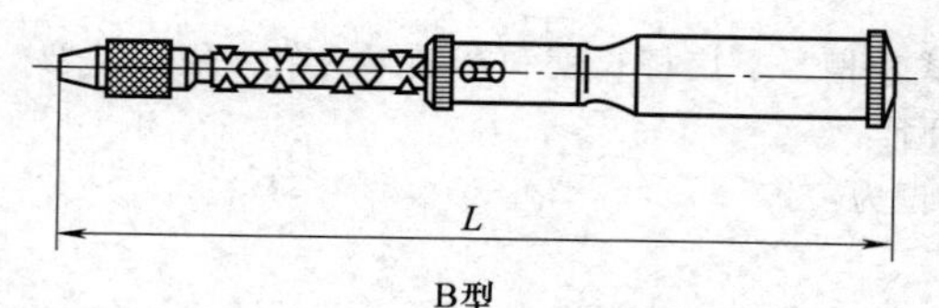

B型

图 2-9-42　螺旋棘轮螺钉旋具

表 2-9-44 螺旋棘轮螺钉旋具的规格尺寸

形式	规格	L/mm		扭矩/N · m min
		基本尺寸	公差	
A 型	220	220	±1	3.5
	300	300	±2	6.0
B 型	300	300	±3	6.0
	450	400	±3	8.0

第10章 钳工工具

10.1 虎钳类

10.1.1 台虎钳通用技术条件（QB/T 1558.1—1992）

【分类】见表 2-10-1。

表 2-10-1 台虎钳的名称

序号	名称	图形	序号	名称	图形
1	普通台虎钳		3	导杆台虎钳	
			4	多用台虎钳	
2	槽钢台虎钳		5	燕尾台虎钳	

10.1.2 普通台虎钳（QB/T 1558.2—1992）

【其他名称】老虎钳、普通台虎钳。

【用途】装置在工作台上，用以夹紧加工工件，为钳工车间必备工具。转盘式的钳体可以旋转，使工件旋转到合适的工作位置。

【规格】见表 2-10-2。

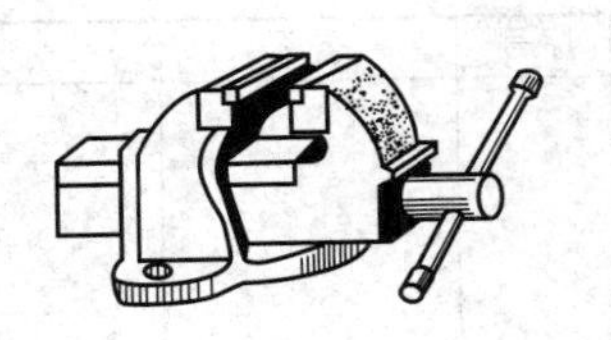
固定式

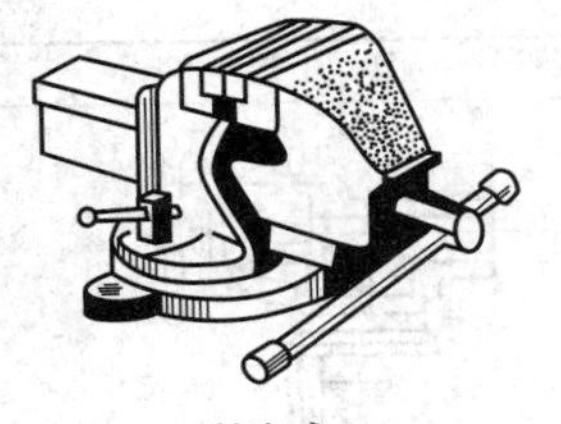
转盘式

图 2-10-1　普通台虎钳

表 2-10-2　　普通台虎钳的规格　　mm

规　　格		75	90	100	115	125	150	200
钳口宽度		75	90	100	115	125	150	200
开口度		75	90	100	115	125	150	200
外形尺寸	长	300	340	370	400	430	510	610
	宽	200	220	230	260	280	330	390
	高	160	180	200	220	230	260	310
夹紧力	轻级	7.5	9.0	10.0	11.0	12.0	15.0	20.0
	重级	15.0	18.0	20.0	22.0	25.0	30.0	40.0

10.1.3　多用台虎钳（QB/T 1558.3—1995）

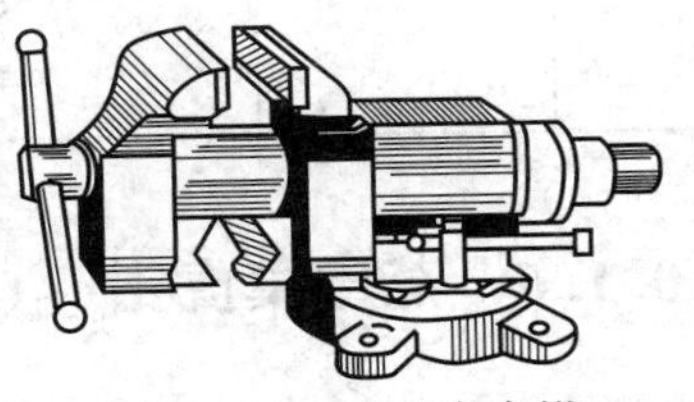
图 2-10-2　多用台虎钳

【用途】 多用台虎钳的钳口与一般台虎钳相同，但其平钳口下部设有一对带圆弧装置的管钳口及 V 形钳口，专门用来夹持小直径的钢管、水管等圆柱形工件，以使加工时工件不转动。在其固定钳体上端铸有砧面，便于对小工件进行锤击加工。

【规格】 见表 2-10-3。

表 2-10-3　　多用台虎钳的规格　　mm

规　　格		75	100	120	125	150
钳口宽度		75	100	120	125	150
开口度		60	80	100		120
管钳口夹持范围		7~40	10~50	15~60		15~65
夹紧力/kN	轻级	15	20	25		30
	重级	9	20	16		18

10.1.4　手虎钳

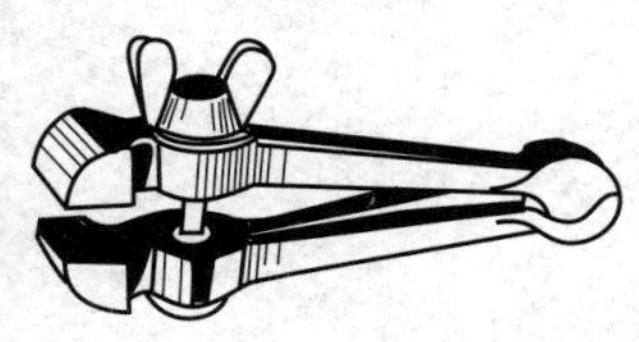
图 2-10-3　手虎钳

【其他名称】 手拿钳。

【用途】 夹持轻巧工件以便进行加工的一种手持工具。

【规格】 钳口宽度：25mm，40mm，50mm。

10.1.5　桌虎钳通用技术条件（QB/T 2096.1—1995）

【分类】 见表 2-10-4。

表 2-10-4 桌虎钳

序号	名称	图形
1	燕尾桌虎钳	
2	方孔桌虎钳	
3	导杆桌虎钳	
4	轻质桌虎钳	
5	多用桌虎钳	

10.1.6 燕尾桌虎钳（QB/T 2096.2—2017）

【产品形式】 桌虎钳按结构分为固定式（代号为 G）和回转式（代号为 H），如图 2-10-4（a）、（b）所示。

【规格】 桌虎钳的基本尺寸应符合表 2-10-5 的规定。

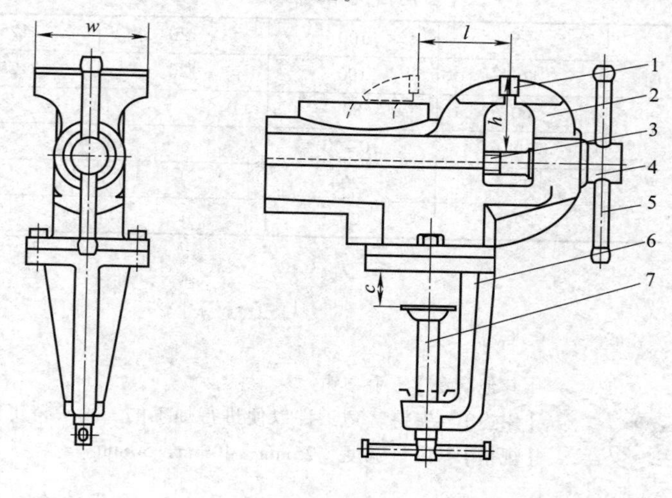

(a) 固定式

1—钳口铁；2—固定钳体；3—活动钳体；4—螺杆；5—拨杆；6—底座；7—紧固螺钉

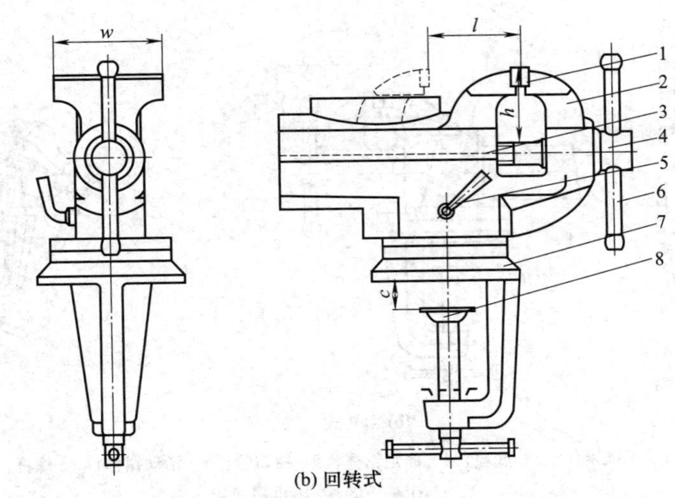

(b) 回转式

1—钳口铁；2—固定钳体；3—活动钳体；4—螺杆；5—锁紧件；6—拨杆；7—底座；8—紧固螺钉

图 2-10-4 桌虎钳的形式

表 2-10-5 桌虎钳的基本尺寸 mm

规格	钳口宽度 w		最小开口度 l	最小喉部深度 h	紧固范围 c
	基本尺寸	极限偏差			
25	25	±1.05	25	20	10～30
40	40	±1.25	35	25	10～30
50	50	±1.25	45	30	15～45
60	60	±1.50	55	30	15～45
65	65	±1.50	55	30	15～45
75	75	±1.50	70	40	20～50

注：钳口宽度、开口度、喉部深度和紧固范围的定义见 QB/T 2096.1。

【产品标记】 桌虎钳的产品标记有产品名称、标准号、规格化产品形式代号组成。

示例 1：

规格为 50mm 的固定式燕尾桌虎钳的标记为：燕尾桌虎钳 QB/T 2096.2-50G。

示例 2：

规格为 60mm 的回转式燕尾桌虎钳的标记为：燕尾桌虎钳 QB/T 2096.2-60H。

10.1.7 方孔桌虎钳（QB/T 2096.3—2017）

【产品形式】 桌虎钳按结构分为固定式（代号为 G）和回转式（代号为 H），如图 2-10-5（a）、（b）所示。

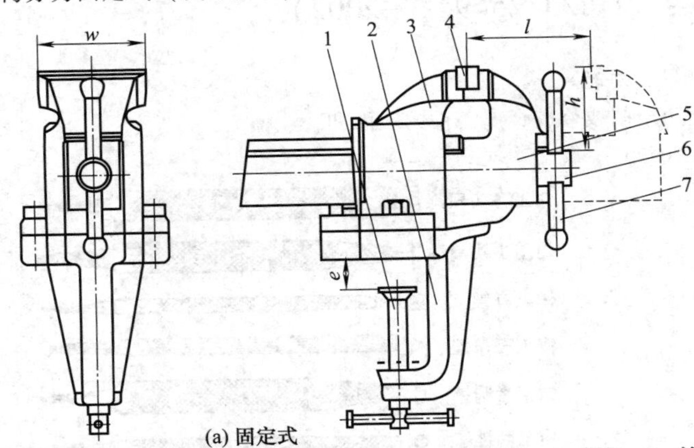

(a) 固定式

1—紧固螺钉；2—固定底座；3—固定钳体；4—钳口铁；5—活动钳体；6—螺杆；7—拨杆

图 2-10-5

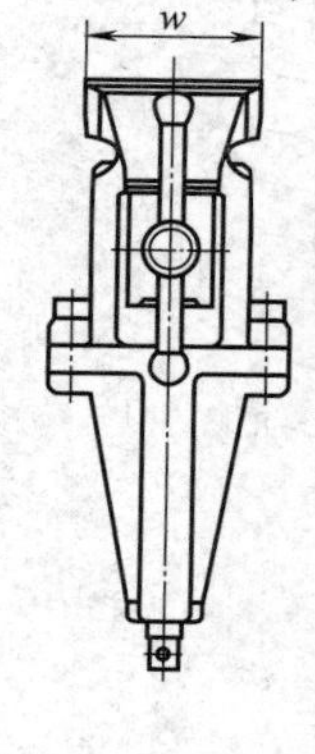

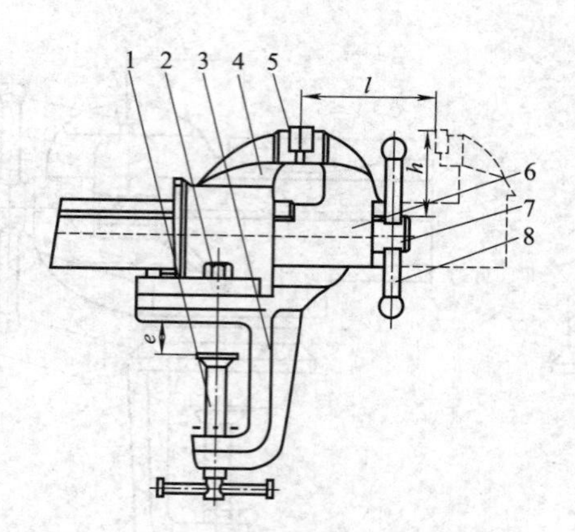

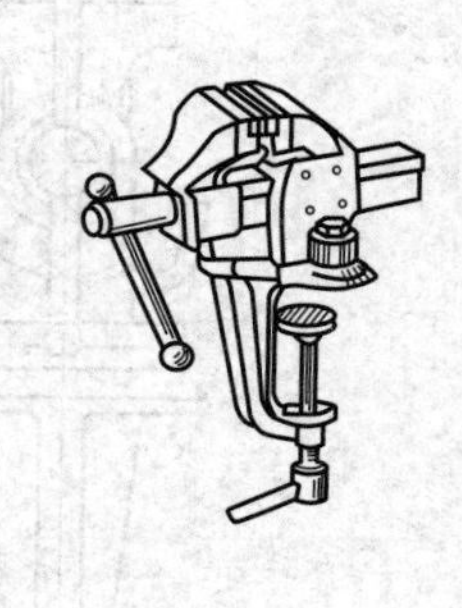

(b) 回转式

1—紧固螺钉；2—锁紧件；3—底座；4—固定钳体；5—钳口铁；6—活动钳体；7—螺杆；8—拨杆

图 2-10-5　桌虎钳的形式

【规格】 桌虎钳的规格尺寸应符合表 2-10-6 的规定。

表 2-10-6　桌虎钳的基本尺寸　mm

规格	钳口宽度 w		最小开口度 l	最小喉部深度 h	紧固范围 c
	宽度	公差			
40	40	±1.25	35	25	10~30
50	50	±1.25	45	30	15~45
60	60	±1.50	55	30	15~45
65	65	±1.50	55	30	15~45

注：钳口宽度、开口度、喉部深度和紧固范围的定义见 QB/T 2096.1。

【产品标记】 桌虎钳的产品标记由产品名称、标准号、规格化产品代号组成。

示例 1：

规格为 50mm 的固定式方孔桌虎钳的标记为：方孔桌虎钳 QB/T 2096.3-50G。

示例 2：

规格为 60mm 的回转式方孔桌虎钳的标记为：方孔桌虎钳 QB/T 2096.3-60H。

10.2　锉　刀　类

10.2.1　钳工锉（QB/T 2569.1—2002）

【其他名称】 锉刀、钢锉。

【用途】 钳工锉用于削或修整金属工件的表面和孔、槽。

【规格】 见表 2-10-7。

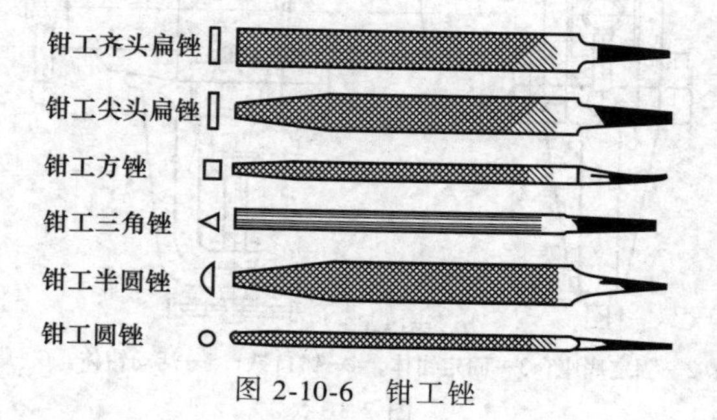

图 2-10-6　钳工锉

表 2-10-7　　钳工锉的规格尺寸　　mm

锉身长度	扁锉(齐头、尖头)		半圆锉			三角锉	方锉	圆锉
	宽	厚	宽	厚(薄型)	厚(厚型)	宽	宽	直径
100	12	2.5	12	3.5	4.0	8.0	3.5	3.5
125	14	3	14	4.0	4.5	9.5	4.5	4.5
150	16	3.5	16	5.0	5.5	11.0	5.5	5.5
200	20	4.5	20	5.5	6.5	13.0	7.0	7.0
250	24	5.5	24	7.0	8.0	16.0	9.0	9.0
300	28	6.5	28	8.0	9.0	19.0	11.0	11.0
350	32	7.5	32	9.0	10.0	22.0	14.0	14.0
400	36	8.5	36	10.0	11.5	26.0	18.0	18.0
450	40	9.5	—	—	—	—	22.0	—

10.2.2 锯锉（QB/T 2569.2—2002）

【其他名称】 木工锯锉。

【用途】 锯锉用于锉修各种木工锯和手工锯的锯齿。

【规格】 见表 2-10-8。

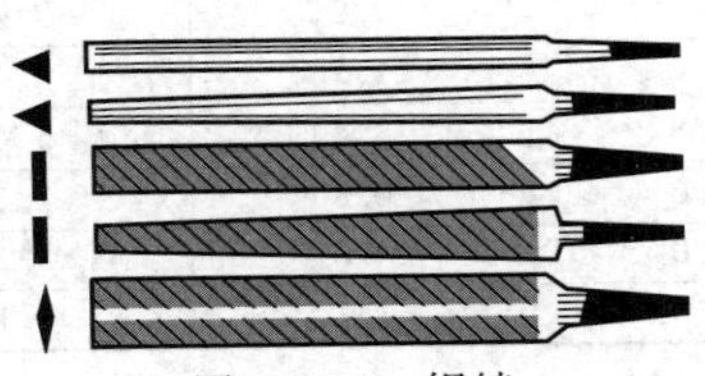

图 2-10-7　锯锉

表 2-10-8　　锯锉的规格尺寸　　mm

规格(锉身长度)	三角锯锉(尖头、齐头)			扁锯锉(尖头、齐头)		菱形锯锉		
	普通型	窄型	特窄型					
	宽	宽	宽	宽	厚	宽	厚	刃厚
60	—	—	—	—	—	16	2.1	0.40
80	6.0	5.0	4.0	—	—	19	2.3	0.45
100	8.0	6.0	5.0	12	1.8	22	3.2	0.50
125	9.5	7.0	6.0	14	2.0	25	3.5(4.0)	0.55(0.70)
150	11.0	8.5	7.0	16	2.5	28	—	—
175	12.0	10.0	8.5	18	3.0	—	4.0(5.0)	0.70(1.00)
200	13.0	12.0	10.0	20	3.5	32	5.0	1.00
250	16.0	14.0	—	24	4.5	—	—	—
300	—	—	—	28	5.0	—	—	—
350	—	—	—	32	6.0	—	—	—

10.2.3 整形锉（QB/T 2569.3—2002）

【用途】 整形锉用于锉削较精密、细小的金属工件，如仪表、模具、电气零件等。

【规格】 见表 2-10-9。

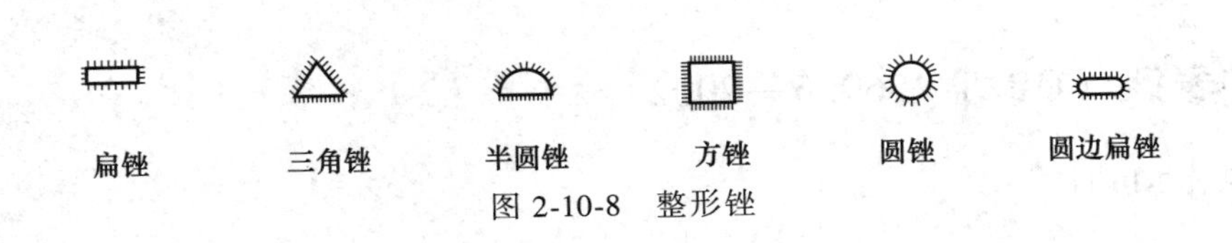

图 2-10-8　整形锉

表 2-10-9　　整形锉的规格尺寸　　mm

全长		100	120	140	160	180
扁锉（齐头、尖头）	宽	2.8	3.4	5.4	7.3	9.2
	厚	0.6	0.8	1.2	1.6	2.0
半圆锉	宽	2.9	3.8	5.2	6.9	8.5
	厚	0.9	1.2	1.7	2.2	2.9
三角锉	宽	1.9	2.4	3.6	4.8	6.0
方锉	宽	1.2	1.6	2.6	3.4	4.2
圆锉	直径	1.4	1.9	2.9	3.9	4.9
单面三角锉	宽	3.4	3.8	5.5	7.1	8.7
	厚	1.0	1.4	1.9	2.7	3.4
刀形锉	宽	3.0	3.4	5.4	7.0	8.7
	厚	0.9	1.1	1.7	2.3	3.0
	刃厚	0.3	0.4	0.6	0.8	1.0
双半圆锉	宽	2.6	3.2	5.0	6.3	7.8
	厚	1.0	1.2	1.8	2.5	3.4
椭圆锉	宽	1.8	2.2	3.4	4.4	5.4
	厚	1.2	1.5	2.4	3.4	4.3
四边扁锉	宽	2.8	3.4	5.4	7.3	9.2
	厚	0.6	0.8	1.2	1.6	2.1
菱形锉	宽	3.0	4.0	5.2	6.8	8.6
	厚	1.0	1.3	2.1	2.7	3.5

10.2.4　异形锉（QB/T 2569.4—2002）

【用途】异形锉用于机械、电气、仪表等行业中修整、加工普通型锉刀难以锉削且几何形状又较复杂的金属表面。

【规格】见表 2-10-10。

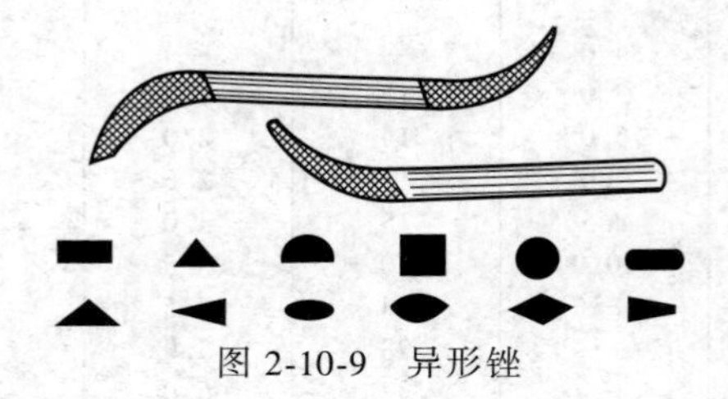

图 2-10-9　异形锉

表 2-10-10　　异形锉的规格尺寸　　mm

规格（全长）	齐头扁锉		尖头扁锉		半圆锉		三角锉	方锉	圆锉
	宽	厚	宽	厚	宽	厚	宽	宽	直径
170	5.4	1.2	5.2	1.1	4.9	1.6	3.3	2.4	3.0

规格（全长）	单面三角锉		刀形锉			双半圆锉		椭圆锉	
	宽	厚	宽	厚	刃厚	宽	厚	宽	厚
170	5.2	1.9	5.0	1.6	0.6	5.2	1.9	3.3	2.3

10.2.5　钟表锉（QB/T 2569.5—2002）

【规格】见表 2-10-11。

表 2-10-11　钟表锉的规格尺寸　mm

规格（全长）	齐头扁锉		尖头扁锉		半圆锉		三角锉	方锉	圆锉
	宽	厚	宽	厚	宽	厚	宽	宽	直径
140	5.3	1.3	5.3	1.3	5.1	1.7	5.1	2.1	2.1

规格（全长）	单面三角锉		刀形锉			双半圆锉		棱边锉	
	宽	厚	宽	宽	刃厚	宽	厚	宽	厚
140	4.7	1.6	5.6	5.0	0.6	5.0	1.9	5.8	0.8

10.2.6　木锉（QB/T 2569.6—2002）

【规格】 见表 2-10-12。

表 2-10-12　木锉的规格尺寸　mm

全　长		150	200	250	300
扁木锉	宽	—	20	25	30
	厚	—	6.5	7.5	8.5
半圆木锉	宽	16	21	25	30
	厚	6	7.5	8.5	10
圆木锉	直径	7.5	9.5	11.5	13.5

10.2.7　锡锉和铝锉

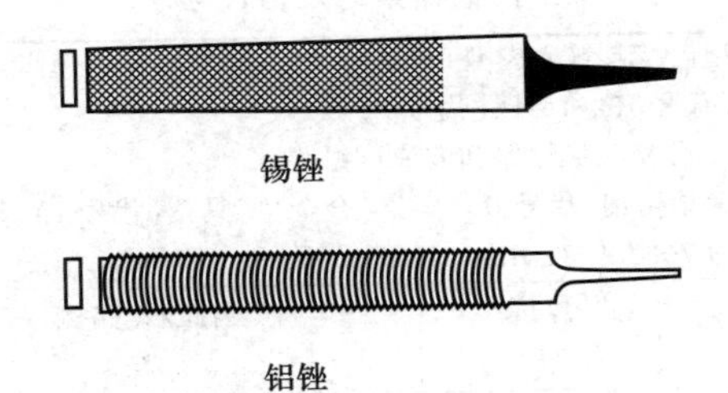

图 2-10-10　锡锉和铝锉

【用途】 锡锉用于锉削或修整锡制产品或其他软性金属制品表面；铝锉用于锉削、修整铝、铜等软性金属或塑料制品的表面。

【规格】 见表 2-10-13。

表 2-10-13　锡锉与铝锉的规格尺寸　mm

锡锉	品种	半圆锉	扁锉
	长度（不连柄）	200,250,300,350	200,250,300,350
铝锉	品种	扁锉	方锉
	长度（不连柄）	200,250,300,350,400	200,250,300

10.3　锯　　类

10.3.1　钢锯架（QB 1108—91）

【其他名称】 手锯架。

【用途】 装置手用工具条，以手工锯割金属材料等。

【规格】 见表 2-10-14。

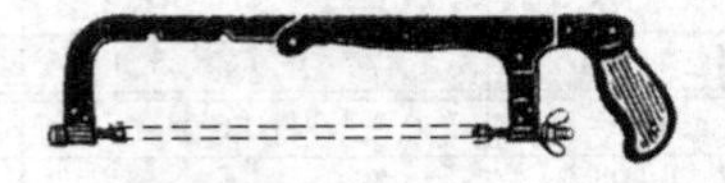

钢板制锯架(调节式)

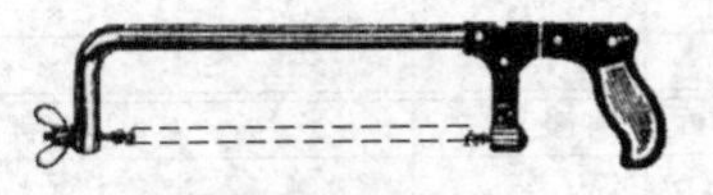

钢管制锯架(固定式)

图 2-10-11 钢锯架

表 2-10-14 钢锯架的规格尺寸 mm

种类		调节式	固定式
可装手用钢锯条长度	钢板制	200,250,300	300
	钢管制	250,300	300

10.3.2 手用钢锯条（GB/T 14764—2008）

图 2-10-12 手用钢锯条

【其他名称】 钢锯条、手用锯条、锯条。

【用途】 装在钢锯架上，用于手工锯割金属材料。双面齿型钢锯条在工作中，一面锯齿出现磨损情况后，可用另一面锯齿继续工作。挠性钢锯条在工作中不易折断。小齿距（细齿）钢锯条上多采用波浪形锯路。

【规格】 见表 2-10-15。

表 2-10-15 手用钢锯条的规格尺寸 mm

分类	①按锯条形式分单面齿型(A 型,普通齿型)和双面齿型(B 型) ②按锯条特性分全硬性(代号 H)和挠性(代号 F) ③按锯路(锯齿排列)形状分交叉形锯路和波浪形锯路 ④按锯条材质分优质碳素结构钢(代号 D)、碳素(合金)工具钢(代号 T)、高速钢或双金属复合钢(代号 G)三种，锯条齿部最小硬度值分别为 76HRA、81HRA、82HRA					
形式	长度 l	宽度 a	厚度 b	齿距/锯路宽 p/h	销孔 $d(e \times f)$	全长 $L \leqslant$
A 型	300	12.0	0.65	0.8,1.0/0.9;1.2/0.95; 1.4,1.5,1.8/1.00	3.8	315
	250	10.7				265
B 型	296	22	0.65	0.8,1.0/0.9;1.4/1.00	8×5	315
	292	25			12×6	

10.3.3 机用锯条（GB/T 6080.1—2010）

【其他名称】 锋钢锯条。

【用途】 装在弓锯床上用于锯割金属材料。

【规格】 见表 2-10-16。

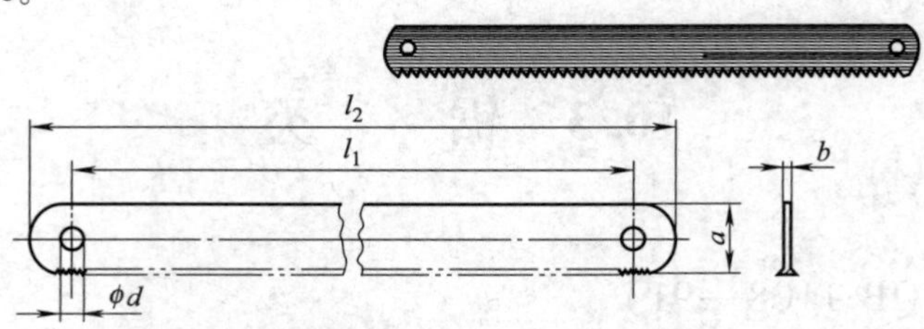

注：锯条两端的形状由制造厂自定。

图 2-10-13 机用锯条

表 2-10-16　　机用锯条的形式和尺寸（GB/T 6080.1—2010）　　mm

$l_1 \pm 2$	a_{-1}^{0}	b	齿距		l_2	d
			P	N	max	H14
300	25	1.25	1.8	14	330	8.4
			2.5	10		
		1.5	1.8	14		
			2.5	10		
			4	6		
350	25	1.25	1.8	14	380	
			2.5	10		
		1.5	1.8	14		
			2.5	10		
			4	6		
	30		1.8	14		
			2.5	10		
			4	6		
		2	1.8	14		
			2.5	10		
			4	6		
400	25	1.5	1.8	14	430	
			2.5	10		
			4	6		
	30		1.8	14		
			2.5	10		
			4	6		
		2	2.5	10		
			4	6		
			6.3	4		
	40		4	6	440	10.4
			6.3	4		
450	30	1.5	2.5	10	490	8.4
			4	6		
	40	2	2.5	10		8.4/10.4
			4	6		
			6.3	4		
500			2.5	10	540	10.4
			4	6		
			6.3	4		
575	50	2.5	4	6	615	
			6.3	4		
			8.5	3		
600			4	6	640	10.4/12.9
			6.3	4		
700			4	6	745	
			6.3	4		
			8.5	3		

10.3.4　木工锯条（QB/T 2094.1—2015）

【用途】 装在木制工字形锯架上，手动锯割木材。

【规格】 见表 2-10-17。

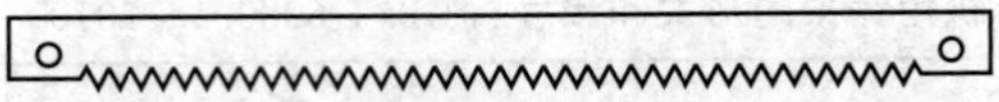

图 2-10-14　木工锯条

表 2-10-17　　木工锯条规格尺寸　　mm

长度	宽度	厚度	长度	宽度	厚度
400	22,25	0.50	800	38	0.70
450			850	44	
500	25,32		900	44,50	
550			950		0.80
600	32,38	0.60	1000		0.90
650			1050		0.80
700	38	0.70	1100		0.90
750	44		1150		

10.3.5　伐木锯条（QB/T 2094.2—2015）

【产品形式】 伐木锯按锯片形状分为圆弧型（代号为 Y）和直线型（代号为 Z）两种，如图 2-10-15 和图 2-10-16 所示。

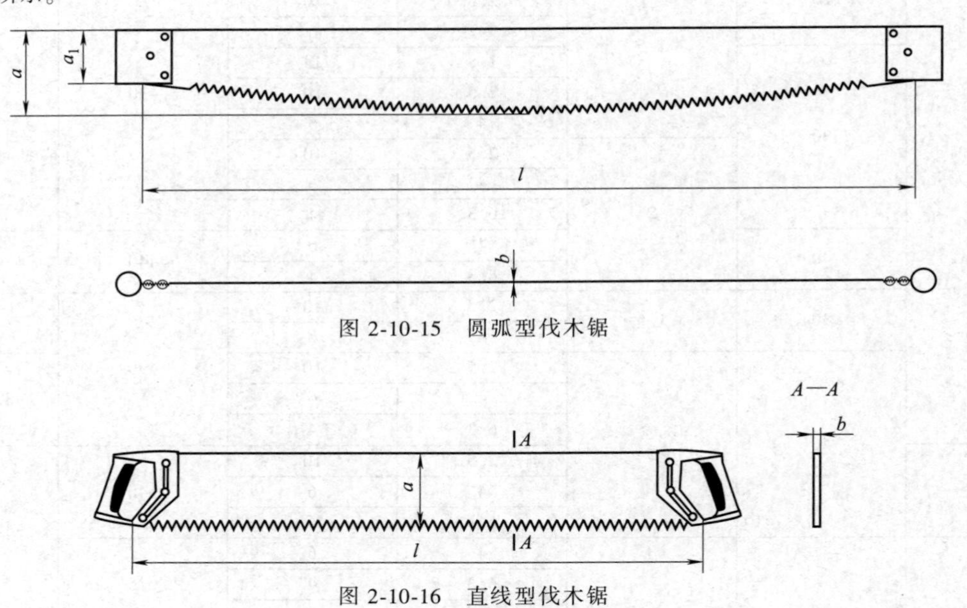

图 2-10-15　圆弧型伐木锯

图 2-10-16　直线型伐木锯

【锯片齿形】 锯片按锯齿齿形加工形式分为两面磨齿（代号为 L）、三面磨齿（代号为 S）和冲压齿（代号为 C）如图 2-10-17 所示。

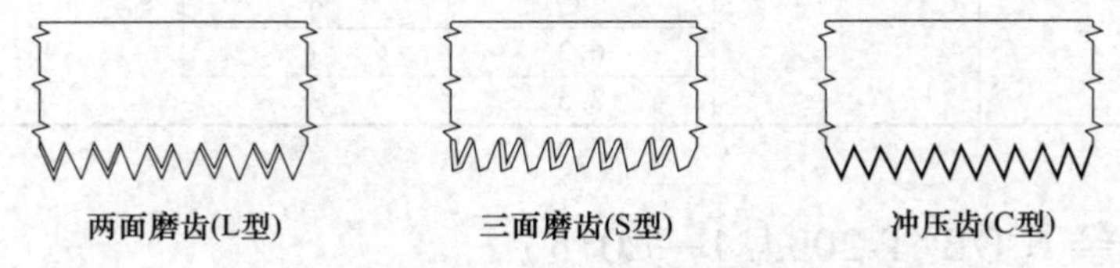

图 2-10-17　齿形加工型式

【基本尺寸】 圆弧形锯片的基本尺寸应符合表 2-10-18 的规定。直线形锯片的基本尺寸应符合表 2-10-19 的规定。

表 2-10-18　　圆弧型锯片的基本尺寸　　mm

规格	长度 l		锯片厚度 b		锯片大端宽 a		锯片小端宽 a_1	
	基本尺寸	公差	基本尺寸	公差	基本尺寸	公差	基本尺寸	公差
1000	1000	±3	1.0	±0.10	110	±2.0	70	±1.0
1200	1200		1.2		120			
1400	1400				130			
1600	1600		1.4		140			
1800	1800		1.4 1.6		150			

注：1. 锯片的齿形参见 QB/T 2094.2—2015 中附录 A。
2. 特殊规格锯片的基本尺寸可不受 QB/T 2094.2—2015 的限制。

表 2-10-19　　直线型锯片的基本尺寸　　mm

规格	锯片长度 l		锯片厚度 b		锯片宽度 a	
	基本尺寸	公差	基本尺寸	公差	基本尺寸	公差
1000	1000	±3	1.0	±0.10	110	±2.0
1200	1200					
1400	1400		1.2		140	
1600	1600					

注：1. 锯片的齿形参见 QB/T 2094.2—2015 中附录 A。
2. 特殊规格锯片的基本尺寸可不受 QB/T 2094.2—2015 的限制。

【产品标记】 产品标记由产品名称、标准编号、规格和产品形式代号组成。

示例 1：

规格为 1000mm、两面磨齿圆弧型伐木锯的产品标记为：伐木锯 QB/T 2094.2-1000YL。

示例 2：

规格为 1200mm、三面磨齿直线型伐木锯的产品标记为：伐木锯 QB/T 2094.2-1200ZS。

10.3.6　手板锯（QB/T 2094.3—1995）

【用途】 手板锯用于锯割狭小的孔槽。

【规格】 见表 2-10-20。

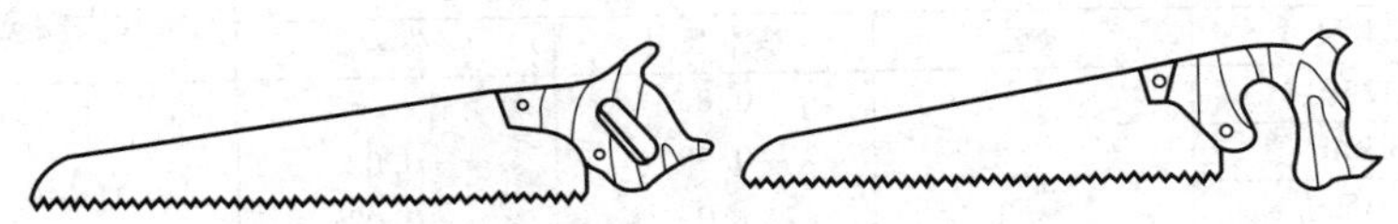

图 2-10-18　手板锯

表 2-10-20　　手板锯的规格尺寸　　mm

锯身长度		300,350	400	450	500	550	600
锯身宽度	大端	90,100	100	110	110	125	125
	小端	25		30	30	35	35
锯身厚度		0.80,0.85,0.90		0.85,0.90,0.95			1.00
齿距		3.0,4.0		4.0,5.0		5.0	

10.3.7　木工绕锯条（QB/T 2094.4—1995）

【用途】 木工绕锯用于锯条狭窄的情况，锯割灵活，适用于对竹、木工件沿圆弧或曲线进行锯割。

【规格】 见表 2-10-21。

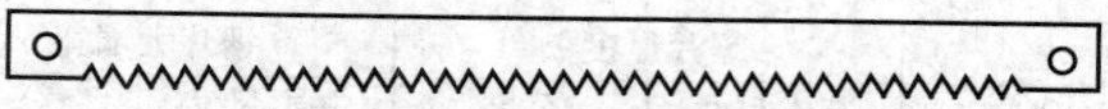

图 2-10-19 木工绕锯条

表 2-10-21 木工绕锯条的规格尺寸 mm

长度	宽度	厚度	齿距
400,450,500,550,600,650,700,750,800	10	0.50	2.5,3.0
		0.60,0.70	3.0,4.0

10.3.8 鸡尾锯（QB/T 2094.5—2015）

【用途】 鸡尾锯用于锯割狭小的孔槽。

【规格】 见图 2-10-20、图 2-10-21 和表 2-10-22、表 2-10-23。

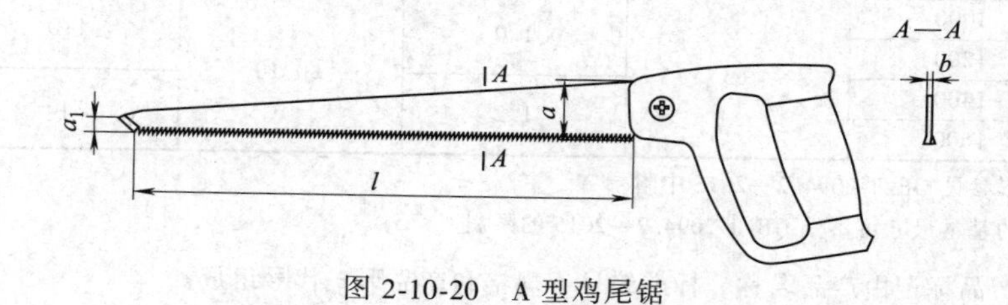

图 2-10-20 A 型鸡尾锯

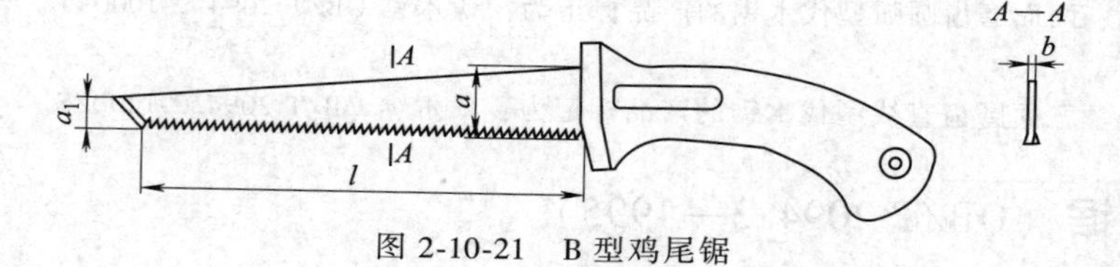

图 2-10-21 B 型鸡尾锯

表 2-10-22 A 型鸡尾锯的规格尺寸 mm

规格	长度 l		锯片厚度 b		锯片大端宽 a	锯片小端宽 a_1
	基本尺寸	公差	基本尺寸	公差		
250	250	±2	0.85	+0.02 −0.08	25~40	5~10
300	300		0.90			
350	350		1.00			
400	400		1.20			

注：1. 锯片的分齿和齿形参见 QB/T 2094.5—2015 中附录 A。
2. 特殊规格锯片的基本尺寸可不受 QB/T 2094.5—2015 的限制。

表 2-10-23 B 型鸡尾锯的规格尺寸 mm

规格	长度 l		锯片厚度 b		锯片大端宽 a	锯片小端宽 a_1
	基本尺寸	公差	基本尺寸	公差		
125	125	±2	1.2	+0.02 −0.08	20~30	6~12
150	150		1.5			
175	175		2.0			
200	200		2.5			

注：1. 锯片的分齿和齿形参见 QB/T 2094.5—2015 中附录 A。
2. 特殊规格锯片的基本尺寸可不受 QB/T 2094.5—2015 的限制。

【产品标记】 产品标记由产品名称、标准编号、规格化产品形式代号组成。

示例 1：

规格为 300mm 的 A 型两面磨齿鸡尾锯的产品标记为：鸡尾锯 QB/T 2094.5-300AL。

示例 2：

规格为 175mm 的 B 型三面磨齿鸡尾锯的产品标记为：鸡尾锯 QB/T 2094.5-175BS。

10.3.9 夹背锯（QB/T 2094.6—2015）

【用途】 夹背锯锯片很薄，锯齿很细，用于贵重木材的锯割活在精细工件上锯割凹槽。

【规格】 见图 2-10-22、图 2-10-23 和表 2-10-24。

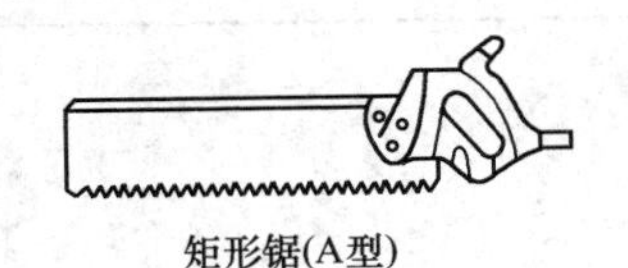

矩形锯(A型)　　梯形锯(B型)

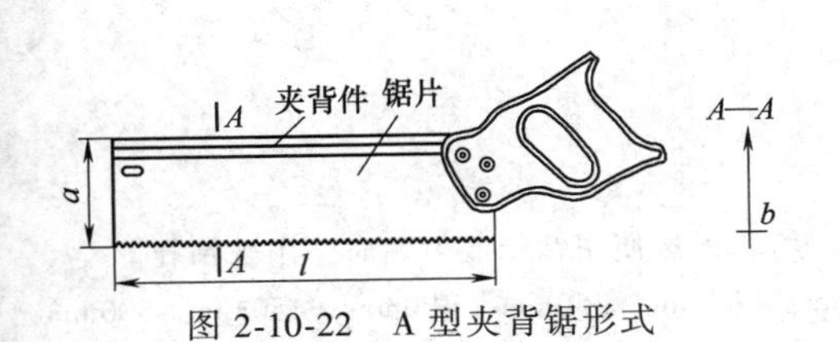

图 2-10-22 A 型夹背锯形式

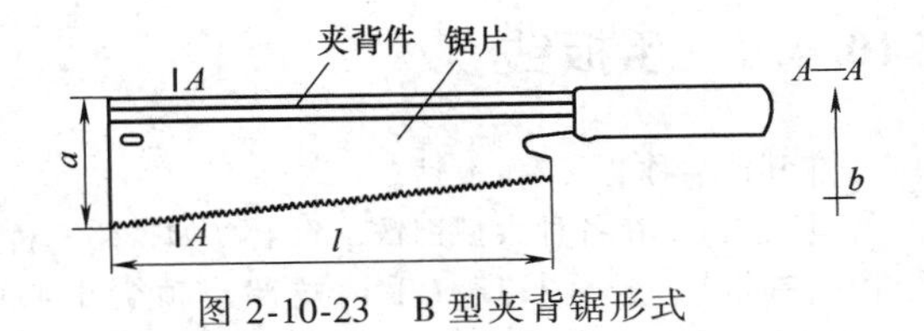

图 2-10-23 B 型夹背锯形式

表 2-10-24 夹背锯的规格尺寸 mm

规格	长度 l		锯片厚度 b		锯片宽度 a	
	基本尺寸	公差	基本尺寸	公差	A 型	B 型
250	250	±2	0.8	+0.02 -0.08	80～100	70～100
300	300					
350	350					

注：1. 锯片的分齿和齿形参见 QB/T 2094.6—2015 中附录 A。

2. 特殊规格锯片的基本尺寸可不受 QB/T 2094.6—2015 的限制。

【产品标记】 产品标记由产品名称、标准编号、规格和产品形式代号组成。

示例 1：

规格为 300mm、两面磨齿 A 型夹背锯的产品标记为：夹背锯 QB/T 2094.6-300AL。

示例 2：

规格为 350mm、三面磨齿 B 型夹背锯的产品标记为：夹背锯 QB/T 2094.6-350BS。

10.3.10 木工带锯条（JB/T 8087—1999）

【用途】 木工带锯条装置在带锯机上，用于锯切大型木材。

【规格】 见表 2-10-25。

图 2-10-24 木工带锯条

表 2-10-25　　　　　　　　　　木工带锯条的规格尺寸　　　　　　　　　　mm

宽度	厚度	最小长度	宽度	厚度	最小长度
6.3	0.40,0.50	7500	100	0.80,0.90,0.95,1.00	8500
10,12.5,16	0.40,0.50,0.60		125	0.90,0.95,1.00,1.10	
20,25,32	0.40,0.50,0.60,0.70		150	0.95,1.00,1.10,1.25,1.30	
40	0.60,0.70,0.80		180	1.25,1.30,1.40	12500
50,63	0.60,0.70,0.80,0.90		200	1.30,1.40	
75	0.70,0.80,0.90				
90	0.80,0.90,0.95				

10.4 手　钻　类

10.4.1 手扳钻

【其他名称】 双簧扳钻。

【用途】 在各种大型钢铁工程上（如铁路、桥梁、船舶制造等），无法使用钻床或电钻时，用来钻孔。

【规格】 公称长度（手柄端部至顶尖中心间距）：250mm，300mm，350mm，400mm，450mm，500mm，550mm，600mm。钻孔直径：≤40mm。

10.4.2 手摇钻（QB/T 2210—96）

【用途】 装夹圆柱柄钻头后，在金属或其他材料上手摇钻孔。

【规格】 见表 2-10-26。

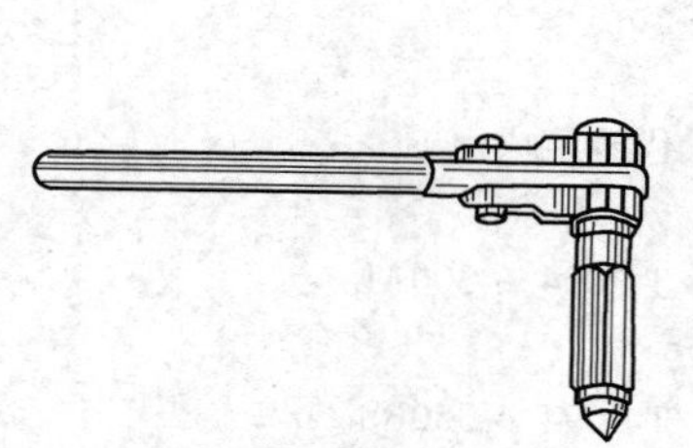

图 2-10-25　手扳钻

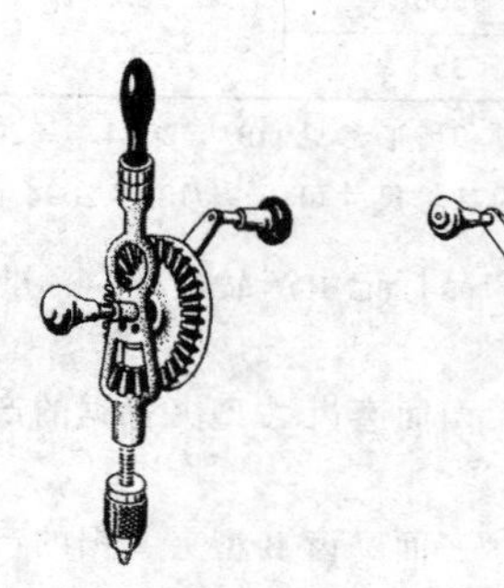

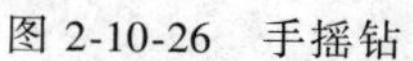

图 2-10-26　手摇钻

表 2-10-26　　　　　　　　　　手摇钻的规格尺寸　　　　　　　　　　mm

类型	夹持钻头直径	总长	夹头长度	夹头直径	类型	夹持钻头直径	总长	夹头长度	夹头直径
手持式	6	187	42	25	胸压式	9	367	50	32
	9	234	50	32		12	408	60	36

10.4.3 手摇台钻

【其他名称】 手摇台钻床。

【用途】 专供在金属工件上钻孔，在缺乏电动设备的机械工厂、修配厂和流动工地等尤为适宜。

【规格】 公称长度（手柄端部至顶尖中心间距）：250mm，300mm，350mm，400mm，450mm，500mm，550mm，600mm。钻孔直径≤40mm，见表 2-10-27。

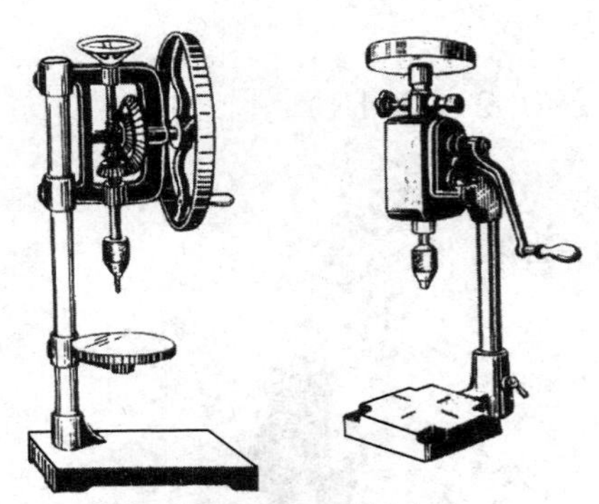

图 2-10-27　手摇台钻

表 2-10-27　　手摇台钻的规格尺寸　　mm

品种	钻孔直径	钻孔深度	转速比
开启式	1~12	80	1∶1,1∶2.5
封闭式	1.5~13	50	1∶2.6,1∶7

10.4.4　弓摇钻（QB/T 2510—2001）

【用途】 供夹持短柄木工钻，对木材、塑料等钻孔用。

【规格】 弓摇钻按夹爪数目分为二爪和四爪两种；按换向机构形式分为转式（Z）、推式（T）和按式（A）三种。其规格尺寸见表 2-10-28。

表 2-10-28　　弓摇钻的规格尺寸　　mm

型号	最大夹持木工钻直径	全长	回转半径	弓架距
250	22	320~360	125	150
300	28.5	340~380	150	150
350	38	360~400	175	160

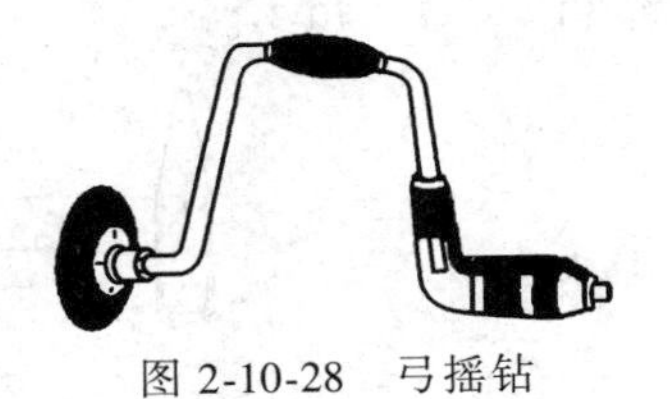

图 2-10-28　弓摇钻

10.5　手　锤　类

10.5.1　八角锤（QB/T 1290.1—2010）

【用途】 用于锤锻钢件、敲击工件、安装机器，以及开山、筑路时凿岩、碎石等敲击力较大的场合。

【规格】 见表 2-10-29。

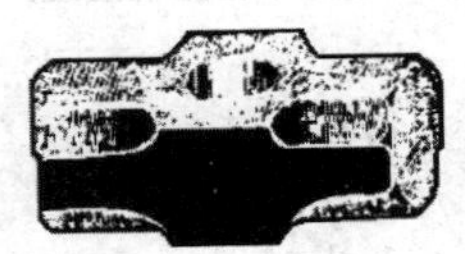

图 2-10-29　八角锤

表 2-10-29　　八角锤的规格尺寸

锤重/kg	0.9	1.4	1.8	2.7	3.6	4.5	5.4	6.3	7.2	8.1	9.0	10.0	11.0
锤高/mm	105	115	130	152	165	180	190	198	208	216	224	230	236
锤宽/mm	38	44	48	54	60	64	68	72	75	78	81	84	87

10.5.2 圆头锤（QB/T 1290.2—2010）

【其他名称】 奶子榔头、钳工锤。
【用途】 钳工使用，亦可作一般锤击用。
【规格】 见表 2-10-30。

图 2-10-30 圆头锤

表 2-10-30 圆头锤

锤重/kg	0.11	0.22	0.34	0.45	0.68	0.91	1.13	1.36
锤高/mm	66	80	90	101	116	127	137	147
全长/mm	260	285	315	335	355	375	400	400

10.5.3 钳工锤（QB/T 1290.3—2010）

【用途】 供钳工、锻工、安装工、冷作工、维修装配工作敲击或整形用。
【规格】 见表 2-10-31。

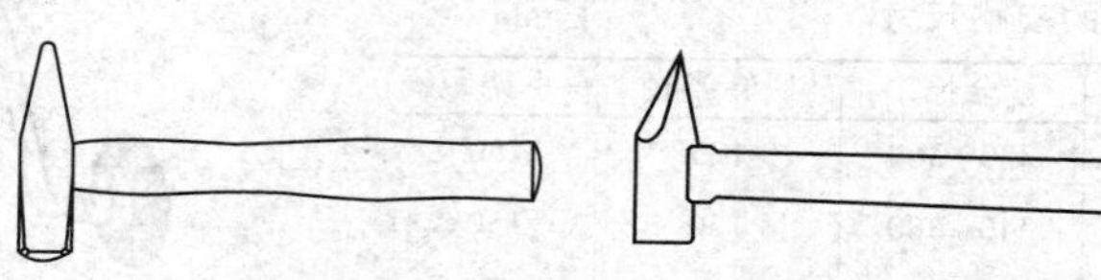

图 2-10-31 钳工锤

表 2-10-31 钳工锤的规格尺寸

A 型钳工锤										
锤重/kg	0.1	0.2	0.3	0.4	0.5	0.6	0.8	1.0	1.5	2.0
锤高/mm	82	95	105	112	118	122	130	135	145	155
全长/mm	260	280	300	310	320	330	350	360	380	400

B 型钳工锤				
锤重/kg	0.28	0.40	0.67	1.50
锤高/mm	85	98	105	131
全长/mm	290	310	310	350

10.5.4 扁尾锤（QB/T 1290.4—2010）

【规格】 见表 2-10-32。

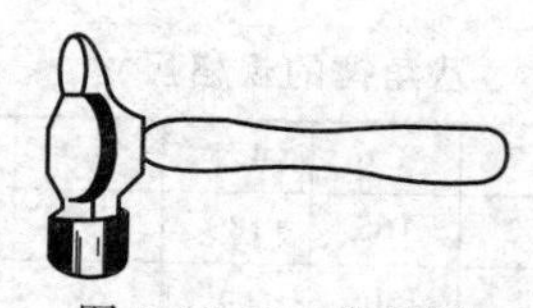

图 2-10-32 扁尾锤

表 2-10-32　扁尾锤的规格尺寸

锤重/kg	0.10	0.14	0.18	0.22	0.27	0.35
锤高/mm	83	87	95	103	110	122
全长/mm	240	255	270	285	300	325
锤面直径/mm	14	16	18	20	22	25

10.5.5　检车锤（QB/T 1290.5—2010）

【用途】 用于需避免因操作中产生机械火花而引爆爆炸性气体的场所。

【规格】 锤重（不连柄）：0.25kg。锤全高：120mm。锤端直径：18mm。

10.5.6　敲锈锤（QB/T 1290.6—2010）

【用途】 用于加工中除锈、除焊渣。

【规格】 见表 2-10-33。

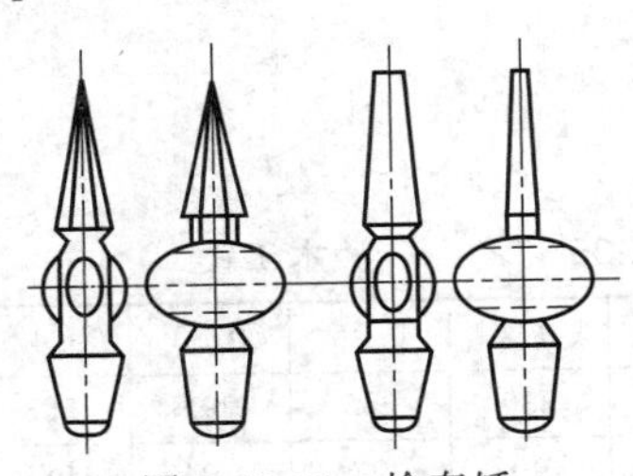

图 2-10-33　检车锤

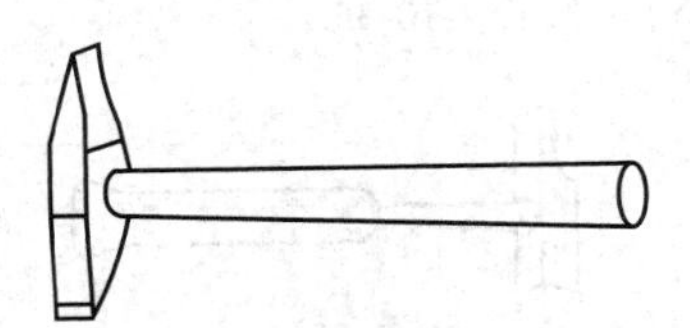

图 2-10-34　敲锈锤

表 2-10-33　敲锈锤的规格尺寸

锤重/kg	0.2	0.3	0.4	0.5
全长/mm	285.0	300.0	310.0	320.0
锤高/mm	115.0	126.0	134.0	140.0
锤宽/mm	19.0	22.0	25.0	28.0

10.5.7　焊工锤（QB/T 1290.7—2010）

【用途】 用于电焊加工中除锈、除焊渣。

【规格】 锤重：0.25kg，0.3kg，0.5kg，0.75kg。

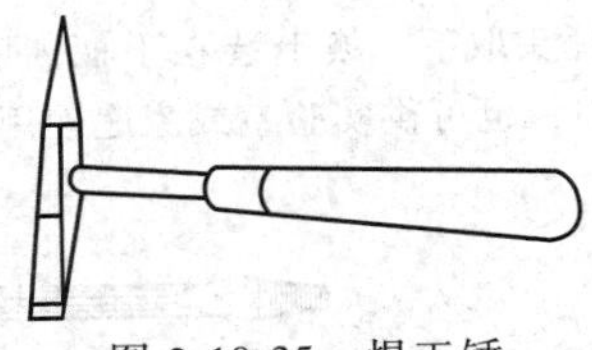

图 2-10-35　焊工锤

10.5.8　羊角锤（QB/T 1290.8—2010）

【规格】 见表 2-10-34。

第2篇

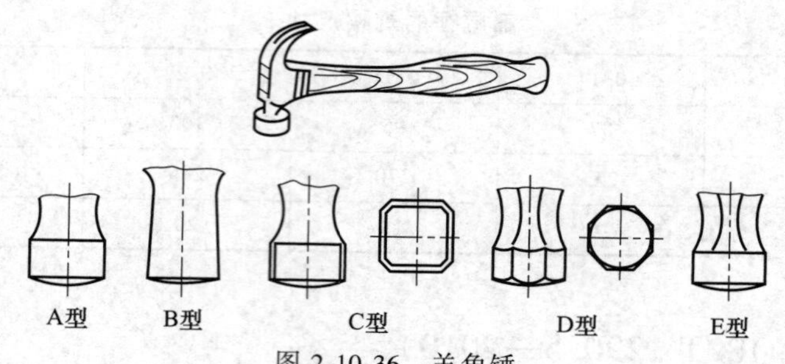

图 2-10-36　羊角锤

表 2-10-34　羊角锤的规格尺寸

锤重/kg	0.25	0.35	0.45	0.50	0.55	0.65	0.75
全长/mm	305	320	340	340	340	350	350
锤高/mm	105	120	130	130	135	140	140

10.5.9　木工锤（QB/T 1290.9—2010）

【用途】 木工使用之锤，有钢柄及木柄。
【规格】 见表 2-10-35。

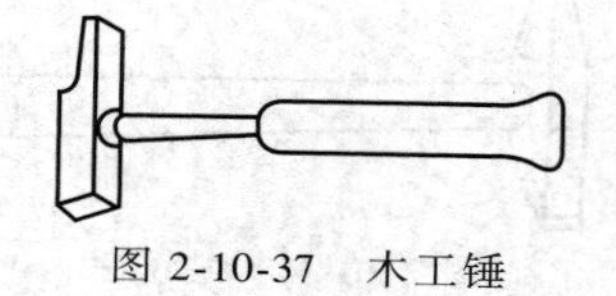
图 2-10-37　木工锤

表 2-10-35　木工锤

锤重/kg	0.2	0.25	0.33	0.42	0.50
全长/mm	280	285	295	308	320
锤高/mm	90	97	104	111	118

10.5.10　石工锤（QB/T 1290.10—2010）

【用途】 石工使用之锤，用于采石、敲碎小石块等。
【规格】 见表 2-10-36。

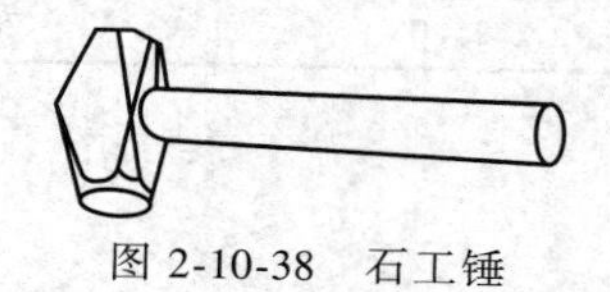
图 2-10-38　石工锤

表 2-10-36　石工锤的规格尺寸

锤重/kg	0.80	1.00	1.25	1.50	2.00
全长/mm	240	260	260	280	300
锤高/mm	90	95	100	110	120

10.5.11　什锦锤（QB/T 2209—1996）

【用途】 除作锤击或起钉用外，如将锤头取下，换上装在手柄内的附件，即可分别作三角锉、锥子、木凿或螺钉旋具用。多用于普通量具检修工作中，也可供实验室或家庭使用。

【规格】 手柄连锤头全长：162mm。

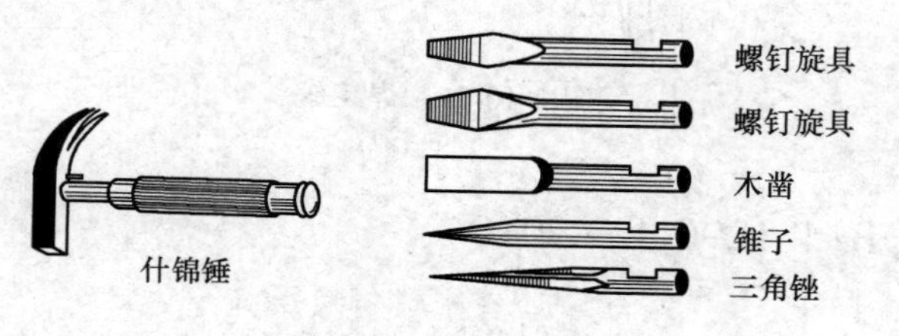

图 2-10-39　什锦锤

10.6 刮　　刀

【用途】 刮削加工用的工具。半圆刮刀用于刮削轴瓦的凹面等，三角刮刀用于刮削工件上的油槽和孔的边缘等，平刮刀用于刮削工件的平面或铲花纹等。

【规格】 长度（不连柄）：50mm，75mm，100mm，125mm，150mm，175mm，200mm，250mm，300mm，350mm，400mm。

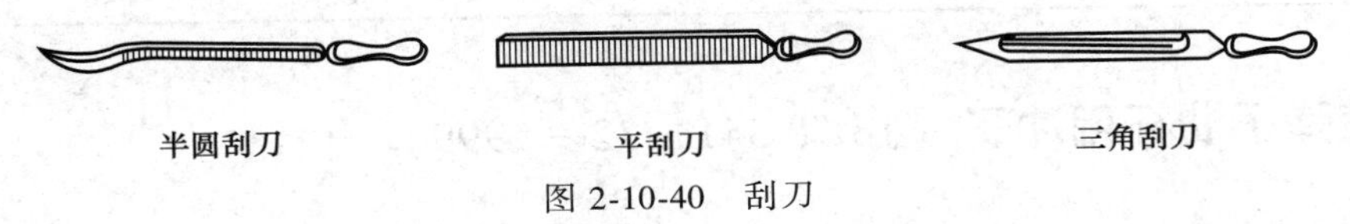

图 2-10-40　刮刀

10.7 冲　　子

10.7.1 尖冲子（JB/T 3411.29—1999）

【用途】 用来在工件上打冲眼，做标记。

【规格】 见表 2-10-37。

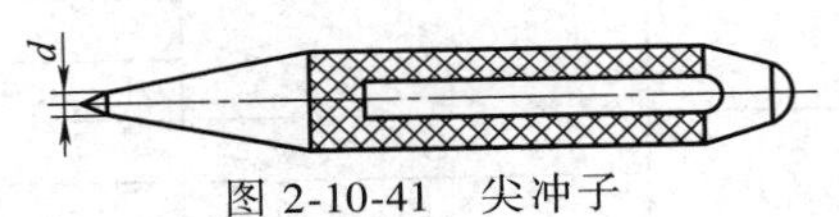

图 2-10-41　尖冲子

表 2-10-37　尖冲子的规格尺寸　mm

冲头直径 d	2	3	4	6
外径	8	8	10	14
全长	80	80	80	100

10.7.2 圆冲子（JB/T 3411.30—1999）

【用途】 用来在工件上打冲眼，做标记。

【规格】 见表 2-10-38。

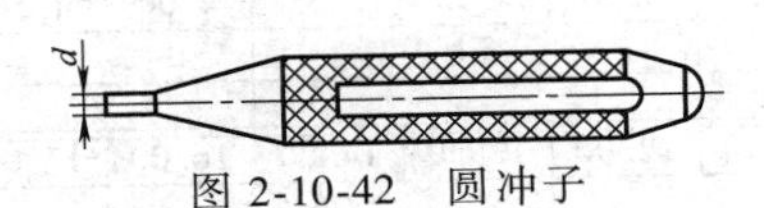

图 2-10-42　圆冲子

表 2-10-38　圆冲子的规格尺寸　mm

圆冲直径 d	3	4	5	6	8	10
外径	8	10	12	14	16	18
全长	80	80	100	100	125	125

10.7.3 半圆头铆钉冲子（JB/T 3411.31—1999）

【规格】 见表 2-10-39。

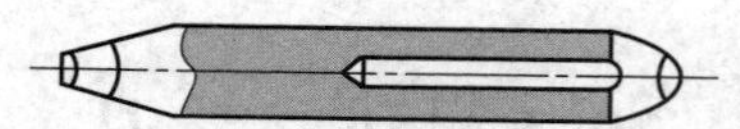

图 2-10-43 半圆头铆钉冲子

表 2-10-39 半圆头铆钉冲子 mm

铆钉直径	2.0	2.5	3.0	4.0	5.0	6.0	8.0
凹球直径	1.9	2.5	2.9	3.8	4.7	6.0	8.0
外径	10	12	14	16	18	20	22
全长	80	100	100	125	125	140	140

10.7.4 装弹子油杯用冲子（JB/T 3411.32—1999）

【规格】 见表 2-10-40。

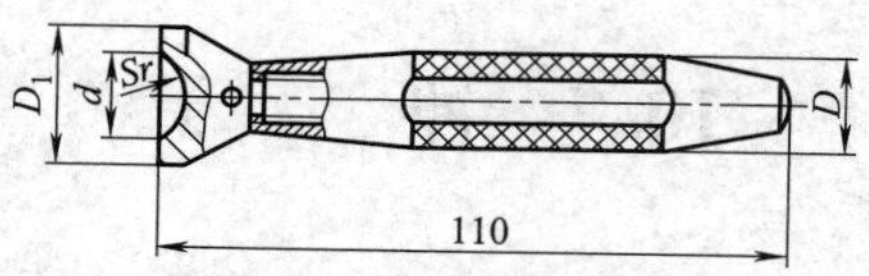

图 2-10-44 弹子油杯用冲子

表 2-10-40 弹子油杯用冲子的规格尺寸 mm

公称直径(油杯外径)	D	D_1	d	Sr
6	14	12	3	2.5
8			4	3.0
10			5	3.5
16	18	18	10	6.5
25		26	15	10

10.7.5 四方冲子（JB/T 3411.33—1999）

【规格】 见表 2-10-41。

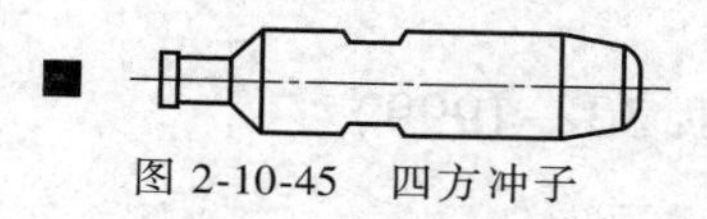

图 2-10-45 四方冲子

表 2-10-41 四方冲子的规格尺寸 mm

四方对边距	2.00	2.24	2.50	2.80	3.00	3.15	3.55	4.00	4.50	5.00	5.60	6.00	6.30	7.10
外径	8				14			16						18
全长	80							100						
四方对边距	8.00	9.00	10.00	11.20	12.00	12.50	14.00	16.00	17.00	18.00	20.00	22.00	22.40	25.00
外径	18	20			25			30				35		40
全长	100	125						150						

10.7.6 六方冲子（JB/T 3411.34—1999）

【规格】 见表 2-10-42。

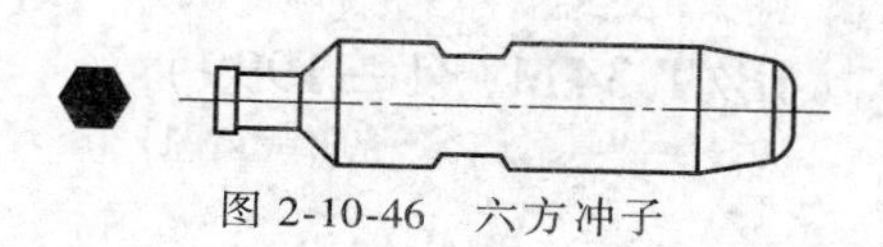

图 2-10-46 六方冲子

表 2-10-42　　六方冲子的规格尺寸　　mm

六方对边距	3	4	5	6	8	10	12	14	17	19	22	24	27
外径	14		16		18		20		25		30		35
全长	80		100				125				150		

10.8　弓形夹（JB/T 3411.49—1999）

【用途】 用来夹持小的工件。

【规格】 见表 2-10-43。

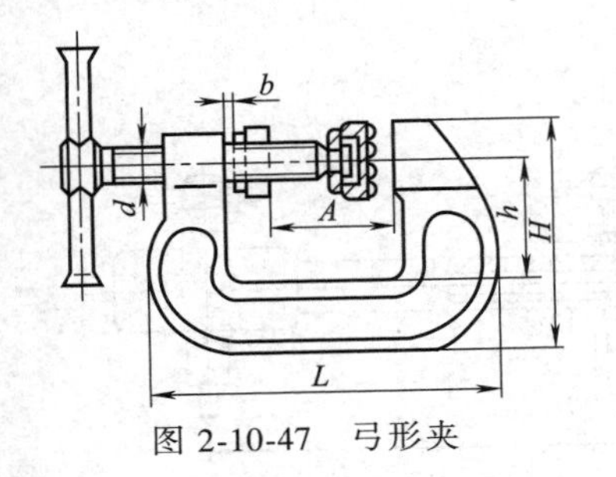

图 2-10-47　弓形夹

表 2-10-43　　弓形夹的规格尺寸　　mm

d	最大夹装厚度 *A*	*h*	*H*	*L*	*b*
M12	32	50	95	130	14
M16	50	60	120	165	18
M20	80	70	140	215	22
M24	125	85	170	285	28
	200	100	190	360	32
	320	120	215	505	36

10.9　顶　拔　器

10.9.1　两爪顶拔器（JB/T 3411.50—1999）

【规格】 其规格按两爪顶拔器的臂长 *H* 分为：160mm、250mm、380mm 三种。

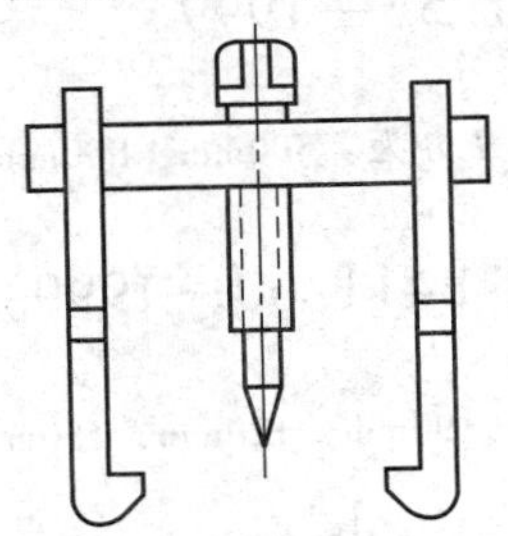
图 2-10-48　两爪顶拔器

10.9.2　三爪顶拔器（JB/T 3411.51—1999）

【规格】 其规格按顶拔器的直径 *D* 分为：160mm、300mm 两种。

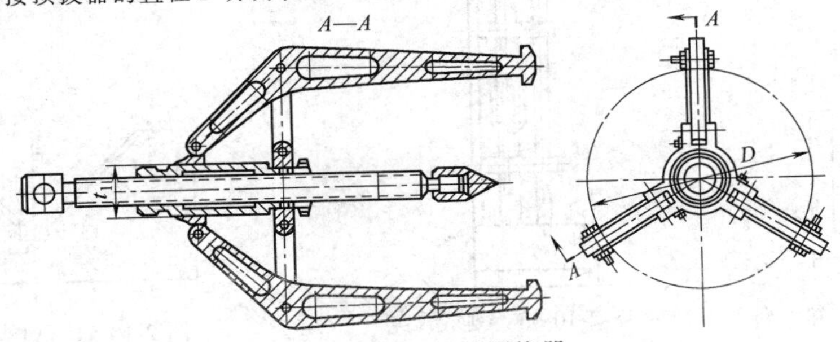

图 2-10-49　三爪顶拔器

10.10 划 规 类

10.10.1 划规（JB/T 3411.54—1999）

【规格】 其规格按划规的长度 L 分为：160mm，200mm，250mm，320mm，400mm，500mm。

10.10.2 长划规（JB/T 3411.55—1999）

【规格】 其规格按划规的长度 L 分为：800mm，1250mm，2000mm。

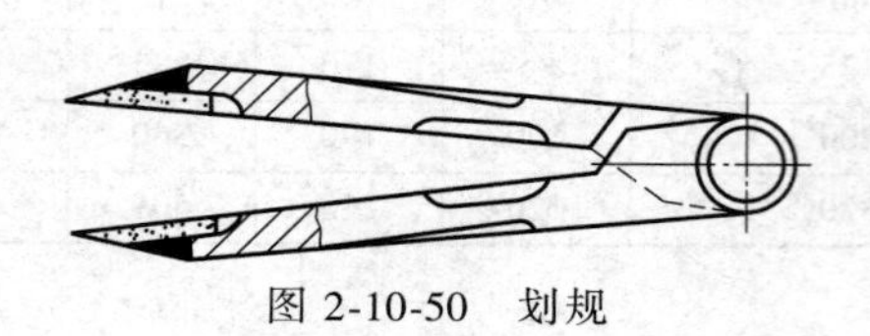

图 2-10-50 划规

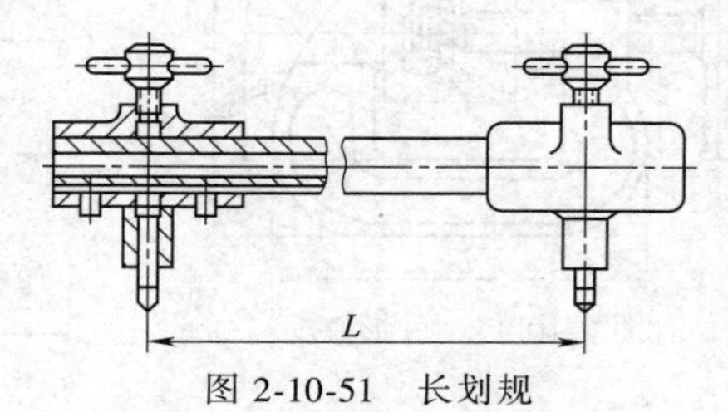

图 2-10-51 长划规

10.10.3 方箱（JB/T 3411.56—1999）

【规格】 其规格按方箱的棱长 B 分为：160mm，200mm，250mm，320mm，400mm，500mm。

10.10.4 划线尺架（JB/T 3411.57—1999）

【规格】 其规格按划线尺架的全长尺寸 H 分为：500mm，800mm，1250mm，2000mm。

10.10.5 划线用 V 形铁（JB/T 3411.60—1999）

【规格】 其规格按开口宽度分为：50mm，90mm，120mm，150mm，200mm，300mm，350mm，400mm。

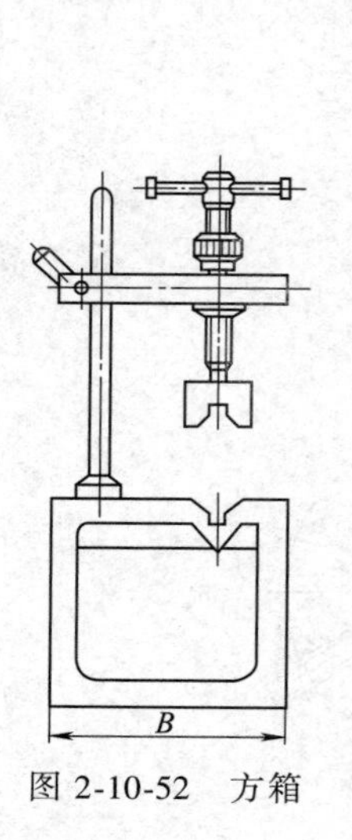

图 2-10-52 方箱

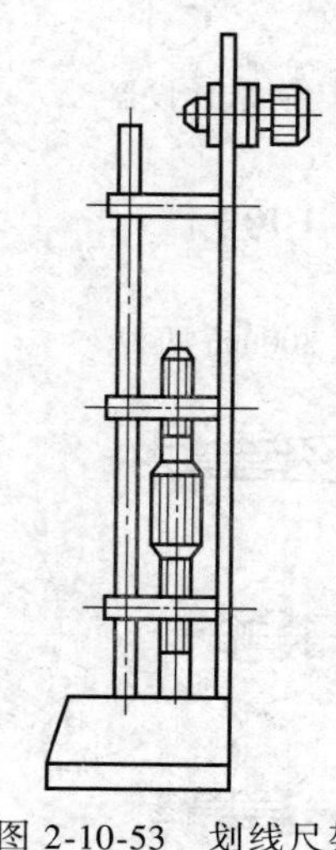

图 2-10-53 划线尺架

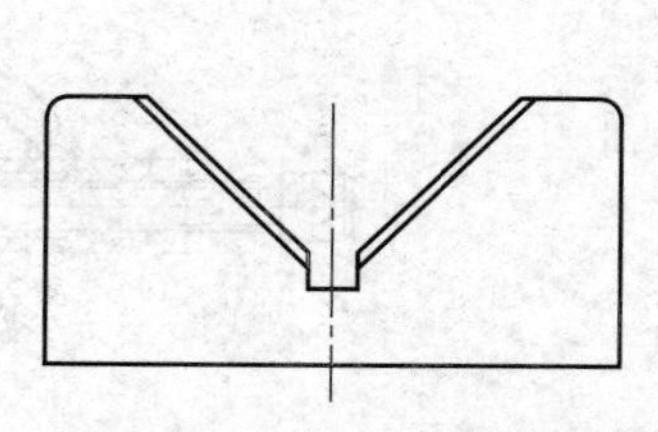

图 2-10-54 划线用 V 形铁

10.10.6 带夹紧两面 V 形铁（JB/T 3411.61—1999）

【规格】 见表 2-10-44。

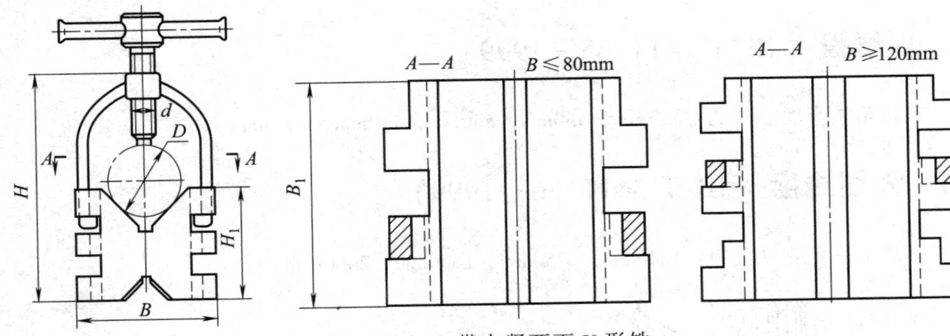

图 2-10-55 带夹紧两面 V 形铁

表 2-10-44 带夹紧两面 V 形铁的规格尺寸 mm

夹持工件直径 D	B	B_1	H	H_1	d
8～35	50	50	85	40	M8
10～60	80	80	130	60	M10
15～100	125	120	200	90	M12
20～135	160	150	260	120	M16
30～175	200	160	325	150	

10.10.7 带夹紧四面 V 形铁（JB/T 3411.62—1999）

【规格】 见表 2-10-45。

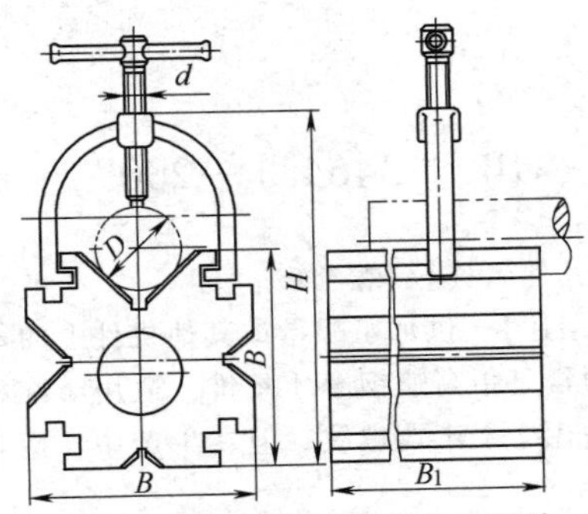

图 2-10-56 带夹紧四面 V 形铁

表 2-10-45 带夹紧四面 V 形铁的规格尺寸 mm

夹持工件直径 D	H	B	B_1	d
12～80	230	140	150	M12
24～120	310	180	200	
45～170	410	230	250	M16

10.10.8 划针（JB/T 3411.64—1999）

【规格】 其规格按全长 L 分为：320mm，450mm，500mm，700mm，800mm，1200mm，1500mm。

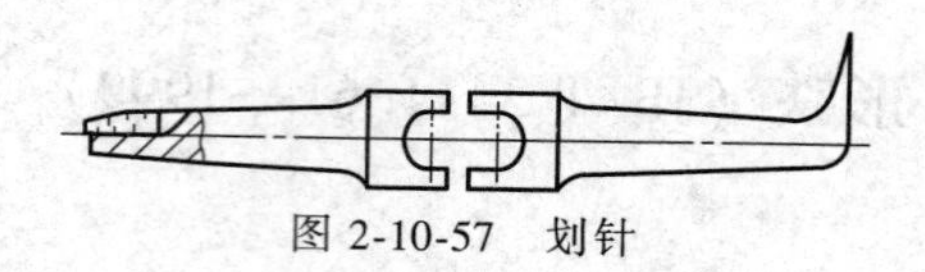

图 2-10-57　划针

10.10.9　划线盘（JB/T 3411.65—1999）

【规格】 其规格按高度 H 分为：355mm，450mm，560mm，710mm，900mm。

10.10.10　大划线盘（JB/T 3411.66—1999）

【规格】 其规格按高度 H 分为：1000mm，1250mm，1600mm，2000mm。

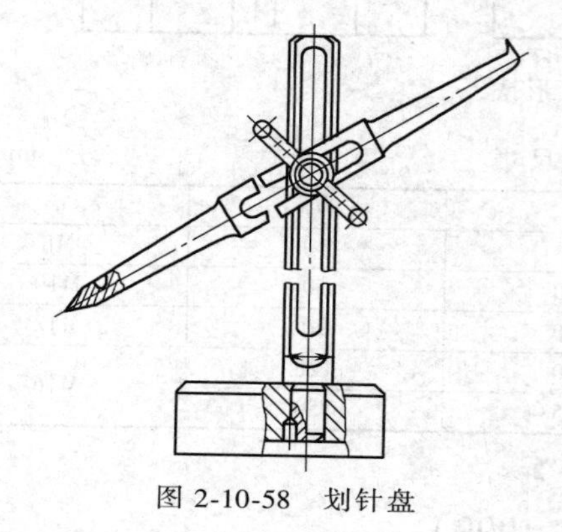

图 2-10-58　划针盘

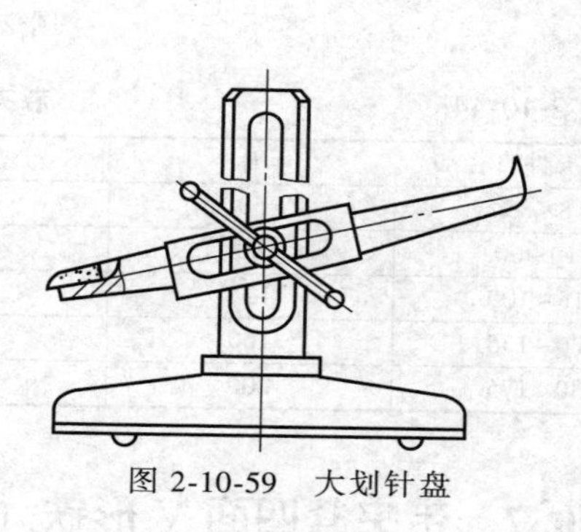

图 2-10-59　大划针盘

10.11　丝　　锥

10.11.1　机用和手用丝锥（GB/T 3464.1—2007）

图 2-10-60　丝锥

【其他名称】 螺丝攻。

【用途】 供加工螺母或其他机件上的普通螺纹内螺纹用（即攻螺纹）。机用丝锥通常是指高速钢磨牙丝锥，适用于在机床上攻螺纹；手用丝锥是指碳素钢或合金工具钢滚牙（或切压）丝锥，适用于手工攻螺纹。但在生产中，两者也可互换使用。螺母丝锥主要用于加工螺母的普通内螺纹。

【规格】 见表 2-10-46。

表 2-10-46　机用和手用丝锥的规格尺寸　mm

公称直径	螺距		丝锥全长	螺纹长度	公称直径	螺距		丝锥全长	螺纹长度
	粗牙	细牙				粗牙	细牙		
(1)粗柄丝锥规格									
1	0.25	0.2	38.5	5.5	1.2	0.25	0.2	38.5	5.5
1.1	0.25	0.2	38.5	5.5	1.4	0.3	0.2	40	7
1.6	0.35	0.2	41	8	2.2	0.45	0.25	44.5	9.5
1.8	0.35	0.2	41	8	2.5	0.45	0.35	44.5	9.5
2	0.4	0.25	41	8					

续表

公称直径	螺距		丝锥全长	螺纹长度	公称直径	螺距		丝锥全长	螺纹长度
	粗牙	细牙				粗牙	细牙		
(2)粗柄带颈丝锥规格									
3	0.5	0.35	48	11	(7)	1	0.75	66	19
3.5	(0.6)	0.35	50	13	8,(9)	—	0.75	66	19
4	0.7	0.5	53	13	8,(9)	—	1	69	19
4.5	(0.75)	0.5	53	13	8,(9)	1.25	—	72	22
5	0.8	0.5	58	16	10	—	0.75	73	20
(5.5)	—	0.5	62	17	10	—	1,1.25	76	20
6	1	0.75	66	19	10	1.5	—	80	24
(3)细柄丝锥(部分)规格									
3	0.5	0.35	48	11	20	—	1	102	22
3.5	(0.6)	0.35	50	13	22	—	1	109	24
4	0.7	0.5	53	13	22	—	1.5	113	33
4.5	(0.75)	0.5	53	13	22	2.5	2	118	38
5	0.8	0.5	58	16	24	—	1	114	24
(5.5)	—	0.5	62	17	24	3	—	130	45
6,(7)	1	0.75	66	19	24~26	—	1.5	120	35
8,(9)	—	0.75	66	19	24,25	—	2	120	35
8,(9)	—	1	69	19	27~30	—	1	120	25
8,(9)	1.25	—	72	22	27~30	—	1.5,2	127	37
10	—	0.75	73	20	27	3	—	135	45
10	—	—	76	20	30	3.5	3	138	48
10	1.5	1,1.25	80	24	(32),33	—	1.5,2	137	37
(11)	—	—	80	22	33	3.5	3	151	51
(11)	1.5	0.75,1	85	25	(35),36	—	1.5	144	39
12	—	—	80	22	36	—	2	144	39
12	—	1	84	24	36	4	3	162	57
12	1.75	1.25	89	29	38	—	1.5	149	39
14	—	1.5	87	22	39~42	—	1.5,2	149	39
14	—	1	90	25	39	4	3	170	60
14	2	1.25	95	30	(40)	—	3	170	60
(15)	—	1.5	95	30	42	4.5	3,(4)	170	60
16	—	1.5	92	22	45~(50)	—	1.5,2	165	45
16	2	1	102	32	45	4.5	3,(4)	187	67
(17)	—	1.5	102	32	48	5	3,(4)	185	67
18	—	1.5	97	22	(50)	—	3	185	67
18,20	—	1	104	29	52~56	—	1.5,2	175	45
18,20	2.5	1.5	112	37	52	5	3.4	200	70

注：1. 螺距≤2.5mm 的丝锥分单支丝锥和成组等径丝锥（每组包括初锥、中锥和底锥三支）。优先以单支中锥供应。当有使用需要时也可按成组（不等径）丝锥供应。螺距>2.5mm 的丝锥，用时也可按成组（不等径）丝锥（每组包括第一粗锥、第二粗锥和精锥三支）供应。成组丝锥也可按使用需要，由制造厂自行规定。

2. 公称直径≤10mm 的丝锥可制成外顶尖。

3. 括号内的规格尽量不采用。

10.11.2 细长柄机用丝锥（GB/T 3464.2—2003）

【规格】 见表 2-10-47。

表 2-10-47 细长柄机用丝锥 mm

公称直径	螺距		丝锥全长	螺纹长度	公称直径	螺距		丝锥全长	螺纹长度
	粗牙	细牙				粗牙	细牙		
3	0.5	0.35	66	11	12	1.75	1.5	119	29
3.5	(0.6)	0.35	68	13	14	—	1.25	127	25
4	0.7	0.5	73	13	14	2	1.5	127	30
4.5	(0.75)	0.5	73	13	(15)	—	1.5	127	30
5	0.8	0.5	79	16	16	2	1.5	137	32
(5.5)	—	0.5	84	17	(17)	—	1.5	137	32
6,(7)	1	0.75	89	19	18,20	—	1.5	149	39
8,(9)	—	1	97	19	18,20	2.5	2	149	37
8,(9)	1.25	—	97	22	22	—	1.5	158	33
10	—	1,1.25	108	20	22	2.5	2	158	38
10	1.5	—	108	24	24	—	1.5,2	172	35
(11)	1.5	—	115	25	24	3	—	172	45
12	—	1.25	119	24					

10.11.3 短柄机用和手用丝锥（GB/T 3464.3—2007）

表 2-10-48 短柄机用和手用丝锥的规格尺寸 mm

公称直径	螺距		丝锥全长	螺纹全长	公称直径	螺距		丝锥全长	螺纹全长
	粗牙	细牙				粗牙	细牙		
(1)粗短柄丝锥规格									
1	0.25	0.2	28	5.5	1.8	0.35	0.2	32	8
1.1	0.25	0.2	28	5.5	2	0.4	0.25	36	8
1.2	0.25	0.2	28	5.5	2.2	0.45	0.25	36	9.5
1.4	0.3	0.2	28	7	2.5	0.45	0.35	36	9.5
1.6	0.35	0.2	32	8					
(2)粗柄带颈丝锥规格									
3	0.5	0.35	40	11	6,7	1	—	55	19
3.5	0.6	0.35	40	13	8	—	0.5	60	19
4	0.7	0.5	45	13	8,9	—	0.75	60	19
4.5	0.75	0.5	45	13	8,9	—	1	60	22
5	0.8	0.5	50	16	8,9	1.25	—	65	22
5.5	—	0.5	50	17	10	—	0.75	65	20
6	—	0.5,0.75	50	19	10	—	1,1.25	65	24
7	—	0.75	50	19	10	1.5	—	70	24
(3)细短柄丝锥(部分)规格									
11	—	0.75,1	65	22	16	2	—	90	32
11	1.5	—	70	25	16,17	—	1.5	80	32
12	1.75	—	80	29	18,20	—	1	90	22
12,14	—	1	70	22	18,20	—	1.5,2	90	37
12	—	1.25,1.5	70	29	18,20	2.5	—	100	37
14	—	1.25	70	30	22,24	—	1	90	24
14,15	—	1.5	70	30	22	—	1.5,2	90	38
14	2	—	90	30	22	2.5	—	110	38
16	—	1	80	22	24,25	—	1.5,2	95	45

续表

公称直径	螺距		丝锥全长	螺纹全长	公称直径	螺距		丝锥全长	螺纹全长
	粗牙	细牙				粗牙	细牙		
(3)细短柄丝锥(部分)规格									
26	—	1.5	95	35	35	—	1.5	125	39
24,27	3	—	120	45	36	—	1.5,2	125	39
27	—	1	95	25	36	—	3	125	57
27	—	1.5,2	95	37	36	4	—	145	57
28,30	—	1	105	25	38	—	1.5	130	39
28,30	—	1.5,2	105	37	39~42	—	1.5,2	130	39
30	—	3	105	48	39~42	—	3	130	60
30	3.5	—	130	48	39	4	—	145	60
32,33	—	1.5,2	115	37	42	—	4	130	60
33	—	3	115	51	42	4.5	—	160	60
33	3.5	—	130	51					

10.11.4 管螺纹丝锥（GB/T 20333—2006）

【其他名称】 管用丝锥、管牙用丝锥、管子螺丝攻。
【用途】 铰制管路附件和一般机件上内管螺纹。
【规格】 见表2-10-49。

圆柱管螺纹丝锥

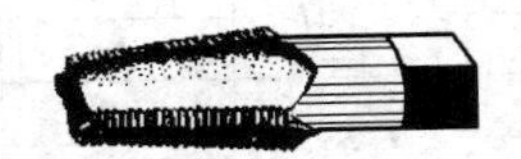
圆锥管螺纹丝锥

图2-10-61 管螺纹丝锥

表2-10-49 管螺纹丝锥的规格尺寸 mm

(1)G系列和Rp系列圆柱管螺纹丝锥

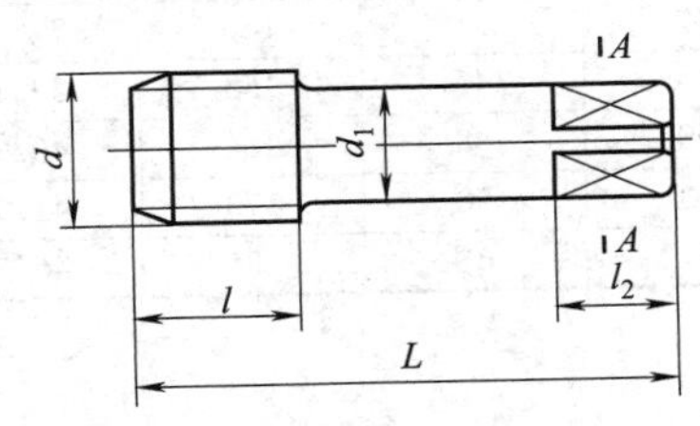

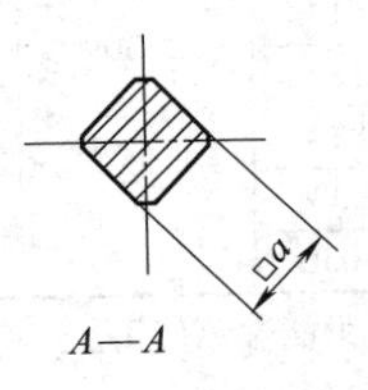

螺纹代号	每英寸牙数	基本直径 d	螺距 ≈	d_1 h9	l $^{+2}_{-1}$	L	方头	
							a h11	l_2
1/16	28	7.723	0.907	5.6	14	52	6.5	7
1/8	28	9.788		8	15	59	6.3	9
1/4	19	13.157	1.337	10	19	67	8	11
3/8	19	16.682		12.5	21	75	10	13
1/2	14	20.955	1.814	16	26	87	12.5	16
(5/8)	14	22.911		18		91	14	18
3/4	14	26.441		20	28	96	16	20
(7/8)	14	30.301		22.4	29	102	18	22
1	11	33.249	2.309	25	33	109	20	24
1¼	11	41.930		31.5	36	119	25	28
1½	11	47.803		35.5	37	125	28	31

续表

螺纹代号	每英寸牙数	基本直径 d	螺距 ≈	d_1 h9	l $^{+2}_{-1}$	L	方头 a h11	方头 l_2
(1¾)	11	53.746	2.309	35.5	38	132	28	31
2	11	59.614		40	41	140	31.6	34
(2¼)	11	65.710			42	142		
2½	11	75.184		45	45	153	35.5	38
3	11	87.834		50	48	164	40	42
3½	11	100.330		63	50	173	50	51
4	11	113.03		71	53	185	56	56

(2)Rc 系列圆锥管螺纹丝锥

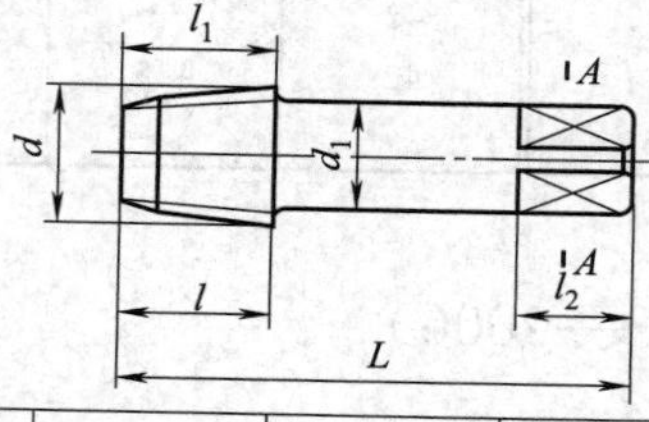

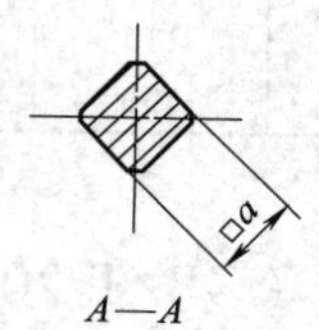

螺纹代号	每英寸牙数	基本直径 d	螺距 ≈	d_1 h9	l $^{+2}_{-1}$	L	l_1 最大值	方头 a h11	方头 l_2
1/16	28	7.723	0.907	5.6	14	52	10.1	4.5	7
1/8	28	9.728		8	15	59		6.3	9
1/4	19	13.157	1.337	10	19	67	15	8	11
3/8	19	16.652		12.5	21	75	15.4	10	13
1/2	14	20.955	1.814	16	26	87	20.5	12.5	16
3/4	14	26.441		20	28	96	21.8	16	20
1	11	33.249	2.309	25	33	109	26	20	24
1¼	11	41.910		31.5	36	119	28.3	25	28
1½	11	47.803		35.5	37	125	28.3	28	31
2	11	69.614		40	41	140	32.7	31.5	34
2½	11	75.184		45	45	153	37.1	35.5	38
3	11	87.834		50	48	164	40.2	40	42
3½	11	100.33		63	50	173	41.9	50	51
4	11	113.030		71	63	185	46.2	56	56

注：表内括号内的尺寸应尽可能避免使用。

10.11.5 丝锥扳手

【其他名称】 丝锥铰手、螺丝攻铰手、螺丝攻扳手。

【用途】 装夹丝锥，用手攻制机件上的内螺纹。

【规格】 见表 2-10-50。

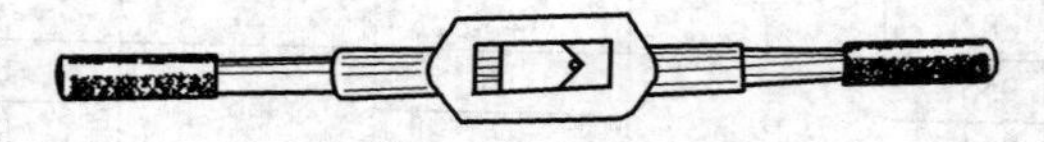

图 2-10-62 丝锥扳手

表 2-10-50

丝锥扳手的规格尺寸

mm

扳手长度	130	180	230	280	380	480	600
适用丝锥公称直径	2~4	3~6	3~10	6~14	8~18	12~24	16~27

10.12 圆 板 牙

10.12.1 圆板牙（GB/T 970.1—2008）

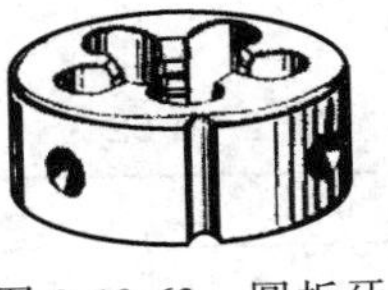

【其他名称】 圆形螺丝板牙、圆形板牙。

【用途】 供加工螺栓或其他机件上的普通螺纹外螺纹（即套螺纹）用。可装在圆板牙架中手工套螺纹或装在机床上套螺纹。

图 2-10-63　圆板牙

【规格】 见表 2-10-51。

表 2-10-51　圆板牙的规格尺寸　mm

公称直径	螺距		圆板牙		公称直径	螺距		圆板牙	
	粗牙	细牙	外径	厚度		粗牙	细牙	外径	厚度
1~1.2	0.25	0.2	16	5	18,20	2.5	—	45	18
1.4	0.3	0.2	16	5	22,24	—	1,1.5,2	55	16
1.6,1.8	0.35	0.2	16	5	22	2.5	—	55	22
2	0.4	0.25	16	5	24	3	—	55	22
2.2	0.45	0.25	16	5	25	—	1.5,2,1,1.5	55	16
2.5	0.45	0.35	16	5	27~30	—	2	65	18
3	0.5	0.35	20	5	27	3	—	65	25
3.5	0.6	0.35	20	5	30,33	3.5	3	65	25
4~5.5	—	0.5	20	5	32,33	—	1.5,2	65	18
4	0.7	—	20	5	35	—	1.5	65	18
4.5	0.75	—	20	7	36	—	1.5,2	65	18
5	0.8	—	20	7	36	4	3	65	25
6	1	0.75	20	7	39~42	—	1.5,2	75	20
7	1	0.75	25	9	39	4	3	75	30
8,9	1.25	0.75,1	25	9	40	—	3	75	30
10	1.5	0.75,1,1.25	30	11	42	4.5	3,4	75	30
11	1.5	0.75,1	30	11	45~52	—	1.5,2	90	22
12,14	—	1,1.25,1.5	38	10	45	4.5	3,4	90	36
12	1.75	—	38	14	48,52	5	3,4	90	36
14	2	—	38	14	50	—	3	90	36
15	—	1.5	38	10	55,56	—	1.5,2	105	22
16	—	1,1.5	45	14	55,56	—	3,4	105	36
16	2	—	45	18	56,60	5.5	—	105	36
17	—	1.5	45	14	64,68	6	—	120	36
18,20	—	1,1.5,2	45	14					

公称直径	7,8,9	8,9	10,11	10,11	12,14,15	16,18,20	22,24
螺距*	0.75	1	0.75	1	1.5	1	1
圆板牙厚度*	7	7	8	8	14	10	12
公称直径	27,28,30	27,28,30,32,33,35,36	39,40,42	45,48,50,52	45,48,50,52	45,48,50,52	55,56
螺距*	1	1.5	1.5	1.5	2	3	3
圆板牙厚度*	14	14	16	18	18	22	22

注：1. 普通螺纹的直径和螺距系列以及应用原则，见“普通螺纹公称直径与螺距系列”。

2. 圆板牙加工普通螺纹的公称带，常用的为6g；根据需要，也可供应6h、6f、6e。

3. 带*符号螺距的细牙普通螺纹圆板牙，也可以生产带*符号的厚度。

10.12.2 管螺纹圆板牙

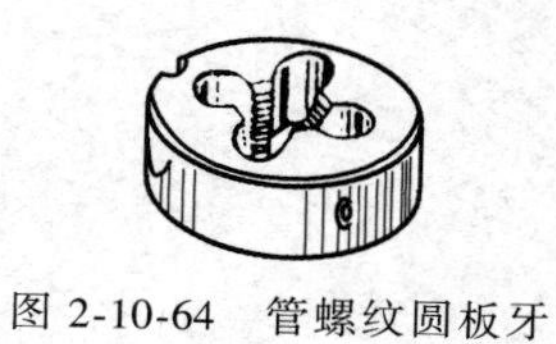
图 2-10-64 管螺纹圆板牙

【其他名称】 管子板牙。

【用途】 装在圆板牙架或机床上，用于铰制管子、管件或其他机件的管螺纹外螺纹。

【规格】 见表 2-10-52。

表 2-10-52 管螺纹圆板牙的规格尺寸 mm

(1)R 系列圆锥管螺纹圆板牙(GB/T 20328—2006)

代号	基本直径	近似螺距	外径	厚度	最少完整螺纹牙数	最小完整牙的长度	基面距
1/16	7.723	0.907	25	11	6⅛	5.6	4
1/8	9.728		30				
1/4	13.157	1.337	38	14	6¼	8.4	6
3/8	16.662		45	18	6½	8.8	6.4
1/2	20.955	1.814		22	6¼	11.4	8.2
3/4	26.441		55		7	12.7	9.5
1	33.249	2.309	65	25	6¼	14.5	10.4
1¼	41.910		75	30	7¼	16.8	12.7
1½	47.803		90				
2	59.614		105	36	9⅛	21.1	15.9

(2)60°圆锥管螺纹板牙(JB/T 8364.1—2010)

代号 NPT	每 25.4mm 内的牙数	螺距 P	外径	厚度
1/16	27	0.941	30	11
1/8				
1/4	18	1.411	38	16
3/8			45	18
1/2	14	1.814	45	22
3/4			55	
1	11.5	2.209	65	26
1¼			75	28
1½			90	
2			105	30

注：最少完整螺纹牙数、最小完整牙的长度、基面距均为螺纹尺寸。仅供板牙设计时参考。

10.12.3 圆板牙架（GB/T 970.1—2008）

【其他名称】 圆板牙扳手、圆板牙绞手、圆铰板铰手。

【用途】 装夹圆板牙加工（铰制）机件上的外螺纹。

【规格】 见表 2-10-53。

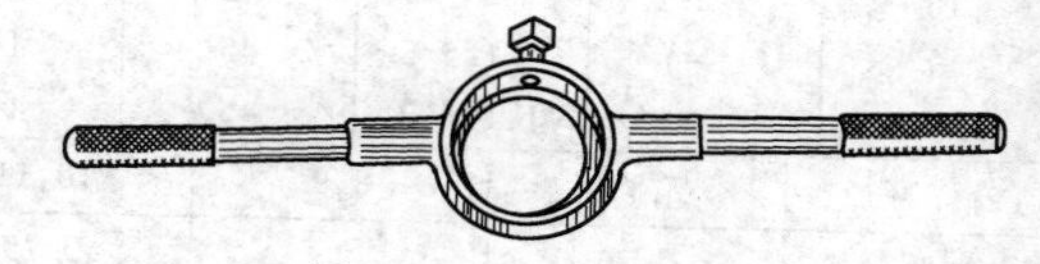
图 2-10-65 圆板牙架

表 2-10-53 圆板牙架的规格尺寸 mm

外径	厚度	加工螺纹直径	外径	厚度	加工螺纹直径	外径	厚度	加工螺纹直径
16	5	1~2.5	38	10,14	12~15	75	18*,20,30	39~42
20	5,7	3~6	45	10*,14,18	16~20	90	18*,22,36	45~52
25	9	7~9	55	12*,16,22	22~25	105	22,36	55~60
30	8*,11,10	10~11	65	14*,18,25	27~36	120	22,36	64~68

注：根据使用需要，制造厂也可以生产适用带 * 符号厚度圆板牙的圆板牙架。

第11章 管工工具

11.1 管子台虎钳（QB/T 2211—1996）

【用途】 安装在工作台上，夹紧管子，以进行铰制螺纹或切断管子。

【规格】 见表 2-11-1。

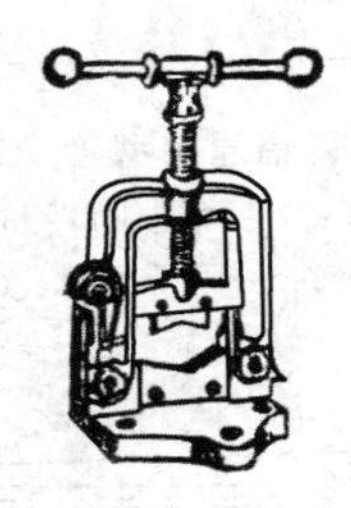

图 2-11-1 管子台虎钳

表 2-11-1 管子台虎钳的规格

规格	1	2	3	4	5	6
工作范围/mm	ϕ10~60	ϕ10~90	ϕ15~115	ϕ15~165	ϕ30~220	ϕ30~300

11.2 管子钳（QB/T 2508—2016）

【产品形式】 管子钳按钳柄所用材料分为铸钢（铁）型（代号 Z，如图 2-11-2 所示）、锻钢型（代号 D，如图 2-11-3 所示）、铸铝型（代号 L，如图 2-11-4 所示）。按管子钳活动钳口螺纹部队与钳柄体的位置关系分为通用型（无代号，如图 2-11-2~图 2-11-4 和图 2-11-6 所示）；按钳柄体是否伸缩分为伸缩型（代号 S，如图 2-11-6 所示）和非伸缩型（无代号，如图 2-11-2~图 2-11-5 所示）。

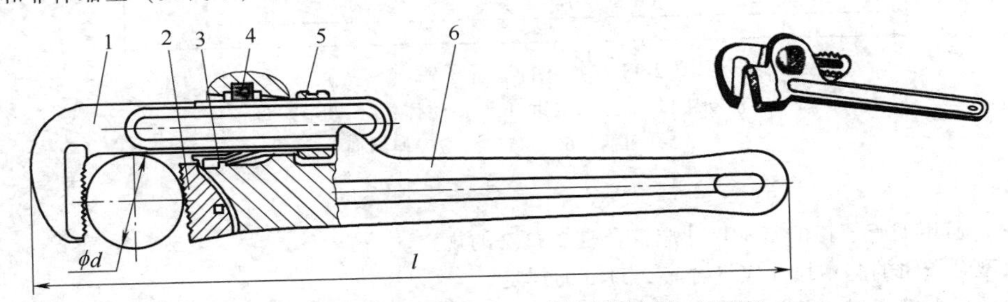

图 2-11-2 铸钢（铁）通用型管子钳（Z 型）

1—活动钳口；2—固定钳口；3—片弹簧；4—圆柱弹簧；5—调节螺母；6—钳柄体

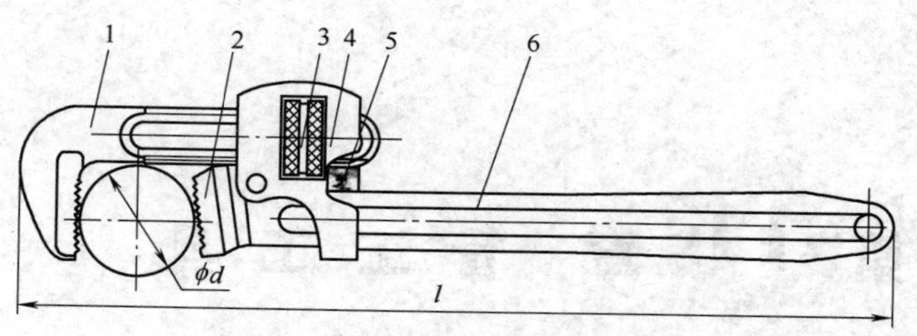

图 2-11-3　锻钢通用型管子钳（D 型）

1—活动钳口；2—固定钳口；3—调节螺母；4—活动框；5—圆锥弹簧；6—钳柄体

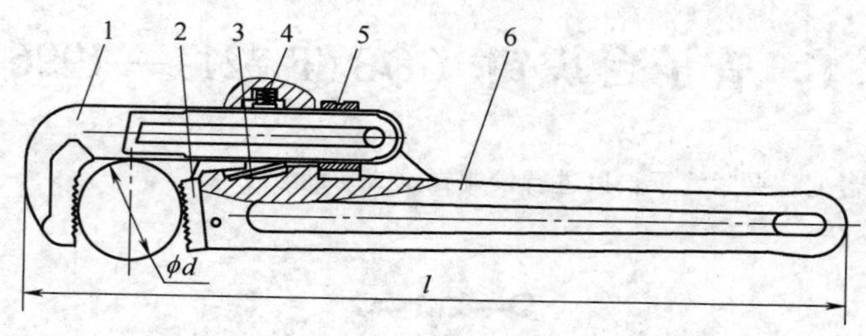

图 2-11-4　铸铝通用型管子钳（L 型）

1—活动钳口；2—固定钳口；3—片弹簧；4—圆柱弹簧；5—调节螺母；6—钳柄体

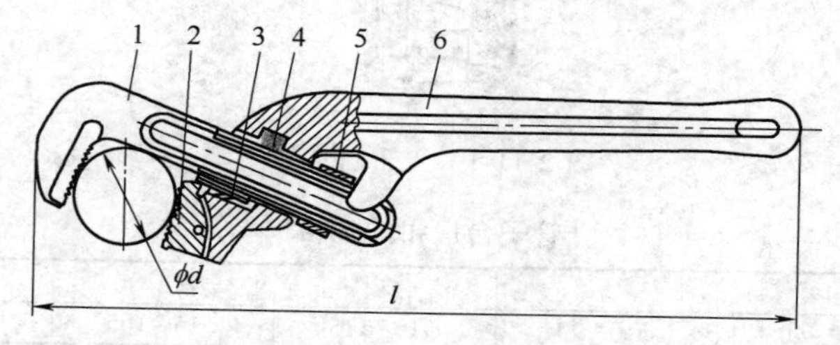

图 2-11-5　铸钢（铁）角度型管子钳（ZJ 型）

1—活动钳口；2—固定钳口；3—片弹簧；4—圆柱弹簧；5—调节螺母；6—钳柄体

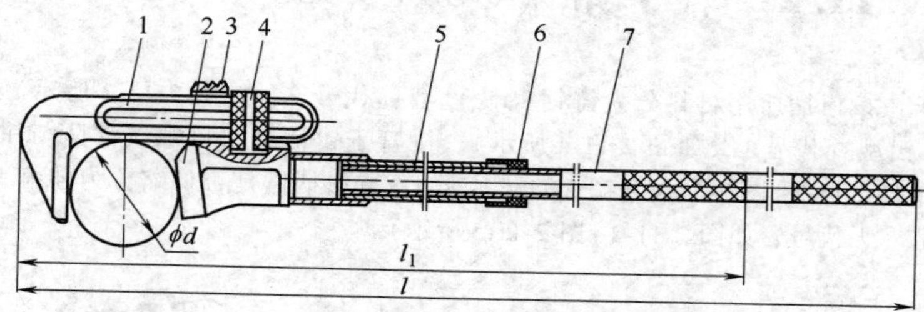

图 2-11-6　伸缩型管子钳（S 型）

1—活动钳口；2—固定钳口；3—钳体；4—调节螺母；5—钳柄；6—固定套；7—伸缩柄

【基本尺寸】

铸钢（铁）通用型管子钳的基本尺寸应符合表 2-11-2 的规定。

锻钢通用型管子钳的基本尺寸应符合表 2-11-3 的规定。

铸铝合金通用型管子钳的基本尺寸应符合表 2-11-4 的规定。

角度型管子钳的基本尺寸应符合表 2-11-5 的规定。

伸缩型管子钳的基本尺寸应符合表 2-11-6 的规定。

表 2-11-2　铸钢（铁）通用型管子钳的基本尺寸　mm

规格	全长①l min	最大有效夹持直径 d	规格	全长①l min	最大有效夹持直径 d
150	150	21	450	450	60
200	200	27	600	600	73
250	250	33	900	900	102
300	300	42	1200	1200	141
350	350	48	1300	1300	210

① 夹持最大有效夹持直径 d 时。

表 2-11-3　锻钢通用型管子钳的基本尺寸　mm

规格	全长①l min	最大有效夹持直径 d	规格	全长①l min	最大有效夹持直径 d
200	200	27	450	450	60
250	250	33	600	600	73
300	300	42	900	900	102
350	350	48	1200	1200	141

① 夹持最大有效夹持直径 d 时。

表 2-11-4　铸铝通用型管子钳的基本尺寸　mm

规格	全长①l min	最大有效夹持直径 d	规格	全长①l min	最大有效夹持直径 d
200	200	27	450	450	60
250	250	33	600	600	73
300	300	42	900	900	102
350	350	48	1200	1200	141

① 夹持最大有效夹持直径 d 时。

表 2-11-5　角度型管子钳的基本尺寸　mm

规格	全长①l min	最大有效夹持直径 d	规格	全长①l min	最大有效夹持直径 d
200	200	19	450	450	51
250	250	25	600	600	64
300	300	32	900	900	89
350	350	38			

① 夹持最大有效夹持直径 d 时。

表 2-11-6　伸缩型管子钳的基本尺寸　mm

规格②	全长①		最大有效夹持直径 d	规格②	全长①		最大有效夹持直径 d
	l min	l_1 min			l min	l_1 min	
80	680	490	80	132	1200	850	132
95	780	570	95	152	1280	900	152
108	950	720	108	195	1400	1050	195

① l 对应于夹持最大有效夹持直径 d，且伸缩柄拉出最大时；l_1 对应于夹持最大有效夹持直径 d，且伸缩柄缩进最小时。

② 规格按照最大有效夹持直径 d。

【标记示例】

产品标记由产品名称、标准编号、规格化产品代号组成。示例如下：

① 规格为 350mm 的锻造通用型管子钳的产品标记为：管子钳 QB/T 2508—350D。

② 规格为 600mm 的铸铝通用型管子钳的产品标记为：管子钳 QB/T 2508—600L。

③ 规格为 450mm 的铸钢（铁）角度型管子钳的产品标记为：管子钳 QB/T 2508—450ZJ。

④ 规格为 108mm 的伸缩型管子钳的产品标记为：管子钳 QB/T 2508—108S。

11.3 链条管子钳（QB/T 1200—1991）

【其他名称】 链条管子扳手。

【用途】 用于紧固或拆卸较大金属管或圆柱形零件，为管路安装和修理工作常用工具。

【规格】 见表 2-11-7。

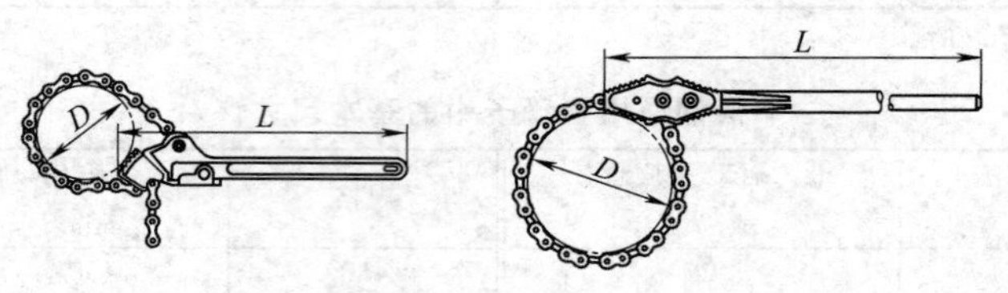

图 2-11-7 链条管子钳

表 2-11-7 链条管子钳的规格尺寸

型 号	A 型	B 型			
公称尺寸 L/mm	300	900	1000	1200	1300
夹持管子外径 D/mm	50	100	150	200	250
试验扭矩/N·m	300	830	1230	1480	1670

11.4 管子割刀（QB/T 2350—1997）

【用途】 用于切割各种金属管、软金属管及硬塑管。

【规格】 分通用型和轻型两种。其规格尺寸见表 2-11-8。

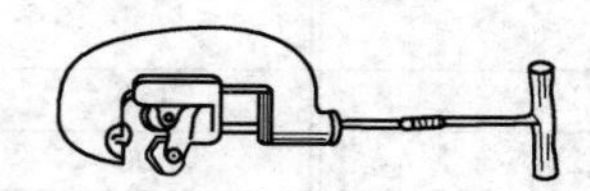

图 2-11-8 管子割刀

表 2-11-8 管子割刀的规格尺寸

规 格	全长/mm	割管范围/mm	最大割管壁厚/mm	质量/kg
1	130	5~25	1.5~2(钢管)	0.3
	310		5	0.75,1
2	380~420	12~50	5	2.5
3	520~570	25~75	6	5
4	630	50~100		4
	1000			8.5,10

11.5 管子铰板

【其他名称】 管用铰板。

【用途】 用于手工铰制金属管子上的外螺纹（55°圆锥或圆柱管螺纹）。

【规格】 见表 2-11-9。

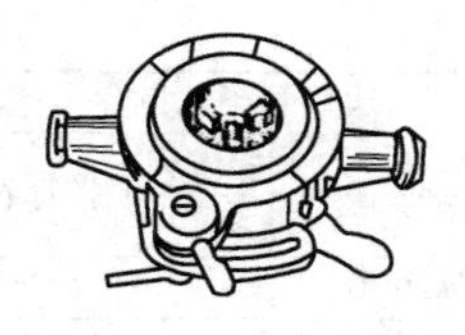

图 2-11-9 管子铰板

表 2-11-9 **管子铰板规格**

型式	型号	铰制管螺纹尺寸代号范围	每套板牙规格(管螺纹尺寸代号)
轻便式	Q74-1	圆锥:¼~1	¼,⅜,½,¾,1
	SH-76	圆锥:½~1½	½,¾,1,1¼,1½
普通式	114	圆锥:½~2	¼~¾,1~1¼,1½~2
	117	圆锥:2¼~4	2¼~3,3½~4

11.6 管螺纹铰板及板牙（QB 2509—2001）

【用途】 安装在圆板牙扳手或机床上铰制管子或其他工件的外管螺纹。

【规格】 见表 2-11-10。

表 2-11-10 **管螺纹铰板及板牙规格尺寸**

规格	外形尺寸/mm				扳杆数/根	铰螺纹范围/mm		机构特性
	L_1 最小	L_2 最小	D ±2	H ±2		管子外径	管子内径	
60	1290	190	150	110	2	21.3~26.8	12.70~19.05	无间歇机构
60W	1350	250	170	140	2	33.5~42.3 48.0~60.0	25.40~31.75 38.10~50.80	有间歇机构，具有万能性
114W	1650	335	250	170	2	66.5~88.5 101.0~114.0	57.15~76.20 88.90~101.60	

11.7 扩 管 器

【用途】 在配管时，用以扩大钢管内外壁，便于与其他管子及管路附件紧密胀合。

【规格】 见表 2-11-11。

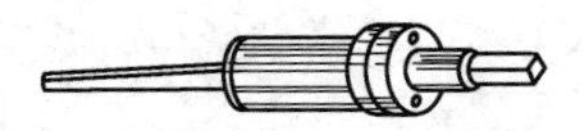

图 2-11-10 扩管器

表 2-11-11 **扩管器规格与尺寸** mm

公称规格	全长	适用管子范围 内径 最小	适用管子范围 内径 最大	胀管长度	公称规格	全长	适用管子范围 内径 最小	适用管子范围 内径 最大	胀管长度
01 型直通胀管器					01 型直通胀管器				
10	114	9	10	20	18	133	16.2	18	20
13	195	11.5	13	20	02 型直通胀管器				
14	122	12.5	14	20	19	128	17	19	20
16	150	14	16	20	22	145	19.5	22	20

续表

公称规格	全长	适用管子范围			公称规格	全长	适用管子范围		
		内径		胀管长度			内径		胀管长度
		最小	最大				最小	最大	
02 型直通胀管器					02 型直通胀管器				
25	161	22.5	25	25	88	413	80	88.5	40
28	177	25	28	20	102	477	91	102	44
32	194	28	32	20	03 型直通胀管器				
35	210	30.5	35	25	25	170	20	23	38
38	226	33.5	38	25	28	180	22	25	50
40	240	35	40	25	32	194	27	31	48
44	257	39	44	25	38	201	33	36	52
48	265	43	48	27	04 型直通胀管器				
51	274	45	51	28	38	240	33.5	38	40
57	292	51	57	30	51	290	42.5	48	54
64	309	57	64	32	57	380	48.5	55	50
70	326	63	70	32	64	300	54	61	55
76	345	68.5	76	36	70	380	61	69	50
82	379	74.5	82.5	38	76	340	65	72	61

第12章 电工工具

12.1 电工钳

12.1.1 紧线钳

【其他名称】 拉线器、拉扦子。

【用途】 专供外线电工架设和维修各种类型的电线、电话线和广播线等空中线路，或用低碳钢丝包扎时收紧两线端，以便铰接或加置索具之用。

【规格】 见表 2-12-1。

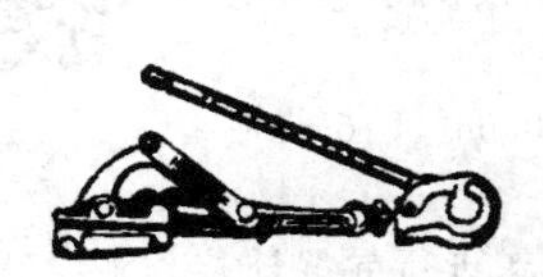
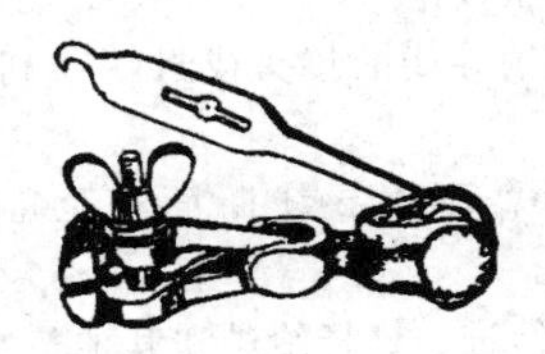

图 2-12-1 紧线钳

表 2-12-1 紧线钳的规格尺寸

平口式紧线钳						
规格/号数	钳口弹开尺寸/mm	额定拉力/kN	夹线直径范围/mm			
			单股钢、铜线	钢绞线	无芯铝绞线	钢芯铝绞线
1	≥21.5	15	10~20	-	12.4~17.5	13.7~19
2	≥10.5	8	5~10	5.1~9.6	5.1~9	5.4~9.9
3	≥5.5	3	1.5~5	1.5~4.8	—	—

虎头式紧线钳								
长度/mm	150	200	250	300	350	400	450	500
额定拉力/kN	2	2.5	3.5	6	8	10	12	15
夹线直径范围/mm	1~3	1.5~3.5	2~5.5	2~7	3~8.5	3~10.5	3~12	4~13.5

12.1.2 剥线钳（QB/T 2207—1996）

【用途】 专供电工剥除电线头部的表面绝缘层和切断铝、铜芯线。

【规格】 见表 2-12-2。

表 2-12-2 剥线钳的规格尺寸 mm

形　式	可调式端面剥线钳	自动剥线钳	多功能剥线钳	压接剥线钳
长度	160	170	170	200

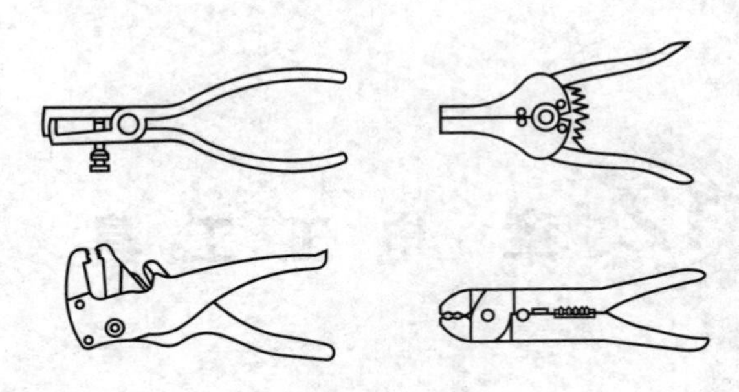

图 2-12-2　剥线钳

12.1.3　冷轧线钳

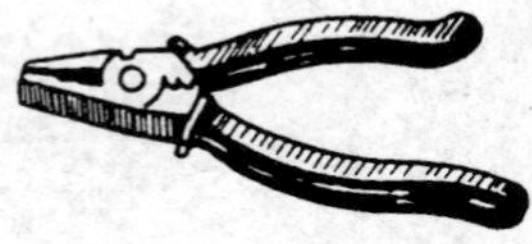

图 2-12-3　冷轧线钳

【其他名称】　冷轧钳。

【用途】　除具有一般钢丝钳的用途外，还可以利用轧线结构部分轧接电话线、小型导线的接头或封端。

【规格】　长度：200mm。轧接导线断面积范围：2.5~6mm²。

12.1.4　手动机械压线钳（QB/T 2733—2005）

【其他名称】　导线手动压接钳。

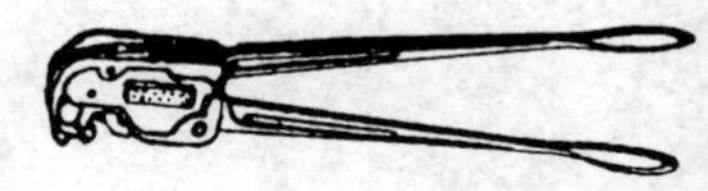

图 2-12-4　冷压接钳

【用途】　专供压接铝或铜导线的接头或封端（利用压模使导线接头或封端紧密连接）。

【规格】　长度：400mm；压接导线断面积范围：10mm²、16mm²、25mm²、35mm²。

【形式】　压线钳以齿轮给进、杠杆给进和其他机械方式进行导线连接作业，分手动单手式和手动双手式。压接模具可以固定或更换。

【规格标记】　压线钳的规格标记为：

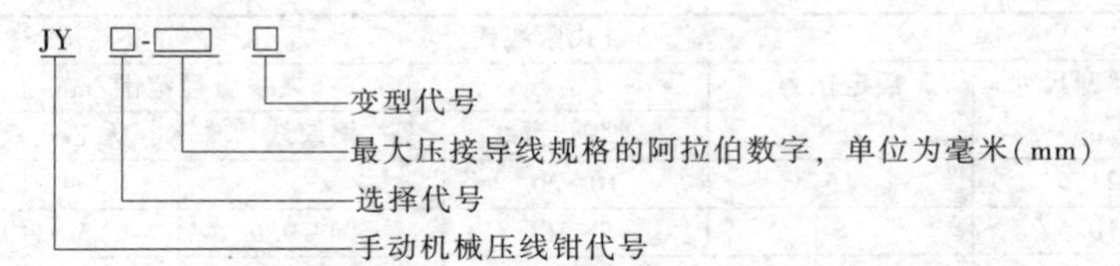

注：选择代号、变型代号由各企业自行选择任何英文字母及数字表示。

【标记示例】　压线钳的标记由产品名称、规格化标准编号组成。示例如下：

最大压接导线规格 120mm² 的压线钳标记为：

手动机械压线钳 JY□-120□　QB/T 2733—2005

12.1.5　斜嘴钳（QB/T 2441.1—2007）

【形式】　斜嘴钳的形式如图 2-12-5 所示。

【基本尺寸】　斜嘴钳的基本尺寸按表 2-12-3 的规定。

【标记示例】　产品的标记应由产品名称、公称长度 l 和标准编号组成。示例如下：

公称长度 l 为 180mm 的斜嘴钳标记为：

斜嘴钳 180mm QB/T 2441.1—2007

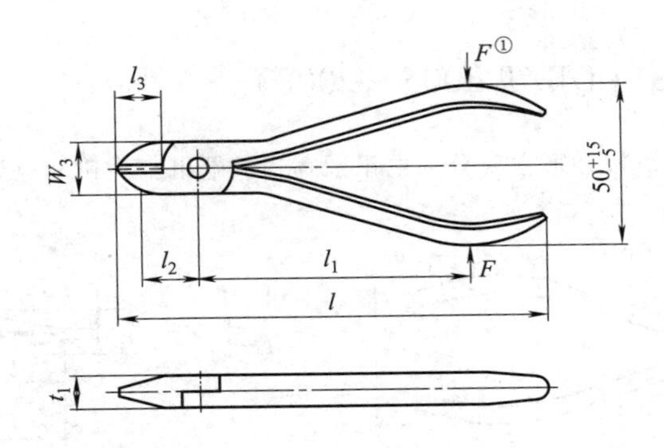

①F=抗弯强度试验中施加的载荷或剪切试验中施加的力F_1。

图 2-12-5　斜嘴钳的形式

表 2-12-3　斜嘴钳的基本尺寸　mm

公称长度 l	l_{3max}	W_{3max}	t_{1max}	公称长度 l	l_{3max}	W_{3max}	t_{1max}
125±6	18	22	10	180±9	25	32	14
140±7	20	25	11	200±10	28	36	16
160±8	22	28	12				

12.1.6　顶切钳（QB/T 2441.2—2007）

【形式】　顶切钳的形式如图 2-12-6 所示。

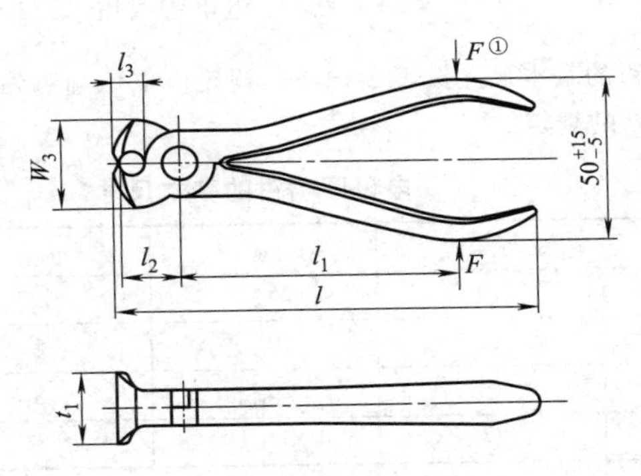

① F=抗弯强度试验中施加的载荷或剪切试验中施加的力F_1。

图 2-12-6　顶切钳的形式

【基本尺寸】　顶切钳的基本尺寸按表 2-12-4 的规定。

表 2-12-4　顶切钳的基本尺寸　mm

公称长度 l	l_{3max}	W_{3max}	t_{1max}	公称长度 l	l_{3max}	W_{3max}	t_{1max}
125±7	8	25	20	180±10	11	36	28
140±8	9	28	22	200±11	12	40	32
160±9	10	32	25				

【标记示例】　产品的标记应由产品名称、公称长度 l 和标准编号组成。示例如下：

公称长度 l 为 160mm 的顶切钳标记为：

顶切钳 160mm QB/T 2441.2—2007

12.1.7 电讯夹扭钳（QB/T 3005—2008）

【产品形式】 电讯夹扭钳按外形主要分为电讯圆嘴钳、电讯扁嘴钳和电讯尖嘴钳，如图 2-12-7～图 2-12-9 所示。

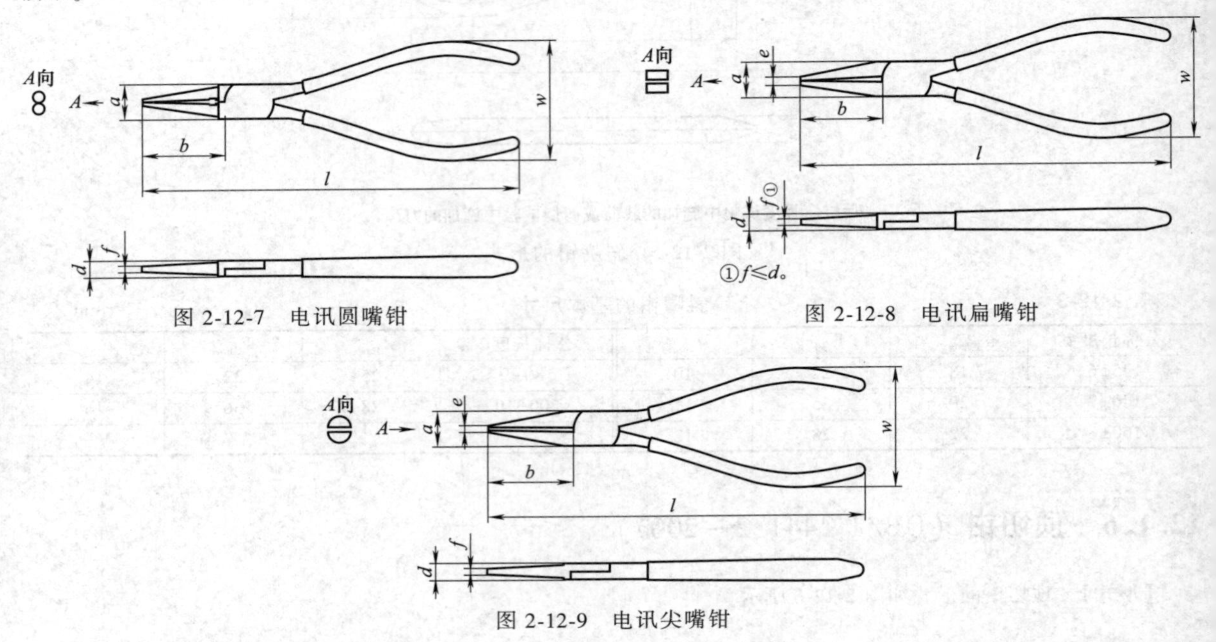

图 2-12-7 电讯圆嘴钳

图 2-12-8 电讯扁嘴钳

图 2-12-9 电讯尖嘴钳

【基本尺寸】 电讯圆嘴钳的基本尺寸按表 2-12-5 的规定。电讯扁嘴钳的基本尺寸按表 2-12-6 的规定。电讯尖嘴钳的基本尺寸按表 2-12-7 的规定。

表 2-12-5 电讯圆嘴钳的基本尺寸 mm

钳嘴形式	规格 l	a_{max}	b	d_{max}	f_{max}	w
短嘴(S)	112±7	10	25_{max}	6.5	0.8	48±5
	125±8	13	30_{max}	8	1.5	50±5
长嘴(L)	125±8	13	30_{min}	8	1.5	50±5
	140±9	14	34_{min}	10	2	50±5

表 2-12-6 电讯扁嘴钳的基本尺寸 mm

钳嘴形式	规格 l	a_{max}	b	d_{max}	e_{max}	f_{min}	w
短嘴(S)	112±5	10	25_{max}	6.5	1.8	1.8	48±5
	125±7	13	30_{max}	8	2.2	2.2	50±5
长嘴(L)	125±7	13	30_{min}	8	2.2	2.2	50±5
	140±8	14	34_{min}	10	2.8	2.8	50±5

表 2-12-7 电讯尖嘴钳的基本尺寸 mm

钳嘴形式	规格 l	a_{max}	b	d_{max}	e_{max}	f_{max}	w
短嘴(S)	112±5	10	25_{max}	6.5	1.8	1.8	48±5
	125±7	13	30_{max}	8	2.2	2.2	50±5
长嘴(L)	125±7	13	30_{min}	8	2.2	2.2	50±5
	140±7	14	34_{min}	10	2.8	2.8	50±5

【标记示例】 电讯夹扭钳的产品标记由产品名称、标准编号、规格、钳嘴形式代号组成。示例如下：

① 规格为 125mm 的短嘴电讯圆嘴钳的标记为：

电讯圆嘴钳 QB/T 3005—125S

② 规格为 140mm 的长嘴电讯扁嘴钳的标记为：

电讯扁嘴钳 QB/T 3005—140L

③ 规格为 112mm 的短嘴电讯尖嘴钳的标记为：

电讯尖嘴钳 QB/T 3005—112S

12.1.8 电讯剪切钳（GB/T 3004—2008）

【产品形式】 电讯剪切钳按外形主要分为电讯顶切钳、电讯斜嘴钳和电讯解刃顶切钳，如图 2-12-10～图 2-12-12 所示。电讯剪切钳的剪切刃口形式按 GB/T 16452 分为：标准双斜刃（SB）、小倒角双斜刃（SF）、单斜刃（F）。

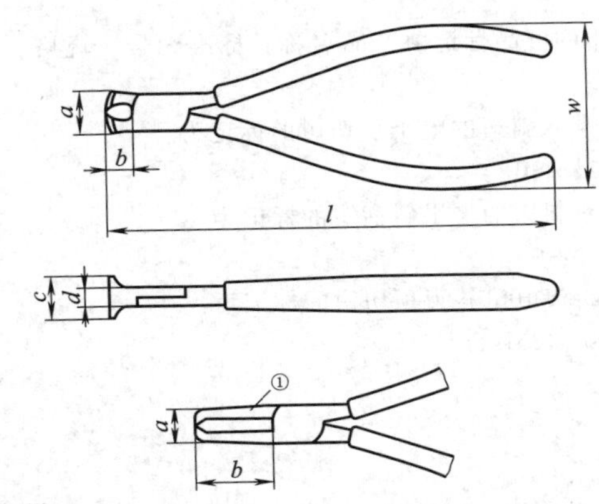

图 2-12-10 电讯顶切钳

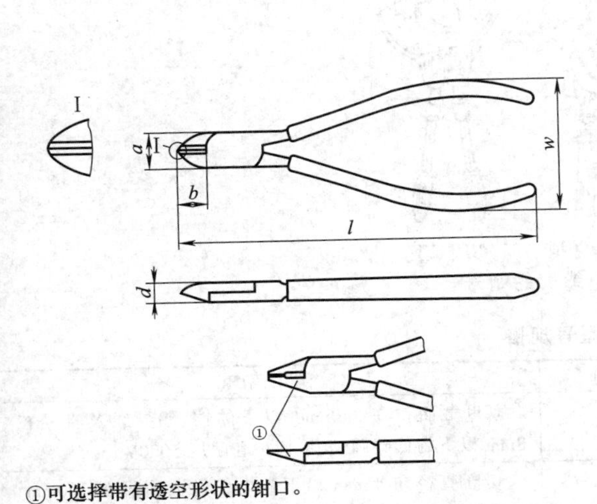

图 2-12-11 电讯斜嘴钳

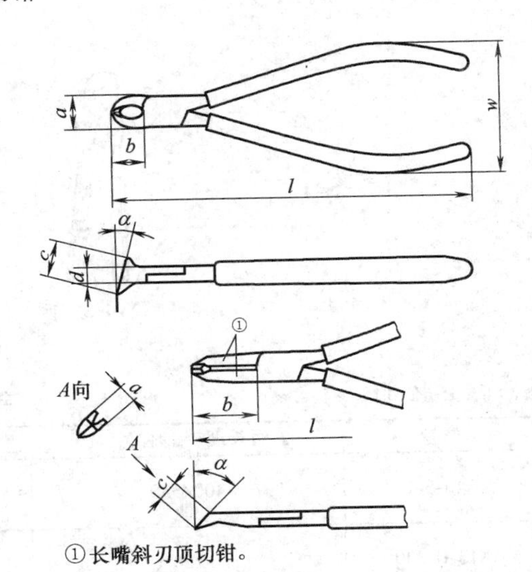

图 2-12-12 电讯斜刃顶切钳

【基本尺寸】 电讯顶切钳的基本尺寸按表 2-12-8 的规定。电讯斜嘴钳的基本尺寸按表 2-12-9 的规定。电讯斜刃顶切钳的基本尺寸按表 2-12-10 的规定。

表 2-12-8　　电讯顶切钳的基本尺寸　　mm

钳嘴形式	规格 l	a_{max}	b	c_{max}	d_{max}	w
短嘴(S)	112±7	13	9(max)	22	9	48±5
长嘴(L)	125±8	7	14(min)	8	9	50±5
	160±10	7	36(min)	10	10	50±5

表 2-12-9　　电讯斜嘴钳的基本尺寸　　mm

规格 l	a_{max}	b_{max}	d_{max}	w
112±7	13	16	8	48±5
125±8	16	20	10	50±5

表 2-12-10　　电讯斜刃顶切钳的基本尺寸　　mm

钳嘴形式	规格 l	a_{max}	h_{max}	c_{max}	d_{max}	w	α
短嘴(S)	112±7	14	14	20	8	48±5	15°±5°
长嘴(L)	125±8	8	25	10	8	50±5	45°±5°

【标记示例】　电讯剪切钳的产品标记由产品名称、标准编号、规格、钳嘴形式代号和剪切刃口形式代号组成。示例如下：

① 规格为 125mm 短嘴标准双斜刃的电讯顶切钳的标记为：

电讯顶切钳 QB/T 3004-125S-SB

② 规格为 112mm 小倒角双斜刃的电讯斜嘴钳的标记为：

电讯斜嘴钳 QB/T 3004-112-SF

③ 规格为 125mm 长嘴单斜刃电讯斜刃顶切钳的标记为：

电讯斜刃顶切钳 QB/T 3004-125L-F

12.1.9　电缆剪

【产品形式】　电缆剪用于剪断铜、铝导线，电缆，钢绞线，钢丝绳等，保存断面基本的圆形，不散开。

【规格】　电缆剪的规格见图 2-12-13 和表 2-12-11。

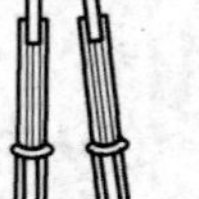
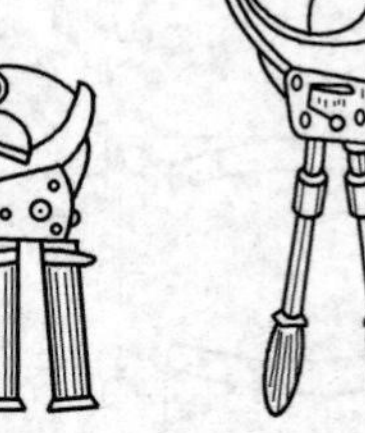

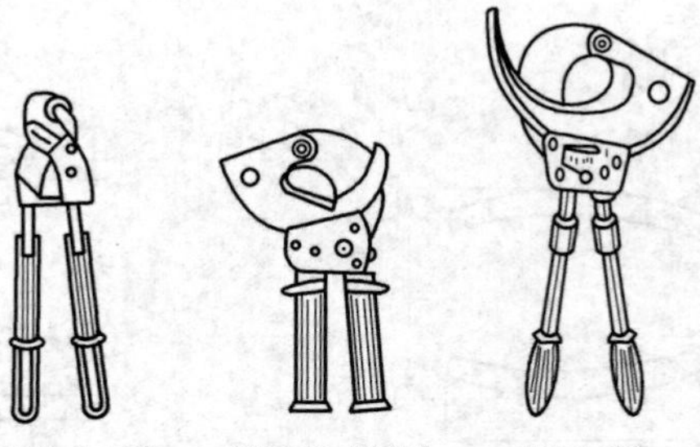

XLJ-S-1型　　XLJ-D-300型　　XLJ-2型

图 2-12-13　电缆剪的型号

表 2-12-11　　电缆剪的型号规格

型号	手柄长度(缩/伸)/mm	质量/kg	适用范围
XLJ-S-1	400/550	2.5	切断截面积在 240mm² 以下的铜、铝导线及直径在 8mm 以下的低碳圆钢,手柄护套耐压 5000V
XLJ-D-300	220	1	切断直径在 45mm 以下的电缆及截面积在 300mm² 以下的铜导线
XLJ-1	420/570	3	切断直径在 65mm 以下的电缆
XLJ-2	450/600	3.5	切断直径在 95mm 以下的电缆
XLJ-G	410/560	3	切断截面积在 400mm² 以下的铜芯电缆,直径在 22mm 以下的钢丝绳及直径在 16mm 以下的低碳圆钢

12.2 电工刀（QB/T 2208—1996）

【其他名称】 水手刀。

【用途】 适用于电工接线作用时削割电线绝缘层、绳索、木柱及软性金属。按其用途和结构可分为单用电工刀（A型）和多用电工刀（B型），见图2-12-14和图2-12-15。多用（两用、三用、四用）电工刀中的附件中，锥子可钻电器圆木或方木孔，锯片可用来锯割槽板，旋具可用来紧固或拆卸带槽螺钉、木螺钉等。

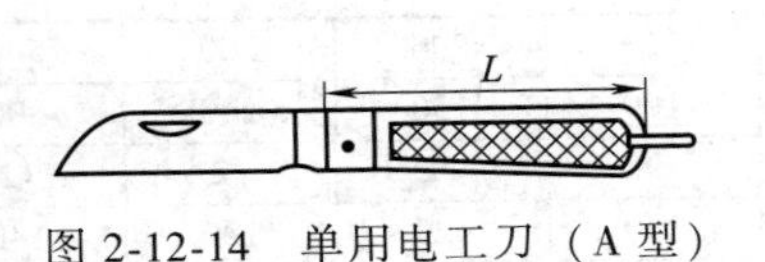

图2-12-14 单用电工刀（A型）

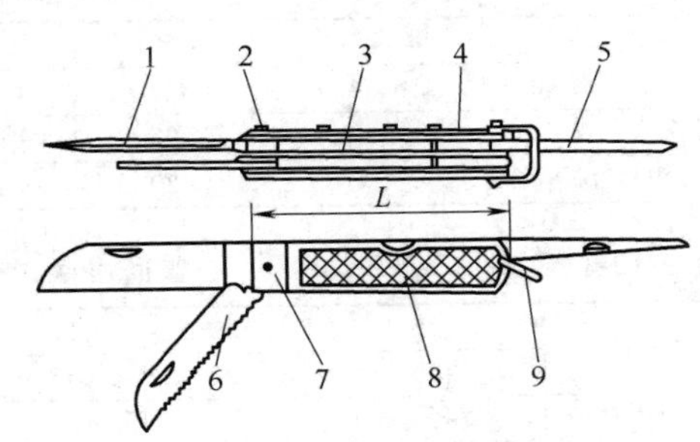

图2-12-15 多用电工刀（B型）

1—刀片；2—铆钉；3—弹簧；4—衬壳；5—引锥；6—锯片；7—包头；8—刀壳；9—刀环

【规格】 见表2-12-12。

表2-12-12 电工刀的规格尺寸

形式	规格代号	刀柄长度/mm	多用电工刀附件		
			两用	三用	四用
单用电工刀(A型) 多用电工刀(B型)	1	115	锤子	锤子、锯片	锤子、锯片、旋具
	2	105			
	3	95			

12.3 电烙铁（GB/T 7157—2008）

【用途】 适用于电器元件、线路接头的焊接。

【规格】 电烙铁的规格按额定输入功率划分，见表2-12-13。

表2-12-13 电烙铁规格

形式	额定输入功率/W
内热式	20,35,50,70,100,150,200
外热式	30,50,75,100,150,200,300,500

【型号命名】 用下述方式表示型号：

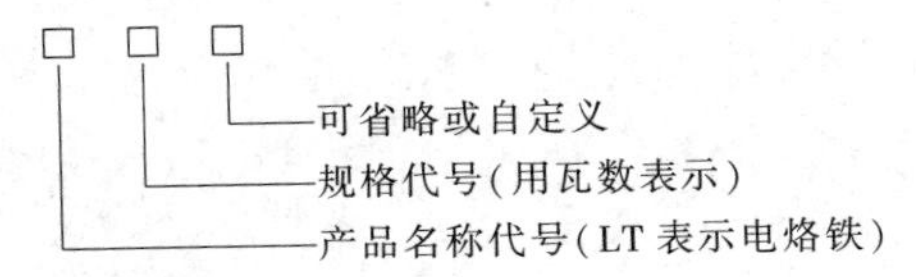

示例：LT200表示功率为200W的电烙铁。

【结构参数】 烙铁头通用部件的结构参数，推荐选用表 2-12-14 和表 2-12-15 的数值。普通烙铁 2min 内熔化锡柱的最小值见表 2-12-16。

表 2-12-14 内热式烙铁头的结构参数

功率/W	20	35	50	70	100	150	200
烙铁头内径/mm	5.2	6.2	6.8	9.0	10.5	13.0	16.0
烙铁头孔深/mm	37	48	52	60	65	70	75
烙铁头最小质量/g	8	13	15	30	120	230	300

表 2-12-15 外热式烙铁头的结构参数

功率/W	30	50	75	100	150	200	300	500
烙铁头外径/mm	4.5	6.0	9.0	11	13	15	18	24
烙铁头长度/mm	80	95	102	115	120	135	150	155
烙铁头最小质量/g	10	20	50	80	120	170	280	500

表 2-12-16 普通烙铁 2min 内熔化锡柱的最小值

功率/W	外热式	30	50	75	100	160	200	300	500
	内热式	20	35	60	70	100	150	200	300
圆柱型锡柱（工业纯锡）	直径/mm	3	4.2	6.5	7.5	9	12	12	12
	长度/mm	130	130	125	125	130	120	120	140
锡柱熔化质量/g		5	10	20	25	40	60	80	100

12.4 测电器

【其他名称】 验电笔。
【用途】 检测线路上通电情况，是电工必备工具。
【规格】 见表 2-12-16。

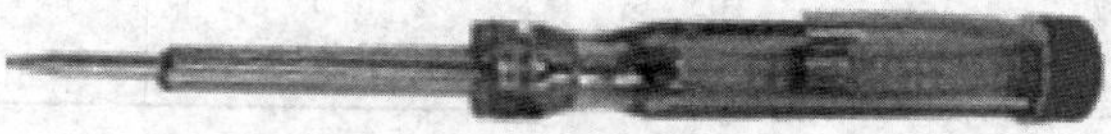

图 2-12-16 低压验电笔

表 2-12-17 测电笔规格

名称	检测电压/kV
高压测电器	10
低压试电笔	0.5 以下

第13章 切削工具

13.1 钻 类

13.1.1 直柄麻花钻（GB/T 6135.1～6135.4—2008，GB/T 25666—2010，GB/T 25667.1、25667.2—2010）

【其他名称】 麻花钻。

【用途】 适用于在金属材料和工件上钻孔，需要装夹在机床、钻床、电钻、手摇钻的钻夹头中进行钻孔。长麻花钻适用于钻较深的孔。

【规格】 见图 2-13-1～图 2-13-8 和表 2-13-1～表 2-13-8。

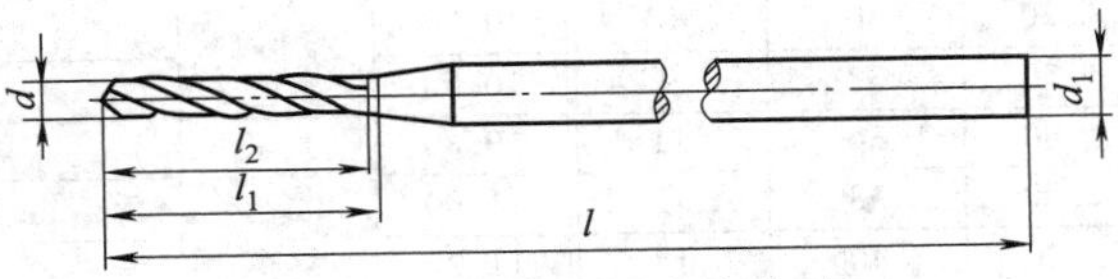

图 2-13-1 粗直柄小麻花钻

表 2-13-1 粗直柄小麻花钻的尺寸规格（GB/T 6135.1—2008） mm

d h7	l ±1	l_1 js15	l_2 min	d_1 h8
0.10	20	1.2	0.7	1
0.11				
0.12				
0.13		1.5	1.0	
0.14				
0.15				
0.16		2.2	1.4	
0.17				
0.18				
0.19				
0.20		2.5	1.8	
0.21				
0.22				
0.23				
0.24				
0.25		3.2	2.2	
0.26				
0.27				
0.28				
0.29				
0.30				
0.31		3.5	2.8	
0.32				

续表

d h7	l ±1	l_1 js15	l_2 min	d_1 h8
0.33	20	3.5	2.8	1
0.34				
0.35				

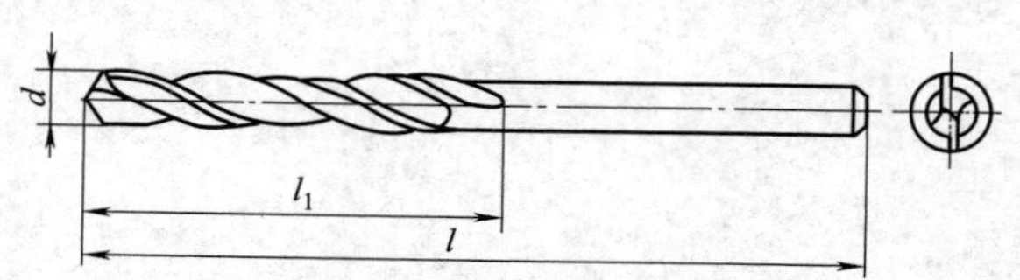

图 2-13-2 直柄短麻花钻

表 2-13-2 直柄短麻花钻规格（GB/T 6135.2—2008）

mm

d h8	l	l_1	d h8	l	l_1	d h8	l	l_1	d h8	l	l_1
0.50	20	3	9.50	84		18.50	127	64	27.50	162	81
0.80	24	5	9.80	89		18.75			27.75		
1.00	26	6	10.00			19.00			28.00		
1.20	30	8	10.20			19.25	131	66	28.25	168	84
1.50	32	9	10.50			19.50			28.50		
1.80	36	11	10.80	95		19.75			28.75		
2.00	38	12	11.00			20.00			29.00		
2.20	40	13	11.20			20.25	136	68	29.25		
2.50	43	14	11.50			20.50			29.50		
2.80	46	16	11.80			20.75			29.75		
3.00			12.00	102		21.00			30.00		
3.20	49	18	12.20			21.25	141	70	30.25	174	87
3.50	52	20	12.50			21.50			30.50		
3.80	55	22	12.80			21.75			30.75		
4.00			13.00			22.00			31.00		
4.20			13.20			22.25			31.25		
4.50	58	24	13.50	107		22.50	146	72	31.50		
4.80	62	26	13.80			22.75			31.75	180	90
5.00			14.00			23.00			32.00		
5.20			14.25	111		23.25			32.50		
5.50	66	28	14.50			23.50			33.00		
5.80			14.75			23.75	151	75	33.50		
6.00			15.00			24.00			34.00	186	93
6.20	70	31	15.25	115		24.25			34.50		
6.50			15.50			24.50			35.00		
6.80	74	34	15.75			24.75			35.50		
7.00			16.00			25.00			36.00	193	96
7.20			16.25	119		25.25	156	78	36.50		
7.50			16.50			25.50			37.00		
7.80	79	37	16.75			25.75			37.50		
8.00			17.00			26.00			38.00	200	100
8.20			17.25	123		26.25			38.50		
8.50			17.50			26.50			39.00		
8.80	84	40	17.75			26.75	162	81	39.50		
9.00			18.00			27.00			40.00		
9.20			18.25	127		27.25					

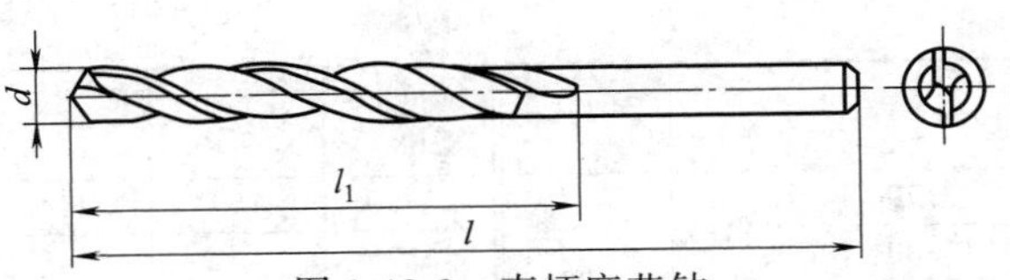

图 2-13-3　直柄麻花钻

表 2-13-3　　直柄麻花钻规格（GB/T 6135.2—2008）　　mm

d h8	l	l_1	d h8	l	l_1	d h8	l	l_1	d h8	l	l_1
0.2	19	2.5	1.55	43	20	4.40	80	47	8.70	125	81
0.22			1.60			4.50			8.80		
0.25		3	1.65			4.60			8.90		
0.28			1.70			4.70			9.00		
0.30			1.75	46	22	4.80	86	52	9.10		
0.32		4	1.80			4.90			9.20		
0.35			1.85			5.00			9.30		
0.38			1.90			5.10			9.40		
0.40	20	5	1.95	49	24	5.20	93	57	9.50		
0.42			2.00			5.30			9.60	133	87
0.45			2.05			5.40			9.70		
0.48			2.10			5.50			9.80		
0.50	22	6	2.15	53	27	5.60			9.90		
0.52			2.20			5.70			10.00		
0.55	24	7	2.25			5.80			10.10		
0.58			2.30			5.90			10.20		
0.60			2.35			6.00			10.30		
0.62	26	8	2.40	57	30	6.10	101	63	10.40		
0.65			2.45			6.20			10.50		
0.68	28	9	2.50			6.30			10.60		
0.70			2.55			6.40			10.70	142	94
0.72			2.60			6.50			10.80		
0.75			2.65			6.60			10.90		
0.78	30	10	2.70	61	33	6.70	109	69	11.00		
0.80			2.75			6.80			11.10		
0.82			2.80			6.90			11.20		
0.85			2.85			7.00			11.30		
0.88	32	11	2.90			7.10			11.40		
0.90			2.95			7.20			11.50		
0.92			3.00			7.30			11.60		
0.95			3.10	65	36	7.40			11.70		
0.98	34	12	3.20			7.50			11.80		
1.00			3.30			7.60	117	75	11.90	151	101
1.05			3.40	70	39	7.70			12.00		
1.10	36	14	3.50			7.80			12.10		
1.15			3.60			7.90			12.20		
1.20	38	16	3.70			8.00			12.30		
1.25			3.80	75	43	8.10			12.40		
1.30			3.90			8.20			12.50		
1.35	40	18	4.00			8.30			12.60		
1.40			4.10			8.40			12.70		
1.45			4.20			8.50			12.80		
1.50			4.30	80	47	8.60	125	81	12.90		

续表

d h8	l	l_1	d h8	l	l_1	d h8	l	l_1	d h8	l	l_1
13.00	151	101	13.70	160	108	15.00	169	114	17.50	191	130
13.10			13.80			15.25	178	120	18.00		
13.20			13.90			15.50			18.50	198	135
13.30	160	108	14.00			15.75			19.00		
13.40			14.25	169	114	16.00			19.50	205	140
13.50			14.50			16.50	184	125	20.00		
13.60			14.75			17.00					

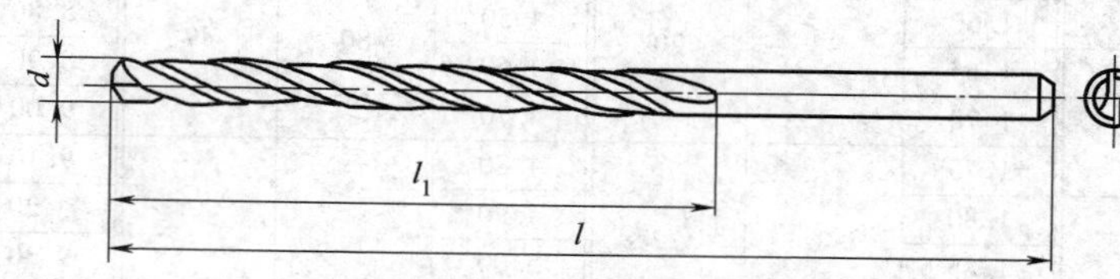

图 2-13-4 直柄长麻花钻

表 2-13-4 直柄长麻花钻规格（GB/T 6135.3—2008） mm

d h8	l	l_1	d h8	l	l_1	d h8	l	l_1	d h8	l	l_1
1.00	56	33	4.10	119	78	7.20	156	102	10.30	184	121
1.10	60	37	4.20			7.30			10.40		
1.20	65	41	4.30	126	82	7.40			10.50		
1.30			4.40			7.50			10.60		
1.40	70	45	4.50			7.60	165	109	10.70	195	128
1.50			4.60			7.70			10.80		
1.60	76	50	4.70			7.80			10.90		
1.70			4.80	132	87	7.90			11.00		
1.80	80	53	4.90			8.00			11.10		
1.90			5.00			8.10			11.20		
2.00	85	56	5.10			8.20			11.30		
2.10			5.20			8.30			11.40		
2.20	90	59	5.30			8.40			11.50		
2.30			5.40	139	91	8.50			11.60		
2.40	95	62	5.50			8.60	175	115	11.70		
2.50			5.60			8.70			11.80		
2.60			5.70			8.80			11.90	205	134
2.70	100	66	5.80			8.90			12.00		
2.80			5.90			9.00			12.10		
2.90			6.00			9.10			12.20		
3.00			6.10	148	97	9.20			12.30		
3.10	106	69	6.20			9.30			12.40		
3.20			6.30			9.40			12.50		
3.30			6.40			9.50			12.60		
3.40	112	73	6.50			9.60	184	121	12.70		
3.50			6.60			9.70			12.80		
3.60			6.70			9.80			12.90		
3.70			6.80			9.90			13.00		
3.80	119	78	6.90	156	102	10.00			13.10		
3.90			7.00			10.10			13.20		
4.00			7.10			10.20			13.30	214	140

续表

d h8	l	l_1	d h8	l	l_1	d h8	l	l_1	d h8	l	l_1
13.40	214	140	17.50	241	158	22.50	275	180	27.50	298	195
13.50			17.75			22.75			27.75		
13.60			18.00			23.00			28.00		
13.70			18.25	247	162	23.25			28.25	307	201
13.80			18.50			23.50			28.50		
13.90			18.75			23.75	282	185	28.75		
14.00			19.00			24.00			29.00		
14.25	220	144	19.25	254	166	24.25			29.25		
14.50			19.50			24.50			29.50		
14.75			19.75			24.75			29.75		
15.00			20.00			25.00			30.00		
15.25	227	149	20.25	261	171	25.25	290	190	30.25	316	207
15.50			20.50			25.50			30.50		
15.75			20.75			25.75			30.75		
16.00			21.00			26.00			31.00		
16.25	235	154	21.25	268	176	26.25			31.25		
16.50			21.50			26.50			31.50		
16.75			21.75			26.75	298	195			
17.00			22.00			27.00					
17.25	241	158	22.25			27.25					

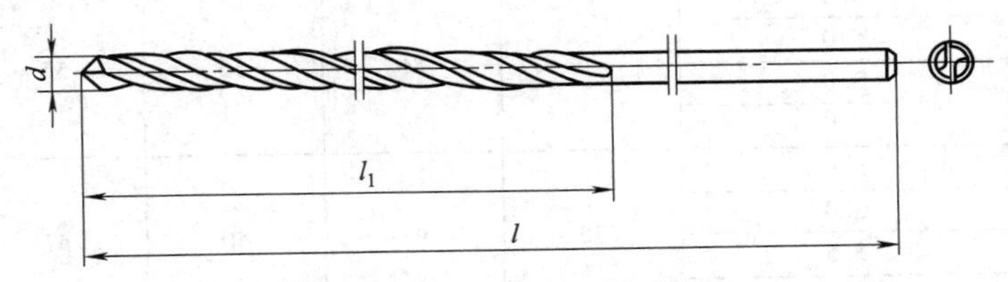

图 2-13-5　直柄超长麻花钻

表 2-13-5　**直柄超长麻花钻规格**（GB/T 6135.4—2008）　mm

d h8	$l=125$ $l_1=80$	$l=160$ $l_1=100$	$l=200$ $l_1=150$	$l=250$ $l_1=200$	$l=315$ $l_1=250$	$l=400$ $l_1=300$
2.0	×	×	—	—	—	—
2.5	×	×				
3.0	—	×	×			
3.5		×	×	×		
4.0		×	×	×	×	
4.5		×	×	×	×	
5.0		—	×	×	×	×
5.5			×	×	×	×
6.0			×	×	×	×
6.5			×	×	×	×
7.0			×	×	×	×
7.5			×	×	×	×
8.0			—	×	×	×
8.5				×	×	×
9.0				×	×	×
9.5				×	×	×
10.0				×	×	×

第2篇

续表

d h8	$l=125$ $l_1=80$	$l=160$ $l_1=100$	$l=200$ $l_1=150$	$l=250$ $l_1=200$	$l=315$ $l_1=250$	$l=400$ $l_1=300$
10.5				×	×	×
11.0				×	×	×
11.5				×	×	×
12.0	—	—	—	×	×	×
12.5				×	×	×
13.0				×	×	×
13.5				×	×	×
14.0				×	×	×

注：×表示有的规格。

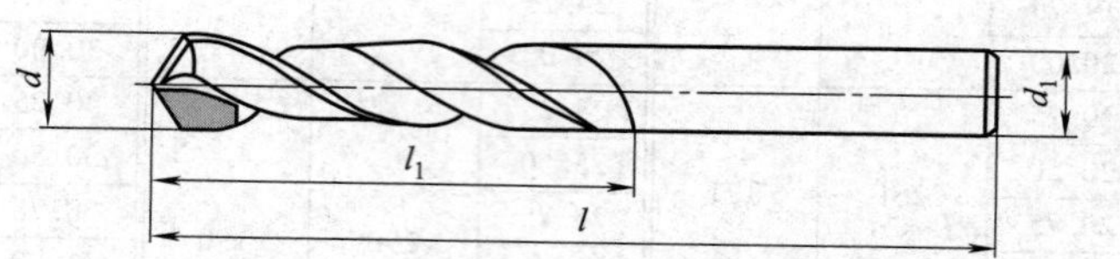

图 2-13-6　硬质合金直柄麻花钻

表 2-13-6　　硬质合金直柄麻花钻规格（GB/T 25666—2010）　　mm

d h8	d_1 h8	l		l_1		硬质合金刀片型号参考
		短型	标准型	短型	标准型	
5.00	5.0					
5.10	5.0					
5.20	5.0	70	86	36	52	
5.30	5.0					E106
5.40	5.0					
5.50	5.0					
5.60	5.5	75	93	40	57	
5.70	5.5					E107
5.80	5.5					
5.90	5.5	75	93	40	57	
6.00	5.5					
6.10	6.0					
6.20	6.0					E107
6.30	6.0					
6.40	6.0	80	101	42	63	
6.50	6.0					
6.60	6.5					
6.70	6.5					
6.80	6.5					
6.90	6.5					
7.00	6.5					
7.10	7.0					E108
7.20	7.0	85	109	45	69	
7.30	7.0					
7.40	7.0					
7.50	7.0					
7.60	7.5					
7.70	7.5	95	117	52	75	E109
7.80	7.5					

续表

d h8	d_1 h8	l		l_1		硬质合金刀片型号
		短型	标准型	短型	标准型	参考
7.90	7.5	95	117	52	75	E109
8.00	7.5					
8.10	8.0					
8.20	8.0					
8.30	8.0					
8.40	8.0					
8.50	8.0					
8.60	8.5	100	125	55	81	E110
8.70	8.5					
8.80	8.5					
8.90	8.5					
9.00	8.5					
9.10	9.0					
9.20	9.0	100	125	55	81	E110
9.30	9.0					
9.40	9.0					
9.50	9.0					
9.60	9.5	105	133	60	87	E210
9.70	9.5					
9.80	9.5					
9.90	9.5					
10.00	9.5					
10.10	10.0					E211
10.20	10.0					
10.30	10.0					
10.40	10.0					
10.50	10.0					
10.60	10.5					
10.70	10.5	110	142	65	94	
10.80	10.5					
10.90	10.5					
11.00	10.5					
11.10	11.0					E213
11.20	11.0					
11.30	11.0					
11.40	11.0					
11.50	11.0					
11.60	11.5					
11.70	11.5					
11.80	11.5					
11.90	11.5	120	151	70	101	
12.00	11.5					E214
12.10	12.0					
12.20	12.0					
12.30	12.0					
12.40	12.0					
12.50	12.0					
12.60	12.5	120	151	70	101	

续表

d h8	d_1 h8	l		l_1		硬质合金刀片型号
		短型	标准型	短型	标准型	参考
12.70	12.5	120	151	70	101	E214
12.80	12.5					
12.90	12.5					
13.00	12.5					
13.10	13.0					E215
13.20	13.0					
13.30	13.0	122	160	70	108	
13.40	13.0					
13.50	13.0					
13.60	13.5					
13.70	13.5					
13.80	13.5					
13.90	13.5					
14.00	13.5					
14.25	14.2	130	169	75	114	E216
14.50	14.2					
14.75	14.7					
15.00	14.7					
15.25	15.2	138	178	80	120	E217
15.50	15.2					
15.75	15.7					
16.00	15.7					
16.25	16.2		184		125	E218
16.50	16.2					
16.75	16.7					
17.00	16.7					
17.25	17.2		191		130	E219
17.50	17.2					
17.75	17.7					
18.00	17.7					
18.25	18.2		198		135	E220
18.50	18.2					
18.75	18.7					
19.00	18.7		198		135	E220
19.25	19.2		205		140	E221
19.50	19.2					
19.75	19.7					
20.00	19.7					

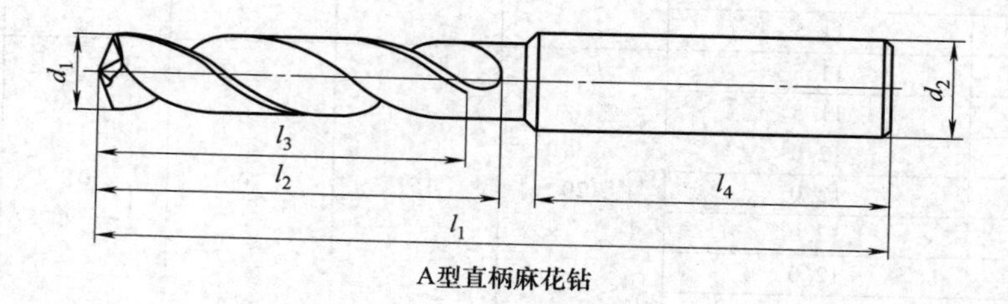

A型直柄麻花钻

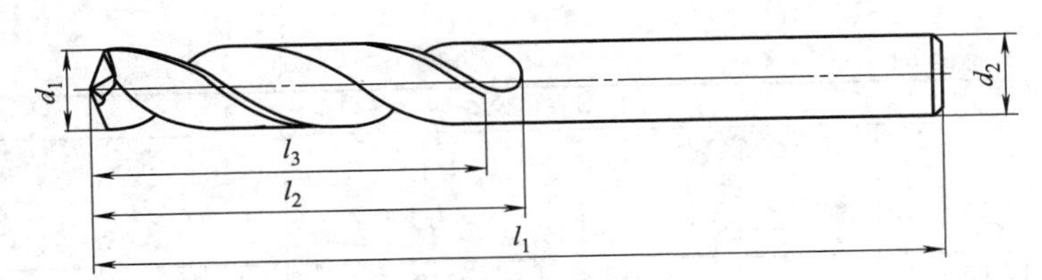

B型直柄麻花钻

图 2-13-7 整体硬质合金直柄麻花钻

表 2-13-7 整体硬质合金直柄麻花钻规格（GB/T 25667.1—2010） mm

A 型直柄麻花钻

直径范围 d_1 m7 >	直径范围 d_1 m7 ≤	柄部直径 d_2 h6	短系列 总长 l_1	短系列 槽长 l_2 max	短系列 刃长 l_3 min	长系列 总长 l_1	长系列 槽长 l_2 max	长系列 刃长 l_3 min	柄长 l_4
2.9	3.75	6	62	20	14	66	28	23	36
3.75	4.75		66	24	17	74	36	29	
4.75	6.00			28	20	82	44	35	
6.00	7.00	8	79	34	24	91	53	43	
7.00	8.00			41	29				
8.00	10.00	10	89	47	35	103	61	49	40
10.00	12.00	12	102	55	40	118	71	56	45
12.00	14.00	14	107	60	43	124	77	60	
14.00	16.00	16	115	65	45	133	83	63	48
16.00	18.00	18	123	73	51	143	93	71	
18.00	20.00	20	131	79	55	153	101	77	50

B 型直柄麻花钻

直径范围 d_1 h7 >	直径范围 d_1 h7 ≤	柄部直径 d_2 h6	总长 l_1	槽长 l_2 ≈	刃长 l_3 min
1.90	2.12	$d_2=d_1$	38	12	9
2.12	2.36		40	13	10
2.36	2.65		43	14	11
2.65	3.00		46	16	12
3.00	3.35		49	18	14
3.35	3.75		52	20	15
3.75	4.25		55	22	17
4.25	4.75		58	24	18
4.75	5.30		62	26	20
5.30	6.00		66	28	21
6.00	6.70		70	31	23
6.70	7.50		74	34	25
7.50	8.00		79	37	27
8.00	8.50				
8.50	9.50		84	40	29
9.50	10.00		89	43	31
10.00	10.60		89	43	31
10.60	11.8		95	47	33
11.8	12.00		102	51	35
12.00	13.20				
13.20	14.00		107	54	37
14.00	15.00		111	56	38
15.00	16.00		115	58	

续表

B型直柄麻花钻					
直径范围 d_1 h7		柄部直径 d_2 h6	总长 l_1	槽长 l_2 ≈	刃长 l_3 min
>	≤				
16.00	17.00	$d_2=d_1$	119	60	39
17.00	18.00	$d_2=d_1$	123	62	40
18.00	19.00	$d_2=d_1$	127	64	41
19.00	20.00	$d_2=d_1$	131	66	42

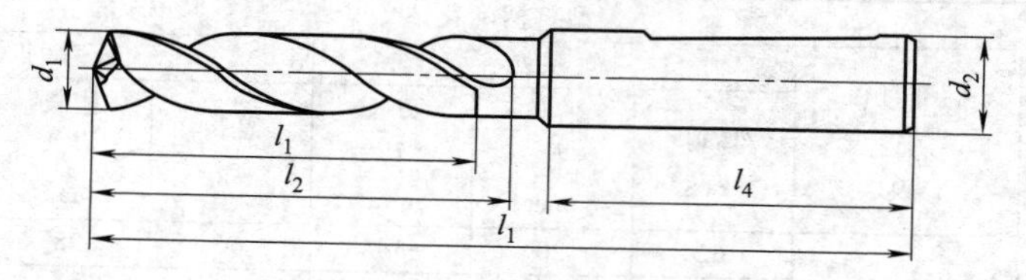

图 2-13-8　2°斜削平直柄麻花钻

表 2-13-8　　2°斜削平直柄麻花钻规格（GB/T 25667.2—2010）　　mm

直径范围 d_1 m7		柄部直径 d_2 h6	短系列			长系列			柄长 l_4 $^{+2}_{0}$
>	≤		总长 l_1	槽长 l_2 max	刃长 l_3 min	总长 l_1	槽长 l_2 max	刃长 l_3 min	
2.9	3.75	6	62	20	14	66	28	23	36
3.75	4.75	6	66	24	17	74	36	29	36
4.75	6.00	6	66	28	20	82	44	35	36
6.00	7.00	8	79	34	24	91	53	43	36
7.00	8.00	8	79	41	29	91	53	43	36
8.00	10.00	10	89	47	35	103	61	49	40
10.00	12.00	12	102	55	40	118	71	56	45
12.00	14.00	14	107	60	43	124	77	60	45
14.00	16.00	16	115	65	45	133	83	63	48
16.00	18.00	18	123	73	51	143	93	71	48
18.00	20.00	20	131	79	55	153	101	77	50

13.1.2　锥柄麻花钻（GB/T 1438.1~1438.4—2008、GB/T 10947—2006）

【其他名称】 斜柄螺旋钻、锥柄钻头、偏头钻。

【用途】 麻花钻的柄部制成莫氏锥度，可直接装夹在机床上带莫氏锥度孔的主轴中，用于在金属实心工件中进行钻孔。长麻花钻用于钻削较深的孔。

【规格】 见图 2-13-9~图 2-13-13 和表 2-13-9~表 2-13-13。

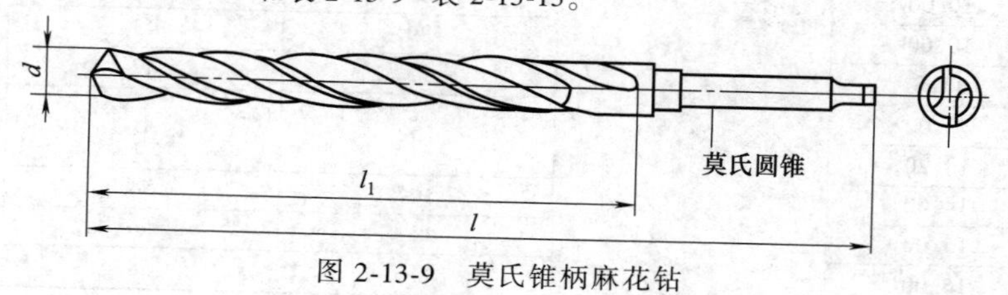

图 2-13-9　莫氏锥柄麻花钻

表 2-13-9　　莫氏锥柄麻花钻规格（GB/T 1438.1—2008）　　mm

d h8	l_1	标准柄		粗柄	
		l	莫氏圆锥号	l	莫氏圆锥号
3.00	33	114	1	—	—
3.20	36	117			
3.50	39	120			
3.80	43	124			
4.00					
4.20					
4.50	47	128			
4.80	52	133			
5.00					
5.20					
5.50	57	138			
5.80					
6.00					
6.20	63	144			
6.50					
6.80	69	150			
7.00					
7.20					
7.50					
7.80	75	156			
8.00					
8.20					
8.50					
8.80	81	162			
9.00					
9.20					
9.50					
9.80	87	168			
10.00					
10.20					
10.50					
10.80	94	175			
11.00					
11.20					
11.50					
11.80					
12.00	101	182		199	2
12.20					
12.50					
12.80					
13.00					
13.20					
13.50	108	189		206	
13.80					
14.00					
14.25	114	212	2	—	—
14.50					
14.75					
15.00					
15.25	120	218	2	—	—
15.50					
15.75					
16.00					
16.25	125	223			
16.50					
16.75					
17.00					
17.25	130	228			
17.50					
17.75					
18.00					
18.25	135	233		256	3
18.50					
18.75					
19.00					
19.25	140	238		261	
19.50					
19.75					
20.00					
20.25	145	243		266	
20.50					
20.75					
21.00					
21.25	150	248		271	
21.50					
21.75					
22.00					
22.25					
22.50	155	253		276	
22.75					
23.00					
23.25		276	3	—	—
23.50					
23.75	160	281			
24.00					
24.25					
24.50					
24.75					
25.00					
25.25	165	286			
25.50					
25.75					
26.00					
26.25					
26.50					
26.75	170	291		319	4
27.00					
27.25					

续表

d h8	l_1	标准柄 l	标准柄 莫氏圆锥号	粗柄 l	粗柄 莫氏圆锥号
27.50	170	291	3	319	4
27.75					
28.00					
28.25	175	296		324	
28.50					
28.75					
29.00					
29.25					
29.50					
29.75					
30.00					
30.25	180	301		329	
30.50					
30.75					
31.00					
31.25					
31.50					
31.75	185	306		334	
32.00		334	4	—	—
32.50					
33.00					
33.50					
34.00	190	339			
34.50					
35.00					
35.50					
36.00	195	344			
36.50					
37.00					
37.50					
38.00	200	349			
38.50					
39.00					
39.50					
40.00					
40.50	205	354		392	5
41.00					
41.50					
42.00					
42.50					
43.00	210	359		397	
43.50					
44.00					
44.50					
45.00					
45.50	215	364		402	
46.00					
46.50					
47.00					

d h8	l_1	标准柄 l	标准柄 莫氏圆锥号	粗柄 l	粗柄 莫氏圆锥号
47.50	215	364	4	402	5
48.00	220	369		407	
48.50					
49.00					
49.50					
50.00					
50.50	225	374		412	
51.00		412	5	—	—
52.00					
53.00					
54.00	230	417			
55.00					
56.00					
57.00	235	422			
58.00					
59.00					
60.00					
61.00	240	427			
62.00					
63.00					
64.00	245	432		499	6
65.00					
66.00					
67.00					
68.00	250	427		504	
69.00					
70.00					
71.00					
72.00	255	442		509	
73.00					
74.00					
75.00					
76.00	260	447		514	
77.00		514	6	—	—
78.00					
79.00					
80.00					
81.00	265	519			
82.00					
83.00					
84.00					
85.00					
86.00	270	524			
87.00					
88.00					
89.00					
90.00					
91.00	275	529			
92.00					

续表

d h8	l_1	标准柄		粗柄		d h8	l_1	标准柄		粗柄	
		l	莫氏圆锥号	l	莫氏圆锥号			l	莫氏圆锥号	l	莫氏圆锥号
93.00	275	529	6	—	—	97.00	280	534	6	—	—
94.00						98.00					
95.00						99.00					
96.00	280	534				100.00					

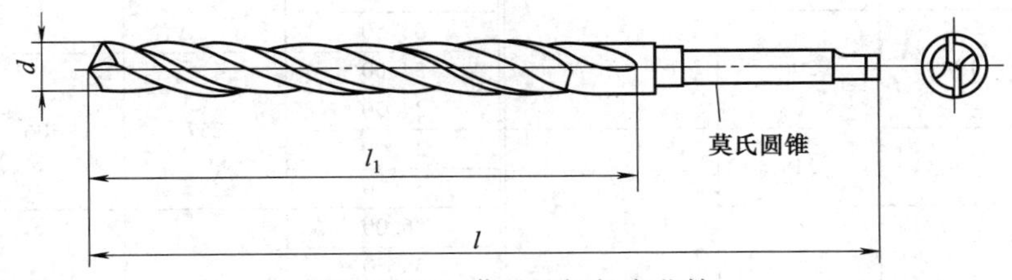

图 2-13-10 莫氏锥柄长麻花钻

表 2-13-10　　莫氏锥柄长麻花钻规格（GB/T 1438.2—2008）　　mm

d h8	l_1	l	莫氏圆锥号	d h8	l_1	l	莫氏圆锥号
5.00	74	155	1	13.00	134	215	1
5.20				13.20			
5.50	80	161		13.50	142	223	
5.80				13.80			
6.00				14.00			
6.20	86	167		14.25	147	245	2
6.50				14.50			
6.80	93	174		14.75			
7.00				15.00			
7.20				15.25	153	251	
7.50				15.50			
7.80	100	181		15.75			
8.00				16.00			
8.20				16.25	159	257	
8.50				16.50			
8.80	107	188		16.75			
9.00				17.00			
9.20				17.25	165	263	
9.50				17.50			
9.80	116	197		17.75			
10.00				18.00			
10.20				18.25	171	269	
10.50				18.50			
10.80	125	206		18.75			
11.00				19.00			
11.20				19.25	177	275	
11.50				19.50			
11.80				19.75			
12.00	134	215		20.00			
12.20				20.25	184	282	
12.50				20.50			
12.80				20.75			

续表

<table>
<tr><th>d
h8</th><th>l_1</th><th>l</th><th>莫氏圆锥号</th><th>d
h8</th><th>l_1</th><th>l</th><th>莫氏圆锥号</th></tr>
<tr><td>21.00</td><td>184</td><td>282</td><td rowspan="9">2</td><td>31.25</td><td rowspan="2">239</td><td rowspan="2">360</td><td rowspan="3">3</td></tr>
<tr><td>21.25</td><td rowspan="5">191</td><td rowspan="5">289</td><td>31.50</td></tr>
<tr><td>21.50</td><td>31.75</td><td>248</td><td>369</td></tr>
<tr><td>21.75</td><td>32.00</td><td rowspan="3">248</td><td rowspan="3">397</td><td rowspan="38">4</td></tr>
<tr><td>22.00</td><td>32.50</td></tr>
<tr><td>22.25</td><td>33.00</td></tr>
<tr><td>22.50</td><td rowspan="3">198</td><td rowspan="3">296</td><td>33.50</td><td rowspan="5">257</td><td rowspan="5">406</td></tr>
<tr><td>22.75</td><td>34.00</td></tr>
<tr><td>23.00</td><td>34.50</td></tr>
<tr><td>23.25</td><td rowspan="2">198</td><td rowspan="2">319</td><td rowspan="32">3</td><td>35.00</td></tr>
<tr><td>23.50</td><td>35.50</td></tr>
<tr><td>23.75</td><td rowspan="6">206</td><td rowspan="6">327</td><td>36.00</td><td rowspan="4">267</td><td rowspan="4">416</td></tr>
<tr><td>24.00</td><td>36.50</td></tr>
<tr><td>24.25</td><td>37.00</td></tr>
<tr><td>24.50</td><td>37.50</td></tr>
<tr><td>24.75</td><td>38.00</td><td rowspan="5">277</td><td rowspan="5">426</td></tr>
<tr><td>25.00</td><td>38.50</td></tr>
<tr><td>25.25</td><td rowspan="6">214</td><td rowspan="6">335</td><td>39.00</td></tr>
<tr><td>25.50</td><td>39.50</td></tr>
<tr><td>25.75</td><td>40.00</td></tr>
<tr><td>26.00</td><td>40.50</td><td rowspan="5">287</td><td rowspan="5">436</td></tr>
<tr><td>26.25</td><td>41.00</td></tr>
<tr><td>26.50</td><td>41.50</td></tr>
<tr><td>26.75</td><td rowspan="6">222</td><td rowspan="6">343</td><td>42.00</td></tr>
<tr><td>27.00</td><td>42.50</td></tr>
<tr><td>27.25</td><td>43.00</td><td rowspan="5">298</td><td rowspan="5">447</td></tr>
<tr><td>27.50</td><td>43.50</td></tr>
<tr><td>27.75</td><td>44.00</td></tr>
<tr><td>28.00</td><td>44.50</td></tr>
<tr><td>28.25</td><td rowspan="8">230</td><td rowspan="8">351</td><td>45.00</td></tr>
<tr><td>28.50</td><td>45.50</td><td rowspan="5">310</td><td rowspan="5">459</td></tr>
<tr><td>28.75</td><td>46.00</td></tr>
<tr><td>29.00</td><td>46.50</td></tr>
<tr><td>29.25</td><td>47.00</td></tr>
<tr><td>29.50</td><td>47.50</td></tr>
<tr><td>29.75</td><td>48.00</td><td rowspan="6">321</td><td rowspan="6">470</td></tr>
<tr><td>30.00</td><td>48.50</td></tr>
<tr><td>30.25</td><td rowspan="4">239</td><td rowspan="4">360</td><td>49.00</td></tr>
<tr><td>30.50</td><td>49.50</td></tr>
<tr><td>30.75</td><td>50.00</td></tr>
<tr><td>31.00</td><td></td></tr>
</table>

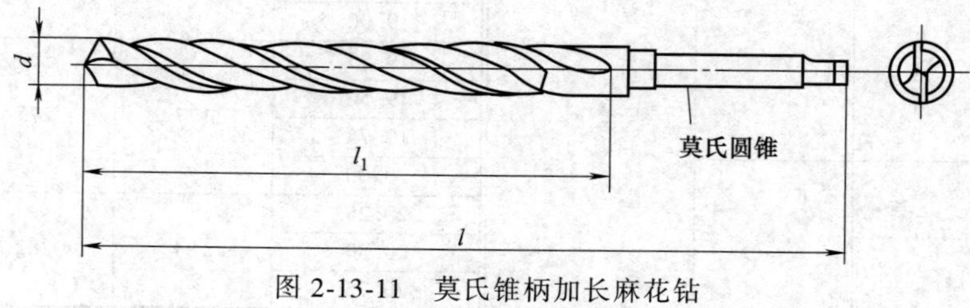

图 2-13-11 莫氏锥柄加长麻花钻

表 2-13-11　莫氏锥柄加长麻花钻规格（GB/T 1438.3—2008）　mm

d h8	l_1	l	莫氏圆锥号
6.00	145	225	1
6.20	150	230	
6.50			
6.80	155	235	
7.00			
7.20			
7.50			
7.80	160	240	
8.00			
8.20			
8.50			
8.80	165	245	
9.00			
9.20			
9.50			
9.80	170	250	
10.00			
10.20			
10.50			
10.80	175	255	
11.00			
11.20			
11.50			
11.80			
12.00	180	260	
12.20			
12.50			
12.80			
13.00			
13.20			
13.50	185	265	
13.80			
14.00			
14.25	190	290	2
14.50			
14.75			
15.00			
15.25	195	295	
15.50			
15.75			
16.00			
16.25	200	300	
16.50			
16.75			
17.00			
17.25	205	305	
17.50			
17.75			
18.00			
18.25	210	310	2
18.50			
18.75			
19.00			
19.25	220	320	
19.50			
19.75			
20.00			
20.25	230	330	
20.50			
20.75			
21.00			
21.25	235	335	
21.50			
21.75			
22.00			
22.25			
22.50	240	340	
22.75			
23.00			
23.25	240	360	3
23.50			
23.75	245	365	
24.00			
24.25			
24.50			
24.75			
25.00			
25.25	255	375	
25.50			
25.75			
26.00			
26.25			
26.50			
26.75	265	385	
27.00			
27.25			
27.50			
27.75			
28.00			
28.25	275	395	
28.50			
28.75			
29.00			
29.25			
29.50			
29.75			
30.00			

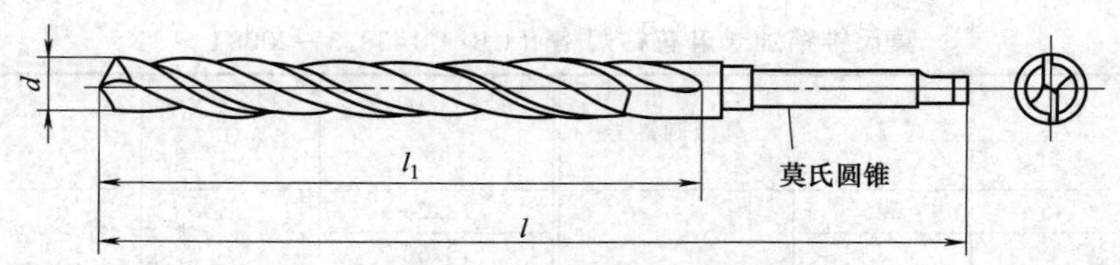

图 2-13-12　莫氏锥柄超长麻花钻

表 2-13-12　**莫氏锥柄超长麻花钻规格**（GB/T 1438.4—2008）　mm

<table>
<tr><th rowspan="2">d
h8</th><th>l=200</th><th>l=250</th><th>l=315</th><th>l=400</th><th>l=500</th><th>l=630</th><th rowspan="2">莫氏圆锥号</th></tr>
<tr><th colspan="6">l_1</th></tr>
<tr><td>6.00</td><td rowspan="8">110</td><td rowspan="13">160</td><td rowspan="13">225</td><td rowspan="8">—</td><td rowspan="13">—</td><td rowspan="22">—</td><td rowspan="13">1</td></tr>
<tr><td>6.50</td></tr>
<tr><td>7.00</td></tr>
<tr><td>7.50</td></tr>
<tr><td>8.00</td></tr>
<tr><td>8.50</td></tr>
<tr><td>9.00</td></tr>
<tr><td>9.50</td></tr>
<tr><td>10.00</td><td rowspan="26">—</td><td rowspan="5">310</td></tr>
<tr><td>11.00</td></tr>
<tr><td>12.00</td></tr>
<tr><td>13.00</td></tr>
<tr><td>14.00</td></tr>
<tr><td>15.00</td><td rowspan="21">—</td><td rowspan="9">215</td><td rowspan="9">300</td><td rowspan="9">400</td><td rowspan="9">2</td></tr>
<tr><td>16.00</td></tr>
<tr><td>17.00</td></tr>
<tr><td>18.00</td></tr>
<tr><td>19.00</td></tr>
<tr><td>20.00</td></tr>
<tr><td>21.00</td></tr>
<tr><td>22.00</td></tr>
<tr><td>23.00</td></tr>
<tr><td>24.00</td><td rowspan="12">—</td><td rowspan="4">275</td><td rowspan="4">375</td><td rowspan="4">505</td><td rowspan="4">3</td></tr>
<tr><td>25.00</td></tr>
<tr><td>28.00</td></tr>
<tr><td>30.00</td></tr>
<tr><td>32.00</td><td rowspan="4">250</td><td rowspan="8">350</td><td rowspan="8">480</td><td rowspan="8">4</td></tr>
<tr><td>35.00</td></tr>
<tr><td>38.00</td></tr>
<tr><td>40.00</td></tr>
<tr><td>42.00</td><td rowspan="4">—</td></tr>
<tr><td>45.00</td></tr>
<tr><td>48.00</td></tr>
<tr><td>50.00</td></tr>
<tr><td>直径范围</td><td>6≤d≤9.5</td><td>6≤d≤14</td><td>6≤d≤23</td><td>9.5<d≤40</td><td>14<d≤50</td><td>23<d≤50</td><td></td></tr>
</table>

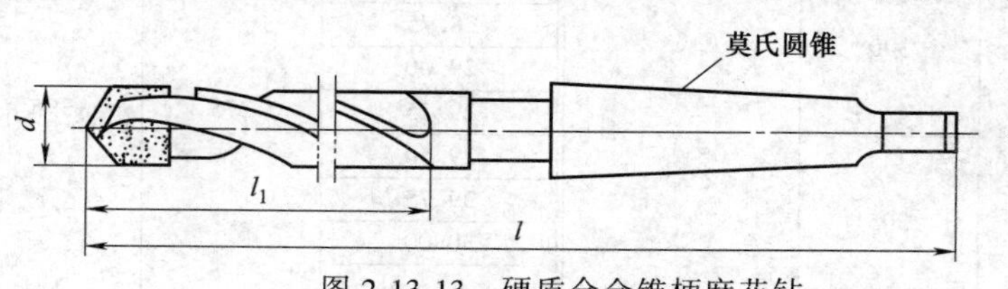

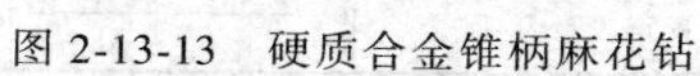
图 2-13-13　硬质合金锥柄麻花钻

表 2-13-13　　硬质合金锥柄麻花钻规格（GB/T 10947—2006）　　mm

<table>
<tr><th rowspan="2">d
h8</th><th colspan="2">l_1</th><th colspan="2">l</th><th rowspan="2">莫氏圆锥号</th><th rowspan="2">硬质合金刀片型号
参考</th></tr>
<tr><th>短型</th><th>标准型</th><th>短型</th><th>标准型</th></tr>
<tr><td>10.00</td><td rowspan="3">60</td><td rowspan="3">87</td><td rowspan="3">140</td><td rowspan="3">168</td><td rowspan="8">1</td><td rowspan="4">E211</td></tr>
<tr><td>10.20</td></tr>
<tr><td>10.50</td></tr>
<tr><td>10.80</td><td rowspan="5">65</td><td rowspan="5">94</td><td rowspan="5">145</td><td rowspan="5">175</td></tr>
<tr><td>11.00</td><td rowspan="4">E213</td></tr>
<tr><td>11.20</td></tr>
<tr><td>11.50</td></tr>
<tr><td>11.80</td></tr>
<tr><td>12.00</td><td rowspan="9">70</td><td rowspan="6">101</td><td rowspan="9">170</td><td rowspan="6">199</td><td rowspan="24">2</td><td rowspan="4">E214</td></tr>
<tr><td>12.20</td></tr>
<tr><td>12.50</td></tr>
<tr><td>12.80</td></tr>
<tr><td>13.00</td><td rowspan="4">E215</td></tr>
<tr><td>13.20</td></tr>
<tr><td>13.50</td><td rowspan="3">108</td><td rowspan="3">206</td></tr>
<tr><td>13.80</td></tr>
<tr><td>14.00</td><td rowspan="4">E216</td></tr>
<tr><td>14.25</td><td rowspan="4">75</td><td rowspan="4">114</td><td rowspan="4">175</td><td rowspan="4">212</td></tr>
<tr><td>14.50</td></tr>
<tr><td>14.75</td></tr>
<tr><td>15.00</td><td rowspan="4">E217</td></tr>
<tr><td>15.25</td><td rowspan="4">80</td><td rowspan="4">120</td><td rowspan="4">180</td><td rowspan="4">218</td></tr>
<tr><td>15.50</td></tr>
<tr><td>15.75</td></tr>
<tr><td>16.00</td><td rowspan="4">E218</td></tr>
<tr><td>16.25</td><td rowspan="4">85</td><td rowspan="4">125</td><td rowspan="4">185</td><td rowspan="4">223</td></tr>
<tr><td>16.50</td></tr>
<tr><td>16.75</td></tr>
<tr><td>17.00</td><td rowspan="4">E219</td></tr>
<tr><td>17.25</td><td rowspan="4">90</td><td rowspan="4">130</td><td rowspan="4">190</td><td rowspan="4">228</td></tr>
<tr><td>17.50</td></tr>
<tr><td>17.75</td></tr>
<tr><td>18.00</td><td rowspan="4">E220</td></tr>
<tr><td>18.25</td><td rowspan="4">95</td><td rowspan="4">135</td><td rowspan="4">195</td><td rowspan="4">256</td><td rowspan="17">3</td></tr>
<tr><td>18.50</td></tr>
<tr><td>18.75</td></tr>
<tr><td>19.00</td><td rowspan="4">E221</td></tr>
<tr><td>19.25</td><td rowspan="4">100</td><td rowspan="4">140</td><td rowspan="4">220</td><td rowspan="4">261</td></tr>
<tr><td>19.50</td></tr>
<tr><td>19.75</td></tr>
<tr><td>20.00</td><td rowspan="4">E222</td></tr>
<tr><td>20.25</td><td rowspan="4">105</td><td rowspan="4">145</td><td rowspan="4">225</td><td rowspan="4">266</td></tr>
<tr><td>20.50</td></tr>
<tr><td>20.75</td></tr>
<tr><td>21.00</td><td rowspan="4">E223</td></tr>
<tr><td>21.25</td><td rowspan="5">110</td><td rowspan="5">150</td><td rowspan="5">230</td><td rowspan="5">271</td></tr>
<tr><td>21.50</td></tr>
<tr><td>21.75</td></tr>
<tr><td>22.00</td><td rowspan="2">E224</td></tr>
<tr><td>22.25</td></tr>
</table>

续表

<table>
<tr><th rowspan="2">d
h8</th><th colspan="2">l_1</th><th colspan="2">l</th><th rowspan="2">莫氏圆锥号</th><th rowspan="2">硬质合金刀片型号
参考</th></tr>
<tr><th>短型</th><th>标准型</th><th>短型</th><th>标准型</th></tr>
<tr><td>22.50</td><td rowspan="5">110</td><td rowspan="5">155</td><td rowspan="5">230</td><td rowspan="5">276</td><td rowspan="19">3</td><td rowspan="2">E224</td></tr>
<tr><td>22.75</td></tr>
<tr><td>23.00</td><td rowspan="4">E225</td></tr>
<tr><td>23.25</td></tr>
<tr><td>23.50</td></tr>
<tr><td>23.75</td><td rowspan="12">115</td><td rowspan="6">160</td><td rowspan="12">235</td><td rowspan="6">281</td></tr>
<tr><td>24.00</td><td rowspan="4">E226</td></tr>
<tr><td>24.25</td></tr>
<tr><td>24.50</td></tr>
<tr><td>24.75</td></tr>
<tr><td>25.00</td><td rowspan="4">E227</td></tr>
<tr><td>25.25</td><td rowspan="6">165</td><td rowspan="6">286</td></tr>
<tr><td>25.50</td></tr>
<tr><td>25.75</td></tr>
<tr><td>26.00</td><td rowspan="4">E228</td></tr>
<tr><td>26.25</td></tr>
<tr><td>26.50</td></tr>
<tr><td>26.75</td><td rowspan="6">120</td><td rowspan="6">170</td><td rowspan="2">240</td><td rowspan="2">291</td></tr>
<tr><td>27.00</td><td rowspan="4">E229</td></tr>
<tr><td>27.25</td><td rowspan="4">270</td><td rowspan="4">319</td><td rowspan="12">4</td></tr>
<tr><td>27.50</td></tr>
<tr><td>27.75</td></tr>
<tr><td>28.00</td><td rowspan="4">E230</td></tr>
<tr><td>28.25</td><td rowspan="8">125</td><td rowspan="8">175</td><td rowspan="8">275</td><td rowspan="8">324</td></tr>
<tr><td>28.50</td></tr>
<tr><td>28.75</td></tr>
<tr><td>29.00</td><td rowspan="5">E231</td></tr>
<tr><td>29.25</td></tr>
<tr><td>29.50</td></tr>
<tr><td>29.75</td></tr>
<tr><td>30.00</td></tr>
</table>

13.1.3 扩孔钻（GB/T 4256—2004）

【用途】 用于扩大工件上已经过钻削、冲制或铸造的孔的孔径，或提高孔的精度（如作铰孔前的预加工）。

【规格】 见图 2-13-14、图 2-13-15 和表 2-13-14、表 2-13-15。

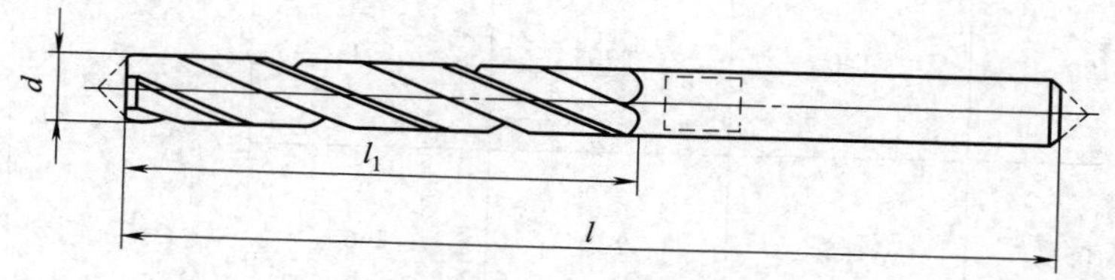

图 2-13-14 直柄扩孔钻

表 2-13-14 直柄扩孔钻优先采用尺寸（GB/T 4256—2004） mm

d	l_1	l	d	l_1	l
3.00	33	61	3.50	39	70
3.30	36	65	3.80	43	75

续表

d	l_1	l	d	l_1	l
4.00	43	75	11.75	94	142
4.30	47	80	12.00	101	151
4.50			12.75		
4.80	52	86	13.00		
5.00			13.75	108	160
5.80	57	93	14.00		
6.00			14.75	114	169
6.80	69	109	15.00		
7.00			15.75	120	178
7.80	75	117	16.00		
8.00			16.75	125	184
8.80	81	125	17.00		
9.00			17.75	130	191
9.80	87	133	18.00		
10.00			18.70	135	198
10.75	94	142	19.00		
11.00			19.70	140	205

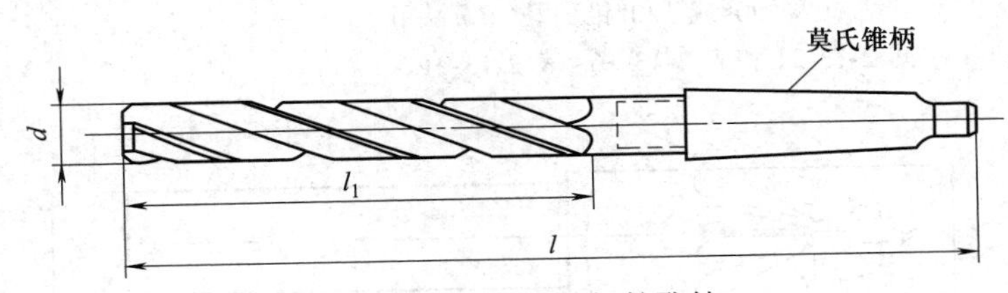

图 2-13-15　莫氏锥柄扩孔钻

表 2-13-15　　莫氏锥柄扩孔钻优先采用的尺寸（GB/T 4256—2004）

d	l_1	l	莫氏锥柄号	d	l_1	l	莫氏锥柄号
7.80	75	156	1	18.70	135	233	2
8.00				19.00			
8.80	81	162		19.70	140	238	
9.00				20.00			
9.80	87	168		20.70	145	243	
10.00				21.00			
10.75	94	175		21.70	150	248	
11.00				22.00			
11.75				22.70	155	253	
12.00	101	182		23.00			
12.75				23.70	160	281	3
13.00				24.00			
13.75	108	189		24.70			
14.00				25.00			
14.75	114	212	2	25.70	165	286	
15.00				26.00			
15.75	120	218		27.70	170	291	
16.00				28.00			
16.75	125	223		29.70	175	296	
17.00				30.00			
17.75	130	228		31.60	185	306	
18.00				32.00	185	334	4

续表

d	l_1	l	莫氏锥柄号	d	l_1	l	莫氏锥柄号
33.60	190	339	4	42.00	205	354	4
34.00				43.60	210	359	
34.60				44.00			
35.00				44.60			
35.60	195	344		45.00			
36.00				45.60	215	364	
37.60	200	349		46.00			
38.00				47.60	220	369	
39.60				48.00			
40.00				49.60			
41.60	205	354		50.00			

13.1.4 锪钻（GB/T 4258—2004、GB/T 1143—2004、GB/T 4260—2004、GB/T 4261—2004、GB/T 4263—2004、GB/T 4264—2004）

【其他名称】 锥面锪钻、菊花钻。

【用途】 用于在工件上锪钻60°、90°或120°锥面孔（沉头孔）。

【规格】 见图2-13-16~图2-13-21和表2-13-16~表2-13-21。

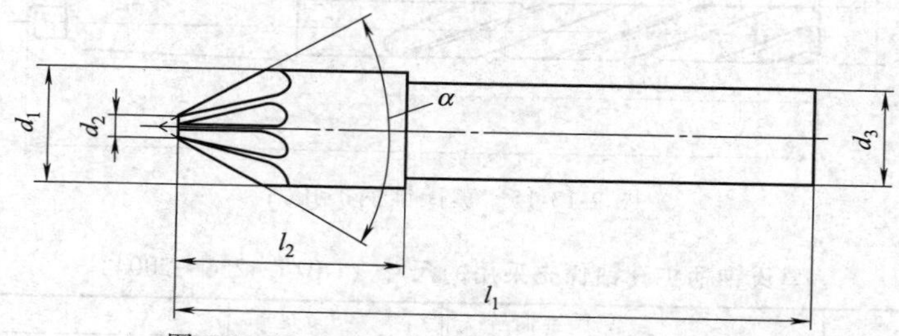

图2-13-16　60°、90°、120°直柄锥面锪钻

表2-13-16　60°、90°、120°直柄锥面锪钻规格（GB/T 4258—2004）　mm

公称尺寸 d_1	小端直径 $d_2$①	总长 l_1		钻体长 l_2		柄部直径 d_3 h9
		$\alpha=60°$	$\alpha=90°$或120°	$\alpha=60°$	$\alpha=90°$或120°	
8	1.6	48	44	16	12	8
10	2	50	46	18	14	8
12.5	2.5	52	48	20	16	8
16	3.2	60	56	24	20	10
20	4	64	60	28	24	10
25	7	69	65	33	29	10

① 前端部结构小端直径不作规定。

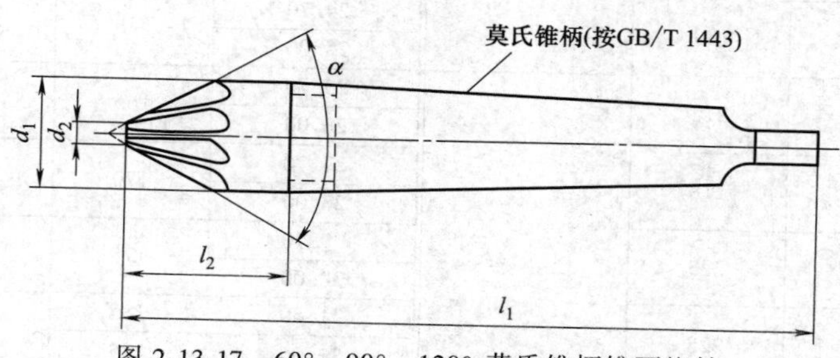

图2-13-17　60°、90°、120°莫氏锥柄锥面锪钻

表 2-13-17　　60°、90°、120° 莫氏锥柄锥面锪钻规格（GB/T 1143—2004）　　mm

公称尺寸 d_1	小端直径 $d_2$①	总长 l_1		钻体长 l_2		莫氏锥柄号
		$\alpha=60°$	$\alpha=90°$或 120°	$\alpha=60°$	$\alpha=90°$或 120°	
16	3.2	97	93	24	20	1
20	4	120	116	28	24	2
25	7	125	121	33	29	2
31.5	9	132	124	40	32	2
40	12.5	160	150	45	35	3
50	16	165	153	50	38	3
63	20	200	185	58	43	4
80	25	215	196	73	54	4

① 前端部结构小端直径不作规定。

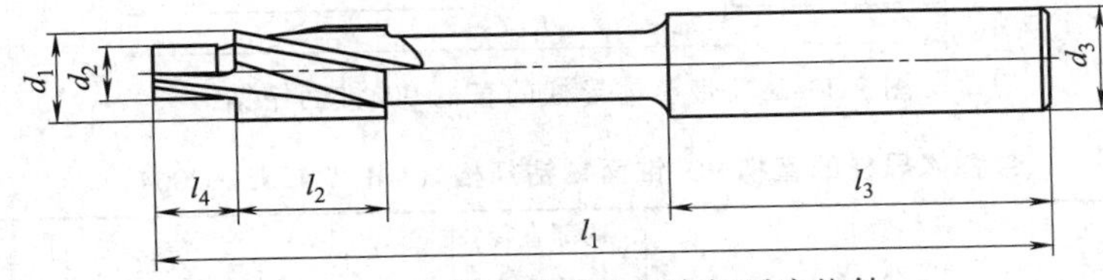

图 2-13-18　带整体导柱的直柄平底锪钻

表 2-13-18　　带整体导柱的直柄平底锪钻规格（GB/T 4260—2004）　　mm

切削直径 d_1 z9	导柱直径 d_2 e8	柄部直径 d_3 h9	总长 l_1	刃长 l_2	柄长 l_3 ≈	导柱长 l_4
$2 \leqslant d_1 \leqslant 3.15$	按引导孔直径配套要求规定（最小直径为：$d_2=1/3d_1$）	$=d_1$	45	7	—	$\approx d_2$
$3.15<d_1 \leqslant 5$			56	10		
$5<d_1 \leqslant 8$			71	14	31.5	
$8<d_1 \leqslant 10$			80	18	35.5	
$10<d_1 \leqslant 12.5$		10				
$12.5<d_1 \leqslant 20$		12.5	100	22	40	

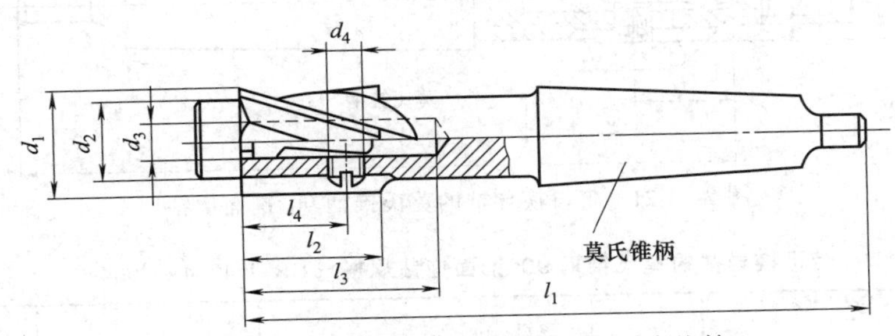

图 2-13-19　带可换导柱的莫氏锥柄平底锪钻

表 2-13-19　　带可换导柱的莫氏锥柄平底锪钻规格（GB/T 4261—2004）　　mm

切削直径 d_1 z9		导柱直径 d_2 e8		d_3 H8	d_4	l_1	l_2	l_3	l_4	莫氏圆锥号
大于	至	大于	至							
12.5	16	5	14	4	M3	132	22	30	16	2
16	20	6.3	18	5	M4	140	25	38	19	
20	25	8	22.4	6	M5	150	30	46	23	
25	31.5	10	28	8	M6	180	35	54	27	3
31.5	40	12.5	35.5	10	M8	190	40	64	32	

续表

切削直径 d_1 z9		导柱直径 d_2 e8		d_3 H8	d_4	l_1	l_2	l_3	l_4	莫氏圆锥号
大于	至	大于	至							
40	50	16	45	12	M8	236	50	76	42	4
50	63	20	56	16	M10	250	63	88	53	

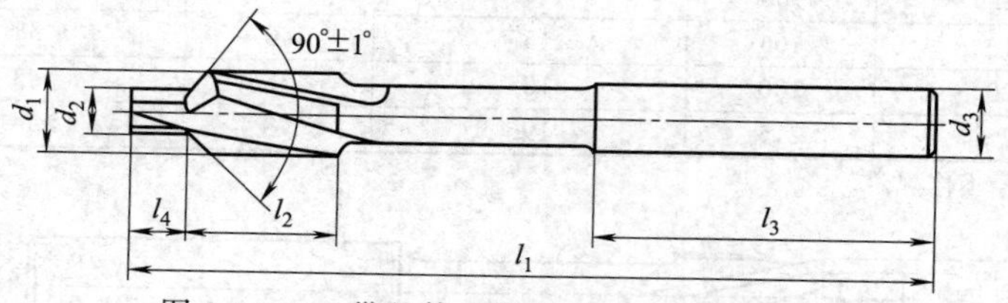

图 2-13-20 带整体导柱的直柄 90°锥面锪钻

表 2-13-20 带整体导柱的直柄 90°锥面锪钻规格（GB/T 4263—2004） mm

切削直径 d_1 z9	导柱直径 d_2 e8	柄部直径 d_3 h9	总长 l_1	刃长 l_2	柄长 l_3 ≈	导柱长 l_4
$2 \leqslant d_1 \leqslant 3.15$	按引导孔直径配套要求规定（最小直径为：$d_2=1/3d_1$）	$=d_1$	45	7	—	$\approx d_2$
$3.15<d_1 \leqslant 5$			56	10		
$5<d_1 \leqslant 8$			71	14	31.5	
$8<d_1 \leqslant 10$			80	18		
$10<d_1 \leqslant 12.5$		10			35.5	
$12.5<d_1 \leqslant 20$		12.5	100	22	40	

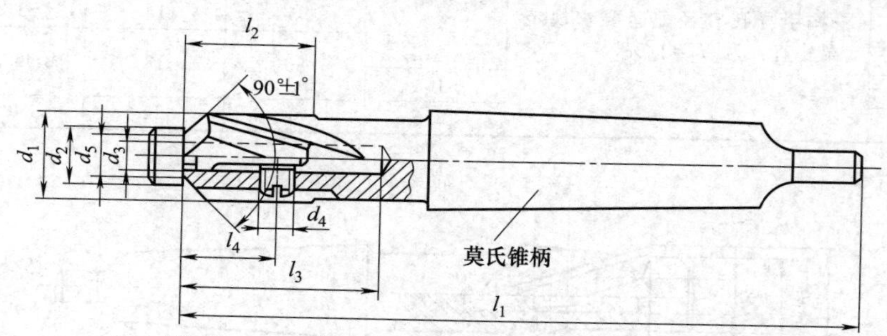

图 2-13-21 带可换导柱的莫氏锥柄 90°锥面锪钻

表 2-13-21 带可换导柱的莫氏锥柄 90°锥面锪钻规格（GB/T 4264—2004） mm

切削直径 d_1 z9		导柱直径 d_2 e8		d_3 H8	螺钉 d_4	d_5	l_1	l_2	l_3	l_4	莫氏圆锥号
大于	至	大于	至								
12.5	16	6.3	14	4	M3	6	132	22	30	16	2
16	20	6.3	18	5	M4	6	140	25	38	19	
20	25	8	22.4	6	M5	7.5	150	30	46	23	
25	31.5	10	28	8	M6	9.5	180	35	54	27	3
31.5	40.4	12.5	35.5	10	M8	12	190	40	64	32	

13.1.5 中心钻（GB/T 6078—2016）

【其他名称】 复合中心钻。

【用途】 用于钻工件上60°的中心孔。

【形式和尺寸】

A型中心钻形式和尺寸见图2-13-22，尺寸符合表2-13-22的规定。

B型中心钻形式和尺寸见图2-13-23，尺寸符合表2-13-23的规定。

R型中心钻形式和尺寸见图2-13-24，尺寸符合表2-13-24的规定。

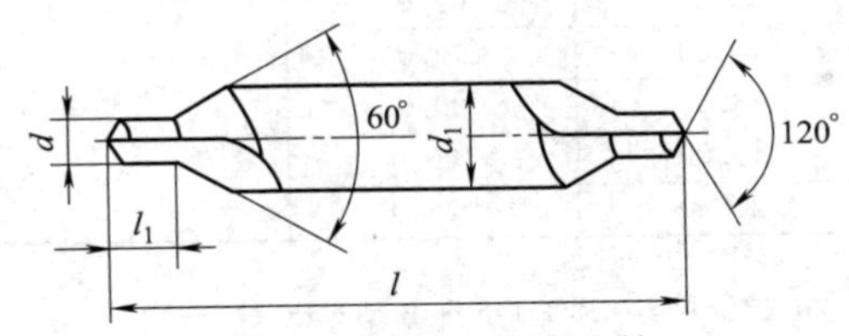

图2-13-22　A型中心钻

表2-13-22　**A型中心钻尺寸**　mm

d k12	d_1 h9	l 基本尺寸	l 极限偏差	l_1 基本尺寸	l_1 极限偏差
(0.50)	3.15	31.5	±2	0.8	+0.2 0
(0.63)				0.9	+0.3 0
(0.80)				1.1	+0.4 0
1.00				1.3	+0.6 0
(1.25)				1.6	
1.60	4.0	35.5		2.0	+0.8 0
2.00	5.0	40.0		2.5	
2.50	6.3	45.0		3.1	+1.0 0
3.15	8.0	50.0		3.9	
4.00	10.0	56.0	±3	5.0	+1.2 0
(5.00)	12.5	63.0		6.3	
6.30	16.0	71.0		8.0	
(8.00)	20.0	80.0		10.1	+1.4 0
10.00	25.0	100.0		12.8	

注：1. 括号内尺寸尽量不采用。

2. 中心钻直径 d 和60°锥角与GB/T 145中A型对应尺寸一致。

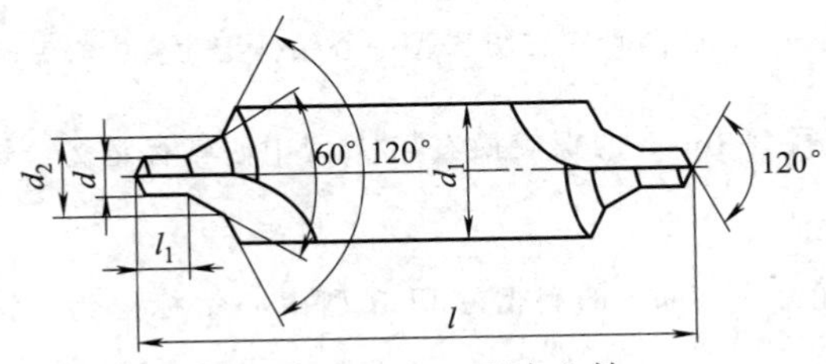

图2-13-23　B型中心钻

表2-13-23　**B型中心钻尺寸**　mm

d k12	d_1 h9	d_2 k12	l 基本尺寸	l 极限偏差	l_1 基本尺寸	l_1 极限偏差
1.00	4.0	2.12	35.5	±2	1.3	+0.6 0
(1.25)	5.0	2.65	40.0		1.6	
1.60	6.3	3.35	45.0		2.0	+0.8 0
2.00	8.0	4.25	50.0		2.5	

续表

d k12	d_1 h9	d_2 k12	l 基本尺寸	l 极限偏差	l_1 基本尺寸	l_1 极限偏差
2.50	10.0	5.30	56.0	±3	3.1	+1.0 0
3.15	11.2	6.70	60.0		3.9	
4.00	14.0	8.50	67.0		5.0	+1.2 0
(5.00)	18.0	10.60	75.0		6.3	
6.30	20.0	13.20	80.0		8.0	
(8.00)	25.0	17.00	100.0		10.1	+1.4 0
10.00	31.5	21.20	125.0		12.8	

注：1. 括号内尺寸尽量不采用。

2. 中心钻直径 d、d_2、60°锥角和120°护锥角与 GB/T 145 中 B 型对应尺寸一致。

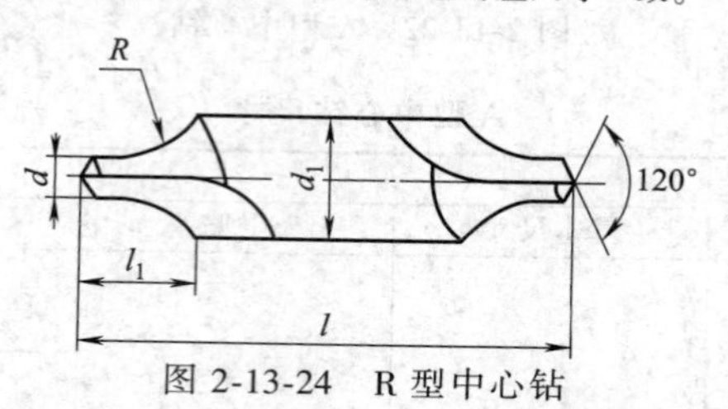

图 2-13-24　R 型中心钻

表 2-13-24　　R 型中心钻尺寸

mm

d k12	d_1 h9	l 基本尺寸	l 极限偏差	l_1 基本尺寸	R max	R min
1.00	3.15	31.5	±2	3.0	3.15	2.5
(1.25)				3.35	4.0	3.15
1.60	4.0	35.5		4.25	5.0	4.0
2.00	5.0	40.0		5.3	6.3	5.0
2.50	6.3	45.0		6.7	8.0	6.3
3.15	8.0	50.0		8.5	10.0	8.0
4.00	10.0	56.0		10.6	12.5	10.0
(5.00)	12.5	63.0	±3	13.2	16.0	12.5
6.30	16.0	71.0		17.0	20.0	16.0
(8.00)	20.0	80.0		21.2	25.0	20.0
10.00	25.0	100.0		26.5	31.5	25.0

注：1. 括号内尺寸尽量不采用。

2. 中心钻直径 d 和 R 与 GB/T 145 中 R 型对应尺寸一致。

【标记】

示例 1：

公称直径为 4mm、柄部直径为 10mm 的直槽右切 A 型中心钻标记为：中心钻 A4/10　GB/T 6078—2016。

示例 2：

公称直径为 6.3mm、柄部直径为 16mm 的螺旋槽右切 A 型中心钻标记为：螺旋槽中心钻 A6.3/16　GB/T 6078—2016。

示例 3：

公称直径为 6.3mm、柄部直径为 20mm 的斜槽左切 B 型中心钻标记为：斜槽中心钻 B6.3/20-L　GB/T 6078—2016。

13.2　铰　　刀

13.2.1　手用铰刀（GB/T 1131.1—2004、GB/T 25673—2010）

【其他名称】　固定铰刀。

【用途】 用于手工铰制工件上已经过钻削或扩孔加工的孔，以提高孔的精度和减小孔的表面粗糙度。

【规格】 见图 2-13-25、图 2-13-26 和表 2-13-25、表 2-13-26。

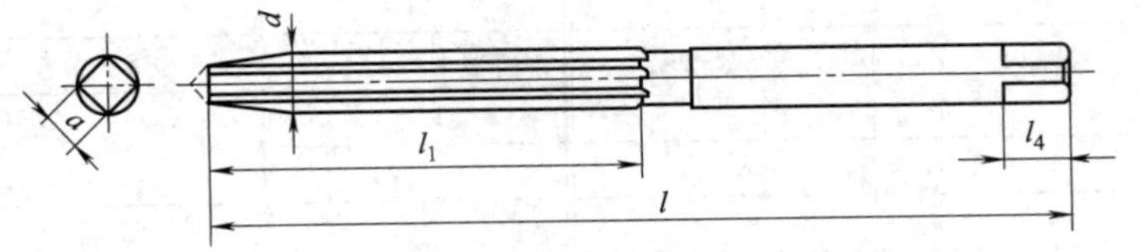

图 2-13-25　手用铰刀

表 2-13-25　　手用铰刀规格（GB/T 1131.1—2004）　　mm

米制系列的推荐直径和长度

d	l_1	l	d	l_1	l
(1.5)	20	41	22	107	215
1.6	21	44	(23)		
1.8	23	47	(24)	115	231
2.0	25	50	25		
2.2	27	54	(26)		
2.5	29	58	(27)	124	247
2.8	31	62	28		
3.0			(30)		
3.5	35	71	32	133	265
4.0	38	76	(34)	142	284
4.5	41	81	(35)		
5.0	44	87	36		
5.5	47	93	(38)	152	305
6.0	47	93	40		
7.0	54	107	(42)		
8.0	58	115	(44)	163	326
9.0	62	124	45		
10.0	66	133	(46)		
11.0	71	142	(48)	174	347
12.0	76	152	50		
(13.0)			(52)		
14.0	81	163	(55)	184	367
(15.0)			56		
16.0	87	175	(58)		
(17.0)			(60)		
18.0	93	188	(62)	194	387
(19.0)			63		
20.0	100	201	67		
(21.0)			71	203	406

英制系列的推荐直径和长度　　in

d	l_1	l	d	l_1	l
1/16	13/16	$1^{3}/_{4}$	11/32	$2^{7}/_{16}$	$4^{7}/_{8}$
3/32	$1^{1}/_{8}$	$2^{1}/_{4}$	3/8	$2^{5}/_{8}$	$5^{1}/_{4}$
1/8	$1^{5}/_{16}$	$2^{5}/_{8}$	(13/32)		
5/32	$1^{1}/_{2}$	3	7/16	$2^{13}/_{16}$	$5^{5}/_{8}$
3/16	$1^{3}/_{4}$	$3^{7}/_{16}$	(15/32)	3	6
7/32	$1^{7}/_{8}$	$3^{11}/_{16}$	1/2		
1/4	2	$3^{15}/_{16}$	9/16	$3^{3}/_{16}$	$6^{7}/_{16}$
9/32	$2^{1}/_{8}$	$4^{3}/_{16}$	5/8	$3^{7}/_{16}$	$6^{7}/_{8}$
5/16	$2^{1}/_{4}$	$4^{1}/_{2}$	11/16	$3^{11}/_{16}$	$7^{7}/_{16}$

续表

英制系列的推荐直径和长度 in

d	l_1	l	d	l_1	l
3/4	$3^{15}/_{16}$	$7^{15}/_{16}$	$(1^7/_{16})$	$5^5/_8$	$11^3/_{16}$
(13/16)			$1^1/_2$	6	12
7/8	$4^3/_{16}$	$8^1/_2$	$(1^5/_8)$		
1	$4^1/_2$	$9^1/_{16}$	$1^3/_4$	$6^7/_{16}$	$12^{13}/_{16}$
$(1^1/_{16})$	$4^7/_8$	$9^3/_4$	$(1^7/_8)$	$6^7/_8$	$13^{11}/_{16}$
$1^1/_8$			2		
$1^1/_4$	$5^1/_4$	$10^7/_{16}$	$2^1/_4$	$7^1/_4$	$14^7/_{16}$
$(1^5/_{16})$			$2^1/_2$	$7^5/_8$	$15^1/_4$
$1^3/_8$	$5^5/_8$	$11^3/_{16}$	3	$8^3/_8$	$16^{11}/_{16}$

注：表中括号尺寸为不推荐采用尺寸。

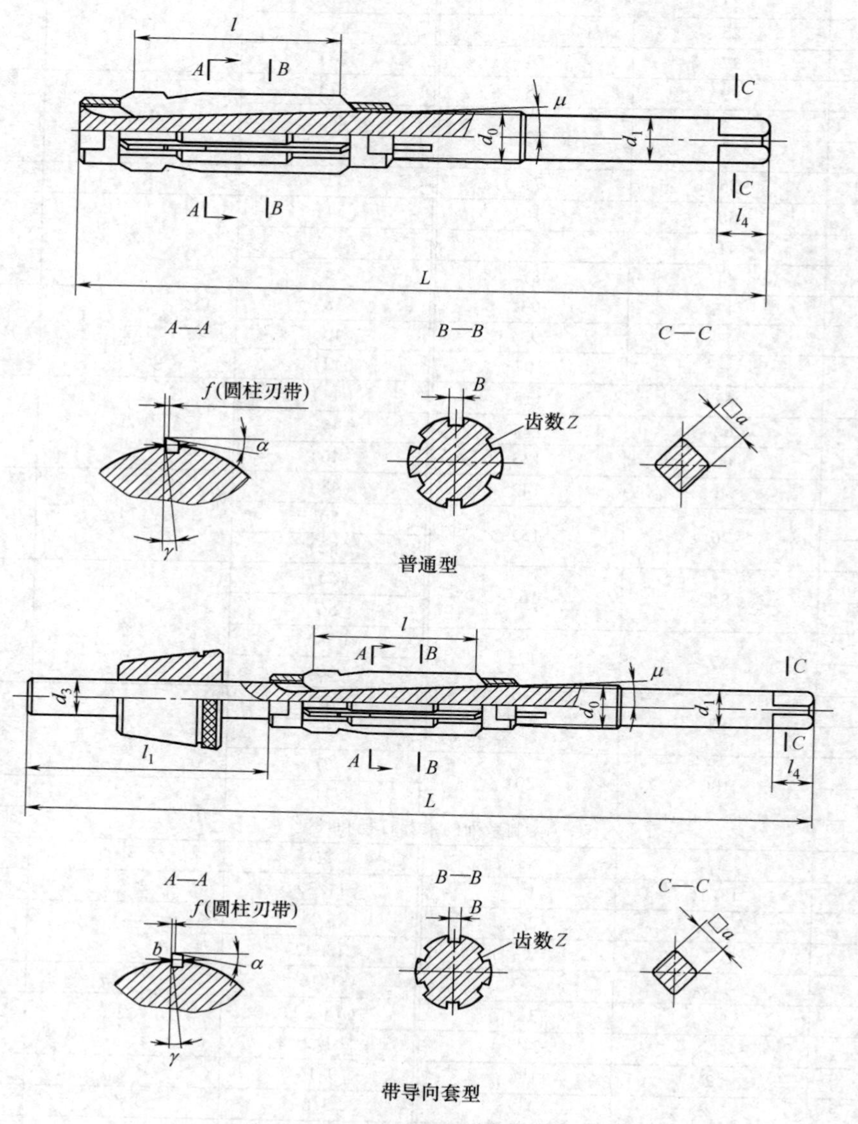

图 2-13-26 可调节手用铰刀

表 2-13-26　　可调节手用铰刀规格（GB/T 25673—2010）　　mm

普通型

铰刀调节范围	L 基本尺寸	L 极限偏差	B(H9) 基本尺寸	B(H9) 极限偏差	b(h9) 基本尺寸	b(h9) 极限偏差	d_1	d_0	a	l_4
≥6.5~7.0	85	0 -2.2	1.0	+0.025 0	1.0	0 -0.025	4	M5×0.5	3.15	6
>7.0~7.75	90									
>7.75~8.5	100		1.15		1.15		4.8	M6×0.75	4	7
>8.5~9.25	105									
>9.25~10	115		1.3		1.3		5.6	M7×0.75	4.5	
>10~10.75	125	0 -2.5								
>10.75~11.75	130						6.3	M8×1	5	8
>11.75~12.75	135		1.6		1.6		7.1	M9×1	5.6	
>12.75~13.75	145									
>13.75~15.25	150						8	M10×1	6.3	9
>15.25~17	165		1.8		1.8		9	M11×1	7.1	10
>17~19	170		2.0		2.0		10	M12×1.25	8	11
>19~21	180						11.2	M14×1.5	9	12
>21~23	195	0 -2.9	2.5		2.5		14	M16×1.5	11.2	14
>23~26	215							M18×1.5		
>26~29.5	240		3.0		3.0		18	M20×1.5	14	18
>29.5~33.5	270	0 -3.2	3.5	+0.03 0	3.5	0 -0.03	19.8	M22×1.5	16	20
>33.5~38	310							M24×2		
>38~44	350	0 -3.6	4.0		4.0		25	M30×2	20	24
>44~54	400		4.5		4.5		31.5	M36×2	25	28
>54~63	460	0 -4.0	4.5		4.5		40	M45×2	31.5	34
>63~84	510	0 -4.4	5.0		5.0		50	M55×2	40	42
>84~100	570		6.0		6.0		63	M70×2	50	51

带导向套型

铰刀调节范围	L 基本尺寸	L 极限偏差	B(H9) 基本尺寸	B(H9) 极限偏差	b(h9) 基本尺寸	b(h9) 极限偏差	d_1	d_0	d_3	a	l_4
>15.27~17	245	0 -2.9	1.8	+0.025 0	1.8	0 -0.025	9	M11×1	9	7.1	10
>17~19	260	0 -3.2	2.0		2.0		10	M12×1.25	10	8	11
>19~21	300						11.2	M14×1.5	11.2	9	12
>21~23	340	0 -3.6	2.5		2.5		14	M16×1.5	14	11.2	14
>23~26	370							M18×1.5			
>26~29.5	400		3.0		3.0		18	M20×1.5	18	14	18
>29.5~33.5	420	0 -4.0	3.5	+0.03 0	3.5	0 -0.03	20	M22×1.5	20	16	20
>33.5~38	440							M24×2			
>38~44	490		4.0		4.0		25	M30×2	25	20	24
>44~54	540	0 -4.4	4.5		4.5		31.5	M36×2	31.5	25	28
>54~68	550						40	M45×2	40	31.5	34

13.2.2 机用铰刀（GB/T 1132—2004、GB/T 1134—2008、GB/T 1135—2004、GB/T 4243—2004、GB/T 4251—2008）

【用途】 装在机床上用于铰制工件上的孔。

【规格】 见图 2-13-27~图 2-13-32 和表 2-13-27~表 2-13-32。

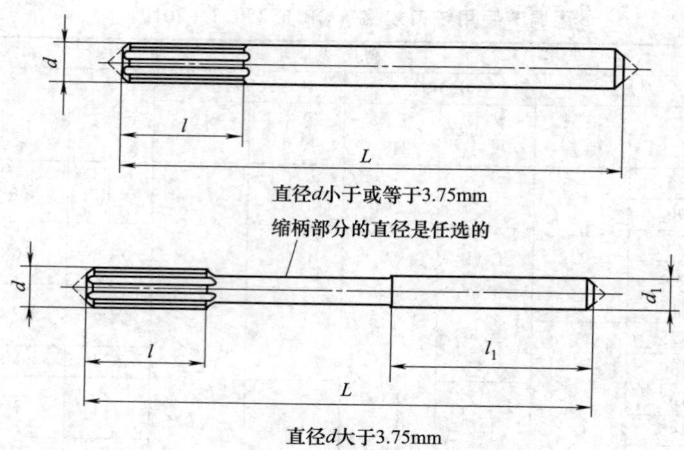

图 2-13-27　直柄机用铰刀

表 2-13-27　　直柄机用铰刀优先采用的尺寸（GB/T 1132—2004）

d	d_1	L	l	l_1
1.4	1.4	40	8	—
(1.5)	1.5			
1.6	1.6	43	9	
1.8	1.8	46	10	
2.0	2.0	49	11	
2.2	2.2	53	12	
2.5	2.5	57	14	
2.8	2.8	61	15	
3.0	3.0			
3.2	3.2	65	16	
3.5	3.5	70	18	
4.0	4.0	75	19	32
4.5	4.5	80	21	33
5.0	5.0	86	23	34
5.5	5.6	93	26	36
6	5.6			
7	7.1	109	31	40
8	8.0	117	33	42
9	9.0	125	36	44
10	10.0	133	38	46
11		142	41	
12		151	44	
(13)				
14	12.5	160	47	50
(15)		162	50	
16		170	52	
(17)	14.0	175	54	52
18		182	56	
(19)	16.0	189	58	58
20		195	60	

注：括号内的尺寸尽量不采用。

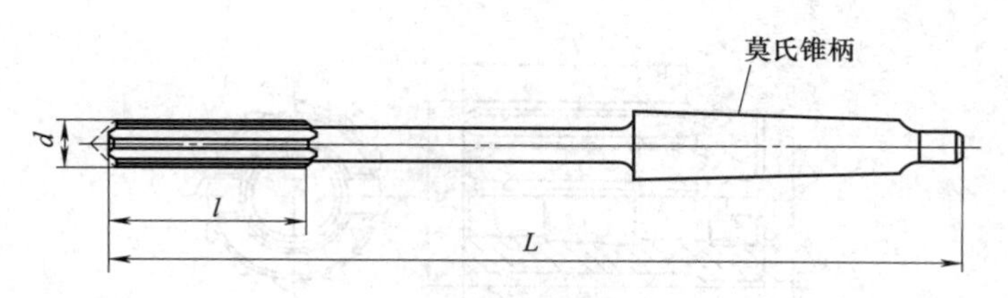

图 2-13-28　莫氏锥柄机用铰刀

表 2-13-28　莫氏锥柄机用铰刀优先采用的尺寸（GB/T 1132—2004）

d	*L*	*l*	莫氏锥柄号
5.5	138	26	1
6			
7	150	31	
8	156	33	
9	162	36	
10	168	38	
11	175	41	
12	182	44	
(13)	182	44	
14	189	47	
15	204	50	2
16	210	52	
(17)	214	54	
18	219	56	
(19)	223	58	
20	228	60	
22	237	64	

d	*L*	*l*	莫氏锥柄号
(24)	268	68	3
25			
(26)	273	70	
28	277	71	
(30)	281	73	
32	317	77	4
(34)	321	78	
(35)			
36	325	79	
(38)	329	81	
40			
(42)	333	82	
(44)	336	83	
(45)			
(46)	340	84	
(48)	344	86	
50			

注：括号内的尺寸尽量不采用。

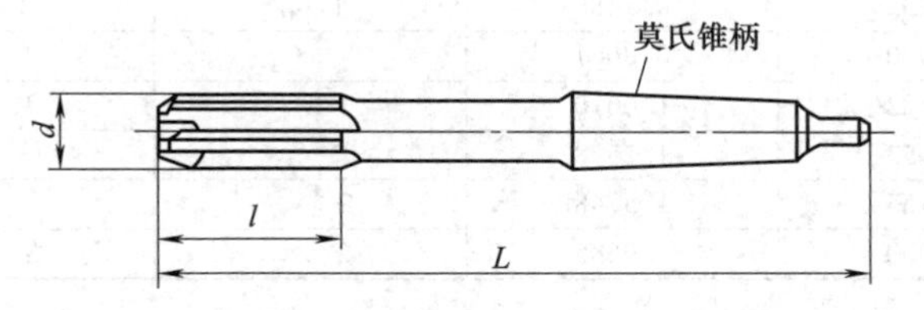

图 2-13-29　带刃倾角莫氏锥柄机用铰刀

表 2-13-29　带刃倾角莫氏锥柄机用铰刀优先采用的尺寸（GB/T 1134—2008）

d	*L*	*l*	莫氏锥柄号
8	156	33	1
9	162	36	
10	168	38	
11	175	41	
12	182	44	
(13)			
(14)	189	47	
(15)	204	50	2
16	210	52	
(17)	214	54	
18	219	56	
(19)	223	58	

d	*L*	*l*	莫氏锥柄号
20	228	60	2
21	232	62	
22	237	64	
(23)	241	66	
(24)	264		3
25	268	68	
(26)	273	70	
(27)	277	71	
28			
(30)	281	73	
32	317	77	4

注：括号内的尺寸尽量不采用。

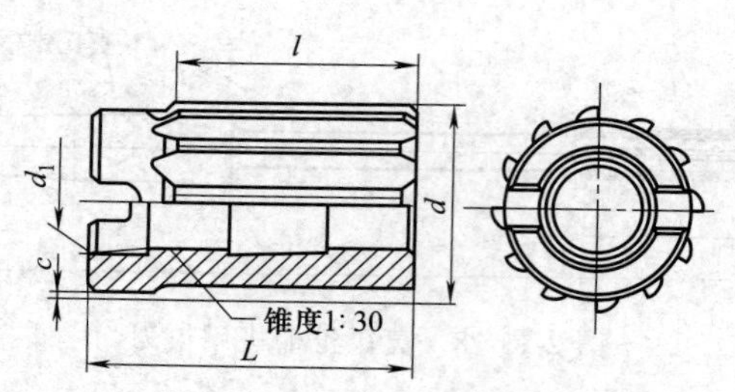

图 2-13-30　套式机用铰刀

表 2-13-30　　套式机用铰刀规格（GB/T 1135—2004）

米制尺寸　　mm

直径范围 d 大于	直径范围 d 至	d_1	l	L	c 最大
19.9	23.6	10	28	40	1.0
23.6	30.0	13	32	45	
30.0	35.5	16	36	50	1.5
35.5	42.5	19	40	56	
42.5	50.8	22	45	63	
50.8	60.0	27	50	71	2.0
60.0	71.0	32	56	80	
71.0	85.0	40	63	90	2.5
85.0	101.6	50	71	100	

英制尺寸　　in

直径范围 d 大于	直径范围 d 至	d_1	l	L	c 最大
0.7835	0.9291	0.3937	$1^{3}/_{32}$	$1^{9}/_{16}$	0.04
0.9291	1.1811	0.5118	$1^{1}/_{4}$	$1^{25}/_{32}$	
1.1811	1.3976	0.6299	$1^{13}/_{32}$	$1^{31}/_{32}$	0.06
1.3976	1.6732	0.7480	$1^{9}/_{16}$	$2^{7}/_{32}$	
1.6732	2.0000	0.8661	$1^{25}/_{32}$	$2^{15}/_{32}$	
2.0000	2.3622	1.0630	$1^{31}/_{32}$	$2^{25}/_{32}$	0.08
2.3622	2.7953	1.2598	$2^{7}/_{32}$	$3^{5}/_{32}$	
2.7953	3.3465	1.5748	$2^{15}/_{32}$	$3^{17}/_{32}$	0.10
3.3465	4.0000	1.9685	$2^{25}/_{32}$	$3^{15}/_{32}$	

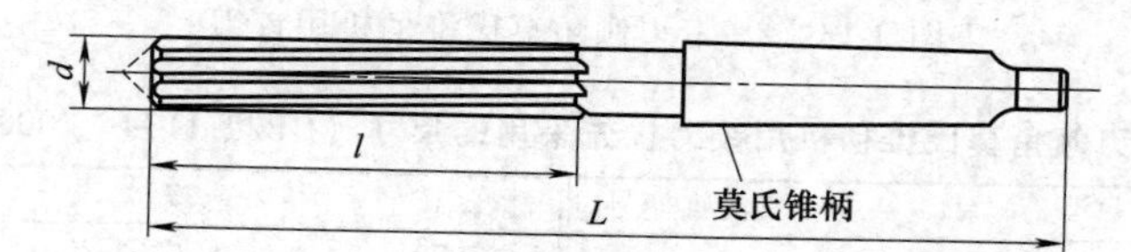

图 2-13-31　莫氏锥柄长刃机用铰刀

表 2-13-31　　莫氏锥柄长刃机用铰刀推荐直径和相应尺寸（GB/T 4243—2004）

米制尺寸　　mm

d	l	L	莫氏锥柄号	d	l	L	莫氏锥柄号
7	54	134	1	14	81	161	1
8	58	138		(15)		181	2
9	62	142		16	87	187	
10	66	146		(17)			
11	71	151		18	93	193	
12	76	156		(19)			
(13)				20	100	200	

续表

米制尺寸/mm							
d	l	L	莫氏锥柄号	d	l	L	莫氏锥柄号
(21)	100	200	2	(42)	152	312	4
22	107	207		(44)	163	323	
(23)				45			
(24)	115	242	3	(46)			
25				(48)	174	334	
(26)				50			
(27)	124	251		(52)		371	5
28				(55)	184	381	
(30)				56			
32	133	293	4	(58)			
(34)	142	302		(60)			
(35)				(62)	194	391	
36				63			
(38)	152	312		67			
40				71	203	400	

英制尺寸/in							
d	l	L	莫氏锥柄号	d	l	L	莫氏锥柄号
1/4	2	$5^{1}/_{8}$	1	1	$4^{1}/_{2}$	$9^{1}/_{2}$	3
9/32	$2^{1}/_{8}$	$5^{1}/_{4}$		$(1^{1}/_{16})$	$4^{7}/_{8}$	$9^{7}/_{8}$	
5/16	$2^{1}/_{4}$	$16^{3}/_{8}$		$1^{1}/_{8}$			
11/32	$2^{7}/_{16}$	$5^{9}/_{16}$		$1^{1}/_{4}$	$5^{1}/_{4}$	$10^{1}/_{4}$	
3/8	$2^{5}/_{8}$	$5^{3}/_{4}$		$(1^{5}/_{16})$		$11^{9}/_{16}$	4
(13/32)				$1^{3}/_{8}$	$5^{5}/_{8}$	$11^{15}/_{16}$	
7/16	$2^{13}/_{16}$	$5^{15}/_{16}$		$(1^{7}/_{16})$			
(15/32)	3	$6^{1}/_{8}$		$1^{1}/_{2}$	6	$12^{5}/_{16}$	
1/2				$(1^{5}/_{8})$			
9/16	$3^{3}/_{16}$	$7^{1}/_{8}$	2	$1^{3}/_{4}$	$6^{7}/_{16}$	$12^{3}/_{4}$	
5/8	$3^{7}/_{16}$	$7^{3}/_{8}$		$(1^{7}/_{8})$	$6^{7}/_{8}$	$13^{3}/_{16}$	
11/16	$3^{11}/_{16}$	$7^{5}/_{8}$		2			
3/4	$3^{15}/_{16}$	$7^{7}/_{8}$		$2^{1}/_{4}$	$7^{1}/_{4}$	15	5
(13/16)				$2^{1}/_{2}$	$7^{5}/_{8}$	$15^{3}/_{8}$	
7/8	$4^{3}/_{16}$	$8^{1}/_{8}$		3	$8^{3}/_{8}$	$16^{1}/_{8}$	

注：括号内的尺寸尽量不采用，莫氏锥柄按 GB/T 1443 的规定。

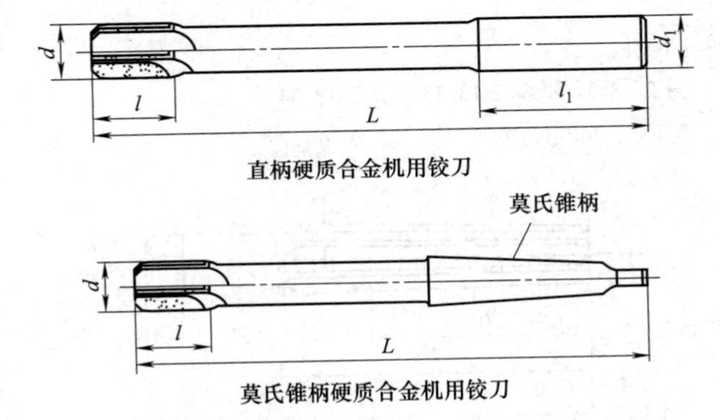

直柄硬质合金机用铰刀

莫氏锥柄硬质合金机用铰刀

图 2-13-32　硬质合金机用铰刀

表 2-13-32　　硬质合金机用铰刀优先采用的尺寸（GB/T 4251—2008）　　mm

直柄硬质合金机用铰刀

d	d_1	L	l	l_1
6	5.6	93	17	36
7	7.1	109		40
8	8.0	117		42
9	9.0	125		44
10	10.0	133		46
11		142		
12		151	20	
(13)				
14	12.5	160		50
(15)		162		
16		170	25	
(17)	14.0	175		52
18		182		
(19)	16.0	189		58
20		195		

莫氏锥柄硬质合金机用铰刀

d	L	l	莫氏锥度号	d	L	l	莫氏锥度号
8	156	17	1	22	237	28	2
9	162			23	241		
10	168			24	268		3
11	175			25			
12	182	20		(26)	273	34	
(13)				28	277		
14	189			(30)	281		
(15)	204	25	2	32	317		4
16	210			(34)	321		
(17)	214			(35)			
18	219			36	325		
(19)	223			(38)	329		
20	228			40			
21	232	28					

注：括号内的尺寸尽量不采用。

13.2.3　莫氏圆锥和米制圆锥铰刀（GB/T 1139—2004）

【用途】　用于铰制工件上的孔。

【规格】　见图 2-13-33、图 2-13-34 和表 2-13-33、表 2-13-34。

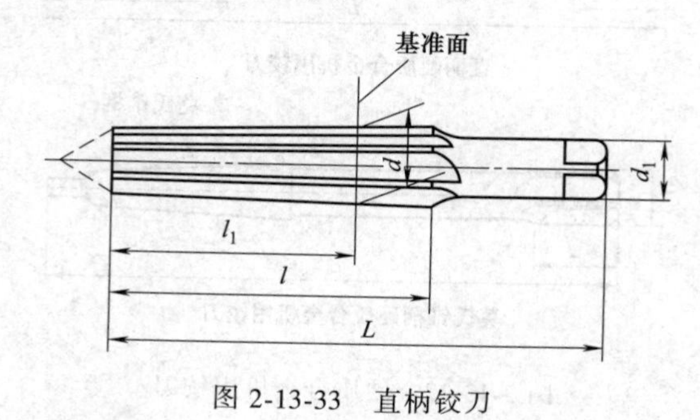

图 2-13-33　直柄铰刀

表 2-13-33　　　　直柄铰刀规格（GB/T 1139—2004）

圆锥			mm					in				
代号		锥度	d	L	l	l_1	d_1(h9)	d	L	l	l_1	d_1(h9)
米制	4	1：20＝0.05	4.000	48	30	22	4.0	0.1575	$1^{7}/_{8}$	$1^{3}/_{16}$	7/8	0.1575
	6		6.000	63	40	30	5.0	0.2362	$2^{15}/_{32}$	$1^{9}/_{16}$	$1^{3}/_{16}$	0.1969
莫氏	0	1：19.212＝0.05205	9.045	93	61	48	8.0	0.3561	$3^{21}/_{32}$	$2^{13}/_{32}$	$1^{7}/_{8}$	0.3150
	1	1：20.047＝0.04988	12.065	102	66	50	10.0	0.4750	$4^{1}/_{32}$	$2^{19}/_{32}$	$1^{31}/_{32}$	0.3937
	2	1：20.020＝0.04995	17.780	121	79	61	14.0	0.7000	$4^{3}/_{4}$	$3^{1}/_{8}$	$2^{13}/_{32}$	0.5512
	3	1：19.922＝0.05020	23.825	146	96	76	20.0	0.9380	$5^{3}/_{4}$	$3^{25}/_{32}$	3	0.7874
	4	1：19.254＝0.05194	31.267	179	119	97	25.0	1.2310	$7^{1}/_{16}$	$4^{11}/_{16}$	$3^{13}/_{16}$	0.9843
	5	1：19.002＝0.05263	44.399	222	150	124	31.5	1.7480	$8^{3}/_{4}$	$5^{29}/_{32}$	$4^{7}/_{8}$	1.2402
	6	1：19.180＝0.05214	63.348	300	208	176	45.0	2.4940	$11^{13}/_{16}$	$8^{3}/_{16}$	$6^{15}/_{16}$	1.7717

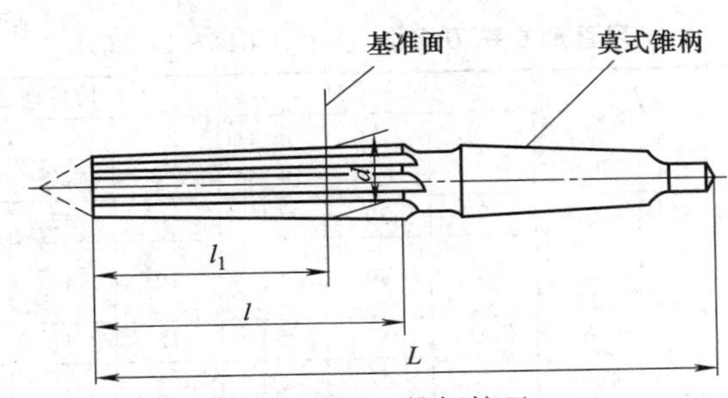

图 2-13-34　锥柄铰刀

表 2-13-34　　　　锥柄铰刀规格（GB /T 1139—2004）

圆锥			mm				in				莫氏锥柄号
代号		锥度	d	L	l	l_1	d	L	l	l_1	
米制	4	1：20＝0.05	4.000	106	30	22	0.1575	$4^{3}/_{16}$	$1^{3}/_{16}$	$^{7}/_{8}$	1
	6		6.000	116	40	30	0.2362	$4^{9}/_{16}$	$1^{9}/_{16}$	$1^{3}/_{16}$	
莫氏	0	1：19.212＝0.05205	9.045	137	61	48	0.3561	$5^{13}/_{32}$	$2^{13}/_{32}$	$1^{7}/_{8}$	
	1	1：20.047＝0.04988	12.065	142	66	50	0.4750	$5^{19}/_{32}$	$2^{19}/_{32}$	$1^{31}/_{32}$	
	2	1：20.020＝0.04995	17.780	173	79	61	0.7000	$6^{13}/_{16}$	$3^{1}/_{8}$	$2^{13}/_{32}$	2
	3	1：19.922＝0.05020	23.825	212	96	76	0.9380	$8^{11}/_{32}$	$3^{25}/_{32}$	3	3
	4	1：19.254＝0.05194	31.267	263	119	97	1.2310	$10^{11}/_{32}$	$4^{11}/_{16}$	$3^{13}/_{16}$	4
	5	1：19.002＝0.05263	44.399	331	150	124	1.7480	$13^{1}/_{32}$	$5^{29}/_{32}$	$4^{7}/_{8}$	5
	6	1：19.180＝0.05214	63.348	389	208	176	2.4940	$15^{5}/_{16}$	$8^{3}/_{16}$	$6^{15}/_{16}$	

13.3　铣工工具

13.3.1　立铣刀（GB/T 6117.1～6117.3—2010）

【其他名称】 端铣刀。

【用途】 装夹在铣床上，用于铣削工件上的垂直台阶面、沟槽和凹槽。细齿的用于精加工，中齿的用于半精加工，粗齿的用于粗加工。

【规格】 见图 2-13-35～图 2-13-37 和表 2-13-35～表 2-13-37。

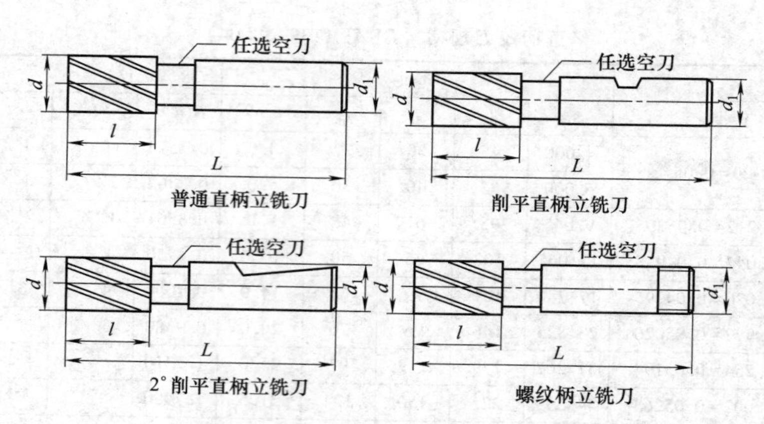

图 2-13-35 立铣刀直柄立铣刀

表 2-13-35 立铣刀直柄立铣刀规格（GB/T 6117.1—2010）

直径范围 d >	直径范围 d ≤	推荐直径 d	推荐直径 d	d_1 Ⅰ组	d_1 Ⅱ组	标准系列 l	标准系列 L Ⅰ组	标准系列 L Ⅱ组	长系列 l	长系列 L Ⅰ组	长系列 L Ⅱ组	齿数 粗齿	齿数 中齿	齿数 细齿
1.9	2.36	2				7	39	51	10	42	54			
2.36	3	2.5	—	4		8	40	52	12	44	56			
		3												
3	3.75	—	3.5		6	10	42	54	15	47	59			
3.75	4	4				11	43	55	19	51	63			
4	4.75	—	—	5			45			53				—
4.75	5	5				13	47	57	24	58	68			
5	6	6		6			57			68				
6	7.5	—	7	8	10	16	60	66	30	74	80			
7.5	8	8	—			19	63	69	38	82	88	3	4	
8	9.5	—	9	10			69			88				
9.5	10	10	—			22	72		45	95				
10	11.8	—	11	12			79			102				5
11.8	15	12	14			26	83		53	110				
15	19	16	18	16		32	92		63	123				
19	23.6	20	22	20		38	104		75	141				
23.6	30	24	28	25		45	121		90	166				6
		25												
30	37.5	32	36	32		53	133		106	186				
37.5	47.5	40	45	40		63	155		125	217				
47.5	60	50	—	50		75	177		150	252		4	6	8
		—	56											
60	67	63	—	50	63	90	192	202	180	282	292	6	8	10
67	75	—	71	63			202			292				

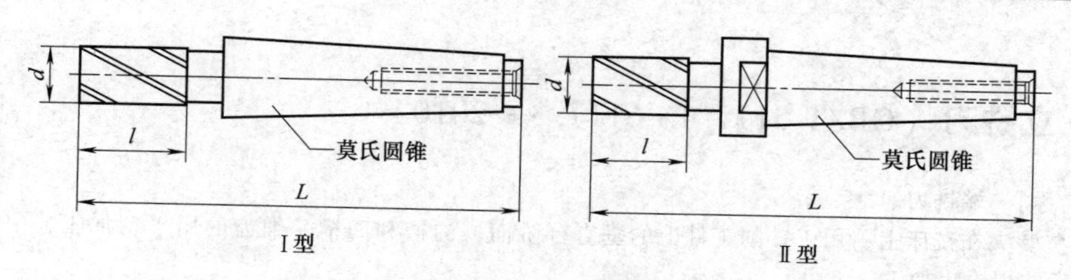

图 2-13-36 莫氏锥柄立铣刀

表 2-13-36　　莫氏锥柄立铣刀规格（GB/T 6117.2—2010）　　mm

直径范围 d		推荐直径 d		l		L				莫氏圆锥号	齿数		
				标准系列	长系列	标准系列		长系列			粗齿	中齿	细齿
>	≤					Ⅰ型	Ⅱ型	Ⅰ型	Ⅱ型				
5	6	6	—	13	24	83	—	94	—	1	3	4	—
6	7.5	—	7	16	30	86		100					
7.5	9.5	8	—	19	38	89		108					
		—	9										5
9.5	11.8	10	11	22	45	92		115					
11.8	15	12	14	26	53	96		123					
						111		138		2			
15	19	16	18	32	63	117		148					6
19	23.6	20	22	38	75	123		160					
						140		177		3			
23.6	30	24	28	45	90	147		192					
		25											
30	37.5	32	36	53	106	155		208			4	6	8
						178	201	231	254	4			
37.5	47.5	40	45	63	125	188	211	250	273				
						221	249	283	311	5			
47.5	60	50	—	75	150	200	223	275	298	4			
						233	261	308	336	5			
		—	56			200	223	275	298	4	6	8	10
						233	261	308	336	5			
60	75	63	71	90	180	248	276	338	366				

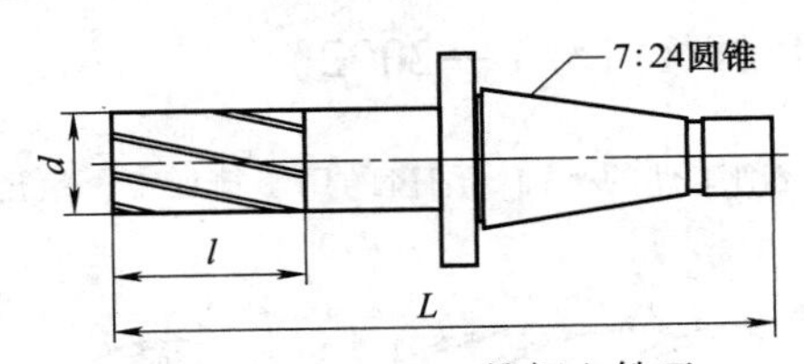

图 2-13-37　7：24 锥柄立铣刀

表 2-13-37　　7：24 锥柄立铣刀规格（GB/T 6117.3—2010）

直径范围 d		推荐直径 d		l		L		7：24圆锥号	齿数		
>	≤			标准系列	长系列	标准系列	长系列		粗齿	中齿	细齿
23.6	30	25	28	45	90	150	195	30	3	4	6
30	37.5	32	36	53	106	158	211		4	6	8
						188	241	40			
						208	261	45			
37.5	47.5	40	45	63	125	198	260	40			
						218	280	45			
						240	302	50			
47.5	60	50	—	75	150	210	285	40	4	6	8
						230	305	45			
						252	327	50			
		—	56			210	285	40	6	8	10
						230	305	45			
						252	327	50			
60	75	63	71	90	180	245	335	45			
						267	357	50			
75	95	80	—	106	212	283	389				

13.3.2 直柄键槽铣刀及莫氏锥柄键槽铣刀（GB/T 1112.1、1112.2—97）

【其他名称】 双唇立铣刀。

【用途】 装夹在铣床上，专用于铣削轴类零件上的平行键槽。

【规格】 见表 2-13-38。

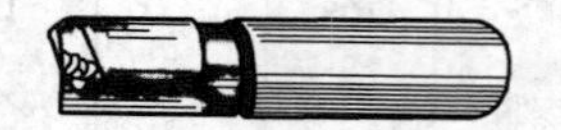
直柄

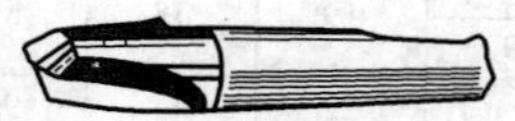
锥柄

图 2-13-38 直柄键槽铣刀及莫氏锥柄键槽铣刀

表 2-13-38 直柄键槽铣刀及莫氏锥柄键槽铣刀规格（GB/T 1112.1、1112.2—97） mm

类型	项目							
直柄	直径	2	3	4	5	6	7	
	长度	39	40	43	47	57	60	
	直径	8	10	12,14	16,18	20		
	长度	63	72	83	92	104		
锥柄	直径	10	12,14	16,18	20,22	24,25,28		
	长度	92	96	111	117	123	140	147
	莫氏圆锥号	1	2	3				
	直径	32,36	40,45	50,56	63			
	长度	155	178	188	221	200	233	248
	莫氏圆锥号	3	4	5	4	5		

注：键槽铣刀按直径的极限偏差分 e8 公差带和 d8 公差带两种。

13.3.3 圆柱形铣刀（GB/T 1115.1—2002）

【用途】 装夹在铣床上，用于铣削工件的平面。细齿的用于精加工，粗齿的用于粗加工。

【规格】 见表 2-13-39。

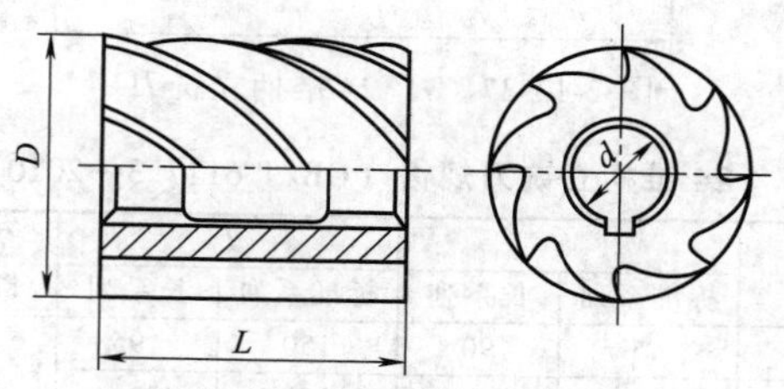

图 2-13-39 圆柱形铣刀

表 2-13-39 圆柱形铣刀规格（GB/T 1115.1—2002） mm

D js16	d H7	L js16 40	50	63	70	80	100	125
50	22	×		×		×		
63	27		×		×			
80	32			×			×	
100	40				×			×

注：×表示有此规格。

13.3.4 套式立铣刀（GB/T 1114—2016）

【其他名称】 套式面铣刀、套式端铣刀。

【用途】 装夹在铣床上，用于铣削工件的平面。细齿的用于精加工，粗齿的用于粗加工。

【规格】 套式立铣刀的形式和尺寸按图 2-13-40 和表 2-13-40 的规定。端面键槽尺寸和偏差按 GB/T 20329 的规定。套式立铣刀可以制造成右螺旋齿和左螺旋齿。

表 2-13-40　　套式立铣刀规格　　mm

D js16	d H7	L k16	l^{+1}_{0}	d_1 最小	d_2 最小
40	16	32	18	23	33
50	22	36	20	30	41
63	27	40	22	38	49
80	27	45	22	38	49
100	32	50	25	45	59
125	40	56	28	56	71
160	50	63	31	67	91

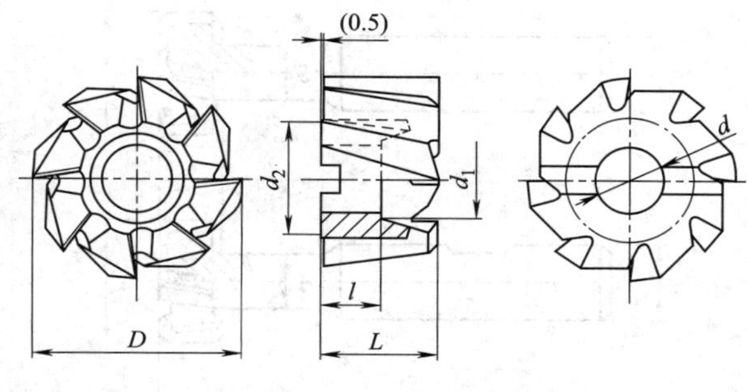

背面上0.5mm不作硬性的规定。

图 2-13-40　套式立铣刀

【标记】

标记示例：

外圆直径 D=63mm 的右螺旋齿套式立铣刀为：套式立铣刀 63　GB/T 1114—2016。

外圆直径 D=63mm 的左螺旋齿套式立铣刀为：套式立铣刀 63-L　GB/T 1114—2016。

13.3.5　三面刃铣刀（GB/T 6119—2012）

【形式】 三面刃铣刀的形式和尺寸按图 2-13-41 和表 2-13-41 的规定。键槽尺寸按 GB/T 6132 的规定。

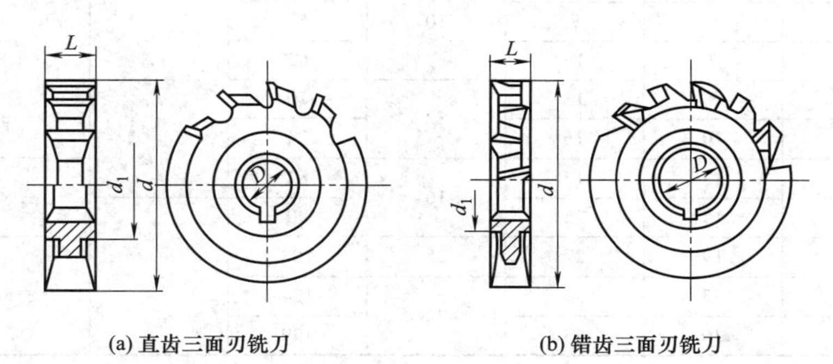

(a) 直齿三面刃铣刀　　(b) 错齿三面刃铣刀

图 2-13-41　三面刃铣刀

表 2-13-41　　三面刃铣刀的尺寸　　mm

<table>
<tr><th rowspan="2">d
js16</th><th rowspan="2">D
H7</th><th rowspan="2">d₁
min</th><th colspan="16">L
k11</th></tr>
<tr><th>4</th><th>5</th><th>6</th><th>8</th><th>10</th><th>12</th><th>14</th><th>16</th><th>18</th><th>20</th><th>22</th><th>25</th><th>28</th><th>32</th><th>36</th><th>40</th></tr>
<tr><td>50</td><td>16</td><td>27</td><td>×</td><td>×</td><td>×</td><td>×</td><td>×</td><td>—</td><td>—</td><td>—</td><td rowspan="2">—</td><td rowspan="2">—</td><td rowspan="3">—</td><td rowspan="3">—</td><td rowspan="4">—</td><td rowspan="5">—</td><td rowspan="6">—</td><td rowspan="6">—</td></tr>
<tr><td>63</td><td>22</td><td>34</td><td>×</td><td>×</td><td>×</td><td>×</td><td>×</td><td>×</td><td>×</td><td>×</td></tr>
<tr><td>80</td><td>27</td><td>41</td><td rowspan="5">—</td><td>×</td><td>×</td><td>×</td><td>×</td><td>×</td><td>×</td><td>×</td><td>×</td><td>×</td></tr>
<tr><td>100</td><td rowspan="2">32</td><td rowspan="2">47</td><td rowspan="4">—</td><td>×</td><td>×</td><td>×</td><td>×</td><td>×</td><td>×</td><td>×</td><td>×</td><td>×</td><td>×</td></tr>
<tr><td>125</td><td rowspan="3">—</td><td>×</td><td>×</td><td>×</td><td>×</td><td>×</td><td>×</td><td>×</td><td>×</td><td>×</td><td>×</td></tr>
<tr><td>160</td><td rowspan="2">40</td><td rowspan="2">55</td><td rowspan="2">—</td><td>×</td><td>×</td><td>×</td><td>×</td><td>×</td><td>×</td><td>×</td><td>×</td><td>×</td><td>×</td></tr>
<tr><td>200</td><td>—</td><td>×</td><td>×</td><td>×</td><td>×</td><td>×</td><td>×</td><td>×</td><td>×</td><td>×</td><td>×</td><td>×</td></tr>
</table>

注：×表示有此规格。

【其他名称】 三面刃盘铣刀。

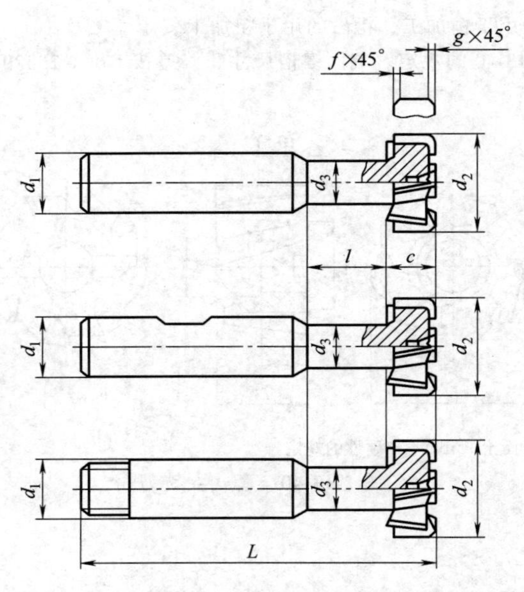

图 2-13-42 普通直柄、削平直柄和螺纹柄 T 形槽铣刀

【用途】 分直齿和错齿两大类，装夹在铣床上，用于铣削工件一定宽度的沟槽及端面。直齿的用于加工较浅的沟槽和光洁加工，错齿的用于加工较深的沟槽。

【标记】

示例 1：

外圆直径 d = 63mm、厚度 L = 12mm 的直齿三面刃铣刀标记为：直齿三面刃铣刀 63 × 12 GB/T 6119—2012。

示例 2：

外圆直径 d = 63mm、厚度 L = 12mm 的错齿三面刃铣刀标记为：错齿三面刃铣刀 63 × 12 GB/T 6119—2012。

13. 3. 6 T 形槽铣刀（GB/T 6124—2007）

【用途】 安装在铣床上，用于铣削工件 T 形槽。

【规格】 见图 2-13-42、图 2-13-43 和表 2-13-42、表 2-13-43。

表 2-13-42 普通直柄、削平直柄和螺纹柄 T 形槽铣刀规格（GB/T 6124—2007）

d_2 h12	c h12	d_3 max	l^{+1}_{0}	$d_1$①	L js18	f max	g max	T 形槽宽度
11	3. 5	4	6. 5	10	53. 5	0. 6	1	5
12. 5	6	5	7		57			6
16	8	7	10		62			8
18		8	13	12	70			10
21	9	10	16		74			12
25	11	12	17	16	82		1. 6	14
32	14	15	22		90	1		18
40	18	19	27	25	108		2. 5	22
50	22	25	34	32	124			28
60	28	30	43		139			36

① d_1 的公差（按照 GB/T 6131. 1、GB/T 6131. 2、GB/T 6131. 4 的规定）

——普通直柄适用 h8；

——削平直柄适用 h6；

——螺纹柄适用 h8。

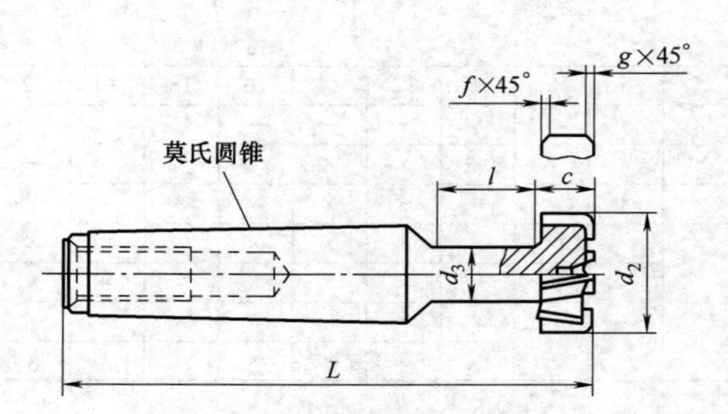

图 2-13-43 带螺纹孔的莫氏锥柄 T 形槽铣刀

表 2-13-43　　带螺纹孔的莫氏锥柄 T 形槽铣刀规格（GB/T 6124—2007）　　mm

d_2 h12	c h12	d_3 max	l^{+1}_{0}	L	f max	g max	莫氏圆锥号	T 形槽宽度
18	8	8	13	82	0.6	1	1	10
21	9	10	16	98			2	12
25	11	12	17	103		1.6		14
32	14	15	22	111	1		3	18
40	18	19	27	138		2.5	4	22
50	22	25	34	173				28
60	28	30	43	188				36
72	35	36	50	229	1.6	4	5	42
85	40	42	55	240	2	6		48
95	44	44	62	251				54

13.3.7　锯片铣刀（GB/T 6120—2012）

【形式和尺寸】 锯片铣刀的形式和尺寸按图 2-13-44 和表 2-13-44～表 2-13-46 的规定。$d \geqslant 110$mm，且 $L \geqslant 3$mm 时，键槽的尺寸按 GB/T 6132 的规定。锯片铣刀齿数的确定方法见图 2-13-45。

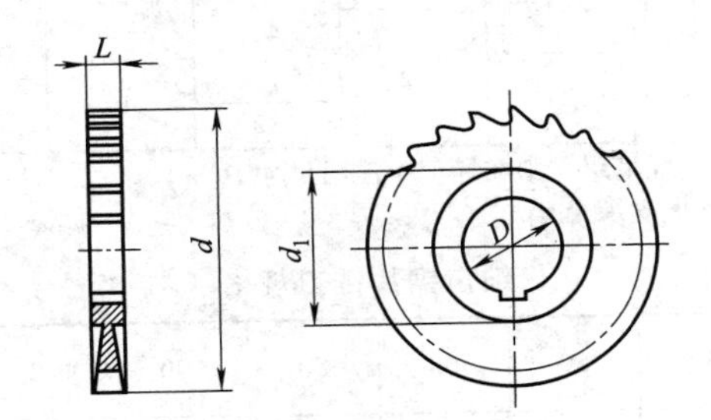

图 2-13-44　锯片铣刀

表 2-13-44　　粗齿锯片铣刀规格　　mm

d js16	50	63	80	100	125	160	200	250	315
D H7	15	16	22	22(27)		32			40
d_1 mm	—		34	34(40)		47	63		80
L js11	齿数(参考)								
0.80	24	32	40	40	—	—	—	—	—
1.00			32		18				
1.20		24			40	48			
1.50	20			32			48		
2.00			24			40		64	
2.50		20			32			48	54
3.00	16			24			40		
4.00			20			32			48
5.00		16			24			40	
6.00	—			20			32		

注：1. 括号内的尺寸尽量不采用，如要采用，则在标记中注明尺寸 D。

2. $d \geqslant 80$mm，且 $L<3$mm 时，允许不做支承台 d_1。

表 2-13-45　　　　中齿锯片铣刀规格

mm

<table>
<tr><td>d
js16</td><td>32</td><td>40</td><td>50</td><td>61</td><td>80</td><td>100</td><td>125</td><td>160</td><td>200</td><td>250</td><td>315</td></tr>
<tr><td>D
H7</td><td>8</td><td>10(13)</td><td>13</td><td>16</td><td>22</td><td colspan="2">22(27)</td><td colspan="3">32</td><td>40</td></tr>
<tr><td>d_1
mm</td><td colspan="4">—</td><td>34</td><td colspan="2">34(40)</td><td>47</td><td colspan="2">63</td><td>80</td></tr>
<tr><td>L
js11</td><td colspan="11">齿数(参考)</td></tr>
<tr><td>0.30</td><td rowspan="3">40</td><td rowspan="2">48</td><td>64</td><td rowspan="3">64</td><td rowspan="3">—</td><td rowspan="4">—</td><td rowspan="5">—</td><td rowspan="6">—</td><td rowspan="7">—</td><td rowspan="8">—</td><td rowspan="9">—</td></tr>
<tr><td>0.40</td><td rowspan="3">48</td></tr>
<tr><td>0.50</td><td rowspan="3">40</td></tr>
<tr><td>0.60</td><td rowspan="3">32</td><td rowspan="3">48</td><td rowspan="2">64</td></tr>
<tr><td>0.80</td><td rowspan="3">40</td><td rowspan="3">64</td></tr>
<tr><td>1.00</td><td rowspan="3">32</td><td rowspan="3">48</td><td>80</td></tr>
<tr><td>1.20</td><td rowspan="3">24</td><td rowspan="3">40</td><td rowspan="3">64</td><td rowspan="2">80</td></tr>
<tr><td>1.60</td><td rowspan="3">32</td><td rowspan="3">48</td><td rowspan="3">80</td></tr>
<tr><td>2.00</td><td rowspan="3">24</td><td rowspan="3">40</td><td rowspan="3">64</td><td>100</td></tr>
<tr><td>2.50</td><td rowspan="2">20</td><td rowspan="3">32</td><td rowspan="3">48</td><td rowspan="3">80</td><td rowspan="2">100</td></tr>
<tr><td>3.00</td><td rowspan="3">24</td><td rowspan="3">40</td><td rowspan="3">64</td></tr>
<tr><td>4.00</td><td rowspan="3">—</td><td>20</td><td rowspan="3">32</td><td rowspan="3">48</td><td rowspan="3">80</td></tr>
<tr><td>5.00</td><td rowspan="2">—</td><td rowspan="2">24</td><td rowspan="2">40</td><td rowspan="2">64</td></tr>
<tr><td>6.00</td><td>—</td><td>32</td><td>48</td></tr>
</table>

注：1. 括号内的尺寸尽量不采用，如要采用，则在标记中注明尺寸 D。

2. $d \geqslant 80$mm，且 $L<3$mm 时，允许不做支承台 d_1。

表 2-13-46　　　　细齿锯片铣刀规格

mm

<table>
<tr><td>d
js16</td><td>20</td><td>25</td><td>32</td><td>40</td><td>50</td><td>63</td><td>80</td><td>100</td><td>125</td><td>160</td><td>200</td><td>250</td><td>315</td></tr>
<tr><td>D
H7</td><td>5</td><td colspan="2">8</td><td>10
(13)</td><td>13</td><td>16</td><td>22</td><td colspan="2">22(27)</td><td colspan="3">32</td><td>40</td></tr>
<tr><td>d_1
mm</td><td colspan="6">—</td><td>34</td><td colspan="2">34(40)</td><td>47</td><td colspan="2">63</td><td>80</td></tr>
<tr><td>L
js11</td><td colspan="13">齿数(参考)</td></tr>
<tr><td>0.20</td><td>80</td><td rowspan="3">80</td><td rowspan="2">100</td><td>128</td><td>—</td><td rowspan="2">—</td><td rowspan="4">—</td><td rowspan="5">—</td><td rowspan="6">—</td><td rowspan="8">—</td><td rowspan="9">—</td><td rowspan="10">—</td><td rowspan="11">—</td></tr>
<tr><td>0.25</td><td rowspan="3">64</td><td rowspan="3">100</td><td rowspan="2">128</td></tr>
<tr><td>0.30</td><td rowspan="3">80</td><td rowspan="3">128</td></tr>
<tr><td>0.40</td><td rowspan="3">64</td><td rowspan="3">100</td></tr>
<tr><td>0.50</td><td rowspan="3">48</td><td rowspan="3">80</td><td rowspan="3">128</td></tr>
<tr><td>0.60</td><td rowspan="3">64</td><td rowspan="3">100</td><td>160</td></tr>
<tr><td>0.80</td><td rowspan="3">48</td><td rowspan="3">80</td><td rowspan="3">128</td><td rowspan="2">160</td></tr>
<tr><td>1.00</td><td rowspan="3">40</td><td rowspan="3">54</td><td rowspan="3">100</td></tr>
<tr><td>1.20</td><td rowspan="3">48</td><td rowspan="3">80</td><td rowspan="3">128</td><td rowspan="2">160</td></tr>
<tr><td>1.60</td><td rowspan="3">40</td><td rowspan="3">64</td><td rowspan="3">100</td><td rowspan="3">160</td></tr>
<tr><td>2.00</td><td>32</td><td rowspan="3">48</td><td rowspan="3">80</td><td rowspan="3">128</td><td>200</td></tr>
<tr><td>2.50</td><td rowspan="5">—</td><td rowspan="2">40</td><td rowspan="3">64</td><td rowspan="3">100</td><td rowspan="3">160</td><td rowspan="2">200</td></tr>
<tr><td>3.00</td><td rowspan="4">—</td><td rowspan="3">48</td><td rowspan="3">80</td><td rowspan="3">128</td></tr>
<tr><td>4.00</td><td rowspan="3">—</td><td>40</td><td rowspan="3">64</td><td rowspan="3">100</td><td rowspan="3">160</td></tr>
<tr><td>5.00</td><td rowspan="2">—</td><td rowspan="2">48</td><td rowspan="2">80</td><td rowspan="2">128</td></tr>
<tr><td>6.00</td><td>—</td><td>64</td><td>100</td></tr>
</table>

注：1. 括号内的尺寸尽量不采用，如要采用，则在标记中注明尺寸 D。

2. $d_2 \geqslant 80$mm，且 $L<3$mm 时，允许不做支承台 d_1。

【其他名称】 锯片铣刀。

【用途】 用于锯切金属材料及铣削工件上的窄槽。细齿的一般用于加工硬金属，如钢、铸铁等；粗齿的一般用于加工软金属，如铝及铝合金等；中齿的介于上述两者之间。

【标记】

示例 1：

$d=125$mm，$L=6$mm 的粗齿锯片铣刀的标记为：粗齿锯片铣刀 125×6　GB/T 6120—2012。

示例 2：

$d=125$mm，$L=6$mm 的中齿锯片铣刀的标记为：中齿锯片铣刀 125×6　GB/T 6120—2012。

示例 3：

$d=125$mm，$L=6$mm 的细齿锯片铣刀的标记为：细齿锯片铣刀 125×6　GB/T 6120—2012。

示例 4：

$d=125$mm，$L=6$mm，$D=27$mm 的中齿锯片铣刀的标记为：中齿锯片铣刀 125×6×27　GB/T 6120—2012。

【锯片铣刀齿数的确定方法】 根据外圆直径和厚度确定齿数的示意图见图 2-13-45。

当外圆直径 $d=80$mm，厚度 $L=1.2$mm 时，通过 80 和 1.2 两条线的交点顺着倾斜线的方向求得齿数：细齿 100，中齿 48，粗齿 32。

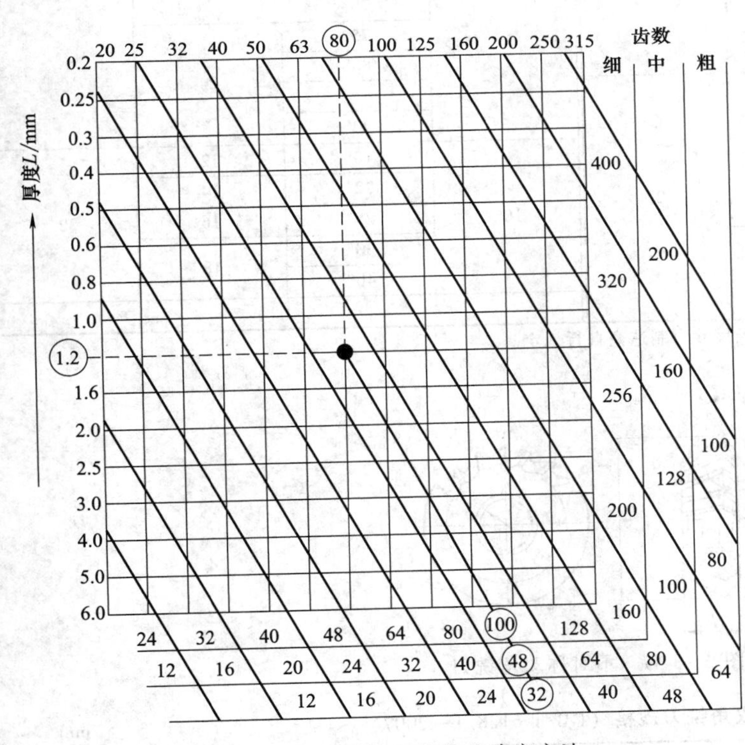

图 2-13-45　锯片铣刀齿数的确定方法

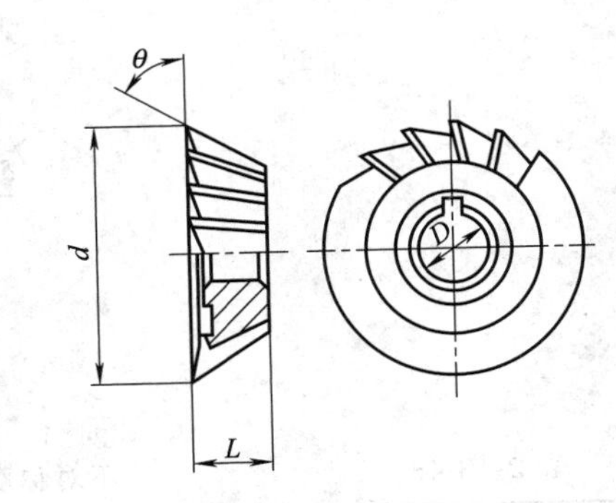

图 2-13-46　单角铣刀

13.3.8　角度铣刀（GB/T 6128.1、6128.2—2007）

【用途】 用于铣削成一定角度的沟槽，有单角铣刀和双角铣刀两种。

【规格】 见图 2-13-46～图 2-13-48 和表 2-13-47～表 2-13-49。

表 2-13-47　　单角铣刀规格（GB/T 6128.1—2007）

mm

<table>
<tr><th>d
js16</th><th>θ
±20′</th><th>L
js16</th><th>D
H7</th></tr>
<tr><td rowspan="10">40</td><td>45°</td><td rowspan="4">8</td><td rowspan="10">13</td></tr>
<tr><td>50°</td></tr>
<tr><td>55°</td></tr>
<tr><td>60°</td></tr>
<tr><td>65°</td><td rowspan="6">10</td></tr>
<tr><td>70°</td></tr>
<tr><td>75°</td></tr>
<tr><td>80°</td></tr>
<tr><td>85°</td></tr>
<tr><td>90°</td></tr>
<tr><td rowspan="10">50</td><td>45°</td><td rowspan="10">13</td><td rowspan="10">16</td></tr>
<tr><td>50°</td></tr>
<tr><td>55°</td></tr>
<tr><td>60°</td></tr>
<tr><td>65°</td></tr>
<tr><td>70°</td></tr>
<tr><td>75°</td></tr>
<tr><td>80°</td></tr>
<tr><td>85°</td></tr>
<tr><td>90°</td></tr>
<tr><td rowspan="15">63</td><td>18°</td><td>6</td><td rowspan="20">22</td></tr>
<tr><td>22°</td><td>7</td></tr>
<tr><td>25°</td><td>8</td></tr>
<tr><td>30°</td><td rowspan="2">9</td></tr>
<tr><td>40°</td></tr>
<tr><td>45°</td><td rowspan="3">16</td></tr>
<tr><td>50°</td></tr>
<tr><td>55°</td></tr>
<tr><td>60°</td><td rowspan="3">16</td></tr>
<tr><td>65°</td></tr>
<tr><td>70°</td></tr>
<tr><td>75°</td><td rowspan="4">20</td></tr>
<tr><td>80°</td></tr>
<tr><td>85°</td></tr>
<tr><td>90°</td></tr>
<tr><td rowspan="15">80</td><td>18°</td><td>10</td></tr>
<tr><td>22°</td><td>12</td></tr>
<tr><td>25°</td><td>13</td></tr>
<tr><td>30°</td><td rowspan="2">15</td></tr>
<tr><td>40°</td></tr>
<tr><td>45°</td><td rowspan="6">22</td><td rowspan="10">27</td></tr>
<tr><td>50°</td></tr>
<tr><td>55°</td></tr>
<tr><td>60°</td></tr>
<tr><td>65°</td></tr>
<tr><td>70°</td></tr>
<tr><td>75°</td><td rowspan="4">24</td></tr>
<tr><td>80°</td></tr>
<tr><td>85°</td></tr>
<tr><td>90°</td></tr>
<tr><td rowspan="5">100</td><td>18°</td><td>12</td><td rowspan="5">32</td></tr>
<tr><td>22°</td><td>14</td></tr>
<tr><td>25°</td><td>16</td></tr>
<tr><td>30°</td><td rowspan="2">18</td></tr>
<tr><td>40°</td></tr>
</table>

注：单角铣刀的顶刃允许有圆弧，圆弧半径尺寸由制造商自行规定。

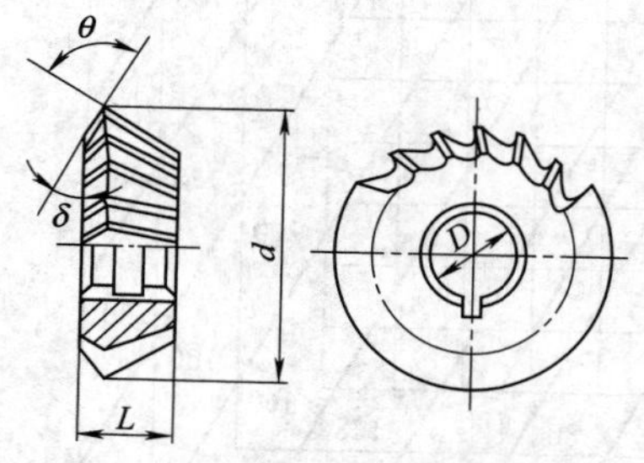

图 2-13-47　不对称双角铣刀

表 2-13-48　　不对称双角铣刀规格（GB/T 6128.1—2007）

mm

<table>
<tr><th>d
js16</th><th>θ
±20′</th><th>δ
±30′</th><th>L
js16</th><th>D
H7</th></tr>
<tr><td rowspan="9">40</td><td>55°</td><td rowspan="7">15°</td><td rowspan="3">6</td><td rowspan="9">13</td></tr>
<tr><td>60°</td></tr>
<tr><td>65°</td></tr>
<tr><td>70°</td><td rowspan="2">8</td></tr>
<tr><td>75°</td></tr>
<tr><td>80°</td><td>10</td></tr>
<tr><td>85°</td><td rowspan="2">10</td></tr>
<tr><td>90°</td><td>20°</td></tr>
<tr><td>100°</td><td>25°</td><td>13</td></tr>
<tr><td rowspan="3">50</td><td>55°</td><td rowspan="3">15°</td><td rowspan="3">8</td><td rowspan="3">16</td></tr>
<tr><td>60°</td></tr>
<tr><td>65°</td></tr>
</table>

续表

d js16	θ ±20′	δ ±30′	L js16	D H7
50	70°	15°	10	16
	75°			
	80°		13	
	85°			
	90°	20°	16	
	100°	25°		
63	55°	15°	10	22
	60°			
	65°			
	70°		13	
	75°			
	80°		16	
	85°			
	90°	20°		
	100°	25°		
80	50°	15°	13	27

d js16	θ ±20′	δ ±30′	L js16	D H7
80	55°	15°	13	27
	60°		16	
	65°			
	70°		20	
	75°			
	80°			
	85°		24	
	90°	20°		
100	50°	15°	20	32
	55°			
	60°		24	
	65°			
	70°		30	
	75°			
	80°			

注：不对称双角铣刀的顶刃允许有圆弧，圆弧半径尺寸由制造商自行规定。

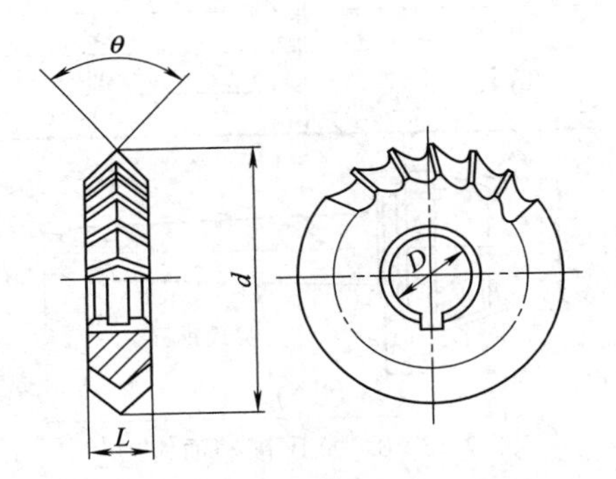

图 2-13-48　对称双角铣刀

表 2-13-49　**对称双角铣刀规格**（GB/T 6128.2—2007）　mm

d js16	θ ±30′	L js16	D H7
50	45°	8	16
	60°	10	
	90°	14	
63	18°	5	22
	22°	6	
	25°	7	
	30°	8	
	40°		
	45°	10	
	50°		
	60°	14	
	90°	20	
80	18°	8	27
	22°	10	

d js16	θ ±30′	L js16	D H7
80	25°	11	27
	30°	12	
	40°		
	45°		
	60°	18	
	90°	22	
100	18°	10	32
	22°	12	
	25°	13	
	30°	14	
	40°		
	45°	18	
	60°	25	
	90°	32	

注：对称双角铣刀的顶刃允许有圆弧，圆弧半径尺寸由制造商自行规定。

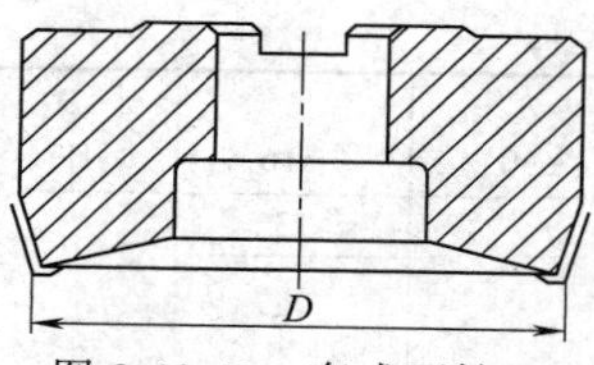

图 2-13-49 套式面铣刀

13.3.9 面铣刀（GB/T 5342.1、5342.2—2006，JB/T 7954—2013）

【用途】 用于立式铣床、端面铣床或龙门铣床上加工平面，端面和圆周上均有刀齿。

【规格】 见图 2-13-49～图 2-13-51 和表 2-13-50～表 2-13-52。

表 2-13-50 套式面铣刀规格（GB/T 5342.1—2006） mm

A 型面铣刀，端键传动，内六角沉头螺钉紧固			
D js16	紧固螺钉	D js16	紧固螺钉
50	M10	80	M12
63	M10	100	M16
B 型面铣刀，端键传动，铣刀夹持螺钉紧固			
D js16	紧固螺钉	D js16	紧固螺钉
80	M12	125	M20
100	M16		
C 型面铣刀，安装在带有 7∶24 锥柄的定心刀柄上			
D	定心刀柄	D	定心刀柄
160	40 号	315	50 号和 60 号
200	50 号	400	
250		500	

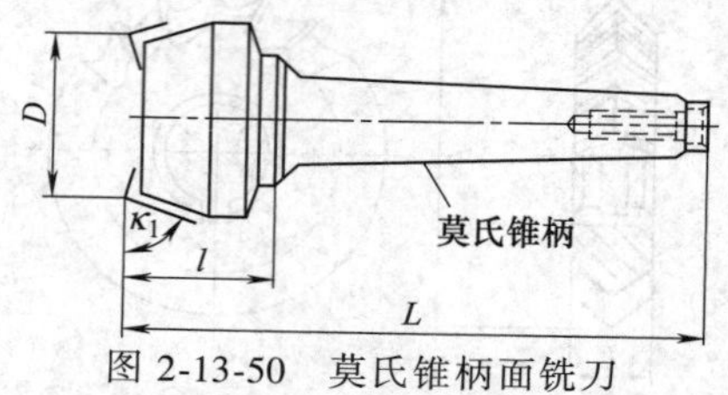

图 2-13-50 莫氏锥柄面铣刀

表 2-13-51 莫氏锥柄面铣刀规格（GB/T 5342.2—2006） mm

D js14	L h16	莫氏锥柄号	l（参考）
63	157	4	48
80			

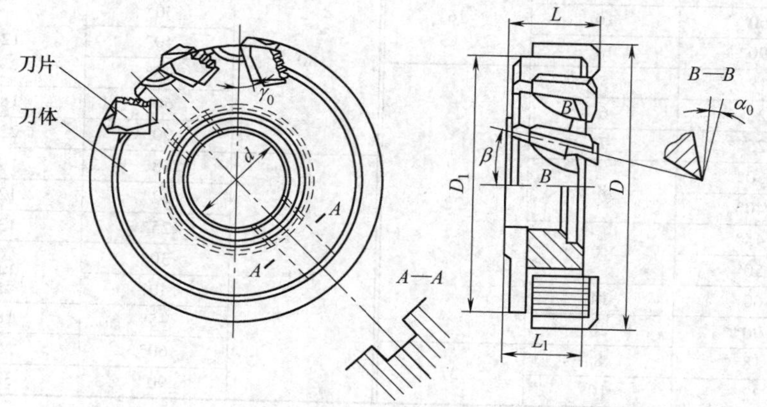

图 2-13-51 镶齿套式面铣刀

表 2-13-52　　镶齿套式面铣刀规格　　mm

D js16	L js16	d H7	D_1	L_1	参考 β	参考 γ_0	参考 α_0	参考 齿数
80	36	27	70	30	10°	15°	12°	10
100	40	32	90	34				
125		40	115					14
160	45	50	150	37	10°	15°	12°	16
200			186					20
250			236					26

注：按用户要求也可制成左切削的铣刀，刀片的尺寸和偏差按 JB/T 7955 的规定，端面键槽的尺寸和偏差按 GB/T 6132 的规定。

【标记】

示例：

外径 D=200mm 的镶齿套式面铣刀标记为：镶齿套式面铣刀　200　JB/T 7954—2013。

13.4　车　　刀

13.4.1　机夹切断车刀（GB/T 10953—2006）

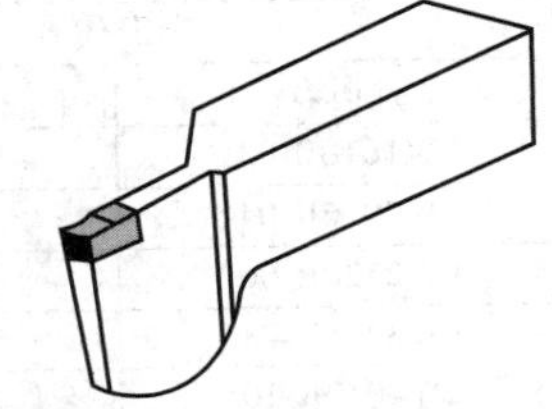

图 2-13-52　机夹切断车刀

【用途】　主要用于在卧式和立式车床、回轮和转塔车床、自动和半自动车床、数控车床以及车削中心上切断杆料，也可用于切槽、切左右端面、倒角等工作。

【规格】　见表 2-13-53。

表 2-13-53　　机夹切断车刀规格（GB/T 10953—2006）　　mm

车刀代号 右切刀	车刀代号 左切刀	刀尖高度 h_1	刀杆宽度 b	刀片宽度 B	最大加工直径
A 型机夹切断车刀					
QA2022R-03	QA2022L-03	20	22	3.2	40
QA2022R-04	QA2022L-04			4.2	
QA2525R-04	QA2525L-04	25	25		60
QA2525R-05	QA2525L-05			5.3	
QA3232R-05	QA3232L-05	32	32		80
QA3232R-06	QA3232L-06			6.5	
B 型机夹切断车刀					
QB2020R-04	QB2020L-04	20	20	4.2	100
QB2020R-05	QB2020L-05			5.3	
QB2525R-05	QB2525L-05	25	25		125
QB2525R-06	QB2525L-06			6.5	
QB3232R-06	QB3232L-06	32	32		150
QB3232R-08	QB3232L-08			8.5	
QB4040R-08	QB4040L-08	40	40		175
QB4040R-10	QB4040L-10			10.5	
QB5050R-10	QB5050L-10	50	50		200
QB5050R-12	QB5050L-12			12.5	

13.4.2 机夹螺纹车刀（GB/T 10954—2006）

【用途】 用于在车削加工机床上进行螺纹的切削加工。

【规格】 见表 2-13-54。

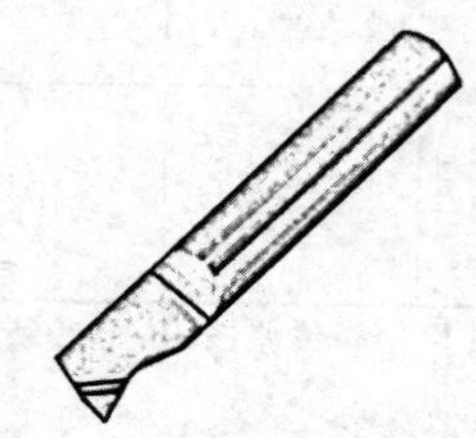

图 2-13-53 机夹螺纹车刀

表 2-13-54 机夹螺纹车刀规格（GB/T 10954—2006） mm

车刀代号		刀尖高度 h_1	刀杆宽度 b	刀片宽度 B
机夹外螺纹车刀				
右切刀	左切刀	js14	h13	
LW1616R-03	LW1616L-03	16	16	3
LW2016R-04	LW2016L-04	20	16	4
LW2520R-06	LW2520L-06	25	20	6
LW3225R-08	LW3225L-08	32	25	8
LW4032R-10	LW4032L-10	40	32	10
LW5040R-12	LW5040L-12	50	40	12
矩形刀杆机夹内螺纹车刀				
车刀代号		刀尖高度 h_1	刀杆宽度 b	刀片宽度 B
右切刀	左切刀	js14	h13	
LN1216R-03	LN1216L-03	12	16	3
LN1620R-04	LN1620L-04	16	20	4
LN2025R-06	LN2025L-06	20	25	6
LN2532R-08	LN2532L-08	25	32	8
LN3240R-10	LN3240L-10	32	40	10
圆形刀杆机夹内螺纹车刀				
车刀代号		刀尖高度 h_1	刀杆直径 d	刀片宽度 B
右切刀	左切刀	js14		
LN1020R-03	LN1020L-03	10	20	3
LN1225R-03	LN1225L-03	12.5	25	3
LN1632R-04	LN1632L-04	16	32	4
LN2040R-08	LN2040L-08	20	40	6
LN2550R-08	LN2550L-08	25	50	8
LN3060R-10	LN3060L-10	30	60	10

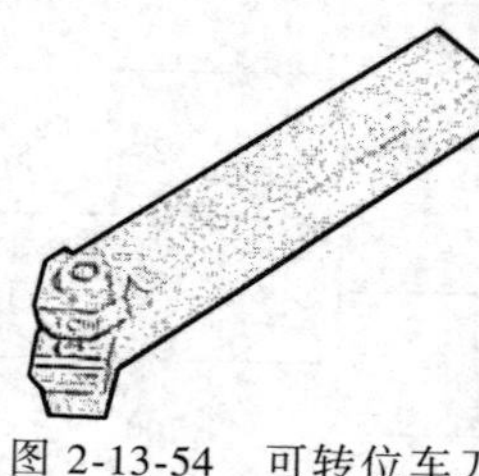

图 2-13-54 可转位车刀

13.4.3 可转位车刀（GB/T 5343.2—2007）

【用途】 可转位车刀是将可转位的硬质合金刀片用机械方法夹持在刀杆上形成的，是一种先进刀具，由于不需重磨、可转位和更换刀片等优点，从而可降低刀具的刃磨费用和提高切削效率。

【规格】 见表 2-13-55。

表 2-13-55　　可转位车刀规格　　mm

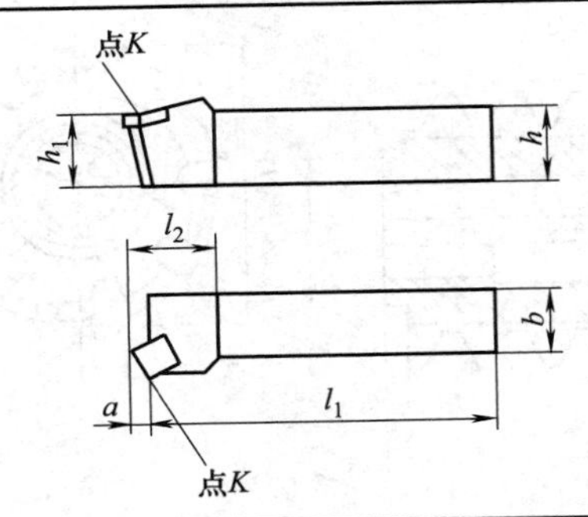

h　h13		柄部尺寸								
		8	10	12	16	20	25	32	40	50
b h13	b=h	8	10	12	16	20	25	32	40	50
	b=0.8h		8	10	12	16	20	25	32	40
l_1 k16	长刀杆	60	70	80	100	125	150	170	200	250
	短刀杆	40	50	60	70	80	100	125	150	—
h_1 js14		$h_1=h$								

刀片的内切圆直径	刀头长度尺寸 l_{2max}	刀片的内切圆直径	刀头长度尺寸 l_{2max}
6. 35	25	15. 875	40
9. 525	32	19. 05	45
12. 7	36	25. 4	50

b	刀头尺寸 f				
	系列 1	系列 2 +0. 5 0	系列 3 +0. 5 0	系列 4 +0. 5 0	系列 5 +0. 5 0
8	4	7	8. 5	9	10
10	5	9	10. 5	11	12
12	6	11	12. 5	13	16
16	8	13	16. 5	17	20
20	10	17	20. 5	22	25
25	12. 5	22	25. 5	27	32
32	16	27	33	35	40
40	20	35	41	43	50
50	25	43	51	53	60
刀头形式	D,N,V	B,T	A	R	F,G,H,J,K,L,S

13. 5　铣齿轮加工刀具

13. 5. 1　齿轮滚刀（GB/T 6083—2016）

【用途】按螺旋齿轮啮合原理加工直齿和斜齿圆柱齿轮的一种刀具。

【规格】见图 2-13-55 和表 2-13-56、表 2-13-57。

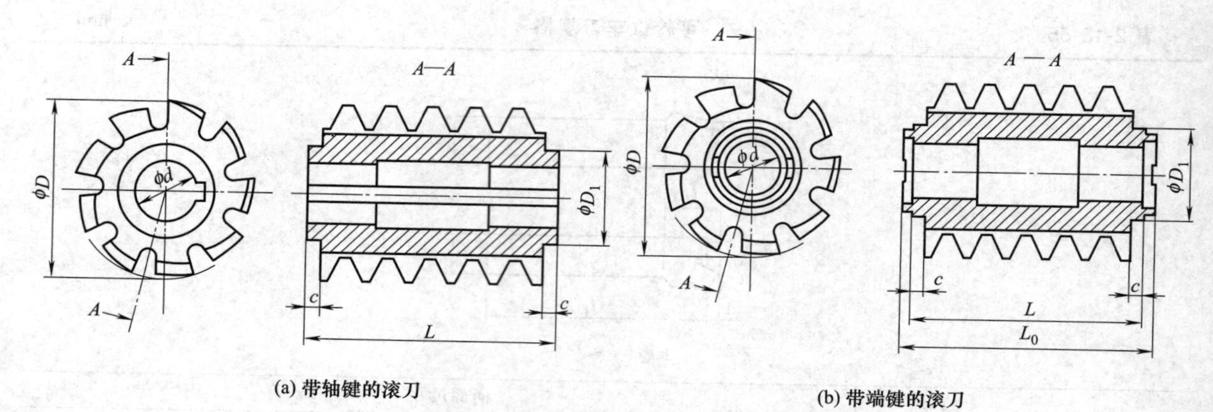

图 2-13-55　齿轮滚刀的尺寸

表 2-13-56

小孔径单头齿轮滚刀的尺寸

类型[2]	模数 m 系列 I	模数 m 系列 II	轴台直径 D_1/mm	外径 D[1]/mm	孔径 d[2]/mm	参考：总长 L[1]/mm	参考：总长 L_0[1]/mm	参考：最小轴台长度 c/mm	参考：常用容屑槽数量
1	0.5	—	由制造商自行定制	24	8	10	—	1	12
	—	0.55							
	0.6	—							
	—	0.7							
	—	0.75				12			
	0.8	—							
	—	0.9							
	1.0	—							
2	0.5	—		32	10	20	30	2	
	—	0.55							
	0.6	—							
	—	0.7							
	—	0.75							
	0.8	—							
	—	0.9							
	1.0	—							
	—	1.125							
	1.25	—		40		25	35		10
	—	1.375							
	1.50	—							
	—	1.75				30	40		
	2.0	—							
3	0.5	—		32	13	20	30		12
	—	0.55							
	0.6	—							
	—	0.7							
	—	0.75							
	0.8	—							
	—	0.9							
	1.0	—							
	—	1.125							
	1.25	—		40		25	35		10
	—	1.375							
	1.5	—							

续表

类型[②]	模数 m 系列 I	模数 m 系列 Ⅱ	轴台直径 D_1/mm	外径 D[①]/mm	孔径 d[②]/mm	参考 总长 L[①]/mm	参考 总长 L_0[①]/mm	参考 最小轴台长度 c/mm	参考 常用容屑槽数量
3	—	1.75	由制造商自行定制	40	13	30	40	2	10
	2.0	—							

① 外径 D 公差、总长度 L 或 L_0 的公差按 GB/T 1804 应为粗糙级。

② 类型是基于孔径划分的。

注：根据用户需要可以不做键槽。

表 2-13-57　单头齿轮滚刀的尺寸

模数 m 系列 I	模数 m 系列 Ⅱ	轴台直径 D_1/mm	外径 D[①]/mm	孔径 d[②]/mm	参考 总长 L[①]/mm	参考 总长 L_0[①]/mm	参考 最小轴台长度/mm	参考 常用容屑槽数量
1	—	由制造商自行定制	50	22	50	65	4	14
—	1.125							
1.25	—							
—	1.375							
1.5	—		55		55	70		
—	1.75							
2	—		65	27	60	75		
—	2.25							
2.5	—		70		65	80		
—	2.75							
3	—		75	32	70	85		
—	3.5		80		75	90		
4	—		85		80	95		
—	4.5		90		85	100		
5	—		95		90	105		
—	5.5		100		95	110	5	12
6	—		105		100	115		
—	6.5		110		110	125		
—	7		115		115	130		
8	—		120		140	160		10
—	9		125					
10	—		130		170	190		
—	11		150	40			6	9
12	—		160		200	220		
—	14		180					
16	—		200	50	250	275		
—	18		220					
20	—		240	60	300	325		
—	22		250					
25	—		280		350	385		
—	28		330	80	400	430		
32	—		350		450	480		
—	35		380					
40	—		400		480	510		

① 外径公差、总长度公差按 GB/T 1804 应为粗糙级。

② GB/T 20329 规定的孔径连接尺寸最大为 50mm。

【标记】

模数 $m=2$ 的小孔径齿轮滚刀标记为：小孔径齿轮滚刀　m2　GB/T 6083—2016。

模数 $m=2$ 的带端键齿轮滚刀标记为：端键齿轮滚刀　m2　GB/T 6083—2016。

模数 $m=2$ 的带轴键齿轮滚刀标记为：轴键齿轮滚刀　m2　GB/T 6083—2016。

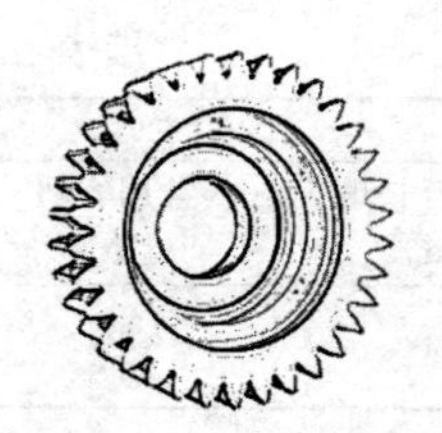

图 2-13-56　直齿插齿刀

13.5.2　直齿插齿刀（GB/T 6081—2001）

【用途】　加工基本齿廓按 GB/T 1356 的规定、精度按 GB/T 10095.1 和 GB/T 10095.2 的规定的渐开线圆柱齿轮。

【规格】　见表 2-13-58。

表 2-13-58　　直齿插齿刀的规格

模数 m/mm	齿数 z	模数 m/mm	齿数 z
Ⅰ型　盘形直齿插齿刀			
公称分度圆直径 75mm，$m=1\sim4$mm，$\alpha=20°$			
1.00	76	2.50	30
1.25	60	2.75	28
1.50	50	3.00	25
1.75	43	3.50	22
2.00	38	4.00	19
2.25	34		
公称分度圆直径 100mm，$m=1\sim6$mm，$\alpha=20°$			
1.00	100	3.00	34
1.25	80	3.50	29
1.50	68	4.00	25
1.75	58	4.50	22
2.00	50	5.00	20
2.25	45	5.50	19
2.50	40	6.00	18
2.75	36		
公称分度圆直径 125mm，$m=4\sim8$mm，$\alpha=20°$			
4.0	31	6.0	21
4.5	28	7.0	18
5.0	25	8.0	16
5.5	23		
公称分度圆直径 160mm，$m=6\sim10$mm，$\alpha=20°$			
6	27	9	18
7	23	10	16
8	20		
公称分度圆直径 200mm，$m=8\sim12$mm，$\alpha=20°$			
8	25	11	18
9	22	12	17
10	20		
Ⅱ型　碗形直齿插齿刀			
1.00	50	2.25	22
1.25	40	2.50	20
1.50	34	2.75	18
1.75	29	3.00	17
2.00	25	3.50	14

续表

模数 m/mm	齿数 z	模数 m/mm	齿数 z
Ⅱ型　碗形直齿插齿刀			
公称分度圆直径 75mm, $m=1\sim4$mm, $\alpha=20°$			
1.00	76	2.50	30
1.25	60	2.75	28
1.50	50	3.00	25
1.75	43	3.50	22
2.00	38	4.00	19
2.25	34		
公称分度圆直径 100mm, $m=1\sim6$mm, $\alpha=20°$			
1.00	100	3.00	34
1.25	80	3.50	29
1.50	68	4.00	25
1.75	58	4.50	22
2.00	50	5.00	20
2.25	45	5.50	19
2.50	40	6.00	18
2.75	36		
公称分度圆直径 125mm, $m=4\sim8$mm, $\alpha=20°$			
4.0	31	6.0	21
4.5	28	7.0	18
5.0	25	8.0	16
5.5	23		
Ⅲ型　锥柄直齿插齿刀			
公称分度圆直径 25mm, $m=1\sim2.75$mm, $\alpha=20°$			
1.00	26	2.00	13
1.25	20	2.25	12
1.50	18	2.50	10
1.75	15	2.75	
公称分度圆直径 38mm, $m=1\sim3.5$mm, $\alpha=20°$			
1.00	38	2.25	16
1.25	30	2.50	15
1.50	25	2.75	14
1.75	22	3.00	12
2.00	19	3.50	11

13.5.3　齿轮铣刀

图 2-13-57　齿轮铣刀

【用途】　安装在铣床上，铣制模数为 0.3~16mm、齿形角为 20°的直齿渐开线圆柱齿轮。

【规格】　见表 2-13-59。

表 2-13-59　**齿轮铣刀规格**

类型	8 件套铣刀	15 件套铣刀
模数/mm	0.3, 0.4, 0.5, 0.6, 0.8, 1, 1.25, 1.5, 2, 2.5, 3, 4, 5, 6, 8	10, 12, 16
铣刀号	1, 2, 3, 4, 5, 6, 7, 8	1, 11/2, 2, 21/2, 3, 31/2, 4, 41/2, 5, 51/2, 6, 61/2, 7, 71/2, 8

13.5.4 盘形齿轮铣刀（GB/T 28247—2012）

【规格】 盘形齿轮铣刀的基本形式和尺寸按图 2-13-58 和表 2-13-60 的规定。每一种模数的铣刀，均由 8 个或 15 个刀号组成一套，每一个刀号的铣刀所铣齿轮的齿数列于表 2-13-61 中。

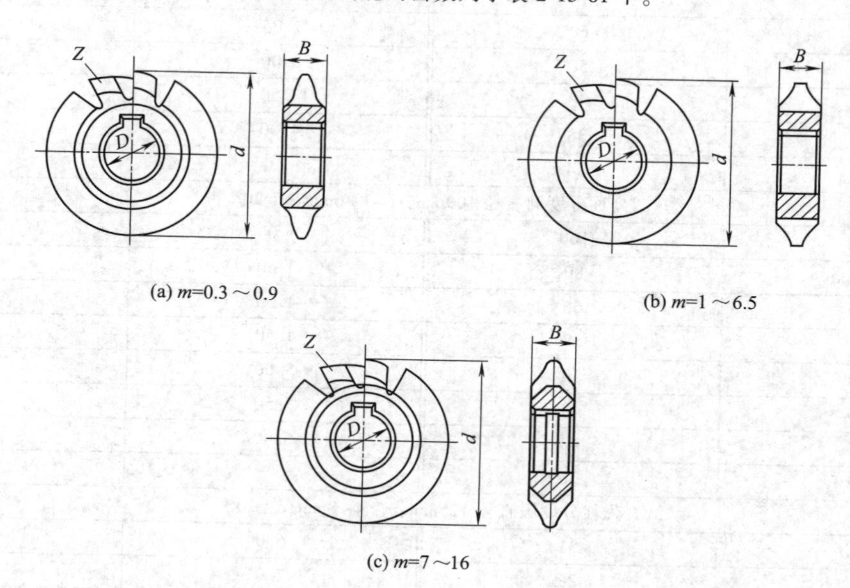

图 2-13-58 盘形齿轮铣刀

表 2-13-60 盘形齿轮铣刀的规格尺寸 mm

模数系列 1	模数系列 2	d	D	B 铣刀号 1	1½	2	2½	3	3½	4	4½	5	5½	6	6½	7	7½	8	齿数 z	铣切深度
0.3		40	16	4	—	4	—	4	—	4	—	4	—	4	—	4	—	4	20	0.66
	0.35	40	16	4	—	4	—	4	—	4	—	4	—	4	—	4	—	4	20	0.77
0.40		40	16	4	—	4	—	4	—	4	—	4	—	4	—	4	—	4	20	0.88
0.50		40	16	4	—	4	—	4	—	4	—	4	—	4	—	4	—	4	18	1.10
0.60		40	16	4	—	4	—	4	—	4	—	4	—	4	—	4	—	4	18	1.32
	0.70	40	16	4	—	4	—	4	—	4	—	4	—	4	—	4	—	4	16	1.54
0.80		40	16	4	—	4	—	4	—	4	—	4	—	4	—	4	—	4	16	1.76
	0.90	40	16	4	—	4	—	4	—	4	—	4	—	4	—	4	—	4	16	1.98
1.00		50	32	4	—	4	—	4	—	4	—	4	—	4	—	4	—	4	14	2.20
1.25		50	32	4.8	—	4.6	—	4.4	—	4.2	—	4.1	—	4.0	—	4.0	—	4.0	14	2.75
1.50		55	32	5.6	—	5.4	—	5.2	—	5.1	—	4.9	—	4.7	—	4.5	—	4.2	14	3.30
	1.75	60	32	6.5	—	6.3	—	6.0	—	5.8	—	5.6	—	5.4	—	5.2	—	4.9	12	3.85
2.00		60	32	7.3	—	7.1	—	6.8	—	6.6	—	6.3	—	6.1	—	5.9	—	5.5	12	4.40
	2.25	60	32	8.2	—	7.9	—	7.6	—	7.3	—	7.1	—	6.8	—	6.5	—	6.1	12	4.95
2.50		65	32	9.0	—	8.7	—	8.4	—	8.1	—	7.8	—	7.5	—	7.2	—	6.8	12	5.50
	2.75	70	27	9.9	—	9.6	—	9.2	—	8.8	—	8.5	—	8.2	—	7.9	—	7.4	12	6.05
3.00		70	27	10.7	—	10.4	—	10.0	—	9.6	—	9.2	—	8.9	—	8.5	—	8.1	12	6.60
	3.25	75	27	11.5	—	11.2	—	10.7	—	10.3	—	9.9	—	9.6	—	9.3	—	8.8	12	7.15
	3.50	75	27	12.4	—	12.0	—	11.5	—	11.1	—	10.7	—	10.3	—	9.9	—	9.4	12	7.70
	3.75	80	27	13.3	—	12.8	—	12.3	—	11.9	—	11.4	—	11.0	—	10.5	—	10.0	12	8.25
4.00		80	27	14.1	—	13.7	—	13.1	—	12.6	—	12.2	—	11.7	—	11.2	—	10.7	12	8.80
	4.50	80	27	15.3	—	14.9	—	14.4	—	13.9	—	13.6	—	13.1	—	12.6	—	12.0	12	9.90

续表

模数系列		*d*	*D*	*B*															齿数 *Z*	铣切深度
				铣刀号																
1	2			1	1½	2	2½	3	3½	4	4½	5	5½	6	6½	7	7½	8		
5.00		90	32	16.8	—	16.3	—	15.8	—	15.4	—	14.9	—	14.5	—	13.9	—	13.2	11	11.0
	5.50	95		18.4		17.9		17.3		16.7		16.3		15.8		15.3		14.5		12.10
6.00		100		19.9		19.4		18.8		18.1		17.6		17.1		16.4		15.7		13.20
	6.50	105		21.4		20.8		20.2		19.4		19.0		18.4		17.8		17.0		14.30
	7.00			22.9		22.3		21.6		20.9		20.3		19.7		19.0		18.2		15.40
8.00		110		26.1		25.3		24.4		23.7		23.0		22.3		21.5		20.7		17.60
	9.00	115		29.2	28.7	28.3	28.1	27.6	27.0	26.6	26.1	25.9	25.4	25.1	24.7	24.3	23.9	23.3	10	19.80
10		120		32.2	31.7	31.2	31.0	30.4	29.8	29.3	28.7	28.5	28.0	27.6	27.2	26.7	26.3	25.7		22.00
	11	135	40	35.3	34.8	34.3	34.0	33.3	32.7	32.1	31.5	31.3	30.7	30.3	29.9	29.3	28.9	28.2		24.20
12		145		38.3	37.7	37.2	36.9	36.1	35.5	35.0	34.3	34.0	33.4	33.0	32.4	31.7	31.3	30.6		26.40
	14	160		44.7	44.0	43.4	43.0	42.1	41.3	40.6	39.8	39.5	38.8	38.4	37.7	37.0	36.3	35.5		30.80
16		170		50.7	49.9	49.3	48.7	47.8	46.8	46.1	45.1	44.8	44.0	43.5	42.8	41.9	41.3	40.3		35.20

表 2-13-61　　每一刀号所铣齿轮的齿数

铣刀号		1	1½	2	2½	3	3½	4	4½	5	5½	6	6½	7	7½	8
齿轮齿数	8个一套	12~13		14~16		17~20		21~25		26~34		35~54		55~134		≥135
	15个一套	12	13	14	15~16	17~18	19~20	21~22	23~25	26~29	30~34	35~41	42~54	55~79	80~134	

【其他名称】 齿轮铣刀。

【用途】 装夹在铣床上，用于铣制直齿渐开线圆柱齿轮。多用于单件生产和修理工作中。

【标记】 模数 $m=10$mm，3 号的盘形齿轮铣刀标记为：盘形齿轮铣刀 *m*10-3　GB/T 28247—2012。

13.6　螺纹加工刀具

13.6.1　滚丝轮（GB/T 971—2008）

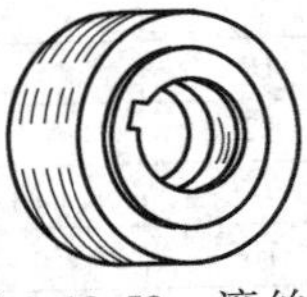

【用途】 将相同的两个滚丝轮组成一套安装在滚丝机上，利用塑性变形原理滚压机件上的外螺纹。

图 2-13-59　滚丝轮

【规格】 见表 2-13-62。

表 2-13-62　　滚丝轮基本尺寸（GB/T 971—2008）　　mm

被加工螺纹公称直径 *d* 第一系列	被加工螺纹公称直径 *d* 第二系列	螺距 *P*	滚丝轮螺纹头数 *Z*	中径 d_2	被加工螺纹公称直径 *d* 第一系列	被加工螺纹公称直径 *d* 第二系列	螺距 *P*	滚丝轮螺纹头数 *Z*	中径 d_2
45 型粗牙普通螺纹用滚丝轮基本尺寸									
3		0.5	54	144.450	10		1.5	16	144.416
	3.5	0.6	46	143.060	12		1.75	13	141.219
4		0.7	40	141.800		14	2	11	139.711
	4.5	0.75	35	140.455	16			10	147.010
5		0.8	32	143.360		18	2.5	9	147.384
6		1.0	27	144.450	20			8	147.008
8		1.25	20	143.760		22		7	142.632

续表

被加工螺纹公称直径 d 第一系列	第二系列	螺距 P	滚丝轮螺纹头数 Z	中径 d_2	被加工螺纹公称直径 d 第一系列	第二系列	螺距 P	滚丝轮螺纹头数 Z	中径 d_2
45型细牙普通螺纹用滚丝轮基本尺寸									
8		1.0	20	147.000		27	1.5	5	130.130
10			16	149.600	30				145.130
12			13	147.550		33		4	128.104
	14		11	146.850	36				140.104
16			9	138.150		39		3	114.078
10		1.25	16	147.008		18	2.0	9	150.309
12			13	145.444	20			8	149.608
	14		11	145.068		22		7	144.907
12		1.5	13	143.338	24			6	136.206
	14		11	143.286		27		5	128.505
16			10	150.260	30				143.505
	18		8	136.208		33		4	126.804
20			7	133.182	36				138.804
	22			147.182		39		3	113.103
24			6	138.156					
54型粗牙普通螺纹用滚丝轮基本尺寸									
3		0.5	54	144.450	16		2	10	147.010
	3.5	0.6	46	143.060		18	2.5	9	147.384
4		0.7	40	141.800	20			8	147.008
	4.5	0.75	35	140.455		22		7	142.632
5		0.8	32	143.360	24		3.0		154.357
6		1.0	27	144.450		27		6	150.306
8		1.25	20	143.760	30		3.5	5	138.635
10		1.5	16	144.416		33			153.635
12		1.75	13	141.219	36		4.0	4	133.608
	14	2	12	152.412		39			145.608
54型细牙普通螺纹用滚丝轮基本尺寸									
8		1.0	20	147.000		39	1.5	4	152.104
10			16	149.600	42			3	123.078
12			13	147.550		45			132.078
	14		11	146.850		18	2.0	9	150.309
16			10	153.500	20			8	149.608
10		1.25	16	147.008		22		7	144.907
12			13	145.444	24			6	136.206
	14		11	145.068		27		5	128.505
12		1.5	13	143.338	30				143.505
	14		11	143.286		33	2.0	4	126.804
16			10	150.260	36				138.804
	18		8	136.208		39			150.804
20				152.208	42			3	122.103
	22		7	147.182		45			131.103
24			6	138.156	36		3.0	4	136.204
	27		5	130.130		39			148.204
30				145.130	42			3	120.153
	33		4	128.104		45			129.153
36				140.104					

续表

被加工螺纹公称直径 d		螺距 P	滚丝轮螺纹头数 Z	中径 d_2	被加工螺纹公称直径 d		螺距 P	滚丝轮螺纹头数 Z	中径 d_2
第一系列	第二系列				第一系列	第二系列			
75 型粗牙普通螺纹用滚丝轮基本尺寸									
6		1.0	33	176.550		22	2.5	9	183.384
8		1.25	23	165.324	24		3.0	8	176.408
10		1.5	19	171.494		27		7	175.357
12		1.75	16	173.808	30		3.5		194.089
	14	2.0	14	177.814		33		6	184.362
16			12	176.412	36		4.0	5	167.010
	18	2.5	11	180.136		39			182.010
20			10	183.760	42		4.5		193.385
75 型细牙普通螺纹用滚丝轮基本尺寸									
8		1.0	23	169.050		39	1.5	5	190.130
10			18	168.300	42			4	164.104
12			15	170.250		45			176.104
	14		13	173.550		18	2.0	11	183.711
16			11	168.850	20			10	187.010
10		1.25	19	174.572		22		9	186.309
12			16	179.008	24			8	181.608
	14		13	171.444		27		7	179.907
12		1.5	16	176.416	30			6	172.206
	14		14	182.364		33			190.206
16			12	180.312	36			5	173.505
	18		10	170.260		39			188.505
20		1.5	9	171.234	42			4	162.804
	22			189.234		45			174.804
24			8	184.208	36		3.0	5	170.255
	27		7	182.182		39			185.255
30			6	174.156	42				200.255
	33			192.156		45		4	172.204
36			5	175.130					

13.6.2 搓丝板（GB/T 972—2008）

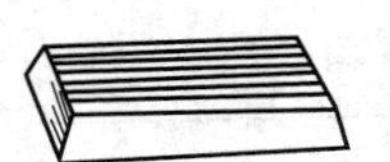
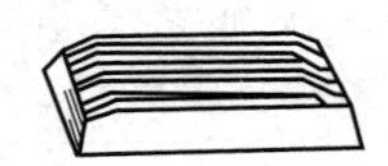

图 2-13-60 搓丝板

【用途】 安装在搓丝机上利用塑性变形原理搓制螺栓、螺钉或工件上的外螺纹。每套搓丝板由动块、静块各一块组成。

【规格】 见表 2-13-63。

表 2-13-63 搓丝板规格（GB/T 972—2008） mm

普通螺纹用搓丝板的外形尺寸				
活动搓丝板长度	固定搓丝板长度	宽度	高度(推荐)	适用范围
50	45	15	20	M1～M3
		20		
55		22	22	M1.6～M3
60	55	20	25	M1.4～M3
		25		
65		30	28	M1.6～M3
70	65	20	25	M1.6～M3
		25		

续表

普通螺纹用搓丝板的外形尺寸				
活动搓丝板长度	固定搓丝板长度	宽度	高度(推荐)	适用范围
70	65	30	25	M1.6~M3
		40		
80	70	30	28	M1.6~M5
85	78	20	25	M2.5~M5
		25		
		30		
		40		
		50		
125	110	40		M3~M8
		50		
		60		
170	150	50	30	M5~M10
		60		
		70		
		80	40	
210	190	55	40	M5~M14
		80		
220	200	70		M8~M14
		80		
		70		
250	230	60	45	M12~M16
		70		
		80		
310	285	70	50	M16~M22
		80		
		105		
400	375	80		M20~M24
		100		

粗牙和细牙普通螺纹用搓丝板的推荐尺寸		
被加工螺纹公称直径 d	粗牙普通螺纹用搓丝板的推荐尺寸	细牙普通螺纹用搓丝板的推荐尺寸
	螺距 P	
1	0.25	0.20
1.1		
1.2		
1.4	0.30	
1.6	0.35	
1.8		
2	0.40	0.25
2.2	0.45	
2.5		
3	0.50	0.35
3.5	0.60	
4	0.70	0.5
4.5	0.75	—
5	0.80	0.5
6	1.00	0.75
8	1.25	1.0
10	1.50	

续表

被加工螺纹公称直径 d	粗牙和细牙普通螺纹用搓丝板的推荐尺寸	
	粗牙普通螺纹用搓丝板的推荐尺寸	细牙普通螺纹用搓丝板的推荐尺寸
	螺距 P	
12	1.75	1.25/1.5
14	2.00	1.5
16		
18	2.50	
20		
22		
24	3.00	2.0

13.7 刀　　片

13.7.1 高速钢切刀刀片（GB/T 4211.1—2004）

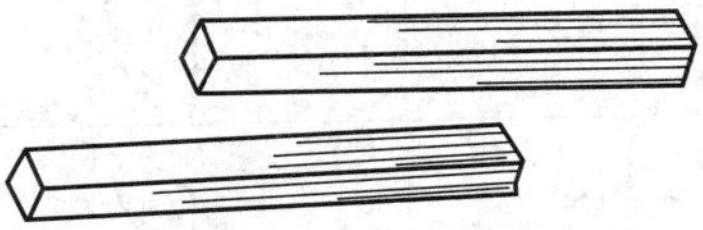

图 2-13-61　高速钢切刀刀片

【其他名称】 高速钢切刀刀片、白钢车刀、车刀钢。

【用途】 磨成适当形状及角度后，装在机床上用于切割金属工件。

【规格】 见表 2-13-64。

表 2-13-64　高速钢切刀刀片规格（GB/T 4211.1—2004）　mm

边长 a	长度 L
正方形高速钢车刀条	
4,5	63
6,8,10,12	63,80,100,160,200
(14),16	100,160,200
(18),20,	160,200
(22)	160,200
25	200
圆形高速钢车刀条	
直径 d	长度 L
4,5	63,80,100
6	63,80,100,160
8	80,100,160
10	80,100,160,200
12,16	100,160,200
20	200

宽×高 $b \times h$	长度 L
矩形高速钢车刀条	
$h/b \approx 1.6$	
4×6	100
5×8	100
6×10	160,200
8×12	160,200
10×16	160,200
12×20	160,200
16×25	200
$h/b \approx 2$	
4×8	100
5×10	100
6×12	160,200
8×16	160,200
10×20	160,200
12×25	200
$h/b \approx 4$	
3×12	100
4×16	100,200

宽×高 $b \times h$	长度 L
矩形高速钢车刀条	
5×20	160,200
6×25	160,200
$h/b \approx 5$	
3×16	100,160
4×20	100,160,200
5×25	160,200
不规则四边形高速钢车刀条	
3×12	85,120
5×12	85,120
3×16	140,200
4×16	140
6×16	140
4×18	140
3×20	140,250
4×20	140,250
4×25	250
5×25	250

注：1. 矩形高速钢车刀条第二种选择尺寸：$h/b \approx 2.33$，6mm×14mm；$h/b \approx 2.5$，4mm×10mm。

2. 带括号的规格尽量不采用。

13.7.2 硬质合金焊接车刀和焊接刀片（YS/T 253—1994、YS/T 79—2006）

【其他名称】 钨钢刀头。

【用途】 供焊接于车刀或其他刀具的刀杆（或刀体）上，可在高转速下切削坚硬金属或非金属材料。

【规格】 见表 2-13-65 和表 2-13-66。

表 2-13-65 硬质合金焊接车刀片规格（YS/T 253—1994）

刀片类型	A	B	C	D	E
形状	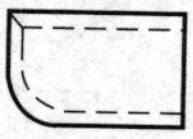	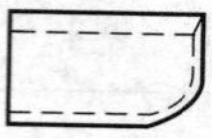	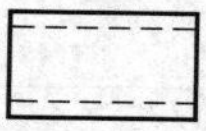		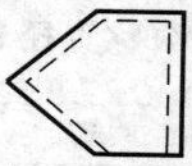
型号	A5～A50	B5～B50	C5～C50	D3～D12	E4～E32

表 2-13-66 硬质合金焊接刀片规格（YS/T 79—2006）

刀片类型	形状	用途	刀片型号
A1	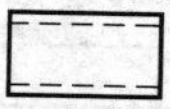	用于外圆车刀、镗刀及切槽刀上	A106～A170
A2		用于镗刀及端面车刀上	右：A208～A225 左：A212Z～A225Z
A3		用于端面车刀及外圆车刀上	右：A310～A340 左：A312Z～A340Z
A4		用于外圆车刀、镗刀及端面车刀上	右：A406～A450A 左：A410Z～A450AZ
A5*		用于自动机床的车刀上	右：A515、A518 左：A515Z、A518Z
A6*		用于镗刀、外圆车刀及面铣刀上	右：A612、A615、A618 左：A612Z、A615Z、A618Z
B1		用于成形车刀、加工燕尾槽的刨刀和铣刀上	右：B108～B130 左：B112Z～B130Z
B2		用于凹圆弧形车刀及轮缘车刀上	B208～B265A
B3		用于凸圆弧成形车刀上	右：B312～B322 左：B312Z～B322Z
B4*	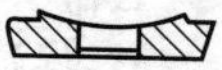	用于凹圆弧成形车刀及轮缘车刀上	B428、B433、B446
C1		用于螺纹车刀上	C110、C116、C120、C122、C125
C2		用于精车刀及梯形螺纹车刀上	C215、C218、C223、C228、C236
C3		用于切断刀和切槽刀上	C303、C304、C305、C306、C308、C310、C312、C316
C4		用于加工 V 带轮 V 形槽的车刀上	C420、C425、C430、C435、C442、C450
C5*		用于轧辊拉丝刀上	C539、C545
D1		用于面铣刀上	右：D110～D130 左：D115Z～D130Z
D2	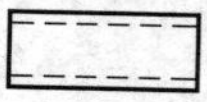	用于三面刃铣刀、T 形槽铣刀及浮动镗刀上	D206～246
E1		用于麻花钻及直槽钻上	E105、E106、E107、E108、E109、E110
E2		用于麻花钻及直槽钻上	E210～E252

续表

刀片类型	形状	用途	刀片型号
E3		用于立铣刀及键槽铣刀上	E312～E345
E4	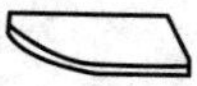	用于扩孔钻上	E415、E418、E420、E425、E430
E5	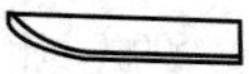	用于铰刀上	E515、E518、E522、E525、E530、E540
F1*	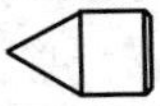	用于车床和外圆磨床的顶尖上	F108～F140
F2*		用于深孔钻的导向部分上	F216～F230C
F3*		用于可卸镗刀及耐磨零件上	F303、F304、F305、F306、F307、F308

注：1. 刀片型号按其大致用途表示，分为A、B、C、D、E五类，字母和其后第一数字表示刀片类型；第二、第三两个数字表示刀片长度和宽度、直径等参数；以“Z”表示左刀；当几个规格的被表示参数相等时，则自第二个规格起，在末尾加注“A、B……”以资区别。例：C110、C110A。

2. 带＊符号的刀片类型引自旧标准YB 850—75，供参考。

13.8 磨　　具

13.8.1 砂页（GB/T 15305.1—2005）

【用途】 用于手持磨削机或手动打磨器上使用。

【规格】 见图2-13-62和表2-13-67。

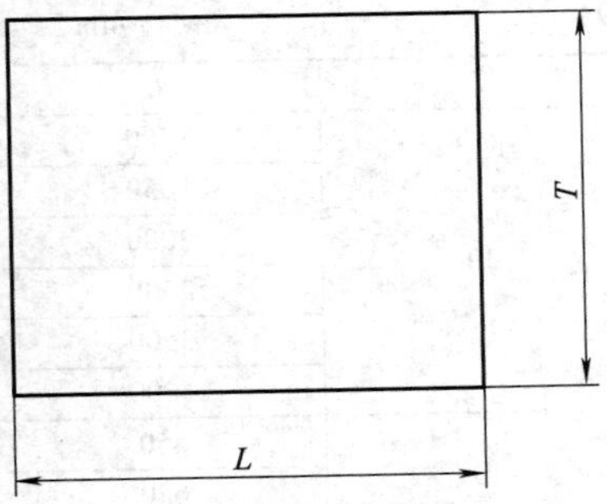

图2-13-62 砂页

表2-13-67 砂页尺寸（GB/T 15305.1—2005） mm

T	极限偏差	L	极限偏差
70	±3	115	±3
70		230	
93		230	
115		140	
115		280	
140		230	
230		280	

13.8.2 砂卷（GB/T 15305.2—2008）

【用途】 用于修理砂轮，磨削和研磨难加工材料。

【规格】 见图2-13-63和表2-13-68。

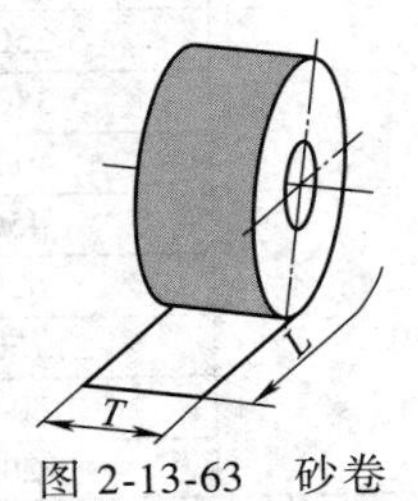

图2-13-63 砂卷

表 2-13-68　　砂卷规格（GB/T 15305.2—2008）　　mm

T		L	A 型	B 型	T		L	A 型	B 型
尺寸	公差	±1%			尺寸	公差	±1%		
12.5	±1	25000 或 50000	×	×	115	±2	50000	×	—
15			×	×	150			×	
25			×	×	200			×	
35	±2		×	×	230			×	
40			×	×	300			×	
50			×	×	600			×	
80			×	×	690	±3		×	
93			×	×	920			×	
100		50000	×	—	1370			×	

注：1. A 型——未装卡盘砂卷；B 型——装有卡盘砂卷。

2. 如果这些宽度需要更长的砂卷，则在 50000mm 长度栏内可有多种长度。

13.8.3 砂带（GB/T 15305.3—2009）

【用途】 用于手持磨削机和固定磨削机。

【规格】 见图 2-13-64 和表 2-13-69。

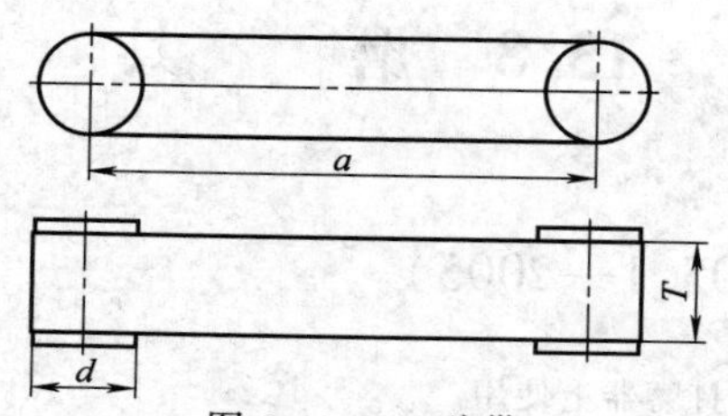

图 2-13-64　砂带

表 2-13-69　　优先选用的砂带尺寸（GB/T 15305.3—2009）　　mm

T	L	T	L	T	L
6	457	25	610	40	1500
	520		760		1650
	533		1000		2000
	610		1500		2500
10	330		2000		3500
14	330		2500		4000
	457		3500	50	450
	480	30	450		620
	520		620		750
	610		800		800
	760		1000		1250
	1120		1250		1500
20	450		1500		1600
	480		2000		2000
	520		2500		2500
	610		3500		3000
	2000		4000		3500
	2500	40	450		4000
	3500		620	60	400
	4000		750		2250
25	450		800		2500
	480		1200		3000

续表

T	L
60	3500
65	410
75	457
	480
	533
	610
	1500
	2000
	2250
	2500
	3000
	3500
	4000
100	560
	610
	620
	800
	860
	900
	1000
	1100
	1500
	1800
	2000
	2500
	3000
	3500
	4000
	8500
	9000
120	450
	1500
	2000
	2500
	3000
	3500
	4000
	7000

T	L
120	7600
	7800
	8000
150	1500
	1750
	2000
	2250
	2500
	3000
	3500
	4000
	5000
	6000
	6500
	7000
	7100
	7200
	7500
	7700
	7800
	9000
200	550
	750
	1500
	1600
	1800
	1850
	2000
	2500
	3000
	3500
250	750
	1800
	2500
	3000
300	2000
	2500
	3000

T	L
300	3500
	4000
400	1900
	3200
	3300
630	1900
930	1525
	1900
	2300
1100	1900
	2100
1120	1900
	2200
	2620
1150	1900
	2200
	2500
	2620
1300	1900
	2620
	3250
1320	1900
	2500
	2620
	3200
1350	1900
	2100
	2620
	2800
	3150
	3250
	3800
1400	1900
	2500
	2620
	2800
	3150
	3250
	3810

13.8.4 砂盘（GB/T 19759—2005）

【用途】 用于机动或手持磨削机上。

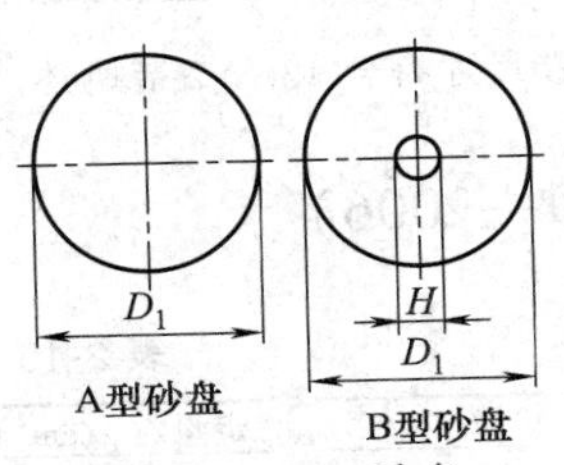

图 2-13-65 砂盘

【规格】 见表 2-13-70。

表 2-13-70 砂盘规格（GB/T 19759—2005）

mm

型号	D_1	极限偏差	H	极限偏差	型号	D_1	极限偏差	H	极限偏差
A	80	±1.5	—	—	B	115	±1.5	22	$^{+1}_{0}$
	100					125	±2	8	
	115							12	
	125	±2						22	
	140					140		12	
	150							22	
	180					150		12	
	200	±3						22	
	235					180		12	
B	80	±1.5	8	$^{+1}_{0}$				22	
	100		8					40	
			12			200	±3	22	
			22					40	
	115		8			235		22	
			12					40	

第2篇

13.8.5 砂布（JB/T 3889—2006）

【用途】 一种弹性磨削，是一种具有磨削、研磨、抛光多种作用的复合加工工艺。

【规格】 见表 2-13-71～表 2-13-73。

表 2-13-71 砂布形状分类及代号

形状	砂页	砂卷
代号	S	R

表 2-13-72 砂布黏结剂分类与代号

黏结剂	动物胶	半树脂	全树脂	耐水
代号	G/G	R/G	R/R	WP

表 2-13-73 砂布基材分类及代号

基材	轻型布	中型布	重型布
单重/(g/cm²)	≥110	≥170	≥250
代号	L	M	H

砂布页尺寸符合 13.8.1 节所述，砂布卷尺寸符合 13.8.2 节所述。

13.8.6 砂纸（JB/T 7498—2006）

【用途】 一种供研磨用的材料，用以研磨金属、木材等表面，以使其光洁平滑，通常在原纸上胶着各种研磨砂粒而成。

【规格】 见表 2-13-74～表 2-13-76。

表 2-13-74 砂纸形状分类及代号

形状	砂页	砂卷
代号	S	R

表 2-13-75 砂纸黏结剂分类与代号

黏结剂	动物胶	半树脂	全树脂
代号	G/G	R/G	R/R

表 2-13-76 砂纸基材分类及代号

定量/(g/cm²)	≥70	≥100	≥120	≥150	≥220	≥300	≥350
代号	A	B	C	D	E	F	G

砂纸页尺寸符合 13.8.1 节所述，砂纸卷尺寸符合 13.8.2 节所述。

13.8.7 耐水砂纸（JB/T 7499—2006）

表 2-13-77 耐水砂纸形状分类及代号

形状	砂页	砂卷
代号	S	R

表 2-13-78 耐水砂纸基材分类及代号

定量/(g/cm²)	≥70	≥100	≥120	≥150
代号	A	B	C	D

耐水砂纸页尺寸符合 13.8.1 节所述，砂纸卷尺寸符合 13.8.2 节所述。

13.8.8 砂轮（GB/T 2484—2006）

【其他名称】 磨轮、磨盘、砂盘、火石。

【用途】 装置于砂轮机或磨床上，用于磨削金属的机件、刀具或非金属材料等。

【规格】 见表 2-13-79。

表 2-13-79 砂轮规格

型号	示意图	特征值的标记
1	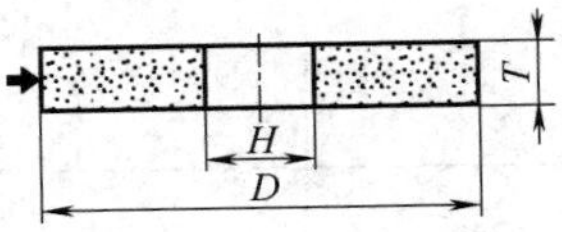	平行砂轮 1 型-圆周型面-$D\times T\times H$
2	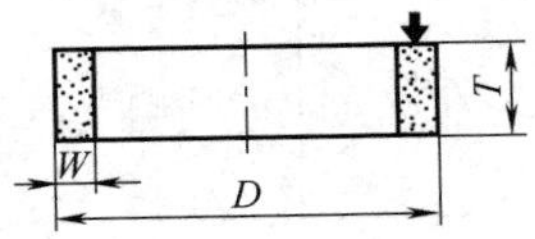	粘结或夹紧用筒形砂轮 2 型-$D\times T\times W$
3	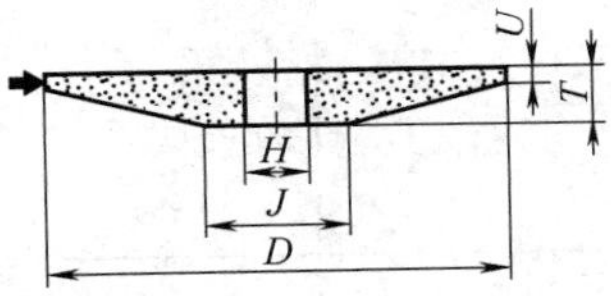	单斜边砂轮 3 型-$D/J\times T\times H$
4	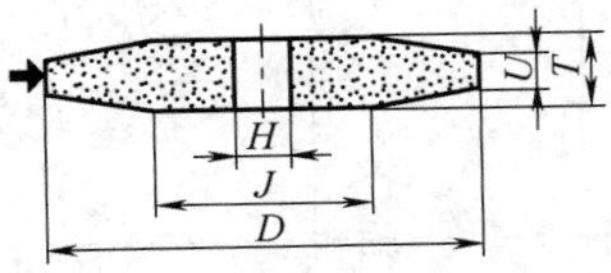	双斜边砂轮 4 型-$D\times T\times H$
5	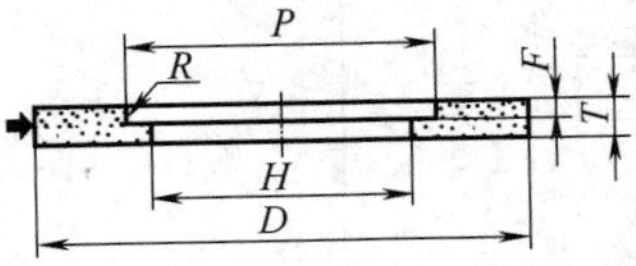	单面凹砂轮 5 型-圆周型面-$D\times T\times H$-$P\times F$
6	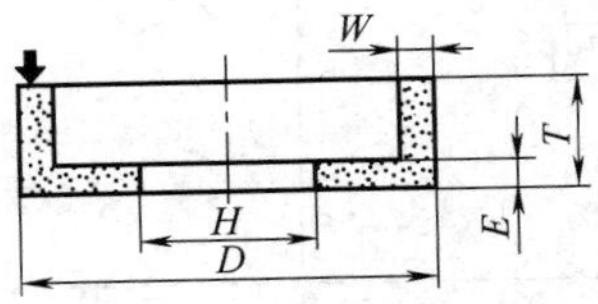	杯形砂轮 6 型-$D\times T\times H$-$W\times E$
7	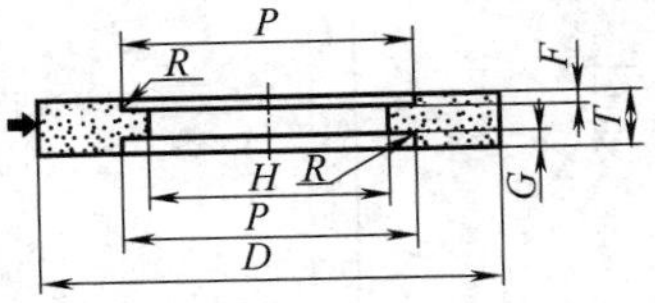	双面凹一号砂轮 7 型-圆周型面-$D\times T\times H$-$P\times F/G$
8	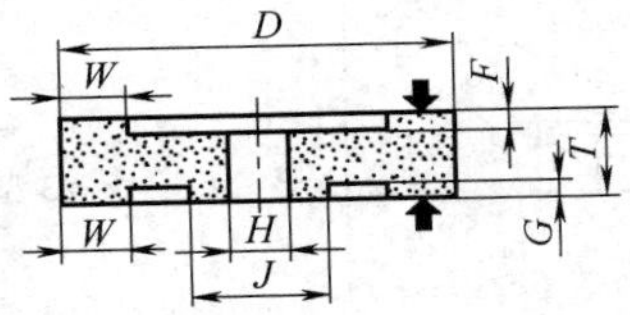	双面凹二号砂轮 8 型-$D\times T\times H$-$W\times J\times F/G$

续表

型号	示意图	特征值的标记
9	W T E H D	双杯形砂轮 9 型-$D \times T \times H$-$W \times E$
11	D K W T E H J	碗形砂轮 11 型-$D/J \times T \times H$-$W \times E$
12a	D K R≤3 W U T E H J	碟型砂轮 12a 型-$D/J \times T \times H$
12b	D K R U T E H J	碟型砂轮 12b 型-$D/J \times T \times H$-U
13	D K R=0.5U T E U H J	茶托形砂轮 13 型-$D/J \times T/U \times H$-K
20	K R N α T H D	单面锥砂轮 20 型-$D/K \times T/N \times H$
21	R N α α T N H R K D	双面锥砂轮 21 型-$D/K \times T/N \times H$
22	K R N α T F H R P D	单面凹单面锥砂轮 22 型-$D/K \times T/N \times H$-$P \times F$
23	P R N α F T H D	单面凹锥砂轮 23 型-$D \times T/N \times H$-$P \times F$

续表

型号	示意图	特征值的标记
24	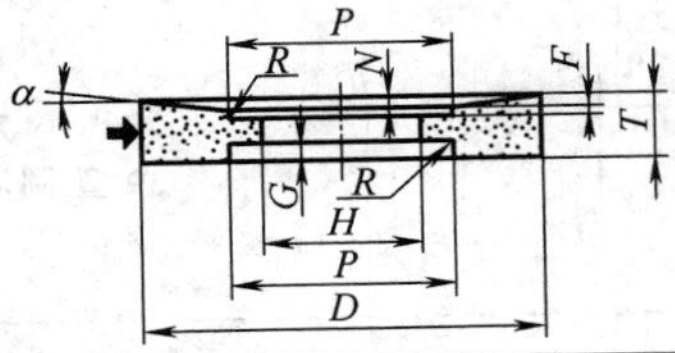	双面凹单面锥砂轮 24 型-$D×T/N×H$-$P×F/G$
25	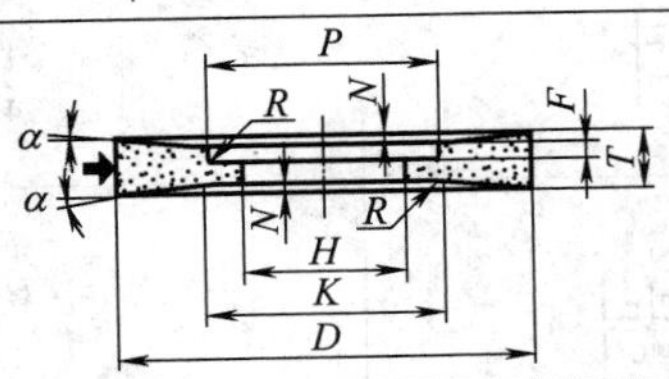	单面凹双面锥砂轮 25 型-$D/K×T/N×H$-$P×F$
26	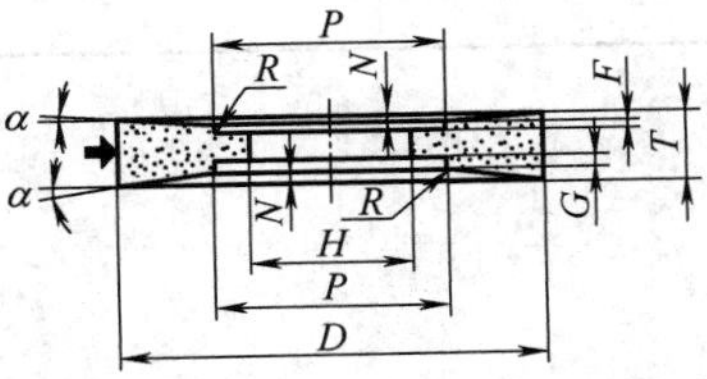	双面凹锥砂轮 26 型-$D×T/N×H$-$P×F/G$
27	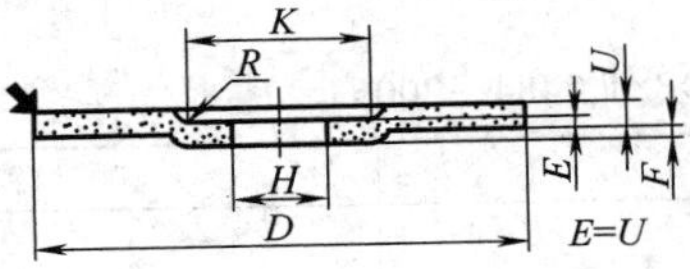	钹形砂轮 27 型-$D×U×H$
28	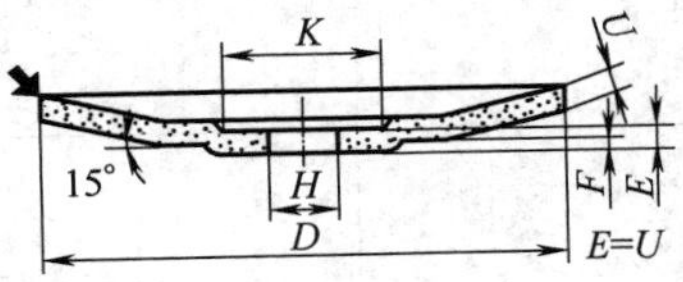	锥面钹形砂轮 28 型-$D×U×H$
35	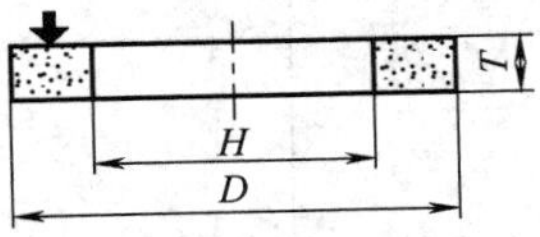	粘接或夹紧用圆盘砂轮 35 型-$D×T×H$
36	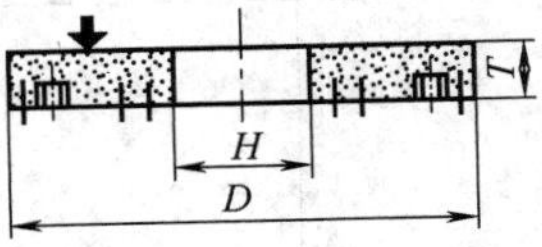	螺栓紧固平形砂轮 36 型-$D×T×H$-嵌装螺母
37	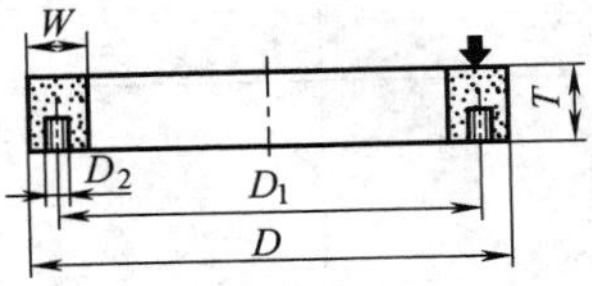	螺栓紧固筒形砂轮 （$W≤0.17D$） 37 型-$D×T×W$-嵌装螺母
38	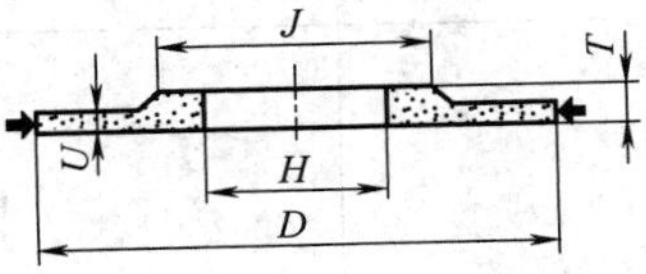	单面凸砂轮 38 型-圆周型面-$D/J×T/U×H$

续表

型号	示意图	特征值的标记
39	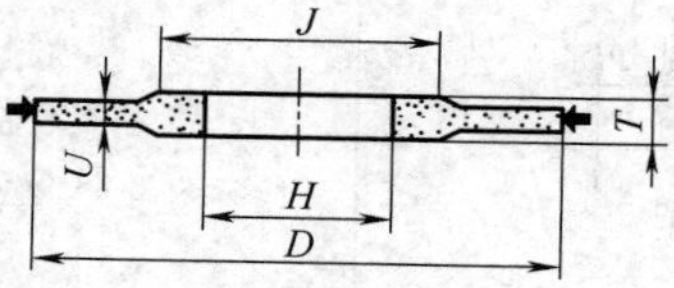	双面凸砂轮 39 型-圆周型面-$D/J \times T/U \times H$
41	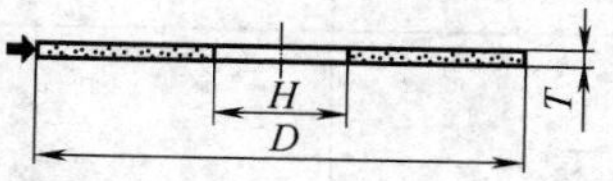	平形切割砂轮 41 型-$D \times T \times H$
42	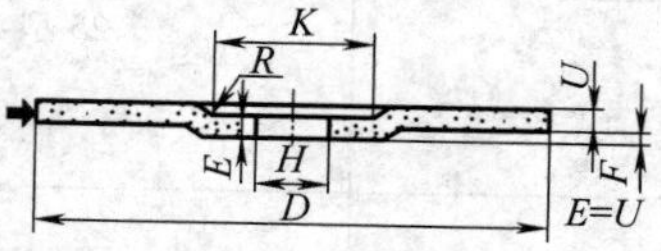	钹形切割砂轮 42 型-$D \times U \times H$

13.8.9 磨头（GB/T 2484—2006）

【其他名称】 什锦磨头。

【用途】 当工件的几何形状不能用一般砂轮进行磨削时，可以选用相应的磨头来进行磨削加工。

【规格】 见表 2-13-80。

表 2-13-80　磨头规格（GB/T 2484—2006）

型号	示意图	特征值的标记
16	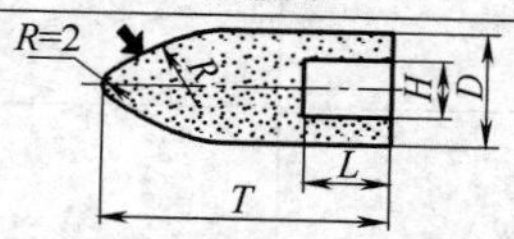	椭圆锥磨头 16 型-$D \times T \times H$
17a	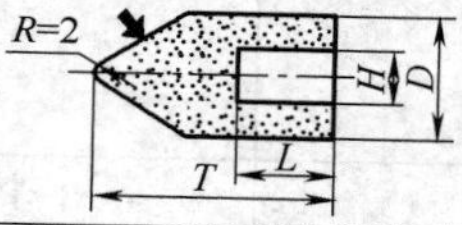	60°锥磨头 17a 型-$D \times T \times H$
17b	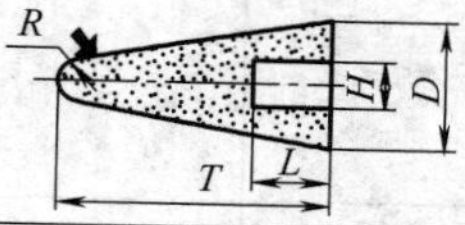	圆头锥磨头 17b 型-$D \times T \times H$
17c	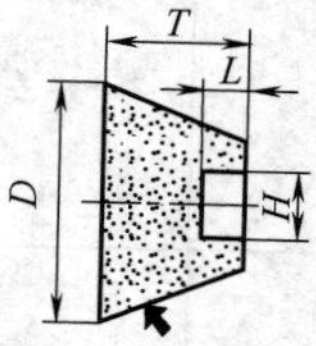	截锥磨头 17c 型-$D \times T \times H$
18a	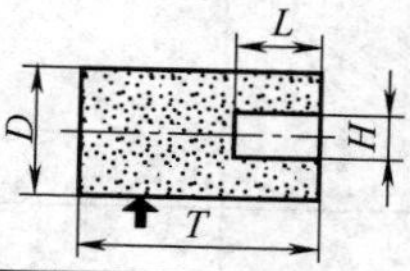	圆柱形磨头 18a 型-$D \times T \times H$
18b	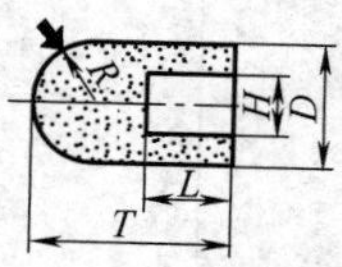	半球形磨头 18b 型-$D \times T \times H$

续表

型号	示意图	特征值的标记
19	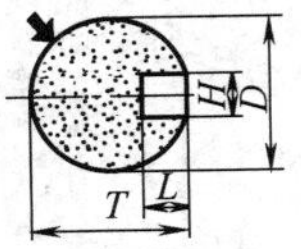	球形磨头 19 型-$D \times T \times H$
52	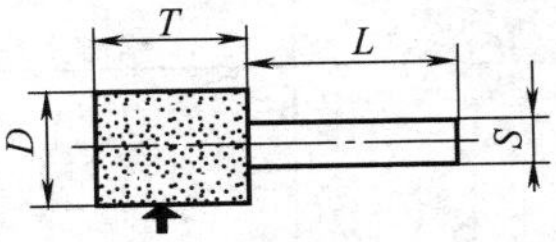	带柄圆柱磨头 5201 型-$D \times T \times S$-L
	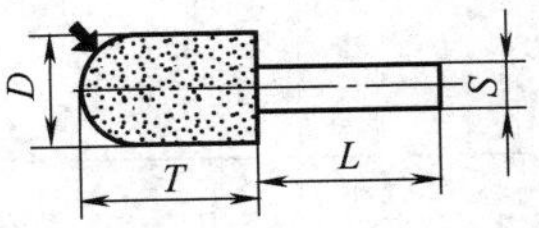	带柄半球形磨头 5202 型-$D \times T \times S$-L
	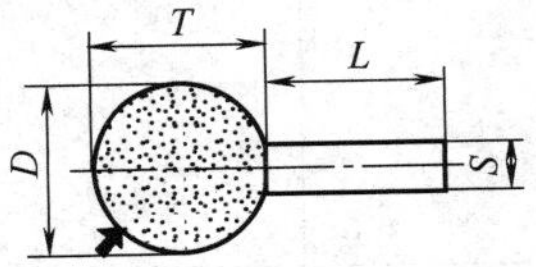	带柄球形磨头 5203 型-$D \times T \times S$-L
	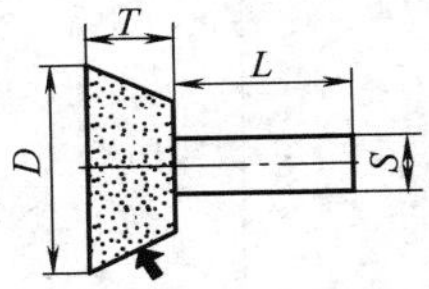	带柄截锥磨头 5204 型-$D \times T \times S$-L
	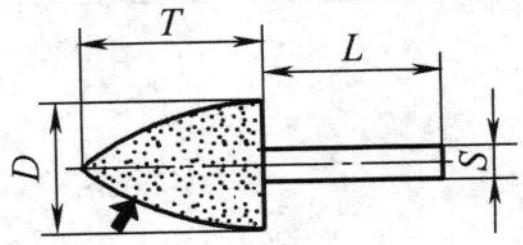	带柄椭圆锥磨头 5205 型-$D \times T \times S$-L
	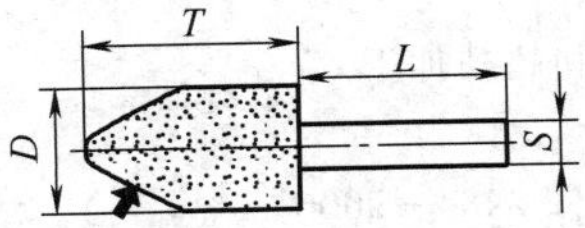	带柄 60°锥磨头 5206 型-$D \times T \times S$-L
	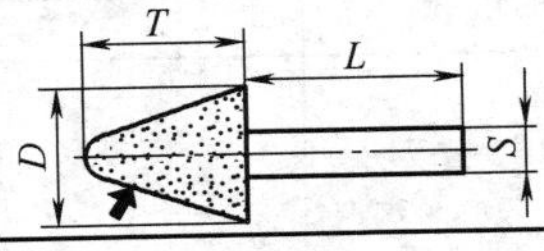	带柄圆头锥磨头 5207 型-$D \times T \times S$-L

13.8.10 砂瓦（GB/T 2484—2006）

【用途】 主要用在立轴磨床上粗磨金属工件的大平面，也用于石材和水磨石地面的磨光。

【规格】 见表 2-13-81。

表 2-13-81　砂瓦规格（GB/T 2484—2006）

型号	示意图	特征值的标记
31	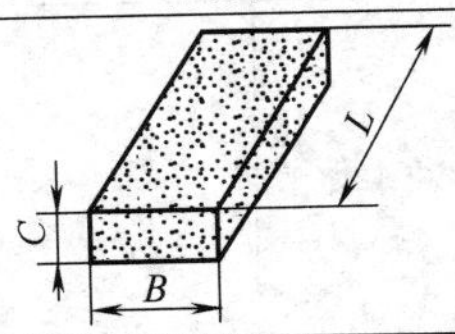	平行砂瓦 3101 型-$B \times C \times L$

续表

型号	示意图	特征值的标记
31	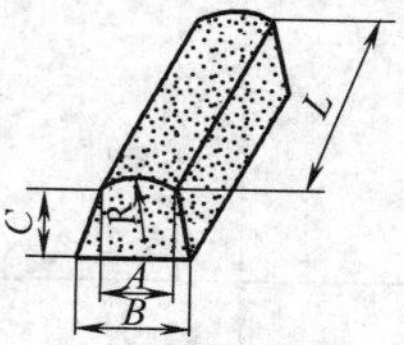	平凸形砂瓦 3102 型-B×A×R×L
	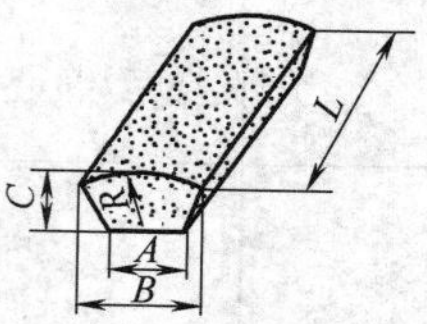	凸平形砂瓦 3103 型-B×A×R×L
	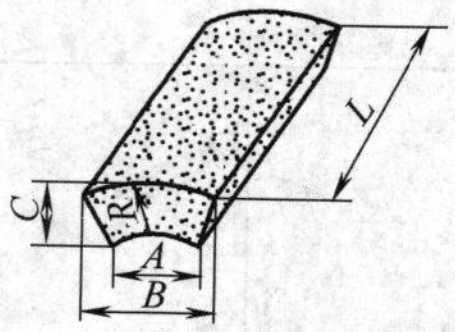	扇形砂瓦 3104 型-B×A×R×L
	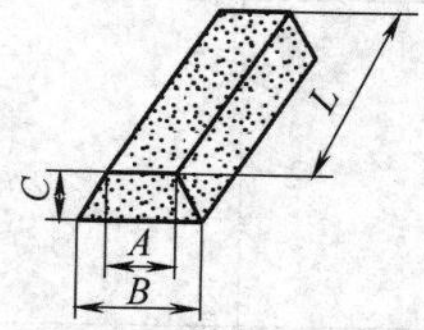	梯形砂瓦 3109 型-B×A×C×L

13.8.11 磨石（GB/T 2484—2006）

【其他名称】 油石、磨条。

【用途】 研磨精车刀、铣刀等刀具以及机件的珩磨和超精加工。

【规格】 见表 2-13-82。

表 2-13-82 磨石规格（GB/T 2484—2006）

型号	示意图	特征值的标记
54	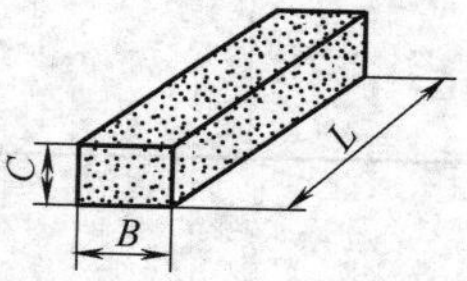	长方形珩磨磨石 5410 型-B×C-L
	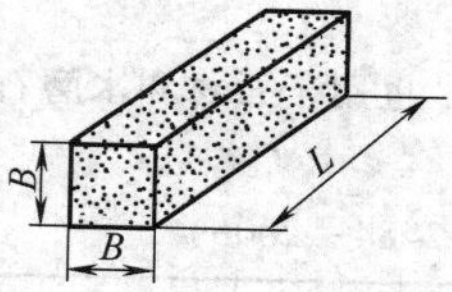	正方形珩磨磨石 5411 型-B×L
	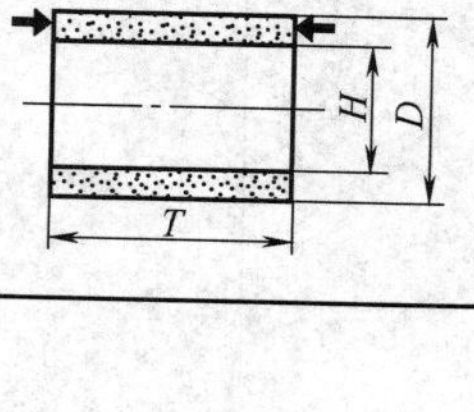	珩磨磨石 5420 型-D×T×H

续表

型号	示意图	特征值的标记
90		长方形磨石 9010 型-$B×C×L$
		正方形磨石 9011 型-$B×L$
		三角形磨石 9020 型-$B×L$
		刀形磨石 9021 型-$B×C×L$
		圆形磨石 9030 型-$B×L$
		半圆形磨石 9040 型-$B×C×L$

第14章 测量工具

14.1 金属直尺（GB/T 9056—2004）

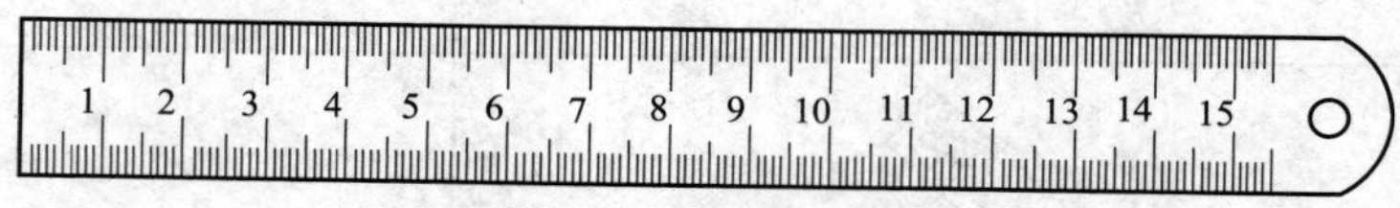

图 2-14-1 金属直尺

【其他名称】 钢皮尺、钢直尺、钢尺。

【用途】 测量一般工件的尺寸，以机械工人采用较多。

【规格】 见表 2-14-1。

表 2-14-1

金属直尺（GB/T 9056—2004）

mm

标称长度 l	全长 L		厚度 B		宽度 H		孔径 ϕ
	尺寸	偏差	尺寸	偏差	尺寸	偏差	
150	175	±5	0.5	±0.05	15 或 20	±0.3 或±0.4	5
300	335		1.0	±0.10	25	±0.5	
500	540		1.2	±0.12	30	±0.6	
600	640		1.2	±0.12	30	±0.6	
1000	1050		1.5	±0.15	35	±0.7	7
1500	1565		2.0	±0.20	40	±0.8	
2000	2065		2.0	±0.20	40	±0.8	

注：1. 金属直尺应选择 1Cr18Ni9、1Cr13 或其他类似性能的材料制造。
2. 金属直尺的硬度不应小于 342HV。

14.2 钢卷尺（QB/T 2443—2011）

【形式】 钢卷尺按结构和用途分为 A、B、C、D、E、F 六种形式，如图 2-14-2 所示。钢卷尺允许带有附属装置，但附属装置不应该改变钢卷尺的使用性能和影响其测量精度。

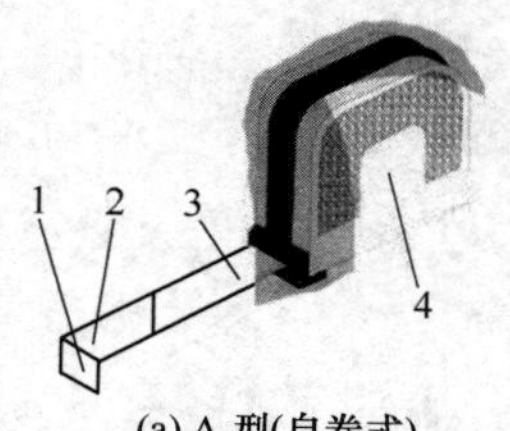

(a) A 型(自卷式)

1—尺钩；2— 铆钉；
3—尺带；4— 尺盒

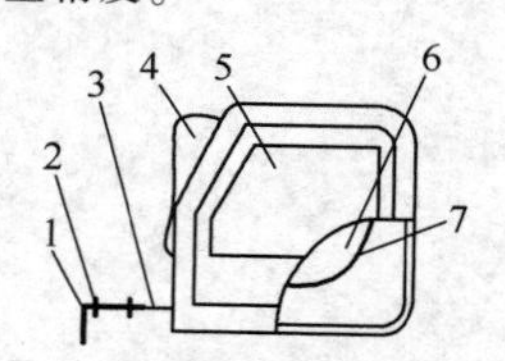

(b) B型(自卷制动式)

1—尺钩；2— 铆钉；
3—尺带；4— 制动键；
5—尺盒；6 —尺簧；
7— 尺芯

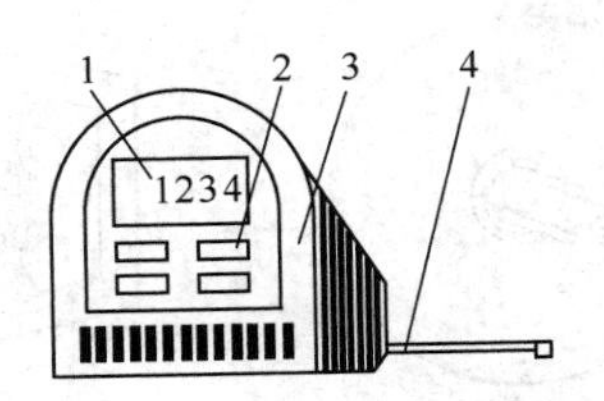

(c) C型(数显式)

1— 显示器；2— 操作按钮；
3— 尺盒； 4— 尺带组件

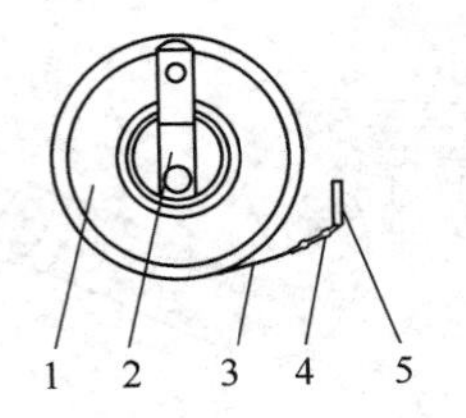

(d) D型(摇卷盒式)

1— 尺盒；2— 摇柄；3— 尺带；
4— 铆钉；5— 拉环

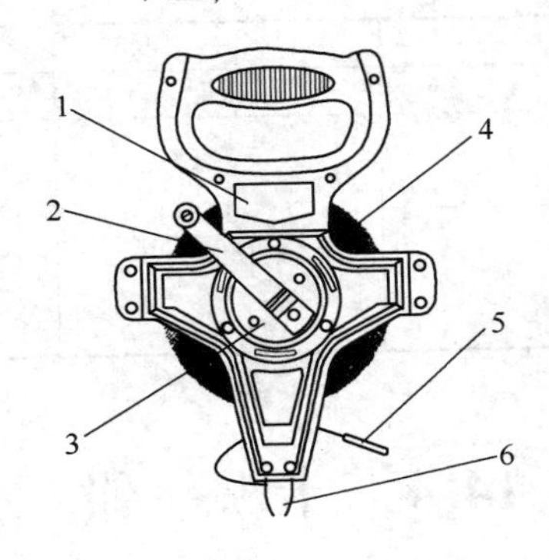

(e) E型(摇卷架式)

1— 尺架；2— 摇柄；3— 转盘；
4— 尺带；5— 拉环；6— 记号尖及护套

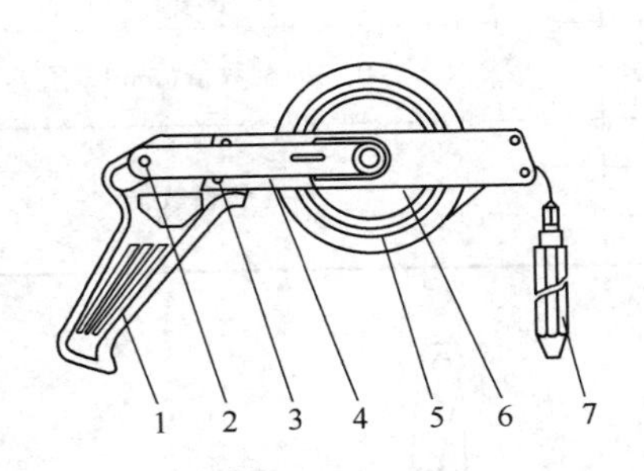

(f) F型(量油尺)

1— 手把；2— 摇柄；3— 铆钉；
4— 尺架；5— 尺带；6— 转盘；
7— 重锤

图 2-14-2 钢卷尺

【尺寸】 钢卷尺的尺带规格和尺带截面见表 2-14-2。

表 2-14-2 钢卷尺的尺带规格和尺带截面

形式	尺带规格/m	尺带截面				
		宽度/mm		厚度/mm		形状
		基本尺寸	允许偏差	基本尺寸	允许偏差	
A、B、C 型	0.5 的整数倍	4～40	0 -0.02	0.11～0.16	0 -0.02	弧面或平面
D、E、F 型	5 的整数倍	10～16		0.14～0.28		平面

注：1. 有特殊要求的尺带不受本表限制。
2. 尺带的宽度和厚度系指金属材料的宽度和厚度。

【标记】 钢卷尺的产品标记由产品名称、标准编号、尺带规格、尺带宽度、精度等级代号和形式代号组成。

示例 1：尺带规格为 5m，尺带宽度为 19mm，Ⅰ级精度的自卷式钢卷尺标记为：

钢卷尺 QB/T 2443—5×19ⅠA

示例 2：尺带规格为 50m，尺带宽度为 10mm，Ⅱ级精度的摇卷架式钢卷尺标记为：

钢卷尺 QB/T 2443—50×10ⅡE

14.3 纤维卷尺（QB/T 1519—2011）

【其他名称】 布卷尺、皮尺、皮卷尺。

【用途】 测量较长距离的尺寸，如丈量土地等。精度不如钢卷尺。

【规格】 见表 2-14-3。

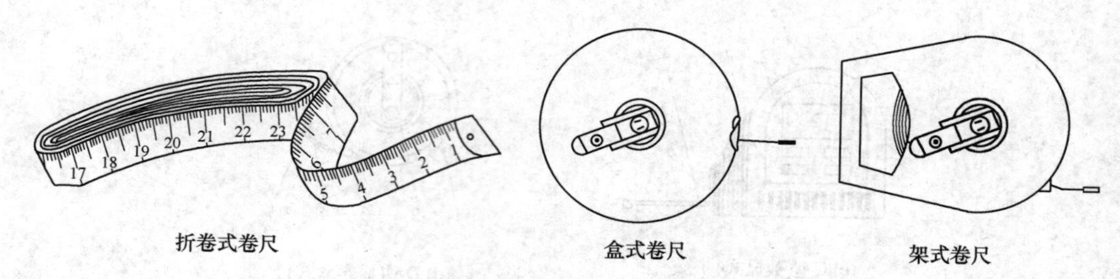

图 2-14-3　纤维卷尺

表 2-14-3　　纤维卷尺（QB/T 1519—2011）

形式	尺带标称长度系列/m	尺带宽度系列/mm	
	长度	宽度	宽度允差
折卷式	0.5 的整数倍(5m 以下)	7.5,13,14,15,16,18,20	±0.3
盒式			
折卷式	5 的整数倍		
盒式			
架式			

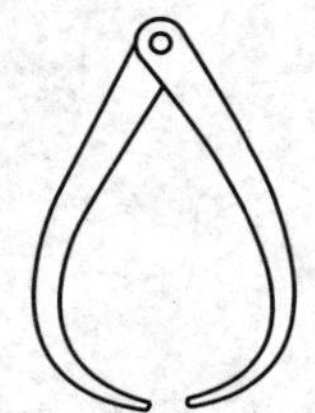

图 2-14-4　卡钳

14.4　卡　　钳

【其他名称】　外卡钳：外卡、紧轴外卡钳；

内卡钳：内卡、紧轴内卡钳。

【用途】　与钢尺配合，外卡钳测量工件的外尺寸（如外径、厚度），内卡钳测量工件的内尺寸（如内径、槽宽）。

【规格】　全长（mm）：100，125，200，250，300，350，400，450，500，600。

14.5　弹簧卡钳

【其他名称】　弹簧外卡钳：弹簧外卡、弹簧式外卡钳；

弹簧内卡钳：弹簧内卡、弹簧式内卡钳。

【用途】　与一般卡钳相同，但具有调节方便和测得的尺寸不易走动的优点，在批量生产中尤为适用。

【规格】　与卡钳相同。

14.6　游标卡尺、带表卡尺及电子数显卡尺（GB/T 21389—2008）

【其他名称】　卡尺、钢卡尺。

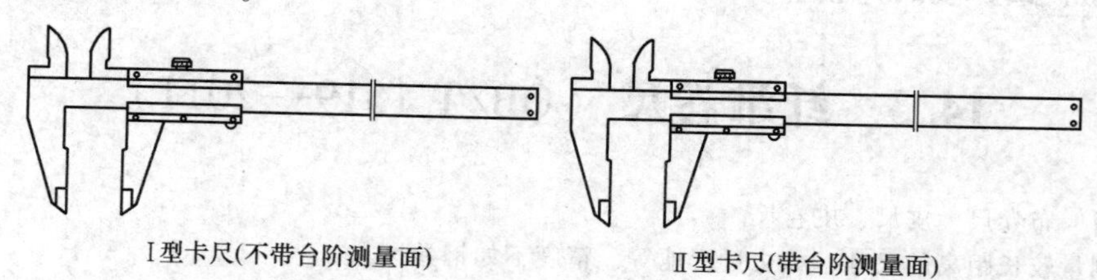

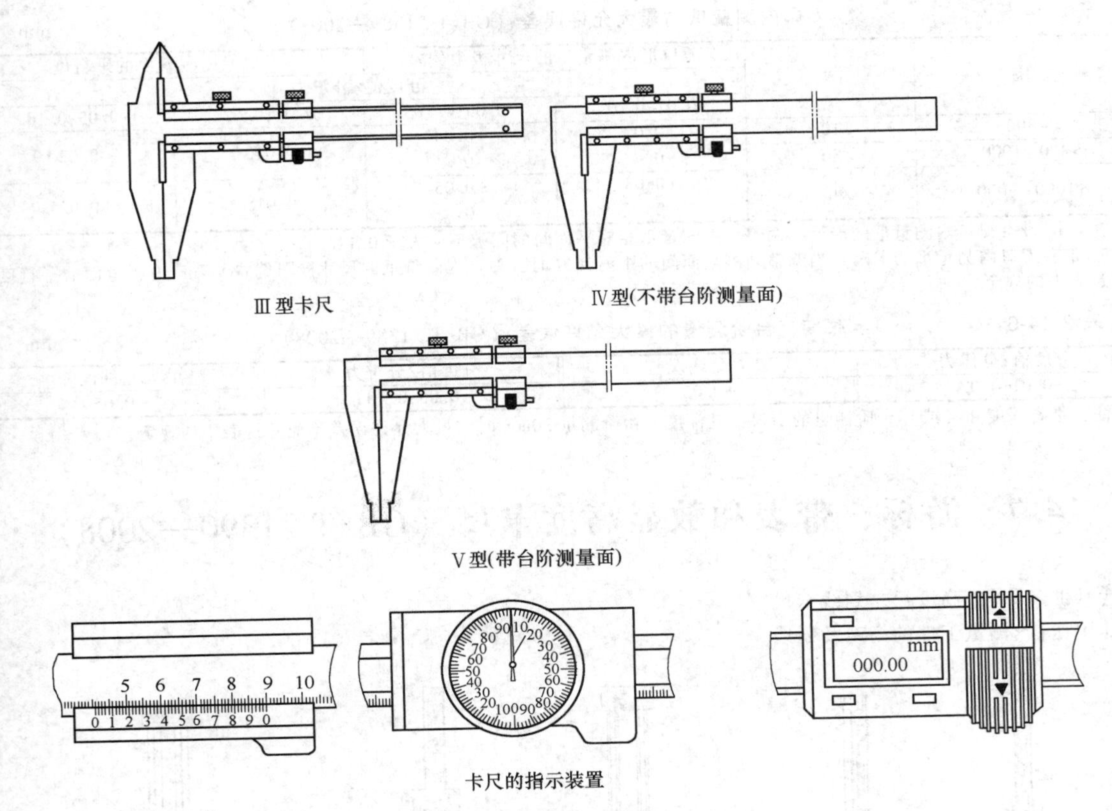

图 2-14-5 游标卡尺、带表卡尺及电子数显卡尺

【用途】 用于测量工件的外径、内径尺寸，带深度尺的还可以用于测量工件的深度尺寸。利用游标、指示表或数显屏可以读出毫米小数值，测量精度比钢尺高，使用也方便。

【规格】 见表 2-14-4~表 2-14-6。

表 2-14-4 外测量的最大允许误差（GB/T 21389—2008） mm

测量范围上限	最大允许误差					
	分度值/分辨力					
	0.01;0.02		0.05		0.10	
	最大允许误差计算公式	计算值	最大允许误差计算公式	计算值	最大允许误差计算公式	计算值
70	±(20+0.05L)μm	±0.02	±(40+0.06L)μm	±0.05	±(50+0.1L)μm	±0.10
150		±0.03		±0.05		
200		±0.03		±0.05		
300		±0.04		±0.06		
500		±0.05		±0.07		
1000		±0.07		±0.10		±0.15
1500	±(20+0.06L)μm	±0.11	±(40+0.08L)μm	±0.16		0.20
2000		±0.14		±0.20		0.25
2500	±(20+0.08L)μm	±0.22	±(40+0.09L)μm	±0.24		0.30
3000		±0.26		±0.31		0.35
3500		±0.30		±0.36		0.40
4000		±0.34		±0.40		0.45

注：L 为测量范围上限值，以 mm 计，计算结果应四舍五入到 10μm，且其值不能小于数字级差（分辨力）或游标卡尺间隔。

表 2-14-5　　刀口内测量爪的最大允许误差（GB/T 21389—2008）

mm

测量范围上限	H	刀口形内测量爪的尺寸极限偏差		刀口形内测量面的平行度	
		分度值/分辨力			
		0.01;0.02	0.05;0.10	0.01;0.02	0.05;0.10
≤300	10	+0.02 0	+0.04 0	0.010	0.020
>300~1000	30				
>1000~4000	40	+0.03 0	+0.05 0	0.015	0.025

注：1. 带有刀口内测量爪的卡尺，两刀口内测量爪相对平面间的间隙不应大于 0.12mm。
2. 带有刀口内测量爪的卡尺，当调整外测量面间的距离到 H 时，刀口内测量爪的尺寸极限偏差及刀口内测量面的平行度不应超过表中的规定。

表 2-14-6　　深度、台阶测量的最大允许误差（GB/T 21389—2008）

mm

分度值/分辨力	最大允许误差	分度值/分辨力	最大允许误差
0.01;0.02	±0.03	0.05;0.10	±0.05

注：带有深度和（或）台阶测量的卡尺，其深度、台阶测量 20mm 时的最大允许误差不应超过表中的规定。

14.7　游标、带表和数显高度卡尺（GB/T 21390—2008）

【其他名称】 高度尺、划线卡尺。

【用途】 测量工件的高度及划线。

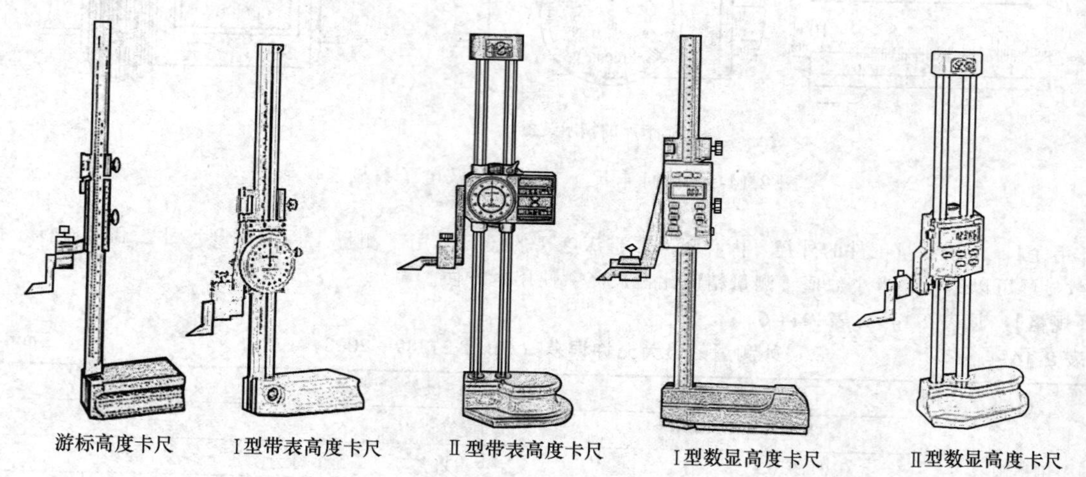

图 2-14-6　游标、带表和数显高度卡尺

【规格】 见表 2-14-7、表 2-14-8。

表 2-14-7　　高度卡尺的测量范围及基本参数（GB/T 21390—2008）

mm

测量范围上限	基本参数 l（推荐值）	测量范围上限	基本参数 l（推荐值）
~150	45	>400~600	100
>150~400	65	>600~1000	130

注：当 l 的长度超过表中推荐值时，其技术指标由供需双方技术协议确定。

表 2-14-8　　最大允许误差（GB/T 21390—2008）

mm

测量范围上限	最大允许误差					
	分度值/分辨力					
	0.01;0.02		0.05		0.10	
	最大允许误差计算公式	计算值	最大允许误差计算公式	计算值	最大允许误差计算公式	计算值
150	±(20+0.05L)μm	±0.03	±(40+0.06L)μm	±0.05	±(50+0.1L)μm	±0.10
200		±0.03		±0.05		

续表

测量范围上限	最大允许误差					
	分度值/分辨力					
	0.01;0.02		0.05		0.10	
	最大允许误差计算公式	计算值	最大允许误差计算公式	计算值	最大允许误差计算公式	计算值
300	±(20+0.05L)μm	±0.04	±(40+0.06L)μm	±0.06	±(50+0.1L)μm	±0.10
500		±0.05		±0.07		
1000		±0.07		±0.10		±0.15

注：表中最大允许误差计算公式中的L为测量范围上限值，以mm计，计算结果应四舍五入到10μm，且其值不能小于数字级差（分辨力）或游标标尺间隔。

14.8 游标、带表和数显深度卡尺（GB/T 21388—2008）

【其他名称】 深度尺、深度卡尺。

【用途】 测量工件上沟槽和孔的深度。

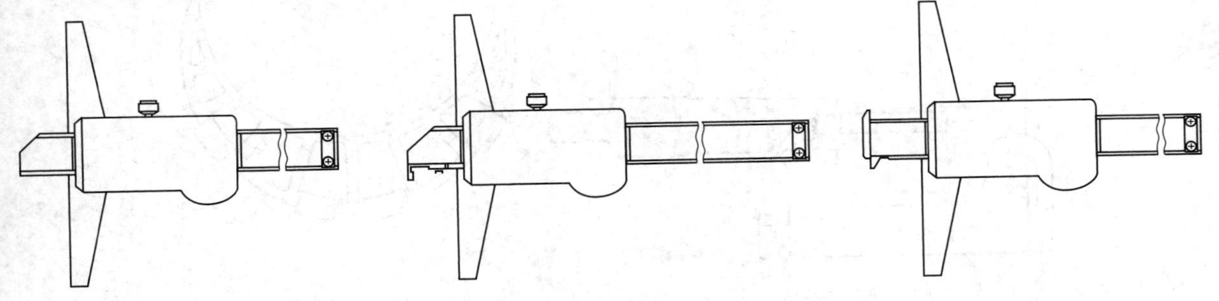

Ⅰ型深度卡尺　　Ⅱ型深度卡尺(单钩型)　　Ⅲ型深度卡尺(双钩型)

图2-14-7　游标、带表和数显深度卡尺

【规格】 见表2-14-9、表2-14-10。

表2-14-9　深度卡尺的测量范围及基本参数的推荐值（GB/T 21388—2008）　mm

测量范围	基本参数(推荐值)		测量范围	基本参数(推荐值)	
	尺框测量面长度 l	尺框测量面宽度 b		尺框测量面长度 l	尺框测量面宽度 b
	≥			≥	
0~100、0~150	80	5	0~500	120	6
0~200、0~300	100	6	0~1000	150	7

表2-14-10　最大允许误差（GB/T 21388—2008）　mm

测量范围上限	最大允许误差					
	分度值/分辨力					
	0.01;0.02		0.05		0.10	
	最大允许误差计算公式	计算值	最大允许误差计算公式	计算值	最大允许误差计算公式	计算值
150	±(20+0.05L)μm	±0.03	±(40+0.06L)μm	±0.05	±(50+0.1L)μm	±0.10
200		±0.03		±0.05		
300		±0.04		±0.06		
500		±0.05		±0.07		
1000		±0.07		±0.10		±0.15

注：表中最大允许误差计算公式中的L为测量范围上限值，以mm计，计算结果应四舍五入到10μm，且其值不能小于数字级差（分辨力）或游标卡尺间隔。

14.9 外径千分尺、壁厚千分尺及电子数显外径千分尺

【其他名称】 千分尺、外径分厘卡、分厘卡、外径百分尺、百分尺。

【用途】 外径千分尺主要用于测量工件的外尺寸，如外径、长度、厚度等，测量精度较高。壁厚千分尺按结构分Ⅰ型、Ⅱ型，主要用于测量管子的壁厚。

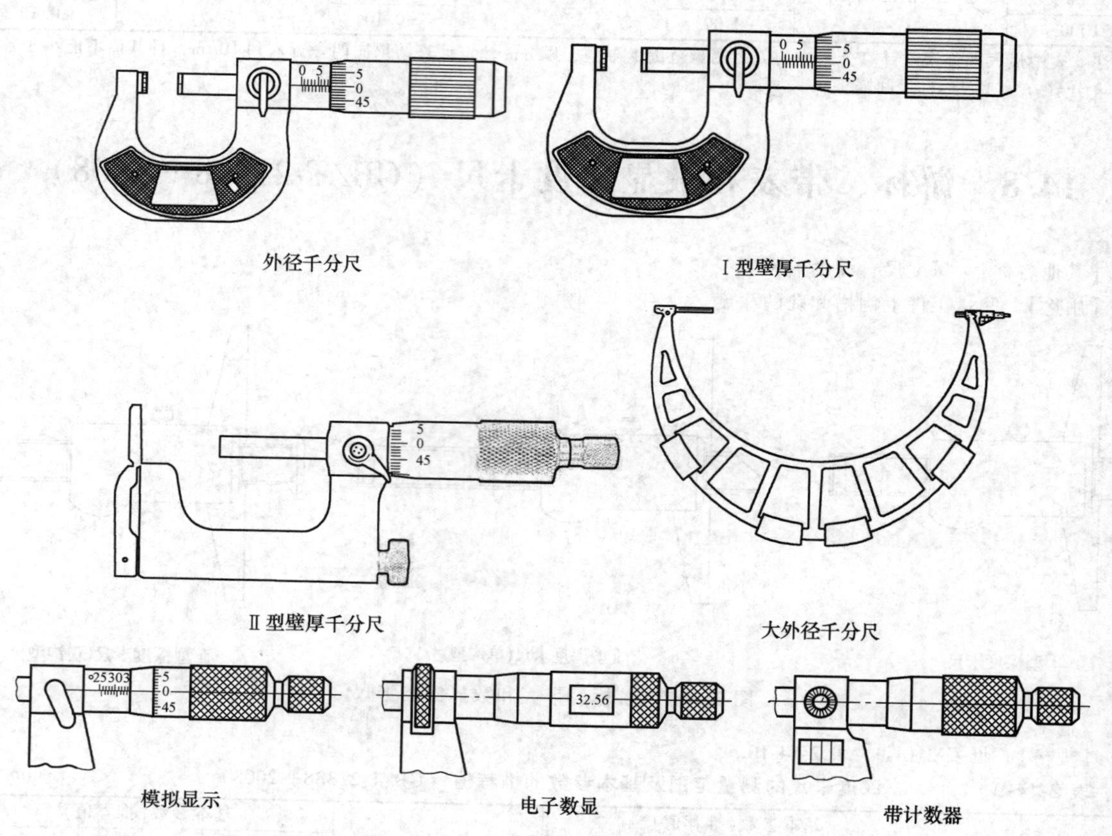

图 2-14-8 外径千分尺、壁厚千分尺及电子数显外径千分尺

【规格】 见表 2-14-11。

表 2-14-11 外径千分尺、壁厚千分尺及电子数显外径千分尺 mm

品种	测量范围	分度值
外径千分尺（GB 1216—2004）	0~25,25~50,50~75,75~100,100~125,125~150,150~175,175~200,200~225,225~250,250~275,275~300,300~325,325~350,350~375,375~400,400~425,425~450,450~475,475~500,500~600,600~700,700~800,800~900,900~1000	0.01,0.001,0.002,0.005
带计数器千分尺（GB 1216—2004）		
测砧为可调式大外径千分尺（JB/T 10007—2012）	1000~1200,1200~1400,1400~1600,1600~1800,1800~2000,2000~2200,2200~2400,2400~2600,2600~2800,2800~3000	0.01
测砧为带表式大外径千分尺（JB/T 10007—2012）	1000~1500,1500~2000,2000~2500,2500~3000	
壁厚千分尺（GB/T 6312—2004）	0~50	0.01,0.001,0.002,0.005

14.10 内径千分尺（GB/T 8177—2004）

【其他名称】 内径分厘卡、内径百分尺。

【用途】 测量工件的孔径、沟槽及卡规的内尺寸，测量精度较高，其中三爪内径千分尺利用螺旋副原理进行读数，测量范围更大，精度更高。

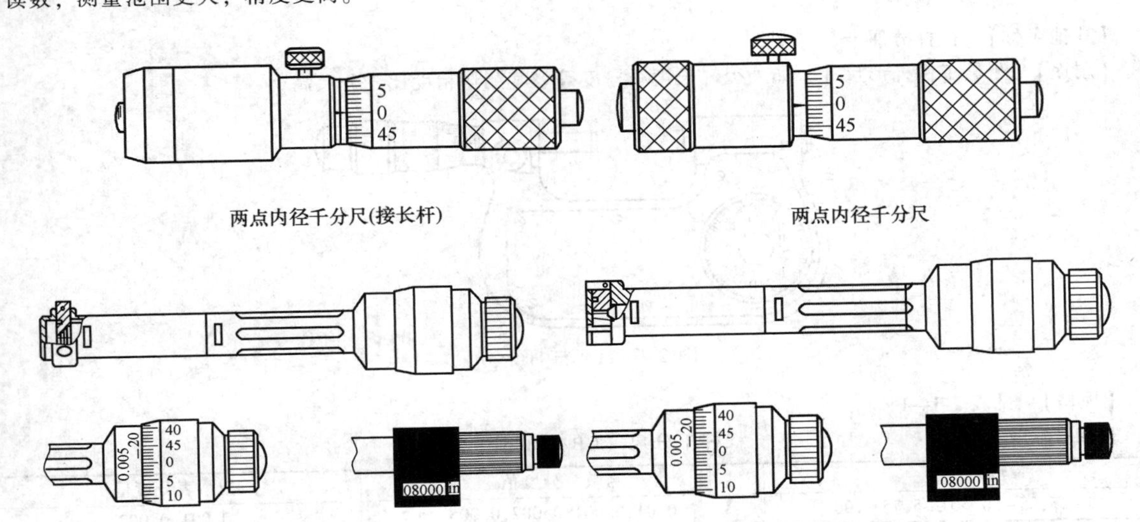

图 2-14-9 内径千分尺

【规格】 见表 2-14-12。

表 2-14-12 内径千分尺 mm

品种	测量范围	分度值
两点内径千分尺（GB/T 8177—2004）	0~50,50~100,100~150,150~200,200~250,250~300,300~350,350~400,400~450,450~500,500~800,800~1250,1250~1600,1600~2000,2000~2500,2500~3000,3000~4000,4000~5000,5000~6000	0.01,0.001,0.002,0.005
Ⅰ型三爪内径千分尺（GB/T 6314—2004）	6~8,8~10,10~12,11~14,14~17,17~20,20~25,25~30,30~35,35~40,40~50,50~60,60~70,70~80,80~90,90~100	
Ⅱ型三爪内径千分尺（GB/T 6314—2004）	3.5~4.5,4.5~5.5,5.5~6.5,8~10,10~12,11~14,14~17,17~20,20~25,25~30,30~35,35~40,40~50,50~60,60~70,70~80,80~90,90~100,100~125,125~150,150~175,175~200,200~225,225~250,250~275,275~300	

注：两点内径千分尺已经包括了原来标准的“内径千分尺”和“单杆式内径千分尺”。

14.11 深度千分尺（GB/T 1218—2004）

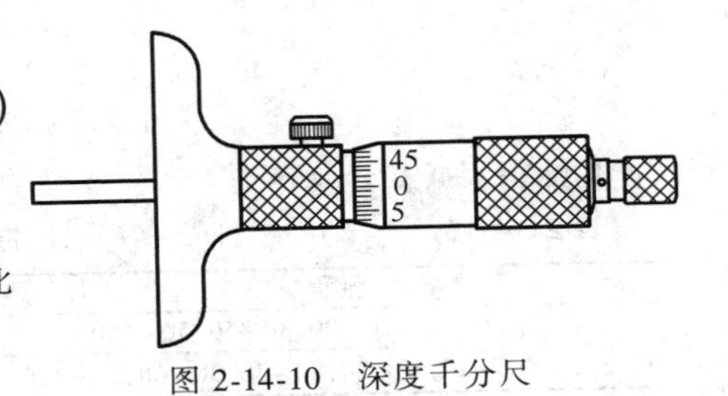

图 2-14-10 深度千分尺

【其他名称】 深度分厘卡、深度百分尺。

【用途】 测量精密工件的高度和沟槽孔的深度，测量精度比较高。

【规格】 见表 2-14-13。

表 2-14-13　　深度千分尺（GB/T 1218—2004）　　mm

测量范围	分度值
0~25,0~50,0~100,0~150,0~200,0~250,0~300	0.01,0.001,0.002,0.005

14.12　杠杆千分尺（GB/T 8061—2004）

【其他名称】 杠杆分厘卡。

【用途】 测量工件外形尺寸，如外径、长度、厚度等。其测量精度比千分尺高。

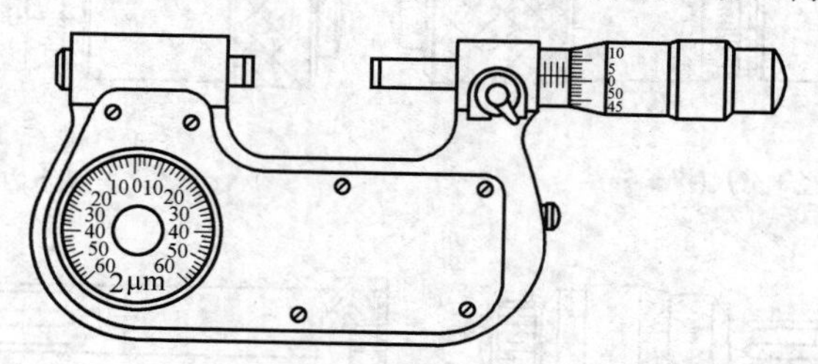

图 2-14-11　杠杆千分尺

【规格】 见表 2-14-14。

表 2-14-14　　杠杆千分尺（GB/T 8061—2004）　　mm

测量范围	测微头分度值	指示表分度值
0~25,25~50,50~75,75~100	0.01,0.001,0.002,0.005	0.001,0.002

14.13　指示表（GB/T 1219—2008）

【用途】 测量精密工件的外形误差及位置误差，也可用比较法测量工件的长度。

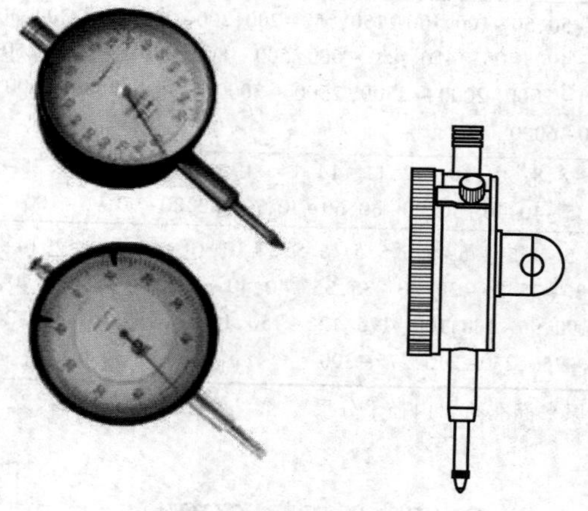

图 2-14-12　指示表

【规格】 见表 2-14-15。

表 2-14-15　　指示表（GB/T 1219—2008）　　mm

量程	分度值	量程	分度值
0~10,10~20,20~30,30~50,50~100	0.10	0~1,1~3,3~5	0.001
0~3,3~5,5~10,10~20,20~30,30~50,50~100	0.01	0~1,1~3,3~5,5~10	0.002

14.14 杠杆指示表（GB/T 8123—2007）

【用途】 用于测量工件的形状误差和位置误差，并可用比较法测量长度。对受空间限制的测量，如内孔跳动量、键槽、导轨的直线度等尤为适宜。

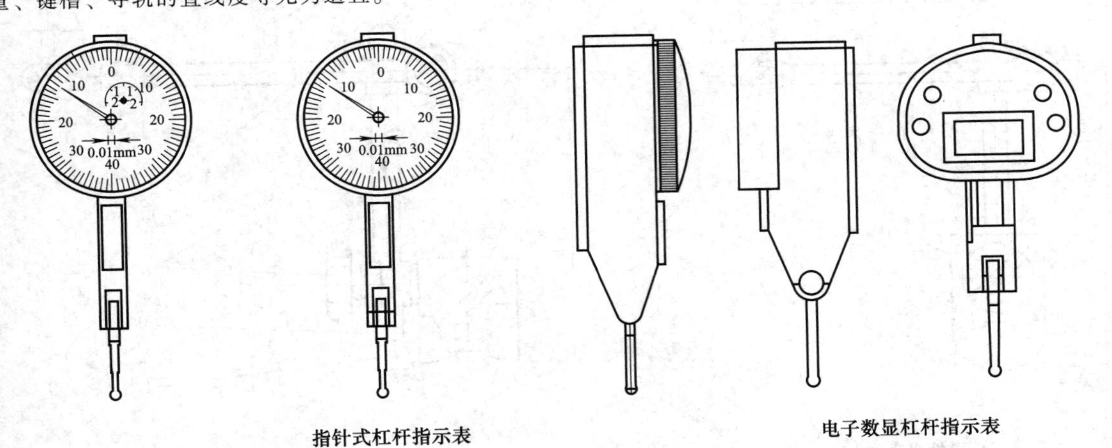

图 2-14-13 杠杆指示表

【规格】 见表 2-14-16。

表 2-14-16 杠杆指示表（GB/T 8123—2007） mm

量程	分度值	量程	分度值
0.8	0.01	0.2	0.002
1.6		0.12	0.001

14.15 万能表座（JB/T 10011—2010）

【其他名称】 表座。

【用途】 万能表座：用于支撑指示表类量具，且靠自重固定位置的器具。微调万能表座：具有微量调节功能的万能表座。

【规格】 表座的形式见图 2-14-14（图示仅供图解说明，不表示详细结构）。座体的 T 型槽按 GB/T 158 的规定制造。表夹的夹表孔直径（mm）应为 ϕ8H8 或 ϕ6H8。

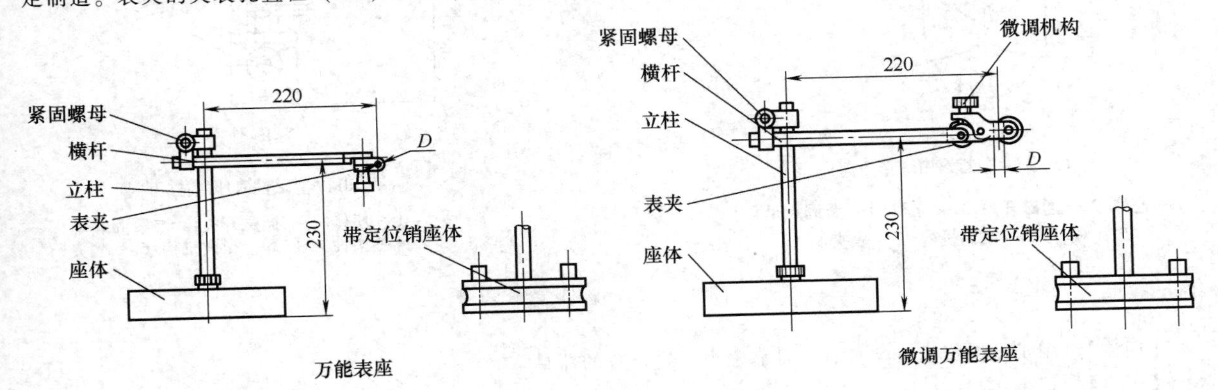

图 2-14-14 万能表座

14.16 磁性表座（JB/T 10010—2010）

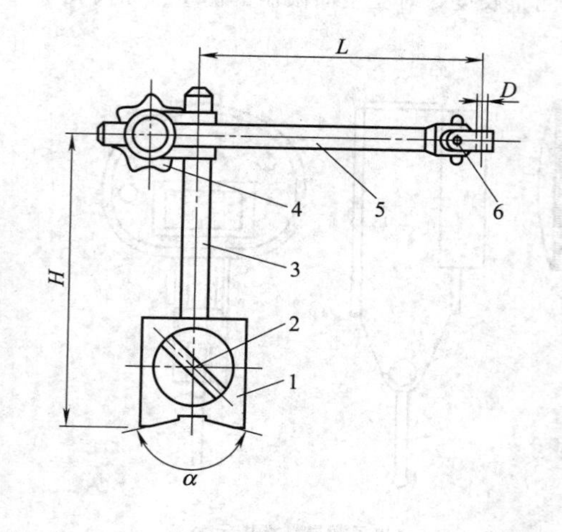

(a) Ⅰ型磁性表座

1—座体；2—通磁开关；3—立柱；4—紧固螺母；5—横杆；6—表夹

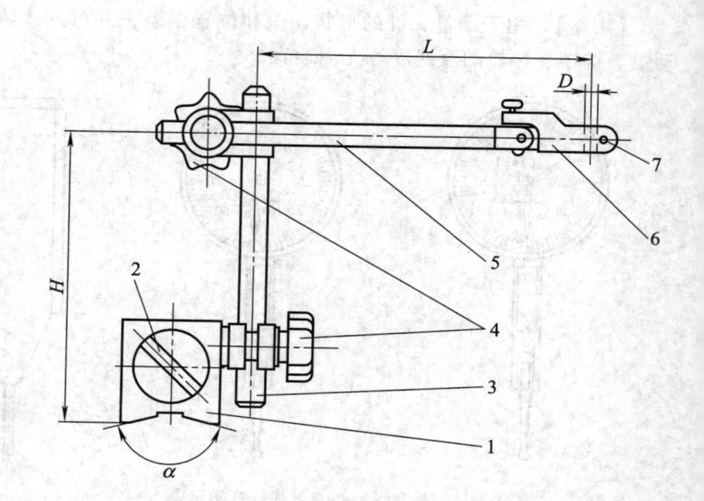

(b) Ⅱ型磁性表座(活动立柱)

1—座体；2—通磁开关；3—立柱；4—紧固螺母；5—横杆；6—微调机构；7—表夹

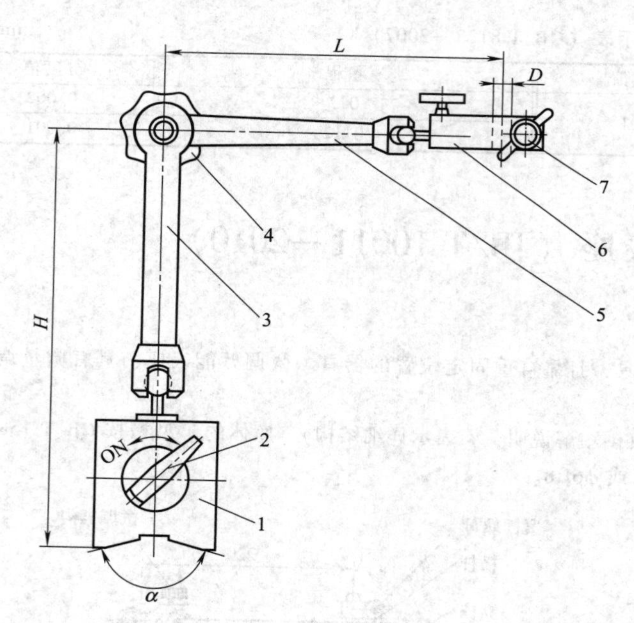

(c) Ⅲ型磁性表座(球形万向)

1—座体；2—通磁开关；3—立柱；4—紧固螺母；5—横杆；6—微调机构；7—表夹

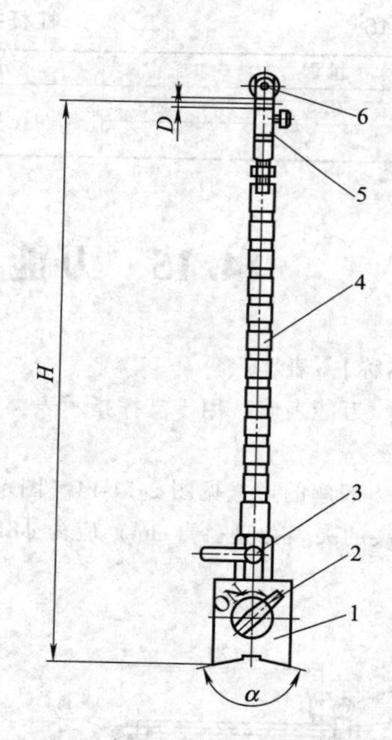

(d) Ⅳ型磁性表座(柔性万向)

1—座体；2—通磁开关；3—紧固螺母；4—柔性立柱；5—微调机构；6—表夹

图 2-14-15　磁性表座

【用途】　用于支撑指示表类量具，且靠磁力固定位置的器具。

【规格】　见表 2-14-17。

表 2-14-17 磁性表座的基本参数

表座形式	规格/kg	基本尺寸(推荐值)			夹表孔直径 D/mm
		H/mm	L/mm	座体 V 形工作面角度 α	
Ⅰ型 Ⅱ型 Ⅲ型	40	>160	>140	120°、135°、150°	ϕ8H8 或 ϕ4H8、ϕ6H8、ϕ10H8
	60	>190	>170		
	80	>224	>200		
	100	>280	>250		
Ⅳ型	60	270~360	—		

14.17 内径指示表（GB/T 8122—2004）

【其他名称】 内径千分表、内径百分表、内径量表、气缸表。

【用途】 测量圆柱形内孔和深孔的尺寸及其形状误差。

【规格】 见表 2-14-18。

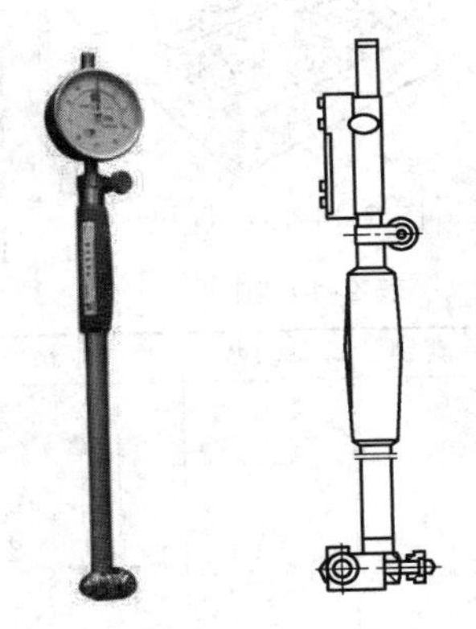

图 2-14-16 内径指示表

表 2-14-18 内径指示表（GB/T 8122—2004） mm

测量范围	分度值
6~10,10~18,18~35,35~50,50~100,100~160,160~250,250~450	0.01
6~10,18~35,35~50,50~100,100~160,160~250,250~450	0.001

14.18 塞尺（GB/T 22523—2008）

【其他名称】 厚薄规、间隙规。

【用途】 测量或检验两平面间的空隙。

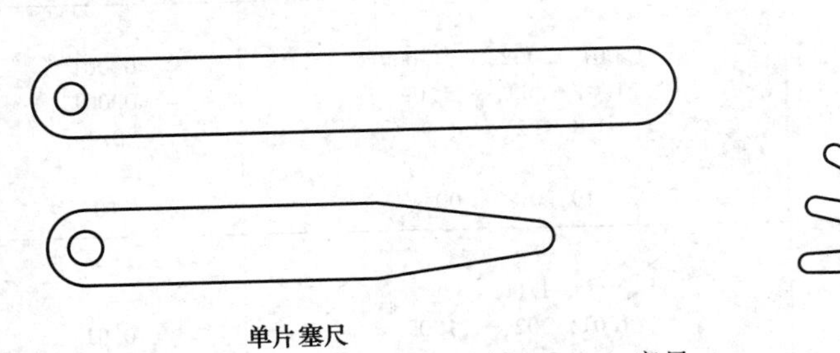

单片塞尺 成组塞尺

图 2-14-17 塞尺

【规格】 见表 2-14-19。

表 2-14-19 成组塞尺的片数、塞尺长度及组装顺序（GB/T 22523—2008）

成组塞尺的片数	塞尺的长度/mm	塞尺厚度尺寸及组装顺序/mm
13	100,150,200,300	0.10,0.02,0.02,0.03,0.03,0.04,0.04,0.05,0.05,0.06,0.07,0.08,0.09

续表

成组塞尺的片数	塞尺的长度/mm	塞尺厚度尺寸及组装顺序/mm
14	100,150,200,300	1.00, 0.05, 0.06, 0.07, 0.08, 0.09, 0.10, 0.15, 0.20, 0.25, 0.30, 0.40, 0.50,0.75
17		0.50,0.02,0.03,0.04,0.05,0.06,0.07,0.08,0.09,0.10,0.15,0.20,0.25, 0.30,0.35,0.40,0.45
20		1.00,0.05,0.10,0.15,0.20,0.25,0.30,0.35,0.40,0.45,0.50,0.55,0.60, 0.65,0.70,0.75,0.80,0.85,0.90,0.95
21		0.50,0.02,0.02,0.03,0.03,0.04,0.04,0.05,0.05,0.06,0.07,0.08,0.09, 0.10,0.15,0.20,0.25,0.30,0.35,0.40,0.45

注：1. 按用户需要可供应单片塞尺片。

2. A 型塞尺片端头为半圆形；B 型塞尺片前端为梯形，端头为弧形。

3. 塞尺片按厚度偏差及弯曲度，分特级和普通级。

4. 成组塞尺的组别标记，以塞尺片长度、型号和片数表示。例：300A21。

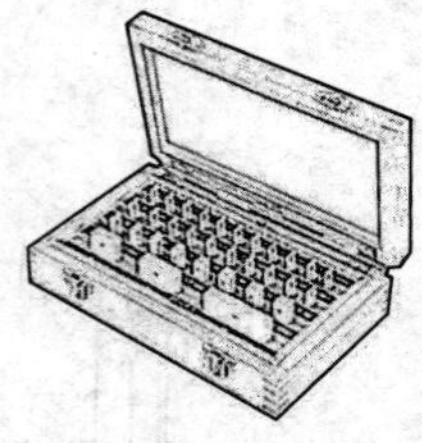

图 2-14-18 量块

14.19 量块（GB/T 6093—2001）

【其他名称】 块规、标准对板。

【用途】 测量精密工件或量规的正确尺寸，或用于调整、校正、校验测量仪器、工具，是技术测量上长度计量的基准。

【规格】 见表 2-14-20。

表 2-14-20 量块（GB/T 6093—2001）

套别	总块数	精度级别	尺寸系列/mm	间隔/mm	块数
1	91	0,1	0.5 1 1.001,1.002,…,1.009 1.01,1.02,…,1.49 1.5,1.6,…,1.9 2.0,2.5,…,9.5 10,20,…,100	— — 0.001 0.01 0.1 0.5 10	1 1 9 49 5 16 10
2	83	0,1,2	0.5 1 1.005 1.01,1.02,…,1.49 1.5,1.6,…,1.9 2.0,2.5,…,9.5 10,20,…,100	— — — 0.01 0.1 0.5 10	1 1 1 49 5 16 10
3	46	0,1,2	1 1.001,1.002,…,1.009 1.01,1.02,…,1.09 1.1,1.2,…,1.9 2,3,…,9 10,20,…,100	— 0.001 0.001 0.1 1 10	1 9 9 9 8 10
4	38	0,1,2	1 1.005 1.01,1.02,…,1.09 1.1,1.2,…,1.9 2,3,…,9 10,20,…,100	— — 0.01 0.1 1 10	1 1 9 9 8 10
5	10^-	0,1	0.991,0.992,…,1	0.001	10
6	10^+		1,1.001,…,1.009	0.001	10
7	10^-		1.991,1.992, …,2	0.001	10
8	10^+		2,2.001, …,2.009	0.001	10

续表

套别	总块数	精度级别	尺寸系列/mm	间隔/mm	块数
9	8	0,1,2	125,150,175,200,250,300,400,500	—	8
10	5		600,700,800,900,1000	—	5
11	10		2.5,5.1,7.7,10.3,12.9,15,17.6,20.2,22.8,25	—	10
12	10		27.5,30.1,32.7,35.3,37.9,40,42.6,45.2,47.8,50	—	10
13	10		52.5,55.1,57.7,60.3,62.9,65,67.6,70.2,72.8,75	—	10
14	10		77.5,80.1,82.7,85.3,87.9,90,92.6,95.2,97.8,100	—	10
15	12	3	41.2,81.5,121.8,51.2,121.5,191.8,101.2,201.5,291.8,10,20,20	—	12
16	6		101.2,200,291.5,375,451.8,490	—	6
17	6		201.2,400,581.5,750,901.8,990	—	6

14.20 直角尺（GB/T 6092—2004）

【用途】 检验直角、划垂线和安装定位等。

【规格】 见图 2-14-19～图 2-14-24 和表 2-14-21～表 2-14-26。

表 2-14-21　圆柱直角尺（GB/T 6092—2004）　mm

精度等级		00 级、0 级				
基本尺寸	*D*	200	315	500	800	1250
	L	80	100	125	160	200

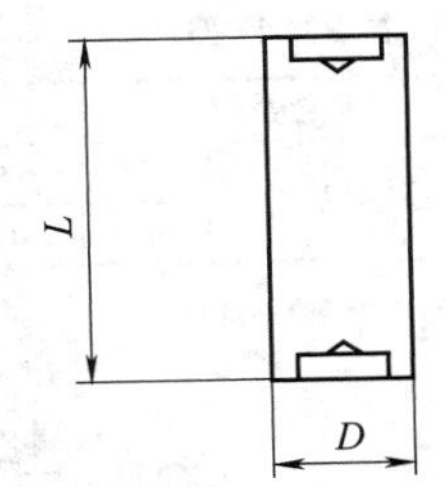

图 2-14-19　圆柱直角尺

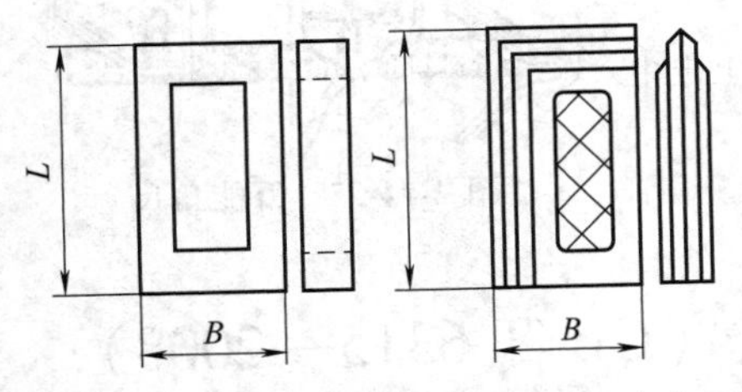

图 2-14-20　矩形直角尺及刀口矩形直角尺

表 2-14-22　矩形直角尺及刀口矩形直角尺（GB/T 6092—2004）　mm

矩形直角尺	精度等级		00 级、0 级、1 级				
	基本尺寸	*L*	125	200	315	500	800
		B	80	125	200	315	500
刀口矩形直角尺	精度等级		00 级、0 级				
	基本尺寸	*L*	63	125	200		
		B	40	80	125		

表 2-14-23　三角形直角尺（GB/T 6092—2004）　mm

精度等级		00 级、0 级					
基本尺寸	*L*	125	200	315	500	800	1250
	B	80	125	200	315	500	800

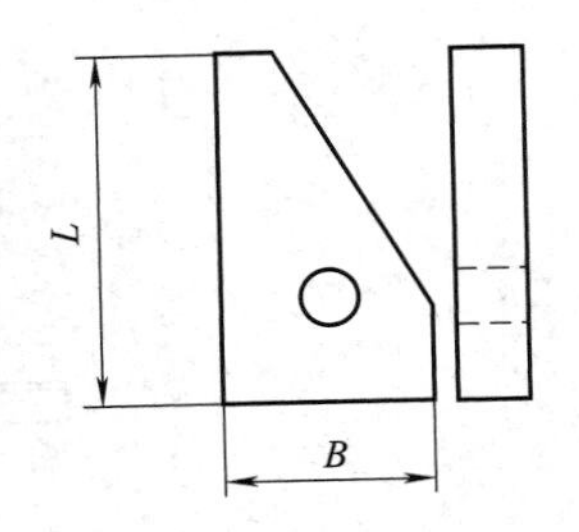

图 2-14-21　三角形直角尺

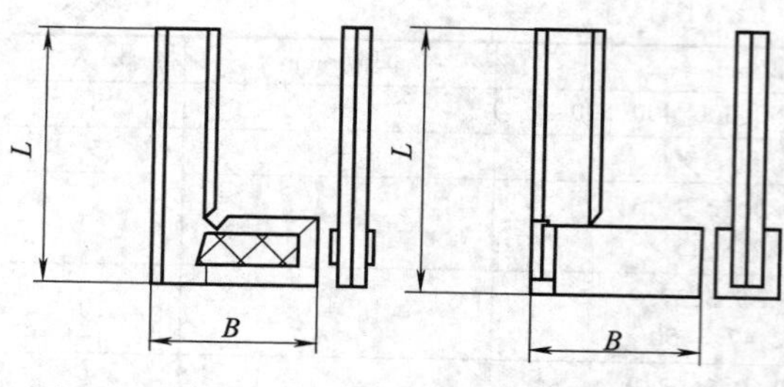

图 2-14-22　刀口形直角尺及宽座刀口形直角尺

表 2-14-24　刀口形直角尺及宽座刀口形直角尺（GB/T 6092—2004）

mm

刀口形直角尺	精度等级		0 级、1 级									
	基本尺寸	*L*	50	63	80	100	125	160	200			
		B	32	40	50	63	80	100	125			
宽座刀口形直角尺	精度等级		0 级、1 级									
	基本尺寸	*L*	50	75	100	150	200	250	300	500	750	1000
		B	40	50	70	100	130	165	200	300	400	500

表 2-14-25　平面形直角尺及带座平面形直角尺（GB/T 6092—2004）

mm

平面形直角尺和带座平面形直角尺	精度等级		0 级、1 级和 2 级									
	基本尺寸	*L*	50	75	100	150	200	250	300	500	750	1000
		B	40	50	70	100	130	165	200	300	400	550

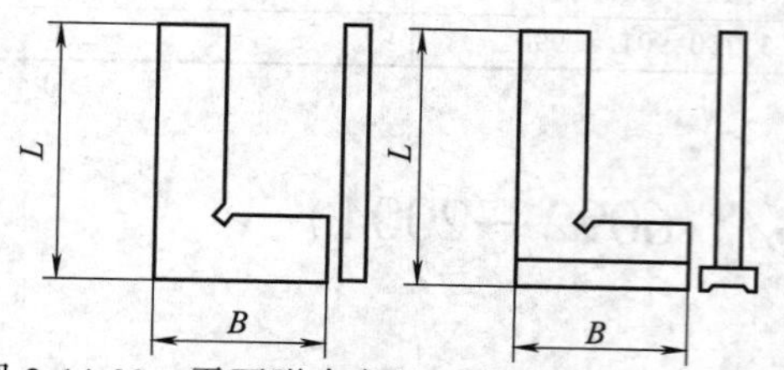

图 2-14-23　平面形直角尺及带座平面形直角尺

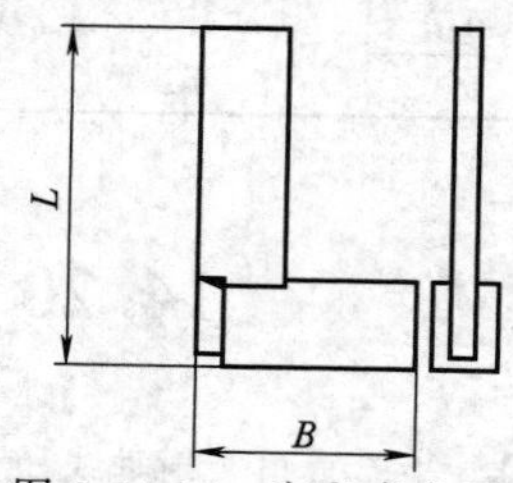

图 2-14-24　宽座直角尺

表 2-14-26　宽座直角尺（GB/T 6092—2004）

mm

精度等级		0 级、1 级和 2 级														
基本尺寸	*L*	63	80	100	125	160	200	250	315	400	500	630	800	1000	1250	1600
	B	40	50	63	80	100	125	160	200	250	315	400	500	630	800	1000

14.21　万能角尺

【其他名称】　万能钢角尺、万能角度尺、组合角尺。

【用途】　测量一般的角度、长度、深度、水平度以及在圆形工件上定中心等。

【规格】　钢尺长度（mm）：300。

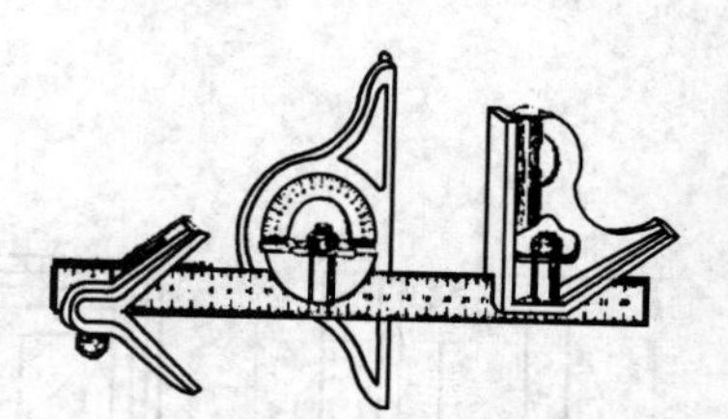

图 2-14-25　万能角尺

14.22　游标、带表和数显万能角度尺（GB/T 6315—2008）

【其他名称】　游标量角尺、游标测角尺、万能角尺。

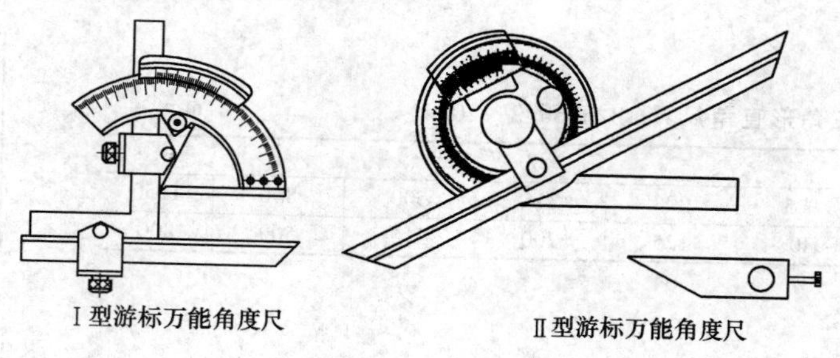

Ⅰ型游标万能角度尺　　Ⅱ型游标万能角度尺

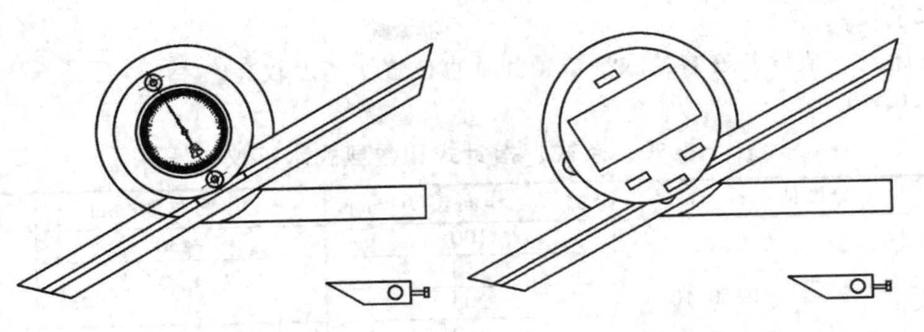

图 2-14-26　游标、带表和数显万能角度尺

【用途】 测量精密工件的内、外角度或进行角度划线。

【规格】 见表 2-14-27。

表 2-14-27　　游标、带表和数显万能角度尺（GB/T 6315—2008）

形式	测量范围	分度值
Ⅰ型游标万能角度尺	0°~320°	2′和 5′
Ⅱ型游标万能角度尺	0°~360°	2′和 5′
带表万能角度尺	0°~360°	2′和 5′
数显万能角度尺	0°~360°	30″

14.23　木水平尺

【其他名称】 木水准尺。

【用途】 建筑工程中检查建筑物对于水平位置的偏差，一般常为泥瓦工及木工用。

【规格】 长度（mm）：150，200，250，300，350，400，450，500，550，600。

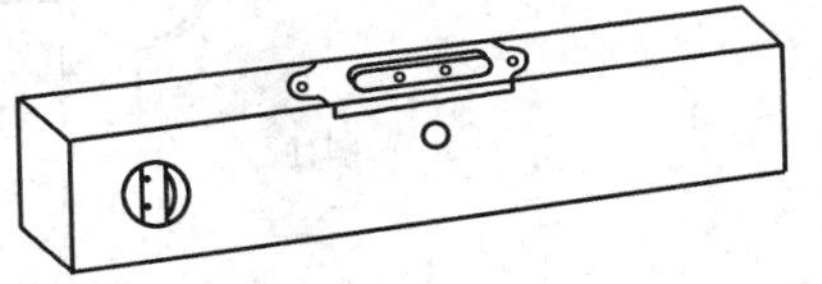
图 2-14-27　木水平尺

14.24　铁水平尺

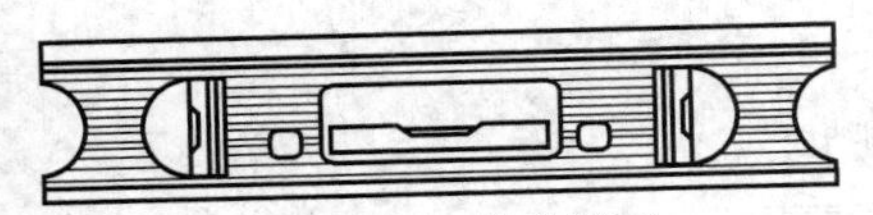
图 2-14-28　铁水平尺

【其他名称】 铁水准尺。

【用途】 检查普通设备安装的水平位置和垂直位置。

【规格】 见表 2-14-28。

表 2-14-28　　铁水平尺

长度/mm	150	200,250,300,350,400,450,500,550
主水准分度值/(mm/m)	0.5	2

14.25　水平仪（GB/T 16455—2008、GB/T 20920—2007）

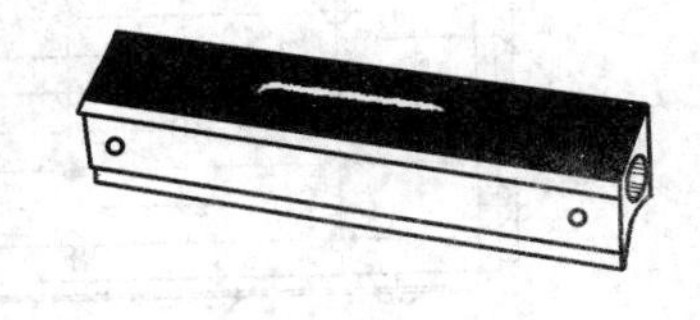
图 2-14-29　框式水平仪及条式水平仪

【其他名称】 水平尺。

【用途】 检查机床及其他设备安装的水平位置和垂直位置，精度较高。

【规格】 见表 2-14-29。

表 2-14-29 框式、条式、指针式和数显式水平仪

品种	分度值/(mm/m)	规格(工作面长度)/mm	工作面宽度/mm	V 形工作面夹角
框式和条式	0.02,0.05,0.10	100	≥30	120°~140°
		150	≥35	
		200		
		250	≥40	
		300		
指针式和数显式	0.001,0.005, 0.01,0.02,0.05	100	25~35	120°~150°
		150	35~50	
		200		
		250		
		300		

14.26 正弦规（GB/T 22526—2008）

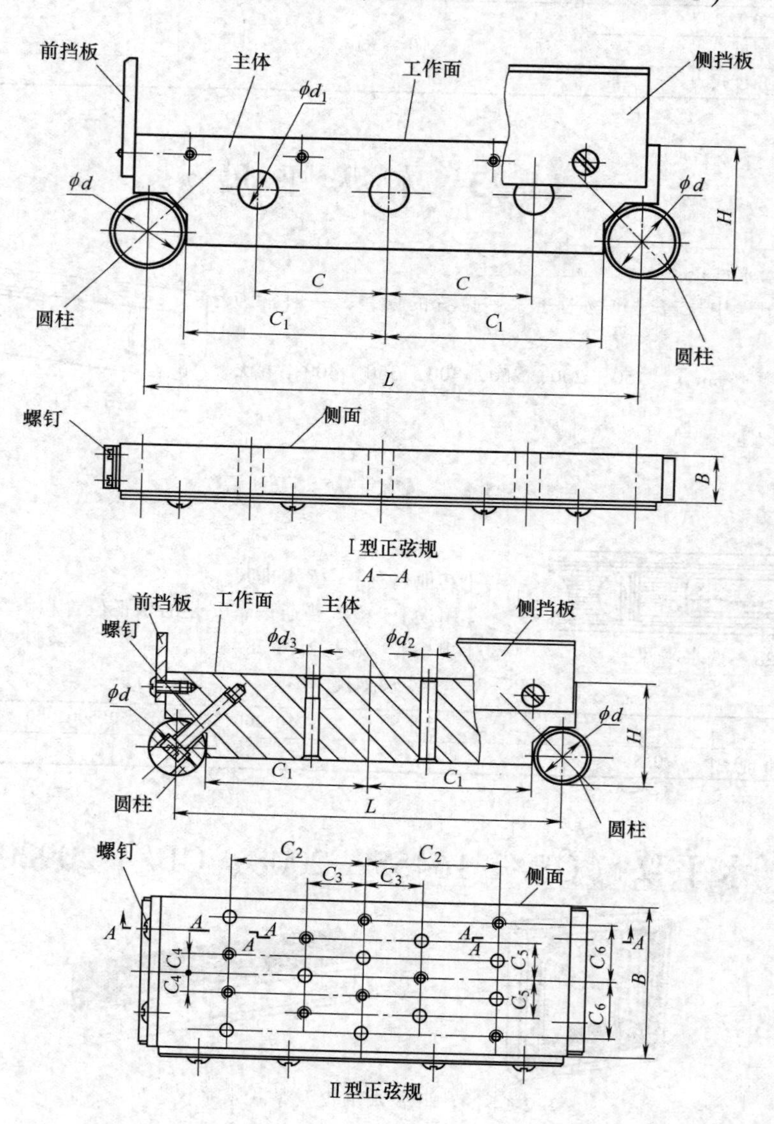

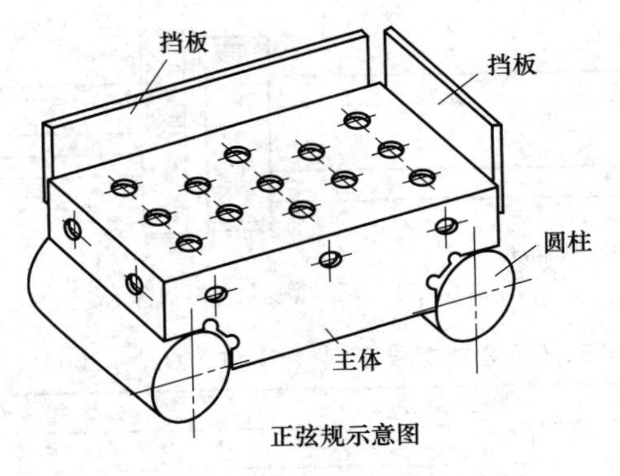

图 2-14-30　正弦规

【用途】 正弦规是用于准确检验零件及量规角度和锥度的量具。它是利用三角函数的正弦关系来度量的，故称正弦规。

【其他名称】 正弦尺，正弦台。

【规格】 见表 2-14-30。

表 2-14-30　　正弦规的规格尺寸　　mm

基本参数	Ⅰ型正弦规		Ⅱ型正弦规	
	两圆柱中心距 L			
	100	200	100	200
B	25	40	80	80
d	20	30	20	30
H	30	55	40	55
C	20	40	—	—
C_1	40	85	40	85
C_2	—	—	30	70
C_3			15	30

基本参数	Ⅰ型正弦规		Ⅱ型正弦规	
	两圆柱中心距 L			
	100	200	100	200
C_4	—	—	10	10
C_5			20	20
C_6			30	30
d_1	12	20	—	—
d_2	—	—	7B12	7B12
d_3			M6	M6

14.27　普通螺纹量规（GB/T 10920—2008）

【用途】 具有标准普通螺纹牙型，能反映被检内、外螺纹边界条件的测量器具。

【规格】 见图 2-14-31～图 2-14-36 和表 2-14-31～表 2-14-36。

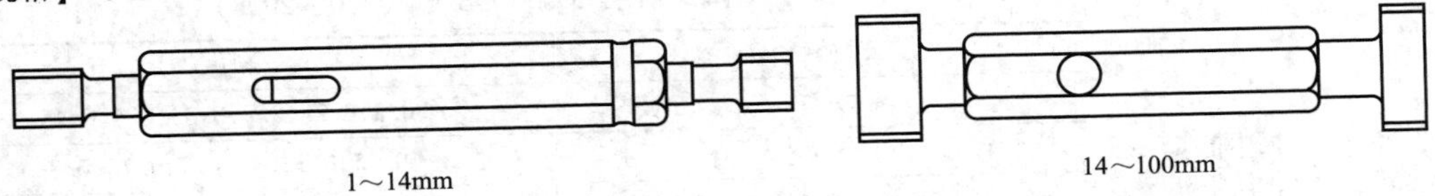

图 2-14-31　锥度锁紧式螺纹塞规

表 2-14-31　　锥度锁紧式螺纹塞规（GB/T 10920—2008）　　mm

公称直径 d	螺距 P	公称直径 d	螺距 P
$1 \leqslant d \leqslant 3$	0.2, 0.25, 0.3, 0.35, 0.4, 0.45, 0.5	$24<d \leqslant 30$	1, 1.5, 2, 3, 3.5
$3<d \leqslant 6$	0.35, 0.5, 0.6, 0.7, 0.75, 0.8, 1	$30<d \leqslant 40$	1.5, 2, 3, 3.5, 4
$6<d \leqslant 10$	0.75, 1, 1.25, 1.5	$40<d \leqslant 50$	1.5, 2, 3, 4, 4.5, 5
$10<d \leqslant 14$	0.75, 1, 1.25, 1.5, 1.75, 2	$50<d \leqslant 62$	1.5, 2, 3, 4, 5, 5.5
$14<d \leqslant 18$	1, 1.5, 2, 2.5	$62<d \leqslant 100$	1.5, 2, 3, 4, 6
$18<d \leqslant 24$	1, 1.5, 2, 2.5, 3		

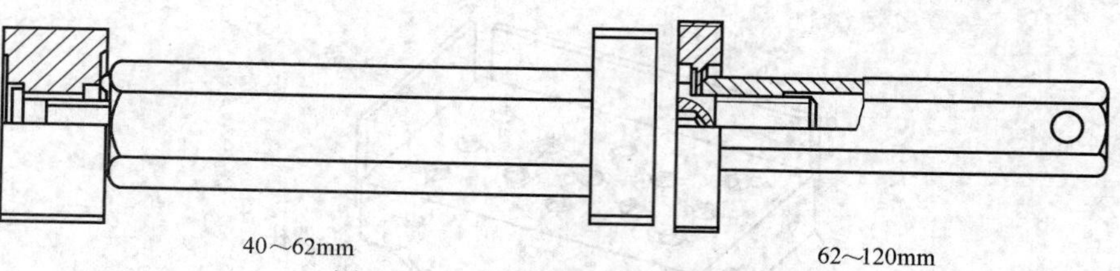

图 2-14-32　三牙锁紧式螺纹塞规

表 2-14-32　　三牙锁紧式螺纹塞规（GB/T 10920—2008）　　mm

公称直径 d	螺距 P	公称直径 d	螺距 P
$40 \leqslant d \leqslant 50$	1.5,2,3,4,4.5,5	$62<d \leqslant 80$	1.5,2,3,4,6
$50<d \leqslant 62$	1.5,2,3,4,5,5.5	82,85,90,95,100,105,110,115,120	1.5,2,3,4,6

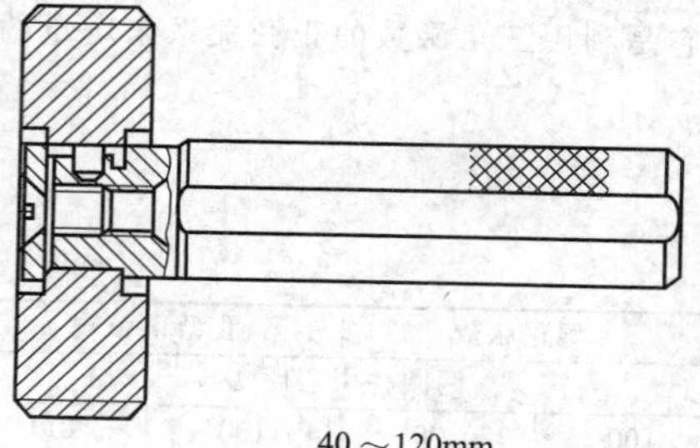

图 2-14-33　套式螺纹塞规

表 2-14-33　　套式螺纹塞规（GB/T 10920—2008）　　mm

公称直径 d	螺距 P
$40 \leqslant d \leqslant 50$	1.5,2,3,4,4.5,5
$50<d \leqslant 62$	1.5,2,3,4,5,5.5
$62<d \leqslant 80$	1.5,2,3,4,6
82,85,90,95,100,105,110,115,120	1.5,2,3,4,6

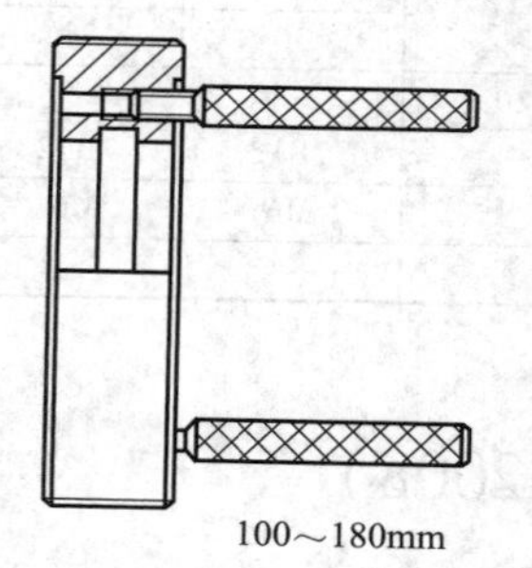

图 2-14-34　双柄式螺纹塞规

表 2-14-34　　双柄式螺纹塞规（GB/T 10920—2008）　　mm

公称直径 d	螺距 P
105,110,115,120,125,130,135,140,145,150	2,3,4,6,8
155,160	3,4,6,8
165,170,175,180	3,4,6,8

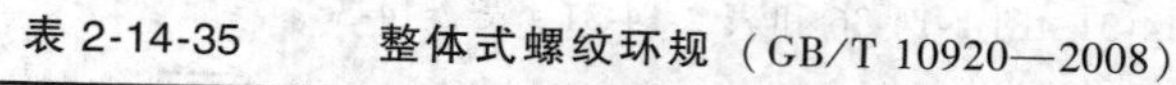

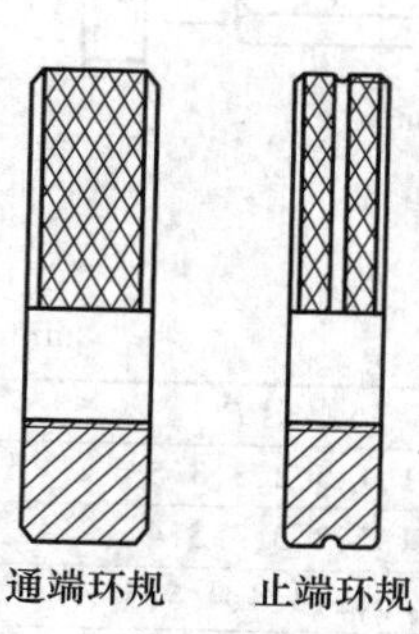

图 2-14-35　整体式螺纹环规

表 2-14-35　　整体式螺纹环规（GB/T 10920—2008）　　mm

公称直径 d	螺距 P
$1 \leqslant d \leqslant 2.5$	0.2,0.25,0.3,0.35,0.4,0.45
$2.5<d \leqslant 5$	0.35,0.5,0.6,0.7,0.75,0.8
$5<d \leqslant 10$	0.75,1,1.25,1.5
$10<d \leqslant 15$	0.75,1,1.25,1.5,1.75,2
$15<d \leqslant 20$	1,1.5,2,2.5
$20<d \leqslant 25$	1,1.5,2,2.5,3
$25<d \leqslant 32$	1,1.5,2,3,3.5
$32<d \leqslant 40$	1.5,2,3,3.5,4
$40<d \leqslant 50$	1.5,2,3,4,4.5,5
$50<d \leqslant 60$	1.5,2,3,4,5,5.5
$60<d \leqslant 70,70<d \leqslant 80$	1.5,2,3,4,6
82,85,90,95,100,105,110,115,120	2,3,4,6

表 2-14-36　双柄式螺纹环规（GB/T 10920—2008）　mm

公称直径 d	螺距 P
125,130	2,3,4,6,8
135,140	
145,150	
155,160	
165,170	
175,180	

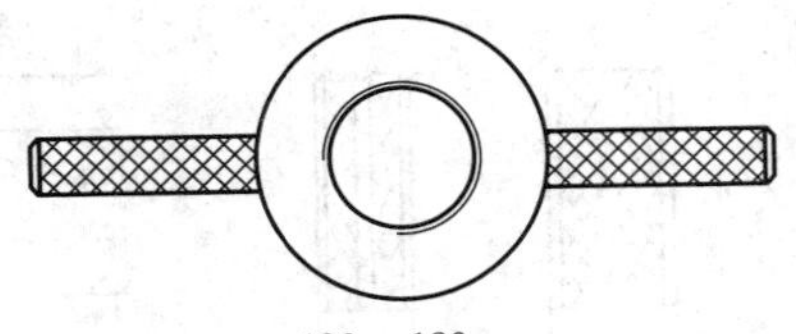

图 2-14-36　双柄式螺纹环规

14.28　梯形螺纹量规

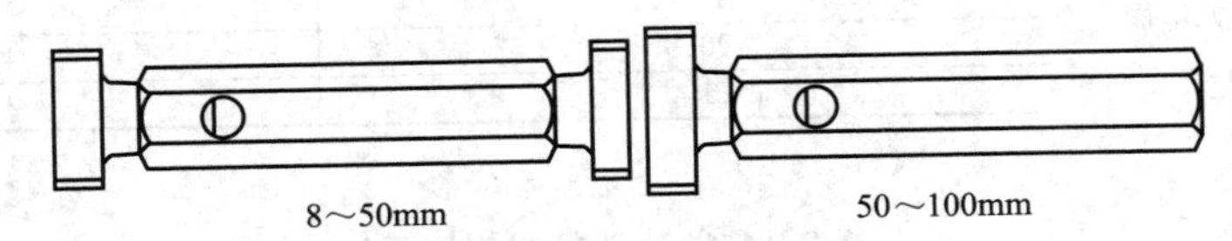

图 2-14-37　锥度锁紧式螺纹塞规

表 2-13-37　锥度锁紧式螺纹塞规（GB/T 10920—2008）　mm

公称直径 d	螺距 P	公称直径 d	螺距 P
8	1.5	44	3,7,12
9,10	1.5,2	46,48,50,52	3,8,12
11,12,14	2,3	55,60	3,9,14
16,18,20	2,4	65,70,75,80	4,10,16
22,24,26,28	3,5,8	85,90,95	4,12,18
30,32,34,46	3,6,10	100	4,12,20
38,40,42,	3,7,10		

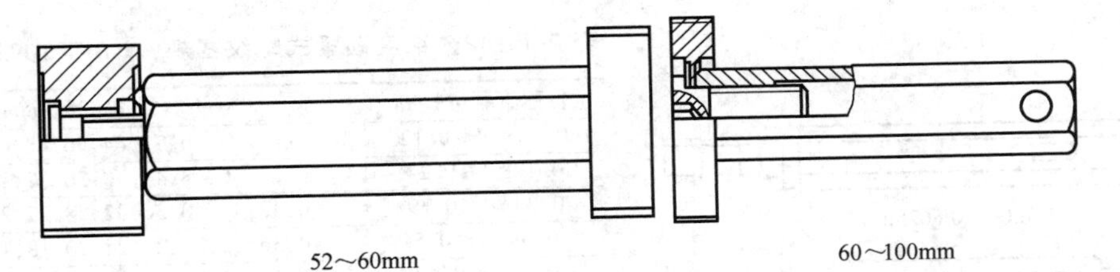

图 2-14-38　三牙锁紧式螺纹塞规

表 2-14-38　三牙锁紧式螺纹塞规（GB/T 10920—2008）　mm

公称直径 d	螺距 P	公称直径 d	螺距 P
52	3,8,12	85,90,95	4,12,18
55,60	3,9,14	100	4,12,20
65,70,75,80	4,10,16		

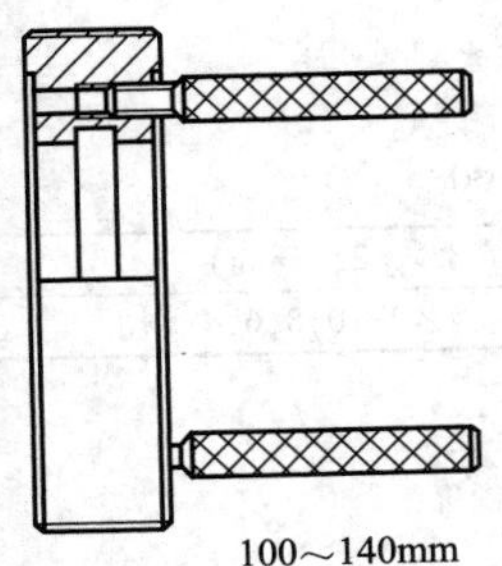

图 2-14-39　双柄式螺纹塞规

表 2-14-39　双柄式螺纹塞规（GB/T 10920—2008）　mm

公称直径 d	螺距 P
110	4,12,20
120,130	6,14,22
140	6,14,24

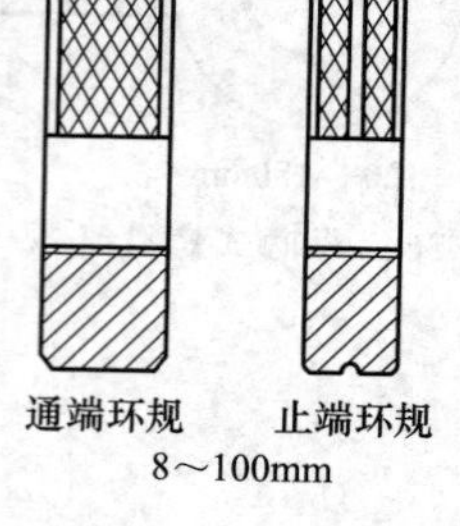

图 2-14-40 整体式螺纹环规

表 2-14-40 整体式螺纹环规（GB/T 10920—2008） mm

公称直径 *d*	螺距 *P*
8	1.5
9,10	1.5,2
11,12,14	2,3
16,18,20	2,4
22,24,26,28	3,5,8
30,32,34,36	3,6,10
38,40,42	3,7,10
44	3,7,12
46,48,50,52,55,60,65,70	3,8,12
75	3,9,14
80,85	4,10,16
90,95	4,12,18
100	4,12,20

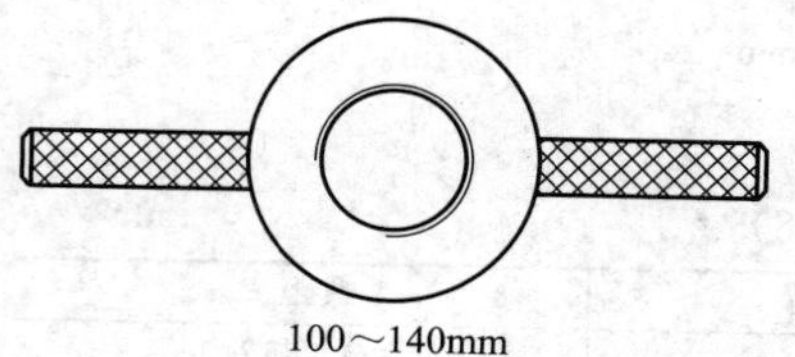

图 2-14-41 双柄式螺纹环规

表 2-14-41 双柄式螺纹环规（GB/T 10920—2008） mm

公称直径 *d*	螺距 *P*
110	4,12,20
120,130	6,14,22
140	6,14,24

14.29 统一螺纹量规（GB/T 10920—2008）

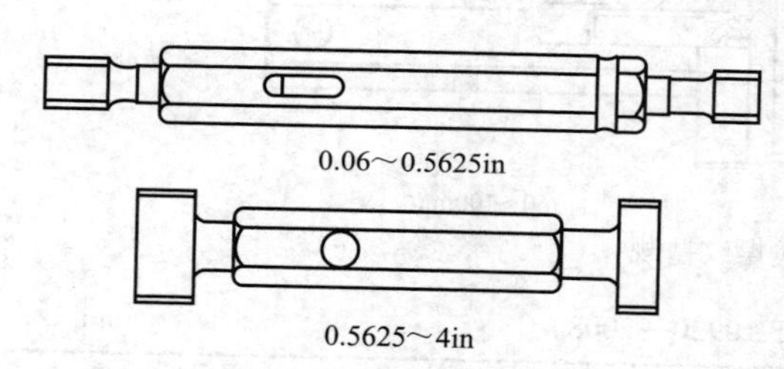

图 2-14-42 锥度锁紧式螺纹塞规（1in＝25.4mm）

表 2-14-42 锥度锁紧式螺纹塞规（GB/T 10920—2008）

公称直径 *d*①/in	*N*/（牙数/25.4mm）
0.06≤*d*≤0.12	80,72,64,56,48,40
0.12<*d*≤0.24	56,48,44,40,36,32,28,24
0.24<*d*≤0.39	56,48,44,40,36,32,28,27,24,20,18,16
0.39<*d*≤0.5	40,36,32,28,27,24,20,18,16,14,13,12
0.5<*d*≤0.69	40,36,32,28,27,24,20,18,16,14,12,11
0.69<*d*≤0.8	40,36,32,28,27,24,20,18,16,14,12,10
0.8<*d*≤0.99	40,36,32,28,27,24,20,18,16,14,12,10,9
0.99<*d*≤1.125	40,36,32,28,27,24,20,18,16,14,12,10,8
1.125<*d*≤1.6	28,24,20,18,16,14,12,10,8,7,6
1.6<*d*≤1.99	24,20,18,16,14,12,10,8,6,5
1.99<*d*≤2.49	20,18,16,14,12,10,8,6,4.5
2.49<*d*≤4	20,18,16,14,12,10,8,6,4

① 由分数转化为小数，按表中相应数值选取。

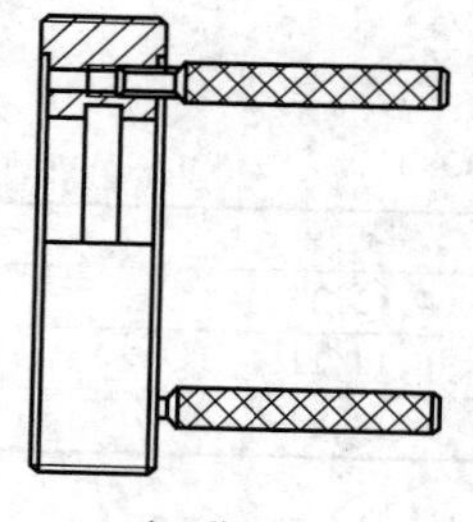

图 2-14-43 双柄式螺纹塞规

表 2-14-43 双柄式螺纹塞规（GB/T 10920—2008）

公称直径 *d*①/in	*N*/（牙数/25.4mm）
4<*d*≤6	16,14,12,10,8,6,4

① 由分数转化为小数，按表中相应数值选取。

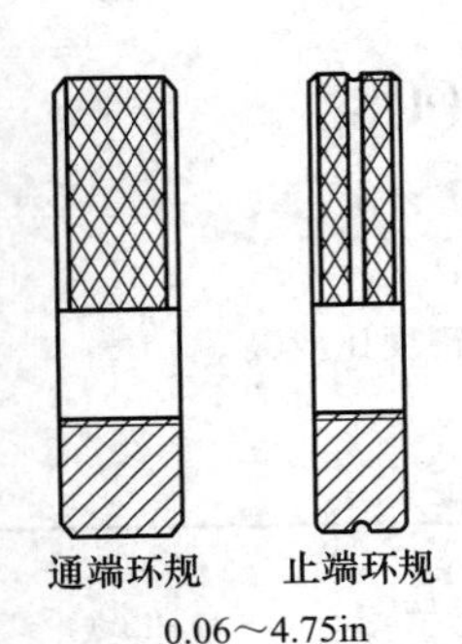

图 2-14-44　整体式螺纹环规

表 2-14-44　　整体式螺纹环规（GB/T 10920—2008）

公称直径 d①/in	N/(牙数/25.4mm)
0.06≤d≤0.19	80,72,64,56,48,44,40,36,32,28,24
0.19<d≤0.39	56,48,40,36,32,28,27,24,20,18,16
0.39<d≤0.69	40,36,32,28,27,24,20,18,16,14,13,12,11
0.69<d≤0.8	40,36,32,28,27,24,20,18,16,14,12,10
0.8<d≤0.99	40,36,32,28,27,24,20,18,16,14,12,10,9
0.99<d≤1.3	40,36,32,28,27,24,20,18,16,14,12,10,8,7,6
1.3<d≤1.63	28,24,20,18,16,14,12,10,8,6
1.63<d≤1.94	20,18,16,14,12,10,8,6,5
1.94<d≤2.4	20,18,16,14,12,10,8,6,4.5
2.4<d≤2.8,2.8<d≤3.13	20,18,16,14,12,10,8,6,4
3.13<d≤3.5,3.5<d≤3.88	18,16,14,12,10,8,6,4
3.88<d≤4.38,4.38<d≤4.75	16,14,12,10,8,6,4

① 由分数转化为小数，按表中相应数值选取。

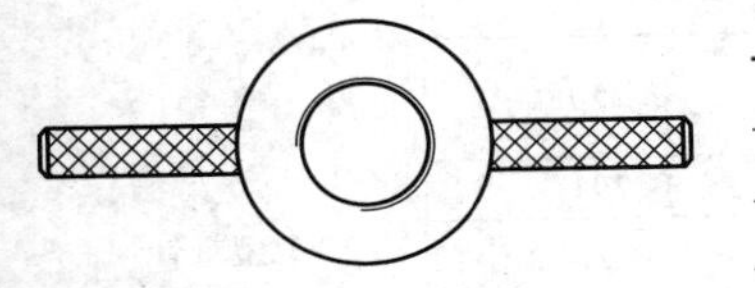

图 2-14-45　双柄式螺纹环规

表 2-14-45　　双柄式螺纹环规（GB/T 10920—2008）

公称直径 d①/in	N/(牙数/25.4mm)
4.875,5.125	16,14,12,10,8,6,4
5.25~5.5	
5.625~6	

① 由分数转化为小数，按表中相应数值选取。

14.30　螺纹千分尺（GB/T 10932—2004）

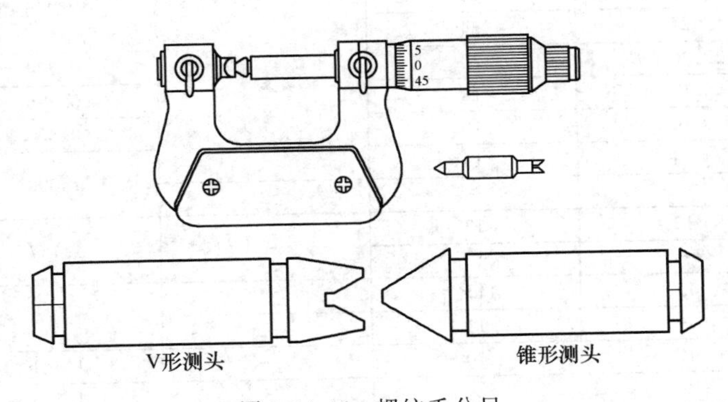

图 2-14-46　螺纹千分尺

【其他名称】 螺纹百分尺、螺丝分厘卡。

【用途】 测量普通螺纹的中径。

【规格】 见表 2-14-46。

表 2-14-46　　螺纹千分尺（GB/T 10932—2004）　　mm

螺纹千分尺的测量范围	0~25,25~50,50~75,75~100,100~125,125~150,150~175,175~200
V 形测头测量螺纹的螺距范围	0.4~0.5,0.6~0.8,1.0~1.25,1.5~2.0,2.5~3.5,4.0~6.0
锥形测头测量螺纹的螺距范围	0.4~0.5,0.6~0.9,1.0~1.75,2.0~3.0,3.5~5.0,5.5~7.0

14.31 量针（GB/T 22522—2008）

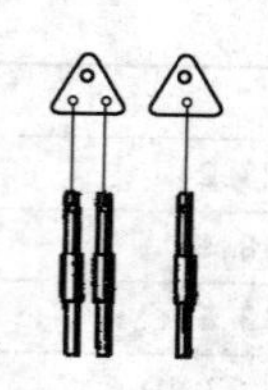

图 2-14-47 量针

【其他名称】 三针、三线量规。

【用途】 与千分尺、比较仪等联合使用，测量外螺纹中径，测量精度比较高。

【规格】 见表 2-14-47。

表 2-14-47 量针（GB/T 22522—2008）

被测螺纹的螺距				量针公称直径/mm	量针类型
公制螺纹（螺距）/mm	英制螺纹（每英寸上的牙数）		梯形螺纹（导程）/mm		
	55°	60°			
0.2			—		Ⅰ型量针
(0.225)				0.118	
0.25				0.142	
0.3					
—		80		0.185	
0.35		72			
0.4		64			
0.45		56		0.250	
0.5		48		0.291	
0.6		—			
—		44		0.343	
	40	40			
0.7	—	—			
0.75		36		0.433	
0.8	32	32			
—	28	28		0.511	
1.0	—	27			
—	26	26		0.572	
	24	24			
1.25	22,20,19	20		0.724	Ⅱ型量针
—	18	18		0.796	
1.5	16	16		0.866	
1.75	14	14		1.008	
—	—	—	2		
2.0	12	13			
	—	12	—	1.157	
	11	11½	2*		
	—	11	—	1.302	
2.5	10	10	—	1.441	
—	9	9	3	1.553	
3.0	—	—	3*	1.732	Ⅲ型量针
—	8	8	—	1.833	
3.5	7	7½	4		
—	—	7	—	2.050	
4.0	6	6	4*	2.311	
4.5	—	5½	5	2.595	
5.0	5	5	5*	2.886	
—	—	—	6	3.106	
5.5	4½	4½	6*	3.177	
6.0	4	4	—	3.550	

续表

公制螺纹（螺距）/mm	被测螺纹的螺距 英制螺纹（每英寸上的牙数） 55°	60°	梯形螺纹（导程）/mm	量针公称直径/mm	量针类型
—	3½	—		4.120	Ⅲ型量针
	3¼			4.400	
	3			4.773	
	2⅞，2¾			5.150	
	2⅝，2½			6.212	

注：1. 选择量针的公称直径测量单头螺纹中径，除标有“*”符号的螺距外，由于螺纹牙形半角偏差而产生的测量误差甚小可忽略不计。

2. 当用量针测量梯形螺纹中径出现量针表面低于螺纹外径和测量通端梯形螺纹塞规中径时，按带“*”号的相应螺距来选择量针；此时应计入牙形半角偏差对测量结果的影响。

14.32 螺纹样板（JB/T 7981—2010）

【用途】 具有确定的螺距和牙型，且满足一定的准确度要求，用作螺纹标准对类同的螺纹螺距进行测量的实物量具。

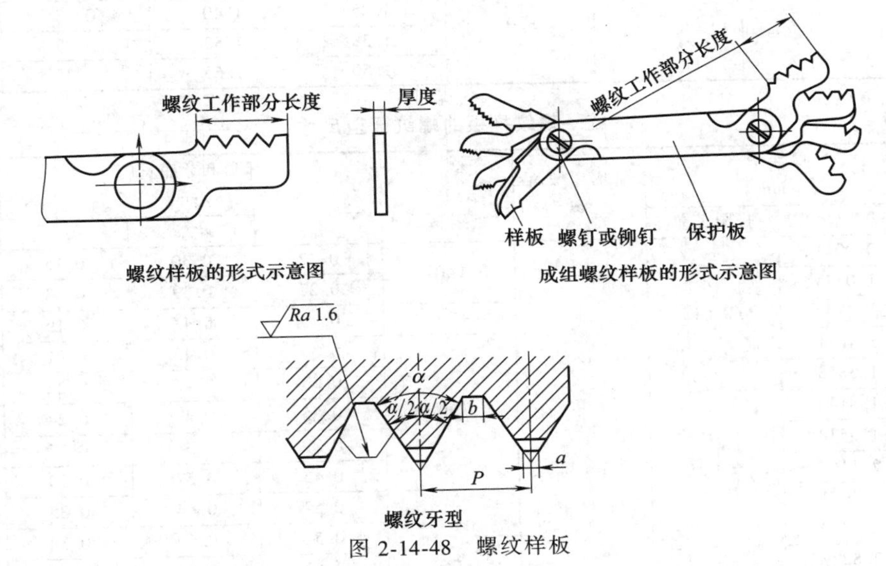

图 2-14-48 螺纹样板

【规格】 见表 2-14-48～表 2-14-50。

表 2-14-48 成组螺纹样板的螺距系列尺寸、厚度尺寸及组装顺序

普通螺纹样板的螺距系列尺寸及组装顺序/mm	统一螺纹样板的螺距系列尺寸及组装顺序螺纹牙数/in	螺纹样板的厚度尺寸/mm
0.40、0.45、0.50、0.60、0.70、0.75、0.80、1.00、1.25、1.50、1.75、2.00、2.50、3.00、3.50、4.00、4.50、5.00、5.50、6.00	28、24、20、18、16、14、13、12、11、10、9、8、7、6、5、4.5、4	0.5

表 2-14-49 普通螺纹样板的螺纹牙型尺寸

螺距 P/mm 基本尺寸	极限偏差	基本牙型角 α	牙型半角 $\alpha/2$ 的极限偏差	牙顶和牙底宽度/mm a_{min}	a_{max}	b_{max}	螺纹工作部分长度/mm
0.40	±0.010	60°	±60′	0.10	0.16	0.05	5

续表

螺距 P /mm		基本牙型角 α	牙型半角 $\alpha/2$ 的极限偏差	牙顶和牙底宽度 /mm			螺纹工作部分长度 /mm
基本尺寸	极限偏差			a_{min}	a_{max}	b_{max}	
0.45	±0.010	60°	±60′	0.11	0.17	0.06	5
0.50			±50′	0.13	0.21	0.06	
0.60				0.15	0.23	0.08	
0.70	±0.015			0.18	0.26	0.09	10
0.75	±0.015	60°	±40′	0.19	0.27	0.09	10
0.80				0.20	0.28	0.10	
1.00				0.25	0.33	0.13	
1.25			±35′	0.31	0.43	0.16	
1.50			±30′	0.38	0.50	0.19	
1.75	±0.020			0.44	0.56	0.22	16
2.00				0.50	0.62	0.25	
2.50			±25′	0.63	0.75	0.31	
3.00				0.75	0.87	0.38	
3.50				0.88	1.03	0.44	
4.00				1.00	1.15	0.50	
4.50			±20′	1.13	1.28	0.56	
5.00				1.25	1.40	0.63	
5.50				1.38	1.53	0.69	
6.00				1.50	1.65	0.75	

表 2-14-50　　统一螺纹样板的螺纹牙型尺寸

螺纹牙数 n/in	螺距 P /mm		基本牙型角 α	牙型半角 $\alpha/2$ 的极限偏差	牙顶和牙底宽度 /mm			螺纹工作部分长度 /mm
	基本尺寸	极限偏差			a_{min}	a_{max}	b_{max}	
28	0.9071	±0.015	55°	±40′	0.22	0.30	0.15	10
24	1.0583				0.27	0.39	0.18	
20	1.2700			±35′	0.29	0.41	0.19	
18	1.4111			±30′	0.31	0.43	0.21	
16	1.5875				0.33	0.45	0.22	
14	1.8143	±0.020			0.35	0.47	0.24	16
13	1.9538				0.39	0.51	0.27	
12	2.1167				0.45	0.57	0.30	
11	2.3091			±25′	0.52	0.64	0.35	
10	2.5400				0.57	0.69	0.38	
9	2.8222				0.62	0.74	0.42	
8	3.1750				0.69	0.81	0.47	
7	3.6286				0.77	0.92	0.53	
6	4.2333			±20′	0.89	1.04	0.60	
5	5.0800				1.04	1.19	0.70	
4½	5.6444				1.24	1.39	0.85	
4	6.3500				1.38	1.53	0.94	

14.33　齿厚卡尺（GB/T 6316—2008）

【其他名称】 齿轮卡尺。

【用途】 测量圆柱齿轮的齿厚。

【规格】 见表 2-14-51。

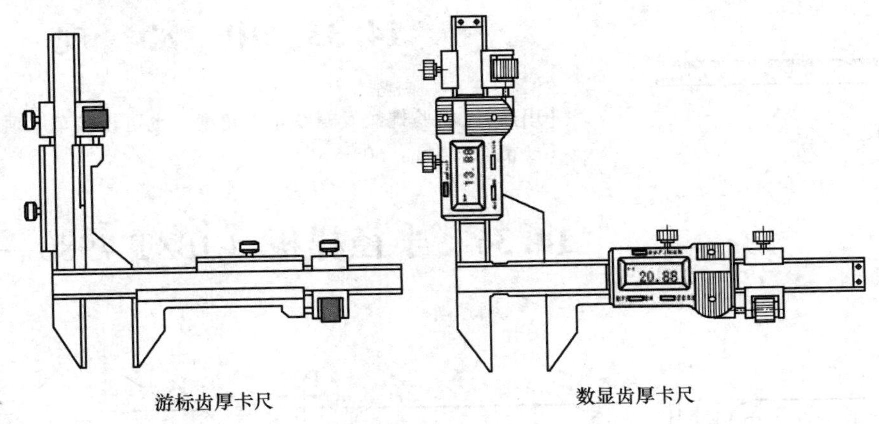

游标齿厚卡尺　　数显齿厚卡尺

图 2-14-49　齿厚卡尺

表 2-14-51　齿厚卡尺（GB/T 6316—2008）　mm

品种	测量齿轮模数范围	分度值
游标齿厚卡尺	1～16,1～26,5～32,15～55	0.01,0.02
带表齿厚卡尺		
数显齿厚卡尺		0.01

14.34　公法线千分尺（GB/T 1217—2004）

【用途】 测量外啮合圆柱齿轮的两个不同齿面公法线长度，也可以在检验切齿轮的公法线检查其原始外形尺寸。

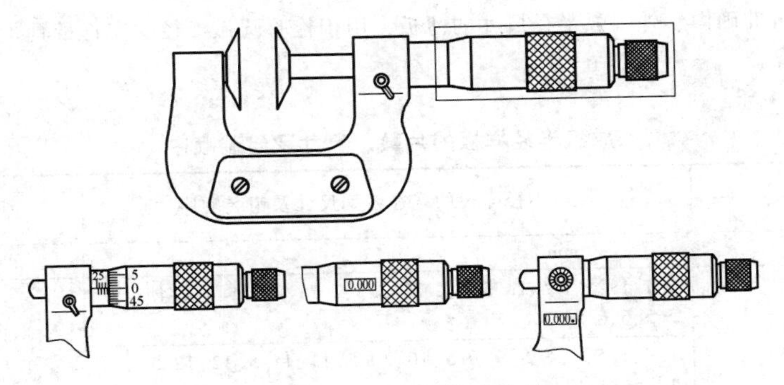

图 2-14-50　公法线千分尺

【规格】 见表 2-14-52。

表 2-14-52　公法线千分尺（GB/T 1217—2004）

测量模数/mm	分度值/mm	测微螺杆螺距/mm	测微头量程/mm	测量范围/mm
≥1	0.01,0.001,0.002,0.005	0.5,1	25	0～25,25～50,50～75,75～100,100～125,125～150,150～175,175～200

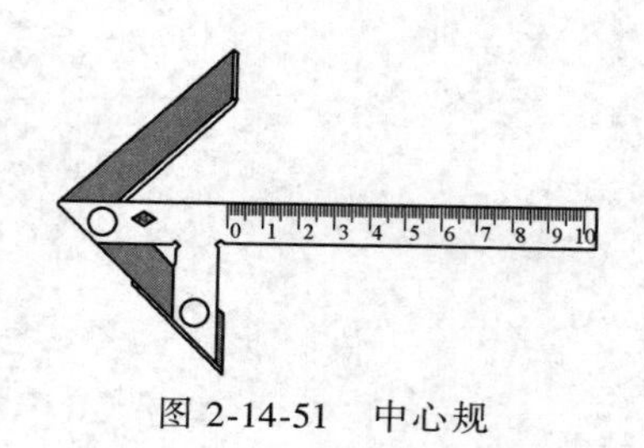

图 2-14-51　中心规

14.35　中　心　规

【用途】　检验螺纹及螺纹车刀角度，也可校验车床顶尖的准确性。
【规格】　角度：60°，55°。

14.36　半径样板（JB/T 7980—2010）

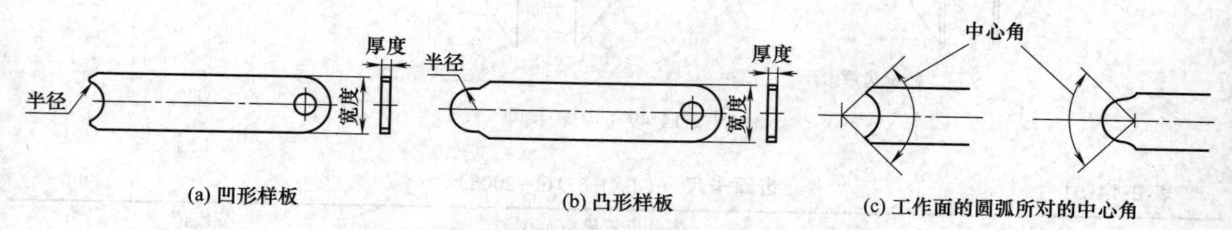

图 2-14-52　半径样板的形式示意图

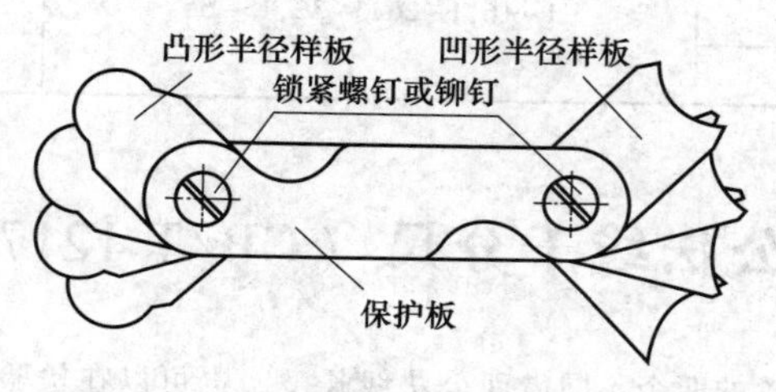

图 2-14-53　成组半径样板的形式示意图

【用途】　带有一组准确内、外圆弧半径尺寸的薄板，用于检验圆弧半径的实物量具。
【其他名称】　R 规。
【规格】　见表 2-14-53。

表 2-14-53　　成组半径样板的片数、尺寸及组装顺序

半径样板的尺寸			成组半径样板的半径系列尺寸及组装顺序	成组半径样板的片数	
半径	宽度	厚度			
mm				凸形	凹形
1~6.5	13.5	0.5	1、1.25、1.5、1.75、2、2.25、2.5、2.75、3、3.5、4、4.5、5、5.5、6、6.5	16	16
7~14.5	20.5		7、7.5、8、8.5、9、9.5、10、10.5、11、11.5、12、12.5、13、13.5、14、14.5		
15~25			15、15.5、16、16.5、17、17.5、18、18.5、19、19.5、20、21、22、23、24、25		

14.37　线　　锥

【其他名称】　直线锥、线坠。
【用途】　供测量工作及修建房屋时吊垂直基准线。
【规格】　见表 2-14-54。

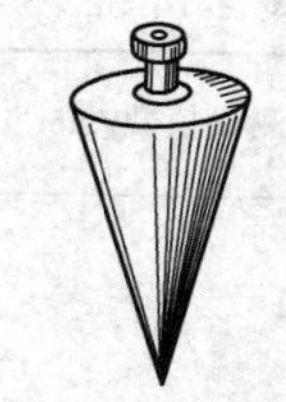
图 2-14-54　线锥

表 2-14-54　　线锥

材料	质量/kg
铜质	0.0125,0.025,0.05,0.1,0.15,0.2,0.25,0.3,0.4,0.5,0.6,0.75,1,1.5
钢质	0.1,0.15,0.2,0.25,0.3,0.4,0.5,0.75,1,1.25,2,2.5

14.38　表面粗糙度比较样块（GB/T 6060.1—1997、GB/T 6060.2—2006、GB/T 6060.3—2008）

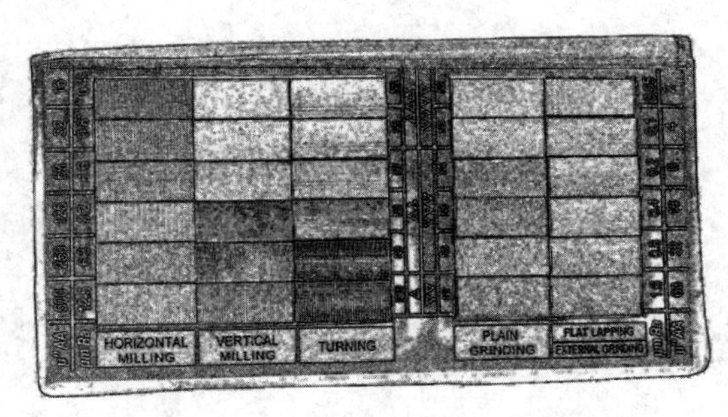

图 2-14-55　表面粗糙度比较样块

【其他名称】 直线锥、线坠。

【用途】 供测量工作及修建房屋时吊垂直基准线。

【规格】 见表 2-14-55。

表 2-14-55　　表面粗糙度比较样块

表面加工方式		每套数量	表面粗糙度参数公称值/μm	
			Ra	*Rz*
铸造 (GB/T 6060.1—1997)		12	0.2,0.4,0.8,1.6,3.2,6.3, 12.5,25,50,100,200,400	800,1600
机加工 (GB/T 6060.2—2006)	磨	8	0.025,0.05,0.1,0.2,0.4,0.8,1.6,3.2	
	车、镗	6	0.4,0.8,1.6,3.2,6.3,12.5	
	铣	6	0.4,0.8,1.6,3.2,6.3,12.5	
	插、刨	6	0.8,1.6,3.2,6.3,12.5,25.0	
电火花(GB/T 6060.3—2008)		6	0.4,0.8,1.6,3.2,6.3,12.5	
抛光(GB/T 6060.3—2008)		6	0.012,0.025,0.05,0.1,0.2,0.4	
抛(喷)丸、喷砂 (GB/T 6060.3—2008)		10	0.2,0.4,0.8,1.6,3.2,6.3,12.5,25,50,100	
研磨 (GB/T 6060.3—2008)		4	0.012,0.025,0.05,0.1	

注：*Ra* 为表面轮廓算术平均偏差；*Rz* 为表面轮廓微观不平度 10 点高度。

14.39　平板（GB/T 22095—2008、GB/T 20428—2006）

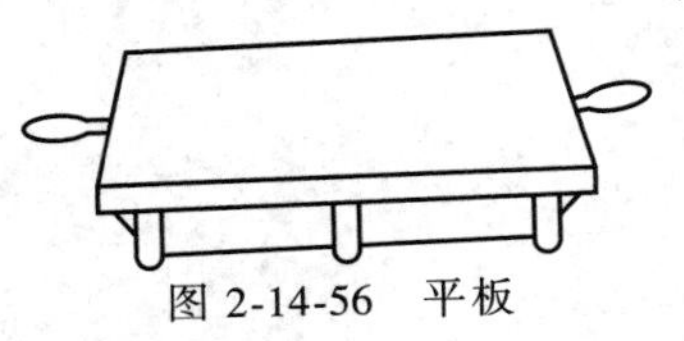

图 2-14-56　平板

【其他名称】 平台。

【用途】 用作工件检验或划线的平面基准器具，其性能稳定，精度较为可靠。

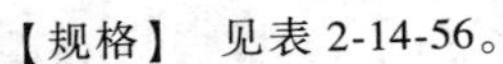

【规格】 见表 2-14-56。

表 2-14-56 平板

品种	工作面尺寸/mm		精确度等级
	长方形	方形	
铸铁平板（GB/T 22095—2008）	160×100，250×160，400×250，630×400，1000×630，1600×1000，2000×1000，2500×1600	250×250，400×400，630×630，1000×1000	0，1，2，3
岩石平板（GB/T 20428—2006）	160×100，250×160，400×250，630×400，1000×630，1600×1000，2000×1000，2500×1600，4000×2500	160×160，250×250，400×400，630×630，1000×1000，1600×1600	

第15章 电动工具

15.1 概　　述

电动工具是以电力驱动的小容量电动机通过传动机构带动作业装置进行工作的新型机械化工具，有手持式和可移式等。其主要优点是体积小、重量轻、功能多、使用方便，降低劳动成本，提高工作效率。

电动工具使用电源多为220V，为确保安全，目前发展了双重绝缘产品。单绝缘铝壳电动工具则采用接地保护，有些产品还另加漏电保护器。

15.1.1 电动工具的分类

电动工具按触电保护性能分为三类：

Ⅰ类工具（即普通绝缘工具）。工具必须采用三极插头，使用时将接地极已安装固定线路中的保护（接地）导线连接起来。

Ⅱ类工具（即双重绝缘工具）。工具采用二极插头，使用时不必连接接地导线，在工具的明显部位应部有Ⅱ类结构符号“回”，也可将此符号放在工具的型号前，例：回J1S-8。

Ⅲ类工具（即安全特低电压供电工具）。工具额定电压的优先值为24V和42V。

根据《电动工具号编制方法》（GB/T 9088—2008）规定，电动工具产品按其使用功能和作业对象分为9大类：金属切削类、砂磨类、装配类、林木类、农牧类、建筑道路类、矿山类、铁道类和其他类。

15.1.2 电动工具型号表示方法

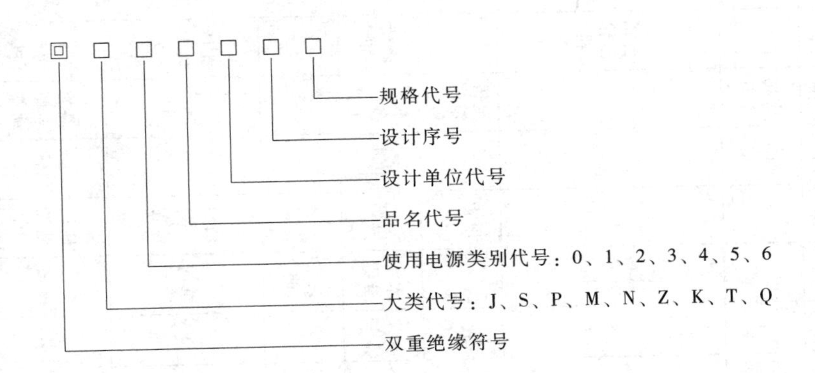

15.1.3 电动工具大类代号及品名代号（GB/T 9088—2008）

表 2-15-1 电动工具大类代号及品名代号（GB/T 9088—2008）

大类		品名代号																									
名称	代号	A	B	C	D	E	F	G	H	I	J	K	L	M	N	O	P	Q	R	S	T	U	V	W	X	Y	Z
金属切削	J	电绞刀		磁座钻	多用工具		刀锯	型材切割机	电冲剪		电剪刀	电刮刀	往复锯	坡口机			焊缝坡口机	套丝机	双刃剪	攻丝机	带锯	锯管机			斜切割机	斜切割组合锯	电钻
砂磨类	S	盘式砂光机	摆动式砂光机	车床电磨		台式砂轮机	直向盘式砂光机	立式盘式砂轮机	往复砂光机或抛光机		模具电磨	无轨道不规则作圆周运动砂光机或抛光机		角向磨光机			抛光机	汽门座电磨		砂轮机	带式砂光机						
装配类	P		电扳手		定扭矩电扳手			自攻螺丝刀					螺丝刀	拉铆枪	定扭矩螺丝刀			铆螺母拉铆枪			钉钉机	墙板螺丝刀					胀管机
林木类	M	木工带锯	电刨	电插	木工多用工具	修枝机	碎枝机	木工铲刮机			木工车床	木工开槽机	电链锯		厚度刨		修边机	曲线锯	电木铣	木工刃磨机	木工钉钉机	摇臂锯	平刨		木工斜切机	电圆锯	木钻
农牧类	N	采茶剪									剪毛机		粮食扦样机				喷洒机				修蹄机						
园艺类	Y	草剪	剪刀型草剪		修枝剪	草坪修整机	草坪修边机		草坪松砂机		草坪割草机	遮覆式割草机	步行控制的割草机	转盘式割草机	镰刀杆式割草机		连枷式割草机	悬浮式割草机	手持式园艺用吹屑机	手持式园艺用吹吸两用机	手持式园艺用吸屑机	滚筒式割草机		草坪松土机			
建筑道路类	Z	锤钻	地板抛光机	电锤	混凝土振动器	石材切割机	金钢石锯	电镐	夯实机	金刚石钻	冲击电钻		铆胀螺栓扳手	混式磨光机	插入式混凝土振动器		枕木电镐	钢筋切断机	开槽机	地板砂光机	套丝机	附着式混凝土振动器		弯管机		铲刮机	混凝土钻机
矿山类	K																							煤钻		岩石电钻	凿岩机
其他类	Q	塑料电焊枪	热风枪	裁布机	家用水泵	气泵	吹风机	管道清洗机	卷花机	捆扎机	石膏剪	雕刻机	打蜡机	千斤顶	往复式雕刻机	除锈机	电喷枪	水池清洗机	碎纸机	石膏锯	地毯剪	胸骨锯		清洗机	吸枝机	牙钻	骨钻

注：本表所列基本上属一般手持式工具，对某些特殊结构及功能的产品可增加第四个字母以示区别。即可移式工具加“T”、软轴式工具加“R”，电子调速工具则加“E”。

15.1.4 电动工具使用电源类别代号（GB/T 9088—2008）

表 2-15-2 电动工具使用电源类别代号

工具使用电源类别	代号	工具使用电源类别	代号
直流	0	三相交流 400Hz	4
单相交流 50Hz	1	三相交流 150Hz	5
三相交流 200Hz	2	三相交流 300Hz	6
三相交流 50Hz	3		

15.1.5 设计单位代号与设计序号

表 2-15-3 设计单位代号与设计序号

设计单位代号	① 统一设计产品的设计单位代号为"TS"； ② 由主管部门组织行业联合设计的产品，设计单位代号为"LS"； ③ 自行设计的产品，其设计单位代号由设计单位的汉字拼音字头（两个字母）表示，并须由设计单位向电动工具型号归口管理单位申请，再由归口单位统一颁发
设计序号	用数字按设计先后次序表示。第一次设计的序号可省略。设计序号的改变须与新产品型号一样申请，颁发后方始有效

15.1.6 电动工具规格代号（GB/T 9088—2008）

电动工具规格代号一般用该产品的主要参数+型别代号表示：

① 主参数为一项数字，即以该项数字表示，例：电钻以能在钢上钻孔的最大公称直径（mm）6，10，…表示，电圆锯以其所装用的锯片公称直径（mm）200，300，…表示；

② 主参数为多项数字时，各项数字用乘号相连表示，例：电刨以其刀片宽度和最大刨削深度表示，如刀片宽度为 80mm，最大刨削深度为 2mm，则应表示为 80×2；

③ 主参数为一项数字，但在不同条件下数值间用斜线分开，例：双速电钻按其主轴在不同额定转速时最大钻孔直径表示，高速时为 10mm，低速时为 13mm，则应表示为 10/13；

④ 具有多种功能的工具，按其主要功能的主参数表示，例：冲击电钻只按能在轻质的混凝土或砖上钻孔的最大直径（mm）10，12，…表示；

⑤ 型别代号列于最后，A 表示标准型，B 表示重型，C 表示轻型。

15.1.7 电动工具型号举例

(1) J1Z-××-6A

表示最大钻孔直径为 13mm 的 A 型电钻，使用电源为单相交流（50Hz，220V），该产品由行业第二次联合设计。

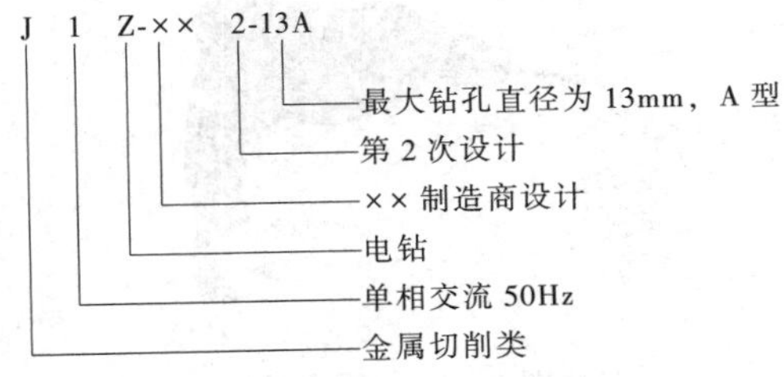

（2）S2A-××-150

表示砂磨类砂盘直径为150mm的盘式砂光机，使用电源为三相交流中频（200Hz，380V），该产品由××单位第二次自行设计。

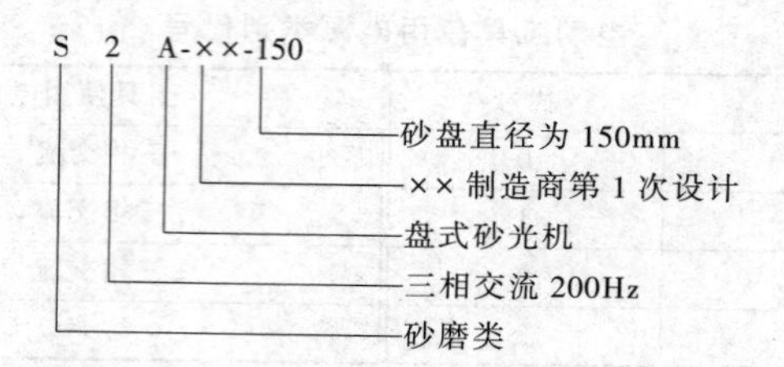

（3）M01B-××3-90×2

表示林木类刨刀宽度为90mm、最大刨削深度为2mm的电刨，可在直流和单相交流50Hz电源下使用，由××厂第三次自行设计。

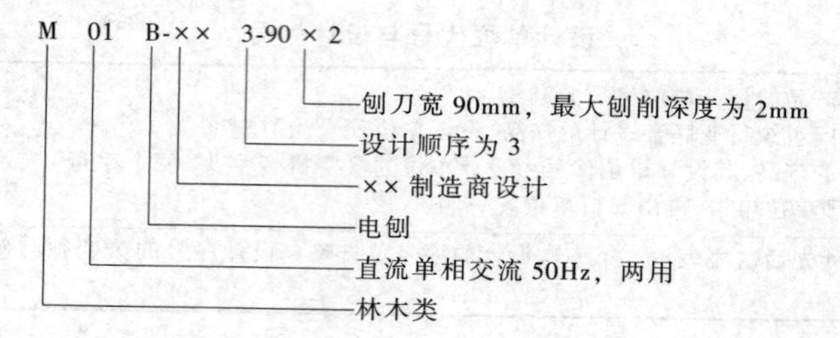

15.1.8 电动工具组件型号编制方法

凡作为标准件或通用件组织专业化生产的电动工具组件必须申请型号，其型号组成如下：

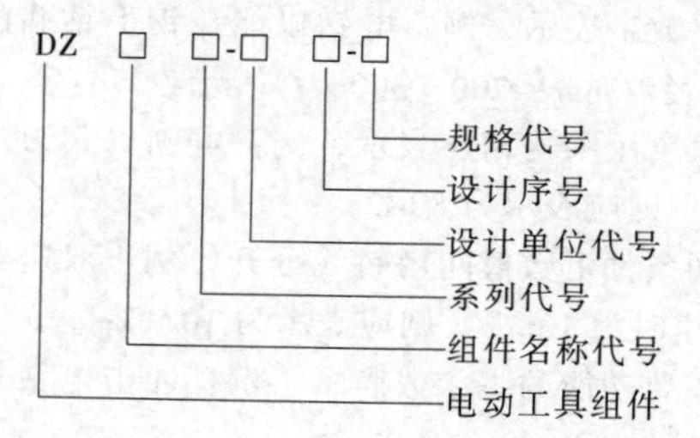

15.2 金属切削类电动工具

15.2.1 手电钻（GB/T 5580—2007）

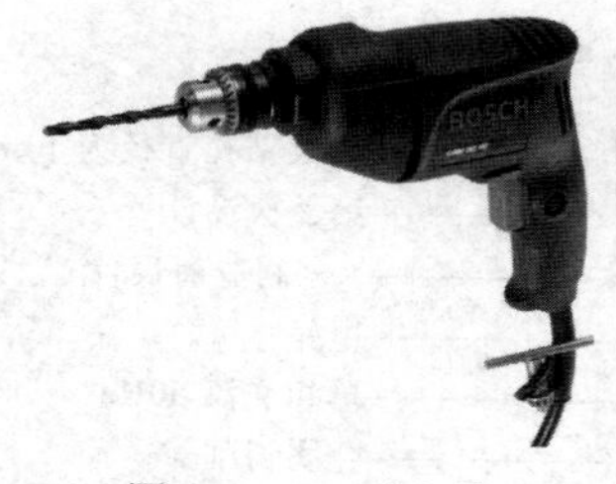

图2-15-1 手电钻

【其他名称】 手电钻

【用途】 用于对金属、木材、塑料、砖墙等钻孔。

【规格】 见表 2-15-4。

【型号】 基本系列电钻型号应符合 GB/T 9088 的规定，含义如下：

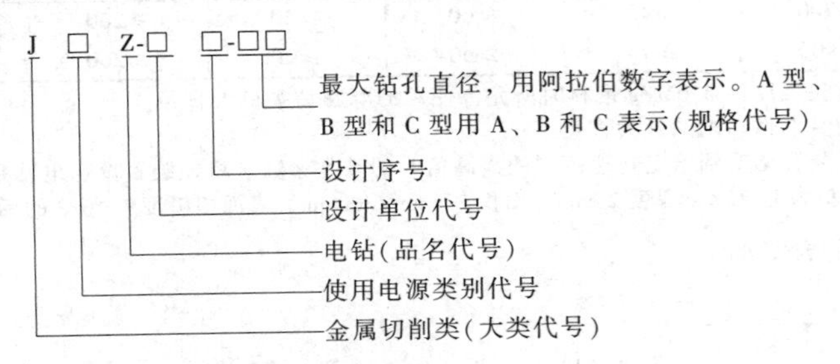

表 2-15-4 **电钻规格参数**（GB/T 5580—2007）

电钻规格 /mm		额定输出功率 /W	额定转矩 /N·m
4	A	≥80	≥0.35
6	C	≥90	≥0.50
	A	≥120	≥0.85
	B	≥160	≥1.20
8	C	≥120	≥1.00
	A	≥160	≥1.60
	B	≥200	≥2.20
10	C	≥140	≥1.50
	A	≥180	≥2.20
	B	≥230	≥3.00
13	C	≥200	≥2.50
	A	≥230	≥4.00
	B	≥320	≥6.00
16	A	≥320	≥7.00
	B	≥400	≥9.00
19	A	≥400	≥12.00
23	A	≥400	≥16.00
32	A	≥500	≥32.00

注：电钻规格指电钻钻削抗拉强度为 390MPa 钢材时所允许使用的最大钻头直径。

15.2.2 磁座钻（JB/T 9609—2013）

【用途】 借助直流电磁铁吸附于金属等能被磁体吸附的材料上，进行钻孔。

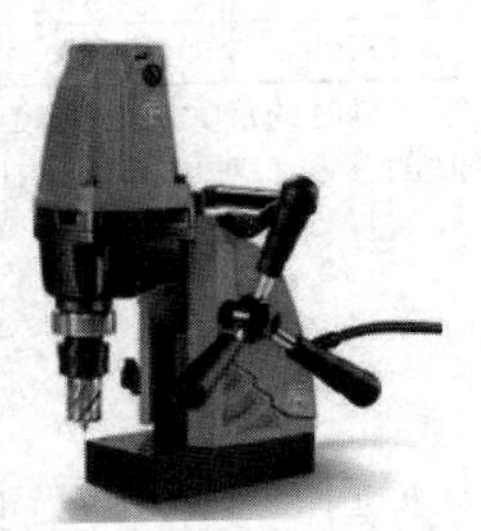

图 2-15-2 磁座钻

【规格】 见表 2-15-5。

表 2-15-5 **磁座钻的规格**

规格 /mm	钻孔直径 /mm	电钻		钻架		导板架		电磁铁吸力 /kN
		额定输出功率 /W	额定转矩 /N·m	回转角度 /(°)	水平位移 /mm	最大行程 /mm	移动偏差 /mm	
13	13(32)	≥320	≥6	—	—	≥140	1	≥8.5
19	19(50)	≥400	≥12	—	—	≥160	1.2	≥10.0
23	23(60)	≥450	≥16	≥60	≥15	≥180	1.2	≥11.0
32	32(80)	≥500	≥32	≥60	≥20	≥260	1.5	≥13.5

续表

规格/mm	钻孔直径/mm	电钻		钻架		导板架		电磁铁吸力/kN
		额定输出功率/W	额定转矩/N·m	回转角度/(°)	水平位移/mm	最大行程/mm	移动偏差/mm	
38	38(100)	≥700	≥45	≥60	≥20	≥260	1.5	≥14.5
49	49(130)	≥900	≥75	≥60	≥20	≥260	1.5	≥15.5

注：1. 规格指电钻钻削抗拉强度为390MPa钢材时所允许使用的麻花钻头最大直径。
2. 表中括号内数值系指用空芯钻切削的最大直径。
3. 电子调速电钻是以电子装置调节到给定转速范围的最高值时的基本参数、机械装置调速电钻是低速挡时的基本参数。
4. 电磁铁吸力值系指在材料为Q235A，厚度25mm、面积200mm×300mm、表面粗糙度 *Ra* 6.3 的标准试验样板上测得的数值。

【型号】 磁座钻信号的含义如下：

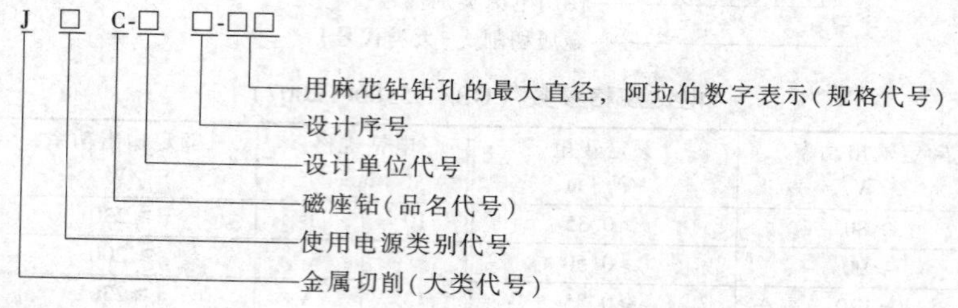

15.2.3 冲击电钻（GB/T 22676—2008）

图 2-15-3 冲击电钻

【其他名称】 直流、交直流两用冲击电钻，单相串励冲击电钻。

【用途】 用于一般环境条件下对砖石、轻质混凝土、陶瓷、金属及类似材料钻孔用。

【规格】 见表 2-15-6。

表 2-15-6

冲击电钻的规格

规格/mm	额定输出功率/W	额定转矩/N·m	额定冲击次数/(次/min)	规格/mm	额定输出功率/W	额定转矩/N·m	额定冲击次数/(次/min)
10	≥220	≥1.2	≥46400	16	≥350	≥2.1	≥41600
13	≥280	≥1.7	≥43200	20	≥430	≥2.8	≥38400

注：1. 冲击电钻规格指加工砖石、轻质混凝土等材料时的最大钻孔直径。
2. 对双速冲击电钻表中的基本参数系指高速挡时的参数，对电子调速冲击电钻是以电子装置调节到给定转速最高值时的参数。

【型号】 冲击电钻的型号含义如下：

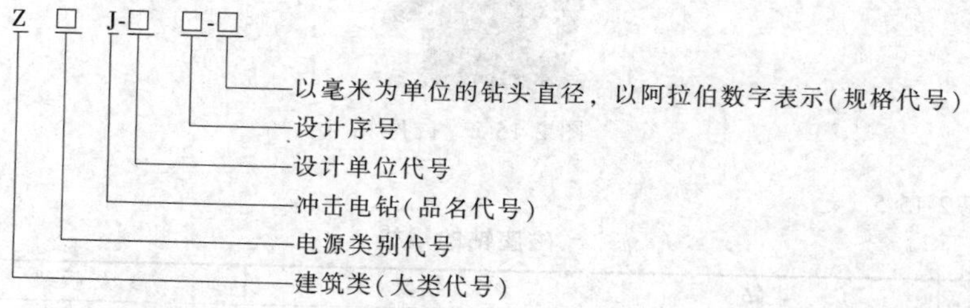

15.2.4 电锤（GB/T 7443—2007）

【用途】 用于对混凝土、岩石、砖墙等类似材料钻孔、开槽、凿毛等作业用。

【其他名称】 单相串励旋转电锤。

【规格】 见表 2-15-7。

图 2-15-4 电锤

表 2-15-7　　电锤的规格

规格/mm	16	18	20	22	26	32	38	50
钻削率/(cm^3/min) ≥	15	18	21	24	30	40	50	70

注：电锤规格指在 C30 号混凝土（抗压强度 30~35MPa）上作业时的最大钻孔直径（mm）。

【型号】 电锤的型号表示如下：

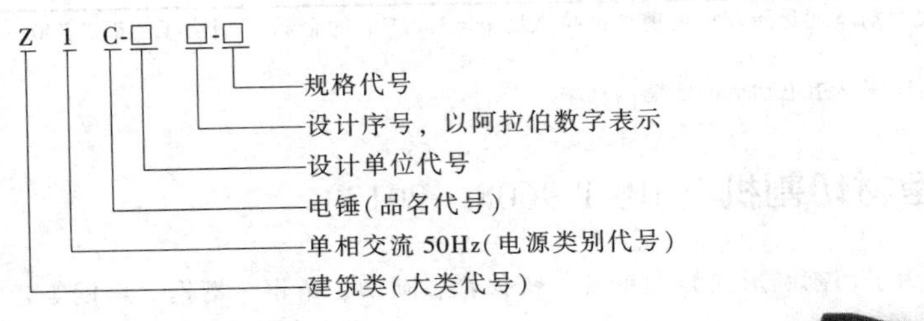

15.2.5 电剪刀（GB/T 22681—2008）

【其他名称】 手持式电剪刀。

【用途】 用于修剪工件边角，切边平整。

【规格】 见表 2-15-8。

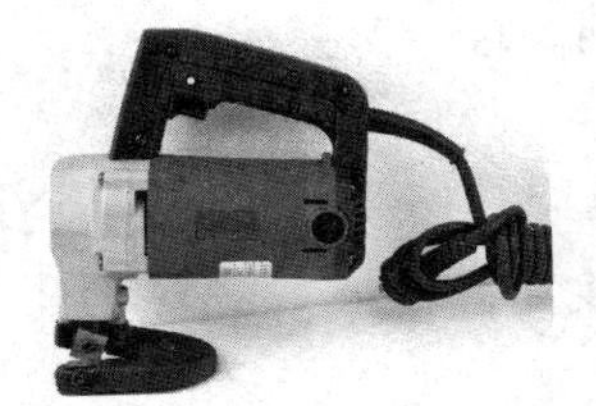
图 2-15-5　电剪刀

表 2-15-8　　电剪刀的规格（GB/T 22681—2008）

型号	最大剪切厚度/mm	额定输出功率/W	刀杆额定往复次数/(次/min)	剪切进给速度/(m/min)	剪切余料宽度/mm	每次剪切长度/mm
J1J-1.6	1.6	≥120	≥2000	2~2.5	45±3	560±10
J1J-2	2	≥140	≥1100	2~2.5	45±3	560±10
J1J-2.5	2.5	≥180	≥800	1.5~2	40±3	470±10
J1J-3.2	3.2	≥250	≥650	1~1.5	35±3	500±10
J1J-4.5	4.5	≥540	≥400	0.5~1	30±3	400±10

15.2.6 双刃电剪刀（JB/T 6208—2013）

图 2-15-6　双刃电剪刀

【用途】 用于剪切各种薄壁金属异形材。

【型号】 双刃剪的型号应符合 GB/T 9088 的规定，其含义如下：

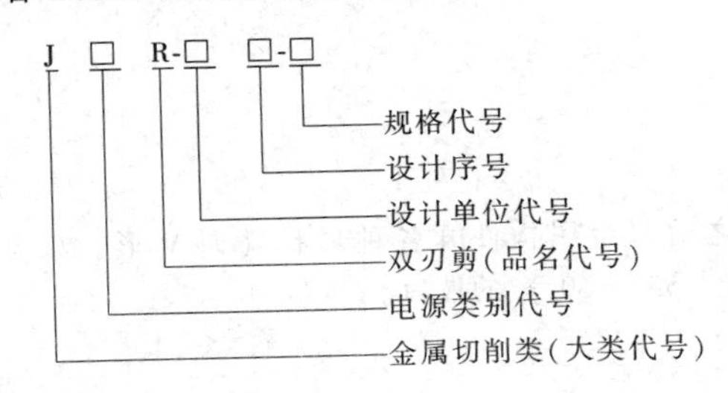

【规格】 见表 2-15-9。

表 2-15-9 双刃剪的规格

规格/mm	最大切割厚度/mm	额定输出功率/W	额定往复次数/min^{-1}
1.5	1.5	≥130	≥1850
2	2	≥180	≥1500

注：1. 最大切割厚度是指双刃剪剪切抗拉强度 $\sigma=390$MPa 的金属（相当于 GB/T 700—2006 中 Q235 热轧钢板）板材的最大厚度。

2. 额定输出功率是指电动机额定输出功率。

15.2.7 型材切割机（JB/T 9608—2013）

【用途】 用于切割圆形或异型钢管、铸铁管、圆钢、角钢、槽钢、扁钢等各种型材，可转切割角度范围为0°~45°。

图 2-15-7 型材切割机

【规格】 见表 2-15-10。

表 2-15-10 型材切割机的规格（JB/T 9608—2013）

规格/mm	额定输出功率/W A/B	额定转矩/N·m A/B	最大切割直径/mm A/B	说明
300	≥800/1100	≥3.5/4.2	30	
350	≥900/1250	≥4.2/5.6	35	
400	≥1100 ≥2000	≥5.5 ≥6.7	50	单相电容切割机 三相切割机

【型号】 切割机的型号应符合 GB/T 9088《电动工具型号编制方法》的规定，其含义如下：

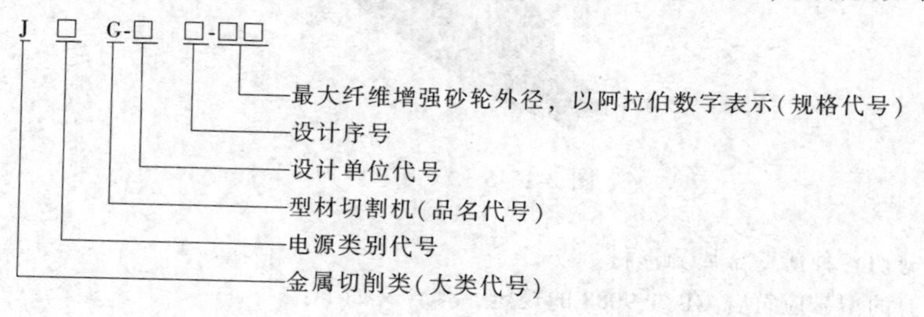

15.2.8 电动坡口机

【其他名称】 电动焊缝坡口机。

【用途】 用于在气焊或电焊之前对金属构件开各种形状（如 V 形、双 V 形、K 形、Y 形等）各种角度（20°、25°、30°、37.5°、45°、50°、55°、60°）的坡口。

【规格】 见表 2-15-11。

表 2-15-11　　电动焊缝坡口机的规格

型号	切口斜边最大宽度/mm	输入功率/W	加工速度/(m/min)	加工材料厚度/mm	质量/kg
J1P1-10	10	2000	≤2.4	4~25	14

图 2-15-8　电动坡口机

15.2.9　攻丝机（JB/T 7423.1—2008）

【其他名称】 攻牙机。

图 2-15-9　攻丝机

【用途】 用于在钢、铸铁、铜、铝等材料上切削内螺纹。

【规格】 见表 2-15-12。

表 2-15-12　　攻丝机的规格（JB/T 7423.1—2008）　　mm

品种	最大攻丝直径								
	M3	M6	M8	M12	M16	M24	M30	M52	M72
台式攻丝机	○	○	○	○	○	○	—	—	—
半自动台式攻丝机	○	—	○	○	○	—	—	—	—
立式攻丝机	—	—	—	—	○	○	○	—	○
卧式攻丝机	—	—	—	—	—	—	—	○	—

最大攻螺纹直径/mm	最大螺距/mm	跨距/mm				主轴端面至工作台面的最大距离/mm	主轴最大行程/mm	主轴短圆锥号（GB/T 6090—2003或JB/T 3489—2007）	主轴转速范围/(r/min)	主电动机功率/kW
M3	0.50	140	160	180	—	100	28	B10	80~1800	0.25
M6	1.00	160	180	200	220	250	40	B12	400~900	0.37
M8	1.25	180	200	220	240	355	45	B16	300~800	0.40
M12	1.75	200	220	240	260		56		200~560	0.75
M16	2.00	240	260	280	300	375	80	B18	120~600	1.10
M24	3.00					400	120	B22	85~170	2.20
M30	3.50							B24	60~120	
M52	3.00	220①	240①	260①	—	—		—	60~85	5.00
M72	2.00	240	260	280	300	400		B24	60~120	3.00

① 卧式攻丝机主轴轴线至工作台面的中心高。

15.2.10　电冲剪（GB 3883.8—2005）

【其他名称】 压穿式电剪。

【用途】 用于冲剪金属板材以及塑料板、布层压板、纤维板等，尤其适于冲剪各种几何形状的内孔。
【规格】 见表 2-15-13。

图 2-15-10　电冲剪

表 2-15-13　电冲剪的规格（GB 3883.8—2005）

型号	钢板最大厚度/mm	额定电压/V	功率/W	冲剪次数/(次/min)	质量/kg
J1H-1.3	1.3	220	230	1260	2.2
J1H-1.5	1.5	220	370	1500	2.5
J1H-2.5	2.5	220	430	700	4
J1H-3.2	3.2	220	650	900	5.5

15.2.11　电动刀锯（GB/T 22678—2008）

【其他名称】 往复锯、水平往复锯、马刀锯。
【用途】 用于锯割金属板、管、棒等材料以及合成材料、木材等。
【规格】 见表 2-15-14。
【型号】 刀锯的型号应符合 GB/T 9088 的规定，其表示方法如下：

图 2-15-11　电动刀锯

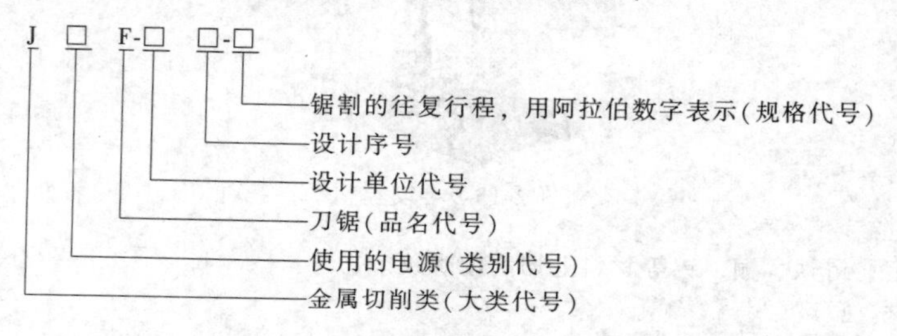

表 2-15-14　电动刀锯规格

规格/mm	额定输出功率/W	额定转矩/N·m	空载往复次数/(次/min)	规格/mm	额定输出功率/W	额定转矩/N·m	空载往复次数/(次/min)
24	≥430	≥2.3	≥2400	28	≥570	≥2.6	≥2700
26				30			

注：1. 额定输出功率指刀锯拆除往复机构后的额定输出功率。
2. 电子调速刀锯的基本参数基于电子装置调节到最大值时的参数。

15.2.12　电动自爬式锯管机

【用途】 用于锯割大口径钢管、铸铁管等金属管材。
【规格】 见表 2-15-15。

图 2-15-12　电动自爬式锯管机

表 2-15-15　电动自爬式锯管机的规格

型号	切割管径/mm	切割壁厚/mm	额定电压/V	输出功率/W	铣刀轴转速/(r/min)	爬行进给速度/(mm/min)	质量/kg
J3UP-35	133~1000	≤35	380	1500	35	40	80
J3UP-70	200~1000	≤20	380	1000	70	85	60

15.3 磨砂类电动工具

15.3.1 角向磨光机（GB/T 7442—2007）

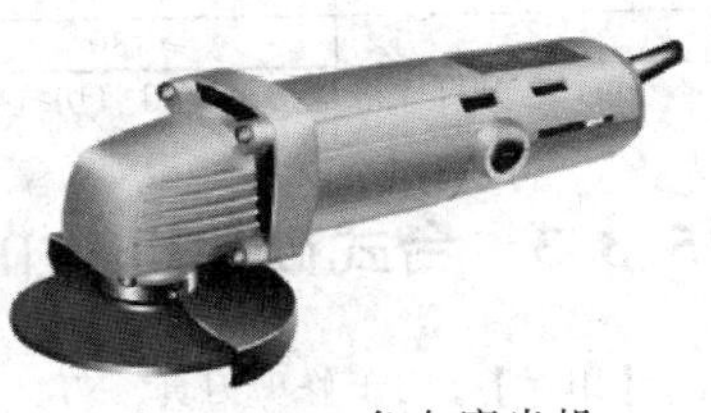
图 2-15-13 角向磨光机

【其他名称】 角磨机、砂轮机。

【用途】 用于金属件的修磨、型材的切割、焊前开坡口、清理工件飞边、毛刺、除锈或进行其他砂光作业。

【规格】 见表 2-15-16。

【型号】 磨光机的型号应符 GB/T 9088 规定，其表示方法如下：

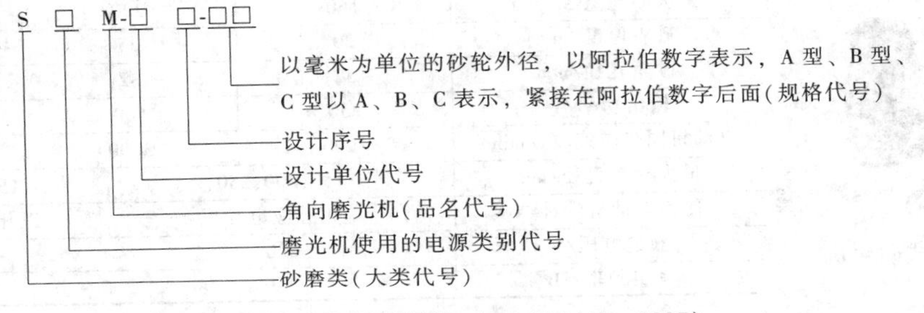

表 2-15-16　角向磨光机的规格（GB/T 7442—2007）

规格		额定输出功率/W	额定转矩/N·m	规格		额定输出功率/W	额定转矩/N·m
砂轮直径(外径×内径)/mm	类型			砂轮直径(外径×内径)/mm	类型		
100×16	A	≥200	≥0.30	150×22	A	≥500	≥0.80
	B	≥250	≥0.38	180×22	C	≥710	≥1.25
115×22	A	≥250	≥0.38		A	≥1000	≥2.00
	B	≥320	≥0.50		B	≥1250	≥2.50
125×22	A	≥320	≥0.50	230×22	A	≥1000	≥2.80
	B	≥400	≥0.63		B	≥1250	≥3.55

15.3.2 模具电磨

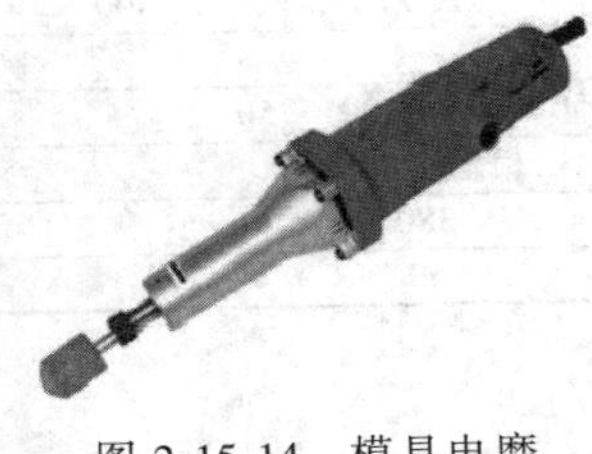
图 2-15-14 模具电磨

【其他名称】 电磨头。

【用途】 配用安全线速度不低于 35m/s 的各种形式的磨头或各种成形铣刀，对金属表面进行磨削或铣切。特别适于金属模、压铸模及塑料模中复杂零件和型腔的磨削，是以磨代粗刮的工具。

【规格】 见表 2-15-17。

【型号】 模具电磨型号表示方法如下：

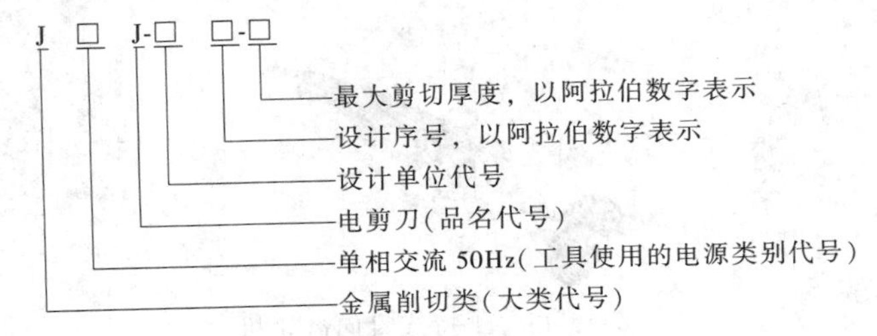

表 2-15-17 模具电磨的规格

规格/mm	额定输出功率/W	刀杆额定往复次数/(次/min)	规格/mm	额定输出功率/W	刀杆额定往复次数/(次/min)
1.6	≥120	≥2000	3.2	≥250	≥650
2	≥140	≥1100	4.5	≥540	≥400
2.5	≥180	≥800			

注：电剪刀规格是指电剪刀剪切抗拉强度 σ_b = 390MPa 热轧钢板的最大厚度。

15.3.3 台式砂轮机（JB/T 4143—2014）

【用途】 用于修剪刀具、刃具，也可对小型机件和铸件的表面进行去刺、磨光、除锈等。

【规格】 见表 2-15-18。

图 2-15-15 台式砂轮机

表 2-15-18 台式砂轮机的规格（JB/T 4143—2014）

最大砂轮直径/mm	150	200	250
砂轮厚度/mm	20	25	25
砂轮孔径/mm	32	32	32
输出功率/W	250	500	750
电动机同步转速/(r/min)	3000	3000	3000
最大砂轮直径/mm	150,200,250		150,200,250
使用电动机的种类	单相感应电动机		三相感应电动机
额定电压/V	220		380
额定频率/Hz	50		50

15.3.4 轻型台式砂轮机（JB/T 6092—2007）

【用途】 用于修剪刀具、刃具，也可对小型机件和铸件的表面进行去刺、磨光、除锈等。在小作坊和家庭使用较多。

【规格】 见表 2-15-19。

图 2-15-16 轻型台式砂轮机

表 2-15-19 轻型台式砂轮机的规格（JB/T 6092—2007）

最大砂轮直径/mm	100	125	150	175	200	250
砂轮厚度/mm	16	16	16	20	20	25
额定输出功率/W	90	120	150	180	250	400
电动机同步转速/(r/min)	3000					
最大砂轮直径/mm	100 125 150 175 200 250			150 175 200 250		
使用电动机种类	单相感应电动机			三相感应电动机		
额定电压/V	220			380		
额定频率/Hz	50			50		

15.3.5 手持式直向砂轮机（GB/T 22682—2008）

【用途】 用于对大型不易搬动的钢铁件、铸件进行磨削加工、清理飞边、毛刺、金属焊缝、割口。换上抛轮可抛光、除锈等。

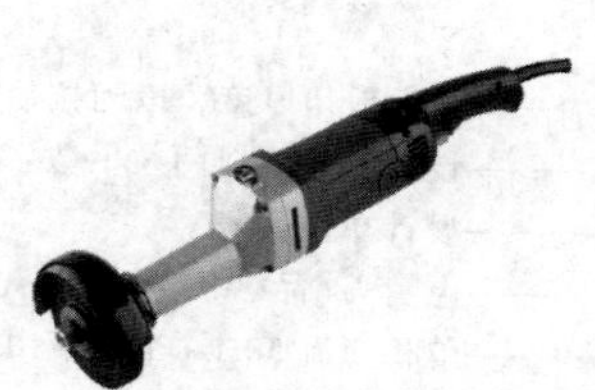

图 2-15-17 手持式直向砂轮机

【规格】 见表 2-15-20 和表 2-15-21。

表 2-15-20　交直流两用、单相串励及三相中频手持式砂轮机（GB/T 22682—2008）

型号	砂轮外径×厚度×孔径/mm	额定输出功率/W	额定转矩/N·m	最高空载转速/(r/min)	许用砂轮安全线速度/(m/s)
S1S-80A	ϕ80×20×20	≥200	≥0.36	≤11900	≥50
S1S-80B		≥250	≥0.40		
S1S-100A	ϕ100×20×20	≥250	≥0.50	≤9500	
S1S-100B		≥350	≥0.60		
S1S-125A	ϕ125×20×20	≥350	≥0.80	≤7600	
S1S-125B		≥500	≥1.10		
S1S-150A	ϕ150×20×32	≥500	≥1.35	≤6300	
S1S-150B		≥750	≥2.00		
S1S-175A	ϕ175×20×32	≥750	≥2.40	≤5400	
S1S-175B		≥1000	≥3.15		

表 2-15-21　三相工频手持式砂轮机（GB/T 22682—2008）

型号	砂轮外径×厚度×孔径/mm	额定输出功率/W	额定转矩/N·m	最高空载转速/(r/min)	许用砂轮安全线速度/(m/s)
S3S-80A	ϕ80×20×20	≥140	≥0.45	≤3000	≥35
S3S-80B		≥200	≥0.64		
S3S-100A	ϕ100×20×20	≥200	≥0.64		
S3S-100B		≥250	≥0.80		
S3S-125A	ϕ125×20×20	≥250	≥0.80		
S3S-125B		≥350	≥1.15		
S3S-150A	ϕ150×20×20	≥350	≥1.15		
S3S-150B		≥500	≥1.60		
S3S-175A	ϕ175×20×20	≥500	≥1.60		
S3S-175B		≥750	≥2.40		

15.3.6 软轴砂轮机

【用途】 用于对大型不易搬动的机件、铸件进行磨削加工、清理飞边、毛刺等。

图 2-15-18　软轴砂轮机

【规格】 见表 2-15-22。

表 2-15-22　软轴砂轮机的规格

型号	砂轮外径×厚度×孔径/mm	功率/W	转速/(r/min)	软轴/mm		质量/kg
				直径	长度	
M3415	150×20×32	1000	2820	13	2500	45
M3420	150×16×13	150	2850	16	3000	50

15.3.7 盘式砂光机

【其他名称】 圆盘磨光机。

【用途】 用于金属构件和木制品表面的砂磨、抛光或除锈，也可用于清除工件表面涂料、涂层。

【规格】 见表 2-15-23。

图 2-15-19 盘式砂光机

表 2-15-23 盘式砂光机的规格

型号	砂盘直径 /mm	输入功率 /W	电压/V	转速 /(r/min)	质量 /kg
S1A-180	180	570	220	4000	2.3

15.3.8 平板砂光机（GB/T 22675—2008）

图 2-15-20 平板砂光机

【其他名称】 砂纸机。

【用途】 用于金属构件和木制品表面的砂磨、抛光，也可用于清除涂料及其他打磨作业。

【规格】 见表 2-15-24。

【型号】 平板砂光机的型号表示方法如下：

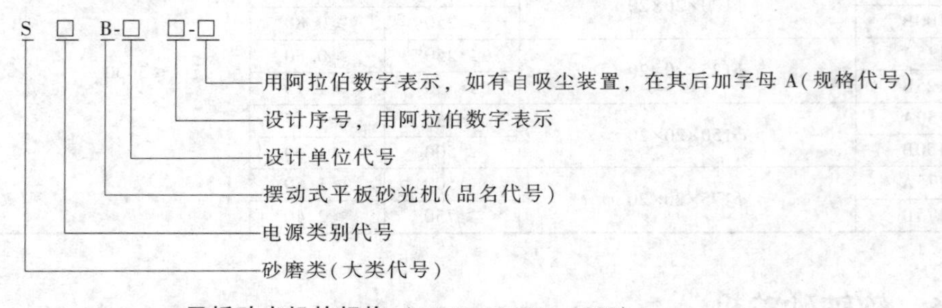

表 2-15-24 平板砂光机的规格（GB/T 22675—2008）

规格 /mm	最小额定输入功率 /W	空载摆动次数 /(次/min)	规格 /mm	最小额定输入功率 /W	空载摆动次数 /(次/min)
90	100	≥10000	180	180	≥10000
100	100	≥10000	200	200	≥10000
125	120	≥10000	250	250	≥10000
140	140	≥10000	300	300	≥10000
150	160	≥10000	350	350	≥10000

注：1. 制造厂应在每一档砂光机的规格上指出所对应的平板尺寸。其值为多边形的一条长边或圆形的直径。
2. 空载摆动次数是指砂光机空载时平板摆动的次数（摆动 1 周为 1 次），其值等于偏心轴的空载转速。
3. 电子调速砂光机是以电子装置调节到最大值时测得的参数。

图 2-15-21 湿式磨光机

15.3.9 湿式磨光机（JB/T 5333—2013）

【用途】 用于一般环境条件下工作线速度大于等于 30m/s 或 35m/s 的杯形系砂轮，水磨石板、混凝土等注水磨削。

【规格】 见表 2-15-25。

【型号】 湿式磨光机的型号表示方法如下：

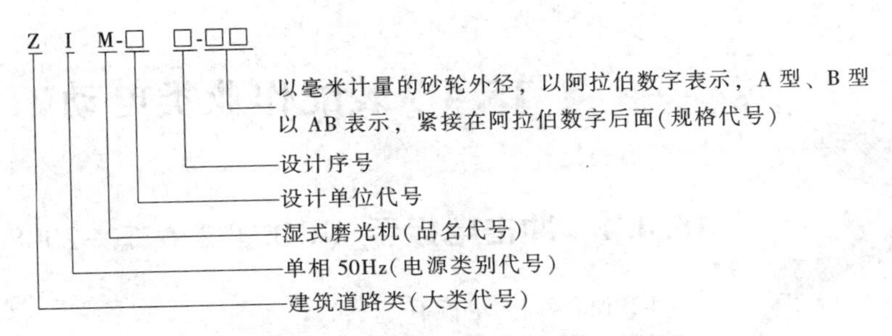

表 2-15-25　　湿式磨光机的规格 (JB/T 5333—2013)

规格/mm		额定输出功率/W	额定转矩/N·m	最高空载转速/(r/min)	
				陶瓷结合剂	树脂结合剂
80	A	≥200	≥0.4	≤7150	≤8350
	B	≥250	≥1.1	≤7150	≤8350
100	A	≥340	≥1	≤5700	≤6600
	B	≥500	≥2.4	≤5700	≤6600
125	A	≥450	≥1.5	≤4500	≤5300
	B	≥500	≥2.5	≤4500	≤5300
150	A	≥850	≥5.2	≤3800	≤4400
	B	≥1000	≥6.1	≤3800	≤4400

15.3.10 抛光机 (JB/T 6090—2007)

【用途】 用于对各种材料的工作表面进行抛光。

【规格】 见表 2-15-26。

表 2-15-26　　抛光机的规格 (JB/T 6090—2007)

最大抛轮直径/mm	200	300	400
电动机额定功率/kW	0.75	1.5	3
电动机同步转速/(r/min)	3000		1500
额定电压/V	380		
额定频率/Hz	50		

图 2-15-22　抛光机

15.3.11 带式砂光机

【其他名称】 砂带机、砂带磨光机。

【用途】 用于砂磨木板、地板，也可用于清除涂料、磨斧头、金属表面除锈等。

【规格】 见表 2-15-27。

图 2-15-23　带式砂光机

表 2-15-27　　带式砂光机的规格

型号	砂带宽度×长度/mm	砂带速度/(m/min)	输入功率/W	质量/kg
S1T-76	76×533	450/360	950	4.4
S1T-100	100×610	360	940	8/7.1
S1T-110	110×620	350/300	950	7.3

15.4 装配作业类电动工具

15.4.1 冲击电扳手（GB/T 22677—2008）

图 2-15-24 冲击电扳手

【其他名称】 电扳手。

【用途】 配用六角套筒头，用于拆装六角头螺栓及螺母。

【规格】 见表 2-15-28。

表 2-15-28 冲击电扳手的规格（GB/T 22677—2008）

型号	最大螺纹直径 /mm	适用范围 /mm	额定电压 /V	方头公称尺寸 /mm	边心距 /mm	力矩范围 /N·m
P1B-8	8	M6～M8	220	10×10	≤26	4～15
P1B-12	12	M10～M12	220	12.5×12.5	≤36	15～60
P1B-16	16	M14～M16	220	12.5×12.5	≤45	50～150
P1B-20	20	M18～M20	220	20×20	≤50	120～220
P1B-24	24	M22～M24	220	20×20	≤50	220～400
P1B-30	30	M27～M30	220	25×25	≤56	380～800
P1B-42	42	M36～M42	220	25×25	≤66	750～2000
P3B-42	42	M27～M42	220	25.4×25.4	≤66	750～2000

15.4.2 电动螺丝刀（GB/T 22679—2008）

【其他名称】 电动螺丝批、电动改锥、电动起子、螺丝起子机。

【用途】 用于锯割大口径钢管、铸铁管等金属管材。

【规格】 见表 2-15-29。

表 2-15-29 电动螺丝刀的规格（GB/T 22679—2008）

规格 /mm	适用范围 /mm	额定输出功率 /W	拧紧力矩 /N·m
M6	机螺钉 M4～M6 木螺钉≤4 自攻螺钉 ST3.9～ST4.8	≥85	2.45～8.0

注：木螺钉 4 是指在拧入一般木材中的木螺钉规格。

图 2-15-25 电动螺丝刀

【型号】 螺丝刀的型号表示如下：

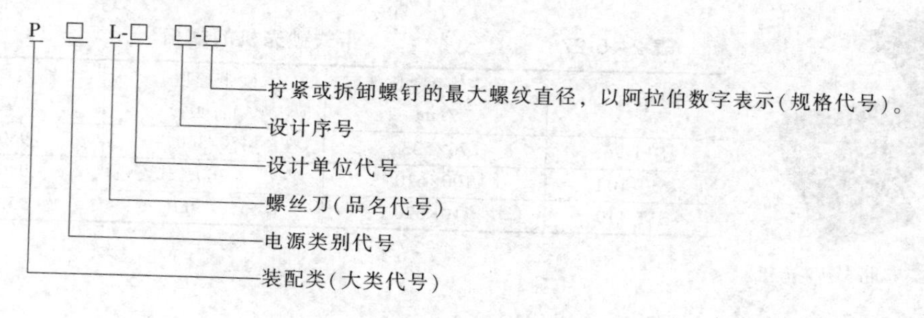

15.4.3 电动自攻螺丝刀（JB/T 5343—2013）

【用途】 用于一般环境下拧紧或拆卸十字槽和开槽自动螺钉的直流、交直流两用单相串励自攻螺丝刀。

【规格】 见表 2-15-30。

表 2-15-30　　电动自攻螺丝刀的规格

规格/mm	适用的自攻螺钉范围	输出功率/W	负载转速/(r/min)
5	ST2.9～ST4.8	≥140	≤1600
6	ST3.9～ST6.3	≥200	≤1500

图 2-15-26　电动自攻螺丝刀

【型号】 自攻螺丝刀的型号含义如下：

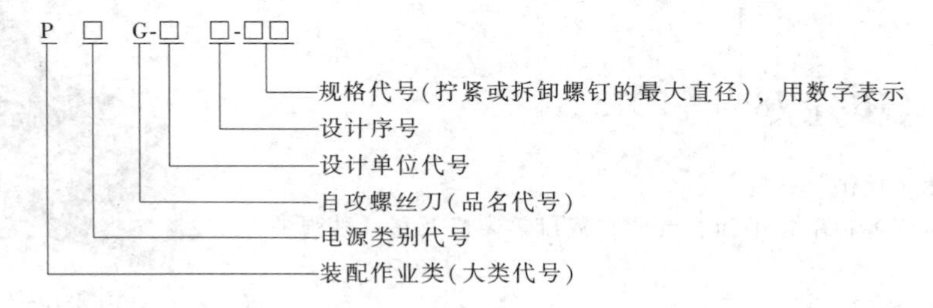

15.4.4 电动胀管机

【用途】 用于锅炉、热交换器等压力容器紧固管子和管板。

图 2-15-27　电动胀管机

【规格】 见表 2-15-31。

表 2-15-31　　电动胀管机的规格

型号	胀管直径/mm	输入功率/W	额定转矩/N·m	额定转速/(r/min)	主轴方头尺寸/mm	质量/kg
P3Z-13	8～13	510	5.6	500	8	13
P3Z-19	13～19	510	9.0	310	12	13
P3Z-25	19～25	700	17.0	240	12	13
P3Z-38	25～38	800	39.0	—	16	13
P3Z-51	38～51	1000	45.0	90	16	14.5
P3Z-76	51～76	1000	200.0	—	20	14.5

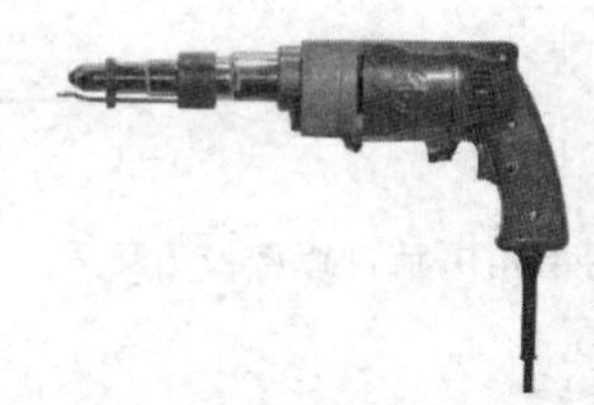

图 2-15-28　拉铆枪

15.4.5　拉铆枪

【其他名称】　电动拉铆枪、抽芯铆钉电动枪。

【用途】　用于单面铆接各种结构件上的抽芯铆钉，尤其适用于对封闭构造型结构件进行单面铆接。

【规格】　见表 2-15-32。

表 2-15-32　拉铆枪的规格

型号	最大拉铆钉 /mm	输入功率 /W	输出功率 /W	最大拉力 /kN	质量/kg
P1M-5	ϕ5	280~350	220	7.5~8	2.5

15.5　林木农牧类电动工具

15.5.1　电刨（JB/T 7843—2013）

图 2-15-29　电刨

【其他名称】　木工电刨。

【用途】　用于刨削各种木材平面、倒棱和裁口等装修及移动性强的场所。

【规格】　见表 2-15-33。

表 2-15-33　电刨规格

刨削宽度 /mm	刨削深度 /mm	额定输出 功率/W	额定转矩 /N·m	刨削宽度 /mm	刨削深度 /mm	额定输出 功率/W	额定转矩 /N·m
60	1	≥180	≥0.16	90	2	≥370	≥0.35
80(82)	1	≥250	≥0.22	90	3	≥420	≥0.42
80	2	≥320	≥0.30	100	2	≥420	≥0.42
80	3	≥370	≥0.35				

【型号】　电刨型号的含义如下：

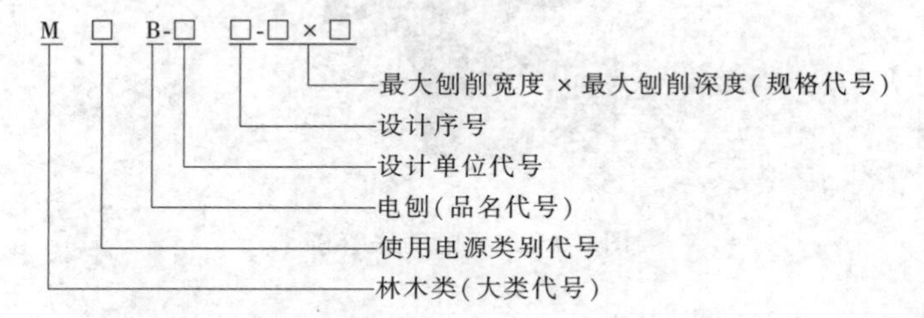

15.5.2　电链锯（LY/T 1121—2010）

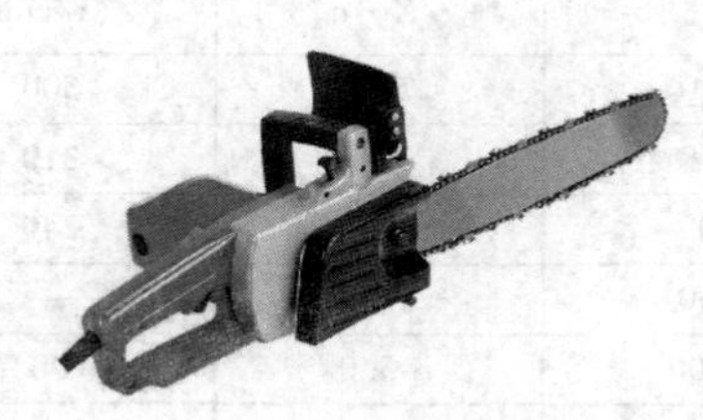

图 2-15-30　电链锯

【用途】 用回转的链状锯条截木料、伐木造材。

【规格】 见表 2-15-34。

表 2-15-34 电链锯的规格（LY/T 1121—2010）

规格/mm	额定输出功率/W	额定转矩/N·m	链条线速度/(m/s)	净重(不含导板链条)/kg
305(12″)	≥420	≥1.5	6~10	≤3.5
355(14″)	≥650	≥1.8	8~14	≤4.5
405(16″)	≥850	≥2.5	10~15	≤5

【型号】 电链锯的型号表示方法如下：

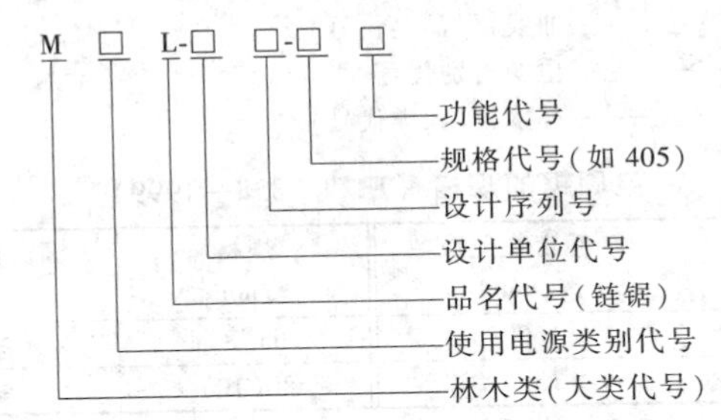

15.5.3 曲线锯（GB/T 22680—2008）

【其他名称】 木工电刨。

【用途】 用于直线或曲线锯割木材、金属、塑料、皮革等各种形状的板材。装上锋利的刀片，还可以裁切橡皮、皮革、纤维织物、泡沫塑料、纸板等。

【规格】 见表 2-15-35。

表 2-15-35 曲线锯的规格（GB/T 22680—2008）

型号	锯割厚度/mm		电动机额定输出功率/W	工作轴额定往复次数/(次/min)	往复行程/mm	质量/kg
	硬木	钢板				
M1Q-40	40	3	≥140	≥1600	18	—
M1Q-55	55	6	≥200	≥1500	18	2.5
M1Q-65	65	8	≥270	≥1400	18	2.5

图 2-15-31 曲线锯

15.5.4 电圆锯（JB/T 7838—1999）

【其他名称】 积梳机、垂直锯。

图 2-15-32 电圆锯

【用途】 用于锯割木板、木条、胶木板、石棉板及塑料、纤维制品，开槽深度不大于 65mm，可锯 0°~45°斜面。配上支架还可作小台锯用。

【规格】 见表 2-15-36。

【型号】 电圆锯的型号表示方法如下：

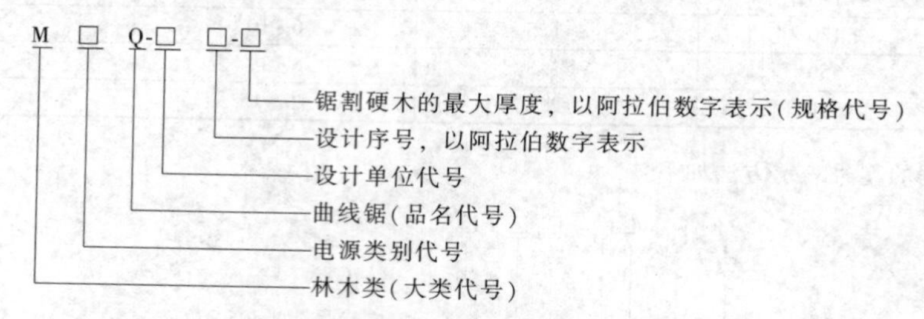

表 2-15-36 电圆锯的规格（JB/T 7838—1999）

规格 /mm	额定输出功率 /W	工作轴额定往复次数 /(次/min)	规格 /mm	额定输出功率 /W	工作轴额定往复次数 /(次/min)
40(3)	≥140	≥1600	65(8)	≥270	≥1400
55(6)	≥200	≥1500	80(10)	≥420	≥1200

注：1. 额定输出功率是指电动机的输出功率（指拆除往复机构后的输出功率）。

2. 曲线锯规格指垂直锯割一般硬木的最大厚度。

3. 括号内数值为锯割抗拉强度为 390MPa（N/mm^2）钢板的最大厚度。

15.5.5 木工多用工具

【用途】 用于对木材及木制品进行锯、刨及其他加工。

木工机械四合一刨床

图 2-15-33 木工多用工具

【规格】 见表 2-15-37。

表 2-15-37 木工多用工具的规格

型号	刀轴转速 /(r/min)	刨削宽度	锯割厚度 ≤	锯片直径	工作台升降范围 刨削	工作台升降范围 锯割	电机功率 /W	质量 /kg
		mm						
MQ421	3000	160	50	200	5	65	1100	60
MQ422	3000	200	90	300	5	95	1500	125
MQ422A	3160	250	100	300	5	100	2200	300
MQ433A/1	3960	320	—	350	5~120	140	3000	350
MQ472	3960	200	—	350	5~100	90	2200	270
MJB180	5500	180	60	200	—	—	1100	80
MDJB180-2	5500	180	60	200	—	—	1100	80

15.5.6 电木钻

【其他名称】 木工电钻。

图 2-15-34　电木钻

【用途】 用于在木质工件及大型木构件上钻削大直径孔、深孔。

【规格】 见表 2-15-38。

表 2-15-38　　木工电钻基本参数

型号	钻孔直径/mm	钻孔深度/mm	钻轴钻速/(r/min)	额定电压/V	输出功率/W	质量/kg
M2Z-26	≤60	800	480	380	600	10.5

15.6　建筑道路类电动工具

15.6.1　电锤钻（JB/T 8368.1—1996）

图 2-15-35　电锤钻

【用途】 电锤钻具有两种运动功能：其一，当冲击带旋转时，配用电锤钻头，可在混凝土、岩石、砖墙等脆性材料上进行钻孔、开槽、凿毛等作业；其二，当有旋转而无冲击时，配用麻花钻头或机用木工钻头，可对金属等韧性材料及塑料、木材等进行钻孔作业。

【规格】 见表 2-15-39。

表 2-15-39　　电锤钻的规格（JB/T 8368.1—1996）　　mm

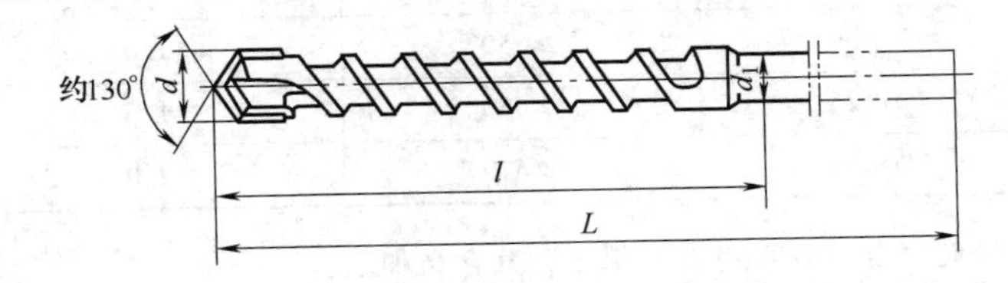

<table>
<tr><th colspan="2">d</th><th colspan="4">l</th></tr>
<tr><th>基本尺寸</th><th>极限偏差</th><th>短系列</th><th>长系列</th><th>加长系列</th><th>超长系列</th></tr>
<tr><td>5</td><td rowspan="2">+0.30
+0.12</td><td rowspan="5">60</td><td rowspan="7">110</td><td rowspan="9">150</td><td rowspan="4">—</td></tr>
<tr><td>6</td></tr>
<tr><td>7</td><td rowspan="3">+0.36
+0.15</td></tr>
<tr><td>8</td></tr>
<tr><td>10</td><td rowspan="6">250</td></tr>
<tr><td>12</td><td rowspan="4">+0.43
+0.18</td><td rowspan="5">110</td></tr>
<tr><td>14</td></tr>
<tr><td>16</td><td rowspan="4">150</td></tr>
<tr><td>18</td></tr>
<tr><td>20</td><td rowspan="5">+0.52
+0.21</td><td rowspan="4">300</td></tr>
<tr><td>22</td><td rowspan="3">150</td><td rowspan="3">400</td></tr>
<tr><td>24</td><td rowspan="3">250</td></tr>
<tr><td>26</td></tr>
<tr><td>28</td><td>200</td><td>400</td><td>550</td></tr>
</table>

续表

<table>
<tr><th colspan="2">d</th><th colspan="4">l</th></tr>
<tr><th>基本尺寸</th><th>极限偏差</th><th>短系列</th><th>长系列</th><th>加长系列</th><th>超长系列</th></tr>
<tr><td>32</td><td rowspan="7">+0.62
+0.25</td><td rowspan="7">200</td><td rowspan="3">250</td><td rowspan="7">400</td><td rowspan="7">550</td></tr>
<tr><td>35</td></tr>
<tr><td>38</td></tr>
<tr><td>40</td><td rowspan="4">300</td></tr>
<tr><td>42</td></tr>
<tr><td>45</td></tr>
<tr><td>50</td></tr>
</table>

注：1. 电锤钻直径 d 在去掉油漆或保护层后的硬质合金刀片转角处测量。
2. l 为悬伸于电锤钻机夹头外的长度。

15.6.2 电动石材切割机（GB/T 22664—2008）

图 2-15-36 电动石材切割机

【其他名称】 云石机、大理石切割机。

【用途】 配用金刚石切割片，用于切割大花岗石、大理石、云石、瓷砖等脆性材料。

【规格】 见表 2-15-40。

表 2-15-40 电动石材切割机的规格（GB/T 22664—2008）

规格	切割锯片尺寸/mm 外径×内径	额定输出功率/W	额定转矩/N·m	最大切割深度/mm
110C	110×20	≥200	≥0.3	≥20
110	110×20	≥450	≥0.5	≥30
125	125×20	≥450	≥0.7	≥40
150	150×20	≥550	≥1.0	≥50
180	185×25	≥550	≥1.6	≥60
200	200×25	≥650	≥2.0	≥70

【型号】 切割机的型号应符合 GB/T 9088 的规定，其含义如下：

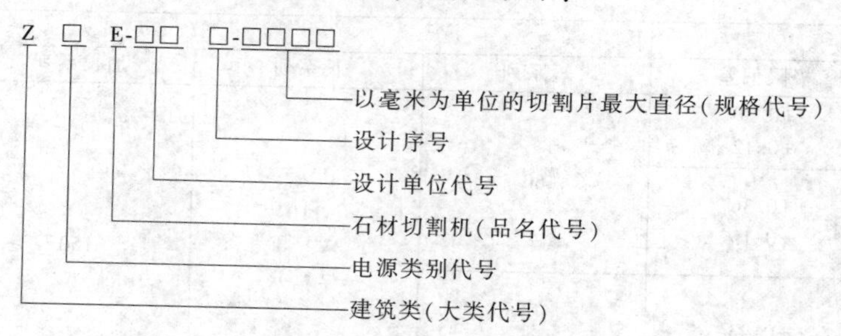

15.6.3 电动套丝机（JB/T 5334—2013）

【其他名称】 切管套丝机、套丝切管机、套丝机。

【用途】 用于对金属管套制圆锥管螺纹或圆柱管螺纹、切断钢管、管子内口倒角等作业。

【规格】 见表 2-15-41。

表 2-15-41　电动套丝机的规格（JB/T 5334—2013）

规格/mm	套制圆锥外螺纹范围（尺寸代号）	电动机额定功率/W	主轴额定转速/(r/min)
50	1/2~2	≥600	≥16
80	1/2~3	≥750	≥10
100	1/2~4	≥750	≥8
150	2½~4	≥750	≥5

注：规格指能套制的符合 GB/T 3091 规定的水、煤气管等的最大公称口径。

图 2-15-37　电动套丝机

【型号】 电动套丝机型号的含义如下：

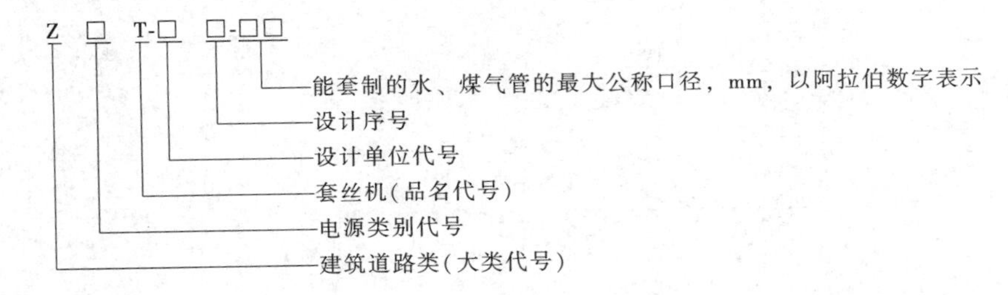

15.7　其他类电动工具

图 2-15-38　管道清洗机

15.7.1　管道清洗机

【用途】 配用各种切削刀，用于清理管道污垢、疏通管道淤塞。

【规格】 见表 2-15-42 和表 2-15-43。

表 2-15-42　管道清洗机

型号	疏管直径/mm	软轴长度/m	额定功率/W	额定转速/(r/min)	质量/kg	特征
Q1GRES-19~76	19~76	8	300	0~500	6.75	倒、顺、无级调速
Q1G-SC-10~50	12.7~50	4	130	300	3	倒、顺、恒速
GT-2	50~200	2	350	700		管道疏通和钻孔两用
GT-15	50~200	1.5	430	500		管道疏通和钻孔两用
T15-841	50~200	2,4,6,8,15	431	500	14	下水道用
T15-842	25~75	2			3.3	大便器用

表 2-15-43　移动式管道清洗机

型号	清理管道直径/mm	清理管道长度/m	额定电压/V	电动机功率/W	清理最高转速/(r/min)
Z-50	12.7~50	12	220	185	400
Z-500	50~250	16	220	750	400
GQ-75	20~100	30	220	180	400
GQ-100	20~100	30	220	180	380
GQ-200	38~200	50	220	180	700

15.7.2 电喷枪

【用途】 用于喷漆、喷射药水、防霉剂、除虫剂、杀菌剂等低、中黏度液体。

【规格】 见表 2-15-44。

图 2-15-39 电喷枪

表 2-15-44 电喷枪的规格

型号	Q1P-50	Q1P-100	Q1P-150	Q1P-260	Q1P-320
额定流量/(mL/min)	50	100	150	260	320
额定最大输入功率/W	25	40	60	80	100
额定电压及频率	220V,50Hz				
密封泵压/MPa	>10				

第16章 气动工具

16.1 概述

气动工具是以压缩空气为动力的机械化工具，具有单位重量输出功率大、使用方便、安全可靠、维修容易等优点，具有扳、锤、磨、钻等多种功能，广泛应用于冶金、机械制造、造船、石油化工、轻工、医疗等部门。

16.2 气动工具产品型号编制方法（JB/T 1590—2010）

气动工具产品型号的编制按JB/T 1590—2010《凿岩机械与气动工具产品型号编制方法》来编制，一般由类别、组别、型别、产品主参数、产品改进设计状态和制造企业标识等产品特征信息代码组成。企业标识码为可选要素，其余为必备要素。

示例：

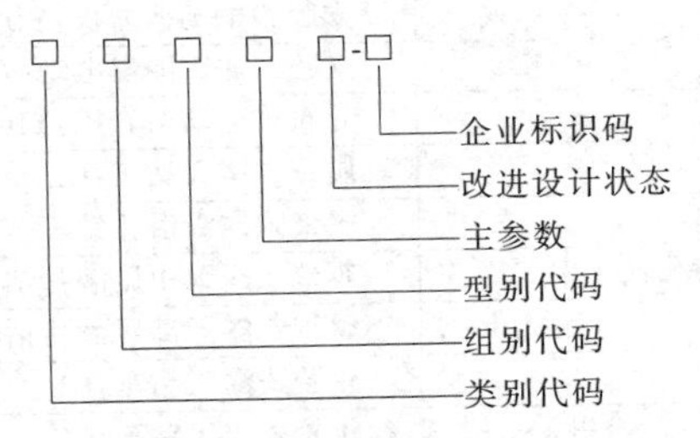

其中类别、组别、型别代号和特性代号以大写字母表示，该字母是类别、组别、型别、特征名称中有代表性的汉语拼音字头；主参数用阿拉伯数字表示（见气动工具类及气动机械类产品型号表示方法）；产品改进次数代号用A、B、C顺序表示。所有字母表示的不能用“I，O”。

主参数代码的标示方法：当主参数系双主参数时，应采用斜杠“/”将两个主参数隔开，斜杠前的主参数为表中主参数栏内上一项内容的数值，后面的为下一项内容的数值。当第二项主参数为1时不标注。

示例1：

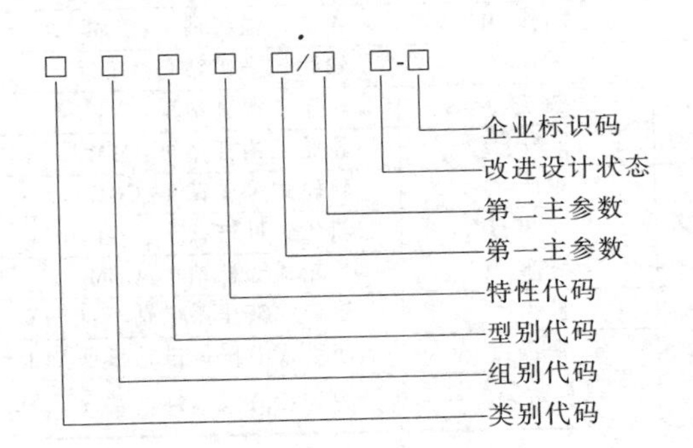

示例 2：

砂轮直径为 25mm、主轴加长 100mm、第一次改进的直柄式气砂轮，其型号为：SC25/100A。

产品型号中的各特征信息代码应按表 2-16-1～表 2-16-9 的规定选取。

表 2-16-1 凿岩机械产品型号编制表

类别	组别		型别	特性代码		产品名称及特征代码	主参数名称	主参数单位或单位符号
凿岩机:Y	气动		手持式	—		手持式凿岩机:Y	机重	kg
				水下:X		手持式水下凿岩机:YX		
				两用:LY		手持气腿两用凿岩机:YLY		
			气腿式:T	—		气腿式凿岩机:YT		
				高频:P		气腿式高频凿岩机:YTP		
				多用:D		多用途气腿式凿岩机:YTD		
			向上式:S	—		向上式凿岩机:YS		
				侧向:C		向上式侧向凿岩机:YSC		
				高频:P		向上式高频凿岩机:YSP		
			导轨式:G	—		导轨式凿岩机:YG		
				高频:P		导轨式高频凿岩机:YGP		
				独立回转:Z		导轨式独立回转凿岩机:YGZ		
	内燃:N		手持式	—		手持式内燃凿岩机:YN		
				副缸:F		带副缸的手持式内燃凿岩机:YNF		
	液压:Y		手持式			手持式液压凿岩机:YY		
			支腿式:T			支腿式液压凿岩机:YYT		
			导轨式:G	采矿:C		导轨式采矿液压凿岩机:YYGC		
				掘进:J		导轨式掘进液压凿岩机:YYGJ		
	电动:D		手持式	—		手持式电动凿岩机:YD		
				软轴:R		手持式软轴传动电动凿岩机:YDR		
			支腿式:T	—		支腿式电动凿岩机:YDT		
				矿用:K		支腿式矿用隔爆电动凿岩机:YDTK		
			导轨式:G	—		导轨式电动凿岩机:YDG		
钻车:C	露天	气动、半液压	履带式:L	—		履带式露天钻车:CL	钻孔直径 装凿岩机台数	mm 台
				潜孔:Q	—	履带式露天潜孔钻车:CLQ		
					中气压:Z	履带式露天中压潜孔钻车:CLQZ		
					高气压:G	履带式露天高压潜孔钻车:CLQG		
			轮胎式:T	—		轮胎式露天钻车:CT		
			轨轮式:G	—		轨轮式露天钻车:CG		
		液压:Y	履带式:L	—		履带式露天液压钻车:CYL		
				潜孔:Q		履带式露天液压潜孔钻车:CYLQ		
			轮胎式:T	—		轮胎式露天液压钻车:CYT		
			轨轮式:G	—		轨轮式露天液压钻车:CYG		
	井下	气动、半液压	履带式:L	采矿:C		履带式采矿钻车:CLC	钻孔直径 装凿岩机台数	mm 台
				掘进:J		履带式掘进钻车:CLJ		
				锚杆:M		履带式锚杆钻车:CLM		
			轮胎式:T	采矿:C		轮胎式采矿钻车:CTC		
				掘进:J		轮胎式掘进钻车:CTJ		
				锚杆:M		轮胎式锚杆钻车:CTM		
			轨轮式:G	采矿:C		轨轮式采矿钻车:CGC		
				掘进:J		轨轮式掘进钻车:CGJ		
				锚杆:M		轨轮式锚杆钻车:CGM		
		全液压:Y	履带式:L	采矿:C		履带式液压采矿钻车:CYLC		
				掘进:J		履带式液压掘进钻车:CYLJ		
				锚杆:M		履带式液压锚杆钻车:CYLM		

续表

类别	组别	型别	特性代码	产品名称及特征代码	主参数 名称	主参数 单位或单位符号
钻车:C	井下 全液压:Y	轮胎式:T	采矿:C	轮胎式液压采矿钻车:CYTC	钻孔直径 装凿岩机台数	mm 台
			掘进:J	轮胎式液压掘进钻车:CYTJ		
			锚杆:M	轮胎式液压锚杆钻车:CYTM		
		轨轮式:G	采矿:C	轨轮式液压采矿钻车:CYGC		
			掘进:J	轨轮式液压掘进钻车:CYGJ		
			锚杆:M	轨轮式液压锚杆钻车:CYGM		
钻(孔)机:K	潜孔钻机:Q 气动、半液压	履带式:L	低气压	履带式潜孔钻机:KQL	钻孔直径	mm
			中气压:Z	履带式中压潜孔钻机:KQLZ		
			高气压:G	履带式高压潜孔钻机:KQLG		
		轮胎式:T	低气压	轮胎式潜孔钻机:KQT		
			中气压:Z	轮胎式中压潜孔钻机:KQTZ		
			高气压:G	轮胎式高压潜孔钻机:KQTG		
		柱架式:J	低气压	柱架式潜孔钻机:KQJ		
			中气压:Z	柱架式中压潜孔钻机:KQJZ		
			高气压:G	柱架式高压潜孔钻机:KQJG		
	潜孔钻机:Q 液压:Y	履带式:L	—	履带式液压潜孔钻机:KQYL		
		轮胎式:T	—	轮胎式液压潜孔钻机:KQYT		
	潜孔钻机:Q 电动:D	—	—	电动潜孔钻机:KQD		
	气动冲击钻	枪柄式:Q	—	枪柄式气动冲击钻:KQ	钻孔直径	mm
		环柄式:H	—	环柄式气动冲击钻:KH		
		侧柄式:C	—	侧柄式气动冲击钻:KC		
	回转钻	手持式	煤矿用:M 气动	矿用手持式气动钻机:KM	机重	kg
			岩心式:X 气动	手持式气动岩心钻:KX		
			岩石用:Y 气动	手持式气动岩心钻:KY		
			岩石用:Y 电动:D	手持式电动岩石钻:KYD		
		防爆:H	岩石用:Y 电动:D	矿用隔爆电动岩石钻:KHYD		
		支腿式:T	锚杆用:M 气动	支腿式锚杆钻机:KTM	额定转矩	N·m
			锚杆用:M 电动:D	支腿式电动锚杆钻机:KTMD		
			锚杆用:M 液压:Y	支腿式液压锚杆钻机:KTMY		
潜孔冲击器:QC	气动	—	低气压	潜孔冲击器:QC	凿孔直径	mm
			中气压:Z	中压潜孔冲击器:QCZ		
			高气压:G	高压潜孔冲击器:QCG		
	液压:Y	—	—	液压潜孔冲击器:QCY		
凿岩辅助设备:F	支腿:T	气动	—	气腿:FT	公称推力	10N
		水式:S	—	水腿:FTS		
		油式:Y	—	油腿:FTY		
		手动式:D	—	手摇式支腿:FTD	机重	kg
	钻架:J	柱式:Z	单柱式	单柱式钻架:FJZ	最低工作高度	dm
			双柱式:S	双柱式钻架:FJZS		
		圆盘式:Y	—	圆盘式钻架:FJY		
		伞式:S	—	伞式钻架:FJS	最小支撑直径	m
		环形:H	—	环形钻架:FJH		
	注油器:Y	—	—	注油器:FY	油容量	mL 或 L
	集尘器:C	—	—	集尘器:FC	滤尘面积	m^2
	磨钎机:M	—	—	磨钎机:FM	砂轮直径	mm
	气动灯:D	—	—	气动灯:FD	发电机容量	W

表 2-16-2　冲击式动力工具产品型号编制表

类别	组别	型别	特性代码	产品名称及特征代码	主参数	
					名称	单位或单位符号
破碎锤:P	气动	机载式		气动破碎锤:P	钎杆直径	mm
	液压:Y		三角型:J	三角型液压破碎锤:PYJ		
			四方型:F	四方型液压破碎锤:PYF		
			箱型:X	箱型液压破碎锤:PYX		
镐:G	气动	手持式	—	气镐:G	机重	kg
	液压:Y		—	液压镐:GY		
	内燃:N		—	内燃镐:GN		
	电动:D			电动镐:GD		
气铲:C	气动	直柄式	—	气铲:C		
		弯柄式:W	—	弯柄式气铲:CW		
		环柄式:H	—	环柄式气铲:CH		
			铲石用:S	铲石机:CS		
除锈锤/除锈器:X	气动	冲击式	—	气动除锈锤:X		
			多头:DT	多头气动除锈锤:XDT	机重 头数	kg 个
			针束:Z	气动针束除锈锤:XZ	机重	kg
		回转式:H		回转式气动除锈器:XH	除锈轮直径	mm
撬浮机:QF	气动	—		气动撬浮机:QF	机重	kg
	液压:Y	—		液压撬浮机:QFY		
捣固机:D	气动	—	—	气动捣固机:D	机重	kg
			枕木用:M	枕木捣固机:DM		
			夯土用:T	夯土捣固机:DT		
凿毛机:ZM	气动	—	—	气动凿毛机:ZM		
雕刻笔:DK	气动	冲击式		气动雕刻笔:DK	机重	kg

表 2-16-3　用于去除或成形材料的回转式及往复式气动工具产品型号编制表

类别	组别	型别	特性代码	产品名称及特征代码	主参数	
					名称	单位或单位符号
气钻:Z	气动	直柄式	—	直柄式气钻:Z	钻孔直径	mm
		枪柄式:Q	—	枪柄式气钻:ZQ		
		侧柄式:C	—	侧柄式气钻:ZC		
		万向式:W	—	万向式气钻:ZW		
		双向式:S	—	双向式气钻:ZS		
		角向:J	—	角向气钻:ZJ		
		组合用:H	—	组合式气钻:ZH		
		—	开颅:L	气动开颅钻:ZL		
		—	钻牙:Y	气动牙钻:ZY	转速	10^4r/min
攻丝机:GS	气动	直柄式	—	直柄式气动攻丝机:GS	攻丝直径	mm
		枪柄式:Q	—	枪柄式气动攻丝机:GSQ		
		组合用:H	气动推进	组合式气动攻丝机:GSH		
铰孔机:JK	气动	—	—	气动铰孔机:JK	最大铰孔直径	mm
砂轮机:S	气动	直柄式	—	直柄式气动砂轮机:S	砂轮直径	mm
			钢丝刷:G	直柄式气动钢丝刷:SG	刷轮直径	mm
			主轴加长:C	直柄式主轴加长气动砂轮机:SC	砂轮直径 主轴加长量	mm mm

续表

类别	组别	型别	特性代码	产品名称及特征代码	主参数	
					名称	单位或单位符号
砂轮机:S	气动	直柄式	模具用:M	直柄式模具砂轮机:SM	砂轮直径	mm
		角向:J	—	角向气动砂轮机:SJ		
			模具用:M	角向模具砂轮机:SJM		
		端面式:D	—	端面气动砂轮机:SD		
			钹形:B	端面钹形气动砂轮机:SDB		
		组合用:H		组合气动砂轮机:SH		
抛光机:PG	气动	端面式:D	—	端面抛光机:PGD	抛轮直径	mm
		圆周式:Z	—	圆周抛光机:PGZ		
		角向:J	—	角向抛光机:PGJ		
			湿式:S	角向湿式抛光机:PGJS		
磨光机:MG	气动	回转式	端面:D	端面气动磨光机:MGD	磨轮直径	mm
			端面:D 湿式:S	端面湿式磨光机:MGDS		
			圆周:Z	圆周气动磨光机:MGZ		
		往复式:W	—	往复式气动磨光机:MGW	机重	kg
		砂带式:D	—	砂带式气动磨光机:MGD	砂带宽	mm
		滑板式:B	作有轨运动	滑板式磨光机:MGB	滑板宽度	mm
		复式:F	作无轨迹运动	复式磨光机:MGF	磨轮直径	mm
		三角式:J	作三角形往复运动	三角式磨光机:MGJ	机重	kg
锉刀:CD	气动	旋转式:Z	—	旋转式气锉刀:CDZ	机重	kg
		往复式:W	—	往复式气锉刀:CDW		
		旋转往复:ZW	—	旋转往复式气锉刀:CDZW		
		旋转摆动:ZB	—	旋转摆动式气锉刀:CDZB		
刮刀:GD	气动	往复式	—	气动刮刀:GD	机重	kg
			摆动:B	气动摆动式刮刀:GDB		
铣刀:XD	气动	—	—	气铣刀:XD	转速	10^3r/min
		角式:J	—	角式气铣刀:XDJ		
气锯:J	气动	带式(往复式)	—	带式气锯:J	锯最大行程	mm
			摆动:B	带式摆动气锯:JB		
		圆盘式:P(回转式)	—	圆盘式气锯:JP	锯割直径	mm
			摆动:B	圆盘式摆动气锯:JPB		
		链式:L(回转往复式)	—	链式气锯:JL	锯最大行程	mm
			摆动:B	链式摆动气锯:JLB		
		细(竖)锯:X	往复摆动	气动细锯:JX		
剪刀:JD	气动	剪切式	—	气动剪切机:JD	剪切厚度	mm
			剪羊毛:M	气动羊毛剪:JDM	机重	kg
			剪地毯:T	气动地毯剪:JDT		
		冲切式:C	—	气动冲剪机:JDC	剪切厚度	mm
雕刻机:DK	气动	回转式:Z	—	回转式气动雕刻机:DKZ	主轴转速	10^4r/min

注：1. 直柄式气动钢丝刷与直柄式气动砂轮机的区别仅为在其上安装砂轮还是钢丝刷轮。
2. 复式运动为安装磨轮的偏心轴绕主机主轴旋转，磨轮又绕偏心轴作自由旋转。

表 2-16-4 **振动器产品型号编制表**

类别	组别	型别	特性代码	产品名称及特征代码	主参数	
					名称	单位或单位符号
振动器:ZD	气动	冲击式:C	—	冲击式气动振动器:ZDC	机重	kg
		回转式:H	—	回转式气动振动器:ZDH		
		浸没式:J	—	气动振动棒:ZDJ	机重	kg

表 2-16-5　**装配用气动工具产品型号编制表**

类别	组别	型别	特性代码	产品名称及特征代码	主参数	
					名称	单位或单位符号
气螺刀:L	直柄式	失速型:S	—	直柄式失速型气螺刀:LS	拧螺纹直径	mm
		离合型:H	—	直柄式离合型气螺刀:LH		
		压启型:Y	—	直柄式压启型气螺刀:LY		
		自动关闭型:B	—	直柄式自闭型气螺刀:LB		
	枪柄式:Q	失速型:S	—	枪柄式失速型气螺刀:LQS		
		离合型:H	—	枪柄式离合型气螺刀:LQH		
		压启型:Y	—	枪柄式压启型气螺刀:LQY		
		自动关闭型:B	—	枪柄式自闭型气螺刀:LQB		
	角式:J	失速型:S	—	角式失速型气螺刀:LJS		
		离合型:H	—	角式离合型气螺刀:LJH		
气扳机:B	枪柄式:Q	失速型:S	纯扭式:N	枪柄式失速型纯扭气扳机:BQSN		
		离合型:H		枪柄式离合型纯扭气扳机:BQHN		
		自动关闭型:B		枪柄式自闭型纯扭气扳机:BQBN		
	角式:J	失速型:S		角式失速型纯扭气扳机:BJSN		
		离合型:H		角式离合型纯扭气扳机:BJHN		
	棘轮式:L	—		棘轮式纯扭气扳机:BLN		
	双速型:S	—		双速型纯扭气扳机:BSN		
	组合用:H	—		组合式纯扭气扳机:BHN		
	爪形套筒	开口套筒:K		开口爪形套筒纯扭气扳机:BKN		
		闭口套筒:B		闭口爪形套筒纯扭气扳机:BBN		
	螺柱用:Z	—		气动螺柱扳手:BZN		
	直柄式 环柄式 侧柄式	—	冲击式	直柄式气扳机:B		
		定扭矩:N		直柄式定扭矩气扳机:BN		
		储能型:E		储能型气扳机:BE		
		高转速:G		直柄式高速气扳机:BG		
	枪柄式:Q	—		枪柄式气扳机:BQ		
		定扭矩:N		枪柄式定扭矩气扳机:BQN		
		高转速:G		枪柄式高速气扳机:BQG		
	角式:J	—		角式气扳机:BJ		
		定扭矩:N		角式定扭矩气扳机:BJN		
		高转速:G		角式高速气扳机:BJG		
	组合用:H	—		组合式气扳机:BH	扭矩	10N · m
	直柄式	—	脉冲式:M	直柄式脉冲气扳机:BM	拧螺纹直径	mm
	枪柄式:Q	—		枪柄式脉冲气扳机:BQM		
	角式:J	—		角式脉冲气扳机:BJM		
	电控型:K	—		电控型脉冲气扳机:BKM	扭矩	10N · m
顶把:DB	气动	—	—	顶把:DB	铆钉直径	mm
			偏心:P	偏心顶把:DBP		
			冲击式:C	冲击式顶把:DBC		
铆钉机:M	气动	直柄式	—	直柄式气动铆钉机:M	铆钉直径	mm
		弯柄式:W	—	弯柄式气动铆钉机:MW		
		环柄式:H	—	环柄式气动铆钉机:MH		
		枪柄式:Q	—	枪柄式气动铆钉机:MQ		
			偏心:P	枪柄式偏心气动铆钉机:MQP		
		拉铆式:L	—	气动拉铆机:ML		
		压铆式:Y	—	气动压铆机:MY		
打钉机:DD	气动	盘形钉式:P	—	气动打钉机:DDP	钉长	mm
		条形钉式:T	—	条形钉气动打钉机:DDT		
		U 形钉式:U	—	U 形钉气动打钉机:DDU		
订合机:H	气动	—	—	气动订合机:H		

表 2-16-6　挤压和切断用动力工具产品型号编制表

类别	组别	型别	特性代码			产品名称及特征代码	主参数	
							名称	单位或单位符号
折弯机:W	气动	—	零部件标识用			折弯机:W	挤压力	kN
打印器:DY	气动	—				打印器:DY		
钳:N	气动	—	—			气动钳:N	开口宽度	mm
	液压:Y	—	—			液压钳:NY	钳剪力	kN
劈裂机:PL	气动		劈螺母用:M			螺母劈裂机:PLM	螺纹直径	mm
		—	—			气动劈裂机:PL	劈裂孔径	mm
	液压:Y	—	泵站动力	气动		液压劈裂机:PLY		
		—		电动:D		电动液压劈裂机:PLYD		
		—		内燃	柴油:C	柴油液压劈裂机:PLYC		
		—			汽油:Q	汽油液压劈裂机:PLYQ		
扩张器:KZ	液压:Y	—	—			液压扩张器:KZY	扩张距离	mm
液压剪:J	液压:Y	—	环形刀口:H			液压环形剪:JYH	剪切直径	mm
		—	直形刀口:Z			液压直形剪:JYZ	剪切厚度	mm
剪扩器:JK	液压:Y	—	—			液压剪扩器:JKY	剪切直径	mm
							扩张距离	mm

表 2-16-7　喷涂用气动工具产品型号编制表

类别	组别	型别	特性代码	产品名称及特征代码	主参数	
					名称	单位或单位符号
油枪:Q	气动	—	—	气动油枪:Q	油容量	mL
涂油机:TY	气动	—	—	气动涂油机:TY		L
搅拌机:JB	气动			气动搅拌机:JB	浆轮直径	mm

表 2-16-8　包装用气动工具产品型号编制表

类别	组别	型别	特性代码	产品名称及特征代码	主参数	
					名称	单位或单位符号
捆扎机:K	气动	齿轮式:C	拉紧:L	齿轮式气动捆扎拉紧机:KCL	扎带宽度	mm
			锁紧:S	齿轮式气动捆扎锁紧机:KCS		
		蜗轮式:W	拉紧:L	蜗轮式气动捆扎拉紧机:KWL		
			锁紧:S	蜗轮式气动捆扎锁紧机:KWS		
		捆扎联动:LD		气动捆扎机:KLD		
封口机:FK	气动	—	—	气动封口机:FK	挤压力	kN

表 2-16-9　气动机械产品型号编制表

类别	组别	型别	特性代码		产品名称及特征代码	主参数	
						名称	单位或单位符号
气动机械:T(其他)	气动马达:M	叶片式:Y	—		叶片式气动马达:TMY	功率	kW
			减速:J		叶片式减速气动马达:TMYJ		
						公称传动比	
			启动用:QD		起动用叶片式气动马达:TMYQD	功率	kW
		活塞式:H	径向	—	活塞式气动马达:TMH	功率	kW
				减速:J	活塞式减速气动马达:TMHJ		
						公称传动比	
			轴向:Z		轴向活塞式气动马达:TMHZ	功率	kW
		齿轮式:C	—		齿轮式气动马达:TMC		
		透平式:T	—		透平式气动马达:TMT		

续表

类别	组别	型别	特性代码	产品名称及特征代码	主参数	
					名称	单位或单位符号
气动机械：T(其他)	气动泵：B	抽油用：Y	—	气动油泵：TBY	流量	L/min
		预供油：YG		气动预供油油泵：TBYG		
		抽水用：S	—	气动水泵：TBS	通径	mm
					扬程	m
		—	隔膜式：M	气动隔膜泵：TBM	流量	m^3/h
					扬程	m
	扎网机：W	气动	—	气动扎网机：TW	钢丝直径	mm
	气动吊：D	环链式：H	—	环链式气动吊：TDH	起重量	kg
		钢绳式：G	—	钢绳式气动吊：TDG		
	气动绞车：JC	—	—	气动绞车：TJC	拉力	10N
	气动绞盘：JP	—	—	气动绞盘：TJP		
	气动桩机：Z	手持式		手持气动打桩机：TZ	机重	kg
		固定式	打桩用：D	气动打桩机：TZD	冲击能量	10J
			拔桩用：B	气动拔桩机：TZB	拉力	10^3N

16.3 金属切削加工用气动工具

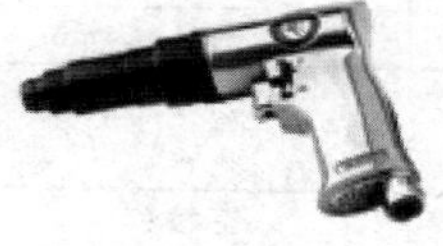

图 2-16-1　气钻

16.3.1 气钻（JB/T 9847—2010）

【用途】 用于对金属、木材、塑料等材质的工件钻孔。

【规格】 见表 2-16-10。

表 2-16-10　气钻的规格（JB/T 9847—2010）

基本参数	产品系列								
	6	8	10	13	16	22	32	50	80
功率/kW	≥0.200		≥0.290		≥0.660	≥1.07	≥1.24	≥2.87	
空转转速/(r/min)	≥900	≥700	≥600	≥400	≥360	≥260	≥180	≥110	≥70
单位功率耗气量/[L/(s·kW)]	≤44.0		≤36.0		≤35.0	≤33.0	≤27.0	≤26.0	
噪声(声功率级)/dB(A)	≤100		≤105			≤120			
机重/kg	≤0.9	≤1.3	≤1.7	≤2.6	≤6.0	≤9.0	≤13.0	≤23.0	≤35.0
气管内径/mm	10		12.5		16			20	

注：1. 验收气压为 0.63MPa。

2. 噪声在空运转下测量。

3. 机重不包括钻卡；角式气钻重量可增加 25%。

16.3.2 气动攻丝机

图 2-16-2　气动攻丝机

【其他名称】 攻牙机。

【用途】 用于在工件上攻内螺纹。

【规格】 见表 2-16-11。

表 2-16-11　气动攻丝机的规格

型号	攻丝直径/mm		空载转速/r/min		功率/W	质量/kg	结构形式
	铝	钢	正转	反转			
2G8-2	M8	—	300	300	—	1.5	枪柄
GS6Z10	M6	M5	1000	1000	170	1.1	直柄
GS6Q10	M6	M5	1000	1000	170	1.2	枪柄
GS8Z09	M8	M6	900	1800	190	1.55	直柄
GS8Q09	M8	M6	900	1800	190	1.7	枪柄
GS10Z06	M10	M8	550	1100	190	1.55	直柄
GS10Q06	M10	M8	550	1100	190	1.7	枪柄

16.3.3　气剪刀

【用途】 用于对金属板材进行直线或曲线剪切加工。

【规格】 见表 2-16-12。

表 2-16-12　气剪刀的规格

型号	工作气压/MPa	剪切厚度/mm	剪切频率/Hz	气管内径/mm	质量/kg
JD2	0.63	≤2.0	30	10	1.6
JD3	0.63	≤2.5	30	10	1.5

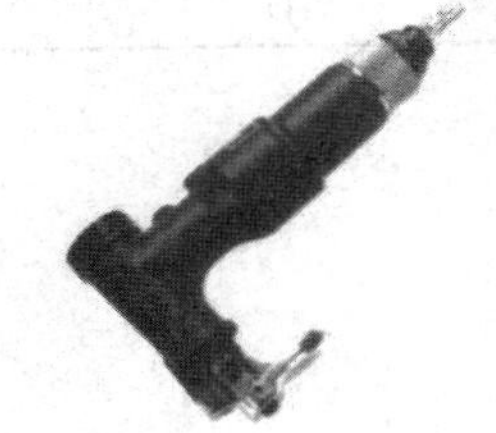

图 2-16-3　气剪刀

16.3.4　气冲剪

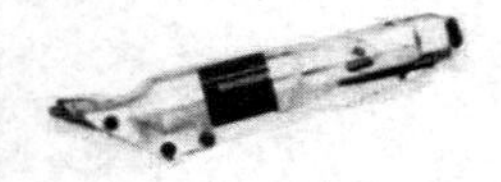

图 2-16-4　气冲剪

【用途】 用于冲剪钢、铝等金属板材及塑料板、布质层压板、纤维板等非金属板料。

【规格】 见表 2-16-13。

表 2-16-13　气冲剪的规格

规格	冲剪厚度/mm		每分钟冲击次数	工作气压/MPa	耗气量/(L/min)	质量/kg
	钢	铝				
16	16	14	3500	0.63	170	

16.3.5　气铣

【其他名称】 气铣磨机、万能铣磨机。

【用途】 用于各种模具的整形及抛光、修磨焊缝、清理毛刺，也可配以旋转锉作高速铣削，在复杂的内外表面及狭窄部位加工。

图 2-16-5　气铣

【规格】 见表 2-16-14。

表 2-16-14　气铣的规格

型号	工作头直径/mm		空载转速/(r/min)	耗气量/(L/s)	气管内径/mm	长度/mm	质量/kg
	砂轮	旋转锉					
S8	8	8	80000~100000	2.5	6	140	0.28
S12	12	8	40000~42000	7.17	6	185	0.6
S25	25	8	20000~24000	6.7	6.35	140	0.6

续表

型号	工作头直径/mm		空载转速/(r/min)	耗气量/(L/s)	气管内径/mm	长度/mm	质量/kg
	砂轮	旋转锉					
S25A	25	10	20000~24000	8.3	6.35	212	0.65
S40	25	12	16000~17500	7.5	8	227	0.7
S50	50	22	16000~18000	8.3	8	237	1.2

16.3.6 气动剪线钳

【其他名称】 气动剪切钳。

【用途】 用于剪切铜丝、铝丝制成的导线，也可剪切其他金属丝。

【规格】 见表 2-16-15。

表 2-16-15 气动剪线钳的规格

型号	剪切铜丝直径/mm	工作气压/MPa	外形尺寸/mm	质量/kg
XQ3	1.2	0.63	ϕ29×120	0.17
XQ2	2	0.49	ϕ32×150	0.22

16.4 磨砂加工用气动工具

图 2-16-6 端面气动砂轮机

16.4.1 端面气动砂轮机（JB/T 5128—2010）

【用途】 用于修磨焊接坡口、焊缝及其他金属表面，切割金属薄板及小型钢。如配用钢丝轮可进行除锈、清除旧漆层等作业；配用布轮可进行金属表面抛光；配用砂布轮，可进行金属表面砂光。

【规格】 见表 2-16-16。

表 2-16-16 端面气动砂轮机的规格

产品系列	配装砂轮直径/mm		空转转速/(r/min)	功率/kW	单位功率耗气量/[L/(s·kW)]	空转噪声(声功率级)/dB(A)	气管内径/mm	机重/kg
	钹形	碗形						
100	100	—	≤13000	≥0.5	≤50	≤102	13	≤2.0
125	125	100	≤11000	≥0.6	≤48			≤2.5
150	150		≤10000	≥0.7		≤106	16	≤3.5
180	180	150	≤7500	≥1.0	≤46	≤113		≤4.5
200	205		≤7000	≥1.5	≤44			

注：1. 配装砂轮的允许线速度，钹形砂轮应不低于 80m/s；碗形砂轮应不低于 60m/s。

2. 验收气压为 0.63MPa。

3. 机重不包括砂轮。

16.4.2 直柄式气砂轮（JB/T 7172—2006）

【用途】 配用砂轮，用于修磨铸件的浇冒口、大型机件、模具及焊缝；如配用布轮，可进行抛光；如配用钢丝轮，可清除金属表面铁锈及旧漆层。

【规格】 见表 2-16-17。

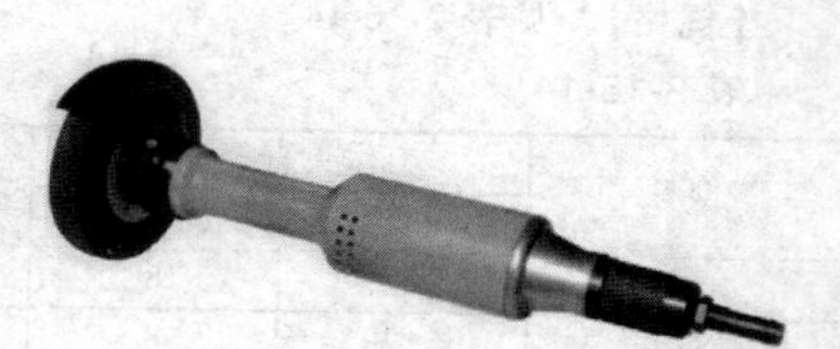

图 2-16-7 直柄式气砂轮

表 2-16-17　　直柄式气砂轮的规格（JB/T 7172—2006）

产品系列		40	50	60	80	100	150
空转转速/(r/min)		≥17500		≤16000	≤12000	≤9500	≤6600
负荷性能	主轴功率/kW	—		≥0.36	≥0.44	≥0.73	≥1.14
	单位功率耗气量/[L/(s·kW)]	—		≤36.27	≤36.95		≤32.87
噪声(声功率级)/dB(A)		≤108		≤110	≤112		≤114
机重(不包括砂轮重量)/kg		≤1.0	≤1.2	≤2.1	≤3.0	≤4.2	≤6.0
气管内径/mm		6	10	13		16	

注：验收气压为 0.63MPa。

16.4.3　气动磨光机

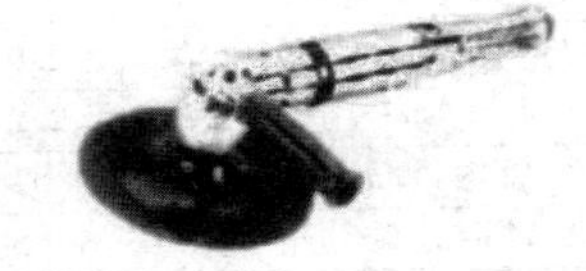
图 2-16-8　气动磨光机

【其他名称】 气动砂光机。
【用途】 用于对金属、木材等表面进行砂光、抛光、除锈等作业。
【规格】 见表 2-16-18。

表 2-16-18　　气动磨光机的规格

型号	底板尺寸/mm	工作气压/MPa	空载转速/(r/min)	功率/W	耗气量/(L/min)	外形尺寸/mm	质量/kg
N3	102×204	0.5	7500	150	≤500	280×102×130	3
F66	102×204	0.5	5500	500	≤500	270×102×130	2.5
322	75×150	0.4	4000	110	≤400	225×75×120	1.6
MG	ϕ146	0.49	8500	180	≤400	250×72×125	1.8

16.4.4　气门研磨机

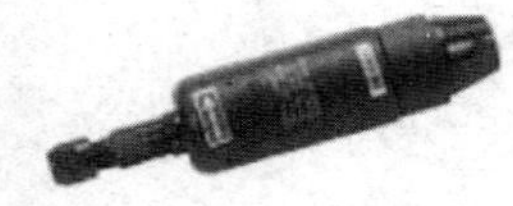
图 2-16-9　气门研磨机

【用途】 用于对柴油机、汽油机等内燃机的气门进行研磨。
【规格】 见表 2-16-19。

表 2-16-19　　气门研磨机的规格

型号	气门大头直径/mm	每分钟冲击次数	工作气压/MPa	柱塞行程/mm	外形尺寸/mm	质量/kg
H9-006	60	1500	0.3~0.5	6~9	250×145×56	1.3

16.5　装配作业用气动工具

16.5.1　冲击式气扳机（JB/T 8411—2006）

图 2-16-10　冲击式气扳机

【用途】 用于拆装六角头螺栓及螺母。
【规格】 见表 2-16-20。

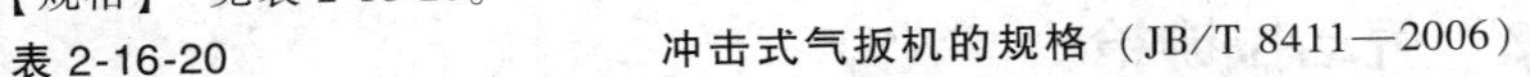
表 2-16-20　　冲击式气扳机的规格（JB/T 8411—2006）

基本参数	产品系列											
	6	10	14	16	20	24	30	36	42	56	76	100
拧紧螺纹范围/mm	5~6	8~10	12~14	14~16	18~20	22~24	24~30	32~36	38~42	45~56	58~76	78~100

续表

基本参数	产品系列											
	6	10	14	16	20	24	30	36	42	56	76	100
拧紧扭矩 /N·m (min)	20	70	150	196	490	735	882	1350	1960	6370	14700	34300
拧紧时间 /s (max)	2					3		5		10	20	30
负荷耗气量 /(L/s) (max)	10	16		18	30		40	25	50	60	75	90
空转转速 /(r/min) (min)	8000	6500	6000	5000	5000	4800	4800	—	2800	—		
	3000	2500	1500	1400	1000		800					
噪声（声功率级）/dB(A) (max)	113				118				123			
机重 /kg (max)	1.0	2.0	2.5	3.0	5.0	6.0	9.5	12	16.0	30.0	36.0	76.0
	1.5	2.2	3.0	3.5	8.0	9.5	13.0	12.7	20.0	40.0	56.0	96.0
气管内径/mm	8	13			16			13	19		25	
传动四方系列	6.3,10,12.5,16				20		25		40	40(63)	63	

注：1. 验收气压为0.63MPa。
2. 产品的空转转速和机重栏上下两行分别适用于无减速器和有减速器型产品。
3. 机重不包括机动套筒扳手、进气接头、辅助手柄、吊环等。
4. 括号内数字尽可能不用。

16.5.2 气动螺丝刀（JB/T 5129—2014）

【用途】 用于拆装各种带槽螺钉。

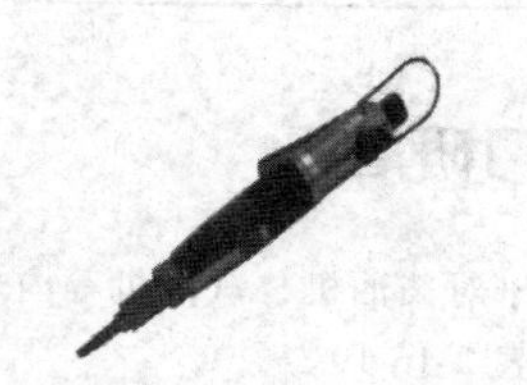

图 2-16-11 气动螺丝刀

【规格】 见表 2-16-21。

表 2-16-21 气动螺丝机的规格

产品系列	拧紧螺纹规格 /mm	扭矩范围 /N·m	空转耗气量 /(L/s)	空转转速 /(r/min)	空转噪声(声功率级) /dB(A)	气管内径 /mm	机重/kg	
							直柄式	枪柄式
2	M1.6~M2	0.128~0.264	≤4.00	≥1000	≤93	6.3	≤0.50	≤0.55
3	M2~M3	0.264~0.935	≤5.00				≤0.70	≤0.77
4	M3~M4	0.935~2.300	≤7.00		≤98		≤0.80	≤0.88
5	M4~M5	2.300~4.200	≤8.50	≥800	≤103		≤1.00	≤1.10
6	M5~M6	4.200~7.220	≤10.50	≥600	≤105			

注：验收气压为0.63MPa。

16.5.3 气动拉铆枪

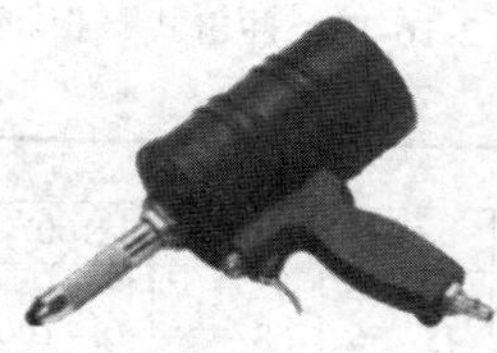

图 2-16-12 气动拉铆枪

【其他名称】 抽芯铆钉气动枪。

【用途】 用于单面铆接（拉铆）结构件上的抽芯铆钉。

【规格】 见表 2-16-22。

表 2-16-22　　气动拉铆枪的规格

型号	拉力/N	工作气压/MPa	拉铆枪头孔径/mm	适用抽芯铆钉直径/mm	外形尺寸/mm	质量/kg
LMQ-1	7200	0.63	2,2.5,3,3.5	2.4~5	290×92×260	2.25

16.5.4　气动打钉枪

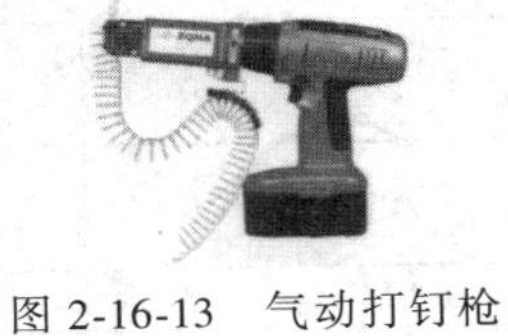

图 2-16-13　气动打钉枪

【用途】 用于对木材、皮革、塑料等材料的打钉、拼装等作业。

【规格】 见表 2-16-23、表 2-16-24。

表 2-16-23　　直钉式气动打钉枪的规格

型号	钉子形式	钉子规格/mm		钉槽容量/枚	工作气压/MPa	质量/kg
		截面尺寸	长度			
AT-3095	直钉	2.87~3.3	50~59	—	0.5~0.7	3.85
AT-309031/45	螺旋钉	ϕ3.1	22,25,32,38,45	120	0.5~0.8	3.2
AT-308028/64T	直钉	ϕ2.55	16,25,32,38,45,50	—	0.5~0.8	2.7
		ϕ2.55	25,32,38,45,50,57,64			
AT-307016/64A	直钉	1.6×1.4	32,38,45,50,57,64	—	0.5~0.8	2.75
AT-3020T50	直钉	1.6×1.4	20,25,32,38,45,50	100	0.4~0.7	2.3
AT-3010F30	直钉	1.25×1.0	10,15,20,25,30	100	0.35~0.7	1.15

表 2-16-24　　U 形钉式气动打钉枪的规格

规格	钉子规格/mm			钉槽容量/枚	工作气压/MPa	质量/kg
	截面尺寸	跨度	长度			
16/951	1.6×1.4	12.25	32,35,38,45,50.8	150	0.5~0.8	2.55
2438B(s)	1.6×1.4	25.4	19,22,25,32,38	140	0.5~0.8	2.76
90/40	1.25×1.0	5.8	16,19,22,25,28,32,38,40	100	0.4~0.7	2.3
422J	1.2×0.58	5.1	10,13,16,19,22	100	0.35~0.7	1.15
413J	1.2×0.58	5.1	6,8,10,13	100	0.35~0.7	0.96
1022J	1.2×0.58	11.2	10,13,16,19,22	100	0.35~0.7	1.15
1013J	1.2×0.58	11.2	6,8,10,13	100	0.35~0.7	0.92

16.5.5　气动冲击式铆钉机（JB/T 9850—2010）

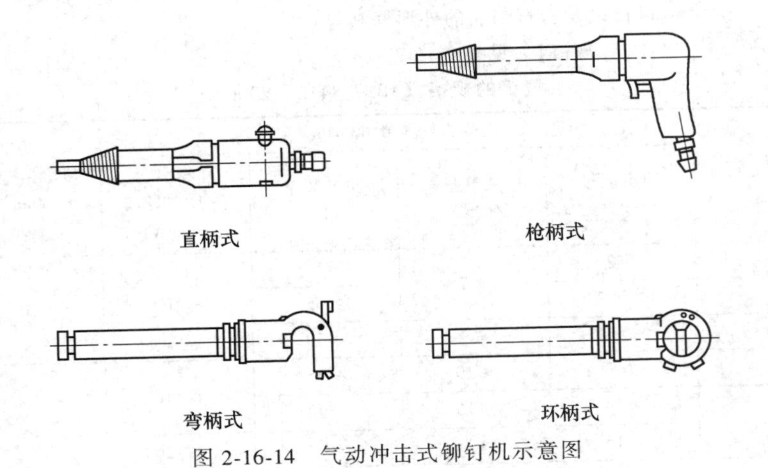

图 2-16-14　气动冲击式铆钉机示意图

【规格】 见表 2-16-25。

表 2-16-25　　气动冲击式铆钉机的规格（JB/T 9850—2010）

产品规格	铆钉直径/mm 冷铆硬铝 LY10	铆钉直径/mm 热铆钢 2C	窝头尾柄规格 /mm	机重 /kg	验收气压 /MPa	冲击能 /J	冲击频率 /Hz	耗气量 /(L/s)	气管内径 /mm	噪声 (声功率级) /dB(A)
4	4		10×32	≤1.2	0.63	≥2.9	≥35	≤6.0	10	≤114
5	5			≤1.5		≥4.3	≥24	≤7.0		
			12×45	≤1.8			≥28			
6	6			≤2.3		≥9.0	≥13	≤9.0	12.5	≤116
				≤2.5			≥20	≤10		
12	8	12	17×60	≤4.5		≥16.0	≥15	≤12		
16		16	31×70	≤7.5		≥22.0	≥20	≤18	16	≤118
19		19		≤8.5		≥26.0	≥18			
22		22		≤9.5		≥32.0	≥15	≤19		
28		28		≤10.5		≥40.0	≥14			
36		36		≤13.0		≥60.0	≥10	≤22		

16.5.6　气动压铆机

【用途】 用于压铆接宽度较小的工件或大型工件的边缘部位。

【规格】 见表 2-16-26。

表 2-16-26　　气动压铆机的规格

型号	铆钉直径/mm	最大压铆力/kN	工作气压/MPa	质量/kg
MY5	5	40	0.49	3.3

16.6　铲锤用气动工具

图 2-16-15　气铲

16.6.1　气铲（JB/T 8412—2006）

【用途】 用于铸件、铆焊件表面的清理修整、开坡口，也可用于小直径铆钉的铆接以及岩石制品的外形修整等。

【规格】 见表 2-16-27。

表 2-16-27　　气铲的规格（JB/T 8412—2006）

产品规格	机重①/kg	验收气压 0.63MPa 冲击能量 /J	耗气量 /(L/s)	冲击频率 /Hz	噪声 (声功率级) /dB(A)	气管内径 /mm	气铲尾柄 /mm
2	2	≥2	≤7	≥50	≤103	10	φ10×41
		≥0.7		≥65			□12.7
3	3	≥5	≤9	≥50			φ17×48
5	5	≥8	≤19	≥35	≤116	13	φ17×60
6	6	≥14	≤15	≥20			
		≥15	≤21	≥32	≤120		
7	7	≥17	≤16	≥13	≤116		

① 机重应在指标值的±10%之内。

16.6.2 气动捣固机（JB/T 9849—2011）

【用途】 用于捣固铸件砂型、混凝土、砖坯及修补炉衬等。

【规格】 见表 2-16-28。

表 2-16-28 气动捣固机的规格

产品规格	机重/kg	验收气压为 0.63MPa			气管内径/mm
		耗气量/(L/s)	冲击频率/Hz	噪声(声功率级)/dB(A)	
2	≤3	≤7.0	≥18	≤105	10
		≤9.5	≥16		
4	≤5	≤10.0	≥15	≤109	13
6	≤7	≤13.0	≥14		
9	≤10	≤15.0	≥10	≤110	
18	≤19	≤19.0	≥8		

图 2-16-16 气动捣固机

16.6.3 气镐（JB/T 9848—2011）

【用途】 用于软岩石开凿、煤炭开采、混凝土破碎、冻土与冰层破碎、机械设备中销钉的装卸等。

【规格】 见表 2-16-29。

图 2-16-17 气镐

表 2-16-29 气镐的规格

产品规格	机重/kg	验收气压为 0.63MPa				气管内径/mm	镐钎尾柄规格/mm
		冲击能量/J	耗气量/(L/s)	冲击频率/Hz	噪声(声功率级)/dB(A)		
8	8	≥30	≤20	≥18	≤116	16	ϕ25×75
10	10	≥43	≤26	≥16	≤118		
20	20	≥55	≤28	≥16	≤120	16	ϕ30×87

注：机重的误差不应超过表中参数的±10%。

16.6.4 冲击式除锈机

【用途】 用于船舶、锅炉、金属结构等的除锈，尤其适于深坑处除锈。

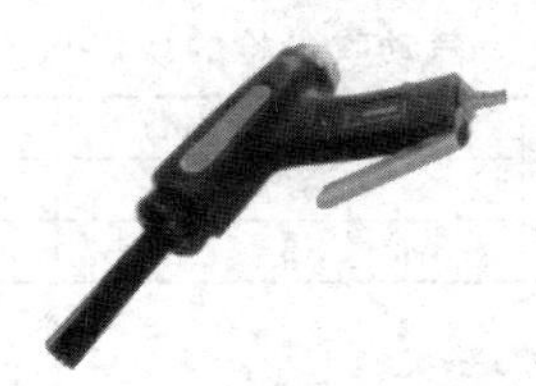

图 2-16-18 冲击式除锈机

【规格】 见表 2-16-30。

表 2-16-30 冲击式除锈机的规格

型号	工作气压/MPa	冲击频率/Hz	耗气量/(L/s)	活塞直径/mm	气管内径/mm	全长/mm	质量/kg
ZHXC2	0.63	45	330	30	13	350	2.4
ZHXC2-W						450	2.5

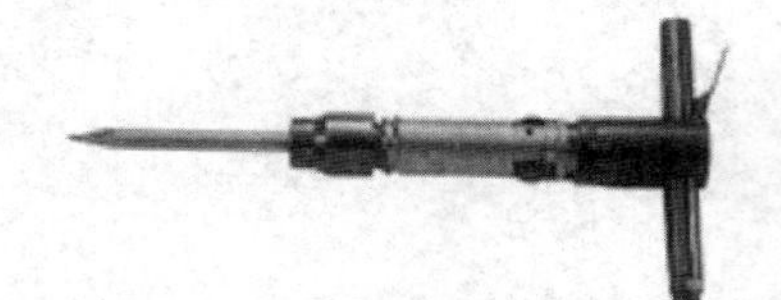

图 2-16-19　气动破碎机

16.6.5　气动破碎机

【用途】　用于在建筑及安装工程中破碎混凝土和其他坚硬物体。

【规格】　见表 2-16-31。

表 2-16-31

气动破碎机的规格

型号	工作气压/MPa	冲击能/J	冲击频率/Hz	耗气量/(L/min)	气管内径/mm	全长/mm	质量/kg
B87C	0.63	100	18	3300	19	686	39
B67C	0.63	40	25	2100	19	615	30
B37C	0.63	26	29	960	16	550	17

16.6.6　手持式凿岩机

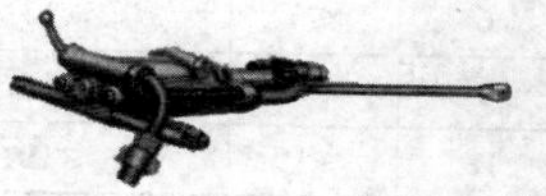

图 2-16-20　手持式凿岩机

【用途】　用于在岩石、砖墙、混凝土等构件上凿孔。

【规格】　见表 2-16-32。

表 2-16-32

手持式凿岩机的规格

产品系列	质量/kg	无负荷转速/(r/min)	冲击频率/Hz	冲击能/J	耗气量/(L/s)	凿孔深度/mm
轻	<10	≥200	45~60	2.5~15	≤20	0.3~1
中	10~22		25~45	15~35	≤38	1~3
重	>22		22~40	30~35	≤50	3~5

16.7　其他气动工具

16.7.1　气动吹尘枪

【用途】　用于清除机械零部件型腔内及一般内外表面的污物或切屑，对边角、焊缝等敞开性不好的部位尤为适用，也可用于清理工作台、机床导轨等。

【规格】　见表 2-16-33。

表 2-16-33

气动吹尘枪的规格

型号	工作气压/MPa	耗气量/(L/min)	气管内径/mm	质量/kg
CC	0.2~0.49	3.7	—	0.19
TCQ2	0.63	8	10	0.15

16.7.2　气动充气枪

【用途】　用于对汽车、拖拉机轮胎和橡皮艇、救生圈等充入压缩空气。

【规格】　见表 2-16-34。

表 2-16-34

电动充气枪的规格

型号	工作气压/MPa	外形尺寸/mm	质量/kg
CQ	0.4~0.8	280×168	0.47

16.7.3 气动搅拌机

【用途】 用于调和搅拌各种油漆、纸浆、染料、涂料和乳剂。

图 2-16-21 气动搅拌机

【规格】 见表 2-16-35。

表 2-16-35 气动搅拌机的规格

型号	工作气压 /MPa	功率 /kW	空载耗气量 /(L/s)	空载转速 /(r/min)	搅拌轮直径 /mm	质量 /kg
TJ3	0.63	0.5	22	1800	100	3

16.7.4 气动洗涤枪

【其他名称】 清洗喷枪。
【用途】 用于喷射一定压力的水及洗涤剂，以清洗物体表面上的各种污垢。
【规格】 见表 2-16-36。

表 2-16-36 气动洗涤枪的规格

型号	工作气压/MPa	质量/kg
XD	0.3~0.5	0.56

16.7.5 气刻笔

【用途】 用于玻璃、陶瓷、金属、塑料等材料表面上刻字和刻线。

图 2-16-22 气刻笔

【规格】 见表 2-16-37。

表 2-16-37 气刻笔的规格

型号	刻写深度 /mm	空载频率 /Hz	工作气压 /MPa	耗气量 /(L/min)	A 声级噪声 /dB	外形尺寸 /mm	质量 /kg
KB	0.1~0.3	216	0.49	20	80	ϕ12×145	0.07

16.7.6 喷砂枪

【用途】 用于喷射石英砂，作工件喷涂或焊接前的表面净化或毛化预处理，也可用于除漆、焊缝除锈、制作毛化玻璃和其他工件的喷毛处理。

【规格】 见表 2-16-38。

图 2-16-23 喷砂枪

表 2-16-38 喷砂枪的规格

型号	耗气量/(L/min)	石英砂规格/目	喷砂效率/(kg/h)	工作气压/MPa	质量/kg
FC1-6.5	1000~1500	≤4	40~60	0.6	1

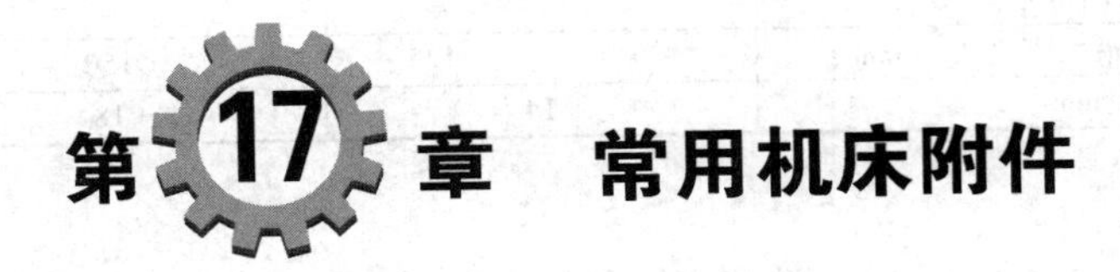

第17章　常用机床附件

17.1　分　度　头

17.1.1　机械分度头（GB/T 2554—2008）

【用途】　主要用于铣床、钻床和平面磨床，还可放置在平台上供钳工划线。

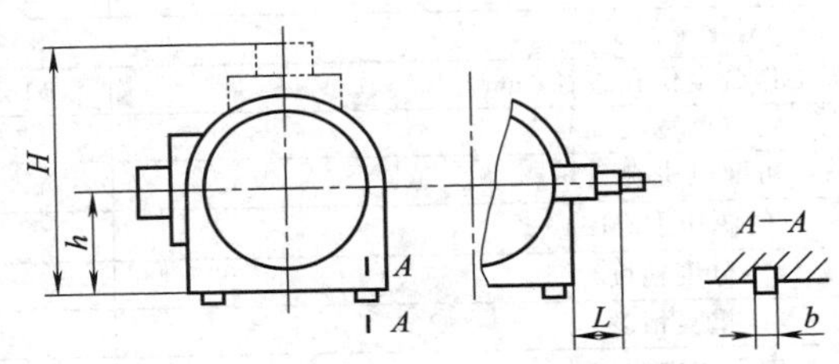

图 2-17-1　机械分度头

【规格】　见表 2-17-1。

表 2-17-1　　机械分度头的参数推荐表（GB/T 2554—2008）

中心高 h/mm			100	125	160	200	250
主轴端部	法兰式	端部代号(GB/T 5900.1)	$A_0 2$	$A_2 3$		$A_1 5$	
		锥孔号(莫氏)(GB/T 1443)	3	4		5	
	7∶24 圆锥	端部锥度号(GB/T 3837)	30	40		50	
定位键宽 b/mm			14	18		22	
主轴直立时,支撑面到底面高度 H/mm			200	250	315	400	500
连接尺寸 L/mm			93	103		—	
主轴下倾角度/(°)			≥5				
主轴上倾角度/(°)			≥95				
传动比			40∶1				
手轮刻度环示值/(′)			1				
手轮游标分划示值/(″)			10				

17.1.2　等分分度头

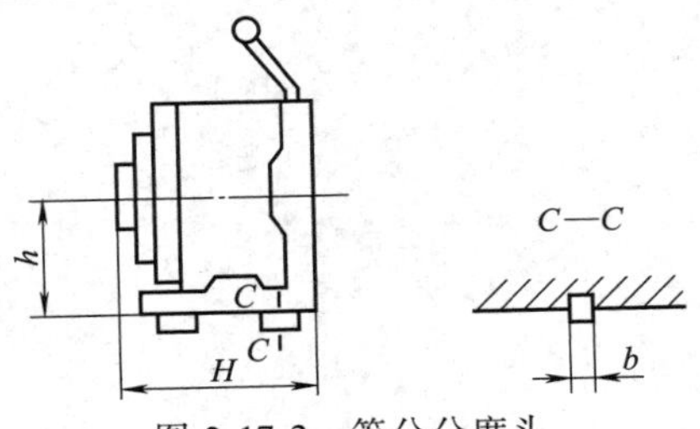

图 2-17-2　等分分度头

【用途】　等分分度头由液压缸驱动齿条推动工作台旋转分度，由压力油驱动一对高精度的端齿盘脱开、啮合，实现工作台的定位刹紧。

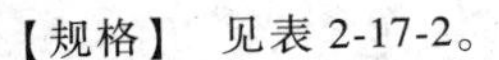

【规格】　见表 2-17-2。

表 2-17-2 等分分度头的参数

中心高 h/mm	80	100	125	160	200
主轴锥孔锥度(莫氏圆锥号)	3		4		5
主轴直立时轴肩支撑面的最大高度 H①/mm	95	125	150		170
定位键宽度 b/mm	14		18		22

① 只适用于立卧式及立式。

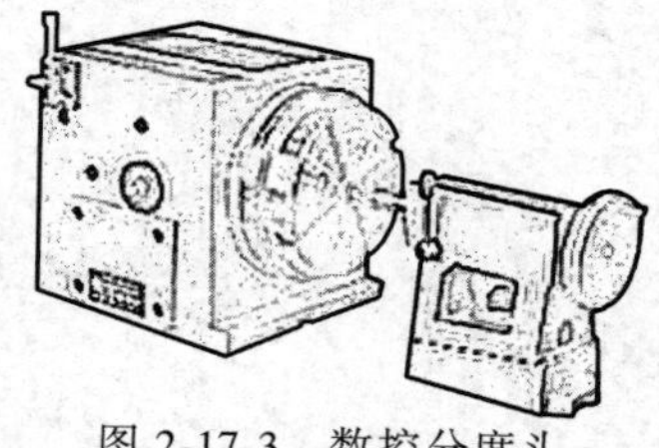

图 2-17-3 数控分度头

17.1.3 数控分度头（JB/T 11136—2011）

【用途】 数控分度头是数控铣床、加工中心等机床的主要附件之一，亦可作为半自动铣床、镗床及其他类机床的主要附件，可自动完成对被加工件的夹紧、松开及任意角度的圆周分度工作。

【规格】 见表 2-17-3。

表 2-17-3 数控分度头的主要规格参数

序号	项目		FK15100	FK15125	FK15160
1	中心高/mm		100	125	160
2	圆工作台直径/mm		ϕ125	ϕ160	ϕ160
3	圆工作台 T 形槽宽/mm		10H10	10H10	10H10
4	蜗轮副传动比		1∶60	1∶90	
5	圆工作台定位孔直径/mm		ϕ16H7	ϕ20H7	ϕ20H7
6	定位键宽度/mm		12	18	18
7	可配电机/N·m		≤2.94		
8	气源压力/MPa		0.4~0.6		
9	分度精度		45″		
10	重复精度		7.5″		
11	切向最大力矩/N·m		90	120	
12	分度头最高转速/(r/min)		11.1		
13	总重/kg		60	80	100
14	承载能力/kg	水平	100	150	
		垂直	50	80	

17.2 回转工作台（JB/T 4370—2011）

【形式】 工作台按工作状态分为：

① Ⅰ型 卧式；

② Ⅱ型 立卧式/立式；

③ Ⅲ型 可倾式。

【规格】 见图 2-17-4 和表 2-17-4。

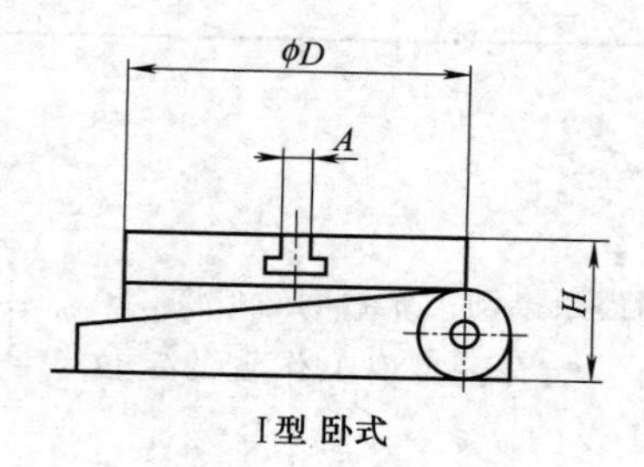

Ⅰ型 卧式

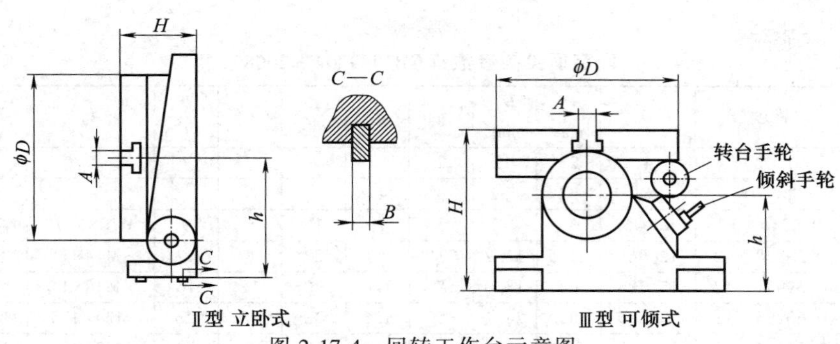

图 2-17-4 回转工作台示意图

表 2-17-4 回转工作台规格尺寸一览表（JB/T 4370—2011）

工作台直径 D/mm		200	250	315	400	500	630	800	1000
H_{max}/mm	Ⅰ型	90	100	120	140	160	180	220	250
	Ⅱ型	100	125	140	170	210	250	300	350
	Ⅲ型	180	210	260	320	380	460	560	700
h_{max}/mm	Ⅱ型	150	185	230	280	345	415	510	610
	Ⅲ型	130	160	200	250	300	360	450	550
中心孔莫氏圆锥（GB/T 1443）		3		4		5		6	
中心孔（直径×深度）/mm		30×6		40×10		50×12		75×14	
A（GB/T 158）/mm		12		14		18		22	
B（JB/T 8016）/mm		14		18		22		22	
转台手轮刻度值/（′）		1							
转台手轮游标分划值/（″）		10							
可倾角度（Ⅲ型）/（°）		0～90							

17.3 顶　　尖

17.3.1 固定顶尖（GB/T 9204—2008）

【用途】 固定顶尖可对端面复杂的零件和不允许打中心孔的零件进行支承。

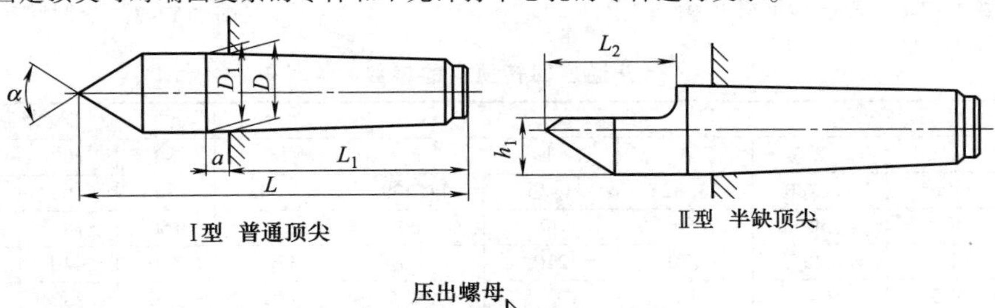

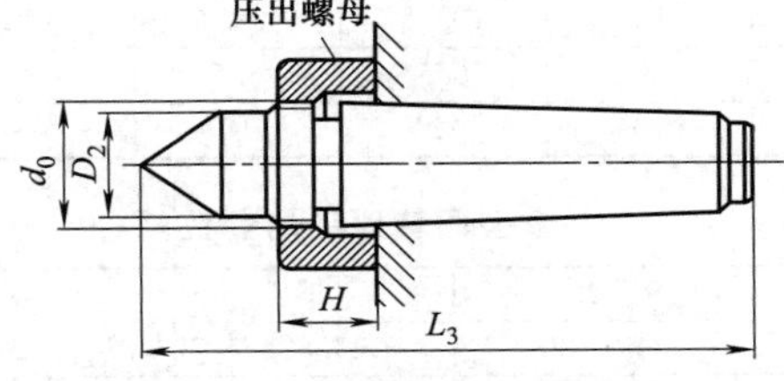

图 2-17-5 固定顶尖

【规格】 见表 2-17-5。

表 2-17-5

固定顶尖的参数（GB/T 9204—2008）

mm

形式	号数	锥度	D	L_1 max	D_1 max	a	L	L_2	h_1	D_2	d_0	L_3	H max	α
米制	4	1∶20	4	23	4.1	2	33							60°
	6	1∶20	6	32	6.2	3	47							
莫氏	0	0.6246∶12	9.045	50	9.2	3	70	16	6	9	M10×0.75	75	12	60° 75° 90°
	1	0.59858∶12	12.065	53.5	12.2	3.5	80	22	8	12	M14×1	85	12	
	2	0.59941∶12	17.780	64	18.0	5	100	30	12	16	M18×1	105	15	
	3	0.60235∶12	23.825	81	24.1	5	125	38	15	22	M24×1.5	130	15	
	4	0.62326∶12	31.267	102.5	31.6	6.5	160	50	20	30	M33×1.5	170	18	
	5	0.63151∶12	44.399	129.5	44.7	6.5	200	63	28	42	M45×1.5	210	21	
	6	0.62565∶12	63.348	182	63.8	8	280		40	60	M64×1.5	290	24	
米制	80	1∶20	80	196	80.4	8	315							
	100	1∶20	100	232	100.5	10	360							

注：1. α 一般为 60°，根据需要可选用 75°或 90°。

2. 角度公差按 GB/T 1804—2000 中 m 级的规定，但不允许取负差。

17.3.2 回转顶尖（JB/T 3580—2011）

【形式】 分为普通型、伞型和插入型三种形式，见图 2-17-6~图 2-17-8。

【规格】 见表 2-17-6~表 2-17-8。

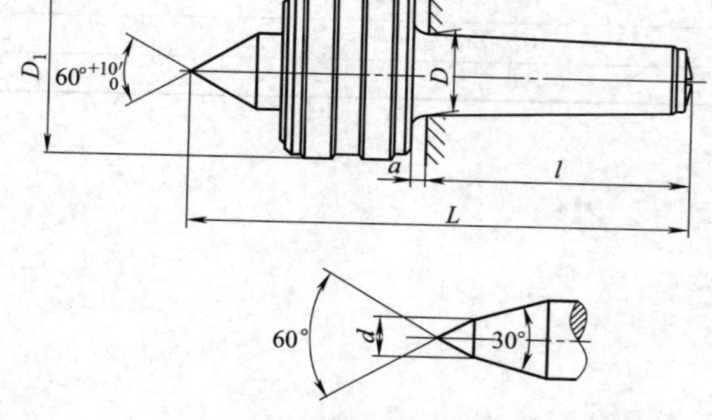

图 2-17-6 普通型回转顶尖

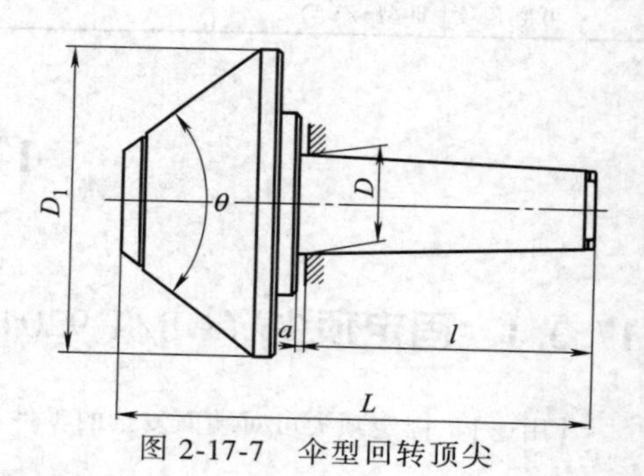

图 2-17-7 伞型回转顶尖

表 2-17-6

普通型回转顶尖的参数

mm

圆锥号	莫氏						米制			
	1	2	3	4	5	6	80	100	120	160
D	12.065	17.780	23.825	31.267	44.399	63.348	80	100	120	160
D_1 max	40	50	60	70	100	140	160	180	200	280
L max	115	145	170	210	275	370	390	440	500	680
l	53.5	64	81	102.5	129.5	182	196	232	268	340
a	3.5	5	5	6.5	6.5	8	8	10	12	16
d	—	—	10	12	18	—	—	—	—	—

表 2-17-7

伞型回转顶尖的参数

mm

莫氏圆锥号	2	3	4	5	6
D	17.780	23.825	31.267	44.399	63.348
D_1 max	80	100	160	200	250
L max	125	160	210	255	325

续表

莫氏圆锥号	2	3	4	5	6
l	64	81	102.5	129.5	182
a	5	5	6.5	6.5	8
θ	60°、75°、90°				

注：仅适用于中系列伞型回转顶尖。

表 2-17-8　　插入型回转顶尖的参数　　mm

莫氏圆锥号	2	3	4	5	6
D	17.780	23.825	31.267	44.399	63.348
D_1 max	80	100	160	200	250
L max	125	160	210	255	325
l	64	81	102.5	129.5	182
a	5	5	6.5	6.5	8
α	60°、75°			60°、75°、90°	

注：仅适用于中系列替换型回转顶尖。

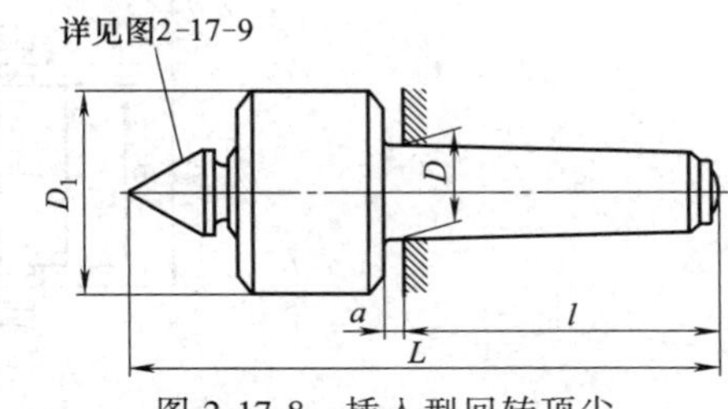

图 2-17-8　插入型回转顶尖

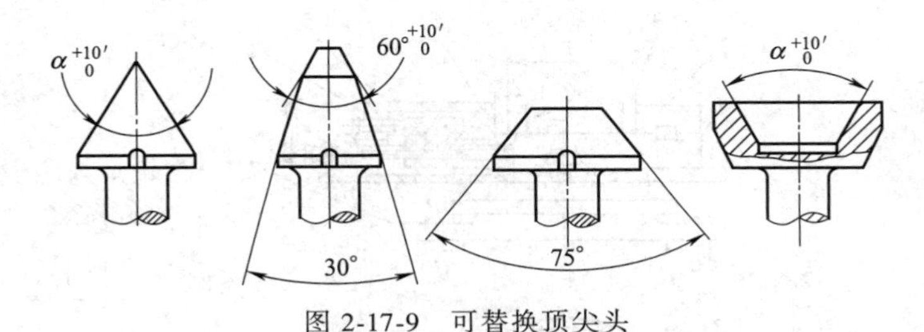

图 2-17-9　可替换顶尖头

注：可根据需要增加其他形式。

17.4 机用虎钳

17.4.1 机用虎钳（JB/T 2329—2011）

【形式】 见表 2-17-9 及图 2-17-10~图 2-17-12。

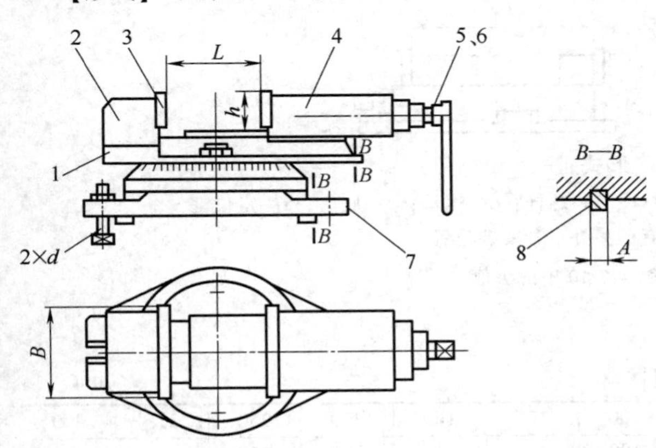

图 2-17-10　形式 Ⅰ

1—钳身；2—固定钳口；3—钳口垫；4—活动钳口；5—螺杆；6—螺母；7—底座；8—定位键

表 2-17-9　　虎钳形式

形式	类型	图号
形式 Ⅰ	固定型（无底座）	图 2-17-10
	回转型	
形式 Ⅱ	回转型	图 2-17-11
形式 Ⅲ	固定型（无底座）	图 2-17-12
	回转型	

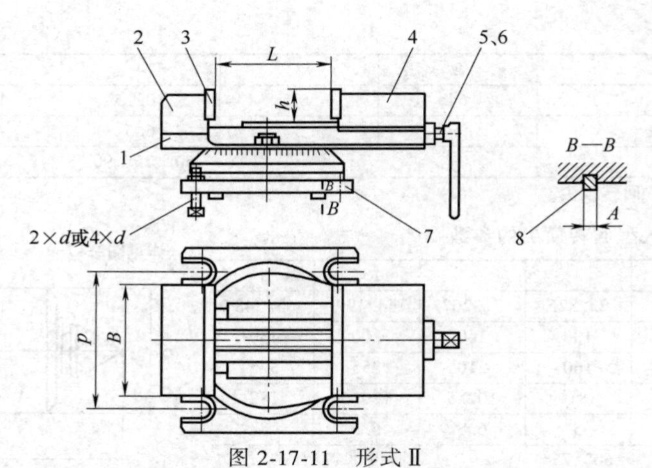

图 2-17-11　形式Ⅱ

1—钳身；2—固定钳口；3—钳口垫；4—活动钳口；5—螺杆；6—螺母；7—底座；8—定位键

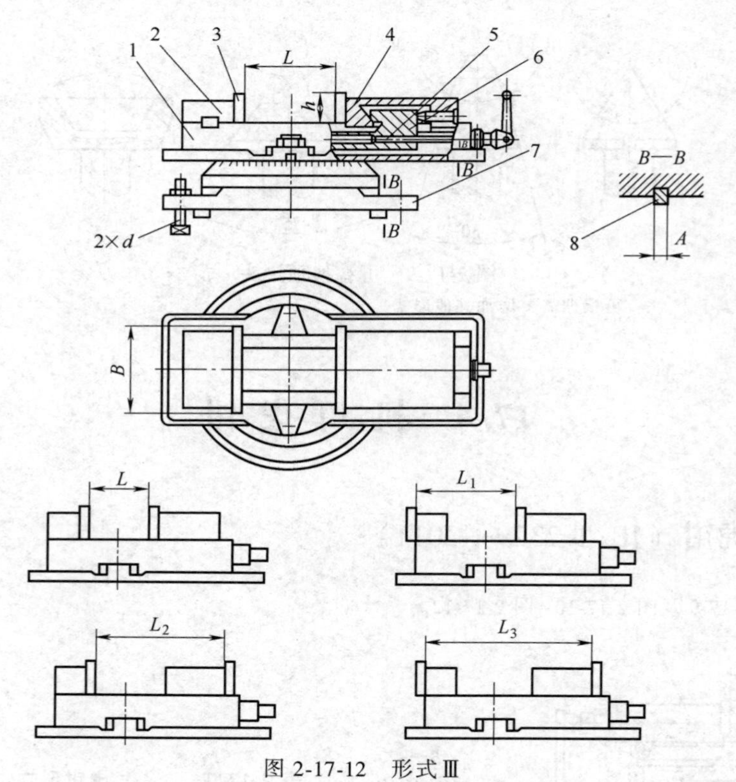

图 2-17-12　形式Ⅲ

1—钳身；2—固定钳口；3—钳口垫；4—活动钳口；5—螺杆；6—螺母；7—底座；8—定位键

L_1、L_2、L_3 为钳口垫具有的另外三种安装位置

L_1、L_2、L_3 的值见表 2-17-10 中的 L 值

【规格】　见表 2-17-10。

表 2-17-10　　虎钳的参数　　mm

规格		63	80	100	125	160	200	250	315	400
钳口宽度　B	形式Ⅰ	63	80	100	125	160	200	250	—	—
	形式Ⅱ	—	—	—	125	160	200	250	315	400
	形式Ⅲ	—	80	100	125	160	200	250	—	—

续表

规格		63	80	100	125	160	200	250	315	400
钳口高度 h_{min}	形式Ⅰ	20	25	32	40	50	63		—	—
	形式Ⅱ	—	—	—	40	50	63		80	
	形式Ⅲ	—	25	32	38	45	56	75	—	—
钳口最大张开度 L_{min}	形式Ⅰ	50	63	80	100	125	160	200	—	—
	形式Ⅱ	—	—	—	140	180	220	280	360	450
	形式Ⅲ	—	75	100	110	140	190	245	—	—
定位键宽度 A（按 JB/T 8016）	形式Ⅰ	12		14		18		22	—	
	形式Ⅱ	—	—		14		18		22	
	形式Ⅲ	—	12	14		18		22	—	
螺栓直径 d	形式Ⅰ	M10		M12		M16		M20	—	
	形式Ⅱ	—	—		M12		M16		M20	
	形式Ⅲ	—	M10	M12		M16		M20	—	
螺栓间距 p	形式Ⅱ（4×d）	—	—	—	—	160	200	250	320	

17.4.2 可倾机用虎钳（JB/T 9936—2011）

【形式】 虎钳按结构分为形式Ⅰ（图 2-17-13）和形式Ⅱ（图 2-17-14）。

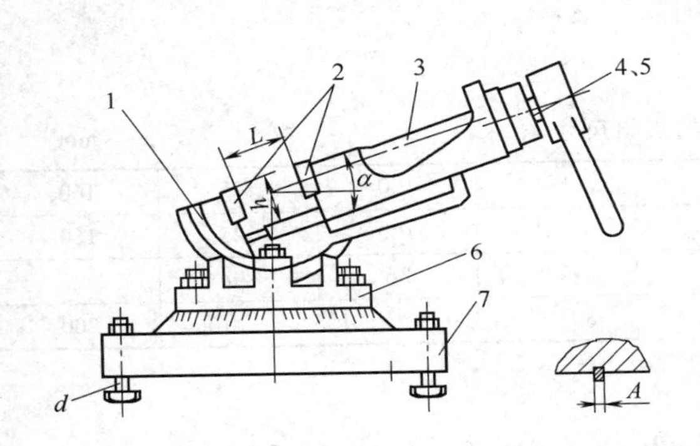

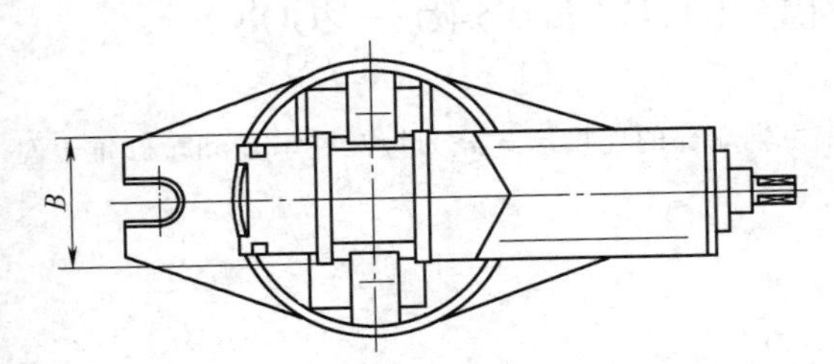

图 2-17-13 可倾机用虎钳形式Ⅰ

1—钳身；2—钳口垫；3—活动钳口；4—螺杆；5—螺母；6—转盘；7—底座

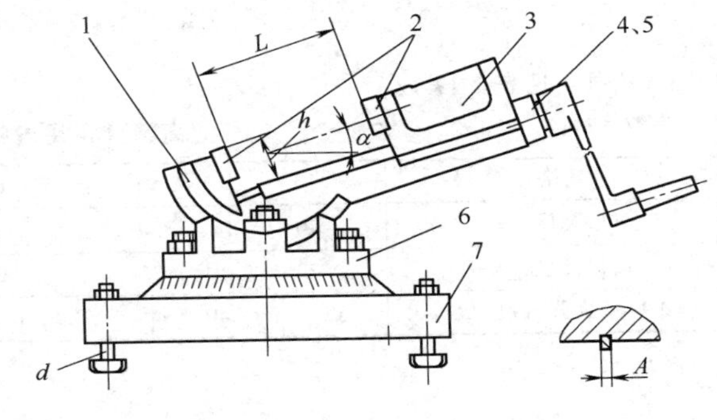

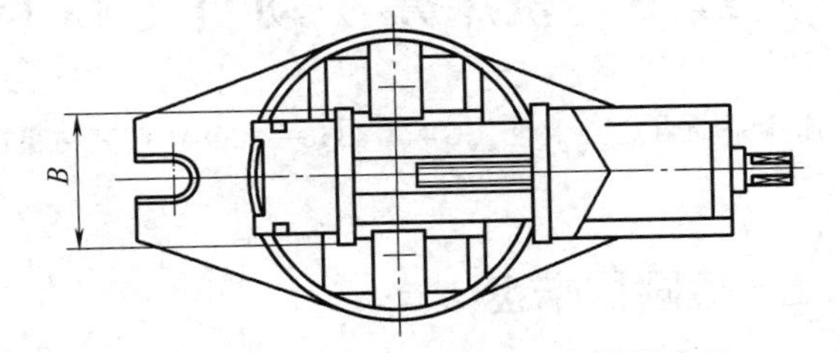

图 2-17-14 可倾机用虎钳形式Ⅱ

1—钳身；2—钳口垫；3—活动钳口；4—螺杆；5—螺母；6—转盘；7—底座

【规格】 见表 2-17-11。

表 2-17-11 可倾机用虎钳的规格参数

规格		100	125	160	200
钳口宽度 B/mm		100	125	160	200
钳口高度 h/mm		32	40	50	63
钳口最大张开度 L_{min}/mm	形式Ⅰ	80	100	125	160
	形式Ⅱ	—	140	180	220
定位键槽宽度 A/mm		14(12)		18(14)	18
螺栓直径 d/mm		M12(M10)		M16(M12)	M16
倾斜角度范围 α/(°)		0~90			

注：括号内尺寸为与工具铣床配套。

17.4.3 高精度机用虎钳（JB/T 9937—2011）

【形式】 虎钳的形式如图 2-17-15 所示。

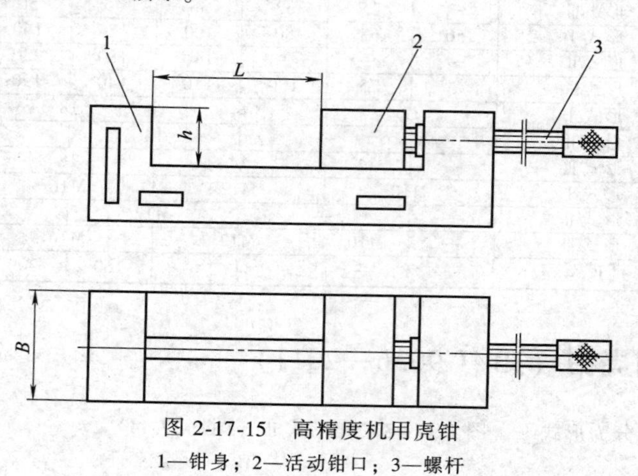

图 2-17-15 高精度机用虎钳

1—钳身；2—活动钳口；3—螺杆

【规格】 见表 2-17-12。

表 2-17-12 高精度机用虎钳的规格尺寸

mm

规格	40	50	63	80	100	125	160
钳口宽度 B	40	50	63	80	100	125	160
钳口高度 h	22	25	28	32	36	40	45

钳口最大张开度 L	32	40	50	63	80	100	125	160	200

17.5 机床用手动自定心卡盘（GB/T 4346—2008）

机床用手动自定心卡盘（GB/T 4346—2008）按其与机床主轴端部的连接形式分为短圆柱卡盘和短圆锥卡盘两种。

17.5.1 短圆柱卡盘

【形式】 见图 2-17-16。

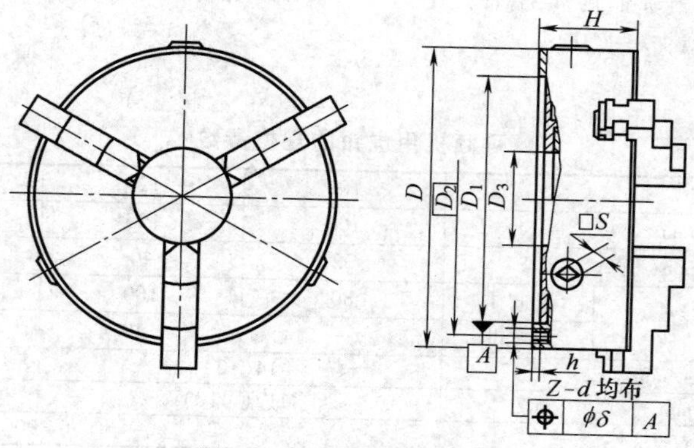

图 2-17-16 短圆柱卡盘

【规格】 见表 2-17-13。

表 2-17-13 短圆柱卡盘的参数 mm

卡盘直径 D	D_1	D_2	$D_{3\min}$	d	δ	$h_{\min}$	$H_{\max}$	S
80	55	66	16	3×M6	0.30	3	50	8
100	72	84	22	3×M8			55	
125	95	108	30				60	10
160	130	142	40			5	65	
200	165	180	60	3×M10			75	12
250	206	226	80	3×M12	0.40		80	
315	260	285	100	3×M16			90	14
400	340	368	130				100	17
500	440	465	200	6×M16		6	115	
630	560	595	260			7	135	19
800	710	760	380	6×M20		8	149	

注：D_1 公差：Ⅰ级卡盘为 H6，Ⅱ级卡盘为 H7。

17.5.2 短圆锥卡盘

【形式】 短圆锥卡盘按 GB/T 5900.1～5900.3 的规定，选用 A_1、A_2、C、D 四种形式。

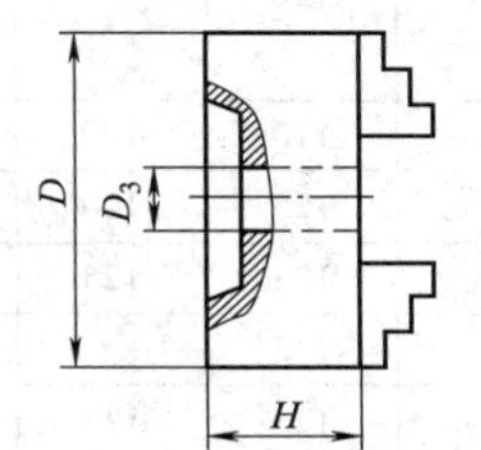

图 2-17-17 短圆锥卡盘

【规格】 见表 2-17-14 和表 2-17-15。

表 2-17-14 短圆锥卡盘连接形式和机床主轴端部的规格代号与卡盘直径的配置关系 mm

<table>
<tr><th rowspan="3">系列</th><th rowspan="3">连接形式</th><th colspan="9">卡盘直径 D</th></tr>
<tr><th>125</th><th>160</th><th>200</th><th>250</th><th>315</th><th>400</th><th>500</th><th>630</th><th>800</th></tr>
<tr><th colspan="9">代号</th></tr>
<tr><td rowspan="3">Ⅰ系列</td><td>A_1</td><td>—</td><td>—</td><td>5</td><td>6</td><td>8</td><td>11</td><td>15</td><td rowspan="3">15</td><td>—</td></tr>
<tr><td>A_2</td><td>—</td><td>—</td><td>—</td><td>—</td><td>—</td><td>—</td><td>—</td><td rowspan="2">15</td></tr>
<tr><td>C、D</td><td>3</td><td>4</td><td>5</td><td>6</td><td>8</td><td>11</td><td>15</td></tr>
<tr><td rowspan="2">Ⅱ系列</td><td>A_1</td><td>—</td><td>—</td><td rowspan="2">6</td><td rowspan="2">8</td><td>—</td><td>—</td><td rowspan="2">—</td><td>—</td><td>—</td></tr>
<tr><td>C、D</td><td>4</td><td>5</td><td>11</td><td>15</td><td>20</td><td>20</td></tr>
<tr><td rowspan="3">Ⅲ系列</td><td>A_1</td><td>—</td><td>—</td><td>—</td><td rowspan="3">5</td><td rowspan="3">6</td><td rowspan="3">8</td><td rowspan="3">11</td><td>—</td><td>—</td></tr>
<tr><td>A_2</td><td>—</td><td>—</td><td rowspan="2">4</td><td rowspan="2">11</td><td>20</td></tr>
<tr><td>C、D</td><td>—</td><td>3</td><td>—</td></tr>
</table>

注：优先选用Ⅰ系列。

表 2-17-15 短圆锥卡盘的参数 mm

<table>
<tr><th rowspan="3">卡盘直径 D</th><th rowspan="3">连接形式</th><th colspan="10">规格代号</th></tr>
<tr><th colspan="2">3</th><th colspan="2">4</th><th colspan="2">5</th><th colspan="2">6</th><th colspan="2">8</th></tr>
<tr><th>$D_{3\min}$</th><th>$H_{\max}$</th><th>$D_{3\min}$</th><th>$H_{\max}$</th><th>$D_{3\min}$</th><th>$H_{\max}$</th><th>$D_{3\min}$</th><th>$H_{\max}$</th><th>$D_{3\min}$</th><th>$H_{\max}$</th></tr>
<tr><td rowspan="4">125</td><td>A_1</td><td></td><td></td><td></td><td></td><td></td><td></td><td></td><td></td><td></td><td></td></tr>
<tr><td>A_2</td><td></td><td></td><td></td><td></td><td></td><td></td><td></td><td></td><td></td><td></td></tr>
<tr><td>C</td><td>25</td><td>65</td><td>25</td><td>65</td><td></td><td></td><td></td><td></td><td></td><td></td></tr>
<tr><td>D</td><td>25</td><td>65</td><td>25</td><td>65</td><td></td><td></td><td></td><td></td><td></td><td></td></tr>
</table>

续表

卡盘直径 D	连接形式	规格代号									
		3		4		5		6		8	
		D_{3min}	H_{max}	D_{3min}	H_{max}	D_{3min}	H_{max}	D_{3min}	H_{max}	D_{3min}	H_{max}
160	A_1										
	A_2										
	C	40	80	40	75	40	75				
	D	40	80	40	75	40	75				
200	A_1					40	85	55	85		
	A_2			50	90						
	C			50	90	50	90	50	90		
	D			50	90	50	90	50	90		
250	A_1					40	95	55	95	75	95
	A_2										
	C					70	100	70	100	70	100
	D					70	100	70	100	70	100

卡盘直径 D	连接形式	规格代号									
		6		8		11		15		20	
		D_{3min}	H_{max}	D_{3min}	H_{max}	D_{3min}	H_{max}	D_{3min}	H_{max}	D_{3min}	H_{max}
315	A_1	55	110	75	110						
	A_2	100	110								
	C	100	110	100	110	100	110				
	D	100	115	100	115	100	115				
400	A_1			75	125	125	125				
	A_2			125	125						
	C			125	125	125	125	125	140		
	D			125	125	125	125	125	155		
500	A_1					125	140	190	140		
	A_2					190	140				
	C					190	140	200	140		
	D					190	145	200	145		
630	A_1							240	160		
	A_2					190	160	240	160		
	C					190	160	240	160	350	200
	D					190	160	240	160	350	200
800	A_1										
	A_2							240	180	350	200
	C							240	180	350	200
	D							240	180	350	200

17.6 电磁吸盘（JB/T 10577—2006）

17.6.1 矩形电磁吸盘

【用途】 用于矩台平面磨床吸持工件，也可用于铣床、刨床进行中等以下切削范围的工件加工。

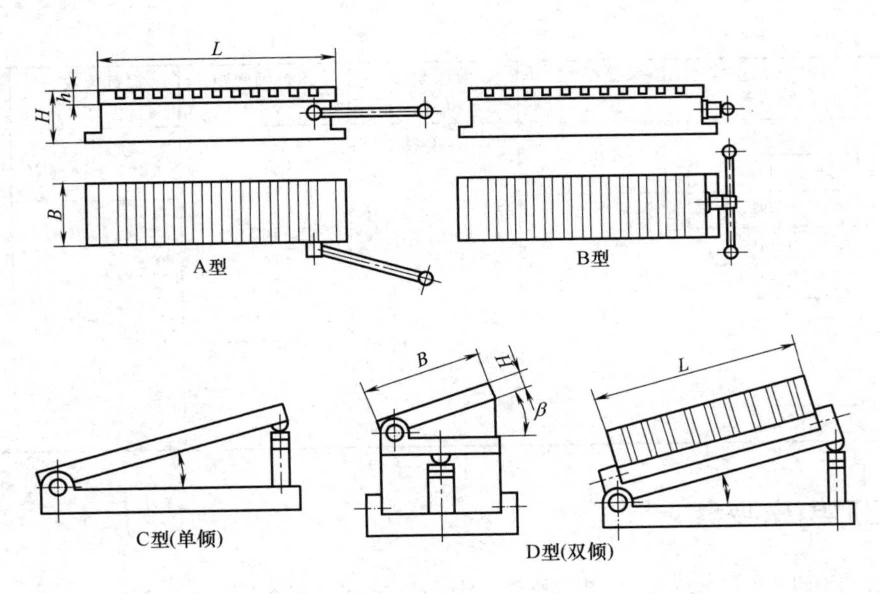

图 2-17-18　矩形电磁吸盘

【规格】　见表 2-17-16。

表 2-17-16　　矩形电磁吸盘的形式和主要参数　　mm

<table>
<tr><th>工作台面宽度
B</th><th>工作台面长度
L</th><th>吸盘高度
H_{max}</th><th>面板厚度
h_{max}</th><th>螺钉槽间距
A</th><th>螺钉槽数 Z
/个</th><th>螺钉槽宽度
d</th></tr>
<tr><td rowspan="2">100</td><td>250</td><td rowspan="2">80</td><td rowspan="16">20</td><td rowspan="8">—</td><td rowspan="8">1</td><td rowspan="8">12</td></tr>
<tr><td>315</td></tr>
<tr><td rowspan="3">125</td><td>315</td><td rowspan="3">90</td></tr>
<tr><td>400</td></tr>
<tr><td>500</td></tr>
<tr><td rowspan="3">160</td><td>400</td><td rowspan="7">100</td></tr>
<tr><td>500</td></tr>
<tr><td>630</td></tr>
<tr><td rowspan="4">200</td><td>400</td><td rowspan="13">—</td><td rowspan="13">1</td><td rowspan="8">14</td></tr>
<tr><td>500</td></tr>
<tr><td>630</td></tr>
<tr><td>800</td></tr>
<tr><td rowspan="4">250</td><td>500</td><td rowspan="9">110</td></tr>
<tr><td>630</td></tr>
<tr><td>800</td></tr>
<tr><td>1000</td></tr>
<tr><td rowspan="5">315(320)</td><td>630</td><td rowspan="10">25</td><td rowspan="10">18</td></tr>
<tr><td>800</td></tr>
<tr><td>1000</td></tr>
<tr><td>1600</td></tr>
<tr><td>2000</td></tr>
<tr><td rowspan="5">400</td><td>630</td><td rowspan="7">120</td><td rowspan="5">100</td><td rowspan="7">2</td></tr>
<tr><td>800</td></tr>
<tr><td>1000</td></tr>
<tr><td>1600</td></tr>
<tr><td>2000</td></tr>
<tr><td rowspan="2">500</td><td>630</td><td rowspan="2">28</td><td rowspan="2">160</td><td rowspan="2">22</td></tr>
<tr><td>1000</td></tr>
</table>

续表

工作台面宽度 B	工作台面长度 L	吸盘高度 H_{max}	面板厚度 h_{max}	螺钉槽间距 A	螺钉槽数 Z /个	螺钉槽宽度 d
500	1600	120	28	160	2	22
	2000					
630	1000	125			3	
	1600					
	2000					
	2500					
800	1600			250		26
	2000					
	2500					

17.6.2 圆形电磁吸盘

【用途】 与立轴圆台平面磨床配套，用于吸持工件，进行各种平面的磨削加工。

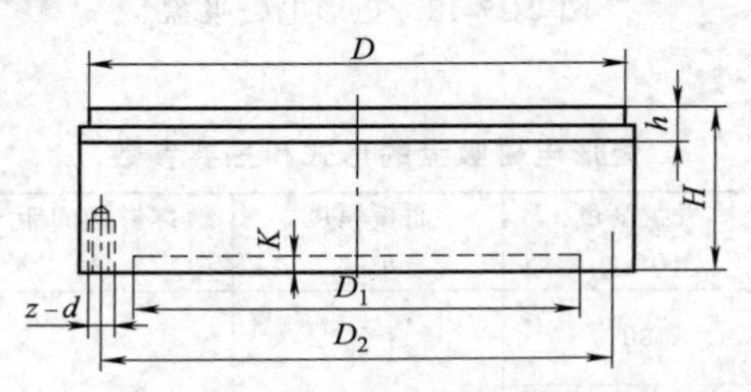

图 2-17-19 圆形电磁吸盘

【规格】 见表 2-17-17。

表 2-17-17 圆形电磁吸盘的参数 mm

工作台面直径 D	吸盘高度 H_{max}	面板厚度 h_{max}	推荐值				
			D_1(H7)	D_2	K	z	d
250	100	18	200	224	5	4	M10
315(320)	110		250	280			M12
400		20	315	355		8	
500	120		400	450	6		
630	130		500	560			
800	140	22	630	710	8		M16
1000	160		800	900	10	16	
1250	180		1000	1140			
1600	200	24	1250	1480			

17.7 永磁吸盘（JB/T 3149—2005）

17.7.1 矩形永磁吸盘

【用途】 用于平面磨床、万能工具磨床和铣床、刨床上吸持磁性材料的工件。

【规格】 见表 2-17-18。

表 2-17-18　矩形永磁吸盘的参数（JB/T 3149—2005）

工作台面宽度 B	工作台面长度 L	吸盘高度 H_{max}	面板厚度 h_{max}
100	200	65	12
	250		
	315		
125	250	70	16
	315		
	400		
160	250	75	
	315		
	400		18
	500		
200	315	80	20
	400		
	500		
	630		
250	400	85	
	500		
	630		
315	500	90	
	630		
	800		

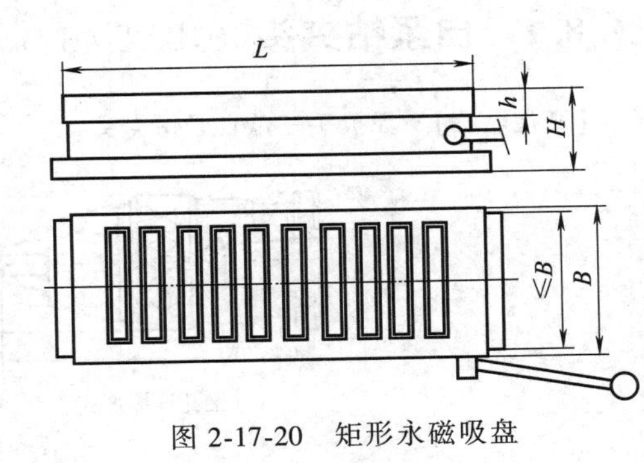

图 2-17-20　矩形永磁吸盘

17.7.2　圆形永磁吸盘

【用途】　内、外圆磨床、工具磨床及车床的新型附件，用来加工各种环、板状及片状零件。

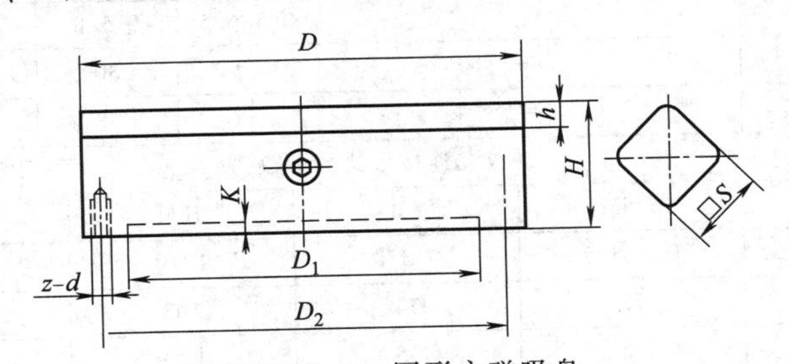

图 2-17-21　圆形永磁吸盘

【规格】　见表 2-17-19。

表 2-17-19　圆形永磁吸盘的参数（JB/T 3149—2005）

工作台面直径 D	吸盘高度 H_{max}	面板厚度 h_{max}	推荐值					
			D_1(H7)	D_2	S(H12)	K	z	d
100	50	10	60	85	6	4		M8
125	60	12	80	110				
160	70		120	140	8		4	
200	80	16	160	180		5		M10
250	90	18	200	224				
315	100		250	280	10			M12
400		20	315	355				
500	110		400	450		6	8	

17.8 钻 夹 头

17.8.1 自紧钻夹头（JB/T 4371.1—2002）

【其他名称】 无扳手三爪自紧钻夹头。

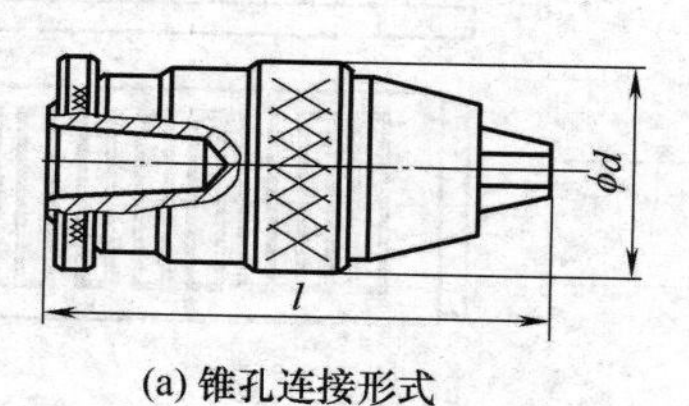

(a) 锥孔连接形式

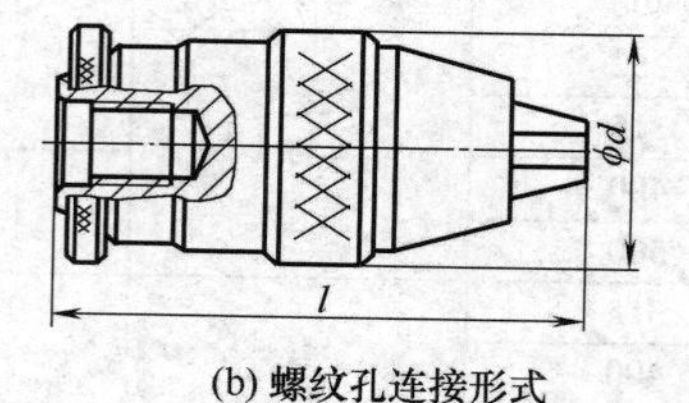

(b) 螺纹孔连接形式

图 2-17-22 自紧钻夹头

【用途】 H 型（重型钻夹头）用于机床和重负荷加工，M 型（中型钻夹头）主要用于轻负荷加工和便携式工具，L 型（轻型钻夹头）用于轻负荷加工和家用钻具。

【规格】 见表 2-17-20。

表 2-17-20 自紧钻夹头的参数（JB/T 4371.1—2002） mm

锥孔连接形式的参数

	形式	3H	4H	5H	6.5H	8H	10H	13H	16H
H 型	夹持范围(从/到)	0.2/3	0.5/4	0.5/5	0.5/6.5	0.5/8	0.5/10	1/13	3/16
	l_{max}①	50	62	63	72	80	103	110	115
	d_{max}	25	30	32	35	38	42.9	54	56
M 型	形式	—	—	—	6.5M	8M	10M	13M	16M
	夹持范围(从/到)	—	—	—	0.5/6.5	0.5/8	1/10	1/13	3/16
	l_{max}①	—	—	—	72	80	103	110	115
	d_{max}	—	—	—	35	38	42.9	42.9	54

螺纹孔连接形式的参数

	形式	6.5M	8M	10M	13M	16M
M 型	夹持范围(从/到)	0.5/6.5	0.5/8	1/10	1/13	3/16
	l_{max}①	72	74	103	110	115
	d_{max}	35	35	42.9	42.9	54
L 型	形式	—	8L	10L	13L	—
	夹持范围(从/到)	—	1/8	1.5/10	1.5/13	—
	l_{max}①	—	72	78	97	—
	d_{max}	—	35	36	42.9	—

① l_{max} 为钻夹头夹爪闭合后尺寸。

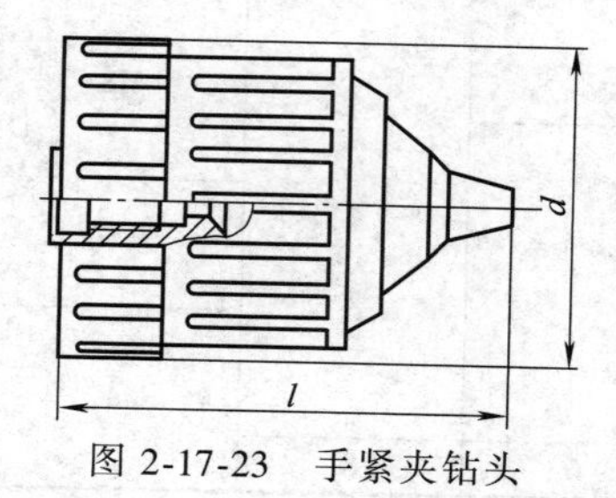

图 2-17-23 手紧夹钻头

17.8.2 手紧钻夹头（JB/T 4371.1—2002）

【其他名称】 无扳手三爪手紧钻夹头。

【用途】 H 型（重型钻夹头）用于机床和重负荷加工，M 型（中型钻夹头）主要用于轻负荷加工和便携式工具，L 型（轻型钻夹头）用于轻负荷加工和家用钻具。

【规格】 见表 2-17-21。

表 2-17-21　手紧钻夹头的参数（JB/T 4371.1—2002）　mm

形式		10H	13H
H 型	夹持范围(从/到)	1/10	2/13
	l_{max}①	80	90
	d_{max}	42.9	46
形式		10M	13M
M 型	夹持范围(从/到)	1/10	1.5/13
	l_{max}①	75	85
	d_{max}	42.9	42.9
形式		10L	13L
L 型	夹持范围(从/到)	1.5/10	2.5/13
	l_{max}①	75	85
	d_{max}	47	57

① l_{max} 为钻夹头夹爪闭合后尺寸。

第3篇 金属材料

第18章 黑色金属材料

18.1 黑色金属材料的分类及牌号表示方法

18.1.1 生铁牌号表示方法（GB/T 221—2008）

生铁产品牌号通常由两部分组成（表 3-18-1）：

第一部分：表示产品用途、特性及工艺方法的汉语拼音大写字母。

第二部分：表示主要元素平均含量（以千分之几计）的阿拉伯数字。炼钢用生铁、铸造用生铁、球墨铸铁用生铁、耐磨生铁为硅元素平均含量。脱碳低磷粒铁为碳元素平均含量，含钒生铁为钒元素平均含量。

表 3-18-1 生铁牌号表示方法示例（GB/T 221—2008）

序号	产品名称	第一部分			第二部分	牌号示例
		采用汉字	汉语拼音	采用字母		
1	炼钢用生铁	炼	LIAN	L	含硅量为 0.85%～1.25%的炼钢用生铁，阿拉伯数字为 10	L10
2	铸造用生铁	铸	ZHU	Z	含硅量为 2.80%～3.20%的铸造用生铁，阿拉伯数字为 30	Z30
3	球墨铸铁用生铁	球	QIU	Q	含硅量为 1.00%～1.40%的球墨铸铁用生铁，阿拉伯数字为 12	Q12
4	耐磨生铁	耐磨	NAI MO	NM	含硅量为 1.60%～2.00%的耐磨生铁，阿拉伯数字为 18	NM18
5	脱碳低磷粒铁	脱粒	TUO LI	TL	含碳量为 1.20%～1.60%的炼钢用脱碳低磷粒铁，阿拉伯数字为 14	TL14
6	含钒生铁	钒	FAN	F	含钒量不小于 0.40%的含钒生铁，阿拉伯数字为 04	F04

18.1.2 铁合金的分类及牌号表示方法（GB/T 7738—2008）

表 3-18-2 常用化学元素符号（GB/T 7738—2008）

元素名称	化学元素符号	元素名称	化学元素符号	元素名称	化学元素符号
铁	Fe	铬	Cr	钴	Co
锰	Mn	镍	Ni	铜	Cu

续表

元素名称	化学元素符号	元素名称	化学元素符号	元素名称	化学元素符号
钨	W	锆	Zr	硼	B
钼	Mo	锡	Sn	碳	C
矾	V	铅	Pb	硅	Si
钛	Ti	铋	Bi	硒	Se
铝	Al	铯	Cs	碲	Te
铌	Nb	钡	Ba	砷	As
钽	Ta	镧	La	硫	S
锂	Li	铈	Ce	磷	P
铍	Be	钕	Nd	氮	N
镁	Mg	钐	Sm	氧	O
钙	Ca	锕	Ac	氢	H

注：混合稀土元素符号用“RE”表示。

表 3-18-3　铁合金产品名称、用途、工艺方法和特性表示符号（GB/T 7738—2008）

名称	采用的汉字及汉语拼音		采用符号	字体	位置
	汉字	汉语拼音			
金属锰（电硅热法）、金属铬	金	JIN	J	大写	牌号头
金属锰（电解重熔法）	金重	JIN CHONG	JC	大写	牌号头
真空法微碳铬铁	真空	ZHENG KONG	ZK	大写	牌号头
电解金属锰	电金	DIAN JIN	DJ	大写	牌号头
钒渣	钒渣	FAN ZHA	FZ	大写	牌号头
氧化钼块	氧	YANG	Y	大写	牌号头
组别			英文字母		
			A	大写	牌号尾
			B	大写	牌号尾
			C	大写	牌号尾
			D	大写	牌号尾

各类铁合金产品牌号表示方法按下列格式编写：

× × × ×

- 第四个×——表示主要杂质元素及其最高质量分数或组别（第四部分）
- 第三个×——表示主元素（或化合物）及其质量分数（第三部分）
- 第二个×——表示含铁元素的铁合金产品，以化学符号“Fe”表示（第二部分）
- 第一个×——表示铁合金产品名称、用途、工艺方法和特性，以汉语拼音字母表示（第一部分）

需要表示产品名称、用途、工艺方法和特性时，其牌号以汉语拼音字母开始。例如：

高炉法：用“G”（“高”字汉语拼音中的第一个字母）表示。

电解法：用“D”（“电”字汉语拼音中的第一个字母）表示。

重熔法：用“C”（“重”字汉语拼音中的第一个字母）表示。

真空法：用“ZK”（“真”“空”字汉语拼音中的第一个字母组合）表示。

金属：用“J”（“金”字汉语拼音中的第一个字母）表示。

氧化物：用“Y”（“氧”字汉语拼音中的第一个字母）表示。

钒渣：用“FZ”（“钒”“渣”字汉语拼音中的第一个字母组合）表示。

铁合金牌号示例见表 3-18-4。

表 3-18-4　铁合金牌号示例（GB/T 7738—2008）

序号	产品名称	第一部分	第二部分	第三部分	第四部分	牌号表示示例
1	硅铁		Fe	Si75	Al1.5-A	FeSi75Al1.5-A
		T	Fe	Si75	A	TFeSi75-A
2	金属锰	J		Mn97	A	JMn97-A
		JC		Mn98		JCMn98
3	金属铬	J		Cr99	A	JCr99-A
4	钛铁		Fe	Ti30	A	FeTi30-A
5	钨铁		Fe	W78	A	FeW78-A
6	钼铁		Fe	Mo60		FeMo60-A
7	锰铁		Fe	Mn68	C7.0	FeMn68C7.0
8	钒铁		Fe	V40	A	FeV40-A
9	硼铁		Fe	B23	C0.1	FeB23C0.1
10	铬铁		Fe	Cr65	C1.0	FeCr65C1.0
		ZK	Fe	Cr65	C0.010	ZKFeCr65C0.010
11	铌铁		Fe	Nb60	B	FeNb60-B
12	锰硅合金		Fe	Mn64Si27		FeMn64Si27
13	硅铬合金		Fe	Cr30Si40	A	FeCr30Si40-A
14	稀土硅铁合金		Fe	SiRE23		FeSiRE23
15	稀土镁硅铁合金		Fe	SiMg8RE5		FeSiMg8RE5
16	硅钡合金		Fe	Ba30Si35		FeBa30Si35
17	硅铝合金		Fe	Al52Si5		FeAl52Si5
18	硅钡铝合金		Fe	Al34Ba6Si20		FeAl34Ba6Si20
19	硅钙钡铝合金		Fe	Al16Ba9Ca12Si30		FeAl16Ba9Ca12Si30
20	硅钙合金			Ca31Si60		Ca31Si60
21	磷铁		Fe	P24		FeP24
22	五氧化二钒			$V_2O_5$98		$V_2O_5$98
23	钒氮合金			VN12		VN12
24	电解金属锰	DJ		Mn	A	DJMn-A
25	钒渣	FZ		FZ1		FZ1(建议修订标准时,用英文字母代替阿拉伯数字)
26	氧化钼块	Y		Mo55.0	A	YMo55.0-A
27	氮化金属锰	J		MnN	A	JMnN-A
28	氮化锰铁		Fe	MnN	A	FeMnN-A
29	氮化铬铁		Fe	NCr3	A	FeNCr3-A（建议修订标准时，改为FeCrN3-A）

注：1. 含有一定铁量的铁合金产品，其牌号中应有“Fe”的符号。

2. 需表明产品的杂质含量时，以元素符号及其最高质量分数或以组别符号“-A”“-B”等表示。

18.1.3 铸铁的分类及牌号表示方法（GB/T 5612—2008）

（1）各种铸铁名称、代号及牌号表示方法实例

表 3-18-5 各种铸铁名称、代号及牌号表示方法

铸铁名称	代号	牌号表示方法实例
灰铸铁	HT	
灰铸铁	HT	HT250，HT Cr-300
奥氏体灰铸铁	HTA	HTA Ni20Cr2
冷硬灰铸铁	HTL	HTL Cr1Ni1Mo
耐磨灰铸铁	HTM	HTM Cu1CrMo
耐热灰铸铁	HTR	HTR Cr
耐蚀灰铸铁	HTS	HTS Ni2Cr
球墨铸铁	QT	
球墨铸铁	QT	QT400-18
奥氏体球墨铸铁	QTA	QTA Ni30Cr3
冷硬球墨铸铁	QTL	QTL Cr Mo
抗磨球墨铸铁	QTM	QTM Mn8-30
耐热球墨铸铁	QTR	QTR Si5
耐蚀球墨铸铁	QTS	QTS Ni20Cr2
蠕墨铸铁	RuT	RuT420
可锻铸铁	KT	
白心可锻铸铁	KTB	KTB350-04
黑心可锻铸铁	KTH	KTH350-10
珠光体可锻铸铁	KTZ	KTZ650-02
白口铸铁	BT	
抗磨白口铸铁	BTM	BTM Cr15Mo
耐热白口铸铁	BTR	BTRCr16
耐蚀白口铸铁	BTS	BTSCr28

（2）铸铁牌号结构形式示例

示例 1：

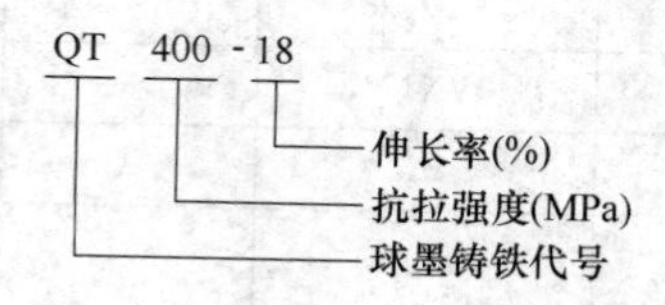

示例 2：

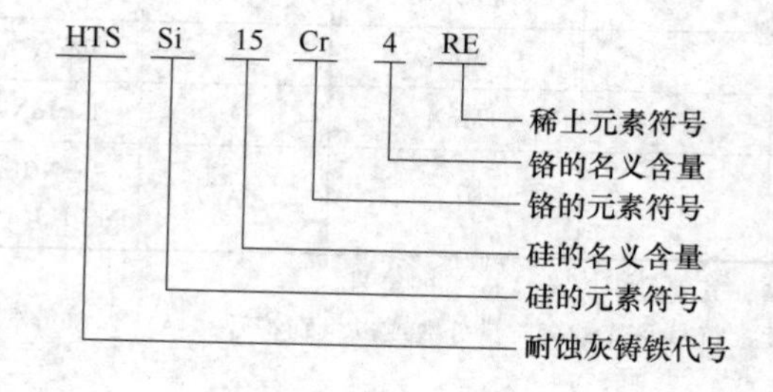

示例 3：

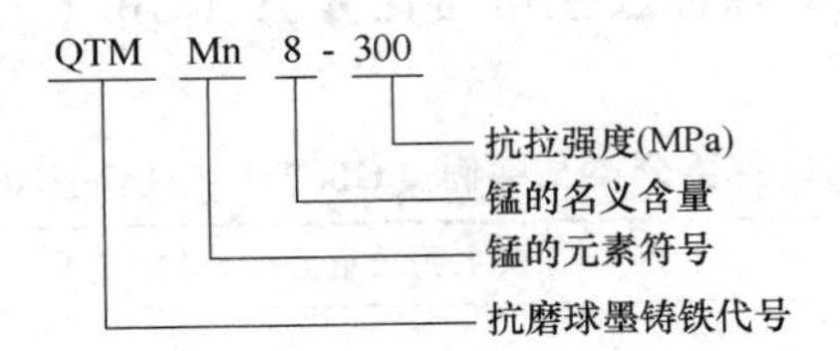

18.1.4 钢的分类（GB/T 13304—2008）

钢是以铁为主要元素、含碳量一般在 2%以下，并含有其他元素的材料。在铬钢中含碳量可能大于 2%，但 2%通常是钢和铸铁的分界线。

18.1.4.1 按化学成分分类（GB/T 13304. 1—2008）

(1) 分类

a. 非合金钢；b. 低合金钢；c. 合金钢。

(2) 分类方法

表 3-18-6　　非合金钢、低合金钢和合金钢合金元素规定含量界限值

合金元素	合金元素规定含量界限值(质量分数)/%		
	非合金钢	低合金钢	合金钢
Al	<0. 10	—	≥0. 10
B	<0. 0005	—	≥0. 0005
Bi	<0. 10	—	≥0. 10
Cr	<0. 30	0. 30~<0. 50	≥0. 50
Co	<0. 10	—	≥0. 10
Cu	<0. 10	0. 10~<0. 50	≥0. 50
Mn	<1. 00	1. 00~<1. 40	≥1. 40
Mo	<0. 05	0. 05~<0. 10	≥0. 10
Ni	<0. 30	0. 30~<0. 50	≥0. 50
Nb	<0. 02	0. 02~<0. 06	≥0. 06
Pb	<0. 40	—	≥0. 40
Se	<0. 10	—	≥0. 10
Si	<0. 50	0. 50~<0. 90	≥0. 90
Te	<0. 10	—	≥0. 10
Ti	<0. 05	0. 05~<0. 13	≥0. 13
W	<0. 10	—	≥0. 10
V	<0. 04	0. 04~<0. 12	≥0. 12
Zr	<0. 05	0. 05~<0. 12	≥0. 12
La 系(每一种元素)	<0. 02	0. 02~<0. 05	≥0. 05
其他规定元素(S、P、C、N 除外)	<0. 05	—	≥0. 05

注：1. 因为海关关税的目的而区分非合金钢、低合金钢和合金钢时，除非合同或订单中另有协议，表中 Bi、Pb、Se、Te、La 系和其他规定元素（S、P、C 和 N 除外）的规定界限值可不予考虑。

2. La 系元素含量，也可作为混合稀土含量总量。

3. 表中"—"表示不规定，不作为划分依据。

4. 当铬（Cr）、铜（Cu）、钼（Mo）、镍（Ni）四种元素，有其中两种、三种或四种元素同时规定在钢中时，对于低合金钢，应同时考虑这些元素中每种元素的规定含量；所有这些元素的规定含量总和，应不大于表中规定的两种、三种或四种元素中每种元素最高界限值总和的 70%。如果这些元素的规定含量总和大于表中规定的元素中每种元素最高界限值总和的 70%，即使这些元素每种元素的规定含量低于规定的最高界限值，也应划入合金钢。

5. 铌（Nb）、钛（Ti）、钒（V）、锆（Zr）四种元素也适用上述原则。

18.1.4.2 按主要质量等级和主要性能或使用特性分类（GB/T 13304.2—2008）

(1) 非合金钢的主要分类

表 3-18-7　　非合金钢的主要分类及举例（GB/T 13304.2—2008）

<table>
<tr><td rowspan="3">按主要特性分类</td><td colspan="3">按主要质量等级分类</td></tr>
<tr><td>1</td><td>2</td><td>3</td></tr>
<tr><td>普通质量非合金钢</td><td>优质非合金钢</td><td>特殊质量非合金钢</td></tr>
<tr><td>以规定最高强度为主要特性的非合金钢</td><td>普通质量低碳结构钢板和钢带
GB 912 中的 Q195 牌号</td><td>① 冲压薄板低碳钢
GB/T 5213 中的 DC01
② 供镀锡、镀锌、镀铅板带和原板用碳素钢
GB/T 2518
GB/T 2520 } 全部碳素钢牌号
YB/T 5364
③ 不经热处理的冷顶锻和冷挤压用钢
GB/T 6478 中表 1 的牌号</td><td></td></tr>
<tr><td>以规定最低强度为主要特性的非合金钢</td><td>① 碳素结构钢
GB/T 700 中的 Q215 中 A、B 级，Q235 的 A、B 级，Q275 的 A、B 级
② 碳素钢筋钢
GB 1499.1 中的 HPB235、HPB300
③ 铁道用钢
GB/T 11264 中的 50Q、55Q GB/T 11265 中的 Q235-A
④ 一般工程用不进行热处理的普通质量碳素钢
GB/T 14292 中的所有普通质量碳素钢
⑤ 锚链用钢
GB/T 18669 中的 CM 370</td><td>① 碳素结构钢
GB/T 700 中除普通质量 A、B 级钢以外的所有牌号及 A、B 级规定冷成型性及模锻性特殊要求者
② 优质碳素结构钢
GB/T 699 中除 65Mn、70Mn、70、75、80、85 以外的所有牌号
③ 锅炉和压力容器用钢
GB 713 中的 Q245R
GB 3087 中的 10、20
GB 6479 中的 10、20
GB 6653 中的 HP235、HP265
④ 造船用钢
GB 712 中的 A、B、D、E
GB/T 5312 中的所有牌号
GB/T 9945 中的 A、B、D、E
⑤ 铁道用钢
GB 2585 中的 U74
GB 8601 中的 CL60B 级
GB 8602 中的 LG 60B 级、LG 65B 级
⑥ 桥梁用钢
GB/T 714 中的 Q235qC、Q235qD
⑦ 汽车用钢
YB/T 4151 中 330CL、380CL
YB/T 5227 中的 12LW
YB/T 5035 中的 45
YB/T 5209 中的 08Z、20Z
⑧ 输送管线用钢
GB/T 3091 中的 Q195、Q215A、Q215B、Q235A、Q235B
GB/T 8163 中的 10、20
⑨ 工程结构用铸造碳素钢
GB 11352 中的 ZG200-400、ZG230-450，ZG270-500，ZG310-570、ZG340-640
GB 7659 中的 ZG200-400H、ZG230-450H、ZG275-485H
⑩ 预应力及混凝土钢筋用优质非合金钢</td><td>① 优质碳素结构钢
GB/T 699 中的 65Mn、70Mn、70、75、80、85 钢
② 保证淬透性钢
GB/T 5216 中的 45H
③ 保证厚度方向性能钢
GB/T 5313 中的所有非合金钢
GB/T 19879 中的 Q235GJ
④ 汽车用钢
GB/T 20564.1 中的 CR180BH、CR220BH、CR260BH
GB/T 20564.2 中的 CR260/450DP
⑤ 铁道用钢
GB 5068 中的所有牌号
GB 8601 中的 CL60A 级
GB 8602 中的 LG60A、LG65A 级
⑥ 航空用钢
包括所有航空专用非合金结构钢牌号
⑦ 兵器用钢
包括各种兵器用非合金结构钢牌号
⑧ 核压力容器用非合金钢
⑨ 输送管线用钢
GB/T 21237 中的 L245、L290、L320、L360
⑩ 锅炉和压力容器用钢
GB 5310 中的所有非合金钢</td></tr>
</table>

续表

按主要特性分类	按主要质量等级分类		
	1	2	3
	普通质量非合金钢	优质非合金钢	特殊质量非合金钢
以碳含量为主要特性的非合金钢	① 普通碳素钢盘条 GB/T 701 中的所有牌号（C 级钢除外） YB/T 170.2 中的所有牌号（C4D、C7D 除外） ② 一般用途低碳钢丝 YB/T 5294 中的所有碳钢牌号 ③ 热轧花纹钢板及钢带 YB/T 4159 中的普通质量碳素结构钢	① 焊条用钢（不包括成品分析 S、P 不大于 0.025 的钢） GB/T 14957 中的 H08A、H08MnA、H15A、H15Mn GB/T 3429 中的 H08A、H08MnA、H15A、H15Mn ② 冷镦用钢 YB/T 4155 中的 BL1、BL2、BL3 GB/T 5953 中的 ML10～ML45 YB/T 5144 中的 ML15、ML20 GB/T 6478 中的 ML08Mn、ML22Mn、ML25～ML45、ML15Mn～ML35Mn ③ 花纹钢板 YB/T 4159 优质非合金钢 ④ 盘条钢 GB/T 4354 中的 25～65、40Mn～60Mn ⑤ 非合金调质钢 （特殊质量钢除外） ⑥ 非合金表面硬化钢 （特殊质量钢除外） ⑦ 非合金弹簧钢 （特殊质量钢除外）	① 焊条用钢（成品分析 S、P 不大于 0.025 的钢） GB/T 14957 中的 H08E、H08C GB/T 3429 中的 H04E、H08E、H08C ② 碳素弹簧钢 GB/T 1222 中的 65～85、65Mn GB/T 4357 中的所有非合金钢 ③ 特殊盘条钢 YB/T 5100 中的 60、60Mn、65、65Mn、70、70Mn、75、80、T8MnA、T9A（所有牌号） YB/T 146 中所有非合金钢 ④ 非合金调质钢 （符合 GB/T 13304.2—2008 中的 4.1.3.2 规定） ⑤ 非合金表面硬化钢 （符合 GB/T 13304.2—2008 中的 4.1.3.2 规定） ⑥ 火焰及感应淬火硬化钢 （符合 GB/T 13304.2—2008 中的 4.1.3.2 规定） ⑦ 冷顶锻和冷挤压钢 （符合 GB/T 13304.2—2008 中的 4.1.3.2 规定）
非合金易切削钢		易切削结构钢 GB/T 8731 中的牌号 Y08～Y45、Y08Pb、Y12Pb、Y15Pb、Y45Ca	特殊易切削钢 要求测定热处理后冲击韧性等 GJB 1494 中的 Y75
非合金工具钢			碳素工具钢 GB/T 1298 中的全部牌号
规定磁性能和电性能的非合金钢		① 非合金电工钢板、带 GB/T 2521 电工钢板、带 ② 具有规定导电性能（<9S/m）的非合金电工钢	① 具有规定导电性能（≥9S/m）的非合金电工钢 ② 具有规定磁性能的非合金软磁材料 GB/T 6983 规定的非合金钢
其他非合金钢	栅栏用钢丝 YB/T 4026 中普通质量非合金钢牌号		原料纯铁 GB/T 9971 中的 YT1、YT2、YT3

1）按主要质量等级分类　可分为普通质量非合金钢、优质非合金钢和特殊质量非合金钢。

① 普通质量非合金钢　普通质量非合金钢是指生产过程中不规定需要特别控制质量要求的钢。其要同时满

足下列四种条件：

a. 钢为非合金化的。

b. 不规定热处理（退火、正火、消除应力及软化处理不作为热处理对待）。

c. 如产品标准或技术条件中有规定，其特性值应符合下列条件：

- 碳含量最高值≥0.10%；
- 硫或磷含量最高值≥0.040%；
- 氮含量最高值≥0.007%；
- 抗拉强度最低值≤690MPa；
- 屈服强度最低值≤360MPa；
- 断后伸长率最低值（$L_0=5.56\sqrt{S_0}$）≤33%；
- 弯心直径最低值≥0.5×试件厚度；
- 冲击吸收能量最低值（20℃，V形，纵向标准试样）≤27J；
- 洛氏硬度最高值（HRB）≥60。

注：力学性能的规定值指用公称厚度为3~16mm钢材做的纵向或横向试样测定的性能。

d. 未规定其他质量要求。

② 优质非合金钢　优质非合金钢是指在生产过程中需要特别控制质量（例如控制晶粒度，降低硫、磷含量，改善表面质量或增加工艺控制等），以达到比普通质量非合金钢特殊的质量要求（例如良好的抗脆断性能，良好的冷成形性等）的非合金钢，但这种钢的生产控制不如特殊质量非合金钢严格（如不控制淬透性）。

③ 特殊质量非合金钢　特殊质量非合金钢是指在生产过程中需要特别严格控制质量和性能（例如控制淬透性和纯洁度）的非合金钢。符合下列条件之一的钢为特殊质量非合金钢。

a. 钢材要经热处理并至少具有下列一种特殊要求的非合金钢（包括易切削钢和工具钢）：

- 要求淬火和回火或模拟表面硬化状态下的冲击性能；
- 要求淬火或淬火和回火后的淬硬层深度或表面硬度；
- 要求限制表面缺陷，比对冷镦和冷挤压用钢的规定更严格；
- 要求限制非金属夹杂物含量和（或）要求内部材质均匀性。

b. 钢材不进行热处理并至少应具有下述一种特殊要求的非合金钢：

- 要求限制非金属夹杂物含量和（或）要求内部材质均匀性，例如钢板抗层状撕裂性能。
- 要求限制磷含量和（或）硫含量最高值，并符合如下规定：

熔炼分析值≤0.020%；

成品分析值≤0.025%。

- 要求残余元素的含量同时作如下限制：

Cu 熔炼分析最高含量≤0.10%；

Co 熔炼分析最高含量≤0.05%；

V 熔炼分析最高含量≤0.05%。

- 表面质量的要求比 GB/T 6478 冷镦和冷挤压用钢的规定更严格。

c. 具有规定的电导性能（不小于9S/m）或具有规定的磁性能（对于只规定最大比总损耗和最小磁极化强度而不规定磁导率的磁性薄板和带除外）的钢。

2）按主要性能或使用特性分类

① 以规定最高强度（或硬度）为主要特性的非合金钢，例如冷成形用薄钢板；

② 以规定最低强度为主要特性的非合金钢，例如造船、压力容器、管道等用的结构钢；

③ 以限制碳含量为主要特性的非合金钢［但下述（d）、（e）项包括的钢除外］，例如线材、调质用钢等；

④ 非合金易切削钢，钢中硫含量最低值、熔炼分析值不小于0.070%，并（或）加入Pb、Bi、Te、Se、Sn、Ca或P等元素；

⑤ 非合金工具钢；

⑥ 具有专门规定磁性或电性能的非合金钢，例如电磁纯铁；

⑦ 其他非合金钢，例如原料纯铁等。

(2) 低合金钢的主要分类

表 3-18-8　低合金钢的主要分类及举例（GB/T 13304.2—2008）

按主要特性分类	按主要质量等级分类		
	1	2	3
	普通质量低合金钢	优质低合金钢	特殊质量低合金钢
可焊接合金高强度结构钢	一般用途低合金结构钢 GB/T 1591 中的 Q295、Q345 牌号的 A 级钢	① 一般用途低合金结构钢 GB/T 1591 中的 Q295B、Q345（A 级钢以外）和 Q390（E 级钢以外） ② 锅炉和压力容器用低合金钢 GB 713 除 Q245 以外的所有牌号 GB 6653 中除 HP235、HP265 以外的所有牌号 GB 6479 中的 16Mn、15MnV ③ 造船用低合金钢 GB 712 中的 A32、D32、E32、A36、D36、E36、A40、D40、E40 GB/T 9945 中的高强度钢 ④ 汽车用低合金钢 GB/T 3273 中所有牌号 YB/T 5209 中的 08Z、20Z YB/T 4151 中的 440CL、490CL、540CL ⑤ 桥梁用低合金钢 GB/T 714 中除 Q235q 以外的钢 ⑥ 输送管线用低合金钢 GB/T 3091 中的 Q295A、Q295B、Q345A、Q345B GB/T 8163 中的 Q295、Q345 ⑦ 锚链用低合金钢 GB/T 18669 中的 CM490、CM690 ⑧ 钢板桩 GB/T 20933 中的 Q295bz、Q390bz	① 一般用途低合金结构钢 GB/T 1591 中的 Q390E、Q345E、Q420 和 Q460 ② 压力容器用低合金钢 GB/T 19189 中的 12MnNiVR GB 3531 中的所有牌号 ③ 保证厚度方向性能低合金钢 GB/T 19879 中除 Q235GJ 以外的所有牌号 GB/T 5313 中所有低合金牌号 ④ 造船用低合金钢 GB 712 中的 F32、F36、F40 ⑤ 汽车用低合金钢 GB/T 20564.2 中的 CR300/500DP YB/T 4151 中的 590CL ⑥ 低焊接裂纹敏感性钢 YB/T 4137 中所有牌号 ⑦ 输送管线用低合金钢 GB/T 21237 中的 L390、L415、L450、L485 ⑧ 舰船兵器用低合金钢 ⑨ 核能用低合金钢
低合金耐候钢		低合金耐候性钢 GB/T 4171 中所有牌号	
低合金混凝土用钢	一般低合金钢筋钢 GB 1499.2 中的所有牌号		预应力混凝土用钢 YB/T 4160 中的 30MnSi
铁道用低合金钢	低合金轻轨钢 GB/T 11264 中的 45SiMnP、50SiMnP	① 低合金重轨钢 GB 2585 中的除 U74 以外的牌号 ② 起重机用低合金钢轨钢 YB/T 5055 中的 U71Mn ③ 铁路用异型钢 YB/T 5181 中的 09CuPRE YB/T 5182 中的 09V	铁路用低合金车轮钢 GB 8601 中的 CL 45 MnSiV
矿用低合金钢	矿用低合金钢 GB/T 3414 中的 M510、M540、M565 热轧钢 GB/T 4697 中的所有牌号	矿用低合金结构钢 GB/T 3414 中的 M540、M565 热处理钢	矿用低合金结构钢 GB/T 10560 中的 20Mn2A、20MnV、25MnV
其他低合金钢		① 易切削结构钢 GB/T 8731 中的 Y08MnS、Y15Mn、Y40Mn、Y45Mn、Y45MnS、Y45MnSPb ② 焊条用钢 GB/T 3429 中的 H08MnSi、H10MnSi	焊条用钢 GB/T 3429 中的 H05MnSiTiZrAlA、H11MnSi、H11MnSiA

1）按主要质量等级分类　可分为普通质量低合金钢、优质低合金钢和特殊质量低合金钢。

① 普通质量低合金钢　普通质量低合金钢是指不规定生产过程中需要特别控制质量要求的供作一般用途的低合金钢。其要同时满足下列四种条件：

a. 合金含量较低。

b. 不规定热处理（退火、正火、消除应力及软化处理不作为热处理对待）。

c. 如产品标准或技术条件中有规定，其特性值应符合下列条件：

- 硫或磷含量最高值≥0.040%；
- 抗拉强度最低值≤690MPa；
- 屈服强度最低值≤360MPa；
- 断后伸长率最低值≤26%；
- 弯心直径最低值≥2×试件厚度；
- 冲击吸收能量最低值（20℃，V形，纵向标准试样）≤27J。

注：1. 力学性能的规定值指用公称厚度为3~16mm钢材做的纵向或横向试样测定的性能。

2. 规定的抗拉强度、屈服强度或屈服强度特性值只适用于可焊接的低合金高强度结构钢。

d. 未规定其他质量要求。

② 优质低合金钢　优质低合金钢是指在生产过程中需要特别控制质量（例如控制晶粒度，降低硫、磷含量，改善表面质量或增加工艺控制等），以达到比普通质量低合金钢特殊的质量要求（例如良好的抗脆断性能，良好的冷成形性等）的低合金钢，但这种钢的生产控制和质量要求不如特殊质量低合金钢严格。

③ 特殊质量低合金钢　特殊质量低合金钢是指在生产过程中需要特别严格控制质量和性能（特别是严格控制硫、磷等杂质含量和纯洁度）的低合金钢。符合下列条件之一的钢为特殊质量低合金钢。

a. 规定限制非金属夹杂物含量和（或）要求内部材质均匀性，例如钢板抗层状撕裂性能。

b. 规定严格限制磷含量和（或）硫含量最高值，并符合如下规定：

熔炼分析值≤0.020%；

成品分析值≤0.025%。

c. 规定限制残余元素含量，并应同时符合下列规定：

Cu熔炼分析最高含量≤0.10%；

Co熔炼分析最高含量≤0.05%；

V熔炼分析最高含量≤0.05%。

d. 规定低温（低于-40℃，V形）冲击性能。

e. 可焊接的高强度钢，规定的屈服强度最低值≥420MPa。

注：力学性能的规定值指用公称厚度为3~16mm钢材做的纵向或横向试样测定的性能。

f. 弥散强化钢，其规定碳含量熔炼分析最小值不小于0.25%；并具有铁素体/珠光体或其他显微组织；含有Nb、V或Ti等一种或多种微合金化元素。一般在热成形温度过程中控制轧制温度和冷却速度完成弥散强化。

g. 预应力钢。

2）按主要性能或使用特性分类

① 可焊接的低合金高强度结构钢；

② 低合金耐候钢；

③ 低合金混凝土用钢及预应力用钢；

④ 铁道用低合金钢；

⑤ 矿用低合金钢；

⑥ 其他低合金钢，如焊接用钢。

（3）合金钢的主要分类

表 3-18-9

合金钢的分类（GB/T 13304.2—2008）

按主要质量分类	优质合金钢		特殊质量合金钢								
	1		2	3	4		5		6	7	8
按主要使用特性分类	工程结构用钢	其他	工程结构用钢	机械结构用钢①（第4、6除外）	不锈、耐蚀和耐热钢②		工具钢		轴承钢	特殊物理性能钢	其他
按其他特性(除上述特性以外)对钢进一步分类举例	11 一般工程结构用合金钢 GB/T 20933 中的 Q420bz 12 合金钢筋钢 GB/T 20065 中的合金钢 13 凿岩钎杆用钢 GB/T 1301 中的合金钢 14 耐磨钢 GB/T 5680 中的合金钢	16 电工用硅（铝）钢（无磁导率要求） GB/T 6983 中的合金钢 17 铁道用合金钢 GB/T 11264 中的 30CuCr 18 易切削钢 GB/T 8731 中的含锡剂 19 其他	21 锅炉和压力容器用合金钢（4类除外） GB/T 19189 中的 07MnCrMoVR、07MnNiMoVDR GB 713 中的合金钢 GB 5310 中的合金钢 22 热处理合金钢筋钢 23 汽车用钢 GB/T 20564.2 中的 CR 340/590DP CR 420/780DP CR 550/980DP 24 预应力用钢 YB/T 4160 中的合金钢 25 矿用合金钢 GB/T 10560 中的合金钢 26 输送管线用钢 GB/T 21237 中的 L555、L690 27 高锰钢	31 V、MnV、Mn（x）系钢 32 SiM(x)系钢 33 Cr(x)系钢 34 CrMo(x)系钢 35 CrNiMo(x)系钢 36 Ni(x)系钢 37 B(x)系钢 38 其他	41 马氏体型或 42 铁素体型 43 奥氏体型或 44 奥氏体-铁素体型或 45 沉淀硬化型	411/421 Cr(x)系钢 412、422 CrNi(x)系钢 413/423 CrMo(x) CrCo(x)系钢 414/424 CrAl(x) CrSi(x)系钢 415/425 其他 431/441/451 CrNi(x)系列 432/442/452 CrNiMo(x)系列 433/443/453 CrNi+Ti 或 Nb 钢 434/444/454 CrNiMo+Ti 或 Nb 钢 435/445/455 CrNi+V、W、Co 钢 436/446 CrNiSi(x)系钢 437 CrMnSi(x)系钢 438 其他	51 合金工具钢（GB/T 1299 中所有牌号） 52 高速钢（Gb/T 9943 中所有牌号）	511 Cr(x) 512 Ni(x)、CrNi(x) 513 Mo(x)、CrMo(x) 514 V(x)、CrV(x) 515 W(x)、CrW(x)系钢 516 其他 521 WMo 系钢 522 W 系钢 523 Co 系钢	61 高碳铬轴承钢 GB/T 18254 中所有牌号 62 渗碳轴承钢 GB/T 3203 中所有牌号 63 不锈轴承钢 GB/T 3086 中所有牌号 64 高温轴承钢 65 无磁轴承钢	71 软磁钢（除16外） GB/T 14986 中所有牌号 72 永磁钢 GB/T 14991 中所有牌号 73 无磁钢 74 高电阻钢和合金 GB/T 1234 中所有牌号	焊接用钢 GB/T 3429 中的合金钢

① GB/T 3007 中所有牌号，GB/T 1222 和 GB/T 6478 中的合金钢等。

② GB/T 1220、GB/T 1221、GB/T 2100、GB/T 6892 和 GB/T 12230 中的所有牌号。

注：(x)表示该合金系列中还包括有其他合金元素，如 Cr(x)系，除 Cr 钢外，还包括 CrMn 钢等。

1）按主要质量等级分类　可分为优质合金钢和特殊质量合金钢。

① 优质合金钢　优质合金钢是指在生产过程中需要特别控制质量和性能（如韧性、晶粒度或成形性）的合金钢，但其生产控制和质量要求不如特殊质量合金钢严格。

下列钢为优质合金钢：

a. 一般工程结构用合金钢，如钢板桩用合金钢 GB/T 20933 中的 Q420bz，矿用合金钢 GB/T 10560 中的牌号（20Mn2A、20MnV、25MnV 除外）等；

b. 合金钢筋钢，如 GB/T 20065 中的合金钢等；

c. 电工用合金钢，主要含有硅或硅和铝等合金元素，但无磁导率的要求；

d. 铁道用合金钢，如 GB/T 11264 中的 30CuCr；

e. 凿岩、钻探用钢，如 GB/T 1301 中的合金钢；

f. 硫、磷含量大于 0.035%的耐磨钢，如 GB/T 5680 规定的高锰铸钢。

② 特殊质量合金钢　特殊质量合金钢是指需要严格控制化学成分和特定的制造及工艺条件，以保证改善综合性能，并使性能严格控制在极限范围内的合金钢。

2）按主要性能或使用特性分类

① 工程结构用合金钢　包括一般工程结构用合金钢、供冷成形用的热轧或冷轧扁平产品用合金钢（压力容器用钢、汽车用钢和输送管线用钢）、预应力用合金钢、矿用合金钢、高锰耐磨钢等。

② 机械结构用合金钢　包括调质处理合金结构钢、表面硬化合金结构钢、冷塑性成形（冷顶锻、冷挤压）合金结构钢、合金弹簧钢等，但不锈、耐蚀和耐热钢，轴承钢除外。

③ 不锈、耐蚀和耐热钢　包括不锈钢、耐酸钢、抗氧化钢和热强钢等，按其金相组织可分为马氏体型钢、铁素体型钢、奥氏体型钢、奥氏体-铁素体型钢、沉淀硬化型钢等。

④ 工具钢　包括合金工具钢、高速工具钢。合金工具钢分为量具刃具用钢、耐冲击工具用钢、冷作模具钢、热作模具钢、无磁模具钢、塑料模具钢等；高速工具钢分为钨钼系高速工具钢、钨系高速工具钢、钴系高速工具钢等。

⑤ 轴承钢　包括高碳铬轴承钢、渗碳轴承钢、不锈轴承钢、高温轴承钢等。

⑥ 特殊物理性能钢　包括软磁钢、永磁钢、无磁钢及高电阻钢和合金等。

⑦ 其他　如焊接用合金钢等。

18.1.4.3　钢的其他习惯性分类（非标准规定分类）

（1）按含碳量分

a. 低碳钢（C<0.25%）；b. 中碳钢（C=0.25%～0.60%）；c. 高碳钢（C>0.60%）。

（2）按冶炼时脱氧程度分

a. 沸腾钢；b. 镇静钢；c. 半镇静钢。

（3）按炼钢炉别分

a. 平炉钢；b. 转炉钢（主要是氧气顶吹转炉钢）；c. 电炉钢，又分电弧炉钢、电渣炉钢、感应炉钢和真空感应炉钢。

18.1.5　钢材的分类（非标准规定分类）

表 3-18-10　钢材分类表

类别	分类及说明	
钢板（包括带钢）	按厚度分类	特厚板、厚板、中板、薄板
	按生产方法分类	热轧钢板、冷轧钢板、镀锌板（热镀锌板、电镀锌板）、镀锡板、复合钢板
	按表面特征分类	彩色涂层钢板
	按用途分类	桥梁钢板、锅炉钢板、造船钢板、装甲钢板、汽车钢板、屋面钢板、结构钢板、电工钢板（硅钢片）、弹簧钢板等

续表

类别	分类及说明			
钢管	按生产方法分类	无缝管		热轧管、冷轧管、冷拔管、挤轧管、顶管
		炉焊管	按工艺分	电弧焊管、电阻焊管(高、低频)、气焊管、焊管
			按焊缝分	直缝焊管、螺旋焊管
	按断面形状分类	简单断面钢管		圆形钢管、方形钢管、椭圆形钢管、三角形钢管、六角形钢管、菱形钢管、八角形钢管、半圆形钢管
		复杂断面钢管		不等边六角形钢管、五瓣梅花形钢管、双凸形钢管、双凹形钢管、瓜子形钢管、圆锥形钢管、波纹形钢管、表壳钢管、其他
	按壁厚分类			薄壁钢管、厚壁钢管
	按用途分类			管道用钢管,热工设备用钢管,机械工业用钢管,石油、地质钻探用钢管,容器钢管,化学工业用钢管,特殊用途钢管,其他
型钢	简单断面型钢	方钢		热轧方钢、冷轧方钢
		圆钢		热轧圆钢、锻制圆钢、冷拉圆钢
		线材		
		扁钢		
		弹簧扁钢		
		角钢		等边角钢、不等边角钢
		三角钢		
		六角钢		
		弓形钢		
		椭圆钢		
	复杂断面型钢	工字钢	普通工字钢	
			轻型工字钢	
			宽腿工字钢(万能工字钢)	
		槽钢	热轧槽钢	普通槽钢、轻型槽钢
			弯曲槽钢	
		钢轨		重轨、轻轨、起重机钢轨、其他专用钢轨
		窗框钢		
		钢板桩		
		弯曲型钢		冷弯型钢、热弯型钢
		其他		
钢丝	按断面形状分类			圆形钢丝、椭圆形钢丝、方形钢丝、三角形钢丝、异形钢丝
	按尺寸分类			特细钢丝、较细钢丝、细钢丝、中等细钢丝、粗钢丝、较粗钢丝、特粗钢丝
	按化学成分分类	碳素钢丝		低碳钢丝、中碳钢丝、高碳钢丝
		合金钢丝		低合金钢丝、中合金钢丝、高合金钢丝
	按交货时热处理状态分类			不经热处理的钢丝、回火的钢丝、退火的钢丝、淬火并回火的钢丝、铅浴处理的钢丝
	按力学性能(抗拉强度)分类			低强度钢丝、较低强度钢丝、普通强度钢丝、较高强度钢丝、高强度钢丝、特高强度钢丝
	按表面状态分类			抛光钢丝、磨光钢丝、光面钢丝、酸洗钢丝、氧化处理钢丝、粗制钢丝、镀层钢丝
	按塑性变形分类			抛光钢丝、磨光钢丝、光面钢丝、酸洗钢丝、氧化处理钢丝、粗制钢丝、镀层钢丝
	按用途分类			普通质量钢丝、冷顶锻钢丝、电工用钢丝、纺织业用钢丝、钢绳钢丝、弹簧钢丝、制鞋用钢丝、结构钢丝、工具钢丝、钢筋钢线、不锈及电阻合金丝

18.2 生　　铁

18.2.1 炼钢用生铁（YB/T 5296—2011）

表 3-18-11　　炼钢用生铁的牌号和化学成分（YB/T 5296—2011）

牌号			L03	L07	L10
化学成分(质量分数)/%	C		≥3.50		
	Si		≤0.35	>0.35~0.70	>0.70~1.25
	Mn	一组	≤0.40		
		二组	>0.40~1.00		
		三组	>1.00~2.00		
	P	特级	≤0.100		
		一级	>0.100~0.150		
		二级	>0.150~0.250		
		三级	>0.250~0.400		
	S	一类	≤0.030		
		二类	>0.030~0.050		
		三类	>0.050~0.070		

注：1. 采用高磷矿石冶炼时，生铁磷含量不大于 0.85%；用铜矿石冶炼时，生铁铜含量不大于 0.30%。

2. 需方对硅含量、砷含量有特殊要求时，有供需双方协商规定。

3. 各牌号生铁以块状或铁水形态供应。以块状供应时，小块生铁，每块质量为 2~7kg，每批中大于 7kg 及小于 2kg 两者之和所占质量比，由供需双方协商确定；大块生铁，每块质量应不大于 40kg，并有两个凹口，凹口处厚度不大于 45mm，每批中小于 4kg 的碎铁块所占质量比，由供需双方协商确定。

4. 铁块表面要洁净，如表面有炉渣和砂粒应清除掉，但允许附有石灰和石墨。

18.2.2 铸造用生铁（GB/T 718—2005）

表 3-18-12　　铸造用生铁的牌号和化学成分（GB/T 718—2005）

牌号			Z14	Z18	Z22	Z26	Z30	Z34
化学成分（质量分数）/%	C		≥3.30					
	Si		≥1.25~1.60	>1.60~2.00	>2.00~2.40	>2.40~2.80	>2.80~3.20	>3.20~3.60
	Mn	1 组	≤0.50					
		2 组	>0.50~0.90					
		3 组	>0.90~1.30					
	P	1 级	≤0.060					
		2 级	>0.060~0.100					
		3 级	>0.100~0.200					
		4 级	>0.200~0.400					
		5 级	>0.400~0.900					

续表

牌号			Z14	Z18	Z22	Z26	Z30	Z34
化学成分（质量分数）/%	S	1类	≤0.030					
		2类	≤0.040					
		3类	≤0.050					

注：1. 生铁的牌号由代表“铸”字汉语拼音的首位字母Z和代表硅含量数字组成。

2. 经供需双方协议，可供应对化学成分或其他合金元素有特殊要求的铸造生铁。

3. 用含铜矿石冶炼的生铁应分析铜含量，但各牌号生铁的铜含量均不做判定依据。

4. 各牌号生铁以块状或铁水形态供应。当以块状供应时，各牌号生铁应铸成单重为2~7kg的小块，而大于7kg及小于2kg的铁块，每批中应不超过总质量的10%；根据需方要求，可供应单重不大于40kg的铁块，同时铁块上应有1~2道深度不小于铁块厚度2/3的凹槽。

5. 铁块表面要洁净，如表面有炉渣和砂粒应清除掉，但允许附有石灰和石墨。

18.2.3 球墨铸铁用生铁（GB/T 1412—2005）

表 3-18-13　　球墨铸铁用生铁的牌号和化学成分（GB/T 1412—2005）

牌号			Q_{10}	Q_{12}
化学成分（质量分数）/%	C		≥3.40	
	Si		0.50~1.00	>1.00~1.40
	Ti	1档	≤0.050	
		2档	>0.050~0.080	
	Mn	1组	≤0.20	
		2组	>0.20~0.50	
		3组	>0.50~0.80	
	P	1级	≤0.050	
		2级	>0.050~0.060	
		3级	>0.060~0.080	
	S	1类	≤0.020	
		2类	>0.020~0.030	
		3类	>0.030~0.040	
		4类	≤0.045	

注：1. 生铁的牌号由代表“球”字汉语拼音的首位字母Q和代表硅含量数字组成。

2. 需方对硅含量、锰含量有特殊要求时，由供需双方协议规定。

3. 生铁中砷、铅、铋、锑等微量元素的含量，可根据需方要求提供其分析结果供需方参考，但不做日常检验和判定依据。

4. 各牌号生铁以块状或铁水形态供应。当生铁铸成块状供应时，各牌号生铁应铸成单重2~7kg小块，而大于7kg及小于2kg的铁块，每批中应不超过总质量的10%；根据需方要求，可供应单重不大于40kg的铁块，同时铁块上应有1~2道深度不小于铁锭厚度2/3的凹槽。

5. 铁块表面要洁净，如表面有炉渣和砂粒应清除掉，但允许附有石灰和石墨。

18.2.4　含钒生铁（YB/T 5125—2006）

表 3-18-14　　含钒生铁的牌号和化学成分（YB/T 5125—2006）

牌号				F02	F03	F04	F05
化学成分（质量分数）/%	V,不小于			0.20	0.30	0.40	0.50
	C,不小于			3.50			
	Ti		不大于	0.60			
	Si			0.80			
	P	一级		0.100			
		二级		0.150			
		三级		0.250			
	S	一类		0.050			
		二类		0.070			
		三类		0.100			

注：1. 各牌号产品的含碳量均不作质量判定依据。

2. 含钒生铁以块状交货，可以生产大小两种块度的铁块。小块生铁的块重应为 2~7kg；大块生铁的块重应不大于 40kg，并有凹口，凹口处厚度应不大于 45mm。含钒生铁的块度用铸模保证。交货产品中，小块生铁每批中大于 7kg 和小于 2kg 之和所占总质量比，大块生铁每批中小于 4kg 碎块所占总质量比，由供需双方协议规定。

3. 铁块表面要洁净，但允许附有少量石墨和石灰。

18.3　铁　合　金

18.3.1　硅铁（GB/T 2272—2009）

（1）分类

硅铁分为普通硅铁和特种硅铁两类。特种硅铁是指炉外精炼法生产的硅铁。

（2）牌号表示方法

牌号分别以“FeSi××-×”表示普通硅铁和“TFeSi××-×”表示特种硅铁。

其中：“T”表示“特”字汉语拼音中第一个字母，“××”表示主元素的质量分数，“-×”用 A、B 区分表示杂质含量的不同。

（3）硅铁的化学成分

表 3-18-15　　硅铁的化学成分（GB/T 2272—2009）

牌号	化学成分（质量分数）/%												
	Si	Al	Ca	Mn	Cr	P	S	C	Ti	Mg	Cu	V	Ni
		≤											
FeSi90Al1.5	87.0~95.0	1.5	1.5	0.4	0.2	0.040	0.020	0.20	—	—	—	—	—
FeSi90Al3.0	87.0~95.0	3.0	1.5	0.4	0.2	0.040	0.020	0.20	—	—	—	—	—
FeSi75Al0.5-A	74.0~80.0	0.5	1.0	0.4	0.3	0.035	0.020	0.10	—	—	—	—	—
FeSi75Al0.5-B	72.0~80.0	0.5	1.0	0.5	0.5	0.040	0.020	0.20	—	—	—	—	—
FeSi75Al1.0-A	74.0~80.0	1.0	1.0	0.4	0.3	0.035	0.020	0.10	—	—	—	—	—

续表

牌号	化学成分(质量分数)/%												
	Si	Al	Ca	Mn	Cr	P	S	C	Ti	Mg	Cu	V	Ni
		≤											
FeSi75Al1.0-B	72.0~80.0	1.0	1.0	0.5	0.5	0.040	0.020	0.20	—	—	—	—	—
FeSi75Al1.5-A	74.0~80.0	1.5	1.0	0.4	0.3	0.035	0.020	0.10	—	—	—	—	—
FeSi75Al1.5-B	72.0~80.0	1.5	1.0	0.5	0.5	0.040	0.020	0.20	—	—	—	—	—
FeSi75Al2.0-A	74.0~80.0	2.0	1.0	0.4	0.3	0.035	0.020	0.10	—	—	—	—	—
FeSi75Al2.0-B	72.0~80.0	2.0	—	0.5	0.5	0.040	0.020	0.20	—	—	—	—	—
FeSi75-A	74.0~80.0	—	—	0.4	0.3	0.035	0.020	0.10	—	—	—	—	—
FeSi75-B	72.0~80.0	—	—	0.5	0.5	0.040	0.020	0.20	—	—	—	—	—
FeSi65	65.0~72.0	—	—	0.6	0.5	0.040	0.020	—	—	—	—	—	—
FeSi45	40.0~47.0	—	—	0.7	0.5	0.040	0.020	—	—	—	—	—	—
TFeSi75-A	74.0~80.0	0.03	0.03	0.10	0.10	0.020	0.004	0.020	0.015	—	—	—	—
TFeSi75-B	74.0~80.0	0.10	0.05	0.10	0.05	0.030	0.004	0.020	0.04	—	—	—	—
TFeSi75-C	74.0~80.0	0.10	0.10	0.10	0.10	0.040	0.005	0.030	0.05	0.10	0.10	0.05	0.40
TFeSi75-D	74.0~80.0	0.20	0.05	0.20	0.10	0.040	0.010	0.020	0.04	0.02	0.10	0.01	0.04
TFeSi75-E	74.0~80.0	0.50	0.50	0.40	0.10	0.040	0.020	0.050	0.06	—	—	—	—
TFeSi75-F	74.0~80.0	0.50	0.50	0.40	0.10	0.030	0.005	0.010	0.02	—	0.10	—	0.10
TFeSi75-G	74.0~80.0	1.00	0.05	0.15	0.10	0.040	0.003	0.015	0.04	—	—	—	—

注：需方对表中化学成分或砷、锑、铋、锡、铅等元素有特殊要求时，由供需双方另行协商。

(4) 硅铁的物理状态

FeSi75 系列各牌号硅铁锭厚度不得超过 100mm，FeSi65 锭厚度不得超过 80mm。硅的偏析不大于 3%。

硅铁以块状或粒状供货，硅铁供货粒度见表 3-18-16。

表 3-18-16　　硅铁供货粒度表

级别	规格/mm	筛上物和筛下物之和(质量分数)/%
自然块状	未经人工破碎	小于 20mm×20mm 的质量≤8
大粒度	50~350	≤10
中粒度	20~200	≤10
小粒度	10~100	≤10
最小粒度	5~50	≤10

注：FeSi45 小于 20mm×20mm 的数量不应超过总质量的 15%。

18.3.2 铬铁（GB/T 5683—2008）

(1) 牌号和化学成分

表 3-18-17　　铬铁牌号和化学成分（GB/T 5683—2008）

类别	牌号	化学成分(质量分数)/%									
		Cr			C	Si		P		S	
		范围	Ⅰ	Ⅱ		Ⅰ	Ⅱ	Ⅰ	Ⅱ	Ⅰ	Ⅱ
			≥		≤						
微碳	FeCr65C0.03	60.0~70.0			0.03	1.0		0.03		0.025	
	FeCr55C0.03		60.0	52.0	0.03	1.5	2.0	0.03	0.04	0.03	
	FeCr65C0.06	60.0~70.0			0.06	1.0		0.03		0.025	

续表

类别	牌号	化学成分(质量分数)/%									
		Cr			C	Si		P		S	
		范围	I	Ⅱ		I	Ⅱ	I	Ⅱ	I	Ⅱ
			≥		≤						
微碳	FeCr55C0.06		60.0	52.0	0.06	1.5	2.0	0.04	0.06	0.03	
	FeCr65C0.10	60.0~70.0			0.10	1.0		0.03		0.025	
	FeCr55C0.10		60.0	52.0	0.10	1.5	2.0	0.04	0.06	0.03	
	FeCr55C0.15	60.0~70.0			0.15	1.0		0.03		0.025	
	FeCr55C0.15		60.0	52.0	0.15	1.5	2.0	0.04	0.06	0.03	
低碳	FeCr65C0.25	60.0~70.0			0.25	1.5		0.03		0.025	
	FeCr55C0.25		60.0	52.0	0.25	2.0	3.0	0.04	0.06	0.03	0.05
	FeCr65C0.50	60.0~70.0			0.50	1.5		0.03		0.025	
	FeCr55C0.50		60.0	52.0	0.50	2.0	3.0	0.04	0.06	0.03	0.05
中碳	FeCr65C1.0	60.0~70.0			1.0	1.5		0.03		0.025	
	FeCr55C1.0		60.0	52.0	1.0	2.5	3.0	0.04	0.06	0.03	0.05
	FeCr65C2.0	60.0~70.0			2.0	1.5		0.03		0.025	
	FeCr55C2.0		60.0	52.0	2.0	2.5	3.0	0.04	0.06	0.03	0.05
	FeCr65C4.0	60.0~70.0			4.0	1.5		0.03		0.025	
	FeCr55C4.0		60.0	52.0	4.0	2.5	3.0	0.04	0.06	0.03	0.05
高碳	FeCr67C6.0	60.0~72.0			6.0	3.0		0.03		0.04	0.06
	FeCr55C6.0		60.0	52.0	6.0	3.0	5.0	0.04	0.06	0.04	0.06
	FeCr67C9.5	60.0~72.0			9.5	3.0		0.03		0.04	0.06
	FeCr55C10.0		60.0	52.0	10.0	3.0	5.0	0.04	0.06	0.04	0.06
真空法微碳铬铁	ZKFeCr65C0.010		65.0		0.010	1.0	2.0	0.025	0.030	0.03	
	ZKFeCr65C0.020		65.0		0.020	1.0	2.0	0.025	0.030	0.03	
	ZKFeCr65C0.010		65.0		0.010	1.0	2.0	0.025	0.035	0.04	
	ZKFeCr65C0.030		65.0		0.030	1.0	2.0	0.025	0.035	0.04	
	ZKFeCr65C0.050		65.0		0.050	1.0	2.0	0.025	0.035	0.04	
	ZKFeCr65C0.100		65.0		0.100	1.0	2.0	0.025	0.035	0.04	

注：1. 铬铁以50%含铬量作为基准量考核单位。

2. 需方对表中化学成分或砷、锑、铋、锡、铅等元素有特殊要求时，由供需双方另行协商。

(2) 物理状态

① 铬铁以块状交货，每块质量不应大于15kg，尺寸小于20mm×20mm铬铁块的质量不超过铬铁总质量的5%。

② 铬铁的内部及其表面不应有目视显见的非金属夹杂物，但铸锭表面涂料不净时，允许非金属夹杂少量存在。

18.3.3 锰铁（GB/T 3795—2014）

(1) 产品分类

① 按冶炼方式不同，分为电炉锰铁和高炉锰铁。

② 按碳含量不同，分为三类：

a. 低碳类：碳含量≤0.7%；

b. 中碳类：碳含量>0.7%~2.0%；

c. 高碳类：碳含量>2.0%~8.0%。

③ 按含硅含量、磷含量不同，分为两组：Ⅰ、Ⅱ。

(2) 牌号和化学成分

表 3-18-18　电炉锰铁的化学成分

类别	牌号	化学成分(质量分数)/%							
		Mn	C	Si		P		S
				Ⅰ	Ⅱ	Ⅰ	Ⅱ	
			≤					
微碳锰铁	FeMn90C0.05	87.0~93.5	0.05	0.5	1.0	0.03	0.04	0.02
	FeMn84C0.05	80.0~87.0	0.05	0.5	1.0	0.03	0.04	0.02
	FeMn90C0.10	87.0~93.5	0.10	1.0	2.0	0.05	0.10	0.02
	FeMn84C0.10	80.0~87.0	0.10	1.0	2.0	0.05	0.10	0.02
	FeMn90C0.15	87.0~93.5	0.15	1.0	2.0	0.08	0.10	0.02
	FeMn84C0.15	80.0~87.0	0.15	1.0	2.0	0.08	0.10	0.02
低碳锰铁	FeMn88C0.2	85.0~92.0	0.2	1.0	2.0	0.10	0.30	0.02
	FeMn84C0.4	80.0~87.0	0.4	1.0	2.0	0.15	0.30	0.02
	FeMn84C0.7	80.0~87.0	0.7	1.0	2.0	0.20	0.30	0.02
中碳锰铁	FeMn82C1.0	78.0~85.0	1.0	1.0	2.5	0.20	0.35	0.03
	FeMn82C1.5	78.0~85.0	1.5	1.5	2.5	0.20	0.35	0.03
	FeMn78C2.0	75.0~82.0	2.0	1.5	2.5	0.20	0.40	0.03
高碳锰铁	FeMn78C8.0	75.0~82.0	8.0	1.5	2.5	0.20	0.33	0.33
	FeMn74C7.5	70.0~77.0	7.5	2.0	3.0	0.25	0.38	0.03
	FeMn68C7.0	65.0~72.0	7.0	2.5	4.5	0.25	0.40	0.03

表 3-18-19　高炉锰铁的化学成分

类别	牌号	化学成分(质量分数)/%							
		Mn	C	Si		P		S
				Ⅰ	Ⅱ	Ⅰ	Ⅱ	
			≤					
高碳锰铁	FeMn78	75.0~82.0	7.5	1.0	2.0	0.25	0.35	0.03
	FeMn73	70.0~75.0	7.5	1.0	2.0	0.25	0.35	0.03
	FeMn68	65.0~70.0	7.0	1.0	2.0	0.30	0.40	0.03
	FeMn63	60.0~65.0	7.0	1.0	2.0	0.30	0.40	0.03

(3) 物理状态

锰铁以块状交货。

锰铁粒度范围见表 3-18-20。

表 3-18-20 锰铁粒度范围表

粒度级别	粒度/mm	允许偏差/% ≤	
		筛上物	筛下物
1	20~250	3	7
2	50~150	3	7
3	10~50(或70)	3	7
4	0.097~0.45	5	30

注：中碳锰铁可以粉状交货。

18.3.4 硼铁（GB/T 5682—2015）

（1）牌号和化学成分

表 3-18-21 硼铁牌号和化学成分（GB/T 5682—2015）

类别	牌号		化学成分(质量分数)/%					
			B	C	Si	Al	S	P
				≤				
低碳	FeB22C0.05		21.0~25.0	0.05	1.0	1.5	0.010	0.050
	FeB20C0.05		19.0~<21.0	0.05	1.0	1.5	0.010	0.050
	FeB18C0.1		17.0~<19.0	0.10	1.0	1.5	0.010	0.050
	FeB16C0.1		14.0~<17.0	0.10	1.0	1.5	0.010	0.050
中碳	FeB20C0.15		19.0~21.0	0.15	1.0	0.50	0.010	0.050
	FeB20C0.5	A	19.0~21.0	0.50	1.5	0.05	0.010	0.10
		B		0.50	1.5	0.50	0.010	0.10
	FeB18C0.5	A	17.0~<19.0	0.50	1.5	0.05	0.010	0.10
		B		0.50	1.5	0.50	0.010	0.10
	FeB16C1.0		15.0~17.0	1.0	2.5	0.50	0.010	0.10
	FeB14C1.0		13.0~<15.0	1.0	2.5	0.50	0.010	0.20
	FeB12C1.0		9.0~<13.0	1.0	2.5	0.50	0.010	0.20

（2）物理状态

① 硼铁应呈块状交货，其块度为 5~100mm，大于 100mm 小于 5mm 数量之和不得超过该批总重的 10%。

② 硼铁块的表面和断面处不得有非金属夹杂物。

18.3.5 钒铁（GB/T 4139—2012）

（1）牌号和化学成分

钒铁按钒和杂质含量不同，分为 9 个牌号。其化学成分应符号表 3-18-22 的规定。

表 3-18-22 钒铁的牌号和化学成分（GB/T 4139—2012）

牌号	化学成分(质量分数)/%						
	V	C	Si	P	S	Al	Mn
		≤					
FeV50-A	48.0~55.0	0.40	2.0	0.06	0.04	1.5	—
FeV50-B	48.0~55.0	0.60	3.0	0.10	0.06	2.5	—

续表

牌号	化学成分(质量分数)/%						
	V	C	Si	P	S	Al	Mn
		≤					
FeV50-C	48.0~55.0	5.0	3.0	0.10	0.06	0.5	—
FeV60-A	58.0~65.0	0.40	2.0	0.06	0.04	1.5	—
FeV60-B	58.0~65.0	0.60	2.5	0.10	0.06	2.5	—
FeV60-C	58.0~65.0	3.0	1.5	0.10	0.06	0.5	—
FeV80-A	78.0~82.0	0.15	1.5	0.05	0.04	1.5	0.50
FeV80-B	78.0~82.0	0.30	1.5	0.08	0.06	2.0	0.50
FeV80-C	78.0~82.0	0.30	1.5	0.08	0.06	2.0	0.50

注：经供需双方协商并在合同中注明，可供应其他化学成分的要求的钒铁。

(2) 物理状态

钒铁以块状或粒状交货，粒度要求见表 3-18-23。

表 3-18-23　钒铁粒度要求（GB/T 4139—2012）

粒度组别	粒度/mm	小于下限粒度/%	大于上限粒度/%
		≤	
1	5~15	5	5
2	10~50	5	5
3	10~100	5	5

注：经供需双方协商并在合同中注明，可供应其他粒度要求的钒铁，也可供应粉状的钒铁（粉）。

① 检验规则

a. 钒铁的质量检查和验收应符合 GB/T 3650 的规定。

b. 钒铁应按炉组批或按牌号组批。按炉组批时，每一炉号的产品作为一批交货。不足包装一件的余量，可与同牌号钒含量相差不大于 2%的其他炉产品组成一批交货。按牌号组批时，每批批量应不大于 10t，构成一批交货产品的各炉号之间的平均含钒量之差不大于 2%。

② 包装、储运、标志和质量证明书

a. 对表 3-18-23 中粒度组别为“2”和“3”的钒铁应采用铁桶包装，每桶净重分别为 50kg、100kg 和 250kg 三种，产品的包装规格应在合同中注明。对表 3-18-23 中粒度组别为“1”的钒铁，其包装方式由供需双方商定并在合同中注明。

b. 产品的储运、标志和质量证明书应符合 GB/T 3650 的规定。

c. 需方对产品的包装、储运、标志等如有特殊要求，按合同规定进行。

18.3.6 钨铁（GB/T 3648—2013）

(1) 牌号和化学成分

钨铁按钨及杂质含量的不同分为 4 个牌号，其化学成分应符号表 3-18-24 的规定。

表 3-18-24　钨铁牌号和化学成分表（GB/T 3648—2013）

牌号	化学成分(质量分数)/%										
	W	C	P	S	Si	Mn	Cu	As	Bi	Pb	Sb	Sn
		≤										
FeW80-A	75.0~85.0	0.10	0.03	0.06	0.50	0.25	0.10	0.06	0.05	0.05	0.05	0.06
FeW80-B	75.0~85.0	0.30	0.04	0.07	0.70	0.35	0.12	0.08	0.05	0.05	0.05	0.08

续表

牌号	化学成分(质量分数)/%										
	W	C	P	S	Si	Mn	Cu	As	Bi	Pb	Sb	Sn
		≤										
FeW80-C	75.0~85.0	0.40	0.05	0.08	0.70	0.50	0.15	0.10	0.05	0.05	0.05	0.08
FeW70	≥70.0	0.80	0.07	0.10	1.20	0.60	0.18	0.12	0.05	0.05	0.05	0.10

注：1. 钨铁必测元素为W、C、P、S、Si、Mn的含量，其余为保证元素。

2. 钨铁以70%含钨量作为基准量。

3. 需方对化学成分（如砷、锑、铋、锡、铅等元素）有特殊要求时，由供需双方另行协商。

（2）物理状态

钨铁以块状交货，粒度范围为10~130mm，小于10mm×10mm粒度的量不应超过该批总质量的5%。需方对产品粒度如有特殊要求，可由供需双方协议商定。

18.3.7 钼铁（GB/T 3649—2008）

（1）牌号和化学成分

钼铁按钼及杂质含量的不同，分为6个牌号，其化学成分应符号表3-18-25的规定。

表3-18-25 钼铁牌号和化学成分（GB/T 3649—2008）

牌号	化学成分(质量分数)/%							
	Mo	Si	S	P	C	Cu	Sb	Sn
		≤						
FeMo70	65.0~75.0	2.0	0.08	0.05	0.10	0.5		
FeMo60-A	60.0~65.0	1.0	0.08	0.04	0.10	0.5	0.04	0.04
FeMo60-B	60.0~65.0	1.5	0.10	0.05	0.10	0.5	0.05	0.06
FeMo60-C	60.0~65.0	2.0	0.15	0.05	0.15	1.0	0.08	0.08
FeMo55-A	55.0~60.0	1.0	0.10	0.08	0.15	0.5	0.05	0.06
FeMo55-B	55.0~60.0	1.5	0.15	0.10	0.20	0.5	0.08	0.08

注：需方对表中化学成分或砷、锑、铋、锡、铅等元素有特殊要求时，由供需双方另行协商。

（2）粒度

钼铁以块状或粒状交货，其粒度要求应符号表3-18-26的规定。

表3-18-26 粒度要求（GB/T 3649—2008）

粒度组别	粒度/mm	粒度偏差(质量分数)/%	
		筛上物	筛下物
1	10~150	≤5	≤5
2	10~100		
3	10~50		
4	3~10		

注：需方对产品粒度如有特殊要求，可由供需双方另行协商。

18.3.8 锰硅合金（GB/T 4008—2008）

（1）牌号及化学成分

锰硅合金按锰、硅及其杂质含量的不同，分为8个牌号，其化学成分应符合表3-18-27的规定。

表 3-18-27　　锰硅合金的牌号及化学成分（GB/T 4008—2008）

牌号	化学成分(质量分数)/%						
	Mn	Si	C	P			S
				Ⅰ	Ⅱ	Ⅲ	
			≤				
FeMn64Si27	60.0~67.0	25.0~28.0	0.5	0.10	0.15	0.25	0.04
FeMn67Si23	63.0~70.0	22.0~25.0	0.7	0.10	0.15	0.25	0.04
FeMn68Si22	65.0~72.0	20.0~23.0	1.2	0.10	0.15	0.25	0.04
FeMn62Si23（FeMn64Si23）	60.0~<65.0	20.0~25.0	1.2	0.10	0.15	0.25	0.04
FeMn68Si18	65.0~72.0	17.0~20.0	1.8	0.10	0.15	0.25	0.04
FeMn62Si18（FeMn64Si18）	60.0~<65.0	17.0~20.0	1.8	0.10	0.15	0.25	0.04
FeMn68Si16	65.0~72.0	14.0~17.0	2.5	0.10	0.15	0.25	0.04
FeMn62Si17（FeMn64Si16）	60.0~<65.0	14.0~20.0	2.5	0.20	0.25	0.30	0.05

注：1. 括号中的牌号为旧牌号。
2. 需方对表中化学成分或砷、锑、铋、锡、铅等元素有特殊要求时，由供需双方另行协商。

(2) 粒度

锰硅合金以块状或粒状供货，其粒度范围及允许偏差应符号表 3-18-28 的规定。

表 3-18-28　　锰硅合金的粒度要求（GB/T 4008—2008）

等级	粒度范围/mm	偏差(质量分数)/%	
		筛上物	筛下物
		≤	
1	20~300	5	5
2	10~150	5	5
3	10~100	5	5
4	10~50	5	5

注：需方对产品粒度如有特殊要求，可由供需双方另行协商。

18.3.9　金属铬（GB/T 3211—2008）

(1) 牌号及化学成分

金属铬按铬及杂质含量不同，分为 JCr99.2、JCr99-A、JCr99-B、JCr98.5、JCr98 五个牌号，其化学成分应符合表 3-18-29 的规定。

表 3-18-29　　金属铬的牌号及化学成分（GB/T 3211—2008）

牌号	化学成分(质量分数)/%															
	Cr	Fe	Si	Al	Cu	C	S	P	Pb	Sn	Sb	Bi	As	N		H	O
														Ⅰ	Ⅱ		
	≥	≤															
JCr99.2	99.2	0.25	0.25	0.10	0.003	0.01	0.01	0.005	0.0005	0.0005	0.0008	0.0005	0.001	0.01		0.005	0.20
JCr99-A	99.0	0.30	0.25	0.30	0.005	0.01	0.01	0.005	0.0005	0.001	0.001	0.0005	0.001	0.02	0.03	0.005	0.30

续表

牌号	化学成分(质量分数)/%															
	Cr	Fe	Si	Al	Cu	C	S	P	Pb	Sn	Sb	Bi	As	N		H	O
														I	Ⅱ		
	≥	≤															
JCr99-B	99.0	0.40	0.30	0.30	0.01	0.02	0.02	0.01	0.0005	0.001	0.001	0.001	0.001	0.05		0.01	0.50
JCr98.5	98.5	0.50	0.40	0.50	0.01	0.03	0.02	0.01	0.0005	0.001	0.001	0.001	0.001	0.05		0.01	0.50
JCr98	98.0	0.80	0.40	0.80	0.02	0.05	0.03	0.01	0.001	0.001	0.001	0.001	0.001	—		—	—

注：1. 铬的质量分数为99.9%减去表中杂质实测值总和后的余量，其他未测杂质元素含量按0.1%计。

2. 表中的“—”表示该牌号产品中无该元素要求。

3. 需方对化学成分有特殊要求时，可有供需双方另行商定。

(2) 物理状态

① 金属铬以块状交货，最大块度应通过150mm×150mm筛孔，通过10mm×10mm筛孔的量不允许超过该批总质量的10%。

② 需方对粒度有特殊要求时，可由供需双方另行商定。

③ 金属铬表面应精整呈现铬金属的本色，断面致密无气孔，应不含有外部混入的杂物。

18.3.10 金属锰（GB/T 2774—2006）

(1) 分类

金属锰按冶炼方法分为电硅热法金属锰和电解重熔法金属锰两类。

(2) 牌号表示方法

牌号分别以“JMn××-×”和“JCMn××-×”表示。

其中：“JMn”表示电硅热法金属锰，“JCMn”表示电解重熔法金属锰，“C”表示重熔法的“重”，“××”表示主元素的质量百分数，“-×”用A、B区分表示杂质含量的不同。

(3) 牌号及化学成分

① 电硅热法金属锰按锰以及杂质含量的不同，分为8个牌号，其化学成分应符合表3-18-30的规定。

表3-18-30 电硅热法金属锰的化学成分（GB/T 2774—2006）

牌号	化学成分(质量分数)/%					
	Mn	C	Si	Fe	P	S
	≥	≤				
JMn98	98.0	0.05	0.3	1.5	0.03	0.02
JMn97-A	97.0	0.05	0.4	2.0	0.03	0.02
JMn97-B	97.0	0.08	0.6	2.0	0.04	0.03
JMn96-A	96.5	0.05	0.5	2.3	0.03	0.02
JMn96-B	96.0	0.10	0.8	2.3	0.04	0.03
JMn95-A	95.0	0.15	0.5	2.8	0.03	0.02
JMn95-B	95.0	0.15	0.8	3.0	0.04	0.03
JMn93	93.5	0.20	1.5	3.0	0.04	0.03

② 电解重熔法金属锰按锰以及杂质含量的不同，分为3个牌号，其化学成分应符合表3-18-31的规定。

表 3-18-31　　电解重熔法金属锰的化学成分（GB/T 2774—2006）

牌号	化学成分(质量分数)/%					
	Mn	C	Si	Fe	P	S
	≥	≤				
JCMn98	98.0	0.04	0.3	1.5	0.02	0.04
JCMn97	97.0	0.05	0.4	2.0	0.03	0.04
JCMn95	95.0	0.06	0.5	3.0	0.04	0.05

③ 需方对化学成分有特殊要求时，可由供需双方另行商定。

④ 金属锰以 93%含锰量作为基准量。

(4) 物理状态

① 金属锰应呈块状交货，最大块重应不超过 10kg，小于 10mm×10mm 的质量不得超过总质量的 5%，如用户需要可提供 10~50mm、10~40mm 等不同粒度范围的产品，其筛上物和筛下物的允许量可由供需双方商定。

② 成品不应有目视可见的炉渣和其他非金属夹杂物，但允许其表面有防粘砂材料的痕迹存在。

18.4　铸　　铁

18.4.1　球墨铸铁件（GB/T 1348—2009）

(1) 球墨铸铁牌号

铸件材料牌号是通过测定下列试样的力学性能而确定的：

a. 单铸试样：从单铸试块上截取加工而成的试样。

b. 附铸试样：从附铸在铸件或浇注系统上的试块截取加工而成的试样。

c. 本体试样：从铸件本体上截取加工而成的试样。

铸件材料牌号等级是依照从单铸试样、附铸试样或本体试样测出的力学性能而定义的。

球墨铸铁牌号按 GB/T 5612 的规定，分为单铸试块和附铸试块两类。

① 按单铸试块的力学性能分为 14 个牌号，见表 3-18-32 和表 3-18-33。

表 3-18-32　　单铸试样的力学性能（GB/T 1348—2009）

材料牌号	抗拉强度 R_m/MPa min	屈服强度 $R_{p0.2}$ /MPa　min	伸长率 A/% min	布氏硬度 (HBW)	主要基体组织
QT350-22L	350	220	22	≤160	铁素体
QT350-22R	350	220	22	≤160	铁素体
QT350-22	350	220	22	≤160	铁素体
QT400-18L	400	240	18	120~175	铁素体
QT400-18R	400	250	18	120~175	铁素体
QT400-18	400	250	18	120~175	铁素体
QT400-15	400	250	15	120~180	铁素体
QT450-10	450	310	10	160~210	铁素体
QT500-7	500	320	7	170~230	铁素体+珠光体
QT550-5	550	350	5	180~250	铁素体+珠光体
QT600-3	600	370	3	190~270	珠光体+铁素体

续表

材料牌号	抗拉强度 R_m/MPa min	屈服强度 $R_{p0.2}$ /MPa min	伸长率 A/% min	布氏硬度 (HBW)	主要基体组织
QT700-2	700	420	2	225~305	珠光体
QT800-2	800	480	2	245~335	珠光体或索氏体
QT900-2	900	600	2	280~360	回火马氏体或屈氏体+索氏体

注：1. 如需求球铁 QT500-10 时，其性能要求见 GB/T 1348—2009 附录 A。

2. 字母“L”表示该牌号有低温（-20℃或-40℃）下的冲击性能要求；字母“R”表示该牌号有室温（23℃）下的冲击性能要求。

3. 伸长率是从原始标距 $L_0=5d$ 上测得的，d 是试样上原始标距处的直径。其他规格的标距见 GB/T 1348—2009 中 9.1 及附录 B。

表 3-18-33　**V 形缺口单铸试样的冲击功**（GB/T 1348—2009）

牌号	最小冲击功/J					
	室温(23±5)℃		低温(-20±2)℃		低温(-40±2)℃	
	三个试样平均值	个别值	三个试样平均值	个别值	三个试样平均值	个别值
QT350-22L	—	—	—	—	12	9
QT350-22R	17	14	—	—	—	—
QT400-18L	—	—	12	9	—	—
QT400-18R	14	11	—	—	—	—

注：1. 冲击功是从砂型铸造的铸件或者导热性与砂型相当的铸型中铸造的铸块上测得的。用其他方法生产的铸件的冲击功应满足经双方协商的修正值。

2. 这些材料牌号也可用于压力容器，其断裂韧性见 GB/T 1348—2009 附录 D。

② 按附铸试块的力学性能分为 14 个牌号，见表 3-18-34 和表 3-18-35。

表 3-18-34　**附铸试样的力学性能**（GB/T 1348—2009）

材料牌号	铸件壁厚 /mm	抗拉强度 R_m /MPa min	屈服强度 $R_{p0.2}$ /MPa min	伸长率 A/% min	布氏硬度 (HBW)	主要基体组织
QT350-22AL	≤30	350	220	22	≤160	铁素体
	>30~60	330	210	18		
	>60~200	320	200	15		
QT350-22AR	≤30	350	220	22	≤160	铁素体
	>30~60	330	220	18		
	>60~200	320	210	15		
QT350-22A	≤30	350	220	22	≤160	铁素体
	>30~60	330	210	18		
	>60~200	320	200	15		
QT400-18AL	≤30	380	240	18	120~175	铁素体
	>30~60	370	230	15		
	>60~200	360	220	12		

第3篇

续表

材料牌号	铸件壁厚/mm	抗拉强度 R_m/MPa min	屈服强度 $R_{p0.2}$/MPa min	伸长率 A/% min	布氏硬度(HBW)	主要基体组织
QT400-18AR	≤30	400	250	18	120～175	铁素体
	>30～60	390	250	15		
	>60～200	370	240	12		
QT400-18A	≤30	400	250	18	120～175	铁素体
	>30～60	390	250	15		
	>60～200	370	240	12		
QT400-15A	≤30	400	250	15	120～180	铁素体
	>30～60	390	250	14		
	>60～200	370	240	11		
QT450-10A	≤30	450	310	10	160～210	铁素体
	>30～60	420	280	9		
	>60～200	390	260	8		
QT500-7A	≤30	500	320	7	170～230	铁素体+珠光体
	>30～60	450	300	7		
	>60～200	420	290	5		
QT550-5A	≤30	550	350	5	180～250	铁素体+珠光体
	>30～60	520	330	4		
	>60～200	500	320	3		
QT600-3A	≤30	600	370	3	190～270	珠光体+铁素体
	>30～60	600	360	2		
	>60～200	550	340	1		
QT700-2A	≤30	700	420	2	225～305	珠光体
	>30～60	700	400	2		
	>60～200	650	380	1		
QT800-2A	≤30	800	480	2	245～335	珠光体或索氏体
	>30～60	由供需双方商定				
	>60～200					
QT900-2A	≤30	900	600	2	280～360	回火马氏体或索氏体+屈氏体
	>30～60	由供需双方商定				
	>60～200					

注：1. 从附铸试样测得的力学性能并不能准确地反映铸件本体的力学性能，但与单铸试样上测得的值相比更接近于铸件的实际性能值。

2. 伸长率在原始标距 $L_0=5d$ 上测得，d 是试样上原始标距处的直径，其他规格的标距，见 GB/T 1348—2009 中 9.1 及附录 B。

3. 如需球铁 QT500-10，其性能要求见 GB/T 1348—2009 中附录 A。

表 3-18-35　　V 形缺口附铸试样的冲击功（GB/T 1348—2009）

牌号	铸件壁厚/mm	最小冲击功/J					
		室温(23±5)℃		低温(-20±2)℃		低温(-40±2)℃	
		三个试样平均值	个别值	三个试样平均值	个别值	三个试样平均值	个别值
QT350-22AR	≤60	17	14	—	—	—	—
	>60~200	15	12	—	—	—	—
QT350-22AL	≤60	—	—	—	—	12	9
	>60~200	—	—	—	—	10	7
QT400-18AR	≤60	14	11	—	—	—	—
	>60~200	12	9	—	—	—	—
QT400-18AL	≤60	—	—	12	9	—	—
	>60~200	—	—	10	7	—	—

注：从附铸试样测得的力学性能并不能准确地反映铸件本体的力学性能，但与单铸试棒上测得的值相比更接近于铸件的实际性能值。

③ 铸件本体试样性能。取样部位及要达到的性能指标，由供需双方商定。本体试样的屈服强度参考值见表 3-18-36。

表 3-18-36　　从铸件本体上切取试样的屈服强度参考值

材料牌号	不同壁厚 t 下的 0.2%时的屈服强度 $R_{p0.2}$/MPa　min			
	t≤50mm	50mm<t≤80mm	80mm<t≤120mm	120mm<t≤200mm
QT400-15	250	240	230	230
QT500-7	290	280	270	260
QT550-5	320	310	300	290
QT600-3	360	340	330	320
QT700-2	400	380	370	360

④ 按硬度分类。只有供需双方协商一致后，才可按硬度进行分类，见表 3-18-37。

表 3-18-37　　按硬度分类

材料牌号	布氏硬度范围（HBW）	其他性能①	
		抗拉强度 R_m/MPa　min	屈服强度 $R_{p0.2}$/MPa　min
QT-130HBW	<160	350	220
QT-150HBW	130~175	400	250
QT-155HBW	135~180	400	250
QT-185HBW	160~210	450	310
QT-200HBW	170~230	500	320
QT-215HBW	180~250	550	350
QT-230HBW	190~270	600	370
QT-265HBW	225~305	700	420
QT-300HBW	245~335	800	480
QT-330HBW	270~360	900	600

① 当硬度作为检验项目时，这些性能值供参考。

注：300HBW 和 330HBW 不适用于厚壁铸件。

(2) 球墨铸铁的生产方法和化学成分

球墨铸铁的生产方法和化学成分由供方自行决定，生产方法和化学成分的选取必须要保证铸件材料满足GB/T 1348—2009 所规定的性能指标。球墨铸铁的化学成分不作为铸件验收的依据。

(3) 球墨铸铁 QT500-10

① 适用范围：适用于高硅含量且最小抗拉强度 R_m=500MPa 的 QT500-10 和 HBW200 的球墨铸铁件。

球墨铸铁 QT500-10 相对于 QT500-7 而言，具有较好的机械加工性能。

② 球墨铸铁 QT500-10 的力学性能见表 3-18-38。

表 3-18-38　**球墨铸铁 QT500-10 的力学性能**

材料牌号	铸件壁厚 t/mm	抗拉强度 R_m/MPa min	屈服强度 $R_{p0.2}$/MPa min	伸长率 A/% min
单铸试棒				
QT500-10	—	500	360	10
附铸试棒				
QT500-10A	≤30	500	360	10
	>30~60	490	360	9
	>60~200	470	350	7

③ 按硬度分类情况见表 3-18-39。

表 3-18-39　**按硬度分类情况**

材料牌号	硬度（HBW）	抗拉强度 R_m/MPa min	屈服强度 $R_{p0.2}$/MPa min
QT-200HBWZ①	185~215	500	360

① Z 表示此牌号与表 3-18-37 按硬度分类的 QT-200HBW 的布氏硬度值不同。

18.4.2　可锻铸铁（GB/T 9440—2010）

(1) 可锻铸铁的分类、牌号

按因化学成分、热处理工艺而导致的性能和金相组织的不同分为两类：黑心可锻铸铁和珠光体可锻铸铁；白心可锻铸铁。

① 黑心可锻铸铁和珠光体可锻铸铁

a. 黑心可锻铸铁　金相组织主要是铁素体基体+团絮状石墨。

b. 珠光体可锻铸铁　金相组织主要是珠光体基体+团絮状石墨。

② 白心可锻铸铁　金相组织取决于断面尺寸。

(2) 黑心可锻铸铁和珠光体可锻铸铁的牌号及其力学性能

表 3-18-40　**黑心可锻铸铁和珠光体可锻铸铁的力学性能**（GB/T 9440—2010）

牌号	试样直径 d①②/mm	抗拉强度 R_m/MPa min	0.2%屈服强度 $R_{p0.2}$/MPa min	伸长率 $A(L_0=3d)$/% min	布氏硬度（HBW）
KTH 275-05③	12 或 15	275	—	5	≤150
KTH 300-06③	12 或 15	300	—	6	
KTH 330-08	12 或 15	330	—	8	
KTH 350-10	12 或 15	350	200	10	
KTH 370-12	12 或 15	370	—	12	

续表

牌号	试样直径 d①② /mm	抗拉强度 R_m/MPa min	0.2%屈服强度 $R_{p0.2}$/MPa min	伸长率 $A(L_0=3d)$/% min	布氏硬度 (HBW)
KTZ 450-06	12或15	450	270	6	150~200
KTZ 500-05	12或15	500	300	5	165~215
KTZ 550-04	12或15	550	340	4	180~230
KTZ 600-03	12或15	600	390	3	195~245
KTZ 650-02④⑤	12或15	650	430	2	210~260
KTZ 700-02	12或15	700	530	2	240~290
KTZ 800-01④	12或15	800	600	1	270~320

① 如果需方没有明确要求，供方可以任意选取两种试棒直径中的一种。
② 试样直径代表同样壁厚的铸件，如果铸件为薄壁件，供需双方可以协商选取直径6mm或者9mm试样。
③ KTH 275-05和KTH 300-06为专门用于保证压力密封性能，而不要求高强度或者高延展性的工作条件的。
④ 油淬加回火。
⑤ 空冷加回火。

(3) 白心可锻铸铁的牌号及其力学性能

表 3-18-41 白心可锻铸铁的力学性能（GB/T 9440—2010）

牌号	试样直径 d/mm	抗拉强度 R_m/MPa min	0.2%屈服强度 $R_{p0.2}$/MPa min	伸长率 $A(L_0=3d)$/% min	布氏硬度 (HBW) max
KTB 350-04	6	270	—	10	230
	9	310	—	5	
	12	350	—	4	
	15	360	—	3	
KTB 360-12	6	280	—	16	200
	9	320	170	15	
	12	360	190	12	
	15	370	200	7	
KTB 400-05	6	300	—	12	220
	9	360	200	8	
	12	400	220	5	
	15	420	230	4	
KTB 450-07	6	330	—	12	220
	9	400	230	10	
	12	450	260	7	
	15	480	280	4	
KTB 550-04	6	—	—	—	250
	9	490	310	5	
	12	550	340	4	
	15	570	350	3	

注：1. 所有级别的白心可锻铸铁均可以焊接。
2. 对于小尺寸的试样，很难判断其屈服强度，屈服强度的检测方法和数值由供需双方在签订订单时商定。
3. 试样直径同表3-18-40注中①②。

(4) 可锻铸铁的生产方式和化学成分

可锻铸铁的生产方式可由供方选定，但应保证达到订货协议的要求。可锻铸铁的化学成分由供方选定，化学成分不作为验收的依据。

18.4.3 耐热铸铁件（GB/T 9437—2009）

(1) 适用范围

适用于砂型铸造或导热性与砂型相仿的铸型中浇注而成的且工作在1100℃以下的耐热铸铁件。

(2) 耐热铸铁件的牌号及化学成分

表 3-18-42 耐热铸铁件的牌号及化学成分（GB/T 9437—2009）

铸铁牌号	化学成分(质量分数)/%						
	C	Si	Mn	P	S	Cr	Al
			不大于				
HTRCr	3.0~3.8	1.5~2.5	1.0	0.10	0.08	0.50~1.00	—
HTRCr2	3.0~3.8	2.0~3.0	1.0	0.10	0.08	1.00~2.00	—
HTRCr16	1.6~2.4	1.5~2.2	1.0	0.10	0.05	15.00~18.00	—
HTRSi5	2.4~3.2	4.5~5.5	0.8	0.10	0.08	0.5~1.00	—
QTRSi4	2.4~3.2	3.5~4.5	0.7	0.07	0.015	—	—
QTRSi4Mo	2.7~3.5	3.5~4.5	0.5	0.07	0.015	Mo0.5~0.9	—
QTRSi4Mo1	2.7~3.5	4.0~4.5	0.3	0.05	0.015	Mo1.0~1.5	Mg0.01~0.05
QTRSi5	2.4~3.2	4.5~5.5	0.7	0.07	0.015	—	—
QTRAl4Si4	2.5~3.0	3.5~4.5	0.5	0.07	0.015	—	4.0~5.0
QTRAl5Si5	2.3~2.8	4.5~5.2	0.5	0.07	0.015	—	5.0~5.8
QTRAl22	1.6~2.2	1.0~2.0	0.7	0.07	0.015	—	20.0~24.0

(3) 耐热铸铁件的力学性能

表 3-18-43 耐热铸铁件的室温力学性能和用途（GB/T 9437—2009）

铸铁牌号	最小抗拉强度 R_m/MPa	硬度(HBW)	铸铁牌号	最小抗拉强度 R_m/MPa	硬度(HBW)
HTRCr	200	189~288	QTRSi4Mol	550	200~240
HTRCr2	150	207~288	QTRSi5	370	228~302
HTRCr16	340	400~450	QTRAl4Si4	250	285~341
HTRSi5	140	160~270	QTRAl5Si5	200	302~363
QTRSi4	420	143~187	QTRAl22	300	241~364
QTRSi4Mo	520	188~241			

注：允许用热处理方法达到上述性能。

表 3-18-44 耐热铸铁的高温短时抗拉强度

铸铁牌号	在下列温度时的最小抗拉强度 R_m/MPa					铸铁牌号	在下列温度时的最小抗拉强度 R_m/MPa				
	500℃	600℃	700℃	800℃	900℃		500℃	600℃	700℃	800℃	900℃
HTRCr	225	144	—	—	—	QTRSi4Mo1	—	—	101	46	—
HTRCr2	243	166	—	—	—	QTRSi5	—	—	67	30	—
HTRCr16	—	—	—	144	88	QTRAl4Si4	—	—	—	82	32
HTRSi5	—	—	41	27	—	QTRAl5Si5	—	—	—	167	75
QTRSi4	—	—	75	35	—	QTRAl22	—	—	—	130	77
QTRSi4Mo	—	—	101	46	—						

(4) 耐热铸铁的使用条件及应用举例

表 3-18-45　　耐热铸铁的使用条件及应用举例

铸铁牌号	使用条件	应用举例
HTRCr	在空气炉气中,耐热温度到 550℃。具有高的抗氧化性和体积稳定性	适用于急冷急热的,薄壁,细长件。用于炉条、高炉支梁式水箱、金属型、玻璃模等
HTRCr2	在空气炉气中,耐热温度到 600℃。具有高的抗氧化性和体积稳定性	适用于急冷急热的,薄壁,细长件。用于煤气炉内灰盆、矿山烧结车挡板等
HTRCr16	在空气炉气中耐热温度到 900℃。具有高的室温及高温强度,高的抗氧化性,但常温脆性较大。耐硝酸的腐蚀	可在室温及高温下作抗磨件使用。用于退火罐、煤粉烧嘴、炉栅、水泥焙烧炉零件、化工机械等零件
HTRSi5	在空气炉气中,耐热温度到 700℃。耐热性较好,承受机械和热冲击能力较差	用于炉条、煤粉烧嘴、锅炉用梳形定位析、换热器针状管、二硫化碳反应瓶等
QTRSi4	在空气炉气中耐热温度到 650℃。力学性能抗裂性较RQTSi5 好	用于玻璃窑烟道闸门、玻璃引上机墙板、加热炉两端管架等
QTRSi4Mo	在空气炉气中耐热温度到 680℃。高温力学性能较好	用于内燃机排气歧管、罩式退火炉导向器、烧结机中后热筛板、加热炉吊梁等
QTRSi4Mo1	在空气炉气中耐热温度到 800℃。高温力学性能好	用于内燃机排气歧管、罩式退火炉导向器、烧结机中后热筛板、加热炉吊梁等
QTRSi5	在空气炉气中耐热温度到 800℃。常温及高温性能显著优于 RTSi5	用于煤粉烧嘴、炉条、辐射管、烟道闸门、加热炉中间管架等
QTRAl4Si4	在空气炉气中耐热温度到 900℃。耐热性良好	适用于高温轻载荷下工作的耐热件。用于烧结机篦条、炉用件等
QTRAl5Si5	在空气炉气中耐热温度到 1050℃。耐热性良好	
QTRAl22	在空气炉气中耐热温度到 1100℃。具有优良的抗氧化能力,较高的室温和高温强度,韧性好,抗高温硫蚀性好	适用于高温(1100℃)、载荷较小、温度变化较缓的工件。用于锅炉用侧密封块、链式加热炉炉爪、黄铁矿焙烧炉零件等

18.4.4 灰铸铁件（GB/T 9439—2010）

(1) 灰铸铁的牌号和力学性能

依据直径 ϕ30mm 单铸试棒加工的标准拉伸试样所测得的最小抗拉强度值，将灰铸铁分为 HT100、HT150、HT200、HT225、HT250、HT275、HT300 和 HT350 八个牌号，见表 3-18-46。

表 3-18-46　　灰铸铁的牌号和力学性能（GB/T 9439—2010）

牌号	铸件壁厚 /mm		最小抗拉强度 R_m(强制性值) min		铸件本体预期抗拉强度 R_m /MPa min
	>	≤	单铸试棒 /MPa	附铸试棒或试块 /MPa	
HT100	5	40	100	—	—
HT150	5	10	150	—	155
	10	20		—	130
	20	40		120	110
	40	80		110	95
	80	150		100	80
	150	300		90	—

续表

牌号	铸件壁厚/mm		最小抗拉强度 R_m(强制性值) min		铸件本体预期抗拉强度 R_m /MPa min
	>	≤	单铸试棒/MPa	附铸试棒或试块/MPa	
HT200	5	10	200	—	205
	10	20		—	180
	20	40		170	155
	40	80		150	130
	80	150		140	115
	150	300		*130*	—
HT225	*5*	*10*	225	—	230
	10	20		—	200
	20	40		190	170
	40	80		170	150
	80	150		155	135
	150	300		*145*	—
HT250	5	10	250	—	250
	10	20		—	225
	20	40		210	195
	40	80		190	170
	80	150		170	155
	150	300		*160*	—
HT275	10	20	275	—	250
	20	40		230	220
	40	80		205	190
	80	150		190	175
	150	300		*175*	—
HT300	10	20	300	—	270
	20	40		250	240
	40	80		220	210
	80	150		210	*195*
	150	300		*190*	—
HT350	10	20	350	—	315
	20	40		290	280
	40	80		260	250
	80	150		230	225
	150	300		*210*	—

注：1. 当铸件壁厚超过 300mm 时，其力学性能由供需双方商定。

2. 当某牌号的铁液浇注壁厚均匀、形状简单的铸件时，壁厚变化引起抗拉强度的变化，可从本表查出参考数据；当铸件壁厚不均匀，或有型芯时，此表只能给出不同壁厚处大致的抗拉强度值，铸件的设计应根据关键部位的实测值进行。

3. 表中斜体字数值表示指导值，其余抗拉强度值均为强制性值，铸件本体预期抗拉强度值不作为强制性值。

(2) 灰铸铁的硬度等级及铸件硬度

灰铸铁的硬度等级分为六个等级，见表 3-18-47。

表 3-18-47　灰铸铁的硬度等级及铸件硬度

硬度等级	铸件主要壁厚/mm		铸件上的硬度范围(HBW)	
	>	≤	min	max
H155	5	10	—	185
	10	20	—	170
	20	40	—	160
	40	**80**	—	**155**
H175	5	10	140	225
	10	20	125	205
	20	40	110	185
	40	**80**	**100**	**175**
H195	4	5	190	275
	5	10	170	260
	10	20	150	230
	20	40	125	210
	40	**80**	**120**	**195**
H215	5	10	200	275
	10	20	180	255
	20	40	160	235
	40	**80**	**145**	**215**
H235	10	20	200	275
	20	40	180	255
	40	**80**	**165**	**235**
H255	20	40	200	275
	40	**80**	**185**	**255**

注：1. 各硬度等级的硬度是指主要壁厚 $t>40$mm 且壁厚 $t\leq80$mm 的上限硬度值。

2. 黑体数字表示与该硬度等级所对应的主要壁厚的最大和最小硬度值。

3. 在供需双方商定的铸件某位置上，铸件硬度差可以控制在 40HBW 硬度值范围内。

表 3-18-48　单铸试棒的抗拉强度和硬度值

牌号	最小抗拉强度 R_m(min)/MPa	布氏硬度(HBW)	牌号	最小抗拉强度 R_m(min)/MPa	布氏硬度(HBW)
HT100	100	≤170	HT250	250	180~250
HT150	150	125~205	HT275	275	190~260
HT200	200	150~230	HT300	300	200~275
HT225	225	170~240	HT350	350	220~290

18.5 铸　钢

18.5.1 铸钢牌号表示方法（GB/T 5613—2014）

(1) 铸钢代号

铸钢代号用“铸”和“钢”两字的汉语拼音的第一个大写正体字母“ZG”表示。

当要表示铸钢的特殊性能时，可以用代表铸钢特殊性能的汉语拼音的第一个大写正体字母排列在铸钢代号的后面。

铸钢代号及实例见表 3-18-49。

表 3-18-49　　　　各种铸钢名称、代号及牌号表示方法实例

铸钢名称	代号	牌号表示方法实例	铸钢名称	代号	牌号表示方法实例
铸造碳钢	ZG	ZG270-500	耐蚀铸钢	ZGS	ZGS06Cr16Ni5Mo
焊接结构用铸钢	ZGH	ZGH230-450	耐磨铸钢	ZGM	ZGM30CrMnSiMo
耐热铸钢	ZGR	ZGR40Cr25Ni20			

(2) 元素符号、名义含量及力学性能

铸钢牌号中主要合金元素符号用国际化学元素符号表示，混合稀土元素用符号“RE”表示。名义含量及力学性能用阿拉伯数字表示。

其含量修约规则执行 GB/T 8170—2008《数值修约规则与极限数值的表示和判定》。

(3) 以力学性能表示的铸钢牌号

在牌号中“ZG”后面的两组数字表示力学性能，第一组数字表示该牌号铸钢的屈服强度最低值，第二组数字表示其抗拉强度最低值，单位均为 MPa。两组数字间用“-”隔开。

(4) 以化学成分表示的铸钢牌号

当以化学成分表示铸钢的牌号时，碳含量（质量分数）以及合金元素符号和含量（质量分数）排列在铸钢代号“ZG”之后。

在牌号中“ZG”后面以一组（两位或三位）阿拉伯数字表示铸钢的名义碳含量（以万分之几计）。

平均碳含量<0.1%的铸钢，其第一位数字为“0”，牌号中名义碳含量用上限表示；碳含量≥0.1%的铸钢，牌号中名义碳含量用平均碳含量表示。

在名义碳含量后面排列各主要合金元素符号，在元素符号后用阿拉伯数字表示合金元素名义含量（以百分之几计）。合金元素平均含量<1.50%时，牌号中只标明元素符号，一般不标明含量；合金元素平均含量为1.50%~2.49%、2.50%~3.49%、3.50%~4.49%、4.50%~5.49%、…时，在合金元素符号后面相应写成 2、3、4、5、…。

当主要合金元素多于三种时，可以在牌号中只标注前两种或前三种元素的名义含量值；各元素符号的标注顺序按它们的平均含量的递减顺序排列。若两种或多种元素平均含量相同，则按元素符号的英文字母顺序排列。

铸钢中常规的锰、硅、磷、硫等元素一般在牌号中不标明。

在特殊情况下，当同一牌号分几个品种时，可在牌号后面用“-”隔开，用阿拉伯数字标注品种序号。

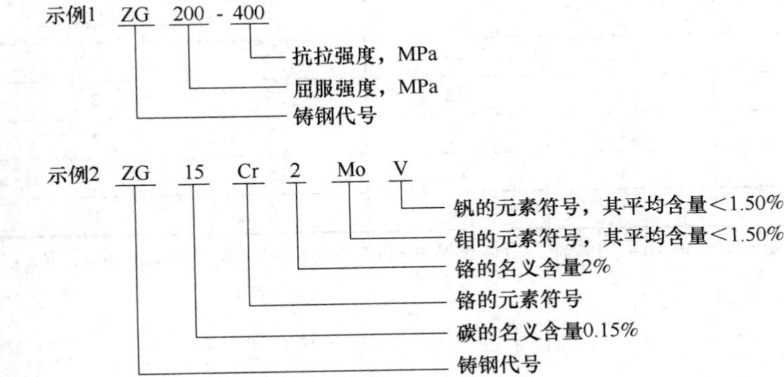

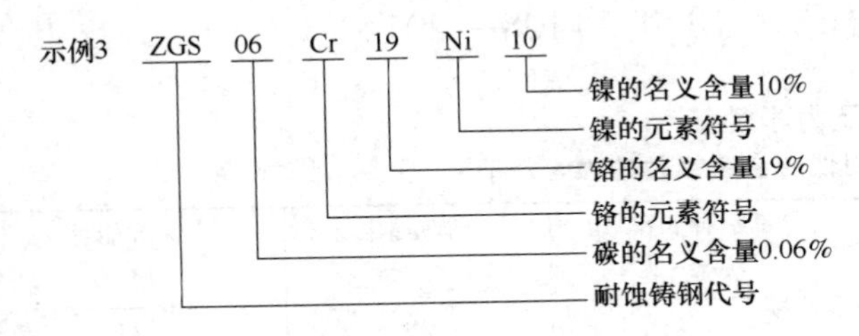

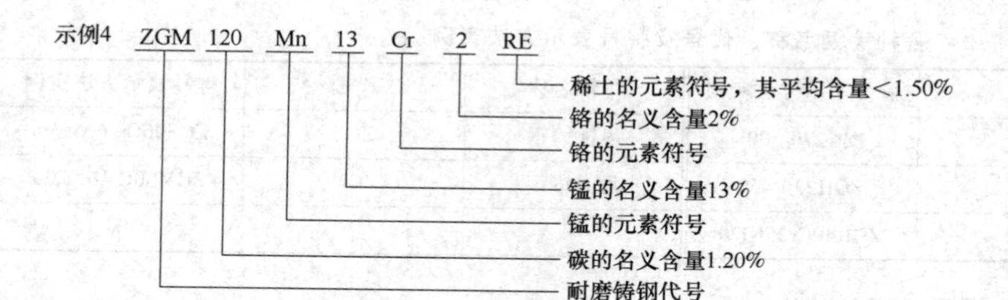

18.5.2 一般工程用铸造碳钢件（GB/T 11352—2009）

(1) 一般工程用铸造碳钢件的牌号及化学成分

表 3-18-50　　一般工程用铸造碳钢件的牌号及化学成分　　%

牌号	C	Si	Mn	S	P	残余元素					
						Ni	Cr	Cu	Mo	V	残余元素总量
ZG 200-400	0.20	0.60	0.80	0.035	0.035	0.40	0.35	0.40	0.20	0.05	1.00
ZG 230-450	0.30		0.90								
ZG 270-500	0.40										
ZG 310-570	0.50										
ZG 340-640	0.60										

注：1. 对上限减少 0.01%的碳，允许增加 0.04%的锰，对 ZG 200-400 的锰最高至 1.00%，其余四个牌号锰最高至 1.20%。
2. 除另有规定外，残余元素不作为验收依据。

(2) 一般工程用铸造碳钢件的力学性能

表 3-18-51　　一般工程用铸造碳钢件的力学性能

牌号	屈服强度 $R_{eH}(R_{p0.2})$/MPa ≥	抗拉强度 R_m/MPa ≥	伸长率 A_5/% ≥	根据合同选择		
				断面收缩率 Z/% ≥	冲击吸收功 A_{kV}/J ≥	冲击吸收功 A_{kU}/J ≥
ZG 200-400	200	400	25	40	30	47
ZG 230-450	230	450	22	32	25	35
ZG 270-500	270	500	18	25	22	27
ZG 310-570	310	570	15	21	15	24
ZG 340-640	340	640	10	18	10	16

注：1. 表中所列的各牌号性能，适应于厚度为 100mm 以下的铸件。当铸件厚度超过 100mm 时，表中规定的 R_{eH}（$R_{p0.2}$）屈服强度仅供设计使用。
2. 表中冲击吸收功 A_{kU} 的试样缺口为 2mm。

18.5.3 一般工程与结构用低合金铸钢（GB/T 14408—2014）

(1) 一般工程与结构用低合金铸钢的牌号及力学性能

表 3-18-52　　一般工程与结构用低合金铸钢件的力学性能

材料牌号	屈服强度 $R_{p0.2}$ /MPa ≥	抗拉强度 R_m /MPa ≥	断后伸长率 A_5 /% ≥	断面收缩率 Z /% ≥	冲击吸收能量 A_{kV} /J ≥
ZGD270-480	270	480	18	38	25
ZGD290-510	290	510	16	35	25

续表

材料牌号	屈服强度 $R_{p0.2}$ /MPa ≥	抗拉强度 R_m /MPa ≥	断后伸长率 A_5 /% ≥	断面收缩率 Z /% ≥	冲击吸收能量 A_{kV} /J ≥
ZGD345-570	345	570	14	35	20
ZGD410-620	410	620	13	35	20
ZGD535-720	535	720	12	30	18
ZGD650-830	650	830	10	25	18
ZGD730-910	730	910	8	22	15
ZGD840-1030	840	1030	6	20	15
ZGD1030-1240	1030	1240	5	20	22
ZGD1240-1450	1240	1450	4	15	18

(2) 一般工程与结构用低合金铸钢的化学成分

表 3-18-53 一般工程与结构用低合金铸钢件的化学成分（质量分数） %

材料牌号	S ≤	P ≤	材料牌号	S ≤	P ≤
ZGD270-480	0.040	0.040	ZGD650-830	0.040	0.040
ZGD290-510			ZGD730-910	0.035	0.035
ZGD345-570			ZGD840-1030		
ZGD410-620			ZGD1030-1240	0.020	0.020
ZGD535-720			ZGD1240-1450		

18.5.4 一般用途耐蚀钢铸件（GB/T 2100—2017）

(1) 一般用途耐蚀钢铸件的牌号及化学成分

表 3-18-54 通用耐腐蚀钢铸件的化学成分

序号	牌号	化学成分(质量分数)/%								
		C	Si	Mn	P	S	Cr	Mo	Ni	其他
1	ZG15Cr13	0.15	0.80	0.80	0.035	0.025	11.50~13.50	0.50	1.00	
2	ZG20Cr13	0.16~0.24	1.00	0.60	0.035	0.025	11.50~14.00	—	—	
3	ZG10Cr13Ni2Mo	0.10	1.00	1.00	0.035	0.025	12.00~13.50	0.20~0.50	1.00~2.00	
4	ZG06Cr13Ni4Mo	0.06	1.00	1.00	0.035	0.025	12.00~13.50	0.70	3.50~5.00	Cu0.50,V0.05 W0.10
5	ZG06Cr13Ni4	0.06	1.00	1.00	0.035	0.025	12.00~13.00	0.70	3.50~5.00	
6	ZG06Cr16Ni5Mo	0.06	0.80	1.00	0.035	0.025	15.00~17.00	0.70~1.50	4.00~6.00	
7	ZG10Cr12Ni1	0.10	0.40	0.50~0.80	0.030	0.020	11.5~12.50	0.50	0.8~1.5	Cu0.30 V0.30
8	ZG03Cr19Ni11	0.03	1.50	2.00	0.035	0.025	18.00~20.00	—	9.00~12.00	N0.20
9	ZG03Cr19Ni11N	0.03	1.50	2.00	0.040	0.030	18.00~20.00	—	9.00~12.00	N0.12~0.20
10	ZG07Cr19Ni10	0.07	1.50	1.50	0.040	0.030	18.00~20.00	—	8.00~11.00	
11	ZG07Cr19Ni11Nb	0.07	1.50	1.50	0.040	0.030	18.00~20.00	—	9.00~12.00	Nb8C~1.00

续表

序号	牌号	化学成分(质量分数)/%								
		C	Si	Mn	P	S	Cr	Mo	Ni	其他
12	ZG03Cr19Ni11Mo2	0.03	1.50	2.00	0.035	0.025	18.00~20.00	2.00~2.50	9.00~12.00	N0.20
13	ZG03Cr19Ni11Mo2N	0.03	1.50	2.00	0.035	0.030	18.00~20.00	2.00~2.50	9.00~12.00	N0.10~0.20
14	ZG05Cr26Ni6Mo2N	0.05	1.00	2.00	0.035	0.025	25.00~27.00	1.30~2.00	4.50~6.50	N0.12~0.20
15	ZG07Cr19Ni11Mo2	0.07	1.50	1.50	0.040	0.030	18.00~20.00	2.00~2.50	9.00~12.00	
16	ZG07Cr19Ni11Mo2Nb	0.07	1.50	1.50	0.040	0.030	18.00~20.00	2.00~2.50	9.00~12.00	Nb8C~1.00
17	ZG03Cr19Ni11Mo3	0.03	1.50	1.50	0.040	0.030	18.00~20.00	3.00~3.50	9.00~12.00	
18	ZG03Cr19Ni11Mo3N	0.03	1.50	1.50	0.040	0.030	18.00~20.00	3.00~3.50	9.00~12.00	N0.10~0.20
19	ZG03Cr22Ni6Mo3N	0.03	1.00	2.00	0.035	0.025	21.00~23.00	2.50~3.50	4.50~6.50	N0.12~0.20
20	ZG03Cr25Ni7Mo4WCuN	0.03	1.00	1.50	0.030	0.020	24.00~26.00	3.00~4.00	6.00~8.50	Cu1.00 N0.15~0.25 W1.00
21	ZG03Cr26Ni7Mo4CuN	0.03	1.00	1.00	0.035	0.025	25.00~27.00	3.00~5.00	6.00~8.00	N0.12~0.22 Cu1.30
22	ZG07Cr19Ni12Mo3	0.07	1.50	1.50	0.040	0.030	18.00~20.00	3.00~3.50	10.00~13.00	
23	ZG025Cr20Ni25Mo7Cu1N	0.025	1.00	2.00	0.035	0.020	19.00~21.00	6.00~7.00	24.00~26.00	N0.15~0.25 Cu0.50~1.50
24	ZG025Cr20Ni19Mo7CuN	0.025	1.00	1.20	0.030	0.010	19.50~20.50	6.00~7.00	17.50~19.50	N0.18~0.24 Cu0.50~1.00
25	ZG03Cr26Ni6Mo3Cu3N	0.03	1.00	1.50	0.035	0.025	24.50~26.50	2.50~3.50	5.00~7.00	N0.12~0.22 Cu2.75~3.50
26	ZG03Cr26Ni6Mo3Cu1N	0.03	1.00	2.00	0.030	0.020	24.50~26.50	2.50~3.50	5.50~7.00	N0.12~0.25 Cu0.80~1.30
27	ZG03Cr26Ni6Mo3N	0.03	1.00	2.00	0.035	0.025	24.50~26.50	2.50~3.50	5.50~7.00	N0.12~0.25

注：表中的单个值为最大值。

(2) 一般用途耐蚀钢铸件的力学性能

表 3-18-55　通用耐蚀钢铸件的室温力学性能

序号	牌号	厚度 t/mm ≤	屈服强度 $R_{p0.2}$ /MPa ≥	抗拉强度 R_m/MPa ≥	伸长率 A/% ≥	冲击吸收能量 KV_2/J ≥
1	ZG15Cr13	150	450	620	15	20
2	ZG20Cr13	150	390	590	15	20
3	ZG10Cr13Ni2Mo	300	440	590	15	27
4	ZG06Cr13Ni4Mo	300	550	760	15	50
5	ZG06Cr13Ni4	300	550	750	15	50
6	ZG06Cr16Ni5Mo	300	540	760	15	60
7	ZG10Cr12Ni1	150	355	540	18	45
8	ZG03Cr19Ni11	150	185	440	30	80
9	ZG03Cr19Ni11N	150	230	510	30	80

续表

序号	牌号	厚度 t/mm ≤	屈服强度 $R_{p0.2}$ /MPa ≥	抗拉强度 R_m/MPa ≥	伸长率 A/% ≥	冲击吸收能量 KV_2/J ≥
10	ZG07Cr19Ni10	150	175	440	30	60
11	ZG07Cr19Ni11Nb	150	175	440	25	40
12	ZG03Cr19Ni11Mo2	150	195	440	30	80
13	ZG03Cr19Ni11Mo2N	150	230	510	30	80
14	ZG05Cr26Ni6Mo2N	150	420	600	20	30
15	ZG07Cr19Ni11Mo2	150	185	440	30	60
16	ZG07Cr19Ni11Mo2Nb	150	185	440	25	40
17	ZG03Cr19Ni11Mo3	150	180	440	30	80
18	ZG03Cr19Ni11Mo3N	150	230	510	30	80
19	ZG03Cr22Ni6Mo3N	150	420	600	20	30
20	ZG03Cr25Ni7Mo4WCuN	150	480	650	22	50
21	ZG03Cr26Ni7Mo4CuN	150	480	650	22	50
22	ZG07Cr19Ni12Mo3	150	205	440	30	60
23	ZG025Cr20Ni25Mo7Cu1N	50	210	480	30	60
24	ZG025Cr20Ni19Mo7CuN	50	260	500	35	50
25	ZG03Cr26Ni6Mo3Cu3N	150	480	650	22	60
26	ZG03Cr26Ni6Mo3Cu1N	200	480	650	22	60
27	ZG03Cr26Ni6Mo3N	150	480	650	22	50

18.6 碳素钢和合金钢

18.6.1 钢铁产品牌号表示方法（GB/T 221—2008）

表 3-18-56 常用化学元素符号表（GB/T 221—2008）

元素名称	化学元素符号	元素名称	化学元素符号	元素名称	化学元素符号	元素名称	化学元素符号
铁	Fe	锂	Li	钐	Sm	铝	Al
锰	Mn	铍	Be	锕	Ac	铌	Nb
铬	Cr	镁	Mg	硼	B	钽	Ta
镍	Ni	钙	Ca	碳	C	镧	La
钴	Co	锆	Zr	硅	Si	铈	Ce
铜	Cu	锡	Sn	硒	Se	钕	Nd
钨	W	铅	Pb	碲	Te	氮	N
钼	Mo	铋	Bi	砷	As	氧	O
钒	V	铯	Cs	硫	S	氢	H
钛	Ti	钡	Ba	磷	P	—	—

注：混合稀土元素符号用“RE”表示。

（1）碳素结构钢和低合金结构钢的牌号表示方法

碳素钢和低合金结构钢的牌号通常由四部分组成：

第一部分：前缀符号+强度值（以 N/mm^2 或 MPa 为单位），其中通用结构钢前缀符号为代表屈服强度的拼音的字母“Q”，专用结构钢的前缀符号见表 3-18-57。

第二部分（必要时）：钢的质量等级，用英文字母 A、B、C、D、E、F、…表示。

第三部分（必要时）：脱氧方式表示符号，即沸腾钢、半镇静钢、镇静钢、特殊镇静钢分别以“F”“b”“Z”“TZ”表示。镇静钢、特殊镇静钢表示符号通常可以省略。

第四部分（必要时）：产品用途、特性和工艺方法表示符号，见表 3-18-58。

示例见表 3-18-59。

根据需要，低合金高强度结构钢的牌号也可以采用两位阿拉伯数字（表示平均含碳量，以万分之几计）加规定的元素符号及必要时加代表产品用途、特性和工艺方法的表示符号，按顺序表示。

例如：碳含量为 0.15%～0.26%、锰含量为 1.20%～1.60%的矿用钢牌号为 20MnK。

表 3-18-57　　专用结构钢的前缀符号（GB/T 221—2008）

产品名称	采用的汉字及汉语拼音或英文单词			采用字母	位置
	汉字	汉语拼音	英文单词		
热轧光圆钢筋	热轧光圆钢筋	—	hot rolled plain bars	HPB	牌号头
热轧带肋钢筋	热轧带肋钢筋	—	hot rolled ribbed bars	HRB	牌号头
细晶粒热轧带肋钢筋	热轧带肋钢筋+细	—	hot rolled ribbed bars+fine	HRBF	牌号头
冷轧带肋钢筋	冷轧带肋钢筋	—	cold rolled ribbed bars	CRB	牌号头
预应力混凝土用螺纹钢筋	预应力、螺纹、钢筋	—	prestressing、screw、bars	PSB	牌号头
焊接气瓶用钢	焊瓶	HAN PING	—	HP	牌号头
管线用钢	管线	—	line	L	牌号头
船用锚链钢	船锚	CHUAN MAO	—	CM	牌号头
煤机用钢	煤	MEI	—	M	牌号头

表 3-18-58　　产品用途、特性和工艺方法表示符号（GB/T 221—2008）

产品名称	采用的汉字及汉语拼音或英文单词			采用字母	位置
	汉字	汉语拼音	英文单词		
锅炉和压力容器用钢	容	RONG	—	R	牌号尾
锅炉用钢（管）	锅	GUO	—	G	牌号尾
低温压力容器用钢	低容	DI RONG	—	DR	牌号尾
桥梁用钢	桥	QIAO	—	Q	牌号尾
耐候钢	耐候	NAI HOU	—	NH	牌号尾
高耐候钢	高耐候	GAO NAI HOU	—	GNH	牌号尾
汽车大梁用钢	梁	LIANG	—	L	牌号尾
高性能建筑结构用钢	高建	GAO JIAN	—	GJ	牌号尾
低焊接裂纹敏感性钢	低焊接裂纹敏感性	—	crack free	CF	牌号尾
保证淬透性钢	淬透性	—	hardenability	H	牌号尾
矿用钢	矿	KUANG	—	K	牌号尾
船用钢	采用国际符号				

第3篇

表 3-18-59　碳素结构钢和低合金结构钢的牌号表示方法示例（GB/T 221—2008）

序号	产品名称	第一部分	第二部分	第三部分	第四部分	牌号示例
1	碳素结构钢	最小屈服强度 235MPa	A 级	沸腾钢	—	Q235AF
2	低合金高强度结构钢	最小屈服强度 345MPa	D 级	特殊镇静钢	—	Q345D
3	热轧光圆钢筋	屈服强度特征值 235MPa	—	—	—	HPB235
4	热轧带肋钢筋	屈服强度特征值 335MPa	—	—	—	HRB335
5	细晶粒热轧带肋钢筋	屈服强度特征值 335MPa	—	—	—	HRBF335
6	冷轧带肋钢筋	最小抗拉强度 550MPa	—	—	—	CRB550
7	预应力混凝土用螺纹钢筋	最小屈服强度 830MPa	—	—	—	PSB830
8	焊接气瓶用钢	最小屈服强度 345MPa	—	—	—	HP345
9	管线用钢	最小规定总延伸强度 415MPa	—	—	—	L415
10	船用锚链钢	最小抗拉强度 370MPa	—	—	—	CM370
11	煤机用钢	最小抗拉强度 510MPa	—	—	—	M510
12	锅炉和压力容器用钢	最小屈服强度 345MPa	—	特殊镇静钢	压力容器“容”的汉语拼音首位字母“R”	Q345R

(2) 优质碳素结构钢和优质碳素弹簧钢的牌号表示方法

① 优质碳素结构钢牌号通常由五部分组成：

第一部分：以两位阿拉伯数字表示平均碳含量（以万分之几计）；

第二部分（必要时）：较高含锰量的优质碳素结构钢，加锰元素符号 Mn；

第三部分（必要时）：钢材冶金质量，即高级优质钢、特级优质钢分别以 A、E 表示，优质钢不用字母表示；

第四部分（必要时）：脱氧方式表示符号，即沸腾钢、半镇静钢、镇静钢分别以“F”“b”“Z”表示，但镇静钢表示符号通常可以省略；

第五部分（必要时）：产品用途、特性和工艺方法表示符号，见表 3-18-58。

示例见表 3-18-59。

② 优质碳素弹簧钢的牌号表示方法与优质碳素结构钢相同。示例见表 3-18-60。

表 3-18-60　优质碳素结构钢和优质碳素弹簧钢的牌号表示方法示例（GB/T 221—2008）

序号	产品名称	第一部分	第二部分	第三部分	第四部分	第五部分	牌号示例
1	优质碳素结构钢	碳含量：0.05%～0.11%	锰含量：0.25%～0.50%	优质钢	沸腾钢	—	08F
2	优质碳素结构钢	碳含量：0.47%～0.55%	锰含量：0.50%～0.80%	高级优质钢	镇静钢	—	50A
3	优质碳素结构钢	碳含量：0.48%～0.56%	锰含量：0.70%～1.00%	特级优质钢	镇静钢	—	50MnE
4	保证淬透性用钢	碳含量：0.42%～0.50%	锰含量：0.50%～0.85%	高级优质钢	镇静钢	保证淬透性钢表示符号“H”	45AH
5	优质碳素弹簧钢	碳含量：0.62%～0.70%	锰含量：0.90%～1.20%	优质钢	镇静钢	—	65Mn

(3) 易切削钢的牌号表示方法

易切削钢牌号通常由三部分组成：

第一部分：易切削钢表示符号“Y”。

第二部分：以两位阿拉伯数字表示平均碳含量（以万分之几计）。

第三部分：易切削元素符号，如含钙、铅、锡等易切削元素的易切削钢分别以 Ca、Pb、Sn 表示。加硫和加硫磷易切削钢，通常不加易切削元素符号 S、P。较高锰含量的加硫和加硫磷易切削钢，本部分为锰元素符号 Mn。为区分牌号，对较高硫含量的易切削钢，在牌号尾部加硫元素符号 S。

例如：碳含量为 0.42%~0.50%、钙含量为 0.002%~0.006%的易切削钢，其牌号表示为 Y45Ca；碳含量为 0.40%~0.48%、锰含量为 1.35%~1.65%、硫含量为 0.16%~0.24%的易切削钢，其牌号表示为 Y45Mn；碳含量为 0.40%~0.48%、锰含量为 1.35%~1.65%、硫含量为 0.24%~0.32%的易切削钢，其牌号表示为 Y45MnS。

(4) 合金结构钢和合金弹簧钢牌号表示方法

① 合金结构钢牌号通常由四部分组成：

第一部分：以两位阿拉伯数字表示平均碳含量（以万分之几计）。

第二部分：合金元素含量，以化学元素符号及阿拉伯数字表示。具体表示方法为：平均含量小于 1.50%时，牌号中仅标明元素，一般不标明含量；平均含量为 1.50%~2.49%、2.50%~3.49%、3.50%~4.49%、4.50%~5.49%、…时，在合金元素后相应写成 2、3、4、5、…。

注：化学元素符号的排列顺序推荐按含量值递减排列。如果两个或多个元素的含量相等，相应符号位置按英文字母的顺序排列。

第三部分：钢材冶金质量，即高级优质钢、特级优质钢分别以 A、E 表示，优质钢不用字母表示。

第四部分（必要时）：产品用途、特性和工艺方法表示符号，见表 3-18-58。

示例见表 3-18-61。

② 合金弹簧钢牌号表示方法与合金结构钢相同，示例见表 3-18-61。

表 3-18-61　合金结构钢和合金弹簧钢牌号表示方法（GB/T 221—2008）

序号	产品名称	第一部分	第二部分	第三部分	第四部分	牌号示例
1	合金结构钢	碳含量：0.22%~0.29%	铬含量 1.50%~1.80%、钼含量 0.25%~0.35%、钒含量 0.15%~0.30%	高级优质钢	—	25Cr2MoVA
2	锅炉和压力容器用钢	碳含量：≤0.22%	锰含量 1.20%~1.60%、钼含量 0.45%~0.65%、铌含量 0.025%~0.050%	特级优质钢	锅炉和压力容器用钢	18MnMoNbER
3	优质弹簧钢	碳含量：0.56%~0.64%	硅含量 1.60%~2.00%、锰含量 0.70%~1.00%	优质钢	—	60Si2Mn

(5) 车辆车轴及机车车辆用钢的牌号表示方法

车辆车轴及机车车辆用钢牌号通常由两部分组成：

第一部分：车辆车轴用钢表示符号“LZ”或机车车辆用钢表示符号“JZ”；

第二部分：以两位阿拉伯数字表示平均碳含量（以万分之几计）。

示例见表 3-18-62。

(6) 非调质机械结构钢的牌号表示方法

非调质机械结构钢牌号通常由四部分组成：

第一部分：非调质机械结构钢表示符号“F”。

第二部分：以两位阿拉伯数字表示平均碳含量（以万分之几计）。

第三部分：合金元素含量，以化学元素符号及阿拉伯数字表示。表示方法同合金结构钢第二部分。

第四部分（必要时）：改善切削性能的非调质机械结构钢加硫元素符号 S。

示例见表 3-18-62。

(7) 工具钢的牌号表示方法

工具钢通常分为碳素工具钢、合金工具钢、高速工具钢三类。

① 碳素工具钢牌号通常由四部分组成：

第一部分：碳素工具钢表示符号“T”；

第二部分：阿拉伯数字表示平均碳含量（以千分之几计）；

第三部分（必要时）：较高含锰量碳素工具钢，加锰元素符号 Mn；

第四部分（必要时）：钢材冶金质量，即高级优质碳素工具钢以 A 表示，优质钢不用字母表示。

示例见表 3-18-62。

② 合金工具钢牌号通常由两部分组成：

第一部分：平均碳含量小于 1.00%时，采用一位数字表示碳含量（以千分之几计）。平均碳含量不小于 1.00%时不标明碳含量数字。

第二部分：合金元素含量，以化学元素符号及阿拉伯数字表示。表示方法同合金结构钢第二部分；低铬（平均铬含量小于 1%）合金工具钢，在铬含量（以千分之几计）前加数字“0”。

示例见表 3-18-62。

③ 高速工具钢牌号表示方法：

高速工具钢牌号表示方法于合金结构钢相同，但在牌号头部一般不标明表示碳含量的阿拉伯数字。为了区别牌号，在牌号头部可以加“C”表示高碳高速工具钢。

示例见表 3-18-62。

（8）轴承钢的牌号表示方法

轴承钢分为高碳铬轴承钢、渗碳轴承钢、高碳铬不锈轴承钢和高温轴承钢等四大类。

① 高碳铬轴承钢牌号通常由两部分组成：

第一部分：（滚珠）轴承钢表示符号“G”，但不标明碳含量。

第二部分：合金元素“Cr”符号及其含量（以千分之几计）。其他合金元素含量，以化学元素符号及阿拉伯数字表示，表示方法同合金结构钢第二部分。

示例见表 3-18-62。

② 渗碳轴承钢牌号表示方法：

在牌号头部加符号“G”，采用合金结构钢的牌号表示方法。高级优质渗碳轴承钢，在牌号尾部加“A”。

例如：碳含量为 0.17%~0.23%、铬含量为 0.35%~0.65%、镍含量为 0.40%~0.70%、钼含量为 0.15%~0.30%的高级优质渗碳轴承钢，其牌号表示为 G20CrNiMoA。

③ 高碳铬不锈轴承钢和高温轴承钢牌号表示方法：

在牌号头部加符号“G”，采用不锈钢和耐热钢的牌号表示方法。

例如：碳含量为 0.90%~1.00%、铬含量为 17.0%~19.0%的高碳铬不锈轴承钢，其牌号表示为 G95Cr18。碳含量为 0.75%~0.85%、铬含量为 3.75%~4.25%、钼含量为 4.00%~4.50%的高温轴承钢，其牌号表示为 G80Cr4Mo4V。

（9）钢轨钢、冷镦钢的牌号表示方法

钢轨钢、冷镦钢牌号通常由三部分组成：

第一部分：钢轨钢表示符号“U”、冷镦钢（铆螺钢）表示符号“ML”。

第二部分：以阿拉伯数字表示平均碳含量，优质碳素结构钢同优质碳素结构钢第一部分；合金结构钢同合金结构钢第一部分。

第三部分：合金元素含量，以化学元素符号及阿拉伯数字表示，表示方法同合金结构钢第二部分。

示例见表 3-18-62。

（10）不锈钢和耐热钢的牌号表示方法

牌号采用表 3-18-56 规定的化学元素符号和表示各元素含量的阿拉伯数字表示。各元素含量的阿拉伯数字表示应符合下列规定。

① 碳含量　用两位或三位阿拉伯数字表示碳含量最佳控制值（以万分之几或十万分之几计）。

a. 只规定碳含量上限者，当碳含量上限不大于 0.10%时，以其上限的 3/4 表示碳含量；当碳含量上限大于 0.10%时，以其上限的 4/5 表示碳含量。

例如：碳含量上限为 0.08%，碳含量以 06 表示；碳含量上限为 0.20%，碳含量以 16 表示；碳含量上限为 0.15%，碳含量以 12 表示。

b. 对超低碳不锈钢（即碳含量不大于 0.030%），用三位阿拉伯数字表示碳含量最佳控制值（以十万分之几计）。

例如：碳含量上限为 0.030%时，其牌号中的碳含量以 022 表示；碳含量上限为 0.020%，其牌号中的碳含量以 015 表示。

c. 规定上、下限者，以平均碳含量×100 表示。

例如：碳含量上限为 0.16%~0.25%时，其牌号中的碳含量以 20 表示。

② 合金元素含量　合金元素含量以化学元素符号及阿拉伯数字表示，表示方法同合金结构钢第二部分。钢中有意加入的铌、钛、锆、氮等合金元素，虽然含量很低，也应在牌号中标出。

例如：碳含量不大于 0.08%、铬含量为 18.00%~20.00%、镍含量为 8.00%~11.00%的不锈钢，牌号为 06Cr19Ni10。碳含量不大于 0.030%、铬含量为 16.00%~19.00%、钛含量为 0.10%~1.00%的不锈钢，牌号为 022Cr18Ti。碳含量为 0.15%~0.25%、铬含量为 14.00%~16.00%、锰含量为 14.00%~16.00%、镍含量为 1.50%~3.00%、氮含量为 0.15%~0.30%的不锈钢，牌号为 20Cr15Mn15Ni2N。碳含量为不大于 0.25%、铬含量为 24.00%~26.00%、镍含量为 19.00%~22.00%的耐热钢，牌号为 20Cr25Ni20。

(11) 焊接用钢的牌号表示方法

焊接用钢包括焊接用碳素钢、焊接用合金钢和焊接用不锈钢。焊接用钢牌号通常由两部分组成：

第一部分：焊接用钢表示符号“H”。

第二部分：各类焊接用钢牌号表示方法。其中优质碳素结构钢、合金结构钢和不锈钢应分别符合前述各自的规定。

示例见表 3-18-62。

(12) 冷轧电工钢的牌号表示方法

冷轧电工钢分为取向电工钢和无取向电工钢，牌号通常由三部分组成：

第一部分：材料公称厚度（单位：mm）100 倍的数字。

第二部分：普通级取向电工钢表示符号“Q”、高磁导率级取向电工钢表示符号“QG”或无取向电工钢表示符号“W”。

第三部分：取向电工钢，磁极化强度在 1.7T 和频率在 50Hz，以 W/kg 为单位及相应厚度产品的最大比总损耗值的 100 倍；无取向电工钢，磁极化强度在 1.5T 和频率在 50Hz，以 W/kg 为单位及相应厚度产品的最大比总损耗值的 100 倍。

例如：公称厚度为 0.30mm、比总损耗 $P_{1.7/50}$ 为 1.30W/kg 的普通级取向电工钢，牌号为 30Q130。公称厚度为 0.30mm、比总损耗 $P_{1.7/50}$ 为 1.10W/kg 的高磁导率级取向电工钢，牌号为 30QG110。公称厚度为 0.50mm、比总损耗 $P_{1.5/50}$ 为 4.0W/kg 的无取向电工钢，牌号为 50W400。

(13) 电磁纯铁的牌号表示方法

电磁纯铁的牌号通常由三部分组成：

第一部分：电磁纯铁表示符号“DT”。

第二部分：以阿拉伯数字表示不同牌号的顺序号。

第三部分：根据电磁性能不同，分别采用加质量等级表示符号“A”“C”“E”。

示例见表 3-18-62。

(14) 原料纯铁的牌号表示方法

原料纯铁的牌号通常由两部分组成：

第一部分：原料纯铁表示符号“YT”。

第二部分：以阿拉伯数字表示不同牌号的顺序号。

示例见表 3-18-62。

(15) 高电阻电热合金的牌号表示方法

高电阻电热合金的牌号采用表 3-18-56 规定的化学元素符号和阿拉伯数字表示。牌号表示方法与不锈钢和耐热钢的牌号表示方法相同（镍铬基合金不标出含碳量）。

例如：铬含量为 18.00%~21.00%、镍含量为 34.00%~37.00%、碳含量不大于 0.08%的合金（其余为铁），其牌号表示为 06Cr20Ni35。

(16) 多类钢牌号表示方法示例

表 3-18-62　多类钢牌号表示方法示例（GB/T 221—2008）

章条号	产品名称	第一部分			第二部分	第三部分	第四部分	牌号示例
		汉字	汉语拼音	采用字母				
3.5	车辆车轴用钢	辆轴	LiANG ZHOU	LZ	碳含量:0.40%~0.48%	—	—	LZ45
3.5	机车车辆用钢	机轴	JI ZHOU	JZ	碳含量:0.40%~0.48%	—	—	JZ45
3.7	非调质机械结构钢	非	FEI	F	碳含量:0.32%~0.39%	钒含量:0.06%~0.13%	硫含量0.035%~0.075%	F35VS
3.8.1	碳素工具钢	碳	TAN	T	碳含量:0.80%~0.90%	锰含量:0.40%~0.60%	高级优质钢	T8MnA
3.8.2	合金工具钢	碳含量:0.85%~0.95%			硅含量:1.20%~1.60% 铬含量:0.95%~1.25%	—	—	9SiCr
3.8.3	高速工具钢	碳含量:0.80%~0.90%			钨含量:5.50%~6.75% 钼含量:4.50%~5.50% 铬含量:3.80%~4.40% 钒含量:1.75%~2.20%	—	—	W6Mo5Cr4V2
3.8.3	高速工具钢	碳含量:0.86%~0.94%			钨含量:5.90%~6.70% 钼含量:4.70%~5.20% 铬含量:3.80%~4.50% 钒含量:1.75%~2.10%	—	—	CW6Mo5Cr4V2
3.9.1	高碳铬轴承钢	滚	GUN	G	铬含量:1.40%~1.65%	硅含量:0.45%~0.75% 锰含量:0.95%~1.25%	—	GCr15SiMn
3.10	钢轨钢	轨	GUI	U	碳含量:0.66%~0.74%	硅含量:0.85%~1.15% 锰含量:0.85%~1.15%	—	U70MnSi
3.10	冷镦钢	铆螺	MAO LUO	ML	碳含量:0.26%~0.34%	铬含量:0.80%~1.10% 钼含量:0.15%~0.25%	—	ML30CrMo
3.12	焊接用钢	焊	HAN	H	碳含量:≤0.10%的高级优质碳素结构钢	—	—	H08A
3.12	焊接用钢	焊	HAN	H	碳含量:≤0.10% 铬含量:0.80%~1.10% 钼含量:0.40%~0.60% 的高级优质合金结构钢	—	—	H08CrMoA
3.14	电磁纯铁	电铁	DIAN TIE	DT	顺序号 4	磁性能 A 级	—	DT4A
3.15	原料纯铁	原铁	YUAN TIE	YT	顺序号 1	—	—	YT1

18.6.2 碳素结构钢（GB/T 700—2006）

(1) 牌号表示方法和符号

① 牌号表示方法：钢的牌号由代表屈服强度的字母、屈服强度数值、质量等级符号、脱氧方法符号等4个部分按顺序组成。例如：Q235AF。

② 符号：

Q：钢材屈服强度“屈”字汉语拼音首位字母；

A、B、C、D：分别为质量等级；

F：沸腾钢“沸”字汉语拼音首位字母；

Z：镇静钢“镇”字汉语拼音首位字母；

TZ：特殊镇静钢“特镇”两字汉语拼音首位字母。

在牌号组成表示方法中，“Z”与“TZ”符号可以省略。

(2) 碳素结构钢牌号和化学成分（熔炼分析）

表 3-18-63　　碳素结构钢的化学成分（GB/T 700—2006）

<table>
<tr><th rowspan="2">牌号</th><th rowspan="2">统一数字代号①</th><th rowspan="2">等级</th><th rowspan="2">厚度(或直径)/mm</th><th rowspan="2">脱氧方法</th><th colspan="5">化学成分(质量分数)/%　≤</th></tr>
<tr><th>C</th><th>Si</th><th>Mn</th><th>P</th><th>S</th></tr>
<tr><td>Q195</td><td>U11952</td><td>—</td><td>—</td><td>F、Z</td><td>0.12</td><td>0.30</td><td>0.50</td><td>0.035</td><td>0.040</td></tr>
<tr><td rowspan="2">Q215</td><td>U12152</td><td>A</td><td rowspan="2">—</td><td rowspan="2">F、Z</td><td rowspan="2">0.15</td><td rowspan="2">0.35</td><td rowspan="2">1.20</td><td rowspan="2">0.045</td><td>0.050</td></tr>
<tr><td>U12155</td><td>B</td><td>0.045</td></tr>
<tr><td rowspan="4">Q235</td><td>U12352</td><td>A</td><td rowspan="4">—</td><td rowspan="2">F、Z</td><td>0.22</td><td rowspan="4">0.35</td><td rowspan="4">1.40</td><td rowspan="2">0.045</td><td>0.050</td></tr>
<tr><td>U12355</td><td>B</td><td>0.20②</td><td>0.045</td></tr>
<tr><td>U12358</td><td>C</td><td>Z</td><td rowspan="2">0.17</td><td>0.040</td><td>0.040</td></tr>
<tr><td>U12359</td><td>D</td><td>TZ</td><td>0.035</td><td>0.035</td></tr>
<tr><td rowspan="5">Q275</td><td>U12752</td><td>A</td><td>—</td><td>F、Z</td><td>0.24</td><td rowspan="5">0.35</td><td rowspan="5">1.50</td><td>0.045</td><td>0.050</td></tr>
<tr><td rowspan="2">U12755</td><td rowspan="2">B</td><td>≤40</td><td rowspan="2">Z</td><td>0.21</td><td rowspan="2">0.045</td><td rowspan="2">0.045</td></tr>
<tr><td>>40</td><td>0.22</td></tr>
<tr><td>U12758</td><td>C</td><td rowspan="2">—</td><td>Z</td><td rowspan="2">0.20</td><td>0.040</td><td>0.040</td></tr>
<tr><td>U12759</td><td>D</td><td>TZ</td><td>0.035</td><td>0.035</td></tr>
</table>

① 表中为镇静钢、特殊镇静钢牌号的统一数字，沸腾钢牌号的统一数字代号如下：

Q195F—U11950；

Q215AF—U12150，Q215BF—U12153；

Q235AF—U12350，Q235BF—U12353；

Q275AF—U12750。

② 经需方同意，Q235B的碳含量可不大于0.22%。

注：1. D级钢应有足够细化晶粒的元素，并在质量证明书中注明细化晶粒元素的含量。当采用铝脱氧时，钢中酸溶铝含量应不小于0.015%，或总铝含量应不小于0.020%。

2. 钢中残余元素铬、镍、铜含量应各不大于0.30%，氮含量应不大于0.008%。如供方能保证均可不做分析。

3. 氮含量允许超过注2的规定值，但氮含量每增加0.001%，磷的最大含量应减少0.005%，熔炼分析氮的最大含量应不大于0.012%；如果钢中的酸溶铝含量不小于0.015%或总铝含量不小于0.020%，氮含量的上限值可以不受限制。固定氮的元素应在质量证明书中注明。

4. 经需方同意，A级钢的铜含量可不大于0.35%。此时，供方应做铜含量的分析，并在质量证明书中注明其含量。

5. 钢中砷的含量应不大于0.080%。用含砷矿冶炼生铁所冶炼的钢，砷含量由供需双方协议规定。如原料中不含砷，可不做砷的分析。

6. 在保证钢材力学性能符合本标准规定的情况下，各牌号A级钢的碳、锰、硅含量可以不作为交货条件，但其含量应在质量证明书中注明。

(3) 碳素结构钢力学性能

表 3-18-64　　钢材的拉伸和冲击试验（GB/T 700—2006）

牌号	等级	屈服强度①R_{eH}/MPa ≥						抗拉强度② R_m/MPa	断后伸长率 A/% ≥					冲击试验(V形缺口)	
		厚度(或直径)/mm							厚度(或直径)/mm					温度/℃	冲击吸收功(纵向)/J ≥
		≤16	>16~40	>40~60	>60~100	>100~150	>150~200		≤40	>40~60	>60~100	>100~150	>150~200		
Q195	—	195	185	—	—	—	—	315~430	33	—	—	—	—	—	—
Q215	A	215	205	195	185	175	165	335~450	31	30	29	27	26	—	—
	B													+20	27
Q235	A	235	225	215	215	195	185	370~500	26	25	24	22	21	—	—
	B													+20	27③
	C													0	
	D													-20	
Q275	A	275	265	255	245	225	215	410~540	22	21	20	18	17	—	—
	B													+20	27
	C													0	
	D													-20	

① Q195 的屈服强度值仅供参考，不作交货条件。

② 厚度大于 100mm 的钢材，抗拉强度下限允许降低 20N/mm^2。宽带钢（包括剪切钢板）抗拉强度上限不作交货条件。

③ 厚度小于 25mm 的 Q235B 级钢材，如供方能保证冲击吸收功值合格，经需方同意，可不作检验。

表 3-18-65　　钢材的弯曲试验（GB/T 700—2006）

牌号	试样方向	冷弯试验 180°　$B=2a$①		牌号	试样方向	冷弯试验 180°　$B=2a$①	
		钢材厚度(或直径)②/mm				钢材厚度(或直径)②/mm	
		≤60	>60~100			≤60	>60~100
		弯心直径 d				弯心直径 d	
Q195	纵	0	—	Q235	纵	a	$2a$
	横	$0.5a$			横	$1.5a$	$2.5a$
Q215	纵	$0.5a$	$1.5a$	Q275	纵	$1.5a$	$2.5a$
	横	a	$2a$		横	$2a$	$3a$

① B 为试样宽度，a 为试样厚度（或直径）。

② 钢材厚度（或直径）大于 100mm 时，弯曲试验由双方协商确定。

注：1. 用 Q195 和 Q235B 级沸腾钢轧制的钢材，其厚度（或直径）不大于 25mm。

2. 如供方能保证冷弯试验符合表中的规定，可不作检验；A 级钢冷弯试验合格时，抗拉强度上限可以不作为交货条件。

18.6.3 优质碳素结构钢（GB/T 699—2015）

(1) 优质碳素结构钢的钢棒的分类

① 钢棒按使用加工方法分下列两类：

a. 压力加工用钢 UP：

- 热加工用钢 UHP；
- 顶锻用钢 UF；
- 冷拔坯料用钢 UCD。

b. 切削加工用钢 UC。

② 钢棒按表面种类分为下列五类：

a. 压力加工表面 SPP；

b. 酸洗 SA；

c. 喷丸（砂）SS；

d. 剥皮 SF；

e. 磨光 SP。

(2) 牌号及化学成分

表 3-18-66　优质碳素结构钢的牌号、统一数字代号及化学成分

序号	统一数字代号	牌号	化学成分(质量分数)/%							
			C	Si	Mn	P	S	Cr	Ni	Cu①
						≤				
1	U20082	08②	0.05~0.11	0.17~0.37	0.35~0.65	0.035	0.035	0.10	0.30	0.25
2	U20102	10	0.07~0.13	0.17~0.37	0.35~0.65	0.035	0.035	0.15	0.30	0.25
3	U20152	15	0.12~0.18	0.17~0.37	0.35~0.65	0.035	0.035	0.25	0.30	0.25
4	U20202	20	0.17~0.23	0.17~0.37	0.35~0.65	0.035	0.035	0.25	0.30	0.25
5	U20252	25	0.22~0.29	0.17~0.37	0.50~0.80	0.035	0.035	0.25	0.30	0.25
6	U20302	30	0.27~0.34	0.17~0.37	0.50~0.80	0.035	0.035	0.25	0.30	0.25
7	U20352	35	0.32~0.39	0.17~0.37	0.50~0.80	0.035	0.035	0.25	0.30	0.25
8	U20402	40	0.37~0.44	0.17~0.37	0.50~0.80	0.035	0.035	0.25	0.30	0.25
9	U20452	45	0.42~0.50	0.17~0.37	0.50~0.80	0.035	0.035	0.25	0.30	0.25
10	U20502	50	0.47~0.55	0.17~0.37	0.50~0.80	0.035	0.035	0.25	0.30	0.25
11	U20552	55	0.52~0.60	0.17~0.37	0.50~0.80	0.035	0.035	0.25	0.30	0.25
12	U20602	60	0.57~0.65	0.17~0.37	0.50~0.80	0.035	0.035	0.25	0.30	0.25
13	U20652	65	0.62~0.70	0.17~0.37	0.50~0.80	0.035	0.035	0.25	0.30	0.25
14	U20702	70	0.67~0.75	0.17~0.37	0.50~0.80	0.035	0.035	0.25	0.30	0.25
15	U20702	75	0.72~0.80	0.17~0.37	0.50~0.80	0.035	0.035	0.25	0.30	0.25
16	U20802	80	0.77~0.85	0.17~0.37	0.50~0.80	0.035	0.035	0.25	0.30	0.25
17	U20852	85	0.82~0.90	0.17~0.37	0.50~0.80	0.035	0.035	0.25	0.30	0.25
18	U21152	15Mn	0.12~0.18	0.17~0.37	0.70~1.00	0.035	0.035	0.25	0.30	0.25
19	U21202	20Mn	0.17~0.23	0.17~0.37	0.70~1.00	0.035	0.035	0.25	0.30	0.25
20	U21252	25Mn	0.22~0.29	0.17~0.37	0.70~1.00	0.035	0.035	0.25	0.30	0.25
21	U21302	30Mn	0.27~0.34	0.17~0.37	0.70~1.00	0.035	0.035	0.25	0.30	0.25
22	U21352	35Mn	0.32~0.39	0.17~0.37	0.70~1.00	0.035	0.035	0.25	0.30	0.25
23	U21402	40Mn	0.37~0.44	0.17~0.37	0.70~1.00	0.035	0.035	0.25	0.30	0.25
24	U21452	45Mn	0.42~0.50	0.17~0.37	0.70~1.00	0.035	0.035	0.25	0.30	0.25
25	U21502	50Mn	0.48~0.56	0.17~0.37	0.70~1.00	0.035	0.035	0.25	0.30	0.25
26	U21602	60Mn	0.57~0.65	0.17~0.37	0.70~1.00	0.035	0.035	0.25	0.30	0.25
27	U21652	65Mn	0.62~0.70	0.17~0.37	0.90~1.20	0.035	0.035	0.25	0.30	0.25
28	U21702	70Mn	0.67~0.75	0.17~0.37	0.90~1.20	0.035	0.035	0.25	0.30	0.25

① 热压力加工用钢铜含量应不大于 0.20%。

② 用铝脱氧的镇静钢，碳、锰含量下限不限，锰含量上限为 0.45%，硅含量不大于 0.03%，全铝含量为 0.020%~0.070%，此时牌号为 08Al。

注：未经用户同意不得有意加入本表中未规定的元素。应采取措施防止从废钢或其他原料中带入影响钢性能的元素。

(3) 力学性能

表 3-18-67　　优质碳素结构钢的力学性能

序号	牌号	试样毛坯尺寸①/mm	推荐的热处理制度③			力学性能					交货硬度(HBW)	
			正火	淬火	回火	抗拉强度 R_m/MPa	下屈服强度 R_{eL}④/MPa	断后伸长率 A/%	断面收缩率 Z/%	冲击吸收能量 KU_2/J	未热处理钢	退火钢
			加热温度/℃			≥					≤	
1	08	25	930	—	—	325	195	33	60	—	131	—
2	10	25	930	—	—	335	205	31	55	—	137	—
3	15	25	920	—	—	375	225	27	55	—	143	—
4	20	25	910	—	—	410	245	25	55	—	156	—
5	25	25	900	870	600	450	275	23	50	71	170	—
6	30	25	880	860	600	490	295	21	50	63	179	—
7	35	25	870	850	600	530	315	20	45	55	197	—
8	40	25	860	840	600	570	335	19	45	47	217	187
9	45	25	850	840	600	600	355	16	40	39	229	197
10	50	25	830	830	600	630	375	14	40	31	241	207
11	55	25	820	—	—	645	380	13	35	—	255	217
12	60	25	810	—	—	675	400	12	35	—	255	229
13	65	25	810	—	—	695	410	10	30	—	255	229
14	70	25	790	—	—	715	420	9	30	—	269	229
15	75	试样②	—	820	480	1080	880	7	30	—	285	241
16	80	试样②	—	820	480	1080	930	6	30	—	285	241
17	85	试样②	—	820	480	1130	980	6	30	—	302	255
18	15Mn	25	920	—	—	410	245	26	55	—	163	—
19	20Mn	25	910	—	—	450	275	24	50	—	197	—
20	25Mn	25	900	870	600	490	295	22	50	71	207	—
21	30Mn	25	880	860	600	540	315	20	45	63	217	187
22	35Mn	25	870	850	600	560	335	18	45	55	229	197
23	40Mn	25	860	840	600	590	355	17	45	47	229	207
24	45Mn	25	850	840	600	620	375	15	40	39	241	217
25	50Mn	25	830	830	600	645	390	13	40	31	255	217
26	60Mn	25	810	—	—	690	410	11	35	—	269	229
27	65Mn	25	830	—	—	735	430	9	30	—	285	229
28	70Mn	25	790	—	—	785	450	8	30	—	285	229

① 钢棒尺寸小于试样毛坯尺寸时，用原尺寸钢棒进行热处理。

② 留有加工余量的试样，其性能为淬火+回火状态下的性能。

③ 热处理温度允许调整范围：正火±30℃，淬火±20℃，回火±50℃；推荐保温时间：正火不少于 30min，空冷；淬火不少于 30min，75、80 和 85 钢油冷，其他钢棒水冷；600℃回火不少于 1h。

④ 当屈服现象不明显时，可用规定塑性延伸强度 $R_{p0.2}$ 代替。

注：1. 表中的力学性能适用于公称直径或厚度不大于 80mm 的钢棒。

2. 公称直径或厚度大于 80~250mm 的钢棒，允许其断后伸长率、断面收缩率比本表的规定分别降低 2%（绝对值）和 5%（绝对值）。

3. 公称直径或厚度大于 120~250mm 的钢棒允许改锻（轧）成 70~80mm 的试料取样检验，其结果应符合本表的规定。

18.6.4 工模具钢（GB/T 1299—2014）

（1）工模具钢的分类

① 工模具钢按用途分为八类：

a. 刃具模具用非合金钢；

b. 量具刃具用钢；

c. 耐冲击工具用钢；

d. 轧辊用钢；

e. 冷作模具用钢；

f. 热作模具用钢；

g. 塑料模具用钢；

h. 特殊用途模具用钢。

② 工模具钢按使用方法分为两类：

a. 压力加工用钢 UP：

- 热压力加工用钢 UHP；
- 冷压力加工用钢 UCP。

b. 切削加工用钢 UC。

③ 工模具钢按化学成分分为四类：

a. 非合金工具钢（牌号头带“T”）；

b. 合金工具钢；

c. 非合金模具钢（牌号头带“SM”）；

d. 合金模具钢。

注：非合金工具钢即为原碳素工具钢。

（2）工模具钢的牌号及化学成分

表 3-18-68　刃具模具用非合金钢的牌号及化学成分

序号	统一数字代号	牌号	化学成分（质量分数）/%		
			C	Si	Mn
1-1	T00070	T7	0.65~0.74	≤0.35	≤0.40
1-2	T00080	T8	0.75~0.84	≤0.35	≤0.40
1-3	T01080	T8Mn	0.80~0.90	≤0.35	0.40~0.60
1-4	T00090	T9	0.85~0.94	≤0.35	≤0.40
1-5	T00100	T10	0.95~1.04	≤0.35	≤0.40
1-6	T00110	T11	1.05~1.14	≤0.35	≤0.40
1-7	T00120	T12	1.15~1.24	≤0.35	≤0.40
1-8	T00130	T13	1.25~1.35	≤0.35	≤0.40

注：表中钢可供应高级优质钢，此时牌号后加“A”。

表 3-18-69　量具刃具用钢的牌号及化学成分

序号	统一数字代号	牌号	化学成分（质量分数）/%				
			C	Si	Mn	Cr	W
2-1	T31219	9SiCr	0.85~0.95	1.20~1.60	0.30~0.60	0.95~1.25	—
2-2	T30108	8MnSi	0.75~0.85	0.30~0.60	0.80~1.10	—	—
2-3	T30200	Cr06	1.30~1.45	≤0.40	≤0.40	0.50~0.70	—

续表

序号	统一数字代号	牌号	化学成分(质量分数)/%				
			C	Si	Mn	Cr	W
2-4	T31200	Cr2	0.95~1.10	≤0.40	≤0.40	1.30~1.65	—
2-5	T31209	5Cr2	0.80~0.95	≤0.40	≤0.40	1.30~1.70	—
2-6	T30800	W	1.05~1.25	≤0.40	≤0.40	0.10~0.30	0.80~1.20

表 3-18-70　耐冲击工具用钢的牌号及化学成分

序号	统一数字代号	牌号	化学成分(质量分数)/%						
			C	Si	Mn	Cr	W	Mo	V
3-1	T40294	4CrW2Si	0.35~0.45	0.80~1.10	≤0.40	1.00~1.30	2.00~2.50	—	—
3-2	T40295	5CrW2Si	0.45~0.55	0.50~0.80	≤0.40	1.00~1.30	2.00~2.50	—	—
3-3	T40296	6CrW2Si	0.55~0.65	0.50~0.80	≤0.40	1.10~1.30	2.20~2.70	—	—
3-4	T40356	6CrMnSi2Mo1V	0.50~0.65	1.75~2.25	0.60~1.00	0.10~0.50	—	0.20~1.35	0.15~0.35
3-5	T40355	5Cr3MnSiMo1	0.45~0.55	0.20~1.00	0.20~0.90	3.00~3.50	—	1.30~1.80	≤0.35
3-6	T40376	6CrW2SiV	0.55~0.65	0.70~1.00	0.15~0.45	0.90~1.20	1.70~2.20	—	0.10~0.20

表 3-18-71　轧辊用钢的牌号及化学成分

序号	统一数字代号	牌号	化学成分(质量分数)/%									
			C	Si	Mn	P	S	Cr	W	Mo	Ni	V
4-1	T42239	9Cr2V	0.85~0.95	0.20~0.40	0.20~0.45	①	①	1.40~1.70	①	①	①	0.10~0.25
4-2	T42309	9Cr2Mo	0.85~0.95	0.25~0.45	0.20~0.35	①	①	1.70~2.10	①	0.20~0.40	①	①
4-3	T42319	9Cr2MoV	0.80~0.90	0.15~0.40	0.25~0.55	①	①	1.80~2.40	①	0.20~0.40	①	0.05~0.15
4-4	T42518	8Cr3NiMoV	0.82~0.90	0.30~0.50	0.20~0.45	≤0.020	≤0.015	2.80~3.20	①	0.20~0.40	0.60~0.80	0.05~0.15
4-5	T42519	9Cr5NiMoV	0.82~0.90	0.50~0.80	0.20~0.50	≤0.020	≤0.015	4.80~5.20	①	0.20~0.40	0.30~0.50	0.10~0.30

① 见 GB/T 1299—2014 中表 19。

表 3-18-72　冷作模具用钢的牌号及化学成分

序号	统一数字代号	牌号	化学成分(质量分数)/%										
			C	Si	Mn	P	S	Cr	W	Mo	V	Nb	Co
5-1	T20019	9Mn2V	0.85~0.95	≤0.40	1.70~2.00	①	①	—	—	—	0.10~0.25	—	—
5-2	T20299	9CrWMn	0.85~0.95	≤0.40	0.90~1.20	①	①	0.50~0.80	0.50~0.80	—	—	—	—
5-3	T21290	CrWMn	0.90~1.05	≤0.40	0.80~1.10	①	①	0.90~1.20	1.20~1.60	—	—	—	—
5-4	T20250	MnCrWV	0.90~1.05	0.10~0.40	1.05~1.35	①	①	0.50~0.70	0.50~0.70	—	0.05~0.15	—	—

续表

序号	统一数字代号	牌号	化学成分(质量分数)/%										
			C	Si	Mn	P	S	Cr	W	Mo	V	Nb	Co
5-5	T21347	7CrMn2Mo	0.65~0.75	0.10~0.50	1.80~2.50	①	①	0.90~1.20	—	0.90~1.40	—	—	—
5-6	T21355	5Cr8MoVSi	0.48~0.53	0.75~1.05	0.35~0.50	≤0.030	≤0.015	8.00~9.00	—	1.25~1.70	0.30~0.55	—	—
5-7	T21357	7CrSiMnMoV	0.65~0.75	0.85~1.15	0.65~1.05	①	①	0.90~1.20	—	0.20~0.50	0.15~0.30	—	—
5-8	T21350	Cr8Mo2SiV	0.95~1.03	0.80~1.20	0.20~0.50	①	①	7.80~8.30	—	2.00~2.80	0.25~0.40	—	—
5-9	T21320	Cr4W2MoV	1.12~1.25	0.40~0.70	≤0.40	①	①	3.50~4.00	1.90~2.60	0.80~1.20	0.80~1.10	—	—
5-10	T21386	6Cr4W3Mo2VNb	0.60~0.70	≤0.40	≤0.40	①	①	3.80~4.40	2.50~3.50	1.80~2.50	0.80~1.20	0.20~0.35	—
5-11	T21836	6W6Mo5Cr4V	0.55~0.65	≤0.40	≤0.60	①	①	3.70~4.30	6.00~7.00	4.50~5.50	0.70~1.10	—	—
5-12	T21830	W6Mo5Cr4V2	0.80~0.90	0.15~0.40	0.20~0.45	①	①	3.80~4.40	5.50~6.75	4.50~5.50	1.75~2.20	—	—
5-13	T21209	Cr8	1.60~1.90	0.20~0.60	0.20~0.60	①	①	7.50~8.50	—	—	—	—	—
5-14	T21200	Cr12	2.00~2.30	≤0.40	≤0.40	①	①	11.50~13.00	—	—	—	—	—
5-15	T21290	Cr12W	2.00~2.30	0.10~0.40	0.30~0.60	①	①	11.00~13.00	0.60~0.80	—	—	—	—
5-16	T21317	7Cr7Mo2V2Si	0.68~0.78	0.70~1.20	≤0.40	①	①	6.50~7.50	—	1.90~2.30	1.80~2.20	—	—
5-17	T21318	Cr5Mo1V	0.95~1.05	≤0.50	≤1.00	①	①	4.75~5.50	—	0.90~1.40	0.15~0.50	—	—
5-18	T21319	Cr12MoV	1.45~1.70	≤0.40	≤0.40	①	①	11.00~12.50	—	0.40~0.60	0.15~0.30	—	—
5-19	T21310	Cr12Mo1V1	1.40~1.60	≤0.60	≤0.60	①	①	11.00~13.00	—	0.70~1.20	0.50~1.10	—	≤1.00

① 见 GB/T 1299—2014 中表 19。

表 3-18-73　热作模具用钢的牌号及化学成分

序号	统一数字代号	牌号	化学成分(质量分数)/%										
			C	Si	Mn	P	S	Cr	W	Mo	Ni	V②	Al	Co
6-1	T22345	5CrMnMo	0.50~0.60	0.25~0.60	1.20~1.60	①	①	0.60~0.90	—	0.15~0.30	—	—	—	—
6-2	T22506	5CrNiMo①	0.50~0.60	≤0.40	0.50~0.80	①	①	0.50~0.80	—	0.15~0.30	1.40~1.80	—	—	—
6-3	T23504	4CrNi4Mo	0.40~0.50	0.10~0.40	0.20~0.50	①	①	1.20~1.50	—	0.15~0.35	3.80~4.30	—	—	—

续表

序号	统一数字代号	牌号	化学成分(质量分数)/%											
			C	Si	Mn	P	S	Cr	W	Mo	Ni	V②	Al	Co
6-4	T23514	4Cr2NiMoV	0.35~0.45	≤0.40	≤0.40	①	①	1.80~2.20	—	0.45~0.60	1.10~1.50	0.10~0.30	—	—
6-5	T23515	5CrNi2MoV	0.50~0.60	0.10~0.40	0.60~0.90	①	①	0.80~1.20	—	0.35~0.55	1.50~1.80	0.05~0.15	—	—
6-6	T23585	5Cr2NiMoVSi	0.46~0.54	0.60~0.90	0.40~0.60	①	①	1.50~2.00	—	0.80~1.20	0.80~1.20	0.30~0.50	—	—
6-7	T23208	8Cr3	0.75~0.85	≤0.40	≤0.40	①	①	3.20~3.80	—	—	—	—	—	—
6-8	T23274	4Cr5W2VS	0.32~0.42	0.80~1.20	≤0.40	①	①	4.50~5.50	1.60~2.40	—	—	0.60~1.00	—	—
6-9	T23273	3Cr2W8V	0.30~0.40	≤0.40	≤0.40	①	①	2.20~2.70	7.50~9.00	—	—	0.20~0.50	—	—
6-10	T23352	4Cr5MoSiV	0.33~0.43	0.80~1.20	0.20~0.50	①	①	4.75~5.50	—	1.10~1.60	—	0.30~0.60	—	—
6-11	T23353	4Cr5MoSiV1	0.32~0.45	0.80~1.20	0.20~0.50	①	①	4.75~5.50	—	1.10~1.75	—	0.80~1.20	—	—
6-12	T23354	4Cr3Mo3SV	0.35~0.45	0.80~1.20	0.25~0.70	①	①	3.00~3.75	—	2.00~3.00	—	0.25~0.75	—	—
6-13	T23355	5Cr4MnSiMnVAl	0.47~0.57	0.80~1.10	0.80~1.10	①	①	3.80~4.30	—	2.80~3.40	—	0.80~1.20	0.30~0.70	—
6-14	T23364	4CrMnSiMoV	0.35~0.45	0.80~1.10	0.80~1.10	①	①	1.30~1.50	—	0.40~0.60	—	0.20~0.40	—	—
6-15	T23375	5Cr5WMoSi	0.50~0.60	0.75~1.10	0.20~0.50	①	①	4.75~5.50	1.00~1.50	1.15~1.65	—	—	—	—
6-16	T23324	4Cr5MoWVS	0.32~0.40	0.80~1.20	0.20~0.50	①	①	4.75~5.50	1.10~1.60	1.25~1.60	—	0.20~0.50	—	—
6-17	T23323	3Cr3Mo3W2V	0.32~0.42	0.60~0.90	≤0.65	①	①	2.80~3.30	1.20~1.80	2.50~3.00	—	0.80~1.20	—	—
6-18	T23325	5Cr4W5Mo2V	0.40~0.50	≤0.40	≤0.40	①	①	3.40~4.40	4.50~5.30	1.50~2.10	—	0.70~1.10	—	—
6-19	T23314	4Cr5Mo2V	0.35~0.42	0.25~0.50	0.40~0.60	≤0.020	≤0.008	5.00~5.50	—	2.30~2.60	—	0.60~0.80	—	—
6-20	T23313	3Cr3Mo3V	0.28~0.35	0.10~0.40	0.15~0.45	≤0.030	≤0.020	2.70~3.20	—	2.50~3.00	—	0.40~0.70	—	—
6-21	T23314	4Cr5Mo3V	0.35~0.40	0.30~0.50	0.30~0.50	≤0.030	≤0.020	4.80~5.20	—	2.70~3.20	—	0.40~0.60	—	—
6-22	T23393	3Cr3Mo3VCo3	0.28~0.35	0.10~0.40	0.15~0.45	≤0.030	≤0.020	2.70~3.20	—	2.60~3.00	—	0.40~0.70	—	2.50~3.00

① 见 GB/T 1299—2014 中表 19。

② 经供需双方同意允许钒含量小于 0.20%。

表 3-18-74　　塑料模具用钢的牌号及化学成分

序号	统一数字代号	牌号	化学成分(质量分数)/%												
			C	Si	Mn	P	S	Cr	W	Mo	Ni	V	Al	Co	其他
7-1	T10450	SM45	0.42~0.48	0.17~0.37	0.50~0.80	①	①	—	—	—	—	—	—	—	—
7-2	T10500	SM50	0.47~0.58	0.17~0.37	0.50~0.80	①	①	—	—	—	—	—	—	—	—
7-3	T10550	SM55	0.52~0.58	0.17~0.37	0.50~0.80	①	①	—	—	—	—	—	—	—	—
7-4	T25303	2Cr2Mo	0.28~0.40	0.20~0.80	0.60~1.00	①	①	1.40~2.00	—	0.30~0.55	—	—	—	—	—
7-5	T25563	3Cr2MnNiMo	0.32~0.40	0.20~0.40	1.10~1.50	①	①	1.70~2.00	—	0.25~0.40	0.85~1.15	—	—	—	—
7-6	T25344	4Cr2Mn1MoS	0.35~0.45	0.30~0.50	1.40~1.60	≤0.030	0.06~0.10	1.80~2.00	—	0.15~0.25	—	—	—	—	—
7-7	T25378	3Cr2MnWMoVS	0.75~0.85	≤0.40	1.30~1.70	≤0.030	0.08~0.15	2.30~2.60	0.70~1.10	0.50~0.80	—	0.10~0.25	—	—	—
7-8	T25515	5CrNiMnMoVSCa	0.50~0.60	≤0.45	0.80~1.20	≤0.030	0.06~0.15	0.80~1.20	—	0.30~0.60	0.80~1.20	0.15~0.30	—	—	Cu:0.002~0.008
7-9	T25512	2CrNiMnMoV	0.24~0.30	≤0.30	1.40~1.50	≤0.025	≤0.015	1.25~1.45	—	0.45~0.60	0.80~1.20	0.10~0.20	—	—	—
7-10	T25572	2CrNi3MoAl	0.20~0.30	0.20~0.50	0.50~0.80	①	①	1.20~1.80	—	0.20~0.40	3.00~4.00	—	1.00~1.60	—	—
7-11	T25611	1Ni3MnCuMoAl	0.10~0.20	≤0.45	1.40~2.00	≤0.030	≤0.015	—	—	0.20~0.50	2.90~3.40	—	0.70~1.20	—	Cu:0.80~1.20
7-12	A64060	06Ni9CrMoVTiAl	≤0.08	≤0.50	≤0.50	①	①	1.30~1.60	—	0.90~1.20	5.50~6.50	0.08~0.16	0.50~0.90	—	Ti:0.90~1.30
7-13	A64000	00Ni18Co8-Mo5TiAl	≤0.08	≤0.10	≤0.15	≤0.010	≤0.010	≤0.60	—	4.50~5.00	17.5~18.5	—	0.05~0.15	8.50~10.0	Ti:0.80~1.10
7-14	S42023	2Cr13	0.16~0.25	≤1.00	≤1.00	①	①	12.00~14.00	—	—	≤0.60	—	—	—	—
7-15	S42043	4Cr13	0.35~0.45	≤0.60	≤0.80	①	①	12.00~14.00	—	—	≤0.60	—	—	—	—
7-16	T25444	4Cr13NiVS	0.36~0.45	0.90~1.20	0.40~0.70	≤0.010	≤0.003	13.00~14.00	—	—	0.15~0.30	0.25~0.35	—	—	—
7-17	T25402	2Cr17N2	0.12~0.22	≤1.00	≤1.50	①	①	15.00~17.00	—	—	0.15~2.50	—	—	—	—
7-18	T25303	3Cr17Mo	0.33~0.45	≤1.00	≤1.50	①	①	15.50~17.50	—	0.80~1.30	≤1.00	—	—	—	—
7-19	T25513	3Cr17NiMoV	0.32~0.40	0.30~0.60	0.60~0.80	≤0.025	≤0.005	16.00~18.00	—	1.00~1.30	0.60~1.00	0.15~0.35	—	—	—
7-20	S44050	9Cr18	0.90~1.00	≤0.80	≤0.80	①	①	17.00~19.00	—	—	≤0.60	—	—	—	—
7-21	S46983	9Cr18MoV	0.86~0.96	≤0.80	≤0.80	①	①	17.00~19.00	—	1.00~1.30	≤0.60	0.07~0.12	—	—	—

① 见 GB/T 1299—2014 中表 19。

表 3-18-75　　特殊用途模具用钢的牌号及化学成分

序号	统一数字代号	牌号	化学成分(质量分数)/%													
			C	Si	Mn	P	S	Cr	W	Mo	Ni	V	Al	Nb	Co	其他
8-1	T26377	7Mn15Cr2Al3V2WMo	0.65~0.75	≤0.80	14.50~16.50	①	①	2.00~2.50	0.50~0.80	0.50~0.80	—	1.50~2.00	2.30~3.30	—	—	—
8-2	S31049	2Cr25Ni20Si2	≤0.25	1.50~2.50	≤1.50	①	①	24.00~27.00	—	—	18.00~21.00	—	—	—	—	—
8-3	S51740	0Cr17-Ni4Cu1Nb	≤0.07	≤1.00	≤1.00	①	①	15.00~17.00	—	—	3.00~5.00	—	—	Nb:0.15~0.45	—	Cu:3.00~5.00
8-4	H21231	Ni25Cr15-Ti2MoMn	≤0.08	≤1.00	≤2.00	≤0.030	≤0.020	13.50~17.00	—	1.00~1.50	22.00~26.00	0.10~0.50	≤0.40	—	—	Ti:1.80~2.50 B:0.001~0.010
8-5	H97718	Ni53Cr19-Mo3TiNb	≤0.08	≤0.35	≤0.35	≤0.015	≤0.015	17.00~21.00	—	2.30~3.80	50.00~55.00	—	0.20~0.80	Nb+Ta②:4.75~5.50	≤1.00	Ti:0.65~1.15 B≤0.006

① 见 GB/T 1299—2014 中表 19。
② 除非特殊要求，允许仅分析 Nb。

(3) 工模具钢的主要特点及用途

表 3-18-76　　刃具模具用非合金钢的主要特点及用途

序号	统一数字代号	牌号	主要特点及用途
1-1	T00070	T7	亚共析钢,具有较好的塑性、韧性和强度,以及一定的硬度,能承受振动和冲击负荷,但切削性能力差。用于制造承受冲击负荷不大,且要求具有适当硬度和耐磨性极较好韧性的工具
1-2	T00080	T8	淬透性、韧性均优于 T10 钢,耐磨性也较高,但淬火加热容易过热,变形也大,塑性和强度比较低,大、中截面模具易残存网状碳化物,适用于制作小型拉拔、拉伸、挤压模具
1-3	T01080	T8Mn	共析钢,具有较高的淬透性和硬度,但塑性和强度较低。用于制造断面较大的木工工具、手锯锯条、刻印工具、铆钉冲模、煤矿用凿等
1-4	T00090	T9	过共析钢,具有较高的强度,但塑性和强度较低。用于制造要求较高硬度且有一定韧性的各种工具,如刻印工具、铆钉冲模、冲头、木工工具、凿岩工具等
1-5	T00100	T10	性能较好的非合金工具钢,耐磨性也较高,淬火时过热敏感性小,经适当热处理可得到较高强度和一定韧性,适合制作要求耐磨性较高而受冲击载荷较小的模具
1-6	T00110	T11	过共析钢,具有较好的综合力学性能(如硬度、耐磨性和韧性等),在加热时对晶粒长大和形成碳化物网的敏感性小。用于制造在工作时切削刃口不变热的工具,如锯、丝锥、锉刀、刮刀、扩孔钻、板牙、尺寸不大和断面无急剧变化的冷冲模及木工刀具等
1-7	T00120	T12	过共析钢,由于含碳量高,淬火后仍有较多的过剩碳化物,所以硬度和耐磨性高,但韧性低,且淬火变形大。不适于制造切削速度高和受冲击负荷的工具,用于制造不受冲击负荷、切削速度不高、切削刃口不变热的工具,如车刀、铣刀、钻头、丝锥、锉刀、刮刀、扩孔钻、板牙及断面尺寸小的冷切边模和冲孔模等
1-8	T00130	T13	过共析钢,由于含碳量高,淬火后有更多的过剩碳化物,所以硬度更高,但韧性更差,又由于碳化物数量增加且分布不均匀,故力学性能较差,不适于制造切削速度较高和受冲击负荷的工具,用于制造不受冲击负荷,但要求极高硬度的金属切削工具,如剃刀、刮刀、拉丝工具、锉刀、刻纹用工具,以及坚硬岩石加工用工具和雕刻用工具等

表 3-18-77　　量具刃具用钢的主要特点及用途

序号	统一数字代号	牌号	主要特点及用途
2-1	T31219	9SiCr	比铬钢具有更高的淬透性和淬硬性，且回火稳定性好。适宜制造形状复杂、变形小、耐磨性要求高的低速切削刃具，如钻头、螺纹工具、手动铰刀、搓丝板及滚丝轮等；也可以制作冷作模具（如冲模、打印模等），冷轧辊，矫正辊以及细长杆件
2-2	T30108	8MnSi	在T8钢基础上同时加入Si、Mn元素形成的低合金工具钢，具有较高的回火稳定性、较高的淬透性和耐磨性，热处理变形也较非合金工具钢小。适宜制造木工工具、冷冲模及冲头；也可制造冷加工用的模具
2-3	T30200	Cr06	在非合金工具钢基础上添加一定量的Cr，淬透性和耐磨性较非合金工具钢高，冷加工塑性变形和切削加工性能较好，适宜制造木工工具，也可制造简单冷加工模具，如冲孔模、冷压模等
2-4	T31200	Cr2	在T10的基础上添加一定量的Cr，淬透性提高，硬度、耐磨性也比非合金工具钢高，接触疲劳强度也高，淬火变形小。适宜制造木工工具、冷冲模及冲头，也用于制作中小尺寸冷作模具
2-5	T31209	9Cr2	与Cr2钢性能基本相似，但韧性好于Cr2钢。适宜制造木工工具、冷轧辊、冷冲模及冲头、钢印冲孔模等
2-6	T30800	W	在非合金工具钢基础上添加一定量的W，热处理后具有更高的硬度和耐磨性，且过热敏感性小、热处理变形小、回火稳定性好等。适宜制造小型麻花钻头，也可用于制造丝锥、锉刀、板牙，以及温度不高、切削速度不快的工具

表 3-18-78　　耐冲击工具用钢的主要特点及用途

序号	统一数字代号	牌号	主要特点及用途
3-1	T40294	4CrW2Si	在铬硅钢的基础上添加一定量的钨，具有一定的淬透性和高温强度。适宜制造高冲击载荷下操作的工具，如风动工具、冲裁切边复合模、冲模、冷切用的剪刀等冲剪工具，以及部分小型热作模具
3-2	T40295	5CrW2Si	在铬硅钢的基础上添加一定量的钨，具有一定的淬透性和高温强度。适宜制造冷剪金属的刀片、铲搓丝板的铲刀、冷冲裁和切边的凹模，以及长期工作的木工工具等
3-3	T40296	6CrW2Si	在铬硅钢的基础上添加一定量的钨，淬火硬度较高，有一定的高温强度。适宜制造承受冲击载荷而有要求耐磨性高的工具，如风动工具、凿子和模具，冷剪机刀片，冲裁切边用凹槽，空气锤用工具等
3-4	T40356	6CrMnSi2Mo1V	相当于ASTM A681中S5钢。具有较高的淬透性和耐磨性、回火稳定性，钢种淬火温度较低，模具使用过程很少发生崩刃和断裂，适宜制造在高冲击载荷下操作的工具、冲模、冷冲裁切边用凹模等
3-5	T40355	5Cr3MnSiMo1	相当于ASTM A681中S7钢。淬透性较好，有较高的强度和回火稳定性，综合性能良好。适宜制造在较高温度、高冲击载荷下工作的工具、冲模，也可用于制造锤锻模具
3-6	T40376	6CrW2SiV	中碳油淬型耐冲击冷作工具钢，具有良好的耐冲击和耐磨损性能的配合。同时具有良好的抗疲劳性能和高的尺寸稳定性。适宜制作刀片、冷成型工具和精密冲裁模以及热冲孔工具等

表 3-18-79　　轧辊用钢的主要特点及用途

序号	统一数字代号	牌号	主要特点及用途
4-1	T42239	9Cr2V	2%Cr系列，高碳含量保证轧辊有高硬度；加铬，可增加钢的淬透性；加钒，可提高钢的耐磨性和细化钢的晶粒。适宜制作冷轧工作辊、支承辊等

续表

序号	统一数字代号	牌号	主要特点及用途
4-2	T42309	9Cr2Mo	2%Cr 系列,高碳含量保证轧辊有高硬度,加铬、钼可增加钢的淬透性和耐磨性。该类钢锻造性能良好,控制较低的终锻温度与合适的变形量可细化晶粒,消除沿晶界分布的网状碳化物,并使其均匀分布。适宜制作冷轧工作辊、支承辊和矫正辊
4-3	T42319	9Cr2MoV	2%Cr 系列,但综合性能优于 9Cr2 系列钢。若采用电渣重熔工艺生产,其辊坯的性能更优良。适宜制造冷轧工作辊、支承辊和矫正辊
4-4	T42518	8Cr3NiMoV	3%Cr 系列,经淬火及冷处理后的淬硬层深度可达 30mm 左右。用于制作冷轧工作辊,使用寿命高于含 2%铬钢
4-5	T42519	9Cr5NiMoV	即 MC5 钢,淬透性高,其成品轧辊单边的淬硬层可达 35~40mm(≥85HSD),耐磨性好,适宜制造要求淬硬层深,轧制条件恶劣,抗事故性高的冷轧辊

表 3-18-80　冷作模具用钢的主要特点及用途

序号	统一数字代号	牌号	主要特点及用途
5-1	T20019	9Mn2V	具有较高的硬度和耐磨性,淬火时变形较小,淬透性好。适宜制造各种精密量具、样板,也可用于制造尺寸较小的冲模及冷压模、雕刻模、落料模等,以及机床的丝杆等结构件
5-2	T20299	9CrWMn	具有一定的淬透性和耐磨性,淬火变形较小,碳化物分布均匀且颗粒细小,适宜制作截面不大而变形复杂的冷冲模
5-3	T21290	CrWMn	油淬钢。由于钨形成碳化物,在淬火和低温回火后比 9SiCr 钢具有更多的过剩碳化物,更高的硬度和耐磨性和较好的韧性。但该钢对形成碳化物网较敏感,若有网状碳化物的存在,工模具的刃部有剥落的危险,从而降低工模具的使用寿命。有碳化物网的钢必须根据其严重程度进行锻造或正火。适宜制作丝锥、板牙、铰刀、小型冲模等
5-4	T20250	MnCrWV	国际广泛采用的高碳低合金油淬钢,具有较高的淬透性,热处理变形小,硬度高,耐磨性较好。适宜制作钢板冲裁模,剪切刀,落料模,量具和热固性塑料成型模等
5-5	T21347	7CrMn2Mo	空淬钢,热处理变形小,适宜制作需要接近尺寸公差的制品如修边模、塑料模、压弯工具、冲切模和精压模等
5-6	T21355	5Cr8MoVSi	ASTM A681 中 A8 钢的改良钢种,具有良好淬透性、韧性、热处理尺寸稳定性。适宜制作硬度在 55~60HRC 的冲头和冷锻模具。也可用于制作非金属刀具材料
5-7	T21357	7CrSiMnMoV	火焰淬火钢,淬火温度范围宽,淬透性良好,空冷即可淬硬,硬度达到 62~64HRC,具有淬火操作方便,成本低,过热敏感性小,空冷变形小等优点,适宜制作汽车冷弯模具
5-8	T21350	Cr8Mo2SiV	高韧性、高耐磨性钢,具有高的淬透性和耐磨性,淬火时尺寸变化小等特点,适宜制作冷剪切模、切边模、滚边模、量规、拉丝模、搓丝板、冷冲模等
5-9	T21320	Cr4W2MoV	具有较高的淬透性、淬硬性、耐磨性和尺寸稳定性,适宜制作各种冲模、冷镦模、落料模、冷挤凹模及搓丝板等工模具
5-10	T21386	6Cr4W3Mo2VNb	即 65Nb 钢。加入铌以提高钢的强韧性和改善工艺性。适宜制作冷挤压、厚板冷冲、冷镦等承受较大载荷的冷作模具,也可用于制作温热挤压模具
5-11	T21836	6W6Mo5Cr4V	低碳型高速钢,较 W6Mo5Cr4V2 的碳、钒含量均低,具有较高的韧性,用于冷作模具钢,主要用于制作钢铁材料冷挤压模具

续表

序号	统一数字代号	牌号	主要特点及用途
5-12	T21830	W6Mo5Cr4V2	钨钼系高速钢的代表牌号。具有韧性高，热塑好，耐磨性、红硬性高等特点。用于冷作模具钢，适宜制作各种类型的工具，大型热塑成型的刀具；还可以制作高负荷下耐磨性零件，如冷挤压模具，温挤压模具等
5-13	T21209	Cr8	具有较好的淬透性和高的耐磨性，适宜制作要求耐磨性较高的各类冷作模具钢，与Cr12相比具有较好的韧性
5-14	T21200	Cr12	相当于ASTM A681中D3钢，具有良好的耐磨性，适宜制作受冲击负荷较小的要求较高耐磨性的冷冲模及冲头、冷剪切刀、钻套、量规、拉丝模等
5-15	T21290	Cr12W	莱氏体钢。具有较高的耐磨性和淬透性，但塑性、韧性较低。适宜制作高强度、高耐磨性，且受热不大于300~400℃的工模具，如钢板深拉伸模、拉丝模，螺纹搓丝板、冷冲模、剪切刀、锯条等
5-16	T21317	7Cr7Mo2V2Si	比Cr12钢和W6Mo5Cr4V2钢具有更高的强度和韧性，更好的耐磨性，且冷热加工的工艺性能优良，热处理变形小，通用性强，适宜制作承受高负荷的冷挤压模具，冷镦模具、冷冲模具等
5-17	T21318	Cr5Mo1V	空淬钢，具有良好的空淬特性，耐磨性介于高碳油淬模具钢和高碳高铬耐磨型模具钢之间，但其韧性较好，通用性强，特别适宜制作既要求好的耐磨性又要求好的韧性工模具，如下料模和成型模、轧辊、冲头、压延模和滚丝模等
5-18	T21319	Cr12MoV	莱氏体钢。具有高的淬透性和耐磨性，淬火时尺寸变化小，比Cr12钢的碳化物分布均匀和较高的韧性。适宜制作形状复杂的冲孔模、冷剪切刀、拉伸模、拉丝模、搓丝板、冷挤压模、量具等
5-19	T21310	Cr12Mo1V1	莱氏体钢。具有高的淬透性、淬硬性和高的耐磨性；高温抗氧化性能好，热处理变形小；适宜制作各种高精度、长寿命的冷作模具、刃具和量具，如形状复杂的冲孔凹模、冷挤压模、滚丝轮、搓丝板、冷剪切刀和精密量具等

表 3-18-81　热作模具用钢的主要特点及用途

序号	统一数字代号	牌号	主要特点及用途
6-1	T22345	5CrMnMo	具有与5CrNiMo相似的性能，淬透性较5CrNiMo略差，在高温下工作，耐热疲劳性逊于5CrNiMo，适宜制作要求具有较高强度和高耐磨性的各种类型的锻模
6-2	T22505	5CrNiMo	具有良好的韧性、强度和较高的耐磨性，在加热到500℃时仍能保持硬度在300HBW左右。由于含有Mo元素，钢对回火脆性不敏感，适宜制作各种大、中型锻模
6-3	T23504	4CrNi4Mo	具有良好的淬透性、韧性和抛光性能，可空冷硬化。适宜制作热作模具和塑料模具，也可用于制作部分冷作模具
6-4	T23514	4Cr2NiMoV	5CrMnMo钢的改进型，具有较高的室温强度及韧性，较好的回火稳定性、淬透性及抗热疲劳性能。适宜制作热锻模具
6-5	T23515	5CrNi2MoV	与5CrNiMo钢类似，具有良好的淬透性和热稳定性。适宜制作大型锻压模具和热剪
6-6	T23535	5Cr2NiMoVSi	具有良好的淬透性和热稳定性。适宜制作各种大型热锻模
6-7	T23208	8Cr3	具有一定的室温、高温力学性能。适宜制作热冲孔模的冲头，热切边模的凹模镶块，热顶锻模、热弯曲模，以及工作温度低于500℃、受冲击较小且要求耐磨的工作零件，如热剪刀片等。也可用于制作冷轧工作辊

续表

序号	统一数字代号	牌号	主要特点及用途
6-8	T23274	4Cr5W2VSi	压铸模用钢,在中温下具有较高的热强度、硬度、耐磨性、韧性和较好的热疲劳性能,可空冷硬化。适宜制作热挤压用的模具和芯棒,铝、锌等轻金属的压铸模,热顶锻结构钢和耐热钢用的工具,以及成型某些零件用的高速锤锻模
6-9	T23273	3Cr2W8V	在高温下具有高的强度和硬度(650℃时硬度在300HBW左右),抗冷热交变疲劳性能较好,但韧性较差。适宜制作高温下高应力、但不受冲击载荷的凸模、凹模,如平锻机上用的凸凹模、镶块、铜合金挤压模,压铸用模具;也可用来制作同时承受大压应力、弯应力、拉应力的模具,如反挤压模具等;还可以制作高温下受力的热金属切刀等
6-10	T23352	4Cr5MoSiV	具有良好的韧性、热强性和热疲劳性能,可空冷硬化。在较低的奥氏体化温度下空淬,热处理变形小,空淬时产生的氧化皮倾向较小,且可以抵抗熔融铝的冲蚀作用。适宜制作铝压铸模、热挤压模和穿孔芯棒、塑料模等
6-11	T23353	4Cr5MoSiV1	压铸模用钢,相当于ASTM A681中H13钢,具有良好的韧性和较好的热强性、热疲劳性能和一定的耐磨性。可空冷淬硬,热处理变形小。适宜制作铝、铜及其合金铸件用的压铸模,热挤压模、穿孔用的工具、芯棒、压机锻模、塑料模等
6-12	T22354	4Cr3Mo3SiV	相当于ASTM A681中H10钢,具有非常好的淬透性、很高的韧性和高温强度。适宜制作热挤压模、热冲模、热锻模、压铸模等
6-13	T23355	5Cr4Mo3SiMnVA1	热作、冷作兼用的模具钢。具有较高的热强性、高温硬度、抗回火稳定性,并具有较好的耐磨性、抗热疲劳性、韧性和热加工塑性。模具工作温度可达700℃,抗氧化性好。用于热作模具钢时,其高温强度和热疲劳性能优于3Cr2W8V钢。用于冷作模具钢时,比Cr12型和低合金模具钢具有较高的韧性。主要用于轴承行业的热挤压模和标准件行业的冷镦模
6-14	T23364	4CrMnSiMoV	低合金大截面热锻模用钢,具有良好的淬透性、较高的热强性、耐热疲劳性能、耐磨性和韧性,较好抗回火性能和冷热加工性能等特点。主要用于制作5CrNiMo钢不能满足要求的、大型锤锻模和机锻模
6-15	T23375	5Cr5WMoSi	具有良好淬透性和韧性、热处理尺寸稳定性好和中等的耐磨性。适宜制作硬度为55~60HRC的冲头。也适宜制作冷作模具、非金属刀具材料
6-16	T23324	4Cr5MoWVSi	具有良好的韧性和热强性。可空冷硬化,热处理变形小,空淬时产生的氧化皮倾向较小,而且可以抵抗熔融铝的冲蚀作用。适宜制作铝压铸模、锻压模、热挤压模和穿孔芯棒等
6-17	T23323	3Cr3Mo3W2V	ASTM A681中H10改进型钢种,具有高的强韧性和抗冷热疲劳性能,热稳定性好。适宜制作热挤压模、热冲模、热锻模、压铸模等
6-18	T23325	5Cr4W5Mo2V	具有较高的回火抗力和热稳定性,高的热强性、高温硬度和耐磨性,但其韧性和抗热疲劳性能低于4Cr5MoSiV1钢。适宜制作对高温强度和抗磨损性能有较高要求的热作模具,可替代3Cr2W8V
6-19	T23314	4Cr5Mo2V	4Cr5MoSiV1改进型钢,具有良好的淬透性、韧性、热强性、耐热疲劳性,热处理变形小等特点。适宜制作铝、铜及其合金的压铸模具,热挤压模、穿孔用的工具、芯棒
6-20	T23313	3Cr3Mo3V	具有较高热强性和韧性,良好的抗回火稳定性和疲劳性能。适宜制作镦锻模、热挤压模和压铸模等
6-21	T23314	4Cr5Mo3V	具有良好的高温强度、良好的抗回火稳定性和高抗热疲劳性。适宜制作热挤压模、温锻模和压铸模具和其他的热成型模具
6-22	T23393	3Cr3Mo3VCo3	具有高的热强性、良好的回火稳定性和耐抗热疲劳性等特点。适宜制作热挤压模、温锻模和压铸模具

表 3-18-82　　塑料模具用钢的主要特点及用途

序号	统一数字代号	牌号	主要特点及用途
7-1	T10450	SM45	非合金塑料模具钢，切削加工性能好，淬火后具有较高的硬度，调质处理后具有良好的强韧性和一定的耐磨性，适宜制作中、小型的中、低档次的塑料模具
7-2	T10500	SM50	非合金塑料模具钢，切削加工性能好，适宜制作形状简单的小型塑料模具或精度要求不高、使用寿命不需要很长的塑料模具等，但焊接性能、冷变形性能差
7-3	T10550	SM55	非合金塑料模具钢，切削加工性能中等。适宜制作成形状简单的小型塑料模具或精度要求不高，使用寿命较短的塑料模具
7-4	T25303	3Cr2Mo	预硬型钢，相当于 ASTM A681 中的 P20 钢，其综合性能好，淬透性高，较大的截面钢材也可获得均匀的硬度，并且同时具有很好的抛光性能，模具表面光洁度高
7-5	T25553	3Cr2MnNiMo	预硬型钢，相当于瑞典 ASSAB 公司的 718 钢，其综合力学性能好，淬透性高，大截面钢材在调质处理后具有较均匀的硬度分布，有很好的抛光性能
7-6	T25344	4Cr2Mn1MoS	易切削预硬化型钢，其使用性能与 3Cr2MnNiMo 相似，但具有更优良的机械加工性能
7-7	T25378	8Cr2MnWMoVS	预硬化型易切削钢，适宜制作各种类型的塑料模、胶木模、陶土瓷料模以及印刷板的冲孔模。由于淬火硬度高，耐磨性好，综合力学性能好，热处理变形小，也可用于制作精密的冷冲模具等
7-8	T25515	5CrNiMnMoVSCa	预硬化型易切削钢，钢中加入 S 元素改善钢的切削加工工艺性能，加入 Ca 元素主要是改善硫化物的组织形态，改善钢的力学性能，降低钢的各向异性。适宜制作各种类型的精密注塑模具，压塑模具和橡胶模具
7-9	T25512	2CrNiMoMnV	预硬化型镜面塑料模具钢，是 3Cr2MnNiMo 钢的改进型，其淬透性高、硬度均匀，并具有良好的抛光性能、电火花加工性能和蚀花（皮纹加工）性能，适用于渗氮处理，适宜制作大中型镜面塑料模具
7-10	T25572	2CrNi3MoAl	时效硬化钢。由于固溶处理工序是在切削加工制成模具之前进行的，从而避免了模具的淬火变形，因而模具的热处理变形小，综合力学性能好，适宜制作复杂、精密的塑料模具
7-11	T25611	1Ni3MnCuMoAl	即 10Ni3MnCuAl，一种镍铜铝系时效硬化型钢，其淬透性好，热处理变形小，镜面加工性能好，适宜制作高镜面的塑料模具、高外观质量的家用电器塑料模具
7-12	A64060	06Ni6CrMoVTiAl	低合金马氏体时效钢，简称 06Ni 钢，经固溶处理（也可在粗加工后进行）后，硬度为 25～28HRC。在机械加工成所需要的模具形状和经钳工修整及抛光后，再进行时效处理。使硬度明显增加，模具变形小，可直接使用，保证模具有高的精度和使用寿命
7-13	A64000	00Ni18Co8Mo5TiAl	沉淀硬化型超高强度钢，简称 18Ni(250) 钢，具有高强韧性，低硬化指数，良好成型性和焊接性。适宜制作铝合金挤压模和铸件模、精密模具及冷冲模等工模具等
7-14	S42023	2Cr13	耐腐蚀型钢，属于 Cr13 型不锈钢，机械加工性能较好，经热处理后具有优良的耐腐蚀性能，较好的强韧性，适宜制作承受高负荷并在腐蚀介质作用下的塑料模具钢和透明塑料制品模具等
7-15	S42043	4Cr13	耐腐蚀型钢，属于 Cr13 型不锈钢，力学性能较好，经热处理（淬火及回火）后，具有优良的耐腐蚀性能、抛光性能、较高的强度和耐磨性，适宜制作承受高负荷并在腐蚀介质作用下的塑料模具钢和透明塑料制品模具等
7-16	T25444	4Cr13NiVSi	耐腐蚀预硬化型钢，属于 Cr13 型不锈钢，淬回火硬度高，有超镜面加工性，可预硬至 31～35HRC，镜面加工性好。适宜制作要求高精度、高耐磨、高耐蚀塑料模具；也用于制作透明塑料制品模具
7-17	T25402	2Cr17Ni2	耐腐蚀预硬化型钢，具有好的抛光性能；在玻璃模具的应用中具有好的抗氧化性。适宜制作耐腐蚀塑料模具，并且不用采用 Cr、Ni 涂层

续表

序号	统一数字代号	牌号	主要特点及用途
7-18	T25303	3Cr17Mo	耐腐蚀预硬化型钢，属于Cr17型不锈钢，具有优良的强韧性和较高的耐蚀性，适宜制作各种类型的要求高精度、高耐磨，又要求耐蚀性的塑料模具和透明塑料制品模具
7-19	T25513	3Cr17NiMoV	耐腐蚀预硬化型钢，属于Cr17型不锈钢，具有优良的强韧性和较高的耐蚀性，适宜制作各种要求高精度、高耐磨，又要求耐蚀的塑料模具和压制透明的塑料制品模具
7-20	S44093	9Cr18	耐腐蚀、耐磨型钢，属于高碳马氏体钢，淬火后具有很高的硬度和耐磨性，较Cr17型马氏体钢的耐蚀性能有所改善，在大气、水及某些酸类和盐类的水溶液中有优良的不锈耐蚀性。适宜制作要求耐蚀、高强度和耐磨损的零部件，如轴、杆类、弹簧、紧固件等
7-21	S46993	9Cr18MoV	耐腐蚀、耐磨型钢，属于高碳铬不锈钢，基本性能和用途与9Cr18钢相近，但热强性和抗回火性能更好。适宜制作承受摩擦并在腐蚀介质中工作的零件，如量具、不锈切片机械刃具及剪切工具、手术刀片、高耐磨设备零件等

表 3-18-83　特殊用模具用钢的主要特点及用途

序号	统一数字代号	牌号	主要特点及用途
8-1	T26377	7Mn15Cr2Al3V2WMo	一种高Mn-V系无磁钢。在各种状态下都能保持稳定的奥氏体，具有非常低的磁导率，高的硬度、强度，较好的耐磨性。适宜制作无磁模具、无磁轴承及其他要求在强磁场中不产生磁感应的结构零件。也可以用来制造在700～800℃下使用的热作模具
8-2	S31049	2Cr25Ni20Si2	奥氏体型耐热钢，具有较好的抗一般耐蚀性能。最高使用温度可达1200℃。连续使用最高温度为1150℃；间歇使用最高温度为1050～1100℃。适宜制作加热炉的各种构件，也用于制造玻璃模具等
8-3	S51740	0Cr17Ni4Cu4Nb	马氏体沉淀硬化不锈钢。含碳量低，其抗腐蚀性和可焊性比一般马氏体不锈钢好。此钢耐酸性能好、切削性好、热处理工艺简单。在400℃以上长期使用时有脆化倾向，适宜制作工作温度400℃以下，要求耐酸蚀性、高强度的部件；也适宜制作在腐蚀介质作用下要求高性能、高精密的塑料模具等
8-4	H21231	Ni25Cr15Ti2MoMn	即GH2132B，Fe-25Ni-15Cr基时效强化型高温合金，加入钼、钛、铝、钒和微量硼综合强化，特点是高温耐磨性好，高温抗变形能力强，高温抗氧化性能优良，无缺口敏感性，热疲劳性能优良。适宜制作在650℃以下长期工作的高温承力部件和热作模具，如铜排模、热挤压模和内筒等
8-5	H07718	Ni53Cr19Mo3TiNb	即In718合金，以体心四方的γ″相和面心立方的γ′相沉淀强化的镍基高温合金，在合金中加入铝、钛以形成金属间化合物进行γ′(Ni3AlTi)相沉淀强化。具有高温强度高、高温稳定性好、抗氧化性好、冷热疲劳性能及冲击韧性优异等特点，适宜制作600℃以上使用的热锻模、冲头、热挤压模、压铸模等

18.6.5　低合金高强度结构钢（GB/T 1591—2008）

（1）低合金高强度结构钢的牌号表示方法及交货状态

钢的牌号由代表屈服强度的汉语拼音字母、屈服强度数值、质量等级符号三个部分组成。例如：Q345D。其中，Q表示钢的屈服强度的“屈”字汉语拼音的首位字母；345表示屈服强度数值，单位MPa；D表示质量等级为D级。

当需方要求钢板具有厚度方向性能时，则在上述规定的牌号后加上代表厚度方向（*Z*向）性能级别的符号，例如：Q345DZ15。

钢材以热轧、控轧、正火、正火轧制或正火加回火、热机械轧制（TMCP）或热机械轧制加回火状态交货。

（2）低合金高强度结构钢的牌号和化学成分

① 低合金高强度结构钢的牌号和化学成分（熔炼分析）见表3-18-84。

第3篇

表 3-18-84　低合金高强度结构钢的牌号和化学成分（熔炼分析）（GB/T 1591—2008）

牌号	质量等级	化学成分①②(质量分数)/%														
		C	Si	Mn	P	S	Nb	V	Ti	Cr	Ni	Cu	N	Mo	B	Als
					≤											≥
Q345	A	≤0.20	≤0.50	≤1.70	0.035	0.035	0.07	0.15	0.20	0.30	0.50	0.30	0.012	0.10	—	—
	B				0.035	0.035										
	C				0.030	0.030										0.015
	D	≤0.18			0.030	0.025										
	E				0.025	0.020										
Q390	A	≤0.20	≤0.50	≤1.70	0.035	0.035	0.07	0.20	0.20	0.30	0.50	0.30	0.015	0.10	—	—
	B				0.035	0.035										
	C				0.030	0.030										0.015
	D				0.030	0.025										
	E				0.025	0.020										
Q420	A	≤0.20	≤0.50	≤1.70	0.035	0.035	0.07	0.20	0.20	0.30	0.80	0.30	0.015	0.20	—	—
	B				0.035	0.035										
	C				0.030	0.030										0.015
	D				0.030	0.025										
	E				0.025	0.020										
Q460	C	≤0.20	≤0.60	≤1.80	0.030	0.030	0.11	0.20	0.20	0.30	0.80	0.55	0.015	0.20	0.004	0.015
	D				0.030	0.025										
	E				0.025	0.020										
Q500	C	≤0.18	≤0.60	≤1.80	0.030	0.030	0.11	0.12	0.20	0.60	0.80	0.55	0.015	0.20	0.004	0.015
	D				0.030	0.025										
	E				0.025	0.020										
Q550	C	≤0.18	≤0.60	≤2.00	0.030	0.030	0.11	0.12	0.20	0.80	0.80	0.80	0.015	0.30	0.004	0.015
	D				0.030	0.025										
	E				0.025	0.020										
Q620	C	≤0.18	≤0.60	≤2.00	0.030	0.030	0.11	0.12	0.20	1.00	0.80	0.80	0.015	0.30	0.004	0.015
	D				0.030	0.025										
	E				0.025	0.020										
Q690	C	≤0.18	≤0.60	≤2.00	0.030	0.030	0.11	0.12	0.20	1.00	0.80	0.80	0.015	0.30	0.004	0.015
	D				0.030	0.025										
	E				0.025	0.020										

① 型材及棒材 P、S 含量可提高 0.005%，其中 A 级钢上限可为 0.045%。

② 当细化晶粒元素组合加入时，20（Nb+V+Ti）≤0.22%，20（Mo+Cr）≤0.30%。

注：1. 当需要加入细化晶粒元素时，钢中应至少含有 Al、Nb、V、Ti 中的一种。加入的细化晶粒元素应在质量证明书中注明含量。

2. 当采用全铝（Al_t）含量表示时，Al_t 应不小于 0.020%。

3. 钢中氮元素含量应符合表中的规定，如供方保证，可不进行氮元素含量分析。如果钢中加入 Al、Nb、V、Ti 等具有固氮作用的合金元素，氮元素含量不作限制，固氮元素含量应在质量证明书中注明。

4. 各牌号的 Cr、Ni、Cu 作为残余元素时，其含量各不大于 0.30%，如供方保证，可不作分析；当需要加入时，其含量应符合表中的规定或由供需双方协议规定。

5. 为改善钢的性能，可加入 RE 元素时，其加入量按钢水质量的 0.02%～0.20%计算。

6. 在保证钢材力学性能符合本标准规定的情况下，各牌号 A 级钢的 C、Si、Mn 化学成分可不作交货条件。

7. 钢材、钢坯的化学成分允许偏差应符合钢的化学分析用试样取样法及成品成分允许偏差（GB/T 222）标准的规定。

8. 当需方要求保证厚度方向性能钢材时，其化学成分应符合 GB/T 5313 的规定。

② 低合金高强度结构钢各种交货状态的碳当量值（各牌号除 A 级钢以外的钢材）见表 3-18-85 ~ 表 3-18-87。

表 3-18-85　热轧、控轧状态交货钢材的碳当量（GB/T 1591—2008）

牌号	碳当量(CEV)/%		
	公称厚度或直径≤63mm	公称厚度或直径>63 ~ 250mm	公称厚度>250mm
Q345	≤0.44	≤0.47	≤0.47
Q390	≤0.45	≤0.48	≤0.48
Q420	≤0.45	≤0.48	≤0.48
Q460	≤0.46	≤0.49	—

表 3-18-86　正火、正火轧制、正火加回火状态交货钢材的碳当量（GB/T 1591—2008）

牌号	碳当量(CEV)/%		
	公称厚度≤63mm	公称厚度>63 ~ 120mm	公称厚度>120 ~ 250mm
Q345	≤0.45	≤0.48	≤0.48
Q390	≤0.46	≤0.48	≤0.49
Q420	≤0.48	≤0.50	≤0.52
Q460	≤0.53	≤0.54	≤0.55

表 3-18-87　热机械轧制（TMCP）或热机械轧制加回火状态交货钢材的碳当量（GB/T 1591—2008）

牌号	碳当量(CEV)/%		
	公称厚度≤63mm	公称厚度>63 ~ 120mm	公称厚度>120 ~ 150mm
Q345	≤0.44	≤0.45	≤0.45
Q390	≤0.46	≤0.47	≤0.47
Q420	≤0.46	≤0.47	≤0.47
Q460	≤0.47	≤0.48	≤0.48
Q500	≤0.47	≤0.48	≤0.48
Q550	≤0.47	≤0.48	≤0.48
Q620	≤0.48	≤0.49	≤0.49
Q690	≤0.49	≤0.49	≤0.49

③ 焊接裂纹敏感性指数（Pcm）：热机械轧制（TMCP）或热机械轧制加回火状态交货钢材的碳含量不大于 0.12%时，可采用焊接裂纹敏感性指数（Pcm）代替碳当量评估钢材的可焊性（表 3-18-88）。经供需双方协商，可指定采用碳当量或焊接裂纹敏感性指数作为衡量可焊性的指标，当未指定时，供方可任选其一。

表 3-18-88　热机械轧制（TMCP）或热机械轧制加回火状态交货钢材的 Pcm 值（GB/T 1591—2008）

牌号	Pcm/%	牌号	Pcm/%
Q345	≤0.20	Q500	≤0.25
Q390	≤0.20	Q550	≤0.25
Q420	≤0.20	Q620	≤0.25
Q460	≤0.20	Q690	≤0.25

(3) 低合金高强度结构钢的力学性能及工艺性能

表 3-18-89　　钢材的拉伸性能（GB/T 1591—2008）

<table>
<tr><th rowspan="3">牌号</th><th rowspan="3">质量等级</th><th colspan="22">拉伸试验①②③</th></tr>
<tr><th colspan="9">以下公称厚度(直径,边长)
下屈服强度(R_{eL})/MPa</th><th colspan="7">以下公称厚度(直径,边长)
抗拉强度(R_m)/MPa</th><th colspan="6">断后伸长率(A)/%
公称厚度(直径,边长)</th></tr>
<tr><th>≤16 mm</th><th>>16~40 mm</th><th>>40~63 mm</th><th>>63~80 mm</th><th>>80~100 mm</th><th>>100~150 mm</th><th>>150~200 mm</th><th>>200~250 mm</th><th>>250~400 mm</th><th>≤40 mm</th><th>>40~63 mm</th><th>>63~80 mm</th><th>>80~100 mm</th><th>>100~150 mm</th><th>>150~250 mm</th><th>>250~400 mm</th><th>≤40 mm</th><th>>40~63 mm</th><th>>63~100 mm</th><th>>100~150 mm</th><th>>150~250 mm</th><th>>250~400 mm</th></tr>
<tr><td rowspan="5">Q345</td><td>A</td><td rowspan="5">≥345</td><td rowspan="5">≥335</td><td rowspan="5">≥325</td><td rowspan="5">≥315</td><td rowspan="5">≥305</td><td rowspan="5">≥285</td><td rowspan="5">≥275</td><td rowspan="5">≥265</td><td rowspan="3">—</td><td rowspan="5">470~630</td><td rowspan="5">470~630</td><td rowspan="5">470~630</td><td rowspan="5">470~630</td><td rowspan="5">450~600</td><td rowspan="5">450~500</td><td rowspan="3">—</td><td rowspan="2">≥20</td><td rowspan="2">≥19</td><td rowspan="2">≥19</td><td rowspan="2">≥18</td><td rowspan="2">≥17</td><td rowspan="3">—</td></tr>
<tr><td>B</td></tr>
<tr><td>C</td><td rowspan="3">≥21</td><td rowspan="3">≥20</td><td rowspan="3">≥20</td><td rowspan="3">≥19</td><td rowspan="3">≥18</td></tr>
<tr><td>D</td><td rowspan="2">≥265</td><td rowspan="2">450~600</td><td rowspan="2">≥17</td></tr>
<tr><td>E</td></tr>
<tr><td rowspan="5">Q390</td><td>A</td><td rowspan="5">≥390</td><td rowspan="5">≥370</td><td rowspan="5">≥350</td><td rowspan="5">≥330</td><td rowspan="5">≥330</td><td rowspan="5">≥310</td><td rowspan="5">—</td><td rowspan="5">—</td><td rowspan="5">—</td><td rowspan="5">490~650</td><td rowspan="5">490~650</td><td rowspan="5">490~650</td><td rowspan="5">490~650</td><td rowspan="5">470~620</td><td rowspan="5">—</td><td rowspan="5">—</td><td rowspan="5">≥20</td><td rowspan="5">≥19</td><td rowspan="5">≥19</td><td rowspan="5">≥18</td><td rowspan="5">—</td><td rowspan="5">—</td></tr>
<tr><td>B</td></tr>
<tr><td>C</td></tr>
<tr><td>D</td></tr>
<tr><td>E</td></tr>
<tr><td rowspan="5">Q420</td><td>A</td><td rowspan="5">≥420</td><td rowspan="5">≥400</td><td rowspan="5">≥380</td><td rowspan="5">≥360</td><td rowspan="5">≥360</td><td rowspan="5">≥340</td><td rowspan="5">—</td><td rowspan="5">—</td><td rowspan="5">—</td><td rowspan="5">520~680</td><td rowspan="5">520~680</td><td rowspan="5">520~680</td><td rowspan="5">520~680</td><td rowspan="5">500~650</td><td rowspan="5">—</td><td rowspan="5">—</td><td rowspan="5">≥19</td><td rowspan="5">≥18</td><td rowspan="5">≥18</td><td rowspan="5">≥18</td><td rowspan="5">—</td><td rowspan="5">—</td></tr>
<tr><td>B</td></tr>
<tr><td>C</td></tr>
<tr><td>D</td></tr>
<tr><td>E</td></tr>
<tr><td rowspan="3">Q460</td><td>C</td><td rowspan="3">≥460</td><td rowspan="3">≥440</td><td rowspan="3">≥420</td><td rowspan="3">≥400</td><td rowspan="3">≥400</td><td rowspan="3">≥380</td><td rowspan="3">—</td><td rowspan="3">—</td><td rowspan="3">—</td><td rowspan="3">550~720</td><td rowspan="3">550~720</td><td rowspan="3">550~720</td><td rowspan="3">550~720</td><td rowspan="3">530~700</td><td rowspan="3">—</td><td rowspan="3">—</td><td rowspan="3">≥17</td><td rowspan="3">≥16</td><td rowspan="3">≥16</td><td rowspan="3">≥16</td><td rowspan="3">—</td><td rowspan="3">—</td></tr>
<tr><td>D</td></tr>
<tr><td>E</td></tr>
<tr><td rowspan="3">Q500</td><td>C</td><td rowspan="3">≥500</td><td rowspan="3">≥480</td><td rowspan="3">≥470</td><td rowspan="3">≥450</td><td rowspan="3">≥440</td><td rowspan="3">—</td><td rowspan="3">—</td><td rowspan="3">—</td><td rowspan="3">—</td><td rowspan="3">610~770</td><td rowspan="3">600~760</td><td rowspan="3">590~750</td><td rowspan="3">540~730</td><td rowspan="3">—</td><td rowspan="3">—</td><td rowspan="3">—</td><td rowspan="3">≥17</td><td rowspan="3">≥17</td><td rowspan="3">≥17</td><td rowspan="3">—</td><td rowspan="3">—</td><td rowspan="3">—</td></tr>
<tr><td>D</td></tr>
<tr><td>E</td></tr>
<tr><td rowspan="3">Q550</td><td>C</td><td rowspan="3">≥550</td><td rowspan="3">≥530</td><td rowspan="3">≥520</td><td rowspan="3">≥500</td><td rowspan="3">≥490</td><td rowspan="3">—</td><td rowspan="3">—</td><td rowspan="3">—</td><td rowspan="3">—</td><td rowspan="3">670~830</td><td rowspan="3">620~810</td><td rowspan="3">600~790</td><td rowspan="3">590~780</td><td rowspan="3">—</td><td rowspan="3">—</td><td rowspan="3">—</td><td rowspan="3">≥16</td><td rowspan="3">≥16</td><td rowspan="3">≥16</td><td rowspan="3">—</td><td rowspan="3">—</td><td rowspan="3">—</td></tr>
<tr><td>D</td></tr>
<tr><td>E</td></tr>
<tr><td rowspan="3">Q620</td><td>C</td><td rowspan="3">≥620</td><td rowspan="3">≥600</td><td rowspan="3">≥590</td><td rowspan="3">≥570</td><td rowspan="3">—</td><td rowspan="3">—</td><td rowspan="3">—</td><td rowspan="3">—</td><td rowspan="3">—</td><td rowspan="3">710~880</td><td rowspan="3">690~880</td><td rowspan="3">670~860</td><td rowspan="3">—</td><td rowspan="3">—</td><td rowspan="3">—</td><td rowspan="3">—</td><td rowspan="3">≥15</td><td rowspan="3">≥15</td><td rowspan="3">≥15</td><td rowspan="3">—</td><td rowspan="3">—</td><td rowspan="3">—</td></tr>
<tr><td>D</td></tr>
<tr><td>E</td></tr>
<tr><td rowspan="3">Q690</td><td>C</td><td rowspan="3">≥690</td><td rowspan="3">≥670</td><td rowspan="3">≥660</td><td rowspan="3">≥640</td><td rowspan="3">—</td><td rowspan="3">—</td><td rowspan="3">—</td><td rowspan="3">—</td><td rowspan="3">—</td><td rowspan="3">770~940</td><td rowspan="3">750~920</td><td rowspan="3">730~900</td><td rowspan="3">—</td><td rowspan="3">—</td><td rowspan="3">—</td><td rowspan="3">—</td><td rowspan="3">≥14</td><td rowspan="3">≥14</td><td rowspan="3">≥14</td><td rowspan="3">—</td><td rowspan="3">—</td><td rowspan="3">—</td></tr>
<tr><td>D</td></tr>
<tr><td>E</td></tr>
</table>

① 当屈服不明显时，可测量 $R_{p0.2}$ 代替下屈服强度。

② 宽度不小于 600mm 扁平材，拉伸试验取横向试样；宽度小于 600mm 的扁平材、型材及棒材取纵向试样，断后伸长率最小值相应提高 1%（绝对值）。

③ 厚度>250~400mm 的数值适用于扁平材。

表 3-18-90　夏比（V 形）冲击试验的试验温度和冲击吸收能量（GB/T 1591—2008）

牌号	质量等级	试验温度/℃	冲击吸收能量(KV_2)[①]/J		
			公称厚度(直径、边长)		
			12～150mm	>150～250mm	>250～400mm
Q345	B	20	≥34	≥27	—
	C	0			
	D	-20			27
	E	-40			
Q390	B	20	≥34	—	—
	C	0			
	D	-20			
	E	-40			
Q420	B	20	≥34	—	—
	C	0			
	D	-20			
	E	-40			
Q460	C	0	≥34	—	—
	D	-20		—	—
	E	-40		—	—
Q500、Q550、Q620、Q690	C	0	≥55	—	—
	D	-20	≥47	—	—
	E	-40	≥31	—	—

① 冲击试验取纵向试样。

注：1. 厚度不小于 6mm 或直径不小于 12mm 的钢材应做冲击试验，冲击试样尺寸取 10mm×10mm×55mm 的标准试样；当钢材不足以制取标准试样时，应采用 10mm×7.5mm×55mm 或 10mm×5mm×55mm 小尺寸试样，冲击吸收能量应分别为不小于表中规定值的 75%或 50%，优先采用较大尺寸试样。

2. 钢材的冲击试验结果按一组 3 个试样的算术平均值进行计算，允许其中有 1 个试验值低于规定值，但不应低于规定值的 70%，否则，应从同一抽样产品上再取 3 个试样进行试验，先后 6 个试样试验结果的算术平均值不得低于规定值，允许有 2 个试样的试验结果低于规定值，但其中低于规定值 70%的试样只允许有一个。

3. Z 向钢厚度方向断面收缩率应符合 GB/T 5313 的规定。

表 3-18-91　弯曲试验（GB/T 1591—2008）

牌号	试样方向	180°弯曲试验 [d=弯心直径,a=试样厚度(直径)]	
		钢材厚度(直径,边长)	
		≤16mm	>16～100mm
Q345 Q390 Q420 Q460	宽度不小于 600mm 扁平材，拉伸试验取横向试样。宽度小于 600mm 的扁平材、型材及棒材取纵向试样	$2a$	$3a$

注：当需方要求做弯曲试验时，弯曲试验应符合表中的规定。当供方保证弯曲合格时，可不做弯曲试验。

18.6.6　合金结构钢（GB/T 3077—2015）

（1）合金结构钢的分类和代号

① 钢棒按冶金质量分为下列三类：

a. 优质钢；

b. 高级优质钢（牌号后加“A”）；

c. 特级优质钢（牌号后加“E”）。

② 钢棒按使用加工方法分下列两类：

a. 压力加工用钢 UP：

- 热压力加工 UHP；
- 顶锻用钢 UF；
- 冷拔坯料 UCD；

b. 切削加工用钢 UC。

③ 钢棒按表面种类分为下列五类：

a. 压力加工表面 SPP；

b. 酸洗 SA；

c. 喷丸（砂）SS；

d. 剥皮 SF；

e. 磨光 SP。

（2）合金结构钢的力学性能

表 3-18-92　合金结构钢的力学性能

钢组	序号	牌号	试样毛坯尺寸①/mm	推荐的热处理制度					力学性能					供货状态为退火或高温回火钢棒布氏硬度(HBW)
				淬火			回火		抗拉强度 R_m/MPa	下屈服强度 $R_{eL}^{②}$/MPa	断后伸长率 A/%	断面收缩率 Z/%	冲击吸收能量 $KU_2^{③}$/J	
				加热温度/℃		冷却剂	加热温度/℃	冷却剂						
				第1次淬火	第2次淬火				≥					≤
Mn	1	20Mn2	15	850	—	水、油	200	水、空气	785	590	10	40	47	187
				880	—	水、油	440	水、空气						
	2	30Mn2	25	840	—	水	500	水	785	635	12	45	63	207
	3	35Mn2	25	840	—	水	500	水	835	685	12	45	55	207
	4	40Mn2	25	840	—	水、油	540	水	885	735	12	45	55	217
	5	45Mn2	25	840	—	油	550	水、油	885	735	10	45	47	217
	6	50Mn2	25	820	—	油	550	水、油	930	785	9	40	39	229
MnV	7	20MnV	15	880	—	水、油	200	水、空气	785	590	10	40	55	187
SiMn	8	27SiMn	25	920	—	水	450	水、油	980	835	12	40	39	217
	9	35SiMn	25	900	—	水	570	水、油	885	735	15	45	47	229
	10	42SiMn	25	880	—	水	590	水	885	735	15	40	47	229
SiMnMoV	11	20SiMn2MoV	试样	900	—	油	200	水、空气	1980	—	10	45	55	269
	12	25SiMn2MoV	试样	900	—	油	200	水、空气	1470	—	10	40	47	269
	13	37SiMn2MoV	25	870	—	水、油	650	水、空气	980	835	12	50	63	269
B	14	40B	25	840	—	水	550	水	785	635	12	45	55	207
	15	45B	25	840	—	水	550	水	835	685	12	45	47	217
	16	50B	20	840	—	油	600	空气	785	540	10	45	39	207
MnB	17	25MnB	25	850	—	油	500	水、油	835	635	10	45	47	207
	18	35MnB	25	850	—	油	500	水、油	930	735	10	45	47	207
	19	40MnB	25	850	—	油	500	水、油	980	785	10	45	47	207
	20	45MnB	25	840	—	油	500	水、油	1030	835	9	40	39	217

续表

钢组	序号	牌号	试样毛坯尺寸①/mm	推荐的热处理制度					力学性能					供货状态为退火或高温回火钢棒布氏硬度（HBW）
				淬火			回火		抗拉强度 R_m /MPa	下屈服强度 $R_{eL}^{②}$ /MPa	断后伸长率 A /%	断面收缩率 Z /%	冲击吸收能量 $KU_2^{③}$ /J	
				加热温度/℃		冷却剂	加热温度/℃	冷却剂						
				第1次淬火	第2次淬火				≥					≤
MnMoB	21	20MnMoB	15	880	—	油	200	油、空气	1080	885	10	50	55	207
	22	15MnVB	15	860	—	油	200	水、空气	885	635	10	45	55	207
MnVB	23	20MnVB	15	860	—	油	200	水、空气	1080	885	10	45	55	207
	24	40MnVB	25	850	—	油	520	水、油	980	785	10	45	47	207
	25	20MnTiB	15	860	—	油	200	水、空气	1130	930	10	45	55	187
	26	25MnTiBRE	试样	860	—	油	200	水、空气	1380	—	10	40	47	229
	27	15Cr	15	880	770~820	水、油	180	油、空气	685	490	12	45	55	179
	28	20Cr	15	880	780~820	水、油	200	水、空气	835	540	10	40	47	179
MnTiB	29	30Cr	25	860	—	油	500	水、油	885	685	11	45	47	187
	30	35Cr	25	860	—	油	500	水、油	930	735	11	45	47	207
	31	40Cr	25	850	—	油	520	水、油	980	785	9	45	47	207
	32	45Cr	25	840	—	油	520	水、油	1030	835	9	40	39	217
	33	50Cr	25	830	—	油	520	水、油	1080	930	9	40	39	229
CrSi	34	38CrSi	25	900	—	油	600	水、油	980	835	12	50	55	255
	35	12CrMo	30	900	—	空气	650	空气	410	265	24	60	110	179
	36	15CrMo	30	900	—	空气	650	空气	440	295	22	60	94	179
	37	20CrMo	15	880	—	水、油	500	水、油	885	685	12	50	78	197
	38	25CrMo	25	870	—	水、油	600	水、油	900	600	14	55	68	229
CrMo	39	30CrMo	15	880	—	油	540	水、油	930	795	12	50	71	229
	40	35CrMo	25	850	—	油	550	水、油	980	885	12	45	63	229
	41	42CrMo	25	850	—	油	560	水、油	1080	930	12	45	63	229
	42	50CrMo	25	840	—	油	560	水、油	1130	930	11	45	48	248
	43	12CrMoV	30	970	—	空气	750	空气	440	225	22	50	78	241
	44	35CrMoV	25	900	—	油	630	水、油	1080	930	10	50	71	241
CrMoV	45	12CrMoV	30	970	—	空气	750	空气	450	245	22	50	71	179
	46	25Cr2MoV	25	900	—	油	640	空气	930	785	14	55	63	241
	47	25Cr2Mo1V	25	1040	—	空气	700	空气	735	590	16	50	47	241
CrMoAl	48	38CrMoAl	30	940	—	水、油	640	水、油	980	835	14	50	71	229
CrV	49	40CrV	25	880	—	油	650	水、油	885	735	10	50	71	241
	50	50CrV	25	850	—	油	500	水、油	1280	1130	10	40	—	255
	51	15CrMn	15	880	—	油	200	水、空气	785	590	12	50	47	179
CrMn	52	20CrMn	15	850	—	油	200	水、空气	930	735	10	45	47	187
	53	40CrMn	25	840	—	油	550	水、油	980	835	9	45	47	229

续表

钢组	序号	牌号	试样毛坯尺寸[1]/mm	推荐的热处理制度					力学性能					供货状态为退火或高温回火钢棒布氏硬度(HBW)
				淬火			回火		抗拉强度 R_m/MPa	下屈服强度 $R_{eL}^{②}$/MPa	断后伸长率 A/%	断面收缩率 Z/%	冲击吸收能量 $KU_2^{③}$/J	
				加热温度/℃		冷却剂	加热温度/℃	冷却剂						
				第1次淬火	第2次淬火				≥					≤
CrMnSi	54	20CrMnSi	25	880	—	油	480	水、油	785	635	12	45	55	207
	55	25CrMnSi	25	880	—	油	480	水、油	1080	885	10	40	39	217
	56	30CrMnSi	25	880	—	油	540	水、油	1080	835	10	45	39	229
	57	35CrMnSi	试样	加热到880℃,于280~310℃等温淬火					1620	1280	9	40	31	241
			试样	950	890	油	230	空气、油						
CrMnMo	58	20CrMnMo	15	850	—	油	200	水、空气	1180	885	10	45	55	217
	59	40CrMnMo	25	850	—	油	600	水、油	980	785	10	45	63	217
CrMnTi	60	20CrMnTi	15	880	870	油	200	水、空气	1080	850	10	45	55	217
	61	30CrMnTi	试样	880	850	油	200	水、空气	1470	—	9	40	47	229
CrNi	62	20CrNi	25	850	—	水、油	460	水、油	785	590	10	50	63	197
	63	40CrNi	25	820	—	油	500	水、油	980	785	10	45	55	241
	64	45CrNi	25	820	—	油	530	水、油	980	785	10	45	55	255
	65	50CrNi	25	820	—	油	500	水、油	1080	835	8	40	39	255
	66	12CrNi2	15	860	780	水、油	200	水、空气	785	590	12	50	63	207
	67	34CrNi2	25	840	—	水、油	530	水、油	930	735	11	45	71	241
	68	12CrNi3	15	860	780	油	200	水、空气	930	685	11	50	71	217
	69	20CrNi3	25	830	—	水、油	480	水、油	930	735	11	55	78	241
	70	30CrNi3	25	820	—	油	500	水、油	980	785	9	45	63	241
	71	37CrNi3	25	820	—	油	500	水、油	1130	980	10	50	47	260
	72	12Cr2Ni4	15	860	780	油	200	水、空气	1080	835	10	50	71	269
	73	20Cr2Ni4	15	880	780	油	200	水、空气	1180	1080	10	45	63	269
CrNiMo	74	15CrNiMo	15	850	—	油	200	空气	930	750	10	40	46	197
	75	20CrNiMo	15	850	—	油	200	空气	980	785	9	40	47	197
	76	30CrNiMo	25	850	—	油	500	水、油	980	785	10	50	63	269
	77	40CrNiMo	25	850	—	油	600	水、油	980	835	12	55	78	269
	78	40CrNi2Mo	25	正火 890	850	油	560~580	空气	1050	980	12	45	48	269
			试样	正火 890	850	油	220 两次回火	空气	1790	1500	6	25	—	
	79	30Cr2Ni2Mo	25	850	—	油	520	水、油	980	835	10	50	71	269
	80	34Cr2Ni2Mo	25	850	—	油	540	水、油	1080	930	10	50	71	269
	81	30Cr2Ni4Mo	25	850	—	油	560	水、油	1080	930	10	50	71	269
	82	35Cr2Ni4Mo	25	850	—	油	560	水、油	1130	980	10	50	71	269

续表

钢组	序号	牌号	试样毛坯尺寸①/mm	推荐的热处理制度					力学性能					供货状态为退火或高温回火钢棒布氏硬度（HBW）
				淬火			回火		抗拉强度 R_m /MPa	下屈服强度 R_{eL}② /MPa	断后伸长率 A /%	断面收缩率 Z /%	冲击吸收能量 $KU_2$③ /J	
				加热温度/℃		冷却剂	加热温度/℃	冷却剂						
				第1次淬火	第2次淬火				≥					≤
CrMnNiMo	83	18CrMnNiMo	15	830	—	油	200	空气	1180	885	10	45	71	269
CrNiMoV	84	45CrNiMoV	试样	860	—	油	460	油	1470	1330	7	35	31	269
CrNiW	85	18Cr2Ni4W	15	850	850	空气	200	水、空气	1180	835	10	45	78	269
	86	25Cr2Ni4W	25	850	—	油	550	水、油	1080	930	11	45	71	269

① 钢棒尺寸小于试样毛坯尺寸时，用原尺寸钢棒进行热处理。

② 当屈服现象不明显时，可用规定塑性延伸强度 $R_{p0.2}$ 代替。

③ 直径小于16mm的圆钢和厚度小于12mm的方钢、扁钢，不做冲击试验。

注：1. 表中所列热处理温度允许调整范围：淬火±15℃，低温回火±20℃，高温回火±50℃。

2. 硼钢在淬火前可先经正火，正火温度应不高于其淬火温度，铬锰钛钢第一次淬火可用正火代替。

18.6.7 高速工具钢（GB/T 9943—2008）

高速工具钢是工具钢之一，是含有碳、钨、钼、铬、钒的铁基合金，有的还含有相当数量的钴。碳和合金含量平衡配置，以获得工业切削所需的高淬硬性、高耐磨性、高红硬性和良好的韧性。高速工具钢在工具钢中具有最高的高温硬度和红硬性。

（1）高速工具钢的分类及代号

① 按化学成分分类，可分为两种基本系列：a. 钨系高速工具钢；b. 钨钼系高速工具钢。

② 按性能分类，可分为三种基本系列（表3-18-93）：a. 低合金高速工具钢（HSS-L）；b. 普通高速工具钢（HSS）；c. 高性能高速工具钢（HSS-E）。

表3-18-93　高速工具钢的分类表（GB/T 9943—2008）

项目		要求		
		低合金高速工具钢（HSS-L）	普通高速工具钢（HSS）	高性能高速工具钢（HSS-E）
主要合金元素含量（质量分数）/%	C	≥0.70	≥0.65	≥0.85
	W+1.8Mo	≥6.50	≥11.75	≥11.75
	Cr	≥3.25	≥3.50	≥3.50
	V	≥0.80	0.80~2.50	V>2.50 或 Co≥4.50 或 Al:0.80~1.20
	Co	<4.50	<4.50	
按表3-18-97淬火回火后硬度（HRC）		≥61	≥63	≥64

高速工具钢的牌号分类及代号见表3-18-94。

表3-18-94　高速工具钢的牌号分类及代号（GB/T 9943—2008）

序号	牌号	ISO 4957:1999牌号	类别	代号
1	W3Mo3Cr4V2	HS3-3-2	低合金高速工具钢	HSS-L
2	W4Mo3Cr4VSi	—		

续表

序号	牌号	ISO 4957:1999 牌号	类别	代号
3	W18Cr4V	HS18-0-1	普通高速工具钢	HSS
4	W2Mo8Cr4V	HS1-8-1		
5	W2Mo9Cr4V2	HS2-9-2		
6	W6Mo5Cr4V2	HS6-5-2		
7	CW6Mo5Cr4V2	HS6-5-2C		
8	W6Mo6Cr4V2	HS6-6-2		
9	W9Mo3Cr4V	—		
10	W6Mo5Cr4V3	HS6-5-3	高性能高速工具钢	HSS-E
11	CW6Mo5Cr4V3	HS6-5-3C		
12	W6Mo5Cr4V4	HS6-5-4		
13	W6Mo5Cr4V2Al	—		
14	W12Cr4V5Co5	—		
15	W6Mo5Cr4V2Co5	HS6-5-2-5		
16	W6Mo5Cr4V3Co8	HS6-5-3-8		
17	W7Mo4Cr4V2Co5	—		
18	W2Mo9Cr4VCo8	HS2-9-1-8		
19	W10Mo4Cr4V3Co10	HS10-4-3-10		

(2) 高速工具钢的牌号及化学成分

表 3-18-95 高速工具钢的牌号及化学成分（GB/T 9943—2008）

序号	统一数字代号	牌号[①]	化学成分(质量分数)/%									
			C	Mn	Si[②]	S[③]	P	Cr	V	W	Mo	Co
1	T63342	W3Mo3Cr4V2	0.95~1.03	≤0.40	≤0.45	≤0.030	≤0.030	3.80~4.50	2.20~2.50	2.70~3.00	2.50~2.90	—
2	T64340	W4Mo3Cr4VSi	0.83~0.93	0.20~0.40	0.70~1.00	≤0.030	≤0.030	3.80~4.40	1.20~1.80	3.50~4.50	2.50~3.50	—
3	T51841	W18Cr4V	0.73~0.83	0.10~0.40	0.20~0.40	≤0.030	≤0.030	3.80~4.50	1.00~1.20	17.20~18.70	—	—
4	T62841	W2Mo8Cr4V	0.77~0.87	≤0.40	≤0.70	≤0.030	≤0.030	3.50~4.50	1.00~1.40	1.40~2.00	8.00~9.00	—
5	T62942	W2Mo9Cr4V2	0.95~1.05	0.15~0.40	≤0.70	≤0.030	≤0.030	3.50~4.50	1.75~2.20	1.50~2.10	8.20~9.20	—
6	T66541	W6Mo5Cr4V2	0.80~0.90	0.15~0.40	0.20~0.45	≤0.030	≤0.030	3.80~4.40	1.75~2.20	5.50~6.75	4.50~5.50	—
7	T66542	CW6Mo5Cr4V2	0.86~0.94	0.15~0.40	0.20~0.45	≤0.030	≤0.030	3.80~4.50	1.75~2.10	5.90~6.70	4.70~5.20	—
8	T66642	W6Mo6Cr4V2	1.00~1.10	≤0.40	≤0.45	≤0.030	≤0.030	3.80~4.50	2.30~2.60	5.90~6.70	5.50~6.50	—
9	T69341	W9Mo3Cr4V	0.77~0.87	0.20~0.40	0.20~0.40	≤0.030	≤0.030	3.80~4.40	1.30~1.70	8.50~9.50	2.70~3.30	—
10	T66543	W6Mo5Cr4V3	1.15~1.25	0.15~0.40	0.20~0.45	≤0.030	≤0.030	3.80~4.50	2.70~3.20	5.90~6.70	4.70~5.20	—

续表

序号	统一数字代号	牌号[1]	化学成分(质量分数)/%									
			C	Mn	Si[2]	S[3]	P	Cr	V	W	Mo	Co
11	T66545	CW6Mo5Cr4V3	1.25~1.32	0.15~0.40	≤0.70	≤0.030	≤0.030	3.75~4.50	2.70~3.20	5.90~6.70	4.70~5.20	—
12	T66544	W6Mo5Cr4V4	1.25~1.40	≤0.40	≤0.45	≤0.030	≤0.030	3.80~4.50	3.70~4.20	5.20~6.00	4.20~5.00	—
13	T66546	W6Mo5Cr4V2Al	1.05~1.15	0.15~0.40	0.20~0.60	≤0.030	≤0.030	3.80~4.40	1.75~2.20	5.50~6.75	4.50~5.50	Al:0.80~1.20
14	T71245	W12Cr4V5Co5	1.50~1.60	0.15~0.40	0.15~0.40	≤0.030	≤0.030	3.75~5.00	4.50~5.25	11.75~13.00	—	4.75~5.25
15	T76545	W6Mo5Cr4V2Co5	0.87~0.95	0.15~0.40	0.20~0.45	≤0.030	≤0.030	3.80~4.50	1.70~2.10	5.90~6.70	4.70~5.20	4.50~5.00
16	T76438	W6Mo5Cr4V3Co8	1.23~1.33	≤0.40	≤0.70	≤0.030	≤0.030	3.80~4.50	2.70~3.20	5.90~6.70	4.70~5.30	8.00~8.80
17	T77445	W7Mo4Cr4V2Co5	1.05~1.15	0.20~0.60	0.15~0.50	≤0.030	≤0.030	3.75~4.50	1.75~2.25	6.25~7.00	3.25~4.25	4.75~5.75
18	T72948	W2Mo9Cr4VCo8	1.05~1.15	0.15~0.40	0.15~0.65	≤0.030	≤0.030	3.50~4.25	0.95~1.35	1.15~1.85	9.00~10.00	7.75~8.75
19	T71010	W10Mo4Cr4V3Co10	1.20~1.35	≤0.40	≤0.45	≤0.030	≤0.030	3.80~4.50	3.00~3.50	9.00~10.00	3.20~3.90	9.50~10.50

① 表中牌号 W18Cr4V、W12Cr4V5Co5 为钨系高速工具钢，其他牌号为钨钼系高速工具钢。

② 电渣钢的硅含量下限不限。

③ 根据需方要求，为改善钢的切削加工性能，其硫含量可规定为 0.06%~0.15%。

表 3-18-96　高速工具钢棒的化学成分允许偏差（质量分数）（GB/T 9943—2008） %

元素	规定化学成分上限值	允许偏差	元素	规定化学成分上限值	允许偏差
C	—	±0.01	Mo	≤6	±0.05
Cr	—	±0.05		>6	±0.10
W	≤10	±0.10	Co	—	±0.15
	>10	±0.20	Si	—	±0.05
V	≤2.5	±0.05	Mn	—	+0.04
	>2.5	±0.10			

注：1. 钢中残余铜含量应不大于 0.25%，残余镍含量应不大于 0.30%。

2. 在钨系高速钢中，钼含量允许到 1.0%。钨钼二者关系，当钼含量超过 0.30%时，钨含量应减少，在钼含量超过 0.30%的部分，每 1%的钼代替 1.8%的钨，在这种情况下，在牌号的后面加上“Mo”。

3. 钢应采用电炉或电渣重熔方法冶炼。冶炼方法要求应在合同注明，未注明时由供方选择。

4. 钢棒以退火状态交货，或退火后再经其他加工方法加工后交货，具体要求应在合同注明。

(3) 高速工具钢棒的交货状态硬度及试样淬回火硬度

表 3-18-97　高速工具钢棒的交货硬度和试样热处理制度及淬回火硬度（GB/T 9943—2008）

序号	牌号	交货硬度[1](退火态,HBW) ≤	试样热处理制度及淬回火硬度					
			预热温度/℃	淬火温度/℃		淬火介质	回火温度[2]/℃	硬度[3](HRC) ≥
				盐浴炉	箱式炉			
1	W3Mo3Cr4V2	255	800~900	1180~1120	1180~1120	油或盐浴	540~560	63
2	W4Mo3Cr4VSi	255		1170~1190	1170~1190		540~560	63

续表

序号	牌号	交货硬度①(退火态,HBW) ≤	试样热处理制度及淬回火硬度					
			预热温度/℃	淬火温度/℃		淬火介质	回火温度②/℃	硬度③(HRC) ≥
				盐浴炉	箱式炉			
3	W18Cr4V	255	800~900	1250~1270	1260~1280	油或盐浴	550~570	63
4	W2Mo8Cr4V	255		1180~1120	1180~1120		550~570	63
5	W2Mo9Cr4V2	255		1190~1210	1200~1220		540~560	64
6	W6Mo5Cr4V2	255		1200~1220	1210~1230		540~560	64
7	CW6Mo5Cr4V2	255		1190~1210	1200~1220		540~560	64
8	W6Mo6Cr4V2	262		1190~1210	1190~1210		550~570	64
9	W9Mo3Cr4V	255		1200~1220	1220~1240		540~560	64
10	W6Mo5Cr4V3	262		1190~1210	1200~1220		540~560	64
11	CW6Mo5Cr4V3	262		1180~1200	1190~1210		540~560	64
12	W6Mo5Cr4V4	269		1200~1220	1200~1220		550~570	64
13	W6Mo5Cr4V2Al	269		1200~1220	1230~1240		550~570	65
14	W12Cr4V5Co5	277		1220~1240	1230~1250		540~560	65
15	W6Mo5Cr4V2Co5	269		1190~1210	1200~1220		540~560	64
16	W6Mo5Cr4V3Co8	285		1170~1190	1170~1190		550~570	65
17	W7Mo4Cr4V2Co5	269		1180~1200	1190~1210		540~560	66
18	W2Mo9Cr4VCo8	269		1170~1190	1180~1200		540~560	66
19	W10Mo4Cr4V3Co10	285		1220~1240	1220~1240		550~570	66

① 退火+冷拉态的硬度，允许比退火态指标增加50HBW。

② 回火温度为550~570℃时，回火2次，每次1h；回火温度为540~560℃时，回火2次，每次2h。

③ 试样淬回火硬度供方若能保证可不检验。

18.6.8 易切削结构钢（GB/T 8731—2008）

易切削结构钢是因添加较高含量的硫、铅、锡、钙及其他易切削元素而具有良好的切削加工性能的结构钢。

（1）易切削结构钢的分类

钢材按加工方法不同分为下列两类。钢棒的使用加工方法应在合同中注明，未注明的按切削加工用钢供货。

① 压力加工用钢UP；

② 切削加工用钢UC。

（2）易切削结构钢的牌号及化学成分

硫系易切削钢、铅系易切削钢、锡系易切削钢和钙系易切削钢的牌号及化学成分（熔炼分析）应符合表3-18-98~表3-18-102的要求：

表3-18-98　　硫系易切削钢的牌号及化学成分（熔炼分析）（GB/T 8731—2008）

牌号	化学成分(质量分数)/%				
	C	Si	Mn	P	S
Y08	≤0.09	≤0.15	0.75~1.05	0.04~0.09	0.26~0.35
Y12	0.08~0.16	0.15~0.35	0.70~1.00	0.08~0.15	0.10~0.20
Y15	0.10~0.18	≤0.15	0.80~1.20	0.05~0.10	0.23~0.33
Y20	0.17~0.25	0.15~0.35	0.70~1.00	≤0.06	0.08~0.15

续表

牌号	化学成分(质量分数)/%				
	C	Si	Mn	P	S
Y30	0.27~0.35	0.15~0.35	0.70~1.00	≤0.06	0.08~0.15
Y35	0.32~0.40	0.15~0.35	0.70~1.00	≤0.06	0.08~0.15
Y45	0.42~0.50	≤0.40	0.70~1.10	≤0.06	0.15~0.25
Y08MnS	≤0.09	≤0.07	1.00~1.50	0.04~0.09	0.32~0.48
Y15Mn	0.14~0.20	≤0.15	1.00~1.50	0.04~0.09	0.08~0.13
Y35Mn	0.32~0.40	≤0.10	0.90~1.35	≤0.04	0.18~0.30
Y40Mn	0.37~0.45	0.15~0.35	1.20~1.55	≤0.05	0.20~0.30
Y45Mn	0.40~0.48	≤0.40	1.35~1.65	≤0.04	0.16~0.24
Y45MnS	0.40~0.48	≤0.40	1.35~1.65	≤0.04	0.24~0.33

表 3-18-99　铅系易切削钢的牌号及化学成分（熔炼分析）(GB/T 8731—2008)

牌号	化学成分(质量分数)/%					
	C	Si	Mn	P	S	Pb
Y08Pb	≤0.09	≤0.15	0.75~1.05	0.04~0.09	0.26~0.35	0.15~0.35
Y12Pb	≤0.15	≤0.15	0.85~1.15	0.04~0.09	0.26~0.35	0.15~0.35
Y15Pb	0.10~0.18	≤0.15	0.80~1.20	0.05~0.10	0.23~0.33	0.15~0.35
Y45MnSPb	0.40~0.48	≤0.40	1.35~1.65	≤0.04	0.24~0.33	0.15~0.35

表 3-18-100　锡系易切削钢的牌号及化学成分（熔炼分析）(GB/T 8731—2008)

牌号	化学成分(质量分数)/%					
	C	Si	Mn	P	S	Sn
Y08Sn	≤0.09	≤0.15	0.75~1.20	0.04~0.09	0.25~0.40	0.09~0.25
Y15Sn	0.13~0.18	≤0.15	0.40~0.70	0.03~0.07	≤0.05	0.09~0.25
Y45Sn	0.40~0.48	≤0.40	0.60~1.00	0.03~0.07	≤0.06	0.09~0.25
Y45MnSn	0.40~0.48	≤0.40	1.20~1.70	≤0.06	0.20~0.35	0.09~0.25

注：本表中所列牌号为专利所有，见国家发明专利“含锡易切削结构钢”，专利号：ZL 03 1 22768.6，国际专利主分类号：C22C 38/104。

表 3-18-101　钙系易切削钢的牌号及化学成分（熔炼分析）(GB/T 8731—2008)

牌号	化学成分(质量分数)/%					
	C	Si	Mn	P	S	Ca
Y45Ca①	0.42~0.50	0.20~0.40	0.60~0.90	≤0.04	0.04~0.08	0.002~0.006

① Y45Ca 钢中残余元素镍、铬、铜含量各不大于 0.25%；供热压力加工用时，铜含量不大于 0.20%。供方能保证合格时可不做分析。

注：1. 根据需方要求，经供需双方协商，可适当添加其他能够提高钢材切削性能的元素。

2. 除非用户有特殊要求，冶炼方法由供方自行规定。

3. 钢材以热轧、热锻或冷轧、冷拉、银亮等状态交货，交货状态应在合同中注明。根据需方要求也可按其他状态交货。

4. 剪切的热轧条钢两端变形长度均不应大于 20mm。如需方要求清除条钢两端毛刺，应在合同中注明。

5. 钢材的成品化学成分允许偏差，易切削元素硫、锡应符合表 3-18-102 的规定，其他元素应符合 GB/T 222 的规定。

表 3-18-102　易切削钢成品化学成分的硫、锡元素允许偏差 (GB/T 8731—2008)

元素	规定化学成分范围/%	允许偏差/%	
		上偏差	下偏差
S	≤0.33	0.03	0.03
	>0.33	0.04	0.04
Sn	≤0.30	0.03	0.03

(3) 易切削结构钢的表面质量

① 压力加工用钢材的表面不应有目视的裂纹、结疤、折叠及夹杂。如有上述缺陷必须清除，清除深度从钢材实际尺寸算起应符合表 3-18-103 的规定，清除宽度应不小于深度的 5 倍。对公称直径或边长大于 140mm 的钢材，在同一截面的最大清除深度不应多于 2 处。允许有从实际尺寸算起不超过尺寸差之半的个别细小划痕、压痕、麻点及深度不超过 0.2mm 的小裂纹存在。

表 3-18-103　　压力加工用钢材的表面允许缺陷清除深度（GB/T 8731—2008）　　mm

钢材公称尺寸（直径或边长）	允许缺陷清除深度　≤	钢材公称尺寸（直径或边长）	允许缺陷清除深度　≤
<80	钢材公称尺寸的公差的 1/2	>140~200	钢材公称尺寸的 5%
80~140	钢材的公称尺寸公差	>200	钢材公称尺寸的 6%

② 切削加工用钢的表面允许有从钢材公称尺寸算起深度不超过表 3-18-104 规定的局部缺陷。

表 3-18-104　　切削加工用钢材的表面允许缺陷清除深度（GB/T 8731—2008）　　mm

钢材公称尺寸（直径或边长）	允许缺陷清除深度　≤	钢材公称尺寸（直径或边长）	允许缺陷清除深度　≤
<100	钢材公称尺寸的负偏差	≥100	钢材公称尺寸的公差

③ 冷拉条钢和钢丝表面应洁净、平滑、光亮，不应有裂纹、结疤、夹杂、发纹、折叠、气孔和氧化皮。以热处理状态供应的条钢表面允许有氧化色。

11 级精度冷拉条钢和钢丝表面允许有个别的小划伤、凹面、气孔、黑斑和少量麻点，其深度不应大于从实际尺寸算起的公差之半；根据需方要求，深度可不大于公差的 1/4。

供切削加工用的 11 级精度冷拉条钢和钢丝表面上允许有深度不超过从实际尺寸算起的公差之半的划伤、麻点、凹坑和清理痕迹，允许有不大于公差之半的个别微小发纹，但不应使条钢尺寸小于最小尺寸。

冷拉条钢的端头不应切弯。用剪断机剪切钢材时被切端允许有剪切变形，变形后，端头的最大尺寸应不大于公称尺寸加公差值。

④ 银亮钢表面质量应符合 GB/T 3207 的规定。

⑤ 钢板和钢带表面不允许存在裂纹、气泡、结疤、折叠、夹杂和压入的氧化铁皮。钢板不应有分层。

钢板和钢带表面允许有不妨碍检查表面缺陷的薄层氧化铁皮、铁锈，由压入的氧化铁皮脱落所引起的不显著的表面粗糙、划伤、压痕及其他局部缺陷，但其深度不应大于厚度公差之半，并应保证钢板的最小厚度。

钢板和钢带表面缺陷允许修磨清理，但应保证钢板的最小厚度。修磨清理处应平滑无棱角。

钢带允许带缺陷交货，但缺陷部分应不超过每卷总长度的 8%。

(4) 易切削结构钢的力学性能

① 以热轧状态交货的易切削钢条钢和盘条，其布氏硬度应符合表 3-18-105 的规定。其他产品的力学性能、硬度由供需双方协商确定。

表 3-18-105　　以热轧状态交货的易切削钢条钢和盘条的硬度要求（GB/T 8731—2008）

分类	牌号	布氏硬度(HBW) ≤	分类	牌号	布氏硬度(HBW) ≤
硫系易切削钢	Y08	163	硫系易切削钢	Y45Mn	241
	Y12	170		Y45MnS	241
	Y15	170	铅系易切削钢	Y08Pb	165
	Y20	175		Y12Pb	170
	Y30	187		Y15Pb	170
	Y35	187		Y45MnSPb	241
	Y45	229	锡系易切削钢	Y08Sn	165
	Y08MnS	165		Y15Sn	165
	Y15Mn	170		Y45Sn	241
	Y35Mn	229		Y45MnSn	241
	Y40Mn	229	钙系易切削钢	Y45Ca	241

② 热轧状态的硫系易切削钢、铅系易切削钢、锡系易切削钢和钙系易切削钢条钢和盘条的力学性能可分别参考表3-18-106～表3-18-109的规定（不是必保值）。

表 3-18-106　　热轧状态交货的硫系易切削钢条钢和盘条的力学性能参考值

牌号	力学性能			牌号	力学性能		
	抗拉强度 R_m /MPa	断后伸长率 A /% ≥	断面收缩率 Z /% ≥		抗拉强度 R_m /MPa	断后伸长率 A /% ≥	断面收缩率 Z /% ≥
Y08	360～570	25	40	Y08MnS	350～500	25	40
Y12	390～540	22	36	Y15Mn	390～540	22	36
Y16	390～540	22	36	Y35Mn	530～790	16	22
Y20	450～600	20	30	Y40Mn	590～850	14	20
Y30	510～655	15	25	Y45Mn	610～900	12	20
Y35	510～655	14	22	Y45MnS	610～900	12	20
Y45	560～800	12	20				

表 3-18-107　　热轧状态交货的铅系易切削钢条钢和盘条的力学性能参考值

牌号	力学性能			牌号	力学性能		
	抗拉强度 R_m /MPa	断后伸长率 A /% ≥	断面收缩率 Z /% ≥		抗拉强度 R_m /MPa	断后伸长率 A /% ≥	断面收缩率 Z /% ≥
Y08Pb	360～570	25	40	Y15Pb	390～540	22	36
Y12Pb	360～570	22	36	Y45MnSPb	610～900	12	20

表 3-18-108　　热轧状态交货的锡系易切削钢条钢和盘条的力学性能参考值

牌号	力学性能			牌号	力学性能		
	抗拉强度 R_m /MPa	断后伸长率 A /% ≥	断面收缩率 Z /% ≥		抗拉强度 R_m /MPa	断后伸长率 A /% ≥	断面收缩率 Z /% ≥
Y08Sn	350～500	25	40	Y45Sn	600～745	12	26
Y15Sn	390～540	22	36	Y45MnSn	610～850	12	26

表 3-18-109　　热轧状态交货的钙系易切削钢条钢和盘条的力学性能参考值

牌号	力学性能		
	抗拉强度 R_m /MPa	断后伸长率 A/% ≥	断面收缩率 Z/% ≥
Y45Ca	600～745	12	26

③ 对于Y45Ca，直径大于16mm的条钢，用热处理毛坯制成的试样测定钢的力学性能可参考表3-18-110。

表 3-18-110　　用经热处理毛坯制成的Y45Ca试样测定钢的力学性能参考值

牌号	力学性能				
	下屈服强度 R_{eL}/MPa	抗拉强度 R_m/MPa	断后伸长率 A/%	断面收缩率 Z/%	冲击吸收能量 KV_2/J
	≥				
Y45Ca	355	600	16	40	39

注：热处理制度：拉伸试样毛坯（直径为25mm）正火处理，加热温度为830～850℃，保温时间不小于30min，冲击试样毛坯（直径为15mm）调质处理，淬火温度840℃±20℃（淬火），回火温度600℃±20℃。

④ 冷拉状态交货的硫系易切削钢、铅系易切削钢、锡系易切削钢和钙系易切削钢的条钢和盘条，其力学性能和布氏硬度分别参考表 3-18-111～表 3-18-114。

表 3-18-111　以冷拉状态交货的硫系易切削钢条钢和盘条的力学性能参考值

牌号	力学性能				
	抗拉强度 R_m/MPa			断后伸长率 A/% ≥	布氏硬度(HBW)
	钢材公称尺寸/mm				
	8～20	>20～30	>30		
Y08	480～810	460～710	360～710	7.0	140～217
Y12	530～755	510～735	490～685	7.0	152～217
Y15	530～755	510～735	490～685	7.0	152～217
Y20	570～785	530～745	510～705	7.0	167～217
Y30	600～825	560～765	540～735	6.0	174～223
Y35	625～845	540～785	570～765	6.0	175～229
Y45	695～980	655～880	580～880	6.0	196～255
Y08MnS	480～810	460～710	360～710	7.0	140～217
Y15Mn	530～755	510～735	490～685	7.0	152～217
Y45Mn	695～980	655～880	580～880	6.0	196～255
Y45MnS	695～980	655～880	580～880	6.0	195～255

表 3-18-112　以冷拉状态交货的铅系易切削钢条钢和盘条的力学性能参考值

牌号	力学性能				
	抗拉强度 R_m/MPa			断后伸长率 A/% ≥	布氏硬度(HBW)
	钢材公称尺寸/mm				
	8～20	>20～30	>30		
Y08Pb	480～810	460～710	360～710	7.0	140～217
Y12Pb	480～810	460～710	360～710	7.0	140～217
Y15Pb	530～755	510～735	490～685	7.0	152～217
Y45MnSPb	695～980	655～880	580～880	6.0	196～255

表 3-18-113　以冷拉状态交货的锡系易切削钢条钢和盘条的力学性能参考值

牌号	力学性能				
	抗拉强度 R_m/MPa			断后伸长率 A/% ≥	布氏硬度(HBW)
	钢材公称尺寸/mm				
	8～20	>20～30	>30		
Y08Sn	480～705	460～685	440～635	7.5	140～200
Y15Sn	530～755	510～735	490～685	7.0	152～217
Y45Sn	695～920	655～855	635～835	6.0	196～255
Y45MnSn	695～920	655～855	635～835	6.0	196～255

表 3-18-114　以冷拉状态交货的钙系易切削钢条钢和盘条的力学性能参考值

牌号	力学性能				
	抗拉强度 R_m/MPa			断后伸长率 A/% ≥	布氏硬度(HBW)
	钢材公称尺寸/mm				
	8～20	>20～30	>30		
Y45Ca	695～920	655～855	635～835	6.0	196～255

⑤ Y40Mn冷拉条钢高温回火状态的力学性能和布氏硬度可参考表3-18-115的规定。其他中碳钢热处理后的性能可参照Y45Ca（见表3-18-110）和Y40Mn（见表3-18-115），或由供需双方协商。

表3-18-115 Y40Mn冷拉条钢高温回火状态的力学性能

力学性能		布氏硬度(HBW)
抗拉强度 R_m/MPa	断后伸长率 A/%	
590~785	≥17	179~229

18.6.9 弹簧钢（GB/T 1222—2016）

(1) 弹簧钢的牌号及化学成分

钢的牌号、统一数字代号及化学成分（熔炼分析）应符合表3-18-116的规定。

表3-18-116 弹簧钢的牌号及化学成分

序号	统一数字代号	牌号	化学成分(质量分数)/%											
			C	Si	Mn	Cr	V	W	Mo	B	Ni	Cu[2]	P	S
1	U20652	65	0.62~0.70	0.17~0.37	0.50~0.80	≤0.25	—	—	—	—	≤0.35	≤0.25	≤0.030	≤0.030
2	U20702	70	0.67~0.75	0.17~0.37	0.50~0.80	≤0.25	—	—	—	—	≤0.35	≤0.25	≤0.030	≤0.030
3	U20802	80	0.77~0.85	0.17~0.37	0.50~0.80	≤0.25	—	—	—	—	≤0.35	≤0.25	≤0.030	≤0.030
4	U20852	85	0.82~0.90	0.17~0.37	0.50~0.80	≤0.25	—	—	—	—	≤0.35	≤0.25	≤0.030	≤0.030
5	U21653	65Mn	0.62~0.70	0.17~0.37	0.90~1.20	≤0.25	—	—	—	—	≤0.35	≤0.25	≤0.030	≤0.030
6	U21702	70Mn	0.67~0.75	0.17~0.37	0.90~1.20	≤0.25	—	—	—	—	≤0.35	≤0.25	≤0.030	≤0.030
7	A76282	28SiMnB	0.24~0.32	0.60~1.00	1.20~1.60	≤0.25	—	—	—	0.0008~0.0035	≤0.35	≤0.25	≤0.025	≤0.020
8	A77406	40SiMnVBE[1]	0.39~0.42	0.90~1.35	1.20~1.55	—	0.09~0.12	—	—	0.0008~0.0025	≤0.35	≤0.25	≤0.020	≤0.012
9	A77552	55SiMnVB	0.52~0.60	0.70~1.00	1.00~1.30	≤0.35	0.08~0.16	—	—	0.0008~0.0035	≤0.35	≤0.25	≤0.025	≤0.020
10	A11383	38Si2	0.35~0.42	1.50~1.80	0.50~0.80	≤0.25	—	—	—	—	≤0.35	≤0.25	≤0.025	≤0.020
11	A11603	60Si2Mn	0.56~0.60	1.50~2.00	0.70~1.00	≤0.35	—	—	—	—	≤0.35	≤0.25	≤0.025	≤0.020
12	A22553	55CrMn	0.52~0.60	0.17~0.37	0.65~0.95	0.65~0.95	—	—	—	—	≤0.35	≤0.25	≤0.025	≤0.020
13	A22603	60CrMn	0.56~0.60	0.17~0.37	0.70~1.00	0.70~1.00	—	—	—	—	≤0.35	≤0.25	≤0.025	≤0.020

续表

序号	统一数字代号	牌号	化学成分(质量分数)/%											
			C	Si	Mn	Cr	V	W	Mo	B	Ni	Cu②	P	S
14	A22609	60CrMnB	0.56~0.64	0.17~0.37	0.70~1.00	0.70~1.00	—	—	—	0.0008~0.0035	≤0.35	≤0.25	≤0.025	≤0.020
15	A24603	60CrMnMo	0.56~0.64	0.17~0.37	0.70~1.00	0.70~1.00	—	—	0.25~0.35	—	≤0.35	≤0.25	≤0.025	≤0.020
16	A21553	55SiCr	0.51~0.59	1.20~1.60	0.50~0.80	0.50~0.80	—	—	—	—	≤0.35	≤0.25	≤0.025	≤0.020
17	A21603	60Si2Cr	0.56~0.64	1.40~1.80	0.40~0.70	0.70~1.00	—	—	—	—	≤0.35	≤0.25	≤0.025	≤0.020
18	A24563	56Si2MnCr	0.52~0.60	1.60~2.00	0.70~1.00	0.20~0.45	—	—	—	—	≤0.35	≤0.25	≤0.025	≤0.020
19	A45523	52SiCrMnNi	0.49~0.56	1.20~1.50	0.70~1.00	0.70~1.00	—	—	—	—	0.50~0.70	≤0.25	≤0.025	≤0.020
20	A28552	55SiCrV	0.51~0.59	1.20~1.60	0.50~0.80	0.50~0.80	0.10~0.20	—	—	—	≤0.35	≤0.25	≤0.025	≤0.020
21	A28603	60Si2CrV	0.56~0.64	1.40~1.80	0.40~0.70	0.90~1.20	0.10~0.20	—	—	—	≤0.35	≤0.25	≤0.025	≤0.020
22	A28600	60Si2MnCrV	0.56~0.64	1.50~2.00	0.70~1.00	0.20~0.40	0.10~0.20	—	—	—	≤0.35	≤0.25	≤0.025	≤0.020
23	A23503	50CrV	0.45~0.50	0.17~0.37	0.50~0.80	0.80~1.10	0.10~0.20	—	—	—	≤0.35	≤0.25	≤0.025	≤0.020
24	A25513	51CrMnV	0.47~0.55	0.17~0.37	0.70~1.10	0.90~1.20	0.10~0.25	—	—	—	≤0.35	≤0.25	≤0.025	≤0.020
25	A36523	52CrMnMoV	0.48~0.56	0.17~0.37	0.70~1.10	0.90~1.20	0.10~0.20	—	0.15~0.30	—	≤0.35	≤0.25	≤0.025	≤0.020
26	A27303	30W4Cr2V	0.26~0.30	0.17~0.37	≤0.40	2.00~2.50	0.50~0.80	4.00~4.50	—	—	≤0.35	≤0.25	≤0.025	≤0.020

① 40SiMnVBE 为专利牌号。

② 根据需方要求，并在合同中注明，钢中残余铜含量可不大于 0.20%。

注：牌号的主要用途参见 GB/T 1222—2016 附录 B，与国内外标准牌号的对照参见 GB/T 1222—2016 附录 C。

(2) 弹簧钢的力学性能和用途

弹簧钢的力学性能见表 3-18-117，弹簧钢各牌号的主要用途见表 3-18-118。

表 3-18-117 弹簧钢的力学性能

序号	牌号	热处理制度			力学性能 ≥				
		淬火温度/℃	淬火介质	回火温度/℃	抗拉强度 R_m/MPa	下屈服强度 R_{eL}/MPa	断后伸长率		断面收缩率
							A/%	$A_{11.3}$/%	Z/%
1	65	840	油	500	980	785	—	9.0	35
2	70	830	油	480	1030	835	—	8.0	30
3	80	820	油	480	1080	930	—	6.0	30
4	85	820	油	480	1130	980	—	6.0	30

续表

序号	牌号	热处理制度			力学性能 ≥				
		淬火温度/℃	淬火介质	回火温度/℃	抗拉强度 R_m/MPa	下屈服强度 R_{eL}/MPa	断后伸长率		断面收缩率 Z/%
							A/%	$A_{11.3}$/%	
5	65Mn	830	油	540	980	785	—	8.0	30
6	70Mn	—	—	—	785	450	8.0	—	30
7	28SiMnB[d]	900	水或油	320	1275	1180	—	5.0	25
8	40SiMnVBE[d]	880	油	320	1800	1680	9.0	—	40
9	55SiMnVB	860	油	460	1375	1225	—	5.0	30
10	38Si2	880	水	450	1300	1150	8.0	—	35
11	60Si2Mn	870	油	440	1570	1375	—	5.0	20
12	55CrMn	840	油	485	1225	1080	9.0	—	20
13	60CrMn	840	油	490	1225	1080	9.0	—	20
14	60CrMnB	840	油	490	1225	1080	9.0	—	20
15	60CrMnMo	860	油	450	1450	1300	6.0	—	30
16	55SiCr	860	油	450	1450	1300	6.0	—	25
17	60Si2Cr	870	油	420	1765	1570	6.0	—	20
18	56Si2MnCr	860	油	450	1500	1350	6.0	—	25
19	52SiCrMnNi	860	油	450	1450	1300	6.0	—	35
20	55SiCrV	860	油	400	1650	1600	5.0	—	35
21	60Si2CrV	850	油	410	1860	1665	6.0	—	20
22	60Si2MnCrV	860	油	400	1700	1650	5.0	—	30
23	50CrV	850	油	500	1275	1130	10.0	—	40
24	51CrMnV	850	油	450	1350	1200	6.0	—	30

表 3-18-118　弹簧钢各牌号的主要用途

牌号	主要用途
65　70 80　85	应用非常广泛,但多用于工作温度不高的小型弹簧或不太重要的较大尺寸弹簧及一般机械用的弹簧
65Mn　70Mn	制造各种小截面扁簧、圆簧、发条等,亦可制弹簧环、气门簧、减振器和离合器簧片、刹车簧等
28SiMnB	用于制造汽车钢板弹簧
40SiMnVBE 55SiMnVB	制作重型、中、小型汽车的板簧,亦可制作其他中型断面的板簧和螺旋弹簧
38Si2	主要用于制造轨道扣件用弹条
60Si2Mn	应用广泛,主要制造各种弹簧,如汽车、机车、拖拉机的板簧、螺旋弹簧,一般要求的汽车稳定杆、低应力的货车转向架弹簧,轨道扣件用弹条
55CrMn 60CrMn	用于制作汽车稳定杆,亦可制作较大规格的板簧、螺旋弹簧
60CrMnB	适用于制造较厚的钢板弹簧、汽车导向臂等产品

续表

牌号	主要用途
60CrMnMo	大型土木建筑、重型车辆、机械等使用的超大型弹簧
60Si2Cr	多用于制造载荷大的重要弹簧、工程机械弹簧等
55SiCr	用于制作汽车悬挂用螺旋弹簧、气门弹簧
56Si2MnCr	一般用于冷拉钢丝、淬回火钢丝制作悬架弹簧，或板厚大于10~15mm的大型板簧等
52Si2CrMnNi	铬硅锰镍钢，欧洲客户用于制作载重卡车用大规格稳定杆
55SiCrV	用于制作汽车悬挂用螺旋弹簧、气门弹簧
60Si2CrV	用于制造高强度级别的变截面板簧，货车转向架用螺旋弹簧，亦可制造载荷大的重要大型弹簧、工程机械弹簧等
50CrV 51CrMnV	适宜制造工作应力高、疲劳性能要求严格的螺旋弹簧、汽车板簧等；亦可用作较大截面的高负荷重要弹簧及工作温度小于300℃的阀门弹簧、活塞弹簧、安全阀弹簧
52CrMnMoV	用作汽车板簧、高速客车转向架弹簧、汽车导向臂等
60Si2MnCrV	可用于制作大载荷的汽车板簧
30W4Cr2V	主要用于工作温度500℃以下的耐热弹簧，如汽轮机主蒸汽阀弹簧、锅炉安全阀弹簧等

18.6.10 不锈钢棒（GB/T 1220—2007）

本节内容适用于尺寸（直径、边长、厚度或对边距离，以下简称尺寸）不大于250mm的热轧和锻制不锈钢棒。经供需双方协商，也可供应尺寸大于250mm的热轧和锻制不锈钢棒。

（1）不锈钢棒的分类

① 钢棒按组织特征分为奥氏体型、奥氏体-铁素体型、铁素体型、马氏体型和沉淀硬化型五种类型。

② 钢棒按使用加工方法不同分为下列两类：

a. 压力加工用钢UP：热压力加工用钢UHP；热顶锻用钢UHF；冷拔坯料UCD。

b. 切削加工用钢UC。钢棒的使用加工方法应在合同中注明，未注明者按切削加工用钢供货。

（2）不锈钢棒的牌号及化学成分

不锈钢棒的牌号、统一数字代号及化学成分（熔炼分析）应符合表3-18-119~表3-18-123的规定。

钢棒的化学成分允许偏差应符合GB/T 222的规定。

表3-18-119　　奥氏体型不锈钢的化学成分（GB/T 1220—2007）

GB/T 20878中序号	统一数字代号	新牌号	旧牌号	化学成分(质量分数)/%										
				C	Si	Mn	P	S	Ni	Cr	Mo	Cu	N	其他元素
1	S35350	12Cr17Mn6Ni5N	1Cr17Mn6Ni5N	0.15	1.00	5.50~7.50	0.050	0.030	3.50~5.50	16.00~18.00	—	—	0.05~0.25	—
3	S35450	12Cr18Mn9Ni5N	1Cr18Mn8Ni5N	0.15	1.00	7.50~10.00	0.050	0.030	4.00~6.00	17.00~19.00	—	—	0.05~0.25	—
9	S30110	12Cr17Ni7	1Cr17Ni7	0.15	1.00	2.00	0.045	0.030	6.00~8.00	16.00~18.00	—	—	0.10	—
13	S30210	12Cr18Ni9	1Cr18Ni9	0.15	1.00	2.00	0.045	0.030	8.00~10.00	17.00~19.00	—	—	0.10	—
15	S30317	Y12Cr18Ni9	Y1Cr18Ni9	0.15	1.00	2.00	0.20	≥0.15	8.00~10.00	17.00~19.00	(0.60)	—	—	—

续表

GB/T 20878 中序号	统一数字代号	新牌号	旧牌号	化学成分(质量分数)/%										
				C	Si	Mn	P	S	Ni	Cr	Mo	Cu	N	其他元素
16	S30327	Y12Cr18Ni9Se	Y1Cr18Ni9Se	0.15	1.00	2.00	0.20	0.060	8.00~10.00	17.00~19.00	—	—	—	Se≥0.15
17	S30408	06Cr19Ni10	0Cr18Ni9	0.08	1.00	2.00	0.045	0.030	8.00~11.00	18.00~20.00	—	—	—	—
18	S30403	022Cr19Ni10	00Cr19Ni10	0.030	1.00	2.00	0.045	0.030	8.00~12.00	18.00~20.00	—	—	—	—
22	S30488	06Cr18Ni9Cu3	0Cr18Ni9Cu3	0.08	1.00	2.00	0.045	0.030	8.50~10.50	17.00~19.00	—	3.00~4.00	—	—
23	S30458	06Cr19Ni10N	0Cr19Ni9N	0.08	1.00	2.00	0.045	0.030	8.00~11.00	18.00~20.00	—	—	0.10~0.16	—
24	S30478	06Cr19Ni9NbN	0Cr19Ni10NbN	0.08	1.00	2.00	0.045	0.030	7.50~10.50	18.00~20.00	—	—	0.15~0.30	Nb 0.15
25	S30453	022Cr19Ni10N	00Cr18Ni10N	0.030	1.00	2.00	0.045	0.030	8.00~11.00	18.00~20.00	—	—	0.10~0.16	—
26	S30510	10Cr18Ni12	1Cr18Ni12	0.12	1.00	2.00	0.045	0.030	10.50~13.00	17.00~19.00	—	—	—	—
32	S30908	06Cr23Ni13	0Cr23Ni13	0.08	1.00	2.00	0.045	0.030	12.00~15.00	22.00~24.00	—	—	—	—
35	S31008	06Cr25Ni20	0Cr25Ni20	0.08	1.50	2.00	0.045	0.030	19.00~22.00	24.00~26.00	—	—	—	—
38	S31608	06Cr17Ni12Mo2	0Cr17Ni12Mo2	0.08	1.00	2.00	0.045	0.030	10.00~14.00	16.00~18.00	2.00~3.00	—	—	—
39	S31603	022Cr17Ni12Mo2	00Cr17Ni14Mo2	0.030	1.00	2.00	0.045	0.030	10.00~14.00	16.00~18.00	2.00~3.00	—	—	—
41	S31668	06Cr17Ni12Mo2Ti	0Cr18Ni12Mo3Ti	0.08	1.00	2.00	0.045	0.030	10.00~14.00	16.00~18.00	2.00~3.00	—	—	Ti≥5C
43	S31658	06Cr17Ni12Mo2N	0Cr17Ni12Mo2N	0.08	1.00	2.00	0.045	0.030	10.00~13.00	16.00~18.00	2.00~3.00	—	0.10~0.16	—
44	S31653	022Cr17Ni12Mo2N	00Cr17Ni13Mo2N	0.030	1.00	2.00	0.045	0.030	10.00~13.00	16.00~18.00	2.00~3.00	—	0.10~0.16	—
45	S31688	06Cr18Ni12-Mo2Cu2	0Cr18Ni12Mo2Cu2	0.08	1.00	2.00	0.045	0.030	10.00~14.00	17.00~19.00	1.20~2.75	1.00~2.50	—	—
46	S31683	022Cr18Ni14-Mo2Cu2	00Cr18Ni14-Mo2Cu2	0.030	1.00	2.00	0.045	0.030	12.00~16.00	17.00~19.00	1.20~2.75	1.00~2.50	—	—
49	S31708	06Cr19Ni13Mo3	0Cr19Ni13Mo3	0.08	1.00	2.00	0.045	0.030	11.00~15.00	18.00~20.00	3.00~4.00	—	—	—
50	S31703	022Cr19Ni13Mo3	00Cr19Ni13Mo3	0.030	1.00	2.00	0.045	0.030	11.00~15.00	18.00~20.00	3.00~4.00	—	—	—
52	S31794	03Cr18Ni15Mo5	0Cr18Ni16Mo5	0.04	1.00	2.50	0.045	0.030	15.00~17.00	16.00~19.00	4.00~6.00	—	—	—

续表

GB/T 20878 中序号	统一数字代号	新牌号	旧牌号	化学成分(质量分数)/%										
				C	Si	Mn	P	S	Ni	Cr	Mo	Cu	N	其他元素
55	S32168	06Cr18Ni11Ti	0Cr18Ni10Ti	0.08	1.00	2.00	0.045	0.030	9.00~12.00	17.00~19.00	—	—	—	Ti 5C~0.70
62	S34778	06Cr18Ni11Nb	0Cr18Ni11Nb	0.08	1.00	2.00	0.045	0.030	9.00~12.00	17.00~19.00	—	—	—	Nb 10C~1.10
64	S38148	06Cr18Ni13Si4①	0Cr18Ni13Si4①	0.08	3.00~5.00	2.00	0.045	0.030	11.50~15.00	15.00~20.00	—	—	—	—

① 必要时，可添加上表以外的合金元素。

注：1. 表中所列成分除标明范围或最小值外，其余均为最大值。括号内数值为可加入或允许含有的最大值。

2. GB/T 1220—2007 牌号与国外标准牌号对照参见 GB/T 20878。

3. 切削加工用奥氏体型钢棒应进行固溶处理，经供需双方协商，也可不进行处理。热压力加工用钢棒不进行固溶处理。

表 3-18-120 奥氏体-铁素体型不锈钢的化学成分（GB/T 1220—2007）

GB/T 20878 中序号	统一数字代号	新牌号	旧牌号	化学成分(质量分数)/%										
				C	Si	Mn	P	S	Ni	Cr	Mo	Cu	N	其他元素
67	S21860	14Cr18Ni11Si4AlTi	1Cr18Ni11Si4AlTi	0.10~0.18	3.40~4.00	0.80	0.035	0.030	10.00~12.00	17.50~19.50	—	—	—	Ti 0.40~0.70 Al 0.10~0.30
68	S21953	022Cr19Ni5Mo3Si2N	00Cr18Ni5Mo3Si2	0.030	1.30~2.00	1.00~2.00	0.035	0.030	4.50~5.50	18.00~19.50	2.50~3.00	—	0.05~0.12	—
70	S22253	022Cr22Ni5Mo3N		0.030	1.00	2.00	0.030	0.020	4.50~6.50	21.00~23.00	2.50~3.50	—	0.08~0.20	—
71	S22053	022Cr23Ni5Mo3N		0.030	1.00	2.00	0.030	0.020	4.50~6.50	22.00~23.00	3.00~3.50	—	0.14~0.20	—
73	S22553	022Cr25Ni6Mo2N		0.030	1.00	2.00	0.035	0.030	5.50~6.50	24.00~26.00	1.20~2.50	—	0.10~0.20	—
75	S25554	03Cr25Ni6Mo3Cu2N		0.04	1.00	1.50	0.035	0.030	4.50~6.50	24.00~27.00	2.90~3.90	1.50~2.50	0.10~0.25	—

注：1. 表中所列成分除标明范围或最小值外，其余均为最大值。

2. GB/T 1220—2007 牌号与国外标准牌号对照参见 GB/T 20878。

3. 切削加工用奥氏体型-铁素体型钢棒应进行固溶处理，经供需双方协商，也可不进行处理。热压力加工用钢棒不进行固溶处理。

表 3-18-121 铁素体型不锈钢的化学成分（GB/T 1220—2007）

GB/T 20878 中序号	统一数字代号	新牌号	旧牌号	化学成分(质量分数)/%										
				C	Si	Mn	P	S	Ni	Cr	Mo	Cu	N	其他元素
78	S11348	06Cr13Al	0Cr13Al	0.08	1.00	1.00	0.040	0.030	(0.60)	11.50~14.50	—	—	—	Al 0.10~0.30
83	S11203	022Cr12	00Cr12	0.030	1.00	1.00	0.040	0.030	(0.60)	11.00~13.50	—	—	—	—

续表

GB/T 20878 中序号	统一数字代号	新牌号	旧牌号	化学成分(质量分数)/%										
				C	Si	Mn	P	S	Ni	Cr	Mo	Cu	N	其他元素
85	S11710	10Cr17	1Cr17	0.12	1.00	1.00	0.040	0.030	(0.60)	16.00~18.00	—	—	—	—
86	S11717	Y10Cr17	Y1Cr17	0.12	1.00	1.25	0.060	≥0.15	(0.60)	16.00~18.00	(0.60)	—	—	—
88	S11790	10Cr17Mo	1Cr17Mo	0.12	1.00	1.00	0.040	0.030	(0.60)	16.00~18.00	0.75~1.25	—	—	—
94	S12791	008Cr27Mo①	00Cr27Mo①	0.010	0.40	0.40	0.030	0.020	—	25.00~27.50	0.75~1.50	—	0.015	—
95	S13091	008Cr30Mo2①	00Cr30Mo2①	0.010	0.40	0.40	0.030	0.020	—	28.50~32.00	1.50~2.50	—	0.015	—

① 允许含有小于或等于 0.50%镍，小于或等于 0.20%铜，而 Ni+Cu≤0.50%。必要时，可添加上表以外的合金元素。

注：1. 表中所列成分除标明范围或最小值外，其余均为最大值。括号内数值为可加入或允许含有的最大值。

2. GB/T 1220—2007 牌号与国外标准牌号对照参见 GB/T 20878。

3. 铁素体型钢棒应进行退火处理，经供需双方协商，可以不进行处理。

表 3-18-122　马氏体型不锈钢的化学成分（GB/T 1220—2007）

GB/T 20878 中序号	统一数字代号	新牌号	旧牌号	化学成分(质量分数)/%										
				C	Si	Mn	P	S	Ni	Cr	Mo	Cu	N	其他元素
96	S40310	12Cr12	1Cr12	0.15	0.50	1.00	0.040	0.030	(0.60)	11.50~13.00	—	—	—	—
97	S41008	06Cr13	0Cr13	0.08	1.00	1.00	0.040	0.030	(0.60)	11.50~13.50	—	—	—	—
98	S41010	12Cr13①	1Cr13①	0.08~0.15	1.00	1.00	0.040	0.030	(0.60)	11.50~13.50	—	—	—	—
100	S41617	Y12Cr13	Y1Cr13	0.15	1.00	1.25	0.060	≥0.15	(0.60)	12.00~14.00	(0.60)	—		—
101	S42020	20Cr13	2Cr13	0.16~0.25	1.00	1.00	0.040	0.030	(0.60)	12.00~14.00	—	—	—	—
102	S42030	30Cr13	3Cr13	0.26~0.35	1.00	1.00	0.040	0.030	(0.60)	12.00~14.00	—	—	—	—
103	S42037	Y30Cr13	Y3Cr13	0.26~0.35	1.00	1.25	0.060	≥0.15	(0.60)	12.00~14.00	(0.60)	—	—	—
104	S42040	40Cr13	4Cr13	0.36~0.45	0.60	0.80	0.040	0.030	(0.60)	12.00~14.00	—	—	—	—
106	S43110	14Cr7Ni2	1Cr17Ni2	0.11~0.17	0.80	0.80	0.040	0.030	1.50~2.50	16.00~18.00	—	—	—	—
107	S43120	17Cr16Ni2		0.12~0.22	1.00	1.50	0.040	0.030	1.50~2.50	15.00~17.00	—	—	—	—
108	S44070	68Cr17	7Cr17	0.60~0.75	1.00	1.00	0.040	0.030	(0.60)	16.00~18.00	(0.75)	—	—	—

续表

GB/T 20878 中序号	统一数字代号	新牌号	旧牌号	化学成分(质量分数)/%										
				C	Si	Mn	P	S	Ni	Cr	Mo	Cu	N	其他元素
109	S44080	85Cr17	8Cr17	0.75~0.95	1.00	1.00	0.040	0.030	(0.60)	16.00~18.00	(0.75)	—	—	—
110	S44096	108Cr17	11Cr17	0.95~1.20	1.00	1.00	0.040	0.030	(0.60)	16.00~18.00	(0.75)	—	—	—
111	S44097	Y108Cr17	Y11Cr17	0.95~1.20	1.00	1.25	0.060	≥0.15	(0.60)	16.00~18.00	(0.75)	—	—	—
112	S44090	95Cr18	9Cr18	0.90~1.00	0.80	0.80	0.040	0.030	(0.60)	17.00~19.00	—	—	—	—
115	S45710	13Cr13Mo	1Cr13Mo	0.08~0.18	0.60	1.00	0.040	0.030	(0.60)	11.50~14.00	0.30~0.60	—	—	—
116	S45830	32Cr13Mo	3Cr13Mo	0.28~0.35	0.80	1.00	0.040	0.030	(0.60)	12.00~14.00	0.50~1.00	—	—	—
117	S45990	102Cr17Mo	9Cr18Mo	0.95~1.10	0.80	0.80	0.040	0.030	(0.60)	16.00~18.00	0.40~0.70	—	—	—
118	S46990	90Cr18MoV	9Cr18MoV	0.85~0.95	0.80	0.80	0.040	0.030	(0.60)	17.00~19.00	1.00~1.30	—	—	V 0.07~0.12

① 相对于 GB/T 20878 调整成分牌号。

注：1. 表中所列成分除标明范围或最小值外，其余均为最大值。括号内数值为可加入或允许含有的最大值。

2. GB/T 1220—2007 牌号与国外标准牌号对照参见 GB/T 20878。

3. 马氏体型钢棒应进行退火处理。

表 3-18-123　　沉淀硬化型不锈钢的化学成分（GB/T 1220—2007）

GB/T 20878 中序号	统一数字代号	新牌号	旧牌号	化学成分(质量分数)/%										
				C	Si	Mn	P	S	Ni	Cr	Mo	Cu	N	其他元素
136	S51550	05Cr15Ni5Cu4Nb		0.07	1.00	1.00	0.040	0.030	3.50~5.50	14.00~15.50	—	2.50~4.50	—	Nb 0.15~0.45
137	S51740	05Cr17Ni4Cu4Nb	0Cr17Ni4Cu4Nb	0.07	1.00	1.00	0.040	0.030	3.00~5.00	15.00~17.50	—	3.00~5.00	—	Nb 0.15~0.45
138	S51770	07Cr17Ni7Al	0Cr17Ni7Al	0.09	1.00	1.00	0.040	0.030	6.50~7.75	16.00~18.00	—	—	—	Al 0.75~1.50
139	S51570	07Cr15Ni7Mo2Al	0Cr15Ni7Mo2Al	0.09	1.00	1.00	0.040	0.030	6.50~7.75	14.00~16.00	2.00~3.00	—	—	Al 0.75~1.50

注：1. 表中所列成分除标明范围或最小值外，其余均为最大值。

2. GB/T 1220—2007 牌号与国外标准牌号对照参见 GB/T 20878。

3. 沉淀硬化型钢棒应根据钢的组织选择固溶处理或退火处理，退火制度由供需双方协商确定，无协议时，退火温度一般为 650~680℃。经供需双方协商，沉淀硬化型钢棒（除 05Cr17Ni4Cu4Nb 外）可不进行处理。

4. 除非在合同中另有规定，一般应采用初炼钢（水）加炉外精炼等工艺。

5. 钢棒可以热处理或不热处理状态交货，订货时可选择交货状态，并在合同中注明。未注明者按不热处理交货。

（3）不锈钢棒经热处理后的力学性能

热处理用试样毛坯的尺寸一般为 25mm。当钢棒尺寸小于 25mm 时，用原尺寸钢棒进行热处理。经热处理的钢棒（除马氏体钢退火外），试样不再进行热处理。其力学性能应分别符合表 3-18-124~表 3-18-128 的规定。

不经热处理的钢棒，试样毛坯热处理后，其力学性能应分别符合表 3-18-124~表 3-18-128 的规定。

当供方能保证力学性能合格时，可省去部分或全部力学性能试验。

表 3-18-124　经固溶处理的奥氏体型钢棒或试样的力学性能①（GB/T 1220—2007）

GB/T 20878 中序号	统一数字代号	新牌号	旧牌号	规定非比例延伸强度 $R_{p0.2}$②/MPa	抗拉强度 R_m/MPa	断后伸长率 A/%	断面收缩率 Z③/%	硬度② HBW	硬度② HRB	硬度② HV
				≥				≤		
1	S35350	12Cr17Mn6Ni5N	1Cr17Mn6Ni5N	275	520	40	45	241	100	253
3	S35450	12Cr18Mn9Ni5N	1Cr18Mn8Ni5N	275	520	40	45	207	95	218
9	S30110	12Cr17Ni7	1Cr17Ni7	205	520	40	60	187	90	200
13	S30210	12Cr18Ni9	1Cr18Ni9	205	520	40	60	187	90	200
15	S30317	Y12Cr18Ni9	Y1Cr18Ni9	205	520	40	50	187	90	200
16	S30327	Y12Cr18Ni9Se	Y1Cr18Ni9Se	205	520	40	50	187	90	200
17	S30408	06Cr19Ni10	0Cr18Ni9	205	520	40	60	187	90	200
18	S30403	022Cr19Ni10	00Cr19Ni10	175	480	40	60	187	90	200
22	S30488	06Cr18Ni9Cu3	0Cr18Ni9Cu3	175	480	40	60	187	90	200
23	S30458	06Cr19Ni10N	0Cr19Ni9N	275	550	35	50	217	95	220
24	S30478	06Cr19Ni9NbN	0Cr19Ni10NbN	345	685	35	50	250	100	260
25	S30453	022Cr19Ni10N	00Cr18Ni10N	245	550	10	50	217	95	220
26	S30510	10Cr18Ni12	1Cr18Ni12	175	480	40	60	187	90	200
32	S30908	06Cr23Ni13	0Cr23Ni13	205	520	40	60	187	90	200
35	S31008	06Cr25Ni20	0Cr25Ni20	205	520	40	50	187	90	200
38	S31608	06Cr17Ni12Mo2	0Cr17Ni12Mo2	205	520	40	60	187	90	200
39	S31603	022Cr17Ni12Mo2	00Cr17Ni14Mo2	175	480	40	60	187	90	200
41	S31668	06Cr17Ni12Mo2Ti	0Cr18Ni12Mo3Ti	205	530	40	55	187	90	200
43	S31658	06Cr17Ni12Mo2N	0Cr17Ni12Mo2N	275	550	35	50	217	95	220
44	S31653	022Cr17Ni12Mo2N	00Cr17Ni13Mo2N	245	550	40	50	217	95	220
45	S31688	06Cr18Ni12Mo2Cu2	0Cr18Ni12Mo2Cu2	205	520	40	60	187	90	200
46	S31683	022Cr18Ni14Mo2Cu2	00Cr18Ni14Mo2Cu2	175	480	40	60	187	90	200
49	S31708	06Cr19Ni13Mo3	0Cr19Ni13Mo3	205	520	40	60	187	90	200
50	S31703	022Cr19Ni13Mo3	00Cr19Ni13Mo3	175	480	40	60	187	90	200
52	S31794	03Cr18Ni16Mo5	0Cr18Ni16Mo5	175	480	40	45	187	90	200
55	S32168	06Cr18Ni11Ti	0Cr18Ni10Ti	205	520	40	50	187	90	200
62	S34778	06Cr18Ni11Nb	0Cr18Ni11Nb	205	520	40	50	187	90	200
64	S38148	06Cr18Ni13Si4	0Cr18Ni13Si4	205	520	40	60	207	95	218

① 本表仅适用于直径、边长、厚度或对边距离小于或等于 180mm 的钢棒。大于 180mm 的钢棒，可改锻成 180mm 的样坯检验，或由供需双方协商，规定允许降低其力学性能的数值。

② 规定非比例延伸强度和硬度，仅当需方要求时（合同中注明）才进行测定，且供方可根据钢棒的尺寸或状态任选一种方法测定硬度。

③ 扁钢不适用，但需方要求时，由供需双方协商。

表 3-18-125 经固溶处理的奥氏体-铁素体型钢棒或试样的力学性能① （GB/T 1220—2007）

GB/T 20878 中序号	统一数字代号	新牌号	旧牌号	规定非比例延伸强度 $R_{p0.2}$②/MPa	抗拉强度 R_m/MPa	断后伸长率 A/%	断面收缩率 Z③/%	冲击吸收功 A_{kU2}④/J	硬度② HBW	HRB	HV
				≥					≤		
67	S21860	14Cr18Ni11Si4AlTi	1Cr18Ni11Si4AlTi	440	715	26	40	63	—	—	—
68	S21953	022Cr19Ni5Mo3Si2N	00Cr18Ni5Mo3Si2	390	590	20	40	—	290	30	300
70	S22253	022Cr22Ni5Mo3N		450	620	25	—	—	290	—	—
71	S22053	022Cr23Ni5Mo3N		450	655	25	—	—	290	—	—
73	S22553	022Cr25Ni6Mo2N		450	620	20	—	—	260	—	—
75	S25554	03Cr25Ni6Mo3Cu2N		550	750	25	—	—	290	—	—

① 本表仅适用于直径、边长、厚度或对边距离小于或等于 75mm 的钢棒。大于 75mm 的钢棒，可改锻成 75mm 的样坯检验或由供需双方协商，规定允许降低其力学性能的数值。

② 规定非比例延伸强度和硬度，仅当需方要求时（合同中注明）才进行测定，且供方可根据钢棒的尺寸或状态任选一种方法测定硬度。

③ 扁钢不适用，但需方要求时，由供需双方协商确定。

④ 直径或对边距离小于等于 16mm 的圆钢、六角钢、八角钢和边长或厚度小于等于 12mm 的方钢，扁钢不做冲击试验。

表 3-18-126 经退火处理的铁素体型钢棒或试样的力学性能① （GB/T 1220—2007）

GB/T 20878 中序号	统一数字代号	新牌号	旧牌号	规定非比例延伸强度 $R_{p0.2}$②/MPa	抗拉强度 R_m/MPa	断后伸长率 A/%	断面收缩率 Z③/%	冲击吸收功 A_{kU2}④/J	硬度② HBW
				≥					≤
78	S11348	06Cr13Al	0Cr13Al	175	410	20	60	78	183
83	S11203	022Cr12	00Cr12	195	360	22	60	—	183
85	S11710	10Cr17	1Cr17	205	450	22	50	—	183
86	S11717	Y10Cr17	Y1Cr17	205	450	22	50	—	183
88	S11790	10Cr17Mo	1Cr17Mo	205	450	22	60	—	183
94	S12791	008Cr27Mo	00Cr27Mo	245	410	20	45	—	219
95	S13091	008Cr30Mo2	00Cr30Mo2	295	450	20	45	—	228

① 本表仅适用于直径、边长、厚度或对边距离小于或等于 75mm 的钢棒。大于 75mm 的钢棒，可改锻成 75mm 的样坯检验或由供需双方协商，规定允许降低其力学性能的数值。

② 规定非比例延伸强度和硬度，仅当需方要求时（合同中注明）才进行测定。

③ 扁钢不适用，但需方要求时，由供需双方协商确定。

④ 直径或对边距离小于等于 16mm 的圆钢、六角钢、八角钢和边长或厚度小于等于 12mm 的方钢、扁钢不做冲击试验。

表 3-18-127 经热处理的马氏体型钢棒或试样的力学性能① （GB/T 1220—2007）

GB/T 20878 中序号	统一数字代号	新牌号	旧牌号	组别	经淬火回火后试样的力学性能和硬度							退火后钢棒的硬度③
					规定非比例延伸强度 $R_{p0.2}$/MPa	抗拉强度 R_m/MPa	断后伸长率 A/%	断面收缩率 Z②/%	冲击吸收功 A_{kU2}④/J	HBW	HRC	HBW
					≥							≤
96	S40310	12Cr12	1Cr12		390	590	25	55	118	170	—	200
97	S41008	06Cr13	0Cr13		345	490	24	60	—	—	—	183

续表

GB/T 20878 中序号	统一数字代号	新牌号	旧牌号	组别	经淬火回火后试样的力学性能和硬度							退火后钢棒的硬度[③]
					规定非比例延伸强度 $R_{p0.2}$/MPa	抗拉强度 R_m/MPa	断后伸长率 A/%	断面收缩率 Z[②]/%	冲击吸收功 A_{kU2}[④]/J	HBW	HRC	HBW
					≥							≤
98	S41010	12Cr13	1Cr13		345	540	22	55	78	159	—	200
100	S41617	Y12Cr13	Y1Cr13		345	540	17	45	55	159	—	200
101	S42020	20Cr13	2Cr13		440	640	20	50	63	192	—	223
102	S12030	30Cr3	3Cr13		540	735	12	40	24	217	—	235
103	S42037	Y30Cr13	Y3Cr13		540	735	8	35	24	217	—	235
104	S42040	40Cr13	4Cr13		—	—	—	—	—		50	235
106	S43110	14Cr17Ni2	1Cr17Ni2		—	1080	10	—	39	—	—	285
107	S43120	17Cr16Ni2[⑤]	—	1	700	900~1050	12	45	25(A_{kV})	—	—	295
				2	600	800~950	14					
108	S44070	68Cr17	7Cr17		—	—	—	—	—	—	54	255
109	S44080	85Cr17	8Cr17		—	—	—	—	—	—	55	255
110	S44096	108Cr17	11Cr17		—	—	—	—	—	—	58	269
111	S44097	Y108Cr17	Y11Cr17		—	—	—	—	—	—	58	269
112	S44090	95Cr18	9Cr18		—	—	—	—	—	—	55	255
115	S45710	13Cr13Mo	1Cr13Mo		490	690	20	60	78	192	—	200
116	S45830	32Cr13Mo	3Cr13Mo		—	—	—	—	—	—	50	207
117	S45990	102Cr17Mo	9Cr18Mo		—	—	—	—	—	—	55	269
118	S46990	90Cr18MoV	9Cr18MoV		—	—	—	—	—	—	55	269

① 本表仅适用于直径、边长、厚度或对边距离小于或等于 75mm 的钢棒。大于 75mm 的钢棒，可改锻成 75mm 的样坯检验或由供需双方协商，规定允许降低其力学性能的数值。

② 扁钢不适用，但需方要求时，由供需双方协商确定。

③ 采用 750℃ 退火时，其硬度由供需双方协商。

④ 直径或对边距离小于等于 16mm 的圆钢、六角钢、八角钢和边长或厚度小于等于 12mm 的方钢、扁钢不做冲击试验。

⑤ 17Cr16Ni2 钢的性能组别应在合同中注明，未注明时，由供方自行选择。

表 3-18-128　沉淀硬化型钢棒或试样的力学性能[①]（GB/T 1220—2007）

GB/T 20878 中序号	统一数字代号	新牌号	旧牌号	热处理			规定非比例延伸强度 $R_{p0.2}$/MPa	抗拉强度 R_m/MPa	断后伸长率 A/%	断面收缩率 Z[②]/%	硬度[③]	
				类型		组别	≥				HBW	HRC
136	S51550	05Cr15Ni5Cu4Nb	—	固溶处理		0	—	—	—	—	≤363	≤38
				沉淀硬化	480℃时效	1	1180	1310	10	35	≥375	≥40
					550℃时效	2	1000	1070	12	45	≥331	≥35
					580℃时效	3	865	1000	13	45	≥302	≥31
					620℃时效	4	725	930	16	50	≥277	≥28

续表

GB/T 20878 中序号	统一数字代号	新牌号	旧牌号	热处理			规定非比例延伸强度 $R_{p0.2}$/MPa	抗拉强度 R_m/MPa	断后伸长率 A/%	断面收缩率 Z②/%	硬度③	
				类型		组别	≥				HBW	HRC
137	S51740	05Cr17Ni4Cu4Nb	0Cr17Ni4Cu4Nb	固溶处理		0	—	—	—	—	≤363	≤38
				沉淀硬化	480℃时效	1	1180	1310	10	40	≥375	≥40
					550℃时效	2	1000	1070	12	45	≥331	≥35
					580℃时效	3	865	1000	13	45	≥302	≥31
					620℃时效	4	725	930	16	50	≥277	≥28
138	S51770	07Cr17Ni7Al	0Cr17Ni7Al	固溶处理		0	≤380	≤1030	20	—	≤229	—
				沉淀硬化	510℃时效	1	1030	1230	4	10	≥388	—
					565℃时效	2	960	1140	5	25	≥363	—
139	S51570	07Cr15Ni7Mo2Al	0Cr15Ni7Mo2Al	固溶处理		0	—	—	—	—	≤269	—
				沉淀硬化	510℃时效	1	1210	1320	6	20	≥388	—
					565℃时效	2	1100	1210	7	25	≥375	—

① 本表仅适用于直径、边长、厚度或对边距离小于或等于75mm的钢棒。大于75mm的钢棒，可改锻成75mm的样坯检验或由供需双方协商，规定允许降低其力学性能的数值。

② 扁钢不适用，但需方要求时，由供需双方协商确定。

③ 供方可根据钢棒的尺寸或状态任选一种方法测定硬度。

注：沉淀硬化型钢棒的力学性能应在合同中注明热处理组别，未注明时，按1组执行。

（4）不锈钢的性能和用途

表 3-18-129　　不锈钢的特性和用途

GB/T 20878 中序号	统一数字代号	新牌号	旧牌号	特性和用途
奥氏体型				
1	S35350	12Cr17Mn5Ni5N	1Cr17Mn6Ni5N	节镍钢，性能12Cr17Ni7(1Cr17Ni7)与相近，可代替12Cr17Ni7(1Cr17Ni7)使用。在固溶态无磁，冷加工后具有轻微磁性。主要用于制造旅馆装备、厨房用具、水池、交通工具等
3	S35450	12Cr18Mn9Ni5N	1Cr18Mn8Ni5N	节镍钢，是Cr-Mn-Ni-N型最典型、发展比较完善的钢。在800℃以下具有很好的抗氧化性，且保持较高的强度，可代替12Cr18Ni9(1Cr18Ni9)使用，主要用于制作800℃以下经受弱介质腐蚀和承受负荷的零件，如炊具、餐具等
9	S30110	12Cr17Ni7	1Cr17Ni7	亚稳定奥氏体不锈钢，是最易冷变形强化的钢。经冷加工有高的强度和硬度，并仍保留足够的塑韧性，在大气条件下具有较好的耐蚀性。主要用于以冷加工状态承受较高负荷，又希望减轻装备重量和不生锈的设备和部件，如铁道车辆，装饰板、传送带、紧固件等
13	S30210	12Cr18Ni9	1Cr18Ni9	历史最悠久的奥氏体不锈钢，在固溶态具有良好的塑性、韧性和冷加工性，在氧化性酸和大气、水、蒸汽等介质中耐蚀性也好。经冷加工有高的强度，但伸长率比12Cr17Ni7(1Cr17Ni7)稍差。主要用于对耐蚀性和强度要求不高的结构件和焊接件，如建筑物外表装饰材料；也可用于无磁部件和低温装置的部件。但在敏化态或焊后，具有晶间腐蚀倾向，不宜用作焊接结构材料

续表

GB/T 20878 中序号	统一数字代号	新牌号	旧牌号	特性和用途
奥氏体型				
15	S30317	Y12Cr18Ni9	Y1Cr18Ni9	12Cr18Ni9(1Cr18Ni9)改进切削性能钢。最适用于快速切削(如自动车床)制作辊、轴、螺栓、螺母等
16	S30327	Y12Cr18Ni9Se	Y1Cr18Ni9Se	除调整12Cr18Ni9(1Cr18Ni9)钢的磷、硫含量外,还加入硒,提高12Cr18Ni9(1Cr18Ni9)钢的切削性能。用于小切削量,也适用于热加工或冷顶锻,如螺丝、铆钉等
17	S30408	06Cr19Ni10	0Cr18Ni9	在12Cr18Ni9(1Cr18Ni9)钢基础上发展演变的钢,性能类似于12Cr18Ni9(1Cr18Ni9)钢,但耐蚀性优于12Cr18Ni9(1Cr18Ni9)钢,可用作薄截面尺寸的焊接件,是应用量最大、使用范围最广的不锈钢。适用于制造深冲成型部件和输酸管道、容器、结构件等,也可以制造无磁、低温设备和部件
18	S30403	022Cr19Ni10	00Cr19Ni10	为解决因$Cr_{23}C_6$析出致使06Cr19Ni10(0Cr18Ni9)钢在一些条件下存在严重的晶间腐蚀倾向而发展的超低碳奥氏体不锈钢,其敏化态耐晶间腐蚀能力显著优于06Cr18Ni9(0Cr18Ni9)钢。除强度稍低外,其他性能同06Cr18Ni9Ti(0Cr18Ni9Ti)钢,主要用于需焊接且焊接后又不能进行固溶处理的耐蚀设备和部件
22	S30488	06Cr18Ni9Cu3	0Cr18Ni9Cu3	在06Cr19Ni10(0Cr18Ni9)基础上为改进其冷成形性能而发展的不锈钢。铜的加入,使钢的冷作硬化倾向小,冷作硬化率降低,可以在较小的成形力下获得最大的冷变形。主要用于制作冷镦紧固件、深拉等冷成形的部件
23	S30458	06Cr19Ni10N	0Cr19Ni9N	在06Cr19Ni10(0Cr18Ni9)钢基础上添加氮,不仅防止塑性降低,而且提高钢的强度和加工硬化倾向,改善钢的耐点蚀、晶腐性,使材料的厚度减少。用于有一定耐腐性要求,并要求较高强度和减轻重量的设备或结构部件
24	S30478	06Cr19Ni9NbN	0Cr19Ni10NbN	在06Cr19Ni10(0Cr18Ni9)钢基础上添加氰和铌,提高钢的耐点蚀和晶间腐蚀性能,具有与06Cr19Ni10N(0Cr19Ni9N)钢相同的特性和用途
25	S30453	022Cr19Ni10N	00Cr18Ni10N	06Cr19Ni10N(0Cr19Ni9N)的超低碳钢。因06Cr19Ni10N(0Cr19Ni9N)钢在450~900℃加热后耐晶间腐蚀性能明显下降,因此对于焊接设备构件,推荐用022Cr19Ni10N(00Cr18Ni10N)钢
26	S30510	10Cr18Ni12	1Cr18Ni12	在12Cr18Ni9(1Cr18Ni9)钢基础上,通过提高钢中镍含量而发展起来的不锈钢。加工硬化性比12Cr18Ni9(1Cr18Ni9)钢低。适宜用于旋压加工、特殊拉拔,如作冷墩钢用等
32	S30908	06Cr23Ni13	0Cr23Ni13	高铬镍奥氏体不锈钢,耐腐蚀性比06Cr19Ni10(0Cr18Ni9)钢好,但实际上多作为耐热钢使用
35	S31008	06Cr25Ni20	0Cr25Ni20	高铬镍奥氏体不锈钢,在氧化性介质中具有优良的耐蚀性,同时具有良好的高温力学性能,抗氧化性比06Cr23Ni13(0Cr23Ni13)钢好,耐点蚀和耐应力腐蚀能力优于18-8型不锈钢,既可用于耐蚀部件又可作为耐热钢使用
38	S31608	06Cr17Ni12Mo2	0Cr17Ni12Mo2	在10Cr18Ni12(1Cr18Ni12)钢基础上加入钼,使钢具有良好的耐还原性介质和耐点腐蚀能力。在海水和其他各种介质中,耐腐蚀性优于06Cr19Ni10(0Cr18Ni9)钢。主要用于耐点蚀材料

第3篇

续表

GB/T 20878 中序号	统一数字代号	新牌号	旧牌号	特性和用途
奥氏体型				
39	S31603	022Cr17Ni12Mo2	00Cr17Ni14Mo2	06Cr17Ni12Mo2(0Cr17Ni12Mo2)的超低碳钢，具有良好的耐敏化态晶间腐蚀的性能。适用于制造厚截面尺寸的焊接部件和设备，如石油化工、化肥、造纸、印染及原子能工业用设备的耐蚀材料
41	S31668	06Cr17Ni12Mo2Ti	0Cr18Ni12Mo3Ti	为解决06Cr17Ni12Mo2(0Cr17Ni12Mo2)钢的晶间腐蚀而发展起来的钢种，有良好的耐晶间腐蚀性，其他性能与06Cr17Ni12Mo2(0Cr17Ni12Mo2)钢相近。适用于制造焊接部件
43	S31658	06Cr17Ni12Mo2N	0Cr17Ni12Mo2N	在06Cr17Ni12Mo2(0Cr17Ni12Mo2)中加入氮，提高强度，同时又不降低塑性，使材料的使用厚度减薄，用于耐蚀性好的高强度部件
44	S31653	022Cr17Ni12Mo2N	00Cr17Ni13Mo2N	在022Cr17Ni12Mo2(00Cr17Ni14Mo2)钢中加入氮，具有与022Cr17Ni12Mo2(00Cr17Ni14Mo2)钢同样特性，用途与06Cr17Ni12Mo2N(0Cr17Ni12Mo2N)相同，但耐晶间腐蚀性能更好。主要用于化肥、造纸、制药、高压设备等领域
45	S31688	06Cr18Ni12Mo2Cu2	0Cr18Ni12Mo2Cu2	在06Cr17Ni12Mo2(0Cr17Ni12Mo2)钢基础上加入约2%Cu，其耐腐蚀性、耐点蚀性好。主要用于制作耐硫酸材料，也可用作焊接结构件和管道、容器等
46	S31683	022Cr18Ni14Mo2Cu2	00Cr18Ni14Mo2Cu2	06Cr18Ni12Mo2Cu2(0Cr18Ni12Mo2Cu2)的超低碳钢。比06Cr18Ni12Mo2Cu2(0Cr18Ni12Mo2Cu2)钢的耐晶间腐蚀性能好。用途同06Cr18Ni12Mo2Cu2(0Cr18Ni12Mo2Cu2)钢
49	S31708	06Cr19Ni13Mo3	0Cr19Ni13Mo3	耐点蚀和抗蠕变能力优于06Cr17Ni12Mo2(0Cr17Ni12Mo2)，用于制作造纸、印染设备，石油化工及耐有机酸腐蚀的装备等
50	S31703	022Cr19Ni13Mo3	00Cr19Ni13Mo3	06Cr19Ni13Mo3(0Cr19Ni13Mo3)的超低碳钢，比06Cr19Ni13Mo3(0Cr19Ni13Mo3)钢耐晶间腐蚀性能好，在焊接整体件时抑制析出碳。用途与06Cr19Ni13Mo3(0Cr19Ni13Mo3)钢相同
52	S31794	03Cr18Ni16Mo5	0Cr18Ni16Mo5	耐点蚀性能优于022Cr17Ni12Mo2(00Cr17Ni14Mo2)和06Cr17Ni12Mo2Ti(0Cr18Ni12Mo3Ti)的一种高钼不锈钢，在硫酸、甲酸、醋酸等介质中的耐蚀性要比一般含2%~4%Mo的常用Cr-Ni钢更好。主要用于处理含氯离子溶液的热交换器，醋酸设备，磷酸设备，漂白装置等，以及022Cr17Ni12Mo2(00Cr17Ni14Mo2)和06Cr17Ni12Mo2Ti(0Cr18Ni12Mo3Ti)钢不适用环境中使用
55	S32168	06Cr18Ni11Ti	0Cr18Ni10Ti	钛稳定化的奥氏体不锈钢，添加钛提高耐晶间腐蚀性能，并具有良好的高温力学性能。可用超低碳奥氏体不锈钢代替。除专用(高温或抗氧腐蚀)外，一般情况不推荐使用
62	S34778	06Cr18Ni11Nb	0Cr18Ni11Nb	铌稳定化的奥氏体不锈钢，添加铌提高耐晶间腐蚀性能，在酸、碱、盐等腐蚀介质中的耐蚀性同06Cr18Ni11Ti(0Cr18Ni10Ti)，焊接性能良好。既可作耐蚀材料又可作耐热钢使用，主要用于火电厂、石油化工等领域，如制作容器、管道、热交换器、轴类等；也可作为焊接材料使用

续表

GB/T 20878 中序号	统一数字代号	新牌号	旧牌号	特性和用途
奥氏体型				
64	S38148	06Cr18Ni13Si4	0Cr18Ni13Si4	在06Cr19Ni10(0Cr18Ni9)中增加镍,添加硅,提高耐应力腐蚀断裂性能。用于含氯离子环境,如汽车排气净化装置等
奥氏体-铁素体型				
67	S21860	14Cr18Ni11Si4AlTi	1Cr18Ni11Si4AlTi	含硅使钢的强度和耐浓硝酸腐蚀性能提高,可用于制作抗高温、浓硝酸介质的零件和设备,如排酸阀门等
68	S21953	022Cr19Ni5Mo3Si2N	00Cr18Ni5Mo3Si2	在瑞典3RE60钢基础上,加入0.05%~0.10%N形成的一种耐氯化物应力腐蚀的专用不锈钢。耐点蚀性能与022Cr17Ni12Mo2(00Cr17Ni14Mo2)相当。适用于含氯离子的环境,用于炼油、化肥、造纸、石油、化工等工业制造热交换器、冷凝器等。也可代替022Cr19Ni10(00Cr19Ni10)和022Cr17Ni12Mo2(00Cr17Ni14Mo2)钢在易发生应力腐蚀破坏的环境下使用
70	S22253	022Cr22Ni5Mo3N		在瑞典SAF2205钢基础上研制的,是目前世界上双相不锈钢中应用最普遍的钢。对含硫化氢、二氧化碳、氯化物的环境具有阻抗性,可进行冷、热加工及成型,焊接性良好。适用于作结构材料,用来代替022Cr19Ni10(00Cr19Ni10)和022Cr17Ni12Mo2(00Cr17Ni14Mo2)奥氏体不锈钢使用。用于制作油井管,化工储罐、热交换器、冷凝冷却器等易产生点蚀和应力腐蚀的受压设备
71	S22053	022Cr23Ni5Mo3N		从022Cr22Ni5Mo3N基础上派生出来的,具有更窄的区间。特性和用途同022Cr22Ni5Mo3N
73	S22553	022Cr25Ni6Mo2N		在0Cr26Ni5Mo2钢基础上调高钼含量、调低碳含量、添加氮,具有高强度、耐氯化物应力腐蚀、可焊接等特点,是耐点蚀最好的钢。代替0Cr26Ni5Mo2钢使用。主要应用于化工、化肥、石油化工等工业领域,主要制作热交换器、蒸发器等
75	S25554	03Cr25Ni6Mo3Cu2N		在英国Ferralium alloy 255合金基础上研制的,具有良好的力学性能和耐局部腐蚀性能,尤其是耐磨损性能优于一般的奥氏体不锈钢,是海水环境中的理想材料。适用作舰船用的螺旋推进器、轴、潜艇密封件等,也适用于在化工、石油化工、天然气、纸浆、造纸等领域应用
铁素体型				
78	S11348	06Cr13Al	0Cr13Al	低铬纯铁素体不锈钢,非淬硬性钢,具有相当于低铬钢的不锈性和抗氧化性,塑性、韧性和冷成型性优于铬含量更高的其他铁素体不锈钢。主要用于12Cr13(1Cr13)或10Cr17(1Cr17)由于空气可淬硬而不适用的地方,如石油精制装置、压力容器衬里,蒸汽透平叶片和复合钢板等
83	S11203	022Cr12	00Cr12	比022Cr13(0Cr13)碳含量低,焊接部位弯曲性能、加工性能、耐高温氧化性能好。作汽车排气处理装置,锅炉燃烧室、喷嘴等
85	S11710	10Cr17	1Cr17	具有耐蚀性、力学性能和热导率高的特点,在大气、水蒸气等介质中具有不锈性,但当介质中含有较高氯离子时,不锈性则不足。主要用于生产硝酸、硝铵的化工设备,如吸收塔、热交换器、贮槽等;薄板主要用于建筑内装饰、日用办公设备、厨房器具、汽车装饰、气体燃烧器等。由于它的脆性转变温度在室温以上,且对缺口敏感,不适用制作室温以下的承受载荷的设备和部件,且通常使用的钢材其截面尺寸一般不允许超过4mm

续表

GB/T 20878中序号	统一数字代号	新牌号	旧牌号	特性和用途
铁素体型				
86	S11717	Y10Cr17	Y1Cr17	10Cr17(1Cr17)改进的切削钢。主要用于大切削量自动车床机加零件，如螺栓、螺母等
88	S11790	10Cr17Mo	1Cr17Mo	在10Cr17(1Cr17)钢中加入钼，提高钢的耐点蚀、耐缝隙腐蚀性及强度等，比10Cr17(1Cr17)钢抗盐溶液性强。主要用作汽车轮毂、紧固件以及汽车外装饰材料使用
94	S12791	008Cr27Mo	00Cr27Mo	高纯铁素体不锈钢中发展最早的钢，性能类似于008Cr30Mo2(00Cr30Mo2)。适用于既要求耐蚀性又要求软磁性的用途
95	S13091	008Cr30Mo2	00Cr30Mo2	高纯铁素体不锈钢。脆性转变温度低，耐卤离子应力腐蚀破坏性好，耐蚀性与纯镍相当，并具有良好的韧性，加工成形性和可焊接性。主要用于化学加工工业(醋酸、乳酸等有机酸，苛性钠浓缩工程)成套设备，食品工业、石油精炼工业、电力工业、水处理和污染控制等用热交换器、压力容器、罐和其他设备等
马氏体型				
96	S40310	12Cr12	1Cr12	作为汽轮机叶片及高应力部件之良好的不锈耐热钢
97	S41008	06Cr13	0Cr13	作较高韧性及受冲击负荷的零件，如汽轮机叶片、结构架、衬里、螺栓、螺帽等
98	S41010	12Cr13	1Cr13	半马氏体型不锈钢，经淬火回火处理后具有较高的强度、韧性，良好的耐蚀性和机加工性能。主要用于韧性要求较高且具有不锈性的受冲击载荷的部件，如刃具、叶片、紧固件、水压机阀、热裂解抗硫腐蚀设备等；也可制作在常温条件耐弱腐蚀介质的设备和部件
100	S41617	Y12Cr13	Y1Cr13	不锈钢中切削性能最好的钢，自动车床用
101	S42020	20Cr13	2Cr13	马氏体型不锈钢，其主要性能类似于12Cr13(1Cr13)。由于碳含量较高，其强度、硬度高于12Cr13(1Cr13)，而韧性和耐蚀性略低。主要用于制造承受高应力负荷的零件，如汽轮机叶片、热油泵、轴和轴套、叶轮、水压机阀片等，也可用于造纸工业和医疗器械以及日用消费领域的刀具、餐具等
102	S42030	30Cr13	3Cr13	马氏体型不锈钢，较12Cr13(1Cr13)和20Cr13(2Cr13)钢具有更高的强度、硬度和更好的淬透性，在室温的稀硝酸和弱的有机酸中具有一定的耐蚀性，但不及12Cr13(1Cr13)和20Cr13(2Cr13)钢。主要用于高强度部件，以及在承受高应力载荷并在一定腐蚀介质条件下的磨损件，如300℃以下工作的刀具、弹簧，400℃以下工作的轴、螺栓、阀门、轴承等
103	S42037	Y30Cr13	Y3Cr13	改善30Cr13(3Cr13)切削性能的钢。用途与30Cr13(3Cr13)相似，需要更好的切削性能
104	S42040	40Cr13	4Cr13	特性与用途类似于30Cr13(3Cr13)钢，其强度、硬度高于30Cr13(3Cr13)钢，而韧性和耐蚀性略低。主要用于制造外科医疗用具、轴承、阀门、弹簧等。40Cr13(4Cr13)钢可焊性差，通常不制造焊接部件

续表

GB/T 20878中序号	统一数字代号	新牌号	旧牌号	特性和用途
马氏体型				
106	S43110	14Cr17Ni2	1Cr17Ni2	热处理后具有较高的力学性能，耐蚀性优于12Cr13（1Cr13）和10Cr17（1Cr17）。一般用于既要求高力学性能的可淬硬性，又要求耐硝酸、有机酸腐蚀的轴类、活塞杆、泵、阀等零部件以及弹簧和紧固件
107	S43120	17Cr15Ni2		加工性能比14Cr17Ni2（1Cr17Ni2）明显改善，适用于制作要求较高强度、韧性、塑性和良好的耐蚀性的零部件及在潮湿介质中工作的承力件
108	S44070	68Cr17	7Cr17	高铬马氏体型不锈钢，比20Cr13（2Cr13）有较高的淬火硬度。在淬火回火状态下，具有高强度和硬度，并兼有不锈、耐蚀性能。一般用于制造要求具有不锈性或耐稀氧化性酸、有机酸和盐类腐蚀的刀具、量具、轴类、杆件、阀门、钩件等耐磨蚀的部件
109	S44080	85Cr17	8Cr17	可淬硬性不锈钢。性能与用途类似于68Cr17（7Cr17），但硬化状态下，比68Cr17（7Cr17）硬，而比108Cr17（11Cr17）韧性高。如刃具、阀座等
110	S44096	108Cr17	11Cr17	在可淬硬性不锈钢，不锈钢中硬度最高。性能与用途类似于68Cr17（7Cr17），主要用于制作喷嘴、轴承等
111	S44097	Y108Cr17	Y11Cr17	108Cr17（11Cr17）改进的切削性钢种。自动车床用
112	S44090	95Cr18	9Cr18	高碳马氏体不锈钢，较Cr17型马氏体型不锈钢耐蚀性有所改善，其他性能与Cr17型马氏体型不锈钢相似。主要用于制造耐蚀高强度耐耐磨损部件，如轴、泵、阀件、杆类、弹簧、紧固件等。由于钢中极易形成不均匀的碳化物而影响钢的质量和性能，需在生产时予以注意
115	S45710	13Cr13Mo	1Cr13Mo	比12Cr13（1Cr13）钢耐蚀性高的高强度钢，用于制作汽轮机叶片、高温部件等
116	S45830	32Cr13Mo	3Cr13Mo	在30Cr13（3Cr13）钢基础上加入钼，改善了钢的强度和硬度，并增强了二次硬化效应，且耐蚀性优于30Cr13（3Cr13）钢。主要用途同30Cr13（3Cr13）钢
117	S45990	102Cr17Mo	9Cr18Mo	性能与用途类似于95Cr18（9Cr18）钢。由于钢中加入了钼和钒，热强性和抗回火能力均优于95Cr18（9Cr18）钢。主要用来制造承受摩擦并在腐蚀介质中工作的零件，如量具、刃具等
118	S46990	90Cr18MoV	9Cr18MoV	
沉淀硬化型				
136	S51550	05Cr15Ni5Cu4Nb		在05Cr17Ni4Cu4Nb（0Cr17Ni4Cu4Nb）钢基础上发展的马氏体沉淀硬化不锈钢，除高强度外，还具有高的横向韧性和良好的可锻性，耐蚀性与05Cr17Ni4Cu4Nb（0Cr17Ni4Cu4Nb）钢相当。主要应用于具有高强度、良好韧性，又要求有优良耐蚀性的服役环境，如高强度锻件、高压系统阀门部件、飞机部件等
137	S51740	05Cr17Ni4Cu4Nb	0Cr17Ni4Cu4Nb	添加铜和铌的马氏体沉淀硬化不锈钢，强度可通过改变热处理工艺予以调整，耐蚀性优于Cr13型及95Cr18（9Cr18）和14Cr17Ni2（1Cr17Ni2）钢，抗腐蚀疲劳及抗水滴冲蚀能力优于12%Cr马氏体型不锈钢。焊接工艺简便，易于加工制造，但较难进行深度冷成型。主要用于既要求具有不锈性又要求耐弱酸、碱、盐腐蚀的高强度部件。如汽轮机末级动叶片以及在腐蚀环境下，工作温度低于300℃的结构件

续表

GB/T 20878 中序号	统一数字代号	新牌号	旧牌号	特性和用途
沉淀硬化型				
138	S51770	07Cr17Ni7Al	0Cr17Ni7Al	添加铝的半奥氏体沉淀硬化不锈钢，成分接近18-8型奥氏体不锈钢，具有良好的冶金和制造加工工艺性能。可用于350℃以下长期工作的结构件、容器、管道、弹簧、垫圈、计器部件。该钢热处理工艺复杂，在全世界范围内有被马氏体时效钢取代的趋势，但目前仍具有广泛应用的领域
139	S51570	07Cr15Ni7Mo2Al	0Cr15Ni7Mo2Al	以2%Mo取代07Cr17Ni7Al(0Cr17Ni7Al)钢中2%Cr的半奥氏体沉淀硬化不锈钢，使之耐还原性介质腐蚀能力有所改善，综合性能优于07Cr17Ni7Al(0Cr17Ni7Al)。用于宇航、石油化工和能源等领域有一定耐蚀要求的高强度容器、零件及结构件

18.6.11 耐热钢棒（GB/T 1221—2007）

适用于尺寸（直径、边长、厚度或对边距离，以下简称尺寸）不大于250mm的热轧、锻制钢棒，或尺寸不大于120mm的冷加工钢棒。经供需双方协商，也可供应尺寸大于250mm的热轧、锻制钢棒，或尺寸不大于120mm的冷加工钢棒。

（1）耐热钢棒的分类

① 钢棒按组织特征分为奥氏体型、铁素体型、马氏体型和沉淀硬化型等四种类型。

② 钢棒按使用加工方法不同分为下列两类：

a. 压力加工用钢UP：热压力加工UHP；热顶锻用钢UHF；冷拔坯料UCD。

b. 切削加工用钢UC。钢棒的使用加工方法应在合同中注明，未注明者按切削加工用钢供货。

（2）耐热钢棒的牌号及化学成分

耐热钢棒的牌号、统一数字代号及化学成分（熔炼分析）应符合表3-18-130~表3-18-133的规定。

钢棒的化学成分允许偏差应符合GB/T 222的规定。

表3-18-130　奥氏体型耐热钢的化学成分（熔炼分析）（GB/T 1221—2007）

GB/T 20878 中序号	统一数字代号	新牌号	旧牌号	化学成分(质量分数)/%										
				C	Si	Mn	P	S	Ni	Cr	Mo	Cu	N	其他元素
6	S35650	53Cr21Mn9Ni4N	5Cr21Mn9Ni4N	0.48~0.58	0.35	8.00~10.00	0.040	0.030	3.25~4.50	20.00~22.00	—	—	0.35~0.50	—
7	S35750	26Cr18Mn12Si2N	3Cr18Mn12Si2N	0.22~0.30	1.40~2.20	10.50~12.50	0.050	0.030	—	17.00~19.00	—	—	0.22~0.33	—
8	S35850	22Cr20Mn10-Ni2Si2N	2Cr20Mn9-Ni2Si2N	0.17~0.26	1.80~2.70	8.50~11.00	0.050	0.030	2.00~3.00	18.00~21.00	—	—	0.20~0.30	—
17	S30408	06Cr19Ni10	0Cr18Ni9	0.08	1.00	2.00	0.045	0.030	8.00~11.00	18.00~20.00	—	—	—	—
30	S30850	22Cr21Ni12N	2Cr21Ni12N	0.15~0.28	0.75~1.25	1.00~1.60	0.040	0.030	10.50~12.50	20.00~22.00	—	—	0.15~0.30	—
31	S30920	16Cr23Ni13	2Cr23Ni13	0.20	1.00	2.00	0.040	0.030	12.00~15.00	22.00~24.00	—	—	—	—

续表

GB/T 20878 中序号	统一数字代号	新牌号	旧牌号	化学成分(质量分数)/%										
				C	Si	Mn	P	S	Ni	Cr	Mo	Cu	N	其他元素
32	S30908	06Cr23Ni13	0Cr23Ni13	0.08	1.00	2.00	0.045	0.030	12.00~15.00	22.00~24.00	—	—	—	—
34	S31020	20Cr25Ni20	2Cr25Ni20	0.25	1.50	2.00	0.040	0.030	19.00~22.00	24.00~26.00	—	—	—	—
35	S31008	06Cr25Ni20	0Cr25Ni20	0.08	1.50	2.00	0.040	0.030	19.00~22.00	24.00~26.00	—	—	—	—
38	S31608	06Cr17Ni12Mo2	0Cr17Ni12Mo2	0.08	1.00	2.00	0.045	0.030	10.00~14.00	16.00~18.00	2.00~3.00	—	—	—
49	S31708	06Cr19Ni13Mo3	0Cr19Ni13Mo3	0.08	1.00	2.00	0.045	0.030	11.00~15.00	18.00~20.00	3.00~4.00	—	—	—
55	S32168	06Cr18Ni11Ti	0Cr18Ni10Ti	0.08	1.00	2.00	0.045	0.030	9.00~12.00	17.00~19.00	—	—	—	Ti 5C~0.70
57	S32590	45Cr14Ni14-W2Mo	4Cr14Ni14-W2Mo	0.40~0.50	0.80	0.70	0.040	0.030	13.00~15.00	13.00~15.00	0.25~0.40	—	—	W 2.00~2.75
60	S33010	12Cr16Ni35	1Cr16Ni35	0.15	1.50	2.00	0.040	0.030	33.00~37.00	14.00~17.00	—	—	—	—
62	S34778	06Cr18Ni11Nb	0Cr18Ni11Nb	0.08	1.00	2.00	0.045	0.030	9.00~12.00	17.00~19.00	—	—	—	Nb 10C~1.10
64	S38148	06Cr18Ni13Si4①	0Cr18Ni13Si4①	0.08	3.00~5.00	2.00	0.045	0.030	11.50~15.00	15.00~20.00	—	—	—	—
65	S38240	16Cr20Ni14Si2	1Cr20Ni14Si2	0.20	1.50~2.50	1.50	0.040	0.030	12.00~15.00	19.00~22.00	—	—	—	—
66	S38340	16Cr25Ni20Si2	1Cr25Ni20Si2	0.20	1.50~2.60	1.50	0.040	0.030	18.00~21.00	24.00~27.00	—	—	—	—

① 必要时，可添加上表以外的合金元素。

注：1. 表中所列成分除标明范围或最小值外，其余均为最大值。

2. GB/T 1221 牌号与国外标准牌号对照参见 GB/T 20878。

3. 切削加工用奥氏体型钢棒应进行固溶处理或退火处理，经供需双方协商，也可不处理。热压力加工用钢棒不进行固溶处理或退火处理。

表 3-18-131　铁素体型耐热钢的化学成分（熔炼分析）（GB/T 1221—2007）

GB/T 20878 中序号	统一数字代号	新牌号	旧牌号	化学成分(质量分数)/%										
				C	Si	Mn	P	S	Ni	Cr	Mo	Cu	N	其他元素
78	S11348	06Cr13Al	0Cr13Al	0.08	1.00	1.00	0.040	0.030	—	11.50~14.50	—	—	—	Al 0.10~0.30
83	S11203	022Cr12	00Cr12	0.030	1.00	1.00	0.040	0.030	—	11.00~13.50	—	—	—	—
85	S11710	10Cr17	1Cr17	0.12	1.00	1.00	0.040	0.030	—	16.00~18.00	—	—	—	—
93	S12550	16Cr25N	2Cr25N	0.20	1.00	1.50	0.040	0.030	—	23.00~27.00	—	(0.30)	0.25	—

注：1. 表中所列成分除标明范围或最小值外，其余均为最大值。括号内值为可加入或允许含有的最大值。

2. GB/T 1221 牌号与国外标准牌号对照参见 GB/T 20878。

3. 铁素体型钢棒应进行退火处理，经供需双方协商，可以不进行处理。

表 3-18-132　　马氏体型耐热钢的化学成分（熔炼分析）（GB/T 1221—2007）

GB/T 20878中序号	统一数字代号	新牌号	旧牌号	化学成分(质量分数)/%										
				C	Si	Mn	P	S	Ni	Cr	Mo	Cu	N	其他元素
98	S41010	12Cr13①	1Cr13①	0.08~0.15	1.00	1.00	0.040	0.030	(0.60)	11.50~13.50	—	—	—	—
101	S42020	20Cr13	2Cr13	0.16~0.25	1.00	1.00	0.040	0.030	(0.60)	12.00~14.00	—	—	—	—
106	S43110	14Cr17Ni2	1Cr17Ni2	0.11~0.17	0.80	0.80	0.040	0.030	1.50~2.50	16.00~18.00	—	—	—	—
107	S43120	17Cr16Ni2		0.12~0.22	1.00	1.50	0.040	0.030	1.50~2.50	16.00~17.00	—	—	—	—
113	S45110	12Cr5Mo	1Cr5Mo	0.15	0.50	0.60	0.040	0.030	0.60	4.00~6.00	0.40~0.60	—	—	—
114	S45610	12Cr12Mo	1Cr12Mo	0.10~0.15	0.50	0.30~0.50	0.040	0.030	0.30~0.50	11.50~13.00	0.30~0.60	0.30	—	—
115	S45710	13Cr13Mo	1Cr13Mo	0.08~0.18	0.50	1.00	0.040	0.030	(0.60)	11.50~14.00	0.30~0.60	—	—	—
119	S46010	14Cr11MoV	1Cr11MoV	0.11~0.18	0.50	0.60	0.035	0.030	0.60	10.00~11.50	0.50~0.70	—	—	V 0.25~0.40
122	S46250	18Cr12MoVNbN	2Cr13MoVNbN	0.15~0.20	0.50	0.50~1.00	0.035	0.030	(0.60)	10.00~13.00	0.60~0.90	—	0.05~0.10	V 0.10~0.40 Nb 0.20~0.60
123	S47010	15Cr12WMoV	1Cr12WMoV	0.12~0.10	0.50	0.50~0.90	0.035	0.030	0.40~0.80	11.00~13.00	0.50~0.70	—	—	W 0.70~1.10 V 0.15~0.30
124	S47220	22Cr12NiWMoV	2Cr12NiMoWV	0.20~0.25	0.50	0.50~1.00	0.040	0.030	0.50~1.00	11.00~13.00	0.75~1.25	—	—	W 0.75~1.25 V 0.20~0.40
125	S47310	13Cr11Ni2-W2MoV	4Cr11Ni2-W2MoV	0.10~0.16	0.60	0.60	0.035	0.030	1.40~1.80	10.50~12.00	0.35~0.50	—	—	W 1.50~2.00 V 0.18~0.30
128	S47450	18Cr11NiMo-NbVN①	(2Cr11NiMo-NbVN)①	0.15~0.20	0.60	0.50~0.80	0.035	0.025	0.30~0.50	10.00~12.00	0.60~0.90		0.04~0.09	V 0.20~0.30 Al 0.30 Nb 0.20~0.60
130	S48040	42Cr9Si2	4Cr9Si2	0.35~0.50	2.00~3.00	0.70	0.035	0.030	0.60	8.00~10.00	—	—	—	—
131	S48045	45Cr9Si3		0.40~0.50	3.00~3.50	0.60	0.030	0.030	0.60	7.50~9.50	—	—	—	—
132	S48140	40Cr10Si2Mo	1Cr10Si2Mo	0.25~0.45	1.90~2.80	0.70	0.035	0.030	0.60	9.00~10.50	0.70~0.90	—	—	—
133	S48380	80Cr20Si2Ni	8Cr20Si2Ni	0.75~0.85	1.75~2.25	0.20~0.60	0.030	0.030	1.15~1.66	19.00~20.50	—	—	—	—

① 相对于 GB/T 20878 调整成分牌号。

注：1. 表中所列成分除标明范围或最小值外，其余均为最大值。括号内值为可加入或允许含有的最大值。

2. GB/T 1221 牌号与国外标准牌号对照参见 GB/T 20878。

3. 马氏体型钢棒应进行退火处理。

表 3-18-133　沉淀硬化型耐热钢的化学成分（熔炼分析）（GB/T 1221—2007）

GB/T 20878 中序号	统一数字代号	新牌号	旧牌号	化学成分(质量分数)/%										
				C	Si	Mn	P	S	Ni	Cr	Mo	Cu	N	其他元素
137	S51740	05Cr17Ni4Cu4Nb	0Cr17Ni4Cu4Nb	0.07	1.00	1.00	0.040	0.030	3.00~5.00	15.00~17.00	—	3.00~5.00	—	Nb 0.15~0.45
138	S51770	07Cr17Ni7Al	0Cr17Ni7Al	0.09	1.00	1.00	0.040	0.030	6.50~7.75	16.00~18.00	—	—	—	Al 0.75~1.50
143	S51525	06Cr15Ni25Ti2-MoAlVB	0Cr15Ni25Ti2-MoAlVB	0.08	1.00	2.00	0.040	0.030	24.00~27.00	13.50~16.00	1.00~1.50	—	—	Al 0.35 Ti 1.90~2.35 B 0.001~0.010 V 0.10~0.50

注：1. 表中所列成分除标明范围或最小值外，其余均为最大值。

2. GB/T 1221 牌号与国外标准牌号对照参见 GB/T 20878。

3. 沉淀硬化型钢棒应根据钢的组织选择固溶处理或退火处理，退火制度由供需双方协商确定，无协议时，退火温度一般为 650~680℃。经供需双方协商，沉淀硬化型钢棒（除 05Cr17Ni4Cu4Nb 外）可不进行处理。

4. 经冷拉、磨光、切削或者由这些方法组合制成的冷加工钢棒，根据需方要求可经热处理、酸洗后交货。

（3）耐热钢棒经热处理后的力学性能

表 3-18-134　经热处理的奥氏体型钢棒或试样的力学性能①

GB/T 20878 中序号	统一数字代号	新牌号	旧牌号	热处理状态	规定非比例延伸强度 $R_{p0.2}$②/MPa	抗拉强度 R_m/MPa	断后伸长率 A/%	断面收缩率 Z③/%	布氏硬度②(HBW)
					≥				≤
6	S34650	53Cr21Mn9Ni4N	5Cr21Mn9Ni4N	固溶+时效	560	885	8		≥302
7	S35750	26Cr18Mn12Si2N	3Cr18Mn12Si2N	固溶处理	390	685	35	45	248
8	S35850	22Cr20Mn10Ni2Si2N	2Cr20Mn9Ni2Si2N	固溶处理	390	635	35	45	248
17	S30408	06Cr19Ni10	0Cr18Ni9	固溶处理	205	520	40	60	187
30	S30850	22Cr21Ni12N	2Cr21Ni12N	固溶+时效	430	820	26	20	269
31	S30920	16Cr23Ni13	2Cr23Ni13	固溶处理	205	560	45	50	201
32	S30908	06Cr23Ni13	0Cr23Ni13	固溶处理	205	520	40	60	187
34	S31020	20Cr25Ni20	2Cr25Ni20	固溶处理	205	590	40	50	201
35	S31008	06Cr25Ni20	0Cr25Ni20	固溶处理	205	520	40	50	187
38	S31608	06Cr17Ni12Mo2	0Cr17Ni12Mo2	固溶处理	205	520	40	60	187
49	S31708	06Cr19Ni13Mo3	0Cr19Ni13Mo3	固溶处理	205	520	40	60	187
55	S32168	06Cr18Ni11Ti	0Cr18Ni10Ti	固溶处理	205	520	40	50	187
57	S32590	45Cr14Ni14W2Mo	4Cr14Ni14W2Mo	退火	315	705	20	35	248
60	S33010	12Cr16Ni35	1Cr16Ni35	固溶处理	205	560	40	50	201
62	S34778	06Cr18Ni11Nb	0Cr18Ni11Nb	固溶处理	205	520	40	50	187
64	S38148	06Cr18Ni13Si4	0Cr18Ni13Si4	固溶处理	205	520	40	60	207
65	S38240	16Cr20Ni14Si2	1Cr20Ni14Si2	固溶处理	295	590	35	50	187
66	S38340	16Cr25Ni20Si2	1Cr25Ni20Si2	固溶处理	295	590	35	50	187

① 53Cr21Mn9Ni4N 和 22Cr21Ni12N 仅适用于直径、边长及对边距离或厚度小于或等于 25mm 的钢棒；大于 25mm 的钢棒，可改锻成 25mm 的样坯检验或由供需双方协商确定允许降低其力学性能的数值。其余牌号仅适用于直径、边长及对边距离或厚度小于或等于 180mm 的钢棒。大于 180mm 的钢棒，可改锻成 180mm 的样坯检验或由供需双方协商确定，允许降低其力学性能数值。

② 规定非比例延伸强度和硬度，仅当需方要求时（合同中注明）才进行测定。

③ 扁钢不适用，但需方要求时，可由供需双方协商确定。

第3篇

表 3-18-135　　**经退火的铁素体型钢棒或试样的力学性能①**

GB/T 20878 中序号	统一数字代号	新牌号	旧牌号	热处理状态	规定非比例延伸强度 $R_{p0.2}$②/MPa	抗拉强度 R_m/MPa	断后伸长率 A/%	断面收缩率 Z③/%	布氏硬度（HBW）
					≥				≤
78	S11348	06Cr13Al	0Cr13Al	退火	175	410	20	60	183
83	S11203	022Cr12	00Cr12		195	360	22	60	183
85	S11710	10Cr17	1Cr17		205	450	22	50	183
93	S12550	16Cr25N	2Cr25N		275	510	20	40	201

① 本表仅适用于直径、边长、及对边距离或厚度小于或等于 75mm 的钢棒。大于 75mm 的钢棒，可改锻成 75mm 的样坯检验或由供需双方协商确定允许降低其力学性能的数值。

② 规定非比例延伸强度和硬度，仅当需方要求时（合同中注明）才进行测定。

③ 扁钢不适用，但需方要求时，由供需双方协商确定。

表 3-18-136　　**经淬火回火的马氏体型钢棒或试样的力学性能①**

GB/T 20878 中序号	统一数字代号	新牌号	旧牌号	组别	热处理状态	规定非比例延伸强度 $R_{p0.2}$/MPa	抗拉强度 R_m/MPa	断后伸长率 A/%	断面收缩率 Z②/%	冲击吸收功 A_{kU2}④/J	经淬火回火后的硬度 HBW	退火后的硬度③ HBW
						≥						≤
98	S41010	12Cr13	1Cr13		淬火+回火	345	540	22	55	78	159	200
101	S42020	20Cr13	2Cr13			440	640	20	50	63	192	223
106	S43110	14Cr17Ni2	1Cr17Ni2			—	1080	10	—	39	—	—
107	S43120	17Cr16Ni2⑤	—	1		700	900~1050	12	45	25 (A_{kV})	—	295
				2		600	800~950	14				
113	S45110	12Cr5Mo	1Cr5Mo			390	590	18	—	—	—	200
114	S45610	12Cr12Mo	1Cr12Mo			450	685	18	60	78	217~248	255
115	S45710	13Cr13Mo	1Cr13Mo			490	690	20	60	78	192	200
119	S46010	14Cr11MoV	3Cr11MoV			490	685	15	55	47	—	200
122	S46250	18Cr12MoVNbN	2Cr13MoVNbN			685	835	15	30	—	≤321	269
123	S47010	15Cr12WMoV	1Cr12WMoV			685	735	15	45	47	—	—
124	S47220	22Cr12NiWMoV	2Cr12NiMoWV			785	865	10	25	—	≤341	269
125	S47310	13Cr11Ni2-W2MoV②	1Cr11Ni2W-2MoV②	1		735	885	15	55	71	269~321	269
				2		885	1080	12	50	55	311~388	
128	S47450	18Cr11NiMoNbVN	(2Cr11NiMoNbVN)			760	930	12	31	20(A_{kV})	277~331	255
130	S48040	42Cr9Si2	4Cr9Si2			590	885	19	50	—	—	269
131	S48045	45Cr9Si3				685	930	15	35	—	≥269	—
132	S48140	40Cr10Si2Mo	4Cr10Si2Mo			685	885	10	35	—	—	269
133	S48380	80Cr20Si2Ni	8Cr20Si2Ni			685	885	10	15	8	≥262	321

① 本表仅适用于直径、边长及对边距离或厚度小于或等于 75mm 的钢棒。大于 75mm 的钢棒，可改锻成 75mm 的样坯检验或由供需双方协商规定允许降低其力学性能的数值。

② 扁钢不适用，但需方要求时，由供需双方协商确定。

③ 采用 750℃ 退火时，其硬度由供需双方协商。

④ 直径或对边距离小于或等于 16mm 的圆钢、六角钢和边长或厚度小于或等于 12mm 的方钢、扁钢不做冲击试验。

⑤ 17Cr16Ni2 和 13Cr11Ni2W2MoV 钢的性能组别应在合同中注明，未注明时，由供方自行选择。

表 3-8-137　　沉淀硬化型钢棒或试样的力学性能[1]

GB/T 20878 中序号	统一数字代号	新牌号	旧牌号	热处理			规定非比例延伸强度 $R_{p0.2}$/MPa	抗拉强度 R_m/MPa	断后伸长率 A/%	断面收缩率 Z[2]/%	硬度[3]	
				类型		组别	≥				HBW	HRC
137	S51740	05Cr17Ni4Cu4Nb	0Cr17Ni4Cu4Nb	固溶处理		1	—	—	—	—	≤363	≤38
				沉淀硬化	580℃时效	1	1140	1310	10	40	≥375	≥40
					550℃时效	2	1000	1070	12	45	≥331	≥35
					580℃时效	3	865	600	13	45	≥302	≥31
					620℃时效	4	725	930	16	50	≥277	≥28
138	S51770	07Cr17Ni7Al	0Cr17Ni7Al	固溶处理		0	≤380	≤1030	20	—	≤229	—
				沉淀硬化	510℃时效	1	1000	1230	4	10	≥388	—
					565℃时效	2	950	1140	5	25	≥363	—
142	S51525	06Cr15Ni25Ti2-MoAIVB	0Cr15Ni25Ti2-MoAIVB	固溶+时效			590	900	15	18	≥248	—

① 本表仅适用于直径、边长、厚度或对边距离小于或等于 75mm 的钢棒。大于 75mm 的钢棒，可改锻成 75mm 的样坯检验或由供需双方协商规定允许降低其力学性能的数值。

② 扁钢不适用，但需方要求时，由供需双方协商确定。

③ 供方可根据钢棒的尺寸或状态任选一种方法测定硬度。

（4）耐热钢的特性和用途

表 3-18-138　　耐热钢的特性和用途

GB/T 20878 中序号	统一数字代号	新牌号	旧牌号	特性和用途
奥氏体型				
6	S35650	53Cr21Mn9Ni4N	5Cr21Mn9Ni4N	Cr-Mn-Ni-N 型奥氏体阀门钢。用于制作以经受高温强度为主的汽油及柴油机用排气阀
7	S35750	26Cr18Mn12Si2N	3Cr18Mn12Si2N	有较高的高温强度和一定的抗氧化性，并且有较好的抗硫及抗增碳性。用于吊挂支架，渗碳炉构件、加热炉传送带、料盘、炉爪
8	S35850	22Cr20Mn10Ni2Si2N	2Cr20Mn9Ni2Si2N	特性和用途同 26Cr18Mn12Si2N（3Cr18Mn12Si2N），还可用作盐浴坩埚和加热炉管道等
17	S30408	06Cr19Ni10	0Cr18Ni9	通用耐氧化钢，可承受 870℃以下反复加热
30	S30850	22Cr21Ni12N	2Cr21Ni12N	Cr-Ni-N 型耐热钢，用以制造以抗氧化为主的汽油及柴油机用排气阀
31	S30920	16Cr23Ni13	2Cr23Ni13	承受 980℃以下反复加热的抗氧化钢。加热炉部件，重油燃烧器
32	S30908	06Cr23Ni13	0Cr23Ni13	耐腐蚀性比 06Cr19Ni10（0Cr18Ni9）钢好，可承受 980℃以下反复加热。炉用材料
34	S31020	20Cr25Ni20	2Cr25Ni20	承受 1035℃以下反复加热的抗氧化钢。主要用于制作炉用部件、喷嘴、燃烧室
35	S31008	06Cr25Ni20	0Cr25Ni20	抗氧化性比 06Cr23Ni13（0Cr23Ni13）钢好，可承受 1035℃以下反复加热。炉用材料、汽车排气净化装置等

续表

GB/T 20878 中序号	统一数字代号	新牌号	旧牌号	特性和用途
				奥氏体型
38	S31608	06Cr17Ni12Mo2	0Cr17Ni12Mo2	高温具有优良的蠕变强度。作热交换用部件,高温耐蚀螺栓
49	S31708	06Cr19Ni13Mo3	0Cr19Ni13Mo3	耐点蚀和抗蠕变能力优于 06Cr17Ni12Mo2(0Cr17Ni12Mo2)。用于制作造纸、印染设备,石油化工及耐有机酸腐蚀的装备、热交换用部件等
55	S32168	06Cr18Ni11Ti	0Cr18Ni10Ti	作在 400~900℃腐蚀条件下使用的部件,高温用焊接结构部件
57	S32590	45Cr14Ni14W2Mo	4Cr14Ni14W2Mo	中碳奥氏体型阀门钢。在 700℃以下有较高的热强性,在 800℃以下有良好的抗氧化性能。用于制造 700℃以下工作的内燃机、柴油机重负荷进、排气阀和紧固件,500℃以下工作的航空发动机及其他产品零件。也可作为渗氮钢使用
60	S33010	12Cr16Ni35	1Cr16Ni35	抗渗碳,易渗氮,1035℃以下反复加热。炉用钢料、石油裂解装置
62	S34778	06Cr18Ni11Nb	0Cr18Ni11Nb	作在 400~900℃腐蚀条件下使用的部件,高温用焊接结构部件
64	S38148	06Cr18Ni13Si4	0Cr18Ni13Si4	具有与 06Cr25Ni20(0Cr25Ni20)相当的抗氧化性。用于含氯离子环境,如汽车排气净化装置等
65	S38240	16Cr20Ni14Si2	1Cr20Ni14Si2	具有较高的高温强度及抗氧化性,对含硫气氛较敏感,在 600~800℃有析出相的脆化倾向,适用于制作承受应力的各种炉用构件
66	S38340	16Cr25Ni20Si2	1Cr25Ni20Si2	
				铁素体型
78	S11348	06Cr13Al	0Cr13Al	冷加工硬化少,主要用于制作燃气透平压缩机叶片、退火箱、淬火台架等
83	S11203	022Cr12	00Cr12	比 022Cr13(0Cr13)碳含量低,焊接部位弯曲性能、加工性能、耐高温氧化性能好。作汽车排气处理装置,锅炉燃烧室、喷嘴等
85	S11710	10Cr17	1Cr17	作 900℃以下耐氧化用部件、散热器、炉用部件、油喷嘴等
93	S12550	16Cr25N	2Cr25N	耐高温腐蚀性强,1082℃以下不产生易剥落的氧化皮。常用于抗硫气氛,如燃烧室、退火箱、玻璃模具、阀、搅拌杆等
				马氏体型
98	S41010	12Cr13	1Cr13	作 800℃以下耐氧化用部件
101	S42020	20Cr13	2Cr13	淬火状态下硬度高,耐蚀性良好。作汽轮机叶片
106	S43110	14Cr17Ni2	1Cr17Ni2	作具有较高程度的耐硝酸、有机酸腐蚀的轴类、活塞杆、泵、阀等零部件以及弹簧、紧固件、容器和设备
107	S43120	17Cr16Ni2		改善 14Cr17Ni2(1Cr17Ni2)钢的加工性能,可代替 14Cr17Ni2(1Cr17Ni2)钢使用
113	S45110	12Cr5Mo	1Cr5Mo	在中高温下有好的力学性能。能抗石油裂化过程中产生的腐蚀。作再热蒸汽管、石油裂解管、锅炉吊架、蒸汽轮机气缸衬套、泵的零件、阀、活塞杆、高压加氢设备部件、紧固件
114	S45610	12Cr12Mo	1Cr12Mo	铬钼马氏体耐热钢。作汽轮机叶片
115	S45710	13Cr13Mo	1Cr13Mo	比 12Cr13(1Cr13)耐蚀性高的高强度钢。用于制作汽轮机叶片,高温、高压蒸汽用机械部件等

第3篇

续表

GB/T 20878 中序号	统一数字代号	新牌号	旧牌号	特性和用途
马氏体型				
119	S46010	14Cr11MoV	1Cr11MoV	铬钼钒马氏体耐热钢。有较高的热强性，良好的减振性及组织稳定性。用于透平叶片及导向叶片
122	S46250	18Cr12MoVNbN	2Cr12MoVNbN	铬钼钒铌氮马氏体耐热钢。用于制作高温结构部件，如汽轮机叶片、盘、叶轮轴、螺栓等
123	S47010	15Cr12WMoV	1Cr12WMoV	铬钼钨钒马氏体耐热钢。有较高的热强性，良好的减振性及组织稳定性。用于透平叶片、紧固件、转子及轮盘
124	S47220	22Cr12NiWMoV	2Cr12NiMoWV	性能与用途类似于13Cr11Ni2W2MoV(1Cr11Ni2W2MoV)。用于制作汽轮机叶片
125	S47310	13Cr11Ni2W2Mo	1Cr11Ni2W2MoV	铬镍钨钼钒马氏体耐热钢。具有良好的韧性和抗氧化性能，在淡水和湿空气中有较好的耐蚀性
128	S47450	18Cr11NiMoNbVN	(2Cr11NiMoNbVN)	具有良好的强韧性、抗蠕变性能和抗松弛性能，主要用于制作汽轮机高温紧固件和动叶片
130	S48040	42Cr9Si2	4Cr9Si2	铬硅马氏体阀门钢，750℃以下耐氧化。用于制作内燃机进气阀，轻负荷发动机的排气阀
131	S48045	45Cr9Si3		
132	S48140	40Cr10Si2Mo	4Cr10Si2Mo	铬硅钼马氏体阀门钢，经淬火回火后使用。因含有钼和硅，高温强度抗蠕变性能及抗氧化性能比40Cr13(4Cr13)高。用于制作进、排气阀门，鱼雷，火箭部件，预燃烧室等
133	S48380	30Cr20Si2Ni	8Cr20Si2Ni	铬硅镍马氏体阀门钢。用于制作以耐磨性为主的进气阀、排气阀、阀座等
沉淀硬化型				
137	S51740	05Cr17Ni4Cu4Nb	0Cr17Ni4Cu4Nb	添加铜和铌的马氏体沉淀硬化型钢，作燃气透平压缩机叶片、燃气透平发动机周围材料
138	S51770	07Cr17Ni7Al	0Cr17Ni7Al	添加铝的半奥氏体沉淀硬化型钢，作高温弹簧、膜片、固定器、波纹管
143	S51525	06Cr15Ni25Ti2Mo-AlVB	0Cr15Ni25Ti2Mo-AlVB	奥氏体沉淀硬化型钢，具有高的缺口强度，在温度低于980℃时抗氧化性能与06Cr25Ni20(0Cr25Ni20)相当。主要用于700℃以下的工作环境，要求具有高强度和优良耐蚀性的部件或设备，如汽轮机转子、叶片、骨架，燃烧室部件和螺栓等

18.6.12 轴承钢

(1) 高碳铬不锈轴承钢（GB/T 3086—2008）

① 高碳铬不锈轴承钢的分类　钢材按使用加工方法不同分为下列两类。

a. 压力加工用钢（UP）；

b. 切削加工用钢（UC）。

② 高碳铬不锈轴承钢的牌号及化学成分（熔炼分析）

表 3-18-139　高碳铬不锈轴承钢的牌号及化学成分（熔炼分析）（GB/T 3086—2008）

序号	统一数字代号	新牌号	旧牌号	化学成分(质量分数)/%									
				C	Si	Mn	P	S	Cr	Mo	Ni	Cu	Ni+Cu
					≤						≤		
1	B21800	G95Cr18	9Cr18	0.90~1.00	0.80	0.80	0.035	0.030	17.00~19.00	—	0.30	0.25	0.50
2	B21810	G102Cr18Mo	9Cr18Mo	0.95~1.10	0.80	0.80	0.035	0.030	16.00~18.00	0.40~0.70	0.30	0.25	0.50
3	B21410	G65Cr14Mo	—	0.60~0.70	0.80	0.80	0.035	0.030	13.00~15.00	0.50~0.80	0.30	0.25	0.50

注：1. 钢材的化学成分允许偏差应符合 GB/T 222 的规定。

2. 钢材应逐支（盘）进行火花法或光谱法检验。

3. 钢应采用电炉或感应炉冶炼，并经电渣重熔。经供需双方协商，并在合同注明，也可采用其他能满足本标准要求的冶炼方法。

4. 钢材交货状态为热轧（锻制）退火、退火剥皮、磨光和冷拉退火状态，交货状态应在合同中注明。

③ 高碳铬不锈轴承钢的力学性能

a. 直径大于 16mm 的钢材退火状态的布氏硬度应为 197~255HBW。

b. 直径不大于 16mm 的钢材退火状态抗拉强度应为 590~835N/mm^2。

c. 磨光状态钢材力学性能允许比退火状态波动+10%。

(2) 渗碳轴承钢（GB/T 3203—2016）

渗碳轴承钢适用于制作轴承套圈及滚动体用渗碳轴承钢热轧、锻制、冷拉及银亮圆钢。

① 渗碳轴承钢的分类及代号如下：

a. 钢按冶金质量分类：

(a) 优质钢；

(b) 高级优质钢（牌号后加“A”）。

b. 钢按冶炼方法分类：

(a) 真空脱气；

(b) 电渣重熔。

c. 钢按加工方法分类：

(a) 锻制 WHF；

(b) 热轧 WHR；

(c) 冷拉 WCD；

(d) 银亮：

- 剥皮 SF；
- 磨光 SP。

d. 钢按使用加工用途分类：

(a) 压力加工用钢 UP；

(b) 切削加工用钢 UC。

② 渗碳轴承钢的牌号及化学成分见表 3-18-140。

表 3-18-140　　渗碳轴承钢的牌号及化学成分

序号	牌号	化学成分(质量分数)/%						
		C	Si	Mn	Cr	Ni	Mo	Cu
1	G20CrMo	0.17~0.23	0.20~0.35	0.65~0.95	0.35~0.65	≤0.30	0.08~0.15	≤0.25
2	G20CrNiMo	0.17~0.23	0.15~0.40	0.60~0.90	0.35~0.65	0.40~0.70	0.15~0.30	≤0.25
3	G20CrNi2Mo	0.19~0.23	0.25~0.40	0.55~0.70	0.45~0.65	1.60~2.00	0.20~0.30	≤0.25
4	G20Cr2Ni4	0.17~0.23	0.15~0.40	0.30~0.60	1.25~1.75	3.25~3.75	≤0.08	≤0.25
5	G10CrNi3Mo	0.08~0.13	0.15~0.40	0.40~0.70	1.00~1.40	3.00~3.50	0.08~0.15	≤0.25
6	G20Cr2Mn2Mo	0.17~0.23	0.15~0.40	1.30~1.60	1.70~2.00	≤0.30	0.20~0.30	≤0.25
7	G23Cr2Ni2Si1Mo	0.20~0.25	1.20~1.50	0.20~0.40	1.35~1.75	2.20~2.60	0.25~0.35	≤0.25

③ 渗碳轴承钢的纵向力学性能见表 3-18-141。

表 3-18-141　　渗碳轴承钢的纵向力学性能

序号	牌号	毛坯直径/mm	淬火			回火		力学性能			
			温度/℃		冷却剂	温度/℃	冷却剂	抗拉强度 R_m/MPa	断后伸长率 A/%	断面收缩率 Z/%	冲击吸收能量 KU_2/J
			一次	二次				≥			
1	G20CrMo	15	860~900	770~810	油	150~200	空气	880	12	45	63
2	G20CrNiMo	15	860~900	770~810		150~200		1180	9	45	63
3	G20CrNi2Mo	25	860~900	780~820		150~200		980	13	45	63
4	G20Cr2Ni4	15	850~890	770~810		150~200		1180	10	45	63
5	G10CrNi3Mo	15	860~900	770~810		180~200		1080	9	45	63
6	G20Cr2Mn2Mo	15	860~900	790~830		180~200		1280	9	40	55
7	G23Cr2Ni2Si1Mo	15	860~900	790~830		150~200		1180	10	40	55

注：表中所列力学性能适用于公称直径小于或等于 80mm 的钢材。公称直径 81~100mm 的钢材，允许其断后伸长率、断面收缩率及冲击吸收能量较表中的规定分别降低 1%（绝对值）、5%（绝对值）及 5%；公称直径 101~150mm 的钢材，允许其断后伸长率、断面收缩率及冲击吸收能量较表中的规定分别降低 3%（绝对值）、15%（绝对值）及 15%；公称直径大于 150mm 的钢材，其力学性能指标由供需双方协商。

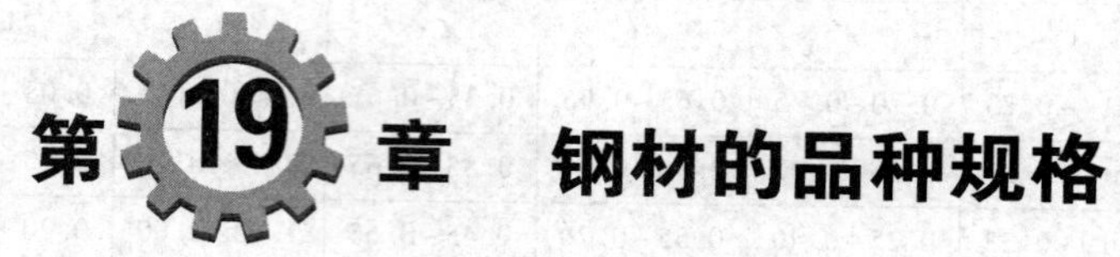

第19章 钢材的品种规格

19.1 钢材的分类

表 3-19-1 钢材分类表

类别	分类及说明			
钢板（包括带钢）	按厚度分类			特厚板、厚板、中板、薄板
	按生产方法分类			热轧钢板、冷轧钢板、镀锌板（热镀锌板、电镀锌版）、镀锡板、复合钢板
	按表面特征分类			彩色涂层钢板
	按用途分类			桥梁钢板、锅炉钢板、造船钢板、装甲钢板、汽车钢板、屋面钢板、结构钢板、电工钢板（硅钢片）、弹簧钢板等
钢管	按生产方法分类	无缝管		热轧管、冷轧管、冷拔管、挤轧管、顶管
		炉焊管	按工艺分	电弧焊管、电阻焊管（高、低频）、气焊管、焊管
			按焊缝分	直缝焊管、螺旋焊管
	按断面形状分类	简单断面钢管		圆形钢管、方形钢管、椭圆形钢管、三角形钢管、六角形钢管、菱形钢管、八角形钢管、半圆形钢管
		复杂断面钢管		不等边六角形钢管、五瓣梅花形钢管、双凸形钢管、双凹形钢管、瓜子形钢管、圆锥形钢管、波纹形钢管、表壳钢管、其他
	按壁厚分类			薄壁钢管、厚壁钢管
	按用途分类			管道用钢管，热工设备用钢管，机械工业用钢管，石油、地质钻探用钢管，容器钢管，化学工业用钢管，特殊用途钢管，其他
型钢	简单断面型钢	方钢		热轧方钢、冷轧方钢
		圆钢		热轧圆钢、锻制圆钢、冷拉圆钢
		线材		
		扁钢		
		弹簧扁钢		
		角钢		等边角钢、不等边角钢
		三角钢		
		六角钢		
		弓形钢		
		椭圆钢		
	复杂断面型钢	工字钢	普通工字钢	
			轻型工字钢	
			宽腿工字钢（万能工字钢）	
		槽钢	热轧槽钢	普通槽钢、轻型槽钢
			弯曲槽钢	

续表

类别	分类及说明		
型钢	钢轨		重轨、轻轨、起重机钢轨、其他专用钢轨
	窗框钢		
	钢板桩		
	弯曲型钢		冷弯型钢、热弯型钢
	其他		
钢丝	按断面形状分类		圆形钢丝、椭圆形钢丝、方形钢丝、三角形钢丝、异形钢丝
	按尺寸分类		特细钢丝、较细钢丝、细钢丝、中等细钢丝、粗钢丝、较粗钢丝、特粗钢丝
	按化学成分分类	碳素钢丝	低碳钢丝、中碳钢丝、高碳钢丝
		合金钢丝	低合金钢丝、中合金钢丝、高合金钢丝
	按交货时热处理状态分类		不经热处理的钢丝、回火的钢丝、退火的钢丝、淬火并回火的钢丝、铅浴处理的钢丝
	按力学性能(抗拉强度)分类		低强度钢丝、较低强度钢丝、强度钢丝、较高强度钢丝、高强度钢丝、特高强度钢丝
	按表面状态分类		抛光钢丝、磨光钢丝、光面钢丝、酸洗钢丝、氧化处理钢丝、粗制钢丝、镀层钢丝
	按塑性变形分类		抛光钢丝、磨光钢丝、光面钢丝、酸洗钢丝、氧化处理钢丝、粗制钢丝、镀层钢丝
	按用途分类		普通质量钢丝、冷顶锻钢丝、电工用钢丝、纺织业用钢丝、钢绳钢丝、弹簧钢丝、制鞋用钢丝、结构钢丝、工具钢丝、钢筋钢线、不锈及电阻合金丝

19.2 型　　钢

19.2.1 热轧钢棒（GB/T 702—2017）

(1) 适用范围

① 直径为 5.5~380mm 的热轧圆钢和边长为 5.5~300mm 的热轧方钢；

② 厚度为 3~60mm、宽度为 10~200mm 的一般用途热轧扁钢；

③ 厚度为 4~100mm、宽度为 10~310mm 的热轧工具钢扁钢；

④ 对边距离为 8~70mm 的热轧六角钢和对边距离为 16~40mm 的热轧八角钢。

(2) 截面形状

① 热轧圆钢和方钢的截面形状见图 3-19-1。

② 热轧扁钢的截面形状见图 3-19-2。

③ 热轧六角钢和热轧八角钢的截面形状见图 3-19-3。

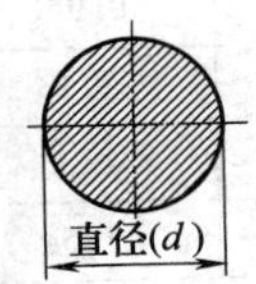

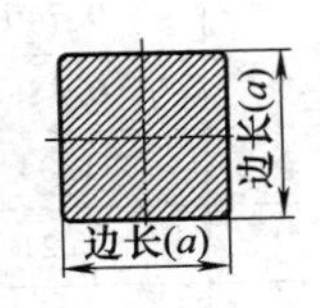

图 3-19-1　热轧圆钢和方钢的截面图

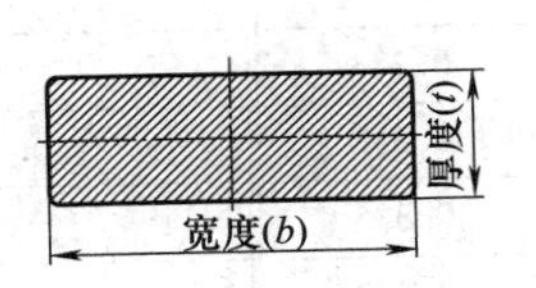

图 3-19-2　热轧扁钢的截面图

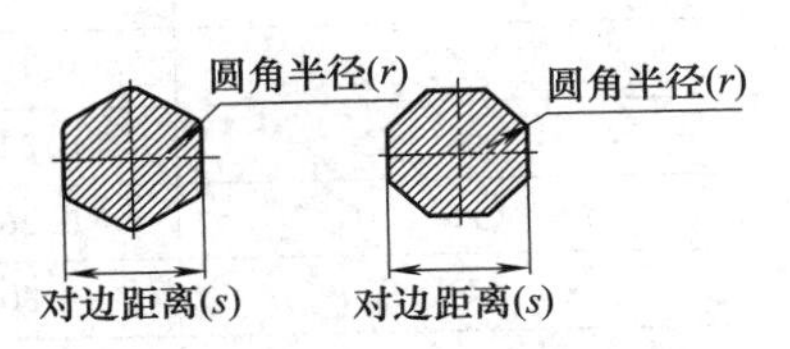

图 3-19-3　热轧六角钢和热轧八角钢的截面图

(3) 热轧钢棒的长度

表 3-19-2　　热轧圆钢和方钢通常长度及短尺长度　　mm

通常长度			短尺长度
截面公称尺寸		钢棒长度	
全部规格		2000~12000	≥1500
碳素和合金工具钢	≤75	2000~12000	≥1000
	>75	1000~8000	≥500[①]

① 包括高速工具钢全部规格。

表 3-19-3　　一般用途热轧扁钢长度　　mm

通常长度	定尺或倍尺长度允许偏差		短尺长度
2000~12000	≤4000	+30	≥1500
	>4000~6000	+50	
	>6000	+70	

表 3-19-4　　热轧工具钢扁钢通常长度及短尺长度　　mm

公称宽度	通常长度	短尺长度
≤50	≥2000	≥1500
>50~70	≥2000	≥750
>70	≥1000	—

表 3-19-5　　热轧六角钢和热轧八角钢通常长度及短尺长度　　mm

通常长度	短尺长度
2000~6000	≥1500

表 3-19-6　　热轧圆钢不圆度及方钢对角线长度　　mm

圆钢公称直径(d)	不圆度 不大于	方钢公称边长(a)	对角线长度 不小于
≤50	公称直径公差的 50%	<50	公称边长的 1.33 倍
>50~80	公称直径公差的 65%	≥50	公称边长的 1.29 倍
>80	公称直径公差的 70%	工具钢全部规格	公称边长的 1.29 倍

(4) 尺寸及理论质量

表 3-19-7　　热轧圆钢和方钢的尺寸及理论质量

圆钢公称直径 d/mm 方钢公称边长 a/mm	理论质量/(kg/m)		圆钢公称直径 d/mm 方钢公称边长 a/mm	理论质量/(kg/m)	
	圆钢	方钢		圆钢	方钢
5.5	0.187	0.237	11	0.746	0.950
6	0.222	0.283	12	0.888	1.13
6.5	0.260	0.332	13	1.04	1.33
7	0.302	0.385	14	1.21	1.54
8	0.395	0.502	15	1.39	1.77
9	0.499	0.636	16	1.58	2.01
10	0.617	0.785	17	1.78	2.27

续表

圆钢公称直径 d/mm 方钢公称边长 a/mm	理论质量/(kg/m)		圆钢公称直径 d/mm 方钢公称边长 a/mm	理论质量/(kg/m)	
	圆钢	方钢		圆钢	方钢
18	2.00	2.54	95	55.6	70.8
19	2.23	2.83	100	61.7	78.5
20	2.47	3.14	105	68.0	86.5
21	2.72	3.46	110	74.6	95.0
22	2.98	3.80	115	81.5	104
23	3.26	4.15	120	88.8	113
24	3.55	4.52	125	96.3	123
25	3.85	4.91	130	104	133
26	4.17	5.31	135	112	143
27	4.49	5.72	140	121	154
28	4.83	6.15	145	130	165
29	5.19	6.60	150	139	177
30	5.55	7.07	155	148	189
31	5.92	7.54	160	158	201
32	6.31	8.04	165	168	214
33	6.71	8.55	170	178	227
34	7.13	9.07	180	200	254
35	7.55	9.62	190	223	283
36	7.99	10.2	200	247	314
38	8.90	11.3	210	272	323
40	9.86	12.6	220	298	344
42	10.9	13.8	230	326	364
45	12.5	15.9	240	355	385
48	14.2	18.1	250	385	406
50	15.4	19.6	260	417	426
53	17.3	22.1	270	449	447
55	18.7	23.7	280	483	468
56	19.3	24.6	290	519	488
58	20.7	26.4	300	555	509
60	22.2	28.3	310	592	
63	24.5	31.2	320	631	
65	26.0	33.2	330	671	
68	28.5	36.3	340	713	
70	30.2	38.5	350	755	
75	34.7	44.2	360	799	
80	39.5	50.2	370	844	
85	44.5	56.7	380	890	
90	49.9	63.6			

注：表中钢的理论质量是按密度为 7.85g/cm^3 计算的。

表 3-19-8

一般用途热轧扁钢的尺寸及理论质量

公称宽度/mm	厚度/mm																								
	3	4	5	6	7	8	9	10	11	12	14	16	18	20	22	25	28	30	32	36	40	45	50	56	60
	理论质量/(kg/m)																								
10	0.24	0.31	0.39	0.47	0.55	0.63																			
12	0.28	0.38	0.47	0.57	0.66	0.75																			
14	0.33	0.44	0.55	0.66	0.77	0.88																			
16	0.38	0.50	0.63	0.75	0.88	1.00	1.15	1.26																	
18	0.42	0.57	0.71	0.85	0.99	1.13	1.27	1.41																	
20	0.47	0.63	0.78	0.94	1.10	1.26	1.41	1.57	1.73	1.88															
22	0.52	0.69	0.86	1.04	1.21	1.38	1.55	1.73	1.90	2.07															
25	0.59	0.78	0.98	1.18	1.37	1.57	1.77	1.96	2.16	2.36	2.75	3.14													
28	0.66	0.88	1.10	1.32	1.54	1.76	1.98	2.20	2.42	2.64	3.08	3.53													
30	0.71	0.94	1.18	1.41	1.65	1.88	2.12	2.36	2.59	2.83	3.30	3.77	4.24	4.71											
32	0.75	1.00	1.26	1.51	1.76	2.01	2.26	2.55	2.76	3.01	3.52	4.02	4.52	5.02											
35	0.82	1.10	1.37	1.65	1.92	2.20	2.47	2.75	3.02	3.30	3.85	4.40	4.95	5.50	6.04	6.87	7.69								
40	0.94	1.26	1.57	1.88	2.20	2.51	2.83	3.14	3.45	3.77	4.40	5.02	5.65	6.28	6.91	7.85	8.79								
45	1.06	1.41	1.77	2.12	2.47	2.83	3.18	3.53	3.89	4.24	4.95	5.65	6.36	7.07	7.77	8.83	9.89	10.60	11.30	12.72					
50	1.18	1.57	1.96	2.36	2.75	3.14	3.53	3.93	4.32	4.71	5.50	6.28	7.06	7.85	8.64	9.81	10.99	11.78	12.56	14.13					
55		1.73	2.16	2.59	3.02	3.45	3.89	4.32	4.75	5.18	6.04	6.91	7.77	8.64	9.50	10.79	12.09	12.95	13.82	15.54					
60		1.88	2.36	2.83	3.30	3.77	4.24	4.71	5.18	5.65	6.59	7.54	8.48	9.42	10.36	11.78	13.19	14.13	15.07	16.96	18.84	21.20			
65		2.04	2.55	3.06	3.57	4.08	4.59	5.10	5.61	6.12	7.14	8.16	9.18	10.20	11.23	12.76	14.29	15.31	16.33	18.37	20.41	22.96			
70		2.20	2.75	3.30	3.85	4.40	4.95	5.50	6.04	6.59	7.69	8.79	9.89	10.99	12.09	13.74	15.39	16.49	17.58	19.78	21.98	24.73			
75		2.36	2.94	3.53	4.12	4.71	5.30	5.89	6.48	7.07	8.24	9.42	10.60	11.78	12.95	14.72	16.48	17.66	18.84	21.20	23.55	26.49			
80		2.51	3.14	3.77	4.40	5.02	5.65	6.28	6.91	7.54	8.79	10.05	11.30	12.56	13.82	15.70	17.58	18.84	20.10	22.61	25.12	28.26	31.40	35.17	
85			3.34	4.00	4.67	5.34	6.01	6.67	7.34	8.01	9.34	10.68	12.01	13.34	14.68	16.68	18.68	20.02	21.35	24.02	26.69	30.03	33.36	37.37	40.04
90			3.53	4.24	4.95	5.65	6.36	7.07	7.77	8.48	9.89	11.30	12.72	14.13	15.54	17.66	19.78	21.20	22.61	25.43	28.26	31.79	35.32	39.56	42.39
95			3.73	4.47	5.22	5.97	6.71	7.46	8.20	8.95	10.44	11.93	13.42	14.92	16.41	18.64	20.88	22.37	23.86	26.85	29.83	33.56	37.29	41.76	44.74
100			3.92	4.71	5.50	6.28	7.06	7.85	8.64	9.42	10.99	12.56	14.13	15.70	17.27	19.62	21.98	23.55	25.12	28.26	31.40	35.32	39.25	43.96	47.10
105			4.12	4.95	5.77	6.59	7.42	8.24	9.07	9.89	11.54	13.19	14.84	16.48	18.13	20.61	23.08	24.73	26.38	29.67	32.97	37.09	41.21	46.16	49.46
110			4.32	5.18	6.04	6.91	7.77	8.64	9.50	10.36	12.09	13.82	15.54	17.27	19.00	21.59	24.18	25.90	27.63	31.09	34.54	38.86	43.18	48.36	51.81
120			4.71	5.65	6.59	7.54	8.48	9.42	10.36	11.30	13.19	15.07	16.96	18.84	20.72	23.55	26.38	28.26	30.14	33.91	37.68	42.39	47.10	52.75	56.52
125				5.89	6.87	7.85	8.83	9.81	10.79	11.78	13.74	15.70	17.66	19.62	21.58	24.53	27.48	29.44	31.40	35.32	39.25	44.16	49.06	54.95	58.88
130				6.12	7.14	8.16	9.18	10.20	11.23	12.25	14.29	16.33	18.37	20.41	22.45	25.51	28.57	30.62	32.66	36.74	40.82	45.92	51.02	57.15	61.23
140					7.69	8.79	9.89	10.99	12.09	13.19	15.39	17.58	19.78	21.98	24.18	27.48	30.77	32.97	35.17	39.56	43.96	49.46	54.95	61.54	65.94
150					8.24	9.42	10.60	11.78	12.95	14.13	16.48	18.84	21.20	23.55	25.90	29.44	32.97	35.32	37.68	42.39	47.10	52.99	58.88	65.94	70.65
160					8.79	10.05	11.30	12.56	13.82	15.07	17.58	20.10	22.61	25.12	27.63	31.40	35.17	37.68	40.19	45.22	50.24	56.52	62.80	70.34	75.36
180					9.89	11.30	12.72	14.13	15.54	16.96	19.78	22.61	25.43	28.26	31.09	35.32	39.56	42.39	45.22	50.87	56.52	63.58	70.65	79.13	84.78
200					10.99	12.56	14.13	15.70	17.27	18.84	21.98	25.12	28.26	31.40	34.54	39.25	43.96	47.10	50.24	56.52	62.80	70.65	78.50	87.92	94.20

注：1. 表中的理论质量按密度 7.85g/m^3 计算。

2. 经供需双方协商并在合同中注明，也可提供除本表以外的尺寸及理论质量。

表 3-19-9　　热轧工具钢扁钢的尺寸及理论质量

公称宽度/mm	扁钢公称厚度/mm																				
	4	6	8	10	13	16	18	20	23	25	28	32	36	40	45	50	56	63	71	80	90	100
	理论质量/(kg/m)																				
10	0.31	0.47	0.63																			
13	0.41	0.61	0.82	1.02																		
16	0.50	0.75	1.00	1.26	1.63																	
20	0.63	0.94	1.26	1.57	2.04	2.51	2.83															
25	0.79	1.18	1.57	1.96	2.55	3.14	3.53	3.93	4.51													
32	1.00	1.51	2.01	2.51	3.27	4.02	4.52	5.02	5.78	6.28	7.03											
40	1.26	1.88	2.51	3.14	4.08	5.02	5.65	6.28	7.22	7.83	8.79	10.05	11.30									
50	1.57	2.36	3.14	3.93	5.10	6.28	7.07	7.85	9.03	9.81	10.99	12.56	14.13	15.70	17.66							
63	1.98	2.97	3.96	4.95	6.43	7.91	8.90	9.89	11.37	12.36	13.85	15.83	17.80	19.78	22.25	24.73	27.69					
71	2.23	3.34	4.46	5.57	7.25	8.92	10.03	11.15	12.82	13.93	15.61	17.84	20.06	22.29	25.08	22.67	31.21	35.11				
80	2.51	3.77	5.02	6.28	8.16	10.05	11.30	12.56	14.44	15.70	17.58	20.10	22.61	25.12	28.26	31.40	35.17	39.56	44.59			
90	2.83	4.24	5.65	7.07	9.18	11.30	12.72	14.13	16.25	17.66	19.78	22.61	25.43	28.26	31.79	35.33	39.56	44.51	50.16	56.52		
100	3.14	4.71	6.28	7.85	10.21	12.56	14.13	15.70	18.06	19.83	21.98	25.12	28.26	31.40	35.33	39.25	43.96	49.46	55.74	62.80	70.65	
112	3.52	5.28	7.03	8.79	11.43	14.07	15.83	17.58	20.22	21.98	24.62	28.13	31.65	35.17	39.56	43.96	49.24	55.39	62.42	70.34	79.13	87.92
125	3.93	5.89	7.85	9.81	12.76	15.70	17.66	19.63	22.57	24.53	27.48	31.40	35.33	39.25	44.16	49.06	54.95	61.82	69.67	78.50	88.31	98.13
140	4.40	6.59	8.79	10.99	14.29	17.58	19.78	21.98	25.28	27.48	30.77	35.17	39.56	43.96	49.46	54.95	61.54	69.24	78.03	87.92	98.91	109.90
160	5.02	7.54	10.05	12.56	16.33	20.10	22.61	25.12	28.89	31.40	35.17	40.19	45.22	50.24	56.52	62.80	70.34	79.13	89.18	100.48	113.04	125.60
180	5.65	8.48	11.30	14.13	18.37	22.61	25.43	28.26	32.50	35.33	39.56	45.22	50.87	56.52	63.59	70.65	79.13	89.02	100.32	113.04	127.17	141.30
200	6.28	9.42	12.56	15.70	20.41	25.12	28.26	31.40	36.11	39.25	48.96	50.24	56.52	62.80	70.65	78.50	87.92	98.91	111.47	125.60	141.30	157.00
224	7.03	10.55	14.07	17.58	22.86	28.13	31.65	35.17	40.44	43.96	49.24	56.27	63.30	70.34	79.13	87.92	98.47	110.78	124.85	140.67	158.26	175.84
250	7.85	11.78	15.70	19.63	25.51	31.40	35.33	39.25	45.14	49.06	54.95	62.80	70.65	78.50	88.31	98.13	109.90	123.64	139.34	157.00	176.63	196.25
280	8.79	13.19	17.58	21.98	28.57	35.17	39.56	43.96	50.55	54.95	61.54	70.34	79.18	87.92	98.91	109.90	123.09	138.47	156.06	175.84	197.82	219.80
310	9.73	14.60	19.47	24.34	31.64	38.94	43.80	48.67	55.97	60.84	68.14	77.87	87.61	97.34	109.51	121.68	136.28	153.31	172.78	194.68	219.02	243.35

注：表中的理论质量按密度 7.85g/m^3 计算，对于高合金钢计算理论质量时，应采用相应牌号的密度进行计算。

表 3-19-10　　热轧六角钢和热轧八角钢的尺寸及理论质量

对边距离 S/mm	截面面积 A/cm^2		理论质量/(kg/m)	
	六角钢	八角钢	六角钢	八角钢
8	0.5543	—	0.435	—
9	0.7015	—	0.551	—
10	0.866	—	0.68	—
11	1.048	—	0.823	—
12	1.247	—	0.979	—
13	1.464	—	1.05	—
14	1.697	—	1.33	—
15	1.949	—	1.53	—
16	2.217	2.120	1.74	1.66
17	2.503	—	1.96	—
18	2.806	2.683	2.20	2.16
19	3.126	—	2.45	—
20	3.464	3.312	2.72	2.60
21	3.819	—	3.00	—
22	4.192	4.008	3.29	3.15
23	4.581	—	3.60	—
24	4.988	—	3.92	—
25	5.413	5.175	4.25	4.06
26	5.854	—	4.60	—
27	6.314	—	4.96	—
28	6.790	6.492	5.33	5.10
30	7.794	7.452	6.12	5.85
32	8.868	8.479	6.96	6.66
34	10.011	9.572	7.86	7.51
36	11.223	10.73	8.81	8.42
38	12.505	11.96	9.82	9.39
40	13.86	13.25	10.88	10.40
42	15.28	—	11.99	—
45	17.54	—	13.77	—
48	19.95	—	15.66	—
50	21.65	—	17.00	—
53	24.33	—	19.10	—
56	27.16	—	21.32	—
58	29.13	—	22.87	—
60	31.18	—	24.50	—
63	34.37	—	26.98	—
65	36.59	—	28.72	—
68	40.04	—	31.43	—
70	42.43	—	33.30	—

注：表中的理论质量按密度 7.85g/m^3 计算。表中截面面积（A）计算公式：$A=\frac{1}{4}nS^2\tan\frac{\phi}{2}\times\frac{1}{100}$。

六角形：$A=\frac{3}{2}S^2\tan30°\times\frac{1}{100}\approx0.866S^2\times\frac{1}{100}$

八角形：$A=2S^2\tan22°30'\times\frac{1}{100}\approx0.828S^2\times\frac{1}{100}$

式中　n——正 n 边形边数；

　　　ϕ——正 n 边形圆内角，$\phi=360/n$。

第 3 篇

19.2.2 热轧型钢（GB/T 706—2016）

(1) 各种型钢的截面

型钢的截面尺寸见图 3-19-4～图 3-19-7。

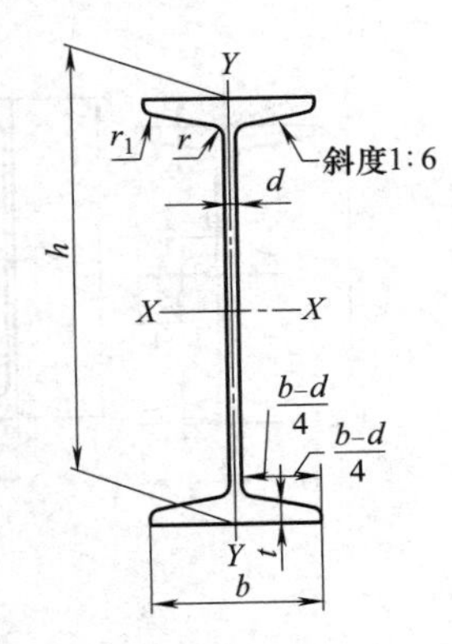

说明：

h——高度；

b——腿宽度；

d——腰厚度；

t——腿中间厚度；

r——内圆弧半径；

r_1——腿端圆弧半径。

图 3-19-4　工字钢截面图

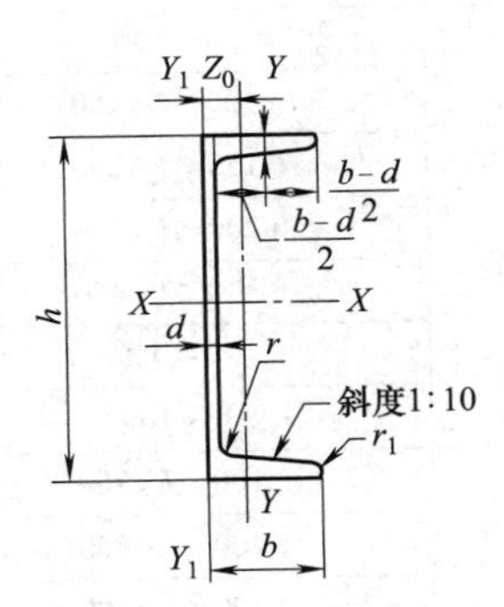

说明：

h——高度；

b——腿宽度；

d——腰厚度；

t——腿中间厚度；

r——内圆弧半径；

r_1——腿端圆弧半径；

Z_0——重心距离。

图 3-19-5　槽钢截面图

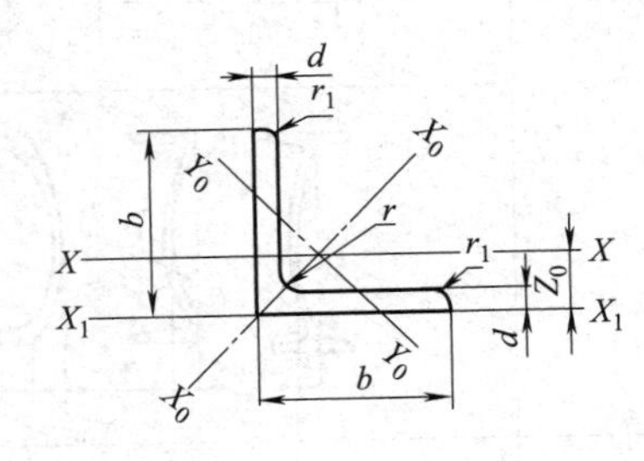

说明：

b——边宽度；

d——边厚度；

r——内圆弧半径；

r_1——边端圆弧半径；

Z_0——重心距离。

图 3-19-6　等边角钢截面图

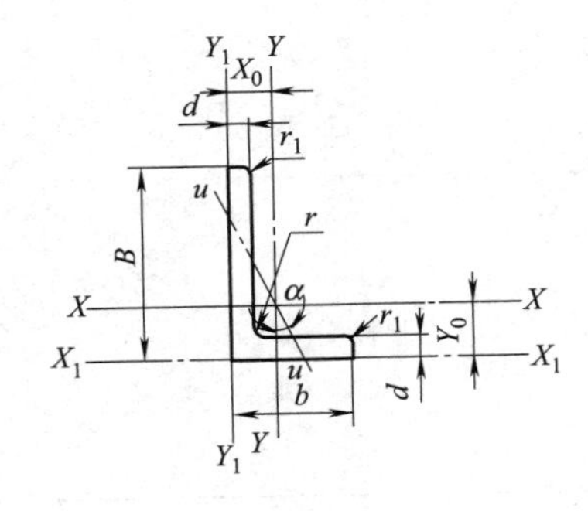

说明：

B——长边宽度；

b——短边宽度；

d——边厚度；

r——内圆弧半径；

r_1——边端圆弧半径；

X_0——重心距离；

Y_0——重心距离。

图 3-19-7　不等边角钢截面图

(2) 尺寸、外形及允许偏差

工字钢和槽钢尺寸、外形及允许偏差见表 3-19-11。角钢尺寸、外形及允许偏差见表 3-19-12。

第 3 篇

表 3-19-11　　工字钢和槽钢尺寸、外形及允许偏差　　mm

项目			允许偏差	图示
高度(h)	$h<100$		±1.5	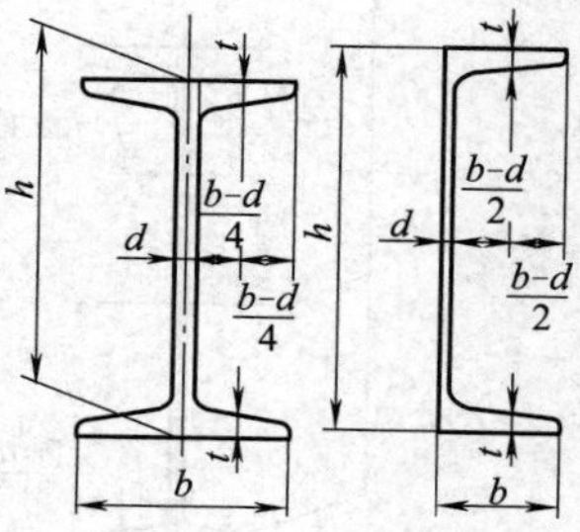
	$100\leqslant h<200$		±2.0	
	$200\leqslant h<400$		±3.0	
	$h\geqslant 400$		±4.0	
腿宽度(b)	$h<100$		±1.5	
	$100\leqslant h<150$		±2.0	
	$150\leqslant h<200$		±2.5	
	$200\leqslant h<300$		±3.0	
	$300\leqslant h<400$		±3.5	
	$h\geqslant 400$		±4.0	
腰厚度(d)	$h<100$		±0.4	
	$100\leqslant h<200$		±0.5	
	$200\leqslant h<300$		±0.7	
	$300\leqslant h<400$		±0.8	
	$h\geqslant 400$		±0.9	
外缘斜度(T_1、T_2)			T_1、$T_2\leqslant 1.5\%b$ $T_1+T_2\leqslant 2.5\%b$	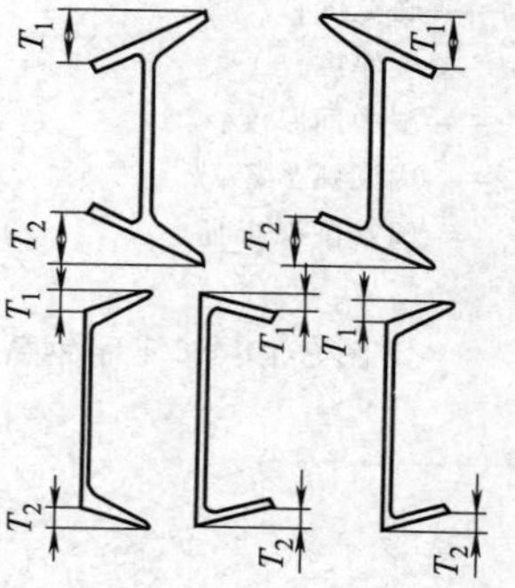
弯腰挠度(W)			$W\leqslant 0.15d$	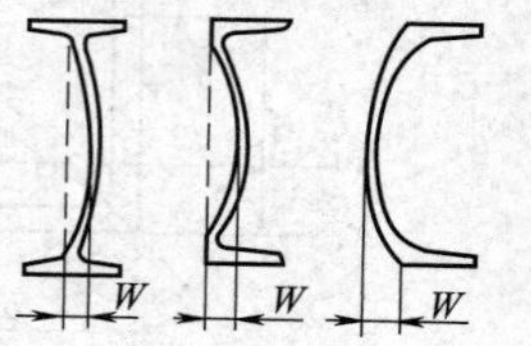
弯曲度	工字钢		每米弯曲度≤2mm 总弯曲度≤总长度的0.20%	适用于上下、左右大弯曲
	槽钢		每米弯曲度≤3mm 总弯曲度≤总长度的0.30%	
中心偏差(S)	工字钢	$h<100$	±1.5	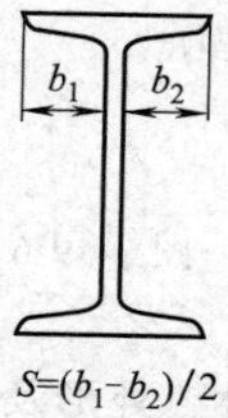 $S=(b_1-b_2)/2$
		$100\leqslant h<150$	±2.0	
		$150\leqslant h<200$	±2.5	
		$200\leqslant h<300$	±3.0	
		$300\leqslant h<400$	±3.5	
		$h\geqslant 400$	±4.0	

注：尺寸和形状的测量部位见图示。

表 3-19-12　角钢尺寸、外形及允许偏差　mm

项目		允许偏差 等边角钢	允许偏差 不等边角钢	图示
边宽度(B,b)	$b^{①} \leqslant 56$	±0.8	±0.8	
	$56<b^{①} \leqslant 90$	±1.2	±1.5	
	$90<b^{①} \leqslant 140$	±1.8	±2.0	
	$140<b^{①} \leqslant 200$	±2.5	±2.5	
	$b^{①}>200$	±3.5	±3.5	
边厚度(d)	$b^{①} \leqslant 56$	±0.4		
	$56<b^{①} \leqslant 90$	±0.6		
	$90<b^{①} \leqslant 140$	±0.7		
	$140<b^{①} \leqslant 200$	±1.0		
	$b^{①}>200$	±1.4		
顶端直角		$\alpha \leqslant 50'$		
弯曲度		每米弯曲度≤3mm 总弯曲度≤总长度的0.30%		适用于上下、左右大弯曲

① 不等边角钢按长边宽度 B。

注：尺寸和形状的测量部位见图示。

(3) 各种型钢截面面积的计算方法

表 3-19-13　型钢截面面积的计算方法

型钢种类	计算公式	型钢种类	计算公式
工字钢	$hd+2t(b-d)+0.577(r^2-r_1^2)$	等边角钢	$d(2b-d)+0.215(r^2-2r_1^2)$
槽钢	$hd+2t(b-d)+0.339(r^2-r_1^2)$	不等边角钢	$d(B+b-d)+0.215(r^2-2r_1^2)$

(4) 型钢规格的表示方法

工字钢："工" 与高度值×腿宽度值×腰厚度值。

如：工450×150×11.5（简记为工45a）。

槽钢："[" 与高度值×腿宽度值×腰厚度值。

如：[200×75×9（简记为[20b）。

等边角钢："∠" 与边宽度值×边宽度值×边厚度值。

如：∠200×200×24（简记为∠200×24）。

不等边角钢："∠" 与长边宽度值×短边宽度值×边厚度值。

如：∠160×100×16。

(5) 型钢断面尺寸、截面面积、理论质量及截面特性

表 3-19-14　工字钢断面尺寸、截面面积、理论质量及截面特性

型号	截面尺寸/mm h	b	d	t	r	r_1	截面面积 /cm²	理论质量 /(kg/m)	外表面积 /(m²/m)	惯性矩/cm⁴ I_x	I_y	惯性半径/cm i_x	i_y	截面模数/cm³ W_x	W_y
10	100	68	4.5	7.6	6.5	3.3	14.33	11.3	0.432	245	33.0	4.14	1.52	49.0	9.72
12	120	74	5.0	8.4	7.0	3.5	17.80	14.0	0.493	436	46.9	4.95	1.62	72.7	12.7
12.6	126	74	5.0	8.4	7.0	3.5	18.10	14.2	0.505	488	46.9	5.20	1.61	77.5	12.7
14	140	80	5.5	9.1	7.5	3.8	21.50	16.9	0.553	712	64.4	5.76	1.73	102	16.1
16	160	88	6.0	9.9	8.0	4.0	26.11	20.5	0.621	1130	93.1	6.58	1.89	141	21.2
18	180	94	6.5	10.7	8.5	4.3	30.74	24.1	0.681	1660	122	7.36	2.00	185	26.0
20a	200	100	7.0	11.4	9.0	4.5	35.55	27.9	0.742	2370	158	8.15	2.12	237	31.5
20b		102	9.0				39.55	31.1	0.746	2500	169	7.96	2.06	250	33.1

续表

型号	截面尺寸/mm						截面面积/cm^2	理论质量/(kg/m)	外表面积/(m^2/m)	惯性矩/cm^4		惯性半径/cm		截面模数/cm^3	
	h	b	d	t	r	r_1				I_x	I_y	i_x	i_y	W_x	W_y
22a	220	110	7.5	12.3	9.5	4.8	42.10	33.1	0.817	3400	225	8.99	2.31	309	40.9
22b		112	9.5				46.50	36.5	0.821	3570	239	8.78	2.27	325	42.7
24a	240	116	8.0	13.0	10.0	5.0	47.71	37.5	0.878	4570	280	9.77	2.42	381	48.4
24b		118	10.0				52.51	41.2	0.882	4800	297	9.57	2.38	400	50.4
25a	250	116	8.0				48.51	38.1	0.898	5020	280	10.2	2.40	402	48.3
25b		118	10.0				53.51	42.0	0.902	5280	309	9.94	2.40	423	52.4
27a	270	122	8.5	13.7	10.5	5.3	54.52	42.8	0.958	6550	345	10.9	2.51	485	56.6
27b		124	10.5				59.92	47.0	0.962	6870	366	10.7	2.47	509	58.9
28a	280	122	8.5				55.37	43.5	0.978	7110	345	11.3	2.50	508	56.6
28b		124	10.5				60.97	47.9	0.982	7480	379	11.1	2.49	534	61.2
30a	300	126	9.0	14.4	11.0	5.5	61.22	48.1	1.031	8950	400	12.1	2.55	597	63.5
30b		128	11.0				67.22	52.8	1.035	9400	422	11.8	2.50	627	65.9
30c		130	13.0				73.22	57.5	1.039	9850	445	11.6	2.46	657	68.5
32a	320	130	9.5	15.0	11.5	5.8	67.12	52.7	1.084	11100	460	12.8	2.62	692	70.8
32b		132	11.5				73.52	57.7	1.088	11600	502	12.6	2.61	726	76.0
32c		134	13.5				79.92	62.7	1.092	12200	544	12.3	2.61	760	81.2
36a	360	136	10.0	15.8	12.0	6.0	76.44	60.0	1.185	15800	552	14.4	2.69	875	81.2
36b		138	12.0				83.64	65.7	1.189	16500	582	14.1	2.64	919	84.3
36c		140	14.0				90.84	71.3	1.193	17300	612	13.8	2.60	962	87.4
40a	400	142	10.5	16.5	12.5	6.3	86.07	67.6	1.285	21700	660	15.9	2.77	1090	93.2
40b		144	12.5				94.07	73.8	1.289	22800	692	15.6	2.71	1140	96.2
40c		146	14.5				102.1	80.1	1.293	23900	727	15.2	2.65	1190	99.6
45a	450	150	11.5	18.0	13.5	6.8	102.4	80.4	1.411	32200	855	17.7	2.89	1430	114
45b		152	13.5				111.4	87.4	1.415	33800	894	17.4	2.84	1500	118
45c		154	15.5				120.4	94.5	1.419	35300	938	17.1	2.79	1570	122
50a	500	158	12.0	20.0	14.0	7.0	119.2	93.6	1.539	46500	1120	19.7	3.07	1860	142
50b		160	14.0				129.2	101	1.543	48600	1170	19.4	3.01	1940	146
50c		162	16.0				139.2	109	1.547	50600	1220	19.0	2.96	2080	151
55a	550	166	12.5	21.0	14.5	7.3	134.1	105	1.667	62900	1370	21.6	3.19	2290	164
55b		168	14.5				145.1	114	1.671	65600	1420	21.2	3.14	2390	170
55c		170	16.5				156.1	123	1.675	68400	1480	20.9	3.08	2490	175
56a	560	166	12.5				135.4	106	1.687	65600	1370	22.0	3.18	2340	165
56b		168	14.5				146.6	115	1.691	68500	1490	21.6	3.16	2450	174
56c		170	16.5				157.8	124	1.695	71400	1560	21.3	3.16	2550	183
63a	630	176	13.0	22.0	15.0	7.5	154.6	121	1.862	93900	1700	24.5	3.31	2980	193
63b		178	15.0				167.2	131	1.866	98100	1810	24.2	3.29	3160	204
63c		180	17.0				179.8	141	1.870	102000	1920	23.8	3.27	3300	214

注：表中r、r_1的数据用于孔型设计，不做交货条件。

表 3-19-15　槽钢断面尺寸、截面面积、理论质量及截面特性

型号	截面尺寸/mm						截面面积/cm^2	理论质量/(kg/m)	外表面积/(m^2/m)	惯性矩/cm^4			惯性半径/cm		截面模数/cm^3		重心距离/cm
	h	b	d	t	r	r_1				I_x	I_y	I_{y1}	i_x	i_y	W_x	W_y	Z_0
5	50	37	4.5	7.0	7.0	3.5	6.925	5.44	0.226	26.0	8.30	20.9	1.94	1.10	10.4	3.55	1.35
6.3	63	40	4.8	7.5	7.5	3.8	8.446	6.63	0.262	50.8	11.9	28.4	2.45	1.19	16.1	4.50	1.36
6.5	65	40	4.3	7.5	7.5	3.8	8.292	6.51	0.267	55.2	12.0	28.3	2.54	1.19	17.0	4.59	1.38
8	80	43	5.0	8.0	8.0	4.0	10.24	8.04	0.307	101	16.6	37.4	3.15	1.27	25.3	5.79	1.43
10	100	48	5.3	8.5	8.5	4.2	12.74	10.0	0.365	198	25.6	54.9	3.95	1.41	39.7	7.80	1.52
12	120	53	5.5	9.0	9.0	4.5	15.36	12.1	0.423	346	37.4	77.7	4.75	1.56	57.7	10.2	1.62

续表

型号	截面尺寸/mm						截面面积/cm^2	理论质量/(kg/m)	外表面积/(m^2/m)	惯性矩/cm^4			惯性半径/cm		截面模数/cm^3		重心距离/cm
	h	b	d	t	r	r_1				I_x	I_y	I_{y1}	i_x	i_y	W_x	W_y	Z_0
12.6	126	53	5.5	9.0	9.0	4.5	15.69	12.3	0.435	391	38.0	77.1	4.95	1.57	62.1	10.2	1.59
14a	140	58	6.0	9.5	9.5	4.8	18.51	14.5	0.480	564	53.2	107	5.52	1.70	80.5	13.0	1.71
14b		60	8.0				21.31	16.7	0.484	609	61.1	121	5.35	1.69	87.1	14.1	1.67
16a	160	63	6.5	10.0	10.0	5.0	21.95	17.2	0.538	866	73.3	144	6.28	1.83	108	16.3	1.80
16b		65	8.5				25.15	19.8	0.542	935	83.4	161	6.10	1.82	117	17.6	1.75
18a	180	68	7.0	10.5	10.5	5.2	25.69	20.2	0.596	1270	98.6	190	7.04	1.96	141	20.0	1.88
18b		70	9.0				29.29	23.0	0.600	1370	111	210	6.84	1.95	152	21.5	1.84
20a	200	73	7.0	11.0	11.0	5.5	28.83	22.6	0.654	1780	128	244	7.86	2.11	178	24.2	2.01
20b		75	9.0				32.83	25.8	0.658	1910	144	268	7.64	2.09	191	25.9	1.95
22a	220	77	7.0	11.5	11.5	5.8	31.83	25.0	0.709	2390	158	298	8.67	2.23	218	28.2	2.10
22b		79	9.0				36.23	28.5	0.713	2570	176	326	8.42	2.21	234	30.1	2.03
24a	240	78	7.0	12.0	12.0	6.0	34.21	26.9	0.752	3050	174	325	9.45	2.25	254	30.5	2.10
24b		80	9.0				39.01	30.6	0.756	3280	194	355	9.17	2.23	274	32.5	2.03
24c		82	11.0				43.81	34.4	0.760	3510	213	388	8.96	2.21	293	34.4	2.00
25a	250	78	7.0				34.91	27.4	0.722	3370	176	322	9.82	2.24	270	30.6	2.07
25b		80	9.0				39.91	31.3	0.776	3530	196	353	9.41	2.22	282	32.7	1.98
25c		82	11.0				44.91	35.3	0.780	3690	218	384	9.07	2.21	295	35.9	1.92
27a	270	82	7.5	12.5	12.5	6.2	39.27	30.8	0.826	4360	216	393	10.5	2.34	323	35.5	2.13
27b		84	9.5				44.67	35.1	0.830	4690	239	428	10.3	2.31	347	37.7	2.06
27c		86	11.5				50.07	39.3	0.834	5020	261	467	10.1	2.28	372	39.8	2.03
28a	280	82	7.5				40.02	31.4	0.846	4760	218	388	10.9	2.33	340	35.7	2.10
28b		84	9.5				45.62	35.8	0.850	5130	242	428	10.6	2.30	366	37.9	2.02
28c		86	11.5				51.22	40.2	0.854	5500	268	463	10.4	2.29	393	40.3	1.95
30a	300	85	7.5	13.5	13.5	6.8	43.89	34.5	0.897	6050	260	467	11.7	2.43	403	41.1	2.17
30b		87	9.5				49.89	39.2	0.901	6500	289	515	11.4	2.41	433	44.0	2.13
30c		89	11.5				55.89	43.9	0.905	6950	316	560	11.2	2.38	463	46.4	2.09
32a	320	88	8.0	14.0	14.0	7.0	48.50	38.1	0.947	7600	305	552	12.5	2.50	475	46.5	2.24
32b		90	10.0				54.90	43.1	0.951	8140	336	593	12.2	2.47	509	49.2	2.16
32c		92	12.0				61.30	48.1	0.955	8690	374	643	11.9	2.47	543	52.6	2.09
36a	360	96	9.0	16.0	16.0	8.0	60.89	47.8	1.053	11900	455	818	14.0	2.73	660	63.5	2.44
36b		98	11.0				68.09	53.5	1.057	12700	497	880	13.6	2.70	703	66.9	2.37
36c		100	13.0				75.29	59.1	1.061	13400	536	948	13.4	2.67	746	70.0	2.34
40a	400	100	10.5	18.0	18.0	9.0	75.04	58.9	1.144	17600	592	1070	15.3	2.81	879	78.8	2.49
40b		102	12.5				83.04	65.2	1.148	18600	640	1140	15.0	2.78	932	82.5	2.44
40c		104	14.5				91.04	71.5	1.152	19700	688	1220	14.7	2.75	986	86.2	2.42

注：表中 r、r_1 的数据用于孔型设计，不做交货条件。

表 3-19-16　　等边角钢断面尺寸、截面面积、理论质量及截面特性

型号	截面尺寸/mm			截面面积/cm^2	理论质量/(kg/m)	外表面积/(m^2/m)	惯性矩/cm^4				惯性半径/cm			截面模数/cm^3			重心距离/cm
	b	d	r				I_x	I_{x1}	I_{x0}	I_{y0}	i_x	i_{x0}	i_{y0}	W_x	W_{x0}	W_{y0}	Z_0
2	20	3	3.5	1.132	0.89	0.078	0.40	0.81	0.63	0.17	0.59	0.75	0.39	0.29	0.45	0.20	0.60
		4		1.459	1.15	0.077	0.50	1.09	0.78	0.22	0.58	0.73	0.38	0.36	0.55	0.24	0.64
2.5	25	3		1.432	1.12	0.098	0.82	1.57	1.29	0.34	0.76	0.95	0.49	0.46	0.73	0.33	0.73
		4		1.859	1.46	0.097	1.03	2.11	1.62	0.43	0.74	0.93	0.48	0.59	0.92	0.40	0.76

续表

型号	截面尺寸/mm			截面面积/cm^2	理论质量/(kg/m)	外表面积/(m^2/m)	惯性矩/cm^4				惯性半径/cm			截面模数/cm^3			重心距离/cm
	b	d	r				I_x	I_{x1}	I_{x0}	I_{y0}	i_x	i_{x0}	i_{y0}	W_x	W_{x0}	W_{y0}	Z_0
3.0	30	3	4.5	1.749	1.37	0.117	1.46	2.71	2.31	0.61	0.91	1.15	0.59	0.68	1.09	0.51	0.85
		4		2.276	1.79	0.117	1.84	3.63	2.92	0.77	0.90	1.13	0.58	0.87	1.37	0.62	0.89
3.6	36	3		2.109	1.66	0.141	2.58	4.68	4.09	1.07	1.11	1.39	0.71	0.99	1.61	0.76	1.00
		4		2.756	2.16	0.141	3.29	6.25	5.22	1.37	1.09	1.38	0.70	1.28	2.05	0.93	1.04
		5		3.382	2.65	0.141	3.95	7.84	6.24	1.65	1.08	1.36	0.7	1.56	2.45	1.00	1.07
4	40	3	5	2.359	1.85	0.157	3.59	6.41	5.69	1.49	1.23	1.55	0.79	1.23	2.01	0.96	1.09
		4		3.086	2.42	0.157	4.60	8.56	7.29	1.91	1.22	1.54	0.79	1.60	2.58	1.19	1.13
		5		3.792	2.98	0.156	5.53	10.7	8.76	2.30	1.21	1.52	0.78	1.96	3.10	1.39	1.17
4.5	45	3		2.659	2.09	0.177	5.17	9.12	8.20	2.14	1.40	1.76	0.89	1.58	2.58	1.24	1.22
		4		3.486	2.74	0.177	6.65	12.2	10.6	2.75	1.38	1.74	0.89	2.05	3.32	1.54	1.26
		5		4.292	3.37	0.176	8.04	15.2	12.7	3.33	1.37	1.72	0.88	2.51	4.00	1.81	1.30
		6		5.077	3.99	0.176	9.33	18.4	14.8	3.89	1.36	1.70	0.80	2.95	4.64	2.06	1.33
5	50	3	5.5	2.971	2.33	0.197	7.18	12.5	11.4	2.98	1.55	1.96	1.00	1.96	3.22	1.57	1.34
		4		3.897	3.06	0.197	9.26	16.7	14.7	3.82	1.54	1.94	0.99	2.56	4.16	1.96	1.38
		5		4.803	3.77	0.196	11.2	20.9	17.8	4.64	1.53	1.92	0.98	3.13	5.03	2.31	1.42
		6		5.688	4.46	0.196	13.1	25.1	20.7	5.42	1.52	1.91	0.98	3.68	5.85	2.63	1.46
5.6	56	3	6	3.343	2.62	0.221	10.2	17.6	16.1	4.24	1.75	2.20	1.13	2.48	4.08	2.02	1.48
		4		4.39	3.45	0.220	13.2	23.4	20.9	5.46	1.73	2.18	1.11	3.24	5.28	2.52	1.53
		5		5.415	4.25	0.220	16.0	29.3	25.4	6.61	1.72	2.17	1.10	3.97	6.42	2.98	1.57
		6		6.42	5.04	0.220	18.7	35.3	29.7	7.73	1.71	2.15	1.10	4.68	7.49	3.40	1.61
		7		7.404	5.81	0.219	21.2	41.2	33.6	8.82	1.69	2.13	1.09	5.36	8.49	3.80	1.64
		8		8.367	6.57	0.219	23.6	47.2	37.4	9.89	1.68	2.11	1.09	6.03	9.44	4.16	1.68
6	60	5	6.5	5.829	4.58	0.236	19.9	36.1	31.6	8.21	1.85	2.33	1.19	4.59	7.44	3.48	1.67
		6		6.914	5.43	0.235	23.4	43.3	36.9	9.60	1.83	2.31	1.18	5.41	8.70	3.98	1.70
		7		7.977	6.26	0.235	26.4	50.7	41.9	11.0	1.82	2.29	1.17	6.21	9.88	4.45	1.74
		8		9.02	7.08	0.235	29.5	58.0	46.7	12.3	1.81	2.27	1.17	6.98	11.0	4.88	1.78
6.3	63	4	7	4.978	3.91	0.248	19.0	33.4	30.2	7.89	1.96	2.46	1.26	4.13	6.78	3.29	1.70
		5		6.143	4.82	0.248	23.2	41.7	36.8	9.57	1.94	2.45	1.25	5.08	8.25	3.90	1.74
		6		7.288	5.72	0.247	27.1	50.1	43.0	11.2	1.93	2.43	1.24	6.00	9.66	4.46	1.78
		7		8.412	6.60	0.247	30.9	58.6	49.0	12.8	1.92	2.41	1.23	6.88	11.0	4.98	1.82
		8		9.515	7.47	0.247	34.5	67.1	54.6	14.3	1.90	2.40	1.23	7.75	12.3	5.47	1.85
		10		11.66	9.15	0.246	41.1	84.3	64.9	17.3	1.88	2.36	1.22	9.39	14.6	6.36	1.93
7	70	4	8	5.570	4.37	0.275	26.4	45.7	41.8	11.0	2.18	2.74	1.40	5.14	8.44	4.17	1.86
		5		6.876	5.40	0.275	32.2	57.2	51.1	13.3	2.16	2.73	1.39	6.32	10.3	4.95	1.91
		6		8.160	6.41	0.275	37.8	68.7	59.9	15.6	2.15	2.71	1.38	7.48	12.1	5.67	1.95
		7		9.424	7.40	0.275	43.1	80.3	68.4	17.8	2.14	2.69	1.38	8.59	13.8	6.34	1.99
		8		10.67	8.37	0.274	48.2	91.9	76.4	20.0	2.12	2.68	1.37	9.68	15.4	6.98	2.03
7.5	75	5	9	7.412	5.82	0.295	40.0	70.6	63.3	16.6	2.33	2.92	1.50	7.32	11.9	5.77	2.04
		6		8.797	6.91	0.294	47.0	84.6	74.7	19.5	2.31	2.90	1.49	8.64	14.0	6.67	2.07
		7		10.16	7.98	0.294	53.6	98.7	85.0	22.2	2.30	2.89	1.48	9.93	16.0	7.44	2.11

续表

型号	截面尺寸/mm			截面面积/cm^2	理论质量/(kg/m)	外表面积/(m^2/m)	惯性矩/cm^4				惯性半径/cm			截面模数/cm^3			重心距离/cm
	b	d	r				I_x	I_{x1}	I_{x0}	I_{y0}	i_x	i_{x0}	i_{y0}	W_x	W_{x0}	W_{y0}	Z_0
7.5	75	8	9	11.50	9.03	0.294	60.0	113	95.1	24.9	2.28	2.88	1.47	11.2	17.9	8.19	2.15
		9		12.83	10.1	0.294	66.1	127	105	27.5	2.27	2.86	1.46	12.4	19.8	8.89	2.18
		10		14.13	11.1	0.293	72.0	142	114	30.1	2.26	2.84	1.46	13.6	21.5	9.56	2.22
8	80	5		7.912	6.21	0.315	48.8	85.4	77.3	20.3	2.48	3.13	1.60	8.34	13.7	6.66	2.15
		6		9.397	7.38	0.314	57.4	103	91.0	23.7	2.47	3.11	1.59	9.87	16.1	7.65	2.19
		7		10.86	8.53	0.314	65.6	120	104	27.1	2.46	3.10	1.58	11.4	18.4	8.58	2.23
		8		12.30	9.66	0.314	73.5	137	117	30.4	2.44	3.08	1.57	12.8	20.6	9.46	2.27
		9		13.73	10.8	0.314	81.1	154	129	33.6	2.43	3.06	1.56	14.3	22.7	10.3	2.31
		10		15.13	11.9	0.313	88.4	172	140	36.8	2.42	3.04	1.56	15.6	24.8	11.1	2.35
9	90	6	10	10.64	8.35	0.354	82.8	146	131	34.3	2.79	3.51	1.80	12.6	20.6	9.95	2.44
		7		12.30	9.66	0.354	94.8	170	150	39.2	2.78	3.50	1.78	14.5	23.6	11.2	2.48
		8		13.94	10.9	0.353	106	195	169	44.0	2.76	3.48	1.78	16.4	26.6	12.4	2.52
		9		15.57	12.2	0.353	118	219	187	48.7	2.75	3.46	1.77	18.3	29.4	13.5	2.56
		10		17.17	13.5	0.353	129	244	204	53.3	2.74	3.45	1.76	20.1	32.0	14.5	2.59
		12		20.31	15.9	0.352	149	294	236	62.2	2.71	3.41	1.75	23.6	37.1	16.5	2.67
10	100	6	12	11.93	9.37	0.393	115	200	182	47.9	3.10	3.90	2.00	15.7	25.7	12.7	2.67
		7		13.80	10.8	0.393	132	234	209	54.7	3.09	3.89	1.99	18.1	29.6	14.3	2.71
		8		15.64	12.3	0.393	148	267	235	61.4	3.08	3.88	1.98	20.5	33.2	15.8	2.76
		9		17.46	13.7	0.392	164	300	260	68.0	3.07	3.86	1.97	22.8	36.8	17.2	2.80
		10		19.26	15.1	0.392	180	334	285	74.4	3.05	3.84	1.96	25.1	40.3	18.5	2.84
		12		22.80	17.9	0.391	209	402	331	86.8	3.03	3.81	1.95	29.5	46.8	21.1	2.91
		14		26.26	20.6	0.391	237	471	374	99.0	3.00	3.77	1.94	33.7	52.9	23.4	2.99
		16		29.63	23.3	0.390	263	540	414	111	2.98	3.74	1.94	37.8	58.6	25.6	3.06
11	110	7	2	15.20	11.9	0.433	177	311	281	73.4	3.41	4.30	2.20	22.1	36.1	17.5	2.96
		8		17.24	13.5	0.433	199	355	316	82.4	3.40	4.28	2.19	25.0	40.7	19.4	3.01
		10		21.26	16.7	0.432	242	445	384	100	3.38	4.25	2.17	30.6	49.4	22.9	3.09
		12		25.20	19.8	0.431	283	535	448	117	3.35	4.22	2.15	36.1	57.6	26.2	3.16
		14		29.06	22.8	0.431	321	625	508	133	3.32	4.18	2.14	41.3	65.3	29.1	3.24
12.5	125	8	14	19.75	15.5	0.492	297	521	471	123	3.88	4.88	2.50	32.5	53.3	25.9	3.37
		10		24.37	19.1	0.491	362	652	574	149	3.85	4.85	2.48	40.0	64.9	30.6	3.45
		12		28.91	22.7	0.491	423	783	671	175	3.83	4.82	2.46	41.2	76.0	35.0	3.53
		14		33.37	26.2	0.490	482	916	764	200	3.80	4.78	2.45	54.2	86.4	39.1	3.61
		16		37.74	29.6	0.489	537	1050	851	224	3.77	4.75	2.43	60.9	96.3	43.0	3.68
14	140	10		27.37	21.5	0.551	515	915	817	212	4.34	5.46	2.78	50.6	82.6	39.2	3.82
		12		32.51	25.5	0.551	604	1100	959	249	4.31	5.43	2.76	59.8	96.9	45.0	3.90
		14		37.57	29.5	0.550	689	1280	1090	284	4.28	5.40	2.75	68.8	110	50.5	3.98
		16		42.54	33.4	0.549	770	1470	1220	319	4.26	5.36	2.74	77.5	123	55.6	4.06

续表

型号	截面尺寸/mm			截面面积/cm^2	理论质量/(kg/m)	外表面积/(m^2/m)	惯性矩/cm^4				惯性半径/cm			截面模数/cm^3			重心距离/cm
	b	d	r				I_x	I_{x1}	I_{x0}	I_{y0}	i_x	i_{x0}	i_{y0}	W_x	W_{x0}	W_{y0}	Z_0
15	150	8	14	23.75	18.6	0.592	521	900	827	215	4.69	5.90	3.01	47.4	78.0	38.1	3.99
		10		29.37	23.1	0.591	638	1130	1010	262	4.66	5.87	2.99	58.4	95.5	45.5	4.08
		12		34.91	27.4	0.591	749	1350	1190	308	4.63	5.84	2.97	69.0	112	52.4	4.15
		14		40.37	31.7	0.590	856	1580	1360	352	4.60	5.80	2.95	79.5	128	58.8	4.23
		15		43.06	33.8	0.590	907	1690	1440	374	4.59	5.78	2.95	84.6	136	61.9	4.27
		16		45.74	35.9	0.589	958	1810	1520	395	4.58	5.77	2.94	89.6	143	64.9	4.31
16	160	10	16	31.50	24.7	0.630	780	1370	1240	322	4.98	6.27	3.20	66.7	109	52.8	4.31
		12		37.44	29.4	0.630	917	1640	1460	377	4.95	6.24	3.18	79.0	129	60.7	4.39
		14		43.30	34.0	0.629	1050	1910	1670	432	4.92	6.20	3.16	91.0	147	68.2	4.47
		16		49.07	38.5	0.629	1180	2190	1870	485	4.89	6.17	3.14	103	165	75.3	4.55
18	180	12		42.24	33.2	0.710	1320	2330	2100	543	5.59	7.05	3.58	101	165	78.4	4.89
		14		48.90	38.4	0.709	1510	2720	2410	622	5.56	7.02	3.56	116	189	88.4	4.97
		16		55.47	43.5	0.709	1700	3120	2700	699	5.54	6.98	3.55	131	212	97.8	5.05
		18		61.96	48.6	0.708	1880	3500	2990	762	5.50	6.94	3.51	146	235	105	5.13
20	200	14	18	54.64	42.9	0.788	2100	3730	3340	864	6.20	7.82	3.98	145	236	112	5.46
		16		62.01	48.7	0.788	2370	4270	3760	971	6.18	7.79	3.96	164	266	124	5.54
		18		69.30	54.4	0.787	2620	4810	4160	1080	6.15	7.75	3.94	182	294	136	5.62
		20		76.51	60.1	0.787	2870	5350	4550	1180	6.12	7.72	3.93	200	322	147	5.69
		24		90.66	71.2	0.785	3340	6460	5290	1380	6.07	7.64	3.90	236	374	167	5.87
22	220	16	21	68.67	53.9	0.866	3190	5680	5060	1310	6.81	8.59	4.37	200	326	154	6.03
		18		76.75	60.3	0.866	3540	6400	5620	1450	6.79	8.55	4.35	223	361	168	6.11
		20		84.76	66.5	0.865	3870	7110	6150	1590	6.76	8.52	4.34	245	395	182	6.18
		22		92.68	72.8	0.865	4200	7830	6670	1730	6.73	8.48	4.32	267	429	195	6.26
		24		100.5	78.9	0.864	4520	8550	7170	1870	6.71	8.45	4.31	289	461	208	6.33
		26		108.3	85.0	0.864	4830	9280	7690	2000	6.68	8.41	4.30	310	492	221	6.41
25	250	18	24	87.84	69.0	0.985	5270	9380	8370	2170	7.75	9.76	4.97	290	473	224	6.84
		20		97.05	76.2	0.984	5780	10400	9180	2380	7.72	9.73	4.95	320	519	243	6.92
		22		106.2	83.3	0.983	6280	11500	9970	2580	7.69	9.69	4.93	349	564	261	7.00
		24		115.2	90.4	0.983	6770	12500	10700	2790	7.67	9.66	4.92	378	608	278	7.07
		26		124.2	97.5	0.982	7240	13600	11500	2980	7.64	9.62	4.90	406	650	295	7.15
		28		133.0	104	0.982	7700	14600	12200	3180	7.61	9.58	4.89	433	691	311	7.22
		30		141.8	111	0.981	8160	15700	12900	3380	7.58	9.55	4.88	461	731	327	7.30
		32		150.5	118	0.981	8600	16800	13600	3570	7.56	9.51	4.87	488	770	342	7.37
		35		163.4	128	0.980	9240	18400	14600	3850	7.52	9.46	4.86	527	827	364	7.48

注：截面图中的 $r_1=1/3d$ 及表中 r 的数据用于孔型设计，不做交货条件。

表 3-19-17 不等边角钢截面尺寸、截面面积、理论质量及截面特性

型号	截面尺寸/mm				截面面积/cm^2	理论质量/(kg/m)	外表面积/(m^2/m)	惯性矩/cm^4					惯性半径/cm			截面模数/cm^3			$\tan\alpha$	重心距离/cm	
	B	b	d	r				I_x	I_{x1}	I_y	I_{y1}	I_0	i_x	i_y	i_0	W_x	W_y	W_0		X_0	Y_0
2.5/1.6	25	16	3	3.5	1.162	0.91	0.080	0.70	1.56	0.22	0.43	0.14	0.78	0.44	0.34	0.43	0.19	0.16	0.392	0.42	0.86
			4		1.499	1.18	0.079	0.88	2.09	0.27	0.59	0.17	0.77	0.43	0.34	0.55	0.24	0.20	0.381	0.46	0.90
3.2/2	32	20	3		1.492	1.17	0.102	1.53	3.27	0.46	0.82	0.28	1.01	0.55	0.43	0.72	0.30	0.25	0.382	0.49	1.08
			4		1.939	1.52	0.101	1.93	4.37	0.57	1.12	0.35	1.00	0.54	0.42	0.93	0.39	0.32	0.374	0.53	1.12
4/2.5	40	25	3	4	1.890	1.48	0.127	3.08	5.39	0.93	1.59	0.56	1.28	0.70	0.54	1.15	0.49	0.40	0.385	0.59	1.32
			4		2.467	1.94	0.127	3.93	8.53	1.18	2.14	0.71	1.36	0.69	0.54	1.49	0.63	0.52	0.381	0.63	1.37
4.5/2.8	45	28	3	5	2.149	1.69	0.143	4.45	9.10	1.34	2.23	0.80	1.44	0.79	0.61	1.47	0.62	0.51	0.383	0.64	1.47
			4		2.806	2.20	0.143	5.69	12.1	1.70	3.00	1.02	1.42	0.78	0.60	1.91	0.80	0.66	0.380	0.68	1.51
5/3.2	50	32	3	5.5	2.431	1.91	0.161	6.24	12.5	2.02	3.31	1.20	1.60	0.91	0.70	1.84	0.82	0.68	0.404	0.73	1.60
			4		3.177	2.49	0.160	8.02	16.7	2.58	4.45	1.53	1.59	0.90	0.69	2.39	1.06	0.87	0.402	0.77	1.65
5.6/3.6	56	36	3	6	2.743	2.15	0.181	8.88	17.5	2.92	4.7	1.73	1.80	1.03	0.79	2.32	1.05	0.87	0.408	0.80	1.78
			4		3.590	2.82	0.180	11.5	23.4	3.76	6.33	2.23	1.79	1.02	0.79	3.03	1.37	1.13	0.408	0.85	1.82
			5		4.415	3.47	0.180	13.9	29.3	4.49	7.94	2.67	1.77	1.01	0.78	3.71	1.65	1.36	0.404	0.88	1.87
6.3/4	63	40	4	7	4.058	3.19	0.202	16.5	33.3	5.23	8.63	3.12	2.02	1.14	0.88	3.87	1.70	1.40	0.398	0.92	2.04
			5		4.993	3.92	0.202	20.0	41.6	6.31	10.9	3.76	2.00	1.12	0.87	4.74	2.07	1.71	0.396	0.95	2.08
			6		5.908	4.64	0.201	23.4	50.0	7.29	13.1	4.34	1.96	1.11	0.86	5.59	2.43	1.99	0.393	0.99	2.12
			7		6.802	5.34	0.201	26.5	58.1	8.24	15.5	4.97	1.98	1.10	0.86	6.40	2.78	2.29	0.389	1.03	2.15
7/4.5	70	45	4	7.5	4.553	3.57	0.226	23.2	45.9	7.55	12.3	4.40	2.26	1.29	0.98	4.86	2.17	1.77	0.410	1.02	2.24
			5		5.609	4.40	0.225	28.0	57.1	9.13	15.4	5.40	2.23	1.28	0.98	5.92	2.65	2.19	0.407	1.06	2.28
			6		6.644	5.22	0.225	32.5	68.4	10.6	18.6	6.35	2.21	1.26	0.98	6.95	3.12	2.59	0.404	1.09	2.32
			7		7.658	6.01	0.225	37.2	80.0	12.0	21.8	7.16	2.20	1.25	0.97	8.03	3.57	2.94	0.402	1.13	2.36
7.5/5	75	50	5	8	6.126	4.81	0.245	34.9	70.0	12.6	21.0	7.41	2.39	1.44	1.10	6.83	3.3	2.74	0.435	1.17	2.40
			6		7.260	5.70	0.245	41.1	84.3	14.7	25.4	8.54	2.38	1.42	1.08	8.12	3.88	3.19	0.435	1.21	2.44
			8		9.467	7.43	0.244	52.4	113	18.5	34.2	10.9	2.35	1.40	1.07	10.5	4.99	4.10	0.429	1.29	2.52
			10		11.59	9.10	0.244	62.7	141	22.0	43.4	13.1	2.33	1.38	1.06	12.8	6.04	4.99	0.423	1.36	2.60

续表

型号	截面尺寸/mm				截面面积/cm^2	理论质量/(kg/m)	外表面积/(m^2/m)	惯性矩/cm^4					惯性半径/cm			截面模数/cm^3			tanα	重心距离/cm	
	B	b	d	r				I_x	I_{x1}	I_y	I_{y1}	I_0	i_x	i_y	i_0	W_x	W_y	W_0		X_0	Y_0
8/5	80	50	5	8	6.376	5.00	0.255	42.0	85.2	12.8	21.1	7.66	2.56	1.42	1.10	7.78	3.32	2.74	0.388	1.14	2.60
			6		7.560	5.93	0.255	49.5	103	15.0	25.4	8.85	2.56	1.41	1.08	9.25	3.91	3.20	0.387	1.18	2.65
			7		8.724	6.85	0.255	56.2	119	17.0	29.8	10.2	2.54	1.39	1.08	10.6	4.48	3.70	0.384	1.21	2.69
			8		9.867	7.75	0.254	62.8	136	18.9	34.3	11.4	2.52	1.38	1.07	11.9	5.03	4.16	0.381	1.25	2.73
9/5.6	90	56	5	9	7.212	5.66	0.287	60.5	121	18.3	29.5	11.0	2.90	1.59	1.23	9.92	4.21	3.49	0.385	1.25	2.91
			6		8.557	6.72	0.286	71.0	146	21.4	35.6	12.9	2.88	1.58	1.23	11.7	4.96	4.13	0.384	1.29	2.95
			7		9.881	7.76	0.286	81.0	170	24.4	41.7	14.7	2.86	1.57	1.22	13.5	5.70	4.72	0.382	1.33	3.00
			8		11.18	8.78	0.286	91.0	194	27.2	47.9	16.3	2.85	1.56	1.21	15.3	6.41	5.29	0.380	1.36	3.04
10/6.3	100	63	6	10	9.618	7.55	0.320	99.1	200	30.9	50.5	18.4	3.21	1.79	1.38	14.6	6.35	5.25	0.394	1.43	3.24
			7		11.11	8.72	0.320	113	233	35.3	59.1	21.0	3.20	1.78	1.38	16.9	7.29	6.02	0.394	1.47	3.28
			8		12.58	9.88	0.319	127	266	39.4	67.9	23.5	3.18	1.77	1.37	19.1	8.21	6.78	0.391	1.50	3.32
			10		15.47	12.1	0.319	154	333	47.1	85.7	28.3	3.15	1.74	1.35	23.3	9.98	8.24	0.387	1.58	3.40
10/8	100	80	6	10	10.64	8.35	0.354	107	200	61.2	103	31.7	3.17	2.40	1.72	15.2	10.2	8.37	0.627	1.97	2.95
			7		12.30	9.66	0.354	123	233	70.1	120	36.2	3.16	2.39	1.72	17.5	11.7	9.60	0.626	2.01	3.00
			8		13.94	10.9	0.353	138	267	78.6	137	40.6	3.14	2.37	1.71	19.8	13.2	10.8	0.625	2.05	3.04
			10		17.17	13.5	0.353	167	334	94.7	172	49.1	3.12	2.35	1.69	24.2	16.1	13.1	0.622	2.13	3.12
11/7	110	70	6	10	10.64	8.35	0.354	133	266	42.9	69.1	25.4	3.54	2.01	1.54	17.9	7.90	6.53	0.403	1.57	3.53
			7		12.30	9.66	0.354	153	310	49.0	80.8	29.0	3.53	2.00	1.53	20.6	9.09	7.50	0.402	1.61	3.57
			8		13.94	10.9	0.353	172	354	54.9	92.7	32.5	3.51	1.98	1.53	23.3	10.3	8.45	0.401	1.65	3.62
			10		17.17	13.5	0.353	208	443	65.9	117	39.2	3.48	1.96	1.51	28.5	12.5	10.3	0.397	1.72	3.70
12.5/8	125	80	7	11	14.10	11.1	0.403	228	455	74.4	120	43.8	4.02	2.30	1.76	26.9	12.0	9.92	0.408	1.80	4.01
			8		15.99	12.6	0.403	257	520	83.5	138	49.2	4.01	2.28	1.75	30.4	13.6	11.2	0.407	1.84	4.06
			10		19.71	15.5	0.402	312	650	101	173	59.5	3.98	2.26	1.74	37.3	16.6	13.6	0.404	1.92	4.14
			12		23.35	18.3	0.402	364	780	117	210	69.4	3.95	2.24	1.72	44.0	19.4	16.0	0.400	2.00	4.22

续表

型号	截面尺寸/mm				截面面积 /cm^2	理论质量 /(kg/m)	外表面积 /(m^2/m)	惯性矩/cm^4					惯性半径/cm			截面模数/cm^3			tanα	重心距离/cm	
	B	b	d	r				I_x	I_{x1}	I_y	I_{y1}	I_0	i_x	i_y	i_0	W_x	W_y	W_0		X_0	Y_0
14/9	140	90	8	12	18.04	14.2	0.453	366	731	121	196	70.8	4.50	2.59	1.98	38.5	17.3	14.3	0.411	2.04	4.50
			10		22.26	17.5	0.452	446	913	140	246	85.8	4.47	2.56	1.96	47.3	21.2	17.5	0.409	2.12	4.58
			12		26.40	20.7	0.451	522	1100	170	297	100	4.44	2.54	1.95	55.9	25.0	20.5	0.406	2.19	4.66
			14		30.46	23.9	0.451	594	1280	192	349	114	4.42	2.51	1.94	64.2	28.5	23.5	0.403	2.27	4.74
15/9	150	90	8		18.84	14.8	0.473	442	898	123	196	74.1	4.84	2.55	1.98	43.9	17.5	14.5	0.364	1.97	4.92
			10		23.26	18.3	0.472	539	1120	149	246	89.9	4.81	2.53	1.97	54.0	21.4	17.7	0.362	2.05	5.01
			12		27.60	21.7	0.471	632	1350	173	297	105	4.79	2.50	1.95	63.8	25.1	20.8	0.359	2.12	5.09
			14		31.86	25.0	0.471	721	1570	196	350	120	4.76	2.48	1.94	73.3	28.8	23.8	0.356	2.20	5.17
			15		33.95	26.7	0.471	764	1680	207	376	127	4.74	2.47	1.93	78.0	30.5	25.3	0.354	2.24	5.21
			16		36.03	28.3	0.470	806	1800	217	403	134	4.73	2.45	1.93	82.6	32.3	26.8	0.352	2.27	5.25
16/10	160	100	10	13	25.32	19.9	0.512	669	1360	205	337	122	5.14	2.85	2.19	62.1	26.6	21.9	0.390	2.28	5.24
			12		30.05	23.6	0.511	785	1640	239	406	142	5.11	2.82	2.17	73.5	31.3	25.8	0.388	2.36	5.32
			14		34.71	27.2	0.510	896	1910	271	476	162	5.08	2.80	2.16	84.6	35.8	29.6	0.385	2.43	5.40
			16		39.28	30.8	0.510	1000	2180	302	548	183	5.05	2.77	2.16	95.3	40.2	33.4	0.382	2.51	5.48
18/11	180	110	10	14	28.37	22.3	0.571	956	1940	278	447	167	5.80	3.13	2.42	79.0	32.5	26.9	0.376	2.44	5.89
			12		33.71	26.5	0.571	1120	2330	325	539	195	5.78	3.10	2.40	93.5	38.3	31.7	0.374	2.52	5.98
			14		38.97	30.6	0.570	1290	2720	370	632	222	5.75	3.08	2.39	108	44.0	36.3	0.372	2.59	6.06
			16		44.14	34.6	0.569	1440	3110	412	726	249	5.72	3.06	2.38	122	49.4	40.9	0.369	2.67	6.14
20/12.5	200	125	12		37.91	29.8	0.641	1570	3190	483	788	286	6.44	3.57	2.74	117	50.0	41.2	0.392	2.83	6.54
			14		43.87	34.4	0.640	1800	3730	551	922	327	6.41	3.54	2.73	135	57.4	47.3	0.390	2.91	6.62
			16		49.74	39.0	0.639	2020	4260	615	1060	366	6.38	3.52	2.71	152	64.9	53.3	0.388	2.99	6.70
			18		55.53	43.6	0.639	2240	4790	677	1200	405	6.35	3.49	2.70	169	71.7	59.2	0.385	3.06	6.78

注：截面图中的 $r_1=1/3d$ 及表中 r 的数据用于孔型设计，不做交货条件。

19.2.3 热轧 H 型钢和剖分 T 型钢（GB/T 11263—2017）

（1）分类号代号

H 型钢分为四类，其代号如下：

宽翼缘 H 型钢：HW（W 为 wide 英文字头）。

中翼缘 H 型钢：HM（M 为 middle 英文字头）。

窄翼缘 H 型钢：HN（N 为 narrow 英文字头）。

薄壁 H 型钢：HT（T 为 thin 英文字头）。

剖分 T 型钢分为三类，其代号如下：

宽翼缘剖分 T 型钢：TW（W 为 wide 英文字头）。

中翼缘剖分 T 型钢：TM（M 为 middle 英文字头）。

窄翼缘剖分 T 型钢：TN（N 为 narrow 英文字头）。

（2）尺寸及表示方法

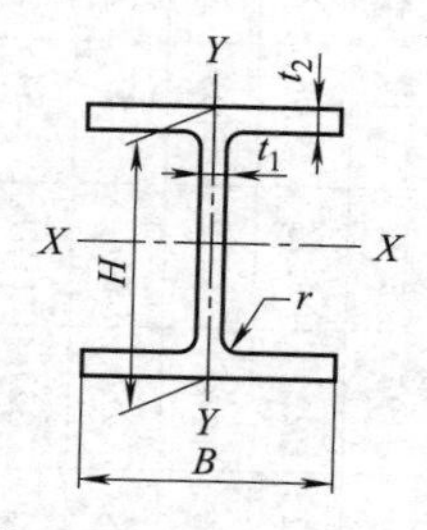

说明：

H—高度；　t_2—翼缘厚度；

B—宽度；　r—圆角半径。

t_1—腹板厚度；

图 3-19-8　H 型钢截面图

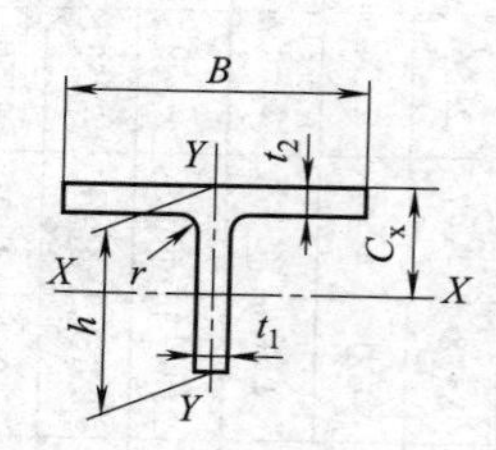

说明：

h—高度；　t_2—翼缘厚度；

B—宽度；　r—圆角半径；

t_1—腹板厚度；　C_x—重心。

图 3-19-9　剖分 T 型钢截面图

（3）H 型钢截面尺寸、截面面积、理论质量及截面特性

表 3-19-18　　H 型钢截面尺寸、截面面积、理论质量及截面特性

类别	型号（高度×宽度）/mm	截面尺寸/mm					截面面积/cm²	理论质量/(kg/m)	表面积/(m²/m)	惯性矩/cm⁴		惯性半径/cm		截面模数/cm³	
		H	B	t_1	t_2	r				I_x	I_y	i_x	i_y	W_x	W_y
HW	100×100	100	100	6	8	8	21.58	16.9	0.574	378	134	4.18	2.48	75.6	26.7
	125×125	125	125	6.5	9	8	30.00	23.6	0.723	839	293	5.28	3.12	134	46.9
	150×150	150	150	7	10	8	39.64	31.1	0.872	1620	563	6.39	3.76	216	75.1
	175×175	175	175	7.5	11	13	51.42	40.4	1.01	2900	984	7.50	4.37	331	112
	200×200	200	200	8	12	13	63.53	49.9	1.16	4720	1600	8.61	5.02	472	160
		*200	204	12	12	13	71.53	56.2	1.17	4980	1700	8.34	4.87	498	167
	250×250	*244	252	11	11	13	81.31	63.8	1.45	8700	2940	10.3	6.01	713	233
		250	250	9	14	13	91.43	71.8	1.46	10700	3650	10.8	6.31	860	292
		*250	255	14	14	13	103.9	81.6	1.47	11400	3880	10.5	6.10	912	304
	300×300	*294	302	12	12	13	106.3	83.5	1.75	16600	5510	12.5	7.20	1130	365
		300	300	10	15	13	118.5	93.0	1.76	20200	6750	13.1	7.55	1350	450
		*300	305	15	15	13	133.5	105	1.77	21300	7100	12.6	7.29	1420	466
	350×350	*338	351	13	13	13	133.3	105	2.03	27700	9380	14.4	8.38	1640	534
		*344	348	10	16	13	144.0	113	2.04	32800	11200	15.1	8.83	1910	646
		*344	354	16	16	13	164.7	129	2.05	34900	11800	14.6	8.48	2030	669
		350	350	12	19	13	171.9	135	2.05	39800	13600	15.2	8.88	2280	776
		*350	357	19	19	13	196.4	154	2.07	42300	14400	14.7	8.57	2420	808

续表

类别	型号（高度×宽度）/mm	截面尺寸/mm					截面面积/cm^2	理论质量/(kg/m)	表面积/(m^2/m)	惯性矩/cm^4		惯性半径/cm		截面模数/cm^3	
		H	B	t_1	t_2	r				I_x	I_y	i_x	i_y	W_x	W_y
HW	400×400	*388	402	15	15	22	178.5	140	2.32	49000	16300	16.6	9.54	2520	809
		*394	398	11	18	22	186.8	147	2.32	56100	18900	17.3	10.1	2850	951
		*394	405	18	18	22	214.4	168	2.33	59700	20000	16.7	9.64	3030	985
		400	400	13	21	22	218.7	172	2.34	66600	22400	17.5	10.1	3330	1120
		*400	408	21	21	22	250.7	197	2.35	70900	23800	16.8	9.74	3540	1170
		*414	405	18	28	22	295.4	232	2.37	92800	31000	17.7	10.2	4480	1530
		*428	407	20	35	22	360.7	283	2.41	119000	39400	18.2	10.4	5570	1930
		*458	417	30	50	22	528.6	415	2.49	187000	60500	18.8	10.7	8170	2900
		*498	432	45	70	22	770.1	604	2.60	298000	94400	19.7	11.1	12000	4370
	500×500	*492	465	15	20	22	258.0	202	2.78	117000	33500	21.3	11.4	4770	1440
		*502	465	15	25	22	304.5	239	2.80	146000	41900	21.9	11.7	5810	1800
		*502	470	20	25	22	329.6	259	2.81	151000	43300	21.4	11.5	6020	1840
HM	150×100	148	100	6	9	8	26.34	20.7	0.670	1000	150	6.16	2.38	135	30.1
	200×150	194	150	6	9	8	38.10	29.9	0.962	2630	507	8.30	3.64	271	67.6
	250×175	244	175	7	11	13	55.49	43.6	1.15	6040	984	10.4	4.21	495	112
	300×200	294	200	8	12	13	71.05	55.8	1.35	11100	1600	12.5	4.74	756	160
		*298	201	9	14	13	82.03	64.4	1.36	13100	1900	12.6	4.80	878	189
	350×250	340	250	9	14	13	99.53	78.1	1.64	21200	3650	14.6	6.05	1250	292
	400×300	390	300	10	16	13	133.3	105	1.94	37900	7200	16.9	7.35	1940	480
	450×300	440	300	11	18	13	153.9	121	2.04	54700	8110	18.9	7.25	2490	540
	500×300	*482	300	11	15	13	141.2	111	2.12	58300	6760	20.3	6.91	2420	450
		488	300	11	18	13	159.2	125	2.13	68900	8110	20.8	7.13	2820	540
	550×300	*544	300	11	15	13	148.0	116	2.24	76400	6760	22.7	6.75	2810	450
		*550	300	11	18	13	166.0	130	2.26	89800	8110	23.3	6.98	3270	540
	600×300	*582	300	12	17	13	169.2	133	2.32	98900	7660	24.2	6.72	3400	511
		588	300	12	20	13	187.2	147	2.33	114000	9010	24.7	6.93	3890	601
		*594	302	14	23	13	217.1	170	2.35	134000	10600	24.8	6.97	4500	700
HN	*100×50	100	50	5	7	8	11.84	9.30	0.376	187	14.8	3.97	1.11	37.5	5.91
	*125×60	125	60	6	8	8	16.68	13.1	0.464	409	29.1	4.95	1.32	65.4	9.71
	150×75	150	75	5	7	8	17.84	14.0	0.576	666	49.5	6.10	1.66	88.8	13.2
	175×90	175	90	5	8	8	22.89	18.0	0.686	1210	97.5	7.25	2.06	138	21.7
	200×100	*198	99	4.5	7	8	22.68	17.8	0.769	1540	113	8.24	2.23	156	22.9
		200	100	5.5	8	8	26.66	20.9	0.775	1810	134	8.22	2.23	181	26.7
	250×125	*248	124	5	8	8	31.98	25.1	0.968	3450	255	10.4	2.82	278	41.1
		250	125	6	9	8	36.96	29.0	0.974	3960	294	10.4	2.81	317	47.0
	300×150	*298	149	5.5	8	13	40.80	32.0	1.16	6320	442	12.4	3.29	424	59.3
		300	150	6.5	9	13	46.78	36.7	1.16	7210	508	12.4	3.29	481	67.7
	350×175	*346	174	6	9	13	52.45	41.2	1.35	11000	791	14.5	3.88	638	91.0
		350	175	7	11	13	62.91	49.4	1.36	13500	984	14.6	3.95	771	112
	400×150	400	150	8	13	13	70.37	55.2	1.36	18600	734	16.3	3.22	929	97.8
	400×200	*396	199	7	11	13	71.41	56.1	1.55	19800	1450	16.6	4.50	999	145
		400	200	8	13	13	83.37	65.4	1.56	23500	1740	16.8	4.56	1170	174
	450×150	*446	150	7	12	13	66.99	52.6	1.46	22000	677	18.1	3.17	985	90.3
		450	151	8	14	13	77.49	60.8	1.47	25700	806	18.2	3.22	1140	107
	450×200	*446	199	8	12	13	82.97	65.1	1.65	28100	1580	18.4	4.36	1260	159
		450	200	9	14	13	95.43	74.9	1.66	32900	1870	18.6	4.42	1460	187
	475×150	*470	150	7	13	13	71.53	56.2	1.50	26200	733	19.1	3.20	1110	97.8
		*475	151.5	8.5	15.5	13	86.15	67.6	1.52	31700	901	19.2	3.23	1330	119
		482	153.5	10.5	19	13	106.4	83.5	1.53	39600	1150	19.3	3.28	1640	150

续表

类别	型号（高度×宽度）/mm	截面尺寸/mm					截面面积/cm^2	理论质量/(kg/m)	表面积/(m^2/m)	惯性矩/cm^4		惯性半径/cm		截面模数/cm^3	
		H	B	t_1	t_2	r				I_x	I_y	i_x	i_y	W_x	W_y
HN	500×150	*492	150	7	12	13	70.21	55.1	1.55	27500	677	19.8	3.10	1120	90.3
		*500	152	9	16	13	92.21	72.4	1.57	37000	940	20.0	3.19	1480	124
		504	153	10	18	13	103.3	81.1	1.58	41900	1080	20.1	3.23	1660	141
	500×200	*496	199	9	14	13	99.29	77.9	1.75	40800	1840	20.3	4.30	1650	185
		500	200	10	16	13	112.3	88.1	1.76	46800	2140	20.4	4.36	1870	214
		*506	201	11	19	13	129.3	102	1.77	55500	2580	20.7	4.46	2190	257
	550×200	*546	199	9	14	13	103.8	81.5	1.85	50800	1840	22.1	4.21	1860	185
		550	200	10	16	13	117.3	92.0	1.86	58200	2140	22.3	4.27	2120	214
	600×200	*596	199	10	15	13	117.8	92.4	1.95	66600	1980	23.8	4.09	2240	199
		600	200	11	17	13	131.7	103	1.96	75600	2270	24.0	4.15	2520	227
		*606	201	12	20	13	149.8	118	1.97	88300	2720	24.3	4.25	2910	270
	625×200	*625	198.5	13.5	17.5	13	150.6	118	1.99	88500	2300	24.2	3.90	2830	231
		630	200	15	20	13	170.0	133	2.01	101000	2690	24.4	3.97	3220	268
		*638	202	17	24	13	198.7	156	2.03	122000	3320	24.8	4.09	3820	329
	650×300	*646	299	12	18	18	183.6	144	2.43	131000	8030	26.7	6.61	4080	537
		*650	300	13	20	18	202.1	159	2.44	146000	9010	26.9	6.67	4500	601
		*654	301	14	22	18	220.6	173	2.45	161000	10000	27.4	6.81	4930	666
	700×300	*692	300	13	20	18	207.5	163	2.53	168000	9020	28.5	6.59	4870	601
		700	300	13	24	18	231.5	182	2.54	197000	10800	29.2	6.83	5640	721
	750×300	*734	299	12	16	18	182.7	143	2.61	161000	7140	29.7	6.25	4390	478
		*742	300	13	20	18	214.0	168	2.63	197000	9020	30.4	6.49	5320	601
		*750	300	13	24	18	238.0	187	2.64	231000	10800	31.1	6.74	6150	721
		*758	303	16	28	18	284.8	224	2.67	276000	13000	31.1	6.75	7270	859
	800×300	*792	300	14	22	18	239.5	188	2.73	248000	9920	32.2	6.43	6270	661
		800	300	14	26	18	263.5	207	2.74	286000	11700	33.0	6.66	7160	781
	850×300	*834	298	14	19	18	227.5	179	2.80	251000	8400	33.2	6.07	6020	564
		*842	299	15	23	18	259.7	204	2.82	298000	10300	33.9	6.28	7080	687
		*850	300	16	27	18	292.1	229	2.84	346000	12200	34.4	6.45	8140	812
		*858	301	17	31	18	324.7	255	2.86	395000	14100	34.9	6.59	9210	939
	900×300	*890	299	15	23	18	266.9	210	2.92	339000	10300	35.6	6.20	7610	687
		900	300	16	28	18	305.8	240	2.94	404000	12600	36.4	6.42	8990	842
		*912	302	18	34	18	360.1	283	2.97	491000	15700	36.9	6.59	10800	1040
	1000×300	*970	297	16	21	18	276.0	217	3.07	393000	9210	37.8	5.77	8110	620
		*980	298	17	26	18	315.5	248	3.09	472000	11500	38.7	6.04	9630	772
		*990	298	17	31	18	345.3	271	3.11	544000	13700	39.7	6.30	11000	921
		*1000	300	19	36	18	395.1	310	3.13	634000	16300	40.1	6.41	12700	1080
		*1008	302	21	40	18	439.3	345	3.15	712000	18400	40.3	6.47	14100	1220
HT	100×50	95	48	3.2	4.5	8	7.620	5.98	0.362	115	8.39	3.88	1.04	24.2	3.49
		97	49	4	5.5	8	9.370	7.36	0.368	143	10.9	3.91	1.07	29.6	4.45
	100×100	96	99	4.5	6	8	16.20	12.7	0.565	272	97.2	4.09	2.44	56.7	19.6
	125×60	118	58	3.2	4.5	8	9.250	7.26	0.448	218	14.7	4.85	1.26	37.0	5.08
		120	59	4	5.5	8	11.39	8.94	0.454	271	19.0	4.87	1.29	45.2	6.43
	125×125	119	123	4.5	6	8	20.12	15.8	0.707	532	186	5.14	3.04	89.5	30.3
	150×75	145	73	3.2	4.5	8	11.47	9.00	0.562	416	29.3	6.01	1.59	57.3	8.02
		147	74	4	5.5	8	14.12	11.1	0.568	516	37.3	6.04	1.62	70.2	10.1
	150×100	139	97	3.2	4.5	8	13.43	10.6	0.646	476	68.6	5.94	2.25	68.4	14.1
		142	99	4.5	6	8	18.27	14.3	0.657	654	97.2	5.98	2.30	92.1	19.6

续表

类别	型号（高度×宽度）/mm	截面尺寸/mm					截面面积/cm^2	理论质量/(kg/m)	表面积/(m^2/m)	惯性矩/cm^4		惯性半径/cm		截面模数/cm^3	
		H	B	t_1	t_2	r				I_x	I_y	i_x	i_y	W_x	W_y
HT	150×150	144	148	5	7	8	27.76	21.8	0.856	1090	378	6.25	3.69	151	51.1
		147	149	6	8.5	8	33.67	26.4	0.864	1350	469	6.32	3.73	183	63.0
	175×90	168	88	3.2	4.5	8	13.55	10.6	0.668	670	51.2	7.02	1.94	79.7	11.6
		171	89	4	6	8	17.58	13.8	0.676	894	70.7	7.13	2.00	105	15.9
	175×175	167	173	5	7	13	33.32	26.2	0.994	1780	605	7.30	4.26	213	69.9
		172	175	6.5	9.5	13	44.64	35.0	1.01	2470	850	7.43	4.36	287	97.1
	200×100	193	98	3.2	4.5	8	15.25	12.0	0.758	994	70.7	8.07	2.15	103	14.4
		196	99	4	6	8	19.78	15.5	0.766	1320	97.2	8.18	2.21	135	19.6
	200×150	188	149	4.5	6	8	26.34	20.7	0.949	1730	331	8.09	3.54	184	44.4
	200×200	192	198	6	8	13	43.69	34.3	1.14	3060	1040	8.37	4.86	319	105
	250×125	244	124	4.5	6	8	25.86	20.3	0.961	2650	191	10.1	2.71	217	30.8
	250×175	238	173	4.5	8	13	39.12	30.7	1.14	4240	691	10.4	4.20	356	79.9
	300×150	294	148	4.5	6	13	31.90	25.0	1.15	4800	325	12.3	3.19	327	43.9
	300×200	286	198	6	8	13	49.33	38.7	1.33	7360	1040	12.2	4.58	515	105
	350×175	340	173	4.5	6	13	36.97	29.0	1.34	7490	518	14.2	3.74	441	59.9
	400×150	390	148	6	8	13	47.57	37.3	1.34	11700	434	15.7	3.01	602	58.6
	400×200	390	198	6	8	13	55.57	43.6	1.54	14700	1040	16.2	4.31	752	105

注：1. 表中同一型号的产品，其内侧尺寸高度一致。

2. 表中截面面积计算公式为：$t_1(H-2t_2)+2Bt_2+0.858r^2$。

3. 表中“*”表示的规格为市场非常用规格。

表 3-19-19　　剖分 T 型钢截面尺寸、截面面积、理论质量及截面特性

类别	型号（高度×宽度）/mm	截面尺寸/mm					截面面积/cm^2	理论质量/(kg/m)	表面积/(m^2/m)	惯性矩/cm^4		惯性半径/cm		截面模数/cm^3		重心 C_x/cm	对应H型钢系列型号
		h	B	t_1	t_2	r				I_x	I_y	i_x	i_y	W_x	W_y		
TW	50×100	50	100	6	8	8	10.79	8.47	0.293	16.1	66.8	1.22	2.48	4.02	13.4	1.00	100×100
	62.5×125	62.5	125	6.5	9	8	15.00	11.8	0.368	35.0	147	1.52	3.12	6.91	23.5	1.19	125×125
	75×150	75	150	7	10	8	19.82	15.6	0.443	66.4	282	1.82	3.76	10.8	37.5	1.37	150×150
	87.5×175	87.5	175	7.5	11	13	25.71	20.2	0.514	115	492	2.11	4.37	15.9	56.2	1.55	175×175
	100×200	100	200	8	12	13	31.76	24.9	0.589	184	801	2.40	5.02	22.3	80.1	1.73	200×200
		100	204	12	12	13	35.76	28.1	0.597	256	851	2.67	4.87	32.4	83.4	2.09	
	125×250	125	250	9	14	13	45.71	35.9	0.739	412	1820	3.00	6.31	39.5	146	2.08	250×250
		125	255	14	14	13	51.96	40.8	0.749	589	1940	3.36	6.10	59.4	152	2.58	
	150×300	147	302	12	12	13	53.16	41.7	0.887	857	2760	4.01	7.20	72.3	183	2.85	300×300
		150	300	10	15	13	59.22	46.5	0.889	798	3380	3.67	7.55	63.7	225	2.47	
		150	305	15	15	13	66.72	52.4	0.899	1110	3550	4.07	7.29	92.5	233	3.04	
	175×350	172	348	10	16	13	72.00	56.5	1.03	1230	5620	4.13	8.83	84.7	323	2.67	350×350
		175	350	12	19	13	85.94	67.5	1.04	1520	6790	4.20	8.88	104	388	2.87	
	200×400	194	402	15	15	22	89.22	70.0	1.17	2480	8130	5.27	9.54	158	404	3.70	400×400
		197	398	11	18	22	93.40	73.3	1.17	2050	9460	4.67	10.1	123	475	3.01	
		200	400	13	21	22	109.3	85.8	1.18	2480	11200	4.75	10.1	147	560	3.21	
		200	408	21	21	22	125.3	98.4	1.2	3650	11900	5.39	9.74	229	584	4.07	
		207	405	18	28	22	147.7	116	1.21	3620	15500	4.95	10.2	213	766	3.68	
		214	407	20	35	22	180.3	142	1.22	4380	19700	4.92	10.4	250	967	3.90	
TM	75×100	74	100	6	9	8	13.17	10.3	0.341	51.7	75.2	1.98	2.38	8.84	15.0	1.56	150×100
	100×150	97	150	6	9	8	19.05	15.0	0.487	124	253	2.55	3.64	15.8	33.8	1.80	200×150
	125×175	122	175	7	11	13	27.74	21.8	0.583	288	492	3.22	4.21	29.1	56.2	2.28	250×175
	150×200	147	200	8	12	13	35.52	27.9	0.683	571	801	4.00	4.74	48.2	80.1	2.85	300×200
		149	201	9	14	13	41.01	32.2	0.689	661	949	4.01	4.80	55.2	94.4	2.92	

续表

类别	型号(高度×宽度)/mm	截面尺寸/mm					截面面积/cm²	理论质量/(kg/m)	表面积/(m²/m)	惯性矩/cm⁴		惯性半径/cm		截面模数/cm³		重心 C_x/cm	对应H型钢系列型号
		h	B	t_1	t_2	r				I_x	I_y	i_x	i_y	W_x	W_y		
TM	175×250	170	250	9	14	13	49.76	39.1	0.829	1020	1820	4.51	6.05	73.2	146	3.11	350×250
	200×300	195	300	10	16	13	66.62	52.3	0.979	1730	3600	5.09	7.35	108	240	3.43	400×300
	225×300	220	300	11	18	13	76.94	60.4	1.03	2680	4050	5.89	7.25	150	270	4.09	450×300
	250×300	241	300	11	15	13	70.58	55.4	1.07	3400	3380	6.93	6.91	178	225	5.00	500×300
		244	300	11	18	13	79.58	62.5	1.08	3610	4050	6.73	7.13	184	270	4.72	
	275×300	272	300	11	15	13	73.99	58.1	1.13	4790	3380	8.04	6.75	225	225	5.96	550×300
		275	300	11	18	13	82.99	65.2	1.14	5090	4050	7.82	6.98	232	270	5.59	
	300×300	291	300	12	17	13	84.60	66.4	1.17	6320	3830	8.64	6.72	280	255	6.51	600×300
		294	300	12	20	13	93.60	73.5	1.18	6680	4500	8.44	6.93	288	300	6.17	
		297	302	14	23	13	108.5	85.2	1.19	7890	5290	8.52	6.97	339	350	6.41	
TN	50×50	50	50	5	7	8	5.920	4.65	0.193	11.8	7.39	1.41	1.11	3.18	2.950	1.28	100×50
	62.5×60	62.5	60	6	8	8	8.340	6.55	0.238	27.5	14.6	1.81	1.32	5.96	4.85	1.64	125×60
	75×75	75	75	5	7	8	8.920	7.00	0.293	42.6	24.7	2.18	1.66	7.46	6.59	1.79	150×75
	87.5×90	85.5	89	4	6	8	8.790	6.90	0.342	53.7	35.3	2.47	2.00	8.02	7.94	1.86	175×90
		87.5	90	5	8	8	11.44	8.98	0.348	70.6	48.7	2.48	2.06	10.4	10.8	1.93	
	100×100	99	99	4.5	7	8	11.34	8.90	0.389	93.5	56.7	2.87	2.23	12.1	11.5	2.17	200×100
		100	100	5.5	8	8	13.33	10.5	0.393	114	66.9	2.92	2.23	14.8	13.4	2.31	
	125×125	124	124	5	8	8	15.99	12.6	0.489	207	127	3.59	2.82	21.3	20.5	2.66	250×125
		125	125	6	9	8	18.48	14.5	0.493	248	147	3.66	2.81	25.6	23.5	2.81	
	150×150	149	149	5.5	8	13	20.40	16.0	0.585	393	221	4.39	3.29	33.8	29.7	3.26	300×150
		150	150	6.5	9	13	23.39	18.4	0.589	464	254	4.45	3.29	40.0	33.8	3.41	
	175×175	173	174	6	9	13	26.22	20.6	0.683	679	396	5.08	3.88	50.0	45.5	3.72	350×175
		175	175	7	11	13	31.45	24.7	0.689	814	492	5.08	3.95	59.3	56.2	3.76	
	200×200	198	199	7	11	13	35.70	28.0	0.783	1190	723	5.77	4.50	76.4	72.7	4.20	400×200
		200	200	8	13	13	41.68	32.7	0.789	1390	868	5.78	4.56	88.6	86.8	4.26	
	225×150	223	150	7	12	13	33.49	26.3	0.735	1570	338	6.84	3.17	93.7	45.1	5.54	450×150
		225	151	8	14	13	38.74	30.4	0.741	1830	403	6.87	3.22	108	53.4	5.62	
	225×200	223	199	8	12	13	41.48	32.6	0.833	1870	789	6.71	4.36	109	79.3	5.15	450×200
		225	200	9	14	13	47.71	37.5	0.839	2150	935	6.71	4.42	124	93.5	5.19	
	237.5×150	235	150	7	13	13	35.76	28.1	0.759	1850	367	7.18	3.20	104	48.9	7.50	475×150
		237.5	151.5	8.5	15.5	13	43.07	33.8	0.767	2270	451	7.25	3.23	128	59.5	7.57	
		241	153.5	10.5	19	13	53.20	41.8	0.778	2860	575	7.33	3.28	160	75.0	7.67	
	250×150	246	150	7	12	13	35.10	27.6	0.781	2060	339	7.66	3.10	113	45.1	6.36	500×150
		250	152	9	16	13	46.10	36.2	0.793	2750	470	7.71	3.19	149	61.9	6.53	
		252	153	10	18	13	51.66	40.6	0.799	3100	540	7.74	3.23	167	70.5	6.62	
	250×200	248	199	9	14	13	49.64	39.0	0.883	2820	921	7.54	4.30	150	92.6	5.97	500×200
		250	200	10	16	13	56.12	44.1	0.889	3200	1070	7.54	4.36	169	107	6.03	
		253	201	11	19	13	64.65	50.8	0.897	3660	1290	7.52	4.46	189	128	6.00	
	275×200	273	199	9	14	13	51.89	40.7	0.933	3690	921	8.43	4.21	180	92.6	6.85	550×200
		275	200	10	16	13	58.62	46.0	0.939	4180	1070	8.44	4.27	203	107	6.89	
	300×200	298	199	10	15	13	58.87	46.2	0.983	5150	988	9.35	4.09	235	99.3	7.92	600×200
		300	200	11	17	13	65.85	51.7	0.989	5770	1140	9.35	4.15	262	114	7.95	
		303	201	12	20	13	74.88	58.8	0.997	6530	1360	9.33	4.25	291	135	7.88	

续表

类别	型号（高度×宽度）/mm	截面尺寸/mm					截面面积/cm^2	理论质量/(kg/m)	表面积/(m^2/m)	惯性矩/cm^4		惯性半径/cm		截面模数/cm^3		重心 C_x/cm	对应H型钢系列型号
		h	B	t_1	t_2	r				I_x	I_y	i_x	i_y	W_x	W_y		
TN	312.5×200	312.5	198.5	13.5	17.5	13	75.28	59.1	1.01	7460	1150	9.95	3.90	338	116	9.15	625×200
		315	200	15	20	13	84.97	66.7	1.02	8470	1340	9.98	3.97	380	134	9.21	
		319	202	17	24	13	99.35	78.0	1.03	9960	1160	10.0	4.08	440	165	9.26	
	325×300	323	299	12	18	18	91.81	72.1	1.23	8570	4020	9.66	6.61	344	269	7.36	650×300
		325	300	13	20	18	101.0	79.3	1.23	9430	4510	9.66	6.67	376	300	7.40	
		327	301	14	22	18	110.3	86.59	1.24	10300	5010	9.66	6.73	408	333	7.45	
	350×300	346	300	13	20	18	103.8	81.5	1.28	11300	4510	10.4	6.59	424	301	8.09	700×300
		350	300	13	24	18	115.8	90.9	1.28	12000	5410	10.2	6.83	438	361	7.63	
	400×300	396	300	14	22	18	119.8	94.0	1.38	17600	4960	12.1	6.43	592	331	9.78	800×300
		400	300	14	26	18	131.8	103	1.38	18700	5860	11.9	6.66	610	391	9.27	
	450×300	445	299	15	23	18	133.5	105	1.47	25900	5140	13.9	6.20	789	344	11.7	900×300
		450	300	16	28	18	152.9	120	1.48	29100	6320	13.8	6.42	865	421	11.4	
		456	302	18	34	18	180.0	141	1.50	34100	7830	13.8	6.59	997	518	11.3	

19.2.4 冷拉圆钢、方钢、六角钢（GB/T 905—1994）

（1）冷拉圆钢、方钢、六角钢的规格

表 3-19-20　冷拉圆钢、方钢、六角钢的规格

尺寸/mm	圆钢		方钢		六角钢	
	截面面积/mm^2	理论质量/(kg/m)	截面面积/mm^2	理论质量/(kg/m)	截面面积/mm^2	理论质量/(kg/m)
3.0	7.069	0.0555	9.000	0.0706	7.794	0.0612
3.2	8.042	0.0631	10.24	0.0804	8.868	0.0696
3.5	9.621	0.0755	12.25	0.0962	10.61	0.0833
4.0	12.57	0.0986	16.00	0.126	13.86	0.109
4.5	15.90	0.125	20.25	0.159	17.54	0.138
5.0	19.63	0.154	25.00	0.196	21.65	0.170
5.5	23.76	0.187	30.25	0.237	26.20	0.206
6.0	28.27	0.222	36.00	0.283	31.18	0.245
6.3	31.17	0.245	39.69	0.312	34.37	0.270
7.0	38.48	0.302	49.00	0.385	42.44	0.333
7.5	44.18	0.347	56.25	0.442	—	—
8.0	50.27	0.395	64.00	0.502	55.43	0.435
8.5	56.75	0.445	72.25	0.567	—	—
9.0	63.62	0.499	81.00	0.636	70.15	0.551
9.5	70.88	0.556	90.25	0.708	—	—
10.0	78.54	0.617	100.0	0.785	86.60	0.680
10.5	86.59	0.680	110.2	0.865	—	—
11.0	95.03	0.746	121.0	0.950	104.8	0.823

续表

尺寸/mm	圆钢		方钢		六角钢	
	截面面积/mm^2	理论质量/(kg/m)	截面面积/mm^2	理论质量/(kg/m)	截面面积/mm^2	理论质量/(kg/m)
11.5	103.9	0.815	132.2	1.04	—	—
12.0	113.1	0.888	144.0	1.13	124.7	0.979
13.0	132.7	1.04	169.0	1.33	146.4	1.15
14.0	153.9	1.21	196.0	1.54	169.7	1.33
15.0	176.7	1.39	225.0	1.77	194.9	1.53
16.0	201.1	1.58	256.0	2.01	221.7	1.74
17.0	227.0	1.78	289.0	2.27	250.3	1.96
18.0	254.5	2.00	324.0	2.54	280.6	2.20
19.0	283.5	2.23	361.0	2.83	312.6	2.45
20.0	314.2	2.47	400.0	3.14	346.4	2.72
21.0	346.4	2.72	441.0	3.46	381.9	3.00
22.0	380.1	2.98	484.0	3.80	419.2	3.29
24.0	452.4	3.55	576.0	4.52	498.8	3.92
25.0	490.9	3.85	625.0	4.91	541.3	4.25
26.0	530.9	4.17	676.0	5.31	585.4	4.60
28.0	615.8	4.83	784.0	6.15	679.0	5.33
30.0	706.9	5.55	900.0	7.06	779.4	6.12
32.0	804.2	6.31	1024	8.04	886.8	6.96
34.0	907.9	7.13	1156	9.07	1001	7.86
35.0	962.1	7.55	1225	9.62	—	—
36.0	—	—	—	—	1122	8.81
38.0	1134	8.90	1444	11.3	1251	9.82
40.0	1257	9.86	1600	12.6	1386	10.9
42.0	1385	10.9	1764	13.8	1528	12.0
45.0	1590	12.5	2025	15.9	1754	13.8
48.0	1810	14.2	2304	18.1	1995	15.7
50.0	1968	15.4	2500	19.6	2165	17.0
52.0	2206	17.3	2809	22.0	2433	19.1
55.0	—	—	—	—	2620	20.5
56.0	2463	19.3	3136	24.6	—	—
60.0	2827	22.2	3600	28.3	3118	24.5
63.0	3117	24.5	3969	31.2	—	—
65.0	—	—	—	—	3654	28.7
67.0	3526	27.7	4489	35.2	—	—
70.0	3848	30.2	4900	38.5	4244	33.3
75.0	4418	34.7	5625	44.2	4871	38.2
80.0	5027	39.5	6400	50.2	5543	43.5

注：1. 表内尺寸一栏，对圆钢表示直径，对方钢表示边长，对六角钢表示对边距离。

2. 表中理论质量按密度为7.85kg/dm^3 计算。对高合金钢计算理论质量时应采用相应牌号的密度。

第3篇

(2) 标记示例

用 40Cr 钢制造，尺寸允许偏差为 11 级，直径、边长、对边距离为 20mm 的冷拉钢材各标记如下：

冷拉圆钢 $\frac{\text{11-20-GB/T 905—94}}{\text{40Cr-GB/T 3078—94}}$

冷拉方钢 $\frac{\text{11-20-GB/T 905—94}}{\text{40Cr-GB/T 3078—94}}$

冷拉六角钢 $\frac{\text{11-20-GB/T 905—94}}{\text{40Cr-GB/T 3078—94}}$

19.2.5 冷弯型钢（GB/T 6725—2017）

冷弯型钢的规格及力学性能见表 3-19-21。

表 3-19-21 冷弯型钢的规格及力学性能

产品屈服强度等级	壁厚 t /mm	下屈服强度① R_{eL} /MPa	抗拉强度 R_m /MPa	断后伸长率 A /%
195	—	≥195	315~490	30
215	—	≥215	335~510	28
235	≤19	≥235	370~560	≥24
345		≥345	470~680	≥20
390		≥390	490~700	≥17
420		≥420	520~730	协议
460		≥460	550~770	协议
500		≥500	610~820	协议
550		≥550	670~880	协议
620		≥620	710~940	协议
690		≥690	770~1000	协议
750		≥750	750~1010	协议

① 当屈服不明显时可测量 $R_{p0.2}$。

19.2.6 通用冷弯开口型钢（GB/T 6723—2017）

(1) 型钢代号

型钢按其截面形状分为 9 种，其代号分别为：

a. 冷弯等边角钢　JD；
b. 冷弯不等边角钢　JB；
c. 冷弯等边槽钢　CD；
d. 冷弯不等边槽钢　CB；
e. 冷弯内卷边槽钢　CN；
f. 冷弯外卷边槽钢　CW；
g. 冷弯 Z 型钢　Z；
h. 冷弯卷边 Z 型钢　ZJ；
i. 卷边等边角钢　JJ。

(2) 型钢截面形状及标注符号

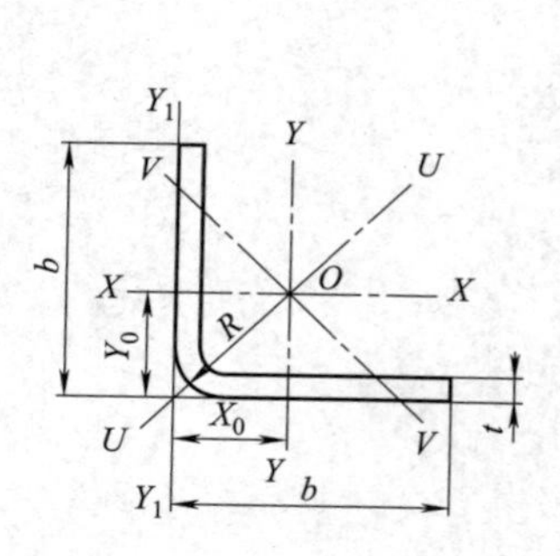

说明：

b—边宽度；

t—边厚度；

R—内圆弧半径。

图 3-19-10　冷弯等边角钢（JD）

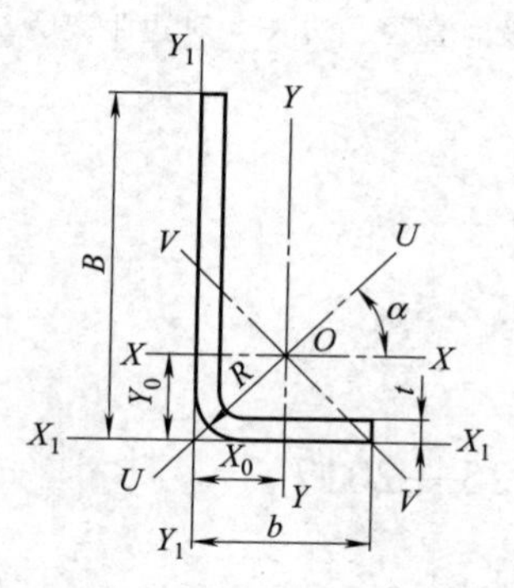

说明：

B—长边宽度；

b—短边宽度；

t—边厚度；

R—内圆弧半径。

图 3-19-11　冷弯不等边角钢（JB）

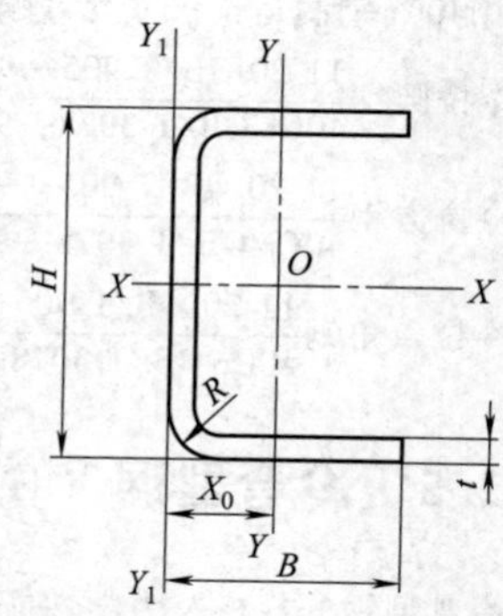

说明：

B—边宽度；

H—高度；

t—边厚度；

R—内圆弧半径。

图 3-19-12　冷弯等边槽钢（CD）

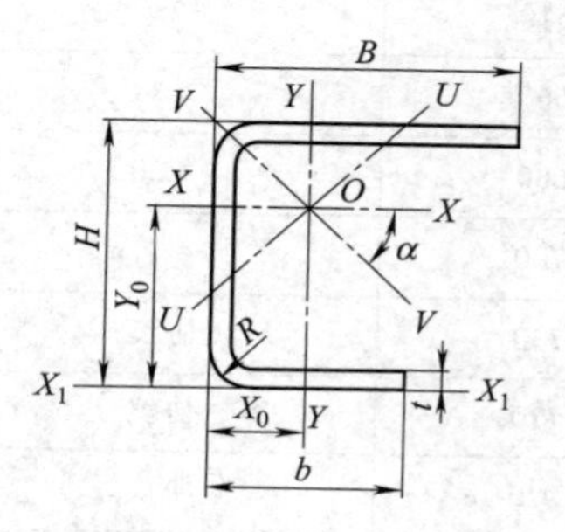

说明：

B—长边宽度；

b—短边宽度；

H—高度；

t—边厚度；

R—内圆弧半径。

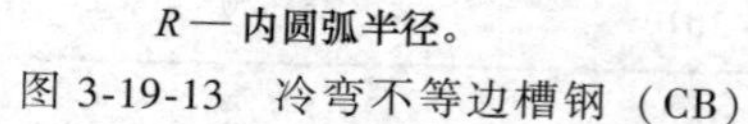

图 3-19-13　冷弯不等边槽钢（CB）

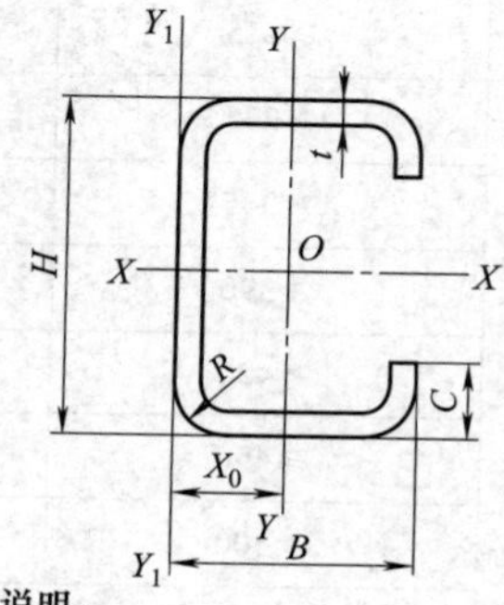

说明：

B—边宽度；

H—高度；

C—内卷边高度；

t—边厚度；

R—内圆弧半径。

图 3-19-14　冷弯内卷边槽钢（CN）

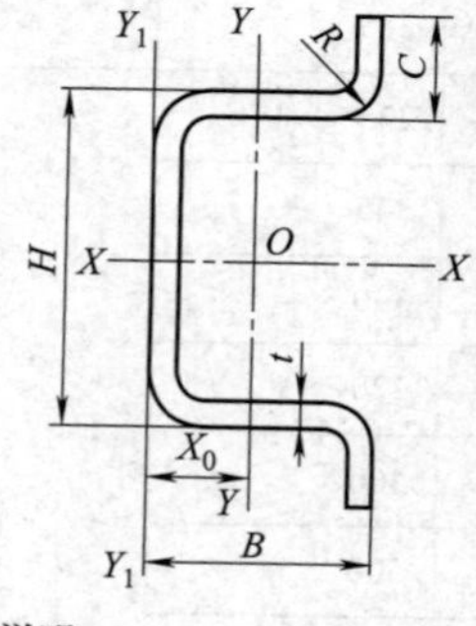

说明：

B—边宽度；

H—高度；

C—外卷边高度；

t—边厚度；

R—外卷边弧半径。

图 3-19-15　冷弯外卷边槽钢（CW）

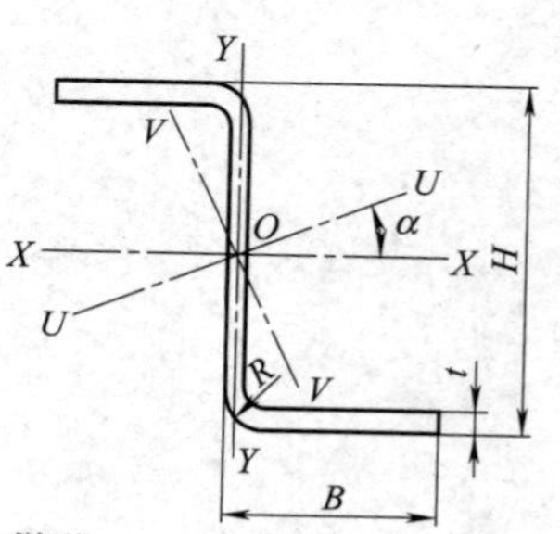
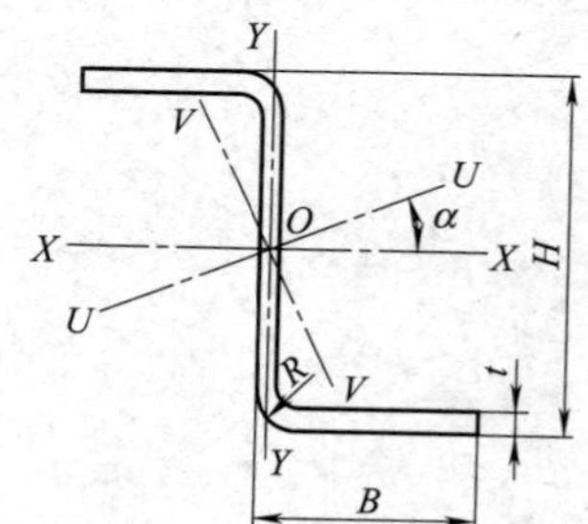

说明：

B—边宽度；

H—高度；

t—边厚度；

R—弧半径。

图 3-19-16　冷弯 Z 型钢（Z）

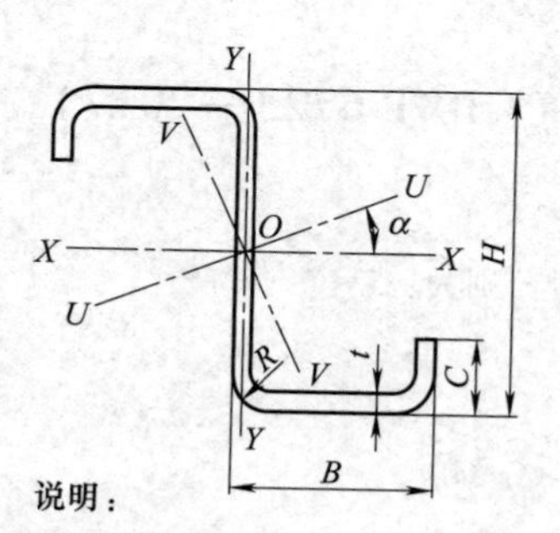

说明：

B—边宽度；

H—高度；

C—卷边高度；

t—边厚度；

R—弧半径。

图 3-19-17　冷弯卷边 Z 型钢（ZJ）

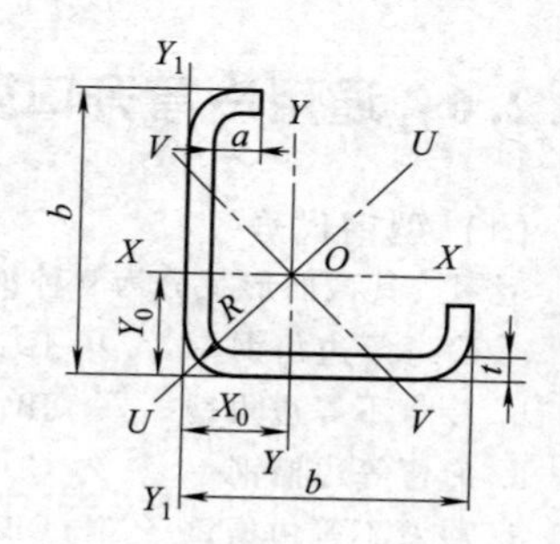

说明：

b—边宽度；

t—边厚度；

a—卷边高度；

R—弧半径。

图 3-19-18　卷边等边角钢（JJ）

(3) 型钢的尺寸、理论质量、截面面积及主要参数

表 3-19-22　　冷弯等边角钢基本尺寸与主要参数

规格	尺寸/mm		理论质量	截面面积	重心 Y_0	惯性矩/cm^4			回转半径/cm			截面模数/cm^3	
$b \times b \times t$	b	t	/(kg/m)	/cm^2	/cm	$I_x=I_y$	I_u	I_v	$r_x=r_y$	r_u	r_v	$W_{ymax}=W_{xmax}$	$W_{ymin}=W_{xmin}$
20×20×1.2	20	1.2	0.354	0.451	0.559	0.179	0.292	0.066	0.630	0.804	0.385	0.321	0.124
20×20×2.0		2.0	0.566	0.721	0.599	0.278	0.457	0.099	0.621	0.796	0.371	0.464	0.198
30×30×1.6	30	1.6	0.714	0.909	0.829	0.817	1.328	0.307	0.948	1.208	0.581	0.986	0.376
30×30×2.0		2.0	0.880	1.121	0.849	0.998	1.626	0.369	0.943	1.204	0.573	1.175	0.464
30×30×3.0		3.0	1.274	1.623	0.898	1.409	2.316	0.503	0.931	1.194	0.556	1.568	0.671
40×40×1.6	40	1.6	0.965	1.229	1.079	1.985	3.213	0.758	1.270	1.616	0.785	1.839	0.679
40×40×2.0		2.0	1.194	1.521	1.099	2.438	3.956	0.919	1.265	1.612	0.777	2.218	0.840
40×40×2.5		2.5	1.47	1.87	1.132	2.96	4.85	1.07	1.26	1.61	0.76	2.62	1.03
40×40×3.0		3.0	1.745	2.223	1.148	3.496	5.710	1.282	1.253	1.602	0.759	3.043	1.226
50×50×2.0	50	2.0	1.508	1.921	1.349	4.848	7.845	1.850	1.588	2.020	0.981	3.593	1.327
50×50×2.5		2.5	1.86	2.37	1.381	5.93	9.65	2.20	1.58	2.02	0.96	4.29	1.64
50×50×3.0		3.0	2.216	2.823	1.398	7.015	11.414	2.616	1.576	2.010	0.962	5.015	1.948
50×50×4.0		4.0	2.894	3.686	1.448	9.022	14.755	3.290	1.564	2.000	0.944	6.229	2.540
60×60×2.0	60	2.0	1.822	2.321	1.599	8.478	13.694	3.262	1.910	2.428	1.185	5.302	1.926
60×60×2.5		2.5	2.25	2.87	1.630	10.41	16.90	3.91	1.90	2.43	1.17	6.38	2.38
60×60×3.0		3.0	2.687	3.423	1.648	12.342	20.028	4.657	1.898	2.418	1.166	7.486	2.836
60×60×4.0		4.0	3.522	4.486	1.698	15.970	26.030	5.911	1.886	2.408	1.147	9.403	3.712
70×70×3.0	70	3.0	3.158	4.023	1.898	19.853	32.152	7.553	2.221	2.826	1.370	10.456	3.891
70×70×4.0		4.0	4.150	5.286	1.948	25.799	41.944	9.654	2.209	2.816	1.351	13.242	5.107
75×75×2.5	75	2.5	2.84	3.62	2.005	20.65	33.43	7.87	2.39	3.04	1.48	10.30	3.76
75×75×3.0		3.0	3.39	4.31	2.031	24.47	39.70	9.23	2.38	3.03	1.46	12.05	4.47
80×80×4.0	80	4.0	4.778	6.086	2.198	39.009	63.299	14.719	2.531	3.224	1.555	17.745	6.723
80×80×5.0		5.0	5.895	7.510	2.247	47.677	77.622	17.731	2.519	3.214	1.536	21.209	8.288
100×100×4.0	100	4.0	6.034	7.686	2.698	77.571	125.528	29.613	3.176	4.041	1.962	28.749	10.623
100×100×5.0		5.0	7.465	9.510	2.747	95.237	154.539	35.335	3.164	4.031	1.943	34.659	13.132
150×150×6.0	150	6.0	13.458	17.254	4.062	391.442	635.468	147.415	4.763	6.069	2.923	96.367	35.787
150×150×8.0		8.0	17.685	22.673	4.169	508.593	830.207	186.979	4.736	6.051	2.872	121.994	46.957
150×150×10		10	21.783	27.927	4.277	619.211	1016.638	221.785	4.709	6.034	2.818	144.777	57.746
200×200×6.0	200	6.0	18.138	23.254	5.310	945.753	1529.328	362.177	6.377	8.110	3.947	178.108	64.381
200×200×8.0		8.0	23.925	30.673	5.416	1237.149	2008.393	465.905	6.351	8.091	3.897	228.425	84.829
200×200×10		10	29.583	37.927	5.522	1516.787	2472.471	561.104	6.324	8.074	3.846	274.681	104.765
250×250×8.0	250	8.0	30.164	38.672	6.664	2453.559	3970.580	936.538	7.965	10.133	4.921	368.181	133.811

续表

规格	尺寸/mm		理论质量	截面面积	重心 Y_0	惯性矩/cm^4			回转半径/cm			截面模数/cm^3	
$b×b×t$	b	t	/(kg/m)	/cm^2	/cm	$I_x=I_y$	I_u	I_v	$r_x=r_y$	r_u	r_v	$W_{ymax}=W_{xmax}$	$W_{ymin}=W_{xmin}$
250×250×10	250	10	37.383	47.927	6.770	3020.384	4903.304	1137.464	7.939	10.114	4.872	446.142	165.682
250×250×12		12	44.472	57.015	6.876	3568.836	5812.612	1325.061	7.912	10.097	4.821	519.028	196.912
300×300×10	300	10	45.183	57.927	8.018	5286.252	8559.138	2013.367	9.553	12.155	5.896	659.298	240.481
300×300×12		12	53.832	69.015	8.124	6263.069	10167.49	2358.645	9.526	12.138	5.846	770.934	286.299
300×300×14		14	62.022	79.516	8.277	7182.256	11740.00	2624.502	9.504	12.150	5.745	867.737	330.629
300×300×16		16	70.312	90.144	8.392	8095.516	13279.70	2911.336	9.477	12.137	5.683	964.671	374.654

表 3-19-23　冷弯不等边角钢基本尺寸与主要参数

规格	尺寸/mm			理论质量	截面面积	重心/cm		惯性矩/cm^4				回转半径/cm				截面模数/cm^3			
$B×b×t$	B	b	t	/(kg/m)	/cm^2	Y_0	X_0	I_x	I_y	I_u	I_v	r_x	r_y	r_u	r_v	W_{xmax}	W_{xmin}	W_{ymax}	W_{ymin}
30×20×2.0	30	20	2.0	0.723	0.921	1.011	0.490	0.860	0.318	1.014	0.164	0.966	0.587	1.049	0.421	0.850	0.432	0.648	0.210
30×20×3.0			3.0	1.039	1.323	1.068	0.536	1.201	0.441	1.421	0.220	0.952	0.577	1.036	0.408	1.123	0.621	0.823	0.301
50×30×2.5	50	30	2.5	1.473	1.877	1.706	0.674	4.962	1.419	5.597	0.783	1.625	0.869	1.726	0.645	2.907	1.506	2.103	0.610
50×30×4.0			4.0	2.266	2.886	1.794	0.741	7.419	2.104	8.395	1.128	1.603	0.853	1.705	0.625	4.134	2.314	2.838	0.931
60×40×2.5	60	40	2.5	1.866	2.377	1.939	0.913	9.078	3.376	10.665	1.790	1.954	1.191	2.117	0.867	4.682	2.235	3.694	1.094
60×40×4.0			4.0	2.894	3.686	2.023	0.981	13.774	5.091	16.239	2.625	1.932	1.175	2.098	0.843	6.807	3.463	5.184	1.686
70×40×3.0	70	40	3.0	2.452	3.123	2.402	0.861	16.301	4.142	18.092	2.351	2.284	1.151	2.406	0.867	6.785	3.545	4.810	1.319
70×40×4.0			4.0	3.208	4.086	2.461	0.905	21.038	5.317	23.381	2.973	2.268	1.140	2.391	0.853	8.546	4.635	5.872	1.718
80×50×3.0	80	50	3.0	2.923	3.723	2.631	1.096	25.450	8.086	29.092	4.444	2.614	1.473	2.795	1.092	9.670	4.740	7.371	2.071
80×50×4.0			4.0	3.836	4.886	2.688	1.141	33.025	10.449	37.810	5.664	2.599	1.462	2.781	1.076	12.281	6.218	9.151	2.708
100×60×3.0	100	60	3.0	3.629	4.623	3.297	1.259	49.787	14.347	56.038	8.096	3.281	1.761	3.481	1.323	15.100	7.427	11.389	3.026
100×60×4.0			4.0	4.778	6.086	3.354	1.304	64.939	18.640	73.177	10.402	3.266	1.749	3.467	1.307	19.356	9.772	14.289	3.969
100×60×5.0			5.0	5.895	7.510	3.412	1.349	79.395	22.707	89.566	12.536	3.251	1.738	3.453	1.291	23.263	12.053	16.830	4.882
150×120×6.0	150	120	6.0	12.054	15.454	4.500	2.962	362.949	211.071	475.645	98.375	4.846	3.696	5.548	2.532	80.655	34.567	71.260	23.354
150×120×8.0			8.0	15.813	20.273	4.615	3.064	470.343	273.077	619.416	124.003	4.817	3.670	5.528	2.473	101.916	45.291	89.124	30.559
150×120×10			10	19.443	24.927	4.732	3.167	571.010	331.066	755.971	146.105	4.786	3.644	5.507	2.421	120.670	55.611	104.536	37.481
200×160×8.0	200	160	8.0	21.429	27.473	6.000	3.950	1147.099	667.089	1503.275	310.914	6.462	4.928	7.397	3.364	191.183	81.936	168.883	55.360
200×160×10			10	24.463	33.927	6.115	4.051	1403.661	815.267	1846.212	372.716	6.432	4.902	7.377	3.314	229.544	101.092	201.251	68.229
200×160×12			12	31.368	40.215	6.231	4.154	1648.244	956.261	2176.288	428.217	6.402	4.876	7.356	3.263	264.523	119.707	230.202	80.724
250×220×10	250	220	10	35.043	44.927	7.188	5.652	2894.335	2122.346	4102.990	913.691	8.026	6.873	9.556	4.510	402.662	162.494	375.504	129.823
250×220×12			12	41.664	53.415	7.299	5.756	3417.040	2504.222	4859.116	1062.097	7.998	6.847	9.538	4.459	468.151	193.042	435.063	154.163
250×220×14			14	47.826	61.316	7.466	5.904	3895.841	2856.311	5590.119	1162.033	7.971	6.825	9.548	4.353	521.811	222.188	483.793	177.455
300×260×12	300	260	12	50.088	64.215	8.686	6.638	5970.485	4218.566	8347.648	1841.403	9.642	8.105	11.402	5.355	687.369	280.120	635.517	217.879
300×260×14			14	57.654	73.916	8.851	6.782	6835.520	4831.275	9625.709	2041.085	9.616	8.085	11.412	5.255	772.288	323.208	712.367	251.393
300×260×16			16	65.320	83.744	8.972	6.894	7697.062	5438.329	10876.951	2258.440	9.587	8.059	11.397	5.193	857.898	366.039	788.850	284.640

表 3-19-24 冷弯等边槽钢基本尺寸与主要参数

规格	尺寸/mm			理论质量	截面面积	重心 X_0	惯性矩/cm^4		回转半径/cm		截面模数/cm^3		
$H \times B \times t$	H	B	t	/(kg/m)	/cm^2	/cm	I_x	I_y	r_x	r_y	W_x	W_{ymax}	W_{ymin}
20×10×1.5	20	10	1.5	0.401	0.511	0.324	0.281	0.047	0.741	0.305	0.281	0.146	0.070
20×10×2.0			2.0	0.505	0.643	0.349	0.330	0.058	0.716	0.300	0.330	0.165	0.089
50×30×2.0	50	30	2.0	1.604	2.043	0.922	8.093	1.872	1.990	0.957	3.237	2.029	0.901
50×30×3.0			3.0	2.314	2.947	0.975	11.119	2.632	1.942	0.994	4.447	2.699	1.299
50×50×3.0		50	3.0	3.256	4.147	1.850	17.755	10.834	2.069	1.616	7.102	5.855	3.440
60×30×2.5	60	30	2.5	2.15	2.74	0.883	14.38	2.40	2.31	0.94	4.89	2.71	1.13
80×40×2.5	80	40	2.5	2.94	3.74	1.132	36.70	5.92	3.13	1.26	9.18	5.23	2.06
80×40×3.0			3.0	3.48	4.34	1.159	42.66	6.93	3.10	1.25	10.67	5.98	2.44
100×40×2.5	100	40	2.5	3.33	4.24	1.013	62.07	6.37	3.83	1.23	12.41	6.29	2.13
100×40×3.0			3.0	3.95	5.03	1.039	72.44	7.47	3.80	1.22	14.49	7.19	2.52
100×50×3.0	100	50	3.0	4.433	5.647	1.398	87.275	14.030	3.931	1.576	17.455	10.031	3.896
100×50×4.0			4.0	5.788	7.373	1.448	111.051	18.045	3.880	1.564	22.210	12.458	5.081
120×40×2.5	120	40	2.5	3.72	4.74	0.919	95.92	6.72	4.50	1.19	15.99	7.32	2.18
120×40×3.0			3.0	4.42	5.63	0.944	112.28	7.90	4.47	1.19	18.71	8.37	2.58
140×50×3.0	140	50	3.0	5.36	6.83	1.187	191.53	15.52	5.30	1.51	27.36	13.08	4.07
140×50×3.5			3.5	6.20	7.89	1.211	218.88	17.79	5.27	1.50	31.27	14.69	4.70
140×60×3.0	140	60	3.0	5.846	7.447	1.527	220.977	25.929	5.447	1.865	31.568	16.970	5.798
140×60×4.0			4.0	7.672	9.773	1.575	284.429	33.601	5.394	1.854	40.632	21.324	7.594
140×60×5.0			5.0	9.436	12.021	1.623	343.066	40.823	5.342	1.842	49.009	25.145	9.327
160×60×3.0	160	60	3.0	6.30	8.03	1.432	300.87	26.90	6.12	1.83	37.61	18.79	5.89
160×60×3.5			3.5	7.20	9.29	1.456	344.94	30.92	6.09	1.82	43.12	21.23	6.81
200×80×4.0	200	80	4.0	10.812	13.773	1.966	821.120	83.686	7.721	2.464	82.112	42.564	13.869
200×80×5.0			5.0	13.361	17.021	2.013	1000.710	102.441	7.667	2.453	100.071	50.886	17.111
200×80×6.0			6.0	15.849	20.190	2.060	1170.516	120.388	7.614	2.441	117.051	58.436	20.267
250×130×6.0	250	130	6.0	22.703	29.107	3.630	2876.401	497.071	9.941	4.132	230.112	136.934	53.049
250×130×8.0			8.0	29.755	38.147	3.739	3687.729	642.760	9.832	4.105	295.018	171.907	69.405
300×150×6.0	300	150	6.0	26.915	34.507	4.062	4911.518	782.884	11.930	4.763	327.435	192.734	71.575
300×150×8.0			8.0	35.371	45.347	4.169	6337.148	1017.186	11.822	4.736	422.477	243.988	93.914
300×150×10			10	43.566	55.854	4.277	7660.498	1238.423	11.711	4.708	510.700	289.554	115.492
350×180×8.0	350	180	8.0	42.235	54.147	4.983	10488.540	1771.765	13.918	5.721	599.345	355.562	136.112
350×180×10			10	52.146	66.854	5.092	12749.074	2166.713	13.809	5.693	728.519	425.513	167.858
350×180×12			12	61.799	79.230	5.501	14869.892	2542.823	13.700	5.665	849.708	462.247	203.442
400×200×10	400	200	10	59.166	75.854	5.522	18932.658	3033.575	15.799	6.324	946.633	549.362	209.530

续表

规格	尺寸/mm			理论质量	截面面积	重心 X_0	惯性矩/cm^4		回转半径/cm		截面模数/cm^3		
$H×B×t$	H	B	t	/(kg/m)	/cm^2	/cm	I_x	I_y	r_x	r_y	W_x	W_{ymax}	W_{ymin}
400×200×12	400	200	12	70.223	90.030	5.630	22159.727	3569.548	15.689	6.297	1107.986	634.022	248.403
400×200×14			14	80.366	103.033	5.791	24854.034	4051.828	15.531	6.271	1242.702	699.677	285.159
450×220×10	450	220	10	66.186	84.854	5.956	26844.416	4103.714	17.787	6.954	1193.085	689.005	255.779
450×220×12			12	78.647	100.830	6.063	31506.135	4838.741	17.676	6.927	1400.273	798.077	303.617
450×220×14			14	90.194	115.633	6.219	35494.843	5510.415	17.520	6.903	1577.549	886.061	349.180
500×250×12	500	250	12	88.943	114.030	6.876	44593.265	7137.673	19.775	7.912	1783.731	1038.056	393.824
500×250×14			14	102.206	131.033	7.032	50455.689	8152.938	19.623	7.888	2018.228	1159.405	453.748
550×280×12	550	280	12	99.239	127.230	7.691	60862.568	10068.396	21.872	8.896	2213.184	1309.114	495.760
550×280×14			14	114.218	146.433	7.846	69095.642	11527.579	21.722	8.873	2512.569	1469.230	571.975
600×300×14	600	300	14	124.046	159.033	8.276	89412.972	14364.512	23.711	9.504	2980.432	1735.683	661.228
600×300×16			16	140.624	180.287	8.392	100367.430	16191.032	23.595	9.477	3345.581	1929.341	749.307

表 3-19-25　冷弯不等边槽钢基本尺寸与主要参数

规格	尺寸/mm				理论质量	截面面积	重心/cm		惯性矩/cm^4				回转半径/cm				截面模数/cm^3			
$H×B×b×t$	H	B	b	t	/(kg/m)	/cm^2	X_0	Y_0	I_x	I_y	I_u	I_v	r_x	r_y	r_u	r_v	W_{xmax}	W_{xmin}	W_{ymax}	W_{ymin}
50×32×20×2.5	50	32	20	2.5	1.840	2.344	0.817	2.803	8.536	1.853	8.769	1.619	1.908	0.889	1.934	0.831	3.887	3.044	2.266	0.777
50×32×20×3.0				3.0	2.169	2.764	0.842	2.806	9.804	2.155	10.083	1.876	1.883	0.883	1.909	0.823	4.468	3.494	2.559	0.914
80×40×20×2.5	80	40	20	2.5	2.586	3.294	0.828	4.588	28.922	3.775	29.607	3.090	2.962	1.070	2.997	0.968	8.476	6.303	4.555	1.190
80×40×20×3.0				3.0	3.064	3.904	0.852	4.591	33.654	4.431	34.473	3.611	2.936	1.065	2.971	0.961	9.874	7.329	5.200	1.407
100×60×30×3.0	100	60	30	3.0	4.242	5.404	1.326	5.807	77.936	14.880	80.845	11.970	3.797	1.659	3.867	1.488	18.590	13.419	11.220	3.183
150×60×50×3.0	150		50		5.890	7.504	1.304	7.793	245.876	21.452	246.257	21.071	5.724	1.690	5.728	1.675	34.120	31.547	16.440	4.569
200×70×60×4.0	200	70	60	4.0	9.832	12.605	1.469	10.311	706.995	47.735	707.582	47.149	7.489	1.946	7.492	1.934	72.969	68.567	32.495	8.630
200×70×60×5.0				5.0	12.061	15.463	1.527	10.315	848.963	57.959	849.689	57.233	7.410	1.936	7.413	1.924	87.658	82.304	37.956	10.590
250×80×70×5.0	250	80	70	5.0	14.791	18.963	1.647	12.823	1616.200	92.101	1617.030	91.271	9.232	2.204	9.234	2.194	132.726	126.039	55.920	14.497
250×80×70×6.0				6.0	17.555	22.507	1.696	12.825	1891.478	108.125	1892.465	107.139	9.167	2.192	9.170	2.182	155.358	147.484	63.753	17.152
300×90×80×6.0	300	90	80	6.0	20.831	26.707	1.822	15.330	3222.869	161.726	3223.981	160.613	10.985	2.461	10.987	2.452	219.691	210.233	88.763	22.531
300×90×80×8.0				8.0	27.259	34.947	1.918	15.334	4115.825	207.555	4117.270	206.110	10.852	2.437	10.854	2.429	280.637	268.412	108.214	29.307
350×100×90×6.0	350	100	90	6.0	24.107	30.907	1.953	17.834	5064.502	230.463	5065.739	229.226	12.801	2.731	12.802	2.723	295.031	283.980	118.005	28.640
350×100×90×8.0				8.0	31.627	40.547	2.048	17.837	6506.423	297.082	6508.041	295.464	12.668	2.707	12.669	2.699	379.096	364.771	145.060	37.359
400×150×100×8.0	400	150	100	8.0	38.491	49.347	2.882	21.589	10787.704	763.610	10843.850	707.463	14.786	3.934	14.824	3.786	585.938	499.685	264.958	63.015
400×150×100×10				10	47.466	60.854	2.981	21.602	13071.444	931.170	13141.358	861.255	14.656	3.912	14.695	3.762	710.482	605.103	312.368	77.475
450×200×150×10	450	200	150	10	59.166	75.854	4.402	23.950	22328.149	2337.132	22430.862	2234.420	17.157	5.551	17.196	5.427	1060.720	932.282	530.925	149.835

续表

规格	尺寸/mm				理论质量/(kg/m)	截面面积/cm²	重心/cm		惯性矩/cm⁴				回转半径/cm				截面模数/cm³			
$H\times B\times b\times t$	H	B	b	t			X_0	Y_0	I_x	I_y	I_u	I_v	r_x	r_y	r_u	r_v	W_{xmax}	W_{xmin}	W_{ymax}	W_{ymin}
450×200×150×12	450	200	150	12	70.223	90.030	4.504	23.960	26133.270	2750.039	26256.075	2627.235	17.037	5.527	17.077	5.402	1242.076	1090.704	610.577	177.468
500×250×200×12	500	250	200	12	84.263	108.030	6.008	26.355	40821.990	5579.208	40985.443	5415.752	19.439	7.186	19.478	7.080	1726.453	1548.928	928.630	293.766
500×250×200×14				14	96.746	124.033	6.159	26.371	46087.838	6369.068	46277.561	6179.346	19.276	7.166	19.306	7.058	1950.478	1747.671	1034.107	338.043
550×300×250×14	550	300	250	14	113.126	145.033	7.714	28.794	67847.216	11314.348	68086.256	11075.308	21.629	8.832	21.667	8.739	2588.995	2356.297	1466.729	507.689
550×300×250×16				16	128.144	164.287	7.831	28.800	76016.861	12738.984	76288.341	12467.503	21.511	8.806	21.549	8.711	2901.407	2639.474	1626.738	574.631

表 3-19-26　冷弯内卷边槽钢基本尺寸与主要参数

规格	尺寸/mm				理论质量/(kg/m)	截面面积/cm²	重心/cm	惯性矩/cm⁴		回转半径/cm		截面模数/cm³		
$H\times B\times C\times t$	H	B	C	t			X_0	I_x	I_y	r_x	r_y	W_x	W_{ymax}	W_{ymin}
60×30×10×2.5	60	30	10	2.5	2.363	3.010	1.043	16.009	3.353	2.306	1.055	5.336	3.214	1.713
60×30×10×3.0				3.0	2.743	3.495	1.036	18.077	3.688	2.274	1.027	6.025	3.559	1.878
80×40×15×2.0	80	40	15	2.0	2.72	3.47	1.452	34.16	7.79	3.14	1.50	8.54	5.36	3.06
100×50×15×2.5	100	50	15	2.5	4.11	5.23	1.706	81.34	17.19	3.94	1.81	16.27	10.08	5.22
100×50×20×2.5	100	50	20	2.5	4.325	5.510	1.853	84.932	19.889	3.925	1.899	16.986	10.730	6.321
100×50×20×3.0				3.0	5.098	6.495	1.848	98.560	22.802	3.895	1.873	19.712	12.333	7.235
120×50×20×2.5	120	50	20	2.5	4.70	5.98	1.706	129.40	20.96	4.56	1.87	21.57	12.28	6.36
120×60×20×3.0	120	60	20	3.0	6.01	7.65	2.106	170.68	37.36	4.72	2.21	28.45	17.74	9.59
140×50×20×2.0	140	50	20	2.0	4.14	5.27	1.590	154.03	18.56	5.41	1.88	22.00	11.68	5.44
140×50×20×2.5	140	50	20	2.5	5.09	6.48	1.580	186.78	22.11	5.39	1.85	26.68	13.96	6.47
140×60×20×2.5	140	60	20	2.5	5.503	7.010	1.974	212.137	34.786	5.500	2.227	30.305	17.615	8.642
140×60×20×3.0				3.0	6.511	8.295	1.969	248.006	40.132	5.467	2.199	35.429	20.379	9.956
160×60×20×2.0	160	60	20	2.0	4.76	6.07	1.850	236.59	29.99	6.24	2.22	29.57	16.19	7.23
160×60×20×2.5				2.5	5.87	7.48	1.850	288.13	35.96	6.21	2.19	36.02	19.47	8.66
160×70×20×3.0	160	70	20	3.0	7.42	9.45	2.224	373.64	60.42	6.29	2.53	46.71	27.17	12.65
180×60×20×3.0	180	60	20	3.0	7.453	9.495	1.739	449.695	43.611	6.881	2.143	49.966	25.073	10.235
180×70×20×3.0		70			7.924	10.095	2.106	496.693	63.712	7.014	2.512	55.188	30.248	13.019
180×70×20×2.0	180	70	20	2.0	5.39	6.87	2.110	343.93	45.18	7.08	2.57	38.21	21.37	9.25
180×70×20×2.5	180	70	20	2.5	6.66	9.48	2.110	420.20	54.42	7.04	2.53	46.69	25.82	11.12
200×60×20×3.0	200	60	20	3.0	7.924	10.095	1.644	578.425	45.041	7.569	2.112	57.842	27.382	10.342
200×70×20×2.0	200	70	20	2.0	5.71	7.27	2.000	440.04	46.71	7.78	2.54	44.00	23.32	9.35
200×70×20×2.5	200	70	20	2.5	7.05	8.98	2.000	538.21	56.27	7.74	2.50	53.82	28.18	11.25
200×70×20×3.0	200	70	20	3.0	8.395	10.695	1.996	636.643	65.883	7.715	2.481	63.664	32.999	13.167
220×75×20×2.0	220	75	20	2.0	6.18	7.87	2.080	574.45	56.88	8.54	2.69	52.22	27.35	10.50

续表

规格	尺寸/mm				理论质量	截面面积	重心/cm	惯性矩/cm^4		回转半径/cm		截面模数/cm^3		
$H \times B \times C \times t$	H	B	C	t	/(kg/m)	/cm^2	X_0	I_x	I_y	r_x	r_y	W_x	W_{ymax}	W_{ymin}
220×75×20×2.5	220	75	20	2.5	7.64	9.73	2.070	703.76	68.66	8.50	2.66	63.98	33.11	12.65
250×40×15×3.0	250	40	15	3.0	7.924	10.095	0.790	773.495	14.809	8.753	1.211	61.879	18.734	4.614
300×40×15×3.0	300	40			9.102	11.595	0.707	1231.616	15.356	10.306	1.150	82.107	21.700	4.664
400×50×15×3.0	400	50			11.928	15.195	0.783	2837.843	28.888	13.666	1.378	141.892	36.879	6.851
450×70×30×6.0	450	70	30	6.0	28.092	36.015	1.421	8796.963	159.703	15.629	2.106	390.976	112.388	28.626
450×70×30×8.0				8.0	36.421	46.693	1.429	11030.645	182.734	15.370	1.978	490.251	127.875	32.801
500×100×40×6.0	500	100	40	6.0	34.176	43.815	2.297	14275.246	479.809	18.050	3.309	571.010	208.885	62.289
500×100×40×8.0				8.0	44.533	57.093	2.293	18150.796	578.026	17.830	3.182	726.032	252.083	75.000
500×100×40×10				10	54.372	69.708	2.289	21594.366	648.778	17.601	3.051	863.775	283.433	84.137
550×120×50×8.0	550	120	50	8.0	51.397	65.893	2.940	26259.069	1069.797	19.963	4.029	954.875	363.877	118.079
550×120×50×10				10	62.952	80.708	2.933	31484.498	1229.103	19.751	3.902	1144.891	419.060	135.558
550×120×50×12				12	73.990	94.859	2.926	36186.756	1349.879	19.531	3.772	1315.882	461.339	148.763
600×150×60×12	600	150	60	12	86.158	110.459	3.902	54745.539	2755.348	21.852	4.994	1824.851	706.137	248.274
600×150×60×14				14	97.395	124.865	3.840	57733.224	2867.742	21.503	4.792	1924.441	746.808	256.966
600×150×60×16				16	109.025	139.775	3.819	63178.379	3010.816	21.260	4.641	2105.946	788.378	269.280

表 3-19-27 冷弯外卷边槽钢基本尺寸与主要参数

规格	尺寸/mm				理论质量	截面面积	重心/cm	惯性矩/cm^4		回转半径/cm		截面模数/cm^3		
$H \times B \times C \times t$	H	B	C	t	/(kg/m)	/cm^2	X_0	I_x	I_y	r_x	r_y	W_x	W_{ymax}	W_{ymin}
30×30×16×2.5	30	30	16	2.5	2.009	2.560	1.526	6.010	3.126	1.532	1.105	2.109	2.047	2.122
50×20×15×3.0	50	20	15	3.0	2.272	2.895	0.823	13.863	1.539	2.188	0.729	3.746	1.869	1.309
60×25×32×2.5	60	25	32	2.5	3.030	3.860	1.279	42.431	3.959	3.315	1.012	7.131	3.095	3.243
60×25×32×3.0	60	25	32	3.0	3.544	4.515	1.279	49.003	4.438	3.294	0.991	8.305	3.469	3.635
80×40×20×4.0	80	40	20	4.0	5.296	6.746	1.573	79.594	14.537	3.434	1.467	14.213	9.241	5.900
100×30×15×3.0	100	30	15	3.0	3.921	4.995	0.932	77.669	5.575	3.943	1.056	12.527	5.979	2.696
150×40×20×4.0	150	40	20	4.0	7.497	9.611	1.176	325.197	18.311	5.817	1.380	35.736	15.571	6.484
150×40×20×5.0				5.0	8.913	11.427	1.158	370.697	19.357	5.696	1.302	41.189	16.716	6.811
200×50×30×4.0	200	50	30	4.0	10.305	13.211	1.525	834.155	44.255	7.946	1.830	66.203	29.020	12.735
200×50×30×5.0				5.0	12.423	15.927	1.511	976.969	49.376	7.832	1.761	78.158	32.678	10.999
250×60×40×5.0	250	60	40	5.0	15.933	20.427	1.856	2029.828	99.403	9.968	2.206	126.864	53.558	23.987
250×60×40×6.0				6.0	18.732	24.015	1.853	2342.687	111.005	9.877	2.150	147.339	59.906	26.768
300×70×50×6.0	300	70	50	6.0	22.944	29.415	2.195	4246.582	197.478	12.015	2.591	218.896	89.967	41.098
300×70×50×8.0				8.0	29.557	37.893	2.191	5304.784	233.118	11.832	2.480	276.291	106.398	48.475

续表

规格	尺寸/mm				理论质量/(kg/m)	截面面积/cm^2	重心/cm	惯性矩/cm^4		回转半径/cm		截面模数/cm^3		
$H\times B\times C\times t$	H	B	C	t			X_0	I_x	I_y	r_x	r_y	W_x	W_{ymax}	W_{ymin}
350×80×60×6.0	350	80	60	6.0	27.156	34.815	2.533	6973.923	319.329	14.153	3.029	304.538	126.068	58.410
350×80×60×8.0				8.0	35.173	45.093	2.475	8804.763	365.038	13.973	2.845	387.875	147.490	66.070
400×90×70×8.0	400	90	70	8.0	40.789	52.293	2.773	13577.846	548.603	16.114	3.239	518.238	197.837	88.101
400×90×70×10				10	49.692	63.708	2.868	16171.507	672.619	15.932	3.249	621.981	234.525	109.690
450×100×80×8.0	450	100	80	8.0	46.405	59.493	3.206	19821.232	855.920	18.253	3.793	667.382	266.974	125.982
450×100×80×10				10	56.712	72.708	3.205	23751.957	987.987	18.074	3.686	805.151	308.264	145.399
500×150×90×10	500	150	90	10	69.972	89.708	5.003	38191.923	2907.975	20.633	5.694	1157.331	581.246	290.885
500×150×90×12				12	82.414	105.659	4.992	44274.544	3291.816	20.470	5.582	1349.834	659.418	328.918
550×200×100×12	550	200	100	12	98.326	126.059	6.564	66449.957	6427.780	22.959	7.141	1830.577	979.247	478.400
550×200×100×14				14	111.591	143.065	6.815	74080.384	7829.699	22.755	7.398	2052.088	1148.892	593.834
600×250×150×14	600	250	150	14	138.891	178.065	9.717	125436.851	17163.911	26.541	9.818	2876.992	1766.380	1123.072
600×250×150×16				16	156.449	200.575	9.700	139827.681	18879.946	26.403	9.702	3221.836	1946.386	1233.983

表 3-19-28　冷弯 Z 型钢基本尺寸与主要参数

规格	尺寸/mm			理论质量/(kg/m)	截面面积/cm^2	惯性矩/cm^4				回转半径/cm	惯性积矩/cm^4	截面模数/cm^3		角度
$H\times B\times t$	H	B	t			I_x	I_y	I_u	I_v	r_v	I_{xy}	W_x	W_y	$\tan\alpha$
80×40×2.5	80	40	2.5	2.947	3.755	37.021	9.707	43.307	3.421	0.954	14.532	9.255	2.505	0.432
80×40×3.0			3.0	3.491	4.447	43.148	11.429	50.606	3.970	0.944	17.094	10.787	2.968	0.436
100×50×2.5	100	50	2.5	3.732	4.755	74.429	19.321	86.840	6.910	1.205	28.947	14.885	3.963	0.428
100×50×3.0			3.0	4.433	5.647	87.275	22.837	102.038	8.073	1.195	34.194	17.455	4.708	0.431
140×70×3.0	140	70	3.0	6.291	8.065	249.769	64.316	290.867	23.218	1.697	96.492	35.681	9.389	0.426
140×70×4.0			4.0	8.272	10.605	322.421	83.925	376.599	29.747	1.675	125.922	46.061	12.342	0.430
200×100×3.0	200	100	3.0	9.099	11.665	749.379	191.180	870.468	70.091	2.451	286.800	74.938	19.409	0.422
200×100×4.0			4.0	12.016	15.405	977.164	251.093	1137.292	90.965	2.430	376.703	97.716	25.622	0.425
300×120×4.0	300	120	4.0	16.384	21.005	2871.420	438.304	3124.579	185.144	2.969	824.655	191.428	37.144	0.307
300×120×5.0			5.0	20.251	25.963	3506.942	541.080	3823.534	224.489	2.940	1019.410	233.796	46.049	0.311
400×150×6.0	400	150	6.0	31.595	40.507	9598.705	1271.376	10321.169	548.912	3.681	2556.980	479.935	86.488	0.283
400×150×8.0			8.0	41.611	53.347	12449.116	1661.661	13404.115	706.662	3.640	3348.736	622.456	113.812	0.285

表 3-19-29

冷弯卷边 Z 型钢基本尺寸与主要参数

规格	尺寸/mm				理论质量/(kg/m)	截面面积/cm²	惯性矩/cm⁴				回转半径/cm	惯性积矩/cm⁴	截面模数/cm³		角度
$H\times B\times C\times t$	H	B	C	t			I_x	I_y	I_u	I_v	r_v	I_{xy}	W_x	W_y	$\tan\alpha$
100×40×20×2.0	100	40	20	2.0	3.208	4.086	60.618	17.202	71.373	6.448	1.256	24.136	12.123	4.410	0.445
100×40×20×2.5				2.5	3.933	5.010	73.047	20.324	85.730	7.641	1.234	28.802	14.609	5.245	0.440
120×50×20×2.0	120	50	20	2.0	3.82	4.87	106.97	30.23	126.06	11.14	1.51	42.77	17.83	6.17	0.446
120×50×20×2.5				2.5	4.70	5.98	129.39	35.91	152.05	13.25	1.49	51.30	21.57	7.37	0.442
120×50×20×3.0				3.0	5.54	7.05	150.14	40.88	175.92	15.11	1.46	58.99	25.02	8.43	0.437
140×50×20×2.5	140	50	20	2.5	5.110	6.510	188.502	36.358	210.140	14.720	1.503	61.321	26.928	7.458	0.352
140×50×20×3.0				3.0	6.040	7.695	219.848	41.554	244.527	16.875	1.480	70.775	31.406	8.567	0.348
160×60×20×2.5	160	60	20	2.5	5.87	7.48	288.12	58.15	323.13	23.14	1.76	96.32	36.01	9.90	0.364
160×60×20×3.0	160	60	20	3.0	6.95	8.85	336.66	66.66	376.76	26.56	1.73	111.51	42.08	11.39	0.360
160×70×20×2.5	160	70	20	2.5	6.27	7.98	319.13	87.74	374.76	32.11	2.01	126.37	39.89	12.76	0.440
160×70×20×3.0	160	70	20	3.0	7.42	9.45	373.64	101.10	437.72	37.03	1.98	146.86	46.71	14.76	0.436
180×70×20×2.5	180	70	20	2.5	6.680	8.510	422.926	88.578	476.503	35.002	2.028	144.165	46.991	12.884	0.371
180×70×20×3.0				3.0	7.924	10.095	496.693	102.345	558.511	40.527	2.003	167.926	55.188	14.940	0.368
230×75×25×3.0	230	75	25	3.0	9.573	12.195	951.373	138.928	1030.579	59.722	2.212	265.752	82.728	18.901	0.298
230×75×25×4.0				4.0	12.518	15.946	1222.685	173.031	1320.991	74.725	2.164	335.933	106.320	23.703	0.292
250×75×25×3.0	250			3.0	10.044	12.795	1160.008	138.933	1236.730	62.211	2.205	290.214	92.800	18.902	0.264
250×75×25×4.0				4.0	13.146	16.746	1492.957	173.042	1588.130	77.869	2.156	366.984	119.436	23.704	0.259
300×100×30×4.0	300	100	30	4.0	16.545	21.211	2828.642	416.757	3066.877	178.522	2.901	794.575	188.576	42.526	0.300
300×100×30×6.0				6.0	23.880	30.615	3944.956	548.081	4258.604	234.434	2.767	1078.794	262.997	56.503	0.291
400×120×40×8.0	400	120	40	8.0	40.789	52.293	11648.355	1293.651	12363.204	578.802	3.327	2813.016	582.418	111.522	0.254
400×120×40×10				10	49.692	63.708	13835.982	1463.588	14645.376	654.194	3.204	3266.384	691.799	127.269	0.248

表 3-19-30

卷边等边角钢基本尺寸与主要参数

规格	尺寸/mm			理论质量/(kg/m)	截面面积/cm²	重心 Y_0/cm	惯性矩/cm⁴			回转半径/cm			截面模数/cm³	
$b\times a\times t$	b	a	t				$I_x=I_y$	I_u	I_v	$r_x=r_y$	r_u	r_v	$W_{ymax}=W_{xmax}$	$W_{ymin}=W_{xmin}$
40×15×2.0	40	15	2.0	1.53	1.95	1.404	3.93	5.74	2.12	1.42	1.72	1.04	2.80	1.51
60×20×2.0	60	20	2.0	2.32	2.95	2.026	13.83	20.56	7.11	2.17	2.64	1.55	6.83	3.48
75×20×2.0	75	20	2.0	2.79	3.55	2.396	25.60	39.01	12.19	2.69	3.31	1.81	10.68	5.02
75×20×2.5	75	20	2.5	3.42	4.36	2.401	30.76	46.91	14.60	2.66	3.28	1.83	12.81	6.03

19.3 钢板和钢带

19.3.1 钢板和钢带理论质量表

表 3-19-31　钢板（钢带）理论质量

厚度 /mm	理论质量 /(kg/m²)	厚度 /mm	理论质量 /(kg/m²)	厚度 /mm	理论质量 /(kg/m²)	厚度 /mm	理论质量 /(kg/m²)	厚度 /mm	理论质量 /(kg/m²)
0.20	1.570	1.5	11.78	6.0	47.10	28	219.8	95	745.8
0.25	1.963	1.6	12.56	6.5	51.03	30	235.5	100	785.0
0.30	2.355	1.7	13.35	7.0	54.95	32	251.2	105	824.3
0.35	2.748	1.8	14.13	8.0	62.80	34	266.9	110	863.5
0.40	3.140	1.9	14.92	9.0	70.65	36	282.6	120	942.0
0.45	3.533	2.0	15.70	10	78.50	38	298.3	125	981.3
0.50	3.925	2.2	17.27	11	86.35	40	314.0	130	1021
0.55	4.318	2.5	19.63	12	94.20	42	329.7	140	1099
0.56	4.396	2.8	21.98	13	102.1	45	353.3	150	1178
0.60	4.710	3.0	23.55	14	109.9	48	376.8	160	1256
0.65	5.103	3.2	25.12	15	117.8	50	392.5	165	1295
0.70	5.495	3.5	27.48	16	125.6	52	408.2	170	1335
0.75	5.888	3.8	29.83	17	133.5	55	431.8	180	1413
0.80	6.280	3.9	30.62	18	141.3	60	471.0	185	1452
0.90	7.065	4.0	31.40	19	149.2	65	510.3	190	1492
1.0	7.850	4.2	32.97	20	157.0	70	549.5	195	1531
1.1	8.635	4.5	35.33	21	164.9	75	588.8	200	1570
1.2	9.420	4.8	37.68	24	188.4	80	628.0		
1.3	10.21	5.0	39.25	25	196.3	85	667.3		
1.4	10.99	5.5	43.18	26	204.1	90	706.5		

注：钢板（钢带）理论质量的密度按 7.85g/cm³ 计算。高合金钢（如不锈钢）的密度不同，不能使用本表。

19.3.2 冷轧钢板和钢带（GB/T 708—2006）

(1) 分类

① 按边缘状态分为：切边，EC；不切边，EM。

② 按尺寸精度分为：普通厚度精度，PT.A；较高厚度精度，PT.B；普通宽度精度，PW.A；较高宽度精度，PW.B；普通长度精度，PL.A；较高长度精度，PL.B。

③ 按不平度精度分为：普通不平度精度，PF.A；较高不平度精度，PF.B。

产品形态、边缘状态所对应的尺寸精度的分类见表 3-19-32。

表 3-19-32　尺寸精度分类及代号

产品形态	边缘状态	分类及代号							
		厚度精度		宽度精度		长度精度		不平度精度	
		普通	较高	普通	较高	普通	较高	普通	较高
钢带	不切边 EM	PT.A	PT.B	PW.A	—	—	—	—	—
	切边 EC	PT.A	PT.B	PW.A	PW.B	—	—	—	—
钢板	不切边 EM	PT.A	PT.B	PW.A	—	PL.A	PL.B	PF.A	PF.B
	切边 EC	PT.A	PT.B	PW.A	PW.B	PL.A	PL.B	PF.A	PF.B
纵切钢带	切边 EC	PT.A	PT.B	PW.A	—	—	—	—	—

(2) 尺寸

① 钢板和钢带的尺寸范围如下：

钢板和钢带（包括纵切钢带）的公称厚度为 0.30~4.00mm。

钢板和钢带的公称宽度为 600~2050mm。

钢板的公称长度为 1000~6000mm。

② 钢板和钢带推荐的公称尺寸如下：

钢板和钢带（包括纵切钢带）的公称厚度在①所规定范围内，公称厚度小于 1mm 的钢板和钢带按 0.05mm 倍数的任何尺寸；公称厚度不小于 1mm 的钢板和钢带按 0.1mm 倍数的任何尺寸。

钢板和钢带（包括纵切钢带）的公称宽度在 5.1 所规定范围内，按 10mm 倍数的任何尺寸。

钢板的公称长度在①所规定范围内，按 50mm 倍数的任何尺寸。

根据需方要求，经供需双方协商，可以供应其他尺寸的钢板和钢带。

19.3.3 冷轧低碳钢钢板及钢带（GB/T 5213—2008）

(1) 牌号命名方法

钢板及钢带的牌号由三部分组成：第一部分为字母“D”，代表冷成形用钢板及钢带；第二部分为字母“C”，代表轧制条件为冷轧；第三部分为两位数字序列号，即 01、03、04 等。

示例：DC01

D——表示冷成形用钢板及钢带。

C——表示轧制条件为冷轧。

01——表示数字序列号。

(2) 按用途的分类（表 3-19-33）

表 3-19-33 冷轧低碳钢板及钢带按用途的分类

牌号	用途	牌号	用途	牌号	用途
DC01	一般用	DC04	深冲用	DC06	超深冲用
DC03	冲压用	DC05	特深冲用	DC07	特超深冲用

(3) 按表面质量的分类（表 3-19-34）

表 3-19-34 钢板及钢带按表面质量的分类

级别	代号	级别	代号	级别	代号
较高级表面	FB	高级表面	FC	超高级表面	FD

(4) 按表面结构的分类（表 3-19-35）

表 3-19-35 钢板及钢带按表面结构的分类

表面结构	代号	表面结构	代号
光亮表面	B	麻面	D

(5) 力学性能（表 3-19-36）

表 3-19-36 钢板及钢带的力学性能

牌号	屈服强度[1][2] R_{eL} 或 $R_{p0.2}$/MPa ≤	抗拉强度 R_m/MPa	断后伸长率[3][4] $A_{80}(L_0=80mm, b=20mm)$/% ≥	r_{90} 值[5] ≥	n_{90} 值[5] ≥
DC01	280[6]	270~410	28	—	—
DC03	240	270~370	34	1.3	—
DC04	210	270~350	38	1.6	0.18

续表

牌号	屈服强度①② R_{eL} 或 $R_{p0.2}$/MPa ≤	抗拉强度 R_m/MPa	断后伸长率③④ $A_{80}(L_0=80mm, b=20mm)$/% ≥	r_{90} 值⑤ ≥	n_{90} 值⑤ ≥
DC05	180	270~330	40	1.9	0.20
DC06	170	270~330	41	2.1	0.22
DC07	150	250~310	44	2.5	0.23

① 无明显屈服时采用 $R_{p0.2}$，否则采用 R_{eL}。当厚度大于 0.50mm 且不大于 0.70mm 时，屈服强度上限值可以增加 20MPa；当厚度不大于 0.50mm 时，屈服强度上限值可以增加 40MPa。

② 经供需双方协商同意，DC01、DC03、DC04 屈服强度的下限值可设定为 140MPa，DC05、DC06 屈服强度的下限值可设定为 120MPa，DC07 屈服强度的下限值可设定为 100MPa。

③ 试样为 GB/T 228 中的 P6 试样，试样方向为横向。

④ 当厚度大于 0.50mm 且不大于 0.70mm 时，断后伸长率最小值可以降低 2%（绝对值）；当厚度不大于 0.50mm 时，断后伸长率最小值可以降低 4%（绝对值）。

⑤ r_{90} 值和 n_{90} 值的要求仅适用于厚度不小于 0.50mm 的产品。当厚度大于 2.0mm 时，r_{90} 值可以降低 0.2。

⑥ DC01 的屈服强度上限值的有效期仅为从生产完成之日起 8 天内。

(6) 拉伸应变痕（表 3-19-37）

表 3-19-37　钢板及钢带的拉伸应变痕

牌号	拉伸应变痕
DC01	室温储存条件下，表面质量为 FD 的钢板及钢带自生产完成之日起 3 个月内使用时不应出现拉伸应变痕
DC03	室温储存条件下，钢板及钢带自生产完成之日起 6 个月内使用时不应出现拉伸应变痕
DC04	室温储存条件下，钢板及钢带自生产完成之日起 6 个月内使用时不应出现拉伸应变痕
DC05	室温储存条件下，钢板及钢带自生产完成之日起 6 个月内使用时不应出现拉伸应变痕
DC06	室温储存条件下，钢板及钢带使用时不出现拉伸应变痕
DC07	室温储存条件下，钢板及钢带使用时不出现拉伸应变痕

(7) 表面质量（表 3-19-38）

表 3-19-38　钢板及钢带的表面质量

级别	代号	特　征
较高级表面	FB	表面允许有少量不影响成形性及涂、镀附着力的缺陷，如轻微的划伤、压痕、麻点、辊印及氧化色等
高级表面	FC	产品两面中较好的一面无肉眼可见的明显缺陷，另一面至少应达到 FB 的要求
超高级表面	FD	产品两面中较好的一面不应有影响涂漆后的外观质量或电镀后的外观质量的缺陷，另一面至少应达到 FB 的要求

(8) 钢的化学成分（表 3-19-39）

表 3-19-39　钢的化学成分（质量分数）　%

牌号	C	Mn	P	S	Al_t①	Ti②
DC01	≤0.12	≤0.60	≤0.045	≤0.045	≥0.020	—
DC03	≤0.10	≤0.45	≤0.035	≤0.035	≥0.020	—
DC04	≤0.08	≤0.40	≤0.030	≤0.030	≥0.020	—
DC05	≤0.06	≤0.35	≤0.025	≤0.025	≥0.015	—
DC06	≤0.02	≤0.30	≤0.020	≤0.020	≥0.015	≤0.30③
DC07	≤0.01	≤0.25	≤0.020	≤0.020	≥0.015	≤0.20③

① 对于牌号 DC01、DC03 和 DC04，当 C≤0.01 时 Al_t≥0.015。

② DC01、DC03、DC04 和 DC05 也可以添加 Nb 或 Ti。

③ 可以用 Nb 代替部分 Ti，钢中 C 和 N 应全部被固定。

第3篇

19.3.4 碳素结构钢冷轧薄钢板及钢带（GB/T 11253—2007）

(1) 分类

钢板及钢带按表面质量分为：

较高级表面　　FB

高级表面　　FC

钢板及钢带按表面结构分为：

光亮表面　　B：其特征为轧辊经磨床精加工处理。

粗糙表面　　D：其特征为轧辊磨床加工后喷丸等处理。

(2) 牌号与化学成分

碳素结构钢的牌号与化学成分见表 3-19-40。

表 3-19-40　　碳素结构钢的牌号与化学成分

牌号	化学成分(质量分数)/% ≤				
	C	Si	Mn	P①	S
Q195	0.12	0.30	0.50	0.035	0.035
Q215	0.15	0.35	1.20	0.035	0.035
Q235	0.22	0.35	1.40	0.035	0.035
Q275	0.24	0.35	1.50	0.035	0.035

① 经需方同意，P 为固溶强化元素添加时，上限应不大于 0.12%。

(3) 力学性能

碳素结构钢的横向拉伸性能见表 3-19-41。弯曲性能见表 3-19-42。

表 3-19-41　　碳素结构钢的横向拉伸性能

牌号	下屈服强度 R_{eL}①/MPa	抗拉强度 R_m/MPa	断后伸长率/%		牌号	下屈服强度 R_{eL}①/MPa	抗拉强度 R_m/MPa	断后伸长率/%	
			A_{50mm}	A_{80mm}				A_{50mm}	A_{80mm}
Q195	≥195	315~430	≥26	≥24	Q235	≥235	370~500	≥22	≥20
Q215	≥215	335~450	≥24	≥22	Q275	≥275	410~540	≥20	≥18

① 无明显屈服时采用 $R_{p0.2}$。

表 3-19-42　　碳素结构钢的弯曲性能

牌号	弯曲试验①②		牌号	弯曲试验①②	
	试样方向	弯心直径 d		试样方向	弯心直径 d
Q195	横	$0.5a$	Q235	横	$1a$
Q215	横	$0.5a$	Q275	横	$1a$

① 试样宽度 $B \geq 20$mm，仲裁试验时 $B=20$mm。
② a 为试样厚度。

(4) 表面质量

钢板及钢带表面质量级别的特征见表 3-19-43。

表 3-19-43　　表面质量级别的特征

级别	名称	特　征
FB	较高级表面	表面允许有少量不影响成形性的缺陷，如小气泡、小划痕、小辊印、轻微划伤及氧化色等允许存在
FC	高级表面	产品两面中较好的一面应对缺陷进一步限制，无目视可见的明显缺陷，另一面应达到 FB 表面的要求

19.3.5 合金结构钢薄钢板（YB/T 5132—2007）

(1) 合金结构钢薄钢板的制造

钢板由下列牌号的钢制造：

优质钢：40B、45B、50B、15Cr、20Cr、30Cr、35Cr、40Cr、50Cr、12CrMo、15CrMo、20CrMo、30CrMo、35CrMo、12Cr1MoV、12CrMoV、20CrNi、40CrNi、20CrMnTi 和 30CrMnSi。

高级优质钢：12Mn2A、16Mn2A、45Mn2A、50BA、15CrA、38CrA、20CrMnSiA、25CrMnSiA、30CrMnSiA 和 35CrMnSiA。

(2) 一些合金结构钢的化学成分

表 3-19-44　　一些合金结构钢的化学成分

统一数字代号	牌号	化学成分(质量分数)/%						
		C	Si	Mn	S	P	Cr	Cu
					≤			不大于
A00123	12Mn2A	0.08~0.17	0.17~0.37	1.20~1.60	0.030	0.030	—	0.25
A00163	16Mn2A	0.12~0.20	0.17~0.37	2.00~2.40	0.030	0.030	—	0.25
A20383	38CrA	0.34~0.42	0.17~0.37	0.50~0.80	0.030	0.030	0.80~1.10	0.25

(3) 合金结构钢的力学性能

表 3-19-45　　合金结构钢的力学性能

牌号	抗拉强度 R_m /MPa	断后伸长率 $A_{11.3}$①，/% ≥	牌号	抗拉强度 R_m /MPa	断后伸长率 $A_{11.3}$① /% ≥
12Mn2A	390~570	22	30Cr	490~685	17
16Mn2A	490~635	18	35Cr	540~735	16
45Mn2A	590~835	12	38CrA	540~735	16
35B	490~635	19	40Cr	540~785	14
40B	510~655	18	20CrMnSiA	440~685	18
45B	540~685	16	25CrMnSiA	490~685	18
50B,50BA	540~715	14	30CrMnSi,30CrMnSiA	490~735	16
15Cr,15CrA	390~590	19	35CrMnSiA	590~785	14
20Cr	390~590	18			

① 厚度不大于 0.9mm 的钢板，伸长率仅供参考。

(4) 工艺性能

冷冲压用厚度为 0.5~1.0mm 的 12Mn2A、16Mn2A、25CrMnSiA、30CrMnSiA 钢板应进行杯突试验，冲压深度应符合表 3-19-46 的规定。

表 3-19-46　　不同厚度钢板的冲压深度　　mm

钢板公称厚度	牌号			钢板公称厚度	牌号		
	12Mn2A	16Mn2A,25CrMnSiA	30CrMnSiA		12Mn2A	16Mn2A,25CrMnSiA	30CrMnSiA
	冲压深度 ≥				冲压深度 ≥		
0.5	7.3	6.6	6.5	0.8	8.5	7.5	7.2
0.6	7.7	7.0	6.7	0.9	8.8	7.7	7.5
0.7	8.0	7.2	7.0	1.0	9.0	8.0	7.7

(5) 表面质量

钢板按表面质量分为四组，组别见表 3-19-47。

表 3-19-47　　钢板表面质量的分组特征

组别	生产方法	表面特征
Ⅰ	冷轧	钢板的正面(质量较好的一面)允许有个别长度不大于 20mm 的轻微划痕 钢板的反面允许有深度不超过钢板厚度公差 1/4 的一般轻微麻点、划痕和压痕
Ⅱ	冷轧	距钢板边缘不大于 50mm 内允许有氧化色 钢板的正面允许有深度不超过钢板厚度公差之半的一般轻微麻点、轻微划痕和擦伤 钢板的反面允许有深度不超过钢板厚度公差之半的下列缺陷：一般的轻微麻点、轻微划痕、擦伤、小气泡、小拉痕、压痕和凹坑
Ⅲ	冷轧或热轧	距钢板边缘不大于 200mm 内允许有氧化色 钢板的正面允许有深度不超过钢板厚度公差之半的下列缺陷：一般的轻微麻点、划伤、擦伤、压痕和凹坑 钢板的反面允许有深度和高度不超过钢板厚度公差的下列缺陷：一般的轻微麻点、划伤、擦伤、小气泡、小拉痕、压痕和凹坑。热轧钢板允许有小凸包
Ⅳ	热轧	钢板的正、反两面允许有深度和高度不超过钢板厚度公差的下列缺陷：麻点、小气泡、小拉痕、划伤、压痕、凹坑、小凸包和局部的深压坑(压坑数量每平方米不得超过两个)

(6) 叠轧钢板的尺寸、外形及允许偏差

叠轧钢板的不平度为每米不大于 20mm。叠轧钢板的尺寸及允许偏差见表 3-19-48。

表 3-19-48 叠轧钢板的尺寸及允许偏差

mm

公称厚度	在下列宽度时的厚度允许偏差					
	600~750		>750~1000		>1000~1500	
	较高轧制精度	普通轧制精度	较高轧制精度	普通轧制精度	较高轧制精度	普通轧制精度
>0.35~0.50	±0.05	±0.07	±0.05	±0.07	—	—
>0.50~0.60	±0.06	±0.08	±0.06	±0.08	—	—
>0.60~0.75	±0.07	±0.09	±0.07	±0.09	—	—
>0.75~0.90	±0.08	±0.10	±0.08	±0.10	—	—
>0.90~1.10	±0.09	±0.11	±0.09	±0.12	—	—
>1.10~1.20	±0.10	±0.12	±0.11	±0.13	±0.11	±0.15
>1.20~1.30	±0.11	±0.13	±0.12	±0.14	±0.12	±0.15
>1.30~1.40	±0.11	±0.14	±0.12	±0.15	±0.12	±0.18
>1.40~1.60	±0.12	±0.15	±0.13	±0.15	±0.13	±0.18
>1.60~1.80	±0.13	±0.15	±0.14	±0.17	±0.14	±0.18
>1.80~2.00	±0.14	±0.16	±0.15	±0.17	±0.16	±0.18
>2.00~2.20	±0.15	±0.17	±0.16	±0.18	±0.17	±0.19
>2.20~2.50	±0.16	±0.18	±0.17	±0.19	±0.18	±0.20
>2.50~3.00	±0.17	±0.19	±0.18	±0.20	±0.19	±0.21

19.3.6 不锈钢冷轧钢板和钢带（GB/T 3280—2015）

(1) 分类

① 按加工硬化状态分类如下：

a. 1/4 冷作硬化状态，H 1/4；

b. 1/2 冷作硬化状态，H 1/2；

c. 3/4 冷作硬化状态，H 3/4；

d. 冷作硬化状态，H；

e. 特别冷作硬化状态，H2。

② 按边缘状态分类如下：

a. 切边，EC；

b. 不切边，EM。

③ 按尺寸、外形精度等级分类如下：

a. 宽度普通精度，PW. A；

b. 宽度较高精度，PW. B；

c. 厚度较高精度，PT. A；

d. 厚度普通精度，PT. B；

e. 长度普通精度，PL. A；

f. 长度较高精度，PL. B；

g. 不平度普通级，PF. A；

h. 不平度较高级，PF. B；

i. 镰刀弯普通精度，PC. A；

j. 镰刀弯较高精度，PC. B。

(2) 公称尺寸范围

不锈钢冷轧钢板和钢带的公称尺寸范围见表 3-19-49。

表 3-19-49 不锈钢冷轧钢板和钢带的公称尺寸范围

mm

形态	公称厚度	公称宽度	形态	公称厚度	公称宽度
宽钢带、卷切钢板	0.10~8.00	600~2100	窄钢带、卷切钢带Ⅱ	0.01~3.00	<600
纵剪宽钢带①、卷切钢带Ⅰ①	0.10~8.00	<600			

① 由宽度大于 600mm 的宽钢带纵剪（包括纵剪加横切）成宽度小于 600mm 的钢带或钢板。

(3) 化学成分

表 3-19-50　　奥氏体型钢的化学成分

统一数字代号	牌号	化学成分(质量分数)/%										
		C	Si	Mn	P	S	Ni	Cr	Mo	Cu	N	其他元素
S30103	022Cr17Ni7①	0.030	1.00	2.00	0.045	0.030	6.00~8.00	16.00~18.00	—	—	0.20	—
S30110	12Cr17Ni7	0.15	1.00	2.00	0.045	0.030	6.00~8.00	16.00~18.00	—	—	0.10	—
S30153	022Cr17Ni7N①	0.030	1.00	2.00	0.045	0.030	6.00~8.00	16.00~18.00	—	—	0.07~0.20	—
S30210	12Cr18Ni9①	0.15	0.75	2.00	0.045	0.030	8.00~10.00	17.00~19.00	—	—	0.10	—
S30240	12Cr18Ni9Si3	0.15	2.00~3.00	2.00	0.045	0.030	8.00~10.00	17.00~19.00	—	—	0.10	—
S30403	022Cr19Ni10①	0.030	0.75	2.00	0.045	0.030	8.00~12.00	17.50~19.50	—	—	0.10	—
S30408	06Cr19Ni10①	0.07	0.75	2.00	0.045	0.030	8.00~10.50	17.50~19.50	—	—	0.10	—
S30409	07Cr19Ni10①	0.04~0.10	0.75	2.00	0.045	0.030	8.00~10.50	18.00~20.00	—	—	—	—
S30450	05Cr19Ni10Si2CeN①	0.04~0.06	1.00~2.00	0.80	0.045	0.030	9.00~10.00	18.00~19.00	—	—	0.12~0.18	Ce:0.03~0.08
S30453	022Cr19Ni10N①	0.030	0.75	2.00	0.045	0.030	8.00~12.00	18.00~20.00	—	—	0.10~0.16	—
S30458	06Cr19Ni10N①	0.08	0.75	2.00	0.045	0.030	8.00~10.50	18.00~20.00	—	—	0.10~0.16	—
S30478	06Cr19Ni9NbN	0.08	1.00	2.50	0.045	0.030	7.50~10.50	18.00~20.00	—	—	0.15~0.30	Nb:0.15
S30510	10Cr18Ni12①	0.12	0.75	2.00	0.045	0.030	10.50~13.00	17.00~19.00	—	—	—	—
S30859	08Cr21Ni11Si2CeN	0.05~0.10	1.40~2.00	0.80	0.040	0.030	10.00~12.00	20.00~22.00	—	—	0.14~0.20	Ce:0.03~0.08
S30908	06Cr23Ni13①	0.08	0.75	2.00	0.045	0.030	12.00~15.00	22.00~24.00	—	—	—	—
S31008	06Cr25Ni20	0.08	1.50	2.00	0.045	0.030	19.00~22.00	24.00~26.00	—	—	—	—
S31053	022Cr25Ni22Mo2N①	0.020	0.50	2.00	0.030	0.010	20.50~23.50	24.00~26.00	1.60~2.60	—	0.09~0.15	—
S31252	015Cr20Ni18Mo6CuN	0.020	0.80	1.00	0.030	0.010	17.50~18.50	19.50~20.50	6.00~6.50	0.50~1.00	0.18~0.25	—
S31603	022Cr17Ni12Mo2①	0.030	0.75	2.00	0.045	0.030	10.00~14.00	16.00~18.00	2.00~3.00	—	0.10	—
S31608	06Cr17Ni12Mo2①	0.08	0.75	2.00	0.045	0.030	10.00~14.00	16.00~18.00	2.00~3.00	—	0.10	—
S31609	07Cr17Ni12Mo2①	0.04~0.10	0.75	2.00	0.045	0.030	10.00~14.00	16.00~18.00	2.00~3.00	—	—	—
S31653	022Cr17Ni12Mo2N①	0.030	0.75	2.00	0.045	0.030	10.00~14.00	16.00~18.00	2.00~3.00	—	0.10~0.16	—
S31658	06Cr17Ni12Mo2N①	0.08	0.75	2.00	0.045	0.030	10.00~14.00	16.00~18.00	2.00~3.00	—	0.10~0.16	—
S31668	06Cr17Ni12Mo2Ti①	0.08	0.75	2.00	0.045	0.030	10.00~14.00	16.00~18.00	2.00~3.00	—	—	Ti≥5×C
S31678	06Cr17Ni12Mo2Nb①	0.08	0.75	2.00	0.045	0.030	10.00~14.00	16.00~18.00	2.00~3.00	—	0.10	Nb:10×C~1.10
S31688	06Cr18Ni12Mo2Cu2	0.08	1.00	2.00	0.045	0.030	10.00~14.00	17.00~19.00	1.20~2.75	1.00~2.50	—	—
S31703	022Cr19Ni13Mo3①	0.030	0.75	2.00	0.045	0.030	11.00~15.00	18.00~20.00	3.00~4.00	—	0.10	—
S31708	06Cr19Ni13Mo3①	0.08	0.75	2.00	0.045	0.030	11.00~15.00	18.00~20.00	3.00~4.00	—	0.10	—
S31723	022Cr19Ni16Mo5N①	0.030	0.75	2.00	0.045	0.030	13.50~17.50	17.00~20.00	4.00~5.00	—	0.10~0.20	—
S31753	022Cr19Ni13Mo4N①	0.030	0.75	2.00	0.045	0.030	11.00~15.00	18.00~20.00	3.00~4.00	—	0.10~0.22	—
S31782	015Cr21Ni26Mo5Cu2	0.020	1.00	2.00	0.045	0.035	23.00~28.00	19.00~23.00	4.00~5.00	1.00~2.00	0.10	—
S32168	06Cr18Ni11Ti①	0.08	0.75	2.00	0.045	0.030	9.00~12.00	17.00~19.00	—	—	0.10	Ti≥5×C

续表

统一数字代号	牌号	化学成分(质量分数)/%										
		C	Si	Mn	P	S	Ni	Cr	Mo	Cu	N	其他元素
S32169	07Cr19Ni11Ti①	0.04~0.10	0.75	2.00	0.045	0.030	9.00~12.00	17.00~19.00	—	—	—	Ti:4×(C+N)~0.70
S32652	015Cr24Ni22Mo8Mn3CuN	0.020	0.50	2.00~4.00	0.030	0.005	21.00~23.00	24.00~25.00	7.00~8.00	0.30~0.60	0.45~0.55	—
S34553	022Cr24Ni17Mo5Mn6NbN	0.030	1.00	5.00~7.00	0.030	0.010	16.00~18.00	23.00~25.00	4.00~5.00	—	0.40~0.60	Nb:0.10
S34778	06Cr18Ni11Nb①	0.08	0.75	2.00	0.045	0.030	9.00~13.00	17.00~19.00	—	—	—	Nb:10×C~1.00
S34779	07Cr18Ni11Nb①	0.04~0.10	0.75	2.00	0.045	0.030	9.00~13.00	17.00~19.00	—	—	—	Nb:8×C~1.00
S38367	022Cr21Ni25Mo7N	0.030	1.00	2.00	0.040	0.030	23.50~25.50	20.00~22.00	6.00~7.00	0.75	0.18~0.25	—
S38926	015Cr20Ni25Mo7CuN	0.020	0.50	2.00	0.030	0.010	24.00~26.00	19.00~21.00	6.00~7.00	0.50~1.50	0.15~0.25	—

① 为相对于 GB/T 20878—2007 调整化学成分的牌号。

注：表中所列成分除标明范围或最小值，其余均为最大值。

表 3-19-51

奥氏体-铁素体型钢的化学成分

统一数字代号	牌号	化学成分(质量分数)/%										
		C	Si	Mn	P	S	Ni	Cr	Mo	Cu	N	其他元素
S21860	14Cr18Ni11Si4AlTi	0.10~0.18	3.40~4.00	0.80	0.035	0.030	10.00~12.00	17.50~19.50	—	—	—	Ti:0.40~0.70 Al:0.10~0.30
S21953	022Cr19Ni5Mo3Si2N	0.030	1.30~2.00	1.00~2.00	0.030	0.030	4.50~5.50	18.00~19.50	2.50~3.00	—	0.05~0.10	—
S22053	022Cr23Ni5Mo3N	0.030	1.00	2.00	0.030	0.020	4.50~6.50	22.00~23.00	3.00~3.50	—	0.14~0.20	—
S22152	022Cr21Mn5Ni2N	0.030	1.00	4.00~6.00	0.040	0.030	1.00~3.00	19.50~21.50	0.60	1.00	0.05~0.17	—
S22153	022Cr21Ni3Mo2N	0.030	1.00	2.00	0.030	0.020	3.00~4.00	19.50~22.50	1.50~2.00	—	0.14~0.20	—
S22160	12Cr21Ni5Ti	0.09~0.14	0.80	0.80	0.035	0.030	4.80~5.80	20.00~22.00	—	—	—	Ti:5×(C-0.02)~0.80
S22193	022Cr21Mn3Ni3Mo2N	0.030	1.00	2.00~4.00	0.040	0.030	2.00~4.00	19.00~22.00	1.00~2.00	—	0.14~0.20	—
S22253	022Cr22Mn3Ni2MoN	0.030	1.00	2.00~3.00	0.040	0.020	1.00~2.00	20.50~23.50	0.10~1.00	0.50	0.15~0.27	—
S22293	022Cr22Ni5Mo3N	0.030	1.00	2.00	0.030	0.020	4.50~6.50	21.00~23.00	2.50~3.50	—	0.08~0.20	—
S22294	03Cr22Mn5Ni2MoCuN	0.04	1.00	4.00~6.00	0.040	0.030	1.35~1.70	21.00~22.00	0.10~0.80	0.10~0.80	0.20~0.25	—
S22353	022Cr23Ni2N	0.030	1.00	2.00	0.040	0.010	1.00~2.80	21.50~24.00	0.45	—	0.18~0.26	—
S22493	022Cr24Ni4Mn3Mo2CuN	0.030	0.70	2.50~4.00	0.035	0.005	3.00~4.50	23.00~25.00	1.00~2.00	0.10~0.80	0.20~0.30	—
S22553	022Cr25Ni6Mo2N	0.030	1.00	2.00	0.030	0.030	5.50~6.50	24.00~26.00	1.50~2.50	—	0.10~0.20	—
S23043	022Cr23Ni4MoCuN①	0.030	1.00	2.50	0.040	0.030	3.00~5.50	21.50~24.50	0.05~0.60	0.05~0.60	0.05~0.20	—
S25073	022Cr25Ni7Mo4N	0.030	0.80	1.20	0.035	0.020	6.00~8.00	24.00~26.00	3.00~5.00	0.50	0.24~0.32	—
S25554	03Cr25Ni6Mo3Cu2N	0.04	1.00	1.50	0.040	0.030	4.50~6.50	24.00~27.00	2.90~3.90	1.50~2.50	0.10~0.25	—
S27603	022Cr25Ni7Mo4WCuN①	0.030	1.00	1.00	0.030	0.010	6.00~8.00	24.00~26.00	3.00~4.00	0.50~1.00	0.20~0.30	W:0.50~1.00

① 为相对于 GB/T 20878—2007 调整化学成分的牌号。

注：表中所列成分除标明范围或最小值，其余均为最大值。

表 3-19-52　　铁素体型钢的化学成分

统一数字代号	牌号	化学成分(质量分数)/%										
		C	Si	Mn	P	S	Ni	Cr	Mo	Cu	N	其他元素
S11163	022Cr11Ti	0.030	1.00	1.00	0.040	0.020	0.60	10.50~11.75	—	—	0.030	Ti:0.15~0.50 且 Ti≥8×(C+N),Nb:0.10
S11173	022Cr11NbTi	0.030	1.00	1.00	0.040	0.020	0.60	10.50~11.70	—	—	0.030	Ti+Nb:8×(C+N)+0.08~0.75,Ti≥0.05
S11203	022Cr12	0.030	1.00	1.00	0.040	0.030	0.60	11.00~13.50	—	—	—	—
S11213	022Cr12Ni	0.030	1.00	1.50	0.040	0.015	0.30~1.00	10.50~12.50	—	—	0.030	—
S11348	06Cr13Al	0.08	1.00	1.00	0.040	0.030	0.60	11.50~14.50	—	—	—	Al:0.10~0.30
S11510	10Cr15	0.12	1.00	1.00	0.040	0.030	0.60	14.00~16.00	—	—	—	—
S11573	022Cr15NbTi	0.030	1.20	1.20	0.040	0.030	0.60	14.00~16.00	0.50	—	0.030	Ti+Nb:0.30~0.80
S11710	10Cr17①	0.12	1.00	1.00	0.040	0.030	0.75	16.00~18.00	—	—	—	—
S11763	022Cr17NbTi①	0.030	0.75	1.00	0.035	0.030	—	16.00~19.00	—	—	—	Ti+Nb:0.10~1.00
S11790	10Cr17Mo	0.12	1.00	1.00	0.040	0.030	—	16.00~18.00	0.75~1.25	—	—	—
S11862	019Cr18MoTi①	0.025	1.00	1.00	0.040	0.030	—	16.00~19.00	0.75~1.50	—	0.025	Ti、Nb、Zr 或其组合:8×(C+N)~0.80
S11863	022Cr18Ti	0.030	1.00	1.00	0.040	0.030	0.50	17.00~19.00	—	—	0.030	Ti:[0.20+4×(C+N)]~1.10,Al:0.15
S11873	022Cr18Nb	0.030	1.00	1.00	0.040	0.015	—	17.50~18.50	—	—	—	Ti:0.10~0.60,Nb≥0.30+3×C
S11882	019Cr18CuNb	0.025	1.00	1.00	0.040	0.030	0.60	16.00~20.00	—	0.30~0.80	0.025	Nb:8×(C+N)~0.8
S11972	019Cr19Mo2NbTi	0.025	1.00	1.00	0.040	0.030	1.00	17.50~19.50	1.75~2.50	—	0.035	Ti+Nb:[0.20+4×(C+N)]~0.80
S11973	022Cr18NbTi	0.030	1.00	1.00	0.040	0.030	0.50	17.00~19.00	—	—	0.030	Ti+Nb:[0.20+4×(C+N)]~0.75,Al:0.15
S12182	019Cr21CuTi	0.025	1.00	1.00	0.030	0.030	—	20.50~23.00	—	0.30~0.80	0.025	Ti、Nb、Zr 或其组合:8×(C+N)~0.80
S12361	019Cr23Mo2Ti	0.025	1.00	1.00	0.040	0.030	—	21.00~24.00	1.50~2.50	0.60	0.025	Ti、Nb、Zr 或其组合:8×(C+N)~0.80
S12362	019Cr23MoTi	0.025	1.00	1.00	0.040	0.030	—	21.00~24.00	0.70~1.50	0.60	0.025	Ti、Nb、Zr 或其组合:8×(C+N)~0.80
S12763	022Cr27Ni2Mo4NbTi	0.030	1.00	1.00	0.040	0.030	1.00~3.50	25.00~28.00	3.00~4.00	—	0.040	Ti+Nb:0.20~1.00 且 Ti+Nb≥6×(C+N)
S12791	008Cr27Mo①	0.010	0.40	0.40	0.030	0.020	—	25.00~27.50	0.75~1.50	—	0.015	Ni+Cu≤0.50
S12963	022Cr29Mo4NbTi	0.030	1.00	1.00	0.040	0.030	1.00	28.00~30.00	3.60~4.20	—	0.045	Ti+Nb:0.20~1.00 且 Ti+Nb≥6×(C+N)
S13091	008Cr30Mo2①②	0.010	0.40	0.40	0.030	0.020	0.50	28.50~32.00	1.50~2.50	0.20	0.015	Ni+Cu≤0.50

① 为相对于 GB/T 20878—2007 调整化学成分的牌号。

② 可含有 V、Ti、Nb 中的一种或几种元素。

注：表中所列成分除标明范围或最小值，其余均为最大值。

表 3-19-53

马氏体型钢的化学成分

统一数字代号	牌号	化学成分(质量分数)/%										
		C	Si	Mn	P	S	Ni	Cr	Mo	Cu	N	其他元素
S40310	12Cr12	0.15	0.50	1.00	0.040	0.030	0.60	11.50~13.00	—	—	—	—
S41008	06Cr13	0.08	1.00	1.00	0.040	0.030	0.60	11.50~13.50	—	—	—	—
S41010	12Cr13	0.15	1.00	1.00	0.040	0.030	0.60	11.50~13.50	—	—	—	—
S41595	04Cr13Ni5Mo	0.05	0.60	0.50~1.00	0.030	0.030	3.50~5.50	11.50~14.00	0.50~1.00	—	—	—
S42020	20Cr13	0.16~0.25	1.00	1.00	0.040	0.030	0.60	12.00~14.00	—	—	—	—
S42030	30Cr13	0.26~0.35	1.00	1.00	0.040	0.030	0.60	12.00~14.00	—	—	—	—
S42040	40Cr13①	0.36~0.45	0.80	0.80	0.040	0.030	0.60	12.00~14.00	—	—	—	—
S43120	17Cr16Ni2①	0.12~0.20	1.00	1.00	0.025	0.015	2.00~3.00	15.00~18.00	—	—	—	—
S44070	68Cr17	0.60~0.75	1.00	1.00	0.040	0.030	0.60	16.00~18.00	0.75	—	—	—
S46050	50Cr15MoV	0.45~0.55	1.00	1.00	0.040	0.015	—	14.00~15.00	0.50~0.80	—	—	V:0.10~0.20

① 为相对于 GB/T 20878—2007 调整化学成分的牌号。

注：表中所列成分除标明范围或最小值，其余均为最大值。

表 3-19-54

沉淀硬化型钢的化学成分

统一数字代号	牌号	化学成分(质量分数)/%										
		C	Si	Mn	P	S	Ni	Cr	Mo	Cu	N	其他元素
S51380	04Cr13Ni8Mo2Al①	0.05	0.10	0.20	0.010	0.008	7.50~8.50	12.30~13.25	2.00~2.50	—	0.01	Al:0.90~1.35
S51290	022Cr12Ni9Cu2NbTi①	0.05	0.50	0.50	0.040	0.030	7.50~9.50	11.00~12.50	0.50	1.50~2.50	—	Ti:0.80~1.40,(Nb+Ta):0.10~0.50
S51770	07Cr17Ni7Al	0.09	1.00	1.00	0.040	0.030	6.50~7.75	16.00~18.00	—	—	—	Al:0.75~1.50
S51570	07Cr15Ni7Mo2Al	0.09	1.00	1.00	0.040	0.030	6.50~7.75	14.00~16.00	2.00~3.00	—	—	Al:0.75~1.50
S51750	09Cr17Ni5Mo3N①	0.07~0.11	0.50	0.50~1.25	0.040	0.030	4.00~5.00	16.00~17.00	2.50~3.20	—	0.07~0.13	—
S51778	06Cr17Ni7AlTi	0.08	1.00	1.00	0.040	0.030	6.00~7.50	16.00~17.50	—	—	—	Al:0.40,Ti:0.40~1.20

① 为相对于 GB/T 20878—2007 调整化学成分的牌号。

注：表中所列成分除标明范围或最小值，其余均为最大值。

(4) 力学性能

表 3-19-55　　经固溶处理的奥氏体型钢板和钢带的力学性能

统一数字代号	牌号	规定塑性延伸强度 $R_{p0.2}$/MPa	抗拉强度 R_m/MPa	断后伸长率[①] A/%	硬度值 HBW	硬度值 HRB	硬度值 HV
		≥			≤		
S30103	022Cr17Ni7	220	550	45	241	100	242
S30110	12Cr17Ni7	205	515	40	217	95	220
S30153	022Cr17Ni7N	240	550	45	241	100	242
S30210	12Cr18Ni9	205	515	40	201	92	210
S30240	12Cr18Ni9Si3	205	515	40	217	95	220
S30403	022Cr19Ni10	180	485	40	201	92	210
S30408	06Cr19Ni10	205	515	40	201	92	210
S30409	07Cr19Ni10	205	515	40	201	92	210
S30450	05Cr19Ni10Si2CeN	290	600	40	217	95	220
S30453	022Cr19Ni10N	205	515	40	217	95	220
S30458	06Cr19Ni10N	240	550	30	217	95	220
S30478	06Cr19Ni9NbN	345	620	30	241	100	242
S30510	10Cr18Ni12	170	485	40	183	88	200
S30859	08Cr21Ni11Si2CeN	310	600	40	217	95	220
S30908	06Cr23Ni13	205	515	40	217	95	220
S31008	06Cr25Ni20	205	515	40	217	95	220
S31053	022Cr25Ni22Mo2N	270	580	25	217	95	220
S31252	015Cr20Ni18Mo6CuN	310	690	35	223	96	225
S31603	022Cr17Ni12Mo2	180	485	40	217	95	220
S31608	06Cr17Ni12Mo2	205	515	40	217	95	220
S31609	07Cr17Ni12Mo2	205	515	40	217	95	220
S31653	022Cr17Ni12Mo2N	205	515	40	217	95	220
S31658	06Cr17Ni12Mo2N	240	550	35	217	95	220
S31668	06Cr17Ni12Mo2Ti	205	515	40	217	95	220
S31678	06Cr17Ni12Mo2Nb	205	515	30	217	95	220
S31688	06Cr18Ni12Mo2Cu2	205	520	40	187	90	200
S31703	022Cr19Ni13Mo3	205	515	40	217	95	220
S31708	06Cr19Ni13Mo3	205	515	35	217	95	220
S31723	022Cr19Ni16Mo5N	240	550	40	223	96	225
S31753	022Cr19Ni13Mo4N	240	550	40	217	95	220
S31782	015Cr21Ni26Mo5Cu2	220	490	35	—	90	200
S32168	06Cr18Ni11Ti	205	515	40	217	95	220
S32169	07Cr19Ni11Ti	205	515	40	217	95	220
S32652	015Cr24Ni22Mo8Mn3CuN	430	750	40	250	—	252
S34553	022Cr24Ni17Mo5Mn6NbN	415	795	35	241	100	242
S34778	06Cr18Ni11Nb	205	515	40	201	92	210
S34779	07Cr18Ni11Nb	205	515	40	201	92	210
S38367	022Cr21Ni25Mo7N	310	690	30	—	100	258
S38926	015Cr20Ni25Mo7CuN	295	650	35	—	—	—

① 厚度不大于 3mm 时使用 A_{50mm} 试样。

表 3-19-56　　H1/4 状态的钢板和钢带的力学性能

统一数字代号	牌号	规定塑性延伸强度 $R_{p0.2}$/MPa	抗拉强度 R_m/MPa	断后伸长率① A/%		
				厚度 <0.4mm	厚度 0.4~<0.8mm	厚度 ≥0.8mm
		≥				
S30103	022Cr17Ni7	515	825	25	25	25
S30110	12Cr17Ni7	515	860	25	25	25
S30153	022Cr17Ni7N	515	825	25	25	25
S30210	12Cr18Ni9	515	860	10	10	12
S30403	022Cr19Ni10	515	860	8	8	10
S30408	06Cr19Ni10	515	860	10	10	12
S30453	022Cr19Ni10N	515	860	10	10	12
S30458	06Cr19Ni10N	515	860	12	12	12
S31603	022Cr17Ni12Mo2	515	860	8	8	8
S31608	06Cr17Ni12Mo2	515	860	10	10	10
S31658	06Cr17Ni12Mo2N	515	860	12	12	12

① 厚度不大于 3mm 时使用 A_{50mm} 试样。

表 3-19-57　　H3/4 状态的钢板和钢带的力学性能

统一数字代号	牌号	规定塑性延伸强度 $R_{p0.2}$/MPa	抗拉强度 R_m/MPa	断后伸长率① A/%		
				厚度 <0.4mm	厚度 0.4~<0.8mm	厚度 ≥0.8mm
		≥		≥		
S30110	12Cr17Ni7	930	1205	10	12	12
S30210	12Cr18Ni9	930	1205	5	6	6

① 厚度不大于 3mm 时使用 A_{50mm} 试样。

表 3-19-58　　H2 状态的钢板和钢带的力学性能

统一数字代号	牌号	规定塑性延伸强度 $R_{p0.2}$/MPa	抗拉强度 R_m/MPa	断后伸长率① A/%		
				厚度 <0.4mm	厚度 0.4~<0.8mm	厚度 ≥0.8mm
		≥		≥		
S30110	12Cr17Ni7	1790	1860	—	—	—

① 厚度不大于 3mm 时使用 A_{50mm} 试样。

表 3-19-59　　经固溶处理的奥氏体-铁素体型钢板和钢带的力学性能

统一数字代号	牌号	规定塑性延伸强度 $R_{p0.2}$/MPa	抗拉强度 R_m/MPa	断后伸长率① A/%	硬度值	
					HBW	HRC
		≥			≤	
S21860	14Cr18Ni11Si4AlTi	—	715	25	—	—
S21953	022Cr19Ni5Mo3Si2N	440	630	25	290	31
S22053	022Cr23Ni5Mo3N	450	655	25	293	31
S22152	022Cr21Mn5Ni2N	450	620	25	—	25
S22153	022Cr21Ni3Mo2N	450	655	25	293	31
S22160	12Cr21Ni5Ti	—	635	20	—	—
S22193	022Cr21Mn3Ni3Mo2N	450	620	25	293	31
S22253	022Cr22Mn3Ni2MoN	450	655	30	293	31
S22293	022Cr22Ni5Mo3N	450	620	25	293	31
S22294	03Cr22Mn5Ni2MoCuN	450	650	30	290	—
S22353	022Cr23Ni2N	450	650	30	290	—
S22493	022Cr24Ni4Mn3Mo2CuN	540	740	25	290	—
S22553	022Cr25Ni6Mo2N	450	640	25	295	31

续表

统一数字代号	牌号	规定塑性延伸强度 $R_{p0.2}$/MPa	抗拉强度 R_m/MPa	断后伸长率① A/%	硬度值 HBW	硬度值 HRC
		≥			≤	
S23043	022Cr23Ni4MoCuN	400	600	25	290	31
S25073	022Cr25Ni7Mo4N	550	795	15	310	32
S25554	03Cr25Ni6Mo3Cu2N	550	760	15	302	32
S27603	022Cr25Ni7Mo4WCuN	550	750	25	270	—

① 厚度不大于 3mm 时使用 A_{50mm} 试样。

表 3-19-60　经退火处理的铁素体型钢板和钢带的力学性能

统一数字代号	牌号	规定塑性延伸强度 $R_{p0.2}$/MPa	抗拉强度 R_m/MPa	断后伸长率① A/%	180°弯曲试验弯曲压头直径 D	硬度值 HBW	硬度值 HRB	硬度值 HV
		≥				≤		
S11163	022Cr11Ti	170	380	20	$D=2a$	179	88	200
S11173	022Cr11NbTi	170	380	20	$D=2a$	179	88	200
S11203	022Cr12	195	360	22	$D=2a$	183	88	200
S11213	022Cr12Ni	280	450	18	—	180	88	200
S11348	06Cr13Al	170	415	20	$D=2a$	179	88	200
S11510	10Cr15	205	450	22	$D=2a$	183	89	200
S11573	022Cr15NbTi	205	450	22	$D=2a$	183	89	200
S11710	10Cr17	205	420	22	$D=2a$	183	89	200
S11763	022Cr17Ti	175	360	22	$D=2a$	183	88	200
S11790	10Cr17Mo	240	450	22	$D=2a$	183	89	200
S11862	019Cr18MoTi	245	410	20	$D=2a$	217	96	230
S11863	022Cr18Ti	205	415	22	$D=2a$	183	89	200
S11873	022Cr18Nb	250	430	18	—	180	88	200
S11882	019Cr18CuNb	205	390	22	$D=2a$	192	90	200
S11972	019Cr19Mo2NbTi	275	415	20	$D=2a$	217	96	230
S11973	022Cr18NbTi	205	415	22	$D=2a$	183	89	200
S12182	019Cr21CuTi	205	390	22	$D=2a$	192	90	200
S12361	019Cr23Mo2Ti	245	410	20	$D=2a$	217	96	230
S12362	019Cr23MoTi	245	410	20	$D=2a$	217	96	230
S12763	022Cr27Ni2Mo4NbTi	450	585	18	$D=2a$	241	100	242
S12791	008Cr27Mo	275	450	22	$D=2a$	187	90	200
S12963	022Cr29Mo4NbTi	415	550	18	$D=2a$	255	25②	257
S13091	008Cr30Mo2	295	450	22	$D=2a$	207	95	220

① 厚度不大于 3mm 时使用 A_{50mm} 试样。

② 为 HRC 硬度值。

注：a 为弯曲试样厚度。

表 3-19-61　经退火处理的马氏体型钢板和钢带（17Cr16Ni2 除外）的力学性能

统一数字代号	牌号	规定塑性延伸强度 $R_{p0.2}$/MPa	抗拉强度 R_m/MPa	断后伸长率① A/%	180°弯曲试验弯曲压头直径 D	硬度值 HBW	硬度值 HRB	硬度值 HV
		≥				≤		
S40310	12Cr12	205	485	20	$D=2a$	217	96	210
S41008	06Cr13	205	415	22	$D=2a$	183	89	200
S41010	12Cr13	205	450	20	$D=2a$	217	96	210
S41595	04Cr13Ni5Mo	620	795	15	—	302	32②	308
S42020	20Cr13	225	520	18	—	223	97	234

续表

统一数字代号	牌号	规定塑性延伸强度 $R_{p0.2}$/MPa	抗拉强度 R_m/MPa	断后伸长率① A/%	180°弯曲试验弯曲压头直径 D	硬度值		
						HBW	HRB	HV
		≥				≤		
S42030	30Cr13	225	540	18	—	235	99	247
S42040	40Cr13	225	590	15	—	—	—	—
S43120	17Cr16Ni2③	690	880~1080	12	—	262~326	—	—
		1050	1350	10	—	388	—	—
S44070	68Cr17	245	590	15	—	255	25②	269
S46050	50Cr15MoV	—	≤850	12	—	280	100	280

① 厚度不大于 3mm 时使用 A_{50mm} 试样。
② 为 HRC 硬度值。
③ 表列为淬火、回火后的力学性能。
注：a 为弯曲试样厚度。

表 3-19-62　经固溶处理的沉淀硬化型钢板和钢带试样的力学性能

统一数字代号	牌号	钢材厚度/mm	规定塑性延伸强度 $R_{p0.2}$/MPa	抗拉强度 R_m/MPa	断后伸长率① A/%	硬度值	
						HRC	HBW
			≤		≥	≤	
S51380	04Cr13Ni8Mo2Al	0.10~<8.0	—	—	—	38	363
S51290	022Cr12Ni9Cu2NbTi	0.30~8.0	1105	1205	3	36	331
S51770	07Cr17Ni7Al	0.10~<0.30	450	1035	—	—	—
		0.30~8.0	380	1035	20	92②	—
S51570	07Cr15Ni7Mo2Al	0.10~<8.0	450	1035	25	100②	—
S51750	09Cr17Ni5Mo3N	0.10~<0.30	585	1380	8	30	—
		0.30~8.0	585	1380	12	30	—
S51778	06Cr17Ni7AlTi	0.10~<1.50	515	825	4	32	—
		1.50~8.0	515	825	5	32	—

① 厚度不大于 3mm 时使用 A_{50mm} 试样。
② 为 HRB 硬度值。

表 3-19-63　经时效处理后的沉淀硬化型钢板和钢带试样的力学性能

统一数字代号	牌号	钢材厚度/mm	处理温度①/℃	规定塑性延伸强度 $R_{p0.2}$/MPa	抗拉强度 R_m/MPa	断后伸长率②③ A/%	硬度值	
							HRC	HBW
				≥			≥	
S51380	04Cr13Ni8Mo2Al	0.10~<0.50	510±6	1410	1515	6	45	—
		0.50~<5.0		1410	1515	8	45	—
		5.0~8.0		1410	1515	10	45	—
		0.10~<0.50	538±6	1310	1380	6	43	—
		0.50~<5.0		1310	1380	8	43	—
		5.0~8.0		1310	1380	10	43	—
S51290	022Cr12Ni9Cu2NbTi	0.10~<0.50	510±6 或 482±6	1410	1525	—	44	—
		0.50~<1.50		1410	1525	3	44	—
		1.50~8.0		1410	1525	4	44	—
S51770	07Cr17Ni7Al	0.10~<0.30	760±15	1035	1240	3	38	—
		0.30~<5.0	15±3	1035	1240	5	38	—
		5.0~8.0	566±6	965	1170	7	38	352
		0.10~<0.30	954±8	1310	1450	1	44	—
		0.30~<5.0	−73±6	1310	1450	3	44	—
		5.0~8.0	510±6	1240	1380	6	43	401

续表

统一数字代号	牌号	钢材厚度/mm	处理温度①/℃	规定塑性延伸强度 $R_{p0.2}$/MPa	抗拉强度 R_m/MPa	断后伸长率②③ A/%	硬度值 HRC	硬度值 HBW
				≥			≥	
S51570	07Cr15Ni7Mo2Al	0.10~<0.30	760±15	1170	1310	3	40	—
		0.30~<5.0	15±3	1170	1310	5	40	—
		5.0~8.0	566±6	1170	1310	4	40	375
		0.10~<0.30	954±8	1380	1550	2	46	—
		0.30~<5.0	−73±6	1380	1550	4	46	—
		5.0~8.0	510±6	1380	1550	4	45	429
		0.10~1.2	冷轧	1205	1380	1	41	—
		0.10~1.2	冷轧+482	1580	1655	1	46	—
S51750	09Cr17Ni5Mo3N	0.10~<0.30	455±8	1035	1275	6	42	—
		0.30~5.0		1035	1275	8	42	—
		0.10~<0.30	540±8	1000	1140	6	36	—
		0.30~5.0		1000	1140	8	36	—
S51778	06Cr17Ni7AlTi	0.10~<0.80	510±8	1170	1310	3	39	—
		0.80~<1.50		1170	1310	4	39	—
		1.50~8.0		1170	1310	5	39	—
		0.10~<0.80	538±8	1105	1240	3	37	—
		0.80~<1.50		1105	1240	4	37	—
		1.50~8.0		1105	1240	5	37	—
		0.10~<0.80	566±8	1035	1170	3	35	—
		0.80~<1.50		1035	1170	4	35	—
		1.50~8.0		1035	1170	5	35	—

① 为推荐性热处理温度，供方应向需方提供推荐性热处理制度。
② 适用于沿宽度方向的试验，垂直于轧制方向且平行于钢板表面。
③ 厚度不大于 3mm 时使用 A_{50mm} 试样。

表 3-19-64 经固溶处理后的沉淀硬化型钢板和钢带的弯曲性能

统一数字代号	牌号	厚度/mm	180°弯曲试验弯曲压头直径 D
S51290	022Cr12Ni9Cu2NbTi	0.10~5.0	$D=6a$
S51770	07Cr17Ni7Al	0.10~<5.0	$D=a$
		5.0~7.0	$D=3a$
S51570	07Cr15Ni7Mo2Al	0.10~<5.0	$D=a$
		5.0~7.0	$D=3a$
S51750	09Cr17Ni5Mo3N	0.10~5.0	$D=2a$

注：a 为弯曲试样厚度。

(5) 表面加工类型

不锈钢的表面加工类型见表 3-19-65。

表 3-19-65 表面加工类型

简称	加工类型	表面状态	备注
2E 表面	带氧化皮冷轧、热处理、除鳞	粗糙且无光泽	该表面类型为带氧化皮冷轧，除鳞方式为酸洗除鳞或机械除鳞加酸洗除鳞。这种表面适用于厚度精度较高、表面粗糙度要求较高的结构件或冷轧替代产品
2D 表面	冷轧、热处理、酸洗或除鳞	表面均匀、呈亚光状	冷轧后热处理、酸洗或除鳞。亚光表面经酸洗产生。可用毛面辊进行平整。毛面加工便于在深冲时将润滑剂保留在钢板表面。这种表面适用于加工深冲部件，但这些部件成形后还需进行抛光处理

续表

简称	加工类型	表面状态	备注
2B 表面	冷轧、热处理、酸洗或除鳞、光亮加工	较 2D 表面光滑平直	在 2D 表面的基础上，对经热处理、除鳞后的钢板用抛光辊进行小压下量的平整。属最常用的表面加工。除极为复杂的深冲外，可用于任何用途
BA 表面	冷轧、光亮退火	平滑、光亮、反光	冷轧后在可控气氛炉内进行光亮退火。通常采用干氢或干氢与干氮混合气氛，以防止退火过程中的氧化现象，也是后工序再加工常用的表面加工
3#表面	对单面或双面进行刷磨或亚光抛光	无方向纹理、不反光	需方可指定抛光带的等级或表面粗糙度。由于抛光带的等级或表面粗糙度的不同，表面所呈现的状态不同。这种表面适用于延伸产品还需进一步加工的场合。若钢板或钢带做成的产品不进行另外的加工或抛光处理时，建议用 4#表面
4#表面	对单面或双面进行通用抛光	无方向纹理、反光	经粗磨料粗磨后，再用粒度为 120#～150#或更细的研磨料进行精磨。这种材料被广泛用于餐馆设备、厨房设备、店铺门面、乳制品设备等
6#表面	单面或双面亚光锻面抛光，坦皮科研磨	呈亚光状、无方向纹理	表面反光率较 4#表面差。用 4#表面加工的钢板在中粒度研磨料和油的介质中经坦皮科刷磨而成。适用于不要求光泽度的建筑物和装饰。研磨粒度可由需方指定
7#表面	高光泽度表面加工	光滑、高反光度	由优良的基础表面进行擦磨而成，但表面磨痕无法消除，该表面主要适用于要求高光泽度的建筑物外墙装饰
8#表面	镜面加工	无方向纹理、高反光度、影像清晰	该表面是用逐步细化的磨料抛光和用极细的铁丹大量擦磨而成的。表面不留任何擦磨痕迹。该表面被广泛用于模压板和镜面板
TR 表面	冷作硬化处理	应材质及冷作量的大小而变化	对退火除鳞或光亮退火的钢板进行足够的冷作硬化处理。大大提高强度水平
HL 表面	冷轧、酸洗、平整、研磨	呈连续性磨纹状	用适当粒度的研磨材料进行抛光，使表面呈连续性磨纹

注：1. 单面抛光的钢板，另一面需进行粗磨，以保证必要的平直度。

2. 标准的抛光工艺在不同的钢种上所产生的效果不同。对于一些关键性的应用，订单中需要附“典型标样”做参照，以便于取得一致的看法。

第3篇

（6）不锈钢的特性和用途

不锈钢的特性和用途见表 3-19-66。

表 3-19-66　　不锈钢的特性和用途

类型	统一数字代号	牌号	特性和用途
奥氏体型	S30110	12Cr17Ni7	经冷加工有高的强度。用于铁道车辆、传送带螺栓螺母等
	S30103	022Cr17Ni7	是 12Cr17Ni7 的超低碳钢，具有良好的耐晶间腐蚀性、焊接性，用于铁道车辆
	S30153	022Cr17Ni7N	是 12Cr17Ni7 的超低碳含氮钢，强度高，具有良好的耐晶间腐蚀性、焊接性，用于结构件
	S30210	12Cr18Ni9	经冷加工有高的强度，但伸长率比 12Cr17Ni7 稍差。用于建筑装饰部件
	S30240	12Cr18Ni9Si3	耐氧化性比 12Cr18Ni9 好，900℃以下与 06Cr25Ni20 具有相同的耐氧化性和强度。用于汽车排气净化装置、工业炉等高温装置部件
	S30408	06Cr19Ni10	作为不锈耐热钢使用最广泛，用于食品设备、一般化工设备、原子能工业等
	S30403	022Cr19Ni10	比 06Cr19Ni10 碳含量更低的钢，耐晶间腐蚀性优越，焊接后不进行热处理
	S30409	07Cr19Ni10	在固溶态钢的塑性、韧性、冷加工性良好，在氧化性酸和大气、水等介质中耐蚀性好，但在敏化态或焊接后有晶腐倾向。耐蚀性优于 12Cr18Ni9。适于制造深冲成形部件和输酸管道、容器等
	S30450	05Cr19Ni10Si2CeN	加氮，提高钢的强度和加工硬化倾向，塑性不降低。改善钢的耐点蚀、晶腐性，可承受更重的负荷，使材料的厚度减小。用于结构用强度部件
	S30458	06Cr19Ni10N	在 06Cr19Ni10 的基础上加氮，提高钢的强度和加工硬化倾向，塑性不降低。改善钢的耐点蚀、晶腐性，使材料的厚度减小。用于有一定耐腐要求，并要求较高强度和减速轻重量的设备、结构部件

续表

类型	统一数字代号	牌号	特性和用途
奥氏体型	S30478	06Cr19Ni9NbN	在06Cr19Ni10的基础上加氮和铌，提高钢的耐点蚀、晶腐性能，具有与06Cr19Ni10N相同的特性和用途
	S30453	022Cr19Ni10N	06Cr19Ni10N的超低碳钢，因06Cr19Ni10N在450～900℃加热后耐晶腐性将明显下降。因此对于焊接设备构件，推荐用022Cr19Ni10N
	S30510	10Cr18Ni12	与06Cr19Ni10相比，加工硬化性低。用于手机配件、电器元件、发电机组配件等
	S30908	06Cr23Ni13	耐腐蚀性比06Cr19Ni10好，但实际上多作为耐热钢使用
	S31008	06Cr25Ni20	抗氧化性比06Cr23Ni13好，但实际上多作为耐热钢使用
	S31053	022Cr25Ni22Mo2N	钢中加氮提高钢的耐孔蚀性，且使钢具有更高的强度和稳定的奥氏体组织。适用于尿素生产中汽提塔的结构材料，性能远优于022Cr17Ni12Mo2
	S31252	015Cr20Ni18Mo6CuN	一种高性价比超级奥氏体不锈钢，较低的C含量和高Mo、高N含量，使其具有较好的耐晶间腐蚀能力、耐点腐蚀和耐缝隙腐蚀性能，主要用于海洋开发、海水淡化、热交换器、纸浆生产、烟气脱硫装置等领域
	S31608	06Cr17Ni12Mo2	在海水和其他各种介质中，耐腐蚀性比06Cr19Ni10好。主要用于耐点蚀材料
	S31603	022Cr17Ni12Mo2	为06Cr17Ni12Mo2的超低碳钢。超低碳奥氏体不锈钢对各种无机酸、碱类、盐类（如亚硫酸、硫酸、磷酸、醋酸、甲酸、氯盐、卤素、亚硫酸盐等）均有良好的耐蚀性。由于含碳量低，因此，焊接性能良好，适合于多层焊接，焊后一般不需热处理，且焊后无刀口腐蚀倾向。可用于制造合成纤维、石油化工、纺织、化肥、印染及原子能等工业设备，如塔、槽、容器、管道等
	S31609	07Cr17Ni12Mo2	与06Cr17Ni12Mo2相比，该钢种的C含量由小于等于0.08%调整至0.04%～0.10%，耐高温性能增加，该钢种广泛应用于加热釜、锅炉、硬质合金传送带等
	S31668	06Cr17Ni12Mo2Ti	有良好的耐晶间腐蚀性，用于抵抗硫酸、磷酸、甲酸、乙酸的设备
	S31678	06Cr17Ni12Mo2Nb	比06Cr17Ni12Mo2具有更好的耐晶间腐蚀性
	S31658	06Cr17Ni12Mo2N	在06Cr17Ni12Mo2中加入N，提高强度，不降低塑性，使材料的使用厚度减薄。用于耐腐蚀性较好的强度较高的部件
	S31653	022Cr17Ni12Mo2N	用途与06Cr17Ni12Mo2N相同但耐晶间腐蚀性更好
	S31688	06Cr18Ni12Mo2Cu2	耐腐蚀性、耐点蚀性比06Cr17Ni12Mo2好。用于耐硫酸材料
	S31782	015Cr21Ni26Mo5Cu2	高Mo不锈钢，全面耐硫酸、磷酸、醋酸等腐蚀，又可解决氯化物孔蚀、缝隙腐蚀和应力腐蚀问题。主要用于石化、化工、化肥、海洋开发等的塔、槽、管、换热器等
	S31708	06Cr19Ni13Mo3	耐点蚀性比06Cr17Ni12Mo2好，用于染色设备材料等
	S31703	022Cr19Ni13Mo3	为06Cr19Ni13Mo3的超低碳钢，比06Cr19Ni13Mo3耐晶间腐蚀性好，主要用于电站冷凝管等
	S31723	022Cr19Ni16Mo5N	高Mo不锈钢，钢中含0.10%～0.20%Mo，使其耐孔蚀性能进一步提高，此钢种在硫酸、甲酸、醋酸等介质中的耐蚀性要比一般含2%～4%Mo的常用Cr-Ni钢更好
	S31753	022Cr19Ni13Mo4N	在022Cr19Ni13Mo3中添加氮，具有高强度、高耐蚀性，用于罐箱、容器等
	S32168	06Cr18Ni11Ti	添加钛提高耐晶间腐蚀性，不推荐做装饰部件
	S32169	07Cr19Ni11Ti	与06Cr18Ni11Ti相比，该钢种的C含量由小于等于0.08%调整至0.04%～0.10%，耐高温性能增强，可用于锅炉行业
	S32652	015Cr24Ni22Mo8Mn3CuN	属于超级奥氏体不锈钢，高Mo、高N、高Cr使其具有优异的耐点蚀、耐缝隙腐蚀性能，主要用于海洋开发、海水淡化、纸浆生产、烟气脱硫装置等领域
	S34553	022Cr24Ni17Mo5Mn6NbN	这是一种高强度且耐腐蚀的超级奥氏体不锈钢，在氯化物环境中，具有优良的耐点蚀和耐缝隙腐蚀性能。此钢被推荐用于海水淡化、海上采油平台以及电厂烟气脱硫等装置
	S34778	06Cr18Ni11Nb	添加铌提高奥氏体不锈钢的稳定性。由于其良好的耐蚀性能、焊接性能，因此广泛应用于石油化工、合成纤维、食品、造纸等行业。在热电厂和核动力工业中，用于大型锅炉过热器、再热器、蒸汽管道、轴类和各类焊接结构件

续表

类型	统一数字代号	牌号	特性和用途
奥氏体型	S34779	07Cr18Ni11Nb	与06Cr18Ni11Nb相比，该钢种的C含量由小于等于0.08%调整至0.04%~0.10%，耐高温性能增加，可用于锅炉行业
	S30859	08Cr21Ni11Si2CeN	在21Cr-11Ni不锈钢的基础上，通过稀土铈和氮元素的合金化提高耐高温性能，与06Cr25Ni20相比，在优化使用性能的同时，还节约了贵重的Ni资源。该钢种主要用于锅炉行业
	S38926	015Cr20Ni25Mo7CuN	与015Cr20Ni18Mo6CuN相比，Ni含量由17.5%~18.5%提高至24.0%~26.0%，具有更好的耐应力腐蚀能力，被推荐用于海洋开发、核电装置等领域
	S38367	022Cr21Ni25Mo7N	与015Cr20Ni25Mo7CuN相比，Cr含量更高，耐点腐蚀性能更好，用于海洋开发、热交换器、核电装置等领域
奥氏体-铁素体型	S21860	14Cr18Ni11Si4AlTi	由于Si的存在，既通过α+β两相强化提高强度，又使此钢在浓硝酸和发烟硝酸中形成表面氧化硅膜从而提高耐浓硝酸腐蚀性能。用于制作抗高温浓硝酸介质的零件和设备
	S21953	022Cr19Ni5Mo3Si2N	耐应力腐蚀破裂性能良好，耐点蚀性能与022Cr17Ni14Mo2相当，具有较高强度，适用于含氯离子的环境，用于炼油、化肥、造纸、石油、化工等工业制造热交换器、冷凝器等
	S22160	12Cr21Ni5Ti	可代替06Cr18Ni11Ti，有更好的力学性能，特别是强度较高，用于航天设备等
	S22293	022Cr22Ni5Mo3N	具有高强度，良好的耐应力腐蚀、耐点蚀、良好的焊接性能，在石化、造船、造纸、海水淡化、核电等领域具有广泛的用途
	S22053	022Cr23Ni5Mo3N	属于低合金双相不锈钢，强度高，能代替S30403和S31603，可用于锅炉和压力容器，化工厂和炼油厂的管道
	S23043	022Cr23Ni4MoCuN	具有双相组织，优异的耐应力腐蚀断裂和其他形式耐蚀的性能以及良好的焊接性。主要用于石油石化、造纸、海水淡化等行业
	S22553	022Cr25Ni6Mo2N	耐腐蚀疲劳性能远比S31603（尿素级）好，对低应力、低频率交变载荷条件下工作的尿素甲胺泵泵体选材有重要参考价值。主要应用于化工、化肥、石油化工等领域，多用于制造热交换器、蒸发器等，国内主要用于尿素装置，也可用于耐海水腐蚀部件等
	S25554	03Cr25Ni6Mo3Cu2N	该钢具有良好的力学性能和耐局部腐蚀性能，尤其是耐磨损腐蚀性能优于一般的不锈钢。海水环境中的理想材料，适用于舰船用的螺旋推进器、轴、潜艇密封件等，以及在化工、石油化工、天然气、纸浆、造纸等领域中应用
	S25073	022Cr25Ni7Mo4N	是双相不锈钢中耐局部腐蚀性能最好的钢，特别是耐点蚀性能最好，并具有高强度、耐氯化物应力腐蚀、可焊接的特点。非常适用于化工、石油、石化和动力工业中以河水、地下水和海水等为冷却介质的换热设备
	S27603	022Cr25Ni7Mo4WCuN	在022Cr25Ni7Mo3N钢中加入W、Cu提高Cr25型双相钢的性能。特别是耐氯化物点蚀和缝隙腐蚀性能更佳，主要用于以水（含海水、卤水）为介质的热交换设备
	S22153	022Cr21Ni3MoN	含有1.5%的Mo，与Cr、N配合提高耐腐蚀性能，其耐蚀性优于022Cr17Ni12Mo2，与022Cr19Ni13Mo3接近，是022Cr17Ni12Mo2的理想替代品。同时该钢种还具有较高的强度，可用于化学储罐、纸浆造纸、建筑屋顶、桥梁等领域
	S22294	03Cr22Mn5Ni2MoCuN	低Ni、高N含量，使其具有高强度、良好的耐腐蚀性能和焊接性能的同时，制造成本大幅度降低。该钢种具有比022Cr19Ni10更好、与022Cr17Ni12Mo2相当的耐蚀性能，是06Cr19Ni10、022Cr19Ni10理想的替代品，用于石化、造船、造纸、核电、海水淡化、建筑等领域
	S22152	022Cr21Mn5Ni2N	合金的Ni、Mo含量大幅降低，并含有较高N含量，具有高强度、良好的耐腐蚀性能、焊接性能以及较低的成本。该钢种具有与022Cr19Ni10相当的耐蚀性能，在一定范围内可替代06Cr19Ni10、022Cr19Ni10，用于建筑、交通、石化等领域
	S22193	022Cr21Mn3Ni3Mo2N	含有1%~2%的Mo以及较高的N，具有良好的耐腐蚀性能、焊接性能，同时由于以Mn、N代Ni，降低了成本。该钢种具有与022Cr17Ni12Mo2相当甚至更好的耐点蚀及耐均匀腐蚀性能，耐应力腐蚀性能也显著提高，是022Cr17Ni12Mo2的理想替代品，用于建筑、造纸、石化等领域

续表

类型	统一数字代号	牌号	特性和用途
奥氏体-铁素体型	S22253	022Cr22Mn3Ni2MoN	含有较高的 Cr 和 N,材料耐点蚀和抗均匀腐蚀性高于 022Cr19Ni10,与 022Cr17Ni12Mo2 相当,耐应力腐蚀性能显著提高,并具有良好的焊接性能,可替代 022Cr19Ni10、022Cr17Ni12Mo2,用于建筑、石化、能源等领域
	S22353	022Cr23Ni2N	以较高的 N 代 Ni,Mo 含量较低,从而成本得到显著降低。由于含有约 23%的 Cr 以及约 0.2%的 N,材料耐点蚀和抗均匀腐蚀性与 022Cr17Ni12Mo2 相当甚至更高,耐应力腐蚀性显著提高,焊接性能优良,可替代 022Cr17Ni12Mo2。用于建筑、储罐、石化等领域
	S22493	022Cr24Ni4Mn3Mo2CuN	以较高的 N 及一定含量的 Mn 代 Ni,Cr 含量较低,从而成本得到降低。由于含有约 24% 的 Cr 以及约 0. 25% 的 N,材料耐点蚀和抗均匀腐蚀性高于 022Cr17Ni12Mo2,接近 022Cr19Ni13Mo3,耐应力腐蚀性显著提高,焊接性能优良,可替代 022Cr17Ni12Mo20 以及 22Cr19Ni13Mo3。用于石化、造纸、建筑、储罐等领域
铁素体型	S11348	06Cr13Al	从高温冷却不产生显著硬化,主要用于制作石油化工,锅炉等行业在高温中工作的零件
	S11163	022Cr11Ti	超低碳钢,焊接性能好,用于汽车排气处理装置
	S11173	022Cr11NbTi	在钢中加入 Nb+Ti 细化晶粒,提高铁素体钢的耐晶间腐蚀性、改善焊后塑性,性能比 022Cr11Ti 更好,用于汽车排气处理装置
	S11213	022Cr12Ni	具有中等的耐蚀性、良好的强度、良好的可焊性、较好的耐湿磨性和滑动性。主要应用于运输、交通、结构、石化和采矿等行业
	S11203	022Cr12	焊接部位弯曲性能、加工性能好。多用于集装箱行业
	S11510	10Cr15	作为 10Cr17 改善焊接性的钢种。用于建筑内装饰、家用电器部件
	S11710	10Cr17	耐蚀性良好的通用钢种,用于建筑内装饰、家庭用具、家用电器部件。脆性转变温度均在室温以上,而且对缺口敏感,不适于制作室温以下的承载备件
	S11763	022Cr17NbTi	降低 10Cr17Mo 中的 C 和 N,单独或复合加入 Ti、Nb 或 Zr,使加工性和焊接性改善,用于建筑内外装饰、车辆部件
	S11790	10Cr17Mo	在钢中加入 Mo,提高钢的耐点蚀、耐缝隙腐蚀性及强度等,主要用于汽车排气系统、建筑内外装饰等
	S11862	019Cr18MoTi	在钢中加入 Mo,提高钢的耐点蚀、耐缝隙腐蚀性及强度等
	S11873	022Cr18Nb	加入不少于 0.3%的 Nb 和 0.1%~0.6%的 Ti,降低碳含量,改善加工性和焊接性能,且提高耐高温性能,用于烤箱炉管、汽车排气系统、燃气罩等领域
	S11972	019Cr19Mo2NbTi	Mo 含量比 022Cr18MoTi 高,耐腐蚀性提高,耐应力腐蚀破裂性好,用于储水槽太阳能温水器、热交换器、食品机器、染色机械等
	S12791	008Cr27Mo	用于性能、用途、耐蚀性和软磁性与 008Cr30Mo2 类似的用途
	S13091	008Cr30Mo2	高 Cr-Mo 系,C、N 降至极低。耐蚀性很好,耐卤离子应力腐蚀破裂、耐点蚀性好。用于制作与醋酸、乳酸等有机酸有关的设备、制造苛性碱设备
	S12182	019Cr21CuTi	抗腐蚀性、成形性、焊接性与 06Cr19Ni10 相当。适用于建筑内外装饰材料、电梯、家电、车辆部件、不锈钢制品、太阳能热水器等领域
	S11973	022Cr18NbTi	降低 10Cr17 中的 C,复合加入 Nb、Ti,高温性能优于 022Cr11Ti,用于车辆部件、厨房设备、建筑内外装饰等
	S11863	022Cr18Ti	降低 10Cr17 中的 C,单独加入 Ti,使耐腐蚀性、加工性和焊接性改善,用于车辆部件、电梯面板、管式换热器、家电等
	S12362	019Cr23MoTi	属高 Cr 系超纯铁素体不锈钢,耐蚀性优于 019Cr21CuTi,可用于太阳能热水器内胆、水箱、洗碗机、油烟机等
	S12361	019Cr23Mo2Ti	Mo 含量高于 019Cr23Mo,耐腐蚀性进一步提高,可作为 022Cr17Ni12Mo2 的替代钢种用于管式换热器、建筑屋顶、外墙等
	S12763	022Cr27Ni2Mo4NbTi	属于超级铁素体不锈钢,具有高 Cr、高 Mo 的特点,是一种耐海水腐蚀的材料,主要用于电站凝汽器、海水淡化热交换器等行业
	S12963	022Cr29Mo4NbTi	属于超级铁素体不锈钢,但通过提高 Cr 含量、提高耐腐蚀性,用途与 022Cr27Ni2Mo3 一致

续表

类型	统一数字代号	牌号	特性和用途
铁素体型	S11573	022Cr15NbTi	超低C、N控制,复合加入Nb、Ti,高温性能优于022Cr18Ti,用于车辆部件等
	S11882	019Cr18CuNb	超低C、N控制,添加了Nb、Cu,属中Cr超纯铁素体不锈钢,具有优良的表面质量和冷加工成形性能,用于汽车及建筑的外装饰部件、家电等
马氏体型	S40310	12Cr12	具有较好的耐热性。用于制造汽轮机叶片及高应力部件
	S41008	06Cr13	比12Cr13的耐蚀性、加工成形性更优良的钢种
	S41010	12Cr13	具有良好的耐蚀性、机械加工性,用于制造一般用途的刃具类
	S41595	04Cr13Ni5Mo	以具有高韧性的低碳马氏体并通过镍、钼等合金元素的补充强化为主要强化手段,具有高强度和良好的韧性、可焊接性及耐磨蚀性能。适用于厚截面尺寸并且要求焊接性能良好的使用条件,如大型的水电站转轮和转轮下环等
	S42020	20Cr13	淬火状态下硬度高,耐蚀性良好。用于汽轮机叶片
	S42030	30Cr13	比20Cr13淬火后的硬度高,用于制造刃具、喷嘴、阀座、阀门等
	S42040	40Cr13	比30Cr13淬火后的硬度高,用于制造刃具、喷嘴、阀座、阀门等
	S43120	17Cr16Ni2	马氏体不锈钢中强度和韧性匹配较好的钢种之一,对氧化酸、大多数有机酸及有机盐类的水溶液有良好的耐蚀性。用于制造耐一定程度的硝酸、有机酸腐蚀的零件、容器和设备
	S44070	68Cr17	硬化状态下,坚硬,韧性高,用于刃具、量具、轴承
	S46050	50Cr15MoV	C含量提高至0.5%,Cr含量提高至15%,并且添加了钼和钒元素,淬火后硬度可达56HRC左右,具有良好的耐蚀性、加工性和打磨性,用于刀具行业
沉淀硬化型	S51380	04Cr13Ni8Mo2Al	强度高,具有优良的断裂韧性、良好的横向力学性能和在海洋环境中的耐应力腐蚀性能,用于宇航、核反应堆和石油化工等领域
	S51290	022Cr12Ni9Cu2NbTi	具有良好的工艺性能,易于生产棒、丝、板、带和铸件,主要应用于要求耐蚀不锈的承力部件
	S51770	07Cr17Ni7Al	添加Al的沉淀硬化钢种。用于弹簧、垫圈等
	S51570	07Cr15Ni7Mo2Al	在固溶状态下加工成形性能良好,易于加工,加工后经调整处理、冷处理及时效处理,所析出的镍-铝强化相使钢的室温强度可达1400MPa以上,并具有满足使用要求的塑韧性。由于钢中含有钼,使耐还原性介质腐蚀能力有所改善。广泛应用于宇航、石油化工及能源工业中的耐蚀及400℃以下工作的承力构件、容器以及弹性元件制造
	S51750	09Cr17Ni5Mo3N	是一种半奥氏体沉淀硬化不锈钢,具有较高的强度和良好的韧性,适宜制作中温高强度部件
	S51778	06Cr17Ni7AlTi	具有良好的冶金和制造加工工艺性能,可用于350℃以下长期服役的不锈钢结构件、容器、弹簧、膜片等

19.3.7 冷轧电镀锡钢板及钢带(GB/T 2520—2017)

(1) 分类和代号

冷轧电镀锡钢板及钢带的分类和代号按表3-19-67的规定。

表3-19-67 冷轧电镀锡钢板及钢带的分类和代号

分类方式	类别	代号
原板钢种	—	MR,L,D
调质度	一次冷轧钢板及钢带	T-1,T-1.5,T-2,T-2.5,T-3,T-3.5,T-4,T-5
	二次冷轧钢板及钢带	DR-7M,DR-8,DR-8M,DR-9,DR-9M,DR-10
退火方式	连续退火	CA
	罩式退火	BA
差厚镀锡标识	薄面标识方法	D
	厚面标识方法	A

续表

分类方式	类别		代号
表面状态	光亮表面		B
	粗糙表面		R
	银色表面		S
	无光表面		M
表面处理方式	钝化方式	化学钝化	CP
		电化学钝化	CE
		低铬钝化	LCr
	不处理		U
边部形状	直边		SL
	花边		WL

(2) 牌号及表示方法

① 普通用途的钢板及钢带，其牌号通常由原板钢种代号、调质度代号和退火方式代号构成。

示例：MR T-2.5 CA，L T-3 BA，MR DR-8 BA。

② 用于制作二片拉拔罐（DI）的钢板及钢带，原板钢种只适用于 D 钢种。其牌号由原板钢种 D、调质度代号、退火方式代号和代号 DI 构成。

示例：D T-2.5 CA DI。

③ 用于制作盛装酸性内容物的素面（镀锡量在 5.6/2.8g/m^2 以上）食品罐的钢板及钢带，即 K 板，原板钢种通常为 L 钢种。其牌号通常由原板钢种 L、调质度代号、退火方式代号和代号 K 构成。

示例：L T-2.5 CA K。

④ 用于制作盛装蘑菇等要求低铬钝化处理的食品罐的钢板及钢带，原板钢种通常为 MR 钢种或 L 钢种。其牌号由原板钢种 MR 或 L、调质度代号、退火方式代号和代号 LCr 构成。

示例：MR T-2.5 CA LCr。

(3) 尺寸

钢板及钢带的公称厚度小于 0.50mm 时，按 0.01mm 的倍数进级。钢板及钢带的公称厚度大于或等于 0.50mm 时，按 0.05mm 的倍数进级。经供需双方协商同意，公称厚度也可采用其他厚度倍数进级。

如要求标记轧制宽度方向，可在表示轧制宽度的数字后面加上字母 W。

示例：0.26×832W×760。

钢卷内径可为 406mm、420mm、450mm 或 508mm。

(4) 化学成分

冷轧电镀锡钢板及钢带的化学成分应该符合表 3-19-68 的规定。

表 3-19-68　　冷轧电镀锡钢板及钢带的化学成分

原板钢种类型	化学成分(熔炼成分)①②(质量分数)/% ≤										特性
	C	Si	Mn	P	S	Alt	Cu	Ni	Cr	Mo	
MR	0.15	0.030	1.00	0.020	0.030	0.20	0.20	0.15	0.10	0.05	较低的残余元素含量，具有良好的耐蚀性，适用于大多数用途
L	0.15	0.030	1.00	0.015	0.030	0.10	0.06	0.04	0.06	0.05	极低的残余元素含量限定，具有优异的耐蚀性，用于某些对耐蚀性有较高要求的食品罐用途
D	0.12	0.030	1.00	0.020	0.030	0.20	0.20	0.15	0.10	0.05	较低的残余元素含量，用于包括深冲压或其他复杂的、易于产生滑移线的成形用途

① 除表格内规定的化学元素外，其余化学元素含量均不大于 0.02%。

② 如供应商能够保证其他化学元素满足表内要求，则检验文件可只列印 C、Si、Mn、P、S。

(5) 力学性能

钢板及钢带的调质度用洛氏硬度（HR30Tm）表示。一次冷轧钢板及钢带的硬度（HR30Tm）应符合表 3-19-69

的规定。二次冷轧钢板及钢带的硬度（HR30Tm）应符合表 3-19-70 的规定。各调质度代号的屈服强度目标值可见表 3-19-71 的规定。

表 3-19-69　　一次冷轧钢板及钢带的硬度

调质度代号	表面硬度(HR30Tm)①	调质度代号	表面硬度(HR30Tm)①
T-1	49±4	T-3	57±4
T-1.5	51±4	T-3.5	59±4
T-2	53±4	T-4	61±4
T-2.5	55±4	T-5	65±4

① 硬度为两个试样的平均值，允许其中一个试验值超出规定允许范围 1 个单位。

表 3-19-70　　二次冷轧钢板及钢带的硬度

调质度代号	表面硬度(HR30Tm)①	调质度代号	表面硬度(HR30Tm)①
DR-7M	71±5	DR-9	76±5
DR-8	73±5	DR-9M	77±5
DR-8M	73±5	DR-10	80±5

① 硬度为两个试样的平均值，允许其中一个试验值超出规定允许范围 1 个单位。

表 3-19-71　　各调质度代号的屈服强度目标值

调质度代号	规定塑形延伸强度($R_{p0.2}$)目标值①②③/MPa	调质度代号	规定塑形延伸强度($R_{p0.2}$)目标值①②③/MPa
DR-7M	520	DR-9	620
DR-8	550	DR-9M	660
DR-8M	580	DR-10	690

① 规定塑形延伸强度是根据需要而测定的参考值。

② 规定塑形延伸强度通常采用拉伸试验进行测定，屈服强度为两个试样的平均值，试样方向为纵向；也可以根据需要，参见 GB/T 2520—2017 中附录 B 所规定的回弹试验换算而来。仲裁时采用拉伸试验的方法测定。

③ 对于拉伸试验，试样采用 GB/T 228.1—2010 中的 P7 试样（标距 $L_0=50$mm，$b=25$mm），但试样平行部分的长度最小值为 60mm。试验前，试样应在 200℃下人工时效 20min。

(6) 表面状态

钢板及钢带的表面状态，按原板的表面特征以及镀锡后是否进行锡层软熔处理来区分。各表面状态的特征应符合表 3-19-72 的规定。

表 3-19-72　　钢板及钢带的表面状态

成品	代号	区分	特征
一次冷轧钢板及钢带	B	光亮表面	在具有极细磨石花纹的光滑表面的原板上镀锡后进行锡的软熔处理得到的有光泽的表面
	R	粗糙表面	在具有一定方向性的磨石花纹为特征的原板上镀锡后进行锡的软熔处理得到的有光泽的表面
	S	银色表面	在具有粗糙无光泽表面的原板上镀锡后进行锡的软熔处理得到的有光泽的表面
	M	无光表面	在具有一般无光泽表面的原板上镀锡后不进行锡的软熔处理的无光表面
二次冷轧钢板及钢带	R	粗糙表面	在具有一定方向性的磨石花纹为特征的原板上镀锡后进行锡的软熔处理得到的有光泽的表面
	S	银色表面	在具有粗糙无光泽表面的原板上镀锡后进行锡的软熔处理得到的有光泽的表面
	M	无光表面	在具有一般无光泽表面的原板上镀锡后不进行锡的软熔处理的无光泽表面

19.3.8 冷轧电工钢板及钢带（GB/T 2521—2016）

(1) 分类与牌号

① 晶粒无取向钢带（GB/T 2521.1—2016） 本部分钢带（片）的等级是根据磁极化强度为 1.5T、频率为 50Hz 时的最大比总损耗值 $P_{1.5/50}$ 及钢带（片）公称厚度（0.35mm、0.50mm 和 0.65mm）进行分类。

本部分按钢带（片）交货条件分为切边和不切边两类。

钢的牌号按照下列给出的次序组成：

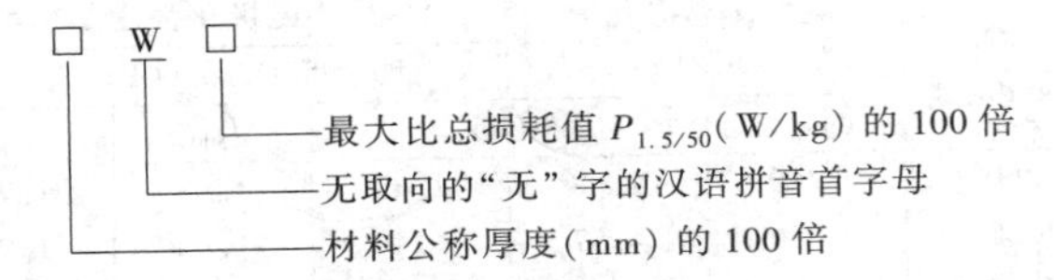

示例：50W400 表示公称厚度为 0.50mm、最大比总损耗 $P_{1.5/50}$ 为 4.00W/kg 的冷轧晶粒无取向电工钢。

② 晶粒取向钢带（GB/T 2521.2—2016） 本部分的钢带（片）的等级是根据磁极化强度为 1.7T、频率为 50Hz 时的最大比总损耗值 $P_{1.7/50}$ 及钢带（片）公称厚度（0.23mm、0.27mm、0.30mm 和 0.35mm）进行分类，并按最大比总损耗值 $P_{1.7/50}$ 细分为普通级、高磁极化强度级和磁畴细化级三类。

本部分按钢带（片）交货条件分为切边和不切边两类。

钢的牌号按照下列给出的次序组成：

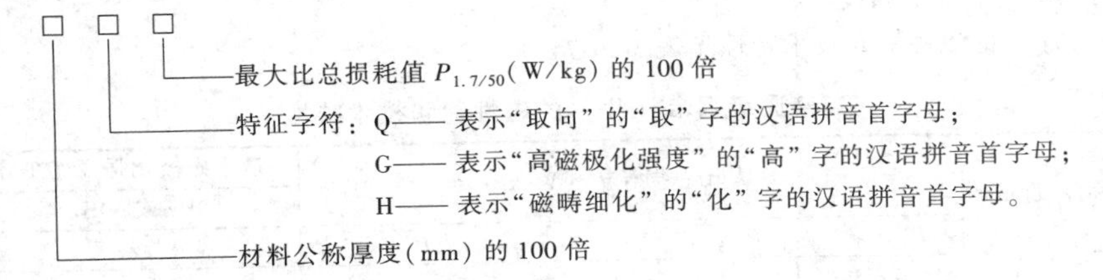

示例：

30Q130 表示公称厚度为 0.30mm、最大比总损耗 $P_{1.7/50}$ 为 1.30W/kg 的普通级冷轧晶粒取向电工钢带（片）；

30QG110 表示公称厚度为 0.30mm、最大比总损耗 $P_{1.7/50}$ 为 1.10W/kg 的高磁极化强度级冷轧晶粒取向电工钢带（片）；

30QH100 表示公称厚度为 0.30mm、最大比总损耗 $P_{1.7/50}$ 为 1.00W/kg 的磁畴细化级冷轧晶粒取向电工钢带（片）。

(2) 磁性能和技术特性

① 晶粒无取向钢带的磁性能和技术特性见表 3-19-73。

表 3-19-73 晶粒无取向钢带的磁性能和技术特性

牌号	公称厚度 /mm	约定密度 /(kg/dm³)	最大比总损耗 P /(W/kg)		最小磁极化强度 J/T 50Hz 或 60Hz			比总损耗的各向异性 T/%	最小弯曲次数	最小叠装系数
			$P_{1.5/50}$	$P_{1.5/60}$ ②	J_{2500} ①	J_{5000}	J_{10000} ①			
35W210	0.35	7.60	2.10	2.65	1.49	1.62	1.70	±17	2	0.95
35W230		7.60	2.30	2.90	1.49	1.62	1.70	±17	2	
35W250		7.60	2.50	3.14	1.49	1.62	1.70	±17	2	
35W270		7.65	2.70	3.36	1.49	1.62	1.70	±17	2	
35W300		7.65	3.00	3.74	1.49	1.62	1.70	±17	3	
35W360		7.65	3.60	4.55	1.51	1.63	1.72	±17	5	
35W440		7.70	4.40	5.60	1.53	1.65	1.74	±17	5	
50W230	0.50	7.60	2.30	3.00	1.49	1.62	1.70	±17	2	0.97
50W250		7.60	2.50	3.21	1.49	1.62	1.70	±17	2	
50W270		7.60	2.70	3.47	1.49	1.62	1.70	±17	2	
50W290		7.60	2.90	3.71	1.49	1.62	1.70	±17	2	
50W310		7.65	3.10	3.95	1.49	1.62	1.70	±14	3	
50W350		7.65	3.50	4.45	1.50	1.62	1.70	±12	5	
50W400		7.70	4.00	5.10	1.53	1.64	1.73	±12	5	
50W470		7.70	4.70	5.90	1.54	1.65	1.74	±10	10	
50W600		7.75	6.00	7.55	1.57	1.67	1.76	±10	10	
50W800		7.80	8.00	10.10	1.60	1.70	1.78	±10	10	
50W1000		7.85	10.00	12.60	1.62	1.73	1.81	±8	10	

续表

牌号	公称厚度/mm	约定密度/(kg/dm³)	最大比总损耗 P/(W/kg)		最小磁极化强度 J/T			比总损耗的各向异性 T/%	最小弯曲次数	最小叠装系数
					50Hz 或 60Hz					
			$P_{1.5/50}$	$P_{1.5/60}$②	J_{2500}①	J_{5000}	J_{10000}①			
65W310	0.65	7.60	3.10	4.08	1.49	1.63	1.70	±15	2	0.97
65W350		7.60	3.50	4.57	1.49	1.63	1.70	±14	2	
65W400		7.65	4.00	5.20	1.52	1.65	1.72	±14	2	
65W470		7.65	4.70	6.13	1.53	1.65	1.73	±12	5	
65W530		7.70	5.30	6.84	1.54	1.65	1.74	±12	5	
65W600		7.75	6.00	7.71	1.56	1.68	1.76	±10	10	
65W800		7.80	8.00	10.26	1.60	1.70	1.78	±10	10	

① 为参考值。
② 根据用户要求，可按 $P_{1.5/60}$ 供货。

② 晶粒取向钢带的磁性能和技术特性如下：

普通级钢带（片）的磁性能和技术特性见表 3-19-74。

表 3-19-74　　普通级钢带（片）的磁性能和技术特性

牌号	公称厚度/mm	最大比总损耗 P/(W/kg)				最小磁极化强度 J/T	最小叠装系数
						50Hz 或 60Hz	
		$P_{1.5/50}$①	$P_{1.5/60}$①	$P_{1.7/50}$	$P_{1.7/60}$②	J_{800}	
23Q110	0.23	0.73	0.96	1.10	1.45	1.82	0.945
23Q120		0.77	1.01	1.20	1.57	1.82	
27Q120	0.27	0.80	1.07	1.20	1.58	1.82	0.950
27Q130		0.85	1.12	1.30	1.68	1.82	
30Q120	0.30	0.79	1.06	1.20	1.58	1.82	0.955
30Q130		0.85	1.15	1.30	1.71	1.82	
35Q145	0.35	1.03	1.36	1.45	1.91	1.82	0.960
35Q155		1.07	1.41	1.55	2.04	1.82	

① 为参考值。
② 根据用户要求，可按 $P_{1.7/60}$ 供货。

高磁极化强度级钢带（片）的磁性能和技术特性见表 3-19-75。

表 3-19-75　　高磁极化强度级钢带（片）的磁性能和技术特性

牌号	公称厚度/mm	最大比总损耗 P/(W/kg)		最小磁极化强度 J/T	最小叠装系数
				50Hz 或 60Hz	
		$P_{1.7/50}$	$P_{1.7/60}$①	J_{800}	
23QG085	0.23	0.85	1.12	1.88	0.945
23QG090		0.90	1.19	1.88	
23QG095		0.95	1.25	1.88	
23QG100		1.00	1.32	1.88	
27QG090	0.27	0.90	1.19	1.88	0.950
27QG095		0.95	1.25	1.88	
27QG100		1.00	1.32	1.88	
27QG110		1.10	1.45	1.88	
30QG105	0.30	1.05	1.38	1.88	0.955
30QG110		1.10	1.46	1.88	
30QG120		1.20	1.58	1.88	
35QG115	0.35	1.15	1.51	1.88	0.960
35QG125		1.25	1.64	1.88	
35QG135		1.35	1.77	1.88	

① 根据用户要求，可按 $P_{1.7/60}$ 供货。

磁畴细化级钢带（片）的磁性能和技术特性见表 3-19-76。

表 3-19-76　　磁畴细化级钢带（片）的磁性能和技术特性

牌号	公称厚度/mm	最大比总损耗/(W/kg)		最小磁极化强度/T 50Hz 或 60Hz	最小叠装系数
		$P_{1.7/50}$	$P_{1.7/60}$	J_{800}	
23QH080	0.23	0.80	1.06	1.88	0.945
23QH085		0.85	1.12	1.88	
23QH090		0.90	1.19	1.88	
23QH100		1.00	1.32	1.88	
27QH085	0.27	0.85	1.12	1.88	0.950
27QH090		0.90	1.19	1.88	
27QH095		0.95	1.25	1.88	
27QH100		1.00	1.32	1.88	
30QH095	0.30	0.95	1.25	1.88	0.955
30QH100		1.00	1.32	1.88	
30QH110		1.10	1.46	1.88	

① 根据用户要求，可按 $P_{1.7/60}$ 供货。

(3) 各牌号的特性及主要用途

磁畴细化级钢带（片）各牌号的特性及主要用途见表 3-19-77。

表 3-19-77　　磁畴细化级钢带（片）各牌号的特性及主要用途

牌号	特性	主要用途	牌号	特性	主要用途
23Q10	普通级取向电工钢，磁感偏低	特大型发电机，大、中小型变压器，配电变压器，电抗器及磁放大器，小型电源变压器，仪器变压器，动车牵引变压器，特种变压器等	23QH080	磁畴细化级取向电工钢（激光刻痕型）	大、中小型变压器，特高压、直流变压器，配电变压器，电抗器及磁放大器，动车牵引变压器，特性变压器等
23Q120			23QH085		
27Q120			23QH090		
27Q130			23QH100		
30Q120			27QH085		
30Q130			27QH090		
35Q145			27QH095		
35Q155			27QH100		
23QG085	高磁极化强度级取向电工钢	大，中小型变压器，配电变压器，电抗器及磁放大器，小型电源变压器，仪器变压器，动车牵引变压器，特种变压器等	30QH095		
23QG090			30QH100		
23QG095			30QH110		
23QG100			23QH080	磁畴细化取向电工钢（耐热磁畴细化型）	大、中小型变压器，特高压、直流变压器，配电变压器，电抗器及磁放大器，小型电源变压器，仪器变压器，动车牵引变压器，特种变压器等
27QG090			23QH085		
27QG095			23QH090		
27QG100			23QH100		
27QG110			27QH085		
30QG105			27QH090		
30QG110			27QH095		
30QG120			27QH100		
35QG115			30QH095		
35QG125			30QH100		
35QG135			30QH110		

19.3.9　搪瓷用冷轧低碳钢板及钢带（GB/T 13790—2008）

(1) 分类和代号

① 牌号命名方法　钢板及钢带的牌号由四部分组成：第一部分为字母“D”，代表冷成形用钢板及钢带；第二部分为字母“C”，代表轧制条件为冷轧；第三部分为两位数字序列号，即 01、03、05 等代表冲压成形级别；第四部分为搪瓷加工类型代号。

② 按搪瓷加工用途分类及代号 当钢板及钢带按其后续搪瓷加工用途，采用湿粉一层或多层以及干粉搪瓷加工工艺时，称之为普通搪瓷用途，其代号为“EK”。当用于直接面釉搪瓷加工工艺时，由于对搪瓷钢板有特殊的预处理要求，需供需双方另行协商确定。

搪瓷用冷轧低碳钢板及钢带按用途分类见表 3-19-78。

搪瓷用冷轧低碳钢板及钢带按表面质量分类见表 3-19-79。

搪瓷用冷轧低碳钢板及钢带按表面结构分类见表 3-19-80。

表 3-19-78 搪瓷用冷轧低碳钢板及钢带按用途分类

牌号	用途	牌号	用途
DC01EK	一般用	DC05EK	特深冲压用
DC03EK	冲压用		

表 3-19-79 搪瓷用冷轧低碳钢板及钢带按表面质量分类

级别	代号	级别	代号
较高级的精整表面	FB	高级的精整表面	FC

表 3-19-80 搪瓷用冷轧低碳钢板及钢带按表面结构分类

表面结构	代号	表面结构	代号
麻面	D	粗糙表面	R

(2) 搪瓷用冷轧低碳钢板及钢带的化学成分

表 3-19-81 搪瓷用冷轧低碳钢板及钢带的化学成分

牌号	化学成分(质量分数)/%					
	C	Mn	P	S	Al_s③	Ti
DC01EK④	≤0.08	≤0.60	≤0.045	≤0.045	≥0.015	—
DC03EK④	≤0.06	≤0.40	≤0.025	≤0.030	≥0.015	—①
DC05EK	≤0.008	≤0.25	≤0.020	≤0.050	≥0.010	≤0.3②

① 可添加硼等元素。

② 钛可被铌等所取代，但碳和氮应完全被固定。

③ 可以用 Al_t 替代，Al_t 的下限值比表中规定值增加 0.005%。

④ 当碳含量不大于 0.008%时，Al_s 的下限值可为 0.010%。

(3) 搪瓷用冷轧低碳钢板及钢带的力学性能

表 3-19-82 搪瓷用冷轧低碳钢板及钢带的力学性能

牌号	下屈服强度 R_{eL}①②/MPa 不大于	抗拉强度 R_m/MPa	断后伸长率③④ A_{80mm}/% 不小于	r_{90}⑤ 不小于	n_{90}⑤ 不小于
DC01EK	280	270~410	30	—	—
DC03EK	240	270~370	34	1.3	—
DC05EK	200	270~350	38	1.6	0.18

① 无明显屈服时采用 $R_{p0.2}$。当厚度大于 0.50mm，且不大于 0.70mm 时，屈服强度上限值可以增加 20MPa；当厚度不大于 0.50mm 时，屈服强度上限值可以增加 40MPa。

② 经供需双方协商同意，DC01EK 和 DC03EK 屈服强度下限值可设定为 140MPa，DC05EK 可设定为 120MPa。

③ 试样宽度 b 为 20mm，试样方向为横向。

④ 当厚度大于 0.50mm 且不大于 0.70mm 时，断后伸长率最小值可以降低 2%（绝对值）；当厚度不大于 0.50mm 时，断后伸长率最小值可以降低 4%（绝对值）。

⑤ r_{90} 值和 n_{90} 值的要求仅适用于厚度不小于 0.50mm 的产品。当厚度大于 2.0mm 时，r_{90} 值可以降低 0.2。

19.3.10 热轧钢板和钢带的尺寸、外形、重量及允许偏差（GB/T 709—2016）

(1) 分类及代号

① 按边缘状态分为：切边，EC；不切边，EM。

② 按厚度偏差种类分为：N 类偏差；A 类偏差；B 类偏差；C 类偏差。

③ 按厚度精度分为：普通厚度精度，PT. A；较高厚度精度，PT. B。

④ 按不平度精度分为：普通不平度精度，PF. A；较高不平度精度，PF. B。

(2) 钢板和钢带的尺寸范围

钢板公称厚度：4～400mm。

钢板公称宽度：600～4800mm。

钢板公称长度（包括剪切钢板）：2000～20000mm。

钢带（包括剪切钢板）公称厚度：0.8～25.4mm。

钢带公称宽度：600～2200mm。

纵剪钢带公称宽度：120～900mm。

钢板和钢带推荐的公称尺寸：

钢板的公称厚度在上述规定范围内，厚度小于 30mm 的钢板按 0.5mm 倍数的任何尺寸；厚度不小于 30mm 的钢板按 1mm 倍数的任何尺寸。

钢板的公称宽度在上述规定范围内，按 10mm 或 50mm 倍数的任何尺寸。

钢板的长度在上述规定范围内，按 50mm 或 100mm 倍数的任何尺寸。

钢带（包括剪切钢板）的厚度在上述规定范围内，按 0.1mm 倍数的任何尺寸。

钢带（包括剪切钢板）的公称宽度在上述规定范围内，按 10mm 倍数的任何尺寸。

(3) 钢板和钢带的尺寸允许偏差和钢板的理论计重

对不切头尾和不切边钢带检查厚度、宽度时，两端不考核的总长度 L 为：

L（m）= 90/公称厚度（mm）

但两端最大总长度不得大于 20m。

钢板（不包括剪切钢板）厚度允许偏差应符合表 3-19-83（N 类）的规定。

根据需方要求，并在合同中注明偏差类别，可以供应限制负偏差且公差值与表 3-19-83 规定公差值相等的钢板，如表 3-19-84～表 3-19-86 规定的 A 类、B 类和 C 类偏差；也可以供应限制正偏差且公差值与表 3-19-83 规定公差值相等的钢板，正负偏差由供需双方协商规定。

N 类：正偏差和负偏差相等。

A 类：按公称厚度规定负偏差。

B 类：固定负偏差为 0.3mm。

C 类：固定负偏差为零，按公称厚度规定正偏差。

表 3-19-83　钢板厚度允许偏差（N 类）　mm

公称厚度	下列公称宽度的厚度允许偏差			
	≤1500	>1500～2500	>2500～4000	>4000～4800
4.00～5.00	±0.45	±0.55	±0.65	—
>5.00～8.00	±0.50	±0.60	±0.75	—
>8.00～15.0	±0.55	±0.65	±0.80	±0.90
>15.0～25.0	±0.65	±0.75	±0.90	±1.10
>25.0～40.0	±0.70	±0.80	±1.00	±1.20
>40.0～60.0	±0.80	±0.90	±1.10	±1.30
>60.0～100	±0.90	±1.10	±1.30	±1.50
>100～150	±1.20	±1.40	±1.60	±1.80
>150～200	±1.40	±1.60	±1.80	±1.90
>200～250	±1.60	±1.80	±2.00	±2.20
>250～300	±1.80	±2.00	±2.20	±2.40
>300～400	±2.00	±2.20	±2.40	±2.60

表 3-19-84　　**钢板厚度允许偏差（A类）**　　mm

公称厚度	下列公称宽度的厚度允许偏差			
	≤1500	>1500~2500	>2500~4000	>4000~4800
4.00~5.00	+0.55 -0.35	+0.70 -0.40	+0.85 -0.45	—
>5.00~8.00	+0.65 -0.35	+0.75 -0.45	+0.95 -0.55	—
>8.00~15.0	+0.70 -0.40	+0.85 -0.45	+1.05 -0.55	+1.20 -0.60
>15.0~25.0	+0.85 -0.45	+1.00 -0.50	+1.15 -0.65	+1.50 -0.70
>25.0~40.0	+0.90 -0.50	+1.05 -0.55	+1.30 -0.70	+1.60 -0.80
>40.0~60.0	+1.05 -0.55	+1.20 -0.60	+1.45 -0.75	+1.70 -0.90
>60.0~100	+1.20 -0.60	+1.50 -0.70	+1.75 -0.85	+2.00 -1.00
>100~150	+1.60 -0.80	+1.90 -0.90	+2.15 -1.05	+2.40 -1.20
>150~200	+1.90 -0.90	+2.20 -1.00	+2.45 -1.15	+2.50 -1.30
>200~250	+2.20 -1.00	+2.40 -1.20	+2.70 -1.30	+3.00 -1.40
>250~300	+2.40 -1.20	+2.70 -1.30	+2.95 -1.45	+3.20 -1.60
>300~400	+2.70 -1.30	+3.00 -1.40	+3.25 -1.55	+3.50 -1.70

表 3-19-85　　**钢板厚度允许偏差（B类）**　　mm

<table>
<tr><th rowspan="2">公称厚度</th><th colspan="8">下列公称宽度的厚度允许偏差</th></tr>
<tr><th colspan="2">≤1500</th><th colspan="2">>1500~2500</th><th colspan="2">>2500~4000</th><th colspan="2">>4000~4800</th></tr>
<tr><td>4.00~5.00</td><td rowspan="12">-0.30</td><td>+0.60</td><td rowspan="12">-0.30</td><td>+0.80</td><td rowspan="12">-0.30</td><td>+1.00</td><td colspan="2">—</td></tr>
<tr><td>>5.00~8.00</td><td>+0.70</td><td>+0.90</td><td>+1.20</td><td colspan="2">—</td></tr>
<tr><td>>8.00~15.0</td><td>+0.80</td><td>+1.00</td><td>+1.30</td><td rowspan="10">-0.30</td><td>+1.50</td></tr>
<tr><td>>15.0~25.0</td><td>+1.00</td><td>+1.20</td><td>+1.50</td><td>+1.90</td></tr>
<tr><td>>25.0~40.0</td><td>+1.10</td><td>+1.30</td><td>+1.70</td><td>+2.10</td></tr>
<tr><td>>40.0~60.0</td><td>+1.30</td><td>+1.50</td><td>+1.90</td><td>+2.30</td></tr>
<tr><td>>60.0~100</td><td>+1.50</td><td>+1.80</td><td>+2.30</td><td>+2.70</td></tr>
<tr><td>>100~150</td><td>+2.10</td><td>+2.50</td><td>+2.90</td><td>+3.30</td></tr>
<tr><td>>150~200</td><td>+2.50</td><td>+2.90</td><td>+3.30</td><td>+3.50</td></tr>
<tr><td>>200~250</td><td>+2.90</td><td>+3.30</td><td>+3.70</td><td>+4.10</td></tr>
<tr><td>>250~300</td><td>+3.30</td><td>+3.70</td><td>+4.10</td><td>+4.50</td></tr>
<tr><td>>300~400</td><td>+3.70</td><td>+4.10</td><td>+4.50</td><td>+4.90</td></tr>
</table>

表 3-19-86　　**钢板厚度允许偏差（C类）**　　mm

<table>
<tr><th rowspan="2">公称厚度</th><th colspan="8">下列公称宽度的厚度允许偏差</th></tr>
<tr><th colspan="2">≤1500</th><th colspan="2">>1500~2500</th><th colspan="2">>2500~4000</th><th colspan="2">>4000~4800</th></tr>
<tr><td>4.00~5.00</td><td rowspan="12">0</td><td>+0.90</td><td rowspan="12">0</td><td>+1.10</td><td rowspan="12">0</td><td>+1.30</td><td rowspan="12">0</td><td>—</td></tr>
<tr><td>>5.00~8.00</td><td>+1.00</td><td>+1.20</td><td>+1.50</td><td>—</td></tr>
<tr><td>>8.00~15.0</td><td>+1.10</td><td>+1.30</td><td>+1.60</td><td>+1.80</td></tr>
<tr><td>>15.0~25.0</td><td>+1.30</td><td>+1.50</td><td>+1.80</td><td>+2.20</td></tr>
<tr><td>>25.0~40.0</td><td>+1.40</td><td>+1.60</td><td>+2.00</td><td>+2.40</td></tr>
<tr><td>>40.0~60.0</td><td>+1.60</td><td>+1.80</td><td>+2.20</td><td>+2.60</td></tr>
<tr><td>>60.0~100</td><td>+1.80</td><td>+2.20</td><td>+2.60</td><td>+3.00</td></tr>
<tr><td>>100~150</td><td>+2.40</td><td>+2.80</td><td>+3.20</td><td>+3.60</td></tr>
<tr><td>>150~200</td><td>+2.80</td><td>+3.20</td><td>+3.60</td><td>+3.80</td></tr>
<tr><td>>200~250</td><td>+3.20</td><td>+3.60</td><td>+4.00</td><td>+4.40</td></tr>
<tr><td>>250~300</td><td>+3.60</td><td>+4.00</td><td>+4.40</td><td>+4.80</td></tr>
<tr><td>>300~400</td><td>+4.00</td><td>+4.40</td><td>+4.80</td><td>+5.20</td></tr>
</table>

钢带（包括剪切钢板）厚度允许偏差见表 3-19-87。

表 3-19-87　**钢带（包括剪切钢板）厚度允许偏差**　mm

公称厚度	钢带厚度允许偏差[①]							
	普通精度　PT. A				较高精度　PT. B			
	公称宽度				公称宽度			
	600～1200	>1200～1500	>1500～1800	>1800	600～1200	>1200～1500	>1500～1800	>1800
0.8～1.5	±0.15	±0.17	—	—	±0.10	±0.12	—	—
>1.5～2.0	±0.17	±0.19	±0.21	—	±0.13	±0.14	±0.14	—
>2.0～2.5	±0.18	±0.21	±0.23	±0.25	±0.14	±0.15	±0.17	±0.20
>2.5～3.0	±0.20	±0.22	±0.24	±0.26	±0.15	±0.17	±0.19	±0.21
>3.0～4.0	±0.22	±0.24	±0.26	±0.27	±0.17	±0.18	±0.21	±0.22
>4.0～5.0	±0.24	±0.26	±0.28	±0.29	±0.19	±0.21	±0.22	±0.23
>5.0～6.0	±0.26	±0.28	±0.29	±0.31	±0.21	±0.22	±0.23	±0.25
>6.0～8.0	±0.29	±0.30	±0.31	±0.35	±0.23	±0.24	±0.25	±0.28
>8.0～10.0	±0.32	±0.33	±0.34	±0.40	±0.26	±0.26	±0.27	±0.32
>10.0～12.5	±0.35	±0.36	±0.37	±0.43	±0.28	±0.29	±0.30	±0.36
>12.5～15.0	±0.37	±0.38	±0.40	±0.46	±0.30	±0.31	±0.33	±0.39
>15.0～25.0	±0.40	±0.42	±0.45	±0.50	±0.32	±0.34	±0.37	±0.42

① 规定最小屈服强度 $R_e \geqslant 345\text{N/mm}^2$ 的钢带，厚度偏差应增加 10%。

钢带的允许凸度见表 3-19-88。

表 3-19-88　**钢带的允许凸度**　mm

公称宽度	允许凸度	公称宽度	允许凸度
≤1200	0～0.10	>1500～1800	0～0.16
>1200～1500	0～0.13	>1800	0～0.20

同卷钢带的允许厚度差见表 3-19-89。

表 3-19-89　**同卷钢带的允许厚度差**　mm

公称厚度	下列公称宽度的同卷钢带允许厚度差		
	≤1200	>1200～1500	>1500
0.8～2.0	0.20	0.24	0.28
>2.0～3.0	0.22	0.27	0.33
>3.0～4.0	0.28	0.32	0.40
>4.0～8.0	0.28	0.32	0.40

切边钢板的厚度允许偏差见表 3-19-90。

表 3-19-90　**切边钢板的厚度允许偏差**　mm

公称厚度	公称宽度	允许偏差
4～16	≤1500	+10 0
	>1500	+15 0
>16	≤2000	+20 0
	>2000～3000	+25 0
	>3000	+30 0

不切边钢板的厚度允许偏差见表 3-19-91。

第 3 篇

表 3-19-91 不切边钢带的宽度允许偏差

mm

公称宽度	允许偏差	公称宽度	允许偏差
≤1500	+20 0	>1500	+25 0

切边钢带的宽度允许偏差见表 3-19-92。

表 3-19-92 切边钢带的宽度允许偏差

mm

公称宽度	允许偏差	公称宽度	允许偏差
≤1200	+3 0	>1500	+6 0
>1200~1500	+5 0		

纵剪钢带的宽度允许偏差见表 3-19-93。

表 3-19-93 纵剪钢带的宽度允许偏差

mm

公称宽度	公称厚度		
	≤4.0	>4.0~8.0	>8.0
120~160	+1 0	+2 0	+2.5 0
>160~250	+1 0	+2 0	+2.5 0
>250~600	+2 0	+2.5 0	+3 0
>600~900	+2 0	+2.5 0	+3 0

钢板的长度允许偏差见表 3-19-94。

表 3-19-94 钢板的长度允许偏差

mm

公称长度	允许偏差	公称长度	允许偏差
2000~4000	+20 0	>8000~10000	+50 0
>4000~6000	+30 0	>10000~15000	+75 0
>6000~8000	+40 0	>15000~20000	+100 0

剪切钢板的长度允许偏差见表 3-19-95。

表 3-19-95 剪切钢板的长度允许偏差

mm

公称长度	允许偏差	公称长度	允许偏差
2000~8000	+0.5%×长度 0	>8000	+40 0

钢板理论计重的计算方法见表 3-19-96。

表 3-19-96 钢板理论计重的计算方法

计算顺序	计算方法	结果的修约
基本重量/[kg/(mm·m^2)]	7.85(厚度 1mm、面积 1m^2 的质量)	
单位重量/(kg/m^2)	基本重量[kg/(mm·m^2)]×厚度(mm)	修约到有效数字 4 位
钢板的面积/m^2	宽度(m)×长度(m)	修约到有效数字 4 位
一张钢板的重量/kg	单位重量(kg/m^2)×面积(m^2)	修约到有效数字 3 位
总重量/kg	各张钢板重量之和	kg 的整数值

19.3.11 优质碳素结构钢热轧钢带（GB/T 8749—2008）

（1）分类与代号

① 按边缘状态分：

a. 切边钢带，EC；

b. 不切边钢带，EM。

② 按厚度精度分：

a. 普通厚度精度，PT.A；

b. 较高厚度精度，PT.B。

（2）钢带允许偏差

优质碳素结构钢热轧钢带厚度允许偏差见表 3-19-97。

优质碳素结构钢热轧钢带宽度允许偏差见表 3-19-98。

钢带的厚度应均匀，在同一截面的中间和两边部分测量三点厚度，其最大差值（三点差）应符合表 3-19-99 的规定。

同条差：供冷轧用的钢带，沿轧制方向的厚度应该均匀，在同一直线上任意测定三点厚度，其最大差值应符合表 3-19-100 的规定。

表 3-19-97　优质碳素结构钢热轧钢带厚度允许偏差　mm

公称厚度	钢带厚度允许偏差			
	普通厚度精度 PT.A		较高厚度精度 PT.B	
	公称宽度		公称宽度	
	≤350	>350	≤350	>350
≤1.5	±0.13	±0.15	±0.10	±0.11
>1.5~2.0	±0.15	±0.17	±0.12	±0.13
>2.0~2.5	±0.18	±0.18	±0.14	±0.14
>2.5~3.0		±0.20		±0.15
>3.0~4.0	±0.19	±0.22	±0.16	±0.17
>4.0~5.0	±0.20	±0.24	±0.17	±0.19
>5.0~6.0	±0.21	±0.26	±0.18	±0.21
>6.0~8.0	±0.22	±0.29	±0.19	±0.23
>8.0~10.0	±0.24	±0.32	±0.20	±0.26
>10.0~12.0	±0.30	±0.35	±0.25	±0.28

表 3-19-98　优质碳素结构钢热轧钢带宽度允许偏差　mm

钢带宽度	允许偏差	
	不切边	切边
≤200	+2.5 -1.0	±1.0
>200~300	+3.0 -1.0	
>300~350	+4.0 -1.0	
>300~450	0~+10.0	±1.5
>450	0~+15.0	

表 3-19-99　优质碳素结构钢热轧钢带的三点差　mm

钢带宽度	三点差　≤	钢带宽度	三点差　≤
≤150	0.12	>350~450	0.17
>150~200	0.14	>450	0.18
>200~350	0.15		

表 3-19-100　　优质碳素结构钢热轧钢带的同条差

mm

钢带厚度规格	≤4.0	>4.0
同条差	≤0.17	≤0.20

(3) 力学性能

优质碳素结构钢热轧钢带的力学性能见表 3-19-101 的规定。其冷弯性能见表 3-19-102。

表 3-19-101　　优质碳素结构钢热轧钢带的力学性能

牌号	抗拉强度 R_m/MPa	断后伸长率 A/%	牌号	抗拉强度 R_m/MPa	断后伸长率 A/%
	≥			≥	
08Al	290	35	25	450	24
08	325	33	30	490	22
10	335	32	35	530	20
15	370	30	40	570	19
20	410	25	45	600	17

表 3-19-102　　优质碳素结构钢热轧钢带的冷弯性能

牌号	弯心直径 d	
	试样厚度 a≤6mm	试样厚度 a>6mm
08、08Al	0	0.5a
10	0.5a	a
15	a	1.5a
20①	2a	2.5a
25①、30①、35①	2.5a	3a

① 经供需双方协商，冷弯试验可不作为交货条件。

19.3.12 热轧花纹钢板和钢带（GB/T 33974—2017）

(1) 分类与标记

① 按边缘状态分类如下：

a. 切边，EC；

b. 不切边，EM。

② 按花纹形状分类如下：

a. 菱形，LX；

b. 扁豆形，BD；

c. 圆豆形，YD；

d. 组合形，ZH。

③ 标记示例：

按本标准交货的，牌号为 Q235B，尺寸为 3.0mm×1250mm×2500mm，不切边扁豆形花纹钢板，其标记为：扁豆形（BD）花纹钢板 Q235B-3.0×1250（EM）×2500—GB/T 33974—2017

(2) 热轧花纹钢板和钢带的尺寸、外形

热轧花纹钢板和钢带的尺寸见表 3-19-103。

热轧花纹钢板和钢带的尺寸、外形及其分布见图 3-19-19～图 3-19-22。

表 3-19-103　　热轧花纹钢板和钢带的尺寸

mm

基本厚度	宽度	长度	
1.4～16.0	600～2000	钢板	2000～16000
		钢带	—

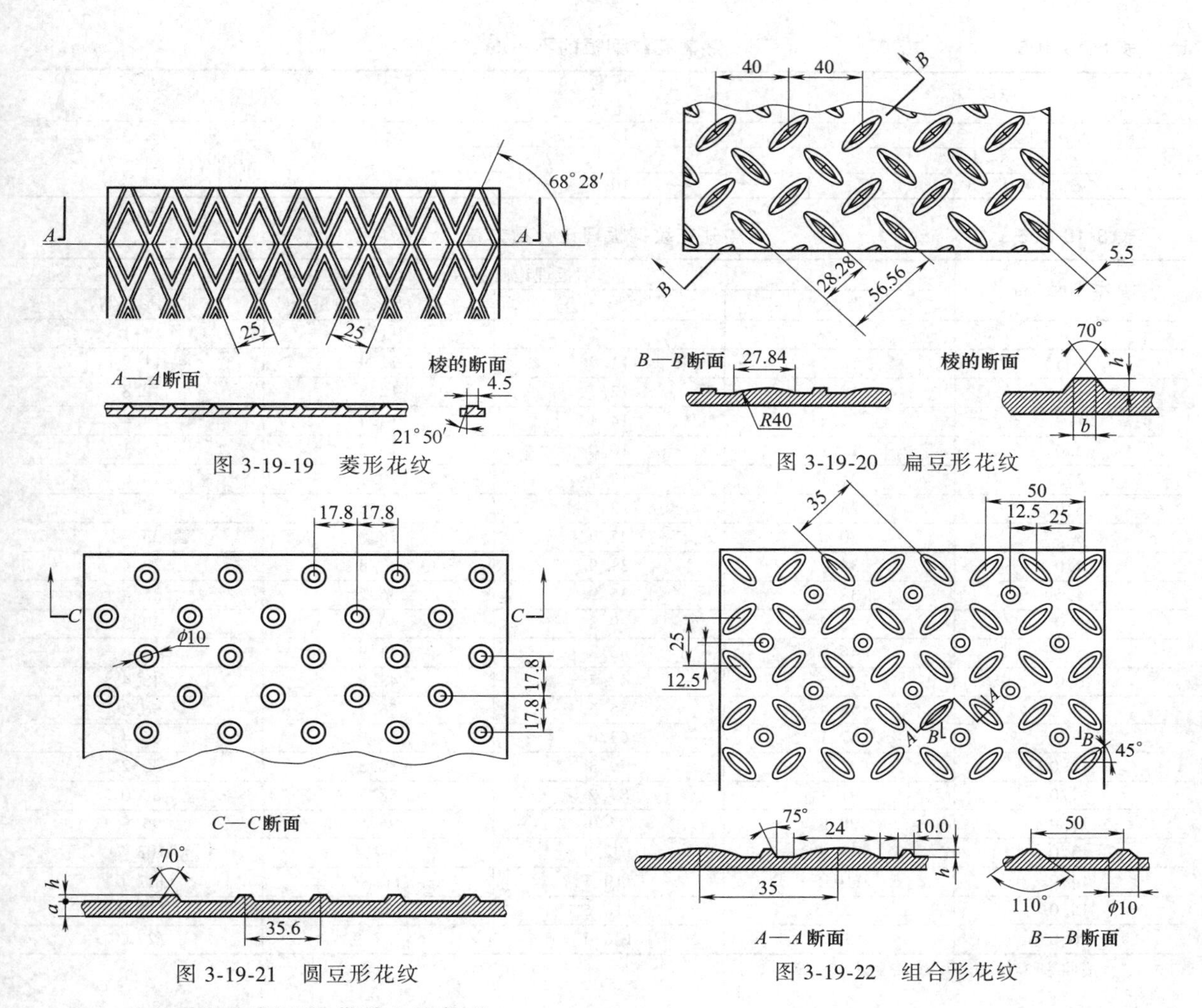

图 3-19-19　菱形花纹

图 3-19-20　扁豆形花纹

图 3-19-21　圆豆形花纹

图 3-19-22　组合形花纹

(3) 热轧花纹钢板及钢带的允许偏差

热轧花纹钢板和钢带的基本厚度允许偏差和纹高见表 3-19-104。热轧花纹钢板的不平度见表 3-19-105。热轧花纹钢板理论计重方法见表 3-19-106。

表 3-19-104　热轧花纹钢板和钢带的基本厚度允许偏差和纹高　mm

基本厚度	允许偏差	纹高≥	基本厚度	允许偏差	纹高≥
1.4	±0.25	0.18	8.0	+0.50 −0.70	0.90
1.5	±0.25	0.18			
1.6	±0.25	0.20	10.0	+0.50 −0.70	1.00
1.8	±0.25	0.25			
2.0	±0.25	0.28	11.0	+0.50 −0.70	1.00
2.5	±0.25	0.30			
3.0	±0.30	0.40	12.0	+0.50 −0.70	1.00
3.5	±0.30	0.50			
4.0	±0.40	0.60	13.0	+0.50 −0.70	1.00
4.5	±0.40	0.60			
5.0	+0.40 −0.50	0.60	14.0	+0.50 −0.70	1.00
5.5	+0.40 −0.50	0.70	15.0	+0.50 −0.70	1.00
6.0	+0.40 −0.50	0.70	16.0	+0.50 −0.70	1.00
7.0	+0.40 −0.50	0.70			

表 3-19-105　　热轧花纹钢板的不平度

mm

厚度	不平度 ≤	测量长度
1.4~2.5	15	1000
>2.5~4.0	12	
>4.0~16.0	10	

表 3-19-106　　热轧花纹钢板理论计重方法

基本厚度/mm	钢板理论质量/(kg/m²)			
	菱形(LX)	圆豆形(YD)	扁豆形(BD)	组合形(ZH)
1.4	11.9	11.2	11.1	11.1
1.5	12.7	11.9	11.9	11.9
1.6	13.6	12.7	12.8	12.8
1.8	15.4	14.4	14.4	14.4
2.0	17.1	16.0	16.2	16.1
2.5	21.1	19.9	20.1	20.0
3.0	25.6	23.9	24.6	24.3
3.5	30.0	27.9	28.8	28.4
4.0	34.4	31.9	32.8	32.4
4.5	38.3	35.9	36.7	36.4
5.0	42.2	39.8	40.7	40.3
5.5	46.6	43.8	44.9	44.4
6.0	50.5	47.7	48.8	48.4
7.0	58.4	55.6	56.7	56.2
8.0	67.1	63.6	64.9	64.4
10.0	83.2	79.3	80.8	80.2
11.0	91.1	87.2	88.7	88.0
12.0	98.9	95.0	96.5	95.9
13.0	106.8	102.9	104.4	103.7
14.0	114.6	110.7	112.2	111.6
15.0	122.5	118.6	120.1	119.4
16.0	130.3	126.4	127.9	127.3

注：按照表 3-19-104 中纹高最小值计算。

19.3.13 锅炉和压力容器用钢板（GB/T 713—2014）

(1) 牌号表示方法

碳素钢和低合金高强度钢的牌号用“屈”字的汉语拼音首位字母和屈服强度值、压力容器的“容”字的汉语拼音首位字母表示。例如：Q345R。

钼钢、铬-钼钢的牌号，用平均含碳量和合金元素字母，压力容器“容”字的汉语拼音首位字母表示。例如：15CrMoR。

(2) 化学成分

锅炉和压力容器用钢板的化学成分见表 3-19-107。

表 3-19-107　　锅炉和压力容器用钢板的化学成分

牌号	化学成分(质量分数)/%													
	C[①]	Si	Mn	Cu	Ni	Cr	Mo	Nb	V	Ti	Al[②]	P	S	其他
Q245R	≤0.20	≤0.35	0.50~1.10	≤0.30	≤0.30	≤0.30	≤0.08	≤0.050	≤0.050	≤0.030	≥0.020	≤0.025	≤0.010	Cu+Ni+Cr+Mo ≤0.70
Q345R	≤0.20	≤0.55	1.20~1.70	≤0.30	≤0.30	≤0.30	≤0.08	≤0.050	≤0.050	≤0.030	≥0.020	≤0.025	≤0.010	
Q370R	≤0.18	≤0.55	1.20~1.70	≤0.30	≤0.30	≤0.30	≤0.08	0.015~0.050	≤0.050	≤0.030	—	≤0.020	≤0.010	

续表

牌号	化学成分(质量分数)/%													
	C①	Si	Mn	Cu	Ni	Cr	Mo	Nb	V	Ti	Al②	P	S	其他
Q420R	≤0.20	≤0.55	1.30~1.70	≤0.30	0.20~0.50	≤0.30	≤0.08	0.015~0.050	≤0.100	≤0.030	—	≤0.020	≤0.010	—
18MnMoNbR	≤0.21	0.15~0.50	1.20~1.60	≤0.30	≤0.30	≤0.30	0.45~0.65	0.025~0.050	—	—	—	≤0.020	≤0.010	—
13MnNiMoR	≤0.15	0.15~0.50	1.20~1.60	≤0.30	0.60~1.00	0.20~0.40	0.20~0.40	0.005~0.020	—	—	—	≤0.020	≤0.010	—
15CrMoR	0.08~0.18	0.15~0.40	0.40~0.70	≤0.30	≤0.30	0.80~1.20	0.45~0.60	—	—	—	—	≤0.025	≤0.010	—
14Cr1MoR	≤0.17	0.50~0.80	0.40~0.65	≤0.30	≤0.30	1.15~1.50	0.45~0.65	—	—	—	—	≤0.020	≤0.010	—
12Cr2Mo1R	0.08~0.15	≤0.50	0.30~0.60	≤0.20	≤0.30	2.00~2.50	0.90~1.10	—	—	—	—	≤0.020	≤0.010	—
12Cr1MoVR	0.08~0.15	0.15~0.40	0.40~0.70	≤0.30	≤0.30	0.90~1.20	0.25~0.35	—	0.15~0.30	—	—	≤0.025	≤0.010	—
12Cr2Mo1VR	0.11~0.15	≤0.10	0.30~0.60	≤0.20	≤0.25	2.00~2.50	0.90~1.10	≤0.07	0.25~0.35	≤0.030	—	≤0.010	≤0.005	B≤0.0020 Ca≤0.015
07Cr2AlMoR	≤0.09	0.20~0.50	0.40~0.90	≤0.30	≤0.30	2.00~2.40	0.30~0.50	—	—	—	0.30~0.50	≤0.020	≤0.010	—

① 经供需双方协议，并在合同中注明，C 含量下限可不作要求。

② 未注明的不作要求。

(3) 力学性能

锅炉和压力容器用钢板的力学性能见表 3-19-108，高温力学性能见表 3-19-109。

表 3-19-108　　锅炉和压力容器用钢板的力学性能

牌号	交货状态	钢板厚度/mm	拉伸试验			冲击试验		弯曲试验②
			R_m/MPa	R_{eL}①/MPa	断后伸长率 A/%	温度/℃	冲击吸收能量 KV_1/J	180° $b=2a$
				≥			≥	
Q245R	热轧、控轧或正火	3~16	400~520	245	25	0	34	$D=1.5a$
		>16~36		235				
		>36~60		225				
		>60~100	390~510	205	24			$D=2a$
		>100~150	380~500	185				
		>150~250	370~490	175				
Q345R		3~16	510~640	345	21	0	41	$D=2a$
		>16~36	500~630	325				$D=3a$
		>36~60	490~620	315				
		>60~100	490~620	305	20			
		>100~150	480~610	285				
		>150~250	470~600	265				

续表

牌号	交货状态	钢板厚度/mm	拉伸试验			冲击试验		弯曲试验②
			R_m/MPa	R_{eL}①/MPa	断后伸长率A/%	温度/℃	冲击吸收能量KV_1/J	180° $b=2a$
				≥			≥	
Q370R	正火	10~16	530~630	370	20	−20	47	$D=2a$
		>16~36		360				$D=3a$
		>35~60	520~620	240				
		>60~100	510~610	330				
Q420R		10~20	590~720	420	18	−20	−60	$D=3a$
		>20~30	570~700	400				
18MnMoNbR	正火加回火	30~60	570~720	400	18	0	47	$D=3a$
		>60~100		390				
13MnNiMoR		30~100	570~720	390	18	0	47	$D=3a$
		>100~160		380				
15CrMoR		6~80	450~590	295	19	20	47	$D=3a$
		>80~100		275				
		>100~200	440~580	255				
14Cr1MoR		6~100	520~680	310	19	20	47	$D=3a$
		>100~200	510~570	300				
12Cr2Mo1R		6~200	520~680	310	19	20	47	$D=3a$
12Cr1MoVR	正火加回火	6~60	440~590	245	19	20	47	$D=3a$
		>60~100	430~580	235				
12Cr2Mo1VR		6~200	590~760	415	17	−20	60	$D=3a$
07Cr2AlMoR	正火加回火	6~36	420~580	260	21	20	47	$D=3a$
		>36~60	410~570	250				

① 如屈服现象不明显，可测量 $R_{p0.2}$ 代替 R_{eL}。

② a 为试样厚度；D 为弯曲压头直径。

表 3-19-109　锅炉和压力容器用钢板的高温力学性能

牌号	厚度/mm	试验温度/℃						
		200	250	300	350	400	450	500
		R_{eL}①（或 $R_{p0.2}$）/MPa ≥						
Q245R	>20~36	186	167	153	139	129	121	—
	>36~60	178	161	147	133	123	116	—
	>60~100	164	147	135	123	113	106	—
	>100~150	150	135	120	110	105	95	—
	>150~250	145	130	115	105	100	90	—
Q345R	>20~36	255	235	215	200	190	180	—
	>36~60	240	220	200	185	175	165	—
	>60~100	225	205	185	175	165	155	—
	>100~150	220	200	180	170	160	150	—
	>150~250	215	195	175	165	155	145	—
Q370R	>20~36	290	275	260	245	230	—	—
	>36~60	275	260	250	235	220	—	—
	>60~100	265	250	245	230	215	—	—
18MnMoNbR	30~60	360	355	350	340	310	275	—
	>60~100	355	350	345	335	305	270	—
13MnNiMoR	30~100	355	350	345	335	305	—	—
	>100~150	345	340	335	325	300	—	—
15CrMoR	>20~60	240	225	210	200	189	179	174
	>60~100	220	210	196	186	176	167	162

续表

牌号	厚度/mm	试验温度/℃						
		200	250	300	350	400	450	500
		R_{eL}[①](或 $R_{p0.2}$)/MPa ≥						
15CrMoR	>100~200	210	199	185	175	165	156	150
14Cr1MoR	>20~200	255	245	260	220	210	195	176
12Cr2Mo1R	>20~200	260	255	250	245	240	230	215
12Cr1MoVR	>20~100	200	190	176	167	157	150	142
12Cr2Mo1VR	>20~200	370	365	360	355	350	340	325
07Cr2AlMoR	>20~60	195	185	175	—	—	—	—

① 如屈服现象不明显，屈服强度取 $R_{p0.2}$。

19.3.14 耐热钢钢板和钢带（GB/T 4238—2015）

(1) 化学成分

奥氏体型耐热钢、铁素体型耐热钢、马氏体型耐热钢及沉淀硬化型耐热钢的牌号、类别及化学成分见表 3-19-110~表 3-19-113。

表 3-9-110 奥氏体型耐热钢的化学成分

统一数字代号	牌号	化学成分(质量分数)/%					
		C	Si	Mn	P	S	Ni
S30210	12Cr18Ni9[①]	0.15	0.75	2.00	0.045	0.030	8.00~11.00
S30240	12Cr18Ni9Si3	0.15	2.00~3.00	2.00	0.045	0.030	8.00~10.00
S30408	06Cr19Ni10[①]	0.07	0.75	2.00	0.045	0.030	8.00~10.50
S30409	07Cr19Ni10	0.04~0.10	0.75	2.00	0.045	0.030	8.00~10.50
S30450	05Cr19Ni10Si2CeN	0.04~0.06	1.00~2.00	0.80	0.045	0.030	9.00~10.00
S30808	06Cr20Ni11[①]	0.08	0.75	2.00	0.045	0.030	10.00~12.00
S30859	08Cr21Ni11Si2CeN	0.05~0.10	1.40~2.00	0.80	0.040	0.030	10.00~12.00
S30920	16Cr23Ni13[①]	0.20	0.75	2.00	0.045	0.030	12.00~15.00
S30908	06Cr23Ni13[①]	0.08	0.75	2.00	0.045	0.030	12.00~15.00
S31020	20Cr25Ni20[①]	0.25	1.50	2.00	0.045	0.030	19.00~22.00
S31008	06Cr25Ni20	0.08	1.50	2.00	0.045	0.030	19.00~22.00
S31608	06Cr17Ni12Mo2[①]	0.08	0.75	2.00	0.045	0.030	10.00~14.00
S31609	07Cr17Ni12Mo2[①]	0.04~0.10	0.75	2.00	0.045	0.030	10.00~14.00
S31708	06Cr19Ni13Mo3[①]	0.08	0.75	2.00	0.045	0.030	11.00~15.00
S32168	06Cr18Ni11Ti[①]	0.08	0.75	2.00	0.045	0.030	9.00~12.00
S32169	07Cr19Ni11Ti[①]	0.04~0.10	0.75	2.00	0.045	0.030	9.00~12.00
S33010	12Cr16Ni35	0.15	1.50	2.00	0.045	0.030	33.00~37.00
S34778	06Cr18Ni11Nb[①]	0.08	0.75	2.00	0.045	0.030	9.00~13.00
S34779	07Cr18Ni11Nb[①]	0.04~0.10	0.75	2.00	0.045	0.030	9.00~13.00
S38240	16Cr20Ni14Si2	0.20	1.50~2.50	1.50	0.040	0.030	12.00~15.00
S38340	16Cr25Ni20Si2	0.20	1.50~2.50	1.50	0.045	0.030	18.00~21.00

统一数字代号	牌号	化学成分(质量分数)/%				
		Cr	Mo	N	V	其他
S30210	12Cr18Ni9[①]	17.00~19.00	—	0.10	—	—
S30240	12Cr18Ni9Si3	17.00~19.00	—	0.10	—	—
S30408	06Cr19Ni10[①]	17.50~19.50	—	0.10	—	—
S30409	07Cr19Ni10	18.00~20.00	—	—	—	—
S30450	05Cr19Ni10Si2CeN	18.00~19.00	—	0.12~0.18	—	Ce:0.03~0.08
S30808	06Cr20Ni11[①]	19.00~21.00	—	—	—	—
S30859	08Cr21Ni11Si2CeN	20.00~22.00	—	0.14~0.20	—	Ce:0.03~0.08

续表

统一数字代号	牌号	化学成分(质量分数)/%				
		Cr	Mo	N	V	其他
S30920	16Cr23Ni13①	22.00~24.00	—	—	—	—
S30908	06Cr23Ni13①	22.00~24.00	—	—	—	—
S31020	20Cr25Ni20①	24.00~26.00	—	—	—	—
S31008	06Cr25Ni20	24.00~26.00	—	—	—	—
S31608	06Cr17Ni12Mo2①	16.00~18.00	2.00~3.00	0.10	—	—
S31609	07Cr17Ni12Mo2①	16.00~18.00	2.00~3.00	—	—	—
S31708	06Cr19Ni13Mo3①	18.00~20.00	3.00~4.00	0.10	—	—
S32168	06Cr18Ni11Ti①	17.00~19.00	—	—	—	Ti:5×C~0.70
S32169	07Cr19Ni11Ti①	17.00~19.00	—	—	—	Ti:4×(C+N)~0.70
S33010	12Cr16Ni35	14.00~17.00	—	—	—	—
S34778	06Cr18Ni11Nb①	17.00~19.00	—	—	—	Nb:10×C~1.00
S34779	07Cr18Ni11Nb①	17.00~19.00	—	—	—	Nb:8×C~1.00
S38240	16Cr20Ni14Si2	19.00~22.00	—	—	—	—
S38340	16Cr25Ni20Si2	24.00~27.00	—	—	—	—

① 为相对于 GB/T 20878 调整化学成分的牌号。

注：表中所列成分除标明范围或最小值外，其余均为最大值。

表 3-19-111 铁素体型耐热钢的化学成分

统一数字代号	牌号	化学成分(质量分数)/%							
		C	Si	Mn	P	S	Cr	Ni	N	其他
S11348	06Cr13Al	0.08	1.00	1.00	0.040	0.030	11.50~14.50	0.60	—	Al:0.10~0.30
S11163	022Cr11Ti①	0.030	1.00	1.00	0.040	0.020	10.50~11.70	0.60	0.030	Ti:0.15~0.50 且 Ti≥8×(C+N);Nb:0.10
S11173	022Cr11NbTi	0.030	1.00	1.00	0.040	0.020	10.50~11.70	0.60	0.030	(Ti+Nb):[0.08+8×(C+N)]~0.75;Ti≥0.05
S11710	10Cr17	0.12	1.00	1.00	0.040	0.030	16.00~18.00	0.75	—	—
S12550	16Cr25N①	0.20	1.00	1.50	0.040	0.030	23.00~27.00	0.75	0.25	—

① 为相对于 GB/T 20878 调整化学成分的牌号。

注：表中所列成分除标明范围或最小值外，其余均为最大值。

表 3-19-112 马氏体型耐热钢的化学成分

统一数字代号	牌号	化学成分(质量分数)/%									
		C	Si	Mn	P	S	Cr	Ni	Mo	N	其他
S40310	12Cr12	0.15	0.50	1.00	0.040	0.030	11.50~13.00	0.60	—	—	—
S41010	12Cr13①	0.15	1.00	1.00	0.040	0.030	11.50~13.50	0.75	0.50	—	—
S47220	22Cr12NiMoWV①	0.20~0.25	0.50	0.50~1.00	0.025	0.025	11.00~12.50	0.50~1.00	0.90~1.25	—	V:0.20~0.30;W:0.90~1.25

① 为相对于 GB/T 20878 调整化学成分的牌号。

注：表中所列成分除标明范围或最小值外，其余均为最大值。

表 3-19-113　　沉淀硬化型耐热钢的化学成分

统一数字代号	牌号	化学成分(质量分数)/%										
		C	Si	Mn	P	S	Cr	Ni	Cu	Al	Mo	其他
S51290	022Cr12Ni9Cu2NbTi①	0.05	0.50	0.50	0.040	0.030	11.00~12.50	7.50~9.50	1.50~2.50	—	0.50	Ti:0.80~1.40;(Nb+Ta):0.10~0.50
S51740	05Cr17Ni4Cu4Nb	0.07	1.00	1.00	0.040	0.030	15.00~17.50	3.00~5.00	3.00~5.00	—	—	Nb:0.15~0.45
S51770	07Cr17Ni7Al	0.09	1.00	1.00	0.040	0.030	16.00~18.00	6.50~7.75	—	0.75~1.50	—	—
S51570	07Cr15Ni7Mo2Al	0.09	1.00	1.00	0.040	0.030	14.00~16.00	6.50~7.75	—	0.75~1.50	2.00~3.00	—
S51778	06Cr17Ni7AlTi	0.08	1.00	1.00	0.040	0.030	16.00~17.50	6.00~7.50	—	0.40	—	Ti:0.40~1.20
S51525	06Cr15Ni25Ti2MoAlVB	0.08	1.00	2.00	0.040	0.030	13.50~16.00	24.00~27.00	—	0.35	1.00~1.50	Ti:1.90~2.35;V:0.10~0.50;B:0.001~0.010

① 为相对于 GB/T 20878 调整化学成分的牌号。

注：表中所列成分除标明范围或最小值外，其余均为最大值。

(2) 力学性能

表 3-19-114　　经固溶处理的奥氏体型耐热钢板和钢带的力学性能

统一数字代号	牌号	拉伸试验			硬度试验		
		规定塑性延伸强度 $R_{p0.2}$/MPa	抗拉强度 R_m/MPa	断后伸长率① A/%	HBW	HRB	HV
		≥			≤		
S30210	12Cr18Ni9	205	515	40	201	92	210
S30240	12Cr18Ni9Si3	205	515	40	217	95	220
S30408	06Cr19Ni10	205	515	40	201	92	210
S30409	07Cr19Ni10	205	515	40	201	92	210
S30450	05Cr19Ni10Si2CeN	290	600	40	217	95	220
S30808	06Cr20Ni11	205	515	40	183	88	200
S30859	08Cr21Ni11Si2CeN	310	600	40	217	95	220
S30920	16Cr23Ni13	205	515	40	217	95	220
S30908	06Cr23Ni13	205	515	40	217	95	220
S31020	20Cr25Ni20	205	515	40	217	95	220
S31008	06Cr25Ni20	205	515	40	217	95	220
S31608	06Cr17Ni12Mo2	205	515	40	217	95	220
S31609	07Cr17Ni12Mo2	205	515	40	217	95	220
S31708	06Cr19Ni13Mo3	205	515	35	217	95	220
S32168	06Cr18Ni11Ti	205	515	40	217	95	220
S32169	07Cr19Ni11Ti	205	515	40	217	95	220
S33010	12Cr16Ni35	205	560	—	201	92	210
S34778	06Cr18Ni11Nb	205	515	40	201	92	210
S34779	07Cr18Ni11Nb	205	515	40	201	92	210
S38240	16Cr20Ni14Si2	220	540	40	217	95	220
S38340	16Cr25Ni20Si2	220	540	35	217	95	220

① 厚度不大于 3mm 时使用 A_{50mm} 试样。

表 3-19-115　　经退火处理的铁素体型耐热钢板和钢带的力学性能

统一数字代号	牌号	拉伸试验			硬度试验			弯曲试验	
		规定塑性延伸强度 $R_{p0.2}$/MPa	抗拉强度 R_m/MPa	断后伸长率① A/%	HBW	HRB	HV	弯曲角度	弯曲压头直径 D
		≥			≤				
S11348	06Cr13Al	170	415	20	179	88	200	180°	$D=2a$
S11163	022Cr11Ti	170	380	20	179	88	200	180°	$D=2a$
S11173	022Cr11NbTi	170	380	20	179	88	200	180°	$D=2a$
S11710	10Cr17	205	420	22	183	89	200	180°	$D=2a$
S12550	16Cr25N	275	510	20	201	95	210	135°	—

① 厚度不大于 3mm 时使用 A_{50mm} 试样。
注：a 为钢板和钢带的厚度。

表 3-19-116　　经退火处理的马氏体型耐热钢板和钢带的力学性能

统一数字代号	牌号	拉伸试验			硬度试验			弯曲试验	
		规定塑性延伸强度 $R_{p0.2}$/MPa	抗拉强度 R_m/MPa	断后伸长率① A/%	HBW	HRB	HV	弯曲角度	弯曲压头直径 D
		≥			≤				
S40310	12Cr12	205	485	25	217	88	210	180°	$D=2a$
S41010	12Cr13	205	450	20	217	96	210	180°	$D=2a$
S47220	22Cr12NiMoWV	275	510	20	200	95	210	—	$a≥3mm, D=a$

① 厚度不大于 3mm 时使用 A_{50mm} 试样。
注：a 为钢板和钢带的厚度。

表 3-19-117　　经固溶处理的沉淀硬化型耐热钢板和钢带的力学性能

统一数字代号	牌号	钢材厚度 /mm	规定塑性延伸强度 $R_{p0.2}$/MPa	抗拉强度 R_m/MPa	断后伸长率① A/%	硬度值	
						HRC	HBW
S51290	022Cr12Ni9Cu2NbTi	0.30~100	≤1105	≤1205	≥3	≤36	≤331
S51740	05Cr17Ni4Cu4Nb	0.4~100	≤1105	≤1255	≥3	≤38	≤363
S51770	07Cr17Ni7Al	0.1~<0.3	≤450	≤1035	—	—	—
		0.3~100	≤380	≤1035	≥20	≤92②	—
S51570	07Cr15Ni7Mo2Al	0.10~100	≤450	≤1035	≥25	≤100②	—
S51778	06Cr17Ni7AlTi	0.10~<0.80	≤515	≤825	≥3	≤32	—
		0.80~<1.50	≤515	≤825	≥4	≤32	—
		1.50~100	≤515	≤825	≥5	≤32	—
S51525	06Cr15Ni25Ti2MoAlVB③	<2	—	≥725	≥25	≤91②	≤192
		≥2	≥590	≥900	≥15	≤101②	≤248

① 厚度不大于 3mm 时使用 A_{50mm} 试样。
② HRB 硬度值。
③ 时效处理后的力学性能。

表 3-19-118　　经时效处理后的耐热钢板和钢带的试样的力学性能

统一数字代号	牌号	钢材厚度 /mm	处理温度①	规定塑性延伸强度 $R_{p0.2}$/MPa	抗拉强度 R_m /MPa	断后伸长率②③ A/%	硬度值	
				≥			HRC	HBW
S51290	022Cr12Ni9Cu2NbTi	0.10~<0.75	510℃±10℃ 或 480℃±6℃	1410	1525	—	≥44	—
		0.75~<1.50		1410	1525	3	≥44	—
		1.50~16		1410	1525	4	≥44	—

续表

统一数字代号	牌号	钢材厚度/mm	处理温度①	规定塑性延伸强度 $R_{p0.2}$/MPa	抗拉强度 R_m/MPa	断后伸长率②③ A/%	硬度值 HRC	硬度值 HBW
				≥	≥	≥		
S51740	05Cr17Ni4Cu4Nb	0.1~<5.0	482℃±10℃	1170	1310	5	40~48	—
		5.0~<16		1170	1310	8	40~48	388~477
		16~100		1170	1310	10	40~48	388~477
		0.1~<5.0	496℃±10℃	1070	1170	5	38~46	—
		5.0~<16		1070	1170	8	38~47	375~477
		16~100		1070	1170	10	38~47	375~477
		0.1~<5.0	552℃±10℃	1000	1070	5	35~43	—
		5.0~<16		1000	1070	8	33~42	321~415
		16~100		1000	1070	12	33~42	321~415
		0.1~<5.0	579℃±10℃	860	1000	5	31~40	—
		5.0~<16		860	1000	9	29~38	293~375
		16~100		860	1000	13	29~38	293~375
		0.1~<5.0	593℃±10℃	790	965	5	31~40	—
		5.0~<16		790	965	10	29~38	293~375
		16~100		790	965	14	29~38	293~375
		0.1~<5.0	621℃±10℃	725	930	8	28~38	—
		5.0~<16		725	930	10	26~36	269~352
		16~100		725	930	16	26~36	269~352
		0.1~<5.0	760℃±10℃ 621℃±10℃	515	790	9	26~36	255~331
		5.0~<16		515	790	11	24~34	248~321
		16~100		515	790	18	24~34	248~321
S51770	07Cr17Ni7Al	0.05~<0.30	760℃±15℃	1035	1240	3	≥38	—
		0.30~<5.0	15℃±3℃	1035	1240	5	≥38	—
		5.0~16	566℃±6℃	965	1170	7	≥38	≥352
		0.05~<0.30	954℃±8℃	1310	1450	1	≥44	—
		0.30~<5.0	−73℃±6℃	1310	1450	3	≥44	—
		5.0~16	510℃±6℃	1240	1380	6	≥43	≥401
S51570	07Cr15Ni7Mo2Al	0.05~<0.30	760℃±15℃	1170	1310	3	≥40	—
		0.30~<5.0	15℃±3℃	1170	1310	5	≥40	—
		5.0~16	566℃±10℃	1170	1310	4	≥40	≥375
		0.05~<0.30	954℃±8℃	1380	1550	2	≥46	—
		0.30~<5.0	−73℃±6℃	1380	1550	4	≥46	—
		5.0~16	510℃±6℃	1380	1550	4	≥45	≥429
S51778	06Cr17Ni7AlTi	0.10~<0.80	510℃±8℃	1170	1310	3	≥39	—
		0.80~<1.50		1170	1310	4	≥39	—
		1.50~16		1170	1310	5	≥39	—
		0.10~<0.75	538℃±8℃	1105	1240	3	≥37	—
		0.75~<1.50		1105	1240	4	≥37	—
		1.50~16		1105	1240	5	≥37	—
		0.10~<0.75	566℃±8℃	1035	1170	3	≥35	—
		0.75~<1.50		1035	1170	4	≥35	—
		1.50~16		1035	1170	5	≥35	—
S51525	06Cr15Ni25Ti2MoAlVB	2.0~<8.0	700~760℃	590	900	15	≥101	≥248

① 表中所列为推荐性热处理温度。供方应向需方提供推荐性热处理制度。

② 适用于沿宽度方向的试验。垂直于轧制方向且平行于钢板表面。

③ 厚度不大于 3mm 时使用 A_{50mm} 试样。

表 3-19-119　　经固溶处理的沉淀硬化型耐热钢板和钢带的弯曲性能

统一数字代号	牌号	厚度/mm	180°弯曲试验 弯曲压头直径 D
S51290	022Cr12Ni9Cu2NbTi	2.0~5.0	$D=6a$
S51770	07Cr17Ni7Al	2.0~<5.0 5.0~7.0	$D=a$ $D=3a$
S51570	07Cr15Ni7Mo2Al	2.0~<5.0 5.0~7.0	$D=a$ $D=3a$

注：a 为钢板和钢带厚度。

（3）耐热钢的特性和用途（表 3-19-120）

表 3-19-120　　耐热钢的特性和用途

类型	统一数字代号	牌号	特性和用途
奥氏体型	S30210	12Cr18Ni9	有良好的耐热性及抗腐蚀性。用于焊芯、抗磁仪表、医疗器械、耐酸容器及设备衬里输送管道等设备和零件
	S30240	12Cr18Ni9Si3	耐氧化性优于 12Cr18Ni9，在 900℃ 以下具有较好的抗氧化性及强度。用于汽车排气净化装置、工业炉等高温装置部件
	S30408	06Cr19Ni10	作为不锈钢、耐热钢被广泛使用于一般化工设备及原子能工业设备
	S30409	07Cr19Ni10	与 06Cr19Ni10 相比，增加碳含量，适当控制奥氏体晶粒（一般为 7 级或更粗），有助于改善抗高温蠕变、高温持久性能
	S30450	05Cr19Ni10Si2CeN	在 600~950℃ 下具有较好的高温使用性能，抗氧化温度可达 1050℃
	S30808	06Cr20Ni11	常用于制造锅炉、汽轮机、动力机械、工业炉和航空、石油化工等在高温下服役的零部件
	S30920	16Cr23Ni13	用于制作炉内支架、传送带、退火炉罩、电站锅炉防磨瓦等
	S30908	06Cr23Ni13	碳含量比 16Cr23Ni13 低，焊接性能较好，用途基本相同
	S31020	20Cr25Ni20	承受 1035℃ 以下反复加热的抗氧化钢，用于电热管，坩埚，炉用部件、喷嘴、燃烧室
	S31008	06Cr25Ni20	碳含量比 20Cr25Ni20 低，焊接性能较好。用途基本相同
	S31608	06Cr17Ni12Mo2	高温下具有优良的蠕变强度。用于制作热交换用部件、高温耐蚀螺栓
	S31609	07Cr17Ni12Mo2	与 06Cr17Ni12Mo2 相比，增加碳含量，适当控制奥氏体晶粒（一般为 7 级或更粗），有助于改善抗高温蠕变、高温持久性能
	S31708	06Cr19Ni13Mo3	高温具有良好的蠕变强度。用于制作热交换用部件
	S32168	06Cr18Ni11Ti	用于制作在 400~900℃ 腐蚀条件下使用的部件、高温用焊接结构部件
	S32169	07Cr18Ni11Ti	与 06Cr18Ni11Ti 相比，增加碳含量，适当控制奥氏体晶粒（一般为 7 级或更粗），有助于改善抗高温蠕变、高温持久性能
	S33010	12Cr16Ni35	抗渗碳、氮化性能好的钢种，1035℃ 以下反复加热。用于制作炉用钢料、石油裂解装置
	S34778	06Cr18Ni11Nb	用于制作在 400~900℃ 腐蚀条件下使用的部件、高温用焊接结构部件
	S34779	07Cr18Ni11Nb	与 06Cr18Ni11Nb 相比，增加碳含量，适当控制奥氏体晶粒（一般为 7 级或更粗），有助于改善抗高温蠕变、高温持久性能
	S38240	16Cr20Ni14Si2	具有高的抗氧化性。用于高温（1050℃）下的冶金电炉部件、锅炉挂件和加热炉构件的制作
	S38340	16Cr25Ni20Si2	在 600~800℃ 下有析出相的脆化倾向。适用于承受应力的各种炉用构件
	S30859	08Cr21Ni11Si2CeN	在 850~1100℃ 下具有较好的高温使用性能，抗氧化温度可达 1150℃
铁素体型	S11348	06Cr13Al	用于燃气透平压缩机叶片、退火箱、淬火台架
	S11163	022Cr11Ti	添加了钛，焊接性及加工性优异。适用于汽车排气管、集装箱、热交换器等焊接后不需要热处理的情况
	S11173	022Cr11NbTi	比 022Cr11Ti 具有更好的焊接性能。汽车排气阀净化装置用材料
	S11710	10Cr17	适用于 900℃ 以下耐氧化部件、散热器、炉用部件、喷油嘴
	S12550	16Cr25N	耐高温腐蚀性强，1082℃ 以下不产生易剥落的氧化皮，用于燃烧室

第3篇

续表

类型	统一数字代号	牌号	特性和用途
马氏体型	S40310	12Cr12	用于制作汽轮机叶片以及高应力部件
	S41010	12Cr13	适用于800℃以下耐氧化用部件
	S47220	22Cr12NiMoWV	通常用来制作汽轮机叶片、轴、紧固件等
沉淀硬化型	S51290	022Cr12Ni9Cu2NbTi	适用于生产棒、丝、板、带和铸件，主要应用于要求耐蚀不锈的承力部件
	S51740	05Cr17Ni14Cu4Nb	添加铜的沉淀硬化性的钢种，适用于轴类、汽轮机部件、胶合压板、钢带输送机
	S51770	07Cr17Ni7Al	添加铝的沉淀硬化型钢种。适用于高温弹簧、膜片、固定器、波纹管
	S51570	07Cr15Ni7Mo2Al	适用于有一定耐蚀要求的高强度容器、零件及结构件
	S51778	06Cr17Ni7AlTi	具有良好的冶金和制造加工工艺性能。可用于350℃以下长期服役的不锈钢结构件、容器、弹簧、膜片等
	S51525	06Cr15Ni25Ti2MoAlVB	适用于耐700℃高温的汽轮机转子、螺栓、叶片、轴

（4）耐热钢的热处理制度

奥氏体型耐热钢、铁素体型耐热钢、马氏体型耐热钢、沉淀硬化型耐热钢的热处理制度见表3-19-121～表3-19-124。

表3-19-121　奥氏体型耐热钢的热处理制度

统一数字代号	牌号	固溶处理
S30210	12Cr18Ni9	≥1040℃水冷或其他方式快冷
S30240	12Cr18Ni9Si3	≥1040℃水冷或其他方式快冷
S30408	06Cr19Ni10	≥1040℃水冷或其他方式快冷
S30409	07Cr19Ni10	≥1040℃水冷或其他方式快冷
S30450	05Cr19Ni10Si2CeN	1050～1100℃水冷或其他方式快冷
S30808	06Cr20Ni11	≥1040℃水冷或其他方式快冷
S30920	16Cr23Ni13	≥1040℃水冷或其他方式快冷
S30908	06Cr23Ni13	≥1040℃水冷或其他方式快冷
S31020	20Cr25Ni20	≥1040℃水冷或其他方式快冷
S31008	06Cr25Ni20	≥1040℃水冷或其他方式快冷
S31608	06Cr17Ni12Mo2	≥1040℃水冷或其他方式快冷
S31609	07Cr17Ni12Mo2	≥1040℃水冷或其他方式快冷
S31708	06Cr19Ni13Mo3	≥1040℃水冷或其他方式快冷
S32168	06Cr18Ni11Ti	≥1095℃水冷或其他方式快冷
S32169	07Cr19Ni11Ti	≥1040℃水冷或其他方式快冷
S33010	12Cr16Ni35	1030～1180℃快冷
S34778	06Cr18Ni11Nb	≥1040℃水冷或其他方式快冷
S34779	07Cr18Ni11Nb	≥1040℃水冷或其他方式快冷
S38240	16Cr20Ni14Si2	1060～1130℃水冷或其他方式快冷
S38340	16Cr25Ni20Si2	1060～1130℃水冷或其他方式快冷
S30859	08Cr21Ni11Si2CeN	1050～1100℃水冷或其他方式快冷

表3-19-122　铁素体型耐热钢的热处理制度

统一数字代号	牌号	退火处理
S11348	06Cr13Al	780～830℃快冷或缓冷
S11163	022Cr11Ti	800～900℃快冷或缓冷
S11173	022Cr11NbTi	800～900℃快冷或缓冷
S11710	10Cr17	780～850℃快冷或缓冷
S12550	16Cr25N	780～880℃快冷

表3-19-123　马氏体型耐热钢的热处理制度

统一数字代号	牌号	退火处理
S40310	12Cr12	约750℃快冷或800～900℃缓冷
S41010	12Cr13	约750℃快冷或800～900℃缓冷
S47220	22Cr12NiMoWV	—

表 3-19-124　沉淀硬化型耐热钢的热处理制度

统一数字代号	牌号	固溶处理	沉淀硬化处理
S51290	022Cr12Ni9Cu2NbTi	829℃±15℃,水冷	480℃±6℃,保温 4h,空冷,或 510℃±6℃,保温 4h,空冷
S51740	05Cr17Ni4Cu4Nb	1050℃±25℃,水冷	482℃±10℃,保温 1h,空冷;496℃±10℃,保温 4h,空冷;552℃±10℃,保温 4h,空冷;579℃±10℃,保温 4h,空冷;593℃±10℃,保温 4h,空冷;621℃±10℃,保温 4h,空冷;760℃±10℃,保温 2h,空冷;621℃±10℃,保温 4h,空冷
S51770	07Cr17Ni7Al	1065℃±15℃,水冷	954℃±8℃保温 10min,快冷至室温,24h 内冷至-73℃±6℃,保温不小于 8h。在空气中加热至室温。加热到 510℃±6℃,保温 1h,空冷
			760℃±15℃保温 90min,1h 内冷却至 15℃±3℃。保温≥30min,加热至 566℃±6℃,保温 90min 空冷
S51570	07Cr15Ni7Mo2Al	1040℃±15℃,水冷	954℃±8℃保温 10min,快冷至室温,24h 内冷至-73℃±6℃,保温不小于 8h。在空气中加热至室温。加热到 510℃±6℃,保温 1h,空冷
			760℃±15℃保温 90min,1h 内冷却至 15℃±3℃。保温≥30min,加热至 566℃±6℃,保温 90min 空冷
S51778	06Cr17Ni7AlTi	1038℃±15℃,空冷	510℃±8℃,保温 30min,空冷;538℃±8℃,保温 30min,空冷;566℃±8℃,保温 30min,空冷
S51525	06Cr15Ni25Ti2MoAlVB	885~915℃,快冷或 965~995℃,快冷	700~760℃保温 16h,空冷或缓冷

19.3.15　连续热镀锌薄钢板和钢带（GB/T 2518—2008）

（1）牌号命名方法

钢板及钢带的牌号由产品用途代号、钢级代号（或序列号）、钢种特性（如有）、热镀代号（D）和镀层种类代号五部分构成，其中热镀代号（D）和镀层种类代号之间用加号“+”连接。具体规定如下：

① 用途代号

a. DX：第一位字母 D 表示冷成形用扁平钢材。第二位字母如果为 X，代表基板的轧制状态不规定；第二位字母如果为 C，则代表基板规定为冷轧基板；第二位字母如果为 D，则代表基板规定为热轧基板。

b. S：表示为结构用钢。

c. HX：第一位字母 H 代表冷成形用高强度扁平钢材。第二位字母如果为 X，代表基板的轧制状态不规定；第二位字母如果为 C，则代表基板规定为冷轧基板；第二位字母如果为 D，则代表基板规定为热轧基板。

② 钢级代号（或序列号）

a. 51~57：2 位数字，用以代表钢级序列号。

b. 180~980：3 位数字，用以代表钢级代号；根据牌号命名方法的不同，一般为规定的最小屈服强度或最小屈服强度和最小抗拉强度，单位为 MPa。

③ 钢种特性　钢种特性通常用 1~2 位字母表示。其中：

a. Y 表示钢种类型为无间隙原子钢；

b. LA 表示钢种类型为低合金钢；

c. B 表示钢种类型为烘烤硬化钢；

d. DP 表示钢种类型为双相钢；

e. TR 表示钢种类型为相变诱导塑性钢；

f. CP 表示钢种类型为复相钢；

g. G 表示钢种特性不规定。

④ 热镀代号　热镀代号表示为 D。

⑤ 镀层代号　纯锌镀层表示为 Z，锌铁合金镀层表示为 ZF。

⑥ 牌号命名示例

a. DC57D+ZF：表示产品用途为冷成形用，扁平钢材，规定基板为冷轧基板，钢级序列号为57，锌铁合金镀层热镀产品。

b. S350GD+Z：表示产品用途为结构用，规定的最小屈服强度值为350MPa，钢种特性不规定，纯锌镀层热镀产品。

c. HX340LAD+ZF：表示产品用途为冷成形用，高强度扁平钢材，不规定基板状态，规定的最小屈服强度值为340MPa，钢种类型为高强度低合金钢，锌铁合金镀层热镀产品。

d. HC340/690DPD+Z：表示产品用途为冷成形用，高强度扁平钢材，规定基板为冷轧基板，规定的最小屈服强度值为340MPa，规定的最小抗拉强度值为590MPa，钢种类型为双相钢，纯锌镀层热镀产品。

(2) 牌号及钢种特性

表 3-19-125　　连续热镀锌薄钢板及钢带的牌号及钢种特性

牌号	钢种特性	牌号	钢种特性
DX51D+Z,DX51D+ZF	低碳钢	HX180YD+Z,HX180YD+ZF	无间隙原子钢
DX52D+Z,DX52D+ZF		HX220YD+Z,HX220YD+ZF	
DX53D+Z,DX53D+ZF	无间隙原子钢	HX260YD+Z,HX260YD+ZF	
DX54D+Z,DX54D+ZF		HX180BD+Z,HX180BD+ZF	烘烤硬化钢
DX56D+Z,DX56D+ZF		HX220BD+Z,HX220BD+ZF	
DX57D+Z,DX57D+ZF		HX260BD+Z,HX260BD+ZF	
S220GD+Z,S220GD+ZF	结构钢	HX300BD+Z,HX300BD+ZF	
S250GD+Z,S250GD+ZF		HC260/450DPD+Z,HC260/450DPD+ZF	双相钢
S280GD+Z,S280GD+ZF		HC300/500DPD+Z,HC300/500DPD+ZF	
S320GD+Z,S320GD+ZF		HC340/600DPD+Z,HC340/600DPD+ZF	
S350GD+Z,S350GD+ZF		HC450/780DPD+Z,HC450/780DPD+ZF	
S550GD+Z,S550GD+ZF		HC600/980DPD+Z,HC600/980DPD+ZF	
HX260LAD+Z,HX260LAD+ZF	低合金钢	HC430/690TRD+Z,HC410/690TRD+ZF	相变诱导塑性钢
HX300LAD+Z,HX300LAD+ZF		HC470/780TRD+Z,HC440/780TRD+ZF	
HX340LAD+Z,HX340LAD+ZF		HC350/600CPD+Z,HC350/600CPD+ZF	复相钢
HX380LAD+Z,HX380LAD+ZF		HC500/780CPD+Z,HC500/780CPD+ZF	
HX420LAD+Z,HX420LAD+ZF		HC700/980CPD+Z,HC700/980CPD+ZF	

(3) 表面质量分类和代号

表 3-19-126　　钢板及钢带按表面质量分类和代号

级别	代号	级别	代号
普通级表面	FA	高级表面	FC
较高级表面	FB		

表 3-19-127　　钢板及钢带的镀层种类、镀层表面结构、表面处理的分类和代号

分类项目	类别		代号
镀层种类	纯锌镀层		Z
	锌铁合金镀层		ZF
镀层表面结构	纯锌镀层(Z)	普通锌花	N
		小锌花	M
		无锌花	F
	锌铁合金镀层(ZF)	普通锌花	R
表面处理	铬酸钝化		C
	涂油		O
	铬酸钝化+涂油		CO
	无铬钝化		C5
	无铬钝化+涂油		CO5
	磷化		P
	磷化+涂油		PO

续表

分类项目	类别	代号
表面处理	耐指纹膜	AF
	无铬耐指纹膜	AF5
	自润滑膜	SL
	无铬自润滑膜	SL5
	不处理	U

表 3-19-128　钢板及钢带的公称尺寸

项目		公称尺寸/mm
公称厚度		0.30~5.0
公称宽度	钢板及钢带	600~2050
	纵切钢带	<600
公称长度	钢板	1000~8000
公称内径	钢带及纵切钢带	610 或 508

表 3-19-129　钢板及钢带的力学性能（一）

牌号	屈服强度[1][2] R_{eL} 或 $R_{p0.2}$/MPa	抗拉强度 R_m/MPa	断后伸长率[3] A_{80}/% ≥	r_{90} ≥	n_{90} ≥
DX51D+Z,DX51D+ZF	—	270~500	22	—	—
DX52D+Z[6],DX52D+ZF[6]	140~300	270~420	26	—	—
DX53D+Z,DX53D+ZF	140~260	270~380	30	—	—
DX54D+Z	120~220	260~350	36	1.6	0.18
DX54D+ZF			34	1.4	0.18
DX56D+Z	120~180	260~350	39	1.9[4]	0.21
DX56D+ZF			37	1.7[4][5]	0.20[5]
DX57D+Z	120~170	260~350	41	2.1[6]	0.22
DX57D+ZF			39	1.9[4][5]	0.21[5]

① 无明显屈服时采用 $R_{p0.2}$，否则采用 R_{eL}。

② 试样为 GB/T 228 中的 P6 试样，试样方向为横向。

③ 当产品公称厚度大于 0.5mm，但不大于 0.7mm 时，断后伸长率允许下降 2%；当产品公称厚度不大于 0.5mm 时，断后伸长率允许下降 4%。

④ 当产品公称厚度大于 1.5mm，r_{90} 允许下降 0.2。

⑤ 当产品公称厚度小于等于 0.7mm 时，r_{90} 允许下降 0.2；n_{90} 允许下降 0.01。

⑥ 屈服强度值仅适用于光整的 FB、FC 级表面的钢板及钢带。

表 3-19-130　钢板及钢带的力学性能（二）

牌号	屈服强度[1][2] R_{eH} 或 $R_{p0.2}$/MPa ≥	抗拉强度[3] R_m/MPa ≥	断后伸长率[4] A_{80}/% ≥
S220GD+Z,S220GD+ZF	220	300	20
S250GD+Z,S250GD+ZF	250	330	19
S280GD+Z,S280GD+ZF	280	360	18
S320GD+Z,S320GD+ZF	320	390	17
S350GD+Z,S350GD+ZF	350	420	16
S550GD+Z,S550GD+ZF	550	560	—

① 无明显屈服时采用 $R_{p0.2}$，否则采用 R_{eH}。

② 试样为 GB/T 228 中的 P6 试样，试样方向为纵向。

③ 除 S550GD+Z 和 S550GD+ZF 外，其他牌号的抗拉强度可要求 140MPa 的范围值。

④ 当产品公称厚度大于 0.5mm，但不大于 0.7mm 时，断后伸长率允许下降 2%；当产品公称厚度不大于 0.5mm 时，断后伸长率允许下降 4%。

表 3-19-131　钢板及钢带的力学性能（三）

牌号	屈服强度①② R_{eL} 或 $R_{p0.2}$/MPa	抗拉强度 R_m/MPa	断后伸长率③ A_{80}/% ≥	r_{90}④ ≥	n_{90} ≥
HX180YD+Z	180~240	340~400	34	1.7	0.18
HX180YD+ZF			32	1.5	0.18
HX220YD+Z	220~280	340~410	32	1.5	0.17
HX220YD+ZF			30	1.3	0.17
HX260YD+Z	260~320	380~440	30	1.4	0.16
HX260YD+ZF			28	1.2	0.16

① 无明显屈服时采用 $R_{p0.2}$，否则采用 R_{eL}。

② 试样为 GB/T 228 中的 P6 试样，试样方向为横向。

③ 当产品公称厚度大于 0.5mm，但不大于 0.7mm 时，断后伸长率（A_{80}）允许下降 2%；当产品公称厚度不大于 0.5mm 时，断后伸长率（A_{80}）允许下降 4%。

④ 当产品公称厚度大于 1.5mm 时，r_{90} 允许下降 0.2。

表 3-19-132　钢板及钢带的力学性能（四）

牌号	屈服强度①② R_{eL} 或 $R_{p0.2}$/MPa	抗拉强度 R_m/MPa	断后伸长率③ A_{80}/% ≥	r_{90}④ ≥	n_{90} ≥	烘烤硬化值 BH_2/MPa ≥
HX180BD+Z	180~240	300~360	34	1.5	0.16	30
HX180BD+ZF			32	1.3	0.16	30
HX220BD+Z	220~280	340~400	32	1.2	0.15	30
HX220BD+ZF			30	1.0	0.15	30
HX260BD+Z	260~320	360~440	28	—	—	30
HX260BD+ZF			26	—	—	30
HX300BD+Z	300~360	400~480	26	—	—	30
HX300BD+ZF			24	—	—	30

① 无明显屈服时采用 $R_{p0.2}$，否则采用 R_{eL}。

② 试样为 GB/T 228 中的 P6 试样，试样方向为横向。

③ 当产品公称厚度大于 0.5mm，但不大于 0.7mm 时，断后伸长率允许下降 2%；当产品公称厚度不大于 0.5mm 时，断后伸长率允许下降 4%。

④ 当产品公称厚度大于 1.5mm 时，r_{90} 允许下降 0.2。

表 3-19-133　钢板及钢带的力学性能（五）

牌号	屈服强度①② R_{eL} 或 $R_{p0.2}$/MPa	抗拉强度 R_m/MPa	断后伸长率③ A_{80}/% ≥
HX260LAD+Z	260~330	350~430	26
HX260LAD+ZF			24
HX300LAD+Z	300~380	380~480	23
HX300LAD+ZF			21
HX340LAD+Z	340~420	410~510	21
HX340LAD+ZF			19
HX380LAD+Z	380~480	440~560	19
HX380LAD+ZF			17
HX420LAD+Z	420~520	470~590	17
HX420LAD+ZF			15

① 无明显屈服时采用 $R_{p0.2}$，否则采用 R_{eL}。

② 试样为 GB/T 228 中的 P6 试样，试样方向为横向。

③ 当产品公称厚度大于 0.5mm，但小于等于 0.7mm 时，断后伸长率允许下降 2%；当产品公称厚度不大于 0.5mm 时，断后伸长率允许下降 4%。

表 3-19-134

钢板及钢带的力学性能（六）

牌号	屈服强度①② R_{eL} 或 $R_{p0.2}$/MPa	抗拉强度 R_m/MPa ≥	断后伸长率③ A_{80}/% ≥	n_0 ≥	烘烤硬化值 BH_2/MPa ≥
HC260/450DPD+Z	260～340	450	27	0.16	30
HC260/450DPD+ZF			25		30
HC300/500DPD+Z	300～380	500	23	0.15	30
HC300/500DPD+ZF			21		30
HC340/600DPD+Z	340～420	600	20	0.14	30
HC340/600DPD+ZF			18		30
HC450/780DPD+Z	450～560	780	14	—	30
HC450/780DPD+ZF			12		30
HC600/980DPD+Z	600～750	980	10	—	30
HC600/980DPD+ZF			8		30

① 无明显屈服时采用 $R_{p0.2}$，否则采用 R_{eL}。
② 试样为 GB/T 228 中的 P6 试样，试样方向为纵向。
③ 当产品公称厚度大于 0.5mm，但小于等于 0.7mm 时，断后伸长率允许下降 2%；当产品公称厚度不大于 0.5mm 时，断后伸长率允许下降 4%。

表 3-19-135

钢板及钢带的力学性能（七）

牌号	屈服强度①② R_{eL} 或 $R_{p0.2}$/MPa	抗拉强度 R_m/MPa ≥	断后伸长率③ A_{80}/% ≥	n_0 ≥	烘烤硬化值 BH_2/MPa ≥
HC430/690TRD+Z	430～550	690	23	0.18	40
HC430/690TRD+ZF			21		40
HC470/780TRD+Z	470～600	780	21	0.16	40
HC470/780TRD+ZF			18		40

① 无明显屈服时采用 $R_{p0.2}$，否则采用 R_{eL}。
② 试样为 GB/T 228 中的 P6 试样，试样方向为纵向。
③ 当产品公称厚度大于 0.5mm，但小于等于 0.7mm 时，断后伸长率允许下降 2%；当产品公称厚度不大于 0.5mm 时，断后伸长率允许下降 4%。

表 3-19-136

钢板及钢带的力学性能（八）

牌号	屈服强度①② R_{eL} 或 $R_{p0.2}$/MPa	抗拉强度 R_m/MPa ≥	断后伸长率③ A_{80}/% ≥	烘烤硬化值 BH_2/MPa ≥
HC350/600CPD+Z	350～500	600	16	30
HC350/600CPD+ZF			14	
HC500/780CPD+Z	500～700	780	10	30
HC500/780CPD+ZF			8	
HC700/980CPD+Z	700～900	980	7	30
HC700/980CPD+ZF			5	

① 无明显屈服时采用 $R_{p0.2}$，否则采用 R_{eL}。
② 试样为 GB/T 228 中的 P6 试样，试样方向为纵向。
③ 当产品公称厚度大于 0.5mm，但小于等于 0.7mm 时，断后伸长率允许下降 2%；当产品公称厚度不大于 0.5mm 时，断后伸长率允许下降 4%。

19.3.16 连续电镀锌、锌镍合金镀层钢板及钢带（GB/T 15675—2008）

（1）牌号表示方法

钢板及钢带的牌号由基板牌号和镀层种类两部分组成，中间用“+”连接。

示例 1：DC01+ZE，DC01+ZN

DC01——基板牌号；

ZE，ZN——镀层种类：纯锌镀层，锌镍合金镀层。

示例 2：CR180BH+ZE，CR180BH+ZN

CR180BH——基板牌号；

ZE，ZN——镀层种类：纯锌镀层，锌镍合金镀层。

(2) 钢板及钢带的表面质量

钢板及钢带的表面质量按照表 3-19-137 的规定。

表 3-19-137　钢板及钢带的表面质量及代号

级别	代号	级别	代号
普通级表面	FA	高级表面	FC
较高级表面	FB		

(3) 钢板及钢带的表面处理的种类

钢板及钢带按镀层种类分为两种：纯锌镀层（ZE）和锌镍合金镀层（ZN）。

钢板及钢带按镀层形式区分三种：等厚镀层、差厚镀层及单面镀层。

镀层重量的表示方法示例如下：

钢板：上表面镀层重量（g/m^2）/下表面镀层重量（g/m^2）。例如，40/40、10/20、0/30。

钢带：外表面镀层重量（g/m^2）/内表面镀层重量（g/m^2）。例如，50/50、30/40、0/40。

表面处理的种类和代号按表 3-19-138 的规定。

表 3-19-138　钢板及钢带表面处理的种类

类别	表面处理种类	代号
表面处理	铬酸钝化	C
	铬酸钝化+涂油	CO
	磷化(含铬封闭处理)	PC
	磷化(含铬封闭处理)+涂油	PCO
	无铬钝化	C5
	无铬钝化+涂油	CO5
	磷化(含无铬封闭处理)	PC5
	磷化(含无铬封闭处理)+涂油	PCO5
	磷化(不含封闭处理)	P
	磷化(不含封闭处理)+涂油	PO
	涂油	O
	无铬耐指纹	AF5
	不处理	U

(4) 镀层重量

纯锌镀层及锌镍合金镀层的可供重量范围按表 3-19-139 的规定。

表 3-19-139　纯锌镀层及锌镍合金镀层的可供重量范围　g/m^2

镀层形式	镀层种类	
	纯锌镀层(单面)	锌镍合金镀层(单面)
等厚	3～90	10～40
差厚	3～90,两面差值最大值为 40	10～40,两面差值最大值为 20
单面	10～110	10～40

注：50g/m^2 纯锌镀层的厚度约为 7.1μm，50g/m^2 锌镍合金镀层的厚度约为 6.8μm。

等厚镀层和单面镀层的推荐公称镀层重量列于表 3-19-140 中。

(5) 表面质量

各表面质量级别的特征按表 3-19-141 的规定。

表 3-19-140　　等厚镀层和单面镀层的推荐公称镀层重量　　g/m²

镀层形式	镀层种类	
	纯锌镀层	锌镍合金镀层
等厚	3/3，10/10，15/15，20/20，30/30，40/40，50/50，60/60，70/70，80/80，90/90	10/10，15/15，20/20，25/25，30/30，35/35，40/40
单面	10，20，30，40，50，60，70，80，90，100，110	10，15，20，25，30，35，40

表 3-19-141　　各表面质量级别的特征

代号	级别	特征
FA	普通级表面	不得有漏镀、镀层脱落、裂纹等缺陷，但不影响成形性及涂漆附着力的轻微缺陷，如小划痕、小辊印、轻微的刮伤及轻微氧化色等缺陷则允许存在
FB	较高级表面	产品两面中较好的一面必须对轻微划痕、辊印等缺陷进一步限制，另一面至少应达到 FA 的要求
FC	高级表面	产品两面中较好的一面必须对缺陷进一步限制，即不能影响涂漆后的外观质量，另一面至少应达到 FA 的要求

19.3.17　彩色涂层钢板及钢带（GB/T 12754—2006）

（1）牌号命名方法

彩涂板的牌号由彩涂代号、基板特性代号和基板类型代号三个部分组成，其中基板特性代号和基板类型代号之间用加号“+”连接。

① 彩涂代号　彩涂代号用“涂”字汉语拼音的第一个字母“T”表示。

② 基板特性代号

a. 冷成形用钢。电镀基板时由三个部分组成，其中第一部分为字母“D”，代表冷成形用钢板；第二部分为字母“C”，代表轧制条件为冷轧；第三部分为两位数字序号，即 01、03 和 04。

热镀基板时由四个部分组成，其中第一和第二部分与电镀基板相同；第三部分为两位数字序号，即 51、52、53 和 54；第四部分为字母“D”，代表热镀。

b. 结构钢。由四个部分组成，其中第一部分为字母“S”，代表结构钢；第二部分为 3 位数字，代表规定的最小屈服强度（单位为 MPa），即 250、280、300、320、350、550；第三部分为字母“G”，代表热处理；第四部分为字母“D”，代表热镀。

③ 基板类型代号　“Z”代表热镀锌基板，“ZF”代表热镀锌铁合金基板，“AZ”代表热镀铝锌合金基板，“ZA”代表热镀锌铝合金基板，“ZE”代表电镀锌基板。

（2）彩涂板的牌号及用途

彩涂板的牌号及用途见表 3-19-142。

表 3-19-142　　彩涂板的牌号及用途

彩涂板的牌号					用　途
热镀锌基板	热镀锌铁合金基板	热镀铝锌合金基板	热镀锌铝合金基板	电镀锌基板	
TDC51D+Z	TDC51D+ZF	TDC51D+AZ	TDC51D+ZA	TDC01+ZE	一般用
TDC52D+Z	TDC52D+ZF	TDC52D+AZ	TDC52D+ZA	TDC03+ZE	冲压用
TDC53D+Z	TDC53D+ZF	TDC53D+AZ	TDC53D+ZA	TDC04+ZE	深冲压用
TDC54D+Z	TDC54D+ZF	TDC54D+AZ	TDC54D+ZA	—	特深冲压用
TS250GD+Z	TS250GD+ZF	TS250GD+AZ	TS250GD+ZA	—	结构用
TS280GD+Z	TS280GD+ZF	TS280GD+AZ	TS280GD+ZA	—	
—	—	TS300GD+AZ	—	—	
TS320GD+Z	TS320GD+ZF	TS320GD+AZ	TS320GD+ZA	—	
TS350GD+Z	TS350GD+ZF	TS350GD+AZ	TS350GD+ZA	—	
TS550GD+Z	TS550GD+ZF	TS550GD+AZ	TS550GD+ZA	—	

(3) 彩涂板的分类及代号

彩涂板的分类及代号见表 3-19-143。

表 3-19-143 彩涂板的分类及代号

分类	项目	代号
用途	建筑外用	JW
	建筑内用	JN
	家电	JD
	其他	QT
基板类型	热镀锌基板	Z
	热镀锌铁合金基板	ZF
	热镀铝锌合金基板	AZ
	热镀锌铝合金基板	ZA
	电镀锌基板	ZE
涂层表面状态	涂层板	TC
	压花板	YA
	印花板	YI
面漆种类	聚酯	PE
	硅改性聚酯	SMP
	高耐久性聚酯	HDP
	聚偏氟乙烯	PVDF
涂层结构	正面二层、反面一层	2/1
	正面二层、反面二层	2/2
热镀锌基板表面结构	光整小锌花	MS
	光整无锌花	FS

(4) 彩涂板的尺寸

彩涂板的尺寸见表 3-19-144。

表 3-19-144 彩涂板的尺寸 mm

项目	公称尺寸	项目	公称尺寸
公称厚度	0.20~2.0	钢板公称长度	1000~6000
公称宽度	600~1600	钢卷内径	450、508 或 610

(5) 彩涂板的力学性能

热镀基板彩涂板的力学性能见表 3-19-145 和表 3-19-146 的规定。电镀锌基板彩涂板的力学性能见表 3-19-147 的规定。

表 3-19-145 热镀基板彩涂板的力学性能（一）

牌号	屈服强度① /MPa	抗拉强度 /MPa	断后伸长率(L_0=80mm, b=20mm)/% ≥ 公称厚度/mm ≤0.7	断后伸长率(L_0=80mm, b=20mm)/% ≥ 公称厚度/mm >0.70
TDC51D+Z、TDC51D+ZF、TDC51D+AZ、TDC51D+ZA	—	270~500	20	22
TDC52D+Z、TDC52D+ZF、TDC52D+AZ、TDC52D+ZA	140~300	270~420	24	26
TDC53D+Z、TDC53D+ZF、TDC53D+AZ、TDC53D+ZA	140~260	270~380	28	30
TDC54D+Z、TDC54D+AZ、TDC54D+ZA	140~220	270~350	34	36
TDC54D+ZF	140~220	270~350	32	34

① 当屈服现象不明显时采用 $R_{p0.2}$，否则采用 R_{eL}。

注：拉伸试验试样的方向为横向（垂直轧制方向）。

(6) 彩涂板使用环境的腐蚀性等级

彩涂板使用环境的腐蚀性等级见表 3-19-148。

表 3-19-146　　热镀基板彩涂板的力学性能（二）

牌号	屈服强度①/MPa ≥	抗拉强度/MPa ≥	断后伸长率(L_0=80mm, b=20mm)/% ≥ 公称厚度/mm ≤0.70	>0.70
TS250GD+Z、TS250GD+ZF、TS250GD+AZ、TS250GD+ZA	250	330	17	19
TS280GD+Z、TS280GD+ZF、TS280GD+AZ、TS280GD+ZA	280	360	16	18
TS300GD+AZ	300	380	16	18
TS320GD+Z、TS320GD+ZF、TS320GD+AZ、TS320GD+ZA	320	390	15	17
TS350GD+Z、TS350GD+ZF、TS350GD+AZ、TS350GD+ZA	350	420	14	16
TS550GD+Z、TS550GD+ZF、TS550GD+AZ、TS550GD+ZA	550	560	—	—

① 当屈服现象不明显时采用 $R_{p0.2}$，否则采用 R_{eH}。
注：拉伸试验试样的方向为纵向（沿轧制方向）。

表 3-19-147　　电镀锌基板彩涂板的力学性能

牌号	屈服强度①②/MPa	抗拉强度/MPa ≥	断后伸长率(L_0=80mm, b=20mm)/% ≥ 公称厚度/mm ≤0.50	0.50~≤0.7	>0.7
TDC01+ZE	140~280	270	24	26	28
TDC03+ZE	140~240	270	30	32	34
TDC04+ZE	140~220	270	33	35	37

① 当屈服现象不明显时采用 $R_{p0.2}$，否则采用 R_{eL}。
② 公称厚度为 0.50~0.7mm 时，屈服强度允许增加 20MPa；公称厚度≤0.50mm 时，屈服强度允许增加 40MPa。
注：拉伸试验试样的方向为横向（垂直轧制方向）。

表 3-19-148　　彩涂板使用环境的腐蚀性等级

腐蚀性	腐蚀性等级	典型大气环境示例	典型内部气氛示例
很低	C1	—	干燥清洁的室内场所，如办公室、学校、住宅、宾馆
低	C2	大部分乡村地区、污染较轻的城市	室内体育场、超级市场、剧院
中	C3	污染较重的城市、一般工业区、低盐度海滨地区	厨房、浴室、面包烘烤房
高	C4	污染较重的工业区、中等盐度海滨地区	游泳池、洗衣房、酿酒车间、海鲜加工车间、蘑菇栽培场
很高	C5	高湿度和腐蚀性工业区、高盐度海滨地区	酸洗车间、电镀车间、造纸车间、制革车间、染房

19.3.18　冷弯波形钢板（YB/T 5327—2006）

(1) 分类、代号

波形钢板按截面形状分为两类，其代号见表 3-19-149。波形钢板按截面边缘形状分为四类，其代号见表 3-19-150。

表 3-19-149　　波形钢板按截面形状分类

代号	一个波的截面形状	代号	一个波的截面形状
A		B	

(2) 尺寸、外形、质量

截面形状与截面边缘形状组合的标注符号见图 3-19-23。波形钢板截面尺寸及质量应符合表 3-19-151 的规定。

表 3-19-150 波形钢板按截面边缘形状分类

代号	截面边缘形状	代号	截面边缘形状
K		N	
L		R	

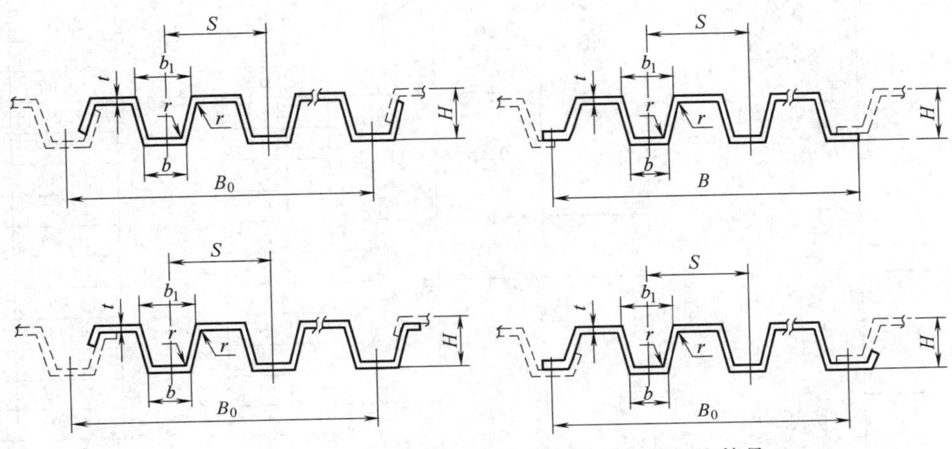

图 3-19-23 截面形状与截面边缘形状组合的标注符号

表 3-19-151 波形钢板截面尺寸及质量

代号	尺寸/mm								断面积/cm^2	质量/(kg/m)
	高度 H	宽度 B	宽度 B_0	槽距 S	槽底尺寸 b	槽口尺寸 b_1	厚度 t	内弯曲半径 r		
AKA15	12	370	—	110	36	50	1.5	1t	6.00	4.71
AKB12	14	488		120	50	70	1.2		6.30	4.95
AKC12	15	378							5.02	3.94
AKD12		488		100	41.9	58.1			6.58	5.17
AKD15		488					1.5		8.20	6.44
AKE05	25	830		90	40	50	0.5		5.87	4.61
AKE08							0.8		9.32	7.32
AKE10							1.0		11.57	9.08
AKE12							1.2		13.79	10.83
AKF05		650					0.5		4.58	3.60
AKF08							0.8		7.29	5.72
AKF10							1.0		9.05	7.10
AKF12							1.2		10.78	8.46
AKG10	30	690		96	38	58	1.0		9.60	7.54
AKG16							1.6		15.04	11.81
AKG20							2.0		18.60	14.60
ALA08	50	—	800	200	60	74	0.8		9.28	7.28
ALA10							1.0		11.56	9.07
ALA12							1.2		13.82	10.85
ALA16							1.6		18.30	14.37
ALB12			614	204.7	38.6	58.6	1.2		10.46	8.21
ALB16							1.6		13.86	10.88
ALC08				205	40	60	0.8		7.04	5.53

续表

代号	尺寸/mm								断面积/cm²	质量/(kg/m)
	高度 H	宽度		槽距 S	槽底尺寸 b	槽口尺寸 b_1	厚度 t	内弯曲半径 r		
		B	B_0							
ALC10	50	—	614	205	40	60	1.0	1t	8.76	6.88
ALC12							1.2		10.47	8.22
ALC16							1.6		13.87	10.89
ALD08					50	70	0.8		7.04	5.53
ALD10							1.0		8.76	6.88
ALD12							1.2		10.47	8.22
ALD16							1.6		13.87	10.89
ALE08					92.5	112.5	0.8		7.04	5.53
ALE10							1.0		8.76	6.88
ALE12							1.2		10.47	8.22
ALE16							1.6		13.87	10.89
ALF12				204.7	90	110	1.2		10.46	8.21
ALF16							1.6		13.86	10.88
ALG08	60		600	200	80	100	0.8		7.49	5.88
ALG10							1.0		9.33	7.32
ALG12							1.2		11.17	8.77
ALG16							1.6		14.79	11.61
ALH08	75				58	65	0.8		8.42	6.61
ALH10							1.0		10.49	8.23
ALH12							1.2		12.55	9.85
ALH16							1.6		16.62	13.05
ALI08						73	0.8		8.38	6.58
ALI10							1.0		10.45	8.20
ALI12							1.2		12.52	9.83
ALI16							1.6		16.60	13.03
ALJ08						80	0.8		8.13	6.38
ALJ10							1.0		10.12	7.94
ALJ12							1.2		12.11	9.51
ALJ16							1.6		16.05	12.60
ALJ23							2.3		22.81	17.91
ALK08						88	0.8		8.06	6.33
ALK10							1.0		10.02	7.87
ALK12							1.2		11.95	9.38
ALK16							1.6		15.84	12.43
ALK23							2.3		22.53	17.69
ALL08			690	230	88	95	0.8		9.18	7.21
ALL10							1.0		10.44	8.20
ALL12							1.2		13.69	10.75
ALL16							1.6		18.14	14.24
ALM08						110	0.8		8.93	7.01
ALM10							1.0		11.12	8.73
ALM12							1.2		13.31	10.45
ALM16							1.6		17.65	13.86
ALM23							2.3		25.09	19.70
ALN08						118	0.8		8.74	6.86
ALN10							1.0		10.89	8.55
ALN12							1.2		13.03	10.23
ALN16							1.6		17.28	13.56

续表

代号	尺寸/mm 高度 H	宽度 B	宽度 B_0	槽距 S	槽底尺寸 b	槽口尺寸 b_1	厚度 t	内弯曲半径 r	断面积 /cm²	质量 /(kg/m)
ALN23	75	—	690	230	88	118	2.3	1t	24.60	19.31
ALO10	80		600	200	40	72	1.0		10.18	7.99
ALO12							1.2		12.19	9.57
ALO16							1.6		16.15	12.68
ANA05	25		360	90		50	0.5		2.64	2.07
ANA08							0.8		4.21	3.30
ANA10							1.0		5.23	4.11
ANA12							1.2		6.26	4.91
ANA16							1.6		8.29	6.51
ANB08	40		600	150	15	18	0.8		7.22	5.67
ANB10							1.0		8.99	7.06
ANB12							1.2		10.70	8.40
ANB16							1.6		14.17	11.12
ANB23							2.3		20.03	15.72
ARA08	50	—	614	205	40	60	0.8		7.04	5.53
ARA10							1.0		8.76	6.88
ARA12							1.2		10.47	8.22
ARA16							1.6		13.87	10.89
BLA05				204.7	50	70	0.5		4.69	3.68
BLA08							0.8		7.46	5.86
BLA10							1.0		9.29	7.29
BLA12							1.2		11.10	8.71
BLA15							1.5		13.78	10.82
BLB05	75		690	230	88	103	0.5		5.73	4.50
BLB08							0.8		9.13	7.17
BLB10							1.0		11.37	8.93
BLB12							1.2		13.61	10.68
BLB16							1.6		18.04	14.16
BLC05			600	200	58	88	0.5		5.05	3.96
BLC08							0.8		8.04	6.31
BLC10							1.0		10.02	7.87
BLC12							1.2		11.99	9.41
BLC16							1.6		15.89	12.47
BLC23							2.3		22.60	17.74
BLD05			690	230	88	118	0.5		5.50	4.32
BLD08							0.8		8.76	6.88
BLD10							1.0		10.92	8.57
BLD12							1.2		13.07	10.26
BLD16							1.6		17.33	13.60
BLD23							2.3		24.67	19.37

注：1. 经双方协议，可供应表中所列截面尺寸以外的波形钢板。

2. 代号中第三个英文字母表示截面形状及截面边缘形状相同，而其他各部尺寸不同的区别。

3. 弯曲部位的内弯曲半径按 1t 计算。

4. 镀锌波形钢板按锌层牌号为 275 计算。

19.4 钢　管

19.4.1 无缝钢管的尺寸、外形、质量及允许偏差（GB/T 17395—2008）

（1）无缝钢管的分类和系列

无缝钢管的外径和壁厚分为三类：普通钢管的外径和壁厚（见表 3-19-152）、精密钢管的外径和壁厚（见表 3-19-153）和不锈钢管的外径和壁厚（见表 3-19-154）。

表 3-19-152

普通钢管的外径和壁厚及单位长度理论质量

外径/mm			壁厚/mm																				
系列 1	系列 2	系列 3	0.25	0.30	0.40	0.50	0.60	0.80	1.0	1.2	1.4	1.5	1.6	1.8	2.0	2.2 (2.3)	2.5 (2.6)	2.8	2.9 (3.0)	3.2	3.5 (3.6)	4.0	4.5
			单位长度理论质量(kg/m)																				
	6		0.035	0.042	0.055	0.068	0.080	0.103	0.123	0.142	0.159	0.166	0.174	0.186	0.197								
	7		0.042	0.050	0.065	0.080	0.095	0.122	0.148	0.172	0.193	0.203	0.213	0.231	0.247	0.260	0.277						
	8		0.048	0.057	0.075	0.092	0.109	0.142	0.173	0.201	0.228	0.240	0.253	0.275	0.296	0.315	0.339						
	9		0.054	0.064	0.085	0.105	0.124	0.162	0.197	0.231	0.262	0.277	0.292	0.320	0.345	0.369	0.401	0.428					
10(10.2)			0.060	0.072	0.095	0.117	0.139	0.182	0.222	0.260	0.297	0.314	0.331	0.364	0.395	0.423	0.462	0.497					
	11		0.066	0.079	0.105	0.129	0.154	0.201	0.247	0.290	0.331	0.351	0.371	0.408	0.444	0.477	0.524	0.566					
	12		0.072	0.087	0.114	0.142	0.169	0.221	0.271	0.320	0.366	0.388	0.410	0.453	0.493	0.532	0.586	0.635	0.666	0.694	0.734	0.789	
	13(12.7)		0.079	0.094	0.124	0.154	0.183	0.241	0.296	0.349	0.401	0.425	0.450	0.497	0.543	0.586	0.647	0.704	0.740	0.773	0.820	0.888	
13.5			0.082	0.098	0.129	0.160	0.191	0.251	0.308	0.364	0.418	0.444	0.470	0.519	0.567	0.613	0.678	0.739	0.777	0.813	0.863	0.937	
		14	0.085	0.101	0.134	0.166	0.198	0.260	0.321	0.379	0.435	0.462	0.489	0.542	0.592	0.640	0.709	0.773	0.814	0.852	0.906	0.986	
	16		0.097	0.116	0.154	0.191	0.228	0.300	0.370	0.438	0.504	0.536	0.568	0.630	0.691	0.749	0.832	0.911	0.962	1.01	1.08	1.18	1.28
17(17.2)			0.103	0.124	0.164	0.203	0.243	0.320	0.395	0.468	0.539	0.573	0.608	0.675	0.740	0.803	0.894	0.981	1.04	1.09	1.17	1.28	1.39
		18	0.109	0.131	0.174	0.216	0.257	0.339	0.419	0.497	0.573	0.610	0.647	0.719	0.789	0.857	0.956	1.05	1.11	1.17	1.25	1.38	1.50
	19		0.116	0.138	0.183	0.228	0.272	0.359	0.444	0.527	0.608	0.647	0.687	0.764	0.838	0.911	1.02	1.12	1.18	1.25	1.34	1.48	1.61
	20		0.122	0.146	0.193	0.240	0.287	0.379	0.469	0.556	0.642	0.684	0.726	0.808	0.888	0.966	1.08	1.19	1.26	1.33	1.42	1.58	1.72
21(21.3)					0.203	0.253	0.302	0.399	0.493	0.586	0.677	0.721	0.765	0.852	0.937	1.02	1.14	1.26	1.33	1.40	1.51	1.68	1.83
		22			0.213	0.265	0.317	0.418	0.518	0.616	0.711	0.758	0.805	0.897	0.986	1.07	1.20	1.33	1.41	1.48	1.60	1.78	1.94
	25				0.243	0.302	0.361	0.477	0.592	0.704	0.815	0.869	0.923	1.03	1.13	1.24	1.39	1.53	1.63	1.72	1.86	2.07	2.28
		25.4			0.247	0.307	0.367	0.485	0.602	0.716	0.829	0.884	0.939	1.05	1.15	1.26	1.41	1.56	1.66	1.75	1.89	2.11	2.32
27(26.9)					0.262	0.327	0.391	0.517	0.641	0.764	0.884	0.943	1.00	1.12	1.23	1.35	1.51	1.67	1.78	1.88	2.03	2.27	2.50
	28				0.272	0.339	0.405	0.537	0.666	0.793	0.918	0.980	1.04	1.16	1.28	1.40	1.57	1.74	1.85	1.96	2.11	2.37	2.61
		30			0.292	0.364	0.435	0.576	0.715	0.852	0.987	1.05	1.12	1.25	1.38	1.51	1.70	1.88	2.00	2.11	2.29	2.56	2.83
	32(31.8)				0.312	0.388	0.465	0.616	0.765	0.911	1.06	1.13	1.20	1.34	1.48	1.62	1.82	2.02	2.15	2.27	2.46	2.76	3.05
34(33.7)					0.331	0.413	0.494	0.655	0.814	0.971	1.13	1.2	1.28	1.43	1.58	1.73	1.94	2.15	2.29	2.43	2.63	2.96	3.27
		35			0.341	0.425	0.509	0.675	0.838	1.00	1.16	1.24	1.32	1.47	1.63	1.78	2.00	2.22	2.37	2.51	2.72	3.06	3.38
	38				0.371	0.462	0.553	0.734	0.912	1.09	1.26	1.35	1.44	1.61	1.78	1.94	2.19	2.43	2.59	2.75	2.98	3.35	3.72
	40				0.391	0.487	0.583	0.773	0.962	1.15	1.33	1.42	1.52	1.70	1.87	2.05	2.31	2.57	2.74	2.90	3.15	3.55	3.94
42(42.4)									1.01	1.21	1.40	1.50	1.59	1.78	1.97	2.16	2.44	2.71	2.89	3.06	3.32	3.75	4.16
		45(44.5)							1.09	1.30	1.51	1.61	1.71	1.92	2.12	2.32	2.62	2.91	3.11	3.30	3.58	4.04	4.49
48(48.3)									1.16	1.38	1.61	1.72	1.83	2.05	2.27	2.48	2.81	3.12	3.33	3.54	3.84	4.34	4.83
	51								1.23	1.47	1.71	1.83	1.95	2.18	2.42	2.65	2.99	3.33	3.55	3.77	4.10	4.64	5.16
		54							1.31	1.56	1.82	1.94	2.07	2.32	2.56	2.81	3.18	3.54	3.77	4.01	4.36	4.93	5.49
	57								1.38	1.65	1.92	2.05	2.19	2.45	2.71	2.97	3.36	3.74	4.00	4.25	4.62	5.23	5.83

外径/mm			壁厚/mm																				
系列 1	系列 2	系列 3	5.0	(5.4) 5.5	6.0	6.3 (6.5)	7.0 (7.1)	7.5	8.0	8.5	(8.8) 9.0	9.5	10	11	12 (12.5)	13	14 (14.2)	15	16	17 (17.5)	18	19	20
			单位长度理论质量 kg/m																				
	16		1.36																				
17(17.2)			1.48																				
		18	1.60																				
	19		1.73	1.83	1.92																		
	20		1.85	1.97	2.07																		
21(21.3)			1.97	2.10	2.22																		
		22	2.10	2.24	2.37																		
	25		2.47	2.64	2.81	2.97	3.11																
		25.4	2.52	2.70	2.87	3.03	3.18																
27(26.9)			2.71	2.92	3.11	3.29	3.45																
	28		2.84	3.05	3.26	3.45	3.63																
		30	3.08	3.32	3.55	3.77	3.97	4.16	4.34														
	32(31.8)		3.33	3.59	3.85	4.09	4.32	4.53	4.74														
34(33.7)			3.58	3.87	4.14	4.41	4.66	4.90	5.13														
		35	3.70	4.00	4.29	4.57	4.83	5.09	5.33	5.56	5.77												
	38		4.07	4.41	4.74	5.05	5.35	5.64	5.92	6.18	6.44	6.68	6.91										
	40		4.32	4.68	5.03	5.37	5.70	6.01	6.31	6.60	6.88	7.15	7.40										
42(42.4)			4.56	4.95	5.33	5.69	6.04	6.38	6.71	7.02	7.32	7.61	7.89										
		45(44.5)	4.93	5.36	5.77	6.17	6.56	6.94	7.30	7.65	7.99	8.32	8.63	9.22	9.77								
48(48.3)			5.30	5.76	6.21	6.65	7.08	7.49	7.89	8.28	8.66	9.02	9.37	10.04	10.65								
	51		5.67	6.17	6.66	7.13	7.60	8.05	8.48	8.91	9.32	9.72	10.11	10.85	11.54								
		54	6.04	6.58	7.10	7.61	8.11	8.60	9.08	9.54	9.99	10.43	10.85	11.66	12.43	13.14	13.81						
	57		6.41	6.99	7.55	8.10	8.63	9.16	9.67	10.17	10.65	11.13	11.59	12.48	13.32	14.11	14.85						
60(60.3)			6.78	7.39	7.99	8.58	9.15	9.71	10.26	10.80	11.32	11.83	12.33	13.29	14.21	15.07	15.88	16.65	17.36				
	63(63.5)		7.15	7.80	8.43	9.06	9.67	10.27	10.85	11.42	11.99	12.53	13.07	14.11	15.09	16.03	16.92	17.76	18.55				
	65		7.40	8.07	8.73	9.38	10.01	10.64	11.25	11.84	12.43	13.00	13.56	14.65	15.68	16.67	17.61	18.50	19.33				
	68		7.77	8.48	9.17	9.86	10.53	11.19	11.84	12.47	13.10	13.71	14.30	15.46	16.57	17.63	18.64	19.61	20.52				
	70		8.02	8.75	9.47	10.18	10.88	11.56	12.23	12.89	13.54	14.17	14.80	16.01	17.16	18.27	19.33	20.35	21.31	22.22			
		73	8.38	9.16	9.91	10.66	11.39	12.11	12.82	13.52	14.21	14.88	15.54	16.82	18.05	19.24	20.37	21.46	22.49	23.48	24.41	25.30	
76(76.1)			8.75	9.56	10.36	11.14	11.91	12.67	13.42	14.15	14.87	15.58	16.28	17.63	18.94	20.20	21.41	22.57	23.68	24.74	25.75	26.71	27.62
	77		8.88	9.70	10.51	11.30	12.08	12.85	13.61	14.36	15.09	15.81	16.52	17.90	19.24	20.52	21.75	22.94	24.07	25.15	26.19	27.18	28.11
	80		9.25	10.11	10.95	11.78	12.60	13.41	14.21	14.99	15.76	16.52	17.26	18.72	20.12	21.48	22.79	24.05	25.25	26.41	27.52	28.58	29.59

续表

外径/mm			壁厚/mm																				
系列1	系列2	系列3	1.0	1.2	1.4	1.5	1.6	1.8	2.0	2.2 (2.3)	2.5 (2.6)	2.8	2.9 (3.0)	3.2	3.5 (3.6)	4.0	4.5	5.0	(5.4) 5.5	6.0	6.3 (6.5)	7.0 (7.1)	7.5
			单位长度理论质量 kg/m																				
60(60.3)			1.46	1.74	2.02	2.16	2.30	2.58	2.86	3.14	3.55	3.95	4.22	4.48	4.88	5.52	6.16	6.78	7.39	7.99	8.58	9.15	9.71
	63(63.5)		1.53	1.83	2.13	2.28	2.42	2.72	3.01	3.30	3.73	4.16	4.44	4.72	5.14	5.82	6.49	7.15	7.80	8.43	9.06	9.67	10.27
	65		1.58	1.89	2.20	2.35	2.50	2.81	3.11	3.41	3.85	4.30	4.59	4.88	5.31	6.02	6.71	7.40	8.07	8.73	9.38	10.01	10.64
	68		1.65	1.98	2.30	2.46	2.62	2.94	3.26	3.57	4.04	4.50	4.81	5.11	5.57	6.31	7.05	7.77	8.48	9.17	9.86	10.53	11.19
	70		1.70	2.04	2.37	2.53	2.70	3.03	3.35	3.68	4.16	4.64	4.96	5.27	5.74	6.51	7.27	8.02	8.75	9.47	10.18	10.88	11.56
		73	1.78	2.12	2.47	2.64	2.82	3.16	3.50	3.84	4.35	4.85	5.18	5.51	6.00	6.81	7.60	8.38	9.16	9.91	10.66	11.39	12.11
76(76.1)			1.85	2.21	2.58	2.76	2.94	3.29	3.65	4.00	4.53	5.05	5.40	5.75	6.26	7.10	7.93	8.75	9.56	10.36	11.14	11.91	12.67
	77				2.61	2.79	2.98	3.34	3.70	4.06	4.59	5.12	5.47	5.82	6.34	7.20	8.05	8.88	9.70	10.51	11.30	12.08	12.85
	80				2.71	2.90	3.09	3.47	3.85	4.22	4.78	5.33	5.70	6.06	6.60	7.50	8.38	9.25	10.11	10.95	11.78	12.60	13.41
		83(82.5)			2.82	3.01	3.21	3.60	4.00	4.38	4.96	5.54	5.92	6.30	6.86	7.79	8.71	9.62	10.51	11.39	12.26	13.12	13.96
	85				2.89	3.09	3.29	3.69	4.09	4.49	5.09	5.68	6.07	6.46	7.03	7.99	8.93	9.86	10.78	11.69	12.58	13.47	14.33
89(88.9)					3.02	3.24	3.45	3.87	4.29	4.71	5.33	5.95	6.36	6.77	7.38	8.38	9.38	10.36	11.33	12.28	13.22	14.16	15.07
	95				3.23	3.46	3.69	4.14	4.59	5.03	5.70	6.37	6.81	7.24	7.90	8.98	10.04	11.10	12.14	13.17	14.19	15.19	16.18
	102(101.6)				3.47	3.72	3.96	4.45	4.93	5.41	6.13	6.85	7.32	7.80	8.50	9.67	10.82	11.96	13.09	14.21	15.31	16.40	17.48
		108			3.68	3.94	4.20	4.71	5.23	5.74	6.50	7.26	7.77	8.27	9.02	10.26	11.49	12.70	13.90	15.09	16.27	17.44	18.59
114(114.3)						4.16	4.44	4.98	5.52	6.07	6.87	7.68	8.21	8.74	9.54	10.85	12.15	13.44	14.72	15.98	17.23	18.47	19.70
	121					4.42	4.71	5.29	5.87	6.45	7.31	8.16	8.73	9.30	10.14	11.54	12.93	14.30	15.67	17.02	18.35	19.68	20.99
	127							5.56	6.17	6.77	7.68	8.58	9.17	9.77	10.66	12.13	13.59	15.04	16.48	17.90	19.32	20.72	22.10
	133										8.05	8.99	9.62	10.24	11.18	12.73	14.26	15.78	17.29	18.79	20.28	21.75	23.21
140(139.7)													10.14	10.80	11.78	13.42	15.04	16.65	18.24	19.83	21.40	22.96	24.51
		142(141.3)											10.28	10.95	11.95	13.61	15.26	16.89	18.51	20.12	21.72	23.31	24.88
	146												10.58	11.27	12.30	14.01	15.70	17.39	19.06	20.72	22.36	24.00	25.62
		152(152.4)											11.02	11.74	12.82	14.60	16.37	18.13	19.87	21.60	23.32	25.03	26.73
		159													13.42	15.29	17.15	18.99	20.82	22.64	24.45	26.24	28.02
168(168.3)															14.20	16.18	18.14	20.10	22.04	23.97	25.89	27.79	29.69
		180(177.8)													15.23	17.36	19.48	21.58	23.67	25.75	27.81	29.87	31.91
		194(193.7)													16.44	18.74	21.03	23.31	25.57	27.82	30.06	32.28	34.50
	203														17.22	19.63	22.03	24.41	26.79	29.15	31.50	33.84	36.16
219(219.1)																				31.52	34.06	36.60	39.12
		232																		33.44	36.15	38.84	41.52
		245(244.5)																		35.36	38.23	41.09	43.93
		267(267.4)																		38.62	41.76	44.88	48.00
273																					42.72	45.92	49.11

续表

外径/mm			壁厚/mm																				
系列 1	系列 2	系列 3	7.5	8.0	8.5	(8.8) 9.0	9.5	10	11	12 (12.5)	13	14 (14.2)	15	16	17 (17.5)	18	19	20	22 (22.2)	24	25	26	28
			单位长度理论质量 kg/m																				
		83(82.5)	13.96	14.80	15.62	16.42	17.22	18.00	19.53	21.01	22.44	23.82	25.15	26.44	27.67	28.85	29.99	31.07	33.10				
	85		14.33	15.19	16.04	16.87	17.69	18.50	20.07	21.60	23.08	24.51	25.89	27.23	28.51	29.74	30.93	32.06	34.18				
89(88.9)			15.07	15.98	16.87	17.76	18.63	19.48	21.16	22.79	24.37	25.89	27.37	28.80	30.19	31.52	32.80	34.03	36.35	38.47			
	95		16.18	17.16	18.13	19.09	20.03	20.96	22.79	24.56	26.29	27.97	29.59	31.17	32.70	34.18	35.61	36.99	39.61	42.02			
	102(101.6)		17.48	18.55	19.60	20.64	21.67	22.69	24.69	26.63	28.53	30.38	32.18	33.93	35.64	37.29	38.89	40.44	43.40	46.17	47.47	48.73	51.10
		108	18.59	19.73	20.86	21.97	23.08	24.17	26.31	28.41	30.46	32.45	34.40	36.30	38.15	39.95	41.70	43.40	46.66	49.71	51.17	52.58	55.24
114(114.3)			19.70	20.91	22.12	23.31	24.48	25.65	27.94	30.19	32.38	34.53	36.62	38.67	40.67	42.62	44.51	46.36	49.91	53.27	54.87	56.43	59.39
	121		20.99	22.29	23.58	24.86	26.12	27.37	29.84	32.26	34.62	36.94	39.21	41.43	43.60	45.72	47.79	49.82	53.71	57.41	59.19	60.91	64.22
	127		22.10	23.48	24.84	26.19	27.53	28.85	31.47	34.03	36.55	39.01	41.43	43.80	46.12	48.39	50.61	52.78	56.97	60.96	62.89	64.76	68.36
	133		23.21	24.66	26.10	27.52	28.93	30.33	33.10	35.81	38.47	41.09	43.65	46.17	48.63	51.05	53.42	55.74	60.22	64.51	66.59	68.61	72.50
140(139.7)			24.51	26.04	27.57	29.08	30.57	32.06	34.99	37.88	40.72	43.50	46.24	48.93	51.57	54.16	56.70	59.19	64.02	68.66	70.90	73.10	77.34
		142(141.3)	24.88	26.44	27.98	29.52	31.04	32.55	35.54	38.47	41.36	44.19	46.98	49.72	52.41	55.04	57.63	60.17	65.11	69.84	72.14	74.38	78.72
	145		25.62	27.23	28.82	30.41	31.98	33.54	36.62	39.66	42.64	45.57	48.46	51.30	54.08	56.82	59.51	62.15	67.28	72.21	74.60	76.94	81.48
		152(152.4)	26.73	28.41	30.08	31.74	33.39	35.02	38.25	41.43	44.56	47.65	50.68	53.66	56.60	59.48	62.32	65.11	70.53	75.76	78.30	80.79	85.62
		159	28.02	29.79	31.55	33.29	35.03	36.75	40.15	43.50	46.81	50.06	53.27	56.43	59.53	62.59	65.60	68.56	74.33	79.90	82.62	85.28	90.46
168(168.3)			29.69	31.57	33.43	35.29	37.13	38.97	42.59	46.17	49.69	53.17	56.60	59.98	63.31	66.59	69.82	73.00	79.21	85.23	88.17	91.05	96.67
		180(177.8)	31.91	33.93	35.95	37.95	39.95	41.92	45.85	49.72	53.54	57.31	61.04	64.71	68.34	71.91	75.44	78.92	85.72	92.33	95.56	98.74	104.96
		194(193.7)	34.50	36.70	38.89	41.06	43.23	45.38	49.64	53.86	58.03	62.15	66.22	70.24	74.21	78.13	82.00	85.82	93.32	100.62	104.20	107.72	114.63
	203		36.16	38.47	40.77	43.06	45.33	47.60	52.09	56.52	60.91	65.25	69.55	73.79	77.98	82.13	86.22	90.26	98.20	105.95	109.74	113.49	120.84
219(219.1)			39.12	41.63	44.13	46.61	49.08	51.54	56.43	61.26	66.04	70.78	75.46	80.10	84.69	89.23	93.71	98.15	106.88	115.42	119.61	123.75	131.89
		232	41.52	44.19	46.85	49.50	52.13	54.75	59.95	65.11	70.21	75.27	80.27	85.23	90.14	95.00	99.81	104.57	113.94	123.11	127.62	132.09	140.87
		245(244.5)	43.93	46.76	49.58	52.38	55.17	57.95	63.48	68.95	74.38	79.76	85.08	90.36	95.59	100.77	105.90	110.98	120.99	130.80	135.64	140.42	149.84
		267(267.4)	48.00	51.10	54.19	57.26	60.33	63.38	69.45	75.46	81.43	87.35	93.22	99.04	104.81	110.53	116.21	121.83	132.93	143.83	149.20	154.53	165.04
273			49.11	52.28	55.45	58.60	61.73	64.86	71.07	77.24	88.36	89.42	95.44	101.41	107.33	113.20	119.02	124.79	136.18	147.38	152.90	158.38	169.18
	299(298.5)		53.92	57.41	60.90	64.37	67.83	71.27	78.13	84.93	91.69	98.40	105.06	111.67	118.23	124.74	131.20	137.61	150.29	162.77	168.93	175.05	187.13
		302	54.47	58.00	61.52	65.03	68.53	72.01	78.94	85.82	92.65	99.44	106.17	112.85	119.49	126.07	132.61	139.09	151.92	164.54	170.78	176.97	189.20
		318.5	57.52	61.26	64.98	68.69	72.39	76.08	83.42	90.71	97.94	105.13	112.27	119.36	126.40	133.39	140.34	147.23	160.87	174.31	180.95	187.55	200.60
325(355.6)			58.73	62.54	66.35	70.14	73.92	77.68	85.18	92.63	100.03	107.38	114.68	121.93	129.13	136.28	143.38	150.44	164.39	178.16	184.96	191.22	205.00
	340(339.7)			65.50	69.49	73.47	77.43	81.38	89.25	97.07	104.84	112.56	120.23	127.85	135.42	142.94	150.41	157.83	172.53	187.03	194.21	201.34	215.44
	351			67.67	71.80	75.91	80.01	84.10	92.23	100.32	108.36	116.35	124.29	132.19	140.03	147.82	155.57	163.26	178.50	193.54	200.99	208.39	223.04
356(355.6)						77.02	81.18	85.33	93.59	101.80	109.97	118.08	126.14	134.16	142.12	150.04	157.91	165.73	181.21	196.50	204.07	211.60	226.49
		368				79.68	83.99	88.29	96.85	106.35	113.81	122.22	130.58	138.89	147.16	155.37	163.53	171.64	187.72	203.61	211.47	219.29	234.78

续表

外径/mm			壁厚/mm																					
系列 1	系列 2	系列 3	30	32	34	36	38	40	42	45	48	50	55	60	65	70	75	80	85	90	95	100	110	120
			单位长度理论质量 kg/m																					
		108	57.71																					
114(114.3)			62.15																					
	121		67.33	70.24																				
	127		71.77	74.97																				
	133		76.20	79.71	83.01	86.12																		
140(139.7)			81.38	85.23	88.88	92.33																		
		142(141.3)	82.86	86.81	90.56	94.11																		
	145		85.82	89.97	93.91	97.66	101.21	104.57																
		152(152.4)	90.26	94.70	98.94	102.99	106.83	110.48																
		159	95.44	100.22	104.81	109.20	113.39	117.39	121.19	126.51														
168(168.3)			102.10	107.33	112.36	117.19	121.83	126.27	130.51	136.50														
		180(177.8)	110.98	116.80	122.42	123.85	133.07	138.10	142.94	149.82	156.26	140.30												
		194(193.7)	121.33	127.85	134.16	140.27	146.19	151.92	157.44	165.36	172.83	177.56												
	203		127.99	134.95	141.71	148.27	154.63	160.79	166.76	175.34	183.48	188.66	200.75											
219(219.1)			139.83	147.57	155.12	162.47	169.62	176.58	183.33	193.10	202.42	208.39	222.45											
		232	149.45	157.83	166.02	174.01	181.81	189.40	196.80	207.53	212.81	224.42	240.08	254.51	267.70									
		245(244.5)	159.07	168.09	176.92	185.55	193.99	202.22	210.26	221.95	233.20	240.45	257.71	273.74	288.54									
		267(267.4)	175.34	185.45	195.37	206.09	214.60	223.93	233.05	246.37	259.24	267.58	287.55	306.30	323.81									
273			179.78	190.19	200.40	210.41	220.23	229.85	239.27	253.03	266.34	274.98	295.69	315.17	333.42	350.44	366.22	380.77	394.09					
	299(298.5)		199.02	210.71	222.20	233.50	244.59	255.49	266.20	281.88	297.12	307.04	330.96	353.65	375.10	395.32	414.31	432.07	448.59	463.88	477.94	490.77		
		302	201.24	213.08	224.72	236.16	247.40	258.45	269.30	285.21	300.67	310.74	335.03	358.09	379.91	400.50	419.86	437.99	454.88	470.54	484.97	498.16		
		318.5	213.45	226.10	238.55	250.81	262.87	274.73	286.39	303.52	320.21	331.08	357.41	382.50	406.36	428.99	450.38	470.54	489.47	507.16	523.63	538.86		
325(355.6)			218.25	231.23	244.00	256.58	268.96	281.14	293.13	310.74	327.90	339.10	366.22	392.12	416.78	440.21	462.40	483.37	503.10	521.59	538.86	554.89		
	340(339.7)		229.35	243.06	256.58	269.90	283.02	295.94	308.66	327.38	345.66	357.59	386.57	414.31	440.83	466.10	490.15	512.96	534.54	554.89	574.00	591.88		
	351		237.49	251.75	265.80	279.66	293.32	306.79	320.06	339.59	358.68	371.16	401.49	430.59	458.46	485.09	510.49	534.66	557.60	579.30	599.77	619.01		
356(355.6)			241.19	255.69	269.99	284.10	298.01	311.72	325.24	345.14	364.60	377.32	408.27	437.99	466.47	493.72	519.74	544.53	568.08	590.40	611.48	631.34		
		368	250.07	265.16	280.06	294.75	309.26	323.56	337.67	358.46	378.80	392.12	424.55	455.75	485.71	514.44	541.94	568.20	593.23	617.03	639.60	660.93		
	377		256.73	272.26	287.60	302.75	317.69	332.44	346.99	368.44	389.46	403.22	436.76	469.06	500.14	529.98	558.58	585.96	612.10	637.01	660.68	683.13		
	402		275.22	291.99	308.57	324.94	341.12	357.10	372.88	396.19	419.05	434.04	470.67	506.06	540.21	573.13	604.82	635.28	664.51	692.50	719.25	744.78		
406(406.4)			278.18	295.15	311.92	328.49	344.87	361.05	377.03	400.63	423.78	438.98	476.09	511.97	546.62	580.04	612.22	643.17	672.89	701.37	728.63	754.64		
		419	287.80	305.41	322.82	340.03	357.05	373.87	390.49	415.05	439.17	455.01	493.72	531.21	567.46	602.48	636.27	668.82	700.14	730.23	759.08	786.70		
	426		292.98	310.93	328.69	346.25	363.61	380.77	397.74	422.82	477.46	463.64	503.22	541.57	578.68	614.57	649.22	682.63	714.82	745.77	775.48	803.97		

续表

外径/mm			壁厚/mm																				
系列 1	系列 2	系列 3	(8.8) 9.0	9.5	10	11	12 (12.5)	13	14 (14.2)	15	16	17 (17.5)	18	19	20	22 (22.2)	24	25	26	28	30	32	34
			单位长度理论质量 kg/m																				
	377		81.68	86.10	90.51	99.29	108.02	116.70	125.33	133.91	142.45	150.93	159.36	167.75	176.08	192.61	208.93	217.02	225.06	240.99	256.73	272.26	287.60
	402		87.23	91.96	96.67	106.07	115.42	124.71	133.96	143.16	152.31	161.41	170.46	179.46	188.41	206.17	223.73	232.44	241.09	258.26	275.22	291.99	308.57
406(406.4)			88.12	92.89	97.66	107.15	116.60	126.00	135.34	144.64	153.89	163.09	172.24	181.34	190.39	208.34	226.10	234.90	243.66	261.02	278.18	295.15	311.92
		419	91.00	95.94	100.87	110.68	120.45	130.16	139.83	149.45	159.02	168.54	178.01	187.43	196.80	215.39	233.79	242.92	251.99	269.99	287.80	305.41	322.82
	426		92.55	97.58	102.59	112.58	122.52	132.41	142.25	152.04	161.78	171.47	181.11	190.71	200.25	219.19	237.93	247.23	256.48	274.83	292.98	310.93	328.69
	450		97.88	103.20	108.51	119.09	129.62	140.10	150.53	160.92	171.25	181.53	191.77	201.95	212.09	232.21	252.14	262.03	271.87	291.40	310.74	329.87	348.81
457			99.44	104.84	110.24	120.99	131.69	142.35	152.95	163.51	174.01	184.47	194.88	205.23	215.54	236.01	256.28	266.34	276.36	296.23	315.91	335.40	354.68
	473		102.99	108.59	114.18	125.33	136.43	147.48	158.48	169.42	180.33	191.18	201.98	212.73	223.43	244.69	265.75	276.21	286.62	307.28	327.75	348.02	368.10
	480		104.54	110.23	115.91	127.23	138.50	149.72	160.89	172.01	183.09	194.11	205.09	216.01	226.89	248.49	269.90	280.53	291.11	312.12	332.93	353.55	373.97
	500		108.98	114.92	120.84	132.65	144.42	156.13	167.80	179.41	190.98	202.50	213.96	225.38	236.75	259.34	281.73	292.86	303.93	325.93	347.93	369.33	390.74
508			110.76	116.79	122.81	134.82	146.79	158.70	170.56	182.37	194.14	205.85	217.51	229.13	240.70	263.68	286.47	297.79	309.06	331.45	353.65	375.64	397.45
	530		115.64	121.95	128.24	140.79	153.30	165.75	178.16	190.51	202.82	215.07	227.28	239.44	251.55	275.62	299.49	311.35	323.17	346.64	369.92	393.01	415.89
		560(559)	122.30	128.97	135.64	148.93	162.17	175.37	188.51	201.61	214.65	227.65	240.60	253.50	266.34	291.89	317.25	329.85	342.40	367.36	392.12	416.68	441.06
610			133.39	140.69	147.97	162.50	176.97	191.40	205.78	220.10	234.38	248.61	262.79	276.92	291.01	319.02	346.84	360.68	374.46	401.88	429.11	456.14	482.97
	630																358.68	373.01	387.29	415.70	443.91	471.92	499.74
		660															376.43	391.50	406.52	436.41	466.10	495.60	524.90
		699															399.52	415.55	431.53	463.34	494.96	526.38	557.60
711																	406.62	422.95	439.22	471.63	503.84	535.85	567.66
	720																411.95	428.49	444.99	477.84	510.49	542.95	575.21
	762																436.81	454.39	471.92	506.84	541.57	576.09	610.42
		788.5															452.49	470.73	488.92	525.14	561.17	597.01	632.64
813																	466.99	485.83	504.62	542.06	579.30	616.34	653.18
		864															497.18	517.28	537.33	577.28	617.03	656.59	695.95
914																		548.10	569.39	611.80	654.02	696.05	737.87
		965																579.55	602.09	647.02	691.76	736.30	780.64
1016																		610.99	634.79	682.24	729.49	776.54	823.40

续表

外径/mm			壁厚/mm																			
系列 1	系列 2	系列 3	34	36	38	40	42	45	48	50	55	60	65	70	75	80	85	90	95	100	110	120
			单位长度理论质量 kg/m																			
	450		348.81	367.56	386.10	404.45	422.60	449.46	475.87	493.23	535.77	577.08	617.16	656.00	693.61	729.98	765.12	799.03	831.71	863.15		
457			354.68	373.77	392.66	411.35	429.85	457.23	484.16	501.86	545.27	587.44	628.38	668.08	706.55	743.79	779.80	814.57	848.11	880.42		
	473		368.10	387.98	407.66	427.14	446.42	474.98	503.10	521.59	566.97	611.11	654.02	695.70	736.15	755.36	813.34	850.08	885.60	919.88		
	480		373.97	394.19	414.22	434.04	453.67	482.75	511.38	530.22	576.46	621.47	665.25	707.79	749.09	789.17	828.01	865.62	902.00	937.14		
	500		390.74	411.95	432.96	453.77	474.39	504.95	535.06	554.89	603.59	651.07	697.31	742.31	786.09	828.63	869.94	910.01	948.85	986.46	1057.98	
508			397.45	419.05	440.46	461.66	482.68	513.82	544.53	564.75	614.44	662.90	710.13	756.12	800.88	844.41	886.71	927.77	967.60	1006.19	1079.68	
	530		415.89	438.58	461.07	483.37	505.46	538.24	570.57	591.88	644.28	695.46	745.40	794.10	841.58	887.82	932.82	976.60	1019.14	1060.45	1139.36	1213.35
		560 (559)	441.06	465.22	489.19	512.96	536.54	571.53	606.08	628.87	684.97	739.85	793.49	845.89	897.06	947.00	995.71	1043.18	1089.42	1134.43	1220.75	1302.13
610			482.97	509.61	536.04	562.28	588.33	627.02	665.27	690.52	752.79	813.83	873.64	932.21	989.55	1045.65	1100.52	1154.16	1206.57	1257.74	1356.39	1450.10
	630		499.74	527.36	554.79	582.01	609.04	649.22	688.95	715.19	779.92	843.43	905.70	966.73	1026.54	1085.11	1142.45	1198.55	1253.42	1307.06	1410.64	1509.29
		660	524.90	554.00	582.90	611.61	640.12	682.51	724.46	752.18	820.61	887.82	953.79	1018.52	1082.03	1144.30	1205.33	1265.14	1323.71	1381.05	1492.02	1598.07
		699	557.60	588.62	619.45	650.08	680.51	725.79	770.62	800.27	873.51	945.52	1016.30	1085.85	1154.16	1221.24	1287.09	1351.70	1415.08	1477.23	1597.82	1713.49
711			567.66	599.28	630.69	661.92	692.94	739.11	784.83	815.06	889.79	963.28	1035.54	1106.56	1176.36	1244.92	1312.24	1378.33	1443.19	1506.82	1630.38	1749.00
	720		575.21	607.27	639.13	670.79	702.26	749.09	795.48	826.16	902.00	976.60	1049.97	1122.10	1193.00	1262.67	1331.11	1398.31	1464.28	1529.02	1654.79	1775.63
	762		610.42	644.55	678.49	712.23	745.77	795.71	845.20	877.95	958.96	1038.74	1117.29	1194.61	1270.69	1345.53	1419.15	1491.53	1562.68	1632.60	1768.73	1899.93
		788.5	632.64	668.08	703.32	738.37	773.21	825.11	876.57	910.63	994.91	1077.96	1159.77	1240.35	1319.70	1397.82	1474.70	1550.35	1624.77	1697.95	1840.62	1978.35
813			653.18	689.83	726.28	762.54	798.59	852.30	905.57	940.84	1028.14	1114.21	1199.05	1282.65	1365.02	1446.15	1526.06	1604.73	1682.17	1758.37	1907.08	2050.86
		864	695.95	735.11	774.08	812.85	851.42	908.90	965.94	1003.73	1097.32	1189.67	1280.80	1370.69	1459.35	1546.77	1632.97	1717.92	1801.65	1884.14	2045.43	2201.78
914			737.87	779.50	820.93	862.17	903.20	964.39	1025.13	1065.38	1165.14	1263.66	1360.95	1457.00	1551.83	1645.42	1737.78	1828.90	1918.79	2007.45	2181.07	2349.75
		965	780.64	824.78	868.73	912.48	956.03	1020.99	1085.50	1128.27	1234.31	1339.12	1442.70	1545.05	1646.16	1746.04	1844.68	1942.10	2038.28	2133.22	2319.42	2500.68
1016			823.40	870.06	916.52	962.79	1008.86	1077.59	1145.87	1191.15	1303.49	1414.59	1524.45	1633.09	1740.49	1846.66	1951.59	2055.29	2157.76	2259.00	2457.77	2651.61

表 3-19-153　精密钢管的外径和壁厚及单位长度理论质量

外径/mm		壁厚/mm																				
系列 2	系列 3	0.5	(0.8)	1.0	(1.2)	1.5	(1.8)	2.0	(2.2)	2.5	(2.8)	3.0	(3.5)	4	(4.5)	5	(5.5)	6	(7)	8	(9)	10
		单位长度理论质量①/(kg/m)																				
4		0.043	0.063	0.074	0.083																	
5		0.055	0.083	0.099	0.112																	
6		0.068	0.103	0.123	0.142	0.166	0.186	0.197														
8		0.092	0.142	0.173	0.201	0.240	0.275	0.296	0.315	0.339												
10		0.117	0.182	0.222	0.260	0.314	0.364	0.395	0.423	0.462												
12		0.142	0.221	0.271	0.320	0.388	0.453	0.493	0.532	0.586	0.635	0.666										
12.7		0.150	0.235	0.289	0.340	0.414	0.484	0.528	0.570	0.629	0.684	0.718										
	14	0.166	0.260	0.321	0.379	0.462	0.542	0.592	0.640	0.709	0.773	0.814	0.906									
16		0.191	0.300	0.370	0.438	0.536	0.630	0.691	0.749	0.832	0.911	0.962	1.08	1.18								
	18	0.216	0.339	0.419	0.497	0.610	0.719	0.789	0.857	0.956	1.05	1.11	1.25	1.38	1.50							
20		0.240	0.379	0.469	0.556	0.684	0.808	0.888	0.966	1.08	1.19	1.26	1.42	1.58	1.72	1.85						
	22	0.265	0.418	0.518	0.616	0.758	0.897	0.986	1.07	1.20	1.33	1.41	1.60	1.78	1.94	2.10						
25		0.302	0.477	0.592	0.704	0.869	1.03	1.13	1.24	1.39	1.53	1.63	1.86	2.07	2.28	2.47	2.64	2.81				
	28	0.339	0.537	0.666	0.793	0.980	1.16	1.28	1.40	1.57	1.74	1.85	2.11	2.37	2.61	2.84	3.05	3.26	3.63	3.95		
	30	0.364	0.576	0.715	0.852	1.05	1.25	1.38	1.51	1.70	1.88	2.00	2.29	2.56	2.83	3.08	3.32	3.55	3.97	4.34		
32		0.388	0.616	0.765	0.911	1.13	1.34	1.48	1.62	1.82	2.02	2.15	2.46	2.76	3.05	3.33	3.59	3.85	4.32	4.74		
	35	0.425	0.675	0.838	1.00	1.24	1.47	1.63	1.78	2.00	2.22	2.37	2.72	3.06	3.38	3.70	4.00	4.29	4.83	5.33		
38		0.462	0.734	0.912	1.09	1.35	1.61	1.78	1.94	2.19	2.43	2.59	2.98	3.35	3.72	4.07	4.41	4.74	5.35	5.92	6.44	6.91
40		0.487	0.773	0.962	1.15	1.42	1.70	1.87	2.05	2.31	2.57	2.74	3.15	3.55	3.94	4.32	4.68	5.03	5.70	6.31	6.88	7.40
42			0.813	1.01	1.21	1.50	1.78	1.97	2.16	2.44	2.71	2.89	3.32	3.75	4.16	4.56	4.95	5.33	6.04	6.71	7.32	7.89
	45		0.872	1.09	1.30	1.61	1.92	2.12	2.32	2.62	2.91	3.11	3.58	4.04	4.49	4.93	5.36	5.77	6.56	7.30	7.99	8.63
48			0.931	1.16	1.38	1.72	2.05	2.27	2.48	2.81	3.12	3.33	3.84	4.34	4.83	5.30	5.76	6.21	7.08	7.89	8.66	9.37
50			0.971	1.21	1.44	1.79	2.14	2.37	2.59	2.93	3.26	3.48	4.01	4.54	5.05	5.55	6.04	6.51	7.42	8.29	9.10	9.86
	55		1.07	1.33	1.59	1.98	2.36	2.61	2.86	3.24	3.60	3.85	4.45	5.03	5.60	6.17	6.71	7.25	8.29	9.27	10.21	11.10
60			1.17	1.46	1.74	2.16	2.58	2.86	3.14	3.55	3.95	4.22	4.88	5.52	6.16	6.78	7.39	7.99	9.15	10.26	11.32	12.33
63			1.23	1.53	1.83	2.28	2.72	3.01	3.30	3.73	4.16	4.44	5.14	5.82	6.49	7.15	7.80	8.43	9.67	10.85	11.99	13.07
70			1.37	1.70	2.04	2.53	3.03	3.35	3.68	4.16	4.64	4.96	5.74	6.51	7.27	8.02	8.75	9.47	10.88	12.23	13.54	14.80
76			1.48	1.85	2.21	2.76	3.29	3.65	4.00	4.53	5.05	5.40	6.26	7.10	7.93	8.75	9.56	10.36	11.91	13.42	14.87	16.28
80			1.56	1.95	2.33	2.90	3.47	3.85	4.22	4.78	5.33	5.70	6.60	7.50	8.38	9.25	10.11	10.95	12.60	14.21	15.76	17.26
	90				2.63	3.27	3.92	4.34	4.76	5.39	6.02	6.44	7.47	8.48	9.49	10.48	11.46	12.43	14.33	16.18	17.98	19.73

续表

外径/mm		壁厚/mm																					
系列 2	系列 3	(2.2)	2.5	(2.8)	3.0	(3.5)	4	(4.5)	5	(5.5)	6	(7)	8	(9)	10	(11)	12.5	(14)	16	(16)	(18)	20	(22)
		单位长度理论质量[①]/(kg/m)																					
	45	2.32	2.62	2.91	3.11	3.58	4.04	4.49	4.93	5.36	5.77	6.56	7.30	7.99	8.63	9.22	10.02						
48		2.48	2.81	3.12	3.33	3.84	4.34	4.83	5.30	5.76	6.21	7.08	7.89	8.66	9.37	10.04	10.94						
50		2.59	2.93	3.26	3.48	4.01	4.54	5.05	5.55	6.04	6.51	7.42	8.29	9.10	9.86	10.58	11.56						
	55	2.86	3.24	3.60	3.85	4.45	5.03	5.60	6.17	6.71	7.25	8.29	9.27	10.21	11.10	11.94	13.10	14.16					
60		3.14	3.55	3.95	4.22	4.88	5.52	6.16	6.76	7.39	7.99	9.15	10.26	11.32	12.33	13.29	14.64	15.88	17.36				
63		3.30	3.73	4.16	4.44	5.14	5.82	6.49	7.15	7.80	8.43	9.67	10.85	11.99	13.07	14.11	15.57	16.92	18.55				
70		3.68	4.16	4.64	4.96	5.74	6.51	7.27	8.02	8.75	9.47	10.88	12.23	13.54	14.80	16.01	17.33	19.33	21.31				
76		4.00	4.53	5.05	5.40	6.26	7.10	7.93	8.75	9.56	10.36	11.91	13.42	14.82	16.28	17.63	19.58	21.41	23.68				
80		4.22	4.78	5.33	5.70	6.60	7.50	8.38	9.25	10.11	10.95	12.60	14.21	15.76	17.26	18.72	20.81	22.79	25.25	27.52			
	90	4.76	5.39	6.02	6.44	7.47	8.48	9.49	10.48	11.46	12.43	14.33	16.18	17.98	19.73	21.43	23.89	26.24	29.20	31.96	34.53	36.89	
100		5.31	6.01	6.71	7.18	8.33	9.47	10.60	11.71	12.82	13.91	16.05	18.15	20.20	22.20	24.14	26.97	29.69	33.15	36.40	39.46	42.32	46.24
	110	5.85	6.63	7.40	7.92	9.19	10.46	11.71	12.95	14.17	15.39	17.78	20.12	22.42	24.66	26.86	30.06	33.15	37.09	40.84	44.39	47.74	52.41
120		6.39	7.24	8.09	8.66	10.06	11.44	12.82	14.18	15.53	16.87	19.51	22.10	24.64	27.13	29.57	33.14	36.60	41.04	45.28	49.32	53.17	58.57
130		6.93	7.86	8.78	9.40	10.92	12.43	13.93	15.41	16.89	18.35	21.23	24.07	26.86	29.59	32.28	36.22	40.06	44.98	49.72	54.26	58.60	64.74
	140	7.48	8.48	9.47	10.14	11.78	13.42	15.04	16.65	18.24	19.83	22.96	26.04	29.08	32.06	34.99	39.30	43.50	48.93	54.16	59.19	64.02	70.90
150		8.02	9.09	10.16	10.88	12.65	14.40	16.15	17.88	19.60	21.31	24.69	28.02	31.30	34.53	37.71	42.39	46.96	52.87	58.60	64.12	69.45	77.07
160		8.56	9.71	10.86	11.62	13.51	15.39	17.26	19.11	20.96	22.79	26.41	29.99	33.52	36.99	40.42	45.47	50.41	56.82	63.03	69.05	74.87	83.23
170						14.37	16.38	18.37	20.35	22.31	24.27	28.14	31.96	35.73	39.46	43.13	48.55	53.86	60.77	67.47	73.98	80.30	89.40
	180								21.58	23.67	25.75	29.87	33.93	37.95	41.92	45.85	51.64	57.31	64.71	71.91	78.92	85.72	95.56
190										25.03	27.23	31.59	35.91	40.17	44.39	48.56	54.72	60.77	68.66	76.35	83.85	91.15	101.73
200											28.71	33.32	37.88	42.39	46.86	51.27	57.80	64.22	72.60	80.79	88.78	95.57	107.89
	220											36.77	41.83	46.83	51.79	56.70	63.97	71.12	80.50	89.67	98.65	107.43	120.23
	240			(1.2)	1.5	(1.8)	2.0					40.22	45.77	51.27	56.72	62.12	70.13	78.03	88.39	98.55	108.51	118.28	132.56
	260	100		2.92	3.64	4.36	4.83					43.68	49.72	55.71	61.65	67.55	76.30	84.93	96.28	107.43	118.38	129.13	144.89
			110	3.22	4.01	4.80	5.33																
		120				5.25	5.82																
		130				5.69	6.31																
			140			6.13	6.81																
		150				6.58	7.30																
		160				7.02	7.79																

① 理论质量按公式 3-19-1 计算，钢的密度为 7.85kg/dm^3。

注：括号内尺寸不推荐使用。

表 3-19-154　不锈钢管的外径和壁厚

外径/mm			壁厚/mm																					
系列 1	系列 2	系列 3	0.5	0.6	0.7	0.8	0.9	1.0	1.2	1.4	1.5	1.6	2	2.2 (2.3)	2.5 (2.6)	2.8 (2.9)	3	3.2	3.5 (3.6)	4.0	4.5	5.0	5.5 (5.6)	6.0
	6		●	●	●	●	●	●	●															
	7		●	●	●	●	●	●	●															
	8		●	●	●	●	●	●	●															
	9		●	●	●	●	●	●	●															
10(10.2)			●	●	●	●	●	●	●	●	●	●	●											
	12		●	●	●	●	●	●	●	●	●	●	●											
	12.7		●	●	●	●	●	●	●	●	●	●	●	●	●	●	●	●						
13(13.5)			●	●	●	●	●	●	●	●	●	●	●	●	●	●	●	●						
		14	●	●	●	●	●	●	●	●	●	●	●	●	●	●	●	●	●					
	16		●	●	●	●	●	●	●	●	●	●	●	●	●	●	●	●	●	●				
17(17.2)			●	●	●	●	●	●	●	●	●	●	●	●	●	●	●	●	●	●				
		18	●	●	●	●	●	●	●	●	●	●	●	●	●	●	●	●	●	●	●			
	19		●	●	●	●	●	●	●	●	●	●	●	●	●	●	●	●	●	●	●			
	20		●	●	●	●	●	●	●	●	●	●	●	●	●	●	●	●	●	●	●			
21(21.3)			●	●	●	●	●	●	●	●	●	●	●	●	●	●	●	●	●	●	●	●		
		22	●	●	●	●	●	●	●	●	●	●	●	●	●	●	●	●	●	●	●	●		
	24		●	●	●	●	●	●	●	●	●	●	●	●	●	●	●	●	●	●	●	●		
	25		●	●	●	●	●	●	●	●	●	●	●	●	●	●	●	●	●	●	●	●	●	●
		25.4						●	●	●	●	●	●	●	●	●	●	●	●	●	●	●	●	●
27(16.9)								●	●	●	●	●	●	●	●	●	●	●	●	●	●	●	●	●
		30						●	●	●	●	●	●	●	●	●	●	●	●	●	●	●	●	●
	32(31.8)							●	●	●	●	●	●	●	●	●	●	●	●	●	●	●	●	●
34(33.7)								●	●	●	●	●	●	●	●	●	●	●	●	●	●	●	●	●
		35						●	●	●	●	●	●	●	●	●	●	●	●	●	●	●	●	●
	38							●	●	●	●	●	●	●	●	●	●	●	●	●	●	●	●	●
	40							●	●	●	●	●	●	●	●	●	●	●	●	●	●	●	●	●
42(42.4)								●	●	●	●	●	●	●	●	●	●	●	●	●	●	●	●	●
		45(44.5)						●	●	●	●	●	●	●	●	●	●	●	●	●	●	●	●	●
48(48.3)								●	●	●	●	●	●	●	●	●	●	●	●	●	●	●	●	●
	51							●	●	●	●	●	●	●	●	●	●	●	●	●	●	●	●	●
		54										●	●	●	●	●	●	●	●	●	●	●	●	●

续表

外径/mm			壁厚/mm																				
系列 1	系列 2	系列 3	1.6	2	2.2 (2.3)	2.5 (2.6)	2.8 (2.9)	3	3.2	3.5 (3.6)	4.0	4.5	5.0	5.5 (5.6)	6.0	(6.3) 6.5	7.0 (7.1)	7.5	8.0	8.5	(8.8) 9.0	9.5	10	11
	57		●	●	●	●	●	●	●	●	●	●	●	●	●	●	●	●	●	●	●	●	●	
60(60.3)			●	●	●	●	●	●	●	●	●	●	●	●	●	●	●	●	●	●	●	●	●	
	64(63.5)		●	●	●	●	●	●	●	●	●	●	●	●	●	●	●	●	●	●	●	●	●	●
	68		●	●	●	●	●	●	●	●	●	●	●	●	●	●	●	●	●	●	●	●	●	●
	70		●	●	●	●	●	●	●	●	●	●	●	●	●	●	●	●	●	●	●	●	●	●
	73		●	●	●	●	●	●	●	●	●	●	●	●	●	●	●	●	●	●	●	●	●	●
76(76.1)			●	●	●	●	●	●	●	●	●	●	●	●	●	●	●	●	●	●	●	●	●	●
		83(82.5)	●	●	●	●	●	●	●	●	●	●	●	●	●	●	●	●	●	●	●	●	●	●
89(88.9)			●	●	●	●	●	●	●	●	●	●	●	●	●	●	●	●	●	●	●	●	●	●
	95		●	●	●	●	●	●	●	●	●	●	●	●	●	●	●	●	●	●	●	●	●	●
	102(101.6)		●	●	●	●	●	●	●	●	●	●	●	●	●	●	●	●	●	●	●	●	●	●
	108		●	●	●	●	●	●	●	●	●	●	●	●	●	●	●	●	●	●	●	●	●	●
114(114.3)			●	●	●	●	●	●	●	●	●	●	●	●	●	●	●	●	●	●	●	●	●	●
	127		●	●	●	●	●	●	●	●	●	●	●	●	●	●	●	●	●	●	●	●	●	●
	133		●	●	●	●	●	●	●	●	●	●	●	●	●	●	●	●	●	●	●	●	●	●
140(139.7)			●	●	●	●	●	●	●	●	●	●	●	●	●	●	●	●	●	●	●	●	●	●
	146		●	●	●	●	●	●	●	●	●	●	●	●	●	●	●	●	●	●	●	●	●	●
	152		●	●	●	●	●	●	●	●	●	●	●	●	●	●	●	●	●	●	●	●	●	●
	159		●	●	●	●	●	●	●	●	●	●	●	●	●	●	●	●	●	●	●	●	●	●
168(168.3)			●	●	●	●	●	●	●	●	●	●	●	●	●	●	●	●	●	●	●	●	●	●
	180			●	●	●	●	●	●	●	●	●	●	●	●	●	●	●	●	●	●	●	●	●
	194			●	●	●	●	●	●	●	●	●	●	●	●	●	●	●	●	●	●	●	●	●
219(219.1)				●	●	●	●	●	●	●	●	●	●	●	●	●	●	●	●	●	●	●	●	●
	245			●	●	●	●	●	●	●	●	●	●	●	●	●	●	●	●	●	●	●	●	●
273				●	●	●	●	●	●	●	●	●	●	●	●	●	●	●	●	●	●	●	●	●
325(323.9)						●	●	●	●	●	●	●	●	●	●	●	●	●	●	●	●	●	●	●
	351					●	●	●	●	●	●	●	●	●	●	●	●	●	●	●	●	●	●	●
356(355.6)						●	●	●	●	●	●	●	●	●	●	●	●	●	●	●	●	●	●	●
	377					●	●	●	●	●	●	●	●	●	●	●	●	●	●	●	●	●	●	●
406(406.4)						●	●	●	●	●	●	●	●	●	●	●	●	●	●	●	●	●	●	●
	426								●	●	●	●	●	●	●	●	●	●	●	●	●	●	●	●

续表

外径/mm			壁厚/mm							
系列 1	系列 2	系列 3	(6.3)6.5	7.0(7.1)	7.5	8.0	8.5	(8.8)9.0	9.5	10
		30	●							
	32(31.8)		●							
34(33.7)			●							
		35	●							
	38		●							
	40		●							
42(42.4)			●	●	●					
		45(44.5)	●	●	●	●	●			
48(48.3)			●	●	●	●	●			
	51		●	●	●	●	●	●		
		54	●	●	●	●	●	●	●	●

续表

外径/mm			壁厚/mm											
系列 1	系列 2	系列 3	12(12.5)	14(14.5)	15	16	17(17.5)	18	20	22(22.2)	24	25	26	28
	68		●											
	70		●											
	73		●											
76(76.1)			●											
		83(82.5)	●	●										
89(88.9)			●	●										
	95		●	●										
	102(101.6)		●	●										
	108		●	●										
114(114.3)			●	●										
	127		●	●										
	133		●	●										
140(139.7)			●	●	●	●								
	146		●	●	●	●								
	152		●	●	●	●								
	159		●	●	●	●								
168(168.3)			●	●	●	●	●	●						
	180		●	●	●	●	●	●						
	194		●	●	●	●	●	●						
219(219.1)			●	●	●	●	●	●	●	●	●	●	●	●
	245		●	●	●	●	●	●	●	●	●	●	●	●
	273		●	●	●	●	●	●	●	●	●	●	●	●
325(323.9)			●	●	●	●	●	●	●	●	●	●	●	●
	351		●	●	●	●	●	●	●	●	●	●	●	●
356(355.6)			●	●	●	●	●	●	●	●	●	●	●	●
	377		●	●	●	●	●	●	●	●	●	●	●	●
406(406.4)			●	●	●	●	●	●	●	●	●	●	●	●
	426		●	●	●	●	●	●	●					

无缝钢管的外径分为三个系列：系列 1、系列 2 和系列 3。系列 1 是通用系列，属推荐选用系列；系列 2 是非通用系列；系列 3 是少数特殊、专用系列。

普通钢管的外径分为系列 1、系列 2 和系列 3，精密钢管的外径分为系列 2 和系列 3。不锈钢管的外径分为系列 1、系列 2 和系列 3。

(2) 无缝钢管的外径和壁厚

普通钢管的外径和壁厚及单位长度理论重量见表 3-19-152。精密钢管外径和壁厚及单位长度理论重量见表 3-19-153。不锈钢管的外径和壁厚见 3-19-154。

(3) 外径允许偏差

优先选用的标准化外径允许偏差见表 3-19-155。推荐选用的非标准化外径允许偏差见表 3-19-156。

表 3-19-155 标准化外径允许偏差 mm

偏差等级	标准化外径允许偏差	偏差等级	标准化外径允许偏差
D1	±1.5%*D* 或±0.75，取其中的较大值	D3	±0.75%*D* 或±0.30，取其中的较大值
D2	±1.0%*D* 或±0.50，取其中的较大值	D4	±0.5%*D* 或±0.10，取其中的较大值

注：*D* 为钢管的公称外径。

表 3-19-156 非标准化外径允许偏差 mm

偏差等级	非标准化外径允许偏差	偏差等级	非标准化外径允许偏差
ND1	+1.25%*D* −1.5%*D*	ND3	+1.25%*D* −1%*D*
ND2	±1.25%*D*	ND4	±0.8%*D*

注：*D* 为钢管的公称外径。

(4) 长度

① 通常长度　钢管的通常长度为 3000~12500mm。

② 定尺长度和倍尺长度　定尺长度和倍尺长度应在通常长度范围内，全长允许偏差分为四级（见表 3-19-157）。每个倍尺长度按以下规定留出切口余量：

a. 外径≤159mm，5~10mm；

b. 外径>159mm，10~15mm。

表 3-19-157 全长允许偏差 mm

偏差等级	全长允许偏差	偏差等级	全长允许偏差
L1	+20 0	L3	+10 0
L2	+15 0	L4	+5 0

(5) 外形

全长弯曲度见表 3-19-158。每米弯曲度见表 3-19-159。不圆度见表 3-19-160。

表 3-19-158 全长弯曲度

弯曲度等级	全长弯曲度，不大于	弯曲度等级	全长弯曲度≤
E1	0.2%*L*	E4	0.08%*L*
E2	0.15%*L*	E5	0.06%*L*
E3	0.1%*L*		

注：*L* 为单根钢管的长度。

表 3-19-159 每米弯曲度

弯曲度等级	每米弯曲度，不大于	弯曲度等级	每米弯曲度≤
F1	3.0	F4	1.0
F2	2.0	F5	0.5
F3	1.5		

表 3-19-160

不圆度

不圆度等级	不圆度①,不大于外径公差的	不圆度等级	不圆度①,不大于外径公差的
NR1	80%	NR3	60%
NR2	70%	NR4	50%

①不圆度的计算公式为：$\frac{2(D_{max}-D_{min})}{D_{max}+D_{min}}\times100\%$，式中：$D_{max}$ 为实测钢管同一横截面外径的最大值，D_{min} 为实测钢管同一横截面外径的最小值。

(6) 重量

钢管按实际重量交货，也可按理论质量交货，实际重量交货可分为单根重量或每批重量。

钢管的理论质量按公式（3-19-1）计算：

$$W=\pi\rho(D-S)S/1000 \tag{3-19-1}$$

式中 W——钢管的理论质量，kg/m；

π——3.1416；

ρ——钢的密度，kg/dm^3；

D——钢管的公称外径，mm；

S——钢管的公称壁厚，mm。

重量允许偏差见表 3-19-161。

表 3-19-161

重量允许偏差

偏差等级	单根钢管重量允许偏差	偏差等级	单根钢管重量允许偏差
W1	±10%	W4	+10% -3.5%
W2	±7.5%	W5	+6.5% -3.5%
W3	+10% -5%		

19.4.2 结构用无缝钢管（GB/T 8162—2008）

(1) 长度

钢管的通常长度为 3000~12000mm。

钢管以定尺长度或倍尺长度交货时，其长度允许偏差应符合如下规定：

a. 定尺长度或倍尺长度不大于 6000mm 时，其允许偏差为 $^{+30}_{0}$mm；

b. 定尺长度或倍尺长度大于 6000mm 时，其允许偏差为 $^{+50}_{0}$mm；

钢管以倍尺长度交货时，每个倍尺长度应按下述规定留出切口余量；

a. $D\leqslant159$mm 时，切口余量为 5~10mm；

b. $D>159$mm 时，切口余量为 10~15mm。

(2) 钢的牌号和化学成分

低合金高强度钢的牌号和化学成分见表 3-19-162。

(3) 碳当量

碳当量（CEV）应由熔炼分析成分按式（3-19-2）计算。

$$CEV=C+Mn/6+(Cr+Mo+V)/5+(Ni+Cu)/15 \tag{3-19-2}$$

低合金高强度钢的碳当量应符合表 3-19-163 的规定。

(4) 力学性能

优质碳素结构钢、低合金高强度结构钢钢管的力学性能见表 3-19-164。合金钢钢管的力学性能见表 3-19-165。

表 3-19-162　　　　低合金高强度钢的牌号和化学成分

牌号	质量等级	化学成分(质量分数)①②③/%														
		C	Si	Mn	P	S	Nb	V	Ti	Cr	Ni	Cu	N④	Mo	B	Al_s⑤
		≤														≥
Q345	A	0.20	0.50	1.70	0.035	0.035	—	—	—	0.30	0.50	0.20	0.012	0.10	—	—
	B	0.20	0.50	1.70	0.035	0.035	—	—	—	0.30	0.50	0.20	0.012	0.10	—	—
	C	0.20	0.50	1.70	0.030	0.030	0.07	0.15	0.20	0.30	0.50	0.20	0.012	0.10	—	0.015
	D	0.18	0.50	1.70	0.030	0.025	0.07	0.15	0.20	0.30	0.50	0.20	0.012	0.10	—	0.015
	E	0.18	0.50	1.70	0.025	0.020	0.07	0.15	0.20	0.30	0.50	0.20	0.012	0.10	—	0.015
Q390	A	0.20	0.50	1.70	0.035	0.035	0.07	0.20	0.20	0.30	0.50	0.20	0.015	0.10	—	—
	B	0.20	0.50	1.70	0.035	0.035	0.07	0.20	0.20	0.30	0.50	0.20	0.015	0.10	—	—
	C	0.20	0.50	1.70	0.030	0.030	0.07	0.20	0.20	0.30	0.50	0.20	0.015	0.10	—	0.015
	D	0.20	0.50	1.70	0.030	0.025	0.07	0.20	0.20	0.30	0.50	0.20	0.015	0.10	—	0.015
	E	0.20	0.50	1.70	0.025	0.020	0.07	0.20	0.20	0.30	0.50	0.20	0.015	0.10	—	0.015
Q420	A	0.20	0.50	1.70	0.035	0.035	0.07	0.20	0.20	0.30	0.80	0.20	0.015	0.20	—	—
	B	0.20	0.50	1.70	0.035	0.035	0.07	0.20	0.20	0.30	0.80	0.20	0.015	0.20	—	—
	C	0.20	0.50	1.70	0.030	0.030	0.07	0.20	0.20	0.30	0.80	0.20	0.015	0.20	—	0.015
	D	0.20	0.50	1.70	0.030	0.025	0.07	0.20	0.20	0.30	0.80	0.20	0.015	0.20	—	0.015
	E	0.20	0.50	1.70	0.025	0.020	0.07	0.20	0.20	0.30	0.80	0.20	0.015	0.20	—	0.015
Q460	C	0.20	0.60	1.80	0.030	0.030	0.11	0.20	0.20	0.30	0.80	0.20	0.015	0.20	0.005	0.015
	D	0.20	0.60	1.80	0.030	0.025	0.11	0.20	0.20	0.30	0.80	0.20	0.015	0.20	0.005	0.015
	E	0.20	0.60	1.80	0.025	0.020	0.11	0.20	0.20	0.30	0.80	0.20	0.015	0.20	0.005	0.015
Q500	C	0.18	0.60	1.80	0.025	0.020	0.11	0.20	0.20	0.60	0.80	0.20	0.015	0.20	0.005	0.015
	D	0.18	0.60	1.80	0.025	0.015	0.11	0.20	0.20	0.60	0.80	0.20	0.015	0.20	0.005	0.015
	E	0.18	0.60	1.80	0.020	0.010	0.11	0.20	0.20	0.60	0.80	0.20	0.015	0.20	0.005	0.015
Q550	C	0.18	0.60	2.00	0.025	0.020	0.11	0.20	0.20	0.80	0.80	0.20	0.015	0.30	0.005	0.015
	D	0.18	0.60	2.00	0.025	0.015	0.11	0.20	0.20	0.80	0.80	0.20	0.015	0.30	0.005	0.015
	E	0.18	0.60	2.00	0.020	0.010	0.11	0.20	0.20	0.80	0.80	0.20	0.015	0.30	0.005	0.015
Q620	C	0.18	0.60	2.00	0.025	0.020	0.11	0.20	0.20	1.00	0.80	0.20	0.015	0.30	0.005	0.015
	D	0.18	0.60	2.00	0.025	0.015	0.11	0.20	0.20	1.00	0.80	0.20	0.015	0.30	0.005	0.015
	E	0.18	0.60	2.00	0.020	0.010	0.11	0.20	0.20	1.00	0.80	0.20	0.015	0.30	0.005	0.015
Q690	C	0.18	0.60	2.00	0.025	0.020	0.11	0.20	0.20	1.00	0.80	0.20	0.015	0.30	0.005	0.015
	D	0.18	0.60	2.00	0.025	0.015	0.11	0.20	0.20	1.00	0.80	0.20	0.015	0.30	0.005	0.015
	E	0.18	0.60	2.00	0.020	0.010	0.11	0.20	0.20	1.00	0.80	0.20	0.015	0.30	0.005	0.015

① 除 Q345A、Q345B 牌号外，钢中应至少含有细化晶粒元素 Al、Nb、V、Ti 中的一种。根据需要，供方可添加其中一种或几种细化晶粒元素，最大值应符合表中规定。组合加入时，Nb+V+Ti≤0.22%。

② 对于 Q345、Q390、Q420 和 Q460 牌号，Mo+Cr≤0.30%。

③ 各牌号的 Cr、Ni 作为残余元素时，Cr、Ni 含量应均不大于 0.30%；当需要加入时，其含量应符合表中规定或由供需双方协商确定。

④ 如供方能保证氮元素含量符合表中规定，可不进行氮含量分析。如果钢中加入 Al、Nb、V、Ti 等具有固氮作用的合金元素，氮元素含量不作限制，固氮元素含量应在质量证明书中注明。

⑤ 当采用全铝时，全铝含量 Al_t≥0.020%。

表 3-19-163　　　　低合金高强度钢的碳当量

牌号	碳当量 CEV(质量分数)/%					
	公称壁厚 S≤16mm		16mm<公称壁厚 S≤30mm		公称壁厚 S>30mm	
	热轧或正火	淬火+回火	热轧或正火	淬火+回火	热轧或正火	淬火+回火
Q345	≤0.45	—	≤0.47	—	≤0.48	—
Q390	≤0.46	—	≤0.48	—	≤0.49	—
Q420	≤0.48	—	≤0.50	≤0.48	≤0.52	≤0.48
Q460	≤0.53	≤0.48	≤0.55	≤0.50	≤0.55	≤0.50
Q500	—	≤0.48	—	≤0.50	—	≤0.50

第 3 篇

续表

牌号	碳当量 CEV(质量分数)/%					
	公称壁厚 $S \leqslant 16$mm		16mm<公称壁厚 $S \leqslant 30$mm		公称壁厚 S>30mm	
	热轧或正火	淬火+回火	热轧或正火	淬火+回火	热轧或正火	淬火+回火
Q550	—	≤0.48	—	≤0.50	—	≤0.50
Q620	—	≤0.50	—	≤0.52	—	≤0.52
Q690	—	≤0.50	—	≤0.52	—	≤0.52

表 3-19-164　**优质碳素结构钢、低合金高强度结构钢钢管的力学性能**

牌号	质量等级	抗拉强度 R_m/MPa	下屈服强度 R_{eL}[①]/MPa			断后伸长率[②] A/%	冲击试验	
			公称壁厚 S				温度/℃	吸收能量 KV_2/J
			≤16mm	>16~30mm	>30mm			
			≥					≥
10	—	≥335	205	195	185	24	—	—
15	—	≥375	225	215	205	22	—	—
20	—	≥410	245	235	225	20	—	—
25	—	≥450	275	265	255	18	—	—
35	—	≥510	305	295	285	17	—	—
45	—	≥590	335	325	315	14	—	—
20Mn	—	≥450	275	265	255	20	—	—
25Mn	—	≥490	295	285	275	18	—	—
Q345	A	470~630	345	325	295	20	—	—
	B						+20	34
	C					21	0	
	D						−20	
	E						−40	27
Q390	A	490~650	390	370	350	18	—	—
	B						+20	34
	C					19	0	
	D						−20	
	E						−40	27
Q420	A	520~680	420	400	380	18	—	—
	B						+20	34
	C					19	0	
	D						−20	
	E						−40	27
Q460	C	550~720	460	440	420	17	0	34
	D						−20	
	E						−40	27
Q500	C	610~770	500	480	440	17	0	55
	D						−20	47
	E						−40	31
Q550	C	670~830	550	530	490	16	0	55
	D						−20	47
	E						−40	31
Q620	C	710~880	620	590	550	15	0	55
	D						−20	47
	E						−40	31
Q690	C	770~940	690	660	620	14	0	55
	D						−20	47
	E						−40	31

① 拉伸试验时，如不能测定 R_{eL}，可测定 $R_{p0.2}$ 代替 R_{eL}。

② 如合同中无特殊规定，拉伸试验试样可沿钢管纵向或横向截取。如有分歧时，拉伸试验应以沿钢管纵向截取的试样作为仲裁试样。

第3篇

表 3-19-165　　　合金钢钢管的力学性能

序号	牌号	推荐的热处理制度①					拉伸性能②			钢管退火或高温回火交货状态布氏硬度(HBW)
		淬火(正火)			回火		抗拉强度 R_m/MPa	下屈服强度⑦ R_{eL}/MPa	断后伸长率 A/%	
		温度/℃		冷却剂	温度/℃	冷却剂				
		第一次	第二次				≥			≤
1	40Mn2	840	—	水、油	540	水、油	885	735	12	217
2	45Mn2	840	—	水、油	550	水、油	885	735	10	217
3	27SiMn	920	—	水	450	水、油	980	835	12	217
4	40MnB③	850	—	油	500	水、油	980	785	10	207
5	45MnB③	840	—	油	500	水、油	1030	835	9	217
6	20Mn2B③⑥	880	—	油	200	水、空	980	785	10	187
7	20Cr④⑥	880	800	水、油	200	水、空	835	540	10	179
							785	490	10	179
8	30Cr	860	—	油	500	水、油	885	685	11	187
9	35Cr	860	—	油	500	水、油	930	735	11	207
10	40Cr	850	—	油	520	水、油	980	785	9	207
11	45Cr	840	—	油	520	水、油	1030	835	9	217
12	50Cr	830	—	油	520	水、油	1080	930	9	229
13	38CrSi	900	—	油	600	水、油	980	835	12	255
14	20CrMo④⑥	880	—	水、油	500	水、油	885	685	11	197
							845	635	12	197
15	35CrMo	850	—	油	550	水、油	980	835	12	229
16	42CrMo	850	—	油	560	水、油	1080	930	12	217
17	38CrMoAl④	940	—	水、油	640	水、油	980	835	12	229
							930	785	14	229
18	50CrVA	860	—	油	500	水、油	1275	1130	10	255
19	20CrMn	850	—	油	200	水、空	930	735	10	187
20	20CrMnSi⑥	880	—	油	480	水、油	785	635	12	207
21	30CrMnSi⑥	880	—	油	520	水、油	1080	885	8	229
							980	835	10	229
22	35CrMnSiA⑥	880	—	油	230	水、空	1620	—	9	229
23	20CrMnTi⑤⑥	880	870	油	200	水、空	1080	835	10	217
24	30CrMnTi⑤⑥	880	850	油	200	水、空	1470	—	9	229
25	12CrNi2	860	780	水、油	200	水、空	785	590	12	207
26	12CrNi3	860	780	油	200	水、空	930	685	11	217
27	12Cr2Ni4	860	780	油	200	水、空	1080	835	10	269
28	40CrNiMoA	850	—	油	600	水、油	980	835	12	269
29	45CrNiMoVA	860	—	油	460	油	1470	1325	7	269

① 表中所列热处理温度允许调整范围：淬火±15℃，低温回火±20℃，高温回火±50℃。

② 拉伸试验时，可截取横向或纵向试样，有异议时，以纵向试样为仲裁依据。

③ 含硼钢在淬火前可先正火，正火温度应不高于其淬火温度。

④ 按需方指定的一组数据交货，当需方未指定时，可按其中任一组数据交货。

⑤ 含铬锰钛钢第一次淬火可用正火代替。

⑥ 于280~320℃等温淬火。

⑦ 拉伸试验时，如不能测定 R_{eL}，可测定 $R_{p0.2}$ 代替 R_{eL}。

19.4.3 输送流体用无缝钢管（GB/T 8163—2018）

（1）长度

钢管的通常长度为 3000～12000mm。

（2）钢的牌号和化学成分

钢管由 10、20、Q345、Q390、Q420、Q460 牌号的钢制造。牌号为 10、20 钢的化学成分（熔炼分析）应符合表 3-19-166 的规定。牌号为 Q345、Q390、Q420、Q460 钢的化学成分（熔炼分析）和碳当量应符合表 3-19-167 的规定。

表 3-19-166　　10、20 钢的化学成分

<table>
<tr><th rowspan="2">牌号</th><th colspan="8">化学成分(质量分数)①/%</th></tr>
<tr><th>C</th><th>Si</th><th>Mn</th><th>P</th><th>S</th><th>Cr</th><th>Ni</th><th>Cu</th></tr>
<tr><td>10</td><td>0.07～0.13</td><td>0.17～0.37</td><td>0.35～0.65</td><td>≤0.030</td><td>≤0.030</td><td>≤0.15</td><td>≤0.30</td><td>≤0.20</td></tr>
<tr><td>20</td><td>0.17～0.23</td><td>0.17～0.37</td><td>0.35～0.65</td><td>≤0.030</td><td>≤0.030</td><td>≤0.25</td><td>≤0.30</td><td>≤0.20</td></tr>
</table>

① 氧气转炉冶炼的钢其氮含量应不大于 0.008%。供方能保证合格时，可不作分析。

表 3-19-167　　Q345、Q390、Q420、Q460 钢的化学成分

<table>
<tr><th rowspan="3">牌号</th><th rowspan="3">质量等级</th><th colspan="15">化学成分(质量分数)①②③/%</th><th rowspan="2">碳当量 CEV⑥⑦ /%</th></tr>
<tr><th>C</th><th>Si</th><th>Mn</th><th>P</th><th>S</th><th>Nb</th><th>V</th><th>Ti</th><th>Cr</th><th>Ni</th><th>Cu</th><th>N④</th><th>Mo</th><th>B</th><th>Al_s⑤</th></tr>
<tr><th colspan="14">≤</th><th>≥</th><th>≤</th></tr>
<tr><td rowspan="5">Q345</td><td>A</td><td rowspan="3">0.20</td><td rowspan="5">0.50</td><td rowspan="5">1.70</td><td>0.035</td><td>0.035</td><td rowspan="3">—</td><td rowspan="3">—</td><td rowspan="3">—</td><td rowspan="5">0.30</td><td rowspan="5">0.50</td><td rowspan="5">0.20</td><td rowspan="5">0.012</td><td rowspan="5">0.10</td><td rowspan="5">—</td><td rowspan="2">—</td><td rowspan="5">0.45</td></tr>
<tr><td>B</td><td>0.035</td><td>0.035</td></tr>
<tr><td>C</td><td>0.030</td><td>0.030</td><td rowspan="3">0.015</td></tr>
<tr><td>D</td><td rowspan="2">0.18</td><td>0.030</td><td>0.025</td><td rowspan="2">0.07</td><td rowspan="2">0.15</td><td rowspan="2">0.20</td></tr>
<tr><td>E</td><td>0.025</td><td>0.020</td></tr>
<tr><td rowspan="5">Q390</td><td>A</td><td rowspan="5">0.20</td><td rowspan="5">0.50</td><td rowspan="5">1.70</td><td>0.035</td><td>0.035</td><td rowspan="5">0.07</td><td rowspan="5">0.20</td><td rowspan="5">0.20</td><td rowspan="5">0.30</td><td rowspan="5">0.50</td><td rowspan="5">0.20</td><td rowspan="5">0.015</td><td rowspan="5">0.10</td><td rowspan="5">—</td><td rowspan="2">—</td><td rowspan="5">0.46</td></tr>
<tr><td>B</td><td>0.035</td><td>0.035</td></tr>
<tr><td>C</td><td>0.030</td><td>0.030</td><td rowspan="3">0.015</td></tr>
<tr><td>D</td><td>0.030</td><td>0.025</td></tr>
<tr><td>E</td><td>0.025</td><td>0.020</td></tr>
<tr><td rowspan="5">Q420</td><td>A</td><td rowspan="5">0.20</td><td rowspan="5">0.50</td><td rowspan="5">1.70</td><td>0.035</td><td>0.035</td><td rowspan="5">0.07</td><td rowspan="5">0.20</td><td rowspan="5">0.20</td><td rowspan="5">0.30</td><td rowspan="5">0.80</td><td rowspan="5">0.20</td><td rowspan="5">0.015</td><td rowspan="5">0.20</td><td rowspan="5">—</td><td rowspan="2">—</td><td rowspan="5">0.48</td></tr>
<tr><td>B</td><td>0.035</td><td>0.035</td></tr>
<tr><td>C</td><td>0.030</td><td>0.030</td><td rowspan="3">0.015</td></tr>
<tr><td>D</td><td>0.030</td><td>0.025</td></tr>
<tr><td>E</td><td>0.025</td><td>0.020</td></tr>
<tr><td rowspan="3">Q460</td><td>C</td><td rowspan="3">0.20</td><td rowspan="3">0.60</td><td rowspan="3">1.80</td><td>0.030</td><td>0.030</td><td rowspan="3">0.11</td><td rowspan="3">0.20</td><td rowspan="3">0.20</td><td rowspan="3">0.30</td><td rowspan="3">0.80</td><td rowspan="3">0.20</td><td rowspan="3">0.015</td><td rowspan="3">0.20</td><td rowspan="3">0.005</td><td rowspan="3">0.015</td><td rowspan="3">0.53</td></tr>
<tr><td>D</td><td>0.030</td><td>0.025</td></tr>
<tr><td>E</td><td>0.025</td><td>0.020</td></tr>
</table>

① 除 Q345A、Q345B 牌号外，其余牌号钢中应至少含有细化晶粒元素 Al、Nb、V、Ti 中的一种。根据需要，供方可添加其中一种或几种细化晶粒元素，最大值应符合表中规定。组合加入时，Nb+V+Ti≤0.22%。

② Mo+Cr≤0.30%。

③ 各牌号的 Cr、Ni 作为残余元素时，Cr、Ni 含量应各不大于 0.30%；当需要加入时，其含量应符合表中规定或由供需双方协商确定。

④ 如供方能保证氮元素含量符合表中规定，可不进行氮含量分析。如果钢中加入 Al、Nb、V、Ti 等具有固氮作用的合金元素，氮元素含量不作限制，固氮元素含量应在质量证明书中注明。

⑤ 当采用全铝时，全铝含量 Al_t≥0.020%。

⑥ 碳当量（CEV）应由熔炼分析成分并采用公式 CEV=C+Mn/6+(Cr+Mo+V)/5+(Ni+Cu)/15 计算。

⑦ 适用于壁厚不大于 25mm 的钢管。当钢管壁厚大于 25mm 时，由供需双方协商确定。

(3) 力学性能

钢管的纵向拉伸性能应该符合表 3-19-168 的规定。

表 3-19-168 钢管的力学性能

牌号	质量等级	拉伸性能			冲击试验	
		抗拉强度 R_m /MPa	下屈服强度[1] R_{eL}/MPa ≥	断后伸长率 A/% ≥	试验温度 /℃	吸收能量 KV_2/J ≥
10	—	335~475	205	24	—	—
20	—	410~530	245	20	—	—
Q345	A	470~630	345	20	—	—
	B				+20	34
	C			21	0	
	D				-20	
	E				-40	27
Q390	A	490~650	390	18	—	—
	B				+20	34
	C			19	0	
	D				-20	
	E				-40	27
Q420	A	520~680	420	18	—	—
	B				+20	34
	C			19	0	
	D				-20	
	E				-40	27
Q460	C	550~720	460	17	0	34
	D				-20	
	E				-40	27

① 拉伸试验时，如不能测定 R_{eL}，可测定 $R_{p0.2}$ 代替 R_{eL}。

19.4.4 焊接钢管尺寸及单位长度质量（GB/T 21835—2008）

普通焊接钢管和精密焊接钢管的外径和壁厚，以及单位长度理论质量见表 3-19-169，和表 3-19-170。不锈钢焊接钢管的外径和壁厚见表 3-19-171。

表 3-19-169 普通焊接钢管尺寸及单位长度理论质量

外径/mm			壁厚/mm																				
		系列1	0.5	0.6	0.8	1.0	1.2	1.4		1.6		1.8		2.0		2.3		2.6		2.9		3.2	
		系列2							1.5		1.7		1.9		2.2		2.4		2.8		3.1		3.4
系列1	系列2	系列3	单位长度理论质量/(kg/mm)																				
10.2			0.120	0.142	0.185	0.227	0.266	0.304	0.322	0.339	0.356	0.373	0.389	0.404	0.434	0.448	0.462	0.487	0.511	0.522			
	12		0.142	0.169	0.221	0.271	0.320	0.366	0.388	0.410	0.432	0.453	0.473	0.493	0.532	0.550	0.568	0.603	0.635	0.651			
	12.7		0.150	0.179	0.235	0.289	0.340	0.390	0.414	0.438	0.461	0.484	0.506	0.528	0.570	0.590	0.610	0.648	0.684	0.701	0.680		
13.5			0.160	0.191	0.251	0.308	0.364	0.418	0.444	0.470	0.495	0.519	0.544	0.567	0.613	0.635	0.657	0.699	0.739	0.758	0.734		
		14	0.166	0.198	0.260	0.321	0.379	0.435	0.462	0.489	0.516	0.542	0.567	0.592	0.640	0.664	0.687	0.731	0.773	0.794	0.795		
	16		0.191	0.228	0.300	0.370	0.438	0.504	0.536	0.568	0.600	0.630	0.661	0.691	0.749	0.777	0.805	0.859	0.911	0.937	0.833		
17.2			0.206	0.246	0.324	0.400	0.474	0.546	0.581	0.616	0.650	0.684	0.717	0.750	0.814	0.845	0.876	0.936	0.994	1.02	0.986	1.01	1.06
		18	0.216	0.257	0.339	0.419	0.497	0.573	0.610	0.647	0.683	0.719	0.754	0.789	0.857	0.891	0.923	0.987	1.05	1.08	1.08	1.10	1.16
	19		0.228	0.272	0.359	0.444	0.527	0.608	0.647	0.687	0.725	0.764	0.801	0.838	0.911	0.947	0.983	1.05	1.12	1.15	1.14	1.17	1.22
	20		0.240	0.287	0.379	0.469	0.556	0.642	0.684	0.726	0.767	0.808	0.848	0.888	0.966	1.00	1.04	1.12	1.19	1.22	1.22	1.25	1.31
21.3			0.256	0.306	0.404	0.501	0.595	0.687	0.732	0.777	0.822	0.855	0.909	0.952	1.04	1.08	1.12	1.20	1.28	1.32	1.29	1.33	1.39
		22	0.265	0.317	0.418	0.518	0.616	0.711	0.758	0.805	0.851	0.897	0.942	0.986	1.07	1.12	1.16	1.24	1.33	1.37	1.39	1.43	1.50
	25		0.302	0.361	0.477	0.592	0.704	0.815	0.869	0.923	0.977	1.03	1.082	1.13	1.24	1.29	1.34	1.44	1.53	1.58	1.44	1.48	1.56
		25.4	0.307	0.367	0.485	0.602	0.716	0.829	0.884	0.939	0.994	1.05	1.10	1.15	1.26	1.31	1.36	1.46	1.56	1.61	1.67	1.72	1.81
26.9			0.326	0.389	0.515	0.639	0.761	0.880	0.940	0.998	1.06	1.11	1.17	1.23	1.34	1.40	1.45	1.56	1.66	1.72	1.70	1.75	1.84
		30	0.364	0.435	0.576	0.715	0.852	0.987	1.05	1.12	1.19	1.25	1.32	1.38	1.51	1.57	1.63	1.76	1.88	1.94	1.82	1.87	1.97
	31.8		0.386	0.462	0.612	0.760	0.906	1.05	1.12	1.19	1.26	1.33	1.40	1.47	1.61	1.67	1.74	1.87	2.00	2.07	2.06	2.11	2.23
	32		0.388	0.465	0.616	0.765	0.911	1.06	1.13	1.20	1.27	1.34	1.41	1.48	1.62	1.68	1.75	1.89	2.02	2.08	2.19	2.26	2.38
33.7			0.409	0.490	0.649	0.806	0.962	1.12	1.19	1.27	1.34	1.42	1.49	1.56	1.71	1.78	1.85	1.99	2.13	2.20	2.21	2.27	2.40
		35	0.425	0.509	0.675	0.838	1.00	1.16	1.24	1.32	1.40	1.47	1.55	1.63	1.78	1.85	1.93	2.08	2.22	2.30	2.34	2.41	2.54
	38		0.462	0.553	0.734	0.912	1.09	1.26	1.35	1.44	1.52	1.61	1.69	1.78	1.94	2.02	2.11	2.27	2.43	2.51	2.44	2.51	2.65
	40		0.487	0.583	0.773	0.962	1.15	1.33	1.42	1.52	1.61	1.70	1.79	1.87	2.05	2.14	2.23	2.40	2.57	2.65	2.67	2.75	2.90
42.4			0.517	0.619	0.821	1.02	1.22	1.42	1.51	1.61	1.71	1.80	1.90	1.99	2.18	2.27	2.37	2.55	2.73	2.82	2.82	2.90	3.07
		44.5	0.543	0.650	0.862	1.07	1.28	1.49	1.59	1.69	1.79	1.90	2.00	2.10	2.29	2.39	2.49	2.69	2.88	2.98	3.00	3.09	3.27
48.3				0.706	0.937	1.17	1.39	1.62	1.73	1.84	1.95	2.06	2.17	2.28	2.50	2.61	2.72	2.93	3.14	3.25	3.17	3.26	3.45
	51			0.746	0.990	1.23	1.47	1.71	1.83	1.95	2.07	2.18	2.30	2.42	2.65	2.76	2.88	3.10	3.33	3.44	3.46	3.56	3.76
		54		0.79	1.05	1.31	1.56	1.82	1.94	2.07	2.19	2.32	2.44	2.56	2.81	2.93	3.05	3.30	3.54	3.65	3.66	3.77	3.99
	57			0.835	1.11	1.38	1.65	1.92	2.05	2.19	2.32	2.45	2.58	2.71	2.97	3.10	3.23	3.49	3.74	3.87	3.89	4.01	4.24

续表

外径/mm 系列1	外径/mm 系列2	外径/mm 系列3	3.6	3.8	4.0	4.37	4.5	4.78	5.0	5.16	5.4	5.36	5.6	6.02	6.3	6.35
		壁厚/mm 系列1	3.6		4.0		4.5		5.0		5.4		5.6		6.3	
		壁厚/mm 系列2		3.8		4.37		4.78		5.16		5.36		6.02		6.35
			单位长度理论质量/(kg/mm)													
	16		1.10	1.14												
17.2			1.21	1.26												
		18	1.28	1.33												
	19		1.37	1.42												
	20		1.46	1.52	1.58	1.68										
21.3			1.57	1.64	1.71	1.82	1.86	1.98								
		22	1.63	1.71	1.78	1.90	1.94	2.08								
	25		1.90	1.99	2.07	2.22	2.28	2.38	2.47							
		25.4	1.94	2.02	2.11	2.27	2.32	2.43	2.52							
26.9			2.07	2.16	2.26	2.43	2.49	2.61	2.70	2.77						
		30	2.34	2.46	2.56	2.76	2.83	2.97	3.08	3.16						
	31.8		2.50	2.62	2.74	2.96	3.03	3.19	3.30	3.39						
	32		2.52	2.64	2.76	2.98	3.05	3.21	3.33	3.42						
33.7			2.67	2.80	2.93	3.16	3.24	3.41	3.54	3.63						
		35	2.79	2.92	3.06	3.30	3.38	3.56	3.70	3.80						
	38		3.05	3.21	3.35	3.62	3.72	3.92	4.07	4.18						
	40		3.23	3.39	3.55	3.84	3.94	4.15	4.32	4.43						
42.4			3.44	3.62	3.79	4.10	4.21	4.43	4.61	4.74	4.93	5.05	5.08	5.40		
		44.5	3.63	3.81	4.00	4.32	4.44	4.68	4.87	5.01	5.21	5.34	5.37	5.71		
48.3			3.97	4.17	4.37	4.73	4.86	5.13	5.34	5.49	5.71	5.86	5.90	6.28		
	51		4.21	4.42	4.64	5.03	5.16	5.45	5.67	5.83	6.07	6.23	6.27	6.68		
		54	4.47	4.70	4.93	5.35	5.49	5.80	6.04	6.22	6.47	6.64	6.68	7.12		
	57		4.74	4.99	5.23	5.67	5.83	6.16	6.41	6.60	6.87	7.05	7.10	7.57		
60.3			5.03	5.29	5.55	6.03	6.19	6.54	6.82	7.02	7.31	7.51	7.55	8.06		
	63.5		5.32	5.59	5.87	6.37	6.55	6.92	7.21	7.42	7.74	7.94	8.00	8.53		
	70		5.90	6.20	6.51	7.07	7.27	7.69	8.01	8.25	8.60	8.84	8.89	9.50	9.90	9.97
		73	6.16	6.48	6.81	7.40	7.60	8.04	8.38	8.63	9.00	9.25	9.31	9.94	10.36	10.44
76.1			6.44	6.78	7.11	7.73	7.95	8.41	8.77	9.03	9.42	9.67	9.74	10.40	10.84	10.92
		82.5	7.00	7.38	7.74	8.42	8.66	9.16	9.56	9.84	10.22	10.55	10.62	11.35	11.84	11.93
88.9			7.57	7.98	8.38	9.11	9.37	9.92	10.35	10.66	11.12	11.43	11.50	12.30	12.83	12.93
	101.6		8.70	9.17	9.63	10.48	10.78	11.41	11.91	12.27	12.81	13.17	13.26	14.19	14.81	14.92
		108	9.27	9.76	10.26	11.17	11.49	12.17	12.70	13.09	13.66	14.05	14.14	15.14	15.80	15.92

外径/mm 系列1	外径/mm 系列2	5.0	5.16	5.4	5.36	5.6	6.02	6.3	6.35	7.1	7.92	8.0	8.74
		单位长度理论质量/(kg/mm)											
	1168	143.41	147.98	154.83	159.39	160.53	172.51	180.49	181.91	203.27	226.59	228.86	249.87
1219		149.70	154.47	161.62	166.38	167.58	180.08	188.41	189.90	212.20	236.55	238.92	260.86
	1321					181.66	195.22	204.26	205.87	230.06	256.47	259.04	282.85
1422						195.61	210.22	219.95	221.69	247.74	276.20	278.97	304.62
	1524							235.80	237.66	265.60	296.12	299.09	326.60
1626								251.65	253.64	283.46	316.04	319.22	348.59
	1727									301.55	335.77	339.14	370.36
1829										319.01	355.69	359.22	392.34
	1930											379.20	414.11
2032												399.32	436.10

外径/mm 系列1	外径/mm 系列2	8.8	9.53	10	10.31
	壁厚/mm 系列1	8.8		10	
	壁厚/mm 系列2		9.53		10.31
		单位长度理论质量/(kg/mm)			
	1168	251.57	272.27	285.58	294.35
1219		262.64	284.25	298.16	307.32
	1321	284.78	308.23	323.31	333.26
1422		306.69	331.96	348.22	358.94
	1524	328.83	355.94	373.38	384.87
1626		350.97	379.91	398.53	410.81
	1727	372.89	403.65	423.44	436.49
1829		395.02	427.62	448.59	462.42
	1930	416.94	451.36	473.50	488.10
2032		439.08	475.33	498.66	514.04
	2134	461.21	499.30	523.81	539.97
2235		483.13	523.04	548.72	565.65
	2337			573.87	591.58
	2438			598.78	617.26
2540				623.94	643.20

续表

外径/mm			壁厚/mm																				
系列 1			0.6	0.8	1.0	1.2	1.4		1.6		1.8		2.0		2.3		2.6		2.9		3.2		3.6
系列 2								1.5		1.7		1.9		2.2		2.4		2.8		3.1		3.4	
系列 1	系列 2	系列 3	单位长度理论质量/(kg/mm)																				
60.3			0.883	1.17	1.46	1.75	2.03	2.18	2.32	2.46	2.60	2.74	2.88	3.15	3.29	3.43	3.70	3.97	4.11	4.37	4.51	4.77	5.03
	63.5		0.931	1.24	1.54	1.84	2.14	2.29	2.44	2.59	2.74	2.89	3.03	3.33	3.47	3.62	3.90	4.19	4.33	4.62	4.76	5.04	5.32
	70			1.37	1.70	2.04	2.37	2.53	2.70	2.86	3.03	3.19	3.25	3.68	3.84	4.00	4.32	4.64	4.80	5.11	5.27	5.58	5.90
		73		1.42	1.78	2.12	2.47	2.64	2.82	2.99	3.16	3.33	3.50	3.84	4.01	4.18	4.51	4.85	5.01	5.34	5.51	5.84	6.16
76.1				1.49	1.85	2.22	2.58	2.76	2.94	3.12	3.30	3.48	3.65	4.01	4.19	4.36	4.71	5.06	5.24	5.58	5.75	6.10	6.44
		82.5		1.61	2.01	2.41	2.80	3.00	3.19	3.39	3.58	3.78	3.97	4.36	4.55	4.74	5.12	5.50	5.69	6.07	6.26	6.63	7.00
88.9				1.74	2.17	2.60	3.02	3.23	3.44	3.66	3.87	4.08	4.29	4.70	4.91	5.12	5.53	5.95	6.15	6.56	6.76	7.17	7.57
	101.6					2.97	3.46	3.70	3.95	4.19	4.43	4.67	4.91	5.39	5.63	5.87	6.35	6.82	7.06	7.53	7.77	8.23	8.70
		108				3.16	3.68	3.94	4.20	4.46	4.71	4.97	5.23	5.74	6.00	6.25	6.76	7.26	7.52	8.02	8.27	8.77	9.27
114.3						3.35	3.90	4.17	4.45	4.72	4.99	5.27	5.54	6.08	6.35	6.62	7.16	7.70	7.97	8.50	8.77	9.30	9.83
	127								4.95	5.25	5.56	5.86	6.17	6.77	7.07	7.37	7.98	8.58	8.88	9.47	9.77	10.36	10.96
	133								5.18	5.50	5.82	6.14	6.46	7.10	7.41	7.73	8.36	8.99	9.30	9.93	10.24	10.87	11.49
139.7									5.45	5.79	6.12	6.46	6.79	7.46	7.79	8.13	8.79	9.45	9.78	10.44	10.77	11.43	12.08
		141.3							5.51	5.85	6.19	6.53	6.87	7.55	7.88	8.22	8.89	9.56	9.90	10.57	10.90	11.56	12.23
		152.4							5.95	6.32	6.69	7.05	7.42	8.15	8.51	8.88	9.61	10.33	10.69	11.41	11.77	12.49	13.21
		159							6.21	6.59	6.98	7.36	7.74	8.51	8.89	9.27	10.03	10.79	11.16	11.92	12.30	13.05	13.80
		165							6.45	6.85	7.24	7.64	8.04	8.83	9.23	9.62	10.41	11.20	11.59	12.38	12.77	13.55	14.33
168.3									6.58	6.98	7.39	7.80	8.20	9.01	9.42	9.82	10.62	11.43	11.83	12.63	13.03	13.83	14.62
		177.8									7.81	8.24	8.67	9.53	9.95	10.38	11.23	12.08	12.51	13.36	13.78	14.62	15.47
		190.7									8.39	8.85	9.31	10.23	10.69	11.15	12.06	12.97	13.43	14.34	14.80	15.70	16.61
		193.7									8.52	8.99	9.46	10.39	10.86	11.32	12.25	13.18	13.65	14.57	15.03	15.96	16.88
219.1											9.65	10.18	10.71	11.77	12.30	12.83	13.88	14.94	15.46	16.51	17.04	18.09	19.13
		244.5											11.96	13.15	13.73	14.33	15.51	16.69	17.28	18.46	19.04	20.22	21.39
273.1													13.37	14.70	15.36	16.02	17.34	18.66	19.32	20.64	21.30	22.61	23.93
323.9																	20.60	22.17	22.96	24.53	25.31	26.87	28.44
355.6																	22.63	24.36	25.22	26.95	27.81	29.53	31.25
406.4																	25.89	27.87	28.86	30.83	31.82	33.79	35.76
457																					35.81	38.03	40.25
508																					39.84	42.31	44.78
		559																			43.86	46.59	49.31
610																					47.89	50.86	53.84

续表

外径/mm			壁厚/mm																				
系列 1				4.0		4.5		5.0		5.4		5.6		6.3		7.1		8.0		8.8		10	
系列 2			3.8		4.37		4.78		5.16		5.36		6.02		6.35		7.92		8.74		9.53		10.31
系列 1	系列 2	系列 3	单位长度理论质量/(kg/mm)																				
114.3			10.36	10.88	11.85	12.19	12.91	13.48	13.89	14.50	14.91	15.01	16.08	16.78	16.91	18.77	20.78	20.97					
	127		11.55	12.13	13.22	13.59	14.41	15.04	15.50	16.19	16.65	16.77	17.96	18.75	18.89	20.99	23.26	23.48					
	133		12.11	12.73	13.86	14.26	15.11	15.78	16.27	16.99	17.47	17.59	18.85	19.69	19.83	22.04	24.43	24.66					
139.7			12.74	13.39	14.58	15.00	15.90	16.61	17.12	17.89	18.39	18.52	19.85	20.73	20.88	23.22	25.74	25.98					
		141.3	12.89	13.54	14.76	15.18	16.09	16.81	17.32	18.10	18.61	18.74	20.08	20.97	21.13	23.50	26.05	26.30					
		152.4	13.93	14.64	15.95	16.41	17.40	18.18	18.74	19.58	20.13	20.27	21.73	22.70	22.87	25.44	28.22	28.49					
		159	14.54	15.29	16.66	17.15	18.18	18.99	19.58	20.46	21.04	21.19	22.71	23.72	23.91	26.60	29.51	29.79	32.39				
		165	15.11	15.88	17.31	17.81	18.89	19.73	20.34	21.25	21.86	22.01	23.60	24.66	24.84	27.65	30.68	30.97	33.68				
168.3			15.42	16.21	17.67	18.18	19.28	20.14	20.76	21.69	22.31	22.47	24.09	25.17	25.36	28.23	31.33	31.63	34.39	34.61	37.31	39.04	40.17
		177.8	16.31	17.14	18.69	19.23	20.40	21.31	21.97	22.96	23.62	23.78	25.50	26.65	26.85	29.88	33.18	33.50	36.44	36.68	39.55	41.38	42.59
		190.7	17.52	18.42	20.08	20.66	21.92	22.90	23.61	24.68	25.39	25.56	27.42	28.65	28.87	32.15	35.70	36.05	39.22	39.48	42.58	44.56	45.87
		193.7	17.80	18.71	20.40	21.00	22.27	23.27	23.99	25.08	25.80	25.98	27.86	29.12	29.34	32.67	36.29	16.64	39.87	40.13	43.28	45.30	46.63
219.1			20.18	21.22	23.14	23.82	25.26	26.40	27.22	28.46	29.28	29.49	31.63	33.06	33.32	37.12	41.25	41.65	45.34	45.64	49.25	51.57	53.09
		244.5	22.56	23.72	25.88	26.63	28.26	29.53	30.46	31.84	32.76	32.99	35.41	37.01	37.29	41.57	46.21	46.66	50.82	51.15	55.22	57.83	59.55
273.1			25.24	26.55	28.96	29.81	31.63	33.06	34.10	35.65	36.68	36.94	39.65	41.45	41.77	46.58	51.79	52.30	56.98	57.36	61.95	64.88	66.82
323.9			30.00	31.56	34.44	35.45	37.62	39.32	40.56	42.42	43.65	43.96	47.19	49.34	49.73	55.47	61.72	62.34	67.93	68.38	73.88	77.41	79.73
355.6			32.97	34.68	37.85	38.96	41.36	43.23	44.59	46.64	48.00	48.34	51.90	54.27	54.69	61.02	67.91	68.58	74.76	75.26	81.33	85.23	87.79
406.4			37.73	39.70	43.33	44.60	47.34	49.50	51.06	53.40	54.96	55.35	59.44	62.16	62.65	69.92	77.83	78.60	85.71	86.29	93.27	97.76	100.71
457			42.47	44.69	48.78	50.23	53.31	55.73	57.50	60.14	61.90	62.34	66.95	70.02	70.57	78.78	87.71	88.58	96.62	97.27	105.17	110.24	113.58
508			47.25	49.72	54.28	55.88	59.32	62.02	63.99	66.93	68.89	69.38	74.53	77.95	78.56	87.71	97.68	98.65	107.61	108.34	117.15	122.81	126.54
		559	52.03	54.75	59.77	61.54	65.33	68.31	70.48	73.72	75.89	76.43	82.10	85.87	86.55	96.64	107.64	108.71	118.60	119.41	129.14	135.39	139.51
610			56.81	59.78	65.27	67.20	71.34	74.60	76.97	80.52	82.88	83.47	89.67	93.80	94.53	105.57	117.60	118.77	129.60	130.47	141.12	147.97	152.48
		660		64.71	70.66	72.75	77.24	80.77	83.33	87.17	89.74	90.38	97.09	101.56	102.36	114.32	127.36	128.63	140.37	141.33	152.88	160.30	165.19
711				69.74	76.15	78.41	83.25	87.06	89.82	93.97	96.73	97.42	104.66	109.49	110.35	123.25	137.32	138.70	151.32	152.39	164.86	172.88	178.16
	762			74.77	81.65	84.06	89.26	93.34	96.31	100.76	103.72	104.46	112.23	117.41	118.34	132.18	147.29	148.76	162.36	163.46	176.85	185.45	191.12
813				79.80	87.15	89.72	95.27	99.63	102.80	107.55	110.71	111.51	119.81	125.33	126.32	141.11	157.25	158.82	173.55	174.53	188.83	198.03	204.09
		864		84.84	92.64	95.38	101.29	105.92	109.29	114.34	117.71	118.55	127.38	133.26	134.31	150.04	167.21	168.88	184.34	185.60	200.82	210.61	217.06
914				89.76	98.03	100.93	107.18	112.09	115.65	121.00	124.56	125.45	134.80	141.03	142.14	158.80	176.97	178.75	195.12	196.45	212.57	222.94	229.77
		965		94.80	103.53	106.59	113.19	118.38	122.14	127.79	131.56	132.50	142.37	148.95	150.13	167.73	186.94	188.81	206.11	207.52	224.56	235.52	242.74
1016				99.83	109.02	112.25	119.20	124.66	128.63	134.58	138.55	139.54	149.94	156.87	158.11	176.66	196.90	198.87	217.11	218.58	236.54	248.09	255.71
1067								130.95	135.12	141.38	145.54	146.58	157.52	164.80	166.10	185.58	206.86	208.93	228.10	229.65	248.53	260.67	268.67
1118								137.24	141.61	148.17	152.54	153.63	165.09	172.72	174.08	194.51	216.82	218.99	239.09	240.72	260.52	273.25	281.64

续表

外径/mm			壁厚/mm																				
系列1			11		12.5		14.2		16		17.5		20		22.2		25		28		30		32
系列2				11.91		12.7		15.09		16.66		19.05		20.62		23.8		26.19		28.58		30.96	
系列1	系列2	系列3	单位长度理论质量/(kg/mm)																				
168.3			42.67	45.93	48.03	48.73																	
		177.8	45.25	48.72	50.96	51.71																	
		190.7	48.75	52.51	54.93	55.75																	
		193.7	45.56	53.40	55.86	56.69																	
219.1			56.45	60.86	63.69	64.64	71.75																
		244.5	63.34	68.32	71.52	72.60	80.65																
273.1			71.10	76.72	80.33	81.56	90.67																
323.9			84.88	91.64	95.99	97.47	108.45	114.92	121.49	126.23	132.23												
355.6			93.48	100.95	105.77	107.40	119.56	126.72	134.00	139.26	145.92												
406.4			107.26	115.87	121.43	123.31	137.35	145.62	154.05	160.13	167.84	181.98	190.58	196.18	210.34	224.83	235.15	245.57	261.29	266.30	278.48		
457			120.99	130.73	137.03	139.16	155.07	164.45	174.01	180.92	189.68	205.75	215.54	221.91	238.05	254.57	266.34	278.25	296.23	301.96	315.91		
508			134.82	145.71	152.75	155.13	172.93	183.43	194.14	201.87	211.69	229.71	240.70	247.84	265.97	283.54	297.79	311.19	331.45	337.91	353.65	364.23	375.64
		559	148.66	160.69	168.47	171.10	190.79	202.41	214.26	222.83	233.70	253.67	265.85	273.78	293.89	314.51	329.23	344.13	366.67	373.85	391.37	403.17	415.89
610			162.49	175.67	184.19	187.07	208.65	221.39	234.38	243.78	255.71	277.63	291.01	299.71	321.81	344.48	360.67	377.07	401.88	409.80	429.11	442.11	456.14
		660	176.06	190.36	199.60	202.74	226.15	240.00	254.11	264.32	277.29	301.12	315.67	325.14	349.19	373.87	391.50	409.37	436.41	445.04	466.10	480.28	495.60
711			189.89	205.34	215.33	218.71	244.01	258.98	274.24	285.28	299.30	325.08	340.82	351.07	377.11	403.84	422.94	442.31	471.63	480.90	503.83	519.22	535.85
	762		203.73	220.32	231.05	234.68	261.87	277.96	294.36	306.23	321.31	349.04	365.98	377.01	405.03	433.81	454.39	475.25	506.84	516.93	541.57	558.16	576.09
813			217.56	235.29	246.77	250.65	279.73	296.94	314.48	327.18	343.32	373.00	391.13	402.94	432.95	463.78	485.83	508.19	542.06	552.88	579.30	597.10	616.34
		864	231.40	250.27	262.49	266.63	297.59	315.92	334.61	348.14	365.33	396.96	416.29	428.88	460.87	493.75	517.27	541.13	577.28	588.83	617.03	636.04	656.59
914			244.96	264.96	277.90	282.29	315.10	334.52	354.34	368.68	386.91	420.45	440.95	454.30	488.25	523.14	548.10	573.42	611.80	624.07	654.02	674.22	696.05
		965	258.80	279.94	293.63	298.26	332.96	353.50	374.46	389.64	408.92	444.41	466.10	480.24	516.17	553.11	579.55	606.36	647.02	660.01	691.76	713.16	736.29
1016			272.63	294.92	309.35	314.23	350.82	372.48	394.58	410.59	430.93	468.37	491.26	506.17	544.09	583.08	610.99	639.30	682.24	695.96	729.49	752.10	776.54
1067			286.47	309.90	325.07	330.21	368.68	391.46	414.71	431.54	452.94	492.33	516.41	532.11	572.01	613.05	642.43	672.24	717.45	731.91	767.22	791.04	816.29
1118			300.30	324.88	340.79	346.18	386.54	410.44	434.83	452.50	474.95	516.29	541.57	558.04	599.93	643.03	673.88	705.18	752.67	767.85	804.95	829.98	857.04
	1168		313.87	339.56	356.20	361.84	404.05	429.05	454.56	473.04	496.53	539.78	566.23	583.47	627.31	672.41	704.70	737.48	787.20	803.09	841.94	868.15	896.49
1219			327.70	354.54	371.93	377.81	421.91	448.03	474.68	493.99	518.54	563.74	591.38	609.40	655.23	702.38	736.15	770.42	822.41	839.04	879.68	907.09	936.74
	1321		355.37	384.50	403.37	409.76	457.63	485.98	514.93	535.90	562.56	611.66	641.69	661.27	711.07	762.33	799.03	836.30	892.84	910.93	955.14	984.97	1017.24
1422			382.77	414.17	434.50	441.39	493.00	523.57	554.79	577.40	606.15	659.11	691.51	712.63	766.37	821.68	861.30	901.53	962.59	982.12	1029.86	1062.09	1096.94
	1524		410.44	444.13	465.95	473.34	528.72	561.53	595.03	619.31	650.17	707.03	741.82	764.50	822.21	881.63	924.19	967.41	1033.02	1054.01	1105.33	1139.97	1177.44
1626			438.11	474.09	497.39	505.29	564.44	599.49	635.28	661.21	694.19	754.95			878.06	941.57	987.08	1033.29	1103.45	1125.90	1180.79	1217.85	1257.93
	1727		465.51	503.75	528.53	536.92	599.81	637.07	675.13	702.71	737.78	802.40			933.35	1000.92	1049.35	1098.53	1173.20	1197.09	1255.52	1294.96	1337.64
1829			493.18	533.71	559.97	568.87	635.53	675.03	715.38	744.62	781.80	850.32			989.20	1060.87	1112.23	1164.41	1243.63	1268.98	1330.98	1372.84	1418.13

续表

外径/mm			壁厚/mm																				
系列 1			11		12.5		14.2		16		17.5		20		22.2		25		28		30		32
系列 2				11.91		12.7		15.09		16.66		19.05		20.62		23.8		26.19		28.58		30.96	
系列 1	系列 2	系列 3	单位长度理论质量/(kg/mm)																				
	1930		520.58	563.38	591.11	600.50	670.90	712.62	755.23	786.12	825.39	897.77			1044.49	1120.22	1174.50	1229.64	1313.37	1340.17	1405.71	1449.96	1497.84
2032			548.25	593.34	622.55	632.45	706.62	750.58	795.48	828.02	869.41	945.69	992.38	1022.83	1100.34	1180.17	1237.39	1295.52	1383.81	1412.06	1481.17	1527.83	1578.34
	2134		575.92	623.30	653.99	664.39	742.34	788.54	835.73	869.93	913.43	993.61	1042.69	1074.70	1156.18	1240.11	1300.28	1361.40	1454.24	1483.95	1556.63	1605.71	1658.83
2235			603.32	652.96	685.13	696.03	777.71	826.12	875.58	911.43	957.02	1041.06	1092.50	1126.06	1211.48	1299.47	1362.55	1426.64	1523.98	1555.14	1631.36	1682.83	1738.54
	2337		630.99	682.92	716.57	727.97	813.43	864.08	915.93	953.34	1001.04	1088.98	1142.81	1177.93	1267.32	1359.41	1425.43	1492.52	1594.42	1627.03	1706.82	1760.71	1819.03
	2438		658.39	712.59	747.71	759.61	848.80	901.67	955.68	994.83	1044.63	1136.43	1192.63	1229.29	1322.61	1418.77	1487.70	1557.75	1664.16	1698.22	1781.55	1837.82	1898.74
2540			686.06	742.55	779.15	791.55	884.52	939.63	995.93	1036.74	1088.65	1184.35	1242.94	1821.16	1378.46	1478.71	1550.59	1623.63	1734.59	1770.11	1857.01	1915.70	1979.23

外径/mm			壁厚/mm								
系列 1				36		40	45	50	55	60	65
系列 2			34.93		38.1						
系列 1	系列 2	系列 3	单位长度理论质量/(kg/mm)								
508			407.51	419.05	441.52	461.66	513.82	564.75	614.44	662.90	710.12
		559	451.45	464.33	489.44	511.97	570.42	627.64	683.62	738.37	791.88
610			495.38	509.61	537.36	562.28	627.02	690.52	752.79	813.83	873.63
		660	538.45	554.00	584.34	611.61	682.51	752.18	820.61	887.81	953.78
711			582.38	599.27	632.26	661.91	739.11	815.06	889.79	963.28	1035.54
	762		626.32	644.55	680.18	712.22	795.70	877.95	958.96	1038.74	1117.29
813			670.25	689.83	728.10	762.53	852.30	940.84	1028.14	1114.21	1199.04
		864	714.18	735.11	776.02	812.84	908.90	1003.72	1097.31	1189.67	1280.22
914			757.25	779.50	823.00	862.17	964.39	1065.38	1165.13	1263.66	1360.94
		965	801.19	824.78	870.92	912.48	1020.99	1128.26	1234.31	1339.12	1442.70
1016			845.12	870.06	918.84	962.78	1077.58	1191.15	1303.48	1414.58	1524.45
1067			889.05	915.34	966.76	1013.09	1134.18	1254.04	1372.66	1490.05	1606.20
1118			932.98	960.61	1014.68	1063.40	1190.78	1316.92	1441.83	1565.51	1687.96
	1168		976.06	1005.01	1051.66	1112.73	1246.27	1378.58	1509.65	1639.50	1768.11

外径/mm			壁厚/mm								
系列 1				36		40	45	50	55	60	65
系列 2			34.93		38.1						
系列 1	系列 2	系列 3	单位长度理论质量/(kg/mm)								
1219			1019.99	1050.28	1109.58	1163.04	1302.87	1441.46	1578.83	1714.96	1849.86
	1321		1107.85	1140.84	1205.42	1263.66	1416.06	1567.24	1717.18	1865.89	2013.36
1422			1194.86	1230.51	1300.32	1363.29	1528.15	1691.78	1854.17	2015.34	2175.27
	1524		1282.72	1321.07	1396.16	1463.91	1641.35	1817.55	1992.53	2166.27	2338.77
1626			1370.59	1411.62	1492.00	1564.53	1754.54	1943.33	2130.88	2317.19	2502.28
	1727		1457.59	1501.29	1586.90	1664.16	1866.63	2067.87	2267.87	2466.64	2664.18
1829			1545.46	1591.85	1682.74	1764.78	1979.83	2193.64	2406.22	2617.57	2827.69
	1930		1632.46	1681.52	1777.64	1864.41	2091.91	2318.18	2543.22	2767.02	2989.59
2032			1720.33	1772.08	1873.47	1965.03	2205.11	2443.95	2681.57	2917.95	3153.10
	2134		1808.19	1862.63	1969.31	2065.65	2318.30	2569.72	2819.92	3068.88	3316.60
2235			1895.20	1952.30	2064.21	2165.28	2430.39	2694.27	2956.91	3218.33	3478.50
	2337		1983.06	2042.86	2160.05	2265.90	2543.59	2820.04	3095.26	3369.25	3642.01
	2438		2070.02	2132.53	2254.95	2365.53	2656.17	2944.58	3232.26	3518.70	3803.91
2540			2157.93	2223.09	2350.79	2466.15	2768.87	3070.36	3370.61	3669.63	3967.42

表 3-19-170

精密焊接钢管尺寸及单位长度理论质量

外径/mm		壁厚/mm																			
		0.5	(0.8)	1.0	(1.2)	1.5	(1.8)	2.0	(2.2)	2.5	(2.8)	3.0	(3.5)	4.0	(4.5)	5.0	(5.5)	6.0	(7.0)	8.0	(9.0)
系列 2	系列 3	单位长度理论质量/(kg/m)																			
8		0.092	0.142	0.173	0.201	0.240	0.275	0.296	0.315												
10		0.117	0.182	0.222	0.260	0.314	0.364	0.395	0.423	0.462											
12		0.142	0.221	0.271	0.320	0.388	0.453	0.493	0.532	0.586	0.635	0.666									
	14	0.166	0.260	0.321	0.379	0.462	0.542	0.592	0.640	0.709	0.773	0.814	0.906								
16		0.191	0.300	0.370	0.438	0.536	0.630	0.691	0.749	0.832	0.911	0.962	1.08	1.18							
	18	0.216	0.309	0.419	0.497	0.610	0.719	0.789	0.857	0.956	1.05	1.11	1.25	1.38	1.50						
20		0.240	0.379	0.469	0.556	0.684	0.808	0.888	0.966	1.08	1.19	1.26	1.42	1.58	1.72						
	22	0.265	0.418	0.518	0.616	0.758	0.897	0.988	1.07	1.20	1.33	1.41	1.60	1.78	1.94	2.10					
25		0.302	0.477	0.592	0.704	0.869	1.03	1.13	1.24	1.39	1.53	1.63	1.86	2.07	2.28	2.47	2.64				
	28	0.339	0.517	0.666	0.793	0.980	1.16	1.28	1.40	1.57	1.74	1.85	2.11	2.37	2.61	2.84	3.05				
	30	0.364	0.576	0.715	0.852	1.05	1.25	1.38	1.51	1.70	1.88	2.00	2.29	2.56	2.83	3.08	3.32	3.55	3.97		
32		0.388	0.616	0.765	0.911	1.13	1.34	1.48	1.62	1.82	2.02	2.15	2.46	2.76	3.05	3.33	3.59	3.85	4.32	4.74	
	35	0.425	0.675	0.838	1.00	1.24	1.47	1.63	1.78	2.00	2.22	2.37	2.72	3.06	3.38	3.70	4.00	4.29	4.83	5.33	
38		0.462	0.704	0.912	1.09	1.35	1.61	1.78	1.94	2.19	2.43	2.59	2.98	3.35	3.72	4.07	4.41	4.74	5.35	5.92	6.44
40		0.487	0.773	0.962	1.15	1.42	1.70	1.87	2.05	2.31	2.57	2.74	3.15	3.55	3.94	4.32	4.68	5.03	5.70	6.31	6.88
	45		0.872	1.09	1.30	1.61	1.92	2.12	2.32	2.62	2.91	3.11	3.58	4.04	4.49	4.93	5.36	5.77	6.56	7.30	7.99
50			0.971	1.21	1.44	1.79	2.14	2.37	2.59	2.93	3.26	3.48	4.01	4.54	5.05	5.55	6.04	6.51	7.42	8.29	9.10
	55		1.07	1.33	1.59	1.98	2.36	2.61	2.86	3.24	3.60	3.85	4.45	5.03	5.60	6.17	6.71	7.25	8.29	9.27	10.21
60			1.17	1.46	1.74	2.16	2.58	2.86	3.14	3.55	3.95	4.22	4.88	5.52	6.16	6.78	7.39	7.99	9.15	10.26	11.32
70			1.35	1.70	2.04	2.53	3.03	3.35	3.68	4.16	4.64	4.96	5.74	6.51	7.27	8.01	8.75	9.47	10.88	12.23	13.54
80			1.56	1.95	2.33	2.90	3.47	3.05	4.22	4.78	5.33	5.70	6.60	7.50	8.38	9.25	10.11	10.95	12.60	14.21	15.76
	90				2.63	3.27	3.92	4.34	4.76	5.39	6.02	6.44	7.47	8.48	9.49	10.48	11.46	12.43	14.33	16.18	17.98
100					2.92	3.64	4.36	4.83	5.31	6.01	6.71	7.18	8.33	9.47	10.60	11.71	12.82	13.91	16.05	18.15	20.20
	110				3.22	4.01	4.80	5.33	5.85	6.63	7.40	7.92	9.19	10.46	11.71	12.95	14.17	15.39	17.78	20.12	22.42
120							5.25	5.82	6.39	7.24	8.09	8.66	10.06	11.44	12.82	14.18	15.53	16.87	19.51	22.10	24.64
	140						6.13	6.81	7.48	8.48	9.47	10.14	11.78	13.42	15.04	16.65	18.24	19.83	22.96	26.04	29.08
160							7.02	7.79	8.56	9.71	10.86	11.62	13.51	15.39	17.26	19.11	20.96	22.79	26.41	29.99	33.51
	180															21.58	23.67	25.75	29.87	33.93	37.95
200																		28.71	33.32	37.88	42.39
	220																		36.77	41.83	46.83
	240																		40.22	45.77	51.27
	260																		43.68	49.72	55.71

外径/mm		壁厚/mm	
		10.0	(11.0)
系列 2	系列 3	单位质量/(kg/m)	
38		6.91	
40		7.40	
	45	8.63	
50		9.86	
	55	11.10	11.94
60		12.33	13.29
70		14.80	16.01
80		17.26	18.72

外径/mm		壁厚/mm			
		10.0	(11.0)	12.5	(14)
系列 2	系列 3	单位长度理论重量/(kg/m)			
160		36.99	40.42	45.47	
	180	41.92	45.85	51.64	
200		46.86	51.27	57.80	
	220	51.79	56.70	63.97	71.12
	240	56.72	62.12	70.13	78.03
	260	61.65	67.55	76.30	84.93

外径/mm		壁厚/mm			
		10.0	(11.0)	12.5	(14)
系列 2	系列 3	单位长度理论质量/(kg/m)			
	90	19.73	21.43		
100		22.20	24.14		

外径/mm		壁厚/mm			
		10.0	(11.0)	12.5	(14)
系列 2	系列 3	单位长度理论质量/(kg/m)			
	110	24.66	26.86	30.06	
120		27.13	29.57	33.14	
	140	32.06	34.99	39.30	

表 3-19-171 不锈钢焊接钢管尺寸

外径/mm			壁厚/mm																										
系列 1	系列 2	系列 3	0.3	0.4	0.5	0.6	0.7	0.8	0.9	1.0	1.2	1.4	1.5	1.6	1.8	2.0	2.2(2.3)	2.5(2.6)	2.8(2.9)	3.0	3.2	3.5(3.6)	4.0	4.2	4.5(4.6)	4.8	5.0	5.5(5.6)	6.0
	8		●	●	●	●	●	●	●	●	●																		
		9.5	●	●	●	●	●	●	●	●	●																		
	10		●	●	●	●	●	●	●	●	●	●																	
10.2			●	●	●	●	●	●	●	●	●	●	●	●	●	●													
	12		●	●	●	●	●	●	●	●	●	●	●	●	●	●													
	12.7		●	●	●	●	●	●	●	●	●	●	●	●	●	●													
13.5					●	●	●	●	●	●	●	●	●	●	●	●	●	●	●	●									
		14			●	●	●	●	●	●	●	●	●	●	●	●	●	●	●	●	●	●							
		15			●	●	●	●	●	●	●	●	●	●	●	●	●	●	●	●	●	●							
	16				●	●	●	●	●	●	●	●	●	●	●	●	●	●	●	●	●	●							
17.2					●	●	●	●	●	●	●	●	●	●	●	●	●	●	●	●	●	●							
		18			●	●	●	●	●	●	●	●	●	●	●	●	●	●	●	●	●	●							
	19				●	●	●	●	●	●	●	●	●	●	●	●	●	●	●	●	●	●							
		19.5			●	●	●	●	●	●	●	●	●	●	●	●	●	●	●	●	●	●							
	20				●	●	●	●	●	●	●	●	●	●	●	●	●	●	●	●	●	●							
21.3					●	●	●	●	●	●	●	●	●	●	●	●	●	●	●	●	●	●	●	●					
		22			●	●	●	●	●	●	●	●	●	●	●	●	●	●	●	●	●	●	●	●					
	25				●	●	●	●	●	●	●	●	●	●	●	●	●	●	●	●	●	●	●	●					
		25.4			●	●	●	●	●	●	●	●	●	●	●	●	●	●	●	●	●	●	●	●					
26.9					●	●	●	●	●	●	●	●	●	●	●	●	●	●	●	●	●	●	●	●	●				
		28			●	●	●	●	●	●	●	●	●	●	●	●	●	●	●	●	●	●	●	●	●				
		30			●	●	●	●	●	●	●	●	●	●	●	●	●	●	●	●	●	●	●	●	●				
	31.8				●	●	●	●	●	●	●	●	●	●	●	●	●	●	●	●	●	●	●	●	●				
	32				●	●	●	●	●	●	●	●	●	●	●	●	●	●	●	●	●	●	●	●	●				
33.7								●	●	●	●	●	●	●	●	●	●	●	●	●	●	●	●	●	●	●	●		
		35						●	●	●	●	●	●	●	●	●	●	●	●	●	●	●	●	●	●	●	●		
		36						●	●	●	●	●	●	●	●	●	●	●	●	●	●	●	●	●	●	●	●		
	38							●	●	●	●	●	●	●	●	●	●	●	●	●	●	●	●	●	●	●	●		
	40							●	●	●	●	●	●	●	●	●	●	●	●	●	●	●	●	●	●	●	●	●	
42.4								●	●	●	●	●	●	●	●	●	●	●	●	●	●	●	●	●	●	●	●	●	
		44.5						●	●	●	●	●	●	●	●	●	●	●	●	●	●	●	●	●	●	●	●	●	
48.3								●	●	●	●	●	●	●	●	●	●	●	●	●	●	●	●	●	●	●	●	●	
	50.8							●	●	●	●	●	●	●	●	●	●	●	●	●	●	●	●	●	●	●	●	●	●
		54						●	●	●	●	●	●	●	●	●	●	●	●	●	●	●	●	●	●	●	●	●	●

第3篇

续表

外径/mm			壁厚/mm																									
系列1	系列2	系列3	0.8	0.9	1.0	1.2	1.4	1.5	1.6	1.8	2.0	2.2(2.3)	2.5(2.6)	2.8(2.9)	3.0	3.2	3.5(3.6)	4.0	4.2	4.5(4.6)	4.8	5.0	5.5(5.6)	6.0	6.5(6.3)	7.0(7.1)	7.5	8.0
	57		●	●	●	●	●	●	●	●	●	●	●	●	●	●	●	●	●	●	●	●	●	●				
60.3			●	●	●	●	●	●	●	●	●	●	●	●	●	●	●	●	●	●	●	●	●	●				
		63	●	●	●	●	●	●	●	●	●	●	●	●	●	●	●	●	●	●	●	●	●	●				
	63.5		●	●	●	●	●	●	●	●	●	●	●	●	●	●	●	●	●	●	●	●	●	●				
	70		●	●	●	●	●	●	●	●	●	●	●	●	●	●	●	●	●	●	●	●	●	●				
76.1			●	●	●	●	●	●	●	●	●	●	●	●	●	●	●	●	●	●	●	●	●	●				
		80				●	●	●	●	●	●	●	●	●	●	●	●	●	●	●	●	●	●	●				
		82.5				●	●	●	●	●	●	●	●	●	●	●	●	●	●	●	●	●	●	●	●	●	●	●
88.9						●	●	●	●	●	●	●	●	●	●	●	●	●	●	●	●	●	●	●	●	●	●	●
	102					●	●	●	●	●	●	●	●	●	●	●	●	●	●	●	●	●	●	●	●	●	●	●
		102				●	●	●	●	●	●	●	●	●	●	●	●	●	●	●	●	●	●	●	●	●	●	●
		108							●	●	●	●	●	●	●	●	●	●	●	●	●	●	●	●	●	●	●	●
114									●	●	●	●	●	●	●	●	●	●	●	●	●	●	●	●	●	●	●	●
		125							●	●	●	●	●	●	●	●	●	●	●	●	●	●	●	●	●	●	●	●
		133							●	●	●	●	●	●	●	●	●	●	●	●	●	●	●	●	●	●	●	●
140									●	●	●	●	●	●	●	●	●	●	●	●	●	●	●	●	●	●	●	●
		141							●	●	●	●	●	●	●	●	●	●	●	●	●	●	●	●	●	●	●	●
		154							●	●	●	●	●	●	●	●	●	●	●	●	●	●	●	●	●	●	●	●
		159							●	●	●	●	●	●	●	●	●	●	●	●	●	●	●	●	●	●	●	●
168									●	●	●	●	●	●	●	●	●	●	●	●	●	●	●	●	●	●	●	●
		194							●	●	●	●	●	●	●	●	●	●	●	●	●	●	●	●	●	●	●	●
219									●	●	●	●	●	●	●	●	●	●	●	●	●	●	●	●	●	●	●	●
		250							●	●	●	●	●	●	●	●	●	●	●	●	●	●	●	●	●	●	●	●
273											●	●	●	●	●	●	●	●	●	●	●	●	●	●	●	●	●	●
324													●	●	●	●	●	●	●	●	●	●	●	●	●	●	●	●
356													●	●	●	●	●	●	●	●	●	●	●	●	●	●	●	●
		377											●	●	●	●	●	●	●	●	●	●	●	●	●	●	●	●
		400											●	●	●	●	●	●	●	●	●	●	●	●	●	●	●	●
406													●	●	●	●	●	●	●	●	●	●	●	●	●	●	●	●
		426												●	●	●	●	●	●	●	●	●	●	●	●	●	●	●
		450												●	●	●	●	●	●	●	●	●	●	●	●	●	●	●
457														●	●	●	●	●	●	●	●	●	●	●	●	●	●	●
		500												●	●	●	●	●	●	●	●	●	●	●	●	●	●	●
508														●	●	●	●	●	●	●	●	●	●	●	●	●	●	●

外径/mm			壁厚/mm																							
系列 1	系列 2	系列 3	3.0	3.2	3.5(3.6)	4.0	4.2	4.5(4.6)	4.8	5.0	5.5(5.6)	6.0	6.5(6.3)	7.0(7.1)	7.5	8.0	8.5	9.0(8.8)	9.5	10	11	12(12.5)	14(14.2)	15	16	17(17.5)
		530	●	●	●	●	●	●	●	●	●	●	●	●	●	●	●	●	●	●	●	●	●	●	●	●
		550	●	●	●	●	●	●	●	●	●	●	●	●	●	●	●	●	●	●	●	●	●	●	●	●
		559	●	●	●	●	●	●	●	●	●	●	●	●	●	●	●	●	●	●	●	●	●	●	●	●
		600		●	●	●	●	●	●	●	●	●	●	●	●	●	●	●	●	●	●	●	●	●	●	●
610				●	●	●	●	●	●	●	●	●	●	●	●	●	●	●	●	●	●	●	●	●	●	●
		630		●	●	●	●	●	●	●	●	●	●	●	●	●	●	●	●	●	●	●	●	●	●	●
		660		●	●	●	●	●	●	●	●	●	●	●	●	●	●	●	●	●	●	●	●	●	●	●
711				●	●	●	●	●	●	●	●	●	●	●	●	●	●	●	●	●	●	●	●	●	●	●
	762			●	●	●	●	●	●	●	●	●	●	●	●	●	●	●	●	●	●	●	●	●	●	●
813				●	●	●	●	●	●	●	●	●	●	●	●	●	●	●	●	●	●	●	●	●	●	●
		864		●	●	●	●	●	●	●	●	●	●	●	●	●	●	●	●	●	●	●	●	●	●	●
914				●	●	●	●	●	●	●	●	●	●	●	●	●	●	●	●	●	●	●	●	●	●	●
		965		●	●	●	●	●	●	●	●	●	●	●	●	●	●	●	●	●	●	●	●	●	●	●
1016				●	●	●	●	●	●	●	●	●	●	●	●	●	●	●	●	●	●	●	●	●	●	●
1067				●	●	●	●	●	●	●	●	●	●	●	●	●	●	●	●	●	●	●	●	●	●	●
1118				●	●	●	●	●	●	●	●	●	●	●	●	●	●	●	●	●	●	●	●	●	●	●
	1168			●	●	●	●	●	●	●	●	●	●	●	●	●	●	●	●	●	●	●	●	●	●	●
1219				●	●	●	●	●	●	●	●	●	●	●	●	●	●	●	●	●	●	●	●	●	●	●
	1321			●	●	●	●	●	●	●	●	●	●	●	●	●	●	●	●	●	●	●	●	●	●	●
1422				●	●	●	●	●	●	●	●	●	●	●	●	●	●	●	●	●	●	●	●	●	●	●
	1524			●	●	●	●	●	●	●	●	●	●	●	●	●	●	●	●	●	●	●	●	●	●	●
1626				●	●	●	●	●	●	●	●	●	●	●	●	●	●	●	●	●	●	●	●	●	●	●
	1727			●	●	●	●	●	●	●	●	●	●	●	●	●	●	●	●	●	●	●	●	●	●	●
1829				●	●	●	●	●	●	●	●	●	●	●	●	●	●	●	●	●	●	●	●	●	●	●

注 1：( ) 内尺寸表示由相应英制规格换算成的公制规格。

2. “●” 表示常用规格。

续表

外径/mm			壁厚/mm															
系列1	系列2	系列3	8.5	9.0(8.8)	9.5	10	11	12(12.5)	14(14.2)	15	16	17(17.5)	18	20(22.2)	24	25	26	28
		125	●	●	●	●												
		133	●	●	●	●												
140			●	●	●	●	●											
		141	●	●	●	●	●	●										
		154	●	●	●	●	●	●										
		159	●	●	●	●	●	●										
168			●	●	●	●	●	●										
		194	●	●	●	●	●	●										
219			●	●	●	●	●	●	●									
		250	●	●	●	●	●	●	●									
273			●	●	●	●	●	●	●									
324			●	●	●	●	●	●	●	●	●							
356			●	●	●	●	●	●	●	●	●							
		377	●	●	●	●	●	●	●	●	●							
		400	●	●	●	●	●	●	●	●	●	●	●					
406			●	●	●	●	●	●	●	●	●	●	●					
		426	●	●	●	●	●	●	●	●	●	●	●	●	●	●		
		450	●	●	●	●	●	●	●	●	●	●	●	●	●	●		
457			●	●	●	●	●	●	●	●	●	●	●	●	●	●	●	●
		500	●	●	●	●	●	●	●	●	●	●	●	●	●	●	●	●
508			●	●	●	●	●	●	●	●	●	●	●	●	●	●	●	●

续表

外径/mm			壁厚/mm					
系列 1	系列 2	系列 3	18	20(22.2)	24	25	26	28
		530	●	●	●	●	●	●
		550	●	●	●	●	●	●
		559	●	●	●	●	●	●
		600	●	●	●	●	●	●
610			●	●	●	●	●	●
		630	●	●	●	●	●	●
		660	●	●	●	●	●	●
711			●	●	●	●	●	●
	762		●	●	●	●	●	●
813			●	●	●	●	●	●
		864	●	●	●	●	●	●
914			●	●	●	●	●	●
		965	●	●	●	●	●	●
1016			●	●	●	●	●	●
1067			●	●	●	●	●	●
1118			●	●	●	●	●	●
	1168		●	●	●	●	●	●
1219			●	●	●	●	●	●
	1321		●	●	●	●	●	●
1422			●	●	●	●	●	●
	1524		●	●	●	●	●	●
1626			●	●	●	●	●	●
	1727		●	●	●	●	●	●
1829			●	●	●	●	●	●

19.4.5 流体输送用不锈钢焊接钢管（GB/T 12771—2008）

（1）分类及代号

钢管按制造类别分为以下六类：

Ⅰ类——钢管采用双面自动焊接方法制造，且焊缝100%全长射线探伤；

Ⅱ类——钢管采用单面自动焊接方法制造，且焊缝100%全长射线探伤；

Ⅲ类——钢管采用双面自动焊接方法制造，且焊缝局部射线探伤；

Ⅳ类——钢管采用单面自动焊接方法制造，且焊缝局部射线探伤；

Ⅴ类——钢管采用双面自动焊接方法制造，且焊缝不做射线探伤；

Ⅵ类——钢管采用单面自动焊接方法制造，且焊缝不做射线探伤。

钢管按供货状态分为以下四类：

a. 焊接状态，H；

b. 热处理状态，T；

c. 冷拔（轧）状态，WC；

d. 磨（抛）光状态，SP。

（2）钢的密度

钢的密度和理论质量计算公式见表3-19-172。

表3-19-172　钢的密度和理论质量计算公式

序号	新牌号	旧牌号	密度/(kg/dm^3)	换算后的公式
1	12Cr18Ni9	1Cr18Ni9	7.93	$W=0.02491S(D-S)$
2	06Cr19Ni10	0Cr18Ni9		
3	022Cr19Ni10	00Cr19Ni10	7.90	$W=0.02482S(D-S)$
4	06Cr18Ni11Ti	0Cr18Ni10Ti	8.03	$W=0.02523S(D-S)$
5	06Cr25Ni20	0Cr25Ni20	7.98	$W=0.02507S(D-S)$
6	06Cr17Ni12Mo2	0Cr17Ni12Mo2	8.00	$W=0.02513S(D-S)$
7	022Cr17Ni12Mo2	00Cr17Ni14Mo2		
8	06Cr18Ni11Nb	0Cr18Ni11Nb	8.03	$W=0.02523S(D-S)$
9	022Cr18Ti	00Cr17	7.70	$W=0.02419S(D-S)$
10	022Cr11Ti	—	7.75	$W=0.02435S(D-S)$
11	06Cr13Al	0Cr13Al		
12	019Cr19Mo2NbTi	00Cr18Mo2		
13	022Cr12Ni	—		
14	06Cr13	0Cr13		

（3）钢的牌号和化学成分

钢的牌号和化学成分（熔炼分析）见表3-19-173。

（4）钢管的力学性能

钢管的力学性能见表3-19-174。

（5）钢管的热处理制度

钢管的推荐热处理制度见表3-19-175。

19.4.6 低压流体输送用焊接钢管（GB/T 3091—2015）

低压流体输送用焊接钢管适用于水、空气、采暖蒸汽和燃气等低压流体输送用直缝电焊钢管、直缝埋弧焊（SAWL）钢管和螺旋缝埋弧焊（SAWH）钢管。

表 3-19-173　钢的牌号和化学成分（熔炼分析）

序号	类型	统一数字代号	新牌号	旧牌号	化学成分(质量分数)/%									
					C	Si	Mn	P	S	Ni	Cr	Mo	N	其他元素
1	奥氏体型	S30210	12Cr18Ni9	1Cr18Ni9	≤0.15	≤0.75	≤2.00	≤0.040	≤0.030	8.00~10.00	17.00~19.00	—	≤0.10	—
2	奥氏体型	S30408	06Cr19Ni10	0Cr18Ni9	≤0.08	≤0.75	≤2.00	≤0.040	≤0.030	8.00~11.00	18.00~20.00	—	—	—
3	奥氏体型	S30403	022Cr19Ni10	00Cr19Ni10	≤0.030	≤0.75	≤2.00	≤0.040	≤0.030	8.00~12.00	18.00~20.00	—	—	—
4	奥氏体型	S31008	06Cr25Ni20	0Cr25Ni20	≤0.08	≤1.50	≤2.00	≤0.040	≤0.030	19.00~22.00	24.00~26.00	—	—	—
5	奥氏体型	S31608	06Cr17Ni12Mo2	0Cr17Ni12Mo2	≤0.08	≤0.75	≤2.00	≤0.040	≤0.030	10.00~14.00	16.00~18.00	2.00~3.00	—	—
6	奥氏体型	S31603	022Cr17Ni12Mo2	00Cr17Ni14Mo2	≤0.030	≤0.75	≤2.00	≤0.040	≤0.030	10.00~14.00	16.00~18.00	2.00~3.00	—	—
7	奥氏体型	S32168	06Cr18Ni11Ti	0Cr18Ni10Ti	≤0.08	≤0.75	≤2.00	≤0.040	≤0.030	9.00~12.00	17.00~19.00	—	—	Ti:5×C~0.70
8	奥氏体型	S34778	06Cr18Ni11Nb	0Cr18Ni11Nb	≤0.08	≤0.75	≤2.00	≤0.040	≤0.030	9.00~12.00	17.00~19.00	—	—	Nb:10×C~1.10
9	铁素体型	S11863	022Cr18Ti	00Cr17	≤0.030	≤0.75	≤1.00	≤0.040	≤0.030	(0.60)	16.00~19.00	—	—	Ti 或 Nb:0.10~1.00
10	铁素体型	S11972	019Cr19Mo2NbTi	00Cr18Mo2	≤0.025	≤0.75	≤1.00	≤0.040	≤0.030	1.00	17.50~19.50	1.75~2.50	≤0.035	(Ti+Nb):[0.20+4(C+N)]~0.80
11	铁素体型	S11348	06Cr13Al	0Cr13Al	≤0.08	≤0.75	≤1.00	≤0.040	≤0.030	(0.60)	11.50~14.50	—	—	Al:0.10~0.30
12	铁素体型	S11163	022Cr11Ti	—	≤0.030	≤0.75	≤1.00	≤0.040	≤0.020	(0.60)	10.50~11.70	—	≤0.030	Ti≥8(C+N),Ti:0.15~0.50,Nb:0.10
13	铁素体型	S11213	022Cr12Ni	—	≤0.030	≤0.75	≤1.50	≤0.040	≤0.015	0.30~1.00	10.50~12.50	—	≤0.030	
14	马氏体型	S41008	06Cr13	0Cr13	≤0.08	≤0.75	≤1.00	≤0.040	≤0.030	(0.60)	11.50~13.50	—	—	—

表 3-19-174　　钢管的力学性能

序号	新牌号	旧牌号	规定非比例延伸强度 $R_{p0.2}$/MPa	抗拉强度 R_m/MPa	断后伸长率 A/%	
					热处理状态	非热处理状态
			≥			
1	12Cr18Ni9	1Cr18Ni9	210	520	35	25
2	06Cr19Ni10	0Cr18Ni9	210	520		
3	022Cr19Ni10	00Cr19Ni10	180	480		
4	06Cr25Ni20	0Cr25Ni20	210	520		
5	06Cr17Ni12Mo2	0Cr17Ni12Mo2	210	520		
6	022Cr17Ni12Mo2	00Cr17Ni14Mo2	180	480		
7	06Cr18Ni11Ti	0Cr18Ni10Ti	210	520		
8	06Cr18Ni11Nb	0Cr18Ni11Nb	210	520		
9	022Cr18Ti	00Cr17	180	360	20	—
10	019Cr19Mo2NbTi	00Cr18Mo2	240	410		
11	06Cr13Al	0Cr13Al	177	410		
12	022Cr11Ti	—	275	400	18	—
13	022Cr12Ni	—	275	400	18	—
14	06Cr13	0Cr13	210	410	20	—

表 3-19-175　　钢管的热处理制度

序号	类型	新牌号	旧牌号	推荐的热处理制度①	
1	奥氏体型	12Cr18Ni9	1Cr18Ni9	固熔处理	1010~1150℃快冷
2		06Cr19Ni10	0Cr18Ni9		1010~1150℃快冷
3		022Cr19Ni10	00Cr19Ni10		1010~1150℃快冷
4		06Cr25Ni20	0Cr25Ni20		1030~1180℃快冷
5		06Cr17Ni12Mo2	0Cr17Ni12Mo2		1010~1150℃快冷
6		022Cr17Ni12Mo2	00Cr17Ni14Mo2		1010~1150℃快冷
7		06Cr18Ni11Ti	0Cr18Ni10Ti		920~1150℃快冷
8		06Cr18Ni11Nb	0Cr18Ni11Nb		980~1150℃快冷
9	铁素体型	022Cr18Ti	00Cr17	退火处理	780~950℃快冷或缓冷
10		019Cr19Mo2NbTi	00Cr18Mo2		800~1050℃快冷
11		06Cr13Al	0Cr13Al		780~830℃快冷或缓冷
12		022Cr11Ti	—		830~950℃快冷
13		022Cr12Ni	—		830~950℃快冷
14	马氏体型	06Cr13	0Cr13		750℃快冷或800~900℃缓冷

① 对06Cr18Ni11Ti、06Cr18Ni11Nb，需方规定在固熔热处理后需进行稳定化热处理时，稳定化热处理制度为850~930℃快冷。

(1) 直径和壁厚

表 3-19-176　　外径不大于 219.1mm 的钢管公称口径、外径、公称壁厚和不圆度

mm

公称口径 (DN)	外径(D)			最小公称壁厚 t	不圆度 ≤
	系列 1	系列 2	系列 3		
6	10.2	10.0	—	2.0	0.20
8	13.5	12.7	—	2.0	0.20
10	17.2	16.0	—	2.2	0.20
15	21.3	20.8	—	2.2	0.30
20	26.9	26.0	—	2.2	0.35
25	33.7	33.0	32.5	2.5	0.40
32	42.4	42.0	41.5	2.5	0.40
40	48.3	48.0	47.5	2.75	0.50
50	60.3	59.5	59.0	3.0	0.60
65	76.1	75.5	75.0	3.0	0.60
80	88.9	88.5	88.0	3.25	0.70
100	114.3	114.0	—	3.25	0.80
125	139.7	141.3	140.0	3.5	1.00
150	165.1	168.3	159.0	3.5	1.20
200	219.1	219.0	—	4.0	1.60

注：1. 表中的公称口径系近似内径的名义尺寸，不表示外径减去两倍壁厚所得的内径。

2. 系列 1 是通用系列，属推荐选用系列；系列 2 是非通用系列；系列 3 是少数特殊、专用系列。

表 3-19-177 管端用螺纹和沟槽连接的钢管外径、壁厚 mm

公称口径(DN)	外径(D)	壁厚(t)	
		普通钢管	加厚钢管
6	10.2	2.0	2.5
8	13.5	2.5	2.8
10	17.2	2.5	2.8
15	21.3	2.8	3.5
20	26.9	2.8	3.5
25	33.7	3.2	4.0
32	42.4	3.5	4.0
40	48.3	3.5	4.5
50	60.3	3.8	4.5
65	76.1	4.0	4.5
80	88.9	4.0	5.0
100	114.3	4.0	5.0
125	139.7	4.0	5.5
150	165.1	4.5	6.0
200	219.1	6.0	7.0

注：表中的公称口径系近似内径的名义尺寸，不表示外径减去两倍壁厚所得的内径。

(2) 质量系数

镀锌层的质量系数见表 3-19-178 和表 3-19-179。

表 3-19-178 镀锌层 300g/m² 的质量系数

公称壁厚/mm	2.0	2.2	2.3	2.5	2.8	2.9	3.0	3.2	3.5	3.6
系数 c	1.038	1.035	1.033	1.031	1.027	1.026	1.025	1.024	1.022	1.021
公称壁厚/mm	3.8	4.0	4.5	5.0	5.4	5.5	5.6	6.0	6.3	7.0
系数 c	1.020	1.019	1.017	1.015	1.014	1.014	1.014	1.013	1.012	1.011
公称壁厚/mm	7.1	8.0	8.8	10	11	12.5	14.2	16	17.5	20
系数 c	1.011	1.010	1.009	1.008	1.007	1.006	1.005	1.005	1.004	1.004

表 3-19-179 镀锌层 500g/m² 的质量系数

公称壁厚/mm	2.0	2.2	2.3	2.5	2.8	2.9	3.0	3.2	3.5	3.6
系数 c	1.064	1.058	1.055	1.051	1.045	1.044	1.042	1.040	1.036	1.035
公称壁厚/mm	3.8	4.0	4.5	5.0	5.4	5.5	5.6	6.0	6.3	7.0
系数 c	1.034	1.032	1.028	1.025	1.024	1.023	1.023	1.021	1.020	1.018
公称壁厚/mm	7.1	8.0	8.8	10	11	12.5	14.2	16	17.5	20
系数 c	1.018	1.016	1.014	1.013	1.012	1.010	1.009	1.008	1.007	1.006

(3) 力学性能

钢管的力学性能应该符合表 3-19-180 的规定。

表 3-19-180 钢管的力学性能

牌号	下屈服强度 R_{eL}/MPa ≥		抗拉强度 R_m/MPa ≥	断后伸长率 A/% ≥	
	t≤16mm	t>16mm		D≤168.3mm	D>168.3mm
Q195[①]	195	185	315	15	20
Q215A、Q215B	215	205	335		
Q235A、Q235B	235	225	370		
Q275A、Q275B	275	265	410	13	18
Q345A、Q345B	345	325	470		

① Q195 的屈服强度值仅供参考，不作交货条件。

19.4.7 双焊缝冷弯方形及矩形钢管（YB/T 4181—2008）

(1) 分类、代号

钢管按外形分为方形钢管［见图 3-19-24（a）］，代号为 SHF；矩形钢管［见图 3-19-24（b）］，代号为 SHJ。

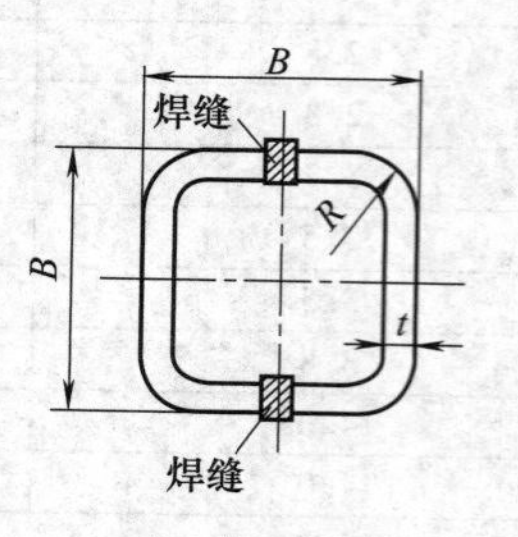

(a) 方形钢管

B—边长；*t*—壁厚；*R*—外圆弧半径

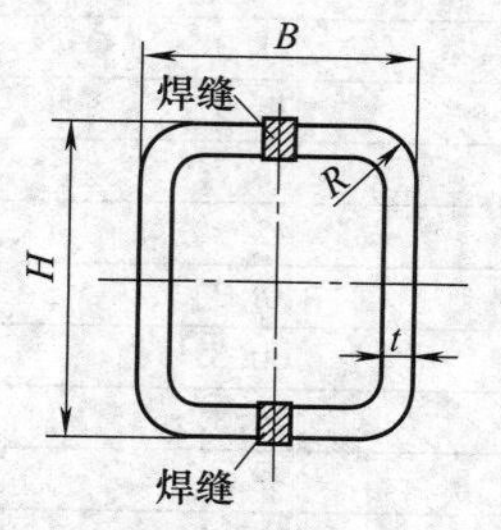

(b) 矩形钢管

H—长边；*B*—短边；*t*—壁厚；*R*—外圆弧半径

图 3-19-24 钢管截面图

(2) 尺寸

方形钢管公称边长与公称壁厚的推荐尺寸见表 3-19-181。矩形钢管公称边长与公称壁厚的推荐尺寸见表 3-19-182。

表 3-19-181 方形钢管公称边长与公称壁厚的推荐尺寸 mm

公称边长 *B*	公称壁厚 *t*
300,320	8,10,12,14,16
350,380	8,10,12,14,16,19
400	8,10,12,14,16,19,22
450,500	8,10,12,14,16,19,22,25
550,600	9,10,12,14,16,19,22,25,32
650	12,16,19,25,32,36
700,750,800,850,900	16,19,25,32,36
950,1000	19,25,32,36,40

表 3-19-182 矩形钢管公称边长与公称壁厚的推荐尺寸 mm

公称边长		公称壁厚 *t*
H	*B*	
350	250	8,10,12,14,16
350	300	8,10,12,14,16
400	200	8,10,12,14,16
400	250	8,10,12,14,16
400	300	8,10,12,14,16
450	250	8,10,12,14,16
450	300	8,10,12,14,16
450	350	8,10,12,14,16
450	400	9,10,12,14,16
500	300	10,12,14,16
500	400	9,10,12,14,16
500	450	9,10,12,14,16
550	400	9,10,12,14,16
550	500	10,12,14,16,20
600	400	9,10,12,14,16
600	450	9,10,12,14,16

续表

公称边长		公称壁厚 t
H	B	
600	500	9,10,12,14,16,19,22
600	500	9,10,12,14,16,19,22,25
700	600	16,19,22,25,32,36
800	600	19,25,32,36,40
800	700	
900	700	
900	800	19,25,32,36,40
1000	850	
1000	900	

(3) 钢管理论质量

方形钢管理论质量及截面面积等物理特性值应按表 3-19-183 的规定。矩形钢管理论质量及截面面积等物理特性值应按表 3-19-184 的规定。在表 3-19-183 和表 3-19-184 范围内的其他尺寸规格钢管的理论质量可以用内插法计算。

表 3-19-183　**方形钢管理论重量及截面面积等物理特性值**

公称边长 /mm	公称壁厚 /mm	理论质量 /(kg/m)	截面面积 /cm^2	惯性矩 /cm^4	回转半径 /cm	截面模量 /cm^3	扭转常数	
B	t	M	A	$I_x=I_y$	$r_x=r_y$	$W_x=W_y$	I_t/cm^4	c_t/cm^3
300	8	71	91	12801	11.8	853	20312	1293
	10	88	113	15519	11.7	1035	24966	1572
	12	104	132	17767	11.6	1184	29514	1829
	14	119	152	20017	11.5	1334	33783	2073
	16	135	171	22076	11.4	1472	37837	2299
	19	156	198	24813	11.2	1654	43491	2608
320	8	76	97	15653	12.7	978	24753	1481
	10	94	120	19016	12.6	1188	30461	1804
	12	111	141	21843	12.4	1365	36066	2104
	14	127	162	24670	12.3	1541	41349	2389
	16	144	183	27276	12.2	1740	46393	2656
	19	167	213	30783	12.0	1923	53485	3022
350	8	84	107	20618	13.9	1182	32557	1787
	10	104	133	25189	13.8	1439	40127	2182
	12	123	156	29054	13.6	1660	47598	2552
	14	141	180	32916	13.5	1881	54679	2905
	16	159	203	36511	13.4	2086	61481	3238
	19	185	235	41414	13.3	2367	71137	3700
	22	209	266	46699	13.2	2690	79883	4097
380	8	92	117	26683	15.1	1404	41849	2122
	10	113	145	32570	15.0	1714	51645	2596
	12	133	170	37697	14.9	1984	61349	3043
	14	154	197	42818	14.8	2253	70586	3471
	16	174	222	47621	14.7	2506	79505	3878
	19	203	259	54240	14.5	2854	92254	4447
	22	231	294	60175	14.3	3167	104208	4968

续表

公称边长 /mm	公称壁厚 /mm	理论质量 /(kg/m)	截面面积 /cm^2	惯性矩 /cm^4	回转半径 /cm	截面模量 /cm^3	扭转常数	
B	t	M	A	$I_x=I_y$	$r_x=r_y$	$W_x=W_y$	I_t/cm^4	c_t/cm^3
400	8	96	123	31269	15.9	1564	48934	2362
	9	108	138	34785	15.9	1739	54721	2630
	10	120	153	38216	15.8	1911	60431	2892
	12	141	180	44319	15.7	2216	71843	3395
	14	163	208	50414	15.6	2521	82735	3877
	16	184	235	56153	15.5	2808	93279	4336
	19	215	274	64111	15.3	3206	108410	4982
	22	243	310	70430	15.1	3650	122537	5558
	25	271	346	79228	15.1	3890	135677	6094
	28	293	373	92072	15.0	4170	145904	6481
450	9	122	156	50087	17.9	2226	78384	3363
	10	135	173	55100	17.9	2449	86629	3702
	12	160	204	64164	17.7	2851	103150	4357
	14	185	236	73210	17.6	3254	119000	4989
	16	209	267	81802	17.5	3636	134431	5595
	19	245	312	93853	17.3	4171	156736	6454
	22	279	355	104920	17.2	4663	177952	7257
	25	311	396	113800	17.0	5110	197900	7972
	28	337	429	127400	16.8	5520	214860	8552
	32	375	478	150700	16.6	6000	236200	9316
500	9	137	174	69324	19.9	2773	108034	4185
	10	151	193	76341	19.9	3054	119470	4612
	12	179	228	89187	19.8	3568	142420	5440
	14	207	264	102010	19.7	4080	164530	6241
	16	235	299	114260	19.6	4570	186140	7013
	19	275	350	131591	19.4	5264	217540	8116
	22	310	395	160521	19.3	5800	247757	9112
	25	347	442	179114	19.2	6360	276159	10067
	32	428	546	219696	19.1	7470	336028	12030
550	9	150	191	95030	22.0	3362	144718	5095
	10	166	211	105012	21.9	3703	160136	5619
	12	197	251	124638	21.8	4340	190547	6642
	14	228	290	143822	21.7	4969	220373	7632
	16	258	329	162570	21.6	5572	249594	8590
	19	302	385	176000	21.4	6390	292245	9967
	25	387	492	217000	21.0	7900	373030	12444
	32	479	610	258000	20.6	9380	457220	14986
	36	529	673	277000	20.3	10100	500280	16255
	40	576	733	294000	20.0	10700	539356	17389

续表

公称边长 /mm	公称壁厚 /mm	理论质量 /(kg/m)	截面面积 /cm²	惯性矩 /cm⁴	回转半径 /cm	截面模量 /cm³	扭转常数	
B	t	M	A	$I_x=I_y$	$r_x=r_y$	$W_x=W_y$	I_t/cm^4	c_t/cm^3
600	9	164	209	123883	24.0	4028	188456	6098
	10	182	232	136958	23.9	4440	208616	6729
	12	216	275	162705	23.8	5214	248438	7965
	14	250	318	187921	23.7	5980	287575	9164
	16	283	361	212614	23.6	6717	326005	10328
	19	332	423	232000	23.4	7730	383121	11981
	25	426	543	288000	23.0	9620	489991	15071
	32	529	674	345000	22.6	11500	603941	18262
	36	585	745	372000	22.4	12400	663315	19884
	40	639	814	397000	22.1	13200	718169	21361
650	12	235	299	200000	25.9	6150	317767	9400
	16	308	393	258000	25.6	7940	417636	12210
	19	362	461	299000	25.5	9200	490231	14212
	25	465	593	374000	25.1	11500	628919	17948
	32	580	738	449000	24.7	13800	778589	21857
	36	642	817	487000	24.4	15000	857649	23873
	40	702	894	521000	24.1	16000	931628	25731
700	16	333	425	325000	27.7	9300	523830	14268
	19	392	499	378000	27.5	10800	615557	16633
	25	505	643	474000	27.1	13500	791688	21075
	32	630	802	573000	26.7	16400	983565	25770
	36	698	889	623000	26.5	17800	1085980	28221
	40	764	974	669000	26.2	19100	1182728	30500
750	16	358	457	403000	29.7	10800	646605	16486
	19	422	537	459000	29.6	12500	760524	19244
	25	544	693	591000	29.2	15700	980172	24451
	32	680	688	717000	28.8	19100	1221265	30005
	36	755	961	782000	28.5	20900	1351006	32928
	40	827	1054	842000	28.3	22400	1474466	35668
800	16	348	489	493000	31.8	12300	787161	18863
	19	451	575	574000	31.6	14300	926557	22045
	25	583	743	725000	31.2	18100	1196246	28078
	32	730	930	884000	30.8	22100	1494092	34559
	36	811	1033	966000	30.6	24100	1655426	37994
	40	890	1134	1040000	30.3	26100	1809840	41235
850	16	409	521	595000	33.8	14000	946698	21401
	19	481	613	694000	33.6	16300	1115081	25036
	25	622	793	879000	33.3	20700	1441786	31954
	32	781	994	10700000	32.9	25300	1804443	39432
	36	868	1105	1180000	32.6	27700	2001940	43420
	40	953	1214	1270000	32.4	29900	2191850	47202

续表

公称边长 /mm	公称壁厚 /mm	理论质量 /(kg/m)	截面面积 /cm^2	惯性矩 /cm^4	回转半径 /cm	截面模量 /cm^3	扭转常数	
B	t	M	A	$I_x=I_y$	$r_x=r_y$	$W_x=W_y$	I_t/cm^4	c_t/cm^3
900	16	434	553	710000	35.9	15800	1126416	24099
	19	511	651	829000	35.7	18400	1327522	28217
	25	662	843	1050000	35.3	23400	1718666	36080
	32	831	1058	1290000	34.9	28700	2154718	44625
	36	924	1177	1420000	34.7	31500	2393246	49206
	40	1016	1294	1530000	34.4	34100	2623495	53568
950	19	541	689	981000	37.7	20600	1565303	31588
	25	701	893	1250000	37.4	26300	2028761	40456
	32	881	1122	1530000	37.0	32300	2547318	50138
	36	981	1249	1680000	36.7	35500	2832044	55351
	40	1078	1374	1830000	36.5	38500	3107773	60333
1000	19	571	727	1150000	39.8	23000	1829850	35149
	25	740	943	1470000	39.4	29300	2373946	45082
	32	931	1186	1810000	39.0	36100	2984642	55970
	36	1037	1320	1990000	38.8	39700	3321035	61856
	40	1141	1454	2160000	38.5	43100	3647684	67498

表 3-19-184　　矩形钢管理论质量及截面面积等物理特性值

公称边长 /mm		公称壁厚 /mm	理论质量 /(kg/m)	截面面积 /cm^2	惯性矩 /cm^4		回转半径 /cm		截面模量 /cm^3		扭转常数	
H	B	t	M	A	I_x	I_y	r_x	r_y	W_x	W_y	I_t /cm^4	c_t /cm^3
350	250	8	72	91.2	16001	9573	13.2	10.2	914	766	19136	1253
		10	88	113	19407	11588	13.1	10.1	1109	927	23500	1522
		12	104	132	22196	13261	12.9	10.0	1268	1060	27749	1770
		14	119	152	25008	14921	12.8	9.9	1429	1193	31729	2003
		16	134	171	27580	16434	12.7	9.8	1575	1315	35497	2220
350	300	8	78	99	18341	14506	13.6	12.1	1048	967	25633	1520
		10	96	123	22298	17623	13.5	12.0	1274	1175	31548	1852
		12	113	144	25625	20257	13.3	11.9	1464	1350	37358	2161
		14	130	166	28962	22883	13.2	11.7	1655	1526	42837	2454
		16	147	187	32046	25305	13.1	11.6	1831	1687	48072	2729
400	200	8	72	91	18974	6517	14.4	8.5	949	625	15820	1133
		10	88	113	23003	7864	14.3	8.4	1150	786	19368	1373
		12	104	132	26248	8977	14.1	8.2	1312	898	22782	1591
		14	119	152	29545	10069	13.9	8.1	1477	1007	25956	1796
		16	134	171	32546	11055	13.8	8.1	1627	1105	28928	1983
400	250	8	78	99	22048	10744	14.9	10.4	1102	860	23127	1440
		10	96	122	26806	13029	14.8	10.3	1340	1042	28423	1753
		12	113	144	30766	14926	14.6	10.2	1538	1197	33597	2042
		14	130	166	34762	16872	14.5	10.1	1738	1350	38460	2315
		16	146	187	38448	19628	14.3	10.0	1922	1490	43083	2570

续表

公称边长/mm		公称壁厚/mm	理论质量/(kg/m)	截面面积/cm²	惯性矩/cm⁴		回转半径/cm		截面模量/cm³		扭转常数	
H	B	t	M	A	I_x	I_y	r_x	r_y	W_x	W_y	I_t/cm⁴	c_t/cm³
400	300	8	84	107	25152	16212	15.3	12.3	1256	1081	31179	1747
		10	104	133	30609	19726	15.2	12.2	1530	1315	38407	2132
		12	123	156	35284	22747	15.0	12.1	1764	1516	45527	2492
		14	141	180	39979	25748	14.9	12.0	1999	1717	52267	2835
		16	159	203	44350	28535	14.8	11.9	2218	1902	58731	3159
450	250	8	84	107	29336	11916	16.5	10.5	1304	953	27222	1628
		10	104	133	35373	14470	16.4	10.4	1588	1158	33473	1983
		12	123	156	41137	16663	16.2	10.3	1828	1333	39591	2314
		14	141	180	46587	18824	16.1	10.2	2070	1506	45358	2627
		16	159	203	51651	20821	16.0	10.1	2295	1665	50857	2921
450	300	8	91	115	33283	17958	17.0	12.4	1466	1187	37007	1973
		10	112	142	42296	22588	16.9	12.3	1786	1444	45620	2409
		12	131	167	50002	26612	16.7	12.2	2066	1671	53952	2824
		14	151	193	57469	30481	16.5	12.1	2342	1892	61989	3217
		16	171	217	64701	34199	16.4	12.0	2599	2098	69720	3588
450	350	8	97	123	37151	25360	17.4	14.3	1651	1449	47354	2322
		10	120	153	45418	30971	17.3	14.2	2019	1770	58458	2842
		12	141	180	52650	35911	17.1	14.1	2340	2052	69468	3335
		14	163	208	59898	40823	17.0	14.0	2662	2333	79967	3807
		16	184	235	66727	45443	16.9	13.9	2966	2597	90121	4257
450	400	9	115	147	45711	38225	17.6	16.1	2032	1911	65371	2938
		10	128	163	50259	42019	17.6	16.1	2234	2101	72219	3272
		12	151	192	58407	48837	17.4	15.9	2596	2442	85923	3846
		14	174	222	66554	55631	17.3	15.8	2958	2782	99037	4398
		16	197	251	74264	62055	17.2	15.7	3301	3103	111766	4926
500	300	10	120	153	52328	23933	18.5	12.5	2093	1596	52736	2693
		12	141	180	60604	27726	18.3	12.4	2424	1848	62581	3156
		14	163	208	68928	31478	18.2	12.3	2757	2099	71947	3599
		16	184	235	76763	34994	18.1	12.2	3071	2333	80972	4019
500	400	9	122	156	58474	41665	19.4	16.3	2339	2083	76740	3318
		10	135	173	64334	45823	19.3	16.3	2573	2291	84403	3653
		12	160	204	74895	53355	19.2	16.2	2996	2668	100471	4298
		14	185	236	85466	60848	19.0	16.1	3419	3042	115881	4919
		16	209	267	95510	67957	18.9	16.0	3820	3398	130866	5515
500	450	9	129	165	63899	54464	19.7	18.2	2556	2421	91887	3751
		10	143	183	70337	59941	19.6	18.1	2813	2664	101581	4132
		12	170	216	82040	69920	19.5	18.0	3282	3108	121022	4869
		14	196	250	93736	79865	19.4	17.9	3749	3550	139716	5580
		16	222	283	104884	89340	19.3	17.8	4195	3971	157943	6264
550	400	9	129	164	752727	46206	21.0	16.5	2645	2244	78554	3281
		10	143	182	83139	50982	20.9	16.5	2908	2466	97198	4029
		12	170	216	98584	60326	20.8	16.4	3420	2897	115411	4749
		14	217	277	113649	69400	20.7	16.4	3872	3282	133176	5440
		16	221	281	128341.7	78207	20.6	16.2	4328	3666	150476	6104
550	500	10	158	202	97721	84468	21.6	20.1	3438	3274	138345	5089
		12	188	239	115954	100173	21.5	20.0	4024	3833	164533	6011
		14	217	277	133765	115496	21.4	19.9	4604	4383	190182	6901
		16	246	313	151161	130444	21.2	19.8	5158	4910	215274	7761

续表

公称边长 /mm		公称壁厚 /mm	理论质量 /(kg/m)	截面面积 /cm^2	惯性矩 /cm^4		回转半径 /cm		截面模量 /cm^3		扭转常数	
H	B	t	M	A	I_x	I_y	r_x	r_y	W_x	W_y	I_t /cm^4	c_t /cm^3
600	400	9	136	173	92446	49646	22.7	16.7	2980	2415	99514	4003
		10	151	192	102145	54785	22.6	16.6	3279	2656	110022	4409
		12	178	227	121210	64844	22.4	16.5	3831	3103	130680	5200
		14	206	263	139837	74617	22.3	16.4	4377	3543	150850	5962
		16	233	297	158032	84109	22.2	16.3	4897	3961	170515	6694
600	450	9	143	182	100305	64610	23.1	18.6	3241	2795	120387	4526
		10	158	202	110848	71341	23.0	18.5	3569	3077	133158	4989
		12	188	239	131584	84542	22.8	18.4	4176	3601	158312	5891
		14	217	277	151858	97403	22.7	18.3	4777	4117	182929	6762
		16	246	313	171677	10992	22.6	18.2	5352	4609	206992	5095
600	500	9	150	191	108164	81896	23.4	20.4	3503	3191	142253	5050
		10	166	212	119552	90472	23.4	20.4	3859	3514	157398	5569
		12	197	251	141958	107319	23.2	20.2	4522	4118	187263	6582
		14	228	291	163879	123765	23.1	20.1	5178	4714	216544	7563
		16	258	329	185323	139818	23.0	20.0	5807	5285	245220	8511
		19	305	388	216608	163171	22.8	19.9	6708	6102	287058	9872
		22	348	444	246857	185672	22.6	19.7	7533	6851	327426	11163
600	550	9	157	200	116024	101616	23.7	22.2	3765	3602	164980	5574
		10	174	222	128255	112302	23.6	22.1	4149	3969	182592	6149
		12	207	263	152332	133323	23.5	22.0	4868	4656	217355	7273
		14	239	305	175900	153880	23.4	21.9	5579	5335	251484	8363
		16	271	345	198969	173980	23.3	21.8	6262	5987	284958	9419
		19	320	407	232648	203288	23.2	21.7	7157	6845	333896	10940
		22	366	466	265241	231607	23.1	21.6	8036	7685	381243	12386
		25	411	523	296771	258958	23.0	21.5	8860	8473	426929	13758
700	600	16	310	395	291953	231322	27.1	24.1	8189	7569	411392	12147
		19	362	461	337700	268237	26.8	23.9	9481	8761	484058	14118
		25	465	593	429486	342470	26.5	23.6	11830	10928	620811	17827
		32	580	738	535259	430387	26.1	23.2	14189	13104	768249	21699
		36	642	817	597921	484106	25.7	22.9	15365	14189	846052	23696
		40	702	894	664359	542511	25.5	22.7	16417	15160	918790	25535
800	600	19	392	499	462290	300316	30.4	24.6	11397	9831	589166	16255
		25	505	643	587497	383824	30.2	24.5	14278	12307	757012	20578
		32	630	802	728720	482062	30.1	24.4	117211	14827	939321	25138
		36	698	889	809942	541441	29.9	24.2	18695	16101	1036334	27510
		40	764	974	893714	605338	29.7	24.0	20037	17255	1127741	29712
800	700	19	422	537	520248	425837	31.1	28.2	12846	11999	753394	19150
		25	544	693	662601	543444	30.9	28.0	16156	15086	970798	24328
		32	680	866	823146	678160	30.8	27.9	17211	14827	1209295	29847
		36	755	961	915085	756799	30.6	27.6	21323	19905	1337566	32750
		40	827	1054	1009340	838813	30.4	27.3	25234	23966	1459568	35471

续表

公称边长/mm		公称壁厚/mm	理论质量/(kg/m)	截面面积/cm^2	惯性矩/cm^4		回转半径/cm		截面模量/cm^3		扭转常数	
H	B	t	M	A	I_x	I_y	r_x	r_y	W_x	W_y	I_t/cm^4	c_t/cm^3
900	700	19	451	575	685576	469906	34.5	28.6	15079	13258	896311	21667
		25	583	743	873377	600423	34.3	28.4	19020	16714	1156478	27580
		32	730	930	1082898	749610	34.1	28.3	24604	21417	1443290	33924
		36	811	1033	1200880	836238	33.9	28.1	26686	23893	1598371	37281
		40	890	1134	1319774	926039	33.7	27.9	29328	26458	1746581	40445
900	800	19	481	613	759323	636163	35.2	32.2	16717	15744	1106995	24942
		25	622	793	969107	812809	35.0	32.0	21148	19911	1431150	31829
		32	781	994	1203501	1011999	34.8	31.9	26744	25300	1790849	39273
		36	868	1105	1335327	1125371	34.6	31.7	29674	28314	1986667	43242
		40	953	1214	1467801	1240594	34.4	31.5	32618	31015	2174909	47004
1000	850	19	526	670	1016806	796282	39.0	34.5	20181	18578	1423388	29666
		25	681	858	1299576	1018815	38.7	34.3	25992	23972	1843440	37957
		32	856	1090	1614133	1268751	38.5	34.1	32283	29853	2312328	46984
		36	953	1213	1789372	1409784	38.3	33.9	35787	33171	2569171	51832
		40	1047	1334	1963528	1551702	38.1	33.7	39271	36511	2817401	56455
1000	900	19	541	689	1062524	906816	39.3	36.2	21235	20121	1556262	31494
		25	701	893	1359003	1160565	39.0	36.0	27180	25790	2016866	40332
		32	881	1122	1689122	1444706	38.8	35.8	33782	32105	2532107	49979
		36	981	1249	1873048	1604221	38.6	35.6	37461	35649	2814947	55173
		40	1078	1347	2055741	1763854	38.4	35.4	41115	39197	3088798	60135

19.4.8 直缝电焊钢管（GB/T 13793—2016）

(1) 分类及代号

① 钢管按外径精度等级分为：

a. 普通精度，PD. A；

b. 较高精度，PD. B；

c. 高精度，PD. C。

② 钢管按壁厚精度等级分为：

a. 普通精度，PT. A；

b. 较高精度，PT. B；

c. 高精度，PT. C。

③ 钢管按弯曲度精度等级分为：

a. 普通精度，PS. A；

b. 较高精度，PS. B；

c. 高精度，PS. C。

(2) 钢管的通常长度

钢管的通常长度应符合如下规定：

a. $D \leqslant 30$mm 时，4000~6000mm；

b. $30\text{mm} < D \leqslant 70$mm 时，4000~8000mm；

c. $D > 70$mm 时，4000~12000mm。

（3）质量系数

镀锌钢管每米的理论质量是钢管的理论质量乘以质量系数（表 3-19-185）。

表 3-19-185 镀锌钢管的质量系数

壁厚 t/mm		1.2	1.4	1.5	1.6	1.8	2.0	2.2	2.5	2.8	3.0	3.2	3.5	3.8
系数 c	A	1.106	1.091	1.085	1.080	1.071	1.064	1.058	1.051	1.045	1.042	1.040	1.036	1.034
	B	1.085	1.073	1.068	1.064	1.057	1.051	1.046	1.041	1.036	1.034	1.032	1.029	1.027
	C	1.064	1.055	1.051	1.048	1.042	1.038	1.035	1.031	1.027	1.025	1.024	1.022	1.020
壁厚 t/mm		4.0	4.2	4.5	4.8	5.0	5.4	5.6	6.0	6.5	7.0	8.0	9.0	10.0
系数 c	A	1.032	1.030	1.028	1.027	1.025	1.024	1.023	1.021	1.020	1.018	1.016	1.014	1.013
	B	1.025	1.024	1.023	1.021	1.020	1.019	1.018	1.017	1.016	1.015	1.013	1.011	1.010
	C	1.019	1.018	1.017	1.016	1.015	1.014	1.014	1.013	1.012	1.011	1.010	1.008	1.008
壁厚 t/mm		11.0	12.0	12.7	13.0	14.2	16.0	17.5	20.0	—				
系数 c	A	1.012	1.011	1.010	1.010	1.009	1.008	1.007	1.006					
	B	1.009	1.008	1.008	1.008	1.007	1.006	1.006	1.005					
	C	1.007	1.006	1.006	1.006	1.005	1.005	1.004	1.004					

注：1. 本表规定壁厚之外的镀锌钢管，其质量系数由供需双方协商确定。

2. A、B、C 分别为镀锌层质量级别，见 GB/T 13793—2016 中表 7。

（4）力学性能

钢管的拉伸力学性能应该符合表 3-19-186 的规定。

表 3-19-186 钢管的力学性能

牌号	下屈服强度[①] R_{eL}/MPa	抗拉强度 R_m/MPa	断后伸长率 A/%	
			$D \leqslant 168.3$mm	$D > 168.3$mm
	≥			
08、10	195	315	22	
15	215	355	20	
20	235	390	19	
Q195[②]	195	315	15	20
Q215A，Q215B	215	335		
Q235A，Q235B，Q235C	235	370		
Q275A，Q275B，Q275C	275	410	13	18
Q345A，Q345B，Q345C	345	470		
Q390A，Q390B，Q390C	390	490	19	
Q420A，Q420B，Q420C	420	520	19	
Q460C，Q460D	460	550	17	

① 当屈服不明显时，可测量 $R_{p0.2}$ 或 $R_{t0.5}$ 代替下屈服强度。

② Q195 的屈服强度值仅作为参考，不作交货条件。

19.4.9 装饰用焊接不锈钢管（YB/T 5363—2016）

（1）分类及代号

① 钢管按表面交货状态分类如下：

a. 未抛光状态，无或 SNB；

b. 抛光状态，SB；

c. 磨光状态，SP；

d. 喷砂状态，SS。

② 钢管按截面形状分类如下：

a. 圆管，R；

b. 方管，S；

c. 矩形管，RE。

③ 钢管按尺寸精度分类如下：

a. 普通级，PA；

b. 高级，PC。

④ 钢管按表面粗糙度分类如下：

a. 普通级，FA；

b. 较高级，FB；

c. 高级，FC。

(2) 化学成分

钢的牌号和化学成分（熔炼分析）应符合表 3-19-187 的规定。

表 3-19-187　**钢的牌号和化学成分、密度**

类型	统一数字代号	牌号	化学成分(质量分数)/%									密度/(kg/dm³)
			C	Si	Mn	P	S	Ni	Cr	Mo	N	其他元素	
奥氏体型	S30110	12Cr17Ni7	≤0.15	≤1.00	≤2.00	≤0.045	≤0.030	6.00~8.00	16.00~18.00	—	≤0.10	—	7.93
奥氏体型	S30408	06Cr19Ni10	≤0.08	≤0.75	≤2.00	≤0.045	≤0.030	8.00~11.00	18.00~20.00	—	—	—	7.93
奥氏体型	S31608	06Cr17Ni12Mo2	≤0.08	≤0.75	≤2.00	≤0.045	≤0.030	10.00~14.00	16.00~18.00	2.00~3.00	—	—	8.00
铁素体型	S11203	022Cr12	≤0.030	≤1.00	≤1.00	≤0.040	≤0.030	≤0.60	11.00~13.50	—	—	—	7.75
铁素体型	S11863	022Cr18Ti	≤0.030	≤0.75	≤1.00	≤0.040	≤0.030	≤0.60	16.00~19.00	—	—	Ti 或 Nb:0.10~1.00	7.70

(3) 力学性能

钢的力学性能应该符合表 3-19-188 的规定。

表 3-19-188　**力学性能**

统一数字代号	牌号	规定塑性延伸强度 $R_{p0.2}$/MPa	抗拉强度 R_m/MPa	断后伸长率 A/%
		≥		
S30110	12Cr17Ni7	205	515	35
S30408	06Cr19Ni10	205	515	35
S31608	06Cr17Ni12Mo2	205	515	35
S11203	022Cr12	195	360	20
S11863	022Cr18Ti	175	360	20

(4) 方管、矩形管的尺寸系列

方管、矩形管的尺寸系列见表 3-19-189。

表 3-19-189　**方管、矩形管的尺寸系列**

	边长×边长/mm×mm	壁厚/mm																
		0.4	0.5	0.6	0.7	0.8	0.9	1.0	1.2	1.4	1.5	1.6	1.8	2.0	2.2	2.5	2.8	3.0
方管	15×15	×	×	×	×	×	×	×	×									
方管	20×20		×	×	×	×	×	×	×	×	×	×	×	×				
方管	25×25			×	×	×	×	×	×	×	×	×	×	×	×	×		
方管	30×30					×	×	×	×	×	×	×	×	×	×	×		
方管	40×40						×	×	×	×	×	×	×	×	×	×		
方管	50×50							×	×	×	×	×	×	×	×	×		
方管	60×60								×	×	×	×	×	×	×	×		
方管	70×70									×	×	×	×	×	×	×		
方管	80×80										×	×	×	×	×	×	×	
方管	85×85										×	×	×	×	×	×	×	
方管	90×90											×	×	×	×	×	×	×

续表

边长×边长/mm×mm		壁厚/mm																
		0.4	0.5	0.6	0.7	0.8	0.9	1.0	1.2	1.4	1.5	1.6	1.8	2.0	2.2	2.5	2.8	3.0
方管	100×100											×	×	×	×	×	×	×
	110×100												×	×	×	×	×	×
	125×125												×	×	×	×	×	×
	130×130													×	×	×	×	×
	140×140													×	×	×	×	×
	170×170														×	×	×	×
矩形管	20×10		×	×	×	×	×	×	×	×	×							
	25×15			×	×	×	×	×	×	×	×	×						
	40×20					×	×	×	×	×	×	×	×					
	50×30						×	×	×	×	×	×	×					
	70×30							×	×	×	×	×	×	×				
	80×40							×	×	×	×	×	×	×				
	90×30							×	×	×	×	×	×	×	×			
	100×40								×	×	×	×	×	×	×			
	110×50									×	×	×	×	×	×			
	120×40									×	×	×	×	×	×			
	120×60										×	×	×	×	×	×		
	130×50										×	×	×	×	×	×		
	130×70											×	×	×	×	×		
	140×60											×	×	×	×	×		
	140×80												×	×	×	×		
	150×50												×	×	×	×	×	
	150×70												×	×	×	×	×	
	160×40												×	×	×	×	×	
	160×60													×	×	×	×	
	160×90													×	×	×	×	
	170×50													×	×	×	×	
	170×80													×	×	×	×	
	180×70													×	×	×	×	
	180×80													×	×	×	×	×
	180×100													×	×	×	×	×
	190×60													×	×	×	×	×
	190×70														×	×	×	×
	190×90														×	×	×	×
	200×60														×	×	×	×
	200×80														×	×	×	×
	200×140															×	×	×

19.5 钢丝、钢筋

19.5.1 冷拉圆钢丝、方钢丝、六角钢丝（GB/T 342—2017）

（1）截面图示及标注符号

（2）分类与代号

钢丝按截面形状分为三种，其代号分别用圆形、方形和六角形英文大写首字母表示：

a. 圆形钢丝：R。

b. 方形钢丝：S。

c. 六角形钢丝：H。

直条钢丝按长度允许偏差分为三级：Ⅰ级、Ⅱ级和Ⅲ级。

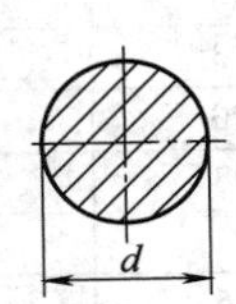

说明：

d—圆钢丝直径。

图 3-19-25　圆钢丝截面示意图

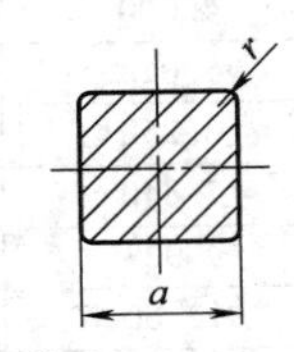

说明：

a—方钢丝边长；

r— 角部圆弧半径。

图 3-19-26　方钢丝截面示意图

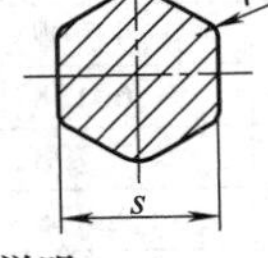

说明：

s—六角钢丝对边距离；

r—角部圆弧半径。

图 3-19-27　六角钢丝截面示意图

(3) 钢丝的公称尺寸

钢丝公称尺寸、截面面积及理论质量见表 3-19-190。

表 3-19-190　钢丝公称尺寸、截面面积及理论质量

公称尺寸[①] /mm	圆形		方形		六角形	
	截面面积 /mm²	理论质量[②] /(kg/1000m)	截面面积 /mm²	理论质量[②] /(kg/1000m)	截面面积 /mm²	理论质量[②] /(kg/1000m)
0.050	0.0020	0.016	—	—	—	—
0.053	0.0024	0.019	—	—	—	—
0.063	0.0031	0.024	—	—	—	—
0.070	0.0038	0.030	—	—	—	—
0.080	0.0050	0.039	—	—	—	—
0.090	0.0064	0.050	—	—	—	—
0.10	0.0079	0.062	—	—	—	—
0.11	0.0095	0.075	—	—	—	—
0.12	0.0113	0.089	—	—	—	—
0.14	0.0154	0.121	—	—	—	—
0.16	0.0201	0.158	—	—	—	—
0.18	0.0254	0.199	—	—	—	—
0.20	0.0314	0.246	—	—	—	—
0.22	0.0380	0.298	—	—	—	—
0.25	0.0491	0.385	—	—	—	—
0.28	0.0616	0.484	—	—	—	—
0.32	0.0804	0.631	—	—	—	—
0.35	0.096	0.754	—	—	—	—
0.40	0.126	0.989	—	—	—	—
0.45	0.159	1.248	—	—	—	—
0.50	0.196	1.539	0.250	1.962	—	—
0.55	0.238	1.868	0.302	2.371	—	—
0.63	0.312	2.447	0.397	3.116	—	—
0.70	0.385	3.021	0.490	3.846	—	—
0.80	0.503	3.948	0.640	5.024	—	—
0.90	0.636	4.993	0.810	6.358	—	—
1.00	0.785	6.162	1.000	7.850	—	—
1.12	0.985	7.733	1.254	9.847	—	—
1.25	1.227	9.633	1.563	12.27	—	—
1.40	1.539	12.08	1.960	15.39	—	—
1.60	2.011	15.79	2.560	20.10	2.217	17.40
1.80	2.545	19.98	3.240	25.43	2.806	22.03

续表

公称尺寸①/mm	圆形		方形		六角形	
	截面面积/mm^2	理论质量②/(kg/1000m)	截面面积/mm^2	理论质量②/(kg/1000m)	截面面积/mm^2	理论质量②/(kg/1000m)
2.00	3.142	24.66	4.000	31.40	3.464	27.20
2.24	3.941	30.94	5.018	39.39	4.345	34.11
2.50	4.909	38.54	6.250	49.06	5.413	42.49
2.80	6.158	48.34	7.840	61.54	6.790	53.30
3.15	7.793	61.18	9.923	77.89	8.593	67.46
3.55	9.898	77.70	12.60	98.93	10.91	85.68
4.00	12.57	98.67	16.00	125.6	13.86	108.8
4.50	15.90	124.8	20.25	159.0	17.54	137.7
5.00	19.64	154.2	15.00	196.2	21.65	170.0
5.60	24.63	193.3	31.36	246.2	27.16	213.2
6.30	31.17	244.7	39.69	311.6	34.38	269.9
7.10	39.59	310.8	50.41	395.7	43.66	342.7
8.00	50.27	394.6	64.00	502.4	55.43	435.1
9.00	63.62	499.4	81.00	635.8	70.15	550.7
10.0	78.54	616.5	100.00	785.0	86.61	679.9
11.0	95.03	746.0	—	—	—	—
12.0	113.1	887.8	—	—	—	—
14.0	153.9	1208.1	—	—	—	—
16.0	201.1	1578.6	—	—	—	—
18.0	254.5	1997.8	—	—	—	—
20.0	314.2	2466.5	—	—	—	—

① 表中的钢丝公称尺寸系列采用 GB/T 321—2005 标准中的 R20 优先数系。

② 表中的理论质量按密度为 7.85g/cm^3 计算，圆周率 π 取标准值，对特殊合金钢丝，在计算理论质量时应采用相应牌号的密度。

注：表内公称尺寸一栏，对于圆钢丝表示直径，对于方钢丝表示边长，对于六角钢丝表示对边距离。

19.5.2 一般用途低碳钢丝（YB/T 5294—2009）

(1) 分类及代号

钢丝按交货状态分为三种，类别及其代号为：

a. 冷拉钢丝，WCD。

b. 退火钢丝，TA。

c. 镀锌钢丝，SZ。

钢丝按用途分为三类：

a. 普通用。

b. 制钉用。

c. 建筑用。

(2) 标记示例

示例 1：

直径为 2.00mm 的冷拉钢丝，其标记为：低碳钢丝 WCD-2.00-YB/T 5294—2009。

示例 2：

直径为 4.00mm 的退火钢丝，其标记为：低碳钢丝 TA-4.00-YB/T 5294—2009。

示例 3：

直径为 3.00mm、镀层级别为 F 级的镀锌钢丝，其标记为：低碳钢丝 SZ-F-3.00-YB/T 5294—2009。

(3) 力学性能

钢丝的力学性能见表 3-19-191。

表 3-19-191　钢丝的力学性能

<table>
<tr><th rowspan="3">公称直径
/mm</th><th colspan="5">抗拉强度 R_m/MPa</th><th colspan="2">弯曲试验
(180°/次)</th><th colspan="2">伸长率/%
(标距 100mm)</th></tr>
<tr><th colspan="3">冷拉钢丝</th><th rowspan="2">退火
钢丝</th><th rowspan="2">镀锌
钢丝[1]</th><th colspan="2">冷拉钢丝</th><th rowspan="2">冷拉建筑
用钢丝</th><th rowspan="2">镀锌
钢丝</th></tr>
<tr><th>普通用</th><th>制钉用</th><th>建筑用</th><th>普通用</th><th>建筑用</th></tr>
<tr><td>≤0.30</td><td>≤980</td><td>—</td><td>—</td><td rowspan="9">295~
540</td><td rowspan="9">295~
540</td><td rowspan="2">—</td><td>—</td><td>—</td><td rowspan="2">≥10</td></tr>
<tr><td>>0.30~0.80</td><td>≤980</td><td>—</td><td>—</td><td>—</td><td>—</td></tr>
<tr><td>>0.80~1.20</td><td>≤980</td><td>880~1320</td><td>—</td><td rowspan="3">≥6</td><td>—</td><td>—</td><td rowspan="7">≥12</td></tr>
<tr><td>>1.20~1.80</td><td>≤1060</td><td>785~1220</td><td>—</td><td>—</td><td>—</td></tr>
<tr><td>>1.80~2.50</td><td>≤1010</td><td>735~1170</td><td>—</td><td>—</td><td>—</td></tr>
<tr><td>>2.50~3.50</td><td>≤960</td><td>685~1120</td><td>≥550</td><td rowspan="3">≥4</td><td rowspan="3">≥4</td><td rowspan="3">≥2</td></tr>
<tr><td>>3.50~5.00</td><td>≤890</td><td>590~1030</td><td>≥550</td></tr>
<tr><td>>5.00~6.00</td><td>≤790</td><td>540~930</td><td>≥550</td></tr>
<tr><td>>6.00</td><td>≤690</td><td>—</td><td>—</td><td>—</td><td>—</td><td>—</td></tr>
</table>

① 对于先镀后拉的镀锌钢丝的力学性能按冷拉钢丝的力学性能执行。

(4) 常用线规号公英制对照

常用线规号公英制对照见表 3-19-192。

表 3-19-192　常用线规号公英制对照

线规号	SWG[1]		BWG[2]		AWG[3]	
	in	mm	in	mm	in	mm
3	0.252	6.401	0.259	6.58	0.2294	5.83
4	0.232	5.893	0.238	6.05	0.2043	5.12
5	0.212	5.385	0.220	6.59	0.1819	4.62
6	0.192	4.877	0.203	5.16	0.1620	4.11
7	0.176	4.470	0.180	4.57	0.1443	3.67
8	0.160	4.064	0.165	4.19	0.1285	3.26
9	0.144	3.558	0.148	3.76	0.1144	2.91
10	0.128	3.251	0.134	3.40	0.1019	2.59
11	0.116	2.946	0.120	3.05	0.09074	2.30
12	0.104	2.642	0.109	2.77	0.08081	2.05
13	0.092	2.337	0.095	2.41	0.07196	1.83
14	0.080	2.032	0.083	2.11	0.06408	1.63
15	0.072	1.829	0.072	1.83	0.05707	1.45
16	0.054	1.626	0.065	1.65	0.05082	1.29
17	0.056	1.422	0.058	1.47	0.04526	1.15
18	0.048	1.219	0.049	1.24	0.04030	1.02
19	0.040	1.016	0.042	1.07	0.03589	0.91
20	0.036	0.914	0.035	0.89	0.03196	0.812
21	0.032	0.813	0.032	0.81	0.02846	0.723
22	0.028	0.711	0.028	0.71	0.02535	0.644
23	0.024	0.610	0.025	0.64	0.02257	0.573
24	0.022	0.559	0.022	0.56	0.02010	0.511
25	0.020	0.508	0.020	0.51	0.01790	0.455
26	0.018	0.457	0.018	0.46	0.01594	0.405
27	0.0164	0.4166	0.016	0.41	0.01420	0.361
28	0.0148	0.3759	0.014	0.36	0.01264	0.321

续表

线规号	SWG①		BWG②		AWG③	
	in	mm	in	mm	in	mm
29	0.0136	0.3454	0.013	0.33	0.01126	0.286
30	0.0124	0.3150	0.012	0.30	0.01003	0.255
31	0.0116	0.2946	0.010	0.25	0.008928	0.227
32	0.0108	0.2743	0.009	0.23	0.007950	0.202
33	0.0100	0.2540	0.008	0.20	0.007080	0.180
34	0.0092	0.2337	0.007	0.18	0.006304	0.160
35	0.0084	0.2134	0.005	0.13	0.005615	0.143
36	0.0076	0.1930	0.004	0.10	0.005000	0.127

① SWG 为英国线规代号。
② BWG 为伯明翰线规代号。
③ AWG 为美国线规代号。

19.5.3 预应力混凝土用钢丝（GB/T 5223—2014）

(1) 分类及代号

① 钢丝按加工状态分为冷拉钢丝和消除应力钢丝两类。其代号为：

a. 冷拉钢丝，WCD。

b. 低松弛钢丝，WLR。

② 钢丝按外形分为光圆、螺旋肋、刻痕三种，其代号为：

a. 光圆钢丝，P。

b. 螺旋肋钢丝，H。

c. 刻痕钢丝，I。

(2) 标记示例

示例 1：

直径为 4.00mm，抗拉强度为 1670MPa 冷拉光圆钢丝，其标记为：预应力钢丝 4.00-1670-WCD-P-GB/T 5223—2014。

示例 2：

直径为 7.00mm，抗拉强度为 1570MPa 低松弛的螺旋肋钢丝，其标记为：预应力钢丝 7.00-1570-WLR-H-GB/T 5223—2014。

(3) 外形示意图

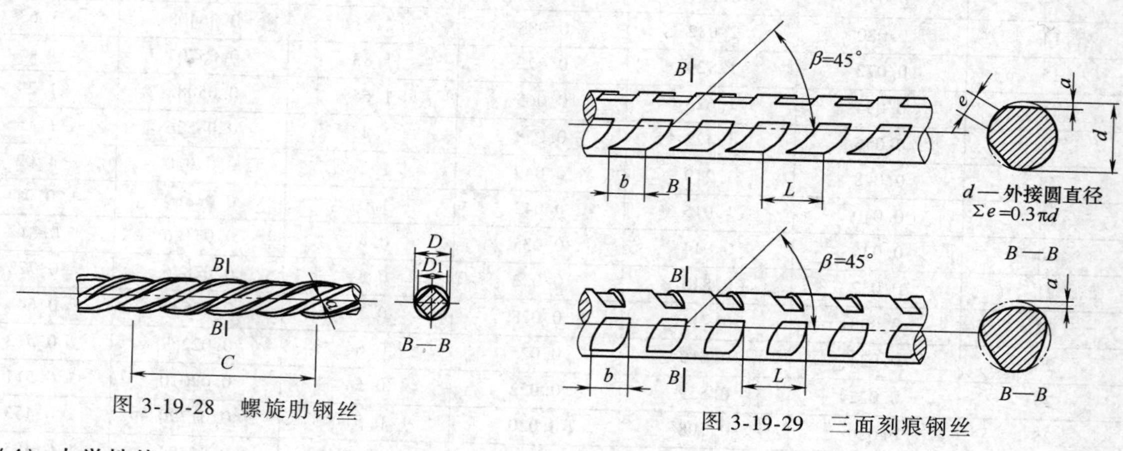

图 3-19-28 螺旋肋钢丝

图 3-19-29 三面刻痕钢丝

(4) 力学性能

压力管道用无涂（镀）层冷拉钢丝的力学性能应符合表 3-19-193 的规定。消除应力的光圆及螺旋肋的力学性能应符合表 3-19-194 的规定。

表 3-19-193　　压力管道用冷拉钢丝的力学性能

公称直径 d_n/mm	公称抗拉强度 R_m/MPa	最大力的特征值 F_m /kN	最大力的最大值 $F_{m,max}$ /kN	0.2%屈服力 $F_{p0.2}$/kN ≥	每 210mm 扭矩的扭转次数 N ≥	断面收缩率 Z/% ≥	氢脆敏感性能负载为 70%最大力时，断裂时间 t/h ≥	应力松弛性能初始力为最大力 70%时，1000h 应力松弛率 r/% ≤
4.00	1470	18.48	20.99	13.86	10	35	75	7.5
5.00		28.86	32.79	21.65	10	35		
6.00		41.56	47.21	31.17	8	30		
7.00		56.57	64.27	42.42	8	30		
8.00		73.88	83.93	55.41	7	30		
4.00	1570	19.73	22.24	14.80	10	35		
5.00		30.82	34.75	23.11	10	35		
6.00		44.38	50.03	33.29	8	30		
7.00		60.41	68.11	45.31	8	30		
8.00		78.91	88.96	59.18	7	30		
4.00	1670	20.99	23.50	15.74	10	35		
5.00		32.78	36.71	24.59	10	35		
6.00		47.21	52.86	35.41	8	30		
7.00		64.26	71.96	48.20	8	30		
8.00		83.93	93.99	62.95	6	30		
4.00	1770	22.25	24.76	16.69	10	35		
5.00		34.75	38.68	26.06	10	35		
6.00		50.04	55.69	37.53	8	30		
7.00		68.11	75.81	51.08	6	30		

表 3-19-194　　消除应力光圆及螺旋肋钢丝的力学性能

公称直径 d_n /mm	公称抗拉强度 R_m/MPa	最大力的特征值 F_m/kN	最大力的最大值 $F_{m,max}$/kN	0.2%屈服力 $F_{p0.2}$/kN ≥	最大力总伸长率 (L_0=200mm) A_{gt}/% ≥	反复弯曲性能		应力松弛性能	
						弯曲次数 /(次/180°) ≥	弯曲半径 R/mm	初始力相当于实际最大力的百分数/%	1000h 应力松弛率 r/% ≤
4.00	1470	18.48	20.99	16.22	3.5	3	10	70	2.5
4.80		26.61	30.23	23.35		4	15	80	4.5
5.00		28.86	32.78	25.32		4	15		
6.00		41.56	47.21	36.47		4	15		
6.25		45.10	51.24	39.58		4	20		
7.00		56.57	64.26	49.64		4	20		
7.50		64.94	73.78	56.99		4	20		
8.00		73.88	83.93	64.84		4	20		
9.00		93.52	106.25	82.07		4	25		
9.50		104.19	118.37	91.44		4	25		
10.00		115.45	131.16	101.32		4	25		
11.00		139.69	158.70	122.59		—	—		
12.00		166.26	188.88	145.90		—	—		
4.00	1570	19.73	22.24	17.37		3	10		
4.80		28.41	32.03	25.00		4	15		
5.00		30.82	34.75	27.12		4	15		
6.00		44.38	50.03	39.06		4	15		
6.25		48.17	54.31	42.39		4	20		
7.00		60.41	68.11	53.16		4	20		
7.50		69.36	78.20	61.04		4	20		

续表

公称直径 d_n/mm	公称抗拉强度 R_m/MPa	最大力的特征值 F_m/kN	最大力的最大值 $F_{m,max}$/kN	0.2%屈服力 $F_{p0.2}$/kN ≥	最大力总伸长率 (L_0=200mm) A_{gt}/% ≥	反复弯曲性能		应力松弛性能	
						弯曲次数/(次/180°) ≥	弯曲半径 R/mm	初始力相当于实际最大力的百分数/%	1000h应力松弛率 r/% ≤
8.00	1570	78.91	88.96	69.44	3.5	4	20	70	2.5
9.00		99.88	112.60	87.89		4	25		
9.50		111.28	125.46	97.93		4	25		
10.00		123.31	139.02	108.51		4	25		
11.00		149.20	168.21	131.30		—	—		
12.00		177.57	200.19	156.26		—	—		
4.00	1670	20.99	23.50	18.47		3	10		
5.00		32.78	36.71	28.85		4	15		
6.00		47.21	52.86	41.54		4	15		
6.25		51.24	57.38	45.09		4	20		
7.00		64.26	71.96	56.55		4	20		
7.50		73.78	82.62	64.93		4	20		
8.00		83.93	93.98	73.86		4	20		
9.00		106.25	118.97	93.50		4	25	80	4.5
4.00	1770	22.25	24.76	19.58		3	10		
5.00		34.75	38.68	30.58		4	15		
6.00		50.04	55.69	44.03		4	15		
7.00		68.11	75.81	59.94		4	20		
7.50		78.20	87.04	68.81		4	20		
4.00	1860	23.38	25.89	20.57		3	10		
5.00		36.51	40.44	32.13		4	15		
6.00		52.58	58.23	46.27		4	15		
7.00		71.57	79.27	62.98		4	20		

19.5.4 热轧圆盘条的尺寸、外形、质量及允许偏差（GB/T 14981）

热轧圆盘条的尺寸、外形、质量及允许偏差见表3-19-195。它适用于公称直径为5~60mm各类钢的圆盘条。

表3-19-195　　热轧圆盘条的尺寸、外形、质量及允许偏差

公称直径/mm	允许偏差/mm			不圆度/mm			横截面积/mm²	理论质量/(kg/m)
	A级精度	B级精度	C级精度	A级精度	B级精度	C级精度		
5	±0.30	±0.25	±0.15	≤0.48	≤0.40	≤0.24	19.63	0.154
5.5							23.76	0.187
6							28.27	0.222
6.5							33.18	0.260
7							38.48	0.302
7.5							44.18	0.347
8							50.26	0.395
8.5							55.74	0.445
9							63.62	0.499
9.5							70.88	0.556
10							78.54	0.617
10.5	±0.40	±0.30	±0.20	≤0.64	≤0.48	≤0.32	86.59	0.680
11							95.03	0.746
11.5							103.9	0.816
12							113.1	0.888

续表

公称直径/mm	允许偏差/mm			不圆度/mm			横截面积/mm^2	理论质量/(kg/m)
	A 级精度	B 级精度	C 级精度	A 级精度	B 级精度	C 级精度		
12.5	±0.40	±0.30	±0.20	≤0.64	≤0.48	≤0.32	122.7	0.963
13							132.7	1.04
13.5							143.1	1.12
14							153.9	1.21
14.5							165.1	1.30
15							176.7	1.39
15.5	±0.50	±0.35	±0.25	≤0.80	≤0.56	≤0.40	188.7	1.48
16							201.1	1.58
17							227.0	1.78
18							254.5	2.00
19							283.5	2.23
20							314.2	2.47
21							346.3	2.72
22							380.1	2.98
23							415.5	3.26
24							452.4	3.55
25							490.9	3.85
26	±0.60	±0.40	±0.30	≤0.96	≤0.64	≤0.48	530.9	4.17
27							572.6	4.49
28							615.7	4.83
29							660.5	5.18
30							706.9	5.55
31							754.8	5.92
32							804.2	6.31
33							855.3	6.71
34							907.9	7.13
35							962.1	7.55
36							1018	7.99
37							1075	8.44
38							1134	8.90
39							1195	9.38
40							1257	9.87
41	±0.80	±0.50	—	≤1.28	≤0.80	—	1320	10.36
42							1385	10.88
43							1452	11.40
44							1521	11.94
45							1590	12.48
46							1662	13.05
47							1735	13.62
48							1810	14.21
49							1886	14.80
50							1954	15.41
51	±1.00	±0.60	—	≤1.60	≤0.96	—	2042	16.03
52							2123	16.66
53							2205	17.31
54							2289	17.97
55							2375	18.64
56							2462	19.32
57							2550	20.02
58							2641	20.73
59							2733	21.45
60							2826	22.18

注：钢的密度按 7.85g/cm^3 计算。

19.5.5 低碳钢热轧圆盘条（GB/T 701—2008）

(1) 化学成分

低碳钢热轧圆盘条的化学成分见表3-19-196。

表3-19-196　低碳钢热轧圆盘条的化学成分

牌号	化学成分(质量分数)/%				
	C	Mn	Si	S	P
			≤		
Q195	≤0.12	0.25~0.50	0.30	0.040	0.035
Q215	0.09~0.15	0.25~0.60	0.30	0.045	0.045
Q235	0.12~0.20	0.30~0.70			
Q275	0.14~0.22	0.40~1.00			

(2) 力学性能

低碳钢热轧圆盘条的力学性能见表3-19-197。

表3-19-197　低碳钢热轧圆盘条的力学性能

牌号	力学性能		冷弯试验180 d=弯心直径 a=试样直径
	抗拉强度 R_m/MPa ≤	断后伸长率 $A_{11.3}$/% ≥	
Q195	410	30	$d=0$
Q215	435	28	$d=0$
Q235	500	23	$d=0.5a$
Q275	540	21	$d=1.5a$

19.5.6 预应力混凝土用螺纹钢筋（GB/T 20065—2016）

(1) 钢筋的形状

钢筋的表面及截面形状见图3-19-30。

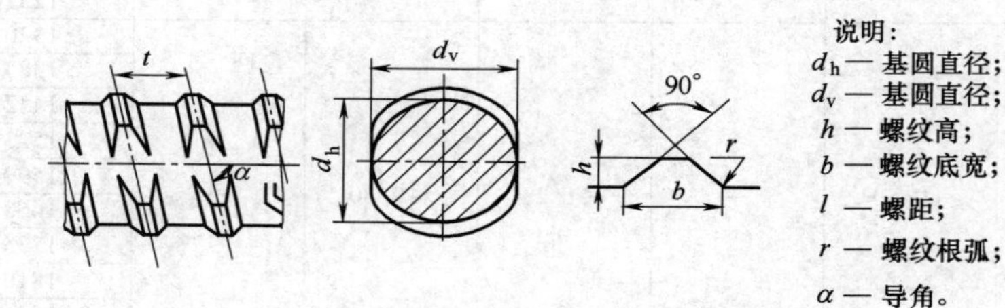

图3-19-30　钢筋的表面及截面形状

(2) 钢筋的主要参数

钢筋的公称截面面积与理论质量见表3-19-198。钢筋的外形尺寸及允许偏差见表3-19-199。

表3-19-198　钢筋的公称截面面积与理论质量

公称直径/mm	公称截面面积/mm²	有效截面系数	理论截面面积/mm²	理论质量/(kg/m)
15	177	0.97	183.2	1.40
18	255	0.95	268.4	2.11
25	491	0.94	522.3	4.10
32	804	0.95	846.3	6.65
36	1018	0.95	1071.6	8.41
40	1257	0.95	1323.2	10.34

续表

公称直径/mm	公称截面面积/mm^2	有效截面系数	理论截面面积/mm^2	理论质量/(kg/m)
50	1963	0.95	2066.3	16.28
60	2827	0.95	2976	23.36
63.5	3167	0.94	3369.1	26.50
65	3318	0.95	3493	27.40
70	3848	0.95	4051	31.80
75	4418	0.94	4700	36.90

表 3-19-199　钢筋的外形尺寸及允许偏差

公称直径/mm	基圆直径/mm				螺纹高/mm		螺纹底宽/mm		螺距/mm		螺纹根弧 r/mm	导角 α
	d_h		d_v		h		b		l			
	公称尺寸	允许偏差	公称尺寸	允许偏差	公称尺寸	允许偏差	公称尺寸	允许偏差	公称尺寸	允许偏差		
15	14.7	±0.2	14.4	±0.5	1.0	±0.2	4.2	±0.3	10.0	±0.2	0.5	78.5°
18	18.0	±0.4	18.0	+0.4 −0.8	1.2	±0.3	4.5	±0.5	10.0		0.5	80.5°
25	25.0		25.0	+0.4 −0.8	1.6		6.0		12.0		1.5	81°
32	32.0	±0.5	32.0	+0.4 −1.2	2.0	±0.4	7.0		16.0		2.0	81.5°
36	36.0		36.0	+0.4 −1.2	2.2		8.0		18.0	±0.3	2.5	81.5°
40	40.0		40.0	+0.4 −1.2	2.5	±0.5	8.0		20.0		2.5	81.5°
50	50.0		50.0	+0.4 −1.2	3.0		9.0		24.0		2.5	81.8°
60	60.0		60.0	+0.4 −1.2	3.0	±0.6	10.0		22.0	±0.4	2.5	83.7°
63.5	63.5		63.5	+0.4 −1.2	3.0		12.0		22.0		2.5	84°
65	65.0		65.0	+0.4 −1.2	3.0		12.0		22.0		2.5	84.1°
70	70.0		70.0	+0.4 −1.2	3.0		12.0		22.0		2.5	84.5°
75	75.0		75.0	+0.4 −1.2	3.0		12.0		20.0		2.5	85°

注：螺纹底宽允许偏差属于轧辊设计参数。

(3) 钢筋的力学性能

钢筋的力学性能见表 3-19-200。

表 3-19-200　钢筋的力学性能

级别	屈服强度[1] R_{eL}/MPa	抗拉强度 R_m/MPa	断后伸长率 A/%	最大力下总伸长率 A_{gt}/%	应力松弛性能	
	≥				初始应力	1000h 后应力松弛率 V_r/%
PSB785	785	980	8	3.5	$0.7R_m$	≤4.0
PSB830	830	1030	7			
PSB930	930	1080	7			
PSB1080	1080	1230	6			
PSB1200	1200	1330	6			

① 无明显屈服时，用规定非比例延伸强度（$R_{p0.2}$）代替。

19.5.7 热轧光圆钢筋（GB/T 1499.1—2017）

(1) 牌号

钢的屈服强度特征值为300级。钢筋牌号的构成及含义见表3-19-201。

表3-19-201 热轧光圆钢筋牌号的构成及其含义

产品名称	牌号	牌号构成	英文字母含义
热轧光圆钢筋	HPB300	由HPB+屈服强度特征值构成	HPB——热轧光圆钢筋的英文(hot rolled plain bars)缩写

(2) 尺寸、外形

钢筋的公称直径范围为6~22mm，推荐的钢筋公称直径为6mm、8mm、10mm、12mm、16mm、20mm。钢筋的公称横截面面积与理论质量列于表3-19-202。钢筋的允许偏差和不圆度见表3-19-203。

表2-19-202 热轧光圆钢筋的公称横截面面积与理论质量

公称直径/mm	公称横截面面积/mm^2	理论质量/(kg/m)
6	28.27	0.222
8	50.27	0.395
10	78.54	0.617
12	113.1	0.888
14	153.9	1.21
16	201.1	1.58
18	254.5	2.00
20	314.2	2.47
22	380.1	2.98

注：表中理论质量按密度为7.85g/cm^3计算。

表3-19-203 热轧光圆钢筋的允许偏差和不圆度

公称直径/mm	允许偏差/mm	不圆度/mm
6 8 10 12	±0.3	≤0.4
14 16 18 20 22	±0.4	

(3) 化学成分

钢筋的化学成分见表3-19-204。

表3-19-204 热轧光圆钢筋的化学成分

牌号	化学成分(质量分数)/% ≤				
	C	Si	Mn	P	S
HPB300	0.25	0.55	1.50	0.045	0.045

(4) 力学性能

钢筋的力学性能见表3-19-205。

表 3-19-205　热轧光圆钢筋的力学性能

牌号	下屈服强度 R_{eL} /MPa	抗拉强度 R_m /MPa	断后伸长率 A /%	最大力总延伸率 A_{gt} /%	冷弯试验 180°
	不小于				
HPB300	300	420	25	10.0	$d=a$

注：d 为弯芯直径；a 为钢筋公称直径。

19.5.8 热轧带肋钢筋（GB/T 1499.2—2018）

(1) 分类、牌号

钢筋按屈服强度特征值分为400、500、600级。钢筋牌号的构成及其含义见表3-19-206。

表 3-19-206　钢筋牌号的构成及其含义

类别	牌号	牌号构成	英文字母含义
普通热轧钢筋	HRB400	由HRB+屈服强度特征值构成	HRB——热轧带肋钢筋的英文(hot rolled ribbed bars)缩写 E——"地震"的英文(earthquake)首位字母
	HRB500		
	HRB600		
	HRB400E	由HRB+屈服强度特征值+E构成	
	HRB500E		
细晶粒热轧钢筋	HRBF400	由HRBF+屈服强度特征值构成	HRBF——在热轧带肋钢筋的英文缩写后加"细"的英文(fine)首位字母 E——"地震"的英文(earthquake)首位字母
	HRBF500		
	HRBF400E	由HRBF+屈服强度特征值+E构成	
	HRBF500E		

(2) 尺寸、外形、质量

热轧带肋钢筋的表面及截面形状见图3-19-31。钢筋的公称直径范围为6~50mm。钢筋的公称横截面面积与理论质量列于表3-19-207。

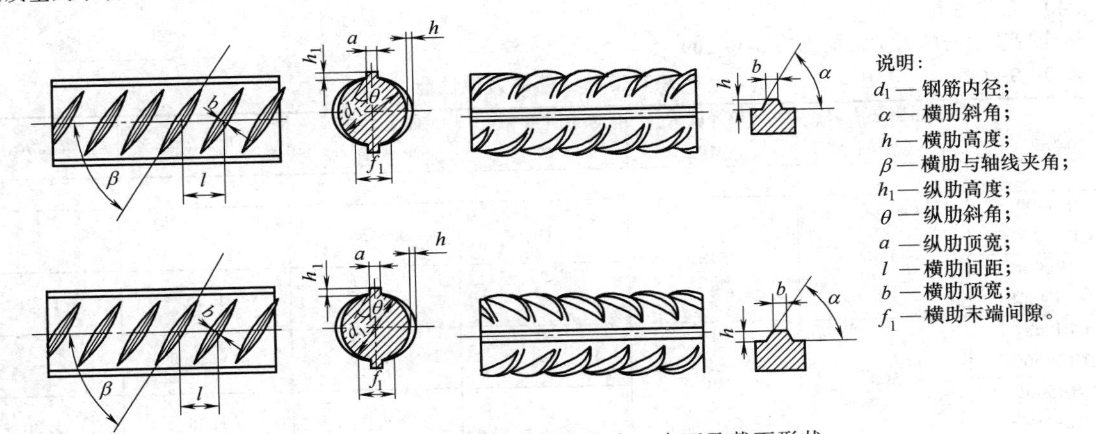

图 3-19-31　月牙肋钢筋（带纵肋）表面及截面形状

表 3-19-207　钢筋的公称横截面面积与理论质量

公称直径/mm	公称横截面面积/mm²	理论质量①/(kg/m)
6	28.27	0.222
8	50.27	0.395
10	78.54	0.617
12	113.1	0.888
14	153.9	1.21
16	201.1	1.58
18	254.5	2.00
20	314.2	2.47

续表

公称直径/mm	公称横截面面积/mm^2	理论质量[①]/(kg/m)
22	380.1	2.98
25	490.9	3.85
28	615.8	4.83
32	804.2	6.31
36	1018	7.99
40	1257	9.87
50	1964	15.42

① 理论重量按密度为 7.85g/cm^3 计算。

（3）化学成分

热轧带肋钢筋的化学成分见表 3-19-208。

表 3-19-208　**热轧带肋钢筋的化学成分**

牌号	化学成分(质量分数)/%					碳当量 C_{EQ}/%
	C	Si	Mn	P	S	
	≤					
HRB400	0.25	0.80	1.60	0.045	0.045	0.54
HRBF400						
HRB400E						
HRBF400E						
HRB500						0.55
HRBF500						
HRB500E						
HRBF500E						
HRB600	0.28					0.58

（4）力学性能

热轧带肋钢筋的力学性能见表 3-19-209。

表 3-19-209　**热轧带肋钢筋的力学性能**

牌号	下屈服强度 R_{eL} /MPa	抗拉强度 R_m /MPa	断后伸长率 A /%	最大力总延伸率 A_{gt}/%	R_m^o/R_{eL}^o	R_{eL}^o/R_{eL}
	≥					≤
HRB400	400	540	16	7.5	—	—
HRBF400						
HRB400E			—	9.0	1.25	1.30
HRBF400E						
HRB500	500	630	15	7.5	—	—
HRBF500						
HRB500E			—	9.0	1.25	1.30
HRBF500E						
HRB600	600	730	14	7.5	—	—

注：R_m^o 为钢筋实测抗拉强度；R_{eL}^o 为钢筋实测下屈服强度。

19.5.9　钢筋混凝土用钢筋焊接网（GB/T 1499.3—2010）

（1）定义

纵向钢筋和横向钢筋分别以一定的间距排列且互成直角，全部交叉点均用电阻点焊方法焊接在一起的网片，如图 3-19-32 所示。

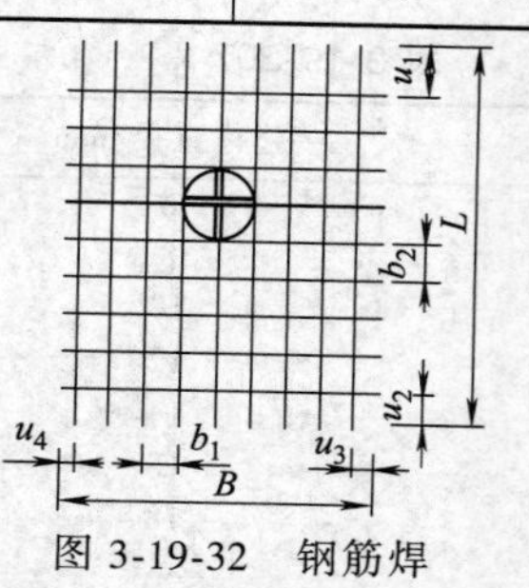

图 3-19-32　钢筋焊接网形状

（2）分类与标记

钢筋焊接网按钢筋的牌号、直径、长度和间距分为定型钢筋焊接网和定制钢筋焊接网两种。

定型钢筋焊接网在两个方向上的钢筋牌号、直径、长度和间距可以不同，但在同一方向上应采用同一牌号和直径的钢筋并具有相同的长度和间距。

定型钢筋焊接网型号见表 3-19-210。定型钢筋焊接网应按下列内容次序标记：焊接网型号-长度方向钢筋牌号×宽度方向钢筋牌号-网片长度（mm）×网片宽度（mm）。

例如：A10-CRB550×CRB550-4 800mm×2400mm。

用于桥面、建筑的钢筋焊接网可以参考表 3-19-211 和表 3-19-212。

表 3-19-210　**定型钢筋焊接网型号**

钢筋焊接网型号	纵向钢筋			横向钢筋			质量/(kg/m²)
	公称直径/mm	间距/mm	每延米面积/(mm²/m)	公称直径/mm	间距/mm	每延米面积/(mm²/m)	
A18	18	200	1273	12	200	566	14.43
A16	16		1006	12		566	12.34
A14	14		770	12		566	10.49
A12	12		566	12		566	8.88
A11	11		475	11		475	7.46
A10	10		393	10		393	6.16
A9	9		318	9		318	4.99
A8	8		252	8		252	3.95
A7	7		193	7		193	3.02
A6	6		142	6		142	2.22
A5	5		98	5		98	1.54
B18	18	100	2545	12	200	566	24.42
B16	16		2011	10		393	18.89
B14	14		1539	10		393	15.19
B12	12		1131	8		252	10.90
B11	11		950	8		252	9.43
B10	10		785	8		252	8.14
B9	9		635	8		252	6.97
B8	8		503	8		252	5.93
B7	7		385	7		193	4.53
B6	6		283	7		193	3.73
B5	5		196	7		193	3.05
C18	18	150	1697	12	200	566	17.77
C16	16		1341	12		566	14.98
C14	14		1027	12		566	12.51
C12	12		754	12		566	10.36
C11	11		634	11		475	8.70
C10	10		523	10		393	7.19
C9	9		423	9		318	5.82
C8	8		335	8		252	4.61
C7	7		257	7		193	3.53
C6	6		189	6		142	2.60
C5	5		131	5		98	1.80
D18	18	100	2545	12	100	1131	28.86
D16	16		2011	12		1131	24.68
D14	14		1539	12		1131	20.98
D12	12		1131	12		1131	17.75
D11	11		950	11		950	14.92
D10	10		785	10		785	12.33
D9	9		635	9		635	9.98
D8	8		503	8		503	7.90
D7	7		385	7		385	6.04
D6	6		283	6		283	4.44
D5	5		196	5		196	3.08

续表

钢筋焊接网型号	纵向钢筋			横向钢筋			质量
	公称直径 /mm	间距 /mm	每延米面积 /(mm²/m)	公称直径 /mm	间距 /mm	每延米面积 /(mm²/m)	/(kg/m²)
E18	18		1697	12		1131	19.25
E16	16		1341	12		754	16.46
E14	14		1027	12		754	13.99
E12	12		754	12		754	11.84
E11	11		634	11		634	9.95
E10	10	150	523	10	150	523	8.22
E9	9		423	9		423	6.66
E8	8		335	8		335	5.26
E7	7		257	7		257	4.03
E6	6		189	6		189	2.96
E5	5		131	5		131	2.05
F18	18		2545	12		754	25.90
F16	16		2011	12		754	21.70
F14	14		1539	12		754	18.00
F12	12		1131	12		754	14.80
F11	11		950	11		634	12.43
F10	10	100	785	10	150	523	10.28
F9	9		635	9		423	8.32
F8	8		503	8		335	6.58
F7	7		385	7		257	5.03
F6	6		283	6		189	3.70
F5	5		196	5		131	2.57

表 3-19-211　　桥面用标准钢筋焊接网型号

序号	网片编号	网片型号		网片尺寸		伸出长度				单片钢网		
						纵向钢筋		横向钢筋				
		直径 /mm	间距 /mm	纵向 /mm	横向 /mm	u_1 /mm	u_2 /mm	u_3 /mm	u_4 /mm	纵向钢筋根数 /根	横向钢筋根数 /根	质量 /kg
1	QW-1	7	100	10250	2250	50	300	50	300	20	100	129.9
2	QW-2	8	100	10300	2300	50	350	50	350	20	100	172.2
3	QW-3	9	100	10350	2250	50	400	50	400	19	100	210.4
4	QW-4	10	100	10350	2250	50	400	50	400	19	100	260.2
5	QW-5	11	100	10400	2250	50	450	50	450	19	100	319.0

表 3-19-212　　建筑用标准钢筋焊接网型号

序号	网片编号	网片型号		网片尺寸		伸出长度				单片钢网		
						纵向钢筋		横向钢筋				
		直径 /mm	间距 /mm	纵向 /mm	横向 /mm	u_1 /mm	u_2 /mm	u_3 /mm	u_4 /mm	纵向钢筋根数 /根	横向钢筋根数 /根	质量 /kg
1	JW-1a	6	150	6000	2300	75	75	25	25	16	40	41.7
2	JW-1b	5	150	5950	2350	25	375	25	375	14	38	38.3
3	JW-2a	7	150	6000	2300	75	75	25	25	16	40	56.8
4	JW-2b	7	150	5950	2350	25	375	25	375	14	38	52.1
5	JW-3a	8	150	6000	2300	75	75	25	25	16	40	74.3
6	JW-3b	8	150	5950	2350	25	375	25	375	14	38	68.2
7	JW-4a	9	150	6000	2300	75	75	25	25	16	40	93.8
8	JW-4b	9	150	5950	2350	25	375	25	375	14	38	86.1
9	JW-5a	10	150	6000	2300	75	75	25	25	16	40	116.0
10	JW-5b	10	150	5950	2350	25	375	25	375	14	38	106.5
11	JW-6a	12	150	6000	2300	75	75	25	25	16	40	166.9
12	JW-6b	12	150	5950	2350	25	375	25	375	14	38	153.3

19.5.10 预应力混凝土用钢棒（GB/T 5223.3—2017）

(1) 分类、代号及标记

① 分类：钢棒按外形分为光圆钢棒、螺旋槽钢棒、螺旋肋钢棒、带肋钢棒四种。

② 代号：

预应力混凝土用钢棒　PCB

光圆钢棒　P

螺旋槽钢棒　HG

螺旋肋钢棒　HR

带肋钢棒　R

低松弛　L

③ 标记：

产品标记应含下列内容：预应力钢棒、公称直径、公称抗拉强度、代号、延性级别（延性35或25）、低松弛（L）、标准号。

标记示例：

公称直径为9.0mm、公称抗拉强度为1420MPa、35级延性预应力混凝土用螺旋槽钢棒，其标记为：PCB 9.0-1420-35-L-HG-GB/T 5223.3。

(2) 光圆钢棒

光圆钢棒的尺寸及允许偏差每米理论质量按表3-19-213的规定。

表 3-19-213　光圆钢棒尺寸及允许偏差、每米理论质量

公称直径 D_n/mm	直径允许偏差/mm	公称横截面积 S_n/mm^2	每米理论质量/(g/m)
6	±0.10	28.3	222
7		38.5	302
8		50.3	395
9	±0.12	63.6	499
10		78.5	616
11		95.0	746
12		113	887
13		133	1044
14		154	1209
15		177	1389
16		201	1578

注：每米理论质量=公称横截面积×钢的密度计算，钢棒每米理论质量时钢的密度为7.85g/cm^3。

(3) 螺旋槽钢棒

螺旋槽钢棒的外形见图3-19-33。尺寸、质量、允许偏差应符合表3-19-214的规定。

表 3-19-214　螺旋槽钢棒的尺寸、质量及允许偏差

公称直径 D_n/mm	公称横截面积 S_n/mm	每米理论质量/(g/m)	每米长度质量/(g/m)		螺旋槽数量/条	外轮廓直径及偏差		螺旋槽尺寸				导程及偏差	
			最大	最小		直径 D/mm	偏差/mm	深度 a/mm	偏差/mm	宽度 b/mm	偏差/mm	导程 c/mm	偏差/mm
7.1	40	314	327	306	3	7.25	±0.15	0.20	±0.10	1.70	±0.10	公称直径的10倍	±10
9.0	64	502	522	490	6	9.25	±0.20	0.30		1.50			
10.7	90	707	735	689	6	11.10		0.30		2.00			
12.6	125	981	1021	957	6	13.10		0.45	±0.15	2.20			
14.0	154	1209	1257	1179	6	14.30	±0.25	0.45		2.30			

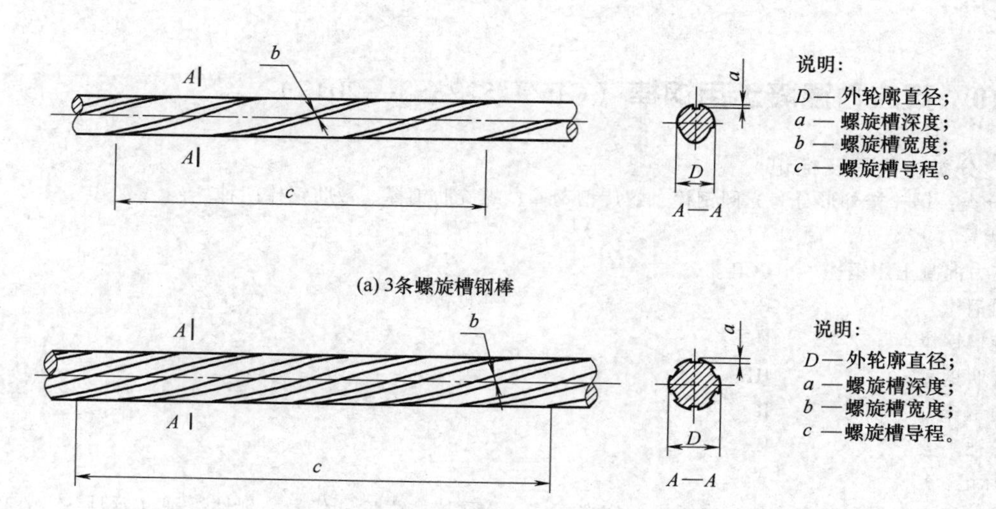

(a) 3条螺旋槽钢棒

(b) 6条螺旋槽钢棒

图 3-19-33　螺旋槽钢棒外形示意图

注：7.1mm 螺旋槽钢棒为 3 条螺旋槽，9.0~14.0mm 螺旋槽钢棒为 6 条螺旋槽。

(4) 螺旋肋钢棒

螺旋肋钢棒的外形见图 3-19-34。尺寸、质量、允许偏差应符合表 3-19-215 的规定。

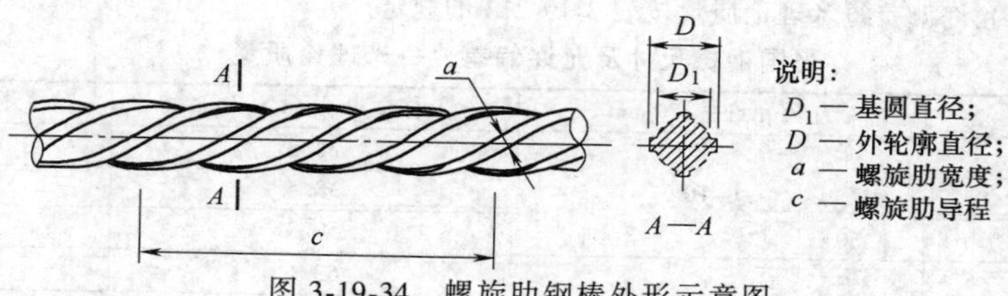

图 3-19-34　螺旋肋钢棒外形示意图

注：螺旋肋钢棒为 4 条螺旋肋。

表 3-19-215　螺旋肋钢棒的尺寸、质量及允许偏差

公称直径 D_n /mm	公称横截面积 S_n /mm	每米理论质量 /(g/m)	每米长度质量/(g/m)		螺旋肋数量/条	基圆尺寸		外轮廓尺寸		单肋尺寸	螺旋肋导程 c/mm
			最大	最小		基圆直径 D_1/mm	偏差/mm	外轮廓直径 D/mm	偏差/mm	宽度 a/mm	
6	28.3	222	231	217	4	5.80	±0.10	6.30	±0.15	2.20~2.60	40~50
7	38.5	302	314	295		6.73		7.46		2.60~3.00	50~60
8	50.3	395	411	385		7.75		8.45		3.00~3.40	60~70
9	63.6	499	519	487		8.75	±0.15	9.45	±0.20	3.40~3.80	65~75
10	78.5	616	641	601		9.75		10.45		3.60~4.20	70~85
11	95.0	746	776	727		10.75		11.45		4.00~4.60	75~90
12	113	887	923	865		11.70		12.50		4.20~5.00	85~100
13	133	1044	1086	1018		12.75		13.45		4.60~5.40	95~110
14	154	1209	1257	1179		13.75		14.40		5.00~5.80	100~115
16	201	1578	1641	1538		15.75	±0.05	16.70	±0.10	3.50~4.50	65~75
18	254	1994	2074	1944		17.68	±0.06	18.68	±0.12	4.00~5.00	80~90
20	314	2465	2563	2403		19.62	±0.08	20.82	±0.16	4.50~5.50	90~100
22	380	2983	3102	2908		21.60	±0.10	23.20	±0.20	5.50~6.50	100~110

注：16~22mm 预应力螺旋肋钢棒主要用于矿山支护用钢棒。

（5）带肋钢棒

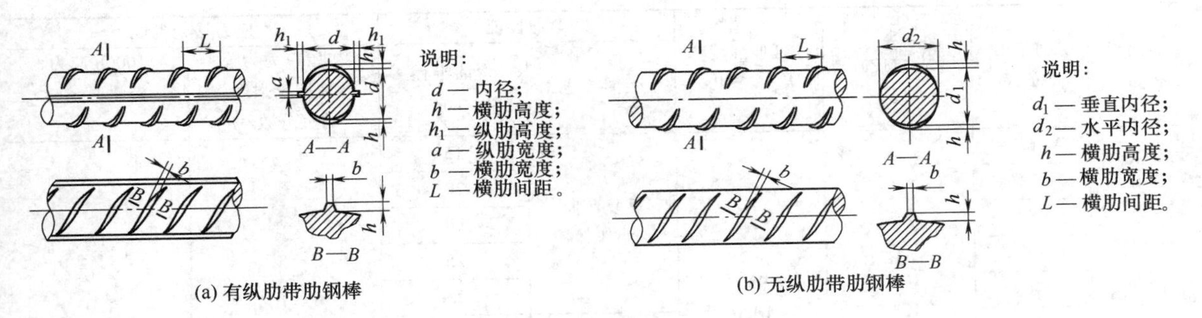

图 3-19-35　带肋钢棒外形示意图

表 3-19-216　　有纵肋带肋钢棒的尺寸、质量及允许偏差

公称直径 D_n /mm	公称横截面积 S_n /mm	每米理论质量 /(g/m)	每米长度质量 /(g/m)		内径 d		横肋高 h		纵肋高 h_1		横肋宽 b/mm	纵肋宽 a /mm	间距 L		横肋末端最大间隙(公称周长的 10%弦长) /mm
			最大	最小	公称尺寸 /mm	偏差 /mm	公称尺寸 /mm	偏差 /mm	公称尺寸 /mm	偏差 /mm			公称尺寸 /mm	偏差 /mm	
6	28.3	222	231	217	5.8	±0.4	0.5	±0.3	0.6	±0.3	0.4	1.0	4.0		1.8
8	50.3	395	411	385	7.7		0.7	+0.4 −0.3	0.8	±0.5	0.6	1.2	5.5		2.5
10	78.5	616	641	601	9.6	±0.5	1.0	±0.4	1.0	±0.6	1.0	1.5	7.0	±0.5	3.1
12	113	887	923	865	11.5		1.2		1.2		1.2	1.5	8.0		3.7
14	154	1209	1257	1179	13.4		1.4	+0.4 −0.5	1.4	±0.8	1.2	1.8	9.0		4.3
16	201	1578	1641	1538	15.4		1.5		1.5		1.2	1.8	10.0		5.0

注：1. 纵肋斜角 θ 为 0°～30°。
2. 尺寸 a、b 为参考数据。

表 3-19-217　　无纵肋带肋钢棒的尺寸、质量及允许偏差

公称直径 D_n /mm	公称横截面积 S_n /mm	每米理论质量 /(g/m)	每米长度质量 /(g/m)		垂直内径 d_1		水平内径 d_2		横肋高 h		横肋宽 b /mm	间距 L	
			最大	最小	公称尺寸 /mm	偏差 /mm	公称尺寸 /mm	偏差 /mm	公称尺寸 /mm	偏差 /mm		公称尺寸 /mm	偏差 /mm
6	28.3	222	231	217	5.7	±0.4	6.2	±0.4	0.5	±0.3	0.4	4.0	
8	50.3	395	411	385	7.5		8.3		0.7	+0.4 −0.3	0.6	5.5	
10	78.5	616	641	601	9.4	±0.5	10.3	±0.5	1.0	±0.4	1.0	7.0	±0.5
12	113	887	923	865	11.3		12.3		1.2		1.2	8.0	
14	154	1209	1257	1179	13.0		14.3		1.4	+0.4 −0.5	1.2	9.0	
16	201	1578	1641	1538	15.0		16.3		1.5		1.2	10.0	

注：尺寸 b 为参考数据。

(6) 钢棒的力学性能和工艺性能

表 3-19-218 钢棒的力学性能和工艺性能

表面形状类型	公称直径 D_n/mm	抗拉强度 R_m/MPa ≥	规定塑性延伸强度 $R_{p0.2}$/MPa ≥	弯曲性能		应力松弛性能	
				性能要求	弯曲半径/mm	初始应力为公称抗拉强度的百分数/%	1000h 应力松弛率 r/% ≤
光圆	6	1080 1280 1420 1570	980 1080 1280 1420	反复弯曲不小于 4 次	15	60 70 80	1.0 2.0 4.5
	7				20		
	8				20		
	9				25		
	10				25		
	11			弯曲 160°~180°后弯曲处无裂纹	弯曲压头直径为钢棒公称直径的 10 倍		
	12						
	13						
	14						
	15						
	16						
螺旋槽	7.1	1080 1280 1420 1570	980 1080 1280 1420	—			
	9.0						
	10.7						
	12.6						
	14.0						
螺旋肋	6	1080 1280 1420 1570	980 1080 1280 1420	反复弯曲不小于 4 次/180°	15	60 70 80	1.0 2.0 4.5
	7				20		
	8				20		
	9				25		
	10				25		
	11			弯曲 160°~180°后弯曲处无裂纹	弯曲压头直径为钢棒公称直径的 10 倍		
	12						
	13						
	14						
	16	1080 1270	980 1140				
	18						
	20						
	22						
带肋钢棒	6	1080 1280 1420 1570	980 1080 1280 1420	—			
	8						
	10						
	12						
	14						
	16						

19.5.11 冷轧带肋钢筋（GB/T 13788—2017）

(1) 分类及代号

冷轧带肋钢筋按延性高低分为两类：

① 冷轧带肋钢筋：CRB。

② 高延性冷轧带肋钢筋：CRB+抗拉强度特征值+H。

C、R、B、H 分别为冷轧（cold rolled）、带肋（ribbed）、钢筋（bar）、高延性（high elongation）四个词的英文首位字母。

(2) 牌号

钢筋分为 CRB550、CRB650、CRB800、CRB600H、CRB680H、CRB800H 六个牌号。CRB550、CRB600H 为普通钢筋混凝土用钢筋，CRB650、CRB800、CRB800H 为预应力混凝土用钢筋，CRB680H 既可作为普通钢筋混凝土用钢筋，也可作为预应力混凝土用钢筋使用。

(3) 公称直径范围

CRB550、CRB600H、CRB680H 钢筋的公称直径范围为 4～12mm。CRB650、CRB800、CRB800H 的公称直径分别为 4mm、5mm、6mm。

(4) 二面肋钢筋与三面肋钢筋

二面肋和三面肋钢筋横肋呈月牙形，四面肋横肋的纵截面应为月牙状并且不应与横肋相交。

横肋沿钢筋横截面周圈上均匀分布，其中二面肋钢筋一面肋的倾角应与另一面反向，三面肋钢筋有一面肋的倾角应与另两面反向。四面肋钢筋两相邻面横肋的倾角应与另两面横肋方向相反。

二面肋和三面肋钢筋横肋中心线和钢筋纵轴线夹角 β 为 40°～60°。四面肋钢筋横肋轴线与钢筋轴线的夹角应为 40°～70°，对于两排肋之间的角度可以为 35°～75°。

二面肋和三面肋钢筋横肋两侧面和钢筋表面斜角 α 不得小于 45°，四面肋钢筋横肋两侧面和钢筋表面斜角 α 不得小于 40°，横肋与钢筋表面呈弧形相交。

二面肋和三面肋钢筋横肋间隙的总和应不大于公称周长的 20%（$\sum f_i \leqslant 0.2\pi d$），四面肋钢筋横肋间隙的总和应不大于公称周长的 25%（$\sum f_i \leqslant 0.25\pi d$）。

二面肋钢筋表面及截面形状见图 3-19-36。三面肋钢筋表面及截面形状见图 3-19-37。二面肋腹三面肋钢筋的尺寸、重量及允许偏差见表 3-19-219。

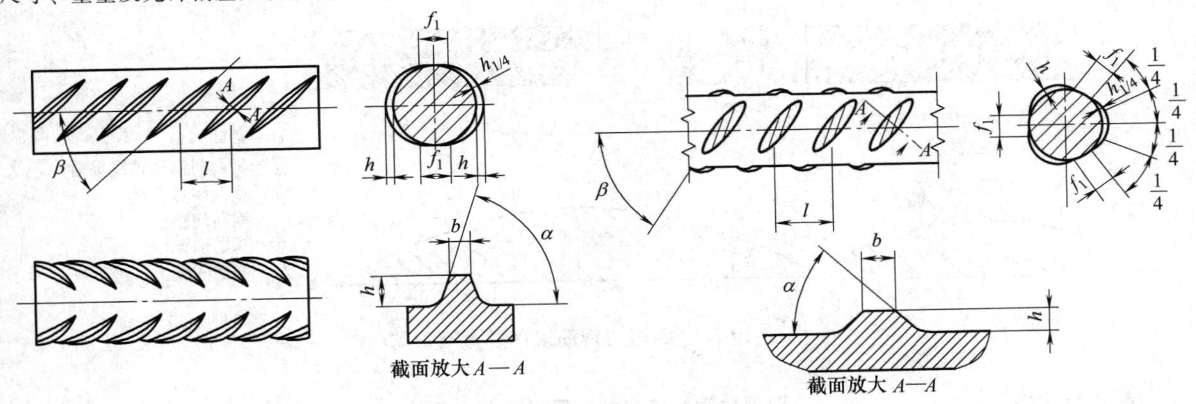

说明：
α—横肋斜角；
β—横肋与钢筋轴线夹角；
h—横肋中点高度；
l—横肋间距；
b—横肋顶宽；
f_1—横肋间隙。

图 3-19-36　二面肋钢筋表面及截面形状

说明：
α—横肋斜角；
β—横肋与钢筋轴线夹角；
h—横肋中点高度；
l—横肋间距；
b—横肋顶宽；
f_1—横肋间隙。

图 3-19-37　三面肋钢筋表面及截面形状

表 3-19-219　　二面肋腹三面肋钢筋的尺寸、质量及允许偏差

公称直径 d /mm	公称横截面积 /mm²	质量		横肋中点高		横肋 1/4 处高 $h_{1/4}$ /mm	横肋顶宽 b /mm	横肋间距		相对肋面积 f_r 不小于
		理论质量 /(kg/m)	允许偏差 /%	h /mm	允许偏差 /mm			l /mm	允许偏差 /%	
4	12.6	0.099	±4	0.30	+0.10 −0.05	0.24	0.2d	4.0	±15	0.036
4.5	15.9	0.125		0.32		0.26		4.0		0.039
5	19.6	0.154		0.32		0.26		4.0		0.039

续表

公称直径 d /mm	公称横截面积 /mm²	质量 理论质量 /(kg/m)	质量 允许偏差 /%	横肋中点高 h /mm	横肋中点高 允许偏差 /mm	横肋 1/4 处高 $h_{1/4}$ /mm	横肋顶宽 b /mm	横肋间距 l /mm	横肋间距 允许偏差 /%	相对肋面积 f_r 不小于
5.5	23.7	0.186	±4	0.40	+0.10 −0.05	0.32	0.2d	5.0	±15	0.039
6	28.3	0.222		0.40		0.32		5.0		0.039
6.5	33.2	0.261		0.46		0.37		5.0		0.045
7	38.5	0.302		0.46		0.37		5.0		0.045
7.5	44.2	0.347		0.55		0.44		6.0		0.045
8	50.3	0.395		0.55		0.44		6.0		0.045
8.5	56.7	0.445		0.55	±0.10	0.44		7.0		0.045
9	63.6	0.499		0.75		0.60		7.0		0.052
9.5	70.8	0.556		0.75		0.60		7.0		0.052
10	78.5	0.617		0.75		0.60		7.0		0.052
10.5	86.5	0.679		0.75		0.60		7.4		0.052
11	95.0	0.746		0.85		0.68		7.4		0.056
11.5	103.8	0.815		0.95		0.76		8.4		0.056
12	113.1	0.888		0.95		0.76		8.4		0.056

注：1. 横肋 $l/4$ 处高、横肋顶宽供孔型设计用。

2. 二面肋钢筋允许有高度不大于 $0.5h$ 的纵肋。

(5) 四面肋钢筋

四面肋钢筋的外形应符合图 3-19-38 和表 3-19-220 的规定。

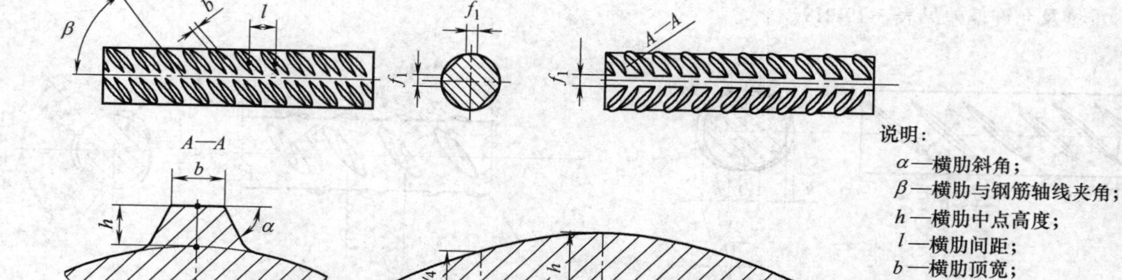

图 3-19-38 四面肋钢筋表面及截面形状

表 3-19-220 **四面肋钢筋的尺寸、质量及允许偏差**

公称直径 d /mm	公称横截面积 /mm²	质量 理论质量 /(kg/m)	质量 允许偏差 /%	横肋中点高 h /mm	横肋中点高 允许偏差 /mm	横肋 1/4 处高 $h_{1/4}$ /mm	横肋顶宽 b /mm	横肋间距 l /mm	横肋间距 允许偏差 /%	相对肋面积 f_r ≥
6.0	28.3	0.222	±4	0.39	+0.10 −0.05	0.28	0.2d	5.0	±15	0.039
7.0	38.5	0.302		0.45		0.32		5.3		0.045
8.0	50.3	0.395		0.52		0.36		5.7		0.045
9.0	63.6	0.499		0.59	±0.10	0.41		6.1		0.052
10.0	78.5	0.617		0.65		0.45		6.5		0.052
11.0	95.0	0.746		0.72		0.50		6.8		0.056
12.0	113	0.888		0.78		0.54		7.2		0.056

注：横肋 $l/4$ 处高、横肋顶宽供孔型设计用。

(6) 力学性能和工艺性能

钢筋的力学性能和工艺性能应符合表 3-19-221 的规定。当进行弯曲试验时，受弯曲部位表面不得产生裂纹。反复弯曲试验的弯曲半径应符合表 3-19-222 的规定。

表 3-19-221　钢筋的力学性能和工艺性能

分类	牌号	规定塑性延伸强度 $R_{p0.2}$ /MPa ≥	抗拉强度 R_m /MPa ≥	$R_m/R_{p0.2}$ ≥	断后伸长率/% ≥		最大力总延伸率/% ≥	弯曲试验[①] 180°	反复弯曲次数	应力松弛初始应力应相当于公称抗拉强度的70%
					A	A_{100mm}	A_{gt}			1000h/% ≤
普通钢筋混凝土用	CRB550	500	550	1.05	11.0	—	2.5	$D=3d$	—	—
	CRB600H	540	600	1.05	14.0	—	5.0	$D=3d$	—	—
	CRB680H[②]	600	680	1.05	14.0	—	5.0	$D=3d$	4	5
预应力混凝土用	CRB650	585	650	1.05	—	4.0	2.5	—	3	8
	CRB800	720	800	1.05	—	4.0	2.5	—	3	8
	CRB800H	720	800	1.05	—	7.0	4.0	—	4	5

① D 为弯心直径，d 为钢筋公称直径。

② 当该牌号钢筋作为普通钢筋混凝土用钢筋使用时，对反复弯曲和应力松弛不做要求；当该牌号钢筋作为预应力混凝土用钢筋使用时应进行反复弯曲试验代替 180°弯曲试验，并检测松弛率。

表 3-19-222　反复弯曲试验的弯曲半径　mm

钢筋公称直径	4	5	6
弯曲半径	10	15	15

第20章 有色金属材料

20.1 概述

20.1.1 有色金属及其合金按合金系统分类

- 按合金系统分
  - 铜及铜合金
    - 纯铜（紫铜）
    - 铜锌合金（黄铜）
    - 铜镍合金（白铜）
    - 铜锡合金（锡青铜）
    - 无锡青铜
  - 铝及铝合金
    - 纯铝
    - 防锈铝（铝镁合金或铝锰合金）
    - 硬铝（铝铜镁合金）
    - 超硬铝（铝铜镁锌合金）
    - 锻铝（铝铜镁锌硅合金）
    - 特殊铝
  - 其他有色金属及其合金
    - 镁及镁合金
    - 铅及铅合金
    - 锡及锡合金
    - 镍及镍合金
    - 锌及锌合金
    - 镉及镉合金
    - 铋及铋合金
    - 钴及钴合金
    - 钨及钨合金
    - 钼及钼合金
    - 钛及钛合金
    - 贵金属（金、银）及其合金

20.1.2 常用有色金属的种类及其主要性能

表 3-20-1　　常用有色金属的种类及其主要性能

名称	化学符号	物理性能						力学性能			
		密度 γ /(g/cm^3)	熔化温度 /℃	线胀系数 α/(10^{-3} m/℃)	热导率 λ /[cal/(cm·s·℃)]	电阻率 ρ /(Ω·mm^2/m)	电阻温度系数 (20℃时) /10^{-5}	抗拉强度 σ_b/MPa	延伸率 δ/%	收缩率 φ/%	布氏硬度 (HB)
铝	Al	2.69	660	23.03	0.461	0.0250	423	60	40	95	20
铍	Be	1.86	1278±5	—	0.393	0.0550	—	—	—	—	140

续表

名称	化学符号	物理性能						力学性能			
		密度 γ /(g/cm)^3	熔化温度 /℃	线胀系数 α/(10^{-3} m/℃)	热导率 λ /[cal/(cm·s·℃)]	电阻率 ρ /(Ω·mm^2/m)	电阻温度系数(20℃时)/10^{-5}	抗拉强度 σ_b/MPa	延伸率 δ/%	收缩率 φ/%	布氏硬度(HB)
铋	Bi	9.80	271	13.3	0.0177	1.201	440	—	极脆	极脆	9
钨	W	19.10	3387±60	4.0	0.383	0.0491	510	1500	—	—	290
镉	Cd	8.64	320.90	29.8	0.2200	0.0776	424	65	20	50	20
硅	Si	2.33	1414	2.70	0.20	—	—	脆性	脆性	—	30
镁	Mg	1.74	650	25.6	0.376	0.0422	412	200	10	15	25
锰(α)	Mn	7.30	1260	23.0	—	0.044	—	脆性	脆性	—	20
铜(软、硬)	Cu	8.93	1083	16.6	0.910	0.0156	433	22、400~500	50、6	70、35	35、120
钼	Mo	10.20	2692	4.0	—	0.0503	435	700	—	—	35
镍	Ni	8.85	1455	12.8	0.142	0.1175	620	500	45	70	60
锡(β)	Sn	7.284	231.9	20.0	0.1528	0.1114	447	52	40	100	5
铅	Pb	11.34	327.4	29.1	0.089	0.2038	411	18	45	100	4
银	Ag	10.506	960.5	18.9	1.0960	0.0147	410	130	50	90	25
锑	Sb	6.69	630.5	11.4	0.0381	0.028	511	脆性	脆性	—	30
钽	Ta	16.60	3027	7.0	0.174	0.14	350	900	—	—	—
钛	Ti	4.50	1800~1850	—	—	0.475	—	—	—	—	—
铬	Cr	7.10	1765	8.2	—	0.150	—	脆性	脆性	—	90
锌	Zn	7.12	419.4	33.0	0.2653	0.0576	417	150	20	70	30

注：电阻温度系数是指当温度每升高1℃时，电阻增大的百分数。

20.1.3 有色金属涂色标记

表 3-20-2 有色金属涂色标记

名称	有色金属材料名称	标记颜色
铅	铅锭	一号铅:红色两条;二号铅:红色一条;三号铅:黑色两条;四号铅:黑色一条;五号铅:绿色两条;六号铅:绿色一条
锌	锌锭	特一号锌:红色两条;一号锌:红色一条;二号锌:黑色两条;三号锌:黑色一条;四号锌:绿色两条;五号锌:绿色一条
镍	镍板	特色镍:红色;一号镍:蓝色;二号镍:黄色
铝	铝锭	特一号铝:白色一道;特二号铝:白色两道;一号铝:红色一道;二号铝:红色两道;三号铝:红色三道
铸造碳化钨	碳化钨管	二号碳化钨管:绿色;三号碳化钨管:黄色;四号碳化钨管:白色;六号碳化钨管:浅蓝色

20.1.4 有色金属及其合金牌号表示方法（GB/T 16474—2011）

本标准是根据变形铝及铝合金国际牌号注册协议组织（简称国际牌号注册组织）推荐的国际四位数字体系牌号命名方法制定的，这是国际上比较通用的牌号命名方法。未命名为国际四位数字体系牌号的变形铝及铝合金，应采用四位字符牌号（但试验铝及铝合金采用前缀 X 加四位字符牌号）命名，并按要求注册化学成分。

（1）国际四位数字体系牌号简介

① 国际四位数字体系牌号组别的划分　国际四位数字体系牌号的第 1 位数字表示组别，如下所示：

a. 纯铝（铝含量不小于 99.00%）：1×××。

b. 合金组别按下列主要合金元素划分：

- Cu：2×××。

- Mn：3×××。
- Si：4×××。
- Mg：5×××。
- Mg+Si：6×××。
- Zn：7×××。
- 其他合金：8×××。
- 备用组：9×××。

② 国际四位数字体系 1×××牌号系列　在 1×××中，最后两位数字表示最低铝含量，与最低铝含量中小数点右边的两位数字相同。如 1060 表示最低铝含量为 99.60%的工业纯铝。第一位数字表示对杂质范围的修改，若是零，则表示该工业纯铝的杂质范围为生产中的正常范围；如果为 1~9 中的自然数，则表示生产中应对某一种或几种杂质或合金元素加以专门控制。例如，1350 工业纯铝是一种铝含量应≥99.50%的电工铝，其中有 3 种杂质应受到控制，即 $w(V+Ti)\leqslant 0.02\%$，$w(B)\leqslant 0.05\%$，$w(Ca)\leqslant 0.03\%$。

③ 国际四位数字体系 2×××~8×××牌号系列　在 2×××~8×××系列中，牌号最后两位数字无特殊意义，仅表示同一系列中的不同合金，但有些是表示美国铝业公司过去用的旧牌号中的数字部分，如 2024 合金，即过去的 24S 合金。不过，这样的合金为数甚少。第二位数字表示对合金的修改，如为零，则表示原始合金；如为 1~9 中的任一整数，则表示对合金的修改次数。对原始合金的修改仅限于下列情况之一或同时几种：

a. 对主要合金元素含量范围进行变更，但最大变化量与原始合金中合金元素含量的关系如表 3-20-3 所示。

表 3-20-3　　最大变化量与原始合金中合金元素含量的关系

原始合金中合金元素含量的算术平均值范围/%	允许最大变化量/%	原始合金中合金元素含量的算术平均值范围/%	允许最大变化量/%
≤1.0	0.15	>4.0~5.0	0.35
>1.0~2.0	0.20	>5.0~6.0	0.40
>2.0~3.0	0.25	>6.0	0.50
>3.0~4.0	0.30		

b. 增加或删除了极限含量算术平均值不超过 0.30%的一个合金元素，或增加或删除了极限含量算术平均值不超过 0.40%的一组组合元素形式的合金元素。

c. 用一种作用相同合金元素代替另一种合金元素。

d. 改变杂质含量范围。

e. 改变晶粒细化剂含量范围。

f. 使用高纯金属，将铁、硅含量最大极限值分别降至 0.12%、0.10%或更小。

④ 试验合金的牌号　试验合金的牌号也按上述规定编制，但在数字前面加大写字母“×”。试验合金的注册期不得超过 5 年。对试验合金的成分，申请注册的单位有权改变。当合金通过试验合格后，去掉“×”，成为正式合金。

（2）四位字符体系牌号命名方法

① 牌号结构　四位字符体系牌号的第一、三、四位为阿拉伯数字，第二位为英文大写字母（C、I、L、N、O、P、Q、Z 字母除外）。牌号的第一位数字表示铝及铝合金的组别，如表 3-20-4 所示。除改型合金外，铝合金组别按主要合金元素（6×××系按 Mg_2Si）来确定。主要合金元素指极限含量算术平均值为最大的合金元素。当有一个以上的合金元素极限含量算术平均值同为最大时，应按 Cu、Mn、Si、Mg、Mg_2Si、Zn、其他元素的顺序来确定合金组别。牌号的第二位字母表示原始纯铝或铝合金的改型情况，最后两位数字用以标识同一组中不同的铝合金或表示铝的纯度。

② 纯铝的牌号命名法　铝含量不低于 99.00%时为纯铝，其牌号用 1×××系列表示。牌号的最后两位数字表示最低铝百分含量。当最低铝百分含量精确到 0.01%时，牌号的最后两位数字就是最低铝百分含量中小数点后面的两位。牌号第二位的字母表示原始纯铝的改型情况。如果第二位字母为 A，则表示为原始纯铝；如果是 B~Y 的其他字母，则表示为原始纯铝的改型，与原始纯铝相比，其元素含量略有改变。

纯铝及铝合金牌号的表示方法见表 3-20-4。

表 3-20-4　　纯铝及铝合金牌号系列

组　别	牌号系列
纯铝(铝含量不小于 99.00%)	1×××
以铜为主要合金元素的铝合金	2×××
以锰为主要合金元素的铝合金	3×××
以硅为主要合金元素的铝合金	4×××
以镁为主要合金元素的铝合金	5×××
以镁和硅为主要合金元素并以 Mg_2Si 相为强化相的铝合金	6×××
以锌为主要合金元素的铝合金	7×××
以其他合金为主要合金元素的铝合金	8×××
备用合金组	9×××

③ 铝合金的牌号命名法　铝合金的牌号用 2×××~8×××系列表示。牌号的最后两位数字没有特殊意义，仅用来区分同一组中不同的铝合金。牌号第二位的字母表示原始合金的改型情况。如果牌号第二位的字母是 A，则表示为原始合金；如果是 B~Y 的其他字母，则表示为原始合金的改型合金。改型合金与原始合金相比，化学成分的变化仅限于下列任何一种或几种情况：

a. 一种合金元素或一组组合元素形式的合金元素，极限含量算术平均值的变化量符合表 3-20-5 的规定；

b. 增加或删除了极限含量算术平均值不超过 0.30%的一个合金元素，或增加或删除了极限含量算术平均值不超过 0.40%的一组组合元素形式的合金元素；

c. 为了同一目的，用一个合金元素代替了另一个合金元素；

d. 改变了杂质的极限含量；

e. 细化晶粒的元素含量有变化。

铝合金中合金元素的变化值见表 3-20-5。

表 3-20-5　　铝合金中合金元素的变化量

原始合金中的极限含量算术平均值范围	极限含量算术平均值的变化量≤
≤1.0%	0.15%
>1.0%~2.0%	0.20%
>2.0%~3.0%	0.25%
>3.0%~4.0%	0.30%
>4.0%~5.0%	0.35%
>5.0%~6.0%	0.40%
>6.0%	0.50%

注：改型合金中的组合元素极限含量的算术平均值，应与原始合金中相同组合元素的算术平均值或各相同元素（构成该组合元素的各单个元素）的算术平均值之和相比较。

(3) 四位字符体系牌号的变形铝及铝合金化学成分注册要求

四位字符体系牌号的变形铝及铝合金化学成分注册时应符合下列要求：

a. 化学成分明显不同于其他已经注册的变形铝及铝合金。

b. 元素含量的极限值应表示到表 3-20-6 所示的有效位数。

表 3-20-6　　变形铝及铝合金中元素含量的极限值

元素含量的极限值/%		有效位数
<0.001		0.000×
0.001~<0.01		0.00×
0.01~<0.10	用精炼法制得的纯铝	0.0××
	用非精炼法制得的纯铝和铝合金	0.0×
0.10~0.55		0.××[①]
>0.55	纯铝中的组合元素 Fe+Si	0.××.1.××
	其他元素	0.×.×.×.××.×

① 0.30%~0.55%范围内的极限值应表示为 0.×0 或 0.×5。

c. 规定各元素含量的极限值时按以下顺序排列：Si、Fe、Cu、Mn、Mg、Cr、Ni、Zn、Ti、Zr、其他元素的单个和总量、Al。当还要规定其他的有含量范围限制的元素时，应按化学符号字母表的顺序，将这些元素依次插到 Zn 和 Ti 之间，或在脚注中注明。

d. 纯铝中铝的质量分数应有明确规定。对于用精炼法制取的纯铝，其铝的质量分数为 100.00%与所有质量分数不小于 0.0010%的元素总量的差值，在确定元素总量之前，各元素数值应表示到小数点后面第三位，作减法运算前应先将其总量修约到小数点后面第二位。对于非精炼法制取的纯铝，其铝的质量分数为 100.00%与所有质量分数不小于 0.010%的元素总量的差值，在确定元素总量之前，各元素数值要表示到小数点后面第二位。数值修约规则按 GB/T 8170 的有关规定进行。

e. 铝合金中铝的质量分数应规定为“余量”。

f. 应计算新注册合金牌号的密度（计算方法见 GB/T 16474—2011 中附录 B）。

（4）铝及铝合金的密度的计算

① 确定被测铝及铝合金中各元素质量分数的算术平均值。元素质量分数的算术平均值应根据元素质量分数极限值来计算。当元素质量分数仅有最大极限值规定时，其最小极限值视为零。算术平均值应修约至表 3-20-7 所示的有效位数，数值修约规则按 GB/T 3170 的有关规定进行。

铝合金中各元素质量分数的表示方法见表 3-20-7。

表 3-20-7　　铝合金中各元素质量分数的表示方法

元素质量分数的算术平均值/%		有效位数
<0.001		0.000×
0.001~<0.01		0.00×
0.01~<0.10	用精炼法制得的纯铝	0.0××
	用非精炼法制得的纯铝和铝合金	0.0×
0.10~0.55		0.××
>0.55		0.×××

对于质量分数极限仅有最大值规定的组合元素，如（铁+硅），其中各单个元素均被视为质量分数等同，其质量分数算术平均值用组合元素质量分数的算术平均值（按表 3-20-8 计算和修约）除以该组合元素中单个元素的个数来计算。计算结果修约至表 3-20-7 所示的有效位数。数值修约规则按 GB/T 8170 的有关规定进行。

铝的质量分数大于等于 99.90%，但小于等于 99.99%时，其算术平均值用 100.00%减去所有的质量分数最大极限不小于 0.0010%的元素的质量分数算术平均值总和来确定，求和前各元素质量分数算术平均值要表示到 0.0××%，求和后将总和修约到 0.0×%。数值修约规则按 GB/T 8170 的有关规定进行。

铝的质量分数大于等于 99.00%，但小于 99.90%时，其算术平均值用 100.00%减去所有的质量分数最大极限不小于 0.010%的元素的质量分数算术平均值总和来确定，求和前各元素质量分数算术平均值要表示到 0.0×%。数值修约规则按 GB/T 8170 的有关规定进行。

铝的质量分数小于 99.00%时，其算术平均值用 100.00%减去各元素的质量分数算术平均值之和，所得结果修约至小数点后第二位，数值修约规则按 GB/T 8170 的有关规定进行。

② 计算密度。按公式（3-20-1）计算铝及铝合金密度，即：将上述方式得出的每一元素的质量分数算术平均值乘以表 3-20-8 中给出的各自对应的系数（密度的倒数值）所得结果修约至小数点后第三位（数值修约规则按 GB/T 8170 的有关规定进行），再将所得数值全部相加，所得之和的倒数即为铝合金密度 D 的计算值。该值应按下面的方法进行修约：

——铝的质量分数最小极限值大于等于 99.35%时，所得数值四舍五入至 0.005 最近的倍数，表示为：×.××0 或×.××5。

——铝的质量分数最小极限值小于 99.35%时，所得数值四舍五入至 0.01 最近的倍数，表示为：×.××。

$$D=1/(\text{Al}\%/D_{\text{Al}}+\text{Cu}\%/D_{\text{Cu}}+\text{Fe}\%/D_{\text{Fe}}+\cdots) \tag{3-20-1}$$

式中　D——所测铝及铝合金的密度，g/cm³；

Al%，Cu%，Fe%，…——被测合金中各元素的质量分数算术平均值，%；

D_{Al}，D_{Cu}，D_{Fe}，…——各元素的密度，g/cm³。

各元素的密度系数见表 3-20-8。

第 3 篇

表 3-20-8　　各元素的密度系数

元　素	系数(1/密度)/(cm^3/g)	元　素	系数(1/密度)/(cm^3/g)
Ag	0.0953	Li	1.4410
Al	0.3705	Mg	0.5522
B	0.4274	Mn	0.1346
Be	0.5411	Ni	0.1123
Bi	0.1020	O	0.5378
Cd	0.1156	Pb	0.0882
Ce	0.1499	Si	0.4292
Co	0.1130	Sn	0.1371
Cr	0.1391	Ti	0.2219
Cu	0.1116	V	0.1639
Fe	0.1271	Zn	0.1401
Ga	0.1693	Zr	0.1541

③ 铝及铝合金密度计算方法示例（以牌号 1145 为例）见表 3-20-9。

表 3-20-9　　铝及铝合金密度计算方法示例（以牌号 1145 为例）

纯铝 1145 密度的计算					
元素	元素质量分数的最大极限/%	元素质量分数的算术平均值/%	系数(1/密度)	元素质量分数的算术平均值×系数/%	密度/(g/cm^3)
Si	Si+Fe:0.55	0.14①	0.4292	0.050	1/37.006% =2.7022644 修约至 2.700
Fe		0.14①	0.1271	0.018	
Cu	0.05	0.02	0.1116	0.002	
Mn	0.05	0.02	0.1346	0.003	
Mg	0.05	0.02	0.5522	0.011	
Zn	0.05	0.02	0.1401	0.003	
V	0.05	0.02	0.1639	0.003	
Ti	0.03	0.02	0.2219	0.004	
小计	—	0.40	—	0.104	
Al	—	99.60	0.3705	36.902	
合计	—	—	—	37.006	

① (0.55−0)/2=0.275，修约至 0.28，则每个元素为 0.14。

20.1.5　变形铝及铝合金状态代号（GB/T 16475—2008）

(1) 一般规定

状态代号分为基础状态代号和细分状态代号。基础状态代号用一个英文大写字母表示。细分状态代号用基础状态代号后缀一位或多位阿拉伯数字或英文大写字母来表示，这些阿拉伯数字或英文大写字母表示影响产品特性的基本处理或特殊处理。

本标准示例状态代号中的“X”表示未指定的任意一位阿拉伯数字，如“H2X”可表示“H21～H29”之间的任何一种状态，“HXX4”可表示“H114～H194”，或“H224～H294”，或“H324～H394”之间的任何一种状态；“_”表示未指定的任意一位或多位阿拉伯数字，如“T_51”可表示末位两位数字为“51”的任何一种状态，如“T351、T651、T6151、T7351、T7651”等。

(2) 基础状态代号

① F——自由加工状态；适用于在成形过程中，对于加工硬化和热处理条件无特殊要求的产品，该状态产品对力学性能不作规定。

② O——退火状态；适用于经完全退火后获得最低强度的产品状态。

③ H——加工硬化状态；适用于通过加工硬化提高强度的产品。

④ W——固溶热处理状态；适用于经固溶热处理后，在室温下自然时效的一种不稳定状态。该状态不作为产品交货状态，仅表示产品处于自然时效阶段。

⑤ T——不同于 F、O 或 H 状态的热处理状态；适用于固溶热处理后，经过（或不经过）加工硬化达到稳定的状态。

(3) O 状态的细分状态代号

① O1——高温退火后慢速冷却状态；适用于超声波检验或尺寸稳定化前，将产品或试样加热至近似固溶热处理规定的温度并进行保温（保温时间与固溶热处理规定的保温时间相近），然后出炉置于空气中冷却的状态。该状态产品对力学性能不作规定，一般不作为产品的最终交货状态。

② O2——热机械处理状态；适用于使用方在产品进行热机械处理前，将产品进行高温（可至固溶热处理规定的温度）退火，以获得良好成形性的状态。

③ O3——均匀化状态；适用于连续铸造的拉线坯或铸带，为消除或减少偏析和利于后继加工变形，而进行的高温退火状态。

(4) H 状态的细分状态代号

① H 后面第 1 位数字表示的状态。

H 后面的第 1 位数字表示获得该状态的基本工艺，用数字 1~4 表示。

H1X——单纯加工硬化的状态；适用于未经附加热处理，只经加工硬化即可获得所需强度的状态。

H2X——加工硬化后不完全退火的状态；适用于加工硬化程度超过成品规定要求后，经不完全退火，使强度降低到规定指标的产品。对于室温下自然时效软化的合金，H2X 状态与对应的 H3X 状态具有相同的最小极限抗拉强度值；对于其他合金，H2X 状态与对应的 H1X 状态具有相同的最小极限抗拉强度值，但伸长率比 H1X 稍高。

H3X——加工硬化后稳定化处理的状态；适用于加工硬化后经低温热处理或由于加工过程中的受热作用致使其力学性能达到稳定的产品。H3X 状态仅适用于在室温下时效（除非经稳定化处理）的合金。

H4X——加工硬化后涂漆（层）处理的状态；适用于加工硬化后，经涂漆（层）处理导致了不完全退火的产品。

② H 后面第 2 位数字表示的状态。

H 后面的第 2 位数字表示产品的最终加工硬化程度，用数字 1~9 来表示。

数字 8 表示硬状态。通常采用 O 状态的最小抗拉强度与表 3-20-10 规定的强度差值之和，来确定 HX8 状态的最小抗拉强度值。

O（退火）状态与 HX8 状态之间的状态如表 3-20-11 所示。

数字 9 为超硬状态，用 HX9 表示。HX9 状态的最小抗拉强度极限值，超过 HX8 状态 10MPa 及以上。

表 3-20-10　O 状态的最小抗拉强度与 HX8 状态下的最小抗拉强度值

O 状态的最小抗拉强度/MPa	HX8 状态与 O 状态的最小抗拉强度差值/MPa
≤40	55
45~60	65
65~80	75
85~100	85
105~120	90
125~160	95
165~200	100
205~240	105
245~280	110
280~320	115
≥325	120

③ H 后面第 3 位数字表示的状态。

H 后面的第 3 位数字或字母，表示影响产品特性，但产品特性仍接近其两位数字状态（H112、H116、H321 状态除外）的特殊处理。

HX11——适用于最终退火后又进行了适量的加工硬化，但加工硬化程度又不及 H11 状态的产品。

H112——适用于经热加工成形但不经冷加工而获得一些加工硬化的产品，该状态产品对力学性能有要求。

表 3-20-11　　O（退火）状态与 HX8 状态之间的状态

细分状态代号	最终加工硬化程度
HX1	最终抗拉强度极限值，为 O 状态与 HX2 状态的中间值
HX2	最终抗拉强度极限值，为 O 状态与 HX4 状态的中间值
HX3	最终抗拉强度极限值，为 HX2 状态与 HX4 状态的中间值
HX4	最终抗拉强度极限值，为 O 状态与 HX8 状态的中间值
HX5	最终抗拉强度极限值，为 HX4 状态与 HX6 状态的中间值
HX6	最终抗拉强度极限值，为 HX4 状态与 HX8 状态的中间值
HX7	最终抗拉强度极限值，为 HX6 状态与 HX8 状态的中间值

H116——适用于镁含量≥3.0%的 5XXX 系合金制成的产品。这些产品最终经加工硬化后，具有稳定的拉伸性能和在快速腐蚀试验中具有合适的抗腐蚀能力。腐蚀试验包括晶间腐蚀试验和剥落腐蚀试验。这种状态的产品适用于温度不大于 65℃的环境。

H321——适用于镁含量≥3.0%的 5XXX 系合金制成的产品。这些产品最终经热稳定化处理后，具有稳定的拉伸性能和在快速腐蚀试验中具有合适的抗腐蚀能力。腐蚀试验包括晶间腐蚀试验和剥落腐蚀试验。这种状态的产品适用于温度不大于 65℃的环境。

HXX4——适用于 HXX 状态坯料制作花纹板或花纹带材的状态。这些花纹板或花纹带材的力学性能与坯料不同。如 H22 状态的坯料经制作成花纹板后的状态为 H224。

HXX5——适用于 HXX 状态带坯制作的焊接管。管材的几何尺寸和合金与带坯相一致，但力学性能可能与带坯不同。

H32A——是对 H32 状态进行强度和弯曲性能改良的工艺改进状态。

(5) T 状态的细分状态代号

① T 后面的附加数字 1~10 表示的状态　T 后面的数字 1~10 表示基本处理状态，T1~T10 状态如表 3-20-12 所示。

表 3-20-12　　T 状态的代号意义

状态代号	代号释义
T1	高温成形+自然时效 适用于高温成形后冷却、自然时效，不再进行冷加工（或影响力学性能极限的矫平、矫直）的产品
T2	高温成形+冷加工+自然时效 适用于高温成形后冷却，进行冷加工（或影响力学性能极限的矫平、矫直）以提高强度，然后自然时效的产品
T3①	固溶热处理+冷加工+自然时效 适用于固溶热处理后，进行冷加工（或影响力学性能极限的矫平、矫直）以提高强度，然后自然时效的产品
T4①	固溶热处理+自然时效 适用于固溶热处理后，不再进行冷加工（或影响力学性能极限的矫直、矫平），然后自然时效的产品
T5	高温成形+人工时效 适用高温成形后冷却，不经冷加工（或影响力学性能极限的矫直、矫平），然后进行人工时效的产品
T6①	固溶热处理+人工时效 适用于固溶热处理后，不再进行冷加工（或影响力学性能极限的矫直、矫平），然后人工时效的产品
T7①	固溶热处理+过时效 适用于固溶热处理后，进行过时效至稳定化状态。为获取除力学性能外的其他某些重要特性，在人工时效时，强度在时效曲线上越过了最高峰点的产品
T8①	固溶热处理+冷加工+人工时效 适用于固溶热处理后，经冷加工（或影响力学性能极限的矫直、矫平）以提高强度，然后人工时效的产品

续表

状态代号	代号释义
T9①	固溶热处理+人工时效+冷加工 适用于固溶热处理后，人工时效，然后进行冷加工（或影响力学性能极限的矫直、矫平）以提高强度的产品
T10	高温成形+冷加工+人工时效 适用于高温成形后冷却，经冷加工（或影响力学性能极限的矫直、矫平）以提高强度，然后进行人工时效的产品

① 某些6XXX系或7XXX系的合金，无论是炉内固溶热处理，还是高温成形后急冷以保留可溶性组分在固溶体中，均能达到相同的固溶热处理效果，这些合金的T3、T4、T6、T7、T8和T9状态可采用上述两种处理方法的任一种，但应保证产品的力学性能和其他性能（如抗腐蚀性能）。

② T1~T10后面的附加数字表示的状态　T1~T10后面的附加数字表示影响产品特性的特殊处理。

T_51、T_510和T_511——拉伸消除应力状态，如表3-20-13所示。T1、T4、T5、T6状态的材料不进行冷加工或影响力学性能极限的矫直、矫平，因此拉伸消除应力状态中应无T151、T1510、T1511、T451、T4510、T4511、T551、T5510、T5511、T651、T6510、T6511状态。

表3-20-13　　拉伸消除应力状态的代号意义

状态代号	代号释义
T_51	适用于固溶热处理或高温成形后冷却，按规定量进行拉伸的厚板、薄板、轧制棒、冷精整棒、自由锻件、环形锻件或轧制环，这些产品拉伸后不再进行矫直，其规定的永久拉伸变形量如下： ——厚板：1.5%~3% ——薄板：0.5%~3% ——轧制棒或冷精整棒：1%~3% ——自由锻件、环形锻件或轧制：1%~5%
T_510	适用于固溶热处理或高温成形后冷却，按规定量进行拉伸的挤压棒材、型材和管材，以及拉伸（或拉拔）管材，这些产品拉伸后不再进行矫直，其规定的永久拉伸变形量如下： ——挤制棒材、型材和管材：1%~3% ——拉伸（或拉拔）管材：0.5%~3%
T_511	适用于固溶热处理或高温成形后冷却，按规定量进行拉伸的挤压棒材、型材和管材，以及拉伸（或拉拔）管材，这些产品拉伸后可轻微矫直以符合标准公差，其规定的永久拉伸变形量如下： ——挤制棒材、型材和管材：1%~3% ——拉伸（或拉拔）管材：0.5%~3%

T_52——压缩消除应力状态。适用于固溶热处理或高温成形后冷却，通过压缩来消除应力，以产生1%~5%的永久变形量的产品。

T_54——拉伸与压缩相结合消除应力状态。适用于在终锻模内通过冷整形来消除应力的模锻件。

T7X——过时效状态，如表3-20-14所示。T7X状态过时效阶段材料的性能曲线如图3-20-1（图中曲线仅示意规律，真实的变化曲线应按合金来具体描绘）所示。

T81——适用于固溶热处理后，经1%左右的冷加工变形提高强度，然后进行人工时效的产品。

T87——适用于固溶热处理后，经7%左右的冷加工变形提高强度，然后进行人工时效的产品。

表3-20-14　　过时效状态的代号意义

状态代号	代号释义
T79	初级过时效状态
T76	中级过时效状态。具有较高强度、好的抗应力腐蚀和剥落腐蚀性能
T74	中级过时效状态。其强度、抗应力腐蚀和抗剥落腐蚀性能介于T73与T76之间
T73	完全过时效状态。具有最好的抗应力腐蚀和抗剥落腐蚀性能

（6）W状态的细分状态代号

① W的细分状态W_h　W_h为室温下具体自然时效时间的不稳定状态。如W2h，表示产品淬火后，在室温下自然时效2h。

性能	T79	T76	T74	T73
抗拉强度				
抗应力腐蚀				
抗剥落腐蚀				

图 3-20-1　过时效状态下材料的性能变化规律

② W 的细分状态 W_h/_51、W_h/_52、W_h/_54　W_h/_51、W_h/_52、W_h/_54 表示室温下具体自然时效时间的不稳定消除应力状态。如 W2h/351，表示产品淬火后，在室温下自然时效 2h 便开始拉伸的消除应力状态。

20.1.6　稀土产品牌号表示方法（GB/T 17803—2015）

（1）产品牌号分类

稀土产品牌号按稀土产品类别来划分，主要包括稀土矿产品、单一稀土化合物、混合稀土化合物、单一稀土金属、混合稀土金属、稀土合金、稀土永磁材料、稀土储氢材料、稀土发光材料、稀土抛光粉、铽镝铁大磁致伸缩材料、稀土磁制冷材料、稀土催化材料、稀土发热材料牌号等。

（2）稀土产品牌号表示方法

稀土矿产品的牌号由稀土矿产品英文首字母和阿拉伯数字组成，共分三个层次，其中第一层次表示稀土矿类产品名称，用稀土矿的英文首字母“REM”表示；第二层次表示稀土矿类别，用特定的阿拉伯数字表示；第三层次表示稀土矿产品的规格（级别），用阿拉伯数字表示，同时在第一层次和第二层次之间用“-”分开。具体表示方法如下：

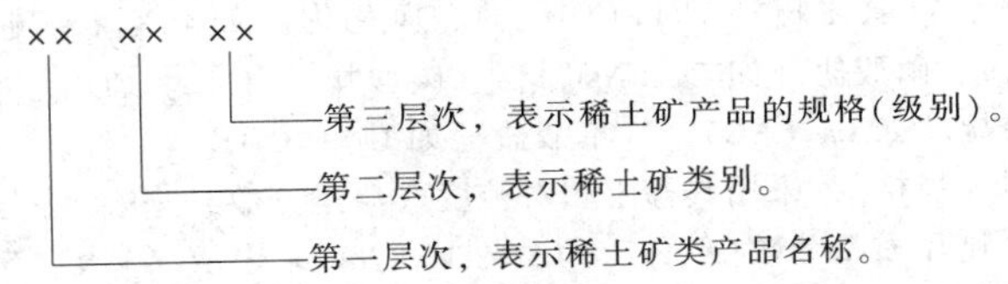

第一层次表示稀土矿类产品名称，用“稀土矿”英文 rare earth mineral 的首字母大写“REM”表示。

第二层次表示稀土矿产品的类别，用特定的阿拉伯数字作为代号表示，其中精矿采用 00-20 表示，富集物采用 21-99 表示，具体规定如下，示例见表 3-20-15。

00 离子吸附型稀土矿（ion adsorption clay rare earth ore）。

01 氟碳铈矿精矿（bathnasite concentrate）。

02 独居石精矿（monazite concentrate）。

03 氟碳铈矿-独居石混合精矿（mixed concentrate of bathnasite and monazite）。

04 氟碳铈镧矿精矿［bathnasite-（La）concentrate］。

05 磷钇矿精矿（xenotime concentrate）。

06 褐钇铌矿精矿（fergusonite concentrate）。

07~20 备用。

21 高钇混合稀土氧化物（high-yttrium-composed mixed rare earth oxide）。

22 富铕混合稀土氧化物（europium-rich mixed rare earth oxides）。

23 钐铕钆富集物（Sm-Eu-Gd concentrate）。

24 重稀土氧化物富集物（heavy rare earth concentrate）。

25~99 备用。

第三层次表示稀土矿产品的规格（级别），即稀土总量（百分含量），用阿拉伯数字表示，百分含量大于或等于 10%的产品，其表示方法是将百分含量采用四舍五入方法修约后取前两位整数；当百分含量小于 10%时，其表示方法是将百分含量采用四舍五入方法修约后取整数，并在该整数前加“0”补足两位数字表示；如百分含量相同，但其他规格（如杂质百分含量）不同的产品，可在该组牌号最后依次加上大写字母 A、B、C、D……表示，以区别这些不同的产品。

在第一层次和第二层次之间用“-”分开。如稀土总量为 92%的离子吸附型稀土矿可以表示为 REM-0092。

表 3-20-15　　　　稀土产品类别和牌号

序号	产品类别	产品牌号	产品规格（稀土总量）	牌号结构		
				第一层次	第二层次	第三层次
1	氟碳铈矿-独居石混合精矿	REM-0355	55%	REM	03	55
		REM-0350	49.8%	REM	03	50
		REM-0335A	35.3%	REM	03	35A
		REM-0335B		REM	03	35B
2	离子吸附型稀土矿	REM-0092	92%	REM	00	92
3	钐铕钆富集物	REM-2395	95.2%	REM	23	95

（3）单一稀土化合物

单一稀土化合物的牌号由单一稀土化合物分子式、阿拉伯数字和特定字母组成。共分两个层次，其中第一层次表示该产品的分子式表示，第二层次表示该产品的级别（规格），同时在第一层次和第二层次之间用“-”分开。具体表示方法如下：

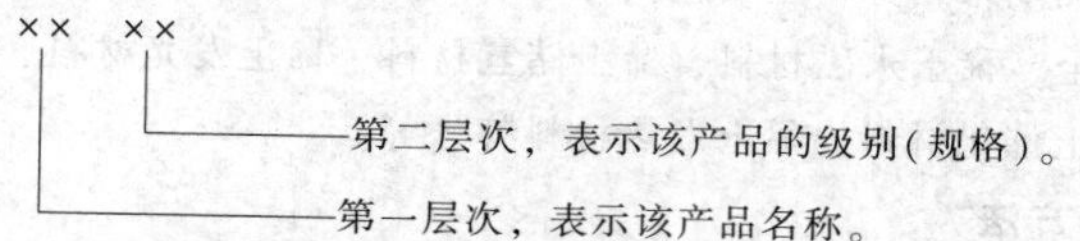

××　××
第二层次，表示该产品的级别(规格)。
第一层次，表示该产品名称。

第一层次为该产品的名称，用该产品的分子式表示：

a. 单一稀土氧化物表示为：氧化镧 La_2O_3、氧化铈 CeO_2、氧化镨 Pr_6O_{11}、氧化钕 Nd_2O_3、氧化钷 Pm_2O_3、氧化钐 Sm_2O_5、氧化铕 Eu_2O_5、氧化钆 Gd_2O_3、氧化铽 Tb_4O_7、氧化镝 Dy_2O_3、氧化钬 Ho_2O_3、氧化铒 Er_2O_3、氧化铥 Tm_2O_3、氧化镱 Yb_2O_3、氧化镥 Lu_2O_3、氧化钪 Sc_2O_3、氧化钇 Y_2O_3 等。

b. 单一稀土化合物表示为：氢氧化物［如 $La(OH)_3$］、卤化物（如 PrX_3）、硫化物（如 Nd_2S_3）、硼化物（如 LaB_6）、氢化物（如 LaH_3）、硝酸盐［如 $La(NO_3)_3$］、碳酸盐［如 $La_2(CO_3)_3$］、磷酸盐（如 $LaPO_4$）、硫酸盐［如 $La_2(SO_4)_3$］、乙酸盐［如 $La(AC)_3$］、草酸盐［如 $La_2(C_2O_4)_3$］等。

第二层次为该产品的级别（规格），采用其稀土相对纯度（质量分数）来表示，当该产品稀土相对纯度（质量分数）等于或大于99%时，则用质量分数中“9”的个数加“N”来表示（“N”为数字9的英文首字母），如99%用2N表示，99.995%用4N5表示。

稀土相对纯度（质量分数）相同但其他成分（包括杂质）百分含量要求不同的产品，可在该组牌号最后依次加上大写字母A、B、C、D……表示，以区别这些不同的产品，示例见表3-20-16。

表 3-20-16　　　　单一稀土化合物的类别与牌号

序号	产品类别	产品牌号	产品规格（稀土相对纯度）	牌号结构	
				第一层次	第二层次
1	氧化镧	La_2O_3-5N	99.999%	La_2O_3	5N
		La_2O_3-4N	99.99%	La_2O_3	4N
		La_2O_3-3N5	99.95%	La_2O_3	3N5
2	氯化钕	$NdCl_3$-4NA	99.99%	$NdCl_3$	4NA
		$NdCl_3$-4NB		$NdCl_3$	4NB
		$NdCl_3$-3N	99.9%	$NdCl_3$	3N
3	磷酸镥	$LuPO_4$-4N5	99.995%	$LuPO_4$	4N5

稀土相对纯度（质量分数）小于99%的产品，其质量分数采用四舍五入方法修约后取前两位数字表示，当质量分数只有一位数字时，则采用四舍五入修约后取整数，再在该数字前加“0”补足两位数字表示，示例见表3-20-17。

表 3-20-17　　　　稀土相对纯度小于99%的产品的类别与牌号

序号	产品类别	产品牌号	产品规格（稀土相对纯度）	牌号结构	
				第一层次	第二层次
1	氧化镱	Yb_2O_3-95A	95%，其他物理性能不一样	Yb_2O_3	95A
		Yb_2O_3-95B	95%，其他物理性能不一样	Yb_2O_3	95B
2	硝酸镨	$Pr(NO_3)_2$-93	92.5%	$Pr(NO_2)_3$	93
3	硫酸钆	$Gd_2(SO_4)_3$-98	98%	$Gd_2(SO_4)_3$	98

当元素价态无法确定时，则用该产品分子式中原子个数用 x、y 表示，如 RE_xO_y。

在第一层次和第二层次之间用“-”分开。如 99.999%氧化镧可以表示为 La_2O_3-5N。

(4) 混合稀土化合物

混合稀土化合物产品牌号由构成混合稀土化合物的分子式、阿拉伯数字和特定元素符号组成，共分两个层次，其中第一层次表示该产品的名称；第二层次表示该产品的级别（规格），同时在第一层次和第二层次之间用“-”分开。具体表示方法如下：

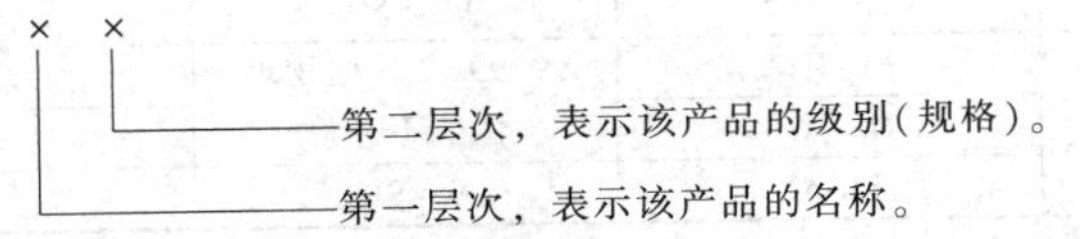

× ×
第二层次，表示该产品的级别(规格)。
第一层次，表示该产品的名称。

第一层次为该产品名称，用该产品的分子式表示，混合稀土化合物分子式除 $(YEu)_2O_3$、$(YEuGd)_2O_3$ 外，其余则按元素周期表内出现的先后顺序编写。

第二层次为该产品的规格（级别），用有价元素（注：有价元素指 Eu、Tb、Dy、Lu）的百分含量加元素符号表示，如该产品不含有价元素时，则用主量元素的百分含量加主量元素符号表示；如该产品中含两个有价元素（含两个）以上时，则取百分含量最高的有价元素的百分含量加该元素的元素符号表示。

当列入牌号内的元素的百分含量大于 10%时，则将该数值按四舍五入方式修约后取整数表示；如该元素百分含量小于 10%时，则将该数值按四舍五入方式修约，保留小数点后一位数，将修约后的两个数字表示含量；如果小数点后面没有数字，则在小数点后面加一个“0”补足两位数字表示，保留小数点，小数点用“.”表示。

稀土百分含量相同但其他成分（包括杂质）百分含量要求不同的产品，可在数字代号最后面依次加大写字母 A、B、C、D……表示，以区别这些不同的产品。

当元素价态无法确定时，则用该产品分子式中原子个数用 x、y 表示，如 Re_xO_y。

在第一层次和第二层次之间用“-”分开。如 Pr25%、Nd75%氧化镨钕可以表示为 $(PrNd)_xO_y$-75Nd，示例见表 3-20-18。

表 3-20-18　**混合稀土化合物的类别与牌号**

序号	产品类别	产品牌号	各元素含量	牌号结构	
				第一层次	第二层次
1	氧化钇铕	$(YEu)_2O_3$-5.4Eu	Y94.6%、Eu5.4%	$(YEu)_2O_3$	5.4Eu
		$(YEu)_2O_3$-4.0Eu	Y96%、Eu4%	$(YEu)_2O_3$	4.0Eu
2	氧化镨钕	$(PrNd)_xO_y$-75Nd	Pr25%、Nd75%	$(PrNd)_xO_y$	75Nd
		$(PrNd)_xO_y$-75Pr	Pr75%、Nd25%	$(PrNd)_xO_y$	75Pr
3	磷酸镧铈铽	$(LaCeTb)_x(PO_4)_y$-16Tb	La52%、Ce32%、Tb16%	$(LaCeTb)_x(PO_4)_y$	16Tb
4	氧化钆铽镝	$(GdTbDy)_xO_y$-30Tb	Gd60%、Tb30%、Dy10%	$(GdTbDy)_xO_y$	30Tb
5	磷酸镧铈	$(LaCe)_x(PO_4)_y$-60La	La59.5%、Ce40.5%	$(LaCe)_x(PO_4)_y$	60La

(5) 单一稀土金属

单一稀土金属的牌号由单一稀土金属元素符号、阿拉伯数字和特定字母组成。共分两个层次，其中第一层次表示该产品名称，第二层次表示该产品的级别（规格），同时在第一层次和第二层次之间用“-”分开。具体表示方法如下：

××　××

第二层次，表示该产品的级别(规格)。

第一层次，表示该产品名称。

第一层次为该产品的名称，用元素符号表示。单一稀土金属表示为：金属镧（La）、金属铈（Ce）、金属镨（Pr）、金属钕（Nd）、金属钷（Pm）、金属钐（Sm）、金属铕（Eu）、金属钆（Gd）、金属铽（Tb）、金属镝（Dy）、金属钬（Ho）、金属铒（Er）、金属铥（Tm）、金属镱（Yb）、金属镥（Lu）、金属钪（Sc）、金属钇（Y）等。

第二层次为该产品的级别（规格），采用其稀土相对纯度（质量分数）来表示，当该产品稀土相对纯度（质量分数）等于或大于 99%时，则用质量分数中“9”的个数加“N”来表示（“N”为数字 9 的英文首字母），如 99%用 2N 表示，99.995%用 4N5 表示，示例见表 3-20-19。

当稀土相对纯度（质量分数）小于99%的产品，其稀土相对纯度（质量分数）采用四舍五入方法修约后取前两位数字表示，示例见表3-20-20。

表3-20-19　　单一稀土金属的类别与牌号

序号	产品类别	产品牌号	产品规格（稀土相对纯度）	牌号结构	
				第一层次	第二层次
1	金属钐	Sm-4N	99.99%	Sm	4N
		Sm-3N5	99.95%	Sm	3N5
2	金属铕	Eu-4NA	99.99%，其他物理性能不一样	Eu	4NA
		Eu-4NB		Eu	4NB
		Eu-3N	99.9%	Eu	3N

表3-20-20　　单一稀土金属的类别与牌号

序号	产品类别	产品牌号	产品规格（稀土相对纯度）	牌号结构	
				第一层次	第二层次
1	金属镧	La-95A	95%	La	95A
		La-95B	95%	La	95B
2	金属镨	Pr-93	92.5%	Pr	93

稀土相对纯度（质量分数）相同但其他成分（包括杂质）百分含量要求不同的产品，可在数字代号最后面依次加大写字母A、B、C、D……表示，以区别这些不同的产品。

在第一层次和第二层次之间用“-”分开。如98%的金属镨可以表示为Pr-98。

（6）混合稀土金属

混合稀土金属的牌号由构成混合稀土金属的元素符号、阿拉伯数字和特定元素符号组成。共分两个层次，其中第一层次表示该产品名称，第二层次表示该产品的级别（规格），同时在第一层次和第二层次之间用“-”分开。具体表示方法如下：

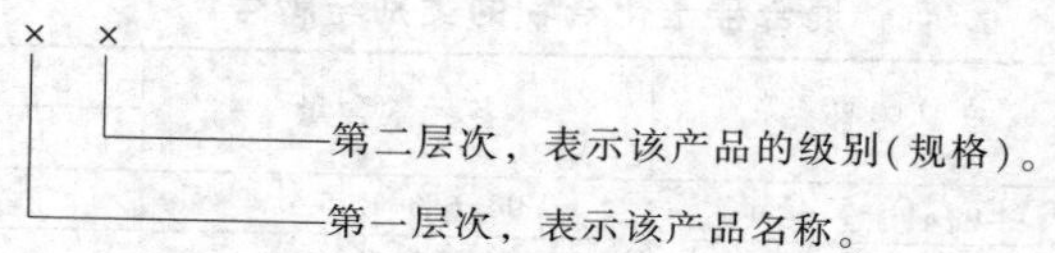
× ×
第二层次，表示该产品的级别(规格)。
第一层次，表示该产品名称。

第一层次为该产品的名称，用元素符号表示。混合稀土金属按元素周期表内的先后顺序编写。混合稀土金属表示为：镨钕金属PrNd、铽镝金属TbDy、镧钕金属LaNd等。

第二层次为该产品的规格（级别），用有价元素（注：有价元素指Eu、Tb、Dy、Lu）的百分含量加元素符号表示，如该产品不含有价元素时，则用主量元素的百分含量加主量元素符号表示；如该产品中含两个有价元素（含两个）以上时，则取百分含量最高的有价元素的百分含量加该元素的元素符号表示。

当列入牌号内元素的百分含量大于10%时，则将该数值按四舍五入方式修约后取整数表示；如该元素百分含量小于10%时，则将该数值按四舍五入方式修约，保留小数点后一位数，将修约后的两个数字表示含量；如果小数字后面没有数字，则在小数点后面加一个“0”补足两位数字表示，保留小数点，小数点用“.”表示。

当稀土相对纯度（质量分数）相同时，但其他成分（包括杂质）百分含量要求不同的产品，可在数字代号最后面依次加大写字母A、B、C、D……表示，以区别这些不同的产品，示例见表3-20-21。

表3-20-21　　混合稀土金属的类别与牌号

序号	产品类别	产品牌号	产品规格（稀土相对纯度）	牌号结构	
				第一层次	第二层次
1	镨钕金属	PrNd-80Nd	Pr20%，Nd80%	PrNd	80Nd
		PrNd-75Nd	Pr25%，Nd75%	PrNd	75Nd
2	镧钕金属	LaNd-90NdA	La10%，Nd90%	LaNd	90NdA
		LaNd-90NdB		LaNd	90NdB
		LaNd-65Nd	La35%，Nd65%	LaNd	65Nd
3	镨钕镝金属	PrNdDy-20Dy	Pr20% Nd60% Dy20%	PrNdDy	20Dy

在第一层次和第二层次之间用“-”分开。如Pr20%、Nd80%的镨钕金属可以表示为PrNd-80Nd。

(7) 稀土合金

稀土合金的牌号由构成合金的元素符号、阿拉伯数字和特定元素符号组成。共分两个层次，其中第一层次表示该产品的名称；第二层次表示该合金中稀土元素的百分含量。同时在第一层次和第二层次之间用“-”分开，两种稀土元素并存时用分隔符“/”区分开。具体表示方法如下：

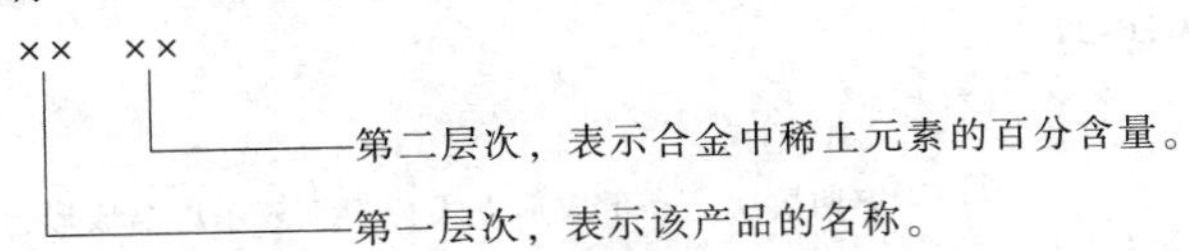
××　××
第二层次，表示合金中稀土元素的百分含量。
第一层次，表示该产品的名称。

第一层次为该产品的名称，用元素符号表示。按照稀土元素在前，其他元素在后的排序方法来表示，当合金中有两种（含两种）以上的稀土元素，其排列顺序按照元素周期表的顺序排列，如 DyFe、TbDyFe 等。

第二层次采用合金中稀土元素的百分含量的前两位数字表示，含两种及两种以上稀土元素的稀土合金用四位阿拉伯数字表示两种稀土元素的百分含量，其中百分含量大于或等于 10% 的产品，其百分含量采用四舍五入方法修约后取前两位整数表示；当百分含量小于 10% 时，采用四舍五入方法修约后取整数，在该整数前加“0”补足两位数字表示。合金中构成元素相同，稀土元素百分含量也相同，但非稀土元素的百分含量不同，或者成分相同，性能、结构不一致的产品，可在数字代号最后面依次加大写字母 A、B、C、D……表示，以区别这些不同的产品。

当稀土合金中稀土含量未知、不可检测、波动很大，或者稀土含量不是重点关注指标时，可用阿拉伯数字“00”特指稀土成分不确定的稀土合金，数字“00”后面可增加 A、B、C……来区分产品等级。如钕铁硼合金中，成分控制精度高的合金可用 NdFeB-00A 表示其牌号，以此类推，示例见表 3-20-22。

在第一层次和第二层次之间用“-”分开。如镝铁合金可以表示为 DyFe-80。

在第二层次中若出现两个以上含量时，中间用“/”隔开，如 TbDyFe-14/42A。

表 3-20-22　稀土合金的类别与牌号

序号	产品类别	产品牌号	产品规格（稀土相对纯度）	牌号结构	
				第一层次	第二层次
1	镝铁合金	DyFe-80	Dy80.2%,Fe19.8%	DyFe	80
2	铽镝铁合金	TbDyFe-14/42A	Tb13.6%,Dy42.4%,Fe44.0%	TbDyFe	14/42A
		TbDyFe-14/42B			14/42B

(8) 钕铁硼磁体

① 烧结钕铁硼磁体　烧结钕铁硼磁体的牌号由构成烧结钕铁硼磁体的元素符号、英文字母和阿拉伯数字表示。共分三个层次，其中第一层次表示“烧结”英文 sintered 的首字母，第二层次表示产品的元素符号，第三层次表示最大磁能积 $(BH)_{max}$ 的上下限平均值［单位为千焦每立方米（kJ/m^3）］和内禀矫顽力 H_{cj} 的下限值［单位为万安每米（10kA/m）］，具体表示方法如下，示例见表 3-20-23。

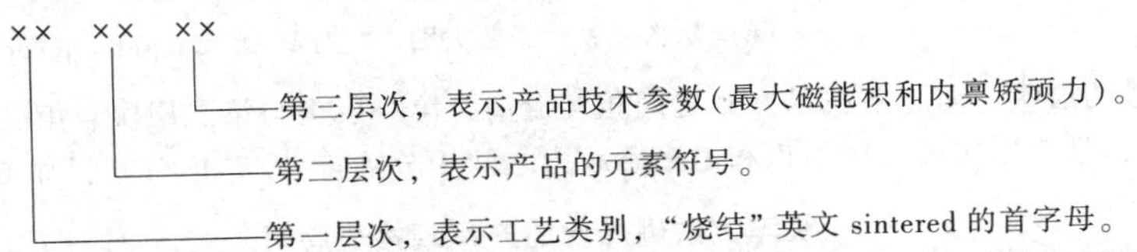
××　××　××
第三层次，表示产品技术参数(最大磁能积和内禀矫顽力)。
第二层次，表示产品的元素符号。
第一层次，表示工艺类别，“烧结”英文 sintered 的首字母。

为便于区分牌号的层次，防止各技术参数之间相互混淆，第一层次与第二层次、第二层次与第三层次之间用分隔符“-”区分开，第三层次最大磁能积和内禀矫顽力之间用分隔符“/”区分开，如 S-NdFeB-279/135。

表 3-20-23　钕铁硼磁体的牌号与结构

序号	产品名称	牌号	产品规格		牌号结构		
			最大磁能积 $(BH)_{max}$/(kJ/m^3)/MGOe	矫顽力 H_{cj}/(10kA/m)/kOe	第一层次	第二层次	第三层次
1	烧结钕铁硼磁体	S-NdFeB-422/80	406~438(平均值:422)/51~55(平均值:53)	80/10.1	S	NdFeB	422/80
2		S-NdFeB-279/135	263~295(平均值:279)/33~37.1(平均值:35.1)	135/17	S	NdFeB	279/135

② 黏结钕铁硼磁体　黏结钕铁硼磁体的牌号由构成黏结钕铁硼磁体的元素符号、英文字母和阿拉伯数字表示。共分四个层次表示，其中第一层次表示 bonded 的第一个字母，“黏结”的意思，第二层次表示产品的元素符号；第三层次表示最大磁能积（BH）$_{max}$ 的上下限平均值［单位为千焦每立方米（kJ/m^3）］和内禀矫顽力 H_{cj} 的下限值［单位为万安每米（10kA/m）］，第四层次表示成形方式，“A”表示压缩成形，“B”表示注射成形；具体表示方法如下，示例见表 3-20-24。

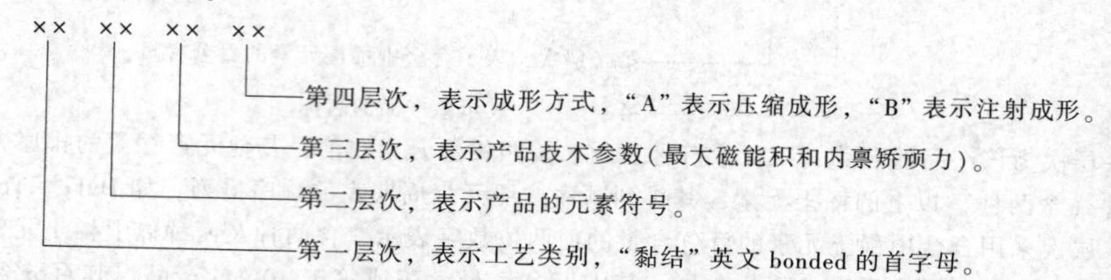
××　××　××　××
第四层次，表示成形方式，“A”表示压缩成形，“B”表示注射成形。
第三层次，表示产品技术参数(最大磁能积和内禀矫顽力)。
第二层次，表示产品的元素符号。
第一层次，表示工艺类别，“黏结”英文 bonded 的首字母。

为便于区分牌号的层次，防止各技术参数之间相互混淆，第一层次与第二层次、第二层次与第三层次之间用分隔符“-”区分开，第三层次最大磁能积和内禀矫顽力之间用分隔符“/”区分开，如 B-NdFeB-62/103.5A。

表 3-20-24　**黏结钕铁硼磁体的牌号结构**

序号	产品名称	牌号	产品规格		牌号结构			
			最大磁能积(BH)$_{max}$ /(kJ/m^3)/MGOe	矫顽力 H_{cj} /(10kA/m) /kOe	第一层次	第二层次	第三层次	第四层次
1	黏结钕铁硼磁体	B-NdFeB-52/60A	48~56(平均值:52) /6~7(平均值:6.5)	60~90 /7.5~11.3	B	NdFeB	52/60	A
2		B-NdFeB-62/103.5A	56~68(平均值:62) /7~8.5(平均值:7.8)	103.5~138 /13~17.3	B	NdFeB	62/103.5	A

③ 快淬钕铁硼磁粉　快淬钕铁硼磁粉的牌号由构成快淬钕铁硼磁粉的元素符号、英文字母和阿拉伯数字表示，共分四个层次表示，其中第一层次表示 Rapidly-quenched 的第一个字母，“快淬”的意思，第二层次表示产品的元素符号，第三层次表示最大磁能积（BH）$_{max}$ 的上下限平均值［单位为千焦每立方米（kJ/m^3）］和内禀矫顽力 H_{cj} 的下限值［单位为万安每米（10kA/m）］，第四层次表示成形方式，“A”表示单辊快淬，“B”表示雾化快淬；具体表示方法如下，示例见表 3-20-25。

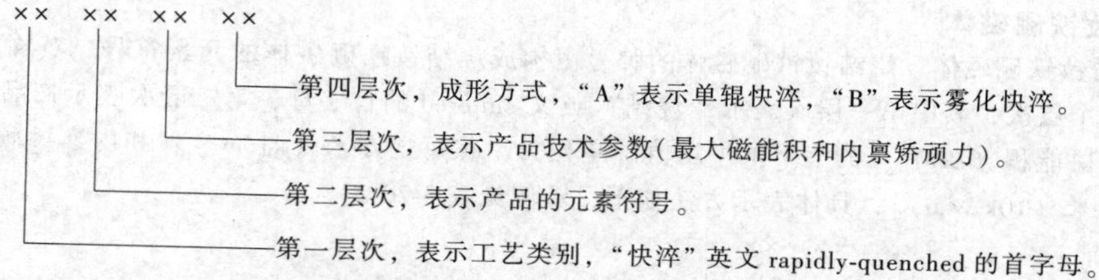
××　××　××　××
第四层次，成形方式，“A”表示单辊快淬，“B”表示雾化快淬。
第三层次，表示产品技术参数(最大磁能积和内禀矫顽力)。
第二层次，表示产品的元素符号。
第一层次，表示工艺类别，“快淬”英文 rapidly-quenched 的首字母。

为便于区分牌号的层次，防止各技术参数之间相互混淆，第一层次与第二层次、第二层次与第三层次之间用分隔符“-”区分开，第三层次最大磁能积和内禀矫顽力之间用分隔符“/”区分开，如 R-NdFeB-94/103.5A。

表 3-20-25　**快淬钕铁硼磁粉的产品规格与牌号**

序号	产品名称	牌号	产品规格		牌号结构			
			最大磁能积(BH)$_{max}$ /(kJ/m^3)/MGOe	矫顽力 H_{cj} /(10kA/m) /kOe	第一层次	第二层次	第三层次	第四层次
1	快淬钕铁硼磁粉	R-NdFeB-80/64B	76~84(平均值:80)/9.6~10.6 (平均值:10.1)	64~90 /8~11.3	R	NdFeB	80/64	B
2		R-NdFeB-64/20A	60~68(平均值:64)/7.5~8.5 (平均值:8)	20~28 /2.5~3.5	R	NdFeB	64/20	A
3		R-NdFeB-94/103.5A	≥84~104(平均值:94)/10.6~13.1 (平均值:11.8)	≥103.5~ 143/13~18	R	NdFeB	94/ 103.5	A

(9) 钐钴磁体

钐钴磁体的牌号由构成磁体材料的英文字母、元素符号和阿拉伯数字组成。共分三个层次，其中第一层次表示“烧结”英文 sintered 或者“黏结”英文 bonded 的首字母，第二层次表示钐钴磁体的产品名称，如 $SmCo_5$、Sm_2Co_{17}；第三层次表示最大磁能积 $(BH)_{max}$ 的上下限平均值［单位为千焦每立方米（kJ/m^3）］和内禀矫顽力 H_{cj} 的下限值［单位为万安每米（10kA/m）］，用阿拉伯数字表示。具体表示方法如下，示例见表 3-20-26。

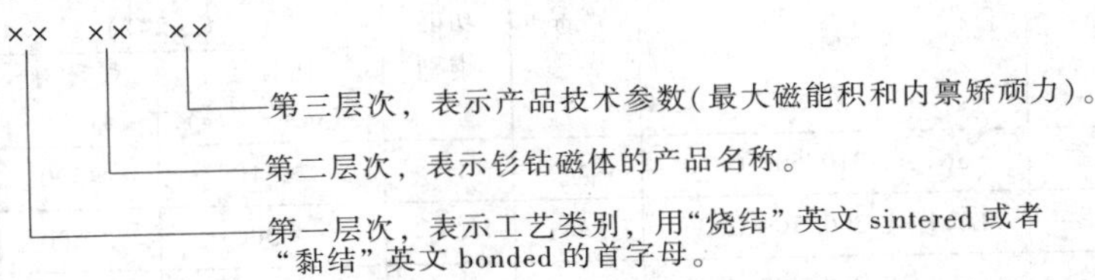
×× ×× ××
第三层次，表示产品技术参数(最大磁能积和内禀矫顽力)。
第二层次，表示钐钴磁体的产品名称。
第一层次，表示工艺类别，用“烧结”英文 sintered 或者
“黏结”英文 bonded 的首字母。

为便于区分牌号的层次，防止各技术参数之间相互混淆，第一层次与第二层次、第二层次与第三层次之间用分隔符“-”区分开，第三层次最大磁能积和内禀矫顽力之间用分隔符“/”区分开，如 S-SmCo-135/96。

表 3-20-26　**钐钴磁体的规格与牌号**

序号	产品名称	牌号	产品规格		牌号结构		
			最大磁能积 $(BH)_{max}/(kJ/m^3)$ /MGOe	矫顽力 H_{cj} /(10kA/m) /kOe	第一层次	第二层次	第三层次
1	钐钴磁体	S-$SmCo_5$-135/96	135/17	96/12.1	S	$SmCo_5$	135/96
2		B-Sm_2Co_{27}-207/80	207/26	80/10.1	B	Sm_2Co_{27}	207/80

(10) 稀土储氢材料

稀土储氢材料牌号由构成稀土储氢材料的元素符号、阿拉伯数字和英文字母组成。共分四个层次，其中第一层次表示产品名称，采用材料类型的化学式中主体元素符号来表示；第二层次表示产品的功能类别，采用功能类别名称前两个汉字的拼音首字母表示；第三层次表示技术参数（比容量，循环寿命），用阿拉伯数字表示；第四层次表示代表性元素以及该元素占产品的最高质量百分含量。具体表示方法如下，示例见表 3-20-27。

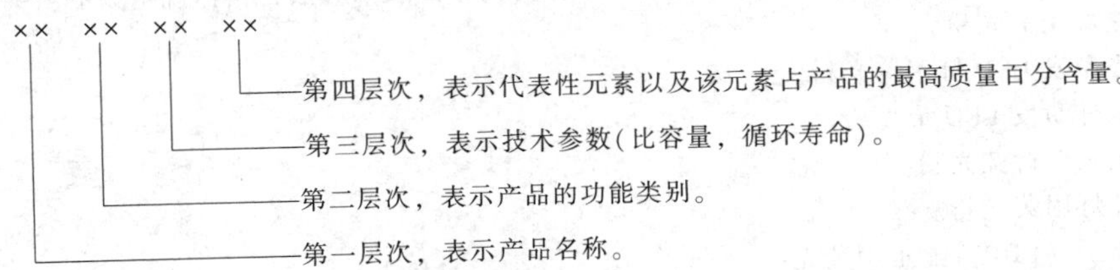
×× ×× ×× ××
第四层次，表示代表性元素以及该元素占产品的最高质量百分含量。
第三层次，表示技术参数(比容量，循环寿命)。
第二层次，表示产品的功能类别。
第一层次，表示产品名称。

第一层次采用主体元素表示，其中元素符号的顺序为稀土元素在前，其他元素在后，当稀土或者其他元素在两个以上时按照元素周期表顺序进行排列，如“LaNi”“LaMgNi”。

第二层次表示产品的功能类别，采用功能类别名称前两个汉字的拼音首字母表示，具体规定如下：

PT 普通型。

GL 功率型。

GR 高容量型。

GW 高温型。

DW 低温型。

DZ 低自放电型。

CS 长寿命型。

KW 宽温型。

第三层次采用稀土储氢材料的电极比容量和循环寿命表示。

第四层次表示代表性元素以及该元素占产品的质量百分含量。具体规定为：对于 $LaNi_5$ 型合金产品，Co00 代表无钴；Co01 代表 0<钴含量≤1.5；Co02 代表 1.5<钴含量≤2.5；依次类推，Co10 代表 9.5<钴含量≤10.5。$LaNi_5$ 型合金产品中的钴含量一般最高为 10.5%。对于 La-Mg-Ni 系合金产品，Mg01 代表 0<镁含量≤1.5；Mg02 代表 1.5<镁含量≤2.5；依次类推。

为便于区分牌号的层次，防止各技术参数之间相互混淆，第一层次与第二层次之间用分隔符“-”区分开；第二层次与第三层次之间用分隔符“-”区分开；第三层次电容量和循环寿命之间用分隔符“/”区分开；第三层次与第四层次之间用分隔符“-”区分开。

表 3-20-27　　稀土储氢材料的牌号与性能

序号	产品类别	产品牌号	产品名称	功能类别	电化学性能（25℃±2℃）		代表元素	代表元素的质量分数,*w*/%
					比容量/(mA·h/g)	循环寿命/次		
1	$LaNi_5$ 型合金	LaNi-PT-310/500-Co10	LaNi	PT	≥310	≥500	Co	9.5~10.5
2	$LaNi_5$ 型合金	LaNi-GL-300/500-Co06	LaNi	GL	≥300	≥500	Co	5.5~6.5
3	$LaNi_5$ 型合金	LaNi-GR-330/300-Co03	LaNi	GR	≥330	≥300	Co	2.5~3.5
4	La-Mg-Ni 系合金	LaMgNi-DZ-330/300-Mg01	LaMgNi	DZ	≥330	≥300	Mg	0~1.5

（11）稀土发光材料

稀土发光材料的牌号由发光材料英文首字母和阿拉伯数字组成。共分三个层次，其中第一层次用发光材料英文的首字母“LM”表示；第二层次表示产品的功能类别，用规定的阿拉伯数字表示；第三层次表示产品的体系及标准制定顺序，用规定的阿拉伯数字表示。第一层次与第二层次之间用分隔符“-”区分开。具体表示方法如下，示例见表 3-20-28。

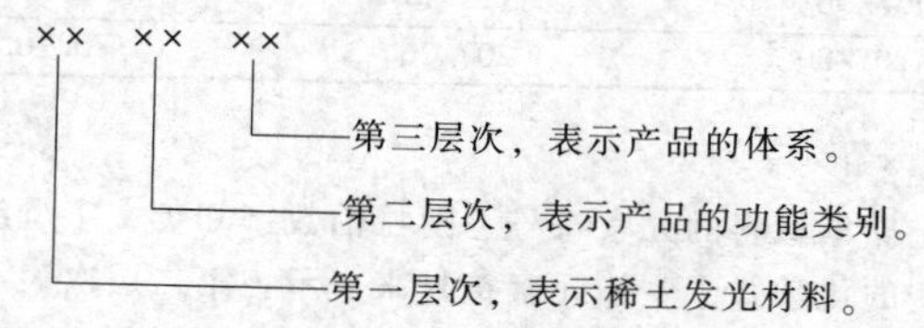

第一层次用发光材料的英文（luminescent material）的首字母“LM”表示。

第二层次产品的功能类别用规定的阿拉伯数字作为代号的表示方法，具体规定如下：

00 节能灯用荧光粉。

01 蓝光激发 LED 灯用荧光粉。

02 近紫外激发 LED 荧光粉。

03 稀土长余辉荧光粉。

04 紫外灯用荧光粉。

05 等离子（PDP）显示用荧光粉。

06 冷阴极灯用（CCFL）荧光粉。

07 高压汞灯用荧光粉。

08 金卤灯用发光材料。

09~99 备用。

第三层次为产品的体系，用规定的阿拉伯数字的表示方法，如产品体系相同，但其他（如激活剂含量、粒度、发射主峰值波长等）不同的产品，可在其后面依次加大写字母 A、B、C、D……表示，以示区别这些不同的产品，具体规定如下：

① LM-00 节能灯用荧光粉

00 氧化钇：铕（YOX）红粉。

01 多铝酸镁：铈、铽（CAT）绿粉。

02 磷酸镧：铈、铽（LAP）绿粉。

03 多铝酸镁钡：铕（BAM）蓝粉。

04 多铝酸镁钡：铕、锰（BAMn）蓝粉。

05 2700K 混合粉。

06 3000K 混合粉。

07 3500K 混合粉。

08 4000K 混合粉。

09 5000K 混合粉。

10 5500K 混合粉。

11 6500K 混合粉。

12 卤磷酸锶钙钡：铕（SECA）蓝粉。

13~99 备用。

② LM-01 蓝光激发 LED 荧光粉

00 铝酸盐荧光粉。

01 硅酸盐荧光粉。

02 氮化物荧光粉。

03 氮氧化物荧光粉。

04~99 备用。

③ LM-02 近紫外激发 LED 荧光粉

00 硫化物荧光粉。

01 铝酸盐荧光粉。

02 磷酸盐荧光粉。

03 硅酸盐荧光粉。

04~99 备用。

④ LM-03 稀土长余辉荧光粉

00 铝酸盐荧光粉。

01 硅酸盐荧光粉。

02 硫氧化物荧光粉。

03 硫化物荧光粉。

04~99 备用。

⑤ LM-04 紫外灯用荧光粉

00 铝酸盐荧光粉。

01 磷酸盐荧光粉。

02 硼酸盐荧光粉。

03~99 备用。

⑥ LM-05 等离子（PDP）显示用荧光粉

00 硼酸钇：铕 YBO 红粉。

01 钆酸钇：铕 YGO 红粉。

02 钒磷酸钇：铕 YPV 红粉。

03 硅酸锌：锰 ZSM 绿粉。

04 硼酸钇：铽 YBT 绿粉。

05 铝酸钇：铈 YAG 黄粉。

06 多铝酸镁钡：铕 BAM 蓝粉。

07~99 备用。

⑦ LM-06 冷阴极灯用（CCEL）荧光粉

00 氧化钇：铕 YOX 红粉。

01 钒酸钇：铕 YVO 红粉。

02 磷酸镧：铈、铽 LAP 绿粉。

03 多铝酸镁钡：铕、锰 BAMn 蓝粉。

04 多铝酸镁钡：铕 BAM 蓝粉。

05 卤磷酸锶钙钡：铕 SECA 蓝粉。

06~99 备用。

⑧ LM-07 高压汞灯用荧光粉

00 钒磷酸钇铕。

01 钒酸钇铕。

02~99 备用。

⑨ LM-08 金卤灯用发光材料

00 镝系列发光材料。

01 钪钠系列发光材料。

02 钠铊铟系列发光材料。

03~99 备用。

表 3-20-28　　稀土发光材料的类别与牌号

序号	产品类别	产品牌号	产品体系	牌号结构		
				第一层次	第二层次	第三层次
1	节能灯用荧光粉	LM-0001	$MgAl_{11}O_{19}$:Ce,Tb	LM	00	01
		LM-0002	$LaPO_4$:Ce,Tb	LM	00	02
		LM-0000A	Y_2O_3:Eu(6.6%)	LM	00	00A
		LM-0000B	Y_2O_3:Eu(4.5%)	LM	00	00B
2	蓝光激发 LED 荧光粉	LM-0100	$Y_3Al_5O_{12}$:Ce	LM	01	00
		LM-0102A	$Sr_2Si_5N_a$:Eu	LM	01	02A
		LM-0102B	$CaSiAlN_3$:Eu	LM	01	02B
3	稀土长余辉荧光粉	LM-0303	Y_2O_2S:Eu,Ln	LM	03	03

(12) 稀土抛光粉

稀土抛光粉的牌号由抛光粉英文首字母和阿拉伯数字组成。共分三个层次，其中第一层次表示稀土抛光粉类产品，用抛光粉英文的首字母“PP”来表示；第二层次表示稀土抛光粉产品类别，用特定的阿拉伯数字表示；第三层次表示抛光粉产品基本用途，用规定的阿拉伯数字的表示方法。具体表示方法如下，示例见表 3-20-29。

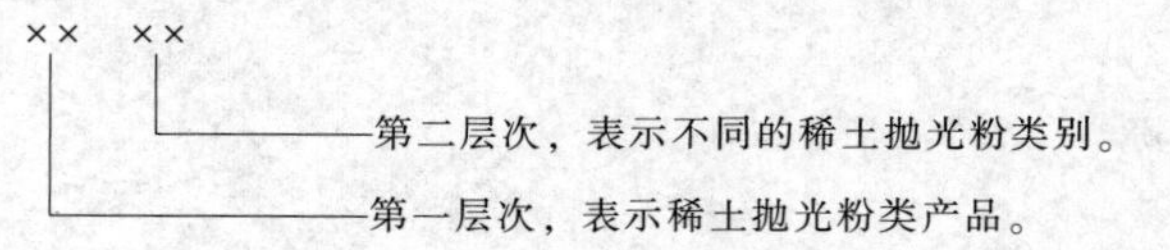

第一层次用抛光粉英文（polishing powder）的首字母“PP”来表示。

第二层次稀土抛光粉产品的类别用阿拉伯数字作为代号的表示方法，具体规定如下：

01 $D_{95}\leqslant 5.5\mu m$ 的抛光粉。

02 D_{95} 在 5.5~8μm 的抛光粉。

03 D_{95} 在 8~16μm 的抛光粉。

04 D_{95} 在 16~35μm 的抛光粉。

05 D_{95} 在 35~37μm 的抛光粉。

06~20 备用。

第一层次的与第二层次的数字间由分隔符区“-”分开。

表 3-20-29　　稀土抛光粉的类别与牌号

序号	产品类别	产品牌号	$D_{95}/\mu m$	牌号结构	
				第一层次	第二层次
1	抛光粉	PP-01	≤5.5	PP	01
2	抛光粉	PP-02	5.5~8.0	PP	02
3	抛光粉	PP-03	8~16	PP	03
4	抛光粉	PP-04	16~35	PP	04
5	抛光粉	PP-05	35~37	PP	05

(13) 铽镝铁大磁致伸缩材料

铽镝铁大磁致伸缩材料的牌号由构成铽镝铁大磁致伸缩材料的元素符号和阿拉伯数字组成。共分两个层次，其中第一层次表示铽镝铁大磁致伸缩材料的主元素，第二层次表示该产品的特征技术参数，采用铽镝铁大磁致伸缩材料的平行磁致伸缩系数（$\lambda_{//}$）区间的最小值表示。具体表示方法如下，示例见表 3-20-30。

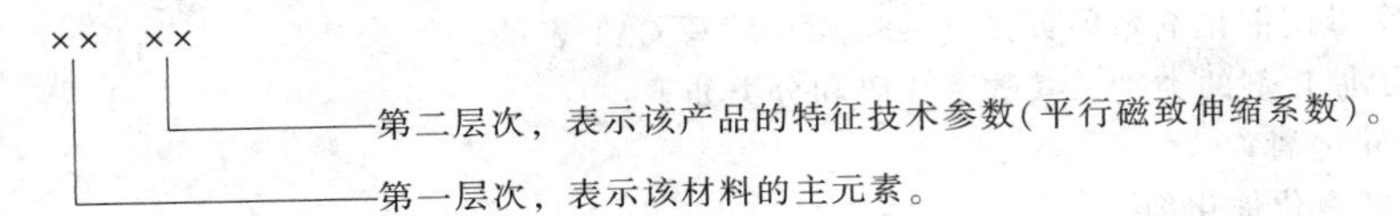
××　××
第二层次，表示该产品的特征技术参数(平行磁致伸缩系数)。
第一层次，表示该材料的主元素。

第一层次采用铽镝铁大磁致伸缩材料的主元素符号表示，元素符号的顺序为稀土元素在前，其他元素在后，按照元素周期表先后顺序排列，如“TbDyFe”。

第二层次用铽镝铁大磁致伸缩材料的平行磁致伸缩系数 $\lambda_{/\!/}$ 区间的最小值表示。

为便于区分牌号的层次，第一层次与第二层次之间用分隔符“-”区分开。

表 3-20-30　　铽镝铁大磁致伸缩材料的产品牌号

序号	产品名称	产品牌号	牌号结构	
			第一层次	第二层次
1	铽镝铁大磁致伸缩材料	TbDyFe-500	TbDyFe	$500\leqslant\lambda_{/\!/}<750$
2	铽镝铁大磁致伸缩材料	TbDyFe-750	TbDyFe	$750\leqslant\lambda_{/\!/}<1000$
3	铽镝铁大磁致伸缩材料	TbDyFe-1000	TbDyFe	$1000\leqslant\lambda_{/\!/}<1200$
4	铽镝铁大磁致伸缩材料	TbDyFe-1200	TbDyFe	$\lambda_{/\!/}\geqslant1200$

(14) 稀土磁制冷材料

稀土磁制冷材料的牌号由构成磁制冷材料的元素符号和阿拉伯数字组成。共分三个层次，其中第一层次用该材料的元素符号表示；第二层次表示该材料的规格（形状），其中圆形用直径符号表示，方形用厚度符号表示，第三层次表示材料的几何尺寸［最小直径和最大直径或者是材料的厚（高）度、长度和宽度］。具体表示方法见下，示例见表 3-20-31。

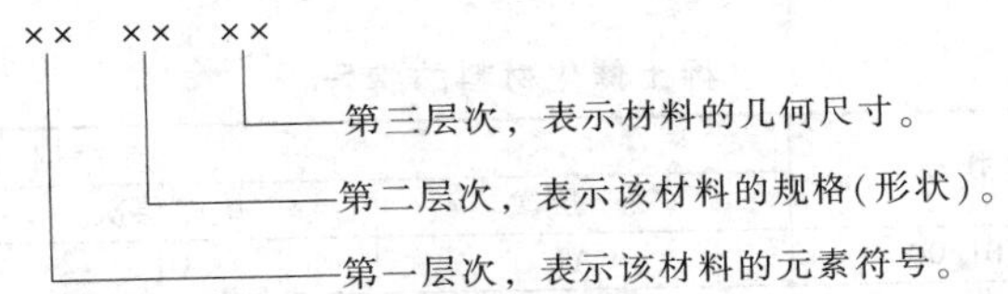
××　××　××
第三层次，表示材料的几何尺寸。
第二层次，表示该材料的规格(形状)。
第一层次，表示该材料的元素符号。

第一层次用该材料的元素符号表示，其中元素符号的顺序为稀土元素在前，其他元素在后，按照元素周期表先后顺序排列，如“GdTb”。

第二层次表示该材料的几何形状，如该产品几何形状为圆形，则用“Φ”表示，即直径；如该产品几何形状为矩形，则用“P”表示，即厚（高）度、长度和宽度。

第三层次表示材料的几何尺寸：

a. 凡几何形状为圆形的产品，“Φ”是一个范围，表示的是最小直径值和最大直径值。

b. 凡几何形状为矩形的产品，“P”给出的是数值表示该产品的厚（高）度、长度和宽度。

为便于区分牌号的层次，每层之间用分隔符“-”区分开，不同几何尺寸的数据之间用分隔符“/”区分开。

表 3-20-31　　稀土磁制冷材料的牌号

序号	产品名称	产品牌号	牌号结构		
			第一层次	第二层次	第三层次
1	磁制冷材料	Gd-Φ-0.3/0.5	Gd	Φ	直径 0.3~0.5mm
2	磁制冷材料	Gd-P-1/70/17	Gd	P	1mm×70mm×17mm
3	磁制冷材料	LaFeCoSiH-Φ-0.5/0.7	LaFeCoSiH	Φ	直径 0.5~0.7mm
4	磁制冷材料	LaFeCoSiH-P-1/70/17	LaFeCoSiH	P	1mm×70mm×17mm

(15) 稀土催化材料

稀土催化材料的牌号由催化剂英文的缩写字母和阿拉伯数字组成。共分三个层次，其中第一层次采用催化剂名称英文缩写 CAT 表示，第二层次表示催化剂的类别，第三层次表示催化剂的应用领域。具体表示方法如下，示例见表 3-20-32。

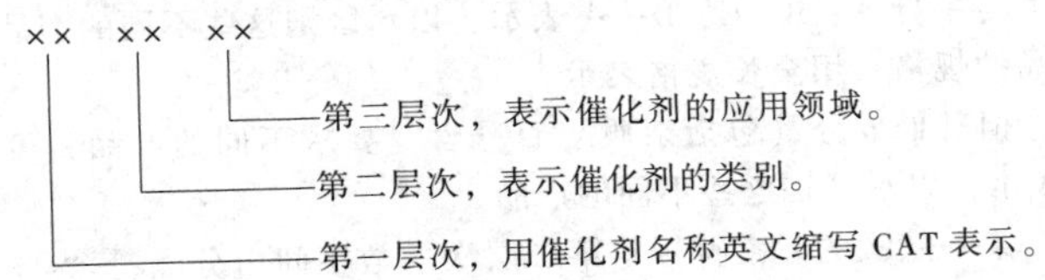
××　××　××
第三层次，表示催化剂的应用领域。
第二层次，表示催化剂的类别。
第一层次，用催化剂名称英文缩写 CAT 表示。

第一层次的字母用催化剂名称英文（catalyst）缩写 CAT 表示。

第二层次表示催化剂的类别，其数字代码和分类如下：

01 石油裂化催化剂。

02 机动车尾气净化催化剂。

03 催化燃烧催化剂。

04 合成橡胶催化剂。

05 光催化剂。

06 燃料电池催化剂。

07~20 备用。

第三层次数字表示材料的应用领域，依据此分领域按次序 01、02、03……排列，若应用领域没有则用“00”表示；表示同一应用领域下不同产品类别可依次在其后加大写字母 A、B、C、D……表示。以下列举了目前机动车尾气净化催化剂已有的应用领域，其数字代码和分类如下，其他可以参照其采用。

01 汽油车用排气净化催化剂。

02 柴油车用排气净化催化剂。

03 CNG 发动车用排气净化催化剂。

04 摩托车用排气净化催化剂。

05 其他尾气净化催化剂。

06 堇青石蜂窝载体。

第一层次的与第二层次的数字间由分隔符区“-”分开，第二层次数字和第三层次数字之间由分隔符区“/”分开。

表 3-20-32　　**稀土催化材料的牌号**

<table>
<tr><th rowspan="2">序号</th><th rowspan="2">产品牌号</th><th colspan="3">牌号结构</th></tr>
<tr><th>第一层次</th><th>第二层次</th><th>第三层次</th></tr>
<tr><td>1</td><td>CAT-01/00</td><td>CAT</td><td>01</td><td>00</td></tr>
<tr><td>2</td><td>CAT-02/01A</td><td>CAT</td><td rowspan="3">02</td><td rowspan="2">01A</td></tr>
<tr><td>3</td><td>CAT-02/01B</td><td>CAT</td></tr>
<tr><td>4</td><td>CAT-02/02A</td><td>CAT</td><td>02A</td></tr>
<tr><td>5</td><td>CAT-03/00</td><td>CAT</td><td>03</td><td>00</td></tr>
</table>

（16）稀土发热材料

稀土发热材料的牌号由构成稀土发热材料的元素符号和数字组成。共分三个层次，其中第一层次采用发热材料的主元素符号表示，第二层次采用发热材料的直径的规格中心值来表示，第三层次采用发热材料的全长规格中心值来表示。具体表示方法如下，示例见表 3-20-33。

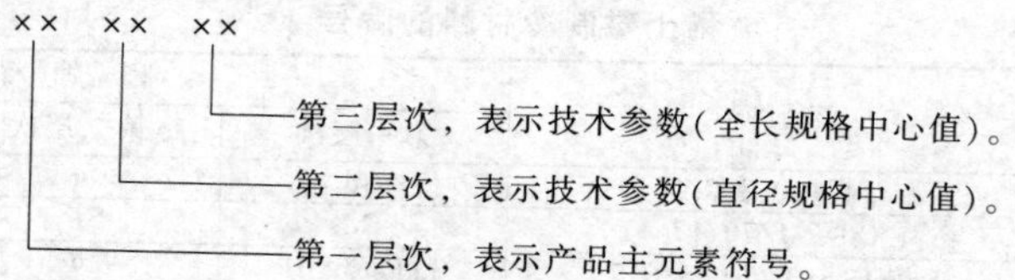

第一层次用构成产品的主元素符号表示产品名称，编写规则为稀土元素在前，其他化学元素在中间，决定产品化学性质的元素符号在最后，如“LaCrO”。

第二层次表示该产品的规格，以产品的直径规格（中心值）表示，如产品直径大于或等于 10 时，其表示方法是将直径值采用四舍五入方法修约后取前两位整数；当产品直径小于 10 时，其表示方法是将该直径值采用四舍五入方法修约后取整数，在该整数前加“0”补足两位数字表示。如有直径值相同，但其他规格不同的产品，可在数字代号最后面依次加大写字母 A、B、C、D……表示，以示区别这些不同的产品。

第三层次同样表示该产品的规格，用全长规格表示。

当稀土百分含量相同时，但其他成分（包括杂质）百分含量要求不同的产品，可在数字代号最后面依次加大写字母 A、B、C、D……表示，以示区别这些不同的产品。

为防止字符与数字混淆，第一层次的元素符号与第二层次的数字间由分隔符“-”区分开，为区别两种不同的技术参数，第二层次的数字和第三层次数字之间用分隔符“/”区分开。

表 3-20-33　　稀土发热材料的牌号

序号	产品类别	产品牌号	产品规格/mm		牌号结构		
			直径	全长	第一层次	第二层次	第三层次
1	铬酸镧	LaCrO-14/450	14.0±0.5	450±5	LaCrO	14	450

(17) 稀土陶瓷粉

稀土陶瓷粉的牌号由构成稀土陶瓷粉的元素符号和数字组成。共分三个层次，其中第一层次表示构成该产品的主元素符号，第二层次表示稀土元素的含量规格，第三层次表示该产品生产工艺。具体表示方法如下，示例见表 3-20-34。

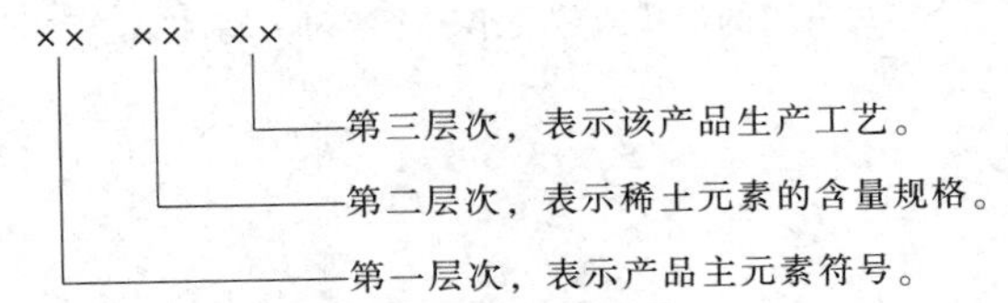
××　××　××
第三层次，表示该产品生产工艺。
第二层次，表示稀土元素的含量规格。
第一层次，表示产品主元素符号。

第一层次用构成产品的主元素符号表示产品名称，编写规则为稀土元素在前，其他化学元素在后，如有决定产品化学性质的元素符号在则增加在最后。

第二层次表示该产品的规格，以产品中稀土元素的实际百分含量表示；若产品中有两种或者两种以上稀土元素时，则参照混合稀土的方法，采用主量稀土元素的百分含量加该稀土元素符号表示。

第三层次表示该产品生产工艺（QL 表示气流粉，ZL 表示造粒粉）。

当稀土百分含量相同时，但其他成分（包括杂质）百分含量要求不同的产品，可在数字代号最后面依次加大写字母 A、B、C、D……表示，以示区别这些不同的产品。

为防止字符与数字混淆，第一层次的元素符号与第二层次的数字间由分隔符“-”区分开。

表 3-20-34　　稀土陶瓷粉的牌号

序号	产品类别	产品牌号	产品规格	牌号结构		
			Y_2O_3(质量分数)/%	第一层次	第二层次	第三层次
1	稀土钇锆陶瓷粉	YZ-5.25QLA	5.25	YZ	5.25	QLA
		YZ-5.25QLB		YZ	5.25	QLB

20.1.7　贵金属及其合金牌号表示方法（GB/T 18035—2000）

(1) 牌号分类

按照生产过程，并兼顾到某种产品的特定用途，贵金属及其合金牌号分为冶炼产品、加工产品、复合材料、粉末产品、钎焊料五类。

(2) 牌号表示方法

① 冶炼产品牌号　贵金属冶炼产品牌号表示为：

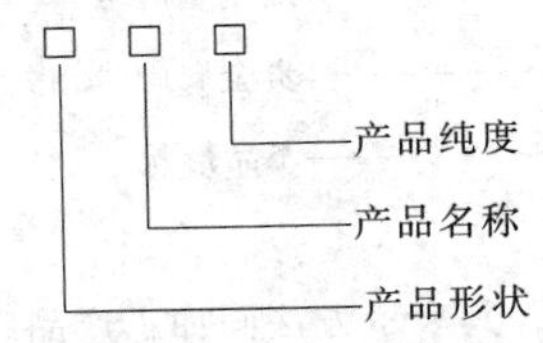
□　□　□
产品纯度
产品名称
产品形状

产品的形状，分别用英文的第一个字母大写或其字母组合形式表示，其中：

a. IC 表示铸锭状金属；

b. SM 表示海绵状金属。

产品的名称，用化学元素符号表示。

产品的纯度，用百分含量的阿拉伯数字表示，不含百分号。

示例：

a. IC-Au99.99，表示纯度为99.99%的金锭；

b. SM-Pt99.999，表示纯度为99.999%的海绵铂。

② 加工产品牌号　贵金属加工产品的牌号表示为：

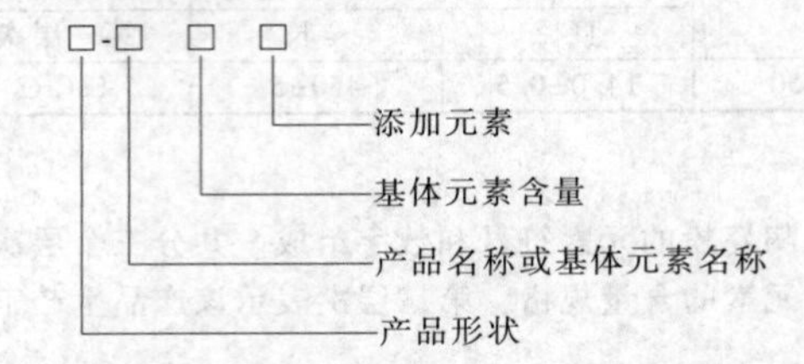

产品形状：分别用英文的第一个字母大写的形式或英文第一个字母大写和第二个字母小写的形式表示，其中：

a. Pl 表示板材；

b. Sh 表示片材；

c. St 表示带材；

d. F 表示箔材；

e. T 表示管材；

f. R 表示棒材；

g. W 表示线材；

h. Th 表示丝材。

产品名称：若产品为纯金属，则用其化学元素符号表示名称；若为合金，则用该合金的基体的化学元素符号表示名称。

产品含量：若产品为纯金属，则用百分含量表示其含量；若为合金，则用该合金基体元素的百分含量表示其含量，均不含百分号。

添加元素：用化学元素符号表示添加元素。若产品为三元或三元以上的合金，则依据添加元素在合金中含量的多少，依次用化学元素符号表示。若产品为纯金属加工材，则无此项。

若产品的基体元素为贱金属，添加元素为贵金属，则仍将贵金属作为基体元素放在第二项，第三项表示该贵金属元素的含量，贱金属元素放在第四项。

示例：

a. Pl-Au99.999，表示纯度为99.999%的纯金板材；

b. W-Pt90Rh，表示含90%铂、添加元素为铑的铂铑合金线材；

c. W-Au93NiFeZr，表示含93%金、添加元素为镍、铁和锆的金镍铁锆合金线材；

d. St-Au75Pd，表示含75%金、添加元素为钯的金钯合金带材；

e. St-Ag30Cu，表示含30%银、添加元素为铜的银铜合金带材。

③ 复合材料牌号　贵金属复合材料的牌号表示为：

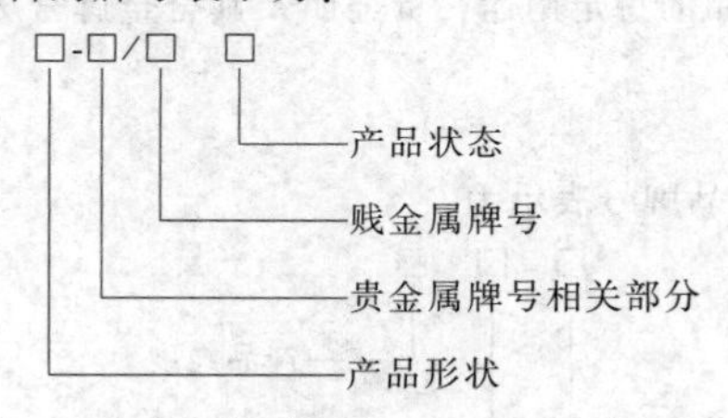

产品形状的表示方法同加工产品牌号。

构成复合材料的贵金属牌号的相关部分，其表示方法同加工产品牌号。

构成复合材料的贱金属牌号，其表示方法参见现行相关国标。

产品状态分为软态（M）、半硬态（Y_2）和硬态（Y）。此项可根据需要选定或省略。

三层及三层以上复合材料，在第三项后面依次插入表示后面层的相关牌号，并以“/”相隔开。

示例：

a. St-Ag99.95/QSn6.5-0.1，表示由含银99.95%的银带材和含锡6.5%、含磷0.1%的锡磷青铜带复合成的复合带材；

b. St-Ag90Ni/H62Y_2，表示由含银 90%的银镍合金和含铜 62%的黄铜复合成的半硬态的复合带材；

c. St-Ag99.95/T2/Ag99.95，表示第一层为含银 99.95%的银带、第二层为 2 号紫铜带、第三层为含银 99.95%的银带的三层复合带材。

④ 粉末产品牌号　贵金属粉末产品的牌号表示为：

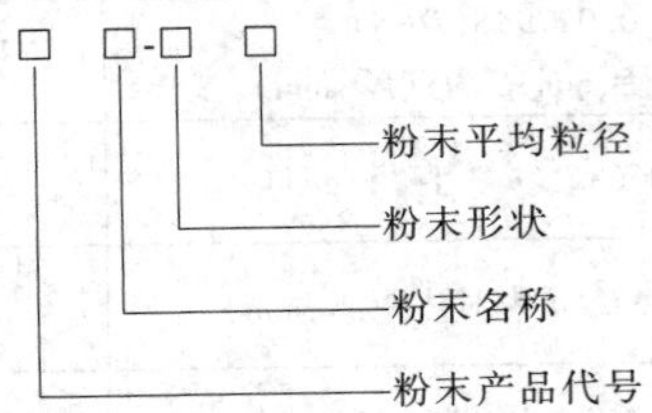

粉末产品代号用英文大写字母 P 表示。

粉末名称：若粉末是纯金属，则用其化学元素符号表示；若是金属氧化物，则用其分子式表示；若是合金，则用其基体元素符号、基体元素含量、添加元素符号依次表示。

粉末形状用英文大写字母表示，其中：

a. S 表示片状粉末；

b. G 表示球状粉末。

若不强调粉末的形状，其形状可不表示。

粉末平均粒径用阿拉伯数字表示，单位为 μm。若平均粒径是一个范围，则取其上限值。

示例：

a. PAg-S6.0，表示平均粒径小于 6.0μm 的片状银粉；

b. PPd-G0.15，表示平均粒径小于 0.15μm 的球状钯粉。

⑤ 钎焊料牌号　贵金属钎焊料牌号表示为：

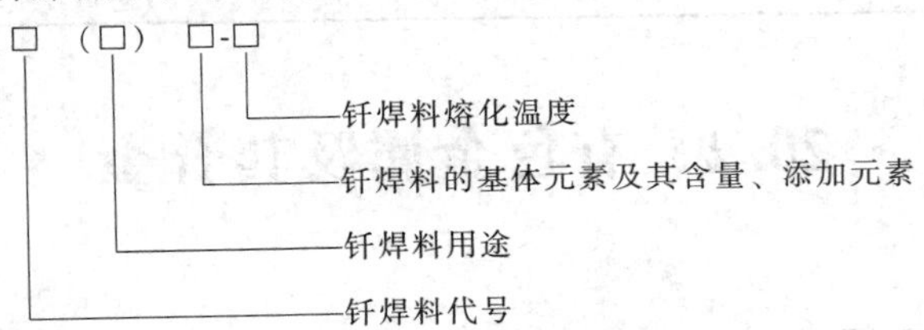

钎焊料代号用英文大写字母 B 表示。

钎焊料用途用英文大写字母表示，其中：

V 表示电真空焊料。

若不强调钎焊料的用途，则此项可不用字母表示。

钎焊料合金的基体元素及其含量以及添加元素，其表示方法同加工产品牌号。

钎焊料熔化温度：共晶合金为共晶点温度，其余合金为固相线温度/液相线温度。

示例：

a. BVAg72Cu-780，表示含 72%的银、熔化温度为 780℃、用于电真空器件的银铜合金钎焊料。

b. BAg70CuZn-690/740，表示含 70%的银、固相线温度为 690℃、液相线温度为 740℃的银铜锌合金钎焊料。

20.1.8　有色金属材料理论质量计算公式

表 3-20-35　有色金属材料理论质量计算公式

名称	质量单位	计算公式	计算举例
紫铜棒	kg/m	$W=0.00698d^2$（d 为直径，mm）	直径 100mm 的紫铜棒，求每米质量： 每米质量 $=0.00698\times100^2=69.8$kg
六角紫铜棒		$W=0.0077d^2$（d 为对边距离，mm）	对边距离为 10mm 的六角紫铜棒，求每米质量： 每米质量 $=0.0077\times10^2=0.77$kg

续表

名称	质量单位	计算公式	计算举例
紫铜板	kg/m^2	$W=8.89b$（b 为厚度，mm）	厚 5mm 的紫铜板，求每平方米质量： 每平方米质量 $=8.89\times5=44.45$kg
紫铜管	kg/m	$W=0.02794S(D-S)$ （D 为外径，mm；S 为壁厚，mm）	外径为 60mm，厚为 4mm 的紫铜管，求每米质量： 每米质量 $=0.02794\times4\times(60-4)=6.20$kg
黄铜棒		$W=0.00668d^2$（d 为直径，mm）	直径为 100mm 的黄铜棒，求每米质量： 每米质量 $=0.00668\times100^2=66.8$kg
六角黄铜棒		$W=0.00736d^2$（d 为对边距离，mm）	对边距离为 10mm 的六角黄铜棒，求每米质量： 每米质量 $=0.00736\times10^2=0.736$kg
黄铜板	kg/m^2	$W=8.5b$（b 为厚度，mm）	厚 5mm 的黄铜板，求每平方米质量： 每平方米质量 $=8.5\times5=42.5$kg
黄铜管	kg/m	$W=0.0267S(D-S)$ （D 为外径，mm；S 为壁厚，mm）	外径为 60mm，厚为 4mm 的黄铜管，求每米质量： 每米质量 $=0.0267\times4\times(60-4)=5.98$kg
铝棒		$W=0.0022d^2$（d 为直径，mm）	直径为 10mm 的铝棒，求每米质量： 每米质量 $=0.0022\times10^2=0.22$kg
铝板	kg/m^2	$W=2.71b$（b 为厚度，mm）	厚度为 10mm 的铝板，求每平方米质量： 每平方米质量 $=2.71\times10=27.1$kg
铝管	kg/m^2	$W=0.008796S(D-S)$ （D 为外径，mm；S 为壁厚，mm）	外径为 30mm，壁厚为 5mm 的铝管，求每米质量： 每米质量 $=0.008796\times5\times(30-5)=1.1$kg
铅板	kg/m	$W=11.37b$（b 为厚度，mm）	厚度为 5mm 的铅板，求每平方米质量： 每平方米质量 $=11.37\times5=56.85$kg
铅管	kg/m^2	$W=0.355S(D-S)$ （D 为外径，mm；S 为壁厚，mm）	外径为 60mm，壁厚为 4mm 的铅管，求每米质量： 每米质量 $=0.355\times4\times(60-4)=7.95$kg

20.2 有色金属及其合金

20.2.1 阴极铜（GB/T 467—2010）

（1）产品分类

阴极铜按化学成分分为 A 级铜（Cu-CATH-1）、1 号标准铜（Cu-CATH-2）、2 号标准铜（Cu-CATH-3）三个牌号。

（2）化学成分

A 级铜的化学成分应符合表 3-20-36 的规定。1 号标准铜的化学成分应符合表 3-20-37 的规定。2 号标准铜的化学成分应符合表 3-20-38 的规定。

表 3-20-36 A 级铜（Cu-CATH-1）的化学成分（质量分数） %

元素组	杂质元素	含量 ≤	元素组总含量 ≤	
1	Se	0.00020	0.00030	0.0003
	Te	0.00020		
	Bi	0.00020		
2	Cr	—	0.0015	
	Mn	—		
	Sb	0.0004		
	Cd	—		
	As	0.0005		
	P	—		

续表

元素组	杂质元素	含量 ≤	元素组总含量 ≤
3	Pb	0.0005	0.0005
4	S	0.0015	0.0015
5	Sn	—	0.0020
	Ni	—	
	Fe	0.0010	
	Si	—	
	Zn	—	
	Co	—	
6	Ag	0.0025	0.0025
表中所列杂质元素总含量		0.0065	

表 3-20-37　**1 号标准铜（Cu-CATH-2）化学成分（质量分数）**　%

Cu+Ag 不小于	杂质含量 ≤									
	As	Sb	Bi	Fe	Pb	Sn	Ni	Zn	S	P
99.95	0.0015	0.0015	0.0005	0.0025	0.002	0.0010	0.0020	0.002	0.0025	0.001

注：1. 供方需按批测定 1 号标准铜中的铜、银、砷、锑、铋含量，并保证其他杂质符合本标准的规定。
2. 表中铜含量为直接测得值。

表 3-20-38　**2 号标准铜（Cu-CATH-3）化学成分（质量分数）**　%

Cu 不小于	杂质含量 ≤			
	Bi	Pb	Ag	总含量
99.90	0.0005	0.005	0.025	0.03

注：表中铜含量为直接测得值。

（3）物理性能

A 级铜质量电阻率≤0.15176Ω·g/m^2，1 号、2 号标准铜质量电阻率≤0.15328Ω·g/m^2。

20.2.2 电工用铜线坯（GB/T 3952—2016）

（1）牌号、状态、规格

电工用铜线坯的牌号、状态、规格见表 3-20-39。

表 3-20-39　**电工用铜线坯的牌号、状态、规格**

牌号	状态	直径/mm
T1,T2,T3	热轧(M20)	6.0~35.0
TU1,TU2	铸造(M07)	
	拉拔(硬)(H80)	6.0~12.0

（2）标记示例

标记按牌号、状态、直径和标准编号的顺序表示，标记示例如下：

示例 1：

牌号为 T1、热轧（M20）状态、直径为 8.0mm 的铜线坯标记为：铜线坯 T1 M20 ϕ8.0 GB/T 3952—2016。

示例 2：

牌号为 TU2、拉拔（硬）（H80）状态、直径为 10.0mm 的铜线坯标记为：铜线坯 TU2 H80 ϕ10.0 GB/T 3952—2016。

（3）化学成分

T1、TU1 牌号铜线坯的化学成分应符合表 3-20-40 的规定，并且 T1 的氧含量应不大于 0.040%，TU1 的氧含量应不大于 0.0010%。

表 3-20-40　　T1、TU1 牌号铜线坯的化学成分

元素组	杂质元素	质量分数/% ≤	元素组总质量分数/% ≤	
1	Se	0.0002	0.00030	0.0003
	Te	0.0002		
	Bi	0.0002		
2	Cr	—	0.0015	
	Mn	—		
	Sb	0.0004		
	Cd	—		
	As	0.0005		
	P	—		
3	Pb	0.0005	0.0005	
4	S	0.0015	0.0015	
5	Sn	—	0.0020	
	Ni	—		
	Fe	0.0010		
	Si	—		
	Zn	—		
	Co	—		
6	Ag	0.0025	0.0025	
杂质总量(质量分数)/% ≤		0.0065		

注：杂质总量为表中所列杂质元素实测值之和。

T2、TU2 牌号铜线坯的化学成分应符合表 3-20-41 的规定，并且 T2 的氧含量应不大于 0.045%，TU2 的氧含量应不大于 0.0020%。

表 3-20-41　　T2、TU2 牌号铜线坯的化学成分

Cu+Ag ≥	质量分数/%									
	杂质元素 ≤									
	As	Sb	Bi	Fe	Pb	Sn	Ni	Zn	S	P
99.95	0.0015	0.0015	0.0005	0.0025	0.002	0.0010	0.0020	0.002	0.0025	0.001

注：表中 Cu+Ag 含量为直接测得值。

T3 牌号铜线坯的化学成分应符合表 3-20-42 的规定，并且 T3 的氧含量应不大于 0.05%。

表 3-20-42　　T3 牌号铜线坯的化学成分

Cu+Ag ≥	质量分数/%												
	杂质元素 ≤												
	As	Sb	Bi	Fe	Pb	Sn	Ni	Zn	S	P	Cd	Mn	杂质总和
99.90	—	—	0.0025	—	0.005	—	—	—	—	—	—	—	0.06

注：1. 杂质总量为表中所列杂质元素实测值之和。

2. 表中 Cu+Ag 含量为直接测得值。

(4) 尺寸及其允许偏差

铜线坯的尺寸及其允许偏差应符合表 3-20-43 的规定。

表 3-20-43　　铜线坯的直径及其允许偏差

mm

公称直径	6.0~6.35	>6.35~12.0	>12.0~19.0	>19.0~25.0	>25.0~35.0
允许偏差	+0.5 -0.25	±0.4	±0.5	±0.6	±0.8

(5) 力学性能

铜线坯的力学性能应该符合表 3-20-44 的规定。

直径为 6.0~10.0mm 的（M20、M07 状态）铜线坯应进行扭断试验，不同牌号的铜线坯扭转性能应符合表 3-20-45 的规定。

表 3-20-44　　铜线坯的抗拉强度和伸长率

牌号	状态	直径/mm	抗拉强度/MPa ≥	伸长率/% ≥
T1	热轧(M20)	6.0~35	—	40
T2			—	37
T3			—	35
TU1	铸造(M07)		—	40
TU2			—	37
TU1、TU2	拉拔(硬)(H80)	6.0~7.0	370	2.0
		>7.0~8.0	345	2.2
TU1、TU2		>8.0~9.0	335	2.4
		>9.0~10.0	325	2.8
		>10.0~11.0	315	3.2
		>11.0~12.0	290	3.6

表 3-20-45　　铜线坯的扭转性能

牌号	状态	正转转数	反转至断裂的转数 ≥
T1	热轧(M20)	25	25
T2		25	20
T3		25	17
TU1	铸造(M07)	25	25
TU2		25	20

(6) 电阻率

铜线坯的电阻率应符合表 3-20-46 的规定。

表 3-20-46　　铜线坯的电阻率

牌号	状态	质量电阻率 ρ_{20° /(Ω·g/m^2) ≤	体积电阻率 ρ_{20° /(Ω·mm^2/m) ≤
T1	热轧(M20)	0.15176	0.017070
T2、T3		0.15328	0.017241
TU1	铸造(M07)	0.15176	0.017070
TU2		0.15328	0.017241
TU1	拉拔(硬)(H80)	0.15561	0.017504
TU2		0.15798	0.017774

20.2.3　加工铜（GB/T 5231—2012）

加工铜及铜合金的牌号和化学成分应符合表 3-20-47~表 3-20-51 的规定。表 3-20-47~表 3-20-51 中含量有上下限者为合金元素；含量为单个数值者，铜为最低限量，其他杂质元素为最高限量。表 3-20-48~表 3-20-51 中所列杂质总和为主成分之外的所有杂质元素之和，主要为 Ag、As、Bi、Cd、Co、Cr、Fe、Mn、Ni、O、P、Pb、S、Sb、Se、Si、Sn、Te、Zn 等元素。

表 3-20-47

加工铜的化学成分

分类	代号	牌号	化学成分(质量分数)/%											
			Cu+Ag（最小值）	P	Ag	Bi[1]	Sb[1]	As[1]	Fe	Ni	Pb	Sn	S	Zn	O
无氧铜	C10100	TU00	99.99[2]	0.0003	0.0025	0.0001	0.0004	0.0005	0.0010	0.0010	0.0005	0.0002	0.0015	0.0001	0.0005
			Te≤0.0002,Se≤0.0003,Mn≤0.00005,Cd≤0.0001												
	T10130	TU0	99.97	0.002	—	0.001	0.002	0.002	0.004	0.002	0.003	0.002	0.004	0.003	0.001
	T10150	TU1	99.97	0.002	—	0.001	0.002	0.002	0.004	0.002	0.003	0.002	0.004	0.003	0.002
	T10180	TU2[3]	99.95	0.002	—	0.001	0.002	0.002	0.004	0.002	0.004	0.002	0.004	0.003	0.003
	C10200	TU3	99.95	—	—	—	—	—	—	—	—	—	—	—	0.0010
银无氧铜	T10350	TU00Ag0.06	99.99	0.002	0.05~0.08	0.0003	0.0005	0.0004	0.0025	0.0006	0.0006	0.0007	—	0.0005	0.0005
	C10500	TUAg0.03	99.95	—	≥0.034	—	—	—	—	—	—	—	—	—	0.0010
	T10510	TUAg0.05	99.96	0.002	0.02~0.06	0.001	0.002	0.002	0.004	0.002	0.004	0.002	0.004	0.003	0.003
	T10530	TUAg0.1	99.96	0.002	0.06~0.12	0.001	0.002	0.002	0.004	0.002	0.004	0.002	0.004	0.003	0.003
	T10540	TUAg0.2	99.96	0.002	0.15~0.25	0.001	0.002	0.002	0.004	0.002	0.004	0.002	0.004	0.003	0.003
	T10550	TUAg0.3	99.96	0.002	0.25~0.35	0.001	0.002	0.002	0.004	0.002	0.004	0.002	0.004	0.003	0.003
锆无氧铜	T10600	TUZr0.15	99.97[4]	0.002	$Zr_4$0.11~0.21	0.001	0.002	0.002	0.004	0.002	0.003	0.002	0.004	0.003	0.002
纯铜	T10900	T1	99.95	0.001	—	0.001	0.002	0.002	0.005	0.002	0.003	0.002	0.005	0.005	0.02
	T11050	T2[5][6]	99.90	—	—	0.001	0.002	0.002	0.005	—	0.005	—	0.005	—	—
	T11090	T3	99.70	—	—	0.002	—	—	—	—	0.01	—	—	—	—
银铜	T11200	TAg0.1-0.01	99.9[7]	0.004~0.012	0.08~0.12	—	—	—	—	0.05	—	—	—	—	0.05
	T11210	TAg0.1	99.5[8]	—	0.06~0.12	0.002	0.005	0.01	0.05	0.2	0.01	0.05	0.01	—	0.1
	T11220	TAg0.15	99.5	—	0.10~0.20	0.002	0.005	0.01	0.05	0.2	0.01	0.05	0.01	—	0.1
磷脱氧铜	C12000	TP1	99.90	0.004~0.012	—	—	—	—	—	—	—	—	—	—	—
	C12200	TP2	99.9	0.015~0.040	—	—	—	—	—	—	—	—	—	—	—
	T12210	TP3	99.9	0.01~0.025	—	—	—	—	—	—	—	—	—	—	0.01
	T12400	TP4	99.90	0.040~0.065	—	—	—	—	—	—	—	—	—	—	0.002

续表

分类	代号	牌号	化学成分(质量分数)/%													
			Cu+Ag（最小值）	P	Ag	Bi①	Sb①	As①	Fe	Ni	Pb	Sn	S	Zn	O	Cd
碲铜	T14440	TTe0.3	99.9⑨	0.001	Te:0.20~0.35	0.001	0.0015	0.002	0.008	0.002	0.01	0.001	0.0025	0.005	—	0.01
	T14450	TTe0.5-0.008	99.8⑩	0.004~0.012	Te:0.4~0.6	0.001	0.003	0.002	0.008	0.005	0.01	0.01	0.003	0.008	—	0.01
	C14500	TTe0.5	99.90⑩	0.004~0.012	Te:0.40~0.7	—	—	—	—	—	—	—	—	—	—	—
	C14510	TTe0.5-0.02	99.85⑩	0.010~0.030	Te:0.30~0.7	—	—	—	—	—	0.05	—	—	—	—	—
硫铜	C14700	TS0.4	99.90⑪	0.002~0.005	—	—	—	—	—	—	—	—	0.20~0.50	—	—	—
锆铜	C15000	TZr0.15⑫	99.80	—	Zr:0.10~0.20	—	—	—	—	—	—	—	—	—	—	—
	T15200	TZr0.2	99.5④	—	Zr:0.15~0.30	0.002	0.005	—	0.05	0.2	0.01	0.05	0.01	—	—	—
	T15400	TZr0.4	99.5④	—	Zr:0.30~0.50	0.002	0.005	—	0.05	0.2	0.01	0.05	0.01	—	—	—
弥散无氧铜	T15700	TUAl0.12	余量	0.002	Al_2O_3:0.16~0.26	0.001	0.002	0.002	0.004	0.002	0.003	0.002	0.004	0.003	—	—

① 砷、铋、锑可不分析，但供方必须保证不大于极限值。

② 此值为铜量，铜含量（质量分数）不小于99.99%时，其值应由差减法求得。

③ 电工用无氧铜 TU2 氧含量不大于0.002%。

④ 此值为 Cu+Ag+Zr。

⑤ 经双方协商，可供应 P 不大于0.001%的导电 T2 铜。

⑥ 电力机车接触材料用纯铜线坯：Bi≤0.0005%、Pb≤0.0050%、O≤0.035%、P≤0.001%，其他杂质总和≤0.03%。

⑦ 此值为 Cu+Ag+P。

⑧ 此值为铜量。

⑨ 此值为 Cu+Ag+Te。

⑩ 此值为 Cu+Ag+Te+P。

⑪ 此值为 Cu+Ag+S+P。

⑫ 此牌号 Cu+Ag+Zr 不小于99.9%。

表 3-20-48　加工高铜合金①的化学成分

分类	代号	牌号	化学成分(质量分数)/%															
			Cu	Be	Ni	Cr	Si	Fe	Al	Pb	Ti	Zn	Sn	S	P	Mn	Co	杂质总和
镉铜	C16200	TCd1	余量	—	—	—	—	0.02	—	—	—	—	—	—	—	Cd:0.7~1.2	—	0.5
铍铜	C17300	TBe1.9-0.4②	余量	1.80~2.00	—	—	0.20	—	0.20	0.20~0.6	—	—	—	—	—	—	—	0.9
铍铜	T17490	TBe0.3-1.5	余量	0.25~0.50	—	—	0.20	0.10	0.20	—	—	—	—	—	—	Ag:0.90~1.10	1.40~1.70	0.5
铍铜	C17500	TBe0.6-2.5	余量	0.4~0.7	—	—	0.20	0.10	0.20	—	—	—	—	—	—	—	2.4~2.7	1.0
铍铜	C17510	TBe0.4-1.8	余量	0.2~0.6	1.4~2.2	—	0.20	0.10	0.20	—	—	—	—	—	—	—	0.3	1.3
铍铜	T17700	TBe1.7	余量	1.6~1.85	0.2~0.4	—	0.15	0.15	0.15	0.005	0.10~0.25	—	—	—	—	—	—	0.5
铍铜	T17710	TBe1.9	余量	1.85~2.1	0.2~0.4	—	0.15	0.15	0.15	0.005	0.10~0.25	—	—	—	—	—	—	0.5
铍铜	T17715	TBe1.9-0.1	余量	1.85~2.1	0.2~0.4	—	0.15	0.15	0.15	0.005	0.10~0.25	—	—	—	—	Mg:0.07~0.13	—	0.5
铍铜	T17720	TBe2	余量	1.80~2.1	0.2~0.5	—	0.15	0.15	0.15	0.005	—	—	—	—	—	—	—	0.5
镍铬铜	C18000	TNi2.4-0.6-0.5	余量	—	1.8~3.0③	0.10~0.8	0.40~0.8	0.15	—	—	—	—	—	—	—	—	—	0.65
铬铜	C18135	TCr0.3-0.3	余量	—	—	0.20~0.6	—	—	—	—	—	—	—	—	Cd:0.20~0.6	—	—	0.5
铬铜	T18140	TCr0.5	余量	—	0.05	0.4~1.1	—	0.1	—	—	—	—	—	—	—	—	—	0.5
铬铜	T18142	TCr0.5-0.2-0.1	余量	—	—	0.4~1.0	—	—	0.1~0.25	—	—	—	—	—	—	Mg:0.1~0.25	—	0.5
铬铜	T18144	TCr0.5-0.1	余量	—	0.05	0.40~0.70	0.05	0.05	—	0.005	—	0.05~0.25	0.01	0.005	—	Ag:0.08~0.13	—	0.25
铬铜	T18146	TCr0.7	余量	—	0.05	0.55~0.85	—	0.1	—	—	—	—	—	—	—	—	—	0.5

续表

分类	代号	牌号	化学成分(质量分数)/%																
			Cu	Zr	Cr	Ni	Si	Fe	Al	Pb	Mg	Zn	Sn	S	P	B	Sb	Bi	杂质总和
铬铜	T18148	TCr0.8	余量	—	0.6~0.9	0.05	0.03	0.03	0.005	—	—	—	—	0.005	—	—	—	—	0.2
	C18150	TCr1-0.15	余量	0.05~0.25	0.50~1.5	—	—	—	—	—	—	—	—	—	—	—	—	—	0.3
	T18160	TCr1-0.18	余量	0.05~0.30	0.5~1.5	—	0.10	0.10	0.05	0.05	0.05	—	—	—	0.10	0.02	0.01	0.01	0.3④
	T18170	TCr0.6-0.4-0.05	余量	0.3~0.6	0.4~0.8	—	0.05	0.05	—	—	0.04~0.08	—	—	—	0.01	—	—	—	0.5
	C18200	TCr1	余量	—	0.6~1.2	—	0.10	0.10	—	0.05	—	—	—	—		—	—	—	0.75
镁铜	T18658	TMg0.2	余量	—	—	—	—	—	—	—	0.1~0.3	—	—	—	0.01	—	—	—	0.1
	C18661	TMg0.4	余量	—	—	—	—	0.10	—	—	0.10~0.7	—	0.20	—	0.001~0.02	—	—	—	0.8
	T18664	TMg0.5	余量	—	—	—	—	—	—	—	0.4~0.7	—	—	—	0.01	—	—	—	0.1
	T18667	TMg0.8	余量	—	—	0.006	—	0.005	—	0.005	0.70~0.85	0.005	0.002	0.005	—	—	0.005	0.002	0.3
铅铜	C18700	TPb1	余量	—	—	—	—	—	—	0.8~1.5	—	—	—	—	—	—	—	—	0.5
铁铜	C19200	TFe1.0	98.5	—	—	—	—	0.8~1.2	—	—	—	0.20	—	—	0.01~0.04	—	—	—	0.4
	C19210	TFe0.1	余量	—	—	—	—	0.05~0.15	—	—	—	—	—	—	0.025~0.04	—	—	—	0.2
	C19400	TFe2.5	97.0	—	—	—	—	2.1~2.6	—	0.03	—	0.05~0.20	—	—	0.015~0.15	—	—	—	—
钛铜	C19910	TTi3.0-0.2	余量	—	—	—	—	0.17~0.23	—	—	—	—	—	—	—	Ti:2.9~3.4	—	—	0.5

① 高铜合金指铜含量在96.0%~99.3%之间的合金。

② 该牌号 Ni+Co≥0.20%，Ni+Co+Fe≤0.6%。

③ 此值为 Ni+Co。

④ 此值为表中所列杂质元素实测值总和。

表 3-20-49　加工黄铜化学成分

分类		代号	牌号	化学成分(质量分数)/%								
				Cu	Fe①	Pb	Si	Ni	B	As	Zn	杂质总和
铜锌合金	普通黄铜	C21000	H95	94.0~96.0	0.05	0.05	—	—	—	—	余量	0.3
		C22000	H90	89.0~91.0	0.05	0.05	—	—	—	—	余量	0.3
		C23000	H85	84.0~86.0	0.05	0.05	—	—	—	—	余量	0.3
		C24000	H80②	78.5~81.5	0.05	0.05	—	—	—	—	余量	0.3
		T26100	H70②	68.5~71.5	0.10	0.03	—	—	—	—	余量	0.3
		T26300	H68	67.0~70.0	0.10	0.03	—	—	—	—	余量	0.3
		C26800	H66	64.0~68.5	0.05	0.09	—	—	—	—	余量	0.45
		C27000	H65	63.0~68.5	0.07	0.09	—	—	—	—	余量	0.45
		T27300	H63	62.0~65.0	0.15	0.08	—	—	—	—	余量	0.5
		T27600	H62	60.5~63.5	0.15	0.08	—	—	—	—	余量	0.5
		T28200	H59	57.0~60.0	0.3	0.5	—	—	—	—	余量	1.0
	硼砷黄铜	T22130	HB90-0.1	89.0~91.0	0.02	0.02	0.5	—	0.05~0.3	—	余量	0.5③
		T23030	HAs85-0.05	84.0~86.0	0.10	0.03	—	—	—	0.02~0.08	余量	0.3
		C26130	HAs70-0.05	68.5~71.5	0.05	0.05	—	—	—	0.02~0.08	余量	0.4
		T26330	HAs68-0.04	67.0~70.0	0.10	0.03	—	—	—	0.03~0.06	余量	0.3
铜锌铅合金	铅黄铜	C31400	HPb89-2	87.5~90.5	0.10	1.3~2.5	—	Ni:0.7	—	—	余量	1.2
		C33000	HPb66-0.5	65.0~68.0	0.07	0.25~0.7	—	—	—	—	余量	0.5
		T34700	HPb63-3	62.0~65.0	0.10	2.4~3.0	—	—	—	—	余量	0.75
		T34900	HPb63-0.1	61.5~63.5	0.15	0.05~0.3	—	—	—	—	余量	0.5
		T35100	HPb62-0.8	60.0~63.0	0.2	0.5~1.2	—	—	—	—	余量	0.75
		C35300	HPb62-2	60.0~63.0	0.15	1.5~2.5	—	—	—	—	余量	0.65
		C36000	HPb62-3	60.0~63.0	0.35	2.5~3.7	—	—	—	—	余量	0.85
		T36210	HPb62-2-0.1	61.0~63.0	0.1	1.7~2.8	0.05	0.1	0.1	0.02~0.15	余量	0.55
		T36220	HPb61-2-1	59.0~62.0	—	1.0~2.5	—	—	0.30~1.5	0.03~0.25	余量	0.4
		T36230	HPb61-2-0.1	59.2~62.3	0.2	1.7~2.8	—	—	0.2	0.08~0.15	余量	0.5
		C37100	HPb61-1	58.0~62.0	0.15	0.6~1.2	—	—	—	—	余量	0.55
		C37700	HPb60-2	58.0~61.0	0.30	1.5~2.5	—	—	—	—	余量	0.8
		T37900	HPb60-3	58.0~61.0	0.3	2.5~3.5	—	—	0.3	—	余量	0.8③
		T38100	HPb59-1	57.0~60.0	0.5	0.8~1.9	—	—	—	—	余量	1.0
		T38200	HPb59-2	57.0~60.0	0.5	1.5~2.5	—	—	0.5	—	余量	1.0③
		T38210	HPb58-2	57.0~59.0	0.5	1.5~2.5	—	—	0.5	—	余量	1.0③
		T38300	HPb59-3	57.5~59.5	0.5	2.0~3.0	—	—	—	—	余量	1.2
		T38310	HPb58-8	57.0~59.0	0.5	2.5~3.5	—	—	0.5	—	余量	1.0③
		T38400	HPb57-4	56.0~58.0	0.5	3.5~4.5	—	—	0.5	—	余量	1.2③

续表

分类		代号	牌号	化学成分(质量分数)/%														
				Cu	Te	B	Si	As	Bi	Cd	Sn	P	Ni	Mn	Fe①	Pb	Zn	杂质总和
铜锌锡合金、复杂黄铜	锡黄铜	T41900	HSn90-1	88.0~91.0	—	—	—	—	—	—	0.25~0.75	—	—	—	0.10	0.03	余量	0.2
		C44300	HSn72-1	70.0~73.0	—	—	—	0.02~0.06	—	—	0.8~1.2④	—	—	—	0.06	0.07	余量	0.4
		T45000	HSn70-1	69.0~71.0	—	—	—	0.03~0.06	—	—	0.8~1.3	—	—	—	0.10	0.05	余量	0.3
		T45010	HSn70-1-0.01	69.0~71.0	—	0.0015~0.02	—	0.03~0.06	—	—	0.8~1.3	—	—	—	0.10	0.05	余量	0.3
		T45020	HSn70-1-0.01-0.04	69.0~71.0	—	0.0015~0.02	—	0.03~0.06	—	—	0.8~1.3	—	0.05~1.00	0.02~2.00	0.10	0.05	余量	0.3
		T46100	HSn65-0.03	63.5~68.0	—	—	—	—	—	—	0.01~0.2	0.01~0.07	—	—	0.05	0.03	余量	0.3
		T46300	HSn62-1	61.0~63.0	—	—	—	—	—	—	0.7~1.1	—	—	—	0.10	0.10	余量	0.3
		T46410	HSn60-1	59.0~61.0	—	—	—	—	—	—	1.0~1.5	—	—	—	0.10	0.30	余量	1.0
	铋黄铜	T49230	HBi60-2	59.0~62.0	—	—	—	—	2.0~3.5	0.01	0.3	—	—	—	0.2	0.1	余量	0.5③
		T49240	HBi60-1.3	58.0~62.0	—	—	—	—	0.3~2.3	0.01	0.05~1.2⑤	—	—	—	0.1	0.2	余量	0.3③
		C49260	HBi60-1.0-0.05	58.0~63.0	—	—	0.10	—	0.50~1.8	0.001	0.50	0.05~0.15	—	—	0.50	0.09	余量	1.5

续表

分类		代号	牌号	化学成分(质量分数)/%														
				Cu	Te	Al	Si	As	Bi	Cd	Sn	P	Ni	Mn	Fe①	Pb	Zn	杂质总和
复杂黄铜	铋黄铜	T49310	HBi60-0.5-0.01	58.5~61.5	0.010~0.015	—	—	0.01	0.45~0.65	0.01	—	—	—	—	—	0.1	余量	0.5③
		T49320	HBi60-0.8-0.01	58.5~61.5	0.010~0.015	—	—	0.01	0.70~0.95	0.01	—	—	—	—	—	0.1	余量	0.5③
		T49330	HBi60-1.1-0.01	58.5~61.5	0.010~0.015	—	—	0.01	1.00~1.25	0.01	—	—	—	—	—	0.1	余量	0.5③
		T49360	HBi59-1	58.0~60.0	—	—	—	—	0.8~2.0	0.01	0.2	—	—	—	0.2	0.1	余量	0.5③
		C49350	HBi62-1	61.0~63.0	Sb:0.02~0.10	—	0.30	—	0.50~2.5	—	1.5~3.0	0.04~0.15	—	—	—	0.09	余量	0.9
	锰黄铜	T67100	HMn64-8-5-1.5	63.0~66.0	—	4.5~6.0	1.0~2.0	—	—	—	0.5	—	0.5	7.0~8.0	0.5~1.5	0.3~0.8	余量	1.0
		T67200	HMn62-3-3-0.7	60.0~63.0	—	2.4~3.4	0.5~1.5	—	—	—	0.1	—	—	2.7~3.7	0.1	0.05	余量	1.2
		T67300	HMn62-3-3-1	59.0~65.0	—	1.7~3.7	0.5~1.3	Cr:0.07~0.27		—	—	—	0.2~0.6	2.2~3.8	0.6	0.18	余量	0.8
		T67310	HMn62-13⑥	59.0~65.0	—	0.5~2.5⑦	0.05	—	—	—	—	—	0.05~0.5⑧	10~15	0.05	0.03	余量	0.15③
		T67320	HMn55-3-1⑨	53.0~58.0	—	—	—	—	—	—	—	—	—	3.0~4.0	0.5~1.5	0.5	余量	1.5

续表

分类		代号	牌号	化学成分(质量分数)/%												
				Cu	Fe[1]	Pb	Al	Mn	P	Sb	Ni	Si	Cd	Sn	Zn	杂质总和
复杂黄铜	锰黄铜	T67330	HMn59-2-1.5-0.5	58.0~59.0	0.35~0.65	0.3~0.6	1.4~1.7	1.8~2.2	—	—	—	0.6~0.9	—	—	余量	0.3
		T67400	HMn58-2[9]	57.0~60.0	1.0	0.1	—	1.0~2.0	—	—	—	—	—	—	余量	1.2
		T67410	HMn57-3-1[9]	55.0~58.5	1.0	0.2	0.5~1.5	2.5~3.5	—	—	—	—	—	—	余量	1.3
		T67420	HMn57-2-2-0.5	56.5~58.5	0.3~0.8	0.3~0.8	1.3~2.1	1.5~2.3	—	—	0.5	0.5~0.7	—	0.5	余量	1.0
	铁黄铜	T67600	HFe59-1-1	57.0~60.0	0.6~1.2	0.20	0.1~0.5	0.5~0.8	—	—	—	—	—	0.3~0.7	余量	0.3
		T67610	HFe58-1-1	56.0~58.0	0.7~1.3	0.7~1.3	—	—	—	—	—	—	—	—	余量	0.5
	锑黄铜	T68200	HSb61-0.8-0.5	59.0~63.0	0.2	0.2	—	—	—	0.4~1.2	0.05~1.2[10]	0.3~1.0	0.01	—	余量	0.5[3]
		T68210	HSb60-0.9	58.0~62.0	—	0.2	—	—	—	0.3~1.5	0.05~0.9[11]	—	0.01	—	余量	0.3[3]
	硅黄铜	T68310	HSi80-3	79.0~81.0	0.6	0.1	—	—	—	—	—	2.5~4.0	—	—	余量	1.5
		T68320	HSi75-3	73.0~77.0	0.1	0.1	—	0.1	0.04~0.15	—	0.1	2.7~3.4	0.01	0.2	余量	0.6[3]
		T68350	HSi62-0.6	59.0~64.0	0.15	0.09	0.30	—	0.05~0.40	—	0.20	0.3~1.0	—	0.6	余量	2.0
		T68360	HSi61-0.6	59.0~63.0	0.15	0.2	—	—	0.03~0.12	—	0.05~1.0[5]	0.4~1.0	0.01	—	余量	0.3
	铝黄铜	C68700	HAl77-2	76.0~79.0	0.06	0.07	1.8~2.5	As:0.02~0.06	—	—	—	—	—	—	余量	0.6
		T68900	HAl67-2.5	66.0~68.0	0.6	0.5	2.0~3.0	—	—	—	—	—	—	—	余量	1.5
		T69200	HAl66-6-3-2	64.0~68.0	2.0~4.0	0.5	6.0~7.0	1.5~2.5	—	—	—	—	—	—	余量	1.5
		T69210	HAl64-5-4-2	63.0~66.0	1.8~3.0	0.2~1.0	4.0~6.0	3.0~5.0	—	—	—	0.5	—	0.3	余量	1.3

续表

分类	代号	牌号	化学成分(质量分数)/%														
			Cu	Fe①	Pb	Al	As	Bi	Mg	Cd	Mn	Ni	Si	Co	Sn	Zn	杂质总和
复杂黄铜 铝黄铜	T69220	HAl61-4-3-1.5	59.0~62.0	0.5~1.3	—	3.5~4.5	—	—	—	—	—	2.5~4.0	0.5~1.5	1.0~2.0	0.2~1.0	余量	1.3
复杂黄铜 铝黄铜	T69230	HAl61-4-3-1	59.0~62.0	0.3~1.3	—	3.5~4.5	—	—	—	—	—	2.5~4.0	0.5~1.5	0.5~1.0	—	余量	0.7
复杂黄铜 铝黄铜	T69240	HAl60-1-1	58.0~61.0	0.70~1.50	0.40	0.70~1.50	—	—	—	—	0.1~0.6	—	—	—	—	余量	0.7
复杂黄铜 铝黄铜	T69250	HAl59-3-2	57.0~60.0	0.50	0.10	2.5~3.5	—	—	—	—	—	2.0~3.0	—	—	—	余量	0.9
复杂黄铜 镁黄铜	T69800	HMg60-1	59.0~61.0	0.2	0.1	—	—	0.3~0.8	0.5~2.0	0.01	—	—	—	—	0.3	余量	0.5③
复杂黄铜 镍黄铜	T69900	HNi65-5	64.0~67.0	0.15	0.03	—	—	—	—	—	—	5.0~6.5	—	—	—	余量	0.3
复杂黄铜 镍黄铜	T69910	HNi56-3	54.0~58.0	0.15~0.5	0.2	0.3~0.5	—	—	—	—	—	2.0~3.0	—	—	—	余量	0.6

① 抗磁用黄铜的铁的质量分数不大于0.030%。

② 特殊用途的H70、H80的杂质最大值为：Fe0.07%、Sb0.002%、P0.005%、As0.005%、S0.002%，杂质总和为0.20%。

③ 此值为表中所列杂质元素实测值总和。

④ 此牌号为管材产品时，Sn含量最小值为0.9%。

⑤ 此值为Sb+B+Ni+Sn。

⑥ 此牌号P≤0.005%、B≤0.01%、Bi≤0.005%、Sb≤0.005%。

⑦ 此值为Ti+Al。

⑧ 此值为Ni+Co。

⑨ 供异型铸造和热镀用的HMn57-3-1、HMn58-2的磷的质量分数不大于0.03%，供特殊使用的HMn55-3-1的铝的质量分数不大于0.1%。

⑩ 此值为Ni+Sn+B。

⑪ 此值为Ni+Fe+B。

表 3-20-50　　　　加工青铜化学成分

分类	代号	牌号	化学成分(质量分数)/%												
			Cu	Sn	P	Fe	Pb	Al	B	Ti	Mn	Si	Ni	Zn	杂质总和
铜锡、铜锡磷、铜锡铅合金 锡青铜②	T50110	QSn0.4	余量	0.15~0.55	0.001	—	—	—	—	—	—	—	0≤0.035	—	0.1
	T50120	QSn0.6	余量	0.4~0.8	0.01	0.020	—	—	—	—	—	—	—	—	0.1
	T50130	QSn0.9	余量	0.85~1.05	0.03	0.05	—	—	—	—	—	—	—	—	0.1
	T50300	QSn0.5-0.025	余量	0.25~0.6	0.015~0.035	0.010	—	—	—	—	—	—	—	—	0.1
	T50400	QSn1-0.5-0.5	余量	0.9~1.2	0.09	—	0.01	0.01	S≤0.005	—	0.3~0.6	0.3~0.6	—	—	0.1
	C50500	QSn1.5-0.2	余量	1.0~1.7	0.03~0.35	0.10	0.05	—	—	—	—	—	—	0.30	0.95
	C50700	QSn1.8	余量	1.5~2.0	0.30	0.10	0.05	—	—	—	—	—	—	—	0.95
	T50800	QSn4-3	余量	3.5~4.5	0.03	0.05	0.02	0.002	—	—	—	—	—	2.7~3.3	0.2
	C51000	QSn5-0.2	余量	4.2~5.8	0.03~0.35	0.10	0.05	—	—	—	—	—	—	0.30	0.95
	T51010	QSn5-0.3	余量	4.5~5.5	0.01~0.40	0.1	0.02	—	—	—	—	—	0.2	0.2	0.75
	C51100	QSn4-0.3	余量	3.5~4.9	0.03~0.35	0.10	0.05	—	—	—	—	—	—	0.30	0.95
	T51500	QSn6-0.05	余量	6.0~7.0	0.05	0.10	—	—	Ag:0.05~0.12	—	—	—	—	0.05	0.2
	T51510	QSn6.5-0.1	余量	6.0~7.0	0.10~0.25	0.05	0.02	0.002	—	—	—	—	—	0.3	0.4
	T51520	QSn6.5-0.4	余量	6.0~7.0	0.26~0.40	0.02	0.02	0.002	—	—	—	—	—	0.3	0.4
	T51530	QSn7-0.2	余量	6.0~8.0	0.10~0.25	0.05	0.02	0.01	—	—	—	—	—	0.3	0.45
	C52100	QSn8-0.3	余量	7.0~9.0	0.03~0.35	0.10	0.05	—	—	—	—	—	—	0.20	0.85
	T52500	QSn15-1-1	余量	12~18	0.5	0.1~1.0	—	—	0.002~1.2	0.002	0.6	—	—	0.5~2.0	1.0⑤
	T53300	QSn4-4-2.5	余量	3.0~5.0	0.03	0.05	1.5~3.5	0.002	—	—	—	—	—	3.0~5.0	0.2
	T53500	QSn4-4-4	余量	3.0~5.0	0.03	0.05	3.5~4.5	0.002						3.0~5.0	0.2

续表

分类		代号	牌号	化学成分(质量分数)/%															
				Cu	Al	Fe	Ni	Mn	P	Zn	Sn	Si	Pb	As①	Mg	Sb①	Bi①	S	杂质总和
铜铬、铜锰、铜铝合金	铬青铜	T55600	QCr4.5-2.5-0.6	余量	Cr:3.5~5.5	0.05	0.2~1.0	0.5~2.0	0.005	0.05	—	—	—	Ti:1.5~3.5	—	—	—	—	0.1⑤
	锰青铜	T56100	QMn1.5	余量	0.07	0.1	0.1	1.20~1.80	—	—	0.05	0.1	0.01	Cr≤0.1	—	0.005	0.002	0.01	0.3
		T56200	QMn2	余量	0.07	0.1	—	1.5~2.5	—	—	0.05	0.1	0.01	0.01	—	0.05	0.002	—	0.5
		T56300	QMn5	余量	—	0.35	—	4.5~5.5	0.01	0.4	0.1	0.1	0.03	—	—	0.002	—	—	0.9
	铝青铜	T60700	QAl5	余量	4.0~6.0	0.5	—	0.5	0.01	0.5	0.1	0.1	0.03	—	—	—	—	—	1.6
		C60800	QAl6	余量	5.0~6.5	0.10	—	—	—	—	—	—	0.10	0.02~0.35	—	—	—	—	0.7
		C61000	QAl7	余量	6.0~8.5	0.50	—	—	—	0.20	—	0.10	0.02	—	—	—	—	—	1.3
		T61700	QAl9-2	余量	8.0~10.0	0.5	—	1.5~2.5	0.01	1.0	0.1	0.1	0.03	—	—	—	—	—	1.7
		T61720	QAl9-4	余量	8.0~10.0	2.0~4.0	—	0.5	0.01	1.0	0.1	0.1	0.01	—	—	—	—	—	1.7
		T61740	QAl9-5-1-1	余量	8.0~10.0	0.5~1.5	4.0~6.0	0.5~1.5	0.01	0.3	0.1	0.1	0.01	0.01	—	—	—	—	0.6
		T61760	QAl10-3-1.5③	余量	8.5~10.0	2.0~4.0	—	1.0~2.0	0.01	0.5	0.1	0.1	0.03	—	—	—	—	—	0.75
		T61780	QAl10-4-4④	余量	9.5~11.0	3.5~5.5	3.5~5.5	0.3	0.01	0.5	0.1	0.1	0.02	—	—	—	—	—	1.0
		T61790	QAl10-4-4-1	余量	8.5~11.0	3.0~5.0	3.0~5.0	0.5~2.0	—	—	—	—	—	—	—	—	—	—	0.8
		T62100	QAl10-5-5	余量	8.0~11.0	4.0~6.0	4.0~6.0	0.5~2.5	—	0.5	0.2	0.25	0.05	—	0.10	—	—	—	1.2
		T62200	QAl11-6-6	余量	10.0~11.5	5.0~6.5	5.0~6.5	0.5	0.1	0.6	0.2	0.2	0.05	—	—	—	—	—	1.5

分类		代号	牌号	化学成分(质量分数)/%												
				Cu	Si	Fe	Ni	Zn	Pb	Mn	Sn	P	As①	Sb①	Al	杂质总和
铜硅合金	硅青铜	C64700	QSi0.6-2	余量	0.40~0.8	0.10	1.6~2.2⑥	0.50	0.09	—	—	—	—	—	—	1.2
		T64720	QSi1-3	余量	0.6~1.1	0.1	2.4~3.4	0.2	0.15	0.1~0.4	0.1	—	—	—	0.02	0.5
		T64730	QSi3-1②	余量	2.7~3.5	0.3	0.2	0.5	0.03	1.0~1.5	0.25	—	—	—	—	1.1
		T64740	QSi3.5-3-1.5	余量	3.0~4.0	1.2~1.8	0.2	2.5~3.5	0.03	0.5~0.9	0.25	0.03	0.002	0.002	—	1.1

① 砷、锑和铋可不分析，但供方必须保证不大于界限值。

② 抗磁用锡青铜铁的质量分数不大于 0.020%，QSi3-1 铁的质量分数不大于 0.030%。

③ 非耐磨材料用 QAL10-3-1.5，其锌的质量分数可达 1%，但杂质总和应不大于 1.25%。

④ 经双方协商，焊接或特殊要求的 QAl10-4-4，其锌的质量分数不大于 0.2%。

⑤ 此值为表中所列杂质元素实测值总和。

⑥ 此值为 Ni+Co。

表 3-20-51　　加工白铜化学成分

分类		代号	牌号	化学成分(质量分数)/%													
				Cu	Ni+Co	Al	Fe	Mn	Pb	P	S	C	Mg	Si	Zn	Sn	杂质总和
铜镍合金	普通白铜	T70110	B0.6	余量	0.57~0.63	—	0.005	—	0.005	0.002	0.005	0.002	—	0.002	—	—	0.1
		T70380	B5	余量	4.4~5.0	—	0.20	—	0.01	0.01	0.01	0.03	—	—	—	—	0.5
		T71050	B19[2]	余量	18.0~20.0	—	0.5	0.5	0.005	0.01	0.01	0.05	0.05	0.15	0.3	—	1.8
		C71100	B23	余量	22.0~24.0	—	0.10	0.15	0.05	—	—	—	—	—	0.20	—	1.0
		T71200	B25	余量	24.0~26.0	—	0.5	0.5	0.005	0.01	0.01	0.05	0.05	0.15	0.3	0.03	1.8
		T71400	B30	余量	29.0~33.0	—	0.9	1.2	0.05	0.006	0.01	0.05	—	0.15	—	—	2.3
	铁白铜	C70400	BFe5-1.5-0.5	余量	4.8~6.2	—	1.3~1.7	0.30~0.8	0.05	—	—	—	—	—	1.0	—	1.55
		T70510	BFe7-0.4-0.4	余量	6.0~7.0	—	0.1~0.7	0.1~0.7	0.01	0.01	0.01	0.03	—	0.02	0.05	—	0.7
		T70590	BFe10-1-1	余量	9.0~11.0	—	1.0~1.5	0.5~1.0	0.02	0.006	0.01	0.05	—	0.15	0.3	0.03	0.7
		C70610	BFe10-1.5-1	余量	10.0~11.0	—	1.0~2.0	0.50~1.0	0.01	—	0.05	0.05	—	—	—	—	0.6
		T70620	BFe10-1.6-1	余量	9.0~11.0	—	1.5~1.8	0.5~1.0	0.03	0.02	0.01	0.05	—	—	0.20	—	0.4
		T70900	BFe16-1-1-0.5	余量	15.0~18.0	Ti≤0.03	0.50~1.00	0.2~1.0	0.05		Cr:0.30~0.70		—	0.03	1.0	—	1.1
		C71500	BFe30-0.7	余量	29.0~33.0	—	0.40~1.0	1.0	0.05	—	—	—	—	—	1.0	—	2.5
		T71510	BFe30-1-1	余量	29.0~32.0	—	0.5~1.0	0.5~1.2	0.02	0.006	0.01	0.05	—	0.15	0.3	0.03	0.7
		T71520	BFe30-2-2	余量	29.0~32.0	—	1.7~2.3	1.5~2.5	0.01	—	0.03	0.06	—	—	—	—	0.6
	锰白铜	T71620	BMn3-12[3]	余量	2.0~3.5	0.2	0.20~0.50	11.5~13.5	0.020	0.005	0.020	0.05	0.03	0.1~0.3	—	—	0.5
		T71660	BMn40-1.5[3]	余量	39.0~41.0	—	0.50	1.0~2.0	0.005	0.005	0.02	0.10	0.05	0.10	—	—	0.9
		T71670	BMn43-0.5[3]	余量	42.0~44.0	—	0.15	0.10~1.0	0.002	0.002	0.01	0.10	0.05	0.10	—	—	0.6
	铝白铜	T72400	BAl6-1.5	余量	5.5~6.5	1.2~1.8	0.50	0.20	0.003	—	—	—	—	—	—	—	1.1
		T72600	BAl13-3	余量	12.0~15.0	2.3~3.0	1.0	0.50	0.003	0.01	—	—	—	—	—	—	1.9

续表

分类		代号	牌号	化学成分(质量分数)/%															
				Cu	Ni+Co	Fe	Mn	Pb	Al	Si	P	S	C	Sn	Bi①	Ti	Sb①	Zn	杂质总和
铜镍锌合金	锌白铜	C73500	BZn18-10	70.5~73.5	16.5~19.5	0.25	0.50	0.09	—	—	—	—	—	—	—	—	—	余量	1.35
		T74600	BZn15-20	62.0~65.0	13.5~16.5	0.5	0.3	0.02	Mg≤ 0.05	0.15	0.005	0.01	0.03	—	0.002	As①≤ 0.010	0.002	余量	0.9
		C75200	BZn18-18	63.0~66.5	16.5~19.5	0.25	0.50	0.05	—	—	—	—	—	—	—	—	—	余量	1.3
		T75210	BZn18-17	62.0~66.0	16.5~19.5	0.25	0.50	0.03	—	—	—	—	—	—	—	—	—	余量	0.9
		T76100	BZn9-29	60.0~63.0	7.2~10.4	0.3	0.5	0.03	0.005	0.15	0.005	0.005	0.03	0.08	0.002	0.005	0.002	余量	0.8④
		T76200	BZn12-24	63.0~66.0	11.0~13.0	0.3	0.5	0.03	—	—	—	—	—	0.03	—	—	—	余量	0.8④
		T76210	BZn12-26	60.0~63.0	10.5~13.0	0.3	0.5	0.03	0.005	0.15	0.005	0.005	0.03	0.08	0.002	0.005	0.002	余量	0.8④
		T76220	BZn12-29	57.0~60.0	11.0~13.5	0.3	0.5	0.03	—	—	—	—	—	0.03	—	—	—	余量	0.8④
		T76300	BZn18-20	60.0~63.0	16.5~19.5	0.3	0.5	0.03	0.005	0.15	0.005	0.005	0.03	0.08	0.002	0.005	0.002	余量	0.8④
		T76400	BZn22-16	60.0~63.0	20.5~23.5	0.3	0.5	0.03	0.005	0.15	0.005	0.005	0.03	0.08	0.002	0.005	0.002	余量	0.8④
		T76500	BZn25-18	56.0~59.0	23.5~26.5	0.3	0.5	0.03	0.005	0.15	0.005	0.005	0.03	0.08	0.002	0.005	0.002	余量	0.8④
		C77000	BZn18-26	53.5~56.5	16.5~19.5	0.25	0.50	0.05	—	—	—	—	—	—	—	—	—	余量	0.8
		T77500	BZn40-20	38.0~42.0	38.0~41.5	0.3	0.5	0.03	0.005	0.15	0.005	0.005	0.10	0.08	0.002	0.005	0.002	余量	0.8④
		T78300	BZn15-21-1.8	60.0~63.0	14.0~16.0	0.3	0.5	1.5~2.0	—	0.15	—	—	—	—	—	—	—	余量	0.9
		T79500	BZn15-24-1.5	58.0~60.0	12.5~15.5	0.25	0.05~ 0.5	1.4~1.7	—	—	0.02	0.005	—	—	—	—	—	余量	0.75
		C79800	BZn10-41-2	45.5~48.5	9.0~11.0	0.25	1.5~ 2.5	1.5~2.5	—	—	—	—	—	—	—	—	—	余量	0.75
		C79860	BZn12-37-1.5	42.3~43.7	11.8-12.7	0.20	5.6~ 6.4	1.3~1.8	—	0.06	0.005	—	—	0.10	—	—	—	余量	0.56

① 铋、锑和砷可不分析，但供方必须保证不大于界限值。

② 特殊用途的 B19 白铜带，可供应硅的质量分数不大于 0.05%的材料。

③ 为保证电气性能，对 BMn3-12 合金、作热电偶用的 BMn40-1.5 和 BMn43-0.5 合金，其规定有最大值和最小值的成分，允许略微超出表中的规定。

④ 此值为表中所列杂质元素实测值总和。

20.2.4 铸造用铜合金（GB/T 1176—2013）

(1) 合金名称及铸造方法代号

S——砂型铸造。

J——金属型铸造。

La——连续铸造。

Li——离心铸造。

R——熔模铸造。

(2) 化学成分

表 3-20-52 铸造铜及铜合金的主要元素含量

序号	合金牌号	合金名称	主要元素含量(质量分数)/%										
			Sn	Zn	Pb	P	Ni	Al	Fe	Mn	Si	其他	Cu
1	ZCu99	99 铸造纯铜											≥99.0
2	ZCuSn3Zn8Pb6Ni1	3-8-6-1 锡青铜	2.0~4.0	6.0~9.0	4.0~7.0		0.5~1.5						其余
3	ZCuSn3Zn11Pb4	3-11-4 锡青铜	2.0~4.0	9.0~13.0	3.0~6.0								其余
4	ZCuSn5Pb5Zn5	5-5-5 锡青铜	4.0~6.0	4.0~6.0	4.0~6.0								其余
5	ZCuSn10P1	10-1 锡青铜	9.0~11.5			0.8~1.1							其余
6	ZCuSn10Pb5	10-5 锡青铜	9.0~11.0		4.0~6.0								其余
7	ZCuSn10Zn2	10-2 锡青铜	9.0~11.0	1.0~3.0									其余
8	ZCuPb9Sn5	9-5 铅青铜	4.0~6.0		8.0~10.0								其余
9	ZCuPb10Sn10	10-10 铅青铜	9.0~11.0		8.0~11.0								其余
10	ZCuPb15Sn8	15-8 铅青铜	7.0~9.0		13.0~17.0								其余
11	ZCuPb17Sn4Zn4	17-4-4 铅青铜	3.5~5.0	2.0~6.0	14.0~20.0								其余
12	ZCuPb20Sn5	20-5 铅青铜	4.0~6.0		18.0~23.0								其余
13	ZCuPb30	30 铅青铜			27.0~33.0								其余
14	ZCuAl8Mn13Fe3	8-13-3 铝青铜						7.0~9.0	2.0~4.0	12.0~14.5			其余
15	ZCuAl8Mn13Fe3Ni2	8-13-3-2 铝青铜					1.8~2.5	7.0~8.5	2.5~4.0	11.5~14.0			其余
16	ZCuAl8Mn14Fe8Ni2	8-14-3-2 铝青铜		<0.5			1.9~2.3	7.4~8.1	2.6~3.5	12.4~13.2			其余
17	ZCuAl9Mn2	9-2 铝青铜						8.0~10.0		1.5~2.5			其余
18	ZCuAl8Be1Co1	8-1-1 铝青铜						7.0~8.5	<0.4			Be 0.7~1.0 Co 0.7~1.0	其余

续表

序号	合金牌号	合金名称	主要元素含量(质量分数)/%										
			Sn	Zn	Pb	P	Ni	Al	Fe	Mn	Si	其他	Cu
19	ZCuAl9Fe4Ni4Mn2	9-4-4-2 铝青铜					4.0~5.0①	8.5~10.0	4.0~5.0①	0.8~2.5			其余
20	ZCuAl10Fe4Ni4	10-4-4 铝青铜					3.5~5.5	9.5~11.0	3.5~5.5				其余
21	ZCuAl10Fe3	10-3 铝青铜						8.5~11.0	2.0~4.0				其余
22	ZCuAl10Fe3Mn2	10-3-2 铝青铜						9.0~11.0	2.0~4.0	1.0~2.0			其余
23	ZCuZn38	38 黄铜		其余									60.0~63.0
24	ZCuZn21Al5Fe2Mn2	21-5-2-2 铝黄铜	<0.5	其余				4.5~6.0	2.0~3.0	2.0~3.0			67.0~70.0
25	ZCuZn25Al6Fe3Mn3	25-6-3-3 铝黄铜		其余				4.5~7.0	2.0~4.0	2.0~4.0			60.0~66.0
26	ZCuZn26Al4Fe3Mn3	26-4-3-3 铝黄铜		其余				2.5~5.0	2.0~4.0	2.0~4.0			60.0~66.0
27	ZCuZn31Al2	31-2 铝黄铜		其余				2.0~3.0					66.0~68.0
28	ZCuZn35Al2Mn2Fe1	35-2-2-1 铝黄铜		其余				0.5~2.5	0.5~2.0	0.1~3.0			57.0~65.0
29	ZCuZn38Mn2Pb2	38-2-2 锰黄铜		其余	1.5~2.5					1.5~2.5			57.0~60.0
30	ZCuZn40Mn2	40-2 锰黄铜		其余						1.0~2.0			57.0~60.0
31	ZCuZn40Mn3Fe1	40-3-1 锰黄铜		其余					0.5~1.5	3.0~4.0			53.0~58.0
32	ZCuZn33Pb2	33-2 铅黄铜		其余	1.0~3.0								63.0~67.0
33	ZCuZn40Pb2	40-2 铅黄铜		其余	0.5~2.5			0.2~0.8					58.0~63.0
34	ZCuZn16Si4	16-4 硅黄铜		其余							2.5~4.5		79.0~81.0
35	ZCuNi10Fe1Mn1	10-1-1 镍白铜					9.0~11.0		1.0~1.8	0.8~1.5			84.5~87.0
36	ZCuNi30Fe1Mn1	30-1-1 镍白铜					29.5~31.5		0.25~1.5	0.8~1.5			65.0~67.0

① 表示铁的含量不能超过镍的含量。

表 3-20-53　　　　　　　　**铸造铜及铜合金的杂质元素含量**

序号	合金牌号	杂质元素含量(质量分数)/% ≤															
		Fe	Al	Sb	Si	P	S	As	C	Bi	Ni	Sn	Zn	Pb	Mn	其他	总和
1	ZCu99					0.07						0.4					1.0
2	ZCuSn3Zn8Pb6Ni1	0.4	0.02	0.3	0.02	0.05											1.0
3	ZCuSn3Zn11Pb4	0.5	0.02	0.3	0.02	0.05											1.0
4	ZCuSn5Pb5Zn5	0.3	0.01	0.25	0.01	0.05	0.10				2.5*						1.0
5	ZCuSn10P1	0.1	0.01	0.05	0.02		0.05				0.10		0.05	0.25	0.05		0.75
6	ZCuSn10Pb5	0.3	0.02	0.3		0.05							1.0*				1.0
7	ZCuSn10Zn2	0.25	0.01	0.3	0.01	0.05	0.10				2.0*			1.5*	0.2		1.5
8	ZCuPb9Sn5			0.5		0.10					2.0*		2.0*				1.0
9	ZCuPb10Sn10	0.25	0.01	0.5	0.01	0.05	0.10				2.0*		2.0*		0.2		1.0
10	ZCuPb15Sn8	0.25	0.01	0.5	0.01	0.10	0.10				2.0*		2.0*		0.2		1.0
11	ZCuPb17Sn4Zn4	0.4	0.05	0.3	0.02	0.05											0.75
12	ZCuPb20Sn5	0.25	0.01	0.75	0.01	0.10	0.10				2.5*		2.0*		0.2		1.0
13	ZCuPb30	0.5	0.01	0.2	0.02	0.08		0.10		0.005		1.0*			0.3		1.0
14	ZCuAl8Mn13Fe3				0.15				0.10				0.3*	0.02			1.0
15	ZCuAl8Mn13Fe3Ni2				0.15				0.10				0.3*	0.02			1.0
16	ZCuAl8Mn14Fe3Ni2				0.15				0.10					0.02			1.0
17	ZCuAl9Mn2			0.05	0.20	0.10		0.05				0.2	1.5*	0.1			1.0
18	ZCuAl8Be1Co1			0.05	0.10				0.10					0.02			1.0
19	ZCuAl9Fe4Ni4Mn2				0.15				0.10					0.02			1.0
20	ZCuAl10Fe4Ni			0.05	0.20	0.1		0.05				0.2	0.5	0.05	0.5		1.5
21	ZCuAl10Fe3				0.20						3.0*	0.3	0.4	0.2	1.0*		1.0
22	ZCuAl10Fe3Mn2			0.05	0.10	0.01			0.01				0.1	0.5*	0.3		0.75
23	ZCuZn38	0.8	0.5	0.1		0.01				0.002		2.0*					1.5
24	ZCuZn21Al5Fe2Mn2			0.1										0.1			1.0
25	ZCuZn25Al6Fe3Mn3				0.10						3.0*	0.2		0.2			2.0
26	ZCuZn26Al4Fe3Mn3				0.10						3.0*	0.2		0.2			2.0
27	ZCuZn31Al2	0.8										1.0*		1.0*	0.5		1.5
28	ZCuZn35Al2Mn2Fe1				0.10						3.0*	1.0*		0.5		Sb+P+As 0.40	2.0
29	ZCuZn38Mn2Pb2	0.8	1.0*	0.1								2.0*					2.0
30	ZCuZn40Mn2	0.8	1.0*	0.1								1.0					2.0
31	ZCuZn40Mn3Fe1		1.0*	0.1								0.5		0.5			1.5
32	ZCuZn33Pb2	0.8	0.1		0.05	0.05					1.0*	1.5*			0.2		1.5
33	ZCuZn40Pb2	0.8		0.05							1.0*	1.0*			0.5		1.5
34	ZCuZn16Si4	0.6	0.1	0.1								0.3		0.5	0.5		2.0
35	ZCuNi10Fe1Mn1				0.25	0.02	0.02		0.1					0.01			1.0
36	ZCuNi30Fe1Mn1				0.5	0.02	0.02		0.15					0.01			1.0

注：1. 有“*”符号的元素不计入杂质总和。

2. 未列出的杂质元素，计入杂质总和。

第 3 篇

表 3-20-54　　　　**铸造铜及铜合金的室温力学性能**

序号	合金牌号	铸造方法	室温力学性能 ≥			
			抗拉强度 R_m/MPa	屈服强度 $R_{p0.2}$/MPa	伸长率 A/%	布氏硬度(HBW)
1	ZCu99	S	150	40	40	40
2	ZCuSn3Zn8Pb6Ni1	S	175		8	60
		J	215		10	70
3	ZCuSn3Zn11Pb4	S、R	175		8	60
		J	215		10	60
4	ZCuSn5Pb5Zn5	S、J、R	200	90	13	60*
		Li、La	250	100	13	65*
5	ZCuSn10P1	S、R	220	130	3	80*
		J	310	170	2	90*
		Li	330	170	4	90*
		La	360	170	6	90*
6	ZCuSn10Pb5	S	195		10	70
		J	245		10	70
7	ZCuSn10Zn2	S	240	120	12	70*
		J	245	140	6	80*
		Li、La	270	140	7	80*
8	ZCuPb9Sn5	La	230	110	11	60
9	ZCuPb10Sn10	S	180	80	7	65*
		J	220	140	5	70*
		Li、La	220	110	6	70*
10	ZCuPb15Sn8	S	170	80	5	60*
		J	200	100	6	65*
		Li、La	220	100	8	65*
11	ZCuPb17Sn4Zn4	S	140		5	55
		J	175		7	60
12	ZCuPb20Sn5	S	150	60	5	45*
		J	150	70	6	55*
		La	180	80	7	55*
13	ZCuPb30	J				25
14	ZCuAl8Mn13Fe3	S	600	270	15	160
		J	650	280	10	170
15	ZCuAl8Mn13Fe3Ni2	S	645	280	20	160
		J	670	310	18	170
16	ZCuAl8Mn14Fe3Ni2	S	735	280	15	170
17	ZCuAl9Mn2	S、R	390	150	20	85
		J	440	160	20	95

续表

序号	合金牌号	铸造方法	室温力学性能 ≥			
			抗拉强度 R_m/MPa	屈服强度 $R_{p0.2}$/MPa	伸长率 A/%	布氏硬度(HBW)
18	ZCuAl8Be1Co1	S	647	280	15	160
19	ZCuAl9Fe4Ni4Mn2	S	630	250	16	160
20	ZCuAl10Fe4Ni4	S	539	200	5	155
		J	588	235	5	166
21	ZCuAl10Fe3	S	490	180	13	100*
		J	540	200	15	110*
		Li、La	540	200	15	110*
22	ZCuAl10Fe3Mn2	S、R	490		15	110
		J	540		20	120
23	ZCuZn38	S	295	95	30	60
		J	295	95	30	70
24	ZCuZn21Al5Fe2Mn2	S	608	275	15	160
25	ZCuZn25Al6Fe3Mn3	S	725	380	10	160*
		J	740	400	7	170*
		Li、La	740	400	7	170*
26	ZCuZn26Al4Fe3Mn3	S	600	300	18	120*
		J	600	300	18	130*
		Li、La	600	300	18	130*
27	ZCuZn31Al2	S、R	295		12	80
		J	390		15	90
28	ZCuZn35Al2Mn2Fe2	S	450	170	20	100*
		J	475	200	18	110*
		Li、La	475	200	18	110*
29	ZCuZn38Mn2Pb2	S	245		10	70
		J	345		18	80
30	ZCuZn40Mn2	S、R	345		20	80
		J	390		25	90
31	ZCuZn40Mn3Fe1	S、R	440		18	100
		J	490		15	110
32	ZCuZn33Pb2	S	180	70	12	50*
33	ZCuZn40Pb2	S、R	220	95	15	80*
		J	280	120	20	90*
34	ZCuZn16Si4	S、R	345	180	15	90
		J	390		20	100
35	ZCuNi10Fe1Mn1	S、J、Li、La	310	170	20	100
36	ZCuNi30Fe1Mn1	S、J、Li、La	415	220	20	140

注：有“*”符号的数据为参考值。

第3篇

表 3-20-55　　铸造铜及铜合金的主要特征和应用举例

序号	合金牌号	主要特征	应用举例
1	ZCu99	很高的导电、传热和延伸性能，在大气、淡水和流动不大的海水中具有良好的耐蚀性；凝固温度范围窄，流动性好，适用于砂型、金属型、连续铸造，适用于氩弧焊接	在黑色金属冶炼中用作高炉风，渣口小套，高炉风、渣中小套，冷却板，冷却壁；电炉炼钢用氧枪喷头、电极夹持器、熔沟；在有色金属冶炼中用作闪速炉冷却用件；大型电机用屏蔽罩、导电连接件；另外还可用于饮用水管道、铜坩埚等
2	ZCuSn3Zn8Pb6Ni1	耐磨性能好，易加工，铸造性能好，气密性能较好，耐腐蚀，可在流动海水下工作	在各种液体燃料以及海水、淡水和蒸汽（≤225℃）中工作的零件，压力不大于 2.5MPa 的阀门和管配件
3	ZCuSn3Zn11Pb4	铸造性能好，易加工，耐腐蚀	海水、淡水、蒸汽中，压力不大于 2.5MPa 的管配件
4	ZCuSn5Pb5Zn5	耐磨性和耐蚀性好，易加工，铸造性能和气密性较好	在较高负荷，中等滑动速度下工作的耐磨、耐腐蚀零件，如轴瓦、衬套、缸套、活塞离合器、泵件压盖以及蜗轮等
5	ZCuSn10P1	硬度高，耐磨性较好，不易产生咬死现象，有较好的铸造性能和切削性能，在大气和淡水中有良好的耐蚀性	可用于高负荷（20MPa 以下）和高滑动速度（8m/s）下工作的耐磨零件，如连杆、衬套、轴瓦、齿轮、蜗轮等
6	ZCuSn10Pb5	耐腐蚀，特别是对稀硫酸、盐酸和脂肪酸具有耐腐蚀作用	结构材料、耐蚀、耐酸的配件以及破碎机衬套、轴瓦
7	ZCuSn10Zn2	耐蚀性、耐磨性和切削加工性能好，铸造性能好，铸件致密性较高，气密性较好	在中等及较高负荷和小滑动速度下工作的重要管配件，以及阀、旋塞、泵体、齿轮、叶轮和蜗轮等
8	ZCuPb10Sn5	润滑性、耐磨性能良好，易切削，可焊性良好，软钎焊性、硬钎焊性均良好，不推荐氧燃烧气焊和各种形式的电弧焊	轴承和轴套、汽车用衬管轴承
9	ZCuPb10Sn10	润滑性能、耐磨性能和耐蚀性能好，适合用作双金属铸造材料	表面压力高，又存在侧压的滑动轴承，如轧辊、车辆用轴承、负荷峰值为 60MPa 的受冲击零件，最高峰值达 100MPa 的内燃机双金属轴瓦，及活塞销套、摩擦片等
10	ZCuPb15Sn8	在缺乏润滑剂和用水质润滑剂条件下，滑动性和自润滑性能好，易切削，铸造性能差，对稀硫酸耐蚀性能好	表面压力高，又有侧压力的轴承，可用来制造冷轧机的铜冷却管、耐冲击负荷达 50MPa 的零件、内燃机的双金属轴瓦、主要用于最大负荷达 70MPa 的活塞销套、耐酸配件
11	ZCuPb17Sn4Zn4	耐磨性和自润滑性能好，易切削、铸造性能差	一般耐磨件、高滑动速度的轴承等
12	ZCuPb20Sn5	有较高滑动性能，在缺乏润滑介质和以水为介质时有特别好的自润滑性能，适用于双金属铸造材料，耐硫酸腐蚀，易切削，铸造性能差	高滑动速度的轴承，以及破碎机、水泵、冷轧机轴承，负荷达 40MPa 的零件，抗腐蚀零件、双金属轴承，负荷达 70MPa 的活塞销套
13	ZCuPb30	有良好的自润滑性，易切削，铸造性能差，易产生比重偏析	要求高滑动速度的双金属轴承、减磨零件等
14	ZCuAl8Mn13Fe3	具有很高的强度和硬度、良好的耐磨性能和铸造性能，合金致密性能高，耐蚀性好，作为耐磨件工作温度不大于 400℃，可以焊接，不易钎焊	适用于制造重型机械用轴套，以及要求强度高、耐磨、耐压的零件，如衬套、法兰、阀体、泵体等
15	ZCuAl8Mn13Fe3Ni2	有很高的力学性能，在大气、淡水和海水中均有良好的耐蚀性，腐蚀疲劳强度高，铸造性能好，合金组织致密，气密性好，可以焊接，不易钎焊	要求强度高耐腐蚀的重要铸件，如船舶螺旋桨、高压阀体、泵体，以及耐压、耐磨零件，如蜗轮、齿轮、法兰、衬套等

续表

序号	合金牌号	主要特征	应用举例
16	ZCuAl8Mn14Fe3Ni2	有很高的力学性能，在大气、淡水和海水中具有良好的耐蚀性，腐蚀疲劳强度高，铸造性能好，合金组织致密，气密性好，可以焊接，不易钎焊	要求强度高，耐腐蚀性好的重要铸件，是制造各类船舶螺旋桨的主要材料之一
17	ZCuAl9Mn2	有高的力学性能，在大气、淡水和海水中耐蚀性好，铸造性能好，组织致密，气密性高，耐磨性好，可以焊接，不易钎焊	耐蚀、耐磨零件，形状简单的大型铸件，如衬套、齿轮、蜗轮，以及在250℃以下工作的管配件和要求气密性高的铸件，如增压器内气封
18	ZCuAl8Be1Co1	有很高的力学性能，在大气、淡水和海水中具有良好的耐蚀性，腐蚀疲劳强度高，耐空泡腐蚀性能优异，铸造性能好，合金组织致密，可以焊接	要求强度高，耐腐蚀、耐空蚀的重要铸件，主要用于制造小型快艇螺旋桨
19	ZCuAl9Fe4Ni4Mn2	有很高的力学性能，在大气、淡水和海水中耐蚀性好，铸造性能好，在400℃以下具有耐热性，可以热处理，焊接性能好，不易钎焊，铸造性能尚好	要求强度高、耐蚀性好的重要铸件，是制造船舶螺旋桨的主要材料之一，也可用作耐磨和400℃以下工作的零件，如轴承、齿轮、蜗轮、螺帽、法兰、阀体、导向套筒
20	ZCuAl10Fe4Ni4	有很高的力学性能、良好的耐蚀性、高的腐蚀疲劳强度，可以热处理强化，在400℃以下有高的耐热性	高温耐蚀零件，如齿轮、球形座、法兰、阀导管及航空发动机的阀座；抗蚀零件，如轴瓦、蜗杆、酸洗吊钩及酸洗筐、搅拌器等
21	ZCuAl10Fe3	具有高的力学性能，耐磨性和耐蚀性能好，可以焊接，不易钎焊，大型铸件700℃空冷可以防止变脆	要求强度高、耐磨、耐蚀的重型铸件，如轴套、螺母、蜗轮以及250℃以下工作的管配件
22	ZCuAl10Fe3Mn2	具有高的力学性能和耐磨性，可热处理，高温下耐蚀性和抗氧化性能好，在大气、淡水和海水中耐蚀性好，可以焊接，不易钎焊，大型铸件700℃空冷可以防止变脆	要求强度高、耐磨、耐蚀的零件，如齿轮、轴承、衬套、管嘴，以及耐热管配件等
23	ZCuZn38	具有优良的铸造性能和较高的力学性能，切削加工性能好，可以焊接，耐蚀性较好，有应力腐蚀开裂倾向	一般结构件和耐蚀零件，如法兰、阀座、支架、手柄和螺母等
24	ZCuZn21Al5Fe2Mn2	有很高的力学性能，铸造性能良好，耐蚀性较好，有应力腐蚀开裂倾向	适用于高强、耐磨零件，小型船舶及军辅船螺旋桨
25	ZCuZn25Al6Fe3Mn3	有很高的力学性能，铸造性能良好，耐蚀性较好，有应力腐蚀开裂倾向，可以焊接	适用于高强、耐磨零件，如桥梁支撑板、螺母、螺杆、耐磨板、滑块和蜗轮等
26	ZCuZn26Al4Fe3Mn3	有很高的力学性能，铸造性能良好，在空气、淡水和海水中耐蚀性较好，可以焊接	要求强度高、耐蚀的零件
27	ZCuZn31Al2	铸造性能良好，在空气、淡水、海水中耐蚀性较好，易切屑，可以焊接	适用于压力铸造，如电机、仪表等压力铸件，以及造船和机械制造业的耐蚀零件
28	ZCuZn35Al2Mn2Fe1	具有高的力学性能和良好的铸造性能，在大气、淡水、海水中有较好的耐蚀性，切削性能好，可以焊接	管路配件和要求不高的耐磨件
29	ZCuZn38Mn2Pb2	有较高的力学性能和耐蚀性，耐磨性较好，切削性能良好	一般用途的结构件，船舶、仪表等使用的外形简单的铸件，如套筒、衬套、轴瓦、滑块等
30	ZCuZn40Mn2	有较高的力学性能和耐蚀性，铸造性能好，受热时组织稳定	在空气、淡水、海水、蒸汽（小于300℃）和各种液体燃料中工作的零件和阀体、阀杆、泵、管接头，以及需要浇注巴氏合金和镀锡零件等
31	ZCuZn40Mn3Fe1	有高的力学性能、良好的铸造性能和切削加工性能，在空气、淡水、海水中耐蚀性能好，有应力腐蚀开裂倾向	耐海水腐蚀的零件、300℃以下工作的管配件、船舶螺旋桨等大型铸件

续表

序号	合金牌号	主要特征	应用举例
32	ZCuZn33Pb2	结构材料，给水温度为90℃时抗氧化性能好，电导率约为10~14MS/m	用于制造煤气和给水设备的壳体；用于机器制造业、电子行业；用于制造精密仪器和光学仪器的部分构件和配件
33	ZCuZn40Pb2	有好的铸造性能和耐磨性，切削加工性能好，耐蚀性较好，在海水中有应力倾向	一般用途的耐磨、耐蚀零件，如轴套、齿轮等
34	ZCuZn16Si4	具有较高的力学性能和良好的耐蚀性，铸造性能好；流动性高，铸件组织致密，气密性好	接触海水工作的管配件以及水泵、叶轮、旋塞和在空气、淡水、油、燃料，以及在工作压力在4.5MPa以下、工作温度在250℃以下的蒸汽中工作的铸件
35	ZCuNi10Fe1Mn1	具有高的力学性能和良好的耐海水腐蚀性能，铸造性能好，可以焊接	耐海水腐蚀的结构件和压力设备，海水泵、阀和配件
36	ZCuNi30Fe1Mn1	具有高的力学性能和良好的耐海水腐蚀性能，铸造性能好，铸件致密，可以焊接	用于需要抗海水腐蚀的阀、泵体、凸轮和弯管等

20.2.5 重熔用铝锭（GB/T 1196—2017）

(1) 产品分类

产品按化学成分分为8个牌号：Al99.85、Al99.80、Al99.70、Al99.60、Al99.50、Al99.00、Al99.7E、Al99.6E。

(2) 化学成分

表3-20-56 重熔用铝锭的化学成分

牌号	化学成分(质量分数)/%									
	Al[①] ≥	杂质 ≤								
		Si	Fe	Cu	Ga	Mg	Zn	Mn	其他单个	总和
Al99.85[②]	99.85	0.08	0.12	0.005	0.03	0.02	0.03	—	0.015	0.15
Al99.80[②]	99.80	0.09	0.14	0.005	0.03	0.02	0.03	—	0.015	0.20
Al99.70[②]	99.70	0.10	0.20	0.01	0.03	0.02	0.03	—	0.03	0.30
Al99.60[②]	99.60	0.16	0.25	0.01	0.03	0.03	0.03	—	0.03	0.40
Al99.50[②]	99.50	0.22	0.30	0.02	0.03	0.05	0.05	—	0.03	0.50
Al99.00[②]	99.00	0.42	0.50	0.02	0.05	0.05	0.05	—	0.05	1.00
Al99.7E[②③]	99.70	0.07	0.20	0.01	—	0.02	0.04	0.005	0.03	0.30
Al99.6E[②④]	99.60	0.10	0.30	0.01	—	0.02	0.04	0.007	0.03	0.40

① 铝含量为100%与表中所列有数值要求的杂质元素含量实测值及大于或等于0.010%的其他杂质总和的差值，求和前数值修约至与表中所列极限数位一致，求和后将数值修约至0.0×%再与100%求差。

② Cd、Hg、Pb、As元素，供方可不作常规分析，但应监控其含量，要求 w(Cd+Hg+Pb)≤0.0095%；w(As)≤0.009%。

③ w(B)≤0.04%；w(Cr)≤0.004%；w(Mn+Ti+Cr+V)≤0.020%。

④ w(B)≤0.04%；w(Cr)≤0.005%；w(Mn+Ti+Cr+V)≤0.030%。

注：1. 对于表中未规定的其他杂质元素含量，如需方有特殊要求时，可由供需双方另行协商。

2. 分析数值的判定采用修约比较，修约规则按GB/T 8170的规定进行，修约数位与表中所列极限值数位一致。

(3) 铝锭锭重

铝锭锭重为15kg ± 2kg、20kg ± 2kg、25kg ± 2kg。

20.2.6 变形铝和铝合金化学成分（GB/T 3190—2008）

(1) 概述

变形铝及铝合金的化学成分应符合表3-20-57、表3-20-58的规定。表中“其他”一栏是指表中未列出的金属元素。表中含量为单个数值者，铝为最低限，其他元素为最高限，极限数值表示方法如下：

1×××牌号的铁、硅之和的极限值……………………………………………………0.××或1.××；

其他极限值：

<0.001%……………………………………………………………………………………0.000×；

0.001%～<0.01%……………………………………………………………………………0.00×；

0.01%～<0.10%……………………………………………………………………………0.0×；

0.10%～0.55%………………………………………………………………………………0.××；

>0.55%……………………………………………………………………………0.×、×.×、××.×等。

食品行业用铝及铝合金材料应控制 $w(Cd+Hg+Pb+Cr^{6+})\leqslant 0.01\%$、$w(As)\leqslant 0.01\%$；电器、电子设备行业用铝及铝合金材料应控制 $w(Pb)\leqslant 0.1\%$、$w(Hg)\leqslant 0.1\%$、$w(Cd)\leqslant 0.01\%$、$w(Cr^{6+})\leqslant 0.1\%$。

(2) 化学成分

变形铝及铝合金的牌号与化学成分见表3-20-57和表3-20-58。

表3-20-57　　变形铝的化学成分

序号	牌号	化学成分(质量分数)/%											其他		Al
		Si	Fe	Cu	Mn	Mg	Cr	Ni	Zn		Ti	Zr	单个	合计	
1	1035	0.35	0.6	0.10	0.05	0.05	—	—	0.10	0.05V	0.03	—	0.03	—	99.35
2	1040	0.30	0.50	0.10	0.05	0.05	—	—	0.10	0.05V	0.03	—	0.03	—	99.40
3	1045	0.30	0.45	0.10	0.05	0.05	—	—	0.05	0.05V	0.03	—	0.03	—	99.45
4	1050	0.25	0.40	0.05	0.05	0.05	—	—	0.05	0.05V	0.03	—	0.03	—	99.50
5	1050A	0.25	0.40	0.05	0.05	0.05	—	—	0.07	—	0.05	—	0.03	—	99.50
6	1060	0.25	0.35	0.05	0.03	0.03	—	—	0.05	0.05V	0.03	—	0.03	—	99.60
7	1065	0.25	0.30	0.05	0.03	0.03	—	—	0.05	0.05V	0.03	—	0.03	—	99.65
8	1070	0.20	0.25	0.04	0.03	0.03	—	—	0.04	0.05V	0.03	—	0.03	—	99.70
9	1070A	0.20	0.25	0.03	0.03	0.03	—	—	0.07	—	0.03	—	0.03	—	99.70
10	1080	0.15	0.15	0.03	0.02	0.02	—	—	0.03	0.03Ga,0.05V	0.03	—	0.02	—	99.80
11	1080A	0.15	0.15	0.03	0.02	0.02	—	—	0.06	0.03Ga①	0.02	—	0.02	—	99.80
12	1085	0.10	0.12	0.03	0.02	0.02	—	—	0.03	0.03Ga,0.05V	0.02	—	0.01	—	99.85
13	1100	0.95Si+Fe		0.05～0.20	0.05	—	—	—	0.10	①	—	—	0.05	0.15	99.00
14	1200	1.00Si+Fe		0.05	0.05	—	—	—	0.10	—	0.05	—	0.05	0.15	99.00
15	1200A	1.00Si+Fe		0.10	0.30	0.30	0.10	—	0.10	—	—	—	0.05	0.15	99.00
16	1120	0.10	0.40	0.05～0.35	0.01	0.20	0.01	—	0.05	0.03Ga,0.05B,0.02V+Ti	—	—	0.03	0.10	99.20
17	1230②	0.70Si+Fe		0.10	0.05	0.05	—	—	0.10	0.05V	0.03	—	0.03	—	99.30
18	1235	0.65Si+Fe		0.05	0.05	0.05	—	—	0.10	0.05V	0.06	—	0.03	—	99.35
19	1435	0.15	0.30～0.50	0.02	0.05	0.05	—	—	0.10	0.05V	0.03	—	0.03	—	99.35
20	1145	0.55Si+Fe		0.05	0.05	0.05	—	—	0.05	0.05V	0.03	—	0.03	—	99.45
21	1345	0.30	0.40	0.10	0.05	0.05	—	—	0.05	0.05V	0.03	—	0.03	—	99.45
22	1350	0.10	0.40	0.05	0.01	—	0.01	—	0.05	0.03Ga,0.05B 0.02V+Ti	—	—	0.03	0.10	99.50
23	1450	0.25	0.40	0.05	0.05	0.05	—	—	0.07	①	0.10～0.20	—	0.03	—	99.50
24	1260	0.40Si+Fe		0.04	0.01	0.03	—	—	0.05	0.05V	0.03	—	0.03	—	99.60
25	1370	0.10	0.25	0.02	0.01	0.02	0.01	—	0.01	0.03Ga,0.02B 0.02V+Ti	—	—	0.02	0.10	99.70
26	1275	0.08	0.12	0.05～0.10	0.02	0.02	—	—	0.03	0.03Ga,0.03V	0.02	—	0.01	—	99.75
27	1185	0.15Si+Fe		0.01	0.02	0.02	—	—	0.03	0.03Ga,0.05V	0.02	—	0.01	—	99.85
28	1285	0.08③	0.08③	0.02	0.01	0.01	—	—	0.03	0.03Ga,0.05V	0.02	—	0.01	—	99.85
29	1385	0.05	0.12	0.02	0.01	0.02	0.01	—	0.03	0.03Ga,0.03V+Ti④	—	—	0.01	…	99.85

第3篇

续表

序号	牌号	化学成分(质量分数)/%													
		Si	Fe	Cu	Mn	Mg	Cr	Ni	Zn		Ti	Zr	其他		Al
													单个	合计	
30	2004	0.20	0.20	5.5~6.5	0.10	0.50	—	—	0.10	—	0.05	0.30~0.50	0.05	0.15	余量
31	2011	0.40	0.7	5.0~6.0	—	—	—	—	0.30	⑤	—	—	0.05	0.15	余量
32	2014	0.50~1.2	0.7	3.9~5.0	0.40~1.2	0.20~0.8	0.10		0.25	⑥	0.15	—	0.05	0.15	余量
33	2014A	0.50~0.9	0.50	3.9~5.0	0.40~1.2	0.20~0.8	0.10	0.10	0.25	—	0.15	0.20 Zr+Ti	0.05	0.15	余量
34	2214	0.50~1.2	0.30	3.9~5.0	0.40~1.2	0.20~0.8	0.10	—	0.25	⑥	0.15	—	0.05	0.15	余量
35	2017	0.20~0.8	0.7	3.5~4.5	0.40~1.0	0.40~0.8	0.10	—	0.25	⑥	0.15	—	0.05	0.15	余量
36	2017A	0.20~0.8	0.7	3.5~4.5	0.40~1.0	0.40~1.0	0.10	—	0.25	—	—	0.25 Zr+Ti	0.05	0.15	余量
37	2117	0.8	0.7	2.2~3.0	0.20	0.20~0.50	0.10	—	0.25	—	—	—	0.05	0.15	余量
38	2218	0.9	1.0	3.5~4.5	0.20	1.2~1.8	0.10	1.7~2.3	0.25	—	—	—	0.05	0.15	余量
39	2618	0.10~0.25	0.9~1.3	1.9~2.7	—	1.3~1.8	—	0.9~1.2	0.10	—	0.04~0.10	—	0.05	0.15	余量
40	2618A	0.15~0.25	0.9~1.4	1.8~2.7	0.25	1.2~1.8	—	0.8~1.4	0.15	—	0.20	0.25 Zr+Ti	0.05	0.15	余量
41	2219	0.20	0.30	5.8~6.8	0.20~0.40	0.02	—	—	0.10	0.05~0.15V	0.02~0.10	0.10~0.25	0.05	0.15	余量
42	2519	0.25⑦	0.30⑦	5.3~6.4	0.10~0.50	0.05~0.40	—	—	0.10	0.05~0.15V	0.02~0.10	0.10~0.25	0.05	0.15	余量
43	2024	0.50	0.50	3.8~4.9	0.30~0.9	1.2~1.8	0.10	—	0.25	⑥	0.15	—	0.05	0.15	余量
44	2024A	0.15	0.20	3.7~4.5	0.15~0.8	1.2~1.5	0.10	—	0.25	—	0.15	—	0.05	0.15	余量
45	2124	0.20	0.30	3.8~4.9	0.30~0.9	1.2~1.8	0.10	—	0.25	⑥	0.15	—	0.05	0.15	余量
46	2324	0.10	0.12	3.8~4.4	0.30~0.9	1.2~1.8	0.10	—	0.25	—	0.15	—	0.05	0.15	余量
47	2524	0.06	0.12	4.0~4.5	0.45~0.7	1.2~1.6	0.05	—	0.15	—	0.10	—	0.05	0.15	余量
48	3002	0.08	0.10	0.15	0.05~0.25	0.05~0.20	—	—	0.05	0.05V	0.03	—	0.03	0.10	余量
49	3102	0.40	0.7	0.10	0.05~0.40	—		—	0.30	—	0.10	—	0.05	0.15	余量
50	3003	0.6	0.7	0.05~0.20	1.0~1.5	—	—	—	0.10	—	—	—	0.05	0.15	余量
51	3103	0.50	0.7	0.10	0.9~1.5	0.30	0.10	—	0.20	①	—	0.10 Zr+Ti	0.05	0.15	余量
52	3103A	0.50	0.7	0.10	0.7~1.4	0.30	0.10	—	0.20	—	0.10	0.10 Zr+Ti	0.05	0.15	余量
53	3203	0.6	0.7	0.05	1.0~1.5	—	—	—	0.10	①	—	—	0.05	0.15	余量
54	3004	0.30	0.7	0.25	1.0~1.5	0.8~1.3	—	—	0.25	—	—	—	0.05	0.15	余量

续表

序号	牌号	化学成分(质量分数)/%											其他		
		Si	Fe	Cu	Mn	Mg	Cr	Ni	Zn		Ti	Zr	单个	合计	Al
55	3004A	0.40	0.7	0.25	0.8~1.5	0.8~1.5	0.10	—	0.25	0.03Pb	0.05	—	0.05	0.15	余量
56	3104	0.6	0.8	0.05~0.25	0.8~1.4	0.8~1.3	—	—	0.25	0.05Ga,0.05V	0.10	—	0.05	0.15	余量
57	3204	0.30	0.7	0.10~0.25	0.8~1.5	0.8~1.5	—	—	0.25	—	—	—	0.05	0.15	余量
58	3005	0.6	0.7	0.30	1.0~1.5	0.20~0.6	0.10	—	0.25	—	0.10	—	0.05	0.15	余量
59	3105	0.6	0.7	0.30	0.30~0.8	0.20~0.8	0.20	—	0.40	—	0.10	—	0.05	0.15	余量
60	3105A	0.6	0.7	0.30	0.30~0.8	0.20~0.8	0.20	—	0.25	—	0.10	—	0.05	0.15	余量
61	3006	0.50	0.7	0.10~0.30	0.50~0.8	0.30~0.6	0.20	—	0.15~0.40	—	0.10	—	0.05	0.15	余量
62	3007	0.50	0.7	0.05~0.30	0.30~0.8	0.6	0.20	—	0.40	—	0.10	—	0.05	0.15	余量
63	3107	0.6	0.7	0.05~0.15	0.40~0.9	—	—	—	0.20	—	0.10	—	0.05	0.15	余量
64	3207	0.30	0.45	0.10	0.40~0.8	0.10	—	—	0.10	—	—	—	0.05	0.10	余量
65	3207A	0.35	0.6	0.25	0.30~0.8	0.40	0.20	—	0.25	—	—	—	0.05	0.15	余量
66	3307	0.6	0.8	0.30	0.50~0.9	0.30	0.20	—	0.40	—	0.10	—	0.05	0.15	余量
67	4004②	9.0~10.5	0.8	0.25	0.10	1.0~2.0	—	—	0.20	—	—	—	0.05	0.15	余量
68	4032	11.0~13.5	1.0	0.50~1.3	—	0.8~1.3	0.10	0.50~1.3	0.25	—	—	—	0.05	0.15	余量
69	4043	4.5~6.0	0.8	0.30	0.05	0.05	—	—	0.10	①	0.20	—	0.05	0.15	余量
70	4043A	4.5~6.0	0.6	0.30	0.15	0.20	—	—	0.10	①	0.15	—	0.05	0.15	余量
71	4343	6.8~8.2	0.8	0.25	0.10	—	—	—	0.20	—	—	—	0.05	0.15	余量
72	4045	9.0~11.0	0.8	0.30	0.05	0.05	—	—	0.10	—	0.20	—	0.05	0.15	余量
73	4047	11.0~13.0	0.8	0.30	0.15	0.10	—	—	0.20	①	—	—	0.05	0.15	余量
74	4047A	11.0~13.0	0.6	0.30	0.15	0.10	—	—	0.20	①	0.15	—	0.05	0.15	余量
75	5005	0.30	0.7	0.20	0.20	0.50~1.1	0.10	—	0.25	—	—	—	0.05	0.15	余量
76	5005A	0.30	0.45	0.05	0.15	0.7~1.1	0.10	—	0.20	—	—	—	0.05	0.15	余量
77	5205	0.15	0.7	0.03~0.10	0.10	0.6~1.0	0.10	—	0.05	—	—	—	0.05	0.15	余量
78	5006	0.40	0.8	0.10	0.40~0.8	0.8~1.3	0.10	—	0.25	—	0.10	—	0.05	0.15	余量

续表

序号	牌号	化学成分(质量分数)/%													
		Si	Fe	Cu	Mn	Mg	Cr	Ni	Zn		Ti	Zr	其他		Al
													单个	合计	
79	5010	0.40	0.7	0.25	0.10~0.30	0.20~0.6	0.15	—	0.30	—	0.10	—	0.05	0.15	余量
80	5019	0.40	0.50	0.10	0.10~0.5	4.5~5.6	0.20	—	0.20	0.10~0.6 Mn+Cr	0.20	—	0.05	0.15	余量
81	5049	0.40	0.50	0.10	0.50~1.1	1.6~2.5	0.30	—	0.20	—	0.10	—	0.05	0.15	余量
82	5050	0.40	0.7	0.20	0.10	1.1~1.8	0.10	—	0.25	—	—	—	0.05	0.15	余量
83	5050A	0.40	0.7	0.20	0.30	1.1~1.8	0.10	—	0.25	—	—	—	0.05	0.15	余量
84	5150	0.08	0.10	0.10	0.03	1.3~1.7	—	—	0.10	—	0.06	—	0.03	0.10	余量
85	5250	0.08	0.10	0.10	0.04~0.15	1.3~1.8	—	—	0.05	0.03Ga,0.05V	—	—	0.03	0.10	余量
86	5051	0.40	0.7	0.25	0.20	1.7~2.2	0.10	—	0.25	—	0.10	—	0.05	0.15	余量
87	5251	0.40	0.50	0.15	0.10~0.50	1.7~2.4	0.15	—	0.15	—	0.15	—	0.05	0.15	余量
88	5052	0.25	0.40	0.10	0.10	2.2~2.8	0.15~0.35	—	0.10	—	—	—	0.05	0.15	余量
89	5154	0.25	0.40	0.10	0.10	3.1~3.9	0.15~0.35	—	0.20	①	0.20	—	0.05	0.15	余量
90	5154A	0.50	0.50	0.10	0.50	3.1~3.9	0.25	—	0.20	0.10~0.50 Mn+Cr①	0.20	—	0.05	0.15	余量
91	5454	0.25	0.40	0.10	0.50~1.0	2.4~3.0	0.05~0.20	—	0.25	—	0.20	—	0.05	0.15	余量
92	5554	0.25	0.40	0.10	0.50~1.0	2.4~3.0	0.05~0.20	—	0.25	①	0.05~0.20	—	0.05	0.15	余量
93	5754	0.40	0.40	0.10	0.50	2.6~3.6	0.30	—	0.20	0.10~0.6 Mn+Cr	0.15	—	0.05	0.15	余量
94	5056	0.30	0.40	0.10	0.05~0.20	4.5~5.6	0.05~0.20	—	0.10	—	—	—	0.05	0.15	余量
95	5356	0.25	0.40	0.10	0.05~0.20	4.5~5.5	0.05~0.20	—	0.10	①	0.06~0.20	—	0.05	0.15	余量
96	5456	0.25	0.40	0.10	0.50~1.0	4.7~5.5	0.05~0.20	—	0.25	—	0.20	—	0.05	0.15	余量
97	5059	0.45	0.50	0.25	0.6~1.2	5.0~6.0	0.25	—	0.40~0.9	—	0.20	0.05~0.25	0.05	0.15	余量
98	5082	0.20	0.35	0.15	0.15	4.0~5.0	0.15	—	0.25	—	0.10	—	0.05	0.15	余量
99	5182	0.20	0.35	0.15	0.20~0.50	1.0~5.0	0.10	—	0.25	—	0.10	—	0.05	0.15	余量
100	5083	0.40	0.40	0.10	0.40~1.0	4.0~4.9	0.05~0.25	—	0.25	—	0.15	—	0.05	0.15	余量
101	5183	0.40	0.40	0.10	0.50~1.0	4.3~5.2	0.05~0.25	—	0.25	①	0.15	—	0.05	0.15	余量
102	5383	0.25	0.25	0.20	0.7~1.0	4.0~5.2	0.25	—	0.40	—	0.15	0.20	0.05	0.15	余量

续表

序号	牌号	化学成分(质量分数)/%													
		Si	Fe	Cu	Mn	Mg	Cr	Ni	Zn		Ti	Zr	其他 单个	其他 合计	Al
103	5086	0.40	0.50	0.10	0.20~0.7	3.5~4.5	0.05~0.25	—	0.25	—	0.15	—	0.05	0.15	余量
104	6101	0.30~0.7	0.50	0.10	0.03	0.35~0.8	0.03	—	0.10	0.06B	—	—	0.03	0.10	余量
105	6101A	0.30~0.7	0.40	0.05	—	0.40~0.9	—	—	—	—	—	—	0.03	0.10	余量
106	6101B	0.30~0.6	0.10~0.30	0.05	0.05	0.35~0.6	—	—	0.10	—	—	—	0.03	0.10	余量
107	6201	0.50~0.9	0.50	0.10	0.03	0.6~0.9	0.03	—	0.10	0.06B	—	—	0.03	0.10	余量
108	6005	0.6~0.9	0.35	0.10	0.10	0.40~0.6	0.10	—	0.10	—	0.10	—	0.05	0.15	余量
109	6005A	0.50~0.9	0.35	0.30	0.50	0.40~0.7	0.30	—	0.20	0.12~0.50 Mn+Cr	0.10	—	0.05	0.15	余量
110	6105	0.6~1.0	0.35	0.10	0.15	0.45~0.8	0.10	—	0.10	—	0.10	—	0.05	0.15	余量
111	6106	0.30~0.6	0.35	0.25	0.05~0.20	0.40~0.8	0.20	—	0.10	—	—	—	0.05	0.10	余量
112	6009	0.6~1.0	0.50	0.15~0.6	0.20~0.8	0.40~0.8	0.10	—	0.25	—	0.10	—	0.05	0.15	余量
113	6010	0.8~1.2	0.50	0.15~0.6	0.20~0.8	0.6~1.0	0.10	—	0.25	—	0.10	—	0.05	0.15	余量
114	6111	0.6~1.1	0.40	0.50~0.9	0.10~0.45	0.50~1.0	0.10	—	0.15	—	0.10	—	0.05	0.15	余量
115	6016	1.0~1.5	0.50	0.20	0.20	0.25~0.6	0.10	—	0.20	—	0.15	—	0.05	0.15	余量
116	6043	0.40~0.9	0.50	0.30~0.9	0.35	0.6~1.2	0.15	—	0.20	0.40~0.7Bi 0.20~0.40Sn	0.15	—	0.05	0.15	余量
117	6351	0.7~1.3	0.50	0.10	0.40~0.8	0.40~0.8	—	—	0.20	—	0.20	—	0.05	0.15	余量
118	6060	0.30~0.6	0.10~0.30	0.10	0.10	0.35~0.6	0.05	—	0.15	—	0.10	—	0.05	0.15	余量
119	6061	0.40~0.8	0.7	0.15~0.40	0.15	0.8~1.2	0.04~0.35	—	0.25	—	0.15	—	0.05	0.15	余量
120	6061A	0.40~0.8	0.7	0.15~0.40	0.15	0.8~1.2	0.04~0.35	—	0.25	⑧	0.15	—	0.05	0.15	余量
121	6262	0.40~0.8	0.7	0.15~0.40	0.15	0.8~1.2	0.04~0.14	—	0.25	⑨	0.15	—	0.05	0.15	余量
122	6063	0.20~0.6	0.35	0.10	0.10	0.45~0.9	0.10	—	0.10	—	0.10	—	0.05	0.15	余量
123	6063A	0.30~0.6	0.15~0.35	0.10	0.15	0.6~0.9	0.05	—	0.15	—	0.10	—	0.05	0.15	余量
124	6463	0.20~0.6	0.15	0.20	0.05	0.45~0.9	—	—	0.05	—	—	—	0.05	0.15	余量
125	6463A	0.20~0.6	0.15	0.25	0.05	0.30~0.9	—	—	0.05	—	—	—	0.05	0.15	余量
126	6070	1.0~1.7	0.50	0.15~0.40	0.40~1.0	0.50~1.2	0.10	—	0.25	—	0.15	—	0.05	0.15	余量

续表

序号	牌号	化学成分(质量分数)/%											其他		Al
		Si	Fe	Cu	Mn	Mg	Cr	Ni	Zn		Ti	Zr	单个	合计	
127	6181	0.8~1.2	0.45	0.10	0.15	0.6~1.0	0.10	—	0.20	—	0.10	—	0.05	0.15	余量
128	6181A	0.7~1.1	0.15~0.50	0.25	0.40	0.6~1.0	0.15	—	0.30	0.10V	0.25	—	0.05	0.15	余量
129	6082	0.7~1.3	0.50	0.10	0.40~1.0	0.6~1.2	0.25	—	0.20	—	0.10	—	0.05	0.15	余量
130	6082A	0.7~1.3	0.50	0.10	0.40~1.0	0.6~1.2	0.25	—	0.20	⑧	0.10	—	0.05	0.15	余量
131	7001	0.35	0.40	1.6~2.6	0.20	2.6~3.4	0.18~0.35	—	6.8~8.0	—	0.20	—	0.05	0.15	余量
132	7003	0.30	0.35	0.20	0.30	0.50~1.0	0.20	—	5.0~6.5	—	0.20	0.05~0.25	0.05	0.15	余量
133	7004	0.25	0.35	0.05	0.20~0.7	1.0~2.0	0.05	—	3.8~4.6	—	0.05	0.10~0.20	0.05	0.15	余量
134	7005	0.35	0.40	0.10	0.20~0.7	1.0~1.8	0.06~0.20	—	4.0~5.0	—	0.01~0.06	0.08~0.20	0.05	0.15	余量
135	7020	0.35	0.40	0.20	0.05~0.50	1.0~1.4	0.10~0.35	—	4.0~5.0	⑩	—	—	0.05	0.15	余量
136	7021	0.25	0.40	0.25	0.10	1.2~1.8	0.05	—	5.0~6.0	—	0.10	0.08~0.18	0.05	0.15	余量
137	7022	0.50	0.50	0.50~1.0	0.10~0.40	2.6~3.7	0.10~0.30	—	4.3~5.2	—	—	0.20 Ti+Zr	0.05	0.15	余量
138	7039	0.30	0.40	0.10	0.10~0.40	2.3~3.3	0.15~0.25	—	3.5~4.5	—	0.10	—	0.05	0.15	余量
139	7049	0.25	0.35	1.2~1.9	0.20	2.0~2.9	0.10~0.22	—	7.2~8.2	—	0.10	—	0.05	0.15	余量
140	7049A	0.40	0.50	1.2~1.9	0.50	2.1~3.1	0.05~0.25	—	7.2~8.4	—		0.25 Zr+Ti	0.05	0.15	余量
141	7050	0.12	0.15	2.0~2.6	0.10	1.9~2.6	0.04	—	5.7~6.7	—	0.06	0.08~0.15	0.05	0.15	余量
142	7150	0.12	0.15	1.9~2.5	0.10	2.0~2.7	0.04	—	5.9~6.9	—	0.06	0.08~0.15	0.05	0.15	余量
143	7055	0.10	0.15	2.0~2.6	0.05	1.8~2.3	0.04	—	7.6~8.4	—	0.06	0.08~0.25	0.05	0.15	余量
144	7072[2]	0.7 Si+Fe		0.10	0.10	0.10	—	—	0.8~1.3	—	—	—	0.05	0.15	余量
145	7075	0.40	0.50	1.2~2.0	0.30	2.1~2.9	0.18~0.28	—	5.1~6.1	⑪	0.20	—	0.05	0.15	余量
146	7175	0.15	0.20	1.2~2.0	0.10	2.1~2.9	0.18~0.28	—	5.1~6.1	—	0.10	—	0.05	0.15	余量
147	7475	0.10	0.12	1.2~1.9	0.06	1.9~2.6	0.18~0.25	—	5.2~6.2	—	0.06	—	0.05	0.15	余量
148	7085	0.06	0.08	1.3~2.0	0.04	1.2~1.8	0.04	—	7.0~8.0	—	0.06	0.08~0.15	0.05	0.15	余量
149	8001	0.17	0.45~0.7	0.15	—	—	—	0.9~1.3	0.05	⑫	—	—	0.05	0.15	余量
150	8006	0.40	1.2~2.0	0.30	0.30~1.0	0.10	—	—	0.10	—	—	—	0.05	0.15	余量

续表

序号	牌号	化学成分(质量分数)/%													
		Si	Fe	Cu	Mn	Mg	Cr	Ni	Zn		Ti	Zr	其他		Al
													单个	合计	
151	8011	0.50~0.9	0.6~1.0	0.10	0.20	0.05	0.05	—	0.10	—	0.08	—	0.05	0.15	余量
152	8011A	0.40~0.8	0.50~1.0	0.10	0.10	0.10	0.10	—	0.10	—	0.05	—	0.05	0.15	余量
153	8014	0.30	1.2~1.6	0.20	0.20~0.6	0.10	—	—	0.10	—	0.10	—	0.05	0.15	余量
154	8021	0.15	1.2~1.7	0.05	—	—	—	—	—	—	—	—	0.05	0.15	余量
155	8021B	0.40	1.1~1.7	0.05	0.03	0.01	0.03	—	0.05	—	0.05	—	0.03	0.10	余量
156	8050	0.15~0.30	1.1~1.2	0.05	0.45~0.55	0.05	0.05	—	0.10	—	—	—	0.05	0.15	余量
157	8150	0.30	0.9~1.3	—	0.20~0.7	—	—	—	—	—	0.05	—	0.05	0.15	余量
158	8079	0.05~0.30	0.7~1.3	0.05	—	—	—	—	0.10	—	—	—	0.05	0.15	余量
159	8090	0.20	0.30	1.0~1.6	0.10	0.6~1.3	0.10	—	0.25	⑬	0.10	0.04~0.16	0.05	0.15	余量

① 焊接电极及填料焊丝的 $w(Be) \leqslant 0.0003\%$。

② 主要用作包覆材料。

③ $w(Si+Fe) \leqslant 0.14\%$。

④ $w(B) \leqslant 0.02\%$。

⑤ $w(Bi)$：0.20%~0.6%，$w(Pb)$：0.20%~0.6%。

⑥ 经供需双方协商并同意，挤压产品与锻件的 $w(Zr+Ti)$ 最大可达 0.20%。

⑦ $w(Si+Fe) \leqslant 0.40\%$。

⑧ $w(Pb) \leqslant 0.003\%$。

⑨ $w(Bi)$：0.40%~0.7%，$w(Pb)$：0.40%~0.7%。

⑩ $w(Zr)$：0.08%~0.20%，$w(Zr+Ti)$：0.08%~0.25%。

⑪ 经供需双方协商并同意，挤压产品与锻件的 $w(Zr+Ti)$ 最大可达 0.25%。

⑫ $w(B) \leqslant 0.001\%$，$w(Cd) \leqslant 0.003\%$，$w(Co) \leqslant 0.001\%$，$w(Li) \leqslant 0.008\%$。

⑬ $w(Li)$：2.2%~2.7%。

表 3-20-58　铝合金的化学成分

序号	牌号	化学成分(质量分数)/%														备注
		Si	Fe	Cu	Mn	Mg	Cr	Ni	Zn		Ti	Zr	其他		Al	
													单个	合计		
1	1A99	0.003	0.003	0.005	—	—	—	—	0.001	—	0.002	—	0.002	—	99.99	LG5
2	1B99	0.0013	0.0015	0.0030	—	—	—	—	0.001	—	0.001	—	0.001	—	99.993	—
3	1C99	0.0010	0.0010	0.0015	—	—	—	—	0.001	—	0.001	—	0.001	—	99.995	—
4	1A97	0.015	0.015	0.005	—	—	—	—	0.001	—	0.002	—	0.005	—	99.97	LG4
5	1B97	0.015	0.030	0.005	—	—	—	—	0.001	—	0.005	—	0.005	—	99.97	—
6	1A95	0.030	0.030	0.010	—	—	—	—	0.003	—	0.008	—	0.005	—	99.95	—
7	1B95	0.030	0.040	0.010	—	—	—	—	0.003	—	0.008	—	0.005	—	99.95	—
8	1A93	0.040	0.040	0.010	—	—	—	—	0.005	—	0.010	—	0.007	—	99.93	LG3
9	1B93	0.040	0.050	0.010	—	—	—	—	0.005	—	0.010	—	0.007	—	99.93	—
10	1A90	0.060	0.060	0.010	—	—	—	—	0.008	—	0.015	—	0.01	—	99.90	LG2
11	1B90	0.060	0.060	0.010	—	—	—	—	0.008	—	0.010	—	0.01	—	99.90	—
12	1A85	0.08	0.10	0.01	—	—	—	—	0.01	—	0.01	—	0.01	—	99.85	LG1

续表

序号	牌号	化学成分(质量分数)/%														备注
		Si	Fe	Cu	Mn	Mg	Cr	Ni	Zn		Ti	Zr	其他		Al	
													单个	合计		
13	1A80	0.15	0.15	0.03	0.02	0.02	—	—	0.03	0.03Ga,0.05V	0.03	—	0.02	—	99.80	—
14	1A80A	0.15	0.15	0.03	0.02	0.02	—	—	0.05	0.03Ga	0.02	—	0.02	—	99.80	—
15	1A60	0.11	0.25	0.01	—	—	—	—	—	—	0.02V+Ti+Mn+Cr	—	0.03	—	99.60	—
16	1A50	0.30	0.30	0.01	0.05	0.05	—	—	0.03	0.45Fe+Si	—	—	0.03	—	99.50	LB2
17	1R50	0.11	0.25	0.01	—	—	—	—	—	0.03~0.30RE	0.02V+Ti+Mn+Cr	—	0.03	—	99.50	—
18	1R35	0.25	0.35	0.05	0.03	0.03	—	—	0.05	0.10~0.25RE,0.05V	0.03	—	0.03	—	99.35	—
19	1A30	0.10~0.20	0.15~0.30	0.05	0.01	0.01	—	0.01	0.02	—	0.02	—	0.03	—	99.30	L4-1
20	1B30	0.05~0.15	0.20~0.30	0.03	0.12~0.18	0.03	—	—	0.03	—	0.02~0.05	—	0.03	—	99.30	—
21	2A01	0.50	0.50	2.2~3.0	0.20	0.20~0.50	—	—	0.10	—	0.15	—	0.05	0.10	余量	LY1
22	2A02	0.30	0.30	2.6~3.2	0.45~0.7	2.0~2.4	—	—	0.10	—	0.15	—	0.05	0.10	余量	LY2
23	2A04	0.30	0.30	3.2~3.7	0.50~0.8	2.1~2.6	—	—	0.10	0.001~0.01Be①	0.05~0.40	—	0.05	0.10	余量	LY4
24	2A06	0.50	0.50	3.8~4.3	0.50~1.0	1.7~2.3	—	—	0.10	0.001~0.005Be①	0.03~0.15	—	0.05	0.10	余量	LY6
25	2B06	0.20	0.30	3.8~4.3	0.40~0.9	1.7~2.3	—	—	0.10	0.0002~0.005Be	0.10	—	0.05	0.10	余量	—
26	2A10	0.25	0.20	3.9~4.5	0.30~0.50	0.15~0.30	—	—	0.10	—	0.15	—	0.05	0.10	余量	LY10
27	2A11	0.7	0.7	3.8~4.8	0.40~0.8	0.40~0.8	—	0.10	0.30	0.7Fe+Ni	0.15	—	0.05	0.10	余量	LY11
28	2B11	0.50	0.50	3.8~4.5	0.40~0.8	0.40~0.8	—	—	0.10	—	0.15	—	0.05	0.10	余量	LY8
29	2A12	0.50	0.50	3.8~4.9	0.30~0.9	1.2~1.8	—	0.10	0.30	0.50Fe+Ni	0.15	—	0.05	0.10	余量	LY12
30	2B12	0.50	0.50	3.8~4.5	0.30~0.7	1.2~1.6	—	—	0.10	—	0.15	—	0.05	0.10	余量	LY9
31	2D12	0.20	0.30	3.8~4.9	0.30~0.9	1.2~1.8	—	0.05	0.10	—	0.10	—	0.05	0.10	余量	—
32	2E12	0.05	0.12	4.0~4.5	0.40~0.7	1.2~1.8	—	—	0.15	0.0002~0.005Be	0.10	—	0.10	0.15	余量	—
33	2A13	0.7	0.6	4.0~5.0	—	0.30~0.50	—	—	0.6	—	0.15	—	0.05	0.10	余量	LY13
34	2A14	0.6~1.2	0.7	3.9~4.8	0.40~1.0	0.40~0.8	—	0.10	0.30	—	0.15	—	0.05	0.10	余量	LD10
35	2A16	0.30	0.30	6.0~7.0	0.40~0.8	0.05	—	—	0.10	—	0.10~0.20	0.20	0.05	0.10	余量	LY16
36	2B16	0.25	0.30	5.8~6.8	0.20~0.40	0.05	—	—	—	0.05~0.15V	0.08~0.20	0.10~0.25	0.05	0.10	余量	LY16-1
37	2A17	0.30	0.30	6.0~7.0	0.40~0.8	0.25~0.45	—	—	0.10	—	0.10~0.20	—	0.05	0.10	余量	LY17

续表

序号	牌号	化学成分(质量分数)/%											其他			备注
		Si	Fe	Cu	Mn	Mg	Cr	Ni	Zn		Ti	Zr	单个	合计	Al	
38	2A20	0.20	0.30	5.8~6.8	—	0.02	—	—	0.10	0.05~0.15V 0.001~0.01B	0.07~0.16	0.10~0.25	0.05	0.15	余量	LY20
39	2A21	0.20	0.20~0.6	3.0~4.0	0.05	0.8~1.2	—	1.8~2.3	0.20	—	0.05	—	0.05	0.15	余量	—
40	2A23	0.05	0.06	1.8~2.8	0.20~0.6	0.6~1.2	—	—	0.15	0.30~0.9 Li	0.15	0.06~0.16	0.10	0.15	余量	—
41	2A24	0.20	0.30	3.8~4.8	0.6~0.9	1.2~1.8	0.10	—	0.25	—	0.20 Ti+Zr	0.08~0.12	0.05	0.15	余量	—
42	2A25	0.06	0.06	3.6~4.2	0.50~0.7	1.0~1.5	—	0.06	—	—	—	—	0.05	0.10	余量	—
43	2B25	0.05	0.15	3.1~4.0	0.20~0.8	1.2~1.8	—	0.15	0.10	0.0003~0.0008Be	0.03~0.07	0.08~0.25	0.05	0.10	余量	—
44	2A39	0.05	0.06	3.4~5.0	0.30~0.8	0.30~0.8	—	—	0.30	0.30~0.6 Ag	0.15	0.10~0.25	0.10	0.15	余量	—
45	2A40	0.25	0.35	4.5~5.2	0.40~0.6	0.50~1.0	0.10~0.20	—	—	—	0.04~0.12	0.10~0.25	0.05	0.15	余量	—
46	2A49	0.25	0.8~1.2	3.2~3.8	0.30~0.6	1.8~2.2	—	0.8~1.2	—	—	0.08~0.12	—	0.05	0.15	余量	—
47	2A50	0.7~1.2	0.7	1.8~2.6	0.40~0.8	0.40~0.8	—	0.10	0.30	0.7 Fe+Ni	0.15	—	0.05	0.10	余量	LD5
48	2B50	0.7~1.2	0.7	1.8~2.6	0.40~0.8	0.40~0.8	0.01~0.20	0.10	0.30	0.7 Fe+Ni	0.02~0.10	—	0.05	0.10	余量	LD6
49	2A70	0.35	0.9~1.5	1.9~2.5	0.20	1.4~1.8	—	0.9~1.5	0.30	—	0.02~0.10	—	0.05	0.10	余量	LD7
50	2B70	0.25	0.9~1.4	1.8~2.7	0.20	1.2~1.8	—	0.8~1.4	0.15	0.05Pb, 0.05Sn	0.10	0.20 Ti+Zr	0.05	0.15	余量	—
51	2D70	0.10~0.25	0.9~1.4	2.0~2.6	0.10	1.2~1.8	0.10	0.9~1.4	0.10	—	0.05~0.10	—	0.05	0.10	余量	—
52	2A80	0.50~1.2	1.0~1.6	1.9~2.5	0.20	1.4~1.8	—	0.9~1.5	0.30	—	0.15	—	0.05	0.10	余量	LD8
53	2A90	0.50~1.0	0.50~1.0	3.5~4.5	0.20	0.40~0.8	—	1.8~2.3	0.30	—	0.15	—	0.05	0.10	余量	LD9
54	2A97	0.15	0.15	2.0~3.2	0.20~0.6	0.25~0.50	—	—	0.17~1.0	0.001~0.10Be 0.8~2.3Li	0.001~0.10	0.08~0.20	0.05	0.15	余量	—
55	3A21	0.6	0.7	0.20	1.0~1.6	0.05	—	—	0.10[2]	—	0.15	—	0.05	0.10	余量	LF21
56	4A01	4.5~6.0	0.6	0.20	—	—	—	—	0.10 Zn+Sn	—	0.15	—	0.05	0.15	余量	LT1
57	4A11	11.5~13.5	1.0	0.50~1.3	0.20	0.8~1.3	0.10	0.50~1.3	0.25	—	0.15	—	0.05	0.15	余量	LD11
58	4A13	6.8~8.2	0.50	0.15 Cu+Zn	0.50	0.05	—	—	—	0.10Ca	0.15	—	0.05	0.15	余量	LT13
59	4A17	11.0~12.5	0.50	0.15 Cu+Zn	0.50	0.05	—	—	—	0.10Ca	0.15	—	0.05	0.15	余量	LT17
60	4A91	1.0~4.0	0.7	0.7	1.2	1.0	0.20	0.20	1.2	—	0.20	—	0.05	0.15	余量	—
61	5A01	0.40Si+Fe		0.10	0.30~0.7	6.0~7.0	0.10~0.20	—	0.25	—	0.15	0.10~0.20	0.05	0.15	余量	LF15

续表

序号	牌号	化学成分(质量分数)/%														备注
		Si	Fe	Cu	Mn	Mg	Cr	Ni	Zn		Ti	Zr	其他		Al	
													单个	合计		
62	5A02	0.40	0.40	0.10	或Cr 0.15~0.40	2.0~2.8	—	—	—	0.6 Si+Fe	0.15	—	0.05	0.15	余量	LF2
63	5B02	0.40	0.40	0.10	0.20~0.6	1.8~2.6	0.05	—	0.20	—	0.10	—	0.05	0.10	余量	—
64	5A03	0.50~0.8	0.50	0.10	0.30~0.6	3.2~3.8	—	—	0.20	—	0.15	—	0.05	0.10	余量	LF3
65	5A05	0.50	0.50	0.10	0.30~0.6	4.8~5.5	—	—	0.20	—	—	—	0.05	0.10	余量	LF5
66	5B05	0.40	0.40	0.20	0.20~0.6	4.7~5.7	—	—	—	0.6 Si+Fe	0.15	—	0.05	0.10	余量	LF10
67	5A06	0.40	0.40	0.10	0.50~0.8	5.8~6.8	—	—	0.20	0.0001~0.005 Be①	0.02~0.10	—	0.05	0.10	余量	LF6
68	5B06	0.40	0.40	0.10	0.50~0.8	5.8~6.8	—	—	0.20	0.0001~0.005 Be①	0.10~0.30	—	0.05	0.10	余量	LF14
69	5A12	0.30	0.30	0.05	0.40~0.8	8.3~9.6	—	0.10	0.20	0.005 Be 0.004~0.05 Sb	0.05~0.15	—	0.05	0.10	余量	LF12
70	5A13	0.30	0.30	0.05	0.40~0.8	9.2~10.5	—	0.10	0.20	0.005 Be 0.004~0.05 Sb	0.05~0.15	—	0.05	0.10	余量	LF13
71	5A25	0.20	0.30	—	0.05~0.50	5.0~6.3	—	—	—	0.0002~0.002 Be 0.10~0.40 Sc	0.10	0.06~0.20	0.10	0.15	余量	—
72	5A30	0.40 Si+Fe		0.10	0.50~1.0	4.7~5.5	—	—	0.25	0.05~0.20 Cr	0.03~0.15	—	0.05	0.10	余量	LF16
73	5A33	0.35	0.35	0.10	0.10	6.0~7.5	—	—	0.50~1.5	0.0005~0.005 Be①	0.05~0.15	0.10~0.30	0.05	0.10	余量	LF33
74	5A41	0.40	0.40	0.10	0.30~0.6	6.0~7.0	—	—	0.20	—	0.02~0.10	—	0.05	0.10	余量	LT41
75	5A43	0.40	0.40	0.10	0.15~0.40	0.6~1.4	—	—	—	—	0.15	—	0.05	0.15	余量	LF43
76	5A56	0.15	0.20	0.10	0.30~0.40	5.5~6.5	0.10~0.20	—	0.50~1.0	—	0.10~0.18	—	0.05	0.15	余量	—
77	5A66	0.005	0.01	0.005	—	1.5~2.0	—	—	—	—	—	—	0.005	0.01	余量	LT66
78	5A70	0.15	0.25	0.05	0.30~0.7	5.5~6.3	—	—	0.05	0.15~0.30 Sc 0.0005~0.005 Be	0.02~0.05	0.05~0.15	0.05	0.15	余量	—
79	5B70	0.10	0.20	0.05	0.15~0.40	5.5~6.5	—	—	0.05	0.20~0.40 Sc 0.0005~0.005 Be	0.02~0.05	0.10~0.20	0.05	0.15	余量	—
80	5A71	0.20	0.30	0.05	0.30~0.7	5.8~6.8	0.10~0.20	—	0.05	0.20~0.35 Sc 0.0005~0.005 Be	0.05~0.15	0.05~0.15	0.05	0.15	余量	—
81	5B71	0.20	0.30	0.10	0.30	5.8~6.8	0.30	—	0.30	0.30~0.50 Sc 0.0005~0.005 Be 0.003 B	0.02~0.05	0.08~0.15	0.05	0.15	余量	—
82	5A90	0.15	0.20	0.05	—	4.5~6.0	—	—	—	0.005 Na 1.9~2.3 Li	0.10	0.08~0.15	0.05	0.15	余量	—
83	6A01	0.40~0.9	0.35	0.35	0.50	0.40~0.8	0.30	—	0.25	0.50 Mn+Cr	—	—	0.05	0.10	余量	6N01
84	6A02	0.50~1.2	0.50	0.20~0.6	或Cr 0.15~0.35	0.45~0.9	—	—	0.20	—	0.15	—	0.05	0.10	余量	LD2

第3篇

续表

序号	牌号	化学成分(质量分数)/%														备注
		Si	Fe	Cu	Mn	Mg	Cr	Ni	Zn		Ti	Zr	其他		Al	
													单个	合计		
85	6B02	0.7~1.1	0.40	0.10~0.40	0.10~0.30	0.40~0.8	—	—	0.15	—	0.01~0.04	—	0.05	0.10	余量	LD2-1
86	6R05	0.40~0.9	0.30~0.50	0.15~0.25	0.10	0.20~0.6	0.10	—	—	0.10~0.20 RE	0.10	—	0.05	0.15	余量	—
87	6A10	0.7~1.1	0.50	0.30~0.8	0.30~0.9	0.7~1.1	0.05~0.25	—	0.20	—	0.02~0.10	0.04~0.20	0.05	0.15	余量	—
88	6A51	0.50~0.7	0.50	0.15~0.35	—	0.45~0.6	—	—	0.25	0.15~0.35 Sn	0.01~0.04	—	0.05	0.15	余量	—
89	6A60	0.7~1.1	0.30	0.6~0.8	0.50~0.7	0.7~1.0	—	—	0.20~0.40	0.30~0.50 Ag	0.04~0.12	0.10~0.20	0.05	0.15	余量	—
90	7A01	0.30	0.30	0.01	—	—	—	—	0.9~1.3	0.45 Si+Fe	—	—	0.03	—	余量	LB1
91	7A03	0.20	0.20	1.8~2.4	0.10	1.2~1.6	0.05	—	6.0~6.7	—	0.02~0.08	—	0.05	0.10	余量	LC3
92	7A04	0.50	0.50	1.4~2.0	0.20~0.6	1.8~2.8	0.10~0.25	—	5.0~7.0	—	0.10	—	0.05	0.10	余量	LC4
93	7B04	0.10	0.05~0.25	1.4~2.0	0.20~0.6	1.8~2.8	0.10~0.25	0.10	5.0~6.5	—	0.05	—	0.05	0.10	余量	—
94	7C04	0.30	0.30	1.4~2.0	0.30~0.50	2.0~2.6	0.10~0.25	—	5.5~6.5	—	—	—	0.05	0.10	余量	—
95	7D04	0.10	0.15	1.4~2.2	0.10	2.0~2.6	0.05	—	5.5~6.7	0.02~0.07 Be	0.10	0.08~0.16	0.05	0.10	余量	—
96	7A05	0.25	0.25	0.20	0.15~0.40	1.1~1.7	0.05~0.15	—	4.4~5.0	—	0.02~0.06	0.10~0.25	0.05	0.15	余量	—
97	7B05	0.30	0.35	0.20	0.20~0.7	1.0~2.0	0.30		4.0~3.0	0.10 V	0.20	0.25	0.05	0.10	余量	7N01
98	7A09	0.50	0.50	1.2~2.0	0.15	2.0~3.0	0.16~0.30		5.1~6.1		0.10	—	0.05	0.10	余量	LC9
99	7A10	0.30	0.30	0.50~1.0	0.20~0.35	3.0~4.0	0.10~0.20		3.2~4.2		0.10	—	0.05	0.10	余量	LC10
100	7A12	0.10	0.06~0.15	0.8~1.2	0.10	1.6~2.2	0.05	—	6.3~7.2	0.0001~0.02 Be	0.03~0.06	0.10~0.18	0.05	0.10	余量	—
101	7A15	0.50	0.50	1.0	0.10~0.40	2.4~3.0	0.10~0.30	—	4.4~5.4	0.005~0.01 Be	0.05~0.15	—	0.05	0.15	余量	LC15
102	7A19	0.30	0.40	0.08~0.30	0.30~0.50	1.3~1.9	0.10~0.20	—	4.5~5.3	0.0001~0.004 Be①	—	0.08~0.20	0.05	0.15	余量	LC19
103	7A31	0.30	0.6	0.10~0.40	0.20~0.40	2.5~3.3	0.10~0.20	—	3.6~4.5	0.0001~0.001 Be①	0.02~0.10	0.08~0.25	0.05	0.15	余量	—
104	7A33	0.25	0.30	0.25~0.55	0.05	2.2~2.7	0.10~0.20	—	4.6~5.4	—	0.05	—	0.05	0.10	余量	—
105	7B50	0.12	0.15	1.8~2.6	0.10	2.0~2.8	0.04	—	6.0~7.0	0.0002~0.002 Be	0.10	0.08~0.16	0.10	0.15	余量	—
106	7A52	0.25	0.30	0.05~0.20	0.20~0.50	2.0~2.8	0.15~0.25	—	4.0~4.8	—	0.05~0.18	0.05~0.15	0.05	0.15	余量	LC52
107	7A55	0.10	0.10	1.8~2.5	0.05	1.8~2.8	0.04	—	7.5~8.5	—	0.01~0.05	0.08~0.20	0.10	0.15	余量	—
108	7A68	0.15	0.35	2.0~2.6	0.15~0.40	1.6~2.5	0.10~0.20	—	6.5~7.2	0.005 Be	0.05~0.20	0.05~0.20	0.05	0.15	余量	—

第3篇

续表

序号	牌号	化学成分(质量分数)/%														备注
		Si	Fe	Cu	Mn	Mg	Cr	Ni	Zn		Ti	Zr	其他		Al	
													单个	合计		
109	7B68	0.05	0.05	2.0~2.6	0.05	1.8~2.8	0.04	—	7.8~9.0	—	0.01~0.05	0.08~0.25	0.10	0.15	余量	—
110	7D68	0.12	0.25	2.0~2.5	0.10	2.3~3.0	0.05	—	8.0~9.0	0.0002~0.002 Be	0.03	0.10~0.20	0.05	0.10	余量	7A60
111	7A85	0.05	0.08	1.2~2.0	0.10	1.2~2.0	0.05	—	7.0~8.2	—	0.05	0.08~0.16	0.05	0.15	余量	—
112	7A88	0.50	0.75	1.0~2.0	0.20~0.6	1.5~2.8	0.05~0.20	0.20	4.5~6.0	—	0.10	—	0.10	0.20	余量	—
113	8A01	0.05~0.30	0.18~0.40	0.15~0.35	0.08~0.35	—	—	—	—	—	0.01~0.03	—	0.05	0.15	余量	—
114	8A06	0.55	0.50	0.10	0.10	0.10	—	—	0.10	1.0 Si+Fe	—	—	0.05	0.15	余量	L6

① 铍含量均按规定加入，可不作分析。

② 做铆钉线材的3A21合金，锌含量不大于0.03%。

20.2.7 铸造铝合金（GB/T 1173—2013）

(1) 铸造铝合金牌号表示方法

① 合金代号：

本标准中合金代号是由表示铸铝的汉语拼音字母“ZL”及其后面的三个阿拉伯数字组成。ZL后面第一位数字表示合金的系列，其中1、2、3、4分别表示铝硅、铝铜、铝镁、铝锌系列合金，ZL后面第二、三位数字表示合金的顺序号。

优质合金在其代号后附加字母“A”。

② 合金铸造方法、变质处理代号：

S——砂型铸造。

J——金属型铸造。

R——熔模铸造。

K——壳型铸造。

B——变质处理。

③ 合金热处理状态代号：

F——铸态。

T1——人工时效。

T2——退火。

T4——固溶处理加自然时效。

T5——固溶处理加不完全人工时效。

T6——固溶处理加完全人工时效。

T7——固溶处理加稳定化处理。

T8——固溶处理加软化处理。

(2) 化学成分

铸造铝合金的化学成分见表3-20-59。杂质元素允许含量见表3-20-60。

表3-20-59　　铸造铝合金的化学成分

合金种类	合金牌号	合金代号	主要元素(质量分数)/%							
			Si	Cu	Mg	Zn	Mn	Ti	其他	Al
Al-Si合金	ZAlSi7Mg	ZL101	6.5~7.5		0.25~0.45					余量
	ZAlSi7MgA	ZL101A	6.5~7.5		0.25~0.45			0.08~0.20		余量
	ZAlSi12	ZL102	10.0~13.0							余量

续表

合金种类	合金牌号	合金代号	主要元素(质量分数)/%							
			Si	Cu	Mg	Zn	Mn	Ti	其他	Al
Al-Si合金	ZAlSi9Mg	ZL104	8.0~10.5		0.17~0.35		0.2~0.5			余量
	ZAlSi5Cu1Mg	ZL105	4.5~5.5	1.0~1.5	0.4~0.6					余量
	ZAlSi5Cu1MgA	ZL105A	4.5~5.5	1.0~1.5	0.4~0.55					余量
	ZAlSi8Cu1Mg	ZL106	7.5~8.5	1.0~1.5	0.3~0.5		0.3~0.5	0.10~0.25		余量
	ZAlSi7Cu4	ZL107	6.5~7.5	3.5~4.5						余量
	ZAlSi12Cu2Mg1	ZL108	11.0~13.0	1.0~2.0	0.4~1.0		0.3~0.9			余量
	ZAlSi12Cu1Mg1Ni1	ZL109	11.0~13.0	0.5~1.5	0.8~1.3				Ni0.8~1.5	余量
	ZAlSi5Cu6Mg	ZL110	4.0~6.0	5.0~8.0	0.2~0.5					余量
	ZAlSi9Cu2Mg	ZL111	8.0~10.0	1.3~1.8	0.4~0.6		0.10~0.35	0.10~0.35		余量
	ZAlSi7Mg1A	ZL114A	6.5~7.5		0.45~0.75			0.10~0.20	Be 0~0.07	余量
	ZAlSi5Zn1Mg	ZL115	4.8~6.2		0.4~0.65	1.2~1.8			Sb 0.1~0.25	余量
	ZAlSi8MgBe	ZL116	6.5~8.5		0.35~0.55			0.10~0.30	Be 0.15~0.40	余量
	ZAlSi7Cu2Mg	ZL118	6.0~8.0	1.3~1.8	0.2~0.5		0.1~0.3	0.10~0.25		余量
Al-Cu合金	ZAlCu5Mn	ZL201		4.5~5.3			0.6~1.0	0.15~0.35		余量
	ZAlCu5MnA	ZL201A		4.8~5.3			0.6~1.0	0.15~0.35		余量
	ZAlCu10	ZL202		9.0~11.0						余量
	ZAlCu4	ZL203		4.0~5.0						余量
	ZAlCu5MnCdA	ZL204A		4.6~5.3			0.6~0.9	0.15~0.35	Cd 0.15~0.25	余量
	ZAlCu5MnCdVA	ZL205A		4.6~5.3			0.3~0.5	0.15~0.35	Cd 0.15~0.25 V 0.05~0.3 Zr 0.15~0.25 B 0.005~0.6	余量
	ZAlR5Cu3Si2	ZL207	1.6~2.0	3.0~3.4	0.15~0.25		0.9~1.2		Zr 0.15~0.2 Ni 0.2~0.3 RE 4.4~5.0	余量
Al-Mg合金	ZAlMg10	ZL301			9.5~11.0					余量
	ZAlMg5Si	ZL303	0.8~1.3		4.5~5.5		0.1~0.4			余量
	ZAlMg8Zn1	ZL305			7.5~9.0	1.0~1.5		0.10~0.20	Be 0.03~0.10	余量
Al-Zn合金	ZAlZn11Si7	ZL401	6.0~8.0		0.1~0.3	9.0~13.0				余量
	ZAlZn6Mg	ZL402			0.5~0.65	5.0~6.5	0.2~0.5	0.15~0.25	Cr 0.4~0.6	余量

注：RE为含铈混合稀土，其中混合稀土总量应不少于98%，铈含量不少于45%。

表 3-20-60　铸造铝合金杂质元素允许含量

合金种类	合金牌号	合金代号	杂质元素(质量分数)/% ≤														
			Fe		Si	Cu	Mg	Zn	Mn	Ti	Zr	Ti+Zr	Be	Ni	Sn	Pb	其他杂质总和	
			S	J													S	J
Al-Si合金	ZAlSi7Mg	ZL101	0.5	0.9		0.2		0.3	0.35			0.25	0.1		0.05	0.05	1.1	1.5
	ZAlSi7MgA	ZL101A	0.2	0.2		0.1		0.1	0.10						0.05	0.03	0.7	0.7
	ZAlSi12	ZL102	0.7	1.0		0.30	0.10	0.1	0.5	0.2							2.0	2.2
	ZAlSi9Mg	ZL104	0.6	0.9		0.1		0.25				0.15			0.05	0.05	1.1	1.4
	ZAlSi5Cu1Mg	ZL105	0.6	1.0				0.3	0.5			0.15	0.1		0.05	0.05	1.1	1.4
	ZAlSi5Cu1MgA	ZL105A	0.2	0.2				0.1	0.1						0.05	0.05	0.5	0.5
	ZAlSi8Cu1Mg	ZL106	0.6	0.8				0.2							0.05	0.05	0.9	1.0
	ZAlSi7Cu4	ZL107	0.5	0.6			0.1	0.3	0.5						0.05	0.05	1.0	1.2
	ZAlSi12Cu2Mg1	ZL108		0.7				0.2		0.20				0.3	0.05	0.05		1.2
	ZAlSi12Cu1Mg1Ni1	ZL109		0.7				0.2	0.2	0.20					0.05	0.05		1.2
	ZAlSi5Cu6Mg	ZL110		0.8				0.6	0.5						0.05	0.05		2.7
	ZAlSi9Cu2Mg	ZL111	0.4	0.4				0.1							0.05	0.05		1.2
	ZAlSi7Mg1A	ZL114A	0.2	0.2		0.2		0.1	0.1								0.75	0.75

续表

合金种类	合金牌号	合金代号	杂质元素(质量分数)/% ≤															
			Fe		Si	Cu	Mg	Zn	Mn	Ti	Zr	Ti+Zr	Be	Ni	Sn	Pb	其他杂质总和	
			S	J													S	J
Al-Si合金	ZAlSi5Zn1Mg	ZL115	0.3	0.3		0.1			0.1						0.05	0.05	1.0	1.0
	ZAlSi8MgBe	ZL116	0.60	0.60		0.3		0.3	0.1		0.20				0.05	0.05	1.0	1.0
	ZAlSi7Cu2Mg	ZL118	0.3	0.3				0.1							0.05	0.05	1.0	1.5
Al-Cu合金	ZAlCu5Mn	ZL201	0.25	0.3	0.3		0.05	0.2			0.2			0.1			1.0	1.0
	ZAlCu5MnA	ZL201A	0.15		0.1		0.05	0.1			0.15			0.05			0.4	
	ZAlCu10	ZL202	1.0	1.2	1.2		0.3	0.8	0.5					0.5			2.8	3.0
	ZAlCu4	ZL203	0.8	0.8	1.2		0.05	0.25	0.1	0.2	0.1				0.05	0.05	2.1	2.1
	ZAlCu5MnCdA	ZL204A	0.12	0.12	0.06		0.05	0.1			0.15			0.05			0.4	
	ZAlCu5MnCdVA	ZL205A	0.15	0.16	0.06		0.05										0.3	0.3
	ZAlR5Cu3Si2	ZL207	0.6	0.6				0.2									0.8	0.8
Al-Mg合金	ZAlMg10	ZL301	0.3	0.3	0.3	0.1		0.15	0.15	0.15	0.20		0.07	0.05	0.05	0.05	1.0	1.0
	ZAlMg5Si	ZL303	0.5	0.5		0.1		0.2		0.2							0.7	0.7
	ZAlMg8Zn1	ZL305	0.3		0.2	0.1			0.1								0.9	
Al-Zn合金	ZAlZn11Si7	ZL401	0.7	1.2		0.6			0.5								1.8	2.0
	ZAlZn6Mg	ZL402	0.5	0.8	0.3	0.25			0.1								1.35	1.65

注：熔模、壳型铸造的主要元素及杂质元素含量按表 3-20-59、表 3-20-60 中砂型指标检验。

(3) 力学性能

铸造铝合金的力学性能见表 3-20-61。

表 3-20-61　　铸造铝合金的力学性能

合金种类	合金牌号	合金代号	铸造方法	合金状态	力学性能 ≥		
					抗拉强度 R_m/MPa	伸长率 A/%	布氏硬度(HBW)
Al-Si合金	ZAlSi7Mg	ZL101	S、J、R、K	F	155	2	50
			S、J、R、K	T2	135	2	45
			JB	T4	185	4	50
			S、R、K	T4	175	4	50
			J、JB	T5	205	2	60
			S、R、K	T5	195	2	60
			SB、RB、KB	T5	195	2	60
			SB、RB、KB	T6	225	1	70
			SB、RB、KB	T7	195	2	60
			SB、RB、KB	T8	155	3	55
	ZAlSi7MgA	ZL101A	S、R、K	T4	195	5	60
			J、JB	T4	225	5	60
			S、R、K	T5	235	4	70
			SB、RB、KB	T5	235	4	70
			J、JB	T5	265	4	70
			SB、RB、KB	T6	275	2	80
			J、JB	T6	295	3	80
	ZAlSi12	ZL102	SB、JB、RB、KB	F	145	4	50
			J	F	155	2	50
			SB、JB、RB、KB	T2	135	4	50
			J	T2	145	3	50
	ZAlSi9Mg	ZL104	S、R、J、K	F	150	2	50
			J	T1	200	1.5	65
			SB、RB、KB	T6	230	2	70
			J、JB	T6	240	2	70

续表

合金种类	合金牌号	合金代号	铸造方法	合金状态	力学性能 ≥		
					抗拉强度 R_m/MPa	伸长率 A/%	布氏硬度(HBW)
Al-Si合金	ZAlSi5Cu1Mg	ZL105	S、J、R、K	T1	155	0.5	65
			S、R、K	T5	215	1	70
			J	T5	235	0.5	70
			S、R、K	T6	225	0.5	70
			S、J、R、K	T7	175	1	65
	ZAlSi5Cu1MgA	ZL105A	SB、R、K	T5	275	1	80
			J、JB	T5	295	2	80
	ZAlSi8Cu1Mg	ZL106	SB	F	175	1	70
			JB	T1	195	1.5	70
			SB	T5	235	2	60
			JB	T5	255	2	70
			SB	T6	245	1	80
			JB	T6	265	2	70
			SB	T7	225	2	60
			JB	T7	245	2	60
	ZAlSi7Cu4	ZL107	SB	F	165	2	65
			SB	T6	245	2	90
			J	F	195	2	70
			J	T6	275	2.5	100
	ZAlSi12Cu2Mg1	ZL108	J	T1	195	—	85
			J	T6	255	—	90
	ZAlSi12Cu1Mg1Ni1	ZL109	J	T1	195	0.5	90
			J	T6	245	—	100
	ZAlSi5Cu6Mg	ZL110	S	F	125	—	80
			J	F	155	—	80
			S	T1	145	—	80
			J	T1	165	—	90
	ZAlSi9Cu2Mg	ZL111	J	F	205	1.5	80
			SB	T6	255	1.5	90
			J、JB	T6	315	2	100
	ZAlSi7Mg1A	ZL114A	SB	T5	290	2	85
			J、JB	T5	310	3	95
	ZAlSi5Zn1Mg	ZL115	S	T4	225	4	70
			J	T4	275	6	80
			S	T5	275	3.5	90
			J	T5	315	5	100
	ZAlSi8MgBe	ZL116	S	T4	255	4	70
			J	T4	275	6	80
			S	T5	295	2	85
			J	T5	335	4	90
	ZAlSi7Cu2Mg	ZL118	SB、RB	T6	290	1	90
			JB	T6	305	2.5	105
Al-Cu合金	ZAlCu5Mg	ZL201	S、J、R、K	T4	295	8	70
			S、J、R、K	T5	335	4	90
			S	T7	315	2	80
	ZAlCu5MgA	ZL201A	S、J、R、K	T5	390	8	100
	ZAlCu10	ZL202	S、J	F	104	—	50
			S、J	T6	163	—	100
	ZAlCu4	ZL203	S、R、K	T4	195	6	60

续表

合金种类	合金牌号	合金代号	铸造方法	合金状态	力学性能 ≥		
					抗拉强度 R_m/MPa	伸长率 A/%	布氏硬度(HBW)
Al-Cu合金	ZAlCu4	ZL203	J	T4	205	6	60
			S、R、K	T5	215	3	70
			J	T5	225	3	70
	ZAlCu5MnCdA	ZL204A	S	T5	440	4	100
	ZAlCu5MnCdVA	ZL205A	S	T5	440	7	100
			S	T6	470	3	120
			S	T7	460	2	110
	ZAlR5Cu3Si2	ZL207	S	T1	165	—	75
			J	T1	175	—	75
Al-Mg合金	ZAlMg10	ZL301	S、J、R	T4	280	9	60
	ZAlMg5Si	ZL303	S、J、R、K	F	143	1	55
	ZAlMg8Zn1	ZL305	S	T4	290	8	90
Al-Zn合金	ZAlZn11Si7	ZL401	S、R、K	T1	195	2	80
			J	T1	245	1.5	90
	ZAlZn6Mg	ZL402	J	T1	235	4	70
			S	T1	220	4	65

(4) 铸造铝合金的热处理工艺规范

铸造铝合金的热处理工艺规范见表3-20-62。

表3-20-62　铸造铝合金的热处理工艺规范

合金牌号	合金代号	合金状态	固溶处理			时效处理		
			温度/℃	时间/h	冷却介质及温度/℃	温度/℃	时间/h	冷却介质
ZAlSi7MgA	ZL101A	T4	535±5	6~12	水60~100	室温	≥24	—
		T5	535±5	6~12	水60~100	室温	≥8	空气
						再155±5	2~12	空气
		T6	535±5	6~12	水60~100	室温	≥8	空气
						再180±5	3~8	空气
ZAlSi5Cu1MgA	ZL105A	T5	525±5	4~6	水60~100	160±5	3~5	空气
		T7	525±5	4~6	水60~100	225±5	3~5	空气
ZAlSi7Mg1A	ZL114A	T5	535±5	10~14	水60~100	室温	≥8	空气
						再160±5	4~8	空气
ZAlSi5Zn1Mg	ZL115	T4	540±5	10~12	水60~100	150±5	3~5	空气
		T5	540±5	10~12	水60~100			
ZAlSi8MgBe	ZL116	T4	535±5	10~14	水60~100	室温	≥24	—
		T5	535±5	10~14	水60~100	175±5	6	空气
ZAlSi7Cu2Mg	ZL118	T6	490±5	4~6	水60~100	室温	≥8	空气
			再510±5	6~8		160±5	7~9	空气
			再520±5	8~10				
ZAlCu5MnA	ZL201A	T5	535±5	7~9	水60~100	室温	≥24	—
			再545±5	7~9	水60~100	160±5	6~9	
ZAlCu5MnCdA	ZL204A	T5	530±5	9	水20~60	175±5	3~5	
			再540±5	9				
ZAlCu5MnCdVA	ZL205A	T5	538±5	10~18	水20~60	155±5	8~10	
		T6	538±5	10~18		175±5	4~5	
		T7	538±5	10~18		190±5	2~4	
ZAlRE5Cu3Si2	ZL207	T1				200±5	5~10	
ZAlMg8Zn1	ZL305	T4	435±5	8~10	水80~100	室温	≥24	—
			再490±5	6~8				

20.2.8 铅锭（GB/T 469—2013）

(1) 产品分类

铅锭按化学成分分为5个牌号：Pb99.994、Pb99.990、Pb99.985、Pb99.970、Pb99.940。

(2) 化学成分

铅锭的化学成分见表3-20-63。

表3-20-63 铅锭的化学成分

牌号	化学成分(质量分数)/%											
	Pb ≥	杂质≤										
		Ag	Cu	Bi	As	Sb	Sn	Zn	Fe	Cd	Ni	总和
Pb99.994	99.994	0.0008	0.001	0.004	0.0005	0.0007	0.0005	0.0004	0.0005	0.0002	0.0002	0.006
Pb99.990	99.990	0.0015	0.001	0.010	0.0005	0.0008	0.0005	0.0004	0.0010	0.0002	0.0002	0.010
Pb99.985	99.985	0.0025	0.001	0.015	0.0005	0.0008	0.0005	0.0004	0.0010	0.0002	0.0005	0.015
Pb99.970	99.970	0.0050	0.003	0.030	0.0010	0.0010	0.0010	0.0005	0.0020	0.0010	0.0010	0.030
Pb99.940	99.940	0.0080	0.005	0.060	0.0010	0.0010	0.0010	0.0005	0.0020	0.0020	0.0020	0.060

注：Pb含量为100%减去表中所列杂质实测总和的余量。

(3) 物理规格

铅锭分为大锭和小锭。小锭为长方梯形，底部有打捆凹槽，两端有突出耳部。大锭为梯形，底部有T形凸块，两侧有抓吊槽。

小锭单重为：48kg±3kg、42kg±2kg、40kg±2kg、24kg±1kg。大锭单重为：950kg±50kg、500kg±25kg。

20.2.9 电解沉积用铅阳极板（YS/T 498—2006）

(1) 牌号和规格

电解沉积用铅阳极板的牌号和规格见表3-20-64。

表3-20-64 电解沉积用铅阳极板的牌号和规格

牌号	制造方法	规格/mm		
		厚度	宽度	长度
Pb1、Pb2	轧制	2~110	<2500	<5000
PbAg1				
PbSb0.5、PbSb1、PbSb2、PbSb4、PbSb6、PbSb8				

注：经供需双方协商，可供其他牌号和规格的板材。

(2) 产品标记

产品标记按产品名称、牌号、规格和标准编号的顺序表示。标记示例如下：

示例1：

用PbAg1制成的、厚度为6.0mm、宽度为950mm的铅阳极板，标记为：板 PbAg1 6.0×950 YS/T 498—2006。

示例2：

用PbAg1制成的、厚度为6.0mm、宽度为950mm较高精度的铅阳极板，标记为：板 PbAg1 较高 6.0×950 YS/T 498—2006。

(3) 化学成分

电解沉积用铅阳极板的化学成分见表3-20-65。

(4) 尺寸及允许偏差

电解沉积用铅阳极板的尺寸及允许偏差见表3-20-66。

表 3-20-65　　电解沉积用铅阳极板的化学成分

牌号	主成分/%			杂质含量(质量分数)/%,≤									
	Pb	Ag	Sb	Ag	Sb	Cu	As	Sn	Bi	Fe	Zn	Mg+Ca+Na	杂质总和
Pb1	≥99.994		—	0.0005	0.001	0.001	0.0005	0.001	0.003	0.0005	0.0005	—	0.006
Pb2	≥99.9	—	—	0.002	0.05	0.01	0.01	0.005	0.03	0.002	0.002	—	0.1
PbAg1	余量	0.9~1.1	—		0.004	0.001	0.002	0.002	0.006	0.002	0.001	0.003	0.02
PbSb0.5		—	0.3~0.8	—	—	—	0.005	0.008	0.06	0.005	0.005	—	0.15
PbSb1			0.8~1.3	—	—	—	0.005	0.008	0.06	0.005	0.005	—	0.15
PbSb2		—	1.5~2.5	—	—	—	0.01	0.008	0.06	0.005	0.005	—	0.2
PbSb4		—	3.5~4.5		—	—	0.01	0.008	0.06	0.005	0.005	—	0.2
PbSb6			5.5~6.5	—	—	—	0.015	0.01	0.08	0.01	0.01	—	0.3
PbSb8		—	7.5~8.5	—		—	0.015	0.01	0.08	0.01	0.01	—	0.3

注：铅含量为100%减去各元素含量的总和。

表 3-20-66　　电解沉积用铅阳极板的尺寸及允许偏差　　mm

厚度	厚度允许偏差,±		宽度允许偏差,-		长度允许偏差,+	
	普通级	较高级	≤1000	>1000~<2500	≤2000	>2000~<5000
2.0~5.0	0.20	0.15	10 0	20 0	40 0	60 0
>5.0~15.0	0.35	0.25				
>15.0~30.0	0.50	0.35	10 0	15 0	20 0	30 0
>30.0~60.0	0.60	0.50				
>60.0~110.0	0.80	0.60				

注：需方要求厚度单向偏差时，其值为表中数值的两倍。

20.2.10　铅及铅锑合金板（GB/T 1470—2014）

(1) 牌号及规格

铅及铅锑合金板的牌号及规格见表 3-20-67。

表 3-20-67　　铅及铅锑合金板的牌号及规格

牌号	加工方式	规格/mm		
		厚度	宽度	长度
Pb1、Pb2	轧制	0.3~120.0	≤2500	≥1000
PbSb0.5、PbSb1、PbSb2、PbSb4、PbSb6、PbSb8、PbSb1-0.1-0.05、PbSb2-0.1-0.05、PbSb3-0.1-0.05、PbSb4-0.1-0.05、PbSb5-0.1-0.05、PbSb6-0.1-0.05、PbSb7-0.1-0.05、PbSb8-0.1-0.05、PbSb4-0.2-0.5、PbSb6-0.2-0.5、PbSb8-0.2-0.5		1.0~120.0		

注：1. 经供需双方协商，可供其他牌号和规格的板材。
2. 经供需双方协商，厚度≤6mm、长度≥2000mm 的铅及铅锑合金板可供应卷材。

(2) 产品标记

产品标记按产品名词、标准编号、牌号和规格的顺序表示。标记示例如下：

示例 1：

用 PbSb0.5 制造的，厚度为 3.0mm、宽度为 2500mm，长度为 5000mm 的普通级板材，标记为：板 GB/T 1470-PbSb0.5-3.0×2500×5000。

示例 2：

用 PbSb0.5 制造的、厚度为 3.0mm、宽度为 2500mm，长度为 5000mm 的高精级的板材，标记为：板 GB/T 1470-PbSb0.5 高-3.0×2500×5000。

(3) 化学成分

铅及铅锑合金板的化学成分见表 3-20-68。

(4) 外形尺寸

铅及铅锑合金板的外形尺寸及其允许偏差见表 3-20-69。

表 3-20-68 铅及铅锑合金板的化学成分

组别	牌号	化学成分/%																
		主成分						杂质含量 ≤										
		Pb①	Ag	Sb	Cu	Sn	Te	Sb	Cu	As	Sn	Bi	Fe	Zn	Mg+Ca	Se	Ag	杂质总和
纯铅	Pb1	≥99.992	—	—	—	—	—	0.001	0.001	0.0005	0.001	0.004	0.0005	0.0005	—	—	0.0005	0.008
	Pb2	≥99.90	—	—	—	—	—	0.05	0.01	0.01	0.005	0.03	0.002	0.002	—	—	0.002	0.10
铅锑合金	PbSb0.5	余量	—	0.3~0.8	—	—	—	杂质总和≤0.3										
	PbSb1		—	0.8~1.3	—	—	—											
	PbSb2		—	1.5~2.5	—	—	—											
	PbSb4		—	3.5~4.5	—	—	—											
	PbSb6		—	5.5~6.5	—	—	—											
	PbSb8		—	7.5~8.5	—	—	—											
硬铅锑合金	PbSb4-0.2-0.5		—	3.5~4.5	0.05~0.2	0.05~0.5	—											
	PbSb6-0.2-0.5		—	5.5~6.5	0.05~0.2	0.05~0.5	—											
	PbSb8-0.2-0.5		—	7.5~8.5	0.05~0.2	0.05~0.5	—											
特硬铅锑合金	PbSb1-0.1-0.05		0.01~0.5	0.5~1.5	0.05~0.2	—	0.04~0.1											
	PbSb2-0.1-0.05		0.01~0.5	1.6~2.5	0.05~0.2	—	0.04~0.1											
	PbSb3-0.1-0.05		0.01~0.5	2.6~3.5	0.05~0.2	—	0.04~0.1											
	PbSb4-0.1-0.05		0.01~0.5	3.6~4.5	0.05~0.2	—	0.04~0.1											
	PbSb5-0.1-0.05		0.01~0.5	4.6~5.5	0.05~0.2	—	0.04~0.1											
	PbSb6-0.1-0.05		0.01~0.5	5.6~6.5	0.05~0.2	—	0.04~0.1											
	PbSb7-0.1-0.05		0.01~0.5	6.6~7.5	0.05~0.2	—	0.04~0.1											
	PbSb8-0.1-0.05		0.01~0.5	7.6~8.5	0.05~0.2	—	0.04~0.1											

① 铅含量按 100%减去所列杂质含量的总和计算，所得结果不再进行修约。

注：杂质总和为表中所列杂质之和。

表 3-20-69　　铅及铅锑合金板的外形尺寸及其允许偏差　　mm

厚度	厚度允许偏差[①]		宽度允许偏差		长度允许偏差	
	普通级	高精级	≤1000	>1000~2500	≤2000	>2000
0.3	±0.05	±0.04	$^{+10}_{0}$	$^{+15}_{0}$	$^{+30}_{0}$	$^{+40}_{0}$
>0.3~0.7	±0.06	±0.05				
>0.7~2.0	±0.10	±0.08				
>2.0~-5.0	±0.25	±0.15				
>5.0~10.0	±0.35	±0.25				
>10.0~15.0	±0.40	±0.30				
>15.0~30.0	±0.45	±0.40	$^{+10}_{0}$	$^{+15}_{0}$	$^{+15}_{0}$	$^{+20}_{0}$
>30.0~60.0	±0.60	±0.50				
>60.0~120.0	±0.90	±0.60	$^{+10}_{0}$	$^{+15}_{0}$	$^{+15}_{0}$	$^{+25}_{0}$

①当要求厚度允许偏差全为（+）或（-）单向偏差时，其值应为表中对应数值的两倍。

注：当需方对厚度、宽度、长度允许偏差有特殊要求时，由供需双方协商。

(5) 硬度

铅及铅锑合金板的硬度见表 3-20-70。

表 3-20-70　　铅及铅锑合金板的硬度

牌号	维氏硬度 HV ≥	牌号	维氏硬度 HV ≥
PbSb2	6.6	PbSb6	8.1
PbSb4	7.2	PbSb8	9.5

(6) 理论质量

铅及铅锑合金板的理论质量见表 3-20-71。

表 3-20-71　　铅及铅锑合金板材的理论质量

厚度/mm	理论质量/(kg/m^2)					
	Pb1,Pb2	PbSb0.5	PbSb2	PbSb4	PbSb6	PbSb8
0.5	5.67	5.66	5.63	5.58	5.53	5.48
1.0	11.34	11.32	11.25	11.15	11.06	10.97
2.0	22.68	22.64	22.50	22.30	22.12	21.94
3.0	34.02	33.96	33.75	33.45	33.18	32.91
4.0	45.36	45.28	45.00	44.60	44.24	43.88
5.0	56.70	56.60	56.25	55.75	55.30	54.85
6.0	68.04	67.90	67.50	66.90	66.36	65.82
7.0	79.38	79.24	78.75	78.05	77.42	76.79
8.0	90.72	90.56	90.00	89.20	88.48	87.76
9.0	102.06	101.88	101.25	100.35	99.54	98.73
10.0	113.40	113.20	112.50	111.50	110.60	109.70
15.0	170.10	169.80	168.75	167.25	165.90	164.55
20.0	226.80	226.40	225.00	223.00	221.20	219.40
25.0	283.50	283.00	281.25	278.75	276.50	274.25
30.0	340.20	339.60	337.50	334.50	331.80	329.10
40.0	453.60	452.80	450.00	446.00	442.40	438.80
50.0	567.00	566.00	562.50	557.50	553.00	548.50
60.0	680.40	679.20	675.00	669.00	663.00	658.20
70.0	793.80	792.40	787.50	780.50	774.20	767.90
80.0	907.20	905.60	900.00	892.00	884.80	877.60
90.0	1020.60	1018.80	1012.50	1003.50	995.40	987.30
100.0	1134.00	1132.00	1125.00	1115.00	1106.00	1097.00
110.0	1247.40	1245.20	1237.50	1226.50	1216.60	1206.70

20.2.11 锡锭化学成分（GB/T 728—2010）

（1）牌号

锡锭按化学成分及杂质铅含量分为三个牌号：Sn99.90、Sn99.95、Sn99.99。每个牌号又分为 A 和 AA 两个级别。

锡含量为 100%减去杂质实测总和的余量。

锡锭单重为 25kg±1.5kg。

（2）化学成分

锡锭化学成分应符合表 3-20-72 的规定。

表 3-20-72 **锡锭的化学成分**

牌号			Sn99.90		Sn99.95		Sn99.99
级别			A	AA	A	AA	A
化学成分（质量分数）/%	Sn≥		99.90	99.90	99.95	99.95	99.99
	杂质≤	As	0.0080	0.0080	0.0030	0.0030	0.0005
		Fe	0.0070	0.0070	0.0040	0.0040	0.0020
		Cu	0.0080	0.0080	0.0040	0.0040	0.0005
		Pb	0.0320	0.0100	0.0200	0.0100	0.0035
		Bi	0.0150	0.0150	0.0060	0.0060	0.0025
		Sb	0.0200	0.0200	0.0140	0.0140	0.0015
		Cd	0.0008	0.0008	0.0005	0.0005	0.0003
		Zn	0.0010	0.0010	0.0008	0.0008	0.0003
		Al	0.0010	0.0010	0.0008	0.0008	0.0005
		S	0.0005	0.0005	0.0005	0.0005	0.0003
		Ag	0.0050	0.0050	0.0001	0.0001	0.0001
		Ni+Co	0.0050	0.0050	0.0050	0.0050	0.0006
		杂质总和	0.10	0.10	0.05	0.05	0.01

注：表中杂质总和指表中所列杂质元素实测值之和。

20.2.12 铸造轴承合金（GB/T 1174—1992）

（1）牌号

本标准适用于制造锡基、铅基双金属滑动轴承以及铜基、铝基合金整体滑动轴承。

铸造轴承合金牌号由其基体金属元素及主要合金元素的化学符号组成。主要合金元素后面跟有表示其名义百分含量的数字（名义百分含量为该元素的平均百分含量的修约化整值）。如果合金元素的名义百分含量不小于 1，则该数字用整数表示。如果合金元素的名义百分含量小于 1，则一般不标数字，必要时可用一位小数表示。

在合金牌号前面冠以字母“Z”（“铸”字汉语拼音第一个字母表示属于铸造合金）。

若合金化元素多于两个，除对表示合金的本质特性是必不可少的外，不必把所有的合金化元素都列在牌号中。

在牌号中主要合金元素按名义百分含量的递减次序排列。当名义百分含量相等时，按其化学符号字母顺序排列，但对于铜基合金，要将表征合金系列的元素紧跟在基体元素的后面。

（2）化学成分

铸造轴承合金的化学成分应符合表 3-20-73 的规定。

表 3-20-73

铸造轴承合金的化学成分（质量分数）

%

种类	合金牌号	Sn	Pb	Cu	Zn	Al	Sb	Ni	Mn	Si	Fe	Bi	As		其他元素总和
锡基	ZSnSb12Pb10Cu4	其余	9.0~11.0	2.5~5.0	0.01	0.01	11.0~13.0	—	—	—	0.1	0.08	0.1		0.55
	ZSnSb12Cu6Cd1		0.15	4.5~6.8	0.05	0.05	10.0~13.0	0.3~0.6	—	—	0.1	—	0.4~0.7	Cd1.1~1.6 Fe+Al+Zn≤0.15	—
	ZSnSb11Cu6		0.35	5.5~6.5	0.01	0.01	10.0~12.0	—	—	—	0.1	0.03	0.1		0.55
	ZSnSb8Cu4		0.35	3.0~4.0	0.005	0.005	7.0~8.0	—	—	—	0.1	0.03	0.1		0.55
	ZSnSb4Cu4		0.35	4.0~5.0	0.01	0.01	4.0~5.0	—	—	—	—	0.08	0.1		0.50
铅基	ZPbSb16Sn16Cu2	15.0~17.0	其余	1.5~2.0	0.15		15.0~17.0	—	—	—	0.1	0.1	0.3		0.6
	ZPbSb15Sn5Cu3Cd2	5.0~6.0		2.5~3.0	0.15		14.0~16.0	—	—	—	0.1	0.1	0.6~1.0	Cd1.75~2.25	0.4
	ZPbSb15Sn10	9.0~11.0		0.7*	0.005	0.005	14.0~16.0	—	—	—	0.1	0.1	0.6	Cd0.05	0.45
	ZPbSb15Sn5	4.0~5.5		0.5~1.0	0.15	0.01	14.0~15.5	—	—	—	0.1	0.1	0.2		0.75
	ZPbSb10Sn6	5.0~7.0		0.7*	0.005	0.005	9.0~11.0	—	—	—	0.1	0.1	0.25	Cd0.05	0.7
铜基	ZCuSn5Pb5Zn5	4.0~6.0	4.0~6.0	其余	4.0~6.0	0.01	0.25	2.5*	—	0.01	0.30	—	—	P0.05 S0.10	0.7
	ZCuSn10P1	9.0~11.5	0.25		0.05	0.01	0.05	0.10	0.05	0.02	0.10	0.005	—	P0.5~1.0 S0.05	0.7
	ZCuPb10Sn10	9.0~11.0	8.0~11.0		2.0*	0.01	0.5	2.0*	0.2	0.01	0.25	0.005	—	P0.05 S0.10	1.0
	ZCuPb15Sn8	7.0~9.0	13.0~17.0		2.0*	0.01	0.5	2.0*	0.2	0.01	0.25	—	—	P0.10 S0.10	1.0
	ZCuPb20Sn5	4.0~6.0	18.0~23.0		2.0*	0.01	0.75	2.5*	0.2	0.01	0.25	—	—	P0.10 S0.10	1.0
	ZCuPb30	1.0	27.0~33.0			0.01	0.2		0.3	0.02	0.5	0.005	0.10	P0.08	1.0
	ZCuAl10Fe3	0.3	0.2		0.4	8.5~11.0	—	3.0*	1.0*	0.20	2.0~4.0	—	—		1.0
铝基	ZAlSn6Cu1Ni1	5.5~7.0		0.7~1.3		其余	—	0.7~1.3	0.1	0.7	0.7	—	—	Ti0.2 Fe+Si+Mn≤1.0	1.5

注：1. 凡表格中所列两个数值，系指该合金主要元素含量范围，表格中所列单一数值，系指允许的其他元素最高含量。

2. 表中有“*”号的数值，不计人其他元素总和。

(3) 铸造轴承合金力学性能（GB/T 1174—1992）

铸造轴承合金的力学性能应符合表 3-20-74 的规定。

表 3-20-74　　铸造轴承合金的力学性能

种类	合金牌号	铸造方法	力学性能≥		
			抗拉强度 R_m/MPa	伸长率 A/%	布氏硬度(HB)
锡基	ZSnSb12Pb10Cu4	J	—	—	29
	ZSnSb12Cu6Cd1	J	—	—	34
	ZSnSb11Cu6	J	—	—	27
	ZSnSb8Cu4	J	—	—	24
	ZSnSb4Cu4	J	—	—	20
铅基	ZPbSb16Sn16Cu2	J	—	—	30
	ZPbSb15Sn5Cu3Cd2	J	—	—	32
	ZPbSb15Sn10	J	—	—	24
	ZPbSb15Sn5	J	—	—	20
	ZPbSb10Sn6	J	—	—	18
铜基	ZCuSn5Pb5Zn5	S、J	200	13	60*
		Li	250	13	65*
	ZCuSn10P1	S	200	3	80*
		J	310	2	90*
		Li	330	4	90*
	ZCuPb10Sn10	S	180	7	65
		J	220	5	70
		Li	220	6	70
	ZCuPb15Sn8	S	170	5	60*
		J	200	6	65*
		Li	220	8	65*
	ZCuPb20Sn5	S	150	5	45*
		J	150	6	55*
	ZCuPb30	J	—	—	25*
	ZCuAl10Fe3	S	490	13	100*
		J、Li	540	15	110*
铝基	ZAlSn6Cu1Ni1	S	110	10	35*
		J	130	15	40*

注：硬度值中有“*”者为参考值。

20.2.13 锌锭的化学成分（GB/T 470—2008）

(1) 牌号

锌锭按化学成分分为 5 个牌号：Zn99.995、Zn99.99、Zn99.95、Zn99.5、Zn98.5。

(2) 化学成分

锌锭的化学成分见表 3-20-75。

表 3-20-75　　锌锭的化学成分

牌号	化学成分(质量分数)/%							
	Zn 不小于	杂质≤						
		Pb	Cd	Fe	Cu	Sn	Al	总和
Zn99.995	99.995	0.003	0.002	0.001	0.001	0.001	0.001	0.005
Zn99.99	99.99	0.005	0.003	0.003	0.002	0.001	0.002	0.01
Zn99.95	99.95	0.030	0.01	0.02	0.002	0.001	0.01	0.05
Zn99.5	99.5	0.45	0.01	0.05	—	—	—	0.5
Zn98.5	98.5	1.4	0.01	0.05	—	—	—	1.5

第3篇

(3) 标志

每捆或每块锌锭的一端或一侧应有不易脱落的颜色标志，或由供需双方协商不作颜色标志。各牌号锌锭的颜色标志规定如下：

锌锭牌号	颜色标志
Zn99.995	红色两条
Zn99.99	红色一条
Zn99.95	黑色一条
Zn99.5	绿色两条
Zn98.5	绿色一条

20.2.14 铸造锌合金（GB/T 1175—2018）

(1) 铸造锌合金的代号组成

合金代号由字母 Z、A（它们分别是锌、铝的化学元素符号的第一个字母）及其后的阿拉伯数字组成。ZA 后面的第一位或第一、二位数字代表铝的平均百分含量的修约化整数值；铜的平均百分含量修约化整数值放在代号末尾；在铝含量与铜含量数字之间用一横线（一字节长）隔开。

示例 1：牌号 ZZnAl4Cu1Mg 的合金代号为 ZA4-1。

示例 2：牌号 ZZnAl27Cu2Mg 的合金代号为 ZA27-2（当合金中铜的平均百分含量修约化整数值只有一种 2% 时，可简写成 ZA27，其他合金代号依此类推。如 ZA6-1 简写成 ZA6，ZA8-1 简写成 ZA8，ZA9-2 简写成 ZA9）。

(2) 工艺代号

合金材料的工艺代号如下：

S——砂型铸造；

J——金属型铸造；

F——铸态；

T3——均匀化处理；

JF——金属型铸造铸态；

SF——砂型铸造铸态；

ST3——砂型铸造 T3 热处理状态。

(3) 化学成分

铸造锌合金的化学成分见表 3-20-76。

表 3-20-76 铸造锌合金的化学成分

序号	合金牌号	合金代号	合金元素含量/%			杂质元素含量/% ≤					
			Al	Cu	Mg	Zn	Fe	Pb	Cd	Sn	其他
1	ZZnAl4Cu1Mg	ZA4-1	3.9~4.3	0.7~1.1	0.03~0.06	余量	0.02	0.003	0.003	0.0015	Ni0.001
2	ZZnAl4Cu3Mg	ZA4-3	3.9~4.3	2.7~3.3	0.03~0.06	余量	0.02	0.003	0.003	0.0015	Ni0.001
3	ZZnAl6Cu1	ZA6-1	5.6~6.0	1.2~1.6	—	余量	0.02	0.003	0.003	0.001	Mg0.005 Si0.02 Ni0.001
4	ZZnAl8Cu1Mg	ZA8-1	8.2~8.8	0.9~1.3	0.02~0.03	余量	0.035	0.005	0.005	0.002	Si0.02 Ni0.001
5	ZZnAl9Cu2Mg	ZA9-2	8.0~10.0	1.0~2.0	0.03~0.06	余量	0.05	0.005	0.005	0.002	Si0.05
6	ZZnAl11Cu1Mg	ZA11-1	10.8~11.5	0.5~1.2	0.02~0.03	余量	0.05	0.005	0.005	0.002	
7	ZZnAl11Cu5Mg	ZA11-5	10.0~12.0	4.0~5.5	0.03~0.06	余量	0.05	0.005	0.005	0.002	Si0.05
8	ZZnAl27Cu2Mg	ZA27-2	25.5~28.0	2.0~2.5	0.012~0.02	余量	0.07	0.005	0.005	0.002	

(4) 力学性能

铸造锌合金的力学性能见表 3-20-77。

表 3-20-77　　铸造锌合金的力学性能

序号	合金牌号	合金代号	铸造方法及状态	抗拉强度 R_m /MPa ≥	伸长率 A /% ≥	布氏硬度（HBW）≥
1	ZZnAl4Cu1Mg	ZA4-1	JF	175	0.5	80
2	ZZnAl4Cu3Mg	ZA4-3	SF	220	0.5	90
			JF	240	1	100
3	ZZnAl6Cu1	ZA6-1	SF	180	1	80
			JF	220	1.5	80
4	ZZnAl8Cu1Mg	ZA8-1	SF	250	1	80
			JF	225	1	85
5	ZZnAl9Cu2Mg	ZA9-2	SF	275	0.7	90
			JF	315	1.5	105
6	ZZnAl11Cu1Mg	ZA11-1	SF	280	1	90
			JF	310	1	90
7	ZZnAl11Cu5Mg	ZA11-5	SF	275	0.5	80
			JF	295	1	100
8	ZZnAl27Cu2Mg	ZA27-2	SF	400	3	110
			ST3①	310	8	90
			JF	420	1	110

① ST3 工艺为加热到 320℃后保温 3h，然后随炉冷却。

20.2.15　电解镍（GB/T 6516—2010）

(1) 分类

电解镍按化学成分分为 Ni9999、Ni9996、Ni9990、Ni9950、Ni9920 五个牌号。

(2) 化学成分

电解镍的化学成分应符合表 3-20-78 的规定。

表 3-20-78　　电解镍的化学成分

牌号			Ni9999	Ni9996	Ni9990	Ni9950	Ni9920
化学成分（质量分数）	(Ni+Co)/%≥		99.99	99.96	99.90	99.50	99.20
	Co/%≤		0.005	0.02	0.08	0.15	0.50
	杂质含量/%，≤	C	0.005	0.01	0.01	0.02	0.10
		Si	0.001	0.002	0.002	—	—
		P	0.001	0.001	0.001	0.003	0.02
		S	0.001	0.001	0.001	0.003	0.02
		Fe	0.002	0.01	0.02	0.20	0.50
		Cu	0.0015	0.01	0.02	0.04	0.15
		Zn	0.001	0.0015	0.002	0.005	—
		As	0.0008	0.0008	0.001	0.002	—
		Cd	0.0003	0.0003	0.0008	0.002	—
		Sn	0.0003	0.0003	0.0008	0.0025	—
		Sb	0.0003	0.0003	0.0008	0.0025	—
		Pb	0.0003	0.0015	0.0015	0.002	0.005
		Bi	0.0003	0.0003	0.0008	0.0025	—
		Al	0.001	—	—	—	—
		Mn	0.001	—	—	—	—
		Mg	0.001	0.001	0.002	—	—

注：镍加钴含量由 100%减去表中所列元素的含量而得。

20.2.16　加工镍及镍合金（GB/T 5235—2007）

加工镍及镍合金的化学成分见表 3-20-79。

表 3-20-79

加工镍及镍合金的化学成分

组别	名称	牌号	元素	化学成分(质量分数)/%																						产品形状
				Ni+Co	Cu	Si	Mn	C	Mg	S	P	Fe	Pb	Bi	As	Sb	Zn	Cd	Sn	W	Ca	Cr	Ti	Al	杂质总和	
纯镍	二号镍	N2	最小值	99.98	—	—	—	—	—	—	—	—	—	—	—	—	—	—	—	—	—	—	—	—	—	板、带、箔
			最大值	—	0.001	0.003	0.002	0.005	0.003	0.001	0.001	0.007	0.0003	0.0003	0.001	0.0003	0.002	0.0003	0.001	—	—	—	—	—	0.02	
	四号镍	N4	最小值	99.9	—	—	—	—	—	—	—	—	—	—	—	—	—	—	—	—	—	—	—	—	—	板、带、箔
			最大值	—	0.015	0.03	0.002	0.01	0.01	0.001	0.001	0.04	0.001	0.001	0.001	0.001	0.005	0.001	0.001	—	—	—	—	—	0.1	
	五号镍	N5 (NW2201) (N02201)	最小值	99.0	—	—	—	—	—	—	—	—	—	—	—	—	—	—	—	—	—	—	—	—	—	板、带、箔
			最大值	—	0.25	0.30	0.35	0.02	—	0.01	—	0.40	—	—	—	—	—	—	—	—	—	0.2	—	—	—	
	六号镍	N6	最小值	99.5	—	—	—	—	—	—	—	—	—	—	—	—	—	—	—	—	—	—	—	—	—	板、带、箔、管、棒、线
			最大值	—	0.10	0.10	0.05	0.10	0.10	0.005	0.002	0.10	0.002	0.002	0.002	0.002	0.007	0.002	0.002	—	—	—	—	—	0.5	
	七号镍	N7 (NW2200) (N02200)	最小值	99.0	—	—	—	—	—	—	—	—	—	—	—	—	—	—	—	—	—	—	—	—	—	板、带、箔
			最大值	—	0.25	0.30	0.35	0.15	—	0.01	—	0.40	—	—	—	—	—	—	—	—	—	0.2	—	—	—	
	八号镍	N8	最小值	99.0	—	—	—	—	—	—	—	—	—	—	—	—	—	—	—	—	—	—	—	—	—	板、带、棒、线
			最大值	—	0.15	0.15	0.20	0.20	0.10	0.015	—	0.30	—	—	—	—	—	—	—	—	—	—	—	—	1.0	
	九号镍	N9	最小值	98.63	—	—	—	—	—	—	—	—	—	—	—	—	—	—	—	—	—	—	—	—	—	板、带、箔
			最大值	—	0.25	0.35	0.35	0.02	0.10	0.005	0.002	0.4	0.002	0.002	0.002	0.002	0.007	0.002	0.002	—	—	—	—	—	0.5	
	电真空镍	DN	最小值	99.35	—	0.02	—	0.02	0.02	—	—	—	—	—	—	—	—	—	—	—	—	—	—	—	—	板、带、管、棒、线
			最大值	—	0.06	0.10	0.05	0.10	0.10	0.005	0.002	0.10	0.002	0.002	0.002	0.002	0.007	0.002	0.002	—	—	—	—	—	—	
阳极镍	一号阳极镍	NY1	最小值	99.7	—	—	—	—	—	—	—	—	—	—	—	—	—	—	—	—	—	—	—	—	—	板、棒
			最大值	—	0.1	0.10	—	0.02	0.10	0.005	—	0.10	—	—	—	—	—	—	—	—	—	—	—	—	0.3	
	二号阳极镍	NY2	最小值	99.4	0.01	—	—	O：0.03		0.002	—	—	—	—	—	—	—	—	—	—	—	—	—	—	—	板、棒
			最大值	—	0.10	0.10	—	0.3		0.01	—	0.10	—	—	—	—	—	—	—	—	—	—	—	—	—	
	三号阳极镍	NY3	最小值	99.0	—	—	—	—	—	—	—	—	—	—	—	—	—	—	—	—	—	—	—	—	—	板
			最大值	—	0.15	0.2	—	0.1	0.10	0.005	—	0.25	—	—	—	—	—	—	—	—	—	—	—	—	—	
镍锰合金	3 镍锰合金	NMn3	最小值	余量	—	—	2.30	—	—	—	—	—	—	—	—	—	—	—	—	—	—	—	—	—	—	线
			最大值		0.50	0.30	3.30	0.30	0.10	0.03	0.010	0.65	0.002	0.002	0.030	0.002	—	—	—	—	—	—	—	—	1.5	
	4-1 镍锰合金	NMn4-1	最小值	余量	—	0.75	3.75	—	—	—	—	—	—	—	—	—	—	—	—	—	—	—	—	—	—	板带
			最大值		—	1.05	4.25	—	—	—	—	—	—	—	—	—	—	—	—	—	—	—	—	—	—	
	5 镍锰合金	NMn5	最小值	余量	—	—	4.60	—	—	—	—	—	—	—	—	—	—	—	—	—	—	—	—	—	—	线
			最大值		0.50	0.30	5.40	0.30	0.10	0.03	0.020	0.65	0.002	0.002	0.030	0.002	—	—	—	—	—	—	—	—	—	
	1.5-1.5-0.5 镍锰合金	NMn1.5-1.5-0.5	最小值	余量	—	0.35	1.3	—	—	—	—	—	—	—	—	—	—	—	—	—	—	1.3	—	—	—	板、带
			最大值		—	0.75	1.7	—	—	—	—	—	—	—	—	—	—	—	—	—	—	1.7	—	—	—	
镍铜合金	40-2-1 镍铜合金	NCu40-2-1	最小值	余量	38.0	—	1.25	—	—	—	—	0.2	—	—	—	—	—	—	—	—	—	—	—	—	—	板、带、管、棒、线
			最大值		42.0	0.15	2.25	0.30	—	0.02	0.005	1.0	0.006	—	—	—	—	—	—	—	—	—	—	—	—	

续表

组别	名称	牌号	元素	化学成分(质量分数)/%																					杂质总和	产品形状
				Ni+Co	Cu	Si	Mn	C	Mg	S	P	Fe	Pb	Bi	As	Sb	Zn	Cd	Sn	W	Ca	Cr	Ti	Al		
镍铜合金	28-1-1镍铜合金	NCu28-1-1	最小值	余量	28	—	1.0	—	—	—	—	1.0	—	—	—	—	—	—	—	—	—	—	—	—	—	板、带
			最大值		32	—	1.4	—	—	—	—	1.4	—	—	—	—	—	—	—	—	—	—	—	—	—	
	28-2.5-1.5镍铜合金	NCu28-2.5-1.5	最小值	余量	27.0	—	1.2	—	—	—	—	2.0	—	—	—	—	—	—	—	—	—	—	—	—	—	板、带、管、棒、线
			最大值		29.0	0.1	1.8	0.20	0.10	0.02	0.005	3.0	0.003	0.002	0.010	0.002	—	—	—	—	—	—	—	—	—	
	30镍铜合金	NCu30 (NW4400) (N04400)	最小值	63.0	28.0	—	—	—	—	—	—	—	—	—	—	—	—	—	—	—	—	—	—	—	—	板、带、箔、管
			最大值	—	34.0	0.5	2.0	0.3	—	0.024	0.005	2.5	—	—	—	—	—	—	—	—	—	—	—	—	—	
	30-3-0.5镍铜合金	NCu30-3-0.5 (NW5500) (N05500)	最小值	63.0	27.0	—	—	—	—	—	—	—	—	—	—	—	—	—	—	—	—	0.35	2.3	—	—	管、棒、线
			最大值	—	33.0	0.5	1.5	0.1	—	0.01	—	2.0	—	—	—	—	—	—	—	—	—	0.86	3.15	—	—	
	35-1.5-1.5镍铜合金	NCu35-1.5-1.5	最小值	余量	34	0.1	1.0	—	—	—	—	1.0	—	—	—	—	—	—	—	—	—	—	—	—	—	板、带
			最大值		38	0.4	1.5	—	—	—	—	1.5	—	—	—	—	—	—	—	—	—	—	—	—	—	
电子用镍合金	0.1镍镁合金	NMg0.1	最小值	99.6	—	—	—	—	0.07	—	—	—	—	—	—	—	—	—	—	—	—	—	—	—	—	板、棒
			最大值	—	0.05	0.02	0.05	0.05	0.15	0.005	0.002	0.07	0.002	0.002	0.002	0.002	0.007	0.002	0.002	—	—	—	—	—	—	
	0.19镍硅合金	NSi0.19	最小值	99.4	—	0.15	—	—	—	—	—	—	—	—	—	—	—	—	—	—	—	—	—	—	—	带、管
			最大值	—	0.05	0.25	0.05	0.10	0.05	0.005	0.002	0.07	0.002	0.002	0.002	0.002	0.007	0.002	0.002	—	—	—	—	—	—	
	4-0.15镍钨钙合金	NW4-0.15	最小值	余量	—	—	—	—	—	—	—	—	—	—	—	—	—	—	—	3.0	0.07	—	—	—	—	带、线
			最大值		0.02	0.01	0.005	0.01	0.01	0.003	0.002	0.03	0.002	0.002	0.002	0.002	0.003	0.002	0.002	4.0	0.17	—	—	0.01	—	
	4-0.2-0.2镍钨钙合金	NW4-0.2-0.2	最小值	余量	—	—	—	—	—	—	—	—	—	—	—	—	—	P+Pb+Sn+Bi+Sb+Cd+S≤0.002		3.0	0.1	—	—	0.1	—	带
			最大值		0.02	0.01	0.02	0.05	0.03	—	—	0.03	—	—	—	—	0.003			4.0	0.19	—	—	0.2	—	
	4-0.1镍钨锆合金	NW4-0.1	最小值	余量	—	—	—	—	—	—	—	—	—	—	—	—	—	—	—	3.0	Zr:0.08		—	—	—	带
			最大值		0.005	0.005	0.005	0.01	0.005	0.001	0.001	0.03	0.001	0.001	—	0.001	0.003	0.001	0.001	4.0	0.14		0.005	0.005	—	
	4-0.07镍钨镁合金	NW4-0.07	最小值	余量	—	—	—	—	0.05	—	—	—	—	—	—	—	—	—	—	3.5	—	—	—	—	—	带
			最大值		0.02	0.01	0.005	0.01	0.1	0.001	0.001	0.03	0.002	0.002	0.002	0.002	0.005	0.002	0.002	4.5	—	—	—	0.001	—	
热电合金	3镍硅合金	NSi3	最小值	97	—	3	—	—	—	—	—	—	—	—	—	—	—	—	—	—	—	—	—	—	—	线
			最大值		—		—	—	—	—	—	—	—	—	—	—	—	—	—	—	—	—	—	—	—	
	10镍铬合金	NCr10	最小值	90	—	—	—	—	—	—	—	—	—	—	—	—	—	—	—	—	—	10	—	—	—	线
			最大值		—	—	—	—	—	—	—	—	—	—	—	—	—	—	—	—	—		—	—	—	
	20镍铬合金	NCr20	最小值	余量	—	—	—	—	—	—	—	—	—	—	—	—	—	—	—	—	—	18	—	—	—	线
			最大值		—	—	—	—	—	—	—	—	—	—	—	—	—	—	—	—	—	20	—	—	—	

注：1. 元素含量为上下限者为合金元素，元素含量为单个数值者，除镍加钴为最低限量外，其他元素为最高限量。

2. 杂质总和为表中所列杂质元素实测值总和。

3. 除 NCu30、NCu30-3-0.5 的 Ni+Co 含量为实测值外，其余牌号的 Ni+Co 含量为 100%减去表中所列元素实测值所得。

4. 热电合金的化学成分为名义成分。

20.2.17 镉锭（YS/T 72—2005）

（1）分类

镉锭按化学成分分为 3 个牌号：Cd99.995、Cd99.99、Cd99.95。

（2）化学成分

镉锭的化学成分见表 3-20-80。

表 3-20-80 镉锭的化学成分

牌号	化学成分/%										
	Cd	杂质≤									
	不小于	Pb	Zn	Fe	Cu	Tl	Ni	As	Sb	Sn	Ag	总和
Cd99.995	99.995	0.002	0.001	0.0010	0.0007	0.0010	0.0005	0.0005	0.0002	0.0002	0.0005	0.0050
Cd99.99	99.99	0.004	0.002	0.002	0.001	0.002	0.001	0.002	0.0015	0.002	—	0.010
Cd99.95	99.95	0.02	0.03	0.003	0.01	0.003	—	—	—	—	—	0.050

20.2.18 钼及钼合金加工产品牌号和化学成分（YS/T 660—2007）

（1）牌号命名规则

纯钼的牌号以 Mo 加阿拉伯数字表示，其中阿拉伯数字表示化学成分分级。

钼合金牌号以 Mo 加合金元素符号和阿拉伯数字表示，其中阿拉伯数字表示合金元素的含量。

（2）化学成分

钼及钼合金加工产品牌号和化学成分见表 3-20-81。

表 3-20-81 钼及钼合金加工产品牌号和化学成分 %

牌号	名义成分	主成分(质量分数)						杂质元素(质量分数)≤								
		Mo	W	Ti	Zr	C	La	Al	Ca	Fe	Mg	Ni	Si	C	N	O
Mo1	—	余量	—	—	—	—	—	0.002	0.002	0.010	0.002	0.005	0.010	0.010	0.003	0.008
RMo1①	—	余量	—	—	—	—	—	0.002	0.002	0.010	0.002	0.005	0.010	0.020	0.002	0.005
Mo2	—	余量	—	—	—	—	—	0.005	0.004	0.015	0.005	0.005	0.010	0.020	0.003	0.010
MoW20	Mo-20W	余量	20±1	—	—	—	—	0.002	0.002	0.010	0.002	0.005	0.010	0.010	0.003	0.008
MoW30	Mo-30W	余量	30±1	—	—	—	—	0.002	0.002	0.010	0.002	0.005	0.010	0.010	0.003	0.008
MoW50	Mo-50W	余量	50±1	—	—	—	—	0.002	0.002	0.010	0.002	0.005	0.010	0.010	0.003	0.008
MoTi0.5	Mo-0.5Ti	余量	—	0.40~0.55	—	0.01~0.04	—	0.002	—	0.005	0.002	0.005	0.010	—	0.001	0.003
MoTi0.5Zr0.1（TZM）②	Mo-0.5Ti-0.1Zr	余量	—	0.40~0.55	0.06~0.12	0.01~0.04	—	—	—	0.010	—	0.005	0.010	—	0.003	0.080
MoTi2.5Zr0.3C0.3（TZC）	Mo-2.5Ti-0.3Zr-0.3C	余量	—	1.00~3.50	0.10~0.50	0.10~0.50	—	—	—	0.025	—	0.02	0.02	—	—	0.30
MoLa	Mo-(0.1~2.0)La	余量	—	—	—	—	0.10~2.00	0.005	0.004	0.015	0.005	0.005	0.010	0.010	0.003	—

① RMo1 为熔炼的钼牌号。

② 对熔炼 MoTi0.5Zr0.1（TZM）钼合金，其氧含量应不大于 0.005%，且允许加入 0.02%硼（B）。

20.2.19 钴（YS/T 255—2009）

（1）产品分类

钴产品按化学成分分为 Co9998、Co9995、Co9980、Co9965、Co9925、Co9830 六个牌号。

(2) 化学成分

钴的化学成分见表 3-20-82。

表 3-20-82　钴的化学成分（质量分数）

牌号			Co9998	Co9995	Co9980	Co9965	Co9925	Co9830
化学成分/%	Co不小于		99.98	99.95	99.80	99.65	99.25	98.30
	杂质含量≤	C	0.004	0.005	0.007	0.009	0.03	0.1
		S	0.001	0.001	0.002	0.003	0.004	0.01
		Mn	0.001	0.005	0.008	0.01	0.07	0.1
		Fe	0.003	0.006	0.02	0.05	0.2	0.5
		Ni	0.005	0.01	0.1	0.2	0.3	0.5
		Cu	0.001	0.005	0.008	0.02	0.03	0.08
		As	0.0003	0.0007	0.001	0.002	0.002	0.005
		Pb	0.0003	0.0005	0.0007	0.001	0.002	—
		Zn	0.001	0.002	0.003	0.004	0.005	—
		Si	0.001	0.003	0.003	—	—	—
		Cd	0.0002	0.0005	0.0008	0.001	0.001	—
		Mg	0.001	0.002	0.002	—	—	—
		P	0.0005	0.001	0.002	0.003	—	—
		Al	0.001	0.002	0.003	—	—	—
		Sn	0.0003	0.0005	0.001	0.003	—	—
		Sb	0.0002	0.0006	0.001	0.002	—	—
		Bi	0.0002	0.0003	0.0004	0.0005	—	—
		杂质总量	0.02	0.05	0.20	0.35	0.75	1.70

20.2.20　工业硅（GB/T 2881—2014）

(1) 工业硅四位数字牌号表示方法

工业硅按化学成分分为 8 个牌号。牌号按照硅元素符号与 4 位数字相结合的形式表示，表示方法如下：

工业硅牌号由硅元素符号和 4 位数字表示，4 位数字依次分别表示产品中主要杂质元素铁、铝、钙的最高含量要求，其中铁含量和铝含量取小数点后的一位数字，钙含量取小数点后的两位数字。示例如下：

示例 1：Si2202

	Si	2	2	02
	硅元素符号	铁含量	铝含量	钙含量
表示：	工业硅	铁含量≤0.20%	铝含量≤0.20%	钙含量≤0.02%

示例 2：Si3303

	Si	3	3	03
	硅元素符号	铁含量	铝含量	钙含量
表示：	工业硅	铁含量≤0.30%	铝含量≤0.30%	钙含量≤0.03%

示例 3：Si4210

	Si	4	2	10
	硅元素符号	铁含量	铝含量	钙含量
表示：	工业硅	铁含量≤0.40%	铝含量≤0.20%	钙含量≤0.10%

(2) 化学成分

常用牌号工业硅的化学成分见表 3-20-83。其他牌号工业硅的化学成分见表 3-20-84。工业硅中微量元素含量见表 3-20-85。

表 3-20-83

工业硅的化学成分

牌号	化学成分(质量分数)/%			
	名义硅含量①≥	主要杂质元素含量,≤		
		Fe	Al	Ca
Si1101	99.79	0.10	0.10	0.01
Si2202	99.58	0.20	0.20	0.02
Si3303	99.37	0.30	0.30	0.03
Si4110	99.40	0.40	0.10	0.10
Si4210	99.30	0.40	0.20	0.10
Si4410	99.10	0.40	0.40	0.10
Si5210	99.20	0.50	0.20	0.10
Si5530	98.70	0.50	0.50	0.30

①名义硅含量应不低于100%减去铁、铝、钙元素含量总和的值。

注：分析结果的判定采用修约比较法，数值修约规则按 GB/T 8170 的规定进行，修约数位与表中所列极限值数位一致。

表 3-20-84

其他牌号工业硅的化学成分

牌号	化学成分(质量分数)/%			
	名义硅含量①≥	主要杂质含量≤		
		Fe	Al	Ca
Si1501	99.39	0.10	0.50	0.01
Si2101	99.69	0.20	0.10	0.01
Si3103	99.57	0.30	0.10	0.03
Si3205	99.45	0.30	0.20	0.05
Si3203	99.47	0.30	0.20	0.03
Si3210	99.40	0.30	0.20	0.10
Si3305	99.35	0.30	0.30	0.05
Si3310	99.30	0.30	0.30	0.10
Si4105	99.45	0.40	0.10	0.05
Si4305	99.25	0.40	0.30	0.05
Si4405	99.15	0.40	0.40	0.05
Si5510	98.90	0.50	0.50	0.10
Si6210	99.10	0.60	0.20	0.10
Si6630	98.50	0.60	0.60	0.30
Si7750	98.10	0.70	0.70	0.50

① 名义硅含量应不低于100%减去铁、铝、钙元素含量总和的值。

注：分析结果的判定采用修约比较法，数值修约规则按 GB/T 8170 的规定进行，修约数位与表中所列极限值数位一致。

表 3-20-85

工业硅中微量元素含量

用途		类别	微量元素含量(质量分数)/10^{-6}≤								
			Ni	Ti	P	B	C	Pb	Cd	Hg	Cr^{6+}
化学用硅	多晶用硅	高精级	—	400	50	30	400	—	—	—	—
		普精级	—	600	80	60	600	—	—	—	—
	有机用硅	高精级	100	400	—	—	—	—	—	—	—
		普精级	150	500	—	—	—	—	—	—	—
冶金用硅		—	—	—	—	—	—	1000	100	1000	1000

(3) 粒度

工业硅的粒度范围见表 3-20-86。

表 3-20-86

工业硅的粒度范围

粒度范围/mm	上层筛筛上物(质量分数)/%	下层筛筛下物(质量分数)/%
10~100	≤5	≤5

20.2.21 银锭（GB/T 4135—2016）

(1) 产品分类

银锭按化学成分分为3个牌号：IC-Ag99.99、IC-Ag99.95、IC-Ag99.90。

(2) 化学成分

银锭的化学成分见表3-20-87。

表3-20-87 银锭的化学成分

牌号	化学成分/%									
	银含量(质量分数)≥	杂质含量(质量分数)≤								
		Cu	Pb	Fe	Sb	Se	Te	Bi	Pd	杂质总和
IC-Ag99.99	99.99	0.0025	0.001	0.001	0.001	0.0005	0.0008	0.0008	0.001	0.01
IC-Ag99.95	99.95	0.025	0.015	0.002	0.002	—	—	0.001	—	0.05
IC-Ag99.90	99.90	0.05	0.025	0.002	—	—	—	0.002	—	0.10

(3) 外形尺寸和质量

银锭的外形尺寸和质量见表3-20-88。

表3-20-88 银锭的外形尺寸和质量

规格		长/mm	宽/mm	质量/kg
15kg		365±20	135±20	15±1
30kg	正面	300±50	150±40	30±3
	底面	255±50	108±25	

20.2.22 锑锭（GB/T 1599—2014）

(1) 产品分类

锑锭按化学成分分为Sb99.90、Sb99.70、Sb99.65、Sb99.50四个牌号。

(2) 化学成分

锑锭的化学成分见表3-20-89。

表3-20-89 锑锭的化学成分

牌号	化学成分(质量分数)/%									
	Sb≥	杂质含量≤								
		As	Fe	S	Cu	Se	Pb	Bi	Cd	总和
Sb99.90	99.90	0.010	0.015	0.040	0.0050	0.0010	0.010	0.0010	0.0005	0.10
Sb99.70	99.70	0.050	0.020	0.040	0.010	0.0030	0.150	0.0030	0.0010	0.30
Sb99.65	99.65	0.100	0.030	0.060	0.050	—	0.300	—	—	0.35
Sb99.50	99.50	0.150	0.050	0.080	0.080	—	—	—	—	0.50

注：锑的含量系指100%减去砷、铁、硫、铜、硒、铅、铋和镉杂质含量实测总和的值。

20.3 有色金属及其合金板材

20.3.1 铜及铜合金板材（GB/T 2040—2017）

(1) 牌号与规格

铜及铜合金板材的牌号、状态和规格见表3-20-90。

表 3-20-90　　铜及铜合金板材的牌号、状态和规格

分类	牌号	代号	状态	规格/mm		
				厚度	宽度	长度
无氧铜 纯铜 磷脱氧铜	TU1、TU2 T2、T3 TP1、TP2	T10150、T10180 T11050、T11090 C12000、C12200	热轧(M20)	4~80	≤3000	≤6000
			软化退火(O60)、1/4 硬(H01)、1/2 硬(H02)、硬(H04)、特硬(H06)	0.2~12	≤3000	≤6000
铁铜	TFe0.1	C19210	软化退火(O60)、1/4 硬(H01)、1/2 硬(H02)、硬(H04)	0.2~5	≤610	≤2000
	TFe2.5	C19400	软化退火(O60)、1/2 硬(H02)、硬(H04)、特硬(H06)	0.2~5	≤610	≤2000
镉铜	TCd1	C16200	硬(H04)	0.5~10	200~300	800~1500
铬铜	TCr0.5	T18140	硬(H04)	0.5~15	≤1000	≤2000
	TCr0.5-0.2-0.1	T18142	硬(H04)	0.5~15	100~600	≥300
普通黄铜	H95	C21000	软化退火(O60)、硬(H04)	0.2~10	≤3000	≤6000
	H80	C24000	软化退火(O60)、硬(H04)			
	H90、H85	C22000、C23000	软化退火(O60)、1/2 硬(H02)、硬(H04)			
	H70、H68	T26100、T26300	热轧(M20)	4~60	≤3000	≤6000
			软化退火(O60)、1/4 硬(H01)、1/2 硬(H02)、硬(H04)、特硬(H06)、弹性(H08)	0.2~10		
	H66、H65	C26800、C27000	软化退火(O60)、1/4 硬(H01)、1/2 硬(H02)、硬(H04)、特硬(H06)、弹性(H08)	0.2~10	≤3000	≤6000
	H63、H62	T27300、T27600	热轧(M20)	4~60	≤3000	≤6000
			软化退火(O60)、1/2 硬(H02)、硬(H04)、特硬(H06)	0.2~10		
	H59	T28200	热轧(M20)	4~60		
			软化退火(O60)、硬(H04)	0.2~10		
铅黄铜	HPb59-1	T38100	热轧(M20)	4~60		
			软化退火(O60)、1/2 硬(H02)、硬(H04)	0.2~10		
	HPb60-2	C37700	硬(H04)、特硬(H06)	0.5~10		
锰黄铜	HMn58-2	T67400	软化退火(O60)、1/2 硬(H02)、硬(H04)	0.2~10		
锡黄铜	HSn62-1	T46300	热轧(M20)	4~60		
	HSn62-1	T46300	软化退火(O60)、1/2 硬(H02)、硬(H04)	0.2~10		
	HSn88-1	C42200	1/2 硬(H02)	0.4~2	≤610	≤2000
锰黄铜	HMn55-3-1 HMn57-3-1	T67320 T67410	热轧(M20)	4~40	≤1000	≤2000
铝黄铜	HAl60-1-1 HAl67-2.5 HAl66-6-3-2	T69240 T68900 T69200				
镍黄铜	HNi65-5	T69900				
锡青铜	QSn6.5-0.1	T51510	热轧(M20)	9~50	≤610	≤2000
			软化退火(O60)、1/4 硬(H01)、1/2 硬(H02)、硬(H04)、特硬(H06)、弹性(H08)	0.2~12		

续表

分类	牌号	代号	状态	规格/mm		
				厚度	宽度	长度
锡青铜	QSn6.5-0.4、Sn4-3、Sn4-0.3、QSn7-0.2	T51520、T50800、C51100、T51530	软化退火(O60)、硬(H04)特硬(H06)	0.2~12	≤600	≤2000
	QSn8-0.3	C52100	软化退火(O60)、1/4硬(H01)、1/2硬(H02)、硬(H04)、特硬(H06)	0.2~5	≤600	≤2000
	QSn4-4-2.5、QSn4-4-4	T53300、T53500	软化退火(O60)、1/2硬(H02)、1/4硬(H01)、硬(H04)	0.8~5	200~600	800~2000
锰青铜	QMn1.5	T56100	软化退火(O60)	0.5~5	100~600	≤1500
	QMn5	T56300	软化退火(O60)、硬(H04)			
铝青铜	QAl5	T60700	软化退火(O60)、硬(H04)	0.4~12	≤1000	≤2000
	QAl7	C61000	1/2硬(H02)、硬(H04)			
	QAl9-2	T61700	软化退火(O60)、硬(H04)			
	QAl9-4	T61720	硬(H04)			
硅青铜	QSi3-1	T64730	软化退火(O60)、硬(H04)、特硬(H06)	0.5~10	100~1000	≥500
普通白铜 铁白铜	B5、B19 BFe10-1-1、BFe30-1-1	T70380、T71050、T70590、T71510	热轧(M20)	7~60	≤2000	≤4000
			软化退火(O60)、硬(H04)	0.5~10	≤600	≤1500
锰白铜	BMn3-12	T71620	软化退火(O60)	0.5~10	100~600	800~1500
	BMn40-1.5	T71660	软化退火(O60)、硬(H04)			
铝白铜	BAl6-1.5	T72400	硬(H04)	0.5~12	≤600	≤1500
	BAl13-3	T72600	固溶热处理+冷加工(硬)+沉淀热处理(TH04)			
锌白铜	BZn15-20	T74600	软化退火(O60)、1/2硬(H02)、硬(H04)、特硬(H06)	0.5~10	≤600	≤1500
	BZn18-17	T75210	软化退火(O60)、1/2硬(H02)、硬(H04)	0.5~5	≤600	≤1500
	BZn18-26	C77000	1/2硬(H02)、硬(H04)	0.25~2.5	≤610	≤1500

注：经供需双方协商，可以供应其他规格的板材。

(2) 产品标记

产品标记按产品名称、标准编号、牌号（或代号）、状态和规格的顺序表示。标记示例如下：

示例1：

用H62（T27600）制造的、供应状态为H02、尺寸精度为普通级、厚度为0.8mm、宽度为600mm、长度为1500mm的定尺板材，标记为：

铜板 GB/T 2040-H62H02-0.8×600×1500

或 铜板 GB/T 2040-T27600H02-0.8×600×1500

示例2：

用H62（T27600）制造的、供应状态为H02、尺寸精度为高级、厚度为0.8mm、宽度为600mm、长度为1500mm的定尺板材，标记为：

铜板 GB/T 2040-H62H02 高-0.8×600×1500

或 铜板 GB/T 2040-T27600H02 高-0.8×600×1500

(3) 化学成分

HSn88-1板材的化学成分应符合表3-20-91的规定。

(4) 力学性能

板材的室温力学性能应符合表3-20-92的规定。

表 3-20-91　　　　HSn88-1 板材化学成分

牌号	化学成分(质量分数)/%					
	Cu	Fe	P	Pb	Sn	Zn
HSn88-1	86.0~89.0[①]	0.05	0.35	0.05	0.8~1.4	余量

① 铜+所列元素总量最小值应为 99.7%。

表 3-20-92　　　　板材的力学性能

牌号	状态	拉伸试验			硬度试验	
		厚度/mm	抗拉强度 R_m /MPa	断后伸长率 $A_{11.3}$ /%	厚度/mm	维氏硬度(HV)
T2、T3 TP1、TP2 TU1、TU2	M20	4~14	≥195	≥30	—	—
	O60	0.3~10	≥205	≥30	≥0.3	≤70
	H01		215~295	≥25		60~95
	H02		245~345	≥8		80~110
	H04		295~395	—		90~120
	H06		≥350	—		≥110
TFe0.1	O60	0.3~5	255~345	≥30	≥0.3	≤100
	H01		275~375	≥15		90~120
	H02		295~430	≥4		100~130
	H04		335~470	≥4		110~150
TFe2.5	O60	0.3~5	≥310	≥20	≥0.3	≤120
	H02		365~450	≥5		115~140
	H04		415~500	≥2		125~150
	H06		460~515	—		135~155
TCd1	H04	0.5~10	≥390	—	—	—
TQCr0.5 TCr0.5-0.2-0.1	H04	—	—	—	0.5~15	≥100
H95	O60	0.3~10	≥215	≥30	—	—
	H04		≥320	≥3		
H90	O60	0.3~10	≥245	≥35	—	—
	H02		330~440	≥5		
	H04		≥390	≥3		
H85	O60	0.3~10	≥260	≥35	≥0.3	≤85
	H02		305~380	≥15		80~115
	H04		≥350	≥3		≥105
H80	O60	0.3~10	≥265	≥50	—	—
	H04		≥390	≥3		
H70、H68	M20	4~14	≥290	≥40	—	—
H70 H68 H66 H65	O60	0.3~10	≥290	≥40	≥0.3	≤90
	H01		325~410	≥35		85~115
	H02		355~440	≥25		100~130
	H04		410~540	≥10		120~160
	H06		520~620	≥3		150~190
	H08		≥570	—		≥180
H63 H62	M20	4~14	≥290	≥30	—	—
	O60	0.3~10	≥290	≥35	≥0.3	≤95
	H02		350~470	≥20		90~130
	H04		410~630	≥10		125~165
	H06		≥585	≥2.5		≥155
H59	M20	4~14	≥290	≥25	—	—
	O60	0.3~10	≥290	≥10	≥0.3	—
	H04		≥410	≥5		≥130

续表

牌号	状态	拉伸试验			硬度试验	
		厚度 /mm	抗拉强度 R_m /MPa	断后伸长率 $A_{11.3}$ /%	厚度 /mm	维氏硬度 (HV)
HPb59-1	M20	4~14	≥370	≥18	—	—
	O60 H02 H04	0.3~10	≥340 390~490 ≥440	≥25 ≥12 ≥5	—	—
HPb60-2	H04	—	—	—	0.5~2.5	165~190
					2.6~10	—
	H06	—	—	—	0.5~1.0	≥180
HMn58-2	O60 H02 H04	0.3~10	≥380 440~610 ≥585	≥30 ≥25 ≥3	—	—
HSn62-1	M20	4~14	≥340	≥20	—	—
	O60 H02 H04	0.3~10	≥295 350~400 ≥390	≥35 ≥15 ≥5	—	—
HSn88-1	H02	0.4~2	370~450	≥14	0.4~2	110~150
HMn55-3-1	M20	4~15	≥490	≥15	—	—
HMn57-3-1	M20	4~8	≥440	≥10	—	—
HAl60-1-1	M20	4~15	≥440	≥15	—	—
HAl67-2.5	M20	4~15	≥390	≥15	—	—
HAl66-6-3-2	M20	4~8	≥685	≥3	—	—
HNi65-5	M20	4~15	≥290	≥35	—	—
QSn6.5-0.1	M20	9~14	≥290	≥38	—	—
	O60	0.2~12	≥315	≥40	≥0.2	≤120
	H01	0.2~12	390~510	≥35		110~155
	H02	0.2~12	490~610	≥8		150~190
	H04	0.2~3	590~690	≥5		180~230
		>3~12	540~690	≥5		180~230
	H06	0.2~5	635~720	≥1		200~240
	H08	0.2~5	≥690	—		≥210
QSn6.5-0.4 QSn7-0.2	O60 H04 H06	0.2~12	≥295 540~690 ≥665	≥40 ≥8 ≥2	—	—
QSn4-3 QSn4-0.3	O60 H04 H06	0.2~12	≥290 540~690 ≥635	≥40 ≥3 ≥2	—	—
QSn8-0.3	O60 H01 H02 H04 H06	0.2~5	≥345 390~510 490~610 590~705 ≥685	≥40 ≥35 ≥20 ≥5 —	≥0.2	≤120 100~160 150~205 180~235 ≥210
QSn4-4-2.5 QSn4-4-4	O60 H01 H02 H04	0.8~5	≥290 390~490 420~510 ≥635	≥35 ≥10 ≥9 ≥5	≥0.8	—
QMn1.5	O60	0.5~5	≥205	≥30	—	—
QMn5	O60 H04	0.5~5	≥290 ≥440	≥30 ≥3	—	—

续表

牌号	状态	拉伸试验			硬度试验	
		厚度/mm	抗拉强度 R_m/MPa	断后伸长率 $A_{11.3}$/%	厚度/mm	维氏硬度(HV)
QAl5	O60	0.4~12	≥275	≥33	—	—
	H04		≥585	≥2.5		
QAl7	H02	0.4~12	585~740	≥10	—	—
	H04		≥635	≥5		
QAl9-2	O60	0.4~12	≥440	≥18	—	—
	H04		≥585	≥5		
QAl9-4	H04	0.4~12	≥585	—	—	—
QSi3-1	O60	0.5~10	≥340	≥40	—	—
	H04		585~735	≥3		
	H06		≥685	≥1		
B5	M20	7~14	≥215	≥20	—	—
	O60	0.5~10	≥215	≥30	—	—
	H04		≥370	≥10		
B19	M20	7~14	≥295	≥20	—	—
	O60	0.5~10	≥290	≥25	—	—
	H04		≥390	≥3		
BFe10-1-1	M20	7~14	≥275	≥20	—	—
	O60	0.5~10	≥275	≥25	—	—
	H04		≥370	≥3		
BFe30-1-1	M20	7~14	≥345	≥15	—	—
	O60	0.5~10	≥370	≥20	—	—
	H04		≥530	≥3		
BMn3-12	O60	0.5~10	≥350	≥25	—	—
BMn40-1.5	O60	0.5~10	390~590	—	—	—
	H04		≥590	—		
BAl6-1.5	H04	0.5~12	≥535	≥3	—	—
BAl13-3	TH04	0.5~12	≥635	≥5	—	—
BZn15-20	O60	0.5~10	≥340	≥35	—	—
	H02		440~570	≥5		
	H04		540~690	≥1.5		
	H06		≥640	≥1		
BZn18-17	O60	0.5~5	≥375	≥20		—
	H02		440~570	≥5	≥0.5	120~180
	H04		≥540	≥3		≥150
BZn18-26	H02	0.25~2.5	540~650	≥13	0.5~2.5	145~195
	H04		645~750	≥5		190~240

注 1. 超出表中规定厚度范围的板材，其性能指标由供需双方协商。

2. 表中的“—”，表示没有统计数据，如果需方要求该性能，其性能指标由供需双方协商。

3. 维氏硬度试验力由供需双方协商。

表 3-20-93 所列的板材可进行弯曲试验，弯曲试验条件应符合表中的规定。试验后，弯曲处的表面不能有肉眼可见的裂纹。

表 3-20-93 板材的弯曲试验

牌号	状态	厚度/mm	弯曲角度	内侧半径
T2、T3、TP1 TP2、TU1、TU2	O60	≤2.0	180°	0 倍板厚
		>2.0	180°	0.5 倍板厚
H95、H90、H85、H80、H70 H68、H66、H65、H62、H63	O60	1.0~10	180°	1 倍板厚
	H02		90°	1 倍板厚

续表

牌号	状态	厚度/mm	弯曲角度	内侧半径
QSn6.5-0.4、QSn6.5-0.1 QSn4-3、QSn4-0.3、QSn8-0.3	H04	≥1.0	90°	1倍板厚
	H06		90°	2倍板厚
QSi3-1	H04	≥1.0	90°	1倍板厚
	H06		90°	2倍板厚
BMn40-1.5	O60	≥1.0	180°	1倍板厚
	H04		90°	1倍板厚

(5) 晶粒度

表 3-20-94 所列牌号的软化退火状态（O60）板材可进行晶粒度检验，其晶粒度应符合表 3-20-95 的规定。

表 3-20-94　退火状态板材晶粒度

牌号	状态		晶粒度		
			晶粒名义平均直径/mm	最小直径/mm	最大直径/mm
T2、T3、TP1、TP2、TU1、TU2	O60		—	①	0.050
H80、H70 H68、H66、H65	O60	OS015	0.015	①	0.025
		OS025	0.025	0.015	0.035
		OS035	0.035	0.025	0.050
		OS050	0.050	0.035	0.070

① 是指完全再结晶后的最小晶粒。

(6) 电性能

QMn1.5、BMn3-12、BMn40-1.5 牌号的板材可进行电性能试验，其电性能应符合表 3-20-95 的规定。

表 3-20-95　带材的电性能

合金牌号	电阻系数 ρ(20 ℃±1 ℃) /($\Omega \cdot mm^2/m$)	电阻温度系数 α(0~100℃) /$℃^{-1}$	与铜的热电动势率 Q(0~100℃)/(μV/℃)
QMn1.5	≤0.087	≤0.9×10^{-3}	—
BMn3-12	0.42~0.52	±6×10^{-5}	≤1
BMn40-1.5	0.43~0.53	—	—

20.3.2 加工铜及铜合金板材外形尺寸及允许偏差（GB/T 17793—2010）

(1) 牌号和规格

加工铜和铜合金板材的牌号和规格见表 3-20-96。加工铜和铜合金带材的牌号和规格见表 3-20-97。

表 3-20-96　加工铜和铜合金板材的牌号和规格

牌号	状态	规格/mm			允许偏差的表编号			
		厚度	宽度	长度	厚度	宽度	长度	平整度
T2、T3、TP1、TP2、TU1、TU2、H96、H90、H85、H80、H70、H68、H65、H63、H62、H59、HPb59-1、HPb60-2、HSn62-1、HMn58-2	热轧	4.0~60.0	≤3000	≤6000	表 3-20-98	表 3-20-103	表 3-20-105	表 3-20-106
	冷轧	0.20~12.00			表 3-20-99			
HMn55-3-1、HMn57-3-1 HAl60-1-1、HAl67-2.5 HAl66-6-3-2、HNi65-5	热轧	4.0~40.0	≤1000	≤2000	表 3-20-98			
QSn6.5-0.1、QSn6.5-0.4、QSn4-3、QSn4-0.3、QSn7-0.2、QSn8-0.3	热轧	9.0~50.0	≤600	≤2000	表 3-20-98			
	冷轧	0.20~12.00			表 3-20-100			

续表

牌号	状态	规格/mm			允许偏差的表编号			
		厚度	宽度	长度	厚度	宽度	长度	平整度
QAl5、QAl7、QAl9-2、QAl9-4	冷轧	0.40~12.00	≤1000	≤2000	表 3-20-100			
QCd1	冷轧	0.50~10.00	200~300	800~1500	表 3-20-100			
QCr0.5、QCr0.5-0.2-0.1	冷轧	0.50~15.00	100~600	≥300	表 3-20-100			
QMn1.5、QMn5	冷轧	0.50~5.00	100~600	≤1500	表 3-20-100			
QSi3-1	冷轧	0.50~10.00	100~1000	≥500	表 3-20-100			
QSn4-4-2.5、QSn4-4-4	冷轧	0.80~5.00	200~600	800~2000	表 3-20-100	表 3-20-103	表 3-20-105	表 3-20-106
B5、B19、BFe10-1-1、BFe30-1-1、BZn15-20、BZn18-17	热轧	7.0~60.0	≤2000	≤4000	表 3-20-98			
	冷轧	0.50~10.00	≤600	≤1500	表 3-20-100			
BAl6-1.5、BAl13-3	冷轧	0.50~12.00	≤600	≤1500	表 3-20-100			
BMn3-12、BMn40-1.5	冷轧	0.50~10.00	100~600	800~1500	表 3-20-100			

表 3-20-97　　加工铜和铜合金带材的牌号和规格

牌　　号	厚度/mm	宽度/mm	允许偏差表的编号		
			厚度	宽度	侧边弯曲度
T2、T3、TU1、TU2、TP1、TP2、H96、H90、H85、H80、H70、H68、H65、H63、H62、H59	>0.15~<0.5	≤600	表 3-20-101	表 3-20-104	表 3-20-107
	0.5~3	≤1200			
HPb59-1、HSn62-1、HMn58-2	>0.15~0.2	≤300			
	>0.2~2	≤550			
QAl5、QAl7、QAl9-2、QAl9-4	>0.15~1.2	≤300	表 3-20-102		
QSn7-0.2、QSn6.5-0.4、QSn6.5-0.1、QSn4-3、QSn4-0.3	>0.15~2	≤610			
QSn8-0.3	>0.15~2.6	≤610			
QSn4-4-4、QSn4-4-2.5	0.8~1.2	≤200			
QCd1、QMn1.5、QMn5、QSi3-1	>0.15~1.2	≤300			
BZn18-17	>0.15~1.2	≤610			
B5、B19、BZn15-20、BFe10-1-1、BFe30-1-1、BMn40-1.5、BMn3-12、BAl13-3、BAl6-1.5	>0.15~1.2	≤400			

(2) 厚度允许偏差

热轧板的厚度允许偏差见表 3-20-98。纯铜、黄铜冷轧板的厚度允许偏差见表 3-20-99。青铜、白铜冷轧板的厚度允许偏差见表 3-20-100。纯铜、黄铜带材的厚度允许偏差见表 3-20-101。青铜、白铜带材的厚度允许偏差见表 3-20-102。

表 3-20-98　　热轧板的厚度允许偏差　　mm

厚　度	宽　　度					
	≤500	>500~1000	>1000~1500	>1500~2000	>2000~2500	>2500~3000
	厚度允许偏差,±					
4.0~6.0	—	0.22	0.28	0.40	—	—
>6.0~8.0	—	0.25	0.35	0.45	—	—
>8.0~12.0	—	0.35	0.45	0.60	1.00	1.30
>12.0~16.0	0.35	0.45	0.55	0.70	1.10	1.40
>16.0~20.0	0.40	0.50	0.70	0.80	1.20	1.50
>20.0~25.0	0.45	0.55	0.80	1.00	1.30	1.80
>25.0~30.0	0.55	0.65	1.00	1.10	1.60	2.00
>30.0~40.0	0.70	0.85	1.25	1.30	2.00	2.70
>40.0~50.0	0.90	1.10	1.50	1.60	2.50	3.50
>50.0~60.0	—	1.30	2.00	2.20	3.00	4.30

注：当要求单向允许偏差时，其值为表中数值的 2 倍。

表 3-20-99　　纯铜、黄铜冷轧板的厚度允许偏差　　mm

厚度	宽度																	
	≤400		>400~700		>700~1000		>1000~1250		>1250~1500		>1500~1750		>1750~2000		>2000~2500		>2500~3000	
	厚度允许偏差,±																	
	普通级	高级	普通级	高级	普通级	高级	普通级	高级	普通级	高级	普通级	高级	普通级	高级	普通级	高级	普通级	高级
0.20~0.35	0.025	0.020	0.030	0.025	0.060	0.050	—	—	—	—	—	—	—	—	—	—	—	—
>0.35~0.50	0.030	0.025	0.040	0.030	0.070	0.060	0.080	0.070	—	—	—	—	—	—	—	—	—	—
>0.50~0.80	0.040	0.030	0.055	0.040	0.080	0.070	0.100	0.080	0.150	0.130	—	—	—	—	—	—	—	—
>0.80~1.20	0.050	0.040	0.070	0.055	0.100	0.080	0.120	0.100	0.160	0.150	—	—	—	—	—	—	—	—
>1.20~2.00	0.060	0.050	0.100	0.075	0.120	0.100	0.150	0.120	0.180	0.160	0.280	0.250	0.350	0.300	—	—	—	—
>2.00~3.20	0.080	0.060	0.120	0.100	0.150	0.120	0.180	0.150	0.220	0.200	0.330	0.300	0.400	0.350	0.500	0.400	—	—
>3.20~5.00	0.100	0.080	0.150	0.120	0.180	0.150	0.220	0.200	0.280	0.250	0.400	0.350	0.450	0.400	0.600	0.500	0.700	0.600
>5.00~8.00	0.130	0.100	0.180	0.150	0.230	0.180	0.260	0.230	0.340	0.300	0.450	0.400	0.550	0.450	0.800	0.700	1.000	0.800
>8.00~12.00	0.180	0.140	0.230	0.180	0.250	0.230	0.300	0.250	0.400	0.350	0.600	0.500	0.700	0.600	1.000	0.800	1.300	1.000

注：当要求单向允许偏差时，其值为表中数值的 2 倍。

表 3-20-100　　青铜、白铜冷轧板的厚度允许偏差　　mm

厚度	宽度								
	≤400			>400~700			>700~1000		
	厚度允许偏差,±								
	普通级	较高级	高级	普通级	较高级	高级	普通级	较高级	高级
0.20~0.30	0.030	0.025	0.010	—	—	—	—	—	—
>0.30~0.40	0.035	0.030	0.020	—	—	—	—	—	—
>0.40~0.50	0.040	0.035	0.025	0.060	0.050	0.045	—	—	—
>0.50~0.80	0.050	0.040	0.030	0.070	0.060	0.050	—	—	—
>0.80~1.20	0.060	0.050	0.040	0.080	0.070	0.060	0.150	0.120	0.080
>1.20~2.00	0.090	0.070	0.050	0.110	0.090	0.080	0.200	0.150	0.100
>2.00~3.20	0.110	0.090	0.060	0.140	0.120	0.100	0.250	0.200	0.150
>3.20~5.00	0.130	0.110	0.080	0.180	0.150	0.120	0.300	0.250	0.200
>5.00~8.00	0.150	0.130	0.100	0.200	0.180	0.150	0.350	0.300	0.250
>8.00~12.00	0.180	0.150	0.110	0.230	0.220	0.180	0.450	0.400	0.300
>12.00~15.00	0.200	0.180	0.150	0.250	0.230	0.200	—	—	—

注：当要求单向允许偏差时，其值为表中数值的 2 倍。

表 3-20-101　　纯铜、黄铜带材的厚度允许偏差　　mm

厚度	宽度									
	≤200		>200~300		>300~400		>400~700		>700~1200	
	厚度允许偏差,±									
	普通级	高级	普通级	高级	普通级	高级	普通级	高级	普通级	高级
>0.15~0.25	0.015	0.010	0.020	0.015	0.020	0.015	0.030	0.025	—	—
>0.25~0.35	0.020	0.015	0.025	0.020	0.030	0.025	0.040	0.030	—	—
>0.35~0.50	0.025	0.020	0.030	0.025	0.035	0.030	0.050	0.040	0.060	0.050
>0.50~0.80	0.030	0.025	0.040	0.030	0.040	0.035	0.060	0.050	0.070	0.060
>0.80~1.20	0.040	0.030	0.050	0.040	0.050	0.040	0.070	0.060	0.080	0.070
>1.20~2.00	0.050	0.040	0.060	0.050	0.060	0.050	0.080	0.070	0.100	0.080
>2.00~3.00	0.060	0.050	0.070	0.060	0.080	0.070	0.100	0.080	0.120	0.100

注：当要求单向允许偏差时，其值为表中数值的 2 倍。

(3) 宽度允许偏差

板材的宽度允许偏差应符合表 3-20-103 的规定。带材的宽度允许偏差应符合表 3-20-104 的规定。

(4) 长度允许偏差

板材的长度分定尺、倍尺和不定尺三种。定尺或倍尺应在不定尺范围内，其允许误差应符合表 3-20-105 的规定。按倍尺供应的板材，应留有截断时的切口量，每一切口量为+5mm。

表 3-20-102

青铜、白铜带材的厚度允许偏差

mm

<table>
<tr><th rowspan="3">厚度</th><th colspan="4">宽　度</th></tr>
<tr><th colspan="2">≤400</th><th colspan="2">>400~610</th></tr>
<tr><th colspan="4">厚度允许偏差,±</th></tr>
<tr><th></th><th>普通级</th><th>高级</th><th>普通级</th><th>高级</th></tr>
<tr><td>>0.15~0.25</td><td>0.020</td><td>0.013</td><td>0.030</td><td>0.020</td></tr>
<tr><td>>0.25~0.40</td><td>0.025</td><td>0.018</td><td>0.040</td><td>0.030</td></tr>
<tr><td>>0.40~0.55</td><td>0.030</td><td>0.020</td><td>0.050</td><td>0.045</td></tr>
<tr><td>>0.55~0.70</td><td>0.035</td><td>0.025</td><td>0.060</td><td>0.050</td></tr>
<tr><td>>0.70~0.90</td><td>0.045</td><td>0.030</td><td>0.070</td><td>0.060</td></tr>
<tr><td>>0.90~1.20</td><td>0.050</td><td>0.035</td><td>0.080</td><td>0.070</td></tr>
<tr><td>>1.20~1.50</td><td>0.065</td><td>0.045</td><td>0.090</td><td>0.080</td></tr>
<tr><td>>1.50~2.00</td><td>0.080</td><td>0.050</td><td>0.100</td><td>0.090</td></tr>
<tr><td>>2.00~2.60</td><td>0.090</td><td>0.060</td><td>0.120</td><td>0.100</td></tr>
</table>

注：当要求单向允许偏差时，其值为表中数值的 2 倍。

表 3-20-103

板材的宽度允许偏差

mm

<table>
<tr><th rowspan="3">厚度</th><th colspan="8">宽　度</th></tr>
<tr><th>≤300</th><th>>300~700</th><th>≤1000</th><th>>1000~2000</th><th>>2000~3000</th><th>≤1000</th><th>>1000~2000</th><th>>2000~3000</th></tr>
<tr><th colspan="2">卷纵剪允许偏差</th><th colspan="3">剪切允许偏差</th><th colspan="3">锯切允许偏差</th></tr>
<tr><td>0.20~0.35</td><td>±0.3</td><td>±0.6</td><td>+3
0</td><td>—</td><td rowspan="4">—</td><td rowspan="4">—</td><td rowspan="4">—</td><td rowspan="4">—</td></tr>
<tr><td>>0.35~0.80</td><td>±0.4</td><td>±0.7</td><td>+3
0</td><td>+5
0</td></tr>
<tr><td>>0.80~3.00</td><td>±0.5</td><td>±0.8</td><td>+5
0</td><td>+10
0</td></tr>
<tr><td>>3.00~8.00</td><td rowspan="4">—</td><td rowspan="4">—</td><td>+10
0</td><td>+15
0</td></tr>
<tr><td>>8.00~15.00</td><td>+10
0</td><td>+15
0</td><td>+1.2%厚度
0</td><td rowspan="3">±2</td><td rowspan="3">±3</td><td rowspan="3">±5</td></tr>
<tr><td>>15.00~25.00</td><td>+10
0</td><td>+15
0</td><td>+1.2%厚度
0</td></tr>
<tr><td>>25.00~60.00</td><td>—</td><td>—</td><td>—</td></tr>
</table>

注 1. 当要求单向允许偏差时，其值为表中数值的 2 倍。

2. 厚度>15mm 的热轧板，可不切边交货。

表 3-20-104

带材的宽度允许偏差

mm

<table>
<tr><th rowspan="3">厚度</th><th colspan="4">宽　度</th></tr>
<tr><th>≤200</th><th>>200~300</th><th>>300~600</th><th>>600~1200</th></tr>
<tr><th colspan="4">宽度允许偏差,±</th></tr>
<tr><td>>0.15~0.50</td><td>0.2</td><td>0.3</td><td>0.5</td><td rowspan="3">0.8</td></tr>
<tr><td>>0.50~2.00</td><td>0.3</td><td>0.4</td><td>0.6</td></tr>
<tr><td>>2.00~3.00</td><td>0.5</td><td>0.5</td><td>0.6</td></tr>
</table>

表 3-20-105

板材的长度允许偏差

mm

<table>
<tr><th rowspan="3">厚度</th><th colspan="4">冷轧板(长度)</th><th rowspan="2">热轧板</th></tr>
<tr><th>≤2000</th><th>>2000~3500</th><th>>3500~5000</th><th>>5000~7000</th></tr>
<tr><th colspan="5">长度允许偏差</th></tr>
<tr><td>≤0.80</td><td>+10
0</td><td>+10
0</td><td>—</td><td>—</td><td>—</td></tr>
<tr><td>>0.80~3.00</td><td>+10
0</td><td>+15
0</td><td>—</td><td>—</td><td>—</td></tr>
<tr><td>>3.00~12.00</td><td>+15
0</td><td>+15
0</td><td>+20
0</td><td>+25
0</td><td>+25
0</td></tr>
<tr><td>>12.00~60.00</td><td colspan="4">—</td><td>+30
0</td></tr>
</table>

注：厚度>15mm 时的热轧板，可不切头交货。

(5) 板材的平整度

板材应平直，允许有轻微的波浪，其平整度应符合表 3-20-106 的规定。

表 3-20-106　板材的平整度

厚度/mm	平整度/(mm/m) ≤
≤1.5	≤15
>1.5~5.0	≤10
>5.0	≤8

(6) 带材的侧边弯曲度

带材的外形应平直，允许有轻微的波浪，其侧边弯曲度应符合表 3-20-107 的规定。

表 3-20-107　带材的侧边弯曲度

宽度/mm	侧边弯曲度/(mm/m) ≤		
	普通级		高级
	厚度>0.15~0.60	厚度>0.60~3.0	所有厚度
6~9	9	12	5
>9~13	6	10	4
>13~25	4	7	3
>25~50	3	5	3
>50~100	2.5	4	2
>100~1200	2	3	1.5

20.3.3 铝和铝合金板（GB/T 3880.1—2012）

(1) 铝或铝合金类别

铝及铝合金分为 A、B 两类。如表 3-20-108 所示。

表 3-20-108　铝及铝合金板材的牌号和规格

牌号系列	铝或铝合金类别	
	A	B
1×××	所有	—
2×××	—	所有
3×××	Mn 的最大含量不大于 1.8%，Mg 的最大含量不大于 1.8%，Mn 的最大含量与 Mg 的最大含量之和不大于 2.3%。如：3003、3103、3005、3105、3102、3A21	A 类外的其他合金，如：3004、3104
4×××	Si 的最大含量不大于 2%。如：4006、4007	A 类外的其他合金，如：4015
5×××	Mg 的最大含量不大于 1.8%，Mn 的最大含量不大于 1.8%，Mg 的最大含量与 Mn 的最大含量之和不大于 2.3%。如：5005、5005A、5050	A 类外的其他合金。如：5A02、5A03、5A05、5A06、5040、5049、5449、5251、5052、5154A、5454、5754、5082、5182、5083、5383、5086
6×××	—	所有
7×××	—	所有
8×××	不可热处理强化的合金。如：8A06、8011、8011A、8079	可热处理强化的合金

(2) 尺寸偏差等级

板材、带材的尺寸偏差等级见表 3-20-109。

表 3-20-109　尺寸偏差等级

尺寸项目	尺寸偏差等级	
	板材	带材
厚度	冷轧板材：高精级、普通级 热轧板材：不分级	冷轧带材：高精级、普通级 热轧带材：不分级
宽度	冷轧板材：高精级、普通级 热轧板材：不分级	冷轧带材：高精级、普通级 热轧带材：不分级

续表

尺寸项目	尺寸偏差等级	
	板材	带材
长度	冷轧板材:高精级、普通级 热轧板材:不分级	—
不平度	高精级、普通级	—
侧边弯曲度	冷轧板材:高精级、普通级 热轧板材:高精级、普通级	冷轧带材:高精级、普通级 热轧带材:不分级
对角线	高精级、普通级	—

(3) 牌号、状态、尺寸

板材、带材的牌号，相应的铝或铝合金类别、状态及厚度应符合表 3-20-110 的规定。与厚度对应的宽度和长度应符合表 3-20-111 的规定。

表 3-20-110　　牌号、铝或铝合金类别、状态及厚度

牌号	铝或铝合金类别	状态	板材厚度/mm	带材厚度/mm
1A97、1A93、1A90、1A85	A	F	>4.50~150.00	—
		H112	>4.50~80.00	—
1080A	A	O、H111	>0.20~12.50	—
		H12、H22、H14、H24	>0.20~6.00	—
		H16、H26	>0.20~4.00	>0.20~4.00
		H18	>0.20~3.00	>0.20~3.00
		H112	>6.00~25.00	—
		F	>2.50~6.00	—
1070	A	O	>0.20~50.00	>0.20~6.00
		H12、H22、H14、H24	>0.20~6.00	>0.20~6.00
		H16、H26	>0.20~4.00	>0.20~4.00
		H18	>0.20~3.00	>0.20~3.00
		H112	>4.50~75.00	—
		F	>4.50~150.00	>2.50~8.00
1070A	A	O、H111	>0.20~25.00	—
		H12、H22、H14、H24	>0.20~6.00	—
		H16、H26	>0.20~4.00	—
		H18	>0.20~3.00	—
		H112	>6.00~25.00	—
		F	>4.50~150.00	>2.50~8.00
1060	A	O	>0.20~80.00	>0.20~6.00
		H12、H22	>0.50~6.00	>0.50~6.00
		H14、H24	>0.20~6.00	>0.20~6.00
		H16、H26	>0.20~4.00	>0.20~4.00
		H18	>0.20~3.00	>0.20~3.00
		H112	>4.50~80.00	—
		F	>4.50~150.00	>2.50~8.00
1050	A	O	>0.20~50.00	>0.20~6.00
		H12、H22、H14、H24	>0.20~6.00	>0.20~6.00
		H16、H26	>0.20~4.00	>0.20~4.00
		H18	>0.20~3.00	>0.20~3.00
		H112	>4.50~75.00	—
		F	>4.50~150.00	>2.50~8.00
1050A	A	O	>0.20~80.00	>0.20~6.00
		H111	>0.20~80.00	—
		H12、H22、H14、H24	>0.20~6.00	>0.20~6.00

第3篇

续表

牌号	铝或铝合金类别	状态	板材厚度/mm	带材厚度/mm
1050A	A	H16、H26	>0.20~4.00	>0.20~4.00
		H18、H28、H19	>0.20~3.00	>0.20~3.00
		H112	>6.00~80.00	—
		F	>4.50~150.00	>2.50~8.00
1145	A	O	>0.20~10.00	>0.20~6.00
		H12、H22、H14、H24、H16、H26、H18	>0.20~4.50	>0.20~4.50
		H112	>4.50~25.00	—
		F	>4.50~150.00	>2.50~8.00
1235	A	O	>0.20~1.00	>0.20~1.00
		H12、H22	>0.20~4.50	>0.20~4.50
		H14、H24	>0.20~3.00	>0.20~3.00
		H16、H26	>0.20~4.00	>0.20~4.00
		H18	>0.20~3.00	>0.20~3.00
1100	A	O	>0.20~80.00	>0.20~6.00
		H12、H22 、H14、H24	>0.20~6.00	>0.20~6.00
		H16、H26	>0.20~4.00	>0.20~4.00
		H18、H28	>0.20~3.20	>0.20~3.20
		H112	>6.00~80.00	—
		F	>4.50~150.00	>2.50~8.00
1200	A	O	>0.20~80.00	>0.20~6.00
		H111	>0.20~80.00	—
		H12、H22、H14、H24	>0.20~6.00	>0.20~6.00
		H16、H26	>0.20~4.00	>0.20~4.00
		H18、H19	>0.20~3.00	>0.20~3.00
		H112	>6.00~80.00	—
		F	>4.50~150.00	>2.50~8.00
2A11、包铝 2A11	B	O	>0.50~10.00	>0.50~6.00
		T1	>4.50~80.00	—
		T3、T4	>0.50~10.00	—
		F	>4.50~150.00	—
2A12、包铝 2A12	B	O	>0.50~10.00	—
		T1	>4.50~80.00	—
		T3、T4	>0.50~10.00	—
		F	>4.50~150.00	—
2A14	B	O	0.50~10.00	—
		T1	>4.50~40.00	—
		T6	0.50~10.00	—
		F	>4.50~150.00	—
2E12、包铝 2E12	B	T3	0.80~6.00	—
2014	B	O	>0.40~25.00	—
		T3	>0.40~6.00	—
		T4	>0.40~100.00	—
		T6	>0.40~160.00	—
		F	>4.50~150.00	—
包铝 2014	B	O	>0.50~25.00	—
		T3	>0.50~6.30	—
		T4	>0.50~6.30	—
		T6	>0.50~6.30	—
		F	>4.50~150.00	—

续表

牌号	铝或铝合金类别	状态	板材厚度/mm	带材厚度/mm
2014A、包铝2014A	B	O	>0.20~6.00	—
		T4	>0.20~80.00	—
		T6	>0.20~140.00	—
2024	B	O	>0.40~25.00	>0.50~6.00
		T3	>0.40~150.00	—
		T4	>0.40~6.00	—
		T8	>0.40~40.00	—
		F	>4.50~80.00	—
包铝2024	B	O	>0.20~45.50	—
		T3	>0.20~6.00	—
		T4	>0.20~3.20	—
		F	>4.50~80.00	—
2017、包铝2017	B	O	>0.40~25.00	>0.50~6.00
		T3、T4	>0.40~6.00	—
		F	>4.50~150.00	—
2017A、包铝2017A	B	O	0.40~25.00	—
		T4	0.40~200.00	—
2219、包铝2219	B	O	>0.50~50.00	—
		T81	>0.50~6.30	—
		T87	>1.00~12.50	—
3A21	A	O	>0.20~10.00	—
		H14	>0.80~4.50	—
		H24、H18	>0.20~4.50	—
		H112	>4.50~80.00	—
		F	>4.50~150.00	—
3102	A	H18	>0.20~3.00	>0.20~3.00
3003	A	O	>0.20~50.00	>0.20~6.00
		H111	>0.20~50.00	—
		H12、H22、H14、H24	>0.20~6.00	>0.20~6.00
		H16、H26	>0.20~4.00	>0.20~4.00
		H18、H28、H19	>0.20~3.00	>0.20~3.00
		H112	>4.50~80.00	—
		F	>4.50~150.00	>2.50~8.00
3103	A	O、H111	>0.20~50.00	—
		H12、H22、H14、H24、H16	>0.20~6.00	—
		H26	>0.20~4.00	—
		H18、H28、H19	>0.20~3.00	—
		H112	>4.50~80.00	—
		F	>20.00~80.00	—
3004	B	O	>0.20~50.00	>0.20~6.00
		H111	>0.20~50.00	—
		H12、H22、H32、H14	>0.20~6.00	>0.20~6.00
		H24、H34、H26、H36、H18	>0.20~3.00	>0.20~3.00
		H16	>0.20~4.00	>0.20~4.00
		H28、H38、H19	>0.20~1.50	>0.20~1.50
		H112	>4.50~80.00	—
		F	>6.00~80.00	>2.50~8.00
3104	B	O	>0.20~3.00	>0.20~3.00
		H111	>0.20~3.00	—
		H12、H22、H32	>0.50~3.00	>0.50~3.00

续表

牌号	铝或铝合金类别	状态	板材厚度/mm	带材厚度/mm
3104	B	H14、H24、H34、H16、H26、H36	>0.20~3.00	>0.20~3.00
		H18、H28、H38、H19、H29、H39	>0.20~0.50	>0.20~0.50
		F	>6.00~80.00	>2.50~8.00
3005	A	O	>0.20~6.00	>0.20~6.00
		H111	>0.20~6.00	—
		H12、H22、H14	>0.20~6.00	>0.20~6.00
		H24	>0.20~3.00	>0.20~3.00
		H16	>0.20~4.00	>0.20~4.00
		H26、H18、H28	>0.20~3.00	>0.20~3.00
		H19	>0.20~1.50	>0.20~1.50
		F	>6.00~80.00	>2.50~8.00
3105	A	O、H12、H22、H14、H24、H16、H26、H18	>0.20~3.00	>0.20~3.00
		H111	>0.20~3.00	—
		H28、H19	>0.20~1.50	>0.20~1.50
		F	>6.00~80.00	>2.50~8.00
4006	A	O	>0.20~6.00	—
		H12、H14	>0.20~3.00	—
		F	2.50~6.00	—
4007	A	O、H111	>0.20~12.50	—
		H12	>0.20~3.00	—
		F	2.50~6.00	—
4015	B	O、H111	>0.20~3.00	—
		H12、H14、H16、H18	>0.20~3.00	—
5A02	B	O	>0.50~10.00	—
		H14、H24、H34、H18	>0.50~4.50	—
		H112	>4.50~80.00	—
		F	>4.50~150.00	—
5A03	B	O、H14、H24、H34	>0.50~4.50	>0.50~4.50
		H112	>4.50~50.00	—
		F	>4.50~150.00	—
5A05	B	O	>0.50~4.50	>0.50~4.50
		H112	>4.50~50.00	—
		F	>4.50~150.00	—
5A06	B	O	0.50~4.50	>0.50~4.50
		H112	>4.50~50.00	—
		F	>4.50~150.00	—
5005、5005A	A	O	>0.20~50.00	>0.20~6.00
		H111	>0.20~50.00	—
		H12、H22、H32、H14、H24、H34	>0.20~6.00	>0.20~6.00
		H16、H26、H36	>0.20~4.00	>0.20~4.00
		H18、H28、H38、H19	>0.20~3.00	>0.20~3.00
		H112	>6.00~80.00	—
		F	4.50~150.00	>2.50~8.00
5040	B	H24、H34	0.80~1.80	—
		H26、H36	1.00~2.00	—
5049	B	O、H111	>0.20~100.00	—
		H12、H22、H32、H14、H24、H34、H16、H26、H36	>0.20~6.00	—
		H18、H28、H38	>0.20~3.00	—

续表

牌号	铝或铝合金类别	状态	板材厚度/mm	带材厚度/mm
5049	B	H112	6.00~80.00	—
5449	B	O、H111、H22、H24、H26、H28	>0.50~3.00	—
5050	A	O、H111	>0.20~50.00	—
		H12	>0.20~3.00	—
		H22、H32、H14、H24、H34	>0.20~6.00	—
		H16、H26、H36	>0.20~4.00	—
		H18、H28、H38	>0.20~3.00	—
		H112	6.00~80.00	—
		F	2.50~80.00	—
5251	B	O、H111	>0.20~50.00	—
		H12、H22、H32、H14、H24、H34	>0.20~6.00	—
		H16、H26、H36	>0.20~4.00	—
		H18、H28、H38	>0.20~3.00	—
		F	2.50~80.00	—
5052	B	O	>0.20~80.00	>0.20~6.00
		H111	>0.20~80.00	—
		H12、H22、H32、H14、H24、H34、H16、H26、H36	>0.20~6.00	>0.20~6.00
		H18、H28、H38	>0.20~3.00	>0.20~3.00
		H112	>6.00~80.00	—
		F	>2.50~150.00	>2.50~8.00
5154A	B	O、H111	>0.20~50.00	—
		H12、H22、H32、H14、H24、H34、H26、H36	>0.20~6.00	>0.20~6.00
		H18、H28、H38	>0.20~3.00	>0.20~3.00
		H19	>0.20~1.50	>0.20~1.50
		H112	6.00~80.00	—
		F	>2.50~80.00	—
5454	B	O、H111	>0.20~80.00	—
		H12、H22、H32、H14、H24、H34、H26、H36	>0.20~6.00	—
		H28、H38	>0.20~3.00	—
		H112	6.00~120.00	—
		F	>4.50~150.00	—
5754	B	O、H111	>0.20~100.00	—
		H12、H22、H32、H14、H24、H34、H16、H26、H36	>0.20~6.00	—
		H18、H28、H38	>0.20~3.00	—
		H112	6.00~80.00	—
		F	>4.50~150.00	—
5082	B	H18、H38、H19、H39	>0.20~0.50	>0.20~0.50
		F	>4.50~150.00	—
5182	B	O	>0.20~3.00	>0.20~3.00
		H111	>0.20~3.00	—
		H19	>0.20~1.50	>0.20~1.50
5083	B	O	>0.20~200.00	>0.20~4.00
		H111	>0.20~200.00	—
		H12、H22、H32、H14、H24、H34	>0.20~6.00	>0.20~6.00
		H16、H26、H36	>0.20~4.00	—
		H116、H321	>1.50~80.00	—

续表

牌号	铝或铝合金类别	状态	板材厚度/mm	带材厚度/mm
5083	B	H112	>6.00~120.00	—
		F	>4.50~150.00	—
5383	B	O、H111	>0.20~150.00	—
		H22、H32、H24、H34	>0.20~6.00	—
		H116、H321	>1.50~80.00	—
		H112	>6.00~80.00	—
5086	B	O、H111	>0.20~150.00	—
		H12、H22、H32、H14、H24、H34	>0.20~6.00	—
		H16、H26、H36	>0.20~4.00	—
		H18	>0.20~3.00	—
		H116、H321	>1.50~50.00	—
		H112	>6.00~80.00	—
		F	>4.50~150.00	—
6A02	B	O、T4、T6	>0.50~10.00	—
		T1	>4.50~80.00	—
		F	>4.50~150.00	—
6061	B	O	0.40~25.00	0.40~6.00
		T4	0.40~80.00	—
		T6	0.40~100.00	—
		F	>4.50~150.00	>2.50~8.00
6016	B	T4、T6	0.40~3.00	—
6063	B	O	0.50~20.00	—
		T4、T6	0.50~10.00	—
6082	B	O	0.40~25.00	—
		T4	0.40~80.00	—
		T6	0.40~12.50	—
		F	>4.50~150.00	—
7A04、包铝 7A04 7A09、包铝 7A09	B	O、T6	>0.50~10.00	—
		T1	>4.50~40.00	—
		F	>4.50~150.00	—
7020	B	O、T4	0.40~12.50	—
		T6	0.40~200.00	—
7021	B	T6	1.50~6.00	—
7022	B	T6	3.00~200.00	—
7075	B	O	>0.40~75.00	—
		T6	>0.40~60.00	—
		T76	>1.50~12.50	—
		T73	>1.50~100.00	—
		F	>6.00~50.00	—
包铝 7075	B	O	>0.39~50.00	—
		T6	>0.39~6.30	—
		T76	>3.10~6.30	—
		F	>6.00~100.00	—
7475	B	T6	>0.35~6.00	—
		T76、T761	1.00~6.50	—
包铝 7475	B	O、T761	1.00~6.50	—
8A06	A	O	>0.20~10.00	—
		H14、H24、H18	>0.20~4.50	—
		H112	>4.50~80.00	—
		F	>4.50~150.00	>2.50~8.00

续表

牌号	铝或铝合金类别	状态	板材厚度/mm	带材厚度/mm
8011	—	H14、H24、H16、H26	>0.20~0.50	>0.20~0.50
		H18	0.20~0.50	0.20~0.50
8011A	A	O	>0.20~12.50	>0.20~6.00
		H111	>0.20~12.50	—
		H22	>0.20~3.00	>0.20~3.00
		H14、H24	>0.20~6.00	>0.20~6.00
		H16、H26	>0.20~4.00	>0.20~4.00
		H18	>0.20~3.00	>0.20~3.00
8079	A	H14	>0.20~0.50	>0.20~0.50

表 3-20-111　与厚度对应的宽度和长度

mm

板、带材厚度	板材的宽度和长度		带材的宽度和内径	
	板材的宽度	板材的长度	带材的宽度	带材的内径
>0.20~0.50	500.0~1660.0	500~4000	≤1800.0	75、150、200、300、405、505、605、650、750
>0.50~0.80	500.0~2000.0	500~10000	≤2400.0	
>0.80~1.20	500.0~2400.0①	1000~10000	≤2400.0	
>1.20~3.00	500.0~2400.0	1 000~10000	≤2400.0	
>3.00~8.00	500.0~2400.0	1 000~15000	≤2400.0	
>8.00~15.00	500.0~2500.0	1000~15000	—	—
>15.00~250.00	500.0~3500.0	1 000~20000	—	—

① A 类合金最大宽度为 2000.0mm。

注：带材是否带套筒及套筒材质，由供需双方商定后在订货单（或合同）中注明。

(4) 产品标记

产品标记按产品名称、标准编号、牌号、供应状态及尺寸的顺序表示。标记示例如下：

示例 1：

3003 牌号、H22 状态、厚度为 2.00mm、宽度为 1200.0mm、长度为 2000mm 的板材，标记为：板　GB/T 3880.1—3003H22-2.00×1200×2000。

示例 2：

5052 牌号、O 状态、厚度为 1.00mm、宽度为 1050.0mm 的带材，标记为：带　GB/T 3880.1—50520-1.00×1050。

(5) 化学成分

4006、4007、4015、5040、5449 铝合金的化学成分应符合表 3-20-112 的规定。其他牌号的产品化学成分应符合 20.2.6 节（GB/T 3190—2008）的规定。

表 3-20-112　化学成分

牌号	质量分数/%												
	Si	Fe	Cu	Mn	Mg	Cr	Ni	Zn	—	Ti	其他杂质① 单个	其他杂质① 合计	Al②
4006	0.80~1.20	0.50~0.80	≤0.10	≤0.05	≤0.01	≤0.20	—	≤0.05	—	—	≤0.05	≤0.15	余量
4007	1.00~1.70	0.40~1.00	≤0.20	0.80~1.50	≤0.20	0.05~0.25	0.15~0.70	≤0.10	0.05Co	≤0.10	≤0.05	≤0.15	余量
4015	1.40~2.20	≤0.70	≤0.20	0.60~1.20	0.10~0.50	—	—	≤0.20	—	—	≤0.05	≤0.15	余量
5040	≤0.30	≤0.70	≤0.25	0.90~1.40	1.00~1.50	0.10~0.30	—	≤0.25	—	—	≤0.05	≤0.15	余量
5449	≤0.40	≤0.70	≤0.30	0.60~1.10	1.60~2.60	≤0.30	—	≤0.30	—	≤0.10	≤0.05	≤0.15	余量

① 其他杂质指表中未列出或未规定数值的金属元素。

② 铝的质量分数为 100%与等于或大于 0.010%的所有元素含量总和的差值，求和前各元素含量要表示到 0.0×%。

(6) 包覆层

正常包铝或工艺包铝的板材应进行双面包覆，并符合表 3-20-113 的规定。

表 3-20-113　　　　包覆材料及包覆层厚度

牌号	包铝类别	包覆材料牌号	板材厚度/mm	每面包覆层厚度占板材厚度的百分比≥
2A11、2A12	工艺包铝	1230 或 1A50	所有	≤1.5%
包铝 2A11、包铝 2A12	正常包铝		0.50~1.60	4%
			其他	2%
2A14	工艺包铝		所有	≤1.5%
2E12	工艺包铝		所有	≤1.5%
包铝 2E12	正常包铝		0.80~1.60	4%
	正常包铝		其他	2%
2014、2014A 2017、2017A	工艺包铝	6003 或 1230、1A50	所有	≤1.5%
包铝 2014、包铝 2014A 包铝 2017、包铝 2017A	正常包铝		≤0.63	8%
			>0.63~1.00	6%
			>1.00~2.50	4%
			>2.50	2%
2024	工艺包铝	1230 或 1A50	所有	≤1.5%
包铝 2024	正常包铝		≤1.60	4%
			>1.60	2%
2219	工艺包铝	7072 或 1A50	所有	≤1.5%
包铝 2219	正常包铝		≤1.00	8%
			>1.00~2.50	4%
			>2.50	2%
5A06	工艺包铝	1230 或 1A50	所有	≤1.5%
7A04、7A09	工艺包铝	7072 或 7A01	所有	≤1.5%
包铝 7A04、包铝 7A09	正常包铝		0.50~1.60	4%
			>1.60	2%
7075	工艺包铝	7072 或 7A01	≤1.60	≤1.5%
		7008 或 7A01	>1.60	≤1.5%
包铝 7075	正常包铝	7072 或 7A01	0.50~1.60	4%
		7008 或 7A01	>1.60	2%
7475	工艺包铝	7072 或 7A01	所有	≤1.5%
包铝 7475	正常包铝		<1.60	4%
			≥1.60~4.80	2.5%
			≥4.80	1.5%

(7) 电导率

7075 合金的 T73、T76 状态，7475 合金的 T76、T761 状态及 7010 合金的 T73、T74 和 T76 状态的板材，其电导率应符合表 3-20-114 的规定。

表 3-20-114　　　　电导率

合金牌号	供应状态	电导率指标①/[MS/m(%IACS)]	力学性能	合格判定
7075	T73	<22.0(38.0)	任何值	不合格
		22.0~23.0 (38.0~39.7)	符合标准规定，且 $R_{p0.2}$ 大于规定值 85MPa	不合格②
			符合标准规定，且 $R_{p0.2}$ 不大于规定值 85 MPa	合格
		>23.0(39.7)	符合标准规定	合格
	T76	<21.0(36.3)	任何值	不合格
		21.0~22.0 (36.3~38.0)	符合标准规定，且 $R_{p0.2}$ 大于规定值 85MPa	不合格③
			符合标准规定，且 $R_{p0.2}$ 不大于规定值 85 MPa	合格
		≥22.0(38.0)	符合标准规定	合格

续表

合金牌号	供应状态	电导率指标①/[MS/m(%IACS)]	力学性能	合格判定
7475	T76、T761	<22.0(38.0)	任何值	不合格。应补充人工时效，然后重新检测电导率和规定非比例延伸强度
		22.0~22.6(38.0~39.0)	符合标准规定	
		≥22.6(39.0)	符合标准规定。且 $R_{p0.2}$ 大于规定值 62MPa	
			符合标准规定，且 $R_{p0.2}$ 不大于规定值 62MPa	合格
7010	T73	<23.8(41.1)	任何值	不合格。厚板可重新热处理或人工时效，重新检验力学性能和电导率
		≥23.8(41.1)	符合标准规定	合格
	T74	<23.2(40.0)	任何值	不合格。厚板可重新热处理或人工时效，重新检验力学性能和电导率
		≥23.2(40.0)	符合标准规定	合格
	T76	<22.6(39.0)	任何值	不合格。厚板可重新热处理或人工时效，重新检验力学性能和电导率
		≥22.6(39.0)	符合标准规定	合格

① 测量电导率用的试样应在拉伸试样的位置邻近处切取，并在去掉包铝层后的板材表面上采用涡流法进行测定。

② 补充固溶热处理的淬火后 15min 以内，测得的电导率与初始值之差不小于 3.5MS/ms 时为合格。

③ 剥落腐蚀试验合格则为合格。

(8) 抗应力腐蚀性能

对于厚度大于或等于 20mm 的 7075、7010 合金的 T73、T76 状态板材，要求有抗应力腐蚀性能时，其抗应力腐蚀性能应符合表 3-20-115 的规定。

表 3-20-115　　抗应力腐蚀性能

牌号	状态	试样受力方向	试验应力/MPa	试验时间/d	结果要求
7075、7010	T73	高向(短横向)	$R_{p0.2}$ 规定值的 75%	≥20	不出现裂纹
	T76、T761		170		

(9) 断裂韧性

对于包铝 7476 和 7475 合金板材有断裂韧性要求时，其平面应力断裂韧性值应符合表 3-20-116 的规定。

表 3-20-116　　断裂韧性

牌号	供应状态	试样状态	厚度/mm	方向	平面应力断裂韧性 K_C /MPa · $\sqrt{m}$ 不小于
包铝 7475	O	T76	1.0~3.2	T-L(拉力方向与横向一致)	95.6
				L-T(拉力方向与纵向一致)	110.0
			≥3.2~6.5	T-L(拉力方向与横向一致)	87.9
	T761	T761	1.0~3.2	T-L(拉力方向与横向一致)	95.6
				L-T(拉力方向与纵向一致)	110.0
			≥3.2~6.5	T-L(拉力方向与横向一致)	87.9
7475	T761	T761	1.0~3.2	T-L(拉力方向与横向一致)	96
			≥3.2~6.5	T-L(拉力方向与横向一致)	88

(10) 外观质量

切边板（剪切或锯切）、带材的外观质量应符合表 3-20-117 的规定。不切边板（剪切或锯切）、带材的外观质量，应在有效宽度范围内符合表 3-20-118 的规定。

表 3-20-117　切（锯）边板、带材的外观质量

缺陷名称	冷轧板材		冷轧带材[①]		热轧板、带材[①]
	厚度<0.50mm 的板材及厚度为 0.50~1.00mm、宽度≤1660mm 的 A 类板材	其他板材	厚度<2.00mm、宽度≤1660mm 的 A 类带材	其他带材	
硝盐痕	—	不允许	—	不允许	不允许
压折	不允许	允许轻微的	不允许	允许轻微的	允许轻微的
氧化色	—	允许轻微的	—	允许轻微的	允许轻微的
油斑	退火状态板材：允许轻微的	退火状态板材：允许轻微的	退火状态带材：允许轻微的	退火状态带材：允许轻微的	—
错层	—	—	成品道次切边带材：错层不大于 3mm 非成品道次切边带材：供需双方协商 不切边带材：错层不大于 10mm（带材错层内 5 圈和外 2 圈除外）		切边带材： 错层不大于 5mm（带材错层内 5 圈和外 2 圈除外）
塔形	—	—	成品道次切边带材：塔形不大于 5mm 非成品道次切边带材：供需双方协商 不切边带材：塔形不大于 20mm（带材塔形内 5 圈和外 2 圈除外）		切边带材： 塔形不大于 30mm（带材塔形内 5 圈和外 2 圈除外）
裂纹、裂边、腐蚀、穿通气孔、起皮、毛刺	不允许				
压过划痕、擦伤、划伤、粘伤、印痕、松树枝状花纹、金属及非金属压入物、矫直辊印、油污、乳液痕、色差、平行于轧制方向的暗条	允许轻微的				
扩散斑点	厚度大于 0.60mm 的板、带材表面：不允许				
气泡	不包铝的板、带材：不允许；工艺包铝板、带：允许 正常包铝板、带材：每平方米表面上气泡总面积应不大于 $80mm^2$，每个气泡的面积应不大于 $30mm^2$				
包覆层脱落	正常包铝板、带材：不允许 工艺包铝板、带：允许				

① 当带材缺陷不符合表中规定，但每卷缺陷的总长度不超过带材总长度的 1%时，允许交货。

（11）理论质量

表 3-20-118　铝合金板材理论质量

公称厚度/mm	理论质量/(kg/m^2)	公称厚度/mm	理论质量/(kg/m^2)	公称厚度/mm	理论质量/(kg/m^2)
0.2	0.570	3.0	8.550	25	71.250
0.3	0.855	3.5	9.975	30	85.500
0.4	1.140	4.0	11.400	35	99.750
0.5	1.425	5.0	14.250	40	114.000
0.6	1.710	6.0	17.100	50	142.500
0.7	1.995	7.0	19.950	60	171.000
0.8	2.280	8.0	22.800	70	199.500
0.9	2.565	9.0	25.650	80	228.000
1.0	2.850	10	28.500	90	256.500
1.2	3.420	12	34.200	100	285.000
1.5	4.275	14	39.900	110	313.500
1.8	5.130	15	42.750	120	342.000
2.0	5.700	16	45.600	130	370.500
2.3	6.555	18	51.300	140	399.000
2.5	7.125	20	57.000	150	427.500
2.8	7.980	22	62.700	160	456.000

注：表中理论质量系以 7A04 合金、密度为 $2.85t/m^3$ 板材为准，其他牌号乘以下表换算系数。

（12）密度换算系数

表 3-20-119　　　　　　　　　　**铝合金板材密度换算系数**

牌号	密度换算系数	牌号	密度换算系数
1×××系	0.951	5A05	0.930
2A14、2014、2A11	0.982	5A06、5A41	0.926
2A06	0.969	5005	0.947
2A12、2024	0.975	5086、5456、5254	0.933
2A16	0.996	5050、5454、5554	0.944
2017	0.979	6A02	0.947
3A21、3003	0.958	7A04、7A09、7075	1.000
3004	0.954	8A06	0.951
5A02、5A43、5052、5A66	0.940	LT62	0.951
5083、5A03	0.987	LF11	0.930

20.3.4 镍和镍合金板（GB/T 2054—2013）

（1）产品类别

产品类别、制造方法、牌号及状态见表 3-20-120。

表 3-20-120　　　　　　　　　　**产品类别、制造方法、牌号及状态**

牌号	制造方法	状态	规格/mm	
			矩形板材 （厚度×宽度×长度）	圆形板材 （厚度×直径）
N4、N5（NW2201，N02201） N6、N7（NW2200，N02200） NSi0.19、NMg0.1.NW4-0.15 NW4-0.1、NW4-0.07、DN NCu28-2.5-1.5 NCu30（NW4400，N04400） NS1101（N08800）、NS1102（N08810） NS1402（N08825）、NS3304（N10276） NS3102（NW6600，N06600） NS3306（N06625）	热轧	热加工态（R） 软态（M） 固溶退火态（ST）①	（4.1~100.0） ×（50~3000） ×（500~4500）	（4.1~100.0） ×（50~3000）
	冷轧	冷加工态（Y） 半硬状态（Y_2） 软态（M） 固溶退火态（ST）①	（0.1~4.0） ×（50~1500） ×（500~4000）	（0.5~4.0） ×（50~1500）

① 固溶退火态仅适用于 NS3304（N10276）和 NS3306（N06625）。

（2）标记示例

产品标记按产品名称、标准编号、牌号、供应状态、规格的顺序表示。标记示例如下：

用 N6 制成的厚度为 3.0mm、宽度 500mm、长度 2000mm 的软态板材，标记为：板 GB/T 2054-N6M-3.0×500×2000。

（3）尺寸及允许偏差

热轧板的尺寸允许偏差见表 3-20-121。冷轧板的尺寸允许偏差见表 3-20-122。圆形板材的厚度允许偏差应符合表 3-20-121 和表 3-20-122 中相应厚度的规定，其直径允许偏差应符合表 3-20-123 的规定。

表 3-20-121　　　　　　　　　　**热轧板的尺寸允许偏差**　　　　　　　　　　mm

厚度	规定宽度范围的厚度允许偏差		宽度允许偏差		长度允许偏差	
	50~1000	>1000~3000	50~1000	>1000~3000	≤3000	>3000~4500
4.1~6.0	±0.35	±0.40	±4	+7 −5	±5	−10 −5
>6.0~8.0	±0.40	±0.50				
>8.0~10.0	±0.50	±0.60	±6	−10 −5	−10 −5	−15 −5
>10.0~15.0	±0.60	±0.70				
>15.0~20.0	±0.70	±0.90				
>20.0~30.0	±0.90	±1.10	±8	−13 −5	−15 −5	−20 −5
>30.0~40.0	±1.10	±1.30				
>40.0~50.0	±1.20	±1.50				
>50.0~80.0	±1.40	±1.70				
>80.0~100.0	±1.60	±1.90				

表 3-20-122　　冷轧板的尺寸允许偏差　　mm

厚度	规定宽度范围的厚度允许偏差		宽度允许偏差	长度允许偏差
	50~600	>600~1500		
0.1~0.3	±0.03	—	±5	+10 -5
>0.3~0.5	±0.04	±0.05		
>0.5~0.7	±0.05	±0.07		
>0.7~1.0	±0.07	±0.09		
>1.0~1.5	±0.09	±0.11		
>1.5~2.5	±0.11	±0.13		
>2.5~4.0	±0.13	±0.15		

注：对于真空器件用板材，尺寸及其允许偏差可由供需双方协商确定。

表 3-20-123　　圆形板材直径的允许偏差　　mm

直径	规定厚度范围的直径允许偏差		
	≤4.0	>4.0~50	>50~100
≤500	+6	+8	+8
>500~1000	+8	+8	+10
>1000~1500	+10	+10	+10
>1500~3000	—	+12	+12

注：所有圆形板材的负偏差为0。

(4) 不平度

板材应平直，允许有轻微的波浪。热轧矩形板材和热轧圆形板材的不平度应符合表3-20-124的规定，冷轧圆形板材的不平度应不大于15mm/m。厚度大于1.0mm的冷轧矩形板材，其长度方向上的不平度应不大于10mm/m；厚度不大于1.0mm的冷轧矩形板材，其长度方向上的不平度应不大于20mm/m。

表 3-20-124　　热轧矩形板材和热轧圆形板材的不平度　　mm

厚度	规定宽度或直径范围的不平度/(mm/m)　≤		
	≤1000	>1000~1500	>1500~3000
4.1~7	15	20	25
>7~10	13	15	20
>10~15	10	13	15
>15~20	10	10	15
>20~25	10	10	13
>25~50	8	10	13
>50	8	8	13

注：表中不平度适用于长度3500mm范围内的板材，或长度大于3500mm板材的任意3500mm长度。

(5) 对角线差

矩形板材边部应切齐，无裂口、卷边。板材各角应切成直角，其对角线差应符合表3-20-125的规定。

表 3-20-125　　矩形板材对角线差　　mm

长度	≤1000	>1000~2500	>2500~4500
对角线差	≤3	≤4	≤5

(6) 板材的力学性能

厚度不大于15mm的产品的室温力学性能应符合表3-20-126的规定，厚度大于15mm的产品的室温力学性能需进行检测，并报实测结果。

表 3-20-126　　板材的力学性能

牌号	状态	厚度/mm	室温力学性能　≥			硬度	
			抗拉强度 R_m /MPa	规定塑性延伸强度[①] $R_{p0.2}$/MPa	断后伸长率 A_{50mm} /%	HV	HRB
N4、N5 NW4-0.15 NW4-0.1 NW4-0.07	M	≤1.5[②]	345	80	35	—	—
		>1.5	345	80	40	—	—
	R[③]	>4	345	80	30	—	—
	Y	≤2.5	490	—	2	—	—

续表

牌号	状态	厚度/mm	室温力学性能 ≥			硬度	
			抗拉强度 R_m /MPa	规定塑性延伸强度[1] $R_{p0.2}$/MPa	断后伸长率 A_{50mm} /%	HV	HRB
N6、N7 DN[5]、NSi0.19 NMg0.1	M	≤1.5[2]	380	100	35	—	—
		>1.5	380	100	40	—	—
	R	>4	380	135	30	—	—
	Y[4]	>1.5	620	480	2	188~215	90~95
		≤1.5	540	—	2	—	—
	Y_2[4]	>1.5	490	290	20	147~170	79~85
NCu28-2.5-1.5	M	—	440	160	35	—	—
	R[3]	>4	440	—	25	—	—
	Y_2[4]	—	570	—	6.5	157~188	82~90
NCu30 (N04400)	M	—	485	195	35	—	—
	R[3]	>4	515	260	25	—	—
	Y_2[4]	—	550	300	25	157~188	82~90
NS1101(N08800)	R	所有规格	550	240	25	—	—
	M		520	205	30	—	—
NS1102(N08810)	M	所有规格	450	170	30	—	—
NS1402(N08825)	M	所有规格	586	241	30	—	—
NS3102 (NW6600、 N06600)	M	0.1~100	550	240	30	—	≤88[6]
	Y	<6.4	860	620	2	—	—
	Y_2	<6.4	—	—	—	—	93~98
NS3304(N10276)	ST	所有规格	690	283	40	—	≤100
NS3306(N06625)	ST	所有规格	690	275	30	—	—

① 厚度≤0.5mm 板材的规定塑性延伸强度不作考核。

② 厚度<1.0mm 用于成形换热器的 N4 和 N6 薄板力学性能报实测数据。

③ 热轧板材可在最终热轧前做一次热处理。

④ 硬态及半硬态供货的板材性能，以硬度作为验收依据，需方要求时，可提供拉伸性能。提供拉伸性能时，不再进行硬度测试。

⑤ 仅适用于电真空器件用板。

⑥ 仅适用于薄板和带材，且用于深冲成形时的产品要求。用户要求并在合同中注明时进行检测。

(7) 晶粒度

退货态 NS1101（N08800）、NS1102（N08810）和 NS3304（N10276）的平均晶粒度应符合表 3-20-127 的要求。用于深冲的 NS3102（NW6600，N06600）板材的平均晶粒度应符合表 3-20-127 的要求。

表 3-20-127　　**退火态产品的平均晶粒度**

牌号	宽度	厚度/mm	平均晶粒度
NS1101(N08800)	—	所有厚度	5 级或更粗
NS1102(N08810)	—	所有厚度	5 级或更粗
NS3304(N10276)	—	≤3.2	3.0 级或更细
	—	>3.2~4	1.5 级或更细
NS3102(NW6600,N06600)	≤305	0.10~0.25	8 级或更细
		0.25~3.2	4.5 级或更细
	>305~1500	≤1.3	4.5 级或更细
		1.3~6.4	3.5 级或更细

20.3.5　胶印锌板（YS/T 504—2006）

(1) 产品分类

微晶锌板的牌号、型号、规格应符合表 3-20-128 的规定。

表 3-20-128　　微晶锌板的牌号、型号、规格

牌号	型号	非工作面状况	工作面状况	厚度/mm	宽度/mm	长度/mm
X_{12}	W_1	无保护涂层	非磨光	0.80~5.0	381~510	550~1200
	W_2		磨光			
	W_3		抛光			
	Y_1	有保护涂层	非磨光			
	Y_2		磨光			
	Y_3		抛光			

（2）标记示例

产品标记按产品名称、牌号、型号、规格和标准编号的顺序表示。标记示例如下：

型号 W_2、厚度为 1.20mm、宽度为 510mm、长度为 1200mm 的微晶锌板标记为：微晶锌板 $X_{12}W_2$1.20×510×1200　YS/T 225—××××。

（3）化学成分

微晶锌板的化学成分应符合表 3-20-129 的规定。

表 3-20-129　　微晶锌板的化学成分

牌号	化学成分(质量分数)/%								
	Zn	Mg	Pb	Fe	Cd	Cu	Sn	Al	杂质总和
X_{12}	余量	0.05~0.15	0.005	0.006	0.005	0.001	0.001	0.02~0.10	0.013

注：1. 元素含量为上下限者为合金元素，元素含量为单个数值者为杂质元素，单个数值者表示最高限量。
2. 杂质总和为表中所列杂质元素实测值总和。
3. 表中用“余量”表示的元素含量为100%减去表中所列元素实测值所得。

（4）尺寸及允许偏差

微晶锌板的厚度、宽度、长度及其允许偏差应符合表 3-20-130 的规定。

表 3-20-130　　微晶锌板的尺寸及其允许偏差　　mm

厚度			宽度		长度	
公称尺寸	允许偏差	同板差	公称尺寸	允许偏差	公称尺寸	允许偏差
0.8	±0.03	+0.05	381~510	+3	600~1200	+5
1.0 1.2	±0.04				550~1200	
1.4 1.5	±0.05				600~1200	
2.0 3.0 5.0	±0.08				600~1200	

注：同板差为同一锌板最大厚度与最小厚度之差。

20.3.6　电池用锌板和锌带（YS/T 565—2010）

（1）产品分类

锌板的牌号、形状、规格应符合表 3-20-131 的规定。锌带的牌号、形状、规格应符合表 3-20-132 的规定。

表 3-20-131　　锌板的牌号、形状、规格

牌号	形状	型号	厚度/mm	宽度/mm	长度/mm
DX_3	平板形	A25	0.25	100.0~510.0	750.0~1200.0
		A30	0.28~0.35		
		A50	0.40~0.60		

表 3-20-132　　锌带的牌号、形状、规格

牌号	形状	型号	厚度/mm	宽度/mm	长度/mm
DX_4	卷状	V25	0.25	91.0~186.0	10^5~3×10^5
		V30	0.28~0.35		
		V50	0.40~0.60		

(2) 标记示例

产品标记按产品名称、牌号、规格和标准编号的顺序表示。标记示例如下：

示例1：

型号A30，厚度为0.28mm，宽度为160.0mm，长度为1000.0mm的电池锌板标记为：电池锌板 DX_3A30 0.28×160×1000 GB/T ××××—××××。

示例2：

型号V25，厚度为0.25mm，宽度为180.0mm，长度为200000.0mm的电池锌带标记为：电池锌带 DX_4V25 0.25×180×200000 GB/T ××××—××××。

(3) 化学成分

锌板、锌带的化学成分应符合表3-20-133的规定。

表3-20-133　　**锌板、锌带的化学成分**

牌号	化学成分(质量分数)/%									
	Al	Ti	Mg	Pb	Cd	Fe	Cu	Sn	Zn	杂质总和
DX_3 DX_4	0.002~0.02	0.001~0.05	0.0005~0.0015	0.004	0.002	0.03	0.001	0.001	余量	0.040

注：1. 元素含量为上下限者为合金元素，元素含量为单个数值者为杂质元素，单个数值者表示最高限量。
2. 杂质总和为表中所列杂质元素实测值总和。
3. 表中用“余量”表示的元素含量为100%减去表中所列元素实测值所得。

(4) 尺寸及其允许偏差

锌板的厚度、宽度、长度及其允许偏差应符合表3-20-134的规定。锌带的厚度、宽度、长度及其允许偏差应符合表3-20-135的规定。

表3-20-134　　**锌板的尺寸及其允许偏差**　　mm

型号	厚度 *H*		宽度 *B*		长度 *L*	
	公称尺寸	允许偏差≤	公称尺寸	允许偏差≤	公称尺寸	允许偏差≤
A25	0.25	+0.02 -0.01	100.0~160.0	+1.0	750.0~1200.0	+5.0
A30	0.28 0.30 0.35	±0.02				
A50	0.40 0.45 0.50 0.60	+0.02 -0.03	160.0~510.0	+3.0		

表3-20-135　　**锌带的尺寸及其允许偏差**　　mm

型号	厚度 *H*		宽度 *B*		长度 *L*	
	公称尺寸	允许偏差≤	公称尺寸	允许偏差≤	公称尺寸	允许偏差≤
V25	0.25	+0.02 -0.01	91.0~186.0	+1.0	10^5~$3×10^5$	+5.0
V30	0.28 0.30 0.35	+0.02 -0.01				
V50	0.40 0.45 0.50 0.60	+0.02 -0.01	91.0~186.0	+2.0		

20.3.7 电镀用铜、锌、镉、镍、锡阳极板（GB/T 2056—2005）

(1) 产品分类

产品牌号、状态和规格见表3-20-136。

表 3-20-136　　产品牌号、状态和规格

牌号	状态	规格/mm		
		厚度	宽度	长度
T2、T3	冷轧(Y)	2.0~15.0	100~1000	300~2000
	热轧(R)	6.0~20.0		
Zn1(Zn99.99) Zn2(Zn99.95)	热轧(R)	6.0~20.0	100~500	
Sn2、Sn3、Cd2、Cd3	冷轧(Y)	0.5~15.0		
NY1	热轧(R)	6~20		
NY2	热轧后淬火(C)			
NY3	软态(M)	4~20		

(2) 标记示例

产品标记按产品名称、牌号、供应状态、规格和标准编号的顺序表示。标记示例如下：

用 T2 制成、厚度为 10.0mm、宽度 800mm、长度 2000mm 的热轧板材，标记为：板 T2R 10.0×800×2000 GB/T 2056—2005。

(3) 化学成分

铜阳极板的化学成分应符合 GB/T 5231 的规定（见 20.2.3 节）；锌阳极板的化学成分应符合 GB/T 470 的规定（见 20.2.15 节）；镍阳极板的化学成分应符合 GB/T 5235 的规定（见 20.2.18 节）。

锡阳极板的化学成分应符合表 3-20-137 的规定。镉阳极板的化学成分应符合表 3-20-138 的规定。

表 3-20-137　　锡阳极板的化学成分（质量分数）

牌号	化学成分/%								
	主成分	杂质≤							
	Sn ≥	As	Fe	Cu	Pb	Bi	Sb	S	杂质总和
Sn2	99.80	0.02	0.01	0.02	0.065	0.05	0.05	0.005	0.20
Sn3	99.50	0.02	0.02	0.03	0.35	0.05	0.08	0.01	0.50

表 3-20-138　　镉阳极板的化学成分（质量分数）

牌号	化学成分/%									
	主成分	杂质≤								
	Cd ≥	Pb	Zn	Fe	Cu	Tl	As	Sb	Sn	杂质总和
Cd2	99.95	0.02	0.005	0.003	0.01	0.003	0.002	0.002	0.002	0.050
Cd3	99.90	0.05	0.02	0.004	0.02	0.004	0.002	0.002	0.002	0.10

(4) 尺寸及允许偏差

铜、镍、锡、镉和锌阳极板的尺寸及其允许偏差应符合表 3-20-139 的规定。

表 3-20-139　　铜、镍、锡、镉和锌阳极板的尺寸及其允许偏差

牌号、状态		厚度/mm	厚度允许偏差/mm (±)	宽度允许偏差/mm	长度允许偏差/mm
qw	热轧(R)	6.0~10.0	0.3	±8	±15
		>10.0~15.0	0.4		
		>15.0~20.0	0.5		
	冷轧(Y)	2.0~5.0	0.2		
		>5.0~10.0	0.25		
		>10.0~15.0	0.3		
NY1 热轧(R) NY3 软态(M) NY2 热轧后淬火(C)		4.0~10.0	0.4		
		>10.0~14.0	0.5		
		>14.0~20.0	0.7	不切边供应，NY2 宽度允许偏差为±10	不切头供应，NY2 长度允许偏差为±30

第 3 篇

续表

牌号、状态		厚度/mm	厚度允许偏差/mm (±)	宽度允许偏差/mm	长度允许偏差/mm
Zn1(Zn99.99) Zn2(Zn99.95)	热轧(R)	>6~10	0.2	±5	±8
		>10~15	0.35		
		>15~20	0.4		
Sn2 Sn3 Cd2 Cd3	冷轧(Y)	>0.5~2.0	0.06		
		>2.0~5.0	0.15		
		>5.0~10.0	0.3		
		>10.0~15.0	0.4		

(5) 不平度

板材应平直，允许有轻微的波浪和毛刺。板材的不平度应符合表 3-20-140 的规定。

表 3-20-140 **板材的不平度**

阳极板种类	状态	厚度/mm	不平度/(mm/m) ≤
铜、镉、锡、锌	热轧(R)	所有厚度	20
	冷轧(Y)	<10	20
		≥10	25
镍	所有状态	所有厚度	40

20.4 有色金属带材

20.4.1 铜及铜合金带材(GB/T 2059—2017)

(1) 产品分类

铜及铜合金带材的牌号、状态和规格应符合表 3-20-141 的规定。

表 3-20-141 **铜及铜合金带材的牌号、状态和规格**

分类	牌号	代号	状态	厚度/mm	宽度/mm
无氧铜	TU1、TU2	T10150、T10180、	软化退火态(O60)、1/4硬(H01)、1/2硬(H02)、硬(H04)、特硬(H06)	>0.15~<0.50	≤610
纯铜	T2、T3	T11050、T11090		0.50~5.0	≤1200
磷脱氧铜	TP1、TP2	C12000、C12200			
镉铜	TCd1	C16200	硬(H04)	>0.15~1.2	≤300
普通黄铜	H95、H80、H59	C21000、C24000、T28200	软化退火态(O60)、硬(H04)	>0.15~<0.50	≤610
				0.5~3.0	≤1200
	H85、H90	C23000、C22000	软化退火态(O60)、1/2硬(H02)、硬(H04)	>0.15~<0.50	≤610
				0.5~3.0	≤1200
	H70、H68 H66、H65	T26100、T26300 C26800、C27000	软化退火态(O60)、1/4硬(H01)、1/2硬(H02)、硬(H04)、特硬(H06)、弹硬(H08)	>0.15~<0.50	≤610
				0.50~3.5	≤1200
	H63、H62	T27300、T27600	软化退火态(O60)、1/2硬(H02)、硬(H04)、特硬(H06)	>0.15~<0.50	≤610
				0.50~3.0	≤1200
锰黄铜	HMn58-2	T67400	软化退火态(O60)、1/2硬(H02)、硬(H04)	>0.15~0.20	≤300
铅黄铜	HPb59-1	T38100		>0.20~2.0	≤550
	HPb59-1	T38100	特硬(H06)	0.32~1.5	≤200
锡黄铜	HSn62-1	T46300	硬(H04)	>0.15~0.20	≤300
				>0.20~2.0	≤550

续表

分类	牌号	代号	状态	厚度/mm	宽度/mm
铝青铜	QAl5	T60700	软化退火态(O60)、硬(H04)	>0.15~1.2	≤300
	QAl7	C61000	1/2 硬(H02)、硬(H04)		
	QAl9-2	T61700	软化退火态(O60)、硬(H04)、特硬(H06)		
	QAl9-4	T61720	硬(H04)		
锡青铜	QSn6.5-0.1	T51510	软化退火态(O60)、1/4 硬(H01)、1/2 硬(H02)、硬(H04)、特硬(H06)、弹硬(H08)	>0.15~2.0	≤610
	QSn7-0.2、Sn6.5-0.4、QSn4-3、QSn4-0.3	T51530 T51520 T50800 C51100	软化退火态(O60)、硬(H04)、特硬(H06)	>0.15~2.0	≤610
	QSn8-0.3	C52100	软化退火态(O60)、1/4 硬(H01)、1/2 硬(H02)、硬(H04)、特硬(H06)、弹硬(H08)	>0.15~2.6	≤610
	QSn4-4-2.5、QSn4-4-4	T53300 T53500	软化退火(O60)、1/4 硬(H01)、1/2 硬(H02)、硬(H04)	0.80~1.2	≤200
锰青铜	QMn1.5	T56100	软化退火(O60)	>0.15~1.2	≤300
	QMn5	T56300	软化退火(O60)、硬(H04)		
硅青铜	QSi3-1	T64730	软化退火态(O60)、硬(H04)、特硬(H06)	>0.15~1.2	≤300
普通白铜 铁白铜 锰白铜	B5、B19 BFe10-1-1 BFe30-1-1 BMn40-1.5	T70380、T71050 T70590 T71510 T71660	软化退火态(O60)、硬(H04)	>0.15~1.2	≤400
锰白铜	BMn3-12	T71620	软化退火态(O60)	>0.15~1.2	≤400
铝白铜	BAl6-1.5	T72400	硬(H04)	>0.15~1.2	≤300
	BAl13-3	T72600	固溶热处理+冷加工(硬)+沉淀热处理(TH04)		
锌白铜	BZn15-20	T74600	软化退火态(O60)、1/2 硬(H02)、硬(H04)、特硬(H06)	>0.15~1.2	≤610
	BZn18-18	C75200	软化退火态(O60)、1/4 硬(H01)、1/2 硬(H02)、硬(H04)	>0.15~1.0	≤400
	BZn18-17	T75210	软化退火态(O60)、1/2 硬(H02)、硬(H04)	>0.15~1.2	≤610
	BZn18-26	C77000	1/4 硬(H01)、1/2 硬(H02)、硬(H04)	>0.15~2.0	≤610

注：经供需双方协商，也可供应其他规格的带材。

(2) 标记示例

产品标记按产品名称、标准编号、牌号（或代号）、状态和规格的顺序表示。标记示例如下：

示例 1：

用 H62（T27600）制造的、1/2 硬（H02）状态、尺寸精度为普通级、厚度为 0.8mm、宽度为 200mm 的带材标记为：

带 GB/T 2059-H62 H02-0.8×200

或　带 GB/T 2059-T27600 H02-0.8×200

示例 2：

用 H62（T27600）制造的、1/2 硬（H02）状态、尺寸精度为高级、厚度为 0.8mm、宽度为 200mm 的带材标记为：

带 GB/T 2059-H62 H02 高-0.8×200

或 带 GB/T 2059-T27600 H02 高-0.8×200

(3) 力学性能

铜及铜合金带材的室温力学性能见表 3-20-142。

表 3-20-142 铜及铜合金带材的室温力学性能

牌号	状态	拉伸试验			硬度试验
		厚度/mm	抗拉强度 R_m/MPa	断后伸长率 $A_{11.3}$/%	维氏硬度(HV)
TU1、TU2 T2、T3 TP1、TP2	O60	>0.15	≥195	≥30	≤70
	H01		215~295	≥25	60~95
	H02		245~345	≥8	80~110
	H04		295~395	≥3	90~120
	H06		≥350	—	≥110
TCd1	H04	≥0.2	≥390	—	—
H95	O60	≥0.2	≥215	≥30	—
	H04		≥320	≥3	
H90	O60	≥0.2	≥245	≥35	—
	H02		330~440	≥5	
	H04		≥390	≥3	
H85	O60	≥0.2	≥260	≥40	≤85
	H02		305~380	≥15	80~115
	H04		≥350	—	≥105
H80	O60	≥0.2	≥265	≥50	—
	H04		≥390	≥3	
H70、H68 H66、H65	O60	≥0.2	≥290	≥40	≤90
	H01		325~410	≥35	85~115
	H02		355~460	≥25	100~130
	H04		410~540	≥13	120~160
	H06		520~620	≥4	150~190
	H08		≥570	—	≥180
H63、H62	O60	≥0.2	≥290	≥35	≤95
	H02		350~470	≥20	90~130
	H04		410~630	≥10	125~165
	H06		≥585	≥2.5	≥155
H59	O60	≥0.2	≥290	≥10	—
	H04		≥410	≥5	≥130
HPb59-1	O60	≥0.2	≥340	≥25	—
	H02		390~490	≥12	
HPb59-1	H04	≥0.2	≥440	≥5	—
	H06	≥0.32	≥590	≥3	
HMn58-2	O60	≥0.2	≥380	≥30	—
	H02		440~610	≥25	
	H04		≥585	≥3	
HSn62-1	H04	≥0.2	390	≥5	—
QAl5	O60	≥0.2	≥275	≥33	—
	H04		≥585	≥2.5	
QAl7	H02	≥0.2	585~740	≥10	—
	H04		≥635	≥5	
QAl9-2	O60	≥0.2	≥440	≥18	—
	H04		≥585	≥5	
	H06		≥880	—	
QAl9-4	H04	≥0.2	≥635	—	—

续表

牌号	状态	拉伸试验			硬度试验
		厚度 /mm	抗拉强度 R_m /MPa	断后伸长率 $A_{11.3}$ /%	维氏硬度 (HV)
QSn4-3 QSn4-0.3	O60	>0.15	≥290	≥40	—
	H04		540~690	≥3	
	H06		≥635	≥2	
QSn6.5-0.1	O60	>0.15	≥315	≥40	≤120
	H01		390~510	≥35	110~155
	H02		490~610	≥10	150~190
	H04		590~690	≥8	180~230
	H06		635~720	≥5	200~240
	H08		≥690	—	≥210
QSn7-0.2 QSn6.5-0.4	O60	>0.15	≥295	≥40	—
	H04		540~690	≥8	
	H06		≥665	≥2	
QSn8-0.3	O60	>0.15	≥345	≥45	≤120
	H01		390~510	≥40	100~160
	H02		490~610	≥30	150~205
	H04		590~705	≥12	180~235
	H06		685~785	≥5	210~250
	H08		≥735	—	≥230
QSn4-4-2.5 QSn4-4-4	O60	≥0.8	≥290	≥35	—
	H01		390~490	≥10	—
	H02		420~510	≥9	—
	H04		≥490	≥5	—
QMn1.5	O60	≥0.2	≥205	≥30	—
QMn5	O60	≥0.2	≥290	≥30	—
	H04		≥440	≥3	
QSi3-1	O60	>0.15	≥370	≥45	—
	H04		635~785	≥5	
	H06		735	≥2	
B5	O60	≥0.2	≥215	≥32	—
	H04		≥370	≥10	
B19	O60	≥0.2	≥290	≥25	—
	H04		≥390	≥3	
BFe10-1-1	O60	≥0.2	≥275	≥25	—
	H04		≥370	≥3	
BFe30-1-1	O60	≥0.2	≥370	≥23	—
	H04		≥540	≥3	
BMn3-12	O60	≥0.2	≥350	≥25	—
BMn40-1.5	O60	≥0.2	390~590	—	—
	H04		≥635	—	—
BAl6-1.5	H04	≥0.2	≥600	≥5	—
BAl13-3	TH04	≥0.2	实测值		—
BZn15-20	O60	>0.15	≥340	≥35	—
	H02		440~570	≥5	
	H04		540~690	≥1.5	
	H06		≥640	≥1	
BZn18-18	O60	≥0.2	≥385	≥35	≤105
	H01		400~500	≥20	100~145
	H02		460~580	≥11	130~180
	H04		≥545	≥3	≥165

第3篇

续表

牌号	状态	拉伸试验			硬度试验
		厚度/mm	抗拉强度 R_m/MPa	断后伸长率 $A_{11.3}$/%	维氏硬度(HV)
BZn18-17	O60	≥0.2	≥375	≥20	—
	H02		440~570	≥5	120~180
	H04		≥540	≥3	≥150
BZn18-26	H01	≥0.2	≥475	≥25	≤165
	H02		540~650	≥11	140~195
	H04		≥645	≥4	≥190

注：1. 超出表中规定厚度范围的带材，其性能指标由供需双方协商。
2. 表中的“—”，表示没有统计数据，如果需方要求该性能，其性能指标由供需双方协商。
3. 维氏硬度的试验力由供需双方协商。

(4) 弯曲试验

表3-20-143所列牌号的铜及铜合金带材可进行弯曲试验。弯曲试验条件应符合表3-20-143的规定。试验后，弯曲处不应有肉眼可见的裂纹。

表3-20-143　　铜及铜合金带材的弯曲试验

牌号	状态	厚度/mm	弯曲角度	内侧半径
T2、T3、TP1、TP2、TU1 TU2、H95、H90、H80、H70 H68、H66、H65、H63、H62	O60	≤2	180°	0倍带厚
	H02			1倍带厚
	H04			1.5倍带厚
H59	O60	≤2	180°	1倍带厚
	H04		90°	1.5倍带厚
QSn8-0.3、QSn7-0.2、QSn6.5-0.4 QSn6.5-0.1、QSn4-3、QSn4-0.3	O60	≥1	180°	0.5倍带厚
	H02			1.5倍带厚
	H04			2倍带厚
QSi3-1	H04	≥1	180°	1倍带厚
	H06		90°	2倍带厚
BMn40-1.5	O60	≥1	180°	1倍带厚
	H04		90°	1倍带厚
BZn15-20	H04、H06	>0.15	90°	2倍带厚

(5) 电性能

QMn1.5、BMn3-12、BMn40-1.5牌号的铜及铜合金带材可进行电性能试验，其电性能应符合表3-20-144的规定。

表3-20-144　　三种铜合金带材的电性能

合金牌号	电阻系数 ρ(20℃±1℃)/(Ω·mm²/m)	电阻温度系数 α(0~100℃)/℃$^{-1}$	与铜的热电动势率 Q(0~100℃)/(μV/℃)
QMn1.5	≤0.087	0.9×10^{-3}	—
BMn3-12	0.42~0.52	$\pm6\times10^{-5}$	≤1
BMn40-1.5	0.45~0.52	—	—

(6) 晶粒度

表3-20-145所列牌号的软化退火状态（O60）带材可进行晶粒度检验，其晶粒度应符合表3-20-145的规定。

表3-20-145　　铜合金带材的晶粒度

牌号	状态	晶粒度		
		晶粒名义平均直径/mm	最小直径/mm	最大直径/mm
TU1、TU2、T2、T3 TP1、TP2	O60	—	①	0.050

续表

牌号	状态		晶粒度		
			晶粒名义平均直径/mm	最小直径/mm	最大直径/mm
H70、H68 H66、H65	O60	OS015	0.015	①	0.025
		OS025	0.025	0.015	0.035
		OS035	0.035	0.025	0.050
		OS050	0.050	0.035	0.070

①是指完全再结晶后的最小晶粒。

20.4.2 镍和镍合金带材（GB/T 2072—2007）

(1) 产品分类

镍和镍合金带材的牌号、状态、规格应表 3-20-146 的规定。

表 3-20-146 镍和镍合金带材的牌号、状态、规格

牌号	状态	规格/mm		
		厚度	宽度	长度①
N4，N5，N6，N7，NMg0.1，DN，NSi0.19，NCu40-2-1，NCu28-2.5-1.5，NW4-0.15，NW4-0.1，NW4-0.07，NCu30	软态(M)	0.05～0.15	20～250	≥5000
	半硬态(Y_2)	>0.15～0.55		≥3000
	硬态(Y)	>0.55～1.2		≥2000

① 厚度为 0.55～1.20mm 的带材，允许交付不超过批重 15%的长度不短于 1m 的带材。

(2) 标记示例

产品标记按产品名称、牌号、供应状态、规格和标准编号的顺序表示。标记示例如下：

示例 1：

用 NMg0.1 制造的、软态的、厚度为 2.0mm、宽度为 150mm 的普通级带材，标记为：镍带 NMg0.1 M 2.0×150 GB/T 2072—2007。

示例 2：

用 NCu28-2.5-1.5 制造的、半硬态的、厚度为 0.8mm、宽度为 200mm 的普通级带材，标记为：镍带 NCu28-2.5-1.5 Y_2 0.8×200 GB/T 2072—2007。

示例 3：

用 NW4-0.15 制造的、硬态的、厚度为 0.2mm、宽度为 100mm 的较高级带材，标记为：镍带 NW4-0.15 Y 较高级 0.2×100 GB/T 2072—2007。

(3) 外形尺寸及允许偏差

镍和镍合金带材的尺寸允许偏差应符合表 3-20-147 的规定。带材应平直，允许有轻微的波浪。带材的侧边弯曲度每米不大于 3mm。带材的两边应切齐、无裂变和卷边。

表 3-20-147 镍和镍合金带材的尺寸允许偏差 mm

厚度	厚度允许偏差		规定宽度范围的宽度允许偏差	
	普通级	较高级	20～150	>150～250
0.05～0.09	±0.005	±0.003	0 -0.6	0 -1.0
>0.09～0.15	±0.010	±0.007		
>0.15～0.30	±0.015	±0.010		
>0.30～0.45	±0.020	±0.015		
>0.45～0.55	±0.025	±0.020		
>0.55～0.85	±0.030	±0.025		
>0.85～0.95	±0.035	±0.030		
>0.95～1.20	±0.040	±0.035	0 -1.0	0 -1.5

注：1. 当需方要求厚度偏差仅为“+”或“-”时，其值为表中数值的 2 倍。

2. 合同中未注明时，厚度允许偏差按普通级执行。

(4) 力学性能

镍和镍合金带材的纵向室温力学性能见表 3-20-148。

表 3-20-148 镍和镍合金带材的纵向室温力学性能

牌号	产品厚度/mm	状态	抗拉强度 R_m/MPa	规定非比例延伸强度 $R_{p0.2}$/MPa	断后伸长率/%	
					$A_{11.3}$	A_{50}
N4,NW4-0.15 NW4-0.1,NW4-0.07	0.25~1.2	软态(M)	≥345	—	≥30	—
		硬态(Y)	≥490	—	≥2	—
N5	0.25~1.2	软态(M)	≥350	≥85①	—	≥35
N7	0.25~1.2	软态(M)	≥380	≥105①	—	≥35
		硬态(Y)	≥620	≥480①	—	≥2
N6,DN,NMg0.1 NSi0.19	0.25~1.2	软态(M)	≥392	—	≥30	—
		硬态(Y)	≥539	—	≥2	—
NCu28-2.5-1.5	0.25~1.2	软态(M)	≥441	—	≥25	—
		半硬态(Y_2)	≥568	—	≥6.5	—
NCu30	0.25~1.2	软态(M)	≥480	≥195①	≥25	—
		半硬态(Y_2)	≥550	≥300①	≥25	—
		硬态(Y)	≥680	≥620①	≥2	—
NCu40-2-1	0.25~1.2	软态(M) 半硬态(Y_2) 硬态(Y)	报实测	—	报实测	—

① 规定非比例延伸强度不适于厚度小于 0.5mm 的带材。

注：需方对性能有其他要求时，指标由双方协商确定。

20.5 有色金属箔材

20.5.1 铜及铜合金箔材（GB/T 5187—2008）

(1) 产品分类

铜及铜合金箔材的牌号、状态和规格见表 3-20-149。

表 3-20-149 铜及铜合金箔材的牌号、状态和规格

牌号	状态	(厚度×宽度)/mm
T1、T2、T3、TU1、TU2	软(M)、1/4 硬(Y_4)、半硬(Y_2)、硬(Y)	(0.012~<0.025)×≤300 (0.025~0.15)×≤600
H62、H65、H68	软(M)、1/4 硬(Y_4)、半硬(Y_2)、硬(Y)、特硬(T)、弹硬(TY)	
QSn6.5-0.1、QSn7-0.2	硬(Y)、特硬(T)	
QSi3-1	硬(Y)	
QSn8-0.3	特硬(T)、弹硬(TY)	
BMn40-1.5	软(M)、硬(Y)	
BZn15-20	软(M)、半硬(Y_2)、硬(Y)	
BZ018-18、BZn18-26	半硬(Y_2)、硬(Y)、特硬(T)	

(2) 标记示例

产品标记按产品名称、牌号、状态、规格和标准编号的顺序表示。标记示例如下：

用 T2 制造的、软（M）状态、厚度为 0.05mm、宽度为 600mm 的箔材标记为：铜箔 T2M 0.05×600 GB/T 5187—2008。

(3) 外形尺寸及允许偏差

铜及铜合金箔材的厚度、宽度允许偏差见表 3-20-150。

表 3-20-150　　**铜及铜合金箔材的厚度、宽度允许偏差**　　mm

厚度	厚度允许偏差,±		宽度允许偏差,±	
	普通级	高精级	普通级	高精级
<0.030	0.003	0.0025	0.15	0.10
0.030~<0.050	0.005	0.004		
0.050~0.15	0.007	0.005		

注：按高精级订货时应在合同中注明，未注明时按普通级供货。

(4) 力学性能

铜及铜合金箔材的室温力学性能见表 3-20-151。维氏硬度试验、拉伸试验任选其一，未作特别说明时，提供维氏硬度试验结果。

表 3-20-151　　**铜及铜合金箔材的力学性能**

牌号	状态	抗拉强度 R_m/MPa	伸长率 $A_{11.3}$/%	维氏硬度(HV)
T1、T2、T3 TU1、TU2	M	≥205	≥30	≤70
	Y_4	215~275	≥25	60~90
	Y_2	245~345	≥8	80~110
	Y	≥295	—	≥90
H68、H65、H62	M	≥290	≥40	≤90
	Y_4	325~410	≥35	85~115
	Y_2	340~460	≥25	100~130
	Y	400~530	≥13	120~160
	T	450~600	—	150~190
	TY	≥500	—	≥180
QSn6.5-0.1 QSn7-0.2	Y	540~690	≥6	170~200
	T	≥650	—	≥190
QSn8-0.3	T	700~780	≥11	210~240
	TY	735~835	—	230~270
QSi3-1	Y	≥635	≥5	—
BZn15-20	M	≥340	≥35	—
	Y_2	440~570	≥5	
	Y	≥540	≥1.5	
BZn18-18 BZn18-26	Y_2	≥525	≥8	180~210
	Y	610~720	≥4	190~220
	T	≥700	—	210~240
BMn40-1.5	M	390~590	—	—
	Y	≥635		

注：厚度不大于 0.05mm 的黄铜、白铜箔材的力学性能仅供参考。

20.5.2 电解铜箔（GB/T 5230—1995）

(1) 产品分类

铜箔的类别分为表面处理箔和表面未处理箔。铜箔的类别需在合同中注明，否则按表面处理箔供货。铜箔的等级、规格应符合表 3-20-152 的规定。

表 3-20-152 铜箔的等级和规格

等级	规格
	单位面积质量/(g/m²)
标准箔(STD-E)	44.6~1831
高延箔(HD-E)	153~916

(2) 标记示例

经表面处理的、普通精度、规格为305g/m² 标准箔的标记为：箔 处理 STD-E 305 GB/T 5230—1995。

未经表面处理的、较高精度、规格为305g/m² 高延箔的标记为：箔 未处理 HD-E 较高 305 GB/T 5230—1995。

(3) 铜箔的单位面积质量及允许偏差

铜箔的单位面积质量及允许偏差见表 3-20-153。规格小于 153g/m² 的铜箔可带有载体。

表 3-20-153 铜箔的单位面积质量及允许偏差

单位面积质量			名义厚度/μm	单位面积质量			名义厚度/μm
规格/(g/m²)	允许偏差/%			规格/(g/m²)	允许偏差/%		
	普通精度	较高精度			普通精度	较高精度	
44.6 80.3 107.0	±10	—	5.0 9.0 12.0	610.0 916.0 1221.0 1526.0 1831.0	±10	±5	69 103.0 137.0 172.0 206.0
153.0 230.0 305.0		±5	18.0 25.0 35.0				

(4) 铜箔的宽度及允许偏差

铜箔的宽度及允许偏差见表 3-20-154。

表 3-20-154 铜箔的宽度及允许偏差

宽度	允许偏差	宽度	允许偏差
50~300	+0.4	>600~1200	+1.6
>300~600	+0.8	>1200~1300	+2.0

(5) 力学性能

铜箔的室温拉伸试验结果应该符合表 3-20-155 的规定。

表 3-20-155 铜箔的力学性能

单位面积质量/(g/m²)	抗拉强度 σ_b/MPa		伸长率 δ/%	
	标准箔	高延箔	标准箔	高延箔
	≥			
<153	—	—	—	—
153	205	103	2	5
230	235	156	2.5	7.5
306	275	205	3	10
≥610	275	205	3	15

(6) 电性能

表面未处理铜箔在 20℃时的质量电阻率应符合表 3-20-156 的规定。

表 3-20-156 铜箔的质量电阻率

单位面积质量/(g/m²)	质量电阻率/(Ω·g/m²)	单位面积质量/(g/m²)	质量电阻率/(Ω·g/m²)
	≤		≤
44.6	0.181	153.0	0.166
80.3	0.171	230.0	0.164
107.0	0.170	≥305.0	0.162

注：单位面积质量小于 153g/m² 的铜箔可不作电性能，由供方保证。

20.5.3 铝及铝合金箔（GB/T 3198—2010）

(1) 产品分类

铝箔的牌号、状态、规格见表 3-20-157。

表 3-20-157 铝箔的牌号、状态、规格

牌号	状态	规格/mm			
		厚度(*T*)	宽度	管芯内径	卷外径
1050、1060、1070、1100、1145、1200、1235	O	0.0045~0.2000	50.0~1820.0	75.0、76.2、150.0、152.4、300.0、400.0、406.0	150~1200
	H22	>0.0045~0.2000			
	H14、H24	0.0045~0.0060			
	H16、H26	0.0045~0.2000			
	H18	0.0045~0.2000			
	H19	>0.0060~0.2000			
2A11、2A12	O、H18	0.0300~0.2000			100~1500
3003	O	0.0090~0.0200			100~1500
	H22	0.0200~0.2000			
	H14、H24	0.0300~0.2000			
	H16、H26	0.1000~0.2000			
	H18	0.0100~0.2000			
	H19	0.0180~0.1000			
3A21	O	0.0300~0.0400			
	H22	>0.0400~0.2000			
	H24	0.1000~0.2000			
	H18	0.0300~0.2000			
4A13	O、H18	0.0300~0.2000			
5A02	O	0.0300~0.2000			
	H16、H26	0.1000~0.2000			
	H18	0.0200~0.2000			
5052	O	0.0300~0.2000			
	H14、H24	0.0500~0.2000			
	H16、H26	0.1000~0.2000			
	H18	0.0500~0.2000			
	H19	>0.1000~0.2000			
5082、5083	O、H18、H38	0.1000~0.2000			250~1200
8006	O	0.0060~0.2000			
	H22	0.0350~0.2000			
	H24	0.0350~0.2000			
	H25	0.0350~0.2000			
	H18	0.0180~0.2000			
8011、8011A、8079	O	0.0060~0.2000			
	H22	0.0350~0.2000			
	H24	0.0350~0.2000			
	H26	0.0350~0.2000			
	H18	0.0180~0.2000			
	H19	0.0350~0.2000			

(2) 标记示例

铝箔的标记按照产品名称、牌号、状态和标准编号的顺序表示。标记示例如下：

示例 1：

8011 牌号、O 状态、厚度为 0.0160mm、宽度为 900.0mm 的铝箔卷，标记为：铝箔　8011-O　0.016×900　GB/T 3198—2010。

示例 2：

1235 牌号、O 状态、厚度为 0.0060mm、宽度为 780.0mm、长度为 12000m 的铝箔，标记为：铝箔 1235-O 0.006×780×12000 GB/T 3198—2010。

(3) 尺寸偏差

2A11、2A12、5A02、5052 合金箔的局部厚度允许偏差为 ±10% T，其他铝箔的局部厚度偏差应符合表 3-20-158 的规定。需要高精级时，应在合同（或订货单）中注明，未注明时按普通级供货。

铝箔的平均厚度偏差应符合表 3-20-159 的规定。

铝箔的宽度偏差应符合表 3-20-160 的规定。

表 3-20-158 铝箔厚度的允许偏差 mm

厚度(T)	高精级	普通级
0.0045~0.0090	±5% T	±6% T
>0.0090~0.2000	±4% T	±5% T

表 3-20-159 铝箔的平均厚度允许偏差

卷批量/t	平均厚度允许偏差/mm
≤3	±5% T
>3~10	±4% T
>10	±3% T

表 3-20-160 铝箔宽度的允许偏差 mm

宽　度	高精级	普通级
≤200.0	±0.5	±1.0
>200.0~1200.0	±1.0	
>1200.0	±2.0	

(4) 拉伸性能

铝箔的室温拉伸性能应符合表 3-20-161 的规定。

表 3-20-161 铝箔的室温拉伸性能

牌号	状态	厚度(T)/mm	室温拉伸试验结果		
			抗拉强度 R_m/MPa	伸长率/% ≥	
				A_{50mm}	A_{100mm}
1050、1060、1070、1100、1145、1200、1235	O	0.0045~<0.0060	40~95	—	—
		0.0060~0.0090	40~100	—	—
		>0.0090~0.0250	40~105	—	1.5
		>0.0250~0.0400	50~105	—	2.0
		>0.0400~0.0900	55~105	—	2.0
		>0.0900~0.1400	60~115	12	—
		>0.1400~0.2000	60~115	15	—
	H22	0.0045~0.0250	—	—	—
		>0.0250~0.0400	90~135	—	2
		>0.0400~0.0900	90~135	—	3
		>0.0900~0.1400	90~135	4	—
		>0.1400~0.2000	90~135	6	—
	H14、H24	0.0045~0.0250	—	—	—
		>0.0250~0.0400	110~160	—	2
		>0.0400~0.0900	110~160	—	3
		>0.0900~0.1400	110~160	4	—
		>0.1400~0.2000	110~160	6	—
	H16、H26	0.0045~0.0250	—	—	—
		>0.0250~0.0900	125~180	—	1
		>0.0900~0.2000	125~180	2	—

续表

牌号	状态	厚度(T)/mm	室温拉伸试验结果		
			抗拉强度 R_m/MPa	伸长率/% ≥	
				A_{50mm}	A_{100mm}
1050、1060、1070、1100、1145、1200、1235	H18	0.0045~0.0060	≥115	—	—
		>0.0060~0.2000	≥140	—	—
	H19	>0.0060~0.2000	≥150	—	—
2A11	O	0.0300~0.0490	≤195	1.5	—
		>0.0490~0.2000	≤195	3.0	—
	H18	0.0300~0.0490	≥205	—	—
		>0.0490~0.2000	≥215	—	—
2A12	O	0.0300~0.0490	≤195	1.5	—
		>0.0490~0.2000	≤205	3.0	—
	H18	0.0300~0.0490	≥225	—	—
		>0.0490~0.2000	≥245	—	—
3003	O	0.0090~0.0120	80~135	—	—
		>0.0180~0.2000	80~140	—	—
	H22	0.0200~0.0500	90~130	—	3.0
		>0.0500~0.2000	90~130	10.0	—
	H14	0.0300~0.2000	140~170	—	—
	H24	0.0300~0.2000	140~170	1.0	—
	H16	0.1000~0.2000	≥180	—	—
	H26	0.1000~0.2000	≥180	1.0	—
	H18	0.0100~0.2000	≥190	1.0	—
	H19	0.0180~0.1000	≥200	—	—
3A21	O	0.0300~0.0400	85~140	—	3.0
	H22	>0.0400~0.2000	85~140	8.0	—
	H24	0.1000~0.2000	130~180	1.0	—
	H18	0.0300~0.2000	≥190	0.5	—
5A02	O	0.0300~0.0490	≤195	—	—
		0.0500~0.2000	≤195	4.0	—
	H15	0.0500~0.2000	≤195	4.0	—
	H16、H26	0.1000~0.2000	≥255	—	—
	H18	0.0200~0.2000	≥265	—	—
5052	O	0.0300~0.2000	175~225	4	—
	H14、H24	0.0500~0.2000	250~300	—	—
	H16、H26	0.1000~0.2000	≥270	—	—
	H18	0.0500~0.2000	≥275	—	—
	H19	0.1000~0.2000	≥285	1	—
8006	O	0.0060~0.0090	80~135	—	1
		>0.0090~0.0250	85~140	—	2
		>0.0250~0.040	85~140	—	3
		>0.040~0.0900	90~140	—	4
		>0.0900~0.1400	110~140	15	—
		>0.1400~0.200	110~140	20	—
	H22	0.0350~0.0900	120~150	5.0	—
		>0.0900~0.1400	120~150	15	—
		>0.1400~0.2000	120~150	20	—
	H24	0.0350~0.0900	125~150	5.0	—
		>0.0900~0.1400	125~155	15	—
		>0.1400~0.2000	125~155	18	—
	H26	0.0900~0.1400	130~160	10	—
		0.1400~0.2000	130~160	12	—

续表

牌号	状态	厚度(*T*)/mm	室温拉伸试验结果		
			抗拉强度 R_m/MPa	伸长率/% ≥	
				A_{50mm}	A_{100mm}
8006	H18	0.0060~0.0250	≥140	—	—
		>0.0250~0.0400	≥150	—	—
		>0.0400~0.0900	≥160	—	1
		>0.0900~0.2000	≥160	0.5	—
8011 8011A 8079	O	0.0060~0.0090	50~100	—	0.5
		>0.0090~0.0250	55~100	—	1
		>0.0250~0.0400	55~110	—	4
		>0.0400~0.0900	60~120	—	4
		>0.0900~0.1400	60~120	13	—
		>0.1400~0.2000	60~120	15	—
	H22	0.0350~0.0400	90~150	—	1.0
		>0.0400~0.0900	90~150	—	2.0
		>0.0900~0.1400	90~150	5	—
		>0.1400~0.2000	90~150	6	—
	H24	0.0350~0.0400	120~170	2	—
		>0.0400~0.090	120~170	3	—
		>0.0900~0.1400	120~170	4	—
		>0.1400~0.2000	120~170	5	—
	H26	0.0350~0.0090	140~190	1	—
		>0.0900~0.2000	140~190	2	—
	H18	0.0350~0.2000	≥160	—	—
	H19	0.0350~0.2000	≥170	—	—

(5) 针孔

铝箔的针孔个数、针孔直径应符合表 3-20-162 的规定。

表 3-20-162　　铝箔中针孔的数量与直径

厚度/mm	针孔个数≤						针孔直径/mm ≤		
	任意 $1m^2$ 内			任意 4mm×4mm 或 1mm×16mm 面积上的针孔个数					
	超高精级	高精级	普通级	超高精级	高精级	普通级	超高精级	高精级	普通级
0.0045~<0.0060	供需双方商定								
0.0060	500	1000	1500	6	7	8	0.1	0.2	0.3
>0.0060~0.0065	400	600	1000						
>0.0065~0.0070	150	300	500						
>0.0070~0.0090	100	150	200						
>0.0090~0.0120	20	50	100						
>0.0120~0.0180	10	30	50	3					
>0.0180~0.0200	3	20	30						
>0.0200~0.0400	0	5	10						
>0.0400	0	0	0	0					

20.5.4 锡、铅及其合金箔和锌箔（YS/T 523—2011）

(1) 产品品种

锡、铅及其合金箔和锌箔的箔材的牌号、状态和规格如表 3-20-163 所示。

表 3-20-163 锡、铅及其合金箔和锌箔箔材的牌号、状态和规格

牌号	供应状态	厚度/mm	宽度/mm	长度/mm
Sn1、Sn2、Sn3、SnSb1.5、SnSb2.5、SnSb12-1.5、SnSb13.5-2.5 Pb2、Pb3、Pb4、Pb5、PbSb3-1、PbSb6-5、PbSn45、PbSb3.5、PbSn2-2、PbSn4.5-2.5、PbSn6.5	轧制	0.010~0.100	≤350	≥5000
Zn2、Zn3				

(2) 标记示例

用 SnSb2.5 制造的、较高精度、厚度为 0.020mm、宽度为 100mm 的锡锑合金箔标记为：箔 SnSb2.5 高 0.020×100 YS/T 523—2011。

(3) 尺寸及允许偏差

箔材的尺寸及其允许偏差如表 3-20-164 所示。

表 3-20-164 锡、铅及其合金箔和锌箔箔材的尺寸及其允许偏差

牌号	厚度/mm	厚度允许偏差/mm		宽度/mm	宽度允许偏差/mm
		普通精度	较高精度		
Sn1、Sn2、Sn3、SnSb1.5、SnSb2.5、SnSb12-1.5、SnSb13.5-2.5 Pb2、Pb3、Pb4、Pb5、PbSb3-1、PbSb6-5、PbSn45、PbSb3.5、PbSn2-2、PbSn4.5-2.5、PbSn6.5	0.010~0.030	±0.002	—	≤200	±1
	>0.030~0.100	±0.004	±0.002	>200~≤350	
	>0.030~0.100	±0.005	±0.004		
Zn2、Zn3	0.010~0.030	±0.003	±0.002	≤200	
	>0.030~0.100	±0.004	±0.003		
	>0.030~0.100	±0.005	±0.004	>200~≤350	

注：1. 经双方协议，可供应其他规格和允许偏差的箔材；
2. 合同中未注明精度等级时，按普通精度供应。

(4) 化学成分

箔材的化学成分如表 3-20-165 所示。

表 3-20-165 锡、铅及其合金箔和锌箔箔材的化学成分

牌号	主要成分(质量分数)/%				杂质(质量分数)/% ≤											
	Sn	Pb	Sb	Zn	As	Fe	Cu	Pb	Bi	Sb	S	Ag	Sn	Zn	Cd	杂质总和
Sn1	≥99.90	—	—	—	0.01	0.007	0.008	0.045	0.015	0.02	0.001	—	—	—	—	0.10
Sn2	≥99.80	—	—	—	0.02	0.01	0.02	0.065	0.05	0.05	0.005	—	—	—	—	0.20
Sn3	≥99.5	—	—	—	0.02	0.02	0.03	0.35	0.05	0.08	0.01	—	—	—	—	0.50
Pb2	—	≥99.99	—	—	0.001	0.001	0.001	—	0.005	0.001	—	0.0005	0.001	0.001	—	0.01
Pb3	—	≥99.98	—	—	0.002	0.002	0.001	—	0.006	0.004	—	0.001	0.002	0.001	—	0.02
Pb4	—	≥99.95	—	—	0.002	0.003	0.001	—	0.03	0.005	—	0.0015	0.002	0.002	—	0.05
Pb5	—	≥99.9	—	—	0.005	0.005	0.002	—	0.06	Sb+Sn 0.01	—	0.002	—	0.005	—	0.1
SnSb2.5	余量	—	1.9~3.1	—	—	—	Pb+Cu: 0.5	—	—	—	—	—	—	—	—	—
SnSb1.5	余量	—	1.0~2.0	—	—	—	Pb+Cu: 0.5	—	—	—	—	—	—	—	—	—
SnSb13.5-2.5	余量	12.0~15.0	1.75~3.25	—	—	—	—	—	—	—	—	—	—	—	—	—
SnSb12-1.5	余量	10.5~13.5	1.0~2.0	—	—	—	—	—	—	—	—	—	—	—	—	—
PbSb3.5	—	余量	3.0~4.5	—	—	—	—	—	—	—	—	—	Sn+Cu 0.5	—	—	—

续表

牌号	主要成分(质量分数)/%				杂质(质量分数)/%　≤											
	Sn	Pb	Sb	Zn	As	Fe	Cu	Pb	Bi	Sb	S	Ag	Sn	Zn	Cd	杂质总和
PbSb3-1	0.5~1.5	余量	2.5~3.5	—	—	—	—	—	—	—	—	—	—	—	—	—
PbSb6-5	4.5~5.5	余量	5.5~6.5	—	—	—	—	—	—	—	—	—	—	—	—	—
PbSn2-2	1.5~2.5	余量	1.5~2.5	—	—	—	—	—	—	—	—	—	—	—	—	—
PbSn4.5-2.5	4.0~5.0	余量	2.0~3.0	—	—	—	—	—	—	—	—	—	—	—	—	—
PbSn6.5	5.0~8.0	余量	—	—	—	—	—	—	—	—	—	—	—	—	—	—
PbSn45	44.5~45.5	余量	—	—	—	—	—	—	—	—	—	—	—	—	—	—
Zn2	—	—	—	≥99.95	—	0.010	0.001	0.020	—	—	—	—	—	—	0.02	0.05
Zn3	—	—	—	≥99.9	—	0.020	0.002	0.05	—	—	—	—	—	—	0.02	0.10

20.6　有色金属管材

20.6.1　铜及铜合金拉制管(GB/T 1527—2017)

(1) 产品分类

铜及铜合金拉制管材的牌号、状态和规格见表3-20-166和表3-20-167。

表3-20-166　　铜及铜合金拉制管材的牌号、状态和规格

<table>
<tr><th rowspan="3">分类</th><th rowspan="3">牌号</th><th rowspan="3">代号</th><th rowspan="3">状态</th><th colspan="4">规格/mm</th></tr>
<tr><th colspan="2">圆形</th><th colspan="2">矩(方)形</th></tr>
<tr><th>外径</th><th>壁厚</th><th>对边距</th><th>壁厚</th></tr>
<tr><td rowspan="2">纯铜</td><td rowspan="2">T2、T3
TU1、TU2
TP1、TP2</td><td rowspan="2">T11050、T11090
T10150、T10180
C12000、C12200</td><td>软化退火(O60)、
轻退火(O50)、
硬(H04)
特硬(H06)</td><td>3~360</td><td rowspan="2">0.3~20</td><td rowspan="2">3~100</td><td rowspan="2">1~10</td></tr>
<tr><td>1/2硬(H02)</td><td>3~100</td></tr>
<tr><td>高铜</td><td>TCr1</td><td>C18200</td><td>固溶热处理+冷加工(硬)
+沉淀热处理(TH04)</td><td>40~105</td><td>4~12</td><td>—</td><td>—</td></tr>
<tr><td rowspan="5">黄铜</td><td>H95、H90</td><td>C21000、C22000</td><td rowspan="4">软化退火(O60)、
轻退火(O50)、
退火到1/2硬(O82)、
硬+应力消除(HR04)</td><td rowspan="2">3~200</td><td rowspan="4">0.2~10</td><td rowspan="4">3~100</td><td rowspan="4">0.2~7</td></tr>
<tr><td>H85、H80
HAs85-0.05</td><td>C23000、C24000
T23030</td></tr>
<tr><td>H70、H68
H59、HPb59-1
HSn62-1、HSn70-1
HAs70-0.05
HAs68-0.04</td><td>T26100、T26300
T28200、T38100
T46300、T45000
C26130
T26330</td><td>3~100</td></tr>
<tr><td>H65、H63
H62、HPb66-0.5
HAs65-0.04</td><td>C27000、T27300
T27600、C33000
—</td><td>3~200</td></tr>
<tr><td>HPb63-0.1</td><td>T34900</td><td>退火到1/2硬(O82)</td><td>18~31</td><td>6.5~13</td><td>—</td><td>—</td></tr>
</table>

续表

分类	牌号	代号	状态	规格/mm			
				圆形		矩(方)形	
				外径	壁厚	对边距	壁厚
白铜	BZn15-20	T74600	软化退火(O60)、退火到1/2硬(O82)、硬+应力消除(HR04)	4~40	0.5~8	—	—
	BFe10-1-1	T70590	软化退火(O60)、退火到1/2硬(O82)、硬(H80)	8~160			
	BFe30-1-1	T71510	软化退火(O60)、退火到1/2硬(O82)	8~80			

表 3-20-167 铜及铜合金拉制管材的长度

管材形状		管材外径/mm	管材壁厚/mm	管材长度/mm
直管	圆形	≤100	≤20	≤16000
		>100	≤20	≤8000
	矩(方)形	3~100	≤10	≤16000
盘管	圆形	≤30	<3	≥6000
	矩(方)形	周长与壁厚之比≤15		≥6000

(2) 标记示例

产品标记按产品名称、标准编号、牌号、状态、规格的顺序表示。标记示例如下。

示例1：

用T2（T11050）制造的、O60（软化退火）态、外径为20mm、壁厚为0.5mm的圆形管材标记为：

圆形铜管　GB/T 1527-T2 O60-ϕ20×0.5

或　　圆形铜管　GB/T 1527-T11050 O60-ϕ20×0.5

示例2：

用H62（T27600）制造的、O82（退火到1/2硬）状态、长边为20mm、短边为15mm、壁厚为0.5mm的矩形管材标记为：

矩形铜管　GB/T 1527-H62O82-20×15×0.5

或　　矩形铜管　GB/T 1527-T27600O82-20×15×0.5

(3) 力学性能

纯铜、高铜圆形管材的纵向室温力学性能应符合表3-20-168的规定。黄铜、白铜管材的纵向室温力学性能应符合表3-20-169的规定。

表 3-20-168 纯铜、高铜圆形管材的力学性能

牌号	状态	壁厚/mm	拉伸试验		硬度试验	
			抗拉强度 R_m /MPa ≥	断后伸长率 A /% ≥	维氏硬度[2] (HV)	布氏硬度[3] (HBW)
T2、T3、TU1、TU2、TP1、TP2	O60	所有	200	41	40~65	35~60
	O50	所有	220	40	45~75	40~70
	H02[1]	≤15	250	20	70~100	65~95
	H04[1]	≤6	290	—	95~130	90~125
		>6~10	265	—	75~110	70~105
		>10~15	250	—	70~100	65~95
	H06[1]	≤3	360	—	≥110	≥105
TCr1	TH04	5~12	375	11	—	—

① H02、H04状态壁厚>15mm的管材，H06状态壁厚>3mm的管材，其性能由供需双方协商确定。

② 维氏硬度试验负荷由供需双方协商确定。软化退火（O60）状态的维氏硬度试验适用于壁厚≥1mm的管材。

③ 布氏硬度试验仅适用于壁厚≥5mm的管材，壁厚<5mm的管材布氏硬度试验由供需双方协商确定。

表 3-20-169 黄铜、白铜管材的力学性能

牌号	状态	拉伸试验		硬度试验	
		抗拉强度 R_m /MPa ≥	断后伸长率 A /% ≥	维氏硬度[①] (HV)	布氏硬度[②] (HBW)
H95	O60	205	42	45~70	40~65
	O50	220	35	50~75	45~70
	O82	260	18	75~105	70~100
	HR04	320	—	≥95	≥90
H90	O60	220	42	45~75	40~70
	O50	240	35	50~80	45~75
	O82	300	18	75~105	70~100
	HR04	360	—	≥100	≥95
H85、HAs85-0.05	O60	240	43	45~75	40~70
	O50	260	35	50~80	45~75
	O82	310	18	80~110	75~105
	HR04	370	—	≥105	≥100
H80	O60	240	43	45~75	40~70
	O50	260	40	55~85	50~80
	O82	320	25	85~120	80~115
	HR04	390	—	≥115	≥110
H70、H68、HAs70-0.05、HAs68-0.04	O60	280	43	55~85	50~80
	O50	350	25	85~120	80~115
	O82	370	18	95~135	90~130
	HR04	420	—	≥115	≥110
H65、HPb66-0.5、HAs65-0.04	O60	290	43	55~85	50~80
	O50	360	25	80~115	75~110
	O82	370	18	90~135	85~130
	HR04	430	—	≥110	≥105
H63、H62	O60	300	43	60~90	55~85
	O50	360	25	75~110	70~105
	O82	370	18	85~135	80~130
	HR04	440	—	≥115	≥110
H59、HPb59-1	O60	340	35	75~105	70~100
	O50	370	20	85~115	80~110
	O82	410	15	100~130	95~125
	HR04	470	—	≥125	≥120
HSn70-1	O60	295	40	60~90	55~85
	O50	320	35	70~100	65~95
	O82	370	20	85~135	80~130
	HR04	455	—	≥110	≥105
HSn62-1	O60	295	35	60~90	55~85
	O50	335	30	75~105	70~100
	O82	370	20	85~110	80~105
	HR04	455	—	≥110	≥105
HPb63-0.1	O82	353	20	—	110~165
BZn15-20	O60	295	35	—	—
	O82	390	20	—	—
	HR04	490	8	—	—
BFe10-1-1	O60	290	30	75~110	70~105
	O82	310	12	≥105	≥100
	H80	480	8	≥150	≥145
BFe30-1-1	O60	370	35	85~120	80~115
	O82	480	12	≥135	≥130

① 维氏硬度试验负荷由供需双方协商确定。软化退火（O60）状态的维氏硬度试验仅适用于壁厚≥0.5mm 的管材。
② 布氏硬度试验仅适用于壁厚≥3mm 的管材，壁厚<3mm 的管材布氏硬度试验供需双方协商确定。

20.6.2 铜及铜合金挤制管（YS/T 662—2007）

（1）产品分类

铜及铜合金挤制管的牌号、状态及规格见表 3-2-170。

表 3-2-170 铜及铜合金挤制管的牌号、状态及规格

牌号	状态	规格/mm		
		外径	壁厚	长度
TU1、TU2、T2、T3、TP1、TP2	挤制（R）	30~300	5~65	300~6000
H96、H62、HPb59-1、HFe59-1-1		20~300	1.5~42.5	
H80、H65、H68、HSn62-1、HSi80-3、HMn58-2、HMn57-3-1		60~220	7.5~30	
QAl9-2、QAl9-4、QAl10-3-1.5、QAl10-4-4		20~250	3~50	500~6000
QSi3.5-3-1.5		80~200	10~30	
QCr0.5		100~220	17.5~37.5	500~3000
BFe10-1-1		70~250	10~25	300~3000
BFe30-1-1		80~120	10~25	

（2）标记示例

产品标记按产品名称、牌号、状态、规格和标准编号的顺序表示。标记示例如下：用 T2 制造的、挤制状态、外径为 80mm、壁厚为 10mm 的圆形管材标记为：管 T2R　80×10　YS/T 662—2007。

（3）力学性能

铜及铜合金挤制管可选择进行拉伸试验或布氏硬度试验。外径大于 200mm 的管材，可不做拉伸试验，但必须保证管材的纵向室温力学性能见表 3-20-171。

表 3-20-171 铜及铜合金挤制管的力学性能

牌号	壁厚/mm	抗拉强度 R_m/MPa	断后伸长率 A/%	布氏硬度（HBW）
T2、T3、TU1、TU2、TP1、TP2	≤65	≥185	≥42	—
H96	≤42.5	≥185	≥42	—
H80	≤30	≥275	≥40	—
H68	≤30	≥295	≥45	—
H65、H62	≤42.5	≥295	≥43	—
HPb59-1	≤42.5	≥390	≥24	—
HFe59-1-1	≤42.5	≥430	≥31	—
HSn62-1	≤30	≥320	≥25	—
HSi80-3	≤30	≥295	≥28	—
HMn58-2	≤30	≥395	≥29	—
HMn57-3-1	≤30	≥490	≥16	—
QAl9-2	≤50	≥470	≥16	—
QAl9-4	≤50	≥450	≥17	—
QAl10-3-1.5	<16	≥590	≥14	140~200
	≥16	≥540	≥15	135~200
QAl10-4-4	≤50	≥635	≥6	170~230
QSi3.5-3-1.5	≤30	≥360	≥35	—
QCr0.5	≤37.5	≥220	≥35	—
BFe10-1-1	≤25	≥280	≥28	—
BFe30-1-1	≤25	≥345	≥25	—

20.6.3 热交换器用铜合金无缝管（GB/T 8890—2015）

(1) 产品分类

热交换器用铜合金无缝管的牌号、状态和规格见表 3-20-172。

表 3-20-172　热交换器用铜合金无缝管的牌号、状态和规格

牌号	代号	供应状态	种类	规格/mm		
				外径	壁厚	长度
BFe10-1-1 BFe10-1.4-1	T70590 C70600	软化退火(O60) 硬(H80)	盘管	3~20	0.3~1.5	—
BFe10-1-1	T70590	软化退火(O60)	直管	4~160	0.5~4.5	<6000
		退火至1/2硬(O82)、硬(H80)		6~76	0.5~4.5	<18000
BFe30-0.7 BFe30-1-1	C71500 T71510	软化退火(O60) 退火至1/2硬(O82)	直管	6~76	0.5~4.5	<18000
HAl77-2 HSn72-1 HSn70-1 HSn70-1-0.01 HSn70-1-0.01-0.04 HAs68-0.04 HAs70-0.05 HAs85-0.05	C68700 C44300 T45000 T45010 T45020 T26330 C26130 T23030	软化退火(O60) 退火至1/2硬(O82)	直管	6~76	0.5~4.5	<18000

(2) 标记示例

产品标记按产品名称、标准编号、牌号、状态和规格的顺序表示。标记示例如下：

示例 1：

用 BFe10-1-1（T70590）制造的、软化退火（O60）、外径为 19.05mm、壁厚为 0.89mm 的盘管标记为：

盘管 GB/T 8890-BFe10-1-1 O60-φ19.05×0.89

或　　盘管 GB/T 8890-T70590O60-φ19.05×0.89

示例 2：

用 HSn70-1-0.01-0.04（T45020）制造的、退火至 1/2 硬（O82）、外径为 10mm、壁厚为 1.0mm、长度为 3000mm 的直管标记为：

直管 GB/T 8890-HSn70-1-0.01-0.04 O82-φ10×1×3000

或　　直管 GB/T 8890-T45020 O82-φ10×1×3000

(3) 化学成分

BFe10-1.4-1（C70600）牌号的化学成分应符合表 3-20-173 的规定。其他牌号的化学成分应符合 GB/T 5231 的规定。

表 3-20-173　BFe10-1.4-1（C70600）牌号的化学成分

牌号	化学成分(质量分数)/%					
	Cu+Ag	Ni+Co	Fe	Zn	Pb	Mn
BFe10-1.4-1	余量	9.0~11.0	1.0~1.8	≤1.0	≤0.05	≤1.0

注：Cu+所列元素≥99.5%。

(4) 外形尺寸及其允许偏差

热交换器用铜合金无缝管管材的外径及允许偏差见表 3-20-174。壁厚及其允许偏差见表 3-20-175。盘管的长度及其允许偏差见表 3-20-176。直管的长度及其允许偏差见表 3-20-177。直管的直度见表 3-20-178。切斜度见表 3-20-179。

表 3-20-174　热交换器用铜合金无缝管外径及允许偏差　mm

外径	外径允许偏差	
	普通级	高精级
3~15	0 -0.12	0 -0.10
>15~25	0 -0.20	0 -0.16
>25~50	0 -0.30	0 -0.20
>50~75	0 -0.35	0 -0.25
>75~100	0 -0.40	0 -0.30
>100~130	0 -0.50	0 -0.35
>130~160	0 -0.80	0 -0.50

表 3-20-175　热交换器用铜合金无缝管壁厚及其允许偏差　mm

外径	壁厚允许偏差①	
	普通级	高精级
3~160	公称壁厚的±10%	公称壁厚的±8%

① 当要求壁厚允许偏差全为（+）或全为（-）单向偏差时，其值为表中数值的 2 倍。

表 3-20-176　盘管的长度及其允许偏差　mm

长度	长度允许偏差	长度	长度允许偏差
≤15000	+300 0	>30000	+2.5%公称长度 0
>15000~30000	+500 0		

表 3-20-177　热交换器用铜合金无缝管直管的长度及其允许偏差　mm

长度	长度允许偏差		
	外径≤25	外径>25~100	外径>100~160
≤600	+2 0	+3 0	+4 0
>600~2000	+4 0	+4 0	+6 0
>2000~4000	+6 0	+6 0	+6 0
>4000	+10 0	+10 0	+12 0

表 3-20-178　热交换器用铜合金无缝管直管的直度　mm

公称外径	每米直度　≤	
	高精级	普通级
≤80	3	4
>80	5	6

表 3-20-179　热交换器用铜合金无缝管的切斜度　mm

外径	切斜度　≤	外径	切斜度　≤
≤16	0.40	>16	2.5%公称外径

(5) 力学性能

热交换器用铜合金无缝管的室温力学性能见表 3-20-180。

表 3-20-180 热交换器用铜合金无缝管的力学性能

牌号	状态	抗拉强度 R_m/MPa	断后伸长率 A/%
		≥	
BFe30-1-1、BFe30-0.7	O60	370	30
	O82	490	10
BFe10-1-1、BFe10-1.4-1	O60	290	30
	O82	345	10
	H80	480	—
HAL77-2	O60	345	50
	O82	370	45
HSn72-1、HSn70-1、HSn70-1-0.01、HSn70-1-0.01-0.04	O60	295	42
	O82	320	38
HAs68-0.04、HAs70-0.05	O60	295	42
	O82	320	38
HAs85-0.05	O60	245	28
	O82	295	22

20.6.4 空调机换热器铜管（GB/T 17791—2017）

(1) 产品分类

管材的牌号、状态和规格见表 3-20-181。管材盘卷内外径尺寸见表 3-20-182。

表 3-20-181 牌号、状态和规格

牌号	代号	状态	种类	规格/mm		
				外径	壁厚	长度
TU0 TU1 TU2 TP1 TP2 T2 QSn0.5-0.025	T10130 T10150 T10180 C12000 C12200 T11050 T50300	拉拔硬(H80) 轻拉(H55) 表面硬化(O60-H)① 轻退火(O50) 软化退火(O60)	直管	3.0~54	0.25~2.5	400~10000
			盘管	3.0~32	0.25~2.0	—

① 表面硬化（O60-H）是指软化退火状态（O60）经过加工率为 1%~5%的冷加工使其表面硬化的状态。

表 3-20-182 盘卷内外径尺寸

类型	最小内径/mm	最大外径/mm	卷宽/mm
层绕盘卷	610;560	1230	75~450

(2) 标记示例

示例 1：

牌号为 QSn0.5-0.25（T50300）、外径为 6.0mm、壁厚为 0.4mm 的轻退火（O50）态盘管，其标记为：

盘管 GB/T 17791-QSn0.5-0.025O50-ϕ6.0×0.4

或　　盘管 GB/T 17791-T50300O50-ϕ6.0×0.4

示例 2：

牌号为 TP2（C12200）、外径为 6.35mm、壁厚为 0.65mm、长度为 5000mm 的轻拉（H55）态直管，其标记为：

直管 GB/T 17791-TP2H55-ϕ6.35×0.65×5000

或　　直管 GB/T 17791-C12200 H55-ϕ6.35×0.65×5000

(3) 外形尺寸及其允许偏差

管材的外形尺寸及其允许偏差见表 3-20-183 和表 3-20-184。直管的不定尺长度为 400~10000mm，管材的定尺或倍尺长度应在不定尺范围内，倍尺长度应加入锯切分段时的锯切量，每一锯切量为 5mm，直管定尺允许偏差见表 3-20-185。

拉拔硬（H80）、轻拉（H55）和表面硬化（O60-H）状态的、壁厚不小于 0.4mm 的直管圆度应符合表 3-20-186 的规定。拉拔硬（H80）、轻拉（H55）和表面硬化（O60-H）状态直管的直度应符合表 3-20-187 的规定。

表 3-20-183　　管材的外径及其允许偏差　　mm

尺寸范围	允许偏差	尺寸范围	允许偏差
3.0~15	±0.05	>20~30	±0.07
>15~20	±0.06	>30~54	±0.08

注：当要求外径允许偏差全为（+）或全为（-）单向偏差时，其值为表中相应数值的 2 倍。

表 3-20-184　　管材的壁厚及其允许误差　　mm

平均外径尺寸范围	壁厚				
	0.25~0.4	>0.4~0.6	>0.6~0.8	>0.8~1.5	>1.5~2.5
	允许偏差(±)				
3.0~15	±0.03	±0.04	±0.05	±0.06	±0.07
>15~20	±0.04	±0.05	±0.06	±0.07	±0.09
>20~30	—	±0.05	±0.07	±0.09	±0.10
>30~54	—	—	±0.09	±0.10	±0.12

注：当要求壁厚允许偏差全为（+）或全为（-）单向偏差时，其值为表中相应数值的 2 倍。

表 3-20-185　　直管定尺长度允许误差　　mm

长度	允许偏差	长度	允许偏差
400~600	$^{+2}_{0}$	>1800~4000	$^{+5}_{0}$
>600~1800	$^{+3}_{0}$	>4000~10000	$^{+8}_{0}$

表 3-20-186　　直管圆度

(壁厚/外径)比值	圆度/mm ≤	(壁厚/外径)比值	圆度/mm ≤
0.01~0.03	公称外径的 1.5%	>0.05~0.10	公称外径的 0.8%(最小值 0.05)
>0.03~0.05	公称外径的 1.0%	>0.10	公称外径的 0.7%(最小值 0.05)

表 3-20-187　　直管的直度　　mm

长度	最大弧深	长度	最大弧深
400~1000	3	>2500~3000	12
>1000~2000	5	≥3000	全长中任意部位每 3000 的最大弧深为 12
>2000~2500	8		

（4）力学性能

管材的室温力学性能见表 3-20-188。

表 3-20-188　　管材的室温力学性能

牌号	状态	抗拉强度 R_m/MPa	规定塑性延伸强度 $R_{p0.2}$/MPa	断后伸长率 A/%
TU00 TU0 TU1 TU2 TP1 TP2 T2	拉拔硬(H80)	≥315	≥250	—
	轻拉(H55)	245~325	≥120	—
	表面硬化(O60-H)	220~280	≥80	≥40
	轻退火(O50)	≥215	40~90	≥40
	软化退火(O60)	≥205	35~85	≥43
QSn0.5-0.025	软化退火(O60)	≥255	50~100	≥40

20.6.5 镍及镍合金管（GB/T 2882—2013）

（1）产品分类

镍及镍合金管管材的牌号、状态和规格见表 3-20-189。

表 3-20-189　　管材的牌号、状态和规格

牌号	状态	规格/mm		
		外径	壁厚	长度
N2、N4、DN	软态(M) 硬态(Y)	0.35~18	0.05~0.90	
N6	软态(M) 半硬态(Y_2) 硬态(Y) 消除应力状态(Y_0)	0.35~110	0.05~8.00	
N5(N02201)、N7(N02200)、N8	软态(M) 消除应力状态(Y_0)	5~110	1.00~8.00	
NCr15-8(N06600)	软态(M)	12~80	1.00~3.00	
NCu30(N04400)	软态(M) 消除应力状态(Y_0)	10~110	1.00~8.00	100~15000
NCu28-2.5-1.5	软态(M) 硬态(Y)	0.35~110	0.05~5.00	
	半硬态(Y_2)	0.35~18	0.05~0.90	
NCu40-2-1	软态(M) 硬态(Y)	0.35~110	0.05~6.00	
	半硬态(Y_2)	0.35~18	0.05~0.90	
NSi0.19 NMg0.1	软态(M) 硬态(Y) 半硬态(Y_2)	0.35~18	0.05~0.90	

（2）标记示例

产品标记按标准编号、产品名称、牌号、状态和规格的顺序表示，标记示例如下：

用 N6 制造的、供应状态为 Y、外径为 10mm、壁厚为 1.00mm、长度为 2000mm 定尺的管材，标记为：管 GB/T 2882—N6 Y-Φ10×1.00×2000。

（3）化学成分

NCr15-8（N06600）的化学成分应符合表 3-20-190 的规定。其他牌号管材的化学成分应符合 GB/T 5235（见 20.2.18 节）的规定。

表 3-20-190　　NCr15-8（N06600）的化学成分

牌号	化学成分(质量分数)/%							
	主成分			杂质 ≤				
	Ni	Fe	Cr	Mn	Cu	Si	C	S
NCr15-8 (N06600)	≥72.0	6.0~10.0	14.0~17.0	1.0	0.5	0.5	0.15	0.015

注；镍含量采用算术差减法求得。

（4）外形尺寸及允许偏差

镍及镍合金管管材的公称尺寸应符合表 3-20-191 的规定。管材的外形允许偏差应符合表 3-20-192 的规定。管材的壁厚允许偏差应符合表 3-20-193 的规定。

定尺或倍尺管材的长度允许偏差应符合表 3-20-194 的规定，倍尺长度应加入锯切时的分切量，每一锯切量为 5mm。管材的直度和切斜度应符合表 3-20-195 的规定。

表 3-20-191 镍及镍合金管管材的公称尺寸

mm

外径	壁厚																					长度
	0.05~0.06	>0.06~0.09	>0.09~0.12	>0.12~0.15	>0.15~0.20	>0.20~0.25	>0.25~0.30	>0.30~0.40	>0.40~0.50	>0.50~0.60	>0.60~0.70	>0.70~0.90	>0.90~1.00	>1.00~1.25	>1.25~1.80	>1.80~3.00	>3.00~4.00	>4.00~5.00	>5.00~6.00	>6.00~7.00	>7.00~8.00	
0.35~0.4	○	—	—	—	—	—	—	—	—	—	—	—	—	—	—	—	—	—	—	—	—	≤3000
>0.40~0.50	○	○	—	—	—	—	—	—	—	—	—	—	—	—	—	—	—	—	—	—	—	
>0.50~0.60	○	○	○	—	—	—	—	—	—	—	—	—	—	—	—	—	—	—	—	—	—	
>0.60~0.70	○	○	○	○	—	—	—	—	—	—	—	—	—	—	—	—	—	—	—	—	—	
>0.70~0.80	○	○	○	○	○	—	—	—	—	—	—	—	—	—	—	—	—	—	—	—	—	
>0.80~0.90	○	○	○	○	○	○	○	—	—	—	—	—	—	—	—	—	—	—	—	—	—	
>0.90~1.50	○	○	○	○	○	○	○	○	—	—	—	—	—	—	—	—	—	—	—	—	—	
>1.50~1.75	○	○	○	○	○	○	○	○	○	—	—	—	—	—	—	—	—	—	—	—	—	
>1.75~2.00	—	○	○	○	○	○	○	○	○	—	—	—	—	—	—	—	—	—	—	—	—	
>2.00~2.25	—	○	○	○	○	○	○	○	○	○	—	—	—	—	—	—	—	—	—	—	—	
>2.25~2.50	—	○	○	○	○	○	○	○	○	○	○	—	—	—	—	—	—	—	—	—	—	
>2.50~3.50	—	○	○	○	○	○	○	○	○	○	○	○	—	—	—	—	—	—	—	—	—	
>3.50~4.20	—	—	○	○	○	○	○	○	○	○	○	○	—	—	—	—	—	—	—	—	—	
>4.20~6.00	—	—	—	○	○	○	○	○	○	○	○	○	—	—	—	—	—	—	—	—	—	
>6.00~8.50	—	—	—	○	○	○	○	○	○	○	○	○	○	○	—	—	—	—	—	—	—	≤15000
>8.50~10	—	—	—	—	—	○	○	○	○	○	○	○	○	○	○	—	—	—	—	—	—	
>10~12	—	—	—	—	—	—	○	○	○	○	○	○	○	○	○	○	—	—	—	—	—	
>12~14	—	—	—	—	—	—	—	○	○	○	○	○	○	○	○	○	—	—	—	—	—	
>14~15	—	—	—	—	—	—	—	○	○	○	○	○	○	○	○	○	○	—	—	—	—	
>15~18	—	—	—	—	—	—	—	—	○	○	○	○	○	○	○	○	○	—	—	—	—	
>18~20	—	—	—	—	—	—	—	—	—	—	—	○	○	○	○	○	○	—	—	—	—	
>20~30	—	—	—	—	—	—	—	—	—	—	—	—	—	○	○	○	○	—	—	—	—	
>30~35	—	—	—	—	—	—	—	—	—	—	—	—	—	—	○	○	○	○	—	—	—	
>35~40	—	—	—	—	—	—	—	—	—	—	—	—	—	—	○	○	○	○	○	—	—	
>40~60	—	—	—	—	—	—	—	—	—	—	—	—	—	—	—	—	○	○	○	○	—	
>60~90	—	—	—	—	—	—	—	—	—	—	—	—	—	—	—	—	○	○	○	○	○	
>90~110	—	—	—	—	—	—	—	—	—	—	—	—	—	—	—	—	○	○	○	○	○	

注：“○”表示可供规格；“—”表示不推荐采用规格，需要其他规格的产品应由供需双方商定。

表 3-20-192　　镍及镍合金管管材的外径允许偏差　　mm

外径	允许偏差	
	普通级	较高级
0.35~0.90	±0.007	±0.005
>0.90~2.00	±0.010	±0.007
>2.00~3.00	±0.012	±0.010
>3.00~4.00	±0.018	±0.015
>4.00~5.00	±0.022	±0.020
>5.00~6.00	±0.030	±0.025
>6.00~9.00	±0.040	±0.030
>9.00~12	±0.045	±0.040
>12~15	±0.080	±0.050
>15~18	±0.100	±0.060
>18~20	±0.120	±0.080
>20~30	±0.150	±0.110
>30~40	±0.170	±0.150
>40~50	±0.250	±0.200
>50~60	±0.350	±0.250
>60~90	±0.450	±0.300
>90~110	±0.550	±0.400

注：需方要求单向偏差时，其值为表中数值的 2 倍。

表 3-20-193　　镍及镍合金管管材的壁厚允许偏差　　mm

壁厚	允许偏差	
	普通级	较高级
0.05~0.06	±0.010	±0.006
>0.06~0.09	±0.010	±0.007
>0.09~0.12	±0.015	±0.010
>0.12~0.15	±0.020	±0.015
>0.15~0.20	±0.025	±0.020
>0.20~0.25	±0.030	±0.025
>0.25~0.30	±0.035	±0.030
>0.30~0.40	±0.040	±0.035
>0.40~0.50	±0.045	±0.040
>0.50~0.60	±0.055	±0.050
>0.60~0.70	±0.070	±0.060
>0.70~0.90	±0.080	±0.070
>0.90~3.00	公称壁厚的 10%	公称壁厚的 10%
>3.00~5.00	公称壁厚的 12.5%	
>5.00~8.00	公称壁厚的 12.5%	

注：需方要求单向偏差时，其值为表中数值的 2 倍。

表 3-20-194　　长度允许偏差　　mm

长度	允许偏差	
	普通级	较高级
≤2000	+3 0	+2 0
>2000~4000	+6 0	+3 0
>4000~8000	+10 0	+6 0
>8000	+15 0	+12 0

表 3-20-195 管材的直度、切斜度 mm

外径	每米直度 ≤	切斜度 ≤
0.35~30	3	0.75
>30~90	4	公称外径的 2.5%
>90~110	5	

注：表中直度指标不适用于“M”状态。供压力容器用的管材直度不大于 1.5mm/m。

(5) 力学性能

镍及镍合金管管材的力学性能应符合表 3-20-196 的规定。

表 3-20-196 管材的力学性能

牌号	壁厚/mm	状态	抗拉强度 R_m/MPa ≥	规定塑性延伸强度 $R_{p0.2}$/MPa	断后伸长率/% ≥	
					A	A_{50mm}
N4、N2、DN	所有规格	M	390	—	35	—
		Y	540	—	—	—
N6	<0.90	M	390	—	—	35
		Y	540	—	—	—
	≥0.90	M	370	—	35	—
		Y_2	450	—	—	12
		Y	520	—	6	—
		Y_0	460	—	—	—
N7(N02200)、N8	所有规格	M	380	105	—	35
		Y_0	450	275	—	15
N5(N02201)	所有规格	M	345	80	—	35
		Y_0	415	205	—	15
NCu30(N04400)	所有规格	M	480	195	—	35
		Y_0	585	380	—	15
NCu28-2.5-1.5 NCu40-2-1 NSi0.19 NMg0.1	所有规格	M	440	—	—	20
		Y_2	540	—	6	—
		Y	585	—	3	—
NCr15-8(N06600)	所有规格	M	550	240	—	30

注：1. 外径小于 18mm、壁厚小于 0.90mm 的硬（Y）态镍及镍合金管材的断后伸长率值仅供参考。
2. 供农用飞机作喷头用的 NCu28-2.5-1.5 合金硬状态管材，其抗拉强度不小于 645MPa、断后伸长率不小于 2%。

20.6.6 铝和铝合金管（GB/T 4436—2012）

(1) 挤压铝和铝合金无缝圆管

挤压铝和铝合金无缝圆管的截面典型规格如表 3-20-197 所示。

第 3 篇

表 3-20-197 铝和铝合金管

mm

外径	壁厚																						
	5.00	6.00	7.00	7.50	8.00	9.00	10.00	12.50	15.00	17.50	20.00	22.50	25.00	27.50	30.00	32.50	35.00	37.50	40.00	42.50	45.00	47.50	50.00
25.00	√																						
28.00	√	√																					
30.00	√	√	√	√	√																		
32.00	√	√	√	√	√																		
34.00	√	√	√	√	√	√	√																
36.00	√	√	√	√	√	√	√																
38.00	√	√	√	√	√	√	√																
40.00	√	√	√	√	√	√	√	√															
42.00	√	√	√	√	√	√	√	√															
45.00	√	√	√	√	√	√	√	√	√														
48.00	√	√	√	√	√	√	√	√	√														
50.00	√	√	√	√	√	√	√	√	√														
52.00	√	√	√	√	√	√	√	√	√														
55.00	√	√	√	√	√	√	√	√	√														
58.00	√	√	√	√	√	√	√	√	√														
60.00	√	√	√	√	√	√	√	√	√	√													
62.00	√	√	√	√	√	√	√	√	√	√													
65.00	√	√	√	√	√	√	√	√	√	√	√												
70.00	√	√	√	√	√	√	√	√	√	√	√												
75.00	√	√	√	√	√	√	√	√	√	√	√	√											
80.00	√	√	√	√	√	√	√	√	√	√	√	√											
85.00	√	√	√	√	√	√	√	√	√	√	√	√	√										
90.00	√	√	√	√	√	√	√	√	√	√	√	√	√										
95.00	√	√	√	√	√	√	√	√	√	√	√	√	√	√									
100.00	√	√	√	√	√	√	√	√	√	√	√	√	√	√	√								
105.00	√	√	√	√	√	√	√	√	√	√	√	√	√	√	√	√							
110.00	√	√	√	√	√	√	√	√	√	√	√	√	√	√	√	√							
115.00	√	√	√	√	√	√	√	√	√	√	√	√	√	√	√	√							
120.00				√	√	√	√	√	√	√	√	√	√	√	√	√							
125.00				√	√	√	√	√	√	√	√	√	√	√	√	√							
130.00				√	√	√	√	√	√	√	√	√	√	√	√	√							
135.00							√	√	√	√	√	√	√	√	√	√							
140.00							√	√	√	√	√	√	√	√	√	√							
145.00							√	√	√	√	√	√	√	√	√	√							
150.00							√	√	√	√	√	√	√	√	√	√	√						
155.00							√	√	√	√	√	√	√	√	√	√	√						
160.00							√	√	√	√	√	√	√	√	√	√	√	√	√				
165.00							√	√	√	√	√	√	√	√	√	√	√	√	√				
170.00							√	√	√	√	√	√	√	√	√	√	√	√	√				
175.00							√	√	√	√	√	√	√	√	√	√	√	√	√				
180.00							√	√	√	√	√	√	√	√	√	√	√	√	√				
185.00							√	√	√	√	√	√	√	√	√	√	√	√	√				
190.00							√	√	√	√	√	√	√	√	√	√	√	√	√				
195.00							√	√	√	√	√	√	√	√	√	√	√	√	√				
200.00							√	√	√	√	√	√	√	√	√	√	√	√	√				

续表

外径	壁厚																						
	5.00	6.00	7.00	7.50	8.00	9.00	10.00	12.50	15.00	17.50	20.00	22.50	25.00	27.50	30.00	32.50	35.00	37.50	40.00	42.50	45.00	47.50	50.00
205.00									√	√	√	√	√	√	√	√	√	√	√	√	√	√	√
210.00									√	√	√	√	√	√	√	√	√	√	√	√	√	√	√
215.00									√	√	√	√	√	√	√	√	√	√	√	√	√	√	√
220.00									√	√	√	√	√	√	√	√	√	√	√	√	√	√	√
225.00									√	√	√	√	√	√	√	√	√	√	√	√	√	√	√
230.00									√	√	√	√	√	√	√	√	√	√	√	√	√	√	√
235.00									√	√	√	√	√	√	√	√	√	√	√	√	√	√	√
240.00									√	√	√	√	√	√	√	√	√	√	√	√	√	√	√
245.00									√	√	√	√	√	√	√	√	√	√	√	√	√	√	√
250.00									√	√	√	√	√	√	√	√	√	√	√	√	√	√	√
260.00									√	√	√	√	√	√	√	√	√	√	√	√	√	√	√
270.00	√	√	√	√	√	√	√	√	√	√	√	√	√	√	√	√	√	√	√	√	√	√	√
280.00	√	√	√	√	√	√	√	√	√	√	√	√	√	√	√	√	√	√	√	√	√	√	√
290.00	√	√	√	√	√	√	√	√	√	√	√	√	√	√	√	√	√	√	√	√	√	√	√
300.00	√	√	√	√	√	√	√	√	√	√	√	√	√	√	√	√	√	√	√	√	√	√	√
310.00	√	√	√	√	√	√	√	√	√	√	√	√	√	√	√	√	√	√	√	√	√	√	√
320.00	√	√	√	√	√	√	√	√	√	√	√	√	√	√	√	√	√	√	√	√	√	√	√
330.00	√	√	√	√	√	√	√	√	√	√	√	√	√	√	√	√	√	√	√	√	√	√	√
340.00	√	√	√	√	√	√	√	√	√	√	√	√	√	√	√	√	√	√	√	√	√	√	√
350.00	√	√	√	√	√	√	√	√	√	√	√	√	√	√	√	√	√	√	√	√	√	√	√
360.00	√	√	√	√	√	√	√	√	√	√	√	√	√	√	√	√	√	√	√	√	√	√	√
370.00	√	√	√	√	√	√	√	√	√	√	√	√	√	√	√	√	√	√	√	√	√	√	√
380.00	√	√	√	√	√	√	√	√	√	√	√	√	√	√	√	√	√	√	√	√	√	√	√
390.00	√	√	√	√	√	√	√	√	√	√	√	√	√	√	√	√	√	√	√	√	√	√	√
400.00	√	√	√	√	√	√	√	√	√	√	√	√	√	√	√	√	√	√	√	√	√	√	√
450.00	√	√	√	√	√	√	√	√	√	√	√	√	√	√	√	√	√	√	√	√	√	√	√

(2) 冷拉、冷轧有缝圆管和无缝圆管

冷拉、冷轧有缝圆管和无缝圆管的截面典型规格如表 3-20-198 所示。

表 3-20-198　　冷拉、冷轧有缝圆管和无缝圆管的截面典型规格　　mm

外径	壁厚										
	0.50	0.75	1.00	1.50	2.00	2.50	3.00	3.50	4.00	4.50	5.00
6.00	√	√	√	—	—	—	—	—	—	—	—
8.00	√	√	√	√	√	—	—	—	—	—	—
10.00	√	√	√	√	√	√	—	—	—	—	—
12.00	√	√	√	√	√	√	√	—	—	—	—
14.00	√	√	√	√	√	√	√	—	—	—	—
15.00	√	√	√	√	√	√	√	—	—	—	—
16.00	√	√	√	√	√	√	√	√	—	—	—
18.00	√	√	√	√	√	√	√	√	—	—	—
20.00	√	√	√	√	√	√	√	√	√	—	—
22.00	√	√	√	√	√	√	√	√	√	√	√
24.00	√	√	√	√	√	√	√	√	√	√	√
25.00	√	√	√	√	√	√	√	√	√	√	√
26.00	—	√	√	√	√	√	√	√	√	√	√
28.00	—	√	√	√	√	√	√	√	√	√	√
30.00	—	√	√	√	√	√	√	√	√	√	√
32.00	—	√	√	√	√	√	√	√	√	√	√
34.00	—	√	√	√	√	√	√	√	√	√	√
35.00	—	√	√	√	√	√	√	√	√	√	√
36.00	—	√	√	√	√	√	√	√	√	√	√
38.00	—	√	√	√	√	√	√	√	√	√	√
40.00	—	√	√	√	√	√	√	√	√	√	√
42.00	—	√	√	√	√	√	√	√	√	√	√
45.00	—	√	√	√	√	√	√	√	√	√	√
48.00	—	√	√	√	√	√	√	√	√	√	√
50.00	—	√	√	√	√	√	√	√	√	√	√
52.00	—	√	√	√	√	√	√	√	√	√	√
55.00	—	√	√	√	√	√	√	√	√	√	√
58.00	—	√	√	√	√	√	√	√	√	√	√
60.00	—	√	√	√	√	√	√	√	√	√	√
65.00	—	—	—	√	√	√	√	√	√	√	√
70.00	—	—	—	√	√	√	√	√	√	√	√
75.00	—	—	—	√	√	√	√	√	√	√	√
80.00	—	—	—	—	√	√	√	√	√	√	√
85.00	—	—	—	—	√	√	√	√	√	√	√
90.00	—	—	—	—	√	√	√	√	√	√	√
95.00	—	—	—	—	√	√	√	√	√	√	√
100.00	—	—	—	—	—	√	√	√	√	√	√
105.00	—	—	—	—	—	√	√	√	√	√	√
110.00	—	—	—	—	—	√	√	√	√	√	√
115.00	—	—	—	—	—	—	√	√	√	√	√
120.00	—	—	—	—	—	—	—	√	√	√	√

(3) 冷拉有缝正方形管和无缝正方形管

表 3-20-199　　冷拉有缝正方形管和无缝正方形管的截面典型规格　　mm

边长	壁厚						
	1.00	1.50	2.00	2.50	3.00	4.50	5.00
10.00			—	—	—	—	—
12.00			—	—	—	—	—
14.00				—	—	—	—
16.00				—	—	—	—
18.00					—	—	—
20.00					—	—	—
22.00	—					—	—
25.00	—					—	—
28.00	—						—
32.00	—						—
36.00	—						—
40.00	—						—
42.00	—						
45.00	—						
50.00	—						
55.00	—	—					
60.00	—	—					
65.00	—	—					
70.00	—	—					

注：空白处表示可供规格。

(4) 冷拉有缝矩形管和无缝矩形管

表 3-20-200　　冷拉有缝矩形管和无缝矩形管的截面典型规格　　mm

边长(宽×高)	壁厚						
	1.00	1.50	2.00	2.50	3.00	4.00	5.00
14.00×10.00				—	—	—	—
16.00×12.00				—	—	—	—
18.00×10.00				—	—	—	—
18.00×14.00					—	—	—
20.00×12.00					—	—	—
22.00×14.00					—	—	—
25.00×15.00						—	—
28.00×16.00						—	—
28.00×22.00							—
32.00×18.00							—
32.00×25.00							
36.00×20.00							
36.00×28.00							
40.00×25.00	—						
40.00×30.00	—						
45.00×30.00	—						
50.00×30.00	—						
55.00×40.00	—						
60.00×40.00	—	—					
70.00×50.00	—	—					

注：空白处表示可供规格。

(5) 冷拉有缝椭圆形管和无缝椭圆形管

表 3-20-201　　冷拉有缝椭圆形管和无缝椭圆形管的截面典型规格　　mm

长轴	短轴	壁厚	长轴	短轴	壁厚
27.00	11.50	1.00	67.50	28.50	2.00
33.50	14.50	1.00	74.00	31.50	1.50
40.50	17.00	1.00	74.00	31.50	2.00
40.50	17.00	1.50	81.00	34.00	2.00
47.00	20.00	1.00	81.00	34.00	2.50
47.00	20.00	1.50	87.50	37.00	2.00
54.00	23.00	1.50	87.50	40.00	2.50
54.00	23.00	2.00	94.50	40.00	2.50
60.50	25.50	1.50	101.00	43.00	2.50
60.50	25.50	2.00	108.00	45.50	2.50
67.50	28.50	1.50	114.50	48.50	2.50

20.6.7 铝和铝合金热挤压管（无缝圆管）（GB/T 4437.1—2015）

(1) 产品分类

铝和铝合金热挤压管（无缝圆管）管材的牌号及供应状态见表 3-20-202。

表 3-20-202　　牌号及供应状态

牌号	供应状态
1100、1200	O、H113、F
1035	O
1050A	O、H111、H112、F
1060、1070A	O、H112
2014	O、T1、T4、T4510、T4511、T6、T6510、T6511
2017、2A12	O、T1、T4
2024	O、T1、T3、T3510、T3511、T4、T81、T8510、T8511
2219	O、T1、T3、T3510、T3511、T81、T8510、T8511
2A11	O、T1
2A14、2A50	T6
3003、包铝 3003	O、H112、F
3A21	H112
5051A、5083、5086	O、H111、H112、F
5052	O、H112、F
5154、5A06	O、H112
5454、5456	O、H111、H112
5A02、5A03、5A05	H112
6005、6105	T1、T5
6005A	T1、T5、T61[①]
6041	T5、T6511
6042	T5、T5511
6061	O、T1、T4、T4510、T4511、T51、T6、T6510、T6511、F
6351、6082	O、H111、T4、T6
6162	T5、T5510、T5511、T6、T6510、T6511

第 3 篇

续表

牌　　号	供应状态
6262、6064	T6、T6511
6063	O、T1、T4、T5、T52、T6、T66②、F
6066	O、T1、T4、T4510、T4511、T6、T6510、T6511
6A02	O、T1、T4、T6
7050	T6510、T73511、T74511
7075	O、H111、T1、T6、T6510、T6511、T73、T73510、T73511
7178	O、T1、T6、T6510、T6511
7A04、7A09、7A15	T1、T6
7B05	O、T4、T6
8A06	H112

① 固溶热处理后进行欠时效以提高变形性能的状态。

② 固溶热处理后人工时效，通过工艺控制使力学性能达到本部分要求的特殊状态。

(2) 标记示例

管材的标记按产品名称、标准编号、牌号、供应状态、尺寸规格的顺序表示。标记示例如下：

2A12 牌号、供应状态为 O、外径为 40.00mm、壁厚为 6.00mm、长度为 4000mm 的定尺热挤压圆管，标记为：管 GB/T 4437.1-2A12 O-40×6×4000。

(3) 化学成分

5051A、6041、6042、6162、6064、6066、7178 牌号的化学成分应符合表 3-20-203 的规定，其他牌号的化学成分应符合 GB/T 3190（见 20.2.6 节）的规定。

表 3-20-203　　化学成分

牌号	化学成分(质量分数)/%											
	Si	Fe	Cu	Mn	Mg	Cr	Zn	—	Ti	其他杂质①		Al②
										单个	合计	
5051A	≤0.30	≤0.45	≤0.05	≤0.25	1.4~2.1	≤0.30	≤0.20	—	≤0.10	≤0.05	≤0.15	余量
6041	0.50~0.9	0.15~0.7	0.15~0.6	0.05~0.20	0.8~1.2	0.05~0.15	≤0.25	0.30~0.9Bi 0.35~1.2Sn	≤0.15	≤0.05	≤0.15	余量
6042	0.5~1.2	≤0.7	0.20~0.6	≤0.40	0.7~1.2	0.04~0.35	≤0.25	0.20~0.8Bi 0.15~0.40Pb	≤0.15	≤0.05	≤0.15	余量
6162	0.40~0.8	≤0.50	≤0.20	≤0.10	0.7~1.1	≤0.10	≤0.25	—	≤0.10	≤0.05	≤0.15	余量
6064	0.40~0.8	≤0.7	0.15~0.40	≤0.15	0.8~1.2	0.05~0.14	≤0.25	0.50~0.7Bi 0.20~0.40Pb	≤0.15	≤0.05	≤0.15	余量
6066	0.9~1.8	≤0.50	0.7~1.2	0.6~1.1	0.8~1.4	≤0.40	≤0.25	—	≤0.20	≤0.05	≤0.15	余量
7178	≤0.40	≤0.50	1.6~2.4	≤0.30	2.4~3.1	0.18~0.28	6.3~7.3	—	≤0.20	≤0.05	≤0.15	余量

① 其他杂质指表中未列出或未规定数值的元素。

② 铝的质量分数为 100.00% 与所有质量分数不小于 0.010% 的元素质量分数总和的差值，求和前各元素数值要表示到 0.0×%。

(4) 力学性能

管材的纵向室温拉伸力学性能应符合表 3-20-204 的规定。

表 3-20-204　　　　室温拉伸性能

牌号	供应状态	试样状态	壁厚/mm	室温拉伸试验结果			
				抗拉强度 R_m /MPa	规定非比例延伸强度 $R_{p0.2}$/MPa	断后伸长率/%	
						A_{50mm}	A
				≥			
1100 1200	O	O	所有	75~105	20	25	22
	H112	H112	所有	75	25	25	22
	F	—	所有	—	—	—	—
1035	O	O	所有	60~100	—	25	23
1050A	O、H111	O、H111	所有	60~100	20	25	23
	H112	H112	所有	60	20	25	23
	F	—	所有	—	—	—	—
1060	O	O	所有	60~95	15	25	22
	H112	H112	所有	60	—	25	22
1070A	O	O	所有	60~95	—	25	22
	H112	H112	所有	60	20	25	22
2014	O	O	所有	≤205	≤125	12	10
	T4、T4510、T4511	T4、T4510、T4511	所有	345	240	12	10
			所有	345	240	12	10
	T1[1]	T42	所有	345	200	12	10
		T62	≤18.00	415	365	7	6
			>18	415	365	—	6
	T6、T6510、T6511	T6、T6510、T6511	≤12.50	415	365	7	6
			12.50~18.00	440	400	—	6
			>18.00	470	400	—	6
2017	O	O	所有	≤245	≤125	16	16
	T4	T4	所有	345	215	12	12
	T1	T42	所有	335	195	12	—
2024	O	O	全部	≤240	≤130	12	10
	T3、T3510、T3511	T3、T3510、T3511	≤6.30	395	290	10	—
			>6.30~18.00	415	305	10	9
			>18.00~35.00	450	315	—	9
			>35.00	470	330	—	7
	T4	T4	≤18.00	395	260	12	10
			>18.00	395	260	—	9
	T1	T42	≤18.00	395	260	12	10
			>18.00~35.00	395	260	—	9
			>35.00	395	260	—	7
	T81、T8510、T8511	T81、T8510、T8511	>1.20~6.30	440	385	4	—
			>6.30~35.00	455	400	5	4
			>35.00	455	400	—	4
2219	O	O	所有	≤220	≤125	12	10
	T31、T3510、T3511	T31、T3510、T3511	≤12.50	290	180	14	12
			>12.50~80.00	310	185	—	12
	T1	T62	≤25.00	370	250	6	5
			>25.00	370	250	—	5
	T81、T8510、T8511	T81、T8510、T8511	≤80.00	440	290	6	5

续表

牌号	供应状态	试样状态	壁厚/mm	室温拉伸试验结果			
				抗拉强度 R_m /MPa	规定非比例延伸强度 $R_{p0.2}$/MPa	断后伸长率/%	
						A_{50mm}	A
				≥			
2A11	O	O	所有	≤245	—	—	10
	T1	T1	所有	350	195	—	10
2A12	O	O	所有	≤245	—	—	10
	T1	T42	所有	390	255	—	10
	T4	T4	所有	390	255	—	10
2A14	T6	T6	所有	430	350	6	—
2A50	T6	T6	所有	380	250	—	10
3003	O	O	所有	95~130	35	25	22
	H112	H112	≤1.60	95	35	—	—
			>1.60	95	35	25	22
	F	F	所有	—	—	—	—
包铝3003	O	O	所有	90~125	30	25	22
	H112	H112	所有	90	30	25	22
	F	F	所有	—	—	—	—
3A21	H112	H112	所有	≤165	—	—	—
5051A	O、H111	O、H111	所有	150~200	60	16	18
	H112	H112	所有	150	60	14	16
	F	—	所有	—	—	—	—
5052	O	O	所有	170~240	70	15	17
	H112	H112	所有	170	70	13	15
	F	—	所有	—	—	—	—
5083	O	O	所有	270~350	110	14	12
	H111	H111	所有	275	165	12	10
	H112	H112	所有	270	110	12	10
	F	—	所有	—	—	—	—
5154	O	O	所有	205~285	75	—	—
	H112	H112	所有	205	75	—	—
5454	O	O	所有	215~285	85	14	12
	H111	H111	所有	230	130	12	10
	H112	H112	所有	215	85	12	10
5456	O	O	所有	285~365	130	14	12
	H111	H111	所有	290	180	12	10
	H112	H112	所有	285	130	12	10
5086	O	O	所有	240~315	95	14	12
	H111	H111	所有	250	145	12	10
	H112	H112	所有	240	95	12	10
	F	—	所有	—	—	—	—
5A02	H112	H112	所有	225	—	—	—
5A03	H112	H112	所有	175	70	—	15
5A05	H112	H112	所有	225	110	—	15
5A06	H112、O	H112、O	所有	315	145	—	15
6005	T1	T1	≤12.50	170	105	16	14
	T5	T5	≤3.20	260	240	8	—
			3.20~25.00	260	240	10	9
6005A	T1	T1	≤6.30	170	100	15	—
	T5	T5	≤6.30	260	215	7	—
			6.30~25.00	260	215	9	8
	T61	T61	≤6.30	260	240	8	—
			6.30~25.00	260	240	10	9

续表

牌号	供应状态	试样状态	壁厚/mm	室温拉伸试验结果			
				抗拉强度 R_m /MPa	规定非比例延伸强度 $R_{p0.2}$/MPa	断后伸长率/%	
						A_{50mm}	A
				≥			
6105	T1	T1	≤12.50	170	105	16	14
	T5	T5	≤12.50	260	240	8	7
6041	T5、T6511	T5、T6511	10.00~50.00	310	275	10	9
6042	T5、T5511	T5、T5511	10.00~12.50	260	240	10	—
			12.50~50.00	290	240	—	9
6061	O	O	所有	≤150	≤110	16	14
	T1②	T1	≤16.00	180	95	16	14
		T42	所有	180	85	16	14
		T62	≤6.30	260	240	8	—
			>6.30	260	240	10	9
	T4、T4510、T4511	T4、T4510、T4511	所有	180	110	16	14
	T51	T51	≤16.00	240	205	8	7
	T6、T6510、T6511	T6、T6510、T6511	≤6.30	260	240	8	—
			>6.30	260	240	10	9
	F	—	所有	—	—	—	—
6351	O、H111	O、H111	≤25.00	≤160	≤110	12	14
	T4	T4	≤19.00	220	130	16	14
	T6	T6	≤3.20	290	255	8	—
			>3.20~25.00	290	255	10	9
6162	T5、T5510、T5511	T5、T5510、T5511	≤25.00	255	235	7	6
	T6、T6510、T6511	T6、T6510、T6511	≤6.30	260	240	8	—
			>6.30~12.50	260	240	10	9
6262	T6、T6511	T6、T6511	所有	260	240	10	9
6063	O	O	所有	≤130	—	18	16
	T1③	T1	≤12.50	115	60	12	10
			>12.50~25.00	110	55	—	10
		T42	≤12.50	130	70	14	12
			>12.50~25.00	125	60	—	12
	T4	T4	≤12.50	130	70	14	12
			>12.50~25.00	125	60	—	12
	T5	T5	≤25.00	175	130	6	8
	T52	T52	≤25.00	150~205	110~170	8	7
	T6	T6	所有	205	170	10	9
	T66	T66	≤25.00	245	200	8	10
	F	—	所有	—	—	—	—
6064	T6、T6511	T6、T6511	10.00~50.00	260	240	10	9
6066	O	O	所有	≤200	≤125	16	14
	T4、T4510、T4511	T4、T4510、T4511	所有	275	170	14	12
	T1①	T42	所有	275	165	14	12
		T62	所有	345	290	8	7
	T6、T6510、T6511	T6、T6510、T6511	所有	345	310	8	7

续表

牌号	供应状态	试样状态	壁厚/mm	室温拉伸试验结果			
				抗拉强度 R_m /MPa	规定非比例延伸强度 $R_{p0.2}$/MPa	断后伸长率/%	
						A_{50mm}	A
				≥			
6082	O、H111	O、H111	≤25.00	≤160	≤110	12	14
	T4	T4	≤25.00	205	110	12	14
	T6	T6	≤5.00	290	250	6	8
			>5.00~25.00	310	260	8	10
6A02	O	O	所有	≤145	—	—	17
	T4	T4	所有	205	—	—	14
	T1	T62	所有	295	—	—	8
	T6	T6	所有	295	—	—	8
7050	T76510	T76510	所有	545	475	7	—
	T73511	T73511	所有	485	415	8	7
	T74511	T74511	所有	505	435	7	—
7075	O、H111	O、H111	≤10.00	≤275	≤165	10	10
	T1	T62	≤6.30	540	485	7	—
			>6.30~12.50	560	505	7	6
			>12.50~70.00	560	495	—	6
	T6、T6510、T6511	T6、T6510、T6511	≤6.30	540	485	7	—
			>6.30~12.50	560	505	7	6
			>12.50~70.00	560	495	—	6
	T73、T73510、T73511	T73、T73510、T73511	1.60~6.30	470	400	5	7
			>6.30~35.00	485	420	6	8
			>35.00~70.00	475	405	—	8
7178	O	O	所有	≤275	≤165	10	9
	T6、T6510、T65111	T6、T6510、T65111	≤1.60	565	525	—	—
			>1.60~6.30	580	525	5	—
			>6.30~35.00	600	540	5	4
			>35.00~60.00	580	515	—	4
			>60.00~80.00	565	490	—	4
	T1	T62	≤1.60	545	505	—	—
			>1.60~6.30	565	510	5	—
			>6.30~35.00	595	530	5	4
			>35.00~60.00	580	515	—	4
			>60.00~80.00	565	490	—	4
7A04 7A09	T1	T62	≤80	530	400	—	5
	T6	T6	≤80	530	400	—	5
7B05	O	O	≤12.00	245	145	12	—
	T4	T4	≤12.00	305	195	11	—
	T6	T6	≤6.00	325	235	10	—
			>6.00~12.00	335	225	10	—
7A15	T1	T62	≤80	470	420	—	6
	T6	T6	≤80	470	420	—	6
8A06	H112	H112	所有	≤120	—	—	20

① T1 状态供货的管材，由供需双方商定提供 T42 或 T62 试样状态的性能，并在订货单（或合同）中注明，未注明时提供 T42 试样状态的性能。

② T1 状态供货的管材，由供需双方商定提供 T1 或 T42、T62 试样状态的性能，并在订货单（或合同）中注明，未注明时提供 T1 试样状态的性能。

③ T1 状态供货的管材，由供需双方商定提供 T1 或 T42 试样状态的性能，并在订货单（或合同）中注明，未注明时提供 T1 试样状态的性能。

(5) 硬度

管材的硬度参考值如表 3-20-205 所示。

表 3-20-205 硬度

牌号	供应状态	壁厚/mm	硬度 ≥		
			韦氏硬度(HW)	布氏硬度(HBW)	洛氏硬度(HRE)
6005	T5	>1.25	15	76	89
6005A	T61	>1.25	15	76	89
6105	T5	>1.25	15	76	89
6041	T6	>1.25	15	76	89
6042	T5、T5511	>1.25	15	76	89
6351	T6	1.25~19.00	16	95	—
6061	T4	>1.25	—	65	—
	T6	1.25~1.50	15	76	89
		1.50~12.50	15	76	89
		12.50~25.00	15	76	—
6262	T6	>1.25	15	76	89
6063	T1	1.25~12.50	—	50	—
	T4	1.25~12.50	—	60	—
	T5	1.25~12.50	—	65	—
	T6	1.25~25.00	12	72	75
6064	T6	>1.25	15	76	89
6082	T6	>1.25	16	80	92

(6) 电导率

对于 7075 合金 T73、T73510、T73511 状态供货的管材有电导率要求时，其电导率应符合表 3-20-206 的规定。

表 3-20-206 电导率

牌号	供应状态	电导率指标①/(MS/m)	力学性能	合格判定
7075	T73、T73510、T73511	<22.0	任何值	不合格
		22.0~23.1	符合本部分规定，且 $R_{p0.2}$>502MPa	不合格
			符合本部分规定，且 $R_{p0.2}$ 为 420~502MPa	合格
		>23.1	符合本部分规定	合格

① 电导率指标 22.0MS/m 对应于 38.0%IACS，23.1MS/m 对应于 39.9%IACS。

20.6.8 铝和铝合金热挤压管（有缝管）(GB/T 4437.2—2017)

(1) 产品分类

管材的牌号、供应状态应符合表 3-20-207 的规定。表面处理管材的类别、表面处理方式与膜层代号见表 3-20-208。

表 3-20-207 铝和铝合金热挤压有缝管牌号及供应状态

牌　　号	供应状态	牌　　号	供应状态
1050A、1060、1070A、1035、1100、1200	O、H112	6005	T5、T6
2017、2A11、2A12、2024	O、T1、T4	6005A	T1、T5、T6
3003	O、H112	6105	T6
5A02	H112	6351	T6
5052	O、H112	6060	T5、T6、T66
5A03、5A05	H112	6061	T4、T5、T6
5A06、5083、5454、5086	O、H112	6063	T1、T4、T5、T6
6A02	O、T1、T4、T6	6063A	T5、T6
6101	T6	6082	T4、T6
6101B	T6、T7	7003	T6

表 3-20-208　　表面处理管材的类别、表面处理方式与膜层代号

<table>
<tr><th>表面处理管材的类别</th><th colspan="2">表面处理方式</th><th>膜层代号</th><th>备注</th></tr>
<tr><td>阳极氧化管材</td><td colspan="2">阳极氧化、电解着色或染色</td><td>AA5、AA10、AA15、AA20、AA25</td><td>AA——表示阳极氧化类别
AA 后的数字标示阳极氧化膜最小平均膜厚限定值</td></tr>
<tr><td rowspan="2">电泳涂漆管材</td><td colspan="2" rowspan="2">阳极氧化、着色和电泳涂漆(水溶性清漆或色漆)复合处理</td><td>EA21、EA16、EA13</td><td>EA——表示阳极氧化+有光或亚光透明漆类别
EA 后的数字标示阳极氧化与电泳涂漆复合膜最小局部膜厚限定值</td></tr>
<tr><td>ES21</td><td>ES——表示阳极氧化+有光或亚光有色漆类别
ES 后的数字标示阳极氧化与电泳涂漆复合膜最小局部膜厚限定值</td></tr>
<tr><td rowspan="4">喷粉管材</td><td colspan="2" rowspan="4">以热固性聚酯、聚氨酯、三氟氯乙烯-乙烯基醚(简称 FEVE)粉末和热塑性聚偏二氟乙烯(简称 PVDF)粉末等作涂料的静电喷涂</td><td>GA40</td><td rowspan="4">GA——表示聚酯类粉末膜层类别
GU——表示聚氨酯类粉末膜层
GF——表示氟碳类粉末膜层类别
GO——表示其他粉末膜层类别
GA、GU、GF、GO 后的数字标示最小局部膜厚限定值</td></tr>
<tr><td>GU40</td></tr>
<tr><td>GF40</td></tr>
<tr><td>GO40</td></tr>
<tr><td rowspan="4">喷漆管材</td><td colspan="2">以丙烯酸漆作涂料的静电喷涂</td><td>LB17</td><td>LB——表示丙烯酸漆喷涂类别
LB 后的数字标示最小局部膜厚限定值</td></tr>
<tr><td rowspan="3">有机溶剂型或水性溶剂型聚偏二氟乙烯(PVDF)漆等作涂料的静电喷涂</td><td>二涂(底漆加面漆)</td><td>LF2-25</td><td>LF2——表示氟碳漆喷涂为二涂类别
LF2 后的数字标示最小局部膜厚限定值</td></tr>
<tr><td>三涂(底漆、面漆加清漆)</td><td>LF3-34</td><td>LF3——表示氟碳漆喷涂为三涂类别
LF3 后的数字标示最小局部膜厚限定值</td></tr>
<tr><td>四涂(底漆、阻挡漆、面漆加清漆)</td><td>LF4-55</td><td>LF4——表示氟碳漆喷涂为四涂类别
LF4 后的数字标示最小局部膜厚限定值</td></tr>
</table>

(2) 标记示例

产品标记按产品名称或表面处理管材类别、本部分编号、牌号、供应状态、截面尺寸及长度和颜色（或色号）、膜层代号的顺序表示。标记示例如下：

示例 1：

6063 牌号、T6 状态、外径为 40.00mm、壁厚为 6.00mm、定尺长度为 4000mm 的热挤压有缝圆管，标记为：圆管 GB/T 4437.2-6063T6-ϕ40×6×4000。

示例 2：

2A12 牌号、T4 状态、矩形截面长为 20.00mm、矩形截面宽为 15.00mm、壁厚为 2.00mm 的非定尺热挤压有缝管，标记为：矩形管 GB/T 4437.2-2A12T4-20×15×2。

示例 3：

1100 牌号、H112 状态、外接圆直径为 140.00mm、壁厚为 4.00mm、定尺长度为 3000mm 的热挤压正六边形有缝管，标记为：正六边形管 GB/T 4437.2-1100H112-ϕ140×4×3000。

示例 4：

6063 牌号、T5 状态、外径为 40.00mm、壁厚为 6.00mm、定尺长度为 4000mm、银白色、膜层代号为 AA10 的阳极氧化圆管，标记为：阳极氧化管材 GB/T 4437.2-6063T5-ϕ40×6×4000 银白色 AA10。

示例 5：

6063 牌号、T5 状态、矩形截面长为 20.00mm、矩形截面宽为 15.00mm、壁厚为 2.00mm、黑色、膜层代号为 EA21 的非定尺电泳涂漆管材，标记为：电泳涂漆管材 GB/T 4437.2-6063T5-20×15×2 黑色 EA21。

示例 6：

6063 牌号、T5 状态、外接圆直径为 140.00mm、壁厚为 4.00mm、定尺长度为 3000mm、灰色、膜层代号为

GA40 的喷粉管材，标记为：喷粉管材 GB/T 4437.2-6063T5-ϕ140×4×3000 灰色 GA40。

示例 7：

6063 牌号、T5 状态、矩形截面长为 20.00mm、矩形截面宽为 15.00mm、壁厚为 2.00mm、红色、膜层代号为 LF2-25 的非定尺喷漆管材，标记为：喷漆管材 GB/T 4437.2-6063T5-20×15×2 红色 LF2-25。

（3）力学性能

管材纵向室温拉伸力学性能见表 3-20-209。

表 3-20-209　　室温拉伸力学性能

牌号	供应状态	试样状态	壁厚/mm	室温拉伸试验结果			
				抗拉强度 R_m/MPa	规定非比例延伸强度 $R_{p0.2}$/MPa	断后伸长率/%	
						A	A_{50mm}
						≥	
1070A、1060	O	O	所有	60~95	≥15	22	20
	H112	H112	所有	≥60	≥15	22	20
1050A、1035	O	O	所有	60~95	≥20	25	23
	H112	H112	所有	≥60	≥20	25	23
1100	O	O	所有	75~105	≥20	22	20
	H112	H112	所有	≥75	≥20	22	20
1200	H112	H112	所有	≥75	≥25	20	18
2A11	O	O	所有	≤245	—	12	10
	T1、T4	T42、T4	≤10.00	≥335	≥190	—	10
			>10.00~20.00	≥335	≥200	10	8
			>20.00~50.00	≥365	≥210	10	—
2017	O	O	所有	≤245	≤125	16	16
	T1、T4	T42、T4	≤12.50	≥345	≥215	—	12
			>12.50~100.00	≥345	≥195	12	—
2A12	O	O	所有	≤245	—	12	10
	T1、T4	T42、T4	≤5.00	≥390	≥295	—	8
			>5.00~10.00	≥410	≥295	—	8
			>10.00~20.00	≥420	≥305	10	8
			>20.00~50.00	≥440	≥315	10	—
2024	O	O	所有	≤250	≤150	12	10
	T3、T3510、T3511	T3、T3510、T3511	≤15.00	≥395	≥290	8	6
			>15.00~50.00	≥420	≥290	8	—
3003	O	O	所有	95~135	≥35	25	20
	H112	H112	所有	≥95	≥35	25	20
5A02	H112	H112	所有	≤245	—	12	10
5052	H112	H112	所有	≥170	≥70	15	13
	O	O	所有	175~230	≥70	17	15
5A03	H112	H112	所有	≥180	≥80	12	10
5A05	H112	H112	所有	≥255	≥130	15	13
5A06	O、H112	O、H112	所有	≥315	≥160	15	13
5083	O	O	所有	≥270	≥110	12	10
	H112	H112	所有	≥270	≥125	12	10
5454	O	O	≤25.00	200~275	≥85	18	16
	H112	H112	≤25.00	≥200	≥85	16	14
5086	O	O	所有	240~320	≥95	18	15
	H112	H112	所有	≥240	≥95	12	10
6A02	O	O	所有	≤145	—	17	—
	T4	T4	所有	≥205	—	14	—
	T1、T6	T62、T6	所有	≥295	≥230	10	8

续表

牌号	供应状态	试样状态	壁厚/mm	室温拉伸试验结果			
				抗拉强度 R_m/MPa	规定非比例延伸强度 $R_{p0.2}$/MPa	断后伸长率/%	
						A	A_{50mm}
						≥	
6101	T6	T6	≥3.00~7.00	≥195	≥165	—	10
			>7.00~17.00	≥195	≥165	12	10
			>17.00~30.00	≥175	≥145	14	—
6101B	T6	T6	≤15.00	≥215	≥160	8	6
	T7	T7	≤15.00	≥170	≥120	12	10
6005A	T1	T1	≤6.30	≥170	≥100	—	15
6005A、6005	T5	T5	≤6.30	≥250	≥200	—	7
			>6.30~25.00	≥250	≥200	8	7
	T6	T6	≤5.00	≥270	≥225	—	6
			>5.00~10.00	≥260	≥215	—	6
6105	T6	T6	≤3.20	≥250	≥240	—	8
			>3.20~25.00	≥250	≥240	—	10
6351	T6	T6	≤5.00	≥290	≥250	8	6
			>5.00~25.00	≥300	≥255	10	8
6060	T5	T5	≤15.00	≥160	≥120	8	6
	T6	T6	≤15.00	≥190	≥150	8	6
	T66	T66	≤15.00	≥215	≥160	8	6
6061	T4	T4	≤25.00	≥180	≥110	15	13
	T5	T5	≤16.00	≥240	≥205	9	7
	T6	T6	≤5.00	≥260	≥240	8	6
			>5.00~25.00	≥260	≥240	10	8
6063	T1	T1	≤12.50	≥120	≥60	—	12
			>12.50~25.00	≥110	≥55	—	12
	T4	T4	≤10.00	≥130	≥65	14	12
			>10.00~25.00	≥125	≥60	12	10
	T5	T5	≤25.00	≥175	≥130	8	6
	T6	T6	≤25.00	≥215	≥170	10	8
6063A	T5	T5	≤25.00	≥200	≥160	7	5
	T6	T6	≤25.00	≥230	≥190	7	5
6082	T4	T4	≤25.00	≥205	≥110	14	12
	T6	T6	≤5.00	≥290	≥250	—	6
			>5.00~25.00	≥310	≥260	10	8
7003	T6	T6	≤10.00	≥350	≥290	—	8
			>10.00~25.00	≥340	≥280	10	8

(4) 电导率

6101B 合金电导率指标应符合表 3-20-210 的规定。其他合金有电导率要求时，由供需双方协商确定。

表 3-20-210 **电导率**

牌号	供应状态	电导率/(MS/m)
6101B	T6	30
	T7	32

20.6.9 铅和铅锑合金管（GB/T 1472—2014）

(1) 产品分类

铅和铅锑合金管的牌号、状态、规格见表 3-20-211。

表 3-20-211　铅和铅锑合金管的牌号、状态、规格

牌号	状态	规格/mm		
		内径	壁厚	长度
Pb1、Pb2	挤制(R)	5~230	2~12	直管:≤4000 盘状管:≥2500
PbSb0.5、PbSb2、PbSb4、PbSb6、PbSb8		10~200	3~14	

注：经供需双方协商，可供其他牌号、规格管材。

(2) 标记示例

产品标记按产品名称、标准编号、牌号、状态、规格的顺序表示。标记示例如下：

示例 1：

用 Pb2 制造的、挤制状态、内径为 50mm，壁厚为 6mm，长度 3000mm 的铅管，标记为：直管 GB/T 1472-Pb2 R-ϕ50×6×3000。

示例 2：

用 PbSb0.5 制造的、挤制状态、内径为 50mm，壁厚为 6mm 的高精级盘状管，标记为：盘状管 GB/T 1472-PbSb0.5 R 高-ϕ50×6。

(3) 化学成分

纯铅牌号的化学成分应符合表 3-20-212 的规定。铅锑合金牌号的化学成分应符合表 3-20-213 的规定。

表 3-20-212　纯铅牌号的化学成分

牌号	化学成分/%									
	主要成分	杂质含量　≤								
	Pb①	Ag	Cu	Sb	As	Bi	Sn	Zn	Fe	杂质总和
Pb1	≥99.992	0.0005	0.001	0.001	0.0005	0.004	0.001	0.0005	0.0005	0.008
Pb2	≥99.90	0.002	0.01	0.05	0.01	0.03	0.005	0.002	0.002	0.10

① 铅含量按 100%减去所列杂质含量的总和计算，所得结果不再进行修约。

注：杂质总和为表中所列杂质之和。

表 3-20-213　铅锑合金牌号的化学成分

牌号	化学成分/%									
	主要成分		杂质含量							
	Pb①	Sb	Ag	Cu	Sb	As	Bi	Sn	Zn	Fe
PbSb0.5	余量	0.3~0.8	杂质总和≤0.3							
PbSb2		1.5~2.5								
PbSb4		3.5~4.5								
PbSb6		5.5~6.5								
PbSb8		7.5~8.5								

① 铅含量按 100%减去 Sb 含量和所列杂质含量的总和计算，所得结果不再进行修约。

注：杂质总和为表中所列杂质之和。

(4) 常用规格

纯铅管的常用规格见表 3-20-214。铅锑合金管的常用规格见表 3-20-215。

表 3-20-214　纯铅管的常用规格

mm

公称内径	公称壁厚									
	2	3	4	5	6	7	8	9	10	12
5、6、8、10、13、16、20	O	O	O	O	O	O	O	O	O	O
25、30、35、38、40、45、50	—	O	O	O	O	O	O	O	O	O
55、60、65、70、75、80、90、100	—	—	O	O	O	O	O	O	O	O
110	—	—	—	O	O	O	O	O	O	O
125、150	—	—	—	—	O	O	O	O	O	O
180、200、230	—	—	—	—	—	—	O	O	O	O

注：1. “O”表示常用规格。

2. 需要其他规格的产品由供需双方商定。

表 3-20-215 铅锑合金管的常用规格 mm

公称内径	公称壁厚									
	3	4	5	6	7	8	9	10	12	14
10、15、17、20、25、30、35、40、45、50	O	O	O	O	O	O	O	O	O	O
55、60、65、70	—	O	O	O	O	O	O	O	O	O
75、80、90、100	—	—	O	O	O	O	O	O	O	O
110	—	—	—	O	O	O	O	O	O	O
125、150	—	—	—	—	O	O	O	O	O	O
180、200	—	—	—	—	—	—	O	O	O	O

注：1. "O" 表示常用规格。
2. 需要其他规格的产品由供需双方商定。

(5) 允许偏差

管材内径允许偏差应符合表 3-20-216 的规定。管材壁厚允许偏差应符合表 3-20-217 的规定。

表 3-20-216 内径允许偏差 mm

精度等级	内径								
	5~10	>10~20	>20~30	>30~40	>40~55	>55~110	>110~150	>180~200	>200
普通级①	±0.50	±0.80	±1.20	±1.60	±2.20	±3.00	±5.00	±6.00	±8.00
高精级①	±0.30	±0.40	±0.60	±0.80	±1.20	±1.60	±2.50	±3.00	±4.00

① 当要求内径允许偏差全为（+）或（-）单向偏差时，其值应为表中对应数值的 2 倍。

表 3-20-217 壁厚允许偏差 mm

精度等级	内径	壁厚										
		2	3	4	5	6	7	8	9	10	12	14
普通级①	<100	±0.20	±0.25	±0.40	±0.50	±0.60	±0.65	±0.70	±0.75	±1.00	±1.20	±1.20
	≥100	—	—	±0.50	±0.60	±0.70	±0.75	±0.85	±0.85	±1.20	±1.30	±1.50
高精级①	5~230	±0.20	±0.20	±0.30	±0.30	±0.50	±0.50	±0.50	±0.50	±1.00	±1.00	±1.00

① 当要求壁厚允许偏差全为（+）或（-）单向偏差时，其值应为表中对应数值的 2 倍。

(6) 理论质量

常用规格纯铅管的理论质量见表 3-20-218。铅锑合金管与纯铅管之间每米理论质量换算关系见表 3-20-219。

表 3-20-218 常用规格纯铅管的理论质量

内径/mm	管壁厚度/mm									
	2	3	4	5	6	7	8	9	10	12
	理论质量(密度 11.34g/cm³)/(kg/m)									
5	0.5	0.9	1.3	1.8	2.3	3.0	3.7	4.7	5.3	7.3
6	0.6	1.0	1.4	1.9	2.6	3.2	4.1	4.8	5.7	7.7
8	0.7	1.2	1.7	2.3	3.0	3.7	4.5	5.4	6.4	8.5
10	0.8	1.4	2.0	2.7	3.4	4.2	5.1	6.3	7.1	9.4
13	1.1	1.7	2.4	3.2	4.1	5.0	6.0	7.0	8.2	10.7
16	1.3	2.0	2.8	3.7	4.7	5.7	6.8	8.0	9.3	12.0
20	1.6	2.5	3.4	4.4	5.5	6.7	8.0	9.3	10.7	13.7
25	—	3.0	4.1	5.4	6.6	8.0	9.4	10.9	12.5	15.8
30	—	3.5	4.9	6.2	7.7	9.2	10.8	12.5	14.2	17.9
35	—	4.1	5.6	7.1	8.8	10.5	12.3	14.1	16.0	20.1
38	—	4.4	6.0	7.6	9.4	11.2	13.1	15.1	17.1	21.4
40	—	4.6	6.3	8.0	9.8	11.7	13.7	15.7	17.8	22.2
45	—	5.1	7.0	8.9	10.9	13.0	15.1	17.3	19.6	24.3
50	—	5.7	7.7	9.8	12.0	14.2	16.5	18.9	21.4	26.5
55	—	—	8.4	10.7	13.1	15.5	18.0	20.5	23.1	28.6
60	—	—	9.1	11.6	14.1	16.7	19.4	22.1	24.9	30.8
65	—	—	9.8	12.4	15.2	18.8	20.8	24.6	26.9	32.9

续表

内径/mm	管壁厚度/mm									
	2	3	4	5	6	7	8	9	10	12
	理论质量(密度 11.34g/cm³)/(kg/m)									
70	—	—	10.5	13.3	16.2	19.1	22.2	25.3	28.5	35.0
75	—	—	11.3	14.2	17.3	20.4	23.6	27.1	30.3	37.2
80	—	—	12.0	15.1	18.3	21.7	26.0	28.5	32.0	39.3
90	—	—	13.4	16.9	20.5	24.2	27.9	31.8	35.6	43.6
100	—	—	14.8	18.7	22.6	26.7	30.8	35.0	39.2	47.9
110	—	—	—	20.5	24.8	29.2	33.6	38.2	42.7	52.1
125	—	—	—	—	28.0	32.9	37.9	42.9	48.1	58.6
150	—	—	—	—	33.3	39.1	45.0	50.9	57.1	69.3
180	—	—	—	—	—	—	53.6	60.5	67.7	82.2
200	—	—	—	—	—	—	59.3	67.5	74.8	90.7
230	—	—	—	—	—	—	67.8	76.5	85.5	103.5

表 3-20-219　　铅锑合金管与纯铅管之间每米理论质量换算关系

牌号	密度/(g/cm³)	换算系数	牌号	密度/(g/cm³)	换算系数
Pb1. Pb2	11.34	1.0000	PbSb4	11.15	0.9850
PbSb0.5	11.32	0.9982	PbSb6	11.06	0.9753
PbSb2	11.25	0.9921	PbSb8	10.97	0.9674

20.7 有色金属棒材

20.7.1 铜及铜合金拉制棒（GB/T 4423—2007）

(1) 产品分类

铜及铜合金拉制棒的牌号、状态和规格如表 3-20-220 所示。矩形棒材的宽高比应同时符合表 3-20-221 的规定。

表 3-20-220　　牌号、状态和规格

牌号	状态	直径(或对边距离)/mm	
		圆形棒、方形棒、六角形棒	矩形棒
T2、T3、TP2、H96、TU1、TU2	Y(硬) M(软)	3~80	3~80
H90	Y(硬)	3~40	—
H80、H65	Y(硬) M(软)	3~40	—
H68	Y_2(半硬) M(软)	3~80 13~35	—
H62	Y_2(半硬)	3~80	3~80
HPb59-1	Y_2(半硬)	3~80	3~80
H63、HPb63-0.1	Y_2(半硬)	3~40	—
HPb63-3	Y(硬) Y_2(半硬)	3~30 3~60	3~80
HPb61-1	Y_2(半硬)	3~20	—
HFe59-1-1、HFe58-1-1、HSn62-1、HMn58-2	Y(硬)	4~60	—

续表

牌号	状态	直径(或对边距离)/mm	
		圆形棒、方形棒、六角形棒	矩形棒
QSn6.5-0.1、QSn6.5-0.4、QSn4-3、QSn4-0.3、QSi3-1、QAl9-2、QAl9-4、QAl10-3-1.5、QZr0.2、QZr0.4	Y(硬)	4~40	—
QSn7-0.2	Y(硬) T(特硬)	4~40	—
QCd1	Y(硬) M(软)	4~60	—
QCr0.5	Y(硬) M(软)	4~40	—
QSi1.8	Y(硬)	4~15	—
BZn15-20	Y(硬) M(软)	4~40	—
BZn15-24-1.5	T(特硬) Y(硬) M(软)	3~18	—
BFe30-1-1	Y(硬) M(软)	16~50	—
BMn40-1.5	Y(硬)	7~40	—

注：经双方协商，可供其他规格棒材，具体要求应在合同中注明。

表 3-20-221　　矩形棒截面的宽高比

高度/mm	宽度/高度　≤	高度/mm	宽度/高度　≤
≤10	2.0	>20	3.5
>10~≤20	3.0		

注：经双方协商，可供其他规格棒材，具体要求应在合同中注明。

直径（可对边距离）为 3~50mm 时，供应长度为 1000~5000mm；直径（或对边距离）为 50~80mm 时，供应长度为 500~5000mm。

(2) 标记示例

产品标记按产品名称、牌号、状态、精度、规格和标准编号的顺序表示，圆形棒直径以“ϕ”表示，矩形棒的宽度、高度分别以“a”“b”表示，方形棒的边长以“a”表示，六角形棒的对边距以“S”表示。截面示意图（图 3-20-2）及标记示例如下：

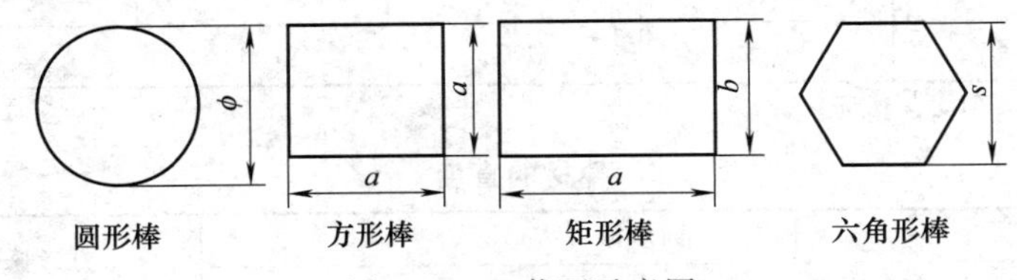

图 3-20-2　截面示意图

a. 用 H62 制造的、供应状态为 Y2、高精级、外径为 20mm、长度为 2000mm 的圆形棒，标记为：圆形棒 H62Y_2 高　20×2000　GB/T 4423—2007。

b. 用 T2 制造的、供应状态为 M、高精级、外径为 20mm、长度为 2000mm 的方形棒，标记为：方形棒 T2 M 高　20×2000　GB/T 4423—2007。

c. 用 HPb59-1 制造的、供应状态为 Y、普通级、高度为 25mm，宽度为 40mm、长度为 2000mm 的矩形棒，标记为：矩形棒 HPb59-1Y　25×40×2000　GB/T 4423—2007。

d. 用 H68 制造的、供应状态为 Y2、高精级、对边距为 30mm、长度为 2000mm 的六角形棒，标记为：六角形棒 H68 Y_2 高　30×2000　GB/T 4423—2007。

(3) 尺寸及其允许偏差

圆形棒、方形棒和六角形棒材的尺寸及其允许偏差见表 3-20-222。矩形棒材的尺寸及其允许偏差见表 3-20-223。

表 3-20-222　　圆形棒、方形棒和六角形棒材的尺寸及其允许偏差　　mm

直径（或对边距）	圆形棒				方形棒或六角形棒			
	紫黄铜类		青白铜类		紫黄铜类		青白铜类	
	高精级	普通级	高精级	普通级	高精级	普通级	高精级	普通级
≥3～≤6	±0.02	±0.04	±0.03	±0.06	±0.04	±0.07	±0.06	±0.10
>6～≤10	±0.03	±0.05	±0.04	±0.06	±0.04	±0.08	±0.08	±0.11
>10～≤18	±0.03	±0.06	±0.05	±0.08	±0.05	±0.10	±0.10	±0.13
>18～≤30	±0.04	±0.07	±0.06	±0.10	±0.06	±0.10	±0.10	±0.15
>30～≤50	±0.08	±0.10	±0.09	±0.10	±0.12	±0.13	±0.13	±0.16
>50～≤80	±0.10	±0.12	±0.12	±0.15	±0.15	±0.24	±0.24	±0.30

注：1. 单向偏差为表中数值的 2 倍。
2. 棒材直径或对边距允许偏差等级应在合同中注明，否则按普通级精度供货。

表 3-20-223　　矩形棒材的尺寸及其允许偏差　　mm

宽度或高度	紫黄铜类		青铜类	
	高精级	普通级	高精级	普通级
3	±0.08	±0.10	±0.12	±0.15
>3～≤6	±0.08	±0.10	±0.12	±0.15
>6～≤10	±0.08	±0.10	±0.12	±0.15
>10～≤18	±0.11	±0.14	±0.15	±0.18
>18～≤30	±0.18	±0.21	±0.20	±0.24
>30～≤50	±0.25	±0.30	±0.30	±0.38
>50～≤80	±0.30	±0.35	±0.40	±0.50

注：1. 单向偏差为表中数值的 2 倍。
2. 矩形棒的宽度或高度允许偏差等级应在合同中注明，否则按普通级精度供货。

方形、矩形棒和六角形棒材的圆角半径见表 3-20-224。棒材的直度见表 3-20-225。

表 3-20-224　　方形棒、矩形棒和六角形棒材的圆角半径　　mm

截面的名义宽度（对边距离）	3～6	>6～10	>10～18	>18～30	>30～50	>50～80
圆角半径	0.5	0.8	1.2	1.8	2.8	4.0

注：此项供方可不检验，但必须保证。

表 3-20-225　　棒材的直度　　mm

长度	圆形棒				方形棒、六角形棒、矩形棒	
	3～≤20		>20～80			
	全长直度	每米直度	全长直度	每米直度	全长直度	每米直度
<1000	≤2	—	≤1.5	—	≤5	—
≥1000～<2000	≤3	—	≤2	—	≤8	—
≥2000～<3000	≤6	≤3	≤4	≤3	≤12	≤5
≥3000	≤12	≤3	≤8	≤3	≤15	≤5

(4) 力学性能

圆形棒、方形棒和六角形棒材的力学性能见表 3-20-226。矩形棒材的力学性能见表 3-20-227。

表 3-20-226　　圆形棒、方形棒和六角形棒材的力学性能

牌号	状态	直径、对边距/mm	抗拉强度 R_m/MPa	断后伸长率 A/%	布氏硬度(HBW)
			≥		
T2、T3	Y	3~40	275	10	—
		40~60	245	12	—
		60~80	210	16	—
	M	3~80	200	40	—
TU1、TU2、TP2	Y	3~80	—	—	—
H96	Y	3~40	275	8	—
		40~60	245	10	—
		60~80	205	14	—
	M	3~80	200	40	—
H90	Y	3~40	330	—	—
H80	Y	3~40	390	—	—
	M	3~40	275	50	—
H68	Y_2	3~12	370	18	—
		12~40	315	30	—
		40~80	295	34	—
	M	13~35	295	50	—
H65	Y	3~40	390	—	—
	M	3~40	295	44	—
H62	Y_2	3~40	370	18	—
		40~80	335	24	—
HPb61-1	Y_2	3~20	390	11	—
HPb59-1	Y_2	3~20	420	12	—
		20~40	390	14	—
		40~80	370	19	—
HPb63-0.1 H63	Y_2	3~20	370	18	—
		20~40	340	21	—
HPb63-3	Y	3~15	490	4	—
		15~20	450	9	—
		20~30	410	12	—
	Y_2	3~20	390	12	—
		20~60	360	16	—
HSn62-1	Y	4~40	390	17	—
		40~60	360	23	—
HMn58-2	Y	4~12	440	24	—
		12~40	410	24	—
		40~60	390	29	—
HFe58-1-1	Y	4~40	440	11	—
		40~60	390	13	—
HFe59-1-1	Y	4~12	490	17	—
		12~40	440	19	—
		40~60	410	22	—
QAl9-2	Y	4~40	540	16	—
QAl9-4	Y	4~40	580	13	—
QAl10-3-1.5	Y	4~40	630	8	—
QSi3-1	Y	4~12	490	13	—
		12~40	470	19	—
QSi1.8	Y	3~15	500	15	—
QSn6.5-0.1 QSn6.5-0.4	Y	3~12	470	13	—
		12~25	440	15	—
		25~40	410	18	—

续表

牌号	状态	直径、对边距/mm	抗拉强度 R_m/MPa	断后伸长率 A/%	布氏硬度(HBW)
			≥		
QSn7-0.2	Y	4~40	440	19	130~200
	T	4~40	—	—	≥180
QSn4-0.3	Y	4~12	410	10	—
		12~25	390	13	—
		25~40	355	15	—
QSn4-3	Y	4~12	430	14	—
		12~25	370	21	—
		25~35	335	23	—
		35~40	315	23	—
QCd1	Y	4~60	370	5	≥100
	M	4~60	215	36	≤75
QCr0.5	Y	4~40	390	6	—
	M	4~40	230	40	—
QZr0.2、QZr0.4	Y	3~40	294	6	130①
BZn15-20	Y	4~12	440	6	—
		12~25	390	8	—
		25~40	345	13	—
	M	3~40	295	33	—
BZn15-24-1.5	T	3~18	590	3	—
	Y	3~18	440	5	—
	M	3~18	295	30	—
BFe30-1-1	Y	16~50	490	—	—
	M	16~50	345	25	—
BMn40-1.5	Y	7~20	540	6	—
		20~30	490	8	—
		30~40	440	11	—

① 此硬度值为经淬火处理及冷加工时效后的性能参考值。

注：直径或对边距离小于10mm的棒材不做硬度试验。

表 3-20-227 矩形棒材的力学性能

牌号	状态	高度/mm	抗拉强度 R_m/MPa	断后伸长率 A/%
			≥	
T2	M	3~80	196	36
	Y	3~80	245	9
H62	Y_2	3~20	335	17
		20~80	335	23
HPb59-1	Y_2	5~20	390	12
		20~80	375	18
HPb63-3	Y_2	3~20	380	14
		20~80	365	19

20.7.2 铜及铜合金挤制棒（YS/T 649—2007）

(1) 产品分类

铜及铜合金挤制棒的牌号、状态、规格见表 3-20-228。

表 3-20-228 棒材的牌号、状态、规格

牌号	状态	直径或长边对边距/mm		
		圆形棒	矩形棒①	方形、六角形棒
T2、T3	挤制（R）	30~300	20~120	20~120
TU1、TU2、TP2		16~300	—	16~120
H96、HFe58-1-1、HAl60-1-1		10~160	—	10~120
HSn62-1、HMn58-2、HFe59-1-1		10~220	—	10~120
H80、H68、H59		16~120	—	16~120
H62、HPb59-1		10~220	5~50	10~120
HSn70-1、HAl77-2		10~160	—	10~120
HMn55-3-1、HMn57-3-1、HAl66-6-3-2、HAl67-2.5		10~160	—	10~120
QAl9-2		10~200	—	30~60
QAl9-4、QAl10-3-1.5、QAl10-4-4、QAl10-5-5		10~200	—	—
QAl11-6-6、HSi80-3、HNi56-3		10~160	—	—
QSi1-3		20~100	—	—
QSi3-1		20~160	—	—
QSi3.5-3-1.5、BFe10-1-1、BFe30-1-1、BAl13-3、BMn40-1.5		40~120	—	—
QCd1		20~120	—	—
QSn4-0.3		60~180	—	—
QSn4-3、QSn7-0.2		40~180	—	40~120
QSn6.5-0.1、QSn6.5-0.4		40~180	—	30~120
QCr0.5		18~160	—	—
BZn15-20		25~120	—	—

① 矩形棒的对边距指两短边的距离。

注：直径（或对边距）为 10~50mm 的棒材，供应长度为 1000~5000mm；直径（或对边距）大于 50~75mm 的棒材，供应长度为 500~5000mm；直径（或对边距）大于 75~120mm 的棒材，供应长度为 500~4000mm；直径（或对边距）大于 120mm 的棒材，供应长度为 300~4000mm。

（2）标记示例

产品标记按产品名称、牌号、状态、规格和标准编号的顺序表示。标记示例如下：

示例 1：

用 T2 制造的、R 状态、高精级、直径为 40mm、长度为 2000mm 定尺的圆形棒材标记为：圆形棒 T2R 高 40×2000 YS/T 649—2007。

示例 2：

用 H62 制造的、R 状态、普通级、长边为 50mm、短边为 20mm、长度为 3000mm 定尺的矩形棒标记为：矩形棒 H62R 50×20×3000 YS/T 649—2007。

示例 3：

用 HSn62-1 制造的、R 状态、普通级、长边为 30mm、长度为 3000mm 的方棒标记为：方形棒 HSn62-1R 30×3000 YS/T 649—2007。

示例 4：

用 HPb59-1 制造的、R 状态、高精级、对边距为 30mm、长度为 3000mm 定尺的六角棒的矩形棒标记为：六角形棒 HPb59-1R 高 30×3000 YS/T 649—2007。

（3）尺寸及允许偏差

棒材的直径、对边距的允许偏差应符合表 3-20-229 的规定。圆棒的圆度允许偏差应不超过表 3-20-229 规定的直径、对边距允许偏差。直条棒材的直度应符合表 3-20-230 的规定。全长直度不应超过每米直度与总长度（m）的乘积。

表 3-20-229　　棒材的直径、对边距的允许偏差　　mm

牌号(种类)①	直径、对边距的允许偏差	
	普通级	高精级
纯铜、无氧铜、磷脱氧铜	±2.0%直径或对边距	±1.8%直径或对边距
普通黄铜、铅黄铜	±1.2%直径或对边距	±1.0%直径或对边距
复杂黄铜(除铅黄铜外)、青铜	±1.5%直径或对边距	±1.2%直径或对边距
白铜	±2.2%直径或对边距	±2.0%直径或对边距

① 铜及铜合金牌号和种类的定义见 GB/T 5231 及 GB/T 11086。

注：1. 允许偏差的最小值应不小于±0.3mm。

2. 精度等级应在合同中注明，否则按普通级供货。

3. 如要求正偏差或负偏差，其值应为表中数值的两倍。

表 3-20-230　　棒材的直度　　mm

类　型	直径、对边距			
	<20	20~40	>40~120	>120
	每米直度 ≤			
圆形棒	7	5	8	15
方形棒、矩形棒、六角棒	8	6	10	—

(4) 力学性能

棒材的室温纵向力学性能应符合表 3-20-231 的规定。

表 3-20-231　　棒材的力学性能

牌号	直径(对边距)/mm	抗拉强度 R_m/MPa	断后伸长率 A/%	布氏硬度(HBW)
T2、T3、TU1、TU2、TP2	≤120	≥186	≥40	—
H96	≤80	≥196	≥35	—
H80	≤120	≥275	≥45	—
H68	≤80	≥295	≥45	—
H62	≤160	≥295	≥35	—
H59	≤120	≥295	≥30	—
HPb59-1	≤160	≥340	≥17	—
HSn62-1	≤120	≥365	≥22	—
HSn70-1	≤75	≥245	≥45	—
HMn58-2	≤120	≥395	≥29	—
HMn55-3-1	≤75	≥490	≥17	—
HMn57-3-1	≤70	≥490	≥16	—
HFe58-1-1	≤120	≥295	≥22	—
HFe59-1-1	≤120	≥430	≥31	—
HAl60-1-1	≤120	≥440	≥20	—
HAl66-6-3-2	≤75	≥735	≥8	—
HAl67-2.5	≤75	≥395	≥17	—
HAl77-2	≤75	≥245	≥45	—
HNi56-3	≤75	≥440	≥28	—
HSi80-3	≤75	≥295	≥28	—
QAl9-2	≤45	≥490	≥18	110~190
	>45~160	≥470	≥24	—
QAl9-4	≤120	≥540	≥17	110~190
	>120	≥450	≥13	

续表

牌号	直径(对边距)/mm	抗拉强度 R_m/MPa	断后伸长率 A/%	布氏硬度(HBW)
QAl10-3-1.5	≤16	≥610	≥9	130~190
	>16	≥590	≥13	
QAl10-4-4 QAl10-5-5	≤29	≥690	≥5	170~260
	>29~120	≥635	≥6	
	>120	≥590	≥6	
QAl11-6-6	≤28	≥690	≥4	—
	>28~50	≥635	≥5	—
QSi1-3	≤80	≥490	≥11	—
QSi3-1	≤100	≥345	≥23	—
QSi3.5-3-1.5	40~120	≥380	≥35	—
QSn4-0.3	60~120	≥280	≥30	—
QSn4-3	40~120	≥275	≥30	—
QSn6.5-0.1、 QSn6.5-0.4	≤40	≥355	≥55	—
	>40~100	≥345	≥60	—
	>100	≥315	≥64	—
QSn7-0.2	40~120	≥355	≥64	≥70
QCd1	20~120	≥196	≥38	≤75
QCr0.5	20~160	≥230	≥35	—
BZn15-20	≤80	≥295	≥33	—
BFe10-1-1	≤80	≥280	≥30	—
BFe30-1-1	≤80	≥345	≥28	—
BAl13-3	≤80	≥685	≥7	—
BMn40-1.5	≤80	≥345	≥28	—

注：直径大于 50mm 的 QAl10-3-1.5 棒材，当断后伸长率 A 不小于 16%时，其抗拉强度可不小于 540MPa。

20.7.3 铍青铜棒（YS/T 334—2009）

(1) 产品分类

铍青铜棒牌号、状态、规格见表 3-20-232。

表 3-20-232 铍青铜棒牌号、状态、规格

牌号	状态	规格	
		直径/mm	长度/mm
QBe2 QBe1.9 QBe1.9-0.1 QBe1.7 QBe0.6-2.5(C17500) QBe0.4-1.8(C17510) QBe0.3-1.5 C17000 C17200 C17300	半硬态(Y_2) 硬态(Y) 硬时效态(TH04)	5~10	1000~5000
		>10~20	1000~4000
		>20~40	500~3000
	软态或固溶退火态(M) 软时效态(TF00)	5~120	500~5000
	热加工态(R)	20~30	500~5000
		>30~50	500~3000
		>50~120	500~2500

(2) 力学性能

铍青铜棒产品时效热处理前的室温力学性能见表 3-20-233。铍青铜棒产品时效热处理后的力学性能见表 3-20-234。

表 3-20-233　　　　铍青铜棒产品时效热处理前的室温力学性能

牌号	状态	直径/mm	抗拉强度 R_m/MPa	规定非比例延伸强度 $R_{p0.2}$/MPa	断后伸长率 A/%　≥	硬度(HRB)
QBe2 QBe1.9 QBe1.9-0.1 QBe1.7 C17000 C17200 C17300	R	20~120	450~700	≥140	10	≥45
	M	5~120	400~600	≥140	30	45~85
	Y_2	5~40	550~700	≥450	10	≥78
	Y	5~10	660~900	≥520	5	≥88
		>10~25	620~860	≥520	5	
		>25	590~830	≥510	5	
QBe0.6-2.5 QBe0.4-1.8 QBe0.3-1.5	M	5~120	≥240	—	20	20~50
	R	20~120				
	Y	5~40	≥440	—	5	60~80

表 3-20-234　　　　铍青铜棒产品时效热处理后的力学性能

牌号	状态	直径/mm	抗拉强度 R_m/MPa	规定非比例延伸强度 $R_{p0.2}$/MPa	断后伸长率 A/%　≥	洛氏硬度	
						HRC	HRB
QBe1.7 C17000	TF00	5~120	1000~1310	≥860	—	32~39	—
	TH04	5~10	1170~1450	≥990	—	35~41	—
		>10~25	1130~1410	≥960	—	34~41	—
		>25	1100~1380	≥930	—	33~40	—
QBe2 QBe1.9 QBe1.9-0.1 C17200 C17300	TF00	5~120	1100~1380	≥890	2	35~42	—
	TH04	5~10	1200~1550	≥1100	1	37~45	—
		>10~25	1150~1520	≥1050	1	36~44	—
		>25	1120~1480	≥1000	1	35~44	—
QBe0.6-2.5 QBe0.4-1.8 QBe0.3-1.5	TF00	5~120	690~895	—	6	—	92~100
	TH04	5~40	760~965	—	3	—	95~102

20.7.4　铝及铝合金挤压棒材（GB/T 3191—2010）

(1) 产品分类

铝及铝合金挤压棒材的牌号、类别、状态和规格见表 3-20-235。

表 3-20-235　　　　铝及铝合金挤压棒材的牌号、类别、状态和规格

牌号		供货状态	试样状态	规格
Ⅱ类 (2×××系、7×××系合金及含镁量平均值大于或等于3%的5×××系合金的棒材)	Ⅰ类 (除Ⅱ类外的其他棒材)			
—	1070A	H112	H112	圆棒直径：5~600mm 方棒、六角棒对边距离：5~200mm 长度：1~6m
—	1060	O	O	
		H112	H112	
—	1050A	H112	H112	
—	1350	H112	H112	
—	1035	O	O	
		H112	H112	
—	1200	H112	H112	
2A02	—	T1、T6	T62、T6	
2A06	—	T1、T6	T62、T6	
2A11	—	T1、T4	T42、T4	
2A12	—	T1、T4	T42、T4	

续表

牌号		供货状态	试样状态	规格
Ⅱ类 （2×××系、7×××系合金及含镁量平均值大于或等于3%的5×××系合金的棒材）	Ⅰ类 （除Ⅱ类外的其他棒材）			
2A13	—	T1、T4	T42、T4	圆棒直径：5～600mm 方棒、六角棒对边距离：5～200mm 长度：1～6m
2A14	—	T1、T6、T6511	T62、T6、T6511	
2A16	—	T1、T6、T6511	T62、T6、T6511	
2A50	—	T1、T6	T62、T6	
2A70	—	T1、T6	T62、T6	
2A80	—	T1、T6	T62、T6	
2A90	—	T1、T6	T62、T6	
2014、2014A	—	T4、T4510、T4511	T4、T4510、T4511	
		T6、T6510、T6511	T6、T6510、T6511	
2017	—	T4	T42、T4	
2017A	—	T4、T4510、T4511	T4、T4510、T4511	
2024	—	O	O	
		T3、T3510、T3511	T3、T3510、T3511	
—	3A21	O	O	
		H112	H112	
—	3102	H112	H112	
—	3003、3103	O	O	
		H112	H112	
—	4A11	T1	T62	
—	4032	T1	T62	
—	5A02	O	O	
		H112	H112	
5A03	—	H112	H112	
5A05	—	H112	H112	
5A06	—	H112	H112	
5A12	—	H112	H112	
—	5005、5005A	H112	H112	
		O	O	
5019	—	H112	H112	
		O	O	
5049	—	H112	H112	
—	5251	H112	H112	
		O	O	
—	5052	H112	H112	
		O	O	
5154A	—	H112	H112	
		O	O	
—	5454	H112	H112	
		O	O	
5754	—	H112	H112	
		O	O	
5083	—	H112	H112	
		O	O	
5086	—	H112	H112	
		O	O	

续表

牌号		供货状态	试样状态	规格
Ⅱ类 （2×××系、7×××系合金及含镁量平均值大于或等于3%的5×××系合金的棒材）	Ⅰ类 （除Ⅱ类外的其他棒材）			
—	6A02	T1、T6	T62、T6	圆棒直径：5～600mm 方棒、六角棒对边距离：5～200mm 长度：1～6m
—	6101A	T6	T6	
—	6005、6005A	T5	T5	
		T6	T6	
7A04	—	T1、T6	T62、T6	
7A09	—	T1、T6	T62、T6	
7A15	—	T1、T6	T62、T6	
7003	—	T5	T5	
		T6	T6	
7005	—	T6	T6	
7020	—	T6	T6	
7021	—	T6	T6	
7022	—	T6	T6	
7049A	—	T6、T6510、T6511	T6、T6510、T6511	
7075	—	O	O	
		T6、T6510、T6511	T6、T6510、T6511	
—	8A06	O	O	
		H112	H112	

第3篇

（2）标记示例

棒材标记按产品名称、牌号、供货状态、规格及标准编号的顺序表示。标记示例如下：

示例1：

用2024合金制造的、供货状态为T3511、直径为30.00mm，定尺长度为3000mm的圆棒，标记为：棒2024-T3511 ϕ30×3000　GB/T 3191—2010。

示例2：

用2A11合金制造的、供货状态为T4、内切圆直径为40.00mm的高强度方棒，标记为：高强方棒2A11-T4 40 GB/T 3191—2010。

（3）尺寸偏差

直径（方棒、六角棒指内切圆直径）偏差分为五个等级，如表3-20-236所示。偏差等级未注明时按A级供货。

表3-20-236　**直径（方棒、六角棒指内切圆直径）偏差的五个等级**　mm

直径	允许偏差(－)				允许偏差(±)	
	A	B	C	D	E	
					Ⅰ类	Ⅱ类
5.00～6.00	0.30	0.48	—	—	—	—
>6.00～10.00	0.36	0.58	—	—	0.20	0.25
>10.00～18.00	0.43	0.70	1.10	1.30	0.22	0.30
>18.00～25.00	0.50	0.80	1.20	1.45	0.25	0.35
>25.00～28.00	0.52	0.84	1.30	1.50	0.28	0.38
>28.00～40.00	0.60	0.95	1.50	1.80	0.30	0.40
>40.00～50.00	0.62	1.00	1.60	2.00	0.35	0.45
>50.00～65.00	0.70	1.15	1.80	2.40	0.40	0.50
>65.00～80.00	0.74	1.20	1.90	2.50	0.45	0.70
>80.00～100.00	0.95	1.35	2.10	3.10	0.55	0.90

续表

直径	允许偏差(-)				允许偏差(±)	
					E	
	A	B	C	D	Ⅰ类	Ⅱ类
>100.00~120.00	1.00	1.40	2.20	3.20	0.65	1.00
>120.00~150.00	1.25	1.55	2.40	3.70	0.80	1.20
>150.00~180.00	1.30	1.60	2.50	3.80	1.00	1.40
>180.00~220.00	—	1.85	2.80	4.40	1.15	1.70
>220.00~250.00	—	1.90	2.90	4.50	1.25	1.95
>250.00~270.00	—	2.15	3.20	5.40	1.3	2.0
>270.00~300.00	—	2.20	3.30	5.50	1.5	2.4
>300.00~320.00	—	—	4.00	7.00	1.6	2.5
>300.00~400.00	—	—	4.20	7.20	—	—
>400.00~500.00	—	—	—	8.00	—	—
>500.00~600.00	—	—	—	9.00	—	—

(4) 力学性能

铝及铝合金挤压棒材的室温纵向拉伸力学性能应符合表 3-20-237 的规定。H112 状态的黑热处理强化铝合金棒材，性能达到 O 状态规定时，可按 O 状态供货。

表 3-20-237　　铝及铝合金挤压棒材的力学性能

牌号	供货状态	试样状态	直径(方棒、六角棒指内切圆直径)/mm	抗拉强度 R_m/MPa	规定非比例延伸强度 $R_{p0.2}$/MPa	断后伸长率/%	
						A	A_{50mm}
				≥			
1070A	H112	H112	≤150.00	55	15	—	—
1060	O	O	≤150.00	60~95	15	22	—
	H112	H112		60	15	22	—
1050A	H112	H112	≤150.0	65	20	—	—
1350	H112	H112	≤150.00	60	—	25	—
1200	H112	H112	≤150.00	75	20	—	—
1035、8A06	O	O	≤150.00	60~120	—	25	—
	H112	H112		60	—	25	—
2A02	T1、T6	T62、T6	≤150.00	430	275	10	—
2A06	T1、T6	T62、T6	≤22.00	430	285	10	—
			>22.00~100.00	440	295	9	—
			>100.00~150.00	430	285	10	—
2A11	T1、T4	T42、T4	≤150.00	370	215	12	—
2A12	T1、T4	T42、T4	≤22.00	390	255	12	—
			>22.00~150.00	420	255	12	—
2A13	T1、T4	T42、T4	≤22.00	315	—	4	—
			>22.00~150.00	345	—	4	—
2A14	T1、T6、T6511	T62、T6、T6511	≤22.00	440	—	10	—
			>22.00~150.00	450	—	10	—
2014、2014A	T4、T4510、T4511	T4、T4510、T4511	≤25.00	370	230	13	11
			>25.00~75.00	410	270	12	—
			>75.00~150.00	390	250	10	—
			>150.00~200.00	350	230	8	—
2014、2014A	T6、T6510、T6511	T6、T6510、T6511	≤25.00	415	370	6	5
			>25.00~75.00	460	415	7	—
			>75.00~150.00	465	420	7	—
			>150.00~200.00	430	350	6	—
			>200.00~250.00	420	320	5	—

续表

牌号	供货状态	试样状态	直径(方棒、六角棒指内切圆直径)/mm	抗拉强度 R_m/MPa	规定非比例延伸强度 $R_{p0.2}$/MPa	断后伸长率/%	
						A	A_{50mm}
				≥			
2A16	T1、T6、T6511	T62、T6、T6511	≤150.00	355	235	8	—
2017	T4	T42、T4	≤120.00	345	215	12	—
2017A	T4、T4510、T4511	T4、T4510、T4511	≤25.00	380	260	12	10
			>25.00~75.00	400	270	10	—
			>75.00~150.00	390	260	9	—
			>150.00~200.00	370	240	8	—
			>200.00~250.00	360	220	7	—
2024	O	O	≤150.00	≤250	≤150	12	10
	T3、T3510、T3511	T3、T3510、T3511	≤50.00	450	310	8	6
			>50.00~100.00	440	300	8	—
			>100.00~200.00	420	280	8	—
			>200.00~250.00	400	270	8	—
2A50	T1、T6	T62、T6	≤150.00	355	—	12	—
2A70、2A80、2A90	T1、T6	T62、T6	≤150.00	355	—	8	—
3102	H112	H112	≤250.00	80	30	25	23
3003	O	O	≤250.00	95~130	35	25	20
	H112	H112		90	30	25	20
3103	O	O	≤250.00	95	35	25	20
	H112	H112		95~135	35	25	20
3A21	O	O	≤150.00	≤165	—	20	20
	H112	H112		90	—	20	—
4A11、4032	T1	T62	100.00~200.00	360	290	2.5	2.5
5A02	O	O	≤150.00	≤225	—	10	—
	H112	H112		170	70	—	—
5A03	H112	H112	≤150.00	175	80	13	13

20.7.5 铅和铅锑合金棒和线材（YS/T 636—2007）

（1）产品分类

铅和铅锑合金棒和线材的牌号、状态和规格见表 3-20-238。

表 3-20-238　　铅和铅锑合金棒和线材的牌号、状态和规格

牌号	状态	品种	规格/mm	
			直径	长度
Pb1、Pb2 PbSb0.5、PbSb2、PbSb4、PbSb6	挤制(R)	盘线①	0.5~6.0	—
		盘棒	>6.0~<20	≥2500
		直棒	20~180	≥1000

① 一卷（轴）线的质量应不少于 0.5kg。

注：经供需双方协商，可供应其他牌号、规格、形状的棒、线材。

（2）标记示例

棒、线材的标记按产品名称、牌号、状态、规格和标准编号的顺序表示。标记示例如下：

示例 1：

用 Pb2 制造的、挤制状态、直径为 1.0mm 的铅线，标记为：线 Pb2R　ϕ1.0　YS/T 636—2007。

示例 2：

用 PbSb0.5 制造的、挤制状态、直径为 10mm 的高精级铅锑合金棒，标记为：棒 PbSb0.5R 高精级 φ10 YS/T 636—2007。

(3) 化学成分

铅和铅锑合金棒和线材的化学成分见表 3-20-239。

表 3-20-239　　铅和铅锑合金棒和线材的化学成分

牌号	主成分含量(质量分数)/%		杂质含量(质量分数)/%　≤								
	Pb	Sb	Ag	Cu	Sb	As	Bi	Sn	Zn	Fe	杂质总和
Pb1	≥99.994	—	0.0005	0.001	0.001	0.0005	0.003	0.001	0.0005	0.0005	0.006
Pb2	≥99.9	—	0.002	0.01	0.05	0.01	0.03	0.005	0.002	0.002	0.10
PbSb0.5	余量	0.3 0.8	—	—	—	0.005	0.06	0.008	0.005	0.005	0.15
PbSb2		1.5 2.5	—	—	—	0.010	0.06	0.008	0.005	0.005	0.2
PbSb4		3.5 4.5	—	—	—	0.010	0.06	0.008	0.005	0.005	0.2
PbSb6		5.5 6.5	—	—	—	0.015	0.08	0.01	0.01	0.01	0.3

注：1. 铅含量由 100%减去表中所列杂质的实测值而得，所得结果不再进行修约。

2. 杂质总和为表中所列杂质的实测值之和。

(4) 允许偏差

铅、铅锑合金棒和线材的直径允许偏差见表 3-20-240。

表 3-20-240　　铅、铅锑合金棒和线材的直径允许偏差　　mm

名称	直径	直径允许偏差	
		普通级	高精级
线	>0.5~1.0	±0.10	±0.05
	>1.0~3.0	±0.20	±0.10
	>3.0~6.0	±0.30	±0.15
棒	>6.0~15	±0.40	±0.25
	>15~30	±0.50	±0.30
	>30~45	±0.60	±0.35
	>45~60	±0.70	±0.45
	>60~75	±0.80	±0.55
	>75~100	±1.00	±0.65
	>100~180	±2.00	±1.50

注：如在合同中未注明精度等级，则按普通精度供应。

(5) 纯铅棒、线的理论质量

纯铅棒、线的理论质量见表 3-20-241。铅及铅锑合金的密度及换算系数见表 3-20-242。

表 3-20-241　　纯铅棒、线的理论质量

直径/mm	理论质量/(kg/m)	直径/mm	理论质量/(kg/m)
0.5	0.002	8	0.570
0.6	0.003	10	0.890
0.8	0.006	12	1.282
1.0	0.009	15	2.003
1.2	0.013	18	2.884
1.5	0.020	20	3.560
2.0	0.036	22	4.308
2.5	0.056	25	5.570
3.0	0.080	30	8.010
4.0	0.142	35	10.900
5.0	0.223	40	14.240
6	0.320	45	18.020

续表

直径/mm	理论质量/(kg/m)	直径/mm	理论质量/(kg/m)
50	22.250	100	89.000
55	26.920	110	107.690
60	32.040	120	128.160
65	37.600	130	150.410
70	43.610	140	174.440
75	50.060	150	200.250
80	56.960	160	227.840
85	64.300	170	257.210
90	72.090	180	288.360
95	80.322		

表 3-20-242　　铅及铅锑合金的密度及换算系数

牌号	密度/(g/cm³)	换算系数
Pb1、Pb2	11.34	1.0000
PbSb0.5	11.32	0.9982
PbSb2	11.25	0.9921
PbSb4	11.15	0.9850
PbSb6	11.06	0.9753

20.8　有色金属线材

20.8.1　纯铜线（GB/T 21652—2017）

(1) 产品分类

纯铜线产品的牌号、状态、规格应符合表 3-20-243 的规定。产品的截面形状如图 3-20-3 所示。

表 3-20-243　　纯铜线产品的牌号、状态、规格

分类	牌号	代号	状态	直径(对边距)/mm
无氧铜	TU0	T10130	软(O60),硬(H04)	0.05~8.0
	TU1	T10150		
	TU2	T10180		
纯铜	T2	T11050	软(O60),1/2 硬(H02),硬(H04)	0.05~8.0
	T3	T11090		
镉铜	TCd1	C16200	软(O60),硬(H04)	0.1~6.0
镁铜	TMg0.2	T18658	硬(H04)	1.5~3.0
	TMg0.5	T18664	硬(H04)	1.5~7.0
普通黄铜	H95	C21000	软(O60),1/2 硬(H02),硬(H04)	0.05~12.0
	H90	C22000		
	H85	C23000		
	H80	C24000		
	H70	T26100	软(O60),1/8 硬(H00),1/4 硬(H01),1/2 硬(H02),3/4 硬(H03),硬(H04),特硬(H06)	0.05~8.5 特硬规格 0.1~6.0 软态规格 0.05~18.0
	H68	T26300		
	H66	C26800		
	H65	C27000	软(O60),1/8 硬(H00),1/4 硬(H01),1/2 硬(H02),3/4 硬(H03),硬(H04),特硬(H06)	0.05~13 特硬规格 0.05~4.0
	H63	T27300		
	H62	T27600		

续表

分类	牌号	代号	状态	直径(对边距)/mm
铅黄铜	HPb63-3	T34700	软(O60),1/2 硬(H02),硬(H04)	0.5~6.0
	HPb62-0.8	T35100	1/2 硬(H02),硬(H04)	0.5~6.0
	HPb61-1	C37100	1/2 硬(H02),硬(H04)	0.5~8.5
	HPb59-1	T38100	软(O60),1/2 硬(H02),硬(H04)	0.5~6.0
	HPb59-3	T38300	1/2 硬(H02),硬(H04)	1.0~10.0
硼黄铜	HB90-0.1	T22130	硬(H04)	1.0~12.0
锡黄铜	HSn62-1	T46300	软(O60),硬(H04)	0.5~6.0
	HSn60-1	T46410		
锰黄铜	HMn62-13	T67310	软(O60),1/4 硬(H01),1/2 硬(H02),3/4 硬(H03),硬(H04)	0.5~6.0
锡青铜	QSn4-3	T50800	软(O60),1/4 硬(H01),1/2 硬(H02),3/4 硬(H03)	0.1~8.5
			硬(H04)	0.1~6.0
	QSn5-0.2	C51000	软(O60),1/4 硬(H01),1/2 硬(H02),3/4 硬(H03),硬(H04)	0.1~8.5
	QSn4-0.3	C51100		
	QSn6.5-0.1	T51510		
	QSn6.5-0.4	T51520		
	QSn7-0.2	T51530		
	QSn8-0.3	C52100		
	QSn15-1-1	T52500	软(O60),1/4 硬(H01),1/2 硬(H02),3/4 硬(H03),硬(H04)	0.5~6.0
	QSn4-4-4	T53500	1/2 硬(H02),硬(H04)	0.1~8.5
铬青铜	QCr4.5-2.5-0.6	T55600	软(O60),固溶热处理+沉淀热处理(TF00) 固溶热处理+冷加工(硬)+沉淀热处理(TH04)	0.5~6.0
铝青铜	QAl7	C61000	1/2 硬(H02),硬(H04)	1.0~6.0
	QAl9-2	T61700	硬(H04)	0.6~6.0
硅青铜	QSi3-1	T64730	1/2 硬(H02),3/4 硬(H03),硬(H04)	0.1~8.5
			软(O60),1/4 硬(H01)	0.1~18.0
普通白铜	B19	T71050	软(O60),硬(H04)	0.1~6.0
铁白铜	BFe10-1-1	T70590	软(O60),硬(H04)	0.1~6.0
	BFe30-1-1	T71510		
锰白铜	BMn3-12	T71620	软(O60),硬(H04)	0.05~6.0
	BMn40-1.5	T71660		
锌白铜	BZn9-29	T76100	软(O60),1/8 硬(H00),1/4 硬(H01),1/2 硬(H02),3/4 硬(H03),硬(H04),特硬(H06)	0.1~8.0 特硬规格 0.5~4.0
	BZn12-24	T76200		
	BZn12-26	T76210		
	BZn15-20	T74600	软(O60),1/8 硬(H00),1/4 硬(H01),1/2 硬(H02),3/4 硬(H03),硬(H04),特硬(H06)	0.1~8.0 特硬规格 0.5~4.0 软态规格 0.1~18.0
	BZn18-20	T76300		
	BZn22-16	T76400	软(O60),1/8 硬(H00),1/4 硬(H01),1/2 硬(H02),3/4 硬(H03),硬(H04),特硬(H06)	0.1~8.0 特硬规格 0.1~4.0
	BZn25-18	T76500		
	BZn40-20	T77500	软(O60),1/4 硬(H01),1/2 硬(H02),3/4 硬(H03),硬(H04)	1.0~6.0
	BZn12-37-1.5	C79860	1/2 硬(H02),硬(H04)	0.5~9.0

注：经供需双方协商，可供应其他牌号、规格、状态的线材。

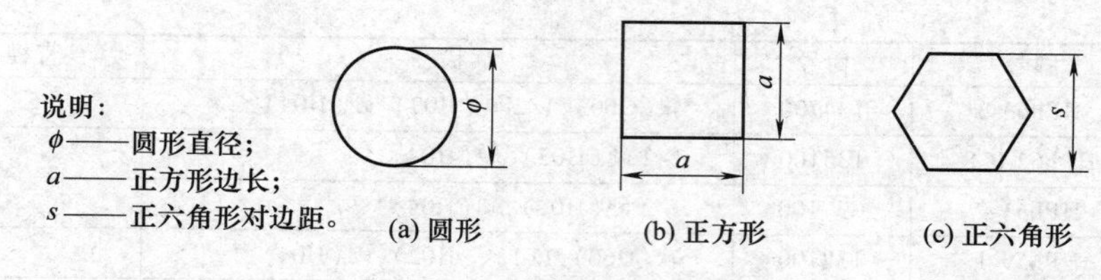

图 3-20-3　线材截面形状示意图

(2) 标记示例

产品标记按产品名称、标准编号、牌号（代号）、状态、精度和规格的顺序表示。标记示例如下：

示例 1：

用 H65（C27000）制造的、状态为 H01、高精级、直径为 3.0mm 的圆线材标记为：

圆形线 GB/T 21652-H65H01 高-ϕ3.0

或　圆形线 GB/T 21652-C27000H01 高-ϕ3.0

示例 2：

用 BZn12-26（T76210）制造的、状态为 H02、普通级、对边距为 4.5mm 的正方形线材标记为：

正方形线 GB/T 21652-BZn12-26H02-α4.5

或　正方形线 GB/T 21652-T76210H02-α4.5

示例 3：

用 QSn6.5-0.1（T51500）制造的、状态为 H04、高精级、对边距为 5.0mm 的正六角形线材标记为：

正六角形线 GB/T 21652-QSn6.5-0.1H04 高-s5.0

或　正六角形线 GB/T 21652-T51500H04 高-s5.0

(3) 外形尺寸及其允许偏差

线材的直径（或对边距）及其允许偏差见表 3-20-244。正方形、正六角形线材横截面的棱角处应有圆角，圆角半径应符合表 3-20-245 的规定。

表 3-20-244　**线材的直径（或对边距）及其允许偏差**　mm

直径(或对边距)	圆形①		正方形、正六角形①	
	普通级	高精级	普通级	高精级
0.05~0.1	±0.004	±0.003	—	—
>0.1~0.2	±0.005	±0.004	—	—
>0.2~0.5	±0.008	±0.006	±0.010	±0.008
>0.5~1.0	±0.010	±0.008	±0.020	±0.015
>1.0~3.0	±0.020	±0.015	±0.030	±0.020
>3.0~6.0	±0.030	±0.020	±0.040	±0.030
>6.0~13.0	±0.040	±0.030	±0.050	±0.040
>13.0~18.0	±0.050	±0.040	±0.060	±0.050

① 当需方要求允许偏差为（+）或（-）单向偏差时，其值为表中数值的 2 倍。

表 3-20-245　**正方形、正六角形线材的圆角半径**　mm

对边距	≤2.0	>2.0~4.0	>4.0~6.0	>6.0~10.0	>10.0~18.0
圆角半径 r	≤0.4	≤0.5	≤0.6	≤0.8	≤1.2

(4) 力学性能

线材的室温抗拉强度和断后伸长率应符合表 3-20-246 的规定。

第 3 篇

表 3-20-246 线材的抗拉强度和断后伸长率

牌号	状态	直径(或对边距)/mm	抗拉强度 R_m /MPa	断后伸长率/%	
				A_{100mm}	A
TU0 TU1 TU2	O60	0.05~8.0	195~255	≥25	—
	H04	0.05~4.0	≥345	—	—
		>4.0~8.0	≥310	≥10	—
T2 T3	O60	0.05~0.3	≥195	≥15	—
		>0.3~1.0	≥195	≥20	—
		>1.0~2.5	≥205	≥25	—
		>2.5~8.0	≥205	≥30	—
	H02	0.05~8.0	255~365	—	—
	H04	0.05~2.5	≥380	—	—
		>2.5~8.0	≥365	—	—
TCd1	O60	0.1~6.0	≥275	≥20	—
	H04	0.1~0.5	590~880	—	—
		>0.5~4.0	490~735	—	—
		>4.0~6.0	470~685	—	—
TMg0.2	H04	1.5~3.0	≥530	—	—
TMg0.5	H04	1.5~3.0	≥620	—	—
		>3.0~7.0	≥530	—	—
H95	O60	0.05~12.0	≥220	≥20	—
	H02	0.05~12.0	≥340	—	—
	H04	0.05~12.0	≥420	—	—
H90	O60	0.05~12.0	≥240	≥20	—
	H02	0.05~12.0	≥385	—	—
	H04	0.05~12.0	≥485	—	—
H85	O60	0.05~12.0	≥280	≥20	—
	H02	0.05~12.0	≥455	—	—
	H04	0.05~12.0	≥570	—	—
H80	O60	0.05~12.0	≥320	≥20	—
	H02	0.05~12.0	≥540	—	—
	H04	0.05~12.0	≥690	—	—
H70 H68 H66	O60	0.05~0.25	≥375	≥18	—
		>0.25~1.0	≥355	≥25	—
		>1.0~2.0	≥335	≥30	—
		>2.0~4.0	≥315	≥35	—
		>4.0~6.0	≥295	≥40	—
		>6.0~13.0	≥275	≥45	—
		>13.0~18.0	≥275	—	≥50
	H00	0.05~0.25	≥385	≥18	—
		>0.25~1.0	≥365	≥20	—
		>1.0~2.0	≥350	≥24	—
		>2.0~4.0	≥340	≥28	—
		>4.0~6.0	≥330	≥33	—
		>6.0~8.5	≥320	≥35	—
	H01	0.05~0.25	≥400	≥10	—
		>0.25~1.0	≥380	≥15	—
		>1.0~2.0	≥370	≥20	—
		>2.0~4.0	≥350	≥25	—
		>4.0~6.0	≥340	≥30	—
		>6.0~8.5	≥330	≥32	—

续表

牌号	状态	直径(或对边距)/mm	抗拉强度 R_m/MPa	断后伸长率/%	
				A_{100mm}	A
H70 H68 H66	H02	0.05~0.25	≥410	—	—
		>0.25~1.0	≥390	≥5	—
		>1.0~2.0	≥375	≥10	—
		>2.0~4.0	≥355	≥12	—
		>4.0~6.0	≥345	≥14	—
		>6.0~8.5	≥340	≥16	—
	H03	0.05~0.25	540~735	—	—
		>0.25~1.0	490~685	—	—
		>1.0~2.0	440~635	—	—
		>2.0~4.0	390~590	—	—
		>4.0~6.0	345~540	—	—
		>6.0~8.5	340~520	—	—
	H04	0.05~0.25	735~930	—	—
		>0.25~1.0	685~885	—	—
		>1.0~2.0	635~835	—	—
		>2.0~4.0	590~785	—	—
		>4.0~6.0	540~735	—	—
		>6.0~8.5	490~685	—	—
	H06	0.1~0.25	≥800	—	—
		>0.25~1.0	≥780	—	—
		>1.0~2.0	≥750	—	—
		>2.0~4.0	≥720	—	—
		>4.0~6.0	≥690	—	—
H65	O60	0.05~0.25	≥335	≥18	—
		>0.25~1.0	≥325	≥24	—
		>1.0~2.0	≥315	≥28	—
		>2.0~4.0	≥305	≥32	—
		>4.0~6.0	≥295	≥35	—
		>6.0~13.0	≥285	≥40	—
	H00	0.05~0.25	≥350	≥10	—
		>0.25~1.0	≥340	≥15	—
		>1.0~2.0	≥330	≥20	—
		>2.0~4.0	≥320	≥25	—
		>4.0~6.0	≥310	≥28	—
		>6.0~13.0	≥300	≥32	—
	H01	0.05~0.25	≥370	≥6	—
		>0.25~1.0	≥360	≥10	—
		>1.0~2.0	≥350	≥12	—
		>2.0~4.0	≥340	≥18	—
		>4.0~6.0	≥330	≥22	—
		>6.0~13.0	≥320	≥28	—
	H02	0.05~0.25	≥410	—	—
		>0.25~1.0	≥400	≥4	—
		>1.0~2.0	≥390	≥7	—
		>2.0~4.0	≥380	≥10	—
		>4.0~6.0	≥375	≥13	—
		>6.0~13.0	≥360	≥15	—

续表

牌号	状态	直径(或对边距)/mm	抗拉强度 R_m /MPa	断后伸长率/%	
				A_{100mm}	A
H65	H03	0.05~0.25	540~735	—	—
		>0.25~1.0	490~685	—	—
		>1.0~2.0	440~635	—	—
		>2.0~4.0	390~590	—	—
		>4.0~6.0	375~570	—	—
		>6.0~13.0	370~550	—	—
	H04	0.05~0.25	685~885	—	—
		>0.25~1.0	635~835	—	—
		>1.0~2.0	590~785	—	—
		>2.0~4.0	540~735	—	—
		>4.0~6.0	490~685	—	—
		>6.0~13.0	440~635	—	—
	H06	0.05~0.25	≥830	—	—
		>0.25~1.0	≥810	—	—
		>1.0~2.0	≥800	—	—
		>2.0~4.0	≥780	—	—
H63 H62	O60	0.05~0.25	≥345	≥18	—
		>0.25~1.0	≥335	≥22	—
		>1.0~2.0	≥325	≥26	—
		>2.0~4.0	≥315	≥30	—
		>4.0~6.0	≥315	≥34	—
		>6.0~13.0	≥305	≥36	—
	H00	0.05~0.25	≥360	≥8	—
		>0.25~1.0	≥350	≥12	—
		>1.0~2.0	≥340	≥18	—
		>2.0~4.0	≥330	≥22	—
		>4.0~6.0	≥320	≥26	—
		>6.0~13.0	≥310	≥30	—
	H01	0.05~0.25	≥380	≥5	—
		>0.25~1.0	≥370	≥8	—
		>1.0~2.0	≥360	≥10	—
		>2.0~4.0	≥350	≥15	—
		>4.0~6.0	≥340	≥20	—
		>6.0~13.0	≥330	≥25	—
	H02	0.05~0.25	≥430	—	—
		>0.25~1.0	≥410	≥4	—
		>1.0~2.0	≥390	≥7	—
		>2.0~4.0	≥375	≥10	—
		>4.0~6.0	≥355	≥12	—
		>6.0~13.0	≥350	≥14	—
	H03	0.05~0.25	590~785	—	—
		>0.25~1.0	540~735	—	—
		>1.0~2.0	490~685	—	—
		>2.0~4.0	440~635	—	—
		>4.0~6.0	390~590	—	—
		>6.0~13.0	360~560	—	—

续表

牌号	状态	直径(或对边距)/mm	抗拉强度 R_m/MPa	断后伸长率/%	
				A_{100mm}	A
H63 H62	H04	0.05~0.25	785~980	—	—
		>0.25~1.0	685~885	—	—
		>1.0~2.0	635~835	—	—
		>2.0~4.0	590~785	—	—
		>4.0~6.0	540~735	—	—
		>6.0~13.0	490~685	—	—
	H06	0.05~0.25	≥850	—	—
		>0.25~1.0	≥830	—	—
		>1.0~2.0	≥800	—	—
		>2.0~4.0	≥770	—	—
HB90-0.1	H04	1.0~12.0	≥500	—	—
HPb63-3	O60	0.5~2.0	≥305	≥32	—
		>2.0~4.0	≥295	≥35	—
		>4.0~6.0	≥285	≥35	—
	H02	0.5~2.0	390~610	≥3	—
		>2.0~4.0	390~600	≥4	—
		>4.0~6.0	390~590	≥4	—
	H04	0.5~6.0	570~735	—	—
HPb62-0.8	H02	0.5~6.0	410~540	≥12	—
	H04	0.5~6.0	450~560	—	—
HPb59-1	O60	0.5~2.0	≥345	≥25	—
		>2.0~4.0	≥335	≥28	—
		>4.0~6.0	≥325	≥30	—
	H02	0.5~2.0	390~590	—	—
		>2.0~4.0	390~590	—	—
		>4.0~6.0	375~570	—	—
	H04	0.5~2.0	490~735	—	—
		>2.0~4.0	490~685	—	—
		>4.0~6.0	440~635	—	—
HPb61-1	H02	0.5~2.0	≥390	≥8	—
		>2.0~4.0	≥380	≥10	—
		>4.0~6.0	≥375	≥15	—
		>6.0~8.5	≥365	≥15	—
	H04	0.5~2.0	≥520	—	—
		>2.0~4.0	≥490	—	—
		>4.0~6.0	≥465	—	—
		>6.0~8.5	≥440	—	—
HPb59-3	H02	1.0~2.0	≥385	—	—
		>2.0~4.0	≥380	—	—
		>4.0~6.0	≥370	—	—
		>6.0~10.0	≥360	—	—
	H04	1.0~2.0	≥480	—	—
		>2.0~4.0	≥460	—	—
		>4.0~6.0	≥435	—	—
		>6.0~10.0	≥430	—	—
HSn60-1 HSn62-1	O60	0.5~2.0	≥315	≥15	—
		>2.0~4.0	≥305	≥20	—
		>4.0~6.0	≥295	≥25	—
	H04	0.5~2.0	590~835	—	—
		>2.0~4.0	540~785	—	—
		>4.0~6.0	490~735	—	—

续表

牌号	状态	直径(或对边距)/mm	抗拉强度 R_m /MPa	断后伸长率/%	
				A_{100mm}	A
HMn62-13	O60	0.5~6.0	400~550	≥25	—
	H01	0.5~6.0	450~600	≥18	—
	H02	0.5~6.0	500~650	≥12	—
	H03	0.5~6.0	550~700	—	—
	H04	0.5~6.0	≥650	—	—
QSn4-3	O60	0.1~1.0	≥350	≥35	—
		>1.0~8.5		≥45	—
	H01	0.1~1.0	460~580	≥5	—
		>1.0~2.0	420~540	≥10	—
		>2.0~4.0	400~520	≥20	—
		>4.0~6.0	380~480	≥25	—
		>6.0~8.5	360~450	≥25	—
	H02	0.1~1.0	500~700	—	—
		>1.0~2.0	480~680	—	—
		>2.0~4.0	450~650	—	—
		>4.0~6.0	430~630	—	—
		>6.0~8.5	410~610	—	—
	H03	0.1~1.0	620~820	—	—
		>1.0~2.0	600~800	—	—
		>2.0~4.0	560~760	—	—
		>4.0~6.0	540~740	—	—
		>6.0~8.5	520~720	—	—
	H04	0.1~1.0	880~1130	—	—
		>1.0~2.0	860~1060	—	—
		>2.0~4.0	830~1030	—	—
		>4.0~6.0	780~980	—	—
QSn5-0.2 QSn4-0.3 QSn6.5-0.1 QSn6.5-0.4 QSn7-0.2 QSi3-1	O60	0.1~1.0	≥350	≥35	—
		>1.0~8.5	≥350	≥45	—
	H01	0.1~1.0	480~680	—	—
		>1.0~2.0	450~650	≥10	—
		>2.0~4.0	420~620	≥15	—
		>4.0~6.0	400~600	≥20	—
		>6.0~8.5	380~580	≥22	—
	H02	0.1~1.0	540~740	—	—
		>1.0~2.0	520~720	—	—
		>2.0~4.0	500~700	≥4	—
		>4.0~6.0	480~680	≥8	—
		>6.0~8.5	460~660	≥10	—
	H03	0.1~1.0	750~950	—	—
		>1.0~2.0	730~920	—	—
		>2.0~4.0	710~900	—	—
		>4.0~6.0	690~880	—	—
		>6.0~8.5	640~860	—	—
	H04	0.1~1.0	880~1130	—	—
		>1.0~2.0	860~1060	—	—
		>2.0~4.0	830~1030	—	—
		>4.0~6.0	780~980	—	—
		>6.0~8.5	690~950	—	—

续表

牌号	状态	直径(或对边距)/mm	抗拉强度 R_m /MPa	断后伸长率/%	
				A_{100mm}	A
QSn8-0.3	O60	0.1~8.5	365~470	≥30	—
	H01	0.1~8.5	510~625	≥8	—
	H02	0.1~8.5	655~795	—	—
	H03	0.1~8.5	780~930	—	—
	H04	0.1~8.5	860~1035	—	—
QSi3-1	O60	>8.5~13.0	≥350	≥45	—
		>13.0~18.0		—	≥50
	H01	>8.5~13.0	380~580	≥22	—
		>13.0~18.0		—	≥26
QSn15-1-1	O60	0.5~1.0	≥365	≥28	—
		>1.0~2.0	≥360	≥32	—
		>2.0~4.0	≥350	≥35	—
		>4.0~6.0	≥345	≥36	—
	H01	0.5~1.0	630~780	≥25	—
		>1.0~2.0	600~750	≥30	—
		>2.0~4.0	580~730	≥32	—
		>4.0~6.0	550~700	≥35	—
	H02	0.5~1.0	770~910	≥3	—
		>1.0~2.0	740~880	≥6	—
		>2.0~4.0	720~850	≥8	—
		>4.0~6.0	680~810	≥10	—
	H03	0.5~1.0	800~930	≥1	—
		>1.0~2.0	780~910	≥2	—
		>2.0~4.0	750~880	≥2	—
		>4.0~6.0	720~850	≥3	—
	H04	0.5~1.0	850~1080	—	—
		>1.0~2.0	840~980	—	—
		>2.0~4.0	830~960	—	—
		>4.0~6.0	820~950	—	—
QSn4-4-4	H02	0.1~6.0	≥360	≥8	—
		>6.0~8.5		≥12	—
	H04	0.1~6.0	≥420	—	—
		>6.0~8.5		≥10	—
QCr4.5-2.5-0.6	O60	0.5~6.0	400~600	≥25	—
	TH04、TF00	0.5~6.0	550~850	—	—
QAl7	H02	1.0~6.0	≥550	≥8	—
	H04	1.0~6.0	≥600	≥4	—
QAl9-2	H04	0.6~1.0	≥580	—	—
		>1.0~2.0		≥1	—
		>2.0~5.0		≥2	—
		>5.0~6.0	≥530	≥3	—
B19	O60	0.1~0.5	≥295	≥20	—
		>0.5~6.0		≥25	—
	H04	0.1~0.5	590~880	—	—
		>0.5~6.0	490~785	—	—
BFe10-1-1	O60	0.1~1.0	≥450	≥15	—
		>1.0~6.0	≥400	≥18	—
	H04	0.1~1.0	≥780	—	—
		>1.0~6.0	≥650	—	—

续表

牌号	状态	直径(或对边距)/mm	抗拉强度 R_m/MPa	断后伸长率/%	
				A_{100mm}	A
BFe30-1-1	O60	0.1~0.5	≥345	≥20	—
		>0.5~6.0		≥25	—
	H04	0.1~0.5	685~980	—	—
		>0.5~6.0	590~880	—	—
BMn3-12	O60	0.05~1.0	≥440	≥12	—
		>1.0~6.0	≥390	≥20	—
	H04	0.05~1.0	≥785	—	—
		>1.0~6.0	≥685	—	—
BMn40-1.5	O60	0.05~0.20	≥390	≥15	—
		>0.20~0.50		≥20	—
		>0.50~6.0		≥25	—
	H04	0.05~0.20	685~980	—	—
		>0.20~0.50	685~880	—	—
		>0.50~6.0	635~835	—	—
BZn9-29 BZn12-24 BZn12-26	O60	0.1~0.2	≥320	≥15	—
		>0.2~0.5		≥20	—
		>0.5~2.0		≥25	—
		>2.0~8.0		≥30	—
	H00	0.1~0.2	400~570	≥12	—
		>0.2~0.5	380~550	≥16	—
		>0.5~2.0	360~540	≥22	—
		>2.0~8.0	340~520	≥25	—
	H01	0.1~0.2	420~620	≥6	—
		>0.2~0.5	400~600	≥8	—
		>0.5~2.0	380~590	≥12	—
		>2.0~8.0	360~570	≥18	—
	H02	0.1~0.2	480~680	—	—
		>0.2~0.5	460~640	≥6	—
		>0.5~2.0	440~630	≥9	—
		>2.0~8.0	420~600	≥12	—
	H03	0.1~0.2	550~800	—	—
		>0.2~0.5	530~750	—	—
		>0.5~2.0	510~730	—	—
		>2.0~8.0	490~630	—	—
	H04	0.1~0.2	680~880	—	—
		>0.2~0.5	630~820	—	—
		>0.5~2.0	600~800	—	—
		>2.0~8.0	580~700	—	—
	H06	0.5~4.0	≥720	—	—
BZn15-20 BZn18-20	O60	0.1~0.2	≥345	≥15	—
		>0.2~0.5		≥20	—
		>0.5~2.0		≥25	—
		>2.0~8.0		≥30	—
		>8.0~13.0		≥35	—
		>13.0~18.0		—	≥40
	H00	0.1~0.2	450~600	≥12	—
		>0.2~0.5	435~570	≥15	—
		>0.5~2.0	420~550	≥20	—
		>2.0~8.0	410~520	≥24	—

续表

牌号	状态	直径(或对边距)/mm	抗拉强度 R_m/MPa	断后伸长率/%	
				A_{100mm}	A
BZn15-20 BZn18-20	H01	0.1~0.2	470~660	≥10	—
		>0.2~0.5	460~620	≥12	—
		>0.5~2.0	440~600	≥14	—
		>2.0~8.0	420~570	≥16	—
	H02	0.1~0.2	510~780	—	—
		>0.2~0.5	490~735	—	—
		>0.5~2.0	440~685	—	—
		>2.0~8.0	440~635	—	—
	H03	0.1~0.2	620~860	—	—
		>0.2~0.5	610~810	—	—
		>0.5~2.0	595~760	—	—
		>2.0~8.0	580~700	—	—
	H04	0.1~0.2	735~980	—	—
		>0.2~0.5	735~930	—	—
		>0.5~2.0	635~880	—	—
		>2.0~8.0	540~785	—	—
	H06	0.5~1.0	≥750	—	—
		>1.0~2.0	≥740	—	—
		>2.0~4.0	≥730	—	—
BZn22-16 BZn25-18	O60	0.1~0.2	≥440	≥12	—
		>0.2~0.5		≥16	—
		>0.5~2.0		≥23	—
		>2.0~8.0		≥28	—
	H00	0.1~0.2	500~680	≥10	—
		>0.2~0.5	490~650	≥12	—
		>0.5~2.0	470~630	≥15	—
		>2.0~8.0	460~600	≥18	—
	H01	0.1~0.2	540~720	—	—
		>0.2~0.5	520~690	≥6	—
		>0.5~2.0	500~670	≥8	—
		>2.0~8.0	480~650	≥10	—
	H02	0.1~0.2	640~830	—	—
		>0.2~0.5	620~800	—	—
		>0.5~2.0	600~780	—	—
		>2.0~8.0	580~760	—	—
	H03	0.1~0.2	660~880	—	—
		>0.2~0.5	640~850	—	—
		>0.5~2.0	620~830	—	—
		>2.0~8.0	600~810	—	—
	H04	0.1~0.2	750~990	—	—
		>0.2~0.5	740~950	—	—
		>0.5~2.0	650~900	—	—
		>2.0~8.0	630~860	—	—
	H06	0.1~1.0	≥820	—	—
		>1.0~2.0	≥810	—	—
		>2.0~4.0	≥800	—	—

续表

牌号	状态	直径(或对边距)/mm	抗拉强度 R_m/MPa	断后伸长率/%	
				A_{100mm}	A
BZn40-20	O60	1.0~6.0	500~650	≥20	—
	H01	1.0~6.0	550~700	≥8	—
	H02	1.0~6.0	600~850	—	—
	H03	1.0~6.0	750~900	—	—
	H04	1.0~6.0	800~1000	—	—
BZn12-37-1.5	H02	0.5~9.0	600~700	—	—
	H04	0.5~9.0	650~750	—	—

注：表中的"—"，表示没有统计数据，如果需方要求该性能，其性能指标由供需双方协商。

(5) 卷质量

线材卷质量应符合表 3-20-247 的规定。

表 3-20-247 线材卷质量

直径(或对边距)/mm	每卷质量[①]/kg	
	标准卷	较轻卷
0.05~0.5	5±1	2±1
>0.5~1.0	12±1	8±1
>1.0~2.0	25±2	15±2
>2.0~4.0	30±5	20±5
>4.0~6.0	35±5	25±5
>6.0~13.0	200±20	150±20
>13.0~18.0	500±50	350±50

① 不包括轴的质量。

20.8.2 铜及铜合金扁线（GB/T 3114—2010）

(1) 产品分类

铜及铜合金扁线产品的牌号、状态、规格见表 3-20-248。

表 3-20-248 铜及铜合金扁线产品的牌号、状态、规格

牌号	状态	规格(厚度×宽度)/mm
T2、TU1、TP2	软(M),硬(Y)	(0.5~6.0)×(0.5~15.0)
H62、H65、H68、H70、H80、H85、H90B	软(M),半硬(Y_2),硬(Y)	(0.5~6.0)×(0.5~15.0)
HPb59-3、HPb62-3	半硬(Y_2)	(0.5~6.0)×(0.5~15.0)
HBi60-1.3、HSb60-0.9、HSb61-0.8-0.5	半硬(Y_2)	(0.5~6.0)×(0.5~12.0)
QSn6.5-0.1、QSn6.5-0.4、QSn7-0.2、QSn5-0.2	软(M),半硬(Y_2),硬(Y)	(0.5~6.0)×(0.5~12.0)
QSn4-3、QSi3-1	硬(Y)	(0.5~6.0)×(0.5~12.0)
BZn15-20、BZn18-20、BZn22-16	软(M),半硬(Y_2)	(0.5~6.0)×(0.5~15.0)
QCr1-0.18、QCr1	固溶+冷加工+时效(CYS), 固溶+时效+冷加工(CSY)	(0.5~6.0)×(0.5~15.0)

注：扁线的厚度与宽度之比应在 1∶1~1∶7 的范围，其他范围的扁线由供需双方协商确定。

(2) 标记示例

产品标记按产品名称、牌号、状态、规格和标准编号的顺序表示。标记示例如下：

示例 1：

用 T2 制造的、软状态、高精度、厚度为 1.0mm、宽度为 4.0mm 的扁线标记为：扁线 T2M 高 1.0×4.0 GB/T 3114—2010。

示例 2：

用 H65 制造的、硬状态、普通精度、厚度为 2.0mm、宽度为 6.0mm 的扁线标记为：扁线 H65Y 2.0×6.0 GB/T 3114—2010。

(3) 化学成分

H90B 牌号的化学成分应符合表 3-20-249 的规定，其他牌号的化学成分应符合 GB/T 5231（见 20.2.3 节）、GB/T 21652（见 20.8.1 节）的规定。

表 3-20-249　　**H90B 牌号的化学成分**（质量分数）

合金牌号	化学成分/%							
	主成分			杂质成分　≤				
	Cu	B	Zn	Ni	Fe	Si	Pb	杂质总和
H90B	89~91	0.05~0.3	余量	0.5	0.02	0.5	0.02	0.5

注：1. 杂质总和为表中所列杂质元素实测值总和。
2. 表中用“余量”表示的元素含量为100%减去表中所列元素实测值所得。

(4) 允许偏差

扁线对边距及其允许偏差见表 3-20-250。

表 3-20-250　　**扁线对边距及其允许偏差**

mm

牌号	对边距	允许偏差，±	
		普通级	高级
T2、TU1、TP2、H62、H65、H68、H70、H80、H85、H90B、HPb59-3、HPb62-3、HBi60-1.3、HSb60-0.9、HSb61-0.8-0.5	0.5~1.0	0.02	0.01
	>1.0~3.0	0.03	0.015
	>3.0~6.0	0.03	0.02
	>6.0~10.0	0.05	0.03
	>10.0	0.10	0.07
QSn6.5-0.1、QSn6.5-0.4、QSn4-3、QSi3-1、QSn7-0.2、QSn5-0.2、BZn15-20、BZn18-20、BZn22-16、QCr1-0.18、QCr1	0.5~1.0	0.03	0.02
	>1.0~3.0	0.06	0.03
	>3.0~6.0	0.08	0.05
	>6.0~10.0	0.10	0.07
	>10.0	0.18	0.10

注：1. 经供需双方协商，可供应其他规格和允许偏差的扁线，具体要求应在合同中注明。
2. 扁线偏差等级须在订货合同中注明，否则按普通级供货。
3. 当用户要求扁线单向偏差时，厚度偏差为表中数值的规定，宽度偏差为表中数值的 2 倍。

(5) 力学性能

扁线的室温纵向力学性能应符合表 3-20-251 的要求。

表 3-20-251　　**扁线的室温纵向力学性能**

牌号	状态	对边距/mm	抗拉强度 R_m /MPa	伸长率 A_{100mm} /%
			≥	
T2、TU1、TP2	M	0.5~15.0	175	25
	Y	0.5~15.0	325	—
H62	M	0.5~15.0	295	25
	Y_2	0.5~15.0	345	10
	Y	0.5~15.0	460	—
H68、H65	M	0.5~15.0	245	28
	Y_2	0.5~15.0	340	10
	Y	0.5~15.0	440	—
H70	M	0.5~15.0	275	32
	Y_2	0.5~15.0	340	15
H80、H85、H90B	M	0.5~15.0	240	28
	Y_2	0.5~15.0	330	6
	Y	0.5~15.0	485	—
HPb59-3	Y_2	0.5~15.0	380	15

续表

牌号	状态	对边距/mm	抗拉强度 R_m /MPa	伸长率 A_{100mm} /%
			≥	
HPb62-3	Y_2	0.5~15.0	420	8
HSb60-0.9	Y_2	0.5~12.0	330	10
HSb61-0.8-0.5	Y_2	0.5~12.0	380	8
HBi60-1.3	Y_2	0.5~12.0	350	8
QSn6.5-0.1、QSn6.5-0.4、QSn7-0.2、QSn5-0.2	M	0.5~12.0	370	30
	Y_2	0.5~12.0	390	10
	Y	0.5~12.0	540	—
QSn4-3、QSi3-1	Y	0.5~12.0	735	—
BZn15-20、BZn18-20、BZn22-18	M	0.5~15.0	345	25
	Y_2	0.5~15.0	550	—
QCr1-0.18、QCr1	CYS CSY	0.5~15.0	400	10

注：经双方协商可供其他力学性能的扁线，具体要求应在合同中注明。

(6) 扁线卷（轴）的质量

扁线卷（轴）的质量应符合表 3-20-252 的规定。

表 3-20-252　　扁线卷（轴）的质量

扁线宽度/mm	每卷质量/kg	
	标准卷	较轻卷
0.5~1.0	10±1	8±1
>1.0~3.0	22±2	20±2
>3.0~5.0	25±3,40±4	22±3,30±3
>5	70±5	50±5

20.8.3　镍及镍合金线和拉制线坯（GB/T 21653—2008）

(1) 产品分类

镍及镍合金线和拉制线坯的牌号、状态和规格见表 3-20-253。

表 3-20-253　　牌号、状态和规格

牌号	状态	直径(对边距)/mm
N4、N6、N5(NW2201) N7(NW2200)、N8	Y(硬) Y_2(半硬) M(软)	0.03~10.0
NCu28-2.5-1.5、NCu40-2-1 NCu30(NW4400)、NMn3、NMn5	Y(硬) M(软)	0.05~10.0
NCu30-3-0.5(NW5500)	CYS (淬火、冷加工、时效)	0.5~7.0
NMg0.1、NSi0.19、NSi3、DN	Y(硬) Y_2(半硬) M(软)	0.03~10.0

注：经双方协商，可供其他牌号和规格线材，具体要求应在合同中注明。

(2) 标记示例

产品标记按产品名称、牌号、状态、精度、规格和标准编号的顺序表示，标记示例如下：

示例 1：

用N6制造的、供应状态为M、外径为2mm的圆形线材，标记为：圆形镍线　N6 M　ϕ2　GB/T 21653—2008。

示例2：

用NCu40-2-1制造的、供应状态为Y、对边距为1.5mm的方形线材，标记为：方形镍线　NCu40-2-1 Y　1.5 GB/T 21653—2008。

示例3：

用NCu30-3-0.5制造的、供应状态为CYS、对边距为0.5mm的六角形线材，标记为：六角形镍线　NCu30-3-0.5CYS　0.5　GB/T 21653—2008。

(3) 尺寸及允许偏差

镍及镍合金线和拉制线坯圆形线材的直径及其允许偏差见表3-20-254。

表3-20-254　**圆形线材的直径及其允许偏差**

mm

直径	直径允许偏差，±	直径	直径允许偏差，±
0.03	0.0025	>1.2~2.0	0.03
>0.03~0.10	0.005	>2.0~3.2	0.04
>0.10~0.40	0.006	>3.2~4.8	0.05
>0.40~0.80	0.013	>4.8~8.0	0.06
>0.80~1.2	0.02	>8.0~10.0	0.07

注：1. 经供需双方协商，可供其他规格和允许偏差的线材。

2. 当需方要求单向偏差时，其数值为表中数值的2倍。

(4) 力学性能

镍及镍合金线材的力学性能见表3-20-255。

表3-20-255　**镍及镍合金线材的力学性能**

牌号	状态	直径(对边距)/mm	抗拉强度 R_m/MPa	伸长率 A_{100mm}/% ≥
N4	Y	0.03~0.09	780~1275	—
		>0.09~0.50	735~980	—
		>0.50~1.00	685~880	—
		>1.00~6.00	535~835	—
		>6.00~10.00	490~785	—
	Y_2	0.10~0.50	685~885	—
		>0.50~1.00	580~785	—
		>1.00~10.00	490~640	—
	M	0.03~0.20	≥370	15
		>0.20~0.50	≥340	20
		>0.50~1.00	≥310	20
		>1.00~10.00	≥290	25
N6、N8	Y	0.03~0.09	880~1325	—
		>0.09~0.50	830~1080	—
		>0.50~1.00	735~980	—
		>1.00~6.00	640~885	—
		>6.00~10.00	585~835	—
	Y_2	0.10~0.50	780~980	—
		>0.50~1.00	685~835	—
		>1.00~10.00	540~685	—
	M	0.03~0.20	≥420	15
		>0.20~0.50	≥390	20
		>0.50~1.00	≥370	20
		>1.00~10.00	≥340	25

续表

牌号	状态	直径(对边距)/mm	抗拉强度 R_m/MPa	伸长率 A_{100mm}/% ≥
N5(NW2201)	M	>0.03~0.45	≥340	20
		>0.45~10.0	≥340	25
N7(NW2200)	Y	>0.03~3.20	≥540	—
		>3.20~10.0	≥460	—
	M	>0.03~0.45	≥380	20
		>0.45~10.0	≥380	25
NCu28-2.5-1.5、NCu30(NW4400)	Y	0.05~3.20	≥770	—
		>3.20~10.0	≥690	—
	M	0.05~0.45	≥480	20
		>0.45~10.0	≥480	25
NCu40-2-1	Y	0.1~10.0	≥635	—
	M	0.1~1.0	≥440	10
		>1.0~5.0	≥440	15
		>5.0~10.00	≥390	25
NMn3①	Y	0.5~6.0	≥685	—
	M		≤640	20
NMn5①	Y	0.5~6.0	≥735	—
	M		≤735	18
NCu30-3-0.5(NW5500)	CYS②	0.5~7.0	≥900	—
NMg0.1、NSi0.19、NSi3、DN	Y	0.03~0.09	880~1325	—
		>0.09~0.50	830~1080	—
		>0.50~1.00	735~980	—
		>1.00~6.00	640~885	—
		>6.00~10.00	585~835	—
	Y_2	0.10~0.50	780~980	—
		>0.50~1.00	685~835	—
		>1.00~10.00	540~685	—
	M	0.03~0.20	≥420	15
		>0.20~0.50	≥390	20
		>0.50~1.00	≥370	20
		>1.00~10.00	≥340	25

① 用于火花塞的镍锰合金线材的抗拉强度应在735~935MPa之间。

② 推荐的固溶处理为最低温度980℃，水淬火。稳定化和沉淀热处理为590~610℃、8~16h，冷却速率在8℃/h和15℃/h之间，炉冷至480℃，空冷。另一种方法是：炉冷至535℃，在535℃保温6h，炉冷至480℃，保温8h，空冷。

注：经供需双方协商可供其他状态和性能的线材。

(5) 电阻系数

镍合金线材在20℃时的电阻系数见表3-20-256。

表3-20-256　　镍铜合金的电阻系数

牌号	状态	电阻系数/(Ω·mm²/m)
NCu28-2.5-1.5	M	≤0.4
	Y	≤0.42
NMn3	Y　M	0.13~0.17
NMn5		0.17~0.22

注：1. NCu28-2.5-1.5的电阻系数要求仅在用户有要求，并在合同中注明时，方予进行检测。

2. 用于火花塞的镍合金线材不做此项试验。

(6) 反复弯曲试验

镍锰合金硬状态线材应进行反复弯曲试验，试验结果应符合表3-20-257的规定。

第3篇

表 3-20-257　　镍锰合金硬状态线材的反复弯曲试验

直径(对边距)/mm	弯曲角度	弯曲次数	要求
0.5~1.5	90°	5	在弯曲处不出现裂纹和分层
>1.5~6.0	90°	3	

注：用于火花塞的镍合金线材不做此项检验。

20.8.4 铝及铝合金拉制圆线材（GB/T 3195—2016）

(1) 产品分类

铝及铝合金拉制圆线材按用途分为导体用线材、焊接用线材、铆钉用线材、线缆编织用线材及蒸发料用线材。导体用线材的牌号、供应状态和直径见表 3-20-258。焊接用线材的牌号、供应状态和直径见表 3-20-259。铆钉用线材的牌号、供应状态和直径见表 3-20-260。线缆编织用线材的牌号、供应状态和直径见表 3-20-261。蒸发料用线材的牌号、供应状态和直径见表 3-20-262。

表 3-20-258　　导体用线材的牌号、供应状态和直径

牌号	供应状态	直径/mm
1350	O	9.50~25.00
	H12、H22	
	H14、H24	
	H16、H26	
	H19	1.20~6.50
1A50	O、H19	0.80~20.00
8017、8030、8076、8130、8176、8177	O、H19	0.20~17.00
8C05、8C12	O	0.30~2.50
	H14、H18	0.30~2.50

表 3-20-259　　焊接用线材的牌号、供应状态和直径

牌号①	供应状态	直径/mm
1035	O、H18	0.80~20.00
	H14	3.00~20.00
1050A、1060、1070A、1100、1200	O、H18	0.80~20.00
	H14	3.00~20.00
2A14、2A16、2A20	O、H14、H18	0.80~20.00
	H12	7.00~20.00
3A21	O、H14、H18	0.80~20.00
	H12	7.00~20.00
4A01、4043、4043A、4047	O、H14、H18	0.80~20.00
	H12	7.00~20.00
5A02、5A03、5A05、5A06	O、H14、H18	0.80~20.00
	H12	7.00~20.00
5B05、5A06、5B06、5087、5A33、5183、5183A、5356、5356A、5554、5A56	O	0.80~20.00
	H18、H14	0.80~7.00
	H12	7.00~20.00
4A47、4A54	H14	0.50~8.00

① 需方可参考 GB/T 3195—2016 中附录 A 选择焊接用线材。

表 3-20-260　　铆钉用线材的牌号、供应状态和直径

牌号	供应状态	直径/mm
1035	H18	1.60~3.00
	H14	3.00~20.00
1100	O	1.60~25.00

续表

牌号	供应状态	直径/mm
2A01、2A04、2B11、2B12、2A10	H14、T4	1.60~20.00
2B16	T6	1.60~10.00
2017、2024、2117、2219	O、H13	1.60~25.00
3003	O、H14	
3A21	H14	1.60~20.00
5A02		
5A05	H18	0.80~7.00
	O、H14	1.60~20.00
5B05、5A06	H12	
5005、5052、5056	O	1.60~25.00
6061		
	H18、T6	1.60~20.00
7A03	H14、T6	
7050	O、H13、T7	1.60~25.00

表 3-20-261　　线缆编织用线材的牌号、供应状态和直径

牌号	供应状态	直径/mm
5154、5154A、5154C	O	0.10~0.50
	H38	0.10~0.50

表 3-20-262　　蒸发料用线材的牌号、供应状态和直径

牌号	供应状态	直径/mm
Al-Si1	H14	2.00~8.00

(2) 标记示例

线材的标记按产品名称、本标准编号、牌号、供应状态、直径的顺序表示。标记示例如下：

示例 1：

1350 牌号、H14 状态、ϕ10.0mm 的导体用线材，标记为：导体用线材　GB/T 3195-1350H14-ϕ10.0。

示例 2：

5A06 牌号、H14 状态、ϕ10.0mm 的焊接用线材，标记为：焊接用线材　GB/T 3195-5A06H14-ϕ10.0。

示例 3：

5A02 牌号、H14 状态、ϕ10.0mm 的铆钉用线材，标记为：铆钉用线材　GB/T 3195-5A02H14-ϕ10.0。

示例 4：

5154A 牌号、H38 状态、ϕ0.4mm 的线缆编织用线材，标记为：线缆编织用线材　GB/T 3195-5154AH38-ϕ0.4。

示例 5：

Al-Si1 牌号、H14 状态、ϕ2.0mm 的蒸发料用线材，标记为：蒸发料用线材　GB/T 3195-Al-Si1H14-ϕ2.0。

(3) 化学成分

4A47、4A54、5087、5154C、5183A、5356A、8017、8030、8076、8130、8176、8177、8C05、8C12、Al-Si1 牌号的化学成分应符合表 3-20-253 的规定，其他牌号线材的化学成分应符合 20.2.6 节中的规定。

表 3-20-263　　化学成分

合金牌号	化学成分(质量分数)/%													
	Si	Fe	Cu	Mn	Mg	Cr	Ni	Zn	—	Ti	Zr	其他杂质[①] 单个	其他杂质[①] 总计	Al[②]
4A47	10.70~12.30	0.05	—	—	—	—	—	—	0.01~0.10Sr 0.01~0.10La	—	—	—	0.20	余量

续表

合金牌号	化学成分(质量分数)/%													
	Si	Fe	Cu	Mn	Mg	Cr	Ni	Zn	—	Ti	Zr	其他杂质①单个	其他杂质①总计	Al②
4A54	7.00~9.00	—	—	—	—	—	—	1.50~2.10	0.35~0.55Ag	0.10~0.20	—	—	0.20	余量
5087	0.25	0.40	0.05	0.7~1.1	4.5~5.2	0.05~0.25	—	0.25	0.0003 Be	0.15	0.10~0.20	0.05	0.15	余量
5154C	0.20	0.30	0.10	0.05~0.25	3.2~3.7	≤0.01	—	0.01	—	0.01	—	0.05	0.15	余量
5183A	0.40	0.40	0.10	0.50~1.0	4.3~5.2	0.05~0.25	—	0.25	0.0005 Be	0.15	—	0.05	0.15	余量
5356A	0.25	0.40	0.10	0.05~0.20	4.5~5.5	0.05~0.20	—	0.10	0.0005 Be	0.06~0.20	—	0.05	0.15	余量
8017	0.10	0.55~0.8	0.10~0.20	—	0.01~0.05	—	—	0.05	0.04B 0.003Li	—	—	0.03	0.10	余量
8030	0.10	0.30~0.8	0.15~0.30	—	0.05	—	—	0.05	0.001~0.04B	—	—	0.03	0.10	余量
8076	0.10	0.6~0.9	0.04	—	0.08~0.22	—	—	0.05	0.04B	—	—	0.03	0.10	余量
8130	0.15	0.40~1.0	0.05~0.15	—	—	—	—	0.10	1.0Si+Fe	—	—	0.03	0.10	余量
8176	0.03~0.15	0.40~1.0	—	—	—	—	—	0.10	0.03Ga	—	—	0.05	0.15	余量
8177	0.10	0.25~0.45	0.04	—	0.04~0.12	—	—	0.05	0.04B	—	—	0.03	0.10	余量
8C05	0.05	0.04	0.05	0.03~0.05	0.03~0.1	—	0.005	0.10	0.1~0.5C 0.05 O	—	—	0.03	0.10	余量
8C12	0.05	0.04	0.05	0.03~0.05	0.03~0.1	—	0.005	0.10	0.6~1.2C 0.05 O	—	—	0.03	0.10	余量
Al-Si1	0.85~1.15	0.001	0.001	—	0.0002	—	—	—	0.0008B 0.0002V	—	—	—	—	余量

① 其他杂质指表中未列出或未规定数值的元素。

② 铝的质量分数为100.00%与所有含量不小于0.010%的元素含量总和的差值，求和前各元素数值要表示到0.0×%。

(4) 直径偏差

线材的直径偏差应符合表3-20-264规定。

表 3-20-264 线材的直径偏差 mm

直径	直径允许偏差					
	铆钉用线材		焊接用线材		其他线材	
	普通级	高精级	空心卷交货	盘装交货	普通级	高精级
≤1.00	—	—	±0.03	+0.01 −0.04	±0.03	±0.02
>1.00~3.00	0 −0.05	0 −0.04	±0.04		±0.04	±0.03
>3.00~6.00	0 −0.08	0 −0.05	±0.05		±0.05	±0.04
>6.00~10.00	0 −0.12	0 −0.06	±0.07	—	±0.07	±0.05
>10.00~15.00	0 −0.16	0 −0.08	±0.09	—	±0.09	±0.07
>15.00~20.00	0 −0.20	0 −0.12	±0.13	—	±0.13	±0.11
>20.00~25.00	0 −0.24	0 −0.16	±0.17	—	±0.17	±0.15

(5) 力学性能

线材的室温拉伸力学性能应符合表 3-20-265 的规定。

表 3-20-265　　室温拉伸力学性能

牌号	试样状态	直径/mm	力学性能			
			抗拉强度 R_m/MPa	规定非比例延伸强度 $R_{p0.2}$/MPa	断后伸长率/%	
					A_{200mm}	A
1350	O	9.50～12.70	60～100	—	—	—
	H12、H22		80～120	—	—	—
	H14、H24		100～140	—	—	—
	H16、H26		115～155	—	—	—
	H19	1.20～2.00	≥160	—	≥1.2	—
		>2.00～2.50	≥175	—	≥1.5	—
		>2.50～3.50	≥160	—		—
		>3.50～5.30	≥160	—	≥1.8	—
		>5.30～6.50	≥155	—	≥2.2	—
1100	O	1.60～25.00	≤110	—	—	—
	H14		110～145	—	—	—
1A50	O	0.80～1.00	≥75	—	≥10.0	—
		>1.00～2.00		—	≥12.0	—
		>2.00～3.00		—	≥15.0	—
		>3.00～5.00		—	≥18.0	—
	H19	0.80～1.00	≥160	—	≥1.0	—
		>1.00～1.50	≥155	—	≥1.2	—
		>1.50～3.00		—	≥1.5	—
		>3.00～4.00	≥135	—		—
		>4.00～5.00		—	≥2.0	—
2017	O	1.60～25.00	≤240	—	—	—
	H13		205～275	—	—	—
	T4		≥380	≥220	—	≥10
2024	O	1.60～25.00	≤240	—	—	—
	H13		220～290	—	—	—
	T42	1.60～3.20	≥425	—	—	—
		>3.20～25.00	≥425	≥275	—	≥9
2117	O	1.60～25.00	≤175	—	—	—
	H15		190～240	—	—	—
	H13		170～220	—	—	—
	T4		≥260	≥125	—	≥16
2219	O	1.60～25.00	≤220	—	—	—
	H13		190～260	—	—	—
	T4		≥380	≥240	—	≥5
3003	O		≤130	—	—	—
	H14		140～180	—	—	—
5052	O		≤220	—	—	—
5056	O		≤320	—	—	—
5154 5154A 5154C	O	0.10～0.50	≤220	—	≥6	—
	H38	>0.10～0.16	≥290	—	≥3	—
		>0.16～0.50	≥310	—	≥3	—
6061	O	1.60～25.00	≤155	—	—	—
	H13		150～210	—	—	—
	T6		≥290	≥240	—	≥9
7050	O		≤275	—	—	—
	H13		235～305	—	—	—
	T7		≥485	≥400	—	≥9

续表

牌号	试样状态	直径/mm	力学性能			
			抗拉强度 R_m/MPa	规定非比例延伸强度 $R_{p0.2}$/MPa	断后伸长率/%	
					A_{200mm}	A
8017	O	0.20~1.00	98~159	—	≥10	—
8030		>1.00~3.00		—	≥12	—
8076		>3.00~5.00		—	≥15	—
8130	H19	0.20~1.00	≥185	—	≥1.0	—
8176		>1.00~3.00		—	≥1.2	—
8177		>3.00~5.00		—	≥1.5	—
8C05	O	0.30~2.50	170~190	—	≥3.0	—
	H14		191~219	—		—
	H18		220~249	—		—
8C12	O	0.30~2.50	250~259	—		—
	H14		260~269	—		—
	H18		270~289	—		—

20.8.5 保险铅丝（GB 3132—1986）

(1) 品种

本标准适用于交流 50Hz、60Hz、电压 500V 以下或直流 400V 以下各种熔断器内做熔断体用的保险铅丝。保险铅丝分为圆形与扁形。

(2) 化学成分

保险铅丝的化学成分应符合表 3-20-266 的要求。

表 3-20-266 **化学成分**（质量分数）

产品规格/A	化学成分/%		杂质总和/%
	Sb	Pb	
0.25~1.10	1.5~3.0	余量	<0.5
1.25~2.50	0.3~1.5	>98	<1.5

(3) 性能

圆形保险铅丝的安全电流及其特性应符合表 3-20-267 的规定。扁形保险铅丝应符合表 3-20-268 的规定。

表 3-20-267 **圆形保险铅丝的安全电流及其特性**

安全电流/A	直径/mm近似值	熔断电流				额定电流			
		倍数	电流大小/A	时间/min	结果	倍数	电流大小/A	时间/min	结果
0.25	0.08	2	0.5	1	熔断	0.725	0.36	5	不熔断
0.50	0.15		1.0				0.73		
0.75	0.20		1.5				1.09		
0.80	0.22		1.6				1.16		
0.90	0.25		1.8				1.31		
1.00	0.28		2.0				1.45		
1.05	0.29		2.1				1.52		
1.10	0.32		2.2				1.60		
1.25	0.35		2.5				1.81		
1.35	0.36		2.7				1.96		
1.50	0.40		3.0				2.18		
1.85	0.46		3.7				2.68		
2.00	0.52		4.0				2.90		
2.25	0.54		4.5				3.26		

续表

安全电流/A	直径/mm 近似值	熔断电流				额定电流			
		倍数	电流大小/A	时间/min	结果	倍数	电流大小/A	时间/min	结果
2.50	0.60		5.0				3.63		
3.00	0.71		6.0				4.35		
3.75	0.81		7.5				5.44		
5.00	0.98		10.0				7.25		
6.00	1.02		12.0				8.70		
7.50	1.25		15.0				10.88		
10.00	1.51		20.0				14.50		
11.00	1.67		22.0				15.95		
12.50	1.75		25.0				18.13		
15.00	1.98	2	30.0	1	熔断	0.725	21.75	5	不熔断
20.00	2.40		40.0				29.00		
25.00	2.78		50.0				36.25		
27.50	2.95		55.0				39.88		
30.00	3.14		60.0				43.50		
40.00	3.81		80.0				58.00		
45.00	4.12		90.0				62.25		
50.00	4.44		100.0				72.50		
60.00	4.91		120.0				87.00		
70.00	5.24		140.0				101.50		

表 3-20-268　　扁形保险铅丝的安全电流及其特性

安全电流/A	面积/mm^2 近似值	熔断电流				额定电流			
		倍数	电流大小/A	时间/min	结果	倍数	电流大小/A	时间/min	结果
5.0	0.75		10				7.25		
7.5	1.23		15				10.88		
10.0	1.79		20				14.50		
12.5	2.41		25				18.13		
15.0	3.08		30				21.75		
20.0	4.52		40				29.00		
25.0	6.07		50				36.25		
30.0	7.71		60				43.50		
35.0	9.51		70				50.75		
37.5	—	2	75	1	熔断	0.725	54.38	5	不熔断
40.0	11.40		80				58.00		
45.0	13.30		90				62.25		
50.0	15.28		100				72.50		
60.0	—		120				87.00		
75.0	26.33		150				108.75		
100.0	38.60		200				145.00		
125.0	52.04		250				181.25		
150.0	—		300				217.50		
200.0	—		400				290.00		
250.0	—		500				362.50		

20.8.6 铜棒、铜线理论质量表

表 3-20-269 铜棒、铜线理论质量

直径/mm	断面积/mm²			相对密度 7.5			相对密度 7.6			相对密度 7.8			相对密度 8.2			相对密度 8.4			相对密度 8.5			相对密度 8.8		
	圆形	方形	六角形	圆形	方形	六角形	圆形	方形	六角形	圆形	方形	六角形	圆形	方形	六角形	圆形	方形	六角形	圆形	方形	六角形	圆形	方形	六角形
				理论质量(kg/m)																				
1.0	0.785	1.000	0.866	0.0059	0.0075	0.0065	0.0060	0.0076	0.0066	0.0061	0.0078	0.0068	0.0064	0.0082	0.0071	0.0066	0.0084	0.0073	0.0067	0.0085	0.0074	0.0069	0.0088	0.0075
2.0	3.142	4.000	3.460	0.0235	0.0300	0.0259	0.0239	0.0304	0.0263	0.0245	0.0312	0.0270	0.0258	0.328	0.0284	0.0264	0.0338	0.0291	0.0267	0.0340	0.0294	0.0276	0.0352	0.0304
3.0	7.069	9.000	7.790	0.0530	0.0675	0.0535	0.0538	0.0685	0.0592	0.0552	0.0702	0.0608	0.0580	0.0737	0.0639	0.0594	0.0756	0.0655	0.0602	0.0765	0.0662	0.0623	0.0792	0.0685
4.0	12.57	16.00	13.86	0.094	0.120	0.104	0.096	0.122	0.105	0.100	0.125	0.108	0.103	0.131	0.113	0.106	0.134	0.116	0.107	0.136	0.118	0.111	0.141	0.122
5.0	19.64	25.00	21.65	0.147	0.188	0.162	0.149	0.190	0.165	0.153	0.195	0.169	0.162	0.205	0.177	0.165	0.210	0.184	0.167	0.213	0.184	0.173	0.220	0.190
6.0	28.27	36.00	31.68	0.212	0.270	0.238	0.215	0.274	0.241	0.221	0.281	0.247	0.232	0.295	0.260	0.238	0.294	0.266	0.241	0.306	0.261	0.249	0.317	0.279
7.0	38.48	49.00	42.43	0.289	0.367	0.319	0.294	0.372	0.322	0.300	0.382	0.331	0.316	0.402	0.347	0.323	0.412	0.356	0.327	0.417	0.360	0.339	0.431	0.373
8.0	50.27	64.00	55.42	0.377	0.480	0.415	0.382	0.487	0.421	0.392	0.498	0.432	0.412	0.524	0.454	0.422	0.537	0.465	0.428	0.544	0.471	0.442	0.563	0.487
9.0	63.62	81.00	70.15	0.477	0.607	0.526	0.483	0.615	0.533	0.496	0.632	0.547	0.522	0.664	0.575	0.534	0.681	0.588	0.540	0.688	0.596	0.560	0.713	0.616
10	78.54	100.0	86.60	0.589	0.750	0.649	0.597	0.760	0.658	0.613	0.780	0.675	0.644	0.820	0.709	0.659	0.840	0.726	0.667	0.850	0.736	0.691	0.880	0.762
11	95.03	121.0	104.8	0.712	0.907	0.787	0.722	0.920	0.798	0.741	0.943	0.818	0.780	0.992	0.860	0.798	1.015	0.880	0.807	1.029	0.892	0.835	1.065	0.921
12	113.1	144.0	124.7	0.847	1.080	0.935	0.858	1.095	0.950	0.882	1.143	0.975	0.915	1.180	1.025	0.949	1.210	1.050	0.960	1.225	1.060	0.995	1.268	1.097
13	132.7	169.0	145.4	0.995	1.265	1.091	1.010	1.285	1.105	1.035	1.335	1.134	1.089	1.385	1.195	1.115	1.420	1.221	1.129	1.435	1.235	1.168	1.487	1.280
14	153.9	196.0	169.7	1.154	1.470	1.274	1.170	1.489	1.290	1.200	1.530	1.323	1.255	1.610	1.390	1.295	1.645	1.425	1.309	1.665	1.442	1.353	1.723	1.491
15	176.7	225.0	196.0	1.325	1.685	1.470	1.343	1.720	1.489	1.380	1.755	1.529	1.450	1.845	1.610	1.485	1.890	1.645	1.500	1.910	1.665	1.555	1.980	1.723
16	201.1	256.0	222.0	1.510	1.920	1.665	1.523	1.942	1.688	1.565	1.990	1.760	1.680	2.100	1.840	1.684	2.150	1.862	1.710	2.179	1.885	1.768	2.252	1.953
17	227.0	289.0	250.3	1.705	2.175	1.875	1.725	2.193	1.900	1.770	2.226	1.950	1.860	2.370	2.050	1.905	2.430	2.100	1.960	2.458	2.125	1.997	2.541	2.220
18	254.5	324.0	281.0	1.91	2.43	2.11	1.94	2.46	2.14	1.99	2.53	2.19	2.09	2.68	2.31	2.14	2.72	2.36	2.16	2.75	2.39	2.24	2.83	2.47
19	283.5	361.0	312.6	2.12	2.71	2.35	2.16	2.74	2.38	2.27	2.82	2.44	2.33	2.96	2.56	2.38	3.03	2.63	2.41	3.07	2.66	2.49	3.18	2.76
20	314.2	400.0	346.0	2.35	3.00	2.59	2.39	3.04	2.63	2.45	3.12	2.70	2.58	3.28	2.84	2.64	3.36	2.91	2.67	3.40	2.94	2.76	3.52	3.04
21	346.4	441.0	382.0	2.60	3.30	2.86	2.63	3.32	2.91	2.70	3.44	2.98	2.85	3.61	3.13	2.91	3.70	3.21	2.94	3.74	3.25	3.05	3.88	3.36
22	380.1	484.0	419.1	2.85	3.63	3.14	2.89	3.68	3.19	2.96	3.78	3.27	3.12	3.97	3.44	3.19	4.07	3.62	3.23	4.13	3.56	3.35	4.27	3.69
23	415.3	529.0	447.0	3.11	3.98	3.35	3.15	4.02	3.40	3.23	4.13	3.49	3.40	4.34	3.67	3.49	4.45	3.76	3.54	4.50	3.80	3.65	4.65	3.94
24	452.4	576.0	498.8	3.39	4.32	3.74	3.44	4.37	3.80	3.53	4.49	3.89	3.70	4.72	4.09	3.79	4.83	4.19	3.84	4.88	4.24	3.98	5.07	4.38

续表

直径/mm	断面积/mm²			相对密度 7.5			相对密度 7.6			相对密度 7.8			相对密度 8.2			相对密度 8.4			相对密度 8.5			相对密度 8.8		
	圆形	方形	六角形	圆形	方形	六角形	圆形	方形	六角形	圆形	方形	六角形	圆形	方形	六角形	圆形	方形	六角形	圆形	方形	六角形	圆形	方形	六角形
				理论质量(kg/m)																				
25	490.9	625.0	542.0	3.68	4.68	4.07	3.73	4.75	4.12	3.82	4.88	4.23	4.02	5.13	4.44	4.13	5.25	4.55	4.17	5.32	4.60	4.32	5.50	4.77
26	530.9	676.0	585.0	3.98	5.07	4.38	4.03	5.14	4.45	4.14	5.27	4.57	4.35	5.53	4.80	4.46	5.67	4.92	4.51	5.74	4.97	4.67	5.94	5.14
27	572.6	729.0	631.0	4.29	5.47	4.73	4.35	5.54	4.79	4.46	5.69	4.92	4.70	5.98	5.17	4.81	6.13	5.30	4.87	6.20	5.36	5.04	6.42	5.55
28	615.8	784.0	678.0	4.62	5.88	5.08	4.68	5.96	5.15	4.80	6.12	5.28	5.07	6.43	5.56	5.17	6.59	5.69	5.23	6.67	5.76	5.42	6.90	5.96
29	660.0	841.0	727.0	4.96	6.31	5.46	5.02	6.39	5.53	5.15	6.56	5.68	5.42	6.89	5.96	5.55	7.06	6.11	5.62	7.15	6.18	5.81	7.40	6.40
30	706.9	900.0	779.0	5.30	6.75	5.85	5.37	6.84	5.92	5.51	7.02	6.07	5.80	7.38	6.39	5.93	7.56	6.54	6.01	7.65	6.62	6.22	7.92	6.85
32	804.2	1024	887.0	6.03	7.69	6.65	6.11	7.78	6.74	6.27	7.99	6.92	6.59	8.40	7.27	6.76	8.61	7.45	6.84	8.71	7.53	7.08	9.01	7.80
34	907.9	1156	1000	6.82	8.66	7.50	6.90	8.78	7.60	7.08	9.02	7.80	7.44	9.48	8.20	7.62	9.71	8.40	7.72	9.83	8.50	7.99	10.18	8.80
35	962.1	1225	1060	7.21	9.19	7.95	7.31	9.31	8.06	7.50	9.55	8.27	7.89	10.05	8.68	8.08	10.39	8.90	8.18	10.41	9.02	8.47	10.79	9.32
36	1018	1296	1122	7.64	9.72	8.42	7.74	9.84	8.53	7.94	10.10	8.75	8.34	10.63	9.20	8.55	10.88	9.43	8.65	11.02	9.54	8.96	11.40	9.87
38	1134	1444	1250	8.50	10.80	9.37	8.62	10.97	9.50	8.84	11.27	9.75	9.30	11.84	10.24	9.53	12.13	10.50	9.64	12.27	10.62	9.98	12.71	11.00
40	1257	1600	1386	9.43	12.01	10.40	9.55	12.15	10.53	9.81	12.48	10.80	10.20	13.12	11.35	10.56	14.50	11.63	10.68	13.65	11.78	11.06	14.10	12.19
42	1385	1764	1520	10.40	13.22	11.40	10.53	13.42	11.55	10.80	13.76	11.85	11.35	14.47	12.46	11.63	14.82	12.77	11.78	15.00	12.91	12.91	15.53	13.38
44	1520	1936	1677	11.40	14.52	12.58	11.55	14.70	12.74	11.85	15.09	13.08	12.46	15.86	13.74	12.77	16.24	14.08	12.91	16.45	14.25	13.38	17.02	14.75
45	1590	2025	1754	11.93	15.40	13.17	12.09	15.58	13.34	12.40	15.99	13.79	13.04	16.81	14.39	13.37	17.22	14.74	13.52	17.41	14.91	14.00	18.03	15.44
46	1660	2116	1832	12.43	15.85	13.75	12.61	15.97	13.92	12.95	16.40	14.29	13.61	17.24	15.03	13.93	17.65	15.39	14.12	17.86	15.56	14.61	18.49	16.41
48	1810	2304	1995	13.57	17.27	14.95	13.75	17.50	15.15	14.12	17.75	15.54	14.84	18.88	16.35	15.20	19.36	16.75	15.33	19.58	16.95	15.92	20.25	17.54
50	1964	2500	2163	14.73	18.74	16.22	14.92	19.00	16.43	15.31	19.50	16.86	16.10	20.25	17.72	16.50	21.00	18.15	16.69	21.25	18.40	17.27	22.00	19.05
55	2376	3025	2620	17.82	22.68	19.65	18.06	22.95	19.84	18.52	23.58	20.45	19.45	24.79	21.48	19.95	25.40	22.20	20.19	25.71	22.27	20.91	26.62	23.10
60	2827	3600	3123	21.21	27.00	23.45	21.49	27.35	23.75	22.08	28.10	24.32	23.20	29.55	25.65	23.80	30.25	26.25	24.03	30.60	26.50	24.88	31.70	27.50
65	3318	4225	3660	24.89	31.65	27.45	25.22	32.10	27.80	26.90	32.95	28.55	27.23	34.62	30.00	27.90	35.45	30.75	28.21	35.91	31.10	29.19	37.15	32.20
70	3849	4900	4240	28.89	36.75	31.81	29.25	37.25	32.22	30.25	37.25	33.10	31.55	40.70	34.75	32.30	41.25	35.62	32.71	41.65	36.07	33.87	43.13	37.30
75	4418	5625	4871	33.10	42.20	36.50	33.58	42.75	37.00	34.43	44.40	38.00	36.22	46.15	39.95	37.20	47.25	40.80	37.55	47.81	41.40	38.87	49.45	42.80
80	5027	6400	5542	37.70	48.00	41.56	38.21	48.64	42.12	39.21	49.92	43.23	41.22	52.48	45.44	42.23	53.76	46.55	42.73	54.40	47.10	44.24	56.32	48.77
85	5675	7225	6235	42.55	54.20	46.70	43.15	54.80	47.40	44.25	56.30	48.60	46.50	59.20	51.10	47.70	60.70	52.30	48.23	61.30	52.90	49.93	63.50	54.80
90	6362	8100	7015	47.72	60.75	52.61	48.35	61.56	53.31	49.62	63.18	54.72	52.17	66.42	57.52	53.44	68.04	58.93	54.08	68.85	59.63	55.99	71.28	61.73
95	7088	9025	7790	53.15	67.70	58.40	53.80	68.10	59.20	55.25	70.30	60.70	58.10	73.90	63.80	59.50	75.75	65.44	60.25	76.70	66.20	62.37	79.45	68.50
100	7854	10000	8660	58.90	75.00	64.95	59.69	76.00	65.82	61.26	78.00	67.55	64.40	82.00	71.00	65.97	84.00	72.74	66.76	85.00	73.61	69.12	88.00	76.21

第21章　具有特殊性能和用途的金属和合金

21.1　硬质合金材料

21.1.1　切削工具用硬质合金（GB/T 18376.1—2008）

21.1.2　地质、矿山工具用硬质合金（GB/T 18376.2—2014）

21.1.3　耐磨零件用硬质合金牌号（GB/T 18376.3—2015）

21.2　精 密 合 金

21.2.1　软磁金属材料（GB/T 21220—2007）

21.2.2　硬磁材料（GB/T 17951—2005）

21.2.3　弹性合金（GB/T 34471.2—2017、GB/T 15014—2008）

21.2.4　膨胀合金（GB/T 15014—2008、GB/T 14985—2007）

21.2.5　热双合金（GB/T 15014—2008、GB/T 4461—2007）

21.2.6　电阻合金（GB/T 15014—2008、GB/T 6149—2010）

21.2.7　热电偶合金（GB/T 1598—2010）

21.3 高温合金

21.3.1 高温合金和金属间化合物高温材料（GB/T 14992—2005）

21.3.2 高温合金管材（GB/T 28295—2012）

21.3.3 高温合金热轧板（GB/T 14995—2010）

21.3.4 高温合金冷轧板（GB/T 14996—2010）

21.3.5 高温合金管（GB/T 15062—2008）

扫码阅读此章内容

第4篇 非金属材料

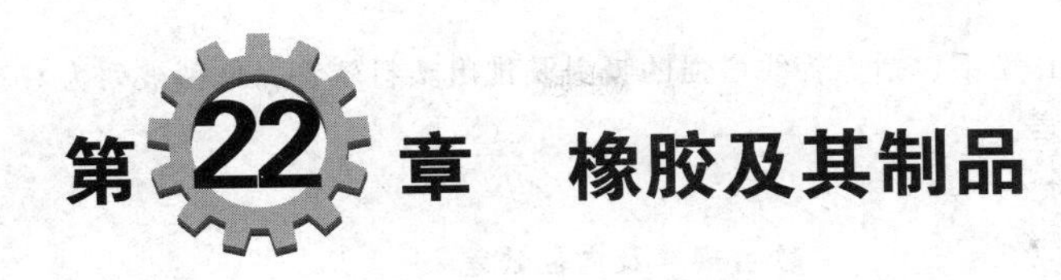

第22章 橡胶及其制品

22.1 概　　述

22.1.1 橡胶的分类

表 4-22-1　　橡胶的分类

名　称	说　明
天然橡胶	三叶橡胶——烟片、皱片、风干片、颗粒胶等； 野生橡胶——古塔波胶、马来树胶、杜仲橡胶等
合成橡胶	通用橡胶——丁苯橡胶、顺丁橡胶、异戊橡胶、丁基橡胶、氯丁橡胶、顺丁橡胶； 特种橡胶——乙丙橡胶、氯磺化聚乙烯橡胶、丙烯酸酯橡胶、聚氨酯橡胶、硅橡胶、氟橡胶、聚硫橡胶、氯化聚乙烯橡胶

22.1.2 各橡胶性能比较

表 4-22-2　　各类橡胶性能比较

	通用橡胶					特种橡胶		
名称	天然橡胶	丁苯橡胶	顺丁橡胶	氯丁橡胶	乙丙橡胶	硅橡胶	氟橡胶	丁腈橡胶
代号	NR	SBR	BR	CR	EPDM	SR	EPM	NBR
抗拉强度/MPa	25~30	15~20	18~25	25~27	10~25	4~10	20~22	15~30
伸长率/%	550~900	500~800	450~800	300~1000	400~800	50~500	100~500	300~800
抗撕性	好	中	中	好	中	差	中	中
使用温度/℃	-50~120	-50~140	120	-35~130	150	-70~275	-50~300	-35~175
耐磨性	中	好	好	中	中	差	中	中
回弹性	好	中	好	中	中	差	中	中
耐油性	差			好			好	好
耐老化					好		好	
耐碱性				好			好	
成　本		高		高		高	高	

22.2 胶　　管

22.2.1 橡胶和塑料软管的规格（GB/T 9575—2013）

(1) 软管类型

橡胶和塑料软管的规格及各自的内径范围应符合表 4-22-3。橡胶和塑料软管依据制造工艺分为四个型别：

① A 型：硬芯成形软管；

② B 型：软芯成形软管（包括使用和不使用管芯制造的塑料液压软管）；

③ C 型：无芯成形软管；

④ D 型：挤出塑料软管（D 型不包括螺旋线增强的吸引及排出塑料软管，这种被列为 C 型）。

（2）软管规格及内径公差

软管规格及内径公差见表 4-22-3。

表 4-22-3　　软管规格及内径公差　　mm

公称内径	最小及最大内径							
	A 型 硬芯成形		B 型 软芯成形		C 型 无芯成形 （标准公差）		D 型 挤出塑料 无芯成形（严格公差）	
	最小	最大	最小	最大	最小	最大	最小	最大
3.2	3.2	3.8	—	—	—	—	3.0	3.4
4	4.0	4.8	4.0	4.8	3.4	4.6	3.7	4.3
5	4.6	5.4	4.6	5.4	4.2	5.4	4.7	5.3
6.3	6.2	7.0	6.2	7.0	5.6	7.2	6.0	6.6
8	7.7	8.5	7.7	8.5	7.2	8.8	7.7	8.3
10	9.3	10.1	9.3	10.1	8.7	10.3	9.7	10.3
12.5	12.3	13.5	12.3	13.5	11.9	13.5	12.2	12.8
16	15.5	16.7	15.5	16.7	15.1	16.7	15.7	16.3
19	18.6	19.8	18.6	19.8	18.3	19.9	18.4	19.6
20	19.6	20.8	19.6	20.8	19.3	20.9	—	—
25	25.0	26.4	25.0	26.4	24.2	26.6	24.4	25.6
31.5	31.4	33.0	31.4	33.0	30.2	33.4	30.9	32.1
38	37.7	39.3	37.7	39.3	36.5	39.7	37.4	38.6
40	39.7	41.3	39.7	41.3	38.5	41.7	—	—
50	49.4	51.0	—	—	48.1	51.6	—	—
51	50.4	52.0	—	—	49.1	52.6	50.2	51.8
63	63.1	65.1	—	—	61.5	65.5	62.2	63.8
76	74.6	77.8	—	—	74.2	78.2	75.0	77.0
80	78.6	81.8	—	—	78.2	82.2	—	—
90	87.3	90.5	—	—	—	—	—	—
100	100.0	103.2	—	—	99.4	103.9	—	—
125	125.4	128.6	—	—	124.8	129.3	—	—
150	150.4	154.4	—	—	150.2	154.7	—	—
160	—	—	—	—	162.9	167.4	—	—
200	200.7	205.7	—	—	200.2	206.2	—	—
250	251.0	257.0	—	—	251.0	257.0	—	—
305	301.8	307.8	—	—	301.8	307.8	—	—
315	314.5	320.5	—	—	—	—	—	—
350	—	—	—	—	351.6	359.6	—	—
400	—	—	—	—	402.4	410.4	—	—

（3）长度公差

软管切割长度及公差见表 4-22-4。

表 4-22-4　　软管切割长度及公差

长度/mm	公　差	长度/mm	公　差
≤300	±3mm	>900~≤1200	±9mm
>300~≤600	±4.5mm	>1200~≤1800	±12mm
>600~≤900	±6mm	>1800	±1%

22.2.2 输水、通用橡胶软管（HG/T 2184—2008）

（1）分类

软管根据其压力等级分为下列型别之一：

① 1型：低压——设计用于0.7MPa最大工作压力；

② 2型：中压——设计用于1.0MPa最大工作压力；

③ 3型：高压——设计用于2.5MPa最大工作压力。

此外，上述1型、2型和3型三种型别进一步细分为a~e五个级别，见表4-22-5。

表4-22-5 软管的型号和级别

型 号	类 型	级 别	工作压力范围	型 号	类 型	级 别	工作压力范围
1型	低压型	a级	工作压力≤0.3MPa	2型	中压型	d级	0.7MPa<工作压力≤1.0MPa
		b级	0.3MPa<工作压力≤0.5MPa	3型	高压型	e级	1.0MPa<工作压力≤2.5MPa
		c级	0.5MPa<工作压力≤0.7MPa				

（2）结构

软管应由下列构成：

① 内衬层；

② 用适当方法铺放的天然或合成织物增强层；

③ 外覆层。

内衬层和外覆层应厚度均匀，符合最小规定厚度的同心度，并且无孔洞、空隙和其他缺陷。外覆层表面可以是光滑的，带沟纹的或带布纹的。

（3）内径及公差

软管内径、公差及胶层厚度见表4-22-6。

表4-22-6 软管内径、公差及胶层厚度 mm

<table>
<tr><th colspan="2">内 径</th><th colspan="2">胶层厚度 ≥</th></tr>
<tr><th>公称尺寸</th><th>公差</th><th>内衬层</th><th>外覆层</th></tr>
<tr><td>10</td><td rowspan="5">±0.75</td><td rowspan="3">1.5</td><td rowspan="3">1.5</td></tr>
<tr><td>12.5</td></tr>
<tr><td>16</td></tr>
<tr><td>19</td><td rowspan="4">2.0</td><td rowspan="4">1.5</td></tr>
<tr><td>20</td></tr>
<tr><td>22</td><td rowspan="4">±1.25</td></tr>
<tr><td>25</td></tr>
<tr><td>27</td><td rowspan="4">2.5</td><td rowspan="4">1.5</td></tr>
<tr><td>32</td></tr>
<tr><td>38</td><td rowspan="5">±1.50</td></tr>
<tr><td>40</td></tr>
<tr><td>50</td><td rowspan="5">3.0</td><td rowspan="5">2.0</td></tr>
<tr><td>63</td></tr>
<tr><td>76</td></tr>
<tr><td>80</td><td rowspan="2">±2.00</td></tr>
<tr><td>100</td></tr>
</table>

注：未标注的软管内径、公差及胶层厚度，可比照临近软管的内径、公差及胶层厚度为准。

（4）物理性能

但使用表4-22-7所列方法进行试验时，内衬层和外覆层所用胶料的物理性能应符合表4-22-7规定的值。当用表4-22-8所列的方法进行测量时，成品软管的物理性能应符合表4-22-8规定的值。

表 4-22-7　　胶料的物理性能

性　能	要　求		试验方法
	内衬层	外覆层	
拉伸强度(最小)	1 型:5.0MPa 2 型:5.0MPa 3 型:7.0MPa	1 型:5.0MPa 2 型:5.0MPa 3 型:7.0MPa	GB/T 528
拉断伸长率(最小)/%	200	200	GB/T 528
耐老化性能 拉伸强度变化率(最大)/% 拉断伸长率变化率(最大)/%	 ±25 ±50	 ±25 ±50	ISO 188—1998[(100±1)℃×72h],热空气烘箱法;GB/T 528

表 4-22-8　　成品软管的物理性能

性　能	要　求	试验方法
23℃下验证压力	1 型 a 级:0.5MPa;b 级:0.8MPa;c 级:1.1MPa 2 型 d 级:1.6MPa 3 型 e 级:5.0MPa	GB/T 5563
验证压力下的长度变化	±7%	GB/T 5563
最小爆破压力	1 型 a 级:0.9MPa;b 级:1.6MPa;c 级:2.2MPa 2 型 d 级:3.2MPa 3 型 e 级:10.0MPa	GB/T 5563
层间黏合强度	1.5kN/m(最小)	ISO 8033
耐臭氧性能	2 倍放大镜下未见龟裂	HG/T 2869—1997,内径≤25mm,方法 1 其他规格,方法 2 或 3
23℃下屈挠性	T/D 不小于 0.8	GB/T 5565—2006 中方法 A
低温屈挠性	不应检测出龟裂,软管应通过上面规定的验证试验	GB/T 5564—2006 中方法 B(-25±2)℃

注：T 为软管弯曲部分的最小外径，D 为试样的平均外径，下同。

22.2.3　压缩空气橡胶软管（GB/T 1186—2016）

（1）软管的分类与结构

根据设计压力，软管型别如下：

① 1 型：低压——设计最大工作压力为 1.0MPa；

② 2 型：中压——设计最大工作压力为 1.6MPa；

③ 3 型：高压——设计最大工作压力为 2.5MPa。

根据耐油性能，软管型别可再分为三种级别：

① A 级：非耐油性能；

② B 级：正常耐油性能；

③ C 级：良好耐油性能。

根据工作温度范围，以上型别和级别可进一步再分为两个类别：

① N-T 类（常温）：-25～+70℃；

② L-T 类（低温）：-40～+70℃。

软管应具有下列组成：

① 橡胶内衬层；

② 采用任何适当技术铺放的一层或多层天然纤维或合成纤维织物；

③ 橡胶外覆层。

内衬层和外覆层应具有均匀的厚度，同心度符合规定的最小厚度，不应有孔洞、砂眼和其他缺陷。

（2）内径和公差

压缩空气橡胶软管的内径和公差应符合表 4-22-9 的要求。

第 4 篇

表 4-22-9　　压缩空气橡胶软管的最小内径和最大内径　　mm

软管规格	最小内径	最大内径	软管规格	最小内径	最大内径
4	3.25	4.75	31.5	30.25	32.75
5	4.25	5.75	38	36.50	39.50
6.3	5.55	7.05	40	38.50	41.50
8	7.25	8.75	51	49.50	52.50
10	9.25	10.75	63	61.50	64.50
12.5	11.75	13.25	76	74.50	77.50
16	15.25	16.75	80	78.00	82.00
19	18.25	19.75	100	98.00	102.00
20	19.25	20.75	102	100.00	104.00
25	23.75	26.25			

(3) 最小厚度

当按照 ISO 4671 测定时，内衬层和外覆层的最小厚度应符合如下要求：

① 1 型：内衬层 1.0mm，外覆层 1.5mm。

② 2 型：内衬层 1.5mm，外覆层 2.0mm。

③ 3 型：内衬层 2.0mm，外覆层 2.5mm。

(4) 物理性能

混炼胶的物理性能应符合表 4-22-10 的要求。成品软管的物理性能应符合表 4-22-11 的要求。

表 4-22-10　　混炼胶的物理性能

性　能	单位	要求		试验方法
		内衬层	外覆层	
最小拉伸强度	MPa	7.0	7.0	ISO 37(哑铃型试片)
最小拉断伸长率	%	250	250	
耐老化性能				
拉伸强度变化	%	±25	±25	按照 ISO 188,空气老化箱方法,在 100℃±1℃下老化 3d。ISO 37(哑铃型试片)
拉断伸长率变化	%	±50	±50	
耐液体性能				
体积增大(A 类)		N/A	N/A	—
体积增大(仅适用 B 类)(最大)	%	115 不允许收缩	N/A	在 ISO 1817 中规定的 3 号油中在 70℃±2℃下浸泡 72h 后,用重量分析法测定
体积增大(仅适用 C 类)(最大)	%	30 不允许收缩	75 不允许收缩	

表 4-22-11　　成品软管的物理性能

性　能	要　求	试验方法
验证压力	2.0MPa(1 型) 3.2MPa(2 型) 5.0MPa(3 型)	ISO 1402
最大工作压力下长度变化率	±5%	ISO 1402
最大工作压力下直径变化率	±5%	ISO 1402
最小爆破压力	4.0MPa(1 型) 6.4MPa(2 型) 10.0MPa(3 型)	ISO 1402
层间黏合强度	2.0kN/m(最小)	ISO 8033
耐臭氧性能	2 倍放大观察无龟裂	GB/T 24134—2009 方法 1 内径 25mm 及以下;方法 2 或方法 3 其他规格
弯曲试验,23℃	T/D 不小于 0.8	GB/T 5565—2006 中方法 A
低温曲挠性	在验证压力下,无龟裂	GB/T 5564—2006 中方法 B N-T 类,-25℃±2℃;L-T 类,-40℃±2℃

22.2.4 蒸汽胶管（HG/T 3036—2009）

（1）分类和结构

本节规定了以下两种型别的用于输送饱和蒸汽和热冷凝水的软管和（或）软管组合件。

① 1型：低压蒸汽软管，最大工作压力0.6MPa，对应温度为164℃。

② 2型：高压蒸汽软管，最大工作压力1.8MPa，对应温度为210℃。

每个型别的软管分为：

① A级：外覆层不耐油；

② B级：外覆层耐油。

型别和等级都可以为：

① 电连接的，标注为“M”；

② 导电性的，标注为“Ω”。

软管应包括耐蒸汽和热冷凝水的质地均匀，无气泡、气孔、外来杂质以及其他缺陷的内衬层。

1型和2型的增强层应分别为织物和钢丝的编织、缠绕或帘线层结构。

外覆层应具有防止机械损伤的作用，并应耐热、耐磨以及抵抗由天气和短期化学暴露造成的环境影响。软管外覆层应绕圆周以及沿着整个管体等距刺孔，以释放各层与外覆层之间累积的压力。

（2）尺寸和公差

蒸汽胶管直径、厚度和弯曲半径见表4-22-12。

表4-22-12　蒸汽胶管直径、厚度和弯曲半径　mm

内径		外径		厚度(最小)		弯曲半径(最小)
数值	偏差范围	数值	偏差范围	内衬层	外覆层	
9.5	±0.5	21.5	±1.0	2.0	1.5	120
13	±0.5	25	±1.0	2.5	1.5	130
16	±0.5	30	±1.0	2.5	1.5	160
19	±0.5	33	±1.0	2.5	1.5	190
25	±0.5	40	±1.0	2.5	1.5	250
32	±0.5	48	±1.0	2.5	1.5	320
38	±0.5	54	±1.2	2.5	1.5	380
45	±0.7	61	±1.2	2.5	1.5	450
50	±0.7	68	±1.4	2.5	1.5	500
51	±0.7	69	±1.4	2.5	1.5	500
63	±0.8	81	±1.6	2.5	1.5	630
75	±0.8	93	±1.6	2.5	1.5	750
76	±0.8	94	±1.6	2.5	1.5	750
100	±0.8	120	±1.6	2.5	1.5	1000
102	±0.8	122	±1.6	2.5	1.5	1000

（3）物理性能

蒸汽胶管胶料的物理性能见表4-22-13。蒸汽胶管软管及软管组合件的物理性能见表4-22-14。

表4-22-13　蒸汽胶管胶料的物理性能

性　能	单位	要求		试验方法
		内衬层	外覆层	
拉伸强度(最小)	MPa	8	8	GB/T 528(哑铃试片)
拉断伸长率(最小)	%	200	200	GB/T 528(哑铃试片)
老化后				
拉伸强度变化(最大)	%	50	50	GB/T 3512(1型:125℃下7d;2型:150℃下7d,空气烘箱方法)
拉断伸长率变化(最大)	%	50	50	

第4篇

续表

性　　能	单位	要求		试验方法
		内衬层	外覆层	
耐磨耗性能				
炭黑填充胶料(最大)	mm^3	—	200	GB/T 9867—2008 中方法 A
非炭黑填充胶料(最大,着色)	mm^3	—	400	
体积变化(最大,仅限 B 级)	%	—	100	GB/T 1690,3 号油,100℃下 72h

表 4-22-14　　蒸汽胶管软管及软管组合件的物理性能

性　　能	单位	要　　求	试验方法
软管			
爆破压力(最小)	MPa	10 倍最大工作压力	GB/T 5563
验证压力	MPa	在 5 倍最大工作压力下无泄漏或扭曲	GB/T 5563
层间黏合强度(最小)	kN/m	2.4	GB/T 14905
弯曲试验(无压力下,最小)(T/D)	—	0.8	ISO 1746
验证压力下长度变化	%	-3~+8	GB/T 5563
验证压力下扭转(最大)	(°)/m	10	GB/T 5563
外覆层耐臭氧性能	—	放大 2 倍时无可视龟裂	GB/T 24134—2009 中方法 3,相对湿度(55±10)%,臭氧浓度(50±5)×10^{-9},伸长率 20%,温度 40℃
软管组合件			
验证压力	MPa	在 5 倍最大工作压力下无泄漏或扭曲	GB/T 5563
电阻	Ω Ω Ω	≤10^2/M 型组合件 ≤10^6/组合件 ≤10^9/Ω 型内衬层与外覆层间电阻	GB/T 9572—2001 中方法 4 GB/T 9572—2001 方法 3.4、3.5 或 3.6
短期蒸汽试验	—	见标准 HG/T 3036—2009	HG/T 3036—2009
长期蒸汽试验	—	见标准 HG/T 3036—2009	HG/T 3036—2009

22.2.5　耐稀酸碱橡胶管（HG 2183—2014）

(1) 产品分类

软管按结构分为 A、B、C 3 种类型。

① A 型：有增强层不含钢丝螺旋线，用于输送酸碱液体；

② B 型：有增强层含钢丝螺旋线，用于吸引酸碱液体；

③ C 型：有增强层含钢丝螺旋线，用于排吸酸碱液体。

(2) 尺寸及公差

软管的内径及公差、内衬层和外覆层的厚度及公差见表 4-22-15。软管的同心度见表 4-22-16。

表 4-22-15　　软管的内径及公差、内衬层和外覆层的厚度及公差　　mm

公称内径		内径及公差		内衬层厚度	外覆层厚度
A 型	B 型及 C 型	内径	公差	≥	≥
12.5	—	13.0	±0.5	2.2	1.2
16	—	16			
19	—	19			
22	—	22			
25	—	25	±1.0	2.2	1.2
31.5	31.5	32.0	±1.0	2.5	1.5

续表

公称内径		内径及公差		内衬层厚度 ≥	外覆层厚度 ≥
A 型	B型及C型	内径	公差		
38	38	38	±1.3	2.5	1.5
45	45	45			
51	51	51			
63.5	63.5	64			
76	76	76			
89	89	89	±1.3	2.8	2.0
102	102	102	±1.5	3.5	2.0
127	127	127			
152	152	152			

表 4-22-16　　软管同心度

公称内径	内径与外径之间(最大)/mm	公称内径	内径与外径之间(最大)/mm
12.5 16 19 22	1.0	64 76 89	1.5
25 31.5 38 45 51	1.3	102 127 152	2.0

(3) 技术要求

内衬层与外覆层的拉伸强度和拉断伸长率见表 4-22-17。内衬层的耐酸碱性能见表 4-2-18。内衬层与外覆层的热空气老化性能见表 4-22-19。A 型、C 型软管的最大工作压力、验证压力和最小爆破压力见表 4-22-20。长度变化率和外径变化率见表 4-22-21。

表 4-22-17　　拉伸强度和拉断伸长率

性能项目		指标	
		内衬层	外覆层
拉伸强度/MPa	≥	7.0	
拉断伸长率/%	≥	250	

注：外覆层厚度达不到厚度要求，可用制造软管胶料制成试样进行试验。

表 4-22-18　　内衬层的耐酸碱性能

性能项目		指标
拉伸强度变化率/%	≥	-15
拉断伸长率变化率/%	≥	-20

注：外覆层厚度达不到厚度要求，可用制造软管胶料制成试样进行试验。

表 4-22-19　　内衬层与外覆层的热空气老化性能

性能项目		指标	
		内衬层	外覆层
热空气老化,70℃,72h	拉伸强度变化率/%	-25～+25	
	拉断伸长率变化率/%	-30～+10	

注：外覆层厚度达不到厚度要求，可用制造软管胶料制成试样进行试验。

表 4-22-20　　A 型、C 型静液压要求

MPa

最大工作压力	验证压力	最小爆破压力	最大工作压力	验证压力	最小爆破压力
0.3	0.6	1.2	0.7	1.4	2.8
0.5	1.0	2.0	1.0	2.0	4.0

表 4-22-21　　长度变化率及外径变化率

项　目	试验条件	指　标	项　目	试验条件	指　标
长度变化率/%	最大工作压力,15min	-1.5~+1.5	外径变化率/%	最大工作压力,15min	-0.5~+0.5

22.2.6 液化石油气橡胶软管（GB/T 10546—2013）

(1) 分类

软管应为下列型别之一：

① D 型：排放软管；

② D-LT 型：低温排放软管；

③ SD 型：螺旋线增强的排吸软管；

④ SD-LTR 型：低温（粗糙内壁）螺旋线增强的排吸软管；

⑤ SD-LTS 型：低温（光滑内壁）螺旋线增强的排吸软管。

所有型别软管可为：

① 电连线式，用符号 M 标示和标志；

② 导电式，借助导电橡胶层，用符号 Ω 标示和标志；

③ 非导电式，仅在软管组合件的一个管接头上安装有金属连接线。

(2) 材料和结构

软管由下列部分组成：

① 一层耐正戊烷的橡胶内衬层；

② 多层机织、编织或缠绕纺织材料或者编织或缠绕钢丝增强层；

③ 一层埋置的螺旋线增强层（仅 SD、SD-LTR 和 SD-LTS 型）；

④ 两根或多根低电阻电连接线（仅标示 M 的软管）；

⑤ 耐磨和耐室外暴露的橡胶外覆层，外覆层刺孔以便于气体渗透；

⑥ 管内非埋置的螺旋钢丝，适于在-50℃下使用（仅 SD-LTR 型）。

组合件应由装配厂将金属管接头装配到软管上。

在与不锈钢材料接触时不应使用氯化材料。

(3) 胶管尺寸

D、D-LT 型胶管的尺寸见表 4-22-22。SD、SD-LT 型胶管的尺寸见表 4-22-23。

表 4-22-22　　D、D-LT 型胶管的尺寸　　mm

公称内径	内　径	公　差	外　径	公　差	最小弯曲半径
12	12.7	±0.5	22.7	±1.0	100
15	15	±0.5	25	±1.0	120
16	15.9	±0.5	25.9	±1.0	125
19	19	±0.5	31	±1.0	160
25	25	±0.5	38	±1.0	200
32	32	±0.5	45	±1.0	250
38	38	±0.5	52	±1.0	320
50	50	±0.6	66	±1.2	400
51	51	±0.6	67	±1.2	400
63	63	±0.6	81	±1.2	550
75	75	±0.6	93	±1.2	650
76	76	±0.6	94	±1.2	650
80	80	±0.6	98	±1.2	725
100	100	±1.6	120	±1.6	800
150	150	±2.0	174	±2.0	1200
200	200	±2.0	224	±2.0	1600
250	254	±2.0	—	—	2000
300	305	±2.0	—	—	2500

注：公称内径 250mm 和 300mm 仅应用于内接式连接管。

表 4-22-23　　SD，SD-LT 型胶管的尺寸　　mm

公称内径	内　径	公　差	外　径	公　差	最小弯曲半径
12	12.7	±0.5	22.7	±1.0	90
15	15	±0.5	25	±1.0	95
16	15.9	±0.5	25.9	±1.0	95
19	19	±0.5	31	±1.0	100
25	25	±0.5	38	±1.0	150
32	32	±0.5	45	±1.0	200
38	38	±0.5	52	±1.0	280
50	50	±0.5	66	±1.2	350
51	51	±0.6	67	±1.2	350
63	63	±0.6	81	±1.2	480
75	75	±0.6	93	±1.2	550
76	76	±0.6	94	±1.2	550
80	80	±0.6	98	±1.2	680
100	100	±1.6	120	±1.6	720
150	150	±2.0	174	±2.0	1000
200	200	±2.0	224	±2.0	1400
250	254	±2.0	—	—	1750
300	305	±2.0	—	—	2100

注：公称内径 250mm 和 300mm 仅应用于内接式连接管。

（4）物理性能

胶料物理性能见表 4-22-24。成品软管和软管组合件物理性能见表 4-22-25。

表 4-22-24　　胶料物理性能

性　能	要　求		试 验 方 法
	内衬层	外覆层	
拉伸强度(最小)/MPa	10	10	ISO 37(哑铃试片)
扯断伸长率(最小)/%	250	250	ISO 37(哑铃试片)
耐磨耗(最大)/mm³	—	170	GB/T 9867—2008 中方法 A
老化性能			GB/T 3512—2001(14d/70℃热空气老化)
硬度变化(最大)/IRHD	+10	+10	ISO 48
拉伸强度变化(最大)/%	±30	±30	ISO 37
拉断伸长率变化(最大)/%	-35	-35	ISO 37
耐液体性能			
质量增加(最大)/%	+10	—	ISO 1817,23℃下浸入正戊烷中 7d 后；
硬度变化(最大)/IRHD	+10/-3	—	ISO 1817,23℃下浸入正戊烷 7d,然后在 40℃下干燥 70h 后
质量减少(最大)/%	-5 -10 (D-LT 型)	—	ISO 1817,23℃下浸入正戊烷 7d,然后在 40℃下干燥 70h 后

表 4-22-25　　成品软管和软管组合件物理性能

性　能	要　求	试 验 方 法
成品软管		
验证压力(最小)/MPa	3.75(无泄漏或其他缺陷)	ISO 1402
验证压力下长度变化(最大)/%	D 型和 D-LT 型:+5 SD、SD-LTR 和 SD-LTS 型:+10	ISO 1402
验证压力下扭转变化(最大)/[(°)/m]	8	ISO 1402

续表

性　能	要　求	试验方法
成品软管		
耐真空 0.08MPa 下 10min(仅 SD、SD-LTS 及 SD-LTR 型)	无结构破坏,无塌陷	ISO 7233
爆破压力(最小)/MPa	10	ISO 1402
层间黏合强度(最小)/(kN/m)	2.4	ISO 8033
外覆层耐臭氧 40℃	72h 后在 2 倍放大镜下观察无龟裂	GB/T 24134—2009,方法 1,不大于 25 公称内径;方法 3 大于 25 公称内径 相对湿度(55±10)%;臭氧浓度(50±5)pphm①,拉伸 20%(仅方法 3 适用)
低温弯曲性能: -30℃下(D 和 SD 型) -50℃下(D-LT、SD-LTR 和 SD-LTS 型)	无永久变形或可见的结构缺陷,电阻无增长及电连续性无损害	GB/T 5564—2006 中方法 B
电阻性能	软管的电性能应满足软管组合件的要求	ISO 8031
燃烧性能	立即熄灭或在 2min 后无可见的发光	GB/T 10546—2013 中附录 A
在最小弯曲半径下软管外径的变形系数(最大)(内压 0.07MPa,D 和 D-LT 型)	$T/D \geqslant 0.9$	ISO 1746
软管组合件		
验证压力(最小)/MPa	3.75(无泄漏或其他缺陷)	ISO 1402
验证压力下长度变化(最大)/%	D 型和 D-LT 型:+5 SD、SD-LTR 和 SD-LTS 型:+10	ISO 1402
验证压力下扭转变化(最大)/[(°)/m]	8	ISO 1402
耐负压 0.08MPa 下 10min(仅 SD、SD-LTS 及 SD-LTR 型)	无结构破坏,无塌陷	ISO 7233
电阻性能/(Ω/根)	M 式:最大 10^2;Ω 式:最大 10^4;非导电式:最小 $2.5×10^4$	ISO 8031

① 1pphm = 0.000001%。

22.2.7 家用煤气软管(GB 29993—2013)

(1) 家用煤气软管结构

软管的结构如下:

① 软管的结构可为单层或多层(包括铠装软管);

② 单层结构软管(纯胶管)为黑色,多层结构软管外覆层为橘黄色,也可按客户要求定制。

(2) 尺寸和公差

家用煤气软管的尺寸和公差见表 4-22-6。

表 4-22-26　家用煤气软管的尺寸和公差　mm

公称内径	内径和公差	壁厚和公差	
		软　管	有金属保护的软管
9.0	9.0±0.4	3.0±0.3	>1.5
9.5	9.4±0.4	3.0±0.3	>1.5
13	12.7±0.5	3.3±0.3	>1.8

(3) 材料

家用煤气软管材料的要求及试验方法见表 4-22-27。

表 4-22-27　家用煤气软管材料的要求及试验方法

项　目		要　求			试验方法
		内衬层	外覆层	纯胶管	
老化性能 70℃±1℃,96h 拉伸强度变化率/% 拉断伸长率变化率/%	 ≤ ≤	 20 20	 20 20	 20 20	GB/T 3512
耐燃气性能 质量变化率/%	 ≤	35	35	35	GB 29993—2013 中附录 A

(4) 性能

家用煤气软管耐液体的性能见表 4-22-28。

表 4-22-28　家用煤气软管的耐液体性能

项　目	要求	试验方法	项　目	要求	试验方法
耐洗涤剂质量变化率/% 耐高温食用油质量变化率/% 耐食用油质量变化率/%	≤5 ≤3 ≤3	GB 29993—2013 中附录 B	耐食醋质量变化率/% 耐肥皂液质量变化率/%	≤5 ≤5	GB 29993—2013 中附录 B

22.3 橡　胶　板

22.3.1 工业橡胶板（GB/T 5574—2008）

(1) 规格尺寸

工业橡胶板的公称厚度、宽度及偏差应符合表 4-22-29 的规定。

表 4-22-29　尺寸偏差

mm

厚度		宽度		厚度		宽度	
公称尺寸	偏差	公称尺寸	偏差	公称尺寸	偏差	公称尺寸	偏差
0.5	±0.2	500~2000	±20	12	±1.2	500~2000	±20
1.0				14	±1.4		
1.5				16	±1.5		
2.0	±0.3	500~2000	±20	18			
2.5				20			
3.0				22			
4.0	±0.4			25	±2.0		
5.0	±0.5			30			
6.0				40			
8.0	±0.8			50			
10	±1.0						

(2) 工业橡胶板分类

工业橡胶板按耐油性能划分为三类，见表 4-22-30。

表 4-22-30　工业橡胶板分类

类别	耐油性能	体积变化率 ΔV/%
A 类	不耐油	—
B 类	中等耐油,3#标准油,100℃×72h	+40~+90
C 类	耐油,3#标准油,100℃×72h	-5~+40

(3) 标记方法

产品按下列顺序标记：产品名称，标准号，技术特性代号。

标记示例：拉伸强度为 5MPa，拉断伸长率为 400%，公称硬度为 60IRHD，抗撕裂的不耐油橡胶板，其标记如下。

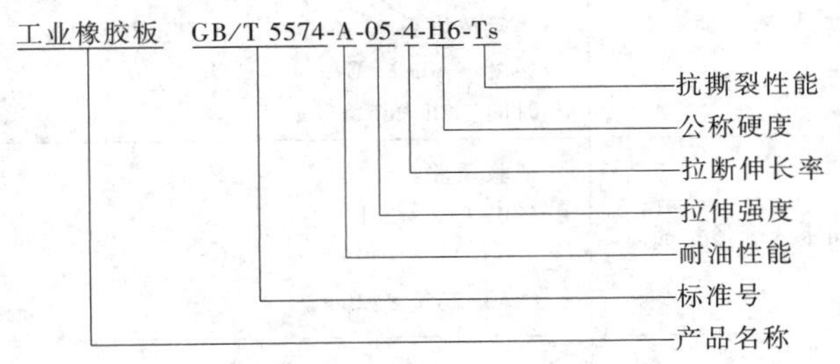

(4) 性能

拉伸强度如表 4-22-31 所示分为七个级别。拉断伸长率如表 4-22-32 所示分为九个级别。公称硬度按橡胶国际硬度（或邵尔 A 硬度）如表 4-22-33 所示分为七个级别。热空气老化性能（A_f）如表 4-22-34 所示，B 类和 C 类胶板应符合 A_f 2 的要求。工业橡胶板的附加性能见表 4-22-35。

表 4-22-31　　拉伸强度

拉伸强度/MPa	≥3	≥4	≥5	≥7	≥10	≥14	≥17
代　号	03	04	05	07	10	14	17

表 4-22-32　　拉断伸长率

拉断伸长率/%	≥100	≥150	≥200	≥250	≥300	≥350	≥400	≥500	≥600
代　号	1	1.5	2	2.5	3	3.5	4	5	6

表 4-22-33　　公称硬度

橡胶国际硬度或邵尔 A 硬度	30	40	50	60	70	80	90
代　号	H3	H4	H5	H6	H7	H8	H9
硬度偏差	+5 −4						

表 4-22-34　　热空气老化性能

代　号	项　目			指　标
A_r1	热空气老化 70℃×72h	拉伸强度降低率/%	≤	30
		拉断伸长率降低率/%	≤	40
A_r2	热空气老化 100℃×72h	拉伸强度降低率/%	≤	20
		拉断伸长率降低率/%	≤	50

表 4-22-35　　附加性能

代　号	附加性能	可选试验条件	适用试验条目
T_b	耐低温性能	试验温度： T_b 1：−20℃ T_b 2：−40℃	7.2.5
H_r	耐热性能	试验条件： Hr1：(100±1)℃×96h Hr2：(125±2)℃×96h Hr3：(150±2)℃×168h Hr4：(180±2)℃×168h	7.2.4
T_s	抗撕裂性能	—	7.2.6

续表

代　号	附加性能	可选试验条件	适用试验条目
O_r	耐臭氧性能	试验条件： 拉伸：20% 臭氧浓度：$(50±5)×10^{-8}$、$(200±20)×10^{-8}$ 温度：(40±2)℃ 时间：72h、96h、168h	7.2.7
Cs	压缩永久变形性能	试验条件： (70±1)℃×24h (100±1)℃×72h (150±2)℃×72h	7.2.8
FR	阻燃性能	—	7.2.9

注：表中未列出的其他附加性能由供需双方商定。

22.3.2 电绝缘橡胶板（HG 2949—1999）

(1) 技术要求

电绝缘橡胶板的规格尺寸见表 4-22-36。

表 4-22-36　电绝缘橡胶板的规格尺寸　mm

厚　度		宽　度		厚　度		宽　度	
基本尺寸	极限偏差	基本尺寸	极限偏差	基本尺寸	极限偏差	基本尺寸	极限偏差
4	+0.6 -0.4	1000，1200	±20	8	+1.0 -0.6	1000，1200	±20
6				10			
				12			

注：绝缘胶板长度由供需双方商定。

(2) 物理性能

电绝缘橡胶板的物理性能见表 4-22-37。

表 4-22-37　电绝缘橡胶板的物理性能

项　目	指标	项　目	指标
硬度（邵尔 A）/度	55~70	定伸（150%）永久变形/%　≤	25
拉伸强度/MPa　≥	5.0	热空气老化（70℃×72h）后：拉伸强度降低率/%　≤	30
扯断伸长率/%　≥	250	吸水率（23℃蒸馏水×24h）/%　≤	1.5

(3) 电性能

电绝缘橡胶板的电性能见表 4-22-38。

表 4-22-38　电绝缘橡胶板的电性能

厚度/mm	试验电压（有效值）/kV	最小击穿电压（有效值）/kV	厚度/mm	试验电压（有效值）/kV	最小击穿电压（有效值）/kV
4	10	15	10	30	40
6	20	30	12	35	45
8	25	35			

注：电绝缘橡胶板在使用时，应根据有关规定在试验电压和最大使用电压之间有一定的裕度，以保证人身安全。

(4) 外观质量

电绝缘橡胶板的外观质量见表 4-22-39。

表 4-22-39　　电绝缘橡胶板的外观质量

缺陷名称	质量要求
明疤或凹凸不平	深度或高度不得超过胶板厚度的极限偏差,每 $5m^2$ 内面积小于 $100mm^2$ 的明疤不超过两处
气泡	每平方米内,面积小于 $100mm^2$ 的气泡不超过 5 个,任意两个气泡间距离不小于 40mm
杂质	深度及长度不超过胶板厚度的 1/10
海绵状	不允许有
裂纹	不允许有

(5) 特种电绝缘橡胶板

不同类型的特种电绝缘橡胶板应具有耐臭氧、难燃、耐油等一种或多种性能。

TA 型电绝缘橡胶板：耐臭氧。

TB 型电绝缘橡胶板：难燃。

TC 型电绝缘橡胶板：耐油。

特种电绝缘橡胶板的物理性能见表 4-22-40。

表 4-22-40　　特种电绝缘橡胶板的物理性能

项目		指标
硬度(邵尔 A)/度		55~70
拉伸强度/MPa	≥	5.0
扯断伸长率/%	≥	250
定伸(150%)永久变形/%	≤	25
热空气老化(70℃×72h):拉伸强度降低率/%	≤	30
吸水率/%	≤	3
耐臭氧性能[40℃×3h,臭氧浓度为(50±5)pphm,使用 20%的伸长率]		无可见裂纹
难燃性能		12.7mm,30s 后
耐油性能(2 号标准油,23℃×24h)体积变化率/%	≤	4

22.3.3 设备防腐衬里用橡胶板（GB/T 18241.1—2014）

(1) 分类

衬里按施工后是否需要加热硫化分为两类：

① 加热硫化橡胶衬里，用 J 表示；

② 非加热硫化橡胶衬里：

a. 预硫化橡胶衬里，用 Y 表示；

b. 自硫化橡胶衬里，用 Z 表示。

衬里用胶板按完成硫化后的硬度分为两类：

① 硬胶，用 Y 表示；

② 软胶，用 R 表示。

橡胶衬里的分类见表 4-22-41。

表 4-22-41　　橡胶衬里的分类

分类	加热硫化硬胶	加热硫化软胶	预硫化软胶	自硫化软胶
代号	JY	JR	YR	ZR

(2) 标记方法

产品的标记应按下列顺序标记，并可根据需要增加标记内容：产品名称、类别、胶种、耐温等级、标准号。

示例：使用温度范围为70℃<T≤85℃的加热硫化硬质天然橡胶衬里标记如下。

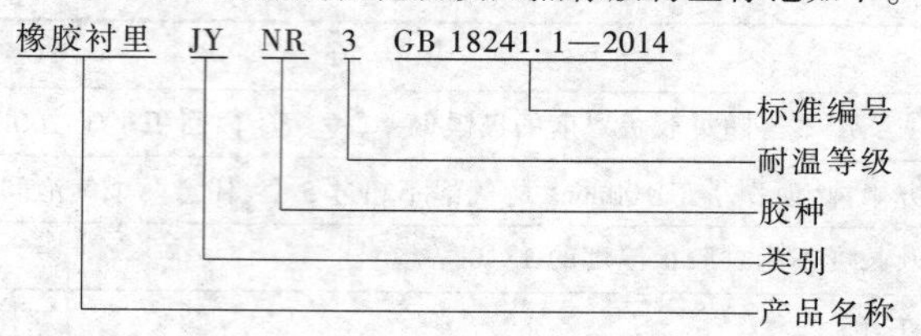

(3) 规格及尺寸偏差

衬里胶板的规格尺寸及偏差应符合表4-22-42的规定。

表4-22-42　　衬里胶板的规格尺寸及偏差

厚度		宽度偏差/mm
公称尺寸/mm	偏差/%	
2、2.5、3、4、5、6	-10~+15	-10~+15

注：其他规格尺寸由供需双方协商确定。

(4) 物理性能

衬里胶板的物理性能见表4-22-43。

表4-22-43　　衬里胶板的物理性能

项目			JY	JR、YR、ZR	适用试验条目
硬度	邵尔A/度		—	40~80	6.2.1
	邵尔D/度		40~85	—	
拉伸强度/MPa		≥	10	4	6.2.2
拉断伸长率/%		≥	—	250	
冲击强度/(J/m³)		≥	200×10^3	—	6.2.3
硬胶与金属的黏合强度/MPa		≥	6.0	—	6.2.4
软胶与金属的黏合强度/(kN/m)		≥	—	3.5	6.2.5

(5) 耐介质性能

衬里胶板的耐化学介质性能代表性的试验应符合表4-22-44的要求。

表4-22-44　　衬里胶板的耐化学介质性能代表性的试验要求

耐温等级	1	2	3	4	适用试验条目
使用温度范围	常温T	T≤70℃	70℃<T≤85℃	T>85℃	
试验温度	(23±2)℃	70℃	85℃	标记温度	
试验条件	质量变化率Δm/%				
40% H_2SO_4×168h	-2~+1	-2~+3	-3~+5	-3~+5	6.3
70% H_3PO_4×168h	-2~+1	-2~+3	-3~+5	-3~+5	
20% HCl×168h	-2~+3	-2~+8	-3~+10	—	
40% NaOH×168h	-2~+1	-2~+3	-3~+5	-3~+5	

注：其他介质和浓度的试验和判定由供需双方协商，选择合适的试验条件进行试验。

(6) 衬里表面质量

衬里胶板应致密、均匀、表面清洁，在高频电火花检测仪检测合格的条件下，胶板的缺陷允许范围见表4-22-45。

表4-22-45　　衬里胶板的缺陷允许范围

缺陷名称	表面质量
气泡	每平方米内，深度不超过胶板厚度的允许偏差，长端直径小于3mm的气泡不应超过五处
表面杂质	每平方米内，深度和长度不超过胶板厚度允许偏差的杂质不应超过五处
水纹	允许有不超过胶板厚度偏差的轻微痕迹，弯曲90°检查应无裂纹
斑痕和凹凸不平	深度和高度不应超过胶板厚度的允许偏差

第23章 玻璃及其制品

23.1 玻 璃

23.1.1 玻璃的分类

表 4-23-1 玻璃的分类

分类	品 种	说 明	适用范围
平板玻璃	普通平板玻璃(又名净片玻璃、白片玻璃)	用砂、岩粉、硅砂、纯碱、芒硝等配合,经熔化、成形、切裁而成	门窗、温室、暖房、家具、柜台等
	浮法平板玻璃(又名浮法玻璃)	熔化的玻璃液流入锡液面上,自由摊平,然后逐渐降温退火而成,具有表面平整、无玻筋、厚度公差少等特点	高级建筑门窗、镜面、夹层玻璃等
	吸热玻璃	在玻璃原料中,加入微量金属氟化物加工而成,具有吸热及滤色性能	各种建筑及高级建筑,仓库建筑的吸热门窗及大型玻璃窗,制造吸热中空玻璃
	磨砂玻璃	以平板玻璃研磨而成,具有透光不透明的特性	会议室、餐厅、走廊、书店、卫生间、浴室、黑板、装修及各种建筑物门窗玻璃需透光不透明处
压延玻璃	压花玻璃(又称滚花玻璃、花纹玻璃)	以双辊压延机连续压制的一面平整、一面有凹凸花纹的半透明玻璃	玻璃隔断、卫生间、浴室、装修及各种建筑物门窗玻璃需透光不透明处
	夹丝玻璃	以双辊压延机连续压制,中间夹有一层铁网的玻璃	天窗及各种建筑的防震门窗
工业玻璃	平面钢化玻璃	用平板玻璃或磨光平板玻璃或吸热玻璃等经处理加工而成,具有强度大、不破裂等防爆、安全性能	高级建筑物门窗、高级天窗、防爆门窗、高级柜台特殊装修等
	双层中空玻璃	以双片玻璃四周用黏结剂密封,玻璃中间充以清洁干燥空气而成	严寒地区门窗,隔声窗,风窗,保温、隔热窗
	离子交换增强玻璃	以离子交换法,对普通玻璃进行表面处理而成。机械强度高,冲击强度为普通玻璃的4~5倍	对强度要求较高的建筑门窗,制夹层玻璃或中空玻璃
	饰面玻璃	在平板玻璃基体上冷敷一层色素彩釉,加热,退火或钢化而成	墙体饰面,建筑装修,防腐防污处装修

续表

分类	品种	说明	适用范围
工业玻璃	夹层玻璃	两片或两片以上玻璃之间夹以聚乙烯醇缩丁醛塑料、衬片,经热压黏合而成(称胶片法工艺)。或由两片玻璃,中间灌以甲基丙烯酸酯类透明塑料,聚合黏结而成(称聚合法工艺),具有碎后只产生辐射状裂纹,而不落碎片等特点	高层建筑门窗、工业厂房天窗,防震门窗,装修
	特厚玻璃(又名玻璃砖)	厚度>10mm 的普通平板玻璃	玻璃墙幕,高级门窗
	折射玻璃(又名控光玻璃)	在制造平板玻璃时,将玻璃表面按一定角度加工成锯齿形而成	学校教室、博物馆、展览厅及有控光要求的其他建筑物的门窗

23.1.2 平板玻璃(GB 11614—2009)

(1) 分类

按颜色属性分为无色透明平板玻璃和本体着色平板玻璃。

按外观质量分为合格品、一等品和优等品。

按公称厚度分为:2mm、3mm、4mm、5mm、6mm、8mm、10mm、12mm、15mm、19mm、22mm、25mm。

(2) 性能要求

平板玻璃的性能要求见表 4-23-2。平板玻璃的尺寸偏差见表 4-23-3。平板玻璃的厚度偏差和厚薄差见表 4-23-4。平板玻璃合格品外观质量见表 4-23-5。平板玻璃一等品外观质量见表 4-23-6。平板玻璃优等品外观质量见表 4-23-7。无色透明平板玻璃可见光透射比最小值见表 4-23-8。本体着色平板玻璃透射比偏差见表 4-23-9。

表 4-23-2　　平板玻璃的性能要求一览表

要求项目		性能
尺寸偏差		表 4-23-3 所示尺寸偏差
对角线差		不大于其平均长度的 0.2%
厚度偏差		表 4-23-4 所示厚度偏差和厚薄差
厚薄差		
外观质量	点状缺陷	表 4-23-5 所示平板玻璃合格品外观质量 表 4-23-6 所示平板玻璃一等品外观质量 表 4-23-7 所示平板玻璃优等品外观质量
	点状缺陷密集度	
	线道、划伤、裂纹	
	光学变形	
	断面缺陷	
弯曲度		平板玻璃弯曲度应不超过 0.2%
光学性能	无色透明平板玻璃可见光透射比	表 4-23-8 所示可见光透射比
	本体着色平板玻璃透射比偏差	表 4-23-9 所示透射比偏差
	本体着色平板玻璃颜色均匀性	同一批产品色差应符合 $\Delta E_{ab}^{*} \leqslant 2.5$

注:ΔE^{*} 代表色差,a 代表红绿色差,b 代表黄蓝色差。ΔE^{*} 色差范围为 0~0.25 时,表示色差非常小,或没有,为理想匹配;0.25~0.5 时,表示色差微小,为可接受的匹配;0.5~1.0 时,表示色差微小到中等,在一些应用中可接受;1.0~2.0 时,表示色差中等,在特定应用中可接受;2.0~4.0 时,表示色差有差距,在特定应用中可接受;4.0 以上时,表示色差非常大,在大部分应用中不可接受。

表 4-23-3　　平板玻璃的尺寸偏差　　mm

公称厚度	尺寸偏差		公称厚度	尺寸偏差	
	尺寸≤3000	尺寸>3000		尺寸≤3000	尺寸>3000
2~6	±2	±3	12~15	±3	±4
8~10	+2,-3	+3,-4	19~25	±5	±5

表 4-23-4　平板玻璃的厚度偏差和厚薄差　　mm

公称厚度	厚度偏差	厚薄差	公称厚度	厚度偏差	厚薄差
2~6	±0.2	0.2	19	±0.7	0.7
8~12	±0.3	0.3	22~25	±1.0	1.0
15	±0.5	0.5			

表 4-23-5　平板玻璃合格品外观质量

缺陷种类	质量要求		
点状缺陷①	尺寸(L)/mm	允许个数限度	
	$0.5\leqslant L\leqslant 1.0$	$2S$	
	$1.0<L\leqslant 2.0$	S	
	$2.0<L\leqslant 3.0$	$0.5S$	
	$L>3.0$	0	
点状缺陷密集度	尺寸≥0.5mm的点状缺陷最小间距不小于300mm；直径100mm圆内尺寸≥0.3mm的点状缺陷不超过3个		
线道	不允许		
裂纹	不允许		
划伤	允许范围	允许条数限度	
	宽≤0.5mm，长≤60mm	$3S$	
光学变形	公称厚度	无色透明平板玻璃	本体着色平板玻璃
	2mm	≥40°	≥40°
	3mm	≥45°	≥40°
	≥4mm	≥50°	≥45°
断面缺陷	公称厚度不超过8mm时，不超过玻璃板的厚度；8mm以上时，不超过8mm		

① 光畸变点视为0.5~1.0mm的点状缺陷。

注：S是以平方米为单位的玻璃板面积数值，按GB/T 8170修约，保留小数点后两位。点状缺陷的允许个数限度及划伤的允许条数限度为各系数与S相乘所得的数值，按GB/T 8170修约至整数。

表 4-23-6　平板玻璃一等品外观质量

缺陷种类	质量要求		
点状缺陷①	尺寸(L)/mm	允许个数限度	
	$0.3\leqslant L\leqslant 0.5$	$2S$	
	$0.5<L\leqslant 1.0$	$0.5S$	
	$1.0<L\leqslant 1.5$	$0.2S$	
	$L>1.5$	0	
点状缺陷密集度	尺寸≥0.3mm的点状缺陷最小间距不小于300mm；直径100mm圆内尺寸≥0.2mm的点状缺陷不超过3个		
线道	不允许		
裂纹	不允许		
划伤	允许范围	允许条数限度	
	宽≤0.2mm，长≤40mm	$2S$	
光学变形	公称厚度	无色透明平板玻璃	本体着色平板玻璃
	2mm	≥50°	≥45°
	3mm	≥55°	≥50°
	4~12mm	≥60°	≥55°
	≥15mm	≥55°	≥50°
断面缺陷	公称厚度不超过8mm时，不超过玻璃板的厚度；8mm以上时，不超过8mm		

① 点状缺陷中不允许有光畸变点。

注：S是以平方米为单位的玻璃板面积数值，按GB/T 8170修约，保留小数点后两位。点状缺陷的允许个数限度及划伤的允许条数限度为各系数与S相乘所得的数值，按GB/T 8170修约至整数。

表 4-23-7　　平板玻璃优等品外观质量

缺陷种类	质量要求		
点状缺陷①	尺寸(L)/mm	允许个数限度	
	$0.3\leqslant L\leqslant 0.5$	S	
	$0.5<L\leqslant 1.0$	$0.2S$	
	$L>1.0$	0	
点状缺陷密集度	尺寸≥0.3mm 的点状缺陷最小间距不小于 300mm；直径 100mm 圆内尺寸≥0.1mm 的点状缺陷不超过 3 个		
线道	不允许		
裂纹	不允许		
划伤	允许范围	允许条数限度	
	宽≤0.1mm，长≤30mm	$2S$	
光学变形	公称厚度	无色透明平板玻璃	本体着色平板玻璃
	2mm	≥50°	≥50°
	3mm	≥55°	≥50°
	4~12mm	≥60°	≥55°
	≥15mm	≥55°	≥50°
断面缺陷	公称厚度不超过 8mm 时，不超过玻璃板的厚度；8mm 以上时，不超过 8mm		

① 点状缺陷中不允许有光畸变点。

注：S 是以平方米为单位的玻璃板面积数值，按 GB/T 8170 修约，保留小数点后两位。点状缺陷的允许个数限度及划伤的允许条数限度为各系数与 S 相乘所得的数值，按 GB/T 8170 修约至整数。

表 4-23-8　　无色透明平板玻璃可见光透射比最小值

公称厚度/mm	可见光透射比最小值/%	公称厚度/mm	可见光透射比最小值/%
2	89	10	81
3	88	12	79
4	87	15	76
5	86	19	72
6	85	22	69
8	83	25	67

表 4-23-9　　本体着色平板玻璃透射比偏差

种类	偏差/%	种类	偏差/%
可见光(380~780nm)透射比	2.0	太阳能(300~2500nm)总透射比	4.0
太阳光(300~2500nm)直接透射比	3.0		

23.1.3　防火玻璃（GB 15763.1—2009）

(1) 分类

防火玻璃按结构可分为：

① 复合防火玻璃（以 FFB 表示）；

② 单片防火玻璃（以 DFB 表示）。

防火玻璃按耐火性能可分为：

① 隔热型防火玻璃（A 类）；

② 非隔热型防火玻璃（C 类）。

防火玻璃按耐火极限可分为五个等级：0.50h、1.00h、1.50h、2.00h、3.00h。

(2) 标记

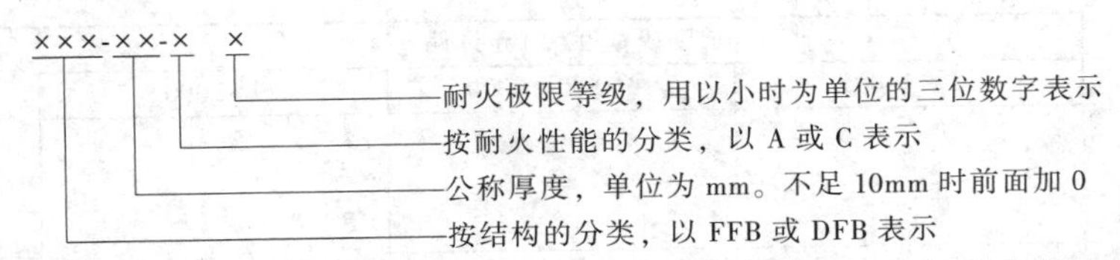
×××-××-× ×
耐火极限等级，用以小时为单位的三位数字表示
按耐火性能的分类，以A或C表示
公称厚度，单位为mm。不足10mm时前面加0
按结构的分类，以FFB或DFB表示

一块公称厚度为25mm、耐火性能为隔热类（A类）、耐火等级为1.50h的复合防火玻璃的标记为：FFB-25-A1.50。

一块公称厚度为12mm、耐火性能为非隔热类（C类）、耐火等级为1.00h的单片防火玻璃的标记为：DFB-12-C1.00。

(3) 性能

防火玻璃的技术要求应符合表4-23-10相应条块的规定。

表4-23-10　　防火玻璃技术要求一览表

名称	技术要求	
	复合防火玻璃	单片防火玻璃
尺寸、厚度允许偏差	防火玻璃的尺寸、厚度允许偏差应符合表4-23-11和表4-23-12的规定	
外观质量	防火玻璃的外观质量应符合表4-23-13和表4-23-14的规定	
耐火性能	耐热型防火玻璃（A类）和非隔热型防火玻璃（C类）的耐火性能应满足表4-23-15的要求	
弯曲度	防火玻璃的弓形弯曲度不应超过0.3%，波形弯曲度不应超过0.2%	
可见光透射比	防火玻璃的可见光透射比应符合表4-23-16的要求	
耐热性能	试验后防火玻璃试样的外观质量应符合表4-23-13的要求	—
耐寒性能	试验后防火玻璃试样的外观质量应符合表4-23-13的要求	—
耐紫外线辐照性能	当复合防火玻璃使用用在有建筑采光要求的场合时，应进行来紫外线辐照性能测试 复合防火玻璃试样试验后试样不应产生显著变色、气泡及浑浊现象，且试验前后可见光透射比相对变化率ΔT应不大于10%	—
抗冲击性能	进行抗冲击性能检验时，如样品破坏不超过一块，则该项目合格；如三块或三块以上样品破坏，则该项目不合格；如果有两块样品破坏，可另取六块备用样品重新试验，如仍出现样品破坏，则该项目不合格 单片防火玻璃不破坏是指试验后不破碎；复合防火玻璃不破坏是指试验后玻璃满足下列条件之一：①玻璃不破碎；②玻璃破碎但钢球未穿透试样	
碎片状态	—	每块试验样品在50mm×50mm区域内的碎片数应不低于40块。允许有少量长条碎片存在，但其长度不得超过75mm，且端部不是刀刃状延伸至玻璃边缘的长条形碎片与玻璃边缘形成的夹角不得大于45°

表4-23-11　　复合防火玻璃的尺寸、厚度允许偏差　　mm

玻璃的公称厚度d	长度或宽度(L)允许偏差		厚度允许偏差
	$L\leqslant1200$	$1200<L\leqslant2400$	
$5\leqslant d<11$	±2	±3	±1.0
$11\leqslant d<17$	±3	±4	±1.0
$17\leqslant d<24$	±4	±5	±1.3
$24\leqslant d<35$	±5	±6	±1.5
$d\geqslant35$	±5	±6	±2.0

注：当L大于2400mm时，尺寸允许偏差由供需双方商定。

表4-23-12　　单片防火玻璃尺寸、厚度允许偏差　　mm

玻璃公称厚度	长度或宽度(L)允许偏差			厚度允许偏差
	$L\leqslant1000$	$1000<L\leqslant2000$	$L>2000$	
5 6	+1 −2	±3	±4	±0.2

续表

玻璃公称厚度	长度或宽度(L)允许偏差			厚度允许偏差
	L≤1000	1000<L≤2000	L>2000	
8	+2 −3	±3	±4	±0.3
10				
12				±0.3
15	±4	±4		±0.5
19	±5	±5	±6	±0.7

表 4-23-13　　复合防火玻璃的外观质量

缺陷名称	要　求
气泡	直径 300mm 圆内允许长 0.5~1.0mm 的气泡 1 个
胶合层杂质	直径 500mm 圆内允许长 2.0mm 以下的杂质 2 个
划伤	宽度≤0.1mm、长度≤50mm 的轻微划伤，每平方米面积内不超过 4 条
	0.1mm<宽度<0.5mm、长度≤50mm 的轻微划伤，每平方米面积内不超过 1 条
爆边	每米边长允许有长度不超过 20mm、自边部向玻璃表面延伸深度不超过厚度一半的爆边 4 个
叠差、裂纹、脱胶	脱胶、裂纹不允许存在；总叠差不应大于 3mm

注：复合防火玻璃周边 15mm 范围内的气泡、胶合层杂质不作要求。

表 4-23-14　　单片防火玻璃的外观质量

缺陷名称	要　求
爆边	不允许存在
划伤	宽度≤0.1mm、长度≤50mm 的轻微划伤，每平方米面积内不超过 2 条
	0.1mm<宽度<0.5mm、长度≤50mm 的轻微划伤，每平方米面积内不超过 1 条
结石、裂纹、缺角	不允许存在

表 4-23-15　　防火玻璃的耐火性能

分类名称	耐火极限等级	耐火性能要求
隔热型防火玻璃（A类）	3.00h	耐火隔热性时间≥3.00h，且耐火完整性时间≥3.00h
	2.00h	耐火隔热性时间≥2.00h，且耐火完整性时间≥2.00h
	1.50h	耐火隔热性时间≥1.50h，且耐火完整性时间≥1.50h
	1.00h	耐火隔热性时间≥1.00h，且耐火完整性时间≥1.00h
	0.50h	耐火隔热性时间≥0.50h，且耐火完整性时间≥0.50h
非隔热型防火玻璃（C类）	3.00h	耐火完整性时间≥3.00h，耐火隔热性无要求
	2.00h	耐火完整性时间≥2.00h，耐火隔热性无要求
	1.50h	耐火完整性时间≥1.50h，耐火隔热性无要求
	1.00h	耐火完整性时间≥1.00h，耐火隔热性无要求
	0.50h	耐火完整性时间≥0.50h，耐火隔热性无要求

表 4-23-16　　防火玻璃的可见光透射比

项　目	允许偏差最大值（明示标称值）	允许偏差最大值（未明示标称值）
可见光透射比	±3%	≤5%

23.1.4　钢化玻璃（GB 15763.2—2005）

（1）定义

钢化玻璃：经热处理工艺之后的玻璃。其特点是在玻璃表面形成压应力层，机械强度和耐热冲击强度得到提高，并具有特殊的碎片状态。

（2）分类

钢化玻璃按生产工艺分类，可分为以下两类。

垂直法钢化玻璃：在钢化过程中采取夹钳吊挂的方式生产出来的钢化玻璃。

水平法钢化玻璃：在钢化过程中采取水平辊支撑的方式生产出来的钢化玻璃。

钢化玻璃按形状分类，分为平面钢化玻璃和曲面钢化玻璃。

(3) 性能要求

钢化玻璃的性能要求一览表见表 4-23-17。长方形平面钢化玻璃允许偏差见表 4-23-18。长方形平面钢化玻璃对角线差允许值见表 4-23-19。孔径及其允许偏差见表 4-23-20。厚度及其允许偏差见表 4-23-21。钢化玻璃的外观质量见表 4-23-22。最少允许片数见表 4-23-23。

表 4-23-17　　**钢化玻璃的性能要求一览表**

<table>
<tr><th colspan="2">名　称</th><th>性 能 要 求</th></tr>
<tr><td rowspan="4">尺寸及外观要求</td><td>尺寸及其允许偏差</td><td>表 4-23-18～表 4-23-20</td></tr>
<tr><td>厚度及其允许偏差</td><td>表 4-23-21</td></tr>
<tr><td>外观质量</td><td>表 4-23-22</td></tr>
<tr><td>弯曲度</td><td>平面钢化玻璃的弯曲度，弓形时应不超过 0.3%，波形时应不超过 0.2%</td></tr>
<tr><td rowspan="3">安全性能要求</td><td>抗冲击性</td><td>取 6 块钢化玻璃进行试验，试样破坏数不超过 1 块为合格，多于或等于 3 块为不合格。破坏数为 2 块时，再另取 6 块进行试验，试样必须全部不破坏为合格</td></tr>
<tr><td>碎片状态</td><td>取 4 块玻璃试样进行试验，每块试样在任何 50mm×50mm 区域内的最少碎片数必须满足表 4-23-23 的要求。且允许有少量长条碎片，其长度不超过 75mm</td></tr>
<tr><td>霰弹带冲击性能</td><td>取 4 块平型玻璃试样进行试验，应符合下列①或②中任意一条的规定。
① 玻璃破碎时，每块试样的最大 10 块碎片质量的总和不得超过相当于试样 65cm² 面积的质量，保留在框内的任何无贯穿裂纹的玻璃碎片的长度不能超过 120mm。
② 弹袋下落高度为 1200mm 时，试样不破坏</td></tr>
<tr><td rowspan="2">一般性能要求</td><td>表面应力</td><td>钢化玻璃的表面应力不应小于 90MPa</td></tr>
<tr><td>耐热冲击性能</td><td>钢化玻璃应耐 200℃温差不破坏</td></tr>
</table>

表 4-23-18　　**长方形平面钢化玻璃允许偏差**　　mm

<table>
<tr><th rowspan="2">厚　度</th><th colspan="4">边长(L)允许偏差</th></tr>
<tr><th>L≤1000</th><th>1000<L≤2000</th><th>2000<L≤3000</th><th>L>3000</th></tr>
<tr><td>3、4、5、6</td><td>+1
−2</td><td rowspan="2">±3</td><td rowspan="3">±4</td><td rowspan="3">±5</td></tr>
<tr><td>8、10、12</td><td>+2
−3</td></tr>
<tr><td>15</td><td>±4</td><td>±4</td></tr>
<tr><td>19</td><td>±5</td><td>±5</td><td>±6</td><td>±7</td></tr>
<tr><td>>19</td><td colspan="4">供需双方商定</td></tr>
</table>

表 4-23-19　　**长方形平面钢化玻璃对角线差允许值**　　mm

<table>
<tr><th rowspan="2">玻璃公称厚度</th><th colspan="3">对角线差允许值</th></tr>
<tr><th>边长≤2000</th><th>2000<边长≤3000</th><th>边长>3000</th></tr>
<tr><td>3、4、5、6</td><td>±3.0</td><td>±4.0</td><td>±5.0</td></tr>
<tr><td>8、10、12</td><td>±4.0</td><td>±5.0</td><td>±6.0</td></tr>
<tr><td>15、19</td><td>±5.0</td><td>±6.0</td><td>±7.0</td></tr>
<tr><td>>19</td><td colspan="3">供需双方商定</td></tr>
</table>

表 4-23-20　　**孔径及其允许偏差**　　mm

公称孔径(D)	允许偏差	公称孔径(D)	允许偏差
4≤D≤50	±1.0	D>100	供需双方商定
50<D≤100	±2.0		

表 4-23-21 厚度及其允许偏差 mm

公称厚度	厚度允许偏差	公称厚度	厚度允许偏差
3、4、5、6	±0.2	15	±0.6
8、10	±0.3	19	±1.0
12	±0.4	>19	供需双方商定

表 4-23-22 钢化玻璃的外观质量

缺陷名称	说　明	允许缺陷数
爆边	每片玻璃每米边长上允许有长度不超过 10mm，自玻璃边部向玻璃板表面延伸深度不超过 2mm，自板面向玻璃厚度延伸深度不超过厚度 1/3 的爆边个数	1 处
划伤	宽度在 0.1mm 以下的轻微划伤，每平方米面积内允许存在条数	长度≤100mm 时 4 条
	宽度大于 0.1mm 的划伤，每平方米面积内允许存在条数	宽度 0.1～1mm，长度≤100mm 时 4 条
夹钳印	夹钳印与玻璃边缘的距离≤20mm，边部变形量≤2mm	
裂纹、缺角	不允许存在	

表 4-23-23 最少允许片数

玻璃品种	公称厚度/mm	最少碎片数/片	玻璃品种	公称厚度/mm	最少碎片数/片
平面钢化玻璃	3	30	平面钢化玻璃	≥15	30
	4～12	40	曲面钢化玻璃	≥4	30

23.1.5 夹层玻璃（GB 15763.3—2009）

（1）分类

按形状分为：

① 平面夹层玻璃；

② 曲面夹层玻璃。

按霰弹袋冲击性能分为：

① Ⅰ类夹层玻璃；

② Ⅱ-1 类夹层玻璃；

③ Ⅱ-2 类夹层玻璃；

④ Ⅲ类夹层玻璃。

（2）材料

夹层玻璃由玻璃、塑料以及中间层材料组合构成。所采用的材料均应满足相应的国家标准、行业标准、相关技术条件或订货文件要求。

玻璃：

① 可选用：浮法玻璃、普通平板玻璃、压花玻璃、抛光夹丝玻璃、夹丝压花玻璃等。

② 可以是：无色的、本体着色的或镀膜的；透明的、半透明的或不透明的；退火的、热增强的或钢化的；表面处理的，如喷砂或酸腐蚀的等。

塑料：

① 可选用：聚碳酸酯、聚氨酯和聚丙烯酸酯等。

② 可以是：无色的、着色的、镀膜的；透明的或半透明的。

中间层：

① 可选用：材料种类和成分、力学和光学性能等不同的材料，如离子性中间层、PVB 中间层、EVA 中间层等。

② 可以是：无色的或有色的；透明的、半透明的或不透明的。

(3) 性能要求

夹层玻璃的性能要求一览表见表 4-23-24。可视区允许点状缺陷数见表 4-23-25。可视区允许的现状缺陷数见表 4-23-26。长度和宽度允许偏差见表 4-23-27。夹层玻璃的叠差见图 4-23-1。夹层玻璃的最大允许叠差见表 4-23-28。湿法夹层玻璃中间层厚度允许偏差见表 4-23-29。

表 4-23-24　　夹层玻璃的性能要求一览表

名　称		性能要求
尺寸及外观要求	外观质量	可视区的点状缺陷数应满足表 4-23-25 的规定。可视区的点状缺陷数应满足表 4-23-26 的规定。使用时装有边框的夹层玻璃周边区域，允许直径不超过 5mm 的点状缺陷存在；如点状缺陷是气泡，气泡面积之和应不超过边缘区面积的 5%。不允许有裂口存在。爆边长度或宽度不得超过玻璃的厚度。不允许有脱胶存在。不允许有皱纹和条纹存在
	尺寸和允许偏差	夹层玻璃最终产品的长度和宽度允许偏差应符合表 4-23-27 的规定。叠差示意图见图 4-23-1，夹层玻璃的最大允许叠差见表 4-23-28。干法夹层玻璃的厚度偏差，不能超过构成夹层玻璃的原片厚度允许偏差和中间层材料厚度允许偏差总和。中间层的总厚度<2mm 时，不考虑中间层的厚度偏差；中间层总厚度≥2mm 时，其厚度允许偏差为±0.2mm。湿法夹层玻璃的厚度偏差，不能超过构成夹层玻璃的原片厚度允许偏差和中间层材料厚度允许偏差总和。湿法中间层厚度允许偏差应符合表 4-23-29 的规定。矩形夹层玻璃制品，长边长度不大于 2400mm 时，对角线差不得大于 4mm，长边长度大于 2400mm 时，对角线差由供需双方商定
	弯曲度	平面夹层玻璃的弯曲度，弓形时应不超过 0.3%，波形时应不超过 0.2%
一般性能要求	可见光透射比	取三块试样，按 GB/T 5137.2—2002 中第 4 章的要求进行试验
	可见光反射比	取三块试样，按 GB/T 5137.2—2002 中第 9 章的要求进行试验
	抗风压性能	按 JC/T 677 进行试验
安全性能要求	耐热性	按 GB 15763.3—2009 中 7.8 项进行试验，试验后允许试样存在裂口，超出边部或裂口 13mm 部分不能产生气泡或其他缺陷
	耐湿性	按 GB 15763.3—2009 中 7.9 项进行试验，试验后试样超出原始边 15mm、切割边 25mm、裂口 10mm 部分不能产生气泡或其他缺陷
	耐辐照性	按 GB 15763.3—2009 中 7.10 项进行试验，试验后试样不可产生显著变色、气泡及浑浊现象，且试验前后试样的可见光透射比相对变化率 ΔT 应不大于 3%
	落球冲击剥离性能	按 GB 15763.3—2009 中 7.11 项进行检验，试验后中间层不得断裂、不得应碎片剥离而暴露
	霰弹袋冲击性能	Ⅲ类夹层玻璃：1 组试样在冲击高度为 300mm 时冲击后，试样未破坏和/或安全破坏，但另 1 组试样在冲击高度为 750mm 时，任何试样非安全破坏 Ⅰ类夹层玻璃：对霰弹袋冲击性能不做要求

表 4-23-25　　可视区允许点状缺陷数

缺陷尺寸(λ)/mm			0.5<λ≤1.0	1.0<λ≤3.0			
玻璃面积(S)/m^2			S 不限	S≤1	1<S≤2	2<S≤8	8<S
允许缺陷数/个	玻璃层数	2	不得密集存在	1	2	1.0m^2	1.2m^2
		3		2	3	1.5m^2	1.8m^2
		4		3	4	2.0m^2	2.4m^2
		≥5		4	5	2.5m^2	3.0m^2

注：1. 不大于 0.5mm 的缺陷不考虑，不允许出现大于 3mm 的缺陷。

2. 当出现下列情况之一时，视为密集存在：

a. 两层玻璃时，出现 4 个或 4 个以上，且彼此相距<200mm 缺陷；

b. 三层玻璃时，出现 4 个或 4 个以上的缺陷，且彼此相距<180mm；

c. 四层玻璃时，出现 4 个或 4 个以上的缺陷，且彼此相距<150mm；

d. 五层以上玻璃时，出现 4 个或 4 个以上的缺陷，且彼此相距<100mm。

3. 单层中间层单层厚度大于 2mm 时，上表允许缺陷数总数增加 1。

表 4-23-26　可视区允许的现状缺陷数

缺陷尺寸（长度 L、宽度 B）/mm	$L\leqslant 30$ 且 $B\leqslant 0.2$	$L>30$ 或 $B>0.2$		
玻璃面积（S）/m²	S 不限	$S\leqslant 5$	$5<S\leqslant 8$	$8<S$
允许缺陷数/个	允许存在	不允许	1	2

表 4-23-27　长度和宽度允许偏差　mm

公称尺寸（边长 L）	公称厚度≤8	公称厚度>8	
		每块玻璃公称厚度<10	至少一块玻璃公称厚度≥10
$L\leqslant 1100$	+2.0 −2.0	+2.5 −2.0	+3.5 −2.5
$1100<L\leqslant 1500$	+3.0 −2.0	+3.5 −2.0	+4.5 −3.0
$1500<L\leqslant 2000$	+3.0 −2.0	+3.5 −2.0	+5.0 −3.5
$2000<L\leqslant 2500$	+4.5 −2.5	+5.0 −3.0	+6.0 −4.0
$L>2500$	+5.0 −3.0	+5.5 −3.5	+6.5 −4.5

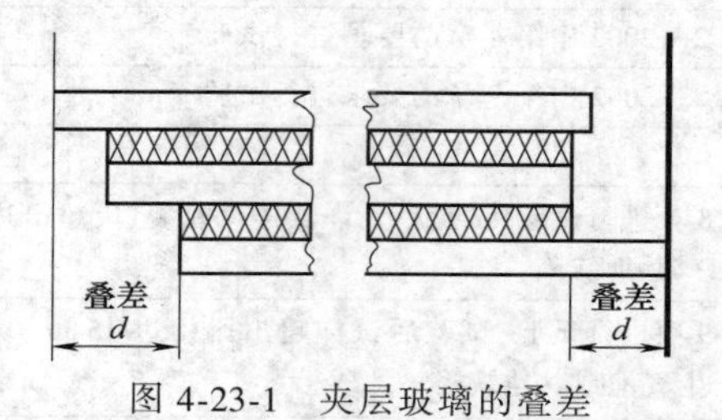

图 4-23-1　夹层玻璃的叠差

表 4-23-28　夹层玻璃的最大允许叠差　mm

长度或宽度 L	最大允许叠差
$L\leqslant 1000$	2.0
$1000<L\leqslant 2000$	3.0
$2000<L\leqslant 4000$	4.0
$L>4000$	6.0

表 4-23-29　湿法夹层玻璃中间层厚度允许偏差　mm

湿法中间层厚度 d	允许偏差 δ	湿法中间层厚度 d	允许偏差 δ
$d<1$	±0.4	$2\leqslant d<3$	±0.6
$1\leqslant d<2$	±0.5	$d\geqslant 3$	±0.7

23.1.6　均质钢化玻璃（GB 15763.4—2009）

均质钢化玻璃：是指经过特定工艺条件处理过的钠钙硅钢化玻璃（Heat Soaked Thermally Tempered Glass，HST），又可称为热浸钢化玻璃。

均质钢化玻璃技术要求一览表见表 4-23-30。均质钢化玻璃弯曲强度见表 4-23-31。

表 4-23-30　均质钢化玻璃技术要求一览表

序号	项　目	技 术 要 求
1	尺寸及其允许偏差	应符合 GB 15763.2 钢化玻璃相应条款的规定
2	厚度及其允许偏差	应符合 GB 15763.2 钢化玻璃相应条款的规定
3	外观质量	应符合 GB 15763.2 钢化玻璃相应条款的规定
4	弯曲度	对于平型均质钢化玻璃，应符合 GB 15763.2 钢化玻璃相应条款的规定
5	抗冲击性	应符合 GB 15763.2 钢化玻璃相应条款的规定
6	碎片状态	应符合 GB 15763.2 钢化玻璃相应条款的规定

续表

序号	项　目	技术要求
7	霰弹袋冲击性能	应符合 GB 15763.2 钢化玻璃相应条款的规定
8	表面应力	应符合 GB 15763.2 钢化玻璃相应条款的规定
9	耐热冲击性能	应符合 GB 15763.2 钢化玻璃相应条款的规定
10	弯曲强度	以 95%的置信区间,5%的破损概率,应符合 GB 15763.2 相应条款的规定

表 4-23-31　　均质钢化玻璃弯曲强度

均质钢化玻璃	弯曲强度/MPa	均质钢化玻璃	弯曲强度/MPa
以浮法玻璃为原片的均质钢化玻璃	120	釉面均质钢化玻璃(釉面为加载面)	75
镀膜均质钢化玻璃		压花均质钢化玻璃	90

23.1.7　压花玻璃（JC/T 511—2002）

(1) 分类

压花玻璃按外观质量分为一等品、合格品。

压花玻璃按厚度分为 3mm、4mm、5mm、6mm 和 8mm。

(2) 允许偏差

压花玻璃应为长方形或正方形。其长度和宽度尺寸允许偏差应符合表 4-23-32 的规定。压花玻璃的厚度偏差应符合表 4-23-33 的规定。

表 4-23-32　长度和宽度尺寸允许偏差　mm

厚度	尺寸允许偏差
3	±2
4	±2
5	±2
6	±2
8	±3

表 4-23-33　厚度允许偏差　mm

厚度	厚度允许偏差
3	±0.3
4	±0.4
5	±0.4
6	±0.5
8	±0.6

(3) 外观质量

压花玻璃的外观质量应符合表 4-23-34 的规定。

表 4-23-34　　外观质量

缺陷类型	说明	一等品			合格品		
图案不清	目测可见	不允许					
气泡	长度范围/mm	$2\leqslant L<5$	$5\leqslant L<10$	$L\geqslant 10$	$2\leqslant L<5$	$5\leqslant L<15$	$L\geqslant 15$
	允许个数	6.0S	3.0S	0	9.0S	4.0S	0
杂物	长度范围/mm	$2\leqslant L<3$		$L\geqslant 3$	$2\leqslant L<3$		$L\geqslant 3$
	允许个数	1.0S		0	2.0S		0
线条	长宽范围/mm	不允许			长度 $100\leqslant L<200$,宽度 $W<0.5$		
	允许条数				3.0S		
皱纹	目测可见	不允许			边部 50mm 以内轻微的允许存在		
压痕	长度范围/mm	不允许			$2\leqslant L<5$		$L\geqslant 5$
	允许个数				2.0S		0
划伤	长宽范围/mm	不允许			长度 $L\leqslant 60$,宽度 $W<0.5$		
	允许条数				3.0S		
裂纹	目测可见	不允许					
断面缺陷	爆边、凹凸、缺角等	不应超过玻璃板的厚度					

注：1. 表中，L 表示相应缺陷的长度，W 表示其宽度，S 是以平方米为单位的玻璃板的面积，气泡、杂物、压痕和划伤的数量允许上限值是以 S 乘以相应系数所得的数值，此数值应按 GB/T 8170 修约至整数。

2. 对于 2mm 以下的气泡，在直径为 100mm 的圆内不允许超过 8 个。

3. 破坏性的杂物不允许存在。

23.1.8　夹丝玻璃（JC 433—1991）

（1）定义

夹丝压花玻璃：在压延过程中夹入金属丝或网，一面压有花纹的平板玻璃。

夹丝磨光玻璃：表面进行磨光的夹丝玻璃。

（2）分类

产品分为夹丝压花玻璃和夹丝磨光玻璃两类。

产品按厚度分为：6mm、7mm、10mm。

产品按等级分为：优等品、一等品和合格品。

产品尺寸一般不小于 600mm×400mm，不大于 2000mm×1200mm。

（3）要求

丝网要求：夹丝玻璃所用的金属丝网和金属丝线分为普通钢丝和特殊钢丝两种，普通钢丝直径为 0.4mm 以上，或特殊钢丝直径为 0.3mm 以上，夹丝网玻璃应采用经过处理的点焊金属丝网。

尺寸偏差：长度和宽度允许偏差为±4.0mm。

厚度偏差：厚度允许偏差应符合表 4-23-35 规定。

表 4-23-35　　夹丝玻璃厚度允许偏差范围

mm

厚　度	允许偏差范围		厚　度	允许偏差范围	
	优等品	一等品、合格品		优等品	一等品、合格品
6	±0.5	±0.6	10	±0.9	±1.0
7	±0.6	±0.7			

（4）外观质量

夹丝玻璃的外观质量应符合表 4-23-36 的要求。

表 4-23-36　　外观质量

项目	说　明	优等品	一等品	合格品
气泡	直径 3~6mm 的圆泡，每平方米面积内允许个数	5	数量不限，但不允许密集	
	长泡，每平方米面积内允许个数	长 6~8mm 2	长 6~10mm 10	长 6~10mm 10 长 10~20mm 4
花纹变形	花纹变形程度	不许有明显的花纹变形		不规定
异物	破坏性的	不允许		
	直径 0.5~2mm 非破坏性的，每平方米面积内允许个数	3	5	10
裂纹		目测不能识别		不影响使用
磨伤		轻微	不影响使用	
金属丝	金属丝夹入玻璃内状态	应完全夹入玻璃内，不得露出表面		
	脱焊	不允许	距边部 30mm 内不限	距边部 100mm 内不限
	断线	不允许		
	接头	不允许	目测看不见	

注：密集气泡是指直径 100mm 圆面积内超过 6 个。

23.1.9　中空玻璃（GB/T 11944—2012）

（1）定义

中空玻璃：两片或多片玻璃以有效支撑均匀隔开并周边粘接密封，使玻璃层间形成有干燥气体空间的玻璃制品。

注：制作中空玻璃的各种材料的质量与中空玻璃使用寿命密切相关，使用符合标准规范的材料生产的中空玻璃，其使用寿命一般不少于15年。

(2) 分类

按形状分类：平面中空玻璃；曲面中空玻璃。

按中空腔内气体分类：①普通中空玻璃：中空腔内为空气的中空玻璃；②充气中空玻璃：中空腔内充入氩气、氪气等气体的中空玻璃。

(3) 性能要求

中空玻璃性能要求一览表见表4-23-37。中空玻璃的长度及宽度允许偏差见表4-23-38。中空玻璃的厚度允许偏差见表4-23-39。平面中空玻璃的允许叠差应符合表4-23-40的规定。中空玻璃的外观质量应符合表4-23-41的规定。

表4-23-37　**中空玻璃性能要求一览表**

项　目	要　求	
	普通中空玻璃	充气中空玻璃
尺寸偏差	中空玻璃的长度及宽度允许偏差见表4-23-38。中空玻璃的厚度允许偏差见表4-23-39。矩形平面中空玻璃对角线差应不大于对角线平均长度的0.2%。平面中空玻璃的允许叠差应符合表4-23-40的规定。中空玻璃外道密封胶宽度应≥5mm；复合密封胶条的胶层宽度为8mm±2mm；内道丁基胶层宽度应≥3mm	
外观质量	中空玻璃的外观质量应符合表4-23-41的规定	
露点	中空玻璃的露点应<-40℃	
耐紫外线辐照性能	试验后，试样内表面应无结雾、水汽凝结或污染的痕迹且密封胶无明显变形	
水气密封耐久性能	水分渗透指数 $I \leqslant 0.25$，平均值 $I_{av} \leqslant 0.20$	
初始气体含量	—	初始气体含量应≥85%（V/V）
气体密封耐久性能	—	经气体密封耐久性能试验后的气体含量应≥80%（V/V）
U值（传热系数）	由供需双方商定是否需要进行本项试验	

注：V/V是指充填气体体积与空间体积之比。

表4-23-38　**长（宽）度允许偏差**　mm

长（宽）度L	允许偏差	长（宽）度L	允许偏差
L<1000	±2	L≥2000	±3
1000≤L<2000	+2、-3		

表4-23-39　**厚度允许偏差**　mm

公称厚度D	允许偏差	公称厚度D	允许偏差
D<17	±1.0	D≥22	±2.0
17≤D<22	±1.5		

注：中空玻璃的公称厚度为玻璃原片公称厚度与中空腔厚度之和。

表4-23-40　**长（宽）度允许叠差**　mm

长（宽）度L	允许叠差	长（宽）度L	允许叠差
L<1000	2	L≥2000	4
1000≤L<2000	3		

注：曲面和有特殊要求的中空玻璃的叠差由供需双方商定。

表4-23-41　**中空玻璃外观质量**

项　目	要　求
边部密封	内道密封胶应均匀连续，外道密封胶应均匀整齐，与玻璃充分黏结，且不超出玻璃边缘
玻璃	宽度≤0.2mm、长度≤30mm的划伤允许4条/m²，0.2mm<宽度≤1mm、长度≤50mm划伤允许1条/m²；其他缺陷应符合相应玻璃标准要求

续表

项　　目	要　　求
间隔材料	无扭曲，表面平整光洁；表面无污痕、斑点及片状氧化现象
中空腔	无异物
玻璃内表面	无妨碍透视的污迹和密封胶流淌

23.2 玻璃制品

23.2.1 玻璃视镜（GB/T 23259—2009）

（1）标记

每块玻璃应印有产品标记。标记方法为：

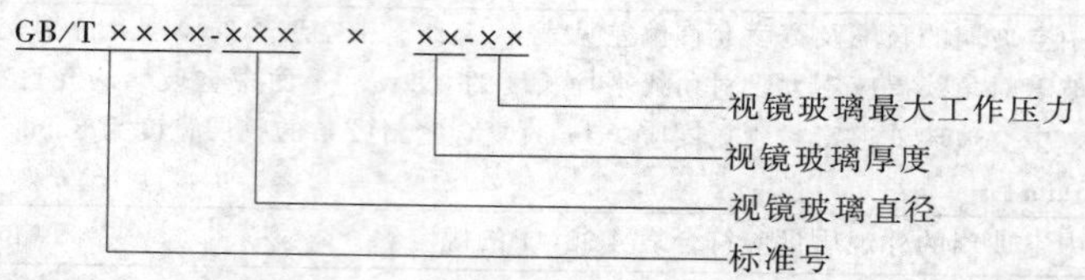

示例：视镜玻璃直径 d 为 100mm、厚度 s 为 20mm，最大工作压力为 2.5MPa 的视镜玻璃标记为 GB/T 23259-100×20-2.5。

注：不同直径和厚度的视镜玻璃的适用工作压力（不高于 4MPa）参见表 4-23-48。

（2）技术要求

视镜玻璃的各项性能应符合表 4-23-42 的要求。

表 4-23-42　　技术要求一览表

序号	项　　目	技术要求
1	尺寸及偏差	视镜玻璃的尺寸见图 4-23-2。上下表面与侧面的垂直度偏差不得超过 1.5°。视镜玻璃直径 d 的偏差应符合表 4-23-43 的规定。视镜玻璃厚度的偏差应符合表 4-23-44 的规定。视镜玻璃应 45°倒角，如图 4-23-3 所示，倒角尺寸及允许偏差应符合表 4-23-45 规定
2	平行度与平面度偏差之和	视镜玻璃的平行度与平面度偏差之和应符合表 4-23-46 规定
3	外观质量	视镜玻璃的上下表面均需抛光，侧面应精磨或抛光，棱边应倒角。视镜玻璃外观质量应符合表 4-23-47 的规定
4	可见光透射比	视镜玻璃折合 2mm 标准厚度的可见光透射比应不低于 90%
5	偏振光检查	视镜玻璃的干涉图案应为平行于视镜玻璃圆周的椭圆形单色连续条纹，不能因表面纹路、凸棱或其他缺陷的影响而中断
6	耐热冲击性	视镜玻璃在经受 230℃ 的温差时不得出现裂纹及破坏
7	抗弯强度	视镜玻璃的抗弯强度应不低于 160MPa

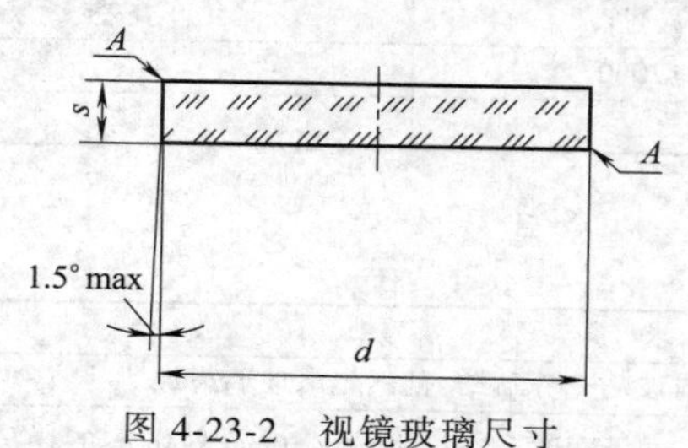

图 4-23-2　视镜玻璃尺寸

A—倒角尺寸；d—视镜玻璃直径；s—视镜玻璃厚度

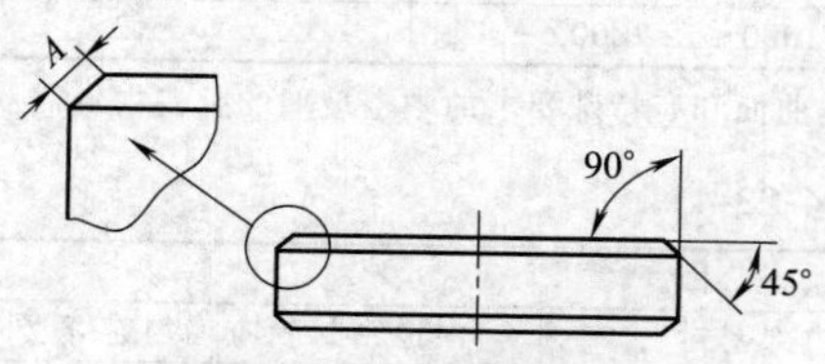

图 4-23-3　视镜玻璃倒角尺寸

第4篇

(3) 材质

视镜玻璃材质为硼硅玻璃，并应满足下列要求：

① 按 GB/T 16920 测定的 20~300℃的平均线胀系数应不大于 $5.5\times10^{-6}℃^{-1}$。

② 耐水性应能满足 GB/T 6582 中的 HGB 1 的要求。

③ 按 GB/T 6581 测定的氧化钠（Na_2O）析出量不应超过 100μg/dm^2。

④ 耐碱性应能满足 GB/T 6580 中的 A2 级的要求。

(4) 尺寸及偏差

表 4-23-43　　视镜玻璃直径允许偏差　　mm

视镜玻璃直径 d	$d\leqslant150$	$150<d\leqslant200$	$d>200$
允许偏差	±0.5	±0.8	±1

表 4-23-44　　视镜玻璃厚度允许偏差　　mm

视镜玻璃厚度 s	$10\leqslant s\leqslant20$	$s>20$
允许偏差	+0.50 -0.25	+0.80 -0.40

表 4-23-45　　视镜玻璃倒角尺寸及允许偏差　　mm

视镜玻璃直径 d	$d\leqslant100$	$d>100$
倒角尺寸 A 及允许偏差	1.5+0.2	2.0+0.2

表 4-23-46　　视镜玻璃的平行度与平面度偏差之和　　mm

视镜玻璃直径 d	$d\leqslant100$	$100<d\leqslant200$	$d>200$
平行度与平面度偏差之和	≤0.20	≤0.25	≤0.30

(5) 外观质量

视镜玻璃的外观质量见表 4-23-47。

表 4-23-47　　视镜玻璃的外观质量

缺陷名称	要　求
气泡	①直径或平均值>2mm 圆形或椭圆形气泡不允许存在 ②开口形气泡不允许存在 ③直径≤0.3mm 的气泡，每平方厘米最多允许 3 个 ④直径>0.3mm，≤0.5mm 的气泡，每片最多允许 10 个 ⑤直径>0.5mm，≤1mm 的气泡，每片最多允许 4 个 ⑥直径>1mm，≤2mm 的气泡，每片最多允许 2 个
结石及固体夹杂物	不允许存在
条纹	不允许存在
轻微擦伤	距周边 1.5mm 以外范围，最多允许有 2 条长度<30mm 的轻微擦伤存在
裂纹	不允许存在
凹点及皱纹	①不允许存在于两个密封面上 ②侧面在距倒角斜线 3mm 范围内的侧面，不允许存在深度>2mm 的凹点 ③整个侧面不允许存在深度>2mm 的皱纹

(6) 视镜玻璃的尺寸规格及安装

视镜玻璃的安装示意图见图 4-23-4。视镜玻璃的尺寸规格及工作压力见表 4-23-48。

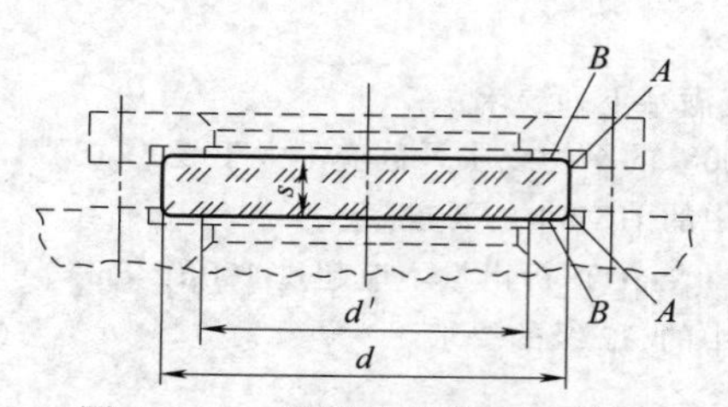

图 4-23-4　视镜玻璃安装示意图

A—倒角；*B*—密封垫；*s*—视镜玻璃厚度；*d*—视镜玻璃直径；*d'*—可视直径

表 4-23-48　　视镜玻璃尺寸规格及工作压力

视镜玻璃直径 *d*/mm	可视直径 *d'*/mm	最高允许工作压力/MPa				
		0.6	1.0	1.6	2.5	4.0
		视镜厚度 *s*/mm				
65	50	—	—	10	12	15
80	65	—	—	12	15	20
100	80		—	15	20	25
125	100		15	20	25	
150	125	—	20	25	30	
175	150	—	20	25	30	
200	175	—	25	30		
225	200	25	30			
250	225	25	30			

23.2.2　高压液位计玻璃（JC/T 891—2016）

（1）分类

按结构分类，高压液位计玻璃分为圆形透视式液位计玻璃和平板透视式液位计玻璃，而平板透视式液位计玻璃按结构又分为 P_A 型和 P_B 型。圆形透视式液位计玻璃结构示意见图 4-23-5，平板透视式液位计玻璃结构示意见图 4-23-6。

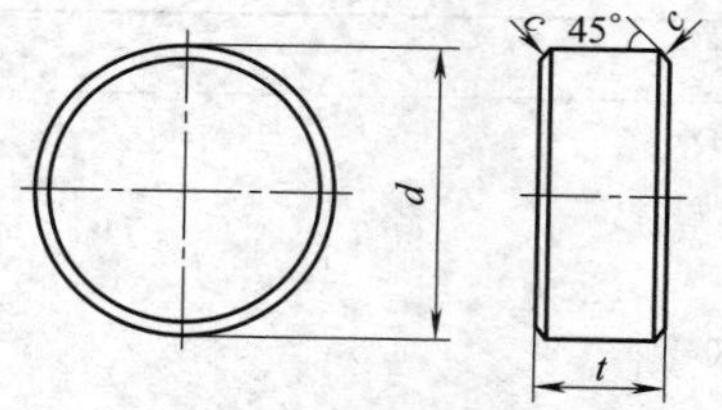

图 4-23-5　圆形透视式液位计玻璃结构示意图

d—直径；*t*—厚度；*c*—倒角宽度

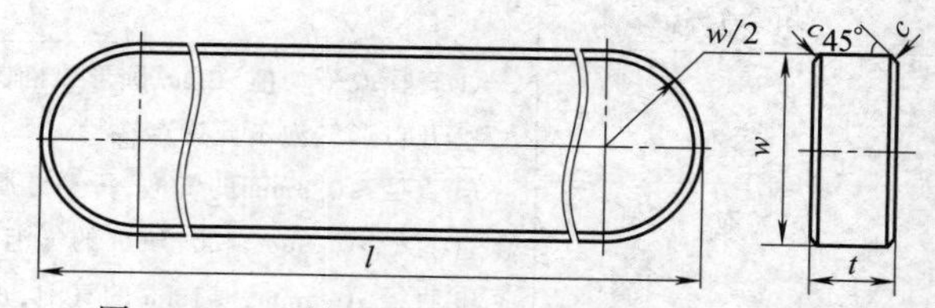

图 4-23-6　平板透视式液位计玻璃结构示意图

l—长度；*w*—宽度；*t*—厚度；*c*—倒角宽度

产品种类、符号及最高使用压力见表 4-23-49。

表 4-23-49　　高压液位计玻璃的种类、符号及最高使用压力

种类		符号	最高使用压力[①]/MPa
圆形透视式液位计玻璃		Y	22.5
平板透视式液位计玻璃	P_A 型	P_A	16.0（l≤280mm）
			12.0（280mm<l≤340mm）
	P_B 型	P_B	22.5（l≤130mm）

① 最高使用压力为375℃时的使用压力。

注：若与腐蚀性介质接触，高压液位计玻璃应与耐腐蚀性的云母同时使用。

第4篇

(2) 标记

圆形透视式液位计玻璃产品标记形式为：产品种类符号、直径、厚度。

示例：直径为33mm、厚度为16mm的圆形透视式液位计玻璃标记为Y 33×16。

平板透视式液位计玻璃产品标记形式为：产品种类符号、长度、宽度、厚度。

示例1：长度为280mm、宽度为34mm、厚度为17mm的P_A型平板透视式液位计玻璃标记为P_A 280×34×17。

示例2：长度为108mm、宽度为24mm、厚度为21mm的P_B型平板透视式液位计玻璃标记为P_B 108×24×21。

(3) 公称尺寸及允许偏差

圆形透视式液位计玻璃的公称尺寸见表4-23-50。圆形透视式液位计玻璃的公称尺寸允许偏差见表4-23-51。P_A型平板透视式液位计玻璃的公称尺寸见表4-23-52。P_B型平板透视式液位计玻璃的公称尺寸见表4-23-53。平板透视式液位计玻璃的公称尺寸允许偏差见表4-23-54。

表4-23-50　圆形透视式液位计玻璃的公称尺寸　mm

项　目	公称尺寸				
	Y 30×16	Y 32×16	Y 33×16	Y 33.2×16	Y 34×17
d	30	32	33	33.2	34
t	16	16	16	16	17
c	0.8	0.8	0.8	0.8	0.8

注：公称尺寸不在上述范围内，可由供需双方商定，按相近相似原则设计。

表4-23-51　圆形透视式液位计玻璃的公称尺寸允许偏差　mm

项　目	允许偏差	项　目	允许偏差
d	+0.0 −0.4	c	+0.2 −0.2
t	+0.0 −0.1	平行平面度之和①	≤0.05

① 平行平面度之和是指两透视面不同位置的平行度和平面度的最大偏差。

表4-23-52　P_A型平板透视式液位计玻璃的公称尺寸　mm

项　目	公称尺寸						
	P_A 165×34×17	P_A 190×34×17	P_A 220×34×17	P_A 250×34×17	P_A 280×34×17	P_A 320×34×17	P_A 340×34×17
l	165	190	220	250	280	320	340
w	34	34	34	34	34	34	34
t	17	17	17	17	17	17	17
c	1.2	1.2	1.2	1.2	1.2	1.2	1.2

注：公称尺寸不在上述范围内，可由供需双方商定，按相近相似原则设计。

表4-23-53　P_B型平板透视式液位计玻璃的公称尺寸　mm

项　目	公称尺寸				
	P_B 80×24×21	P_B 108×24×21	P_B 118×24×21	P_B 130×24×21	P_B 130×26×19
l	80	108	118	130	130
w	24	24	24	24	26
t	21	21	21	21	19
c	1.0	1.0	1.0	1.0	1.0

注：公称尺寸不在上述范围内，可由供需双方商定，按相近相似原则设计。

表4-23-54　平板透视式液位计玻璃的公称尺寸允许偏差　mm

项　目	允许偏差		项　目	允许偏差	
	P_A型	P_B型		P_A型	P_B型
l	+0.0 −1.0	+0.0 −0.4	t	+0.0 −0.3	+0.0 −0.1
w	+0.0 −0.5	+0.0 −0.4	c	+0.2 −0.2	+0.2 −0.2
			平行平面度之和①	≤0.1	≤0.05

① 平行平面度之和是指两透视面不同位置的平行度和平面度的最大偏差。

(4) 外观质量

高压液位计玻璃的外观质量见表 4-23-55。

表 4-23-55　　高压液位计玻璃的外观质量

缺陷种类	质量要求
气泡	玻璃体内:长度小于 0.5mm 的气泡在 $1cm^2$ 内不准许多于 3 个,在整块玻璃内不准许多于 5 个; 长度在 0.5~1.0mm 的气泡,在整块玻璃内不准许多于 3 个,且相距大于 40mm; 长度大于 1.0mm 的气泡不准许存在; 玻璃透视面不准许存在开口气泡,玻璃非透视面开口气泡的质量要求等同于玻璃体内气泡的质量要求
杂质	长度不大于 0.5mm 的透明夹杂物不准许多于 2 个,且相距大于 40mm; 结石或其他夹杂物不准许存在
条纹	透视面不准许有可见条纹,非透视面不作要求
色泽	玻璃无色透明或略有浅黄色
压痕	透视面不准许存在压痕,非透视面不准许有深度大于 0.5mm 的压痕
裂纹	不准许有裂纹
擦伤	不准许存在宽度大于 0.1mm 或深度大于 0.02mm 的可视擦伤; 宽度不大于 0.1mm 和深度不大于 0.02mm 的可视擦伤; Y 型透视面不准许多于 2 条且总长度不大于 20mm; P_A 型透视面不准许多于 4 条且总长度不大于 50mm; P_B 型透视面不准许多于 2 条且总长度不大于 30mm; 非透视面不作要求
倒角	倒角均匀,不准许存在长度大于 0.2mm 的崩边
抛光	玻璃的透视面应抛光

(5) 理化性能

高压液位计玻璃的理化性能见表 4-23-56。

表 4-23-56　　高压液位计玻璃的理化性能

理化性能	指　标
碱金属氧化物(Li_2O、Na_2O、K_2O)总含量(质量分数)	<0.2%
弯曲强度	>240MPa
线膨胀系数(室温~300℃)	$(40\sim50)\times10^{-7}℃^{-1}$
转变温度	>690℃
热稳定性	急变温差 200℃,不炸裂
耐水性	耐水等级 GB/T 6582—1997 中 HGB1 级别
耐碱性	耐碱等级 GB/T 6580—1997 中 A_1 级别

23.2.3　压力管道硅硼玻璃视镜（HG/T 4284—2011）

(1) 范围

本节内容适用于经物理增强、钢化工艺制成的，用于压力管道（或容器）观察孔的视镜。该产品的最高允许工作温度不超过 280℃，工作压力低于 5.0MPa。

(2) 标记

产品标记由标准编号与主要参数组成。如图 4-23-7 所示，标记示例：外径 d_1 为 100mm、厚度 s 为 15mm，工作压力为 2.5MPa 的钢化硼硅玻璃视镜标记为 HG/T 4284-100×15-2.5。

(3) 要求

视镜玻璃的各项技术要求见表 4-23-57。

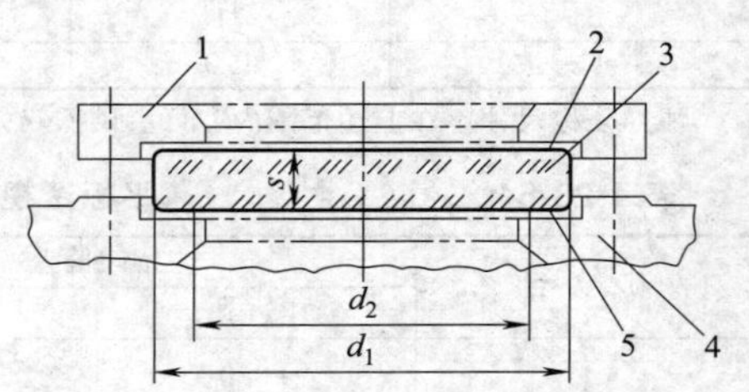

图 4-23-7　视镜示意图

1—上法兰（视镜盖压紧环）；2—软垫片；3—钢化硼硅玻璃视镜；4—紧固件；5—视镜座（管道接缘）；d_1—外径；d_2—可视范围直径；s—厚度

表 4-23-57 技术要求一览表

序号	项目	技术要求
1	外观质量	上下表面均应抛光,侧面应精磨或抛光,棱边应倒角。玻璃外观应无色或略浅色,其他外观质量应符合表 4-23-58 的规定
2	尺寸、形状及偏差	圆形视镜的基本结构尺寸应符合表 4-23-59 的要求。几何尺寸、形状及见图 4-23-8。外径及厚度的允许偏差见表 4-23-60。平面度与平行度的允许偏差见表 4-23-61。上下表面 b 与侧面的垂直度的角度 α 不得超过 1.5°。45°倒角如图 4-23-9 所示。倒角尺寸及允许偏差应符合表 4-23-62 的要求
3	偏振光检查	偏振光下的干涉图案应为平行于玻璃视镜圆周的椭圆形单色连续条纹,不能因表面纹路、凸棱或其他缺陷的影响而中断
4	可见光透射比	沿厚度方向每 2mm 的可见光透射比不低于 90%
5	耐热冲击性	经受 230℃±2℃ 的温差时不得出现裂纹及破坏
6	允许工作压力	允许工作压力应不低于表 4-23-59 的要求
7	玻璃材料	弯曲强度:材料的初始弯曲强度(未钢化前)约为 40MPa。 热性能:平均线胀系数按 GB/T 16920 测定的 20~300℃ 的平均线胀系数应不大于 $5.5\times10^{-6}K^{-1}$。 连续使用时(≤300h),应耐温 280℃。 化学稳定性:耐水性应能满足 GB/T 6582 中的 HGB1 的要求。耐酸性按 GB/T 6581 测定的 Na_2O 析出量不应超过 $100\mu g/cm^2$。耐碱性应能满足 GB/T 6580 中的 A_2 级的要求

表 4-23-58 外观质量的要求

缺陷名称	要求
气泡	①直径或平均值 d>2mm 圆形或椭圆形气泡不允许存在。 ②开口形气泡不允许存在。 ③直径 d≤0.3mm 的气泡,每平方厘米最多允许 3 个。 ④0.3mm<d≤0.5mm 的气泡,每片最多允许 10 个。 ⑤0.5mm<d≤1mm 的气泡,每片最多允许 4 个。 ⑥1mm<d≤2mm 的气泡,每片最多允许 2 个
结石及固体夹杂物	每片夹杂物的个数不超过 3 个,并且夹杂物的直径不大于 0.2mm,同时夹杂物之间距应大于 10mm
节点与条纹	不允许有明显的条纹和节点
轻微擦伤	距周边 1.5mm 以外范围,最多允许有 2 条的长度小于 30mm 的轻微擦伤存在
裂纹	不允许存在
凹点及皱纹	①不允许存在于两个密封面上。 ②侧面在距倒角斜线 3mm 范围内的侧面,不允许存在深度大于 2mm 的凹点。 ③整个侧面不允许存在深度大于 2mm 的皱纹

表 4-23-59 基本结构尺寸和允许工作压力

外径 d_1/mm	可视范围直径 d_2/mm	允许工作压力/MPa					
		0.8	1.0	1.6	2.5	4.0	5.0
		厚度 s/mm					
45	32	—		—	—	10	12
(50)	35	—	—	—	10	12	—
(60)	45	—	—	10	12	15	—
63	48	—	—	10	12	15	—
80	65	—	—	12	15	20	—
100	80	—	—	15	20	25	—
125	100	—	15	20	25	—	—
135	110	—	—	—	25	—	—
150	125	—	20	25	30	—	—
175	150	—	20	25①	30①	—	—

续表

外径 d_1/mm	可视范围直径 d_2/mm	允许工作压力/MPa					
		0.8	1.0	1.6	2.5	4.0	5.0
		厚度 s/mm					
200	175	20①	25	30	—	—	
250	225	25①	30	—	—	—	—
265	240	30	—	—		—	

① 此数据已含 4.5~4.9 倍的安全系数。

表 4-23-60　外径及厚度的允许偏差　mm

外径 d_1	<150	150~200	>200
外径允许偏差	±0.5	±0.8	±1
厚度 s	10~20		>20
厚度允许偏差	+0.5 −0.25		+0.8 −0.4

表 4-23-61　平面度与平行度的允许偏差　mm

外径 d_1	<100	100~150	150~200	>200
平面度允许偏差 e	0.05	0.08	0.12	0.15
平行度允许偏差 p	0.2	0.25		0.3

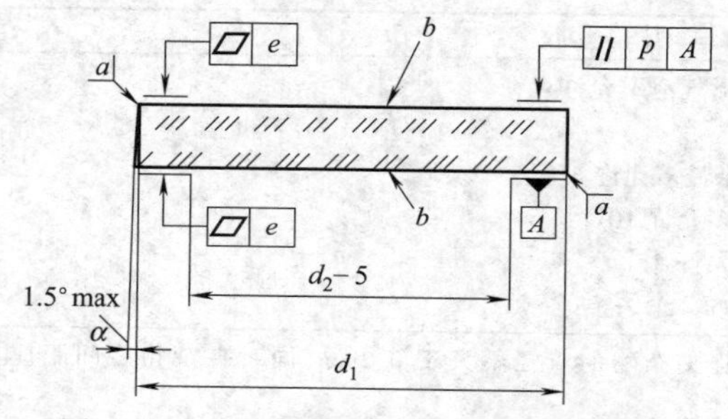

图 4-23-8　视镜玻璃的尺寸、形状及偏差

a—倒角；b—上下表面；e—平面度允许偏差；p—平行度允许偏差；α—上下表面与端面的角度

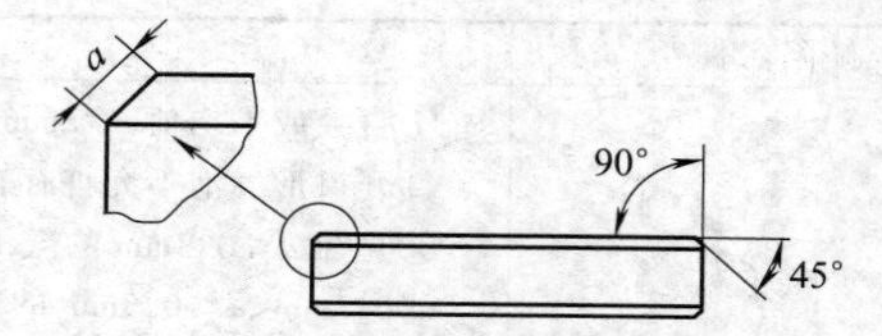

图 4-23-9　视镜玻璃的倒角尺寸

表 4-23-62　视镜玻璃的倒角尺寸及允许偏差　mm

外径 d_1	$d_1 \leqslant 100$	$d_1 > 100$
倒角尺寸 a 及允许偏差	$1.5^{+0.2}_{-0.2}$	$2.0^{+0.2}_{-0.2}$

表 4-23-63　筒形视镜玻璃基本结构尺寸　mm

序号	外径 ϕ	长度 l	厚度 δ	序号	外径 ϕ	长度 l	厚度 δ	序号	外径 ϕ	长度 l	厚度 δ
1	50	50	4~6	17	65	100	4~6	33	80	300	4~6
2		80		18	70	70		34		100	6~8
3		100		19		100		35		100	8~10
4		300		20		120		36	90	100	4~6
5		320		21		300		37		100	6~8
6		100	6~8	22		100	6~8	38		100	8~10
7		100	8~10	23		100	8~10	39		120	4~6
8	55	100	4~6	24	75	75	4~6	40		300	
9	60	100		25		100		41	100	100	
10		100	6~8	26		120		42		100	6~8
11		100	8~10	27		100	6~8	43		100	8~10
12		60	4~6	28		100	8~10	44		120	4~6
13		60	6~8	29		300	4~6	45		150	
14		80	4~6	30	80	80		46		200	
15		120		31		100		47		300	
16		300		32		120		48	120	100	

续表

序号	外径 ϕ	长度 l	厚度 δ	序号	外径 ϕ	长度 l	厚度 δ	序号	外径 ϕ	长度 l	厚度 δ
49		100	6~8	60	140	100	6~8	71	150	300	8~10
50		100	8~10	61		100	8~10	72	160	100	4~6
51		120	4~6	62		100	4~6	73		100	8~10
52	120	120	6~8	63	145	100	6~8	74	170	100	4~6
53		120	8~10	64		100	8~10	75		100	8~10
54		200		65		100	4~6	76	180	100	4~6
55		300	4~6	66		100	6~8	77		100	8~10
56		130		67	150	100	8~10	78		100	4~6
57	130	130	6~8	68		220	4~6	79	200	100	
58		130	8~10	69		300		80		200	8~10
59	140	100	4~6	70		300	6~8	81		300	

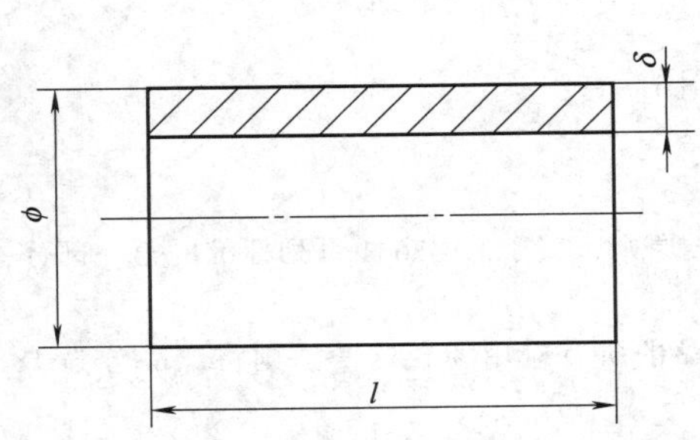

图 4-23-10 筒形视镜玻璃结构图

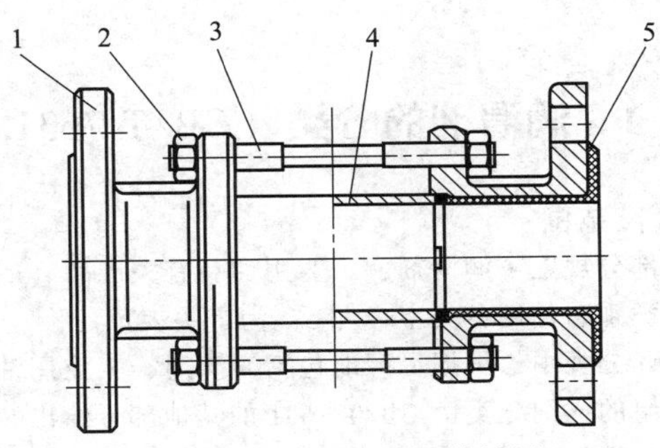

图 4-23-11 玻璃视盅结构图

1—金属法兰和筒体；2—螺母；3—拉紧螺柱；4—筒形视镜玻璃；5—氟塑料衬里

表 4-23-64 衬里视镜主要尺寸表 mm

公称直径 DN	DN_1	DN_2	可视直径 DN_3	半长 L	H 半高
15	15	32	32	108	65
25	25	40	40	115	70
32	32	40	40	115	70
40	40	50	50	125	80
50	50	50	50	125	90
65	65	65	65	137	95
80	80	80	80	144	105
100	100	100	100	156	120
125	125	125	125	173	135
150	150	150	150	191	150
200	200	200	200	220	180
250	250	200	200	257	210

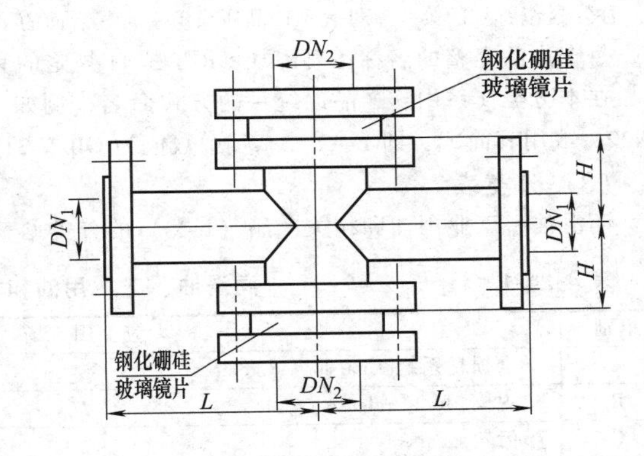

图 4-23-12 压力管道视镜结构图

第 4 篇

第24章 润 滑 剂

24.1 润 滑 剂

24.1.1 润滑剂的分类（GB/T 7631.1—2008）

（1）范围

本部分规定了润滑剂、工业用油和有关产品（L类）的分类原则，属于GB 7631系列标准的第一部分，本类产品的类别名称用英文字母“L”为字头表示。

在此分类中，根据尽可能包括润滑剂、工业用油和有关产品的所有应用场合这一原则将产品分为18个组。每一个组的详细分类由GB/T 7631的其他部分给出。

本分类仅适用于新产品。

（2）命名方式

各组的详细分类是根据该组主要应用场合所要求产品的种类而确定的。表4-24-1列出了L类细分的18个分组的情况。

每种产品用由一组字母组成的符号来表示。

注：这组符号的第一字母表示产品所属组别，其后面的字母单独存在时无意义。

每个产品完整的名称还要附加GB/T 3141规定的黏度等级或NLGI润滑脂的稠度等级。

在本分类体系中，产品以统一的方式命名，例如，一个特定的产品可以按下面完整的形式命名，即ISO-L-AN32，或用其简式，即L-AN32。其中数值为GB/T 3141规定的黏度等级。

（3）分类表

润滑油、工业用油和相关产品（L类）的分类见表4-24-1。

表4-24-1　　润滑油、工业用油和相关产品（L类）的分类

组别	应用场合	已制定的国家标准编号
A	全损耗系统 Total loss systems	GB/T 7631.13
B	脱模 Mould release	—
C	齿轮 Gears	GB/T 7631.7
D	压缩机（包括冷冻机和真空泵）Compressors(including refrigeration and vacuum pumps)	GB/T 7631.9
E	内燃机油 Internal combustion engine oil	GB/T 7631.17
F	主轴、轴承和离合器 Spindle bearings, bearings and associated clutches	GB/T 7631.4
G	导轨 Slideways	GB/T 7631.11
H	液压系统 Hydraulic systems	GB/T 7631.2
M	金属加工 Metalworking	GB/T 7631.5
N	电气绝缘 Electrical insulation	GB/T 7631.15
P	气动工具 Pneumatic tools	GB/T 7631.16
Q	热传导液 Heat transfer fluid	GB/T 7631.12
R	暂时保护防腐蚀 Temporary protection against corrosion	GB/T 7631.6

续表

组别	应 用 场 合	已制定的国家标准编号
T	汽轮机 Turbines	GB/T 7631.10
U	热处理 Heat treatment	GB/T 7631.14
X	用润滑脂的场合 Grease	GB/T 7631.8
Y	其他应用场合 Miscellaneous	—
Z	蒸汽气缸 Cylinders of steam machines	—

按照分类表所采用的标准如下：

GB/T 3141 工业液体润滑剂 ISO 黏度分类。

GB/T 7631.2 润滑剂、工业用油和相关产品（L类）的分类 第 2 部分：H 组（液压系统）。

GB/T 7631.4 润滑剂和有关产品（L类）的分类 第 4 部分：F 组（主轴、轴承和有关离合器）。

GB/T 7631.5 润滑剂和有关产品（L类）的分类 第 5 部分：M 组（金属加工）。

GB/T 7631.6 润滑剂和有关产品（L类）的分类 第 6 部分：R 组（暂时保护防腐蚀）。

GB/T 7631.7 润滑剂和有关产品（L类）的分类 第 7 部分：C 组（齿轮）。

GB/T 7631.8 润滑剂和有关产品（L类）的分类 第 8 部分：X 组（润滑脂）。

GB/T 7631.9 润滑剂和有关产品（L类）的分类 第 9 部分：D 组（压缩机）。

GB/T 7631.10 润滑剂和有关产品（L类）的分类 第 10 部分：T 组（涡轮机）。

GB/T 7631.11 润滑剂和有关产品（L类）的分类 第 11 部分：G 组（导轨）。

GB/T 7631.12 润滑剂和有关产品（L类）的分类 第 12 部分：Q 组（有机热载体）。

GB/T 7631.13 润滑剂和有关产品（L类）的分类 第 13 部分：A 组（全损耗系统）。

GB/T 7631.14 润滑剂和有关产品（L类）的分类 第 14 部分：U 组（热处理）。

GB/T 7631.15 润滑剂和有关产品（L类）的分类 第 15 部分：N 组（绝缘液体）。

GB/T 7631.16 润滑剂和有关产品（L类）的分类 第 16 部分：P 组（气动工具）。

GB/T 7631.17 润滑剂、工业用油和相关产品（L类）的分类 第 17 部分：E 组（内燃机油）。

(4) 润滑脂稠度等级

润滑脂稠度等级见表 4-24-2。

表 4-24-2　　润滑脂稠度等级

稠度等级	工作锥入度(60 次)/0.1mm	稠度等级	工作锥入度(60 次)/0.1mm
000	445~475	3	220~250
00	400~430	4	175~205
0	355~385	5	130~160
1	310~340	6	85~115
2	265~295		

24.1.2 工业润滑剂——ISO 黏度分类（GB/T 3141—1994）

(1) 适用范围

本节规定了用于工业液体润滑剂和有关液体的黏度分类体系，适用于作为润滑剂、液压液、电气绝缘油和其他工业液体润滑剂。运动黏度通常规定按 GB/T 265 测定，但当用于非牛顿液体（即黏度系数随剪切率而明显变化的液体）时可能得出异常结果。因此对于这些液体，应指出需要用特殊的黏度测定法。本分类不适用于可用作润滑剂的某些纯化学品和天然制品，也不适用于内燃机油和车辆齿轮油。

(2) 分类

本分类规定了 40℃ 时黏度从 2~3200mm^2/s 范围内分成 20 个黏度等级，对石油基液体而言，大概包括从煤油到气缸油的黏度范围。

每个黏度等级是用最接近于 40℃ 时中间点运动黏度的 mm^2/s 正数值来表示，每个黏度等级的运动黏度范围允许为中间点运动黏度的±10%。20 个等级和每个等级的合适的上、下限见表 4-24-3。

表 4-24-3 **ISO 黏度分类**

ISO 黏度等级	中间点运动黏度(40℃)/(mm²/s)	运动黏度范围(40℃)/(mm²/s)	
		最小	最大
2	2.2	1.98	2.42
3	3.2	2.88	3.52
5	4.6	4.14	5.06
7	6.8	6.12	7.48
10	10	9.00	11.0
15	15	13.5	16.5
22	22	19.8	24.2
32	32	28.8	35.2
46	46	41.4	50.6
68	68	61.2	74.8
100	100	90.0	110
150	150	135	165
220	220	198	242
320	320	288	352
460	460	414	506
680	680	612	748
1000	1000	900	1100
1500	1500	1350	1650
2200	2200	1980	2420
3200	3200	2880	3520

注：对于某些40℃运动黏度等级大于3200的产品，如某些含高聚合物或沥青的润滑剂，可以参照本分类表中的黏度等级设计，只要把运动黏度测定温度由40℃改为100℃，并在黏度等级后加后缀符号“H”即可。如黏度等级为15H，则表示该黏度等级是采用100℃运动黏度确定的，它在100℃时的运动黏度范围应为13.5~16.5mm²/s。

分类是基于这一原则，即每个等级的中间点运动黏度应比前个等级约大50%，每个十进位数段分成6个相等的对数梯级，使这体系中每个十进位数段能够均匀地递增，但为得简单的数值，对数系列已经修约。未经修约的对数系列与相应的中间点黏度的最大偏差为2.2%。

本分类对产品质量没有评价的含义，而仅仅提供了在40℃规定温度下的运动黏度数值。在其他温度下的运动黏度是根据润滑剂的黏/温特性而定的，此特性通常用黏/温曲线或黏度指数（V_I）来表示。不同的黏度指数在各种温度下具有相应的运动黏度的ISO黏度分类见表4-24-4。

表 4-24-4 **不同的黏度指数在各种温度下具有相应的运动黏度的ISO黏度分类**

ISO 黏度等级	运动黏度范围 mm²/s	不同的黏度指数在其他温度时运动黏度近似值								
		黏度指数(V_I)=0			黏度指数(V_I)=50			黏度指数(V_I)=95		
		mm²/s			mm²/s			mm²/s		
	40℃	20℃	37.8℃	50℃	20℃	37.8℃	50℃	20℃	37.8℃	50℃
2	1.98~2.42	(2.82~3.67)	(2.05~2.52)	(1.69~2.03)	(2.87~3.69)	(2.05~2.52)	(1.69~2.03)	(2.92~3.71)	(2.06~2.52)	(1.69~2.03)
3	2.88~3.52	(4.60~5.99)	(3.02~3.71)	(2.37~2.83)	(4.59~5.92)	(3.02~3.70)	(2.38~2.84)	(4.58~5.83)	(3.01~3.69)	(2.39~2.86)
5	4.14~5.06	(7.39~9.60)	(4.38~5.38)	(3.27~3.91)	(7.25~9.35)	(4.37~5.37)	(3.29~3.95)	(7.09~9.03)	(4.36~5.35)	(3.32~3.99)
7	6.12~7.48	(12.3~16.0)	(6.55~8.05)	(4.63~5.52)	(11.9~15.3)	(6.52~8.01)	(4.68~5.61)	(11.4~14.4)	(6.50~7.98)	(4.76~5.72)
10	9.00~11.0	20.2~25.9	9.73~12.0	6.53~7.83	19.1~24.5	9.68~11.9	6.65~7.99	18.1~23.1	9.64~11.8	6.78~8.14
15	13.5~16.5	33.5~43.0	14.7~18.1	9.43~11.3	31.6~40.6	14.7~18.0	9.62~11.5	29.8~38.3	14.6~17.9	9.80~11.8
22	19.8~24.2	54.2~69.8	21.8~26.8	13.3~16.0	51.0~65.8	21.7~26.6	13.6~16.3	48.0~61.7	21.6~26.5	13.9~16.6
32	28.8~35.2	87.7~115	32.0~39.4	18.6~22.2	82.6~108	31.9~39.2	19.0~22.6	76.9~98.7	31.7~38.9	19.4~23.3
46	41.4~50.6	144~189	46.6~57.4	25.5~30.3	133~172	46.3~56.9	26.1~31.3	120~153	45.9~56.3	27.0~32.5
68	61.2~74.8	242~315	69.8~85.8	35.9~42.8	219~283	69.2~85.0	37.1~44.4	193~244	68.4~83.9	38.7~46.6
100	90.0~110	402~520	104~127	50.4~60.3	356~454	103~126	52.4~63.0	303~383	101~124	55.3~66.6
150	135~165	672~862	157~194	72.5~86.9	583~743	155~191	75.9~91.2	486~614	153~188	80.6~97.1

续表

ISO黏度等级	运动黏度范围	不同的黏度指数在其他温度时运动黏度近似值								
		黏度指数(V_I)=0			黏度指数(V_I)=50			黏度指数(V_I)=95		
	mm^2/s	mm^2/s			mm^2/s			mm^2/s		
	40℃	20℃	37.8℃	50℃	20℃	37.8℃	50℃	20℃	37.8℃	50℃
220	198~242	1080~1390	233~286	102~123	927~1180	230~282	108~129	761~964	226~277	115~138
320	288~352	1720~2210	341~419	144~172	1460~1870	337~414	151~182	1180~1500	331~406	163~196
460	414~506	2700~3480	495~608	199~239	2290~2930	488~599	210~252	1810~2300	478~587	228~274
680	612~748	4420~5680	739~908	283~339	3700~4740	728~894	300~360	2880~3650	712~874	326~393
1000	900~1100	7170~9230	1100~1350	400~479	5960~7640	1080~1330	425~509	4550~5780	1050~1290	466~560
1500	1350~1650	11900~15400	1600~2040	575~688	9850~12600	1640~2010	613~734	7390~9400	1590~1960	676~812
2200	1980~2420	19400~25200	2460~3020	810~970	15900~20400	2420~2970	865~1040	11710~15300	2350~2890	950~1150
3200	2880~3520	31180~40300	3610~4435	1130~1355	25360~32600	3350~4360	1210~1450	18450~24500	3450~4260	1350~1620

注：括号内数据为概略值。

24.1.3 液压液（GB/T 7631.2—2003）

（1）范围

GB/T 7631 的本部分规定了 L 类（润滑剂、工业用油和相关产品）的 H 组（液压系统）产品的详细分类。它应与 GB/T 7631.1 联系起来理解。本部分暂不包括汽车刹车液和航空液压液，但包括环境可接受液压液品种 HETG、HEPG、HEES 和 HEPR。

H 组的详细分类根据符合本组产品品种的主要应用场合和相应产品的不同组成来确定。

每个品种由一组字母组成的符号表示，它构成一个编码，编码的第一个字母（H）表示产品所属的组别。后面的字母单独存在时本身无含义。

注：每个品种的符号中可以附有按 GB/T 3141 规定的黏度等级。

各产品可用统一的形式表示。一个特定的产品可用一种完整的形式表示为 ISO-L-HV32，或用缩写形式表示为 L-HV32，数字表示 GB/T 3141 中规定的黏度等级。

（2）分类

H 组的分类见表 4-24-5。

表 4-24-5　　H 组的分类

组别符号	应用范围	特殊应用	更具体应用	组成和特性	产品符号 ISO-L	典型应用	备　注
H	液压系统	流体静压系统		无抑制剂的精制矿油	HH		
				精制矿油，并改善其防锈和抗氧性	HL		
				HL 油，并改善其抗磨性	HM	有高负荷部件的一般液压系统	
				HL 油，并改善其黏温性	HR		
				HM 油，并改善其黏温性	HV	建筑和船舶设备	
				无特定难燃性的合成液	HS		特殊性能
			用于要求使用环境可接受液压液的场合	甘油三酸酯	HETG	一般液压系统（可移动式）	每个品种的基础液的最小含量应不少于70%（质量分数）
				聚乙二醇	HEPG		
				合成酯	HEES		
				聚 α 烯烃和相关烃类产品	HEPR		
			液压导轨系统	HM 油，并具有抗黏-滑性	HG	液压和滑动轴承导轨润滑系统合用的机床在低速下使振动或间断滑动（黏-滑）减为最小	这种液体具有多种用途，但并非在所有液压应用中皆有效

续表

组别符号	应用范围	特殊应用	更具体应用	组成和特性	产品符号ISO-L	典型应用	备注
H	液压系统	流体静压系统	用于使用难燃液压液的场合	水包油型乳化液	HFAE		通常含水量大于80%(质量分数)
				化学水溶液	HFAS		通常含水量大于80%(质量分数)
				油包水乳化液	HFB		
				含聚合物水溶液①	HFC		通常含水量大于35%(质量分数)
				磷酸酯无水合成液①	HFDR		
				其他成分的无水合成液①	HFDU		
		液体动力系统	自动传动系统		HA		与这些应用有关的分类尚未进行详细的研究,以后可以增加
			偶合器和变矩器		HN		

① 这类液体也可以满足HE品种规定的生物降解性和毒性要求。

24.1.4 主轴、轴承润滑液（GB 7631.4—1989）

(1) 适用范围

本节规定了L类（润滑剂和有关产品）中F组（主轴、轴承和有关离合器）产品的详细分类，它是GB/T 7631系列标准的一部分。

F组的详细分类是根据符合本组主要应用场合的产品品种来确定的，进一步细分又根据其产品的组成和特性而定的。

每个品种由一组大写英文字母所组成的符号来表示，符号的第一个字母（F）总是表示该产品所属的组别，第二个字母单独存在时本身没有含义。

每个品种名称中可以附有按GB 3141规定的黏度等级。

在本类体系中，各产品系用统一的方法命名。例如，一个特定的产品可命名为L-FD15，其数字为产品的黏度等级。

(2) 分类

润滑剂和有关产品（L类）的分类中，第4部分-F组（主轴、轴承和有关离合器）见表4-24-6。

表4-24-6　润滑剂和有关产品（L类）的分类中，第4部分-F组（主轴、轴承和有关离合器）

组别符号	总应用	特殊应用	更具体应用	组成和特性	产品符号L-	典型应用	备注
F	主轴、轴承和有关离合器		主轴、轴承和有关离合器	精制矿油,并加入添加剂以改善其抗腐蚀和抗氧性	FC	滑动或滚动轴承和有关离合器的压力、油浴和油雾(悬浮微粒)润滑	离合器不应使用含抗磨和极压(EP)添加剂的油,以防腐蚀(或以防"打滑")的危险
			主轴和轴承	精制矿油,并加入添加剂以改善其抗腐蚀、抗氧化和抗磨性	FD	滑动或滚动轴承的压力、油浴和油雾(悬浮微粒)润滑	

24.1.5 润滑剂和有关产品（L类）的分类 第5部分：M组（金属加工）（GB 7631.5—1989）

（1）符号说明

M组产品的详细分类是根据本组产品所要求的主要应用场合来确定的。

每个品种由三个英文字母组成的一个符号来表示。每个品种的第一个英文字母M表示该产品所属的组别，后面的字母单独存在时无任何含义。每个产品可以附有按GB 3141标准确定的黏度等级。

在本分类中，各产品采用统一方法命名。每个产品的完整代号为L-MHA32，英文字母后面的数字表示按GB 3141标准确定的黏度等级。

（2）定义

液体：按任何比例的一种液态矿物质、液态动物油、液态植物油或液态的合成物质。金属加工液中可含抗微生物剂。

浓缩物：一种合适的乳化剂和添加剂（例如防锈、抗微生物和其他添加剂）与精制矿物油混合而成的水剂乳化液，或与合适的化学产品混合形成的水溶液，最后需稀释后使用。对于特殊场合应用时，可以不稀释直接使用。

有化学活性的润滑剂：是一种对铜及其合金有腐蚀性的液体；反之无化学活性的润滑剂对铜及其合金无腐蚀。

含有填充剂：加有固态形式的添加剂，例如固体润滑剂（石墨、二硫化钼）、金属盐、金属皂、金属氧化物等，当承受高压（尤其在锻造和热加工下）时以提高润滑性。

（3）分类

金属加工润滑剂的分类见表4-24-7。为了对金属加工液的实际使用提供帮助，表4-24-8和表4-24-9列出纯油和水溶液分类的概要说明，并对上述两种产品性质和特性进行比较。

按性质和特性的M组产品品种分类表 第1部分-纯油见表4-24-8。按性质和特性的M组产品品种分类表 第2部分-水溶液见表4-24-9。

表4-24-7 金属加工润滑剂的分类

类别字母符号	总应用	特殊用途	更具体应用	产品类型和(或)最终使用要求	符号	应用实例	备注
M	金属加工	用于切削、研磨或放电等金属除去工艺;用于冲压、深拉、压延、强力旋压、拉拔、冷锻和热锻、挤压、模压、冷轧等金属成型工艺	首先要求润滑性的加工工艺	具有抗腐蚀性的液体	MHA	见GB 7631.5—1989中附录A	使用这些未经稀释液体具有抗氧性,在特殊成型加工可加入填充剂
				具有减摩性的MHA型液体	MHB		
				具有极压性(EP)无化学活性的MHA型液体	MHC		
				具有极压性(EP)有化学活性的MHA型液体	MHD		
				具有极压性(EP)无化学活性的MHB型液体	MHE		
				具有极压性(EP)有化学活性的MHB型液体	MHF		
				用于单独使用或用MHA液体稀释的脂、膏和蜡	MHG		对于特殊用途可以加入填充剂
				皂、粉末、固体润滑剂等或其他混合物	MHH		使用此类产品不需要稀释

续表

类别字母符号	总应用	特殊用途	更具体应用	产品类型和(或)最终使用要求	符号	应用实例	备注
M	金属加工	用于切削、研磨等金属除去工艺;用于冲压深拉、压延、旋压、线材拉拔、冷锻和热锻、挤压、模压等金属成型工艺	首先要求冷却性的加工工艺	与水混合的浓缩物,具有防锈性乳化液	MAA	见 GB 7631.5—1989 中附录 A	
				具有减摩性的 MAA 型浓缩物	MAB		
				具有极压性(EP)的 MAA 型浓缩物	MAC		
				具有极压性(EP)的 MAB 型浓缩物	MAD		
				与水混合的浓缩物,具有防锈性半透明乳化液(微乳化液)	MAE		使用时,这类乳化液会变成不透明
				具有减摩性和(或)极压性(EP)的 MAE 型浓缩物	MAF		
				与水混合的浓缩物,具有防锈性透明溶液	MAG		对于特殊用途可以加填充剂
				具有减摩性和(或)极压性(EP)的 MHG 型浓缩物	MAH		
				润滑脂和膏与水的混合物	MAI		

表 4-24-8　　按性质和特性的 M 组产品品种分类表 第 1 部分-纯油

	符号	产品类型和主要性质					备注
		精制矿物油[①]	其他	减摩性	EP[②] (cna)[③]	EP[②] (ca)[④]	
纯油	L-MHA	○					
	L-MHB	○		○			
	L-MHC	○			○		
	L-MHD	○				○	
	L-MHE	○		○	○		
	L-MHF	○		○		○	
	L-MHG		○				润滑脂
	L-MHH		○				皂

① 或合成液。

② EP：极压性。

③ can：无化学活性。

④ ca：有化学活性。

表 4-24-9　　按性质和特性的 M 组产品品种分类表 第 2 部分-水溶液

	符号	产品类别和主要性质						备注
		乳化液	微乳化液	溶液	其他	减摩性	EP[①]	
水溶液	L-MAA	○						
	L-MAB	○				○		
	L-MAC	○						
	L-MAD	○				○		
	L-MAE		○					

续表

	符号	产品类别和主要性质						
		乳化液	微乳化液	溶液	其他	减摩性	EP①	备注
水溶液	L-MAF		○			○和(或)○		
	L-MAG			○				
	L-MAH			○		○和(或)○		
	L-MAI							润滑脂膏

① EP：极压性。

24.1.6 润滑剂和有关产品（L类）的分类 第6部分：R组（暂时保护防腐蚀）（GB 7631.6—1989）

（1）适用范围

本节规定了L类（润滑剂和有关产品）中R组（暂时保护防腐蚀）产品的详细分类，它是GB 7631的一部分。它需要和GB 7631.1标准联系起来理解。

本分类适用于暂时保护防腐蚀的产品。它只包括主要作用是暂时保护防腐蚀的产品，“暂时”不是指这类产品的防锈期而是指其经过一定时间后能被去除。

本分类不包括用于其他目的但也具有暂时保护防腐蚀的产品，也不包括气相防腐剂及性能不同于石油产品的其他化学产品。

本分类适用于裸露金属和有涂层金属的防护（涂漆的金属表面、车身等）。腐蚀被认为是所有金属表面的破坏，不仅是黑色金属。

（2）符号说明

R组的详细分类是根据产品品种所要求的暂时保护防腐蚀的主要应用场合确定的，与工作条件及防护膜的性质密切相关。

每个品种由一组大写英文字母所组成的代号表示，代号的第一个英文字母R表示该产品所属的组别，而后面任何字母单独存在时无任何含义。

每个产品的名称可以附有按GB 3141确定的黏度等级。

在本分类标准中，各产品系用统一的方法命名。例如，一个特定的产品完整的代号为L-RE或L-RD15，其中15表示黏度等级。

（3）分类

暂时保护防腐蚀产品的分类见表4-24-10。

表4-24-10　暂时保护防腐蚀产品的分类

组别符号	总应用	特殊应用	具体应用	膜的特性和状态	产品符号 L-	典型应用	备注
R	暂时保护防腐蚀	主要用于裸露金属的防护	缓和工作条件（见GB 7631.6—1989中附录A）	具有薄防护膜的水置换性液体	RA	工序间机加工和磨削的零件	用合适的溶剂或水基清洗剂去除（也可不去除）
				具有薄油膜的水稀释型液体	RB		
				具有水置换性的RB产品	RBB		
				未稀释液体	RC		
				具有水置换性的RC产品	RCC		
			较苛刻工作条件（见GB 7631.6—1989中附录A）	未稀释液体	RD	薄钢板、钢板 金属零件 钢管、钢棒、钢丝 铸件、内加工或完全拆卸的机械零件 螺母、螺栓、螺杆 薄钢板	用合适的溶剂和/或水基清洗剂去除
				具有水置换性的RD产品	RDD		

续表

组别符号	总应用	特殊应用	具体应用	膜的特性和状态	产品符号 L-	典型应用	备注
R	暂时保护防腐蚀	主要用于裸露金属的防护	较苛刻工作条件（见 GB 7631.6—1989 中附录 A）	具有油或脂状膜的溶剂稀释型液体 具有水置换性的 RE 产品	RE REE	薄钢板、钢板 金属零件 钢管、钢棒、钢丝 铸件、内加工或完全拆卸的机械零件 螺母、螺栓、螺杆 薄钢板	用合适的溶剂和/或水基清洗剂去除
				具有蜡质干膜的溶剂稀释型液体 具有水置换性的 RF 产品	RF RFF	完全拆卸的机械零件薄铝板	用合适的溶剂和/或水基清洗剂去除
				具有沥青膜的溶剂稀释型液体	RG	重负荷机械管轴	用合适的溶剂和机械力去除
				具有蜡质脂状膜的水稀释型液体	RH	管线和机械零件	用合适的溶剂或水基清洗剂去除
				具有可剥性膜的溶剂或水稀释型液体	RP	薄铝板 薄不锈钢板	剥离或用合适的溶剂或水基溶液去除
				熔化使用的塑性化合物	RT	机加工和磨削的零件 小型脆性工具	清除
				热或冷涂的软或厚的石油脂	RK	轴承 机械零件	用合适的溶剂或简单的擦掉去除
		主要用于有涂层金属的防护	所有条件	未稀释液体	RL	镀层薄钢板（镀锡板除外） 薄镀锌板 发动机和武器的装配件	剥离或用合适的溶剂或水基溶液去除
				具有蜡质干膜的溶剂和/或水稀释型液体	RM	上漆表面 车身镀层薄钢板	

24.1.7 润滑剂和有关产品（L类）的分类 第7部分：C组（齿轮）（GB/T 7631.7—1995）

（1）适用范围

本节规定了 L 类（润滑剂和有关产品）中 C 组（齿轮）产品的详细分类，它是 GB/T 7631 的一部分，并应和 GB/T 7631.1 联系起来理解。

本分类目前只包括工业齿轮润滑剂，暂不包括发动机车辆齿轮润滑剂。

为了更进一步理解本标准中提到“负荷”的含义，所以在标准 GB/T 7631.7—1995 中附录 A 中考虑了两个基本参数系列，即一个是环境温度，另一个是齿轮的操作条件。

（2）代号说明

C 组的详细分类是根据工业齿轮的主要应用场合所要求的产品品种来确定的。

每个品种由一组大写英文字母所组成的代号来表示，代号的第一个字母（C）表示产品的组别，第二个字母用“K”表示为工业齿轮润滑剂，第三个字母单独存在时本身没有含义。

每个品种代号后面可以附有按 GB/T 3141 规定的 ISO 黏度等级。

在本分类体系中，产品是采用统一的方法命名的。例如一个特定的产品可命名为 L-CKD320，其中“320”为按 GB/T 3141 规定的 ISO 黏度等级。

(3) 分类

工业齿轮润滑剂的详细分类见表 4-24-11。

表 4-24-11　　工业齿轮润滑剂的分类

组别符号	应用范围	特殊应用	更具体应用	组成和特性	品种代号 L-	典型应用	备　注
C	齿轮	闭式齿轮	连续润滑（用飞溅循环或喷射）	精制矿油，并具有抗氧、抗腐（黑色和有色金属）和抗泡性	CKB	在轻负荷下运转的齿轮	见 GB/T 7631.7—1995 中附录 A
				CKB 油，并提高其极压和抗磨性	CKC	保持在正常或中等恒定油温和重负荷下运转的齿轮	
				CKC 油，并提高其热/氧化安定性，能使用于较高的温度	CKD	在高的恒定油温和重负荷下运转的齿轮	
				CKB 油，并具有低的摩擦因数	CKE	在高摩擦下运转的齿轮（即蜗轮）	
				在极低和极高温度条件下使用的具有抗氧、抗摩擦和抗腐（黑色和有色金属）性的润滑剂	CKS	在更低的、低的或更高的恒定液体温度和轻负荷下运转的齿轮	本品种各种性能较高，可以是合成基或含合成基油，对原用矿油型润滑油的设备在改用本产品时应作相容性试验 见 GB/T 7631.7—1995 中附录 A
				用于极低和极高温度和重负荷下的 CKS 型润滑剂	CKT	在更低的、低的或更高的恒定流体温度和重负荷下运转的齿轮	
		装有安全挡板的开式齿轮	连续飞溅润滑	具有极压和抗磨性的润滑脂	CKG①	在轻负荷下运转的齿轮	见 GB/T 7631.7—1995 中附录 A
			间断或浸渍或机械应用	通常具有抗腐蚀性的沥青型产品	CKH	在中等环境温度和通常在轻负荷下运转的圆柱型齿轮或伞齿轮	①AB 油（见 GB/T 7631.13）可以用于与 CKJ 润滑剂相同的应用场合 ②为使用方便，这些产品可加入挥发性稀释剂后使用，此时产品的标记为 L-CKH/DIL 或 L-DKJ/DIL ③见 GB/T 7631.7—1995 中附录 A
				CKH 型产品，并提高其极压和抗磨性	CKJ		
				具有改善极压、抗磨、抗震和热稳定性的润滑脂	CKL①	在高的或更高的环境温度和重负荷下运转的圆柱形齿轮和伞齿轮	见 GB/T 7631.7—1995 中附录 A
			间断应用	为允许在极限负荷条件下使用的、改善抗擦伤性的产品和具有抗腐蚀性的产品	CKM	偶然在特殊重负荷下运转的齿轮	产品不能喷射

① 这些应用可涉及某些润滑脂，根据 GB/T 7631.8，由供应者提供合适的润滑脂品种标记。

(4) 指导工业齿轮润滑剂选用的主要参数

油的恒定温度或环境温度：

① 更低温——<-34℃；

② 低温——-34～-16℃；

③ 正常温——-16～70℃；

④ 中等温——70～100℃；

⑤ 高温——100~120℃；

⑥ 更高温——>120℃。

齿轮的操作条件举例：

① 轻负荷——当齿轮具有接触压力通常小于500MPa（500N/mm^2）和具有在齿面上的最大滑动速度（V_g）通常小于1/3的在运转节圆柱上齿节速度（V）时，该齿轮的负荷水平通常称为“轻负荷”。

② 重负荷——当齿轮具有接触压力通常大于500MPa（500N/mm^2）和具有在齿面上的V_g可能大于1/3的在运转节圆柱上的V时，该齿轮的负荷水平通常称为“重负荷”。

24.1.8 润滑剂和有关产品（L类）的分类 第8部分：X组（润滑脂）（GB 7631.8—1990）

（1）适用范围

本节规定了润滑剂和有关产品（L类）的分类中X组（润滑脂）的详细分类体系，它应和GB 7631.1联系起来理解。

本节适用于润滑各种设备、机械部件、车辆等所有种类的润滑脂的分类；不适用于特殊用途的润滑脂（例如接触食品、高真空、抗辐射等）的分类。

在本节的分类体系里，一种润滑脂仅有一个代号，这个代号应与该润滑脂在应用中的最严格操作条件（温度、水污染和负荷等）相对应。

（2）符号说明

X组的分类，是根据润滑脂应用的操作条件确定的。

一种润滑脂完整标记应包括以下几部分：L为润滑剂和有关产品的类别代号。

每一种润滑脂用一组（5个）大写字母组成的代号来表示，每个字母及其在该构成中的书写顺序都有其特定含义。

字母1，X系指润滑脂的组别代号。

字母2，系指最低的操作温度。

字母3，系指最高的操作温度。

字母4，系指润滑脂在水污染的操作条件下，其抗水性能和防锈水平。

字母5，系指润滑脂在高负荷或低负荷场合下的润滑性能。

每个品种代号的第一个字母X表示润滑脂组别，其后面的字母单独存在时无任何含义。

润滑脂的稠度分为9个等级：000，00，0，1，2，3，4，5，6。各个等级的锥入度范围见GB 7631.1附录A。

在本节的分类体系里，用统一的方式标记所有种类的润滑脂产品，必须采用表4-24-12所列的书写顺序。

表4-24-12 润滑脂标记的字母顺序

L	X(字母1)	字母2	字母3	字母4	字母5	稠度等级
润滑剂类	润滑脂组别	最低温度	最高温度	水污染(抗水性、防锈性)	极压性	稠度号

（3）润滑脂的分类

X组润滑脂的分类见表4-24-13。

（4）标注举例

一种润滑脂，使用在下述操作条件：

① 最低操作温度：-20℃；

② 最高操作温度：160℃；

③ 环境条件：经受水洗；

④ 防锈性：不需要防锈；

⑤ 负荷条件：高负荷；

⑥ 稠度等级：00。

这种润滑脂的标记应为：L-XBEGB 00。

第4篇

表 4-24-13　　X 组润滑脂的分类

代号字母（字母1）	总的用途	使用要求										标记	备注
		操作温度范围				水污染[③]	字母4	负荷 EP	字母5	稠度			
		最低温度[①]/℃	字母2	最高温度[②]/℃	字母3								
X	用润滑脂的场合	0 -20 -30 -40 <-40	A B C D E	60 90 120 140 160 180 >180	A B C D E F G	在水污染的条件下，润滑脂的润滑性、抗水性和防锈性	A B C D E F G H I	在高负荷或低负荷下，表示润滑脂的润滑性和极压性，用 A 表示非极压型脂；用 B 表示极压型脂	A B	可选用如下稠度号： 000 00 0 1 2 3 4 5 6		一种润滑脂的标记是由代号字母 X 与其他 4 个字母及稠度等级号联系在一起来标记的	包含在这个分类体系范围里的所有润滑脂彼此相容是不可能的。而由于缺乏相容性，可能导致润滑脂性能水平的剧烈降低，因此，在允许不同的润滑脂相接触之前，应和产销部门协商

① 设备启动或运转时，或者泵送润滑脂时，所经历的最低温度。
② 在使用时，被润滑的部件的最高温度。
③ 见表 4-24-14。

表 4-24-14　　字母 4（水污染）的确定

水污染			水污染		
环境条件[①]	防锈性[②]	字母 4	环境条件[①]	防锈性[②]	字母 4
L	L	A	M	H	F
L	M	B	H	L	G
L	H	C	H	M	H
M	L	D	H	H	I
M	M	E			

① L 表示干燥环境；M 表示静态潮湿环境；H 表示水洗。
② L 表示不防锈；M 表示淡水存在下的防锈性；H 表示盐水存在下的防锈性。

24.1.9 润滑剂工业用油和有关产品（L类）的分类　第9部分：D组（压缩机）（GB/T 7631.9—2014）

（1）范围

GB/T 7631 的本部分规定了 L 类（润滑剂、工业用油和有关产品）的 D 组空气压缩机润滑剂、气体压缩机润滑剂和制冷压缩机润滑剂的详细分类。

本部分适用于特定领域的润滑剂的使用，尤其适用于固定式空气压缩机，以尽可能减少着火和爆炸的危险。相关的安全规则见 GB 10892。本部分目的是提供国内常用空气压缩机润滑剂、气体压缩机润滑剂和制冷压缩机润滑剂一个合理使用范围，而不是通过产品规格或产品描述对这些压缩机润滑剂进行不必要的限制。

（2）代号说明

D 组的详细分类是根据该组主要应用场合所要求产品的种类而确定的。

每个品种由一组字母组成的符号表示，符号合起来构成一个代号。

注：代号的第一个字母 D 表示产品所属的组别，第二个字母单独存在时本身无含义。

每个品种的名称可以附加按 GB/T 3141 规定的黏度等级。

每个品种根据 GB/T 498 统一命名。可以用完整的形式表示，如 ISO-L-DAB 68，或用缩写形式表示，如 L-DAB 68，数字表示根据 GB/T 3141 给出的黏度等级。

(3) 分类

压缩机润滑剂的详细分类见表 4-24-15~表 4-24-17。表 4-24-15 是空气压缩机润滑剂的分类。表 4-24-16 是气体压缩机润滑剂的分类。表 4-24-17 是制冷压缩机润滑剂的分类。

表 4-24-17 仅适用于润滑剂与制冷剂接触的系统。此外，也存在食品与润滑剂偶然接触的可能性，此种润滑剂应遵守 GB/T 23820—2009（《机械安全 偶然与产品接触的润滑剂 卫生要求》）的有关规定。

表 4-24-15　　空气压缩机润滑剂的分类

组别符号	应用范围	特殊应用	更具体应用	产品类型和(或)性能要求	产品代号(ISO-L)	典型应用	备注
D	空气压缩机	压缩腔室有油润滑的容积型空气压缩机	往复的十字头和筒状活塞或滴油回转(滑片)式压缩机	通常为深度精制的矿物油,半合成或全合成液	DAA	普通负荷	见 GB/T 7631.9—2014 中附录 A
				通常为特殊配制的半合成或全合成液,特殊配制的深度精制的矿物油	DAB	苛刻负荷	
			喷油回转(滑片和螺杆)式压缩机	矿物油,深度精制的矿物油	DAG	润滑剂更换周期≤2000h	
				通常为特殊配制的深度精制的矿物油或半合成液	DAH	2000h<润滑剂更换周期≤4000h	
				通常为特殊配制的半合成或全合成液	DAJ	润滑剂更换周期>4000h	
		压缩腔室无油润滑的容积型空气压缩机	液环式压缩机,喷水滑片和螺杆式压缩机,无油润滑往复式压缩机,无油润滑回转式压缩机	—	—	—	润滑剂用于齿轮、轴承和运动部件
		速度型压缩机	离心式和轴流式透平压缩机	—	—	—	润滑剂用于轴承和齿轮
	真空泵	压缩腔室有油润滑的容积型真空泵	往复式、满油回转式、喷油回转式(滑片和螺杆)真空泵	—	DVA	低真空,用于无腐蚀性气体	低真空为 $10^{2}\sim10^{-1}$kPa
				—	DVB	低真空,用于有腐蚀性气体	
			油封式(回转滑片和回转柱塞)真空泵	—	DVC	中真空,用于无腐蚀性气体	中真空为 $10^{-1}\sim10^{-4}$kPa
				—	DVD	中真空,用于有腐蚀性气体	
				—	DVE	高真空,用于无腐蚀性气体	高真空为 $10^{-4}\sim10^{-8}$kPa
				—	DVF	高真空,用于有腐蚀性气体	

表 4-24-16　　气体压缩机润滑剂的分类

组别符号	应用范围	特殊应用	更具体应用	产品类型和（或）性能要求	产品代号（ISO-L）	典型应用	备注
D	气体压缩机	容积型往复式和回转式压缩机，用于除制冷循环或热泵循环或空气压缩机以外的所有气体压缩机	不与深度精制矿物油发生化学反应或不会使矿物油的黏度降低到不能使用程度的气体	深度精制的矿物油	DGA	$<10^4$kPa 压力下的 N_2、H_2、NH_3、Ar、CO_2，任何压力下的 He、SO_2、H_2S，$<10^3$kPa 压力下的 CO	氨会与某些润滑油中所含的添加剂反应
			用于 DGA 油的气体，但含有湿气或凝缩物	特定矿物油	DGB	$<10^4$kPa 压力下的 N_2、H_2、NH_3、Ar、CO_2	氨会与某些润滑油中所含的添加剂反应
			在矿物油中有高的溶解度而降低其黏度的气体	通常为合成液	DGC①	任何压力下的烃类，$>10^4$kPa 压力下的 NH_3、CO_2	氨会与某些润滑油中所含的添加剂反应
			与矿物油发生化学反应的气体	通常为合成液	DGD①	任何压力下的 HCl、Cl_2、O_2 和富氧空气，$>10^3$kPa 压力下的 CO	对于 O_2 和富氧空气应禁止使用矿物油，只有少数合成液是合适的
			非常干燥的惰性气体或还原气（露点 -40℃）	通常为合成液	DGE①	$>10^4$kPa 压力下的 N_2、H_2、Ar	这些气体使润滑困难，应特殊考虑

① 用户在选用 DGC、DGD 和 DGE 三种合成液时应注意，由于牌号相同的产品可以有不同的化学组成，因此在未向供应商咨询前不得混用。

注：高压下气体压缩可能会导致润滑困难（咨询压缩机生产商）。

表 4-24-17　　制冷压缩机润滑剂的分类

组别符号	应用范围	制冷剂	润滑剂类别	部分润滑剂类型（典型-非包含）	产品代号（ISO-L）	典型应用	备注
D	制冷压缩机	氨（NH_3）	不互溶	深度精制的矿物油（环烷基或石蜡基），烷基苯，聚α烯烃	DRA	工业用和商业用制冷	开启式或半封闭式压缩机的满液式蒸发器
			互溶	聚（亚烷基）二醇	DRB	工业用和商业用制冷	直接膨胀式蒸发器；聚（亚烷基）二醇用于开启式压缩机或工厂组装装置
		氢氟烃（HFC）	不互溶	深度精制的矿物油（环烷基或石蜡基），烷基苯，聚α烯烃	DRC	家用制冷，民用和商用空调，热泵，公交空调系统	适用于小型封闭式循环系统
			互溶	多元醇酯，聚乙烯醚，聚（亚烷基）二醇	DRD	车用空调，家用制冷，民用和商用空调，热泵，商用制冷包括运输制冷	—
		氯氟烃（CFC）氢氯氟烃（HCFC）	互溶	深度精制的矿物油（环烷基或石蜡基），烷基苯，多元醇酯，聚乙烯醚	DRE	车用空调，家用制冷，民用商用空调，热泵，商用制冷包括运输制冷	制冷剂中含氯有利于润滑
		二氧化碳（CO_2）	互溶	深度精制的矿物油（环烷基或石蜡基），烷基苯，聚（亚烷基）二醇，多元醇酯，聚乙烯醚	DRF	车用空调，家用制冷，民用和商用空调，热泵	聚（亚烷基）二醇用于开启式车用空调压缩机

续表

组别符号	应用范围	制冷剂	润滑剂类别	部分润滑剂类型（典型-非包含）	产品代号（ISO-L）	典型应用	备　注
D	制冷压缩机	烃类(HC)	互溶	深度精制的矿物油(环烷基或石蜡基),烷基苯,聚α烯烃,聚(亚烷基)二醇,多元醇酯,聚乙烯醚	DRG	工业制冷,家用制冷,民用和商用空调、热泵	典型应用是工厂组装低负载装置

24.1.10 润滑剂、工业用油和有关产品（L类）的分类　第10部分：T组（涡轮机）（GB/T 7631.10—2013）

（1）范围

GB/T 7631的本部分规定了L类的T组（涡轮机）产品的详细分类。

本部分宜与GB/T 7631.1联系起来理解。

本部分不包括航空涡轮机产品。但是，某些陆地电站可能会使用航空涡轮机，这类涡轮机润滑剂的选用建议根据制造商的推荐，根据用途使用TGA、TGB、TGCH、TGCE或更特殊的航空涡轮机润滑剂。

本部分也不包括风动涡轮机润滑剂。风动涡轮机使用的齿轮润滑剂规定在GB/T 7631.7和ISO 12925-1中。

（2）符号说明

T组的详细分类是通过定义该组的各种应用场合所要求的产品类型而确定的。

每种产品用一组字母组成的符号来表示。这些符号合起来构成一个代号。

每组产品的第一个字母（T）表示产品的所在组别，其后的字母单独存在时无意义。

每种产品的命名可以附加按GB/T 3141规定的黏度等级。

在本分类体系中，产品以统一的形式命名。例如，一个特定的产品可以用完整的形式表示为ISO-L-TSA 46，或以简化的形式表示为L-TSA 46。

在本分类体系中，涡轮机润滑剂是分别分类的。常见某些涡轮机润滑剂可用于不同类型的涡轮机。下面是一些例子（这些例子不是限制性的）。

① 上述的润滑剂可以是L-TSA、L-TGA和L-THA类；

② 上述的润滑剂可以是L-TSE和L-THE类；

③ 上述的润滑剂可以是L-TGB和L-TGSB类；

④ 上述的润滑剂可以是L-TGF和L-TGSE类；

⑤ 上述的润滑剂可以是L-TSD、L-TGD和L-TCD类。

（3）分类

润滑剂、工业用油和有关产品（L类）-T组（涡轮机）的分类见表4-24-18。

表4-24-18　润滑剂、工业用油和有关产品（L类）-T组（涡轮机）分类

组别符号	一般应用	特殊应用	更具体应用	产品类型和/或性能要求	符号ISO-L	典型应用	备　注
T	涡轮机	蒸汽	一般用途	具有防锈和抗氧化性的深度精制的石油基润滑油	TSA	不需要润滑剂具有抗燃性的发电、工业驱动装置和相配套的控制机构和不需改善齿轮承载能力的船舶驱动装置	
			齿轮连接到负荷	具有防锈、抗氧化性和高承载能力的深度精制的石油基润滑油	TSE	需要润滑剂改善齿轮承载能力的发电、工业驱动装置、船舶齿轮装置及其相配套的控制系统	
			抗燃	磷酸酯基润滑剂	TSD	要求润滑剂具有抗燃性的发电、工业驱动装置及其相配套的控制装置	

续表

组别符号	一般应用	特殊应用	更具体应用	产品类型和/或性能要求	符号 ISO-L	典型应用	备　注
T	涡轮机	燃气直接驱动，或通过齿轮驱动	一般用途	具有防锈和抗氧化性的深度精制的石油基润滑油	TGA	不需要润滑剂抗燃性的发电、工业驱动装置和相配套的控制机构和不需改善齿轮承载能力的船舶驱动装置	
			高温使用	具有防锈和抗氧化性的深度精制的石油基润滑油	TGB	要求润滑剂具有抗高温性的发电、工业驱动装置和相配套的控制系统	
			特殊用途	聚α烯烃和相关烃类的合成液	TGCH	要求润滑剂具有特殊性能(增强的氧化安定性,低温性能)的发电、工业驱动装置和相配套的控制系统	
			特殊用途	合成酯型的合成液	TGCE	需要润滑剂具有特殊性能(增强的氧化安定性、低温性能)的发电,工业驱动装置和相配套的控制系统	这些液体可能具有一些环境可接受的特征
			抗燃	磷酸酯基润滑剂	TGD	要求润滑剂具有抗燃性的发电、工业驱动装置及其相配套的控制装置	
			高承载能力	具有防锈、抗氧化性和高承载能力的深度精制的石油基润滑油	TGE	需要润滑剂改善齿轮承载能力的发电、工业驱动装置、船舶齿轮装置及其相配套的控制系统	
			高温使用高承载能力	具有防锈、抗氧化性和高承载能力的深度精制的石油基润滑油	TGF	要求润滑剂具有抗高温和承载性能的发电、工业驱动装置及其相配套的控制系统	
		具有公共润滑系统，单轴连接循环涡轮机	高温使用	具有防锈和抗氧化性的深度精制的石油基或合成基润滑油	TGSB	不需要润滑剂抗燃性的发电和控制系统	
			高温使用和高承载能力	具有高承载能力,防锈和抗氧化性的深度精制的石油基或合成基润滑油	TGSE	不需要润滑剂抗燃性,但需要改善齿轮承载能力的发电和控制系统	
		控制系统	抗燃	磷酸酯控制液	TCD	润滑剂和抗燃液需分别(独立)供给的蒸汽、燃气、水力轮机控制装置	
		水力涡轮机	一般用途	具有防锈和抗氧化性的深度精制的石油基润滑油	THA	具有液压系统的水力涡轮机	
			特殊用途	聚α烯烃和相关烃类的合成液	THCH	需要润滑剂具有排水毒性低和环境保护性能的水力涡轮机	
			特殊用途	合成酯型的合成液	THCE	需要润滑剂具有排水毒性低和环境保护性能的水力涡轮机	
			高承载能力	具有抗摩擦和/或承载能力的防锈和抗氧化性的深度精制的石油基润滑油	THE	没有液压系统的水力涡轮机	

24.1.11 润滑剂、工业用油和有关产品（L类）的分类　第11部分：G组（导轨）（GB/T 7631.11—2014）

(1) 符号说明

G组的详细分类是根据该组各种不同应用所要求的产品品种而确定的。

每种品种由一组字母组成的符号表示，符号合起来构成一个代号。

注：代号的第一个字母（G）表示产品所属的组别，第二个字母单独存在时本身无含义。

每个品种的命名可以附加按 GB/T 3141 规定的黏度等级。

在本分类体系中，产品以统一的形式命名，一个特定的产品可用完整的形式表示（见示例 1），或以简化的形式表示（见示例 2）。

示例 1：ISO-L-GA 150。

示例 2：L-GA 150。

（2）分类

G 组的详细分类见表 4-24-19。

表 4-24-19　润滑剂、工业用油和有关产品（L 类）的分类- G 组（导轨）

组别符号	应用范围	特殊应用	更具体应用	产品类型和/或性能要求	产品代号(L-)	典型应用	备注
G	导轨	润滑	两个接触表面是金属的导轨系统润滑	精制矿油，并改善其抗磨性、抗腐蚀性、黏性和抗黏滑性	GA	机床的润滑部位包括普通导轨、螺母螺杆系统、球形螺母螺杆系统、普通轴承。润滑油应具有抗黏滑性和减摩特性	L-GA 油可以由具有相同黏度等级的 L-HG①油代替，需满足抗黏滑性的要求
			两个接触表面之一是由非金属材料（聚合物、树脂等）组成的导轨系统润滑	精制矿油，并改善其抗磨性、抗腐蚀性、黏性、抗黏滑性以及含水液体的分离特性	GB	机床的润滑部位包括对水基切削液的污染具有敏感性的非金属材料的普通导轨、螺母螺杆系统、球形螺母螺杆系统、普通轴承。润滑油应具有抗黏滑性和减摩特性	在含水冷却介质存在的情况下，应考虑非金属滑动材料与导轨润滑剂之间的相容性
			两个接触表面是金属的导轨系统润滑	合成型润滑剂，并改善其抗磨性、抗腐蚀性以及防止滑动器不连续或间断运动（黏滑）的特性	GS	机床的润滑部位包括普通导轨、螺母螺杆系统、球形螺母螺杆系统、普通轴承。润滑油应具有抗黏滑性、减摩特性、与冷却介质的相容性	应考虑导轨润滑剂和含水冷却介质之间的相容性；导轨润滑剂污染了冷却介质后，对冷却介质特性的影响是最小的（导轨润滑剂是可乳化的或可溶解的）

① 见 GB/T 7631.2。

24.1.12　润滑剂、工业用油和有关产品（L 类）的分类　第 12 部分：Q 组（有机热载体）（GB/T 7631.12—2014）

（1）符号说明

Q 组的详细分类是根据本组的主要应用场合所要求的产品品种来确定的。

每个产品的代号由两个英文字母组成的符号来表示。

注：每个品种的第一个字母（Q）表示产品的组别，即有机热载体。后面的字母单独存在时无含义。每个品种的命名可附有一个或一组数字。

在本分类体系中，各种产品以统一的形式命名。

一个特定的 QA、QB、QC 和 QD 类产品可用完整形式或简式命名，例如 ISO-L-QC320 或 L-QC320。在上面两种形式中，数字均代表经 GB/T 23800 检测确定的最高允许使用温度。

一个特定的 QE 类产品可用完整形式或简式命名，例如 ISO-L-QE300/-40 或 L-QE300/-40。在上面两种形式中，一组数字的前一部分代表经 GB/T 23800 检测确定的最高允许使用温度，一组数字的后一部分代表经 GB/T

265 检测确定的最低使用温度。

(2) 分类

有机热载体的详细分类见表 4-24-20。

表 4-24-20 有机热载体分类

组别符号	应用范围	特殊应用使用温度范围	更具体应用使用条件	产品性能和类型	符号(ISO-L-)	应用实例	备注
Q	传热	最高允许使用温度≤250℃	敞开式系统	具有氧化安定性的精制矿油或合成液	QA	用于加热机械零件或电子元件的敞开式油槽	对特殊应用场合,包括系统、操作环境和液体本身,应考虑着火的危险性。 ①带有有机热载体加热系统的装置,应配上有效的膨胀槽、排气孔和过滤系统。 ②加热食品的热交换装置中,使用有机热载体应符合国家卫生和安全要求
		最高允许使用温度≤300℃	带有或不带有强制循环的开式和闭式系统	具有热稳定性的精制矿油或合成液	QB	有机热载体加热系统;闭式循环油浴	
		最高允许使用温度>300℃并≤320℃	带有强制循环的闭式系统	具有热稳定性的精制矿油或合成液	QC	有机热载体加热系统	
		最高允许使用温度>320℃	带有强制循环的闭式系统	具有特殊高热稳定性的合成液	QD	有机热载体加热系统	
		最高允许使用温度及最低使用温度①>-60℃并≤320℃	带有强制循环的闭式冷却系统或冷却/加热系统	具有在低温时低黏度和热稳定性的精制矿油或合成液	QE	有机热载体冷却系统或冷却/加热系统	

① 在最低使用温度下产品的运动黏度应不大于 $12mm^2/s$。

24.1.13 润滑油、工业用油和有关产品(L类)的分类 第13部分:A组(全损耗系统)(GB/T 7631.13—2012)

(1) 代号说明

A 组的详细分类是根据该组主要应用场合所要求的产品品种而确定的。

每个品种由一组字母组成的符号表示,符号合起来构成一个代号。

注:代号的第一个字母(A)表示产品所属的组别,第二个字母单独存在时本身无含义。

每个品种的名称可以附加按 GB/T 3141 规定的黏度等级。

对于 AY、AN 和 AB 品种,根据 GB/T 3141 给出的黏度等级来命名,可以用完整的形式表示(见示例 1),或用缩写形式表示(见示例 2)。

示例 1:ISO-L-AN 32。

示例 2:L-AN 32。

注:对于增加的 AC 品种,将在制定的规格标准中规定,能满足各种水平的低温操作性能、氧化安定性和环境可接受性(毒性和生物降解性)的要求。

(2) 详细分类

表 4-24-21 润滑油、工业用油和有关产品(L类)的分类 A 组(全损耗系统)

组别符号	应用范围	更具体应用	组成和特性	品种代号 L	典型应用	备注
A	全损耗系统	组别符号	浅度精制矿物油	AY	粗加工应用,轴,铁轨道岔等①	这类品种的一些产品可能含有对身体健康和环境有害的组分
			精制矿物油	AN	轻负荷部件(滑动轴承,齿轮),处于流体动力润滑状态的普通轴承	

续表

组别符号	应用范围	更具体应用	组成和特性	品种代号 L	典型应用	备　注
A	全损耗系统	组别符号	精制矿物油,含有沥青或改善某些性能(例如:粘附性、极压性和抗腐蚀性)的添加剂	AB	开式齿轮,钢丝绳,机械传动的链条②	
			基础油是矿物油、动物油、植物油或是合成油中的任一种,含有适当的添加剂以给予产品需要的特性	AC	链锯的链条	

① 对于这种直接排放到环境中的润滑剂，应不影响周围环境。

② 对于某些应用，如开式齿轮、钢丝绳、开式链条、铁轨道岔、铁轨弯道和普通轴承等，可以使用半流体的润滑脂。这种润滑脂的分类和规格将单独给出。

24.1.14 润滑剂、工业用油和有关产品（L类）的分类 第14部分：U组（热处理）（GB/T 7631.14—1998）

（1）符号说明

U组产品的详细分类是根据本组主要热处理加工工艺所要求的产品品种来确定的。

每个品种可由两个或三个英文字母组成的一组代号来表示。每个品种的第一个英文字母U表示该品种所属的组别，即为热处理用淬火液。第二个英文字母表示产品的品种。

H——矿物油型产品；

A——水基液体，例如水或聚合物水溶液；

S——熔融盐；

G——气体；

F——用于流化床的淬火产品；

K——其他。

第三个英文字母表示在每一类型产品中每个产品品种的性质或操作条件。

对于矿物油型产品（UH），在每个品种之后可以附加按GB/T 3141规定的黏度等级。

本分类中各产品采用统一方法命名。一个特定产品完整的表示方法为L-UHG，一般允许以缩写形式UHG来表示。

（2）分类

热处理用淬火液的分类见表4-24-22。

表 4-24-22　　热处理用淬火液的分类

代号字母	应用范围	特殊用途	更具体应用	产品类型和性能要求	代号 L-	备　注
U	热处理	热处理油	冷淬火 $\theta \leqslant 80℃$	普通淬火油	UHA	某些油品易用水冲洗,由于在配方中加入破乳化剂而具有此特性。这类油称为“可洗油”,此特性是由最终用户要求,由供应商规定的
				快速淬火油	UHB	
			低热淬火 $80℃ < \theta \leqslant 130℃$	普通淬火油	UHC	
				快速淬火油	UHD	
			热淬火 $130℃ < \theta \leqslant 200℃$	普通淬火油	UHE	
				快速淬火油	UHF	
			高淬火 $200℃ < \theta \leqslant 310℃$	普通淬火油	UHG	
				快速淬火油	UHH	
			真空淬火		UHV	
			其他		UHK	

续表

代号字母	应用范围	特殊用途	更具体应用	产品类型和性能要求	代号 L-	备　注
U	热处理	热处理水基液	表面淬火	水	UAA	某些油品易用水冲洗，由于在配方中加入破乳化剂而具有此特性。这类油称为“可洗油”，此特性是由最终用户要求，由供应商规定的
				慢速水基淬火液	UAB	
				快速水基淬火液	UAC	
			整体淬火	水	UAA	
				慢速水基淬火液	UAD	
				快速水基淬火液	UAE	
			其他		UAK	
		热处理熔融盐	150℃<θ<500℃	熔融盐 150℃<θ<500℃	USA	
			500℃≤θ<700℃	熔融盐 500℃≤θ<700℃	USB	
			其他		USK	
		热处理气体		空气	UGA	
				中性气体	UGB	
				还原气体	UGC	
				氧化气体	UGD	
		流化床			UF	
		其他			UK	

注：θ 表示在淬火时的液体的温度。

24.1.15　润滑剂、工业用油和有关产品（L类）的分类　第15部分：N组（绝缘液体）（GB/T 7631.15—1998）

（1）代号说明

N组产品的详细分类是根据本组主要使用场合和IEC出版物（标准）的号等部分组成来确定的。

每个品种可由两个英文字母和数码组成的一组代号来表示。每个品种的第一个英文字母N表示该品种所属的组别，即为绝缘液体。第二个英文字母表示该产品品种主要应用范围，其中：

C——用于电容器；

T——用于变压器和开关；

Y——用于电缆。

两个英文字母和数码之间用“-”隔开，数码表示IEC出版物（标准）号，随后用“-”隔开的数码或英文字母，其意义在相应的IEC出版物中规定，单独无意义。

本分类中各产品采用统一方法命名，如一个特定的产品，其完整的表示方法为L-NT-296-ⅡA，一般允许以缩写的形式NT-296-ⅡA表示。

（2）分类

绝缘液体的分类见表4-24-23。

表 4-24-23　　绝缘液体分类

类别	组别	IEC 出版物号	IEC 出版物小分类	参见 IEC 出版物
L	NT	296	Ⅰ,Ⅱ,Ⅲ	IEC 296,矿物油
L	NT	296	ⅠA,ⅡA,ⅢA	IEC 296,加抑制剂矿物油
L	NY	465	Ⅰ,Ⅱ,Ⅲ	IEC 465,电缆油
L	NC	588	C-1,C-2	IEC 588-3,电容器用氯化联苯
L	NT	588	T-1,T-2,T-3,T-4	IEC 588-3,变压器用氯化联苯
L	NY	867	1	IEC 867,第1部分,烷基苯
L	NC	867	2	IEC 867,第2部分,烷基二苯基乙烷
L	NC	867	3	IEC 867,第3部分,烷基萘

续表

类别	组别	IEC 出版物号	IEC 出版物小分类	参见 IEC 出版物
L	NT	836	1	IEC 836,硅液体
L	NY	963	1	IEC 963,聚丁烯

24.1.16 润滑剂、工业用油和有关产品（L 类）的分类 第 16 部分：P 组（气动工具）（GB/T 7631.16—1999）

(1) 范围

本节规定了 L 类（润滑剂和有关产品）中 P 组（气动工具）润滑剂和由压缩空气驱动的机械用润滑剂的详细分类。

本节只包括与压缩空气接触的润滑剂。不包括气动工具或气动机械中其他润滑点所用的润滑剂（例如内部轴承、齿轮等）。

本节应与 GB/T 7631.1 联系起来理解。

(2) 符号说明

P 组的详细分类是根据符合本组产品品种的主要应用场合来确定的。

每个品种的符号由一组大写英文字母组成，符号的第一个字母（P）表示产品所属的组别，即表示气动工具用润滑剂。后面的字母单独存在时本身无含义。

每个品种的符号中可以附有按 GB/T 3141 规定的黏度等级。

在本分类标准中，各产品的符号用统一的方法表示。例如，一个特定的产品可表示为 L-PAB。

(3) 分类

气动工具用润滑剂的分类见表 4-24-24。

表 4-24-24　气动工具用润滑剂的分类

组别符号	应用范围	特殊应用	更具体应用	产品类型	品种代号 L-	典型应用
P	气动工具和机械	冲击式气动工具	自动或手动润滑	无抑制剂的直馏矿物油	PAA	压缩空气中无冷凝物条件下使用的轻型气动工具
				具有抗腐蚀性和抗磨性的矿物油	PAB	压缩空气中有冷凝物条件下使用的重型气动工具
				具有抗腐蚀、抗磨、抗泡沫及乳化性能的矿物油	PAC	压缩空气中有冷凝物，以及在延长使用周期的条件下使用的中型到重型气动工具
				合成基润滑剂	PAD	尤其在零度以下室外使用的气动工具
			润滑脂润滑	半流体润滑脂	PAE	用于特殊使用条件，例如减少油雾排出①
		回转式气动工具和气动机械	自动或手动润滑	无抑制剂的直馏矿物油	PBA	压缩空气中无冷凝物条件下使用的轻型气动工具
				具有抗腐蚀性的矿物油	PBB	压缩空气中有冷凝物条件下使用的轻型到中型气动工具
				具有抗腐蚀、抗磨、抗泡沫及乳化性能的矿物油	PBC	压缩空气中有冷凝物，以及在延长使用周期的条件下使用的中型到重型气动工具
				合成基润滑剂	PBD	特殊应用场合

① 根据 GB/T 7631.8 规定的 L-XBIB000 润滑脂也可适用。

24.1.17 润滑剂、工业用油和有关产品（L类）的分类 第17部分：E组（内燃机）（GB/T 7631.17—2003）

（1）符号说明

E组的详细分类根据其主要应用场合及这些主要应用场合所需的产品类别制定。

每个类别由三个字母组成的符号表示，这三个字母组合构成一个代号。

注：代号的第一个字母（E）表示产品所属的组别，在二冲程汽油机油的特定条件下，第二、第三个字母与ISO类别有关，EGB和EGC与JASO分类的FB和FC相对应，成为全球使用的分类代号。

各产品采用统一的形式表示。一种特定的产品可用一种完整的形式表示，如ISO-L-EGD，也可用两种缩写形式中的任一种表示，如：L-EGD或EGD。

（2）分类

二冲程汽油机油的分类见表4-24-25。

表4-24-25 二冲程汽油机油分类

组别代号	一般应用	特殊应用	更具体应用	组成和特性	符号ISO-L	典型应用	备注
E	内燃式发动机	火花点燃式汽油机	二冲程汽油机	由润滑油基础油和清净剂、分散剂及抑制剂组成，具有润滑性和清净性。	EGB	对防止排气系统沉积物的形成及降低排烟水平无要求的一般性能发动机。	
				由润滑油基础油和清净剂、分散剂及抑制剂组成，具有润滑性和较高的清净性。加入的合成液可减少排烟并抑制引起动力降低的排气系统沉积物。	EGC	对防止排气系统沉积物的形成有要求的一般性能发动机，这种发动机可通过降低排烟水平而获益。	
				由润滑油基础油和清净剂、分散剂及抑制剂组成，具有润滑性和更高的清净性。加入的合成液可减少排烟并抑制引起动力降低的排气系统沉积物。良好的清净性可防止在苛刻条件下活塞环的黏结	EGD	对防止排气系统沉积物的形成有要求的一般性能发动机，这种发动机可通过降低排烟水平而获益。这些发动机也可从使用具有更高清净性的润滑剂中受益	

24.1.18 润滑剂、工业用油和有关产品（L类）的分类 第18部分：Y组（其他应用）（GB/T 7631.18—2017）

（1）符号说明

Y组的详细分类是根据该组的主要应用场合所要求的产品种类而确定的。

每种产品用一组字母组成的符号来表示，这些符号合起来构成一个代号。

注：每组产品的第一个字母（Y）表示产品的所在组别，即其他的润滑剂。其后的字母单独存在时无意义。

每种产品的命名可以附加按GB/T 3141规定的黏度等级。

在本分类体系中，产品以统一的形式命名。例如，一个特定的产品可以用完整的形式表示为ISO-L-YEB，或以简化的形式表示为L-YEB。

（2）分类

Y 组的详细分类见表 4-24-26。

表 4-24-26 Y 组产品的详细分类

类别字母符号	一般用途	特殊用途	具体应用	组成和特性	符号 ISO-L-	典型应用
Y	其他应用	加工工艺	脱除煤气中的苯和萘	—	YA	煤气厂和焦炉设备中的冲洗油
			纤维软化	—	YB	在制袋、织布和制绳工厂中用于棉花、亚麻、大麻、黄麻、剑麻等梳理和纺纱的预先软化
			防止结块	—	YC	颗粒肥料的涂层
			抑制灰尘	—	YD	水泥颗粒涂层，煤焦原料的喷洒，土壤的稳定
			填充橡胶和增塑塑料	芳烃抽提物	YEA	—
				精制矿物油；有关环烷烃	YEB	—
				精制矿物油；有关烷烃	YEC	—
				深度精制工业白油	YED	其他用途（如不接触食物）
					YEE	直接与食物接触和用于医药设备的聚苯乙烯和橡胶
			空调系统的空气过滤器	—	YF	—
			浸渍保护	—	YG	木材防护组分的载体油
			家庭清洁	—	YH	家具抛光配料和地板清洗组分等
			皮革调理	—	YL	防水化合物配料等
			植物喷洒	—	YM	农药和杀虫剂载体油
			印刷用油墨	—	YPA	用于吸收型印刷的稠油墨
					YPB	用于热固化，蒸发干燥或辐射固化油墨的轻油
			裂纹探测	深度精制非荧光的矿物油	YR	载体油
			消泡	—	YS	制糖工业和污水处理过程的消泡
			化妆	深度精制白油	YT	化妆和卫生间用品配料
			制药	深度精制医药级白油	YW	溶液平滑油
			电解和金属电镀	—	YX	抛光油
		试验	校准和标定	—	YZ	校准油和参比油

24.1.19 润滑剂的选用原则

润滑剂按其物态可以分为液体润滑剂、固体润滑剂、介于液体和固体状态之间的润滑剂和气体润滑剂。润滑剂种类和特性的比较见表 4-24-27。润滑剂的特性对传动类型的重要程度见表 4-24-28。

表 4-24-27 润滑剂种类和特性的比较

润滑剂种类	液体			润滑脂	固体润滑剂
	普通矿物油	含添加剂的矿物油	合成油		
边界润滑性	较好	好~极好	差~极差	好~极好	好~极好
冷却性	很好	很好	较好	差	很差

续表

润滑剂种类	液体			润滑脂	固体润滑剂
	普通矿物油	含添加剂的矿物油	合成油		
抗摩擦和摩擦力矩性	较好	好	较好	较好	差~较好
黏附在轴承上不泄漏的性能	差	差	很坏~差	好	很好
密封防污染物的性能	差	差	差	很好	较好~极好
使用温度范围	好	很好	较好~极好	很好	极好
抗大气腐蚀性	差~好	极好	差~好	极好	差
挥发性(低为好)	较好	较好	较好~极好	好	极好
可燃性(低为好)	差	差	较好~极好	较好	较好~极好
配伍性	较好	较好	很坏~差	较好	极好
价格	很低	低	高~很高	比较高	高
决定使用寿命的因素	变质和污染	主要是污染	变质或污染	变质	磨损

表 4-24-28　润滑剂的特性对传动类型的重要程度

传动类型	普通径向轴承	滚动轴承	封闭的齿轮箱	开式齿轮钢丝绳链条等	钟表和仪器支承	铰链滑块弹链等
边界润滑剂特性	+	++	+++	++	++	++
冷却性	++	++	+++	-	-	-
抗摩擦和摩擦力矩	+	++	++	-	++	+
黏附不泄漏性	+	++	-	+	+++	+
密封防污染物质能力	-	++	-	+	-	+
使用温度范围	+	++	++	+	-	+
抗腐蚀性	+	++	-	++	-	+
抗挥发性	+	+	-	++	++	+

注：+表明润滑剂的特性对传动类型比较重要。++表明润滑剂的特性对传动类型相当重要。+++表明润滑剂的特性对传动类型非常重要。-表明润滑剂的特性对传动类型不重要。

24.2　内燃机用润滑油

24.2.1　内燃机油黏度分类（GB/T 14906—2018）

(1) 分类方法

本节采用含字母 W 和不含字母 W 两组黏度等级系列。含字母 W 的一组单级内燃机油是以低温启动黏度、低温泵送黏度和 100℃ 时运动黏度划分黏度等级的；不含字母 W 的一组单级内燃机油是以 100℃ 的运动黏度和 150℃ 时高温高剪切黏度划分黏度等级的。

一个多黏度等级内燃机油，其低温启动黏度和低温泵送黏度应满足系列中一个 W 级的要求，同时，其 100℃ 运动黏度和 150℃ 高温高剪切黏度应在系列中一个非 W 级分类规定的黏度范围之内。

(2) 黏度牌号表示方法

本节中黏度等级以六个含字母 W 的低温黏度等级号（0W、5W、10W、15W、20W、25W）和八个不含字母 W 的高温黏度等级号（8、12、16、20、30、40、50、60）表示。

黏度牌号有单级油和多级油之分。任何一个牛顿油可标为单级油（含 W 或不含 W）。一些经聚合物黏度指数改进剂调配的油是非牛顿油，应标上适当的多黏度等级（含 W 和高温等级），即含 W 黏度级和高温黏度级，并且两黏度级号之差大于等于 15。例如，一个多级油可标为 10W-30 或 20W-40，而不可标为 10W-20 或 20W-20。一个油可能同时符合多个 W 级，所标记的含 W 级号或多黏度级号只取最低 W 级号。例如，一个多级油同时符合 10W、15W、20W、25W 和 30 级号，黏度牌号只能标为 10W-30。

对于黏度等级为 SAE 8～SAE 20 的内燃机油，其 100℃运动黏度可能同时符合一个以上高温黏度等级要求，在标记一个符合一个以上高温黏度等级要求的单级油或多级油时，仅需标记符合最大高温高剪切黏度的黏度等级。其标记示例见表 4-24-29。

表 4-24-29　　标记示例

运动黏度（100℃）/(mm²/s)	高温高剪切黏度（150℃）/mPa·s	SAE 黏度等级	运动黏度（100℃）/(mm²/s)	高温高剪切黏度（150℃）/mPa·s	SAE 黏度等级
7.0	2.6	20	5.6	2.1	12
7.0	2.4	16	5.6	1.9	8
7.0	2.1	12			

（3）内燃机油黏度分类

内燃机油黏度分类见表 4-24-30。SE、SF 质量等级汽油机油和 CC、CD 质量等级柴油机油以及农用柴油机油黏度分类见表 4-24-31。

表 4-24-30　　内燃机油黏度分类

黏度等级	低温启动黏度/mPa·s ≤	低温泵送黏度（无屈服应力时）/mPa·s ≤	运动黏度（100℃）/(mm²/s) ≥	运动黏度（100℃）/(mm²/s) <	高温高剪切黏度（150℃）/mPa·s ≥
试验方法	GB/T 6538	NB/SH/T 0562	GB/T 265	GB/T 265	SH/T 0751①
0W	6200（-35℃）	60000 在-40℃	3.8	—	—
5W	6600（-30℃）	60000 在-35℃	3.8	—	—
10W	7000（-25℃）	60000 在-30℃	4.1	—	—
15W	7000（-20℃）	60000 在-25℃	5.6	—	—
20W	9500（-15℃）	60000 在-20℃	5.6	—	—
25W	13000（-10℃）	60000 在-15℃	9.3	—	—
8	—	—	4.0	6.1	1.7
12	—	—	5.0	7.1	2.0
16	—	—	6.1	8.2	2.3
20	—	—	6.9	9.3	2.6
30	—	—	9.3	12.5	2.9
40	—	—	12.5	16.3	3.5（0W-40、5W-40 和 10W-40 等级）
40	—	—	12.5	16.3	3.7（15W-40、20W-40、25W-40 和 40 等级）
50	—	—	16.3	21.9	3.7
60	—	—	21.9	26.1	3.7

① 也可采用 SH/T 0618、SH/T 0703 方法，有争议时，以 SH/T 0751 为准。

表 4-24-31　　SE、SF 质量等级汽油机油费 CC、CD 质量等级柴油机油以及农用柴油机油黏度分类

黏度等级	低温启动黏度/mPa·s ≤	边界泵送温度/℃ ≤	运动黏度（100℃时）/(mm²/s) ≥	运动黏度（100℃时）/(mm²/s) <
试验方法	GB/T 6538	GB/T 9171	GB/T 265	GB/T 265
0W	3250（-30℃）	-35℃	3.8	—
5W	3500（-25℃）	-30℃	3.8	—
10W	3500（-20℃）	-25℃	4.1	—
15W	3500（-15℃）	-20℃	5.6	—
20W	4500（-10℃）	-15℃	5.6	—
25W	6000（-5℃）	-10℃	9.3	—
20	—	—	5.6	9.3

续表

黏度等级	低温启动黏度 /mPa·s ≤	边界泵送温度 /℃ ≤	运动黏度(100℃时) /(mm^2/s) ≥	运动黏度(100℃时) /(mm^2/s) <
30	—	—	9.3	12.5
40	—	—	12.5	16.3
50	—	—	16.3	21.9
60	—	—	21.9	26.1

24.2.2 内燃机油分类（GB/T 28772—2012）

(1) 代号说明

内燃机油的详细分类是根据产品特性、使用场合和使用对象划分的。

每一个品种由两个大写英文字母及数字组成的代号表示。当代号的第一个字母为“S”时代表汽油机油，“GF”代表以汽油为燃料的、具有燃料经济性要求的乘用车发动机油，第一个字母与第二个字母或第一个字母与第二个字母及其后的数字相结合代表质量等级。当代号的第一个字母为“C”时代表柴油机油，第一个字母与第二个字母相结合代表质量等级，其后的数字2或4分别代表二冲程或四冲程柴油发动机。每个特定的品种代号应附有按GB/T 14906规定的黏度等级。

本分类体系中，产品以统一的方法命名。

示例：一个特定的汽油机油可命名为SE 30、GF-1 5W-30；一个特定的柴油机油可命名为CF-4 15W-40；一个特定的汽油机/柴油机通用油可命名为SJ/CF-4 15W-40或柴油机/汽油机通用油可命名为CF-4/SJ 15W-40。

注：所用代号说明不包括农用柴油机油。

(2) 内燃机油分类

内燃机油分类见表4-24-32。

表4-24-32　　内燃机油分类

应用范围	品种代号	特性和使用场合
汽油机油	SE	用于轿车和某些货车的汽油机以及要求使用API SE、SD[①]级油的汽油机，此种油品的抗氧化性能及控制汽油机高温沉积物、锈蚀和腐蚀的性能优于SD[①]或SC[①]
	SF	用于轿车和某些货车的汽油机以及要求使用API SF、SE级油的汽油机。此种油品的抗氧化和抗磨损性能优于SE，同时还具有控制汽油机沉积、锈蚀和腐蚀的性能，并可代替SE
	SG	用于轿车、货车和轻型卡车的汽油机以及要求使用API SG级油的汽油机、SG质量还包括CC或CD的使用性能。此种油品改进了SF级油控制发动机沉积物、磨损和油的氧化性能，同时还具有抗锈蚀和腐蚀的性能，并可代替SF、SF/CD、SE或SE/CC
	SH、GF-1	用于轿车、货车和轻型卡车的汽油机以及要求使用API SH级油的汽油机。此种油品在控制发动机沉积物、油的氧化、磨损、锈蚀和腐蚀等方面的性能优于SG，并可代替SG。 GF-1与SH相比，增加了对燃料经济性的要求
	SJ、GF-2	用于轿车、运动型多用途汽车、货车和轻型卡车的汽油机以及要求使用API SJ级油的汽油机。此种油品在挥发性、过滤性、高温泡沫性和高温沉积物控制等方面的性能优于SH。可代替SH，并可在SH以前的“S”系列等级中使用。 GF-2与SJ相比，增加了对燃料经济性的要求，GF-2可代替GF-1
	SL、GF-3	用于轿车、运动型多用途汽车、货车和轻型卡车的汽油机以及要求使用API SL级油的汽油机。此种油品在挥发性、过滤性、高温泡沫性和高温沉积物控制等方面的性能优于SJ。可代替SJ，并可在SJ以前的“S”系列等级中使用。 GF-3与SL相比，增加了对燃料经济性的要求，GF-3可代替GF-2
	SM、GF-4	用于轿车、运动型多用途汽车、货车和轻型卡车的汽油机以及要求使用API SM级油的汽油机。此种油品在高温氧化和清净性能、高温磨损性能以及高温沉积物控制等方面的性能优于SL。可代替SL，并可在SL以前的“S”系列等级中使用。 GF-4与SM相比，增加了对燃料经济性的要求，GF-4可代替GF-3

续表

应用范围	品种代号	特性和使用场合
汽油机油	SN、GF-5	用于轿车、运动型多用途汽车、货车和轻型卡车的汽油机以及要求使用 API SN 级油的汽油机。此种油品的高温氧化和清净性能、低温油泥以及高温沉积物控制等方面的性能优于 SM。可代替 SM,并可在 SM 以前的"S"系列等级中使用。 对于资源节约型 SN 油品,除具有上述性能外,强调燃料经济性、对排放系统和涡轮增压器的保护以及与含乙醇最高达 85%的燃料的兼容性能。 GF-5 与资源节约型 SN 相比,性能基本一致,GF-5 可代替 GF-4
柴油机油	CC	用于中负荷及重负荷下运行的自然吸气、涡轮增压和机械增压式柴油机以及一些重负荷汽油机。对于柴油机具有控制高温沉积物和轴瓦腐蚀的性能,对于汽油机具有控制锈蚀、腐蚀和高温沉积物的性能
	CD	用于需要高效控制磨损及沉积物或使用包括高硫燃料自然吸气、涡轮增压和机械增压式柴油机以及要求使用 API CD 级油的柴油机。具有控制轴瓦腐蚀和高温沉积物的性能,并可代替 CC
	CF	用于非道路间接喷射式柴油发动机和其他柴油发动机,也可用于需有效控制活塞沉积物、磨损和含铜轴瓦腐蚀的自然吸气、涡轮增压和机械增压式柴油机。能够使用硫的质量分数大于 0.5%的高硫柴油燃料,并可代替 CD
	CF-2	用于需高效控制气缸、环表面胶合和沉积物的二冲程柴油发动机,并可代替 CD-Ⅱ①
	CF-4	用于高速、四冲程柴油发动机以及要求使用 API CF-4 级油的柴油机,特别适用于高速公路行驶的重负荷卡车。此种油品在机油消耗和活塞沉积物控制等方面的性能优于 CE①,并可代替 CE①、CD 和 CC

① SD、SC、CD-Ⅱ和 CE 已经废止。

24.2.3 汽油机油（GB 11121—2006）

(1) 范围

本节规定了以精制矿物油、合成油或精制矿物油与合成油的混合油为基础油，加入多种添加剂制成的汽油机油的要求和试验方法、检验规则及标志、包装、运输和储存。

本节所属产品适用于在各种操作条件下使用的汽车四冲程汽油发动机，如轿车、轻型卡车、货车和客车发动机的润滑。

(2) 产品品种和标记

本节包括 SE、SF、SG、SH、GF-1、SJ、GF-2、SL 和 GF-3 9 个汽油机油品种。

本节对通用内燃机油品种不作具体规定。通用内燃机油可根据需要在本标准所属汽油机油品种和 GB 11122 所属 6 个柴油机油品种中进行组合。任何一个通用内燃机油都应同时满足其汽油机油品种和柴油机油品种的所有指标要求。

每个品种按 GB/T 14906 或 SAE J300 划分黏度等级。

汽油机油产品标记为：

[质量等级] [黏度等级] [汽油机油]

示例：SF 10W-30 汽油机油、SE 30 汽油机油。

通用内燃机油产品标记为：

[汽油机油质量等级/柴油机油质量等级] [黏度等级] [通用内燃机油]

或

[柴油机油质量等级/汽油机油质量等级] [黏度等级] [通用内燃机油]

示例：SJ/CF-4 5W-30 通用内燃机油或 CF-4/SJ 5W-30 通用内燃机油，前者表示其配方首先满足 SJ 汽油机油要求，后者表示其配方首先满足 CF-4 柴油机油要求，两者均需同时符合 SJ 汽油机油和 CF-4 柴油机油的全部质量指标。

注：汽油机油或柴油机油质量等级的先后排列由生产企业根据产品配方特点确定。

(3) 要求

汽油机油黏温性能要求见表 4-24-33。汽油机油理化性能和模拟性能要求见表 4-24-34 和表 4-24-35。

表 4-24-33　　　　汽油机油黏温性能要求

项目		低温动力黏度/mPa·s ≤	边界泵送温度/℃ ≤	运动黏度(100℃)/(mm²/s)	黏度指数 ≥	倾点/℃ ≤
试验方法		GB/T 6538	GB/T 9171	GB/T 265	GB/T 1995、GB/T 2541	GB/T 3535
质量等级	黏度等级	—	—	—	—	—
SE、SF	0W-20	3250(-30℃)	-35	5.6~<9.3	—	-40
	0W-30	3250(-30℃)	-35	9.3~<12.5	—	
	5W-20	3500(-25℃)	-30	5.6~<9.3	—	-35
	5W-30	3500(-25℃)	-30	9.3~<12.5	—	
	5W-40	3500(-25℃)	-30	12.5~<16.3	—	
	5W-50	3500(-25℃)	-30	16.3~<21.9	—	
	10W-30	3500(-20℃)	-25	9.3~<12.5	—	-30
	10W-40	3500(-20℃)	-25	12.5~<16.3	—	
	10W-50	3500(-20℃)	-25	16.3~<21.9	—	
	15W-30	3500(-15℃)	-20	9.3~<12.5	—	-23
	15W-40	3500(-15℃)	-20	12.5~<16.3	—	
	15W-50	3500(-15℃)	-20	16.3~<21.9	—	
	20W-40	4500(-10℃)	-15	12.5~<16.3	—	-18
	20W-50	4500(-10℃)	-15	16.3~<21.9	—	
	30	—	—	9.3~<12.5	75	-15
	40	—	—	12.5~<16.3	80	-10
	50	—	—	16.3~<21.9	80	-5

项目		低温动力黏度/mPa·s ≤	低温泵送黏度(在无屈服应力时)/mPa·s ≤	运动黏度(100℃)/(mm²/s)	高温高剪切黏度(150℃,10^6s^{-1})/mPa·s ≥	黏度指数 ≥	倾点/℃ ≤
试验方法		GB/T 6538、GB/T 6538—2010	SH/T 0562	GB/T 265	SH/T 0618③、SH/T 0703、SH/T 0751	GB/T 1995、GB/T 2541	GB/T 3535
质量等级	黏度等级	—	—	—	—	—	—
SG、SH、GF-1①、SJ、GF-2②、SL、GF-3	0W-20	6200(-35℃)	60000(-40℃)	5.6~<9.3	2.6	—	-40
	0W-30	6200(-35℃)	60000(-40℃)	9.3~<12.5	2.9	—	
	5W-20	6600(-30℃)	60000(-35℃)	5.6~<9.3	2.6	—	-35
	5W-30	6600(-30℃)	60000(-35℃)	9.3~<12.5	2.9	—	
	5W-40	6600(-30℃)	60000(-35℃)	12.5~<16.3	2.9	—	
	5W-50	6600(-30℃)	60000(-35℃)	16.3~<21.9	3.7	—	
	10W-30	7000(-25℃)	60000(-30℃)	9.3~<12.5	2.9	—	-30
	10W-40	7000(-25℃)	60000(-30℃)	12.5~<16.3	2.9	—	
	10W-50	7000(-25℃)	60000(-30℃)	16.3~<21.9	3.7	—	
	15W-30	7000(-20℃)	60000(-25℃)	9.3~<12.5	2.9	—	-25
	15W-40	7000(-20℃)	60000(-25℃)	12.5~<16.3	3.7	—	
	15W-50	7000(-20℃)	60000(-25℃)	16.3~<21.9	3.7	—	
	20W-40	9500(-15℃)	60000(-20℃)	12.5~<16.3	3.7	—	-20
	20W-50	9500(-15℃)	60000(-20℃)	16.3~<21.9	3.7	—	
	30	—	—	9.3~<12.5	—	75	-15
	40	—	—	12.5~<16.3	—	80	-10
	50	—	—	16.3~<21.9	—	80	-5

① 10W 黏度等级低温动力黏度和低温泵送黏度的试验温度均升高 5℃，指标分别为：不大于 3500mPa·s 和 30000mPa·s。

② 10W 黏度等级低温动力黏度的试验温度升高 5℃，指标为：不大于 3500mPa·s。

③ 为仲裁方法。

表 4-24-34　　**汽油机油模拟性能和理化性能要求**

项目	质量指标										试验方法
	SE	SF	SG	SH	GF-1		SJ		GF-2	SL、GF-3	
水分(体积分数)/% ≤	痕迹										GB/T 260
泡沫性(泡沫倾向/泡沫稳定性)/(mL/mL)											
24℃ ≤	25/0		10/0				10/0			10/0	GB/T 12579
93.5℃ ≤	150/0		50/0				50/0			50/0	
后 24℃ ≤	25/0		10/0				10/0			10/0	
150℃ ≤	—		报告				200/50			100/0	SH/T 0722
蒸发损失①(质量分数)/% ≤		5W-30	10W-30	15W-40	0W和5W	所有其他多级油	0W-20、5W-20、5W-30、10W-30	所有其他多级油			
诺亚克法(250℃,1h)	—	25	20	18	25	20	22	20	22	15	SH/T 0059
或											
气相色谱法(371℃馏出量)											
方法 1	—	20	17	15	20	17	—	—	—	—	SH/T 0558
方法 2	—	—	—	—	—	—	17	15	17	—	SH/T 0695
方法 3	—	—	—	—	—	—	17	15	17	10	ASTM D6417
过滤性/% ≥			5W-30 10W-30	15W-40							
EOFT 流量减少	—		50	无要求	50		50		50	50	ASTM D6795
EOWTT 流量减少											
用 0.6% H_2O	—			—	—		报告		—	50	ASTM D6794
用 1.0% H_2O	—			—	—		报告		—	50	
用 2.0% H_2O	—			—	—		报告		—	50	
用 3.0% H_2O	—			—	—		报告		—	50	
均匀性和混合性	—	与 SAE 参比油混合均匀									ASTM D6922
高温沉积物/mg ≤											
TEOST	—		—		—		60		60	—	SH/T 0750
TEOST MHT	—		—		—		—		—	45	ASTM D7097
凝胶指数 ≥	—		—		—		12	无要求	12②	12②	SH/T 0732
机械杂质(质量分数)/% ≥	0.01										GB/T 511
闪点(开口)(黏度等级)/℃ ≥	200(0W、5W 多级油);205(10W 多级油);215(15W、20W 多级油);220(30);225(40);230(50)										GB/T 3536
磷(质量分数)/% ≤	见表 4-24-36		0.12③		0.12		0.10④		0.10	0.10⑤	GB/T 17476⑥、SH/T 0296、SH/T 0631、SH/T 0749

① 对于 SF、SG 和 SH，除规定了指标的 5W-30、10W-30 和 15W-40 之外的所有其他多级油均为“报告”。

② 对于 GF-2 和 GF-3，凝胶指数试验是从-5℃开始降温直到黏度达到 40000mPa·s（40000cP）时的温度或温度达到-40℃时试验结束，任何一个结果先出现即视为试验结束。

③ 仅适用于 5W-30 和 10W-30 黏度等级。

④ 仅适用于 0W-20、5W-20、5W-30 和 10W-30 黏度等级。

⑤ 仅适用于 0W-20、5W-20、0W-30、5W-30 和 10W-30 黏度等级。

⑥ 仲裁方法。

表 4-24-35　　汽油机油理化性能要求

项　目	质量指标		试验方法
	SE、SF	SG、SH、GF-1、SJ、GF-2、SL、GF-3	
碱值①(以KOH计)/(mg/g)	报告		SH/T 0251
硫酸盐灰分①(质量分数)/%	报告		GB/T 2433
硫①(质量分数)/%	报告		GB/T 387、GB/T 388、GB/T 11140、GB/T 17040、GB/T 17476、SH/T 0172、SH/T 0631、SH/T 0749
磷①(质量分数)/%	报告	见表 4-24-35	GB/T 17476、SH/T 0296、SH/T 0631、SH/T 0749
氮①(质量分数)/%	报告		GB/T 9170、SH/T 0656、SH/T 0704

① 生产者在每批产品出厂时要向使用者或经销者报告该项目的实测值，有争议时以发动机台架试验结果为准。

24.2.4　汽油机油换油指标（GB/T 8028—2010）

(1) 范围

本节规定了汽油机油在使用过程中的换油指标。

本节内容适用于汽车汽油发动机和固定式汽油发动机所用汽油机油在使用过程中的质量监控和换油要求。

(2) 要求和试验方法

汽油机油换油指标的技术要求和试验方法见表 4-24-36。当使用的油品有一项指标达到换油指标时应更换新油。

表 4-24-36　　汽油机油换油指标技术要求和试验方法

项　目		换油指标		试验方法
		SE、SF	SG、SH、SJ(SJ/GF-2)、SL(SL/GF-3)	
运动黏度变化率(100℃)/%	>	±25	±20	GB/T 265 或 GB/T 11137①和标准 GB/T 8028—2010 的 3.2 项
闪点(闭口)/℃	<	100		GB/T 261
(碱值-酸值)(以KOH计)/(mg/g)	<	—	0.5	SH/T 0251 GB/T 7304
燃油稀释(质量分数)/%	>	—	5.0	SH/T 0474
酸值(以KOH计)/(mg/g) 增加值	>	2.0		GB/T 7304
正戊烷不溶物(质量分数)/%	>	1.5		GB/T 8926 B法
水分(质量分数)/%	>	0.2		GB/T 260
铁含量/(μg/g)	>	150	70	GB/T 17476① SH/T 0077 ASTM D 6595
铜含量/(μg/g) 增加值	>	—	40	GB/T 17476
铝含量/(μg/g)	>	—	30	GB/T 17476
硅含量/(μg/g) 增加值	>	—	30	GB/T 17476

① 此方法为仲裁方法。

注：执行本标准的汽油发动机技术状况和使用情况正常。

（3）汽油机油换油指标说明

① 运动黏度变化率（100℃） 运动黏度是衡量油品油膜强度、流动性的重要指标，而运动黏度变化率反映了油品的油膜强度、流动性的变化情况。

在用油运动黏度的变化反映了油品发生深度氧化、聚合、轻组分挥发生成油泥以及受燃油稀释、水污染和机械剪切的综合结果。黏度的增长会增加动力消耗，过高的黏度增长甚至会带来泵送困难，从而影响润滑造成事故。黏度的下降则会造成发动机油油膜变薄、润滑性能下降、机件磨损加大，黏度大幅下降往往会造成拉缸的后果。

② 燃油稀释 车辆在使用过程中，因种种原因燃料会部分窜入机油油底壳，污染发动机油，甚至会造成拉缸的严重后果。通常只有发动机活塞间隙变大或发生不正常磨损等异常情况发生时，燃油才会大量地进入润滑油中。

③ 闪点（闭口） 汽油机油的闪点反映出油品馏分的组成，是确保油品安全运输、储存的重要数据。润滑油在使用中其闪点如显著下降，可能发生燃油稀释等，需引起重视。由于在用油中不可避免存在燃油稀释，采用闭口杯法能更有效地检测燃油稀释对油品闪点的影响。

④ 水分 发动机在做功过程中，燃料燃烧生成的水汽以及通过油箱呼吸孔吸入的水汽，会进入发动机油中带来污染。油中的水分会导致油品乳化变质，并造成发动机零部件表面的锈蚀、腐蚀。由于在工作中发动机油始终处于相对较高的温度（>80℃）下，正常情况下油中的水含量均较低。

⑤ 酸值增加和碱值的变化 油品在使用中受温度、水分或其他因素的影响，油品会逐渐老化变质。油品老化程度的增加会产生较多的酸性物质，使油品酸值增加；较大量的酸性物质会对设备造成一定程度的腐蚀，并在金属的催化作用下继续加速油品的老化状况，影响发动机正常运行。

油品的碱值是用于中和燃烧生成的强酸性物质及油品自身氧化产生的有机酸，因此碱值的下降直接反映了油品中添加剂有效组分的消耗，使用性能的下降。

⑥ 正戊烷不溶物 正戊烷不溶物是反映油品容污能力的一个指标。在用油正戊烷不溶物含量达到一定值后，油品黏度增大、流动性变差，油品中的不溶物聚集成团，堵塞油路，造成润滑不良等严重后果。

⑦ 铁、铜、铝磨损金属含量 发动机的主要磨损件为缸套、曲轴、活塞环等，因此油品的抗磨损性能和在行驶过程中机件的磨损情况可通过定期分析试油中 Fe、Cu、Al 等金属含量的变化来评价。

⑧ 硅含量 在用油中硅元素的来源主要与车辆的行驶环境有关，当车辆行驶于尘土飞扬的恶劣环境中或空气滤清器不正常，将会造成油中硅含量的大量增加，造成发动机零部件的磨料磨损

24.2.5 柴油机油（GB 11122—2006）

（1）范围

本节所属产品适用于以柴油为燃料的四冲程柴油发动机，如卡车、客车和货车柴油发动机，农业用、工业用和建设用柴油发动机的润滑。详细分类见 GB/T 7631.3、SAE J183 和 ASTM D 4485。

（2）产品品种与标记

本节包括 CC、CD、CF、CF-4、CH-4 和 CI-4 6 个柴油机油品种。

本节对通用内燃机油品种不作具体规定。通用内燃机油可根据需要在本标准所属 6 个柴油机油品种和 GB 11121 所属 9 个汽油机油品种中进行组合。任何一个通用内燃机油都应同时满足其汽油机油品种和柴油机油品种的所有指标要求。

每个品种按 GB/T 14906 或 SAE J300 划分黏度等级。

柴油机油产品标记为：

[质量等级] [黏度等级] [柴油机油]

例如：CD 10W-30 柴油机油、CC 30 柴油机油。

通用内燃机油产品标记为：

[汽油机油质量等级/柴油机油质量等级] [黏度等级] [通用内燃机油]

或

[柴油机油质量等级/汽油机油质量等级] [黏度等级] [通用内燃机油]

例如：SJ/CF-4 5W-30 通用内燃机油或 CF-4/SJ 5W-30 通用内燃机油，前者表示其配方首先满足 SJ 汽油机油要求，后者表示其配方首先满足 CF-4 柴油机油要求，两者均需同时符合本标准中 CF-4 柴油机油和 GB 11121 中 SJ 汽油机油的全部质量指标。

注：汽油机油或柴油机油质量等级的先后排列由生产企业根据产品配方特点确定。

(3) 技术要求和试验方法

柴油机油产品的技术要求和试验方法见表 4-24-37～表 4-24-40。

柴油机油黏温性能要求见表 4-24-37。柴油机油理化性能和模拟台架性能要求见表 4-24-38 和表 4-24-39。柴油机油使用性能要求见表 4-24-40。

表 4-24-37　　柴油机油黏温性能要求

项目		低温动力黏度/mPa·s 不大于	边界泵送温度/℃ 不高于	运动黏度(100℃)/(mm²/s)	高温高剪切黏度($150℃, 10^6 s^{-1}$)/mPa·s 不小于	黏度指数 不小于	倾点/℃ 不高于
试验方法		GB/T 6538	GB/T 9171	GB/T 265	SH/T 0618[2]、SH/T 0703、SH/T 0751	GB/T 1995、GB/T 2541	GB/T 3535
质量等级	黏度等级	—	—	—	—	—	—
CC[1]、CD	0W-20	3250(-30℃)	-35	5.6～9.3	2.6	—	-40
	0W-30	3250(-30℃)	-35	9.3～12.5	2.9	—	
	0W-40	3250(-30℃)	-35	12.5～16.3	2.9	—	
	5W-20	3500(-25℃)	-30	5.6～9.3	2.6	—	-35
	5W-30	3500(-25℃)	-30	9.3～12.5	2.9	—	
	5W-40	3500(-25℃)	-30	12.5～16.3	2.9	—	
	5W-50	3500(-25℃)	-30	16.3～21.9	3.7	—	
	10W-30	3500(-20℃)	-25	9.3～12.5	2.9	—	-30
	10W-40	3500(-20℃)	-25	12.5～16.3	2.9	—	
	10W-50	3500(-20℃)	-25	16.3～21.9	3.7	—	
	15W-30	3500(-15℃)	-20	9.3～12.5	2.9	—	-23
	15W-40	3500(-15℃)	-20	12.5～16.3	3.7	—	
	15W-50	3500(-15℃)	-20	16.3～21.9	3.7	—	
	20W-40	4500(-10℃)	-15	12.5～16.3	3.7	—	-18
	20W-50	4500(-10℃)	-15	16.3～21.9	3.7	—	
	20W-60	4500(-10℃)	-15	21.9～26.1	3.7	—	
	30	—	—	9.3～12.5	—	75	-15
	40	—	—	12.5～16.3	—	80	-10
	50	—	—	16.3～21.9	—	80	-5
	60	—	—	21.9～26.1	—	80	-5

项目		低温动力黏度/mPa·s 不大于	低温泵送黏度(在无屈服应力时)/mPa·s 不大于	运动黏度(100℃)/(mm²/s)	高温高剪切黏度($150℃, 10^6 s^{-1}$)/mPa·s 不小于	黏度指数 不小于	倾点/℃ 不高于
试验方法		GB/T 6538、ASTM D5293[4]	SH/T 0562	GB/T 265	SH/T 0618[2]、SH/T 0703、SH/T 0751	GB/T 1995 GB/T 2541	GB/T 3535
质量等级	黏度等级	—	—	—	—	—	—
CF、CF-4、CH-4、CI-4[3]	0W-20	6200(-35℃)	60000(-40℃)	5.6～9.3	2.6	—	-40
	0W-30	6200(-35℃)	60000(-40℃)	9.3～12.5	2.9	—	
	0W-40	6200(-35℃)	60000(-40℃)	12.5～16.3	2.9	—	
	5W-20	6600(-30℃)	60000(-35℃)	5.6～9.3	2.6	—	-35
	5W-30	6600(-30℃)	60000(-35℃)	9.3～12.5	2.9	—	
	5W-40	6600(-30℃)	60000(-35℃)	12.5～16.3	2.9	—	
	5W-50	6600(-25℃)	60000(-35℃)	16.3～21.9	3.7	—	

续表

项目		低温动力黏度/mPa·s 不大于	低温泵送黏度(在无屈服应力时)/mPa·s 不大于	运动黏度(100℃)/(mm²/s)	高温高剪切黏度(150℃, $10^6 s^{-1}$)/mPa·s 不小于	黏度指数 不小于	倾点/℃ 不高于
试验方法		GB/T 6538、GB/T 6538—2010	SH/T 0562	GB/T 265	SH/T 0618[②]、SH/T 0703、SH/T 0751	GB/T 1995 GB/T 2541	GB/T 3535
质量等级	黏度等级	—	—	—	—	—	—
CF、CF-4、CH-4、CI-4[③]	10W-30	7000(-25℃)	60000(-30℃)	9.3~12.5	2.9	—	
	10W-40	7000(-25℃)	60000(-30℃)	12.5~16.3	2.9	—	-30
	10W-50	7000(-25℃)	60000(-30℃)	16.3~21.9	3.7	—	
	15W-30	7000(-20℃)	60000(-25℃)	9.3~12.5	2.9	—	
	15W-40	7000(-20℃)	60000(-25℃)	12.5~16.3	3.7	—	-25
	15W-50	7000(-20℃)	60000(-25℃)	16.3~21.9	3.7	—	
	20W-40	9500(-15℃)	60000(-20℃)	12.5~16.3	3.7	—	
	20W-50	9500(-15℃)	60000(-20℃)	16.3~21.9	3.7	—	-20
	20W-60	9500(-15℃)	60000(-20℃)	21.9~26.1	3.7	—	
	30	—	—	9.3~12.5	—	75	-15
	40	—	—	12.5~16.3	—	80	-10
	50	—	—	16.3~21.9	—	80	-5
	60	—	—	21.9~26.1	—	80	-5

① CC不要求测定高温高剪切黏度。

② 为仲裁方法。

③ CI-4所有黏度等级的高温高剪切黏度均不小于3.5mPa·s，但当SAE J300指标高于3.5 mPa·s时，允许以SAE J300为准。

表 4-24-38　　柴油机油理化性能要求和模拟台架性能要求（一）

项目		质量指标					试验方法
		CC CD	CF CF-4	CH-4		CI-4	
水分(体积分数)/%	不大于	痕迹	痕迹	痕迹		痕迹	GB/T 260
泡沫性(泡沫倾向/泡沫稳定性)/(mL/mL)							GB/T 12579
24℃	不大于	25/0	20/0	10/0		10/0	
93.5℃	不大于	150/0	50/0	20/0		20/0	
后24℃	不大于	25/0	20/0	10/0		10/0	
蒸发损失(质量分数)/%	不大于			10W-30	15W-40		
诺亚克法(250℃,1h)或		—	—	20	18	15	SH/T 0059
气相色谱法(371℃馏出量)		—	—	17	15	—	ASTM D 6417
机械杂质(质量分数)/%	不大于	0.01					GB/T 511
闪点(开口)/[℃(黏度等级)]	不低于	200(0W、5W多级油)；205(10W多级油)；215(15W、20W多级油)；220(30)；225(40)；230(50)；240(60)					GB/T 3536

表 4-24-39　　柴油机油理化性能要求和模拟台架性能要求（二）

项目	质量指标	试验方法
	CC、CD、CF、CF-4、CH-4、CI-4	
碱值(以KOH计)[①]/(mg/g)	报告	SH/T 0251
硫酸盐灰分[①](质量分数)/%	报告	GB/T 2433

续表

项目	质量指标 CC、CD、CF、CF-4、CH-4、CI-4	试验方法
硫[①]（质量分数）/%	报告	GB/T 387、GB/T 388、GB/T 11140、GB/T 17040、GB/T 17476、SH/T 0172、SH/T 0631、SH/T 0749
磷[①]（质量分数）/%	报告	GB/T 17476、SH/T 0296、SH/T 0631、SH/T 0749
氮[①]（质量分数）/%	报告	GB/T 9170、SH/T 0656、SH/T 0704

① 生产者在每批产品出厂时要向使用者或经销者报告该项目的实测值，有争议时以发动机台架试验结果为准。

表 4-24-40　　柴油机油使用性能要求

品种代号	项目		质量指标			试验方法
CC	L-38 发动机试验					SH/T 0265
	轴瓦失重[①]/mg	不大于	50			
	活塞裙部漆膜评分	不小于	9.0			
	剪切安定性[②]		在本等级油黏度范围之内			SH/T 0265
	100℃运动黏度/(mm^2/s)		（适用于多级油）			GB/T 265
	高温清净性和抗磨试验（开特皮勒 1H2 法）					GB/T 9932
	顶环槽积炭填充体积（体积分数）/%	不大于	45			
	总缺点加权评分	不大于	140			
	活塞环侧间隙损失/mm	不大于	0.013			
CD	L-38 发动机试验					SH/T 0265
	轴瓦失重[①]/mg	不大于	50			
	活塞裙部漆膜评分	不小于	9.0			
	剪切安定性[②]		在本等级油黏度范围之内			SH/T 0265
	100℃运动黏度/(mm^2/s)		（适用于多级油）			GB/T 265
	高温清净性和抗磨试验（开特皮勒 1G2 法）					GB/T 9933
	顶环槽积炭填充体积（体积分数）/%	不大于	80			
	总缺点加权评分	不大于	300			
	活塞环侧间隙损失/mm	不大于	0.013			
CF	L-38 发动机试验		一次试验	二次试验平均	三次试验平均[③]	SH/T 0265
	轴瓦失重/mg	不大于	43.7	48.1	50.0	
	剪切安定性		在本等级油黏度范围之内			SH/T 0265
	100℃运动黏度/(mm^2/s)或		（适用于多级油）			GB/T 265
	程序Ⅷ发动机试验					ASTM D6709
	轴瓦失重/mg	不大于	29.3	31.9	33.0	
	剪切安定性		在本等级油黏度范围之内			
	100℃运动黏度/(mm^2/s)		（适用于多级油）			
	开特皮勒 1M-PC 试验		二次试验平均	三次试验平均	四次试验平均	ASTM D6618
	总缺点加权评分（WTD）	不大于	240	MTAC[④]	MTAC	
	顶环槽充炭率（体积分数）（TGF）/%	不大于	70[⑤]			
	环侧间隙损失/mm	不大于	0.013			
	活塞环黏结		无			
	活塞、环和缸套擦伤		无			
CF-4	L-38 发动机试验					SH/T 0265
	轴瓦失重/mg	不大于	50			
	剪切安定性		在本等级油黏度范围之内			SH/T 0265
	100℃运动黏度/(mm^2/s)		（适用于多级油）			GB/T 265
	或					
	程序Ⅷ发动机试验					ASTM D6709
	轴瓦失重/mg	不大于	33.0			
	剪切安定性		在本等级油黏度范围之内			
	100℃运动黏度/(mm^2/s)		（适用于多级油）			

续表

品种代号	项目		质量指标			试验方法
CF-4	开特皮勒 1K 试验[6]		二次试验平均	三次试验平均	四次试验平均	SH/T 0782
	缺点加权评分(WDK)	不大于	332	339	342	
	顶环槽充炭率(体积分数)(TGF)/%	不大于	24	26	27	
	顶环台重炭率(TLHC)/%	不大于	4	4	5	
	平均油耗(0~252h)/[(g/kW)/h]	不大于	0.5	0.5	0.5	
	最终油耗(228~252h)/[(g/kW)/h]	不大于	0.27	0.27	0.27	
	活塞环黏结		无	无	无	
	活塞环和缸套擦伤		无	无	无	
	MackT-6 试验					ASTM RR:D-2-1219
	优点评分	不小于		90		
	或					或
	MackT-9 试验					SH/T 0761
	平均顶环失重/mg	不大于		150		
	缸套磨损/mm	不大于		0.040		
	Mack T-7 试验					ASTM RR:D-2-1220
	后 50h 运动黏度平均增长率(100℃)/[(mm²/s)/h]	不大于		0.040		
	或					或
	Mack T-8 试验(T-8A)					SH/T 0760
	(100~150)h 运动黏度平均增长率(100℃)/[(mm²/s)/h]	不大于		0.20		
	腐蚀试验					
	铜浓度增加/(mg/kg)	不大于		20		
	铅浓度增加/(mg/kg)	不大于		60		
	锡浓度增加/(mg/kg)			报告		
	铜片腐蚀/级	不大于		3		GB/T 5096
CH-4	柴油喷嘴剪切试验		XW-30[7]		XW-40[7]	ASTM D6278
	剪切后的 100℃ 运动黏度/(mm²/s)	不小于	9.3		12.5	GB/T 265
	开特皮勒 1K 试验		一次试验	二次试验平均	三次试验平均	SH/T 0782
	缺点加权评分(WDK)	不大于	332	347	353	
	顶环槽充炭率(TGF)(体积分数)/%	不大于	24	27	29	
	顶环台重炭率(TLHC)/%	不大于	4	5	5	
	油耗(0~252h)/[(g/kW)/h]	不大于	0.5	0.5	0.5	
	活塞、环和缸套擦伤		无	无	无	
	开特皮勒 1P 试验		一次试验	二次试验平均	三次试验平均	ASTM D6681
	缺点加权评分(WDP)	不大于	350	378	390	
	顶环槽炭(TGC)缺点评分	不大于	36	39	41	
	顶环台炭(TLC)缺点评分	不大于	40	46	49	
	平均油耗(0~360h)/(g/h)	不大于	12.4	12.4	12.4	
	最终油耗(312~360h)/(g/h)	不大于	14.6	14.6	14.6	
	活塞、环和缸套擦伤		无	无	无	
	Mack T-9 试验		一次试验	二次试验平均	三次试验平均	SH/T 0761
	修正到 1.75% 烟炱量的平均缸套磨损/mm	不大于	0.0254	0.0266	0.0271	
	平均顶环失重/mg	不大于	120	136	144	
	用过油铅变化量/(mg/kg)	不大于	25	32	36	
	Mack T-8 试验(T-8E)		一次试验	二次试验平均	三次试验平均	SH/T 0760
	4.8% 烟炱量的相对黏度(*RV*)[8]	不大于	2.1	2.2	2.3	
	3.8% 烟炱量的黏度增长/(mm²/s)	不大于	11.5	12.5	13.0	

续表

品种代号	项目		质量指标			试验方法
CH-4	滚轮随动件磨损试验(RFWT)		一次试验	二次试验平均	三次试验平均	ASTM D5966
	液压滚轮挺杆销平均磨损/mm	不大于	0.0076	0.0084	0.0091	
	康明斯 M11(HST)试验		一次试验	二次试验平均	三次试验平均	ASTM D6838
	修正到4.5%烟炱量的摇臂垫平均失重/mg	不大于	6.5	7.5	8.0	
	机油滤清器压差/kPa	不大于	79	93	100	
	平均发动机油泥,CRC优点评分	不小于	8.7	8.6	8.5	
	程序ⅢE发动机试验		一次试验	二次试验平均	三次试验平均	SH/T 0758
	黏度增长(40℃,64h)/%	不大于	200	200 (MTAC)	200 (MTAC)	
	或					
	程序ⅢF发动机试验					ASTM D6984
	黏度增长(40℃,60h)/%	不大于	295	295 (MTAC)	295 (MTAC)	
	发动机油充气试验		一次试验	二次试验平均	三次试验平均	ASTM D6894
	空气卷入(体积分数)/%	不大于	8.0	8.0 (MTAC)	8.0 (MTAC)	
	高温腐蚀试验					SH/T 0754
	试后油铜浓度增加/(mg/kg)	不大于		20		
	试后油铅浓度增加/(mg/kg)	不大于		120		
	试后油锡浓度增加/(mg/kg)	不大于		50		
	试后油铜片腐蚀/级	不大于		3		GB/T 5096
CI-4	柴油喷嘴剪切试验		XW-30[⑦]		XW-40[⑦]	ASTM D6278
	剪切后的100℃运动黏度/(mm^2/s)	不小于	9.3		12.5	GB/T 265
	开特皮勒1K试验		一次试验	二次试验平均	三次试验平均	SH/T 0782
	缺点加权评分(WDK)	不大于	332	347	353	
	顶环槽充炭率(体积分数)(TGF)/%	不大于	24	27	29	
	顶环台重炭率(TLHC)/%	不大于	4	5	5	
	平均油耗(0~252h)/[(g/kW)/h]	不大于	0.5	0.5	0.5	
	活塞、环和缸套擦伤		无	无	无	
	开特皮勒1R试验		一次试验	二次试验平均	三次试验平均	ASTAM D6923
	缺点加权评分(WDR)	不大于	382	396	402	
	顶环槽炭(TGC)缺点评分	不大于	52	57	59	
	顶环台炭(TLC)缺点评分	不大于	31	35	36	
	最初油耗(IOC),(0~252h)平均值/(g/h)	不大于	13.1	13.1	13.1	
	最终油耗(432~504h)平均值/(g/h)	不大于	IOC+1.8	IOC+1.8	IOC+1.8	
	活塞、环和缸套擦伤		无	无	无	
	环黏结		无	无	无	
	Mack T-10试验		一次试验	二次试验平均	三次试验平均	ASTM D6987
	优点评分	不小于	1000	1000	1000	
	Mack T-8试验(T-8E)		一次试验	二次试验平均	三次试验平均	SH/T 0760
	4.8%烟炱量的相对黏度(*RV*)[⑧]	不大于	1.8	1.9	2.0	
	滚轮随动件磨损试验(RFWT)		一次试验	二次试验平均	三次试验平均	ASTM D5966
	液压滚轮挺杆销平均磨损/mm	不大于	0.0076	0.0084	0.0091	
	康明斯 M11(EGR)试验		一次试验	二次试验平均	一次试验平均	ASTM D6975
	气门搭桥平均失重/mg	不大于	20.0	21.8	22.6	
	顶环平均失重/mg	不大于	175	186	191	
	机油滤清器压差(250h)/kPa	不大于	275	320	341	
	平均发动机油泥,CRC优点评分	不小于	7.8	7.6	7.5	

续表

品种代号	项　目		质量指标			试验方法
CI-4	程序ⅢF发动机试验		一次试验	二次试验平均	三次试验平均	ASTM D6984
	黏度增长(40℃,80h)/%	不大于	275	275 (MTAC)	275 (MTAC)	
	发动机油充气试验		一次试验	二次试验平均	三次试验平均	ASTM D6894
	空气卷入(体积分数)/%	不大于	8.0	8.0 (MTAC)	8.0 (MTAC)	
	高温腐蚀试验			0W、5W、10W、15W		SH/T 0754
	试后油铜浓度增加/(mg/kg)	不大于		20		
	试后油铅浓度增加/(mg/kg)	不大于		120		
	试后油锡浓度增加/(mg/kg)	不大于		50		
	试后油铜片腐蚀/级	不大于		3		GB/T 5096
	低温泵送黏度			0W、5W、10W、15W		
	(Mack T-10或Mack T-10A试验,75h后试验油,-20℃)/mPa·s	不大于		25000		SH/T 0562
	如检测到屈服应力					ASTM D6896
	低温泵送黏度/mPa·s	不大于		25000		
	屈服应力/Pa	不大于		35(不含35)		
	橡胶相容性					ASTM D11.15
	体积变化/%					
	丁腈橡胶			+5/-3		
	硅橡胶			+TMC 1006[9]/-3		
	聚丙烯酸酯			+5/-3		
	氟橡胶			+5/-2		
	硬度限值					
	丁腈橡胶			+7/-5		
	硅橡胶			+5/-TMC 1006		
	聚丙烯酸酯			+8/-5		
	氟橡胶			+7/-5		
	拉伸强度/%					
	丁腈橡胶			+10/-TMC 1006		
	硅橡胶			+10/-45		
	聚丙烯酸酯			+18/-15		
	氟橡胶			+10/-TMC 1006		
	延伸率/%					
	丁腈橡胶			+10/-TMC 1006		
	硅橡胶			+20/-30		
	聚丙烯酸酯			+10/-35		
	氟橡胶			+10/-TMC 1006		

① 也可用SH/T 0264方法评定，指标为轴瓦失重不大于25mg。

② 按SH/T 0265方法运转10h后取样，采用GB/T 265方法测定100℃运动黏度。在用SH/T 0264评定轴瓦腐蚀时，剪切安定性用SH/T 0505和GB/T 265方法测定，指标不变。如有争议时，以SH/T 0265和GB/T 265方法为准。

③ 如进行3次试验，允许有1次试验结果偏离。确定试验结果是否偏离的依据是ASTM E178。

④ MTAC为"多次试验通过准则"的英文缩写。

⑤ 如进行3次或3次以上试验，一次完整的试验结果可以被舍弃。

⑥ 由于缺乏关键性试验部件，康明斯NTC 400不能再作为一个标定试验，在这一等级上需要使用一个两次的1K试验和模拟腐蚀试验取代康明斯NTC 400。按照ASTM D4485：1994的规定，在过去标定的试验台架上运行康明斯NTC 400试验所获得的数据也可用以支持这一等级。

原始的康明斯NTC 400的限值为：

凸轮轴滚轮随动件销磨损：不大于0.051mm；

顶环台（台）沉积物，重碳覆盖率，平均值（%）：不大于15；

油耗（g/s）：试验油耗第二回归曲线应完全落在公布的平均值加上参考油标准偏差之内。

⑦ XW代表表4-24-38中规定的低温黏度等级。

⑧ 相对黏度（*RV*）为达到4.8%烟炱量的黏度与新油采用ASTM D6278剪切后的黏度之比。

⑨ TMC 1006为一种标准油的代号。

注：1. 对于一个确定的柴油机油配方，不可随意更换基础油，也不可随意进行黏度等级的延伸。在基础油必须变更时，应按照API 1509附录E"轿车发动机油和柴油机油API基础油互换准则"进行相关的试验并保留试验结果备查；在进行黏度等级延伸时，应按照API 1509附录F"SAE黏度等级发动机试验的API导则"进行相关的试验并保留试验结果备查。

2. 发动机台架试验的相关说明参见ASTM D4485"C发动机油类别"中的脚注。

24.2.6 柴油机油换油指标（GB/T 7607—2010）

（1）范围

本节内容适用于 CC、CD、SF/CD、CF-4、CH-4 质量等级柴油机油在车用柴油机、固定式柴油机和船用柴油机（不包括使用重质燃油的柴油机）使用过程中的质量监控。

（2）取样

取样应在发动机处于热状态怠速运转时，从发动机主轴道取样，或在油标尺口抽取油面中下部的油样。

取样前的 200km 或运转 4h 内不得向机油箱内补加新油。

每次取样量以满足分析项目要求为准。

取样容器要求清洁、干燥。

（3）换油指标的技术要求

柴油机油换油指标的技术要求见表 4-24-41。

表 4-24-41　柴油机油换油指标的技术要求

项　目		换油指标				试验方法
		CC	CD、SF/CD	CF-4	CH-4	
运动黏度变化率(100℃)/%	超过	±25		±20		GB/T 11137 和 GB/T 7607
闪点(闭口)/℃	低于	130				GB/T 261
碱值下降率/%	大于	50[①]				SH/T 0251[①]、SH/T 0688 和 GB/T 7607
酸值增值(以 KOH 计)/(mg/g)	大于	2.5				GB/T 7304
正戊烷不溶物质量分数/%	大于	2.0				GB/T 8926 B 法
水分(质量分数)/%	大于	0.20				GB/T 260
铁含量/(μg/g)	大于	200 100[③]	150 100[③]	150		SH/T 0077、GB/T 17476[②] ASTM D6595
铜含量/(μg/g)	大于	—	—	50		GB/T 17476
铝含量/(μg/g)	大于	—	—	30		GB/T 17476
硅含量(增加值)/(μg/g)	大于	—	—	30		GB/T 17476

① 采用同一检测方法。

② 此方法为仲裁方法。

③ 适合于固定式柴油机。

（4）柴油机油换油指标说明

① 运动黏度变化率（100℃）　油品的黏度是发动机正常润滑的基本保证。发动机工作过程中油品黏度的变化受多种因素的影响，如油品中增黏剂受到剪切作用降解、燃油稀释等会使黏度下降，油品氧化、油泥生成及不溶物的增加等会导致油品黏度增加。运动黏度变化率一定程度上表征了油品质量的衰变情况。油品运动黏度增长快，说明氧化加剧、油泥增多，油品的流动性变差，润滑性降低，可能会引起发动机故障；运动黏度下降会导致柴油机油的油膜变薄，润滑性能下降，发动机会由于油膜不够而拉缸。

② 闪点（闭口）　柴油机油中如果出现燃油稀释的现象，则闪点检测值明显下降，燃油稀释会削弱油膜的承载能力，增大磨损，影响油品的使用性能。采用闭口杯法能更有效地掌握柴油机油燃油稀释的情况，以便及时更换新油。

③ 碱值下降率　柴油机油都有一定的碱值，碱值的变化主要和所用燃料油的含硫量及油品使用过程中氧化变质有关，反映了油品抑制氧化和中和酸性物质能力的强弱，碱值下降到一定程度，油品失去了中和酸性物质的能力，会引起油泥增多，发动机部件有可能产生腐蚀、磨损等现象。

④ 酸值增值　酸值主要监测油中某些功能剂的消耗情况及油品的老化程度。在用柴油机油的酸值增加主要来自两方面：一是油品高温氧化产生的酸性产物，二是燃料燃烧生成的酸性物质。酸值增值过大，说明油品产生了大量的酸性物质，会促进变质，生成油泥，对发动机造成一定程度的机械腐蚀，同时在金属的催化作用下继续加速油品的老化状况，影响发动机的正常运行。

⑤ 正戊烷不溶物　正戊烷不溶物反映了在用油容纳污染物的能力，主要由氧化产物和磨损金属颗粒组成，戊烷不溶物的增加反映了润滑油的老化程度和污染程度。

⑥ 水分　在用油由于缸套老化渗漏、燃烧室产生的水汽等原因，可能造成油品带水，水的存在会破坏油膜强度，并造成添加剂水解，有机酸还会腐蚀发动机部件。当油品中水含量较少时，由于发动机工作温度较高，因此极少量的水有可能被蒸发，对发动机危害不大，随着油中水分量的增加，油品乳化会加剧，引起金属部件的锈蚀。

⑦ 铁、铜、铝磨损金属含量　在用油的铁含量主要来源于气缸套-活塞环的磨损，铜含量反映了发动机轴承的腐蚀或磨损状况，铝含量主要来自活塞与气缸壁的磨损，监控这些磨损金属元素，可以掌握发动机的磨损情况。

⑧ 硅含量　硅含量主要与砂蚀、尘土以及外界异物产生的磨损有关，当车辆行驶在路况较差或灰尘较多的道路上时，在用油的硅含量会明显增加；对于发动机本身来讲，当空气过滤器长时间不换而失去作用时，也会引起硅含量的增加，造成发动机零部件的磨料磨损。

24.2.7　铁路内燃机车柴油机油（GB/T 17038—1997）

(1) 范围

本节规定了用精制的矿物润滑油为基础油，加入多种添加剂调制成的内燃机车柴油机油的技术条件。

本节所属产品适用于铁路内燃机车柴油机的润滑，其中含锌油仅适用于非银轴承内燃机车柴油机的润滑。

(2) 技术要求

内燃机车柴油机油的技术要求见表 4-24-42。

表 4-24-42　内燃机车柴油机油的技术要求

项目			质量指标					试验方法
品种			三代	四代				—
			—	含锌		非锌		—
黏度等级			40	20W/40	40	20W/40	40	—
运动黏度(100℃)/(mm^2/s)			14～16	14～16	14～16	14～16	14～16	GB/T 265
低温动力黏度(-10℃)/mPa·s		不大于	—	4500	—	4500	—	GB/T 6538
边界泵送温度/℃		不高于	—	-15	—	-15	—	GB/T 9171
黏度指数①		不小于	90	—	90	—	90	GB/T 2541
总碱值/(mgKOH/g)		不小于	8	11	11	11	11	GB/T 7304
闪点(开口)/℃		不低于	225	215	225	215	225	GB/T 3536
倾点/℃		不高于	-5	-18	-5	-18	-5	GB/T 3535
沉淀物②/%		不大于	0.01	0.01	0.01	0.01	0.01	GB/T 6531
水分/%		不大于	痕迹	痕迹	痕迹	痕迹	痕迹	GB/T 260
硫酸盐灰分/%			报告	—	报告	—	报告	GB/T 2433
钙含量/%		不小于	0.35	0.45	0.42	0.45	0.42	SH/T 0270③
锌含量/%		不小于	0.09	0.09	0.10	—	—	SH/T 0226④
泡沫性(泡沫倾向/泡沫稳定性)/(mL/mL)	24℃	不大于	25/0	25/0	25/0	25/0	25/0	GB/T 12579
	93℃	不大于	150/0	150/0	150/0	150/0	150/0	
	后24℃	不大于	25/0	25/0	25/0	25/0	25/0	
氧化安定性试验(强化法),总评分		不大于	10	8	8	—	—	SH/T 0299
GE 氧化试验	运动黏度增长率(100℃)/%	不大于	—	—	—	10	10	GB/T 17038—1997 附录 A
	碱值下降率/%	不大于	—	—	—	28	28	
高温摩擦磨损试验(B 法)⑤,摩擦评价级/mm		不大于	0.30	0.30	0.30	0.30	0.30	SH/T 0577
承载能力试验⑥,失效载荷级		不小于	9	9	9	7	7	SH/T 0306
剪切安定性试验⑦,运动黏度(100℃)/(mm^2/s)		不小于	—	12.5	—	12.5	—	SH/T 0265 GB/T 265
高温氧化和轴瓦腐蚀试验⑧	轴瓦腐蚀失重/mg	不大于	50	50	50	50	50	SH/T 0265
	活塞裙部漆膜评分	不小于	9.0	9.0	9.0	9.0	9.0	

续表

项目			质量指标					试验方法
品种			三代	四代				—
			—	含锌		非锌		—
高温清净性和抗磨损性试验[9]	顶环槽积炭填充体积/%	不大于	80	80	80	80	80	GB/T 9933
	加权总评分	不大于	300	300	300	300	300	
	活塞环侧间隙损失/mm	不大于	0.013	0.013	0.013	0.013	0.013	

① 用 MVI 基础油生产的产品，黏度指数为不小于 65。

② 可采用 GB/T 511 测定机械杂质，指标不变，有争议时以 GB/T 6531 为准。

③ 允许用原子吸收光谱法（SH/T 0228）和 SH/T 0309 测定，有争议时以 SH/T 0270 为准。

④ 允许用原子吸收光谱法（SH/T 0228）和 SH/T 0309 测定，有争议时以 SH/T 0226 为准。

⑤ 属保证项目，每一年评定一次。

⑥ 属保证项目，每两年评定一次。

⑦ 属保证项目，每两年评定一次。按 SH/T 0265 方法运转 10h 后取样，采用 GB/T 265 方法测定 100℃ 运动黏度。

⑧ 属保证项目，每两年评定一次。

⑨ 属保证项目，每四年审定一次，必要时进行评定。

24.2.8 涡轮机油（GB 11120—2011）

(1) 概述

本节内容适用于以精制矿物油或合成原料为基础油，加入抗氧剂、腐蚀抑制剂和抗磨剂等多种添加剂制成的，在电站涡轮机润滑和控制系统，包括蒸汽轮机、水轮机、燃气轮机和具有公共润滑系统的燃气-蒸汽联合循环涡轮机中使用的涡轮机油，也适用于其他工业或船舶用途的涡轮机驱动装置润滑系统使用的涡轮机油。

本节内容不适用于抗燃型涡轮机油及具有特殊要求的水轮机润滑油。

(2) 产品品种及标记

① L-TSA 和 L-TSE 汽轮机油　L-TSA 为含有适当的抗氧剂和腐蚀抑制剂的精制矿物油型汽轮机油；L-TSE 是为润滑齿轮系统而较 L-TSA 增加了极压性要求的汽轮机油。它们适用于蒸汽轮机

② L-TGA 和 L-TGE 燃气轮机油　L-TGA 为含有适当的抗氧剂和腐蚀抑制剂的精制矿物油型燃气轮机油；L-TGE 是为润滑齿轮系统而较 L-TGA 增加了极压性要求的燃气轮机油。它们适用于燃气轮机。

③ L-TGSB 和 L-TGSE 燃/汽轮机油　L-TGSB 为含有适当的抗氧剂和腐蚀抑制剂的精制矿物油型燃/汽轮机油，较 L-TSA 和 L-TGA 增加了耐高温氧化安定性和高温热稳定性。L-TGSE 是具有极压性要求的耐高温氧化安定性和高温热稳定性的燃/汽轮机油。它们主要适用于共用润滑系统的燃气-蒸汽联合循环涡轮机，也可单独用于蒸汽轮机或燃气轮机。

涡轮机油产品标记为：

品种代号　黏度等级　产品名称　标准号

示例：L-TSA 32 汽轮机油（A 级）GB 11120；L-TGA 32 燃气轮机油 GB 11120；L-TGSB 32 燃/汽轮机油 GB 11120。

(3) 技术要求

涡轮机油技术要求见表 4-24-43～表 4-24-45。

表 4-24-43　L-TSA 和 L-TSE 汽轮机油技术要求

项目		质量指标							试验方法
		A 级			B 级				
黏度等级(GB/T 3141)		32	46	68	32	46	68	100	
外观		透明			透明				目测
色度/号		报告			报告				GB/T 6540
运动黏度(40℃)/(mm^2/s)		28.8～35.2	41.4～50.6	61.2～74.8	28.8～35.2	41.4～50.6	61.2～74.8	90.0～110.0	GB/T 265
黏度指数	不小于	90			85				GB/T 1995[1]

续表

项目		质量指标							试验方法
		A级			B级				
黏度等级(GB/T 3141)		32	46	68	32	46	68	100	
倾点②/℃	不高于	-6			-6				GB/T 3535
密度(20℃)/(kg/m³)		报告			报告				GB/T 1884 和 GB/T 1885③
闪点(开口)/℃	不低于	186		195	186		195		GB/T 3536
酸值/(mgKOH/g)	不大于	0.2			0.2				GB/T 4945④
水分(质量分数)/%	不大于	0.02			0.02				GB/T 11133⑤
泡沫性(泡沫倾向/泡沫稳定性)⑥/(mL/mL)	不大于								GB/T 12579
程序Ⅰ(24℃)		450/0			450/0				
程序Ⅱ(93.5℃)		50/0			100/0				
程序Ⅲ(后24℃)		450/0			450/0				
空气释放值(50℃)/min	不大于	5		6	5	6	8	…	SH/T 0308
铜片腐蚀(100℃,3h)/级	不大于	1			1				GB/T 5096
液相锈蚀(24h)		无锈			无锈				GB/T 11143(B法)
抗乳化性(乳化液达到3mL的时间)/min	不大于								GB/T 7305
54℃		15		30	15		30	—	
82℃		—		—	—		—	30	
旋转氧弹⑦/min		报告			报告				SH/T 0193
氧化安定性									
1000h后总酸值/(mgKOH/g)	不大于	0.3	0.3	0.3	报告	报告	报告	—	GB/T 12581
总酸值达2.0mgKOH/g的时间/h	不小于	3500	3000	2500	2000	2000	1500	1000	GB/T 12581
1000h后油泥/mg	不大于	200	200	200	报告	报告	报告	—	SH/T 0565
承载能力⑧ 齿轮机试验/失效级	不小于	8	9	10	—				GB/T 19936.1
过滤性									SH/T 0805
干法/%	不小于	85			报告				
湿法		通过			报告				
清洁度⑨/级	不大于	—/18/15			报告				GB/T 14039

① 测定方法也包括 GB/T 2541，结果有争议时，以 GB/T 1995 为仲裁方法。
② 可与供应商协商较低的温度。
③ 测定方法也包括 SH/T 0604。
④ 测定方法也包括 GB/T 7304 和 SH/T 0163，结果有争议时，以 GB/T 4945 为仲裁方法。
⑤ 测定方法也包括 GB/T 7600 和 SH/T 0207，结果有争议时，以 GB/T 11133 为仲裁方法。
⑥ 对于程序Ⅰ和程序Ⅲ，泡沫稳定性在 300s 时记录，对于程序Ⅱ，在 60s 时记录。
⑦ 该数值对使用中油品监控是有用的，低于 250min 属不正常。
⑧ 仅适用于 TSE。测定方法也包括 SH/T 0306，结果有争议时，以 GB/T 19936.1 为仲裁方法。
⑨ 按 GB/T 18854 校正自动粒子计数器（推荐采用 DL/T 432 方法计算和测量粒子）。
注：L-TSA 类分 A 级和 B 级，B 级不适用于 L-TSE 类。

表 4-24-44　　L-TGA 和 L-TGE 燃气轮机油技术要求

项目	质量指标						试验方法
	L-TGA			L-TGE			
黏度等级(GB/T 3141)	32	46	68	32	46	68	
外观	透明			透明			目测
色度/号	报告			报告			GB/T 6540

第4篇

续表

项目		质量指标						试验方法
		L-TGA			L-TGE			
黏度等级(GB/T 3141)		32	46	68	32	46	68	
运动黏度(40℃)/(mm^2/s)		28.8~35.2	41.4~50.6	61.2~74.8	28.8~35.2	41.4~50.6	61.2~74.8	GB/T 265
黏度指数	不小于	90			90			GB/T 1995[①]
倾点[②]/℃	不高于	-6			-6			GB/T 3535
密度(20℃)/(kg/m^3)		报告			报告			GB/T 1884 和 GB/T 1885[③]
闪点/℃	不低于							
开口		186			186			GB/T 3536
闭口		170			170			GB/T 261
酸值/(mgKOH/g)	不大于	0.2			0.2			GB/T 4945[④]
水分(质量分数)/%	不大于	0.02			0.02			GB/T 11133[⑤]
泡沫性(泡沫倾向/泡沫稳定性)[⑥]/(mL/mL)	不大于							GB/T 12579
程序Ⅰ(24℃)		450/0			450/0			
程序Ⅱ(93.5℃)		50/0			50/0			
程序Ⅲ(后24℃)		450/0			450/0			
空气释放值(50℃)/min	不大于	5		6	5		6	SH/T 0308
铜片腐蚀(100℃,3h)/级	不大于	1			1			GB/T 5096
液相锈蚀(24h)		无锈			无锈			GB/T 11143(B法)
旋转氧弹[⑦]/min		报告			报告			SH/T 0193
氧气安定性								
1000h后总酸值/(mgKOH/g)	不大于	0.3	0.3	0.3	0.3	0.3	0.3	GB/T 12581
总酸值达2.0mgKOH/g的时间/h	不小于	3500	3000	2500	3500	3000	2500	GB/T 12581
1000h后油泥/mg	不大于	200	200	200	200	200	200	SH/T 0565
承载能力								
齿轮机试验/失效级	不小于	—			8	9	10	GB/T 19936.1[⑧]
过滤性								SH/T 0805
干法/%	不小于	85			85			
湿法		通过			通过			
清洁度[⑨]/级	不大于	—/17/14			—/17/14			GB/T 14039

① 测定方法也包括 GB/T 2541，结果有争议时，以 GB/T 1995 为仲裁方法。

② 可与供应商协商较低的温度。

③ 测定方法也包括 SH/T 0604。

④ 测定方法也包括 GB/T 7304 和 SH/T 0163，结果有争议时，以 GB/T 4945 为仲裁方法。

⑤ 测定方法也包括 GB/T 7600 和 SH/T 0207，结果有争议时，以 GB/T 11133 为仲裁方法。

⑥ 对于程序Ⅰ和程序Ⅲ，泡沫稳定性在 300s 时记录，对于程序Ⅱ，在 60s 时记录。

⑦ 该数值对使用中油品监控是有用的。低于 250min 属不正常。

⑧ 测定方法也包括 SH/T 0306，结果有争议时，以 GB/T 19936.1 为仲裁方法。

⑨ 按 GB/T 18854 校正自动粒子计数器（推荐采用 DL/T 432 方法计算和测量粒子）。

表 4-24-45　　L-TGSB 和 L-TGSE 燃/汽轮机油技术要求

项目		质量指标						试验方法
		L-TGSB			L-TGSE			
黏度等级(GB/T 3141)		32	46	68	32	46	68	
外观		透明			透明			目测
色度/号		报告			报告			GB/T 6540
运动黏度(40℃)/(mm²/s)		28.8~35.2	41.4~50.6	61.2~74.8	28.8~35.2	41.4~50.6	61.2~74.8	GB/T 265
黏度指数	不小于	90			90			GB/T 1995①
倾点②/℃	不高于	-6			-6			GB/T 3535
密度(20℃)/(kg/m³)		报告			报告			GB/T 1884 和 GB/T 1885③
闪点/℃	不低于							
开口		200			200			GB/T 3536
闭口		190			190			GB/T 261
酸值/(mgKOH/g)	不大于	0.2			0.2			GB/T 4945④
水分(质量分数)/%	不大于	0.02			0.02			GB/T 11133⑤
泡沫性(泡沫倾向/泡沫稳定性)⑥/(mL/mL)	不大于							GB/T 12579
程序Ⅰ(24℃)		450/0			50/0			
程序Ⅱ(93.5℃)		50/0			50/0			
程序Ⅲ(后 24℃)		450/0			50/0			
空气释放值(50℃)/min	不大于	5	5	6	5	5	6	SH/T 0308
铜片腐蚀(3h,100℃)/级	不大于	1			1			GB/T 5096
液相锈蚀(24h)		无锈			无锈			GB/T 11143(B 法)
抗乳化性(54℃,乳化液达到 3mL 的时间)/min	不大于	30			30			GB/T 7305
旋转氧弹/min	不小于	750			750			SH/T 0193
改进旋转氧弹⑦/%	不小于	85			85			SH/T 0193
氧化安定性								
总酸值达 2.0mgKOH/g 的时间/h	不小于	3500	3000	2500	3500	3000	2500	GB/T 12581
高温氧化安定性(175℃,72h)								ASTM D 4636⑧
黏度变化/%		报告			报告			
酸值变化/(mgKOH/g)		报告			报告			
金属片质量变化/(mg/cm²)								
钢		±0.250			±0.250			
铝		±0.250			±0.250			
镉		±0.250			±0.250			
铜		±0.250			±0.250			
镁		±0.250			±0.250			
承载能力								
齿轮机试验/失效级	不小于	—			8	9	10	GB/T 19936.1⑨
过滤性								SH/T 0805
干法/%	不小于	85			85			
湿法		通过			通过			

续表

项　　目		质量指标						试验方法
		L-TGSB			L-TGSE			
黏度等级(GB/T 3141)		32	46	68	32	46	68	
清洁度[10]/级	不大于	—/17/14			—/17/14			GB/T 14039

① 测定方法也包括 GB/T 2541，结果有争议时，以 GB/T 1995 为仲裁方法。
② 可与供应商协商较低的温度。
③ 测定方法也包括 SH/T 0604。
④ 测定方法也包括 GB/T 7304 和 SH/T 0163，结果有争议时，以 GB/T 4945 为仲裁方法。
⑤ 测定方法也包括 GB/T 7600 和 SH/T 0207，结果有争议时，以 GB/T 11133 为仲裁方法。
⑥ 对于程序Ⅰ和程序Ⅲ，泡沫稳定性在 300s 时记录，对于程序Ⅱ，在 60s 时记录。
⑦ 取 300mL 油样，在 121℃下，以 3L/h 的速度通入清洁干燥的氮气，经 48h 后，按照 SH/T 0193 进行试验，用所得结果与未经处理的样品所得结果的比值的百分数表示。
⑧ 测定方法也包括 GJB 563，结果有争议时，以 ASTM D4636 为仲裁方法。
⑨ 测定方法也包括 SH/T 0306，结果有争议时，以 GB/T 19936.1 为仲裁方法。
⑩ 按 GB/T 18854 校正自动粒子计数器（推荐采用 DL/T 432 方法计算和测量粒子）。

(4) 橡胶相容性指数

涡轮机油橡胶相容性指数是根据油品可能接触的橡胶种类按表 4-24-46 列出的条件，采用 GB/T 14832 方法测定的，适用橡胶由用户与涡轮机油供应方协商。表 4-24-47 给出了指导性的可接受的性能变化指标。也可由最终用户根据使用目的和实际使用条件规定其他限值。另外，涡轮机油应该与润滑系统的所有组成材料兼容。

表 4-24-46　　按照 GB/T 14832 测定橡胶相容性指数的试验条件

液体	品种代号	适用橡胶	试验温度/℃	试验周期[①]/h	
矿物油	TSA、TGA TSE、TGE TGSB TGSE	NBR 1,2(丁腈橡胶)	100±1	168±2	1000±2
		HNBR 1(氢化丁腈橡胶)	130±1		
		FKM2(氟橡胶)	150±1		

① 长周期使用液体会使橡胶发生变化，建议评定 1000h 的橡胶相容性。

表 4-24-47　　按照 GB/T 14832 方法评定，可接受的性能变化范围

浸入时间/h	最大体积膨胀率/%	最大体积收缩率/%	硬度变化/IRHD	最大拉伸强度变化率/%	最大拉断伸长率变化率/%
168	15	4	±8	-20	-20
1000	20	5	±10	-50	-50

24.3　车辆齿轮油

24.3.1　车辆齿轮油的分类（GB/T 28767—2012）

(1) 概述

本节规定了车辆齿轮油的代号说明和详细分类。

本节内容适用于车辆齿轮油的分类和标记。

(2) 代号说明

每一个类型是根据产品特性、使用场合和使用对象确定的。

每一个类型由两个大写英文字母或两个大写英文字母和一个数字组成的代号表示。在字母和数字之间用“-”连接，由字母、符号和数字相结合代表质量等级。

本分类体系中，产品以统一的方法命名。每个特定的类型代号之后应附有按 GB/T 17477 规定的黏度等级。

示例 1：一个特定的车辆齿轮油产品可命名为 GL-4 90，其中“90”为按 GB/T 17477 规定的黏度等级。

示例 2：一个特定的车辆齿轮油产品可命名为 GL-5 80W-90，其中“80W-90”为按 GB/T 17477 规定的黏度等级。

(3) 详细分类

车辆齿轮油的详细分类见表 4-24-48。

表 4-24-48　　车辆齿轮油的详细分类

应用范围	品种代号	使用说明
车辆齿轮	GL-3	适用于速度和负荷比较苛刻的汽车手动变速器及较缓和的螺旋伞齿轮驱动桥
	GL-4	适用于速度和负荷比较苛刻的螺旋伞齿轮和较缓和的准双曲面齿轮,可用于手动变速器和驱动桥
	GL-5	适用于高速冲击负荷,高速低转矩和低速高转矩下操作的各种齿轮,特别是准双曲面齿轮
	MT-1	适用于在大型客车和重型卡车上使用的非同步手动变速器。该类润滑剂用于防止化合物热降解、部件磨损及油封劣化,这些性能是 GL-4 和 GL-5 要求的润滑剂所不具有的。 MT-1 没有给出乘用车和重负荷车辆中同步器的和驱动桥的性能要求

(4) 分类与名称的对应关系

车辆齿轮油的分类与车辆齿轮油名称的对应关系见表 4-24-49。

表 4-24-49　　车辆齿轮油的分类与车辆齿轮油名称的对应关系

分类品种	油品名称	分类品种	油品名称
GL-3	普通车辆齿轮油	GL-5	重负荷车辆齿轮油(GL-5)
GL-4	中负荷车辆齿轮油(GL-4)	MT-1	非同步手动变速箱油

24.3.2 重负荷车辆齿轮油（GB 13895—2018）

(1) 概述

本节规定了以精制矿物油、合成油或二者混合为基础油，加入多种添加剂调剂的重负荷车辆齿轮油（GL-5）的要求和试验方法、检验规则、标志、包装、运输和储存。

本节内容适用于重负荷车辆齿轮油（GL-5），该产品主要适用于汽车驱动桥，特别适用于在高速冲击负荷、高速低转矩和低速高转矩工况下应用的双曲面齿轮。

(2) 品种和标记

① 产品品种　本标准所属产品按 GB/T 17477 划分为 10 个黏度等级：75W-90、80W-90、80W-110、80W-140、85W-90、85W-110、85W-140、90、110 和 140。

② 产品标记　重负荷车辆齿轮油（GL-5）产品的标记为

黏度等级　品种代号　重负荷车辆齿轮油　标准号

例如：80W-90 GL-5 重负荷车辆齿轮油 GB 13895。

(3) 技术要求和试验方法

重负荷车辆齿轮油（GL-5）的技术要求和试验方法见表 4-24-50。

表 4-24-50　　重负荷车辆齿轮油（GL-5）的技术要求和试验方法

分析项目		质量指标										试验方法
黏度等级		75W-90	80W-90	80W-110	80W-140	85W-90	85W-110	85W-140	90	110	140	
运动黏度(100℃)/(mm²/s)		13.5~<18.5	13.5~<18.5	18.5~<24.0	24.0~<32.5	13.5~<18.5	18.5~<24.0	24.0~<32.5	13.5~<18.5	18.5~<24.0	24.0~<32.5	GB/T 265
黏度指数		报告							不小于 90			GB/T 1995[①]
KRL 剪切安定性(20h) 剪切后 100℃运动黏度/(mm²/s)		在黏度等级范围内										NB/SH/T 0845
倾点/℃		报告	报告	报告	报告	报告	报告	报告	不高于 -12	不高于 -9	不高于 -6	GB/T 3535
表观黏度(-40℃)/mPa·s	不大于	150000	—	—	—	—	—	—	—	—	—	GB/T 11145
表观黏度(-26℃)/mPa·s	不大于	—	150000	150000	150000	—	—	—	—	—	—	
表观黏度(-12℃)/mPa·s	不大于	—	—	—	—	150000	150000	150000	—	—	—	

续表

分析项目		质量指标										试验方法
黏度等级		75W-90	80W-90	80W-110	80W-140	85W-90	85W-110	85W-140	90	110	140	
闪点(开口)/℃	不低于	170	180	180	180	180	180	180	180	180	200	GB/T 3536
泡沫性(泡沫倾向性)/mL												GB/T 12579
24℃	不大于	20										
93.5℃	不大于	50										
后24℃	不大于	20										
铜片腐蚀(121℃,3h)/级	不大于	3										GB/T 5096
机械杂质(质量分数)/%	不大于	0.05										GB/T 511
水分(质量分数)/%	不大于	痕迹										GB/T 260
戊烷不溶物(质量分数)/%		报告										GB/T 8926 中 A 法
硫酸盐灰分(质量分数)/%		报告										GB/T 2433
硫(质量分数)/%		报告										GB/T 17040②
磷(质量分数)/%		报告										GB/T 17476③
氮(质量分数)/%		报告										NB/SH/T 0704④
钙(质量分数)/%		报告										GB/T 17476⑤
储存稳定性												SH/T 0037
液体沉淀物(体积分数)/%	不大于	0.5										
固体沉淀物(质量分数)/%	不大于	0.25										
锈蚀性试验												NB/SH/T 0517
最终锈蚀性能评价	不小于	9.0										
承载能力试验												NB/SH/T 0518
驱动小齿轮和环形齿轮												
螺脊	不小于	8										
波纹	不小于	8										
磨损	不小于	5										
点蚀/剥落	不小于	9.3										
擦伤	不小于	10										
抗擦伤试验⑥		优于参比油或与参比油性能相当										SH/T 0519
热氧化稳定性												SH/T 0520⑦
100℃运动黏度增长/%	不大于	100										GB/T 265
戊烷不溶物(质量分数)/%	不大于	3										GB/T 8926 中 A 法
甲苯不溶物(质量分数)/%	不大于	2										GB/T 8926 中 A 法

① 也可采用 GB/T 2541 方法进行，结果有争议时以 GB/T 1995 为仲裁方法。
② 也可采用 GB/T 11140、SH/T 0303 方法进行，结果有争议时以 GB/T 17040 为仲裁方法。
③ 也可采用 SH/T 0296、NB/SH/T 0822 方法进行，结果有争议时以 GB/T 17476 为仲裁方法。
④ 也可采用 GB/T 17674、SH/T 0224 方法进行，结果有争议时以 NB/SH/T 0704 为仲裁方法。
⑤ 也可采用 SH/T 0270、NB/SH/T 0822 方法进行，结果有争议时以 GB/T 17476 为仲裁方法。
⑥ 75W-90 黏度等级需要同时满足标准版和加拿大版的承载能力试验和抗擦伤试验。
⑦ 也可采用 SH/T 0755 方法进行，结果有争议时以 SH/T 0520 为仲裁方法。

24.3.3 重负荷车辆齿轮油（GL-5）换油指标（GB/T 30034—2013）

（1）概述

本节规定了重负荷车辆齿轮油在使用过程中的换油指标。

本节内容适用于驱动桥齿轮传动系统所用重负荷车辆齿轮油在使用过程中的质量监控和换油要求。

执行本节内容要求驱动桥技术状况和使用情况正常，并在使用过程中对油品的性质实行定期监测。

（2）技术要求和试验方法

重负荷车辆齿轮油换油指标的技术要求和试验方法见表 4-24-51。

表 4-24-51　　重负荷车辆齿轮油换油指标的技术要求和试验方法

项　　目		换油指标	试验方法
100℃运动黏度变化率/%	>	+10~-15	GB/T 265 和 GB/T 30034
酸值(变化值,以 KOH 计)/(mg/g)	>	±1	GB/T 7304
正戊烷不溶物/%	>	1.0	GB/T 8926 中 B 法
水分(质量分数)/%	>	0.5	GB/T 260
铁含量/(μg/g)	>	2000	GB/T 17476、ASTM D6595
铜含量/(μg/g)	>	100	GB/T 17476、SH/T 0102 ASTM D 6595

(3) 重负荷车辆齿轮油 (GL-5) 换油指标说明

① 运动黏度变化率 (100℃)　运动黏度是衡量油品油膜强度、流动性的重要指标，而运动黏度变化率反映了油品的油膜强度、流动性的变化情况。

在用油运动黏度的变化反映了油品发生深度氧化、聚合、轻组分挥发生成油泥以及机械剪切的综合结果。黏度的过快增长标志着油品的过度氧化衰变，添加剂逐步失效，从而影响润滑造成事故。黏度的下降则会造成齿轮摩擦副间油膜变薄，润滑性能下降，机件磨损加大，黏度大幅下降往往会造成齿轮的胶合。

② 水分　车辆齿轮油在使用过程中，车辆齿轮传动系统可能会通过油箱呼吸孔吸入水汽，给车辆齿轮油带来污染。油中的水分会导致油品乳化变质，并造成齿轮传动系统零部件表面的锈蚀、腐蚀。

③ 酸值变化值　油品在使用中受温度、水分或其他因素的影响，油品会逐渐老化变质。随着油品老化程度的增加，产生较多的酸性物质，使油品酸值增加；较大量的酸性物质对设备造成一定程度的腐蚀，并在金属的催化作用下继续加速油品的老化状况，影响工作部件的正常运行。同时，车辆齿轮油中呈酸性的含磷抗磨极压添加剂的消耗降解，将使碱性增加，导致酸值减小，呈降低趋势。

④ 正戊烷不溶物　正戊烷不溶物是反映油品容污能力的一个指标。在用油正戊烷不溶物含量达到一定值后，油品黏度增大、流动性变差，油品中的不溶物聚集成团，造成润滑不良等严重后果。

⑤ 铁、铜磨损金属含量　齿轮传动系统的主要磨损件为齿轮摩擦副和轴承，因此油品的抗磨损性能和在行驶过程中机件的磨损情况可通过定期分析试油中 Fe、Cu 等金属含量的变化来评价。

24.3.4 中负荷车辆齿轮油 (JT/T 224—2008)

(1) 概述

本节内容适用于在低速高转矩、高速低转矩下操作的手动变速器箱、螺旋伞齿轮，特别是各种车用的准双曲面齿轮的润滑，以及规定使用 (GL-4) 质量水平的后桥主减速器使用的齿轮油。

汽车传动机构和转向机构 (变速器、转向器、后桥主减速器) 中用于齿轮传动的润滑油称为车辆齿轮油。

(2) 技术要求和试验方法

中负荷车辆齿轮油的技术要求和试验方法见表 4-24-52。

表 4-24-52　　中负荷车辆齿轮油的技术要求和试验方法

项　　目	技术要求			试验方法
	90	85W/90	80W/90	
运动黏度(100℃)/(mm^2/s)	13.5~24.0	13.5~24.0	13.5~24.0	GB/T 265
黏度指数	≥75	—	—	GB/T 2541
表观黏度达 150Pa·s 时的温度/℃	—	≤-12	≤-26	GB/T 11145
闪点(开口)/℃	≥180	≥180	≥165	GB/T 267
倾点/℃	≤-10	≤-15	≤-27	GB/T 3535
机械杂质/%	≤0.05	≤0.05	≤0.05	GB/T 511
水分	≤痕迹	≤痕迹	≤痕迹	GB/T 260
铜片腐蚀(121℃,3h)	≤3b	≤3b	≤3b	GB/T 5096
锈蚀试验 (15 号钢棒)	无锈	无锈	无锈	GB/T 11143 中 A 法

续表

项目		技术要求			试验方法
		90	85W/90	80W/90	
泡沫性(泡沫倾向/泡沫稳定性)/(mL/mL)	24℃±0.5℃	≤100/0	≤100/0	≤100/0	GB/T 12579
	93℃±0.5℃	≤100/0	≤100/0	≤100/0	
	后24℃±0.5℃	≤100/0	≤100/0	≤100/0	
磷含量/%		报告	报告	报告	SH/T 0296
硫含量/%		报告	报告	报告	GB/T 387

24.3.5 普通车辆齿轮油（SH/T 0350—1992）

(1) 概述

本节规定了以石油润滑油、合成润滑油以及石油润滑油和合成润滑油混合组成为原料，并加入多种添加剂而制得的普通车辆齿轮油。

本产品适用于汽车手动变速箱和螺旋伞齿轮驱动桥的润滑。

本产品按黏度分为80W/90、85W/90和90三种牌号。

(2) 技术要求

普通车辆齿轮油的技术要求见表4-24-53。

表4-24-53　**普通车辆齿轮油的技术要求**

项目		质量指标			试验方法
		80W/90	85W/90	90	
运动黏度(100℃)/(mm²/s)		15~19			GB/T 265
表观黏度①达150Pa·s时的温度/℃	不高于	-26	-12	—	GB/T 11145
黏度指数		—		90	GB/T 1995或GB/T 2541
倾点/℃	不高于	-28	-18	-10	GB/T 3535
闪点(开口)②/℃	不低于	170	180	190	GB/T 267
水分/%	不大于	痕迹			GB/T 260
锈蚀试验15号钢棒A法		无锈			GB/T 11143
泡沫性/(mL/mL) 24℃ 93.5℃ 后24℃	不大于	100/10			GB/T 12579
铜片腐蚀试验(100℃,3h)/级	不大于	1			GB/T 5096
最大无卡咬负荷(P_B)/kg	不小于	80			GB/T 3142
糠醛或酚含量(未加剂)		无			SH/T 0076或SH/T 0120
机械杂质③/%	不大于	0.05	0.02		GB/T 511
残炭(未加剂)/%		报告			GB/T 268
酸值(未加剂)/(mgKOH/g)		报告			GB/T 4945
氯含量/%		报告			SH/T 0161
锌含量/%		报告			SH/T 0226
硫酸盐灰分/%		报告			GB/T 2433

① 齿轮油表观黏度为保证项目，每年测定一次。

② 新疆原油生产的各号普通车辆齿轮油闪点允许比规定的指标低10℃出厂。

③ 不允许含有固体颗粒。

24.3.6 普通车辆齿轮油换油指标（SH/T 0475—1992）（2003年确认）

(1) 概述

本节规定了普通车辆齿轮油在使用过程中的换油要求。

本节内容适用于普通车辆齿轮油在后桥渐开线齿轮润滑过程中的质量监控。当使用中油品有一项指标达到换油指标时应更换新油。

执行本标准要求汽车后桥技术状况要良好，主动和从动齿轮的装配间隙符合检修公差，不漏油，并在使用过程中对油品的性质进行定期监测。

(2) 技术要求

普通车辆齿轮油换油指标见表 4-24-54。

表 4-24-54　　普通车辆齿轮油换油指标

项　　目		换油指标	试验方法	项　　目		换油指标	试验方法
100℃运动黏度变化率/%	超过	+20～-10	SH/T 0475	戊烷不溶物/%	大于	2.0	GB/T 8926
水分/%	大于	1.0	GB/T 260	铁含量①/%	大于	0.5	SH/T 0197
酸值增加值/(mgKOH/g)	大于	0.5	GB/T 8030				

① 铁含量测定方法允许采用原子吸收光谱法。

(3) 换油里程

由于地区气候差异，汽车型号不同，使用工况复杂，因此换油里程定为 45000km。

24.3.7　工业闭式齿轮油（GB 5903—2011）

(1) 概述

本节规定了 L-CKB、L-CKC 和 L-CKD 工业闭式齿轮油的产品品种、标记、要求、试验方法、检验规则、标志、包装、运输和储存。

本节内容适用于以深度精制矿物油或合成油馏分为基础油，加入功能添加剂调制而成的、在工业闭式齿轮传动装置中使用的工业闭式齿轮油。

(2) 产品品种及标记

① 产品品种　本节包括 L-CKB、L-CKC 和 L-CKD 三个工业闭式齿轮油品种。

② 产品标记　本节产品的标记为：

品种代号　黏度等级　产品名称　标准号

示例：L-CKC 100 工业闭式齿轮油 GB 5903。

(3) 技术要求和试验方法

L-CKB、L-CKC、L-CKD 工业闭式齿轮油的技术要求和试验方法见表 4-24-55～表 4-24-57。

表 4-24-55　　L-CKB 的技术要求和试验方法

项　　目		质量指标				试验方法
黏度等级(GB/T 3141)		100	150	220	320	
运动黏度(40℃)/(mm²/s)		90.0～110	135～165	198～242	288～352	GB/T 265
黏度指数	不小于	90				GB/T 1995①
闪点(开口)/℃	不低于	180	200			GB/T 3536
倾点/℃	不高于	-8				GB/T 3535
水分(质量分数)/%	不大于	痕迹				GB/T 260
机械杂质(质量分数)/%	不大于	0.01				GB/T 511
铜片腐蚀(100℃,3h)/级	不大于	1				GB/T 5096
液相锈蚀(24h)		无锈				GB/T 11143 中 B 法
氧化安定性						GB/T 12581
总酸值达 2.0mgKOH/g 的时间/h	不小于	750		500		
旋转氧弹(150℃)/min		报告				SH/T 0193
泡沫性(泡沫倾向/泡沫稳定性)/(mL/mL)						GB/T 12579
程序Ⅰ(24℃)	不大于	75/10				
程序Ⅱ(93.5℃)	不大于	75/10				
程序Ⅲ(后 24℃)	不大于	75/10				

续表

项目	质量指标				试验方法
黏度等级(GB/T 3141)	100	150	220	320	
抗乳化性(82℃)					GB/T 8022
油中水(体积分数)/% 不大于	0.5				
乳化层/mL 不大于	2.0				
总分离水/mL 不小于	30.0				

① 测定方法也包括 GB/T 2541，结果有争议时，以 GB/T 1995 为仲裁方法。

表 4-24-56　L-CKC 的技术要求和试验方法

项目	质量指标											试验方法
黏度等级(GB/T 3141)	32	46	68	100	150	220	320	460	680	1000	1500	
运动黏度(40℃)/(mm^2/s)	28.8~35.2	41.4~50.6	61.2~74.8	90.0~110	135~165	198~242	288~352	414~506	612~748	900~1100	1350~1650	GB/T 265
外观	透明											目测①
运动黏度(100℃)/(mm^2/s)	报告											GB/T 265
黏度指数 不小于	90								85			GB/T 1995②
表观黏度达 150000mPa·s 时的温度/℃	③											GB/T 11145
倾点/℃ 不高于	-12				-9				-5			GB/T 3535
闪点(开口)/℃ 不低于	180			200								GB/T 3536
水分(质量分数)/% 不大于	痕迹											GB/T 260
机械杂质(质量分数)/% 不大于	0.02											GB/T 511
泡沫性(泡沫倾向/泡沫稳定性)/(mL/mL)												GB/T 12579
程序Ⅰ(24℃) 不大于	50/0									75/10		
程序Ⅱ(93.5℃) 不大于	50/0									75/10		
程序Ⅲ(后 24℃) 不大于	50/0									75/10		
钢片腐蚀(100℃,3h)/级 不大于	1											GB/T 5096
抗乳化性(82℃)												GB/T 8022
油中水(体积分数)/% 不大于	2.0							2.0				
乳化层/mL 不大于	1.0							4.0				
总分离水/mL 不小于	80.0							50.0				
液相锈蚀(24h)	无锈											GB/T 11143 中 B 法
氧化安定性(95℃,312h)												SH/T 0123
100℃运动黏度增长/% 不大于	6											
沉淀值/mL 不大于	0.1											
极压性能(蒂姆肯试验机法) OK 负荷值/N(lb) 不小于	200(45)											GB/T 11144
承载能力 齿轮机试验/失效级 不小于	10		12			>12						SH/T 0306
剪切安定性(齿轮机法) 剪切后 40℃运动黏度/(mm^2/s)	在黏度等级范围内											SH/T 0200

① 取 30~50mL 样品，倒入洁净的量筒中，室温下静置 10min 后，在常光下观察。

② 测定方法也包括 GB/T 2541。结果有争议时，以 GB/T 1995 为仲裁方法。

③ 此项目根据客户要求进行检测。

表 4-24-57　　L-CKD 的技术要求和试验方法

项　目		质量指标								试验方法
黏度等级(GB/T 3141)		68	100	150	220	320	460	680	1000	
运动黏度(40℃)/(mm^2/s)		61.2~74.8	90.0~110	135~165	198~242	288~352	414~506	612~748	900~1100	GB/T 265
外观		透明								目测[①]
运动黏度(100℃)/(mm^2/s)		报告								GB/T 265
黏度指数	不小于	90								GB/T 1995[②]
表观黏度达 150000mPa·s 时的温度/℃		③								GB/T 11145
倾点/℃	不高于	−12		−9				−5		GB/T 3535
闪点(开口)/℃	不低于	180	200							GB/T 3536
水分(质量分数)/%	不大于	痕迹								GB/T 260
机械杂质(质量分数)/%	不大于	0.02								GB/T 511
泡沫性(泡沫倾向/泡沫稳定性)/(mL/mL)										GB/T 12579
程序Ⅰ(24℃)	不大于	50/0							75/10	
程序Ⅱ(93.5℃)	不大于	50/0							75/10	
程序Ⅲ(后 24℃)	不大于	50/0							75/10	
钢片腐蚀(100℃,3h)/级	不大于	1								GB/T 5096
抗乳化性(82℃)										GB/T 8022
油中水(体积分数)/%	不大于	2.0							2.0	
乳化层/mL	不大于	1.0							4.0	
总分离水/mL	不小于	80.0							50.0	
液相锈蚀(24h)		无锈								GB/T 11143(B 法)
氧化安定性(121℃,312h)										SH/T 0123
100℃运动黏度增长/%	不大于	6							报告	
沉淀值/mL	不大于	0.1							报告	
极压性能(蒂姆肯试验机法)										GB/T 11144
OK 负荷值/N(lb)	不小于	267(60)								
承载能力										SH/T 0306
齿轮机试验/失效级	不小于	12			>12					
剪切安定性(齿轮机法)										SH/T 0200
剪切后 40℃运动黏度/(mm^2/s)		在黏度等级范围内								
四球机试验										
烧结负荷(P_o)/N(kgf)	不小于	2450(250)								GB/T 3142
综合磨损指数/N(kgf)	不小于	441(45)								GB/T 3142
磨斑直径(196N,60min,54℃,1800r/min)/mm	不大于	0.35								SH/T 0189

① 取 30~50mL 样品，倒入洁净的量筒中，室温下静置 10min 后，在常光下观察。

② 测定方法也包括 GB/T 2541。结果有争议时，以 GB/T 1995 为仲裁方法。

③ 此项目根据客户要求进行检测。

(4) 检验项目

L-CKB、L-CKC 和 L-CKD 的出厂批次检验项目见表 4-24-58。在原材料和生产工艺没有发生可能影响产品质量的变化时，L-CKB、L-CKC 和 L-CKD 的出厂周期检验项目见表 4-24-59，出厂周期检验项目每年至少测定一次。

表 4-24-58　　L-CKB、L-CKC 和 L-CKD 的出厂批次检验项目

项　目	L-CKB	L-CKC	L-CKD	项　目	L-CKB	L-CKC	L-CKD
外观		●	●	倾点	●	●	●
运动黏度(40℃)	●	●	●	闪点(开口)	●	●	●
运动黏度(100℃)		●	●	水分	●	●	●
黏度指数	●	●	●	机械杂质	●	●	●

续表

项目	L-CKB	L-CKC	L-CKD	项目	L-CKB	L-CKC	L-CKD
抗泡特性	●	●	●	抗乳化性(82℃)	●	●	●
钢片腐蚀	●	●	●	液相锈蚀(B法)	●	●	●

注：黑点表示需要检验的项目，没有黑点表示不需要检验的项目。

表 4-24-59　　L-CKB、L-CKC 和 L-CKD 的出厂周期检验项目

项目	L-CKB	L-CKC	L-CKD	项目	L-CKB	L-CKC	L-CKD
氧化安定性(GB/T 12581) 酸值达 2.0mg KOH/g	●			承载能力(齿轮机试验)		●	●
氧化安定性(SH/T 0123) 100℃运动黏度增长 沉淀值		●	●	剪切安定性(齿轮机法)		●	●
				极压性能(蒂姆肯试验机法)		●	●
				四球机试验			●

注：黑点表示需要检验的项目，没有黑点表示不需要检验的项目。

24.3.8　工业闭式齿轮的润滑油选用方法（JB/T 8831—2001）

(1) 概述

本节规定了工业闭式齿轮的润滑油选用方法，包括选择润滑油的种类，黏度以及润滑方式。

本节内容适用于具有如下齿轮类型的工业闭式齿轮传动的润滑；渐开线圆柱齿轮、圆弧圆柱齿轮及锥齿轮（其转速应低于 3600r/min 或节圆圆周速度不超过 80m/s）。

本节内容不适用于车辆、钟表、仪器仪表及食品、医药行业有特殊要求的齿轮传动的润滑。

(2) 工业闭式齿轮油的分类及规格

工业闭式齿轮油适用于齿轮节圆圆周速度不超过 25m/s 的低速工业闭式齿轮传动的润滑。按 GB/T 7631.7 的规定，我国工业闭式齿轮油分类如下

① L-CKB 工业齿轮油（抗氧防锈工业齿轮油）　该油品为精制矿油，并具有抗氧、抗腐（黑色和有色金属）和抗泡性，适用于在轻负荷下运转的齿轮。

② L-CKC 工业齿轮油（中负荷工业齿轮油）　该油品是在 L-CKB 油的基础上，提高其极压和抗磨性，适用于保持在正常或中等恒定油温和中等负荷下运动的齿轮。

③ L-CKD 工业齿轮油（重负荷工业齿轮油）　该油品是在 L-CKC 油的基础上，提高其热/氧化安定性，能使用于较高的温度，适用于在高的恒定油温和重负荷下运转的齿轮。

④ L-CKS 工业齿轮油（极温工业齿轮油）　该油品是由合成油或含有部分合成油的精制矿油加入抗氧剂、抗磨剂和防锈剂制成的，适用于在更低的、低的或更高的恒定油温和轻负荷下运转的齿轮。

⑤ L-CKT 工业齿轮油（极温重负荷工业齿轮油）　该油品是由合成油或含有部分合成油的精制矿油加入极压、抗磨剂和防锈剂而制成的，具有抗氧、防锈、抗磨和高低温性能，适用于在更低的、低的或更高的恒定油温和重负荷下运转的齿轮

注：油的恒定温度或环境温度如下。

更低温——<-34℃；

低温——-34～-16℃；

正常温——-16～+70℃；

中等温——70～100℃；

高温——100～120℃；

更高温——>120℃。

工业闭式齿轮油的黏度等级（$\nu_{40℃}$）分为 68、100、150、220、320、460 和 680，共计 7 种。

(3) 高速齿轮润滑油的分类及规格

目前高速齿轮（节圆圆周速度大于 25m/s）传运通常使用各种汽轮机油（又称透平油）来润滑。我国常用于高速齿轮传动润滑的汽轮机油类型如下：

① L-TSA 汽轮机油（防锈汽轮机油，GB 11120）　该油品以深度精制、脱蜡的润滑油组分为基础油，加入抗

氧、防锈、抗泡添加剂调合而成，具有优良的润滑性、冷却性、抗氧性、防锈性、抗乳化性、防腐性及抗泡性，适用于发动机、工业驱动装置及其相配套的控制系统及不需改善齿轮承载能力的船舶驱动装置。

② 抗氨汽轮机油（SH0362） 该油品以精制矿油或低温合成烃润滑油为基础油，加入抗氧、防锈、抗泡等添加剂调合而成，除满足防锈汽轮机油的性能要求外，还具有良好的抗氨性，适用于大型合成氨化肥装置离心式合成气压缩机、冷冻机及汽轮机组的润滑与密封。

③ L-TSE 汽轮机油（极压汽轮机油） 极压汽轮机油是指在满足防锈汽轮机油质量指标的基础上，增加 FZG 齿轮承载能力不小于 9 级的指标要求，目前我国尚未制订此类产品统一的规格标准。

汽轮机油的黏度等级（$\nu_{40℃}$）分为 32、46、68 和 100，共计 4 种。

（4）工业闭式齿轮油的使用要求

① 环境温度 一般情况下，安装的齿轮装置可在环境温度为-40～+55℃的条件下工作。环境温度定义为最接近所安装齿轮装置的地方的大气温度。在某种程度上，所用润滑油的具体种类和黏度等级由环境温度来决定。

② 油池温度 矿物基工业齿轮油的油池温度最高上限为 95℃。合成型工业齿轮油的油池温度最高上限为 107℃。因为在超过上述规定的油池最高温度值时，许多润滑剂就失去了其稳定性能。

③ 其他需要考虑的条件 对于直接的太阳光照射、高的湿度和空气中悬浮灰尘或化学制品的环境条件应加以特殊考虑。直接暴露在太阳光线下的齿轮装置将会比一个用途相同但遮蔽起来的齿轮装置工作起来更热一些。暴露在一个潜在的或实际有害的条件下（诸如温度、湿度、灰尘和化学制品或其他因素）的齿轮装置应由其制造者特殊考虑并具体推荐一合适的润滑油。

④ 低温工业齿轮油 在寒冷地区工作的齿轮传动装置必须保证润滑油能自由循环流动及不引起过大的启动转矩。这时，可以选择一合适的低温工业齿轮油（极温工业齿轮油或极温重负荷工业齿轮油），所选用润滑油的倾点至少要比预期的环境温度最低值低 5℃。润滑油必须有足够低的黏度以便在启动温度下润滑油能自由流动，但是，润滑油又必须有足够高的黏度以便在工作温度下承受负荷。

⑤ 油池加热器 如果环境温度与所选润滑油的倾点接近，齿轮传动装置就必须配备油池加热器，用以把润滑油加热到启动时油能自由循环流动的温度值。加热器的设计应避免过度集中加热以至引起润滑剂加速变质。

⑥ 冷却 当齿轮传动装置长期连续运转以至引起润滑油的工作温度超过上述规定的油池最高温度时，就必须采取措施冷却润滑油。

（5）工业闭式齿轮油种类的选择

工业闭式齿轮油种类的选择见表 4-24-60。

表 4-24-60 **工业闭式齿轮润滑油种类的选择**

条件		推荐使用的工业闭式齿轮润滑油
齿面接触应力 σ_H /MPa	齿轮使用工况	
<350	一般齿轮传动	抗氧防锈工业齿轮油(L-CKB)
350～500（轻负荷齿轮）	一般齿轮传动	抗氧防锈工业齿轮油(L-CKB)
	有冲击的齿轮传动	中负荷工业齿轮油(L-CKC)
500～1100①（中负荷齿轮）	矿井提升机、露天采掘机、水泥磨、化工机械、水力电力机械、冶金矿山机械、船舶海港机械等的齿轮传动	中负荷工业齿轮油(L-CKC)
>1100（重负荷齿轮）	冶金轧钢、井下采掘、高温有冲击、含水部位的齿轮传动等	重负荷工业齿轮油(L-CKD)
<500	在更低的、低的或更高的环境温度和轻负荷下运转的齿轮传动	极温工业齿轮油(L-CKS)
≥500	在更低的、低的或更高的环境温度和重负荷下运转的齿轮传动	极温重负荷工业齿轮油(L-CKT)

① 在计算出的齿面接触应力略小于 1100MPa 时，若齿轮工况为高温、有冲击或含水等，为安全计，应选用重负荷工业齿轮油。

（6）高速齿轮润滑油种类的选择

高速齿轮润滑油种类的选择见表 4-24-61。

表 4-24-61　　高速齿轮润滑油种类的选择

条件		推荐使用的高速齿轮润滑油
齿面接触负荷系数 K /MPa	齿轮使用工况	
硬齿面齿轮[①]:$K<2$ 软齿面齿轮[②]:$K<1$	不接触水、蒸汽或氨的一般高速齿轮传动	防锈汽轮机油
	易接触水、蒸汽或海水的一般高速齿轮传动,如与蒸汽轮机、水轮机、涡轮鼓风机相连的高速齿轮箱,海洋航船、汽轮机齿轮箱等	防锈汽轮机油
	在有氨的环境气氛下工作的高速齿轮箱,如大型合成氨化肥装置离心式合成气压缩机、冷冻机及汽轮机齿轮箱等	抗氨汽轮机油
硬齿面齿轮[①]:$K\geqslant2$ 软齿面齿轮[②]:$K\geqslant1$	要求改善齿轮承载能力的发电机、工业装置和船舶高速齿轮装置	极压汽轮机油

① 硬齿面齿轮：HRC≥45。

② 软齿面齿轮：HB≤350。

(7) 工业闭式齿轮装置润滑油黏度等级的选择

工业闭式齿轮装置润滑油黏度等级的选择见表 4-24-62。

表 4-24-62　　工业闭式齿轮装置润滑油黏度等级的选择

平行轴及锥齿轮传动	环境温度℃			
低速级齿轮节圆圆周速度[②]/(m/s)	−40~10	−10~+10	10~35	35~55
	润滑油黏度等级[①]($\nu_{40℃}$)/(mm^2/s)			
≤5	100(合成型)	150	320	680
>5~15	100(合成型)	100	220	460
>15~25	68(合成型)	68	150	320
>25~80[③]	32(合成型)	46	68	100

① 当齿轮节圆圆周速度≤25m/s 时，表中所选润滑油黏度等级为工业闭式齿轮油。

当齿轮节圆圆周速度>25m/s 时，表中所选润滑油黏度等级为汽轮机油。

当齿轮传动承受较严重冲击负荷时，可适当增加一个黏度等级。

② 锥齿轮传动节圆圆周速度是指锥齿轮齿宽中点的节圆圆周速度。

③ 当齿轮节圆圆周速度>80m/s 时，应由齿轮装置制造者特殊考虑并具体推荐一合适的润滑油。

(8) 润滑方式

润滑方式直接影响齿轮传动装置的润滑效果，必须予以重视。

齿轮传动装置的润滑方式是根据节圆圆周速度来确定的（见表 4-24-63）。若采用特殊措施，节圆圆周速度可超过表 4-24-63 给出的标准值，例如使用冷却装置和专用箱体等。

表 4-24-63　　节圆圆周速度与润滑方式的关系

节圆圆周速度/(m/s)	推荐润滑方式
≤15	油浴润滑[①]
>15	喷油润滑

① 特殊情况下，也可同时采用油浴润滑与喷油润滑。

(9) 润滑油的换油指标

润滑油在存放保管过程中，必须把不同种类和不同黏度等级的油分开，并应有明显的标志，油品不允许露天存放。同时，润滑油在储运过程中要特别注意防止混入杂质和其他品种的油料。

润滑油在进厂时，尤其是重要设备和关键设备的用油，必须对油品的主要理化指标进行复检。

不同厂家生产的润滑油不宜混用。在特殊情况下，混用前必须进行小样混合试验。

润滑油在使用过程中，必须经常注意油质的变化，并定期抽取油样化验。

工业闭式齿轮油换油指标的技术要求和试验方法见表 4-24-64。

将一块已磨光好的铜片浸没在一定体积的试样中，根据试样的产品类别加热到规定的温度，并保持一定的时间。加热周期结束时，取出铜片，经洗涤后，将其与铜片腐蚀标准色板进行比较，评价铜片变色情况，确定腐蚀级别，见表 4-24-65。

L-TSA 汽轮机油换油指标的技术要求和试验方法见表 4-24-66。

抗氨汽轮机油换油指标的技术要求和试验方法见表 4-24-67。

表 4-24-64　工业闭式齿轮油换油指标的技术要求和试验方法（NB/SH/T 0586—2010）

项　　目		L-CKC 换油指标	L-CKD 换油指标	试 验 方 法
外观		异常①	异常①	目测
运动黏度(40℃)变化率/%	超过	±15	±15	GB/T 265
水分(质量分数)/%	大于	0.5	0.5	GB/T 260
机械杂质(质量分数)/%	大于或等于	0.5	0.5	GB/T 511
铜片腐蚀(100℃,3h)/级	大于或等于	3b②	3b	GB/T 5096
蒂姆肯 OK 值/N	小于或等于	133.4	178	GB/T 11144
酸值增加/(mgKOH/g)	大于或等于	—	1.0	GB/T 7304
铁含量/(mg/kg)	大于或等于	—	200	GB/T 17476

① 外观异常是指使用后油品颜色与新油相比变化非常明显（如由新油的黄色或棕黄色等变为黑色）或油品中能观察到明显的油泥状物质或颗粒状物质等。

② 3b 即达到级别 3 中 b 类的腐蚀形貌，见表 4-24-65。

表 4-24-65　铜片腐蚀标准色板的分级和级别说明

分　　级	名　　称	级别说明①
新磨光的铜片	—	②
1	轻度变色	a:淡橙色,几乎与新磨光的铜片一样 b:深橙色
2	中度变色	a:紫红色 b:淡紫色 c:带有淡紫蓝色或(和)银色,并覆盖在紫红色上的多彩色 d:银色 e:黄铜色或金黄色
3	深度变色	a:洋红色覆盖在黄铜色上的多彩色 b:有红和绿显示的多彩色(孔雀绿),但不带灰色
4	腐蚀	a:透明的黑色,深灰色或仅带有孔雀绿的棕色 b:石墨黑色或无光泽的黑色 c:有光泽的黑色或乌黑发亮的黑色

① 铜片腐蚀标准色板是由表中这些说明所表示的色板组成的。

② 此系列中包括的新磨光铜片，仅作为试验前磨光铜片的外观标志。即使一个完全不腐蚀的试样经试验后也不可能重现这种外观。

表 4-24-66　L-TSA 汽轮机油换油指标的技术要求和试验方法（NB/SH/T 0636—2013）

项　　目		换油指标				试验方法
黏度等级(按 GB/T 3141)		32	46	68	100	
运动黏度(40℃)变化率/%	超过	±10				标准 NB/SH/T 0636—2013 中 3.2 条
酸值增加/(mg KOH/g)	大于	0.3				GB/T 7304
水分(质量分数)/%	大于	0.1				GB/T 260 GB/T 11133 GB/T 7600
抗乳化性(乳化层减少到 3mL),54℃①/min	大于	40		60		GB/T 7305
氧化安定性旋转氧弹(150℃)/min	小于	60				SH/T 0193
液相锈蚀试验(蒸馏水)②		不合格				GB/T 11143
清洁度③		报告				DL/T 432 GJB 380.4A

① 当使用 100 号油时，测试温度为 82℃。

② 当使用于船舶设备时采用合成海水法，指标为中等锈蚀或严重锈蚀。

③ 根据设备制造商的要求。

表 4-24-67　抗氨汽轮机油换油指标的技术要求和试验方法（NB/SH/T 0137—2013）

项　　目		换油指标	试验方法
运动黏度(40℃)变化率/%	超过	±10	GB/T 265 及标准 NB/SH/T 0137—2013 中 3.2 条
酸值增加/(mg KOH/g)	大于	0.3	GB/T 7304
水分(质量分数)/%	大于	0.1	GB/T 260
破乳化时间/min	大于	80	GB/T 7305
液相锈蚀试验(蒸馏水)		不合格	GB/T 11143
氧化安定性(旋转氧弹,150℃)/min	小于	60	SH/T 0193
抗氨性能试验		不合格	SH/T 0302

(10) 润滑油的质量指标

工业闭式齿轮油质量指标见表 4-24-68。L-TSA 汽轮机油质量指标见表 4-24-69。抗氨汽轮机油质量指标见表 4-24-70。工业用润滑油黏度牌号分类及各黏度牌号在不同黏度指数和不同温度时的运动黏度见表 4-24-71。

表 4-24-68　　工业闭式齿轮油质量指标

<table>
<tr><td>项　目</td><td colspan="24">质 量 指 标</td><td rowspan="3">试验方法</td></tr>
<tr><td>品种</td><td colspan="4">L-CKB</td><td colspan="14">L-CKC</td><td colspan="6">L-CKD</td></tr>
<tr><td>质量等级</td><td colspan="4">一等品</td><td colspan="7">一等品</td><td colspan="7">合格品</td><td colspan="6">一等品</td></tr>
<tr><td>黏度等级(按 GB/T 3141)</td><td>100</td><td>150</td><td>220</td><td>320</td><td>68</td><td>100</td><td>150</td><td>220</td><td>320</td><td>460</td><td>680</td><td>68</td><td>100</td><td>150</td><td>220</td><td>320</td><td>460</td><td>680</td><td>100</td><td>150</td><td>220</td><td>320</td><td>460</td><td>680</td><td>—</td></tr>
<tr><td>运动黏度(40℃)/(mm²/s)</td><td>90~110</td><td>135~165</td><td>198~242</td><td>288~352</td><td>61.2~74.8</td><td>90~110</td><td>135~165</td><td>198~242</td><td>288~352</td><td>414~506</td><td>612~748</td><td>61.2~74.8</td><td>90~110</td><td>135~165</td><td>198~242</td><td>288~352</td><td>414~506</td><td>612~748</td><td>90~110</td><td>135~165</td><td>198~242</td><td>288~352</td><td>414~506</td><td>612~748</td><td>GB/T 265</td></tr>
<tr><td>黏度指数[①]</td><td colspan="4">≥90</td><td colspan="7">≥90</td><td colspan="7">≥90</td><td colspan="6">≥90</td><td>GB/T 2541</td></tr>
<tr><td>闪点(开口)/℃</td><td>≥180</td><td colspan="3">≥200</td><td colspan="2">≥180</td><td colspan="5">≥200</td><td colspan="2">≥180</td><td colspan="5">≥200</td><td>≥180</td><td colspan="5">≥200</td><td>GB/T 267</td></tr>
<tr><td>倾点/℃</td><td colspan="4">≤-8</td><td colspan="6">≤-8</td><td>≤-5</td><td colspan="6">≤-8</td><td>≤-5</td><td colspan="5">≤-8</td><td>≤-5</td><td>GB/T 3535</td></tr>
<tr><td>水分/%</td><td colspan="4">不大于痕迹</td><td colspan="7">不大于痕迹</td><td colspan="7">不大于痕迹</td><td colspan="6">不大于痕迹</td><td>GB/T 260</td></tr>
<tr><td>机械杂质/%</td><td colspan="4">≤0.01</td><td colspan="7">≤0.02</td><td colspan="7">≤0.02</td><td colspan="6">≤0.02</td><td>GB/T 511</td></tr>
<tr><td>腐蚀试验/级
(铜片)121℃,3h
100℃,3h</td><td colspan="4">
—
≤1</td><td colspan="7">
≤1
—</td><td colspan="7">
—
≤1</td><td colspan="6">
—
≤1</td><td>GB/T 5096</td></tr>
<tr><td>液相锈蚀试验
蒸馏水
合成海水</td><td colspan="4">
—
无锈</td><td colspan="7">
无锈
无锈</td><td colspan="7">
无锈
—</td><td colspan="6">
无锈
无锈</td><td>GB/T 11143</td></tr>
<tr><td>氧化安定性[②]
中和值达 2.0mg KOH/g 时的时间/h</td><td colspan="2">≥750</td><td colspan="2">≥500</td><td colspan="7">—</td><td colspan="7">—</td><td colspan="6">—</td><td>GB/T 12581</td></tr>
<tr><td>氧化安定性[②]
(95℃,312h)100℃运动黏度增长/%</td><td colspan="4">—</td><td colspan="7">≤10</td><td colspan="7">≤10</td><td colspan="6">—</td><td>SH/T 0123</td></tr>
<tr><td>(121℃,312h)100℃运动黏度增长/%
沉淀值/mL</td><td colspan="4">—
—</td><td colspan="7">—
—</td><td colspan="7">—
—</td><td colspan="6">≤6
≤0.1</td><td>SH/T 0024</td></tr>
<tr><td>旋转氧弹(150℃)/min</td><td colspan="4">报告</td><td colspan="7"></td><td colspan="7"></td><td colspan="6"></td><td>SH/T 0193</td></tr>
<tr><td>泡沫性(泡沫倾向/泡沫稳定性)/(mL/mL)
24℃
93.5℃
后 24℃</td><td colspan="4">
≤75/10
≤75/10
≤75/10</td><td colspan="7">
≤75/10
≤75/10
≤75/10</td><td colspan="7">
≤75/10
≤75/10
≤75/10</td><td colspan="6">
≤75/10
≤75/10
≤75/10</td><td>GB/T 12579</td></tr>
<tr><td>抗乳化性(82℃)
油中水/%
乳化层/mL
总分离水/mL</td><td colspan="4">
≤0.5
≤2.0
≤30</td><td colspan="6">
≤1.0
≤2.0
≤60</td><td>
≤1.0
≤4.0
≤50</td><td colspan="6">
≤1.0
≤2.0
≤60</td><td>
≤1.0
≤4.0
≤50</td><td colspan="6">
≤2.0
≤1.0
≤80</td><td>GB/T 8022</td></tr>
</table>

续表

项目	质量指标				试验方法
品种	L-CKB	L-CKC		L-CKD	
质量等级	一等品	一等品	合格品	一等品	
蒂姆肯机试验（OK负荷）/N②	—	≥200	≥200	≥267	GB/T 11144
FZG（或CL-100）齿轮试验机试验（A/8.3/90）通过/级②	—	≥11	≥11	≥11	SH/T 0306
四球机试验					GB/T 3142
负荷磨损指数/N	—	—	—	≥441	
烧结负荷（P_D）/N	—	—	—	≥2450	
磨斑直径（1800r/min，196N，60min，54℃）/mm	—	—	—	≤0.35	SH/T 0189
剪切安定性（齿轮机法）③剪切后40℃运动黏度/（mm^2/s）	—	在等级黏度范围	在等级黏度范围	在等级黏度范围	SH/T 0200
热安定性（135℃，168h）④					SH/T 0209
铜棒失重/（mg/200mL）	—	—	—	报告	
钢棒失重/（mg/200mL）	—	—	—	报告	
总沉渣重/（mg/200mL）	—	—	—	报告	
40℃运动黏度变化/%	—	—	—	报告	
中和值变化/%	—	—	—	报告	
铜棒外观	—	—	—	报告	
钢棒外观	—	—	—	报告	

① MVI基础油生产的L-CKB、L-CKC（一等品和合格品），黏度指数允许不低于70。

② 氧化安定性，蒂姆肯机试验和FZG齿轮机试验为保证项目，每年抽查一次，但必须合格；L-CKC合格品在蒂姆肯机试验和FZG齿轮机试验两项中，只要求测试其中之一。

③ 不含黏度添加剂的L-CKC、L-CKD，不测定剪切安定性。

④ 热安定性为抽查项目。

表 4-24-69　　L-TSA 汽轮机油质量指标

项目	质量指标												试验方法
	优级品				一级品				合格品				
黏度等级(按 GB/T 3141)	32	46	68	100	32	46	68	100	32	46	68	100	—
运动黏度(40℃)/(mm^2/s)	28.8~35.2	41.4~50.6	61.2~74.8	90.0~110.0	28.8~35.2	41.4~50.6	61.2~74.8	90.0~110.0	28.8~35.2	41.4~50.6	61.2~74.8	90.0~110.0	GB/T 265
黏度指数①	≥90				≥90				≥90				GB/T 1995
倾点②/℃	≤-7				≤-7				≤-7				GB/T 3535
闪点(开口)/℃	≥180	≥180	≥195	≥195	≥180	≥180	≥195	≥195	≥180	≥180	≥195	≥195	GB/T 3536
密度(20℃)/(kg/m^3)	报告				报告				报告				GB/T 1884
酸值/(mg KOH/g)	—				—				≤0.3				GB/T 264
中和值/(mg KOH/g)	报告				报告				—				GB/T 4945
机械杂质	无				无				无				GB/T 511
水分	无				无				无				GB/T 260
破乳化值③ 40mL-37mL-3mL/min													GB/T 7305
54℃	≤15	≤15	≤30	—	≤15	≤15	≤30	—	≤15	≤15	≤30	—	
82℃	—			≤30	—			≤30	—			≤30	
起泡性试验④/(mL/mL)													GB/T 12579
24℃	≤450/0				≤450/0				≤600/0				
93℃	≤100/0				≤100/0				≤100/0				
后 24℃	≤450/0				≤450/0				≤60/0				
氧化安定性⑤													GB/T 12581
总氧化产物/%	报告				报告				—				
沉淀物/%	报告				报告				—				
氧化后酸值达 2.0mg KOH/g 时的时间/h	≥3000	≥3000	≥2000	≥2000	≥2000	≥2000	≥1500	≥1500	≥1500	≥1500	≥1000	≥1000	
液相锈蚀试验(合成海水)	无锈												GB/T 11143
铜片试验(100℃,3h)/级	≤1												GB/T 5096
空气释放值⑥(50℃)/min	≤5	≤6	≤8	≤10	≤5	≤6	≤8	≤10	—				SH/T 0308

① 对中间基原油生产的汽轮机油，L-TSA 合格品黏度指数允许不低于 70；一级品黏度指数允许不低于 80。根据生产和使用实际，经与用户协商，可不受本标准限制。

② 倾点指标，根据生产和使用实际，经与用户协商，可不受本标准限制。

③ 作为军用时，破乳化值由部队和生产厂双方协商。

④ 测起泡性试验时，只要泡沫未完全盖住油的表面，结果报告为“0”。

⑤ 氧化安定性为保证项目，一年抽查一次。

⑥ 对一级品中空气释放值根据生产和使用实际，经与用户协商可不受本标准限制。

表 4-24-70　　抗氨汽轮机油质量指标

项目	质量指标								试验方法
	一级品				合格品				
黏度等级(按 GB/T 3141)	32	32D	46	68	32	32D	46	68	—
运动黏度(40℃)/(mm^2/s)	28.8~35.2		41.4~50.6	61.2~74.8	28.8~35.2		41.4~50.6	61.2~74.8	GB/T 265
黏度指数	≥95				≥95①				GB/T 1995
倾点/℃	≤-17	≤-27	≤-17		≤-17	≤-27	≤-17		GB/T 3535
闪点(开口)/℃	≥200				≥180				GB/T 267
中和值(加剂前)/(mg KOH/g) (加剂后)/(mg KOH/g)	报告 ≤0.03				报告 ≤0.06				GB/T 4945
灰分(加剂前)/%	≤0.005				≤0.005				GB/T 508
水分/%	无				无				GB/T 260

第 4 篇

续表

项　目	质量指标			试验方法
	一级品		合格品	
机械杂质/%	无		无	GB/T 511
氧化安定性②（酸值达 2.0mg KOH/g 时间）/h	≥2000		≥1000	GB/T 12581
破乳化时间（54℃），40mL-37mL-3mL/min	≥15	≥20	≥30	GB/T 7305
液相锈蚀（15 号钢棒）蒸馏水，24h	无锈		无锈	GB/T 11143
抗氨试验	合格		合格	SH/T 0302

① 中间基原油生产的抗氨汽轮机油黏度指数允许不低于 75。

② 氧化安定性试验为保证项目，每年测定一次。

表 24-24-71　工业用润滑油黏度牌号分类及各黏度牌号在不同黏度指数和不同温度时的运动黏度

GB/T 3141 采用的黏度牌号	ISO 采用的黏度牌号	运动黏度范围 /(mm^2/s)	在不同黏度指数和不同温度时的运动黏度/(mm^2/s)							
			黏度指数(Ⅵ)=50			黏度指数(Ⅵ)=95				
		40℃	20℃	37.8℃	50℃	20℃	37.8℃	50℃	100℃
22	ISOVG 22	19.8~24.2	51.0~65.8	21.7~26.6	13.6~16.3	48.0~61.7	21.6~26.5	13.9~16.6	4.00~4.50
32	ISOVG 32	28.8~35.2	82.6~108	31.9~39.2	19.0~22.6	76.9~98.7	31.7~38.9	19.4~23.3	4.97~5.60
46	ISOVG 46	41.4~50.6	133~172	46.3~56.9	26.1~31.3	120~153	45.9~56.3	27.0~32.3	6.22~7.05
68	ISOVG 68	61.2~74.8	219~283	69.2~85.0	37.1~44.4	193~244	68.4~83.9	38.7~46.6	7.96~9.09
100	ISOVG 100	90.0~110	356~454	103~126	52.4~63.0	303~383	101~124	55.3~66.6	10.3~11.8
150	ISOVG 150	135~165	583~743	155~191	75.9~91.2	486~614	153~188	80.6~97.1	13.5~15.5
220	ISOVG 220	198~242	927~1180	230~282	108~129	761~964	226~277	115~138	17.5~19.9
320	ISOVG 320	288~352	1460~1870	337~414	151~182	1180~1500	331~406	163~196	23.3~25.4
460	ISOVG 460	414~506	2290~2930	488~599	210~252	1810~2300	478~587	228~274	28.3~32.2
680	ISOVG 680	612~748	3700~4740	728~894	300~360	2880~3650	712~874	326~393	36.5~41.5
1000	ISOVG 1000	900~1100	5960~7640	1080~1330	425~509	4550~5780	1050~1290	466~560	46.6~52.9
1500	ISOVG 1500	1350~1650	9850~12600	1640~2010	613~734	7390~9400	1590~1960	676~812	60.1~68.1

24.4　液　压　油

24.4.1　液压油（L-HL、L-HM、L-HV、L-HS、L-HG）（GB 11118.1—2011）

(1) 概述

本节规定了 L-HL、L-HM（高压）、L-HM（普通）、L-HV、L-HS 和 L-HG 液压油的分类和标记、技术要求和试验方法、检验规则及标志、包装、运输和储存。

本节内容适用于在流体静压液压系统中使用的液压油。

(2) 产品分类和标记

① 产品分类　本节根据 GB/T 7631.2 将液压油分为 L-HL 抗氧防锈液压油、L-HM 抗磨液压油（高压、普通）、L-HV 低温液压油、L-HS 超低温液压油和 L-HG 液压导轨油五个品种。

② 产品标记　液压油标记为：

品种代号　黏度等级　产品名称　标准号

示例：L-HL 46　抗氧防锈液压油　GB 11118.1；

L-HM 46　抗磨液压油（高压）　GB 11118.1；

L-HM 46　抗磨液压油（普通）　GB 11118.1；

L-HV 46　低温液压油　GB 11118.1；

L-HS 46　超低温液压油　GB 11118.1；

L-HG 46　液压导轨油　GB 11118.1。

(3) 技术要求和试验方法

液压油各品种的技术要求和试验方法分别见表4-24-72~表4-24-76。

表4-24-72　L-HL抗氧防锈液压油的技术要求和试验方法

项　目	质量指标							试验方法
黏度等级(GB/T 3141)	15	22	32	46	68	100	150	
密度(20℃)①/(kg/m³)	报告							GB/T 1884 和 GB/T 1885
色度/号	报告							GB/T 6540
外观	透明							目测
闪点/℃ 开口　不低于	140	165	175	185	195	205	215	GB/T 3536
运动黏度/(mm²/s) 40℃ 0℃　不大于	13.5~16.5 140	19.8~24.2 300	28.8~35.2 420	41.4~50.6 780	61.2~74.8 1400	90~110 2560	135~165 —	GB/T 265
黏度指数②　不小于	80							GB/T 1995
倾点③/℃　不高于	-12	-9	-6	-6	-6	-6	-6	GB/T 3535
酸值④/(以KOH计)/(mg/g)	报告							GB/T 4945
水分(质量分数)/%　不大于	痕迹							GB/T 260
机械杂质	无							GB/T 511
清洁度	⑤							DL/T 432 和 GB/T 14039
铜片腐蚀(100℃,3h)/级　不大于	1							GB/T 5096
液相锈蚀(24h)	无锈							GB/T 11143 中A法
泡沫性(泡沫倾向/泡沫稳定性)/(mL/mL) 程序Ⅰ(24℃)　不大于 程序Ⅱ(93.5℃)　不大于 程序Ⅲ(后24℃)　不大于	 150/0 75/0 150/0							GB/T 12579
空气释放值(50℃)/min　不大于	5	7	7	10	12	15	25	SH/T 0308
密封适应性指数　不大于	14	12	10	9	7	6	报告	SH/T 0305
抗乳化性(乳化液到3mL的时间)/min 54℃　不大于 82℃　不大于	 30 —	 30 —	 30 —	 30 —	 30 —	 — 30	 — 30	GB/T 7305
氧化安定性 1000h后总酸值(以KOH计)⑥/(mg/g)　不大于 1000h后油泥/mg	 — —	 2.0 报告						GB/T 12581 SH/T 0565
旋转氧弹(150℃)/min	报告	报告						SH/T 0193
磨斑直径(392N,60min,75℃,1200r/min)/mm	报告							SH/T 0189

① 测定方法也包括用SH/T 0604。

② 测定方法也包括用GB/T 2541，结果有争议时，以GB/T 1995为仲裁方法。

③ 用户有特殊要求时，可与生产单位协商。

④ 测定方法也包括用GB/T 264。

⑤ 由供需双方协商确定，也包括用NAS 1638分数。

⑥ 黏度等级为15的油不测定，但所含抗氧剂类型和量应与产品定型时黏度等级为22的试验油样相同。

表 4-24-73　　L-HM 抗磨液压油（高压、普通）的技术要求和试验方法

项目		质量指标										试验方法
		L-HM(高压)				L-HM(普通)						
黏度等级(GB/T 3141)		32	46	68	100	22	32	46	68	100	150	
密度①(20℃)/(kg/m³)		报告				报告						GB/T 1884 和 GB/T 1885
色度/号		报告				报告						GB/T 6540
外观		透明				透明						目测
闪点/℃ 开口	不低于	175	185	195	205	165	175	185	195	205	215	GB/T 3536
运动黏度/(mm²/s) 40℃		28.8~35.2	41.4~50.6	61.2~74.8	90~110	19.8~24.2	28.8~35.2	41.4~50.6	61.2~74.8	90~110	135~165	GB/T 265
0℃	不大于	—	—	—	—	300	420	780	1400	2560	—	
黏度指数②	不小于	95				85						GB/T 1995
倾点③/℃	不高于	-15	-9	-9	-9	-15	-15	-9	-9	-9	-9	GB/T 3535
酸值④(以 KOH 计)/(mg/g)		报告				报告						GB/T 4945
水分(质量分数)/%	不大于	痕迹				痕迹						GB/T 260
机械杂质		无				无						GB/T 511
清洁度		⑤				⑤						DL/T 432 和 GB/T 14039
铜片腐蚀(100℃,3h)/级	不大于	1				1						GB/T 5096
硫酸盐灰分/%		报告				报告						GB/T 2433
液相锈蚀(24h) A 法		—				无锈						GB/T 11143
B 法		无锈				—						
泡沫性(泡沫倾向/泡沫稳定性)/(mL/mL) 程序Ⅰ(24℃)	不大于	150/0				150/0						GB/T 12579
程序Ⅱ(93.5℃)	不大于	75/0				75/0						
程序Ⅲ(后 24℃)	不大于	150/0				150/0						
空气释放值(50℃/min)	不大于	6	10	13	报告	5	6	10	13	报告	报告	SH/T 0308
抗乳化性(乳化液到 3mL 的时间)/min 54℃	不大于	30	30	30	—	30	30	30	30	—	—	GB/T 7305
82℃	不大于	—	—	—	30	—	—	—	—	30	30	
密封适应性指数	不大于	12	10	8	报告	13	12	10	8	报告	报告	SH/T 0305
氧化安定性 1500h 后总酸值(以 KOH 计)/(mg/g)	不大于	2.0				—						GB/T 12581
1000h 后总酸值(以 KOH 计)/(mg/g)	不大于	—				2.0						GB/T 12581
1000h 后油泥/mg		报告				报告						SH/T 0565
旋转氧弹(150℃)/min		报告				报告						SH/T 0193
抗磨性 齿轮机试验⑤/失效级	不小于	10	10	10	10	—	10	10	10	10	10	SH/T 0306
抗磨性 叶片泵试验(100h,总失重)⑤/mg	不大于	—	—	—	—	100	100	100	100	100	100	SH/T 0307
抗磨性 磨斑直径(392N,60min,75℃,1200r/min)/mm		报告				报告						SH/T 0189

续表

项目	质量指标										试验方法
	L-HM(高压)				L-HM(普通)						
黏度等级(GB/T 3141)	32	46	68	100	22	32	46	68	100	150	
抗磨性 双泵(T6H20C)试验⑤											GB/T 11118.1 中附录 A
叶片和柱销总失重/mg 不大于	15				—						
柱塞总失重/mg 不大于	300										
水解安定性											SH/T 0301
铜片失重/(mg/cm²) 不大于	0.2				—						
水层总酸度(以 KOH 计)/mg 不大于	4.0				—						
铜片外观	未出现灰、黑色				—						
热稳定性(135℃,168h)											SH/T 0209
铜棒失重/(mg/200mL) 不大于	10				—						
铜棒失重/(mg/200mL)	报告				—						
总沉渣重/(mg/100mL) 不大于	100				—						
40℃运动黏度变化率/%	报告				—						
酸值变化率/%	报告				—						
铜棒外观	报告				—						
钢棒外观	不变色				—						
过滤性/s											SH/T 0210
无水 不大于	600				—						
2%水⑦ 不大于	600				—						
剪切安定性(250 次循环后,40℃运动黏度下降率)/% 不大于	1				—						SH/T 0103

① 测定方法也包括用 SH/T 0604。

② 测定方法也包括用 GB/T 2541。结果有争议时，以 GB/T 1995 为仲裁方法。

③ 用户有特殊要求时，可与生产单位协商。

④ 测定方法也包括用 GB/T 264。

⑤ 由供需双方协商确定。也包括用 NAS 1638 分级。

⑥ 对于 L-HM（普通）油，在产品定型时，允许只对 L-HM 22（普通）进行叶片泵试验，其他各黏度等级油所含功能剂类型和量应与产品定型时 L-HM 22（普通）试验油样相同。对于 L-HM（高压）油，在产品定型时，允许只对 L-HM 32（高压）进行齿轮机试验和双泵试验，其他各黏度等级油所含功能剂类型和量应与产品定型时 L-HM 32（高压）试验油样相同。

⑦ 有水时的过滤时间不超过无水时的过滤时间的两倍。

表 4-24-74　L-HV 低温液压油的技术要求和试验方法

项目	质量指标							试验方法
黏度等级(GB/T 3141)	10	15	22	32	46	68	100	
密度①(20℃)/(kg/m³)	报告							GB/T 1884 和 GB/T 1885
色度/号	报告							GB/T 6540
外观	透明							目测
闪点/℃								
开口 不低于	—	125	175	175	180	180	190	GB/T 3536
闭口 不低于	100	—	—	—	—	—	—	GB/T 261
运动黏度(40℃)/(mm²/s)	9.00～11.0	13.5～16.5	19.8～24.2	28.8～35.2	41.4～50.6	61.2～74.8	90～110	GB/T 265
运动黏度 1500mm²/s 时的温度/℃ 不高于	-33	-30	-24	-18	-12	-6	0	GB/T 265

续表

项目		质量指标							试验方法
黏度等级(GB/T 3141)		10	15	22	32	46	68	100	
黏度指数②	不小于	130	130	140	140	140	140	140	GB/T 1995
倾点③/℃	不高于	-39	-36	-36	-33	-33	-30	-21	GB/T 3535
酸值④(以 KOH 计)/(mg/g)		报告							GB/T 4945
水分(质量分数)/%	不大于	痕迹							GB/T 260
机械杂质		无							GB/T 511
清洁度		⑤							DL/T 432 和 GB/T 14039
铜片腐蚀(100℃,3h)/级	不大于	1							GB/T 5096
硫酸盐灰分/%		报告							GB/T 2433
液相锈蚀(24h)		无锈							GB/T 11143 中 B 法
泡沫性(泡沫倾向/泡沫稳定性)/(mL/mL)									GB/T 12579
程序Ⅰ(24℃)	不大于	150/0							
程序Ⅱ(93.5℃)	不大于	75/0							
程序Ⅲ(后 24℃)	不大于	150/0							
空气释放值(50℃)/min	不大于	5	5	6	8	10	12	15	SH/T 0308
抗乳化性(乳化液到 3mL 的时间)/min									GB/T 7305
54℃	不大于	30	30	30	30	30	30	—	
82℃	不大于	—	—	—	—	—	—	30	
剪切安定性(250 次循环后,40℃运动黏度下降率)/%	不大于	10							SH/T 0103
密封适应性指数	不大于	报告	16	14	13	11	10	10	SH/T 0305
氧化安定性									
1500h 后总酸值(以 KOH 计)⑥/(mg/g)	不大于	—	—	2.0					GB/T 12581
1000h 后油泥/mg		—	—	报告					SH/T 0565
旋转氧弹(150℃)/min		报告	报告	报告					SH/T 0193
抗磨性 齿轮机试验⑦/失效级	不小于	—	—	—	10	10	10	10	SH/T 0306
抗磨性 磨斑直径(392N,60min,75℃,1200r/min)/mm		报告							SH/T 0189
抗磨性 双泵(T6H20C)试验⑦									GB/T 11118.1 中附录 A
叶片和柱销总失重/mg	不大于	—	—	—	15				
柱塞总失重/mg	不大于	—	—	—	300				
水解安定性									SH/T 0301
铜片失重/(mg/cm²)	不大于	0.2							
水层总酸度(以 KOH 计)/mg	不大于	4.0							
铜片外观		未出现灰、黑色							
热稳定性(135℃,168h)									SH/T 0209
铜棒失重/(mg/200mL)	不大于	10							
钢棒失重/(mg/200mL)		报告							
总沉渣重/(mg/100mL)	不大于	100							
40℃运动黏度变化/%		报告							
酸值变化率/%		报告							
铜棒外观		报告							
钢棒外观		不变色							

第 4 篇

续表

项目		质量指标							试验方法
黏度等级(GB/T 3141)		10	15	22	32	46	68	100	
过滤性/s									SH/T 0210
无水	不大于	600							
2%水⑧	不大于	600							

① 测定方法也包括用SH/T 0604。

② 测定方法也包括用GB/T 2541。结果有争议时，以GB/T 1995为仲裁方法。

③ 用户有特殊要求时，可与生产单位协商。

④ 测定方法也包括用GB/T 264。

⑤ 由供需双方协商确定。也包括用NAS 1638分级。

⑥ 黏度等级为10和15的油不测定，但所含抗氧剂类型和量应与产品定型黏度等级为22的试验油样相同。

⑦ 在产品定型时，允许只对L-HV 32油进行齿轮机试验和双泵试验，其他各黏度等级所含功能剂类型和量应与产品定型时黏度等级为32的试验油样相同。

⑧ 有水时的过滤时间不超过无水时的过滤时间的2倍。

表 4-24-75　L-HS超低温液压油的技术要求和试验方法

项目		质量指标					试验方法
黏度等级(GB/T 3141)		10	15	22	32	46	
密度①(20℃)/(kg/m³)		报告					GB/T 1884和GB/T 1885
色度/号		报告					GB/T 6540
外观		透明					目测
闪点/℃							
开口	不低于	—	125	175	175	180	GB/T 3536
闭口	不低于	100	—	—	—	—	GB/T 261
运动黏度(40℃)/(mm²/s)		9.0~11.0	13.5~16.5	19.8~24.2	28.8~35.2	41.4~50.6	GB/T 265
运动黏度1500mm²/s时的温度/℃	不高于	-39	-36	-30	-24	-18	GB/T 265
黏度指数②	不小于	130	130	150	150	150	GB/T 1995
倾点③/℃	不高于	-45	-45	-45	-45	-39	GB/T 3535
酸值④(以KOH计)/(mg/g)		报告					GB/T 4945
水分(质量分数)/%	不大于	痕迹					GB/T 260
机械杂质		无					GB/T 511
清洁度		⑤					DL/T 432和GB/T 14039
铜片腐蚀(100℃,3h)/级	不大于	1					GB/T 5096
硫酸盐灰分/%		报告					GB/T 2433
液相锈蚀(24h)		无锈					GB/T 11143中B法
泡沫性(泡沫倾向/泡沫稳定性)/(mL/mL)							GB/T 12579
程序Ⅰ(24℃)	不大于	150/0					
程序Ⅱ(93.5℃)	不大于	75/0					
程序Ⅲ(后24℃)	不大于	150/0					
空气释放值(50℃)/min	不大于	5	5	6	8	10	SH/T 0308
抗乳化性(乳化液到3mL的时间)/min							GB/T 7305
54℃	不大于	30					
剪切安定性(250次循环后,40℃运动黏度下降率)/%	不大于	10					SH/T 0103

续表

项目		质量指标					试验方法
黏度等级(GB/T 3141)		10	15	22	32	46	
密封适应性指数	不大于	报告	16	14	13	11	SH/T 0305
氧化安定性							
1500h后总酸值(以KOH计)[⑥]/(mg/g)	不大于	—	—	2.0			GB/T 12581
1000h后油泥/mg		—	—	报告			SH/T 0565
旋转氧弹(150℃)/min		报告	报告	报告			SH/T 0193
抗磨性 齿轮机试验[⑦]/失效级	不小于	—	—	—	10	10	SH/T 0306
抗磨性 磨斑直径(392N,60min,75℃,1200r/min)/mm		报告					SH/T 0189
抗磨性 双泵(T6H20C)试验[⑦]							
叶片和柱销总失重/mg	不大于	—	—	—	15		GB/T 11118.1中附录A
柱塞总失重/mg	不大于	—	—	—	300		
水解安定性							SH/T 0301
铜片失重/(mg/cm²)	不大于	0.2					
水层总酸度(以KOH计)/mg	不大于	4.0					
铜片外观		未出现灰、黑色					
热稳定性(135℃,168h)							SH/T 0209
铜棒失重/(mg/200mL)	不大于	10					
钢棒失重/(mg/200mL)		报告					
总沉渣重/(mg/100mL)	不大于	100					
40℃运动黏度变化率/%		报告					
酸值变化率/%		报告					
铜棒外观		报告					
钢棒外观		不变色					
过滤性/s							SH/T 0210
无水	不大于	600					
2%水[⑧]	不大于	600					

① 测定方法也包括用SH/T 0604。

② 测定方法也包括用GB/T 2541。结果有争议时，以GB/T 1995为仲裁方法。

③ 用户有特殊要求时，可与生产单位协商。

④ 测定方法也包括用GB/T 264。

⑤ 由供需双方协商确定，也包括用NAS 1638分级。

⑥ 黏度等级为10和15的油不测定，但所含抗氧剂类型和量应与产品定型时黏度等级为22的试验油样相同。

⑦ 在产品定型时，允许只对L-HS 32进行齿轮机试验和双泵试验，其他各黏度等级油所含功能剂类型和量应与产品定型时黏度等级为32的试验油样相同。

⑧ 有水时的过滤时间不超过无水时的过滤时间的2倍。

表4-24-76　L-HG液压导轨油的技术要求和试验方法

项目		质量指标				试验方法
黏度等级(GB/T 3141)		32	46	68	100	
密度[①](20℃)/(kg/m³)		报告				GB/T 1884和GB/T 1885
色度/号		报告				GB/T 6540
外观		透明				目测
闪点/℃						
开口	不低于	175	185	195	205	GB/T 3536
运动黏度(40℃)/(mm²/s)		28.8~35.2	41.4~50.6	61.2~74.8	90~110	GB/T 265
黏度指数[②]	不小于	90				GB/T 1995
倾点[③]/℃	不高于	-6	-6	-6	-6	GB/T 3535
酸值[④](以KOH计)/(mg/g)		报告				GB/T 4945
水分(质量分数)/%	不大于	痕迹				GB/T 260

续表

项目		质量指标				试验方法
黏度等级(GB/T 3141)		32	46	68	100	
机械杂质		无				GB/T 511
清洁度		⑤				DL/T 432 和 GB/T 14039
铜片腐蚀(100℃,3h)/级	不大于	1				GB/T 5096
液相锈蚀(24h)		无锈				GB/T 11143 中 A 法
皂化值(以 KOH 计)/(mg/g)		报告				GB/T 8021
泡沫性(泡沫倾向/泡沫稳定性)/(mL/mL)						GB/T 12579
程序Ⅰ(24℃)	不大于	150/0				
程序Ⅱ(93.5℃)	不大于	75/0				
程序Ⅲ(后 24℃)	不大于	150/0				
密封适应性指数	不大于	报告				SH/T 0305
抗乳化性(乳化液到 3mL 的时间)/min						GB/T 7305
54℃		报告			—	
82℃					报告	
黏滑特性(动静摩擦因数差值)⑥	不大于	0.08				SH/T 0361 中附录 A
氧化安定性						
1000h 后总酸值/(以 KOH 计)/(mg/g)	不大于	2.0				GB/T 12581
1000h 后油泥/mg		报告				SH/T 0565
旋转氧弹(150℃)/min		报告				SH/T 0193
抗磨性						
齿轮机试验/失效级	不小于	10				SH/T 0306
磨斑直径(392N,60min,75℃,1200r/min)/mm		报告				SH/T 0180

① 测定方法也包括用 SH/T 0604。

② 测定方法也包括用 GB/T 2541。结果有争议时，以 GB/T 1995 为仲裁方法。

③ 用户有特殊要求时，可与生产单位协商。

④ 测定方法也包括用 GB/T 264。

⑤ 由供需双方协商确定，也包括用 NAS 1638 分级。

⑥ 经供、需双方商定后也可以采用其他黏滑特性测定法。

24.4.2 L-HM 液压油换油指标（NB-SH-T 0599—2013）

(1) 概述

本节规定了符合 GB/T 11118.1 液压油中的 L-HM 液压油在使用过程中的换油指标。

本节内容适用于 L-HM 液压油在使用过程中的质量监控。

本节内容适用于技术状况正常的设备。

(2) 技术要求和试验方法

L-HM 液压油换油指标的技术要求和试验方法见表 4-24-77。

表 4-24-77　　L-HM 液压油换油指标的技术要求和试验方法

项目		换油指标	试验方法
40℃运动黏度变化率/%	超过	±10	GB/T 265 及 NB-SH-T 0599 中 3.2 条
水分(质量分数)/%	大于	0.1	GB/T 260
色度增加/号	大于	2	GB/T 6540
酸值增加①/(mgKOH/g)	大于	0.3	GB/T 264、GB/T 7304
正戊烷不溶物②/%	大于	0.10	GB/T 8926 中 A 法
铜片腐蚀(100℃,3h)/级	大于	2a	GB/T 5096
泡沫特性(24℃)(泡沫倾向/泡沫稳定性)/(mL/mL)	大于	450/10	GB/T 12579
清洁度③	大于	—/18/15 或 NAS 9	GB/T 14039 或 NAS 1638

① 结果有争议时以 GB/T 7304 为仲裁方法。

② 允许采用 GB/T 511 方法，使用 60~90℃石油醚作溶剂，测定试样机械杂质。

③ 根据设备制造商的要求适当调整。

24.4.3 L-HL 液压油换油指标（SH/T 0476—1992）

（1）概述

本节中规定了 L-HL 液压油在使用过程中的换油要求。

本节内容适用于一般机床的主轴箱、液压箱和齿轮箱或类似的机械设备循环系统润滑的 L-HL 液压油在使用过程中的质量监控。当使用中的 L-HL 液压油有一项指标达到换油指标时应更换新油。

（2）技术要求

L-HL 液压油的换油指标见表 4-24-78。

表 4-24-78　　L-HL 液压油的换油指标

项　目		换油指标	试验方法
外观		不透明或浑浊	目测
40℃运动黏度变化率/%	超过	±10	SH/T 0476 中 3.2 条
色度变化（比新油）/号	等于或大于	3	GB/T 6540
酸值/（mg KOH/g）	大于	0.3	GB/T 264
水分/%	大于	0.1	GB/T 260
机械杂质/%	大于	0.1	GB/T 511
铜片腐蚀（100℃，3h）/级	等于或大于	2	GB/T 5096

24.5 机床润滑剂

24.5.1 机床用润滑剂的选用（GB 7632—1987）

（1）概述

本节规定了各种金属加工机床所选用的润滑剂品种和等级，它为机床制造厂推荐一个国内外统一采用的润滑剂名称（或符号）及其合理的应用范围。

（2）符号说明

产品的名称用符号来表示。

在表 4-24-79 中“L类（润滑剂）的符号”一栏内列出的符号是L类（润滑剂）产品各品种的符号和等级。

每个品种由一组大写英文字母所组成的符号来表示，它构成一个编码，编码的第一个字母总是表示该产品所属的组别（组别符号是根据 GB 7631.1—2008《润滑剂、工业用油和有关产品（L类）的分类 第1部分：总分组》确定的），任何后面所跟的字母单独存在时没有含义。

每个产品名称中可以附有按 GB/T 3141—1994《工业液体润滑剂 ISO 黏度分类》规定的黏度等级或按 GB/T 7631.1—2008 的附录 A“润滑脂稠度等级”规定的稠度等级。

每个产品名称是用统一的方法命名的，例如一个特定的产品名称为 L-AN68。产品名称的一般形式如下所示：

类-品种　数字

（3）标注

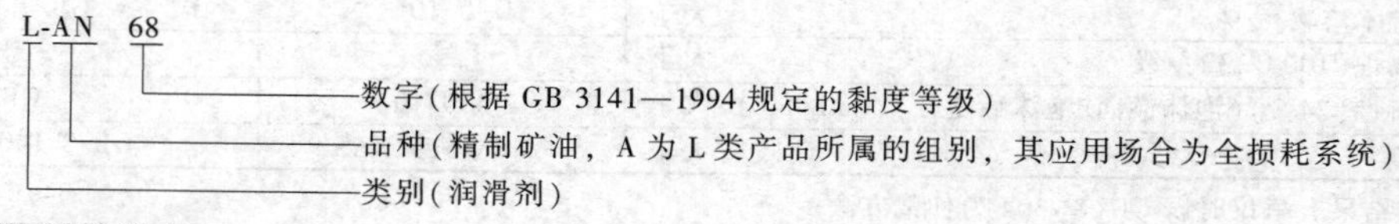

（4）机床用润滑剂的选用

机床用润滑剂的选用见表 4-24-79。

表 4-24-79　　机床用润滑剂的选用

字母	一般应用	特殊应用	更特殊应用	组成和特性	L类(润滑剂)的符号	典型应用	备　注
A	全损耗系统			精制矿油	AN68 AN220	轻负荷部件	
C	齿轮	闭式齿轮	连续润滑(飞溅、循环或喷射)	精制矿油,并改善其抗氧性、抗腐蚀性(黑色金属和有色金属)和抗泡性	CKB32① CKB68① CKB100 CKB150	在轻负荷下操作的闭式齿轮(有关主轴箱轴承、走刀箱、滑架等)	CKB32 和 CKB68 也能用于机械控制离合器的溢流润滑,CKB68 可代替 AN68
				精制矿油,并改善其抗氧化性、抗腐蚀性(黑色和有色金属)、抗泡性、极压性和抗磨性	CKC100 CKC150① CKC200 CKC320① CKC460	在正常或中等恒定温度和在重负荷下运转的任何类型闭式齿轮(双曲线齿轮除外)和有关轴承	也能用于导柱、进刀螺杆与轻负荷导轨的手控和集中润滑
F	主轴、轴承和离合器		主轴、轴承和离合器	精制矿油,并由添加剂改善其抗腐蚀性和抗氧性	FC2 FC5 FC10 FC22	滑动轴承或滚动轴承和有关离合器的压力、油浴和油雾润滑	在有离合器的系统中,由于有腐蚀的危险,所以采用无抗磨和极压剂的本产品是需要的
			主轴、轴承	精制矿油,并由添加剂改善其抗腐蚀性、抗氧性和抗磨性	FD2 FD5 FD10① FD22①	滑动轴承或滚动轴承的压力,油浴和油雾润滑	也能用于要求油的精度特别低的部件,如精密机械,液压或液压气动的机械、电磁阀、风管润滑器和静压轴承的润滑
G	导轨			精制矿油,并改善其润滑性和黏滑性	G68① G100 G150 G220①	用于滑动轴承、导轨的润滑,特别适用于低速运动的导轨的润滑,使导轨的"爬行"现象减少到最小	也能用于各种滑动部件。如导柱、进刀螺杆、凸轮、棘轮和间断工作的轻负荷蜗轮的润滑
H	液压系统	液压系统		精制矿油,并改善其防锈、抗氧性和抗泡性	HL32 HL46 HL68		
				精制矿油,并改善其防锈能力、抗氧性、抗腐性和抗泡性	HM15 HM32① HM46① HM68①	包括重负荷元件的一般液压系统	也适用于作滑动轴承、滚动轴承和各类正常负荷的齿轮(蜗轮和双曲线齿轮除外)的润滑,HM32 和 HM68 可分别代替 CKB32 和 CKB68
				精制矿油,并改善其防锈能力、抗氧性、黏滑性和抗泡性	HV22 HV32 HV46	数控机床	在某些情况下,HV 油可代替 HM 油
		液压和导轨系统		精制矿油,并改善其抗氧性、防锈、抗磨性、抗泡和黏-滑性	HG32① HG68①	用于滑动轴承、液压导轨润滑系统合用的机械以减少导轨在低速下运动的"爬行"现象	如果油的黏度合适,也可用于单数的导轨系统,HG68 可代替 G68
X	用润滑油的场合	通用润滑油		润滑脂,并改善其抗氧性和抗腐蚀性	待定	普通滚动轴承、开式齿轮和各种需加脂的部位	

① 为优先选用的产品。

24.5.2 空气压缩机油（GB 12691—1990）

（1）概述

本节规定了矿油型空气压缩机油的技术条件。

本节所属产品包括 L-DAA 和 L-DAB 两个品种，不包括 L-DAC。

本节所属产品适用于有油润滑的活塞式和滴油回转式空气压缩机。

L-DAA 用于轻负荷空气压缩机，L-DAB 用于中负荷空气压缩机（压缩机负荷轻、中的定义见表 4-24-81）。

（2）标记示例

标记示例：压缩机油 L-DAB 100　GB 12691。

（3）技术要求

空气压缩机油的技术指标见表 4-24-80。

表 4-24-80　　空气压缩机油的技术指标

项目		质量指标										试验方法
品种		L-DAA					L-DAB					
黏度等级(按 GB 3141)		32	46	68	100	150	32	46	68	100	150	—
运动黏度/(mm^2/s)												GB/T 265
40℃		28.8~35.2	41.6~50.6	61.2~74.8	90.0~110	135~165	28.8~35.2	41.6~50.6	61.2~74.8	90.0~110	135~165	
100℃		报告					报告					
倾点/℃	不高于	-9				-3	-9				-3	GB/T 3535
闪点(开口)/℃	不低于	175	185	195	205	215	175	185	195	205	215	GB/T 3536
腐蚀试验(铜片,100℃,3h)/级	不大于	1					1					GB/T 5096
抗乳化性 40mL-37mL-3mL/min												GB/T 7305
54℃	不大于	—					30			—		
82℃	不大于	—					—			30		
液相锈蚀试验(蒸馏水)		—					无锈					GB/T 11143
硫酸盐灰分/%		—					报告					GB/T 2433
老化特性:												SH/T 0192
a. 200℃,空气												
蒸发损失/%	不大于	15					—					
康氏残炭增值/%	不大于	1.5			2.0		—					
b. 200℃,空气,三氧化二铁												
蒸发损失/%	不大于	—					20					
康氏残炭增值/%	不大于	—					2.5		3.0			
减压蒸馏蒸出 80% 后残留物性质:												GB/T 9168
残留物康氏残炭/%	不大于	—					0.3				0.6	GB/T 268
新旧油 40℃运动黏度之比	不大于	—					5					GB/T 265
中和值/(mg KOH/g)												GB/T 4945
未加剂		报告					报告					
加剂后		报告					报告					
水溶性酸或碱		无					无					GB/T 259
水分/%	不大于	痕迹					痕迹					GB/T 260
机械杂质/%	不大于	0.01					0.01					GB/T 511

（4）压缩机负荷的定义

用油润滑的活塞式空气压缩机轻、中负荷的定义见表 4-24-81。

表 4-24-81　　用油润滑的活塞式空气压缩机轻、中负荷的定义

负荷	操作条件		负荷	操作条件	
轻	间断运转 连续运转	每次运转周期之间有足够的时间进行冷却 压缩机开停频繁 排气量反复变化 a. 排气压力≤1000kPa(10bar) 排气温度≤160℃ 级压力比<3∶1 或 b. 排气压力>1000kPa(10bar) 排气温度≤140℃ 级压力比≤3∶1	中	间断运转 连续运转	每次运转周期之间有足够的时间进行冷却 a. 排气压力≤1000kPa(10bar) 排气温度>160℃ 或 b. 排气压力>1000kPa(10bar) 排气温度>140℃ ≤160℃ 或 c. 级压力比>3∶1

24.5.3　车轴油（SH 0139—1995）

(1) 概述

本节规定了以矿物油馏分经脱蜡等工艺或加入增黏和降凝等添加剂而制得的车轴油的技术条件。

本节所属产品适用于铁路车辆和蒸汽机车滑动轴承的润滑。

(2) 牌号

本产品按适用季节及运动黏度分为冬用、夏用、通用三种牌号车轴油。

(3) 技术要求

车轴油的技术要求见表 4-24-82。

表 4-24-82　　车轴油的技术要求

项　　目		质量指标			试验方法
		冬用	夏用	通用	
运动黏度/(mm^2/s) 40℃ 50℃		 30~40 报告	 70~80 报告	 报告 31~36	GB/T 265
动力黏度(-40℃,剪切速率 $3s^{-2}$)/Pa·s	不大于	150	—	175	SH 0139 中附录 A
黏度指数	不小于	—		95	GB/T 2541
闪点(开口)/℃	不低于	145	165	165	GB/T 3536
凝点/℃	不高于	-40	-10	-40	GB/T 510
倾点/℃	不高于	报告			GB/T 3535
挥发失重(质量分数)/%	不大于	—		3.5	SH 0139 中附录 B
剪切安定性,50℃运动黏度下降率/%		—		实测	SH/T 0505
腐蚀(钢片,100℃,3h)		合格			SH/T 0195
水溶性酸或碱		无			GB/T 259
水分/%	不大于	痕迹			GB/T 260
机械杂质/%	不大于	0.05			GB/T 511

24.5.4　轴承油（SH 0017—1990）(1998 年确认)

(1) 概述

本节所属产品包括 L-FC 和 L-FD 两个品种，L-FC 为抗氧防锈型油，L-FD 为抗氧防锈抗磨型油。

本节所属产品适用于锭子、轴承、液压系统、齿轮和汽轮机等工业机械设备，L-FC 还可适用于有关离合器。

(2) 质量等级和标记

① 产品质量等级　L-FD 按质量分为一级品和合格品两个等级。L-FC 只订一级品。

② 产品标记

标记示例　轴承油 L-FC32（一级品）SH/T 0017。

(3) 技术要求

轴承油的技术要求见表 4-24-83。

表 4-24-83

轴承油的技术要求

项目	质量指标																									试验方法
品种	L-FC											L-FD														
质量等级	一级品											一级品							合格品							
黏度等级(按 GB/T 3141)	2	3	5	7	10	15	22	32	46	68	100	2	3	5	7	10	15	22	2	3	5	7	10	15	22	—
运动黏度(40℃)/(mm^2/s)	1.98~2.42	2.88~3.52	4.14~5.06	6.12~7.48	9.00~11.0	13.5~16.5	19.8~24.2	28.8~35.2	41.4~50.6	61.2~74.8	90~110	1.98~2.42	2.88~3.52	4.14~5.06	6.12~7.48	9.00~11.0	13.5~16.5	19.8~24.2	1.98~2.42	2.88~3.52	4.14~5.06	6.12~7.48	9.00~11.0	13.5~16.5	19.8~24.2	GB/T 265
黏度指数　不小于	—			报告								—			报告				—			报告				GB/T 2541
倾点/℃　不高于	-18					-12					-6	-12							—							GB/T 3535
凝点/℃　不高于	—											—							-15							GB/T 510
闪点/℃ 开口　不低于	—	—	—	115	140			160		180		—	—	—	115	140			—							GB/T 3536
闭口　不低于	70	80	90	—								70	80	90	—				60	70	80	90	100	110	120	GB/T 261
中和值/(mg KOH/g)	报告											报告							—							GB/T 4945
泡沫性(泡沫倾向/泡沫稳定性,24℃)mL/mL　不大于	100/10											100/10							—							GB/T 12579
腐蚀试验(铜片,100℃,3h)/级　不大于	1(50℃)		1									1(50℃)		1					1(50℃)		1					GB/T 5096
液相锈蚀试验(蒸馏水)	无锈											无锈							—							GB/T 11143
抗磨性: 最大无卡咬负荷 P_B/N(kgf)　不小于	—											—							343(35)	392(40)		441(45)		490(50)		GB/T 3142
磨斑直径(196N,60min,75℃,1500r/min)/mm　不大于	—											0.5							—							SH/T 0189

24.5.5 导轨油（SH/T 0361—1998）

(1) 概述

本节所属产品主要适用于机床滑动导轨的润滑。

(2) 产品标记

标记示例：导轨油 L-G68　SH/T 0361—1998。

(3) 技术要求

导轨油的技术要求见表 4-24-84。

表 4-24-84　　导轨油的技术要求

项目		质量指标							试验方法
品种(按 GB/T 7631.11)		L-G							—
黏度等级(按 GB/T 3141)		32	46	68	100	150	220	320	—
运动黏度(40℃)/(mm²/s)		28.8~35.2	41.4~50.6	61.2~74.8	90~110	135~165	198~242	288~352	GB/T 265
黏度指数		报告①							GB/T 1995
密度(20℃)/(kg/m³)		报告①							GB/T 1884 GB/T 1885
中和值/(mg KOH/g)		报告①							GB/T 4945
外观(透明度)		清澈透明				透明			目测②
闪点(开口)/℃	不低于	150	160	180					GB/T 3536
腐蚀试验(铜片,60℃,3h)/级	不大于	2							GB/T 5096
液相锈蚀试验(蒸馏水法)		无锈							GB/T 11143
倾点/℃	不高于	-9					-3		GB/T 3535
抗磨性:① 磨斑直径(200N,60min,1500r/min)/mm	不大于	0.5③							SH/T 0189
橡胶相容性		④							GB/T 1690
黏-滑特性		⑤							⑤
加工液相容性		④							②
机械杂质(质量分数)/%	不大于	无					0.01		GB/T 511
水分(质量分数)/%	不大于	痕迹							GB/T 260

① 这些特性对于机械制造者来说是重要的，但它可随机械设计、材料和操作环境等条件的变化而变化，特性数据应由供油者提供。

② 供需双方可共同商定测试方法。

③ 尽管四球机试验结果与导轨油的实际使用在吻合程度上有争议，但对于用户在选用导轨油而了解其抗磨性数据时有一定的参考价值。四球机试验条件和指标水平都是建议性的（如果采用转速为 1200r/min 时，应在化验报告单上予以注明）。

④ 供需双方应经常交流测定的数据。

⑤ 按供、需双方同意的方法测定，由供应者提供数据（我国曾采用“广州机床研究所”自建的模拟导轨润滑系统的实际台架来测定导轨油的静-动摩擦因数的差值，从而了解导轨油在低速下的“爬行”情况，为研制导轨油筛选配方和产品定型起到了指导作用）。

24.6 电器绝缘器油

24.6.1 变压器油质量指标（GB 2536—2011）

(1) 概述

本节内容 GB 2536—2011 适用于变压器、开关及需要用油作绝缘和传热介质的类似电气设备所使用的、由石油馏分为原料，经精制后得到的未使用过的含和不含添加剂的矿物绝缘油。发电机用油可参考本标准。

本节 GB 2536—2011 不包括由再生油制得的矿物绝缘油。

本节 GB 2536—2011 不适用于在电缆或电容器中作为浸渍剂使用的矿物绝缘油。

本节 GB 2536—2011 所属矿物绝缘油分为两类：

——变压器油；

——低温开关油。

矿物绝缘油根据抗氧化添加剂含量的不同，分为三个品种：

——不含抗氧化添加剂油：用 U 表示；

——含微量抗氧化添加剂油：用 T 表示；

——含抗氧化添加剂油：用 I 表示。

(2) 最低冷态投运温度（LCSET）

矿物绝缘油除标明抗氧化添加剂外，还应标明最低冷态投运温度（LCSET）。

最低冷态投运温度（LCSET）是区分绝缘油类别的重要标志之一。应根据电气设备使用环境温度的不同，选择不同的最低冷态投运温度（LCSET），以免影响油泵、有载调压开关（如果有）的启动。

变压器油的标准最低冷态投运温度（LCSET）为-30℃，比 GB 1094.1 中规定的户外式变压器最低使用温度低 5℃，其他最低冷态投运温度（LCSET）可依据每个地区气候条件的不同，由供需双方协商确定。

(3) 产品标记

变压器油标记为：

品种代号　最低冷态投运温度　产品名称　标准号

标记示例：

U　0℃　变压器油(通用)　GB 2536

- GB 2536 —— 标准号
- 变压器油(通用) —— 满足表 4-24-85 所示技术要求的变压器油
- 0℃ —— 最低冷态投运温度为 0℃
- U —— 不含抗氧化添加剂油

T　-30℃　变压器油(通用)　GB 2536

- GB 2536 —— 标准号
- 变压器油(通用) —— 满足表 4-24-85 所示技术要求的变压器油
- -30℃ —— 最低冷态投运温度为 -30℃
- T —— 含微量抗氧化添加剂油

I　-40℃　变压器油(特殊)　GB 2536

- GB 2536 —— 标准号
- 变压器油(特殊) —— 满足表 4-24-86 所示技术要求的变压器油
- -40℃ —— 最低冷态投运温度为 -40℃
- I —— 含抗氧化添加剂油

(4) 技术要求和试验方法

变压器油（通用）的技术要求和试验方法见表 4-24-85。变压器油（特殊）的技术要求和试验方法见表 4-24-86。低温开关油的技术要求和试验方法见表 4-24-87。

表 4-24-85　　变压器油（通用）的技术要求和试验方法

项目			质量指标					试验方法
最低冷态投运温度(LCSET)			0℃	-10℃	-20℃	-30℃	-40℃	
功能特性①	倾点/℃	不高于	-10	-20	-30	-40	-50	GB/T 3535
	运动黏度/(mm²/s)	不大于						GB/T 265
	40℃		12	12	12	12	12	
	0℃		1800	—	—	—	—	
	-10℃		—	1800	—	—	—	
	-20℃		—	—	1800	—	—	
	-30℃		—	—	—	1800	—	
	-40℃		—	—	—	—	2500②	NB/SH/T 0837

续表

项目			质量指标					试验方法
最低冷态投运温度(LCSET)			0℃	-10℃	-20℃	-30℃	-40℃	
功能特性①	水含量③/(mg/kg)	不大于	30/40					GB/T 7600
	击穿电压(满足下列要求之一)/kV	不小于						GB/T 507
	未处理油		30					
	经处理油④		70					
	密度⑤(20℃)/(kg/m³)	不大于	895					GB/T 1884 和 GB/T 1885
	介质损耗因数⑥(90℃)	不大于	0.005					GB/T 5654
精制/稳定特性⑦	外观		清澈透明、无沉淀物和悬浮物					目测⑧
	酸值(以 KOH 计)/(mg/g)	不大于	0.01					NB/SH/T 0836
	水溶性酸或碱		无					GB/T 259
	界面张力/(mN/m)	不小于	40					GB/T 6541
	总硫含量⑨(质量分数)/%		无通用要求					SH/T 0689
	腐蚀性硫⑩		非腐蚀性					SH/T 0804
	抗氧化添加剂含量⑪(质量分数)/%							SH/T 0802
	不含抗氧化添加剂油(U)		检测不出					
	含微抗氧化添加剂油(T)	不大于	0.08					
	含抗氧化添加剂油(I)		0.08~0.40					
	2-糠醛含量/(mg/kg)	不大于	0.1					NB/SH/T 0812
运行特性⑫	氧化安定性(120℃) 试验时间: (U)不含抗氧化添加剂油:164h (T)含微量抗氧化添加剂油:332h (I)含抗氧化添加剂油:500h	总酸值(以 KOH 计)/(mg/g) 不大于	1.2					NB/SH/T 0811
		油泥(质量分数)/% 不大于	0.8					
		介质损耗因数⑥(90℃) 不大于	0.500					GB/T 5654
	析气性/(mm³/min)		无通用要求					NB/SH/T 0810
健康、安全和环保特性(HSE)⑬	闪点(闭口)/℃	不低于	135					GB/T 261
	稠环芳烃(PCA)含量(质量分数)/%	不大于	3					NB/SH/T 0838
	多氯联苯(PCB)含量(质量分数)/(mg/kg)		检测不出⑭					SH/T 0803

① 对绝缘和冷却有影响的性能。

② 运动黏度(-40℃)以第一个黏度值为测定结果。

③ 当环境湿度不大于 50%时，水含量不大于 30mg/kg 适用于散装交货；水含量不大于 40mg/kg 适用于桶装或复合中型集装容器(IBC)交货。当环境湿度大于 50%时，水含量不大于 35mg/kg 适用于散装交货；水含量不大于 45mg/kg 适用于桶装或复合中型集装容器(IBC)交货。

④ 经处理油指试验样品在 60℃下通过真空(压力低于 2.5kPa)过滤流过一个孔隙度为 4 的烧结玻璃过滤器的油。

⑤ 测定方法也包括用 SH/T 0604。结果有争议时，以 GB/T 1884 和 GB/T 1885 为仲裁方法。

⑥ 测定方法也包括用 GB/T 21216。结果有争议时，以 GB/T 5654 为仲裁方法。

⑦ 受精制深度和类型及添加剂影响的性能。

⑧ 将样品注入 100mL 量筒中，在 20℃±5℃下目测。结果有争议时，按 GB/T 511 测定机械杂质含量为无。

⑨ 测定方法也包括用 GB/T 11140、GB/T 17040、SH/T 0253、ISO 14596。

⑩ SH/T 0804 为必做试验。是否还需要采用 GB/T 25961 方法进行检测由供需双方协商确定。

⑪ 测定方法也包括用 SH/T 0792。结果有争议时，以 SH/T 0802 为仲裁方法。

⑫ 在使用中和/或在高电场强度和温度影响下与油品长期运行有关的性能。

⑬ 与安全和环保有关的性能。

⑭ 检测不出指 PCB 含量小于 2mg/kg，且其单峰检出限为 0.1mg/kg。

注：1.“无通用要求”指由供需双方协商确定该项目是否检测，且测定限值由供需双方协商确定。

2. 凡技术要求中的“无通用要求”和“由供需双方协商确定是否采用该方法进行检测”的项目为非强制性的。

表 4-24-86　　　　变压器油（特殊）的技术要求和试验方法

项目			质量指标					试验方法
最低冷态投运温度(LCSET)			0℃	-10℃	-20℃	-30℃	-40℃	
功能特性①	倾点/℃	不高于	-10	-20	-30	-40	-50	GB/T 3535
	运动黏度/(mm^2/s)	不大于						GB/T 265
	40℃		12	12	12	12	12	
	0℃		1800	—	—	—	—	
	-10℃		—	1800	—	—	—	
	-20℃		—	—	1800	—	—	
	-30℃		—	—	—	1800	—	
	-40℃		—	—	—	—	2500②	NB/SH/T 0837
	水含量③/(mg/kg)	不大于	30/40					GB/T 7600
	击穿电压(满足下列要求之一)/kV	不小于						GB/T 507
	未处理油		30					
	经处理油④		70					
	密度⑤(20℃)/(kg/m^3)	不大于	895					GB/T 1884 和 GB/T 1885
	苯胺点/℃		报告					GB/T 262
	介质损耗因数⑥(90℃)	不大于	0.005					GB/T 5654
精制/稳定特性⑦	外观		清澈透明、无沉淀物和悬浮物					目测⑧
	酸值(以 KOH 计)/(mg/g)	不大于	0.01					NB/SH/T 0836
	水溶性酸或碱		无					GB/T 259
	界面张力/(mN/m)	不小于	40					GB/T 6541
	总硫含量⑨(质量分数)/%	不大于	0.15					SH/T 0689
	腐蚀性硫⑩		非腐蚀性					SH/T 0804
	抗氧化添加剂含量⑪(质量分数)/%							SH/T 0802
	含抗氧化添加剂油(I)		0.08~0.40					
	2-糠醛含量/(mg/kg)	不大于	0.05					NB/SH/T 0812
运行特性⑫	氧化安定性(120℃)							NB/SH/T 0811
	试验时间：(I)含抗氧化添加剂油:500h　总酸值(以 KOH 计)/(mg/g)	不大于	0.3					
	试验时间：(I)含抗氧化添加剂油:500h　油泥(质量分数)/%	不大于	0.05					
	试验时间：(I)含抗氧化添加剂油:500h　介质损耗因数⑥(90℃)	不大于	0.050					GB/T 5654
	析气性/(mm^3/min)		报告					NB/SH/T 0810
	带电倾向(ECT)/($\mu C/m^3$)		报告					DL/T 385
健康、安全和环保特性(HSE)⑬	闪点(闭口)/℃	不低于	135					GB/T 261
	稠环芳烃(PCA)含量(质量分数)/%	不大于	3					NB/SH/T 0838
	多氯联苯(PCB)含量(质量分数)/(mg/kg)		检测不出⑭					SH/T 0803

① 对绝缘和冷却有影响的性能。
② 运动黏度（-40℃）以第一个黏度值为测定结果。
③ 当环境湿度不大于 50%时，水含量不大于 30mg/kg 适用于散装交货；水含量不大于 40mg/kg 适用于桶装或复合中型集装容器（IBC）交货。当环境湿度大于 50%时，水含量不大于 35mg/kg 适用于散装交货；水含量不大于 45mg/kg 适用于桶装或复合中型集装容器（IBC）交货。
④ 经处理油指试验样品在 60℃下通过真空（压力低于 2.5kPa）过滤流过一个孔隙度为 4 的烧结玻璃过滤器的油。
⑤ 测定方法也包括用 SH/T 0604。结果有争议时，以 GB/T 1884 和 GB/T 1885 为仲裁方法。
⑥ 测定方法也包括用 GB/T 21216。结果有争议时，以 GB/T 5654 为仲裁方法。
⑦ 受精制深度和类型及添加剂影响的性能。
⑧ 将样品注入 100mL 量筒中，在 20℃±5℃下目测。结果有争议时，按 GB/T 511 测定机械杂质含量为无。
⑨ 测定方法也包括用 GB/T 11140、GB/T 17040、SH/T 0253、ISO 14596。结果有争议时，以 SH/T 0689 为仲裁方法。
⑩ SH/T 0804 为必做试验。是否还需要采用 GB/T 25961 方法进行检测由供需双方协商确定。
⑪ 测定方法也包括用 SH/T 0792。结果有争议时，以 SH/T 0802 为仲裁方法。
⑫ 在使用中和/或在高电场强度和温度影响下与油品长期运行有关的性能。
⑬ 与安全和环保有关的性能。
⑭ 检测不出指 PCB 含量小于 2mg/kg，且其单峰检出限为 0.1mg/kg。
注：凡技术要求中“由供需双方协商确定是否采用该方法进行检测”和测定结果为“报告”的项目为非强制性的。

表 4-24-87　　低温开关油的技术要求和试验方法

项目			质量指标	试验方法
最低冷态投运温度(LCSET)			-40℃	
功能特性①	倾点/℃	不高于	-60	GB/T 3535
	运动黏度/(mm^2/s)	不大于		GB/T 265
	40℃		3.5	
	-40℃		400②	NB/SH/T 0837
	水含量③/(mg/kg)	不大于	30/40	GB/T 7600
	击穿电压(需满足下列要求之一)/kV	不小于		GB/T 507
	未处理油		30	
	经处理油④		70	
	密度⑤(20℃)/(kg/m^3)	不大于	895	GB/T 1884 和 GB/T 1885
	介质损耗因数⑥(90℃)	不大于	0.005	GB/T 5654
精制/稳定特性⑦	外观		清澈透明、无沉淀物和悬浮物	目测⑧
	酸值(以 KOH 计)/(mg/g)	不大于	0.01	NB/SH/T 0836
	水溶性酸或碱		无	GB/T 259
	界面张力/(mN/m)	不小于	40	GB/T 6541
	总硫含量⑨(质量分数)/%		无通用要求	SH/T 0689
	腐蚀性硫⑩		非腐蚀性	SH/T 0804
	抗氧化添加剂含量⑪(质量分数)/%			SH/T 0802
	含抗氧化添加剂油(I)		0.08~0.40	
	2-糠醛含量/(mg/kg)	不大于	0.1	NB/SH/T 0812
运动特性⑫	氧化安定性(120℃)			NB/SH/T 0811
	试验时间：(I)含抗氧化添加剂油:500h　总酸值(以 KOH 计)/(mg/g)	不大于	1.2	
	试验时间：(I)含抗氧化添加剂油:500h　油泥(质量分数)/%	不大于	0.8	
	试验时间：(I)含抗氧化添加剂油:500h　介质损耗因数⑥(90℃)	不大于	0.500	GB/T 5654
	析气性/(mm^3/min)		无通用要求	NB/SH/T 0810
健康、安全和环保特性(HSE)⑬	闪点(闭口)/℃	不低于	100	GB/T 261
	稠环芳烃(PCA)含量(质量分数)/%	不大于	3	NB/SH/T 0838
	多氯联苯(PCB)含量(质量分数)/(mg/kg)		检测不出⑭	SH/T 0803

① 对绝缘和冷却有影响的性能。

② 运动黏度（-40℃）以第一个黏度值为测定结果。

③ 当环境湿度不大于 50%时，水含量不大于 30mg/kg 适用于散装交货；水含量不大于 40mg/kg 适用于精装或复合中型集装容器（IBC）交货。当环境湿度大于 50%时，水含量不大于 35mg/kg 适用于散装交货；水含量不大于 45mg/kg 适用于桶装或复合中型集装容器（IBC）交货。

④ 经处理油指试验样品在 60℃下通过真空（压力低于 2.5kPa）过滤流过一个孔隙度为 4 的烧结玻璃过滤器的油。

⑤ 测定方法也包括用 SH/T 0604。结果有争议时，以 GB/T 1884 和 GB/T 1885 为仲裁方法。

⑥ 测定方法也包括用 GB/T 21216。结果有争议时，以 GB/T 5654 为仲裁方法。

⑦ 受精制深度和类型及添加剂影响的性能。

⑧ 将样品注入 100mL 量筒中，在 20℃±5℃下目测。结果有争议时，按 GB/T 511 测定机械杂质含量为无。

⑨ 测定方法也包括用 GB/T 11140、GB/T 17040、SH/T 0253、ISO 14596。

⑩ SH/T 0804 为必做试验。是否还需要采用 GB/T 25961 方法进行检测由供需双方协商确定。

⑪ 测定方法也包括用 SH/T 0792。结果有争议时，以 SH/T 0802 为仲裁方法。

⑫ 在使用中和/或在高电场强度和温度影响下与油品长期运行有关的性能。

⑬ 与安全和环保有关的性能。

⑭ 检测不出指 PCB 含量小于 2mg/kg，且其单峰检出限为 0.1mg/kg。

注：1.“无通用要求”指由供需双方协商确定该项目是否检测，且测定限值由供需双方协商确定。

2. 凡技术要求中的“无通用要求”和“由供需双方协商确定是否采用该方法进行检测”的项目为非强制性的。

24.6.2 超高压变压器油（SH 0040—1991）

（1）概述

本节规定了以石油馏分为原料经精制后，加入抗氧剂、烷基苯或抗气组分调制而成的具有良好绝缘性、氧化安定性、抗气性和冷却性的超高压变压器油技术条件。

本节中所属产品适用于500kV的变压器和有类似要求的电气设备中。

本产品按低温性能分为25号和45号两个牌号。

（2）技术要求

超高压变压器油的技术要求见表4-24-88。

表4-24-88　　超高压变压器油的技术要求

项　目		质量标准		试验方法
		25	45	
外观①		透明,无沉淀物和悬浮物		
色度/号	不大于	1		GB 6540
密度(20℃)/(kg/m³)	不大于	895		GB 1884 GB 1885
运动黏度/(mm²/s)		报告		GB 265
100℃	不大于	13	12	
40℃	不大于	报告		
0℃	不大于			
苯胺点/℃		报告		GB 262
凝点②	不高于	—	-45	GB 510
倾点/℃	不高于	-22	报告	GB 3535
闪点(闭口)/℃	不低于	140	135	GB 261
中和值/(mg KOH/g)	不大于	0.01		GB 4945
腐蚀性硫		非腐蚀性		SY 2689
水溶性酸或碱		无		GB 259
氧化安定性③				ZB E38 003
沉淀/%	不大于	0.2		
酸值/(mg KOH/g)	不大于	0.4		
击穿电压④(间距2.5mm,出厂)/kV	不小于	40		GB 507
介质损耗因数(90℃)	不大于	0.002		GB 5654
界面张力/(mN/m)	不小于	40		GB 6541
水分(出厂)/(mg/kg)	不大于	50		ZB E38 004
析气性⑤/(μL/min)	不大于	+5		GB 11142
比色散		报告		ZB E38 001

① 把产品注入100mL量筒中，在（20±5）℃下目测，如有争议时，按GB 511测定机械杂质含量为无。
② 以新疆原油和大港原油生产的超高压变压器油测定倾点和凝点时，允许用定性滤纸过滤。
③ 氧化安定性为保证项目，每年至少测定一次。
④ 测定击穿电压时允许用定性滤纸过滤。
⑤ 析气性为保证项目，每年至少测定一次。

24.6.3 断路器油（SH 0351—1992）（1998年确认）

（1）概述

本节规定了以石油馏分为原料，经酸碱和溶剂精制成的断路器油的技术要求。

本产品用于220kV及低于220kV的油断路器中，适用于严寒、炎热、多雨、潮湿等地区的油断路器。

本产品不能用于变压器和其他油浸设备。

本节内容参照国际电工委员会标准 IEC 296—1982《变压器和开关用矿物绝缘油标准》制定。

(2) 技术要求

断路器油的技术要求见表 4-24-89。

表 4-24-89 断路器油的技术要求

项目		质量指标	试验方法
外观①		透明、无悬浮物和沉淀物	
密度(20℃)/(kg/m³)	不大于	895	GB/T 1884 或 GB/T 1885
运动黏度/(mm²/s)			GB/T 265
40℃	不大于	5	
-30℃	不大于	200	
倾点②/℃	不高于	-45	GB/T 3535
酸值/(mg KOH/g)	不大于	0.03	GB/T 264
闪点(闭口)/℃	不低于	95	GB/T 261
铜片腐蚀(T2 铜片,100℃,3h)/级	不大于	1	GB/T 5096
水分③/×10⁻⁶	不大于	35	SH/T 0255
界面张力(25℃)/(mN/m)	不小于	35	GB/T 6541
介电强度③(电极间隙 2.5mm)/kV	不小于	40	GB/T 507
介质损耗因数(70℃)	不大于	0.003	GB/T 5654

① 把产品注入 100mL 量筒中，在 20℃±5℃下目测。如有争议时，按 GB/T 511 测定，机械杂质含量应为无。

② 以新疆原油生产的断路器油，测定倾点时，允许用定性滤纸过滤。

③ 水分和介电强度测试油样允许用滤纸过滤。

24.7 防锈油

24.7.1 防锈油（SH/T 0692—2000）

(1) 概述

本节规定了以石油溶剂、润滑油基础油等为基础原料，加入多种添加剂调制而成的防锈油的技术条件。

本节所属产品适用于以钢铁为主的金属材料及其制品的暂时防腐保护。

(2) 分类

本节将防锈油分为除指纹型防锈油、溶剂稀释型防锈油、脂型防锈油、润滑油型防锈油和气相防锈油五种类型，根据膜的性质、油品的黏度等细分为 15 个牌号，如表 4-24-90 所示。

表 4-24-90 防锈油分类

种类			代号 L-	膜的性质	主要用途
除指纹型防锈油			RC	低黏度油膜	除去一般机械部件上附着的指纹,达到防锈目的
溶剂稀释型防锈油	Ⅰ		RG	硬质膜	室内外防锈
	Ⅱ		RE	软质膜	以室内防锈为主
	Ⅲ	1 号	REE-1	软质膜	以室内防锈为主(水置换型)
		2 号	REE-2	中高黏度油膜	
	Ⅳ		RF	透明,硬质膜	室内外防锈
脂型防锈油			RK	软质膜	类似转动轴承类的高精度机加工表面的防锈,涂敷温度 80℃以下
润滑油型防锈油	Ⅰ	1 号	RD-1	中黏度油膜	金属材料及其制品的防锈
		2 号	RD-2	低黏度油膜	
		3 号	RD-3	低黏度油膜	

续表

<table>
<tr><th colspan="3">种　　类</th><th>代号 L-</th><th>膜的性质</th><th>主 要 用 途</th></tr>
<tr><td rowspan="3">润滑油型防锈油</td><td rowspan="3">Ⅱ</td><td>1 号</td><td>RD-4-1</td><td>低黏度油膜</td><td rowspan="3">内燃机防锈。以保管为主，适用于中负荷、暂时运转的场合</td></tr>
<tr><td>2 号</td><td>RD-4-2</td><td>中黏度油膜</td></tr>
<tr><td>3 号</td><td>RD-4-3</td><td>高黏度油膜</td></tr>
<tr><td colspan="2" rowspan="2">气相防锈油</td><td>1 号</td><td>RQ-1</td><td>低黏度油膜</td><td rowspan="2">密闭空间防锈</td></tr>
<tr><td>2 号</td><td>RQ-2</td><td>中黏度油膜</td></tr>
</table>

(3) 技术要求

防锈油的技术要求见表 4-24-91～表 4-24-95。

表 4-24-91　　L-RC 除指纹型防锈油的技术要求

项　　目		质量指标	试验方法
闪点/℃	不低于	38	GB/T 261
运动黏度(40℃)/(mm^2/s)	不大于	12	GB/T 265
分离安定性		无相变，不分离	SH/T 0214
除指纹性		合格	SH/T 0107
人汗防蚀性		合格	SH/T 0106
除膜性(湿热后)		能除膜	SH/T 0212
腐蚀性(质量变化)/(mg/cm^2)		钢 ±0.1 铝 ±0.1 黄铜 ±1.0 锌 ±3.0 铅 ±45.0	SH/T 0080①
湿热(A 级)/h	不小于	168	GB/T 2361

① 试验片种类可与用户协商。

表 4-24-92　　溶剂稀释型防锈油的技术要求

<table>
<tr><th colspan="3" rowspan="2">项　　目</th><th colspan="5">质量指标</th><th rowspan="2">试验方法</th></tr>
<tr><th>L-RG</th><th>L-RE</th><th>L-REE-1</th><th>L-REE-2</th><th>L-RF</th></tr>
<tr><td colspan="2">闪点/℃</td><td>不低于</td><td>38</td><td>38</td><td>38</td><td>70</td><td>38</td><td>GB/T 261</td></tr>
<tr><td colspan="3">干燥性</td><td>不黏着状态</td><td>柔软状态</td><td>柔软状态</td><td>柔软或油状态</td><td>指触干燥(4h)
不黏着(24h)</td><td>SH/T 0063</td></tr>
<tr><td colspan="2">流下点/℃</td><td>不低于</td><td>80</td><td>—</td><td colspan="2">—</td><td>80</td><td>SH/T 0082</td></tr>
<tr><td colspan="3">低温附着性</td><td colspan="5">合格</td><td>SH/T 0211</td></tr>
<tr><td colspan="3">水置换性</td><td colspan="2">—</td><td colspan="2">合格</td><td>—</td><td>SH/T 0036</td></tr>
<tr><td colspan="3">喷雾性</td><td colspan="5">膜连续</td><td>SH/T 0216</td></tr>
<tr><td colspan="3">分离安定性</td><td colspan="5">无相变，不分离</td><td>SH/T 0214</td></tr>
<tr><td rowspan="2">除膜性</td><td colspan="2">耐候性后</td><td>除膜(30 次)</td><td>—</td><td colspan="2">—</td><td>—</td><td rowspan="2">SH/T 0212①</td></tr>
<tr><td colspan="2">包装储存后</td><td>—</td><td>除膜(15 次)</td><td colspan="2">除膜(6 次)</td><td>除膜(15 次)</td></tr>
<tr><td colspan="3">透明性</td><td colspan="4">—</td><td>能看到印记</td><td>SH/T 0692 中附录 B</td></tr>
<tr><td colspan="3">腐蚀性(质量变化)/(mg/cm^2)</td><td colspan="5">钢 ±0.2　黄铜 ±1.0　锌 ±7.5
铝 ±0.2　镁 ±0.5　镉 ±5.0
铬 不失去光泽</td><td>SH/T 0080②</td></tr>
<tr><td colspan="2">膜厚/μm</td><td>不大于</td><td>100</td><td>50</td><td>25</td><td>15</td><td>50</td><td>SH/T 0105</td></tr>
<tr><td rowspan="4">防锈性</td><td>湿热(A 级)/h</td><td>不小于</td><td>—</td><td>720①</td><td>720①</td><td>480</td><td>720①</td><td>GB/T 2361</td></tr>
<tr><td>盐雾(A 级)/h</td><td>不小于</td><td>336</td><td>168</td><td>—</td><td>—</td><td>336</td><td>SH/T 0081</td></tr>
<tr><td>耐候(A 级)/h</td><td>不小于</td><td>600</td><td>—</td><td>—</td><td>—</td><td>—</td><td>SH/T 0083</td></tr>
<tr><td>包装储存(A 级)/d</td><td>不小于</td><td>—</td><td>360</td><td>180</td><td>90</td><td>360</td><td>SH/T 0584①</td></tr>
</table>

① 为保证项目，定期测定。

② 试验片种类可与用户协商。

表 4-24-93　　　　L-RK 脂型防锈油的技术要求

项　　目			质量指标	试验方法
锥入度(25℃)/(1/10mm)			200~325	GB/T 269
滴熔点/℃		不低于	55	GB/T 8026
闪点/℃		不低于	175	GB/T 3536
分离安定性			无相变,不分离	SH/T 0214
蒸发量(质量分数)/%		不大于	1.0	SH/T 0035
吸氧量(100h,99℃)/kPa		不大于	150	SH/T 0060
沉淀值/mL		不大于	0.05	SH/T 0215
磨损性			无伤痕	SH/T 0215
流下点/℃		不低于	40	SH/T 0082
除膜性			除膜(15 次)	SH/T 0212
低温附着性			合格	SH/T 0211
腐蚀性(质量变化)/(mg/cm²)			铜±0.2　黄铜±0.2　锌±0.2 铅±1.0　铝　±0.2　镁±0.5 镉±0.2 除铅外,无明显锈蚀,污物及变色	SH/T 0080[①]
防锈性	湿热(A 级)/h	不小于	720	GB/T 2361[②]
	盐雾(A 级)/h	不小于	120	SH/T 0081
	包装储存(A 级)/d	不小于	360	SH/T 0584[②]

① 试验片种类可与用户协商。

② 为保证项目，定期测定。

表 4-24-94　　　　润滑油型防锈油的技术要求

项　　目			质量指标						试验方法
			L-RD-1	L-RD-2	L-RD-3	L-RD-4-1	L-RD-4-2	L-RD-4-3	
闪点/℃		不低于	180	150	130	170	190	200	GB/T 3536
倾点/℃		不高于	-10	-20	-30	-25	-10	-5	GB/T 3535
运动黏度/(mm²/s)									GB/T 265
40℃			100±25	18±2	13±2				
100℃						—	9.3~12.5	16.3~21.9	
低温动力黏度(-18℃)/mPa·s		不大于	—	—	—	2500	—	—	GB/T 6538
黏度指数		不小于		—	—	75	70		GB/T 1995
氧化安定性(165.5℃,24h)									SH/T 0692 中附录 C
黏度比		不大于				3.0	2.0		
总酸值增加/(mg KOH/g)		不大于	—	—	—	3.0	3.0		
挥发性物质量(质量分数)/%		不大于	—	—	—	2			SH/T 0660
泡沫性,泡沫量/mL									GB/T 12579
24℃		不大于				300			
93.5℃		不大于	—	—	—	25			
后 24℃		不大于				300			
酸中和性			—	—	—	合格			SH/T 0660
叠片试验,周期			协议			—			SH/T 0692 中附录 A
铜片腐蚀(100℃,3h)/级		不大于	2			—			GB/T 5096
除膜性,湿热后			能除膜						SH/T 0212
防锈性	湿热(A 级)/h	不小于	240	192		480			GB/T 2361
	盐雾(A 级)/h	不小于	48	—		—			SH/T 0081
	盐水浸渍(A 级)/h	不小于	—			20			SH/T 0025

表 4-24-95　　　　气相防锈油的技术要求

项目			质量指标		试验方法
			L-RQ-1	L-RQ-2	
闪点/℃		不低于	115	120	GB/T 3536
倾点/℃		不高于	-25.0	-12.5	GB/T 3535
运动黏度/(mm^2/s)	100℃		—	8.5~13.0	GB/T 265
	40℃		不小于 10	95~125	
挥发性物质量(质量分数)/%		不大于	15	5	SH/T 0660
黏度变化/%			-5~20		SH/T 0692 中附录 D
沉淀值/mL		不大于	0.05		SH/T 0215
烃溶解性			无相变,不分离		SH/T 0660
酸中和性			合格		SH/T 0660
水置换性			合格		SH/T 0036
腐蚀性(质量变化)/(mg/cm^2)			铜 ±1.0 钢 ±0.1 铝 ±0.1		SH/T 0080
防锈性	湿热(A 级)/h	不小于	200		GB/T 2361
	气相防锈性		无锈蚀		SH/T 0660
	暴露后气相防锈性		无锈蚀		
	加温后气相防锈性		无锈蚀		

24.7.2 气相防锈油（JB/T 4050.1—1999）

(1) 概述

本节适用于密封系统内腔金属表面封存防锈用的气相防锈油。

(2) 分类

气相防锈油分为两类：

Ⅰ类——低黏度的；

Ⅱ类——中黏度的。

气相防锈油每类分为钢材用与通用两种。

(3) 技术要求

气相防锈油的技术要求见表 4-24-96。气相防锈油应均质，不含杂质沉淀。气相防锈油成分中应不含能散发恶臭的物质。

表 4-24-96　　　　气相防锈油的技术要求

种类	Ⅰ		Ⅱ	
闪点(开口)/℃	115 以上		120 以上	
凝点/℃	-15 以下		-5 以下	
运动黏度/($10^{-6}m^2/s$)				
38℃	12~94		95~125	
100℃			8.5~12.98	
挥发失重/%	<17		<5	
黏度变化(38℃)/%	-5~20		-5~20	
沉淀值/mL	0.05 以下		0.05 以下	
碳氢化合物溶解度	不分层		不分层	
防锈性能	钢材用	通用	钢材用	通用
湿热试验(10 天)	钢合格	钢、黄铜、铝合格	钢合格	钢、黄铜、铝合格
酸中和性试验	钢合格	钢合格	钢合格	钢合格
水置换性试验	钢合格	钢合格	钢合格	钢合格

第 4 篇

续表

种　类	I		Ⅱ	
气相防锈能力试验	钢合格	钢、黄铜合格	钢合格	钢、黄铜合格
消耗后的防锈能力试验	钢合格	钢、黄铜合格	钢合格	钢、黄铜合格
腐蚀试验(失重)[(55±1)℃,168h]/(mg/cm²)　不大于	钢 0.1 铝 0.2 铜 1.0	钢 0.1 铝 0.2 铜 0.2 黄铜 0.2 镉 0.2	钢 0.1 铝 0.2 铜 1.0	钢 0.1 铝 0.2 铜 0.2 黄铜 0.2 镉 0.2

24.8　润　滑　脂

24.8.1　钙基润滑脂（GB/T 491—2008）

(1)　概述

本节规定了以动植物脂肪钙皂稠化矿物润滑油而制得的钙基润滑脂的分类和标记、要求和试验方法、检验规则及标志、包装、运输和储存。

本节所属产品适用于冶金、纺织等机械设备和拖拉机等农用机械的润滑与防护。使用温度范围为-10~60℃。

(2)　分类和标记

① 产品分类　本节所属产品按锥入度分为 1 号、2 号、3 号和 4 号。

② 产品标记　符合表 4-24-97 所示技术要求的钙基润滑脂应标记为：

产品名称　产品型号　标准号

示例：钙基润滑脂　3 号　GB/T 491。

(3)　技术要求和试验方法

钙基润滑脂的技术要求和试验方法见表 4-24-97。

表 4-24-97　钙基润滑脂的技术要求和试验方法

项　目		质量指标				试验方法
		1 号	2 号	3 号	4 号	
外观		淡黄色至暗褐色均匀油膏				目测
工作锥入度/0.1mm		310~340	265~295	220~250	175~205	GB/T 269
滴点/℃	不低于	80	85	90	95	GB/T 4929
腐蚀(T,铜片,室温,24h)		铜片上没有绿色或黑色变化				GB/T 7326 中乙法
水分(质量分数)/%	不大于	1.5	2.0	2.5	3.0	GB/T 512
灰分(质量分数)/%	不大于	3.0	3.5	4.0	4.5	SH/T 0327
钢网分油(60℃,24h)(质量分数)/%	不大于	—	12	8	6	SH/T 0324
延长工作锥入度(10000 次)与工作锥入度差值/0.1mm	不大于	—	30	35	40	GB/T 269
水淋流失量(38℃,1h)(质量分数)/%	不大于	—	10	10	10	SH/T 0109①

① 水淋后，轴承烘干条件为 77℃、16h。

24.8.2　钠基润滑脂（GB/T 492—1989）

(1)　概述

本节规定了以钠皂稠化矿物油制成的钠基润滑脂的技术条件。

第 4 篇

本节规定的润滑脂适用于-10~110℃温度范围内一般中等负荷机械设备的润滑，不适用于与水相接触的润滑部位。

(2) 技术要求和试验方法

钠基润滑脂的技术要求和试验方法见表4-24-98。

表4-24-98 钠基润滑脂的技术要求和试验方法

项目		质量指标		试验方法
		2号	3号	
滴点/℃	不低于	160	160	GB 4929
锥入度/0.1mm 工作 延长工作(10万次)	 不大于	 265~295 375	 220~250 375	GB 269
腐蚀试验(T2铜片,室温,24h)		铜片无绿色或黑色变化		GB 7326中乙法
蒸发量(99℃,22h)(质量分数)/%	不大于	2.0	2.0	GB 7325

注：原料矿物油运动黏度（40℃）为41.4~165mm²/s。

24.8.3 汽车通用锂基润滑脂（GB/T 5671—2014）

(1) 概述

本节内容适用于由脂肪酸锂皂稠化矿物基础油并加入抗氧、防锈添加剂所制得的润滑脂。

符合本节内容的产品适用于工作温度在-30~120℃范围内的汽车轮毂轴承、底盘和水泵等摩擦部位的润滑。

(2) 分类与标记

① 产品分类　产品按工作锥入度分为2号和3号。

② 产品标记　汽车通用锂基润滑脂应标记为：

产品名称 产品牌号 标准编号

示例：汽车通用锂基润滑脂2号 GB/T 5671。

(3) 技术要求和试验方法

汽车通用锂基润滑脂的技术要求和试验方法见表4-24-99。

表4-24-99 汽车通用锂基润滑脂的技术要求和试验方法

项目		质量指标		试验方法
		2号	3号	
工作锥入度/0.1mm		265~295	220~250	GB/T 269
延长工作锥入度(100000次),变化率/%	不大于	20		GB/T 269
滴点/℃	不低于	180		GB/T 4929
防腐蚀性(52℃,48h)		合格		GB/T 5018
蒸发量(99℃,22h)(质量分数)/%	不大于	2.0		GB/T 7325
腐蚀(T:铜片,100℃,24h)		铜片无绿色或黑色变化		GB/T 7326,乙法
水淋流失量(79℃,1h)(质量分数)/%	不大于	10.0		SH/T 0109
钢网分油(100℃,30h)(质量分数)/%	不大于	5.0		NB/SH/T 0324
氧化安定性(99℃,100h,0.770MPa),压力降/MPa	不大于	0.070		SH/T 0325
漏失量(104℃,6h)/g	不大于	5.0		SH/T 0326
游离碱含量(以折合的NaOH质量分数计)/%	不大于	0.15		SH/T 0329
杂质含量(显微镜法)/(个/cm³) 10μm以上 25μm以上 75μm以上 125μm以上	 不大于 不大于 不大于 不大于	 2000 1000 200 0		SH/T 0336
低温转矩(-20℃)/mN·m 启动 运转	不大于	 790 390	 990 490	SH/T 0338

注：如果需要，基础油运动黏度应该在实验报告中进行说明。

24.8.4 极压锂基润滑脂（GB/T 7323—2019）

（1）概述

本节规定了由脂肪酸锂皂稠化矿物润滑油并加入抗氧、极压添加剂所制得的极压锂基润滑脂的分类和标记、要求和试验方法、检验规则及标志、包装、运输和储存。

本节所属产品适用于工作温度在-20~120℃范围内的高负荷机械设备轴承及齿轮的润滑，也可用于集中润滑系统。

（2）分类与标记

① 产品分类　本节所属产品按锥入度分为00号、0号、1号和2号。

② 产品标记　符合表4-24-100所示技术要求的极压锂基润滑脂应标记为：

产品名称　产品型号　标准号

示例：极压锂基润滑脂2号 GB/T 7323。

（3）技术要求和试验方法

极压锂基润滑脂的技术要求和试验方法见表4-24-100。

表4-24-100　极压锂基润滑脂的技术要求和试验方法

项目		技术要求					试验方法
		00号	0号	1号	2号	3号	
工作锥入度/0.1mm		400~430	355~385	310~340	265~295	220~250	GB/T 269
滴点/℃	不低于	165	170	180			GB/T 4929
腐蚀(T：铜片，100℃，24h)		铜片无绿色或黑色变化					GB/T 7326 中乙法
分油量(锥网法)(100℃，24h)(质量分数)/%	不大于	—	—	10	5		NB/SH/T 0324
蒸发量(99℃，22h)(质量分数)/%	不大于	2.0					GB/T 7325
杂质(显微镜法)/(个/cm^3)							SH/T 0336
25μm以上	不大于	3000					
75μm以上	不大于	500					
125μm以上	不大于	0					
相似黏度(-10℃，$10s^{-1}$)/Pa·s	不大于	100	150	250	500	1000	SH/T 0048
延长工作锥入度(100000次)/0.1mm	不大于	450	420	380	350	320	GB/T 269
水淋流失量(38℃，1h)(质量分数)/%	不大于	—	—	10			SH/T 0109
防腐蚀性(52℃，48h)		合格					GB/T 5018
极压性能：(蒂姆肯法)OK值/N	不小于	133	156				NB/SH/T 0203
(四球机法)P_B/N	不小于	588					SH/T 0202
氧化安定性(99℃，100h，758kPa)压力降/kPa	不大于	70					SH/T 0325
低温转矩(-20℃)/mN·m		—					SH/T 0338
启动	不大于			1000			
运转	不大于			100			

24.8.5 通用锂基润滑脂（GB/T 7324—2010）

（1）概述

本节内容适用于由脂肪酸锂皂稠化矿物润滑油并加入抗氧、防锈添加剂所制得的润滑脂。

符合本节内容所属产品适用于工作温度在-20~120℃范围内的各种机械设备的滚动轴承和滑动轴承及其他摩擦部位的润滑。

（2）分类与标注

① 产品分类　本节内容所属产品按锥入度分为1号、2号和3号。

② 产品标记　符合表 4-24-101 所示技术要求的通用锂基润滑脂应标记为：

产品型号　产品名称　标准号

示例：2 号　通用锂基润滑脂 GB/T 7324。

(3) 技术要求和试验方法

通用锂基润滑脂的技术要求和试验方法见表 4-24-101。

表 4-24-101　通用锂基润滑脂的技术要求和试验方法

项　目		质量指标			试验方法
		1 号	2 号	3 号	
外观		浅黄至褐色光滑油膏			目测
工作锥入度/0.1mm		310~340	265~295	220~250	GB/T 269
滴点/℃	不低于	170	175	180	GB/T 4929
腐蚀(T_2 铜片,100℃,24h)		铜片无绿色或黑色变化			GB/T 7326 中乙法
钢网分油(100℃,24h)(质量分数)/%	不大于	10	5		SH/T 0324
蒸发量(99℃,22h)(质量分数)/%	不大于	2			GB/T 7325
杂质(显微镜法)/(个/cm^3)					SH/T 0336
10μm 以上	不大于	2000			
25μm 以上	不大于	1000			
75μm 以上	不大于	200			
125μm 以上	不大于	0			
氧化安定性(99℃,100h,0.760MPa) 压力降/MPa	不大于	0.070			SH/T 0325
相似黏度(-15℃,$10s^{-1}$)/Pa·s	不大于	800	1000	1300	SH/T 0048
延长工作锥入度(100000 次)/(0.1mm)	不大于	380	350	320	GB/T 269
水淋流失量(38℃,1h)(质量分数)/%	不大于	10	8		SH/T 0109
防腐蚀性(52℃,48h)		合格			GB/T 5018

24.8.6 复合钙基润滑脂（SH/T 0370—1995）

(1) 概述

本节内容适用于由乙酸钙复合的脂肪酸钙皂稠化矿物润滑油并加有抗氧添加剂而制成的润滑脂。

符合本节内容的产品具有良好的抗水性、机械安定性和胶体安定性。适用于工作温度在-10~150℃范围内及潮湿条件下的机械设备的润滑。按 GB/T 7631.8 的规定，其代号分别为：L-XADGA1；L-XADGA2；L-XADGA3。

(2) 技术要求和试验方法

复合钙基润滑脂的技术要求和试验方法见表 4-24-102。

表 4-24-102　复合钙基润滑脂的技术要求和试验方法

项　目		质量指标			试验方法
		1 号	2 号	3 号	
工作锥入度/0.1mm		310~340	265~295	220~250	GB/T 269
滴点/℃	不低于	200	210	230	GB/T 4929
钢网分油(100℃,24h)/%	不大于	6	5	4	SH/T 0324
腐蚀(T_2 铜片,100℃,24h)		铜片无绿色或黑色变化			GB/T 7326 乙法
蒸发量(99℃,22h)/%	不大于	2.0			GB/T 7325
水淋流失量(38℃,1h)/%	不大于	5			SH/T 0109
延长工作锥入度(100000 次),0.1mm 变化率/%	不大于	25		30	GB/T 269
氧化安定性(99℃,100h,0.760MPa) 压力降/MPa		报告			SH/T 0325
表面硬化试验(50℃,24h) 不工作 1/4 锥入度差/0.1mm	不大于	35	30	25	附录 A

24.8.7 钡基润滑脂（SH/T 0379—1992）(2003 年确认)

(1) 概述

本节内容适用于以脂肪酸钡皂稠化精制的中黏度矿物润滑油而成的润滑脂。

符合本节内容的产品具有耐水、耐温和一定的防护性能，适用于船舶推进器、抽水机的润滑。

(2) 技术要求和试验方法

钡基润滑脂的技术要求和试验方法见表 4-24-103。

表 4-24-103 钡基润滑脂的技术要求和试验方法

项目		质量指标	试验方法
外观		黄到暗褐色均质软膏	目测
滴点/℃	不低于	135	GB/T 4929
工作锥入度/0.1mm		200~260	GB/T 269
腐蚀(钢片、铜片,100℃,3h)		合格	SH/T 0331
杂质(酸分解法)/%	不大于	0.2	GB/T 513
水分/%	不大于	痕迹	GB/T 512
矿物油运动黏度(40℃)/(mm²/s)		41.4~74.8	GB/T 265

注：腐蚀试验用 T3 铜片及含碳 0.4%~0.5%的钢片进行。

24.8.8 精密机床主轴润滑脂（SH/T 0382—1992）(2003 年确认)

(1) 概述

本节内容适用于 12-羟基硬脂酸锂皂稠化精制润滑油，并加有抗氧化等添加剂而制得的润滑脂。

符合本节内容的产品适用于精密机床和磨床的高速磨头主轴的长期润滑。

(2) 技术要求和试验方法

精密机床主轴润滑脂的技术要求和试验方法见表 4-24-104。

表 4-24-104 精密机床主轴润滑脂的技术要求和试验方法

项目		质量指标		试验方法
		2号	3号	
滴点/℃	不低于	180		GB/T 4929
工作锥入度/0.1mm		265~295	220~250	GB/T 269
压力分油/%	不大于	20	15	GB/T 392
游离碱(质量分数)/%	不大于	0.1		SH/T 0329
腐蚀(T3 铜片,100℃,3h)		合格		SH/T 0331
杂质(酸分解法)		无		GB/T 513
水分/%	不大于	痕迹		GB/T 512
化学安定性(100℃,100h,0.80MPa)				
压力降/MPa	不大于	0.03		SH/T 0335
氧化后酸值/(mg KOH/g)	不大于	1.0		SH/T 0329

24.8.9 钢丝绳表面脂（SH 0387—1992）(2005 年确认)

(1) 概述

本节内容适用于固体烃类稠化高黏度矿物油，并加有添加剂而制成的钢丝绳表面脂。

符合本节内容的产品具有良好的化学安定性、防锈性、抗水性和低温性能。适用于钢丝绳的封存，同时具有润滑作用。

(2) 技术要求和试验方法

钢丝表面脂的技术要求和试验方法见表 4-24-105。

表 4-24-105　　钢丝绳表面脂的技术要求和试验方法

项　　目		质量指标	试验方法
外观		褐色至深褐色均匀油膏	目测
滴点/℃	不低于	58	SH/T 0115
运动黏度(100℃)/(mm^2/s)	不小于	20	GB/T 265
水溶性酸或碱		无	GB/T 259
腐蚀(100℃,3h)		合格	SH/T 0331①
滑落试验(55℃,1h)		实测	SH 0387 中附录 A
水分/%	不大于	痕迹	GB/T 512
低温性能(-30℃,30min)		合格	附录 B
湿热试验(钢片,30d)		合格	GB/T 2361②
盐雾试验(钢片)		实测	SH/T 0081

① 腐蚀试验用含碳 0.4%~0.5%钢片和 T3 铜片及锌片进行。
② 作为出厂保证项目。

24.8.10　极压复合铝基润滑脂（SH/T 0534—1993）(2003 年确认)

(1) 概述

本节内容适用于由复合铝皂稠化矿物润滑油并加入极压添加剂所制得的润滑脂。

符合本节内容的产品适用于工作温度在-20~160℃范围内的高负荷机械设备及集中润滑系统。按 GB/T 7631.8 的规定，其代号为 L-XBEHB0、L-XBEHB1 和 L-XBEHB2。

(2) 技术要求和试验方法

极压复合铝基润滑脂的技术要求和试验方法见表 4-24-106。

表 4-24-106　　极压复合铝基润滑脂的技术要求和试验方法

项　　目		质量指标			试验方法
		0 号	1 号	2 号	
工作锥入度/0.1mm		355~385	310~340	265~295	GB/T 269
滴点/℃	不低于	235	240	240	GB/T 3498
腐蚀(T2 铜片,100℃,24h)		铜片无绿色或黑色			GB/T 7326 中乙法
钢网分油(100℃,24h)(质量分数)/%	不大于	—	10	7	SH/T 0324
蒸发量(99℃,22h)(质量分数)/%	不大于	1.0			GB/T 7325
氧化安定性①(99℃,100h,0.770MPa) 压力降/MPa	不大于	0.070			SH/T 0325
水淋流失量(38℃,1h)(质量分数)/%	不大于	—	10	10	SH/T 0109
杂质(显微镜法)/(个/cm^3)					SH/T 0336
25μm 以上	不大于	3000			
75μm 以上	不大于	500			
125μm 以上	不大于	0			
相似黏度(-10℃,$10s^{-1}$)/Pa·s	不大于	250	300	550	SH/T 0048
延长工作锥入度(100000 次)0.1mm 变化率/%	不大于	10	13	15	GB/T 269
防腐蚀性(52℃,48h)/级	不大于	2			GB/T 5018
极压性能(蒂姆肯法)OK 值/N	不小于	156			SH/T 0203

① 为保证项目，每半年测定一次。如原料、工艺变动时必须进行测定。
注：基础油黏度由生产厂与用户协商确定。

24.8.11　极压复合锂基润滑脂（SH 0535—1992）

(1) 概述

本节内容适用于由复合锂皂稠化矿物润滑油并加入极压添加剂所制得的润滑脂。

符合本节内容的产品适用于工作温度在-20～160℃范围内的高负荷机械设备的润滑。按 GB 7631.8 的规定，其代号为 L-XBEHB1，L-XBEHB2 和 L-XBEHB3。

(2) 技术要求和试验方法

极压复合锂基润滑脂的技术要求和试验方法见表 4-24-107。

表 4-24-107　　极压复合锂基润滑脂的技术要求和试验方法

项目		质量指标						试验方法
		一等品			合格品			
		1号	2号	3号	1号	2号	3号	
工作锥入度/0.1mm		310～340	265～295	220～250	310～340	255～295	220～250	GB/T 269
滴点/℃	不低于	260	260	260	250	250	250	GB/T 3498
腐蚀(T2 铜片,100℃,24h)		不大于2级			—			GB/T 7326 中甲法
		—			铜片无绿色或黑色			GB/T 7326 中乙法
水淋流失量(38℃,1h)(质量分数)/%	不大于	5	5	5	10	10	10	SH/T 0109
延长工作锥入度变化率/%								GB/T 269
10000 次	不大于	10	10	10	—	—	—	
100000 次	不大于	10	10	10	15	20	20	
漏失量(104℃,6h)/g	不大于	2.5	2.5	2.5	5.0	2.5	2.5	SH/T 0326
漏失量(163℃,60h,6h)/g	不大于	2.5	2.5	2.5	—	—	—	SH/T 0326
防腐蚀性(52℃,48h)/级	不大于	1	1	1	2	2	2	GB/T 5018
极压性能(四球机法)/N								SH/T 0202
烧结负荷 P_D	不小于	3089	3089	3089	3089	3089	3089	
综合磨损值 *ZMZ*	不小于	637	637	637	441	441	441	
极压性能(蒂姆肯法)OK 值/N	不小于	200	200	200	156	156	156	SH/T 0203
抗磨性能(四球机法)/mm	不大于	0.5	0.5	0.5	—	—	—	SH/T 0204
蒸发度(180℃,1h)(质量分数)/%	不大于	—	—	—	5	5	5	SH/T 0337
钢网分油(100℃,24h)(质量分数)/%	不大于	—	—	—	6	5	3	SH/T 0324
氧化安定性①(99℃,100h,0.770MPa)								SH/T 0325
压力降/MPa	不大于	—	—	—	0.070	0.070	0.070	
相似黏度(-10℃)/Pa·s	不大于	500	800	1200	500	800	1200	SH/T 0048
轴承寿命②(149℃)/h	不小于	400	400	400	—	—	—	SH/T 0428

① 为保证项目，每半年测定一次，如原料、工艺变动时必须进行测定。

② 为保证项目，每 4 年测定一次，如原料、工艺变动时必须进行测定。

24.9　固体润滑剂

24.9.1　固体润滑剂的分类

表 4-24-108　　固体润滑剂的分类

类别	项目	举例	说明
金属	硬金属	如钨(W)、钼(Mo)、铑(Rh)、铬(Cr)等	用铑、铬作为电镀层保护缸套、曲轴
	软金属	如铟(In)、铅(Pb)、金(Au)、银(Ag)等软金属	用于硬金属基体的深冲压模具上，金、银可用于轴承上
		如铅锡、铜铅、铝锡、锌锡等	用于轴衬，它们在辐射、真空、高温等条件下，都具有良好的润滑性

续表

类别	项目	举例	说明
金属化合物	金属硫化物	如二硫化钼(MoS_2)、二硫化钨(WS_2)、二硫化铌(NbS_2)、二硫化钛(TiS_2)、二硫化锡(SnS_2)	此种材料除耐高温、润滑性能优异外,能形成牢固的不易被擦掉的吸附-化合固体润滑膜
	金属氧化物	如氧化铅(PbO)、氧化钴(Co_2O_3)、氧化亚铜(Cu_2O)、三氧化二铁(Fe_2O_3)、氧化铝(Al_2O_3)等	它们各有不同的极压性与润滑性
	金属卤化物	如氟化钠(NaF)、氟化钡(BaF_2)、氯化镉($CdCl_2$)、溴化镉($CdBr_2$)、碘化镉(CdI_2)等	
	金属硒化物	如硒化钼($MoSe_2$)、二硒化锆($ZrSe_2$)等	
	金属碲化物	如碲化钼($MoTe_2$)、碲化铌($NbTe_2$)、碲化钛($TiTe_2$)等	
	金属磷酸盐	如焦磷酸锌($Zn_2P_2O_2$)等	一般作化学生成膜用
	有机金属皂	如各种金属脂肪酸皂等	
非金属与非金属化合物		如石墨(C)、氮化硼(BN)、氮化硅(Si_3N_4)	

24.9.2 二硫化钼(GB/T 23271—2009)

(1) 概述

本节内容适用于天然法或合成法生产的二硫化钼产品。

分子式:MoS_2。

分子量:160.07(按2003国际原子量)。

(2) 分类

根据用途的不同,产品分为五个牌号:

$FMoS_2$-1:主要用于催化剂或催化剂原料。

$FMoS_2$-2、$FMoS_2$-3、$FMoS_2$-4、$FMoS_2$-5:主要用于固体润滑剂、润滑剂添加剂、摩擦改进剂及制造钼金属化合物等。

(3) 化学成分

二硫化钼的化学成分见表4-24-109。

表4-24-109 二硫化钼的化学成分 %

牌号	主含量(质量分数)	杂质元素(质量分数)							
	MoS_2	总不溶物	Fe	Pb	MoO_3	SiO_2	H_2O	酸值以KOH计/(mg/g)	含油量(丙酮萃取)
	不小于	不大于							
$FMoS_2$-1	99.50	—	0.01	0.02	—	0.001	0.10	0.50	—
$FMoS_2$-2	99.00	0.50	0.15	0.02	0.20	0.10	0.20	0.50	0.50
$FMoS_2$-3	98.50	0.50	0.15	0.02	0.20	0.10	0.20	0.50	0.50
$FMoS_2$-4	98.00	0.65	0.30	0.02	0.20	0.20	0.20	0.50	0.50
$FMoS_2$-5	96.00	2.50	0.70	0.02	0.20	—	0.20	1.00	0.50

(4) 粒度

二硫化钼的粒度见表4-24-110。

表4-24-110 二硫化钼的粒度

粒度	1#	2#	3#	4#
D_{50}/μm	$D_{50}\leq1.5$	$1.5<D_{50}\leq5$	$5<D_{50}\leq10$	$D_{50}>10$

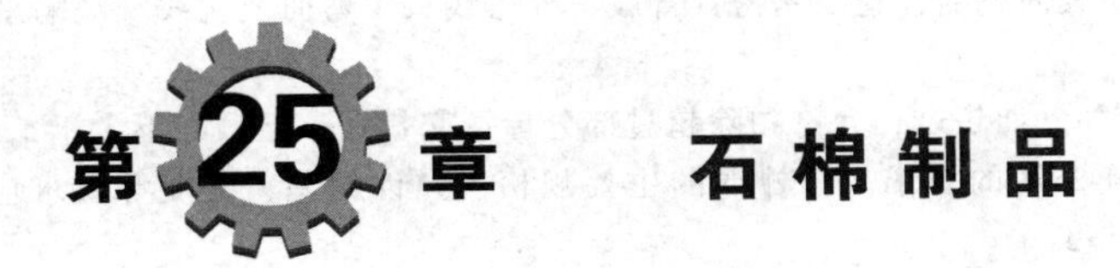

25.1 纯石棉制品

25.1.1 石棉绳（JC/T 222—2009）

(1) 概述

本节内容适用于以干法或湿法纺成的石棉纱、线制作的石棉绳。石棉绳按制造方法分为四类，产品名称及代号见表 4-25-1。

表 4-25-1　石棉绳的分类与代号

分　类	原料组成	代号
石棉扭绳	用石棉纱、线扭合而成	SN
石棉圆绳	用石棉纱、线编结成圆形的绳	SY
石棉方绳	用石棉纱、线编结成方形的绳	SF
石棉松绳	用石棉绒作芯，以石棉纱、线编结成菱形网状外皮的松软的圆形绳	SC

(2) 分级与代号

石棉绳按烧失量分为六级，分级与代号见表 4-25-2。

表 4-25-2　石棉绳的分级与代号

分级	烧失量/%	代号	分级	烧失量/%	代号
AAAA 级	≤16.0	4A	A 级	24.1~28.0	A
AAA 级	16.1~19.0	3A	B 级	28.1~32.0	B
AA 级	19.1~24.0	2A	S 级	32.1~35.0	S

(3) 产品标记

石棉绳的产品标记由名称代号、分级代号、规格和标准号组成。

① 规格为 3mm、烧失量不大于 16%的石棉扭绳标记为：

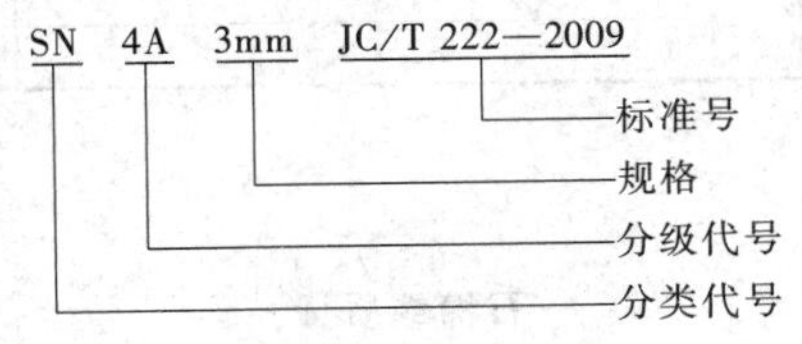

② 规格为 10mm、烧失量为 24.1%~28.0%的石棉方绳标记为：

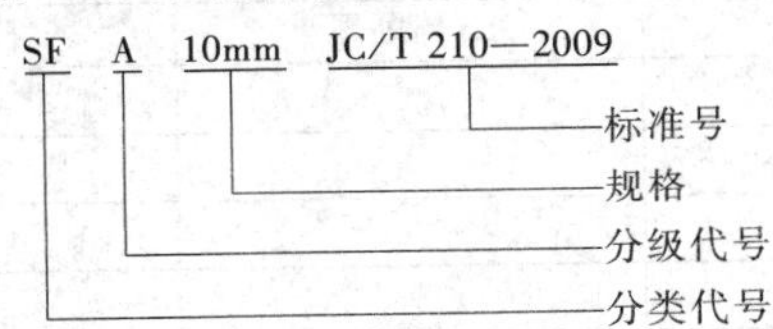

(4) 技术要求

石棉绳用的石棉纱、线质量应符号 JC/T 221 的规定。

石棉绳的外观应松紧均匀，表面整洁，花纹紧密；背股、外露线头、弯曲及跳线等缺陷总数，10m 内不超过 7 处。

石棉绳的水分应不大于 3.5%。如超过，允许扣除超过部分计算交货量，但最高不大于 5.5%。

石棉绳的烧失量应符合表 4-25-3 的要求。石棉绳的主要规格、允许偏差、密度等要求应符合表 4-25-4～表 4-25-7 的要求。

表 4-25-3　　石棉绳的烧失量要求

代　　号	烧失量/%	代　　号	烧失量/%
4A	≤16.0	A	≤28.0
3A	≤19.0	B	≤32.0
2A	≤24.0	S	≤35.0

表 4-25-4　　石棉扭绳的主要规格、允许偏差、密度要求

规格(直径)/mm	允许偏差/mm	密度/(g/cm³)
3.0、5.0	±0.3	≤1.00
6.0、8.0、10.0	±0.5	
>10.0	±1.0	

表 4-25-5　　石棉圆绳的主要规格、允许偏差、密度要求

规格(直径)/mm	允许偏差/mm	编结层数	密度/(g/cm³)
6.0、8.0、10.0	±0.3	一层以上	≤1.00
13.0、16.0	±1.0		
19.0		二层以上	
22.0、25.0、28.0	±1.5		
32.0		三层以上	
35.0、38.0	±2.0		
42.0、45.0、50.0		四层以上	

表 4-25-6　　石棉方绳的主要规格、允许偏差、密度要求

规格/mm	允许偏差/mm	密度/(g/cm³)	规格/mm	允许偏差/mm	密度/(g/cm³)
4.0、5.0	±0.4	≥0.8	22.0、25.0、28.0、32.0	±1.5	≥0.8
6.0、8.0、10.0	±0.5		38.0、42.0、45.0、50.0	±2.0	
13.0、16.0、19.0	±1.0				

表 4-25-7　　石棉松绳的主要规格、允许偏差、密度要求

规格(直径)/mm	允许偏差/mm	密度/(g/cm³)
13.0、16.0、19.0	±1.0	≤0.55
22.0、25.0、32.0	±1.5	≤0.45
38.0、45.0、50.0	±2.0	≤0.35

(5) 石棉绳质量

石棉绳的质量见表 4-25-8。

表 4-25-8　　石棉绳质量　　g/m

规格(直径)/mm	石棉绳名称			
	石棉扭绳	石棉圆绳	石棉方绳	石棉松绳
3	7.8			
4				
5	19.6			
6	28.3	33	29	

续表

规格(直径)/mm	石棉绳名称			
	石棉扭绳	石棉圆绳	石棉方绳	石棉松绳
8	50.2		51	
10	78.5		80	
13		133	135	73
16		201	205	111
19		283	289	156
22		380	387	171
25		491	500	221
28		615	627	277
32		804	819	362
35		962	980	433
38		1134	1155	397
42		1385	1411	485
45		1590	1620	557
50		1963	2000	687

25.1.2 石棉纱、线（JC/T 221—2009）

(1) 概述

本节内容适用于由温石棉纤维或温石棉纤维混合其他纤维经干法或湿法纺成的纱，也适用于两根或两根以上的石棉纱捻合而成的石棉线，以及夹有各种增强材料的石棉纱、线。

(2) 分类、分级与代号

石棉纱、线按夹增强纤维的情况分为五类，分类与代号见表 4-25-9。石棉纱、线按烧失量分为六级，分级与代号见表 4-25-10。

表 4-25-9　　石棉纱、线的分类与代号

分类	原料组成	代　　号
1类	由石棉纤维与其他纤维经纺制而成的不夹其他增强纤维的纱、线	SS 1
2类	夹有金属丝(铜、铅、镍、锌或其他金属及合金丝)的石棉纱、线	SS 2(Cu、Pb、Ni、Zn……)
3类	夹有有机增强丝(锦、尼龙、人造丝)的石棉纱、线	SS 3(M、N、R)
4类	夹有非金属无机增强丝(玻璃丝、陶瓷纤维等)的石棉纱、线	SS 4(B、T……)
5类	含有2~4类所使用的各增强丝复合而成的石棉纱、线	SS 5

表 4-25-10　　石棉纱、线的分级与代号

分级	烧失量/%	代号	分级	烧失量/%	代号
AAAA级	≤16.0	4A	A级	24.1~28.0	A
AAA级	16.1~19.0	3A	B级	28.1~32.0	B
AA级	19.1~24.0	2A	S级	32.1~35.0	S

(3) 产品标记

石棉纱的产品标记由分类代号、分级代号、线密度及标准号组成。

1类A级密度为220 tex的石棉纱标记为：

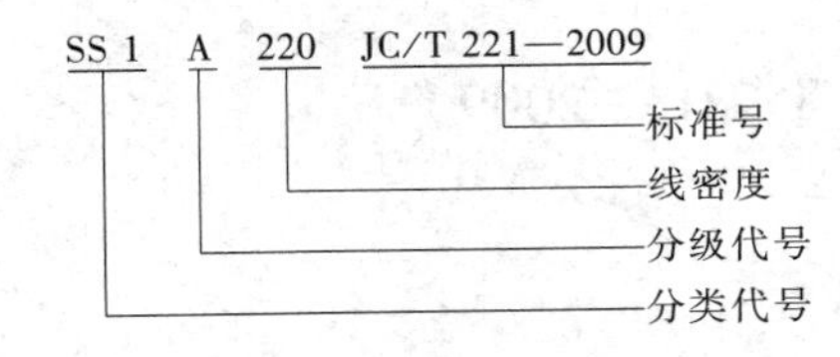

石棉线的产品标记由分类代号、分级代号、规格及本标准号组成。

3A 级规格为 2mm 的石棉铜丝线标记为：

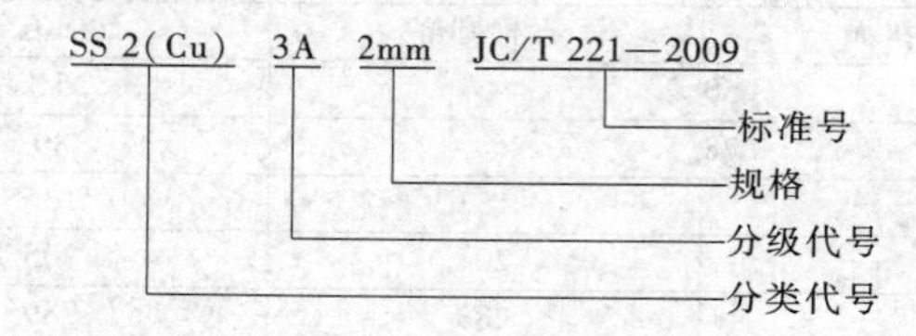

(4) 技术要求

石棉纱、线的外观质量应符合表 4-25-11 的规定。石棉纱线的捻回方向（捻向）分顺手捻［或叫右捻（S捻）］和反手捻［或叫左捻（Z捻）］两种。同一批纱线的捻回方向必须一致。石棉纱的线密度及允许偏差要求应符合表 4-25-12 的规定。石棉纱、线的水分应不大于 3.5%，如超过 3.5%，允许扣除超过部分计算交货量，但水分最高不得超过 5.5%。

表 4-25-11 石棉纱、线的外观质量要求

疵点名称	技术要求	疵点名称	技术要求
错股、混合纱	不允许	腾捻纱(螺旋线)	10m 内不允许超过 1 处
污渍纱	不允许	接头不良	石棉纱搭头不长于 1.5cm 石棉线接头不长于 2cm
超辫(小辫纱)	10m 内不允许超过 5 处		
大肚纱	10m 内不超过 5 处，每处长不超过 2cm		

表 4-25-12 石棉纱的线密度及允许偏差要求

线密度/tex	允许误差/%	线密度/tex	允许误差/%	线密度/tex	允许误差/%	线密度/tex	允许误差/%
100	±8	200	±8	370	±8	900	±8
105		210		400		1000	±10
110		220		420		1250	
120		250		440		2000	
125		280		560		2500	
145		300		590		3300	
165		310		620		4000	
175		330		780			
185		350		840			

(5) 线密度与支数对照表

石棉纱、线的线密度与支数对照表见表 4-25-13。

表 4-25-13 石棉纱、线的线密度与支数对照表

线密度/tex	支数/S	线密度/tex	支数/S	线密度/tex	支数/S	线密度/tex	支数/S
100	100	200	50	370	27	900	11
105	95	210	48	400	25	1000	10
110	90	220	45	420	24	1250	8
120	85	250	40	440	23	2000	5
125	80	280	36	560	18	2500	4
145	70	300	34	590	17	3300	3
165	60	310	32	620	16	4000	2.5
175	57	330	30	780	13		
185	54	350	28	840	12		

25.1.3 石棉布、带（JC/T 210—2009）

(1) 概述

该节内容适用于机织石棉布、带。

(2) 分类

石棉布、带按所用石棉纱、线加工工艺分为两种，见表 4-25-14。石棉布、带按夹增强纤维的情况分为五类，分类及代号见表 4-25-15。

表 4-25-14　　石棉布、带的加工工艺和种类代号

加工工艺	种类代号
由干法工艺生产的石棉纱、线织成的石棉布、带	SB、SD
由湿法工艺生产的石棉纱、线织成的石棉布、带	WSB、WSD

表 4-25-15　　石棉布、带的分类与代号

分类	原料组成	分类代号
1类	未夹有增强物的石棉纱、线织成的布、带	SB 1、WSB 1,SD 1、WSD 1
2类	夹有金属丝(铜、铅、镍、锌或其他金属及合金丝)的石棉纱、线织成的布、带	SB 2、WSB 2,SD 2、WSD 2(Cu、Pb、Zn……)
3类	夹有有机增强丝(锦、尼龙、人造丝)的石棉纱、线织成的布、带	SB 3、WSB 3,SD 3、WSD 3(M、N、R)
4类	夹有非金属无机增强丝(玻璃丝、陶瓷纤维等)的石棉纱、线织成的布、带	SB 4、WSB 4,SD 4、WSD 4(B、T……)
5类	用两种或两种以上增强丝复合而成的石棉纱、线织成的布、带	SB 5、WSB 5,SD 5、WSD 5

(3) 分级

石棉布、带按烧失量分为六级，见表 4-25-16。

表 4-25-16　　石棉布、带的分级与代号

分级	烧失量/%	分级代号	分级	烧失量/%	分级代号
AAAA 级	≤16.0	4A	A 级	24.1~28.0	A
AAA 级	16.1~19.0	3A	B 级	28.1~32.0	B
AA 级	19.1~24.0	2A	S 级	32.1~35.0	S

(4) 产品标记

石棉布的产品标记由分类代号、分级代号、厚度和标准号组成。

① 规格为 2mm、烧失量为 16.1%~19.0%的干法石棉铜丝布标记为：

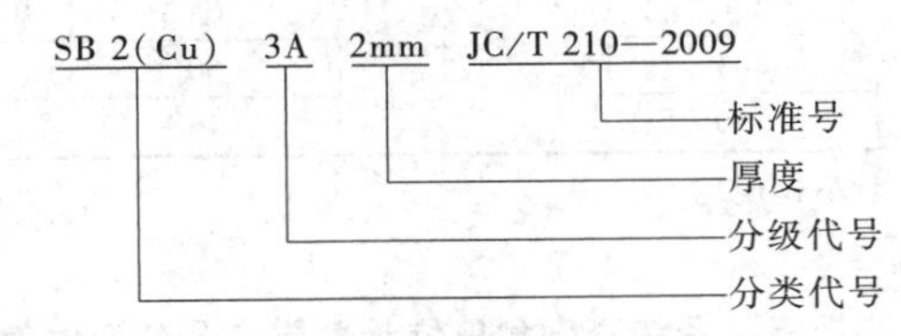

② 规格为 2mm、烧失量为 19.1%~24.0%的湿法石棉玻璃丝布标记为：

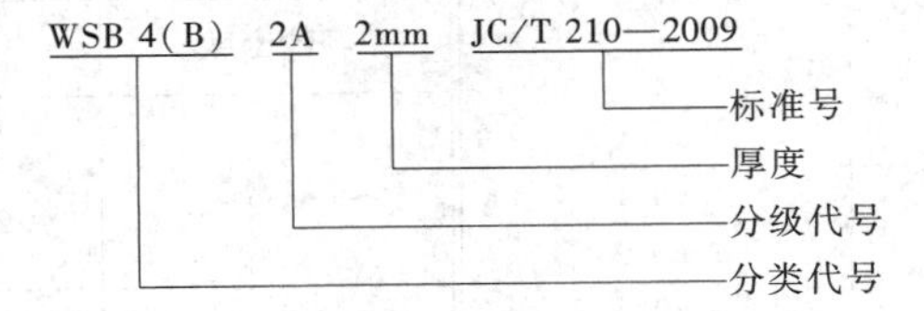

石棉带的产品标记由分类代号、分级代号、厚度和标准号组成。

① 规格为 2mm、烧失量为 16.1%~19.0%的干法石棉铜丝带标记为：

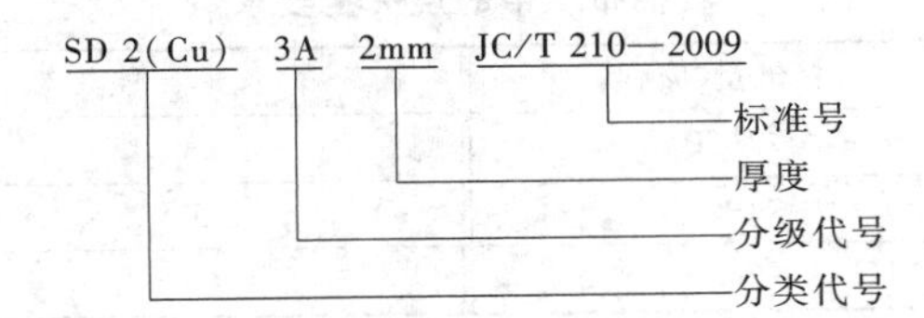

② 规格为 2mm、烧失量为 19.1%~24.0%的湿法石棉带标记为：

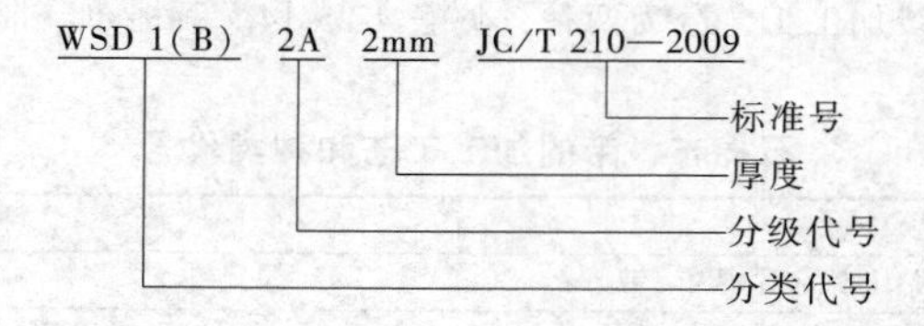

(5) 技术要求

石棉布、带的外观应洁净、平整、织纹清晰，不允许有缺经、缺纬、跳线和线头明显外露等织造上的缺陷。石棉布的规格尺寸、经纬密度、单位面积质量、织物结构及允许偏差，应符合表 4-25-17 的规定。石棉带的规格、经纬密度及单位长度质量由需方确定，其允许偏差应符合表 4-25-18 的规定。

石棉布、带的烧失量应符合表 4-25-19 的规定。

石棉布、带的水分应不大于 3.5%，如超过 3.5%，允许扣除超过部分计算交货量，但是水分最高不得超过 5.5%。

石棉带断裂强力见表 4-25-20。

表 4-25-17　石棉布的规格尺寸、经纬密度、单位面积质量、织物结构及允许偏差要求

种类	宽度/mm		厚度/mm		经纬宽度/(根/100mm)		单位面积质量/(kg/m²)	织纹结构
	基本尺寸	允许偏差	基本尺寸	允许偏差	经线≥	纬线≥		
SB	1000 1200 1500	±20	0.8	±0.1	80	40	0.60	平纹
			1.0		75	38	0.75	
			1.5	±0.2	72	36	1.10	
			2.0		64	32	1.50	
			2.5		60	30	1.90	
			3.0		52	26	2.30	
			3.0	±0.2	84	60	2.40	平斜纹
WSB	800 1000 1200 1500	±20	0.6	±0.05	140	70	0.45	平纹
			0.8	±0.1	124	62	0.55	
			1.0		108	54	0.75	
			1.5	±0.2	72	36	1.00	
			2.0		64	32	1.20	
			2.5		60	30	1.40	
			3.0		48	24	1.70	

注：1. 夹金属丝石棉布单位面积质量不作规定。
2. 特殊规格，由供需双方商定。

表 4-25-18　石棉带的规格、经纬密度和单位长度质量及允许偏差要求

检验项目	技术指标	允许偏差	检验项目	技术指标	允许偏差
宽度/mm	≤40 40~65 >65	±5	经纱密度	全宽	规定值的±10%
厚度/mm	≤1.0 1.0~2.0 2.1~3.0 >3.0	±0.1 ±0.2 ±0.3 基本尺寸的±10%	纬纱密度	≤20 根/25mm >20 根/25mm	±1 规定值的±10%
			单位长度质量	—	±10%

表 4-25-19　石棉布、带的烧失量要求

代　　号	烧失量/%	代　　号	烧失量/%
4A	≤16.0	A	≤28.0
3A	≤19.0	B	≤32.0
2A	≤24.0	S	≤35.0

表 4-25-20　　1 类石棉布的断裂强力要求

种类	厚度/mm	断裂强力/(N/50mm)　≥												织纹结构
		4A 和 3A				2A 和 A				B 和 S				
		常温		加热后		常温		加热后		常温		加热后		
		经向	纬向	经向	纬向	经向	纬向	经向	纬向	经向	纬向	经向	纬向	
SB	0.8	294	147	147	78	245	137	137	68	196	98	98	59	平纹
	1.0	392	196	196	98	412	176	147	68	294	147	137	59	
	1.5	490	245	245	127	441	196	157	68	411	196	137	59	
	2.0	588	294	294	147	461	216	167	78	461	216	137	69	
	2.5	686	343	343	176	490	245	176	88	490	225	147	78	
	3.0	784	392	392	196	588	294	206	108	588	294	176	88	
	3.0	882	441	441	245	680	340	274	157	784	392	235	137	平斜纹
WSB	0.6	294	147	147	74	295	147	147	75	—	—	—	—	平纹
	0.8	392	196	196	98	350	175	175	87					
	1.0	490	245	245	123	452	226	226	98					
	1.5	590	295	295	147	490	245	245	100					
	2.0	690	345	345	172	580	255	255	105					
	2.5	785	392	392	196	685	275	275	110					
	3.0	850	425	425	213	750	295	295	115					

25.1.4　石棉纸板（JC/T 69—2009）

(1) 概述

本节内容适用于作为 500℃ 以下的隔热、保温和包覆式密封垫片内衬材料的石棉纸板。

石棉纸板是以中短石棉纤维为主要原料，加入填料、黏结剂，经过打浆、抄取、干燥等工艺而制成的纸板状材料。

(2) 分类及标记

石棉纸板按用途分为两类：用于隔热、保温类石棉纸板，代号为 A-1；用于包覆式密封垫片内衬材料的石棉纸板，代号为 A-2。

(3) 尺寸要求

石棉纸板的表面应平整、光滑，允许一面有毛布纹压痕，不允许有折裂、鼓泡、分层、缺角等缺陷。

石棉纸板的长度、宽度及允许偏差、两对角线长度之差应符合表 4-25-21 的规定。石棉纸板的厚度及允许偏差见表 4-25-22。

表 4-25-21　　石棉纸板的长度、宽度及允许偏差、两对角线长度之差　　mm

长度×宽度	允许偏差	两对角线长度之差
1000×1000	±5	≤30

注：其他长宽尺寸及允许偏差可由供需双方商定。

表 4-25-22　　石棉纸板的厚度及允许偏差　　mm

厚度 t	允许偏差		厚度 t	允许偏差	
	A-1	A-2		A-1	A-2
$0.2<t\leqslant0.5$	±0.05	±0.05	$1.50<t\leqslant2.00$	±0.20	±0.09
$0.5<t\leqslant1.00$	±0.10	±0.07	$2.00<t\leqslant5.00$	±0.30	±0.10
$1.00<t\leqslant1.50$	±0.15	±0.08	$t>5.00$	±0.50	—

注：其他厚度及允许偏差由供需双方商定。

(4) 物理力学性能

石棉纸板的物理力学性能见表 4-25-23。

表 4-25-23　　石棉纸板的物理力学性能

项　　目		性能要求		项　　目		性能要求	
		A-1	A-2			A-1	A-2
水分/%	≤	3.0		密度/(g/cm^3)	≤	1.5	
烧失量/%	≤	24.0		横向拉伸强度/MPa	≥	0.8	2.0

注：厚度大于 3mm 者不做横向拉伸强度试验。

25.1.5　石棉填料（JB/T 1712—1991）

本节内容适用于阀门的石棉填料函。

石棉填料的结构形式如图 4-25-1 所示，尺寸如表 4-25-24 所示。

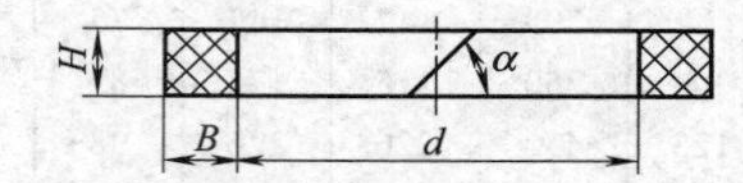

图 4-25-1　石棉填料的结构形式

表 4-25-24　　石棉填料的尺寸　　mm

d	B	H	α	展开长度 ≈	每1000个质量/kg 不夹铜丝（计算密度0.9）≈	每1000个质量/kg 夹铜丝（计算密度1.1）≈	d	B	H	α	展开长度 ≈	每1000个质量/kg 不夹铜丝（计算密度0.9）≈	每1000个质量/kg 夹铜丝（计算密度1.1）≈
8	3		30°或45°	35	0.28	0.35	40	8		30°或45°	151	8.70	10.63
10				41	0.33	0.41	42						
12	4			51	0.73	0.90	44	10			170	15.30	18.70
14				57	0.82	1.00	48						
16	5			66	1.49	1.82	50				189	17.01	20.79
18				73	1.64	2.01	55				205	18.45	22.55
20	6			82	2.66	3.25	60				220	19.80	24.20
22				88	2.85	3.48	65				236	21.24	25.96
24				95	3.08	3.76	70	13			261	39.70	48.52
26	8			101	5.82	7.11	75				277	42.13	51.49
28				114	6.57	8.03	80				293	44.57	54.47
32				126	7.26	8.87	90	16			333	76.72	93.77
36				139	8.01	9.79							

石棉填料的材料见表 4-25-25。

表 4-25-25　　石棉填料的材料

材　　料	标　准　号	材　　料	标　准　号
浸聚四氟乙烯石棉绳	—	XS250	JC 67
石墨石棉绳		XS350	
YS250F	JC 68	XS450	
YS350F		XS550	

25.1.6　温石棉（GB/T 8071—2008）

（1）概述

温石棉是一种纤维状含水硅酸镁矿物，矿物学上称为纤维蛇纹石，分子式为 $3MgO \cdot 2SiO_2 \cdot 2H_2O$，理论成分为 MgO43.64%，$SiO_2$43.36%，$H_2O$13.00%。

(2) 分级与标记

① 产品分级　机选温石棉分为 1 级、2 级、3 级、4 级、5 级、6 级、7 级七个等级。

② 产品代号与标记　1~6 级机选温石棉的产品代号由级别识别数字（一位数字）和主体纤维含量识别数字（两位数字）组成。7 级机选温石棉的产品代号由数字 7 和松散密度数值组成。

机选温石棉的标记由产品代号后缀标准号组成。

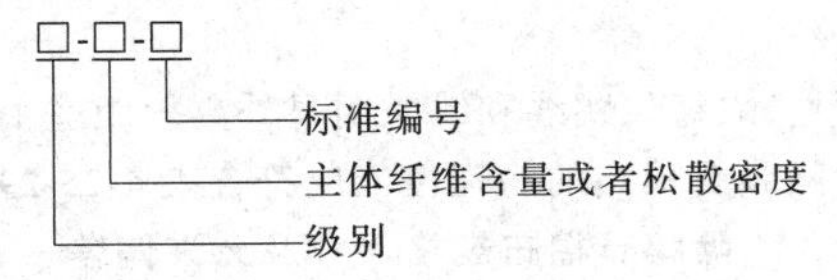

示例如下：

a. 5 级温石棉、主体纤维含量（质量分数）为 60%，其标记为：5-60-GB/T 8071—2008。

b. 7 级温石棉、松散密度为 350kg/m^3，其标记为：7-350-GB/T 8071—2008。

(3) 要求

机选温石棉的水分（吸附水）应不大于 2%。如超过 2%，验收计量时扣除其超额水分。

机选温石棉的产品质量应符合表 4-25-26 或表 4-25-27 的规定。

表 4-25-26　　1~6 级机选温石棉质量要求

级别	产品代号	干式分级(质量分数)/%				松解棉含量(质量分数)/%	+1.18mm 纤维含量(质量分数)/%	-0.075mm 细粉量(质量分数)/%	纤维系数	砂粒含量(质量分数)/%	夹杂物含量(质量分数)/%
		+12.5mm	+4.75mm	+1.4mm	-1.40mm						
		≥			≤	≥	≥	≤	≥	≤	≤
1	1-70	70	93	97	3	—	50	40	—	0.3	0.04
	1-60	60	88	96	4		47	44			
	1-50	50	85	95	5		43	46			
2	2-40	40	82	94	6		37	50	—		
	2-30	30	82	93	7		32	54			
	2-20	20	75	91	9		28	58			
3	3-80	—	80	93	7	50	10	38	1.3	0.3	0.04
	3-70		70	91	9			40	1.2		
	3-60		60	89	11			42	1.1		
	3-50		50	87	13		9	43	1.0		
	3-40		40	84	16			44	0.9		
4	4-30	—	30	83	17	45	8	46	0.7	0.4	0.03
	4-20		20	82	18		7	49	0.6		
	4-15		15	80	20		6	52	0.5		
	4-10		10	80	20		6	52	0.5		
5	5-80	—	—	80	20	40	4	54	0.40	0.5	0.02
	5-70			70	30		3	56	0.35		
	5-60			60	40		1.5	58	0.30		
	5-50			50	50		1	60	0.25		
6	6-40	—	—	40	60	35	—	66	—	2.0	
	6-30			30	70			68			
	6-20			20	80			70			

表 4-25-27　　7 级机选温石棉质量要求

级别	产品代号	松散密度/(kg/m^3) ≤	-0.045mm 细粉含量(质量分数)/% ≤	砂粒含量(质量分数)/% ≤
7	7-250	250	50	0.05
	7-350	350	50	0.1
	7-450	450	60	0.3
	7-550	550	70	0.5

25.1.7 隔膜石棉布（JC/T 211—2009）

（1）概述

本节内容适用于用干法石棉纱、线机织而成的用于水解电解槽隔离氢气与氧气的隔膜石棉布。

（2）技术要求

隔膜石棉布的表面不允许有缺经、缺纬、跳线和线头明显外露等织造上的缺陷。隔膜石棉布的规格尺寸及允许偏差，应符合表 4-25-28 的规定。隔膜石棉布的物理性能应符合表 4-25-29 的规定。

表 4-25-28　　隔膜石棉布规格尺寸及允许偏差

厚度/mm		幅宽/mm	
公称尺寸	允许偏差	公称尺寸	允许偏差
2.5	±0.2	765　870　1000 1060　1260　1550	+15
3.2			

注：特殊规格，由供需双方商定

表 4-25-29　　隔膜石棉布物理性能要求

检验项目			厚度/mm	
			2.5	3.2
单位面积质量/(kg/m^2)		≤	3.20	3.80
气密性(U 形管指示刻度 300mmH_2O 压力,保持 2min)			不允许有气泡	不允许有气泡
断裂强力	经向/(N/50mm)	≥	1800	2200
	纬向/(N/50mm)	≥	1100	1600
烧失量/%		≤	19.0	
碱失量/%		≤	4.0	

25.1.8 泡沫石棉（JC/T 812—2009）

（1）概述

本节内容适用于使用温度在 500℃以内的保温隔热用泡沫石棉。泡沫石棉是指以温石棉为主要原料，经化学开棉、发泡、成形、干燥等工艺制成的泡沫状制品。

（2）产品标记

泡沫石棉产品标记由产品名称、长度×宽度×厚度、标准号组成。

标记示例：外形尺寸为 1000mm×500mm×45mm 的泡沫石棉的标记为泡沫石棉 1000×500×45 JC/T 812—2009。

（3）要求

泡沫石棉外观应无明显隆起或凹陷，手感细腻。泡沫石棉断面结构应泡孔均匀，细密，最大泡孔直径不大于 5mm。

泡沫石棉尺寸及允许偏差应符合表 4-25-30 的规定。泡沫石棉物理性能应符合表 4-25-31 的规定。

表 4-25-30　　泡沫石棉尺寸及允许偏差　　mm

项目	基本尺寸	允许偏差	项目	基本尺寸	允许偏差
长度	800	±5	宽度	500	±5
	1000	±10	厚度	25,30,35,40,45, 50,55,60	+4.5 0
	1500	±15			

表 4-25-31　　泡沫石棉物理性能

项目名称	要求
含水率/%	≤3.0
体积密度/(kg/m^3)	≤40
压缩回弹率/%	≥50
热导率(平均温度 343K±5K,冷热板温差 28K±2K)/[W/(m·K)]	≤0.053

第4篇

25.2 橡胶石棉制品

25.2.1 石棉密封填料（JC/T 1019—2006）

（1）概述

本节内容适用于压力为8MPa以下、温度为550℃以下的蒸汽机、往复泵的活塞和阀门杆上的橡胶石棉密封填料；压力为4.5MPa以下、温度为350℃以下，介质为蒸汽、空气、工业用水，重质石油产品的回转轴、往复泵的活塞和阀门杆上的油浸石棉密封填料；压力为12MPa以下、温度为-100~250℃的管道阀门、活塞杆上的聚四氟乙烯石棉密封填料。

（2）分类和牌号

橡胶石棉密封填料分编织及卷制两类，其牌号按适用范围分，由大写汉语拼音字母和阿拉伯数字及英文字母组成，表示方法如下：

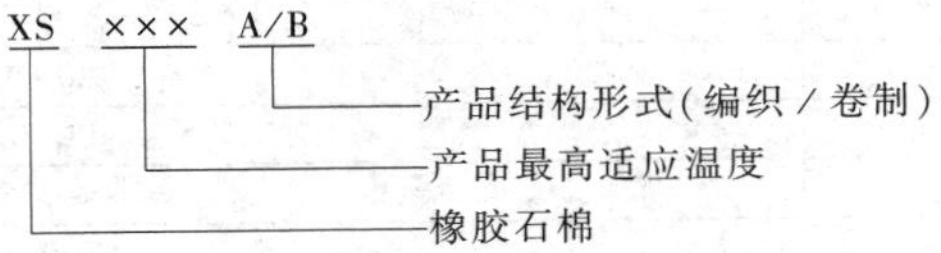

产品按其适用范围分四个牌号，见表4-25-32。

表4-25-32　橡胶石棉密封填料的分类

牌号	适用范围	牌号	适用范围
XS 550 A	适用于介质温度≤550℃,压力≤8MPa	XS 350 A	适用于介质温度≤350℃,压力≤4.5MPa
XS 550 B	适用于介质温度≤550℃,压力≤8MPa	XS 350 B	适用于介质温度≤350℃,压力≤4.5MPa
XS 450 A	适用于介质温度≤450℃,压力≤6MPa	XS 250 A	适用于介质温度≤250℃,压力≤4.5MPa
XS 450 B	适用于介质温度≤450℃,压力≤6MPa	XS 250 B	适用于介质温度≤250℃,压力≤4.5MPa

注：夹有金属丝的，在牌号后面以金属丝的化学元素符号加括弧注明。

油浸石棉密封填料分方形、圆形和圆形扭制产品三种；根据用户需要可夹有金属丝。其牌号按适用范围分，由大写汉语拼音字母和阿拉伯数字及英文字母组成，表示方法如下：

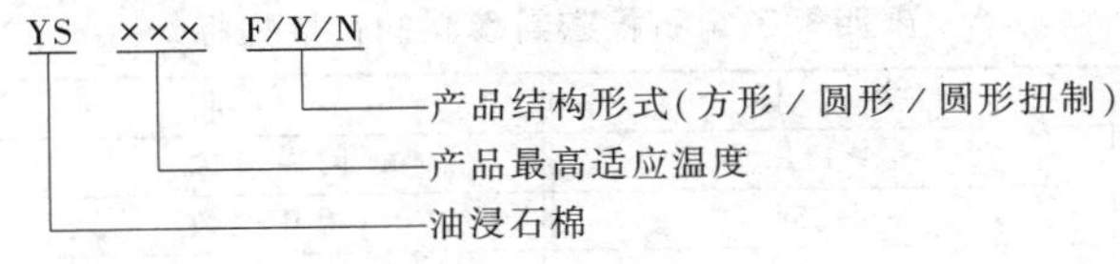

产品按其适用范围分两个牌号，见表4-25-33。

表4-25-33　油浸石棉密封填料的分类

牌号	适用范围	牌号	适用范围
YS 350 F	适用于介质温度≤350℃,压力≤4.5MPa	YS 250 F	适用于介质温度≤250℃,压力≤4.5MPa
YS 350 Y	适用于介质温度≤350℃,压力≤4.5MPa	YS 250 Y	适用于介质温度≤250℃,压力≤4.5MPa
YS 350 N	适用于介质温度≤350℃,压力≤4.5MPa	YS 250 N	适用于介质温度≤250℃,压力≤4.5MPa

注：夹金属丝的，在牌号后面以金属丝的化学元素符号加括弧注明。

聚四氟乙烯石棉密封填料牌号按规格分。由大写汉语拼音字母和阿拉伯数字及英文字母组成，表示方法如下：

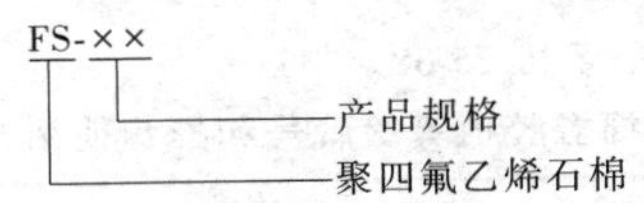

牌号示例：聚四氟乙烯石棉盘根，规格10×10，牌号为FS-10。

（3）技术要求

石棉密封填料规格和公差见表4-25-34。橡胶石棉密封填料的性能指标见表4-25-35。油浸石棉密封填料的性能指标见表 4-25-36。聚四氟乙烯石棉密封填料的性能指标见表 4-25-37。

表 4-25-34　　石棉密封填料规格和公差　　mm

规　格	公差	规　格	公差
3.0,4.0,5.0	±0.3	19.0,22.0,25.0	±0.8
6.0,8.0,10.0	±0.4	28.0,32.0,35.0,38.0,42.0,45.0,50.0	±1.0
13.0,16.0	±0.6		

注：其他规格可供需双方商定。

表 4-25-35　　橡胶石棉密封填料的性能指标

项　目		牌　号							
		XS 550 A	XS 550 B	XS 450 A	XS 450 B	XS 350 A	XS 350 B	XS 250 A	XS 250 B
体积密度/(g/cm³)	夹金属丝	≥1.1							
	无金属丝	≥0.9							
烧失量/%		≤24		≤27		≤32		≤40	
所用石棉布/线的烧失量/%		≤19		≤21		≤24		≤32	
耐温失量/%	夹金属丝	≤10	—	≤15	—	≤15	≤20	≤20	≤22
	无金属丝	—	—	—	—	≤17	≤20	≤20	≤22
压缩率/%		20~45							
回弹率/%		≥30							
摩擦因数		≤0.50							
磨损量/g		≤0.30							

表 4-25-36　　油浸石棉密封填料的性能指标

项　目		牌　号					
		YS 350 F	YS 350 Y	YS 350 N	YS 250 F	YS 250 Y	YS 250 N
体积密度/(g/cm³)	夹金属丝	≥1.1					
	无金属丝	≥0.9					
所用石棉线支数/支		≥4					
所用石棉线拉伸强度/MPa		见 JC/T 221—2009 中表 5					
除去浸渍剂的石棉线烧失量/%		≤24			≤32		
所用润滑油闪点/℃		300			240		
浸渍剂含量/%		25~45					

表 4-25-37　　聚四氟乙烯石棉密封填料的性能指标

项　目	指　标	项　目	指　标
体积密度/(g/cm³)	≥1.1	回弹率/%	≥25
烧失量/%	≤25	摩擦因数	≤0.40
压缩率/%	15~45	磨损量/g	≤0.10

25.2.2　石棉橡胶板（GB/T 3985—2008）

(1) 概述

本节内容适用于以温石棉为增强纤维、以橡胶为黏合剂，经辊压形成的用于制造耐热耐压密封垫片的各类板材。这种板材制成的密封垫片也可参照采用。

(2) 分类和标记

石棉橡胶板分为七个等级牌号，详见表 24-25-38。

表 4-25-38　　石棉橡胶板等级牌号和推荐使用范围

等级牌号	表面颜色	推荐使用范围
XB510	墨绿色	温度 510℃以下、压力 7MPa 以下的非油、非酸介质
XB450	紫色	温度 450℃以下、压力 6MPa 以下的非油、非酸介质
XB400	紫色	温度 400℃以下、压力 5MPa 以下的非油、非酸介质

续表

等级牌号	表面颜色	推荐使用范围
XB350	红色	温度 350℃以下、压力 4MPa 以下的非油、非酸介质
XB300	红色	温度 300℃以下、压力 3MPa 以下的非油、非酸介质
XB200	灰色	温度 200℃以下、压力 1.5MPa 以下的非油、非酸介质
XB150	灰色	温度 150℃以下、压力 0.8MPa 以下的非油、非酸介质

石棉橡胶板产品可按下述两种标记方法的任一种方法进行标记。

① 按产品等级牌号和标准编号顺序标记。

标记示例：石棉橡胶板，等级牌号为 XB350，标记为 XB350—GB/T 3985。

② 根据产品的型号类别和物理力学性能按 GB/T 20671.1 规定的方法进行标记。

标记示例：石棉橡胶板，等级牌号为 XB350，根据其产品的型号类别和物理力学性能标记为 GB/T 20671—ASTM F104（F119000—B7M5TZ）。

(3) 要求

石棉橡胶板的表面颜色应符合表 4-25-38 的规定。石棉橡胶板的表面应平滑，不允许有裂纹、气泡、分层、外来杂质和其他对使用有影响的缺陷。

石棉橡胶板的长度和宽度尺寸偏差不得大于±5%。石棉橡胶板的厚度偏差应符合表 4-25-39 的规定。

石棉橡胶板的物理力学性能应符合表 4-25-40 的规定。

表 4-25-39　石棉橡胶板的厚度允许偏差

公称厚度/mm	允许偏差/mm	同一张板厚度差/mm	公称厚度/mm	允许偏差/mm	同一张板厚度差/mm
≤0.41	+0.13 -0.05	≤0.08	1.57~3.00(含)	±0.20	≤0.20
			>3.00	±0.25	≤0.25
0.41~1.57(含)	±0.13	≤0.10			

表 4-25-40　石棉橡胶板的物理力学性能

项目		XB510	XB450	XB400	XB350	XB300	XB200	XB150
横向拉伸强度/MPa	≥	21.0	18.0	15.0	12.0	9.0	6.0	5.0
老化系数	≥	0.9						
烧失量/%	≤	28.0			30.0			
压缩率/%		7~17						
回弹率/%	≥	45			40		35	
蠕变松弛率/%	≤	50						
密度/(g/cm³)		1.6~2.0						
常温柔软性		在直径为试样公称厚度 12 倍的圆棒上弯曲 180°，试样不得出现裂纹等破坏迹象						
氮气泄漏率/[mL/(h·mm)]	≤	500						
耐热耐压性	温度/℃	500~510	440~450	390~400	340~350	290~300	190~200	140~150
	蒸汽压力/MPa	13~14	11~12	8~9	7~8	4~5	2~3	1.5~2
	要求	保持 30min，不被击穿						

注：厚度大于 3mm 的石棉橡胶板，不做拉伸强度试验。

25.2.3 耐油石棉橡胶板（GB/T 539—2008）

(1) 概述

本节内容适用于以温石棉为增强纤维、以耐油橡胶为黏合剂，经辊压形成的用于制造耐油密封垫片的各类板材。这种板材制成的密封垫片也可参照采用。

(2) 分类

耐油石棉橡胶板按用途分为一般工业用耐油石棉橡胶板和航空工业用耐油石棉橡胶板两类。一般工业用耐油石棉橡胶板又分为五个等级牌号，详见表 4-25-41。

表 4-25-41　　耐油石棉橡胶板等级牌号和推荐使用范围

分类	等级牌号	表面颜色	推荐使用范围
一般工业用耐油石棉橡胶板	NY510	草绿色	温度 510℃以下、压力 5MPa 以下的油类介质
	NY400	灰褐色	温度 400℃以下、压力 4MPa 以下的油类介质
	NY300	蓝色	温度 300℃以下、压力 3MPa 以下的油类介质
	NY250	绿色	温度 250℃以下、压力 2.5MPa 以下的油类介质
	NY150	暗红色	温度 150℃以下、压力 1.5MPa 以下的油类介质
航空工业用耐油石棉橡胶板	HNY300	蓝色	温度 300℃以下的航空燃油、石油基润滑油及冷气系统的密封垫片

（3）标记

耐油石棉橡胶板产品可按下述两种标记方法的任一种方法进行标记。

① 按等级牌号和本标准编号顺序标记。

标记示例：等级牌号为 NY250 的一般工业用耐油石棉橡胶板，标记为 NY250—GB/T 539。

② 根据其产品的型号类别和物理力学性能按 GB/T 20671.1 规定的方法进行标记。

标记示例：等级牌号为 NY250 一般工业用耐油石棉橡胶板，可根据其产品的型号类别和物理力学性能标记为 GB/T 20671—ASTM F104（F119040—A9B7E04M5TZ）。

（4）要求

耐油石棉橡胶板的表面颜色应符合表 4-25-41 的规定。耐油石棉橡胶板的表面应平滑，不允许有裂纹、气泡、分层、外来杂质和其他对使用有影响的缺陷。

耐油石棉橡胶板的长度和宽度尺寸偏差不得大于±5%。耐油石棉橡胶板的厚度偏差应符合表 4-25-42 的规定。耐油石棉橡胶板的物理力学性能应符合表 4-25-43 的规定。

表 4-25-42　　耐油石棉橡胶板的厚度允许偏差

公称厚度/mm	允许偏差/mm	同一张板厚度差/mm	公称厚度/mm	允许偏差/mm	同一张板厚度差/mm
≤0.41	+0.13 −0.05	≤0.08	1.57~3.00（含）	±0.20	≤0.20
0.41~1.57（含）	±0.13	≤0.10	>3.00	±0.25	≤0.25

表 4-25-43　　耐油石棉橡胶板的物理力学性能

项目			NY510	NY400	NY300	NY250	NY150	HNY300
横向拉伸强度/MPa		≥	18.0	15.0	12.7	11.0	9.0	12.7
压缩率/%			7~17					
回弹率/%		≥	50			45	35	50
蠕变松弛率/%		≤	45				—	45
密度/(g/cm³)			1.6~2.0					
常温柔软性			在直径为试样公称厚度 12 倍的圆棒上弯曲 180°，试样不得出现裂纹等破坏迹象					
浸渍 IRM903 油后性能 149℃，5h	横向拉伸强度/MPa	≥	15.0	12.0	9.0	7.0	5.0	9.0
	增重率/%	≤	30					
	外观变化		—					无起泡
浸渍 ASTM 燃料油 B 后性能 21~30℃，5h	增厚率/%		0~20					0~20
	浸油后柔软性		—					同常温柔软性要求
对金属材料的腐蚀性			—					无腐蚀
常温油密封性	介质压力/MPa		18	16	15	10	8	15
	密封要求		保持 30min，无渗漏					
氮气泄漏率/[mL/(h·mm)]		≤	300					

注：厚度大于 3mm 的耐油石棉橡胶板，不做拉伸强度试验。

25.2.4 耐酸石棉橡胶板（JC/T 555—2010）

（1）概述

本节内容适用于温度为200℃、压力为2.5MPa以下，以酸类为介质的设备及管道密封衬垫用的耐酸石棉橡胶板。

（2）外观质量

耐酸石棉橡胶板的表面应平滑，不允许有裂纹、气泡、分层、外来杂质和其他对使用有影响的缺陷。

耐酸石棉橡胶板的长度和宽度尺寸偏差不得大于±5%。

耐酸石棉橡胶板的厚度偏差应符合表4-25-44的规定。耐酸石棉橡胶板的物理力学性能应符合表4-25-45的规定。

表4-25-44　耐酸石棉橡胶板的厚度允许偏差

公称厚度/mm	允许偏差/mm	同一张板厚度差/mm	公称厚度/mm	允许偏差/mm	同一张板厚度差/mm
≤0.41	+0.13 −0.05	≤0.08	1.57~3.00(含)	±0.20	≤0.20
			>3.00	±0.25	≤0.25
0.41~1.57(含)	±0.13	≤0.10			

表4-25-45　耐酸石棉橡胶板的物理力学性能

项目	指标名称			技术指标
物理性能	横向拉伸强度/MPa		≥	10.0
	密度/(g/cm^3)			1.7~2.1
	压缩率/%			12±5
	回弹率/%		≥	40
	柔软性		≤	在直径为试样公称厚度12倍的圆磅上弯曲180℃，试样不得出现裂纹等破坏现象
耐酸性能	硫酸 $c(H_2SO_4)$=18mol/L，室温，48h	外观		不起泡、无裂纹
		增重率/%	≤	50
	盐酸 $c(HCl)$=12mol/L，室温，48h	外观		不起泡、无裂纹
		增重率/%	≤	45
	硝酸 $c(HNO_3)$=1.67mol/L，室温，48h	外观		不起泡、无裂纹
		增重率/%	≤	40

注：1. 厚度大于3.0mm者不做拉伸强度试验。

2. 厚度大于等于2.5mm者不做柔软性试验。

第26章 云母

26.1 以云母为基的绝缘材料

26.1.1 以云母为基的绝缘材料，第1部分：定义和一般要求（GB/T 5019.1—2009）

26.1.2 以云母为基的绝缘材料，第2部分：试验方法（GB/T 5019.2—2009）

26.1.3 以云母为基的绝缘材料，第3部分：换向器隔板和材料（GB/T 5019.3—2009）

26.1.4 以云母为基的绝缘材料，第4部分：云母纸（GB/T 5019.4—2009）

26.1.5 以云母为基的绝缘材料，第5部分：电热设备用云母板（GB/T 5019.5—2014）

26.1.6 以云母为基的绝缘材料，第6部分：聚酯薄膜补强B阶环氧树脂黏合云母带（GB/T 5019.6—2007）

26.1.7 以云母为基的绝缘材料，第7部分：真空压力浸渍（VPI）用玻璃布及薄膜增强环氧（GB/T 5019.7—2009）

26.1.8 以云母为基的绝缘材料，第8部分：玻璃布补强B阶环氧树脂黏合云母带（GB/T 5019.8—2009）

26.1.9 以云母为基的绝缘材料，第9部分：单根导线包缠用环氧树脂黏合聚酯薄膜云母带（GB/T 5019.9—2009）

26.1.10 以云母为基的绝缘材料，第10部分：耐火电缆用云母带（GB/T 5019.10—2009）

26.1.11 以云母为基的绝缘材料，第11部分：塑型云母板（GB/T 5019.11—2009）

26.1.12 以云母为基的绝缘材料，第12部分：高透气性玻璃布增强环氧少胶云母带（GB/T 5019.12—2017）

26.2 其他云母制品

26.2.1 云母带 醇酸玻璃云母带（JB/T 6488.1—1992）

26.2.2 云母带 有机硅玻璃云母带（JB/T 6488.2—1992）

26.2.3 云母带 环氧玻璃粉云母带（JB/T 6488.3—1992）

26.2.4 云母带 真空压力浸渍用环氧玻璃粉云母带（JB/T 6488.4—1995）

26.2.5 云母带 耐火安全电缆用粉云母带（JB/T 6488.5—1999）

26.2.6 云母带 聚酰亚胺薄膜粉云母带（JB/T 6488.6—2002）

26.2.7 电气用云母箔（JB/T 901—2015）

26.2.8 塑性云母板（JB/T 7099—1993）

26.2.9 电气用柔软云母板（JB/T 7100—2015）

扫码阅读此章内容

27.1 陶瓷的分类

27.1.1 日用陶瓷分类（GB 5001—2018）

(1) 概述

日用陶瓷是指供日常生活使用的各类陶瓷制品。

(2) 分类

日用陶瓷分类应符合表 4-27-1 的规定。陶器分类应符合表 4-27-2 的规定。瓷器分类应符合表 4-27-3 的规定。

表 4-27-1　日用陶瓷分类

性能特征	类别	
	陶器	瓷器
吸水率/%	>5.0	≤5.0
胎体特征	未玻化或玻化程度差，结构不致密，断面呈土状	玻化程度高，结构致密，断面呈石状或贝壳状

表 4-27-2　陶器分类

性能特征	类别		
	粗陶器	普陶器	细陶器
吸水率/%	>5.0		
胎体特征	断面颗粒粗，气孔大，结构不均匀，制作粗糙	断面颗粒较细，气孔较小，结构较均匀，制作规整	断面颗粒细，气孔小，结构均匀，制作精细

表 4-27-3　瓷器分类

性能特征	类别		
	炻瓷器	普瓷器	细瓷器
吸水率/%	≤5.0	≤1.0	≤0.5
胎体特征	透光性差，断面呈石状，制作较精细	有一定透光性，断面呈石状或贝壳状，制作较精细	透光性好，断面细腻，呈贝壳状，制作精细

27.1.2 建筑卫生陶瓷分类（GB/T 9195—2011）

(1) 概述

① 建筑陶瓷　由黏土、长石和石英为主要原料，经成形、烧成等工艺处理，用于装饰、构建与保护建筑物、构筑物的板状或块状陶瓷制品。

② 卫生陶瓷　由黏土、长石和石英为主要原料，经混练、成形、高温烧制而成用作卫生设施的有釉陶瓷制品。

(2) 建筑陶瓷的分类

① 按成形方法分类　建筑陶瓷按成形方法分为：挤压砖（板、瓦、块）；干压砖（板、瓦、块）；用其他方法成形的砖（板、瓦、块）。

② 按吸水率（E）分类　建筑陶瓷按吸水率（E）分为：低吸水率砖（板、瓦、块）；中吸水率砖（板、瓦、块）；高吸水率砖（板、瓦、块）。

③ 按用途分类　建筑陶瓷按用途分为：内墙砖（板、块）；外墙块（板、块）；地砖（板、块）；天花板砖（板、块）；阶梯砖（板、块）；游泳池砖；广场砖；配件砖；屋面瓦；其他用途砖（板、块）。

(3) 卫生陶瓷的分类

① 按材质分类　卫生陶瓷按材质分为：瓷质卫生陶瓷；炻质卫生陶瓷；陶质卫生陶瓷。

② 按品种分类　卫生陶瓷按品种分为：坐便器；洗面器；小便器；蹲便器；净身器；洗涤槽；水箱；小件卫生陶瓷。

(4) 名称与定义

① 陶瓷砖　由黏土、长石和石英为主要原料制造的用于覆盖墙面和地面的板状或块状建筑陶瓷制品。

② 瓷质砖（板）　吸水率（E）不超过0.5%的陶瓷砖（板）。

③ 炻瓷砖　吸水率（E）大于0.5%、不超过3%的陶瓷砖。

④ 细炻砖　吸水率（E）大于3%、不超过6%的陶瓷砖。

⑤ 炻质砖　吸水率（E）大于6%、不超过10%的陶瓷砖。

⑥ 陶质砖（板）　吸水率（E）大于10%的陶瓷砖（板）。

27.1.3　精细陶瓷分类系统（GB/T 23807—2009）

(1) 概述

本节规定了精细陶瓷的分类。该系统包括陶瓷粉料前驱体、粉末、陶粒、纤维、晶须、片晶、单晶、多晶、非晶态（玻璃）材料，以及复合材料、陶瓷薄膜、涂层。该分类系统将构成本节的核心。

分类系统不包含以下内容：

① 碳材料，除某些特殊陶瓷如金刚石、玻璃碳或者化学气相沉积石墨以外。

② 硅材料，锗元素以及其他半金属材料，但它们作为精细陶瓷的组成或前驱体时除外。

③ 黏土类传统陶瓷，包括：

a. 日用陶器（餐具等日用精细陶瓷制品）；

b. 建筑卫生陶瓷；

c. 墙体材料。

④ 定形的和不定形的耐火材料。

本节内容适用于精细陶瓷的分类。该标准不适用于硬质合金产品或者主要成分为玻璃的制品，但可以参照采用。本标准不是为了强制规范该分类系统如何使用，而是提供一个灵活框架和一个推荐性的可操作的编码系统，使用人员可以根据陶瓷产品信息编订编码。

(2) 术语

① 精细陶瓷。

② 先进陶瓷。

③ 先进工业陶瓷。

④ 良好的加工性能、高性能、优异的非金属性，具有特殊功能的无机陶瓷材料。

(3) 领域分类

标准 GB/T 23807—2009 为制定适合不同用户需要的精细陶瓷分类方法、每种分类方式采用不同的开头字母加以区分：

——A 代表应用领域；

——C 代表化学特征；

——P 代表制备及加工工艺；

——D 代表陶瓷特征信息。

产品的构成决定其化学特征并对应化学编码，依照本分类方法可以按照C类分类。本分类系统也可以增加其他分类科目，但都需用能够直接表达该含义的不同的开头字母加以区分。为了便于电脑识别，分类系统不要求一个相当严格的类别识别顺序，应尽量选择和优化分类方式。

在不同分类种类中，代码可使用可变字符：

——X代表任何适合编码特征的一个大写字母字符码；

——n代表任何适合编码特征的一个数字字符码。

（4）根据应用类别分类

“应用”类别的分类编码首字母为A，在图4-27-1中可以查到三位字符的代码。在图4-27-1中，“应用”通过产品的功能分成以下几类：

——电功能：电绝缘性和导电性；

——机械性能：耐磨性能，冲击性能；

——热能和热机械性能：热稳定性、隔热性、导热性或抗热冲击性为主要功能参数，有时需承受机械载荷；

——核功能：可作为核材料或防核材料；

——光学功能：物质作为光学元件对电磁辐射起到的反射、折射、传输或者吸收作用；

——化学功能：其中包括生物陶瓷材料、生物相容性相关陶瓷材料；

——磁性功能：可以实现磁功能的物质；

——粉体功能：粉末或颗粒状精细陶瓷。

三位编码中，第一位编码根据上面的主“应用”功能分类可以得出，后面两位编码不分等级，全部依照图4-27-1。

“应用”类别分类不可能对每种特殊功能的产品都建一个编码，所以需要设立“其他应用”，即不包含在上面的适用领域，归在编码980~999之内。

如果产品有未指明的功能需以通用特征分类，则在每个编码的开始应使用“不明”编码（一般为An00，不包含A400，但包含A950）。

例如：

——电阻芯：A144。

——橡胶浸渍膜：A820。

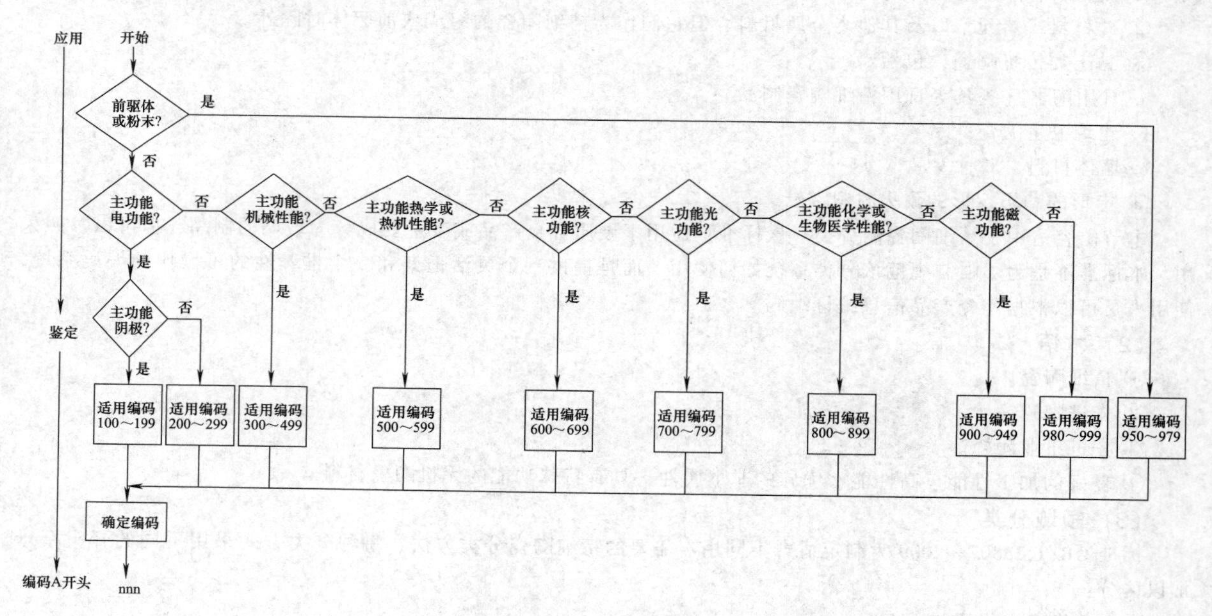

图4-27-1 “应用”类编码选择流程图

（5）根据精细陶瓷化学特征分类

①“化学特征”分类编码首字母为C。精细陶瓷化学特性分类比较复杂，该分类方法是一种比较灵活的分类

方法，其特点是以字母 C 开头表示陶瓷存在的化学类别（前驱体、粉末、块体陶瓷等），后几位编码表明其特征性、目前的数量、不同特性的关系（比如物理或者化学混合物）等。

“化学特征”有以下两种格式编码：

——短格式：针对粉末和陶瓷材料一般意义的化学特性分类。

——长格式：描述陶瓷更详细的化学信息，比如个体化学成分构成和质量分数。

② 选择短格式还是长格式取决于各单位之间的协商。短格式编码一般适用于商业产品，销售统计只需要知道产品基本化学类型，不需要明确其详细构成的情况。

③ 短格式编码包含四位字符（nnnn），该四位数字可从下文“（11）按照化学特征分类”中查找，在 5001~9999 编码范围内可以直接标注 C 而无须进行化学特征检验，若需要特征检验的需附加编码 XX，即：

CXXnnnn

该编码对陶瓷前驱体和成品采用适当的特征检验。

例如：

——95%高纯氧化铝：CKB5040。

——多孔铝酸钙陶瓷（冶金用透过材料）：CKG5555。

④ 表 4-27-4 为长格式编码构成表。化学特征编码可从 0001~4999 中得到。次序依照“构成”-“化学编码”-“数量”次序形成，并可以根据产品的详细情况要求重复编制。

在该类编码中，以下几点需要注意：

——编码需要根据产品的细节要求不断发展。

——如果最终使用用户要求，则需要附加产品的详细构成信息。表 4-27-4 描述了两个可选方案，即额外编码或增加编码。

——最基础的长格式分类编码是成分加上一个鉴定的化学组成。

——如果没有其他的特征字符，或者没有 A、P、D 等其中一个作为首字母（或者额外增加的分类类别），分类编码将终止。

——有效的使用长格式分类编码可以对产品有更明确的和细致的了解。

表 4-27-4　　编码选择和区分作业流程表

编码	种　类	
C	化学特征分类首字母	
XX	1 或 2 个编码标识的所有产品类别	
nnnn	4 位化学特征编码，范围从 0001 到 4999	
N	选择 1：编码表明物质 nnnn 所占的成分数值范围的百分比，依照下面的规则： 1≤1% 2>1%~10% 3>10%~30% 4>30%~50% 5>50%~70% 6>70%~90% 7>90%~99% 8>99% 如果成分不明，则该字符空填	选择 2：如果知道精确的成分组成，在“( )”内填写数字百分比，精确到 1%的用 C 字母标识，精确到 0.0001%的用 M 字母标识。 分别使用“<”或者“>”来表示大于或小于某个数值
XX①	这两个字符表示在同一产品或混合物中第二类物质与第一类的关系。例如在两种物质的混合粉料或陶瓷及其他混合物中某一第二项组成比例	
nnnn	处于第二类别的 4 位化学代码	
n	1：可选的单一成分百分比	2：补充说明

① 如果需要，第三或后续类别分类时可以重复应用该方法。

图 4-27-2 为按照化学特征进行编码选择的流程图。以下几个例子可以详细地说明该分类方法的灵活性及分类编码的唯一性。

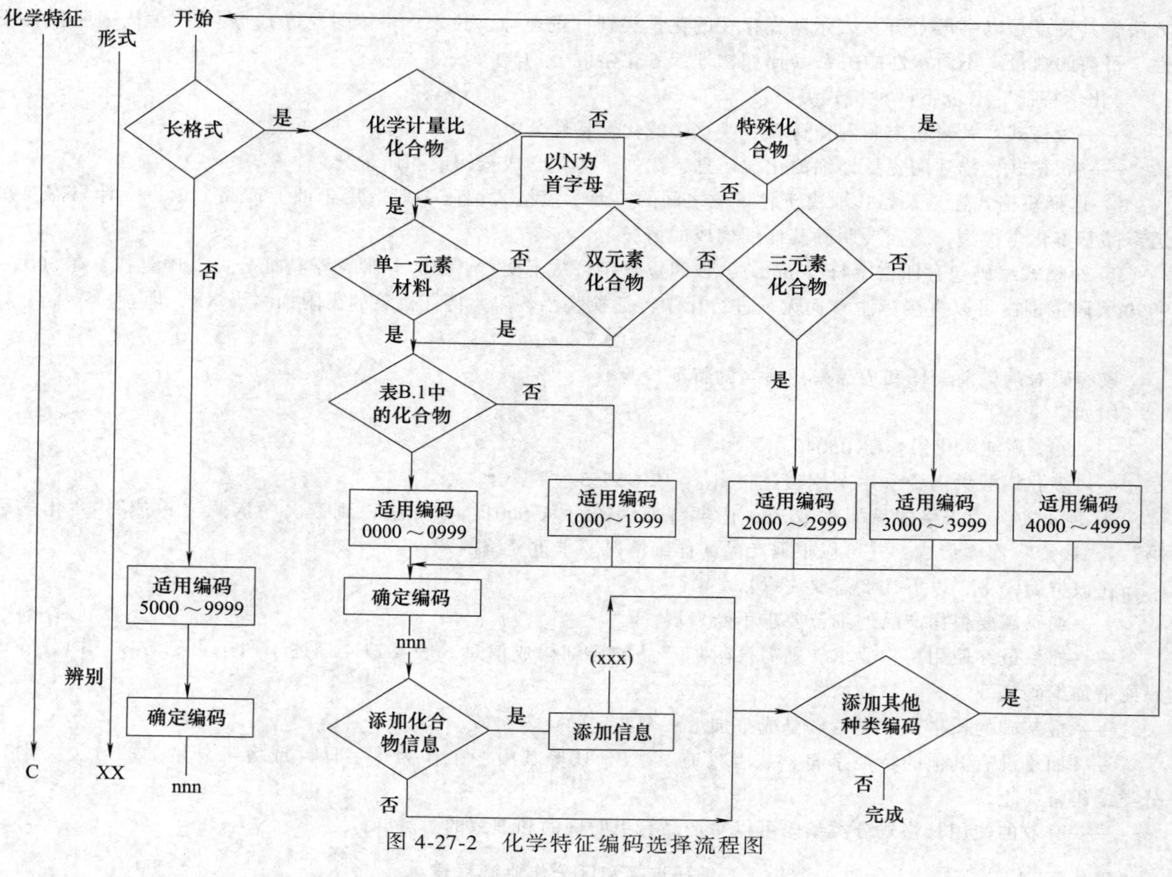

图 4-27-2 化学特征编码选择流程图

例 1 含 15%不稳定氧化锆的氧化铝陶瓷使用方案 1 后形成的编码：

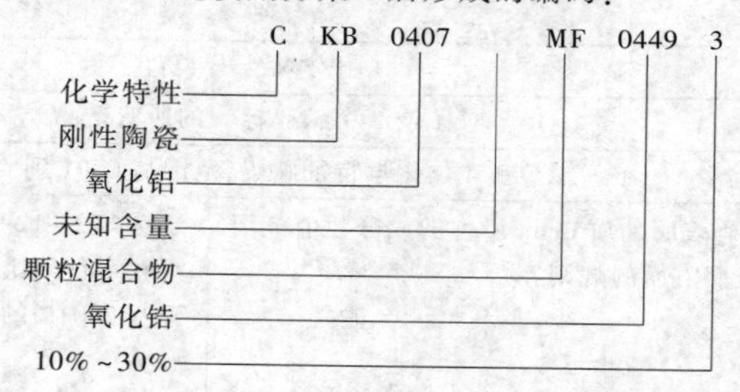

例 2 对于含有 15%氧化钇稳定氧化锆的氧化铝增韧陶瓷，氧化钇在氧化锆中含量不清，但不小于总量的 1%。通过使用方案 1 构成编码（字符间用空格隔开）：

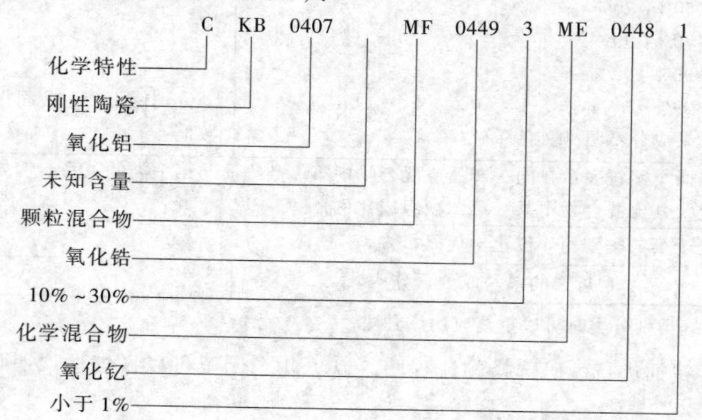

例 3　给出 15%氧化锆的信息（字符间用空格隔开）：

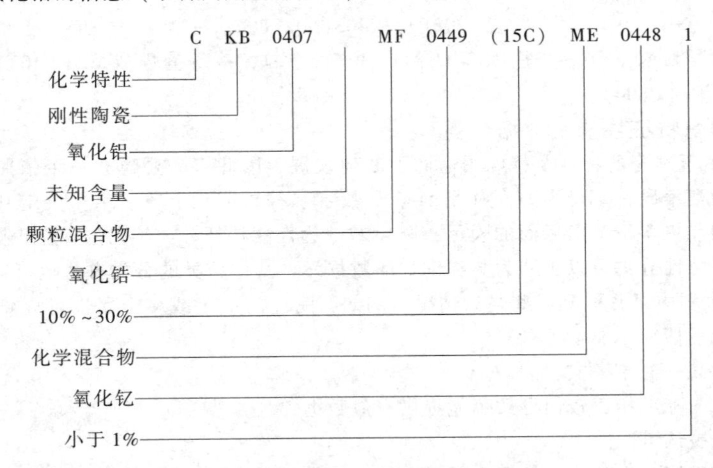

例 4　含有 71%二氧化硅、12%氧化钠、17%氧化硼的硼硅酸钠玻璃，使用方法 2 作精确的成分构成编码（字符间用空格隔开）：

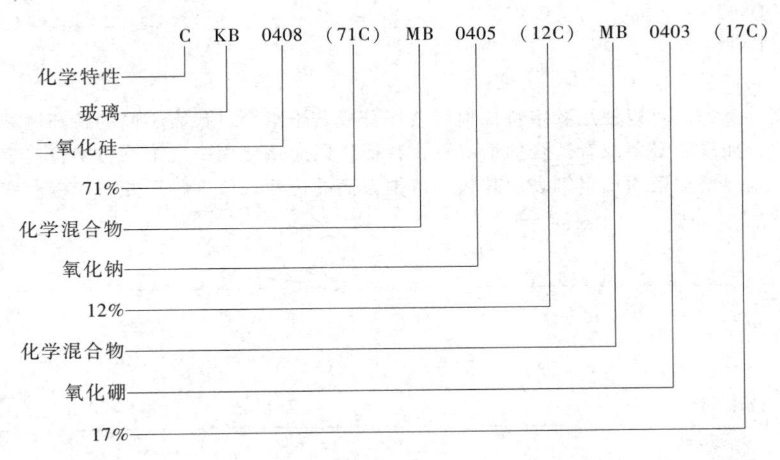

例 5　碳化硅晶须增强氧化铝-不稳定氧化锆，详细含量、组成均未知：

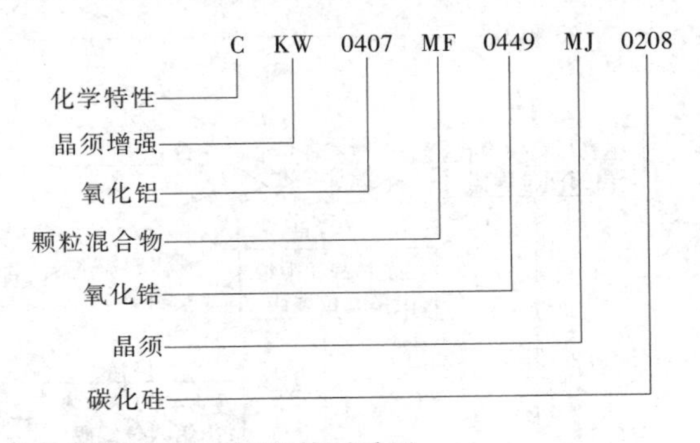

在组成不明的情况下，简易格式 CKW5190 可以等同采用。

注：通常不可能使用编码来定义一个不明成分的产品。所以，“其他”的化学分类科目，化学组中的长格式或者一般陶瓷组中的短格式可以在此使用。

（6）根据精细陶瓷制备及加工工艺分类

对于陶瓷的制备及加工工艺可以使用部分代码区分，使用一个简单的编码，首头字母为 P，三个字符组成的简单编码，即：

Pnnn

依照编码要求，编码可以在一个大编码内重复使用以充分识别采用的加工过程。例如：

P203P302P403P502P804

表示使用原料的化学粉末 P203，采用喷雾干燥（P302）造粒，冷等静压成形（P403），后在气化气氛烧结（P502）后表面研磨加工（P804）。

（7）根据精细陶瓷特征性能及数据分类

① 诸多精细陶瓷由于本身的特性及特殊用途而不断地发展，因此，需要建立一个依照“特性”“特征”为分类依据的科目。该分类编码首字母为 D，附带 3~6 个数字字符。第一个数字字符决定其特征分类，第二个决定该分类内在特征类型。更多细节由后面的表示，图 4-27-3 为性能特征分类编码选择流程图。

注：如果有必要，特性分类可以扩展为更加细化的数据库，其他分类的分类方法也可以为此使用。

② 在该分类编码过程中经常遇到一些复杂情况，例如，陶瓷的一个或多个属性可以将同类陶瓷产品间的重要关系表现出来，但以下情况不能：

——能够充分说明某一简单事实；

——数据资料无法与标准相比较而导致不能提供有效数据；

——测试方法没有被认可。

本分类方法的编码采用三个数字，编码表明陶瓷特性对材料的功能运用起到了重要作用，既表现材料产品本身，又表明其应用及可以取代的产品。例如：

——耐酸材料：D802。

——光电材料：D617。

——耐热震的材料产品：D303。

③“特征”数据分类方法可以使用数字特征值将特征分成若干组合，代表不同的特征测试方法。选用的组合可以用四位数字代表，如果有必要或者适合的情况下，特征代码应该使用一个第五位字符代表温度范围。如有特殊需要：例如电学，则应增加第六位字符表示其频率范围方面的特性。该字符需要与代表温度范围的字符协调以避免含糊不清的表述。

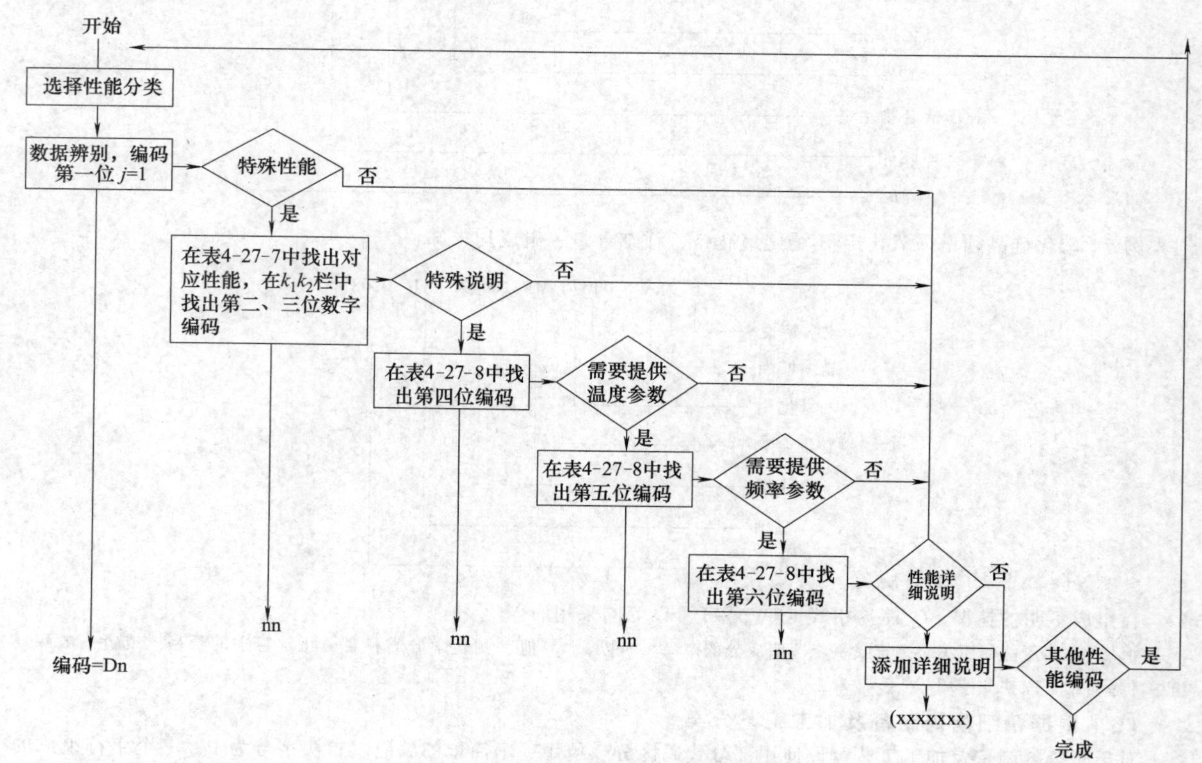

图 4-27-3 性能特征分类编码选择流程图

例 1　某材料室温下的弯曲强度为 600MPa：

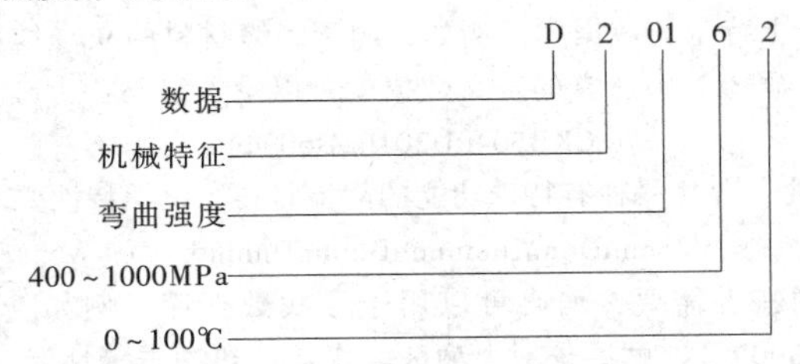

例 2　在 400℃、10MHz 下损耗角正切为 5×10^{-4} 的半导体：

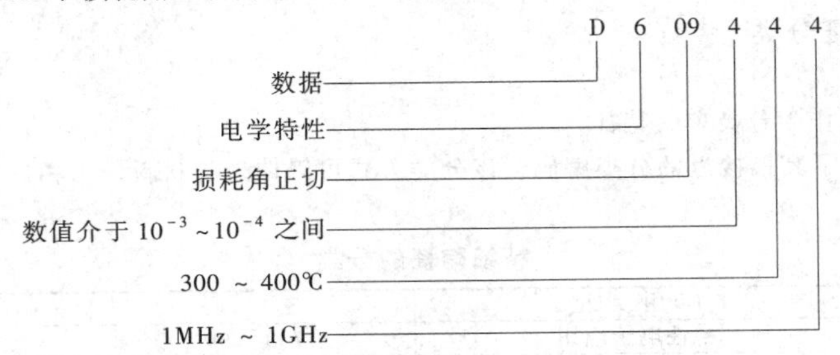

④ 如果有多于 1 个的特征，D 编码组可以重复，即：

DnnnDnnnnnnDnnn……

表明多个特征作用时。在不改变其含义的前提下，编码组可以改变其先后次序。

例如，在 400℃、10MHz 条件下介质耗损角正切为 5×10^{-4}，热导率为 40W/(m·K)，弯曲强度为 600MPa 的某种陶瓷材料，编码可以表示为：

D20164D609444D30154

前面的两组编码数据是从前面的例子中选取的，第三组表示材料的热导率。

⑤ 陶瓷材料特征性能的附加描述需要增加代码说明，包括测试实验方法、测试参数，或其他相关属性。

例如，前面的例子，增加其测试方法以及产品颜色：

D20164（ISO 14704，4 点弯曲，40mm 棒）D609444（IEC 60672）D30154（EN 821-2）D403（白色）

(8) 其他分类科目

标准 GB/T 23807—2009 中没有确定的，而需要深入了解的产品其他特征，一般依据其应用来确定分类编码，需要求包含以下信息，分类科目依据这样的格式来构造：

Xnnn

X 是唯一的、可以确认的分类代码，nnn 是从认可表格中找到的三位代码。这样的格式，使得电脑可以对额外的分类保持唯一性和可读性。表示属性的实例，包括：时间、厂家、原产地。

(9) 分类编码整体结构

上文所描述各种分类方法可以根据用户的需要改变编码长度以调整信息的详略程度。使用不同分类方法时，首字母标识符可以对字符串进行方便快捷的识别。完整的编码由单个字符通过任意允许的顺序排列而成，应是一个连续的没有缺位和标点的编码。

标准 GB/T 23807—2009 是对精细陶瓷的分类提供框架性指南而不是针对最终特定功能去指定强制的格式要求，系统提供了充分灵活、适宜的分类方法和序列的排序方法。一般情况下，建议使用短格式的化学编码。以下是本分类系统的具体应用事例。

例 1　根据精细陶瓷市场潜力和商业统计数据，贸易组织依据成员需要对产品分类的意向使用一套统一的销售数据，应用短格式化学编码，贸易信息回馈决定用方式标识，其分类编码为：XX 定义产品需求类型，nnnn 为短格式编码，可以从特殊化学品目录查找。因此，减少氧化钛的编码为：A402CKB6441。

例 2　一个研究组织希望编写一本商业用材料数据手册。化学式为首要辨识要素，化学产品厂家有价值的信息以及材料特性数据可以转换为电脑可读代码：

CXXnnnnDnnnDnnnDnnnnn……

该条件下，“应用”特征并不重要，反而“特征信息”是可以体现产品间差异的关键。有多少数据元素就需要添加多少字符。

化学字符编码可以单独服务于特定的数据库。例如，用于绝缘材料的95%纯度的氧化铝陶瓷结合上文“（7）根据精细陶瓷特征性能及数据分数③”中适宜的定义数据就可以录入编码：

CKB5040D20162D609444

例3 某组织因某种特定需要，寻找一种有特殊功能的陶瓷材料，化学特性要求不高，该产品可以编码如下：

AnnnDnnnDnnnnnnDnnnnDnnnn……

信息分类被用来识别广泛的特性需要，编码可以用于寻找数据库。例如，某化工用泵的转轴要求高强度（室温下大于200MPa）、高温（300℃），耐磨外衬、耐酸、水淬、热冲击等性能，这些要求可以通过编码实现：

A371D2015D702D802D3033

（10）按照应用特征分类

① 概述

以首字母A（应用）作为分类单一特征。

陶瓷材料的功能决定了其最接近的分类编码，该分类方式可以体现与材料最为相近的应用等级分类，精细陶瓷的分类如表4-27-5所示。

表4-27-5 精细陶瓷的分类

编 码	应用类型	编 码	应用类型
100~199	中性电子应用	700~799	光学应用
200~299	活性电子应用	800~899	化学应用，包括生物医学应用
300~499	机械应用	900~949	磁学应用
500~599	热学及热机性能应用	950~979	陶瓷粉末应用
600~699	核应用	980~999	其他应用

注意：随着精细陶瓷应用领域的不断拓展及新陶瓷材料的不断制备，该分类并未包含近期新发现的陶瓷材料。对分类存有疑问的则归入其他类中。

该分类方法是对于常用功能陶瓷的分类方法，即非特定特征应用的陶瓷分类在每一子分类中给出分类编码。对于有特殊应用特征的陶瓷而在本分类方法中为明确子分类的则归入“其他”分类中。

如果某些陶瓷因其应用多样性而无法明确归入某单一子分类中，则归入到最能接近其应用性能的一类。如化学泵的轴封表现为化学环境下的机械功能，即列入机械应用中。

② 应用分类。

100~199 中性电子应用

100 常用中性电子分类

强流绝缘体

101 结构电力绝缘子

102 小型低压绝缘子（例如接线盒、支座绝缘子）

103 火花塞绝缘子

104 点火器绝缘子

105 电热塞绝缘子

106 金属圈及电缆夹具

107 套管≤200℃

108 套管≥200℃

109 天线绝缘子

110 低压线圈架

111 高压线圈架

112 精密线圈架

113 高频线圈架

114 高温线圈架

115 低压保险装置

116 高压保险装置

117 真空封套

118 真空引入物

119 真空用电子绝缘子

120 其他真空条件下使用的电子元件

121 恒温底座及装置

122 弹药加热座及装置

123 模制绝缘子

124 带金属部的模制绝缘子

139 其他强流绝缘体

电子绝缘子

140 电子元件、单块集成电路基板、插座（排）

141 电子电路多层结线装置，包含插座（排）

142 热沉

143 功率半导体架

144 电阻芯

169 其他电子绝缘子

微波绝缘子

170 天线罩及导弹鼻锥

171　微波窗口装置
172　微波吸波器或衰减器
173　相位开关
179　其他在微波装置中应用的微波绝缘子
199　其他中性绝缘子
200~299　活性电子应用的陶瓷

电阻电导体
201　电阻加热元件
202　高频感受器
203　电极
204　点火器，喷气发动机
205　热离子发射阴极
206　用于集成电路操作的半导体装置
219　其他电阻电导体应用陶瓷

离子导体
220　电池电解质
221　燃料电池电解质
222　气体探测器
223　排氧传感器
224　熔融金属传感器
229　其他离子导体

电容装置
230　单块集成电路单层电容器
231　多层芯片电容器
239　多层电容器

非电阻电子导体
240　变阻器
241　电热调节器
242　衰减器
243　超导陶瓷元件
249　其他非电阻电子导体

压电应用
250　麦克风膜，包括电话听筒、手机
251　扩音器膜，包括电话听筒、手机
252　其他蜂鸣器和振动器
253　能量、压力和加速度传感器
254　声呐发射器和探测器
255　撞击点火器
256　机械制动器
257　发动机元件
258　喷墨打印机头
259　谐振器
260　水诊器
269　其他压电装置用陶瓷
270　电致伸缩装置
280　焦热电装置
299　其他功能电子装置
300~499　机械应用陶瓷
300　常用机械应用

研磨及破碎机械应用的陶瓷
301　研磨提及磨衬
302　研磨介质
303　其他研磨部件
304　研磨低硬度材料用研钵及研钵杵
305　研磨高硬度材料用研钵及研钵杵
309　其他研磨及破碎机械

农业应用
310　土地耕种用农业机械
311　农业雾化喷嘴
319　其他农业应用

机械设备耐磨面应用的陶瓷
320　喷砂喷嘴
321　旋风除尘器和管道
322　溜槽衬里
323　食品加工设备
324　模具内衬
325　破碎辊
326　铁路耐摩擦衬
327　成型辊棒
328　齿轮
329　其他机械设备耐磨面

弹道应用
330　弹道装甲
331　导弹发射装置
339　其他弹道应用陶瓷

材料切削方面应用的陶瓷
340　数字切削工具
341　机械切削工具
343　凿岩插入工具
344　纸、带切断刀片
345　民用刀具
346　剪刀和剪床
347　裁剪工具
359　其他切削工具

材料成型方面应用
360　冷模模具
361　挤出和拔丝、冲压模具

362 拔丝锥
363 热压模具
364 冲压和滚筒模具
369 其他成型模具

泵品方面应用的陶瓷
370 泵的叶片、叶轮
371 轴密封材料，包括动密封和静密封部件
372 液压柱塞和气缸
373 泵轴座、轴套
374 泵轴
375 泵房
379 其他泵的部件

阀、龙头和旋塞方面应用的陶瓷
380 龙头（旋塞）阀面，单杠杆
381 龙头（旋塞）阀面，多杠杆
382 龙头（旋塞）阀
383 气阀
399 其他非腐蚀性环境下的阀面

丝、纸、带、线等引导材料
400 纺纱、纺丝喷嘴
401 纺丝摩擦盘
402 纺丝引杆
403 造纸业用导杆、转子
404 制备打印头用陶瓷
405 磁带传输引头部件
406 打印机用转轴
407 线槽
419 丝、纸、带、线等引导用其他陶瓷

轴承用陶瓷
420 滑动轴承套
421 滚动轴承套
422 轴承球
423 轴承滚子
424 推力轴承套
439 其他轴承用陶瓷

筛选和计量装置
440 测量环
441 测量块
442 筛选机
443 V形块
444 平板和角度板
459 其他精密测量工具

体育用品用陶瓷
460 鞋钉
461 高尔夫球支撑杆
462 钓竿转轮
463 冰刀刀片
469 其他体育用品用陶瓷

用于个人用品的陶瓷
470 手表
471 首饰
479 其他用于个人用品的陶瓷
499 其他机械行业用陶瓷
500~599 热学和热机方面用陶瓷材料
500 常用的热学和热机方面用陶瓷材料

耐高温电器
501 热电偶及外壳
502 盘丝加热元件
503 加热棒元件
504 灯用绝缘部件
505 电阻温度计部件
506 灯座
509 其他耐高温电器

高温加工用陶瓷材料
510 熔融金属沉浸探针、套圈用部件
511 炉管
512 材料加工用高温炉
513 高温处理用干燥炉
514 绝热耐火钉
515 炉辊、高温槽、转子
516 炉子配件
517 大功率热交换器
518 低功率热交换器
519 高温气阀
520 熔池环
521 气焊、激光焊接喷嘴
522 焊接平台导杆
523 熔融金属注射管
524 外壳模型
525 铸造芯核
526 熔融金属过滤装置
527 连铸分离环
528 金属熔融及处理用坩埚
529 其他液态金属处理用陶瓷
530 电子材料处理用高温炉
539 材料处理用其他高温陶瓷

航空航天用陶瓷
540 火箭喷嘴

541　烧蚀防护罩
542　喷气发动机涡轮转子及喷嘴
543　刹车片
549　其他航空航天用陶瓷

日用陶瓷
550　压力锅盖
551　炊具、厨具
559　其他日用陶瓷

用于往复式发动机的陶瓷
560　气缸柱
561　活塞及活塞顶
562　燃料注射喷嘴
563　预燃室用陶瓷材料
564　活塞销
565　阀和阀座
566　凸轮随动部件
567　气缸套
568　排气尾管
569　排气管
570　涡轮转子
571　涡轮叶片
572　涡轮室
573　燃料注射销
574　柴油机过滤装置
注意：参考 843 汽车尾气净化催化剂载体。
579　其他用于往复式发动机的陶瓷

涡轮发动机用陶瓷
580　转子及叶片
581　涡轮机定子
582　燃烧室用陶瓷
583　燃料注射器
584　蓄热室及热交换部件
585　金属部件热障涂层
586　喷管隔热层及管套配件
587　螺杆及其配件
588　密封件及其配件
589　其他汽轮机部件
599　其他热学及热机陶瓷部件

600~699　核应用
600　常用核领域陶瓷
601　核燃料部件
602　核领域中的元素分离器
603　核领域中缓和剂
699　其他核领域陶瓷
700~799　光学用陶瓷
700　常用光学领域陶瓷

反射领域应用的陶瓷
701　望远镜的反射镜
702　同步加速器的反射镜
709　其他反射领域应用的陶瓷

光学系统中的非光学结构部件
710　光学试验台
711　纤维光学套圈
719　其他光学系统中的非光学结构部件

激光部件用陶瓷
720　激光波导器
721　激光棒
722　激光发射器
729　其他激光部件用陶瓷

光学窗口材料用陶瓷
730　光波窗口材料
731　红外窗口材料
739　其他光学窗口材料用陶瓷

灯管用陶瓷材料
740　大功率灯管
741　高压钠灯灯管
749　其他灯管

有源光学部件
750　光学调节器
751　发光棒或荧光棒
759　其他有源光学部件
799　其他光学应用陶瓷
800~899　化学和生物学领域应用的陶瓷材料
800　化学和生物学领域应用的常用陶瓷材料

实验室化学部件
801　实验室用坩埚、皿
802　实验室用漏斗
803　实验室过滤介质
809　其他实验室用化学耐磨部件

化学设备部件
810　大型化学设备的填料塔
811　大型化学设备的器皿及管路
812　大型化学设备的气囊和管路
813　大型化学设备的球阀
814　流量计
815　气体过滤部件

819　其他化学设备部件

化学模具部件

820　橡胶浇注成形模具

829　其他化学模具部件

过滤体及过滤材料

830　液体介质过滤材料

831　气体介质过滤材料

832　陶瓷过滤膜

839　其他过滤部件

注意：熔融金属过滤器按照526。

催化剂及催化剂载体

840　陶瓷催化剂

841　颗粒催化剂载体

842　片状催化剂载体

843　催化剂载体，蜂窝陶瓷，包括汽车尾气处理和燃烧部件

849　其他在催化领域中应用的陶瓷

涂覆处理用陶瓷材料

851　溅射靶材

852　金属涂层用蒸发皿

859　其他涂覆处理用陶瓷材料

生物医学用陶瓷材料

861　骨骼及关节替代部件

862　牙齿种植体

863　血管生物医学种植体

864　牙齿支架

865　牙齿修复牙冠材料

869　其他特殊的生物医学用陶瓷材料

生物化学用陶瓷材料

871　抗菌过滤材料

872　缓慢释放药物载体

889　其他特殊生物化学用陶瓷材料

899　其他化学和生物化学用陶瓷材料

900~949　磁学应用领域陶瓷

900　常用磁学应用领域陶瓷

901　扩音器和麦克风磁芯

902　传感器部件

903　微波装置部件

904　线圈部件

905　磁轭部件

906　回描变压器

907　录音磁头部件

908　录音磁头的非磁性部件

909　汽车用磁体材料

949　其他磁学应用领域陶瓷

950~979　陶瓷粉末应用

950　常规的陶瓷粉末应用

用于制造业的陶瓷粉末

951　陶瓷工业用陶瓷粉末

952　陶瓷工业中混料过程用陶瓷粉末

953　黏结用或水泥用陶瓷粉末

陶瓷粉末的常规应用

954　热障陶瓷粉末

955　电绝缘陶瓷粉末

956　热处理装备或窑炉绝缘陶瓷粉末

957　研磨用陶瓷粉末，包括粗磨料、研磨砂、抛光粉

958　用于参比材料的陶瓷粉末

表面涂层用陶瓷粉料

959　火焰喷涂或等离子喷涂用陶瓷粉末

960　润滑涂层用陶瓷粉末

961　发光涂层用陶瓷粉末

962　各类釉料用陶瓷粉末

用于其他材料制备的过滤器的陶瓷粉末

963　聚合物过滤器用陶瓷粉末

964　粘结或灌注混合物用陶瓷粉末

965　油脂或浆糊过滤器用陶瓷粉末

966　磁介质活性成分用陶瓷粉末

979　其他特殊领域用的陶瓷粉末

980~999　其他领域应用的陶瓷材料

主要针对将来会出现的一些在该分类系统中未包含的陶瓷材料。

(11) 按照化学特征分类

① 概述。

本分类包含材料相关化学特征和形式，以字母C为首字母。由于精细陶瓷化学特征的复杂性，以及存在一系列的化合物和组成形式，该分类系统中部分是通用的。本分类最少由三部分组成：

a. 首字母C；

b. 材料的形式，如粉末、纤维、块体，用 1~2 个字母表示；

c. 能够辨别该陶瓷的化学方程式，既可是长编码，也可是短编码。

此外，该分类编码还可以包括能够与材料主要组成、形态和化学特征区分开来的第二组分或更少的组分。

② 化学式的格式选择。

分类编码的长格式和短格式要根据分类系统的分类目的来选择，并且应将两部分有机结合起来。

长格式编码适合于需要精确区分在陶瓷中存在的存有疑问的多种化学物质、形式和数量。例如，分类编码包含详细的基本技术数据、研究和发明者、制备途径等。

短格式编码适合于仅仅需要通过化学名称来区分于其他材料的情况，例如，堇青石。对于陶瓷材料中很细的组成、化学物质比例或组分比例分类，该格式是不需要的。例如，短格式分类编码包括陶瓷商业名称、商业统计、内部组成等。

③ 格式描述。

格式分类代码：

B——先驱体

BG——气相先驱体

BL——液相先驱体

BS——固相先驱体

E——粉末

EE——常规粉末

EF——无机包覆粉末

EG——有机包覆粉末

EH——喷雾干燥颗粒

EJ——机械研磨颗粒

EK——部分固化陶瓷、预成型陶瓷、陶瓷素坯

EL——已成型未烧结的陶瓷待或薄片素坯

EM——金属坯体中掺杂陶瓷粉末

EQ——聚合物坯体中掺杂陶瓷粉末

ER——胶结物掺杂陶瓷粉末

其中，EM、EQ、ER 只适合于材料的最终状态，不适于中间态。

W——晶须

WB——晶须垫

WE——不定向/定向晶须

WM——金属基体掺杂陶瓷晶须

WQ——聚合物基体掺杂陶瓷晶须

WR——胶黏剂掺杂陶瓷晶须

F——纤维

FS——薄短纤维

FL——单根连续薄长纤维

FF——厚纤维

FT——长纤维束

FW——缠绕纤维垫

FP——预浸料

FB——纤维毡或纤维编织体

FV——压制或真空预成形

FQ——金属基体掺杂陶瓷纤维

FR——聚合物基体掺杂陶瓷纤维

FW——胶黏剂掺杂陶瓷纤维

J——片晶

H——空心球

S——单晶

K——刚性陶瓷体

KB——固体玻璃。玻璃陶瓷、多晶陶瓷

KE——三维闭孔多孔陶瓷

KF——二维多孔陶瓷

KG——开孔多孔陶瓷

KH——密度梯度多孔陶瓷

KJ——功能梯度陶瓷

KK——陶瓷涂层

KL——表面处理或表面修饰陶瓷

KM——多层复合陶瓷

KS——一维陶瓷基长纤维复合材料

KT——二维陶瓷基长纤维复合材料

KU——多维陶瓷基长纤维复合材料

KV——短切维陶瓷基长纤维复合材料

KW——陶瓷基晶须复合材料

KX——陶瓷基片晶复合材料

KY——陶瓷/陶瓷、陶瓷/金属模压后制备的部件

KZ——包含金属颗粒分散的陶瓷

L——陶瓷涂层

LB——厚度 $<20\mu m$ 的涂层

LE——厚度 $>20\mu m$ 的涂层

LF——连接用陶瓷材料

M——混合物

MB——用化学法在先期加入的物质混入第二种物质或多种物质形成混合物或固溶体

ME——采用物理或化学法将第二种或多种物质加入先期物质形成化合物，如 MgO 加入到 Al_2O_3 中或硼加入到 SiC 中

MF——用物理方式在先期加入的物质混入第二种物质或多种物质形成混合物（例如不连续的第二晶界相，与基体混合的第二相粉末）

MG——物理法引入不连续的第二相

MH——混入离散纤维

MJ——混入离散晶须

MK——混入离散片晶

ML——与先期加入的物质形成包裹层

MM——形成区别于基体的表面化学处理

MS——形成层状复合材料的分界层

编码构成规则：

a. 用于描述陶瓷基复合材料时，基体相应首先确定；

b. 所有包含颗粒的陶瓷基体，包括金属或陶瓷颗粒，用 KB~KZ 编码描述，这些颗粒形成一种不连续的第二相对基体材料起增强、增韧作用。如果对于颗粒增强的陶瓷材料没有规定的编码，则用 KB 表示。

④ 其他化合物的四位编码和产品类型定义。

a. 长格式编码。该形式编码专门定义下列特定范围的陶瓷类型。

0000~0999：元素或单一陶瓷化合物，如氧化物、氮化物、碳化物等（见表 4-27-6）。

1000~1999：不能直接从矿物中得到的按化学计量比的二元化合物。

2000~2999：按化学计量比的三元化合物。

3000~3999：其他按化学计量比的化合物。

4000~4999：非化学计量比化合物。

分类编码的编制需遵循以下规则：

• 对于高纯前驱体或粉末，或者纯度可以确定的物质，四位编码应从 0001~0999 中选择。

• 对能够确定化合物化学组成形式的陶瓷、玻璃陶瓷、玻璃而言，四位编码优先选择范围为 0001~4999，第二相选择混合物代码。

• 如果一种化合物在表 4-27-6 中没有合适的对应化合价，可以把其看为一种合适的混合物或者看为其他混合物。例如 Fe_3O_4 可以看作 FeO 和 Fe_2O_3 的混合物或者看作“其他”（0400）。

• 如果在化学分析中一种元素被引入，但在表 4-27-6 中没有出现，编码时应选用“其他”，例如氮：0400，氟：0500。

• 有机混合物一般超出本分类系统的范围。

b. 短格式编码。特殊类型的材料或复合材料编码从 5000 到 9999，其中包含对常用的组成复杂的材料编制单一识别编码，但对于整个化学组成确定编码是不现实的，也是不可行的。

⑤ 长格式编码。

a. 简单化合物四位编码。

表 4-27-6 给出了前驱体、粉末和陶瓷材料的四位分类编码，该类材料由单一化合物形式构成。表中列出了最常见的元素，包括一些变价元素，九种常见的简单阴离子。每一个编码都可以由表中左栏合适的阳离子编码与顶行阴离子编码结合形成。每一个阴离子和每一个阳离子结合都会形成唯一的编码数。

编码号	阴离子
0001~0099	单一元素
0101~0199	硼化物
0201~0299	碳化物
0301~0399	氮化物
0401~0499	氧化物
0501~0599	氟化物
0601~0699	硅化物
0701~0799	磷化物
0801~0899	硫化物
0901~0999	碘化物

本分类编码在大多数情况下可以对陶瓷材料提供详细的化学特征。但是表 4-27-6 中仍有未包含到的，“其他”项可以用于编制表 4-27-6 中未显示的材料种类。对于在表 4-27-6 中未出现的单个阴离子，可以参照 4 位编码 1000~1999，对 2 元素组成的阴离子参照编码 2000~2999，四位或更复杂的化合物参照 3000~3999。

从简单的二元化合物中分辨基体编码是很容易的，许多可以组合成分类编码的数字很少被使用，因为确实有些元素组合是不可能形成的，例如碳化碳和一些不稳定的物质。

对于多价态原子将分排提供每一价态的基体，因此不同价态的材料有不同的编码，例如 CeO 和 Ce_2O_3，或者 FeO 和 Fe_2O_3。在许多情况下不可能仅用单一化合价，因此化学式被放在分类编码后面，但不能作为编码中的一项。另外，对更多价态的化合物而言这种分类方式不是将其分成单一的分类编码，而是体现它们既能形成 A_xB_y，

也可形成 AB_y。

如果组成物在某一温度下成为非固体，将用“g”表示为气体，“l”表示为液体。如果物质有化合水，将用氢氧化物（h）表示。

化学计量比化合物参照以下两种表示方式之一：

- 编码中最主要的特点是 N 不表示材料的性能，而是代表非化学计量比。例如，一种三元非化学计量比化合物的编码是：N0420。
- 按照 4000~4999 进行编码。

在一些情况下，一些不纯的物质需要进行分类编码，但表 4-27-6 中并没有该类编码。氧作为 AlN 中的杂质对其进行分类时可看为 AlN 中的 Al_2O_3，可以编制一个特殊的编码。

例如，AlN 中包含 2%（质量分数）的氧，相应 Al_2O_3 的含量为：

$$2\% \times \frac{M.W._{Al_2O_3}}{M.W._{O_3}} = 2\% \times \frac{101.6}{48.0} = 4.2\%$$

其中，*M.W.* 为摩尔质量。该产品的编码为：CKB0307ME0407（4.2℃）。

这里 ME 表示 Al_2O_3（0407）与 AlN（0307）有未知的空间关系。

表 4-27-6　　元素和简单化合物的四位分类编码

元素	编码	硼化物	碳化物	氮化物	氧化物	氟化物	硅化物	磷化物	硫化物	碘化物
Li	0001	0101Li_yB_y	0201Li_2C_2	0301	0401	0501	0601	0701	0801	0901
Be	0002	0102Be_xB_xX	0202Be_2C	0302	0402	0502	X	X	0802BeS	0902
B	0003	X	0203B_xC_y	0303	0403	0503(g)	0603B_xSi	0703	0803	0903
C	0004	X	X	X	0404CO_x(g)	0504	X	X	0804C_yS	0904
Na	0005	0105NaB_y	0205Na_2C_2	0305	0405	0505	X	0705	0805Na_xS_y	0905
Mg	0006	0106$MgB_{2,4}$	0206	0306	0406	0506	0606Mg_xSi	X	0806	0906
Al	0007	0107Al_xB_y	0207	0307	0407	0507	X	0707	0807	0907
Si	0008	0108Si_xB_y	0208	0308	0408	0508(g)	X	X	0808Si_xS_y	0908
P(1)	X	X	X	X	X	X	X	X	X	X
P(3)	X	0110PB_2	X	X	0410	0510(g)	X	X	X	0910PI_3
P(5)	0011	X	X	0311	0411	0511(g)	X	X	0811P_xS_y	X
S(2)	X	X	0212	X	0412S_2O_4	X	X	X	X	X
S(4)	0013	X	X	0313S_4N_4	0413SO_2	0513(g)	X	X	X	X
S(6)	X	0114$B_{12}S_2$	X	X	0414SO_3	0514(g)	X	X	X	X
K	0015	0115KB_6	0215KC_3	X	0415	0515	X	X	0815K_xS_y	0915
Ca	0016	0116CaB_2	0216CaC_2	0316	0416	0516	0616$CaSi_2$	0716Ca_3P_2	0816CaS	0916
Sc	0017	0117$ScB_{x,2}$	0217SC_xC_y	0317	0417	0517	0617	X	0817Sc_xS_y	X
Ti(2)	X	X	X	X	0418	X	0618	X	0818TiS	X
Ti(3)	X	X	X	0319	0419	0519	0619	0719TiP	0819Ti_2S_2	0919
Ti(4)	0020	0120TiB_2	0220TiC	X	0420	0520	0620	X	0820TiS_2	0920
V(2)	X	X	0221V_2C	X	0421	X	0621V_2Si	X	0821VS	X
V(3)	X	X	0222V_4C_2	0322	0422	0522	0622V_3Si	X	0822V_2S_2	0922(h)
V(4)	X	X	0223VC	X	0423	0523	X	0723V_2P	X	X
V(5)	0024	0124V_xB_y	0224V_xC_y	X	0424	0524	0624VSi_2	0724VP	0824VP	X
Cr(2)	X	X	X	X	0425	0525	X	X	0825	0925
Cr(3)	0026	X	0226Cr_3C_2	0326CrN	0426	0526	0626	0726CrP	0826	X
Cr(6)	X	0127Cr_xB_y	X	X	0427	X	X	X	0827Cr_3S_4	X
Mn(2)	0028	X	X	X	0428	0528MnF_2	0628MnSi	0728MnP	0828MnS	0928
Mn(4)	X	0129Mn_zB_y	0229Mn_zC_y	X	0429	0529MnF_3	0629$MnSi_2$	0729Mn_3P_2	0829MnS_2	X
Mn(7)	X	X	X	0330Mn_2N	0430	X	X	X	X	X

续表

元素	编码	硼化物	碳化物	氮化物	氧化物	氟化物	硅化物	磷化物	硫化物	碘化物
Fe(2)	0031	0313Fe_2B	0231Fe_3C	X	0431	0531	0631$FeSi_x$	0731Fe_2P	0831FeS	0931
Fe(3)	X	0132FeB	0232Fe_2C_3	0332	0432	0532	X	0732Fe_3P	0832Fe_2S_3	X
Co(2)	0033	0133Co_xB	X	X	0433	0533(h)	0633CoSi	0733Co_2P	0833CoS	0933
Co(3)	X	X	X	0334	0434	0534	0634$CoSi_2$	X	0834Co_2S_2	X
Ni	0035	0135Ni_xB_y	0235Ni_3C	0335	0435NiO_x	0535	0635Ni_xSi_y	0735Ni_3P	0835NiS_x	0935
Cu(1)	X	X	X	X	0436	0536	X	0736Cu_3P	0836Cu_2S	0936
Cu(2)	0037	0137Cu_xB_y	X	X	0437	0537(h)	0637	0737Cu_3P_2	0837CuS	X
Zn	0038	0138ZnB_2	X	X	0438	0538	X	0738Zn_3P_2	0838	0938
Ga	0039	X	X	X	0439	0539	X	0739	0839Ga_xS_y	0939
Ge(2)	X	X	X	X	X	0540	X	0740GeP	0840GeS	0940
Ge(4)	0041	X	X	X	0441	0541	0641Si_xGe_y	X	0841GeS_2	0941
As(3)	X	X	X	X	0442	0542(g)	0642	X	0842	0942
As(5)	0043	0143	X	X	0443	0543(g)	0643	0743	0843	0943
Se(4)	X	X	X	X	0444	0544	X	X	0844SeS	0944
Se(6)	0045	X	X	X	X	0545	X	X	0845SeS_2	0945Se_2I_2
Rb	0046	X	0246	X	0446Rb_xO_y	0546	X	0746	0846Rb_xS_y	0946
Sr	0047	0147SrBe	0247SrC_2	X	0447	0547	X	0747	0847	0947
Y	0048	0148$YB_{a,z}$	0248	0348	0448	0548(h)	0648	0748	0848	0948
Zr	0049	0149ZrB_2	0249	0349	0449	0549	0649	0749	0849	0949
Nb(3)	0050	0150Nb_2B_2	0250	0350	0450NbO	X	X	X	X	X
Nb(5)	0051	0151NbB_2	0251NbC	X	0451	0551	X	0751NbP	X	X
Mo(3)	0052	X	0252Mo_2C	0351	0452	X	X	0752MoP	X	X
Mo(6)	X	0153MoB_2	X	X	0453	0553MoF_5	0653$MoSi_2$	0753MoP_2	0853Mo_xS_y	0953MoI_2
Ru(3)	X	X	X	X	0454	0554	X	X	X	X
Ru(4)	X	X	X	X	0455	0555	X	X	X	X
Ru(6)	0056	0156Ru_xB_y	X	X	0456RuO_4	0556RuF_5	0656RuSi	X	0856RuS_2	0956RuI
Rh	0057	0157Rh_xB_y	X	X	0457Rh_xO_y	0557	X	0757	0857Rh_xS_y	X
Pd	0058	0158Pd_xB_y	X	X	0458Pd_xO_y	0558Pd_xF_y	0658Pd_2Si	X	0858Pd_xS_y	0958
Ag	0059	X	X	X	0459AgO	0559Ag_xF	0659	X	0859Ag_xS	0959
Cd	0060	X	X	X	0460	0560	X	X	0860	0960
In	0061	X	X	X	0461In_xO_y	0561	0661	0761LnP	0861Ln_xS_y	0961InI_x
Sn(2)	X	X	X	X	0462	0562	X	0762Sn_yP_y	0862	0962
Sn(4)	0063	X	X	X	0463	0563	0663SnSi	X	0863	0963
Sb(3)	X	X	X	X	0464	0564	X	X	0864	0964
Sb(5)	0065	X	X	X	0465	0565(l)	X	X	0865	0965
Te(4)	X	X	X	X	0466	0566	X	X	0866TeS_2	0966
Te(6)	0067	X	X	X	0467	0567	X	X	X	0967
Cs	0068	X	0268CsC_4	X	0468Cs_xO_y	0568	X	X	0868CsS_x	0968
Ba	0069	0169BaB_2	X	X	0469	0569	X	X	0869BaS	0969(h)
La	0070	0170$LaB_{4,5}$	0270LaC_2	0370	0470	0570	0670	0770	0870	0970
Ce(3)	X	0171CeB_6	0271Ce_2C_3	X	0471	0571	X	0771	0871Ce_2S_3	X
Ce(4)	0072	0172CeB_4	0272CeC_2	0372	0472	0572(h)	0672$CeSi_2$	X	X	0972(h)
Pr	0073	0173$PrB_{1,4}$	0273Pr_xC_y	0373	0473Pr_xO_y	0573	0673	X	0873Pr_2S_3	X
Nd(3)	0074	0174NdB_4	0274Nd_2C_3	0374	0474	0574	0674Nd_2Si_3	0774	0874Nd_2S_3	0974(h)
Nd(4)	X	0175NdB_4	0275NdC_2	X	X	X	0675Nd_2Si_4	X	X	X
Sm	0076	0176$SmB_{4,6}$	0276Sm_xC_y	0376	0476	0576	0676	0776	0876	0976
Eu	0077	0177$EuB_{4,6}$	0277Eu_xC_y	0377	0477	X	X	X	0877EuS	X
Gd	0078	0178$GdB_{4,6}$	0278Gd_xC_y	X	0478	0578	0678$GdSi_2$	0778	0878Gd_2S_2	X
Dy	0079	0179$D_yB_{4,6}$	0279Dy_xC_y	0379	0479	X	0679	0779	0879	X
Ho	0080	0180$HoB_{4,6}$	0280Ho_xC_y	0380	0480	X	X	X	X	X

续表

元素	编码	硼化物	碳化物	氮化物	氧化物	氟化物	硅化物	磷化物	硫化物	碘化物
Er	0081	0181$ErB_{4,6}$	0281Er_xC_y	0381	0481	X	0681	0781	X	X
Yb	0082	0182$YbB_{4,6}$	0282Yb_xC_y	0382	0482	0582	X	0782	0882	X
Hf	0083	0183HfB_2	0283HfC	0383	0483	X	0683	0783HfP	X	X
Ta(4)	X	X	0284TaC	0384	0484	X	0684Ta_2Si	X	0884TaS_2	X
Ta(5)	0085	0185TaB_2	X	0385	0485	0585	0685$TaSi_2$	0785TaP	X	X
W(4)	X	X	0286W_2C	0386W_2N	0486WO_2	X	0686WSi_x	0786WP	0886WS	0986WI_2
W(6)	0087	0187W_xB_y	0287WC	0387WN	0487WO_3	0587(g)	X	0787WP_2	0887WS_2	0987WI_4
Re	0088	0188Re_xB_y	X	X	0488Re_xO_y	0588$ReF_{4,6}$	X	X	X	X
Ir	0089	0189Ir_zB_y	X	X	0489Ir_xO_y	0589IrF_6	X	X	0889IrS_x	0989IrI_x
Pt	0090	0190PtB	X	X	0490Pt_zO_y	X	X	X	0890PtS_x	0990$PtI_{2,4}$
Au	0091	0191Au_zB_y	X	X	0491Au_xO_y	X	X	0791	0891	0991
Tl	0092	X	X	0392TlN_3	0492Tl_xO_y	0592$TlF_{1,3}$	X	X	0892Tl_xS_y	0992Tl_xI_y
Pb(2)	X	X	X	X	0493PbO	0593	X	X	0893PbS	0993PbI
Pb(4)	0094	X	X	X	0494PbO_2	X	X	X	X	0994PhI_2
Bi	0095	X	X	X	0495	0595	X	X	0895Bi_2S_3	0995
Th	0096	0196ThB_y	0296ThC_2	0396	0496	0596	X	0796	0896	0996
U(3)	X	X	X	X	0497U_3O_2	X	0697U_1Si	X	0897U_2S_2	0997
U(4)	0098	X	0298d-UC	X	0498UO_2	0598	0698U_3Si_2	0798U_3P_4	0898US_2	0998
U(6)	X	0199U_zB_y	0299UC_2	0399	0499UO_3	0599(g)	X	X	X	0999
其他	0000	0100	0200	0300	0400	0500	0600	0700	0800	0900

b. 二元化学计量比物质编码，长格式编码 1000~1999。

1000~1099　铝化物
1100~1199　锑化物
1200~1299　砷化物
1300~1399　溴化物
1400~1499　氯化物
1500~1599　氢化物
1600~1699　硒化物
1700~1799　碲化物
1800~1899　其他二元化合物

单独分类的化合物：
1000　镍-铝化合物
1099　其他铝化物
1100　锑化铟
1101　锑化铅
1102　锑化镍
1103　锑化钾
1104　锑化钠
1199　其他锑化盐

1200　砷化钙
1201　砷化铜
1202　砷化铟
1203　砷化镍
1299　其他砷化盐

1300　溴化铍
1301　溴化硼
1302　溴化钙
1303　溴化铟
1304　溴化锂
1305　溴化镍
1306　溴化硅
1399　其他溴化盐

1400　三氯化硼
1401　氯化钙
1402　氯化铈
1403　氯化铬
1404　氯化铟
1405　氯化锂
1406　氯化镁
1407　氯化镍
1408　氯化钾
1409　氯化硅
1499　其他氯化盐

1500　硼烷
1501　氢化锂
1502　氢化硅
1503　氢化钛

第4篇

1599　其他氢化物

1600　硒化铜
1601　硒化铟
1602　硒化锌
1699　其他硒化物

1700　碲化铟
1701　碲化铅
1799　其他碲化物

1999　其他二组分化学计量化合物

c. 三元化学计量比化合物，长格式编码 2000~2999。

2000~2049　铝酸盐
2050~2099　硼酸盐
2100~2109　铈酸盐
2110~2119　亚铬酸盐
2120~2149　铜酸盐
2150~2199　铁酸盐
2200~2249　高铁酸盐
2250~2299　锗酸盐
2300~2349　锰酸盐
2350~2399　铌酸盐
2400~2449　磷酸盐
2450~2549　硅酸盐
2550~2599　锡酸盐
2600~2649　硫酸盐
2650~2749　钛酸盐
2750~2799　钨酸盐
2800~2849　钒酸盐
2850~2899　锆酸盐
2900~2999　其他三组分陶瓷

单独分类的化合物：

2000　铝酸钡
2001　铝酸铍
2002　铝酸钙
2003　铝酸锂
2004　铝酸镁
2005　铝酸钾
2006　铝酸钠
2007　铝酸锌
2049　其他铝酸盐
2050　硼酸铝
2051　硼酸锂
2052　硼酸钾
2053　硼酸钠
2054　硼酸锌
2099　其他硼酸盐
2100　铈酸锶
2109　其他铈酸盐
2110　铬酸镧
2119　其他铬酸盐

2120　铜酸铝
2121　铜酸钡
2122　铜酸镧
2123　铜酸钕
2124　铜酸镨
2149　其他铜酸盐

2150　铁酸钙
2151　铁酸钴
2152　铁酸铅
2153　铁酸镁
2154　铁酸锰
2155　铁酸镍
2156　铁酸钠
2157　铁酸锌
2199　其他铁酸盐

2200　高铁酸铜
2201　高铁酸镍
2202　高铁酸锌
2249　其他高铁酸盐

2250　锗酸锂
2251　锗酸钾
2252　锗酸钠
2299　其他锗酸盐

2300　锰酸钡
2301　锰酸镍
2349　其他锰酸盐

2350　铌酸铅
2351　铌酸锂
2399　其他铌酸盐

2400　磷酸铝
2401　磷酸镉
2402　磷酸钙
2403　磷酸铅
2404　磷酸锂

2405　磷酸镁
2406　磷酸锰
2407　磷酸钾
2408　磷酸钠
2409　磷酸锌
2410　磷酸锆
2449　其他磷酸盐

2450　硅酸铝
2451　硅酸钡
2452　硅酸铍
2453　硅酸镉
2454　硅酸钙
2455　硅酸钴
2456　硅酸铁
2457　硅酸铅
2458　硅酸锂
2459　顽火辉石
2460　镁橄榄石
2461　硅酸钾
2462　硅酸钠
2463　硅锌矿
2464　硅酸锆
2549　其他硅酸盐

2550　锡酸铟
2599　其他锡酸盐

2600　硫酸钡
2601　硫酸钙
2649　其他硫酸盐
2650　钛酸铝
2651　钛酸钡
2652　钛酸钙
2653　钛酸铁
2654　钛酸铅
2655　钛酸锂
2656　钛酸镁
2657　钛酸锰
2658　钛酸钾
2659　钛酸钠
2660　钛酸锶
2749　其他钛酸盐

2750　钨酸钙
2751　钨酸铈
2752　钨铁
2753　钨酸铅
2754　钨酸锂
2755　钨酸钾
2756　钨酸钠
2799　其他钨酸盐

2800　钒铁
2849　其他钒酸盐

2850　锆酸钙
2851　锆酸铅
2852　锆酸锂
2853　锆酸镁
2854　锆酸钛
2899　其他锆酸盐

2999　其他三元化学计量比化合物

d. 其他化学计量比化合物，长格式编码 3000~3999。

该类材料分类较广，主要分为以下三类：

3000~3399　氧化物
3400~3699　非氧化物
3700~3999　氧/非氧基物质的混合物

单一分类的化合物：

3000　硅酸铝锆
3001　硫碘酸化锑
3002　硅酸铝钡
3003　硅酸钡镁铝
3004　铋钙铜氧化物
3006　硅酸铝钙
3007　硅酸镁钙
3008　锆酸钙锶钡
3011　氟硅酸铅
3012　锆酸铅镧
3013　钨酸铅镁
3014　钨酸铅镍
3016　钨酸铅锆
3017　硅酸锂铝
3019　硅酸锂镉
3020　硅酸锂锌
3022　堇青石
3023　锰铜铁氧体
3024　锰镁铁氧体
3025　锰镁锌铁氧体
3026　锰锌铁氧体
3027　镍锌铁氧体

3028 钾长石
3030 钠长石
3032 锆铝酸钠
3033 钛酸钇钡
3034 硅酸钇铝
3035 钇钡铜氧化物
3036 硅酸钇铁
3399 其他复杂氧化物化合物

3400 碳氧化钛
3449 其他碳氮化物

3700 氧氮化铝（阿隆）
3701 氧氮化硅
3702 铝氧氮化硅
3749 其他氮氧化物
3801 氧碳化硅
3849 其他氧碳化物
3899 其他复杂非氧化物
3999 其他氧化物和非氧化物混合物

e. 非化学计量比化合物，长格式编码 4000~4999。

4999 其他非化学计量比化合物

具体编码情况根据实际物质进行。

⑥ 产品类型编码，短格式编码 5000~5999。

下面定义的是按照金属基首字母顺序排列的陶瓷产品，四位编码号为 5000~9999。但是当产品的名称可能出现一些不确切的称谓时，如铝酸钇或钇酸铝都可以表达 YAG 陶瓷。这种情况下搜索两个名字都可以。如果都没有，可以用“其他分类”，其出现的最高可能性在铝酸盐中。

5000~5359 氧化铝基材料
5000 常规氧化铝基材料
5001~5099 氧化铝基材料
5001 致密 α-氧化铝
5002 超高纯氧化铝（>99.99%）
5005 高纯氧化铝（>99.8%~99.99%）
5010 高纯氧化铝（>99.5%~99.8%）
5020 高纯氧化铝（>99%~99.5%，包含 IEC 60672 C799 材料）
5030 工业级氧化铝（>96.5%~99%，包含 IEC 60672 C530、C795 材料）
5040 工业级氧化铝（>94%~96.5%，包含 IEC 60672 C530、C786、C795 材料）
5041 氧化钙/二氧化硅作添加剂
5042 氧化镁/氧化钙/二氧化硅作添加剂
5043 氧化锰/二氧化钛作添加剂
5049 其他材料作添加剂
5050 工业级氧化铝（>90%~94%，包含 IEC 60672 C786 材料）
5051 氧化钙/二氧化硅作添加剂
5052 氧化镁/氧化钙/二氧化硅作添加剂
5053 氧化锰/二氧化钛作添加剂
5059 其他材料作添加剂
5060 工业级氧化铝（>80%~90%，包含 IEC 60672 C780、C786 材料）
5061 氧化钙/二氧化硅作添加剂
5062 氧化镁/氧化钙/二氧化硅作添加剂
5063 氧化锰/二氧化钛作添加剂
5069 其他材料作添加剂
5070 纯度≤80%的氧化铝
5080 氧化铝/氧化锆材料
5090 氧化铝/碳化硅材料

5099 其他致密 α-氧化铝基陶瓷

5101~5149 其他形式的氧化铝
5101 γ-氧化铝
5102 δ-氧化铝
5103 α-氧化铝（非致密形式）
5110 氧化铝片晶
5120 蓝宝石
5121 红宝石

5130 含钠 b-氧化铝
5149 其他类型氧化铝材料

5150~5199 氧化铝基复合材料
5150 常规氧化铝基复合材料
5151 含碳化硅长纤维的氧化铝基复合材料
5159 含其他长纤维的氧化铝基复合材料
5160 含碳化硅晶须的氧化铝基复合材料
5169 含其他晶须的氧化铝复合材料
5170 含碳化硅片晶的氧化铝基复合材料
5179 含其他材料片晶的氧化铝基复合材料

5180 含碳化硅颗粒的氧化铝基复合材料
5181 含碳化钛颗粒的氧化铝基复合材料
5189 含有其他颗粒的氧化铝基复合材料
5190 含碳化硅晶须和氧化锆颗粒的氧化铝基复

合材料
5199　其他含某种第二相组分的氧化铝基复合材料

5200～5209　氮化铝
5200　常规氮化铝材料
5201　高纯氮化铝材料
5205　氮化铝基材料（99%≥AlN≥50%）
5209　其他氮化铝材料

5210～5219　氮氧化铝
5210　常规氮氧化铝材料
5211　光学级氮氧化铝材料
5215　氮氧化铝多型体
5219　其他特殊氮氧化铝材料

5220～5239　铝硅酸盐基复合材料
5220　常规铝硅酸盐基复合材料

5221～5239　铝硅酸盐耐火材料（包含 IEC 60672 C500 材料）
5221　常规铝硅酸盐耐火材料
5222　电熔莫来石
5223　煅烧莫来石
5224　以孔雀石为基体
5225　以硅线石为基体
5226　以蓝晶石为基体
5227　以红柱石为基体
5228　以叶蜡石为基体
5230　高纯度烧结莫来石
5231　莫来石/氧化锌复合陶瓷
5232　莫来石陶瓷（包括 IEC 60672 C600 材料）
5239　其他特定莫来石基材料

5310～5339　非耐火材料类铝硅酸盐（碱性瓷器）
5310　常规非耐火材料类铝硅酸盐
5311　硅质碱性瓷器材料（包含 IEC 60672 C110 材料）
5312　模压硅质碱性瓷器材料（包含 IEC 60672 C11 材料）
5320　高强度硅质碱性瓷器材料（氧化铝含量 30%到 50%，包含 IEC 60672 C120 材料）

5340～5344　云母基材料
5340　常规云母基材料
5341　天然云母基材料
5342　氟云母基材料
5344　其他特定云母基材料

5350～5355　钛酸铝基材料
5350　常规钛酸铝基材料
5351　按化学计量比的钛酸铝
5352　稳定的钛酸铝陶瓷坯体和原材料
5355　其他特定钛酸铝基材料

5380～5449　钡基材料
5381　碳酸钡基材料
5390　硅酸钡基材料
5395　铝硅酸钡基材料（钡长石）
5400　钛酸钡基材料
5440　氟化钡基材料

5450～5489　铍基材料
5451　氧化铍
5460　氧化铍/碳化硅复合材料
5470　硼化铍基材料

5490～5499　铋基材料
5491　氧化铋基材料
5495　铋钙锶铜氧化物

5500～5529　碳化硼基材料
5500　常规碳化硼
5501　碳化硼
5520　碳化硼/氧化铝材料

5530～5549　氮化硼基材料
5531　六方氮化硼
5539　立方氮化硼
5540　氮化硼/二硼化钛复合材料

5550～5579　钙基材料
5551　氧化钙基材料
5552　硅酸钙基材料
5555　铝硅酸钙基材料
5560　钙镁硅酸盐材料
5565　钙锆硅酸盐材料

5580～5599　碳基材料
5581　金刚石单晶
5582　金刚石基复合材料
5583　类金刚石膜
5585　化学气相沉积石墨
5590　玻璃碳
5595　富勒烯

5600~5609 铈基材料
5601 氧化铈基材料
5605 硫化铈基材料
5609 其他铈基材料

5610~5619 铬基材料
5611 三氧化二铬基材料
5619 其他三氧化二铬基材料

5620 钴基材料

5630~5639 铜基材料
5630 常规铜基材料
5631 氧化铜基材料
5639 其他氧化铜基材料

5640 镝基材料

5650 铒基材料

5660 铕基材料
5670~5679 钆基材料

5670 常规钆基材料
5671 钆铁石榴石材料
5679 其他特殊的钆基材料
5680 镓基材料

5690 锗基材料

5700~5749 铁基材料
5700 常规铁基材料
5711 氧化铁基材料
5720 硅酸铁基材料
5730 铬酸铁基材料
5740 硫化铁基材料
5749 其他特殊铁基材料

5750 镧基材料

5760~5829 铅基材料
5761 氧化铅基材料
5770 单硅酸铅基材料
5780 双硅酸铅基材料
5790 钛酸铅基材料
5800 锆酸铅基材料
5810 铌酸铅基材料
5820 铌酸铅锂材料
5829 其他特殊铅基材料

5830~5899 锂基材料
5831 透锂长石基材料
5835 锂辉石基材料
5840 锂霞石基材料
5859 其他特殊锂铝硅酸盐材料
5860 铝酸锂基材料
5870 钛酸锂基材料
5880 锆酸锂基材料
5899 其他特殊锂基材料

5900~6999 氧化镁基材料
5900 常规氧化镁基材料

5901~5919 氧化镁基材料
5902 高纯、致密煅烧氧化镁
5903 多孔煅烧氧化镁
5904 硅酸盐结合致密氧化镁
5905 电熔镁砂
5910 白云石基材料
5919 其他特殊氧化镁基材料

5920~5949 镁铝酸盐基材料
5920 常规尖晶石材料
5921 透明尖晶石陶瓷
5922 工业级尖晶石陶瓷
5930 电熔尖晶石
5935 煅烧尖晶石
5949 其他特殊镁铝酸盐基材料

5950~5999 镁铝硅酸盐材料
5952 常规堇青石和堇青石复合材料
5951 堇青石和堇青石复合材料，堇青石含量>95%（包含 IEC 60672 C500 材料）
5952 70%<堇青石含量≤95%（包含 IEC 60672 C500 材料）
5953 堇青石含量≤70%（第二相为常见物质，包含 IEC 60672 C500 材料）
5970 堇青石/莫来石复合材料
5999 其他特殊堇青石复合材料

6000~6049 镁硅酸盐材料
6000 滑石基材料
6001 滑石基材料，包含 IEC 60672 C210 材料
6002 滑石基材料，包含 IEC 60672 C220 材料
6003 多孔滑石基材料，包含 IEC 60672 C221 材料
6010 镁橄榄石基材料，包含 IEC 60672 C250 材料

6011　多孔镁橄榄石基材料，包含 IEC 60672 C240 材料
6080　氟化镁基材料
6099　其他特殊镁基材料

6100　钼基材料
6101　二硅化钼陶瓷

6110　钕基材料

6120～6139　镍基材料
6120　常规镍基材料
6121　氧化镍基材料
6130　镍铁酸盐基材料
6139　其他特殊氧化镍基材料

6140　铌基材料

6150～6159　磷酸盐和磷灰石基材料
6150　常规磷酸盐陶瓷
6151　羟基磷灰石
6152　氟磷灰石
6159　其他特殊磷酸盐材料

6160～6169　钾盐材料
6160　常规钾基陶瓷
6161　硅酸钾基材料
6162　氟硅酸钾基材料
6169　其他特殊钾基陶瓷

6170　钐基材料

6180　钪基材料

6200～6239　二氧化硅基材料
6200　常规二氧化硅基陶瓷
6201～6239　二氧化硅基材料
6201　常规二氧化硅基材料
6202　熔融石英
6203　熔融二氧化硅玻璃
6210　烧结熔融二氧化硅
6220　石英晶体
6239　其他特殊二氧化硅基材料

6250～6329　碳化硅基材料
6250　常规碳化硅基材料
6260　α-碳化硅（包含粉末和结合材料）
6262　α-SiC/氮化钛复合材料
6270　β-碳化硅（包含粉末和结合材料）
6280　反应烧结碳化硅
6285　渗硅烧结碳化硅
6290　化学气相沉积碳化硅
6300　氮化硅结合碳化硅材料
6301　氧氮化硅结合碳化硅材料
6309　其他特殊碳化硅基材料

6310　Si-C-O-N 纤维
6311　Si-Ti-C-O-N 纤维
6319　其他特殊碳化硅纤维
6320　碳化硅纤维增强碳化硅
6329　其他特殊碳化硅纤维增强材料

6330～6359　Silicon nitride based materials　氮化硅基材料
6330　α-氮化硅
6331　β-氮化硅
6335　多孔（反应烧结）氮化硅
6340　致密氮化硅，无添加剂
6345　含添加剂致密氮化硅，包括烧结氮化硅
6350　致密 β-赛隆材料
6351　致密 β-赛隆/氮化钛复合材料
6352　α-塞隆基材料
6358　化学气相沉积氮化硅材料
6359　其他特殊氮化硅基材料

6369　其他硅基材料

6370～6399　钠基材料
6370　常规钠基材料
6371　钠铝酸盐类材料
6380　正硅酸钠基材料
6381　硅酸钠基材料
6390　氟硅酸钠基材料
6399　其他特殊钠基材料

6400～6419　锶基材料
6400　常规锶基材料
6401　铈酸锶基材料
6410　钛酸锶基材料
6419　其他特殊锶基材料

6420～6429　钍基材料
6420　常规钍基材料
6421　氧化钍基材料
6429　其他特殊钍基材料

6430　氧化锡基材料
6440～6489　钛基材料

6440 常规钛基材料
6441 二氧化钛材料（充分氧化）
6442 还原二氧化钛材料
6450 碳化钛基材料
6460 氮化钛基材料
6470 二硼化钛基材料
6489 其他特殊钛基材料

6490~6509 钨基材料
6490 常规钨基材料
6491 氧化钨基材料
6492 碳化钨基材料
6509 其他特殊钨基材料

6510~6519 铀基材料
6510 常规铀基材料
6511 氧化铀基材料
6512 碳化铀基材料
6519 其他铀基材料

6520 钒基材料

6530~6579 钇基材料
6530 常规钇基材料
6531 氧化钇基材料
6540 钇铝石榴石基材料
6550 钇铁石榴石基材料
6570 钇钡铜氧化物基材料

6580~6609 锌基材料
6580 常规锌基材料
6581 铋掺杂氧化锌材料
6582 稀土掺杂氧化锌材料
6590 硅酸锌类材料
6600 硅酸锆锌类材料
6609 其他特殊锌基材料

6620~6699 氧化锆基材料
6620 常规氧化锆基材料
6621~6699 氧化锆基材料
6621 单斜氧化锆（不稳定，通常仅存于粉末形式）

6630~6639 稳定氧化锆（包含立方相和稳定剂）
6630 氧化镁稳定氧化锆
6631 氧化钙稳定氧化锆
6632 氧化钇稳定氧化锆
6633 稀土稳定氧化锆
6635 MgO/CaO/Y_2O_3 混合稳定氧化锆
6639 其他特殊材料稳定的氧化锆

6640~6644 部分稳定氧化锆
6640 氧化镁部分稳定氧化锆（立方相为主，包含单斜相）
6641 氧化钙部分稳定氧化锆（立方相为主，包含单斜相）
6643 其他特殊材料部分稳定的氧化锆（立方相为主，包含单斜相）
6644 氧化镁部分稳定氧化锆

6645~6656 主晶相为四方氧化锆的 TZP 陶瓷
6645 氧化钇稳定 TZP
6650 铈稳定 TZP
6655 其他特殊材料稳定的氧化锆 TZP 陶瓷
6656 Al_2O_3 增强 TZP 陶瓷

6699 其他特殊氧化锆基材料

6700~6799 其他锆基材料
6700 硅酸锆基材料
6720 锆尖晶石材料
6740 碳化锆基材料
6750 其他二氧化锆基材料
6799 其他特殊锆基材料

8000~8999 玻璃材料
8000 常规玻璃材料
8050 常规玻璃陶瓷
8110 碳酸钠-碳酸钙-二氧化硅玻璃（退火，包含 IEC 60672 G 110）
8120 碳酸钠-石灰-二氧化硅玻璃（热增韧，包含 IEC 60672 G 120）
8200 耐化学腐蚀硼硅酸盐玻璃（包含 IEC 60672 G 200）
8310 电绝缘、低损耗硼硅酸盐玻璃（包含 IEC 60672 G 310）
8400 氧化铝-碳酸钙-二氧化硅玻璃（包含 IEC 60672 G 400）
8500 氧化铅碱玻璃（包含 IEC 60672 G 500）
8600 碱性钡玻璃（包含 IEC 60672 G 600）
8700 铅锌硼玻璃
8800 铝-硼基玻璃
8999 其他特殊玻璃

9000~9499　玻璃陶瓷材料
9001　锂铝硅体系
9010　镁铝硅体系
9020　锂锌硅体系

9500~9999　陶瓷前驱体
9501~9510　自然界存在的前驱体
9501　有机前驱体
9502　无机前驱体
9503　有机金属的前驱体

9511~9520　合成前驱体
9511　有机前驱体
9512　无机前驱体
9513　金属前驱体
9514　有机金属前驱体

(12) 按照陶瓷制备及加工工艺分类

① 概述。

该领域的信息与陶瓷的工艺路线密切相关，例如可以用于辨别不同的产品。该分类方法可以通过陶瓷材料的生产工艺辨别陶瓷材料的分类目的、产品标识以及科研用途。但是制备过程的细节信息可能对商业产品作用不大，因此，编码的作用对此受到影响。

② 编码结构。

该类型的分类首字母为P。P后面跟随三个字符，即Pnnn，每一个字符代表工艺的不同方面。由于制备过程份额不同，可能需要对各不同方面进行分类，陶瓷的编码将由一系列单独编码组成，即PnnnPnnnPnnn……编制过程中无空格或标点符号。

③ 工艺编码分类。

前驱体制备工艺
101　固相前驱体陶瓷制备工艺
102　气相前驱体陶瓷制备工艺
103　溶胶-凝胶前驱体陶瓷制备工艺
104　其他陶瓷前驱体制备工艺
199　前驱体的其他制备方法

粉末制备方法
201　煅烧或研磨制备陶瓷粉末
202　熔融、破碎、研磨制备陶瓷粉末
203　化学沉积制备陶瓷粉末
204　气相反应制备陶瓷粉末
205　火焰裂解制备陶瓷粉末
206　溶胶-凝胶制备陶瓷粉末
210　纤维或晶须制备工艺
299　陶瓷粉末的其他制备方法

粉末制备工艺
301　与制备方法相同的制备工艺
302　喷雾干燥造粒
303　熔融喷雾造粒
304　冷冻-干燥造粒
305　压滤制粉
306　研磨制粉
307　滚筒制粉
308　干燥
309　煅烧
310　流化床造粒
311　泥浆造粒
399　陶瓷粉末的其他制备工艺

粉末压实或成型工艺
401　单向干压成形
402　素坯加工
403　等静压成形
404　浇注成形
405　压力注浆成形
406　流延成形
407　注模成形
408　低压注模成形
409　模压成形
410　辊压成形
411　挤出成形
412　电子沉积
413　揉炼或浇注成形
414　冷冻注凝成形
415　直接凝固成形
416　触变压铸成形
417　凝胶注模成形
418　素坯干燥
419　纤维编制体/纤维材料成形，包括纤维缠绕
499　其他坯体成形方式

粉末固结
501　非氧化气氛下压力烧结
502　空气下压力烧结
503　非氧化气氛下无压烧结
504　真空烧结

505 气氛压力烧结
506 热等静压烧结
507 包套式热等静压烧结
508 传统烧结方式后热等静压烧结
509 单向热压烧结
510 高温自蔓延合成
511 液相反应烧结
512 气相反应结合
513 化学气相沉积
514 化学气相渗透
515 等离子/火焰喷涂
516 界面控制反应
517 化学键合
518 溶胶-凝胶固化工艺
519 微波烧结
520 反应烧结
521 排胶/预烧结
599 其他粉末固结方式

涂层制备工艺
601 CVD涂层制备工艺
602 PVD涂层制备工艺
603 离子电镀涂层制备工艺
605 溶胶-凝胶涂层制备工艺
606 喷射涂层制备工艺
607 等离子喷涂
608 火焰喷涂
699 其他涂层制备工艺

直接成形
701 熔化成形，包括晶体生长
702 气相成形
799 其他直接成型工艺

陶瓷制备后加工工艺
801 陶瓷制备后无加工工艺
802 表面振动球磨
803 表面磨蚀
804 表面机械加工或研磨（有磨料）
805 表面研磨（无磨料）
806 表面抛光
807 重烧结与机械加工
808 玻璃化
809 钻孔
810 电镀金属
811 表面铜焊
812 胶结
813 玻璃连接
814 热扩散连接
815 切割
816 热处理
817 刻蚀
818 激光划线、钻孔或标记
819 化学刻蚀
820 化学离子交换
821 表面离子注入
899 其他后加工工艺

其他工艺
999 其他特殊工艺

(13) 按陶瓷性能分类

① 概述。

本分类方法通常以字母D为首字母。在分类中包含与陶瓷材料性能相关的重要的特征：该代码能够明确表征该材料的性能特征，并能够包含相关的一类陶瓷材料。

② 编码结构。

编码应包含以下重要组成项：

——特征描述符号D；

——性能特征：用数字表示；

——性能：两位数字；

——对已知性能的表述：某一范围的数字编码。

如果需要还可以包含以下组成：

——某性能显现所需温度或需要达到的温度范围；

——某性能显现所需频率或需要达到的温度范围。

该分类公式为：

$$Djk_1k_2lmn$$

式中，j为单一数字，代表陶瓷的主性能分类，如物理性能、热学性能、电性能等；k_1k_2为两位数字，代表材料在主性能范围内的某一特殊性能；l为单一数字，代表性能变化；m为单一数字，代表陶瓷性能随温度变化的特性；n 为单一数字，代表陶瓷性能随频率变化的特性，应跟随温度编码一起出现。

许多情况下，最后两个数字是没有必要的，可以省略，如 Djk_1k_2l 或 Djk_1k_2lm，在某些情况下，l 也可以省略。如果材料的性能是变化的，可以需用两个或更多的编码表示。

③ 性能分类。

表 4-27-7 给出了性能分类数据编码。这些能够恰当满足陶瓷的性能分类的数字编码由以下几部分组成：

——j（表 4-27-7 第 2 栏）为主性能分类代码；

——k_1k_2（表 4-27-7 第 3 栏）为性能代码；

——l（表 4-27-7 第 4~12 栏）为性能变化所具有的代码；

——m（表 4-27-8）为限制温度；

——n（表 4-27-8）为限制频率。

性能分类编码最少有 j 和 k_1k_2 两部分组成。如果需要明确陶瓷性能的测试方法（表 4-27-7 第 13 栏），可以添加 l 代码。温度编码一般用于热膨胀性能的描述，如果没有 m 编码，则认为是室温性能。为了避免出现模糊，对电性能的分类，频率编码 n 是必要的。

当需要对测试方法做出更进一步的说明或对分类做进一步说明时可以加入由文字和数字组成的补充说明。例如：

弯曲强度　D2015（ISO 14704，三点弯曲，30mm 跨距）

热膨胀　　D3044（EN 821-1）

颜色　　　D403（红色）

洛氏硬度　D2057（HR45N）

补充说明中可包含测试样中显微结构各向异性、晶粒取向、试样方向等信息，一般用字母 X、Y、Z 表示。

例如：

拉伸强度　D2075（X）D2072（Z）2-D 纤维复合材料

热导率　D3016（Z）D3011（X）CVD 氮化硼涂层

方向导致的各向异性性能编码见表 4-27-9。

表 4-27-7　　性能分类数据

性能与符号	j	k_1k_2	l									测试方法①
			1	2	3	4	5	6	7	8	9	
物理性能	1	能够体现产品分类的关键性能										
相对密度/%	1	01	≤20	>20~40	>40~60	>60~80	>80~95	>95~99	>99			
体积密度/(mg/m³)	1	15	≤1	>1~1.5	>1.5~2	>2~3	>3~4	>4~5	>5~7	>7~10	>10	A:ISO 18754 A:EN623-2 B:ENV 1389 A:JIS R1634
显气孔率(或为吸水率)/%	1	02	≤1	>1~5	>5~10	>10~30	>30~50	>50~80	>80			A:ISO 18754 A:IEC 60672-2 A:EN 623-2 A:JIS R1634 D:JIS R1628
闭气孔率/%	1	14	0	>0~1	>1~3	>3~10	>10~20	>20~40	>40~70	>70		C:ENV 1071-5
平均开孔孔径/μm	1	16	≤0.01	>0.01~0.1	>0.1~1	>1~10	>10~100	>100~1000	>1000			
晶粒尺寸/μm	1	03	≤1	>1~3	>3~8	>8~25	>25~100	>100				A:ENV 623-3
平均粒径 d50/μm	1	04	≤0.01	>0.01~0.05	>0.05~1	>1~3	>3.0~10	>10~30	>30~100	>100		D:ASTM C1282 D:EN 725-6 D:JIS R1619 D:JIS R1629
粉料比表面积/(m²/g)	1	05	≤1	>1~2	>2~5	>5~10	>10~20	>20~50	>50~100	>100		D:ISO 18757 D:ASTM C1251 D:ASTM C1274 D:EN725-5 D:JIS R1626

续表

性能与符号	j	k_1k_2	l									测试方法[①]
			1	2	3	4	5	6	7	8	9	
物理性能	1		能够体现产品分类的关键性能									
粉料松装密度/(mg/m³)	1	06	≤0.1	>0.1~0.2	>0.2~0.5	>0.5~1.0	>1~1.5	>1.5~2	>2~3	>3~5	>5	D:EN 725-8
安息角	1	07	重要性能指标									
晶须/纤维平均尺寸/μm	1	08	≤0.1	>0.1~0.5	>0.5~1	>1~3	>3~8	>8~15	>15~50	>50		B:ENV 1007-3
短切纤维或晶须长度/μm	1	09	产品的重要性能									
纤维/晶须长径比	1	10	产品的重要性能									测试方法
纤维/晶须/片晶体积分数	1	11	产品的重要性能									
涂层厚度/μm	1	12	≤0.1	>0.1~1	>1~10	>10~100	>100~1000	>1000~10000	>10000			C:ENV 1071-1 C:ENV 1071-2
表面粗糙度 Ra/μm	1	13	≤0.01	>0.01~0.02	>0.02~0.05	>0.05~0.1	>0.1~0.2	>0.2~0.5	>0.5~1	>1~2	>2	A:ENV 623-4
力学性能	2		力学性能关键取决于其各项参数									
弯曲强度[②]/MPa	2	01	≤20	>20~50	>50~100	>100~200	>200~400	>400~1000	>1000			A:ISO 14704 A:IEC 60672-2 A:ASTM C1161 A:EN 843-1 JIS R1601 A:ISO 17565 A:EN 821-1 B:ASTM C1341 B:ENV 658-3
剪切强度/MPa	2	02	≤20	>20~50	>50~100	>100~200	>200~400	>400~1000	>1000			B:ASTM C1292 B:ENV658-4,-5,-6
抗压强度/MPa	2	13	≤10	>10~50	>50~200	>200~500	>500~2000	>2000				A:ASTM C1424 A:JIS R1608 B:ASTM C1358 B:ENV 658-2 B:ENV 12290 B:ENV 12291
韧性	2	04	产品的重要性能									A:ISO 15732 A:ISO 18756 A:ASTM C1421 A:JIS R1607
硬度	2	05	HV,HK ≤1000	HV,HK >1000~1500	HV,HK >1500~2000	HV,HK >2000	HR≤60	HR >60~80	HR >80~90	HR >90~95	HR >95	A:ISO 14705 A:ASTM C1326/7 A:ENV 843-4 A:JIS R1610
杨氏模量 s/GPa	2	06	≤50	>50~100	>100~200	>200~400	>400					A:ISO 17561 A:ASTM C1198 A:ASTM C1259 A:ENV 843-2 A:JIS R1602
剪切模量/GPa	2	09	≤20	>20~50	>50~100	>100~200	>200					A:ASTM 1198 A:ASTM 1259 A:ENV 843-2 A:JIS R1602

续表

性能与符号	j	k_1k_2	l									测试方法[①]
			1	2	3	4	5	6	7	8	9	
泊松比	2	08	≤0.1	>0.1~0.15	>0.15~0.20	>0.2~0.25	>0.25~0.3	>0.3				A:ASTM C1198 A:ENV 843-2 A:JIS R1602
杨氏模量与温度关系/10^{-6}℃$^{-1}$	2	10	≤-2000	>-2000~-1000	>-1000~-500	>-500~0	>0~500	>500~1000	>1000~2000	>2000		
剪切模量与温度关系/10^{-6}℃$^{-1}$	2	11	≤-2000	>-2000~-1000	>-1000~-500	>-500~0	>0~500	>500~1000	>1000~2000	>2000		
拉伸强度/MPa	2	07	≤20	>20~50	>50~100	>100~200	>200~400	>400~1000	>1000			A:ISO 15490 A:ASTM C1273 A:JIS R1606 B:ASTM C1272 B:ISO 15733 B:EN 658-1
破坏伸长/%	2	12	≤0.05	>0.05~0.1	>0.1~0.2	>0.2~0.5	>0.5~1	>1~2	>2~5	>5		B:ISO 15733
热性能	3	陶瓷热性能关键参数										
热导率/[W/(m·K)]	3	01	≤2	>2~4	>4~10	>10~30	>30~50	>50~100	>100~150	>150~200	>200	
比热容/[J/(g·K)]	3	02	≤0.3	>0.3~0.5	>0.5~0.7	>0.7~1	>1					A:ENV 821-3 B:ENV 1159-3
水淬冷抗热震性 ΔT/K	3	03	≤100	>100~200	>200~400	>400						A:IEC 60672-2 A:ENV 820-3
热胀系数[③]/10^{-6}K^{-1}	3	04	≤2	>2~4	>4~8	>8~10	>10~20	>20				A:ISO 17562 A:EN 821-1 A:JIS R1618 A:ASTM E228 B:ENV 1159-1
空气中自变形温度/℃	3	05	≤200	>200~500	>500~800	>800~1000	>1000~1200	>1200~1600	>1600			A:ENV 820-2
玻璃化温度/℃	3	06	≤200	>200~300	>300~400	>400~500	>500~600	>600~700	>700~800	>800		A:IEC 60672-2
热扩散系数/(10^{-6}m^2/s)	3	07	≤1	>1~3	>3~6	>6~10	>10~15	>15~25	>25~40	>40~70	>70	A:ISO 18755 A:EN 821-2 A:JIS R1611 B:ENV 1159-2
发射率	3	08	产品的重要性能									
空气中最高短期使用温度/℃	3	09	≤300	>300~500	>500~700	>700~900	>900~1100	>1100~1300	>1300~1500	>1500~1700	>1700	
惰性气体中最高长期使用温度/℃	3	10	≤300	>300~500	>500~700	>700~900	>900~1100	>1100~1300	>1300~1500	>1500~1700	>1700	
光学性能	4	陶瓷光学性能关键参数										
反射率	4	01	产品的重要性能									
透过率	4	02	产品的重要性能									
颜色	4	03	产品的重要性能									
双折射	4	04	产品的重要性能									
荧光性	4	05	产品的重要性能									
磁性能	5	陶瓷磁学性能关键参数										

续表

性能与符号	j	k_1k_2	l									测试方法①
			1	2	3	4	5	6	7	8	9	
相对渗透性	5	01	产品的重要性能									
制磁	5	02	产品的重要性能									
矫顽磁性	5	03	产品的重要性能									
铁磁性	5	04	产品的重要性能									
磁致伸缩	5	06	产品的重要性能									
电性能	6	陶瓷电性能关键参数										
电阻率/Ω·cm	6	01	$\geqslant 10^{14}$	$<10^{14}$ ~ 10^{19}	$<10^{19}$ ~ 10^{4}	$<10^{4}$ ~ 10^{3}	$<10^{4}$ ~ 10^{1}	$<10^{1}$ ~ 10^{-1}	$<10^{-1}$			A:IEC 60672-2
非线性电阻率	6	02	产品的重要性能									
超导临界温度	6	03	产品的重要性能									
超导临界电流	6	04	产品的重要性能									
电阻率（离子）/Ω·cm	6	05	$\leqslant 10^{-4}$	$>10^{-6}$ ~ 10^{-4}	$>10^{-4}$ ~ 10^{-2}	$>10^{-2}$ ~ 1	>1 ~ 10^{2}	$>10^{2}$ ~ 10^{4}	$>10^{4}$ ~ 10^{6}	$>10^{6}$		
相对介电常数	6	06	≤5	>5~8	>8~12	>12~20	>20~100	>100~500	>500~2000	>2000		A:IEC 60672-2 A:JIS R1627
介电常数温度系数	6	07	产品的重要性能									
铁电转换温度	6	08	产品的重要性能									
损耗角正切	6	09	≥0.1	<0.1~0.01	<0.01~0.001	<0.001~10^{-4}	$<10^{-4}$					A:IEC 60672-2 A:JIS R1627
介电击穿电压梯度/(kV/mm)	6	10	≤5	>5~10	>10~20	>20~40	>40					A:IEC 60672-2
热释电性能	6	11	产品的重要性能									
热电性能	6	12	产品的重要性能									
负温度系数	6	13	产品的重要性能									
正温度系数	6	14	产品的重要性能									
压电性能	6	15	产品的重要性能									
电致伸缩性能	6	16	产品的重要性能									
光电性能	6	17	产品的重要性能									
居里温度，介电/℃	6	18	≤0	>0~50	>50~100	>100~150	>150~200	>200~300	>300			
额定温度 Te/℃	6	19	≤300	>300~400	>400~500	>500~700	>700~1000	>1000~1200	>1200			A:IEC 60672-2
耐磨损性	7	陶瓷耐磨损性能关键参数										
磨料耐磨性	7	01	产品的重要性能									
滑动耐磨性	7	02	产品的重要性能									A:JIS R1613
侵蚀耐磨性	7	03	产品的重要性能									
耐腐蚀性	8	陶瓷耐腐蚀性能关键参数										A:ENV 12923-1
水介质	8	01	产品的重要性能									
酸性溶液	8	02	产品的重要性能									A:JIS R1614
碱性溶液	8	03	产品的重要性能									A:JIS R1614
氧化气氛	8	04	产品的重要性能									A:JIS R1609
还原气氛	8	05	产品的重要性能									
熔融金属	8	06	产品的重要性能									
熔融盐	8	07	产品的重要性能									
盐类金属	8	08	产品的重要性能									
熔融硅酸盐渣	8	09	产品的重要性能									

续表

性能与符号	j	k_1k_2	l									测试方法①
			1	2	3	4	5	6	7	8	9	
生物再吸收性	8	20	产品的重要性能									
生物惰性	8	21	产品的重要性能									
生物活性（不包含溶解）	8	22	产品的重要性能									
核性能	9		陶瓷核性能关键参数									
中子俘获截面	9	01	产品的重要性能									

① 测试方法中，A＝单块材料；B＝复合材料；C＝涂层；D＝粉料。

② 数据参照表面抛光的样条 40mm 跨距四点弯曲测试结果。

③ 对热膨胀系数，温度限制的参数应标明温度范围。

表 4-27-8　温度和频率限制参数，分类编码 *m*、*n*

性能编码 *m* 或 *n*	温度限制参数 *m*/℃	频率限制参数 *n*/Hz	性能编码 *m* 或 *n*	温度限制参数 *m*/℃	频率限制参数 *n*/Hz
1	≤0	DC(直流电)	6	>900～1200	—
2	>0～100	$\leqslant 10^3$	7	>1200～1400	—
3	>100～300	$>10^3 \sim 10^6$	8	>1400～1600	—
4	>300～600	$>10^6 \sim 10^9$	9	>1600	—
5	>600～900	$>10^9$	0	不受限制	不受限制

表 4-27-9　方向导致的各向异性性能编码

方向编码	适用的代码	产生方向性的原因	方向编码	适用的代码	产生方向性的原因
X	KB,KG	垂直热压或挤压方向	Z	KB,KG	平行于热压或挤压方向
	KS	平行规则的 1 维增强纤维方向		KS	垂直于规则的 1 维增强纤维方向
	KT	平行于 2 维增强纤维的某一个主要方向		KT	垂直于 2 维增强纤维的某一个主要方向
	KU	垂直于 3 维增强纤维的某一个主要方向		KU	平行于 3 维增强纤维的某一个主要方向
	LB,LE,LF	垂直于沉积膜或涂层的方向		LB,LE,LF	平行于沉积膜或涂层的方向
	EL	平行于平板方向		EL	垂直于平板方向
	S	平行于在正交或六方晶体 *a* 轴方向		S	平行于在正交或六方晶体 *c* 轴方向
			Y	All	垂直于 *X* 和 *Z* 方向

27.2　陶瓷材料

27.2.1　陶瓷绝缘材料（GB/T 8411.1—2008）

(1) 概述

本部分适用于电绝缘用陶瓷、玻璃陶瓷、玻璃-云母和玻璃材料。

(2) 定义

① 绝缘材料　用于分隔具有不同电位导电部件的固体材料，其电导率低到可忽略的程度。

② 陶瓷绝缘材料　烧结前成形的一种无机材料，其主要组成通常含有多晶硅酸盐、硅铝酸盐和简单或复杂氧化物，如钛酸盐。本定义也包含了某些非氧化物材料，如氮化铝。

③ 玻璃绝缘材料　一种无结晶体混合物无机材料，通常采用将氧化物熔融，然后完全固化的方法制成。

④ 玻璃陶瓷材料　将整块玻璃或玻璃粉热处理制成的一种绝缘材料。这种处理使玻璃或玻璃粉中生成大量细小晶体，转变成一种多晶体。

⑤ 玻璃结合云母材料　由玻璃结合细小天然或合成云母制得的一种绝缘材料，可以直接由玻璃融块结合天然云母制得，也可以通过晶化处理适当配制的玻璃陶瓷材料制得。

(3) 分类

本部分依据材料的成分和性能进行分类，共有9组陶瓷材料，用字符“C”为头表示；7组玻璃材料，用字符“G”为头表示；一组玻璃陶瓷材料，用字符“GC”为头表示；一组玻璃结合云母材料，用字符“GM”为头表示。本部分分类广泛，覆盖了各种材料类型，这些材料的性能参数能够满足它们目前所涉及的应用要求。GB/T 8411的第3部分列出了各类材料的性能及参数。表4-27-10~表4-27-13列出了材料的分类。

表 4-27-10　　陶瓷绝缘材料

组	亚组	材料类型	组成	其他特性	主要用途
C100			碱金属铝硅酸盐瓷		
	C110	硅质瓷湿法工艺	石英基，长石熔剂	不渗透可无釉使用	高、低负荷耐张绝缘子
	C111	硅质瓷压制工艺	石英基，长石熔剂	有一定的开口气孔 通常需上釉	低负荷耐张绝缘子
	C112	方石英瓷湿法工艺	含方石英，方石英由高硅黏土和/或煅烧氧化硅引入	不渗透可无釉使用	高、低负荷耐张绝缘子
	C120	铝质瓷	长石熔剂氧化铝部分取代石英	不渗透 强度[1]>110MPa	高、低负荷耐张绝缘子
	C121[2]	铝质瓷	长石溶剂氧化铝部分取代石英	不渗透 强度[1]>140MPa	高、低负荷耐张绝缘子
	C130	铝质瓷	非耐火材料，长石熔剂氧化铝为主要的骨架颗粒	不渗透 强度[1]>160MPa	高、低负荷耐张绝缘子
	C140	锂质瓷	锂长石、锂辉石或锂云母基	低膨胀系数	高抗热震性绝缘子
C200			镁硅酸盐瓷		
	C210	低压滑石瓷	原顽辉石基	有一定的开口气孔， 强度>80MPa	高频绝缘子，电加热用绝缘子
	C220	普通滑石瓷	原顽辉石基	不渗透，低损耗， 强度>120MPa	高频绝缘子，电加热用绝缘子，压铸件
	C221	低损耗滑石瓷	原顽辉石基	不渗透，损耗很低， 强度>140MPa	射频绝缘子，电子元件、电容器用绝缘子，电加热用绝缘子
	C230	多孔滑石瓷	原顽辉石基	开口孔隙率可达35%	可加工绝缘子，可碎衬套
	C240	多孔橄榄石瓷	正硅酸镁基	开口孔隙率可达30%	电子管真空除气绝缘子
	C250	致密橄榄石瓷	正硅酸镁基	不渗透，损耗很低， 上釉后强度高， 热膨胀系数大	真空包封件，尤其适合于铁基合金

组	亚组	材料类型	组成	其他特性[3]			主要用途
				介电常数	介质损耗正切值	介电常数温度系数	
C300			钛酸盐和其他高介陶瓷				
	C310	氧化钛基	TiO_2 基	高	低	强负	电容器，尤其是高频电容器
	C320	钛酸镁基	MgO/TiO_2 基	中到高	很低	弱正	电容器，尤其是高频电容器
	C330	氧化钛和其他氧化物	TiO_2 基，含有其他氧化物	高	很低	弱负	电容器，尤其是高频电容器
	C331	氧化钛和其他氧化物	TiO_2 基，含有其他氧化物	高	很低	强负	电容器，尤其是高频电容器
	C340	Ca、Sr、Bi氧化钛基	$CaO/Bi_2O_3/TiO_2$ 或 $SrO/Bi_2O_3/TiO_2$ 基	高	低	强负	电容器，尤其是高频电容器
	C350	铁电钙钛矿基	$BaTiO_3$ 或其他钙钛矿基	350到3000	中	与温度有关	高介电常数电容器
	C351	铁电钙钛矿基	$BaTiO_3$ 或其他钙钛矿基	>3000	中	与温度有关	特高介电常数电容器

续表

组	亚组	材料类型	组成	其他特性	主要用途
C400	碱土金属铝硅酸盐和锆英石瓷				
	C410	致密堇青石	高堇青石含量，玻化	开口孔隙率<0.5%，低膨胀系数	熔断器绝缘子，加热元件支架，耐热震部件，特殊绝缘子
	C420	钡长石基	高钡长石含量，玻化	开口孔隙率<0.5%，低损耗	特殊绝缘子
	C430	致密石灰石基	硅辉石或钙长石基	开口孔隙率<0.5%	特殊绝缘子
	C440	致密锆英石基	高锆英石含量	开口气孔率<0.5%，低损耗，高强度	特殊绝缘子
C500	多孔铝硅酸盐和镁铝硅酸盐瓷				
	C510	铝硅酸盐基	无堇青石	抗热震	加热元件绝缘子，最高使用温度到1000℃
	C511	镁铝硅酸盐基	低堇青石含量	抗热震，细小气孔	加热元件绝缘子，最高使用温度到1000℃
	C512	镁铝硅酸盐基	低堇青石含量	抗热震，粗大气孔	绝缘子，最高温度到1000℃
	C520	堇青石基	高堇青石含量	抗热震，细小气孔，低膨胀系数	线圈等的支架，最高使用温度到1200℃
	C530	铝硅酸盐基	高氧化铝含量	抗热震，细小气孔，高耐火度	绝缘子，到1300℃，或更高
C600	低碱莫来石瓷				
	C610	莫来石瓷	高莫来石含量，50%~65%的Al_2O_2，低碱	抗热震，耐火，不渗透	耐火绝缘子，炉管，热电偶用绝缘子
	C620	莫来石瓷	高莫来石含量，65%~80%的Al_2O_3，低碱	抗热震，耐火，不渗透	耐火绝缘子，炉管，热电偶用绝缘子
C700	高铝瓷				
	C780	高铝瓷	80%~85%的Al_2O_3，低碱	不渗透	一般用途，小到中型绝缘子
	C786	高铝瓷	86%~95%的Al_2O_3，低碱	不渗透	一般用途，小到中型绝缘子，基片
	C795	高铝瓷	95%~99%的Al_2O_3，极低碱	不渗透，低损耗	特殊用途和低损耗绝缘子及基片，金属化部件④
	C799	高铝瓷	99%以上的Al_2O_3，极低碱	不渗透，低损耗	特殊用途和极低损耗绝缘子及基片，钠蒸汽灯管④
C800	非氧化铝单一氧化物瓷				
	C810	氧化铍瓷	高 BeO 含量	不渗透，高导热率，低损耗	有热沉能力的特殊绝缘子
	C820	氧化镁瓷	高 MgO 含量	高孔隙率	可碎衬套和其他绝缘子
C900	非氧化物绝缘用陶瓷				
	C910	氮化铝瓷	主要为 AlN	高导热率	绝缘热沉，基片
	C920	氮化硼瓷	六方 BN	可加工	可加工套和其他绝缘子
	C930	氮化硅瓷	Si_2N_4	多孔，抗热震，抗腐蚀	热电偶套，液体金属处理用保护套
	C935	氮化硅瓷	Si_2N_4	致密，不渗透，抗热震	特高强度绝缘子

① 上釉试样。

② IEC 60672-1 中没有此类瓷。原 GB/T 8411 中，将电瓷材料共分为Ⅰ、Ⅱ、Ⅲ、Ⅳ、Ⅴ类，分别对应于表中的 C111、C110、C112、C121、C130 五类瓷材料。

③ 详细参数见 GB/T 8411 的第 3 部分。

④ 对某些等级的氧化铝瓷，尤其是用于透明灯管和高温金属化的氧化铝瓷，其强度往往低于其他等级的氧化铝瓷。

表 4-27-11　玻璃陶瓷绝缘材料

组	亚组	材料类型	组成	其他特性	主要用途
GC100	玻璃陶瓷材料				
	GC110	玻璃陶瓷	整体成核组成		各种绝缘子，一般热膨胀系数与金属匹配
	GC120	玻璃陶瓷	烧结型，通常无成核剂		涂层、烧结体，一般热膨胀系数与金属匹配

表 4-27-12 玻璃结合云母绝缘材料

组	亚组	材料类型	组成	其他特性	主要用途
GM100	玻璃结合云母材料				
	GM110	玻璃结合云母	通常由天然云母和低熔点玻璃熔块制成	注射或热压材料	复杂形状低耐张用途绝缘子
	GM120	玻璃结合云母	用玻璃陶瓷的方法使玻璃中形成合成云母	易用钢或碳质工具加工	原位成形，复杂形状，低耐张用途

表 4-27-13 玻璃绝缘材料

组	亚组	材料类型	组成	其他特性	主要用途
G100	钠钙硅玻璃				
	G110	钠-钙-硅		热退火	工频绝缘子
	G120	钠-钙-硅		热钢化	工频绝缘子
G200	硼硅酸盐玻璃				
	G220	抗化学腐蚀硼硅酸盐玻璃		抗腐蚀，低热膨胀	耐热震绝缘子
	G231	硼硅酸盐玻璃		高电阻率，低损耗	低损耗绝缘子
	G232	硼硅酸盐玻璃		高电阻率，中损耗	高压绝缘子
G400	氧化铝-石灰石-氧化硅玻璃		低碱	中膨胀，低损耗	密封插头绝缘子
G500	铅-碱-硅玻璃		中碱到低碱	高膨胀，低损耗	玻璃金属封接
G600	钡-碱-硅玻璃		中碱到低碱	高膨胀，低损耗	玻璃金属封接
G700	高硅玻璃				
	G795	高硅玻璃	SiO_2 含量 95%~99%	低膨胀，耐火，抗热震	加热元件支架，辐射加热用玻璃管
	G799	高硅玻璃	SiO_2 含量>99%	低膨胀，耐火，抗热震	加热元件支架，辐射加热用玻璃管，灯管

27.2.2 氧化铝陶瓷衬板耐磨管件（JC/T 2209—2014）

(1) 概述

本节内容适用于耐磨工程中内衬或外衬三氧化二铝陶瓷衬板的耐磨管件。

(2) 管件类型

耐磨陶瓷管件有下列三种类型：

① 镶嵌型耐磨管件 根据耐磨管件的使用要求选择不同型号的氧化铝陶瓷衬板，用黏合剂直接镶嵌在钢结构件的内壁或外壁上而形成的耐磨管件，结构如图 4-27-4 所示。

② 互压型耐磨管件 根据使用要求选择不同型号的氧化铝陶瓷衬板，通过瓷片之间在结构上互压互卡紧固在钢结构件上而形成的耐磨管件，结构如图 4-27-5 所示。

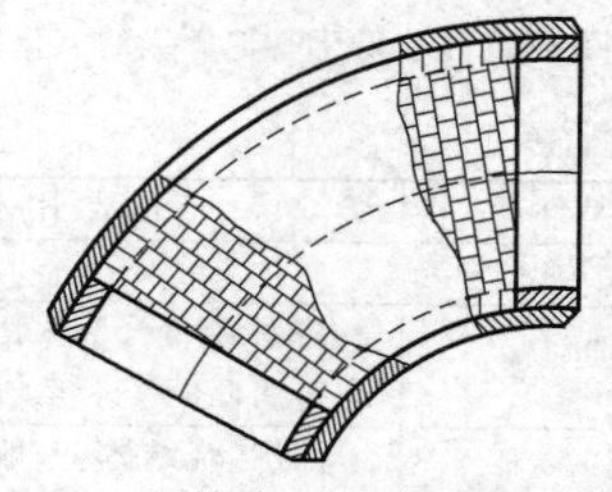

图 4-27-4 镶嵌型耐磨管件示意图

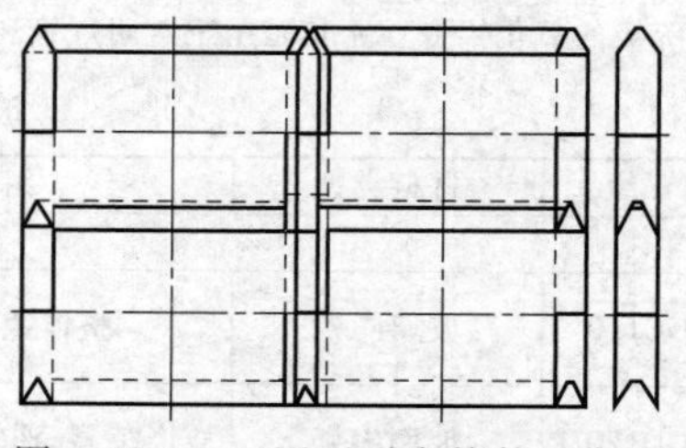

图 4-27-5 互压型耐磨管件示意图

③ 固焊型耐磨管件　根据使用要求选择不同型号的氧化铝陶瓷衬板，通过螺栓、钢碗等将带孔的陶瓷与钢结构件焊接紧固而形成的耐磨管件，结构如图 4-27-6 所示。

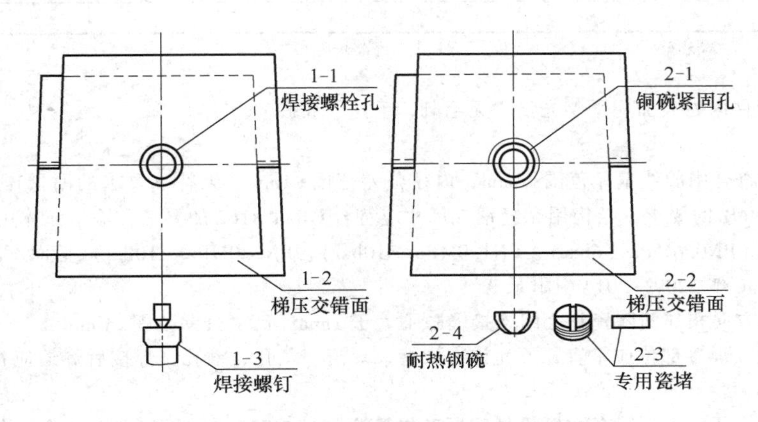

图 4-27-6　固焊型耐磨管件示意图

(3) 分类号标记

耐磨管件根据陶瓷与钢结构件的紧固方式，氧化铝陶瓷衬板耐磨管件分为镶嵌型耐磨管件（XQX）、互压型耐磨管件（HYX）和固焊型耐磨管件（GHX）。

耐磨管件根据形状可以分为直管（ZG）、弯管（WG）、三通管以及多通管（STG）及异型管（YXG）等结构件。

产品按照氧化铝陶瓷衬板耐磨管件产品代号（Y）、紧固方式、产品形状、产品通径 DN（单位为毫米；三通或多通管等的几个分支管的不同通径用分隔号分开表示）的顺序表示。

示例：氧化铝陶瓷衬板镶嵌型耐磨管件、直管、通径 DN 500mm 标记为 Y-XQX-ZG500。

(4) 技术要求

陶瓷衬板外观应符合表 4-27-14 的要求。氧化铝陶瓷片的理化性能应符合表 4-27-15 的要求。氧化铝陶瓷衬板厚度公差应符合表 4-27-16 的要求。氧化铝陶瓷片长度公差应符合表 4-27-17 的要求。

表 4-27-14　　陶瓷衬板的外观要求

项目		质量要求	
		瓷片尺寸不大于 25mm	瓷片尺寸大于 25mm
陶瓷层	裂纹	不允许	宽度不大于 0.25mm,长不大于 10mm,允许 1 条/片瓷
	缺角/棱	深度 1~2mm,不超过 1 处/片瓷	深度 2~3mm,不超过 2 处/片瓷
	瓷片分布及色泽	衬板中氧化铝耐磨陶瓷片应分布均匀、平整,表面无明显杂质,同一批的产品色泽应基本一致	

表 4-27-15　　氧化铝陶瓷片的理化性能

项　目	单　位	指　标	项　目	单　位	指　标
磨损体积	cm^3	≤0.06	维氏硬度 HV10	GPa	≥8
体积密度	g/cm^3	≥3.5	压缩强度	MPa	≥850
洛氏硬度	HRA	≥82			

注：建议在现场检验时采用洛氏硬度，形式检验采用维氏硬度。

表 4-27-16　　氧化铝陶瓷衬板厚度公差　　mm

总厚度(δ)	$\delta\leq5$	$5\leq\delta<10$	$10\leq\delta<30$	$30\leq\delta\leq50$	$\delta>50$
公差	±0.1	±0.2	±0.5	±1	±1.5

表 4-27-17　　氧化铝陶瓷片长度公差　　mm

长度(L)	$L≤20$	$20<L<100$	$L≥100$
公差	±1	±2	±2.5

(5) 管件要求

① 表面质量　管件内外表面应平整光洁，无毛刺、毛边、黏砂。

② 尺寸要求

a. 管件的尺寸应符合中心线偏差范围±2mm，内径公差范围±1mm。无特殊要求的耐低压流体输送用焊接钢管尺寸应符合 GB/T 3091 的要求，结构用无缝钢管尺寸应符合 GB/T 8162 的要求，输送流体用无缝钢管尺寸应符合 GB/T 8163 的要求。PN0.6MPa（6bar）、PN1.0MPa（10bar）、PN1.0MPa（10bar）平面、凸面整体钢制管法兰尺寸建议参见标准 JC/T 2209—2014 中附录 A。

b. 管件介质流动方向相邻两陶瓷片之间连接缝隙不大于 1mm，高度公差范围±1mm。

③ 焊接表面质量　焊接部位应平直，不允许有裂缝、焊渣、气孔、缩孔，焊接后焊缝应符合 GB/T 50661 的要求。

④ 焊缝渗漏要求　压力容器设备耐磨管件的所有焊缝按 JB/T 4735.1 中规定方法试验，均不得有煤油渗漏。

27.2.3 陶瓷砖（GB/T 4100—2015）

(1) 概述

本节内容适用于由干压或挤压成形的陶瓷砖。不适用于陶瓷配件转。

(2) 术语和定义

① 陶瓷砖　由黏土、长石和石英为主要原料制造的用于覆盖墙面和地面的板状或块状建筑陶瓷制品。

② 釉　经配制加工后，施于坯体表面经熔融后形成的玻璃层或玻璃与晶体混合层起遮盖或装饰作用的物料。

③ 底釉　施于陶瓷坯体与釉料之间，起遮盖或装饰作用，烧成后不完全玻化或玻化的釉料。

④ 抛光面　陶瓷砖烧制后经机械研磨、抛光使砖产生镜面光泽的表面。

⑤ 抛光砖　经过机械研磨、抛光，表面呈镜面光泽的陶瓷砖。

⑥ 挤压砖　将可塑性坯料以挤压方式成形生产的陶瓷砖。

⑦ 干压砖　将混合好的粉料经压制成形的陶瓷砖。

⑧ 瓷质砖　吸水率（E）不超过 0.5%的陶瓷砖。

⑨ 炻瓷砖　吸水率（E）大于 0.5%、不超过 3%的陶瓷砖。

⑩ 细炻砖　吸水率（E）大于 3%、不超过 6%的陶瓷砖。

⑪ 炻质砖　吸水率（E）大于 6%、不超过 10%的陶瓷砖。

⑫ 陶质砖　吸水率（E）大于 10%的陶瓷砖。

⑬ 吸水率　干燥的单位质量的产品达到水饱和时所吸收的水的质量，用质量分数表示。

(3) 尺寸描述

矩形砖的尺寸示意图见图 4-27-7。带有间隔凸缘的砖见图 4-27-8。砖的背纹见图 4-27-9。

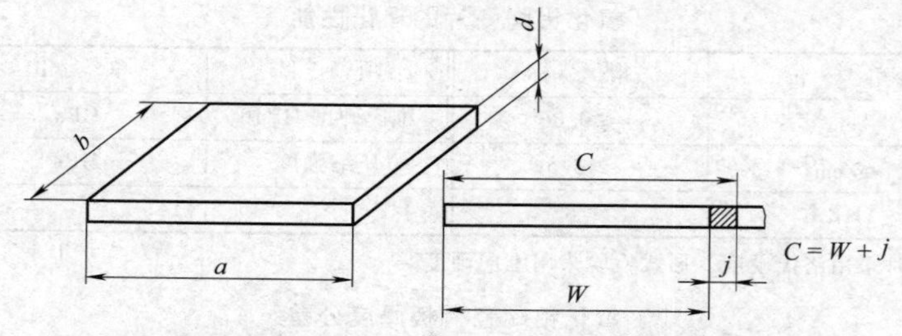

图 4-27-7　矩形砖的尺寸示意图

a，b—可见面尺寸；d—厚度；j—连接宽度；C—配合尺寸；W—工作尺寸

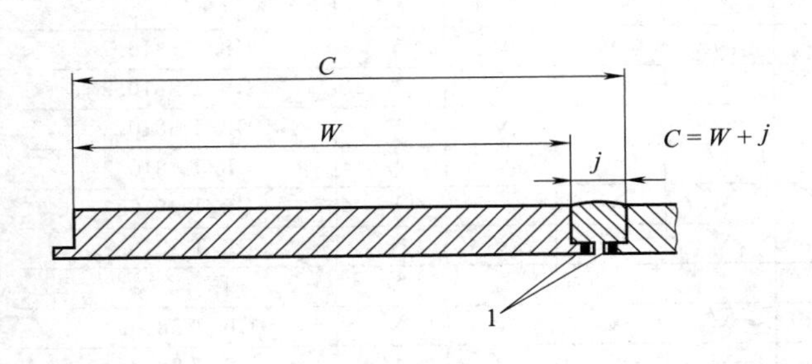

图 4-27-8 带有间隔凸缘的砖

1—间隔凸缘；j—连接宽度；C—配合尺寸；W—工作尺寸

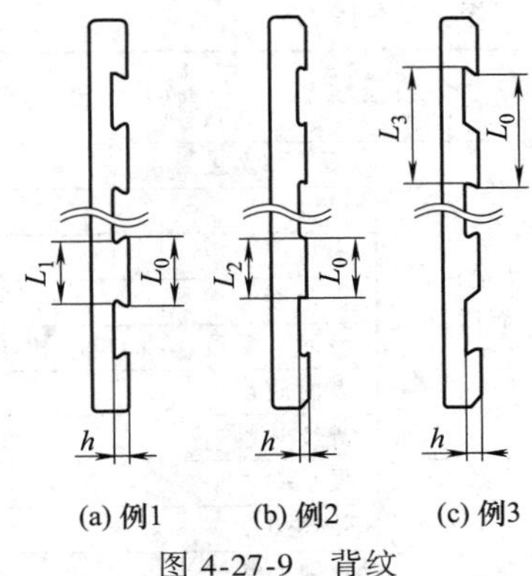

图 4-27-9 背纹

h—深度；L_i—长度，i=0，1，2，3

(4) 分类方法

按照陶瓷砖的成形方法和吸水率进行分类。陶瓷砖分类及代号见表 4-27-18。

表 4-27-18 陶瓷砖分类及代号

按吸水率(E)分类		低吸水率(Ⅰ类)				中吸水率(Ⅱ类)				高吸水率(Ⅲ类)	
		$E \leqslant 0.5\%$（瓷质砖）		$0.5\% < E \leqslant 3\%$（炻瓷砖）		$3\% < E \leqslant 6\%$（细炻砖）		$6\% < E \leqslant 10\%$（炻质砖）		$E > 10\%$（陶质砖）	
按成形方法分类	挤压砖(A)	AⅠa类		AⅠb类		AⅡa类		AⅡb类		AⅢ类	
		精细	普通	精细	普通	精细	普通	精细	普通	精细	普通
	干压砖(B)	BⅠa类		BⅠb类		BⅡa类		BⅡb类		BⅢ类①	

① BⅢ类仅包括有釉砖。

① 按成形方法分类 按成形方法分为：

a. 挤压砖，按尺寸偏差分为：精细、普通。

b. 干压砖。

② 按吸水率（E）分为：低吸水率砖（Ⅰ类）、中吸水率砖（Ⅱ类）和高吸水率砖（Ⅲ类）。

低吸水率砖（Ⅰ类）包括：

a. 低吸水率挤压砖：

- $E \leqslant 0.5\%$（AⅠa类）；
- $0.5\% < E \leqslant 3\%$（AⅠb类）。

b. 低吸水率干压砖：

- $E \leqslant 0.5\%$（BⅠa类）；
- $0.5\% < E \leqslant 3\%$（BⅠb类）。

中吸水率砖（Ⅱ类）包括：

a. 中吸水率挤压砖：

- $3\% < E \leqslant 6\%$（AⅡa类）；
- $6\% < E \leqslant 10\%$（AⅡb类）。

b. 中吸水率干压砖：

- $3\% < E \leqslant 6\%$（BⅡa类）；
- $6\% < E \leqslant 10\%$（BⅡb类）。

高吸水率砖（Ⅲ类）包括：

a. 高吸水率挤压砖：$E > 10\%$（AⅢ类）；

b. 高吸水率干压砖：$E > 10\%$（BⅢ类）。

(5) 性能

不同用途陶瓷砖的产品性能要求见表 4-27-19。

表 4-27-19　　　　不同用途陶瓷砖的产品性能要求

性　　能		泡砖		墙砖		试验方法
		室内	室外	室内	室外	
尺寸和表面质量	长度和宽度	√	√	√	√	GB/T 3810.2
	厚度	√	√	√	√	GB/T 3810.2
	边直度	√	√	√	√	GB/T 3810.2
	直角度	√	√	√	√	GB/T 3810.2
	表面平整度(弯曲度和翘曲度)	√	√	√	√	GB/T 3810.2
	表面质量	√	√	√	√	GB/T 3810.2
	背纹①				√	图 4-27-9
物理性能	吸水率	√	√	√	√	GB/T 3810.3
	破坏强度	√	√	√	√	GB/T 3810.4
	断裂模数	√	√	√	√	GB/T 3810.4
	无釉砖研磨深度	√	√			GB/T 3810.6
	有釉砖表面耐磨性	√	√			GB/T 3810.7
	线性热膨胀②	√	√	√	√	GB/T 3810.8
	抗热震性②	√	√	√	√	GB/T 3810.9
	有釉砖抗釉裂性	√	√	√	√	GB/T 3810.11
	抗冻性③		√		√	GB/T 3810.12
	摩擦因数	√	√			GB/T 4100 中附录 M
	湿膨胀②	√	√	√	√	GB/T 3810.10
	小色差②	√	√	√	√	GB/T 3810.16
	抗冲击性②	√	√			GB/T 3810.6
	抛光砖光泽度	√	√	√	√	GB/T 13891
化学性能	有釉砖耐污染性	√	√	√	√	GB/T 3810.14
	无釉砖耐污染性②	√	√	√	√	GB/T 3810.14
	耐低浓度酸和碱化学腐蚀性	√	√	√	√	GB/T 3810.13
	耐高浓度酸和碱化学腐蚀性②	√	√	√	√	GB/T 3810.13
	耐家庭化学试剂和游泳池盐类化学腐蚀性	√	√	√	√	GB/T 3810.13
	有釉砖铅和镉的溶出量②	√	√	√	√	GB/T 3810.15

① 通过水泥砂浆铺贴的外墙砖，包括隧道中铺贴的砖。

② 参见 GB/T 4100 中附录 Q。

③ 砖在有冰冻情况下使用时。

(6) 厚度

干压陶瓷砖的厚度应符合表 4-27-20 的规定。

表 4-27-20　　　　干压陶瓷砖的厚度　　　　mm

表面积 S	厚度值	表面积 S	厚度值
$S \leqslant 900cm^2$	≤10.0	$3600cm^2 < S \leqslant 6400cm^2$	≤11.0
$900cm^2 < S \leqslant 1800cm^2$	≤10.0	$S > 6400cm^2$	≤13.5
$1800cm^2 < S \leqslant 3600cm^2$	≤10.0		

注：微晶石、干挂砖等特殊工艺和特殊要求的砖或有合同规定时，厚度由供需双方协商。

(7) 标记和说明

砖和/或其包装上应有下列标志：

a. 制造商的标记和/或商标以及产地；

b. 质量标志；

c. 砖的种类及执行标准的相应附录；

d. 名义尺寸和工作尺寸，模数（M）或非模数；

e. 表面特性，如有釉（GL）或无釉（UGL）；

f. 烧成后表面处理情况，如抛光；

g. 砖和包装的总质量。

对用于地面的陶瓷砖，应说明有釉砖的耐磨性级别或使用的场所。

注：参见图 4-27-10 所示包装标记。

产品说明中应包含以下信息：

a. 成形方法；

b. 陶瓷砖类别及执行标准的相应附录；

c. 名义尺寸和工作尺寸，模数（M）和非模数；

d. 表面特性，如有釉（GL）或无釉（UGL）；

e. 背纹（需要时）。

示例 1：精细挤压砖，GB/T 4100—2015，附录 A，AⅠa M 25cm×12.5cm（*W* 240mm×115mm×10mm）GL。

示例 2：普通挤压砖，GB/T 4100—2015，附录 B，AⅠb 15cm×15cm（*W* 150mm×15mm×9.5mm）UGL。

示例 3：干压砖，GB/T 4100—2015，附录 G，BⅠa M 25cm×12.5cm（*W* 240mm×115mm×10mm）GL。

示例 4：干压砖，GB/T 4100—2015，附录 L，BⅢ 15cm×15cm（*W* 150mm×150mm×9.5mm）UGL。

包装和/或说明书规定使用图 4-27-10 所示标记。一般不要求使用标记，除非在规定的条件下。

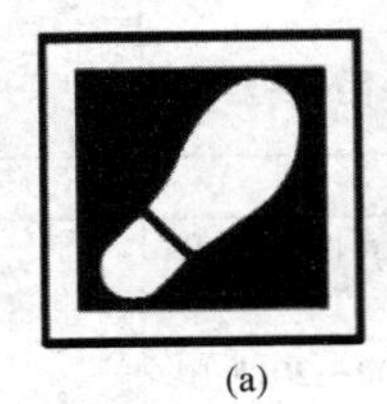

(a)

(b)

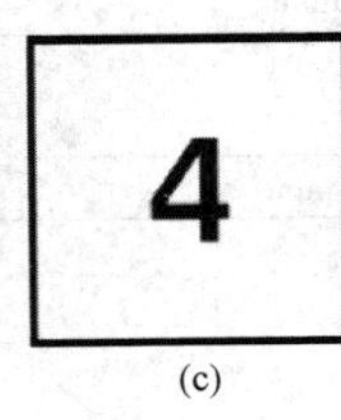

(c)

(d)

说明：
(a) 适用于地面的砖
(b) 适用于墙面的砖
(c) 该数字只是一个例子，它表示了有釉地砖耐磨性的级别；
(d) 该标记表示具有抗冻性的砖。

图 4-27-10　包装标记

(8) 挤压陶瓷砖（$E \leqslant 0.5\%$，AⅠa 类）的技术要求

挤压陶瓷砖（$E \leqslant 0.5\%$，AⅠa 类）的技术要求应符合表 4-27-21 的规定。

表 4-27-21　挤压陶瓷砖（$E \leqslant 0.5\%$，AⅠa 类）的技术要求

技术要求				试验方法
项　目		精细	普通	
长度和宽度	每块砖（2 条或 4 条边）的平均尺寸相对于工作尺寸（*W*）的允许偏差/%	±1.0，最大±2mm	±2.0，最大±4mm	GB/T 3810.2
	每块砖（2 条或 4 条边）的平均尺寸相对于 10 块砖（20 条或 40 条边）平均尺寸的允许偏差/%	±1.0	±1.5	GB/T 3810.2
	制造商选择工作尺寸应满足以下要求： 模数砖名义尺寸连接宽度允许在 3~11mm 之间①； 非模数砖工作尺寸与名义尺寸之间的偏差不大于±3mm			GB/T 3810.2
厚度② 厚度由制造商确定： 每块砖厚度的平均值相对于工作尺寸厚度的允许偏差/%		±10	±10	GB/T 3810.2
边直度③（正面） 相对于工作尺寸的最大允许偏差/%		±0.5	±0.6	GB/T 3810.2
直角度③ 相对于工作尺寸的最大允许偏差/%		±1.0	±1.0	GB/T 3810.2
表面平整度最大允许偏差/%	相对于由工作尺寸计算的对角线的中心弯曲度	±0.5	±1.5	GB/T 3810.2
	相对于工作尺寸的边弯曲度	±0.5	±1.5	GB/T 3810.2
	相对于由工作尺寸计算的对角线的翘曲度	±0.8	±1.5	GB/T 3810.2

续表

<table>
<tr><th colspan="5">技术要求</th><th rowspan="2">试验方法</th></tr>
<tr><th colspan="3">项　　目</th><th>精细</th><th>普通</th></tr>
<tr><td rowspan="2">背纹（有要求时）</td><td colspan="2">深度（h）/mm</td><td colspan="2">$h \geqslant 0.7$</td><td>图 4-27-9</td></tr>
<tr><td colspan="2">形状</td><td colspan="2">背纹形状由制造商确定。
示例如图 4-27-9 所示。
示例 1：$L_0-L_1>0$
示例 2：$L_0-L_2>0$
示例 3：$L_0-L_3>0$</td><td>图 4-27-9</td></tr>
<tr><td colspan="3">表面质量④</td><td colspan="2">至少砖的 95% 的主要区域无明显缺陷</td><td>GB/T 3810.2</td></tr>
<tr><td colspan="3">吸水率⑤（质量分数）</td><td colspan="2">平均值≤0.5%，
单个值≤0.6%</td><td>GB/T 3810.3</td></tr>
<tr><td rowspan="2">破坏强度/N</td><td colspan="2">厚度（工作尺寸）≥7.5mm</td><td colspan="2">≥1300</td><td>GB/T 3810.4</td></tr>
<tr><td colspan="2">厚度（工作尺寸）<7.5mm</td><td colspan="2">≥600</td><td>GB/T 3810.4</td></tr>
<tr><td colspan="3">断裂模数/MPa
不适用于破坏强度≥3000N 的砖</td><td colspan="2">平均值≥28，单个值≥21</td><td>GB/T 3810.4</td></tr>
<tr><td rowspan="2">耐磨性</td><td colspan="2">无釉地砖耐磨损体积/mm³</td><td colspan="2">≤275</td><td>GB/T 3810.6</td></tr>
<tr><td colspan="2">有釉地砖表面耐磨性⑥</td><td colspan="2">报告陶瓷砖耐磨性级别和转数</td><td>GB/T 3810.7</td></tr>
<tr><td>线性热膨胀系数⑦</td><td colspan="2">从环境温度到 100℃</td><td colspan="2">参见 GB/T 4100—2015 中附录 Q</td><td>GB/T 3810.8</td></tr>
<tr><td colspan="3">抗热震性⑦</td><td colspan="2">参见 GB/T 4100—2015 中附录 Q</td><td>GB/T 3810.9</td></tr>
<tr><td colspan="3">有釉砖抗釉裂性⑧</td><td colspan="2">经试验应无釉裂</td><td>GB/T 3810.11</td></tr>
<tr><td colspan="3">抗冻性</td><td colspan="2">经试验应无裂纹或剥落</td><td>GB/T 3810.12</td></tr>
<tr><td colspan="3">地砖摩擦因数</td><td colspan="2">单个值≥0.50</td><td>GB/T 4100—2015 中附录 M</td></tr>
<tr><td colspan="3">湿膨胀⑦/（mm/m）</td><td colspan="2">参见 GB/T 4100—2015 中附录 Q</td><td>GB/T 3810.10</td></tr>
<tr><td colspan="3">小色差⑦</td><td colspan="2">纯色砖
有釉砖：$\Delta E<0.75$
无釉砖：$\Delta E<1.0$</td><td>GB/T 3810.16</td></tr>
<tr><td colspan="3">抗冲击性⑦</td><td colspan="2">参见 GB/T 4100—2015 中附录 Q</td><td>GB/T 3810.5</td></tr>
<tr><td rowspan="2">耐污染性</td><td colspan="2">有釉砖</td><td colspan="2">最低 3 级</td><td>GB/T 3810.14</td></tr>
<tr><td colspan="2">无釉砖⑦</td><td colspan="2">参见 GB/T 4100—2015 中附录 Q</td><td>GB/T 3810.14</td></tr>
<tr><td rowspan="5">抗化学腐蚀性</td><td rowspan="2">耐低浓度酸和碱</td><td>有釉砖</td><td colspan="2" rowspan="2">制造商应报告耐化学腐蚀性等级</td><td rowspan="2">GB/T 3810.13</td></tr>
<tr><td>无釉砖</td></tr>
<tr><td colspan="2">耐高浓度酸和碱⑦</td><td colspan="2">参见 GB/T 4100—2015 中附录 Q</td><td>GB/T 3810.13</td></tr>
<tr><td rowspan="2">耐家庭化学试剂和游泳池盐类</td><td>有釉砖</td><td colspan="2">不低于 GB 级</td><td rowspan="2">GB/T 3810.13</td></tr>
<tr><td>无釉砖</td><td colspan="2">不低于 UB 级</td></tr>
<tr><td colspan="3">铅和镉的溶出量⑦</td><td colspan="2">参见 GB/T 4100—2015 中附录 Q</td><td>GB/T 3810.15</td></tr>
</table>

① 以非公制尺寸为基础的习惯用法也可用在同类型砖的连接宽度上。

② 在适用情况下，陶瓷砖厚度包括背纹的高度，按照图 4-27-9 测定。

③ 不适用于有弯曲形状的砖。

④ 在烧成过程中，产品与标准板之间的微小色差是难免的。本表不适用于在砖的表面有意制造的色差（表面可能是有釉的、无釉的或部分有釉的）或在砖的部分区域内为了突出产品的特点而希望的色差。用于装饰目的的斑点或色斑不能看作为缺陷。

⑤ 吸水率最大单个值为 0.5% 的砖是全玻化砖（常被认为是不吸水的）。

⑥ 有釉地砖耐磨性分级参见 GB/T 4100—2015 中附录 P。

⑦ 表中所列“参见 GB/T 4100—2015 中附录 Q”涉及的项目是否有必要进行检验，参见 GB/T 4100—2015 中附录 Q。

⑧ 制造商对于为装饰效果而产生的裂纹应加以说明，这种情况下，GB/T 3810.11 规定的釉裂试验不适用。

(9) 挤压陶瓷砖（0.5%<E≤3%，AⅠb类）的技术要求

挤压陶瓷砖（0.5%<E≤3%，AⅠb类）的技术要求应符合表4-27-22的规定。

表4-27-22　挤压陶瓷砖（0.5%<E≤3%，AⅠb类）的技术要求

技术要求				试验方法
项目		精细	普通	
长度和宽度	每块砖(2条或4条边)的平均尺寸相对于工作尺寸(W)的允许偏差/%	±1.0，最大±2mm	±2.0，最大±4mm	GB/T 3810.2
	每块砖(2条或4条边)的平均尺寸相对于10块砖(20条或40条边)平均尺寸的允许偏差/%	±1.0	±1.5	GB/T 3810.2
	制造商选择工作尺寸应满足以下要求：模数砖名义尺寸连接宽度允许在3~11mm之间[①]；非模数砖工作尺寸与名义尺寸之间的偏差不大于±3mm			GB/T 3810.2
厚度[②] 厚度由制造商确定：每块砖厚度的平均值相对于工作尺寸厚度的允许偏差/%		±10	±10	GB/T 3810.2
边直度[③](正面) 相对于工作尺寸的最大允许偏差/%		±0.5	±0.6	GB/T 3810.2
直角度[③] 相对于工作尺寸的最大允许偏差/%		±1.0	±1.0	GB/T 3810.2
表面平整度最大允许偏差/%	相对于由工作尺寸计算的对角线的中心弯曲度	±0.5	±1.5	GB/T 3810.2
	相对于工作尺寸的边弯曲度	±0.5	±1.5	GB/T 3810.2
	相对于由工作尺寸计算的对角线的翘曲度	±0.8	±1.5	GB/T 3810.2
背纹(有要求时)	深度(h)/mm	h≥0.7		图4-27-9
	形状	背纹形状由制造商确定。示例如图4-27-9所示。示例1：$L_0-L_1>0$ 示例2：$L_0-L_2>0$ 示例3：$L_0-L_3>0$		图4-27-9
表面质量[④]		至少砖的95%的主要区域无明显缺陷		GB/T 3810.2
吸水率(质量分数)		平均值0.5%<E≤3%，单个值≤3.3%		GB/T 3810.3
破坏强度/N	厚度(工作尺寸)≥7.5mm	≥1100		GB/T 3810.4
	厚度(工作尺寸)<7.5mm	≥600		GB/T 3810.4
断裂模数/MPa 不适用于破坏强度≥3000N的砖		平均值≥23，单个值≥18		GB/T 3810.4
耐磨性	无釉地砖耐磨损体积/mm^3	≤275		GB/T 3810.6
	有釉地砖表面耐磨性[⑤]	报告陶瓷砖耐磨性级别和转数		GB/T 3810.7
线性热膨胀系数[⑥]	从环境温度到100℃	参见GB/T 4100—2015中附录Q		GB/T 3810.8
抗热震性[⑥]		参见GB/T 4100—2015中附录Q		GB/T 3810.9
有釉砖抗釉裂性[⑦]		经试验应无釉裂		GB/T 3810.11
抗冻性		经试验应无裂纹或剥落		GB/T 3810.12
地砖摩擦因数		单个值≥0.50		GB/T 4100—2015中附录M
湿膨胀[⑥]/(mm/m)		参见GB/T 4100—2015中附录Q		GB/T 3810.10
小色差[⑥]		纯色砖 有釉砖：$\Delta E<0.75$ 无釉砖：$\Delta E<1.0$		GB/T 3810.16

续表

技术要求					试验方法
项目			精细	普通	
抗冲击性[⑥]			参见 GB/T 4100—2015 中附录 Q		GB/T 3810.5
耐污染性	有釉砖		最低 3 级		GB/T 3810.14
	无釉砖[⑥]		参见 GB/T 4100—2015 中附录 Q		GB/T 3810.14
抗化学腐蚀性	耐低浓度酸和碱	有釉砖	制造商应报告耐化学腐蚀性等级		GB/T 3810.13
		无釉砖			
	耐高浓度酸和碱[⑥]		参见 GB/T 4100—2015 中附录 Q		GB/T 3810.13
	耐家庭化学试剂和游泳池盐类	有釉砖	不低于 GB 级		GB/T 3810.13
		无釉砖	不低于 UB 级		
铅和镉的溶出量[⑥]			参见 GB/T 4100—2015 中附录 Q		GB/T 3810.15

① 以非公制尺寸为基础的习惯用法也可用在同类型砖的连接宽度上。

② 在适用情况下，陶瓷砖厚度包括背纹的高度，按照图 4-27-9 测定。

③ 不适用于有弯曲形状的砖。

④ 在烧成过程中，产品与标准板之间的微小色差是难免的。本表不适用于在砖的表面有意制造的色差（表面可能是有釉的、无釉的或部分有釉的）或在砖的部分区域内为了突出产品的特点而希望的色差。用于装饰目的的斑点或色斑不能看作为缺陷。

⑤ 有釉地砖耐磨性分级参见 GB/T 4100—2015 中附录 P。

⑥ 表中所列“参见 GB/T 4100—2015 中附录 Q”涉及的项目是否有必要进行检验，参见 GB/T 4100—2015 中附录 Q。

⑦ 制造商对于为装饰效果而产生的裂纹应加以说明，这种情况下，GB/T 3810.11 规定的釉裂试验不适用。

(10) 挤压陶瓷砖（$3\%<E\leqslant6\%$，AⅡa 类）的技术要求

挤压陶瓷砖（$3\%<E\leqslant6\%$，AⅡa 类）的技术要求应符合表 4-27-23 的规定。

表 4-27-23　挤压陶瓷砖（$3\%<E\leqslant6\%$，AⅡa 类）的技术要求

技术要求				试验方法
项目		精细	普通	
长度和宽度	每块砖(2 条或 4 条边)的平均尺寸相对于工作尺寸(*W*)的允许偏差/%	±1.25，最大±2mm	±2.0，最大±4mm	GB/T 3810.2
	每块砖(2 条或 4 条边)的平均尺寸相对于 10 块砖(20 条或 40 条边)平均尺寸的允许偏差/%	±1.0	±1.5	GB/T 3810.2
	制造商选择工作尺寸应满足以下要求： 模数砖名义尺寸连接宽度允许在 3~11mm 之间[①]； 非模数砖工作尺寸与名义尺寸之间的偏差不大于±3mm			GB/T 3810.2
厚度[②] 厚度由制造商确定： 每块砖厚度的平均值相对于工作尺寸厚度的允许偏差/%		±10	±10	GB/T 3810.2
边直度[③](正面) 相对于工作尺寸的最大允许偏差/%		±0.5	±0.6	GB/T 3810.2
直角度[③] 相对于工作尺寸的最大允许偏差/%		±1.0	±1.0	GB/T 3810.2
表面平整度最大允许偏差/%	相对于由工作尺寸计算的对角线的中心弯曲度	±0.5	±1.5	GB/T 3810.2
	相对于工作尺寸的边弯曲度	±0.5	±1.5	GB/T 3810.2
	相对于由工作尺寸计算的对角线的翘曲度	±0.8	±1.5	GB/T 3810.2

续表

技术要求					试验方法
项目			精细	普通	
背纹(有要求时)	深度(h)/mm		$h \geqslant 0.7$		图 4-27-9
	形状		背纹形状由制造商确定。示例如图 4-27-9 所示。 示例 1:$L_0-L_1>0$ 示例 2:$L_0-L_2>0$ 示例 3:$L_0-L_3>0$		图 4-27-9
表面质量[④]			至少砖的 95% 的主要区域无明显缺陷		GB/T 3810.2
吸水率(质量分数)			平均值 $3.0\%<E\leqslant 6.0\%$,单个值≤6.5%		GB/T 3810.3
破坏强度/N	厚度(工作尺寸)≥7.5mm		≥950		GB/T 3810.4
	厚度(工作尺寸)<7.5mm		≥600		GB/T 3810.4
断裂模数/MPa 不适用于破坏强度≥3000N 的砖			平均值≥20,单个值≥18		GB/T 3810.4
耐磨性	无釉地砖耐磨损体积/mm^3		≤393		GB/T 3810.6
	有釉地砖表面耐磨性[⑤]		报告陶瓷砖耐磨性级别和转数		GB/T 3810.7
线性热膨胀系数[⑥]	从环境温度到 100℃		参见 GB/T 4100—2015 中附录 Q		GB/T 3810.8
抗热震性[⑥]			参见 GB/T 4100—2015 中附录 Q		GB/T 3810.9
有釉砖抗釉裂性[⑦]			经试验应无釉裂		GB/T 3810.11
抗冻性[⑥]			参见 GB/T 4100—2015 中附录 Q		GB/T 3810.12
地砖摩擦因数			单个值≥0.50		GB/T 4100—2015 中附录 M
湿膨胀[⑥]/(mm/m)			参见 GB/T 4100—2015 中附录 Q		GB/T 3810.10
小色差[⑥]			纯色砖 有釉砖:$\Delta E<0.75$ 无釉砖:$\Delta E<1.0$		GB/T 3810.16
抗冲击性[⑥]			参见 GB/T 4100—2015 中附录 Q		GB/T 3810.5
耐污染性	有釉砖		最低 3 级		GB/T 3810.14
	无釉砖[⑥]		参见 GB/T 4100—2015 中附录 Q		GB/T 3810.14
抗化学腐蚀性	耐低浓度酸和碱	有釉砖	制造商应报告耐化学腐蚀性等级		GB/T 3810.13
		无釉砖			
	耐高浓度酸和碱[⑥]		参见 GB/T 4100—2015 中附录 Q		GB/T 3810.13
	耐家庭化学试剂和游泳池盐类	有釉砖	不低于 GB 级		GB/T 3810.13
		无釉砖	不低于 UB 级		
铅和镉的溶出量[⑥]			参见 GB/T 4100—2015 中附录 Q		GB/T 3810.15

① 以非公制尺寸为基础的习惯用法也可用在同类型砖的连接宽度上。
② 在适用情况下，陶瓷砖厚度包括背纹的高度，按照图 4-27-9 测定。
③ 不适用于有弯曲形状的砖。
④ 在烧成过程中，产品与标准板之间的微小色差是难免的。本表不适用于在砖的表面有意制造的色差（表面可能是有釉的、无釉的或部分有釉的）或在砖的部分区域内为了突出产品的特点而希望的色差。用于装饰目的的斑点或色斑不能看作为缺陷。
⑤有釉地砖耐磨性分级参见 GB/T 4100—2015 中附录 P。
⑥ 表中所列“参见 GB/T 4100—2015 中附录 Q”涉及的项目是否有必要进行检验，参见 GB/T 4100—2015 中附录 Q。
⑦ 制造商对于为装饰效果而产生的裂纹应加以说明，这种情况下，GB/T 3810.11 规定的釉裂试验不适用。

(11) 挤压陶瓷砖（6%<E≤10%，AⅡb类）的技术要求

挤压陶瓷砖（6%<E≤10%，AⅡb类）的技术要求应符合表4-27-24的规定。

表4-27-24　　挤压陶瓷砖（6%<E≤10%，AⅡb类）的技术要求

技术要求				试验方法
项目		精细	普通	
长度和宽度	每块砖（2条或4条边）的平均尺寸相对于工作尺寸（W）的允许偏差/%	±2.0，最大±2mm	±2.0，最大±4mm	GB/T 3810.2
	每块砖（2条或4条边）的平均尺寸相对于10块砖（20条或40条边）平均尺寸的允许偏差/%	±1.5	±1.5	GB/T 3810.2
	制造商选择工作尺寸应满足以下要求： 模数砖名义尺寸连接宽度允许在3~11mm之间①； 非模数砖工作尺寸与名义尺寸之间的偏差不大于±3mm			GB/T 3810.2
厚度② 厚度由制造商确定： 每块砖厚度的平均值相对于工作尺寸厚度的允许偏差/%		±10	±10	GB/T 3810.2
边直度③（正面） 相对于工作尺寸的最大允许偏差/%		±1.0	±1.0	GB/T 3810.2
直角度③ 相对于工作尺寸的最大允许偏差/%		±1.0	±1.0	GB/T 3810.2
表面平整度最大允许偏差/%	相对于由工作尺寸计算的对角线的中心弯曲度	±1.0	±1.5	GB/T 3810.2
	相对于工作尺寸的边弯曲度	±1.0	±1.5	GB/T 3810.2
	相对于由工作尺寸计算的对角线的翘曲度	±1.5	±1.5	GB/T 3810.2
背纹（有要求时）	深度（h）/mm	h≥0.7		图4-27-9
	形状	背纹形状由制造商确定。 示例如图4-27-9所示。 示例1：$L_0-L_1>0$ 示例2：$L_0-L_2>0$ 示例3：$L_0-L_3>0$		图4-27-9
表面质量④		至少砖的95%的主要区域无明显缺陷		GB/T 3810.2
吸水率（质量分数）		平均值6%<E≤10%，单个值≤11%		GB/T 3810.3
破坏强度/N		≥900		GB/T 3810.4
断裂模数/MPa 不适用于破坏强度≥3000N的砖		平均值≥17.5，单个值≥15		GB/T 3810.4
耐磨性	无釉地砖耐磨损体积/mm^3	≤649		GB/T 3810.6
	有釉地砖表面耐磨性⑤	报告陶瓷砖耐磨性级别和转数		GB/T 3810.7
线性热膨胀系数⑥	从环境温度到100℃	参见GB/T 4100—2015中附录Q		GB/T 3810.8
抗热震性⑥		参见GB/T 4100—2015中附录Q		GB/T 3810.9
有釉砖抗釉裂性⑦		经试验应无釉裂		GB/T 3810.11
抗冻性⑥		参见GB/T 4100—2015中附录Q		GB/T 3810.12
地砖摩擦因数		单个值≥0.50		GB/T 4100—2015中附录M
湿膨胀⑥/（mm/m）		参见GB/T 4100—2015中附录Q		GB/T 3810.10
小色差⑥		纯色砖 有釉砖：ΔE<0.75 无釉砖：ΔE<1.0		GB/T 3810.16

续表

技术要求					试验方法
项目			精细	普通	
抗冲击性[6]			参见 GB/T 4100—2015 中附录 Q		GB/T 3810.5
耐污染性	有釉砖		最低 3 级		GB/T 3810.14
	无釉砖[7]		参见 GB/T 4100—2015 中附录 Q		GB/T 3810.14
抗化学腐蚀性	耐低浓度酸和碱	有釉砖	制造商应报告耐化学腐蚀性等级		GB/T 3810.13
		无釉砖			
	耐高浓度酸和碱[6]		参见 GB/T 4100—2015 中附录 Q		GB/T 3810.13
	耐家庭化学试剂和游泳池盐类	有釉砖	不低于 GB 级		GB/T 3810.13
		无釉砖	不低于 UB 级		
铅和镉的溶出量[6]			参见 GB/T 4100—2015 中附录 Q		GB/T 3810.15

① 以非公制尺寸为基础的习惯用法也可用在同类型砖的连接宽度上。

② 在适用情况下，陶瓷砖厚度包括背纹的高度，按照图 4-27-9 测定。

③ 不适用于有弯曲形状的砖。

④ 在烧成过程中，产品与标准板之间的微小色差是难免的。本节不适用于在砖的表面有意制造的色差（表面可能是有釉的、无釉的或部分有釉的）或在砖的部分区域内为了突出产品的特点而希望的色差。用于装饰目的的斑点或色斑不能看作为缺陷。

⑤ 有釉地砖耐磨性分级参见 GB/T 4100—2015 中附录 P。

⑥ 表中所列“参见 GB/T 4100—2015 中附录 Q”涉及的项目是否有必要进行检验，参见 GB/T 4100—2015 中附录 Q。

⑦ 制造商对于为装饰效果而产生的裂纹应加以说明，这种情况下，GB/T 3810.11 规定的釉裂试验不适用。

(12) 挤压陶瓷砖（$E>10\%$，AⅢ类）的技术要求

挤压陶瓷砖（$E>10\%$，AⅢ类）的技术要求应符合表 4-27-25 的规定。

表 4-27-25　　挤压陶瓷砖（$E>10\%$，AⅢ类）的技术要求

技术要求				试验方法
项目		精细	普通	
长度和宽度	每块砖(2 条或 4 条边)的平均尺寸相对于工作尺寸(W)的允许偏差/%	±2.0，最大±2mm	±2.0，最大±4mm	GB/T 3810.2
	每块砖(2 条或 4 条边)的平均尺寸相对于 10 块砖(20 条或 40 条边)平均尺寸的允许偏差/%	±1.5	±1.5	GB/T 3810.2
	制造商选择工作尺寸应满足以下要求： 模数砖名义尺寸连接宽度允许在 3~11mm 之间[1]； 非模数砖工作尺寸与名义尺寸之间的偏差不大于±3mm			GB/T 3810.2
厚度[2] 厚度由制造商确定： 每块砖厚度的平均值相对于工作尺寸厚度的允许偏差/%		±10	±10	GB/T 3810.2
边直度[3]（正面） 相对于工作尺寸的最大允许偏差/%		±1.0	±1.0	GB/T 3810.2
直角度[3] 相对于工作尺寸的最大允许偏差/%		±1.0	±1.0	GB/T 3810.2
表面平整度最大允许偏差/%	相对于由工作尺寸计算的对角线的中心弯曲度	±1.0	±1.5	GB/T 3810.2
	相对于工作尺寸的边弯曲度	±1.0	±1.5	GB/T 3810.2
	相对于由工作尺寸计算的对角线的翘曲度	±1.5	±1.5	GB/T 3810.2

续表

技术要求					试验方法
项目			精细	普通	
背纹(有要求时)	深度(h)/mm		$h \geqslant 0.7$		图 4-27-9
	形状		背纹形状由制造商确定。 示例如图 4-27-9 所示。 示例 1:$L_0-L_1>0$ 示例 2:$L_0-L_2>0$ 示例 3:$L_0-L_3>0$		图 4-27-9
表面质量[④]			至少砖的 95%的主要区域无明显缺陷		GB/T 3810.2
吸水率(质量分数)			平均值>10%		GB/T 3810.3
破坏强度/N			≥600		GB/T 3810.4
断裂模数/MPa 不适用于破坏强度≥3000N 的砖			平均值≥8,单个值≥7		GB/T 3810.4
耐磨性	无釉地砖耐磨损体积/mm^3		≤2365		GB/T 3810.6
	有釉地砖表面耐磨性[⑤]		报告陶瓷砖耐磨性级别和转数		GB/T 3810.7
线性热膨胀系数[⑥]	从环境温度到 100℃		参见 GB/T 4100—2015 中附录 Q		GB/T 3810.8
抗热震性[⑥]			参见 GB/T 4100—2015 中附录 Q		GB/T 3810.9
有釉砖抗釉裂性[⑦]			经试验应无釉裂		GB/T 3810.11
抗冻性[⑥]			参见 GB/T 4100—2015 中附录 Q		GB/T 3810.12
地砖摩擦因数			单个值≥0.50		GB/T 4100—2015 中附录 M
湿膨胀[⑥]/(mm/m)			参见 GB/T 4100—2015 中附录 Q		GB/T 3810.10
小色差[⑥]			纯色砖 有釉砖:$\Delta E<0.75$ 无釉砖:$\Delta E<1.0$		GB/T 3810.16
抗冲击性[⑥]			参见 GB/T 4100—2015 中附录 Q		GB/T 3810.5
耐污染性	有釉砖		最低 3 级		GB/T 3810.14
	无釉砖[⑥]		参见 GB/T 4100—2015 中附录 Q		GB/T 3810.14
抗化学腐蚀性	耐低浓度酸和碱	有釉砖	制造商应报告耐化学腐蚀性等级		GB/T 3810.13
		无釉砖			
	耐高浓度酸和碱[⑥]		参见 GB/T 4100—2015 中附录 Q		GB/T 3810.13
	耐家庭化学试剂和游泳池盐类	有釉砖	不低于 GB 级		GB/T 3810.13
		无釉砖	不低于 UB 级		
铅和镉的溶出量[⑥]			参见 GB/T 4100—2015 中附录 Q		GB/T 3810.15

① 以非公制尺寸为基础的习惯用法也可用在同类型砖的连接宽度上。

② 在适用情况下，陶瓷砖厚度包括背纹的高度，按照图 4-27-9 测定。

③ 不适用于有弯曲形状的砖。

④ 在烧成过程中，产品与标准板之间的微小色差是难免的。本表不适用于在砖的表面有意制造的色差（表面可能是有釉的、无釉的或部分有釉的）或在砖的部分区域内为了突出产品的特点而希望的色差。用于装饰目的的斑点或色斑不能看作为缺陷。

⑤ 有釉地砖耐磨性分级参见 GB/T 4100—2015 中附录 P。

⑥ 表中所列“参见 GB/T 4100—2015 中附录 Q”涉及的项目是否有必要进行检验，参见 GB/T 4100—2015 中附录 Q。

⑦ 制造商对于为装饰效果而产生的裂纹应加以说明，这种情况下，GB/T 3810.11 规定的釉裂试验不适用。

(13) 干压陶瓷砖（E≤0.5%，BⅠa类）的技术要求

干压陶瓷砖（E≤0.5%，BⅠa类）的技术要求应符合表4-27-26的规定。

表4-27-26　　干压陶瓷砖（E≤0.5%，BⅠa类）的技术要求

技术要求				试验方法
项目		名义尺寸N		
		70mm≤N<150mm	N≥150mm	
长度和宽度	每块砖(2条或4条边)的平均尺寸相对于工作尺寸(W)的允许偏差/%	±0.9mm	±0.6, 最大值±2.0mm	GB/T 3810.2
		抛光砖:最大值±1.0mm		
	制造商选择工作尺寸应满足以下要求: 模数砖名义尺寸连接宽度允许在2~5mm之间①; 非模数砖工作尺寸与名义尺寸之间的偏差不大于±2%,最大5mm			GB/T 3810.2
厚度② 厚度由制造商确定。 每块砖厚度的平均值相对于工作尺寸厚度的允许偏差/%		±0.5mm	±5, 最大值±0.5mm	GB/T 3810.2
边直度③(正面) 相对于工作尺寸的最大允许偏差/%		±0.75mm	±0.5, 最大值±1.5mm	GB/T 3810.2
		抛光砖:±0.2,最大值≤1.5mm		
直角度③ 相对于工作尺寸的最大允许偏差/%		±0.75mm	±0.5, 最大值±2.0mm	GB/T 3810.2
		抛光砖:±0.2,最大值≤2.0mm		
表面平整度 最大允许偏差/%	相对于由工作尺寸计算的对角线的中心弯曲度	±0.75mm	±0.5, 最大值±2.0mm	GB/T 3810.2
	相对于工作尺寸的边弯曲度	±0.75mm	±0.5, 最大值±2.0mm	GB/T 3810.2
	相对于由工作尺寸计算的对角线的翘曲度	±0.75mm	±0.5, 最大值±2.0mm	GB/T 3810.2
	抛光砖的表面平整度允许偏差为±0.15,且最大偏差≤2.0mm。 边长>600mm的砖,表面平整度用上凸和下凹表示,其最大偏差≤2.0mm			GB/T 3810.2
背纹(有要求时)	深度(h)/mm	h≥0.7		图4-27-9
	形状	背纹形状由制造商确定,示例如图4-27-9所示。 示例1:$L_0-L_1>0$ 示例2:$L_0-L_2>0$ 示例3:$L_0-L_3>0$		图4-27-9
表面质量④		至少砖的95%的主要区域无明显缺陷		GB/T 3810.2
吸水率⑤(质量分数)		平均值≤0.5%,单个值≤0.6%		GB/T 3810.3
破坏强度/N	厚度(工作尺寸)≥7.5mm	≥1300		GB/T 3810.4
	厚度(工作尺寸)<7.5mm	≥700		GB/T 3810.4
断裂模数/MPa 不适用于破坏强度≥3000N的砖		平均值≥35,单个值≥32		GB/T 3810.4
耐磨性	无釉地砖耐磨损体积/mm^3	≤175		GB/T 3810.6
	有釉地砖表面耐磨性⑥	报告陶瓷砖耐磨性级别和转数		GB/T 3810.7
线性热膨胀系数⑦	从环境温度到100℃	参见GB/T 4100—2015中附录Q		GB/T 3810.8
抗热震性⑦		参见GB/T 4100—2015中附录Q		GB/T 3810.9
有釉砖抗釉裂性⑧		经试验应无釉裂		GB/T 3810.11
抗冻性		经试验应无裂纹或剥落		GB/T 3810.12
地砖摩擦因数		单个值≥0.50		GB/T 4100—2015中附录M
湿膨胀⑦/(mm/m)		参见GB/T 4100—2015中附录Q		GB/T 3810.10

续表

技术要求					试验方法
项目			名义尺寸 N		
			70mm≤N<150mm	N≥150mm	
小色差⑦			纯色砖 有釉砖：ΔE<0.75 无釉砖：ΔE<1.0		GB/T 3810.16
抗冲击性⑦			参见 GB/T 4100—2015 中附录 Q		GB/T 3810.5
抛光砖光泽度⑨			≥55		GB/T 13891
耐污染性	有釉砖		最低 3 级		GB/T 3810.14
	无釉砖⑦		参见 GB/T 4100—2015 中附录 Q		GB/T 3810.14
抗化学腐蚀性	耐低浓度酸和碱	有釉砖	制造商应报告耐化学腐蚀性等级		GB/T 3810.13
		无釉砖			
	耐高浓度酸和碱⑦		参见 GB/T 4100—2015 中附录 Q		GB/T 3810.13
	耐家庭化学试剂和游泳池盐类	有釉砖	不低于 GB 级		GB/T 3810.13
		无釉砖	不低于 UB 级		
铅和镉的溶出量⑦			参见 GB/T 4100—2015 中附录 Q		GB/T 3810.15

① 以非公制尺寸为基础的习惯用法也可用在同类型砖的连接宽度上。

② 在适用情况下，陶瓷砖厚度包括背纹的高度，按照图 4-27-9 测定。

③ 不适用于有弯曲形状的砖。

④ 在烧成过程中，产品与标准板之间的微小色差是难免的。本条款不适用于在砖的表面有意制造的色差（表面可能是有釉的、无釉的或部分有釉的）或在砖的部分区域内为了突出产品的特点而希望的色差。用于装饰目的的斑点或色斑不能看作为缺陷。

⑤ 吸水率最大单个值为 0.5% 的砖是全玻化砖（常被认为是不吸水的）。

⑥ 有釉地砖耐磨性分级参见 GB/T 4100—2015 中附录 P。

⑦ 表中所列"参见 GB/T 4100—2015 中附录 Q"涉及的项目是否有必要进行检验，参见 GB/T 4100—2015 中附录 Q。

⑧ 制造商对于为装饰效果而产生的裂纹应加以说明，这种情况下，GB/T 3810.11 规定的釉裂试验不适用。

⑨ 适用于有镜面效果的抛光砖，不包括半抛光和局部抛光的砖。

(14) 干压陶瓷砖（0.5%<E≤3%，BⅠb类）的技术要求

干压陶瓷砖（0.5%<E≤3%，BⅠb类）的技术要求应符合表 4-27-27 的规定。

表 4-27-27　干压陶瓷砖（0.5%<E≤3%，BⅠb类）的技术要求

技术要求				试验方法
项目		名义尺寸		
		70mm≤N<150mm	N≥150mm	
长度和宽度	每块砖(2 条或 4 条边)的平均尺寸相对于工作尺寸(W)的允许偏差/%	±0.9mm	±0.6 最大±2.0mm	GB/T 3810.2
	制造商选择工作尺寸应满足以下要求： 模数砖名义尺寸连接宽度允许在 2~5mm 之间①； 非模数砖工作尺寸与名义尺寸之间的偏差不大于±2%，最大 5mm			GB/T 3810.2
厚度② 厚度由制造商确定。 每块砖厚度的平均值相对于工作尺寸厚度的允许偏差/%		±0.5mm	±5， 最大±0.5mm	GB/T 3810.2
边直度③（正面） 相对于工作尺寸的最大允许偏差/%		±0.75mm	±0.5， 最大±1.5mm	GB/T 3810.2
直角度③ 相对于工作尺寸的最大允许偏差/%		±0.75mm	±0.5， 最大±2.0mm	GB/T 3810.2

续表

技术要求					试验方法
项目			名义尺寸		
			70mm≤N<150mm	N≥150mm	
表面平整度 最大允许偏差/%	相对于由工作尺寸计算的对角线的中心弯曲度		±0.75mm	±0.5， 最大±2.0mm	GB/T 3810.2
	相对于工作尺寸的边弯曲度		±0.75mm	±0.5， 最大±2.0mm	GB/T 3810.2
	相对于由工作尺寸计算的对角线的翘曲度		±0.75mm	±0.5， 最大±2.0mm	GB/T 3810.2
	边长>600mm的砖，表面平整度用上凸和下凹表示，其最大偏差≤2.0mm				GB/T 3810.2
背纹（有要求时）	深度（h）/mm		h≥0.7		图4-27-9
	形状		背纹形状由制造商确定，示例如图4-27-9所示。 示例1：$L_0-L_1>0$ 示例2：$L_0-L_2>0$ 示例3：$L_0-L_3>0$		图4-27-9
表面质量④			至少砖的95%的主要区域无明显缺陷		GB/T 3810.2
吸水率（质量分数）			0.5%<E≤3%，单个最大值≤3.3%		GB/T 3810.3
破坏强度/N	厚度（工作尺寸）≥7.5mm		≥1100		GB/T 3810.4
	厚度（工作尺寸）<7.5mm		≥700		GB/T 3810.4
断裂模数/MPa 不适用于破坏强度≥3000N的砖			平均值≥30，单个值≥27		GB/T 3810.4
耐磨性	无釉地砖耐磨损体积/mm^3		≤175		GB/T 3810.6
	有釉地砖表面耐磨性⑤		报告陶瓷砖耐磨性级别和转数		GB/T 3810.7
线性热膨胀系数⑥	从环境温度到100℃		参见GB/T 4100—2015中附录Q		GB/T 3810.8
抗热震性⑥			参见GB/T 4100—2015中附录Q		GB/T 3810.9
有釉砖抗釉裂性⑦			经试验应无釉裂		GB/T 3810.11
抗冻性			经试验应无裂纹或剥落		GB/T 3810.12
地砖摩擦因数			单个值≥0.50		GB/T 4100—2015中附录M
湿膨胀⑥/（mm/m）			参见GB/T 4100—2015中附录Q		GB/T 3810.10
小色差⑥			纯色砖 有釉砖：ΔE<0.75 无釉砖：ΔE<1.0		GB/T 3810.16
抗冲击性⑥			参见GB/T 4100—2015中附录Q		GB/T 3810.5
耐污染性	有釉砖		最低3级		GB/T 3810.14
	无釉砖⑥		参见GB/T 4100—2015中附录Q		GB/T 3810.14
抗化学腐蚀性	耐低浓度酸和碱	有釉砖	制造商应报告耐化学腐蚀性等级		GB/T 3810.13
		无釉砖			
	耐高浓度酸和碱⑥		参见GB/T 4100—2015中附录Q		GB/T 3810.13
	耐家庭化学试剂和游泳池盐类	有釉砖	不低于GB级		GB/T 3810.13
		无釉砖	不低于UB级		
铅和镉的溶出量⑥			参见GB/T 4100—2015中附录Q		GB/T 3810.15

① 以非公制尺寸为基础的习惯用法也可用在同类型砖的连接宽度上。

② 在适用情况下，陶瓷砖厚度包括背纹的高度，按照图4-27-9测定。

③ 不适用于有弯曲形状的砖。

④ 在烧成过程中，产品与标准板之间的微小色差是难免的。本表不适用于在砖的表面有意制造的色差（表面可能是有釉的、无釉的或部分有釉的）或在砖的部分区域内为了突出产品的特点而希望的色差。用于装饰目的的斑点或色斑不能看作为缺陷。

⑤ 有釉地砖耐磨性分级参见GB/T 4100—2015中附录P。

⑥ 表中所列“参见GB/T 4100—2015中附录Q”涉及的项目是否有必要进行检验，参见GB/T 4100—2015中附录Q。

⑦ 制造商对于为装饰效果而产生的裂纹应加以说明，这种情况下，GB/T 3810.11规定的釉裂试验不适用。

(15) 干压陶瓷砖（$3\%<E\leqslant6\%$，BⅡa类）的技术要求

干压陶瓷砖（$3\%<E\leqslant6\%$，BⅡa类）的技术要求应符合表4-27-28的规定。

表4-27-28　干压陶瓷砖（$3\%<E\leqslant6\%$，BⅡa类）的技术要求

技术要求				试验方法
项目		名义尺寸		
		$70mm\leqslant N<150mm$	$N\geqslant150mm$	
长度和宽度	每块砖(2条或4条边)的平均尺寸相对于工作尺寸(W)的允许偏差/%	±0.9mm	±0.6， 最大±2.0mm	GB/T 3810.2
长度和宽度	制造商选择工作尺寸应满足以下要求： 模数砖名义尺寸连接宽度允许在2~5mm之间[1]； 非模数砖工作尺寸与名义尺寸之间的偏差不大于±2%，最大5mm			GB/T 3810.2
厚度[2] 厚度由制造商确定； 每块砖厚度的平均值相对于工作尺寸厚度的允许偏差/%		±0.5mm	±5， 最大±0.5mm	GB/T 3810.2
边直度[3](正面) 相对于工作尺寸的最大允许偏差/%		±0.75mm	±0.5， 最大±1.5mm	GB/T 3810.2
直角度[3] 相对于工作尺寸的最大允许偏差/%		±0.75mm	±0.5， 最大±2.0mm	GB/T 3810.2
表面平整度 最大允许偏差/%	相对于由工作尺寸计算的对角线的中心弯曲度	±0.75mm	±0.5， 最大±2.0mm	GB/T 3810.2
表面平整度 最大允许偏差/%	相对于工作尺寸的边弯曲度	±0.75mm	±0.5， 最大±2.0mm	GB/T 3810.2
表面平整度 最大允许偏差/%	相对于由工作尺寸计算的对角线的翘曲度	±0.75mm	±0.5， 最大±2.0mm	GB/T 3810.2
表面平整度 最大允许偏差/%	边长>600mm的砖，表面平整度用上凸和下凹表示，其最大偏差≤2.0mm			GB/T 3810.2
背纹(有要求时)	深度(h)/mm	$h\geqslant0.7$		图4-27-9
背纹(有要求时)	形状	背纹形状由制造商确定，示例如图4-27-9所示。 示例1：$L_0-L_1>0$ 示例2：$L_0-L_2>0$ 示例3：$L_0-L_3>0$		图4-27-9
表面质量[4]		至少砖的95%的主要区域无明显缺陷		GB/T 3810.2
吸水率(质量分数)		$3\%<E\leqslant6\%$，单个最大值≤6.5%		GB/T 3810.3
破坏强度/N	厚度(工作尺寸)≥7.5mm	≥1000		GB/T 3810.4
破坏强度/N	厚度(工作尺寸)<7.5mm	≥600		GB/T 3810.4
断裂模数/MPa 不适用于破坏强度≥3000N的砖		平均值≥22，单个值≥20		GB/T 3810.4
耐磨性	无釉地砖耐磨损体积/mm^3	≤345		GB/T 3810.6
耐磨性	有釉地砖表面耐磨性[5]	报告陶瓷砖耐磨性级别和转数		GB/T 3810.7
线性热膨胀系数[6]	从环境温度到100℃	参见GB/T 4100—2015中附录Q		GB/T 3810.8
抗热震性[6]		参见GB/T 4100—2015中附录Q		GB/T 3810.9
有釉砖抗釉裂性[7]		经试验应无釉裂		GB/T 3810.11
抗冻性[6]		参见GB/T 4100—2015中附录Q		GB/T 3810.12
地砖摩擦因数		单个值≥0.50		GB/T 4100—2015中附录M
湿膨胀[6]/(mm/m)		参见GB/T 4100—2015中附录Q		GB/T 3810.10
小色差[6]		纯色砖 有釉砖：$\Delta E<0.75$ 无釉砖：$\Delta E<1.0$		GB/T 3810.16

续表

技术要求					试验方法
项目			名义尺寸		
			70mm≤N<150mm	N≥150mm	
抗冲击性⑥			参见 GB/T 4100—2015 中附录 Q		GB/T 3810.5
耐污染性	有釉砖		最低 3 级		GB/T 3810.14
	无釉砖⑥		参见 GB/T 4100—2015 中附录 Q		GB/T 3810.14
抗化学腐蚀性	耐低浓度酸和碱	有釉砖	制造商应报告耐化学腐蚀性等级		GB/T 3810.13
		无釉砖			
	耐高浓度酸和碱⑥		参见 GB/T 4100—2015 中附录 Q		GB/T 3810.13
	耐家庭化学试剂和游泳池盐类	有釉砖	不低于 GB 级		GB/T 3810.13
		无釉砖	不低于 UB 级		
铅和镉的溶出量⑥			参见 GB/T 4100—2015 中附录 Q		GB/T 3810.15

① 以非公制尺寸为基础的习惯用法也可用在同类型砖的连接宽度上。

② 在适用情况下，陶瓷砖厚度包括背纹的高度，按照图 4-27-9 测定。

③ 不适用于有弯曲形状的砖。

④ 在烧成过程中，产品与标准板之间的微小色差是难免的。本表不适用于在砖的表面有意制造的色差（表面可能是有釉的、无釉的或部分有釉的）或在砖的部分区域内为了突出产品的特点而希望的色差。用于装饰目的的斑点或色斑不能看作为缺陷。

⑤ 有釉地砖耐磨性分级参见 GB/T 4100—2015 中附录 P。

⑥ 表中所列“参见 GB/T 4100—2015 中附录 Q”涉及的项目是否有必要进行检验，参见 GB/T 4100—2015 中附录 Q。

⑦ 制造商对于为装饰效果而产生的裂纹应加以说明，这种情况下，GB/T 3810.11 规定的釉裂试验不适用。

（16）干压陶瓷砖（6%<E≤10%，BⅡb 类）的技术要求

干压陶瓷砖（6%<E≤10%，BⅡb 类）的技术要求应符合表 4-27-29 的规定。

表 4-27-29　　干压陶瓷砖（6%<E≤10%，BⅡb 类）的技术要求

技术要求				试验方法
项目		名义尺寸		
		70mm≤N<150mm	N≥150mm	
长度和宽度	每块砖(2 条或 4 条边)的平均尺寸相对于工作尺寸(W)的允许偏差/%	±0.9mm	±0.6 最大±2.0mm	GB/T 3810.2
	制造商选择工作尺寸应满足以下要求： 模数砖名义尺寸连接宽度允许在 2~5mm 之间①； 非模数砖工作尺寸与名义尺寸之间的偏差不大于±2%，最大 5mm			GB/T 3810.2
厚度② 厚度由制造商确定。 每块砖厚度的平均值相对于工作尺寸厚度的允许偏差/%		±0.5mm	±5， 最大±0.5mm	GB/T 3810.2
边直度③(正面) 相对于工作尺寸的最大允许偏差/%		±0.75mm	±0.5， 最大±1.5mm	GB/T 3810.2
直角度③ 相对于工作尺寸的最大允许偏差/%		±0.75mm	±0.5， 最大±2.0mm	GB/T 3810.2
表面平整度最大允许偏差/%	相对于由工作尺寸计算的对角线的中心弯曲度	±0.75mm	±0.5， 最大±2.0mm	GB/T 3810.2
	相对于工作尺寸的边弯曲度	±0.75mm	±0.5， 最大±2.0mm	GB/T 3810.2
	相对于由工作尺寸计算的对角线的翘曲度	±0.75mm	±0.5， 最大±2.0mm	GB/T 3810.2
	边长>600mm 的砖，表面平整度用上凸和下凹表示，其最大偏差≤2.0mm			GB/T 3810.2

续表

技术要求					试验方法
项目			名义尺寸		
			70mm≤N<150mm	N≥150mm	
背纹(有要求时)	深度(h)/mm		$h\geq0.7$		图 4-27-9
	形状		背纹形状由制造商确定,示例如图 4-27-9 所示。 示例 1:$L_0-L_1>0$ 示例 2:$L_0-L_2>0$ 示例 3:$L_0-L_3>0$		图 4-27-9
表面质量④			至少砖的 95% 的主要区域无明显缺陷		GB/T 3810.2
吸水率(质量分数)			$6\%<E\leq10\%$,单个最大值≤11%		GB/T 3810.3
破坏强度/N	厚度(工作尺寸)≥7.5mm		≥800		GB/T 3810.4
	厚度(工作尺寸)<7.5mm		≥600		GB/T 3810.4
断裂模数/MPa 不适用于破坏强度≥3000N 的砖			平均值≥18,单个值≥16		GB/T 3810.4
耐磨性	无釉地砖耐磨损体积/mm^3		≤540		GB/T 3810.6
	有釉地砖表面耐磨性⑤		报告陶瓷砖耐磨性级别和转数		GB/T 3810.7
线性热膨胀系数⑥	从环境温度到 100℃		参见 GB/T 4100—2015 中附录 Q		GB/T 3810.8
抗热震性⑥			参见 GB/T 4100—2015 中附录 Q		GB/T 3810.9
有釉砖抗釉裂性⑦			经试验应无釉裂		GB/T 3810.11
抗冻性⑥			参见 GB/T 4100—2015 中附录 Q		GB/T 3810.12
地砖摩擦因数			单个值≥0.50		GB/T 4100—2015 中附录 M
湿膨胀⑥/(mm/m)			参见 GB/T 4100—2015 中附录 Q		GB/T 3810.10
小色差⑥			纯色砖 有釉砖:$\Delta E<0.75$ 无釉砖:$\Delta E<1.0$		GB/T 3810.16
抗冲击性⑥			参见 GB/T 4100—2015 中附录 Q		GB/T 3810.5
耐污染性	有釉砖		最低 3 级		GB/T 3810.14
	无釉砖⑥		参见 GB/T 4100—2015 中附录 Q		GB/T 3810.14
抗化学腐蚀性	耐低浓度酸和碱	有釉砖	制造商应报告耐化学腐蚀性等级		GB/T 3810.13
		无釉砖			
	耐高浓度酸和碱⑥		参见 GB/T 4100—2015 中附录 Q		GB/T 3810.13
	耐家庭化学试剂和游泳池盐类	有釉砖	不低于 GB 级		GB/T 3810.13
		无釉砖	不低于 UB 级		
铅和镉的溶出量⑥			参见 GB/T 4100—2015 中附录 Q		GB/T 3810.15

① 以非公制尺寸为基础的习惯用法也可用在同类型砖的连接宽度上。

② 在适用情况下，陶瓷砖厚度包括背纹的高度，按照图 4-27-9 测定。

③ 不适用于有弯曲形状的砖。

④ 在烧成过程中，产品与标准板之间的微小色差是难免的。本表不适用于在砖的表面有意制造的色差（表面可能是有釉的、无釉的或部分有釉的）或在砖的部分区域内为了突出产品的特点而希望的色差。用于装饰目的的斑点或色斑不能看作为缺陷。

⑤ 有釉地砖耐磨性分级参见 GB/T 4100—2015 中附录 P。

⑥ 表中所列“参见 GB/T 4100—2015 中附录 Q”涉及的项目是否有必要进行检验，参见 GB/T 4100—2015 中附录 Q。

⑦ 制造商对于为装饰效果而产生的裂纹应加以说明，这种情况下，GB/T 3810.11 规定的釉裂试验不适用。

(17) 干压陶瓷砖（$E>10\%$，BⅢ类）的技术要求

干压陶瓷砖（$E>10\%$，BⅢ类）的技术要求应符合表 4-27-30 的规定。

表 4-27-30　干压陶瓷砖（$E>10\%$，BⅢ类）技术要求

技术要求				试验方法
项目		名义尺寸		
		70mm≤N<150mm	N≥150mm	
长度和宽度	每块砖(2条或4条边)的平均尺寸相对于工作尺寸(W)的允许偏差/%	±0.75mm	±0.5 最大±2.0mm	GB/T 3810.2
长度和宽度	制造商选择工作尺寸应满足以下要求： 模数砖名义尺寸连接宽度允许在1.5~5mm之间[①]； 非模数砖工作尺寸与名义尺寸之间的偏差不大于±2%，最大5mm			GB/T 3810.2
厚度[②] 厚度由制造商确定。 每块砖厚度的平均值相对于工作尺寸厚度的允许偏差/%		±0.5mm	±10， 最大±0.5mm	GB/T 3810.2
边直度[③]（正面） 相对于工作尺寸的最大允许偏差/%		±0.5mm	±0.3， 最大±1.5mm	GB/T 3810.2
直角度[③] 相对于工作尺寸的最大允许偏差/%		±0.75mm	±0.5， 最大±2.0mm	GB/T 3810.2
表面平整度 最大允许偏差/%	相对于由工作尺寸计算的对角线的中心弯曲度	+0.75mm −0.5mm	+0.5，−0.3 最大值+2.0mm， −1.5mm	GB/T 3810.2
表面平整度 最大允许偏差/%	相对于工作尺寸的边弯曲度	+0.75mm −0.5mm	+0.5，−0.3 最大值+2.0mm −1.5mm	GB/T 3810.2
表面平整度 最大允许偏差/%	相对于由工作尺寸计算的对角线的翘曲度	±0.75mm	±0.5， 最大值±2.0mm	GB/T 3810.2
表面平整度 最大允许偏差/%	边长>600mm的砖，表面平整度用上凸和下凹表示，其最大偏差≤2.0mm			GB/T 3810.2
背纹（有要求时）	深度(h)/mm	h≥0.7		图 4-27-9
背纹（有要求时）	形状	背纹形状由制造商确定，示例如图4-27-9所示。 示例1：$L_0-L_1>0$ 示例2：$L_0-L_2>0$ 示例3：$L_0-L_3>0$		图 4-27-9
表面质量[④]		至少砖的95%的主要区域无明显缺陷		GB/T 3810.2
吸水率（质量分数）		平均值>10%，单个最小值>9%。 当平均值>20%时，制造商应说明		GB/T 3810.3
破坏强度/N	厚度（工作尺寸）≥7.5mm	≥600		GB/T 3810.4
破坏强度/N	厚度（工作尺寸）<7.5mm	≥350		GB/T 3810.4
断裂模数/MPa 不适用于破坏强度≥3000N的砖		平均值≥15，单个值≥12		GB/T 3810.4
耐磨性 有釉地砖表面耐磨性[⑤]		报告陶瓷砖耐磨性级别和转数		GB/T 3810.7
线性热膨胀系数[⑥]	从环境温度到100℃	参见 GB/T 4100—2015 中附录 Q		GB/T 3810.8
抗热震性[⑥]		参见 GB/T 4100—2015 中附录 Q		GB/T 3810.9
有釉砖抗釉裂性[⑦]		经试验应无釉裂		GB/T 3810.11
抗冻性[⑥]		参见 GB/T 4100—2015 中附录 Q		GB/T 3810.12
地砖摩擦因数		单个值≥0.50		GB/T 4100—2015 中附录 M
湿膨胀[⑦]/(mm/m)		参见 GB/T 4100—2015 中附录 Q		GB/T 3810.10

续表

技术要求				试验方法
项　目		名义尺寸		
		70mm≤N<150mm	N≥150mm	
小色差[⑥]		纯色砖 有釉砖：ΔE<0.75 无釉砖：ΔE<1.0		GB/T 3810.16
抗冲击性[⑥]		参见 GB/T 4100—2015 中附录 Q		GB/T 3810.5
耐污染性 有釉砖		最低 3 级		GB/T 3810.14
抗化学腐蚀性	耐低浓度酸和碱 有釉砖	制造商应报告耐化学腐蚀性等级		GB/T 3810.13
	耐高浓度酸和碱[⑥]	参见 GB/T 4100—2015 中附录 Q		GB/T 3810.13
	耐家庭化学试剂和游泳池盐类（有釉砖）	不低于 GB 级		GB/T 3810.13
铅和镉的溶出量[⑥]		参见 GB/T 4100—2015 中附录 Q		GB/T 3810.15

① 以非公制尺寸为基础的习惯用法也可用在同类型砖的连接宽度上。

② 在适用情况下，陶瓷砖厚度包括背纹的高度，按照图 4-27-9 测定。

③ 不适用于有弯曲形状的砖。

④ 在烧成过程中，产品与标准板之间的微小色差是难免的。本表不适用于在砖的表面有意制造的色差（表面可能是有釉的、无釉的或部分有釉的）或在砖的部分区域内为了突出产品的特点而希望的色差。用于装饰目的的斑点或色斑不能看作为缺陷。

⑤ 有釉地砖耐磨性分级参见 GB/T 4100—2015 中附录 P。

⑥ 表中所列“参见 GB/T 4100—2015 中附录 Q”涉及的项目是否有必要进行检验，参见 GB/T 4100—2015 中附录 Q。

⑦ 制造商对于为装饰效果而产生的裂纹应加以说明，这种情况下，GB/T 3810.11 规定的釉裂试验不适用。

（18）有釉地砖耐磨性分级

本部分仅提供了各级有釉地砖耐磨性（见 GB/T 3810.7）使用范围的指导性建议，对有特殊要求的产品不作为准确的技术要求。

① 0 级　该级有釉砖不适用于铺贴地面。

② 1 级　该级有釉砖适用于柔软的鞋袜或不带有划痕灰尘的光脚使用的地面（例如：没有直接通向室外通道的卫生间或卧室使用的地面）。

③ 2 级　该级有釉砖适用于柔软的鞋袜或普通鞋袜使用的地面。大多数情况下，偶尔有少量划痕灰尘（例如：家中起居室，但不包括厨房、入口处和其他有较多来往的房间），该等级的砖不能用特殊的鞋，例如带平头钉的鞋。

④ 3 级　该级有釉砖适用于平常的鞋袜，带有少量划痕灰尘的地面（例如：家庭的厨房、客厅、走廊、阳台、凉廊和平台）。该等级的砖不能用特殊的鞋，例如带平头钉的鞋。

⑤ 4 级　该级有釉砖适用于有划痕灰尘，来往行人频繁的地面，使用条件比 3 级地砖恶劣（例如：入口处、饭店的厨房、旅店、展览馆和商店等）。

⑥ 5 级　该级有釉砖适用于行人来往非常频繁并能经受划痕灰尘的地面，甚至于在使用环境较恶劣的场所（例如：公共场所如商务中心、机场大厅、旅馆门厅、公共过道和工业应用场所等）。

一般情况下，所给的使用分类是有效的，考虑到所穿的鞋袜、交通的类型和清洁方式，建筑物的地板清洁装置在进口处适当地防止划痕灰尘进入。

在交通繁忙和灰尘大的场所，可以使用吸水率 E≤3%的无釉地砖。

27.2.4　陶瓷马赛克（JC/T 456—2015）

（1）概述

本节内容适用于建筑物墙面、地面的保护及装饰用的陶瓷马赛克。

(2) 定义

陶瓷马赛克：用于装饰与保护建筑物地面及墙面的由多块小砖（表面面积不大于 $55cm^2$）拼贴成联的陶瓷砖。

(3) 品种、规格和等级

① 品种　陶瓷马赛克按表面性质分为有釉、无釉两种；按砖联分为单色、混色和拼花三种。

② 规格　单块砖边长不大于 95mm，表面面积不大于 $55cm^2$；砖联分正方形、长方形和其他形状。特殊要求可由供需双方商定。

③ 等级　陶瓷马赛克按尺寸允许偏差和外观质量分为优等品和合格品两个等级。

(4) 尺寸允许偏差

单块陶瓷马赛克尺寸允许偏差应符合表 4-27-31 的规定。每联陶瓷马赛克的线路、联长的尺寸允许偏差应符合表 4-27-32 的规定。

表 4-27-31　单块陶瓷马赛克尺寸允许偏差　mm

项　目	允许偏差	
	优　等　品	合　格　品
长度和宽度	±0.5	±1.0
厚度	±0.3	±0.4

表 4-27-32　每联陶瓷马赛克的线路、联长的尺寸允许偏差　mm

项　目	允许偏差	
	优　等　品	合　格　品
线路	±0.6	±1.0
联长	±1.5	±2.0

注：特殊要求由供需双方商定。

(5) 外观质量

最大边长不大于 25mm 的陶瓷马赛克外观质量的允许范围应符合表 4-27-33 的规定。最大边长大于 25mm 的陶瓷马赛克外观质量的允许范围应符合表 4-27-34 的规定。

表 4-27-33　最大边长不大于 25mm 的陶瓷马赛克外观质量的允许范围

缺陷名称	表示方法	单位	缺陷允许范围				备　注
			优等品		合格品		
			正面	背面	正面	背面	
夹层、釉裂、开裂			不允许				
斑点、粘疤、起泡坯粉、麻面、波纹缺釉、桔釉、棕眼落脏、溶洞			不明显		不严重		
缺角	斜边长	mm	<2.0	<4.0	2.0~3.5	4.0~5.5	正背面缺角不允许在同一角部。正面只允许缺角 1 处
	深度		不大于砖厚的 2/3				
缺边	长度	mm	<3.0	<6.0	3.0~5.0	6.0~8.0	正背面缺边不允许出现在同一侧面。同一侧面边不允许有 2 处缺边；正面只允许 2 处缺边
	宽度		<1.5	<2.5	1.5~2.0	2.5~3.0	
	深度		<1.5	<2.5	1.5~2.0	2.5~3.0	
变形	翘曲		不明显				
	大小头		0.2		0.4		

表 4-27-34　最大边长大于 25mm 的陶瓷马赛克外观质量的允许范围

缺陷名称	表示方法	单位	缺陷允许范围				备　注
			优等品		合格品		
			正面	背面	正面	背面	
夹层、釉裂、开裂			不允许				
斑点、粘疤、起泡坯粉、麻面、波纹缺釉、桔釉、棕眼落脏、溶洞			不明显				不严重

续表

缺陷名称	表示方法	单位	缺陷允许范围				备注
			优等品		合格品		
			正面	背面	正面	背面	
缺角	斜边长	mm	<2.3	<4.5	2.3~4.3	4.5~6.5	正背面缺角不允许在同一角部。正面只允许缺角1处
	深度		不大于砖厚的2/3				
缺边	长度		<4.5	<8.0	4.5~7.0	8.0~10.0	正背面缺边不允许出现在同一侧面。同一侧面边不允许有2处缺边；正面只允许2处缺边
	宽度		<1.5	<3.0	1.5~2.0	3.0~3.5	
	深度		<1.5	<2.5	1.5~2.0	2.5~3.5	
变形	翘曲		0.3		0.5		
	大小头		0.6		1.0		

(6) 性能

① 吸水率　无釉陶瓷马赛克的吸水率不大于0.2%。有釉陶瓷马赛克的吸水率不大于1.0%。

② 耐磨性

a. 无釉陶瓷马赛克耐深度磨损体积不大于175mm^3；

b. 用于铺地的有釉陶瓷马赛克表面耐磨性报告磨损等级和转数。

③ 抗热震性　经五次抗热震性试验后不出现炸裂或裂纹。

④ 抗冻性　抗冻性由供需双方协商。

⑤ 耐化学腐蚀性　耐化学腐蚀性由供需双方协商。

(7) 成联陶瓷马赛克的质量要求

① 色差　单色陶瓷马赛克及联间同色砖色差优等品目测基本一致，合格品目测稍有色差。

② 铺贴衬材的黏结性　陶瓷马赛克与铺贴衬材经黏结性试验后，不允许有马赛克脱落。

③ 铺贴衬材的剥离性　表贴陶瓷马赛克的剥离时间不大于40min。

④ 铺贴衬材的露出　表贴、背贴陶瓷马赛克铺贴后，不允许有铺贴衬材露出。

27.2.5 防滑陶瓷砖（GB/T 35153—2017）

(1) 概述

本节内容适用于具有一定防滑能力的建筑地面用陶瓷砖。

(2) 术语和定义

① 防滑性能　降低行人与地面陶瓷砖表面之间产生滑动风险的能力。

② 防滑陶瓷砖　具有特定的防滑性能，可以降低滑倒风险的地面用陶瓷砖。

(3) 分类

按防滑陶瓷砖的生产工艺分为挤压砖（代号为A）和干压砖（代号为B）。

按防滑陶瓷砖的吸水率分为低吸水率（代号为Ⅰ）a类和b类、中吸水率（代号为Ⅱ）a类和b类以及高吸水率（代号为Ⅲ）类。防滑陶瓷砖分类及其代号见表4-27-35。

表4-27-35　**防滑陶瓷砖分类及其代号**

吸水率 E		$E≤0.5\%$	$0.5\%<E≤3\%$	$3\%<E≤6\%$	$6\%<E≤10\%$	$E>10\%$
分类代号	挤压砖	AⅠa	AⅠb	AⅡa	AⅡb	AⅢ
	干压砖	BⅠa	BⅠb	BⅡa	BⅡb	BⅢ

(4) 表面质量

至少95%的防滑陶瓷砖主要区域无明显缺陷。

(5) 性能

防滑陶瓷砖的性能应符合表4-27-36的规定。

表 4-27-36　　防滑陶瓷砖的性能

项　目	要　求		项　目	要　求	
	有釉砖	无釉砖		有釉砖	无釉砖
耐污染性	≥4 级	≥3 级	抗冻性	符合 GB/T 4100—2015 的规定	
耐磨性	≥3 级(750r)	符合 GB/T 4100—2015 的规定	湿膨胀系数	符合 GB/T 4100—2015 的规定	
			线性热膨胀系数	符合 GB/T 4100—2015 的规定	
防滑性	湿态静摩擦因数值>0.60、湿态阻滑值>35		小色差	符合 GB/T 4100—2015 的规定	
吸水率	符合 GB/T 4100—2015 的规定		抗冲击性	符合 GB/T 4100—2015 的规定	
破坏强度	符合 GB/T 4100—2015 的规定		抗化学腐蚀性	符合 GB/T 4100—2015 的规定	
断裂模数	符合 GB/T 4100—2015 的规定		光泽度	符合 GB/T 4100—2015 的规定	
抗热震性	符合 GB/T 4100—2015 的规定		铅和镉的溶出量	符合 GB/T 4100—2015 的规定	
抗釉裂性	符合 GB/T 4100—2015 的规定				

27.2.6　外墙外保温泡沫陶瓷（GB/T 33500—2017）

(1) 概述

外墙外保温泡沫陶瓷是以固体废弃物或其他矿物原料为主要原料，辅以发泡剂经高温烧结而制成的用于外墙外保温的多孔陶瓷。

(2) 分类、规格与标记

① 产品分类　产品按照干密度分为 S 型、M 型、L 型。

② 产品规格　常规产品的规格尺寸为

a. 长度：300mm、400mm、500mm 和 600mm；

b. 宽度：300mm、400mm、500mm 和 600mm；

c. 厚度：20~150mm。

③ 产品标记　产品标记由产品名称、规格、分类、标准号构成。

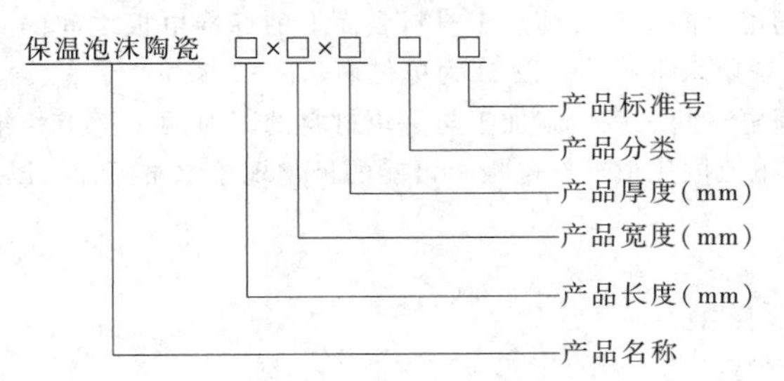

标记示例：长度 600mm、宽度 300mm、厚度 40mm 且符合标准 GB/T 33500—2017 规定的 M 型保温泡沫陶瓷产品，标记为保温泡沫陶瓷 600×300×40（M）GB/T 33500—2017。

(3) 要求

① 不应有长度超过 20mm、深度超过 10mm 的缺棱、缺角。

② 表面不应有直径超过 20mm、深度超过 10mm 的不均匀孔洞。

③ 不应有贯穿产品的裂纹及大于边长 1/3 的裂纹。

④ 深度不大于 5mm 的缺棱、缺角，直径不大于 5mm 的不均匀孔洞不作为外观缺陷处理。

⑤ 小于上述①~③所规定尺寸的缺陷允许个数应符合表 4-27-37 的规定。

表 4-27-37　　缺陷允许个数

项　目	缺棱、掉角	不均匀孔洞	裂纹
允许个数	2 个	40 个/m^2	2 个

产品尺寸的允许偏差应符合表 4-27-38 的规定。

表 4-27-38　　　　产品尺寸的允许偏差　　　　mm

项目	长度、宽度	厚度	垂直度	对角线
允许偏差	±3	0~2	≤4	≤4

(4) 物理性能

产品的物理性能应符合表 4-27-39 的规定。

表 4-27-39　　　　物理性能

项目		单位	性能指标		
			S 型	M 型	L 型
干密度		kg/m³	干密度≤160	160<干密度≤220	220<干密度≤280
体积吸水率		%	≤2.0		
抗压强度		MPa	≥0.2	≥0.4	≥0.6
抗折强度		MPa	≥0.1	≥0.2	≥0.4
抗冻性能(15 次循环)	质量损失率	%	≤5		
	强度损失率		≤25		
放射性			按照 GB 6566 声明的要求		
燃烧性能			Al	Al	Al
热导率[平均温度 298K(25℃±2℃)]		W/(m·K)	热导率≤0.060	0.060<热导率≤0.080	0.080<热导率≤0.100

27.2.7　防静电陶瓷砖（GB 26539—2011）

(1) 概述

本节内容适用于具有防静电性能的陶瓷砖。

(2) 术语和定义

① 防静电陶瓷砖　在生产过程中加入特殊材料，使产品具有永久防静电性能的陶瓷砖。

② 点对点电阻　在一给定通电时间内，施加在材料表面两点间的直流电压与通过这两点间直流电流之比。

③ 表面电阻　在给定的通电时间之后，施加于材料表面上的标准电极之间的直流电压对于电极之间的电流的比值，在电极上可能的极化现象忽略不计。以 Ω 为单位表示。

④ 体积电阻　在给定的通电时间之后，施加于与一块材料的相对两个面上相接触的两个引入电极之间的直流电压对于该两个电极之间的电流的比值，在电极上可能的极化现象忽略不计。以 Ω 为单位表示。

(3) 技术要求

① 防静电性能

a. 点对点电阻：$5\times10^4\sim1\times10^9\Omega$。

b. 表面电阻：$5\times10^4\sim1\times10^9\Omega$。

c. 体积电阻：$5\times10^4\sim1\times10^9\Omega$。

② 地砖防滑性　地面用产品极限倾斜角的平均值不低于 12°。

27.2.8　蜂窝陶瓷（GB/T 25994—2010）

(1) 概述

本节内容主要适用于汽车尾气净化器催化剂用蜂窝陶瓷载体，其他用途的蜂窝陶瓷也可参照执行。

(2) 术语和定义

① 孔密度　蜂窝陶瓷每单位横截面积上分布的孔个数，其单位为孔数/cm²。

② 软化温度　蜂窝陶瓷在均衡升温过程中其方孔初始变形时的温度。

③ *A* 轴方向　蜂窝陶瓷平行孔道的方向。

④ *B* 轴方向　蜂窝陶瓷垂直于孔道且平行于孔壁方向。

⑤ *C* 轴方向　蜂窝陶瓷垂直于孔道且与孔壁成 45°角的方向。

(3) 产品分类

产品按横截面形状分为三类，其形状见图 4-27-11。

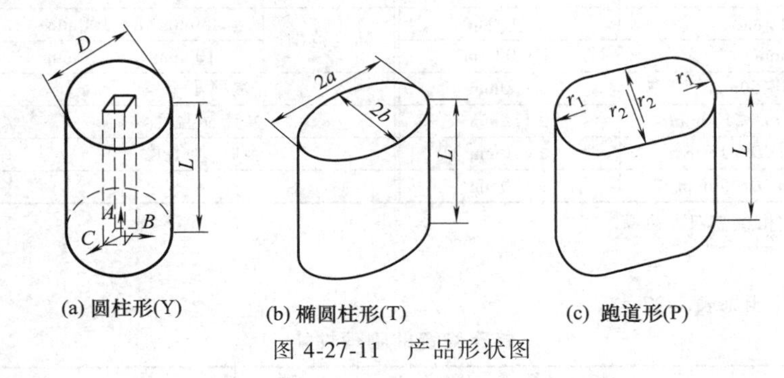

图 4-27-11　产品形状图

(4) 产品标记

产品标记为：

FW-X-S

其中，FW 为蜂窝陶瓷“蜂窝”的两个汉语拼音首写字母；X 为蜂窝陶瓷的系列顺序号；S 为横截面形状。

孔密度为 62 的顺序号为“1”，孔密度为 93 的顺序号为“2”，孔密度为 140 的顺序号为“3”，孔密度为 186 的顺序号为“4”。

产品标记实例见表 4-27-40。

表 4-27-40　**标记实例**

产品标记	孔密度 孔/cm²	横截面形状	横截面最大尺寸 *D*/mm	最大高度 *L*/mm
FW-1-Y,ϕ118×152.4	62	圆形	ϕ118	152.4
FW-1-T,81×145×152.4	62	椭圆形	81×145	
FW-1-P,118×79×152.4	62	跑道形	118×79	

(5) 技术要求

蜂窝陶瓷的外观质量要求见表 4-27-41。表 4-27-41 中符号见图 4-27-12。

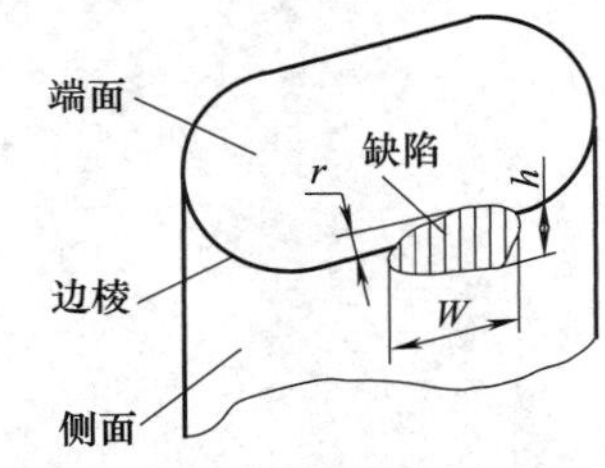

图 4-27-12　产品缺陷及尺寸示意图

表 4-27-41　**蜂窝陶瓷的外观质量**

项目名称	缺陷允许范围
表面裂纹	不允许存在包括端面长度≥8 个孔以上的端面裂纹；允许有 1 条宽(*W*)≥0.03mm，长(*h*)≥3.0mm，深(*r*)≥2 个孔的为侧面裂纹
孔道缺陷	生产过程中引起的产品端面孔道的堵塞、并孔及坍塌等的缺陷不超过端面总孔数的 1%
边棱缺损	不允许最大不超过 *W*(50mm)×*r*(4mm)×*h*(1.5mm)，每端面不超过 3 处>1.5mm 的缺损
侧面缺损	最大不超过 *W*(50mm)×*r*(4mm)×*h*(1.5mm)，缺损面积总和不超过侧面总面积的 5%(长度≤1.5mm 的不计)

注：*W* 表示宽度，*r* 表示径向深度，*h* 为长度。

(6) 尺寸偏差

蜂窝陶瓷的尺寸偏差见表 4-27-42。

表 4-7-42　　　　蜂窝陶瓷的尺寸偏差

<table>
<tr><th colspan="2">项　目</th><th>允许偏差</th><th colspan="2">项　目</th><th>允许偏差</th></tr>
<tr><td colspan="2">孔密度≥62 孔/cm²</td><td>±3 孔/cm²</td><td rowspan="2">高度范围</td><td>50mm<L≤100mm</td><td>±1.5mm</td></tr>
<tr><td colspan="2">壁厚≤0.16mm</td><td>+0.02mm</td><td>100mm<L≤150mm</td><td>±2.0mm</td></tr>
<tr><td rowspan="3">外径范围</td><td>D≤50mm</td><td>±1.0mm</td><td colspan="2">端面不平度</td><td>≤1.5mm</td></tr>
<tr><td>50mm<D≤100mm</td><td>±1.5mm</td><td colspan="2">产品直度</td><td>≤产品高度的 2%</td></tr>
<tr><td>100mm<D≤150mm</td><td>±2.0mm</td><td colspan="2">轴向垂直度</td><td>≤产品高度的 2%</td></tr>
<tr><td>高度范围</td><td>10mm<L≤50mm</td><td>±1.0mm</td><td colspan="2"></td><td></td></tr>
</table>

注：其他尺寸的偏差由供需双方协商。

(7) 物理性能

蜂窝陶瓷的物理性能见表 4-27-43。

表 4-27-43　　　　蜂窝陶瓷的物理性能

<table>
<tr><th>项　目</th><th>指　标</th><th>项　目</th><th>指　标</th></tr>
<tr><td rowspan="2">抗压强度/MPa</td><td rowspan="2">A 轴方向≥10.0，B 轴方向≥1.4，C 轴方向≥0.2</td><td>吸水率/%</td><td>≥17，同组偏差<4</td></tr>
<tr><td>热膨胀系数(室温~800℃)</td><td>≤1.2×10⁻⁶</td></tr>
<tr><td>容重/(g/cm³)</td><td>≤0.5</td><td>等静压强度/MPa</td><td>≥1</td></tr>
<tr><td>总孔容/(cm³/g)</td><td>0.18~0.30</td><td>抗热震性(室温~650℃)</td><td>三次循环后不开裂</td></tr>
</table>

(8) 材料孔径

蜂窝陶瓷的材料孔径分布见表 4-27-44。

表 4-27-44　　　　蜂窝陶瓷的材料孔径分布

孔径/μm	孔容/(cm³/g)	孔径/μm	孔容/(cm³/g)
2~5	0.09~0.21	20~40	0.00~0.05
5~10	0.02~0.13	≥40	0.00~0.02
10~20	0.00~0.08		

第28章 石　墨

28.1 炭素材料

28.1.1 炭素材料分类（GB/T 1426—2008）

28.1.2 机械用炭材料及制品（JB/T 2934—2006）

28.2 石　墨

28.2.1 微晶石墨（GB/T 3519—2008）

28.2.2 可膨胀石墨（GB/T 10698—1989）

28.2.3 鳞片石墨（GB/T 3518—2008）

28.2.4 石墨坩埚（GB/T 26279—2010）

28.3 电　极

28.3.1 石墨阳极（YB/T 5053—1997）

28.3.2 石墨电极（YB/T 4088—2015）

28.3.3 高功率石墨电极（YB/T 4089—2015）

扫码阅读此章内容

第29章　水泥及水泥制品

29.1　水　　泥

29.1.1　通用硅酸盐水泥（GB 175—2007）

（1）术语和定义

通用硅酸盐水泥是以硅酸盐水泥熟料和适量的石膏及规定的混合材料制成的水硬性胶凝材料。

（2）分类

本节内容规定的通用硅酸盐水泥按混合材料的品种和掺量分为硅酸盐水泥、普通硅酸盐水泥、矿渣硅酸盐水泥、火山灰质硅酸盐水泥、粉煤灰硅酸盐水泥和复合硅酸盐水泥。各品种的组分和代号应符合表4-29-1的规定。

（3）组分

通用硅酸盐水泥的组分应符合表4-29-1的规定。

表4-29-1　　通用硅酸盐水泥的组分　　%

品种	代号	组分(质量分数)				
		熟料+石膏	粒化高炉矿渣	火山灰质混合材料	粉煤灰	石灰石
硅酸盐水泥	P·Ⅰ	100	—	—	—	—
	P·Ⅱ	≥95	≤5	—	—	—
		≥95	—	—	—	≤5
普通硅酸盐水泥	P·O	≥80且<95	>5且≤20①			—
矿渣硅酸盐水泥	P·S·A	≥50且<80	>20且≤50②	—	—	—
	P·S·B	≥30且<50	>50且≤70②	—	—	—
火山灰质硅酸盐水泥	P·P	≥60且<80	—	>20且≤40③	—	—
粉煤灰硅酸盐水泥	P·F	≥60且<80	—	—	>20且≤40④	—
复合硅酸盐水泥	P·C	≥50且<80	>20且≤50⑤			

① 本组分材料为符合下文“（4）材料”的活性混合材料，其中允许用不超过水泥质量8%且符合下文“（4）材料”的非活性混合材料或不超过水泥质量5%且符合下文“（4）材料”的窑灰代替。

② 本组分材料为符合GB/T 203或GB/T 18046的活性混合材料，其中允许用不超过水泥质量8%且符合下文“（4）材料”的活性混合材料或符合下文“（4）材料”的非活性混合材料或符合下文“（4）材料”的窑灰中的任一种材料代替。

③ 本组分材料为符合GB/T 2847的活性混合材料。

④ 本组分材料为符合GB/T 1596的活性混合材料。

⑤ 本组分材料为由两种（含）以上符合下文“（4）材料”的活性混合材料或/和符合下文“（4）材料”的非活性混合材料组成，其中允许用不超过水泥质量8%且符合下文“（4）材料”的窑灰代替，掺矿渣时混合材料掺量不得与矿渣硅酸盐水泥重复。

（4）材料

① 硅酸盐水泥熟料　由主要含CaO、SiO_2、Al_2O_3、Fe_2O_3的原料，按适当比例磨成细粉烧至部分熔融所得

以硅酸钙为主要矿物成分的水硬性胶凝物质。其中硅酸钙矿物含量（质量分数）不小于66%，氧化钙和氧化硅质量比不小于2.0。

② 石膏

a. 天然石膏：应符合GB/T 5483中规定的G类或M类二级（含）以上的石膏或混合石膏。

b. 工业副产石膏：以硫酸钙为主要成分的工业副产物。采用前应经过试验证明对水泥性能无害。

③ 活性混合材料　应符合GB/T 203、GB/T 18046、GB/T 1596、GB/T 2847标准要求的粒化高炉矿渣、粒化高炉矿渣粉、粉煤灰、火山灰质混合材料。

④ 非活性混合材料　活性指标分别低于GB/T 203、GB/T 18046、GB/T 1596、GB/T 2847标准要求的粒化高炉矿渣、粒化高炉矿渣粉、粉煤灰、火山灰质混合材料；石灰石和砂岩，其中石灰石中的三氧化二铝含量（质量分数）应不大于2.5%。

⑤ 窑灰　应符合JC/T 742的规定。

⑥ 助磨剂　水泥粉磨时允许加入助磨剂，其加入量应不大于水泥质量的0.5%，助磨剂应符合GB/T 26748的规定。

(5) 化学指标

通用硅酸盐水泥化学指标应符合表4-29-2的规定。

表4-29-2　通用硅酸盐水泥化学指标（质量分数）　%

<table>
<tr><th>品　种</th><th>代号</th><th>不溶物</th><th>烧失量</th><th>三氧化硫</th><th>氧化镁</th><th>氯离子</th></tr>
<tr><td rowspan="2">硅酸盐水泥</td><td>P·Ⅰ</td><td>≤0.75</td><td>≤3.0</td><td rowspan="3">≤3.5</td><td rowspan="3">≤5.0①</td><td rowspan="8">≤0.06③</td></tr>
<tr><td>P·Ⅱ</td><td>≤1.50</td><td>≤3.5</td></tr>
<tr><td>普通硅酸盐水泥</td><td>P·O</td><td>—</td><td>≤5.0</td></tr>
<tr><td rowspan="2">矿渣硅酸盐水泥</td><td>P·S·A</td><td>—</td><td>—</td><td rowspan="2">≤4.0</td><td>≤6.0②</td></tr>
<tr><td>P·S·B</td><td>—</td><td>—</td><td>—</td></tr>
<tr><td>火山灰质硅酸盐水泥</td><td>P·P</td><td>—</td><td>—</td><td rowspan="3">≤3.5</td><td rowspan="3">≤6.0②</td></tr>
<tr><td>粉煤灰硅酸盐水泥</td><td>P·F</td><td>—</td><td>—</td></tr>
<tr><td>复合硅酸盐水泥</td><td>P·C</td><td>—</td><td>—</td></tr>
</table>

① 如果水泥压蒸试验合格，则水泥中氧化镁的含量（质量分数）允许放宽至6.0%。

② 如果水泥中氧化镁的含量（质量分数）大于6.0%时，需进行水泥压蒸安定性试验并合格。

③ 当有更低要求时，该指标由买卖双方确定。

水泥中碱含量按Na_2O+0.658K_2O计算值表示。若使用活性骨料，用户要求提供低碱水泥时，水泥中的碱含量应不大于0.60%或由买卖双方协商确定。

(6) 物理指标

① 凝结时间　硅酸盐水泥初凝时间不小于45min，终凝时间不大于390min。普通硅酸盐水泥，矿渣硅酸盐水泥、火山灰质硅酸盐水泥、粉煤灰硅酸盐水泥和复合硅酸盐水泥初凝不小于45min，终凝不大于600min。

② 安定性　沸煮法合格。

③ 强度　不同品种不同强度等级的通用硅酸盐水泥，其不同龄期的强度应符合表4-29-3的规定。

表4-29-3　硅酸盐水泥的强度　MPa

<table>
<tr><th rowspan="2">品　种</th><th rowspan="2">强度等级</th><th colspan="2">抗压强度</th><th colspan="2">抗折强度</th></tr>
<tr><th>3d</th><th>28d</th><th>3d</th><th>28d</th></tr>
<tr><td rowspan="6">硅酸盐水泥</td><td>42.5</td><td>≥17.0</td><td rowspan="2">≥42.5</td><td>≥3.5</td><td rowspan="2">≥6.5</td></tr>
<tr><td>42.5R</td><td>≥22.0</td><td>≥4.0</td></tr>
<tr><td>52.5</td><td>≥23.0</td><td rowspan="2">≥52.5</td><td>≥4.0</td><td rowspan="2">≥7.0</td></tr>
<tr><td>52.5R</td><td>≥27.0</td><td>≥5.0</td></tr>
<tr><td>62.5</td><td>≥28.0</td><td rowspan="2">≥62.5</td><td>≥5.0</td><td rowspan="2">≥8.0</td></tr>
<tr><td>62.5R</td><td>≥32.0</td><td>≥5.5</td></tr>
<tr><td rowspan="2">普通硅酸盐水泥</td><td>42.5</td><td>≥17.0</td><td rowspan="2">≥42.5</td><td>≥3.5</td><td rowspan="2">≥6.5</td></tr>
<tr><td>42.5R</td><td>≥22.0</td><td>≥4.0</td></tr>
</table>

续表

<table>
<tr><th rowspan="2">品　种</th><th rowspan="2">强度等级</th><th colspan="2">抗压强度</th><th colspan="2">抗折强度</th></tr>
<tr><th>3d</th><th>28d</th><th>3d</th><th>28d</th></tr>
<tr><td rowspan="2">普通硅酸盐水泥</td><td>52.5</td><td>≥23.0</td><td rowspan="2">≥52.5</td><td>≥4.0</td><td rowspan="2">≥7.0</td></tr>
<tr><td>52.5R</td><td>≥27.0</td><td>≥5.0</td></tr>
<tr><td rowspan="6">矿渣硅酸盐水泥
火山灰硅酸盐水泥
粉煤灰硅酸盐水泥
复合硅酸盐水泥</td><td>32.5</td><td>≥10.0</td><td rowspan="2">≥32.5</td><td>≥2.5</td><td rowspan="2">≥5.5</td></tr>
<tr><td>32.5R</td><td>≥15.0</td><td>≥3.5</td></tr>
<tr><td>42.5</td><td>≥15.0</td><td rowspan="2">≥42.5</td><td>≥3.5</td><td rowspan="2">≥6.5</td></tr>
<tr><td>42.5R</td><td>≥19.0</td><td>≥4.0</td></tr>
<tr><td>52.5</td><td>≥21.0</td><td rowspan="2">≥52.5</td><td>≥4.0</td><td rowspan="2">≥7.0</td></tr>
<tr><td>52.5R</td><td>≥23.0</td><td>≥4.5</td></tr>
</table>

④ 细度（选择性指标）　硅酸盐水泥和普通硅酸盐水泥的细度以比表面积表示，其比表面积不小于300m²/kg；矿渣硅酸盐水泥、火山灰质硅酸盐水泥、粉煤灰硅酸盐水泥和复合硅酸盐水泥的细度以筛余表示，其80μm方孔筛筛余不大于10%或45μm方孔筛筛余不大于30%。

29.1.2　钢渣硅酸盐水泥（GB/T 13590—2006）

（1）概述

本节内容适用于一般工业与民用建筑、地下工程与防水工程、大体积混凝土工程、道路工程等用的钢渣硅酸盐水泥的生产和检验。

（2）定义与代号

凡由硅酸盐水泥熟料和转炉或电炉钢渣（简称钢渣）、适量粒化高炉矿渣、石膏，磨细制成的水硬性胶凝材料，称为钢渣硅酸盐水泥。水泥中的钢渣掺加量（按质量的百分比计）不应少于30%，代号为P·SS。

（3）技术要求

① 三氧化硫　三氧化硫含量不超过4%。

② 比表面积　比表面积不小于350m²/kg。

③ 凝结时间　初凝时间不得早于45min，终凝时间不得迟于12h。

④ 安定性　安定性检验必须合格。用氧化镁含量大于13%的钢渣制成的水泥，经压蒸安定性检验，必须合格。

⑤ 强度　水泥强度等级按规定龄期的抗压强度和抗折强度来划分，各强度等级水泥的各龄期强度不得低于表4-29-4中的数值。

表4-29-4　　水泥的强度等级与各龄期强度　　MPa

<table>
<tr><th rowspan="2">强度等级</th><th colspan="2">抗压强度</th><th colspan="2">抗折强度</th></tr>
<tr><th>3d</th><th>28d</th><th>3d</th><th>28d</th></tr>
<tr><td>32.5</td><td>10.0</td><td>32.5</td><td>2.5</td><td>5.5</td></tr>
<tr><td>42.5</td><td>15.0</td><td>42.5</td><td>3.5</td><td>6.5</td></tr>
</table>

（4）包装、标志、运输与储存

① 包装　水泥可以袋装或散装，袋装水泥每袋净质量为50kg，且不得少于标志质量的98%；随机抽取20袋，总质量不得少于1000kg。其他包装形式由供需双方协商确定。

水泥包装袋应符合GB 9774的规定。

② 标志　包装袋上应清楚标明：产品名称，代号，净质量，强度等级，生产许可证编号，生产厂名和地址，出厂编号，执行标准号，包装年、月、日。包装袋两侧应印有水泥名称和等级，用黑色印刷。

散装时应提交与包装袋标志相同内容的卡片。

③ 运输与储存　水泥在运输与储存时，不得受潮和混入杂物，不同品种和强度等级的水泥应分别储存，不得混杂。

29.1.3　砌筑水泥（GB/T 3183—2017）

（1）概述

本节内容适用于砌筑和抹面砂浆、垫层混凝土所需要的砌筑水泥。

(2) 术语和定义

砌筑水泥是由硅酸盐水泥熟料加入规定的混合材料和适量石膏磨细制成的保水性较好的水硬性胶凝材料。

(3) 组成与材料

① 熟料　熟料符合 GB/T 21372 的规定。

② 石膏

a. 天然石膏：天然石膏符合 GB/T 5483 的规定。

b. 工业副产石膏：工业副产石膏符合 GB/T 21371 的规定。

③ 水泥混合材料

a. 活性混合材料：活性混合材料为符合 GB/T 203 规定的粒化高炉矿渣、GB/T 1596 规定的粉煤灰、GB/T 2847 规定的火山灰质混合材料、GB/T 6645 规定的粒化电炉磷渣和 JC/T 418 规定的粒化高炉钛矿渣。

b. 非活性混合材料：非活性混合材料为活性低于 GB/T 203 规定的粒化高炉矿渣、GB/T 1596 规定的粉煤灰、GB/T 2847 规定的火山灰质混合材料、GB/T 6645 规定的粒化电炉磷渣和 JC/T 418 规定的粒化高炉钛矿渣，以及符合 GB/T 35164 规定的石灰石粉。

④ 窑灰　窑灰符合 JC/T 742 的规定。

⑤ 水泥助磨剂　水泥粉磨时允许加入助磨剂，其加入量不超过水泥质量的 0.5%，助磨剂符合 GB/T 26748 的规定。

(4) 代号及强度等级

砌筑水泥的代号为 M，强度等级分为 12.5、22.5 和 32.5 三个等级。

(5) 化学成分

① 三氧化硫（SO_3）　三氧化硫含量（质量分数）不大于 3.5%。

② 氯离子（Cl^-）　氯离子含量（质量分数）不大于 0.06%。

③ 水泥中水溶性铬（Ⅵ）　水泥中水溶性铬（Ⅵ）含量不大于 10.0mg/kg。

(6) 物理性能

① 细度　80μm 方孔筛筛余不大于 10.0%。

② 凝结时间　初凝时间不小于 60min，终凝时间不大于 720min。

③ 沸煮法安定性　沸煮法合格。

④ 保水率　保水率不小于 80%。

⑤ 强度　水泥不同龄期的强度应符合表 4-29-5 的规定。

表 4-29-5　水泥的强度指标

水泥等级	抗压强度/MPa			抗折强度/MPa		
	3d	7d	28d	3d	7d	28d
12.5	—	≥7.0	≥12.5	—	≥1.5	≥3.0
22.5	—	≥10.0	≥22.5	—	≥2.0	≥4.0
32.5	≥10.0	—	≥32.5	≥2.5	—	≥5.5

⑥ 放射性　水泥放射性内照射指数 I_{Ra} 不大于 1.0，放射性外照射指数 I_γ 不大于 1.0。

(7) 包装、标志、运输和储存

① 包装　水泥可以散装或袋装，袋装水泥每袋净含量为 50kg，且应不少于标志质量的 99%；随机抽取 20 袋，总质量应不少于 1000kg（含包装袋）。其他包装形式由供需双方协商确定，但袋装质量要求应符合上述规定，水泥包装袋应符合 GB/T 9774 的规定。

② 标志　水泥包装袋上应清楚标明：执行标准、代号、强度等级、生产者名称、生产许可证标志（QS）及编号、出厂批号、包装日期、净含量。包装袋两侧应印有水泥名称和强度等级，并用黑色印刷。

散装发运时应提交与袋装标志相同内容的卡片。

③ 运输与储存　水泥在运输与储存时不应受潮和混入杂物，不同强度等级的水泥在储运中避免混杂。

29.1.4 道路硅酸盐水泥（GB 13693—2017）

(1) 概述

本节内容适用于道路路面、机场道面及对耐磨与抗干缩等性能要求较高的其他工程用道路硅酸盐水泥的生产与使用。

(2) 术语和定义

道路硅酸盐水泥是由道路硅酸盐水泥熟料、适量石膏和混合材料磨细制成的水硬性胶凝材料。

(3) 组分与材料

① 组分　道路硅酸盐水泥中熟料和石膏（质量分数）为90%~100%，活性混合材料（质量分数）为0~10%。

② 道路硅酸盐水泥熟料　铝酸三钙（$3CaO \cdot Al_2O_3$，C_3A）的含量不应大于5%，铁铝酸四钙（$4CaO \cdot Al_2O_3 \cdot Fe_2O_3$，$C_4AF$）的含量不应小于15.0%，游离氧化钙的含量不应大于1.0%。

当 $w(Al_2O_3)/w(Fe_2O_3) \geqslant 0.64$ 时，铝酸三钙的含量按式（4-29-1）计算、铁铝酸四钙的含量按式（4-29-2）计算：

$$w(C_3A) = 2.65[w(Al_2O_3) - 0.64w(Fe_2O_3)] \quad (4\text{-}29\text{-}1)$$

$$w(C_4AF) = 3.04w(Fe_2O_3) \quad (4\text{-}29\text{-}2)$$

式中　$w(C_3A)$——硅酸盐水泥熟料中铝酸三钙的含量，%；

$w(C_4AF)$——硅酸盐水泥熟料中铁铝酸四钙的含量，%；

$w(Al_2O_3)$——硅酸盐水泥熟料中三氧化二铝的含量，%；

$w(Fe_2O_3)$——硅酸盐水泥熟料中三氧化二铁的含量，%。

当 $w(Al_2O_3)/w(Fe_2O_3) \leqslant 0.64$ 时，铝酸三钙的含量为0。

③ 石膏

a. 天然石膏：符合GB/T 5483规定的G类或M类二级（含）以上天然石膏或混合石膏。

b. 脱硫石膏：符合GB/T 21371规定的脱硫石膏。

④ 混合材料　混合材料应为符合GB/T 1596的F类粉煤灰、符合GB/T 203的粒化高炉矿渣、符合GB/T 6645的粒化电炉磷渣、符合YB/T 022的钢渣、符合GB/T 18046的粒化高炉矿渣粉或符合GB/T 20491的钢渣粉。

⑤ 助磨剂　水泥粉磨时允许加入助磨剂，其加入量不应超过水泥质量的0.5%，助磨剂应符合GB/T 26748的规定。

(4) 分级

道路硅酸盐水泥的代号为P·R，按照28d抗折强度分为7.5和8.5两个等级，如P·R 7.5。

(5) 化学成分

① 氧化镁（MgO）　水泥中氧化镁的含量（质量分数）不大于5.0%。如果水泥压蒸试验合格，则水泥中氧化镁的含量（质量分数）允许放宽至6.0%。

② 三氧化硫（SO_3）　三氧化硫的含量（质量分数）不大于3.5%。

③ 烧失量　烧失量不大于3.0%。

④ 氯离子　氯离子的含量（质量分数）不大于0.06%。

⑤ 碱含量（选择性指标）　水泥中碱含量按 $w(Na_2O)+0.658w(K_2O)$ 计算值表示。若使用活性骨料，用户要求提供低碱水泥时，水泥中的碱含量不应大于0.60%或由买卖双方协商确定。

(6) 物理性能

① 比表面积（选择性指标）　比表面积为300~450m^2/kg。

② 凝结时间　初凝时间不小于90min，终凝时间不大于720min。

③ 沸煮法安定性　用雷氏夹检验合格。

④ 干缩率　28d干缩率不大于0.10%。

⑤ 耐磨性　28d磨耗量不大于3.00kg/m^2。

⑥ 强度　各龄期的强度应符合表4-29-6的规定。

表4-29-6　水泥的等级与各龄期强度

强度等级	抗折强度/MPa		抗压强度/MPa	
	3d	28d	3d	28d
7.5	≥4.0	≥7.5	≥21.0	≥42.5
8.5	≥5.0	≥8.5	≥26.0	≥52.5

(7) 包装、标志、运输与储存

① 包装　水泥可以袋装或散装，袋装水泥每袋净含量为50kg，且不应少于标志质量的99%；随机抽取20袋，总质量不应少于1000kg（含包装袋）。其他包装形式由买卖双方协商确定，但袋装质量要求应符合上述规定。水泥包装袋应符合GB/T 9774的规定。

② 标志　水泥包装袋上应清楚标明：执行标准、水泥品种、代号、等级、生产者名称、生产许可证标志（QS）及编号、出厂编号、包装日期、净含量。包装袋两侧应印有水泥名称、强度等级，用红色印刷。

散装发运时应提交与袋装标志相同内容的卡片。

③ 运输与储存　水泥在运输与储存时不应受潮和混入杂物，不同等级的水泥应分别储运避免混杂。

29.1.5　白色硅酸盐水泥（GB/T 2015—2017）

(1) 概述

本节内容适用于白色硅酸盐水泥的生产与使用。

(2) 术语和定义

白色硅酸盐水泥是由白色硅酸盐水泥熟料加入适量石膏和混合材料磨细制成的水硬性胶凝材料。

(3) 组分与材料

白色硅酸盐水泥熟料和石膏共70%~100%，石灰岩、白云质石灰岩和石英砂等天然矿物为0~30%。

① 白色硅酸盐水泥熟料　以适当成分的生料烧至部分熔融，得到以硅酸钙为主要成分、氧化铁含量少的熟料。熟料中氧化镁的含量不宜超过5.0%。

② 石膏

a. 天然石膏：符合GB/T 5483—2008规定的G类或M类二级（含）以上天然石膏或混合石膏。

b. 工业副产石膏：符合GB/T 21371规定的工业副产石膏。

③ 混合材料　石灰岩、白云质石灰岩和石英砂等天然矿物。

④ 水泥助磨剂　水泥粉磨时允许加入助磨剂，其加入量应不超过水泥质量的0.5%，助磨剂应符合GB/T 26748的规定。

(4) 分级和代号

白色硅酸盐水泥按照强度分为32.5级、42.5级和52.5级。

白色硅酸盐水泥按照白度分为1级和2级，代号分别为P·W-1和P·W-2。

(5) 化学成分

① 三氧化硫　三氧化硫不大于3.5%。

② 水泥中水溶性六价铬（Ⅵ）　水泥中水溶性六价铬不大于10mg/kg。

③ 氯离子（选择性指标）　氯离子不大于0.06%。

④ 碱含量（选择性指标）　水泥中碱含量按$Na_2O+0.658K_2O$计算值表示。若使用活性骨料，用户要求提供低碱水泥时，水泥中的碱含量宜不大于0.60%或由买卖双方协商确定。

(6) 物理性能

① 细度　45μm方孔筛筛余不大于30.0%。

② 沸煮法安定性　沸煮法安定性合格。

③ 凝结时间　初凝时间不小于45min，终凝时间不大于600min。

④ 白度　1级白度（P·W-1）不小于89，2级白度（P·W-2）不小于87。

⑤ 强度　白色硅酸盐水泥的不同龄期强度符合表4-29-7的规定。

表4-29-7　**白色硅酸盐水泥的不同龄期强度要求**

强度等级	抗折强度/MPa		抗压强度/MPa	
	3d	28d	3d	28d
32.5	≥3.0	≥6.0	≥12.0	≥32.5
42.5	≥3.5	≥6.5	≥17.0	≥42.5
52.5	≥4.0	≥7.0	≥22.0	≥52.5

⑥ 放射性　水泥放射性内照射指数 I_{Ra} 不大于 1.0，放射性外照射指数 I_r 不大于 1.0。

(7) 包装、标志、运输和储存

① 包装　水泥可以袋装或散装，袋装水泥每袋净含量为 50kg，且不得少于标志质量的 99%；随机抽取 20 袋，总质量（含包装袋）不得少于 1000kg。其他包装形式由买卖双方协商确定，但有关袋装质量要求，应符合上述规定。水泥包装袋应符合 GB/T 9774 的规定。

② 标志　水泥袋上应清楚标明：执行标准、水泥品种、代号、强度等级、生产者名称、生产许可证标志（QS）及编号、出厂编号、包装日期、净含量。包装袋两侧应印有水泥名称、强度等级和白度等级，用蓝色印刷。

散装发运时应提交与袋装标志相同内容的卡片。

③ 运输和储存　水泥在运输和储存时不得受潮和混入杂物，不同白度和强度等级的水泥宜分别储运，避免混杂。

29.1.6 中热硅酸盐水泥、低热硅酸盐水泥和低热矿渣硅酸盐水泥（GB/T 200—2017）

(1) 概述

本节内容适用于中热水泥和低热水泥的生产和应用。

(2) 术语和定义

① 中热硅酸盐水泥　中热硅酸盐水泥是以适当成分的硅酸盐水泥熟料加入适量石膏磨细制成的具有中等水化热的水硬性胶凝材料。

② 低热硅酸盐水泥　低热硅酸盐水泥是以适当成分的硅酸盐水泥熟料加入适量石膏磨细制成的具有低水化热的水硬性胶凝材料。

(3) 组成与材料

① 中热水泥熟料　中热水泥熟料中硅酸三钙（$3CaO \cdot SiO_2$，C_2S）的含量不大于 55.0%，铝酸三钙（$3CaO \cdot Al_2O_3$，C_3A）的含量不大于 6.0%，游离氧化钙（f-CaO）的含量不大于 1.0%。

② 低热水泥熟料　低热水泥熟料中硅酸二钙（$2CaO \cdot SiO_2$，C_2S）的含量不小于 40.0%，铝酸三钙的含量不大于 6.0%，游离氧化钙的含量不大于 1.0%。

③ 天然石膏　天然石膏符合 GB/T 5483 中规定的 G 类或 M 类二级（含）以上的石膏或混合石膏。

(4) 代号和强度等级

① 中热水泥　代号为 P·MH，强度等级为 42.5；

② 低热水泥　代号为 P·LH，强度等级分为 32.5 和 42.5 两个等级。

(5) 化学成分

① 氧化镁（MgO）　水泥中氧化镁的含量（质量分数）不大于 5.0%。如果水泥经压蒸安定性试验合格，则水泥中氧化镁的含量（质量分数）允许放宽到 6.0%。

② 三氧化硫（SO_3）　水泥中三氧化硫的含量（质量分数）不大于 3.5%。

③ 烧失量（LOI）　水泥的烧失量（质量分数）不大于 3.0%。

④ 不溶物（IR）　水泥中不溶物的含量（质量分数）不大于 0.75%。

(6) 碱含量（选择性指标）

碱含量按 $Na_2O+0.658K_2O$ 计算值表示。若使用活性骨料，用户要求提供低碱水泥时，水泥中的碱含量应不大于 0.60%或由买卖双方协商确定。

(7) 硅酸三钙、硅酸二钙和铝酸三钙（选择性指标）

用户提出要求时，水泥中硅酸三钙（C_3S）、硅酸二钙（C_2S）和铝酸三钙（C_3A）的含量应符合表 4-29-8 的规定或由买卖双方协商确定。

表 4-29-8　　水泥中硅酸三钙、硅酸二钙和铝酸三钙的含量

品　种	C_3S/%	C_2S/%	C_2A/%
中热水泥	≤55.0	—	≤6.0
低热水泥	—	≥40.0	≤6.0

(8) 物理性能

① 比表面积　水泥的比表面积不小于 $250m^2/kg$。

② 凝结时间　初凝时间不小于 60min，终凝时间不大于 720min。

③ 沸煮安定性　沸煮安定性合格。

④ 强度　水泥 3d、7d 和 28d 的强度应符合表 4-29-9 的规定。

表 4-29-9　　水泥 3d、7d 和 28d 的强度指标

品　　种	强度等级	抗压强度/MPa			抗折强度/MPa		
		3d	7d	28d	3d	7d	28d
中热水泥	42.5	≥12.0	≥22.0	≥42.5	≥3.0	≥4.5	≥6.5
低热水泥	32.5	—	≥10.0	≥32.5	—	≥3.0	≥5.5
	42.5	—	≥13.0	≥42.5	—	≥3.5	≥6.5

⑤ 低热水泥 90d 抗压强度　低热水泥 90d 的抗压强度不小于 62.5MPa。

⑥ 水化热　水泥 3d 和 7d 的水化热应符合表 4-29-10 的规定。

表 4-29-10　　水泥 3d 和 7d 的水化热指标

品　　种	强度等级	水化热/(kJ/kg)	
		3d	7d
中热水泥	42.5	≤251	≤293
低热水泥	32.5	≤197	≤230
	42.5	≤230	≤260

⑦ 低热水泥 28d 水化热　32.5 级低热水泥 28d 的水化热不大于 290kJ/kg，42.5 级低热水泥 28d 的水化热不大于 310kJ/kg。

(9) 包装、标志、运输与储存

① 包装　水泥可以散装或袋装，袋装水泥每袋净含量 50kg，且应不少于标志质量的 99%；随机抽取 20 袋，总质量（含包装袋）应不少于 1000kg。其他包装形式由供需双方协商确定，但袋装质量要求，应符合上述规定。

水泥包装袋应符合 GB/T 9774 的规定。

② 标志　水泥包装袋上应清楚标明：执行标准、水泥品种、代号、强度等级、生产者名称、生产许可证标志（QS）及编号、出厂批号、包装日期、净含量。包装袋两侧应印有水泥名称和强度等级，并用黑色印刷。

散装运输时应提交与袋装标志相同内容的卡片。

③ 运输与储存　水泥在运输与储存时不得受潮和混入杂物，不同品种和强度等级的水泥应分别储存或运输，不得混杂。

29.1.7　低位热膨胀水泥（GB 2938—2008）

(1) 概述

本节内容适用于低热微膨胀水泥的生产、检验和验收。

(2) 术语和定义

低热微膨胀水泥是以粒化高炉矿渣为主要成分，加入适量硅酸盐水泥熟料和石膏，磨细制成的具有低水化热和微膨胀性能的水硬性胶凝材料，称为低热微膨胀水泥，代号为 LHEC。

(3) 材料要求

① 粒化高炉矿渣　符合 GB/T 203 规定的优等品粒化高炉矿渣。

② 石膏

a. 天然石膏：符合 GB/T 5483 规定的 A 类或 G 类二级以上的石膏或硬石膏。

b. 工业副产石膏：工业生产中以硫酸钙为主要成分的副产品。采用工业副产石膏时，应经过试验，证明对水泥性能无害。

③ 硅酸盐水泥熟料　硅酸盐水泥熟料是由主要含 CaO、SiO_2、Al_2O_3、Fe_2O_3 的原料，按适当比例磨成细粉烧至部分熔融所得以硅酸钙为主要矿物成分的水硬性胶凝物质。其中硅酸钙矿物质量分数不小于 66%，氧化钙

和氧化硅质量比不小于 2.0。熟料强度等级要求达到 42.5 以上；游离氧化钙含量（质量分数）不得超过 1.5%；氧化镁含量（质量分数）不得超过 6.0%。

④ 助磨剂　水泥粉磨时允许加入助磨剂，其加入量应不超过水泥质量的 0.5%，助磨剂应符合 GB/T 26748 的规定。

⑤ 外掺物　经供需双方商定，允许掺加少量改善水泥膨胀性能的外掺物。

(4) 强度等级

低热微膨胀水泥强度等级为 32.5 级。

(5) 技术要求

① 三氧化硫　三氧化硫含量（质量分数）应为 4.0%~7.0%。

② 比表面积　比表面积不得小于 $300m^2/kg$。

③ 凝结时间　初凝不得早于 45min，终凝不得迟于 12h，也可由生产单位和使用单位商定。

④ 安定性　沸煮法检验应合格。

⑤ 强度　水泥各龄期的抗压强度和抗折强度应不低于表 4-29-11 中的数值。

表 4-29-11　**水泥的等级与各龄期强度**

强度等级	抗折强度/MPa		抗压强度/MPa	
	7d	28d	7d	28d
32.5	5.0	7.0	18.0	32.5

⑥ 水化热　水泥的各龄期水化热应不大于表 4-29-12 中的数值。

表 4-29-12　**水泥的各龄期水化热**

强度等级	水化热/(kJ/kg)	
	3d	7d
32.5	185	220

⑦ 线膨胀率　线膨胀率应符合以下要求：

a. 1d 不得小于 0.05%；

b. 7d 不得小于 0.10%；

c. 28d 不得大于 0.60%。

⑧ 氯离子　水泥的氯离子含量（质量分数）不得大于 0.06%。

⑨ 碱含量　碱含量由供需双方商定。碱含量（质量分数）按 $Na_2O+0.658K_2O$ 计算值表示。

(6) 包装、标志、运输与储存

① 包装　水泥可以袋装或散装，袋装水泥每袋净含量 50kg，且不得少于标志质量的 99%；随机抽取 20 袋，总质量不得少于 1000kg。其他包装形式由供需双方协商确定，但有关袋装质量要求，应符合上述原则规定。

水泥包装袋应符合 GB 9774 的规定。

② 标志　水泥袋上应清楚标明：产品名称，代号，净含量，强度等级，生产许可证编号，生产者名称和地址，出厂编号，执行标准号，包装年、月、日。包装袋两侧应印有水泥名称和等级，用黑色印刷。

散装时应提交与包装袋标志相同内容的卡片。

③ 运输与储存　水泥在运输与储存时，不得受潮和混入杂物。

29.1.8　明矾石膨胀水泥（JC/T 311—2004）

(1) 概述

本节内容适用于明矾石膨胀水泥。

明矾石膨胀水泥主要用于补偿收缩混凝土结构工程、防渗抗裂混凝土工程、补强和防渗抹面工程、大口径混凝土排水管以及接缝、梁柱和管道接头，固接机器底座和地脚螺栓等。

(2) 术语与定义

① 明矾石膨胀水泥　以硅酸盐水泥熟料为主，加入铝质熟料、石膏和粒化高炉矿渣（或粉煤灰），按适当比例磨细制成的，具有膨胀性能的水硬性胶凝材料，称为明矾石膨胀水泥，代号为 A·EC。

② 铝质熟料　经一定温度煅烧后，具有活性，Al_2O_3 含量在25%以上的材料称为铝质熟料。

(3) 材料要求

① 硅酸盐水泥熟料　符合JC/T 853的规定。宜采用42.5等级以上的熟料。

② 铝质熟料　Al_2O_3 含量应不小于25%。

③ 石膏　符合GB/T 5483中A类一级品的天然硬石膏。

④ 矿渣　符合GB/T 203的规定。

⑤ 粉煤灰　符合GB 1596的规定。

⑥ 助磨剂　水泥粉磨时允许加入助磨剂，其加入量应不大于水泥质量的1%，助磨剂应符合GB/T 26748的规定。

(4) 强度等级

明矾石膨胀水泥分为32.5、42.5、52.5三个等级。

(5) 技术要求

① 三氧化硫　明矾石膨胀水泥中硫酸盐含量以三氧化硫计应不大于8.0%。

② 比表面积　明矾石膨胀水泥比表面积应不小于400m^2/kg。

③ 凝结时间　初凝不早于45min，终凝不迟于6h。

④ 强度　各强度等级水泥的各龄期强度应不低于表4-29-13中的数值。

表4-29-13　水泥的等级与各龄期强度　MPa

强度等级	抗压强度			抗折强度		
	3d	7d	28d	3d	7d	28d
32.5	13.0	21.0	32.5	3.0	4.0	6.0
42.5	17.0	27.0	42.5	3.5	5.0	7.5
52.5	23.0	33.0	52.5	4.0	5.5	8.5

⑤ 限制膨胀率　3d应不小于0.015%；28d应不大于0.10%。

⑥ 不透水性　三天不透水性应合格。

注：任选指标，适用于防渗工程，若该水泥不用在防渗工程中可以不做透水性试验。

⑦ 碱含量　碱含量由供需双方商定。当水泥在混凝土中和骨料可能发生有害反应并经用户提出碱要求时，明矾石膨胀水泥中碱的含量以 R_2O（Na_2O+0.658K_2O）当量计应不大于0.60%。

(6) 包装、标志、运输与储存

① 包装　水泥可以袋装或散装。袋装水泥每袋净含量50kg，且不得少于标志重量的98%；随机抽取20袋，总质量不得少于1000kg。其他包装形式由供需双方协商确定。

包装袋应符合GB 9774的规定。

② 标志　包装袋上应清楚标明：产品名称，代号，净含量，执行标准号，强度等级，生产许可证编号，生产者名称和地址，出厂编号，包装年、月、日及严防受潮等字样，包装袋两侧应清楚标明水泥名称和强度等级，并用黑色印刷。

散装时应提交与袋装标志相同内容的卡片。

③ 运输与储存　水泥在运输与储存时不得受潮和混入杂物，不同品种和强度等级的水泥应分别储运，不得混杂。

袋装水泥保质期为三个月，过期的水泥应按本标准规定的试验方法重新检验，再确定能否使用。

29.1.9 抗硫酸盐硅酸盐水泥（GB 748—2005）

(1) 概述

本节内容适用于抗硫酸盐硅酸盐水泥。

(2) 分类

抗硫酸盐硅酸盐水泥按其抗硫酸盐性能分为中抗硫酸盐硅酸盐水泥、高抗硫酸盐硅酸盐水泥两类。

(3) 术语和定义

① 中抗硫酸盐硅酸盐水泥　以特定矿物组成的硅酸盐水泥熟料，加入适量石膏，磨细制成的具有抵抗中等

浓度硫酸根离子侵蚀的水硬性胶凝材料，称为中抗硫酸盐硅酸盐水泥，简称中抗硫酸盐水泥，代号为P·MSR。

② 高抗硫酸盐硅酸盐水泥　以特定矿物组成的硅酸盐水泥熟料，加入适量石膏，磨细制成的具有抵抗较高浓度硫酸根离子侵蚀的水硬性胶凝材料，称为高抗硫酸盐硅酸盐水泥，简称高抗硫酸盐水泥，代号为P·HSR。

(4) 材料要求

① 硅酸盐水泥熟料　以适当成分的生料，烧至部分熔融，所得的以硅酸钙为主的特定矿物组成的硅酸盐水泥熟料。

② 石膏

a. 天然石膏：符合GB/T 5483中规定的G类或A类二级（含）以上的石膏或硬石膏。

b. 工业副产石膏：工业生产中以硫酸钙为主要成分的副产品。采用工业副产石膏时，应经过试验，证明对水泥性能无害。

③ 助磨剂　水泥粉磨时允许加入助磨剂，其加入量应不超过水泥质量的1%，助磨剂应符合GB/T 26748的规定。

(5) 强度等级

中抗硫酸盐水泥和高抗硫酸盐水泥强度等级分为32.5、42.5。

(6) 技术要求

① 硅酸三钙和铝酸三钙　水泥中硅酸三钙和铝酸三钙的含量应符合表4-29-14的规定。

表4-29-14　水泥中硅酸三钙和铝酸三钙的含量（质量分数）　%

分　类	硅酸三钙含量	铝酸三钙含量
中抗硫酸盐水泥	≤55.0	≤5.0
高抗硫酸盐水泥	≤50.0	≤3.0

② 烧失量　水泥中烧失量应不大于3.0%。

③ 氧化镁　水泥中氧化镁的含量应不大于5.0%。如果水泥经过压蒸安定性试验合格，则水泥中氧化镁的含量允许放宽到6.0%。

④ 三氧化硫　水泥中三氧化硫的含量应不大于2.5%。

⑤ 不溶物　水泥中的不溶物应不大于1.50%。

⑥ 比表面积　水泥的比表面积应不小于280m²/kg。

⑦ 凝结时间　初凝应不早于45min，终凝应不迟于10h。

⑧ 安定性　用沸煮法检验，必须合格。

⑨ 强度　水泥强度等级按规定龄期的抗压强度和抗折强度来划分，各龄期的抗压强度和抗折强度应不低于表4-29-15中的数值。

表4-29-15　水泥的等级与各龄期的强度　MPa

分　类	强度等级	抗压强度		抗折强度	
		3d	28d	3d	28d
中抗硫酸盐水泥、高抗硫酸盐水泥	32.5	10.0	32.5	2.5	6.0
	42.5	15.0	42.5	3.0	6.5

⑩ 碱含量　水泥中碱含量由供需双方商定。若使用活性骨料，用户要求提供低碱水泥时，水泥中的碱含量按 $w(Na_2O)+0.658w(K_2O)$ 计算应不大于0.60%。

⑪ 抗硫酸盐性　中抗硫酸盐水泥14d线膨胀率应不大于0.060%。高抗硫酸盐水泥14d线膨胀率应不大于0.040%。

(7) 包装、标志、运输与储存

① 包装　水泥可以袋装或散装。袋装水泥每袋净含量50kg，且不得少于标志质量的98%；随机抽取20袋，总质量应不少于1000kg。其他包装形式由供需双方协商确定，但有关袋装质量要求，必须符合上述原则规定。

水泥包装袋应符合GB 9774的规定。

② 标志　水泥袋上应清楚标明：产品名称，代号，净含量，强度等级，生产许可证编号，生产者名称和地址，出厂编号，执行标准号，包装年、月、日。包装袋两侧应印有水泥名称和强度等级，印刷采用黑色。

散装运输时应提交与袋装标志相同内容的卡片。

③ 运输与储存　水泥在运输与储存时不得受潮和混入杂物，不同品种和强度等级的水泥应分别储存，不得混杂。

29.1.10　铝酸盐水泥（GB/T 201—2015）

(1) 概述

本节内容适用于铝酸盐水泥。

(2) 术语和定义

① 铝酸盐水泥熟料　铝酸盐水泥熟料是以钙质和铝质材料为主要原料，按适当比例配制成生料，煅烧至完全或部分熔融，并经冷却所得以铝酸钙为主要矿物组成的产物。

② 铝酸盐水泥　铝酸盐水泥是由铝酸盐水泥熟料磨细制成的水硬性胶凝材料，代号为 CA。

注：在磨制 CA70 水泥和 CA80 水泥时可掺加适量的 $\alpha\text{-}Al_2O_3$ 粉。

(3) 分类

按水泥中 Al_2O_3 含量（质量分数）分为 CA50、CA60、CA70 和 CA80 四个品种，各品种作如下规定：

① CA50　$50\% \leqslant w(Al_2O_3) < 60\%$，该品种根据强度分为 CA50-Ⅰ、CA50-Ⅱ、CA50-Ⅲ和 CA50-Ⅳ。

② CA60　$60\% \leqslant w(Al_2O_3) < 68\%$，该品种根据主要矿物组成分为 CA60-Ⅰ（以铝酸一钙为主）和 CA60-Ⅱ（以铝酸二钙为主）。

③ CA70　$68\% \leqslant w(Al_2O_3) < 77\%$。

④ CA80　$w(Al_2O_3) \geqslant 77\%$。

(4) 化学成分

铝酸盐水泥的化学成分以质量分数计，数值以“%”表示，指标应符合表 4-29-16 的规定。

表 4-29-16　**化学成分**　%

类型	Al_2O_3 含量	SiO_2 含量	Fe_2O_3 含量	碱含量 $[w(Na_2O)+0.658w(K_2O)]$	S(全硫)含量	Cl^- 含量
CA50	≥50 且<60	≤9.0	≤3.0	≤0.50	≤0.2	≤0.06
CA60	≥60 且<68	≤5.0	≤2.0	≤0.40	≤0.1	
CA70	≥68 且<77	≤1.0	≤0.7			
CA80	≥77	≤0.5	≤0.5			

(5) 物理性能

① 细度　比表面积不小于 $300m^2/kg$ 或 $45\mu m$ 筛余不大于 20%。有争议时以比表面积为准。

② 水泥胶砂凝结时间　水泥胶砂凝结时间应符合表 4-29-17 的规定。

表 4-29-17　**凝结时间**　min

类型		初凝时间	终凝时间	类型	初凝时间	终凝时间
CA50		≥30	≤360	CA70	≥30	≤360
CA60	CA60-Ⅰ	≥30	≤360	CA80	≥30	≤360
	CA60-Ⅱ	≥60	≤1080			

(6) 强度

各类型铝酸盐水泥各龄期强度指标应符合表 4-29-18 的规定。

表 4-29-18　**水泥胶砂强度**　MPa

类型		抗压强度				抗折强度			
		6h	1d	3d	28d	6h	1d	3d	28d
CA50	CA50-Ⅰ	≥20[①]	≥40	≥50	—	≥3[①]	≥5.5	≥6.5	—
	CA50-Ⅱ		≥50	≥60	—		≥6.5	≥7.5	—
	CA50-Ⅲ		≥60	≥70	—		≥7.5	≥8.5	—
	CA50-Ⅳ		≥70	≥80	—		≥8.5	≥9.5	—

续表

类型		抗压强度				抗折强度			
		6h	1d	3d	28d	6h	1d	3d	28d
CA60	CA60-Ⅰ	—	≥65	≥85	—	—	≥7.0	≥10.0	—
	CA60-Ⅱ	—	≥20	≥45	≥85	—	≥2.5	≥5.0	≥10.0
CA70		—	≥30	≥40	—	—	≥5.0	≥6.0	—
CA80		—	≥25	≥30	—	—	≥4.0	≥5.0	—

① 用户要求时，生产厂家应提供试验结果。

(7) 包装、标志、运输与储存

① 包装　水泥可以散装或袋装（含吨装袋），袋装水泥每袋净含量为50kg，且应不少于标志质量的99%；随机抽取20袋，总质量（含包装袋）应不少于1000kg。其他包装形式由买卖双方协商确定，但有关袋装质量要求，应符合上述规定。

水泥包装袋应符合GB 9774的规定。

② 标志　水泥包装袋上应清楚标明：执行标准、水泥品种、型号、生产者名称、生产许可证标志（QS）及编号、出厂编号、包装日期、净含量和其他有必要提示的内容。包装袋两侧印刷水泥品种、型号，两侧印刷采用醒目标识。

散装发运时应提交与袋装标志相同内容的卡片。

③ 运输与储存　水泥在运输、储存时不得受潮和混入杂物。

29.2 水泥制品

29.2.1 钢丝网水泥板（GB/T 16308—2008）

(1) 概述

本节内容适用于工业和民用建筑用钢丝网水泥板。

(2) 分类

钢丝网水泥板按用途分为钢丝网水泥屋面板（代号：GSWB）和钢丝网水泥楼板（代号：GSLB）两类。

(3) 级别

钢丝网水泥屋面板按可变载荷和永久载荷分为四个级别，见表4-29-19。钢丝网水泥楼板按可变载荷分为四个级别，见表4-29-20。

表 4-29-19　钢丝网水泥屋面板级别　kN/m^2

级别	Ⅰ	Ⅱ	Ⅲ	Ⅳ
可变荷载	0.5	0.5	0.5	0.5
永久荷载	1.0	1.5	2.0	2.5

表 4-29-20　钢丝网水泥楼板级别　kN/m^2

级别	Ⅰ	Ⅱ	Ⅲ	Ⅳ
可变荷载	2.0	2.5	3.0	3.5

(4) 规格

钢丝网水泥板外形见图4-29-1。钢丝网水泥屋面板规格尺寸见表4-29-21。钢丝网水泥楼板规格尺寸见表4-29-22。

表 4-29-21　钢丝网水泥屋面板规格尺寸　mm

公称尺寸	长×宽(L×B)	高(h)	中肋高(h_L)	肋宽(b)		板厚(t)
				边肋宽(b_b)	中肋(b_z)	
2000×2000	1980×1980	160、180	120、140	32～35	35～40	16、18

续表

公称尺寸	长×宽（$L×B$）	高（h）	中肋高（h_L）	肋宽（b）		板厚（t）
				边肋宽（b_b）	中肋（b_z）	
2121×2121	2101×2101	180、200	140、160	32～35	35～40	18、20
2500×2500	2480×2480	180、200	140、160	32～35	35～40	18、20
2828×2828	2808×2808	180、200	140、160	32～35	35～40	18、20
3000×3000	2980×2980	180、200	140、160	32～35	35～40	18、20
3500×3500	3480×3480	200、220	160、180	32～35	35～40	18、20
3536×3536	3516×3516	200、220	160、180	32～35	35～40	18、20
4000×4000	3980×3980	220、240	180、200	32～35	35～40	18、20

注：根据供需双方协议也可生产其他规格尺寸的屋面板。

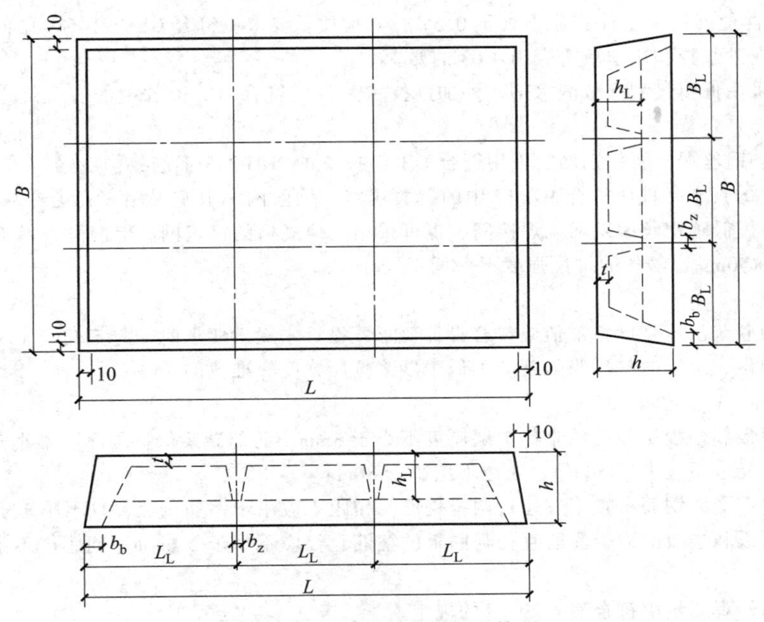

图 4-29-1　钢丝网水泥板外形

表 4-29-22　　钢丝网水泥楼板规格尺寸　　mm

公称尺寸	长×宽（$L×B$）	高（h）	中肋高（h_L）	肋宽（b）		板厚（t）
				边肋宽（b_b）	中肋（b_z）	
3300×5000	3270×4970	250、300	160、200	32～35	35～40	18、20、22
3300×4800	3270×4770	250、300	160、200	32～35	35～40	18、20、22
3300×1240	3270×1210	200、250	140、180	32～35	35～40	18、20、22
3580×4450	3820×4420	250、300	160、200	32～35	35～40	18、20、22

注：根据供需双方协议也可生产其他规格尺寸的楼板。

（5）产品标记

钢丝网水泥屋面板产品标记由代号、公称长度、公称宽度、高度、级别和标准号组成，标记示例如下：

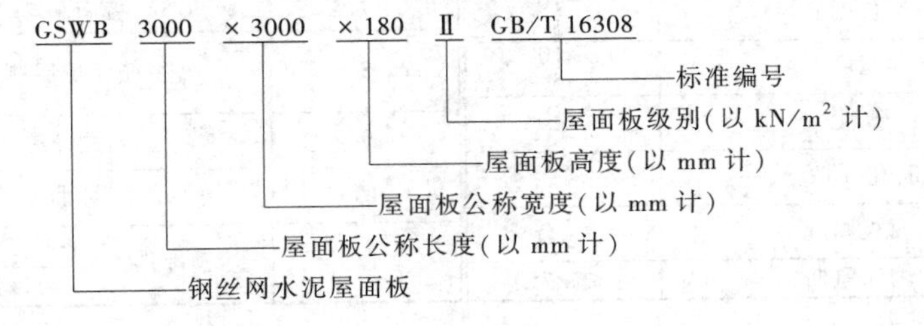

钢丝网水泥楼板产品标记由代号、公称长度、公称宽度、高度、级别和标准号组成，标记示例如下：

GSLB 4800 ×3300 ×250 Ⅱ GB/T 16308

- GB/T 16308——标准编号
- Ⅱ——楼板级别(以 kN/m^2 计)
- 250——楼板高度(以 mm 计)
- 3300——楼板公称宽度(以 mm 计)
- 4800——楼板公称长度(以 mm 计)
- GSLB——钢丝网水泥楼板

(6) 原材料

① 水泥　应采用符合 GB 175 的不低于 42.5 的普通硅酸盐水泥和矿渣硅酸盐水泥。

② 砂子　宜采用细度模数为 2.3~3.5 的天然或人工砂，最大粒径不超过 4mm。砂子含泥量（按质量计）不应大于 1.0%，泥块含量（按质量计）应不大于 0.5%，其他质量要求应符合 GB/T 14684 中的有关规定。

③ 拌和水　水泥砂浆拌和用水应符合 JGJ 63 的要求。

④ 外加剂　宜采用低引气型高效减水剂。外加剂技术条件应符合 GB 8076 中的有关规定，不得掺用氯盐作早强和防冻剂。

⑤ 钢筋、钢丝、钢丝网　肋部钢筋宜采用符合 GB 1499.2 的 HRB335 钢筋，构造筋应采用 GB 13013 的Ⅰ级钢筋。冷拔低碳钢丝的技术条件应符合 JGJ 19 中的有关规定。钢丝网一般宜采用直径为 0.9~1.0mm、网格尺寸为 10mm×10mm 的冷拔低碳钢丝编织网或焊接网，也可采用其他规格的钢丝网，但网丝直径不得大于 2mm。网格尺寸不得大于 50mm×50mm，钢丝的抗拉强度不得低于 450MPa。

(7) 砂浆强度

钢丝网水泥板用砂浆抗压强度标准值应符合设计要求，设计未提出要求时，应不低于 40MPa。

钢丝网水泥板起吊、出厂时的砂浆强度应不低于砂浆抗压强度标准值的 75%。

(8) 构造要求

钢丝网水泥屋面板和楼板层面的砂浆保护层厚度不小于 3mm，肋部砂浆保护层厚度不小于 5mm。

钢丝网搭接长度光边不应少于 50mm，毛边不应少于 80mm。

钢丝网水泥板肋部受力钢筋布置不应超过两排钢筋。净距不应小于钢筋直径，且不小于 10mm。

钢丝网水泥屋面板和楼板的面板配筋直径与肋板的箍筋直径应不小于 2.6mm，间距应不小于 200mm。

(9) 外观质量

钢丝网水泥板的外观质量应符合表 4-29-23 的规定。

表 4-29-23　**外观质量**

项次	项　目	外观质量要求	项次	项　目	外观质量要求
1	露筋露网	任何部位不应有	5	连接部位缺陷	①肋端疏松不应有；②其他缺陷经整修不应有
2	孔洞	不应有			
3	蜂窝	总面积不超过所在面积的 1%，且每处不大于 $100cm^2$	6	外形缺陷	修整后无缺棱掉角
4	裂缝	任何部位均不应有宽度大于 0.05mm 的裂缝	7	外表缺陷	麻面总面积不超过所在面积的 5%，且每处不大于 $300cm^2$
			8	外表沾污	经处理后，表面无油污和杂物

(10) 尺寸偏差

钢丝网水泥板的尺寸允许偏差应符合表 4-29-24 的规定。

表 4-29-24　**钢丝网水泥板的尺寸允许偏差**　mm

项次	项　目	尺寸允许偏差	项次	项　目		尺寸允许偏差
1	长度	+10 −5	7	板面平整		5
2	宽度	+10 −5	8	主筋保护层厚度		+4 −2
3	高度	+5 −3	9	对角线差		10
4	肋高、肋宽	+5 −3	10	翘曲		≤L/750
5	面板厚度	+3 −2	11	预埋件	中心位置偏差	5
6	侧向弯曲	≤L/750			与砂浆面平整	5

(11) 力学性能

钢丝网水泥板承载力要求按混凝土结构设计规范规定进行检验时，应符合式（4-29-3）的要求：

$$\gamma_u^0 \geqslant \gamma_0 [\gamma_u] \tag{4-29-3}$$

式中 γ_u^0——钢丝网水泥板承载力检验系数实测值，即试件的承载力检验荷载实测值与承载力检验荷载设计值（均包括自重）的比值；

γ_0——结构重要性系数，按设计要求确定；设计未提出要求时取 $\gamma_0=1$；

$[\gamma_u]$——钢丝网水泥板检验系数允许值按表 4-29-25 取用。

表 4-29-25 检验系数

钢丝网水泥板达到承载力极限的检验标志	$[\gamma_u]$
受拉主筋处的最大裂缝宽度达到 1.5mm，或挠度达到跨度的 1/50	1.20
受压区砂浆破坏，此时受拉主筋处的最大裂缝宽度小于 1.5mm 且挠度小于跨度的 1/50	1.25
受拉主筋拉断	1.50
腹部斜裂缝达到 1.5mm，或斜裂缝末端受压砂浆剪压破坏	1.35
沿斜截面砂浆斜压破坏，受拉主筋在端部滑脱，或其他锚固破坏	1.50

当按钢丝网水泥板实配钢筋进行承载力检验时，应符合式（4-29-4）的要求：

$$\gamma_u^0 \geqslant \gamma_0 \eta [\gamma_u] \tag{4-29-4}$$

式中 η——钢丝网水泥板承载力检验修正系数，根据 GB 50010 按实配钢筋的承载力计算确定。

钢丝网水泥板挠度应符合式（4-29-5）和式（4-29-6）的要求：

$$a_s^0 \leqslant [a_s] \tag{4-29-5}$$

$$[a_s] = \frac{M_k}{M_q(\theta-1)+M_k}[a_f] \tag{4-29-6}$$

式中 a_s^0——在荷载标准值下，钢丝网水泥板跨中挠度实测值，mm；

$[a_s]$——挠度检验允许值，由设计的挠度允许值折算而得，设计未提出要求时，取 $[a_s]=L/300$，L 为钢丝网水泥板的跨度；

M_k——按荷载标准组合计算所得的弯矩值，kN·m；

M_q——按荷载准永久组合计算所得的弯矩值，kN·m；

θ——考虑荷载长期作用对挠度增大的影响系数，按 GB 50010 确定；

$[a_f]$——钢丝网水泥板的挠度限值，按 GB 50010 确定。

钢丝网水泥板裂缝应符合式（4-29-7）的要求：

$$W_{smax}^0 \leqslant [W_{smax}] \tag{4-29-7}$$

式中 W_{smax}^0——在荷载标准值下，最大裂缝宽度实测值，mm；

$[W_{smax}]$——钢丝网水泥板检验的最大裂缝宽度允许值。设计未提出要求时，取 $[W_{smax}]=0.05$mm。

(12) 标志、堆放、运输

① 标志　钢丝网水泥板表面应设有标志，标志内容包括厂名、商标、标记、生产日期和检验章。

② 堆放　钢丝网水泥板应按分类、规格、等级、生产日期分别堆放。

堆放场地应坚实、平整，堆垛高度应按钢丝网水泥板自重和强度、地面承载力、垫木强度及堆垛的稳定性确定。堆放的层数一般不宜超过六层。

码垛时，每块板之间应用支垫物将四角平稳搁置，严禁扭曲，各层间每角的支垫物应在一条垂直线上。

③ 运输　运输时钢丝网水泥板的支承位置和方法不应引起砂浆的超应力和板的损伤。

起吊、运输中应轻起、轻放、严禁碰撞。

29.2.2 预应力混凝土空心板（GB/T 14040—2007）

(1) 概述

本节内容适用于采用先张法工艺生产的预应力混凝土空心板（以下简称空心板），用作一般房屋建筑的楼板和屋面板。

（2）规格尺寸

空心板的主要规格尺寸宜按表 4-29-26 采用。

表 4-29-26　　空心板的主要规格尺寸

高度/mm	标志宽度/mm	标志长度/m
120	500、600、900、1200	2.1、2.4、2.7、3.0、3.3、3.6、3.9、4.2、4.5、4.8、5.1、5.4、5.7、6.0
150	600、900、1200	3.6、3.9、4.2、4.5、4.8、5.1、5.4、5.7、6.0、6.3、6.6、6.9、7.2、7.5
180 200	600、900、1200	4.8、5.1、5.4、5.7、6.0、6.3、6.6、6.9、7.2、7.5、7.8、8.1、8.4、8.7、9.0
240 250	900、1200	6.0、6.3、6.6、6.9、7.2、7.5、7.8、8.1、8.4、8.7、9.0、9.3、9.6、9.9、10.2、10.5、10.8、11.4、12.0
300	900、1200	7.5、7.8、8.1、8.4、8.7、9.0、9.3、9.6、9.9、10.2、10.5、10.8、11.4、12.0、12.6、13.2、13.8、14.4、15.0
360 380	900、1200	9.0、9.3、9.6、9.9、10.2、10.5、10.8、11.4、12.0、12.6、13.2、13.8、14.4、15.0、15.6、16.2、16.8、17.4

标准 GB/T 14040—2007 推荐的规格尺寸：高度宜为 120mm、180mm、240mm、300mm、360mm；标志宽度宜为 900mm、1200mm；标志长度不宜大于高度的 40 倍。

空心板截面可采用圆孔或其他异形孔形式，圆孔及异形孔的截面示意图详见图 4-29-2、图 4-29-3。孔形尺寸应能满足空心板混凝土成形要求、受力计算要求及表 4-29-27 的规定。

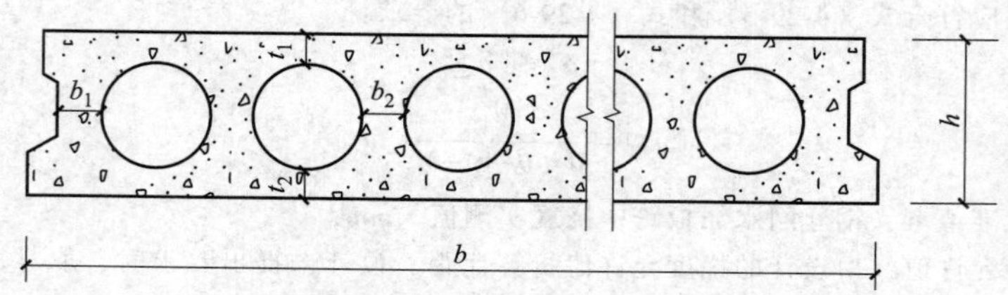

图 4-29-2　圆孔空心板截面示意图

b—板宽；b_1—边肋宽度；b_2—中肋宽度；h—板高；t_1—板面厚度；t_2—板底厚度

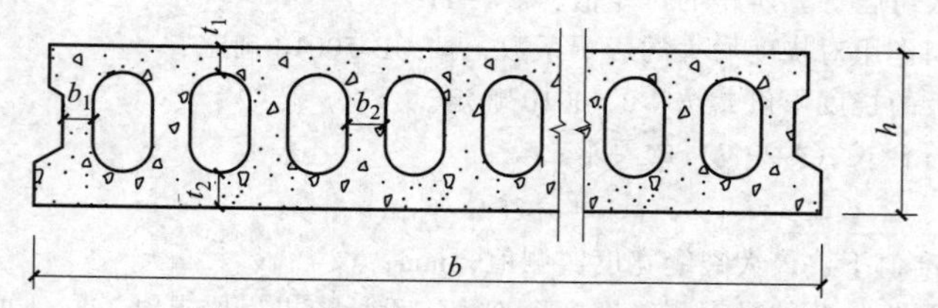

图 4-29-3　异形孔空心板截面示意图

注：各符号的含义同图 4-29-2。

空心板截面各部位尺寸应符合表 4-29-27 的规定。

表 4-29-27　　空心板截面各部位尺寸　　mm

h	b_1	b_2	t_1	t_2
120 150 180 200	≥25	≥25	≥20	≥20
240 250 300 360 380	≥30	≥30	≥25	≥25

空心板纵向侧边应采用双齿形边槽，双齿形边槽的尺寸可参考图 4-29-4。

（3）标记

空心板的标记由名称、高度、标志宽度、标志长度、荷载序号（或预应力配筋）组成，其表示方式如下：

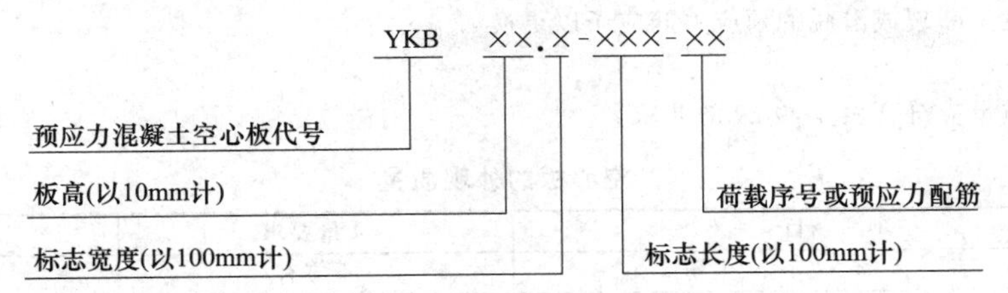

注：预应力轻骨料混凝土空心板的代号为 QYKB。

荷载序号以阿拉伯数字 1、2、3……标记。

预应力配筋以英文字母 A、B、C……标记。A、B 分别代表公称直径为 5mm、7mm 的 1570MPa 螺旋肋钢丝，C 代表公称直径为 9mm 的 1470MPa 螺旋肋钢丝，D、E、F、G 分别代表公称直径为 9.5mm、11.1mm、12.7mm、15.2mm 的 1860MPa 七股钢绞线。

同一设计中应选择荷载序号或预应力配筋两者中的一种形式表达。

标记示例：

① 示例 1　以荷载序号表达：板高 240mm、标志长度 10.2m、标志宽度 1200mm、荷载序号为 1 的空心板型号为 YKB24.12-102-1。

② 示例 2　以预应力配筋表达：板高 180mm、标志长度 6.3m、标志宽度 900mm、配置 7 根公称直径 7mm 的 1570MPa 螺旋肋钢丝的空心板型号为 YKB 18.9-63-7B。

③ 示例 3　以预应力配筋表达：板高 240mm、标志长度 10.2m、标志宽度 1200mm、配置 10 根公称直径 9.5mm 的 1860MPa 七股钢绞线的空心板型号为 YKB 24.12-102-10D。

（4）要求

① 混凝土　混凝土的原材料应分别符合 GB 175、GB 50119、GBJ 146、JGJ 51、JGJ 52、JGJ 53、JGJ 56、JGJ 63 的规定。

② 钢材　预应力筋宜采用强度标准值为 1570MPa 的螺旋肋钢丝、强度标准值为 1860MPa 的七股钢绞线，也可采用其他强度标准值不小于 1470MPa 的螺旋肋钢丝、钢绞线。其材质和性能应符合 GB/T 5223、GB/T 5224 及其他相关国家标准的规定。

不同规格空心板的预应力筋种类可参见表 4-29-28。

表 4-29-28　不同规格空心板的预应力筋种类

板高/mm	预应力筋种类	公称直径/mm
120、150、180、200	1570MPa 螺旋肋钢丝	5、7
	1470MPa 螺旋肋钢丝	9
240、250、300、360、380	1860MPa 七股钢绞线	9.5、11.1、12.7、15.2

非预应力筋宜采用热轧带肋钢筋及其焊接网片，其性能应符合 GB 1499 及相关国家标准的规定，也可采用其他钢筋及其焊接网片，其性能应符合国家有关标准的规定。

吊环应采用未经冷加工的 HPB235 级热轧钢筋或 Q235 热轧盘条制作，预埋件应采用 Q235 钢制作。其材质应符合 GB/T 700、GB 701 和 GB 13013 的规定。

钢筋、钢丝和预埋件钢材应有产品合格证、出厂检验报告和进厂复检报告，并应严格按钢号、规格堆存，不得混淆，同时应防止锈蚀和污染。进厂复检应符合 GB 50204 的有关规定。

③ 混凝土强度　混凝土强度等级不应低于 C30。轻骨料混凝土强度等级不应低于 LC30。

放张预应力筋时的混凝土强度必须符合设计要求；当设计无明确要求时，不得低于设计混凝土立方体抗压强度标准值的 75%。

④ 构造要求　预应力筋的混凝土保护层应符合设计要求，且不应小于 20mm。

预应力筋之间的净间距对螺旋肋钢丝不应小于 15mm，对七股钢绞线不应小于 25mm，且不应小于钢筋公称直径的 1.5 倍。

预应力筋与空心板内孔净间距不应小于钢筋公称直径，且不应小于 10mm。

⑤ 施加预应力的技术要求　预应力筋的张拉控制应力应符合设计要求。预应力筋张拉锚固后实际建立的预应力总值与检验规定值的偏差不应超过±5%。

浇筑混凝土前发生断裂或滑脱的预应力筋应予以更换。

(5) 外观质量

空心板的外观质量应符合表 4-29-29 的要求。

表 4-29-29　　空心板的外观质量

项号	项目		质量要求	检验方法
1	露筋	主筋	不应有	观察
		副筋	不宜有	
2	孔洞	任何部位	不应有	观察
3	蜂窝	支座预应力筋锚固部位 跨中板顶	不应有	观察
		其余部位	不宜有	观察
4	裂缝	板底裂缝 板面纵向裂缝 肋部裂缝	不应有	观察和用尺、刻度放大镜量测
		支座预应力筋挤压裂缝	不宜有	
		板面横向裂缝 板面不规则裂缝	裂缝宽度不应大于 0.10mm	
5	板端部缺陷	混凝土疏松、夹渣或外伸主筋松动	不应有	观察、摇动外伸主筋
6	外表缺陷	板底表面	不应有	观察
		板顶、板侧表面	不宜有	
7	外形缺陷		不宜有	观察
8	外表沾污		不应有	观察

注：1. 露筋指板内钢筋未被混凝土包裹而外露的缺陷。
2. 孔洞指混凝土中深度和长度均超过保护层厚度的孔穴。
3. 蜂窝指板混凝土表面缺少水泥砂浆而形成石子外露的缺陷。
4. 裂缝指伸入混凝土内的缝隙。
5. 板端部缺陷指板端处混凝土疏松、夹渣或受力筋松动等缺陷。
6. 外表缺陷指板表面麻面、掉皮、起砂和漏抹等缺陷。
7. 外形缺陷指板端头不直、倾斜、缺棱掉角、棱角不直、翘曲不平、飞边、凸肋和疤瘤等缺陷。
8. 外表沾污指构件表面有油污或其他黏杂物。

(6) 尺寸允许偏差

空心板的尺寸允许偏差应符合表 4-29-30 的规定。

表 4-29-30　　空心板的尺寸允许偏差

项号	项目		允许偏差/mm	检验方法
1	长度		+10,-5	用尺量测平行于板长度方向的任何部位
2	宽度		±5	用尺量测垂直于板长度方向底面的任何部位
3	高度		±5	用尺量测与长边竖向垂直的任何部位
4	侧向弯曲		$L/750$ 且≤20	拉线用尺量测，侧向弯曲最大处
5	表面平整		5	用 2m 靠尺和塞尺，量测靠尺与板面两点间的最大缝隙
6	主筋保护层厚度		+5,-3	用尺或用钢筋保护层厚度测定仪量测
7	预应力筋与空心板内孔净间距		+5,0	用尺量测板端面
8	对角线差		10	用尺量测板面两个对角线
9	预应力筋在板宽方向的中心位置与规定位置偏差		<10	用尺量测板端面
10	预埋件	中心位置偏移	10	用长量测纵、横两个方向中心线，取其中较大值
		与混凝土面平整	<5	用平尺和钢板尺量测

续表

项号	项　目	允许偏差/mm	检验方法
11	板端预应力筋外伸长度	+10，-5	用尺在板端面量测
12	板端预应力筋内缩值	5	用尺在板端面量测
13	翘曲	$L/750$	用调平尺在板两端量测
14	板自重	+7%，-5%	用衡器称量

注：1. L 为板的标志长度。

2. 第 11 项适用于设计要求预应力筋外伸的构件。

3. 第 12 项适用于设计不要求预应力筋外伸的构件。

4. 第 13、14 项仅用于型式检验。

(7) 双齿形边槽的尺寸

双齿形边槽的尺寸如图 4-29-4 所示，图中边槽上齿高度 h_1、下齿高度 h_2 应为空心板高度 h 的 1/4～1/3。

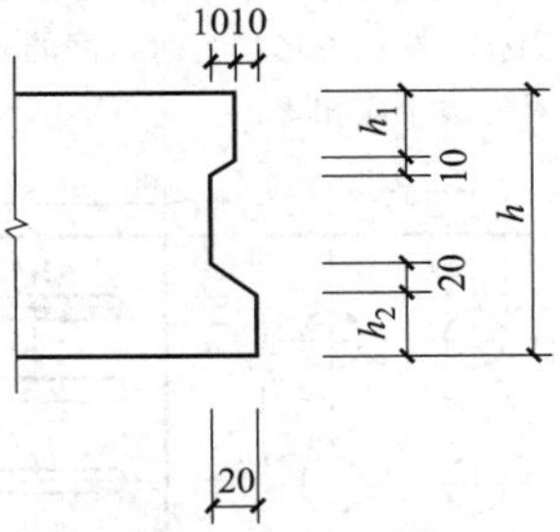

(8) 标志、堆放与运输

① 标志　空心板应有出厂标志，其内容包括：

a. 制造厂名称或商标；

b. 标记；

c. 生产日期（年、月、日）；

d. 检验合格章。

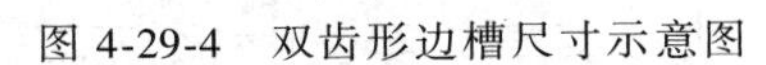

图 4-29-4　双齿形边槽尺寸示意图

② 堆放与运输　空心板应按型号、品种和生产日期分别堆放。

空心板堆放时的支垫位置应符合设计要求，应在空心板两端设置垫木，垫木应上下对齐，垫平垫实，不得有一角脱空现象。

堆放场地应平整夯实，堆放层数不宜超过 10 层，且堆高不宜超过 2.5m。

空心板装运时的吊装、支垫位置和方法应符合空心板的受力状态，并应符合设计要求。

29.2.3 吸声用穿孔纤维水泥板（JC/T 566—2008）

(1) 概述

本节内容适用于以纤维增强的水泥平板为基板，经切割、穿孔等工艺制成的板，主要用于控制室内混响时间、降低环境噪声的结构材料和装饰材料。

本节内容不适用于穿孔硅酸钙板、穿孔纤维增强低碱度水泥板、穿孔砂质石棉水泥板。

(2) 等级

按尺寸允许偏差与外观质量分为优等品（A）、一等品（B）和合格品（C）。

(3) 规格

规格尺寸见表 4-29-31。孔（圆孔、长孔）的公称尺寸、孔距、边距与穿孔率见表 4-29-32。圆孔、长孔的布置与尺寸如图 4-29-5 所示。

表 4-29-31　　规格尺寸　　mm

长度	500	600	985	1000	1200
宽度	500	600	985	1000	600
厚度	4、5、6				

表 4-29-32　　孔尺寸

孔截面尺寸（d 或 $l\times b$）/mm	孔距（a）/mm	边距（c_1、c_2）/mm	穿孔率
5	15	14～30	8.7%
	20		4.9%
	30		2.2%

续表

孔截面尺寸(d或$l×b$)/mm	孔距(a)/mm	边距(c_1、c_2)/mm	穿孔率
8	15	14~30	22.3%
	20		12.6%
	30		5.6%
10	20		19.6%
45×4	a120 a275		12.3%

注：1. 其他规格的产品可由供需双方商定。

2. d为圆孔孔径；l、b为方孔的孔长、孔宽。

3. 穿孔率按正方形排列时孔洞的实际面积与整板的实际面积计算，仅作为参考指标。

4. 对应边距应相等。

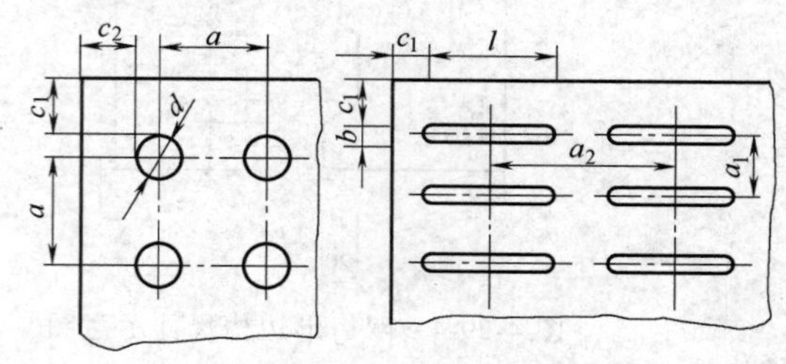

图 4-29-5　孔布置示意图

(4) 代号与标记

① 标记方法　标记顺序：代号、长度、宽度、厚度、孔尺寸、孔距、等级及标准号。

② 标记示例　吸声用穿孔纤维水泥板，长度 1200mm，宽度 600mm，厚度 5mm，孔径 10mm，孔距 20mm（或长孔 45mm×4mm），一等品可标记为：

PFC　1200×600×5　10　20（或 45×4）B　JC/T 566—2008

(5) 要求

① 尺寸允许偏差　尺寸允许偏差应符合表 4-29-33 的规定。

表 4-29-33　**尺寸允许偏差**　mm

项目		尺寸允许偏差 优等品	尺寸允许偏差 一等品	尺寸允许偏差 合格品
长度		0 -2	0 -3	0 -4
宽度				
厚度		±0.2	±0.4	±0.4
孔径		±0.3	±0.4	±0.5
长孔	宽度			
	长度	±0.3	±0.6	±1.0
孔距		±0.3	±0.6	±1.0

② 外观质量　产品正面应平整光滑，边缘整齐，不得有破损、裂纹、分层、剥落等缺陷。

③ 形状允许偏差　各等级穿孔板的形状允许偏差应符合表 4-29-34 的规定。

表 4-29-34　**形状允许偏差**

项目	形状允许偏差 优等品	形状允许偏差 一等品	形状允许偏差 合格品
厚度不均匀度/%	≤8	≤10	≤12
边缘平直度/(mm/m)	≤1.0	≤2.0	
边缘垂直度/(mm/m)	≤2.0	≤3.0	

④ 出厂含水率　出厂含水率不得大于 13%。

⑤ 抗折力　抗折力应符合表 4-29-35 的规定。

表 4-29-35　**抗折力**

厚度/mm	抗折力/N ϕ5-30 ϕ5-20 ϕ8-30	抗折力/N ϕ5-15 ϕ8-20 45×4	抗折力/N ϕ8-15 ϕ10-20	单位面积质量/(kg/m^2)
4	110	95	80	5.3~6.7

续表

厚度/mm	抗折力/N			单位面积质量/(kg/m²)
	φ5-30 φ5-20 φ8-30	φ5-15 φ8-20 45×4	φ8-15 φ10-20	
5	160	140	120	6.6~8.3
6	210	180	160	7.9~10.0

注：1. 单位面积质量仅为参考指标。

2. φ5~30 中：φ5 表示孔径 5mm，30 为孔距尺寸 30mm。45×4 中 45 表示长孔长度、4 为宽度尺寸。

(6) 量具

测量的量具见表 4-29-36。

表 4-29-36 **量具**

序号	名称	测量范围	精确度	分度值
1	钢卷尺	2000mm	Ⅱ级	1mm
2	钢直尺	1000mm	—	1mm
3	游标卡尺	0~125mm	±0.02mm	0.02mm
4	宽座直角尺	长边 1000mm,短边 630mm	1 级	—
5	天平	0~1000g	7 级	0.01g
6	壁厚千分尺	0~25mm	±0.01mm	0.01mm
7	干燥箱	300℃	±2℃	1℃

(7) 规格尺寸与外观质量

长度、宽度用钢卷尺测量，读数精确至 1mm。测点位置见图 4-29-6。取两处测量值的平均值为测量结果。计算精确至 1mm。

① 厚度　厚度用游标卡尺测量，读数精确至 0.02mm。测点位置见图 4-29-6。取 4 处测量结果的平均值为测量结果。计算结果精确至 0.1mm。

② 孔径与孔距　用游标卡尺测量板正面的孔径与孔距。在试样上随机选取 10 个孔径、10 个孔距进行测量，读数精确至 0.1mm，分别取最大与最小值，计算其尺寸允许偏差。

③ 厚度不均匀度、边缘平直度、边缘垂直度　按 GB/T 7019 进行。

④ 其余外观质量　目测检验。

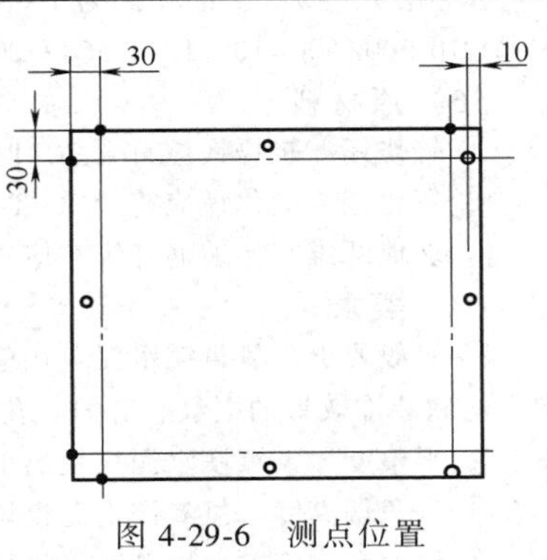

图 4-29-6　测点位置
○—长、宽测量部位；
●—厚度测量部位

(8) 包装、标志、储存与运输

① 包装　产品可采用木箱或木架包装，并有防雨措施，包装上须印有防潮和小心轻放等字样。

② 标志　包装箱上应注明产品标记、制造厂和生产日期等。

③ 储存　产品应按规格、等级分别堆放，垛高不得超过 1.5m。堆放场地应平整、坚固，防止雨淋。

④ 运输　运输工具底面应平整。产品须固定好。运输过程中应减少振动，防止撞坏。

29.2.4 氯氧镁水泥板块（JC/T 568—2007）

(1) 概述

本节内容适用于以氯氧镁水泥，粗、细集料和（或）增强纤维为主要材料，掺加适量的改性材料，经搅拌、浇筑成形或其他方法加工，养护制成的天棚板、内隔墙板和地板块（室内），其使用表面可以是本色的、着色的或经各种饰面处理的，称为氯氧镁水泥板块。

(2) 定义和术语

氯氧镁水泥板块是用氯氧镁水泥制成的天棚板、内隔墙板和地板块（室内）。

(3) 分类

按产品的使用部位分为天棚板、内隔墙板、地板块，其代号见表 4-29-37。

表 4-29-37　　分类

分类		代号	分类	代号
氯氧镁水泥天棚板	浮雕板	FDB	氯氧镁水泥内隔墙板	QB
	半孔板	BKB	氯氧镁水泥地板块	DB
	平板	PB		

(4) 规格和标记

氯氧镁水泥板块规格见表 4-29-38。

表 4-29-38　　氯氧镁水泥板块规格　　mm

分类		长度	宽度	厚度
天棚板	浮雕板、半孔板	500、600	500、600	10
	平板	1200、1800	840	4
内隔墙板		1200	840	6
		1800	840	6
地板块		200	200	10
		250	250	12
		300	300	18

注：其他形状和规格的板、块，由供需双方商定。

(5) 标记

产品按下列顺序标记：名称代号、规格尺寸、标准编号。

示例：尺寸为 500mm×500mm×10mm 的氯氧镁水泥浮雕天棚板，标记为

FDB 500×500×10　JC/T 568—2007

(6) 原材料

① 轻烧镁　轻烧镁应符合 JC/T 449 的一等品或一等品以上的规定。

② 氧化镁　氯化镁应符合 JC/T 449 的规定。

③ 玻璃纤维布　玻璃纤维布应符合 JC 561 的规定。

(7) 要求

① 一般要求　氯氧镁水泥板块应表面平整、洁净、色泽一致、花纹图案清晰、边角齐全、完整。不应有影响质量和装饰效果的裂纹、麻面、孔洞、污痕、返卤、泛霜等缺陷。

② 平整度　氯氧镁水泥板块的平整度不大于 2.0mm。

③ 直角偏离度　氯氧镁水泥板块的直角偏离度不大于 2.0mm。

④ 尺寸允许偏差　氯氧镁水泥板块尺寸允许偏差应符合表 4-29-39 的规定。

表 4-29-39　　尺寸允许偏差　　mm

分类	长度	宽度	厚度	分类	长度	宽度	厚度
天棚板	0 −2.0	0 −2.0	±1.0	内隔墙板	0 −3.0	0 −3.0	±0.5
平板	0 −3.0	0 −3.0	±0.5	地板块	±1.0	±1.0	±1.0

(8) 物理力学性能

物理力学性能见表 4-29-40。

表 4-29-40　　物理力学性能

项目		天棚板	内隔墙板	地板块
单位面积质量/(kg/m^2)	平均值	≤10.0	≤11.0	—
	最大值	≤11.0	≤12.0	—
出厂含水率/%	平均值	≤8.0	≤5.0	—
	最大值	≤10.0	≤7.0	—
吸水率/%	平均值	≤15.0	≤8.0	≤7.0
	最大值	≤17.0	≤10.0	≤9.0

续表

项　目		天棚板	内隔墙板	地板块
断裂荷载/N	平均值	≥180	—	—
	最小值	≥150	—	—
浸水 24h 抗折强度/MPa	平均值	—	≥20.0	≥7.5
	最小值	—	≥17.0	≥6.5
受潮挠度/mm	平均值	≤3.0	—	—
	最大值	≤5.0	—	—
受潮变形/mm	平均值	—	—	≤1.0
	最大值	—	—	≤1.5
浸水 24h 线膨胀/(mm/m)	平均值	—	≤0.50	—
	最大值	—	≤0.70	—
泛霜试验		无	无	无
耐磨性,磨痕长度/mm	平均值	—	—	≤25

注：划“—”者为不需要检验。

(9) 标志、产品质量合格证、包装运输与储存

① 标志　天棚板、内隔墙板的背面，须用不掉色的颜色标明生产厂名称或商标、生产日期及标记，地板块至少应有1%，在其底面有相同内容的标志。

② 产品质量合格证　交货时，应提供产品质量合格证，内容包括：

a. 生产厂名称；

b. 批量编号；

c. 出厂日期；

d. 本标准编号；

e. 外观质量、尺寸偏差、物理力学性能检验结果和质量等级。

③ 包装　天棚板采用纸箱包装或草绳散扎包装，包装箱上应有防潮和小心轻放等标志，草绳散扎包装应有相同内容的标志。草绳散扎时，以若干块为一捆，将产品正面相向，用直径不小于10mm的草绳按“井”字形捆扎，每个捆扎点不少于4道。

内隔墙板可采用托架捆扎包装，包装时产品正面相向。

地板块用草绳散扎包装，将产品正面相向，以若干块为一捆，用直径不小于10mm草绳按“井”字形捆扎，每个捆扎点处不应少于4道。

每捆包装应有防潮和小心轻放的标志。

④ 运输　氯氧镁水泥板块用各种运输工具运输时，底部应保持平坦，必须设法使产品固定好，并应有遮盖措施，防止产品受潮。运输中、天棚板、地板块必须立放、靠紧挤实，防止窜动和碰撞。装卸、搬动时严禁抛掷。

⑤ 储存　氯氧镁水泥板块应在室内存放，室外堆放应有遮盖。

堆放场地必须坚实平坦。不同品种、不同规格的产品应分别堆放，产品堆放时应正面相向，天棚板、地板块应立放、贴紧，倾斜度不应大于15°，垛高不超过1.8m。内隔墙板平放堆垛，底部应有托架垫托，垛高不超过1.8m。

29.3　水　泥　管

29.3.1　混凝土和钢筋混凝土排水管（GB/T 11836—2009）

(1) 概述

本节内容适用于采用离心、悬辊、芯模振动、立式挤压及其他方法成形的混凝土和钢筋混凝土排水管。

本节内容适用于雨水、污水、引水及农田排灌等重力流管道的管子。生产其他用途（如需要特殊防腐）的混凝土和钢筋混凝土排水管，由供需双方协商，可参照本节内容执行。

按本节内容生产的管子适用于开槽施工、顶进施工及其他施工方法。

(2) 术语和定义

① 混凝土管（CP） 管壁内不配置钢筋骨架的混凝土圆管。

② 钢筋混凝土管（RCP） 管壁内配置有单层或多层钢筋骨架的混凝土圆管。

(3) 分类

产品按是否配置钢筋骨架分为混凝土管（CP）和钢筋混凝土管（RCP），以下简称管子。按外压荷载分级，其中混凝土管分为Ⅰ、Ⅱ两级；钢筋混凝土管分为Ⅰ、Ⅱ、Ⅲ三级。混凝土管和钢筋混凝土管的规格、外压荷载和内水压力检验指标分别见表 4-29-41、表 4-29-42。根据工程需要，也可生产其他规格、外压荷载和内水压力检验指标的管子，其技术要求可参照本节内容执行。

管子按施工方法分为开槽施工管和顶进施工管（DRCP）等。

表 4-29-41　　混凝土管规格、外压荷载和内水压力检验指标

公称内径 D_0/mm	有效长度 L/mm ≥	Ⅰ级管			Ⅱ级管		
		壁厚 t/mm ≥	破坏荷载 /(kN/m)	内水压力 /MPa	壁厚 t/mm ≥	破坏荷载 /(kN/m)	内水压力 /MPa
100		19	12		25	19	
150		19	8		25	14	
200		22	8		27	12	
250		25	9		33	15	
300	1000	30	10	0.02	40	18	0.04
350		35	12		45	19	
400		40	14		47	19	
450		45	16		50	19	
500		50	17		55	21	
600		60	21		65	24	

表 4-29-42　　钢筋混凝土管规格、外压荷载和内水压力检验指标

公称内径 D_0/mm	有效长度 L/mm ≥	Ⅰ级管				Ⅱ级管				Ⅲ级管			
		壁厚 t/mm ≥	裂缝荷载 /(kN/m)	破坏荷载 /(kN/m)	内水压力 /MPa	壁厚 t/mm ≥	裂缝荷载 /(kN/m)	破坏荷载 /(kN/m)	内水压力 /MPa	壁厚 t/mm ≥	裂缝荷载 /(kN/m)	破坏荷载 /(kN/m)	内水压力 /MPa
200		30	12	18		30	15	23		30	19	29	
300		30	15	23		30	19	29		30	27	41	
400		40	17	26		40	27	41		40	35	53	
500		50	21	32		50	32	48		50	44	68	
600		55	25	38		60	40	60		60	53	80	
700		60	28	42		70	47	71		70	62	93	
800		70	33	50		80	54	81		80	71	107	
900		75	37	56		90	61	92		90	80	120	
1000		85	40	60		100	69	100		100	89	134	
1100	2000	95	44	66	0.06	110	74	110	0.10	110	98	147	0.10
1200		100	48	72		120	81	120		120	107	161	
1350		115	55	83		135	90	135		135	122	183	
1400		117	57	86		140	93	140		140	126	189	
1500		125	60	90		150	99	150		150	135	203	
1600		135	64	96		160	106	159		160	144	216	
1650		140	66	99		165	110	170		165	148	222	
1800		150	72	110		180	120	180		180	162	243	
2000		170	80	120		200	134	200		200	181	272	
2200		185	84	130		220	145	220		220	199	299	

续表

公称内径 D_0 /mm	有效长度 L/mm ≥	Ⅰ级管				Ⅱ级管				Ⅲ级管			
		壁厚 t/mm ≥	裂缝荷载 /(kN/m)	破坏荷载 /(kN/m)	内水压力 /MPa	壁厚 t/mm ≥	裂缝荷载 /(kN/m)	破坏荷载 /(kN/m)	内水压力 /MPa	壁厚 t/mm ≥	裂缝荷载 /(kN/m)	破坏荷载 /(kN/m)	内水压力 /MPa
2400	2000	200	90	140	0.06	230	152	230	0.10	230	217	326	0.10
2600		220	104	156		235	172	260		235	235	353	
2800		235	112	168		255	185	280		255	254	381	
3000		250	120	180		275	198	300		275	273	410	
3200		265	128	192		290	211	317		290	292	438	
3500		290	140	210		320	231	347		320	321	482	

(4) 管子连接方式

管子按连接方式分为柔性接头管和刚性接头管。

柔性接头管按接头形式分为承插口管、钢承口管、企口管、双插口管和钢承插口管。

柔性接头承插口管形式分为 A 型、B 型、C 型，分别见图 4-29-7~图 4-29-9。

柔性接头钢承口管形式分为 A 型、B 型、C 型，分别见图 4-29-10~图 4-29-12。

柔性接头企口管形式见图 4-29-13。

柔性接头双插口管形式见图 4-29-14。

柔性接头钢承插口管形式见图 4-29-15。

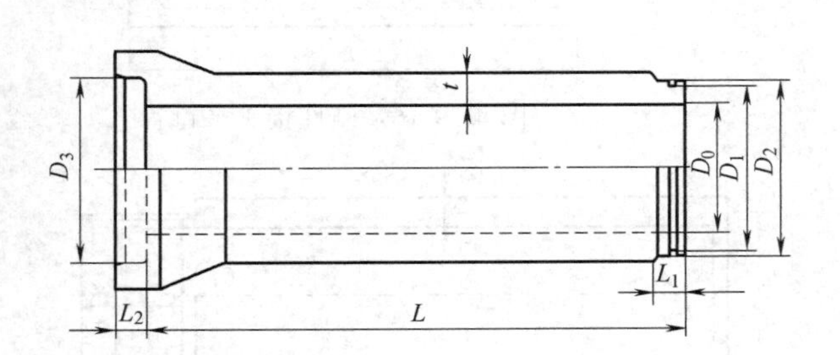

图 4-29-7 柔性接头 A 型承插口管

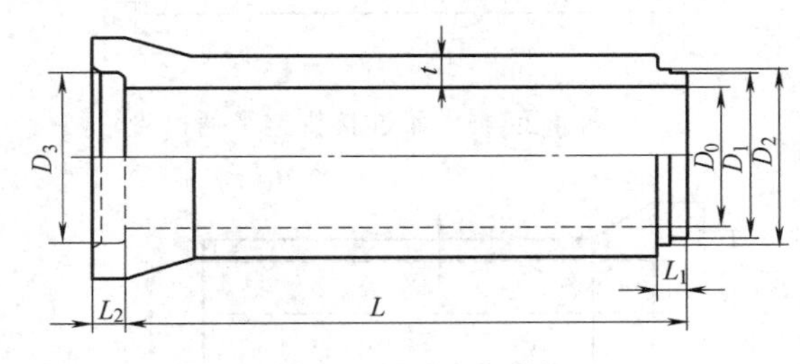

图 4-29-8 柔性接头 B 型承插口管

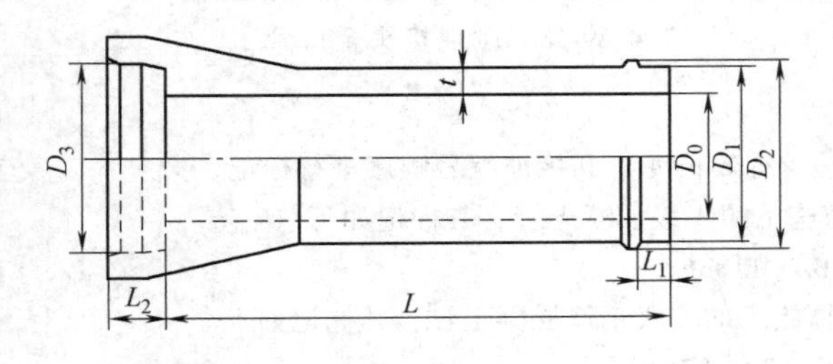

图 4-29-9 柔性接头 C 型承插口管

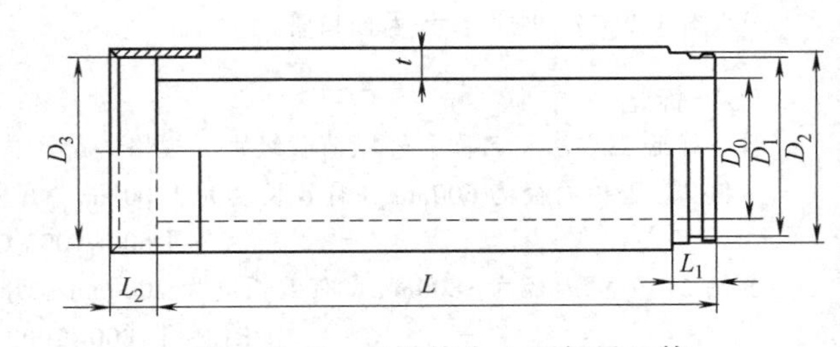

图 4-29-10 柔性接头 A 型钢承口管

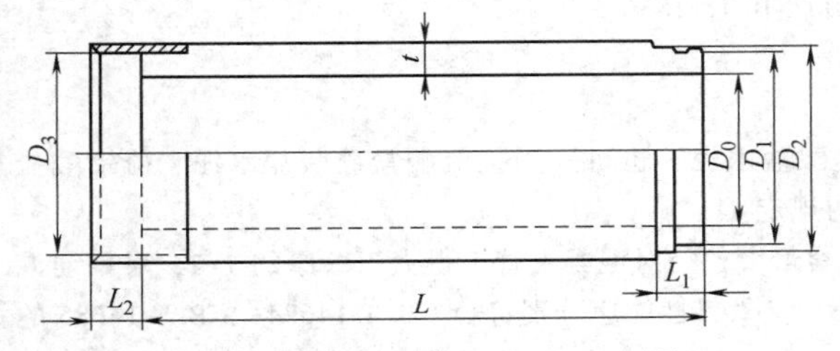

图 4-29-11 柔性接头 B 型钢承口管

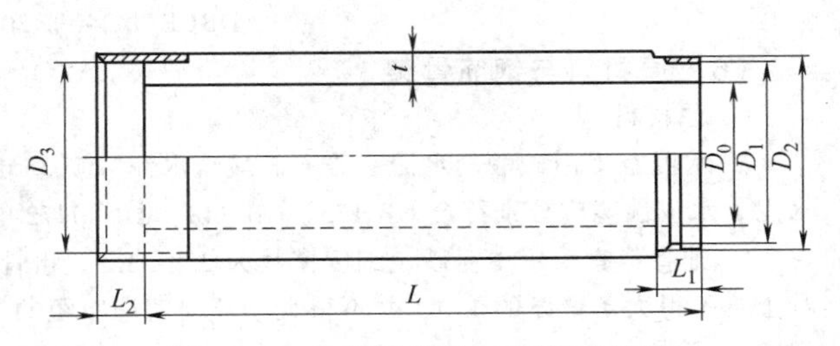

图 4-29-12 柔性接头 C 型钢承口管

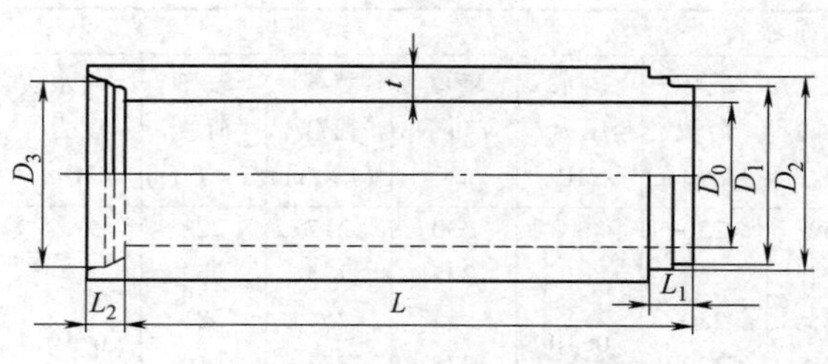

图 4-29-13　柔性接头企口管

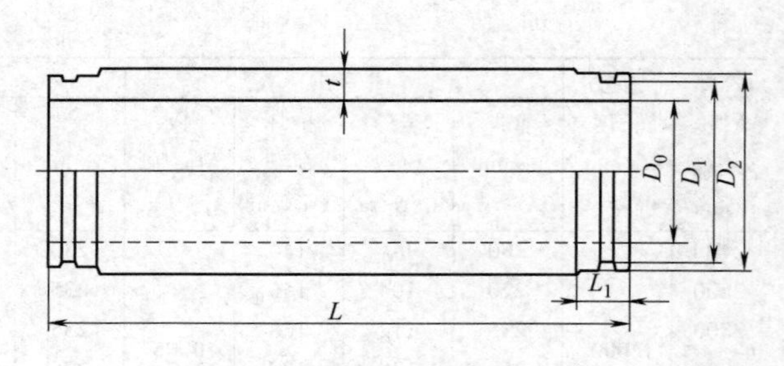

图 4-29-14　柔性接头双插口管

刚性接头管按接头形式分为平口管、承插口管和企口管。

刚性接头平口管形式见图 4-29-16。

刚性接头承插口管形式见图 4-29-17。

刚性接头企口管形式见图 4-29-18。

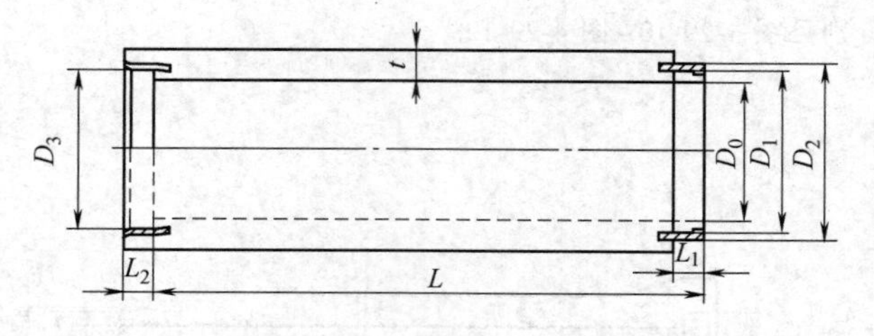

图 4-29-15　柔性接头钢承插口管

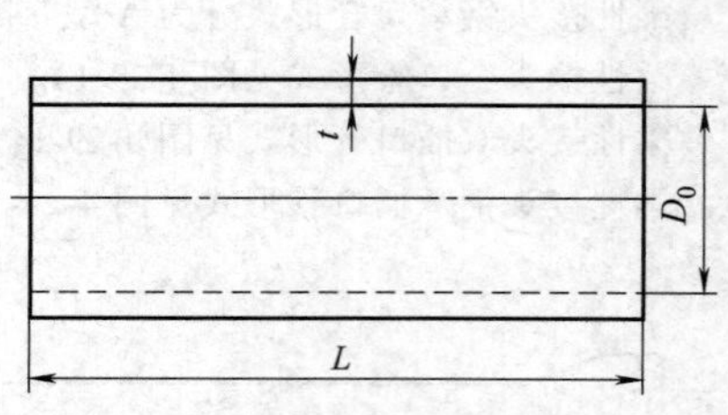

图 4-29-16　刚性接头平口管

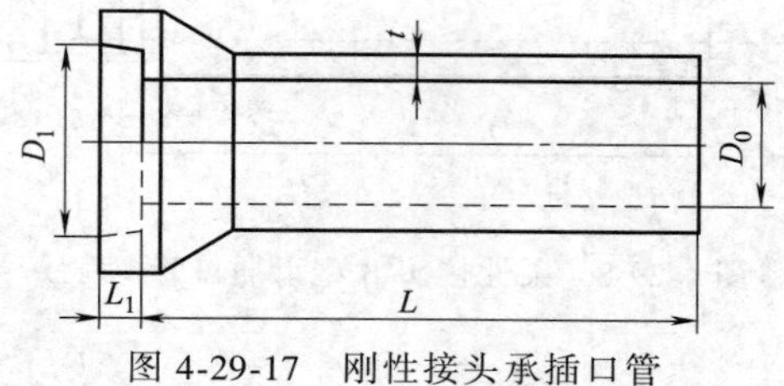

图 4-29-17　刚性接头承插口管

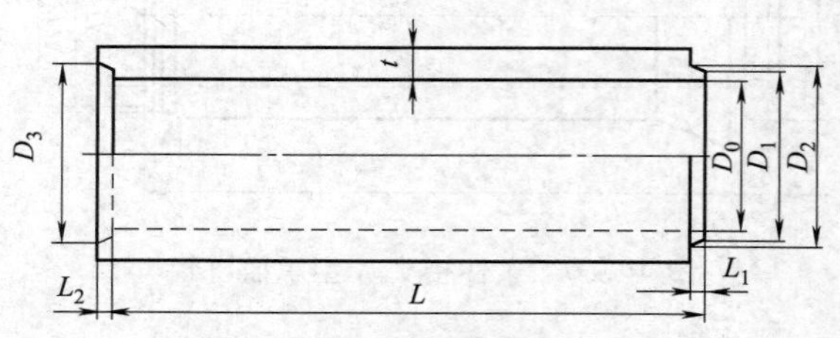

图 4-29-18　刚性接头企口管

(5) 标记

管子按施工方法、名称、外压荷载级别、规格（公称内径×有效长度）和标准编号顺序进行标记。

示例 1：公称内径为 600mm、有效长度为 1000mm、开槽施工的Ⅰ级混凝土管，其标记如下。

CP Ⅰ600×1000 GB/T 11836

示例 2：公称内径为 1800mm、有效长度为 2000mm、开槽施工的Ⅱ级钢筋混凝土管，其标记如下。

RCP Ⅱ1800×2000 GB/T 11836

示例 3：公称内径为 2400mm、有效长度为 2000mm、顶进施工的Ⅱ级钢筋混凝土管，其标记如下。

DRCP Ⅱ2400×2000 GB/T 11836

(6) 原材料与钢筋骨架

① 原材料

a. 水泥宜采用硅酸盐水泥、普通硅酸盐水泥或矿渣硅酸盐水泥，也可采用抗硫酸盐硅酸盐水泥、硫铝酸盐水泥。水泥性能应分别符合 GB 175、GB 748、GB 20472 的规定。

b. 细骨料宜采用中粗砂，细度模数为 2.3～3.3。粗骨料最大粒径对混凝土管不得大于壁厚的 1/2，对钢筋混凝土管不得大于壁厚的 1/3，并不得大于环向钢筋净距的 3/4。骨料性能应分别符合 GB/T 14684、GB/T 14685 的规定。

c. 混凝土允许掺加外加剂或掺合料。但所掺外加剂或掺合料不得对管子产生有害影响。当掺加外加剂时，应符合 GB 8076 的规定；当掺加掺合料时，应符合相应标准的规定。

d. 混凝土拌和用水应符合 JGJ 63 的规定。

e. 钢筋宜采用冷轧带肋钢筋、热轧带肋钢筋，也可采用热轧光圆钢筋、冷拔低碳钢丝，钢筋性能应分别符合 GB 13788、GB 1499.2、GB 1499.1、JC/T 540 的规定。

f. 钢承口用钢板厚度：对公称直径大于或等于 2000mm 的管子，钢板厚度不宜小于 10mm；对公称直径小于 2000mm，且大于 1200mm 的管子，钢板厚度不宜小于 8mm；对公称直径小于或等于 1200mm 的管子，钢板厚度不宜小于 6mm。承口钢板和插口异型钢的性能应符合 GB 3274、GB/T 700 的规定。

② 钢筋骨架

a. 钢筋骨架制作：环筋直径小于或等于 8mm 时，应采用滚焊成形；环筋直径大于 8mm 时，应采用滚焊成形或人工焊接成形。当采用人工焊接成形时，焊点数量应大于总连接点的 50%且均匀分布。钢筋的连接处理应符合 GB 50204、JGJ 95 的规定。

b. 钢筋骨架的环向钢筋间距由设计计算确定，并不得大于 150mm，且不得大于管壁厚度的 3 倍。钢筋直径不得小于 3.0mm。骨架两端的环向钢筋应密缠 1~2 圈。

c. 钢筋骨架的纵向钢筋直径不得小于 4.0mm。纵向钢筋的环向间距不得大于 400mm，且纵筋根数不得少于 6 根。

d. 公称内径小于或等于 1000mm 的管子，宜采用单层配筋，配筋位置在距管内壁 2/5 处；公称内径大于 1000mm 的管子宜采用双层配筋。

e. 用于顶进施工的管子，宜在管端 200~300mm 范围内增加环筋的数量和配置 U 形箍筋或其他形式加强筋。

(7) 要求

① 混凝土强度　制管用混凝土强度等级不得低于 C30，用于制作顶管的混凝土强度等级不得低于 C40。

② 外观质量　管子内、外表面应平整，管子应无粘皮、麻面、蜂窝、塌落、露筋、空鼓，局部凹坑深度不应大于 5mm。

注：芯模振动工艺脱模时产生的表面拉毛及微小气孔，可不作处理。

混凝土管不允许有裂缝。钢筋混凝土管外表面不允许有裂缝，内表面裂缝宽度不得超过 0.05mm，但表面龟裂和砂浆层的干缩裂缝不在此限。

合缝处不应漏浆。

在下列情况下，管子允许进行修补：

a. 表面凹深不超过 10mm，粘皮、麻面、蜂窝深度不超过壁厚的 1/5，其最大值不超过 10mm，且总面积不超过相应内或外表面积的 1/20，每块面积不超过 $100cm^2$；

b. 内表面有局部塌落，但塌落面积不超过管子内表面积的 1/20，每块面积不超过 $100cm^2$；

c. 合缝漏浆深度不超过壁厚的 1/5，且最大长度不超过管长的 1/5；

d. 端面碰伤纵向长度不超过 100mm，环向长度限值不超过表 4-29-43 的规定。

表 4-29-43　**端面碰伤环向长度限值**　mm

公称内径 D_0	碰伤环向长度限值	公称内径 D_0	碰伤环向长度限值
100~200	45	1650~2400	120
300~500	60	2600~3000	150
600~900	80	3200~3500	200
1000~1600	105		

③ 尺寸允许偏差　如下所示。

柔性接头承插口管尺寸允许偏差见表 4-29-44。

柔性接头钢承口管尺寸允许偏差见表 4-29-45。

柔性接头企口管尺寸允许偏差见表 4-29-46。

柔性接头双插口管尺寸允许偏差见表 4-29-47。

柔性接头钢承插口管尺寸允许偏差见表 4-29-48。

刚性接头平口管尺寸允许偏差见表 4-29-49。

刚性接头承插口管尺寸允许偏差见表 4-29-50。

刚性接头企口管尺寸允许偏差见表 4-29-51。

表 4-29-44　　柔性接头承插口管尺寸允许偏差　　mm

公称内径	管子尺寸			接头尺寸				
D_0	D_0	t	L	D_1	D_2	D_3	L_1	L_2
300~800	+4 −8	+8 −2	+18 −10	±2	±2	±2	±3	+4 −3
900~1500	+6 −10	+10 −3	+18 −12	±2	±2	±2	±3	+4 −3

表 4-29-45　　柔性接头钢承口管尺寸允许偏差　　mm

公称内径	管子尺寸			接头尺寸				
D_0	D_0	t	L	D_1	D_2	D_3	L_1	L_2
600~800	+4 −8	+8 −2	+18 −10	±2	±2	±2	±3	±2
900~1500	+6 −10	+10 −3	+18 −12	±2	±2	±2	±3	±2
1600~2400	+8 −12	+12 −4	+18 −12	±2	±2	±2	±3	±2
2600~3500	+10 −14	+14 −5	+18 −12	±2	±2	±2	±3	±2

表 4-29-46　　柔性接头企口管尺寸允许偏差　　mm

公称内径	管子尺寸			接头尺寸				
D_0	D_0	t	L	D_1	D_2	D_3	L_1	L_2
1350~1500	+6 −10	+10 −3	+18 −12	±2	±2	±2	±3	+4 −3
1600~2400	+8 −12	+12 −4	+18 −12	±2	±2	±2	±3	+4 −3
2600~3000	+10 −14	+14 −5	+18 −12	±2	±2	±2	±3	+4 −3

表 4-29-47　　柔性接头双插口管尺寸允许偏差　　mm

公称内径	管子尺寸			接头尺寸		
D_0	D_0	t	L	D_1	D_2	L_1
600~800	+4 −8	+8 −2	+18 −10	±2	±2	±3
900~1500	+6 −10	+10 −3	+18 −12	±2	±2	±3
1600~2400	+8 −12	+12 −4	+18 −12	±2	±2	±3
2600~3000	+10 −14	+14 −5	+18 −12	±2	±2	±3

表 4-29-48　　柔性接头钢插口管尺寸允许偏差　　mm

公称内径	管子尺寸			接头尺寸				
D_0	D_0	t	L	D_1	D_2	D_3	L_1	L_2
300~800	+4 −8	+8 −2	+18 −10	±2	±2	±2	±3	±2
900~1500	+6 −10	+10 −3	+18 −12	±2	±2	±2	±3	±2
1600~2400	+8 −12	+12 −4	+18 −12	±2	±2	±2	±3	±2
2600~3200	+10 −14	+14 −5	+18 −12	±2	±2	±2	±3	±2

表 4-29-49　　刚性接头平口管尺寸允许偏差　　mm

公称内径 D_0	管子尺寸		
	D_0	t	L
200～800	+4 -8	+8 -2	+18 -10
900～1500	+6 -10	+10 -3	+18 -12
1600～2400	+8 -12	+12 -4	+18 -12

表 4-29-50　　刚性接头承插口管尺寸允许偏差　　mm

公称内径 D_0	管子尺寸			接头尺寸	
	D_0	t	L	D_1	L_1
100～600	+4 -8	+8 -2	+18 -10	±4	±6

表 4-29-51　　刚性接头企口管尺寸允许偏差　　mm

公称内径 D_0	管子尺寸			接头尺寸				
	D_0	t	L	D_1	D_2	D_3	L_1	L_2
1100～1500	+6 -10	+10 -3	+18 -12	±3	±3	±3	±3	±3
1650～1800	+8 -12	+12 -4	+18 -12	±3	±3	±3	±4	±4
2000～2400	+8 -12	+12 -4	+18 -12	±3	±3	±3	±5	±5
2600～3000	+10 -14	+14 -5	+18 -12	±3	±3	±3	±6	±6

管子弯曲度（δ）的允许偏差为小于或等于管子有效长度的0.3%。

管子端面倾斜（S）的允许偏差如下。对于开槽施工的管子，公称内径小于1000mm时，允许偏差小于或等于10mm；公称内径大于或等于1000mm时，允许偏差小于或等于公称内径的1%，并不得大于15mm。对于顶进施工的管子：公称内径小于1200mm时，允许偏差小于或等于3mm；公称内径大于等于1200mm，且小于3000mm时，允许偏差小于或等于4mm；公称内径大于或等于3000mm时，允许偏差小于或等于5mm。

④ 内水压力　管子在进行内水压力检验时，在规定的检验内水压力下允许有潮片，但潮片面积不得大于总外表面积的5%，且不得有水珠流淌。

注：壁厚大于等于150mm的雨水管，可不作内水压力检验。

⑤ 外压荷载　管子外压检验荷载不得低于表4-29-41、表4-29-42规定的荷载要求。

⑥ 保护层厚度（C）　环筋的内、外混凝土保护层厚度：当壁厚小于或等于40mm时，不应小于10mm；当壁厚大于40mm且小于等于100mm时，不应小于15mm；当壁厚大于100mm时，不应小于20mm。对有特殊防腐要求的管子应根据需要确定保护层厚度。

（8）标志、包装、运输和储存

① 标志　每根管子出厂前，应在管子表面标明：企业名称、商标、生产许可证编号、产品标记、生产日期和“严禁碰撞”等字样。

② 包装　根据用户要求，为防止在运输过程中管子损坏，管子两端可用软质物品包扎。

③ 运输　管子起吊应轻起轻落，严禁直接用钢丝绳穿心吊。装卸时不允许管子自由滚动和随意抛掷，运输途中严禁碰撞。

④ 储存　管子应按品种、规格、外压荷载级别及生产日期分别堆放，堆放场地要平整、堆放层数不宜超过

表 4-29-52 的规定。

表 4-29-52　　管子堆放层数

公称内径 D_0 /mm	100~200	250~400	450~600	700~900	1000~1400	1500~1800	≥2000
层数	7	6	5	4	3	2	1

(9) 管子接头参考细部尺寸

① ϕ600~1200mm 柔性接头 A 型承插口管接头细部尺寸见图 4-29-19、表 4-29-53。
② ϕ300~1200mm 柔性接头 B 型承插口管接头细部尺寸见图 4-29-20、表 4-29-54。
③ ϕ1350~1500mm 柔性接头 B 型承插口管接头细部尺寸见图 4-29-21、表 4-29-55。
④ ϕ300~800mm 柔性接头 C 型承插口管接头细部尺寸见图 4-29-22、表 4-29-56。
⑤ ϕ600~3000mm 柔性接头 A 型钢承口管接头细部尺寸见图 4-29-23、表 4-29-57。
⑥ ϕ600~3000mm 柔性接头 B 型钢承口管接头细部尺寸见图 4-29-24、表 4-29-58。
⑦ ϕ600~3500mm 柔性接头 C 型钢承口管接头细部尺寸见图 4-29-25、表 4-29-59。
⑧ ϕ1350~3000mm 柔性接头企口管接头细部尺寸见图 4-29-26、表 4-29-60。
⑨ ϕ600~3000mm 柔性接头双插口管接头细部尺寸见图 4-29-27、表 4-29-61。
⑩ ϕ300~3200mm 柔性接头钢承插口管接头细部尺寸见图 4-29-28、表 4-29-62。
⑪ ϕ200~3000mm 刚性接头平口管管体尺寸见图 4-29-29、表 4-29-63。
⑫ ϕ100~600mm 刚性接头承插口管接头细部尺寸见图 4-29-30、表 4-29-64。
⑬ ϕ1100~3000mm 刚性接头企口管接头细部尺寸见图 4-29-31、表 4-29-65。

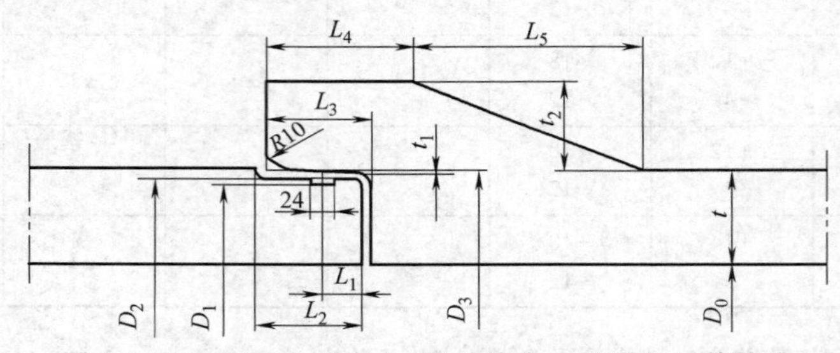

图 4-29-19　ϕ600~1200mm 柔性接头 A 型承插口管接头

表 4-29-53　　ϕ600~1200mm 柔性接头 A 型承插口管接头细部尺寸　　mm

管内径	管壁厚	插口尺寸				承口尺寸					
D_0	t	D_1	D_2	L_1	L_2	D_3	t_1	t_2	L_3	L_4	L_5
600	75	705	725	37	102	728	3	59	99	140	150
800	92	924	944	37	102	947	3	67	99	140	169
1000	110	1148	1168	37	110	1172	4	76	106	140	192
1200	125	1363	1383	37	110	1386	4	73	106	156	185

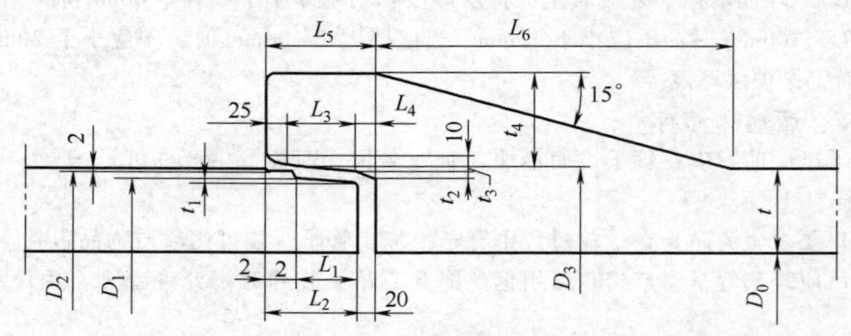

图 4-29-20　ϕ300~1200mm 柔性接头 B 型承插口管接头

表 4-29-54　　ϕ300~1200mm 柔性接头 B 型承插口管接头细部尺寸　　mm

管内径	管壁厚	插口尺寸					承口尺寸							
D_0	t	D_1	D_2	t_1	L_1	L_2	D_3	t_2	t_3	t_4	L_3	L_4	L_5	L_6
300	40	362	376	2	60	95	384	10	2	50	70	20	120	194
400	45	472	486	2	60	95	494	10	2	55	70	20	120	212
500	55	592	606	2	60	95	614	10	2	65	70	20	120	250
600	60	700	716	3	75	110	726	12	3	70	80	25	130	272
700	70	820	836	3	75	110	846	12	3	80	80	25	130	310
800	80	940	956	3	75	110	966	12	3	90	80	25	130	347
900	90	1060	1076	3	75	110	1086	12	3	100	80	25	130	384
1000	100	1180	1196	3	75	110	1206	12	3	110	80	25	130	422
1100	110	1298	1316	3	75	110	1326	12	3	120	80	25	130	459
1200	120	1418	1436	3	75	110	1446	12	3	130	80	25	130	496

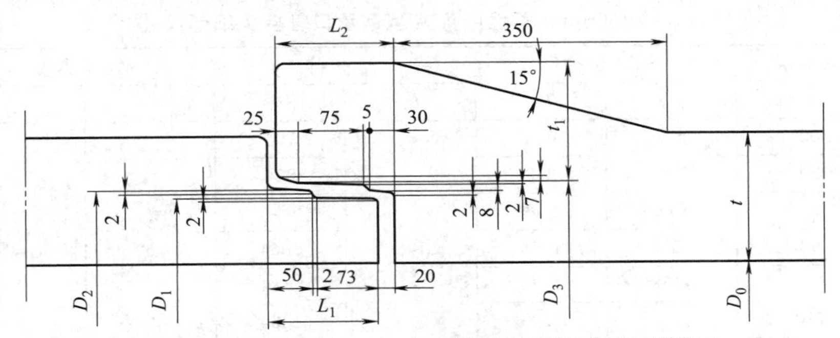

图 4-29-21　ϕ1350~1500mm 柔性接头 B 型承插口管接头

表 4-29-55　　ϕ1350~1500mm 柔性接头 B 型承插口管接头细部尺寸　　mm

管内径	管壁厚	插口尺寸			承口尺寸		
D_0	t	D_1	D_2	L_1	D_3	t_1	L_2
1350	135	1514	1536	125	1544	132	135
1400	140	1564	1586	125	1594	137	135
1500	150	1674	1696	125	1704	142	135

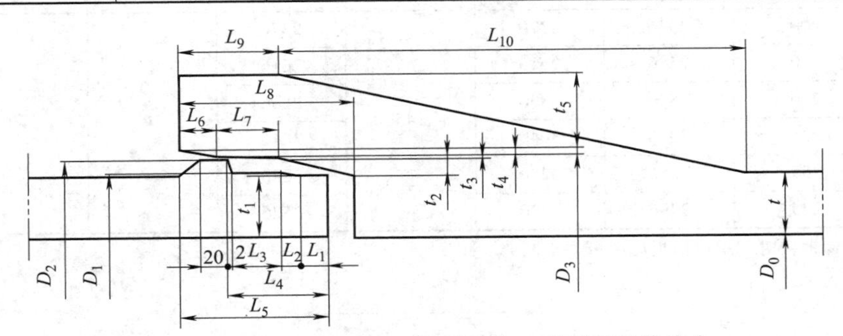

图 4-29-22　ϕ300~800mm 柔性接头 C 型承插口管接头

表 4-29-56　　ϕ300~800mm 柔性接头 C 型承插口管接头细部尺寸　　mm

管内径	管壁厚	插口尺寸								承口尺寸									
D_0	t	D_1	D_2	t_1	L_1	L_2	L_3	L_4	L_5	D_3	t_2	t_3	t_4	t_5	L_6	L_7	L_8	L_9	L_{10}
300	40	382	397	38	18	15	25	60	88	402	11.5	0.5	4.5	49.5	20	35	105	55	310
400	45	496	514	45	20	15	35	72	107	519	13.0	0.5	5.5	55.0	27	45	127	72	350
500	55	616	634	55	20	15	35	72	107	639	13.0	0.5	5.5	65.0	27	45	127	72	395
600	60	726	743	59	20	20	40	82	117	751	13.0	0.5	5.5	74.0	27	50	142	77	475
800	80	966	984	79	25	20	50	97	140	994	15.0	0.5	7.0	103.0	35	60	165	95	592

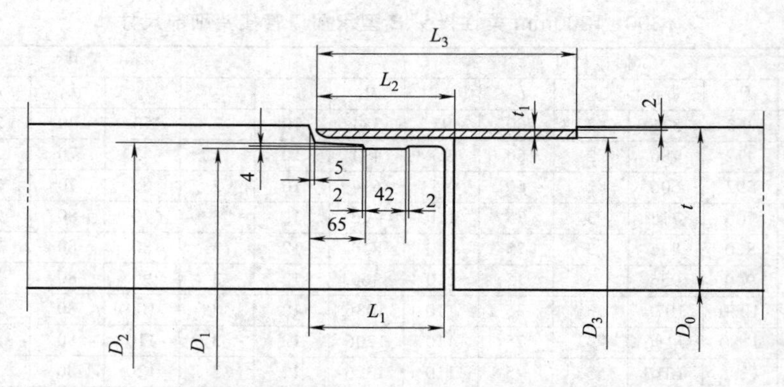

图 4-29-23 ϕ600～3000mm 柔性接头 A 型钢承口管接头

表 4-29-57 **ϕ600～3000mm 柔性接头 A 型钢承口管接头细部尺寸** mm

管内径	管壁厚	插口尺寸			钢承口尺寸			
D_0	t	D_1	D_2	L_1	D_3	t_1	L_2	L_3
600	60	678	698		704			
700	70	798	818		824			
800	80	918	938		944			
900	90	1038	1058	145	1064	6	140	≥250
1000	100	1158	1178		1184			
1100	110	1278	1298		1304			
1200	120	1398	1418		1424			
1350	135	1574	1594		1600			
1400	140	1634	1654		1660			
1500	150	1754	1774	145	1780	8	140	≥250
1600	160	1874	1894		1900			
1650	165	1934	1954		1960			
1800	180	2114	2134		2140			
2000	200	2346	2370		2376			
2200	220	2586	2610		2616			
2400	230	2806	2830	145	2836	10	140	≥250
2600	235	3016	3040		3046			
2800	255	3256	3280		3286			
3000	275	3496	3520		3526			

注：当采用 16 锰钢板时，承口钢板厚度可适当减薄。

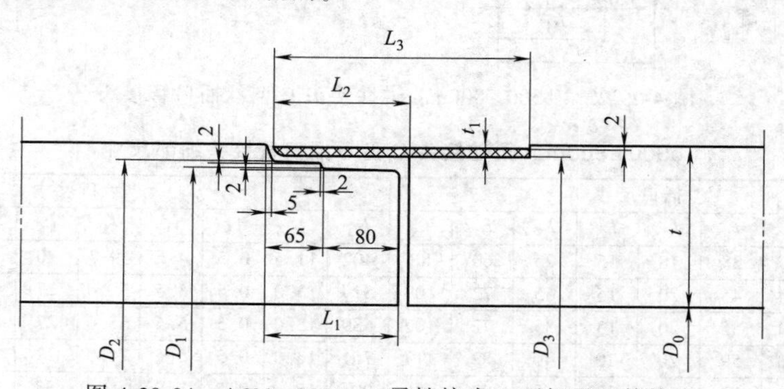

图 4-29-24 ϕ600～3000mm 柔性接头 B 型钢承口管接头

表 4-29-58　　ϕ600～3000mm 柔性接头 B 型钢承口管接头细部尺寸　　mm

管内径	管壁厚	插口尺寸			钢承口尺寸			
D_0	t	D_1	D_2	L_1	D_3	t_1	L_2	L_3
600	60	678	698		704			
700	70	798	818		824			
800	80	918	938		944			
900	90	1038	1058	145	1064	6	140	≥250
1000	100	1158	1178		1184			
1100	110	1278	1298		1304			
1200	120	1398	1418		1424			
1350	135	1574	1594		1600			
1400	140	1634	1654		1660			
1500	150	1754	1774	145	1780	8	140	≥250
1600	160	1874	1894		1900			
1650	165	1934	1954		1960			
1800	180	2114	2134		2140			
2000	200	2346	2370		2376			
2200	220	2586	2610		2616			
2400	230	2806	2830	145	2836	10	140	≥250
2600	235	3016	3040		3046			
2800	255	3256	3280		3286			
3000	275	3496	3520		3526			

注：当采用 16 锰钢板时，承口钢板厚度可适当减薄。

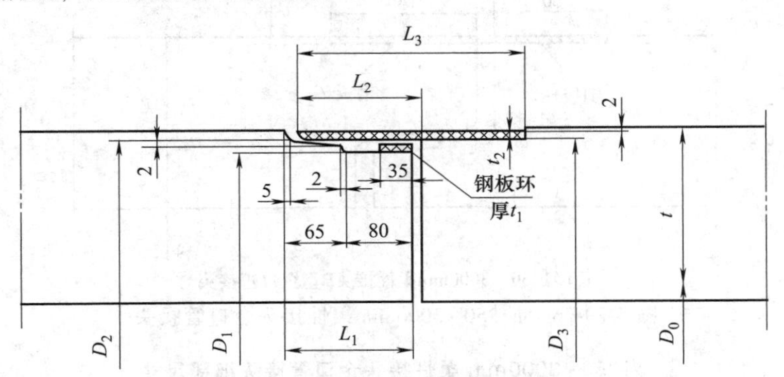

图 4-29-25　ϕ600～3500mm 柔性接头 C 型钢承口管接头

表 4-29-59　　ϕ600～3500mm 柔性接头 C 型钢承口管接头细部尺寸　　mm

管内径	管壁厚	插口尺寸				钢承口尺寸			
D_0	t	D_1	D_2	t_1	L_1	D_2	t_2	L_2	L_3
600	60	678	698			704			
700	70	798	818			824			
800	80	918	938			944			
900	90	1038	1058	8	145	1064	6	140	≥250
1000	100	1158	1178			1184			
1100	110	1278	1298			1304			
1200	120	1398	1418			1424			
1350	135	1574	1594			1600			
1400	140	1634	1654			1660			
1500	150	1754	1774	8	145	1780	8	140	≥250
1600	160	1874	1894			1900			
1650	165	1934	1954			1960			
1800	180	2114	2134			2140			

续表

管内径 D_0	管壁厚 t	插口尺寸 D_1	插口尺寸 D_2	插口尺寸 t_1	插口尺寸 L_1	钢承口尺寸 D_2	钢承口尺寸 t_2	钢承口尺寸 L_2	钢承口尺寸 L_3
2000	200	2346	2370	8	145	2376	10	140	≥250
2200	220	2586	2610			2616			
2400	230	2806	2830			2836			
2600	235	3016	3040			3046			
2800	255	3256	3280			3286			
3000	275	3496	3520			3526			
3200	290	3726	3750			3756			
3500	320	4086	4110			4116			

注：当采用16锰钢板时，承口钢板厚度可适当减薄。

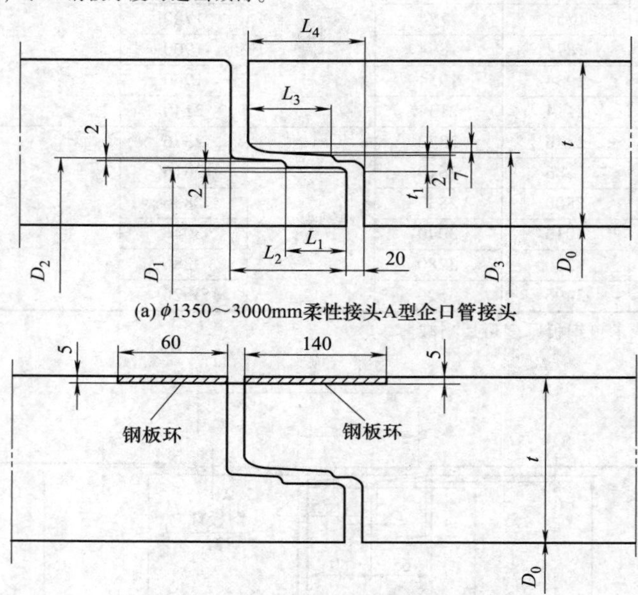

(a) ϕ1350～3000mm柔性接头A型企口管接头

(b) ϕ1350～3000mm柔性接头B型企口管接头

图 4-29-26　ϕ1350～3000mm 柔性接头企口管接头

表 4-29-60　ϕ1350～3000mm 柔性接头企口管接头细部尺寸　mm

管内径 D_0	管壁厚 t	插口尺寸 D_1	插口尺寸 D_2	插口尺寸 L_1	插口尺寸 L_2	承口尺寸 D_3	承口尺寸 t_1	承口尺寸 L_3	承口尺寸 L_4
1350	160	1468	1488	68	125	1496	9	90	125
1400	160	1518	1538			1546			
1500	165	1622	1642			1650			
1600	165	1722	1742	73	135	1750	9	100	135
1650	165	1772	1792			1800			
1800	180	1932	1952			1960			
2000	200	2152	2172	73	135	2182	10	100	135
2200	220	2362	2382			2392			
2400	230	2572	2594	73	135	2602	10	100	135
2600	235	2778	2800			2808			
2800	255	2998	3020			3028			
3000	275	3208	3230			3238			

注：A、B型接头除端头有无钢板外，其他尺寸都相同。

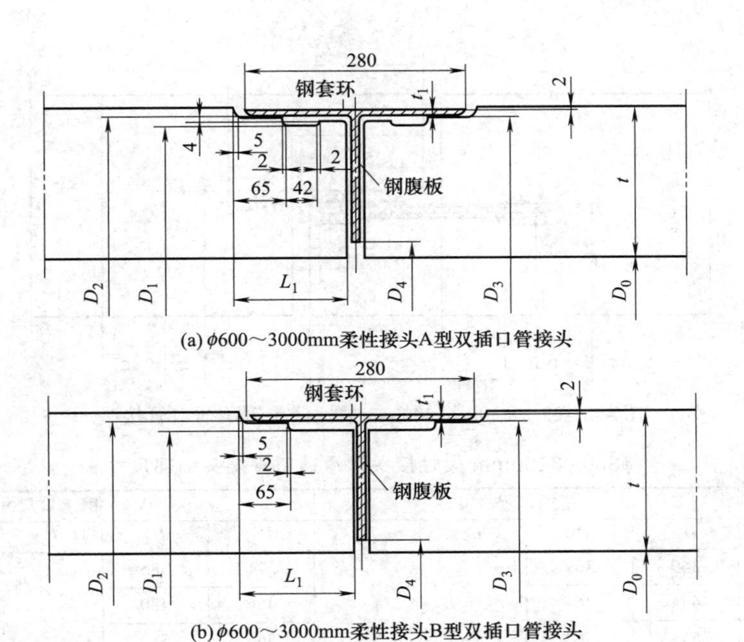

(a) ϕ600～3000mm柔性接头A型双插口管接头

(b) ϕ600～3000mm柔性接头B型双插口管接头

图 4-29-27　ϕ600～3000mm 柔性接头双插口管接头

表 4-29-61　　ϕ600～3000mm 柔性接头双插口管接头细部尺寸　　mm

管内径 D_0	管壁厚 t	插口尺寸			钢套环		
		D_1	D_2	L_1	D_3	D_4	t_1
600	60	678	698	145	704	624	6
700	70	798	818		824	724	
800	80	918	938		944	624	
900	90	1038	1058		1064	924	
1000	100	1158	1178		1184	1024	
1100	110	1278	1298		1304	1124	
1200	120	1398	1418		1424	1224	
1350	135	1574	1594	145	1600	1374	8
1400	140	1634	1654		1660	1424	
1500	160	1754	1774		1780	1524	
1600	150	1874	1894		1900	1624	
1650	165	1934	1954		1960	1674	
1800	180	2114	2134		2140	1824	
2000	200	2346	2370	145	2376	2024	10
2200	220	2586	2610		2616	2224	
2400	230	2806	2830		2836	2424	
2600	235	3016	3040		3046	2628	
2800	255	3256	3280		3286	2828	
3000	275	3496	3520		3526	3028	

注：A、B 型接头除有无凹槽外，其他尺寸都相同。

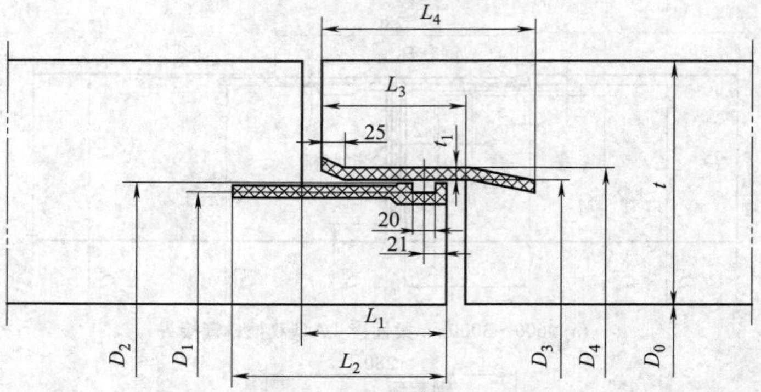

图 4-29-28　ϕ300～3200mm 柔性接头钢承插口管接头

表 4-29-62　　ϕ300～3200mm 柔性接头钢承插口管接头细部尺寸　　mm

管内径	管壁厚	钢插口尺寸				钢承口尺寸				
D_0	t	D_1	D_2	L_1	L_2	D_3	D_4	L_3	L_4	t_1
300	50	349	369	95	150	371	385	95	140	4～6
400	55	444	464			466	480			
500	55	544	564			566	580			
600	60	649	669			671	685			
700	70	768	789			791	805			
800	80	869	889			891	905			
900	90	989	1009			1011	1025			
1000	100	1109	1129			1131	1145			
1100	110	1119	1139			1141	1155			
1200	120	1339	1359			1361	1375			
1350	135	1519	1539	100	150	1541	1555	100	150	6～8
1400	140	1579	1599			1601	1615			
1500	150	1679	1699			1701	1715			
1600	160	1799	1819			1821	1835			
1650	165	1859	1879			1881	1895			
1800	180	2029	2049			2051	2065			
2000	200	2249	2269			2271	2285			
2200	220	2489	2509			2511	2525			
2400	230	2709	2729			2731	2745			
2600	235	2909	2929			2931	2945			
2800	255	3139	3159	150	220	3161	3175	150	210	8～10
3000	275	3359	3379			3381	3395			
3200	290	3589	3609			3611	3625			

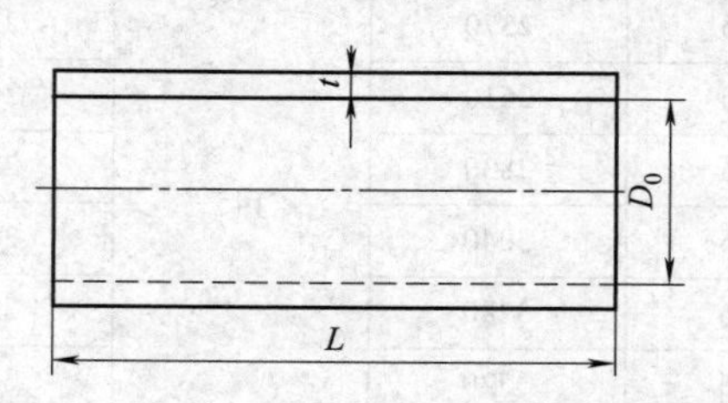

图 4-29-29　ϕ200～3000mm 刚性接头平口管管体

表 4-29-63　　ϕ200～3000mm 刚性接头平口管管体尺寸　　mm

管内径 D_0	管壁厚 t	管长度 L	管内径 D_0	管壁厚 t	管长度 L
200	30	2000	1350	115	2000
300	30		1500	125	
400	40		1650	140	
500	50		1800	150	
600	55		2000	170	
700	60		2200	185	
800	70		2400	200	
900	75		2600	220	
1000	85		2800	235	
1100	95		3000	250	
1200	100				

注：平口管一般用于混凝土基础铺设，使用Ⅰ级管。图 4-29-29、本表按Ⅰ级管壁厚制作。

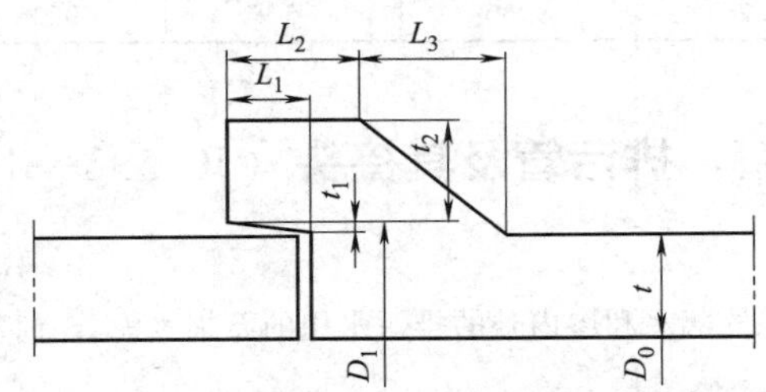

图 4-29-30　ϕ100～600mm 刚性接头承插口管接头

表 4-29-64　　ϕ100～600mm 刚性接头承插口管接头细部尺寸　　mm

管内径 D_0	管壁厚 t	管体尺寸 D_1	t_1	t_2	L_1	L_2	L_3
100	25	162	4	25	38	50	50
150	25	212	4	25	38	60	65
200	27	268	4	27	38	60	65
250	3	332	5	33	38	60	65
300	40	396	5	40	43	70	73
350	45	456	5	45	43	70	73
400	47	510	5	47	43	70	73
450	50	566	5	50	43	70	73
500	55	628	6	55	50	80	80
600	65	748	6	65	50	80	80

注：图 4-29-30、本表尺寸适应于挤压成形混凝土排水管。

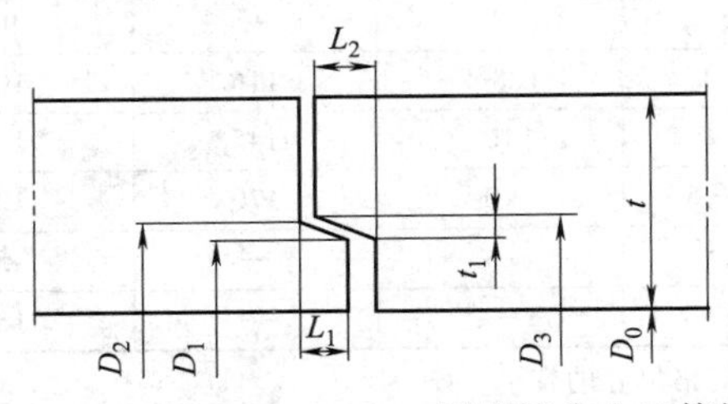

图 4-29-31　ϕ1100～3000mm 刚性接头企口管接头

表 4-29-65　　ϕ1100~3000mm 刚性接头企口管接头细部尺寸　　mm

管内径 D_0	管壁厚 t	插口尺寸			承口尺寸		
		D_1	D_2	L_1	D_3	t_1	L_2
1100	110	1172	1186	30	1196	10	40
1200	120	1282	1296	30	1306	10	40
1350	135	1446	1460	30	1470	10	40
1400	140	1498	1512	30	1522	10	40
1500	150	1600	1620	35	1630	15	45
1600	160	1704	1724	35	1746	15	45
1650	165	1764	1784	35	1794	15	45
1800	180	1930	1950	35	1960	15	45
2000	200	2136	2166	40	2176	20	50
2200	220	2356	2386	40	2396	20	50
2400	240	2576	2606	40	2596	20	50
2600	235	2786	2826	40	2786	25	50
2800	255	3006	3046	45	3006	25	55
3000	275	3226	3266	50	3226	25	60

29.3.2 石棉水泥落水管、排污管及其接头（JC 538—1994）

（1）概述

本节内容适用于房屋建筑屋外的落水和屋内外的排污水用的石棉水泥管（以下简称管子）及其接头。

（2）产品等级与规格

① 等级　石棉水泥落水管按抗折荷载分为一等品和合格品两个等级。石棉水泥排污管按抗折荷载与试验水压分为一等品和合格品两个等级。

② 规格　管子的形状和规格见图 4-29-32 和表 4-29-66。

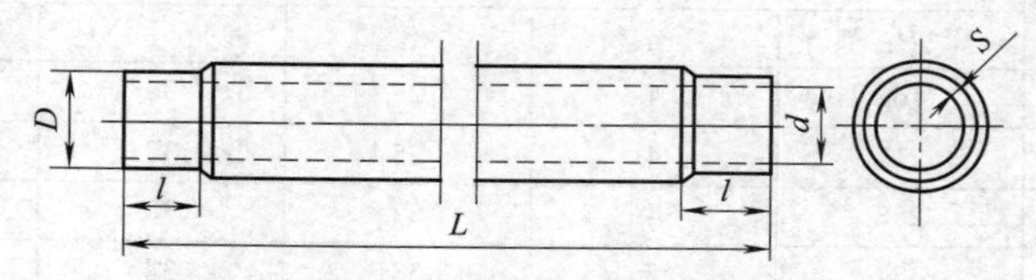

图 4-29-32　管子的形状和规格

d—内径；D—车削端外径；S—车削端壁厚；l—车削长度；L—管子标准长度

表 4-29-66　　管子的规格尺寸

公称直径 /mm	内径 d /mm	标准长度 L /m	落水管 车削端		排污管 车削端	
			厚度 S /mm	外径 D /mm	厚度 S /mm	外径 D /mm
75	75	2,3	8	91	9	93
100	100	2,3,4	8	116	10	120
125	125	2,3,4	10	145	11	147
150	150	2,3,4,5	10	170	12	174
200	200	3,4,5	—	—	15	230
250	250	3,4,5	—	—	16	282

注：1. 经供需双方协议可生产其他规格尺寸的管子。

2. 管子未车削外径比车削外径约大 2mm。车削端长度 l 由生产厂自定，落水管也可不车削。

第4篇

(3) 技术要求

① 原材料

a. 石棉：应采用符合 GB 8071 规定的五级和五级以上的温石棉。也可掺用适量对制品性能无害的其他纤维。

b. 水泥：应采用 GB 175 标准中不低于 425 号的水泥。但不得使用掺有煤、炭粉作助磨剂及页岩、煤矸石、粉煤灰作混合材的普通硅酸盐水泥。

若管子在有中等腐蚀性水或硫酸盐含量高的土壤中使用，应采用 GB 748 规定的不低于 425 号的抗硫酸盐硅酸盐水泥。

c. 水：应采用淡水或循环系统的水，淡水中不应含有油、盐、酸类等杂物。

d. 连接管子用的石棉水泥套管与接头配件所用的材料应符合以上 3 条要求，除非供需双方有协议，也可用其他材料制作，但应符合有关标准规定。

选用的橡胶圈的品种、性能与形状规格等应符合接头形式与管道技术性能的要求，并且还要符合有关标准的规定。

② 外观质量　在每根管子未加工的外表面上允许有深度不大于 2mm 的伤痕和脱皮，每处面积不得大于 $10cm^2$，其总面积不大于 $50cm^2$。管子内表面上允许有深度不大于 2mm 的脱皮，其总面积不大于 $25cm^2$，如经车削，车削部位的外表面上不允许有伤痕、脱皮和起鳞。

③ 尺寸允许偏差　管子长度的允许正偏差不限制，负偏差不大于标准长度的 2%。每批中短管数量允许不超过 10%，这种短管长度应不小于标准长度 300mm，但所供应的管子总长以实数计算，宜不小于用户订货单上所规定的数量，管子内径与车削端外径允许偏差不得大于表 4-29-67 的规定。

表 4-29-67　**允许偏差**　mm

公称直径	允许偏差		公称直径	允许偏差	
	内径 d	车削端外径 D		内径 d	车削端外径 D
75 100 125	±1	±1	150 200 250	±2	±1

管子应圆直，同一端内径的最大与最小值相差不得大于表 4-29-68 的规定，管子两端必须切削成与中心轴线相垂直的形状，不应有毛刺和起层。

表 4-29-68　**内径最大与最小值的允许值**　mm

公称直径	75	100	125	150	200	250
允许值	0.7	1.0	1.2	1.5	2.0	2.5

允许弯曲度：标准长度为 2m 和 3m 者弯曲度不大于 10mm；标准长度为 4m 和 5m 者弯曲度不大于 14mm。

(4) 物理力学性能

抗渗性：落水管在 0.2MPa，排污管的一等品与合格品分别在 0.6MPa 与 0.4MPa 的试验水压下保持 60s，管子外表面不得有洇湿。

抗折荷载：不同级别、不同规格的管子应承受表 4-29-69 中规定的最小抗折荷载，而不发生破坏。

表 4-29-69　**最小抗折荷载**

公称直径 /mm	支距 /mm	落水管/N		排污管/N	
		一等品	合格品	一等品	合格品
75	800	3800	2700	4000	3000
100	800	5700	4500	6000	5000
125	1200	6700	4900	7000	6000
150	1370	8900	5800	10000	9000
200	1870	—	—	12000	10000
250	2000	—	—	13000	11000

外压荷载与外压强度：管子的外压荷载应承受表 4-29-70 中规定的最小外压荷载，而不发生破坏。套管的外压强度不应低于 33MPa。

表 4-29-70　　管子的外压荷载

公称直径/mm	落水管 外压试验荷载/N	排污管 外压试验荷载/N	公称直径/mm	落水管 外压试验荷载/N	排污管 外压试验荷载/N
75	2500	5500	150	2500	4000
100		5400	200		3600
125		4400	250		3600

管子与套管的管壁吸水率不应大于 20%。

管子与套管应能经受反复交替冻融 25 次（落水管为 35 次）其外观不出现龟裂、起层现象。

（5）标志与包装、运输、保管

① 标志　管子与套管的外表面必须用不掉色的颜料注明标志，内容应包括生产厂名、产品名称、类别、等级、规格、生产日期、生产编号、小心轻放、严禁抛掷等内容。标志形式由生产厂自定。

② 包装　管子与套管出厂前必须妥善捆扎，但不要遮住标志、每根管子捆扎不应少于三个部位，管子两端应严加保护。也可采用集装箱方式。

③ 运输　用各种运输工具运管子和套管时，必须设法使管子和套管固定，在运输过程中，减少振动、防止碰撞，装卸时严禁抛掷。

④ 保管　管子或套管的堆放场地必须坚实平坦，不同级别、不同规格的管子或套管应分级别堆放，堆放时最下一层的管子应固定好以防塌落，堆放高度不应超过 1.5m。

29.3.3 石棉水泥井管（JC/T 628—1996）

（1）概述

本节内容适用于钻杆托盘法成井用的石棉水泥井壁管（以下简称井管）。

（2）产品分类

① 分类　根据成井深度，井管分成表 4-29-71 中所列 3 种类型。

② 分等　根据井管的外观质量、尺寸偏差分为一等品（B）和合格品（C）。

井管的形状和规格见图 4-29-33 和表 4-29-72。

表 4-29-71　井管类型　　m

井管类型	设计成井深度
Ⅰ	400～500
Ⅱ	150～<400
Ⅲ	<150

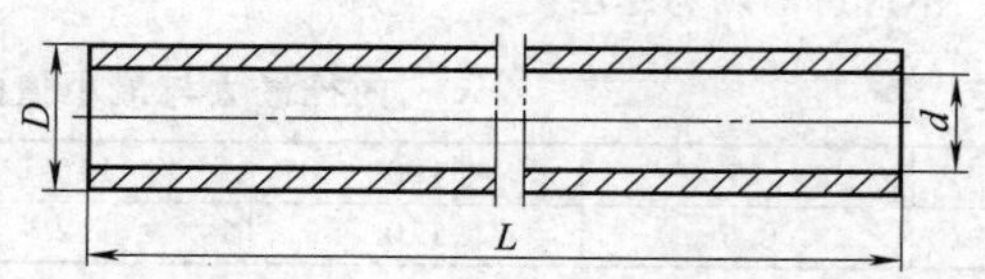

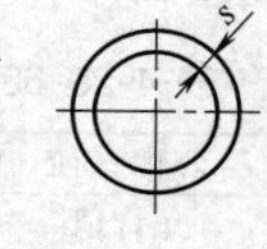

图 4-29-33　井管形状和规格示意图

d—内径；*D*—外径；*s*—壁厚；*L*—井管标准长度

表 4-29-72　　井管的形状和规格

公称直径/mm	内径 *d*/mm	标准长度 *L*/m	管端 厚度 *s*/mm	管端 外径 *D*/mm	参考质量 *W*/(kg/m)
200	200	3,4,5	16	232	20.1
250	250		20	290	31.4
300	300		24	348	45.2
350	350		28	406	61.5

注：经供需双方协议可生产其他规格尺寸的井管。

（3）产品标记

产品标记由井管（J）、公称直径、类型、级别和标准编号组成。

公称直径 300mm，井管类型为Ⅱ类，一等品井管的标记为：J300-Ⅱ B JC/T 628。

（4）技术要求

① 原材料

a. 石棉：应采用符合 GB 8071 规定的五级或五级以上的温石棉，也可掺用适量对制品性能与水质无害的其他纤维。

b. 水泥：应采用符合 GB 175 规定的不低于 425 号的硅酸盐水泥、普通硅酸盐水泥，但不得使用掺有煤、炭粉作助磨剂及页岩、煤矸石作混合材的普通硅酸盐水泥。

c. 水：应采用淡水或循环系统的水。淡水中不应含有油、酸类或有机物等影响制品性能的有害物质。

② 外观质量　各种等级的井管外观质量应符合表 4-29-73 的规定。

表 4-29-73　　井管的外观质量

外观质量项目	允许范围	
	一等品	合格品
外表面	深度不大于 2mm 的伤痕和脱皮，每处面积不大于 $10cm^2$，其总面积不大于 $30cm^2$	深度不大于 2mm 的伤痕和脱皮，每处面积不大于 $10cm^2$，其总面积不大于 $50cm^2$
内表面	深度不大于 2mm 的脱皮，每处面积不大于 $10cm^2$，其总面积不大于 $20cm^2$	深度不大于 2mm 的脱皮，每处面积不大于 $10cm^2$，其总面积不大于 $30cm^2$

③ 尺寸允许偏差　井管长度的正偏差不限制，负偏差不大于标准长度的 2%。井管同一端壁厚和内、外径的允许偏差应符合表 4-29-74 的规定。

表 4-29-74　　尺寸允许偏差

公称直径	尺寸允许偏差				
	壁厚	内径		外径	
		一等品	合格品	一等品	合格品
200 250	+1.0 −0.5	±1.8	±2	±1	±2
300 350	+1.5 −1.0				

井管同一端内径的最大值与最小值相差不得大于表 4-29-75 的规定，井管两端面必须切削成与中心轴线垂直的形状，不应有毛刺和起层。

表 4-29-75　　井管同一端内径最大值与最小值的相差值　　mm

公称直径	200		250		300		350	
	一等品	合格品	一等品	合格品	一等品	合格品	一等品	合格品
允许值	1.8	2.0	2.3	2.5	2.7	3.0	3.2	3.5

允许弯曲度：标准长度为 3m 者不大于 9mm；标准长度为 4m、5m 者不大于 12mm。

每批中短管数量不允许超过 10%，这种短管长度比标准长度不得短 300mm。但所供应的井管总长度以实数计算，宜不少于用户订货单上提出的数量。

(5) 物理力学性能

各类井管应承受表 4-29-76 所规定的试验水压，在此水压下保持 30s，井管外表面不应有洇水现象。

管材的轴向抗压强度不应低于表 4-29-77 的规定。

井管的管壁吸水率不应大于 20%。

表 4-29-76　　水压试验要求

公称直径/mm 试验水压/MPa 井管类型	200	250	300	350
Ⅰ	0.8	0.8	0.7	0.6
Ⅱ	0.6	0.6	0.5	0.4
Ⅲ	0.3	0.3	0.2	0.2

表 4-29-77　　　　轴向抗压强度

井管类型 \ 轴向抗压强度/MPa \ 公称直径/mm	200	250	300	350
Ⅰ	62	53	49	49
Ⅱ	49	42	39	39
Ⅲ	30	30	30	30

(6) 标志、包装、运输与储存

① 标志　井管的外表面必须用不褪色的颜料注明标志，其内容与格式如下：

注册商标、生产厂名称 $\dfrac{\text{标记}}{\text{生产日期、班、生产编号}}$ $\dfrac{\text{小心轻放}}{\text{严禁抛掷}}$

② 包装　每根井管在出厂前必须妥善捆扎，每根井管插扎不应少于三个部位，井管两端须严加保护。

③ 运输　必须使井管固定在各种运输工具上，在运输过程中减少震动，装卸时严禁抛掷，防止碰撞。

④ 储存　堆放场地必须坚实平坦，不同的等级、不同规格的井管应分别堆放，堆放时最下一层井管应固定好，以防塌落，井管堆垛高度如表 4-29-78 所示。

表 4-29-78　　　　堆垛高度

公称直径	堆垛高度	公称直径	堆垛高度
200～250	≤1500	300～350	≤2000

29.3.4　纤维水泥电缆管及其接头（JC/T 980—2018）

(1) 概述

本节内容适用于采用抄取法工艺（或流浆法工艺）生产的以水泥为胶凝材料，无机矿物纤维、有机合成纤维或者植物纤维为主要增强材料制成的，适用于铺设电力、通信或其他领域保护电线或电缆的电缆管及其接头。

(2) 术语和定义

① 电缆管　电缆本体铺设于管道内部受到保护和在电缆发生故障后便于将电缆拉出更换的管材，称为电缆管。有单管和排管等结构形式。

② 纤维水泥电缆管　使用纤维增强水泥制成的电缆管。

③ 接头　由相同材质电缆管切割加工而成的配件，与电缆管具有相同型号和相同质量等级（或更高等级），或是由其他材料生产的最小的具有同等性能的配件，以连接相邻的电缆管。

④ 柔性接头　相邻管端连接处允许有一定量的相对角变位和轴向线位移的接头。如采用弹性密封圈或弹性填料的插入式接头。

(3) 分类

电缆管及其接头，按外压荷载、抗折荷载分为 A、B、C 三类：

——A 类：适用于电缆排管混凝土包封工程及人行道中直埋；

——B 类：适用于车行道路，可承载路面动荷载压力的道路中直埋；

——C 类：适用于车行道路，可承载路面动荷载压力的道路中直埋及架空铺设。

电缆管根据使用环境所面临的耐腐蚀介质被分为Ⅰ型及Ⅱ型：

——Ⅰ型：适用于中等硫酸盐含量的非侵蚀性水和土壤环境中使用；

——Ⅱ型：适用于具有中等侵蚀性的水，或具高硫酸盐含量的水和土壤，或两者均存在的环境中使用。

电缆管按照所用的增强纤维品种，分为石棉型（代号 S）和无石棉型（代号 NS）两种。

(4) 形状

电缆管及其接头的形状见图 4-29-34 和图 4-29-35。

(5) 电缆管及其接头的规格尺寸

电缆管及其接头的规格尺寸见表 4-29-79。

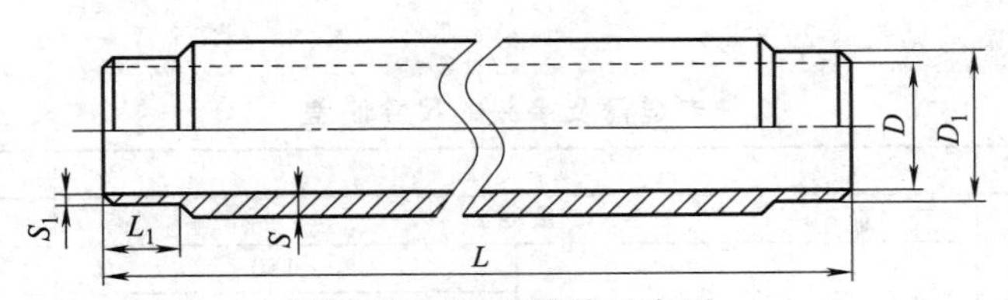

图 4-29-34　电缆管示意图

L—电缆管有效长度；L_1—车削端壁厚；S—电缆管参考壁厚；S_1—车削端厚度；D—电缆管公称内径；D_1—车削端外径

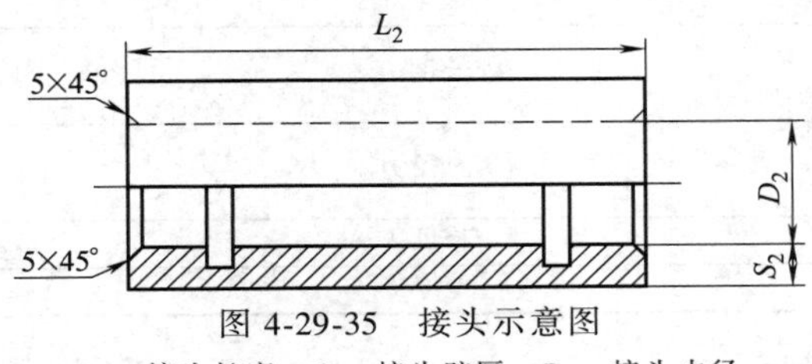

图 4-29-35　接头示意图

L_2—接头长度；S_2—接头壁厚；D_2—接头内径

表 4-29-79　　电缆管及其接头的规格尺寸　　mm

类别	电缆管				电缆管车削端			接头		
	公称内径	内径 D	参考壁厚 S	长度 L	外径 D_1	壁厚 S_1	长度 L_1	内径 D_2	壁厚 S_2	L_2
A 类	75	75	8	2000 3000 4000	87	6	65	93	18	150
	100	100	10		116	8		122	20	
	125	125	11		143	9		149		
	150	150	12		170	10		176		
	175	175	13		197	11		203		
	200	200	14		224	12		230		
B 类	100	100	12		120	10		126	22	
	125	125	13		147	11		153		
	150	150	14		174	12		180		
	175	175	15		201	13		207		
	200	200	16		228	14		234		
C 类	150	150	17		182	16		188	24	
	175	175	18		209	17		215		
	200	200	19		236	18		242		

注：经供需双方协议，也可生产其他规格尺寸的电缆管。

(6) 代号与标记

① 代号　电缆管的代号为：DLG；接头代号为：DLJ。

② 标记　产品按代号、纤维品种、荷载级别、型号、规格（$D×S-L$）、标准编号顺序进行标记。

示例 1：电缆管，荷载级别为 B 类、无石棉型、Ⅰ型、D 为 175mm、S 为 14mm、L 为 3000mm，其标记如下。

DLG NS B-Ⅰ 175×14-3 JC/T 980—2018

示例 2：接头，荷载级别为 B 类、石棉型、Ⅰ型、公称内径为 175mm、壁厚为 20mm，其标记如下。

DLJ S B-Ⅰ 175×20 JC/T 980—2018

(7) 电缆管与接头的外观质量

电缆管及接头的外观质量见表 4-29-80。

表 4-29-80　　电缆管及接头的外观质量

检验项目	允许范围
未加工的外表面	允许有深度不大于 2mm 的伤痕和脱皮，每处面积不大于 $10cm^2$，其总面积不大于 $50cm^2$
内表面	允许有深度不大于 2mm 的脱皮，每处面积不得大于 $10cm^2$，其总面积不大于 $30cm^2$
车削部位外表面	光滑平整，不应有伤痕，脱皮和起鳞

电缆管及接头的尺寸偏差见表 4-29-81。

表 4-29-81　　电缆管及接头的尺寸偏差　　mm

名　称	项　目		允许偏差
电缆管	长度 L		±15
	内径 D	<150	±1.0
		≥150	±1.5
车削端	外径 D_1		±0.5
	壁厚 S_1		−1
	长度 L_1		+5 −1
接头	内径 D_2		+2 −1
	长度 L_2		±5
	壁厚 S_2		−1

电缆管的形状偏差见表 4-29-82。

表 4-29-82　　电缆管的形状偏差

名　称	项　目	允许偏差
电缆管	管身弯曲	试通器能自由通过
	椭圆度	≤2.0%
	管子端面倾斜	≤10mm

(8) 电缆管及接头的物理与力学性能

电缆管及接头的物理性能见表 4-29-83。电缆管及接头的力学性能见表 4-29-84。

表 4-29-83　　电缆管及接头的物理性能

序号	项　目	要　求
1	抗渗性及接头密封性	在 0.2MPa 静水压力恒压下保持 15min，管子外表面不应有渗水，洇湿或水斑；接头处不应渗水、漏水
2	抗冻性	反复交替冻融 25 次，外表不应出现龟裂、起层等现象
3	耐腐蚀性	耐酸腐蚀试验后质量损失≤6%，耐碱试验后质量无损失

表 4-29-84　　电缆管及接头的力学性能

分　类	公称内径/mm	电缆管		接　头
		抗折荷载/kN	外压荷载/(kN/m)	外压荷载/(kN/m)
A类	75	5.0	17.0	17.0
	100	6.0		
	125	9.0		
	150	12.0		
	175	17.0		
	200	22.0		
B类	100	6.0	27.0	27.0
	125	11.0		
	150	16.0		
	175	20.0		
	200	26.0		
C类	150	21.0	48.0	48.0
	175	25.0		
	200	30.0		

29.3.5 环形混凝土电杆（GB 4623—2014）

（1）概述

本节内容适用于电力电杆、通信电杆、照明支柱、信号机柱等（不包括电杆的其他组成部分，如横担、卡盘、底盘等配件）。

（2）术语和定义

① 钢筋混凝土电杆　纵向受力钢筋为普通钢筋的混凝土电杆。

② 预应力混凝土电杆　纵向受力钢筋为预应力钢筋的混凝土电杆，抗裂检验系数允许值 $[\gamma_{cr}]=1.0$。

③ 部分预应力混凝土电杆　纵向受力钢筋由预应力钢筋与普通钢筋组合而成或全部为预应力钢筋的混凝土电杆，抗裂检验系数允许值 $[\gamma_{cr}]=0.8$。

（3）分类

产品按外形分为锥形杆（代号为Z）和等径杆（代号为D）两种，见图4-29-36；产品按不同配筋方式分为钢筋混凝土电杆（代号为G）、预应力混凝土电杆（代号为Y）和部分预应力混凝土电杆（代号为BY）三种。锥形杆和等径杆均有整根杆和组装杆。

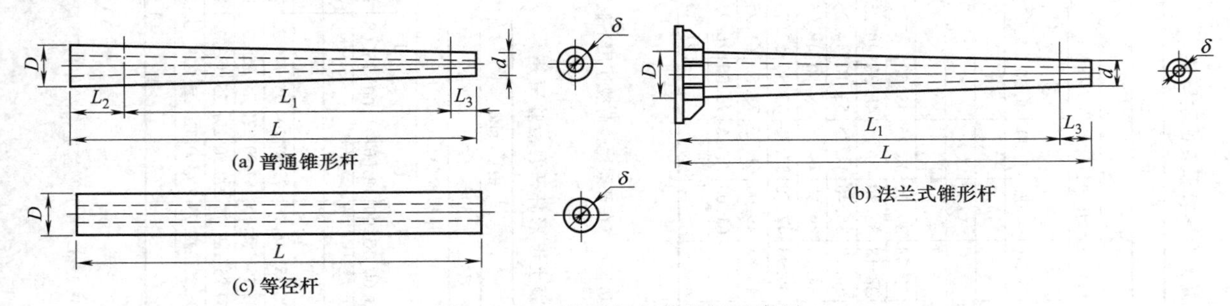

图4-29-36　锥形杆和等径杆示意图

L—杆长；L_1—荷载点高度；L_2—支持点高度；L_3—梢端至荷载点距离；D—根径（或直径）；d—梢径；δ—壁厚

电杆梢径（或直径）、长度、开裂检验荷载、开裂检验弯矩、承载力检验弯矩（承载力检验弯矩为开裂检验弯矩的2倍）见表4-29-85~表4-29-90。杆长≥12m的电杆可采用分段制作。

产品按外形代号、电杆梢径（或直径）、杆长、开裂检验弯矩（或开裂检验荷载代号）、品种代号和标准编号顺序进行标记。

注：①梢径（或直径）单位为mm；杆长单位为m；开裂检验荷载单位为kN；开裂检验弯矩单位为kN·m。

② 锥形杆开裂检验弯矩是指支持点断面处的开裂检验弯矩。

示例1：梢径为190mm、杆长为12m、开裂检验弯矩为39kN·m的钢筋混凝土锥形杆，其标记如下。

Z　ϕ190×12×39×G　GB 4623

示例2：梢径为190mm、杆长为12m、开裂检验荷载为K级的部分预应力混凝土锥形杆，其标记如下。

Z　ϕ190×12×K×BY　GB 4623

示例3：直径为300mm、杆长为6m、开裂检验弯矩为45kN·m的预应力混凝土等径杆，其标记如下。

D　ϕ300×6×45×Y　GB 4623

（4）原材料

① 水泥　宜采用强度等级不低于42.5级的硅酸盐水泥、普通硅酸盐水泥、矿渣硅酸盐水泥、抗硫酸盐硅酸盐水泥，其性能应分别符合GB 175、GB 748的规定。

② 集料　细集料宜采用中粗砂，细度模数为3.2~2.3。粗集料宜采用碎石或破碎的卵石，其最大粒径不宜大于25mm，且应小于钢筋净距的3/4。砂、石的其他质量应分别符合GB/T 14684、GB/T 14685的规定。

③ 水　混凝土拌合用水应符合JGJ 63的规定。

④ 外加剂　外加剂的质量应符合GB 8076的规定，不应使用氯盐类外加剂或其他对钢筋有腐蚀作用的外加剂。

⑤ 掺合料　掺合料不应对电杆产生有害影响，使用前应进行试验验证，并符合相应标准要求。

第4篇

表 4-29-85 ϕ150~270mm 钢筋混凝土锥形杆开裂检验弯矩 kN·m

L/m	L_1/m	L_2[①]/m	梢径/mm																				
			150						190						230				270				
			开裂检验荷载 P/kN																				
			B	C	D	E	F	G	G	I	J	K	L	M	L	M	N	O	O	P	Q	R	S
			1.25	1.50	1.75	2.00	2.25	2.50	2.50	3.00	3.50	4.00	5.00	6.00	5.00	6.00	7.00	8.00	8.00	9.00	10.00	11.00	13.00
6.00	4.75	1.00	5.94	7.13	8.31	9.50	10.69	11.88															
7.00	5.55	1.20	6.94	8.33	9.71	11.10	12.49	13.88															
8.00	6.45	1.30	8.06	9.68	11.29	12.90	14.51	16.13	16.13														
9.00	7.25	1.50		10.88	12.69	14.50	16.31	18.13	18.13	21.75	25.38	29.00	36.25	43.50									
10.00	8.05	1.70		12.08	14.09	16.10	18.11	20.13	20.13	24.15	28.18	32.20	40.25	48.30	40.25	48.30	56.35	64.40	64.40	72.45	80.50	88.55	104.65
11.00	8.85	1.90								26.55	30.98	35.40	44.25	53.10	44.25	53.10	61.95	70.80	70.80	79.65	88.50	97.35	115.05
12.00	9.75	2.00								29.25	34.13	39.00	48.75	58.50	48.75	58.50	68.25	78.00	78.00	87.75	97.50	107.25	126.75
13.00	10.55	2.20								31.65	36.93	42.20	52.75	63.30	52.75	63.30	73.85	84.40	84.40	94.95	105.50	116.05	137.15
15.00	12.25	2.50								36.75	42.88	49.00	61.25	73.50	61.25	73.50	85.75	98.00	98.00	110.25	122.50	134.75	159.25
18.00	15.25	2.50										61.00	76.25	91.50	76.25	91.50	106.75	122.00	122.00	137.25	152.50	167.75	198.25
21.00	18.25	2.50													91.25	109.50	127.75	146.00	146.00	164.25	182.50		

① 根据电杆的埋置方式，其埋置深度应通过计算确定，并采取有效加固措施。

注：1. B、C、D、…是不同开裂检验荷载的代号。

2. 本表所列开裂检验弯矩（M_k）为用悬臂式试验时，取梢端至荷载点距离（L_3）为0.25m、在开裂检验荷载作用下假定支持点（L_2）断面处的弯矩。电杆实际设计使用时，应根据工程需要确定梢端至荷载点距离和支持点高度，并按相应计算弯矩进行检验。

表 4-29-86 ϕ310~510mm 钢筋混凝土锥形杆开裂检验弯矩 kN·m

L/m	L_1/m	L_2[①]/m	梢径/mm																				
			310				350				390				430			470			510		
			开裂检验荷载 P/kN																				
			O	Q	S	T	R	S	T	U	S	T	U	U_1	T	U	U_1	U	U_1	U_2	U_2	U_3	V
			8.00	10.00	13.00	15.00	11.00	13.00	15.00	18.00	13.00	15.00	18.00	21.00	15.00	18.00	21.00	18.00	21.00	24.00	24.00	27.00	30.00
10.00	8.05	1.70	64.40	80.50	104.65																		
11.00	8.85	1.90	70.80	88.50	115.05																		
12.00	9.75	2.00	78.00	97.50	126.75	146.25	107.25	126.75	146.25	175.50	126.75	146.25	175.50	204.75	146.25	175.50	204.75	175.50	204.75	234.00	234.00	263.25	292.50
13.00	10.55	2.20	84.40	105.50	137.15	158.25	116.05	137.15	158.25	189.90	137.15	158.25	189.90	221.55	158.25	189.90	221.55	189.90	221.55	253.20	253.20	284.85	316.50
15.00	12.25	2.50	98.00	122.50	159.25	183.75	134.75	159.25	183.75	220.50	159.25	183.75	220.50	257.25	183.75	220.50	257.25	220.50	257.25	294.00	294.00	330.75	367.50
18.00	15.25	2.50	122.00	152.50	198.25	228.75	167.75	198.25	228.75	274.50	198.25	228.75	274.50	320.25	228.75	274.50	320.25						
21.00	18.25	2.50	146.00	182.50	237.25																		

① 根据电杆的埋置方式，其埋置深度应通过计算确定，并采取有效加固措施。

注：1. O、Q、S、…是不同开裂检验荷载的代号。

2. 本表所列开裂检验弯矩（M_k）为用悬臂式试验时，取梢端至荷载点距离（L_3）为0.25m、在开裂检验荷载作用下假定支持点（L_2）断面处的弯矩。电杆实际设计使用时，应根据工程需要确定梢端至荷载点距离和支持点高度，并按相应计算弯矩进行检验。

表 4-29-87　　ϕ150～310mm 预应力混凝土锥形杆开裂检验弯矩　　kN・m

L/m	L_1/m	$L_2$①/m	梢径/mm																			
			150						190					230			270			310		
			开裂检验荷载 P/kN																			
			B	C	C_1	D	E	F	G	I	J	K	L	K	L	M	M	N	O	M	N	O
			1.25	1.50	1.65	1.75	2.00	2.25	2.50	3.00	3.50	4.00	5.00	4.00	5.00	6.00	6.00	7.00	8.00	6.00	7.00	8.00
6.00	4.75	1.00	5.94	7.13	7.84	8.31	9.50	10.69														
7.00	5.55	1.20	6.94	8.33	9.16	9.71	11.10	12.49														
8.00	6.45	1.30	8.06	9.68	10.64	11.29	12.90	14.51	16.13	19.35												
9.00	7.25	1.50		10.88	11.96	12.69	14.50	16.31	18.13	21.75	25.38	29.00	36.25	29.00								
10.00	8.05	1.70		12.08	13.28	14.09	16.10	18.11	20.13	24.15	28.18	32.20	40.25	32.20								
11.00	8.85	1.90							22.13	26.55	30.98	35.40	44.25	35.40								
12.00	9.75	2.00							24.38	29.25	34.13	39.00	48.75	39.00	48.75	58.50	58.50	68.25	78.00	58.50	68.25	78.00
13.00	10.55	2.20								31.65	36.93	42.20		42.20	52.75	63.30	63.30	73.85	84.40	63.30	73.85	84.40
15.00	12.25	2.50								36.75	42.88	49.00		49.00	61.25	73.50	73.50	85.75	98.00	73.50	85.75	98.00
18.00	15.25	2.50									53.38	61.00		61.00								

① 根据电杆的埋置方式，其埋置深度应通过计算确定，并采取有效加固措施。

注：1. B、C、D、…是不同开裂检验荷载的代号。

2. 本表所列开裂检验弯矩（M_k）为用悬臂式试验时，取梢端至荷载点距离（L_3）为 0.25m、在开裂检验荷载作用下假定支持点（L_2）断面处的弯矩。电杆实际设计使用时，应根据工程需要确定梢端至荷载点距离和支持点高度，并按相应计算弯矩进行检验。

表 4-29-88　　ϕ150～270mm 部分预应力混凝土锥形杆开裂检验弯矩　　kN・m

L/m	L_1/m	$L_2$①/m	梢径/mm																				
			150					190						230				270					
			开裂检验荷载 P/kN																				
			C	D	E	F	G	G	I	J	K	L	M	L	M	N	O	O	P	Q	R	S	T
			1.50	1.75	2.00	2.25	2.50	2.50	3.00	3.50	4.00	5.00	6.00	5.00	6.00	7.00	8.00	8.00	9.00	10.00	11.00	13.00	15.00
6.00	4.75	1.00	7.13	8.31	9.50	10.69	11.88																
7.00	5.55	1.20	8.33	9.71	11.10	12.49	13.88																
8.00	6.45	1.30	9.68	11.29	12.90	14.51	16.13	16.13	19.35														
9.00	7.25	1.50	10.88	12.69	14.50	16.31	18.13	18.13	21.75	25.38	29.00	36.25											
10.00	8.05	1.70	12.08	14.09	16.10	18.11	20.13	20.13	24.15	28.18	32.20	40.25	48.30	40.25	48.30	56.35	64.40	64.40	72.45	80.50	88.55	104.65	120.75
11.00	8.85	1.90						22.13	26.55	30.98	35.40	44.25	53.10	44.25	53.10	61.95	70.80	70.80	79.65	88.50	97.35	115.05	132.75
12.00	9.75	2.00							29.25	34.13	39.00	48.75	58.50	48.75	58.50	68.25	78.00	78.00	87.75	97.50	107.25	126.75	146.25
13.00	10.55	2.20							31.65	36.93	42.20	52.75	63.30	52.75	63.30	73.85	84.40	84.40	94.95	105.50	116.05	137.15	158.25
15.00	12.25	2.50							36.75	42.88	49.00	61.25	73.50	61.25	73.50	85.75	98.00	98.00	110.25	122.50	134.75	159.25	183.75

续表

L/m	L_1/m	$L_2^{①}$/m	梢径/mm																				
			150					190						230				270					
			开裂检验荷载 P/kN																				
			C	D	E	F	G	G	I	J	K	L	M	L	M	N	O	O	P	Q	R	S	T
			1.50	1.75	2.00	2.25	2.50	2.50	3.00	3.50	4.00	5.00	6.00	5.00	6.00	7.00	8.00	8.00	9.00	10.00	11.00	13.00	15.00
18.00	15.25	2.50										76.25	91.50	76.25	91.50	106.75	122.00	122.00	137.25	152.50	167.75	198.25	228.75
21.00	18.25	2.50										91.25	109.50	91.25	109.50	127.75	146.00	146.00	164.25	182.50	200.75	237.25	273.75
24.00	21.25	2.50																170.00	191.25	212.50	233.75	276.25	318.75
27.00	24.25	2.50																194.00	218.25	242.50	266.75	315.25	363.75
30.00	27.25	2.50																218.00	245.25	272.50	299.75	354.25	408.75

① 根据电杆的埋置方式，其埋置深度应通过计算确定并采取有效加固措施。

注：1. C、D、E、…是不同开裂检验荷载的代号。

2. 本表所列开裂检验弯矩（M_k）为用悬臂式试验时，取梢端至荷载点距离（L_3）为0.25m、在开裂检验荷载作用下假定支持点（L_2）断面处的弯矩。电杆实际设计使用时，应根据工程需要确定梢端至荷载点距离和支持点高度，并按相应计算弯矩进行检验。

表 4-29-89　φ310~510mm 部分预应力混凝土锥形杆开裂检验弯矩

kN · m

L/m	L_1/m	$L_2^{①}$/m	梢径/mm																				
			310				350				390				430			470			510		
			开裂检验荷载 P/kN																				
			R	S	T	U	S	T	U	U_1	T	U	U_1	U_2	U_1	U_2	U_3	U_3	V	V_1	V_2	V_3	V_4
			11.00	13.00	15.00	18.00	13.00	15.00	18.00	21.00	15.00	18.00	21.00	24.00	21.00	24.00	27.00	27.00	30.00	35.00	40.00	45.00	50.00
10.00	8.05	1.70	88.55	104.65	120.75	144.90	104.65	120.75	144.90	169.05	120.75	144.90	169.05	193.20	169.05	193.20	217.35						
11.00	8.85	1.90	97.35	115.05	132.75	159.30	115.05	132.75	159.30	185.85	132.75	159.30	185.85	212.40	185.85	212.40	238.95						
12.00	9.75	2.00	107.25	126.75	146.25	175.50	126.75	146.25	175.50	204.75	146.25	175.50	204.75	234.00	204.75	234.00	263.25	263.25	292.50	341.25	390.00	438.75	487.50
13.00	10.55	2.20	116.05	137.15	158.25	189.90	137.15	158.25	189.90	221.55	158.25	189.90	221.55	253.20	221.55	253.20	284.85	284.85	316.50	369.25	422.00	474.75	527.50
15.00	12.25	2.50	134.75	159.25	183.75	220.50	159.25	183.75	220.50	257.25	183.75	220.50	257.25	294.00	257.25	294.00	330.75	330.75	367.50	428.75	490.00	551.25	612.50
18.00	15.25	2.50	167.75	198.25	228.75	274.50	198.25	228.75	274.50	320.25	228.75	274.50	320.25	366.00	320.25	366.00	411.75	411.75	457.50	533.75			
21.00	18.25	2.50	200.75	237.25	273.75	328.50	237.25	273.75	328.50		273.75	328.50											
24.00	21.25	2.50	233.75	276.25	318.75	382.50	276.25	318.75	382.50		318.75	382.50											
27.00	24.25	2.50	266.75	315.25	363.75																		
30.00	27.25	2.50	299.75	354.25	408.75																		

① 根据电杆的埋置方式，其埋置深度应通过计算确定，并采取有效的加固措施。

注：1. R、S、T、…是不同开裂检验荷载的代号。

2. 本表所列开裂检验弯矩（M_k）为用悬臂式试验时，取梢端至荷载点距离（L_3）为0.25m、在开裂检验荷载作用下假定支持点（L_2）断面处的弯矩。电杆实际设计使用时，应根据工程需要确定梢端至荷载点距离和支持点高度，并按相应计算弯矩进行检验。

表 4-29-90　　等径杆开裂检验弯矩

直径/mm	长度:3.0m、4.5m、6.0m、9.0m、12.0m、15.0m									
	开裂检验弯矩/kN·m									
300	20	25	30	35	40	45	50	60		
350	30	40	50	60	70	80	90	100	120	
400	40	45	50	60	70	80	90	100	120	140
500	70	75	80	85	90	95	100	105		
550	90	115	135	155	180					

注：用简支式试验时，开裂检验弯矩（M_k）即在开裂检验荷载作用下两加荷点间断面处的最大弯矩。

⑥ 钢材

a. 普通纵向受力钢筋：宜采用热轧带肋钢筋，其性能应符合 GB 1499.2 的规定。

b. 预应力纵向受力钢筋：宜采用低松弛预应力混凝土用钢丝、钢绞线，其性能应分别符合 GB/T 5223、GB/T 5224 的规定。

c. 架立圈筋：宜采用热轧光圆钢筋、冷拔低碳钢丝，其性能应分别符合 GB 1499.1、JC/T 540 的规定。

d. 螺旋筋：宜采用冷拔低碳钢丝，其性能应符合 JC/T 540 的规定。

e. 钢板圈和法兰盘：钢板圈和法兰盘所用钢板宜采用 Q235B 钢，其性能应符合 GB/T 700 的规定。如有特殊情况，经试验验证可采用其他材质，并应符合相应标准要求。

(5) 技术要求

① 混凝土抗压强度　钢筋混凝土电杆用混凝土强度等级不应低于 C40；预应力混凝土电杆、部分预应力混凝土电杆用混凝土强度等级不应低于 C50。

钢筋混凝土电杆脱模时的混凝土抗压强度不宜低于设计的混凝土强度等级值的 60%；预应力混凝土电杆、部分预应力混凝土电杆脱模时的混凝土抗压强度不宜低于设计的混凝土强度等级值的 70%。

混凝土质量控制应符合 GB 50164 的规定。

电杆出厂时，混凝土抗压强度不应低于设计的混凝土强度等级值。

② 外观质量　电杆的外观质量应符合表 4-29-91 的规定。

表 4-29-91　　外观质量要求

序号	项目		项目类别	质量要求
1	表面裂缝[①]		A	预应力混凝土电杆和部分预应力混凝土电杆不应有环向和纵向裂缝。钢筋混凝土电杆不应有纵向裂缝,环向裂缝宽度不应大于 0.05mm
2	漏浆	模边合缝处	A	模边合缝处不应漏浆。但如漏浆深度不大于 10mm、每处漏浆长度不大于 300mm、累计长度不大于杆长的 10%、对称漏浆的搭接长度不大于 100mm 时,允许修补
		钢板圈(或法兰盘)与杆身结合面	A	钢板圈(或法兰盘)与杆身结合面不应漏浆。但如漏浆深度不大于 10mm、环向累计长度不大于 1/4 周长、纵向长度不大于 15mm 时,允许修补
3	局部碰伤		B	局部不应碰伤。但如碰伤深度不大于 10mm、每处面积不大于 $50cm^2$ 时,允许修补
4	内、外表面露筋		A	不允许
5	内表面混凝土塌落		A	不允许
6	蜂窝		A	不允许
7	麻面、粘皮		B	不应有麻面或粘皮。但如每米长度内麻面或粘皮总面积不大于相同长度外表面积的 5%时,允许修补
8	接头钢板圈坡口至混凝土端面距离		B	钢板圈坡口至混凝土端面距离应大于钢板厚度的 1.5 倍且不小于 20mm

① 表面裂缝中不计龟纹和水纹。

③ 尺寸允许偏差　电杆的尺寸应符合本节要求或按设计图纸制造。尺寸允许偏差应符合表 4-29-92 的规定。

表 4-29-92　　　　尺寸允许偏差　　　　mm

序号	项目				项目类别	质量要求
1	杆长	整根杆			B	+20 −40
		组装杆杆段			B	±10
2	壁厚				B	+10 −2
3	外径				B	+4 −2
4	保护层厚度①				A	+8 −2
5	杆段弯曲度	电杆梢径小于或等于 190			A	≤L/800
		电杆梢径或直径大于 190			A	≤L/1000
6	端部倾斜	杆底			B	≤5
		钢板圈			B	≤3
		法兰盘			B	≤2
7	预埋件	预留孔	纵向两孔间距		B	±4
			横向	固定式	B	≤2
				埋管式	B	≤3
			直径		B	+2
		钢板圈	厚度		B	+1.0 −0.6
			外径	电杆外径≤400	B	±2
				电杆外径>400	B	±3
		法兰盘	内外径		B	±2
			螺孔中心距		B	±1
			端板厚度		B	+1.5 −0.7
8	钢板圈或法兰盘轴线与杆段轴线				B	≤2

① 保护层厚度偏差为制造与设计的差数，但保护层最小厚度为 15mm。

(6) 力学性能

钢筋混凝土电杆加荷至表 4-29-85、表 4-29-86 规定的开裂检验弯矩时：裂缝宽度不应大于 0.20mm；锥形杆杆长小于 10m 时，杆顶挠度不应大于 $(L_1+L_3)/35$；杆长等于或大于 10m、小于或等于 12m 时，杆顶挠度不应大于 $(L_1+L_3)/32$；杆长大于 12m、小于或等于 18m 时，杆顶挠度不应大于 $(L_1+L_3)/25$。加荷至开裂检验弯矩卸荷后，残余裂缝宽度不应大于 0.05mm。

预应力混凝土电杆加荷至表 4-29-87 规定的开裂检验弯矩时：不应出现裂缝；锥形杆杆长小于或等于 12m 时，杆顶挠度不应大于 $(L_1+L_3)/70$；杆长大于 12m、小于或等于 18m 时，杆顶挠度不应大于 $(L_1+L_3)/50$。

部分预应力混凝土电杆加荷至表 4-29-88、表 4-29-89 规定的开裂检验弯矩的 80%时，不应出现裂缝。加荷至开裂检验弯矩时：裂缝宽度不应大于 0.10mm；锥形杆杆长小于或等于 12m 时，杆顶挠度不应大于 $(L_1+L_3)/50$；杆长大于 12m、小于或等于 18m 时，杆顶挠度不应大于 $(L_1+L_3)/35$。

等径杆、杆长大于 18m 的锥形杆及对挠度和裂缝宽度有特殊要求的电杆，其开裂检验弯矩时的挠度和裂缝宽度由供需双方协议规定。

加荷至承载力检验弯矩（表 4-29-85～表 4-29-90 规定的开裂检验弯矩的 2 倍）时，不应出现下列任一种情况：

① 受拉区混凝土裂缝宽度达到 1.5mm 或受拉钢筋被拉断；

② 受压区混凝土破坏；

③ 挠度：按悬臂式试验的锥形杆，杆顶挠度大于 $(L_1+L_3)/10$；按简支式试验的等径杆，直径小于 400mm 时，挠度大于 $L/50$，直径等于或大于 400mm 时，挠度大于 $L/70$。

(7) 储存

产品堆放场地应坚实平整。

产品可根据不同杆长分别采用两支点或三支点堆放。杆长小于或等于 12m 时，宜采用两支点支承；杆长大于 12m 时，宜采用三支点支承。电杆支点位置见图 4-29-37。若堆场地基经过特殊处理，也可采用其他堆放形式。

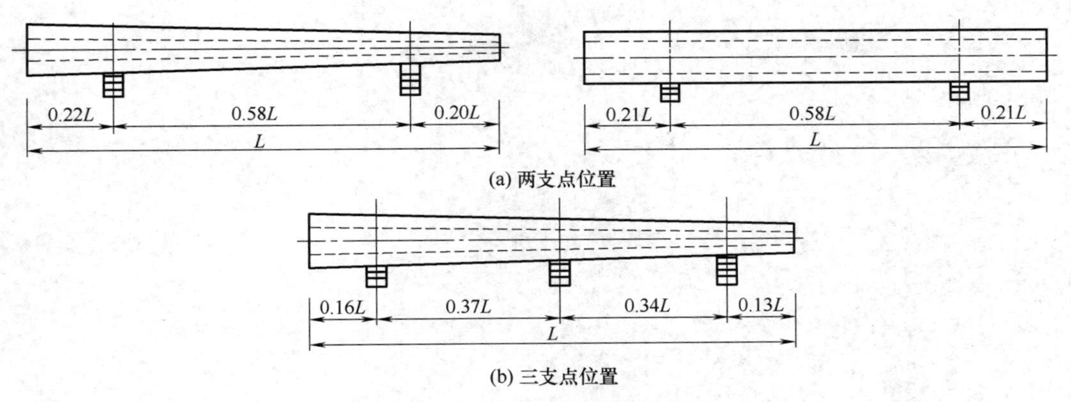

(a) 两支点位置

(b) 三支点位置

图 4-29-37　电杆支点位置示意图

产品应按品种、规格、荷载级别、生产日期等分别堆放。锥形杆梢径大于 270mm 和等径杆直径大于 400mm 时，堆放层数不宜超过 4 层；锥形杆梢径小于或等于 270mm 和等径杆直径小于或等于 400mm 时，堆放层数不宜超过 6 层。

产品堆垛应放在支垫物上，层与层之间用支垫物隔开，每层支承点应在同一平面上，各层支垫物位置应在同一垂直线上。

(8) 运输

产品起吊时，不分电杆长短均应采用两支点法。装卸、起吊应轻起轻放，不得抛掷、碰撞。

产品在运输过程中的支承要求应符合图 4-29-37。

产品装卸过程中，每次吊运数量：梢径大于或等于 190mm 的电杆，不宜超过 3 根；梢径小于 190mm 的电杆，不宜超过 5 根；如果采取有效措施，每次吊运数量可适当增加。

产品由高处滚向低处，应采取牵制措施，不得自由滚落。

产品支点处应套上软质物，以防碰伤。

(9) 锥形杆主要杆段系列

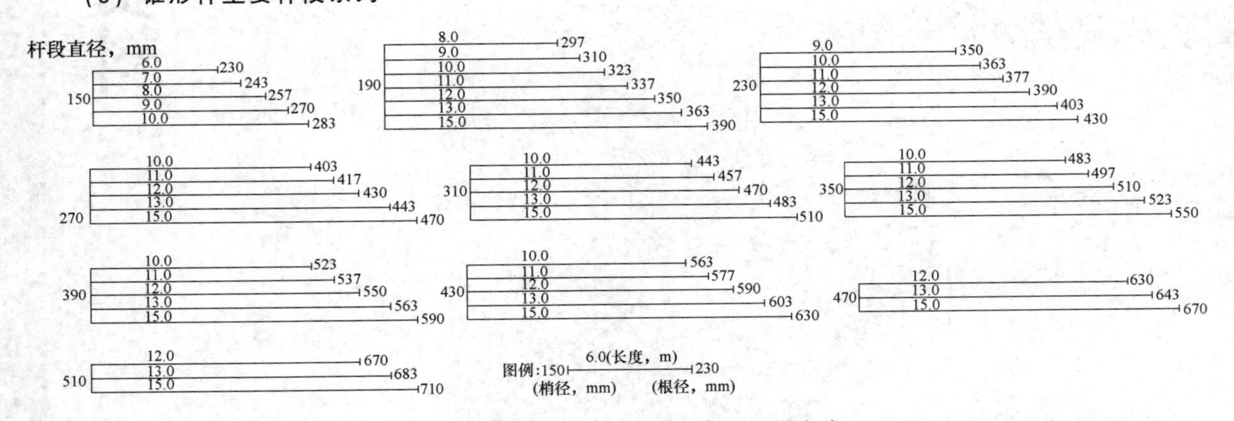

图 4-29-38　锥形杆主要杆段系列示意图（锥度为 1：75）

第4篇

第5篇 基础资料

第30章 常用字母及符号

30.1 常用字母及符号

30.1.1 汉语拼音字母及英文字母

声 母 表

(拼音)	b	p	m	f	d	t	n	l	g	k
(英文)	B	P	M	F	D	T	N	L	G	K

(拼音)	h	j	q	x	zh	ch	sh	r	z
(英文)	H	J	Q	X	ZH	CH	SH	R	Z

(拼音)	c	s	y	w
(英文)	C	S	Y	W

韵 母 表

(拼音)	a	o	e	i	u	ü	ai	ei	ui	ao	ou
(英文)	A	O	E	I	U	V	AI	EI	UI	AO	OU

(拼音)	iu	ie	üe	er	an	en	in	un	ün
(英文)	IU	IE	VE	ER	AN	EN	IN	UN	VN

(拼音)	ang	eng	ing	ong
(英文)	ANG	ENG	ING	ONG

整体认读音节

(拼音)	zhi	chi	shi	ri	zi	ci	si	yi	wu
(英文)	ZHI	CHI	SHI	RI	ZI	CI	SI	YI	WU

(拼音)	yu	ye	yue	yin	yun	yuan	ying
(英文)	YU	YE	YUE	YIN	YUN	YUAN	YING

图 5-30-1 汉语拼音与英文字母对照表

30.1.2 希腊字母

表 5-30-1　　　　现代希腊语字母表

字体/序号	Times New Roman		Arial		Garamond		*Monotype Corsiva*		PMingLiu		Lucida Sans Unicode		英文注音	音标注音	中文注音
1	Α	α	Α	α	Α	α	Α	α	Α	α	Α	α	alpha	[ælfə]	阿尔法
2	Β	β	Β	β	Β	β	Β	β	Β	β	Β	β	beta	[beltə]	1 贝塔 2 比特
3	Γ	γ	Γ	γ	Γ	γ	Γ	γ	Γ	γ	Γ	γ	gamma	[ˈgæmə]	伽马
4	Δ	δ	Δ	δ	Δ	δ	Δ	δ	Δ	δ	Δ	δ	delta	[ˈdeltə]	德尔塔
5	Ε	ε	Ε	ε	Ε	ε	Ε	ε	Ε	ε	Ε	ϵ	epsilon	[epˈsallən]	诶普西龙
6	Ζ	ζ	Ζ	ζ	Ζ	ζ	Ζ	ζ	Ζ	ζ	Ζ	ζ	zeta	[ziːtə]	1 日-伊塔 2 日-诶塔
7	Η	η	Η	η	Η	η	Η	η	Η	η	Η	η	eta	[ˈiːtə]	伊塔
8	Θ	θ	Θ	θ	Θ	θ	Θ	θ	Θ	θ	Θ	θ	theta	[ˈθiːtə]	西塔
9	Ι	ι	Ι	ι	Ι	ι	Ι	ι	Ι	ι	Ι	ι	iota	[alˈəutə]	1 爱欧塔 2 哟塔
10	Κ	κ	Κ	κ	Κ	κ	Κ	κ	Κ	κ	Κ	κ	kappa	[kæpə]	卡帕
11	Λ	λ	Λ	λ	Λ	λ	Λ	λ	Λ	λ	Λ	λ	lambda	[ˈlæmdə]	兰-布达
12	Μ	μ	Μ	μ	Μ	μ	Μ	μ	Μ	μ	Μ	μ	mu	[mjuː]	1 谬 2 木
13	Ν	ν	Ν	ν	Ν	ν	Ν	ν	Ν	ν	Ν	ν	nu	[njuː]	1 拗(niu) 2 怒
14	Ξ	ξ	Ξ	ξ	Ξ	ξ	Ξ	ξ	Ξ	ξ	Ξ	ξ	xi	[ksai]	1 克-赛 2 然-爱 3 可-西
15	Ο	ο	Ο	ο	Ο	ο	Ο	ο	Ο	ο	Ο	ο	omicron	[oumaikˈren]	1 欧麦克荣 2 欧米克荣
16	Π	π	Π	π	Π	π	Π	π	Π	π	Π	π	pi	[pai]	派
17	Ρ	ρ	Ρ	ρ	Ρ	ρ	Ρ	ρ	Ρ	ρ	Ρ	ρ	rho	[rou]	楼
18	Σ	σ	Σ	σ	Σ	σ	Σ	σ	Σ	σ	Σ	σ	sigma	[ˈsigmə]	西格玛
19	Τ	τ	Τ	τ	Τ	τ	Τ	τ	Τ	τ	Τ	τ	tau	[tau]	1 套 2 拓
20	Υ	υ	Υ	υ	Υ	υ	Υ	υ	Υ	υ	Υ	υ	upsilon	[juːpˈsilən]	1 宇普西龙 2 哦普斯龙
21	Φ	φ	Φ	φ	Φ	φ	Φ	φ	Φ	φ	Φ	ɸ	phi	[tai]	1 佛-爱 2 佛-伊
22	Χ	χ	Χ	χ	Χ	χ	Χ	χ	Χ	χ	Χ	χ	chi	[kai]	1 恺 2 可-亿
23	Ψ	ψ	Ψ	ψ	Ψ	ψ	Ψ	ψ	Ψ	ψ	Ψ	ψ	psi	[psai]	1 普西 2 普赛
24	Ω	ω	Ω	ω	Ω	ω	Ω	ω	Ω	ω	Ω	ω	omega	[ˈoumigə]	1 欧美伽 2 欧米伽

注：所有的各种注音仅供参考，与标准的希腊语发音有区别。中文注音按照标准希腊语发音标注，并参考网上及教科书的中文注音，力求准确，但与标准的希腊语发音仍有出入。有些字母的读音不只一种，中文注音给出了不同的发音，需要连续为一个音节的，用“-”连接。

30.1.3 俄语字母

表 5-30-2　　　　俄语字母表

印刷体		手写体		名称	印刷体		手写体		名称
大写	小写	大写	小写		大写	小写	大写	小写	
А	а	А	а	а	П	п	П	п	пə
Б	б	Б	б	бə	Р	р	Р	р	əр
В	в	В	в	вə	С	с	С	с	əс
Г	г	Г	г	гə	Т	т	Т	т	тə
Д	д	Д	д	дə	У	у	У	у	у
Е	е	Е	е	йə	Ф	ф	Ф	ф	аф
Ё	ё	Ё	ё	йə	Х	х	Х	х	ха
Ж	ж	Ж	ж	жə	Ц	ц	Ц	ц	цз
З	з	З	з	зə	Ч	ч	Ч	ч	че
И	и	И	и	и	Ш	ш	Ш	ш	ша
Й	й	Й	й	икрαткое	Щ	щ	Щ	щ	ща
К	к	К	к	ка	Ъ	ъ		ъ	твёрдыйзиак
Л	л	Л	л	əль		ы		ы	ы
М	м	М	м	əм	Ь	ь		ь	мягкийзнак
Н	н	Н	н	əн	Э	э	Э	э	э
О	о	О	о	о	Ю	ю	Ю	ю	йу
					Я	я	Я	я	йа

30.1.4 罗马数字

表 5-30-3　　罗马数字表

阿拉伯数字	罗马数字	阿拉伯数字	罗马数字	阿拉伯数字	罗马数字	阿拉伯数字	罗马数字
1	I	26	XXVI	51	LI	76	LXXVI
2	II	27	XXVII	52	LII	77	LXXVII
3	III	28	XXVIII	53	LIII	78	LXXVIII
4	IV	29	XXIX	54	LIV	79	LXXIX
5	V	30	XXX	55	LV	80	LXXX
6	VI	31	XXXI	56	LVI	81	LXXXI
7	VII	32	XXXII	57	LVII	82	LXXXII
8	VIII	33	XXXIII	58	LVIII	83	LXXXIII
9	IX	34	XXXIV	59	LIX	84	LXXXIV
10	X	35	XXXV	60	LX	85	LXXXV
11	XI	36	XXXVI	61	LXI	86	LXXXVI
12	XII	37	XXXVII	62	LXII	87	LXXXVII
13	XIII	38	XXXVIII	63	LXIII	88	LXXXVIII
14	XIV	39	XXXIX	64	LXIV	89	LXXXIX
15	XV	40	XL	65	LXV	90	XC
16	XVI	41	XLI	66	LXVI	91	XCI
17	XVII	42	XLII	67	LXVII	92	XCII
18	XVIII	43	XLIII	68	LXVIII	93	XCIII
19	XIX	44	XLIV	69	LXIX	94	XCIV
20	XX	45	XLV	70	LXX	95	XCV
21	XXI	46	XLVI	71	LXXI	96	XCVI
22	XXII	47	XLVII	72	LXXII	97	XCVII
23	XXIII	48	XLVIII	73	LXXIII	98	XCVIII
24	XXIV	49	XLIX	74	LXXIV	99	XCIX
25	XXV	50	L	75	LXXV	100	C

30.1.5 化学元素符号

1	1 H 氢	ⅡA											ⅢA	ⅣA	ⅤA	ⅥA	ⅦA	2 He 氦
2	3 Li 锂	4 Be 铍											5 B 硼	6 C 碳	7 N 氮	8 O 氧	9 F 氟	10 Ne 氖
3	11 Na 钠	12 Mg 镁	ⅢB	ⅣB	ⅤB	ⅥB	ⅦB		Ⅷ		ⅠB	ⅡB	13 Al 铝	14 Si 硅	15 P 磷	16 S 硫	17 Cl 氯	18 Ar 氩
4	19 K 钾	20 Ca 钙	21 Sc 钪	22 Ti 钛	23 V 钒	24 Cr 铬	25 Mn 锰	26 Fe 铁	27 Co 钴	28 Ni 镍	29 Cu 铜	30 Zn 锌	31 Ga 镓	32 Ge 锗	33 As 砷	34 Se 硒	35 Br 溴	36 Kr 氪
5	37 Rb 铷	38 Sr 锶	39 Y 钇	40 Zr 锆	41 Nb 铌	42 Mo 钼	43 Tc 锝	44 Ru 钌	45 Rh 铑	46 Pd 钯	47 Ag 银	48 Cd 镉	49 In 铟	50 Sn 锡	51 Sb 锑	52 Te 碲	53 I 碘	54 Xe 氙
6	55 Cs 铯	56 Ba 钡	镧 系	72 Hf 铪	73 Ta 钽	74 W 钨	75 Re 铼	76 Os 锇	77 Ir 铱	78 Pt 铂	79 Au 金	80 Hg 汞	81 Tl 铊	82 Pb 铅	83 Bi 铋	84 Po 钋	85 At 砹	86 Rn 氡
7	87 Fr 钫	88 Ra 镭	锕 系	104 Rf 𬬻	105 Db 𬭊	106 Sg 𬭳	107 Bh 𬭛	108 Hs 𬭶	109 Mt 鿏	110 Ds 𫟼	111 Rg 𬬭	112 Cn Uub	113 Uut	114 Uuq	115 Uup	116 Uuh	117 Uus	118 Uuo

镧 系	57 La 镧	58 Ce 铈	59 Pr 镨	60 Nd 钕	61 Pm 钷	62 Sm 钐	63 Eu 铕	64 Gd 钆	65 Tb 铽	66 Dy 镝	67 Ho 钬	68 Er 铒	69 Tm 铥	70 Yb 镱	71 Lu 镥
锕 系	89 Ac 锕	90 Th 钍	91 Pa 镤	92 U 铀	93 Np 镎	94 Pu 钚	95 Am 镅	96 Cm 锔	97 Bk 锫	98 Cf 锎	99 Es 锿	100 Fm 镄	101 Md 钔	102 No 锘	103 Lr 铹

图 5-30-2　化学元素周期表

30.1.6 常用数学符号

几何符号：⊥ // ∠ ⌒ ⊙ ≡ ≌ △

代数符号：∝ ∧ ∨ ~ ∫ ≠ ≤ ≥ ≈ ∞ ∶

运算符号：+ − × ÷ √ ±

集合符号：∪ ∩ ∈

特殊符号：∑π（圆周率）

推理符号：|a| ⊥ ∽ △ ∠ ∩ ∪ ≠ ≡ ± ≥ ≤ ∈ ←

↑ → ↓ ↖ ↗ ↘ ↙ // ∧ ∨ &; §

① ② ③ ④ ⑤ ⑥ ⑦ ⑧ ⑨ ⑩

Γ Δ Θ Λ Ξ Ο Π Σ Φ Χ Ψ Ω

α β γ δ ε ζ η θ ι κ λ μ ν

ξ ο π ρ σ τ υ φ χ ψ ω

Ⅰ Ⅱ Ⅲ Ⅳ Ⅴ Ⅵ Ⅶ Ⅷ Ⅸ Ⅹ Ⅺ Ⅻ

ⅰ ⅱ ⅲ ⅳ ⅴ ⅵ ⅶ ⅷ ⅸ ⅹ

∈ ∏ ∑ ∕ √ ∝ ∞ ∟ ∠ ∣ ∥ ∧ ∨ ∩ ∪ ∫ ∮

∴ ∵ ∶ ∷ ∽ ≈ ≌ ≒ ≠ ≡ ≤ ≥ ≦ ≧ ≮ ≯ ⊕ ⊙ ⊥ △ ⌒ ℃

上述符号所表示的意义和读法（中英文参照）如下。

+ plus 加号；正号

− minus 减号；负号

± plus or minus 正负号

× is multiplied by 乘号

÷ is divided by 除号

= is equal to 等于号

≠ is not equal to 不等于号

≡ is equivalent to 全等于号

≌ is approximately equal to 约等于

≈ is approximately equal to 约等于号

< is less than 小于号

> is more than 大于号

≤ is less than or equal to 小于或等于

≥ is more than or equal to 大于或等于

∞ infinity 无限大号

√ （square） root 平方根

∵ since；because 因为

∴ hence 所以

∠ angle 角

⌒ semicircle 半圆

⊙ circle 圆

△ triangle 三角形

⊥ perpendicular to 垂直于

∪ intersection of 并，合集

∩ union of 交，通集

∫ the integral of… 的积分

∑ （sigma） summation of 总和

30.1.7 中国国家标准中的行业标准代号

(1) 国家标准

① GB——中国国家强制性标准

② GB/T——中国推荐性国家标准

③ GJB——中国国家军用标准

(2) 行业标准（括号内为已颁布标准数）

① AQ 安全生产（423）。

② BB 包装（84）。

③ CB 船舶（2079）。CB——中国船舶行业标准

④ CH 测绘（177）。CH——中国测绘行业标准

⑤ CJ 城镇建设（726）。CJ——中国城镇建设行业标准

⑥ CY 新闻出版（171）。CY——中国新闻出版行业标准

⑦ DA 档案（95）。DA——中国档案工作行业标准

⑧ DB 地震（103）。DB——中国农机工业标准

⑨ DL 电力（2573）。DJ——中国电力工业标准

⑩ DZ 地质矿产（545）。DZ——中国地质矿产行业标准

⑪ EJ 核工业（999）。EJ——中国核工业行业标准

⑫ FZ 纺织（1909）。FZ——中国纺织行业标准

⑬ GA 公共安全（2865）。GA——中国公共安全行业标准

⑭ GH 供销合作（154）。

⑮ GM 国密（78）。

⑯ GY 广播电影电视（225）。GY——中国广播电影电视行业标准

⑰ HB 航空（0）。HB——中国航空工业行业标准

⑱ HG 化工（4373）。HG——中国化工行业标准

⑲ HJ 环境保护（93）。HJ——中国环境保护行业标准

⑳ HS 海关（58）。

㉑ HY 海洋（189）。HY——中国海洋工作行业标准

㉒ JB 机械（17616）。JB——中国机械行业（含机械、电工、仪器仪表等）强制性行业标准。JB/T——中国机械行业（含机械、电工、仪器仪表等）推荐性行业标准

㉓ JC 建材（1406）。JC——中国建筑材料行业标准

㉔ JG 建筑工程（735）。JG——中国建筑工业行业标准

㉕ JR 金融（274）。JR——中国金融系统行业标准

㉖ JT 交通（1305）。JT——中国公路、水路运输行业标准

㉗ JY 教育（224）。JY——中国教育行业标准

㉘ JZ——中国建筑工程标准

㉙ LB 旅游（77）。

㉚ LD 劳动法劳动安全（190）。LD——中国劳动和劳动安全行业标准

㉛ LS 粮食（299）。

㉜ LY 林业（2219）。LY——中国林业行业标准

㉝ MH 民用航空（693）。MH——中国民用航空行业标准

㉞ MT 煤炭（1409）。MT——中国煤炭行业标准

㉟ MZ 民政（118）。MZ——中国民政工作行业标准

㊱ NB 能源（2073）。

㊲ NY 农业（640）。NY——中国农业行业标准

㊳ QB 轻工（2219）。QB——中国轻工行业标准

㊴ QC 汽车（661）。QC——中国汽车行业标准
㊵ QJ 航天（0）。QJ——中国航天工业行业标准
㊶ QX 气象（507）。
㊷ SB 国内贸易（1394）。SB——中国商业行业标准
㊸ SC 水产（211）。SC——中国水产行业标准
㊹ 司法（0）。
㊺ SH 石油化工（1084）。SH——中国石油化工行业标准
㊻ SJ 电子（1786）。SJ——中国电子行业标准
㊼ SL 水利（829）。SL——中国水利行业标准
㊽ SN 出入境检验检疫（6400）。SN——中国进出口商品检验行业标准
㊾ SW 税务（1）。
㊿ SY 石油天然气（4183）。SY——中国石油天然气行业标准
51 TB 铁路运输（2110）。TB——中国铁路运输行业标准
52 TD 土地管理（57）。TD——中国土地管理行业标准
53 TY 体育（12）。TY——中国体育行业标准
54 WB 物资管理（97）。WB——中国卫生标准
55 WH 文化（91）。WH——中国文化行业标准
56 WJ 兵工民品（198）。WJ——中国兵器工业标准
57 WM 外经贸（7）。
58 WS 卫生（812）。
59 WW 文物保护（94）。
60 XB 稀土（117）。XB——中国稀土行业标准
61 YB 黑色冶金（1156）。YB——中国黑色冶金行业标准
62 YC 烟草（673）。YC——中国烟草行业标准
63 YD 通信（3385）。YD——中国邮电通信行业标准
64 YS 有色金属（2158）。YS——中国有色金属行业标准
65 YY 医药（1669）。YY——中国医药行业标准
66 YZ 邮政（209）。
67 ZY 中医药（9）。ZY——中国中医行业标准
68 RB 认证认可（136）。
69 ZB——中国专业标准
70 ZBY——中国仪器行业专用标准

(3) 部委名称（括号内为已颁布标准数）

① 工业和信息化部（46697）。
② 公安部（2865）。
③ 国家国防科技工业局（1197）。
④ 国家档案局（95）。
⑤ 国家发展和改革委员会（97）。
⑥ 国家广播电视总局（225）。
⑦ 国家粮食和物质储备局（299）。
⑧ 国家林业和草原局（2219）。
⑨ 国家煤矿安全监察局（1409）。
⑩ 国家密码管理局（78）。
⑪ 国家能源局（4646）。
⑫ 国家市场监督管理总局（136）。
⑬ 国家税务总局（1）。
⑭ 国家体育总局（12）。

⑮ 国家铁路局（2110）。
⑯ 国家文物局（94）。
⑰ 国家新闻出版署（171）。
⑱ 国家烟草专卖局（673）。
⑲ 国家药品监督管理局（1669）。
⑳ 国家邮政局（209）。
㉑ 国家中医药管理局（9）。
㉒ 海关总署（6505）。
㉓ 交通运输部（1305）。
㉔ 教育部（224）。
㉕ 民政部（118）。
㉖ 农业农村部（851）。
㉗ 人力资源和社会保障部（190）。
㉘ 商务部（1401）。
㉙ 生态环境部（93）。
㉚ 水利部（829）。
㉛ 司法部（0）。
㉜ 国家卫生健康委员会（812）。
㉝ 文化和旅游部（168）。
㉞ 应急管理部（423）。
㉟ 中国地震局（103）。
㊱ 中国民用航空局（693）。
㊲ 中国气象局（507）。
㊳ 中国人民银行（274）。
㊴ 中华全国供销合作总社（154）。
㊵ 住房和城乡建设部（1461）。
㊶ 自然资源部（968）。

30.1.8 各国规范及常用外国标准代号

(1) 各国规范名称

表 5-30-4　各国规范名称

各国规范			
英文缩写	中文名称	英文缩写	中文名称
JIS	日本钢铁协会规格	CNS	中国国家标准
JASO	日本自动车标准	IISI	国际钢铁协会
AISI	美国钢铁协会规格	KOSA	韩国钢铁协会
SAE	美国汽车技术协会规格	ILAFA	南美钢铁协会
ASTM	美国材料测试协会规格	IBS	巴西钢铁协会
FS	美国政府规格	NS	挪威国家规格
MIL	美国陆军规格	VSM	瑞士国家规格
AMS	美国航空规格	UNI	意大利国家规格
ASA	美国金属协会规格	TOCT	苏俄国家规格(俄罗斯)
ASME	美国机械技术协会规格	ISO	国际标准化规格
ADCI	美国压铸协会	NF	法国国家标准规格
API	美国石油协会	SIS	瑞典标准规格
AWS	美国熔接协会	IRSS	印度铁路规格
DIN	德国工业协会规格	IS	印度国家规格
VDEH	德国制铁协会规格	AS	澳洲国家标准
BS	英国国家规格	CSA	加拿大标准协会

续表

各国规范			
英文缩写	中文名称	英文缩写	中文名称
验船协会			
ABS	美国验船协会	CR	中国验船协会
BV	法国验船协会	GL	德国劳氏验船协会
LR	美国劳氏验船协会	NK	日本海事协会
NV	挪威验船协会		

(2) 常用国外标准代号

表 5-30-5　　常用国外标准代号

地区	标准机构	标准代号	标准机构	标准代号
国家及地区	国际标准化组织	ISO	日本水道协会	JWWA
	国际电工委员会	IEC	韩国标准协会	KS
	国际法定计量组织	OIML	中国大陆标准	GB
	联合国经济委员会	ECE	马来西亚标准协会	MS
	国际羊毛事务局	IWS	新加坡标准及工业研究所	SS
	国际食品法典委员会	CAC	澳洲标准协会	AS
	国际电信联盟	CCITT	德国标准协会	DIN
	欧体标准化委员会	EN,HD,ENV	德国电工协会	VDE
	欧体电子标准化委员会		德国工程师协会	VDI
	欧洲电子计算器制造商协会	BCMA	德国标准协会(金属材料数据)	WL
	国际海事组织	IMO	法国标准协会	NF
世界各国	日本制品安全协会	CPSA	法国电工协会	UTE
			比利时标准协会	NBN
	日本农林规格协会	JAS	挪威标准协会	NS
	日本自动车标准组织	JASO	美国标准协会	ON
	日本电线技术委员会	JCS	瑞士电工协会	SEV
	日本电气学会	JEC	瑞士标准协会	SNV
	日本电机工业会	JEM	芬兰标准协会	SFS
	日本齿车工业会	JGMA	瑞典标准协会	SIS
	日本工业规格协会	JIS	英国标准协会	BS
美洲	美国标准协会	ANSI	美国联邦政府	FS
	美国州公路及运输协会	AASHTO	美国电子电机工程师协会	IEEE
	美国纺织化学协会	AATCC	美国电子电路成型标准	IPC
	美国混凝土协会	ACI	美国仪器协会	ISA
	美国齿轮制造业协会	AGMA	美国国防部	MIL
	美国医疗器材促进协会	AAMI	美国国家腐蚀工程师协会	NAVE
	美国劳工职业及健康法规	OSHA	美国电机制造业协会	NEMA
	美国石油协会	API	美国防火协会	NFPA
	美国食品农业协会	FAO	美国劳工部	DOL(CFR19)
	美国机械工程师协会	ASME	美国农业部	USDA(CFR7)
	美国材料试验协会	ASTM	美国乳品食物环境卫生	3A-E,3A
	美国联邦政府法规	CFR48	美国自动车工程师协会	SAE
	美国焊接工程协会	AWS	美国纸浆工业技术协会	TAPPI
	美国自来水工程协会	AWWA	美国保险业实验所	UL
	美国消费者产品安全委员会	CPSC(CFR16)	美国环境保护局	EPA(CFR40)
	美国能源部	DOE(CFR18)	美国通讯委员会	FCC(CFR47)
	美国交通部(高速公路)	DOT(CFR23)	美国食品药物管理局	FDA(CFR21)
	美国交通部(机动车)	FMVSS(CFR49)	加拿大标准协会	CSA
	美国电子工业协会	EIA	哥伦比亚标准协会	ICONTEC
			南非标准局	SABS

30.1.9 常见塑料及树脂

(1) 常见塑料及树脂缩写代号

表 5-30-6 常见塑料及树脂缩写代号

缩写代号	塑料及树脂名称	缩写代号	塑料及树脂名称
ABS	丙烯腈-丁二烯-苯乙烯共聚物	PDAP	聚邻苯二甲酸二烯丙酯
ACS	丙烯腈- 氯化聚乙烯-苯乙烯共聚物	PE	聚乙烯
AI	聚酰胺 -酰亚胺共聚物	PEC	氯化聚乙烯
A/MMA	丙烯腈-甲基丙烯酸甲酯共聚物	PETP	聚对苯二甲酸乙二(醇)酯
AS(A/S)	丙烯腈-苯乙烯共聚物	PF	酚醛树脂
ASA(A/S/A)	丙烯腈-苯乙烯-丙烯酸共聚物	PI	聚酰亚胺
CA	乙酸纤维素	PIB	聚异丁烯
CAB	乙酸-丁酸纤维素	PMI	聚甲基丙烯酰亚胺
CAP	乙酸-丙酸纤维素	PMMA	聚甲基丙烯酸甲酯(有机玻璃)
CF	甲酚-甲醛树脂	POM	聚甲醛
CMC	羧甲基纤维素	PP	聚丙烯
CN	硝酸纤维素	PPC	氯化聚丙烯
CP	丙酸纤维素	PPO	聚苯醚(聚 2,6-二甲基苯醚),聚苯撑氧
CPE	氯化聚乙烯醚	PPS	聚苯硫醚
CS	酪酸纤维素	PPSU	聚苯砜
DAP	邻苯二甲酸二烯丙酯树脂	PS	聚苯乙烯
EC	乙基纤维素	PSU(PSF)	聚砜
EP	环氧树脂	PTFE	聚四氟乙烯
FRTP	纤维增强热塑性塑料	PUR(PU)	聚氨酯
GRS	通用聚苯乙烯	PVAL	聚乙烯醇
GRP	玻璃纤维增强塑料	PVB	聚乙烯醇缩丁醛
HDPE	高密度聚乙烯	PVC	聚氯乙烯
H/PS	高冲击强度聚苯乙烯	PVCA	氯乙烯-乙酸乙烯酯共聚物
LDPE	低密度聚乙烯	PVCC	氯化聚氯乙烯
MC	甲基纤维素	PVDC	聚偏二氯乙烯
MDPE	中密度聚乙烯	PVDF	聚偏二氟乙烯
MF	三聚氰胺-甲醛树脂	PVF	聚氟乙烯
MPF	三聚氰胺-酚甲醛树脂	PVFM	聚乙烯醇缩甲醛
PA	聚酰胺(尼龙)	RP	增强塑料
PAN	聚丙烯腈	S/AN	苯乙烯-丙烯腈共聚物
PAR	聚芳酯	S/B	苯乙烯-丁二烯共聚物
PBTP	聚对苯二甲酸丁二(醇)酯	SI(S/I)	聚硅氧烷,硅树脂
PC	聚碳酸酯	UF	脲甲醛树脂,脲醛树脂
PCTFE	聚三氟氯乙烯	UP	不饱和聚酯

(2) 常用热塑性塑料使用性能

表 5-30-7 常用热塑性塑料使用性能

塑料名称	性　能
硬聚氯乙烯	机械强度高,电气性能优良,耐酸碱力极强,化学稳定性好,但软化点低
软聚氯乙烯	伸长率大,机械强度、耐腐蚀性、电绝缘性均低于硬聚氯乙烯,且易老化
聚乙烯	耐腐蚀性、电绝缘性(尤其高频绝缘性)优良,可以氯化、辐照改性,可用玻璃纤维增强。低压聚乙烯熔点、刚性、硬度和强度较高,吸水性小,有突出的电气性能和良好的耐辐射性。高压聚乙烯柔软性、伸长率、冲击强度和透明性较好。 超高分子量聚乙烯冲击强度高,耐疲劳,耐磨,用冷压烧结成形
聚丙烯	密度小,强度、刚性、硬度、耐热性均优于低压聚乙烯,可在 100℃左右使用,具有优良的耐腐蚀性,良好的高频绝缘性,不受湿度影响,但低温变脆,不耐磨,易老化

续表

塑料名称	性能
聚苯乙烯	电绝缘性(尤其高频绝缘性)优良,无色透明,透光率仅次于有机玻璃,着色性、耐水性、化学稳定性良好,机械强度一般,但性脆,易产生应力碎裂,不耐苯、汽油等有机溶剂
丁苯橡胶改性聚苯乙烯(203A)	与聚苯乙烯相比,有较高的韧性和抗冲击强度,其余性能相似
聚苯乙烯改性有机玻璃(372有机玻璃)	透明性极好,机械强度较高,有一定的耐热、耐寒和耐气候性,耐腐蚀,绝缘性良好,综合性能超过聚苯乙烯,但质脆,易溶于有机溶剂,如作透光材料,其表面硬度稍低,容易擦毛
苯乙烯-丙烯腈共聚物(AS)	冲击强度比聚苯乙烯高,耐热、耐油、耐蚀性好,弹性模量为现有热塑性塑料中较高的一种,并能很好地耐某些使聚苯乙烯应力开裂的烃类
苯乙烯-丁二烯-丙烯腈共聚物(ABS)	综合性能较好,冲击韧性、机械强度较高,尺寸稳定,耐化学性、电性能良好;易于成形和机械加工,与372有机玻璃的熔接性良好,可作双色成形塑件,且表面可镀铬
聚酰胺(尼龙)	坚韧、耐磨,耐疲劳,耐油、耐水,抗霉菌,但吸水大 尼龙6弹性好,冲击强度高,吸水性较大 尼龙66强度高,耐磨性好 尼龙610与尼龙66相似,但吸水性和刚性都较小 尼龙1010半透明,吸水性较小,耐寒性较好
聚甲醛	综合性能良好,强度、刚性高,抗冲击、疲劳、蠕变性能较好,减摩耐磨性好,吸水小,尺寸稳定性好,但热稳定性差,易燃烧,长期在大气中曝晒会老化
聚碳酸酯	突出的冲击强度,较高的弹性模量和尺寸稳定性,无色透明,着色性好,耐热性比尼龙、聚甲醛高,抗蠕变和电绝缘性较好,耐蚀性、耐磨性良好,但自润性差,不耐碱、酮、胺、芳香烃,有应力开裂倾向,高温易水解,与其他树脂相溶性差

(3) 常用热塑性塑料成形性能

表 5-30-8　　常用热塑性塑料成形性能

塑料名称	成形性能
硬聚氯乙烯	①无定形料,吸湿性小,流动性差,为了提高流动性,防止发生气泡,可预先干燥,模具浇注系统宜粗短,浇口截面宜大,不得有死角,模具须冷却,表面镀铬 ②极易分解,特别在高温下与钢、铜接触更易分解(分解温度为200℃),分解时逸出腐蚀、刺激性气体,成形温度范围小 ③采用螺杆式注射机及直通式喷嘴时,孔径宜大,以防死角滞料,滞料时必须及时消除
低压聚乙烯	①结晶料,吸湿性小,流动性极好(溢边值为0.02mm左右),流动性对压力敏感,故成形时宜选用高压注射,料温应均匀,填充速度应快,保压应充分。不宜用直接浇口,以防收缩不匀,方向性明显,内应力增大。应注意选择浇口位置,防止产生缩孔和变形 ②冷却速度慢,模具宜设冷料穴,并有冷却系统 ③收缩范围和收缩值大,方身性明显,易变形翘曲,结晶度及模具冷却条件对收缩率影响较大,故成形时应控制模温,保持冷却均匀稳定 ④加热时间不宜过长,否则会发生分解、烧伤 ⑤软质塑件有较浅的侧凹槽时,可强行脱模 ⑥可能发生熔体破裂,不宜与有机溶剂接触,以防开裂
聚丙烯	①结晶料,吸湿性小,可能发生熔体破裂,长期与热金属接触易发生分解 ②流动性极好(溢边值为0.03mm左右),但成形收缩范围和收缩值大,易发生缩孔、凹痕、变形,方向性强 ③冷却速度快,浇注系统及冷却系统应缓慢散热,并注意控制成形温度,料温低,方向性明显,低温高压时尤其明显,模具温度低于50℃时,塑件不光泽,易产生熔接不良、流痕,90℃以上易发生翘曲变形 ④塑件壁厚须均匀,避免缺口、尖角,以防应力集中
聚苯乙烯	①无定形料,吸湿性小,不易分解,但性脆易裂,热膨胀系数大,易产生内应力 ②流动性较好(溢边值为0.03mm左右),可用螺杆或柱塞式注射机成形,喷嘴用直通式或自锁式,但应防止飞边 ③宜采用高料温、高模温、低注射压力,延长注射时间有利于降低内应力,防止缩孔、变形(尤其对厚壁塑件)。料温过高易出现银丝,料温过低或脱模剂过多则透明性差 ④可采用各种形式的浇口,浇口与塑件应圆弧连接,防止去除浇口时损坏塑件,脱模斜度宜大,顶出均匀,以防脱模不良而发生开裂变形 ⑤塑件壁厚均匀,最好不带嵌件(如有嵌件应预热),各面应圆弧连接,不宜有缺口、尖角

续表

塑料名称	成形性能
苯乙烯-丙烯腈共聚物(AS)	①无定性料,热稳定性好,不易分解,但吸湿性大 ②流动性比 ABS 好,不易出飞边,但易发生裂纹(尤其在浇口处),因此塑件不能有缺口、尖角。顶出须均匀,脱模斜度宜大
苯乙烯-丁二烯-丙烯腈共聚物(ABS)	①无定性料,流动性中等,比聚苯乙烯、AS 差,但比聚碳酸酯、聚氯乙烯好,溢边值为 0.04mm 左右 ②吸湿性强,必须充分干燥,表面要求光泽的塑件须经长时间的预热干燥 ③成形时宜取高料温、高模温,但料温过高易分解(分解温度为≥250℃)。对精度较高的塑件,模温宜取 50~60℃,对光泽、耐热塑件,模温宜取 60~80℃,注射压力高于聚苯乙烯。用柱塞式注射机成形时,料温为 180~230℃,注射压力为(1000~1400)×10^5Pa,用螺杆式注射机成形时,料温为 160~220℃,注射压力为 (700~1000)×10^5Pa
聚酰胺(尼龙)	①结晶料,熔点较高,熔融温度范围较窄,熔融状态热稳定性差,料温超过 300℃、滞留时间超过 30min 即会分解 ②较易吸湿,成形前须预热干燥,并应防止再吸湿,含水量不得超过 0.3%,吸湿后流动性下降,易出现气泡、银丝等,高精度塑件应经调湿处理 ③流动性好,易溢料,溢边值为 0.02mm 左右,用螺杆式注射机注射时,螺杆应带止回环,宜用自锁式喷嘴,并应加热 ④成形收缩范围和收缩率大,方向性明显,易发生缩孔、凹痕、变形等弊病,成形条件应稳定 ⑤融料冷却速度对结晶度塑件结构性能有明显影响,故成形时要严格控制模温,一般按塑件壁厚在 20~90℃范围内选取。料温不宜超过 300℃,受热时间不得超过 30min,料温高则收缩大,易出飞边。注射压力按注射机类型、料温、塑件形状尺寸、模具浇注系统选定,注射压力高,易出飞边,收缩小,方向性强,注射压力低,易发生凹痕、波纹。成形周期按塑件壁厚选定,厚则取长,薄则取短。为了减少收缩、凹痕、缩孔,宜取低模温,低料温。树脂黏度小时,注射、高压及冷却时间应取长,注射压力应取高,并采用白油作脱模剂 ⑥模具浇注系统的形式和尺寸与成形聚苯乙烯时相似,但增大浇道和浇口截面尺寸可改善缩孔及凹痕现象
聚甲醛	①结晶料,熔融范围窄,熔融或凝固速度快,结晶度高,结晶速度快,料温稍低于熔融温度立即发生结晶,并使流动性下降,结晶时,体积变化大,成形收缩范围和收缩率大 ②流动性中等,溢边值为 0.04mm 左右,流动性对温度不敏感,对注射压力敏感 ③吸湿低,可不经干燥处理,但为防止树脂表面粘附水分,加工前常进行干燥 ④摩擦因数低,弹性高,浅侧凹槽可强迫脱模,塑件表面可带有皱纹花样,但易产生表面缺陷,如毛斑、褶皱、熔接痕、缩孔、凹痕等 ⑤热敏性强,极易分解,分解温度为 240℃,但在 200℃时滞留 30min 以上,也会发生分解,分解时有刺激性和腐蚀性气体产生,故成形时应选用大直径的直通式喷嘴和螺杆式注射机,选用较高的成形压力,较高的注射速度,较低的螺杆转速,料筒内的余料不能过多,一般为塑件重量的 5~10 倍,模具应加热(当塑件壁厚大于 4mm 时,取 90~120℃,小于 4mm 时,取 75~90℃),模具材料应选用耐磨、耐蚀钢
聚碳酸酯	①无定形料,热稳定性好,成形温度范围宽,超过 330℃时才呈现严重分解,分解时产生无毒、无腐蚀性气体,但流动性差,溢边值为 0.06mm 左右,流动性对温度变化敏感,冷却速度快 ②吸湿性小,但对水敏感,故加工前必须干燥处理,否则会出现银丝、气泡和强度显著下降 ③成型收缩率小,易发生熔融开裂,产生应力集中,故成型时应严格控制成型条件,成型后塑件宜退火处理 ④熔融温度高,黏度高,对剪切作用不敏感,对大于 200g 的塑件,应采用螺杆式注射机,喷嘴应加热,宜用开畅式延伸喷嘴 ⑤冷却速度快,模具浇注系统应以粗、短为原则,宜设冷料穴,浇口宜取大,如直接浇口、圆盘浇口或扇形浇口等,但应防止内应力增大,必要时可采用调整式浇口,模具宜加热,应选用耐磨钢 ⑥料温对塑件质量影响较大,料温过低会造成缺料,表面无光泽,银丝紊乱,料温过高易溢边,出现银丝暗条,塑件变色起泡 ⑦模温对塑件质量影响很大,模温低时收缩率、伸长率、抗冲击强度大,抗弯、抗压、抗张强度低,模温超过 120℃时,塑件冷却慢,易变形粘模,脱模困难,成形周期长

续表

塑料名称	成形性能
玻璃纤维增强塑料	①流动性差,熔融指数比普通料低 30%~70%,易发生填充不良、熔接不良、玻纤分布不匀等弊病。成形时宜用高温、高压、高速,浇注系统截面应大,流程应平直而短,以利于纤维均匀分散,防止树脂纤维分头聚积,玻纤裸露及局部烧伤 ②成形收缩小,异向性明显,塑件易发生翘曲变形 ③不易脱模,对模具磨损大,注射时料流对浇注系统、型芯等都有较大磨损,故脱模斜度应取大,模具应淬硬、抛光,易磨损部位便于修换,并选用适当的脱模剂 ④成形时由于纤维表面处理剂易挥发成气体,模具应有排气槽和溢料槽,设在易发生熔接痕的部位,以防熔接不良、缺料和烧伤等

30.2 常用计量单位及其换算

30.2.1 我国法定计量单位

(1) 法定计量单位

表 5-30-9 国际单位制的基本单位

量的名称	单位名称	单位符号	量的名称	单位名称	单位符号
长度	米	m	热力学温度	开(尔文)	K
质量	千克(公斤)	kg	物质的量	摩(尔)	mol
时间	秒	s	发光强度	坎(德拉)	cd
电流	安(培)	A			

表 5-30-10 国际单位制的辅助单位

量的名称	单位名称	单位符号	量的名称	单位名称	单位符号
平面角	弧度	rad	立体角	球面度	sr

表 5-30-11 国际单位制中具有专门名称的导出单位

量的名称	单位名称	单位符号	其他表示示例
频率	赫(兹)	Hz	s^{-1}
力;重力	牛(顿)	N	$kg \cdot m/s^2$
压力;压强;应力	帕(斯卡)	P	N/m^2
能量;功;热	焦(尔)	J	N · m
功率;辐射通量	瓦(特)	W	J/s
电荷量	库(仑)	C	A · s
电位;电压;电动势	伏(特)	V	W/A
电容	法(拉)	F	C/V
电阻	欧(姆)	Ω	V/A
电导	西(门子)	S	A/V
磁通量	韦(伯)	Wb	V · s
磁通量密度,磁感应强度	特(斯拉)	T	Wb/m^2
电感	亨(利)	H	Wb/A
摄氏温度	摄氏度	℃	
光通量	流(明)	lm	cd · sr
光照度	勒(克斯)	lx	lm/m^2
放射性活度	贝克(勒尔)	Bq	s^{-1}
吸收剂量	戈(瑞)	Gy	J/kg
剂量当量	希(沃特)	Sr	J/kg

表 5-30-12 国家选定的非国际单位制单位

量的名称	单位名称	单位符号	换算关系和说明
时间	分 [小]时 天(日)	min h d	1min=60s 1h=60min=3600s 1d=24h=86400s
平面角	[角]秒 [角]分 度	(″) (′) (°)	1″=(π/640800)rad(为圆周率) 1′=60″=(π/10800)rad 1°=60′=(π/180)rad
旋转速度	转每分	r/min	1r/min=(1/60)s^{-1}
长度	海里	n mile	1n mile=1852m (只用于航行)
速度	节	kn	1kn=1n mile/h=(1852/3600)m/s (只用于航行)
质量	吨 原子质量单位	t u	1t=10^3kg 1u≈1.6605655×10^{-27}kg
体积	升	L(l)	1L=1dm^3=$10^{-3}m^3$
能	电子伏	eV	1eV≈1.6021892×10^{-19}J
级差	分贝	dB	
线密度	特[克斯]	tex	1tex=1g/km

表 5-30-13 用于构成十进倍数和分数单位的词头

所表示的因数	词头名称	词头符号	所表示的因数	词头名称	词头符号
10 的 18 次方	艾[可萨]	E	10 的-1 次方	分	d
10 的 15 次方	拍[它]	P	10 的-2 次方	厘	c
10 的 12 次方	太[拉]	T	10 的-3 次方	毫	m
10 的 9 次方	吉[咖]	G	10 的-6 次方	微	μ
10 的 6 次方	兆	M	10 的-9 次方	纳[诺]	n
10 的 3 次方	千	k	10 的-12 次方	皮[可]	p
10 的 2 次方	百	h	10 的-15 次方	飞[母托]	f
10 的 1 次方	十	da			

(2) 中国法定计量单位的名称、符号及换算关系

表 5-30-14 中国法定计量单位的名称、符号及换算关系

计量单位	中文名称	中文符号	外文符号	换算关系
长度单位	米	米	m(meter,metres)	1m=100cm=1000mm
	千米,公里	千米,公里	km(kilometer)	1km=1000m=10^3m
	厘米	厘米	cm(centimeter)	1cm=1/100m=10^{-2}m
	毫米	毫米	mm(millimeter)	1mm=1/1000m=10^{-3}m
	微米	微米	μm(micron)	1μm=10^{-6}m
	纳[诺]米	纳米	nm(nanometer)	1nm=10^{-9}m
	海里	海里	n mile(Nautical mile)	1n mile=1852m=1.852km
面积单位	平方米	米^2	m^2(Square meter)	
	平方千米,平方公里	千米^2,公里^2	km^2(Square kilometer)	1km^2=1000000m^2=100hm^2
	平方厘米	厘米^2	cm^2(Square centimetre, Square centimeter)	1cm^2=1/10000m^2
	平方毫米	毫米^2	mm^2(Square millimeter)	1mm^2=1/1000000m^2
	公顷	公顷	hm^2(Hectare)	1hm^2=10000m^2=10^4m^2
时间单位	小时	时	h	1h=60min 1min=60s 1s=10^3ms=10^6μs=10^9ns=10^{12}ps
	分钟	分	min	
	秒	秒	s	
	毫秒	毫秒	ms	

续表

计量单位	中文名称	中文符号	名文符号	换算关系
时间单位	微秒	微秒	μs	1h = 60min 1min = 60s 1s = 10^3ms = 10^6μs = 10^9ns = 10^{12}ps
	纳秒	纳秒	ns	
	皮秒	皮秒	ps	
体积单位	立方米	米^3	m^3(Stere, Cubic meter)	
	立方千米，立方公里	千米^3，公里^3	km^3(Cubic kilometer)	1km^3 = 10^9m^3
	立方厘米	厘米^3	cm^3(Cubic centimeter)	1cm^3 = 10^{-6}m^3
	立方毫米	毫米^3	mm^3(Cubic millimeter)	1mm^3 = 10^{-9}m^3
容积单位	升	升	L, l(litre)	1L = 1/1000m^3 = 1000cm^3
	毫升	毫升	mL, ml(milliliter, millilitre)	1mL = 1cm^3
质量单位	千克，公斤	千克，公斤	kg(kilogram)	
	克	克	g(gram, gramme)	1g = 1/1000kg = 10^{-3}kg
	毫克	毫克	mg(milligram, milligramme, milligrame)	1mg = 1/1000000kg = 10^{-6}kg
	吨	吨	t(ton)	1t = 1000kg
	原子质量单位	原子质量单位	u(Atomic mass unit)	1 原子质量单位 = 1.66054×10^{-27}kg
力单位	牛顿	牛	N(newton)	1N = 1m·kg/s^2
压力单位	帕斯卡	帕	Pa(pascal)	1Pa = 1N/m^2
	千帕斯卡	千帕	kPa(kilopascal)	1kPa = 1000N/m^2
温度单位	开尔文	开	K(Kelvin)	
	摄氏度	摄氏度	℃(Degrees)	
能单位	焦耳	焦	J(joule)	1J = 1N·m
	电子伏	电子伏	eV(Electron-volts)	1eV = 1.602189×10^{-19}J
	千瓦特小时	千瓦·时	kW·h(1000watts hour)	1kW·h = 3.6×10^6J
	卡	卡	cal	1J = 4.2cal
功率单位	瓦特	瓦	W(watt)	
	千瓦特	千瓦	kW(kilowatt)	1kW = 1000J/s
角度单位	弧度	弧度	rad(radian)	1rad = 180π(°)
	度	度	(°)	1° = (π/180)rad = 60min = 3600s
	[角]分	分	(′)	1min = (π/10800)rad = 60s
	[角]秒	秒	(″)	1s = (π/64800)rad
频率单位	赫兹	赫	Hz	1Hz = 1/s
速度单位	米每秒	米/秒	m/s	
	千米每小时	千米/时	km/h	1km/h = 0.27m/s
	节	节	kn	1kn = 1n mile/h = 0.51444m/s

30.2.2 长度单位及换算

(1) 长度单位公英制换算关系

表 5-30-15 常用长度单位换算表

长度单位	米	厘米	毫米	市尺	英尺	英寸
米	1	100	1000	3	3.28084	39.3701
厘米	0.01	1	10	0.03	0.03281	0.3937
毫米	0.001	0.1	1	0.003	0.003281	0.03937
市尺	0.33333	33.333	333.33	1	1.0936	13.1234
英尺	0.3048	30.48	304.8	0.9144	1	12
英寸	0.0254	2.54	25.4	0.0762	0.08333	1

(2) 英寸的分数、小数与公制换算关系

表 5-30-16　　英寸的分数、小数习惯称呼与毫米对照表

英寸(in)		我国习惯称呼	毫米(mm)	英寸(in)		我国习惯称呼	毫米(mm)
分数	小数			分数	小数		
1/16	0.0625	半分	1.5875	9/16	0.5625	四分半	14.2875
1/8	0.1250	一分	3.1750	5/8	0.6250	五分	15.8750
3/16	0.1875	一分半	4.7625	11/16	0.6875	五分半	17.4625
1/4	0.2500	二分	6.3500	3/4	0.7500	六分	19.0500
5/16	0.3125	二分半	7.9375	13/16	0.8125	六分半	20.6375
3/8	0.3750	三分	9.5250	7/8	0.8750	七分	22.2250
7/16	0.4375	三分半	11.1125	15/16	0.9375	七分半	23.8125
1/2	0.5000	四分	12.7000	1	1.0000	一英寸	25.4000

(3) 公制、市制与英制长度换算表

表 5-30-17　　公制与市制、英美制长度单位换算表

单位	公制				市制	
	米(m)	毫米(mm)	厘米(cm)	公里(km)	市寸	市尺
1m	1	1000	100	0.0010	30	3
1mm	0.0010	1	0.1000	10^{-6}	0.0300	0.0030
1cm	0.0100	10	1	10^{-5}	0.3000	0.0300
1km	1000	1000000	100000	1	30000	3000
1市寸	0.0333	33.3333	3.3333	3.3333×10^{-5}	1	0.1000
1市尺	0.3333	333.3333	33.3333	0.0003	10	1
1市丈	3.3333	3333.3333	333.3333	0.0033	100	10
1市里	500	500000	50000	0.5000	15000	1500
1in	0.0254	25.4000	2.5400	2.5400×10^{-9}	0.7620	0.0762
1ft	0.3048	304.8000	30.4800	0.0003	9.1440	0.9144
1yd	0.9144	914.4000	91.4400	0.0009	27.4320	2.7432
1mile	1609.3440	1.6093×10^{6}	1.6093×10^{5}	1.6093	4.8280×10^{4}	4828.0320

单位	市制		英美制			
	市丈	市里	英寸(in)	英尺(ft)	码(yd)	英里(mile)
1m	0.3000	0.0020	39.3701	3.2808	1.0936	0.0006
1mm	0.0003	2×10^{-6}	0.0394	0.0033	0.0011	0.6214×10^{-6}
1cm	0.0030	2×10^{-5}	0.3937	0.0328	0.0109	0.6214×10^{-5}
1km	300	2	3.9370×10^{4}	3280.8398	1093.6132	0.6214
1市寸	0.0100	6.6667×10^{-5}	1.3123	0.1094	0.0365	2.0712×10^{-5}
1市尺	0.1000	0.0007	13.1233	1.0936	0.3645	0.0002
1市丈	1	0.0067	131.2333	10.9361	3.6454	0.0021
1市里	150	1	1.9685×10^{4}	1640.4167	546.8055	0.3107
1in	0.0076	5.0800×10^{-9}	1	0.0833	0.0278	1.5783×10^{-5}
1ft	0.0914	0.0006	12	1	0.3333	0.0002
1yd	0.2743	0.0018	36	3	1	0.0006
1mile	482.8032	3.2187	63360	5280	1760	1

30.2.3 面积单位及换算

表 5-30-18　　公制与市制、英美制面积单位换算表

单位	公制				市制	
	平方米 (m^2)	公亩 (a)	公顷 (ha, hm^2)	平方公里 (km^2)	平方市尺	平方市丈
$1m^2$	1	0.0100	0.0001	10^{-6}	9	0.0900
1a	100	1	0.0100	0.0001	900	9
1ha(hm^2)	10000	100	1	0.0100	90000	900
$1km^2$	1000000	10000	100	1	9000000	90000
1平方市尺	0.1111	0.0011	0.1111×10^{-4}	0.1111×10^{-6}	1	0.0100
1平方市丈	11.1111	0.1111	0.0011	0.1111×10^{-4}	100	1
1市亩	666.6667	6.6667	0.0667	0.0007	6000	60
1市顷	66666.6667	666.6667	6.6667	0.0667	600000	6000
$1ft^2$	0.0929	0.0009	0.929×10^{-5}	0.9290×10^{-7}	0.8361	0.0084
$1yd^2$	0.8361	0.0084	0.8361×10^{-4}	0.8361×10^{-6}	7.5251	0.0753
1英亩	4046.8564	40.4686	0.4047	0.0040	36421.7078	364.2171
1美亩	4046.8767	40.4688	0.4047	0.0040	36421.8899	364.2189
$1mile^2$	0.2590×10^7	0.2590×10^5	258.9988	2.5900	2.3310×10^7	2.3310×10^5

单位	市制		英美制				
	市亩	市顷	平方英尺 (ft^2)	平方码 (yd^2)	英亩	美亩	平方英里 ($mile^2$)
$1m^2$	0.0015	0.1500×10^{-4}	10.7639	1.1960	0.0002	0.0002	0.3861×10^{-6}
1a	0.1500	0.0015	1076.3910	119.5990	0.0247	0.0247	0.3861×10^{-4}
1ha(hm^2)	15	0.1500	1.0764×10^5	11959.9005	2.4711	2.4710	0.0039
$1km^2$	1500	15	1.0764×10^7	1.1960×10^6	247.1054	247.1041	0.3861
1平方市尺	0.0002	1.6667×10^{-6}	1.1960	0.1329	0.2746×10^{-4}	0.2746×10^{-4}	0.4290×10^{-7}
1平方市丈	0.0167	0.0002	119.5990	13.2888	0.0027	0.0027	0.4290×10^{-5}
1市亩	1	0.0100	7175.9403	797.3267	0.1647	0.1647	0.0003
1市顷	100	1	7.1759×10^5	7.9733×10^4	16.4737	16.4736	0.0257
$1ft^2$	0.0001	0.1394×10^{-5}	1	0.1111	0.2296×10^{-4}	0.2296×10^{-4}	0.3587×10^{-7}
$1yd^2$	0.0013	0.1254×10^{-4}	9	1	0.0002	0.0002	0.3228×10^{-6}
1英亩	6.0703	0.0607	43560	4840	1	0.999995	0.0016
1美亩	6.0703	0.0607	43560.2178	4839.9758	1.000005	1	0.0016
$1mile^2$	3884.9822	38.8498	27878400	3097600	640	639.9968	1

30.2.4 体积单位及换算

单位换算是指同一性质的不同单位之间的数值换算。常用的单位换算有长度单位换算、重量单位换算、压力单位换算、面积单位换算、电容单位换算等。

(1) 基本单位

① 立方米，m^3。

② 立方分米，dm^3。

③ 立方厘米，cm^3。

④ 立方英尺，ft^3。

⑤ 立方毫米，mm^3。

$1m^3=1000dm^3=1000000cm^3=1000000000mm^3$。

(2) 与容积单位换算

$1m^3 = 1000L = 1000dm^3 = 1000000mL = 1000000cm^3 = 1000000000mm^3$。

$1L = 1dm^3 = 1000mL = 1000cm^3 = 1000000mm^3$。

$1ft^3 = 0.0283m^3 = 28.317L = 28.317dm^3 = 28317cm^3 = 28317000mm^3$。

(3) 公制、市制与英制体积和容积单位换算关系

表 5-30-19　公制与市制、英美制体积和容积单位换算表

单位	公制			市制			
	立方米 (m^3)	立方厘米 (cm^3)	升 (L)	立方市寸	立方市尺	市斗	市石
$1m^3$	1	1000000	1000	27000	27	100	10
$1cm^3$	10^{-6}	1	0.0010	0.0270	0.2700×10^{-4}	0.0001	10^{-5}
1L	0.0010	1000	1	27	0.0270	0.1000	0.0100
1立方市寸	0.3704×10^{-4}	37.0370	0.0370	1	0.0010	0.0037	0.0004
1立方市尺	0.0370	3.7037×10^4	37.0370	1000	1	3.7037	0.3704
1市斗	0.0100	10000	10	270	0.2700	1	0.1000
1市石	0.1000	100000	100	2700	2.7000	10	1
$1in^3$	1.6387×10^{-5}	16.3871	0.0164	0.4424	0.0004	0.0016	0.0002
$1ft^3$	0.0283	2.8317×10^4	28.3168	764.5549	0.7646	2.8317	0.2832
$1yd^3$	0.7646	7.6455×10^5	764.5549	2.0643×10^4	20.6430	76.4555	7.6455
1gal(英)	0.0045	4543.7068	4.5437	122.6801	0.1227	0.4544	0.0454
1gal(美)	0.0038	3785.4760	3.7855	102.2079	0.1022	0.3785	0.0379
1bu	0.0363	3.6350×10^6	36.3497	981.4407	0.9814	0.6350	0.3635

单位	英美制					
	立方英寸 (in^3)	立方英尺 (ft^3)	立方码 (yd^3)	加仑（英液量）(gal)	加仑（美液量）(gal)	蒲式耳 (bu)
$1m^3$	6.1024×10^4	35.3146	1.3079	220.0846	264.1719	27.5106
$1cm^3$	0.0610	0.3531×10^{-4}	0.1308×10^{-5}	0.2201×10^{-3}	0.2642×10^{-3}	0.2751×10^{-4}
1L	61.0237	0.0353	0.0013	0.2201	0.2642	0.0275
1立方市寸	2.2601	0.0013	0.4844×10^{-4}	0.0082	0.0098	0.0010
1立方市尺	2260.1387	1.3080	0.0484	8.1513	9.7842	1.0189
1市斗	610.2374	0.3531	0.0131	2.2008	2.6417	0.2751
1市石	6102.3745	3.5315	0.1308	22.0085	26.4172	2.7511
$1in^3$	1	0.0006	2.1433×10^{-5}	0.0036	0.0043	0.0005
$1ft^3$	1728	1	0.0370	0.2321	7.4805	0.7790
$1yd^3$	46656	27	1	168.2668	201.9740	21.0333
1gal(英)	277.2740	0.1605	0.0059	1	1.2003	0.1250
1gal(美)	231	0.1337	0.0050	0.8331	1	0.1041
1bu	2218.1920	1.2837	0.0475	8	9.6026	1

30.2.5 质量单位及换算

(1) 质量单位换算关系

1000 阿克 (ag) = 1 飞克 (fg)。

1000 飞克 (fg) = 1 皮克 (pg)。

1000 皮克 (pg) = 1 纳克 (ng)。

1000 纳克 (ng) = 1 微克 (μg)。

1000 微克 (μg) = 1 毫克 (mg)。

1000 毫克（mg）=1 克（g）。

1000 克（g）=1 千克（kg）。

1000 千克（kg）=1 吨（t）。

1000000 微克（μg）=1 克（g）。

1000000000 微克（μg）=1 千克（kg）。

因此，1 千克=1 百万毫克=10 亿微克=1 万亿纳克。

(2) 公制与英美制质量单位换算表

表 5-30-20　　公制与英美制质量单位换算表（一）

千克(公斤)(kg)	磅(lb)	盎司(常衡)(oz)	吨(t)		
			公制(t)	美制(US ton)	英制(Uk ton)
1	2.2046	35.274	0.001	0.0011023	0.00098421
0.45359	1	16	0.00045359	0.0005	0.00044643
0.028350	0.0625	1	0.000028350	0.00003125	0.000027902
1000	2204.6	35274	1	1.1023	0.98421
907.185	2000	32000	0.907185	1	0.892867
1016.05	2240	35840	1.01605	1.12	1

表 5-30-21　　公制与英美制质量单位换算表（二）

单位	公制			英美制			
	公斤(kg)	克(g)	吨(t)	盎司(oz)	磅(lb)	英(长)吨(ton)	美(短)吨(US ton)
1kg	1	1000	0.0010	35.2740	2.2046	0.0010	0.0011
1g	0.0010	1	10^{-6}	0.0353	0.0022	0.9842×10^{-6}	1.1023×10^{-6}
1t	1000	1000000	1	3.5274×10^{4}	2204.6244	0.9842	1.1023
1 市两	0.0500	50	0.5000×10^{-4}	1.7637	0.1102	0.4921×10^{-4}	0.5521×10^{-4}
1 市斤	0.5000	500	0.0005	17.6370	1.1023	0.0005	0.0006
1 市担	50	50000	0.0500	1763.6995	110.2312	0.0492	0.0551
1oz	0.0283	28.3495	0.2835×10^{-4}	1	0.0625	0.2790×10^{-4}	0.3125×10^{-4}
1lb	0.4536	453.5920	0.0005	16	1	0.0004	0.0005
1ton	1016.0461	1.0160×10^{6}	1.0160	35840	2240	1	1.1200
1US ton	907.1840	907184	0.9072	32000	2000	0.8929	1

(3) 单位体积容积的质量换算表

表 5-10-22　　单位体积容积的质量换算表

单　位	吨/立方米(t/m^3)	公斤/立方厘米(kg/cm^3)	市斤/立方市尺	磅/立方英尺(lb/ft^3)
$1t/m^3$	1	0.0010	74.0741	62.4281
$1kg/cm^3$	1000	1	7.4074×10^{4}	6.2428×10^{4}
1 市斤/立方市尺	0.0135	0.1350×10^{-4}	1	0.8428
$1lb/ft^3$	0.0160	0.1602×10^{-4}	1.1866	1
1lb/gal(英)	0.0998	0.9983×10^{-4}	7.3947	6.2321
1lb/gal(美)	0.1198	0.0001	8.8760	7.4805
1lb/bu	0.0125	0.1248×10^{-4}	0.9243	0.7790
1 日斤/立方日尺	0.0216	0.2156×10^{-4}	1.5972	1.3459
1 普特/立方俄尺	0.5785	0.0006	42.8515	36.1011

续表

单位	磅/加仑(英)(lb/gal)	磅/加仑(美)(lb/gal)	磅/蒲耳式(lb/bu)	日斤/立方日尺	普特/立方俄尺
$1t/m^3$	10.0172	8.3454	80.1374	46.3775	1.7287
$1kg/cm^3$	1.0017×10^4	8345.4160	8.0137×10^4	4.6378×10^4	1728.6958
1市斤/立方市尺	0.1352	0.1127	1.0819	0.6261	0.0233
$1lb/ft^3$	0.1605	0.1337	1.2837	0.7430	0.0277
1lb/gal(英)	1	0.8331	8	4.6304	0.1726
1lb/gal(美)	1.2003	1	9.6026	5.5580	0.2072
1lb/bu	0.1250	0.1041	1	0.5788	0.0216
1日斤/立方日尺	0.2160	0.1799	1.7277	1	0.0373
1普特/立方俄尺	5.7937	4.8260	46.3430	26.8313	1

30.2.6 力、力矩、强度、压力单位换算

(1) 强度单位公制与国标换算表

表 5-30-23 强度单位公制与国标换算表

单位	1Pa	10Pa	100Pa	1000Pa(1kPa)	10000Pa	100000Pa	1000000Pa(1MPa)
N/m^2	1	10	100	1000	10000	100000	1000000
kg/m^2	0.1	1	10	100	1000	10000	100000
kN/m^2	0.001	0.01	0.1	1	10	100	1000
t/m^2	0.0001	0.001	0.01	0.1	1	10	100
kg/cm^2	0.00001	0.0001	0.001	0.01	0.1	1	10

(2) 力单位公制与国标换算表

表 5-30-24 力单位公制与国标换算表

单位	1Pa	10Pa	100Pa	1000Pa(1kPa)	10000Pa	100000Pa	1000000Pa(1MPa)
N	1	10	100	1000	10000	100000	1000000
kN	0.001	0.01	0.1	1	10	100	1000
kg	0.1	1	10	100	1000	10000	100000
t	0.0001	0.001	0.01	0.1	1	10	100

(3) 力的牛顿与其他单位换算表

表 5-30-25 力（牛顿，N）单位换算表

单位	牛顿(N)	千牛顿(kN)	兆牛顿(MN)	公斤力(kgf)	吨力(tf)
1N	1	0.0010	10^{-6}	0.1020	0.0001
1kN	1000	1	0.0010	101.9720	0.1020
1MN	1000000	1000	1	101972	101.9720
1kgf	9.8066	0.0098	9.8066×10^{-6}	1	0.0010
1tf	9806.6136	9.8066	0.0098	1000	1
1dyn	10^{-5}	10^{-8}	10^{-11}	0.1020×10^{-5}	0.1020×10^{-8}
1lbf	4.4483	0.0044	4.4483×10^{-6}	0.4536	0.0005
1tonf	9964.0817	9.9641	0.0100	1016.0573	1.0161
1US tonf	8896.5015	8.8965	0.0089	907.1940	0.9072

续表

单位	达因 (dyn)	磅力 (lbf)	英吨力 (tonf)	美吨力 (US tonf)
1N	100000	0.2248	0.0001	0.0001
1kN	10^8	224.8075	0.1004	0.1124
1MN	10^{11}	0.2248×10^6	100.3605	112.4037
1kgf	9.8066×10^5	2.2046	0.0010	0.0011
1tf	9.8066×10^8	2204.6001	0.9842	1.1023
1dyn	1	0.2248×10^{-5}	0.1004×10^{-8}	0.1124×10^{-8}
1lbf	4.4483×10^5	1	0.0004	0.0005
1tonf	9.9641×10^8	2240	1	1.1200
1US tonf	8.8965×10^8	2000	0.8929	1

(4) 大气压强单位换算表

表 5-30-26　大气压强单位换算表

单位	帕斯卡(Pa)或牛顿/平方米(N/m^2)	百帕斯卡(hPa)或牛顿/平方分米(N/dm^2)	工程大气压(at)或千克力/平方厘米(kgf/cm^2)	标准大气压(atm)	毫米汞柱(mmHg)	英寸汞柱(inHg)	毫米水柱(mmH_2O)	英寸水柱(inH_2O)	巴(bar)
1Pa 或 N/m^2	1	0.0100	1.0197×10^{-5}	0.9869×10^{-5}	0.0075	0.0003	0.1020	0.0040	10^{-5}
1hPa 或 N/dm^2	100	1	1.0197×10^{-3}	0.9869×10^{-3}	0.7503	0.0295	10.1972	0.4015	0.0010
1at 或 kgf/cm^2	9.8066×10^4	980.6614	1	0.9678	735.5574	28.9590	10000	393.7008	0.9807
1atm	10.1325×10^4	1013.2503	1.0332	1	760	29.9213	10332.3117	406.7839	1.0133
1mmHg	133.2719	1.3327	0.0014	0.0013	1	0.0394	13.5951	0.5352	0.0013
1inHg	3385.1057	33.8511	0.0345	0.0334	25.4000	1	345.3167	13.5951	0.0339
1mmH_2O	9.8066	0.0981	0.0001	0.0001	0.0736	0.0029	1	0.0394	0.0001
1inH_2O	249.0880	2.4909	0.0025	0.0024	1.8683	0.0736	25.4000	1	0.0025
1bar	100000	1000	1.0197	0.9869	750.0615	29.5300	10197.1999	401.4646	1

注：1atm 是指在零度时，密度为 $13.5951g/cm^3$ 和重力加速度为 $980.665cm/s^2$、高度为 760mmHg 在海平面上所产生的压力。$1atm=13.5951\times980.665\times76=1013250$ (dyn/cm^2)。

(5) 应力、强度等单位换算表

表 5-30-27　应力、强度等单位换算表

单位	帕斯卡(Pa)或牛顿/平方米(N/m^2)	兆帕斯卡(MPa)或牛顿/平方毫米(N/mm^2)	千克力/平方厘米(kgf/cm^2)	吨力/平方米(tf/m^2)	磅力/平方英寸(lbf/in^2)
1Pa 或 N/m^2	1	10^{-6}	1.0197×10^{-5}	0.0001	0.1450×10^{-3}
1MPa 或 N/mm^2	1000000	1	10.1972	101.9720	145.0369
1kgf/cm^2	9.8066×10^4	0.0981	1	10	14.2232
1tf/m^2	9806.6136	0.0098	0.1000	1	1.4223
1lbf/in^2	6894.8399	0.0069	0.0703	0.7031	1
1lbf/ft^2	47.8808	0.4788×10^{-4}	0.0005	0.0049	0.0069
1$tonf/in^2$	1.5444×10^7	15.4444	157.4890	1574.8905	2240
1$tonf/ft^2$	1.0725×10^5	0.1073	1.0937	10.9367	15.5556
1US $tonf/in^2$	1.3790×10^7	13.7897	140.6152	1406.1522	2000
1US $tonf/ft^2$	9.5762×10^4	0.0958	0.9765	9.7649	13.8889

续表

单　位	磅力/平方英尺 (lbf/ft^2)	英吨力/平方英寸 (tonf/in^2)	英吨力/平方英尺 (tonf/ft^2)	美吨力/平方英寸 (US tonf/in^2)	美吨力/平方英尺 (US tonf/ft^2)
1Pa 或 N/m^2	0.0209	6.4749×10^{-8}	9.3238×10^{-6}	7.2518×10^{-8}	10.4427×10^{-6}
1MPa 或 N/mm^2	2.0885×10^{4}	0.0647	9.3238	0.0725	10.4427
1kgf/cm^2	2048.1424	0.0063	0.9143	0.0071	1.0241
1tf/m^2	204.8142	0.0006	0.0914	0.0007	0.1024
1lbf/in^2	144	0.0004	0.0643	0.0005	0.0720
1lbf/ft^2	1	0.3100×10^{-5}	0.0004	0.3472×10^{-5}	0.0005
1tonf/in^2	322560	1	144	1.1200	161.2800
1tonf/ft^2	2240	0.0069	1	0.0078	1.1200
1US tonf/in^2	288000	0.8929	128.5714	1	144
1US tonf/ft^2	2000	0.0062	0.8929	0.0069	1

(6) 力矩（弯矩、力偶矩、转矩）单位换算表

表 5-30-28　　力矩（弯矩、力偶矩、转矩）单位换算表

单　位	牛顿·米 (N·m)	牛顿·厘米 (N·cm)	达因·厘米 (dyn·cm)	千克力·厘米 (kgf·cm)	千克力·米 (kgf·m)
1N·m	1	100	10^{7}	10.1972	0.1020
1N·cm	0.0100	1	100000	0.1020	0.0010
1dyn·cm	10^{-7}	10^{-5}	1	1.0197×10^{-6}	1.0197×10^{-8}
1kgf·cm	0.0981	9.8066	9.8066×10^{5}	1	0.0100
1kgf·m	9.8066	980.6614	9.8066×10^{7}	100	1
1tf·m	9806.6136	9.8066×10^{5}	9.8066×10^{10}	100000	1000
1lbf·in	0.1130	11.2985	1.1299×10^{6}	1.1521	0.0115
1lbf·ft	1.3558	135.5820	1.3558×10^{7}	13.8257	0.1383
1tonf·ft	3037.0375	3.0370×10^{5}	3.0370×10^{10}	3.0969×10^{4}	309.6949
1US tonf·ft	2711.6262	2.7116×10^{5}	2.7116×10^{10}	2.7651×10^{4}	276.5133

单　位	吨力·米 (tf·m)	磅力·英寸 (lbf·in)	磅力·英尺 (lbf·ft)	英吨力·英尺 (tonf·ft)	美吨力·英尺 (UStonf·ft)
1N·m	0.0001	8.8507	0.7376	0.0003	0.0004
1N·cm	1.0197×10^{-6}	0.0885	0.0074	3.2927×10^{-6}	3.6878×10^{-6}
1dyn·cm	1.0197×10^{-11}	8.8507×10^{-7}	7.3756×10^{-8}	3.2927×10^{-11}	3.6878×10^{-11}
1kgf·cm	10^{-5}	0.8680	0.0723	0.3229×10^{-4}	0.3616×10^{-4}
1kgf·m	0.0010	86.7951	7.2329	0.0032	0.0036
1tf·m	1	8.6795×10^{4}	7232.9252	3.2290	3.6165
1lbf·in	1.1521×10^{-5}	1	0.0833	0.3720×10^{-4}	0.4167×10^{-4}
1lbf·ft	0.0001	12	1	0.0004	0.0005
1tonf·ft	0.3097	26880	2240	1	1.1200
1US tonf·ft	0.2765	24000	2000	0.8929	1

30.2.7 功、能、热量、功率单位换算

(1) 功率单位换算表

表 5-30-29　　功率单位换算表（1）

单　位	瓦特 (W)	千瓦特 (kW)	米制马力 (PS)	英制马力 (hp)	电工马力	锅炉马力	升·标准大气压/秒 (L·atm/s)	升·工程大气压/秒 (L·at/s)
1W	1	0.0010	0.0014	0.0013	0.0013	0.0001	0.0009	0.0102
1kW	1000	1	1.3596	1.3410	1.3405	0.1019	9.8692	10.1972

续表

单　位	瓦特 (W)	千瓦特 (kW)	米制马力 (PS)	英制马力 (hp)	电工马力	锅炉马力	升·标准大气压/秒 (L·atm/s)	升·工程大气压/秒 (L·at/s)
1PS	735.4996	0.7355	1	0.9863	0.9859	0.0750	7.2588	7.5000
1hp	745.7000	0.7457	1.0139	1	0.9996	0.0760	7.3595	7.6040
1电工马力	746	0.7460	1.0143	1.0004	1	0.0761	7.3624	7.6071
1锅炉马力	9809.5000	9.8095	13.3372	13.1547	13.1495	1	98.8122	100.0291
1L·atm/s	101.3250	0.1013	0.1378	0.1359	0.1358	0.0103	1	1.0332
1L·at/s	98.0665	0.0981	0.1333	0.1315	0.1314	0.0100	0.9678	1
1kgf·m/s	9.8066	0.0098	0.0133	0.0132	0.0131	0.0010	0.0968	0.1000
1ft·lbf/s	1.3558	0.0014	0.0018	0.0018	0.0018	0.0001	0.0134	0.0138
1cal/s	4.1868	0.0042	0.0057	0.0056	0.0056	0.0004	0.0413	0.0427
$1cal_{th}/s$	4.1840	0.0042	0.0057	0.0056	0.0056	0.0004	0.0413	0.0427
$1cal_{15}/s$	4.1855	0.0042	0.0057	0.0056	0.0056	0.0004	0.0413	0.0427
1kcal/h	1.1630	0.0012	0.0016	0.0016	0.0016	0.0001	0.0115	0.0119
1BtU/h	0.2931	0.0003	0.0004	0.0004	0.0004	0.2988×10^{-4}	0.0029	0.0030
1CHU/h	0.5275	0.0005	0.0007	0.0007	0.0007	0.5378×10^{-4}	0.0052	0.0054

表 5-30-30　　功率单位换算表（2）

单位	千克力·米/秒 (kgf·m/s)	英尺·磅力/秒 (ft·lbf/s)	卡/秒 (cal/s)	热化学卡/秒 (cal_{th}/s)	15摄氏度卡/秒 (cal_{15}/s)	千卡/小时 (kcal/h)	英热单位/小时 (Btu/h)	摄氏度热单位/小时 (CHU/h)
1W	0.1020	0.7376	0.2388	0.2390	0.2389	0.8598	3.4121	1.8956
1kW	101.9720	737.5620	238.8459	239.0057	238.9201	859.8452	3412.1238	1895.6320
1Pa	75	542.4766	175.6711	175.7886	175.7256	632.4158	2509.6263	1394.2369
1hP	76.0405	550	178.1074	178.2266	178.1627	641.1866	2544.4317	1413.5731
1电工马力	76.0711	550.2213	178.1790	178.2983	178.2344	641.4445	2545.4551	1414.1417
1锅炉马力	1000.2943	7235.1147	2342.9588	2344.5268	2343.6865	8434.6518	3.3471×10^4	1.8595×10^4
1L·atm/s	10.3323	74.7335	24.2011	24.2173	24.2086	87.1238	345.7349	192.0749
1L·at/s	10	72.3301	23.4228	23.4385	23.4301	84.3220	334.6165	185.8980
1kgf·m/s	1	7.2330	2.3423	2.3438	2.3430	8.4322	33.4616	18.5898
1ft·lbf/s	0.1383	1	0.3238	0.3240	0.3239	1.1658	4.6262	2.5701
1cal·s	0.4269	3.0880	1	1.0007	1.0003	3.6000	14.2860	7.9366
$1cal_{th}/s$	0.4267	3.0860	0.9993	1	0.9996	3.5975	14.2760	7.9311
$1cal_{15}/s$	0.4268	3.0871	0.9997	1.0004	1	3.5989	14.2814	7.9342
1kcal/h	0.1186	0.8578	0.2778	0.2780	0.2779	1	3.9683	2.2046
1Btu/h	0.0299	0.2162	0.0700	0.0700	0.0700	0.2520	1	0.5556
1CHU/h	0.0538	0.3891	0.1260	0.1261	0.1260	0.4536	1.8000	1

注：1. 1瓦特（W）= 1焦耳/秒（J/s）= 1安培·伏特（A·V）= 1平方米·千克/秒^3（$m^2\cdot kg/s^3$）。

2. cal_{th} 称热化学卡，$1cal_{th}=4.1840J$。

3. cal_{15} 称15摄氏度卡，是指在一个标准大气压下把1g无空气的水，从14.5℃加热到15.5℃时所需的热量，$1cal_{15}=4.1855J$。

（2）速度单位换算

表 5-30-31　　速度单位换算表

单　位	米/秒 (m/s)	英尺/秒 (ft/s)	码/秒 (yd/s)	千米/分 (km/min)	公里/小时 (km/h)	英里/小时 (mile/h)	节或海里/小时 (kn或n mile/h)
1m/s	1	3.2808	1.0936	0.0600	3.6000	2.2369	1.9438
1ft/s	0.3048	1	0.3333	0.0183	1.0973	0.6818	0.5925
1yd/s	0.9144	3	1	0.0549	3.2919	2.0455	1.7774
1km/min	16.6667	54.6800	18.2267	1	60	37.2818	32.3964
1km/h	0.2778	0.9113	0.3038	0.0167	1	0.6214	0.5400
1mile/h	0.4470	1.4667	0.4889	0.0268	1.6094	1	0.8689
1kn或n mile/h	0.5144	1.6878	0.5626	0.0309	1.8520	1.1508	1

(3) 流量单位换算

表 5-30-32 体积流量单位换算表

单位	升/秒 (L/s)	立方米/分 (m^3/min)	立方米/小时 (m^3/h)	立方英尺/秒 (ft^3/s)	立方英尺/分 (ft^3/min)	立方英尺/小时 (ft^3/h)	(英)加仑/秒 (gal/s)	(美)加仑/秒 (gal/s)
1L/s	1	0.0600	3.6000	0.0353	2.1189	127.1330	0.2201	0.2642
1m^3/min	16.6667	1	60	0.5886	35.3147	2118.8835	3.6681	4.4029
1m^3/h	0.2778	0.0167	1	0.0098	0.5886	35.3147	0.0611	0.0734
1ft^3/s	28.3168	1.6990	101.9405	1	60	3600	6.2321	7.4805
1ft^3/min	0.4719	0.0283	1.6990	0.0167	1	60	0.1039	0.1247
1ft^3/h	0.0079	0.0005	0.0283	0.0003	0.0167	1	0.0017	0.0021
1(英)gal/s	4.5437	0.2726	16.3573	0.1605	9.6276	577.6542	1	1.2003
1(美)gal/s	3.7854	0.2271	13.6275	0.1337	8.0208	481.2500	0.8331	1

表 5-30-33 质量流量单位换算表

单　　位	千克/秒 (kg/s)	千克/分 (kg/min)	吨/小时 (t/h)	磅/秒 (lb/s)	磅/分 (lb/min)	磅/小时 (lb/h)	英吨/小时 (ton/h)	美吨/小时 (US ton/h)
1kg/s	1	60	3.6000	2.2046	132.2775	7936.6500	3.5431	3.9683
1kg/min	0.0167	1	0.0600	0.0367	2.2046	132.2775	0.0591	0.0661
1t/h	0.2778	16.6667	1	0.6124	36.7438	2204.6250	0.9842	1.1023
1lb/s	0.4536	27.2155	1.6329	1	60	3600	1.6071	1.8000
1lb/min	0.0076	0.4536	0.0272	0.0167	1	60	0.0268	0.0300
1lb/h	0.0001	0.0076	0.0005	0.0003	0.0167	1	0.0004	0.0005
1ton/h	0.2822	16.9341	1.0160	0.6222	37.3333	2240	1	1.1200
1US ton/h	0.2520	15.1197	0.9072	0.5556	33.3333	2000	0.8929	1

(4) 热机热工单位换算

表 5-30-34 温度单位换算表

单位	热力学温度(K)	摄氏温度(℃)	华氏温度(℉)	兰氏温度(°R)
tK	t	t-273.15	1.8t-459.67	1.8t
t℃	t+273.15	t	1.8t+32	1.8t+491.67
t℉	$\frac{5}{9}(t+459.67)$	$\frac{5}{9}(t-32)$	t	t+459.67
t°R	$\frac{5}{9}t$	$\frac{5}{9}t-273.15$	t-459.67	t

注：1℃＝1K＝1.8℉＝1.8°R。

表 5-30-35 各种温度的绝对零度、水冰点和水沸点温度值表

	热力学温度(K)	摄氏温度(℃)	华氏温度(℉)	兰氏温度(°R)
绝对零度	0	-273.15	-459.67	0
水冰点	273.15	0	32	491.67
水沸点	373.15	100	212	671.67

(5) 热导率换算表

表 5-30-36 热导率换算表

单位	$\frac{瓦特}{米\cdot开}$ $\left(\frac{W}{m\cdot K}\right)$	$\frac{瓦特}{厘米\cdot开}$ $\left(\frac{W}{cm\cdot K}\right)$	$\frac{千瓦特}{米\cdot开}$ $\left(\frac{kW}{m\cdot K}\right)$	$\frac{卡}{厘米\cdot秒\cdot开}$ $\left(\frac{cal}{cm\cdot s\cdot K}\right)$	$\frac{卡}{厘米\cdot时\cdot开}$ $\left(\frac{cal}{cm\cdot h\cdot K}\right)$
1W/(m·K)	1	0.0100	0.0010	0.0024	8.5985
1W/(cm·K)	100	1	0.1000	0.2388	859.8452
1kW/(m·K)	1000	10	1	2.3885	8598.4523

续表

单位	瓦特/米·开 $\left(\frac{W}{m \cdot K}\right)$	瓦特/厘米·开 $\left(\frac{W}{cm \cdot K}\right)$	千瓦特/米·开 $\left(\frac{kW}{m \cdot K}\right)$	卡/厘米·秒·开 $\left(\frac{cal}{cm \cdot s \cdot K}\right)$	卡/厘米·时·开 $\left(\frac{cal}{cm \cdot h \cdot K}\right)$
1cal/(cm·s·K)	418.6800	4.1868	0.4187	1	3600
1cal/(cm·h·K)	0.1163	0.0012	0.0001	0.0003	1
1kcal/(m·h·K)	1.1630	0.0116	0.0012	0.0027	10
1Btu/(in·h·℉)	20.7688	0.2077	0.0208	0.0496	178.5825
1Btu/(ft·h·℉)	1.7307	0.0173	0.0017	0.0041	14.8819
1CHU/(in·h·℉)	37.3838	0.3738	0.0374	0.0893	321.4484
1CHU/(ft·h·℉)	3.1153	0.0312	0.0031	0.0074	26.7874

单位	千卡/米·时·开 $\left(\frac{kcal}{m \cdot h \cdot K}\right)$	英热单位/英寸·时·℉ $\left(\frac{Btu}{in \cdot h \cdot ℉}\right)$	英热单位/英尺·时·℉ $\left(\frac{Btu}{ft \cdot h \cdot ℉}\right)$	摄氏度热单位/英寸·时·℉ $\left(\frac{CHU}{in \cdot h \cdot ℉}\right)$	摄氏度热单位/英尺·时·℉ $\left(\frac{CHU}{ft \cdot h \cdot ℉}\right)$
1W/(m·K)	0.8598	0.0481	0.5778	0.0267	0.3210
1W/(cm·K)	85.9845	4.8149	57.7790	2.6750	32.0995
1kW/(m·K)	859.8452	48.1492	577.7902	26.7495	320.9946
1cal/(cm·s·K)	360	20.1588	241.9050	11.1993	134.3917
1cal/(cm·h·K)	0.1000	0.0056	0.0672	0.0031	0.0373
1kcal/(m·h·K)	1	0.0560	0.6720	0.0311	0.3733
1Btu/(in·h·℉)	17.8582	1	12	0.5556	6.6667
1Btu/(ft·h·℉)	1.4882	0.0833	1	0.0463	0.5556
1CHU/(in·h·℉)	32.1448	1.8000	21.6000	1	12
1CHU/(ft·h·℉)	2.6787	0.1500	1.8000	0.0833	1

注：1. 表中“开”为“开尔文”的简称（以下同）。

2. 1W/(cm·K) = 1J/(cm·s·K)。

（6）热导率换算表

表 5-30-37　　**热导率单位换算表**

单位	瓦特/平方米·开 $\left(\frac{W}{m^2 \cdot K}\right)$	瓦特/平方厘米·开 $\left(\frac{W}{cm^2 \cdot K}\right)$	千瓦特/平方米·开 $\left(\frac{kW}{m^2 \cdot K}\right)$	卡/平方厘米·秒·开 $\left(\frac{cal}{cm^2 \cdot s \cdot K}\right)$	卡/平方厘米·时·开 $\left(\frac{cal}{cm^2 \cdot h \cdot K}\right)$
1W/(m²·K)	1	0.0001	0.0010	0.2388×10^{-4}	0.0860
1W/(cm²·K)	10000	1	10	0.2388	859.8452
1kW/(m²·K)	1000	0.1000	1	0.0239	85.9845
1cal/(cm²·s·K)	41868	4.1868	41.8680	1	3600
1cal/(cm²·h·K)	11.6300	0.0012	0.0116	0.0003	1
1kcal/(m²·h·K)	1.1630	0.0001	0.0012	2.7778×10^{-5}	0.1000
1Btu/(in²·h·℉)	817.6667	0.0818	0.8177	0.0195	70.3067
1Btu/(ft²·h·℉)	5.6782	0.0006	0.0057	0.0001	0.4882
1CHU/(in²·h·℉)	1471.8002	0.1472	1.4718	0.0352	126.5520
1CHU/(ft²·h·℉)	10.2208	0.0010	0.0102	0.0002	0.8788

单位	千卡/平方米·时·开 $\left(\frac{kcal}{m^2 \cdot h \cdot K}\right)$	英热单位/平方英寸·时·℉ $\left(\frac{Btu}{in^2 \cdot h \cdot ℉}\right)$	英热单位/平方英尺·时·℉ $\left(\frac{Btu}{ft^2 \cdot h \cdot ℉}\right)$	摄氏度热单位/平方英寸·时·℉ $\left(\frac{CHU}{in^2 \cdot h \cdot ℉}\right)$	摄氏度热单位/平方英尺·时·℉ $\left(\frac{CHU}{ft^2 \cdot h \cdot ℉}\right)$
1W/(m²·K)	0.8598	0.0012	0.1761	0.0007	0.0978
1W/(cm²·K)	8598.4523	12.2299	1761.1087	6.7944	978.3937
1kW/(m²·K)	859.8452	1.2230	176.1109	0.6794	97.8394

续表

单位	千卡/平方米·时·开 $\left(\frac{kcal}{m^2 \cdot h \cdot K}\right)$	英热单位/平方英寸·时·℉ $\left(\frac{Btu}{in^2 \cdot h \cdot ℉}\right)$	英热单位/平方英尺·时·℉ $\left(\frac{Btu}{ft^2 \cdot h \cdot ℉}\right)$	摄氏度热单位/平方英寸·时·℉ $\left(\frac{CHU}{in^2 \cdot h \cdot ℉}\right)$	摄氏度热单位/平方英尺·时·℉ $\left(\frac{CHU}{ft^2 \cdot h \cdot ℉}\right)$
$1cal/(cm^2 \cdot s \cdot K)$	36000	51.2042	7373.4099	28.4468	4096.3388
$1cal/(cm^2 \cdot h \cdot K)$	10	0.0142	2.0482	0.0079	1.1379
$1kcal/(m^2 \cdot h \cdot K)$	1	0.0014	0.2048	0.0008	0.1138
$1Btu/(in^2 \cdot h \cdot ℉)$	703.0668	1	144	0.5556	80
$1Btu/(ft^2 \cdot h \cdot ℉)$	4.8824	0.0069	1	0.0039	0.5556
$1CHU/(in^2 \cdot h \cdot ℉)$	1265.5203	1.8000	259.2000	1	144
$1CHU/(ft^2 \cdot h \cdot ℉)$	8.7883	0.0125	1.8000	0.0069	1

注：表中“K”可用“℃”代替（以下同）。

(7) 热阻单位换算表

表 5-30-38　　热阻单位换算表

单位	平方米·开/瓦特 $\left(\frac{m^2 \cdot K}{W}\right)$	平方厘米·开/瓦特 $\left(\frac{cm^2 \cdot K}{W}\right)$	平方米·开/千瓦特 $\left(\frac{m^2 \cdot K}{kW}\right)$	平方厘米·秒·开/卡 $\left(\frac{cm^2 \cdot s \cdot K}{cal}\right)$	平方厘米·时·开/卡 $\left(\frac{cm^2 \cdot h \cdot K}{cal}\right)$
$1m^2 \cdot K/W$	1	10000	1000	41868	11.6300
$1cm^2 \cdot K/W$	0.0001	1	0.1000	4.1868	0.0012
$1m^2 \cdot K/kW$	0.0010	10	1	41.8680	0.0116
$1cm^2 \cdot s \cdot K/cal$	0.2388×10^{-4}	0.2388	0.0239	1	0.0003
$1cm^2 \cdot h \cdot K/cal$	0.0860	859.8452	85.9845	3600	1
$1m^2 \cdot h \cdot K/kcal$	0.8598	8598.4523	859.8452	36000	10
$1in^2 \cdot h \cdot ℉/Btu$	0.0012	12.2299	1.2230	51.2042	0.0142
$1ft^2 \cdot h \cdot ℉/Btu$	0.1761	1761.1087	176.1109	7373.4099	2.0482
$1in^2 \cdot h \cdot ℉/CHU$	0.0007	6.7944	0.6794	28.4468	0.0079
$1ft^2 \cdot h \cdot ℉/CHU$	0.0978	978.3937	97.8394	4096.3388	1.1379

单位	平方米·时·开/千卡 $\left(\frac{m^2 \cdot h \cdot K}{kcal}\right)$	平方英寸·时·℉/英热单位 $\left(\frac{in^2 \cdot h \cdot ℉}{Btu}\right)$	平方英尺·时·℉/英热单位 $\left(\frac{ft^2 \cdot h \cdot ℉}{Btu}\right)$	平方英寸·时·℉/摄氏度热单位 $\left(\frac{in^2 \cdot h \cdot ℉}{CHU}\right)$	平方英尺·时·℉/摄氏度热单位 $\left(\frac{ft^2 \cdot h \cdot ℉}{CHU}\right)$
$1m^2 \cdot K/W$	1.1630	817.6667	5.6782	1471.8002	10.2208
$1cm^2 \cdot K/W$	0.0001	0.0818	0.0006	0.1472	0.0010
$1m^2 \cdot K/kW$	0.0012	0.8177	0.0057	1.4718	0.0102
$1cm^2 \cdot s \cdot K/cal$	2.7778×10^{-5}	0.0195	0.0001	0.0352	0.0002
$1cm^2 \cdot h \cdot K/cal$	0.1000	70.3067	0.4882	126.5520	0.8788
$1m^2 \cdot h \cdot K/kcal$	1	703.0668	4.8824	1265.5203	8.7883
$1in^2 \cdot h \cdot ℉/Btu$	0.0014	1	0.0069	1.8000	0.0125
$1ft^2 \cdot h \cdot ℉/Btu$	0.2048	144	1	259.2000	1.8000
$1in^2 \cdot h \cdot ℉/CHU$	0.0008	0.5556	0.0039	1	0.0069
$1ft^2 \cdot h \cdot ℉/CHU$	0.1138	80	0.5556	144	1

(8) 比热容单位换算表

表 5-30-39　　比热容单位换算表

单　位	焦耳/千克·开 $\left(\frac{J}{kg \cdot K}\right)$	焦耳/克·开 $\left(\frac{J}{g \cdot K}\right)$	卡/千克·开 $\left(\frac{cal}{kg \cdot K}\right)$	千卡/千克·开 $\left(\frac{kcal}{kg \cdot K}\right)$
1J/(kg·K)	1	0.0010	0.2388	0.0002
1J/(g·K)	1000	1	238.8459	0.2388
1cal/(kg·K)	4.1868	0.0042	1	0.0010
1kcal/(kg·K)	4186.8000	4.1868	1000	1
$1cal_{th}$/(kg·K)	4.1840	0.0042	0.9993	0.9993×10^{-3}
$1cal_{15}$/(kg·K)	4.1855	0.0042	0.9997	0.9997×10^{-3}
1Btu/(lb·℉)	4186.8000	4.1868	1000	1
1CHU/(lb·℉)	7536.2400	7.5362	1800	1.8000
单　位	热化学卡/千克·开 $\left(\frac{cal_{th}}{kg \cdot K}\right)$	15摄氏度卡/千克·开 $\left(\frac{cal_{15}}{kg \cdot K}\right)$	英热单位/磅·℉ $\left(\frac{Btu}{lb \cdot ℉}\right)$	摄氏度热单位/磅·℉ $\left(\frac{CHU}{lb \cdot ℉}\right)$
1J/(kg·K)	0.2390	0.2389	0.0002	0.0001
1J/(g·K)	239.0057	238.9201	0.2388	0.1327
1cal/(kg·K)	1.0007	1.0003	0.0010	0.0006
1kcal/(kg·K)	1000.6692	1000.3106	1	0.5556
$1cal_{th}$/(kg·K)	1	0.9996	0.9993×10^{-3}	0.0006
$1cal_{15}$/(kg·K)	1.0004	1	0.9997×10^{-3}	0.0006
1Btu/(lb·℉)	1000.6692	1000.3106	1	0.5556
1CHU/(lb·℉)	1801.2046	1800.5591	1.8000	1

注：1J/（kg·K）=1J/（kg·℃）。

(9) 功、能、热单位换算表

表 5-30-40　　功、能、热单位换算表

单　位	焦耳(J)或牛顿·米(N·m)	尔格(erg)或达因·厘米(dyn·cm)	千克力·米(kgf·m)	升·标准大气压(L·atm)
1J 或 N·m	1	10000000	0.1020	0.0099
1erg 或 dyn·cm	10^{-7}	1	0.1020×10^{-7}	0.9869×10^{-9}
1kgf·m	9.8066	9.8066×10^{7}	1	0.0968
1L·atm	101.3250	10.1325×10^{8}	10.3323	1
$1cm^3$·atm	0.1013	10.1325×10^{5}	0.0103	0.0010
1L·at	98.0665	9.8066×10^{8}	10	0.9678
$1cm^3$·at	0.0981	9.8066×10^{5}	0.0100	0.9678×10^{-3}
1ft·lbf	1.3558	1.3558×10^{7}	0.1383	0.0134
1kW·h	3600000	3.6000×10^{13}	3.6710×10^{5}	3.5529×10^{4}
1PS·h	2.6478×10^{6}	2.6478×10^{13}	2.7000×10^{5}	2.6132×10^{4}
1hp·h	2684520	2.6845×10^{13}	2.7375×10^{5}	2.6494×10^{4}
1cal	4.1868	4.1868×10^{7}	0.4269	0.0413
$1cal_{th}$	4.1840	4.1840×10^{7}	0.4267	0.0413
$1cal_{15}$	4.1855	4.1855×10^{7}	0.4268	0.0413
1Btu	1055.0687	1.0551×10^{10}	107.5866	10.4126
1CHU	1899.1237	1.8991×10^{10}	193.6560	18.7428
1eV	1.6022×10^{-19}	1.6022×10^{-12}	0.1634×10^{-19}	1.5812×10^{-21}

续表

单位	立方厘米·标准大气压（cm^3·atm）	升·工程大气压（L·at）	立方厘米·工程大气压（cm^3·at）	英尺·磅力（ft·lbf）	千瓦·时（kW·h）
1J 或 N·m	9.8692	0.0102	10.1972	0.7376	2.7778×10^{-7}
1erg 或 dyn·cm	9.8692×10^{-7}	1.0197×10^{-9}	1.0197×10^{-6}	0.7376×10^{-7}	2.7778×10^{-14}
1kgf·m	96.7841	0.1000	100	7.2330	2.7241×10^{-6}
1L·atm	1000	1.0332	1033.2275	74.7335	2.8146×10^{-5}
1cm^3·atm	1	1.0332×10^{-3}	1.0332	0.0747	2.8146×10^{-8}
1L·at	967.8411	1	1000	72.3301	2.7241×10^{-5}
1cm^3·at	0.9678	0.0010	1	0.0723	2.7241×10^{-8}
1ft·lbf	13.3809	0.0138	13.8255	1	3.7662×10^{-7}
1kW·h	3.5529×10^{7}	3.6710×10^{4}	3.6710×10^{7}	2.6552×10^{6}	1
1PS·h	2.6132×10^{7}	2.7000×10^{4}	2.7000×10^{7}	1.9529×10^{6}	0.7355
1hp·h	2.6494×10^{7}	2.7375×10^{4}	2.7375×10^{7}	1.9800×10^{6}	0.7457
1cal	41.3205	0.0427	42.6932	3.0880	1.1630×10^{-6}
1cal_{th}	41.2929	0.0427	42.6647	3.0860	1.1622×10^{-6}
1cal_{15}	41.3077	0.0427	42.6791	3.0871	1.1626×10^{-6}
1Btu	1.0413×10^{4}	10.7587	1.0759×10^{4}	778.1653	0.0003
1CHU	1.8743×10^{4}	19.3656	1.9366×10^{4}	1400.6975	0.0005
1eV	1.5812×10^{-18}	0.1634×10^{-20}	0.1634×10^{-17}	0.1182×10^{-18}	0.4451×10^{-25}

（10）热负荷单位换算表

表 5-30-41　热负荷单位换算表

瓦特(W)	1.1630	2.3260	3.4890	4.6520	5.8150	6.9780	8.1410	9.3040	10.4670	11.6300
kcal/h 或 W	1	2	3	4	5	6	7	8	9	10
千卡/时(kcal/h)	0.8598	1.7197	2.5795	3.4394	4.2992	5.1591	6.0189	6.8788	7.7386	8.5985

30.2.8　水的温度和压力及汽化热的换算

（1）水的温度和压力换算表

表 5-30-42　水的温度和压力换算表

摄氏温度（℃）	热力学温度（K）	兆帕斯卡（MPa）	毫米汞柱（mmHg）	摄氏温度（℃）	热力学温度（K）	兆帕斯卡（MPa）	毫米汞柱（mmHg）
40	313.15	0.0074	55.3240	91	364.15	0.0729	546.0500
50	323.15	0.0123	92.5100	92	365.15	0.0756	566.9900
60	333.15	0.0199	149.3800	93	366.15	0.0785	588.6000
70	343.15	0.0312	233.7000	94	367.15	0.0815	610.9000
80	353.15	0.0473	355.1000	95	368.15	0.0845	633.9000
81	354.15	0.0493	369.7000	96	369.15	0.0877	657.6200
82	355.15	0.0513	384.9000	97	370.15	0.0909	682.0700
83	356.15	0.0534	400.6000	98	371.15	0.0943	707.2700
84	357.15	0.0556	416.8000	99	372.15	0.0978	733.2400
85	358.15	0.0578	433.6000	100	373.15	0.1013	760.0000
86	359.15	0.0601	450.9000	101	374.15	0.1050	787.5100
87	360.15	0.0625	468.7000	102	375.15	0.1088	815.8600
88	361.15	0.0649	487.1000	103	376.15	0.1127	845.1200
89	362.15	0.0675	506.1000	104	377.15	0.1167	875.0600
90	363.15	0.0701	525.7600	105	378.15	0.1208	906.0700

续表

摄氏温度(℃)	热力学温度(K)	兆帕斯卡(MPa)	毫米汞柱(mmHg)	摄氏温度(℃)	热力学温度(K)	兆帕斯卡(MPa)	毫米汞柱(mmHg)
106	379.15	0.1250	937.9200	118	391.15	0.1861	1397.1800
107	380.15	0.1294	970.6000	119	392.15	0.1923	1442.6500
108	381.15	0.1339	1004.4200	120	393.15	0.1985	1489.1400
109	382.15	0.1385	1038.9200	125	398.15	0.2321	1740.9300
110	383.15	0.1431	1073.5600	130	403.15	0.2701	2026.1600
111	384.15	0.1481	1111.2000	140	413.15	0.3613	2710
112	385.15	0.1532	1148.7400	150	423.15	0.4760	3570
113	386.15	0.1583	1187.4200	160	433.15	0.6175	4635
114	387.15	0.1636	1227.2500	170	443.15	0.7917	5940
115	388.15	0.1691	1267.9800	180	453.15	1.0026	7520
116	389.15	0.1746	1309.9400	190	463.15	1.2551	9414
117	390.15	0.1804	1352.9500	200	473.15	1.5545	11660

(2) 水的温度和汽化热换算表

表 5-30-43 水的温度和汽化热换算表

摄氏温度(℃)	热力学温度(K)	千焦耳/千克(kJ/kg)	千卡/千克(kcal/kg)	摄氏温度(℃)	热力学温度(K)	千焦耳/千克(kJ/kg)	千卡/千克(kcal/kg)
0	273.15	2500.7756	597.3000	55	328.15	2370.1475	566.1000
5	278.15	2489.0526	594.5000	60	333.15	2358.0058	563.2000
10	283.15	2477.3296	591.7000	65	338.15	2345.4454	560.2000
15	288.15	2465.6065	588.9000	70	343.15	2333.3036	557.3000
20	293.15	2453.4648	586.0000	75	348.15	2320.7432	554.3000
25	298.15	2441.7418	583.2000	80	353.15	2308.1828	551.3000
30	303.15	2430.0187	580.4000	85	358.15	2295.6224	548.3000
35	308.15	2418.2957	577.6000	90	363.15	2282.6434	545.2000
40	313.15	2406.1540	574.7000	95	368.15	2269.6643	542.1000
45	318.15	2394.0122	571.8000	100	373.15	2256.6852	539.0000
50	323.15	2382.2892	569.0000				

30.2.9 电及电磁单位换算

(1) 电流单位换算表

表 5-30-44 电流单位换算表

单位	SI 单位安培(A)	电磁系安培(aA)	静电系安培(sA)
1A	1	0.1000	2.9980×10^{9}
1aA	10	1	2.9980×10^{10}
1sA	0.3336×10^{-9}	0.3336×10^{-10}	1

(2) 电压单位换算表

表 5-30-45 电压单位换算表

单位	SI 单位伏特(V)	电磁系伏特(aV)	静电系伏特(sV)
1V	1	10^{8}	0.0033
1aV	10^{-8}	1	0.3336×10^{-10}
1sV	299.8000	2.9980×10^{10}	1

(3) 电阻单位换算表

表 5-30-46 电阻单位换算表

单　位	SI 单位欧姆(Ω)	电磁系欧姆(aΩ)	静电系欧姆(sΩ)
1Ω	1	10^{9}	1.1127×10^{-12}
1aΩ	10^{-9}	1	1.1127×10^{-21}
1sΩ	0.8987×10^{12}	0.8987×10^{21}	1

(4) 电荷量单位换算表

表 5-30-47 电荷量单位换算表

单　位	SI 单位库仑(C)	安培·时(A·h)	电磁系库仑(aC)	法拉	静电系库仑(sC)
1C	1	0.0003	0.1000	1.0364×10^{-5}	2.9980×10^{9}
1A·h	3600	1	360	0.0373	1.0793×10^{13}
1aC	10	0.0028	1	0.0001	2.9980×10^{10}
1 法拉	96490	26.8028	9649	1	2.8935×10^{14}
1sC	0.3336×10^{-9}	0.9265×10^{-13}	0.3336×10^{-10}	0.3456×10^{-14}	1

(5) 电容单位换算表

表 5-30-48 电容单位换算表

单　位	SI 单位法拉(F)	电磁系法拉(aF)	静电系法拉(sF)
1F	1	10^{-9}	0.8987×10^{12}
1aF	10^{9}	1	0.8987×10^{21}
1sF	1.1127×10^{-12}	1.1127×10^{-21}	1

30.2.10 声单位换算

表 5-30-49 声单位换算

量的名称	法定计量单位		习用非法定计量单位		换算关系
	名　称	符　号	名　称	符　号	
声压	帕斯卡	Pa	微巴	μbar	1μbar = 10^{-1}Pa
声能密度	焦耳每立方米	J/m^{3}	尔格每立方厘米	erg/cm^{3}	1erg/cm^{3} = 10^{-1}J/m^{3}
声功率	瓦特	W	尔格每秒	erg/s	1erg/s = 10^{-7}W
声强	瓦特每平方米	W/m^{2}	尔格每秒平方厘米	erg/(s·cm^{2})	1erg/(s·cm^{2}) = 10^{-3}W/m^{2}
声阻抗率、流阻	帕斯卡秒每米	Pa·s/m	CGS 瑞利	CGSrayl	1CGSrayl = 10Pa·s/m
	帕斯卡秒每米	Pa·s/m	瑞利	rayl	1rayl = 1Pa·s/m
声阻抗	帕斯卡秒每三次方米	Pa·s/m^{3}	CGS 声欧姆	CGSΩ_A	1CGSΩ_A = 10^{5}Pa·s/m^{3}
	帕斯卡秒每三次方米	Pa·s/m^{3}	声欧姆	Ω_A	1Ω_A = 1Pa·s/m^{3}
力阻抗	牛顿秒每米	N·s/m	CGS 力欧姆	CGSΩ_M	1CGSΩ_M = 10^{3}N·s/m
	牛顿秒每米	N·s/m	力欧姆	Ω_M	1Ω_M = 1N·s/m
吸声量	平方米	m^{2}	赛宾	Sab	1Sab = 1m^{2}

30.2.11 黏度单位换算

（1）动力黏度单位换算表

表 5-30-50 动力黏度单位换算表

单位	帕斯卡·秒（Pa·s）	泊（P）或 $\frac{达因\cdot秒}{平方厘米}$（$dyn\cdot s/cm^2$）	厘泊（cP）	$\frac{千克力\cdot秒}{平方厘米}$（$kgf\cdot s/cm^2$）	$\frac{千克力\cdot秒}{平方米}$（$kgf\cdot s/m^2$）	$\frac{磅力\cdot秒}{平方英寸}$（$lbf\cdot s/in^2$）	$\frac{磅力\cdot秒}{平方英尺}$（$lbf\cdot s/ft^2$）
1Pa·s	1	10	1000	1.0197×10^{-5}	0.1020	0.1450×10^{-3}	0.0209
1P 或 $\frac{dyn\cdot s}{cm^2}$	0.1000	1	100	1.0197×10^{-6}	0.0102	0.1450×10^{-4}	0.0021
1cP	0.0010	0.0100	1	1.0197×10^{-8}	0.0001	0.1450×10^{-6}	0.2089×10^{-4}
$1kgf\cdot s/cm^2$	9.8066×10^4	9.8066×10^5	9.8066×10^7	1	10000	14.2232	2048.1424
$1kgf\cdot s/m^2$	9.8066	98.0661	9806.6136	0.0001	1	0.0014	0.2048
$1lbf\cdot s/in^2$	6894.8399	6.8948×10^4	6.8948×10^6	0.0703	703.0761	1	144
$1lbf\cdot s/ft^2$	47.8808	478.8083	4.7881×10^4	0.0005	4.8825	0.0069	1

（2）运动黏度单位换算表

表 5-30-51 运动黏度单位换算表

单位	平方米/秒（m^2/s）	平方米/分（m^2/min）	平方米/小时（m^2/h）	斯托克斯（St）	厘斯托克斯（cSt）
$1m^2/s$	1	60	3600	10000	1000000
$1m^2/min$	0.0167	1	60	166.6667	1.6667×10^4
$1m^2/h$	0.0003	0.0167	1	2.7778	277.7778
1St	0.0001	0.0060	0.3600	1	100
1cSt	10^{-6}	0.6000×10^{-4}	0.0036	0.0100	1

30.2.12 硬度单位换算

（1）各种硬度名称、符号、说明

表 5-30-52 各种硬度名称、符号、说明表

名称	符号	单位	说明
布氏硬度	HB	N/mm^2	表示塑料、橡胶、金属等材料硬度的一种标准，由瑞典人布林南尔首先提出。测定方法如下。 以一定重力（一般为 30kN）把一定大小（直径一般为 10mm）的淬硬的钢球压入试验材料的表面，然后以试样表面上凹坑的表面积来除负荷，其商即为试样的布氏硬度值。 布氏硬度测定较准确可靠，但除塑料、橡胶外一般只适用 HB = 8 ~ 450 范围内的金属材料，对于较硬的钢或较薄的板材则不适用
洛氏硬度 ①标尺 A ②标尺 B ③标尺 C	HR HRA HRB HRC		表示金属等材料硬度的一种标准。由美国冶金学家洛克威尔首先提出。测定方法如下。 以一定重力把淬硬的钢球或顶角为 120°圆锥形金刚石压入器压入试样表面，然后以材料表面上凹坑的深度。来计算硬度的大小。 HRA 为采用 600N 重力和金刚石压入器求得的硬度。 HRB 为采用 1kN 重力和直径 1.50mm 的淬硬的钢球求得的硬度。 HRC 为采用 1.5kN 重力和金刚石压入器求得的硬度（洛氏硬度测定适用于极软到极硬的金属材料，但对组织不均匀的材质，硬度值不如布氏法准确）

续表

名　称	符号	单　位	说　明
维氏硬度	HV	N/mm^2	表示金属等材料硬度的一种标准。由英国科学家维克斯首先提出。测定方法如下。 应用压入法将压力施加在四棱锥形的钻尖上,使它压入所试材料的表面而产生凹痕,用测得的凹痕面积上的压力表示硬度。这种标准多用于金属等材料硬度的测定
肖氏硬度	HS	N/mm^2	表示橡胶、塑料、金属等材料硬度的一种标准。由英国人肖尔首先提出。测定方法如下。 应用弹性回跳法将撞销从一定高度落到所试材料的表面上而发生回跳,用测得的回跳高度来表示硬度。撞销是一只具有尖端的小锥,尖锥上常镶有金刚钻

(2) 各种硬度值与碳钢抗拉强度近似值对照表

表 5-30-53　各种硬度值与碳钢抗拉强度近似值对照表

布氏硬度 HB	洛氏硬度			维氏硬度 HV	肖氏硬度 HS	碳钢抗拉强度 σ_b 近似值(N/mm^2)
	HRA	HRB	HRC			
—	85.6	—	68.0	9400	97	—
—	85.3	—	67.5	9200	96	—
—	85.0	—	67.0	9000	95	—
7670	84.7	—	66.4	8800	93	—
7570	84.4	—	65.9	8600	92	—
7450	84.1	—	65.3	8400	91	—
7330	83.8	—	64.7	8200	90	—
7220	83.4	—	64.0	8000	88	—
7100	83.0	—	63.3	7800	87	—
6980	82.6	—	62.5	7600	86	—
6840	82.2	—	61.8	7400	—	—
6820	82.2	—	61.7	7370	84	—
6700	81.8	—	61.0	7200	83	—
6560	81.3	—	60.1	7000	—	—
6530	81.2	—	60.0	6970	81	—
6470	81.1	—	59.7	6900	—	—
6380	80.8	—	59.2	6800	80	2310
6300	80.6	—	58.8	6700	—	2280
6270	80.5	—	58.7	6670	—	2270
6200	80.3	—	58.3	6600	79	2240
6010	79.8	—	57.3	6400	77	2170
5780	79.1	—	56.0	6150	75	2090
—	78.8	—	55.6	6070	—	2060
5550	78.4	—	54.7	5910	73	2000
—	78.0	—	54.0	5790	—	1960
5340	77.8	—	53.5	5690	71	1930
—	77.1	—	52.5	5530	—	1870
5140	76.9	—	52.1	5470	70	1850
—	76.7	—	51.6	5390	—	1820
—	76.4	—	51.1	5300	—	1790
4950	76.3	—	51.0	5280	68	1780
—	75.9	—	50.3	5160	—	1740
4770	75.6	—	49.6	5080	66	1710
—	75.1	—	48.8	4950	—	1670
4610	74.9	—	48.5	4910	65	1650

续表

布氏硬度 HB	洛氏硬度			维氏硬度 HV	肖氏硬度 HS	碳钢抗拉强度 σ_b 近似值(N/mm^2)
	HRA	HRB	HRC			
—	74.3	—	47.2	4740	—	1590
4440	74.2	—	47.1	4720	63	1580
4290	73.4	—	45.7	4550	61	1530
4150	72.8	—	44.5	4400	59	1480
4010	72.0	—	43.1	4250	58	1420
3880	71.4	—	41.8	4100	56	1370
3750	70.6	—	40.4	3960	54	1320
3630	70.0	—	39.1	3830	52	1280
3520	69.3	—	37.9	3720	51	1240
3410	68.7	—	36.6	3600	50	1200
3310	68.1	—	35.5	3500	48	1170
3210	67.5	—	34.3	3390	47	1120
3110	66.9	—	33.1	3280	46	1090
3020	66.3	—	32.1	3190	45	1050
2930	65.7	—	30.9	3090	43	1020
2850	65.3	—	29.9	3010	—	990
2770	64.6	—	28.8	2920	41	960
2690	64.1	—	27.6	2840	40	940
2620	63.6	—	26.6	2760	39	910
2550	63.0	—	25.4	2690	38	890
2480	62.5	—	24.2	2610	37	860
2410	61.8	100.0	22.8	2530	36	830
2350	61.4	99.0	21.7	2470	35	810
2290	60.8	98.2	20.5	2410	34	780
2230	—	97.3	—	2340	—	—
2170	—	96.4	—	2280	33	740
2120	—	95.5	—	2220	—	720
2070	—	94.6	—	2180	32	700
2010	—	93.8	—	2120	31	690
1970	—	92.8	—	2070	30	670
1920	—	91.9	—	2020	29	650
1870	—	90.7	—	1960	—	630
1830	—	90.0	—	1920	28	620
1790	—	89.0	—	1880	27	610
1740	—	87.8	—	1820	—	600
1700	—	86.8	—	1780	26	580
1670	—	86.0	—	1750	—	570
1630	—	85.0	—	1710	25	560
1560	—	82.9	—	1630	—	530
1490	—	80.8	—	1560	23	510
1430	—	78.7	—	1500	22	500
1370	—	76.4	—	1430	21	470
1310	—	74.0	—	1370	—	460
1260	—	72.0	—	1320	20	440
1210	—	69.8	—	1270	19	420
1160	—	67.6	—	1220	18	410
1110	—	65.7	—	1170	15	390

30.2.13 标准筛

表 5-30-54　　标准筛常用网号、目数对照

网号（号）	目数（目）	孔/cm²	网号（号）	目数（目）	孔/cm²	网号（号）	目数（目）	孔/cm²	网号（号）	目数（目）	孔/cm²
5.0	4	2.56	2.00	10	16	1.00	18	51.84	0.71	26	108.16
4.0	5	4		12	23.04	0.95	20	64	0.63	28	125.44
3.22	6	5.76	1.43	14	31.36		22	77.44	0.6	30	144
2.5	8	10.24	1.24	16	40.96	0.79	24	92.16	0.55	32	163.84
0.525	34	185		55	484	0.14	110	1936	0.065	230	8464
0.50	36	207	0.031	60	576	0.125	120	2304		240	9216
0.425	38	231	0.28	65	676	0.12	130	2704	0.06	250	10000
0.40	40	256	0.261	70	784		140	3136	0.052	275	12100
0.375	42	282	0.25	75	900	0.10	150	3600		280	12544
	44	310	0.20	80	1024	0.088	160		0.045	300	14400
0.345	46	339	0.18	85		0.077	180	5184	0.044	320	16384
	48	369	0.17	90	1296		190	5776	0.042	350	19600
0.325	50	400	0.15	110	1600	0.076	200	6400	0.034	400	25600

注：1. 网号系指筛网的公称尺寸，单位为毫米（mm）。例如，1号网，即指正方形网孔每边长1mm。

2. 目数系指1英寸（in）长度上的孔眼数目，单位为目/英寸（目/in）。例如，1in（25.4mm）长度上有20孔眼，即为20目。

3. 一般英美各国用目数表示，苏联用网号表示。

30.2.14 pH值参考表

表 5-30-55　　pH值参考表

pH值	0	1	2	3	4	5	6	7	8	9	10	11	12	13	14
溶液性质	强酸性				弱酸性			中性	弱碱性			强碱性			

注：pH值<7溶液显酸性，值越小酸性越强；pH值>7溶液显碱性，值越大碱性越强。

30.2.15 角度、弧度、斜度换算表

(1) 角度与弧度换算表

表 5-30-56　　角度与弧度互换表

角度	弧度(rad)	角度	弧度(rad)	角度	弧度(rad)	角度	弧度(rad)	角度	弧度(rad)
10″	0.00005	9′	0.0026	8°	0.1396	21°	0.3665	34°	0.5934
20″	0.0001	10′	0.0029	9°	0.1571	22°	0.3840	35°	0.6109
30″	0.00015	20′	0.0058	10°	0.1745	23°	0.4014	36°	0.6283
40″	0.0002	30′	0.0087	11°	0.1920	24°	0.4189	37°	0.6458
50″	0.00025	40′	0.0116	12°	0.2094	25°	0.4363	38°	0.6632
1′	0.0003	50′	0.0145	13°	0.2269	26°	0.4538	39°	0.6807
2′	0.0006	1°	0.0175	14°	0.2443	27°	0.4712	40°	0.6981
3′	0.0009	2°	0.0349	15°	0.2618	28°	0.4887	45°	0.7854
4′	0.0012	3°	0.0524	16°	0.2793	29°	0.5061	50°	0.8727
5′	0.0015	4°	0.0698	17°	0.2967	30°	0.5236	55°	0.9599
6′	0.0017	5°	0.0873	18°	0.3142	31°	0.5411	60°	1.0472
7′	0.0020	6°	0.1047	19°	0.3316	32°	0.5585	65°	1.1345
8′	0.0023	7°	0.1222	20°	0.3491	33°	0.5760	70°	1.2217

续表

角度	弧度(rad)	角度	弧度(rad)	角度	弧度(rad)	角度	弧度(rad)	角度	弧度(rad)
75°	1.3090	90°	1.5708	120°	2.0944	210°	3.6652	300°	5.2360
80°	1.3963	100°	1.7453	150°	2.6180	240°	4.1888	330°	5.7596
85°	1.4835	110°	1.9199	180°	3.1416	270°	4.7124	360°	6.2832

(2) 弧度与角度换算表

表 5-30-57　　弧度与角度互换表

弧度(rad)	角度	弧度(rad)	角度	弧度(rad)	角度
0.0001	0°00′21″	0.0070	0°24′04″	0.4000	22°55′06″
0.0002	0°00′41″	0.0080	0°27′30″	0.5000	28°38′52″
0.0003	0°01′02″	0.0090	0°30′56″	0.6000	34°22′39″
0.0004	0°01′23″	0.0100	0°34′23″	0.7000	40°06′25″
0.0005	0°01′43″	0.0200	1°08′45″	0.8000	45°50′12″
0.0006	0°02′04″	0.0300	1°43′08″	0.9000	51°33′58″
0.0007	0°02′24″	0.0400	2°17′31″	1	57°17′45″
0.0008	0°02′45″	0.0500	2°51′53″	2	114°35′30″
0.0009	0°03′06″	0.0600	3°26′16″	3	171°53′14″
0.0010	0°03′26″	0.0700	4°00′39″	4	229°10′59″
0.0020	0°06′53″	0.0800	4°35′01″	5	286°28′44″
0.0030	0°10′19″	0.0900	5°09′24″	6	343°46′29″
0.0040	0°13′45″	0.1000	5°43′46″	7	401°04′14″
0.0050	0°17′11″	0.2000	11°27′33″	8	458°21′58″
0.0060	0°20′38″	0.3000	17°11′19″	9	515°39′43″

(3) 斜度与角度换算表

表 5-30-58　　斜度与角度变换表

斜度		角度	斜度		角度	斜度		角度	斜度		角度
%	*H*∶*L*		%	*H*∶*L*		%	*H*∶*L*		%	*H*∶*L*	
1	1∶100	0°34′	12		6°51′	21		11°52′	32		17°45′
2	1∶50	1°09′	12.50	1∶8	7°08′	22		12°24′	33		18°16′
3		1°43′	13		7°24′	23		12°57′	33.33	1∶3	18°26′
4	1∶25	2°17′	14		7°58′	24		13°30′	34		18°47′
5	1∶20	2°52′	14.29	1∶7	8°08′	25	1∶4	14°02′	36		19°48′
6		3°26′	15		8°32′	26		14°34′	38		20°48′
7		4°00′	16		9°05′	27		15°06′	40	1∶2.5	21°48′
8		4°34′	16.67	1∶6	9°28′	28		15°39′	42		22°47′
9		5°08′	17		9°39′	28.57	1∶3.5	15°57′	44		23°45′
10	1∶10	5°43′	18		10°12′	29		16°10′	46		24°42′
11		6°17′	19		10°45′	30		16°42′	48		25°38′
11.11	1∶9	6°20′	20	1∶5	11°19′	31		17°13′	50	1∶2	26°34′

注：*H* 为垂直高度，*L* 为水平宽度。